Ullmanns
Encyklopädie der technischen Chemie

4. neubearbeitete und erweiterte Auflage

Herausgegeben

von

Prof. Dr. E. Bartholomé
Badische Anilin- & Soda-Fabrik AG, Ludwigshafen

Prof. Dr. E. Biekert
Knoll AG - Chemische Fabriken, Ludwigshafen

Prof. Dr. H. Hellmann
Chemische Werke Hüls AG, Marl

Dr. H. Ley
Metallgesellschaft AG, Frankfurt/Main

Redaktion

Dr. Hertha Buchholz-Meisenheimer

Dr. Jörg Frenzel, Dr. Rudolf Pfefferkorn

Verlag Chemie, Weinheim/Bergstr.

Ullmanns
Encyklopädie der technischen Chemie

4. neubearbeitete und erweiterte Auflage

Band 1

Allgemeine Grundlagen der Verfahrens- und Reaktionstechnik

Verlag Chemie, Weinheim/Bergstr.

Dieses Buch enthält 328 Abbildungen und 132 Tabellen.

ISBN 3-527-20000-2 (Gesamtwerk)
3-527-20001-0 (Band 1).

Library of Congress Catalog Card No. 70-189832

Schutzumschlag: Werbe- und Graphikteam José Steinbach, Schriesheim
Herstellungsleitung, Typographie und Einband: Maximilian Montkowski
Satz und Druck: Großdruckerei Erich Spandel, Nürnberg
Buchbinderarbeiten: Großbuchbinderei Monheim, Monheim/Schwaben

Printed in Germany

Vorwort

Als Nachschlagewerk, das den gegenwärtigen Stand der Technik für die Herstellung aller wichtigen Produkte der chemischen Industrie gedrängt, aber doch umfassend darstellt, gehört der „Ullmann“ seit 50 Jahren zum Grundbestand jeder Fachbibliothek.

Neue Erkenntnisse, steter Wechsel der wirtschaftlichen Gegebenheiten und scharfer Wettbewerb zwingen die chemische Industrie, ihre Produktion laufend neuen Verhältnissen anzupassen, sei es durch die Entwicklung neuer Produkte, sei es durch die Einführung besserer Verfahren. In den letzten 20 Jahren hat sich daher die Situation auf vielen Gebieten der technischen Chemie grundsätzlich verändert.

Nachdem die 3., von W. Foerst herausgegebene Auflage vor einigen Jahren mit dem Ergänzungsband „Neue Verfahren, neue Produkte, wirtschaftliche Entwicklung“ erfolgreich abgeschlossen werden konnte, stellte sich die Frage, ob eine völlige Neubearbeitung oder eine in loser Folge erscheinende Reihe weiterer Ergänzungsbände angebracht sei.

Beide Möglichkeiten haben eine Reihe von Vorzügen und Nachteilen. Die erreichbare Aktualität sprach sehr für die Ergänzungsbände. Die Kombination von Hauptwerk 3. Auflage und Ergänzungsbänden hätte aber bedeutet, daß die Darstellung eines Themas über zahlreiche Bände verstreut wäre unter Verlust der Übersichtlichkeit.

Wir meinten, daß der Leser und Benutzer des „Ullmann“ größeren Vorteil von einer zusammenfassenden Darstellung aus moderner Sicht hat, und entschlossen uns trotz der vielen Schwierigkeiten, die mit der Neubearbeitung eines so umfangreichen Werkes verbunden sind, zur Herausgabe einer 4. Auflage.

Das Grundkonzept bleibt gegenüber der 3. Auflage unverändert. Den Hauptteil bilden wieder die lexikalisch aufgebauten Bände. Der Umfang dieses Teils soll sich nach Möglichkeit gegenüber der letzten Auflage nicht wesentlich ändern. Die Stichwortauswahl wurde den Erfordernissen der Zeit angepaßt und auf den neuesten Stand gebracht.

Der erste alphabetische Band, der von ‚Acaricide‘ bis etwa ‚Arsen und Arsen-Verbindungen‘ reicht, erscheint Ende nächsten Jahres als Band 7 des Gesamtwerkes. Nach jeweils drei alphabetischen Bänden werden Zwischenregister herausgegeben, die sich auch in der 3. Auflage gut bewährt haben.

Zeitlich vor dem alphabetischen Teil erscheinen die Bände 1 bis 4, die aus Band 1 der 3. Auflage hervorgegangen sind. Die Aufteilung dieses Bandes schien uns aus mehreren Gründen sinnvoll und notwendig. In der Verfahrens- und Reaktionstechnik hat die theoretische Durchdringung großen Aufschwung genommen. Ein Überblick über die allgemeinen Grundlagen und eine ausführliche Darstellung des mathematischen Rüstzeuges – beides vereint der vorliegende Band 1 – schien uns daher geboten. In Band 2 werden die einzelnen Grundoperationen ausführlich dargestellt. Band 3 behandelt die Reaktionsapparate und Werkstoff-Fragen, Band 4 die Übertragung eines Verfahrens in den großtechnischen Maßstab, wobei die Anwendung moderner Verfahren wie Modellentwicklung, Netzplantechnik und Verwendung von Rechenautomaten gebührend berücksichtigt ist. Ein zusammenfassendes Register für diese vier thematisch verwandten Bände erscheint in Band 4.

Weitere allgemeine Themen, die neben den vorwiegend stoffbezogenen Stichworten des lexikalischen Teils Bedeutung haben, sind in Band 5 ‚Trenn- und Analysenverfahren‘ und Band 6 ‚Meß- und Regeltechnik, Umwelt- und Arbeitsschutz‘ zusammengefaßt; diese Bände werden zunächst zurückgestellt. Alle systematischen Bände haben eigene Register, die aber in das zum Abschluß des Werkes erscheinende Gesamtregister eingearbeitet werden. Insgesamt ergibt sich so ein Umfang von ca. 23 Bänden, die in wesentlich rascherer Folge als bei der 3. Auflage erscheinen sollen.

Zur Erleichterung der Benutzung durch unsere englischsprachigen Leser erscheinen alle Register und Inhaltsverzeichnisse zweisprachig, in Deutsch und Englisch. Zwar erspart das dem Interessenten nicht die Mühe, den Text selbst auf deutsch zu lesen. Mit Hilfe des englischen Registers wird er aber schnell und gezielt zur richtigen Stelle geführt.

Wir hoffen, daß sich die neue Auflage des „Ullmann" allen Lesern genauso nützlich erweisen wird wie die vorausgegangenen. Schon heute danken wir den Autoren und Allen, die unsere Arbeit unterstützen, für ihre Mitarbeit.

Herausgeber, Redaktion und Verlag

Inhaltsverzeichnis – Contents

Grundlagen der chemischen Thermodynamik
Principles of Chemical Thermodynamics

Prof. Dr. G. M. Schneider, Bochum

Empirische Regeln zur Abschätzung physikalisch-chemischer Eigenschaften von Gasen und Flüssigkeiten
Empirical Rules for Estimation of Physico Chemical Properties of Gases and Liquids

Prof. Dr. W. A. P. Luck, Marburg

Strömungslehre
Fluid Dynamics

Prof. Dr. W. Siemes, Mannheim

Wärmeleitung und Wärmeübertragung
Heat Conduction and Heat Transfer

Prof. Dr. W. Siemes, Mannheim

Diffusion und Stoffübergang

Diffusion and Mass Transfer

Dr.-Ing. G. LUFT, Darmstadt

Chemische Kinetik (Mikrokinetik)

Chemical Kinetics (Microkinetics)

Prof. Dr. R. KERBER und Dr.-Ing. H. GLAMANN, Berlin

Dimensionslose Gruppen, Dimensionsanalyse, Ähnlichkeit und Modelle

Dimensionless Groups, Dimensional Analysis, Similarity and Models

Prof. Dr. D. VORTMEYER, München

Grundlagen der chemischen Reaktionstechnik

Principles of Chemical Reactions Engineering

Prof. Dr. ir. D. THOENES, Enschede

Statistische Methoden beim Planen und Auswerten von Versuchen

Statistical Methods in the Planning and Evaluation of Experiments

Dr. F. Bandermann, Hamburg

Optimierung chemischer Reaktionen

Optimization of Chemical Reactions

Dr. F. Bandermann, Hamburg

Mathematik

Mathematics

Dr. H. Ch. Broecker, Hamburg

Inhaltsübersichten der Bände 2–4 – Review of Contents of Vols. 2–4

Band 2: Verfahrenstechnik I (Grundoperationen)
Volume 2: Process Engineering I (Unit Operations)

Zerkleinern und Klassieren – Size Reduction and Classification

Zerkleinern — Size Reduction

Prof. Dr.-Ing. H. RUMPF, Dr.-Ing. K. SCHÖNERT, Inst. f. Mechanische Verfahrenstechnik, Universität Karlsruhe

Korngrößenanalyse — Particle Size Analysis

Prof. Dr.-Ing. K. LESCHONSKI, Abt. f. Mechanische Verfahrenstechnik, TU Clausthal

Kennzeichnung einer Trennung — Characterization of a Separation

Prof. Dr.-Ing. K. LESCHONSKI, Abt. f. Mechanische Verfahrenstechnik, TU Clausthal

Sieben — Screening

Prof. Dr. J. WESSEL, Inst. f. Landmaschinen, TU München

Windsichten — Air Classification

Obering. F. KAISER, Alpine AG, Augsburg

Nasse Stromklassierung — Wet Classification

Dr. H. TRAWINSKI, Amberger Kaolinwerke GmbH, Hirschau/Opf.

Aufbereitung – Ore Beneficiation

Übersicht — Review

Prof. P. G. KIHLSTEDT, E. FORSBERG, Kgl. Technische Hochschule, Stockholm

Einzelsortierung von Mineralien — Mineral Separation

Dipl.-Ing. P. IOHN, Gilching bei München

Magnetscheidung — Magnetic Separation

Dr. A. STIELER, Lurgi Chemie u. Hüttentechnik GmbH, Frankfurt (Main)

Elektrische Sortierung — Electric Separation

Dr.-Ing. H. HILDENBRAND, Lurgi Chemie u. Hüttentechnik GmbH, Frankfurt (Main)

Setzmaschinen und Herde — Settlers and Tables

Dr.-Ing. H. KELLERWESSEL, Dr.-Ing. G. SALZMANN, ehemals Klöckner-Humboldt-Deutz AG, Köln

Schwertrübetrennung — Heavy-Medium Separation

Dr.-Ing. H. KELLERWESSEL, Dr.-Ing. G. SALZMANN, ehemals Klöckner-Humboldt-Deutz AG, Köln

Flotation — Flotation

Prof. P. G. KIHLSTEDT, Kgl. Technische Hochschule, Stockholm

Mechanische Trennverfahren für Zweiphasensysteme - Mechanical Separation Processes for Two-phase Systems

Sedimentation — Sedimentation

Dr.-Ing. W. GUNDELACH, Dorr-Oliver GmbH, Wiesbaden

Filtration — Filtration

Prof. Dr.-Ing. C. ALT, Lehrstuhl f. Mechanische Verfahrenstechnik, Universität Stuttgart

Zentrifugen und Hydrozyklone — Centrifuges and Hydrocyclones

Dr. H. TRAWINSKI, Amberger Kaolinwerke GmbH, Hirschau/Opf.

Allgemeines über industrielle Gasreinigungsanlagen — General about Industrial Gas Purification Plants

Dipl.-Ing. F. RUDOLPH, Lurgi Apparate-Technik GmbH, Frankfurt (Main)

Entstaubung (Zyklone) — Dust Separation (Cyclones)

Dipl.-Ing. F. RUDOLPH, Lurgi Apparate-Technik GmbH, Frankfurt (Main)

Entstaubung (Filter) — Dust Separation (Filters)

Dipl.-Ing. K. ARRAS, Lurgi Apparate-Technik GmbH, Frankfurt (Main)

Entstaubung (Elektrofilter) — Dust Separation (Electrofilters)

Dipl.-Ing. W. SCHNEIDER, Lurgi Apparate-Technik GmbH, Frankfurt (Main)

Mischen - Mixing

Einleitung — Introduction

Dr. M. ZLOKARNIK, Farbenfabriken Bayer AG, Leverkusen

Vermischen von Gasen — Mixing of Gases

Dr.-Ing. K. ELGETI, Farbenfabriken Bayer AG, Leverkusen

Verdüsen und Zerstäuben — Spraying

Dr.-Ing. E. SCHELLMANN, Farbenfabriken Bayer AG, Leverkusen

Rühren — Stirring

Dr. M. ZLOKARNIK, Farbenfabriken Bayer AG, Leverkusen

Mischen im plastischen Zustand — Mixing in the Plastic State

Dr. H. KRÜGER, Farbenfabriken Bayer AG, Leverkusen

Mischen fester Stoffe — Mixing of Solids

Dipl.-Ing. A. WOHLFAHRTH, Farbenfabriken Bayer AG, Leverkusen

Formgebung - Molding

Einleitung — Introduction

Dr.-Ing. h. c., Dr.-Ing. H. WENDEBORN, Dipl.-Ing. F. CAPPEL, Lurgi Chemie und Hüttentechnik GmbH, Frankfurt (Main)

Brikettieren — Briquetting

Dr. W. JOHN, ehemals Lurgi Wärme- und Chemotechnik GmbH, Frankfurt (Main)

Pelletieren — Pelletizing

Dipl.-Ing. F. BIERMANN, ehemals Lurgi Chemie u. Hüttentechnik GmbH, Frankfurt (Main)

Sintern — Sintering

Dr.-Ing. h. c., Dr.-Ing. H. WENDEBORN, Dipl.-Ing. F. CAPPEL, Lurgi Chemie u. Hüttentechnik GmbH, Frankfurt (Main)

Heiz- und Kühltechnik - Heating and Cooling Technology

Energieversorgung in der chemischen Industrie — Energy Supply in the Chemical Industry

Dr.-Ing. H. STAHL, Badische Anilin- & Soda-Fabrik AG, Ludwigshafen

Wärmeerzeugung aus Brennstoffen — Generation of Heat from Fuels

Dipl.-Ing. O. BELL, Inst. f. Verfahrenstechnik u. Dampfkesselwesen, Universität Stuttgart

Elektrowärme — Electrical Heating

Dr.-Ing. K. KEGEL, Lehrbeauftragter an der RWTH Aachen und der Universität Karlsruhe, Essen

Strahlungsheizung — Radiation Heating

Dr.-Ing. I. SKUNCA, Gaswärme-Institut E. V., Essen

Plasmabrenner — Plasma Burners

Prof. Dr.-Ing. H. WINTERHAGER, Inst. f. Metallhüttenwesen u. Elektrometallurgie, RWTH Aachen

Direkte Beheizung mit umlaufenden Wärmeträgern — Direct Heating with Circulating Heat Carriers

Dr. E. Mosberger, Lurgi Mineralöltechnik GmbH, Frankfurt (Main)

Kühltürme (naß) und verwandte Kühlverfahren — Cooling Towers (wet) and related Cooling Methods

Dr.-Ing. K. Spangemacher, ehemals Maschinenbau-Aktiengesellschaft Balcke, Bochum

Wärmespeicherung (Regeneratoren) — Heat Storage (Regenerators)

Prof. Dr.-Ing. H. Glaser, Lehrstuhl f. technische Thermodynamik, Universität Stuttgart

Indirekte Heizung und Kühlung (Wärmeaustauscher) — Indirect Heating and Cooling (Heat Exchangers)

Dr.-Ing. M. Dornieden, Inst. f. Wärmeübertragung, TU Berlin

Wärme- und Kälteschutz — Thermal Insulation

Dipl.-Phys. H. Wagner, Grünzweig & Hartmann AG, Ludwigshafen

Physikalisch-chemische Trennverfahren – Physicochemical Separation Processes

Diffusionstrennverfahren — Diffusion Separation Methods

Dr. R. Schütte, Inst. f. Kernverfahrenstechnik, Kernforschungszentrum Karlsruhe

Adsorption — Adsorption

Dr. H. Wirth, Laboratorium f. Adsorptionstechnik GmbH, Frankfurt (Main)

Gasreinigung und Gastrennung durch Absorption — Gas Cleaning and Gas Separation by Absorption

Dr. K. Bratzler, Dr. A. Doerges, Lurgi Mineralöltechnik GmbH, Frankfurt (Main)

Flüssig-Flüssig-Extraktion — Liquid-Liquid Extraction

Dr. E. Müller, Lurgi Mineralöltechnik GmbH, Frankfurt (Main)

Destillation — Distillation

Prof. Dr.-Ing. A. Mersmann, Lehrstuhl f. Verfahrenstechnik, TU München

Verdampfer — Evaporators

Dipl.-Ing. F. Schaefer, Farbenfabriken Bayer AG, Wuppertal-Elberfeld

Sublimation — Sublimation

Dr. G. Matz, Farbenfabriken Bayer AG, Wuppertal-Elberfeld

Fraktionierte Kristallisation aus der Schmelze — Fractional Crystallization from the Melt

Dr. G. MATZ, Farbenfabriken Bayer AG, Wuppertal-Elberfeld

Ausfrieren — Freezing Out

Dr. G. MATZ, Farbenfabriken Bayer AG, Wuppertal-Elberfeld

Kristallisation — Crystallization

Dr. G. MATZ, Farbenfabriken Bayer AG, Wuppertal-Elberfeld

Trocknung fester Stoffe — Drying of Solids

Dr.-Ing. A. VOGELPOHL, Prof. Dr.-Ing. E. U. SCHLÜNDER, Inst. f. Thermische Verfahrenstechnik, Universität Karlsruhe

Extraktion von Feststoffen — Extraction of Solids

Dipl.-Chem. TH. VOESTE, Dipl.-Ing. K. WESP, Lurgi Mineralöltechnik GmbH, Frankfurt (Main)

Band 3: Verfahrenstechnik II und Reaktionsapparate
Volume 3: Process Engineering II and Reactions Plant

Verfahrenstechnik II – Process Engineering II

Werkstoffe in der chemischen Industrie — Materials in the Chemical Industry

Dr. H. GRÄFEN, Dipl.-Met. K. GERISCHER, Dr. E.-M. HORN, Dr. H. SCHINDLER, Farbenfabriken Bayer AG, Leverkusen

Mechanische Werkstoffeigenschaften und ihre Prüfung — Mechanical Properties of Materials and Their Testing

Prof. Dr. H. SPÄHN, Dipl.-Phys. E. MÜLLER, Badische Anilin- & Soda-Fabrik AG, Ludwigshafen

Schall- und Schwingungsisolierung — Acoustic and Vibration Insulation

Dipl.-Ing. J. WALSDORFF, ehemals Grünzweig & Hartmann AG, Ludwigshafen

Fördern — Conveying

Dr.-Ing. E. MUSCHELKNAUTZ, Dipl.-Ing. H. WOJAHN, Farbenfabriken Bayer AG, Leverkusen

Drucktechnik — Pressure Technology

Dipl.-Ing. G. SCHULZE, Badische Anilin- & Soda-Fabrik AG, Ludwigshafen

Vakuumtechnik — Vacuum Technology

Dr. G.-W. OETJEN, Leybold-Heraeus GmbH & Co. KG, Köln-Bayental

Kälteerzeugung — Refrigeration

Dr. H. HENRICI, Dipl.-Ing. S. HAAF, Linde AG, Werksgruppe Industriekälte, Sürth (Bez. Köln)

Tieftemperaturtechnik — Low-temperature Technology

Dr. M. STREICH, Messer Griesheim GmbH, Frankfurt (Main)

Reaktionsapparate – Reaction Plant

Homogene Gasreaktionen — Homogeneous Gas Reactions

Prof. Dr. F. FETTING, Inst. f. Chemische Technologie, TH Darmstadt

Reaktionen in homogener flüssiger Phase — Reactions in Homogeneous Liquid Phases

Dr. I. WEIKARD, Farbenfabriken Bayer AG, Leverkusen

Flüssig-Flüssig-Reaktionen — Liquid-Liquid Reactions

Dr. I. WEIKARD, Farbenfabriken Bayer AG, Leverkusen

Flüssigkeit-Gas-Reaktionen — Liquid-Gas Reactions

Dr. P. MAGNUSSEN, Dr. H. KÜRTEN, Badische Anilin- & Soda-Fabrik AG, Ludwigshafen

Schachtöfen und Konverter — Blast Furnaces and Converters

Dr. A. MELIN, Stolberger Ingenieurberatung GmbH, Stolberg (Rhld.)

Feststoffreaktionen unter Beheizung mit umlaufenden Wärmeträgern — Reactions of Solids Heated by Circulating Heat Carriers

Dr. E. MOSBERGER, Lurgi Mineralöltechnik GmbH, Frankfurt (Main)

Drehöfen — Rotary Furnaces

Dr. W. JANKE, Lurgi Chemie und Hüttentechnik GmbH, Frankfurt (Main)

Fließbettöfen für nichtkatalytische Verfahren — Fluidized Bed Furnaces for Non-catalytic Processes

Dr. H. VOLLMER, Lurgi Chemie und Hüttentechnik GmbH, Frankfurt (Main)

Herdöfen, Etagenöfen, Staubröstöfen — Hearth-type Furnaces, Story-Furnaces, Dust Roasters

Dr. H. VOLLMER, Lurgi Chemie und Hüttentechnik GmbH, Frankfurt (Main)

Heterogene Gaskatalyse (Festbett) — Heterogeneous Gas Catalysis (Fixed Bed)

Dr. H.-P. HORTIG, Farbwerke Hoechst AG, Frankfurt (Main)

Heterogene Gaskatalyse (Fließbett) — Heterogeneous Gas Catalysis (Fluidized Bed)

Dr. W. FREY, Badische Anilin- & Soda-Fabrik AG, Ludwigshafen

Gas-Flüssig-Fest-Reaktionen — Gas-Liquid-Solid Reactions

Dr. H.-I. JOSCHEK, Badische Anilin- & Soda-Fabrik AG, Ludwigshafen

Elektrische Öfen für Elektrometallurgie und chemische Reaktionen — Electric Furnaces for Electrometallurgy and Chemical Reactions

Dr.-Ing. H. Walde, ehemals Demag-Elektrometallurgie, Duisburg

Gasreaktionen in Lichtbögen und Plasmagasen — Gas Reactions in Electric Arcs and Plasmas

Dr. U. Landt, Dr. E. Schallus, Knapsack AG, Knapsack b. Köln

Elektrolyse — Electrolysis

Prof. Dr. H. Wendt, Inst. f. Chemische Technologie, TH Darmstadt

Photochemie — Photochemistry

Dr. M. Fischer, Dr. H. Barzynski, Badische Anilin- & Soda-Fabrik AG, Ludwigshafen

Band 4: Verfahrensentwicklung
Volume 4: Process Development

Verfahrensentwicklung — Process Development

Dr. U. Wagner, Badische Anilin- & Soda-Fabrik AG, Ludwigshafen

Planung und Bau chemischer Anlagen — Design and Construction of Chemical Plant

Dr.-Ing. W. Herbert, ehemals Lurgi Gesellschaften, Frankfurt (Main)

Netzplantechnik — Critical Pass Analysis

Dipl.-Ing. W. Seliger, Beiersdorf AG, Hamburg

Erstellung von Modellen — Construction of Models

Dr. F. Langers, Chemische Werke Hüls AG, Marl

Verfahrensoptimierung — Process Optimization

Dr. O. Machnig, Chemische Werke Hüls AG, Marl

Digitalrechner (Programmierung, Aufbau, Arbeitsweise) — Digital Computers (Programming, Construction, Mode of Operation)

Prof. Dr. R. Baumann, Mathematisches Institut der TU München

Prozeßlenkung mit Digitalrechnern — Process Computerization

Dr. G. Heller, Dr. W. Pfeffer, Badische Anilin- & Soda-Fabrik AG, Ludwigshafen

Analogrechner — Analog Computers

Dr. Th. Ankel, Dr. P. Wolf, Badische Anilin- & Soda-Fabrik AG, Ludwigshafen

Dokumentation — Documentation

N. N.

Symbole, Abkürzungen

Die wichtigsten, in der Encyklopädie verwendeten Symbole sind folgende:

a	Aktivität
A	Arbeit
c	Konzentration
C	Kapazität
c_p, c_v	Spez. Wärme bei konst. Druck. bzw. konst. Volumen
C_p, C_v	Molwärme bei konst. Druck bzw. konst. Volumen
d	Durchmesser
d	relative Dichte (ϱ/ϱ_{H_2O})
D	Diffusionskoeffizient
E	Energie
E	elektrische Feldstärke
E	elektromotorische Kraft
E_A	Aktivierungsenergie
f	Aktivitätskoeffizient
F	freie Energie
F	Fläche
F	FARADAY-Konstante
g	Erdbeschleunigung
G	freie Enthalpie
h	Höhe
H	Enthalpie
I	elektrische Stromstärke
k	Stoffdurchgangszahl
k	Geschwindigkeitskonstante chemischer Reaktionen
k	BOLTZMANN-Konstante
k_m	Stoffübergangszahl (auch β)
K	Gleichgewichtskonstante (ggf. mit Indices, z. B. K_p, K_c)
L	Länge
m	Masse
n	Anzahl, z. B. Molzahl
N_A	LOSCHMIDTsche Zahl
p	Druck
Q	Wärme
r	Reaktionsgeschwindigkeit
r	Radius
R	Gaskonstante
R	elektrischer Widerstand
S	Entropie
t	Zeit
T	Temperatur
u	Geschwindigkeit
U	elektrische Spannung
U	innere Energie
V	Molvolumen
v	Gesamtvolumen
x	Molenbruch in Flüssigkeiten
Y	Molenbruch in der Dampfphase
z	Anzahl elektrischer Elementarladungen
α	linearer Ausdehnungskoeffizient
α	Wärmeübergangszahl (Wärmeübergangskoeffizient)
α	Dissoziationsgrad

Symbols, Abbreviationes

The most important symbols used in the Encyclopedia are:

a	activity
A	work
c	concentration
C	capacity
c_p, c_v	specific heat at constant pressure and constant volume
C_p, C_v	molar heat capacity at const. pressure and const. volume
d	diameter
d	relative density (ϱ/ϱ_{H_2O})
D	diffusion coefficient
E	energy
E	electric field strength
E	electromotive force
E_A	activation energy
f	activity coefficient
F	HELMHOLTZ function
F	area
F	FARADAY constant
g	acceleration of free fall
G	GIBBS free energy
h	height
H	enthalpy
I	electric current
k	overall mass transfer coefficient
k	rate constant of chemical reaction
k	BOLTZMANN constant
k_m	mass transfer coefficient (also β)
K	equilibrium constant (if necessary with indices, e. g. K_p, K_c)
L	length
m	mass
n	number, e. g. number of gram moleculs
N_A	AVOGADRO constant
p	pressure
Q	heat
r	reaction rate
r	radius
R	gas constant
R	resistance
S	entropy
t	time
T	temperature
u	velocity
U	potential difference
U	internal energy
V	molar volume
v	total volume
x	mole fraction in liquids
Y	mole fraction in the vapor phase
z	valency of an ion
α	linear expansion coefficient
α	heat transfer number (heat transfer coefficient)
α	degree of dissociation

α	Trennfaktor	α	separation factor
β	Stoffübergangszahl (auch k_m)	β	mass transfer coefficient (also k_m)
γ	kubischer Ausdehnungskoeffizient	γ	cubic expansion coefficient
η	dynamische Viskosität	η	viscosity
$\varkappa$	c_p/c_v	$\varkappa$	c_p/c_v
λ	Wärmeleitzahl	λ	thermal conductivity
μ	chemisches Potential	μ	chemical potential
ν	stöchiometrische Anzahl der an einer Reaktion beteiligten Mole	ν	stoichiometric number of molecules
ν	Frequenz	ν	frequency
ν	kinematische Viskosität (η/ϱ)	ν	kinematic viscosity (η/ϱ)
π	osmotischer Druck	π	osmotic pressure
ϱ	Dichte	ϱ	density
σ	Oberflächenspannung	σ	surface tension
τ	Schubspannung	τ	shear stress
φ	elektrisches Potential	φ	electric potential
φ	Fugazitätskoeffizient	φ	fugacity coefficient
χ	Kompressibilität	χ	compressibility

Indices – Indices

0	als Index für reine Stoffe und zur Bezeichnung eines Anfangszustandes	0	as index for pure substances (components), and as symbol for initial state
–	für Mittelwerte, z. B. $\bar{x}$	–	marking for mean value, e. g. $\bar{x}$
·	für Differentialquotienten, also $\dot{x} = \mathrm{d}x/\mathrm{d}t$	·	marking for differential quotients, e. g. $\dot{x} = \mathrm{d}x/\mathrm{d}t$
G	für Gasphase	G	for gaseous phase
L	für Flüssigphase	L	for liquid phase
S	für feste Phase	S	for solid phase
k	kritischer Punkt	k	critical point

Abkürzungen – Abbreviations

Für *Patente* werden folgende Länderabkürzungen verwendet:

The following abbreviations are used in references to *patents:*

AU	Australien	AU	Australia
BE	Belgien	BE	Belgium
CA	Kanada	CA	Canada
CH	Schweiz	CH	Switzerland
CS	Tschechoslowakei	CS	Czechoslovakia
DK	Dänemark	DK	Denmark
DL	Deutschland (DDR)	DL	German Democratic Republic
DT	Deutschland (Bundesrepublik Deutschland)	DT	German Federal Republic
FR	Frankreich	FR	France
GB	Großbritannien	GB	Great Britain
HU	Ungarn	HU	Hungary
IL	Israel	IL	Israel
IT	Italien	IT	Italy
JA	Japan	JA	Japan
NL	Niederlande	NL	Netherlands
OE	Österreich	OE	Austria
SU	Sowjetunion	SU	Soviet Union
SW	Schweden	SW	Sweden
US	Vereinigte Staaten von Amerika	US	United States of America

Für *Zeitschriften* werden die in Chem. Abstracts üblichen Abkürzungen benutzt.

Journal titles are abbreviated in the same style as is used in Chem. Abstracts.

Grundlagen der Chemischen Thermodynamik

Prof. Dr. Gerhard M. Schneider, Ruhr-Universität Bochum, Lehrstuhl für Physikalische Chemie II

Symbolliste

A	Freie Energie bzw. HELMHOLTZsche Energie; Affinität
a_k	Aktivität der Komponente k
$B, C, D,$..	2., 3., 4., ... Virialkoeffizient
C_p	Wärmekapazität bei konstantem Druck
C_V	Wärmekapazität bei konstantem Volumen
c_k	Molarität des Stoffes k (Mole des Stoffes k pro Liter Lösung)
E	Energie; elektromotorische Kraft
$\vec{\mathfrak{E}}$	elektrische Feldstärke
F	FARADAYsche Konstante
f_k	Aktivitätskoeffizient der Komponente k (im allg. RAOULTscher Aktivitätskoeffizient)
G	Freie Enthalpie oder GIBBSsche Energie
H	Enthalpie (in der Technik häufig mit I bezeichnet)
$\vec{\mathfrak{H}}$	magnetische Feldstärke
K	Gleichgewichtskonstante; Zugkraft
L_i	Arbeitskoeffizient des Anteiles i
l_i	Arbeitskoordinate des Anteiles i
l	Länge
M	Molmasse
$\vec{\mathfrak{M}}$	Magnetisierung
m_k	Masse oder Molalität des Stoffes k (Mole des Stoffes k pro kg Lösungsmittel)
N	Anzahl der Komponenten
N_L	LOSCHMIDTsche Zahl
n_k	Molzahl der Komponente k
O	Oberfläche
P	Anzahl der Phasen
$\vec{\mathfrak{P}}$	elektrische Polarisation
p	Druck, Totaldruck
p_{0k}	Dampfdruck der reinen Komponente k
p_k	Partialdruck der Komponente k
p_k^*	Fugazität des Stoffes k
Q	Wärme
R	allgemeine Gaskonstante
r	Hauptkrümmungsradius; Zahl der unabhängigen Bedingungen für chemisches Gleichgewicht
S	Entropie
T	Temperatur
T_B	BOYLE-Temperatur
T_J	Inversionstemperatur
U	Innere Energie
V	Volumen
W	Arbeit
x_k	Molenbruch der Komponente k
Z	extensive Zustandsfunktion; Kompressibilitätsfaktor
Z_k	partielle molare Größe der Komponente k
$\bar{Z}_{298}^0$	Standard- oder Normalwert einer Zustandsgröße (pro Mol)
z_k	elektrochemische Wertigkeit der Komponente k
z	Zahl der zusätzlichen Bedingungen beim Phasengesetz
α	Trennfaktor
α_p	isobarer thermischer Ausdehnungskoeffizient
γ_V	isochorer Spannungskoeffizient
δ	JOULE-THOMSON Koeffizient
η_k	elektrochemisches Potential der Komponente k
η_{therm}	thermischer Wirkungsgrad
Θ	Bedeckungsgrad bei Adsorption
$\varkappa$	Adiabatenkoeffizient
μ_k	chemisches Potential der Komponente k
ν_k	stöchiometrischer Koeffizient des Reaktionspartners k
ξ	Reaktionslaufzahl
π	osmotischer Druck
ϱ	Dichte
σ	Oberflächenspannung bzw. Grenzflächenspannung
φ	elektrisches Potential
φ_k	Fugazitätskoeffizient der Komponente k
Φ_k	Volumenbruch oder osmotischer Koeffizient der Komponente k
χ_S	isentropische Kompressibilität
χ_T	isotherme Kompressibilität

Indices und ähnliches:

$0k$	(tiefgestellt) reiner Stoff k
k	(tiefgestellt) partielle molare Größe der Komponente k
—	(Symbol überstrichen) pro Mol; nach IUPAC: m (tiefgestellt)
$'$ und $''$	Phasenindices
E	(hochgestellt) Exzeßgröße
S	(hochgestellt) fester Aggregatzustand
L	(hochgestellt) flüssiger Aggregatzustand
G	(hochgestellt) gasförmiger Aggregatzustand
Ads	(hochgestellt) adsorbierte Phase
0	(hochgestellt) beim Standarddruck $p = 1$
p	(hochgestellt) beim Druck p
298	(tiefgestellt) bei der Standardtemperatur 298 K
T	(tiefgestellt) bei der Temperatur T

1. Allgemeine Grundlagen

1.1. Einleitung

Die Thermodynamik ist eine Theorie zur Beschreibung der makroskopischen Eigenschaften der Materie. Sie behandelt speziell die quantitativen makroskopischen Beziehungen zwischen der Wärmeenergie und anderen Energieformen und stellt allgemeine Zusammenhänge zwischen einigen experimentell zugänglichen makroskopischen Eigenschaften der Materie her.

Ziel des vorliegenden Artikels ist eine zusammenfassende Darstellung der wichtigsten Beziehungen der chemischen Thermodynamik; Kenntnis der Grundlagen (etwa im Umfang einer einführenden Hochschulvorlesung) und einiger mathematischer Grundbegriffe (z. B. partielles Differential, totales Differential, Zustandsfunktion, Satz von SCHWARZ) werden dabei vorausgesetzt. Die vorliegende Darstellung beschränkt sich auf die Betrachtung von Gleichgewichtszuständen und auf Zustandsänderungen, bei denen eine kontinuierliche Folge von Gleichgewichtszuständen durchlaufen wird.

Als eigentlicher Begründer der *chemischen Thermodynamik* ist J. W. GIBBS (1839–1903) anzusehen, der die mathematischen Zusammenhänge zwischen den Zustandsfunktionen und anderen thermodynamischen Größen besonders konsequent herausarbeitete und auch das *chemische Potential* einführte, dessen Benutzung die thermodynamische Beschreibung der Eigenschaften von Mischungen und Lösungen sowie von Phasen- und Reaktionsgleichgewichten erheblich vereinfacht. Die Behandlung der chemischen Thermodynamik nach der GIBBSschen Methode ist in den angelsächsischen Ländern schon seit Jahrzehnten üblich und ist nach 1950 auch in Deutschland weitgehend übernommen worden; sie wird in modifizierter Form auch in diesem Artikel benutzt.

Die wichtigsten Anwendungen der chemischen Thermodynamik sind:

a) Ermittlung, Korrelation und konsistente Darstellung der physikalischen Eigenschaften von reinen Stoffen und Mischungen und ihrer Beziehungen untereinander;

b) Deutung der Phasen- und Zustandsdiagramme von Einstoff- und Mischsystemen und Ermittlung thermodynamischer Größen aus dem Phasenverhalten;

c) Ermittlung der thermodynamischen Grundlagen von thermischen Trennverfahren, z. B. der Rektifikation, Gaschromatographie, Kristallisation usw.;

d) Vorausberechnung von chemischen Gleichgewichten in Abhängigkeit von Druck, Temperatur und Konzentration aus Daten der reinen Reaktionspartner;

e) Energieprobleme bei Trenn- und Produktionsverfahren;

f) viele physikalisch-chemische Methoden (z. B. Bestimmung der Molmasse, Reinheitskontrolle durch thermische Analyse, Erzeugung hoher und tiefer Temperaturen usw.).

Die *technische Thermodynamik* behandelt die Theorie der Wärmekraftmaschinen (z. B. Dampfmaschinen, Gasmaschinen wie Luftverdichter, Heißluftmaschinen und Kältemaschinen, Strömungsmaschinen wie Turboverdichter und Turbinen) und damit zusammenhängender Probleme wie Verbrennungserscheinungen (Verbrennungsmotoren, Raketenantriebe), Gasverflüssigung, thermische Verfahren zur Stofftrennung; ein weiteres wichtiges Gebiet ist die Ermittlung und Korrelation von Stoffdaten für die bei den genannten Prozessen benutzten Substanzen. Die technische Thermodynamik ist zu einer wichtigen selbständigen Disziplin geworden, die in speziellen Lehrbüchern und Monographien [B 1 — B 8] behandelt wird.

Da die klassische Thermodynamik sehr viele Teilchen betrachtet, ist sie unabhängig von der Atomistik und vom molekularen Aufbau der Materie. Dies hat eine Reihe von Vorteilen, z. B. Geschlossenheit und allgemeine Anwendbarkeit, wenige Axiome, geringe Zahl von Variablen, mathematische Einfachheit. Die Frage nach dem „warum“ der thermodynamischen Gesetze kann aber aus der klassischen Thermodynamik heraus nicht beantwortet werden. Aussagen hierzu ergeben sich aus der *statistischen Thermodynamik*, in der die Eigenschaften der Materie aus dem molekularen Aufbau begründet werden; sie soll nur an einigen Stellen gestreift werden (s. [C 1 — C 8]).

Moderne Entwicklungen der Thermodynamik beschäftigen sich mit der Ausweitung der Thermodynamik auf ungewöhnliche Bedingungen (z. B. extrem hohe oder tiefe Temperaturen, sehr hohe Drucke, Erdinneres, Sternatmosphären usw.), mit Einbeziehung der Schwerkraft (z. B. in Zentrifugen) sowie von hohen elektrischen und magnetischen Feldern, mit der quantitativen Erfassung von Plasmen (z. B. für die Energiekonversion, Erdatmosphäre) usw. In der näheren Zukunft werden sicherlich auch große Fortschritte auf dem Gebiet der statistischen Thermodynamik (s. [C 1 — C 8]) sowie bei der Entwicklung der Thermodynamik der irreversiblen Prozesse (s. [D 1 — D 4]) erzielt werden.

1.2. Definitionen und Hauptsätze

Vgl. dazu die Bücher [A 1 — A 15]; für eine kurze und dabei doch besonders anspruchsvolle und geschlossene Darstellung sei auf ein Buch von HAASE [D 3] verwiesen, an das sich auch die Formulierungen dieses Abschnitts verschiedentlich eng anlehnen.

1.2.1. Begriffe und Definitionen

Die Thermodynamik wird auf *Systeme* angewandt. Systeme bestehen a) aus einer einzigen *Phase*, d. h. einem einzigen makroskopisch homogenen Körper, oder b) aus einer endlichen Zahl von Phasen (sog. heterogene oder diskontinuierliche Systeme), oder sie sind c) kontinuierliche Systeme, bei denen Größen wie Druck, Dichte, Konzentration usw. stetig im Raum variieren; mit kontinuierlichen Systemen beschäftigt sich die Thermodynamik der irreversiblen Prozesse [D 1 — D 4]. Ein *Bereich* eines Systems besteht aus einer einzelnen Phase (homogenes System, eine Phase eines heterogenen Systems) oder aus einem Volumenelement.

Wände sind stoffundurchlässige und chemisch unveränderliche Hüllen, die ein System umgeben. Eine thermisch leitende Wand erlaubt die Einstellung des thermischen Gleichgewichtes. Eine thermisch isolierende oder adiabatische Wand läßt innere Zustandsänderungen am System nur durch Arbeitsaustausch mit der Umgebung zu.

Abgeschlossene Systeme sind in jeder Hinsicht von allen Einwirkungen der Umwelt isoliert (Abb. 1 — 1 a); bei *geschlossenen Systemen* ist Materieaustausch mit der Umgebung ausgeschlossen (Abb. 1 — 1 b), bei *offenen Systemen* dagegen zugelassen.

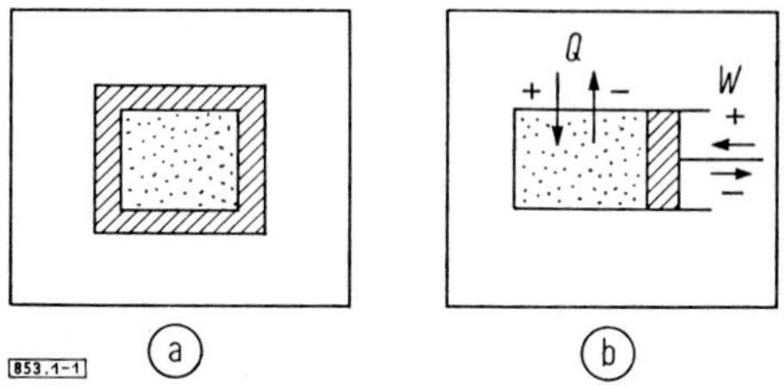

Abb. 1 — 1. Abgeschlossene (a) und geschlossene Systeme (b)

Das Verhalten eines Systems wird makroskopisch durch die *Zustandsvariablen* beschrieben. Man unterscheidet *äußere Koordinaten* (z. B. makroskopische Geschwindigkeiten des Gesamtsystems oder von zusammenhängenden Systemteilen, Lagekoordinaten in äußeren Kraftfeldern) und *innere Zustandsvariable*, die einen definierten inneren Zustand (z. B. Druck, Volumen, Mengen der einzelnen Bestandteile) charakterisieren und deren Änderung eine innere Zustandsänderung entspricht. Dabei haben *intensive Variable* (z. B. Druck, Temperatur, Dichte) unabhängig von den Mengen der Substanzen an jedem Punkt einen bestimmten (in homogenen Systemen überall gleichen) Wert, während *extensive Größen* von der Menge der einzelnen Stoffe abhängen und den n-fachen Wert annehmen, wenn alle Substanzmengen bei festen Werten der intensiven Zustandsvariablen n mal so groß werden (z. B. Volumen).

Eine grundlegende Rolle bei thermodynamischen Betrachtungen spielen die sog. *reversiblen oder quasistati-*

schen Prozesse, d. h. Vorgänge, bei denen in jedem Augenblick Gleichgewicht herrscht und sog. „dissipative" Effekte (z. B. Reibung, Stromdurchgang) vernachlässigt werden können. Ein reversibler Vorgang kann rückgängig gemacht werden, ohne daß Veränderungen in der Natur (d. h. in der gesamten Umgebung des Systems) zurückbleiben. Reversible Prozesse stellen idealisierte Grenzfälle dar gegenüber den *wirklichen oder natürlichen Prozessen*, die in der Natur mit endlicher Geschwindigkeit wirklich ablaufen (sog. irreversible Prozesse). Sehr langsam ablaufende Prozesse können als angenähert quasistatisch angesehen werden.

Bei der *Vorzeichen*festlegung hat man sich international geeinigt, daß alles, was ein System erhält, positiv gezählt wird (sog. altruistische Vorzeichenfestlegung; vgl. Abb. 1—1 b). Diese Vorzeichenregelung wird auch in diesem Artikel benutzt. In älteren Büchern und Werken der technischen Thermodynamik wird dagegen noch häufig die vom System geleistete Arbeit positiv gerechnet.

Die Grundlagen der Thermodynamik beruhen auf zwei Sätzen von axiomatischem Charakter, dem sog. *ersten* und *zweiten Hauptsatz* der Thermodynamik. Der erste Hauptsatz (s. Abschn. 1.2.4) macht eine Aussage über die Äquivalenz von Arbeit (s. Abschn. 1.2.3) und Wärme sowie über die Summe dieser beiden Energieformen und führt die Innere Energie U als Zustandsfunktion ein. Der zweite Hauptsatz erlaubt Aussagen zur Reihenfolge von aufeinanderfolgenden Zuständen; er ist mit der Einführung der Entropie S als Zustandsfunktion verknüpft und legt die Grundlagen für die quantitative Beschreibung des Gleichgewichtszustandes.

Daneben werden noch zwei weniger grundlegende Sätze als Hauptsätze bezeichnet; der sog. *nullte Hauptsatz* (s. Abschn. 1.2.2) bestimmt das thermische Gleichgewicht und führt die Temperatur T als Zustandsgröße ein, während der sog. *dritte Hauptsatz* (s. Abschn. 2.3.3) Aussagen über den Zahlenwert der Entropie reiner Substanzen bei 0 K macht.

1.2.2. Temperatur und nullter Hauptsatz

Bringt man zwei durch eine thermisch leitende Wand getrennte Systeme A und C miteinander in thermischen Kontakt, so stellt sich erfahrungsgemäß nach einiger Zeit thermisches Gleichgewicht ein. Man kann dann den beiden Systemen den gleichen Wert einer Zustandsgröße, die man Temperatur T nennt, zuordnen, d. h. in diesem Fall ist $T_A = T_C$. Steht noch ein weiteres System B im thermischen Gleichgewicht mit dem System C, so besteht auch thermisches Gleichgewicht zwischen A und B, d. h. in diesem Fall ist $T_A = T_B = T_C$. Dies ist die meistbenutzte Formulierung des nullten Hauptsatzes.

Die Anwendung dieses Satzes erlaubt u. a. die Messung der Temperatur T eines Systems B, das in einen Thermostaten C eintaucht, wenn man das System A durch ein sog. Thermometer (z. B. Flüssigkeitsth., Widerstandsth., Thermoelement) ersetzt.

Die Einführung der Temperatur über den nullten Hauptsatz ist zwar bequem aber nicht unbedingt notwendig. In der axiomatischen Thermodynamik (CARATHEODORY, s. [A 14]) wird die Temperatur T zusammen mit der Entropie S eingeführt; T ist hier der integrierende Nenner, der aus dem unvollständigen Differential $\mathrm{d}Q$ das vollständige Differential $\mathrm{d}S$ macht.

1.2.3. Arbeit

Für die bei einer infinitesimalen Zustandsänderung an einem System geleisteten Arbeit gilt

$$\mathrm{d}W = \mathrm{d}W_a + \mathrm{d}W_{rev} + \mathrm{d}W' \tag{1.2—1}$$

bzw. für eine endliche Zustandsänderung

$$W = W_a + W_{rev} + W' \tag{1.2—2}$$

Hier ist W_a die am Gesamtsystem geleistete Beschleunigungsarbeit und Arbeit gegen äußere Kraftfelder (z. B. Hubarbeit im Gravitationsfeld) und W_{rev} die am Gesamtsystem geleistete reversible Volumen-, Deformations-, Elektrisierungs-, Magnetisierungsarbeit usw. In W' sind alle übrigen Arbeitsanteile zusammengefaßt (z. B. Reibungsarbeit, elektrische Arbeit von äußeren Stromquellen, reversible Arbeit bei galvanischen Ketten) (vgl. [D 3]). Innere Zustandsänderungen des Systems werden nur durch W_{rev} und W', nicht aber durch W_a bewirkt.

Für die reversiblen Arbeitsanteile kann man allgemein schreiben

$$\mathrm{d}W_{rev} = \sum_i L_i \,\mathrm{d}l_i \tag{1.2—3}$$

wobei über alle Arbeitsanteile i zu summieren ist sowie, falls das System aus mehreren Bereichen besteht, zusätzlich über alle Bereiche. Hier ist l_i die jeweilige Arbeitskoordinate (extensive Größe) und L_i der jeweilige sog. Arbeitskoeffizient (intensive Größe). Beispiele für l_i und L_i sind in Tab. 1 angegeben. Der wichtigste Fall ist mit $l = V$ und $L = -p$ die reversible Volumenarbeit an einem isotropen System

$$\mathrm{d}W_{rev} = -p\,\mathrm{d}V \tag{1.2—4}$$

bzw. integriert zwischen den Grenzen V_I (Anfangsvolumen) und V_{II} (Endvolumen)

$$W_{rev} = -\int_{V_I}^{V_{II}} p\,\mathrm{d}V \tag{1.2—5}$$

Reversible Volumenarbeit läßt sich (angenähert) realisieren, wenn ein (nahezu) reibungsfrei gleitender

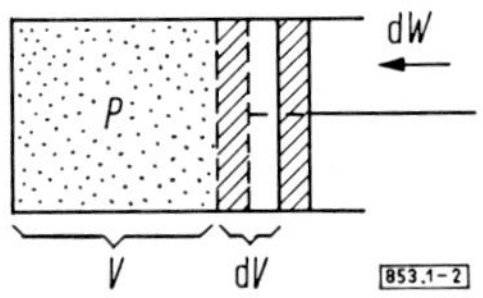

Abb. 1—2. Volumenarbeit an homogenen Systemen

Druckstempel in einem Zylinder sehr langsam verschoben wird (vgl. Abb. 1—2). Bleibt bei der Volumenarbeit der Druck p konstant (sog. Verschiebearbeit), so wird aus (1.2—5)

$$W_{rev} = p(V_I - V_{II}) \tag{1.2—6}$$

Tab. 1. Bedeutung der Arbeitskoordinaten l_i und Arbeitskoeffizienten L_i in einigen Fällen (vgl. HAASE [D3]).

Arbeit	l_i	L_i
Deformationsarbeit an einseitig gespanntem Stab	l (Länge)	K (Zugkraft)
Volumenarbeit	V	$-p$
Grenzflächenarbeit	O (Oberfläche)	σ (Grenzflächenspannung)
Elektrisierungsarbeit	$\mathfrak{P}\,V$ (gesamte elektr. Polarisat.)	$\vec{\mathfrak{E}}$ (elektr. Feldstärke)
Magnetisierungsarbeit	$\mathfrak{M}\,V$ (gesamte Magnetisierung)	$\vec{\mathfrak{H}}$ (magnet. Feldstärke)

1.2.4. Erster Hauptsatz

Die Gesamtenergie E eines geschlossenen Systems ist gegeben durch

$$E = E_{\mathrm{kin}} + E_{\mathrm{pot}} + U \qquad (1.2-7)$$

wobei E_{kin} die kinetische und E_{pot} die potentielle Energie sowie U die Innere Energie ist. Die Energie E kann verändert werden, wenn Arbeit W und/oder Wärme Q mit der Umgebung ausgetauscht wird, d. h. es gilt für eine infinitesimale Zustandsänderung

$$\mathrm{d}E = \mathrm{d}Q + \mathrm{d}W \qquad (1.2-8)$$

bzw. für eine endliche Zustandsänderung

$$\Delta E = Q + W \qquad (1.2-9)$$

Auf Änderungen der Inneren Energie wirken sich dabei nur die Arbeitsanteile W_{rev} und W' (Gl. 1.2−2) aus. Damit gilt für eine infinitesimale innere Zustandsänderung

$$\mathrm{d}U = \mathrm{d}Q + \mathrm{d}W_{\mathrm{rev}} + \mathrm{d}W' = \mathrm{d}Q + \sum_i L_i \mathrm{d}l_i + \mathrm{d}W' \qquad (1.2-10)$$

bzw. für eine endliche Zustandsänderung

$$\Delta U = U_{\mathrm{II}} - U_{\mathrm{I}} = Q + W_{\mathrm{rev}} + W' \qquad (1.2-11)$$

Die Innere Energe U ist eine Zustandsfunktion, die den inneren Zustand des Systems charakterisiert und deren Änderung ΔU nur vom Anfangszustand U_{I} und Endzustand U_{II}, nicht aber vom Weg der Änderung abhängt, während Q und W im allg. keine Zustandsfunktionen sind. Daraus folgt, daß zwar $\mathrm{d}U$, aber nicht $\mathrm{d}Q$ und $\mathrm{d}W$ totale Differentiale sind. Die Gl. (1.2−10) und (1.2−11) sind die meistbenutzten Formulierungen des *ersten Hauptsatzes.*

Falls an Arbeitsanteilen nur reversible Volumenarbeit zu berücksichtigen ist (d. h. für $W_{\mathrm{rev}} = \sum_i L_i \mathrm{d}l_i = -p\,\mathrm{d}V$ und $\mathrm{d}W' = 0$), vereinfachen sich die Beziehungen (1.2−10) und (1.2−11) zu

$$\mathrm{d}U = \mathrm{d}Q + \mathrm{d}W_{\mathrm{rev}} = \mathrm{d}Q - p\,\mathrm{d}V \qquad (1.2-12)$$

bzw.

$$\Delta U = Q + W_{\mathrm{rev}} \qquad (1.2-13)$$

Ist das System thermisch isoliert, d. h. adiabatisch, so ist $\mathrm{d}Q = 0$ und $\mathrm{d}U = -p\,\mathrm{d}V$ bzw. $\Delta U = W_{\mathrm{rev}}$. Wird dagegen das Volumen konstant gehalten (z. B. durch starre Wände), so ist $\mathrm{d}V = 0$ und $\mathrm{d}W_{\mathrm{rev}} = 0$ und damit $\mathrm{d}U = \mathrm{d}Q$ bzw. $\Delta U = Q$. Bei gleichzeitiger thermischer Isolierung ($\mathrm{d}Q = 0$) und Volumenkonstanz ($\mathrm{d}V = 0$ bzw. $\mathrm{d}W_{\mathrm{rev}} = 0$) ist demnach in einem geschlossenen System ($\mathrm{d}n = 0$, n = Molzahl) $\mathrm{d}U = 0$ bzw. $U = \mathrm{const}$ (*Satz von der Erhaltung der Energie*); ein solches System ist ein abgeschlossenes System, das demnach auch durch die Bedingungen $\mathrm{d}U = 0$, $\mathrm{d}V = 0$, $\mathrm{d}n = 0$ definiert werden kann. Treten Änderungen der potentiellen und/oder kinetischen Energie auf (z. B. bei Strömungsmaschinen), so sind diese entprechend zu berücksichtigen.

Für viele Anwendungen ist die Benutzung der *Enthalpie* H anstelle der Inneren Energie U günstiger; sie ist definiert durch

$$H \equiv U - \sum_i L_i l_i \qquad (1.2-14)$$

oder bei alleiniger Berücksichtigung von reversibler Volumenarbeit

$$H \equiv U + pV \qquad (1.2-15)$$

Verschiedentlich wird die Enthalpie nur durch Gl. (1.2−15) definiert. Da in der Definitionsgleichung von H nur Zustandsgrößen auftreten, ist H selbst eine Zustandsfunktion und $\mathrm{d}H$ ein totales Differential. Für $\mathrm{d}H$ gilt unter Verwendung des ersten Hauptsatzes in der vereinfachten Form der Beziehung (1.2−12)

$$\mathrm{d}H = \mathrm{d}U + p\,\mathrm{d}V + V\,\mathrm{d}p = \mathrm{d}Q + V\,\mathrm{d}p \qquad (1.2-16)$$

Die Beziehung (1.2−16) ist äquivalent der Formulierung des ersten Hauptsatzes nach Gl. (1.2−12). Ist das System thermisch isoliert, so ist $\mathrm{d}H = V\mathrm{d}p$, für isobare Vorgänge ist $\mathrm{d}H = \mathrm{d}Q$.

Besonders wichtige Größen in Zusammenhang mit der Wärme stellen die *Wärmekapazitäten* C_V und C_p dar. Führt man einem isotropen Körper eine Wärmemenge $\mathrm{d}Q$ zu, so wird sich im allg. eine Temperaturänderung $\mathrm{d}T$ ergeben. $\mathrm{d}Q/\mathrm{d}T$ wird als Wärmekapazität C des Systems bezeichnet. Wird bei der Zufuhr von Wärme das Volumen konstant gehalten, so ergibt sich die Wärmekapazität C_V bei konstantem Volumen

$$\left(\frac{\mathrm{d}Q}{\mathrm{d}T}\right)_V \equiv C_V \qquad (1.2-17)$$

Bleibt dagegen der Druck konstant, so folgt die Wärmekapazität bei konstantem Druck

$$\left(\frac{\mathrm{d}Q}{\mathrm{d}T}\right)_p \equiv C_p \qquad (1.2-18)$$

Wird an Arbeitsanteilen nur Volumenarbeit berücksichtigt, ergibt sich für ein geschlossenes System aus (1. 2−12) und (1.2−17) bzw. (1.2−16) und (1.2−18)

$$C_V = \left(\frac{\partial U}{\partial T}\right)_V \qquad (1.2-19)$$

$$C_p = \left(\frac{\partial H}{\partial T}\right)_p \qquad (1.2-20)$$

Verschiedentlich werden C_V bzw. C_p auch durch die Beziehungen (1.2−19) bzw. (1.2−20) definiert.

Werden C_V und C_p durch die Gesamtmolzahl n dividiert, so ergeben sich die auf 1 Mol bezogenen molaren Wärmekapazitäten (oft Molwärmen genannt) für konstantes Volumen $\bar{C}_V$ bzw. für konstanten Druck $\bar{C}_p$. Als direkt meßbare Größen sind Wärmekapazitäten für die chemische Thermodynamik von besonderer Wichtigkeit (vgl. z. B. Abschn. 2.1−2).

1.2.5. Zweiter Hauptsatz

Während die Wärme Q im allg. keine Zustandsfunktion und daher dQ kein totales Differential ist, zeigt die Erfahrung, daß für einen *reversiblen* Vorgang in einem geschlossenen System zwar nicht $\mathrm{d}Q_{\mathrm{rev}}$, wohl aber die Größe

$$\mathrm{d}S \equiv \frac{\mathrm{d}Q_{\mathrm{rev}}}{T} \qquad (1.2-21)$$

ein totales Differential und die so definierte Entropie S eine Zustandsfunktion ist. Damit gilt für eine endliche Zustandsänderung vom Zustand I zum Zustand II

$$\Delta S = S_{\mathrm{II}} - S_{\mathrm{I}} = \int_{\mathrm{I}}^{\mathrm{II}} \frac{\mathrm{d}Q_{\mathrm{rev}}}{T} \qquad (1.2-22)$$

oder speziell für einen Kreisprozeß (bei dem die Zustände I und II identisch sind)

$$\oint \mathrm{d}S = 0 \qquad (1.2-23)$$

Für alle *irreversiblen* Vorgänge in geschlossenen Systemen ist

$$\mathrm{d}S > \frac{\mathrm{d}Q}{T} \qquad (1.2-24)$$

bzw.

$$\Delta S = S_{\mathrm{II}} - S_{\mathrm{I}} > \int_{\mathrm{I}}^{\mathrm{II}} \frac{\mathrm{d}Q}{T} \qquad (1.2-25)$$

Die Beziehungen (1.2−21) − (1.2−25) sind Formulierungen des *zweiten Hauptsatzes* der Thermodynamik.

Die Beziehung (1.2−24) kann auch in anderer Form geschrieben werden. Man sieht dabei dS als aus zwei Anteilen bestehend an, einem äußeren Anteil $\mathrm{d_a}S$ und einem inneren Anteil $\mathrm{d_i}S$

$$\mathrm{d}S = \mathrm{d_a}S + \mathrm{d_i}S \qquad (1.2-26)$$

Hier ist $\mathrm{d_a}S = \frac{\mathrm{d}Q}{T} \gtreqless 0$ die mit der Umgebung ausgetauschte reduzierte Wärme, wobei für thermische Isolierung des Systems $\mathrm{d_a}S = 0$ gilt, und $\mathrm{d_i}S$ die aus irreversiblen Vorgängen im System resultierende Entropieänderung.

Für reversible Vorgänge gilt

$$\mathrm{d_i}S = 0 \quad \text{und} \quad \mathrm{d}S = \mathrm{d_a}S = \frac{\mathrm{d}Q_{\mathrm{rev}}}{T} \qquad (1.2-27)$$

Für irreversible Vorgänge ist

$$\mathrm{d_i}S > 0 \qquad (1.2-28)$$

Für den Spezialfall eines thermisch isolierten geschlossenen Systems folgt unmittelbar

$$\mathrm{d}S = \mathrm{d_i}S \geqslant 0 \qquad (1.2-29)$$

d. h. in einem thermisch isolierten geschlossenen System kann die Entropie nur ansteigen oder konstant bleiben; dasselbe gilt natürlich auch für ein abgeschlossenes System, das einen Spezialfall eines thermisch isolierten geschlossenen Systems darstellt (neben $\mathrm{d}Q = 0$ und $\mathrm{d}n = 0$ ist hier auch $\mathrm{d}W = 0$ bzw. $\mathrm{d}V = 0$).

Für einen isothermen Vorgang läßt sich das Integral in Gl. (1.2−25) direkt lösen, und es folgt für $T = \text{const}$

$$\Delta S \geqslant \frac{Q}{T} \qquad (1.2-30)$$

Andere Formulierungen des ersten und zweiten Hauptsatzes (bes. für technische Zwecke) sind in der Literatur angegeben (s. [A1−A15], [B1−B8]); hier sei besonders auf eine umfassendere Formulierung des zweiten Hauptsatzes von Haase [D3] hingewiesen.

1.3. Charakteristische Funktionen und Fundamentalgleichungen

Beschränkt man sich auf reversible Vorgänge und berücksichtigt an Arbeitsanteilen nur Volumenarbeit, so ergibt sich aus der Kombination des ersten Hauptsatzes in der Formulierung (1.2−12) und des zweiten Hauptsatzes in der Form (1.2−21) für ein geschlossenes System

$$\mathrm{d}U = T\mathrm{d}S - p\mathrm{d}V \qquad (1.3-1)$$

Gl. (1.3−1) gilt nur für Vorgänge ohne Änderung der Molzahl. Für die meisten chemisch interessanten Anwendungen spielt jedoch die Änderung der Molzahlen im System eine entscheidende Rolle, z. B. bei chemischen Reaktionen oder Materieaustausch mit der Umgebung (offenes System). Hier hängt eine Änderung der Inneren Energie dU nicht nur von der Änderung der Entropie dS und des Volumens dV sondern auch von den Molzahländerungen $\mathrm{d}n_1, \mathrm{d}n_2, \ldots, \mathrm{d}n_k, \ldots, \mathrm{d}n_N$ der Komponenten $1, 2, \ldots, k, \ldots, N$ ab. Für das totale Differential von $U(S, V, n_1, n_2, \ldots, n_k, \ldots, n_N)$ gilt dann

$$\mathrm{d}U = \left(\frac{\partial U}{\partial S}\right)_{V, n_k} \mathrm{d}S + \left(\frac{\partial U}{\partial V}\right)_{S, n_k} \mathrm{d}V + \sum_{k=1}^{N} \left(\frac{\partial U}{\partial n_k}\right)_{S, V, n_{j(j \neq k)}} \mathrm{d}n_k \qquad (1.3-2)$$

In Gl. (1.3−2) und den folgenden Beziehungen bedeuten die Indices n_k bzw. n_j, daß die Molzahlen aller Komponenten bzw. aller Komponenten außer der der Komponente k konstant zu halten sind.

Mit der Abkürzung

$$\left(\frac{\partial U}{\partial n_k}\right)_{S, V, n_{j(j \neq k)}} \equiv \mu_k \qquad (1.3-3)$$

folgt aus (1.3 – 2)

$$\mathrm{d}U = \left(\frac{\partial U}{\partial S}\right)_{V, n_k} \mathrm{d}S + \left(\frac{\partial U}{\partial V}\right)_{S, n_k} \mathrm{d}V + \\ + \sum_{k=1}^{N} \mu_k \mathrm{d}n_k \quad (1.3-4)$$

μ_k wird *chemisches Potential* der Komponente k genannt; es wurde von GIBBS (ursprünglich über Gl. (1.3 – 8)) eingeführt und ist die zentrale Größe der gesamten chemischen Thermodynamik. Die Berücksichtigung der Molzahländerungen in Gl. (1.3 – 1) führt zu

$$\mathrm{d}U = T\mathrm{d}S - p\mathrm{d}V + \sum_{k=1}^{N} \mu_k \mathrm{d}n_k \quad (1.3-5)$$

Der Vergleich zwischen (1.3 – 4) und (1.3 – 5) ergibt unmittelbar

$$\left(\frac{\partial U}{\partial S}\right)_{V, n_k} = T \quad (1.3-6)$$

$$\left(\frac{\partial U}{\partial V}\right)_{S, n_k} = -p \quad (1.3-7)$$

Löst man (1.3 – 5) nach $\mathrm{d}S$ auf, so folgt für das totale Differential der Entropie S

$$\mathrm{d}S = \frac{1}{T}\mathrm{d}U + \frac{p}{T}\mathrm{d}V + \sum_{k=1}^{N} \left(\frac{-\mu_k}{T}\right) \mathrm{d}n_k \quad (1.3-8)$$

Durch Umformen können andere Formulierungen der Beziehungen (1.3 – 5) und (1.3 – 8) gefunden werden. Aus der Definitionsgleichung (1.2 – 15) für die Enthalpie H ergibt sich z. B.

$$\mathrm{d}H = \mathrm{d}U + p\mathrm{d}V + V\mathrm{d}p$$

und nach Einsetzen von (1.3 – 5)

$$\mathrm{d}H = T\mathrm{d}S + V\mathrm{d}p + \sum_{k=1}^{N} \mu_k \mathrm{d}n_k \quad (1.3-9)$$

Führt man die Freie Energie oder HELMHOLTZsche Energie A über die Definitionsgleichung

$$A \equiv U - TS \quad (1.3-10)$$

ein, so ergibt sich

$$\mathrm{d}A = \mathrm{d}U - T\mathrm{d}S - S\mathrm{d}T$$

und unter Benutzung der Beziehung (1.3 – 5)

$$\mathrm{d}A = -S\mathrm{d}T - p\mathrm{d}V + \sum_{k=1}^{N} \mu_k \mathrm{d}n_k \quad (1.3-11)$$

Die wichtigste Größe der chemischen Thermodynamik ist die *Freie Enthalpie oder* GIBBS*sche Energie* G, die definiert ist durch

$$G \equiv H - TS \quad (1.3-12)$$

daraus folgt

$$\mathrm{d}G = \mathrm{d}H - T\mathrm{d}S - S\mathrm{d}T$$

und unter Benutzung von Gl. (1.3 – 9)

$$\mathrm{d}G = -S\mathrm{d}T + V\mathrm{d}p + \sum_{k=1}^{N} \mu_k \mathrm{d}n_k \quad (1.3-13)$$

Da in den Definitionsgleichungen (1.3 – 10) und (1.3 – 12) von A und G nur Zustandsgrößen auftreten, sind neben U, S und H auch A und G Zustandsfunktionen.

Die Beziehungen (1.3 – 5), (1.3 – 8), (1.3 – 9), (1.3 – 11) und (1.3 – 13) heißen GIBBS*sche Fundamentalgleichungen;* sie können auch auf 1 Mol Gesamtmaterie bezogen werden. Die Fundamentalgleichungen stellen die grundlegenden Gleichungen der gesamten Thermodynamik dar und gelten für geschlossene (für $\mathrm{d}n_k = 0$) und offene (für $\mathrm{d}n_k \neq 0$) Systeme. Obwohl sie hier nur für reversible Vorgänge abgeleitet wurden, sind sie auch auf irreversible Vorgänge anwendbar; dies ist nur aus einer weitergehenden Diskussion und Behandlung des zweiten Hauptsatzes verständlich (s. z. B. [A 1, D 3]). Sie beschreiben das System thermodynamisch in Abhängigkeit von den jeweiligen zugeordneten Variablen (sog. natürliche Variable*). Besteht das System aus mehreren Phasen (bzw. Bereichen), so sind die Fundamentalgleichungen auf jede Phase (bzw. jeden Bereich) einzeln anzuwenden.

Andere Arbeitsanteile als Volumenarbeit lassen sich berücksichtigen, wenn man in (1.3 – 5), (1.3 – 8) und (1.3 – 11) $p\mathrm{d}V$ durch $-\sum_i L_i \mathrm{d}l_i$ und in (1.3 – 9) und (1.3 – 13) $V\mathrm{d}p$ durch $-\sum_i l_i \mathrm{d}L_i$ ersetzt (vgl. Abschn. 1.2.3); gegebenenfalls müssen noch Arbeitsanteile aus W' in Gln. (1.2 – 1) und (1.2 – 2) berücksichtigt werden (z. B. aus der reversiblen Arbeit bei galvanischen Ketten).

Aus dem Vergleich der Fundamentalgleichungen mit dem jeweiligen totalen Differential der Zustandsfunktionen U, H, S, A und G ergeben sich analog zu (1.3 – 6) und (1.3 – 7) wichtige Differentialbeziehungen, die in Tab. 2 zusammengestellt sind.

Nach Tab. 2 gilt für das chemische Potential μ_k der Komponente k

$$\mu_k = \left(\frac{\partial U}{\partial n_k}\right)_{V, S, n_{j\,(j \neq k)}} = -T \left(\frac{\partial S}{\partial n_k}\right)_{U, V, n_{j\,(j \neq k)}} = \\ = \left(\frac{\partial H}{\partial n_k}\right)_{S, p, n_{j\,(j \neq k)}} = \left(\frac{\partial A}{\partial n_k}\right)_{V, T, n_{j\,(j \neq k)}} = \\ = \left(\frac{\partial G}{\partial n_k}\right)_{p, T, n_{j\,(j \neq k)}}$$

Ein Vergleich der aus (1.3 – 13) resultierenden Beziehung für das chemische Potential μ_k (s. Tab. 2) mit der Definitionsgleichung (1.4 – 2) einer partiellen molaren Größe

* Bei dem Merkschema von GUGGENHEIM sind die in den Ecken des Quadrates stehenden Größen die natürlichen Variablen der dazwischenstehenden Zustandsfunktionen. Die Pfeile verbinden die Variable mit dem jeweiligen partiellen Differentialquotienten der betreffenden Zustandsfunktion nach dieser Variablen; das Ergebnis ist positiv, wenn die Pfeilspitze auf das Ergebnis hinweist, bzw. negativ, wenn sie davon wegzeigt.

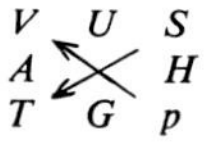

Tab. 2. Wichtige thermodynamische Differentialbeziehungen

$Z(X,Y,n_k)$	$\left(\frac{\partial Z}{\partial X}\right)_{Y,n_k}$	$\left(\frac{\partial Z}{\partial Y}\right)_{X,n_k}$	$\left(\frac{\partial Z}{\partial n_k}\right)_{X,Y,n_{j\,(j\neq k)}}$
$U(S,V,n_k)$	$\left(\frac{\partial U}{\partial S}\right)_{V,n_k}=T$	$\left(\frac{\partial U}{\partial V}\right)_{S,n_k}=-p$	$\left(\frac{\partial U}{\partial n_k}\right)_{S,V,n_{j\,(j\neq k)}}=\mu_k$
$U(T,V,n_k)$	$\left(\frac{\partial U}{\partial T}\right)_{V,n_k}=C_V$	$\left(\frac{\partial U}{\partial V}\right)_{T,n_k}=-\left(p-T\left(\frac{\partial p}{\partial T}\right)_{V,n_k}\right)$	
$H(S,p,n_k)$	$\left(\frac{\partial H}{\partial S}\right)_{p,n_k}=T$	$\left(\frac{\partial H}{\partial p}\right)_{S,n_k}=V$	$\left(\frac{\partial H}{\partial n_k}\right)_{S,p,n_{j\,(j\neq k)}}=\mu_k$
$H(T,p,n_k)$	$\left(\frac{\partial H}{\partial T}\right)_{p,n_k}=C_p$	$\left(\frac{\partial H}{\partial p}\right)_{T,n_k}=V-T\left(\frac{\partial V}{\partial T}\right)_{p,n_k}$	$\left(\frac{\partial H}{\partial n_k}\right)_{T,p,n_{j\,(j\neq k)}}\equiv H_k$
$S(U,V,n_k)$	$\left(\frac{\partial S}{\partial U}\right)_{V,n_k}=\frac{1}{T}$	$\left(\frac{\partial S}{\partial V}\right)_{U,n_k}=\frac{p}{T}$	$\left(\frac{\partial S}{\partial n_k}\right)_{U,V,n_{j\,(j\neq k)}}=-\frac{\mu_k}{T}$
$S(T,V,n_k)$	$\left(\frac{\partial S}{\partial T}\right)_{V,n_k}=\frac{C_V}{T}$	$\left(\frac{\partial S}{\partial V}\right)_{T,n_k}=\left(\frac{\partial p}{\partial T}\right)_{V,n_k}$	
$S(T,p,n_k)$	$\left(\frac{\partial S}{\partial T}\right)_{p,n_k}=\frac{C_p}{T}$	$\left(\frac{\partial S}{\partial p}\right)_{T,n_k}=-\left(\frac{\partial V}{\partial T}\right)_{p,n_k}$	$\left(\frac{\partial S}{\partial n_k}\right)_{T,p,n_{j\,(j\neq k)}}\equiv S_k$
$A(T,V,n_k)$	$\left(\frac{\partial A}{\partial T}\right)_{V,n_k}=-S$	$\left(\frac{\partial A}{\partial V}\right)_{T,n_k}=-p$	$\left(\frac{\partial A}{\partial n_k}\right)_{T,V,n_{j\,(j\neq k)}}=\mu_k$
$G(T,p,n_k)$	$\left(\frac{\partial G}{\partial T}\right)_{p,n_k}=-S$	$\left(\frac{\partial G}{\partial p}\right)_{T,n_k}=V$	$\left(\frac{\partial G}{\partial n_k}\right)_{T,p,n_{j\,(j\neq k)}}\equiv G_k=\mu_k$

zeigt, daß das chemische Potential μ_k gleichzeitig als partielle molare Freie Enthalpie G_k angesehen werden kann; im folgenden wird statt G_k durchweg die Bezeichnung μ_k verwendet.

Weitere Differentialbeziehungen ergeben sich aus der Anwendung des Satzes über die Vertauschbarkeit der Differentiationsfolge für die zweiten partiellen Ableitungen (SCHWARZscher Satz) der Zustandsfunktionen U, H, S, A und G. Einige der wichtigsten Beziehungen sind in Tab. 3 angegeben. Für die Praxis besonders wichtig sind die aus $\frac{\partial^2 G}{\partial n_k \partial T}=\frac{\partial^2 G}{\partial T \partial n_k}$ unter Verwendung der Tab. 2 und der Gl. (1.4–2) resultierende Beziehung für die partielle molare Entropie S_k

$$\left(\frac{\partial \mu_k}{\partial T}\right)_{p,n_k}=-S_k \tag{1.3–14}$$

sowie die aus $\frac{\partial^2 G}{\partial n_k \partial p}=\frac{\partial^2 G}{\partial p \partial n_k}$ sich ergebende Beziehung für das partielle Molvolumen V_k

$$\left(\frac{\partial \mu_k}{\partial p}\right)_{T,n_k}=V_k \tag{1.3–15}$$

Tab. 3. Weitere thermodynamische Differenzialbeziehungen

$Z(X,Y,n_k)$	$\frac{\partial^2 Z}{\partial X \partial Y}$	$=\frac{\partial^2 Z}{\partial Y \partial X}$	für $n_k=\text{const}$
$U(S,V,n_k)$	$\left(\frac{\partial T}{\partial V}\right)_{S,n_k}$	$=-\left(\frac{\partial p}{\partial S}\right)_{V,n_k}$	
$U(T,V,n_k)$	$\left(\frac{\partial C_V}{\partial V}\right)_{T,n_k}$	$=T\left(\frac{\partial^2 p}{\partial T^2}\right)_{V,n_k}$	
$H(S,p,n_k)$	$\left(\frac{\partial T}{\partial p}\right)_{S,n_k}$	$=\left(\frac{\partial V}{\partial S}\right)_{p,n_k}$	
$H(T,p,n_k)$	$\left(\frac{\partial C_p}{\partial p}\right)_{T,n_k}$	$=-T\left(\frac{\partial^2 V}{\partial T^2}\right)_{p,n_k}$	
$A(T,V,n_k)$	$-\left(\frac{\partial S}{\partial V}\right)_{T,n_k}$	$=-\left(\frac{\partial p}{\partial T}\right)_{V,n_k}$	
$G(T,p,n_k)$	$-\left(\frac{\partial S}{\partial p}\right)_{T,n_k}$	$=\left(\frac{\partial V}{\partial T}\right)_{p,n_k}$	

Selbstverständlich können alle thermodynamischen Funktionen auch in Abhängigkeit von anderen als den natürlichen Variablen geschrieben werden, sofern diese Variablen den Zustand vollständig beschreiben. Davon wird bei thermodynamischen Ableitungen häufig Gebrauch gemacht.

Als typisches und praktisch wichtiges Beispiel sei $U(T,V,n_1,n_2,\ldots,n_k,\ldots,n_N)$ angeführt. Für das totale Differential von U gilt

$$\mathrm{d}U=\left(\frac{\partial U}{\partial T}\right)_{V,n_k}\mathrm{d}T+\left(\frac{\partial U}{\partial V}\right)_{T,n_k}\mathrm{d}V+\sum_{k=1}^{N}\left(\frac{\partial U}{\partial n_k}\right)_{T,V,n_{j\,(j\neq k)}}\mathrm{d}n_k \tag{1.3–16}$$

Nach (1.2–19) ist

$$\left(\frac{\partial U}{\partial T}\right)_{V,n_k}=C_V$$

Aus (1.3–10) ergibt sich durch Ableitung

$$\left(\frac{\partial U}{\partial V}\right)_{T,n_k}=\left(\frac{\partial A}{\partial V}\right)_{T,n_k}+T\left(\frac{\partial S}{\partial V}\right)_{T,n_k}$$

Durch Umformen folgt unter Verwendung der Tab. 2

$$\left(\frac{\partial U}{\partial V}\right)_{T,n_k} = -\left(p - T\left(\frac{\partial p}{\partial T}\right)_{V,n_k}\right) \qquad (1.3-17)$$

Einsetzen von (1.2−19) und (1.3−17) in (1.3−16) führt zu

$$\mathrm{d}U = C_V \mathrm{d}T - \left(p - T\left(\frac{\partial p}{\partial T}\right)_{V,n_k}\right)\mathrm{d}V + \sum_{k=1}^{N}\left(\frac{\partial U}{\partial n_k}\right)_{T,V,n_{j\,(j\neq k)}}\mathrm{d}n_k \qquad (1.3-18)$$

Analog kann man ableiten

$$\mathrm{d}H = C_p \mathrm{d}T + \left(V - T\left(\frac{\partial V}{\partial T}\right)_{p,n_k}\right)\mathrm{d}p + \sum_{k=1}^{N} H_k \mathrm{d}n_k \qquad (1.3-19)$$

wobei

$$\left(\frac{\partial H}{\partial n_k}\right)_{T,p,n_{j\,(j\neq k)}} \equiv H_k \qquad (1.3-20)$$

gesetzt wurde, und H_k nach Gl. (1.4−2) die partielle molare Enthalpie ist.

Aus (1.3−10) und (1.3−12) ergeben sich unter Benutzung der in Tab. 2 angegebenen Differentialausdrücke für S folgende wichtige Beziehungen:

$$U = A - T\left(\frac{\partial A}{\partial T}\right)_{V,n_k} \qquad (1.3-21)$$

$$H = G - T\left(\frac{\partial G}{\partial T}\right)_{p,n_k} \qquad (1.3-22)$$

Sie werden als GIBBS-HELMHOLTZ-Gleichungen bezeichnet. Aus (1.3−21) und (1.3−22) und Tab. 2 folgt

$$\left(\frac{\partial \frac{A}{T}}{\partial T}\right)_{V,n_k} = -\frac{U}{T^2} \qquad (1.3-23)$$

$$\left(\frac{\partial \frac{G}{T}}{\partial T}\right)_{p,n_k} = -\frac{H}{T^2} \qquad (1.3-24)$$

Die Zustandsfunktionen $\frac{A}{T}$ bzw. $\frac{G}{T}$ werden als MASSIEUsche bzw. PLANCKsche Funktionen bezeichnet. Sie wurden früher viel benutzt, spielen jedoch heute keine wichtige Rolle mehr.

Weitere Differentialbeziehungen erhält man durch geschicktes Umformen oder besonders elegant über die Anwendung von JACOBI-Determinanten (vgl. [A 2, G 1]).

Zu einem tieferen Verständnis der Zusammenhänge kann man gelangen, wenn man H, A und G als LEGENDRE-Transformierte von U ansieht; Größen, die durch LEGENDRE-Transformation aus U gewonnen werden, nennt man Potentiale (vgl. [A 10], [A 11].

1.4. Partielle molare Größen und GIBBS-DUHEM Beziehung

Da der Zustand eines homogenen Systems durch die Temperatur T, den Druck p (bzw. die Arbeitskoeffizienten L_i) und die Molzahlen der N Komponenten n_1, $n_2, \ldots, n_k, \ldots, n_N$ festgelegt ist, können alle thermodynamischen Zustandsfunktionen Z (z. B. U, H, S, A, G, V) als Funktion von T, p (bzw. der L_i) und allen n_k ausgedrückt werden. Für das totale Differential von Z gilt

$$\mathrm{d}Z = \left(\frac{\partial Z}{\partial T}\right)_{p,n_k}\mathrm{d}T + \left(\frac{\partial Z}{\partial p}\right)_{T,n_k}\mathrm{d}p + \sum_{k=1}^{N}\left(\frac{\partial Z}{\partial n_k}\right)_{T,p,n_{j(j\neq k)}}\mathrm{d}n_k \qquad (1.4-1)$$

Nach LEWIS-RANDALL [A 6] führt man die Abkürzung

$$\left(\frac{\partial Z}{\partial n_k}\right)_{T,p,n_{j(j\neq k)}} \equiv Z_k \qquad (1.4-2)$$

ein und nennt Z_k die zu der extensiven Zustandsfunktion Z gehörende partielle molare Größe der Komponente k in der Mischung. Mit (1.4−2) folgt aus (1.4−1)

$$\mathrm{d}Z = \left(\frac{\partial Z}{\partial T}\right)_{p,n_k}\mathrm{d}T + \left(\frac{\partial Z}{\partial p}\right)_{T,n_k}\mathrm{d}p + \sum_{k=1}^{N} Z_k \mathrm{d}n_k \qquad (1.4-3)$$

oder

$$\mathrm{d}Z = \sum_{k=1}^{N} Z_k \mathrm{d}n_k = Z_1 \mathrm{d}n_1 + Z_2 \mathrm{d}n_2 + \ldots + Z_k \mathrm{d}n_k \ldots + Z_N \mathrm{d}n_N \qquad (1.4-4)$$

für $T = \text{const}$ und $p = \text{const}$

Die partiellen molaren Größen sind von grundlegender Wichtigkeit in der Thermodynamik der Mischungen und Lösungen, da sie direkt mit den für die Chemie besonders wichtigen Variablen T, p, n_1, n_2, ..., n_N verknüpft sind. Während die Zustandsfunktionen extensive Größen sind, sind die partiellen molaren Größen intensiv, sie hängen also nicht von der Menge ab und sind jeweils für jede Komponente k an allen Stellen eines im Gleichgewicht befindlichen homogenen Systems gleich.

Aus der Definitionsgleichung (1.4−2) folgt für einen reinen Stoff k (d. h. für $n_j = 0$)

$$Z_k = \bar{Z}_{0k} \qquad (1.4-4a)$$

$\bar{Z}_{0k}$ ist die Zustandsfunktion Z pro ein Mol des reinen Stoffes k.

Aus (1.4−4) ergibt sich durch Integration oder direkt aus der Theorie der homogenen Funktionen ersten Grades

$$Z = \sum_{k=1}^{N} Z_k n_k \qquad (1.4-5)$$

(diese Integration ist keineswegs trivial, vgl. [A1−A15, bes. [A6]). Differentiation führt zu

$$\mathrm{d}Z = \sum_{k=1}^{N} Z_k \mathrm{d}n_k + \sum_{k=1}^{N} n_k \mathrm{d}Z_k \qquad (1.4-6)$$

Ein Vergleich der Beziehung (1.4−6) mit dem totalen Differential $\mathrm{d}Z$ in Gl. (1.4−3) ergibt

$$\sum_{k=1}^{N} n_k \,\mathrm{d}Z_k - \left(\frac{\partial Z}{\partial T}\right)_{p,n_k} \mathrm{d}T - \left(\frac{\partial Z}{\partial p}\right)_{T,n_k} \mathrm{d}p = 0 \qquad (1.4-7)$$

bzw.

$$\sum_{k=1}^{N} n_k \,\mathrm{d}Z_k = 0 \quad \text{für } T = \text{const und } p = \text{const} \qquad (1.4-8)$$

Für je ein Mol Gesamtmischung (die entsprechenden Größen werden durch einen darüber gesetzten Querstrich gekennzeichnet, während nach Vorschlägen der IUPAC molare Größen durch ein tiefgestelltes m bezeichnet werden) wird aus (1.4−5), (1.4−7) und (1.4−8) nach Division durch die Gesamtmolzahl $n = \sum_{k=1}^{N} n_k$ und Einführen des Molenbruches x_k der Komponente k

$$\bar{Z} = \sum_{k=1}^{N} x_k Z_k \qquad (1.4-9)$$

$$\sum_{k=1}^{N} x_k \,\mathrm{d}Z_k - \left(\frac{\partial \bar{Z}}{\partial T}\right)_{p,x_j} \mathrm{d}T - \left(\frac{\partial \bar{Z}}{\partial p}\right)_{T,x_j} \mathrm{d}p = 0 \qquad (1.4-10)$$

mit $j = 1, 2, \ldots, N-1$

bzw.

$$\sum_{k=1}^{N} x_k \,\mathrm{d}Z_k = 0 \quad \text{für } T = \text{const und } p = \text{const} \qquad (1.4-11)$$

Die Beziehungen (1.4−7), (1.4−8), (1.4−10) und (1.4−11) stellen allgemeine Formulierungen der GIBBS-DUHEM-Beziehung dar. Ausführliche Diskussion der Ableitung (besonders der Beziehungen (1.4−5)−(1.4−7)) s. Literatur [A1−A15], besonders [A3], [A6].

Z_k hängt von der Temperatur T, vom Druck p und $(N-1)$ unabhängigen Molenbrüchen ab. Ändert man nur den Molenbruch x_j der Komponente j (auf Kosten von x_N) und läßt alle übrigen $(N-2)$ unabhängigen Molenbrüche konstant, so führt Einsetzen in (1.4−10) zu

$$\sum_{k=1}^{N} x_k \left(\frac{\partial Z_k}{\partial x_j}\right)_{T,p} = 0 \qquad (1.4-12)$$

mit $k = 1, 2, \ldots, N$ und $j = 1$ oder 2 oder 3 usw. Beziehung (1.4−12) ist eine allgemeine Formulierung der GIBBS-DUHEM-MARGULES-Gleichung.

In (1.4−1)−(1.4−12) kann für Z eine beliebige Zustandsfunktion (U, H, S, A, G, V) eingesetzt werden. Die wichtigste Anwendung ist für $Z = G$ und $Z_k = (\partial G/\partial n_k)_{T,p,n_{j(j\neq k)}} \equiv \mu_k$. Speziell aus (1.4−7) folgt mit Tab. 2

$$\sum_{k=1}^{N} n_k \,\mathrm{d}\mu_k - V\mathrm{d}p + S\mathrm{d}T = 0 \qquad (1.4-13)$$

bzw. für ein Mol Mischung nach (1.4−10)

$$\sum_{k=1}^{N} x_k \,\mathrm{d}\mu_k - \bar{V}\mathrm{d}p + \bar{S}\mathrm{d}T = 0 \qquad (1.4-14)$$

und aus (1.4−12)

$$\sum_{k=1}^{N} x_k \left(\frac{\partial \mu_k}{\partial x_j}\right)_{T,p} = 0 \qquad (1.4-15)$$

mit $k = 1, 2, \ldots, N$ und $j = 1$ oder 2 oder 3 usw.

Die Anwendung von (1.4−2) auf (1.3−12) führt zu der wichtigen Beziehung

$$\mu_k = H_k - TS_k \qquad (1.4-15a)$$

Im folgenden sollen noch einige Eigenschaften partieller molarer Größen am speziellen Beispiel des Volumens V eines binären Mischsystems mit den Komponenten 1 und 2 erläutert werden. Die wichtigen Beziehungen (1.4−2), (1.4−9) und (1.4−12) erhalten dann die Form

$$\left(\frac{\partial V}{\partial n_1}\right)_{T,p,n_2} = V_1 \qquad \left(\frac{\partial V}{\partial n_2}\right)_{T,p,n_1} = V_2 \qquad (1.4-16)$$

$$\bar{V} = x_1 V_1 + x_2 V_2 \qquad (1.4-17)$$

$$x_1 \left(\frac{\partial V_1}{\partial x_j}\right)_{T,p} + x_2 \left(\frac{\partial V_2}{\partial x_j}\right)_{T,p} = 0 \qquad (1.4-18)$$

für $j = 1$ oder 2

Aus Messungen der Dichte ϱ_M (z. B. mit einem Pyknometer) von binären Mischungen verschiedener Konzentration läßt sich das Molvolumen $\bar{V}$ der Mischung nach der Beziehung $\bar{V} = (x_1 M_1 + x_2 M_2)/\varrho_M$ berechnen; hier sind x_1 und x_2 die Molenbrüche bzw. M_1 und M_2 die Molmassen der Komponenten 1 und 2. Für konstante Temperatur und konstanten Druck habe die $\bar{V}(x_1)$-Kurve die in Abb. 1−3a schematisch angegebene Form. Für die Steigung der Tangente an diese Kurve folgt aus (1.4−17) durch Differentiation nach $\mathrm{d}x_1$ unter Benutzung der GIBBS-DUHEM-MARGULES-Gl. (1.4−18) $(\partial \bar{V}/\partial x_1)_{T,p} = V_1 - V_2$ und für die Gleichung der Tangente selbst $\bar{V} = (V_1 - V_2)x_1 + V_2$. Daraus lassen sich V_1 und V_2 experimentell bestimmen: Für eine gegebene Konzentration x_1 sind V_1 (bzw. V_2) gleich den Ordinatenabschnitten der Tangente an die $\bar{V}(x_1)$-Kurve (= Methode der Tangentenkonstruktion, s. Abb. 1−3a). Ist die $\bar{V}(x_1)$-Kurve eine Gerade (dies ist bei idealen Mischungen der Fall), so fallen Kurve und Tangente zusammen, und für alle Konzentrationen ist $V_1 = \bar{V}_{01}$ und $V_2 = \bar{V}_{02}$ (s. Abb. 1−3b). Aus Abb. 1−3c lassen sich die Grenzwerte von V_1 und V_2 bei nichtidealem Verhalten direkt ablesen:

$$\lim_{x_1 \to 1} V_1 = \bar{V}_{01} \qquad \lim_{x_2 \to 1} V_2 = \bar{V}_{02} \qquad (1.4-19)$$

$$\lim_{x_1 \to 0} V_1 = \text{endl.} \qquad \lim_{x_2 \to 0} V_2 = \text{endl.}$$

Zur Bestimmung von V_1 und V_2 kann man auch die experimentell ermittelte $\bar{V}(x_1)$-Kurve analytisch darstellen, z. B. durch Ausgleichsrechnung in einer Potenzreihe nach x_1 oder nach der sog. symmetrischen Variablen $(2x_1 - 1)$ und V_1 und V_2 aus den Beziehungen

$$V_1 = \bar{V} + x_2 \left(\frac{\partial \bar{V}}{\partial x_1}\right)_{T,p} \qquad (1.4-20)$$

$$V_2 = \bar{V} - x_1 \left(\frac{\partial \bar{V}}{\partial x_1}\right)_{T,p} \qquad (1.4-21)$$

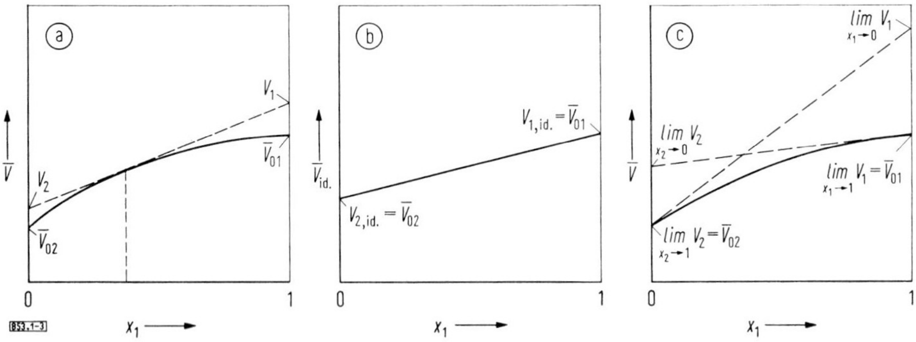

Abb. 1 – 3. Bestimmung partieller Molvolumina nach der Methode der Tangentenkonstruktion
a reales System, *b* ideales System, *c* Grenzwerte

berechnen, die unter Benutzung von $(\partial\bar{V}/\partial x_1)_{T,p} = V_1 - V_2$ aus (1.4–17) gewonnen werden können.

Abb. 1–4 zeigt als Beispiel für das System Äthanol(1)–H_2O(2) die isotherm-isobare $\bar{V}(x_1)$-Kurve für $p = 1$ atm und $T = 20\,°C$ (Abb. 1–4a), die entsprechenden $V_1(x_1)$- und $V_2(x_1)$-Kurven (Abb. 1–4b) sowie die $\Delta V_1(x_1)$- und $\Delta V_2(x_1)$-Kurven (Abb. 1–4c), wo $\Delta V_1 \equiv V_1 - \bar{V}_{01}$ und $\Delta V_2 \equiv V_2 - \bar{V}_{02}$ (s. Gl. 3.2–4) die partiellen molaren Mischungsvolumina der Komponenten 1 und 2 sind.

Besonders wichtige Anwendungen hat die GIBBS-DUHEM-MARGULES-Gl. (1.4–12), nach der die Steigungen der isotherm-isobaren $Z_1(x_1)$- und $Z_2(x_1)$-Kurven in der durch die Beziehung

$$\frac{(\partial Z_1/\partial x_1)_{T,p}}{(\partial Z_2/\partial x_1)_{T,p}} = -\frac{x_2}{x_1} \qquad (1.4-22)$$

gegebenen Relation stehen müssen. Dieser Zusammenhang kann (wenn sich Z_1 und Z_2 unabhängig voneinander bestimmen lassen) zur Prüfung von Meßwerten auf *thermodynamische Konsistenz*, d. h. thermodynamische Widerspruchsfreiheit, dienen. So müssen für $x_1 = x_2 = 0{,}5$ die Steigungen der $Z_1(x_1)$- und $Z_2(x_1)$-Kurven entgegengesetzt gleich sein; treten Extremwerte auf, so müssen beide Kurven für dieselbe Konzentration durch Extremwerte (jeweils die eine durch ein Maximum und die andere durch ein Minimum) gehen (vgl. Abb. 1–4b und 1–4c; s. Abschn. 4.6.3).

Besonders interessante Folgerungen ergeben sich für Randkonzentrationen, z. B. für $x_2 \to 0$ bzw. $x_1 \to 1$. Nach (1.4–22) können dann zwei Fälle auftreten

1. Fall: $\lim\limits_{x_1 \to 1} (\partial Z_1/\partial x_1)_{T,p} = 0$ und

$\lim\limits_{x_2 \to 0} (\partial Z_2/\partial x_1)_{T,p} = \text{endl.}$

2. Fall: $\lim\limits_{x_1 \to 1} (\partial Z_1/\partial x_1)_{T,p} = \mp\,\text{endl.}$ und

$\lim\limits_{x_2 \to 0} (\partial Z_2/\partial x_1)_{T,p} = \pm\infty$

Fall 1 tritt z. B. für $Z = V$, Fall 2 für $Z = G$ auf (vgl. [A 8]).

Ist nur eine der beiden $Z_k(x_1)$-Kurven, z. B. $Z_2(x_1)$, bekannt, so kann man die zweite aus (1.4–22) durch Integration erhalten:

$$Z_1 - \bar{Z}_{01} = -\int\limits_{x_1=1}^{x_1=x_1} \frac{x_2}{x_1}\left(\frac{\partial Z_2}{\partial x_1}\right)_{T,p} \mathrm{d}x_1 \qquad (1.4-23)$$

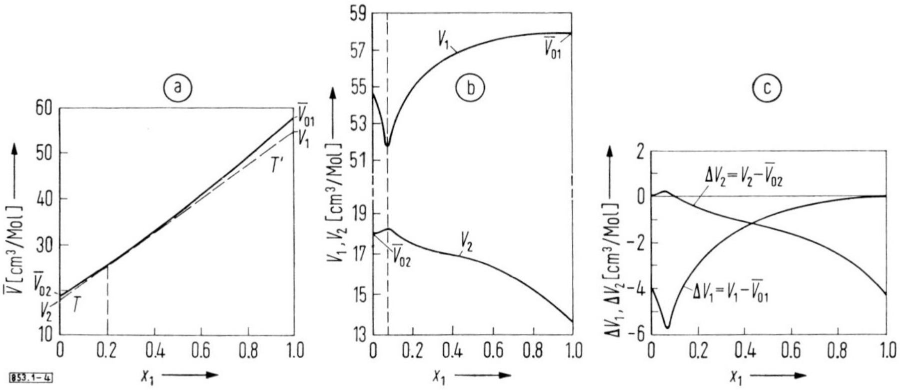

Abb. 1 – 4. System Äthanol (1) – H_2O (2) bei 1 atm und 20 °C
a Molvolumen $\bar{V}$, *b* partielle Molvolumina V_1 und V_2, *c* partielle Mischungsvolumina ΔV_1 und ΔV_2 in Abhängigkeit vom Molenbruch x_1 des Äthanols

Oft werden in der Praxis anstelle der partiellen molaren Größen Z_k die sog. *scheinbaren molaren Größen* Z_k^S benutzt, die für eine Lösung des Stoffes 2 in einem Lösungsmittel 1 definiert sind durch

$$Z_2^S \equiv \frac{\bar{Z} - x_1 \bar{Z}_{01}}{x_2} \qquad (1.4-24)$$

und leicht mit großer Genauigkeit direkt aus den gemessenen Größen $\bar{Z}$, $\bar{Z}_{01}$ und x_1 bestimmt werden können. Da nach (1.4−19) $\lim Z_1 = \bar{Z}_{01}$ für $x_1 \to 1$ gilt, werden für sehr kleine Konzentrationen an Stoff 2 (exakt für $x_2 \to 0$) die scheinbare molare Größe Z_2^S und die partielle molare Größe Z_2 einander gleich.

Die physikalische Bedeutung der partiellen molaren Größen darf nicht überschätzt werden. Es handelt sich dabei um typische thermodynamische Größen, die das meßbare makroskopische Verhalten der Stoffe beschreiben, ohne über das molekulare Geschehen, das diesem Verhalten zugrunde liegt, direkt Auskunft zu geben (z. B. besitzt das Salz in verdünnten wäßrigen Salzlösungen ein negatives partielles Molvolumen).

1.5. Gleichgewichtsbedingungen

Alle Gleichgewichtsbedingungen gehen auf den zweiten Hauptsatz zurück, der Aussagen über die Richtung von freiwillig ablaufenden Vorgängen macht. Nach Gl. (1.2−29) kann die Entropie S in einem abgeschlossenen System nur steigen und schließlich im Gleichgewichtszustand einen Maximalwert erreichen. Im Gleichgewichtszustand laufen keine makroskopisch wahrnehmbaren Prozesse mehr ab; die Zahlenwerte der intensiven Variablen sind zeitunabhängig. Eine mathematische Formulierung dieser Aussage stellt die Beziehung

$$\mathrm{d}S = 0 \text{ für } U = \text{const},\ V = \text{const},\ n_k = \text{const} \qquad (1.5-1)$$

dar, wobei die Nebenbedingungen den gegen die Umwelt völlig abgeschlossenen Zustand des Systems charakterisieren. Liegen mehrere Bereiche (z. B. mehrere Phasen) vor, so ist jeweils über alle Bereiche α zu summieren (U^α bedeutet U des Bereiches α usw.):

$$\mathrm{d}S = \sum_\alpha \mathrm{d}S^\alpha = 0 \text{ für } U = \sum_\alpha U^\alpha = \text{const} \qquad (1.5-2)$$

$$V = \sum_\alpha V^\alpha = \text{const}$$

$$n_k = \sum_\alpha n_k^\alpha = \text{const}$$

Die Beziehungen stellen die allgemeinste Formulierung der Gleichgewichtsbedingungen für ein abgeschlossenes homogenes (1.5−1) oder heterogenes (1.5−2) System dar.

Für die praktische Anwendung ist jedoch eine Erweiterung auf nicht abgeschlossene Systeme notwendig. Dazu wird zunächst ein geschlossenes System (d. h. $n_k = \text{const}$), das mit der Umgebung Wärme und Arbeit, jedoch keine Materie austauscht, betrachtet. Nach (1.2−21) und (1.2−24) gilt dann

$$\frac{\mathrm{d}Q}{T} - \mathrm{d}S \leqslant 0$$

bzw. unter Benutzung des ersten Hauptsatzes in der Form (1.2−12) und unter der Voraussetzung, daß $T > 0$ ist

$$\mathrm{d}U - T\,\mathrm{d}S + p\,\mathrm{d}V \leqslant 0$$

oder

$$\mathrm{d}(U + pV - TS) \leqslant 0 \qquad (1.5-3)$$

für $T = \text{const}$ und $p = \text{const}$

Unter Verwendung der Definitionsgleichung (1.3−12) für die Freie Enthalpie G läßt sich Gl. (1.5−3) auch in der Form

$$\mathrm{d}G \leqslant 0 \text{ für } T = \text{const und } p = \text{const} \qquad (1.5-4)$$

schreiben. Gl. (1.5−4) besagt, daß in einem geschlossenen System bei konstanter Temperatur und konstantem Druck die Freie Enthalpie G nur kleiner werden kann und im Gleichgewicht einem Minimum zustrebt entsprechend der Bedingung

$$\mathrm{d}G = 0 \text{ für } p = \text{const},\ T = \text{const},\ n_k = \text{const} \qquad (1.5-5)$$

Völlig analog ergeben sich weitere Formulierungen des Gleichgewichtskriteriums

$$\mathrm{d}U = 0 \text{ für } S = \text{const},\ V = \text{const},\ n_k = \text{const} \qquad (1.5-6)$$

$$\mathrm{d}H = 0 \text{ für } S = \text{const},\ p = \text{const},\ n_k = \text{const} \qquad (1.5-7)$$

$$\mathrm{d}A = 0 \text{ für } V = \text{const},\ T = \text{const},\ n_k = \text{const} \qquad (1.5-8)$$

Aus den genannten Beziehungen lassen sich spezielle Gleichgewichtsbedingungen gewinnen; die wichtigsten werden anschließend kurz besprochen. Für die notwendigen grundsätzlichen Erörterungen, eine umfassendere und tiefergehende Behandlung (z. B. unter der Benutzung virtueller Verrückungen aus der Gleichgewichtslage und von LAGRANGEschen Multiplikatoren bei der Lösung der resultierenden Extremalaufgaben mit Nebenbedingungen) sowie für die Diskussion spezieller Fälle (z. B. wenn der Gleichgewichtszustand prinzipiell nur von einer Seite erreicht werden kann) muß auf die Literatur verwiesen werden, z. B. [A 1−A 15] bes. [A 3], [A 4], [A 14], [D 3].

Besonders wichtig sind die Bedingungen für *Phasengleichgewicht* in einem heterogenen System, das aus den Phasen ′, ″, . . ., α, . . ., P besteht. Aus den angeführten allgemeinen Gleichgewichtsbedingungen kann man ableiten, daß in allen Phasen eines heterogenen Systems im Gleichgewicht die Temperatur T, der Druck p und das chemische Potential μ_k jeder Komponente k gleich sein muß, d. h. es gilt

$$T' = T'' = \ldots = T^\alpha = \ldots = T^\mathrm{P}$$

(thermisches Gleichgew.) (1.5−9)

$$p' = p'' = \ldots = p^\alpha = \ldots = p^\mathrm{P}$$

(mechanisches Gleichgew.) (1.5−10)

$$\mu_k' = \mu_k'' = \ldots = \mu_k^\alpha = \ldots = \mu_k^\mathrm{P}$$

(stoffliches Gleichgew.) (1.5−11)

Die Beziehungen (1.5−10) und (1.5−11) gelten nur bei Abwesenheit halbdurchlässiger Wände. Für zwei sich berührende Phasen, deren Grenzfläche stark gekrümmt ist, gilt statt (1.5−10)

$$p' - p'' = \sigma \left(\frac{1}{r_1} + \frac{1}{r_2} \right) \quad (1.5-12)$$

r_1 und r_2 sind die Hauptkrümmungsradien der Grenzfläche und σ die Grenzflächenspannung; r_1 und r_2 sind positiv zu rechnen, wenn sie in der Phase ′ liegen. Für $r_1 = r_2$ ist $p' - p'' = \frac{2\sigma}{r}$.

Beziehung (1.5−11) *für stoffliches Gleichgewicht* ist Ausgangspunkt für die thermodynamische Beschreibung der Phasengleichgewichte. Wegen ihrer Wichtigkeit soll sie im folgenden abgeleitet werden:

Ein System enthalte die mit ebener Grenzfläche direkt aneinander grenzenden Mischphasen ′ und ″ und befinde sich im thermodynamischen Gleichgewicht, d. h. thermisches und mechanisches Gleichgewicht (Gl. (1.5−9) bzw. (1.5−10)) sind eingestellt, und die Verteilung der Mischungskomponenten auf die Phasen entspricht der Gleichgewichtsverteilung. Überführt man die Molzahl dn_k der Komponente k bei konstanter Temperatur und konstantem Druck von der Phase ′ in die Phase ″ (d. h. $dn_k = dn_k'' = -dn_k'$), so ist die Gesamtänderung der Freien Enthalpie G nach (1.3−13) gegeben durch

$$dG = \mu_k' \, dn_k' + \mu_k'' \, dn_k'' = (\mu_k'' - \mu_k') \, dn_k \quad (1.5-13)$$

Nach Gl. (1.5−4) muß $dG \leqslant 0$ gelten. Der angenommene Transport an Komponente k ist also nur möglich, wenn $\mu_k' > \mu_k''$ ist, d. h. eine Substanz k hat die Tendenz, von Stellen mit höherem zu solchen mit niedrigerem chemischen Potential μ_k überzugehen; sie diffundiert entlang dem Gefälle des chemischen Potentials. Im Gleichgewicht ist $dG = 0$, d. h. es gilt $\mu_k' = \mu_k''$. Diese Aussage läßt sich auf P Phasen in Form der Gl. (1.5−11) erweitern.

Kommt eine Komponente in einer Phase nicht vor (sog. unmögliche Komponente), so fällt das betreffende Glied in der Beziehung (1.5−11) weg. Enthält das System teilweise durchlässige Wände, so gilt (1.5−11) nur für die Komponenten, für die die Wände durchlässig sind. Für alle übrigen ist $\mu_k' \neq \mu_k''$; gleichzeitig ist $p' \neq p''$, während die Bedingung des thermischen Gleichgewichtes $T' = T''$ unverändert erhalten bleibt. Dieser Fall liegt bei der Behandlung von osmotischen Erscheinungen vor (s. Abschn. 4.9).

Die für die Chemie besonders wichtige Bedingung für *chemisches Reaktionsgleichgewicht* lautet

$$\sum_{k=1}^{N} \nu_k \mu_k = 0 \quad \text{für } T = \text{const und } p = \text{const} \quad (1.5-14)$$

Hier sind ν_k die sog. stöchiometrischen Koeffizienten. Die Summierung ist über alle Reaktionspartner zu erstrecken, wobei $\nu_k > 0$ für die Reaktionsprodukte und $\nu_k < 0$ für die Ausgangsstoffe zu setzen ist. Bei r unabhängigen Simultanreaktionen existieren r Gleichgewichtsbedingungen der Form

$$\sum_{k=1}^{N} \nu_{kr} \mu_k = 0 \quad \text{für } T = \text{const und } p = \text{const} \quad (1.5-15)$$

Die Beziehungen werden im Kap. 5 abgeleitet und ausführlich diskutiert.

Elektrochemisches Gleichgewicht. In elektrochemischen Systemen (etwa in Ionenlösungen eintauchende Metallstäbe usw.) existieren geladene Teilchen (Ionen oder Elektronen), welche die Phasengrenze passieren können. Dabei treten zwischen den Phasen Potentialdifferenzen vom Typ der GALVANIspannung auf. Nach GUGGENHEIM muß für solche Systeme im Gleichgewicht die Temperatur, der Druck und das sog. elektrochemische Potential η_k der Teilchensorte k, definiert durch

$$\eta_k = \mu_k + z_k F \varphi \quad (1.5-16)$$

in den angrenzenden Phasen gleich sein, d. h. für elektrochemisches Gleichgewicht zwischen zwei Phasen′ und ″ gilt

$$\eta_k' = \mu_k' + z_k F \varphi' = \eta_k'' = \mu_k'' + z_k F \varphi'' \quad (1.5-17)$$

Hier sind μ_k das chemische Potential, z_k die Wertigkeit der Teilchensorte k und φ das elektrische Potential in der jeweiligen Phase; F ist die FARADAY-Konstante. Die Beziehung (1.5−17) ergibt sich, wenn man in der gesamten Inneren Energie des Systems die potentielle elektrostatische Energie als additives Glied berücksichtigt; Einzelheiten der Ableitung s. Literatur (z. B. [A2], [D3]).

Für ungeladene Teilchen (d. h. $z_k = 0$) wird $\varphi = 0$, und die Beziehung (1.5−17) geht in die Bedingung (1.5−11) für das stoffliche Gleichgewicht über. Beim Vorhandensein von teilweise durchlässigen Wänden gilt (1.5−17) nur für die Teilchensorte, die die Wände passieren kann; zusätzlich ist in diesem Fall wie beim osmotischen Gleichgewicht $p' \neq p''$ (sog. DONNAN-Gleichgewicht).

Gleichgewicht in Feldern. Befindet sich ein einphasiges System in einem inhomogenen Kraftfeld (z. B. Gravitationsfeld, Zentrifugalfeld, elektrisches Feld), so hängen Konzentrationen, chemische Potentiale und u. U. der Druck auch im Gleichgewicht in kontinuierlicher Weise von den Lagekoordinaten des betrachteten Raumelementes ab.

Für Gravitations- und Zentrifugalfelder gilt im Gleichgewicht nach HAASE [D3]

$$T = \text{const} \quad (1.5-18)$$

$$\text{grad } p = \varrho(\vec{g} + \omega^2 \vec{r})^{*)} \quad (1.5-19)$$

$$\text{grad } \mu_k = M_k(\vec{g} + \omega^2 \vec{r})^{*)} \quad (1.5-20)$$

wobei M_k die Molmasse der Komponente k, $\vec{g}$ die Erdbeschleunigung, ω der Betrag der Winkelgeschwindigkeit, $\vec{r}$ der Abstand von der Rotationsachse und ϱ die Dichte ist.

Im Fall eines elektrischen Feldes ergibt sich

$$T = \text{const} \quad (1.5-21)$$

$$p = \text{const} \quad (1.5-22)$$

$$\text{grad } \mu_k = z_k F \mathfrak{E} \quad (1.5-23)$$

wobei z_k die elektrochemische Wertigkeit der Teilchensorte k, $\mathfrak{E}$ die elektrische Feldstärke und F die FARADAY-Konstante ist. Für ungeladene Teilchen wird grad $\mu_k = 0$.

Einzelheiten s. Literatur (z. B. [A2], [D3]).

---

* grad = Gradient. Grad x ist ein Vektor, der in Richtung der größten Änderung der skalaren Größe x zeigt, und dessen Betrag den Wert von x angibt.

1.6. Stabilitätskriterien

Die in Abschn. 1.5 behandelten Gleichgewichtsbedingungen (oft Gleichgewichtsbedingungen erster Ordnung genannt) erlauben keine Aussagen darüber, ob das betrachtete System überhaupt existenzfähig ist, oder ob nicht ein anderes denkbares System (z. B. ein aus mehreren Phasen bestehendes System) stabiler ist. Die Diskussion dieser Fragen basiert auf den sog. Stabilitätskriterien (oft auch Gleichgewichtsbedingungen zweiter Ordnung genannt). Im folgenden sollen nur die in der Praxis besonders wichtigen Kriterien der mechanischen und thermischen Stabilität für einen reinen Stoff und das Kriterium der stofflichen Stabilität für ein binäres System in elementarer Form abgeleitet und kurz diskutiert werden. Für Einzelheiten dieses schwierigen und umfangreichen Gebietes der Thermodynamik muß auf die Literatur verwiesen werden ([A15], [A3], [A8], [A14], [A11], [G2]).

1.6.1. Mechanische Stabilität eines reinen Stoffes

Abb. 1−5 zeigt schematisch die Freie Energie $\bar{A}$ pro Mol eines homogenen reinen Stoffes in Abhängigkeit vom Molvolumen $\bar{V}$ bei konstanter Temperatur T. Eine Entscheidung, ob dieser homogene Zustand

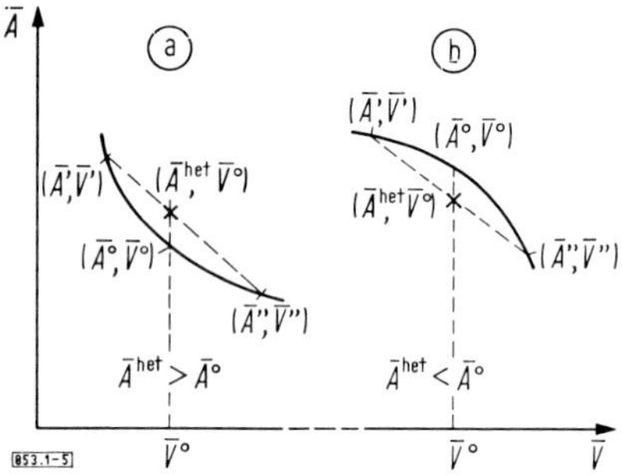

Abb. 1−5. Zur Ableitung der Bedingung für mechanische Stabilität

gegenüber einem Zerfall in zwei Phasen stabil ist, ist über das in Abschn. 1.5 angeführte Kriterium möglich, wonach für gleiche Temperatur und gleiches mittleres Molvolumen der stabilere Zustand die kleinere molare Freie Energie $\bar{A}$ besitzt. Nimmt man an, daß die homogene Phase $^\circ$ ($\bar{A}^\circ$, $\bar{V}^\circ$) in zwei Phasen $'$ ($\bar{A}'$, $\bar{V}'$) und $''$ ($\bar{A}''$, $\bar{V}''$) zerfällt, wobei sich $\bar{V}'$ und $\bar{V}''$ nur wenig von $\bar{V}^\circ$ unterscheiden sollen (Zerfall in sog. „benachbarte" Phasen), so ist die Freie Energie des heterogenen Systems beim Volumen $\bar{V}^\circ$ gegeben durch $\bar{A}^{\text{het}}$ auf der Verbindungsgeraden zwischen ($\bar{A}'$, $\bar{V}'$) und ($\bar{A}''$, $\bar{V}''$). Bei positiver Krümmung der isothermen $\bar{A}(\bar{V})$-Kurve (d. h. $(\partial^2\bar{A}/\partial\bar{V}^2)_T > 0$) ist $\bar{A}^{\text{het}} > \bar{A}^\circ$ d. h. der homogene Zustand ist stabil (Fall a), bei negativer Krümmung (d. h. $(\partial^2\bar{A}/\partial\bar{V}^2)_T < 0$) ist $\bar{A}^{\text{het}} < \bar{A}^\circ$, d. h. der homogene Zustand ist instabil (Fall b) gegenüber einem Zerfall in zwei Phasen. Die Stabilitätsgrenze für den einphasigen Zustand sollte dort erreicht werden, wo $(\partial^2\bar{A}/\partial\bar{V}^2)_T = 0$ ist, d. h. wo die isotherme $\bar{A}(\bar{V})$-Kurve einen Wendepunkt besitzt. Mit der Beziehung (1.3−11) und Tab. 2 ergeben sich damit die Formulierungen (1.6−1)−(1.6−3) für die Stabilität eines reinen Stoffes gegenüber dem Zerfall in benachbarte Phasen

$$\text{1 Phase stabil} \qquad \left(\frac{\partial^2\bar{A}}{\partial\bar{V}^2}\right)_T = -\left(\frac{\partial p}{\partial\bar{V}}\right)_T > 0 \qquad (1.6-1)$$

$$\text{1 Phase instabil} \qquad \left(\frac{\partial^2\bar{A}}{\partial\bar{V}^2}\right)_T = -\left(\frac{\partial p}{\partial\bar{V}}\right)_T < 0 \qquad (1.6-2)$$

$$\text{Stabilitätsgrenze} \qquad \left(\frac{\partial^2\bar{A}}{\partial\bar{V}^2}\right)_T = -\left(\frac{\partial p}{\partial\bar{V}}\right)_T = 0 \qquad (1.6-3)$$

Eine andere Formulierung der Gln. (1.6−1)−(1.6−3) erhält man, wenn man die in Beziehung (2.1−3) eingeführte isotherme Kompressibilität χ_T benutzt. Da $\bar{V} > 0$ ist, folgen dann anstelle von (1.6−1)−(1.6−3) die Beziehungen (1.6−4)−(1.6−6):

$$\text{1 Phase stabil} \qquad \chi_T > 0 \qquad (1.6-4)$$

$$\text{1 Phase instabil} \qquad \chi_T < 0 \qquad (1.6-5)$$

$$\text{Stabilitätsgrenze} \qquad \chi_T = 0 \qquad (1.6-6)$$

Gl. (1.6−4) wird häufig als *Kriterium der mechanischen Stabilität* bezeichnet; danach sind einphasige Zustände mit negativer Kompressibilität (also Vergrößerung des Volumens bei Drucksteigerung für T = const) in reinen Stoffen nicht realisierbar.

Abb. 1−6 zeigt schematisch, wie man aus dem Kriterium der mechanischen Stabilität die Form einer isothermen $p(\bar{V})$-Kurve vom Typ einer VAN DER WAALS-Isothermen im Zweiphasengebiet verstehen kann. Dabei ist angenommen, daß die isothermen $\bar{A}(\bar{V})$-Kurven auch im Zweiphasengebiet und für die kritische Temperatur T_c analytisch darstellbar sind. Zwischen den Wendepunkten C und D in Abb. 1−6a bzw. zwischen den Extremwerten C′ und D′ in Abb. 1−6b ist nach (1.6−2) eine homogene Phase instabil gegenüber dem Zerfall in zwei Phasen. Die Molvolumina der Gleichgewichtsphasen sind gegeben durch die Berührungspunkte B und E der Doppeltangente an die isotherme $\bar{A}(\bar{V})$-Kurve in Abb. 1−6a bzw. durch die Punkte B′ und E′ in Abb. 1−6b. Die Konstruktion der Doppeltangente ist der Bedingung des mechanischen Gleichgewichtes (1.5−10) bei Phasengleichgewichten äquivalent, wonach in beiden Gleichgewichtsphasen derselbe Druck herrschen muß; gleichzeitig führt sie zu einem Zustand mit kleinstmöglicher Freier Energie. Zwischen AB und EF bzw. A′B′ und E′F′ sind entsprechend der Bedingung (1.6−1) einphasige Zustände stabil. Zwischen BC und DE bzw. B′C′ und D′E′ ist ein einphasiger Zustand zwar stabil gegenüber dem Zerfall in „benachbarte" Phasen mit wenig verschiedenem Molvolumen, nicht aber gegenüber einem Zerfall in zwei Phasen mit den Molvolumina $\bar{V}'$ und $\bar{V}''$; man bezeichnet solche Zustände als metastabil.

Am kritischen Punkt werden die Gleichgewichtsphasen identisch d. h. sie besitzen z. B. die gleiche Freie Energie $\bar{A}_c$ und das gleiche Molvolumen $\bar{V}_c$. Der kritische Punkt

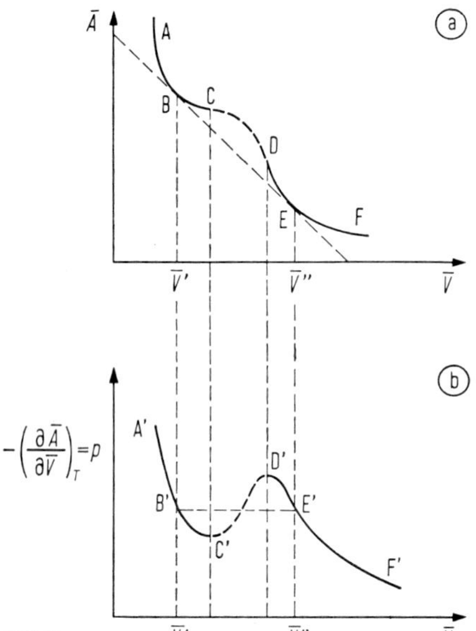

853.1-6

Abb. 1−6. Mechanische Stabilität reiner realer Gase (schematisch)

a $\bar{A}(\bar{V})$-Isotherme, *b* $p(\bar{V})$-Isotherme

ist somit dadurch gekennzeichnet, daß die Doppelberührungspunkte B und E und die Wendepunkte C und D der isothermen $\bar{A}(\bar{V})$-Kurve für $T = T_c$ in einem Punkt zusammenfallen. Die mathematischen Bedingungen hierfür sind durch (1.6−7)−(1.6−9) gegeben.

$$\left(\frac{\partial^2 \bar{A}}{\partial \bar{V}^2}\right)_c = -\left(\frac{\partial p}{\partial \bar{V}}\right)_c = 0 \qquad (1.6-7)$$

$$\left(\frac{\partial^3 \bar{A}}{\partial \bar{V}^3}\right)_c = -\left(\frac{\partial^2 p}{\partial \bar{V}^2}\right)_c = 0 \qquad (1.6-8)$$

$$\left(\frac{\partial^4 \bar{A}}{\partial \bar{V}^4}\right)_c = -\left(\frac{\partial^3 p}{\partial \bar{V}^3}\right)_c > 0 \qquad (1.6-9)$$

Verschiedene Autoren haben gezeigt, daß für $(\partial^4 \bar{A}/\partial \bar{V}^4)_c = 0$ die erste nicht verschwindende Ableitung von $\bar{A}$ nach $\bar{V}$ geradzahlig und positiv sein muß [A3], [A8], [A14], [A15], [G2], [G9]. Die der Beziehung (1.6−9) zugrundeliegenden Vereinfachungen scheinen nach neuen Untersuchungen nicht berechtigt zu sein (s. [E13]).

1.6.2. Thermische Stabilität

Mit völlig analogen Überlegungen wie bei der Ableitung der Bedingung (1.6−4) für mechanische Stabilität ergibt sich aus den $\bar{S}(\bar{U})$-Kurven für $\bar{V}$ = const der Abb. 1−7 für ein Mol eines homogenen reinen Stoffes, daß der einphasige Zustand ° gegenüber einem Zerfall in zwei benachbarte Phasen ′ und ″ bei negativer Krümmung der $\bar{S}(\bar{U})$-Kurve für $\bar{V}$ = const stabil (Fall a, s. 1.6−10), bei positiver Krümmung instabil ist (Fall b, s. 1.6−11); an der Stabilitätsgrenze ist die Krümmung null (s. 1.6−12). Die Stabilitätsbedingungen (1.6−10)−(1.6−12) ergeben sich unter Berücksichtigung der Tatsache, daß bei gleicher Innerer Energie $\bar{U}$ und gleichem Volumen $\bar{V}$ der stabilere Zustand die höhere Entropie $\bar{S}$ hat (s. Abschn. (1.5)).

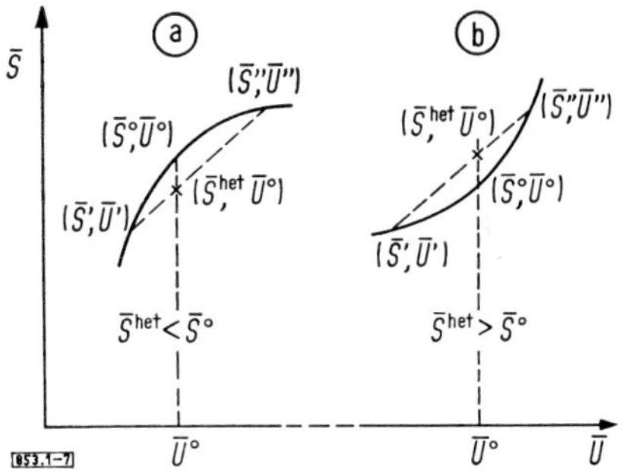

853.1-7

Abb. 1−7. Zur Ableitung der Bedingung für thermische Stabilität eines Einstoffsystems

1 Phase stabil $\left(\frac{\partial^2 \bar{S}}{\partial \bar{U}^2}\right)_{\bar{V}} < 0$ (1.6−10)

1 Phase instabil $\left(\frac{\partial^2 \bar{S}}{\partial \bar{U}^2}\right)_{\bar{V}} > 0$ (1.6−11)

Stabilitätsgrenze $\left(\frac{\partial^2 \bar{S}}{\partial \bar{U}^2}\right)_{\bar{V}} = 0$ (1.6−12)

Der Differentialquotient $(\partial^2 \bar{S}/\partial \bar{U}^2)_V$ läßt sich unter Benutzung von (1.3−8) und (1.2−19) umformen in

$$\left(\frac{\partial^2 \bar{S}}{\partial \bar{U}^2}\right)_{\bar{V}} = \left(\frac{\partial (1/T)}{\partial \bar{U}}\right)_{\bar{V}} = -\frac{1}{T^2}\left(\frac{\partial T}{\partial \bar{U}}\right)_{\bar{V}} = -\frac{1}{T^2 \bar{C}_V} \qquad (1.6-13)$$

Da $T > 0$ ist, lassen sich (1.6−10)−(1.6−12) auch in der Form der Bedingungen (1.6−14)−(1.6−16) schreiben:

1 Phase stabil $\bar{C}_V > 0$ (1.6−14)

1 Phase instabil $\bar{C}_V < 0$ (1.6−15)

Stabilitätsgrenze $\bar{C}_V = 0$ (1.6−16)

Beziehung (1.6−14) wird häufig als *Kriterium der thermischen Stabilität* (hier für 1 Mol eines homogenen reinen Stoffes) bezeichnet; es besagt, daß bei einphasigen Systemen Wärmezufuhr bei konstantem Volumen immer zu einer Temperaturerhöhung führt.

Man beachte, daß die Thermodynamik nur Vorzeichenaussagen über die isotherme Kompressibilität χ_T (mechanische Stabilität, Gl. (1.6−4)−(1.6−6)) und über die Molwärme $\bar{C}_V$ (thermische Stabilität, Gl. (1.6−14)−(1.6−16)), nicht aber über den isobaren Ausdehnungskoeffizienten α_p macht; tatsächlich kann $\alpha_p \gtreqless 0$ sein (z. B. bei Wasser).

1.6.3. Stoffliche Stabilität in einem binären System

Völlig analog zu den Ableitungen der mechanischen und thermischen Stabilität von Einstoffsystemen lassen sich die Bedingungen für die stoffliche Stabilität eines binären Systems aus dem Vorzeichen der Krümmung der isotherm-isobaren $\bar{G}(x_1)$-Kurven ableiten. Da für konstanten Druck und konstante Temperatur der thermodynamisch stabilere Zustand den kleineren Wert der Freien Enthalpie $\bar{G}$ besitzen muß, läßt sich aus Abb. 1–8a ablesen, daß bei positiver Krümmung einphasige Zustände stabil Gl. (1.6–17), bei negativer Krümmung jedoch instabil Gl. (1.6–18) gegenüber einem Zerfall in zwei Phasen benachbarter Zusammensetzung sind; an der Stabilitätsgrenze ist die Krümmung null Gl. (1.6–19).

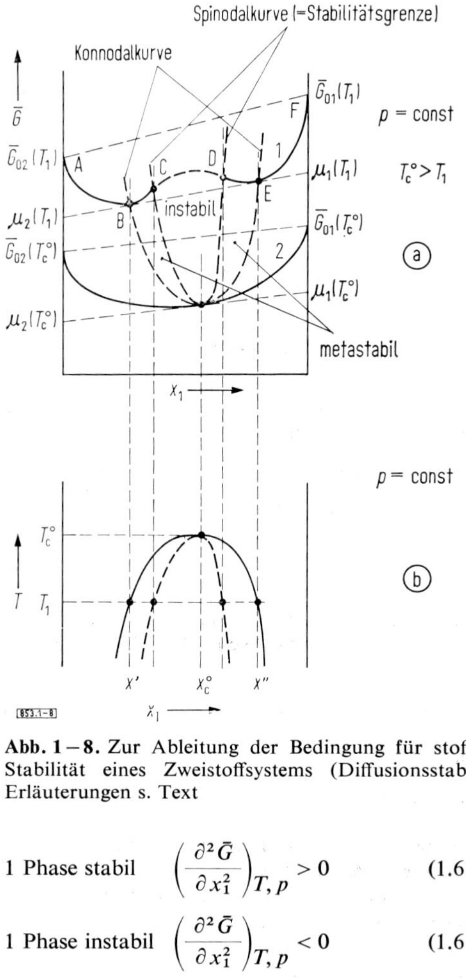

Abb. 1–8. Zur Ableitung der Bedingung für stoffliche Stabilität eines Zweistoffsystems (Diffusionsstabilität) Erläuterungen s. Text

1 Phase stabil $\left(\dfrac{\partial^2 \bar{G}}{\partial x_1^2}\right)_{T,p} > 0$ (1.6–17)

1 Phase instabil $\left(\dfrac{\partial^2 \bar{G}}{\partial x_1^2}\right)_{T,p} < 0$ (1.6–18)

Stabilitätsgrenze $\left(\dfrac{\partial^2 \bar{G}}{\partial x_1^2}\right)_{T,p} = 0$ (1.6–19)

Da die Beziehung

$$\left(\frac{\partial^2 \bar{G}}{\partial x_1^2}\right)_{T,p} = \frac{1}{x_2}\left(\frac{\partial \mu_1}{\partial x_1}\right)_{T,p} \quad (1.6\text{–}20)$$

gilt, lassen sich (1.6–17)–(1.6–19) auch in den Formulierungen (1.6–21)–(1.6–23) schreiben.

1 Phase stabil $\left(\dfrac{\partial \mu_1}{\partial x_1}\right)_{T,p} > 0$ (1.6–21)

1 Phase instabil $\left(\dfrac{\partial \mu_1}{\partial x_1}\right)_{T,p} < 0$ (1.6–22)

Stabilitätsgrenze $\left(\dfrac{\partial \mu_1}{\partial x_1}\right)_{T,p} = 0$ (1.6–23)

Die Beziehungen (1.6–17) bzw. (1.6–21) werden häufig als *Kriterium der stofflichen Stabilität* bezeichnet. Da der Diffusionskoeffizient D, wie man in der Thermodynamik der irreversiblen Prozesse zeigen kann, gegeben ist durch $D = B\,(\partial \mu_1/\partial x_1)_{T,p}$ (wobei $B > 0$; s. [D1–D4]), folgt aus (1.6–21) für die Stabilität einer Phase

$$D > 0 \quad (1.6\text{–}24)$$

d. h. der Diffusionskoeffizient kann im stofflich stabilen Bereich nicht negativ sein. Die einander äquivalenten Beziehungen (1.6–17), (1.6–21) und (1.6–24) werden daher verschiedentlich auch als *Kriterium der Diffusionsstabilität* bezeichnet.

Abb. 1–8a zeigt schematisch für einen gegebenen konstanten Druck p eine isotherme $\bar{G}(x_1)$-Kurve bei der Temperatur T_1 im Zweiphasenbereich eines binären Systems (Kurve 1). Nach (1.6–17) ist im Konzentrationsbereich zwischen den Wendepunkten C und D der einphasige Zustand instabil gegenüber einem Zerfall in zwei Phasen. Die Verbindungslinie der Wendepunkte aller Isothermen stellt die Stabilitätsgrenz- oder Spinodalkurve bei dem festgelegten Druck p dar. Aus der thermodynamischen Bedingung, daß das chemische Potential μ_k einer Komponente k in den beiden Gleichgewichtsphasen gleich sein muß, ergeben sich die Konzentrationen der Gleichgewichtsphasen x_1' und x_1'' aus den Berührungspunkten der Doppeltangente an die jeweilige isotherm-isobare $\bar{G}(x_1)$-Kurve. Die Verbindungslinie aller dieser Punkte heißt Koexistenz- oder Konnodalkurve; ihre Projektion in die $T(x_1)$-Ebene ist die isobare $T(x_1)$-Gleichgewichtskurve des Phasendiagramms beim Druck p (Abb. 1–8b). Für die $\bar{G}(x_1)$-Isotherme bei der kritischen Entmischungstemperatur T_c (Kurve 2 in Abb. 1–8a) fallen die Wendepunkte C und D und die Berührungspunkte der Doppeltangente B und E in einem Punkt zusammen. Es gilt

$$\left(\frac{\partial^2 \bar{G}}{\partial x_1^2}\right)_c = 0 \quad (1.6\text{–}25)$$

$$\left(\frac{\partial^3 \bar{G}}{\partial x_1^3}\right)_c = 0 \quad (1.6\text{–}26)$$

$$\left(\frac{\partial^4 \bar{G}}{\partial x_1^4}\right)_c > 0 \quad (1.6\text{–}27)$$

Hier bedeutet der Index c, daß der betreffende Differentialquotient auf der isotherm-isobaren $\bar{G}(x_1)$-Kurve für $T = \text{const} = T_c$ beim gegebenen konstanten Druck am zugehörigen Molenbruch x_c zu nehmen ist. Ist $(\partial^4 \bar{G}/\partial x_1^4)_c = 0$, so muß die erste nicht verschwindende Ableitung von $\bar{G}$ nach x_1 gerader Ordnung und positiv sein.

Die Beziehungen (1.6–17)–(1.6–27) gelten für jede Form des Phasengleichgewichtes (flüssig-flüssig, flüssig-gasförmig, gasförmig-gasförmig, fest-fest) in binären Systemen. Die einzige Voraussetzung ist, daß die isotherm-isobare $\bar{G}(x_1)$-Kurve auch im Zweiphasengebiet und bei der kritischen Temperatur analytisch angebbar ist; dies wird in der letzten Zeit zunehmend stärker bestritten. Ein Versagen der klassischen thermodynamischen Behandlung bei der quantitativen Beschreibung zeigt sich auch darin, daß sie für den Verlauf der isobaren $T(x_1)$-Gleichgewichtskurve in der Nähe des kritischen Punktes einen quadratischen Verlauf voraussagt, experimentell jedoch im allg. ein nahezu kubischer Verlauf gefunden wird. Eine völlig analoge Problematik tritt bei der Ableitung der kritischen Bedingungen (1.6–7)–(1.6–9) für ein Einstoffsystem auf. Es wird weiterer theoretischer und experimenteller Bemühungen bedürfen, um diese offenen Fragen zu klären.

1.6.4. Allgemeine Stabilitätskriterien

Durch ähnliche Überlegungen wie in den Abschn. 1.6.1–3 lassen sich weitere Stabilitätskriterien ableiten. Eine Zusammenfassung stellen die SCHOTTKY-ULICH-WAGNER*schen Regeln* (s. [A 15]) dar. Danach ist eine Phase gegenüber dem Zerfall in zwei benachbarte Phasen stabil, wenn die Variationen zweiter Ordnung der Zustandsfunktionen U, H, A und G nach extensiven Variablen positiv und nach intensiven Variablen negativ sind. Für die Entropie S sind die Vorzeichen umgekehrt, da S im stabilsten Zustand einem Höchstwert, U, H, A und G jedoch einem Kleinstwert zustreben. Extensive Variable im genannten Sinne sind hier auch molare Größen ($\bar{V}$, $\bar{U}$, $\bar{S}$ usw.) und die Molenbrüche x_k.

Falls man gleichzeitig mehrere (etwa zwei) Variable variiert, (z. B. bei Mischsystemen mit mehr als zwei Komponenten), muß man Aussagen über die Krümmung von Flächen machen. Für die resultierenden quadratischen Formen sind Vorzeichenvoraussagen aus den Determinanten der Koeffizienten möglich (vgl. z. B. [A 3], [A 14]).

2. Thermodynamik reiner Stoffe

2.1. Meßbare Größen in der Thermodynamik

Nicht alle im Kap. 1 eingeführten thermodynamischen Größen sind direkt meßbar. Im folgenden sind in Anlehnung an eine Zusammenstellung von DENBIGH [A 1] die wichtigsten thermodynamischen Meßgrößen wiedergegeben:

a) *PVT*-Daten (Dichten, Ausdehnungskoeffizienten, isotherme und adiabatische Kompressibilitäten usw., s. unten);
b) Volumenänderungen bei Mischungsvorgängen (Kap. 3), Phasenumwandlungen (Kap. 4) und chemischen Reaktionen (Kap. 5);
c) Wärmekapazitäten (z. B. C_p, C_V, s. Abschn. 1.2.4 und 2.1.2);
d) Wärmeffekte bei Mischungsvorgängen (Kap. 3), Phasenumwandlungen (Kap. 4), chemischen Reaktionen (Kap. 5) und anderen Vorgängen (z. B. JOULE-THOMSON-Effekt, Abschn. 2.2.3);
e) Phasengleichgewichte in Abhängigkeit von Temperatur, Druck, Konzentration und evtl. anderen Größen (Dampfdrucke, Partialdrucke, Löslichkeiten, Gleichgewichtskonzentrationen usw., vgl. Kap. 4);
f) Chemische und elektrochemische Gleichgewichte in Abhängigkeit von Temperatur, Druck und Konzentration (Gleichgewichtskonzentrationen bzw. -drucke, Gleichgewichtskonstanten, EMK galvanischer Ketten usw., vgl. Kap. 5 und 6).

2.1.1. *PVT*-Daten

Die Bestimmung und Korrelation von *PVT*-Daten stellt eine wichtige Aufgabe der experimentellen Thermodynamik dar. Sie dienen zur Ermittlung von Zustandsgleichungen und den daraus abgeleiteten Größen und bilden zusammen mit den Transporterscheinungen eine wichtige Quelle für Informationen über molekulare Wechselwirkungen (speziell bei Gasen; s. [C 1–C 8]).

In einem homogenen System gilt für das totale Differential $\mathrm{d}V$ des Volumens in Abhängigkeit von der Temperatur T, dem Druck p und den Molzahlen n_k aller Komponenten k $(1, 2 \ldots, k, \ldots, N)$

$$\mathrm{d}V = \left(\frac{\partial V}{\partial T}\right)_{p,\, n_k} \mathrm{d}T + \left(\frac{\partial V}{\partial p}\right)_{T,\, n_k} \mathrm{d}p + \sum_{k=1}^{N} \left(\frac{\partial V}{\partial n_k}\right)_{T,\, p,\, n_{j(j \neq k)}} \mathrm{d}n_k \qquad (2.1-1)$$

Durch Integration dieser Beziehung erhält man die thermische Zustandsgleichung $V(T, p, n_1, \ldots, n_k, \ldots, n_N)$; für ein Einstoffsystem ist $N = 1$.

Bei Einführung der Abkürzungen

$$\frac{1}{V}\left(\frac{\partial V}{\partial T}\right)_{p,\, n_k} \equiv \alpha_p \qquad (2.1-2)$$

isobarer thermischer Ausdehnungskoeffizient

$$-\frac{1}{V}\left(\frac{\partial V}{\partial p}\right)_{T,\, n_k} \equiv \chi_T \qquad (2.1-3)$$

isotherme Kompressibilität

$$\left(\frac{\partial V}{\partial n_k}\right)_{T,\, p,\, n_{j(j \neq k)}} \equiv \bar{V}_k \qquad (1.4-16)$$

partielles Molvolumen

folgt aus (2.1–1)

$$\mathrm{d}V = \alpha_p V \mathrm{d}T - \chi_T V \mathrm{d}p + \sum_{k=1}^{N} \bar{V}_k \mathrm{d}n_k \qquad (2.1-4)$$

Der *thermische Spannungskoeffizient* γ_V ergibt sich aus (2.1–1) und (2.1–4) für $\mathrm{d}V = 0$ und $\mathrm{d}n_k = 0$ $(k = 1, 2, \ldots, N)$ zu

$$\gamma_V \equiv \left(\frac{\partial p}{\partial T}\right)_{V,\, n_k} = -\frac{\left(\frac{\partial V}{\partial T}\right)_{p,\, n_k}}{\left(\frac{\partial V}{\partial p}\right)_{T,\, n_k}} = \frac{\alpha_p}{\chi_T} \qquad (2.1-5)$$

Die adiabatische (im reversiblen Fall isentropische) Kompressibilität wird in Abschn. 2.2.4 behandelt.

Aus $(\partial U/\partial V)_{T, n_k}$ (Gl. 1.3−18), $(\partial H/\partial p)_{T, n_k}$ (Gl. 1.3−19), $(\partial A/\partial V)_{T, n_k}$ (Gl. 1.3−11, Tab. 2), $(\partial G/\partial p)_{T, n_k}$ (Gl. 1.3−13, Tab. 2), $(\partial S/\partial V)_{T, n_k}$ (Tab. 2 und 3), $(\partial S/\partial p)_{T, n_k}$ (Tab. 2 und 3) lassen sich bei Kenntnis der thermischen Zustandsgleichung $V(T, p, n_1, n_2, \ldots, n_k, \ldots, n_N)$ U, A und S in Abhängigkeit von V bzw. H, G und S in Abhängigkeit von p bei jeweils konstanter Temperatur (T = const) und Zusammensetzung (n_k = const) durch Integration berechnen; solche Berechnungen sind wichtig bei der Ermittlung der Absolutwerte der thermodynamischen Funktionen (vgl. Abschn. 2.3.1).

2.1.2. Wärmekapazitäten

Die Wärmekapazitäten bei konstantem Volumen C_V bzw. konstantem Druck C_p wurden bereits in Abschn. 1.2.4 eingeführt. Bei reversibler Erwärmung in einem geschlossenen System (n_k = const) ist nach (1.2−21) $\mathrm{d}Q = T\mathrm{d}S$. Damit folgt aus (1.2−17) für V = const

$$C_V = T\left(\frac{\partial S}{\partial T}\right)_{V, n_k} \qquad (2.1-6)$$

und aus (1.2−18) für p = const

$$C_p = T\left(\frac{\partial S}{\partial T}\right)_{p, n_k} \qquad (2.1-7)$$

Eine bei vielen thermodynamischen Berechnungen wichtige Beziehung ist $C_p - C_V$ für einen reinen Stoff. Bei einem geschlossenen System (n_k = const) gilt der erste Hauptsatz in der Form $\mathrm{d}Q = \mathrm{d}U + p\mathrm{d}V$ s. Gl. (1.2−12), sofern an Arbeitsanteilen nur Volumarbeit berücksichtigt wird. Benutzt man für $\mathrm{d}U$ die Beziehung (1.3−18), so ergibt sich nach Division durch $\mathrm{d}T$ für p = const

$$\left(\frac{\partial Q}{\partial T}\right)_p = C_V + T\left(\frac{\partial p}{\partial T}\right)_V \left(\frac{\partial V}{\partial T}\right)_p \qquad (2.1-8)$$

Unter Benutzung der Definition (1.2−18) für C_p und der Beziehungen (2.1−2), (2.1−3) und (2.1−5) folgt für 1 Mol

$$\bar{C}_p - \bar{C}_V = -T\left(\frac{\partial p}{\partial T}\right)_{\bar{V}}^2 \left(\frac{\partial \bar{V}}{\partial p}\right)_T = -T\frac{\left(\frac{\partial \bar{V}}{\partial T}\right)_p^2}{\left(\frac{\partial \bar{V}}{\partial p}\right)_T} =$$

$$= \frac{T\bar{V}\alpha_p^2}{\chi_T} \qquad (2.1-9)$$

Da nach den Bedingungen für thermische Stabilität (1.6−13) $\bar{C}_V > 0$ und für mechanische Stabilität (1.6−4) $\chi_T > 0$ ist, folgt aus (2.1−9)

$$\bar{C}_p - \bar{C}_V > 0 \qquad (2.1-10)$$

bzw.

$$\bar{C}_p > \bar{C}_V \text{ oder } \bar{C}_p/\bar{C}_V > 1$$

Die Beziehung (2.1−9) gilt ohne Vereinfachung für alle Aggregatzustände. Für ein ideales Gas mit der Zustandsgleichung $p\bar{V} = RT$ ergibt sich aus (2.1−9)

$$(\bar{C}_p - \bar{C}_V)_{\text{ideales Gas}} = R \qquad (2.1-11)$$

Für reale Gase ist $\bar{C}_p - \bar{C}_V \neq R$; am kritischen Punkt gilt $\bar{C}_p - \bar{C}_V = \infty$ bzw. $\bar{C}_p = \infty$, da hier $(\partial \bar{V}/\partial p)_T = -\infty$ und $(\partial p/\partial T)_{\bar{V}}$ wahrscheinlich endlich sind. Das Verhalten von $\bar{C}_V$ am kritischen Punkt ist noch nicht restlos geklärt. Für kondensierte Stoffe (Flüssigkeiten, Festkörper) ist die Differenz $\bar{C}_p - \bar{C}_V$ klein, da hier auch α_p und χ_T kleine Größen sind.

Wärmekapazitäten können experimentell durch direkte Messung in Kalorimetern (ggf. in Strömungskalorimetern für Gase oder Flüssigkeiten) und seltener durch indirekte Verfahren bestimmt werden, bei denen im allg. zunächst der Adiabatenkoeffizient $\varkappa$ ($\varkappa = \bar{C}_p/\bar{C}_V$) ermittelt wird (z. B. aus der Schallgeschwindigkeit oder nach der Methode von Clement-Desormes oder von Assmann-Rüchardt) und daraus mit Hilfe der Beziehung (2.1−9) $\bar{C}_p$ und $\bar{C}_V$. Die Messungen (vgl. Abb. 2−1) zeigen,

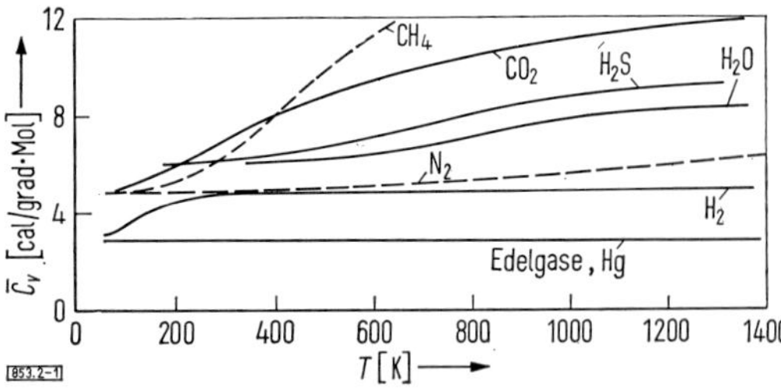

Abb. 2−1. Wärmekapazität reiner Gase; $\bar{C}_V$ in Abhängigkeit von der Temperatur (für sehr geringe Drucke; vgl. [A 5])

daß bei verdünnten einatomigen Gasen $\bar{C}_V \approx \frac{3}{2}R$, bei zwei- und mehratomigen jedoch $\bar{C}_V \geqslant \frac{5}{2}R$ gefunden wird. Für feste Elemente ergibt sich oft $\bar{C}_V \approx 3R$ (Regel von Dulong-Petit), für viele feste Verbindungen vom Typ $A_{n_1}B_{n_2}$ ist $\bar{C}_V \approx 3R(n_1 + n_2)$ (Regel von Neumann-Kopp); diese Werte werden bei tiefen Temperaturen (bes. von leichten Elementen) stark unter-, bei sehr hohen Temperaturen merklich überschritten (vgl. Abb. 2−2). Niedrigmolekulare Flüssigkeiten haben normalerweise C_p-Werte zwischen 0,5 und 1 cal/grad · g. Wärmekapazitäten sind für sehr viele Stoffe über große Temperaturbereiche gemessen und tabelliert worden (z. B. [F 10], Bd. II/4).

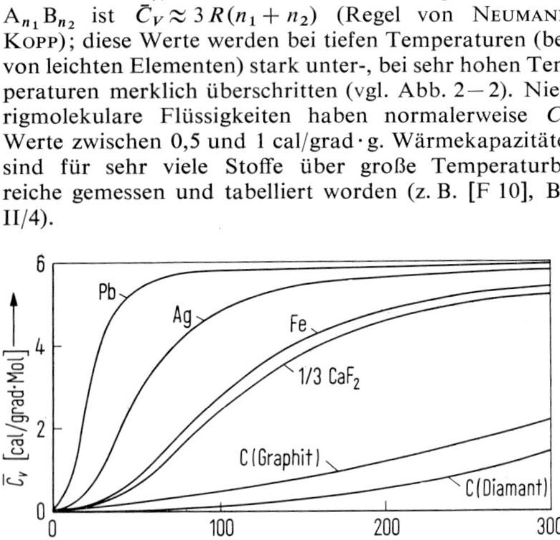

Abb. 2−2. Wärmekapazität reiner Festkörper: $\bar{C}_V$ in Abhängigkeit von der Temperatur (vgl. [A 5])

Für ideale Gase und ideale Festkörper lassen sich die angegebenen Zahlenwerte leicht aus der statistischen Thermodynamik ableiten; sie ergeben sich aus der Anzahl der Freiheitsgrade für die Translation, Rotation und Schwingung und dem Anteil $R/2$ (bei Translation und Rotation) bzw. R (bei der Schwingung) an $\bar{C}_V$ für jeden vollständig angeregten Freiheitsgrad bzw. aus weiterführenden Theorien bei teilweiser Anregung (s. z. B. [C 1–8]).

2.2. Thermodynamik der Gase

2.2.1. Reines ideales Gas

Ein reines ideales Gas kann dadurch definiert werden, daß es der sog. idealen Gasgleichung

$$pV = nRT \tag{2.2-1}$$

bzw. auf ein Mol bezogen

$$p\bar{V} = RT \tag{2.2-2}$$

gehorcht. In Abb. 2–3 ist das *PVT*-Verhalten für ein Mol eines idealen Gases schematisch wiedergegeben.

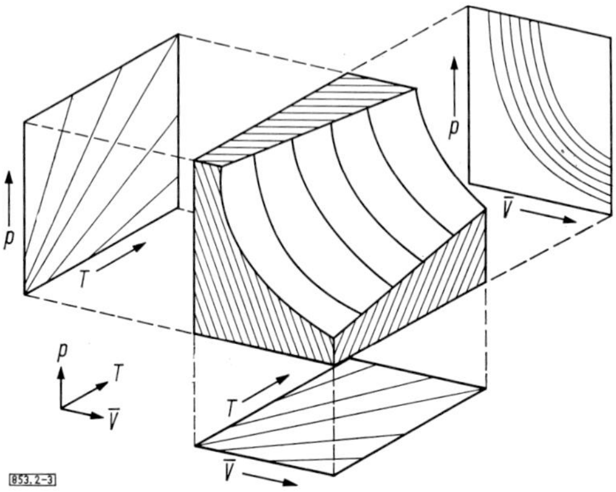

Abb. 2–3. *PVT*-Verhalten idealer Gase

Völlig äquivalent läßt sich ein reines ideales Gas aber auch durch die Druckabhängigkeit seines chemischen Potentials μ definieren:

$$\mu(T, p)_{\text{ideal}} = \mu^0(T) + RT \ln p \tag{2.2-3}$$

Hier ist $\mu^0(T)$ das chemische Potential des Gases bei der Temperatur T und beim Standarddruck $p = 1$ (meistens 1 atm, angedeutet durch ^{0}); daher steht hinter dem Logarithmus ein auf den Standarddruck bezogener Druck und damit eine dimensionslose Größe. Man beachte, daß bei reinen Stoffen $Z_k = \bar{Z}_{0k}$ bzw. $\mu_k = \bar{G}_{0k}$ ist (s. Gl. 1.4–4a). Im folgenden sind alle Beziehungen in μ geschrieben.

Aus der Beziehung (2.2–3) lassen sich alle thermodynamischen Eigenschaften eines reinen idealen Gases ableiten.

Aus (2.2–3) ergibt sich durch Differentiation nach dem Druck p

$$\left(\frac{\partial \mu}{\partial p}\right)_T = \frac{RT}{p} \tag{2.2-4}$$

Ein Vergleich der Beziehungen (1.3–15) und (2.2–4) zeigt, daß die Definition eines idealen Gases durch (2.2–3) auch das ideale Gasgesetz (2.2–2) enthält.

Durch Differentiation der Gl. (2.2–3) nach der Temperatur T folgt mit Gl. (1.3–14) für die Entropie $\bar{S}$ eines reinen idealen Gases

$$\bar{S}_{\text{ideal}} = -\left(\frac{\partial \mu}{\partial T}\right)_p = -\frac{d\mu^0}{dT} - R \ln p = \bar{S}^0 - R \ln p \tag{2.2-5}$$

Hier ist $\bar{S}^0$ die molare Entropie des reinen Gases bei der Temperatur T und beim Standarddruck $p = 1$.

Aus (2.2–3) und (2.2–5) lassen sich sofort die molare Enthalpie $\bar{H}$ und die molare Innere Energie $\bar{U}$ eines reinen idealen Gases ermitteln. Unter Berücksichtigung der Beziehung (1.3–12) gilt

$$\bar{H}_{\text{ideal}} = \mu + T\bar{S} = \mu^0 + T\bar{S}^0 = \bar{H}^0 \tag{2.2-6}$$

und bei Berücksichtigung der Beziehung (1.2–15)

$$\bar{U}_{\text{ideal}} = \bar{H} - p\bar{V} = \bar{H}^0 - RT = \bar{U}^0 \tag{2.2-7}$$

Daraus folgt, daß bei einem idealen Gas $\bar{H}$ und $\bar{U}$ nur temperatur- und nicht druck- oder volumenabhängig sind, d. h. es gilt

$$\left(\frac{\partial U}{\partial V}\right)_T = \left(\frac{\partial U}{\partial p}\right)_T = 0 \tag{2.2-8}$$

bzw.

$$\left(\frac{\partial H}{\partial V}\right)_T = \left(\frac{\partial H}{\partial p}\right)_T = 0 \tag{2.2-9}$$

Die Beziehung (2.2–8) wird verschiedentlich als zweites Gay-Lussacsches Gesetz bezeichnet. Mit ihr folgt aus (1.3–18) bzw. (1.3–19) für eine beliebige Zustandsänderung eines reinen idealen Gases ohne Molzahländerung

$$dU = C_V \, dT \tag{2.2-10}$$

bzw.

$$dH = C_p \, dT \tag{2.2-11}$$

Bei einer isothermen Zustandsänderung eines idealen Gases ist daher $dU = 0$ bzw. nach dem ersten Hauptsatz in der Form (1.2–12)

$$dQ = -dW \tag{2.2-12}$$

Wird nur reversible Volumenarbeit berücksichtigt, so gilt nach (1.2–4) $dW = -p\,dV = -\frac{nRT}{V}\,dV$. Die gesamte Arbeit W für die reversible und isotherme Überführung von n Molen eines idealen Gases von einem Zustand 1 (T, p_1, V_1) in einen Zustand 2 (T, p_2, V_2)

und die dabei mit der Umgebung zur Konstanterhaltung der Temperatur ausgetauschte Wärme Q ergeben sich durch Integration zu

$$W = -Q = nRT \ln \frac{V_1}{V_2} = nRT \ln \frac{p_2}{p_1} \qquad (2.2-13)$$

Bei der isothermen Volumenänderung eines idealen Gases läßt sich also Wärme vollständig in Volumenarbeit umwandeln.

2.2.2. Reines reales Gas

Reale Gase erfüllen das ideale Gasgesetz (2.2–1) exakt nur im Grenzfall unendlich kleiner Drucke. In Abb. 2–4 ist das bekannte PVT-Verhalten für 1 Mol eines realen Gases über einen weiten Temperaturbereich schematisch wiedergegeben, der auch den flüssigen Zustand und das Zweiphasengebiet flüssig-gasförmig umfaßt; der kritische Punkt ist durch KP gekennzeichnet.

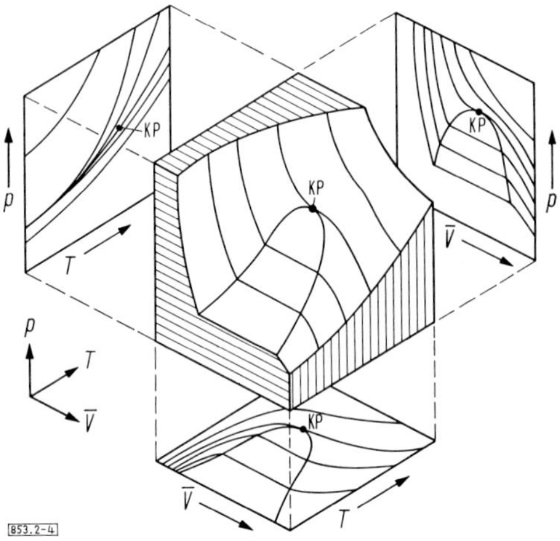

Abb. 2–4. PVT-Verhalten realer Gase unter Einschließung des flüssigen Zustandes und Zweiphasengebietes

In der Literatur ist eine sehr große Zahl von Zustandsgleichungen für reale Gase angegeben und diskutiert worden (z. B. [C5]). Der wohl bekannteste Ansatz ist die Zustandsgleichung von VAN DER WAALS

$$\left(p + \frac{a}{\bar{V}^2}\right)(\bar{V} - b) = RT \qquad (2.2-14)$$

Hier sind a und b temperatur- und druckunabhängige Stoffkonstanten. Abb. 2–4 zeigt schematisch den Verlauf einiger $p(\bar{V})$-Isothermen über einen weiten Temperaturbereich. Die Stabilitätsverhältnisse und die Bedingungen für den kritischen Punkt KP sind in Abschn. 1.6.1 und Abb. 1–6 diskutiert.

Bei praktischen Rechnungen in mäßig komprimierten Gasen wird besonders häufig der sog. Virialansatz in der Form

$$p\bar{V} = RT + Bp + Cp^2 + Dp^3 + \ldots \qquad (2.2-15)$$

benutzt; $B, C, D, \ldots$ sind jeweils der 2., 3., 4., ... Virialkoeffizient. Die Virialkoeffizienten sind nur von der Temperatur, nicht aber vom Druck abhängig. Häufig werden PVT-Daten in der Form

$$Z \equiv \frac{p\bar{V}}{RT} = f(T, p) \qquad (2.2-16)$$

aufgetragen, wobei Z als Kompressibiltätsfaktor bezeichnet wird. Bei Gültigkeit des Virialansatzes ergibt sich aus (2.2–15)

$$Z = \frac{p\bar{V}}{RT} = 1 + \frac{B}{RT}p + \frac{C}{RT}p^2 + \frac{D}{RT}p^3 + \ldots \qquad (2.2-17)$$

Bei relativ kleinen Drucken kann die Potenzreihe in den Beziehungen (2.2–15) bzw. (2.2–17) nach dem linearen Glied abgebrochen werden entsprechend

$$p\bar{V} = RT + Bp$$

bzw.

$$Z \equiv \frac{p\bar{V}}{RT} = 1 + \frac{B}{RT}p \qquad (2.2-18)$$

(s. Abb. 2–5a). Verschiedene Ansätze unterscheiden sich meistens nur durch die Temperaturabhängigkeit von B, die im allg. in der Form

$$B = b - \frac{a}{RT^\alpha} \qquad (2.2-19)$$

angegeben wird. Hier sind b und a stoffspezifische positive Konstanten; für den Exponenten α gilt $1 \leqslant \alpha \leqslant 2$ (VAN DER WAALS $\alpha = 1$, BERTHELOT $\alpha = 2$, REDLICH-KWONG $\alpha = 1{,}5$). Aus (2.2–19) folgt, daß bei der Temperatur $T = \sqrt[\alpha]{a/Rb} \equiv T_B$ (sog. BOYLE-Temperatur) der zweite Virialkoeffizient $B = 0$ wird; für $T < T_B$ ist $B < 0$, für $T > T_B$ ist $B > 0$ (vgl. Abb. 2–5a).

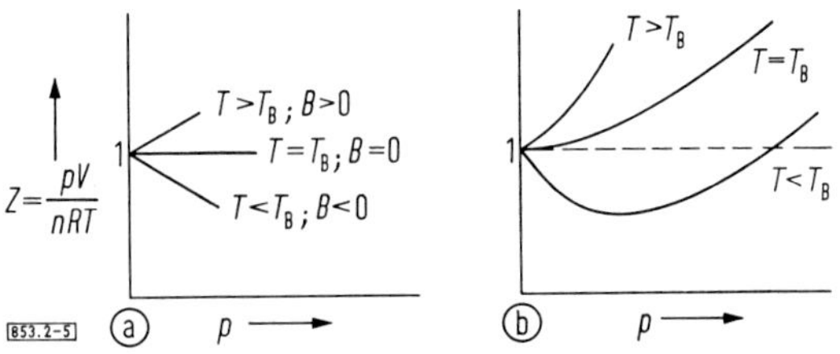

Abb. 2–5. PVT-Verhalten realer Gase
a bei niedrigen Drucken, *b* über einen größeren Druckbereich (T_B = BOYLE-Temperatur, B = zweiter Virialkoeffizient)

Bei höheren Drucken ergeben sich Abweichungen von Beziehung (2.2–18) (vgl. Abb. 2–5b, 2–6a und 2–6b); es müssen dann höhere Virialkoeffizienten in der Reihenentwicklung (2.2–15) berücksichtigt oder andere Zustandsgleichungen benutzt werden.

Thermodynamisch wird ein reales Gas in Analogie zu der Definitionsgleichung (2.2–3) für ein ideales Gas durch

$$\mu_{\text{real}} = \mu(T, p^* = 1) + RT \ln p^* \qquad (2.2-20)$$

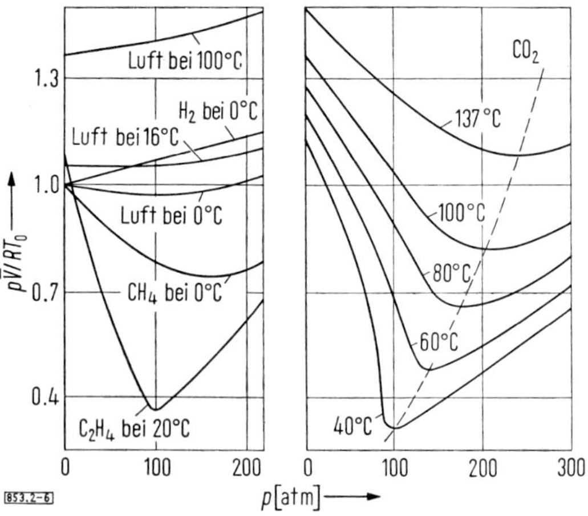

Abb. 2–6. *PVT*-Verhalten einiger Gase ($T_0 = 273{,}15$ K)

beschrieben. Hier ist p^* die sog. *Fugazität;* sie tritt bei realen Gasen an die Stelle des Druckes p und hat ebenfalls die Dimension eines Druckes. Über die Beziehung

$$\frac{p^*}{p} \equiv \varphi \qquad (2.2-21)$$

wird der sog. *Fugazitätskoeffizient* φ definiert. Da sich reale Gase mit fallendem Druck zunehmend idealer verhalten, gilt als Grenzbedingungen

$$\lim_{p\to 0} p^* = p \quad \text{bzw.} \quad \lim_{p\to 0} \varphi = \lim_{p\to 0} \frac{p^*}{p} = 1 \qquad (2.2-22)$$

$\mu(T, p^* = 1)$ ist das chemische Potential des realen Gases bei $p^* = 1$ (z. B. 1 atm). Da sich reale Gase bei Normaldruck bereits nahezu ideal verhalten, ist $\mu(T, p^* = 1) \approx \mu^0(T)$.

Die Fugazität p^* läßt sich auf folgende Weise experimentell ermitteln. Für die Differenz der chemischen Potentiale eines realen Gases beim Druck p_2 (mit der zugehörigen Fugazität p_2^*) und beim Druck p_1 (mit der zugehörigen Fugazität p_1^*) ergibt sich aus (2.2–20) durch Differenzbildung

$$\mu(T, p_2)_{\text{real}} - \mu(T, p_1)_{\text{real}} = RT \ln \frac{p_2^*}{p_1^*} \qquad (2.2-23)$$

Andererseits folgt aus $(\partial\mu/\partial p)_T = \bar{V}$ (vgl. Gl. 1.3–15) durch Integration

$$\mu(T, p_2)_{\text{real}} - \mu(T, p_1)_{\text{real}} = \int_{p_1}^{p_2} \bar{V}_{\text{real}}\, \mathrm{d}p \qquad (2.2-24)$$

Die entsprechenden Gleichungen für ein ideales Gas sind

$$\mu(T, p_2)_{\text{ideal}} - \mu(T, p_1)_{\text{ideal}} = RT \ln \frac{p_2}{p_1} \qquad (2.2-25)$$

bzw.

$$\mu(T, p_2)_{\text{ideal}} - \mu(T, p_1)_{\text{ideal}} = \int_{p_1}^{p_2} \bar{V}_{\text{ideal}}\, \mathrm{d}p = \int_{p_1}^{p_2} \frac{RT}{p}\, \mathrm{d}p \qquad (2.2-26)$$

Kombination der Beziehungen (2.2–23)–(2.2–26) ergibt

$$RT \ln \frac{p_2^*}{p_2} - RT \ln \frac{p_1^*}{p_1} = \int_{p_1}^{p_2} \left(\bar{V}_{\text{real}} - \frac{RT}{p} \right) \mathrm{d}p$$

Läßt man nun p_1 gegen null gehen und setzt $p_2 = p$ und $p_2^* = p^*$, so resultiert mit (2.2–22)

$$RT \ln \frac{p^*}{p} = RT \ln \varphi = \int_0^p \left(\bar{V} - \frac{RT}{p} \right) \mathrm{d}p \qquad (2.2-27)$$

Aus (2.2–27) kann die Fugazität p^* für jeden Druck p bestimmt werden, wenn $\bar{V}_{\text{real}}$ in Abhängigkeit von p bei der betreffenden Temperatur, z. B. aus *PVT*-Daten, bekannt ist. Die Integration kann man graphisch oder unter Benutzung einer Zustandsgleichung rechnerisch ausführen. Bei Benutzung des Virialansatzes (2.2–15) ergibt die Integration

$$RT \ln \varphi = RT \ln \frac{p^*}{p} = Bp + \frac{C}{2} p^2 + \frac{D}{3} p^3 + \ldots \qquad (2.2-28)$$

Bei kleinen Drucken genügt es oft, nur das lineare Glied zu berücksichtigen.

2.2.3. JOULE-THOMSON-Effekt

Drückt man in einem thermisch gegen die Umgebung isolierten System ($Q = 0$) ein Mol eines realen Gases (Molvolumen $\bar{V}_1$) bei konstantem Druck p_1 durch eine poröse Wand und hält auf der anderen Seite einen konstanten Druck p_2 ($p_2 < p_1$) aufrecht (Molvolumen $\bar{V}_2$), so tritt im allg. eine Temperaturänderung auf (JOULE-THOMSON-Effekt). Für die Änderung der Inneren Energie $\Delta\bar{U}$ pro Mol Gas beim Entspannen vom Zustand 1 auf den Zustand 2 folgt aus dem ersten Hauptsatz

$$\Delta\bar{U} = \bar{U}_2 - \bar{U}_1 = Q + W_{\text{gesamt}}$$

Mit $Q = 0$ (thermische Isolation) sowie $W_{\text{gesamt}} = -p_2\bar{V}_2 + p_1\bar{V}_1$ nach (1.2–6) ergibt sich daraus unter Benutzung der Definitionsgleichung (1.2–15) für die Enthalpie $\bar{H}$

$$\bar{H}_1 = \bar{U}_1 + p_1\bar{V}_1 = \bar{U}_2 + p_2\bar{V}_2 = \bar{H}_2 \qquad (2.2-29)$$

d. h. bei dem geschilderten Vorgang bleibt die molare Enthalpie $\bar{H}$ des Gases vor und hinter der Drosselstelle gleich; daher nennt man den JOULE-THOMSON-Effekt auch *isenthalpischen Drosseleffekt*. Für den sog. differentiellen JOULE-THOMSON-Koeffizienten δ, definiert durch

$$\delta \equiv \left(\frac{\partial T}{\partial p} \right)_{\bar{H}} \qquad (2.2-30)$$

ergibt sich somit aus Gl. (1.3–19) für $\mathrm{d}\bar{H} = 0$ (d. h. $\bar{H} = \text{const}$)

$$\delta \equiv \left(\frac{\partial T}{\partial p} \right)_{\bar{H}} = \frac{T \left(\frac{\partial \bar{V}}{\partial T} \right)_p - \bar{V}}{\bar{C}_p} \qquad (2.2-31)$$

Für ein ideales Gas ist $\delta = 0$, wie man durch Einsetzen der idealen Gasgleichung (2.2–2) in (2.2–31) zeigen kann. Bei realen Gasen, die der einfachen Zustandsgleichung $p\bar{V} = RT + \left(b - \frac{a}{RT}\right) p$ (vgl. Gl. 2.2–18 und 2.2–19 mit $\alpha = 1$) ausreichend genau gehorchen, ist

$$\delta = \frac{\frac{2a}{RT} - b}{\bar{C}_p} \qquad (2.2-32)$$

Nach (2.2–32) verschwindet δ bei der Temperatur $T = \frac{2a}{Rb} \equiv T_J$; für $T < T_J$ ist $\delta > 0$, d. h. beim Entspannen tritt eine Temperaturerniedrigung auf, für $T > T_J$ ist $\delta < 0$, d. h. beim Entspannen resultiert eine Temperaturerhöhung. T_J wird als Inversionstemperatur bezeichnet, da hier der JOULE-THOMSON Koeffizient im Rahmen der für (2.2–32) vorausgesetzten Vereinfachungen sein Vorzeichen umkehrt; unter den genannten Voraussetzungen ist $T_J = 2T_B$. Auf dem JOULE-THOMSON Effekt beruhen die wichtigsten Verfahren zur Gasverflüssigung.

2.2.4. Adiabatische Zustandsänderungen

Zustandsänderungen, bei denen keine Wärme mit der Umgebung ausgetauscht wird, werden als adiabatisch bezeichnet. Adiabatische Vorgänge lassen sich angenähert in thermisch isolierten Gefäßen, bei sehr raschen Zustandsänderungen (z. B. in Schallwellen) oder in sehr großen Versuchsräumen (z. B. Erdatmosphäre) realisieren. Nach dem ersten Hauptsatz gilt für einen solchen Prozeß

$$\Delta U = W \qquad (2.2-33)$$

bzw. für eine infinitesimale Änderung

$$\mathrm{d}U = \mathrm{d}W \qquad (2.2-34)$$

Ist die Zustandsänderung reversibel, so gilt $\mathrm{d}Q_{\text{rev}} = T\mathrm{d}S$; dann und nur dann bleibt bei einem adiabatischen Prozeß auch die Entropie konstant, und der Vorgang ist *isentropisch*.

Besonders einfache Beziehungen ergeben sich bei isentropischen Zustandsänderungen eines idealen Gases. Für ein *ideales Gas* ist nach Gl. (2.2–10) $\mathrm{d}\bar{U} = \bar{C}_V \mathrm{d}T$, und für die reversible Volumarbeit $\mathrm{d}W$ gilt nach (2.2–13) $\mathrm{d}W = -p\mathrm{d}\bar{V} = -\frac{RT}{\bar{V}}\mathrm{d}\bar{V} = -RT\mathrm{d}\ln\bar{V}$.

Damit folgt aus (2.2–34)

$$\bar{C}_V \mathrm{d}T = -RT\mathrm{d}\ln\bar{V}$$

Durch weitere Umformung unter Verwendung der Beziehung (2.1–11), wonach für ein ideales Gas $\bar{C}_p - \bar{C}_V = R$ ist, und Einführung des Adiabatenkoeffizient $\varkappa$, definiert durch

$$\varkappa \equiv \frac{\bar{C}_p}{\bar{C}_V} > 1 \qquad (2.2-35)$$

ergibt sich schließlich

$$\mathrm{d}\ln T = -(\varkappa - 1)\mathrm{d}\ln\bar{V}$$

Nimmt man an, daß $\varkappa$ temperaturunabhängig ist (d. h. die temperaturabhängige Anregung der Schwingungswärme soll nur geringen Einfluß haben, vgl. Abschn. 2.1.2), so ergibt die Integration dieser Beziehung

$$T\bar{V}^{\varkappa-1} = \text{const} \qquad (2.2-36)$$

Mit Gl. (2.2–2) läßt sich aus (2.2–36) entweder die Temperatur oder das Volumen eliminieren, und es ergeben sich die Umformungen

$$p\bar{V}^{\varkappa} = \text{const} \qquad (2.2-37)$$

bzw.

$$Tp^{\frac{1-\varkappa}{\varkappa}} = \text{const} \qquad (2.2-38)$$

Die Beziehungen (2.2–36)–(2.2–38) stellen die Gleichungen für isentropische Zustandsänderungen eines idealen Gases dar. (2.2–37) wird als POISSON-Gleichung bezeichnet.

Für die *isentropische Kompressibilität* χ_S ergibt sich aus (2.2–37) für ein ideales Gas

$$\chi_S \equiv -\frac{1}{\bar{V}}\left(\frac{\partial \bar{V}}{\partial p}\right)_{\bar{S}} = \frac{1}{\varkappa p} \qquad (2.2-39)$$

während für die isotherme Kompressibilität χ_T eines idealen Gases

$$\chi_T \equiv -\frac{1}{\bar{V}}\left(\frac{\partial \bar{V}}{\partial p}\right)_T = \frac{1}{p} \qquad (2.2-40)$$

gilt. Kombination von (2.2–39) und (2.2–40) ergibt

$$\varkappa \equiv \frac{\bar{C}_p}{\bar{C}_V} = \frac{\chi_T}{\chi_{\bar{S}}} \qquad (2.2-41)$$

Gl. (2.2–41) wurde hier für ein ideales Gas abgeleitet; man kann zeigen, daß sie allgemein für alle Substanzen gilt.

Um ein Mol eines idealen Gases isentropisch von der Temperatur T_1 und dem Druck p_1 auf den Druck p_2 und die zugehörige Temperatur T_2 zu bringen, muß dem Gas die Arbeit

$$W_S = \Delta\bar{U} = \bar{C}_V(T_2 - T_1) = \bar{C}_V T_1 \left(\frac{T_2}{T_1} - 1\right) \qquad (2.2-42)$$

bzw. mit den Beziehungen (2.1–11), (2.2–35) und (2.2–38)

$$W_S = \frac{RT_1}{\varkappa - 1}\left[\left(\frac{p_2}{p_1}\right)^{\frac{\varkappa-1}{\varkappa}} - 1\right] \qquad (2.2-43)$$

zugeführt werden.

Adiabatische Vorgänge sind wichtig für viele Kreisprozesse. Beim CARNOT-*Prozeß* durchläuft ein ideales Gas reversibel einen Kreisprozeß, der aus zwei Isothermen ($1 \rightarrow 2$ für $T_1 = \text{const}$; $3 \rightarrow 4$ für $T_2 = \text{const}$) und zwei

Adiabaten (2→3 und 4→1) besteht (Abb. 2—7a und b). Da auf den Adiabaten 2→3 und 4→1 keine Wärme mit der Umgebung ausgetauscht wird, gilt nach Gl. (2.2—13)

$$\sum \frac{Q_{rev}}{T} \equiv \left(\frac{Q_{rev}}{T_1}\right)_{1\to 2} + \left(\frac{Q_{rev}}{T_2}\right)_{3\to 4} =$$

$$= R \ln \frac{\bar{V}_2}{\bar{V}_1} + R \ln \frac{\bar{V}_4}{\bar{V}_3} = R \ln \frac{\bar{V}_2}{\bar{V}_3} \frac{\bar{V}_4}{\bar{V}_1} \qquad (2.2-44)$$

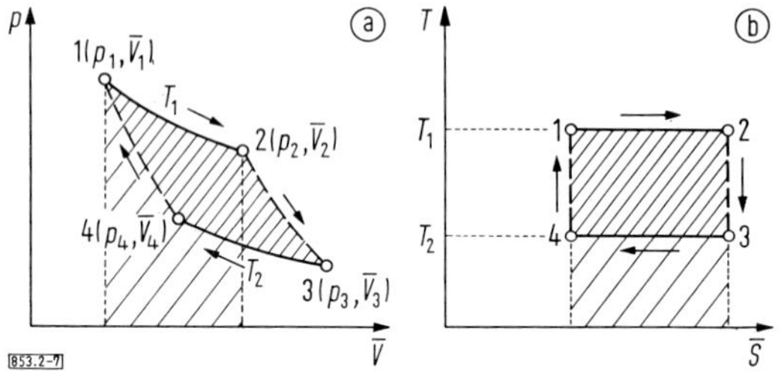

Abb. 2—7. CARNOTscher Kreisprozeß
a im $p(\bar{V})$-Diagramm, *b* im $T(\bar{S})$-Diagramm; ——— Isothermen, – – – Isentropen

Da auf den Adiabatenästen nach Gl. (2.2—36)

$$\frac{\bar{V}_3}{\bar{V}_2} = \left(\frac{T_1}{T_2}\right)^{\frac{1}{\varkappa - 1}}$$

und

$$\frac{\bar{V}_4}{\bar{V}_1} = \left(\frac{T_1}{T_2}\right)^{\frac{1}{\varkappa - 1}} \qquad (2.2-45)$$

erfüllt sein muß, folgt durch Einsetzen von Gl. (2.2—45) in Gl. (2.2—44), daß $\Sigma Q_{rev}/T$ gleich null sein muß. Dieses Ergebnis spielte historisch eine wichtige Rolle bei der Formulierung des zweiten Hauptsatzes und der Einführung der Entropie. Nach Gl. (1.2—30) ist nämlich für reversible isotherme Prozesse $\Delta S = Q_{rev}/T$, und damit gibt Gl. (2.2—44) gleichzeitig die Entropieänderung beim Kreisprozeß an, die natürlich null sein muß, da S eine Zustandsfunktion ist.

Die gesamte vom System geleistete Volumenarbeit $-W_{ges}$ ist nach Gl. (2.2—13) und (2.2—45) gegeben durch

$$-W_{ges} = -W_{1\to 2} - W_{3\to 4} = RT_1 \ln(\bar{V}_2/\bar{V}_1) - RT_2 \ln(\bar{V}_3/\bar{V}_4) = R(T_1 - T_2) \ln(\bar{V}_2/\bar{V}_1) \qquad (2.2-46)$$

da sich die Arbeitsanteile auf den Adiabaten 2→3 und 4→1 nach Gl. (2.2—42) exakt herausheben.

Für die bei der Temperatur T_1 vom System aufgenommene Wärmemenge $Q_{1\to 2}$ gilt nach Gl. (2.2—13)

$$Q_{1\to 2} = RT_1 \ln(\bar{V}_2/\bar{V}_1) \qquad (2.2-47)$$

In den Abb. 2—7a und b entspricht $-W_{ges}$ den eng und $Q_{1\to 2}$ den weit schraffierten Flächen.

Das Verhältnis $-W_{ges}/Q_{1\to 2}$ wird als *thermischer Wirkungsgrad* η_{therm} einer nach dem CARNOT-Prozeß arbeitenden Wärmekraftmaschine bezeichnet. Aus Gl. (2.2—46) und (2.2—47) folgt

$$\eta_{therm} = \frac{-W_{ges}}{Q_{1\to 2}} = \frac{T_1 - T_2}{T_1} = 1 - \frac{T_2}{T_1} < 1 \qquad (2.2-48)$$

Nach Gl. (2.2—48) ist η_{therm} um so größer, je höher T_1 und je tiefer T_2 ist. Wirklich arbeitende Maschinen erreichen nur einen Bruchteil der durch Gl. (2.2—48) gegebenen, maximal möglichen Energienutzung. Eine in umgekehrter Richtung wie in Abb. 2—7a und b laufende CARNOT-Maschine entspricht einer Kältemaschine. Einzelheiten und Anwendung auf andere Kreisprozesse s. [B 1—B 8].

Bei idealen Gasen hat der Adiabatenkoeffizient $\varkappa$ im reversiblen Fall Werte zwischen 1,66 (für einatomige Gase) und 1 (für n-atomige Gase mit vielen (angeregten) Schwingungsfreiheitsgraden). Für nur angenähert reversible Zustandsänderungen bleiben die hier abgeleiteten Beziehungen ungefähr gültig, für $\varkappa$ ist jedoch ein kleinerer Wert als $\bar{C}_p/\bar{C}_V$ einzusetzen; in diesem Fall wird $\varkappa$ als Polytropenkoeffizient bezeichnet $(1 < \varkappa < \bar{C}_p/\bar{C}_V)$.

Die thermodynamische Behandlung der adiabatischen Kompression realer Gase geht ebenfalls von der allgemein gültigen Gl. (2.2—34) aus (vgl. [B 1—B 8], [G 3]).

2.3. Absolutberechnung thermodynamischer Funktionen

2.3.1. Temperatur- und Druckabhängigkeit

Absolutwerte für die thermodynamischen Funktionen ergeben sich durch Integration der betreffenden Differentialbeziehungen. Beschränkt man sich auf die für chemische Anwendungen wichtigsten unabhängigen Variablen V, p und T, so folgt für ein Einstoffsystem aus (1.3—18)

$$\bar{U}(T, \bar{V}) = \bar{U}(T_0, V_0) + \int_{T_0}^{T} \bar{C}_V \, dT - \int_{\bar{V}_0}^{\bar{V}} \left(p - T\left(\frac{\partial p}{\partial T}\right)_{\bar{V}}\right) d\bar{V} \qquad (2.3-1)$$

aus (1.3—19)

$$\bar{H}(T, p) = \bar{H}(T_0, p_0) + \int_{T_0}^{T} \bar{C}_p \, dT + \int_{p_0}^{p} \left(\bar{V} - T\left(\frac{\partial \bar{V}}{\partial T}\right)_p\right) dp \qquad (2.3-2)$$

aus (2.1—6) und Tab. 2 und 3

$$\bar{S}(T, \bar{V}) = \bar{S}(T_0, V_0) + \int_{T_0}^{T} \frac{\bar{C}_V}{T} \, dT + \int_{\bar{V}_0}^{\bar{V}} \left(\frac{\partial p}{\partial T}\right)_{\bar{V}} d\bar{V} \qquad (2.3-3)$$

aus (2.1—7) und Tab. 2 und 3

$$\bar{S}(T, p) = \bar{S}(T_0, p_0) + \int_{T_0}^{T} \frac{\bar{C}_p}{T} \, dT - \int_{p_0}^{p} \left(\frac{\partial \bar{V}}{\partial T}\right)_p dp \qquad (2.3-4)$$

aus (1.3−11) durch Integration oder aus der Definitionsgleichung (1.3−10) mit (2.3−1) und (2.3−3)

$$\bar{A}(T, \bar{V}) = \bar{U}(T, \bar{V}) - T\bar{S}(T, \bar{V}) \qquad (2.3-5)$$

und aus (1.3−13) durch Integration oder aus der Definitionsgleichung (1.3−12) mit (2.3−2) und (2.3−4)

$$\bar{G}(T, p) = \bar{H}(T, p) - T\bar{S}(T, p) \qquad (2.3-6)$$

Dabei können in (2.3−1)−(2.3−4) jeweils zwei verschiedene Integrationswege gewählt werden:

a) das erste Integral für $\bar{V}_0 =$ const bzw. $p_0 =$ const und das zweite Integral für $T =$ const oder
b) das erste Integral für $\bar{V} =$ const bzw. $p =$ const und das zweite Integral für $T_0 =$ const lösen.

In Ausnahmefällen sind noch andere Integrationswege möglich. Für die Berechnung von $\bar{U}$, $\bar{H}$ und $\bar{S}$ ist Voraussetzung:

a) daß $\bar{C}_V$ bei $\bar{V} =$ const oder $\bar{V}_0 =$ const bzw. $\bar{C}_p$ bei $p =$ const oder $p_0 =$ const in Abhängigkeit von der Temperatur zwischen T und T_0 gemessen ist,
b) daß *PVT*-Daten bei $T_0 =$ const oder $T =$ const in Abhängigkeit vom Volumen zwischen $\bar{V}_0$ und $\bar{V}$ bzw. vom Druck zwischen p_0 und p vorliegen und
c) daß die Integrationskonstanten $\bar{U}(T_0, \bar{V}_0)$, $\bar{H}(T_0, p_0)$, $\bar{S}(T_0, \bar{V}_0)$ bzw. $\bar{S}(T_0, p_0)$ bekannt sind.

Für die praktische Anwendung sind die $\bar{H}(T, p)$- und $\bar{S}(T, p)$-Werte am wichtigsten, da sie für die Bestimmung der bei physikalisch-chemischen Problemen besonders wichtigen Freien Enthalpie $\bar{G}(T, p)$ aus (2.3−6) benötigt werden.

Als Bezugstemperatur T_0 wird meistens 25 °C entsprechend 298,15 K (angedeutet durch ein tiefgestelltes $_{298}$) und als Bezugsdruck $p = 1$ atm (angedeutet durch ein hochgestelltes ^{0}) benutzt. $\bar{H}^0_{298}$ wird als Standard- oder Normalenthalpie (s. den folgenden Abschnitt), $\bar{S}^0_{298}$ als Standard- oder Normalentropie (s. Abschn. 2.3.3) bezeichnet.

2.3.2. HESSscher Satz, Standardenthalpien

Läßt man ein System das eine Mal unmittelbar von einem Anfangszustand I in einen Endzustand II übergehen, das andere Mal jedoch über eine Reihe von Zwischenstufen (1, 2, 3, ...), so ist die bei der unmittelbaren Umwandlung auftretende Enthalpieänderung ΔH gleich der Summe der bei den einzelnen Zwischenstufen zu beobachtenden Enthalpieänderungen ΔH_1, ΔH_2, ΔH_3, ..., d. h. es gilt

$$\Delta H = H_{II} - H_I = \Delta H_1 + \Delta H_2 + \Delta H_3 + \ldots \qquad (2.3-7)$$

Dieser Satz folgt unmittelbar aus der Tatsache, daß die Enthalpie eine Zustandsfunktion ist. Für $p =$ const ergibt sich aus (1.2−16) und (2.3−7) der HESSsche Satz

$$Q_p = Q_{p1} + Q_{p2} + Q_{p3} + \ldots \qquad (2.3-8)$$

Er hatte in den Anfängen der Thermodynamik eine große Bedeutung. Völlig analoge Beziehungen gelten für ΔU bzw. Q_V.

Da allen Umwandlungen nur Enthalpiedifferenzen entsprechen, läßt sich der Nullpunkt für die Absolutwerte beliebig festlegen. Bei der heute meistbenutzten Normierung wird die Enthalpie bei 25 °C und 1 atm (d. h. die oben definierte Standardenthalpie $\bar{H}^0_{298}$) für alle Elemente in dem bei diesen Bedingungen thermodynamisch stabilen Zustand gleich null gesetzt; es gilt daher für Elemente im stabilen Zustand

$$\bar{H}^0_{298} = 0 \qquad (2.3-9)$$

Die Standardenthalpie eines Elementes in jeder nichtstabilen Form (z. B. einem anderen Aggregatzustand) ist dann von null verschieden und entspricht der jeweiligen Umwandlungsenthalpie von der stabilen in die nichtstabile Form bei 298 K und 1 atm.

Mit dieser Nullpunktsfestlegung ist die Standardenthalpie $\bar{H}^0_{298}$ einer Verbindung, z. B. von AB_2, numerisch gleich der Reaktionsenthalpie $\Delta\bar{H}^0_{298}$ bei 298 K und 1 atm für die Bildung von einem Mol der Verbindung aus den Elementen in der jeweils stabilen Form. Für $\bar{H}^0_{298}(AB_2)$ gilt z. B.

$$\Delta\bar{H}^0_{298}(A + 2B \rightarrow AB_2) = \bar{H}^0_{298}(AB_2) - \{\bar{H}^0_{298}(A) + 2\bar{H}^0_{298}(B)\} = \bar{H}^0_{298}(AB_2) \qquad (2.3-10)$$

Nach (2.3−10) lassen sich die Standardenthalpien von Verbindungen also aus Reaktionsenthalpien bei 298 K und 1 atm ermitteln, die ihrerseits kalorimetrisch (z. B. für Oxide aus den Verbrennungswärmen) oder aus der Temperaturabhängigkeit von Gleichgewichtskonstanten (vgl. Kap. 5) bestimmt werden können. Sie werden daher in vielen Büchern und Tabellenwerken mit dem Symbol $\Delta\bar{H}^0_{298}$ (statt $\bar{H}^0_{298}$ wie hier) bezeichnet. Standardenthalpien sind für sehr viele Substanzen mit oft großer Genauigkeit experimentell bestimmt und tabelliert worden (z. B. [F 5], [F 6], [F 10]). Für gasförmige Stoffe wird im allgemeinen auf den idealen Gaszustand bezogen; für die notwendigen Korrekturen s. z. B. [A 5], [A 6], [F 10].

Für Verbindungen die sich aus den Elementen unter Wärmeentwicklung (also *exotherm*) bilden, ist $\bar{H}^0_{298}$ entsprechend der heute üblichen Vorzeichenfestlegung (s. Abschn. 1.2.1) negativ; solche Verbindungen sind im allgem. relativ stabil gegenüber einem Zerfall in die Elemente (z. B. H_2O, CO_2, CH_4, NH_3). Bei Verbindungen, die sich aus den Elementen unter Wärmeverbrauch (also *endotherm*) bilden, ist $\bar{H}^0_{298}$ positiv; endotherme Verbindungen sind im allg. gegenüber dem Zerfall in die Elemente wenig stabil (z. B. C_6H_6, C_2H_4, C_2H_2). Zur thermodynamischen Beschreibung von Ionenreaktionen wird für das aquatisierte H^+-Ion $\bar{H}^0_{298} = 0$ gesetzt.

Über die Beziehung (2.3−2) lassen sich Enthalpien von den Standardbedingungen 298 K und 1 atm auf andere Temperaturen und Drucke umrechnen. Besonders wichtig ist die Temperaturabhängigkeit der Enthalpie bei konstantem Druck ($dp = 0$), z. B. beim Standarddruck $p = 1$ atm. Nach (2.3−2) gilt in diesem Fall

$$\bar{H}^0_T = \bar{H}^0_{298} + \int_{298}^{T} \bar{C}^0_p \, dT \qquad (2.3-11)$$

Zur experimentellen Ermittlung von $\bar{H}^0_T$ muß also $\bar{H}^0_{298}$ und die molare Wärmekapazität $\bar{C}^0_p(T)$ beim Standarddruck in Abhängigkeit von der Temperatur T bekannt sein. Das Integral in (2.3−11) kann graphisch

(z. B. als Fläche unter der $\bar{C}_p^0(T)$-Kurve zwischen 298 K und der Temperatur T) oder bei Verwendung analytischer Ansätze für $\bar{C}_p^0(T)$ (z. B. Potenzreihen der Form (5.3−12)) rechnerisch gelöst werden. Treten zwischen 298 K und der Temperatur T beim Standarddruck noch Phasenumwandlungen auf (z. B. fest-fest, fest-flüssig usw., etwa I ↔ II bei T_1^0 und II ↔ III bei T_2^0), so ist das Integral in (2.3−11) jeweils nur über einen Aggregatzustand zu erstrecken und die Phasenumwandlungsenthalpie $\Delta \bar{H}^0$ beim Standarddruck und bei der jeweiligen Umwandlungstemperatur zu addieren.

$$\bar{H}_T^0 = \bar{H}_{298}^0 + \int_{298}^{T_1^0} \bar{C}_p^0(\mathrm{I})\,\mathrm{d}T + \Delta \bar{H}_{\mathrm{II-I}}^0 + \int_{T_1^0}^{T_2^0} \bar{C}_p^0(\mathrm{II})\,\mathrm{d}T + \Delta \bar{H}_{\mathrm{III-II}}^0 + \int_{T_2^0}^{T} \bar{C}_p^0(\mathrm{III})\,\mathrm{d}T \qquad (2.3-12)$$

Für manche Anwendungen werden Zahlenwerte der sog. Nullpunktsenthalpie $\bar{H}_0^0$ d. h. der Enthalpie bei 1 atm und 0 K benötigt; sie ergeben sich aus (2.3−11) bzw. (2.3−12) für $T = 0$. Verschiedentlich wird in der Literatur auch 0 K statt 298,15 K als Bezugstemperatur benutzt und $\bar{H}_0^0 = 0$ für Elemente im stabilen Zustand gesetzt.

Von der Bildungsenthalpie $\bar{H}_{298}^0$ einer Verbindung ist ihre (gesamte) *Bindungsenthalpie D* zu unterscheiden: Während die erstere die Reaktionsenthalpie für die Bildung der Verbindung aus den Elementen angibt, ist die zweite die Reaktionsenthalpie für die Bildung aus den Atomen (alle jeweils im Grundzustand). Die Bindungsenthalpie für eine Einzelbindung ist dann für einfache Moleküle vom Typ AB_n gegeben durch $\frac{1}{n} D$. Bindungsenergien lassen sich aus kalorischen Größen (z. B. Bildungsenthalpie des Moleküls, Dissoziationsenthalpien der Elemente) sowie aus spektroskopischen Daten ermitteln.

$\bar{H}_{298}^0$- und $\bar{H}_T^0$-Werte von Elementen und Verbindungen sind von besonders großer Bedeutung für die thermodynamische Behandlung chemischer Gleichgewichte. Aus ihnen kann, wenn alle Reaktionspartner in reiner Form oder in idealer Mischung vorliegen, die Reaktionsenthalpie ΔH_{298}^0 bzw. ΔH_T^0 (d. h. die Enthalpieänderung für einen gesamten Formelumsatz) für jede Reaktion bei 298 K bzw. T beim Standarddruck direkt berechnet werden. So gilt für eine chemische Reaktion des Typs

$$\nu_A A + \nu_B B \rightleftarrows \nu_C C + \nu_D D$$

$$\Delta H_T^0 = \nu_C \bar{H}_{T,C}^0 + \nu_D \bar{H}_{T,D}^0 - \{\nu_A \bar{H}_{T,A}^0 + \nu_B \bar{H}_{T,B}^0\} \qquad (2.3-13)$$

$$= \sum_k \nu_k \bar{H}_{T,k}^0$$

wo $\nu_k > 0$ für Produkte

$\nu_k < 0$ für Ausgangsstoffe

2.3.3. Standardentropien, dritter Hauptsatz

Die Entropie einer Substanz kann nach Gl. (2.3−4) berechnet werden. Für die praktisch besonders wichtige Entropie $\bar{S}_T^0$ beim Standarddruck $p = 1$ atm in Abhängigkeit von der Temperatur ergibt sich daraus

$$\bar{S}_T^0 = \bar{S}_{298}^0 + \int_{298}^{T} \frac{\bar{C}_p^0}{T}\,\mathrm{d}T = \bar{S}_{298}^0 + \int_{298}^{T} \bar{C}_p^0\,\mathrm{d}\ln T \qquad (2.3-14)$$

wenn zwischen 298 K und der Temperatur T keine Phasenumwandlungen auftreten. Zur Berechnung von $\bar{S}_T^0$ muß also bekannt sein:

a) die Wärmekapazität $\bar{C}_p^0$ beim Standarddruck $p = 1$ atm in Abhängigkeit von der Temperatur,

b) die Entropie $\bar{S}_{298}^0$ bei den Standardbedingungen von 298 K und 1 atm (sog. Standard- oder Normalentropie).

Das Problem der Ermittlung von $\bar{S}_{298}^0$ ähnelt dem der Bestimmung von $\bar{H}_{298}^0$. Bei der Standardentropie wählt man jedoch einen anderen Nullpunkt, der über den *dritten Hauptsatz* der Thermodynamik nach PLANCK wie folgt festgelegt wird:

> Die Entropie reiner kondensierter Phasen im inneren Gleichgewicht verschwindet bei $T = 0$ K, unabhängig von den Werten der Arbeitskoordinaten, der Kristallmodifikation und dem Aggregatzustand (vgl. [A1], [A14]), d. h.

$$S_0 = 0$$

Damit gilt auch für die Entropie pro Mol beim Standarddruck

$$\bar{S}_0^0 = 0 \qquad (2.3-15)$$

S_0 wird als konventionelle Nullpunktsentropie bezeichnet.

Aus dieser Nullpunktsfestlegung ergibt sich für die Standard- oder Normalentropie:

$$\bar{S}_{298}^0 = \bar{S}_0^0 + \int_0^{298} \frac{\bar{C}_p^0}{T}\,\mathrm{d}T = \int_0^{298} \frac{\bar{C}_p^0}{T}\,\mathrm{d}T = \int_0^{298} \bar{C}_p^0\,\mathrm{d}\ln T \qquad (2.3-16)$$

oder, falls zwischen 0 und 298 K bei 1 atm Phasenumwandlungen auftreten:

$$\bar{S}_{298}^0 = \int_0^{T_1^0} \frac{\bar{C}_p^0(\mathrm{I})}{T}\,\mathrm{d}T + \Delta \bar{S}_{\mathrm{II-I}}^0 + \int_{T_1^0}^{T_2^0} \frac{\bar{C}_p^0(\mathrm{II})}{T}\,\mathrm{d}T + \Delta \bar{S}_{\mathrm{III-II}}^0 + \int_{T_2^0}^{298} \frac{\bar{C}_p^0(\mathrm{III})}{T}\,\mathrm{d}T \qquad (2.3-17)$$

Hier ist $\Delta \bar{S}^0$ die Phasenumwandlungsentropie (d. h. die Entropiedifferenz der Gleichgewichtsphasen) pro Mol Substanz bei der jeweiligen Umwandlungstemperatur für $p = 1$ atm (vgl. Abschn. 4.3). Völlig analog sind Phasenumwandlungen in (2.3−14) bei der Ermittlung von $\bar{S}_T^0$ zu berücksichtigen. Die Integrale können graphisch, z. B. als Flächen unter den $\bar{C}_p^0/T(T)$-Kurven oder $\bar{C}_p^0(\ln T)$- bzw. $\bar{C}_p^0(\log T)$-Kurven, oder unter Verwendung analytischer Ansätze für $\bar{C}_p^0$ (etwa Potenzreihen, vgl. Gl. (5.3−12)) rechnerisch gelöst werden. So ermittelte $\bar{S}_{298}^0$-Werte sind für viele

Substanzen mit oft großer Genauigkeit experimentell bestimmt und tabelliert worden (vgl. z. B. [F5], [F6], [F10]).

Bei diesen $\bar{S}^0_{298}$- und $\bar{S}^0_T$-Werten wird die Gültigkeit des dritten Hauptsatzes in der Form (2.3—15) vorausgesetzt. Da sich die Werte allein aus kalorimetrischen Messungen bestimmen lassen, werden sie auch als *kalorimetrische Entropien* (im engl. third law entropies) bezeichnet im Gegensatz zu den *spektroskopischen Entropien*, die aus der statistischen Theorie der Materie mit Hilfe spektroskopischer Daten für einige besonders einfache Fälle (kleine Moleküle) berechnet werden können. Die Differenz zwischen der kalorimetrischen und spektroskopischen Entropie ist ein Maß für die Abweichung des betreffenden Stoffes vom dritten Hauptsatz. Die wichtigsten Stoffe, die solche Abweichungen zeigen und damit eine endliche Nullpunktsentropie besitzen, sind eingefrorene Molekülkristalle (z. B. CO, NO, H_2O) sowie Gläser, d. h. Stoffe, die sich bei tiefen Temperaturen nicht im inneren Gleichgewicht befinden. Messungen und theoretische Abschätzungen zeigen, daß die Abweichungen nur von der Größenordnung $R \ln 2$ sind und daß sie damit im allg. bereits innerhalb der Grenze des experimentellen Fehlers liegen, mit dem $\bar{S}^0_T$ bzw. $\bar{S}^0_{298}$ aus kalorimetrischen Daten ermittelt werden können. Da sich bei chemischen Vorgängen die Isotopenzusammensetzung der Elemente und die Kernspins im allg. nicht ändern, bleiben sie bei der Nullpunktsfestsetzung unberücksichtigt.

Eingehende Diskussion der Problematik des dritten Hauptsatzes (insbes. ob inneres Gleichgewicht am absoluten Nullpunkt überhaupt erreichbar und nachweisbar ist) s. [A 14], historische Entwicklung und andere Formulierungen des dritten Hauptsatzes sowie statistische Berechnung von Entropien und ihre Beziehung zur statistischen Wahrscheinlichkeit s. z. B. [A 1—A 15] (bes. [A 14]), [C 1—C 8].

2.3.4. Freie Standardenthalpien, Free Energy Function

Als Freie Standard- oder Normalenthalpie $\bar{G}^0_{298}$ pro Mol einer Substanz bezeichnet man ihre Freie Enthalpie bei den Standardwerten von Temperatur und Druck. Unter Benutzung der Definitionsgleichung (1.3—12) für G ergibt sich

$$\bar{G}^0_{298} = \bar{H}^0_{298} - 298\,\bar{S}^0_{298} \qquad (2.3-18)$$

Für die Freie Enthalpie $\bar{G}^0_T$ bei der Temperatur T und beim Standarddruck gilt entsprechend

$$\bar{G}^0_T = \bar{H}^0_T - T\bar{S}^0_T \qquad (2.3-19)$$

Statt $\bar{G}^0_{298}$ wie in (2.3—18) wird in Tabellenwerken oft die Freie Bildungsenthalpie $\Delta\bar{G}^0_{298}$ für die Bildungsreaktion dieser Substanz aus den Elementen angegeben; bei dieser Form der Normierung gilt natürlich für alle Elemente: $\Delta\bar{G}^0_{298} = 0$. Die Situation ist demnach völlig analog wie bei der Ermittlung von $\bar{H}^0_{298}$ (s. Abschn. 2.3.2).

In angelsächsischen Tabellenwerken ist häufig die sog. *Free Energy Function* $(\bar{G}^0_T - \bar{H}^0_0)/T$ angegeben, wobei $\bar{G}^0_T$ die Freie Enthalpie bei der Temperatur T (s. Gl. 2.3—19) und $\bar{H}^0_0$ die Enthalpie bei $T = 0$ K jeweils beim Standarddruck sind. Die Free Energy Function ist nur wenig temperaturabhängig und daher für Extra- und Interpolationen sehr gut geeignet.

2.3.5. Tabellenwerke und Diagramme

In thermodynamischen Tabellenwerken [F1—14] sind im allg. angegeben:

a) $\bar{H}^0_{298}$, $\bar{S}^0_{298}$, $\bar{C}^0_{p,\,298}$, $\bar{G}^0_{298}$ (oder $\Delta\bar{G}^0_{298}$);

b) einige der Größen unter a) in Abhängigkeit von der Temperatur (bei Gasen meistens auf den idealen Gaszustand bezogen), seltener vom Druck;

c) PVT-Daten, z. B. in Form der Abhängigkeit der Dichten, spezifischen Volumina, Molvolumina, Kompressibilitäten, Kompressibilitätsfaktoren usw. von Temperatur und Druck;

d) Dampfdruck- und Schmelzdruckkurven, Fest-Fest-Umwandlungskurven sowie $\Delta\bar{V}$-, $\Delta\bar{H}$- und $\Delta\bar{S}$-Werte entlang den Koexistenzkurven bzw. die Dichten, Enthalpien und Entropien der Gleichgewichtsphasen selbst;

e) verschiedene thermodynamische Eigenschaften, z. B. JOULE-THOMSON-Koeffizienten.

Als Energiemaß wird in modernen Werken im allg. das JOULE benutzt. Es ist inzwischen als einzige Einheit für die Technik verbindlich.

Thermodynamische Daten werden häufig auch in Diagrammform wiedergegeben. Praktisch wichtig sind im allg. nur Rechteckdiagramme, in denen eine thermodynamische Größe Y gegen eine Größe X, ggf. für verschiedene, jeweils konstante Werte einer dritten Größe Z aufgetragen ist; alle eventuell verbleibenden Parameter sind dann für das gesamte Diagramm konstant.

Neben Phasendiagrammen für Ein- und Mehrstoffsysteme (s. Kap. 4) werden in der Praxis hauptsächlich

$T(S)$-Diagramme (für $p = \text{const}$),

$H(S)$-Diagramme (für $p = \text{const}$, sog. MOLLIER-Diagramme),

$\ln p\,(H)$-Diagramme (für $T = \text{const}$ oder $V = \text{const}$ oder $S = \text{const}$)

für reine Substanzen und einfache Mischungen von überwiegend technischer Bedeutung (z. B. H_2O, CO_2, NH_3, N_2, O_2, Luft, Methan, Kältemittel, Edelgase) benutzt. Aus ihnen lassen sich mit meistens ausreichender Genauigkeit in besonders übersichtlicher Form alle technisch wichtigen thermodynamischen Daten der betreffenden Substanzen speziell für isochore ($V = \text{const}$), isotherme ($T = \text{const}$), isobare ($p = \text{const}$), isenthalpische ($H = \text{const}$), isentropische ($S = \text{const}$) und andere Vorgänge ablesen, wobei je nach Anwendung eines der genannten Diagramme besonders einfach oder vorteilhaft sein kann (z. B. das $T(S)$-Diagramm beim CARNOT-Prozeß, Abb. 2—7b).

Die Ausarbeitung von Tabellen und Diagrammen erfordert großen Arbeitsaufwand und hohe Präzision und setzt die Kenntnis eines umfangreichen und genauen Datenmaterials voraus, das nur für wenige Stoffe vorliegt; ein wichtiges Beispiel sind die sog. Wasserdampftafeln. Bei ihrer Benutzung (besonders bei Daten aus verschiedenen Werken) ist auf die Normierung, Nullpunktsfestlegung und Dimension zu achten, die häufig unterschiedlich sind. Es ist zu erwarten, daß die Bedeutung von Diagrammen gegenüber der numerischen elektronischen Datenverarbeitung in Zukunft zurücktritt.

3. Thermodynamik der Mischungen und Lösungen

3.1. Mischungen idealer und realer Gase

Mischungen idealer Gase (Anzahl N) sind dadurch gekennzeichnet, daß auch für die Mischung das ideale Gasgesetz gilt

$$Vp = \sum_{k=1}^{N} n_k RT \tag{3.1-1}$$

und beim isotherm-isobaren Mischungsprozeß ($T=$ const und $p=$const) keine Volumenänderung

$$\Delta V = V - \sum_{k=1}^{N} n_k \bar{V}_{0k} = 0 \tag{3.1-2}$$

und keine Enthalpieänderung (d. h. keine Wärmetönung) auftritt

$$\Delta H = H - \sum_{k=1}^{N} n_k \bar{H}_{0k} = 0 \tag{3.1-3}$$

Als Konzentrationsmaß wird meistens der Molenbruch x_k der Komponente k

$$x_k \equiv \frac{n_k}{\sum_{k=1}^{N} n_k} \quad \text{mit} \quad \sum_{k=1}^{N} x_k = 1 \tag{3.1-4}$$

oder der Partialdruck p_k der Komponente k

$$p_k \equiv x_k p \tag{3.1-5}$$

benutzt. Mit (3.1−4) folgt unmittelbar

$$\sum_{k=1}^{N} p_k = p \tag{3.1-6}$$

Einsetzen von (3.1−1) in (3.1−5) ergibt mit (3.1−4)

$$p_{k,\,\text{ideal}} = \frac{n_k RT}{V} = c_k RT \tag{3.1-7}$$

wobei $c_k = n_k/V$ die molare Konzentration (in Mol/Volumen) der Komponente k ist.

Beziehung (3.1−7) besagt, daß der Partialdruck p_k einer Komponente in einer Mischung idealer Gase gleich dem Totaldruck ist, den das Gas ausüben würde, wenn es bei der Temperatur T allein im Volumen V eingeschlossen wäre. Gl. (3.1−5) gilt auch bei realen Systemen, nicht jedoch Gl. (3.1−7).

Das partielle Molvolumen V_k der Komponente k in einer Mischung idealer Gase folgt aus der Definitionsgleichung (1.4−2) und Gl. (3.1−1):

$$V_k \equiv \left(\frac{\partial V}{\partial n_k}\right)_{T,\, p,\, n_{j(j \neq k)}} = \frac{RT}{p} \tag{3.1-8}$$

mit $j = 1, 2, \ldots, k-1, k+1, \ldots, N$

Damit ergibt sich für die Druckabhängigkeit des chemischen Potentials μ_k nach Gl. (1.3−15)

$$\left(\frac{\partial \mu_k}{\partial p}\right)_{T,\, x_j} = V_k = \frac{RT}{p}$$

mit $j = 1, 2, \ldots, N-1$

bzw. unter Benutzung von (3.1−5)

$$\mathrm{d}\mu_k = RT\,\frac{\mathrm{d}p}{p} = RT\,\frac{\mathrm{d}p_k}{p_k} = RT\,\mathrm{d}\ln p_k \tag{3.1-9}$$

für $T=$ const und alle $x_j=$ const.

Integration führt zu

$$\mu_{k,\,\text{ideal}} = \mu_k(T,\, p_k = 1) + RT \ln p_k \tag{3.1-10}$$

oder mit (3.1−5) zu

$$\mu_{k,\,\text{ideal}} = \mu_k(T,\, p_k = 1) + RT \ln p + RT \ln x_k \tag{3.1-11}$$

Für reale Gasmischungen bewahrt man die Form der Gl. (3.1−10), ersetzt jedoch den Partialdruck p_k durch die Fugazität p_k^* der Komponente k in der Mischung (vgl. Abschn. 2.2.2)

$$\mu_{k,\,\text{real}} = \mu_k(T,\, p_k^* = 1) + RT \ln p_k^* \tag{3.1-12}$$

Hier ist $\mu_k(T, p_k = 1)$ bzw. $\mu_k(T, p_k^* = 1)$ das chemische Potential der Komponente k in einer Mischung der gegebenen Konzentration und Temperatur, jedoch bei einem so hohen Totaldruck, daß der Partialdruck p_k bzw. die Fugazität p_k^* gleich der Druckeinheit ist. $\mu_k(T, p_k = 1)$ ist bei einer Mischung idealer Gase gleich dem chemischen Potential $\mu_{0k}(T, p = 1)$ des reinen Gases k bei der Temperatur T und dem Totaldruck $p = 1$; dies ist eine zusätzliche Annahme, die sich statistisch begründen läßt. Da sich auch reale Gasmischungen bei $p = 1$ atm im allgemeinen bereits ausreichend ideal verhalten, ist auch $\mu_k(T, p_k^* = 1) \approx \mu_{0k}(T, p = 1)$. p_k läßt sich analog zu p^* nach Abschn. 2.2.2 bestimmen; in die Ableitung geht jedoch statt $\bar{V}$ jetzt V_k ein, und es folgt

$$RT \ln \frac{p_k^*}{p_k} = RT \ln \varphi_k = \int_0^p \left(V_k - \frac{RT}{p}\right) \mathrm{d}p \tag{3.1-13}$$

mit den Grenzbedingungen

$$\lim_{p \to 0} p_k^* = p_k \quad \text{und} \quad \lim_{p \to 0} \varphi_k = 1 \tag{3.1-14}$$

Hier ist V_k das partielle Molvolumen und φ_k der Fugazitätskoeffizient der Komponente k in der Mischung; p ist der Totaldruck. p_k^* läßt sich also aus PVT-Daten der Mischung in Abhängigkeit von Temperatur, Druck und Konzentration bestimmen. Diese Daten stehen jedoch meistens nicht zur Verfügung. Nach LEWIS-RANDALL kann man in solchen Fällen anstelle der unbekannten Fugazität p_k^* der Komponente k in der Mischung mit oft guter Näherung das Produkt $x_k p_{0k}^*$ benutzen, wo p_{0k}^* die im allg. besser bekannte Fugazität der reinen Komponente k bei der Temperatur T und dem Totaldruck p der Mischung ist (sog. LEWISsche Fugazitätenregel; s. z. B. [A 7]).

3.2. Ideale Mischungen (allgemein)

Faßt man die ersten beiden Glieder auf der rechten Seite von (3.1−11) unter Benutzung der Beziehung (2.2−3) zusammen, so folgt

$$\mu_{k,\,\text{ideal}} = \mu_{0k}(T,\, p) + RT \ln x_k \tag{3.2-1}$$

Diese Beziehung wird in der modernen Mischphasenthermodynamik als Definitionsgleichung für eine ideale Mischung unabhängig vom Aggregatzustand (gasförmig, flüssig, fest) benutzt. In Abschn. 4.6.1 wird gezeigt, daß Gl. (3.2−1) auch die in vielen elementaren Darstellungen übliche Definition einer idealen Mischung über das RAOULTsche Gesetz als Spezialfall enthält; sie läßt sich statistisch begründen (vgl. [A1]).

Für die Änderung $\Delta \mu_{k,\,\text{ideal}}$ des chemischen Potentials der Komponente k beim Mischungsvorgang, d. h. beim isotherm-isobaren Übergang vom reinen Zustand (chemisches Potential μ_{0k}) in die ideale Mischung (chemisches Potential $\mu_{k,\,\text{ideal}}$) folgt aus (3.2−1)

$$\Delta \mu_{k,\,\text{ideal}} \equiv \mu_{k,\,\text{ideal}}(T, p) - \mu_{0k}(T, p) = RT \ln x_k \tag{3.2−2}$$

Aus μ_k bzw. $\Delta \mu_k$ lassen sich leicht alle thermodynamischen Funktionen $\bar{Z}$ pro Mol Mischung (z. B. $\bar{G}$, $\bar{H}$, $\bar{S}$, $\bar{V}$) und daraus die Änderungen $\Delta \bar{Z}$ beim Übergang der reinen unvermischten Substanzen zu einem Mol Mischung und die entsprechenden partiellen molaren Größen Z_k bzw. ΔZ_k berechnen:

$$\Delta \bar{Z} \equiv \bar{Z} - \sum_{k=1}^{N} x_k \bar{Z}_{0k} \tag{3.2−3}$$

$$\Delta Z_k \equiv Z_k - \bar{Z}_{0k} \tag{3.2−4}$$

$\Delta \bar{Z}$ bzw. ΔZ_k werden *Mischungsgrößen* genannt; sie sind besonders geeignet, die thermodynamischen Eigenschaften einer Mischung zu beschreiben.

Bei einer idealen Mischung ergibt sich für die Freie Enthalpie $\bar{G}$ und die *Freie Mischungsenthalpie* $\Delta \bar{G}$

$$\bar{G}_{\text{ideal}} = \sum_{k=1}^{N} x_k \mu_{k,\,\text{ideal}} = \sum_{k=1}^{N} x_k \mu_{0k} + RT \sum_{k=1}^{N} x_k \ln x_k \tag{3.2−5}$$

$$\Delta \bar{G}_{\text{ideal}} \equiv \bar{G}_{\text{ideal}} - \sum_{k=1}^{N} x_k \mu_{0k} = RT \sum_{k=1}^{N} x_k \ln x_k < 0 \tag{3.2−6}$$

für die Entropie $\bar{S}$ und die *Mischungsentropie* $\Delta \bar{S}$ bzw. für die entsprechenden partiellen molaren Größen S_k und ΔS_k ($j = 1, 2, \ldots, N-1$) mit (1.3−13)

$$\bar{S}_{\text{ideal}} = -\left(\frac{\partial \bar{G}_{\text{ideal}}}{\partial T}\right)_{p,\,x_j} = \sum_{k=1}^{N} x_k \bar{S}_{0k} - R \sum_{k=1}^{N} x_k \ln x_k \tag{3.2−7}$$

$$\Delta \bar{S}_{\text{ideal}} \equiv \bar{S}_{\text{ideal}} - \sum_{k=1}^{N} x_k \bar{S}_{0k} = -R \sum_{k=1}^{N} x_k \ln x_k > 0 \tag{3.2−8}$$

$$S_{k,\,\text{ideal}} = -\left(\frac{\partial \mu_{k,\,\text{ideal}}}{\partial T}\right)_{p,\,x_j} = \bar{S}_{0k} - R \ln x_k \tag{3.2−9}$$

$$\Delta S_{k,\,\text{ideal}} \equiv S_k - \bar{S}_{0k} = -R \ln x_k > 0 \tag{3.2−10}$$

für die Enthalpie $\bar{H}$ und die *Mischungsenthalpie* $\Delta \bar{H}$ bzw. für die partiellen molaren Größen H_k und ΔH_k ($j = 1, 2, \ldots, N-1$) mit (1.3−24)

$$\bar{H}_{\text{ideal}} = -T^2 \left(\frac{\partial \frac{\bar{G}_{\text{ideal}}}{T}}{\partial T}\right)_{p,\,x_j} = \sum_{k=1}^{N} x_k \bar{H}_{0k} + 0 = \sum_{k=1}^{N} x_k \bar{H}_{0k} \tag{3.2−11}$$

$$\Delta \bar{H}_{\text{ideal}} \equiv \bar{H}_{\text{ideal}} - \sum_{k=1}^{N} x_k \bar{H}_{0k} = 0 \tag{3.2−12}$$

$$H_{k,\,\text{ideal}} = -T^2 \left(\frac{\partial \frac{\mu_{k,\,\text{ideal}}}{T}}{\partial T}\right)_{p,\,x_j} = \bar{H}_{0k} - 0 = \bar{H}_{0k} \tag{3.2−13}$$

$$\Delta H_{k,\,\text{ideal}} \equiv H_{k,\,\text{ideal}} - \bar{H}_{0k} = 0 \tag{3.2−14}$$

für das Molvolumen $\bar{V}$ und das *Mischungsvolumen* $\Delta \bar{V}$ bzw. für die partiellen molaren Größen V_k und ΔV_k ($j = 1, 2, \ldots, N-1$) mit (1.3−13)

$$\bar{V}_{\text{ideal}} = \left(\frac{\partial \bar{G}}{\partial p}\right)_{T,\,x_j} = \sum_{k=1}^{N} x_k \bar{V}_{0k} + 0 = \sum_{k=1}^{N} x_k \bar{V}_{0k} \tag{3.2−15}$$

$$\Delta \bar{V}_{\text{ideal}} \equiv \bar{V}_{\text{ideal}} - \sum_{k=1}^{N} x_k \bar{V}_{0k} = 0 \tag{3.2−16}$$

$$V_{k,\,\text{ideal}} = \left(\frac{\partial \mu_k}{\partial p}\right)_{T,\,x_j} = \bar{V}_{0k} + 0 = \bar{V}_{0k} \tag{3.2−17}$$

$$\Delta V_{k,\,\text{ideal}} = V_{k,\,\text{ideal}} - \bar{V}_{0k} = 0 \tag{3.2−18}$$

Alle thermodynamischen Eigenschaften einer idealen N-Komponentenmischung lassen sich aus den Eigenschaften der reinen Komponenten bei derselben Temperatur und demselben Druck nach (3.2−1)−(3.2−18) berechnen. Sie sind für ein binäres System ($N=2$ bzw. $k = 1{,}2$) schematisch in Abb. 3−1 aufgetragen. Die Gleichungen (3.2−15), (3.2−16) und (3.2−12) enthalten die Beziehungen (3.1−1)−(3.1−3) für eine ideale Gasmischung.

Für die Freie Enthalpie $\bar{G}_{\text{ideal}}$ pro Mol einer idealen Mischung läßt sich die Beziehung (1.3−12)

$$\bar{G}_{\text{ideal}} = \bar{H}_{\text{ideal}} - T\bar{S}_{\text{ideal}} \tag{3.2−19}$$

unter Benutzung der Definitionsgleichung (3.2−3) für die Mischungsgrößen ΔZ ($\Delta Z = \Delta G$, ΔH, ΔS), der Gl. (1.3−12) für die reinen Komponenten und der Gl. (3.2−12) umformen in

$$\Delta \bar{G}_{\text{ideal}} = \Delta \bar{H}_{\text{ideal}} - T\Delta \bar{S}_{\text{ideal}} = -T\Delta \bar{S}_{\text{ideal}} \tag{3.2−20}$$

Die GIBBS-DUHEM Beziehung (1.4−12) (mit $Z_k = \mu_k$, H_k, S_k, V_k bzw. $\Delta Z_k = \Delta \mu_k$, ΔH_k, ΔS_k, ΔV_k) ist bei idealen Mischungen erfüllt, wie man leicht durch Einsetzen verifizieren kann.

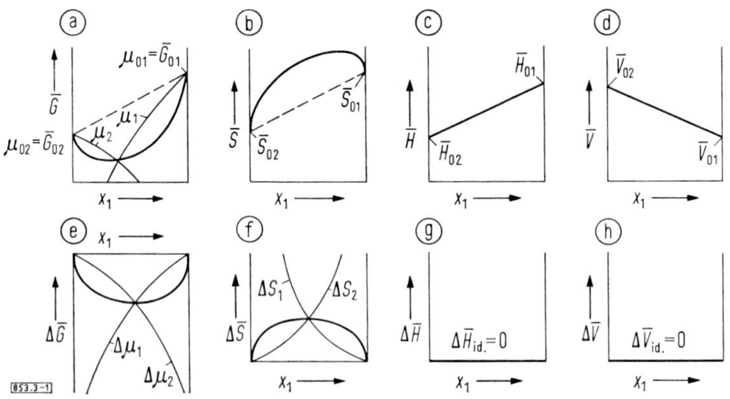

Abb. 3–1. Thermodynamische Funktionen (a–d) und Mischungsfunktionen (e–h) eines idealen Zweistoffsystems ($\Delta\bar{G}_{max} = -410$ cal/Mol für $T = 298$ K; $\Delta\bar{S}_{max} = +1{,}38$ cal/grad Mol)

Der Typ der idealen Mischung stellt einen idealisierten Grenzfall dar, der in der Natur nicht exakt, sondern nur mehr oder weniger angenähert gefunden wird (vgl. Abschn. 4.6.1).

Die hier behandelten idealen Mischsysteme dürfen nicht mit *ideal verdünnten Lösungen* der Komponente k in einem Lösungsmittel verwechselt werden, die in Anlehnung an die Definitionsgleichung (3.2–1) für ideale Mischungen durch die Beziehung

$$\mu_k = \mu_k^* + RT \ln x_k \qquad (3.2\text{–}21)$$

definiert werden; Gl. (3.2–21) gilt um so besser, je kleiner der Molenbruch der Komponente k ist. Hier ist μ_k^* nicht mehr das chemische Potential μ_{0k} der reinen Komponente k bei der Temperatur T und beim Druck p, sondern ein Bezugspotential (vgl. Abschn. 4.6.1).

3.3. Reale Mischungen

Bei Mischungen, wie sie in der Natur wirklich vorkommen (sog. reale Mischungen), ist die Konzentrationsabhängigkeit des chemischen Potentials μ_k der Komponente k nicht mehr exakt durch Gl. (3.2–1) gegeben. Zur thermodynamischen Beschreibung bewahrt man jedoch die Form dieser Gleichung, ersetzt aber den Molenbruch x_k durch die sog. *Aktivität* a_k. Damit folgt

$$\mu_{k,\,\text{real}} = \mu_{0k}(T, p) + RT \ln a_k \qquad (3.3\text{–}1)$$

$$\text{mit } a_k \to 1 \text{ für } x_k \to 1$$

Definiert man den *Aktivitätskoeffizienten* f_k der Komponente k durch

$$a_k \equiv f_k x_k \qquad (3.3\text{–}2)$$

so folgt

$$\mu_{k,\,\text{real}} = \mu_{0k} + RT \ln x_k + RT \ln f_k \qquad (3.3\text{–}3)$$

$$\text{mit } f_k \to 1 \text{ für } x_k \to 1$$

Wird statt des Molenbruchs x_k ein anderes Konzentrationsmaß benutzt, so ändern sich entsprechend die Zahlenwerte der f_k und μ_{0k}. In völlig analoger Form kann man auch Abweichungen vom Typ der ideal verdünnten Lösung durch Einführung der Aktivitätskoeffizienten f_k^{H} in Gl. (3.2–21) berücksichtigen entsprechend

$$\mu_{k,\,\text{real}} = \mu_k^* + RT \ln x_k + RT \ln f_k^{\text{H}} \qquad (3.3\text{–}4)$$

$$\text{mit } f_k^{\text{H}} \to 1 \text{ für } x_k \to 0 \text{ (vgl. Abschn. 4.6.1).}$$

Die Henryschen Aktivitätskoeffizienten f^{H} haben große Bedeutung für die Thermodynamik von Mischungen, die sich nicht im gleichen Aggregatzustand über den gesamten Konzentrationsbereich realisieren lassen, z. B. für Lösungen von Gasen und Festkörpern (z. B. Salzen) in Flüssigkeiten, von Mischungen im überkritischen Gebiet usw. Sie stellen die übliche Normierung für den gelösten Stoff in der Elektrochemie dar.

Eine andere Beschreibungsmöglichkeit für reale Mischungen stellt die Einführung der sog. *osmotischen Koeffizienten* Φ_k dar, definiert durch

$$\mu_{k,\,\text{real}} = \mu_k^* + \Phi_k RT \ln x_k$$

mit $\Phi_k \to 1$ für $x_k \to 0$. Sie haben nur noch historische Bedeutung, werden aber gelegentlich noch in der Elektrochemie benutzt.

Zur thermodynamischen Beschreibung realer Mischungen verwendet man normalerweise die sog. Exzeß- oder Zusatzgrößen $\bar{Z}^{\text{E}}$ bzw. Z_k^{E}, die die Abweichung der realen Mischung von einer idealen Mischung gleicher Temperatur, gleichen Drucks und gleicher Konzentration angeben

$$\bar{Z}^{\text{E}} = \bar{Z}_{\text{real}} - \bar{Z}_{\text{ideal}} \qquad (3.3\text{–}5)$$

$$Z_k^{\text{E}} = Z_{k,\,\text{real}} - Z_{k,\,\text{ideal}} \qquad (3.3\text{–}6)$$

Mit (3.2–3) und (3.2–4) folgen als zu (3.3–5) und (3.3–6) äquivalente Formulierungen

$$\bar{Z}^{\text{E}} = \Delta\bar{Z}_{\text{real}} - \Delta\bar{Z}_{\text{ideal}} \qquad (3.3\text{–}7)$$

$$Z_k^{\text{E}} = \Delta Z_{k,\,\text{real}} - \Delta Z_{k,\,\text{ideal}} \qquad (3.3\text{–}8)$$

(3.3–7) und (3.3–8) verknüpfen die Exzeßgrößen $\bar{Z}^{\text{E}}$ und Z_k^{E} mit den Mischungsgrößen $\Delta\bar{Z}$ und ΔZ_k für ideale und reale Mischungen.

Aus (3.2−1), (3.3−1) und (3.3−3) erhält man

$$\Delta \mu_{k,\,\mathrm{real}} = RT \ln a_k = RT \ln x_k + RT \ln f_k \quad (3.3-9)$$

$$\mu_k^{\mathrm{E}} = \mu_{k,\,\mathrm{real}} - \mu_{k,\,\mathrm{ideal}} = RT \ln f_k \gtreqless 0 \quad (3.3-10)$$

Die Aktivitätskoeffizienten f_k sind abhängig von der Temperatur T, vom Druck p und von allen unabhängigen Molenbrüchen (etwa $x_1, x_2, \ldots, x_k \ldots, x_{N-1}$). Sind alle f_k bekannt, so können aus (3.3−10) die μ_k^{E} und daraus alle weiteren thermodynamischen Mischungs- und Exzeßfunktionen der realen Mischung berechnet werden.

Für die Freie Mischungsenthalpie $\Delta\bar{G}_{\mathrm{real}}$ und die *Freie Exzeßenthalpie* $\bar{G}^{\mathrm{E}}$ ergibt sich

$$\Delta \bar{G}_{\mathrm{real}} = RT \sum_{k=1}^{N} x_k \ln a_k \quad (3.3-11)$$

und

$$\bar{G}^{\mathrm{E}} = RT \sum_{k=1}^{N} x_k \ln f_k \quad (3.3-12)$$

Entsprechende Beziehungen gelten für die Exzeßentropie $\bar{S}^{\mathrm{E}}$, die Exzeßenthalpie $\bar{H}^{\mathrm{E}}$ und das Exzeßvolumen $\bar{V}^{\mathrm{E}}$:

$$\bar{S}^{\mathrm{E}} = -\left(\frac{\partial \bar{G}^{\mathrm{E}}}{\partial T}\right)_{p,\,x_j} = -R\sum_{k=1}^{N} x_k \ln f_k - RT\sum_{k=1}^{N} x_k \left(\frac{\partial \ln f_k}{\partial T}\right)_{p,\,x_j} \quad (3.3-13)$$

$$\bar{H}^{\mathrm{E}} = -T^2\left(\frac{\partial(\bar{G}^{\mathrm{E}}/T)}{\partial T}\right)_{p,\,x_j} = -RT^2\sum_{k=1}^{N} x_k \left(\frac{\partial \ln f_k}{\partial T}\right)_{p,\,x_j} \quad (3.3-14)$$

$$\bar{V}^{\mathrm{E}} = \left(\frac{\partial \bar{G}^{\mathrm{E}}}{\partial p}\right)_{T,\,x_j} = RT\sum_{k=1}^{N} x_k \left(\frac{\partial \ln f_k}{\partial p}\right)_{T,\,x_j} \quad (3.3-15)$$

Die GIBBS-DUHEM-MARGULESsche Gleichung (1.4−12) läßt sich auch auf alle partiellen molaren Exzeßgrößen Z_k^{E} ($Z_k^{\mathrm{E}} = \mu_k^{\mathrm{E}}, S_k^{\mathrm{E}}, H_k^{\mathrm{E}}, V_k^{\mathrm{E}}$) anwenden; es gilt z. B.

$$\sum_{k=1}^{N} x_k \left(\frac{\partial \ln f_k}{\partial x_j}\right)_{T,\,p} = 0 \quad (3.3-16)$$

mit $k = 1, 2, \ldots, N$ und $j = 1$ oder 2 oder 3 oder ...

Für ein Mol einer realen Mischung gilt Gl. (1.3−12) in der Form

$$\bar{G}_{\mathrm{real}} = \bar{H}_{\mathrm{real}} - T\bar{S}_{\mathrm{real}} \quad (3.3-17)$$

oder

$$\bar{G}^{\mathrm{E}} = \bar{H}^{\mathrm{E}} - T\bar{S}^{\mathrm{E}} \quad (3.3-18)$$

Für ideale Mischungen sind bei allen Temperaturen, Drucken und Konzentrationen die Exzeßgrößen $\bar{Z}^{\mathrm{E}}$ und die partiellen molaren Exzeßgrößen Z_k^{E} definitionsgemäß null und alle Aktivitätskoeffizienten $f_k = 1$.

3.4. Binäre Mischungen schwach realer Gase

Für die reinen Stoffe 1 und 2 und die binäre Mischung sollen Virialentwicklungen der Form

$$p\bar{V}_{01} = RT + B_{11}\,p \quad (3.4-1)$$

$$p\bar{V}_{02} = RT + B_{22}\,p \quad (3.4-2)$$

$$p\bar{V}_{\mathrm{M}} = RT + B_{\mathrm{M}}\,p \quad (3.4-3)$$

ausreichend gültig sein. Hier sind B_{11} und B_{22} die zweiten Virialkoeffizienten der reinen Komponenten 1 und 2, B_{M} ist gegeben durch

$$B_{\mathrm{M}} = x_1^2 B_{11} + 2x_1x_2B_{12} + x_2^2 B_{22} \quad (3.4-4)$$

B_{12} ist charakteristisch für die Wechselwirkung zwischen den Komponenten 1 und 2 und wird als gemischter zweiter Virialkoeffizient bezeichnet. B_{11}, B_{22} und B_{12} sind nur abhängig von der Temperatur, nicht aber vom Molenbruch x_1 (bzw. x_2) und Druck p.

Für das Exzeßvolumen $\bar{V}^{\mathrm{E}}$ ergibt sich aus den Gl. (3.2−15), (3.3−5), (3.4−1) − (3.4−4)

$$\bar{V}^{\mathrm{E}} = (2B_{12} - B_{11} - B_{22})x_1x_2 = \Delta B\, x_1x_2 \quad (3.4-5)$$

mit

$$\Delta B \equiv 2B_{12} - B_{11} - B_{22}$$

Aus (3.4−5) folgt unter der Voraussetzung, daß im ideal verdünnten Zustand ($p \to 0$) $\bar{G}^{\mathrm{E}}$, $\bar{H}^{\mathrm{E}}$ und $\bar{S}^{\mathrm{E}}$ null und alle Aktivitätskoeffizienten $f_k = 1$ sind, für die Exzeßgrößen in einer schwach realen binären Gasmischung

$$\bar{G}^{\mathrm{E}} = \int_{p=0}^{p=p} \bar{V}^{\mathrm{E}}\,\mathrm{d}p = \Delta B\, p\, x_1x_2 \quad (3.4-6)$$

$$\mu_1^{\mathrm{E}} = RT \ln f_1 = \bar{G}^{\mathrm{E}} + x_2\left(\frac{\partial \bar{G}^{\mathrm{E}}}{\partial x_1}\right)_{T,\,p} = \Delta B\, p\, x_2^2 \quad (3.4-7)$$

$$\mu_2^{\mathrm{E}} = \Delta B\, p\, x_1^2 \quad (3.4-8)$$

$$\bar{S}^{\mathrm{E}} = -\left(\frac{\partial \bar{G}^{\mathrm{E}}}{\partial T}\right)_{p,\,x_1} = -\frac{\mathrm{d}\Delta B}{\mathrm{d}T}\,p\,x_1x_2 \quad (3.4-9)$$

$$\bar{H}^{\mathrm{E}} = \bar{G}^{\mathrm{E}} + T\bar{S}^{\mathrm{E}} = \left(\Delta B - T\frac{\mathrm{d}\Delta B}{\mathrm{d}T}\right)p\,x_1x_2 \quad (3.4-10)$$

Gilt $B_{12} = (B_{11} + B_{22})/2$ bei allen Temperaturen oder über einen größeren Temperaturbereich, so sind $\bar{G}^{\mathrm{E}}$, $\bar{H}^{\mathrm{E}}$, $\bar{S}^{\mathrm{E}}$, $\bar{V}^{\mathrm{E}}$ und die μ_k^{E} null, d. h. es handelt sich um eine ideale Mischung schwach realer Gase.

Die Einbeziehung höherer Virialkoeffizienten in die Behandlung ist in völlig analoger Form möglich.

3.5. Klassifizierung der Mischungen

Anhand der Beziehung (3.3−18) lassen sich die Mischungen grob schematisch klassifizieren:

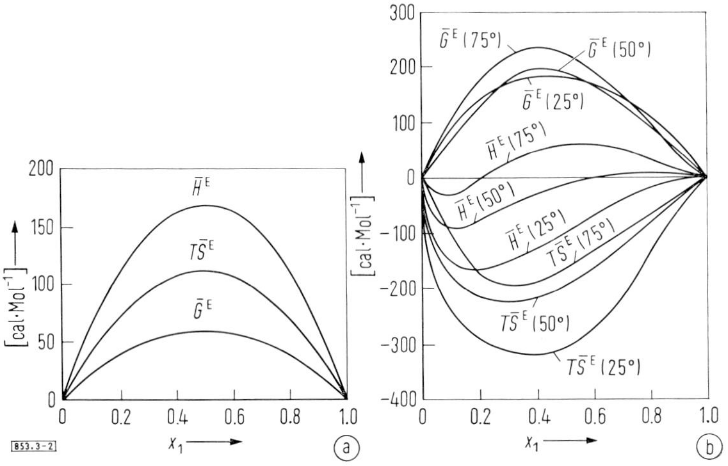

Abb. 3–2. Thermodynamische Exzeßfunktionen bei flüssigen Zweistoffsystemen
a Benzol (1) – Cyclohexan (2) bei 70 °C, 1 atm; *b* Äthanol (1) – H_2O (2) bei verschiedenen Temperaturen und 1 atm (vgl. [A 3])

Typ 1: $\bar{G}^E = 0$ $\bar{H}^E = 0$ $\bar{S}^E = 0$ ideale Mischung

Typ 2: $\bar{G}^E \approx 0$ $H^E \approx T\bar{S}^E$ pseudoideale Mischung

Typ 3: $\bar{S}^E \approx 0$ $\bar{G}^E \approx \bar{H}^E$ reguläre Mischung

Typ 4: $\bar{H}^E \approx 0$ $\bar{G}^E \approx -T\bar{S}^E$ athermische Mischung

Typ 5: $\bar{G}^E \neq 0$ $\bar{H}^E \neq 0$ $\bar{S}^E \neq 0$ reale Mischung

Typ 1 entspricht einer idealen Mischung, die bereits in Abschn. 3.2 besprochen wurde. Bei Systemen vom Typ 3 ist die Mischungsentropie nahezu ideal (sog. reguläre Mischungen); man findet diesen Typ angenähert bei Mischungen von Komponenten ähnlicher Größe und Gestalt, jedoch verschiedener Polarität. Bei Typ 4 tritt praktisch keine Wärmetönung beim Mischen auf (sog. athermische Mischungen); er ist angenähert bei Lösungen von Polymeren in monomeren Lösungsmitteln (etwa polymere Kohlenwasserstoffe in niedrig-molekularen Kohlenwasserstoffen als Lösungsmittel) realisiert. Diese Mischungstypen lassen sich statistisch begründen. Einzelheiten s. z. B. [C 7], [E 13]. Bei pseudoidealen Mischungen (Typ 2) kompensieren sich $\bar{H}^E$ und $\bar{S}^E$ derart, daß $\bar{G}^E \approx 0$ ist; der Typ wird bei Systemen gefunden, die in einem bestimmten Temperaturbereich nur wenig von der Idealität abweichen und daher verschiedentlich als Testgemische für Rektifikationskolonnen verwendet werden. Bei realen Systemen (Typ 5) weichen $\bar{G}^E$, $\bar{H}^E$ und $\bar{S}^E$ merklich von null ab (vgl. Abb. 3–2).

3.6. Experimentelle Ermittlung von Exzeßgrößen und Aktivitätskoeffizienten

Aktivitätskoeffizienten werden meistens aus Phasengleichgewichten (bes. gas-flüssig, fest-flüssig) ermittelt. Einige Bestimmungsmethoden sind in den Abschn. 4.6–4.8 erläutert. Elektrochemische Aktivitätskoeffizienten werden z. B. aus Messungen der Löslichkeit oder der elektromotorischen Kraft galvanischer Ketten experimentell bestimmt.

Die Freie Exzeßenthalpie $\bar{G}^E$ läßt sich aus den Aktivitätskoeffizienten f_k aller Komponenten über die Beziehung (3.3–12) berechnen. $\bar{S}^E$ und $\bar{H}^E$ folgen aus der Temperaturabhängigkeit von $\bar{G}^E$ bzw. der f_k nach (3.3–13) bzw. (3.3–14).

$\bar{H}^E$ läßt sich aber auch kalorimetrisch bestimmen, denn für eine Mischung aus Komponenten, die sich im gleichen Aggregatzustand befinden, ist nach Gl. (3.3–7) und (3.2–12)

$$\bar{H}^E = \Delta \bar{H} \tag{3.6–1}$$

$\bar{H}^E$ ist demnach gleich der Enthalpieänderung $\Delta \bar{H}$ bei der Herstellung von 1 Mol Mischung aus den reinen Komponenten und kann daher auch als molare Mischungsenthalpie angesehen und bezeichnet werden; aus (3.6–1) ergeben sich die partiellen molaren Mischungsenthalpien H_k^E bzw. ΔH_k wie in Abschn. 1.4 angegeben. In der Literatur ist eine große Zahl von Mischungskalorimetern beschrieben worden (vgl. McGlashan in [G 6]).

Werden n_2 Mole einer reinen festen Komponente 2 (mit der molaren Schmelzenthalpie $\Delta \bar{H}_{02}^{LS}$) in n_1 Molen eines flüssigen Lösungsmittels 1 gelöst, so ergibt sich für die direkt meßbare Enthalpieänderung ΔH

$$\Delta H = (n_1 + n_2)\bar{H}^E + n_2 \Delta \bar{H}_{02}^{LS} \tag{3.6–2}$$

$\Delta H/(n_1 + n_2)$ wird als „integrale Mischungswärme", $\Delta H/n_2$ als „integrale Lösungswärme" bezeichnet; für die an Feststoff gesättigte Lösung heißt diese „ganze Lösungswärme".

Die partielle molare Größe

$$H_1^E = H_1 - \bar{H}_{01}^L \tag{3.6–3}$$

wird als „differentielle Verdünnungswärme", die Größe

$$L_2 \equiv H_2 - \bar{H}_{02}^S = H_2^E + \Delta \bar{H}_{02}^{LS} \tag{3.6–4}$$

als „differentielle Lösungswärme" bezeichnet; für die an festem Stoff 2 gesättigte Lösung heißt L_2 „letzte Lösungswärme" (Definition weiterer Lösungs- und Verdünnungswärmen sowie ihre Beziehungen untereinander s. z. B. [A 3], [A 5]).

Die zusätzliche Wärmekapazität $\bar{C}_p^E$ der Mischung definiert durch die Beziehung

$$\bar{C}_p^E = \bar{C}_p - \sum_{k=1}^{N} x_k \bar{C}_{p0k} = \left(\frac{\partial \bar{H}^E}{\partial T}\right)_{p,\, x_j} \qquad (3.6-5)$$

($j = 1,2 \ldots, N-1$) ergibt sich aus den Wärmekapazitäten der Mischung $\bar{C}_p$ und der reinen Komponenten $\bar{C}_{p0k}$ oder aus der Temperaturabhängigkeit von $\bar{H}^E$. Die experimentelle Bestimmung von Wärmekapazitäten ist eines der wichtigsten Ziele der Kalorimetrie.

Das Exzeßvolumen $\bar{V}^E$ kann aus *PVT*-Daten für die Mischungen und die reinen Komponenten berechnet werden. Mit meist größerer Genauigkeit ergibt sich $\bar{V}^E$ (z. B. bei binären Mischungen) direkt aus der Volumenänderung $\Delta \bar{V}$ beim Mischungsvorgang, da analog zu (3.6–1) gilt $\Delta \bar{V} = \bar{V}^E$. Temperatur- und Druckabhängigkeit des Exzeßvolumens folgen entweder aus Werten für die Exzeßvolumina, die direkt in Abhängigkeit von Temperatur und Druck gemessen wurden, oder aus sehr genauen *PVT*-Daten für die Mischungen und die reinen Stoffe.

3.7. Analytische Ansätze für die Exzeßgrößen und Aktivitätskoeffizienten

Zur analytischen Darstellung der Exzeßgrößen in Abhängigkeit von Temperatur, Druck und Konzentration ist in der Literatur eine große Zahl von Ansätzen angegeben worden. Im folgenden sollen nur einige der wichtigsten für binäre Systeme genannt werden; sie lassen sich auch auf Mischsysteme mit mehr als zwei Komponenten ausdehnen. Solche Ansätze spielen eine erhebliche Rolle bei der numerischen Behandlung, besonders von praktischen Problemen, z. B. im Rahmen der thermischen Trennverfahren (analytische Darstellung, Korrelation und Ausgleichsrechnung, Programmierung für Computer, Inter- und Extrapolationen, Umrechnung auf andere Temperaturen und Drucke, Berechnung von Mehrkomponentensystemen aus binären Daten usw.). Ihre Form wird so gewählt, daß sie selbstkonsistent, d. h. thermodynamisch widerspruchsfrei sind; sie müssen z. B. die GIBBS-DUHEM-Beziehung erfüllen (vgl. Abschn. 4.6.3). Einzelheiten s. z. B. ([A 3], [A 5], [A 7], [E 5], [E 7], [E 13]).

Als möglichst einfacher Ansatz wird in der Literatur häufig der Ansatz

$$\bar{G}^E = A(T, p)\, x_1 x_2 \qquad (3.7-1)$$

diskutiert (sog. PORTERscher Ansatz); hier ist A nur von der Temperatur und vom Druck, nicht aber von der Konzentration abhängig. Aus dem Ansatz folgt

$$RT \ln f_1 = \mu_1^E = \bar{G}^E + x_2 \left(\frac{\partial \bar{G}^E}{\partial x_1}\right)_{T,\, p} = A x_2^2 \qquad (3.7-2)$$

$$RT \ln f_2 = \mu_2^E = \bar{G}^E - x_1 \left(\frac{\partial \bar{G}^E}{\partial x_1}\right)_{T,\, p} = A x_1^2 \qquad (3.7-3)$$

$$\bar{S}^E = -\left(\frac{\partial \bar{G}^E}{\partial T}\right)_{p,\, x_1} = -\left(\frac{\partial A}{\partial T}\right)_p x_1 x_2 \qquad (3.7-4)$$

$$\bar{H}^E = -T^2 \left(\frac{\partial \frac{\bar{G}^E}{T}}{\partial T}\right)_{p,\, x_1} = -T^2 \left(\frac{\partial \frac{A}{T}}{\partial T}\right)_p x_1 x_2 \qquad (3.7-5)$$

$$\bar{V}^E = \left(\frac{\partial \bar{G}^E}{\partial p}\right)_{T,\, x_1} = \left(\frac{\partial A}{\partial p}\right)_T x_1 x_2 \qquad (3.7-6)$$

Formal ergäbe sich aus (3.7–1) für $A(T,p) = 0$ eine ideale Mischung, während für $(\partial A/\partial T)_p = 0$, d. h. $\bar{S}^E = 0$ der in Abschn. 3.5 eingeführte Typ einer regulären Lösung und für $(\partial(A/T)/\partial T)_p = 0$, d. h. $\bar{H}^E = 0$ der Typ einer athermischen Lösung resultieren würde. Im Vergleich zu experimentellen Daten erlaubt der Ansatz (3.7–1) eine befriedigende Darstellung für die Freie Exzeßenthalpie $\bar{G}^E$ sowie für die Aktivitätskoeffizienten f_1 und f_2 nur bei solchen Systemen, deren Komponenten sich in der Molekülgröße wenig unterscheiden; für $\bar{H}^E$ und $\bar{S}^E$ ist die Übereinstimmung selbst dann meistens nur qualitativ. Gl. (3.7–1) läßt sich vornehmlich für den Spezialfall einer regulären Lösung theoretisch begründen (s. z. B. [C 3]). Er läßt sich auch auf Dreistoffsysteme in der Form

$$\bar{G}^E = A_{12} x_1 x_2 + A_{13} x_1 x_3 + A_{23} x_2 x_3 \qquad (3.7-7)$$

anwenden; hier sind A_{12}, A_{13} und A_{23} Konstanten, die nur von der Temperatur und vom Druck, nicht aber von der Konzentration abhängen.

Eine bessere Anpassung an die Wirklichkeit ist möglich, wenn man A zusätzlich noch als konzentrationsabhängig ansieht. Der praktisch wichtigste Ansatz ist der von REDLICH und KISTER

$$\bar{G}^E = x_1 x_2 [A + B(1 - 2x_1) + C(1 - 2x_1)^2 + \ldots] \qquad (3.7-8)$$

Hier sind A, B, C, ... temperatur- und druckabhängige Konstanten.

Als leistungsfähiger Ansatz mit zwei Konstanten hat sich der Ansatz von WILSON erwiesen:

$$\bar{G}^E = -RT[x_1 \ln(x_1 + a x_2) + x_2 \ln(x_2 + b x_1)] \qquad (3.7-9)$$

a und b sind Konstanten, die nur von der Temperatur und vom Druck abhängen. Bei Flüssig-Flüssig-Entmischung muß zusätzlich eine Konzentrationsabhängigkeit von a und b berücksichtigt werden.

Für Mischungen, deren Komponenten sich nur wenig in der Polarität, aber stark in der Größe unterscheiden (z. B. Oligomerengemische, Hochpolymerenlösungen), stellt der Ansatz von FLORY und HUGGINS eine oft gute Näherung dar

$$\Delta\mu_1 = \mu_1 - \mu_{01} = RT \ln \Phi_1 + RT\left(1 - \frac{1}{r}\right)\Phi_2 + A\Phi_2^2 \qquad (3.7-10)$$

$$\Delta\mu_2 = \mu_2 - \mu_{02} = RT \ln \Phi_2 - RT(r-1)\Phi_1 + rA\Phi_1^2$$

mit

$$\Phi_1 \equiv \frac{x_1}{x_1 + r x_2} \quad \text{und} \quad \Phi_2 = \frac{r x_2}{x_1 + r x_2} \qquad (3.7-11)$$

r ist ein Parameter, der den Größenunterschied der beiden Komponenten berücksichtigt ($r \approx \bar{V}_{02}/\bar{V}_{01}$); A ist wie bei (3.7–1) eine temperatur- und druckabhängige Konstante. Der Ansatz von FLORY und HUGGINS geht für $r = 1$ in den PORTERschen Ansatz (3.7–1) über.

Weitere historisch und technisch wichtige Ansätze von VAN LAAR, MARGULES, WOHL usw. s. z. B. [E 5], [E 7], [A 3], [A 7]. Mit Erfolg sind auch Darstellungen der Exzeßfunktionen durch orthogonale Polynome benutzt worden ([G 4], [G 5]).

4. Thermodynamik der Phasengleichgewichte

4.1. Gleichgewichtsbedingungen

Die thermodynamische Beschreibung der Phasengleichgewichte geht von den Gleichgewichtsbedingungen (1.5−9), (1.5−10) und (1.5−11) aus. Danach müssen bei Vorliegen von N Komponenten $(1, 2, \ldots, k, \ldots, N)$ und P Phasen $(', '', \ldots, \alpha, \ldots, P)$, herrschendem Phasengleichgewicht und Abwesenheit halbdurchlässiger Wände Temperatur und Druck sowie das chemische Potential μ_k^α jeder einzelnen Komponente k in jeder Phase α gleich sein. Für infinitesimale Änderungen der Temperatur, des Drucks und der chemischen Potentiale bei währendem Gleichgewicht muß daher gelten

$$\mathrm{d}T' = \mathrm{d}T'' = \ldots = \mathrm{d}T^\alpha = \ldots = \mathrm{d}T^P \equiv \mathrm{d}T \qquad (4.1-1)$$

$$\mathrm{d}p' = \mathrm{d}p'' = \ldots = \mathrm{d}p^\alpha = \ldots = \mathrm{d}p^P \equiv \mathrm{d}p \qquad (4.1-2)$$

$$\mathrm{d}\mu_k' = \mathrm{d}\mu_k'' = \ldots = \mathrm{d}\mu_k^\alpha = \ldots = \mathrm{d}\mu_k^P \equiv \mathrm{d}\mu_k \qquad (4.1-3)$$

Da das chemische Potential μ_k^α einer Komponente k in einer beliebigen Phase α durch die Temperatur T^α, den Druck p^α sowie $(N-1)$ unabhängige Molenbrüche x_j^α gegeben ist, folgt für das totale Differential von μ_k^α

$$\mathrm{d}\mu_k^\alpha = \left(\frac{\partial \mu_k^\alpha}{\partial T}\right)_{p,\, x_j^\alpha} \mathrm{d}T^\alpha + \left(\frac{\partial \mu_k^\alpha}{\partial p}\right)_{T,\, x_j^\alpha} \mathrm{d}p^\alpha + \sum_{j=1}^{N-1} \left(\frac{\partial \mu_k^\alpha}{\partial x_j^\alpha}\right)_{T,\, p,\, x_{l\,(l \neq j)}^\alpha} \mathrm{d}x_j^\alpha \qquad (4.1-4)$$

wo $k = 1$ oder 2 oder ... N; $j = 1, 2, \ldots, N-1$; $l = 1, 2, \ldots, j-1, j+1, \ldots, N-1$. Diese Gleichung läßt sich unter Benutzung der Beziehungen (4.1−1), (4.1−2), (1.3−14) und (1.3−15) umformen in

$$\mathrm{d}\mu_k^\alpha = -S_k^\alpha \mathrm{d}T + V_k^\alpha \mathrm{d}p + \sum_{j=1}^{N-1} \left(\frac{\partial \mu_k^\alpha}{\partial x_j^\alpha}\right)_{T,\, p,\, x_{l\,(l \neq j)}^\alpha} \mathrm{d}x_j^\alpha \qquad (4.1-5)$$

Die aus (4.1−3) und (4.1−5) resultierenden $N(P-1)$ Gleichungen stellen die allgemeinste Form der Koexistenzgleichungen für ein heterogenes N-Komponentensystem mit P Phasen dar.

Für ein zweiphasiges Einkomponentensystem vereinfachen sich die Beziehungen (1.5−11), (4.1−3) und (4.1−5) wegen $\mu_k^\alpha = \bar{G}^\alpha$, $S_k^\alpha = \bar{S}^\alpha$, $V_k^\alpha = \bar{V}^\alpha$, $x_k = 1$ (bzw. $\mathrm{d}x_k = 0$) zu

$$\bar{G}' = \bar{G}'' \qquad (4.1-6)$$

$$\mathrm{d}\bar{G}' = \mathrm{d}\bar{G}'' \qquad (4.1-7)$$

$$\mathrm{d}\bar{G}^\alpha = -\bar{S}^\alpha \mathrm{d}T + \bar{V}^\alpha \mathrm{d}p \qquad (4.1-8)$$

4.2. GIBBSsches Phasengesetz

Aus Gl. (1.5−9), (1.5−10) und (1.5−11) folgt, daß bei Phasengleichgewichten nicht beliebig viele Variable (T, p, x_k^α) vom Experimentator frei gewählt oder fest vorgegebenen werden können, sondern nur

$$f = N - r + 2 - P - z = N' + 2 - P - z \qquad (4.2-1)$$

N ist die Zahl aller Komponenten, r die Zahl der unabhängigen Reaktionsgleichgewichte zwischen den Komponenten (also z. B. die Zahl der unabhängigen Gleichgewichtskonstanten oder Bedingungen (1.5−15)), P die Zahl der Phasen und z die Zahl der zusätzlichen Bedingungen oder Bedingungsgleichungen (z. B. Konstanz von Temperatur und/oder Druck, vorgegebene Mengen- oder Partialdruckverhältnisse zwischen Komponenten, Bedingungen für kritische Punkte, Elektroneutralität usw.). f wird meistens als Zahl der „Freiheiten", $N' \equiv N - r$ als Zahl der unabhängigen Komponenten bezeichnet. Die Beziehung (4.2−1) wurde 1875 von J. W. GIBBS angegeben und heißt „GIBBSsches Phasengesetz"; sie ist von prinzipieller Wichtigkeit für das Verständnis der Phasengleichgewichte und für eine Systematik der Phasendiagramme.

Gl. (4.2−1) läßt sich am einfachsten ableiten, wenn man berücksichtigt, daß gilt: Freiheiten = Variablen − Bedingungsgleichungen. Die Zahl der Variablen beträgt je $N-1$ Konzentrationen in P Phasen + 2 (Temperatur und Druck). Für die Zahl der Bedingungsgleichungen ergeben sich aus (1.5−11) bzw. (4.1−3) $N(P-1)$ Gleichungen für die chemischen Potentiale; hinzu kommen gegebenenfalls r unabhängige Bedingungen für chemisches Gleichgewicht und z zusätzliche Bedingungen. Die Differenzbildung führt direkt zum GIBBSschen Phasengesetz (4.2−1).

Das schwierigste Problem bei Anwendung des Phasengesetzes stellt im allg. die Bestimmung von N' und gelegentlich von z dar; Einzelheiten s. z. B. [A1]. In Form der Gl. (4.2−1) gilt das Gesetz nur unter den bei der Ableitung benutzten Vereinfachungen:

1. Das thermodynamische Gleichgewicht muß eingestellt sein.
2. Es darf nur Volumarbeit und keine andere Arbeitsform auftreten.
3. Es darf kein merklicher Einfluß der Grenzflächenenergie existieren, d. h. die Lineardimensionen der Phasen müssen ausreichend groß sein.
4. Die Phasengrenzen müssen verformbar (für Druckausgleich), wärmeleitend (für Temperaturausgleich) und durchlässig für alle Komponenten sein.

Beim Vorliegen von osmotischen Gleichgewichten oder bei der Einbeziehung von magnetischen und elektrischen Feldern ist (4.2−1) in der angegebenen Form nicht gültig.

4.3. Phasengleichgewichte in Einkomponentensystemen

Abb. 4−1 zeigt schematisch das $p(T)$-Diagramm eines einfachen Einstoffsystems mit homogenen flüssigen (L), gasförmigen (G) und festen (S) Zustandsbereichen, in denen nur eine Phase vorliegt, $(P = 1)$. Aus (4.2−1) ergibt sich mit $N = 1$, $r = 0$ und $z = 0$ die Zahl der Freiheiten zu $f = 2$, d. h. zwei der Variablen Temperatur, Druck und Volumen können unabhängig voneinander geändert werden. Die Grenzen zwischen den homogenen Zustandsbereichen bilden die Gleichgewichtskurven: die Dampfdruckkurve (GL), die Sublimationsdruckkurve (GS), die Schmelzdruckkurve (LS) und die Fest-Fest-Umwandlungskurve (SS). Hier koexistieren jeweils zwei Phasen ($P = 2$), so daß $f = 1$ ist, d. h. für eine frei gewählte Temperatur liegt der Druck fest und umgekehrt; in Abb. 4−1 sind T^{OGL}, T^{OLS} und T^{OSS} jeweils die Siede-, Schmelz- und Umwandlungstemperaturen für $p = 1$ atm.

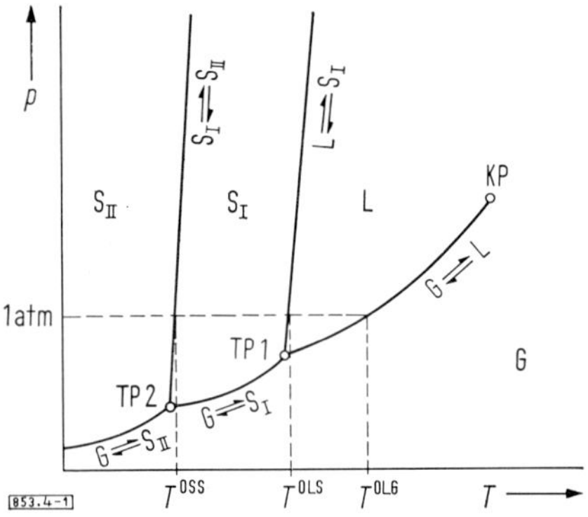

Abb. 4−1. $p(T)$-Zustandsdiagramm eines Einstoffsystems (schematisch)

G = gasförmig, L = flüssig, S = fest; KP = kritischer Punkt LG; TP = Tripelpunkt (TP1 = GLS_I, TP2 = GS_IS_{II})

Je drei Gleichgewichtskurven treffen sich an *Tripelpunkten* (TP), wo drei Phasen im Gleichgewicht nebeneinander existieren (z. B. GLS bei TP 1, GSS bei TP 2). Hier ist $f = 0$, d. h. die Koordinaten des Tripelpunktes im $p(T)$-Diagramm liegen fest; wegen weiterer Tripelpunkte (z. B. SSS, LSS) und spezieller Komplikationen (z. B. Superfluidität, Order-Disorder-Umwandlungen λ-Umwandlungen, flüssige Kristalle) muß auf die Literatur verwiesen werden.

Die Dampfdruckkurve endet mit steigenden Drucken und Temperaturen am *kritischen Punkt* KP, wo die gasförmige und flüssige Gleichgewichtsphase identisch werden. Thermodynamisch ist der kritische Punkt flüssig-gasförmig durch die Bedingungen (1.6−7) und (1.6−8) charakterisiert; mit diesen beiden zusätzlichen Bedingungen ($z = 2$) ergibt sich für $P = 1$ die Zahl der Freiheiten zu $f = 0$, d. h. auch die Koordinaten des kritischen Punktes im $p(T)$-Diagramm liegen fest. Während bisher noch für keine Substanz ein kritischer Punkt auf der Schmelzdruckkurve gefunden wurde, sind kritische Punkte für Fest-Fest-Umwandlungen bekannt (s. Abschn. 4.3.2).

Die thermodynamische Beschreibung der Zweiphasengleichgewichte (′,″) eines Einkomponentensystems geht von den Beziehungen (4.1−6)−(4.1−8) aus; danach gilt

$$\mathrm{d}\bar{G}' = -\bar{S}'\,\mathrm{d}T + \bar{V}'\,\mathrm{d}p = \mathrm{d}\bar{G}'' = -\bar{S}''\,\mathrm{d}T + \bar{V}''\,\mathrm{d}p$$

Durch Umformen ergibt sich daraus

$$\left(\frac{\mathrm{d}p}{\mathrm{d}T}\right)_{\mathrm{koex}} = \frac{\bar{S}'' - \bar{S}'}{\bar{V}'' - \bar{V}'} = \frac{\Delta\bar{S}}{\Delta\bar{V}} \qquad (4.3-1)$$

wenn man $\Delta\bar{S} \equiv \bar{S}'' - \bar{S}'$ und $\Delta\bar{V} \equiv \bar{V}'' - \bar{V}'$ setzt.

Nach (4.1−6) und (1.3−12) gilt andererseits

$$\Delta\bar{S} = \frac{\Delta\bar{H}}{T}$$

mit

$$\Delta\bar{H} \equiv \bar{H}'' - \bar{H}' \qquad (4.3-2)$$

Einsetzen von (4.3−2) in (4.3−1) ergibt

$$\left(\frac{\mathrm{d}p}{\mathrm{d}T}\right)_{\mathrm{koex}} = \frac{\bar{H}'' - \bar{H}'}{T(\bar{V}'' - \bar{V}')} = \frac{\Delta\bar{H}}{T\Delta\bar{V}} \qquad (4.3-3)$$

Die Beziehungen (4.3−1) und (4.3−3) sind allgemein gültig und enthalten außer den in Abschn. 4.2 genannten Voraussetzungen für die Gültigkeit des Gibbsschen Phasengesetzes keine weiteren Vereinfachungen. Sie werden verschiedentlich als verallgemeinerte Clausius-Clapeyron-Gleichungen bezeichnet und können auf alle Formen des Zweiphasengleichgewichtes in Einkomponentensystemen angewandt werden. In Tab. 4 sind die verschiedenen Fälle mit der jeweiligen Bedeutung und dem Vorzeichen von $\Delta\bar{H}$ und $\Delta\bar{V}$ zusammengestellt.

Die den Beziehungen (4.3−1) und (4.3−3) äquivalente Gleichung (4.3−4) erhält man, wenn man (4.3−3) auf der Gleichgewichtskurve nach T differenziert und für

Tab. 4. Phasengleichgewichte bei Einstoffsystemen

Art des Phasengleichgewichtes	Gleichgewichtskurve im $p(T)$-Diagramm	$\Delta\bar{H}$	$\Delta\bar{V}$
GL	Dampfdruckkurve	$\bar{H}^G - \bar{H}^L > 0$	$\bar{V}^G - \bar{V}^L \approx \frac{RT}{p} > 0$
GS	Sublimationsdruckkurve	$\bar{H}^G - \bar{H}^S > 0$	$\bar{V}^G - \bar{V}^S \approx \frac{RT}{p} > 0$
LS	Schmelzdruckkurve	$\bar{H}^L - \bar{H}^S > 0$*	$\bar{V}^L - \bar{V}^S \gtreqless 0$
SS	Fest-Fest-Umwandlungskurve	$\bar{H}^{S_I} - \bar{H}^{S_{II}} \gtreqless 0$	$\bar{V}^{S_I} - \bar{V}^{S_{II}} \gtreqless 0$

* Nur für ^3_3He ist $\bar{H}^L - \bar{H}^S < 0$ für $T < 0{,}4$ K.

$(d\Delta\bar{H}/dT)_{koex}$ und $(d\Delta\bar{V}/dT)_{koex}$ die Beziehungen (4.3–5) und (4.3–6) benutzt:

$$-\Delta\bar{V}\left(\frac{d^2p}{dT^2}\right)_{koex} = \left(\frac{\partial\Delta\bar{V}}{\partial p}\right)_T \left(\frac{dp}{dT}\right)_{koex}^2 + 2\left(\frac{\partial\Delta\bar{V}}{\partial T}\right)_p \left(\frac{dp}{dT}\right)_{koex} - \frac{\Delta\bar{C}_p}{T} \quad (4.3-4)$$

mit

$$\Delta\bar{C}_p \equiv \bar{C}_p'' - \bar{C}_p'$$

$$\left(\frac{d\Delta\bar{H}}{dT}\right)_{koex} = \Delta\bar{C}_p + \left(\Delta\bar{V} - T\left(\frac{\partial\Delta\bar{V}}{\partial T}\right)_p\right)\left(\frac{dp}{dT}\right)_{koex} \quad (4.3-5)$$

$$\left(\frac{d\Delta\bar{V}}{dT}\right)_{koex} = \left(\frac{\partial\Delta\bar{V}}{\partial T}\right)_p + \left(\frac{\partial\Delta\bar{V}}{\partial p}\right)_T \left(\frac{dp}{dT}\right)_{koex} \quad (4.3-6)$$

Gl. (4.3–4), die auf PLANCK zurückgeht, verknüpft $(dp/dT)_{koex}$ mit $\Delta\bar{V}$, $(\partial\Delta\bar{V}/\partial T)_p$, $(\partial\Delta\bar{V}/\partial p)_T$ und $\Delta\bar{C}_p$, die aus einer thermischen bzw. kalorischen Zustandsgleichung für die gasförmige und flüssige Phase ermittelt werden können.

4.3.1. Dampfdruck- und Sublimationsdruckkurven

Die *Dampfdruckkurve* stellt die Gleichgewichtskurve für das Zweiphasengleichgewicht flüssig-gasförmig (LG) dar. Sie erstreckt sich vom Tripelpunkt (TP1), wo drei Phasen (eine gasförmige, flüssige und feste) koexistieren, bis zum kritischen Punkt flüssig-gasförmig (KP) (s. Abb. 4–1). Dampfdrucke sind in Abhängigkeit von der Temperatur für sehr viele Stoffe gemessen worden (z. B. [F 10], Bd. II 2a).

Die thermodynamische Beschreibung geht von Gl. (4.3–3) aus. Nimmt man an, daß $\bar{V}^G \gg \bar{V}^L$ (Vereinfachung 1) ist, und setzt man für die gasförmige Gleichgewichtsphase ideales Verhalten voraus, d. h. $\bar{V}^G = RT/p$ (Vereinfachung 2), so folgt aus (4.3–3)

$$\left(\frac{dp}{dT}\right)_{koex} = \frac{\Delta\bar{H}p}{RT^2} \quad (4.3-7)$$

bzw.

$$\left(\frac{d\ln p}{d(1/T)}\right)_{koex} = -\frac{\Delta\bar{H}}{R} \quad (4.3-8)$$

Gl. (4.3–7) und (4.3–8) sind häufig benutzte Formulierungen der sog. CLAUSIUS-CLAPEYRON-Gleichung. Sie gelten nur unter den genannten Vereinfachungen 1 und 2, die um so besser erfüllt sind, je weiter man vom kritischen Punkt entfernt ist. Nach Gl. (4.3–8) kann man die Verdampfungsenthalpie $\Delta\bar{H}$ unmittelbar aus der Steigung der $\ln p(1/T)$-Kurve erhalten.

Setzt man weiterhin voraus, daß die Verdampfungsenthalpie $\Delta\bar{H}$ von der Temperatur bzw. vom Druck unabhängig ist (Vereinfachung 3; die exakte Temperaturabhängigkeit von $\Delta\bar{H}$ ist durch Gl. 4.3–5 gegeben), so ergibt die Integration von Gl. (4.3–8) zwischen dem Druck p (entsprechend einer Temperatur T) und einem Referenzdruck p^+ (entsprechend einer Temperatur T^+)

$$\ln\frac{p}{p^+} = -\frac{\Delta\bar{H}}{R}\left(\frac{1}{T} - \frac{1}{T^+}\right) \quad (4.3-9)$$

oder mit (4.3–2)

$$\ln\frac{p}{p^+} = -\frac{\Delta\bar{H}}{R}\frac{1}{T} + \frac{\Delta\bar{S}^+}{R} \quad (4.3-10)$$

wo $\Delta\bar{S}^+$ die Verdampfungsentropie beim Referenzdruck (bzw. bei der Referenztemperatur) darstellt.

Die Beziehungen (4.3–9) und (4.3–10) sind von der allgemeinen Form

$$\ln p = -\frac{\Delta\bar{H}}{R}\frac{1}{T} + \text{const} \quad (4.3-11)$$

Gl. (4.3–11) stellt die einfachste Form einer Gleichung für die Dampfdruckkurve dar. Aus (4.3–9) bis (4.3–11) folgt, daß $\ln p$ gegen $1/T$ aufgetragen (wo T die Temperatur in K ist) eine Gerade mit der Steigung $-\Delta\bar{H}/R$ ergibt. Mißt man p in Vielfachen von p^+, so ist der Ordinatenabschnitt dieser Geraden gleich $\Delta\bar{S}^+/R$.

Mißt man p in atm und setzt $p^+ = 1$ atm, so ist die Referenztemperatur T^+ gleich der Siedetemperatur T^{0LG} der Substanz bei Normaldruck. Der Ordinatenabschnitt der $\ln p(1/T)$-Kurve ist dann gleich $\Delta\bar{S}^0/R$, wo $\Delta\bar{S}^0$ die Verdampfungsentropie bei Normaldruck ist. Es zeigt sich, daß für viele Stoffe $\Delta\bar{S}^0 \approx 21$ cal/grd Mol ist (sog. TROUTONsche Regel); für Substanzen, die in der flüssigen (bzw. gasförmigen) Phase assoziiert sind, ist $\Delta\bar{S}^0$ größer (bzw. kleiner) als 21 cal/grd Mol.

Die Gleichungen (4.3–9)–(4.3–11) sind nur unter den genannten Vereinfachungen 1 bis 3 gültig. Bessere Dampfdruckgleichungen erhält man, wenn man von einer oder mehreren derselben absieht. Nimmt man z. B. Vereinfachung 1 als gültig an, benutzt aber für die gasförmige Phase statt des idealen Gasgesetzes die einfache Zustandsgleichung (2.2–18), so resultiert statt (4.3–8)

$$\left(\frac{d\ln p}{d(1/T)}\right)_{koex} = -\frac{\Delta\bar{H}}{R\left(1 + \frac{Bp}{RT}\right)} \quad (4.3-12)$$

Nimmt man die Vereinfachungen 1 und 2 als gültig an, läßt aber die Annahme 3 fallen und berücksichtigt die Temperaturabhängigkeit von $\Delta\bar{H}$ nach dem vereinfachten Ansatz $(d\Delta\bar{H}/dT)_{koex} = Rb$, wo b eine temperaturunabhängige Konstante ist (Vereinfachung 4; die exakte Temperaturabhängigkeit ist durch Gl. 4.3–5 gegeben), so resultiert die viel benutzte Dampfdruckformel

$$\ln p = a\frac{1}{T} + b\ln T + c \quad (4.3-13)$$

wo a und c weitere temperaturunabhängige Konstanten sind. Für $b = 0$ geht (4.3–13) in (4.3–11) über.

Zuweilen werden auch reine Ausgleichsfunktionen ohne thermodynamischen Hintergrund als Dampfdruckformeln benutzt, z. B. Potenzreihen wie

$$p = a + b(T - T^+) + c(T - T^+)^2 + d(T - T^+)^3 + \ldots \quad (4.3-14)$$

wo T^+ eine Bezugstemperatur (z. B. 273,15 K) ist. Solche Ausgleichsformeln können im jeweiligen Gültigkeitsbereich sehr genau sein, sollten aber zu Extrapolationen nur mit Vorsicht benutzt werden.

Für die *Sublimationsdruckkurve* ergeben sich, mit denselben Vereinfachungen wie für die Dampfdruckkurve, zu (4.3 – 7) – (4.3 – 14) völlig analoge Ausdrücke, in denen p der Gleichgewichtsdruck über dem reinen Festkörper, $\Delta \bar{H} \equiv \bar{H}^G - \bar{H}^S$ die Sublimationsenthalpie und $\Delta \bar{S} = \bar{S}^G - \bar{S}^S$ die Sublimationsentropie bedeuten; die Vereinfachungen 1 und 2 sind bei Sublimationsgleichgewichten meistens besser als bei Verdampfungsgleichgewichten gültig. Am Tripelpunkt GLS (TP 1 in Abb. 4 – 1) gilt

$$\Delta \bar{H}^{GS} = \Delta \bar{H}^{GL} + \Delta \bar{H}^{LS} \qquad (4.3-15)$$

Zahlenwerte für Sublimationsdrucke in Abhängigkeit von der Temperatur sind für viele Substanzen in der Literatur angegeben (z B. [F 10], Bd. II 2a).

Dampfdrucke und Sublimationsdrucke lassen sich aus Gl. (4.3 – 10) berechnen, wenn man die Enthalpien und Entropien der Gleichgewichtsphasen kennt; oft kann man mit ausreichender Näherung die Entropien und Enthalpien der gasförmigen und der flüssigen bzw. festen Phase bei 298 K und 1 atm einsetzen, die für viele Stoffe tabelliert sind (z. B. [F 10], Bd. II 4). In Einzelfällen können $\Delta \bar{H}$ und $\Delta \bar{S}$ (und damit der Dampfdruck p nach Gl. 4.3 – 10) auch statistisch berechnet werden, wenn die Zustandssumme für die gasförmige und die kondensierte Phase bekannt ist, z. B. der Sublimationsdruck über idealen reinen Kristallen; Einzelheiten s. z. B. [C 1] bis [C 8].

Bei Zugabe von Inertgasen ist der Partialdruck $p_{m.G.}$ über einem kondensierten Stoff meist höher als der Dampf- oder Sublimationsdruck $p_{o.G.}$ ohne Gaszusatz. Nimmt man ideales Verhalten der Gasphase an und vernachlässigt die Löslichkeit des Fremdgases in der kondensierten Phase, so gilt für $p_{o.G.} \ll p_{ges}$ und $\bar{V}^{L(S)} p_{ges} \ll RT$

$$\frac{p_{m.G.} - p_{o.G.}}{p_{o.G.}} = \frac{\bar{V}^{L(S)} p_{ges}}{RT} \qquad (4.3-16)$$

Der praktische Wert der Gl. (4.3 – 16) ist für Inertgasdrucke oberhalb einiger Atmosphären gering, da dann die Annahmen, daß sich die Gasphase ideal verhält und das Inertgas in der kondensierten Phase unlöslich ist, nicht mehr zutreffen; so kann es zu Dampfdruck- bzw. Sublimationsdruckerhöhungen um viele Zehnerpotenzen und sogar zu völliger Mischbarkeit des kondensierten Stoffes mit dem Fremdgas kommen (vgl. [A 7]).

4.3.2. Schmelzdruck- und Fest-Fest-Umwandlungskurven

Auch für Phasengleichgewichte flüssig-fest (LS) gelten die allgemein gültigen Beziehungen (4.3 – 1) und (4.3 – 3). Da für alle Substanzen (mit Ausnahme von $^3_2$He unterhalb von 0,4 K) die Schmelzenthalpie $\Delta \bar{H} \equiv \bar{H}^L - \bar{H}^S > 0$ ist, ist das Vorzeichen von

$$\Delta \bar{V} = \bar{V}^L - \bar{V}^S = M\left(\frac{1}{\varrho^L} - \frac{1}{\varrho^S}\right) = \frac{M}{\varrho^L \varrho^S}(\varrho^S - \varrho^L) \qquad (4.3-17)$$

bestimmend für das Vorzeichen der Steigung der Schmelzdruckkurve.

Im allg. ist $\varrho^L < \varrho^S$ bzw. $\bar{V}^L > \bar{V}^S$, so daß $(\mathrm{d}T/\mathrm{d}p)_{koex} > 0$ ist. Jedoch kommen auch negative $\Delta \bar{V}$-Werte (d. h. $\varrho^L > \varrho^S$) vor, z. B. bei H_2O (Modifikation I), Ga, Bi, Sb, Si, Ge, Diamant usw.; die Schmelzdruckkurve verläuft dann mit steigendem Druck zu fallenden Temperaturen. Ferner existieren auch Substanzen, bei denen $\Delta \bar{V}$ mit steigendem Druck das Vorzeichen von plus nach minus wechselt z. B. bei Rb, Cs, Graphit. An der Stelle, wo $\varrho^L = \varrho^S$ bzw. $\Delta \bar{V} = 0$ ist, durchläuft dann die $p(T)$-Schmelzdruckkurve entsprechend den Beziehungen (4.3 – 1) und (4.3 – 3) ein Temperaturmaximum; bei Cs treten sogar zwei Temperaturmaxima auf. Bei $^3_2$He liegt dagegen auf der $p(T)$-Schmelzdruckkurve ein Druckminimum bei 0,5 K; hier ist $\Delta \bar{H} \equiv \bar{H}^L - \bar{H}^S = 0$.

Aus den Beziehungen (4.3 – 1) bzw. (4.3 – 3) kann durch Integration die Gleichung der Schmelzdruckkurve ermittelt werden. Dabei lassen sich verschiedene Vereinfachungen benutzen (p in atm):

a) Für $T \Delta \bar{V} / \Delta \bar{H} \approx \text{const} = a$ ergibt sich aus (4.3 – 3)

$$T \approx a(p-1) + T^\circ \qquad (4.3-18)$$

In dieser Näherung sind die $T(p)$-Gleichgewichtskurven Geraden. Tatsächlich verlaufen Schmelzdruckkurven über kleinere Druckbereiche oft bemerkenswert geradlinig.

b) Für $\Delta \bar{V} / \Delta \bar{H} \approx \text{const} = a'$ ergibt sich aus (4.3 – 3)

$$\ln \frac{T}{T^0} \approx a'(p-1) \qquad (4.3-19)$$

Auch nach dieser Näherung ergibt sich über beschränkte Druckbereiche ein nahezu linearer Verlauf der Schmelzdruckkurve.

c) Die Schmelzdruckformel von Simon

$$\frac{p+a}{a} = \left(\frac{T}{T^0}\right)^c \qquad (4.3-20)$$

gibt den Verlauf von Schmelzdruckkurven auch über weite Bereiche von Temperatur und Druck gut wieder. Hier ist T^0 die Schmelztemperatur bei sehr geringem Druck (z. B. bei 1 atm, exakt bei verschwindendem Druck). a und c sind Konstanten; für c ergeben sich je nach Stoffklasse charakteristische Werte, z. B. $c = 1$ für Edelgase, $c = 4$ für Alkalimetalle, $c = 5 - 10$ für Metalle der 8. Nebengruppe des Periodensystems usw.

Kritische Diskussion dieser und verschiedener anderer Schmelzdruckformeln s. Rowlinson [G 8].

Die thermodynamische Beschreibung von *Fest-Fest-Umwandlungen* erster Ordnung entspricht weitgehend derjenigen von Schmelzgleichgewichten. Auch hier gelten die Beziehungen (4.3 – 1) und (4.3 – 3) ohne Einschränkung, wobei jedoch $\Delta \bar{H} \gtreqless 0$ (bzw. $\Delta \bar{S} \gtreqless 0$) und $\Delta \bar{V} \gtreqless 0$ sein können. Da auch hier $\Delta \bar{H}$ und $\Delta \bar{V}$ nur wenig vom Druck abhängen, sind die Beziehungen (4.3 – 18) und (4.3 – 19) ebenfalls angenähert gültig; danach sollten Fest-Fest-Umwandlungskurven über weite Druckbereiche nahezu linear verlaufen, was auch tatsächlich gefunden wird.

Schmelzdruckkurven und Fest-Fest-Umwandlungskurven sind in statischen Experimenten schon bis einige hundert kbar, in Stoßwellen bis einige megabar untersucht worden. Während bei Fest-Fest-Umwandlungen bereits für mindestens eine Substanz (Ce) ein kritischer Punkt fest-fest gefunden wurde, konnte bisher noch in keinem Fall ein kritischer Punkt für die $p(T)$-Schmelzdruckkurve festgestellt werden, obwohl Schmelzdruckkurven bis zu sehr hohen Temperaturen, in einigen Fällen bis zu Temperaturen weit oberhalb der kritischen Temperatur gasförmig-flüssig verfolgt worden sind (z. B. bei He, H_2O).

Auch die Absolutberechnung von Schmelzdruck- und Fest-Fest-Umwandlungskurven ist möglich. Die Rechnung geht von der Gleichgewichtsbedingung (4.1−6) in der Form

$$\Delta \bar{G}_T^p = \bar{G}_T^{p\,\prime\prime} - \bar{G}_T^{p\,\prime} = 0 \qquad (4.3-21)$$

aus (die hochgestellten p bedeuten „beim Druck p"). Die explizite Einbeziehung der Temperatur- und Druckabhängigkeit ergibt

$$\Delta \bar{G}_T^p = \Delta \bar{H}_{298}^0 - 298\,\Delta \bar{S}_{298}^0 - \int_{298}^{T} \Delta \bar{S}_T^0\,\mathrm{d}T + \int_{1}^{p} \Delta \bar{V}_T^p\,\mathrm{d}p = 0 \qquad (4.3-22)$$

Hier ist $\Delta \bar{G}_{298}^0 = \Delta \bar{H}_{298}^0 - 298\,\Delta \bar{S}_{298}^0$ die Differenz der Freien Enthalpien der beiden Phasen bei $T = 298\,\mathrm{K}$ und $p = 1$ atm, während das dritte Glied die Temperaturabhängigkeit von $\Delta \bar{G}$ bei $p = \mathrm{const} = 1$ atm und das vierte Glied die Druckabhängigkeit von $\Delta \bar{G}$ bei $T = \mathrm{const}$ berücksichtigt. Sind Zustandsdaten der beiden Phasen in so großem Umfang bekannt, daß die Integrale in (4.3−22) gelöst werden können, so resultieren aus (4.3−22) Wertepaare von T und p auf der Gleichgewichtskurve. Große praktische Bedeutung hatte Gl. (4.3−22) z. B. für die Diamantsynthese; nach ihr berechnete SIMON die Umwandlungskurve Graphit-Diamant, lange bevor sie experimentell ermittelt wurde.

4.4. Koexistenzgleichungen für zweiphasige Zweistoffsysteme

Aus Gl. (4.1−3) und (4.1−5) folgt für ein zweiphasiges Zweistoffsystem ($N = 2$, $P = 2(',")$, $k = 1$ oder 2, $j = 1$)

$$\mathrm{d}\mu_1' = -S_1'\,\mathrm{d}T + V_1'\,\mathrm{d}p + \left(\frac{\partial \mu_1'}{\partial x_1'}\right)_{T,\,p} \mathrm{d}x_1' = \mathrm{d}\mu_1'' = -S_1''\,\mathrm{d}T + V_1''\,\mathrm{d}p + \left(\frac{\partial \mu_1''}{\partial x_1''}\right)_{T,\,p} \mathrm{d}x_1'' \qquad (4.4-1)$$

$$\mathrm{d}\mu_2' = -S_2'\,\mathrm{d}T + V_2'\,\mathrm{d}p + \left(\frac{\partial \mu_2'}{\partial x_1'}\right)_{T,\,p} \mathrm{d}x_1' = \mathrm{d}\mu_2'' = -S_2''\,\mathrm{d}T + V_2''\,\mathrm{d}p + \left(\frac{\partial \mu_2''}{\partial x_1''}\right)_{T,\,p} \mathrm{d}x_1'' \qquad (4.4-2)$$

Eliminiert man aus (4.4−1) und (4.4−2) einmal $\mathrm{d}x_1'$ und einmal $\mathrm{d}x_1''$ unter Benutzung der GIBBS-DUHEM-Gleichung (1.4−15) in den beiden Phasen $'$ und $''$, so folgen die sog. Koexistenzgleichungen (4.4−3) und (4.4−4) für ein zweiphasiges Zweistoffsystem:

$$[x_1''(S_1' - S_1'') + x_2''(S_2' - S_2'')]\,\mathrm{d}T - [x_1''(V_1' - V_1'') + x_2''(V_2' - V_2'')]\,\mathrm{d}p = \frac{x_1'' - x_1'}{1 - x_1'} \left(\frac{\partial \mu_1'}{\partial x_1'}\right)_{T,\,p} \mathrm{d}x_1' \qquad (4.4-3)$$

$$[x_1'(S_1' - S_1'') + x_2'(S_2' - S_2'')]\,\mathrm{d}T - [x_1'(V_1' - V_1'') + x_2'(V_2' - V_2'')]\,\mathrm{d}p = \frac{x_1'' - x_1'}{1 - x_1''} \left(\frac{\partial \mu_1''}{\partial x_1''}\right)_{T,\,p} \mathrm{d}x_1'' \qquad (4.4-4)$$

Da gleichzeitig auch Gl. (1.5−11) und (1.4−15a) gelten, kann in (4.4−3) und (4.4−4) auch

$$S_k' - S_k'' = \frac{1}{T}\,(H_k' - H_k'') \qquad (4.4-5)$$

mit $k = 1$ oder 2

gesetzt werden. Gl. (4.4−3) und (4.4−4) entsprechen den Gl. (4.3−1) und (4.3−3) für ein Einstoffsystem. Je nachdem, welche Variable man konstant hält, folgen daraus alle Gleichgewichtskurven für Zweistoffsysteme, z. B. aus (4.4−3) die isobare $T(x_1')$-Kurve für $\mathrm{d}p = 0$, die isotherme $p(x_1')$-Kurve für $\mathrm{d}T = 0$ und die $T(p)$-Isoplethe für $\mathrm{d}x_1' = 0$ bzw. $x_1' = \mathrm{const}$.

Theoretisch ließen sich durch Integration der resultierenden Differentialbeziehungen die jeweiligen Gleichgewichtskurven erhalten. Da jedoch die dazu notwendigen thermodynamischen Daten im allg. nicht zur Verfügung stehen, lassen sich umgekehrt aus den experimentell oft leicht bestimmbaren Gleichgewichtskurven wertvolle thermodynamische Aussagen gewinnen. Besonders bekannt sind die GIBBS-KONOWALOW*schen Sätze*, die im folgenden für Dampf-Flüssig-Gleichgewichte formuliert werden sollen (Ableitung und Ausweitung auf andere Zweiphasengleichgewichte s. z. B. HAASE [A 3]):

1. Satz: Bei konstantem Druck weist die Siedetemperatur als Funktion der Zusammensetzung (der Flüssigkeit oder des Dampfes) dann und nur dann einen stationären Punkt auf, wenn Flüssigkeit und Dampf gleiche Zusammensetzung haben.

2. Satz: Die Siedetemperatur steigt bei konstantem Druck durch Zusatz derjenigen Komponente, deren Konzentration im Dampf kleiner als in der Flüssigkeit ist.

3. Satz: Bei Änderung der Siedetemperatur bei konstantem Druck ändert sich die Zusammensetzung der Flüssigkeit im gleichen Sinne wie die des Dampfes.

Häufig ist es bei praktischen Anwendungen einfacher, statt von den Gleichgewichtsbedingungen (4.1−1) bis (4.1−3) von den Beziehungen (1.5−9)−(1.5−11) auszugehen; dieser Weg wird in den folgenden Abschnitten verschiedentlich beschritten.

4.5. Überblick über das Phasenverhalten von Zweistoffsystemen

Im folgenden wird ein kurzer Überblick über die wichtigsten Formen des Zweiphasengleichgewichtes in binären Systemen gegeben, damit die in den folgenden Abschnitten behandelten, besonders einfachen Fälle in einen größeren Zusammenhang gestellt werden können.

Bei binären Systemen sind Zweiphasengleichgewichte gasförmig-flüssig (LG), gasförmig-fest (GS), flüssig-flüssig (LL), flüssig-fest (LS), fest-fest (SS) und gasförmig-gasförmig (GG) möglich. Zur Erläuterung der wichtigsten Phänomene zeigen Abb. 4−2 und 4−4 schematisch das isobare $T(x)$-Zustandsdiagramm für ein binäres System in einfachen Fällen. Für das isobare $T(x)$-Siedediagramm in Abb. 4–2 ist eine spindelförmige Gestalt angenommen, wie sie für Mischungen aus Substanzen gefunden

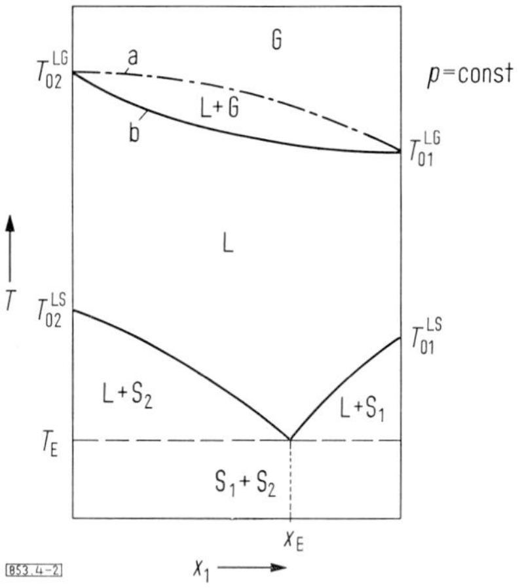

Abb. 4–2. $T(x)$-Zustandsdiagramm für $p = \text{const}$ eines Zweistoffsystems für einen besonders einfachen Fall (schematisch)

a T (x_1^G)-Kurve (Taukurve), *b* T (x_1^L)-Kurve (Siedekurve) für p=const

wird, die in ihrer Konstitution sehr ähnlich sind und sich deutlich (wenn auch nicht zu stark) in ihren Siedetemperaturen unterscheiden (z. B. N_2–O_2, n-Hexan–n-Oktan, Methylcyclohexan–n-Heptan u. a.); hier verlaufen die Siedelinie (Kurve b) und die Taulinie (Kurve a) monoton zwischen den Siedetemperaturen T_{01}^{LG} und T_{02}^{LG} der reinen Komponenten 1 und 2 beim vorgegebenen Druck *p*. Oberhalb der Taulinie ist eine gasförmige Phase (G), unterhalb der Siedelinie eine flüssige Phase (L) stabil;

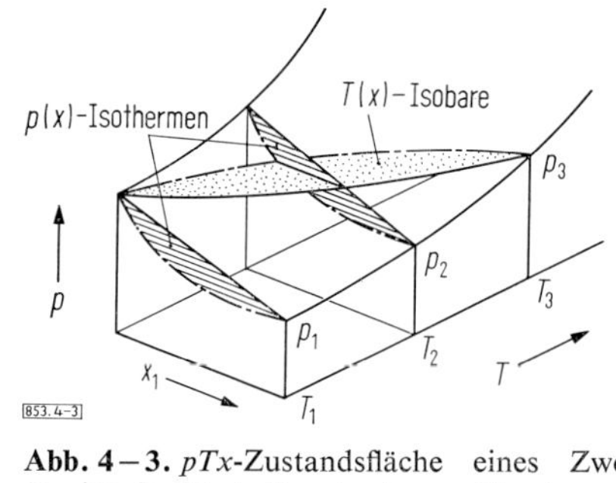

Abb. 4–3. pTx-Zustandsfläche eines Zweistoffsystems für ideales Verhalten in der gasförmigen und flüssigen Gleichgewichtsphase (schematisch)

dazwischen liegt das Zweiphasengebiet gasförmig-flüssig (LG). Mit steigendem Druck verschiebt sich der spindelförmige Zweiphasenbereich zu höheren Temperaturen (s. Abb. 4–3).

Siede- und Taulinie können auch Extremwerte (Azeotrope) durchlaufen, z. B. bei Cyclohexan-Benzol, Äthanol–H_2O usw. (s. Abb. 4–4); dabei müssen die Extremwerte beider Kurven bei derselben Konzentration liegen (vgl. Abschn. 4.4). Einem Minimumazeotrop im isobaren $T(x)$-Siedediagramm entspricht ein Maximumazeotrop im isothermen $p(x)$-Siedediagramm und umgekehrt

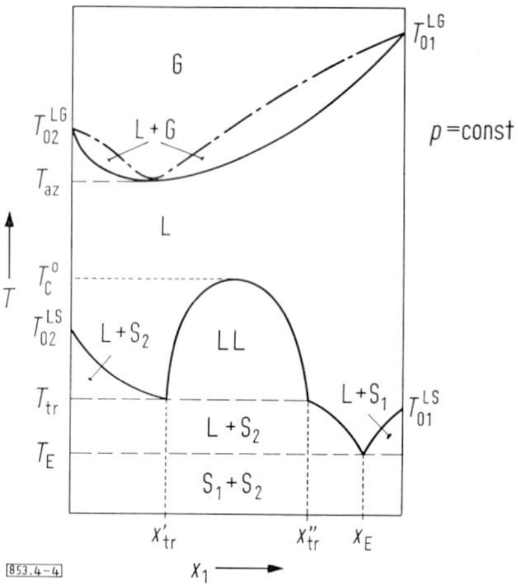

Abb. 4–4. $T(x)$-Zustandsdiagramm für $p = \text{const}$ eines Zweistoffsystems beim Auftreten von Azeotropie und Flüssig-Flüssig-Entmischung (schematisch)

(Abb. 4–5). Tausende von Zweistoffsysteme sind auf ihr Siedeverhalten und das Auftreten von Azeotropen untersucht worden (z. B. [F10], Bd. II 2a).

Für das schematische Zustandsdiagramm in Abb. 4–4 ist zusätzlich Phasentrennung in zwei flüssige Phasen (LL) bei tieferen Temperaturen angenommen. Im vorliegenden Fall handelt es sich um eine Mischungslücke mit einer oberen kritischen Entmischungstemperatur T_c^0 (z. B.

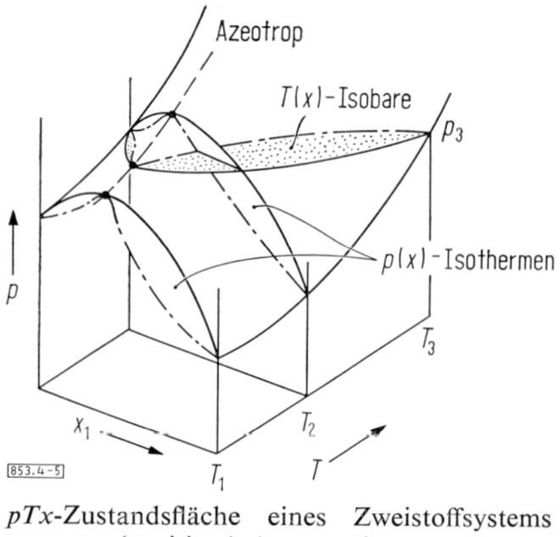

Abb. 4–5. pTx-Zustandsfläche eines Zweistoffsystems beim Auftreten von (positiver) Azeotropie (schematisch)

Phenol-H_2O, Acetonitril-H_2O); es können auch Mischungslücken flüssig-flüssig mit unteren kritischen Entmischungstemperaturen (z. B. Triäthylamin-H_2O), sog. geschlossene Mischungslücken (z. B. Nikotin-H_2O) und einige andere Typen auftreten [G9].

Zu fallenden Temperaturen ist der flüssige Zustandsbereich durch das Auskristallisieren fester Phasen begrenzt. In Abb. 4–2 und 4–4 ist angenommen, daß die

Komponenten 1 und 2 im festen Zustand völlig unmischbar sind (s. Abschn. 4.7.2); in der Natur tritt oft beschränkte Mischbarkeit bei Randkonzentrationen, selten vollständige Mischbarkeit in allen Verhältnissen (s. Abschn. 4.7.1) unter Bildung von Mischkristallen auf. In Abb. 4–4 überlagern sich die Gleichgewichte flüssig-flüssig und flüssig-fest (z. B. Phenol-H_2O, Cyclohexan-Methanol, Acetonitril-H_2O); bei der Tripelpunktstemperatur T_{tr} stehen reine feste Substanz 2 und zwei flüssige Phasen der Konzentrationen x'_{tr} und x''_{tr} im Gleichgewicht, bei der eutektischen Temperatur T_E sind die reinen festen Stoffe 1 und 2 und eine flüssige Phase der Konzentration x_E koexistent.

Phasenverhalten von Mischsystemen mit mehr als zwei Komponenten, bei hohen Drucken (speziell im kritischen Bereich), sowie Fest-Fest- und Gas-Gas-Gleichgewichte s. z. B. [E3], [E10], [E13], [E20], [G9] u. a.

4.6. Gas-Flüssig-Gleichgewichte

4.6.1. Partialdruckkurven und Grenzgesetze

Für jede Komponente k, die in den beiden Gleichgewichtsphasen (L, G) vorkommt, gilt nach Gl. (1.5–11) bei der Temperatur T, dem Totaldruck p und den Gleichgewichtskonzentrationen x_k^G und x_k^L

$$\mu_k^G(T,p,x_k^G) = \mu_k^L(T, p, x_k^L) \qquad (4.6-1)$$

Unter der Annahme, daß sich die Gasphase ideal, die flüssige Phase jedoch real verhält, folgt aus (4.6–1) mit Gl. (3.1–10) und (3.3–3)

$$\mu_{0k}^{0G}(T) + RT \ln p_k = \mu_{0k}^L(T, p) + RT \ln x_k^L + RT \ln f_k^L \qquad (4.6-2)$$

Für den reinen Stoff k gilt Gl. (4.6–2) in der Form

$$\mu_{0k}^{0G}(T) + RT \ln p_{0k} = \mu_{0k}^L(T, p_{0k}) \qquad (4.6-3)$$

Einsetzen von Gl. (4.6–3) in (4.6–2) ergibt unter Vernachlässigung der Druckabhängigkeit von μ_{0k}^L (also für $\mu_{0k}^L(T, p_{0k}) \approx \mu_{0k}^L(T, p)$)

$$RT \ln \frac{p_k}{p_{0k}} = RT \ln f_k^L x_k^L$$

bzw.

$$p_k = f_k^L x_k^L p_{0k} \qquad (4.6-4)$$

Mit Gl. (3.1–6) gilt für den Totaldruck p eines N-Komponentensystems

$$p = \sum_{k=1}^{N} p_k = \sum_{k=1}^{N} f_k^L x_k^L p_{0k} \qquad (4.6-5)$$

oder für ein binäres System ($N = 2$; $x_2^L = 1 - x_1^L$)

$$p = f_1^L x_1^L p_{01} + f_2^L x_2^L p_{02} = (f_1^L p_{01} - f_2^L p_{02}) x_1^L + f_2^L p_{02} \qquad (4.6-6)$$

Verhält sich auch die flüssige Phase ideal, so ist $f_k = 1$ für alle Konzentrationen, Drucke und Temperaturen, und für den Partialdruck folgt $p_{k,\,\mathrm{ideal}}$ über einer *idealen flüssigen N-Komponentenmischung*

$$p_{k,\,\mathrm{ideal}} = x_k^L p_{0k} \qquad (4.6-7)$$

bzw. für den Totaldruck p_{ideal}

$$p_{\mathrm{ideal}} = \sum_{k=1}^{N} p_{k,\,\mathrm{ideal}} = \sum_{k=1}^{N} x_k^L p_{0k} \qquad (4.6-8)$$

Für ein binäres System erhält man

$$p_{\mathrm{ideal}} = x_1^L p_{01} + x_2^L p_{02} = (p_{01} - p_{02}) x_1^L + p_{02} \qquad (4.6-9)$$

Gl. (4.6–7) besagt, daß bei idealen N-Komponentensystemen für $T =$ const (d. h. $p_{0k} =$ const) der Partialdruck p_k der Komponente k linear vom Molenbruch x_k^L der Komponente k in der flüssigen Phase abhängt. Genau genommen liegt keine exakte Linearität vor, da p_{0k} für den jeweiligen Totaldruck p einzusetzen ist; nach Gl. (4.3–16) ist die Korrektur jedoch meistens zu vernachlässigen.

Die Beziehung (4.6–7) wird als RAOULT*sches Gesetz* bezeichnet und diente früher als Definitionsgleichung für eine ideale Mischung (vgl. Abschn. 3.2). Bei idealen Zweistoffsystemen hängen für $T =$ const nicht nur die Partialdrucke p_1 und p_2 sondern auch der Totaldruck p linear vom Molenbruch einer der Komponenten in der flüssigen Phase, z. B. von x_1^L ab (s. Abb. 4–6). Ideale Mischungen stellen idealisierte Grenzfälle dar, die in der Natur nur angenähert realisierbar sind z. B. (in abnehmender Güte) bei Gemischen von Molekülen mit isotopen Atomen, von optischen Antipoden, von Stereoisomeren, von Strukturisomeren, von Nachbarn in homologen Reihen usw.

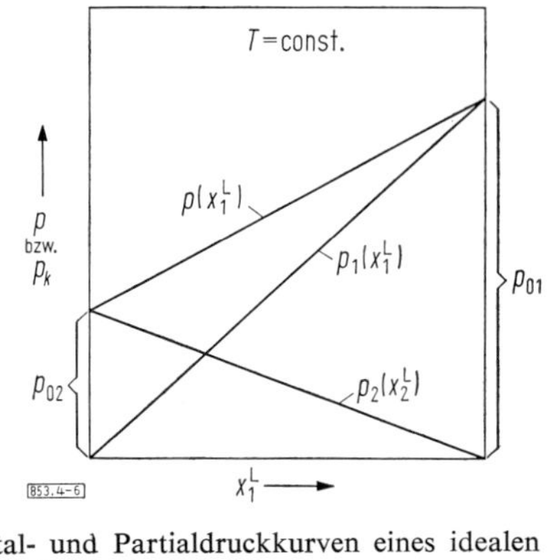

Abb. 4–6. Total- und Partialdruckkurven eines idealen Zweistoffsystems für $T =$ const

Bei *realen Mischungen* ergeben sich mehr oder weniger große Abweichungen vom geradlinigen Verlauf der isothermen $p_k(x_k^L)$-Kurven. Für ein Zweistoffsystem sind in Abb. 4–7a positive Abweichungen ($p_{k,\,\mathrm{real}} > p_{k,\,\mathrm{ideal}}$) und in Abb. 4–7b negative Abweichungen ($p_{k,\,\mathrm{real}} < p_{k,\,\mathrm{ideal}}$) vom RAOULTschen Gesetz wiedergegeben. Meistens weichen beide Partialdruckkurven in derselben Richtung von den idealen Geraden ab; jedoch sind auch einige Systeme bekannt, bei denen für eine oder beide Partialdruckkurven je nach Konzentration positive und negative Abweichungen auftreten.

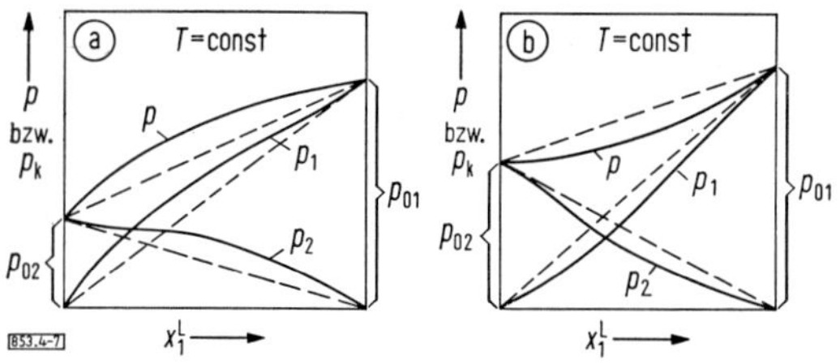

Abb. 4–7. Total- und Partialdruckkurven realer Zweistoffsysteme für $T=$ const

a bei positiven, *b* bei negativen Abweichungen von der Idealität

Die Erfahrung lehrt, daß bei binären Mischungen mit realem Verhalten in der flüssigen Phase die Steigungen der isothermen Partialdruckkurven für $x_k^L \rightarrow 0$ und $x_k^L \rightarrow 1$ (mit k = 1 oder 2) endlich sind (s. Abb. 4–8), es gelten

$$\lim_{x_k^L \to 1} \left(\frac{\partial p_k}{\partial x_k^L}\right)_T = \lim_{x_k^L \to 1} \frac{p_k}{x_k^L} = p_{0k}$$

und

$$\lim_{x_k^L \to 0} \left(\frac{\partial p_k}{\partial x_k^L}\right)_T = \lim_{x_k^L \to 0} \frac{p_k}{x_k^L} = A_k$$

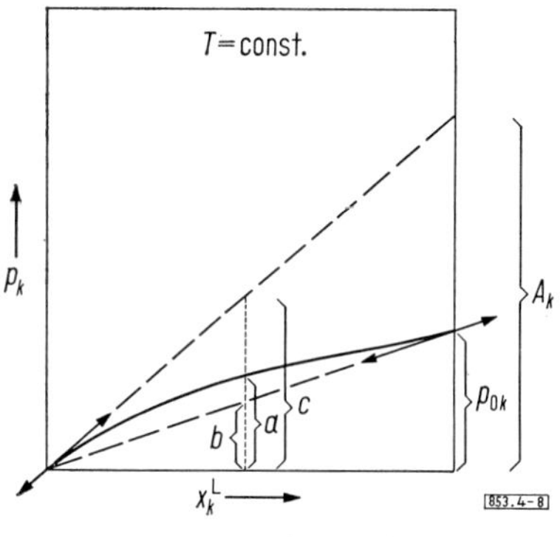

Abb. 4–8. RAOULTsches und HENRYsches Grenzgesetz bei realen Zweistoffsystemen ($k=1$ oder 2)

Zu A_k, *a*, *b* und *c* vgl. Text (Abschn. 4.6.1)

Für die Partialdruckkurven selbst ergeben sich für $x_k^L \rightarrow 1$ das RAOULTsche Grenzgesetz

$$p_{k,\,\mathrm{real}} = x_k^L p_{0k} \qquad (4.6-10)$$

und für $x_k^L \rightarrow 0$ das HENRYsche Grenzgesetz

$$p_{k,\,\mathrm{real}} = A_k x_k^L \qquad (4.6-11)$$

Gl. (4.6–10) besagt, daß auch in realen binären Mischungen jede Komponente k für $x_k^L \rightarrow 1$ das RAOULTsche Gesetz befolgt. In Gl. (4.6–11) ist A_k eine Konstante, die für ein gegebenes Mischsystem und eine gegebene Komponente k nur von der Temperatur abhängt. Für die Grenzwerte der Aktivitätskoeffizienten f_k^L gilt nach (3.3–3)

$$\lim_{x_k^L \to 1} f_k^L = 1 \qquad (4.6-12)$$

und mit (4.6–4) aus (4.6–11)

$$\lim_{x_k^L \to 0} f_k^L = \frac{A_k}{p_{0k}} \qquad (4.6-13)$$

Für ideale Systeme ist $A_k = p_{0k}$, d. h. RAOULTsches und HENRYsches Grenzgesetz werden identisch. Die Grenzgesetze (4.6–10) und (4.6–11) folgen sowohl aus der Erfahrung als aus theoretischen Überlegungen, sie lassen sich nicht aus der Thermodynamik gewinnen.

Die Beziehungen (4.6–11) und (4.6–13) gelten auch, wenn mehrere verschiedene Stoffe k in jeweils verschwindender Konzentration (alle $x_k \rightarrow 0$) in einem einzigen Lösungsmittel ($x \rightarrow 1$) gelöst werden (wichtig z. B. für Gaschromatographie). Es sei noch erwähnt, daß (4.6–10) –(4.6–13) auch für Mischungen mit mehr als zwei Komponenten gültig bleiben; A_k hängt dann jedoch zusätzlich von den relativen Konzentrationen der übrigen Komponenten ab (s. Literatur z. B. [A 7]).

Als *ideal verdünnte Lösungen* bezeichnet man Mischungen, bei denen ein Stoff 2 in einem Lösungsmittel 1 in so geringer Konzentration x_2^L gelöst ist, daß die Grenzbedingungen (4.6–10) für Stoff 1 und (4.6–11) für Stoff 2 bei der zwar kleinen, aber doch endlichen Konzentration an Substanz 2 noch ausreichend gültig sind.

Diese Voraussetzungen sind z. B. bei der Lösung eines Gases 2 in einer Flüssigkeit 1 im allgemeinen recht gut erfüllt. Nach (4.6–11) ist dann die Gaskonzentration x_2^L in der Flüssigkeit direkt proportional seinem Partialdruck p_k in der Gasphase. Man nennt daher (4.6–11) in diesem Fall auch *HENRYsches Gesetz der Gaslöslichkeit* (wichtig u. a. für Gasreinigung, Gaschromatographie, Meeresfauna und -flora).

Ist die Komponente 2 in einer ideal verdünnten Lösung nichtflüchtig ($p_{02} \approx 0$) oder schwerflüchtig ($p_{02} \ll p_{01}$) und damit $p_2 \ll p_1$ und $p \approx p_1$, so ergibt sich aus Gl. (4.6–10)

$$\frac{\Delta p}{p_{01}} \equiv \frac{p_{01} - p}{p_{01}} = x_2^L \qquad (4.6-14)$$

Mit Gl. (4.6–14) läßt sich aus der relativen Dampfdruckerniedrigung Δp des Lösungsmittels 1 der Molenbruch x_2^L und daraus die Molmasse M_2 des nichtflüchtigen Stoffes 2 bestimmen. Durch Einsetzen von Gl. (4.3–7) in (4.6–14) ergibt sich für $x_2^L \ll 1$ eine Erhöhung der Siedetemperatur bei konstantem Druck (z. B. 1 atm) von $\Delta T = \dfrac{R T_{01}^2}{\Delta \bar{H}_{01}}\, x_2^L$; auch aus der Erhöhung der Siedetemperatur kann M_2 bestimmt werden (Ebullioskopie).

Ideal verdünnte Lösungen haben in der historischen Entwicklung der Thermodynamik eine große Rolle gespielt. Die Polemik um ihre Definition und Anwendung ist auch heute noch nicht verstummt; sie beruht meistens auf dem Mißverständnis, daß (4.6–10) und (4.6–11) nicht als Grenzgesetze, sondern über endliche Konzentrationsbereiche als exakt gültig angesehen werden.

RAOULTsches und HENRYsches Gesetz stellen verschiedene Beschreibungen desselben Phänomens dar. Abweichungen vom RAOULTschen Gesetz, die durch die bereits oben eingeführten Aktivitätskoeffizienten f_k^L (oft auch als RAOULTsche Aktivitätskoeffizienten bezeichnet) erfaßt werden, kann man auch als Abweichungen vom Typ der ideal verdünnten Lösung nach Gl. (3.3–4) bzw. (4.6–11) unter Verwendung der Aktivitätskoeffizienten f_k^H (oft als HENRYsche Aktivitätskoeffizienten bezeichnet) darstellen. Für den Partialdruck $p_{k,\text{real}}$ einer Komponente k über einer realen Lösung gilt dann für jede Konzentration

$$p_{k,\,\text{real}} = f_k^H A_k x_k^L \qquad (4.6-15)$$

wobei

$$\lim_{x_k^L \to 0} f_k^H = 1 \qquad (4.6-16)$$

Durch Vergleich von Gl. (4.6–15) mit (4.6–4) ergibt sich unter Benutzung der Gl. (4.6–13)

$$f_k^H = \frac{f_k^L}{(A_k/p_{0k})} = \frac{f_k^L}{\lim\limits_{x_k^L \to 0} f_k^L} \qquad (4.6-17)$$

Aus Abb. 4–8 kann man ablesen, daß entsprechend Gl. (4.6–17) $f_k^H = (a/b)/(c/b) = a/c$ ist, während für f_k nach (4.6–4) $f_k = a/b$ gilt.

4.6.2. Gas-Flüssig-Gleichgewichtsdiagramme für ein Zweistoffsystem

In diesem Abschnitt werden die Gas-Flüssig-Gleichgewichtsdiagramme für ein Zweikomponentensystem mit idealem Verhalten in der Gasphase und mit realem und idealem Verhalten in der flüssigen Phase angegeben. Die isotherme $p(x_k^L)$-Kurve und die isothermen $p_k(x_k^L)$-Kurven wurden bereits in Abschn. 4.6.1 behandelt.

Für die *isotherme* $p(x_k^G)$*-Kurve* ergibt sich aus (4.6–4), (4.6–6) und (3.1–5)

$$p = \frac{f_2^L p_{02}}{1 - \left(1 - \dfrac{f_2^L p_{02}}{f_1^L p_{01}}\right) x_1^G} \qquad (4.6-18)$$

bzw. für eine ideale flüssige Mischung

$$p_{\text{ideal}} = \frac{p_{02}}{1 - \left(1 - \dfrac{p_{02}}{p_{01}}\right) x_1^G} \qquad (4.6-19)$$

Die Beziehung (4.6–19) stellt eine Hyperbel dar, die für $0 \leqslant x_1^G \leqslant 1$ physikalisch sinnvoll ist.

Die *isobare* $T(x_1^L)$*-Kurve* (sog. Siedekurve) und isobare $T(x_1^G)$-Kurve (sog. Taukurve) lassen sich aus Gl. (4.6–6) und (4.6–9) bzw. (4.6–18) und (4.6–19) ermitteln, wenn man $p = \text{const}$ setzt. Die Dampfdrucke der reinen Komponenten p_{01} und p_{02} müssen dann bekannt sein, z. B. in Form der einfachen Dampfdruckformel (4.3–11) und für reale Mischungen zusätzlich noch die Aktivitätskoeffizienten als Funktion von Temperatur, Druck und Konzentration. Für eine jeweils vorgegebene Gleichgewichtstemperatur T lassen sich dann die zugehörigen Gleichgewichtskonzentrationen x_1^L und x_1^G berechnen.

Die $x_1^G(x_1^L)$*-Kurve* (sog. Gleichgewichtskurve), die besonders für destillative Trennverfahren wichtig ist, ergibt sich aus Gl. (3.1–5), (4.6–4) und (4.6–6)

$$x_1^G = \frac{1}{1 + \dfrac{1 - x_1^L}{x_1^L} \dfrac{f_2^L}{f_1^L} \dfrac{p_{02}}{p_{01}}} \qquad (4.6-20)$$

bzw. für eine ideale flüssige Mischung

$$x_{1,\,\text{ideal}}^G = \frac{1}{1 + \dfrac{1 - x_1^L}{x_1^L} \dfrac{p_{02}}{p_{01}}} \qquad (4.6-21)$$

Für das isotherme Gleichgewichtsdiagramm ist der zur festgehaltenen konstanten Temperatur T zugehörige Wert von p_{02}/p_{01} einzusetzen. Für das praktisch wichtigere isobare Gleichgewichtsdiagramm ist der Wert von p_{02}/p_{01} zu benutzen, der zur Siedetemperatur T für die jeweils gewählte Konzentration x_1^L gehört; da p_{02}/p_{01} meistens nur wenig temperaturabhängig ist, kann man in erster Näherung mit $p_{02}/p_{01} \approx \text{const}$ rechnen.

Der *Trennfaktor* α wurde zur Charakterisierung eines einzelnen Trennschrittes bei Trennverfahren eingeführt; er soll durch Gl. (4.6–22) definiert werden.

$$\alpha \equiv \frac{x_1^G}{x_1^L} \frac{x_2^L}{x_2^G} = \frac{x_1^G}{x_1^L} \frac{1 - x_1^L}{1 - x_1^G} \qquad (4.6-22)$$

Bei Einstellung des Gas-Flüssig-Gleichgewichtes folgt aus Gl. (3.1–5) und (4.6–4)

$$\alpha_{\text{real}} = \frac{f_1^L}{f_2^L} \frac{p_{01}}{p_{02}} = \frac{f_1^L}{f_2^L} \alpha_{\text{ideal}} \qquad (4.6-23)$$

mit

$$\alpha_{\text{ideal}} = \frac{p_{01}}{p_{02}} \qquad (4.6-24)$$

für ein binäres System mit idealem Verhalten in der flüssigen Phase ($f_1^L = 1; f_2^L = 1$).

Für den isothermen Fall ist $\alpha_{\text{ideal}} = \text{const}$, für den isobaren Fall ändert sich α_{ideal} nur wenig mit der Temperatur.

4.6.3. Bestimmung von Aktivitätskoeffizienten und Konsistenzprüfung

Der Wert der in Abschn. 4.6.2 angegebenen Beziehungen für die Vorausberechnung von Gas-Flüssig-Gleichgewichten ist für reale flüssige Zweikomponentensysteme gering, da die Aktivitätskoeffizienten f_1 und f_2 im allg. nicht in Abhängigkeit von Temperatur, Druck und Konzentration bekannt sein werden. Umgekehrt ergibt sich jedoch die Möglichkeit, die Aktivitätskoeffizienten aus den experimentell oft leicht bestimmbaren Phasengleichgewichten zu ermitteln. Man löst dazu Gl. (4.6–4) nach f_k^L auf und erhält unter Berücksichtigung von Gl. (3.1–5)

$$f_k^L = \frac{p_k}{x_k^L p_{0k}} = \frac{x_k^G p}{x_k^L p_{0k}} \qquad (4.6-25)$$

Beziehung (4.6—25) gilt auch bei N-Komponentensystemen. Berücksichtigt man zusätzlich noch die Realität der Gasphase und die Druckabhängigkeit des chemischen Potentials der flüssigen Phase, so tritt auf der rechten Seite der Gl. (4.6—25) noch ein Korrekturfaktor e^{ε_k} hinzu, der als Realgaskorrektur bezeichnet wird. Reicht als Zustandsgleichung für die gasförmige Phase eine Virialentwicklung bis zum zweiten Virialkoeffizienten aus, so ergibt sich für den Exponenten bei einem Zweikomponentensystem ($k = 1$ oder 2)

$$RT\varepsilon_k \approx (B_{kk} - \bar{V}^L_{0k})(p - p_{0k}) + (1 - x^G_k)^2 p \Delta B \quad (4.6-26)$$

mit

$$\Delta B \equiv 2B_{12} - (B_{11} + B_{22})$$

Häufig wird der gemischte zweite Virialkoeffizient B_{12} unbekannt sein und nur aus Näherungsformeln berechnet werden können. Die Realgaskorrektur kann schon bei relativ niedrigen Drucken eine wesentliche Rolle bei der Berechnung der Aktivitätskoeffizienten nach Gl. (4.6—25) und damit von $\bar{G}^E$ nach Gl. (3.3—12) spielen.

So ermittelte thermodynamische Daten können auf *Konsistenz*, d. h. thermodynamische Widerspruchsfreiheit geprüft werden. Diese Prüfung ist über die GIBBS-DUHEM-Beziehung (1.4—15) möglich. Da $\mu^L_k = \mu^G_k$ ist, kann für μ_k das chemische Potential in der gasförmigen (z. B. Gl. 3.1—10) oder in der flüssigen Phase (z. B. Gl. 3.3—1, 3.3—3) eingesetzt werden.

Bei Gas-Flüssigkeits-Gleichgewichten können im allg. Temperatur und Druck nicht gleichzeitig konstantgehalten werden. Für die Konsistenzprüfung bevorzugt man isotherme Messungen. Die durch Änderungen des Gesamtdruckes mit der Konzentration bedingten Korrekturen sind dann klein, und es gilt in einem binären System mit T = const:

$$x^L_1 \frac{d \ln p_1}{d x^L_1} + x^L_2 \frac{d \ln p_2}{d x^L_1} = 0 \quad (4.6-27)$$

$$x^L_1 \frac{d \ln a^L_1}{d x^L_1} + x^L_2 \frac{d \ln a^L_2}{d x^L_1} = 0 \quad (4.6-28)$$

$$x^L_1 \frac{d \ln f^L_1}{d x^L_1} + x^L_2 \frac{d \ln f^L_2}{d x^L_1} = 0 \quad (4.6-29)$$

Thermodynamisch konsistente Meßdaten müssen diese Beziehungen innerhalb der experimentellen Fehler erfüllen; die Bedingungen sind notwendig aber nicht hinreichend.

Ein weiteres vielbenutztes Konsistenzkriterium wurde von REDLICH und HERINGTON vorgeschlagen. Man integriert für ein Zweistoffsystem die Beziehung

$$d\bar{G}^E = \left(\frac{\partial \bar{G}^E}{\partial x^L_1}\right)_{T,p} dx^L_1 = RT \ln \frac{f^L_1}{f^L_2}\, dx^L_1$$

zwischen den Grenzen $x^L_1 = 0$ und $x^L_1 = 1$. Das Integral ist null, da die Grenzen null sind ($\bar{G}^E_{x_1=0} = 0$; $\bar{G}^E_{x_1=1} = 0$), und man erhält bei Vernachlässigung einiger (meist unwesentlicher) Korrekturen

$$RT \int_{x^L_1=0}^{x^L_1=1} \ln \frac{f^L_1}{f^L_2}\, dx^L_1 = 0 \quad (4.6-30)$$

Das Integral wird am einfachsten graphisch als Fläche unter der Kurve $RT \ln (f^L_1/f^L_2) = f(x^L_1)$ ermittelt.

4.6.4. Azeotropie

Bei starken positiven oder negativen Abweichungen von der Idealität kann Azeotropie auftreten. In einem azeotropen Punkt haben die flüssige und die gasförmige Gleichgewichtsphase dieselbe Konzentration, unterscheiden sich jedoch (im Gegensatz zu einer kritischen Mischung) in allen anderen intensiven Eigenschaften. Nach dem 1. GIBBS-KONOWALOWschen Satz besitzen die isothermen $p(x^L_1)$- und $p(x^G_1)$-Kurven bzw. isobaren $T(x^L_1)$- und $T(x^G_1)$-Kurven in azeotropen Punkten Extremwerte; dabei entsprechen Maxima in den $p(x)$-Kurven Minima in den $T(x)$-Kurven und umgekehrt.

Bei *positiver Azeotropie* (Maximumdampfdruck- bzw. Minimumsiedeazeotrop) besitzen die $p(x)$-Isothermen Maxima (Abb. 4—9h), die $T(x)$-Isobaren Minima (Abb. 4—9i) und die $x^G_1(x^L_1)$-Gleichgewichtskurven (Abb. 4—9j) verlaufen S-förmig und schneiden die Winkelhalbierende bei x_{az}. Die Partialdruckkurven (Abb. 4—9h) zeigen, daß $p_{k,\,real} > p_{k,\,ideal}$ ist; daraus folgt, daß $f_k > 1$ (Abb. 4—9k) und $\bar{G}^E > 0$ (Abb. 4—9m) ist. Positive Azeotropie wird sehr häufig gefunden, z. B. bei Äthanol-H_2O, Äthanol-Benzol, CS_2-Aceton usw.

Bei *negativer Azeotropie* (Minimumdampfdruck- bzw. Maximumsiedeazeotrop) verlaufen die $p(x)$-Isothermen (Abb. 4—9 o) durch Minima, die $T(x)$-Isobaren (Abb. 4—9p) durch Maxima und die $x^G_1(x^L_1)$-Gleichgewichtskurven (Abb. 4—9q) zeigen einen S-förmigen Verlauf und schneiden die Winkelhalbierende bei x_{az}. Aus den Partialdruckkurven (Abb. 4—9o) folgt hier, daß $p_{k,\,real} < p_{k,\,ideal}$ und damit $f_k < 1$ (Abb. 4—9r) und $\bar{G}^E < 0$ (Abb. 4—9t) ist. Negative Azeotropie ist seltener als positive; sie tritt z. B. auf bei $HCl-H_2O$, Chloroform-Aceton usw.

Tausende von Systemen sind auf das Auftreten von Azeotropie untersucht worden (s. z. B. [F10], Bd. II 2a). In sehr seltenen Fällen wurde positive und negative Azeotropie im gleichen System gefunden, z. B. bei $C_6H_6 - C_6D_6$, $C_6H_6 - C_6F_6$.

Thermodynamisch wird ein Azeotrop durch die Bedingungen

$$x^G_{1,\,az} = x^L_{1,\,az} \qquad x^G_{2,\,az} = x^L_{2,\,az} \quad (4.6-31)$$

und

$$\alpha_{az} = \left(\frac{x^G_1}{x^L_1}\right)_{az} \cdot \left(\frac{x^L_2}{x^G_2}\right)_{az} = 1 \quad (4.6-32)$$

beschrieben.

Mit Gl. (4.6—23) folgt

$$\ln \alpha_{az} = \ln \left(\frac{f^L_1}{f^L_2}\right)_{az} + \ln \frac{p_{01}}{p_{02}} = 0 \quad (4.6-33)$$

$$\ln \left(\frac{f^L_1}{f^L_2}\right)_{az} = \ln \frac{p_{02}}{p_{01}} \quad (4.6-34)$$

Nach Gl. (4.6—34) liegt das Azeotrop am Schnittpunkt der $\ln (f^L_1/f^L_2) - (x^L_1)$- und $\ln (p_{02}/p_{01}) - (x^L_1)$-Kurve (s.

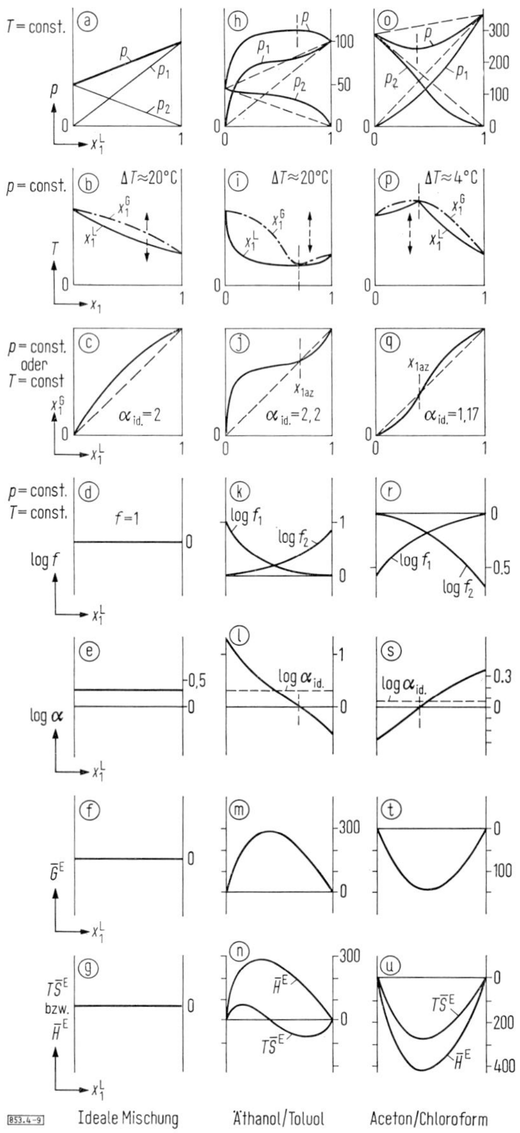

Abb. 4–9. Gas-Flüssig-Gleichgewichte und thermodynamische Funktionen von Zweistoffsystemen (nach RÖCK [E11])

Drucke in Torr; $\Delta T =$ Differenz der Siedetemperaturen der reinen Komponenten (entspricht der Länge der gestrichelten Pfeile in b, i und *p*); $\bar{G}^{\mathrm{E}}$, $\bar{H}^{\mathrm{E}}$ und $T\bar{S}^{\mathrm{E}}$ in cal/Mol)

a–g: ideales System ($\alpha_{\mathrm{id}} = p_{01}/p_{02} = 2$); *h–n*: positive Abweichungen von der Idealität (hier Äthanol(1)–Toluol(2) bei 35 °C entsprechend ca. 100 Torr); *o–u*: negative Abweichungen von der Idealität (hier Aceton (1)–Chloroform(2) bei 35 °C entsprechend ca. 300 Torr)

Typ 3 und 3′ in Abb. 4–10a); da die Druckabhängigkeit der Aktivitätskoeffizienten klein ist, kann ohne wesentliche Fehler die isotherme $\ln(f_1^{\mathrm{L}}/f_2^{\mathrm{L}})$ – (x_1^{L})-Kurve benutzt werden. Schneiden sich die Kurven nicht (Typ 1 und 1′), so wird kein Azeotrop gefunden. Typ 2 und 2′ entspricht einem Grenzfall, bei dem $x_{1,\mathrm{az}} = 0$ (Typ 2) bzw. $x_{1,\mathrm{az}} = 1$ (Typ 2′) ist; für den Typ 2′ ist in Abb. 4–10b schematisch das isotherme $P(x)$-Diagramm wiedergegeben.

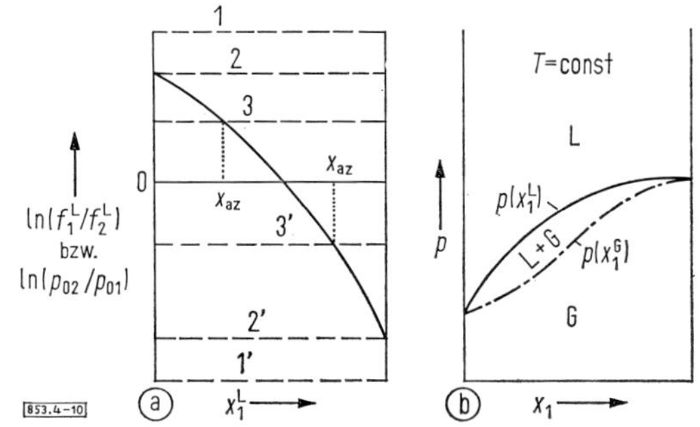

Abb. 4–10. Auftreten von Azeotropie (hier positive Azeotropie; vgl. [E11])

a ——— $= \ln(f_1^{\mathrm{L}}/f_2^{\mathrm{L}})$ gegen x_1^{L}; – – – $= \ln(p_{02}/p_{01})$ gegen x_1^{L}; Fall 1 und 1′: kein Azeotrop; Fall 2 bzw. 2′: Azeotrop bei $x_{1,\mathrm{az}} = 0$ bzw. $x_{1,\mathrm{az}} = 1$; Fall 3 und 3′ Azeotrop bei x_{az}

b $p(x)$-Diagramm für den Fall 2′ unter *a*

Aus Abb. 4–10a läßt sich direkt ablesen, daß das Auftreten eines Azeotrops um so wahrscheinlicher ist

a) je größer die Abweichungen des binären Systems 1–2 von der Idealität sind, d. h. je größer der Betrag der Steigung von ln $(f_1^{\mathrm{L}}/f_2^{\mathrm{L}})$ ist und

b) je ähnlicher p_{01} und p_{02} sind.

Für $p_{01} = p_{02}$, d. h. an einem Schnittpunkt der Dampfdruckkurven der reinen Komponenten (in der englischen Literatur oft als BANCROFT-point bezeichnet) genügen bereits kleinste Abweichungen von der Idealität für das Entstehen von Azeotropie; in diesem Fall existiert oft *beschränkte Azeotropie*, wobei Azeotrope nur in einem nach oben und unten begrenzten Temperatur- und Druckintervall auftreten. Bei *absoluter Azeotropie* werden Azeotrope im gesamten flüssigen Zustandsbereich zwischen Kristallisation und kritischen Zuständen gefunden.

Azeotrope Daten lassen sich leicht in Rektifikationskolonnen ermitteln: Bei positiver Azeotropie destilliert das Azeotrop am Kopf der Kolonne ab, bei negativer Azeotropie reichert es sich in der Destillationsblase an. Mischungen mit azeotroper Zusammensetzung verdampfen ohne Konzentrationsänderung. Die Möglichkeiten, Azeotrope trotzdem destillativ zu trennen, können anhand von Gl. (4.6–34) diskutiert werden. Man kann

a) ln (p_{02}/p_{01}) durch Erhöhung bzw. Erniedrigung des Gesamtdruckes (Überdruck- bzw. Vakuumdestillation) so verändern, daß Gl. (4.6–34) im Konzentrationsbereich $0 < x_1^{\mathrm{L}} < 1$ nicht erfüllt wird und kein Azeotrop mehr auftritt, z. B. bei Systemen mit beschränkter Azeotropie,

b) ln $(f_1^{\mathrm{L}}/f_2^{\mathrm{L}})$ durch Zugabe einer geeigneten Zusatzkomponente so beeinflussen, daß das Azeotrop verschwindet (extraktive Destillation), oder

c) eine geeignete Zusatzkomponente zusetzen, die mit einer der beiden Komponenten des Systems ein tiefersiedendes Azeotrop bildet, das destillativ abgetrennt werden kann (azeotrope Destillation).

Zu den thermodynamischen Grundlagen der extraktiven und azeotropen Destillation s. z. B. [E7], [E11]; zu deren Ausführung → Destillation, Bd. 2.

4.7. Flüssig-Fest-Gleichgewichte

Schmelzgleichgewichte zeigen eine große Vielfalt der Erscheinungsformen. Im folgenden sollen nur zwei idealisierte Grundtypen von Zweistoffsystemen besprochen werden: Die Komponenten 1 und 2 sind im flüssigen Zustand vollständig mischbar und bilden a) eine lückenlose Reihe von Mischkristallen (Abb. 4–11a) oder b) ein Eutektikum (Abb. 4–11b) (umfassende thermodynamische Behandlung s. z. B. [E4]).

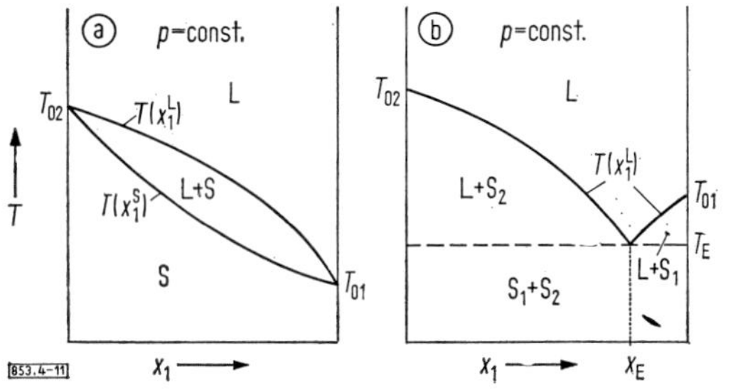

Abb. 4–11. $T(x)$-Schmelzdiagramm eines Zweistoffsystems

a bei lückenloser Mischkristallbildung; *b* bei völliger Unmischbarkeit in der festen Phase (sog. eutektisches System; T_E = eutektische Temperatur; x_E = eutektische Konzentration)

4.7.1. Bildung von Mischkristallen

Für das Phasengleichgewicht von Mischkristallen der Konzentration x_k^S mit einer flüssigen Mischung der Konzentration x_k^L (wo $k = 1{,}2$) gilt nach Gl. (1.5–11) und (3.3–3) bei konstantem Druck p

$$\mu_{0k}^S + RT \ln x_k^S f_k^S = \mu_{0k}^L + RT \ln x_k^L f_k^L \qquad (4.7-1)$$

Mit Gl. (1.3–12) ergibt sich nach Umformen

$$\ln \frac{x_k^L f_k^L}{x_k^S f_k^S} = -\frac{\Delta \bar{H}_{0k}}{R}\frac{1}{T} + \frac{\Delta \bar{S}_{0k}}{R} \qquad (4.7-2)$$

wobei $\Delta \bar{H}_{0k}$ die Schmelzenthalpie und $\Delta \bar{S}_{0k}$ die Schmelzentropie pro Mol der reinen Komponente k ist. Berücksichtigt man Gl. (4.3–2) und vernachlässigt die Temperaturabhängigkeit von $\Delta \bar{H}_{0k}$, so folgt aus (4.7–2)

$$\ln \frac{x_k^L f_k^L}{x_k^S f_k^S} = \frac{\Delta \bar{H}_{0k}}{R}\left(\frac{1}{T_{0k}} - \frac{1}{T}\right) \qquad (4.7-3)$$

wobei T_{0k} die Schmelztemperatur der reinen Komponente k beim vorgegebenen Druck ist. Bilden die Komponenten 1 und 2 in der flüssigen und/oder festen Phase jeweils ideale Mischungen, so ist in (4.7–3) $f_k^L = 1$ und/oder $f_k^S = 1$ zu setzen; Gl. (4.7–3) entspricht dann zwei Gleichungen (je eine für $k = 1$ und $k = 2$), aus denen z. B. für ein vorgegebenes x_1^L die entsprechende Gleichgewichtskonzentration x_1^S in der festen Phase und die zugehörige Gleichgewichtstemperatur T berechnet werden können (s. Abb. 4–11a).

4.7.2. Bildung eines Eutektikums

Sind die Komponenten 1 und 2 im festen Zustand völlig unmischbar (d. h. liegt ein eutektisches System vor), so ist in Gl. (4.7–3) $x_k^S = 1$ und $f_k^S = 1$ zu setzen, und es folgt

$$\ln x_k^L f_k^L = \frac{\Delta \bar{H}_{0k}}{R}\left(\frac{1}{T_{0k}} - \frac{1}{T}\right) \qquad (4.7-4)$$

Bilden die Komponenten zusätzlich in der flüssigen Phase eine ideale Mischung, so ist $f_k^L = 1$, und es resultiert

$$\ln x_{k,\,\text{ideal}}^L = \frac{\Delta \bar{H}_{0k}}{R}\left(\frac{1}{T_{0k}} - \frac{1}{T}\right) \qquad (4.7-5)$$

Für $k = 1$ bzw. $k = 2$ ergeben sich aus Gl. (4.7–5) die beiden Äste des isobaren $T(x)$-Schmelzdiagramms der Abb. 4–11b; am Schnittpunkt der beiden Kurvenäste liegt der eutektische Punkt. Das isobare $T(x)$-Schmelzdiagramm läßt sich also allein aus Eigenschaften der reinen Stoffe 1 und 2 ($\Delta \bar{H}_{01}$, $\Delta \bar{H}_{02}$, T_{01}, T_{02}) berechnen.

Vergleich von Gl. (4.7–4) und (4.7–5) erlaubt die Ermittlung des Aktivitätskoeffizienten f_k^L der Komponente k in der flüssigen Phase nach

$$f_k^L = \frac{x_{k,\,\text{ideal berechnet}}^L}{x_{k,\,\text{real gemessen}}^L} = \frac{\text{AC}}{\text{AB}} \qquad (4.7-6)$$

(s. Abb. 4–12).

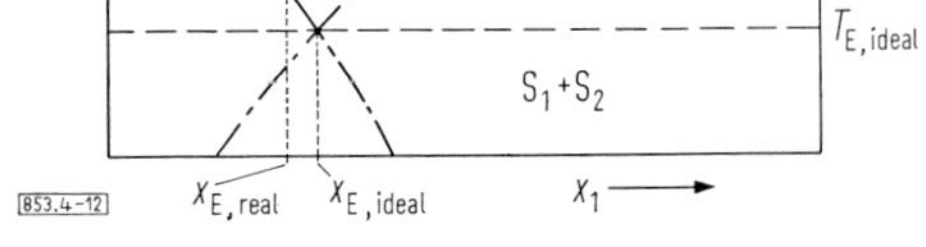

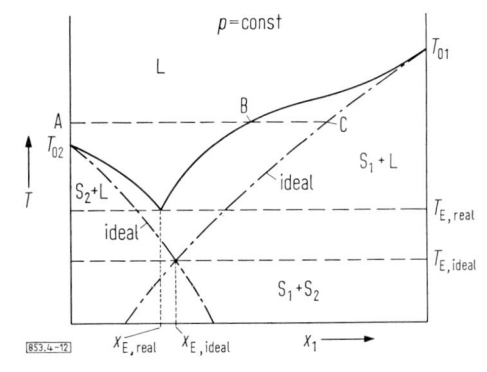

Abb. 4–12. $T(x)$-Schmelzdiagramm eines Zweistoffsystems für völlige Unmischbarkeit in der festen Phase (schematisch, vgl. Text)

——— = reale flüssige Phase; –·–·– = ideale flüssige Phase

Wegen des RAOULTschen Grenzgesetzes gilt Gl. (4.7–5) für $x_k^L \to 1$ auch bei realen Mischungen. Für $x_2^L \ll 1$ und $x_1^L \to 1$ (wo 1 = Lösungsmittel, 2 = gelöster

Stoff) folgt dann wegen $\ln x_1^L = \ln(1 - x_2^L) \approx - x_2^L$ und $T \approx T_{01}$ aus (4.7−5)

$$\Delta T \equiv T_{01} - T = \frac{RT_{01}^2}{\Delta \bar{H}_{01}} x_2^L \qquad (4.7-7)$$

d. h. die Erniedrigung der Schmelztemperatur der Mischung gegenüber der Schmelztemperatur des reinen Lösungsmittels 1 ist proportional dem Molenbruch der gelösten Komponente 2. Gl. (4.7−7) wird in der Kryoskopie zur Bestimmung unbekannter Molmassen (hier von M_2) verwendet. Ähnliche Ansätze werden bei der Reinheitskontrolle von Substanzen durch thermische Analyse benutzt.

4.8. Flüssig-Flüssig-Gleichgewichte

Auch beim Gleichgewicht von zwei flüssigen Phasen (′, ″) geht die thermodynamische Beschreibung von Gl. (1.5−11) aus. Mit Beziehung (3.3−1) ergibt sich

$$\mu'_{0k} + RT \ln a'_k = \mu''_{0k} + RT \ln a''_k \qquad (4.8-1)$$

Da $\mu'_{0k} = \mu''_{0k}$ ist, folgt mit Gl. (3.3−2)

$$a'_k = a''_k \quad \text{bzw.} \quad x'_k f'_k = x''_k f''_k \qquad (4.8-2)$$

Beziehung (4.8−2) kann zur Bestimmung von Aktivitätskoeffizienten und damit von thermodynamischen Funktionen benutzt werden. Besonders interessant ist der Fall sehr geringer gegenseitiger Löslichkeit der Komponenten, z. B. von Kohlenwasserstoffen (KW) und H_2O. Für die wasserreiche Phase ′ (wo $x'_{H_2O} \approx 1$; $f'_{H_2O} \approx 1$) folgt aus Gl. (4.8−2) $f'_{KW} \approx 1/x'_{KW}$ und für die KW-reiche Phase ″ ($x''_{KW} \approx 1$; $f''_{KW} \approx 1$) $f''_{H_2O} \approx 1/x''_{H_2O}$.
Steht zusätzlich noch eine ideale Gasphase G im Gleichgewicht mit den beiden flüssigen Phasen ′ und ″, so läßt sich der Partialdruck des Wassers über beiden Phasen leicht durch Anwendung der Gl. (4.6−4) auf die Phase ′ (wo $x'_{H_2O} \approx 1$; $f'_{H_2O} \approx 1$) zu $p_{H_2O} \approx p_{0H_2O}$ berechnen; völlig analog ergibt sich durch Anwendung der Gl. (4.6−4) auf die Phase ″ $p_{KW} \approx p_{0KW}$. Für den Totaldruck p folgt

$$p = p_{H_2O} + p_{KW} \approx p_{0H_2O} + p_{0KW} \qquad (4.8-3)$$

Gl. (4.8−3) ist wichtig für die Wasserdampfdestillation. Hochsiedende Substanzen k, die sich bei Normaldruck nicht unzersetzt destillieren lassen, jedoch praktisch unlöslich in Wasser sind, können u. U. mit Wasserdampf von nichtflüchtigen Verunreinigungen abgetrennt werden. Für den Molenbruch der schwerflüchtigen Komponente in der Gasphase gilt nach (3.1−5) bei $p_{0k} \ll p_{0H_2O}$ $x_k^G \approx p_{0k}/p_{0H_2O}$.

Gl. (4.8−2) kann auch auf eine Substanz k angewendet werden, die zwischen zwei flüssigen Phasen ′ und ″ verteilt ist. Für sehr kleine Konzentrationen der Komponente k (d. h. für $x'_k \to 0$ und $x''_k \to 0$) gilt

$$\frac{x''_k}{x'_k} = \frac{\lim\limits_{x'_k \to 0} f'_k}{\lim\limits_{x''_k \to 0} f''_k} = \text{const}(T) \qquad (4.8-4)$$

Das Verhältnis der Grenzaktivitätskoeffizienten der Substanz k in den beiden flüssigen Gleichgewichtsphasen hängt bei konstantem Druck nur von der Temperatur ab. Da ferner bei kleinen Konzentrationen an Stoff k der Molenbruch x_k proportional der molaren Konzentration c_k in Mol/l ist, folgt aus (4.8−4) für $x_k \to 0$

$$\frac{x''_k}{x'_k} \sim \frac{c''_k}{c'_k} = k(T) \qquad (4.8-5)$$

Die Konstante $k(T)$ in Gl. (4.8−5) wird als NERNST*scher Verteilungsquotient* bezeichnet; er ist von grundsätzlicher Bedeutung für die Flüssig-Flüssig-Extraktion und -Verteilungschromatographie.

Benutzt man statt der Normierung auf den reinen Stoff k wie in Gl. (4.8−1) die in (3.2−21) eingeführte Normierung auf die ideal verdünnte Lösung, dann gilt für $x_k \to 0$

$$\mu'_k = \mu_k^{*\prime} + RT \ln x'_k = \mu''_k = \mu_k^{*\prime\prime} + RT \ln x''_k$$

bzw.

$$\frac{x''_k}{x'_k} = e^{-(\mu_k^{*\prime\prime} - \mu_k^{*\prime})/RT} = \text{const}(T) \qquad (4.8-6)$$

$\mu_k^{*\prime}$ und $\mu_k^{*\prime\prime}$ sind verschieden und hängen bei konstantem Druck nur von der Temperatur ab; damit folgt aus (4.8−6) wieder (4.8−5). Beide Darstellungen sind einander vollständig äquivalent. Weiterführende thermodynamische Beschreibung von Flüssig-Flüssig-Gleichgewichten (bes. der kritischen Erscheinungen und der Druckabhängigkeit) s. [A3], [A7], [C3], [G9]; Zahlenwerte s. [F10]−[F13].

4.9. Osmose

Bringt man die Lösung einer Substanz 2 in einem Lösungsmittel 1 (Systemteil ″) über eine Membrane, die undurchlässig für Stoff 2, jedoch durchlässig für Stoff 1 ist, in Kontakt mit dem reinen Lösungsmittel 1 (Systemteil ′), so bleibt die Gleichgewichtsbedingung (1.5−9) unverändert erhalten, während Gl. (1.5−11) nur für den Stoff 1 gilt und $p' \neq p''$ ist. Da das chemische Potential μ_1 der Komponente 1 in der Lösung (Molenbruch $x_1 = 1 - x_2$) gegenüber dem reinen Lösungsmittel erniedrigt ist, kann Gl. (1.5−11) für Stoff 1 nur dadurch erfüllt werden, daß sich in der Lösung statt des Druckes p der Druck $p + \pi$ einstellt; π wird als osmotischer Druck bezeichnet. Mit Gl. (1.3−15) für die Druckabhängigkeit von μ_1 ergibt sich dann nach Einstellung des osmotischen Gleichgewichtes

$$\mu_{01}(T, p) = \mu_1(T, p + \pi, x_1) = \mu_1(T, p, x_1) + \int_p^{p+\pi} V_1 \, dp \qquad (4.9-1)$$

Nimmt man zusätzlich an, daß Stoff 2 in sehr verdünnter Lösung vorliegt (d. h. $x_2 \ll 1$), so gilt für Stoff 1 Gl. (3.3−3) mit $f_1 = 1$; nach Beziehung (1.4−4a) ist gleichzeitig $V_1 \approx \bar{V}_{01}$. Mit der Annahme, daß $\bar{V}_{01}$ druckunabhängig ist (bzw. bei Verwendung eines Mittelwertes von $\bar{V}_{01}$ im Druckbereich zwischen p und $p + \pi$) ergibt sich dann aus Gl. (4.9−1)

$$\pi = -\frac{RT}{\bar{V}_{01}} \ln x_1 = -\frac{RT}{\bar{V}_{01}} \ln(1 - x_2) \qquad (4.9-2)$$

Für sehr kleine Konzentrationen an Stoff 2 ist $\ln x_1 = \ln(1-x_2) \approx -x_2$ und $c_2 \approx x_2/\bar{V}_{01}$ (wo c die molare Konzentration in Mol/Volumen ist); damit ergibt sich aus (4.9−2)

$$\pi = RTc_2 \qquad (4.9-3)$$

Ausführliche Diskussion der verschiedenen Näherungen sowie historische Bedeutung und moderne Anwendungen s. z. B. [G10].

4.10. Phasengleichgewichte in *N*-Komponentensystemen

Viele Beziehungen der Abschn. 4.1−4.9 gelten allgemein für *N*-Komponentensysteme, z. B. die allgemeinen Bedingungen für Phasengleichgewicht (4.1−1) −(4.1−5), das GIBBSsche Phasengesetz (4.2−1), die Bedingungen für Gas-Flüssig-Gleichgewichte (4.6−1) −(4.6−5), die Grenzgesetze (4.6−10)−(4.6−13) unter Beachtung der dort angegebenen Einschränkungen, der Ausdruck für den Aktivitätskoeffizienten (4.6−25), sowie die Bedingungen für Flüssig-Fest-Gleichgewichte (4.7−1)−(4.7−5) und Flüssig-Flüssig-Gleichgewichte (4.8−1), (4.8−2), (4.8−4) und (4.8−5).

Für eine eingehende phasentheoretische und thermodynamische Behandlung der Phasengleichgewichte in *N*-Komponentensystemen muß auf die Literatur verwiesen werden, s. z. B. [A3], [A7], [E3], [E5], [E7], [E8], [E10]−[E15], [E19], [E20].

5. Chemische Gleichgewichte

Die Thermodynamik erlaubt nicht nur Aussagen über die Lage eines chemischen Gleichgewichtes, sondern auch über seine Abhängigkeit von Temperatur, Druck, Konzentrationen der Reaktionspartner und gegebenenfalls anderen Größen (z. B. Feldern). Die Frage, ob sich ein chemisches Gleichgewicht wirklich in meßbarer Zeit einstellt bzw. wie schnell es erreicht wird, läßt sich aus der Thermodynamik jedoch nicht beantworten (s. Reaktionskinetik).

5.1. Thermodynamische Bedingungen für Reaktionsgleichgewicht

Betrachtet man im allgemeinsten Fall eine chemische Reaktion zwischen den Stoffen A, B, C und D gemäß der Reaktionsgleichung

$$\nu_A A + \nu_B B \leftrightarrow \nu_C C + \nu_D D \qquad (5.1-1)$$

wo $\nu_A, \ldots, \nu_D$ die stöchiometrischen Koeffizienten sind, so wird der Gleichgewichtszustand für festgelegte Werte von Druck und Temperatur nach Gl. (1.5−5) dann erreicht sein, wenn die Zusammensetzung des Reaktionsgemisches dem kleinstmöglichen Wert der Freien Enthalpie G entspricht. Dabei müssen die Molzahländerungen dn_k der Reaktionspartner in einem bestimmten Verhältnis stehen, es gilt

$$-\frac{dn_A}{\nu_A} = -\frac{dn_B}{\nu_B} = \frac{dn_C}{\nu_C} = \frac{dn_D}{\nu_D} \equiv d\xi \qquad (5.1-2)$$

Die durch Gl. (5.1−2) definierte Größe ξ $(0 < \xi < 1)$ wird als *Reaktionslaufzahl* bezeichnet; sie beschreibt den Stoffumsatz bei einer Reaktion quantitativ und wird auch in der Thermodynamik der irreversiblen Prozesse viel benutzt.

Für (5.1−1) ergibt sich dann aus

$$dG = \sum_k \mu_k dn_k = \mu_A dn_A + \mu_B dn_B + \mu_C dn_C + \mu_D dn_D \qquad (5.1-3)$$

mit Gl. (5.1−2) die Gleichgewichtsbeziehung

$$dG = (-\nu_A\mu_A - \nu_B\mu_B + \nu_C\mu_C + \nu_D\mu_D)\left(-\frac{dn_A}{\nu_A}\right) = 0 \qquad (5.1-4)$$

Als Bedingung für das gesuchte Minimum von G und damit für den Gleichgewichtszustand resultiert aus Gl. (5.1−4) für $T = \text{const}$ und $p = \text{const}$

$$\nu_C\mu_C + \nu_D\mu_D - \nu_A\mu_A - \nu_B\mu_B = 0$$

bzw. allgemein

$$\sum_k \nu_k\mu_k = 0 \qquad (5.1-5)$$

In Gl. (5.1−5) sind bei der Summierung über alle Reaktionspartner k die Reaktionsprodukte (d. h. in der Schreibweise von Gl. (5.1−1) die Stoffe auf der rechten Seite der Reaktionsgleichung) positiv (d. h. $\nu_k > 0$), die Ausgangsstoffe (d. h. die Stoffe auf der linken Seite der Reaktionsgleichung) jedoch negativ (d. h. $\nu_k < 0$) zu zählen.

Die Beziehung (5.1−5) stellt die allgemeinste Form der Bedingung für chemisches Gleichgewicht im Fall einer einzigen Reaktion dar. Sie gilt für jeden Aggregatzustand und auch für Reaktionen zwischen Stoffen mit verschiedenen Aggregatzuständen.

Die Abweichung der Summe (5.1−5) von ihrem Gleichgewichtswert heißt nach DE DONDER Affinität A der Reaktion

$$A \equiv -\sum_k \nu_k\mu_k \qquad (5.1-6)$$

Sie ist ein Maß für die Triebkraft, mit der die chemische Reaktion ihrer Gleichgewichtslage zustrebt; sie spielt eine grundlegende Rolle in der Thermodynamik der irreversiblen Prozesse (s. [A8], [D3]).

Laufen in einem System mehrere (etwa r) voneinander unabhängige Reaktionen gleichzeitig ab (Simultanreaktionen), so gelten die Beziehungen (5.1−5) und (5.1−6) für jede Reaktion r einzeln, d. h. es existieren r Gleichgewichtsbedingungen von der Form

$$A_r = -\sum_k \nu_{kr}\mu_k = 0 \qquad (5.1-7)$$

Bei komplexen Reaktionen (z. B. Crackprozessen) ist es oft schwierig, die unabhängigen Reaktionsgleichungen anzugeben. Zu beachten ist, daß die Reaktionsgleichungen nur die Stöchiometrie des Systems beschreiben, im allg. jedoch nicht den reaktionskinetisch signifikanten Reaktionsschritten entsprechen (eine einfache Methode zur Bestimmung der unabhängigen Reaktionsgleichungen s. [A 1]).

5.2. Homogene Gasgleichgewichte

Am einfachsten lassen sich Reaktionsgleichgewichte in idealen Gasmischungen thermodynamisch beschreiben. Hierzu ist in Gl. (5.1 – 5) das chemische Potential μ_k der gasförmigen Komponente k gemäß Gl. (3.1 – 10) einzusetzen:

$$\sum_k \nu_k \mu_{0k}^0 = -RT \sum_k \nu_k \ln p_k = -RT \sum_k \ln p_k^{\nu_k} = = -RT \ln \prod_k p_k^{\nu_k} \qquad (5.2-1)$$

Hier und im folgenden ist Π das mathematische Symbol für Produktbildung.

Führt man in Gl. (5.2 – 1) die Abkürzungen

$$\prod_k p_k^{\nu_k} \equiv K_p \qquad (5.2-2)$$

und

$$\sum_k \nu_k \mu_{0k}^0 \equiv \Delta G^0 \qquad (5.2-3)$$

ein, so läßt sich Gl. (5.2 – 1) in der Form

$$-RT \ln K_p = \Delta G^0 \qquad (5.2-4)$$

oder

$$K_p = e^{-\frac{\Delta G^0}{RT}} \qquad (5.2-5)$$

schreiben. Für eine Reaktionsgleichung der Fom (5.1 – 1) lauten die Beziehungen (5.2 – 2) – (5.2 – 5) explizit ausgeschrieben

$$\Delta G^0 \equiv \nu_C \mu_{0C}^0 + \nu_D \mu_{0D}^0 - \nu_A \mu_{0A}^0 - \nu_B \mu_{0B}^0 \qquad (5.2-6)$$

$$K_p = \frac{p_C^{\nu_C} p_D^{\nu_D}}{p_A^{\nu_A} p_B^{\nu_B}} = e^{-\frac{\Delta G^0}{RT}} \qquad (5.2-7)$$

K_p wird als Gleichgewichtskonstante (hier bezogen auf die Partialdrucke) bezeichnet. ΔG^0 ist die Freie Reaktionsenthalpie beim Standarddruck (in der Regel 1 atm); sie ist gleich der Differenz der Freien Enthalpien der unvermischten reinen Reaktionsprodukte und der Ausgangsstoffe bei der Temperatur T und beim Standarddruck und kann daher aus den molaren Freien Enthalpien der reinen Reaktionspartner mit $\mu_{0k} = \bar{G}_{0k}$ berechnet werden. Da nach Gl. (5.2 – 3) bzw. (5.2 – 6) ΔG^0 nur von der Temperatur abhängt, ist auch K_p nur eine Funktion der Temperatur und hängt z. B. nicht vom Totaldruck oder von den Konzentrationen der Reaktionspartner ab.

Bei Verwendung anderer Konzentrationsmaße, z. B. der molaren Konzentrationen c_k (in Mol/l) oder der Molenbrüche x_k ergeben sich die durch Gl. (5.2 – 8) und (5.2 – 9) definierten Gleichgewichtskonstanten K_c und K_x

$$K_c \equiv \prod_k c_k^{\nu_k} \qquad (5.2-8)$$

$$K_x = \prod_k x_k^{\nu_k} \qquad (5.2-9)$$

Mit den Beziehungen (3.1 – 5) und (3.1 – 7) folgt aus Gl. (5.2 – 2) für eine chemisch reagierende Mischung idealer Gase

$$K_c = K_p (RT)^{-\sum_k \nu_k} \qquad (5.2-10)$$

und

$$K_x = K_p\, p^{-\sum_k \nu_k} \qquad (5.2-11)$$

Nach Gl. (5.2 – 10) ist K_c wie K_p nur temperaturabhängig, während K_x für Reaktionen mit Molzahländerung (d. h. $\sum_k \nu_k \neq 0$) sowohl von der Temperatur als auch vom Druck abhängt. Während für die Darstellung der Gleichgewichtsverhältnisse in Gasmischungen am besten K_p geeignet ist, werden chemische Gleichgewichte in kondensierten Phasen zweckmäßigerweise durch K_c oder K_x beschrieben; ihre Druckabhängigkeit ist in kondensierten Phasen gering.

Bei chemischen Reaktionen nicht idealer Gase ist in die Gleichgewichtsbedingung (5.1 – 5) das chemische Potential μ_k der gasförmigen Komponente k nach Gl. (3.1 – 12) einzusetzen. Da sich viele Gase und Gasmischungen bei 1 atm bereits nahezu ideal verhalten, ist $\mu_k(p_k^* = 1) \approx \mu_{0k}^0$. Mit der Abkürzung

$$K_{p^*} = \prod_k p_k^{*\nu_k} \qquad (5.2-12)$$

folgt dann aus Gl. (5.1 – 5)

$$-RT \ln K_{p^*} \approx \sum_k \nu_k \mu_{0k}^0 = \Delta G^0 \qquad (5.2-13)$$

Gemäß Gl. (5.2 – 13) hängt K_{p^*} nur von der Temperatur ab, während K_p für nichtideale Gase zusätzlich vom Druck abhängen würde. Bei starken Abweichungen von der Idealität (z. B. bei Hochdrucksynthesen) kann der Unterschied zwischen K_{p^*} und K_p wichtig werden (s. Abschn. 3.1).

5.3. Temperaturabhängigkeit von K_p

Aus Gl. (5.2 – 4) ergibt sich unter Benutzung der Gl. (1.3 – 12)

$$\ln K_p(T) = -\frac{\Delta H_T^0}{R} \frac{1}{T} + \frac{\Delta S_T^0}{R} \qquad (5.3-1)$$

Hier sind ΔH_T^0 und ΔS_T^0 analog zu ΔG_T^0 definiert durch

$$\Delta H_T^0 \equiv \sum_k \nu_k \bar{H}_{0k}^0(T) \qquad (5.3-2)$$

und

$$\Delta S_T^0 \equiv \sum_k \nu_k \bar{S}_{0k}^0(T) \qquad (5.3-3)$$

Für die weitere Ableitung ist noch die Abkürzung

$$\Delta C_p^0(T) = \sum_k \nu_k \bar{C}_{p0k}^0(T) \qquad (5.3-4)$$

wichtig. Hier sind $\bar{H}_{0k}^0(T)$, $\bar{S}_{0k}^0(T)$ und $\bar{C}_{p0k}^0(T)$ die molare Enthalpie, Entropie und Wärmekapazität der reinen Komponente k bei der Temperatur T und beim Standarddruck $p = 1$ atm. Auch in Gl. (5.3−2) bis (5.3−4) gilt $\nu_k > 0$ für die Reaktionsprodukte und $\nu_k < 0$ für die Ausgangsstoffe.

Aus Gl. (1.2−20) ergibt sich mit den Definitionen (5.3−2) und (5.3−4)

$$\frac{\mathrm{d}\,\Delta H^0}{\mathrm{d}T} = \sum_k \nu_k \bar{C}_{p0k}^0 = \Delta C_p^0(T) \qquad (5.3-5)$$

Gl. (5.3−5) wird als KIRCHHOFF*scher Satz* bezeichnet. Durch Integration folgt

$$\Delta H_T^0 = \Delta H_{298}^0 + \int_{298}^{T} \Delta C_p^0(T)\,\mathrm{d}T \qquad (5.3-6)$$

Entsprechend ergibt sich aus Gl. (2.1−7) mit (5.3−3) und (5.3−4)

$$\Delta S_T^0 = \Delta S_{298}^0 + \int_{298}^{T} \frac{\Delta C_p^0}{T}\,\mathrm{d}T \qquad (5.3-7)$$

Die Beziehungen (5.3−6) und (5.3−7) gelten nur, wenn die Reaktionspartner bei 298 K denselben Aggregatzustand besitzen wie bei der Temperatur T (Berücksichtigung von Phasenumwandlungen s. Abschn. 2.3).

Einsetzen der Gl. (5.3−6) und (5.3−7) in (5.3−1) führt zu

$$\ln K_p(T) = -\frac{\Delta H_{298}^0 + \int_{298}^{T} \Delta C_p^0(T)\,\mathrm{d}T}{R}\,\frac{1}{T} + \frac{\Delta S_{298}^0 + \int_{298}^{T} (\Delta C_p^0(T)/T)\,\mathrm{d}T}{R} \qquad (5.3-8)$$

Aus Gl. (5.3−8) läßt sich K_p für jede Temperatur berechnen, wenn die $\bar{H}_{298}^0$- und $\bar{S}_{298}^0$-Werte sowie die $\bar{C}_p^0(T)$-Werte zwischen 298 K und der Temperatur T für alle Reaktionspartner bekannt sind.

Für $T = 298$ K gilt exakt

$$\ln K_p(298) = -\frac{\Delta H_{298}^0}{R}\,\frac{1}{298} + \frac{\Delta S_{298}^0}{R} \qquad (5.3-9)$$

Für $T \neq 298$ K werden verschiedene Näherungen benutzt:

1. Näherung: $\Delta C_p^0 = 0$, d. h. im Rahmen dieser Näherung werden die ΔH^0- und ΔS^0-Werte als temperaturunabhängig angesehen. Aus Gl. (5.3−8) folgt

$$\ln K_p(T) = -\frac{\Delta H_{298}^0}{R}\,\frac{1}{T} + \frac{\Delta S_{298}^0}{R} \qquad (5.3-10)$$

Bei Temperaturen weit entfernt von 298 K erhält man eine bessere Darstellung, wenn man statt ΔH_{298}^0 bzw. ΔS_{298}^0 temperaturunabhängige Mittelwerte dieser Größen im betreffenden Temperaturbereich einsetzt. Im Rahmen der Gültigkeit der Gl. (5.3−10) stellt die Kurve $\ln K_p = f(1/T)$ eine Gerade dar, aus deren Steigung bzw. Ordinatenabschnitt sich ΔH^0 bzw. ΔS^0 ermitteln lassen.

2. Näherung: $\Delta C_p^0 = a \neq f(T)$. Damit ergibt sich aus Gl. (5.3−8) durch Integration

$$\ln K_p(T) = -\frac{\Delta H_{298}^0}{R}\,\frac{1}{T} + \frac{\Delta S_{298}^0}{R} + \frac{a}{R}\left[\ln\frac{T}{298} + \frac{298}{T} - 1\right] \qquad (5.3-11)$$

Diese Näherung erlaubt eine gute Darstellung auch über größere Temperaturbereiche und berücksichtigt in einem gewissen Grade die Temperaturabhängigkeit von ΔH^0 und ΔS^0.

3. Näherung: $\Delta C_p^0 = f(T)$. Diese Näherung berücksichtigt das Ansteigen von $\bar{C}_p^0$ mit wachsender Temperatur aufgrund der zunehmenden Anregung der Schwingungsfreiheitsgrade der Moleküle. In der Praxis benutzt man entweder

a) in verschiedenen Temperaturbereichen jeweils verschiedene, aber konstante ΔC_p^0-Werte,

b) analytische Ansätze für die $\bar{C}_p^0$-Werte der reinen Reaktionspartner z. B. Potenzreihen in der Form

$$\bar{C}_p^0 = a + bT + cT^2 + \mathrm{d}T^3 + \ldots \qquad (5.3-12)$$

Verhält sich die Gasphase nicht ideal, so kann in Gl. (5.3−1) und (5.3−8)−(5.3−11) K_p durch K_{p*} ersetzt werden; da Gasmischungen beim Standarddruck von 1 atm in der Regel bereits ausreichend ideal sind, brauchen sonst keine Änderungen berücksichtigt zu werden.

Die Gleichgewichtskonstante K_p in Abhängigkeit von der Temperatur läßt sich auch durch Integration der Beziehungen

$$\frac{\mathrm{d}\ln K_p}{\mathrm{d}T} = \frac{\Delta H^0}{RT^2} \qquad (5.3-13)$$

bzw.

$$\frac{\mathrm{d}\ln K_p}{\mathrm{d}(1/T)} = -\frac{\Delta H^0}{R} \qquad (5.3-14)$$

gewinnen, die sich aus Gl. (5.2−4) durch Differentiation unter Benutzung der Gl. (1.3−24) ergeben. Aus Gl. (5.3−13) folgt, daß K_p mit steigender Temperatur größer bzw. kleiner wird (d. h. daß sich die Gleichgewichtslage zugunsten bzw. ungunsten der Reaktionsprodukte verschiebt), wenn $\Delta H^0 > 0$ (d. h. endotherme Bildung der Reaktionsprodukte) bzw. $\Delta H^0 < 0$ (d. h. exotherme Bildung der Reaktionsprodukte). Daraus folgt, daß sich für eine exotherme Reaktion bei Temperatursteigerung (etwa zur Erzielung einer schnelleren Gleichgewichtseinstellung) die Ausbeute verschlechtert, so daß man zur Beschleunigung katalysieren muß. Bei endothermen Reaktionen genügt dagegen Aufheizen.

5.4. Heterogene Gasgleichgewichte

Treten bei einer chemischen Reaktion n gasförmige $(1, \ldots, n)$ und $N-n$ kondensierte $(n+1, \ldots, N)$ Reaktionspartner auf, so zerfällt die Gl. (5.1−5) in zwei Teilsummen

$$\left(\sum_{k=1}^{n} \nu_k \mu_k\right)^{\text{gasf}} + \left(\sum_{k=n+1}^{N} \nu_k \mu_k\right)^{\text{kond}} = 0 \qquad (5.4-1)$$

Nimmt man an, daß die gasförmigen Komponenten eine ideale Gasmischung bilden, so läßt sich die erste Teilsumme wie in Abschnitt 5.2 angegeben, behandeln, und es folgt

$$RT \ln\left(\prod_{k=1}^{n} p_k^{\nu_k}\right)^{\text{gasf}} + \left(\sum_{k=1}^{n} \nu_k \mu_{0k}^{0}\right)^{\text{gasf}} + \\ + \left(\sum_{k=n+1}^{N} \nu_k \mu_k\right)^{\text{kond}} = 0 \qquad (5.4-2)$$

Bei Gl. (5.4−2) ist noch nicht festgelegt, ob die kondensierten Reaktionspartner in reiner Form oder als Mischung vorliegen. Liegen sie in reiner Form vor, etwa als feste Stoffe, die miteinander völlig unmischbar sind (z. B. $CaCO_3$ und CaO neben CO_2 beim Kalkbrennen) oder als reine Flüssigkeit (sofern man die Löslichkeit der Gasphase in der flüssigen Phase vernachlässigen darf), dann ist $\mu_k^p(T)^{\text{kond}} = \mu_{0k}^p(T)^{\text{kond}}$. Vernachlässigt man weiterhin die Druckabhängigkeit von $\mu_{0k}(T)^{\text{kond}}$ (d. h. $\mu_{0k}^p(T)^{\text{kond}} \approx \mu_{0k}^0(T)^{\text{kond}}$), so folgt

$$RT \ln\left(\prod_{k=1}^{n} p_k^{\nu_k}\right)^{\text{gasf}} + \left(\sum_{k=1}^{n} \nu_k \mu_{0k}^{0}\right)^{\text{gasf}} + \\ + \left(\sum_{k=n+1}^{N} \nu_k \mu_{0k}^{0}\right)^{\text{kond}} = 0 \qquad (5.4-3)$$

Mit den Abkürzungen

$$\left(\prod_{k=1}^{n} p_k^{\nu_k}\right)^{\text{gasf}} \equiv K_p' \qquad (5.4-4)$$

und

$$\left(\sum_{k=1}^{n} \nu_k \mu_{0k}^{0}\right)^{\text{gasf}} + \left(\sum_{k=n+1}^{N} \nu_k \mu_{0k}^{0}\right)^{\text{kond}} \equiv \Delta G_T^0 \qquad (5.4-5)$$

ergibt sich dann aus (5.4−3) formal wieder die für chemische Gleichgewichte in idealen Gasmischungen gültige Beziehung

$$-RT \ln K_p' = \Delta G_T^0 = \Delta H_T^0 - T \Delta S_T^0 \qquad (5.4-6)$$

Jedoch ist darauf zu achten, daß in K_p' nur die gasförmigen Komponenten eingehen, in ΔG_T^0, ΔH_T^0 und ΔS_T^0 dagegen sowohl die reinen gasförmigen als auch die reinen kondensierten Reaktionspartner zu berücksichtigen sind. Da auf der rechten Seite von Gl. (5.4−6) nur Eigenschaften der reinen Komponenten beim Standarddruck vorkommen, ist K_p' nur temperaturabhängig. Bei nicht idealer Gasphase sind in Gl. (5.4−2)−(5.4−4) die Partialdrucke p_k durch die Fugazitäten p_k^* und K_p' in den Gl. (5.4−4) und (5.4−6) durch K_{p*}' zu ersetzen.

Bilden die kondensierten Reaktionspartner jedoch flüssige und/oder feste Mischungen, so geht die jeweilige Konzentrationsabhängigkeit des chemischen Potentials der kondensierten Komponenten in die Gl. (5.4−2) ein, wodurch K_p' auch bei idealer Gasphase konzentrationsabhängig wird.

5.5. Reaktionsgleichgewichte in flüssigen Lösungen

Auch die Behandlung von Reaktionen, die in homogenen flüssigen Lösungen ablaufen, geht von der Gleichgewichtsbedingung (5.1−5) aus. Mit Gl. (3.3−1) und (3.3−3) folgt aus Gl. (5.1−5)

$$-RT\sum_{k=1}^{N} \nu_k \ln a_k = -RT\sum_{k=1}^{N} \ln a_k^{\nu_k} = \sum_{k=1}^{N} \nu_k \mu_{0k}(T, p) \qquad (5.5-1)$$

Mit den Abkürzungen

$$\prod_{k=1}^{N} a_k^{\nu_k} = \prod_{k=1}^{N} x_k^{\nu_k} f_k^{\nu_k} \equiv K_a \qquad (5.5-2)$$

und

$$\sum_{k=1}^{N} \nu_k \mu_{0k}(T, p) = \Delta G_T^p \qquad (5.5-3)$$

läßt sich Gl. (5.5−1) in der Form

$$-RT \ln K_a = \Delta G_T^p \qquad (5.5-4)$$

schreiben.

Für die Temperaturabhängigkeit von K_a gilt analog zu Gl. (5.3−13)

$$\left(\frac{\partial \ln K_a}{\partial T}\right)_p = \frac{\Delta H_T^p}{RT^2} \qquad (5.5-5)$$

und für die Druckabhängigkeit

$$\left(\frac{\partial \ln K_a}{\partial p}\right)_T = -\frac{\Delta V_T^p}{RT} \qquad (5.5-6)$$

wo ΔH und ΔV analog zu Gl. (5.5−3) gegeben sind durch

$$\Delta H \equiv \sum_{k=1}^{N} \nu_k \bar{H}_{0k} \qquad (5.5-7)$$

und

$$\Delta V \equiv \sum_{k=1}^{N} \nu_k \bar{V}_{0k} \qquad (5.5-8)$$

Da die Molvolumina von kondensierten Stoffen klein sind, ist ΔV_T^p klein und die Druckabhängigkeit von K_a nach (5.5−6) ebenfalls klein. Verhalten sich die Reaktionspartner in der Lösung ideal, so ist in den Beziehungen (5.5−1) und (5.5−2) $f_k = 1$ für alle Konzentrationen, Temperaturen und Drucke, und K_a kann durch K_x nach Gl. (5.2−9) ersetzt werden. Chemische Gleichgewichte in idealen flüssigen Lösungen können also berechnet werden, wenn $\bar{G}_{0k}$ (bzw. $\bar{H}_{0k}$ und $\bar{S}_{0k}$) aller reinen flüssigen Reaktionspartner k bei der Temperatur T und beim Druck p bekannt sind.

Für die Normierung auf den ideal verdünnten Zustand ergibt sich aus (5.1 – 5) und mit Gl. (3.3 – 4) bei Verwendung des Molenbruches x_k

$$-RT \ln \prod_{k=1}^{N} x_k^{\nu_k} (f_k^{\mathrm{H}})^{\nu_k} = \sum_{k=1}^{N} \nu_k \mu_k^* (T, p) \qquad (5.5-9)$$

oder mit

$$\mu_{k(c)} = \mu_{k(c)}^* (T, p) + RT \ln c_k f_{k(c)}^{\mathrm{H}} \qquad (5.5-10)$$

bei Verwendung der molaren Konzentration c_k

$$-RT \ln \prod_{k=1}^{N} c_k^{\nu_k} (f_{k(c)}^{\mathrm{H}})^{\nu_k} = \sum_{k=1}^{N} \nu_k \mu_{k(c)}^* (T, p) \qquad (5.5-11)$$

Aus (5.5 – 9) und (5.5 – 11) lassen sich zu (5.5 – 2) – (5.5 – 8) analoge Beziehungen ableiten.

6. Spezielle Anwendungen

6.1. Thermodynamik der Elektrolytlösungen

Elektrolytlösungen sind Lösungen eines oder mehrerer Stoffe 2 (Elektrolyt), die in einem Lösungsmittel 1 (Wasser oder andere Lösungsmittel bzw. Lösungsmittelgemische) in Ionen zerfallen nach

$$(\mathrm{M}^{z+})_{\nu^+} (\mathrm{X}^{z-})_{\nu^-} \rightarrow \nu^+ \mathrm{M}^{z+} + \nu^- \mathrm{X}^{z-} \qquad (6.1-1)$$

Hier sind z^+ bzw. z^- die Ladung der Kationen M bzw. Anionen X und ν^+ bzw ν^- die stöchiometrischen Koeffizienten. Da die Lösung nach außen elektrisch neutral sein muß, gilt zusätzlich die Neutralitätsbedingung

$$z^+ \nu^+ = z^- \nu^- \qquad (6.1-2)$$

Zur thermodynamischen Beschreibung der Konzentrationsabhängigkeit des chemischen Potentials μ_{El} des gelösten Elektrolyten wählt man meistens die Normierung auf die ideal verdünnte Lösung (s. Gl. 3.3 – 4), benutzt jedoch statt der Molenbrüche x die Konzentrationen c in Mol/l (Molarität) oder m in Mol/kg Lösungsmittel (Molalität), so daß z. B. im zweiten Fall

$$\mu_{\mathrm{El}} = \mu_{\mathrm{El}}^* + RT \ln a_{\mathrm{El}} = \mu_{\mathrm{El}}^* + RT \ln m_{\mathrm{El}} + RT \ln \gamma_{\mathrm{El}} \qquad (6.1-3)$$

gilt. Hier ist m_{El} die Molalität, γ_{El} der Aktivitätskoeffizient (bezogen auf die Molalität), a_{El} die Aktivität ($a_{\mathrm{El}} = m_{\mathrm{El}} \gamma_{\mathrm{El}}$) des gelösten Elektrolyten und μ_{El}^* sein chemisches Potential für $a_{\mathrm{El}} = 1$.

Die chemischen Potentiale der Einzelionen sind nicht definiert, da sich die Molzahl einer Ionensorte bei konstant gehaltener Molzahl der Gegenionen nicht verändern läßt, ohne Gl. (6.1 – 2) zu verletzen. Formal kann man jedoch μ_{El} in Anteile für die Kationen ($\nu^+ \mu^+$) und Anionen ($\nu^- \mu^-$) zerlegen:

$$\begin{aligned} \mu_{\mathrm{El}} &= \nu^+ \mu^+ + \nu^- \mu^- = \nu^+ \mu^{*+} + \nu^- \mu^{*-} + \\ &+ \nu^+ RT \ln m^+ \gamma^+ + \nu^- RT \ln m^- \gamma^- = \nu^+ \mu^{*+} + \\ &+ \nu^- \mu^{*-} + RT \ln (m^+)^{\nu^+} (m^-)^{\nu^-} (\gamma^+)^{\nu^+} (\gamma^-)^{\nu^-} \end{aligned} \qquad (6.1-4)$$

mit

$$\nu^+ \mu^{*+} + \nu^- \mu^{*-} = \mu_{\mathrm{El}}^* \qquad (6.1-5)$$

m^+ und m^- sind die Molalitäten und γ^+ und γ^- formal die Aktivitätskoeffizienten der Einzelionen. Da man diese aus dem bereits angeführten Grund nicht bestimmen kann, führt man den mittleren Aktivitätskoeffizienten $\gamma^\pm$ eines Einzelions in der Lösung über die Definition

$$\gamma^\pm = [(\gamma^+)^{\nu^+} (\gamma^-)^{\nu^-}]^{\frac{1}{\nu^+ + \nu^-}} \qquad (6.1-6)$$

und die mittlere Konzentration $m^\pm$ eines Einzelions über die Definition

$$m^\pm = [(\nu^+)^{\nu^+} (\nu^-)^{\nu^-}]^{\frac{1}{\nu^+ + \nu^-}} m_{\mathrm{El}} \qquad (6.1-7)$$

ein. Mit (6.1 – 5) – (6.1 – 7) folgt dann aus (6.1 – 4)

$$\mu_{\mathrm{El}} = \mu_{\mathrm{El}}^* + (\nu^+ + \nu^-) RT \ln m^\pm + (\nu^+ + \nu^-) RT \ln \gamma^\pm \qquad (6.1-8)$$

Die Theorie der interionischen Wechselwirkung (DEBYE, HÜCKEL, ONSAGER, FALKENHAGEN u. a.) ergibt im Grenzfall sehr kleiner Konzentrationen für H_2O als Lösungsmittel bei 25°C und 1 atm

$$\log \gamma^\pm = -0{,}509\, z^+ |z^-| \sqrt{I} \qquad (6.1-9)$$

wo I als „Ionenstärke" bezeichnet wird und gegeben ist durch

$$I \equiv \tfrac{1}{2} \sum_i z_i^2 m_i \qquad (6.1-10)$$

Hier ist die Summierung über alle in der Lösung vorkommenden Ionensorten i auszuführen.

Die reversible elektrische Arbeit einer galvanischen Kette beim Umsatz von z elektrochemischen Äquivalenten ist gegeben durch

$$W_{\mathrm{rev}}^{\mathrm{el}} = -zFE \qquad (6.1-11)$$

E ist die elektromotorische Kraft der Kette (d. h. ihre stromlos gemessene Spannung), z die Zahl der umgesetzten elektrochemischen Äquivalente und F die FARADAYsche Konstante. In Gl. (1.2 – 2) und (1.2 – 11) geht $W_{\mathrm{rev}}^{\mathrm{el}}$ in den Anteil W' ein. Die Änderung der Freien Enthalpie ΔG bei einer freiwillig verlaufenden elektrochemischen Umsetzung ergibt sich damit für $p = \mathrm{const}$ und $T = \mathrm{const}$ zu

$$\Delta G = -zFE \qquad (6.1-12)$$

Daraus folgt für

$$\Delta S = -\left(\frac{\partial \Delta G}{\partial T}\right)_p = zF\left(\frac{\partial E}{\partial T}\right)_p \qquad (6.1-13)$$

$$\Delta H = -T^2\left(\frac{\partial \Delta G/T}{\partial T}\right)_p = -zF\left\{E - T\left(\frac{\partial E}{\partial T}\right)_p\right\} \qquad (6.1-14)$$

Nach Gl. (6.1 – 12) – (6.1 – 14) lassen sich aus Messungen der elektromotorischen Kraft E und ihrer Temperaturabhängigkeit die thermodynamischen Größen ΔG, ΔH und ΔS für die betreffende elektrochemische Umsetzung ermitteln. Da in ΔG die chemischen Potentiale der Reaktionspartner (z. B. von Elektrolyten nach Gl. 6.1 – 8) eingehen, lassen sich aus solchen Messungen auch Aktivitätskoeffizienten bestimmen (Einzelheiten s. [A1], [A3], [A5], [A6], [G7] u. a.).

6.2. Thermodynamik der Oberflächeneffekte

Wird an Arbeitsanteilen neben reversibler Volumenarbeit ($dW = -p\,dV$) noch reversible Oberflächenarbeit ($dW = \sigma\,dO$) berücksichtigt, so gilt die Fundamentalgleichung (1.3 – 1) in der Form

$$dU = T\,dS - p\,dV + \sigma\,dO \qquad (6.2-1)$$

Ist die Vergrößerung der Oberfläche mit einer vernachlässigbar kleinen Volumenänderung verbunden, so ist $p\,dV \approx 0$, und es folgt

$$dU = T\,dS + \sigma\,dO \qquad (6.2-2)$$

Für die Freie Energie A resultiert in diesem Fall aus $dA = d(U - TS)$

$$dA = -S\,dT + \sigma\,dO \qquad (6.2-3)$$

Der Vergleich dieser Beziehung mit dem totalen Differential von $A(T, O)$ ergibt

$$\left(\frac{\partial A}{\partial O}\right)_T = \sigma \qquad (6.2-4)$$

und

$$\left(\frac{\partial A}{\partial T}\right)_O = -S \qquad (6.2-5)$$

Aus dem SCHWARZschen Satz folgt

$$\left(\frac{\partial \sigma}{\partial T}\right)_O = \frac{\partial^2 A}{\partial O\,\partial T} = \frac{\partial^2 A}{\partial T\,\partial O} = -\left(\frac{\partial S}{\partial O}\right)_T \qquad (6.2-6)$$

Da die Erfahrung lehrt, daß die Oberflächenspannung σ bei reinen Stoffen nur von der Temperatur T abhängt, läßt sich Gl. (6.2 – 6) auch in der Form

$$\frac{d\sigma}{dT} = -\left(\frac{\partial S}{\partial O}\right)_T \qquad (6.2-7)$$

schreiben. Aus Gl. (6.2 – 2) folgt dann für $T = \text{const}$

$$dU = \left(\sigma - T\frac{d\sigma}{dT}\right)dO \qquad (6.2-8)$$

oder nach Integration

$$\frac{U - U_0}{O} = \sigma - T\frac{d\sigma}{dT} \qquad (6.2-9)$$

wo U_0 die Innere Energie für eine verschwindend kleine Oberfläche ist. Gl. (6.2 – 9) gibt damit die spezifische Oberflächenenergie an. Messungen zeigen, daß sie eine ähnliche Temperaturabhängigkeit besitzt wie die Verdampfungsenthalpie; sie verschwindet z. B. wie diese am kritischen Punkt.

Die Behandlung der Oberflächeneffekte bei Mischungen liegt nicht im Rahmen dieses Artikels.

6.3. Thermodynamik der Adsorption

Auch die thermodynamische Behandlung der Adsorptionserscheinungen geht von den Gleichgewichtsbedingungen (1.5 – 11) und (4.1 – 3) aus. Danach gilt für die Adsorption eines Gases k an einer Festkörperoberfläche

$$\mu_k^{G} = \mu_k^{Ads} \qquad (6.3-1)$$

und

$$d\mu_k^{G} = d\mu_k^{Ads} \qquad (6.3-2)$$

Hier bedeutet Ads die adsorbierte Phase. Nimmt man an, daß die Gasphase aus dem reinen Gas k besteht, so ist nach (1.3 – 12) und (1.4 – 4a)

$$\mu_k^{G} = \bar{G}_{0k}^{G} = \bar{H}_{0k}^{G} - T\bar{S}_{0k}^{G} \qquad (6.3-3)$$

bzw. nach (4.1 – 8)

$$d\mu_k^{G} = d\bar{G}_{0k}^{G} = -\bar{S}_{0k}^{G}\,dT + \bar{V}_{0k}^{G}\,dp \qquad (6.3-4)$$

Das chemische Potential μ_k^{Ads} des Stoffes k in der adsorbierten Phase hängt von der Temperatur T, vom Druck p und vom Bedeckungsgrad Θ ab und ist nach (1.4 – 15a) gegeben durch

$$\mu_k^{Ads} = H_k^{Ads} - TS_k^{Ads} \qquad (6.3-5)$$

bzw. analog zu (4.1 – 5) durch

$$d\mu_k^{Ads} = -S_k^{Ads}\,dT + V_k^{Ads}\,dp + \left(\frac{\partial \mu_k^{Ads}}{\partial \Theta}\right)_{T,p} d\Theta \qquad (6.3-6)$$

Führt man für Θ = const die Abkürzungen

$$\Delta \bar{S}_{\Theta}^{Ads} \equiv \bar{S}_{0k}^{G} - S_k^{Ads} \qquad (6.3-7)$$

und

$$\Delta \bar{H}_{\Theta}^{Ads} \equiv \bar{H}_{0k}^{G} - H_k^{Ads} \qquad (6.3-8)$$

ein, wo S_k^{Ads} bzw. H_k^{Ads} die partielle molare Entropie bzw. Enthalpie des Stoffes k in der adsorbierten Phase für Θ = const ist und $\Delta \bar{S}_{\Theta}^{Ads}$ als isostere Adsorptionsentropie und $\Delta \bar{H}_{\Theta}^{Ads}$ als isostere Adsorptionsenthalpie des Stoffes k bezeichnet wird, dann folgt aus (6.3 – 1), (6.3. – 3) und (6.3 – 5)

$$\Delta \bar{S}_{\Theta}^{\mathrm{Ads}} = \frac{\Delta \bar{H}_{\Theta}^{\mathrm{Ads}}}{T} \qquad (6.3-9)$$

und aus (6.3 – 2), (6.3 – 4) und (6.3 – 6)

$$\left(\frac{\partial p}{\partial T}\right)_{\Theta} = \frac{\Delta \bar{H}_{\Theta}^{\mathrm{Ads}}}{T(\bar{V}_{0k}^{\mathrm{G}} - V_k^{\mathrm{Ads}})} \qquad (6.3-10)$$

Mit den Annahmen, das $\bar{V}_{0k}^{\mathrm{G}} \gg V_k^{\mathrm{Ads}}$ ist und daß sich die Gasphase ideal verhält (d. h. $\bar{V}_{0k}^{\mathrm{G}} = RT/p$), folgt aus (6.3 – 10) durch Umformen

$$\left(\frac{\partial \ln p}{\partial (1/T)}\right)_{\Theta} = -\frac{\Delta \bar{H}_{\Theta}^{\mathrm{Ads}}}{R} \qquad (6.3-11)$$

und mit (6.3 – 9) aus (6.3 – 11) durch Integration unter der Annahme, daß $\Delta \bar{H}_{\Theta}^{\mathrm{Ads}}$ temperatur- und druckunabhängig ist,

$$\ln p = -\frac{\Delta \bar{H}_{\Theta}^{\mathrm{Ads}}}{R}\,\frac{1}{T} + \frac{\Delta \bar{S}_{\Theta}^{0\mathrm{Ads}}}{R} \qquad (6.3-12)$$

Hier ist $\Delta \bar{S}_{\Theta}^{0\mathrm{Ads}}$ die isostere Adsorptionsentropie beim Standarddruck (z. B. p = 1 atm). Im Rahmen der eingeführten Näherungen ergibt nach (6.3 – 12) $\ln p$, aufgetragen gegen $1/T$, für Θ = const eine Gerade mit der Steigung $-\Delta \bar{H}_{\Theta}/R$ und dem Ordinatenabschnitt $\Delta \bar{S}_{\Theta}^{0\mathrm{Ads}}/R$. Die Verhältnisse entsprechen also völlig denen bei Gas-Flüssig-Gleichgewichten in Einkomponentensystemen (vgl. Gln. (4.3 – 7) – (4.3 – 11)).

Für eine eingehendere Behandlung s. Literatur, z. B. [G 11].

7. Literatur

A) Grundlegende Bücher zur chemischen Thermodynamik

[A 1] G. K. DENBIGH: Prinzipien des chemischen Gleichgewichts, Steinkopff, Darmstadt 1959.

[A 2] E. A. GUGGENHEIM: Thermodynamics, 5. Aufl., North Holland, Amsterdam 1967.

[A 3] R. Haase: Thermodynamik der Mischphasen, Springer, Berlin – Göttingen – Heidelberg 1956.

[A 4] I. M. KLOTZ: Chemical Thermodynamics, rev. ed., Benjamin, New York – Amsterdam 1964.

[A 5] G. KORTÜM: Einführung in die chemische Thermodynamik, 5. Aufl., Vandenhoek & Ruprecht, Göttingen, und Verlag Chemie, Weinheim 1966.

[A 6] LEWIS-RANDALL: Thermodynamics, revised by K. S. PITZER, L. BREWER, McGraw-Hill, New York – London – Toronto 1961.

[A 7] J. M. PRAUSNITZ: Molecular Thermodynamics of Fluid-Phase Equilibria, Prentice-Hall, Englewood Cliffs 1969.

[A 8] I. PRIGOGINE, R. DEFAY: Chemische Thermodynamik, VEB Deutscher Verlag für Grundstoffindustrie, Leipzig 1962.

[A 9] M. W. ZEMANSKY: Heat and Thermodynamics, 5. Aufl., McGraw-Hill, New York 1968.

Theoretisch orientierte Bücher

[A 10] H. B. CALLEN: Thermodynamics, Wiley, New York – London 1966.

[A 11] G. FALK: Theoretische Physik, Bd. II: Allgemeine Dynamik, Thermodynamik, Springer, Berlin – Göttingen – Heidelberg – New York 1968.

[A 12] V. FREISE: Chemische Thermodynamik, Bibliographisches Institut, Mannheim – Zürich 1969.

[A 13] J. G. KIRKWOOD, I. OPPENHEIM: Chemical Thermodynamics, McGraw-Hill, New York – Toronto – London 1961.

[A 14] A. MÜNSTER: Chemische Thermodynamik, Verlag Chemie, Weinheim 1969.

[A 15] W. SCHOTTKY, H. ULICH, C. WAGNER: Thermodynamik, Springer, Berlin 1929.

B) Grundlegende Bücher zur Technischen Thermodynamik

[B 1] H. D. BAEHR: Thermodynamik, 2. Aufl., Springer, Berlin – Heidelberg – New York 1966.

[B 2] R. S. BENSON: Advanced Engineering Thermodynamics, Pergamon Press, Oxford 1967.

[B 3] F. BOSNJAKOVIC: Technische Thermodynamik, I. Teil, 5. Aufl., 1967; II. Teil, 4. Aufl., 1965, Steinkopff, Dresden – Leipzig.

[B 4] U. GRIGULL: Technische Thermodynamik, Gruyter, Berlin 1966.

[B 5] O. A. HOUGEN, K. M. WATSON, R. A. RAGATZ: Chemical Process Principles, Part II: Thermodynamics, 2. Aufl., Wiley, New York, Chapman & Hall, London 1955.

[B 6] E. SCHMIDT: Thermodynamik, 10. Aufl., Springer, Berlin – Göttingen – Heidelberg 1963.

[B 7] D. B. SPALDING, S. TRAUSTEL, E. H. COLE: Grundlagen der technischen Thermodynamik, Vieweg, Braunschweig 1965.

[B 8] M. W. ZEMANSKY, H. C. VAN NESS: Basic Engineering Thermodynamics, McGraw-Hill, New York – Toronto – London 1966.

C) Statistische Thermodynamik

[C 1] R. BECKER: Theorie der Wärme, Springer, Berlin – Göttingen – Heidelberg 1961.

[C 2] R. H. FOWLER, E. A. GUGGENHEIM: Statistical Thermodynamics, University Press, Cambridge 1965.

[C 3] J. H. HILDEBRANDT, R. L. SCOTT: Regular Solutions, Prentice Hall, Englewood Cliffs 1962.

[C 4] T. L. HILL: An Introduction to Statistical Thermodynamics, Addision-Wesley, Reading, London 1960.

[C 5] J. O. HIRSCHFELDER, C. F. CURTISS, R. B. BIRD: Molecular Theory of Gases and Liquids, Wiley, London 1965.

[C 6] A. MÜNSTER: Statistische Thermodynamik, Springer, Berlin – Göttingen – Heidelberg 1956; Statistical Thermodynamics, Vol. I, Springer, Berlin – Heidelberg – New York; Academic Press, New York – London 1969.

[C 7] I. PRIGOGINE, A. BELLEMANS, V. MATHOT: The Molecular Theory of Solutions, North Holland, Amsterdam 1957.

[C 8] K. SCHÄFER: Statistische Theorie der Materie, Bd. I: Allgemeine Grundlagen und Anwendungen auf Gase, Vandenhoek & Ruprecht, Göttingen 1960.

D) Thermodynamik irreversibler Prozesse

[D 1] S. R. DE GROOT, P. MAZUR: Grundlagen der Thermodynamik irreversibler Prozesse, Bibliograph. Institut, Mannheim – Zürich 1969.

[D 2] K. G. DENBIGH: Thermodynamics of the Steady State, Methuen, London und Wiley, New York 1965.

[D 3] R. Haase: Thermodynamik der irreversiblen Prozesse, Steinkopff, Darmstadt 1963.
[D 4] I. Prigogine: Introduction to Thermodynamics of Irreversible Processes, 3. Aufl., Interscience, New York—London 1967.

E) Wichtige Monographien über Einzelprobleme

[E 1] Autorenkollektiv: Berechnung thermodynamischer Stoffwerte von Gasen und Flüssigkeiten, VEB Deutscher Verlag für Grundstoffindustrie, Leipzig 1966.
[E 2] J. D. Fast: Entropie, Centrex, Eindhoven 1960.
[E 3] A. Findlay (rev. by A. N. Campbell and N. O. Smith): The Phase Rule and Its Applications, 9. Aufl., Dover 1951 (deutsche Übersetzung Verlag Chemie, Weinheim 1958).
[E 4] R. Haase, H. Schönert: Solid-Liquid Equilibrium, Pergamon, Oxford u. a. 1969.
[E 5] E. Hala, J. Pick, V. Fried, O. Vilim: Gleichgewicht Flüssigkeit-Dampf, Akademie-Verlag, Berlin 1960.
[E 6] T. L. Hill: Thermodynamics for Chemistry and Biologists, Addison-Wesley, Reading, Mass. 1968.
[E 7] G. Kortüm, H. Buchholz-Meisenheimer: Die Theorie der Destillation und Extraktion von Flüssigkeiten, Springer, Berlin—Göttingen—Heidelberg 1952.
[E 8] W. Malesinski: Azeotropy, Warszawa 1965.
[E 9] J. M. Prausnitz, P. L. Chueh: Computer Calculations for High-Pressure Vapor-Liquid Equilibria, Prentice-Hall, Englewood Cliffs 1968. — J. M. Prausnitz, C. A. Eckert, R. V. Orye, J. P. O'Connell: Computer Calculations for Multicomponent Vapor-Liquid Equilibria, Prentice-Hall, Englewood Cliffs 1968.
[E 10] R. Ricci: The Phase Rule and Heterogeneous Equilibrium, van Nostrand, Toronto—New York—London 1951.
[E 11] H. Röck: Destillation im Laboratorium: Extraktive und azeotrope Destillation, Steinkopff, Darmstadt 1960.
[E 12] H. Röck, W. Köhler: Ausgewählte moderne Trennverfahren zur Reinigung organischer Stoffe, Steinkopff, Darmstadt 1965.
[E 13] J. S. Rowlinson: Liquids and Liquid Mixtures, 2. Aufl., Butterworths, London 1969.
[E 14] A. Storonkin: Thermodynamik heterogener Systeme, Leningrad 1967.
[E 15] W. Swietoslawski: Azeotropy, Warszawa 1963.
[E 16] Ullmann's Enzyklopädie der Technischen Chemie, 3. Aufl., Bd. 2/1, 1961 (mit „Phasendiagramme, Ermittlung und Auswertung", „Calorimetrie").
[E 17] W. Wagner: Chemische Thermodynamik, Akademie-Verlag, Berlin, Pergamon, Oxford, und Vieweg, Braunschweig 1968.
[E 18] J. Wilks: The Third Law of Thermodynamics, University Press, Oxford 1961.
[E 19] A. G. Williamson: An Introduction to Non-Electrolyte Solutions, Oliver & Boyd, Edinburgh—London 1967.
[E 20] J. Zernike: Chemical Phase Theory, Kluwer, Deventer—Antwerpen—Djakarta 1955.

F) Tabellenwerke und Literaturzusammenstellungen

[F 1] Nachschlagewerke wie D'Ans-Lax; Handbook of Chemistry and Physics; Hütte; Gmelin; Beilstein u. a.
[F 2] Bulletin of Thermodynamics and Thermochemistry (E. F. Westrum ed.), IUPAC, Ann Arbor, Mich., USA (erscheint jährlich).
[F 3] Zeitschriften wie The Journal of Chemical Thermodynamics; Journal of Chemical and Engineering Data.
[F 4] American Chemical Society (ed.): Advances in Chemistry Series, Vol. 6, 15, 18, 22, 29, 31 usw.
[F 5] Bureau of Mines: Bulletin 584.
[F 6] Bureau of Standards: Circular 500.
[F 7] F. Din (ed.): Thermodynamic Functions of Gases, Vol. 1—3, Butterworths, London 1961 ff.
[F 8] Janaf-Thermochemical-Tables, Dow Chemical Co. (ed.), US Department of Commerce, Washington 1965.
[F 9] W. B. Kogan, W. M. Fridman: Handbuch der Dampf-Flüssigkeits-Gleichgewichte, VEB Deutscher Verlag der Wissenschaften, Berlin 1961.
[F 10] Landolt-Börnstein: Zahlenwerte und Funktionen, 6. Aufl., Springer, Berlin—Göttingen—Heidelberg, Bände II 2a, 2b, 2c, 3, 4, IV 1, 2a, 2b, 2c, 4a.
[F 11] A. Seidell, W. F. Linke: Solubilities of Inorganic and Organic Compounds, van Nostrand, Princeton—Toronto—New York—London 1958 ff.
[F 12] H. Stephen, T. Stephen: Solubilities of Inorganic and Organic Compounds, Pergamon, Oxford—London—New York—Paris 1963.
[F 13] J. Timmermans: Physico-Chemical Constants of Pure Organic Compounds, Elsevier, Amsterdam—London—New York 1950 (Vol. 1), 1965 (Vol. 2). — Derselbe: Physico-Chemical Constants of Binary Systems in Concentrated Solutions, Interscience, New York 1959, 1960.
[F 14] A. Weissberger (ed.): Technique of Organie Chemistry, Vol. VII: Organic Solvents, 2. Aufl., Interscience, New York—London—Sydney 1967.

G) Sonstige im Text zitierte Literatur

[G 1] B. Caroll, J. chem. Educ. *42*, 218 (1965).
[G 2] G. Rehage, Z. Naturforsch. *10a*, 300 (1955).
[G 3] J. M. Prausnitz, Ind. Engng. Chem. *47*, 1032 (1955).
[G 4] W. Jost, H. Röck, Chem. Engng. Sci. *3*, 17 (1954).
[G 5] R. L. Klaus, H. C. Van Ness, Chem. Engng. Progr., Sympos. Ser. *63*, Nr. 81, 88 (1967).
[G 6] H. A. Skinner: Experimental Thermochemistry II, Interscience Publ., New York, London 1962.
[G 7] G. Kortüm: Lehrbuch der Elektrochemie, 4. neubearb. Auflage, Verlag Chemie, Weinheim 1966.
[G 8] J. S. Rowlinson, Nature *213*, 440 (1967).
[G 9] G. M. Schneider, Ber. Bunsenges. physik. Chem. *70*, 497—520 (1966); Fortschr. chem. Forsch. *13*, 559—600 (1970); Advances chem. Physics *17*, 1—42 (1970).
[G 10] E. A. Moelwyn-Hughes, Z. Elektrochem. *55*, 518 (1951).
[G 11] G. Wedler: Adsorption, Verlag Chemie, Weinheim 1970.

Empirische Regeln zur Abschätzung physikalisch-chemischer Eigenschaften von Gasen und Flüssigkeiten

Prof. Dr. Werner A. P. Luck, Physikalisch-Chemisches Institut der Universität Marburg (Lahn)

Empirische Regeln zur Abschätzung physikalisch-chemischer Eigenschaften von Gasen und Flüssigkeiten

Prof. Dr. WERNER A. P. LUCK, Physikalisch-Chemisches Institut der Universität Marburg (Lahn)

1. Auf zwischenmolekularen Kräften beruhende Eigenschaften . . . 56
1.1. Kritische Temperatur als Maß zwischenmolekularer Wirkungen . . . 56
1.2. GULDBERG-Regel für kritische Temperatur . . . 56
1.3. Kritische Temperatur aus Inkrementwerten; kritischer Druck . . . 58
1.4. Abschätzungen des LENNARD-JONES-Potentials 63
1.5. Molvolumina . . . 63
1.6. Dichte . . . 64
1.7. Verdampfungswärme . . . 65
1.8. Schmelzwärme . . . 68
1.9. Oberflächenenergie . . . 69
1.10. Gültigkeitsbereich empirischer Gleichungen . . 70

2. Abschätzungen thermodynamischer Funktionen . 70
2.1. Molwärmen idealer Gase . . . 70
2.2. Bildungsenthalpie . . . 71
2.3. Freie Enthalpie . . . 72

3. Methoden zur Aufstellung empirischer Gleichungen . . . 76
3.1. Linearisierung . . . 76
3.2. Logarithmische Linearisierung . . . 76
3.3. Gleichungen mit Potenzen höheren Grades . . 78
3.4. LAGRANGEsche Interpolationsformel . . . 78
3.5. NEWTONsche Interpolationsformel . . . 79
3.6. Spezielle Gleichungen . . . 80

4. Literatur . . . 81

1. Properties Based on Intermolecular Forces . . . 56
1.1. Critical Temperature as a Measure of Intermolecular Effects . . . 56
1.2. GULDBERG Rule for Critical Temperature . . 56
1.3. Critical Temperature from Increment Values; Critical Pressure . . . 58
1.4. Estimation of the LENNARD-JONES Potential . 63
1.5. Molar Volumes . . . 63
1.6. Density . . . 64
1.7. Heat of Evaporation . . . 65
1.8. Heat of Melting . . . 68
1.9. Surface Energy . . . 69
1.10. Range of Validity of Empirical Equations . . 70

2. Estimation of Thermodynamic Functions . . . 70
2.1. Specific Heats of Ideal Gases . . . 70
2.2. Enthalpy of Formation . . . 71
2.3. Free Enthalpy . . . 72

3. Methods for Establishing Empirical Equations . . 76
3.1. Linearization . . . 76
3.3. Logarithmic Linearization . . . 76
3.3. Equations with Higher Exponents . . . 78
3.4. LAGRANGE Interpolation Formula . . . 78
3.5. NEWTON Interpolation Formula . . . 79
3.6. Special Equations . . . 80

4. Literature . . . 81

Symbole

Neben den in diesem Werk allgemein gebräuchlichen Symbolen werden folgende verwendet (einige weitere werden an Ort und Stelle erläutert):

a	VAN DER WAALS-Konstante sonstige Konstante (vgl. S. 63, 65)
b	VAN DER WAALS-Konstante sonstige Konstante (vgl. S. 63, 65)
F	Fehlstellenkonzentration
f	Korrekturfaktor, (vgl. S. 66)
k	Konstante (vgl. S. 60) BOLTZMANN-Konstante
L	Verdampfungswärme
L_i	innere Verdampfungswärme
L_p	Verdampfungswärme bei konstantem Druck
n	Anzahl der C-Atome/Molekül, auch Anzahl der Atome/Molekül (vgl. S. 71) Brechungsindex
q	Konstante (vgl. S. 60)
r	Molekülabstand
s	kritischer Koeffizient (vgl. S. 56) Konstante (s. S. 60) Symmetriefaktor, vgl. S. 74
t	Konstante (vgl. S. 60)
U	zwischenmolekulare Wechselwirkungsenergie
U_M	Oberflächenenergie
Z	Zahl der nächsten Nachbarn
z	Anzahl der C-Atome eines bestimmten Typs/Molekül
σ	Stoßquerschnitt weitere Bedeutung s. S. 63 Oberflächenspannung
σ_M	molare Oberflächenspannung

Indices

D	(tiefgestellt) im Dampfzustand
Fl	(tiefgestellt) im flüssigen Zustand
k	(tiefgestellt) beim kritischen Punkt
S	(tiefgestellt) am Siedepunkt
Sch	(tiefgestellt) am Schmelzpunkt
0	(tiefgestellt) am absoluten Nullpunkt
0	(hochgestellt) Standardzustand

Die Thermodynamik hat in der chemischen Technik nicht die praktische Bedeutung, die man eigentlich erwarten könnte, weil die für ihre Anwendung erforderlichen thermodynamischen Konstanten häufig nicht bekannt sind; vor allem gilt dies für neuartige Verbindungen. Die Ermittlung der Stoffeigenschaften in Abhängigkeit von der molekularen Struktur ist daher eine wichtige Aufgabe [1], [2].

Durch die Computer-Entwicklung inkl. der Tisch-Computer ist heute eine völlig neue Situation entstanden. Jeder Chemiker, auch der mathematisch unbegabte, wird in naher Zukunft komplizierte Rechnungen sehr schnell ausführen können. Theoretische Berechnungen gewinnen daher an Bedeutung. Dies gilt insbes. für die Berechnung thermodynamischer Daten, die z. B. zur Vorausberechnung von chemischen Reaktionen oder von chemischen Reaktoren im Rahmen verfahrenstechnischer Arbeiten benötigt werden. Dabei sind angenäherte Werte für die Daten oft ausreichend, da durch gewisse Sicherheitsfaktoren leicht ein Ausgleich geschaffen werden kann. Abschätzungen dieser Daten sind daher für die Reaktionstechnik von hohem Interesse.

Aus diesen Gründen werden die älteren Versuche, Stoffkonstanten aus näherungsweise gültigen empirischen Gleichungen oder aus additiven Inkrementfunktionen der einzelnen atomaren Gruppen zu ermitteln, für die technische Chemie erneut interessant. Bedenken, daß diese Art der Abschätzung von Stoffkonstanten nicht streng wissenschaftlich sei, können leicht mit dem Hinweis entkräftet werden, daß die Wissenschaft doch eigentlich die Aufgabe hat, möglichst einfache Gesetzmäßigkeiten aufzustellen, um die Menschen und ihre Umwelt zu beschreiben und ihr Verhalten vorauszusagen [3].

Die Voraussage von Stoffeigenschaften ist auch deshalb interessant, weil die chemische Industrie in den meisten Fällen eigentlich „Eigenschaften" verkauft. Dem Kunden ist es im allg. gleichgültig, um welche chemischen Individuen es sich handelt [4]. Er sucht Stoffe mit ganz bestimmten Eigenschaften. Die Eigenschaften chemischer Stoffe hängen aber vorwiegend von den zwischenmolekularen Kräften ab. Zur Ermittlung der molekularen Parameter, welche die Stoffeigenschaften bestimmen, ist daher die Kenntnis der zwischenmolekularen Kräfte vorrangig (für diese Forschungsrichtung wird die Bezeichnung Eigenschaftstechnik bzw. Molekulartechnik vorgeschlagen [4]).

Neben der Angabe empirischer Gleichungen wird in vorliegendem Beitrag versucht, die physikalischen Ursachen derartiger Beziehungen zu diskutieren. Dies dürfte nicht nur die Anwendung erleichtern und Anhaltspunkte für den Gültigkeitsbereich geben, sondern auch zur Aufstellung weiterer Formeln anregen.

Weitere empirische Formeln zur Abschätzung thermodynamischer Eigenschaften, z. B. der Wärmeleitfähigkeit, der p,V-Isothermen, des Dampfdruckes, der Eigenschaften von Mischungen, der Viskosität, der Diffusionskonstanten usw. vgl. [1], [2].

1. Auf zwischenmolekularen Kräften beruhende Eigenschaften

1.1. Kritische Temperatur als Maß zwischenmolekularer Wirkungen

Verflüssigung eines Gases, für die T_k die obere Grenztemperatur ist, setzt voraus, daß die Moleküle bei der Begegnung zu höheren Aggregaten vereint werden. Nach der Mechanik hängen die Bahnformen bei der Annäherung zweier Massenteilchen in folgender Weise von der kinetischen Energie ab: Bei $E_{kin} > E_{pot}$ entsteht eine Hyperbelbahn, bei $E_{kin} = E_{pot}$ eine Parabel- und bei $E_{kin} < E_{pot}$ eine Ellipsenbahn. Bedingung, daß bei der Begegnung zweier Moleküle ein Assoziat entsteht, ist also $E_{kin} \leqq E_{pot}$.

Diese Bedingung gilt auch als obere Grenze für die Verflüssigung (Mehrfachassozisation). Da $E_{kin} = 3/2\,RT$ ist, gilt als Minimalbedingung der Verflüssigung

$$E_{pot} \geqq \tfrac{3}{2}\,RT_k \tag{1}$$

RT_k ist demnach ein grobes Maß für die zwischenmolekularen Kräfte zwischen zwei Molekülen. Daher können eine Reihe von zwischenmolekularen Stoffeigenschaften in halbempirischen Formeln auf T_k zurückgeführt werden.

Die gesamte Wechselwirkungsenergie ist gegeben durch ZRT_k, wenn Z die Koordinationszahl erstnächster Nachbarn in der kondensierten Materie ist. Für unpolare bzw. nicht zu polare Stoffe wird in der Flüssigkeit eine dichteste Kugelpackung angenommen.

Kritischer Koeffizient s. Für viele Abschätzungen zwischenmolekularer Effekte ist die Kenntnis des kritischen Koeffizienten s nützlich:

$$s = \frac{RT_k}{p_k V_k} \tag{2}$$

Nach der VAN DER WAALSschen Gleichung sollte für alle Stoffe $s = 8/3 = 2{,}66$ gelten. Man findet jedoch ein schwaches Ansteigen mit T_k. Rein empirisch gilt für nicht zu polare Substanzen die Beziehung

$$s = 2{,}66 + 0{,}36 \log T_k \tag{3}$$

LYDERSEN [5] hat s als Funktion der Verdampfungswärme H_v beim Siedepunkt angegeben:

$$s = 3{,}43 + 6{,}7 \cdot 10^{-9} (\Delta H_v)^2 \tag{4}$$

GARCIA-BARCENA [6] fand eine Funktion $s = f(T_S)$; eine derartige Beziehung ist nach Gl. (6) und (7, s. u.) zu erwarten. Auch Methoden zur Berechnung von s aus additiven Gruppeninkrementen sind veröffentlicht worden [1].

1.2. GULDBERG-Regel für kritische Temperatur

Die zwischenmolekularen Kräfte können auch aus gaskinetischen Daten, z. B. aus der SUTHERLAND-Konstante C abgeschätzt werden [7]. (Aus der Viskosität,

Wärmeleitung oder Diffusion der Gase kann man den Stoßquerschnitt σ_T experimentell bestimmen, für den $\sigma_T^2 = \sigma_\infty^2 (1 + C/T)$ gilt. σ_∞ ist lim σ_T für $T \to \infty$.) Im Mittel über viele nicht zu polare Stoffe gilt die Regel [7]:

$$C = 0{,}85\, T_k \qquad (5)$$

Experimentell leichter zugänglich als C ist die Siedetemperatur T_S. (Zur Berechnung der Siedetemperatur T_S organischer Verbindungen gab J. Benko [8] die empirische Formel $T_S \approx 37 \sqrt{M}$ an, wobei M das Molekulargewicht ist.) Nach Guldberg gilt die ungefähre Regel:

$$\boxed{T_S = 2/3\, T_k} \qquad (6)$$

Wie alle derartige Beziehungen gelten (5) und (6) nur als erste Näherung. Bei den meisten Regeln, die an das Theorem der übereinstimmenden Zustände anknüpfen, treten Abweichungen proportional zu T_k auf. Im allg. liegen die Werte für T_S/T_k zwischen 0,563 und 0,66. Bei größeren Molekülen, insbes. mit langkettigen Gruppen, treten auch höhere Werte auf (Abb. 1).

Theorem der korrespondierenden Zustände beruhen) eine relativ leichte Aufgabe. Zur Ermittlung der Beziehung

$$T_S = k\, T_k \qquad (7)$$

wird k aus einer Grundgröße und einer kleinen stoffspezifischen Korrektur zusammengesetzt, wobei für die Grundgröße der minimal auftretende Wert gewählt wird. Ein brauchbares System für die stoffspezifischen Korrekturen hat z. B. Lydersen angegeben [5], [1]. Jedoch unterscheiden sich seine Werte nur unwesentlich von denjenigen anderer Autoren. Die Werte von Riedel [11] sind im großen und ganzen gleichwertig. Nach Lydersen ist

$$\boxed{T_S = [0{,}567 + \Sigma \Delta T - (\Sigma \Delta T)^2]\, T_k} \qquad (8)$$

ΔT setzt sich aus Inkrementen für die einzelnen Molekülgruppen zusammen, die Inkremente sind in Abb. 2 angegeben. Da k in Gl. (7) etwa proportional mit den zwischenmolekularen Kräften ansteigt, kann aus

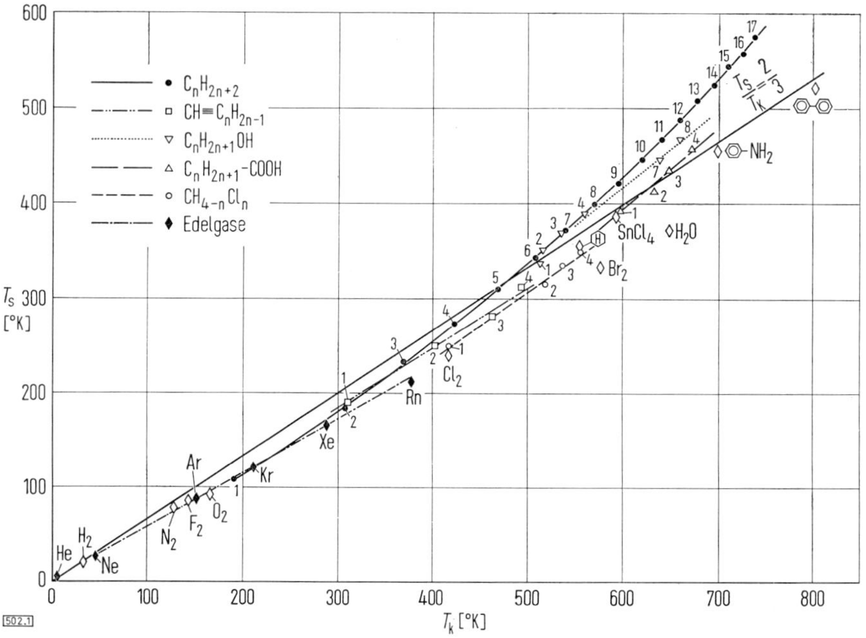

Abb. 1. Guldberg-Regel
Die Zahlenwerte an den Meßpunkten bedeuten die Anzahl n in den angegebenen Summenformeln

Verschiedene Autoren [5], [9]–[12] haben T_S/T_k für organische Stoffe aus Gruppeninkrementen berechnet, was mit recht hohen Genauigkeiten gelingt. Da T_k für die meisten organischen Stoffe, mit Ausnahme von CH_4, in ähnlicher Größenordnung liegt, ist die Aufstellung empirischer Korrekturfaktoren für die Guldbergsche Regel (und alle anderen Regeln, die auf dem

Abb. 2 der Anteil einzelner molekularer Gruppen an den zwischenmolekularen Kräften abgeschätzt werden. Insbes. ist die herausragende Bedeutung der Gruppen OH, COOH, C=O und NH, die Wasserstoffbrücken bilden, klar zu erkennen; die angegebene Reihenfolge der Gruppen entspricht der Stärke der H-Brücken.

Tab. 1 gibt Beispiele für die Anwendung der Gl. (8).

Tab. 1. Berechnung von T_k aus Gl. (8)

Substanz	$\Sigma\Delta T$	$T_S/T_{k\,theor}$	$T_S/T_{k\,exp}$	$T_{k\,theor}$	$T_{k\,exp}$
CCl_4	$4\cdot 0{,}017$	0,630	0,629	555	556
C_2H_5OH	$0{,}02+0{,}02+0{,}082$	0,675	0,681	520	516
$CHCl_3$	$0{,}012+3\cdot 0{,}017$	0,626	0,627	534	533,2
$n-C_4H_{10}$	$2\cdot 0{,}02+2\cdot 0{,}02$	0,641	0,644	426	424
CH_4	$0{,}02+0{,}012$	0,597	0,571	183	190,7
C_6H_6	$3\cdot 0{,}011+3 . 0{,}012$	0,633	0,629	558	561
$n-C_{10}H_{22}$	$2\cdot 0{,}02+8\cdot 0{,}02$	0,727	0,722	615	603

1.3. Kritische Temperatur aus Inkrementwerten; kritischer Druck

Die kritische Temperatur steigt in homologen Reihen etwa mit der Wurzel aus dem Molekulargewicht bzw. aus der Zahl der Kohlenstoffatome (vgl. Abb. 1). FORMAN und THODOS haben T_k in mehreren Arbeiten [13]–[17], [1] nach der aus der VAN DER WAALSschen Gleichung folgenden Beziehung

$$T_k = \frac{8a}{27bR} \tag{9}$$

berechnet, wobei sie für die VAN DER WAALS-Konstanten a und b Inkrementfunktionen benutzen. Bei linearen Kohlenwasserstoffen stellten sie anhand der experimentellen Daten fest, daß $a^{2/3}$ und $b^{3/4}$ etwa lineare Funktionen der C-Atomzahl sind. In umfangreiche Tabellen haben sie Werte für die Inkremente $\Delta a^{2/3}$ und $\Delta b^{3/4}$ zusammengestellt. Hieraus ist dann

$$a = (\Sigma\Delta a^{2/3})^{3/2} \quad \text{und} \quad b = (\Sigma\Delta b^{3/4})^{4/3} \tag{10}$$

zu bilden. (Als Einheiten werden hier für a immer $[(cm^3/g\text{-}Mol)^2 atm]$ und für b $[cm^3/g\text{-}Mol]$ benutzt.)

Die Inkrementfunktionen $\Delta a^{2/3}$ und $\Delta b^{3/4}$ sind bei gesättigten aliphatischen Substanzen abhängig von der Gesamtzahl n der C-Atome, wobei noch zwischen vier verschiedenen Sorten von C-Atomen unterschieden wird:

1	2	3	4
$-CH_3$	$-CH_2-$	$-\overset{|}{\underset{|}{C}}-H$	$-\overset{|}{\underset{|}{C}}-$

Für jedes C-Atom der verschiedenen Typen gelten folgende Werte:

Typ 1:

$$\Delta a^{2/3} = \frac{2168}{n} + 14493 \tag{11}$$

$$\Delta b^{3/4} = 11{,}453 \tag{12}$$

Typ 2:

$$\Delta a^{2/3} = 13678 \tag{13}$$

$$\Delta b^{3/4} = 6{,}262 \tag{14}$$

Typ 3 und $n \geqq 5$:

$$\Delta a^{2/3} = \frac{27560}{n} + 5677 \tag{15}$$

$$\Delta b^{3/4} = \frac{23{,}55}{n} - 3{,}824 \tag{16}$$

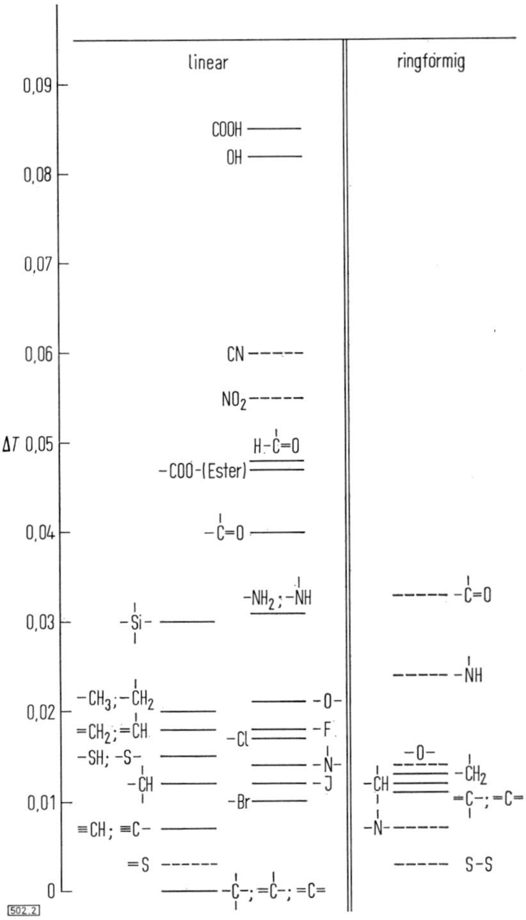

Abb. 2. Gruppeninkremente ΔT zur Berechnung von T_S/T_k nach Gl. (8)

Typ 4:

$$\Delta a^{2/3} = \frac{36013}{n} - 1022 \qquad (17)$$

$$\Delta b^{3/4} = \frac{52,00}{n} - 15,337 \qquad (18)$$

b kann bei Typ 3 für $n \geqq 7$ und bei Typ 4 für $n \geqq 5$ negativ werden.

Die Anwendung der Gleichungen sei an einigen einfachen Beispielen erläutert. Der *kritische Druck* p_k wurde darin nach der ebenfalls aus der van der Waalsschen Gleichung folgenden Beziehung

$$p_k = \frac{a}{27b^2} \qquad (19)$$

berechnet. Weitere Verfahren zur Bestimmung von p_k wurden von Riedel [18] und von Lydersen [5] angegeben (vgl. auch [1], [9], [12]). Nach J. Benko [8] gilt $p_k \approx 154/n$, wobei n die Zahl der das Molekül bildenden Atome ist.

Beispiel 1: Äthan

Anzahl $z^{*)}$	Typ	$\Sigma\Delta a^{2/3}$	$\Sigma\Delta b^{3/4}$
2	1	$2 \cdot 15577 = 31154$	$2 \cdot 11,453 = 22,906$

* z = Anzahl der C-Atome vom jeweiligen Typ

$a = (31154)^{3/2} = 54,988 \cdot 10^6; \quad b = (22,906)^{4/3} = 65,05$

$$T_{\text{k ber}} = \frac{8 \cdot 54,988 \cdot 10^6}{27 \cdot 82,055 \cdot 65,05} = 305\,^\circ\text{C}; \quad T_{\text{k exp}} = 307\,^\circ\text{C}$$

$$p_{\text{k ber}} = \frac{54,988 \cdot 10^6}{27(65,05)^2} = 48,1\,\text{atm}; \quad p_{\text{k exp}} = 48,8\,\text{atm}$$

Für die Gaskonstante wurde $R = 82,055\,[\text{cm}^3\ \text{atm} \cdot \text{grad}^{-1} \cdot \text{Mol}^{-1}]$ eingesetzt.

Beispiel 2: Propan

z	Typ	$\Delta a^{2/3}$	$\Delta b^{3/4}$
2	1	$2 \cdot 15216$	$2 \cdot 11,453$
1	2	13678	6,262
		$\Sigma = 44110$	$\Sigma = 29,168$

$a = 9,264 \cdot 10^6; \quad b = 89,78$

$T_{\text{k ber}} = 372\,^\circ\text{C}; \quad T_{\text{k exp}} = 368,8\,^\circ\text{C}$

$p_{\text{k ber}} = 50\,\text{atm}; \quad p_{\text{k exp}} = 45\,\text{atm}$

Beispiel 3: 3-Äthyl-2-methylpentan,

CH_3 CH_2-CH_3
$CH_3-CH-CH-CH_2-CH_3$

z	Typ	$\Delta a^{2/3}$	$\Delta b^{3/4}$
4	1	$4 \cdot 14764 = 59056$	$4 \cdot 11,453 = 45,812$
2	2	$2 \cdot 13678 = 27356$	$2 \cdot 6,262 = 12,524$
2	3	$2 \cdot 9122 = 18244$	$2(-0,88) = -1,76$
		$\Sigma\Delta a^{2/3} = 104656$	$\Sigma\Delta b^{3/4} = 56,576$

$a = 33,857 \cdot 10^6; \quad b = 217,2$

$T_{\text{k ber}} = 562; \quad T_{\text{k exp}} = 568,2$

$p_{\text{k ber}} = 26,6\,\text{atm}; \quad p_{\text{k exp}} = 27,4\,\text{atm}$

Beispiel 4: n-Octan

z	Typ	$\Delta a^{2/3}$	$\Delta b^{3/4}$
2	1	$2 \cdot 14764$	$2 \cdot 11,453$
6	2	$6 \cdot 13678$	$6 \cdot 6,262$
		$\Sigma\Delta a^{2/3} = 111596$	$\Sigma\Delta b^{3/4} = 60,478$

$a = 37,2794 \cdot 10^6; \quad b = 237,1$

$T_{\text{k ber}} = 565; \quad T_{\text{k exp}} = 569$

$p_{\text{k ber}} = 24,58$

Die Beispiele 3 und 4 zeigen, daß die niedrigere kritische Temperatur des 3-Äthyl-2-methylpentans nach diesen Inkrementfunktionen nicht nur durch die kompaktere Gestalt (kleineres b), sondern auch durch stärkere Beteiligung von C-Atomen höherer Typzahl mit kleineren Werten der a-Inkremente zustande kommt.

Beim Auftreten von Mehrfachbindungen wird T_k wie folgt berechnet: Zunächst wird nach dem obigen Schema der äquivalente gesättigte Kohlenwasserstoff berechnet, anschließend werden Korrekturfaktoren für die Doppel- bzw. Dreifachbindung angebracht. Die Korrekturen richten sich nach der Lage der Mehrfachbindung. Hierzu führen die Autoren folgende Nomenklatur ein: Man denke sich die Mehrfachbindung als Einfachbindung und klassifiziere die beiden beteiligten Kohlenstoffatome nach den vier oben angegebenen Klassen. Die Doppelbindung in Äthylen ist danach z. B. eine 1 – 1-Doppelbindung. Tab. 2 gibt die entsprechenden Inkrementkorrekturen an.

Tab. 2. Inkremente für Doppel- und Dreifachbindungen (nach [1])

	$\Delta a^{2/3}$	$\Delta b^{3/4}$
Erste Doppelbindung		
(1 – 1)	– 3868	– 2,021
(2 – 1)	– 3154	– 1,895
(2 – 2)	– 2551	– 2,009
(3 – 1)	– 1548	– 1,706
(3 – 2)	– 928	– 1,820
(3 – 3)	– 540	– 1,930
Zweite Doppelbindung		
(3 – 1)	– 828	– 1,259
(3 – 2)	– 496	– 1,343
(3_u – 1)	– 1332	– 1,745
(3_u – 2)	– 1324	– 1,862
(3_u – 3)	– 1316	– 1,979
($3_u \leftarrow 2 - 1$)	– 1687	– 1,399
($3_u \leftarrow 2 - 2$)	– 910	– 1,485
Dreifachbindung		
(1 – 1)	– 4269	– 3,680
(2 – 1)	– 1934	– 3,008
(2 – 2)	– 1331	– 3,122

Konjugierte Doppelbindungen in Tab. 2 sind mit einem Pfeil gekennzeichnet. Der Index u gilt für direkt benachbarte Doppelbindungen (vgl. [19], [15]). Nicht unter den zweiten Doppelbindungen vorkommende Typen (z. B. 2−1) haben mit den Werten für erste Doppelbindungen identische Inkremente.

Beispiel 5: 3-Methyl-1-buten (*1*), $n = 5$

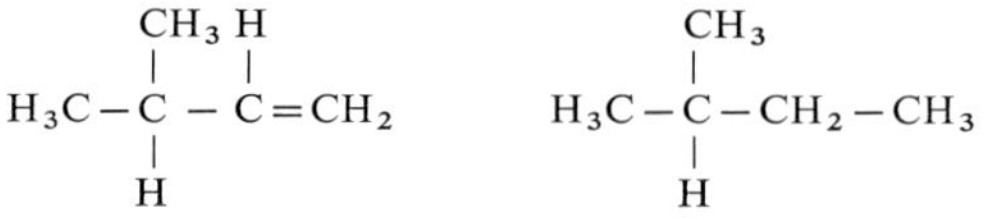

$$\begin{array}{cc}
\text{CH}_3\ \text{H} & \text{CH}_3 \\
|\ \ \ \ | & | \\
\text{H}_3\text{C}-\text{C}-\text{C}=\text{CH}_2 & \text{H}_3\text{C}-\text{C}-\text{CH}_2-\text{CH}_3 \\
|\ \ \ & | \\
\text{H} & \text{H} \\
(1) & (2)
\end{array}$$

Man berechne zunächst T_k für 2-Methyl-1-butan (*2*):

z	Typ	$\Delta a^{2/3}$	$\Delta b^{3/4}$
3	1	3 · 14927	3 · 11,453
1	3	11 189	0,886
1	2	13 678	6,262
		$\Sigma = 69\,648$	$\Sigma = 41{,}507$

$a = 18{,}381 \cdot 10^6$; $b = 143{,}7$
$T_{k\,ber} = 461{,}8°$; $T_{k\,exp} = 461°$
$p_{k\,ber} = 32{,}9$; $p_{k\,exp} = 32{,}9$

Für das Buten ist folgende Korrektur anzubringen:

z	Typ	$\Delta a^{2/3}$	$\Delta b^{3/4}$
1	Doppel 2−1	−3154	−1,895
		$\Sigma\Delta a^{2/3} = 66\,494$	$\Sigma\Delta b^{3/4} = 39{,}612$

$a = 17{,}146 \cdot 10^6$; $b = 135{,}01$
$T_{k\,ber} = 458{,}5$; $T_{k\,exp} = 464{,}8$

Beispiel 6: Acetylen. Folgende Korrekturen sind an der Berechnung für Äthan (s. Beispiel 1) anzubringen:

z	Typ	$\Delta a^{2/3}$	$\Delta b^{3/4}$
1	Dreifach 1−1	−4269	−3,680
		$\Sigma = 26\,885$	$\Sigma = 19{,}226$

$a = 44{,}08 \cdot 10^6$; $b = 51{,}5$
$T_{k\,ber} = 309°$; $T_{k\,exp} = 310{,}3°$
$p_{k\,ber} = 61{,}5$; $p_{k\,exp} = 61{,}6$

Die Korrekturen für ungesättigte Systeme sind durchweg negativ, sowohl *a* als auch *b* sind kleiner als bei den entsprechenden gesättigten Systemen. *a* ist in der VAN DER WAALS-Gleichung ein Maß für die anziehenden Kräfte, während *b* ein Maß für das Eigenvolumen, also die abstoßenden Kräfte, ist. In T_k geht der Quotient a/b ein. Bei

Tab. 3. Inkremente für Gruppen mit Heteroatomen

	Gruppe	q	k	s	t
Alkohole (prim.)	−OH	30 200	14 000	8,96	7,50
Phenole	−OH	0	8 500	0	4,19
Äther (nichtcycl.)	−O−	14 500	6 500	0	3,26
Äther (cyclisch)	−O−	0	9 440	0	2,74
Ketone	−CO−	62 800	16 700	27,20	4,55
Carboxylsäuren	−COOH	142 670	16 730	66,80	5,10
Anhydride	−CO−O−OC−	0	43 880	0	14,78
Ester:					
Formiate	HCOO−	35 140	26 800	2,29	15,80
andere	−COO−	37 430	25 500	−3,00	12,20
Amine:					
primäre	−NH$_2$	4 800	18 900	0	10,15
sek.	−NH−	51 800	0	19,60	−1,10
tert.	−N−	60 200	−4 300	29,20	−7,90
Nitrile	−CN	86 000	25 900	39,70	12,10
Aliphat. Halogene:					
Fluor	−F				
erstes		2 420	12 240	−3,70	10,92
zweites		−38 500	4 510	−48,50	12,86
drittes		0	3 450	0	6,92
Chlor	−Cl				
erstes		0	22 580	0	11,54
zweites		66 000	−5 100	19,00	3,90
drittes		−60 250	29 100	−40,80	19,40
viertes		0	16 500	0	11,46
Brom	−Br				
erstes		−2 720	23 550	−4,35	11,49
zweites		0	20 860	0	5,37
Jod, erstes	−J	0	33 590	0	13,91
Aromat. Halogene:					
Fluor	−F	0	4 210	0	7,22
Chlor	−Cl	0	17 200	0	10,88
Brom	−Br	0	24 150	0	12,74
Jod	−J	0	34 780	0	15,22

den für Dreifachbindungen berechneten Beispielen ist T_k größer als beim entsprechenden gesättigten Molekül, die Summe der zwischenmolekularen Kräfte nimmt zu, weil b mehr als a abnimmt. Anschaulich wäre dies so interpretierbar, daß die stärkeren zwischenmolekularen Kräfte im VAN DER WAALS Modell dadurch zustande kommen, daß die Abnahme des Molekülvolumens, also die Abnahme der zwischenmolekularen Abstände, der entscheidende Einfluß ist. Diese Erklärung steht aber im Widerspruch zur einfachen Theorie der Dispersionskräfte, nach der Systeme mit kleinerer Anregungsenergie E_{0a}, z. B. ungesättigte Moleküle, eine größere Polarisierbarkeit α und damit stärkere Anziehungskräfte haben [20].

Aus

$$\alpha \sim 2 \Sigma\, 1/E_{0a} \qquad (20)$$

wird oft gefolgert, daß z. B. farbige Moleküle größere Anziehungskräfte haben als die entsprechend gesättigten Systeme [20], was jedoch nicht im Einklang mit den Inkrementfunktionen für T_k steht, die anhand experimenteller Werte aufgestellt wurden. Dieses Beispiel zeigt deutlich, wie sehr die theoretische Behandlung zwischenmolekularer Kräfte noch unvollständig ist.

Eine Ausdehnung des Rechenverfahrens auf Systeme mit Naphtalin-Ringen ist mit besonderen Korrekturen möglich [1], [16].

Bei der Berechnung von *Molekülen mit Heteroatomen* wird die Bedeutung von n auf die Gesamtsumme aller Atome in einem Molekül mit Ausnahme der H-Atome ausgedehnt. Für Methanol ist z. B. $n = 2$ oder für Essigsäure $n = 4$. Die Hetero-Atome erhalten analog wie C-Atome bei reinen Kohlenwasserstoffen Inkremente $\Delta a^{2/3}$ und $\Delta b^{3/4}$, wobei ähnlich wie bei den gesättigten Kohlenwasserstoffen jedes Inkrement von der Gesamtzahl n der Atome abhängt:

$$\Delta a^{2/3} = \frac{q}{n} + k \qquad \Delta b^{3/4} = \frac{s}{n} + t \qquad (21)$$

Tab. 3 gibt einen Überblick über die jeweiligen Werte der Konstanten q, k, s und t. Für die C-Atome in CH_3 usw. gelten dieselben Werte für $\Delta a^{2/3}$ und $\Delta b^{3/4}$ wie S. 58.

Bei den Inkrementen für Halogen-Substituenten spielt die Anzahl der Halogen-Atome an einem C-Atom eine große Rolle; sie wird durch 1 bis 4 gekennzeichnet (vgl. Beispiele 8 und 9); bei C-Atomen mit verschiedenen Halogen-Atomen als Substituenten ist die Reihenfolge der Halogene bei der Berechnung immer wie folgt anzusetzen: F, Cl, Br, J. Die Bezeichnung 1, 2, 3, 4 gilt für die Gesamtzahl der Halogen-Atome (vgl. Beispiel 8).

Die Werte von q, k, s und t sind für die jeweiligen Anteile der zwischenmolekularen Kräfte einzelner Molekülgruppen charakteristisch. Allerdings ist zu beachten, daß z. B. für COOH $n = 3$ gesetzt wird, so daß beim Vergleich der einzelnen Gruppeninkremente die Konstanten q und s eigentlich durch dieses n (in diesem Fall 3) dividiert werden müßten.

Abb. 3 gibt einen Überblick über nach Tab. 3 berechnete Werte für $\Delta a^{2/3}$ und $\Delta b^{3/4}$ pro Gruppe, wobei für n die Anzahl der Atome (ohne H) der einzelnen Gruppen eingesetzt wurde. Die Abb. 3 läßt die Größe des Anteils der anziehenden (a) und der abstoßenden Kräfte (b) erkennen. Allerdings kann sich

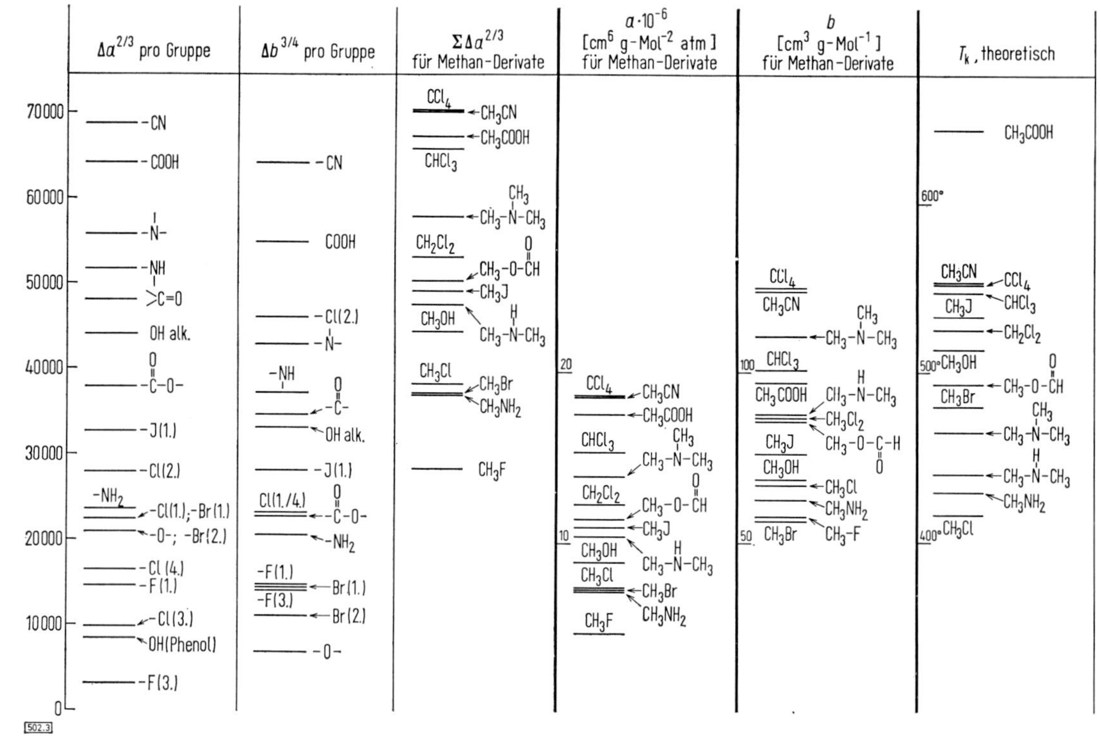

502.3

Abb. 3. $\Delta a^{2/3}$ und $\Delta b^{3/4}$ pro Molekülgruppe; $\Sigma \Delta a^{2/3}$, a, b und T_k ber. für einige Methan-Derivate

Beispiel 7: Aceton, $CH_3-CO-CH_3$, $n=4$

z	Typ	q	k	$\Delta a^{2/3}$	s	t	$b^{3/4}$
2	C:1			2 · 15035			2 · 11,453
1	C=0	62800	16700	32400	27,2	4,55	11,35
				$\Sigma = 62470$			$\Sigma = 34{,}256$

$a = 16{,}614 \cdot 10^6$; $b = 111{,}25$ $T_{k\,ber} = 506{,}8$; $T_{k\,exp} = 508{,}7$

$p_{k\,ber} = 46{,}7$; $p_{k\,exp} = 46{,}6\,atm$

Beispiel 8: 1,1,2-Trifluor-1,2,2-trichloräthan, $F_2ClC-CFCl_2$, $n=8$

z	Typ	q	k	$\Delta a^{2/3}$	s	t	$\Delta b^{3/4}$
2	C:4			2 · 3480			2 · −8,837
2	F:1	2420	12240	2 · 12542	−3,7	10,92	2 · 10,457
1	F:2	−38500	4510	−3025	−48,5	16,86	6,79
1	Cl:2	66000	−5100	3150	19,0	3,9	6,27
2	Cl:3	−60250	29100	2 · 21569	−40,8	19,4	2 · 14,3
				$\Sigma = 78029$			$\Sigma = 44{,}9$

$a = 21{,}796 \cdot 10^6$; $b = 159{,}59$ $T_{k\,ber} = 493$; $T_{k\,exp} = 487{,}3$ $p_{k\,ber} = 31{,}6$; $p_{k\,exp} = 33{,}7$

das Bild in größeren Molekülen (großes n) verschieben, da q und s von n für das Gesamtmolekül abhängen; dementsprechend ändern sich die $\Delta a^{2/3}$- und $\Delta b^{3/4}$-Werte der einzelnen Gruppen mit n. (Die in Abb. 3 angegebenen Werte können also nicht für die Berechnung beliebiger Moleküle verwendet werden!)

Große Werte für a treten besonders bei CN, COOH, Aminen (mit Ausnahme der sek.), C=O und OH auf.

Tab. 4. Gruppen mit negativen Inkrementen

Gruppe	$\Delta a^{2/3}$	$\Delta b^{3/4}$
−F (zweites)	−33900	−35,64
−Cl (drittes)	−31150	−21,60

Großes b, also großes Eigenvolumen, haben besonders CN, COOH und das zweite Chlor-Atom. Zwei Gruppen haben negative Inkremente (Tab. 4). Sie kompensieren offenbar die Wirkung der vorangehenden Halogene etwas.

Abb. 3 zeigt ferner Werte für $\Sigma\Delta a^{2/3}$, a, b und T_k für einige Methanderivate, die mit den Angaben von Tab. 3 berechnet wurden. Der größte Werte für T_k für CH_3COOH beruht sowohl auf einem hohen a-Wert als auf einem nicht zu hohen b-Wert. Ähnliches gilt für CH_3J usw. Durch Vergleich der einzelnen Spalten kann man das Gegeneinanderwirken von a und b gut erkennen.

Die Inkrementenwerte der Tab. 3 basieren teilweise auf nur wenigen Substanzen, da ja kritische Daten nur von einer begrenzten Zahl von Stoffen bekannt sind. So beruht der Wert für cyclische Äther allein auf den kritischen Daten für Dioxan. Überhaupt ist zu betonen, daß alle Inkremente vorzugsweise aus relativ kleinen Molekülen berechnet wurden. Die Gültigkeit bzw. Genauigkeit dieses Rechenverfahrens wird also mit steigender Molekülgröße immer unsicherer.

Beispiel 9: Tetrachlorkohlenstoff, CCl_4, $n=5$

z	Typ	$\Delta a^{2/3}$	$\Delta b^{3/4}$
1	C:4	6,181	−4,937
1	Cl:1	22580	11,54
1	Cl:2	8100	7,7
1	Cl:3	17050	11,24
1	Cl:4	16500	11,46
		$\Sigma = 70411$	$\Sigma = 37{,}100$

$a = 18{,}684 \cdot 10^6$; $b = 123{,}29$

$T_{k\,ber} = 547$; $T_{k\,exp} = 556{,}3$

$p_{k\,ber} = 45$; $p_{k\,exp} = 45$

Für die verschiedenen Chlormethane erhält man insgesamt folgende Werte für a und b:

	a	b
CH_3Cl	$7{,}453 \cdot 10^6$	65,37
CH_2Cl_2	$12{,}256 \cdot 10^6$	85,15
$CHCl_3$	$14{,}91 \cdot 10^6$	99,29
CCl_4	$18{,}684 \cdot 10^6$	123,29

Man ersieht aus Beispiel 9, daß das erste Cl-Atom sowohl auf a als auch auf b den größten Einfluß und das zweite Cl-Atom auf beide Größen den kleinsten Einfluß hat.

Die Methode nach FORMAN und THODOS zur Bestimmung von T_k eignet sich beim bisherigen Stand nicht für Aldehyde, sek. und tert. Alkohole und schwefelhaltige Substanzen.

Weitere Verfahren zur Abschätzung von T_k. Bei Unkenntnis der Siedetemperatur T_S kann T_k näherungsweise auch aus der Schmelztemperatur T_{Sch} nach einer anhand von 220 Stoffen empirisch aufgestellten

Regel von LORENZ [21] (vgl. GULDBERG-Regel, S. 57) abgeschätzt werden:

$$\frac{T_{Sch}}{T_k} = 0{,}44 \tag{22}$$

Für Wasser ist $T_{Sch}/T_k = 0{,}42$, einer der kleinsten bekannten Werte. Zusammen mit Gl. (6) folgt aus Gl. (22)

$$\frac{T_{Sch}}{T_S} = \frac{2}{3} \tag{23}$$

Dabei ist aber zu beachten, daß T_{Sch} stark von der Koordinationszahl und damit auch vom Kristallsystem abhängt. Von Gl. (22) sind also noch stärkere Abweichungen als bei der TROUTONschen Regel zu erwarten. Für Edelgase gilt z. B. besser:

$$\frac{T_{Sch}}{T_k} = 0{,}555 \quad \text{und} \quad \frac{T_{Sch}}{T_S} = 0{,}833 \tag{24}$$

1.4. Abschätzungen des LENNARD-JONES Potentials

Die zwischenmolekulare Wechselwirkungsenergie U kann nach LENNARD-JONES in vielen Fällen durch folgenden Ansatz dargestellt werden:

$$U = 4\varepsilon_0 [(\sigma/r)^{12} - (\sigma/r)^6] \tag{25}$$

ε_0 ist die maximale Wechselwirkungsenergie, r der Abstand zwischen zwei Molekülen und σ der Abstand, bei dem $U = 0$ ist. Tabellen für U vgl. [22], [23], [24], [1]. Nach [22] gilt die Näherungsformel:

$$\varepsilon_0 = 0{,}74 k T_k \tag{26}$$

$$b_0 = 17{,}28 (T_k/p_k) \tag{27}$$

Hierbei ist $b_0 = \frac{2}{3}\pi N_L \sigma^3$ das Eigenvolumen (hard-sphere volume) und k die BOLTZMANN-Konstante (vgl. auch Gl. (26) mit Gl. (5)). Nach STIEL und THODOS [25] gelten die genaueren Näherungsformeln:

$$\varepsilon_0 = 65{,}3 k T_k (1/s)^{18/5} \tag{28}$$

$$\sigma(\text{Å}) = 0{,}1866\, V_k^{1/3} s^{6/5} \tag{29}$$

$$\sigma(\text{Å}) = 0{,}812 (T_k/p_k)^{1/3} s^{13/15} \tag{30}$$

Zu s s. Gl. (2). Bei Mischungen gilt näherungsweise

$$\sigma_{ij} = \tfrac{1}{2}(\sigma_i + \sigma_j) \tag{31}$$

$$\varepsilon_{ij} = \sqrt{\varepsilon_i \varepsilon_j} \tag{32}$$

Aus diesen Gleichungen kann U berechnet werden. Gl. (28) weist darauf hin, daß ε_0 und damit U keine einfache lineare Funktion von T_k ist, da auch s eine Funktion von T_k ist. Dies steht mit der Erfahrung im Einklang, daß das Theorem der übereinstimmenden Zustände nur annähernd gültig ist, daß also die Möglichkeit, die kritischen Daten als reduzierte Maßstabseinheiten zu wählen, nur eine Näherung ist. Aus U kann eine Reihe makroskopischer Stoffkonstanten, die auf zwischenmolekularen Kräften beruhen, berechnet werden [24], z. B. der zweite Virialkoeffizient $B(T)$

$$B(T) = -\frac{2\pi N}{kT} \int_0^\infty r^3 \frac{dU}{dr} e^{-U(r)/kT} dr \tag{33}$$

Die Viskosität η und der Diffusionskoeffizient D von Gasen lassen sich als Funktion von U und σ ermitteln [24]:

$$\eta = \frac{\sqrt{8kTM}}{3\sqrt{2}\,\pi^{3/2}\sigma^2\left(1 + \frac{0{,}1667\,U}{kT}\right)} \tag{34}$$

$$D = \frac{\sqrt{8kT}}{3\sqrt{2}\,N\pi^{3/2}\sqrt{M}\,\sigma^2\left(1 + \frac{0{,}1736\,U}{kT}\right)} \tag{35}$$

M bedeutet hierbei die Molmasse.

1.5. Molvolumina

Für die Volumina V_0, V_{Sch}, V_S und V_k beim absoluten Nullpunkt, bei der Schmelztemperatur, Siedetemperatur und am kritischen Punkt gab LORENZ [21] folgende empirische Relationen an

$$V_{Sch}/V_0 = 1{,}21 \tag{36}$$

$$V_S/V_0 = 1{,}41 \tag{37}$$

$$V_k/V_0 = 3{,}75 \tag{38}$$

Da V_0 aus der Temperaturabhängigkeit der Dichte abgeschätzt werden kann, eignen sich Gl. (36) bis (38) zur Abschätzung von V_{Sch}, V_S und V_k und damit auch ϱ_{Sch}, ϱ_S und ϱ_k (ϱ = Dichte). Eine einfache Deutung von Gl. (36) vgl. [26].

Aus den drei aus Gl. (36), (37) und (38) sich ergebenden Gleichungen

$$V_{Sch}/V_S = 0{,}858 \tag{39}$$

$$V_S/V_k = 0{,}376 \tag{40}$$

$$V_{Sch}/V_k = 0{,}323 \tag{41}$$

kann bei Kenntnis einer Größe eine zweite abgeschätzt werden.

MORITZ [27] fand für V_k die empirische Beziehung:

$$\log V_k = a \log (n + b) + c \tag{42}$$

Hierbei ist n die Anzahl der C-Atome, a, b und c sind

Konstanten, die je nach Stoffgruppe verschiedene Werte annehmen (V_k wird in cm^3/gmol angegeben).

Für die wichtigsten Stoffgruppen gelten folgende Gleichungen:

n-Paraffine:
$$\log V_k = 1{,}2974 \log(n+2) + 1{,}3912$$
Cycloparaffine:
$$\log V_k = 1{,}3041 \log(n+2) + 1{,}3131$$
n-Alkylbenzole:
$$\log V_k = 2{,}235 \log(n+6) + 0{,}0192$$
aliphatische Alkohole:
$$\log V_k = 1{,}2068 \log(n+2) + 1{,}4961$$
Ester:
$$\log V_k = 1{,}2589 \log(n+2) + 1{,}4775$$

Nach BENKO [8] gilt für das Molvolumen beim Siedepunkt V_S (in cm^3/gmol)

$$V_S \approx 26\sqrt{n} \tag{43}$$

Eine sehr einfache Methode zur Berechnung von V_S hat SCHROEDER [28] angegeben. Man zählt die Zahl der C-, H-, O- und N-Atome zusammen, addiere die Zahl der Doppelbindungen (einschl. der konjugierten oder aromatischen), zieht davon die Anzahl der Ringe ab und multipliziere die Gesamtsumme mit 7. Anschließend können noch Halogen- oder Schwefelsubstituenten mit folgenden Werten berücksichtigt werden:

F	10,5	J	38,5
Cl	24,5	S	21
Br	31,5		

Bei der Ringkorrektur wird nicht unterschieden, ob es sich um aliphatische oder aromatische Ringe handelt; auch die Atomzahl im Ring wird nicht berücksichtigt, und Ringe z. B. im Anthrazen und Naphthalin werden nicht unterschieden. Dreifachbindungen sind in der oben erklärten Summe doppelt zu zählen.

Beispiele:

Cyclohexan:
$(6+12-1)7 = 119\,cm^3/mol$; $V_{S,exp} = 117\,cm^3/mol$

Benzol:
$(6+6+3-1)7 = 98\,cm^3/mol$; $V_{S,exp} = 96{,}5\,cm^3/mol$

Naphthalin:
$(10+8+5-2)7 = 147\,cm^3/mol$; $V_{S,exp} = 148{,}5\,cm^3/mol$

Phosgen:
$(1+1+1)7 + 2\cdot 24{,}5 = 70\,cm^3/mol$; $V_{S,exp} = 69{,}5\,cm^3/mol$

Das von SCHROEDER angegebene Verfahren wird bei kleineren Molekülen (Methan usw.) schlechter; es wurde von LE BAS durch Unterscheidungen verschiedener O- und N-Bindungen modifiziert. LE BAS [29] führt auch für C und H sehr unterschiedliche Inkremente ein (C: 14,8; H: 3,7). Trotzdem sind die Fehler bis auf die Werte für reine Paraffine nicht kleiner. In vielen Fällen ist sogar das einfachere, von SCHROEDER angegebene Verfahren genauer [1].

BENSON [30] gibt zur Berechnung von V_S folgende Formel an:

$$V_k/V_S = \varrho_S/\varrho_k = 0{,}422 \log p_k + 1{,}981 \tag{44}$$

1.6. Dichte

Für die meisten Stoffe ist die Summe der Sättigungsdichten im Dampf- und Flüssigkeitszustand ϱ_D und ϱ_{Fl} bei nicht zu hohen Temperaturen eine lineare Temperaturfunktion (Abb. 4). Entsprechend der CAILLETET-MATHIASschen Regel gilt

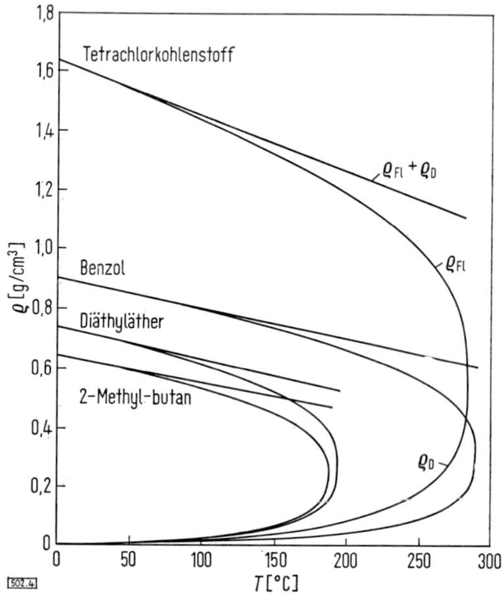

Abb. 4. ϱ_{Fl}, ϱ_D und $(\varrho_{Fl} + \varrho_D)$ als Funktion der Temperatur für einige Substanzen

$$\varrho_{Fl} + \varrho_D = \varrho_0 - (\varrho_0 - 2\varrho_k)\frac{T}{T_k} \tag{45}$$

bzw.

$$\frac{\varrho_{Fl} + \varrho_D}{\varrho_k} = \frac{\varrho_0}{\varrho_k} - \left(\frac{\varrho_0}{\varrho_k} - 2\right)\frac{T}{T_k} = C - (C-2)\frac{T}{T_k} \tag{46}$$

Formel (45) bzw. (46) sind dazu geeignet, aus der Temperaturabhängigkeit von ϱ_D bzw. ϱ_{Fl} bei tiefen Temperaturen die Nullpunktdichte ϱ_0 abzuschätzen. Für jede weitere Temperatur ist dann ϱ_D bei Kenntnis von ϱ_{Fl} und umgekehrt berechenbar. Die Dampfdichte ϱ_D läßt sich aus

$$V = \frac{\chi R T}{p} \tag{47}$$

abschätzen. Der Kompressibilitätsfaktor χ ist von NELSON-OBERT [31] und LYDERSEN [5], [32] in Diagrammen leicht zugänglich gemacht worden.

Für C in Gl. (46) gilt die empirische Beziehung

$$C = \frac{\varrho_0}{\varrho_k} \approx 1{,}53 + 0{,}86 \log T_k \tag{48}$$

Die Gleichung ist zu einer rohen Abschätzung von ϱ_0 bei Kenntnis von ϱ_k verwendbar. Abweichungen von Gl. (48) treten bei stark polaren Stoffen, wie Wasser, niederen Alkoholen, Äthylamin und Essigsäure auf. Für größere organische Moleküle mit $T_k > 500\,°K$ ist

$$\frac{\varrho_0}{\varrho_k} \approx 4 \tag{49}$$

BENSON [30] umgeht die Verwendung von ϱ_0, indem er für Gl. (45)

$$\varrho_{Fl} + \varrho_D = a + bT \tag{50}$$

schreibt und dann die Konstanten durch die Werte am Siedepunkt T_S ausdrückt [30], [1]:

$$\varrho_{Fl}(T) = 2\varrho_k - \varrho_D + \frac{T - T_k}{T_k - T_S}(\varrho_{Fl,S} - 2\varrho_k) \tag{51}$$

Für nicht zu polare Stoffe gilt auch

$$\frac{1}{\sqrt[3]{\varrho_{Fl}}} + \frac{1}{\sqrt[3]{\varrho_D}} = 1/(a + bT) \tag{52}$$

Die Beziehung wird z. B. von den Edelgasen, Methan, Benzol, Chlorbenzol und Diäthyläther recht gut erfüllt.

Da der Brechungsindex n meistens einfach zu messen ist, dürfte auch die Formel von EYKMAN (vgl. [2]) interessant sein:

$$\varrho_{Fl} = \frac{n^2 - 1}{C(n + 0{,}4)} \tag{53}$$

C ist hier eine temperaturunabhängige empirische Konstante. Ferner gilt nach KURTZ [33], [2] die Näherungs-Gleichung:

$$\Delta n = 0{,}6\,\Delta\varrho_{Fl} \tag{54}$$

wobei Δ die Änderungen bei Temperaturwechsel bedeuten.

Von WATSON [34] sowie von LYDERSEN, GREENKORN und HOEGEN [32] wurden Formeln zur genaueren Berechnung von Flüssigkeitsdichten mit Hilfe des kritischen Koeffizienten s (s. S. 56) angegeben (vgl. hierzu die ausführlichen Tabellen in [1]). BONDI und SIMKIN [35] haben ein Verfahren ausgearbeitet, um die Dichte aus Inkrementfunktionen zu berechnen.

Löchermodell. Für tiefe T gilt $\varrho_D \to 0$, also $\varrho_{Fl} + \varrho_D \to \varrho_{Fl}$. ϱ_{Fl} nimmt im Bereich, in dem ϱ_D vernachlässigt werden kann, linear mit T ab. Dies kann so gedeutet werden, daß das Schwingungsvolumen linear mit T ansteigt. In Gl. (45) kann man $\varrho_{Fl} + \varrho_D$ als Dichte einer idealen Modellflüssigkeit ansehen, deren Dichte nur infolge der zunehmenden Schwingungsamplitude abnimmt. Die reale Flüssigkeit unterscheidet sich von dieser idealen Flüssigkeit durch das Auftreten von Fehlstellen. Das Modell hat nun die merkwürdige Eigenschaft, daß die Konzentration der Fehlstellen gerade gleich der Konzentration an Dampfmolekülen im Sättigungszustand ist. Der Anteil an Fehlstellen F in der realen Flüssigkeit ist gegeben durch:

$$F = \frac{\varrho_D}{\varrho_D + \varrho_{Fl}} \tag{55}$$

Für $T = T_k$ ist $\varrho_{FL} + \varrho_D = 2\varrho_k$; die Fehlstellenkonzentration beträgt 50%.

Das einfache Löchermodell ist zum Verständnis und zur Abschätzung vieler Flüssigkeitseigenschaften geeignet. Z. B. kann das RAOULTsche Gesetz und die Erniedrigung des Dampfdrucks proportional zur Konzentration gelöster Moleküle einfach abgeleitet werden [7], [26]. Gelöste Moleküle von ähnlicher Größe wie die Moleküle des Lösungsmittels und zu vernachlässigbarem Eigendampfdruck füllen die Löcher auf und erniedrigen damit den Dampfdruck proportional zur Anzahl der „gefüllten Löcher". Ähnlich kann der osmotische Druck abgeleitet werden [7]. Bei der Lösung von großen Molekülen (z. B. von Polymeren) folgt aus dem Löchermodell eine kleinere Dampfdruckerniedrigung als bei gelösten Molekülen, deren Größe kleiner als die Lochgröße ist.

1.7. Verdampfungswärme

Die innere Verdampfungswärme L_i ist durch

$$L_i = L_p - p\Delta V \tag{56}$$

gegeben, wobei ΔV die Differenz von Gas- und Flüs-

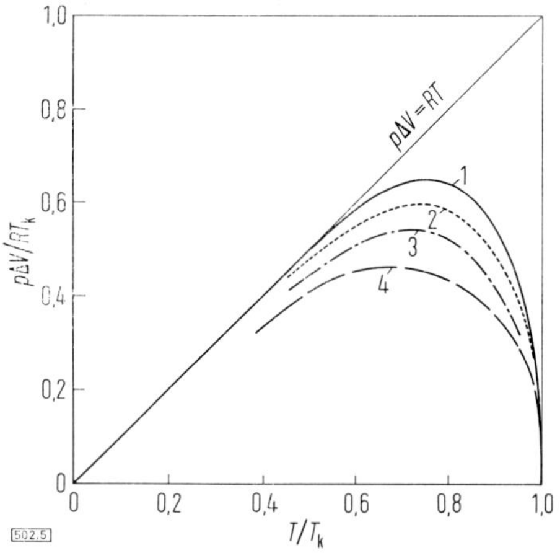

Abb. 5. $p\Delta V/RT_k$ als Funktion von T/T_k

Kurve 1 entspricht den experimentell gefundenen Werten für Methylalkohol, Wasser, Diäthyläther, Chlorbenzol, Ammoniak, Salzsäure, Tetrachlorkohlenstoff, Zinntetrachlorid, Stickstoff, Kurve 2 den Werten für Wasserstoff, Sauerstoff, Neon, Argon, Krypton, Xenon, Kurve 3 und 4 den Werten für He^4 bzw. He^3

sigkeitsvolumen pro Mol und L_p die Verdampfungswärme bei konstantem Druck ist.

Für $T \leqq T_S$ kann näherungsweise $p \Delta V = RT$ gesetzt werden. Für $300\,°K < T_k < 800\,°K$

und im Bereich $0{,}75 < T/T_k < 0{,}97$ gilt

$$\log \frac{RT - p\Delta V}{RT_k} \approx 7 \log \frac{T}{T_k} + \frac{3}{4} \qquad (57)$$

Näherungswerte für $p\Delta V$ können Abb. 5 entnommen werden. Für Stoffe mit kleinerem T_k ist für $T/T_k = 065$ ungefähr eine Relation

$$\boxed{\frac{p\Delta V}{RT_k} \approx 0{,}485 + 0{,}06 \log T_k} \qquad (58)$$

gültig. Die Gleichungen (57), (58) eignen sich zur Abschätzung der äußeren Arbeit $p\Delta V$, ohne die sonst hierfür notwendigen Dichtewerte zu kennen.

Nach dem Löchermodell (s. o.) ist

$$\boxed{L_i = \frac{ZfR}{2}\left(\frac{3}{2}\,T_k - T\right)(1 - 2F)} \qquad (59)$$

zu erwarten [26].

$F = \varrho_D/(\varrho_D + \varrho_{Fl})$ ist die Fehlstellenkonzentration, Z die Anzahl der nächsten Nachbarn, die bei Annahme dichtester Kugelpackung $Z = 12$ beträgt, und f ein Korrekturfaktor, der die Wechselwirkung mit den zweitnächsten und höheren Nachbarn berücksichtigt und für die meisten Stoffe in der Größenordnung von 1,1 liegt [7].

Gl. (59) liefert ein einfaches Verfahren, Verdampfungswärmen aus T_k und relativ leicht zu messenden Dichtewerten zu berechnen. Zur Abschätzung von ϱ_D und ϱ_{Fl} aus wenigen Dichtemessungen s. S. 64–65. Abb. 6 gibt einen Überblick über die Leistungsfähigkeit der Gl. (59).

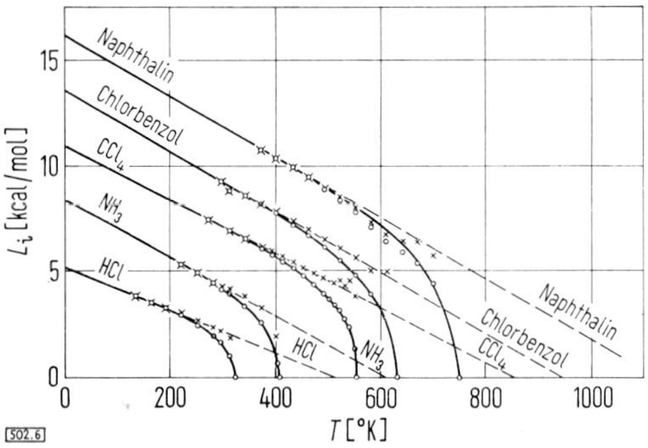

Abb. 6. Innere Verdampfungswärme L_i für einige Stoffe ○○○ experimentelle Werte; die dazugehörigen Werte $L_i/(1-2F)$ +++ lassen sich durch die Gerade $\frac{ZfR}{2}\left(\frac{3}{2}\,T_k - T\right)$ – – – angenähert darstellen

Die Fehlstellenkonzentration $F = f(T)$ ist im reduzierten Temperaturmaßstab T/T_k im wesentlichen eine Funktion von T_k (Abb. 7). Für organische Stoffe, deren T_k in ähnlicher Größenordnung liegt, ist $F = f(T/T_k)$ recht ähnlich. Die Werte der untersten Kurve von Abb. 7 können daher in diesen Fällen als gute Näherung für F gelten. Abweichungen treten insbes. bei Aminen auf.

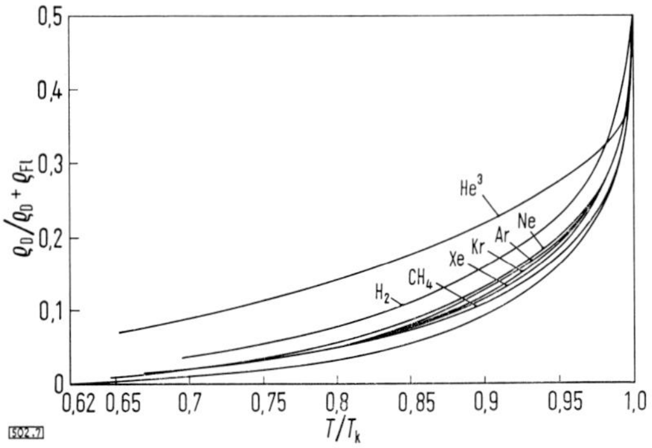

Abb. 7. Fehlstellenkonzentration $F = \varrho_D/(\varrho_D + \varrho_{Fl}) = f(T/T_k)$; unterste Kurve: organische Stoffe

Da

$$(1 - 2F) = 1 - \frac{2\varrho_D}{\varrho_D + \varrho_{Fl}} = \frac{\varrho_{Fl} - \varrho_D}{\varrho_{Fl} + \varrho_D} = \frac{\varrho_{Fl}^2 - \varrho_D^2}{(\varrho_{Fl} + \varrho_D)^2} \qquad (60)$$

ist, gilt für (59) auch:

$$L_i \frac{(\varrho_{Fl} + \varrho_D)^2}{\varrho_{Fl}^2 - \varrho_D^2} = \frac{ZfR}{2}\left(\frac{3}{2}\,T_k - T\right) = const\left(\frac{3}{2}\,T_k - T\right) \qquad (61)$$

Als recht leistungsfähige empirische Formel hat sich auch

$$\boxed{\frac{L_i}{(\varrho_{Fl} + \varrho_D - \varrho_k)(1 - 2F)} = \frac{L_i(\varrho_{Fl} + \varrho_D)}{(\varrho_{Fl} + \varrho_D - \varrho_k)(\varrho_{Fl} - \varrho_D)} = const} \qquad (62)$$

bewährt. Nach Gl. (62) brauchen nur die Temperaturabhängigkeiten der Dichten und die Verdampfungswärme bei einer Temperatur bekannt zu sein, um L_i für alle Temperaturen berechnen zu können. Abb. 8 zeigt die Brauchbarkeit der Gl. (62). Nur Wasser, das aufgrund der starken Wasserstoffbrückenbindung aus den meisten empirischen Beziehungen herausfällt, zeigt merkbare Abweichungen, während die Gleichung selbst bei Aminen noch einigermaßen befriedigend erfüllt ist.

Die Konstante in Gl. (62) kann mit Hilfe der Gl. (45), (49) und (59) abgeschätzt werden.

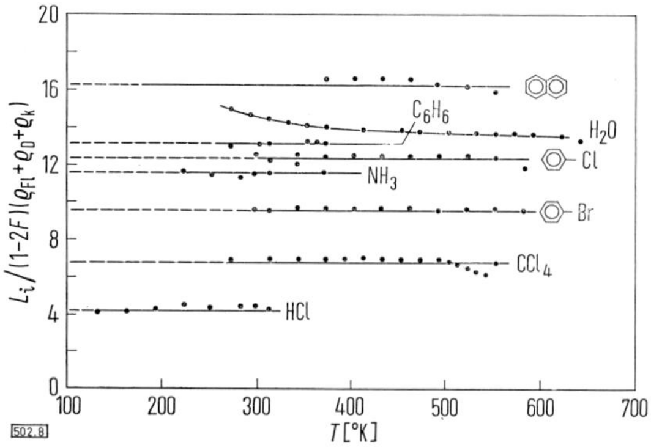

Abb. 8. $\frac{L_i}{(1-2F)(\varrho_{Fl}+\varrho_D-\varrho_k)}$ in Abhängigkeit von T für verschiedene Stoffe

Man erhält schließlich

$$\frac{L_i}{\varrho_{Fl}+\varrho_D-\varrho_k} = \frac{Zf}{4}\,\frac{RT_k}{\varrho_k}(1-2F) \tag{63}$$

Mit

$$RT_k = \frac{8}{27}\,\frac{a}{b} \tag{64}$$

und

$$V_k = \frac{M}{\varrho_k} = 3b \tag{65}$$

geht (63) über in

$$\frac{\frac{L_i}{1-2F}}{\varrho_{Fl}+\varrho_D-\varrho_k} = \frac{Zf}{4}\,\frac{8}{9}\,\frac{a}{M} \tag{66}$$

Bei dichtester Kugelpackung ist $Z/4 = 3$. Zu Werten für f vgl. S. 66. Gl. (63) und (66) gelten nur bei Gültigkeit von Gl. (49): $\varrho_0/\varrho_k = 4$, die für organische Moleküle mit $T_k > 500\,°K$ annähernd erfüllt ist.

Für $T = T_S$ ist $(1-2F) \approx 1$; mit der Näherung $T_S/T_k = 2/3$ kann Gl. (59) daher umgeschrieben werden zu

$$L_i(T_S) \approx \frac{Z}{2} fR\left(\frac{3}{2}T_k - \frac{2}{3}T_k\right) \tag{67}$$

$$L_i(T_S) \approx \frac{Z}{2} fRT_k \cdot \frac{5}{6} = \frac{Z}{2} fRT_S \cdot 1{,}25$$

Mit den Erfahrungswerten $12 < Zf < 14{,}5$ gilt

$$\frac{L_i(T_S)}{T_k} = 10 \text{ bis } 12\ (\text{cal mol}^{-1}\ \text{grad}^{-1}) \tag{68}$$

$$\frac{L_i(T_S)}{T_S} = 15 \text{ bis } 18\ (\text{cal mol}^{-1}\ \text{grad}^{-1}) \tag{69}$$

Mit $L_i(T_S) \approx L_p(T_S) - RT_S$ ergibt sich

$$\frac{L_p(T_S)}{T_S} = 17 \text{ bis } 20\ (\text{cal mol}^{-1}\ \text{grad}^{-1}) \tag{70}$$

Gl. (70) ist aber nichts anderes als die TROUTONsche Regel*):

$$\frac{L_p(T_S)}{T_S} = 21\ (\text{cal mol}^{-1}\ \text{grad}-^{1}) \tag{71}$$

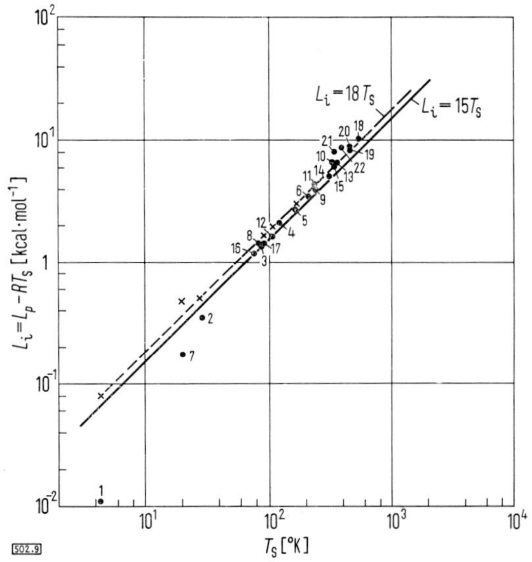

Abb. 9. Innere Verdampfungswärme L_i in Abhängigkeit von T_S. Die experimentellen Punkte (·) bedeuten folgende Substanzen:

1 He^4, 2 Ne, 3 Ar, 4 Kr, 5 Xe, 6 Rn, 7 H_2, 8 F_2, 9 Cl_2, 10 Br_2, 11 HJ, 12 CH_4, 13 Cyclohexan, 14 CH_2Cl_2, 15 CCl_4, 16 N_2, 17 O_2, 18 Diphenyl, 19 n-Decan, 20 Anilin 21 CH_3OH, 22 H_2O; für einige Stoffe ist die Korrektur E_0 berücksichtigt (×)

Die TROUTONsche Regel ist jedoch nicht gut erfüllt; für den Quotienten $L_p(T_S)/T_S$ werden für organische Stoffe Werte zwischen 17 und 22 und für L_i/T_S Werte zwischen 15 und 18 gefunden (Abb. 9). Für Stoffe mit niedrigem T_k treten stärkere Abweichungen auf.

* L_p/T_S ist die Verdampfungsentropie. Interessanterweise hat nun KRAUSS für die Entropieänderung ΔS_i^0 bei der Dissoziation homonuklearer zweiatomiger Moleküle in die Atome den empirischen Zusammenhang

$$\Delta S_i^0 = 30\,\text{cal/Mol grd} \tag{72}$$

gefunden (Z. Naturforschg. *25a*, 724 [1970]); die Fehler betragen 10 bis 15%. Als Dissoziationstemperatur wird hierbei die Temperatur des Maximums der spez. Wärme gewählt. Ähnlich soll auch für die Ionisation ein mittlerer Entropiezuwachs von etwa 24 cal/Mol grd existieren.

Diese Abweichungen hat CLUSIUS [36] auf die bei diesen Stoffen nicht zu vernachlässigende Nullpunktenergie E_0 der zwischenmolekularen Kräfte zurückgeführt, er formulierte

$$\frac{L_p + E_0}{T_S} = \text{const} \tag{73}$$

Wie bei allen empirischen Regeln, in denen T_k auftritt, sind die Abweichungen von der TROUTONschen Regel um so größer, je höher T_k, also auch je höher T_S ist. NERNST hat hierfür einen logarithmischen Zusammenhang angegeben:

$$L_i(T_S) = 9{,}5 \log T_S - 0{,}007\, T_S^{1,1} \tag{74}$$

Anstelle von Gl. (74) kann auch eine logarithmische Abhängigkeit von T_k gesetzt werden, die man näherungsweise durch eine schwache Potenz von T_S ausdrücken kann:

$$L_i(T_S) \approx 10{,}7\, T_s^{1,1} \tag{75}$$

Weitere Näherungen sind

$$\boxed{L_i(T_S) \approx \tfrac{3}{2} R T_k^{5/4}} \tag{76}$$

und die einfache Formel

$$\boxed{\frac{L_i}{\varrho_{Fl} - \varrho_k} = \text{const}} \tag{77}$$

die sich gut bewährt hat. Sie gibt z. B. die Verdampfungswärmen für CCl_4 mit Fehlern an, die 5% nicht überschreiten (bis 420 °K liegt die Differenz zwischen der nach Gl. (77) und Gl. (62) berechneten Verdampfungswärme unter 1%). Da sie nur die Kenntnis der Verdampfungswärme bei einer Temperatur und die relativ leicht meßbare Dichte der Flüssigkeit benötigt, ist sie trotz der groben Näherung recht interessant. Für kleine Temperaturen $T < T_S$, bei denen $(1 - 2F) \sim 1$, folgt Gl. (77) aus Gl. (62). Sie gilt jedoch auch noch bei höheren Temperaturen mit erträglicher Genauigkeit. Abb. 10 zeigt die gute Linearität zwischen ϱ_{Fl} und L_i nach Gl. (77). Auch hier zeigt Wasser Abweichungen.

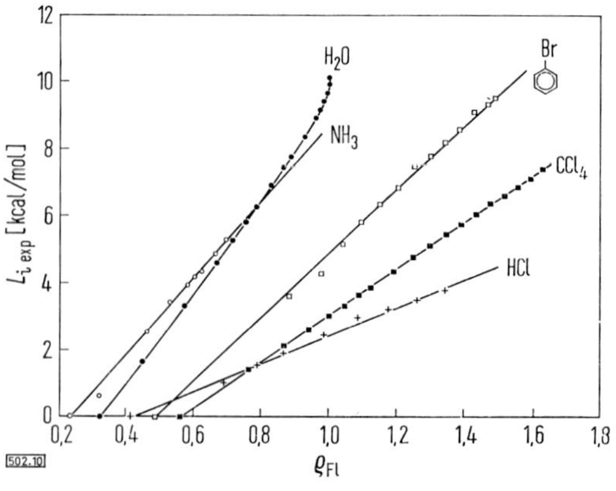

Abb. 10. Innere Verdampfungswärme L_i als Funktion von ϱ_{Fl}

Für die Verdampfungswärme L_S beim Siedepunkt T_S hat GIACALONE [37] die Näherungsformel

$$\boxed{L_S = \frac{R\,T_k\,T_S \ln p_k}{T_k - T_S}} \tag{78}$$

angegeben, wobei p_k in Atmosphären einzusetzen ist. Für die Umrechnung der Verdampfungswärme L_1 von einer Temperatur 1 auf eine andere Temperatur 2 gibt WATSON [38], [2] folgende Formel an:

$$\boxed{\frac{L_2}{L_1} = \left(\frac{T_k - T_2}{T_k - T_1}\right)^{0,38}}$$

1.8. Schmelzwärme

Für die Schmelzwärmen ΔH_{Sch} gilt die grobe Näherung

$$\frac{\Delta H_{Sch}}{T_{Sch}} \approx \text{const} \tag{79}$$

Allerdings treten hier sehr viel mehr individuelle Unterschiede als bei der Verdampfungswärme auf, so daß nur von einer sehr groben Relation gesprochen werden darf. Abweichungen sind von den Gittertypen, Modifikationen usw. abhängig. Abb. 11 entspricht der empirischen Beziehung

$$\boxed{\Delta H_{Sch}(\text{cal/mol}) \approx \frac{R}{2}\, T_{Sch}^{4/3}} \tag{80}$$

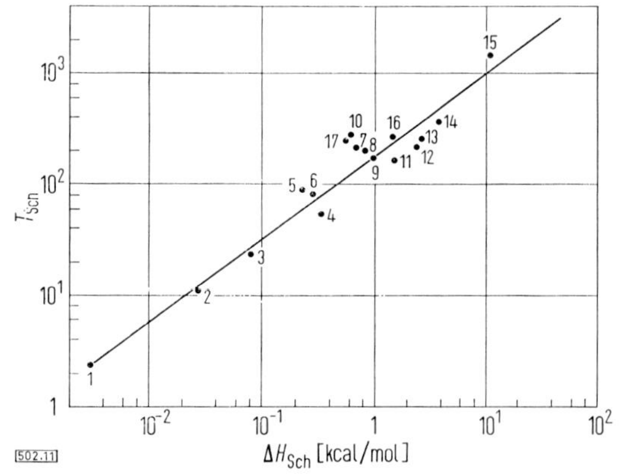

Abb. 11. Schmelzwärme in Abhängigkeit von T_{Sch} (Gl. 80 läßt sich in $\log \Delta H_{Sch} = \text{const.} + 4/3 \log T_{Sch}$ umformen) Die experimentellen Punkte bedeuten folgende Substanzen:

1 He, 2 H_2, 3 Ne, 4 F_2, 5 CH_4, 6 Ar, 7 HJ, 8 Rn, 9 CH_2Cl_2, 10 Cyclohexan, 11 Cl_2, 12 $CHCl_3$, 13 Br_2, 14 J_2, 15 Si, 16 H_2O, 17 CCl_4

Schlechtere Ergebnisse liefert die Näherungsformel

$$\Delta H_{\mathrm{Sch}} \approx \frac{5{,}7\,R}{2}\,T_{\mathrm{S}} \approx \frac{2{,}5\,R}{2}\,T_{\mathrm{k}} \tag{81}$$

1.9. Oberflächenenergie

Die Oberflächenspannung σ gibt die Energie in erg, die notwendig ist, um 1 cm^2 Oberfläche zu erzeugen. Diese Größe ist für Strukturdiskussionen eigentlich ungeeignet, obwohl sie in der Literatur häufig dazu verwendet wird. In 1 cm^2 sind nicht nur von Stoff zu Stoff verschieden viele Moleküle enthalten, sondern diese Zahl ändert sich für jede Substanz infolge der thermischen Ausdehnung auch stark mit der Temperatur. Für physikalisch-chemische Diskussionen ist daher die molare Oberflächenspannung $\sigma_{\mathrm{M}} = N_{\mathrm{L}}^{1/3} V^{2/3} \sigma$ vorzuziehen. Ist V das Molvolumen und N_{L} die LOSCHMIDTsche Zahl, so ist $N_{\mathrm{L}}^{1/3} V^{2/3}$ die Oberfläche eines Mols. σ_{M} gibt also die Energie an, die erforderlich ist, um 1 Mol Moleküle an die Oberfläche zu bringen. Für σ_{M} gilt eine einfache Temperaturabhängigkeit bis kurz vor dem kritischen Punkt:

$$\boxed{\sigma_{\mathrm{M}} = k_1 (T_{\mathrm{k}} - T)} \tag{82}$$

Entsprechend gilt:

$$\boxed{\sigma = \frac{const}{V^{2/3}} (T_{\mathrm{k}} - T)} \tag{83}$$

Die mechanisch gemessenen Größen σ_{M} bzw. σ werden als freie Energie aufgefaßt. Zur Umrechnung auf die eigentliche Oberflächenenergie U_{M} ist die GIBBS-HELMHOLTZsche Differentialgleichung heranzuziehen

$$U_{\mathrm{M}} = \sigma_{\mathrm{M}} - T\,\frac{\partial \sigma_{\mathrm{M}}}{\partial T} = N_{\mathrm{L}}^{1/3} V^{2/3} \left(\sigma - T\,\frac{\partial \sigma}{\partial T}\right) = k_1 T_{\mathrm{k}} \tag{84}$$

Eine einfache Abschätzung von k_1 ist wie folgt möglich: Wenn Z und X die Koordinationszahlen im Flüssigkeitsinnern und an der Oberfläche sind, so ist bei Überführung eines Mols vom Innern an die Oberfläche folgende Arbeit zu verrichten:

$$U_{\mathrm{M}} = \frac{Z - X}{2}\, f E_{\mathrm{pot}} \tag{85}$$

Mit der Näherung $E_{\mathrm{pot}} = \frac{3}{2} R T_{\mathrm{k}}$ wird

$$\boxed{U_{\mathrm{M}} = \frac{Z - X}{4}\, 3 f R T_{\mathrm{k}} = k_1 T_{\mathrm{k}}} \tag{86}$$

erhalten [26]. $(Z - X) f$ hat für nicht zu polare Moleküle Werte von 2,76 bis 2,98. Bei dichtester Kugelpackung wäre $Z = 12$ und $X = 9$, also $Z - X = 3$. Abb. 12 zeigt die Gültigkeit der Gl. (86) mit $k_1 = 9\,R/4$.

In Nähe der kritischen Temperatur wäre nach dem Löchermodell (s. S. 65) in Gl. (86) noch eine Korrektur $(1 - 2F)$ anzubringen. Ein Vergleich mit experimentellen

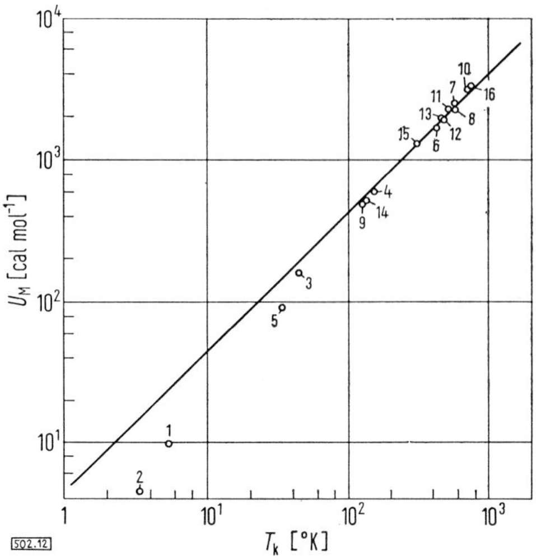

Abb. 12. Oberflächenenergie U_{M} als Funktion von T_{k}
———: $U_{\mathrm{M}} = \frac{9}{4} R T_{\mathrm{k}}$

Die experimentellen Punkte bedeuten folgende Substanzen:

1 He^4, 2 He^3, 3 Ne, 4 Ar, 5 H_2, 6 Cl_2, 7 C_6H_{12}, 8 CCl_4, 9 N_2, 10 Anilin, 11 Äthylacetat, 12 Methylformiat, 13 Diäthyläther, 14 CO, 15 CO_2, 16 Dimethylanilin

Daten zeigt, daß eine etwas kleinere Korrektur $(1 - 4F^2)$ günstiger wäre. Dies mag als Hinweis gelten, daß an der Oberfläche ein anderer Fehlstellenanteil herrscht als im Innern der Flüssigkeit im Einklang mit energetischen Erwartungen.

Eine grobe Näherung für die molare Oberflächenspannung σ_{M} ist durch

$$\frac{\sigma_{\mathrm{M}}}{\varrho_{\mathrm{Fl}} + \varrho_{\mathrm{D}} - 2\varrho_{\mathrm{k}}} = k_2 \tag{87}$$

gegeben, wobei $k_2 \approx \frac{9}{8}\,\frac{R T_{\mathrm{k}}}{\varrho_{\mathrm{k}}}$ ist.

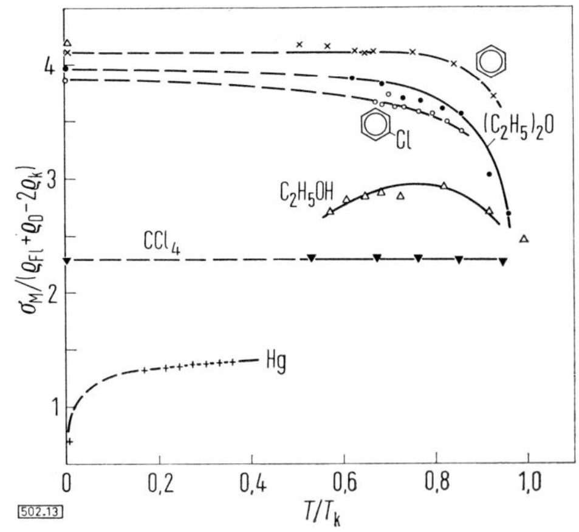

Abb. 13. $\dfrac{\sigma_{\mathrm{M}}}{\varrho_{\mathrm{FL}} + \varrho_{\mathrm{D}} - 2\varrho_{\mathrm{k}}}$ für einige Substanzen als Funktion von T/T_{k}

Abb. 13 zeigt, daß Formel (87) für unpolare Stoffe näherungsweise gilt, für stark polare Stoffe jedoch Abweichungen auftreten.

σ_M ist überall dort zu verwenden, wo es um Strukturdiskussionen geht. Die überragende Größe der Oberflächenspannung des Wassers gilt z. B. nur für σ und nicht für σ_M. Grund für den hohen Wert von σ ist vor allem die hohe Molekülzahl pro cm² beim Wasser. Seifenmoleküle erniedrigen wohl σ, aber nicht unbedingt σ_M.

Diskussion zur vorteilhaften Verwendung von σ_M auch bei Mischungen vgl. [26].

Zur Berechnung der Oberflächenspannung aus Molrefraktion R_D, Brechungsindex n und Parachor P wird die Formel

$$\sigma = \frac{P}{R_D} \frac{(n^2-1)}{(n^2+2)} \left[\frac{\text{dyn}}{\text{cm}}\right] \tag{88}$$

angegeben [2], [39], [40]. R_D und P können aus Atominkrementen berechnet werden [2].

1.10. Gültigkeitsbereich empirischer Gleichungen

In vielen der wiedergegebenen Formeln ist enthalten, daß RT_k ein Maß für die zwischenmolekularen Kräfte ist (vgl. S. 56, s. a. [26]). Dies gilt zunächst nur für unpolare Moleküle. Abweichungen von den Formeln sind besonders für alle Stoffe zu erwarten, deren zwischenmolekulare Kräfte dominierend durch Wasserstoffbrücken bestimmt werden.

Die Abweichungen werden demnach auch stark temperaturabhängig sein. Z. B. treten bei Alkoholen oberhalb Zimmertemperatur starke Abweichungen von der Temperaturkonstanz von U_M nach Gl. (84) auf. Bei niedrigeren Temperaturen ist U_M dagegen für alle Alkohole temperaturunabhängig. Modellmäßig ist dies so zu verstehen, daß die Energie der Wärmebewegung bei kleinen T nicht ausreicht, Wasserstoffbrücken zu öffnen; Umorientierungen und damit auch Oberflächenvergrößerungen sind nur durch Lösen von Dispersionskräften möglich. Bei $T < 280\,°K$ verhalten sich demnach Alkohole oft wie unpolare Stoffe hinsichtlich zwischenmolekularer Eigenschaften.

Da bei Alkoholen sowohl Dispersionskräfte der hydrophoben Gruppen als auch H-Brücken eine Rolle spielen, ist verständlich, daß sich sogar T_k von Methanol stark von T_k vom Wasser unterscheidet, obwohl die H-Brückenwechselwirkung pro OH-Gruppe bei beiden Stoffen etwa gleich ist.

Bei Wasserstoffbrückenbildnern sind im Löchermodell neben den Lochfehlstellen noch Orientierungsfehlstellen zu diskutieren [41].

2. Abschätzungen thermodynamischer Funktionen

2.1. Molwärmen idealer Gase und realer Flüssigkeiten

Die Molwärme idealer Gase setzt sich bekanntlich aus drei Termen zusammen, dem Translationsanteil $3/2\,RT$, dem Rotationsanteil $1/2\,RT$ für jede Rotationsachse und dem Schwingungsanteil RT pro voll angeregten Schwingungsfreiheitsgrad.

Die meisten Schwingungsfreiheitsgrade sind im normalen Temperaturbereich nicht voll angeregt; für die auf einen Schwingungsfreiheitsgrad entfallende Molwärme C_{Schw} gilt die durch die Planck-Einstein-Funktion dargestellte Temperaturabhängigkeit:

$$C_{Schw} = R \left(\frac{h\nu}{kT}\right)^2 e^{\frac{h\nu}{kT}} \left(e^{\frac{h\nu}{kT}} - 1\right)^{-2} \tag{89}$$

Da diese Funktion kompliziert zu berechnen ist (tabellierte Werte zur Berechnung s. [43]), begnügt man sich in vielen Fällen mit einer Potenzreihenentwicklung:

$$C_{Schw} = A + BT + CT^2 \tag{90}$$

Gl. (90) ist für praktische Berechnungen gut brauchbar. Für die drei Konstanten hat Dobratz additive Inkrementfunktionen verschiedener Bindungen angegeben ([42], s. a. [1]). In Tab. 7 sind einige derartige Werte zu-

Tab. 7. Bindungsinkremente zur Berechnung von Schwingungswärmen nach Dobratz

Bindung	Valenz				Deformation			
	ω_v [1]	A	$B \times 10^3$	$C \times 10^6$	ω_δ [2]	A	$B \times 10^3$	$C \times 10^6$
C−I, S−S	500	0,181	4,664	−3,338	260	1,461	1,730	−1,272
C−Br	560	−0,073	5,158	−3,591	280	1,242	2,046	−1,501
C−Cl, C−S	650	−0,562	6,385	−4,495	330	1,023	2,590	−1,874
C−C, C−N, N−N	990	−1,090	6,000	−3,441	390	0,730	3,414	−2,577
C−O, N−O	1030	−1,173	6,132	−3,555	205	1,461	1,633	−1,414
C−F, C=S	1050	−1,128	5,845	−3,253	530	0,011	5,119	−3,699
C=C, C≡N	1620	−0,432	1,233	0,935	845	−1,140	7,254	−4,936
C=O, N=O	1700	−0,324	0,724	1,308	390	0,730	3,414	−2,577
S−H	2570	0,129	−1,333	2,263	1050	−1,128	5,845	−3,253
C−H, N−H	2920	0,229	−1,224	1,658	1320	−0,938	3,900	−1,342
O−H	3420	0,150	−0,810	1,055	1150	−1,135	5,363	−2,740

1 und 2 Wellenzahl für Valenzschwingung bzw. Deformationsschwingung in cm⁻¹.

sammengestellt, sie gelten streng nur für die mitaufgeführten Schwingungsfrequenzen.

Die Molwärme C_p bei konstantem Druck berechnet DOBRATZ [42] nach

$$C_p = 4R + (m/n)R + \Sigma q_i C_{\nu i} + \\ + [(3n - 6 - m - \Sigma q_i)/\Sigma q_i] \Sigma q_i C_{\delta i} \quad (91)$$

$$C_p = 4R + (m/n)R + \Sigma q_i C_{\nu i} + C_\delta^* \quad (92)$$

n ist hier die Zahl der Atome des Moleküls, m die Zahl der frei rotierenden Bindungen, q_i die Zahl der Bindung vom Typ i, $C_{\nu i}$ die EINSTEIN-Funktion der Valenzschwingungen (Gl. 89) und $C_{\delta i}$ die EINSTEIN-Funktion der Knickschwingungen.

Beispiel: Berechnung der Molwärme von Propan, vgl. [1]:

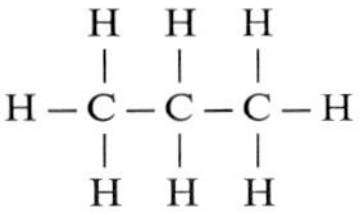

$n = 11;\ m = 2;\ \Sigma q_i = 10;$

$(3n - 6 - m - \Sigma q_i)/\Sigma q_i = (33 - 6 - 2 - 10)/10 = 1{,}5$

Für die Valenzschwingung gilt:

$\Sigma q_i C_{\nu i} = 8$ Anteile für C—H-Bindungen $+ 2$ Anteile für C—C-Bindungen

$$= 8(0{,}229 - 1{,}224 \cdot 10^{-3}T + 1{,}658 \cdot 10^{-6}T^2) \\ + 2(-1{,}090 + 6{,}00 \cdot 10^{-3}T - 3{,}441 \cdot 10^{-6}T^2) \\ = (-0{,}348 + 2{,}208 \cdot 10^{-3}T - 3{,}441 \cdot 10^{-6}T^2)$$

Für die Deformationsschwingungen gilt:

$$C_{\delta i}^* = 1{,}5\,[8(-0{,}938 + 3{,}900 \cdot 10^{-3}T - 1{,}342 \cdot 10^{-6}T^2) + \\ + 2(0{,}730 + 3{,}414 \cdot 10^{-3}T - 2{,}577 \cdot 10^{-6}T^2)]$$

Mit diesen Werten erhält man nach Gl. (91)

$$C_p = 0{,}521 + 59{,}25 \cdot 10^{-3}T - 17{,}453 \cdot 10^{-6}T^2$$

Andere Werte für die Schwingungsfrequenzen einzelner Bindungen vgl. [1], [44], [45], [46]. Für reine Kohlenwasserstoffe wurde eine Reihe noch stärker spezifizierter Methoden zur Berechnung der Molwärmen angegeben [47], [48], [49].

SAKIADIS und COATES ([50], s. a. [1]) haben die von DOBRATZ für ideale Gase abgeleiteten Inkrementfunktionen auf *reale Flüssigkeiten* erweitert. Weitere Methoden zur Berechnung der Molwärme von realen Flüssigkeiten vgl. [1], [51], [52], [38].

Zur Umrechnung von C_p und C_V von Flüssigkeiten ineinander sind folgende Formeln geeignet [1]:

$$\left(\frac{C_p}{C_V} - 1\right) = T\left(\frac{V_0}{V}\right)^2 \frac{\alpha^2 U^2 M}{C_p \cdot 4{,}186 \cdot 10^7} \quad (93)$$

mit U Schallgeschwindigkeit, M Molmasse,

$$\alpha = \frac{1}{V_0}\left(\frac{\partial V}{\partial T}\right)_p$$

$$C_p - C_V = \frac{RT}{s\varrho_r^2} \frac{\left(\frac{\partial \varrho_r}{\partial T_r}\right)_{p_r}^2}{\left(\frac{\partial \varrho_r}{\partial p_r}\right)_{T_r}} \quad (94)$$

s s. S. 56. Der Index r bedeutet auf kritische Größen reduzierte Variablen.

Einfluß des Druckes auf die Wärmekapazität vgl. [2].

2.2. Bildungsenthalpien

Für die Beurteilung chemischer Reaktionen sind die Bildungsenthalpie ΔH und die freie Enthalpie ΔG wichtig. Für zahlreiche Verbindungen sind ΔH_{25}^0, S_{25}^0, ΔG_{25}^0 bzw. $\Delta G_{25}^0/T$ und C_p^0*) in umfangreichen Tabellenwerken zusammengestellt (vgl. z. B. [43]). Falls die Werte nicht bekannt sind, lassen sie sich aus additiven Inkrementwerten voraus berechnen. Die Inkrementaufgliederung ist hierbei ähnlich wie bei der Berechnung von T_k (s. S. 56), weil als T_k, Auswirkung zwischenmolekularer Wechselwirkungen, und thermodynamische Größen chemischer Reaktionen letzten Endes beide auf die Struktur der Elektronenhüllen zurückgehen. Im LANDOLT BÖRNSTEIN [43] sind Inkremente für funktionelle Gruppen in aliphatischen Ketten und in cycloaliphatischen, aromatischen und heterocyclischen Ringen angegeben. Für Verzweigungen und Substitutionen sind Korrekturen anzubringen.

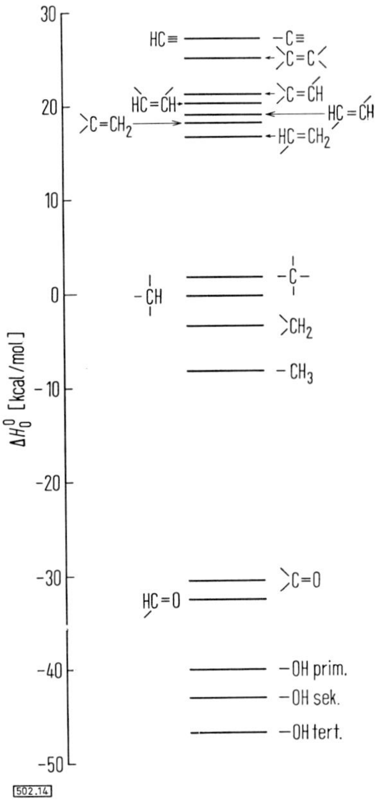

Abb. 14. Gruppeninkremente zur Berechnung von ΔH_0^0 (nach FRANKLIN [54])

* Der hochgestellte Index 0 bedeutet Standardzustand (reine Substanz, bei Gasen idealer Gaszustand, $p = 1$ atm), der tiefgestellte Index die Temperatur. ΔH_{25}^0 ist z. B. die auf den Standardzustand bezogene Bildungsenthalpie eines Moles aus den im Standardzustand befindlichen Elementen (z. B. Graphit, bei Gasen Elementmoleküle, wie H_2, O_2 usw.) bei 25°C.

Eine Zusammenstellung der ΔU_0^0-Werte einfacher, organischer Moleküle zeigt, daß die meisten organischen Moleküle bei 0 °K im Standardzustand metastabil sind (entsprechend einem positiven ΔU_0^0). Das gilt auch für viele Inkremente einzelner organischer Gruppen, vgl. Abb. 14, in der ΔH_0^0-Gruppeninkremente zusammengestellt sind (ΔU_0^0 und ΔH_0^0 sind identisch). Stark negative Werte für ΔH_0^0 besitzen danach Stoffe mit OH- oder C=O-Gruppen. Nicht eingezeichnet wurde aus Maßstabsgründen der Wert −93,1 kcal/mol für die Carbonsäuregruppierung −COOH.

Aus den in Abb. 14 angegebenen Inkrementen kann ΔH_0^0 für einzelne Moleküle berechnet werden.

Beispiele:

1. C_2H_5OH

CH_3		− 8,26
CH_2		− 3,673
OH		− 40,1
ΔH_0^0	=	− 52,03 kcal/mol

2. C_5H_{12}

$2\,CH_3$		− 16,52
$3\,CH_2$		− 11,01
ΔH_0^0	=	− 27,53 kcal/mol

3. Benzol

$C-H_{aromat}$	=	4
ΔH_0^0	=	24 kcal/mol

4. $H_2C{=}CH-CH_3$

$H_2C{=}C{<}^{H}$		16,73
CH_3		− 8,26
ΔH_0^0	=	8,47 kcal/mol

5. 1-Decen

$H_2C{=}C{<}^{H}$		16,73
$7\,CH_2$		− 25,91
$1\,CH_3$		− 8,26
ΔH_0^0	=	− 17,44 kcal/mol

6. $CH_3-\overset{\overset{\displaystyle O}{\|}}{C}-CH_3$

$-\overset{\overset{\displaystyle O}{\|}}{C}-$		− 30,6
$2\,CH_3$		− 16,52
ΔH_0^0	=	− 47,12 kcal/mol

Aus ΔH_0^0 und der Temperaturabhängigkeit der Molwärmen lassen sich die entsprechenden Enthalpiewerte für andere Temperaturen berechnen:

$$\Delta H_T^0 = \Delta H_0^0 + \int_0^T \Delta C_p \,\mathrm{d}T \tag{95}$$

ΔC_p bedeutet hierin die Differenz der (temperaturabhängigen) Molwärmen des Reaktionsproduktes und der Ausgangsstoffe.

Von einigen Autoren sind ΔH_T^0-Werte für verschiedene Temperaturen als Inkrementfunktionen tabelliert worden, so daß in vielen Fällen eine direkte Berechnung von ΔH_T^0 vorzuziehen ist. Entsprechende Inkrementfunktionen nach Werten von VAN KREVELEN und CHERMIN [53] sowie von FRANKLIN [54] s. LANDOLT-BÖRNSTEIN [43]. Neben den Bindungsinkrementen sind dort auch noch Korrekturen für verzweigte und cyclische Molekeln zu finden. Die Tabellen sind sowohl in kcal/mol als auch in kJoule/mol angelegt. Zusammenstellung von C_p, ΔH_T^0 und ΔG_T^0 für einfache Stoffe s. a. ZEISE [55].

Weitere Vorschläge. VERMA und DORAISWAMY [56] haben die Temperaturabhängigkeit der Enthalpie in die Bindungsinkremente eingeschlossen: $\Delta H_T^0 = A + BT$. A- und B-Werte verschiedener Bindungstypen sind dann von den Autoren jeweils im Bereich 300° bis 750 °K und 750° bis 1500 °K tabelliert worden [56], [1].

SOUDERS, MATTHEWS und HURD haben dagegen Gruppeninkremente der Enthalpie für 298 °C tabelliert und die Temperaturabhängigkeit durch tabellierte Werte der Molwärmenintegrale berücksichtigt [57], [1]. Weitere Verfahren wurden von ANDERSON, BEYER und WATSON [19], [58] angegeben. Diskussion der verschiedenen Verfahren und ihrer Fehlergrenzen s. REID und SHERWOOD [1].

2.3. Freie Enthalpie

Die freie Enthalpie ΔG^0 einer Reaktion ist direkt proportional zur chemischen Gleichgewichtskonstante K_p:

$$\Delta G^0 = \Delta H^0 - T\Delta S^0 = -RT \ln K_p = -2{,}3026\,RT \log K_p \tag{96}$$

Bei einer Potenzreihenentwicklung für die Änderung ΔC_p der Molwärmen bei der Reaktion (s. o.) entsprechend

$$\Delta C_p = \Delta a_0 + \Delta a_1 T + \Delta a_2 T^2 + \dots \tag{97}$$

ist ferner

$$\Delta H^0 = \Delta H_0^0 + \int_0^T \Delta C_p \,\mathrm{d}T = \Delta H_0^0 + \Delta a_0 T + \tfrac{1}{2}\Delta a_1 T^2 + \tfrac{1}{3}\Delta a_2 T^3 + \dots$$

Damit folgt aus

$$\frac{\Delta G^0}{T} = -\int_0^T \frac{\Delta H^0}{T^2}\,\mathrm{d}T + \text{const} \tag{98}$$

$$\boxed{\Delta G^0 = \Delta H_0^0 - \Delta a_0 T \ln T - \frac{\Delta a_1}{2}\,T - \frac{\Delta a_2}{6}\,T^2 - \dots + const \cdot T} \tag{99}$$

Beispiel: Berechnung von ΔG^0 und ΔH^0 für die Reaktion

$$H_2 + 1/2\,O_2 \rightleftarrows H_2O$$

Die Potenzreihen für die Molwärme der Reaktionspartner seien durch folgende Näherungen darstellbar:

$$\begin{aligned}
H_2&: \; C_p = 6{,}50 + 0{,}0009\,T\\
O_2&: \; C_p = 6{,}50 + 0{,}001\,T\\
\tfrac{1}{2}O_2&: \; C_p = 3{,}25 + 0{,}0005\,T\\
H_2O&: \; C_p = 8{,}81 - 0{,}0019\,T + 2{,}22 \cdot 10^{-6}\,T^2
\end{aligned}$$

Also ist

$$\Delta C_p = -0{,}94 - 3{,}3 \cdot 10^{-3}\,T + 2{,}22 \cdot 10^{-6}\,T^2 \quad (100)$$

$$\Delta H^0 = \Delta H_0^0 - 0{,}94\,T - 1{,}7 \cdot 10^{-3}\,T^2 + 7{,}4 \cdot 10^{-7}\,T^3 \quad (101)$$

Zur Berechnung von ΔH^0 muß die Enthalpie bei einer Temperatur bekannt sein. Aus der Bildungswärme des flüssigen Wassers bei 25 °C, $\Delta H^0(298\,°K) = -68{,}27$ kcal/mol, und der Verdampfungswärme +10,45 kcal/mol des Wassers bei 25 °C ergibt sich

$$\Delta H^0(298\,°K) = -68{,}27 + 10{,}45 = -57{,}82\,\text{kcal/mol}$$

Mit Gl. (101) erhält man

$$-57{,}82 = \Delta H_0^0 - 0{,}94 \cdot 298 - 1{,}7 \cdot 10^{-3} \cdot 298^2 + 7{,}4 \cdot 10^{-7} \cdot 298^3$$

$$\Delta H_0^0 = -57{,}41\,\text{kcal/mol}$$

$$\Delta G^0 = -57{,}41 + 0{,}94\,T \ln T + 1{,}7 \cdot 10^{-3}\,T^2 - 3{,}7 \cdot 10^{-7}\,T^3 + \text{const} \cdot T$$

Die in der letzten Gleichung auftretende Konstante kann nach Gl. (96) aus der Gleichgewichtskonstanten bei einer Temperatur bestimmt werden. Aus der Lage der Wasserdissoziation bei 1400 °K errechnet sich $K_p = 3{,}81$.

Ähnliche Potenzreihen für ΔG^0 der verschiedensten Reaktionen sind in der Literatur zusammengestellt [59], [60].

Für eine ganze Reihe von Stoffen wurden die Konstanten der Gl. (99) tabelliert (vgl. z. B. [55], [61]). Für homologe Stoffreihen hängt ΔG_T^0 und damit auch $\log K_p$ systematisch von der Moleküllänge ab (vgl. Abb. 15). Für gestreckte Paraffine kann daher ΔG^0 näherungsweise als Funktion der Kohlenstoffzahl n angegeben werden [59], [61], [62]:

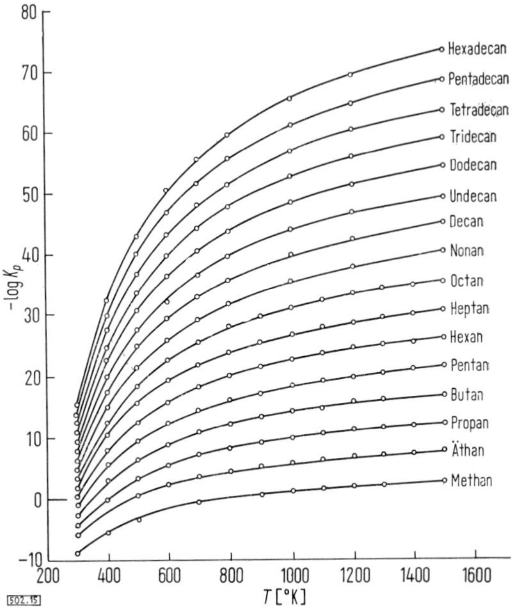

Abb. 15. -log K_p für die Bildung paraffinischer Kohlenwasserstoffe nach $xC + (x+1)H_2 \rightleftharpoons C_xH_{2(x+1)}$ in Abhängigkeit von der Temperatur

$$\boxed{\Delta G^0(\text{cal/mol}) = -10550 - 5890\,n + 25{,}2\,nT - 2{,}2\,T} \quad (102)$$

Für 1-Olefine gilt für $n > 2$ [62]:

$$\boxed{\Delta G^0 = 20301 - 5835\,n + 24{,}52\,nT - 33{,}26\,T} \quad (103)$$

Inkrementfunktionen. Aufgrund derartiger Zusammenhänge können schließlich auch für einzelne Bindungen Inkrementfunktionen für ΔG^0 angegeben werden. Z. B. wurden von Fuchs und Sandhoff [63] und von Bruins und Czarnecki [64] folgende Funktionen angegeben:

$$\Delta G^0(C{-}H) = -3845 + 3{,}0\,T \ln T - 0{,}002\,T^2 - 13{,}7\,T \quad (104)$$

$$\Delta G^0(C{-}C) = +4440 + 0{,}4\,T \ln T + 0{,}002\,T^2 + 9{,}5\,T \quad (105)$$

$$\Delta G^0(C{=}C) = +28020 + 2{,}8\,T \ln T - 0{,}001\,T^2 - 24{,}9\,T \quad (106)$$

$$\Delta G^0(C{-}CH_3) = -7620 + 10{,}4\,T \ln T - 0{,}006\,T^2 - 36{,}1\,T \quad (107)$$

$$\Delta G^0(C{-}OH) = -34984 + 5{,}18\,T \ln T - 0{,}0033\,T^2 - 3{,}18 \cdot 10^{-7}\,T^3 - 18{,}6\,T \quad (108)$$

$$\Delta G^0(C{-}CHO) = +22933 - 12{,}91\,T \ln T + 0{,}00684\,T^2 - 5{,}6 \cdot 10^{-7}\,T^3 + 50{,}13\,T \quad (109)$$

$$\Delta G^0(C{-}COOH) = -89867 + 6{,}29\,T \ln T - 0{,}0068\,T^2 - 5{,}6 \cdot 10^{-7}\,T^3 - 7{,}37\,T \quad (110)$$

Um z. B. ΔG^0 für die Bildung von Benzol zu berechnen, muß zusätzlich noch der Anteil der Resonanz bei der Bildung des aromatischen Systems berücksichtigt werden. Dieser Anteil beträgt

$$\Delta G_R^0 = -49910 - 8T\ln T - 0{,}005T^2 + 41{,}4T \qquad (111)$$

Berechnung des Benzols aus Gl. (104), (105), (106) und (111):

	$\Delta G_R^0 = -49910 - 8\;T\ln T - 0{,}005T^2 + 41{,}4T$
6C−H	$\Delta G^0 = -23070 + 18\;T\ln T - 0{,}012T^2 - 82{,}2T$
3C−C	$\Delta G^0 = +13320 + 1{,}2T\ln T + 0{,}006T^2 + 28{,}5T$
3C=C	$\Delta G^0 = +84060 + 8{,}4T\ln T - 0{,}003T^2 - 74{,}7T$
C_6H_6	$\Delta G^0 = 24400 + 19{,}6T\ln T - 0{,}014T^2 - 87{,}0T$

Entsprechende Formeln zur Berechnung von ΔG^0 für Reaktionsprodukte mit C=O, C−Cl und C−O−C-Gruppierungen wurden von FALKOWSKI [65] angegeben.

Im LANDOLT-BÖRNSTEIN [43] sind die etwas verschiedenen Inkrementvorschläge von VAN KREVELEN und CHERMIN [53] und von FRANKLIN [54] für ΔG_T^0-Werte bei 298°, 400°, 500°, 600°, 800°, 1200° und 1500°C getrennt tabelliert. Bei Verwendung dieser Tabellen ist darauf zu achten, daß bei einer Rechnung nur Werte einer Autorengruppe herangezogen werden. Neben Werten für Einfachbindungen sind dort Werte für Doppelbindungen, aromatische Bindungen, cycloaliphatische Gruppierungen usw. angegeben. Wegen des Entropietherms in ΔG^0 ist in allen Berechnungen noch eine Symmetriekorrektur $RT\ln s$ anzubringen, wobei s die Anzahl der identischen Raumorientierungen bei Rotation des starren Moleküls um eine (bzw. mehrere) Symmetrieachse ist (vgl. Tab. 8). Im LANDOLT-BÖRNSTEIN ist gleich der Wert von $RT\ln s$ für die oben genannten Temperaturen tabelliert. Bei größeren Molekülen ist die Berechnung von s etwas kompliziert. Jedoch macht eine Vernachlässigung von s bei ihnen im allg. weniger aus als bei kleineren Molekülen, wie aus den folgenden Beispielen hervorgeht, welche die Benutzung der im LANDOLT-BÖRNSTEIN angegebenen Tabellen veranschaulichen (dabei sind die dort verwendeten Symbole für aromatische CH usw. verwendet).

Tab. 8. Symmetriefaktor s für einige Beispiele

Molekül	s
Methan	12
Äthan und n-Paraffine	2
2-Methylpropan	3
2,2-Dimethylpropan	12
1,3-Butadien	2
Methylcyclohexan	1
trans-1,4-Dimethylcyclohexan	2
tert-Butylalkohol	1
Chinolin	1
Mesithylen	6
2,2,3,3-Tetramethylbutan	6

Beispiele (ΔG^0 jeweils in kcal/mol)

1. Berechnung von ΔG_{298}^0 von Propan

$2CH_3$:	−8,28
$1CH_2$:	+2,05
$s=2$; $RT\ln s$:	+0,41
$\Delta G_{298}^0 =$	−5,82
also $\log K_p =$	4,42

2. Berechnung von ΔG_{1000}^0 für 2,2,3,3-Tetramethylbutan

```
      CH3 CH3
       |   |
CH3 — C —— C — CH3
       |   |
      CH3 CH3
```

$6(-CH_3)$:	$6(+12{,}38) =$	+ 74,28
$2\;-\overset{|}{\underset{|}{C}}-$:	$2(+34{,}60) =$	+ 69,20
Korrektur für 2 benachbarte $-\overset{|}{\underset{|}{C}}-$:		+ 7,00
	$s=6$; $RT\ln s$:	+ 3,58
	$\Delta G_{1000}^0 =$	+ 154,06

3. Berechnung von ΔG_{1000}^0 für Mesithylen

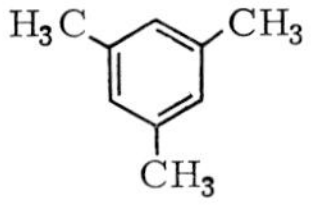

$3CH_3$:	3(12,38) =	37,14
3 konjugierte ↖↘CH↙↗:	3(9,56) =	28,68
3 konjugierte ↖↘C↕− :	3(14,76) =	44,28
$s=6$; $RT\ln s$:		3,58
$\Delta G_{1000}^0 =$		113,68

4. Berechnung von ΔG_{298}^0 und ΔG_{1000}^0 für Anthracen

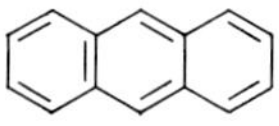

	298°	1000°
10 aromat. ↖↘CH↙↗:	10(4,84) = 48,4	10(9,56) = 95,6
4 aromat. ↖↘C↔↙↗ zwischen aromat. Ringen:	4(5,43) = 21,72	4(9,18) = 36,72
$s=4$; $RT\ln s$:	0,28	2,76
	$\Delta G_{298}^0 = 70{,}94$	$\Delta G_{1000}^0 = 135{,}08$

5. Berechnung von ΔG^0_{298} und ΔG^0_{1000} für 1,1-Dimethylclyclohexan

	298°	1000°
5 CH_2:	5(2,05) = 10,25	5(19,58) = 97,90
1 –C–:	11,44	34,60
2 $-CH_3$:	2(–4,14) = –8,28	2(12,38) = 24,76
Korrektur für aliphat. Ring:	–6,35	–17,85
	ΔG^0_{298} = 7,07	ΔG^0_{1000} = 139,41

Die theoretischen Werte sind $\Delta G^0_{298} = 8{,}4$ kcal/mol und $\Delta G^0_{1000} = 141{,}4$ kcal/mol.

Neben den Inkrementfunktionen für diskrete Temperaturen haben VAN KREVELEN und CHERMIN [53] auch Inkremente für die Funktion $\Delta G^0_T = A + B 10^{-2} T$ in Form von Mittelwerten für den Temperaturbereich 300 – 600° und 600 – 1500°K angegeben. Die Werte *A* und *B* sind im LANDOLT-BÖRNSTEIN gleichfalls tabelliert.

Beispiele

1. Berechnung von $\Delta G^0_{300-600}$ für 2,2-Dimethylpropan $C(CH_3)_4$

4 CH_3:	$-43{,}32 + 8{,}68 \cdot 10^{-2} T$
1 –C–:	$3{,}06 + 3{,}636 \cdot 10^{-2} T$
$s = 12$; $RT \ln s$:	$0{,}494 \cdot 10^{-2} T$
$\Delta G^0_{300-600}$ =	$-40{,}26 + 12{,}81 \cdot 10^{-2} T$

2. Berechnung $\Delta G^0_{600-1500}$ für 1,3-Butadien $H_2C{=}CH{-}CH{=}CH_2$

$2 CH_2 \leftrightarrow$:	$17{,}96 + 2{,}394 \cdot 10^{-2} T$
$2 HC \leftrightarrow$:	$24{,}8 + 2{,}84 \cdot 10^{-2} T$
$s = 2$; $RT \ln s$:	$0{,}138 \cdot 10^{-2} T$
$\Delta G^0_{600-1500}$ =	$42{,}76 + 5{,}37 \cdot 10^{-2} T$

(Verwendet wurden hier die im LANDOLT-BÖRNSTEIN angegebenen Werte, die für den Fall konjugierter Doppelbindungen wesentlich von den Daten in der Originalarbeit (45) abweichen.)

3. Berechnung von $\Delta G^0_{300-600}$ für Chinolin

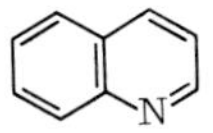

7 HC:	$21{,}7 + 4{,}27 \cdot 10^{-2} T$
2 $\leftrightarrow$C:	$4{,}52 + 1{,}12 \cdot 10^{-2} T$
1 N:	$11{,}32 + 1{,}11 \cdot 10^{-2} T$
$s = 1$; $RT \ln s$:	0
$\Delta G^0_{300-600}$ =	$37{,}54 + 6{,}50 \cdot 10^{-2} T$

Fehler in der Berechnung von ΔG^0 wirken sich naturgemäß recht empfindlich auf die Genauigkeit von K_p aus. REID und SHERWOOD [1] haben die mittleren Fehler der Methode von VAN KREVELEN bei kleineren Molekülen zu 2,3 kcal/mol bestimmt.

Bei vielen Reaktionen ist das Reaktionsgleichgewicht in weiten Temperaturbereichen weitgehend auf die eine Seite verschoben. Nur im Bereich $2 > \log K_p > -2$ liegen im allg. alle Reaktionspartner im Gleichgewicht in ähnlicher Menge vor. Diese Bedingung ist meistens nur über einen Temperaturbereich von etwa 200° gegeben (vgl. Abb. 16). In den übrigen Temperaturbereichen ist also die Kenntnis von ΔG^0 von untergeordnetem Interesse für die Praxis.

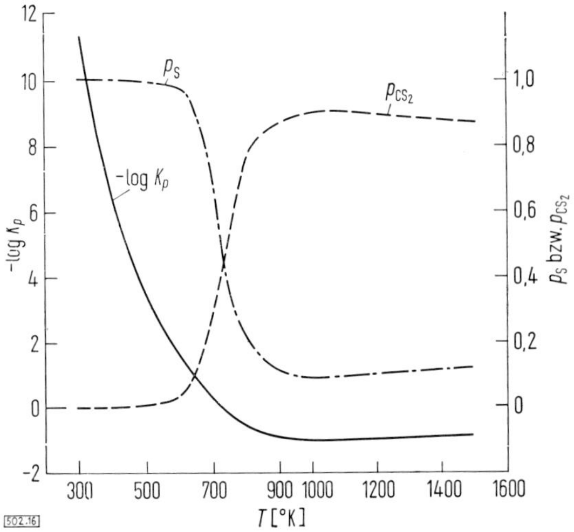

Abb. 16. $-\log K_p$ und Partialdrucke der Reaktion $C + 2S \rightleftharpoons CS_2$ in Abhängigkeit von der Temperatur

Um die Richtigkeit der berechneten ΔG^0-Werte zu kontrollieren, kann man ΔG^0 auch über die etwas umständlichere Berechnung von ΔH^0 nach Gl. (95) ermitteln. Wegen $\Delta G^0 = \Delta H^0 - T\Delta S^0$ muß dann auch die *Entropieänderung* bekannt sein. ΔS^0_{298} wurde von SOUDERS, MATTHEWS und HURD [57] gleichfalls in Bindungsinkremente zerlegt. Die Berechnung von *S* für andere Temperaturen ist dann über $\left(\frac{\partial S^0}{\partial T}\right)_p = C^0_p/T$ möglich. Auch hierfür haben die genannten Autoren die auf die Schwingung und die innere Rotation entfallenden Anteile für die einzelnen Bindungen im Temperaturbereich 300 – 2000°K tabelliert [57], [1]. Eine andere Methode, Entropien aus Gruppeninkrementen zu berechnen, stammt von ANDERSON, BEYER und WATSON [19], [1]. REID und SHERWOOD geben die mittleren Fehler für die nach dieser Methode berechneten ΔG^0-Werte mit 2,2 kcal/mol und für die nach SOUDERS, MATTHEWS und HURD berechneten ΔG^0-Werte reine Kohlenwasserstoffe mit 0,03 kcal/mol an.

3. Methoden zur Aufstellung empirischer Gleichungen

Für viele Experimentalwissenschaften ist es wichtig, experimentelle Meßwerte in mathematische Gleichungen zu kleiden. Das gilt für die Suche nach theoretischen Zusammenhängen, für Optimierungsaufgaben und für Interpolationen. Im folgenden werden einige Anleitungen gegeben, die sich auf die ausführliche Darstellung von DAVIS [66] stützen. Beispiele und Übungen s. [66], RUNNING [67], SCHRUTKA [68].

3.1. Linearisierung

Zunächst wird man nach linearen Zusammenhängen suchen:

$$y = a + bx \tag{112}$$

a) Die einfachste Methode ist die graphische Auftragung von y gegen x. Liegen die Punkte so, daß man näherungsweise eine Gerade durch sie ziehen kann, läßt sich a und b leicht aus Ordinatenabschnitt und Steigung ablesen. Die Methode ist zwar schnell und relativ zuverlässig, genauer kann man die Werte für a und b jedoch rechnerisch bestimmen. Hierzu werden zwei Gleichungen mit den beiden Unbekannten a und b benötigt. Man erhält sie durch Addition der Daten zweier aus den Meßwerten gebildeten Gruppen:

$$\sum_1^n y_i = na + b \sum_1^n x_i \tag{113}$$

$$\sum_{n+1}^m y_i = [m - (n+1)]a + b \sum_{n+1}^m x_i \tag{114}$$

Hierbei ist es gleichgültig, welche Gruppenbildung man wählt, sofern die Meßfehler rein statistisch schwanken. Man kann z. B. nach Durchnumerierung der Werte in den einzelnen Meßreihen alle gradzahlig numerierten Werte und alle ungradzahlig numerierten auswählen oder auch die erste und die zweite Hälfte usw. Aus diesen beiden Gleichungen kann dann a und b berechnet werden.

Ein noch besseres und theoretisch fundiertes Verfahren ist die Methode der kleinsten Fehlerquadrate nach GAUSS. Die Größen a und b in Gl. (113) müssen so gewählt werden, daß die nach Gl. (113) aus x berechneten Werte von y den tatsächlich gefundenen im Mittel möglichst nahekommen, d. h., daß die Summe der Quadrate der Abweichungen zwischen den gemessenen und den berechneten Werten ein Minimum wird. Diese Forderung wird erreicht, indem man die partiellen Ableitungen der genannten Summe nach a und nach b bildet und gleich Null setzt. Man erhält zwei Gleichungen:

$$\sum_1^n y_i = na + b \sum_1^n x_i \tag{115}$$

$$\sum_1^n x_i y_i = a \sum_1^n x_i + b \sum_1^n x_i^2 \tag{116}$$

und daraus durch Umformen:

$$b = \frac{n \sum_1^n x_i y_i - \sum_1^n x_i \sum_1^n y_i}{n \sum_1^n x_i^2 - \sum_1^n x_i \sum_1^n x_i} \tag{117}$$

$$a = \frac{\sum_1^n y_i - b \sum_1^n x_i}{n} \tag{118}$$

Für einige Tischcomputer gibt es bereits Programme zur Berechnung linearer Regressionen aus den vorhandenen Tabellen der Meßwerte.

b) Erhält man beim Auftragen von $\frac{1}{y}$ gegen $\frac{1}{x}$ eine Gerade

$$\frac{1}{y} = \frac{a}{x} + b \tag{119}$$

so liegt eine Gleichung der Form (120) vor:

$$y = \frac{x}{a + bx} \tag{120}$$

Zur Bestimmung von a und b können die üblichen, bereits besprochenen Verfahren angewendet werden.

3.2. Logarithmische Linearisierung

a) Der nächstschwierigere Schritt ist der Versuch, die Meßdaten durch eine Potenzfunktion darzustellen:

$$y = cx^b \tag{121}$$

Auch die Richtigkeit dieses Ansatzes läßt sich durch Linearisierung prüfen. Dazu trägt man entweder x gegen y auf doppelt logarithmischem Papier auf, oder man schreibt obige Gleichung um in

$$\log y = \log c + b \log x = a + b \log x \tag{122}$$

und zeichnet mit den aus Tabellen ermittelten Werten von $\log x$ und $\log y$ die Gerade (122) auf gewöhnlichem Millimeterpapier. Die Konstanten c und b können nach den drei im Abschn. 3.1 angegebenen Methoden bestimmt werden. Abb. 17 und 18 geben einen Überblick über den Kurvenverlauf der Gl. (121).

b) Falls Gl. (122) bzw. (121) nicht zum Ziel führt, kann man versuchen, durch Einsetzen einer additiven Konstante eine die Meßwerte wiedergebende Gleichung zu finden.

$$y = cx^b + d \tag{123}$$

Wenn d aus $y = f(x)$ für $x = 0$ graphisch nicht genau genug bestimmt werden kann, wird es nach:

$$d = \frac{y_1 y_2 - y_3^2}{y_1 + y_2 - 2y_3} \tag{124}$$

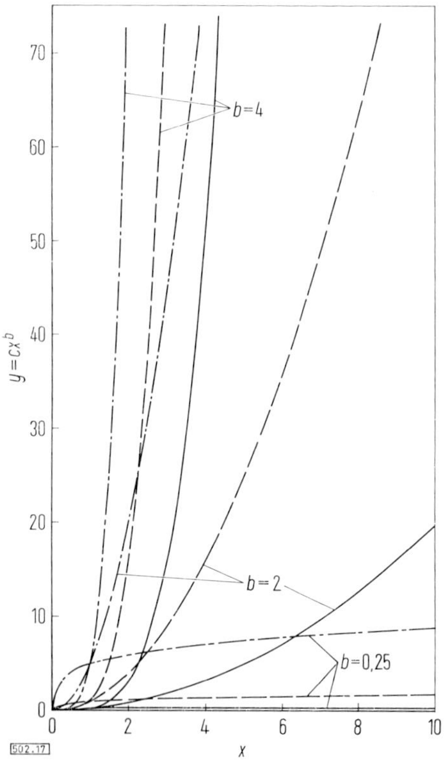

Abb. 17. Beispiele für die Potenzfunktion $y = cx^b$ mit $b > 0$ als Parameter und $c = 0{,}2$ ———, $c = 1$ — — —, $c = 5$ —·—·—

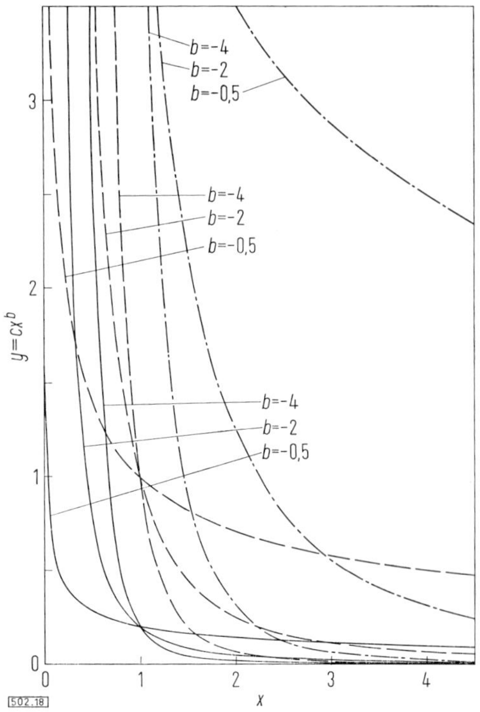

Abb. 18. Beispiele für die Potenzfunktion $y = cx^b$ mit $b < 0$ als Parameter und $c = 0{,}2$ ———, $c = 1$ — — —, $c = 5$ —·—·—

ermittelt [66]. Hierbei bedeuten y_1 und y_2 zwei Meßwerte für x_1 und x_2. y_3 erhält man durch graphisches Auftragen der Meßwerte auf linearem Millimeterpapier, annäherndes Durchziehen einer Kurve durch die Meßpunkte und Bestimmung des so erhaltenen Kurvenwertes y_3 für die Abszisse $x_3 = \sqrt{x_1 x_2}$.

Hierbei ist:

$$y_3 - d = c x_3^b = c\sqrt{x_1^b x_2^b} = \sqrt{(y_1 - d)(y_2 - d)} \qquad (125)$$

woraus durch Quadrieren und Umordnen Gl. (124) folgt.

c) Auch eine Exponentialfunktion kann zur Mathematisierung von Meßwerten dienen:

$$y = 10^{a+bx} \qquad (126)$$

Bringt man diese Gleichung in die Form

$$\log y = a + bx \qquad (127)$$

so erkennt man den linearen Zusammenhang von $\log y$ und x. Zeichnerisch erhält man die Gerade beim Auftragen von y gegen x auf halblogarithmischem Papier oder von $\log y$ gegen x auf gewöhnlichem Papier. Zur Bestimmung von a und b können wiederum die in Abschn. 3.1 diskutierten Verfahren dienen. Abb. 19 zeigt den Kurvenverlauf für einige Exponentialfunktionen: $y = e^{bx}$.

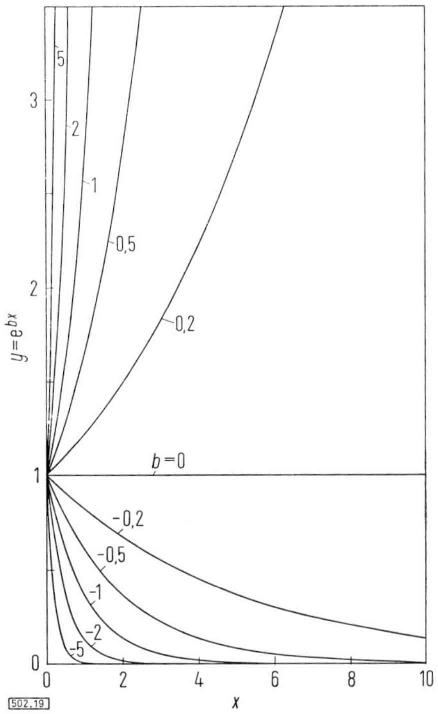

Abb. 19. Beispiele für die Exponentialfunktion $y = e^{a+bx}$ mit b als Parameter und $a = 0$

d) Ähnlich wie beim Übergang von der Darstellung a) zu b) kann – falls (126) nicht den Meßwerten entspricht – die um ein additives Glied erweiterte Gl. (126) versucht werden:

$$y = 10^{a+bx} + d \qquad (128)$$

Es ist dann:

$$\log(y - d) = a + bx \qquad (129)$$

d kann wiederum durch die Beziehung

$$d = \frac{y_1 y_2 - y_3^2}{y_1 + y_2 - 2y_3} \qquad (130)$$

erhalten werden. In diesem Fall ist y_3 jedoch derjenige Wert, der bei linearer Auftragung der Meßwerte für $x_3 = \frac{x_1 + x_2}{2}$ erhalten wird. Ableitung der Gl. (130) s. [66].

3.3. Gleichungen mit Potenzen höheren Grades

a) Vielfach lassen sich Meßresultate auch durch eine quadratische Gleichung darstellen:

$$y = a + bx + cx^2 \qquad (131)$$

Die Gleichung kann wie folgt „linearisiert“ werden: Man wähle ein Wertepaar y_1 und x_1 von Meßwerten. Falls (131) gültig ist, müssen diese Werte der Gleichung

$$y_1 = a + bx_1 + cx_1^2 \qquad (132)$$

genügen. Mit (131) erhält man

$$y - y_1 = b(x - x_1) + c(x^2 - x_1^2)$$

$$z = \frac{y - y_1}{x - x_1} = b + c(x + x_1) = b + cu \qquad (133)$$

Bildet man für verschiedene Meßreihen

$$y_i - y_1, \quad x_i - x_1 \quad \text{und} \quad x_i + x_1$$

so können nach den drei unter 3.1 angegebenen Verfahren wieder die Konstanten b und c leicht bestimmt werden und somit auch a.

Eine weitere Methode der Linearisierung von Gl. (131) besteht in der Bildung der Differenzquotienten $\frac{\Delta y}{\Delta x}$:

$$\frac{\Delta y}{\Delta x} \approx \frac{dy}{dx} = b + 2cx \qquad (134)$$

Aus der graphischen Auftragung von $\frac{\Delta y}{\Delta x}$ gegen x kann b und c näherungsweise bestimmt werden.

Auch die Methode der kleinsten Fehlerquadrate nach GAUSS, wie sie in 3.1 beschrieben wurde, läßt sich sinngemäß auf Gleichungen der Form (131) anwenden. Man erhält drei Gleichungen, aus denen sich durch Einsetzen der beobachteten Werte von x und y die drei Unbekannten a, b und c bestimmen lassen:

$$\sum_1^n y_i = na + b\sum_1^n x_i + c\sum_1^n x_i^2 \qquad (135)$$

$$\sum_1^n x_i y_i = a\sum_1^n x_i + b\sum_1^n x_i^2 + c\sum_1^n x_i^3 \qquad (136)$$

$$\sum_1^n x_i y_i = a\sum_1^n x_i^2 + b\sum_1^n x_i^3 + c\sum_1^n x_i^4 \qquad (137)$$

b) Bei Darstellung der Meßresultate durch eine Gleichung dritten Grades

$$y = a + bx + cx^2 + dx^3 \qquad (138)$$

setzt man vier experimentell gemessene Wertepaare y_i, x_i in (138) ein und verwendet die so erhaltenen vier Gleichungen als Bestimmungsgleichungen für die Unbekannten a, b, c und d.

Allgemein läßt sich jede beliebige Funktion durch eine Potenzreihenentwicklung darstellen oder in anderen Worten, zu einer Anzahl gegebener Meßpunkte läßt sich stets ein Polynom n-ten Grades angeben, das in diesen Punkten mit der gesuchten Funktion übereinstimmt. Um diese Potenzreihenentwicklung für eine Meßreihe aufzustellen, eignen sich besonders die Interpolationsformeln von LAGRANGE und NEWTON.

3.4. LAGRANGEsche Interpolationsformel

Die von LAGRANGE angegebene Interpolationsformel lautet:

$$y = y_0 \frac{(x - x_1)(x - x_2)\ldots(x - x_n)}{(x_0 - x_1)(x_0 - x_2)\ldots(x_0 - x_n)} + y_1 \frac{(x - x_0)(x - x_2)\ldots(x - x_n)}{(x_1 - x_0)(x_1 - x_2)\ldots(x_1 - x_n)} + \ldots + y_n \frac{(x - x_0)(x - x_1)\ldots(x - x_{n-1})}{(x_n - x_0)(x_n - x_1)\ldots(x_n - x_{n-1})} \qquad (139)$$

Ein *Beispiel* soll ihre Anwendung verdeutlichen. Eine Meßreihe habe folgende Wertepaare ergeben:

	0	1	2	3	4	5	6	7
y_i	0	321	1 052	1 212	1 319	1 256	631	0
x_i	0	903	3 296	4 143	5 409	6 316	8 225	9 182

Die ausgezogene Kurve der Abb. 20 sei die gesuchte Funktion. Bei der ersten Näherung legt man ein LAGRANGE-Polynom durch drei willkürliche Meßpunkte, z. B. die Punkte 0, 4, 7. In Gl. (139) entsprechen dann dem Index 0 der Punkt 0, dem Index 1 der Punkt 4, dem Index 2 der Punkt 7. Nach (139) gilt also:

$$y = 0 + 1\,319 \frac{(x - 0)(x - 9\,182)}{(5\,409 - 0)(5\,409 - 9\,182)} + 0 \qquad (140)$$

$$= -6{,}463\,1 \cdot 10^{-5} x^2 + 0{,}593\,42 x$$

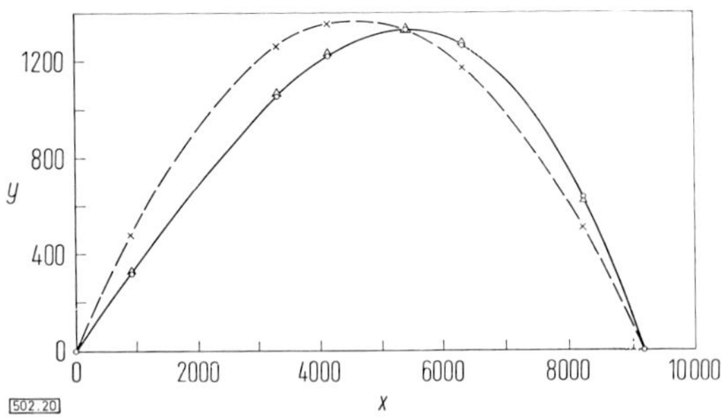

Abb. 20. Beispiel für eine Kurvendarstellung mit LAGRANGE-Polynom
○ experimentelle Werte, × LAGRANGE-Polynom aus drei Meßpunkten, △ LAGRANGE-Polynom aus fünf Meßpunkten

Zur Probe berechnet man den Wert der Funktion (140) an den restlichen Meßpunkten x_i:

y_i	1	2	3	5	6
y_i	483,2	1 253,9	1 349,3	1 169,9	508,7
x_i	903	3 296	4 143	6 316	8 225

Die nach dieser Tabelle erhaltenen y-Werte sind durch die gestrichelte Kurve der Abb. 20 verbunden. Das Verfahren kann durch Benutzung einer höheren Anzahl von Meßpunkten verbessert werden. Wählt man für eine 2. Näherung etwa die Punkte 0, 2, 4, 5 und 7, so erhält man durch Einsetzen in Gl. (139):

$$\begin{aligned} y = 0 &+ 1052 \frac{(x-0)(x-5409)(x-6316)(x-9182)}{(3296-0)(3296-5409)(3296-6316)(3296-9182)} \\ &+ 1319 \frac{(x-0)(x-3296)(x-6316)(x-9182)}{(5409-0)(5409-3296)(5409-6316)(5409-9182)} \\ &+ 1256 \frac{(x-0)(x-3296)(x-5409)(x-9182)}{(6316-0)(6316-3296)(6316-5409)(6316-9182)} \\ &+ 0 \end{aligned} \tag{141}$$

Oder:

$$\begin{aligned} y = &-2{,}228 \cdot 10^{-12} \cdot (x-0)(x-5\,409)(x-6\,316)(x-9\,182) \\ &+3{,}621 \cdot 10^{-11} \cdot (x-0)(x-3\,296)(x-6\,316)(x-9\,182) \\ &-2{,}39 \cdot 10^{-12} \cdot (x-0)(x-3\,296)(x-5\,409)(x-9\,182) \end{aligned} \tag{142}$$

Gl. (142) kann dann weiter als Potenzreihe von x^4, x^3, x^2 und x aufgelöst werden. Sofern das Verfahren nur dazu angewandt wurde, um weitere Punkte unter Einsatz von Kleincomputern zu berechnen, empfiehlt es sich, Gl. (142) bzw. (141) direkt zu verwenden, um die Berechnung höherer Potenzen zu vermeiden. Man programmiert dann besser direkt die Gl. (142), sofern eine Maschine zur Verfügung steht, die Zehnerpotenzen anzeigt, wie z. B. die Maschine der Fa. WANG. Oder man verwendet für Maschinen, die keine Zehnerpotenzanzeige haben — wie z. B. die der Fa. IME — die Gl. (141). Hierbei programmiert man zweckmäßig die einzelnen Schritte $(x-0)/3\,296$; $(x-5\,409)/2\,113$ etc.

Ein Vergleich mit den Meßwerten oder mit den in der Abb. 20 eingezeichneten Punkten zeigt, daß das aus fünf Meßpunkten berechnete LAGRANGE-Polynom die Meßreihe schon recht befriedigend darstellt.

3.5. NEWTONsche Interpolationsformel

Das Polynom

$$\begin{aligned} y = y_0 &+ g_1(x_1)(x-x_0) \\ &+ g_2(x_2)(x-x_0)(x-x_1) \\ &+ g_3(x_3)(x-x_0)(x-x_1)(x-x_2) \\ &\dots\dots \\ &+ g_n(x_n)(x-x_0)(x-x_1)\dots(x-x_{n-1}) \end{aligned} \tag{143}$$

hat für $x = x_0$ den Wert y_0. Durch passende Wahl des Wertes $g_1(x_1)$ läßt sich erreichen, daß $y = f(x)$ die Eigenschaft hat, auch für $x = x_1$ immer den Wert y_1 anzunehmen, gleichgültig, wie $g_2(x_2)$, $g_3(x_3)$, ..., $g_n(x_n)$ gewählt sind. Dazu ist nur nötig, $g_1(x)$ so zu bestimmen, daß die Gleichung

$$y_1 = y_0 + g_1(x_1)(x_1 - x_0) \tag{144}$$

erfüllt wird. Daraus läßt sich $g_1(x_1)$ berechnen:

$$g_1(x_1) = \frac{y_1 - y_0}{x_1 - x_0} \tag{145}$$

Die Konstante $g_2(x_2)$ wird anschließend so gewählt, daß die Funktion $y = f(x)$ für $x = x_2$ den Wert y_2 annimmt:

$$y_2 = y_0 + g_1(x_1)(x_2 - x_0) + g_2(x_2)(x_2 - x_0)(x_2 - x_1) \tag{146}$$

$$g_2(x_2) = \frac{\dfrac{y_2 - y_0}{x_2 - x_0} - \dfrac{y_1 - y_0}{x_1 - x_0}}{x_2 - x_1} \tag{147}$$

So kann man fortschreiten für alle Punkte, die man zur Konstruktion der Kurve verwenden will.

Man kann sich die Auswertung durch Aufstellen des sog. *Differenzenschemas* (Tab. 10, S. 80) erleichtern.

In der Mitte werden die gemessenen Werte x_i und y_i untereinander eingetragen. Links schließt sich eine Spalte an, in der die Differenz zwischen dem jeweiligen x_i der Zeile i und x_0 eingetragen wird. Entsprechend trägt man in der nächsten Spalte nach links die Differenz zwischen x_i und x_1 ein und so fort, bis zu $x_n - x_{n-1}$ in der letzten Spalte. In der ersten Spalte rechts der y_i stehen die Differenzen $\Delta y(x_i) = y(x_i) - y(x_0)$. Die Steigungen oder dividierten Differenzen $g_1(x_i)$ lassen sich aus den Quotienten $\dfrac{\Delta y(x_i)}{x_i - x_0} = g_1(x_i)$ berechnen.

In die nächste Spalte wird $\Delta g_1(x_i) = g_1(x_i) - g_1(x_1)$ eingetragen. Dividiert man diese Differenz durch $x_i - x_1$, erhält man die Werte für die Spalte $g_2(x_i)$. So fährt man fort, bildet $\Delta g_2(x_i)$ aus $g_2(x_i) - g_2(x_1)$, $g_3(x_i)$ aus $\dfrac{g_2(x_i)}{x_i - x_2}$, usw. bis zur Spalte $g_n(x_n)$.

Hat man dieses Schema ausgerechnet, so geben die obersten Werte in den jeweiligen Spalten $g_i(x_i)$ – sie sind in Tab. 10 unterstrichen – die gesuchten Konstanten des Polynoms (143) wieder.

Beispiel: Gegeben seien die Werte:

	$i=0$	$i=1$	$i=2$	$i=3$	$i=4$
y_i	0	0,5	0,70711	0,86602	1,0
x_i	0	30	45	60	90

Die Berechnung nach dem obigen Schema liefert die Tab. 11.

Das Newtonsche Polynom lautet dann:

$$y = 0 + 0{,}916667x - 6{,}4 \cdot 10^{-5}x(x-30) -$$
$$- 7{,}3 \cdot 10^{-7}x(x-30)(x-45) +$$
$$+ 3 \cdot 10^{-9}x(x-30)(x-45)(x-60)$$
$$y = 0{,}01736x + 8{,}3 \cdot 10^{-6}x^2 -$$
$$- 1{,}135 \cdot 10^{-6}x^3 + 3 \cdot 10^{-9}x^4$$

Auch hier gilt für das bei der Lagrange-Interpolation Gesagte, daß die berechnete Kurve sich der wirklichen um so besser anschmiegt, je mehr Punkte zur Interpolation verwendet wurden, wobei allerdings auch der Rechenaufwand stark ansteigt.

Das Newtonsche Interpolationsverfahren ist gegenüber dem Verfahren von Lagrange dann vorzuziehen, wenn eine der beiden Variablen in äquidistanten Abständen vorliegt.

3.6. Spezielle Gleichungen

a) Falls die lineare Darstellung y gegen x nur relativ kleine Abweichungen von einer Geraden ergibt, kann eine hyperbolische Beziehung vorliegen. Man prüft dies, indem man $\dfrac{x - x_1}{y - y_1}$ gegen x aufträgt. Erhält man eine Gerade, sind die Meßwerte durch eine hyperbolische Beziehung (148) wiederzugeben:

$$\frac{x - x_1}{y - y_1} = bx + a$$

$$y - y_1 = \frac{x - x_1}{a + bx} \qquad (148)$$

b) Wird beim Auftragen von y gegen x in einem größeren x-Bereich eine Gerade erhalten, in einem anderen Konzentrationsbereich aber deutliche Abweichungen von dieser Geraden, kann der Ansatz:

$$y = bx + a + 10^{c+fx} \qquad (149)$$

versucht werden. Zur Prüfung der Gl. (149) bestimme

Tab. 10. Differenzenschema

				x_0	$\underline{y_0}$							
			$\underline{x_1 - x_0}$	x_1	y_1	$\Delta y(x_1)$	$\underline{g_1(x_1)}$					
		$\underline{x_2 - x_1}$	$x_2 - x_0$	x_2	y_2	$\Delta y(x_2)$	$g_1(x_2)$	$\Delta g_1(x_2)$	$\underline{g_2(x_2)}$			
	...	$x_3 - x_1$	$x_3 - x_0$	x_3	y_3	$\Delta y(x_3)$	$g_1(x_3)$	$\Delta g_1(x_3)$	$g_2(x_3)$	...		
	...	.	.	.	.	.	.	.	.	...		
$\underline{x_n - x_{n-1}}$	...	$x_n - x_1$	$x_n - x_0$	x_n	y_n	$\Delta y(x_n)$	$g_1(x_n)$	$\Delta g_1(x_n)$	$g_2(x_n)$	...	$\Delta g_{n-1}(x_n)$	$\underline{g_n(x_n)}$

Tab. 11. Beispiel für ein Differenzschema

i	$x_i - x_3$	$x_i - x_2$	$x_i - x_1$	$x_i - x_0$	x_i	y_i	$\Delta y(x_i)$	$g_1(x_i)$	$\Delta g_1(x_i)$	$g_2(x_i)$	$\Delta g_2(x_i)$	$g_3(x_i)$	$\Delta g_3(x_i)$	$g_4(x_i)$
0					0	0								
1				$\underline{30}$	30	0,5	0,5	$\underline{0{,}01667}$						
7			$\underline{15}$	45	45	0,70711	0,70711	0,01571	−0,00096	$\underline{-6{,}4 \cdot 10^{-5}}$				
3		$\underline{15}$	30	60	60	0,86602	0,86602	0,01443	−0,00224	$-7{,}5 \cdot 10^{-5}$	$-1{,}1 \cdot 10^{-5}$	$\underline{-7{,}3 \cdot 10^{-7}}$		
4	$\underline{30}$	45	60	90	90	1,00000	1,0000	0,01111	−0,00556	$-9{,}3 \cdot 10^{-5}$	$-2{,}9 \cdot 10^{-5}$	$-6{,}4 \cdot 10^{-7}$	$9 \cdot 10^{-8}$	$\underline{3 \cdot 10^{-9}}$

man zunächst a und b im Bereich der Geradlinigkeit und berechnet dann

$$y - a - bx = z = 10^{c+fx}$$

im Bereich der Abweichungen von der Geraden. Ergibt das Auftragen von $\log z$ gegen x eine Gerade, ist obiger Ansatz richtig. c und f können dann leicht bestimmt werden.

c) Kurven, die annähernd geradlinig durch den Nullpunkt des Koordinatensystems gehen, aber bei höheren x-Werten konkav gegen die x-Achse bzw. konkav gegen die y-Achse gebogen sind, können versuchsweise durch die Funktionen $y = \tanh x$ bzw. $y = \sinh x$ dargestellt werden.

Weitere Spezialfälle, etwa für Kurven, die nur in einem schmalen Bereich von einer Geraden abweichen, also eine „Schulter“ bilden, für S-förmige Kurven oder zur Berücksichtigung von drei Variablen, sind bei [66] angegeben.

Ein Beispiel für die Notwendigkeit, drei Variablen zu diskutieren, sei anhand der Abb. 21 gezeigt [69], in der im linken Teil übereinander fünf verschiedene Bestimmungen von y für dieselben Werte von x zwischen 0 und 6 aufgetragen sind. Die statistische Mittelung über alle Meßreihen würde eine nur sehr schwache Abhängigkeit zwischen y und x aufweisen. Da die fünf Meßreihen jedoch systematische Abweichungen aufweisen, liegt es nahe, nach dem Einfluß einer dritten Variablen z zu suchen, die während der Meßreihen unbewußt variiert wurde. z kann z. B. die Konzentration einer die Messung stark beeinflussenden Verunreinigung sein. Der rechte Teil der Abbildung zeigt die systematisch überprüfte Abhängigkeit von y von z. Zur Darstellung der Meßergebnisse ist in diesem Fall die Gleichung

$$y = 12 + x - 0{,}5z - 0{,}3xz$$

notwendig.

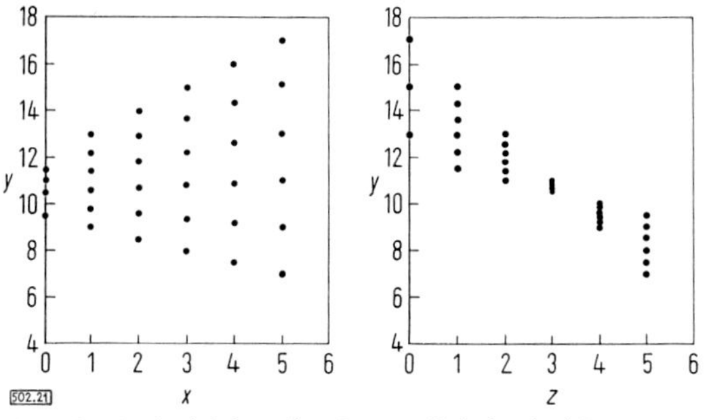

Abb. 21. Beispiel für die Notwendigkeit, drei Parameter zu berücksichtigen

Herrn WALTER DITTER, Ludwigshafen, danke ich für einige Diskussionen, insbesondere zu den Kap. 1.6 bis 1.9.

4. Literatur

[1] R. C. REID, TH. K. SHERWOOD: Properties of Gases and Liquids, McGraw-Hill, New York, 2. Aufl. 1966.

[2] J. H. PERRY: Chemical Engineers Handbook, McGraw-Hill, New York, 4. Aufl. 1963, S. 3–213.

[3] W. A. P. LUCK, Der Convent, Juli 1969.

[4] W. A. P. LUCK, Chem.-Ing.-Tech. *40*, 464 (1968).

[5] A. L. LYDERSEN: Estimation of Critical Properties of Organic Compounds, Coll. Eng. Univ. Wisconsin, Eng. Expt. Sta. Rept. 3, Madison, Wis., April 1955.

[6] G. J. GARCIA-BARCENA, Thesis in Chemical Engineering, Massachusetts Institute of Technology, 1958.

[7] W. A. P. LUCK: Modelle zur Flüssigkeitsstruktur, in Vorbereitung.

[8] J. BENKO, Acta Chim. Acad. Sci. Hung. *34*, 217 (1962).

[9] W. R. GAMBILL, Chem. Eng. *66*, Nr. 12, S. 181 (1959), *66*, Nr. 14, S. 157 (1959).

[10] L. RIEDEL, Chem.-Ing.-Tech. *24*, 353 (1952).

[11] L. RIEDEL, Chem.-Ing.-Tech. *35*, 433 (1963).

[12] C. VOWLES, Thesis in Chemical Engineering, Massachusetts Institute of Technology, 1951.

[13] J. C. FORMAN, G. THODOS, A. I. Ch. E. *4*, 356 (1958).

[14] J. C. FORMAN, G. THODOS, A. I. Ch. E. *6*, 206 (1960).

[15] G. THODOS, A. I. Ch. E. *1*, 165 (1955).

[16] G. THODOS, A. I. Ch. E. *2*, 508 (1956).

[17] G. THODOS, A. I. Ch. E. *3*, 428 (1957).

[18] L. RIEDEL, Z. Elektrochem. *53*, 222 (1949).

[19] J. W. ANDERSEN, G. H. BEYER, K. M. WATSON, Nat. Petrol. News Techn. Sec. *36*, R 476 (Juli 1944).

[20] H. C. LONGUET-HIGGINS, Discussions Faraday Soc. *40*, 7 (1965).

[21] R. LORENZ, Z. anorg. allgem. Chem. *94*, 240 (1916).

[22] R. A. SVEHLA: Estimated Viscosities and Thermal Conductivities at High Temperatures, NASA Techn. Rept. R-132, 1962.

[23] L. W. FLYNN, G. THODOS, A. I. Ch. E. *8*, 362 (1962).

[24] J. O. HIRSCHFELDER, C. F. CURTIS, R. B. BIRD: Molecular Theory of Gases and Liquids, Wiley, New York 1954.

[25] L. I. STIEL, G. THODOS, Chem. Eng. Data Ser. *7*, 234 (1962).

[26] W. A. P. LUCK, W. DITTNER, Tetrahedron *27*, 201 (1971).

[27] P. MORITZ, Periodica Polytech. [Budapest] *7*, 27 (1963).

[28] F. SCHROEDER in J. PARTINGTON: An Advanced Treatise on Physical Chemistry, Vol. 1: Fundamental Principles — The Properties of Gases, Longmans, Green & Co., New York 1949.

[29] G. LE BAS: The Molecular Volumes of Liquid Chemical Compounds, Longmans, Green & Co., New York 1915.

[30] S. W. BENSON, J. Phys. & Colloid Chem. *52*, 1060 (1948).

[31] L. C. NELSON, E. F. OBERT, Chem. Eng. *61*, July, S. 203 (1954).

[32] A. L. LYDERSEN, R. A. GREENKORN, O. A. HOUGEN: Generalized Thermodynamic Properties of Pure Fluids, Coll. Eng. Univ. Wisconsin, Eng. Expt. Sta. Rept. 4, Madison, Wis., Oct. 1955.

[33] A. L. WARD, S. S. KURTZ, Ind. Eng. Chem., Anal. Ed. *10*, 573 (1938). — S. S. KURTZ, S. AMON, A. SANKIR, Ind. Eng. Chem. *42*, 174 (1950).

[35] A. BONDI, D. J. SIMKIN, A. I. Ch. E. *6*, 191 (1960).

[36] K. CLUSIUS, Chemie *56*, 241 (1943).

[37] A. GIACALONE, Gazz. Chim. Ital. *81*, 180 (1951).

[38] K. M. WATSON, Ind. Eng. Chem. *35*, 398 (1943).

[39] R. C. TRIPATHI, J. Indian Chem. Soc. *18*, 411 (1941).

[40] H. P. MEISSNER, A. S. MICHAELS, Ind. Eng. Chem. *41*, 2782 (1949).

[41] W. A. P. LUCK, Discussions Faraday Soc. *43*, 304 (1967).
[42] C. J. DOBRATZ, Ind. Eng. Chem. *33*, 759 (1941).
[43] LANDOLT-BÖRNSTEIN: Zahlenwerte und Funktionen, Springer, Berlin-Göttingen-Heidelberg, Bd. II/4 1961.
[44] D. R. STULL, F. D. MAYFIELD, Ind. Eng. Chem. *35*, 639 (1943).
[45] W. R. GAMBILL, Chem. Eng. *64*, Nr. 9, 267 (1957).
[46] R. V. MEGHREBLIAN, J. Am. Rocket Soc. *1951*, Sept., S. 128.
[47] J. W. ANDERSON, G. H. BEYER, K. M. WATSON, Nat. Petrol. News, Techn. Sec. *36*, R 476 (5. Juli 1944). — O. A. HOUGEN, K. M. WATSON: Chemical Process. Principles, Wiley, New York 1947.
M. S. KOTHARI, L. K. DORAISWAMY, Hydrocarbon Process. Petrol. Refiner *43*, Nr. 3, S. 133 (1964).
[48] A. I. JOHNSON, C.-J. HUANG, Can. J. Techol. *34*, 405 (1957).
[49] D. N. RIHANI, L. K. DORAISWAMY, Ind. Eng. Chem. Fundamentals *4*, 17 (1965).
[50] B. C. SAKIADIS, J. COATES, A. I. Ch. E. *2*, 88 (1956).
[51] A. I. JOHNSON, C.-J. HUANG, Can. J. Technol. *33*, 421 (1955).
[52] W. R. GAMBILL, Chem. Eng. *64*, Nr. 5, S. 263 (1957); Nr. 6, S. 243, Nr. 7, S. 263, Nr. 8, S. 257.
[53] D. W. VAN KREVELEN, H. A. G. CHERMIN, Chem. Eng. Sci. *1*, 66 (1951), *2*, 238 (1952).
[54] J. L. FRANKLIN, Ind. Eng. Chem. *41*, 1070 (1949), J. Chem. Phys. *21*, 2029 (1953).
[55] H. ZEISE: Thermodynamik, Bd. 3 (Tabellen S. 18 bis 38), Hirzel, Leipzig 1954 (1957).
[56] K. K. VERMA, L. K. DORAISWAMY, Ind. Eng. Chem. Fundamentals *4*, 389 (1965).
[57] M. SOUDERS, C. S. MATTHEWS, C. O. HURD, Ind. Eng. Chem. *41*, 1048 (1949).
[58] O. A. HOUGEN, K. M. WATSON, R. A. RAGATZ: Chemical Process Principles, Teil 2: Thermodynamics, Wiley, New York, 2. Aufl. (1959).
[59] G. L. THOMAS, G. EGLOFF, J. C. MORELL, Ind. Eng. Chem. *29*, 1260 (1937).
[60] G. M. THACKER, H. O. FALKINS, E. L. MILLER, Ind. Eng. Chem. *33*, 584 (1941).
[61] G. M. THACKER, H. O. FALKINS, E. L. MILLER, Ind. Eng. Chem. *29*, 1260 (1937), *30*, 842 (1938).
[62] G. L. THOMAS, G. EGLOFF, J. C. MORELL, Ind. Eng. Chem. *30*, 842 (1938).
[63] W. FUCHS, A. G. SANDHOFF, Ind. Eng. Chem. *34*, 567 (1942).
[64] P. F. BRUINS, J. D. CZARNECKI, Ind. Eng. Chem. *33*, 584 (1941).
[65] H. FALKOWSKY, Zh. Obshch. Khim. *18*, 1639 (1948).
[66] D. S. DAVIS: Nomography and Empirical Equations, Reinhold Publ. Corp., New York 1962.
[67] T. R. RUNNING: Empirical Formulas, Wiley, New York 1917. — Derselbe: Graphical Mathematics, Wiley, New York 1927.
[68] L. SCHRUTKA: Leitfaden des Interpolierens (Wien 1941).
[69] W. A. P. LUCK, Chem.-Ing.-Tech. *40*, 464 (1968).

Strömungslehre

Prof. Dr. Wolfgang Siemes, Boehringer Mannheim GmbH.

Strömungslehre

Prof. Dr. WOLFGANG SIEMES, Boehringer Mannheim GmbH.

1. Einleitung	**84**	**1. Introduction**	**84**
Strömungslehre als Teilgebiet der Mechanik	84	Fluid Dynamics as a Branch of Mechanics	84
Stoffmodelle der Strömungslehre	85	Models for Fluid Dynamics	85
2. Grundgesetze	**86**	**2. Fundamental Laws**	**86**
2.1. Massenbilanzen	**86**	**2.1. Mass Balances**	**86**
2.1.1. Integrale Form	86	2.1.1. Integral Form	86
2.1.2. Differentielle Form	87	2.1.2. Differential Form	87
2.2. Impulsbilanzen	**87**	**2.2. Balances of Momentum**	**87**
2.2.1. Integrale Form: Impulssätze	87	2.2.1. Integral Form: Theories of Momentum	87
2.2.2. Differentielle Form: Bewegungs- bzw. Grundgleichungen	88	2.2.2. Differential Form: Equations of Motion and Fundamental Equations	88
Reibungsfreie Fluide: EULERsche Gleichungen	88	Friction-Free Fluids: EULER's Equations	88
Zähe Fluide: NAVIER-STOKESsche Gleichungen	88	Viscous Fluids: NAVIER-STOKES Equations	88
2.3. Impulsmomentbilanz für reibungsfreie Medien	**89**	**2.3. Balance of Moment of Momentum for Friction-Free Media**	**89**
2.4. Energiebilanzen	**89**	**2.4. Energy Balances**	**89**
Reibungsfreie Fluide: BERNOULLIsche Gleichungen	90	Friction-Free Fluids: BERNOULLI Equations	90
Medien mit Reibung	91	Media with Friction	91
3. Rechnerische Behandlung von Strömungsproblemen	**91**	**3. Mathematical Treatment of Flow Problems**	**91**
3.1. Exakte Integration der Grundgleichungen	**91**	**3.1. Precise Integration of Fundamental Equations**	**91**
3.1.1. Ideale inkompressible Fluide (mit EULERschen Gleichungen als Basis)	91	3.1.1. Ideal Incompressible Fluids (Based on EULER's Equation)	91
Potentialströmungen	91	Potential Flow	91
Zirkulationsströmungen	94	Circulation Flow	94
3.1.2. Zähe inkompressible Fluide (mit NAVIER-STOKESschen Gleichungen als Basis)	95	3.1.2. Viscous Incompressible Fluids (Based on NAVIER-STOKES Equations)	95
3.2. Näherungsansätze für zähe inkompressible Fluide	**96**	**3.2. Approximate Formulation for Viscous Incompressible Flow**	**96**
3.2.1. Schleichende Bewegung	96	3.2.1. Slow Motion	96
3.2.2. Grenzschichttheorie	96	3.2.2. Boundary Layer Theory	96
3.3. Ähnlichkeitstheorie für Strömungen	**98**	**3.3. Similarity Theory for Flow**	**98**
Teilweise Integration durch Ähnlichkeitsbetrachtungen	98	Partial Integration by Consideration of Similitude	98
Strömungsmodelle	99	Flow Models	99
4. Wichtige Strömungsformen	**101**	**4. Important Kinds of Flow**	**101**
4.1. Laminarität und Turbulenz	**101**	**4.1. Laminarity and Turbulence**	**101**
4.2. Turbulente Strömungen	**102**	**4.2. Turbulent Flow**	**102**
4.3. Ablösung	**102**	**4.3. Separation of Flow**	**102**
5. Widerstand und Druckverlust in Strömungen	**103**	**5. Resistance and Pressure Loss in Flows**	**103**
5.1. Ursachen von Widerstand und Druckverlust	**104**	**5.1. Causes of Resistance and Pressure Loss**	**104**
5.2. Widerstand von Einzelkörpern	**104**	**5.2. Resistance of Single Bodies**	**104**
Festkörper	104	Solids	104
Gasblasen und Tropfen	105	Gas Bubbles and Droplets	105
5.3. Druckverlust in Leitungen und Apparateelementen	**106**	**5.3. Pressure Losses in Conduits and Parts of Apparatus**	**106**
Rohr-, Kanal- und Rieselströmung	106	Tube, Channel, and Trickle Flow	106
Armaturen, Leitungsänderungen und Siebe	107	Valves, Conduit Changes, and Sieves	107
Partikelhaufwerke	107	Particle Packings	107
Kolonnenböden	108	Column Trays	108
5.4. Druckverlust und Durchflußmessung	**108**	**5.4. Pressure Drop and Flow Measurement**	**108**

6. Strömungen in Mehrphasensystemen **109**

6.1. Fließbett **109**

Aufwirbelung 109
Eigenschaften des homogenen Fließbetts . . 110
Inhomogenitäten in Fließbetten 111

6.2. Partikelhaltige Strömungen (pneumatische Förderung) **112**

6.3. Gasblasen in Flüssigkeit (Blasensäule) **112**

Entstehung der Blasen 112
Eigenschaften homogener Blasensäulen . . . 113
Inhomogenitäten in Blasensäulen 114

7. Einige Ansätze der Rheologie **115**

7.1. Klassifikation rheologischer Substanzen **115**

7.2. Einfache rheologische Modelle **115**

7.3. Rohrströmung rheologischer Substanzen . . . **116**

8. Buchliteratur **117**

6. Flow in Multiphase Systems **109**

6.1. Fluidized Bed **109**

Fluidization 109
Properties of the Homogeneous Fluidized Bed 110
Inhomogeneities in Fluidized Beds 111

6.2. Particulate Flow (Pneumatic Feed) **112**

6.3. Gas Bubbles in Liquids (Bubble Columns) . . **112**

Bubble Formation 112
Properties of Homogeneous Bubble Columns 113
Inhomogeneities in Bubble Columns 114

7. A Few Rheological Relationships **115**

7.1. Classification of Rheological Substances . . . **115**

7.2. Simple Rheological Models **115**

7.3. Tube Flow of Rheological Substances **116**

8. Literature **117**

1. Einleitung

Strömungslehre als Teilgebiet der Mechanik. Die Mechanik untersucht das Verhalten von Körpern und Stoffen unter dem Einfluß von Kräften. Sie geht aus von einigen Grundgesetzen, etwa in der Form der NEWTONschen Axiome, die sich durch Abstraktion aus der Erfahrung ergeben haben. Die Anwendung dieser Gesetze auf reale Gegenstände und Substanzen erfordert in jedem Fall zusätzliche Annahmen über die Beschaffenheit und das Verhalten der Stoffe. Glücklicherweise hat sich gezeigt, daß die mechanischen Eigenschaften großer Stoffgruppen durch einfache mathematische Ansätze recht gut erfaßt werden können. Es ist aber stets zu beachten, daß diese Ansätze grundsätzlich den Charakter von Näherungen haben, was unter bestimmten Aspekten zu Verfeinerungen dieser Ansätze zwingt.

Der Konzeption des starren Körpers liegt z. B. der Ansatz zugrunde, daß die Körperelemente sich nicht gegeneinander verschieben; damit lassen sich durchweg die Bewegungen eines festen Körpers im Ganzen behandeln. Tatsächlich werden aber auch feste Körper unter dem Einfluß von Kräften deformiert, was von großer praktischer Bedeutung sein kann, etwa im Zusammenhang mit Fragen der Festigkeit. In weiten Bereichen lassen sich solche Erscheinungen mit dem Modell des elastischen Stoffes behandeln, bei dem in jedem Volumenelement der Deformation proportionale Rückstellkräfte angesetzt werden, die auf eine Wiederherstellung des ursprünglichen Zustands hinwirken (Elastomechanik).

Bei weiteren Klassen von Medien sind endliche Verschiebungen der Teile gegeneinander möglich, die nicht beim Aufhören der verursachenden Kräfte völlig zurückgehen. Im einzelnen kann dabei das Verhalten verschiedener Stoffe recht verschieden sein. Es gibt eine Reihe von Stoffmodellen dafür, die jeweils das Verhalten bestimmter Stoffklassen innerhalb bestimmter Grenzen recht gut repräsentieren. Der Aufbau solcher Modelle auf Grund der Erfahrung, die Untersuchung des Verhaltens dieser Modelle und seiner Übereinstimmung mit dem Verhalten der realen Substanzen ist Aufgabe der Rheologie (Fließkunde). Einige dieser Modelle und ihre Behandlung bilden den Gegenstand einer besonderen Disziplin, der Strömungslehre. Diese ist somit logisch ein Teilgebiet der Rheologie.

Die der Strömungslehre zugrundeliegenden Stoffmodelle sind analytisch besonders einfach und repräsentieren außerdem praktisch sehr wichtige Stoffklassen (Flüssigkeiten, Gase). Sie sind deshalb seit Begrün-

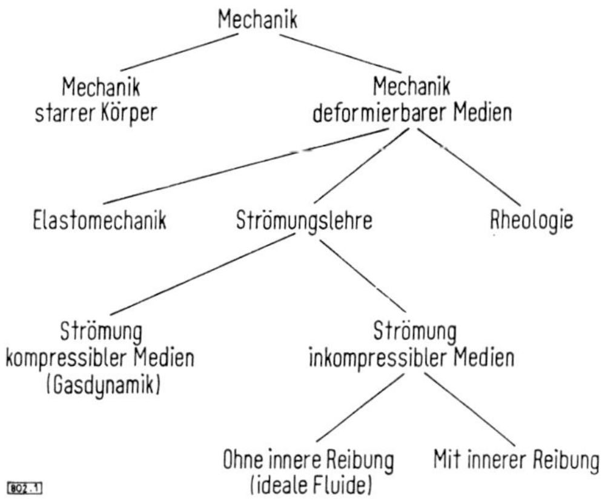

Abb. 1. Die Strömungslehre mit ihren Hauptgebieten innerhalb der Mechanik

dung der klassischen Mechanik behandelt worden (erste Ansätze von NEWTON). Das hat zur Sonderstellung der Strömungslehre innerhalb der Rheologie geführt, deren sonstige Modelle relativ jung sind. Durchweg versteht man deshalb unter Rheologie nur die Mechanik deformierbarer nichtelastischer Modelle mit Ausnahme der von der Strömungslehre behandelten Substanzen. Diesem Gebrauch, bei dem beide Disziplinen nebeneinander gesehen werden (Abb. 1), wird hier gefolgt. Wegen der Bedeutung der Rheologie für die Verfahrenstechnik ist ein Abschnitt mit einigen ihrer Ansätze an die Darstellung der Strömungslehre angefügt.

Stoffmodelle der Strömungslehre. Die Strömungslehre geht davon aus, daß die von ihr behandelten Stoffe, im folgenden als Fluide bezeichnet, aus parallel zueinander verschiebbaren Elementen bestehen, deren Verschiebung keine Rückstellkräfte zur Folge hat. Es können aber Widerstände gegen solche Bewegungen auftreten, und die Strömungslehre ist dadurch gekennzeichnet, daß bei Fluiden diese Widerstände den Deformations*geschwindigkeiten* proportional sind. Abb. 2 zeigt das für den einfachen Fall des eindimensionalen, linearen Geschwindigkeitsprofils. Legt man senkrecht zur Ordinate Schnitte durch das Medium, ergeben sich in den Schnittflächen als Schnitt-

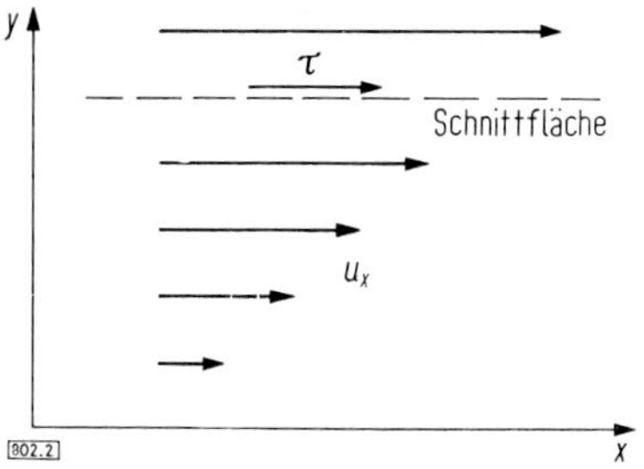

Abb. 2. Schubkraft τ beim linearen eindimensionalen Geschwindigkeitsprofil (konstanter Geschwindigkeitsgradient)

kräfte Schubspannungen τ (Kräfte pro Flächeneinheit) in Geschwindigkeitsrichtung bzw. -gegenrichtung, die nach NEWTON wiedergegeben werden durch

$$\tau = \eta \frac{\mathrm{d}u_x}{\mathrm{d}y} \tag{1}$$

η ist ein stoffspezifischer Proportionalitätsfaktor, die dynamische oder absolute *Viskosität* (Zähigkeitswert, Konstante der inneren Reibung), die in der Strömungslehre primär unabhängig von Geschwindigkeitsgradienten (hier $\mathrm{d}u_x/\mathrm{d}y$) bzw. Schubspannungen (hier τ) ist. (Tatsächlich kann ein solcher Einfluß über die Temperaturabhängigkeit von η und die Wärmeerzeugung durch die Leistung der Scherkräfte auftreten.)

Die Einheit der dynamischen Viskosität im MKS-System ist das kg/m · s, das keinen besonderen Namen besitzt. Im physikalischen Schrifttum sind das auf dem CGS-System beruhende Poise (P) = g/cm · s bzw. der hundertste Teil davon, das Centipoise (cP) üblich. Es gilt: 1 kg/m · s = 10 P = 1000 cP. Im technischen Maßsystem (m-s-kp) hat η die Einheit kp · s/m^2, wobei 1 kp · s/m^2 = 9,81 kg/m · s gilt.

η fällt bei Flüssigkeiten und steigt bei Gasen mit der Temperatur, wie Abb. 3 an einigen Beispielen zeigt. Für Flüssigkeiten gilt näherungsweise

$$\eta = A \cdot C^{B/T} \tag{2}$$

und für Gase

$$\eta = \eta_0 \left(\frac{T}{T_0}\right)^C \tag{3}$$

wo A, B und C Stoffparameter, T die absolute Temperatur und η_0 die Viskosität bei T_0 sind.

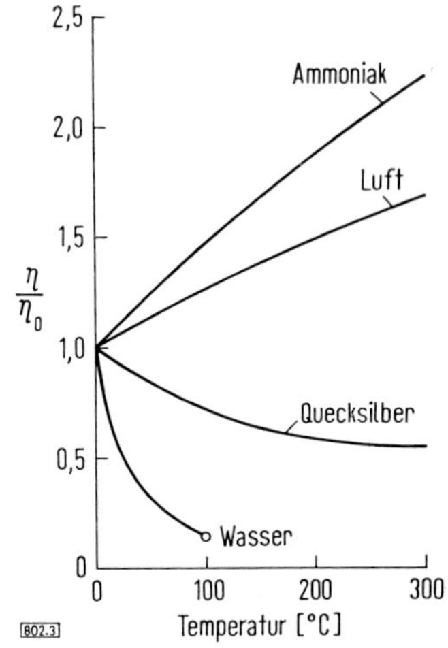

Abb. 3. Temperaturabhängigkeit der Viskosität η einiger Flüssigkeiten und Gase bezogen auf η_0 für 0 °C

Die Druckabhängigkeit der Viskosität ist schwach, wie die Tabellen 1 und 2 an Beispielen zeigen (eine Ausnahme ist der starke Anstieg bei Gasen in der Nähe des kritischen Punkts).

Tab. 1. Druckabhängigkeit der Viskosität von Äthylalkohol bei 15 °C.

Druck in at:	1	210	843	1600	1884	2550
Viskosität in cPs:	1,313	1,528	2,108	2,800	3,047	3,520

Tab. 2. Druckabhängigkeit der Viskosität von CO_2 bei 35 °C

Druck in at:	1	20	40	60	70	80	88	104
Viskosität in 10^{-4} cPs:	156	163	174	178	214	361	511	660

Wie für alle Zweige der Mechanik ist auch für die Strömungslehre die *Dichte* ϱ eine fundamentale Stoffeigenschaft. Bei Flüssigkeiten können Temperatur- und Druckabhängigkeit von ϱ durchweg vernachlässigt werden. Das gilt für Gase nicht ohne weiteres, wie schon die Zustandsgleichung für ideale Gase

$$\varrho \sim \frac{p}{T} \tag{4}$$

aussagt, wo der Proportionalitätsfaktor stoffspezifisch ist. Es hat sich aber gezeigt, daß bei Gasströmungen ohne merkliche Temperaturdifferenzen bei Geschwindigkeiten bis rund 50 m/s die Dichteänderungen unter 1% und bis etwa 150 m/s unter 10% bleiben.

Die *Stoffmodelle der Strömungslehre* ergeben sich aus den Annahmen bzw. Festsetzungen über η und ϱ. Beim allgemeinsten Modell sind beide mit Ort und Zeit variable Größen; das ist etwa bei einer instationären Gasströmung mit sehr unterschiedlichen Temperaturen realisiert. Die dafür abgeleiteten Grundgleichungen sind so kompliziert, daß sie kaum angewendet werden können. Das gilt selbst dann noch, wenn man eine der beiden Größen als konstant, jedoch von Null verschieden ansetzen kann. Realisiert ist das etwa bei der isothermen Gasströmung mit großen Druckdifferenzen (η konstant, ϱ variabel) oder bei einer Flüssigkeitsströmung mit variablen Temperaturen (η variabel, ϱ konstant). Solche Fälle sind in der Verfahrenstechnik recht häufig; es ist zu beachten, daß sie nur in Ausnahmefällen theoretisch exakt behandelt werden können.

Erst die Annahme, daß sowohl die Dichte als auch die Zähigkeit konstant sind, führt zu verwendbaren Grundgleichungen, den NAVIER-STOKESschen Gleichungen. Obwohl die Zahl der bekannten strengen Lösungen für diese Gleichungen nur klein ist, hat das System für die Strömungslehre erhebliche Bedeutung. Einmal gestattet der Vergleich zwischen Rechnung und Experiment bei den exakten Lösungen eine Prüfung der Gültigkeit des Ansatzes (1) und bei positivem Ergebnis die Ausarbeitung von Methoden zur Messung von η. Zum andern lassen sich die Grundgleichungen mit Hilfe der Ähnlichkeitslehre wenigstens teilweise integrieren, was zu wertvollen Erkenntnissen für die Planung experimenteller Untersuchungen von Strömungsvorgängen führt. Schließlich lassen sich aus den NAVIER-STOKES-Gleichungen für wichtige Sonderfälle vereinfachte Näherungsgleichungen ableiten, etwa die Beziehungen für Grenzschichten.

Noch einfacher wird das Stoffmodell, wenn η gleich Null gesetzt wird, wenn man also die innere Reibung vernachlässigt. Man spricht dann von reibungsfreien Medien, die entweder kompressibel (ϱ variabel) oder inkompressibel (ϱ konstant) sein können. Vor allem für den letzten Fall, das ideale Fluid, gibt es für das resultierende Gleichungssystem, die EULERschen Gleichungen, eine Fülle von Lösungen. Ihre praktische Verwendbarkeit ist jedoch stets kritisch zu überprüfen.

2. Grundgesetze

Die Grund- oder Bewegungsgleichungen der Strömungslehre, worunter man im engeren Sinne deren differentielle Fassung versteht, werden durch Anwendung des Impulssatzes auf die erläuterten Stoffmodelle erhalten. Sie werden durch entsprechende Formulierungen des Satzes von der Erhaltung der Masse ergänzt.

Im folgenden werden die Grundgleichungen und weitere grundsätzliche Beziehungen für zwei spezielle Stoffmodelle zusammengestellt:

- das reibungsfreie, kompressible Medium (mit dem idealen Fluid, ϱ = konstant, als Grenzfall),
- das inkompressible Fluid mit konstanter Viskosität.

2.1. Massenbilanzen

In der hier behandelten reinen Strömungslehre sollen stoffliche Umsetzungen ausgeschlossen bleiben. Die Massenbilanzen, meist etwas unglücklich als Kontinuitätsgleichungen bezeichnet, sagen dann aus, daß die in ein raumfestes Volumen einströmende Menge eines Stoffes entweder an anderen Stellen wieder ausströmen muß, oder daß sich bei Differenzen zwischen diesen Mengen die Dichte des Stoffes in dem Volumen entsprechend ändert. Es ist für diese Beziehungen gleichgültig, ob es sich um zähe oder reibungsfreie Fluide handelt.

2.1.1. Integrale Form

Bei einem homogenen Medium der variablen Dichte ϱ gilt für jedes raumfeste Volumen V (von dem $\mathrm{d}V$ ein Teilvolumen ist):

$$\iiint_V \frac{\partial \varrho}{\partial t}\,\mathrm{d}V = -\iint_F \varrho u_n\,\mathrm{d}F \tag{5}$$

wo F die Oberfläche des Volumens bedeutet (mit $\mathrm{d}F$ als Teilfläche) und u_n die Normalkomponente der Strömungsgeschwindigkeit auf dieser Fläche (mit positivem Vorzeichen, falls sie die Richtung der äußeren Normale hat, sonst mit negativem). Bei stationären Vorgängen wird (5) zu

$$\iint_F \varrho u_n\,\mathrm{d}F = 0 \tag{5a}$$

Für inkompressible Medien (ϱ konstant) gilt in jedem Fall

$$\iint_F u_n\,\mathrm{d}F = 0 \tag{5b}$$

Beispiel: Geschwindigkeitserhöhung bei einer Verengung in einer Flüssigkeitsleitung (Abb. 4). Da Flüssigkeiten praktisch inkompressibel sind, kann Gl. (5b) angewendet werden. Mit der Definition für die mittlere Geschwindigkeit $\bar{u}$ in einem Querschnitt F:

$$\bar{u} = \frac{1}{F} \iint_F \bar{u}\, \mathrm{d}F \qquad (6)$$

und den Bezeichnungen der Abb. 4 wird dann

$$-F_1 \bar{u}_1 + F_2 \bar{u}_2 = 0 \qquad (5\mathrm{c})$$

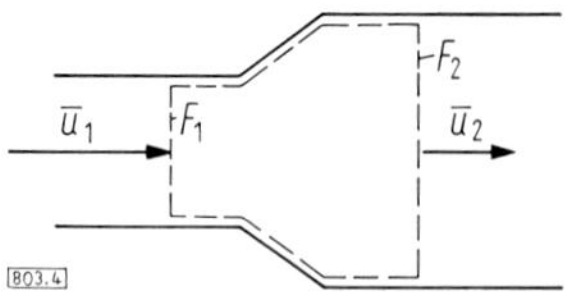

Abb. 4. Geschwindigkeitsänderung bei Querschnittsänderung

2.1.2. Differentielle Form

Für einen infinitesimalen Quader $\mathrm{d}V = \mathrm{d}x\ \mathrm{d}y\ \mathrm{d}z$ in einem rechtwinkligen Koordinatensystem gemäß Abb. 5 gilt für die Wände senkrecht zur x-Richtung, daß in der Zeiteinheit die Masse $\varrho u_x\ \mathrm{d}y\ \mathrm{d}z$ ein- und

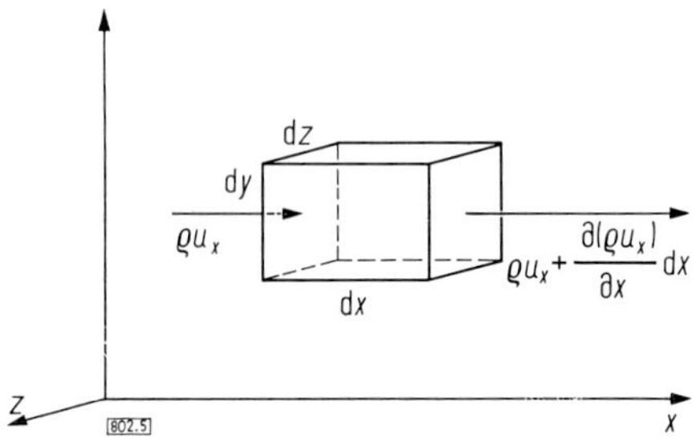

Abb. 5. Durchströmung eines infinitesimalen Quaders: Massenbilanz in x-Richtung

$\left(\varrho u_x + \frac{\partial(\varrho u_x)}{\partial x}\, \mathrm{d}x\right) \mathrm{d}y\ \mathrm{d}z$ ausströmt. Der Massezuwachs beträgt also $-\frac{\partial(\varrho u_x)}{\partial x}\, \mathrm{d}V$. Summation für die drei Koordinatenrichtungen führt zum Massezuwachs in $\mathrm{d}V$ auf Grund der Dichteänderung:

$$-\frac{\partial \varrho}{\partial t} = \frac{\partial(\varrho u_x)}{\partial x} + \frac{\partial(\varrho u_y)}{\partial y} + \frac{\partial(\varrho u_z)}{\partial z} \qquad (7)$$

Für inkompressible Medien ergibt sich daraus:

$$\frac{\partial u_x}{\partial x} + \frac{\partial u_y}{\partial y} + \frac{\partial u_z}{\partial z} = 0 \qquad (7\mathrm{a})$$

2.2. Impulsbilanzen

2.2.1. Integrale Form: Impulssätze

Der Impulssatz der Mechanik sagt aus, daß die zeitliche Änderung des Impulses eines Systems gleich den auf das System einwirkenden äußeren Kräften ist. Zur Übertragung dieses Satzes auf Fluide grenzt man einen zusammenhängenden Teil V der Substanz durch eine Kontrollfläche F ab und betrachtet die Impulsänderung dieses Teils, die gleich der Summe aller auf ihn wirkenden Kräfte gesetzt wird.

Die Änderungen des Impulses in x-Richtung setzen sich aus dem Volumenintegral über $\partial(\varrho u_x)/\partial t$ sowie dem Impulsgewinn bzw. -verlust zusammen, der dadurch bedingt ist, daß die Substanz strömt und somit Gebiete mit bestimmten Impulsen (im raumfesten System) freigibt bzw. besetzt (einem Flächenelement $\mathrm{d}F$ der Kontrollfläche entspricht in der Zeiteinheit das Volumen $\mathrm{d}F \cdot u_n$, wenn u_n die normal zu $\mathrm{d}F$ gerichtete Komponente der Strömungsgeschwindigkeit ist). In Abb. 6 ist das angedeutet; im dort dargestellten Fall befindet sich im Fluid noch ein fester Körper (der durchweg eine von der Fluidgeschwindigkeit abweichende Geschwindigkeit besitzen wird).

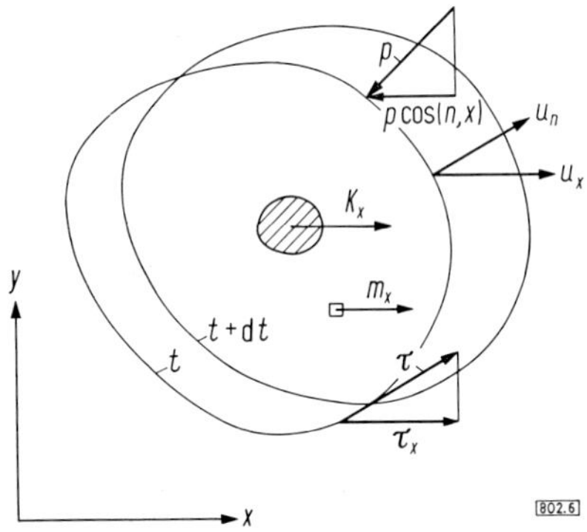

Abb. 6. Impulsänderung in x-Richtung für einen endlichen Strömungsbereich V, dessen äußerer Umriß zur Zeit t und $t + \mathrm{d}t$ durch die geschlossenen Kurven dargestellt ist

Die am System in x-Richtung angreifenden Kräfte bestehen aus der x-Komponente K_x der Kraft, die der Körper auf das Fluid ausübt, aus dem Volumenintegral über das Produkt aus Massenkraftkomponente in x-Richtung (im allg. tritt als Massenkraft nur die Schwerkraft auf) und Dichte $m_x \cdot \varrho$ sowie dem Oberflächenintegral über die an der Kontrollfläche in x-Richtung wirkenden Normal- und Scherspannungen. Als Normalspannung tritt bei den betrachteten Stoffmodellen nur der Druck p auf, dessen x-Komponente $p\ \cos(n,x)$ beträgt, wenn (n,x) der Winkel zwischen der Normalen n des Flächenelements $\mathrm{d}F$ und der x-Richtung ist. Scherspannungen sind aufgrund der Zähigkeit gemäß (1) zu erwarten, ihre Komponente in x-Richtung sei τ_x. Dann gilt für die x-Richtung

$$\iiint_V \frac{\partial(\varrho u_x)}{\partial t}\, \mathrm{d}V + \iint_F \varrho u_x u_n \mathrm{d}F = K_x + \\ + \iiint_V m_x \varrho\, \mathrm{d}V - \iint_F p \cos(n,x) \mathrm{d}F + \iint_F \tau_x \mathrm{d}F \qquad (8)$$

wobei u_n die Geschwindigkeitskomponente in Normalenrichtung ist. Zwei entsprechende Gleichungen gibt es für die beiden anderen Koordinatenrichtungen.

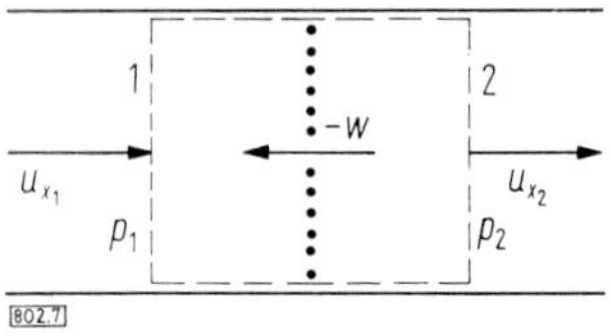

Abb. 7. Berechnung des Siebwiderstandes W in einer Leitung durch die Impulsbilanz

Beispiele: 1. Widerstand W eines Siebes in einer Flüssigkeitsleitung (Abb. 7) bei stationärer Strömung einer praktisch reibungsfreien Substanz. Da im zweiten Term von (8) u_n im Querschnitt 1 mit $-u_x$, im Querschnitt 2 mit $+u_x$ identisch ist, verschwindet dieser Term, wenn $F_1 = F_2$ gesetzt wird und somit nach Gl. (5c) $\bar{u}_x$ in beiden Querschnitten gleich ist. In waagerechter Leitung wirkt auch keine Schwerkraft in Strömungsrichtung, so daß sich aus (8) ergibt:

$$0 = -W - p_2 F + p_1 F$$
$$W = (p_1 - p_2) \cdot F \tag{9}$$

2. Zähe, stationäre Strömung in einem waagerechten kreiszylindrischen Rohr (HAGEN-POISEUILLE-Strömung) vom Radius R und mit der Länge l (Abb. 8). Aus Gl. (8)

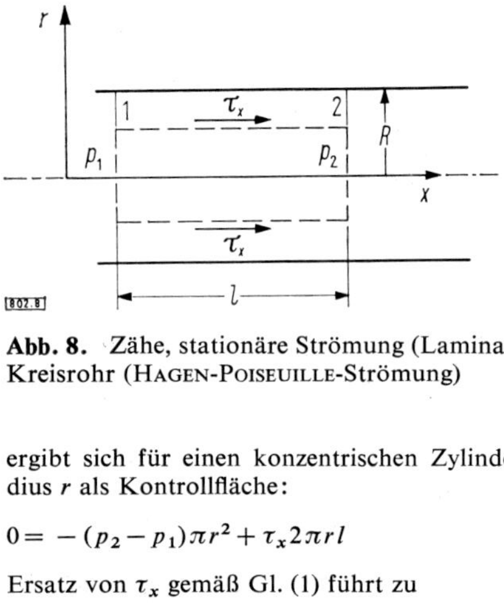

Abb. 8. Zähe, stationäre Strömung (Laminarbereich) im Kreisrohr (HAGEN-POISEUILLE-Strömung)

ergibt sich für einen konzentrischen Zylinder vom Radius r als Kontrollfläche:

$$0 = -(p_2 - p_1)\pi r^2 + \tau_x 2\pi r l$$

Ersatz von τ_x gemäß Gl. (1) führt zu

$$0 = \frac{p_1 - p_2}{2l\eta} r + \frac{\mathrm{d}u_x}{\mathrm{d}r}$$

Integration mit der Randbedingung, daß u_x an der Rohrwand, d. h. für $r = R$ verschwindet, gibt für das Geschwindigkeitsprofil

$$u_x(r) = \frac{p_1 - p_2}{4l\eta}(R^2 - r^2) \tag{10}$$

eine Parabel. Mit $\dot{V} = \iint_F u_x \mathrm{d}F = \int_0^R u_x 2\pi r \mathrm{d}r$ wird der Durchfluß $\dot{V}$ durch das Rohr

$$\dot{V} = \frac{\pi(p_1 - p_2)}{8l\eta} R^4 \tag{11}$$

(HAGEN-POISEUILLEsches Gesetz).

2.2.2. Differentielle Form: Bewegungs- bzw. Grundgleichungen

Reibungsfreie Fluide: EULERsche Gleichungen. In ähnlicher Weise, wie in Abschnitt 2.1.2 für die Massenbilanz gezeigt wurde, kann die Impulsbilanz auf infinitesimale Bereiche angewandt werden, was für die x-Koordinate zu

$$\frac{\mathrm{d}u_x}{\mathrm{d}t} = m_x - \frac{1}{\varrho}\frac{\partial p}{\partial x} \tag{12}$$

führt. Wie in Gl. (8) die linke Seite der Gleichung aus zwei Termen besteht, sind auch im Differentialquotienten $\mathrm{d}u_x/\mathrm{d}t$ zwei Anteile enthalten: die partielle Änderung mit der Zeit am festgehaltenen Ort sowie die Änderung des Impulses durch Einströmen des betrachteten Elements in Bereiche mit anderen Geschwindigkeiten:

$$\frac{\mathrm{d}u_x}{\mathrm{d}t} = \frac{\partial u_x}{\partial t} + \frac{\partial u_x}{\partial x}\frac{\mathrm{d}x}{\mathrm{d}t} + \frac{\partial u_x}{\partial y}\frac{\mathrm{d}y}{\mathrm{d}t} + \frac{\partial u_x}{\partial z}\frac{\mathrm{d}z}{\mathrm{d}t}$$

Mit dieser Aufgliederung ergeben sich die EULERschen Gleichungen für die Achsrichtungen eines rechtwinkligen Koordinatensystems:

$$\frac{\partial u_x}{\partial t} + u_x\frac{\partial u_x}{\partial x} + u_y\frac{\partial u_x}{\partial y} + u_z\frac{\partial u_x}{\partial z} = m_x - \frac{1}{\varrho}\frac{\partial p}{\partial x} \tag{12a}$$

$$\frac{\partial u_y}{\partial t} + u_x\frac{\partial u_y}{\partial x} + u_y\frac{\partial u_y}{\partial y} + u_z\frac{\partial u_y}{\partial z} = m_y - \frac{1}{\varrho}\frac{\partial p}{\partial y} \tag{12b}$$

$$\frac{\partial u_z}{\partial t} + u_x\frac{\partial u_z}{\partial x} + u_y\frac{\partial u_z}{\partial y} + u_z\frac{\partial u_z}{\partial z} = m_z - \frac{1}{\varrho}\frac{\partial p}{\partial z} \tag{12c}$$

Zähe Fluide: NAVIER-STOKESsche Gleichungen. Gleichung (1) gibt den Zusammenhang zwischen Geschwindigkeitsgefälle und Scherspannung für einen Sonderfall wieder. Im allgemeinen Fall treten bei zähen Medien außer den Scherspannungen zusätzlich zum Druck auch Normalspannungen als Folge von Geschwindigkeitsgradienten auf. Für ein rechtwinkliges System und inkompressible Medien kann folgende Beziehung abgeleitet werden:

$$\sigma_x = 2\eta\frac{\partial u_x}{\partial x} \tag{1a}$$

$$\sigma_y = 2\eta\frac{\partial u_y}{\partial y} \tag{1b}$$

$$\sigma_x = 2\eta\frac{\partial u_z}{\partial z} \tag{1c}$$

$$\tau_{xy} = \tau_{yx} = \eta\left(\frac{\partial u_x}{\partial y} + \frac{\partial u_y}{\partial x}\right) \tag{1d}$$

$$\tau_{xz} = \tau_{zx} = \eta\left(\frac{\partial u_x}{\partial z} + \frac{\partial u_z}{\partial x}\right) \tag{1e}$$

$$\tau_{yz} = \tau_{zy} = \eta \left(\frac{\partial u_y}{\partial z} + \frac{\partial u_z}{\partial y} \right) \qquad (1\text{f})$$

Hierbei sind die σ Zugspannungen (Kräfte/Fläche) in den Koordinatenrichtungen, die τ Scherspannungen; τ_{xy} ist die Scherspannung in der Ebene senkrecht zur x-Achse in y-Richtung. Die Impulsbilanz bekommt damit die differentielle Form

$$\frac{\partial u_x}{\partial t} + u_x \frac{\partial u_x}{\partial x} + u_y \frac{\partial u_x}{\partial y} + u_z \frac{\partial u_x}{\partial z} = m_x - \frac{1}{\varrho} \frac{\partial p}{\partial x} + \frac{\eta}{\varrho} \left(\frac{\partial^2 u_x}{\partial x^2} + \frac{\partial^2 u_x}{\partial y^2} + \frac{\partial^2 u_x}{\partial z^2} \right) \qquad (13\text{a})$$

$$\frac{\partial u_y}{\partial t} + u_x \frac{\partial u_y}{\partial x} + u_y \frac{\partial u_y}{\partial y} + u_z \frac{\partial u_y}{\partial z} = m_y - \frac{1}{\varrho} \frac{\partial p}{\partial y} + \frac{\eta}{\varrho} \left(\frac{\partial^2 u_y}{\partial x^2} + \frac{\partial^2 u_y}{\partial y^2} + \frac{\partial^2 u_y}{\partial z^2} \right) \qquad (13\text{b})$$

$$\frac{\partial u_z}{\partial t} + u_x \frac{\partial u_z}{\partial x} + u_y \frac{\partial u_z}{\partial y} + u_z \frac{\partial u_z}{\partial z} = m_z - \frac{1}{\varrho} \frac{\partial p}{\partial z} + \frac{\eta}{\varrho} \left(\frac{\partial^2 u_z}{\partial x^2} + \frac{\partial^2 u_z}{\partial y^2} + \frac{\partial^2 u_z}{\partial z^2} \right) \qquad (13\text{c})$$

2.3. Impulsmomentbilanz für reibungsfreie Medien

Der Impulsmomentensatz der Mechanik (Flächensatz) sagt aus, daß die zeitliche Änderung des Impulsmomentes eines Systems gleich der Summe der am System angreifenden äußeren Drehmomente ist. Auch dieser Satz läßt sich auf strömende Medien übertragen. Da er von geringerer Bedeutung ist als die anderen hier zusammengestellten Gleichungen, sei er nur für das reibungsfreie Medium, bezogen auf ein rechtwinkliges Koordinatensystem, mitgeteilt.

Wie beim Impulssatz setzt sich die zeitliche Änderung des Impulsmoments der Flüssigkeit in einer Kontrollfläche aus der zeitlichen Änderung des Moments in der Flüssigkeit und der Aufgabe bzw. Neubesetzung von Raumteilen zusammen. Die angreifenden Momente bestehen aus den Druckmomenten und den Momenten von Festkörpern in der Flüssigkeit. Der Impulsmomentsatz für die z-Richtung wird somit

$$\iiint\limits_V \left\{ \frac{\partial(\varrho u_y)}{\partial t} x - \frac{\partial(\varrho u_x)}{\partial t} y \right\} \mathrm{d}V + \iint\limits_F \varrho u_n (u_y x - u_x y) \mathrm{d}F = M_z - \iint\limits_F p \, \{\cos(y,n)x - \cos(x,n)y\} \, \mathrm{d}F \qquad (14)$$

wo M_z die z-Komponente der von Festkörpern auf die Flüssigkeit ausgeübten Momente ist. Entsprechende Gleichungen gelten für die beiden anderen Koordinatenrichtungen.

Beispiel: Stationäre ebene Radialströmung durch ein kreisförmig angeordnetes Schaufelsystem (EULERsche Turbinengleichung). Eine solche Strömung nach Abb. 9 gibt den Grundvorgang in Turbinen und Radialpumpen wieder. Ist die Zahl der Schaufeln groß, wird die Geschwindigkeit im System nur von r, nicht mehr vom Abstand der betrachteten Stromlinie von der nächsten Schaufel abhängen. Der Term $(u_y x - u_x y)$ ist dann nur noch von r abhängig, er wird $u(r) \cdot \cos\beta(r) \cdot r$. Legt man die Kontrollfläche nach Abb. 9 unmittelbar außen und innen um den Schaufelkranz, wird (14) mit u_1 = Zuström- und u_2 = Abströmgeschwindigkeit zu

$$u_1 \cos\beta_1 r_1 \iint\limits_{F_1} \varrho u_n \mathrm{d}F + u_2 \cos\beta_2 r_2 \iint\limits_{F_2} \varrho u_n \mathrm{d}F = M_z$$

da das Integral über die Druckmomente verschwindet. Nach (5a) gilt bei einem Flüssigkeitsstrom von außen nach innen (Turbinen)

$$-\iint\limits_{F_1} \varrho u_n \mathrm{d}F = \iint\limits_{F_2} \varrho u_n \mathrm{d}F = \dot{Q}_m$$

($\dot{Q}_m$ = Massendurchsatz durch den Schaufelkranz), womit sich das auf den Kranz ausgeübte Moment zu

$$-M_z = \dot{Q}_m (u_1 r_1 \cos\beta_1 - u_2 r_2 \cos\beta_2) \qquad (14\text{a})$$

ergibt. Hieraus wird sofort die Leistung zu

$$L = -M_z \omega = \dot{Q}_m (u_{n_1} v_1 - u_{n_2} v_2) \qquad (15)$$

erhalten, wobei $v = \omega r$ die Umfangsgeschwindigkeit und u_n die Tangentialkomponente von u ist.

Läuft die Anordnung als Radialpumpe, sind die Vorzeichen entsprechend zu ändern.

Beim Übergang zur differentiellen Form ergeben sich aus den Gleichungen (14) lineare Kombinationen der Bewegungsgleichungen (12) für verschiedene Komponenten, die nichts Neues bieten.

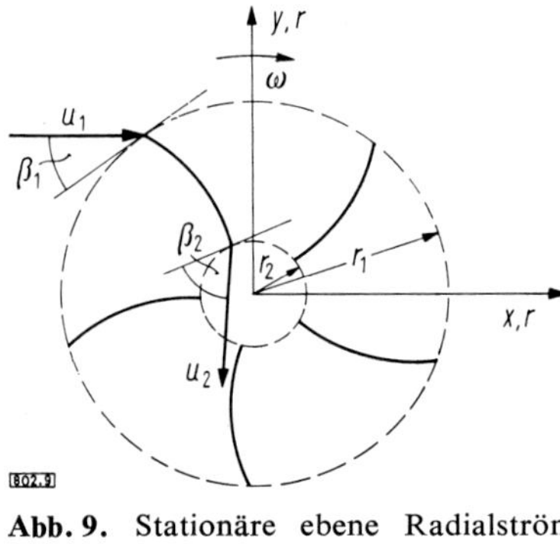

Abb. 9. Stationäre ebene Radialströmung durch ein Kreisschaufelsystem

2.4. Energiebilanzen

Nach dem Gesetz von der Erhaltung der Energie ist die Änderung der Gesamtenergie eines Systems gleich der Summe der dem System zugeführten bzw. entzogenen Energien sowie der am System geleisteten Arbeit. Bei reibungsfreien Vorgängen in der Mechanik starrer Körper handelt es sich dabei um rein mechanische Energiearten (potentielle und kinetische Energien), bei Vorgängen mit Reibung tritt auch Wärmeenergie auf.

In der Strömungsmechanik der Medien mit nicht vernachlässigbarer innerer Reibung ist die entstehende

Wärme ebenfalls zu berücksichtigen. Aber auch in Strömungen reibungsloser Medien tritt Wärme auf, wenn sie kompressibel sind. Nur im Sonderfall der inkompressiblen, reibungslosen Substanz gehen rein mechanische Energien in die Energiebilanz ein. Im allg. verlangen somit Energiebetrachtungen bei Strömungsvorgängen die Berücksichtigung thermodynamischer Gesetzmäßigkeiten.

Treten in Strömungen Temperaturdifferenzen auf, findet ein Wärmetransport durch Wärmeleitung statt, der in einer Energiebilanz miterfaßt werden müßte. Da dieser Energieanteil im allg. klein gegen die anderen Energien ist, sei er im folgenden vernachlässigt, gleiches gilt auch für die Wärmestrahlung. Hierbei wird vorausgesetzt, daß „strömungsfremde" Wärmequellen fehlen; für Vorgänge mit Wärmeübergang oder chemischer Reaktion gelten also die hier mitgeteilten Sätze nicht ohne weiteres.

Reibungsfreie Fluide: BERNOULLIsche Gleichungen. Analog zur Impulsbilanz in Abschnitt 2.2.1 läßt sich eine Energiebilanz für das Volumen V mit der Oberfläche F aufstellen, in die kinetische und innere Energie des Fluids eingehen:

$$\iiint_V \frac{\partial}{\partial t}\,\varrho\left(e+\frac{u^2}{2}\right)\mathrm{d}V+\iint_F \varrho\left(e+\frac{u^2}{2}\right)\mathrm{d}F = \iiint_V \varrho(u_x m_x+u_y m_y+u_z m_z)\,\mathrm{d}V-\iint_F p u_n\,\mathrm{d}F \tag{16}$$

e ist die spezifische innere Energie. Besitzen die Massenkräfte ein Potential Φ, gilt

$$m_x=-\frac{\partial\Phi}{\partial x},\quad m_y=-\frac{\partial\Phi}{\partial y},\quad m_z=-\frac{\partial\Phi}{\partial z} \tag{17}$$

Damit läßt sich (16) umformen zu

$$\iiint_V \frac{\partial}{\partial t}\,\varrho\left(e+\frac{u^2}{2}\right)\mathrm{d}V+\iint_F \varrho\left(e+\frac{u^2}{2}+\Phi+\frac{p}{\varrho}\right)u_n\,\mathrm{d}F=0 \tag{16a}$$

Für eine stationäre Strömung in einer „Stromröhre", einem nach Abb. 10 eng um eine Stromlinie gelegten Rohr, dessen Wandung von anderen Stromlinien gebildet wird, gilt nach der Kontinuitätsgleichung für alle Querschnitte $u_n\varrho\,\mathrm{d}F=\mathrm{const.}$ Für zwei Querschnitte 1 und 2 wird somit $u_{n_1}\varrho_1\,\mathrm{d}F_1=u_{n_2}\varrho_2\,\mathrm{d}F_2$, womit aus Gleichung (16a)

$$e_2+\frac{u_2^2}{2}+\Phi_2+\frac{p_2}{\varrho_2}-\left(e_1+\frac{u_1^2}{2}+\Phi_1+\frac{p_1}{\varrho_1}\right)=0 \tag{16b}$$

folgt. Unter Einführung der spezifischen Enthalpie $i=e+\frac{p}{\varrho}$ und für den Fall, daß als Potential nur das Schwerepotential $\Phi=gh$ zu berücksichtigen ist, läßt sich das auch in der Form

$$i_1+\frac{u_1^2}{2}+gh_1=i_2+\frac{u_2^2}{2}+gh_2 \tag{16c}$$

schreiben. Das ist die BERNOULLIsche Gleichung für die stationäre Strömung eines kompressiblen reibungslosen Mediums, die längs einer Stromlinie gilt.

Bei einem inkompressiblen Medium bleibt e konstant, so daß $i_1-i_2=p_1/\varrho-p_2/\varrho$ gesetzt werden kann, womit (16b) zu

$$\frac{p_1}{\varrho}+\frac{u_1^2}{2}+gh_1=\frac{p_2}{\varrho}+\frac{u_2^2}{2}+gh_2 \tag{16d}$$

wird, der BERNOULLIschen Gleichung für die stationäre Strömung des inkompressiblen reibungslosen Fluids längs einer Stromlinie.

Beispiel: Staudruck einer Flüssigkeit vor einem Strömungshindernis. An dem Punkt des Körpers, an dem sich die Strömung teilt, endet nach Abb. 11 eine Stromlinie, d. h. die Geschwindigkeit wird Null. Werden dieser Punkt und ein Punkt in sehr großer Entfernung vom Hindernis, wo die Strömung ungestört ist und die Geschwindigkeit u hat, als die Punkte 1 und 2 in Gl. (16c) gewählt, wird

$$p_1+\frac{\varrho}{2}u^2=p_2$$

wenn man die Schwerkraft vernachlässigt. Das Auftreffen der Strömung auf ein Hindernis hat somit eine Druckerhöhung an dieser Stelle gegenüber dem Druck in der ungestörten Strömung um

$$p_2-p_1=\frac{\varrho}{2}u^2 \tag{16e}$$

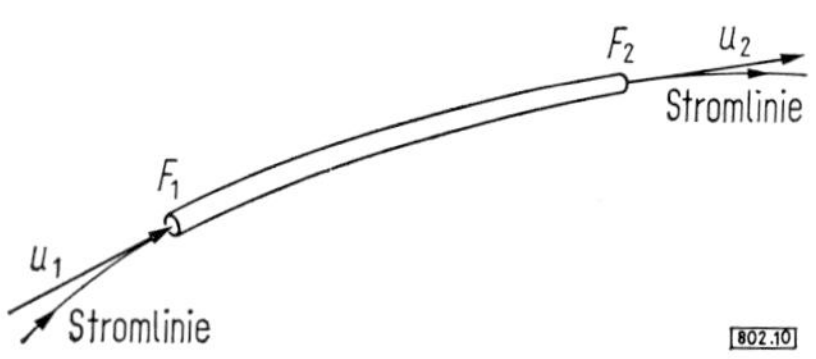

Abb. 10. Stromröhre

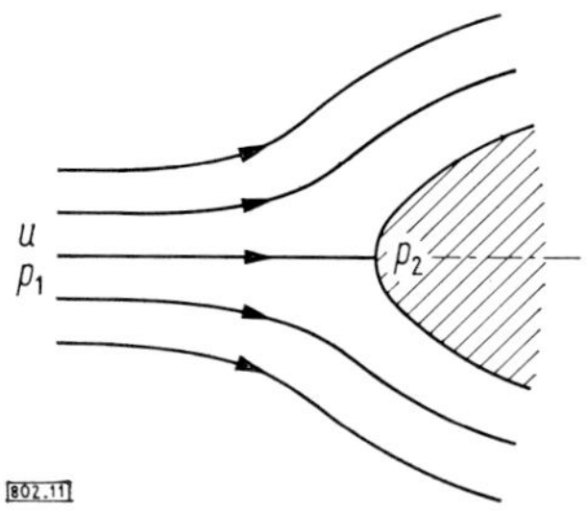

Abb. 11. Staudruck am angeströmten Körper

zur Folge. Dieser Staudruck ist ein Maß für die Geschwindigkeit der ungestörten Strömung.

Medien mit Reibung. Entsprechend dem letzten Term in Gl. (8) muß Gl. (16) für zähe Fluide durch einen Ausdruck für die Arbeit der Spannungen gemäß (1a) bis (1f) (S. 88) ergänzt werden. Eine Analyse dieses Gliedes zeigt, daß die geleistete Arbeit in Wärme umgesetzt wird, wie das ja auch beim Reiben der Flächen fester Körper aneinander der Fall ist. Man bezeichnet diesen Vorgang als Dissipation und die erzeugte Wärme L_D als Dissipationswärme. Für das inkompressible zähe Fluid ist die in der Zeiteinheit erzeugte Dissipationswärme

$$\dot{L}_D = 2\eta\left\{\left(\frac{\partial u_x}{\partial x}\right)^2 + \left(\frac{\partial u_y}{\partial y}\right)^2 + \left(\frac{\partial u_z}{\partial z}\right)^2\right\} + \eta\left\{\left(\frac{\partial u_x}{\partial y} + \frac{\partial u_y}{\partial x}\right)^2 + \left(\frac{\partial u_y}{\partial z} + \frac{\partial u_z}{\partial y}\right)^2 + \left(\frac{\partial u_x}{\partial z} + \frac{\partial u_z}{\partial x}\right)^2\right\} \tag{18}$$

$\dot{L}_D$ ist also in jedem Fall > 0.

3. Rechnerische Behandlung von Strömungsproblemen

Ein Strömungsproblem ist in allgemeinster Form dadurch gegeben, daß zu einer geometrischen Berandung, die ein Raumgebiet abgrenzt, Geschwindigkeit und Druck der Strömung eines Mediums mit bekannten Stoffeigenschaften an jeder Stelle dieses Gebietes gesucht sind, wobei die Strömung durch Vorgabe von Drucken oder Geschwindigkeiten an den Grenzen des Raumgebietes bestimmt sein muß.

Bei isothermen Strömungen inkompressibler Medien lassen sich grundsätzlich die gesuchten vier Größen u_x, u_y, u_z und p aus den drei Bewegungsgleichungen (12a–c) bzw. (13a–c) sowie der Kontinuitätsgleichung (7a) berechnen. Die praktische Durchführung der Rechnung ist jedoch meist nicht mit vertretbarem Aufwand möglich. Nur für reibungsfreie Medien haben sich allgemeine Lösungsmethoden entwickeln lassen, die ohne Vernachlässigung unmittelbar die entsprechenden vier Ausgangsgleichungen zu behandeln gestatten. Für zähe Medien existieren nur einzelne exakte Lösungen. Hier sind deshalb zur rechnerischen Bearbeitung praktischer Aufgaben Näherungsmethoden ausgearbeitet worden, die auf einzelne Terme der Ausgangsgleichungen verzichten. Über die wichtigsten dieser Methoden wird im folgenden ein Überblick gegeben.

Bei kompressiblen Medien tritt zu den vier Ausgangsgleichungen noch die thermische Zustandsgleichung, die einen Zusammenhang zwischen p, ϱ und T liefert, sowie eine Angabe über die Art der Kompression (isotherm, adiabatisch, polytrop) hinzu. Eine exakte Behandlung erfordert die Berechnung des Kompressionsverhaltens aus der kalorischen Zustandsgleichung (Enthalpie als Funktion von T und p) und dem ersten Hauptsatz der Thermodynamik. Außerdem ist zu beachten, daß bei sehr großen Geschwindigkeiten Unstetigkeitsflächen (Verdichtungsstöße) auftreten können, die eine Behandlung der Probleme nur ausgehend von den Differentialgleichungen verbieten. Lösungsmethoden für kompressible Medien werden im folgenden nicht behandelt, da sie für die Verfahrenstechnik zur Zeit nur am Rande Bedeutung haben. Mit ihnen befaßt sich ein besonderer Zweig der Strömungslehre, die Gasdynamik.

Auch mit Näherungsmethoden lassen sich bei weitem nicht alle Strömungsprobleme lösen, sie verlangen zudem durchweg einen erheblichen Rechenaufwand und führen doch nur zu einer Lösung mit Näherungscharakter. Man verzichtet deshalb in vielen Fällen auf eine vollständige Lösung im obigen Sinne und begnügt sich mit praktisch wichtigen einzelnen Werten, z. B. für Drucke und Geschwindigkeiten an einzelnen Stellen der Strömung, Kraftwirkungen auf feste Körper usw. Hierbei kann man die integrale Form von Impuls- und Kontinuitätsgleichung verwenden, wofür oben Beispiele gegeben wurden. Meist muß jedoch das Experiment herangezogen werden. Eine Diskussion der Grundgleichungen unter dem Gesichtspunkt der physikalischen Ähnlichkeit liefert aber von der Theorie her wichtige Hilfsmittel für die Anlage und Durchführung der Experimente sowie die Erfassung und Wiedergabe der Meßergebnisse. Mathematisch gibt die Ähnlichkeitstheorie eine Teilintegration der Ausgangsgleichungen.

3.1. Exakte Integration der Grundgleichungen

3.1.1. Ideale inkompressible Fluide (mit Eulerschen Gleichungen als Basis)

Potentialströmungen. Falls die Geschwindigkeit ein Potential φ besitzt, falls also gilt

$$u_x = \frac{\partial \varphi}{\partial x} \tag{19a}$$

$$u_y = \frac{\partial \varphi}{\partial y} \tag{19b}$$

$$u_z = \frac{\partial \varphi}{\partial z} \tag{19c}$$

bezeichnet man die damit gekennzeichnete Strömung als Potentialströmung. Auf ihre besondere Bedeutung im Rahmen der überhaupt denkbaren Lösungen für Strömungen idealer Medien wird noch einzugehen sein.

Die aus φ gemäß (19a–c) abgeleiteten Geschwindigkeitskomponenten müssen natürlich auch die Kontinuitätsgleichung (7a) erfüllen. Das führt zu

$$\frac{\partial^2 \varphi}{\partial x^2} + \frac{\partial^2 \varphi}{\partial y^2} + \frac{\partial^2 \varphi}{\partial z^2} = \Delta \varphi = 0 \qquad (20)$$

für φ, der *Potentialgleichung*. Alle möglichen Lösungen von (20) führen somit zu möglichen Strömungsfeldern idealer Medien, wobei durch die EULERschen Gleichungen (12a–c) der Zusammenhang zwischen Druck und Geschwindigkeit gegeben wird (Massenkräfte als gegebene Potentialkräfte vorausgesetzt).

Um die Lösung für ein vorgegebenes Strömungsproblem zu finden, ist das Integral von (20) zu suchen, das den Randbedingungen gerecht wird, die das Problem kennzeichnen. Diese Randbedingungen fordern auf jeden Fall, daß längs fester Begrenzungen der Strömung die Geschwindigkeit tangentiell zu diesen Wandungen gerichtet ist. Das läßt sich zwar erfüllen, über den Betrag der resultierenden ersten Ableitung von φ kann dann jedoch nicht mehr verfügt werden; das heißt, daß die Wandgeschwindigkeiten nicht vorgegeben werden können, sondern Teile der Lösung sind. Bei instationären Vorgängen ist φ dabei auch von t abhängig, in diesen Fällen ist zusätzlich zur tangentiellen Richtung der Strömung an der Wand bei einer Bewegung der Wandung eine mit der Geschwindigkeit dieser Bewegung identische Normalgeschwindigkeit des Mediums vorzugeben (entsprechend der Verschiebung des Fluids durch die sich bewegende Wandung). Weiterhin muß an freien Oberflächen von Flüssigkeiten der Druck identisch mit dem von außen aufgeprägten Druck sein.

Die Theorie der Potentialgleichung lehrt, daß durch diese Bedingungen ein Problem eindeutig bestimmt ist. Das hat eine schwerwiegende praktische Folge. Die Erfahrung zeigt, daß an jeder Festwand nicht nur die Normal- sondern auch die Tangentialgeschwindigkeit eines strömenden Mediums relativ zur Wand verschwindet, eine Wirkung der stets vorhandenen inneren Reibung. In Wandnähe sind somit Abweichungen der wirklichen Strömung von der Potentialströmung zu erwarten, über deren Ausmaß die Theorie des reibungslosen Mediums nichts aussagen kann.

Besonders leicht und elegant ist die Potentialtheorie *für den ebenen Fall* zu handhaben, bei dem die Strömung und damit auch das Potential nur von zwei Koordinaten abhängen, während sie in der dritten Richtung unverändert bleiben. Praktisch ist das näherungsweise bei der Umströmung prismatischer Körper, etwa längerer Schaufelprofile, oder bei der Durchströmung von Spalten gegeben. Die Kontinuitätsgleichung (7a) reduziert sich dann zu

$$\frac{\partial u_x}{\partial x} + \frac{\partial u_y}{\partial y} = 0 \qquad (7b)$$

und läßt sich durch den Ansatz

$$u_x = \frac{\partial \psi}{\partial y} \qquad (21a)$$

$$u_y = -\frac{\partial \psi}{\partial x} \qquad (21b)$$

erfüllen. Da aber für u_x und u_y gleichzeitig die Beziehungen (19a) und (19b) gelten, folgt

$$\frac{\partial \varphi}{\partial x} = \frac{\partial \psi}{\partial y} \qquad (22a)$$

$$\frac{\partial \varphi}{\partial y} = -\frac{\partial \psi}{\partial x} \qquad (22b)$$

Diese Gleichungen sind mit den CAUCHY-RIEMANNschen Beziehungen der Funktionentheorie identisch, die für den reellen und imaginären Anteil einer analytischen Funktion $f(z) = \varphi(x,y) + i \cdot \psi(x,y)$ einer komplexen Variablen $z = x + i \cdot y$ gelten. Die Realteile aller solchen Funktionen stellen also mögliche Lösungen für das Geschwindigkeitspotential dar.

Die Gleichungen (22a) und (22b) legen auch eine Deutung der Funktion ψ nahe. Nach den Gesetzen der Funktionentheorie schneiden sich in einem x–y-Koordinatensystem die Kurvenscharen $\varphi = C$ und $\psi = C'$ (C und C' variable Scharparameter, die für eine Kurve jeweils konstant bleiben) unter einem rechten Winkel (Abb. 12).

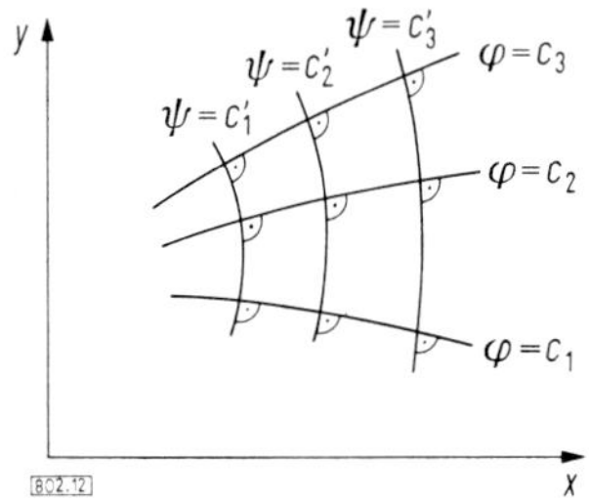

Abb. 12. Verlauf von Potential- und Stromfunktion

Nach (19a) und (19b) verlaufen aber die Stromlinien in diesem Strömungsfeld ebenfalls senkrecht zu den Äquipotentiallinien. Die Kurvenschar $\psi = C'$ stellt somit das Bild der Stromlinien dar, ψ wird als Stromfunktion bezeichnet. Da aus der Differentiation von (19a) und (19b) sofort $\frac{\partial u_x}{\partial y} - \frac{\partial u_y}{\partial x} = 0$ folgt, was mit (21a) und (21b) zu

$$\frac{\partial^2 \psi}{\partial x^2} + \frac{\partial^2 \psi}{\partial y^2} = \Delta \psi = 0 \qquad (23)$$

führt, gilt auch für die Stromfunktion die LAPLACEsche Gleichung.

Läßt man zur Erzeugung der Kurvenscharen die Parameter C und C' jeweils um äquidistante Beträge wachsen, ist die „Dichte" aufeinanderfolgender Potentiallinien ein Maß für die absolute Größe der Strömungsgeschwindigkeit, und die „Dichte" nebeneinanderliegender Stromlinien korrespondiert mit dem Durchsatz durch einen Einheitsquerschnitt an dieser Stelle.

Diese Art der Behandlung von ebenen Potentialströmungen ist sehr gut ausgebaut worden. Durch Superposition verschiedener Funktionen lassen sich alle praktisch interessanten Strömungen berechnen, wobei für wichtige, aber letztlich willkürliche Berandungen, etwa Tragflügelprofile verschiedenster Art, besondere Näherungsmethoden ausgearbeitet wurden.

Die Behandlung *dreidimensionaler Probleme* ist im allg. erheblich schwieriger als die zweidimensionaler. Für eine praktisch besonders wichtige Gruppe von Strömungen, nämlich die Parallelanströmungen länglicher rotationssymmetrischer Körper, haben sich jedoch relativ einfache Berechnungsmethoden entwickeln lassen. Sie beruhen auf einer Kombination von Quell- und Senkenströmungen mit der Parallelströmung.

Unter einer Quelle ist ein singulärer Punkt einer Strömung zu verstehen, aus dem dauernd Medium abströmt, während einer Senke dauernd Medium zuströmt. In sonst ruhender Strömung gilt für das Potential einer Quelle im Koordinatennullpunkt

$$\varphi_Q = -\frac{E}{4\pi\sqrt{x^2+y^2+z^2}} = -\frac{E}{4\pi r} \tag{24}$$

wobei E eine Konstante ist. Das Strömungsbild hierzu zeigt radial von der Quelle ausgehende Stromlinien (Abb. 13), die Geschwindigkeit ist nur vom Abstand von der Quelle abhängig:

$$u_r = \frac{\partial\varphi}{\partial r} = \frac{E}{4\pi r^2} \tag{25}$$

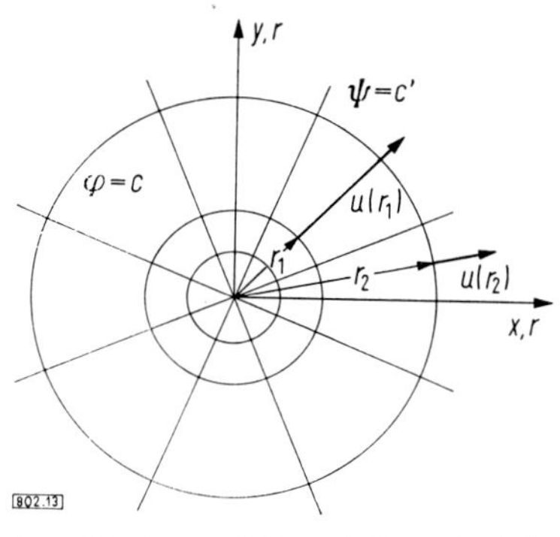

Abb. 13. Potential- und Stromfunktion für die Quellströmung

Integriert man u_r über die Fläche einer konzentrisch um die Quelle gelegten Kugel, erhält man den von der Quelle ausgehenden Fluß, der unabhängig vom Kugelradius gleich E ist. Damit ist die Konstante E als „Ergiebigkeit" gedeutet.

Für eine Senke wird E negativ, im übrigen gelten auch dafür die Gleichungen (24) und (25).

Ordnet man nun auf der x-Achse hintereinander Quellen und Senken an, deren Gesamtergiebigkeit Null ist, und überlagert man diesem Strömungsbild die Parallelströmung in x-Richtung mit dem Potential

$$\varphi_P = u_\infty \cdot x \tag{26}$$

so ist $\Sigma\varphi_Q + \Sigma\varphi_S + \varphi_P$ ($\Sigma\varphi_Q$ Summe der Einzelpotentiale aller Quellen, $\Sigma\varphi_S$ aller Senken) das Gesamtpotential für die Umströmung eines rotationssymmetrischen Körpers, dessen Wandung durch die ‚Stromfläche" gegeben ist, die die (verzerrte) Parallelströmung von der (ebenfalls verzerrten) Quellen-Senken-Strömung trennt.

Beispiele: 1. Umströmung eines Ovalkörpers, gebildet durch Parallelströmung sowie Quelle und Senke gleicher Ergiebigkeit. Abb. 14 zeigt, wie bei $x = -a$ eine Quelle

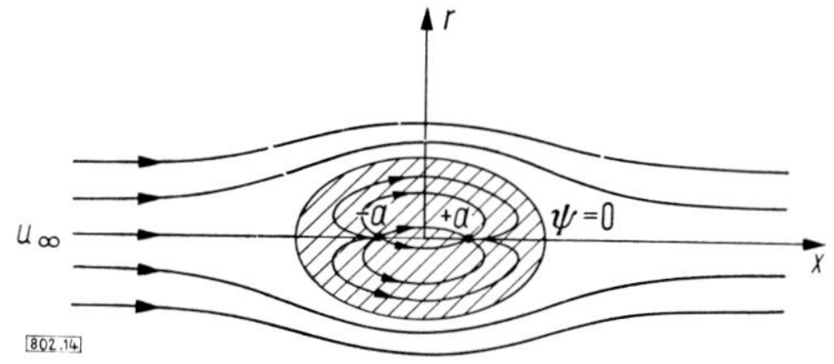

Abb. 14. Stromfunktion für die Umströmung eines Ovalkörpers

der Ergiebigkeit E, bei $x = +a$ eine Senke mit der Ergiebigkeit $-E$ angeordnet ist. Das Gesamtpotential wird dann

$$\varphi = u_\infty x + \frac{E}{4\pi}\left(\frac{1}{\sqrt{(x-a)^2+y^2}} - \frac{1}{\sqrt{(x+a)^2+y^2}}\right) \tag{27}$$

wo y der Abstand von der x-Achse, der Symmetrieachse, ist. Wie bei ebenen existieren auch bei räumlichen Potentialströmungen Stromfunktionen; im behandelten Beispiel wird

$$\psi = -\frac{1}{2}u_\infty y^2 + \frac{E}{4\pi}\left(\frac{x+a}{\sqrt{(x+a)^2+y^2}} - \frac{x-a}{\sqrt{(x-a)^2+y^2}}\right) \tag{28}$$

Der Umriß des umströmten Körpers ist durch $\psi = 0$ gegeben. Die Strömung innerhalb dieser Umhüllungsfläche (für ψ-Werte unter Null) ist nur fiktiv, die Außenströmung stimmt mit der wirklichen Strömung überein, soweit Reibungseinflüsse außer Betracht bleiben können.

2. Umströmung einer Kugel mit dem Radius R. Rücken Quelle und Senke immer näher aneinander, wobei aber $E \cdot 2a = M$ endlich bleiben soll, erhält man die Potentialströmung eines Dipols mit dem Potential

$$\varphi = u_\infty x + \frac{Mx}{4\pi r^3} \tag{29a}$$

und der Stromfunktion

$$\psi = -\frac{1}{2} u_\infty y^2 + \frac{M y^2}{4\pi r^3} \tag{30a}$$

Die Trennfläche zwischen Innen- und Außenströmung ist wieder durch $\psi = 0$ gegeben, woraus

$$r = \sqrt[3]{\frac{M}{2\pi u_\infty}} = R \tag{31}$$

folgt (Kugelfläche). Damit wird

$$\varphi = u_\infty x \left(1 + \frac{R^3}{2r^3}\right) \tag{29b}$$

$$\psi = -\frac{1}{2} u_\infty y^2 \left(1 - \frac{R^3}{r^3}\right) \tag{30b}$$

Differentiation von (29b) führt zu den Geschwindigkeiten; speziell für die Oberfläche gilt

$$u_R = \frac{3}{2} u_\infty \frac{|y|}{R} \tag{32}$$

Der Druck läßt sich mit der BERNOULLIschen Gleichung (16c) unter Vernachlässigung der Schwerkraft für die Oberfläche zu

$$p_R = p_\infty + \varrho \frac{u_\infty^2}{2} \left(1 - \frac{9}{4} \frac{y^2}{R^2}\right) \tag{33}$$

berechnen. u_R und p_R sind somit symmetrisch bezüglich der Ebene $x = 0$.

Messungen ergaben, daß bei Fluiden geringer Zähigkeit Druck und Geschwindigkeit mit den berechneten Werten gut übereinstimmten, abgesehen von einer Zone hinter der Kugel (in Anströmrichtung gesehen) und dem Geschwindigkeitsfeld unmittelbar an der Oberfläche, was auf Reibungseinflüsse zurückzuführen ist.

Im Gegensatz zur Ovalkörperumströmung kann bei der Kugelströmung auch die Innenströmung reale Bedeutung haben, da Quelle und Senke zusammenfallen und somit nicht mehr wirklich vorhanden sein müssen. In kugelförmigen Blasen und Tropfen wurden solche Innenströmungen beobachtet.

Zirkulationsströmungen. Das Vorhandensein eines Geschwindigkeitspotentials ist identisch mit der Bedingung, daß ein geschlossenes Linienintegral über die Geschwindigkeit $\Gamma = \oint (u_x \mathrm{d}x + u_y \mathrm{d}y + u_z \mathrm{d}z)$ an allen Stellen der Strömung verschwindet. Γ wird als Zirkulation bezeichnet. Die Alternative zur Potentialströmung ist die Zirkulationsströmung, bei der Γ für mindestens einen geschlossenen Weg nicht verschwindet.

Beispiel: Eine wie ein starrer Körper rotierende Flüssigkeit. Legt man die z-Achse eines rechtwinkligen Systems in die Drehachse, ergibt sich nach Abb. 15 für Γ

$$\Gamma = \oint \omega r \,\mathrm{d}\vartheta = \omega r 2\pi r = 2\omega F \tag{34}$$

wenn die Winkelgeschwindigkeit ω und die vom Integrationsweg umschlossene Fläche F eingeführt werden. Es läßt sich zeigen, daß die Gleichung für alle möglichen geschlossenen Wege in der Strömung erfüllt ist.

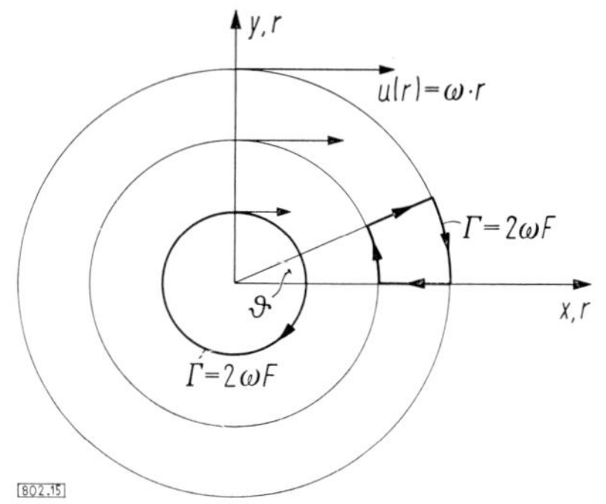

Abb. 15. Stromfunktion und Zirkulation bei starrer Rotation

Der in Gleichung (34) zutagetretende Zusammenhang zwischen der Zirkulation und einer Drehgeschwindigkeit der Flüssigkeit innerhalb der Weglinie, über die die Zirkulation gebildet ist, läßt sich verallgemeinern. Beim Übergang zu differentiellen Elementen kann ein Wirbelvektor als kontinuierliche Raumfunktion definiert werden, dessen Richtung mit der Drehachse des Flüssigkeitselements übereinstimmt, und dessen Betrag gleich der Winkelgeschwindigkeit der Drehung ist. Die Komponenten v dieses Vektors lassen sich aus den Geschwindigkeitskomponenten nach den Gleichungen

$$v_x = \frac{1}{2}\left(\frac{\partial u_y}{\partial z} - \frac{\partial u_z}{\partial y}\right) \tag{35a}$$

$$v_y = \frac{1}{2}\left(\frac{\partial u_z}{\partial x} - \frac{\partial u_x}{\partial z}\right) \tag{35b}$$

$$v_z = \frac{1}{2}\left(\frac{\partial u_x}{\partial y} - \frac{\partial u_y}{\partial x}\right) \tag{35c}$$

ermitteln. Die bei Zirkulationsströmungen auftretende Rotation oder Wirbelung hat dieser Art von Strömung auch den Namen Wirbelströmung gegeben.

Es gibt nicht nur Strömungen mit kontinuierlicher Wirbelung, sondern auch singuläre Wirbel. Das Element dieser Strömungen ist der Potentialwirbel, der

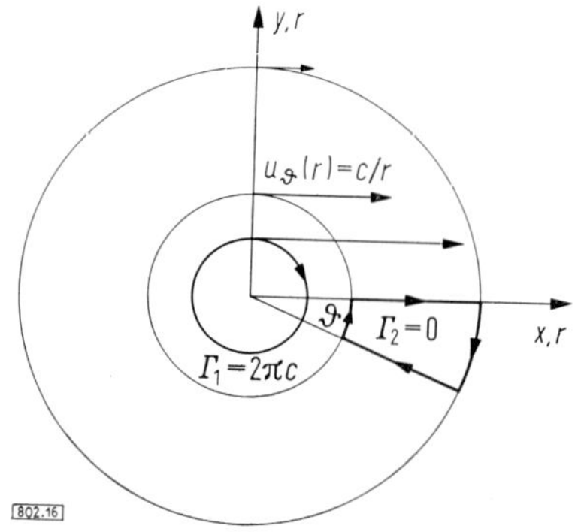

Abb. 16. Stromfunktion und Zirkulation beim ebenen Potentialwirbel

abgesehen vom Drehzentrum eine reine Potentialströmung aufweist. Abb. 16 zeigt einen ebenen Potentialwirbel, dessen Potential durch

$$\varphi = c \arctan \frac{y}{x} = c\vartheta \qquad (36)$$

gegeben ist, wo r und ϑ Polarkoordinaten sind (c ist eine Konstante). Die Geschwindigkeit folgt daraus als Tangentialgeschwindigkeit auf konzentrischen Kreisen zu

$$u_\vartheta = \frac{c}{r} \qquad (37)$$

Für jeden geschlossenen Weg, der den Mittelpunkt ausschließt, verschwindet die Zirkulation (Potentialcharakter), für jeden Weg um den Mittelpunkt wird $\Gamma = 2\pi c$. Der Wirbelvektor ist somit überall gleich Null, im Zentrum hat er eine singuläre Stelle, wo er unendlich groß wird.

Analog zu Stromlinien lassen sich in Wirbelströmungen Wirbellinien oder -fäden definieren, die man sich als fortlaufende Kette von Wirbelvektoren denken kann.

Außer singulären Wirbelfäden gibt es auch singuläre Wirbelflächen. (Wirbelflächen werden vielfach auch als „Wirbelschichten“ bezeichnet, was in der reinen Hydrodynamik unbedenklich ist, in der Verfahrenstechnik aber zu Verwechslungen mit den vielfach genauso benannten Aufwirbelungen von Festkörpern führen kann.) Sie sind ebenfalls durch das Nichtverschwinden von Γ für bestimmte Wege gekennzeichnet.

Beispiel: Unstetigkeitsfläche der Geschwindigkeit als Wirbelfläche. Nach Abb. 17 wird $\Gamma = 2(u_1 - u_2)l$, wo l die Entfernung der Punkte ist, zwischen denen integriert wird.

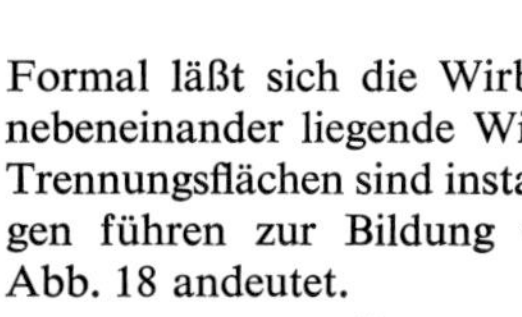

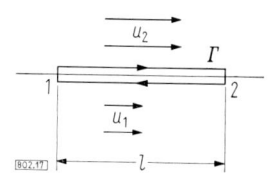

Abb. 17. Zirkulation an einer Unstetigkeitsfläche der Geschwindigkeit

Formal läßt sich die Wirbelfläche durch in ihr eng nebeneinander liegende Wirbelfäden ersetzen. Solche Trennungsflächen sind instabil, zufällige Ausbauchungen führen zur Bildung von echten Wirbeln, wie Abb. 18 andeutet.

Für die zeitliche Änderung der Zirkulation gilt der Satz von THOMSON, wonach $d\Gamma/dt = 0$ für eine fluide Linie ist, wenn auf das (ideale, inkompressible) Medium nur konservative Kräfte wirken. Eine fluide Linie ist eine geschlossene Kette von Fluidteilchen, die sich im Laufe der Zeit zwar deformiert, ihre Geschlossenheit jedoch nicht verliert. Daraus folgt, daß in einer Potentialströmung keine Wirbel auftreten können, da dann ja $d\Gamma/dt = 0$ sein müßte. Wenn somit die genannten Ursachen der Wirbelentstehung ausgeschlossen bleiben, läßt sich eine ideale Strömung immer durch ein Potential beschreiben. Selbst beim Vorliegen von singulären Wirbeln ist das vielfach für den ganzen Strömungsbereich mit Ausnahme der singulären Stellen möglich (z. B. Potentialwirbel). Hierin liegt ein Grund für die Bedeutung der Potentialströmung.

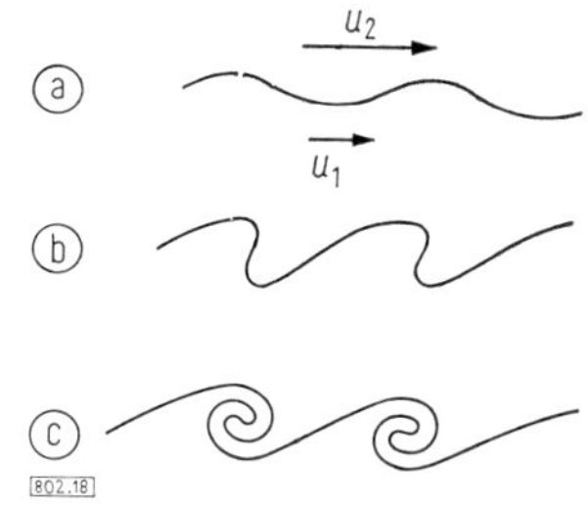

Abb. 18. Wirbelbildung an einer Unstetigkeitsfläche der Geschwindigkeit

3.1.2. Zähe inkompressible Fluide (mit NAVIER-STOKESschen Gleichungen als Basis)

In Abschnitt 2.2.1 wurde ausgehend von Impulsbetrachtungen die Strömung eines zähen Mediums durch ein Rohr mit Kreisquerschnitt berechnet. Die gefundenen Beziehungen (10) und (11) sind auch exakte Lösungen der NAVIER-STOKESschen Gleichungen (13a–c) (und der Massenbilanz 7a). (11) ermöglicht über die Messung von V und $p_1 - p_2$ an einem Rohr bekannter Abmessungen die Bestimmung von η; nach diesem Prinzip arbeiten viele Viskosimeter.

Eine weitere exakte Lösung des Gleichungssystems (7a) und (13a–c) existiert für die Strömung zwischen zwei unendlich langen konzentrischen Zylindern, die jeder mit einer beliebigen, aber zeitlich unveränderlichen Winkelgeschwindigkeit ω_1 bzw. ω_2 angetrieben werden (Abb. 19). Die Geschwindigkeit der erzwungenen Strömung ist streng tangentiell

$$u(r) = \frac{(\omega_2 r_2^2 - \omega_1 r_1^2) r^2 + (\omega_1 - \omega_2) r_1^2 r_2^2}{r(r_2^2 - r_1^2)} \qquad (38)$$

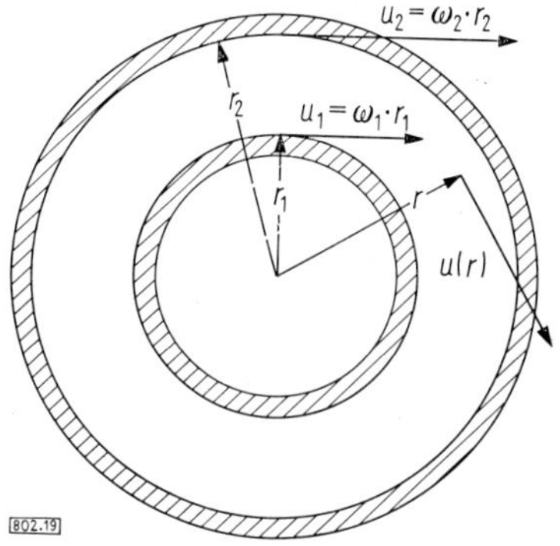

Abb. 19. Strömung zwischen rotierenden konzentrischen Kreiszylindern (COUETTE-Strömung)

Zwischen den Zylindern und dem Fluid wirken, bezogen auf die Einheitshöhe, die Momente

$$-M_1 = M_2 = \frac{4\pi\eta(\omega_1 - \omega_2)r_1^2 r_2^2}{r_2^2 - r_1^2} \tag{39}$$

Um die Rotation aufrechtzuerhalten, ist somit die Leistung

$$L = -M_1\omega_1 - M_2\omega_2 = \frac{4\pi\eta(\omega_1 - \omega_2)^2 r_1^2 r_2^2}{r_2^2 - r_1^2} \tag{40}$$

aufzubringen. Auch diese COUETTE-Strömung wird zur Viskosimetrie herangezogen (wobei der eine Zylinder im allg. festgehalten wird, ω_1 bzw. ω_2 ist dann gleich null).

Außer diesen beiden existieren noch einige weitere spezielle Lösungen der NAVIER-STOKESschen Gleichungen, die geringe Bedeutung haben. In allen kann als Randbedingung die Erfahrung berücksichtigt werden, daß an festen Wandungen neben der Normal- auch die Tangentialgeschwindigkeit verschwindet. Bei der Potentialströmung ist das nicht möglich, hier treten endliche Tangentialgeschwindigkeiten an den Begrenzungen auf, wenn primär ein Verschwinden der Normalgeschwindigkeiten gefordert wird. Es läßt sich nun zeigen, daß Potentialströmungen auch mathematische Lösungen der NAVIER-STOKESschen Gleichungen darstellen, wobei nur die Möglichkeit dieses Gleichungssystems, verschwindende Tangentialgeschwindigkeit an Wandungen zu berücksichtigen, nicht benutzt wird. Praktische Bedeutung hat das für Strömungen in Wandferne, für die also die Potentialströmungen auch das Verhalten zäher Medien wiedergeben, und für die Außen- und Innenströmung bei Blasen und Tropfen, sofern deren Grenzflächen auch in tangentieller Richtung frei verschiebbar sind.

Da bei zähen Medien in Wandnähe erhebliche Abweichungen von der Potentialströmung auftreten, muß dort die Strömung Wirbelcharakter haben. Das läßt sich mit dem starken Geschwindigkeitsanstieg in einer wandnahen Zone erklären, der praktisch einer Unstetigkeitsfläche der Geschwindigkeit gleichkommt, was oben als eine Ursache der Wirbelbildung gefunden worden war. Im Inneren der Strömung eines zähen Mediums kann dagegen ein Wirbel nur auf Grund der inneren Reibung ebensowenig entstehen wie bei einer idealen Flüssigkeit, da auch hier $\mathrm{d}\Gamma/\mathrm{d}t = 0$ gilt. Die Zähigkeit hat nur eine „Wirbeldiffusion" zur Folge, bei der sich die Verwirbelung mit der Zeit unter Abnahme der Intensität über größere Bereiche der Strömung ausbreitet.

Auch die exakte Integration der NAVIER-STOKESschen Gleichungen vermag, ausgehend von den angegebenen Randbedingungen, kein vollständiges Bild der realen Strömungen zu geben. Es zeigt sich experimentell, daß die berechnete „laminare" Strömung nur in einem von Strömungsgeschwindigkeit und Strömungsabmessungen sowie von der Zähigkeit abhängigen Gültigkeitsbereich mit wirklichen Strömungen übereinstimmt, außerhalb dieses Bereichs tritt ein völlig anderer Strömungscharakter auf, die Strömung wird „turbulent". Das liegt daran, daß von praktisch immer vorhandenen Unebenheiten der Wandungen Störungen ausgehen, die entweder gedämpft werden (laminare Strömung) oder sich aufschaukeln (Turbulenz).

3.2. Näherungsansätze für zähe inkompressible Fluide

3.2.1. Schleichende Bewegung

Die EULERschen Gleichungen gehen aus den NAVIER-STOKESschen hervor, indem man in diesen das Reibungsglied vernachlässigt. Neben Druck- und Massenkräften bleiben dann nur die Trägheitskräfte $\varrho \dfrac{\partial u_x}{\partial t}$ usw. bestehen. Leitet man nun aus dem NAVIER-STOKESschen System ein Gleichungssystem ab, in dem die Reibungskräfte erhalten bleiben, aber die Trägheitskräfte vernachlässigt sind, so ist zu erwarten, daß ein solches System näherungsweise Strömungen beschreibt, in denen bei relativ großer Zähigkeit nur sehr kleine Geschwindigkeitsänderungen und damit kleine Trägheitskräfte auftreten. Eine solche Flüssigkeitsbewegung wird als schleichend bezeichnet.

STOKES setzte die Trägheitskräfte gleich Null und fand das nach ihm benannte Widerstandsgesetz für eine Kugel in einem Fluid. Wie aber OSEEN zeigte, ist das unzulässig und führt bei der Kugel nur zufällig zum richtigen Ergebnis. Man darf die Trägheitsglieder nicht völlig streichen, kann sie aber linearisieren, indem die konstante mittlere Geschwindigkeit u in der Hauptbewegungsrichtung eingeführt wird. Ist diese Richtung die x-Richtung, wird $u_x = u + u'_x$, und die Gleichungen für die schleichende Bewegung werden

$$\varrho u \frac{\partial u'_x}{\partial x} = -\frac{\partial p}{\partial x} + \eta \Delta u'_x \tag{41 a}$$

$$\varrho u \frac{\partial u_y}{\partial x} = -\frac{\partial p}{\partial y} + \eta \Delta u_y \tag{41 b}$$

$$\varrho u \frac{\partial u_z}{\partial x} = -\frac{\partial p}{\partial z} + \eta \Delta u_z \tag{41 c}$$

Für den Kugelwiderstand W ergibt sich jetzt

$$W = 6\pi\eta R u \left(1 + \frac{3}{8}\frac{\varrho u R}{\eta}\right) \tag{42}$$

was für $\dfrac{\varrho u R}{\eta} < 5$ gilt. STOKES hatte aus seinem Ansatz nur den ersten Term errechnet, dessen Genauigkeit für $\dfrac{\varrho u R}{\eta} < 0{,}5$ ausreicht.

3.2.2. Grenzschichttheorie

Den weitaus fruchtbarsten Näherungsansatz, der von den NAVIER-STOKESschen Gleichungen ausgeht, hat PRANDTL 1904 mit seiner Grenzschichttheorie gegeben. Wie oben erwähnt, stellt die Potentialtheorie eine Fülle von Lösungen auch für die Bewegungen zäher Medien bereit, solange Wandeinflüsse ausgeschlossen bleiben. Die Wandeinflüsse in realen Strömungen aber lassen sich durch die Forderung erfassen, daß an der Wand nicht nur die Relativgeschwindigkeit des strömenden Mediums in Normalen- sondern auch in Tangentenrichtung verschwindet. Nach der Grundkonzeption der Grenzschichttheorie werden nun die Strömungen in zwei Bereiche zerlegt: die wandferne Innenströmung und die Strömung in einer wandnahen Grenzschicht. Die Innenströmung wird nach den Methoden der Potentialtheorie berechnet, für die Strömung in der Grenzschicht wird ein besonderes Gleichungssystem aus den NAVIER-STOKESschen Gleichungen abgeleitet, wobei Vernachlässigungen auf Grund der Annahme gemacht werden, daß die Grenzschicht sehr dünn ist, was Medien geringer Zähigkeit voraussetzt. Die Nahtstelle zwischen beiden Bereichen liegt da, wo die Tangentialgeschwindigkeit nach den Grenzschichtgleichungen, die ausgehend vom Wert 0 an der Wandung ins Innere der Strömung hinein wächst, praktisch identisch mit der Tangentialgeschwindigkeit nach der Potentialtheorie wird.

Hier soll nur für einen einfachen Fall das Differentialgleichungssystem abgeleitet werden, das für die Grenzschicht gilt. Für eine zweidimensionale Strömung ohne

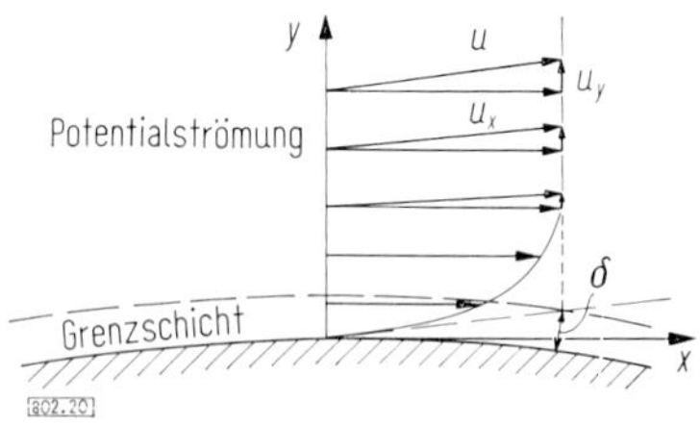

Abb. 20. Ebene Grenzschichtströmung

Massenkräfte längs einer geraden Wand, wobei die x-Richtung in Strömungs- (d. h. Wand-)Richtung, die y-Richtung senkrecht zur Wandebene gelegt werden (Abb. 20), lauten die NAVIER-STOKESschen Gleichungen

$$\varrho\left(\frac{\partial u_x}{\partial t}+u_x\frac{\partial u_x}{\partial x}+u_y\frac{\partial u_x}{\partial y}\right)= -\frac{\partial p}{\partial x}+\eta\left(\frac{\partial^2 u_x}{\partial x^2}+\frac{\partial^2 u_x}{\partial y^2}\right) \quad (13\,\text{d})$$

$$\varrho\left(\frac{\partial u_y}{\partial t}+u_x\frac{\partial u_y}{\partial x}+u_y\frac{\partial u_y}{\partial y}\right)= -\frac{\partial p}{\partial y}+\eta\left(\frac{\partial^2 u_y}{\partial x^2}+\frac{\partial^2 u_y}{\partial y^2}\right) \quad (13\,\text{e})$$

Dazu kommt die Kontinuitätsgleichung

$$\frac{\partial u_x}{\partial x}+\frac{\partial u_y}{\partial y}=0 \quad (7\,\text{b})$$

Da die Grenzschichtdicke δ (senkrecht zur Wand) überall als klein angenommen wird, sind alle Gradienten in y-Richtung groß gegenüber denen in x-Richtung. Andererseits sind die u_y-Werte sehr klein. In (13d) sind die Größen u_x, $\frac{\partial u_x}{\partial t}$, $\frac{\partial u_x}{\partial x}$, $\frac{\partial^2 u_x}{\partial x^2}$ und $\frac{\partial p}{\partial x}$ von gleicher Größenordnung; $\frac{\partial u_x}{\partial y}$ ist wesentlich größer, u_y wesentlich kleiner, so daß $u_y \frac{\partial u_x}{\partial y}$ wieder die gleiche Größenordnung hat wie die vorerwähnten Terme. η muß sehr klein sein, damit die Grenzschichtkonzeption gilt, andererseits ist $\frac{\partial^2 u_x}{\partial y^2}$ sehr groß, so daß auch das Glied $\eta \frac{\partial^2 u_x}{\partial y^2}$ bestehen bleibt. Dagegen ist der Term $\eta \frac{\partial^2 u_x}{\partial x^2}$ vernachlässigbar. Gleichung (13d) erhält somit die etwas vereinfachte Form

$$\varrho\left(\frac{\partial u_x}{\partial t}+u_x\frac{\partial u_x}{\partial x}+u_y\frac{\partial u_x}{\partial y}\right)=-\frac{\partial p}{\partial x}+\eta\frac{\partial^2 u_x}{\partial y^2} \quad (43\,\text{a})$$

Eine entsprechende Abschätzung für (13e) zeigt, daß bis auf $\frac{\partial p}{\partial y}$, worüber zunächst keine Aussage gemacht werden kann, alle Summanden von kleinerer Größenordnung sind als die Summanden von (13d). Damit folgt aus (13a), jedenfalls in Bezug auf (13d)

$$\frac{\partial p}{\partial y}=0 \quad (43\,\text{b})$$

Das bedeutet, daß sich der Druck in der Grenzschicht nicht vom Druck in der anschließenden Potentialströmung unterscheidet, die Innenströmung prägt der Grenzschicht ihren Druck ein. Die ursprüngliche Zahl der Unbekannten des Gleichungssystems (13d–e), (7b) ermäßigt sich somit auf zwei: u_x und u_y, zu deren Ermittlung die beiden Gleichungen (43a) und (7b) ausreichen; in (7b) sind beide Terme von gleicher Größenordnung.

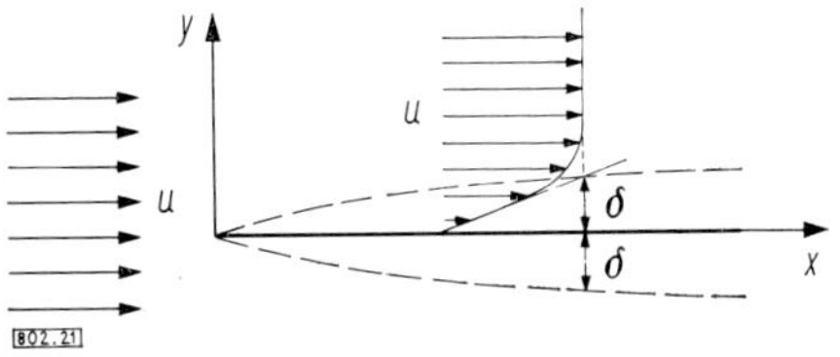

Abb. 21. Grenzschichtströmung bei längsangeströmter ebener Platte

Die Integration der Grenzschichtgleichungen für den Fall der längs angeströmten Platte führt zu der Beziehung

$$\delta = 3{,}012\sqrt{\frac{\eta l}{\varrho u}} \quad (44)$$

zwischen Grenzschichtdicke δ, Anströmgeschwindigkeit u und Abstand l des betrachteten Plattenorts von der angeströmten Kante. δ ist dabei nach Abb. 21 durch den Abstand der Stelle von der Plattenoberfläche definiert, an der sich die Tangente an das Geschwindigkeitsprofil für $y=0$ mit der Tangente an das Profil der (konstanten) Geschwindigkeit u für große y schneidet. Diese Formel gilt als erste Näherung auch für die Grenzschichten leicht gekrümmter Flächen.

Beispiel: Grenzschichtdicke an einer mit Wasser von 20 °C mit 1 m/s angeströmten Platte in 1 m Entfernung von der Vorderkante. Nach Gleichung (44) wird

$$\delta = 3{,}012 \sqrt{\frac{0{,}01 \cdot 100}{1 \cdot 100}}\ \mathrm{cm} = 0{,}3012\ \mathrm{cm}$$

Bei der ebenen Platte kann man folgende Beziehung für die Schubspannung τ_0 an der Plattenoberfläche

$$\tau_0 = 0{,}332 \sqrt{\frac{\eta \varrho u^3}{l}} \qquad (45)$$

ableiten, was für $l \approx 0$ natürlich nicht mehr gilt (hier stimmen die Voraussetzungen nicht mehr, die zu den Grenzschichtgleichungen führten).

Wie bei den NAVIER-STOKESschen Gleichungen ist auch bei den Grenzschichtgleichungen der Gültigkeitsbereich der Lösungen begrenzt, auch Grenzschichten können turbulent werden. Weiterhin treten bei der Umströmung gekrümmter Oberflächen „Ablösungen“ auf, zu deren Erklärung die Grenzschichttheorie zwar beitragen kann, die aber im einzelnen nicht mit ihr berechnet werden können.

3.3. Ähnlichkeitstheorie für Strömungen

Zur Ähnlichkeitstheorie vgl. ds. Bd., S. 197.

Teilweise Integration durch Ähnlichkeitsbetrachtungen. Die NAVIER-STOKESschen Gleichungen (13a–c) lassen sich unter Zusammenfassung der Terme auf der linken Seite gemäß Gleichung (12) und unter Beschränkung der Massenkräfte auf die Schwerkraft in eine Form bringen, die für die x-Komponente wie folgt aussieht:

$$\varrho \frac{\mathrm{d}u_x}{\mathrm{d}t} = \varrho g \cos\alpha_x - \frac{\partial p}{\partial x} + \eta \left(\frac{\partial^2 u_x}{\partial x^2} + \frac{\partial^2 u_y}{\partial y^2} + \frac{\partial^2 u_z}{\partial z^2} \right) \qquad (13\mathrm{f})$$

wo α_x der Winkel zwischen Schwerkraft- und Koordinatenrichtung ist. Die dimensionsbehafteten variablen physikalischen Größen lassen sich in eine dimensionsbehaftete feste Bezugsgröße und einen dimensionsfreien variablen Faktor aufspalten gemäß

$$u_x = \mathrm{U}u'_x;\quad u_y = \mathrm{U}u'_y;\quad u_z = \mathrm{U}u'_z \qquad (46\mathrm{a})$$

$$p = \mathrm{P}p' \qquad (46\mathrm{b})$$

$$t = \mathrm{T}t' \qquad (46\mathrm{c})$$

$$x = \mathrm{L}x';\quad y = \mathrm{L}y';\quad z = \mathrm{L}z' \qquad (46\mathrm{d})$$

wo die gestrichenen Werte variabel sind. (U und T haben hier also eine andere Bedeutung als in diesem Werk sonst üblich.) Damit wird (13f) zu

$$\varrho \frac{\mathrm{U}}{\mathrm{T}} \frac{\mathrm{d}u'_x}{\mathrm{d}t'} = \varrho g \cos\alpha_x - \frac{\mathrm{P}}{\mathrm{L}} \frac{\partial p'}{\partial x'} + \frac{\eta \mathrm{U}}{\mathrm{L}^2} \left(\frac{\partial^2 u'_x}{\partial x'^2} + \frac{\partial^2 u'_x}{\partial y'^2} + \frac{\partial^2 u'_x}{\partial z'^2} \right) \qquad (13\mathrm{g})$$

Die Potenzprodukte vor den Variablen können als (volumenbezogene) Bezugskräfte aufgefaßt werden: Trägheitskraft, Schwerkraft, Druckkraft und Reibungskraft (von links nach rechts). Nun wird noch

$$\mathrm{T} = \frac{\mathrm{L}}{\mathrm{U}} \qquad (46\mathrm{e})$$

gefordert und $\frac{\eta}{\varrho} = \nu$ gesetzt (kinematische Viskosität), dann führt Division von (13g) durch die Bezugs-Trägheitskraft zu

$$\frac{\mathrm{d}u'_x}{\mathrm{d}t'} = \frac{g\mathrm{L}}{\mathrm{U}^2} \cos\alpha_x - \frac{\mathrm{P}}{\varrho \mathrm{U}^2} \frac{\partial p'}{\partial x'} + \frac{\nu}{\mathrm{UL}} \left(\frac{\partial^2 u'_x}{\partial x'^2} + \frac{\partial^2 u'_x}{\partial y'^2} + \frac{\partial^2 u'_x}{\partial z'^2} \right) \qquad (13\mathrm{h})$$

Entsprechendes ergibt sich für die beiden anderen Koordinatenrichtungen.

Die Massenbilanzgleichung bleibt formal unverändert, da sich die Bezugsgrößen herauskürzen lassen, statt (7a) gilt also

$$\frac{\partial u'_x}{\partial x'} + \frac{\partial u'_y}{\partial y'} + \frac{\partial u'_z}{\partial z'} = 0 \qquad (7\mathrm{c})$$

Die Potenzprodukte in den Termen von (13h) (die für alle Koordinatenrichtungen gleich sind) stellen Kräfteverhältnisse dar, denen man eigene Bezeichnungen gegeben hat:

$$\frac{\text{Trägheitskraft}}{\text{Schwerkraft}} = \frac{\mathrm{U}^2}{g\mathrm{L}} = Fr \text{ (FROUDEsche Zahl)} \qquad (47\mathrm{a})$$

$$\frac{\text{Druckkraft}}{\text{Trägheitskraft}} = \frac{\mathrm{P}}{\varrho \mathrm{U}^2} = Eu \text{ (EULERsche Zahl)} \qquad (47\mathrm{b})$$

$$\frac{\text{Trägheitskraft}}{\text{Reibungskraft}} = \frac{\mathrm{UL}}{\nu} = Re \text{ (REYNOLDSsche Zahl)} \qquad (47\mathrm{c})$$

Damit wird (13h) zu

$$\frac{\mathrm{d}u'_x}{\mathrm{d}t'} = \frac{\cos\alpha_x}{Fr} - Eu \frac{\partial p'}{\partial x'} + \frac{1}{Re} \left(\frac{\partial^2 u'_x}{\partial x'^2} + \frac{\partial^2 u'_x}{\partial y'^2} + \frac{\partial^2 u'_x}{\partial z'^2} \right) \qquad (13\mathrm{i})$$

Entsprechend sehen die beiden anderen Gleichungen aus. Dieses System gemeinsam mit (7c) ist nun für alle Fälle gleich, in denen die (dimensionsfreien) Kennzahlen (47) jeweils übereinstimmen und die Anfangs- und Randbedingungen der gestrichenen Variablen identisch sind. Damit werden auch die Lösungen für diese Variablen identisch, unabhängig davon, ob die Lösungswerte berechnet oder gemessen werden.

Die Übereinstimmung der Randbedingungen setzt die geometrische Ähnlichkeit der Strömungsbegrenzung voraus, läßt aber deren absolute Größe frei. In diesem Rahmen werden die Vorgänge nur durch die Größe der Kennzahlen bedingt, sind also abhängig von den Variablen *Fr*, *Eu* und *Re*.

Ebenso wie über T in (46c) mit (46e) verfügt wurde, läßt sich über P in (46b) eine Festsetzung treffen. Setzt man in Anlehnung an (47b)

$$\mathrm{P} = \varrho\,\mathrm{U}^2 \tag{46f}$$

entfällt *Eu* als unabhängige Variable, die Strömungsvorgänge im betrachteten System werden allein durch *Fr* und *Re* bestimmt.

Häufig werden Drucke, Druckverluste oder Kräfte bzw. Widerstände als Resultat von Strömungsuntersuchungen gefordert. Innerhalb eines Systems ergeben sich Drucke und Druckverluste für einen bestimmten Fall mit (46b) und (46f) zu

$$\frac{p}{\varrho\,\mathrm{U}^2} = \mathrm{f}(p') \text{ bzw. } \frac{\Delta p}{\varrho\,\mathrm{U}^2} = \mathrm{f}(p') \tag{48}$$

Für Kräfte *K* gilt mit der Bezugskraft $\mathrm{P} \cdot \mathrm{L}^2 = \varrho\,\mathrm{U}^2\mathrm{L}^2$

$$\frac{K}{\varrho\,\mathrm{U}^2\mathrm{L}^2} = \mathrm{f}(p', u_x', u_y', u_z') = Ne \text{ (NEWTONsche Zahl)} \tag{49}$$

da Kräfte in Fluiden vom Druck und von der Geschwindigkeit abhängen. Die gestrichenen Variablen sind innerhalb des Systems nur von *Fr* und *Re* abhängig. Da wegen der formalen Ähnlichkeit von (48) mit (47b) auch $\frac{p}{\varrho\,\mathrm{U}^2}$ als EULERsche Zahl bezeichnet wird, ergeben sich die Verknüpfungen

$$Eu = \mathrm{f}(Fr, Re) \tag{50a}$$

$$Ne = \mathrm{f}(Fr, Re) \tag{50b}$$

Die Funktionen f lassen sich manchmal berechnen, wofür Beispiele gegeben wurden, im allg. aber müssen sie gemessen werden. Der Vorteil der Formulierungen (50) oder ähnlich aufgebauter für Messungen liegt auf der Hand: Einmal wird die Zahl der Variablen (neben Geschwindigkeiten, Drucken und Abmessungen auch die Stoffgrößen) herabgesetzt, zum andern lassen sich die neuen Variablen, die Kenngrößen, meist in recht verschiedener Art variieren (über jede der sie aufbauenden Größen), ohne daß die Allgemeinheit der Aussage leidet. Die Abhängigkeit eines Strömungsvorgangs von η läßt sich also durch Messung der Abhängigkeit von U bestimmen; entscheidend ist nur der jeweilige Wert von *Re* (bei allerdings gleichem *Fr*).

Bei der Definition der Kennzahlen – hier in (47a–c) und (49) – sind Zahlenwertfaktoren zugelassen, wovon gelegentlich Gebrauch gemacht wird. Das wirkt sich entsprechend auf die Verknüpfungsfunktionen aus. Weiterhin können die Kennzahlentripel durch andere ersetzt werden, die Potenzprodukte der Ausgangsterme darstellen, eine Möglichkeit, von der praktisch kaum Gebrauch gemacht wird. In jedem Fall ist bei Literaturangaben der Aufbau der benutzten Kennzahlen zu prüfen.

Beispiel: Kugelwiderstand bei schleichender Bewegung. Gleichung (42) läßt sich umformen zu

$$\frac{W}{\varrho\,u^2 R^2} = 6\pi \frac{\nu}{R\,u}\left(1 + \frac{3}{8}\frac{u\,R}{\nu}\right)$$

was bei entsprechender Definition der Kennzahlen

$$Ne = \frac{6\pi}{Re}\left(1 + \frac{3}{8} Re\right)$$

für $Re < 5$

ergibt (Schwerkräfte waren bei der Herleitung vernachlässigt worden, womit Fr als Argument entfällt). Wird aber als Bezugslänge der Durchmesser *d* eingeführt und *Ne* statt mit L^2 als Bezugsfläche mit dem größten Querschnitt des Körpers in Strömungsrichtung, hier $\frac{\pi d^2}{4}$ aufgebaut, ergibt sich

$$Ne = \frac{12}{Re'}\left(1 + \frac{3}{16} Re'\right)$$

für $Re' < 10$

Die Beziehungen (50) lassen sich für den Fall, daß in Milderung strenger geometrischer Ähnlichkeit ein Längenverhältnis im System oder mehrere variabel werden zu

$$Eu \text{ bzw. } Ne = \mathrm{f}\left(Fr, Re, \frac{\mathrm{L}_2}{\mathrm{L}_1}, \frac{\mathrm{L}_3}{\mathrm{L}_1}, \ldots\right) \tag{50c}$$

erweitern, wo die Kennzahlen mit L_1 aufgebaut sind; die $\mathrm{L}_\nu/\mathrm{L}_1$ sind die Längenverhältnisse, die variiert werden können.

Beispiel: HAGEN-POISEUILLE-Strömung. Die Gleichung (11) läßt sich mit $\dot{V} = \bar{u}\pi R^2$ umformen zu

$$\frac{\Delta p}{8\bar{u}^2} = 8\frac{\nu}{\bar{u}R}\cdot\frac{l}{R}$$

was als

$$Eu = \frac{8}{Re}\cdot\frac{l}{R}$$

aufgefaßt werden kann.

Strömungsmodelle. Die Ergebnisse des vorangegangenen Abschnitts gestatten auch, aus Vorgängen in Strömungsmodellen auf das Verhalten der Strömung in der Hauptausführung zu schließen, bzw. die Modelle und ihre Untersuchung so anzulegen, daß dies möglich ist. Modell und Hauptausführung müssen dazu geometrisch ähnlich sein, entsprechende Rand- und Anfangsbedingungen aufweisen und in den Kennzahlen Fr und Re übereinstimmen.

Wenn die Größen des Modells mit dem Index M, die der Hauptausführung mit dem Index H bezeichnet werden, gilt nach (46a)

$u_{x\mathrm{M}} = \mathrm{U_M} \cdot u_x'$; $u_{x\mathrm{H}} = \mathrm{U_H} u_x'$

woraus für den Übertragungsmaßstab

$$u_{xH} = \frac{U_H}{U_M} u_{xM} \quad (51\,a)$$

folgt; der gleiche Faktor gilt für die u_y und u_z. Für die Drucke ergibt sich aus (46b) und (46f)

$$p_H = \frac{\varrho_H U_H^2}{\varrho_M U_M^2} p_M \quad (51\,b)$$

für die Zeiten aus (46c) und (46e)

$$t_H = \frac{L_H}{L_M} \cdot \frac{U_M}{U_H} t_M \quad (51\,c)$$

für die Kräfte nach (49)

$$K_H = \frac{\varrho_H U_H^2 L_H^2}{\varrho_M U_M^2 L_M^2} K_M \quad (51\,d)$$

und für die Längen

$$x_H = \frac{L_H}{L_M} x_M \quad (51\,e)$$

Die Forderung der Gleichheit von *Fr* und *Re* liefert die Bedingungen

$$\frac{U_H^2}{L_H g} = \frac{U_M^2}{L_M g} \quad (52\,a)$$

und

$$\frac{U_H L_H}{\nu_H} = \frac{U_M L_M}{\nu_M} \quad (52\,b)$$

Geht man davon aus, daß der Übertragungsfaktor L_H/L_M für die Längen vorgegeben ist, folgt aus (52a) und (51a) für die Geschwindigkeiten

$$\frac{u_H}{u_M} = \frac{U_H}{U_M} = \sqrt{\frac{L_H}{L_M}} \quad (53\,a)$$

und damit für die Drucke gemäß (51b)

$$\frac{p_H}{p_M} = \frac{\varrho_H U_H^2}{\varrho_M U_M^2} = \frac{\varrho_H L_H}{\varrho_M L_M} \quad (53\,b)$$

für die Zeiten gemäß (51c)

$$\frac{t_H}{t_M} = \frac{L_H}{L_M} \cdot \frac{U_M}{U_H} = \sqrt{\frac{L_H}{L_M}} \quad (53\,c)$$

und für die Kräfte gemäß (51d)

$$\frac{K_H}{K_M} = \frac{\varrho_H U_H^2 L_H^2}{\varrho_M U_M^2 L_M^2} = \frac{\varrho_H}{\varrho_M} \left(\frac{L_H}{L_M}\right)^3 \quad (53\,d)$$

Dazu kommt aber aus (52b) mit (53a) eine Verknüpfung der Viskositäten in beiden Ausführungen mit dem Längenfaktor:

$$\frac{\nu_H}{\nu_M} = \sqrt[2]{\left(\frac{L_H}{L_M}\right)^3} \quad (53\,e)$$

Aus ihr folgt, daß mit gleichen Medien in Modell und Hauptausführung keine Modellversuche möglich sind. Wenn etwa die Abmessungen des Modells zehnmal kleiner als die der Hauptausführungen sind, muß die kinematische Viskosität im Modell 3,16% derjenigen der Hauptausführung betragen.

Nun ist es oft schwierig, diese Bedingung zu erfüllen, da es z. B. kein praktisch zugängliches Medium gibt, dessen kinematische Viskosität nur einen Bruchteil der von Wasser oder einer Flüssigkeit mit ähnlicher Zähigkeit ausmacht, wie sie meist in der Hauptausführung vorliegen. In vielen Fällen kommt man jedoch auch mit einer „partiellen" Ähnlichkeit zu brauchbaren Ergebnissen, bei der entweder auf die Beziehung (52a) (Gleichheit der FROUDEschen Zahlen) oder auf (52b) (Gleichheit der REYNOLDSschen Zahlen) verzichtet wird. Das zweite ist z. B. bei Vorgängen möglich, die sich an freien Oberflächen abspielen, wo die Schwerkraft einen stärkeren Einfluß hat als die Reibung. Mit dieser Annahme werden Modellversuche in der Schiffbautechnik durchgeführt, da sich der Wellenwiderstand eines Schiffskörpers als der wesentliche Teil des Gesamtwiderstands herausgestellt hat. Auf die Gleichheit der FROUDEschen Zahlen kann man oft bei Strömungen ohne freie Oberfläche und ohne großen Einfluß von Höhendifferenzen verzichten, diese Annahme ist für viele Strömungsprobleme der Verfahrenstechnik zulässig. Die Übertragungsgleichungen (53) werden dann

$$\frac{u_H}{u_M} = \frac{\nu_H}{\nu_M} \cdot \frac{L_M}{L_H} \quad (54\,a)$$

$$\frac{p_H}{p_M} = \frac{\varrho_H}{\varrho_M} \left(\frac{\nu_H}{\nu_M}\right)^2 \left(\frac{L_M}{L_H}\right)^2 \quad (54\,b)$$

$$\frac{t_H}{t_M} = \left(\frac{L_H}{L_M}\right)^2 \frac{\nu_M}{\nu_H} \quad (54\,c)$$

$$\frac{K_H}{K_M} = \frac{\varrho_H}{\varrho_M} \left(\frac{\nu_H}{\nu_M}\right)^2 \quad (54\,d)$$

Weitere Bedingungen bestehen nicht. Jetzt sind auch Versuche mit den gleichen Medium in einem in den Abmessungen von der Hauptausführung verschiedenen Modell möglich; die Faktoren $\frac{\nu_H}{\nu_M}$ und $\frac{\varrho_H}{\varrho_M}$ im vorstehenden Gleichungssystem werden dann 1. In diesem Fall müssen zur Erzielung geometrischer Ähnlichkeit die Geschwindigkeiten im Modell um den gleichen Faktor höher sein als bei der Hauptausführung, um den die Längen kleiner sind.

Inwieweit die Annahme partieller Ähnlichkeit zu richtigen Ergebnissen führt, kann nur das Experiment entscheiden.

4. Wichtige Strömungsformen

Die experimentelle Untersuchung von Strömungen führt zu einigen charakteristischen Strömungsformen, die in abgewandelter Form immer wieder zu beobachten sind. Sie sind zwar zu komplex, um einer völligen Berechnung zugänglich zu sein, ihre Eigenschaften lassen sich jedoch mit Hilfe der Grundbeziehungen der Strömungslehre und mit zusätzlichen plausiblen Annahmen deuten. Zwei dieser Formen, Turbulenz und Ablösung, die für die Verfahrenstechnik besonders wichtig sind, werden im folgenden behandelt.

4.1. Laminarität und Turbulenz

Abgesehen von störenden Einlaufeffekten gehorcht die Strömung eines inkompressiblen, zähen Mediums durch ein Rohr von Kreisquerschnitt sehr genau dem HAGEN-POISEUILLEschen Gesetz (10), wenn die Strömungsgeschwindigkeit nicht zu groß ist. Überschreitet die Geschwindigkeit einen bestimmten Wert, verändert sich der Charakter der Strömung völlig. Anstelle von Teilchen mit einheitlicher Strömungsrichtung beobachtet man sich regellos bewegende Flüssigkeitselemente, wenn man durch Strömungsindikatoren (kleine mitgeführte Teilchen, eingespritzte Farbstoffstrahlen) das Strömungsverhalten sichtbar macht. Man spricht vom Umschlag der laminaren in die turbulente Strömung. Er tritt nicht nur bei der Rohrströmung, sondern in analoger Form bei allen Strömungen auf.

Die Regellosigkeit der Geschwindigkeitsschwankungen ist das Charakteristikum turbulenter Strömungen. Die Schwankungen sind dabei im allg. einer Grundströmung überlagert, es gilt bei einer stationären Strömung für eine bestimmte Stelle

$$u = u_m + u' \tag{55}$$

wo u die Geschwindigkeit zur Zeit t, $u_m = \bar{u}$ die über eine längere Periode gemittelte Geschwindigkeit, d. h. die Geschwindigkeit der Grundströmung, und u' die Schwankung zur Zeit t bedeuten. Im zeitlichen Mittel ist somit $\bar{u}' = 0$. Der Gleichung (55) analoge Beziehungen gelten für alle Koordinatenrichtungen. Abb. 22 zeigt experimentell aufgenommene Geschwindigkeitsschwankungen an einem festen Ort in einer turbulenten Strömung.

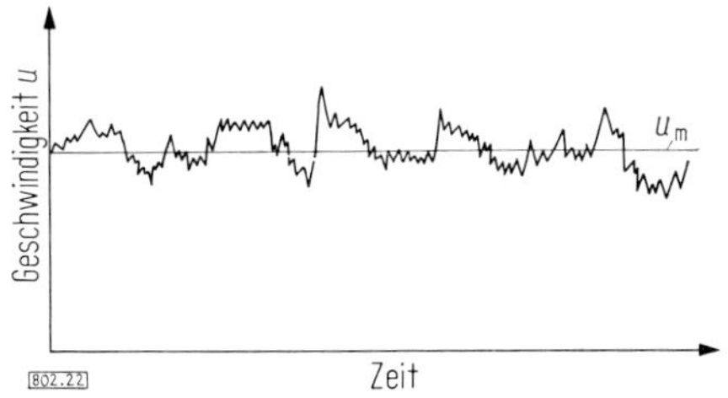

Abb. 22. Geschwindigkeitsschwankungen in einer turbulenten Strömung

Die Grundgleichungen der Strömungslehre wurden oben aus allgemeinen Prinzipien der Mechanik hergeleitet, sie gelten sicher auch für turbulente Strömungen. Die scheinbar regellosen Schwankungen müßten sich deshalb bei exakter Integration vollständig aus den Grundgleichungen ergeben, doch scheitert das an den mathematischen Schwierigkeiten. Wie aus experimentellen und theoretischen Untersuchungen bekannt ist, wird die Turbulenz einer Strömung von kleinen Inhomogenitäten der Rand- und/oder Anfangsbedingungen verursacht; da solche Störungen bei der in 3.1.2 besprochenen exakten Integration der NAVIER-STOKESschen Gleichungen nicht berücksichtigt wurden, konnte das Ergebnis dieser Integration nur die reine Laminarströmung sein.

Auf den Mechanismus der Entstehung der Turbulenz sei hier nicht näher eingegangen. Es genüge der Hinweis, daß in bestimmten Fällen instabile Grenzschichten entstehen und daß die so verursachten Störungen sich in die Strömung ausbreiten können. Praktisch wichtig sind die Eigenschaften von turbulenten Strömungen, die weiter unten behandelt werden, sowie die Ansätze zu ihrer Erfassung.

Wie in Abschnitt 3.3 gezeigt wurde, werden Strömungen ohne wesentliche Schwerkrafteinwirkung bei gegebenen Rand- und Anfangsbedingungen durch Re gekennzeichnet. Da zur Ableitung dieser Aussage nur die Gültigkeit der NAVIER-STOKESschen Gleichungen und der Kontinuitätsgleichung vorausgesetzt wurde, die auch für turbulente Strömungen gelten, muß es von Re abhängen, ob Turbulenz möglich ist. Experimentelle Untersuchungen haben das bestätigt: es gibt eine „kritische" REYNOLDSsche Zahl Re_{kr}, so daß Strömungen mit $Re < Re_{kr}$ auf jeden Fall laminar sind, während bei $Re > Re_{kr}$ Turbulenz auftreten kann. Sie muß nicht auftreten, vor allem bei Re-Zahlen, die nicht weit von Re_{kr} entfernt liegen, da die Störungen, von denen die Turbulenz ausgeht, so klein gehalten werden können, daß es nicht zur Ausbreitung kommt. Das ist etwa durch sehr glatte Wandungen sowie durch Vermeidung scharfer Ecken und Umlenkungen zu erreichen. Für die Strömung in kreiszylindrischen Rohren mit dem Durchmesser d wurde $Re_{kr} = \frac{\bar{u}d}{\nu}$ ($\bar{u}$ über den Strömungsquerschnitt gemittelte Geschwindigkeit) zu 2320 gemessen, jedoch konnte bei besonders störungsfreien Strömungen bis zu $Re = 50000$ Laminarität beobachtet werden.

Die Deutung von Re als Verhältnis von Trägheitskräften zu Reibungskräften macht plausibel, warum bei kleinen Re-Zahlen keine Turbulenz auftritt. Hier werden die Störungen, die sich durch Trägheitswirkung fortpflanzen, durch die innere Reibung so stark gedämpft, daß sie abklingen, ohne größere Bereiche der Strömung zu beunruhigen. Bei großen Re-Zahlen tritt diese Bremswirkung zurück, die störenden Bewegungen können auf die Hauptströmung einwirken und übergreifen.

Selbstverständlich ist die Angabe einer kritischen *Re*-Zahl an eine bestimmte geometrische Anordnung gebunden. Für andere Systeme werden die zugehörigen Re_{kr} im allg. ganz andere Werte annehmen.

4.2. Turbulente Strömungen

Wegen der gegenseitigen Beeinflussung durch Druck und Reibung werden die Geschwindigkeitsschwankungen benachbarter Fluidelemente nur wenig voneinander abweichen. Das bedeutet eine Art Ballenbewegung, wobei die Ballenränder jedoch diffus sind. Infolge des ständigen Wechsels der Geschwindigkeitsschwankungen lösen sich solche Turbulenzballen immer wieder auf, ihre Elemente werden Bestandteile neuer Ballen.

Diese Vorgänge gehen auch in die Impulsbilanz (8), S. 87, ein. Im zweiten Term links wird für ein Flächenelement dF senkrecht zur x-Achse mit Ansätzen gemäß (55) der Integrand bei zeitlicher Mittelung unter Berücksichtigung von $\overline{u_x'} = 0$

$$\overline{\varrho u_x u_n} = \overline{\varrho u_x^2} = \overline{\varrho (u_x + u_x')^2} = \varrho \bar{u}_x^2 + \overline{\varrho u_x'^2} \tag{56}$$

wo sich das Zusatzglied $\overline{\varrho u_x'^2}$ rechts als zusätzlicher Druck bemerkbar macht. Für ein Flächenelement senkrecht zur y-Achse wird

$$\overline{\varrho u_x u_n} = \overline{\varrho u_x u_y} = \varrho \bar{u}_x \bar{u}_y + \overline{\varrho u_x' u_y'} \tag{57}$$

Hier macht sich das Zusatzglied als Schubspannung zusätzlich zur Zähigkeitsscherspannung im letzten Glied der rechten Seite von (8) bemerkbar, man spricht von einer „scheinbaren" Schubspannung τ_x'. Einen entsprechenden Beitrag leisten bei Flächenelementen anderer Lage die z-Komponenten der Geschwindigkeit.

Konkrete Rechnungen mit den scheinbaren Schubspannungen erfordern Annahmen über die Abhängigkeit der u' von den geometrischen Abmessungen und den Geschwindigkeiten der Grundströmung. Einen Ansatz gab PRANDTL unter Einführung des Mischungsweges l, der im allg. orts- und richtungsabhängigen Strecke, die ein Turbulenzballen vom Entstehen bis zum Zerfallen zurücklegt. u_x' und u_y' werden jeweils l und $\frac{\partial u_x}{\partial y}$ proportional gesetzt. Wird der Proportionalitätsfaktor zu 1 angenommen, wird gemäß (57)

$$\tau_x' = \overline{\varrho u_x' u_y'} = \varrho l^2 \left| \frac{\partial \bar{u}_x}{\partial y} \right| \frac{\partial \bar{u}_x}{\partial y} \tag{58}$$

Man kann nun analog zu η eine Größe A definieren, die den Zusammenhang zwischen scheinbarer Schubspannung und Geschwindigkeitsgradient angibt:

$$\tau_x' = A \frac{\partial \bar{u}_x}{\partial y} \tag{59}$$

A wird Austauschgröße genannt. Im Gegensatz zu η ist sie keine Stoffkonstante, sondern stark orts- und strömungsabhängig, an Wandungen etwa verschwindet sie.

Beispiel: Für die ebene Strömung längs einer ebenen Wand (x-z-Ebene) ist der einfachste Ansatz für l in Wandnähe:

$$l = \varkappa \cdot y$$

wo $\varkappa$ eine empirische Konstante ist. Aus (58) wird dann

$$\tau_x' = \varrho \varkappa^2 y^2 \left(\frac{\partial \bar{u}_x}{\partial y} \right)^2$$

was mit der Annahme τ_x' = konstant zu

$$\mathrm{d}\bar{u}_x = \frac{1}{\varkappa} \sqrt{\frac{\tau_x'}{\varrho}} \frac{\mathrm{d}y}{y}$$

oder integriert zu

$$\bar{u}_x = \frac{1}{\varkappa} \sqrt{\frac{\tau_x'}{\varrho}} (\ln y + C)$$

führt, eine Beziehung, die für $\varkappa = 0{,}4$ gut mit Messungen übereinstimmt.

Abgesehen von Wandzonen ist A in turbulenten Strömungen fast immer wesentlich größer als η, τ_x kann dann im Inneren der Strömung gegen τ_x' vernachlässigt werden.

Der Ansatz (58) ist nicht nur für die wandgebundene Turbulenz brauchbar, wofür das Beispiel gegeben wurde, er gilt auch für die freie Turbulenz, die sich, ausgehend von Geschwindigkeitssprüngen, in Strömungen bilden kann. Das bekannteste Beispiel ist der in ein ruhendes Medium eingeführte Strahl bei genügend hohen *Re*-Zahlen.

Die starke Durchmischung in turbulenten Strömungen auf Grund des dauernden Austausches von Turbulenzballen ist verfahrenstechnisch oft sehr wichtig. Sie kann gekennzeichnet werden durch Durchmischungskoeffizienten, die analog den Selbstdiffusionskoeffizienten definiert werden, wobei sie zu diesen in ähnlicher Beziehung stehen wie die Austauschgrößen zu den Viskositäten. Auch Durchmischungskoeffizienten sind im allg. orts- und strömungsabhängig und wesentlich größer als Diffusionskoeffizienten.

In einer stationären turbulenten Strömung wird die zur Erhaltung der Turbulenz nötige Energie primär von außen aufgebracht, etwa durch Druckdifferenzen. Sie setzt sich um in die Bewegung relativ großer Turbulenzballen, die ihre Energie an kleinere weitergeben, bis schließlich die innere Reibung die Energie aufzehrt, d. h. in Wärme verwandelt.

Als Maß für die Größe der Turbulenz in einer Strömung der Grundströmungsgeschwindigkeit u dient der Turbulenzgrad

$$T = \frac{1}{u} \frac{1}{3} \sqrt{(\overline{u_x'^2} + \overline{u_y'^2} + \overline{u_z'^2})} \tag{60}$$

4.3. Ablösung

Strömt ein Medium mit geringer innerer Reibung durch ein Rohr mit sich vergrößerndem Querschnitt, so gilt für Stromfäden im Inneren der Strömung mit guter Näherung die BERNOULLIsche Gleichung, etwa in der Form (16d). Da nach der Kontinuitätsgleichung (5c) die Querschnittsvergrößerung eine Geschwindigkeitsverminderung zur Folge hat, steigt nach (16d) der statische Druck in der Strömung mit der Querschnittsvergrößerung an. Diese Druckzunahme wirkt sich nach (43b) voll auf die Grenzschicht aus; die in ihr vorhandene Strömung wird abgebremst. Bei relativ starkem Druckanstieg ist es nun möglich, daß sich die Geschwindigkeit in der Grenzschicht, die wesentlich kleiner ist als die der Innenströmung, sogar umkehrt, wie Abb. 23 andeutet. Es entsteht somit in Wandnähe

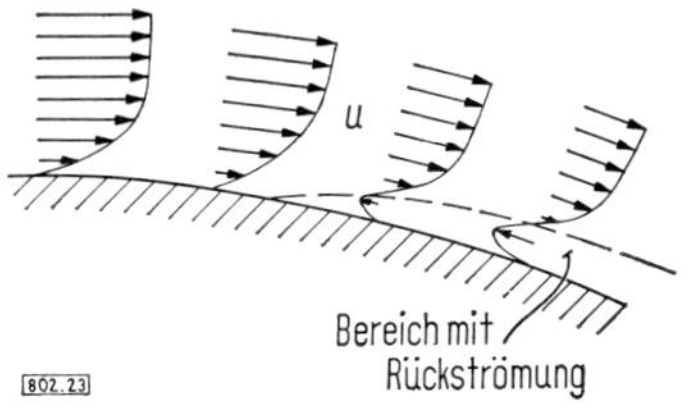

Abb. 23. Prinzip der Ablösung

eine Gegenströmung zur Grundströmung, die sich zwischen diese und die Wand schiebt: Die Grundströmung löst sich von der Wand ab. Da die rückströmende Flüssigkeit nicht wesentlich über den Punkt hinausgelangen kann, an dem die Ablösung erfolgt, muß sie ihre Bewegungsrichtung wieder umkehren, es kommt zur Bildung von Totwassergebieten mit zirkulierenden Flüssigkeitsströmungen. Diese Gebiete sind dabei vielfach nicht klar von der Grundströmung getrennt, es gibt wechselnde Trennschichten, die Ursache von Turbulenz sein können.

Das Entstehen einer Ablösung ist an zwei Bedingungen geknüpft: An das Vorhandensein einer Grenzschicht, was bei realen Strömungen praktisch immer der Fall ist, und an das Vorhandensein einer Druckzunahme in Strömungsrichtung, die immer gekoppelt mit einer Geschwindigkeitsabnahme der Grundströmung auftritt. Diese Bedingungen sind für die meisten Strömungen (eine Ausnahme machen etwa Strömungen mit sehr kleiner *Re*-Zahl oder ideale Strömungen) an scharfen Kanten und an Ecken gegeben, die beide wie eine plötzliche Querschnittserweiterung wirken. Daneben können auch bei stetigen Querschnittsvergrößerungen Ablösungen auftreten, sofern der Querschnittszuwachs einen bestimmten Wert überschreitet. Bei Diffusoren treten z. B. Ablösungserscheinungen auf, wenn der Erweiterungswinkel größer wird als etwa 6–10° (je nach *Re*-Zahl).

Die mit der Ablösung verbundenen Energieverluste stellen im allg. einen erheblichen Teil der Gesamtenergieverluste in technischen Strömungen dar, man sucht deshalb Ablösungserscheinungen nach Möglichkeit zu vermeiden oder den Ablösungseffekt klein zu halten. Das beste Mittel dazu ist die Vermeidung scharfer Kanten, abrupter Umlenkungen und starker Erweiterungen des Strömungsquerschnitts. Sind sie unvermeidlich, kann ihre Wirkung manchmal durch Einbauten gemildert werden, die eine Aufspaltung der Strömung und damit Herabsetzung der maximalen Geschwindigkeitsdifferenzen zur Folge haben. Abb. 24 bringt als Beispiel die Strömung durch einen rechtwinkligen Krümmer mit und ohne Leitschaufeln. Eine

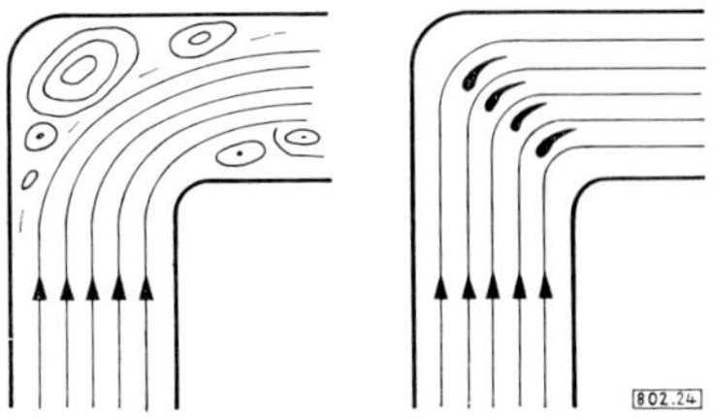

Abb. 24. Strömung durch einen Krümmer mit und ohne Leitschaufeln

weitere Möglichkeit, die Ablösung zu verkleinern, besteht im Turbulentmachen der Grenzschicht. Da hierdurch die scheinbare Schubspannung wesentlich heraufgesetzt wird, erfährt die Grenzschicht von der Grundströmung her einen starken Antrieb in Strömungsrichtung, was die Möglichkeit der Rückströmung mindert. Schließlich kann auch durch eine Absaugung durch Löcher oder poröse Stellen in der Wand hinter dem Ablösungspunkt erreicht werden, daß die rückströmende Flüssigkeit abgeführt wird, ohne Wirbel und Totwassergebiete bilden zu können.

Die Berechnung der Lage des Ablösungspunktes und der Ablösungsströmung ist nur in Sonderfällen und nur näherungsweise möglich. Praktisch ist man auf allgemeine Regeln, von denen einige oben aufgeführt wurden, und letztlich immer wieder auf Messungen angewiesen, bei denen in Modellströmungen der Strömungsverlauf sichtbar gemacht werden muß. Dabei ist zu beachten, daß die Ablösung vom Turbulenzgrad der Anströmung abhängig ist. Erst bei Turbulenzgraden unter 0,001 verschwindet diese Abhängigkeit.

5. Widerstand und Druckverlust in Strömungen

Der hydrodynamische Widerstand ist die Kraft, die ein Körper auf ein relativ zu ihm bewegtes Fluid ausübt.

Strömt ein Medium durch eine geometrische Anordnung, so daß in zwei Strömungsquerschnitten (senkrecht zur Strömungsrichtung) Drucke vorhanden sind, deren Schwankungen über einen Querschnitt jeweils klein gegen die Differenz der mittleren Drucke in den beiden Querschnitten sind, bezeichnet man diese Differenz als Druckverlust der Strömung zwischen den beiden Querschnitten.

5.1. Ursachen von Widerstand und Druckverlust

Grundsätzlich können Widerstände und Druckverluste nach Gleichung (8) berechnet werden, die nach K_x bzw. $\iint_F p\cos(n,x)\,\mathrm{d}F$ (und den entsprechenden Größen für die anderen Koordinatenrichtungen) aufzulösen ist. Praktisch ist der Anwendungsbereich der Gleichung sehr begrenzt, da im allg. das Strömungsfeld nicht bekannt ist; ihre einzelnen Terme geben aber Aufschluß über die Ursachen von Widerstand und Druckverlust.

Für den Widerstand eines Körpers gibt (8), wenn die Kontrollfläche dicht um den Körper herumgelegt wird:

$$K_x = \iint_F p\cos(n,x)\,\mathrm{d}F - \iint_F \tau_x\,\mathrm{d}F \tag{8a}$$

da die Volumenintegrale wegfallen (V geht nach Null) und der Term $\iint_F \varrho u_x u_n \mathrm{d}F$ wegen $u_n = 0$ an der Körperoberfläche verschwindet.

Der Widerstand setzt sich somit zusammen aus einem vom Druckfeld um den Körper abhängigen Anteil, Druckwiderstand genannt, und einem durch die Reibung des Mediums an der Körperoberfläche bedingten Teil, dem Reibungswiderstand. In technischen Fällen überwiegt meist der Druckwiderstand den Reibungswiderstand erheblich.

Es läßt sich zeigen, daß bei der Potentialströmung einer idealen Flüssigkeit um einen beliebigen Körper dessen Widerstand immer null ist. Bei Zirkulationsströmungen idealer Flüssigkeit ergeben sich rechnerisch Widerstände, die gut mit an Medien geringer Viskosität gemessenen übereinstimmen. Praktisch nützt die Übereinstimmung von Rechnung und Experiment aber nicht viel, da die Rechnung nur in einigen Modellfällen exakt ausführbar ist. Die Zirkulationsströmungen entstehen praktisch meist aus Unstabilitäten an Trennflächen, die aus Ablösungen resultieren, welche sich einer rechnerischen Erfassung entziehen. Erst die Kombination von aus der Beobachtung resultierenden Annahmen mit der rechnerischen Behandlung führt zu brauchbaren Ergebnissen, die insbesondere Einblick in den Mechanismus der Widerstandentstehung geben.

Beispiel: Von Kármánsche Wirbelstraße. Hinter den Kanten einer gleichmäßig mit u_0 senkrecht angeströmten langen Platte bilden sich alternierend Wirbel, die von der Strömung mit $u_W < u_0$ weggeführt werden, wie Abb. 25 zeigt. Ursache der Wirbel sind Trennungsflächen zwischen der die Kante umströmenden und sich von ihr ablösenden Flüssigkeit und dem Totwasser hinter der Platte. Von Kármán idealisierte die Strömung für den ebenen Fall (unendlich lange Platte) durch Potentialwirbel gleicher Zirkulation Γ, jedoch mit entgegengesetztem Drehsinn in den beiden Reihen. Bei reiner Potentialströmung außerhalb der Wirbelflächen und voll ausgebildeter (bis ins Unendliche reichenden) Wirbelstraße ergab dann die Rechnung, daß nur bei symmetrischer Versetzung der Reihen gegeneinander und einem Abstandsverhältnis $h/l = 0{,}2806$ (Abb. 25) die Straße stabil ist. u_W wird dann zu $\frac{1}{\sqrt{8}}\,\frac{\Gamma}{l}$. Aus dem so gegebenen Druck- und Geschwindigkeitsfeld läßt sich der Plattenwiderstand berechnen, wobei allerdings die Werte von u_W und l gemessen werden müssen. Die Übereinstimmung der berechneten und der gemessenen Widerstandswerte ist gut.

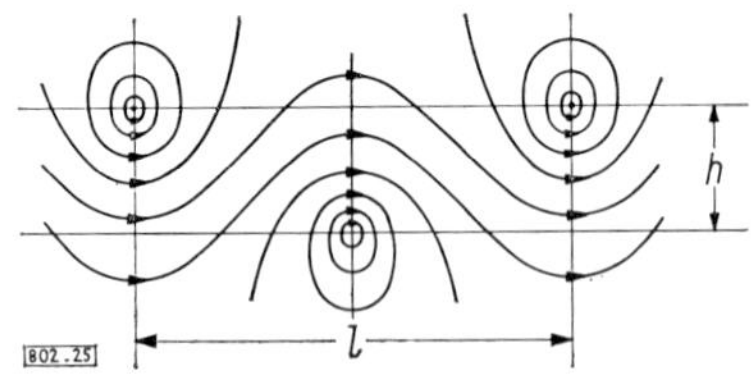

Abb. 25. Von Kármánsche Wirbelstraße

Von Kármánsche Wirbelstraßen bilden sich auch hinter anderen langen prismatischen Körpern. Bei großen *Re*-Zahlen zerflattern allerdings die Wirbel etwa vom dritten ab.

Da der Widerstand praktisch meist durch Ablösungserscheinungen bedingt ist, diese aber vom Turbulenzgrad der Grundströmung beeinflußt werden, der z. B. das Umschlagen in die turbulente Grenzschicht begünstigen kann, ist auch der Widerstand vom Turbulenzgrad abhängig, im allg. allerdings nicht sehr stark. Jedenfalls ist zu beachten, daß infolge merklichen Turbulenzgrades einer Strömung der angeströmte Körper einen anderen Widerstand aufweisen kann, als er etwa bei Bewegung dieses Körpers durch das ruhende, praktisch turbulenzfreie Medium auftritt.

5.2. Widerstand von Einzelkörpern

Die allgemeine Gleichung für die Abhängigkeit des Widerstands von der den Körper umgebenden Strömung ist mit (50b) schon gegeben worden. Es ist üblich, in den hier zur Diskussion stehenden Fällen eine spezielle Form der Newtonschen Zahl zu benutzen, die Widerstandszahl (auch Widerstandskoeffizient genannt) c_W, die gemäß

$$c_W = \frac{W}{\frac{\varrho}{2}\,u^2 F_m} \tag{49a}$$

definiert wird, wo u die Anströmgeschwindigkeit bzw. Relativgeschwindigkeit des Körpers ist, F_m sein größter Querschnitt in Strömungsrichtung (durch den Faktor 1/2 im Nenner tritt dort der Staudruck auf). Da *Fr* bei Strömungen ohne freie Grenzflächen durchweg außer Betracht bleiben kann, ist c_W meist nur eine Funktion von *Re*, und es wird

$$W = c_W(Re)\cdot\frac{\varrho}{2}\,u^2 F_m \tag{61}$$

Festkörper. $c_W(Re)$ weist für alle Körper einen gleichartigen Verlauf auf, wie Abb. 26 für einige Beispiele zeigt. Bei sehr kleinen Re-Zahlen im Bereich schleichender Bewegung gilt $c_W \sim \frac{1}{Re}$ (bei der Kugel für $Re < 1$, wenn der Kugeldurchmesser als charakteristische Länge gewählt wird).

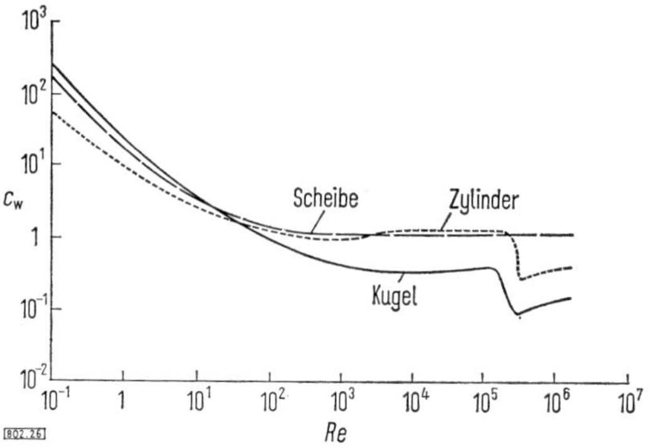

Abb. 26. Widerstandszahl c_w in Abhängigkeit von der REYNOLDSschen Zahl Re für verschiedene Körper

Bei wachsenden Re-Zahlen bilden sich Ablösungen aus, die den Abfall der $c_W(Re)$-Kurve flacher werden lassen. Sie verläuft schließlich etwa parallel zur Abszisse, hier ist der Zustand der voll ausgebildeten Turbulenz hinter dem Körper erreicht. Dabei lassen sich die Körper zwei Klassen zuordnen. Bei der ersten sind scharfe Kanten oder Ecken am größten Querschnitt vorhanden, wodurch die Ablösungspunkte festgelegt sind, hier ist c_W im Turbulenzgebiet streng konstant, wie Abb. 26 für die Scheibe zeigt. Die zweite Klasse umfaßt in Strömungsrichtung abgerundete Körper, bei denen sich der Ablösungspunkt in einem weiten Re-Bereich verschiebt, und bei denen schließlich ein Umschlag der Grenzschicht in den turbulenten Zustand erfolgen kann, was mit einem besseren Anliegen der Grundströmung am Körper und damit einer Widerstandsverminderung verbunden ist. Die Kugel kann dafür als Beispiel gelten. Statt strenger Konstanz von c_W im Turbulenzbereich (etwa für $Re > 10^3$) findet sich auf Grund der Ablösungsverschiebungen eine leichte Veränderung dieser Größe mit Re, bis bei $Re = 3 \cdot 10^5$ die Grenzschicht turbulent wird und c_W um fast eine Zehnerpotenz abfällt. Bei turbulenter Anströmung liegt dieser Abfall schon bei kleinerer Re-Zahl.

Der Widerstandskoeffizient von näherungsweise kugelförmigen Körpern, etwa kantigen Partikeln, kann mit einem Formfaktor f nach

$$c_w = f \cdot c_{wKugel} \tag{62}$$

berechnet werden, wobei f experimentell zu bestimmen ist.

In der Verfahrenstechnik wird oft über den Widerstand die stationäre Sink- bzw. Steiggeschwindigkeit u_s eines Körpers in einem fluiden Medium berechnet. Dazu sind Schwerkraft bzw. Auftrieb dem Widerstand gleichzusetzen (beschleunigungsfreier Vorgang). Bei analytischer Erfassung von $c_W(Re)$ ergibt sich daraus sofort das gesuchte u_s; falls $c_W(Re)$ als Meßkurve vorliegt, muß im allg. iteriert werden, da das Argument Re vom gesuchten Endwert u_s abhängig ist.

Beispiel: Sink- bzw. Steiggeschwindigkeit von kugelartigen Partikeln.

Für $Re = \frac{u \cdot d}{\nu} < 1$ gilt näherungsweise

$$\frac{\pi}{6} d^3(\varrho_P - \varrho_F) g = f \frac{12}{\frac{ud}{\nu}} \frac{\pi}{4} d^2 \varrho_F u^2$$

woraus

$$u = \frac{g}{18f} \frac{\varrho_P - \varrho_F}{\eta} d^2 \tag{63}$$

folgt (ϱ_P Partikeldichte, ϱ_F Fluiddichte, f Formfaktor aus 62).

Für $10^3 < Re < 3 \cdot 10^5$ gilt näherungsweise

$$\frac{\pi}{6} d^3(\varrho_P - \varrho_F) g = f \cdot 0{,}47 \cdot \frac{\pi}{4} d^2 \frac{\varrho_F}{2} u^2$$

woraus

$$u = 1{,}60 \sqrt{\frac{g}{f} \cdot \frac{\varrho_P - \varrho_F}{\varrho_F} d} \tag{64}$$

wird.

Bei $1 < Re < 10^3$ wird ein erster Wert u_1 angenommen, für das damit gebildete $Re_1 = \frac{u_1 d}{\nu}$ aus der Kurve $c_W(Re)$ der zugehörige c_{W1}-Wert entnommen und nach der aus

$$\frac{\pi}{6} d^3(\varrho_P - \varrho_F) g = f c_W \cdot \frac{\pi}{4} d^2 \frac{\varrho_F}{2} u^2$$

hervorgehenden Beziehung

$$u = 1{,}17 \sqrt{\frac{g}{c_W f} \frac{\varrho_P - \varrho_F}{\varrho_F} d}$$

u'_1 berechnet. Ist $u_1 \approx u'_1$, liegt damit die gesuchte Geschwindigkeit vor, andernfalls wird mit einem neuen u_2 der Rechengang wiederholt.

Gasblasen und Tropfen. Fluide Körper unterscheiden sich von Festkörpern dadurch, daß die Oberfläche im allg. deformierbar ist und daß im Innern der Körper Strömungen auftreten können.

Bei sehr kleinen Bläschen und Tröpfchen (Größenordnung unter 1 mm Dmr.) wirkt die Grenzflächenspannung, die die Kugelgestalt der Teilchen aufrechtzuerhalten sucht, bestimmend gegenüber den Strömungseinflüssen, die auf eine Deformation der Gebilde hinwirken. Die Grenzfläche der Gebilde bleibt dabei auch in tangentialer Richtung fest, so daß ihre Bewegung sich nicht von den festen Kugeln unterscheidet; wegen der festen Wandschicht bleibt auch eine Innenbewegung aus.

Wachsende Tropfen- bzw. Blasengröße hat wegen des Anstiegs von Schwerkraft bzw. Auftrieb mit d^3 gegenüber einem Anstieg des Widerstands mit d bis höchstens d^2 (Gleichungen 63 und 64) eine Geschwindigkeitserhöhung und damit eine Erhöhung der Strömungskräfte zur Folge bei gleichzeitiger Abnahme der formstabilisierenden Grenzflächenkräfte, die mit $\frac{1}{d}$ gehen. Dabei plattet sich der Körper in Strömungsrichtung ab, und zusätzlich kann seine Grenzfläche in Bewegung geraten, angetrieben von den Scherkräften des umgebenden Fluids.

Die Abplattung läßt sich durch die Beziehung (33) deuten, nach der der Druck vom vorderen Staupunkt bis zum Äquator (quer zur Strömungsrichtung) abnimmt, der Körper wird gerade soweit deformiert, daß die Differenz der Grenzflächenkräfte, eine Folge der verschiedenen Krümmungsradien in Staupunkt- und Äquatorzone, die Druckdifferenz kompensiert.

Das Einsetzen der Grenzflächenbewegung, das auch zu Strömungen im Körperinnern führt, läßt sich nicht vorausberechnen, es hängt stark von grenzflächenaktiven Substanzen ab, die selbst in kleinsten Konzentrationen wirken.

Weiteres Steigen der Körpergröße kann das Auftreten von Ablösungen zur Folge haben, was einmal der senkrechten Aufstiegs- bzw. Sinkbahn Pendel- oder Schraubenbewegungen überlagert, zum anderen den Widerstand stark erhöht. Mit dem praktischen Verschwinden der Grenzflächenkräfte tritt dann bei weiterer Vergrößerung der Gebilde eine Kugelkalotte mit abgerundeter Vorderseite und praktisch ebener Rückseite als Gestalt auf. Diese Gebilde bewegen sich wieder gradlinig, sie neigen zum Zerfall.

Beispiel: Aufstiegsgeschwindigkeit von Gasblasen in Wasser (Abb. 27). Bis $d \approx 0{,}1$ mm gilt das STOKESsche Gesetz, d. h. $u \sim d^2$ nach (63); dann gerät die Grenzfläche in Bewegung, die Strömung wird zur Potentialströmung mit starkem Abfallen des Widerstands, d. h. steilem Anstieg von u. Bei $d \approx 2$ mm setzt eine Ablösung ein, u geht etwas zurück. Weitere Blasenvergrößerung läßt Kalottenformen entstehen, wobei $u \sim \sqrt{d}$ wächst, wenn sich diese Kalotten vergrößern.

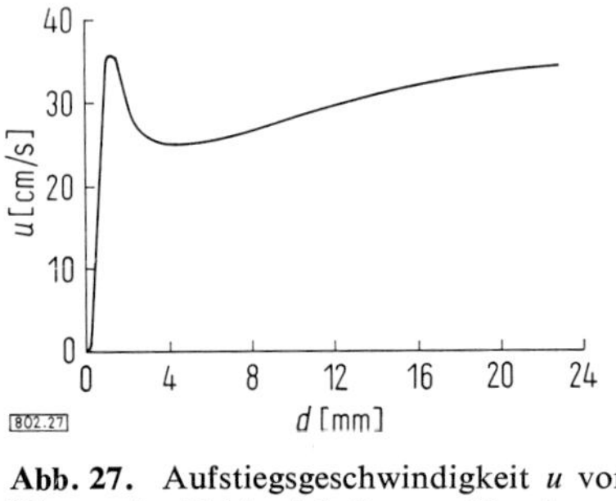

Abb. 27. Aufstiegsgeschwindigkeit u von Luftblasen in Wasser in Abhängigkeit vom Durchmesser d einer zur Blase volumengleichen Kugel

5.3. Druckverlust in Leitungen und Apparateelementen

Rohr-, Kanal- und Rieselströmung. Gleichung (50c) ist die allgemeine Gleichung für den Druckverlust einer stationären Strömung. Wird als Sonderfall der EULERschen Zahl analog zu (49a) S. 104 eine Widerstandsziffer λ für Druckverluste definiert (u über den Querschnitt und die Zeit gemittelte Geschwindigkeit) und dabei berücksichtigt, daß $\Delta p \sim l$ (l Rohrlänge) sein wird, ergibt sich für das Rohr mit Kreisquerschnitt

$$\Delta p = \lambda(Re)\frac{\varrho}{2}u^2\frac{l}{d} \qquad (65)$$

wenn zunächst angenommen wird, daß λ nur von $Re = \frac{u \cdot d}{\nu}$ (d Rohrdurchmesser) abhängig ist. Einlaufeffekte sind dabei nicht berücksichtigt ($\Delta p \sim l$).

Wegen der technischen Bedeutung der Rohrströmung ist $\lambda(Re)$ experimentell eingehend untersucht worden. Wie bei anderen Strömungsvorgängen finden sich ein Laminar- und ein Turbulenzbereich mit verschiedenartigem Widerstandsverhalten. Für den Laminarbereich war im Anschluß an Gleichung (50c) eine Beziehung abgeleitet worden, die mit den hier verwendeten Definitionen die Form

$$\lambda(Re) = \frac{64}{Re} \qquad (66)$$

erhält (HAGEN-POISEUILLEsches Gesetz). Im Turbulentbereich zeigt sich eine starke Abhängigkeit des λ von der Wandrauhigkeit, die durch k quantifiziert wird, das Verhältnis der mittleren Höhe der Wandunebenheiten zum Rohrdurchmesser:

$$\lambda = \lambda(Re, k) \qquad (67)$$

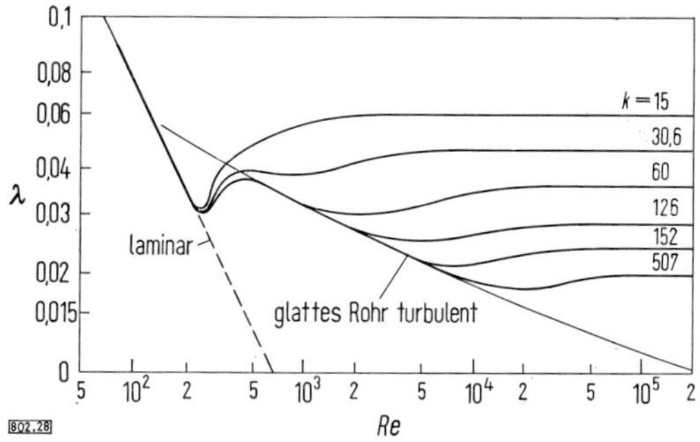

Abb. 28. Widerstandsziffer λ für die Rohrströmung in Abhängigkeit von der REYNOLDSschen Zahl Re und der Wandrauhigkeit k als Parameter

Abb. 28 zeigt $\lambda(Re)$ mit k als Parameter im Turbulentbereich. In Tabelle 3 sind einige Richtwerte für die Größe von Wandunebenheiten zusammengestellt.

Tab. 3. Absolute Wandunebenheiten in Rohren (in mm)

Neue, ganz gezogene Rohre aus Messing und Kupfer	0 — 0,01
Neue, ganz gezogene Stahlrohre	0,05 — 0,1
Neue, gußeiserne Rohre	0,25 — 0,3
Ganz gezogene Stahlrohre, gering korrodiert	0,1 — 0,3
Ganz gezogene Stahlrohre, stark korrodiert	0,5
Alte gußeiserne Rohre	0,85

Gleichung (65) kann mit den λ nach Abb. 28 auch auf nichtkreisförmige Rohre übertragen werden, wenn als Durchmesser d der hydraulische Durchmesser d_h des Rohres eingesetzt wird, der sich aus Querschnittsfläche F und benetztem Umfang U nach

$$d_h = \frac{4F}{U} \tag{68}$$

berechnet. Für ein Kreisrohr wird $d_h = \dfrac{4 \cdot \frac{\pi}{4} d^2}{\pi \cdot d} = d$, was erwartet werden muß, für ein rechteckiges Rohr der Breite b und der Höhe h wird $d_h = \dfrac{2b \cdot h}{b+h}$.

Über den hydraulischen Durchmesser können sogar Strömungen in geneigten, oben offenen Kanälen näherungsweise erfaßt werden, wobei vorausgesetzt werden muß, daß Oberflächenvorgänge keine Rolle spielen, was praktisch durchweg gilt. Der hydraulische Durchmesser berechnet sich etwa für einen Kanal von rechteckigem Querschnitt mit der Breite b bei einem Flüssigkeitsstand h zu $d_h = \dfrac{2b \cdot h}{\frac{b}{2} + h}$.

Bei kurzen Rohren spielt der Anlaufeffekt eine Rolle, worunter die Einstellung des stationären Flusses zu verstehen ist. Hier sei nur eine Formel für die ungefähre Länge der Einlaufstrecke l_a für laminares Fließen nach SCHILLER gegeben:

$$l_a = 0{,}029 \cdot Re \cdot d \tag{69}$$

Für Turbulenz ist l_a wesentlich kleiner. Der Einfluß des Anlaufs auf den Druckverlust ist im allg. zu vernachlässigen.

Bei an senkrechten Wänden ablaufenden Filmen interessiert im wesentlichen der Laminarbereich. Es gilt (65) mit

$$\lambda(Re) = \frac{96}{Re} \tag{66a}$$

Als charakteristische Länge ist der hydraulische Durchmesser $d_h = 4h$ einzusetzen, wobei h die Filmdicke ist ($h <$ Filmbreite). Der Laminarbereich geht bis $Re_{kr} = 1000$. Ab $Re = 16$ bilden sich auf der Filmoberfläche sinusförmige Wellen aus.

Bei einem solchen Film ist der Druckverlust durch die Schwerkraft vorgegeben, so daß (65) und (66a) zur Berechnung von u und damit des Durchsatzes $\dot{V}$ in Abhängigkeit von der Filmdicke benutzt werden können. Eine exakte Integration der NAVIER-STOKESschen Gleichungen liefert das Geschwindigkeitsprofil

$$u(x) = \frac{g \cdot \varrho}{\eta} \left(hx - \frac{x^2}{2} \right) \tag{70}$$

(x Abstand von der Wand).

Armaturen, Leitungsänderungen und Siebe. Die Anwendung der Gleichung (50a), S. 99, mit den Modifikationen des vorigen Abschnitts und der Bezeichnung ζ statt λ für die EULERsche Zahl, auf den Druckverlust bei der Strömung durch eine Armatur, einen Krümmer oder eine Abzweigung führt zu

$$\Delta p = \zeta \, \frac{\varrho}{2} \, u^2 \tag{71}$$

wo ζ exakt eine Funktion von Re ist. Da aber praktisch in solchen Armaturen fast immer Turbulenz herrscht, begnügt man sich oft mit dem Konstanzwert von ζ, den dieses im Turbulentbereich in guter Näherung aufweist. Abb. 29 bringt eine Zusammenstellung solcher Werte; die Angaben für Absperrorgane beziehen sich auf volle Öffnung, $u (= \bar{u})$ wird mit der Nennweitenangabe berechnet.

Abb. 29. Widerstandsbeiwert ζ nach Gl. (71) für einzelne Armaturen

Gleichung (71) gilt auch für den Ausfluß aus Apparaten durch Stutzen sowie für Querschnittsänderungen der Leitungen. Beim freien Ausfluß aus scharfkantigen Öffnungen in Behälterwandungen ist zu beachten, daß hinter der Öffnung eine Strahlkontraktion stattfindet, so daß statt des geometrischen Ausflußquerschnitts F ein kleinerer eingesetzt werden muß, um etwa aus u auf den Durchsatz $\dot{V}$ zu schließen. Näherungsweise kann ein Abschlag von 35% von F gemacht werden.

Der gesamte Druckverlust in einem Rohrleitungsabschnitt errechnet sich durch Addition der Einzeldruckverluste in geraden Rohrleitungsabschnitten, Krümmern, Verzweigungen und Armaturen.

Partikelhaufwerke. Haufwerke treten in der Verfahrenstechnik vorwiegend als Schüttschichten von Füllkörpern in Stoffaustauschapparaten, als Katalysatorschichten in Reaktoren oder als Filterschichten auf. Um den Druckverlust in ihnen bei Durchströmung zu erfassen, hat man zwei Wege eingeschlagen: Der Widerstand des Haufwerkes wird als Summe der Widerstände der Einzelpartikel betrachtet, wobei ein besonderer Faktor der Wechselwirkung der eng benachbarten Teilchen Rechnung trägt, oder der Druckverlust wird in Verbindung gebracht mit dem Druckverlust in den kleinen Kanälen zwischen den Teilchen, wobei ein besonderer Faktor den Zusammenhang zwischen dem Haufwerk und berechenbaren „Ersatzkanälen" herstellen muß. Im Endergebnis führen beide Verfahren zu Beziehungen mit empirischen Elementen.

Man kann ausgehend von den Einzelpartikeln ansetzen

$$\Delta p = \frac{h}{d} \, c_W(Re) \cdot \zeta_R \, \frac{\varrho}{2} \, u^2 \tag{72}$$

wo $c_W(Re)$ der Widerstandskoeffizient des Einzelkorns ist, h die Schichthöhe und ζ_R den Wechselwirkungsfaktor darstellt, der in guter Näherung durch

$$\zeta_R = \frac{1}{\varepsilon^4} \quad (73)$$

wiedergegeben werden kann; ε ist das relative Zwischenkornvolumen, also das Zwischenkornvolumen in einem bestimmten Schüttvolumen dividiert durch dieses Schüttvolumen. $c_W(Re)$ kann durchweg nach Gleichung (62) in Anlehnung an den Kugelwiderstand berechnet werden.

Aus dem Aufbau von (72) folgt, daß der Druckverlust in Schüttungen im Laminargebiet $\sim u$ (da hier $W \sim u$ und damit nach Gl. (49a), S. 104, $c_W \sim 1/u$) und im Turbulentbereich $\sim u^2$ ist (c_W annähernd konstant), im Übergangsbereich gilt Proportionalität mit u^n, wo n abschnittsweise von 1 auf 2 steigt.

Bei Flüssigkeitsberieselung steigt der Trockendruckverlust Δp eines die Schicht durchströmenden Gases auf einen Wert Δp_B gemäß

$$\Delta p_B = \Delta p(1+a)(1+b)\frac{u_{Fl}}{\varepsilon\sqrt{r_{hz}\cdot g}} \quad (74)$$

an, wo a und b Schüttschichtkonstanten, u_{Fl} die Rieseldichte der Flüssigkeit (Volumendurchsatz per freien Querschnitt) und r_{hz} ein hydraulischer Zwischenradius sind, der sich als Quotient aus Zwischenkornvolumen und Partikeloberfläche eines bestimmten Schüttschichtvolumens errechnet.

In guter Näherung kann man für alle Schüttungen $a = 0{,}35$ und $b = 15$ setzen, sofern die Anströmgeschwindigkeit des Gases unter 65 % der Staugeschwindigkeit u_{St} bleibt, bei der die Flüssigkeit oberhalb der Schicht aufgestaut wird, ohne abrieseln zu können. Im Bereich $0{,}65\, u_{St} < u < u_{St}$ steigt b linear von 15 auf 30 an.

Kolonnenböden. Der Druckverlust des einen Boden durchströmenden Dampfes oder Gases setzt sich zusammen aus dem Anteil Δp_T, der bei Durchströmen des trockenen Bodens gemessen wird, dem Anteil Δp_Z, der auf die Zerteilung des Stromes in Blasen zurückgeht, und den Anteil Δp_H, der durch den hydrostatischen Druck des Flüssigkeit-Gas-Gemisches auf dem Boden bedingt ist:

$$\Delta p = \Delta p_T + \Delta p_Z + \Delta p_H \quad (75)$$

Die einzelnen Anteile sind in ihrer Abhängigkeit von den verschiedenen Einflußgrößen durch die Bodenkonstruktion bedingt.

Beispiel: Druckverlust in Siebböden ohne Berücksichtigung der Gasexpansion. p_T errechnet sich nach Gleichung (71) mit dem Koeffizienten

$$y = 1{,}14\left[0{,}4\cdot\left(1{,}25 - \frac{F_L}{F_G}\right) + \left(1 - \frac{F_L}{F_G}\right)^2\right] \quad (76)$$

wo F_L die Gesamtlochfläche und F_G die Kolonnenquerschnittsfläche ist.

Δp_z kann näherungsweise durch die empirische Beziehung

$$\Delta p_Z = 0{,}27\,\sigma \quad (77)$$

erfaßt werden, wo Δp_Z in mm WS und die Oberflächenspannung σ in dyn/cm anzugeben sind.

Δp_H wird durch

$$\Delta p_H = 0{,}5\cdot h \quad (78)$$

angenähert, wo h die Höhe der gasdurchsprudelten Flüssigkeit auf dem Boden ist, d. h. die Wehrhöhe zuzüglich der Überlaufhöhe der Flüssigkeit am Wehr. Für diese Überlaufhöhe Δh gilt

$$\Delta h^{3/2} = 3{,}0\,\frac{1}{\sqrt{g}}\,\frac{\dot V_{Fl}}{b} \quad (79)$$

wo $\dot V_{Fl}$ der Volumendurchsatz an gasfreier Flüssigkeit und b die Wehrbreite ist.

5.4. Druckverlust und Durchflußmessung

Nach Gleichung (71) existiert ein fester Zusammenhang zwischen der mittleren Strömungsgeschwindigkeit u in einer Leitung und dem Druckverlust in einer Armatur. Das ermöglicht eine Messung des Durchsatzes über die *Bestimmung des Druckverlustes an genormten Einbauten.*

Eine Umformung von (71) ergibt

$$u = \alpha\sqrt{\frac{2\Delta p}{\varrho}} \quad (80)$$

mit der Durchflußzahl $\alpha = 1/\sqrt{\zeta}$. Im allgemeinen Fall ist α von Re und der geometrischen Gestalt des Einbaus abhängig. (80) stellt dann eine implizite Gleichung für u dar, die etwas mühsam auszuwerten ist. Genauso wie ζ wird aber auch α bei scharfkantigen Einbauten in relativ großen Re-Bereichen konstant, womit sich u sofort aus Δp ergibt; der Durchfluß ist dann nach $\dot V = u\cdot F$ zu berechnen. u und F sind immer auf den freien Leitungsquerschnitt bezogen.

Normierte Einbauten sind die Normblende und die Normdüse nach Abb. 30. Unbestimmt in ihren Abmessungen bleiben die Öffnungsdurchmesser. Die

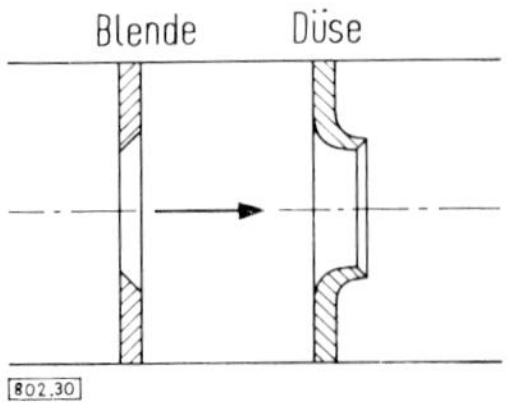

Abb. 30. Stromblende und Stromdüse (schematisch)

Durchflußzahlen für die beiden Einbauten sind somit außer von Re vom Öffnungsverhältnis $m = F_E/F_F$ (F_E Öffnungsquerschnittsfläche, F_F freier Leitungsquerschnitt) abhängig. Die Funktion $\alpha(Re, m)$ ist für die Normblende in Abb. 31 wiedergegeben, wobei Re mit dem freien Leitungsdurchmesser und u gebildet ist. Die eingetragene Konstanzgrenze gibt an, bis zu wel-

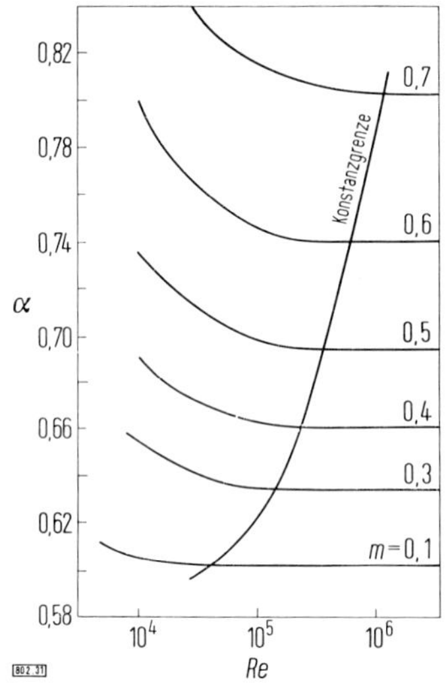

Abb. 31. Durchflußzahl α für die Normblende in Abhängigkeit von der REYNOLDSschen Zahl *Re* mit dem Öffnungsverhältnis *m* als Parameter

chen *Re*-Zahlen bei vorschriftsmäßigem Einbau der Meßelemente Durchsatzbestimmungen mit weniger als 0,5% Fehler bei Annahme konstanter α-Werte möglich sind. Zum regelrechten Einbau gehört, daß ein glattes, gerades Rohr etwa 20 Rohrdurchmesser lang vor und 15 Rohrdurchmesser lang hinter dem Meßelement liegt.

Das beschriebene Meßverfahren, für das eine Reihe weiterer Einbauten getestet worden sind (Normventurirohre, Viertelkreisdüsen, abgeschrägte Blenden u. a. m.), gilt exakt nur für inkompressible Medien. Seine Übertragung auf Fälle merklicher Expansion des strömenden Gases erfordert einen zusätzlichen Expansionsfaktor in Gleichung (80).

Einen Nachteil der Durchsatzmessung über den Druckverlust an Einbauten stellt die relativ große Ungenauigkeit im unteren Meßbereich dar. Differentiation von (80) führt zu

$$\mathrm{d}u = \frac{1}{u}\,\frac{\alpha^2}{\varrho}\,\mathrm{d}(\Delta p) \tag{81}$$

für konstanten Ablesefehler $\mathrm{d}(\Delta p)$ am Manometer. Der Fehler $\mathrm{d}u$ bei der Geschwindigkeitsbestimmung ist danach der Geschwindigkeit umgekehrt proportional. Diesen Nachteil vermeiden die Meßverfahren mit *Schwimmkörpern*, deren Prinzip Abb. 32 wiedergibt. Für den Widerstand des im aufströmenden Medium schwimmenden Körpers gilt Gleichung (61) mit im Meßbereich konstanten c_W. Dieser Widerstand ist bei jeder Schwimmkörperhöhe konstant gleich dem um den statischen Auftrieb verminderten Gewicht des Körpers. Abhängig von der Höhe ist aber in dem nach oben sich erweiternden Rohr die Anströmgeschwindigkeit u. Bei Paraboloidform des Rohrs ergibt sich

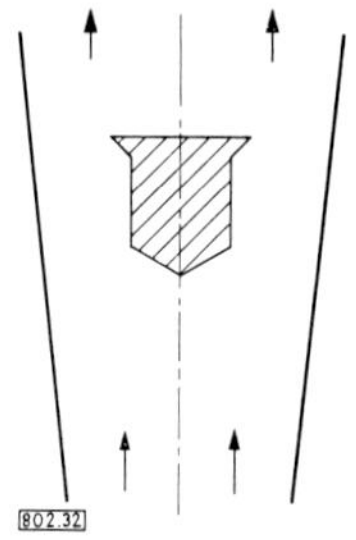

Abb. 32. Durchflußmessung mit Schwimmkörper

eine praktisch lineare Abhängigkeit zwischen Durchflußmenge und Schwimmkörperhöhe.

Weitere einfache Möglichkeiten der Durchflußmessung bieten die BERNOULLIsche Beziehung (u aus der Messung von statischem Druck und Staudruck), Gleichungen vom Typ (79) ($\dot{V}$ aus der Standhöhe), sowie Einrichtungen mit kontinuierlicher Füllung und Entleerung von Meßvolumen bei gleichzeitiger Zählung der Perioden.

6. Strömungen in Mehrphasensystemen

Unter Mehrphasensystemen seien entweder Systeme mit mindestens einem Fluid verstanden, in dem Partikel einer oder mehrerer anderen Phasen enthalten sind, die nur Massenkräften, Grenzflächenkräften und Strömungskräften (sowie den dadurch bewirkten Wechselwirkungskräften) unterliegen, oder Systeme mit mehreren aneinandergrenzenden Fluiden. Von den vielen möglichen Systemen seien hier einige Zweiphasen-Systeme der ersten Art beschrieben.

6.1. Fließbett *

Aufwirbelung. Wird eine auf einer strömungsdurchlässigen Unterlage liegende Schüttschicht von unten her von einem Fluid durchströmt, erleidet dieses Medium bei der Durchströmung einen Druckverlust, der sich etwa nach (72) berechnen läßt. Um diesen Druckabfall wird der Druck p_S, den die Schicht aufgrund der Schwerkraft auf die Unterlage ausübt, vermindert. Im Ruhezustand gilt bei Füllung der Schüttschichtzwischenräume mit dem Fluid

$$p_S = h(\varrho_P - \varrho_{Fl})(1-\varepsilon)g \tag{82}$$

wobei h die Schichthöhe, ϱ_P und ϱ_{Fl} Partikel- bzw. Fluiddichte, ε das relative Zwischenkornvolumen und g die Schwerebeschleunigung sind. Nach (72) und unter Berücksichtigung des $c_W(Re)$-Verlaufs hat eine Geschwindigkeitserhöhung der Strömung in jedem Fall eine Erhöhung des Druckverlusts zur Folge. Erreicht schließlich Δp den p_S-Wert nach (82), kann eine

* Neben „Fließbett" wird auch die Bezeichnung „Wirbelschicht" gebraucht.

weitere Geschwindigkeitssteigerung von der Ruheschicht nicht mehr aufgenommen werden, Δp darf nicht mehr wachsen, was nach (72) und (73) nur durch Vergrößerung von ε möglich ist. Die Terme $c_W(Re) \cdot u^2$ und $\zeta_R(\varepsilon)$ kompensieren sich dann bei variabler Geschwindigkeit stets so, daß

$$\Delta p = p_S = \text{const.} \tag{83}$$

bleibt.

Vergrößerung von ε bedeutet, daß die Partikel ihren mittleren Abstand vergrößern, sie liegen nicht mehr fest aufeinander, sondern werden aufgewirbelt, die Schüttung dehnt sich aus. Diese Ausdehnung, d. h. ε, wächst dabei mit steigender Strömungsgeschwindigkeit. Die Partikel werden zunehmend beweglicher, sie wandern in der ganzen Schicht umher, was mit einer kräftigen Durchmischung dieser Schicht identisch ist.

Eigenschaften des homogenen Fließbetts. In einem homogenen Fließbett sind in Bezirken, die zwar groß gegen die Partikelabmessungen, sonst aber beliebig sind, alle Kenngrößen gleich. Insbesondere sind in ihr keine „Blasen" und Zirkulationsströmungen vorhanden. Eine solche Schicht ist ein Modell, das sich nur angenähert realisieren läßt, es liegt aber den meisten Betrachtungen zugrunde. Inhomogenitäten werden als Korrekturen an diesem Modell behandelt.

Die kleinste Geschwindigkeit u_{Wp}, bei der (83) erfüllt ist, legt den Wirbelpunkt fest. u_{Wp} läßt sich aus (83) berechnen, wenn (82), (72) und (73) (oder äquivalente Beziehungen für Δp) eingesetzt werden und $c_W(Re)$ analytisch wiedergegeben wird. Hierbei ist dann für ε der Wert der Ruheschüttung beim Wirbelpunkt ε_{Wp} einzusetzen. Für $c_W(Re)$ in (72) hat sich die empirische Formel

$$c_W(Re) = 300\,\frac{1-\varepsilon_{Wp}}{Re} + 3{,}5 \tag{84}$$

bewährt, wo in Re wie auch bei (72) ein Korndurchmesser d eingeht, der gemäß

$$d = 6\,\frac{\overline{V}}{\overline{F}} \tag{85}$$

gebildet ist ($\overline{V}$ bzw. $\overline{F}$ mittlere Werte für Partikelvolumen bzw. -oberfläche). Für die Wirbelgeschwindigkeit folgt dann die Beziehung

$$\frac{u_{Wp}^2}{dg}\left(150\,\frac{(1-\varepsilon_{Wp})\,\nu}{d\,u_{Wp}} + 1{,}75\right) = \left(\frac{\varrho_P}{\varrho_{Fl}} - 1\right)\varepsilon_{Wp}^3 \tag{86}$$

Falls der erste Term in (84) groß gegen den zweiten ist (Re klein, d. h. Lage am oder im Laminarbereich), vereinfacht sich (86) zu

$$u_{Wp} = \frac{1}{150}\,\frac{d^2 g}{\nu}\left(\frac{\varrho_P}{\varrho_{Fl}} - 1\right)\frac{\varepsilon_{Wp}^2}{1-\varepsilon_{Wp}} \tag{86a}$$

Die obere Geschwindigkeit, mit der ein Fließbett aufrechterhalten werden kann, ist durch den Widerstand einer einzelnen Partikel im Aufstrom gegeben. Überschreitet dieser Widerstand die um den Auftrieb verminderte Schwerkraft, wird das Teilchen ausgetragen. Je nach dem gültigen Widerstandsgesetz liegen die Austragsgeschwindigkeiten im allg. zwischen dem 10- bis 100fachen von u_{Wp}.

Der Druckverlust im Fließbett ist konstant, sein Wert wird durch Gleichung (82) gegeben. Am Wirbelpunkt zeigt sich jedoch meist wegen der Wechselwirkung der Partikel eine bei größeren Aufströmgeschwindigkeiten wieder verschwindende Druckerhöhung über diesen Wert, wie Abb. 33 zeigt, die auch den Druckverlust in der Ruheschicht andeutet.

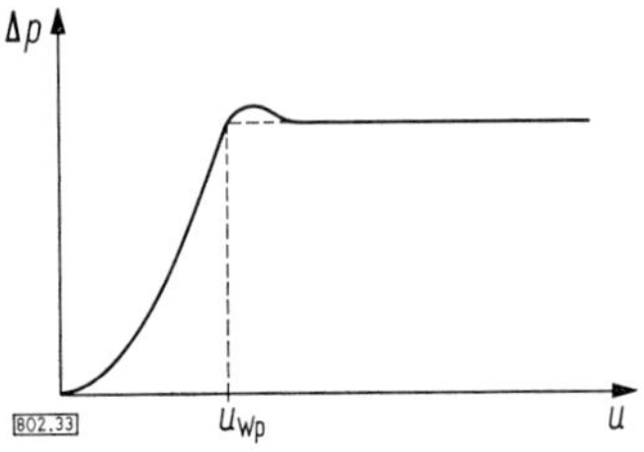

Abb. 33. Druckverlust Δp in einem Partikelhaufwerk in Abhängigkeit von der Aufströmgeschwindigkeit u vor und nach der Aufwirbelung

Die Ausdehnung der Schicht gegenüber dem Ruhezustand bei Aufströmgeschwindigkeiten oberhalb u_{Wp} muß durch ganz oder partiell empirische Formeln wiedergegeben werden. Die Schichthöhe h wird gegenüber der Ruheschichthöhe (am Wirbelpunkt) h_{Wp}:

$$\frac{h}{h_{Wp}} = \frac{1-\varepsilon_{Wp}}{1-\varepsilon} \tag{87}$$

Im Laminarbereich ($Re < 1$) gilt dann

$$\frac{\varepsilon}{\varepsilon_{Wp}} = \left(\frac{u}{u_{Wp}}\right)^x \tag{88}$$

wo x eine vom System abhängige Konstante ist; für $Re > 1$ wird

$$\frac{\varepsilon}{\varepsilon_{Wp}} = \left\{\frac{c_W(Re)\cdot Re^2}{[c_W(Re)\cdot Re^2]_{Wp}}\right\}^x \tag{89}$$

Diese wie andere Näherungsgleichungen gelten im allg. nur für $1 \leqslant h/h_{Wp} < 1{,}25$. Für stärkere Ausdehnungen wird es auch praktisch schwer, die obere Schichtgrenze zu bestimmen, das Modell der homogenen Schicht gilt nur noch in grober Näherung.

Eine in der Verfahrenstechnik oft sehr erwünschte Folge der starken Bewegungen der Partikel im Fließbett ist die kräftige Durchmischung nicht nur des aufgewirbelten Materials, sondern auch des strömenden Mediums. Bei Gasfließbetten wird das Gas in der Schicht fast ideal durchmischt, d. h. jedes eintretende Gasvolumen wird sofort über das gesamte Schichtvolumen verteilt. Bei einer Kennzeichnung der Durchmischung durch Durchmischungskoeffizienten D (in formaler Analogie zu den Diffusionskoeffizienten) liegen diese oberhalb 10 cm^2/s. Bei Flüssigkeiten sind diese Werte zwar kleiner (0,1 – 1 cm^2/s), liegen aber um Größenordnungen über den Diffusionskoeffizienten. Sie steigen mit der Aufströmgeschwindigkeit und der Partikelgröße an, etwa bei Glaskugeln in Wasser gemäß

$$D = 0{,}1 \cdot u \cdot d^{0{,}85} \qquad (90)$$

wobei D in cm^2/s, u in cm/s und d in cm einzusetzen sind.

Auch die Durchmischung des Wirbelgutes läßt sich durch Durchmischungskoeffizienten D_P erfassen. Es wird

$$D_P \sim (u/u_{Wp})^n \qquad n > 1 \qquad (91)$$

wo n und der Proportionalitätsfaktor vom betrachteten System abhängen. An Gaswirbelschichten mit Sand von 0,2 – 0,5 mm Durchmesser wurden D_P-Werte zwischen 0,02 und 40 cm^2/s gemessen.

Ebenso wie das Fließbett in Bezug auf Ausdehnung und Durchmischung als ein Scheinkontinuum aufgefaßt wurde, kann es auch in Bezug auf den inneren Impulsaustausch so betrachtet werden. Die in Gleichung (59) definierte Austauschgröße für turbulente Einphasen-Strömungen läßt sich somit auch hier verwenden, wobei sie als eine empirisch aufzunehmende Funktion zu betrachten ist. Sie kann so gemessen werden, daß man im Fließbett eine gesetzmäßige Strömung erzeugt, etwa durch Blattrührer, die Kennzahlen dieser Strömung mißt und sie so auswertet, als ob die Strömung in einem einphasigen Medium stattfände. Aus Eichmessungen an wirklich einphasigen Substanzen bekannter Viskosität kann man dann aus den Schichtmessungen auf eine „Viskosität" der Schicht schließen, die im allg. mit der Austauschgröße identisch ist, da die Viskosität des aufströmenden Mediums daneben vernachlässigt werden kann. Abb. 34 bringt eine solche Bestimmung.

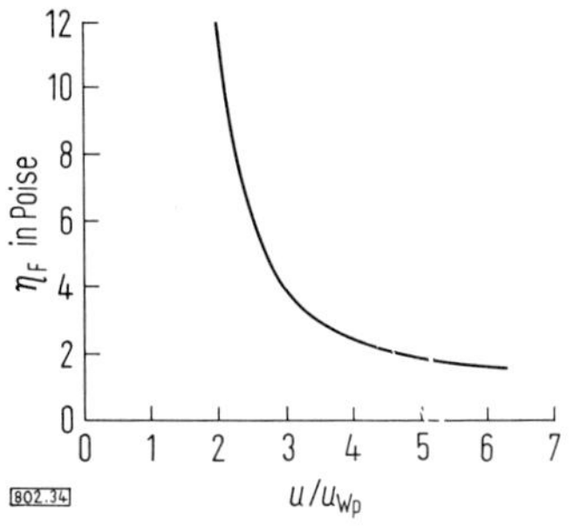

Abb. 34. Viskosität η_F eines mit Luft erzeugten Sandfließbettes bei 0,215 mm mittlerem Korndurchmesser in Abhängigkeit vom Verhältnis Aufströmgeschwindigkeit u zu Wirbelgeschwindigkeit u_{Wp}

Inhomogenitäten in Fließbetten. Vor allem Gasfließbetten zeigen praktisch starke Abweichungen vom Modell der homogenen Schicht. Schon in der Auflageebene bilden sich praktisch feststoff-freie geschlossene Zonen, die wie Blasen in Flüssigkeiten in der Schicht aufsteigen und deren Oberfläche zum „Brodeln" bringen. Bei Steigerung der Aufströmgeschwindigkeit können sich bei nicht zu hohen Schichten Kanäle bilden, durch die das Gas von der Auflage bis zum Schichtende hindurch schießt. Dabei werden Teilchen mitgenommen und hochgeschleudert, so daß die obere Schichtgrenze nicht mehr eindeutig bestimmbar ist. Ferner kann ein Gradient des mittleren Zwischenkornvolumens entstehen: ε ist im unteren Teil der Schicht kleiner als im oberen. Im Zusammenhang mit den Inhomogenitäten treten auch Strömungen in der Schicht auf, die vom Modell der gleichmäßigen Durchmischung, die etwa durch einen Durchmischungskoeffizienten erfaßt werden kann, erheblich abweichen. Es bilden sich Auf- und Abwärtsschläuche, in denen ganze Bereiche der Schicht transportiert werden.

Die Inhomogenitäten steigen mit dem Korndurchmesser, mit der Aufströmgeschwindigkeit, mit der Ungleichmäßigkeit der Anströmung in der Auflageebene. Bei sehr kleinen Partikeln wächst allerdings die Neigung zur Kanal- und Blasenbildung wieder, da diese Teilchen aneinander haften. Die optimalen Bedingungen für ein homogenes Fließbett liegen bei 50 μm Korndurchmesser, bei Geschwindigkeiten des Trägermediums nahe der Wirbelgeschwindigkeit und bei Verteilung des Trägerstroms durch eine Auflage, deren Inhomogenitäten in der Fläche kleinere Abmessungen haben als der Partikeldurchmesser. Bei der Partikelgröße liegen die Grenzen für die Eignung zur Aufwirbelung zwischen 0,01 und 10 mm.

Die Stabilität von aufsteigenden Hohlräumen im Fließbett (Blasen) läßt sich wie folgt begründen. Der Druckabfall des Trägermediums in der Schicht, bezogen auf eine bestimmte Höhendifferenz, ist größer als bei völlig freier Strömung, da die Strömung sich durch die engen Kanäle zwischen den Körnern hindurchbewegen muß. Entsteht nun ein Hohlraum, muß in ihm eine wesentlich höhere Strömungsgeschwindigkeit herrschen als in der angrenzenden Schicht, damit der Druckabfall von der Unterseite bis zur Oberseite der Blase so groß wird wie in der benachbarten Schicht. Das dazu erforderliche Medium strömt von der Unterseite und der Seite her in die Blase ein, wodurch es der Nachbarschicht entzogen wird, was eine „Wandverfestigung" im unteren Teil zur Folge hat. Im oberen Blasenteil wirkt zentral der starke Staudruck der Strömung und drängt die Partikel zur Seite, wo sie abrieseln. So steigt die Blase auf. Für diesen Aufstieg lassen sich näherungsweise die Gesetze des Aufstiegs einer Blase in einer homogenen Flüssigkeit heranziehen, wobei die Zähigkeiten nach Abb. 34 zugrundegelegt werden können.

Falls die aufzuwirbelnden Partikel verschieden groß sind, werden sie im Fließbett klassiert. Die großen Teilchen reichern sich unten an. Ähnliches gilt für verschieden schwere Teilchen. Bei nicht zu großen Verschiedenheiten in der Größe der Partikel ist die Neigung zur Kanal- und Blasenbildung kleiner als bei völlig gleichen Teilchen.

6.2. Partikelhaltige Strömungen (pneumatische Förderung)

Steigt bei einem homogenen Fließbett mit gleichen Partikeln die Aufströmgeschwindigkeit über die Fallgeschwindigkeit der Teilchen, werden diese aus der Schicht ausgetragen, sie werden vom aufströmenden Medium mitgenommen. Die Ausnutzung dieses Vorgangs zum Transport von körnigen Gütern durch Leitungen, wobei als Fördermedium meistens Luft gewählt wird, bezeichnet man als pneumatische Förderung.

Ausführlicher sei auf die pneumatische Förderung im senkrechten Rohr eingegangen. Das Fördergut bewegt sich dabei mit einer Geschwindigkeit u_P, die um die Fallgeschwindigkeit kleiner als die Geschwindigkeit u des Trägerfluids ist. Wegen der Wechselwirkung der Teilchen ist diese Fallgeschwindigkeit im allg. größer als bei einem einzelnen Teilchen im ruhenden Medium. Die pro Zeiteinheit durch die Einheitsfläche des Rohrquerschnitts transportierte Masse (Massestromdichte) ist

$$\dot{G}_P = u_P(1 - \varepsilon)\varrho_P \tag{92}$$

Die Fluidstromdichte ist

$$\dot{G}_F = u\,\varepsilon\,\varrho_F \tag{93}$$

Das Verhältnis beider wird als Materialbeladung μ bezeichnet:

$$\mu = \frac{u_P}{u}\,\frac{\varrho_P}{\varrho_F}\,\frac{1 - \varepsilon}{\varepsilon} \tag{94}$$

μ geht meist bis etwa 5.

Der Druckverlust Δp der Strömung kann aus drei Teilen zusammengesetzt werden: dem statischen Druck Δp_S der Partikelwolke, der dem eines Fließbetts entspricht, dem Druckverlust Δp_R aufgrund der Reibung an der Rohrwand und einem Druckverlust Δp_B im Anlaufgebiet, der zum Beschleunigen der Partikel auf die Transportgeschwindigkeit u_P dient. Die Anlaufstrecke liegt im allg. bei etwa 2 m. Im folgenden soll von Δp_B abgesehen werden.

Δp_S berechnet sich nach (82), für Δp_R wird ein Ansatz nach (65) gewählt:

$$\Delta p_R = \lambda\,\frac{h}{D}\,\frac{\varrho_P(1 - \varepsilon)}{2}\,u_P^2 \tag{95}$$

wobei sich λ als eine Funktion der FROUDEschen Zahl $Fr = \dfrac{u^2}{d_P g}$ (d_P Partikeldurchmesser) ergeben hat, es kann oft näherungsweise als konstant angesehen werden; h ist die Förderhöhe, über die p_R gemessen wird, D der Rohrdurchmesser.

Nach den Gleichungen (92) und (95) sind Druckverlust und Fördermenge bei konstanter Partikelgeschwindigkeit einander proportional. Die Fördermenge ist jedoch nicht beliebig zu steigern, es gibt eine „Stopfgrenze", bei der die Partikelanhäufung pro Volumeneinheit des Förderstroms so groß ist, daß der Wirbelzustand nicht mehr aufrecht erhalten werden kann, es kommt (ähnlich wie bei Fließbetten) zu Inhomogenitäten. Neben Gasräumen mit den Abmessungen des Rohrdurchmessers bilden sich Pfropfen von dichtgepackten Partikeln, die den Rohrquerschnitt versperren und nur mit sehr erheblichem Druckaufwand durch das Rohr gepreßt werden können. Für diese Stopfgrenze gilt

$$\mu / Fr^2 = \text{const} \tag{96}$$

wobei die Konstante systemabhängig ist, die FROUDEsche Zahl ist hier mit dem Rohrdurchmesser und der Trägergeschwindigkeit aufgebaut: $Fr = u^2/Dg$.

In waagerechten oder schräggerichteten Leitungen kann ebenfalls pneumatisch gefördert werden. Wegen der Turbulenz des Trägerstroms sind stets senkrecht zur Hauptströmungsrichtung gerichtete Geschwindigkeitskomponenten vorhanden, die das Gut von der Wand abheben. Es stellt sich dabei ein Gradient von ε senkrecht zur Strömungsrichtung ein.

6.3. Gasblasen in Flüssigkeit (Blasensäule)

Unter einer Blasensäule sei eine Flüssigkeitssäule verstanden, in deren unteren Teil stetig Gas in disperser Form eingeleitet wird. Die Gasblasen steigen in der Säule, die gegenüber dem unbegasten Zustand expandiert ist, auf und verlassen sie am oberen Ende in Form eines geschlossenen Gasstroms. Die Flüssigkeit bleibt in ihrer Gesamtheit entweder unverändert oder strömt ebenfalls stetig durch die Säule. Nach dieser Definition ist somit auch ein Boden einer Stoffaustauschkolonne eine Blasensäule, allerdings eine mit im Vergleich zum Durchmesser kleiner Höhe.

Die hydrodynamischen Vorgänge in Blasensäulen sind sehr komplex. Es gibt einmal die Strömungen innerhalb der einzelnen Blasen und dann die Flüssigkeitsströmungen. Dabei haben die Blasen im allg. keine feste Grenzfläche, diese ist vielmehr deformierbar, wobei auf sie neben Strömungskräften Grenzflächenkräfte wirken.

Entstehung der Blasen. Das Gas wird meistens durch Einleiten durch einzelne Öffnungen, hier als Düsen bezeichnet, oder durch poröses Material, wie keramische Filter und Metallsinterplatten, dispergiert. Auf die Entstehung der Blasen an Düsen sei näher eingegangen, wobei sich die Betrachtung auf senkrecht nach oben gerichtete Düsen von Kreisquerschnitt beschränkt.

Wird das Gas einer solchen Düse sehr langsam zugeleitet, können die dynamischen Strömungskräfte gegenüber den statischen Grenzflächenkräften vernachlässigt werden. Man beobachtet auf der Düsenkante aufsitzende Gasblasen, die langsam größer werden und sich nach Erreichen einer bestimmten Größe ablösen und aufsteigen. An jeder Wandstelle der aufsitzenden Blase müssen Innendruck, hydrostatischer Druck der überstehenden Flüssigkeit einschließlich des Drucks oberhalb der Flüssigkeit und der Druck auf Grund der Oberflächenspannung

$$p_\sigma = \sigma \left(\frac{1}{R_1} + \frac{1}{R_2} \right) \tag{97}$$

(R_1 und R_2 Hauptkrümmungsradien im betrachteten Punkt) im Gleichgewicht miteinander stehen, woraus sich eine Differentialgleichung für mögliche Formen der Blase ergibt. Schließlich wird durch weitere Gaszufuhr eine Blasengröße erreicht, die theoretisch nicht mehr möglich ist, die Blase schnürt sich am Fuß ab und steigt auf. Die Blasengröße ist vom Düsendurchmesser und von der Oberflächenspannung abhängig.

Bei steigendem Durchsatz steigt das Blasenvolumen linear damit an, da während der stets zum gleichen Zeitpunkt erfolgenden Abschnürung noch Gas, und zwar proportional dem Durchsatz in die Blase strömt. Bei dichter Aufeinanderfolge der Blasen treten Wechselwirkungen auf, die zum Zusammenlaufen von Blasen und zur Ausbildung eines Aufwärtsschlauches oberhalb der Düse führen, dabei werden für den Blasenbildungsvorgang die dynamischen Kräfte der Flüssigkeitsströmungen bestimmend. Bei sehr hohen Durchsätzen entstehen sehr große Blasen, die beim Aufstieg vom Rand her zerfallen. Dieser Vorgang, der praktisch besonders wichtig ist, da bei technischen Apparaturen hohe Durchsätze angestrebt werden, ist theoretisch nicht zugänglich. Man muß sich mit Blasengrößenstatistiken aufgrund von Photos begnügen.

Der Druckverlust des Gases bei der Blasenbildung setzt sich zusammen aus dem Druckverlust in der trockenen Düse, dem nach (97) zur Überwindung der Grenzflächenspannung notwendigen Druck und dem Staudruck des auf die Flüssigkeit treffenden Gases, der bei langsamer Blasenbildung zu vernachlässigen ist, bei starkem Gasdurchsatz aber den Druckverlust nach (97) weit überwiegt.

Bei porösen Schichten, durch die Gas in eine Flüssigkeit geleitet wird, besteht praktisch kein Zusammenhang zwischen der mittleren Porengröße der Schicht und den Blasendurchmessern. Das aus den Kanälchen in die Flüssigkeit tretende Gas vereinigt sich unmittelbar über der Schicht zu Blasen, deren Größe etwa der an Düsen von einigen mm Durchmesser gewonnener

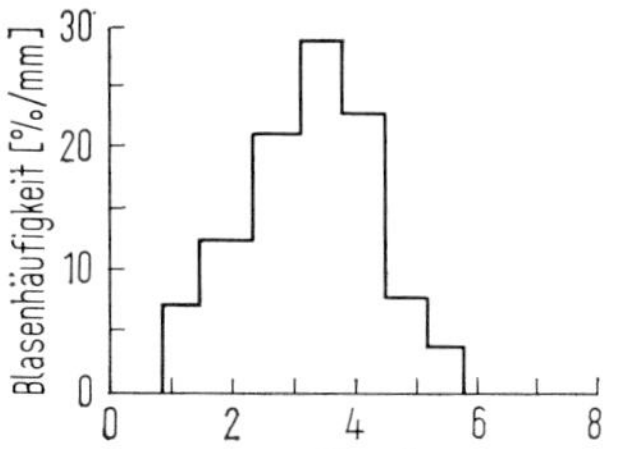

Abb. 35. Größenverteilung von Luftblasen in Wasser (Einleitung der Luft durch eine keramische Sinterplatte) bei einem spezifischen Luftdurchsatz von 2,32 $cm^3/cm^2 \cdot s$ in Abhängigkeit vom Durchmesser d der volumengleichen Kugel

Blasen entspricht. Auch hier geht die Oberflächenspannung ein. Die Größe der Viskosität beeinflußt die Blasenbildung wie bei Düsen erst oberhalb etwa 10 cP.

Die Blasengröße ist bei dieser Art der Blasenbildung nicht mehr einheitlich, sie muß durch Häufigkeitsverteilungen erfaßt werden, die man durch die Ausmessung vieler Blasen (etwa auf Photos) erhält. Oft sind diese Verteilungen eingipflig, können also durch einen Mittel- und einen Streuwert erfaßt werden. Abb. 35 bringt ein Beispiel dafür.

Eigenschaften homogener Blasensäulen. Werden der Säule stets gleichgroße Blasen zugeführt, muß ein vermehrter Gasdurchsatz $\dot{V}$ im wesentlichen durch höhere Blasenzahldichte N (Zahl der Blasen in der Volumeneinheit der Säule) bewirkt werden, da die Blasenaufstiegsgeschwindigkeit u_A praktisch konstant bleibt (nicht zu große Durchsätze vorausgesetzt). Da N und die Blasengröße V_B mit dem relativen Gasgehalt ε_G in der Säule (Verhältnis des Gasvolumens im Säulenvolumen zu diesem) nach

$$\varepsilon_G = N \cdot V_B \tag{98}$$

verbunden sind, folgt aus

$$\dot{V} = u_A \cdot F \cdot N \cdot V_B \tag{99}$$

$$\dot{V}_F = u_A \cdot \varepsilon_G \tag{100}$$

wo $\dot{V}_F = \dot{V}/F$ der spezifische Gasdurchsatz/Flächeneinheit ist. ε_G ist somit $\dot{V}_F$ proportional, wofür Abb. 36 ein Beispiel gibt.

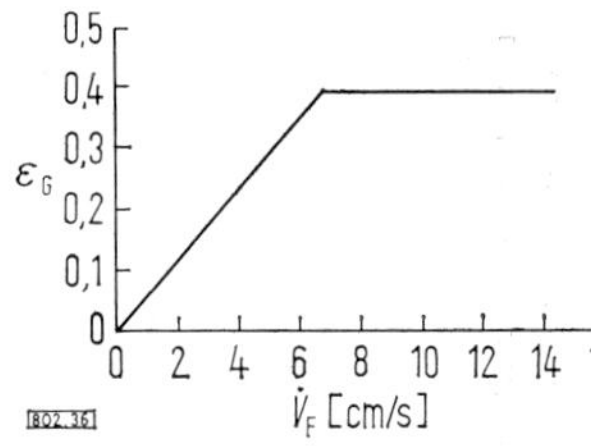

Abb. 36. Relativer Gasgehalt ε_G einer Wasser-Blasensäule (Einleitung von Luft durch eine keramische Sinterplatte) in Abhängigkeit vom spezifischen Luftdurchsatz $\dot{V}_F$

Steigerung des Gasdurchsatzes zeigt jedoch, daß Gleichung (100) nur in einem begrenzten Bereich gilt. Oberhalb eines bei Flüssigkeitsviskositäten unter 20 cP recht scharf zu bestimmenden kritischen Durchsatzes $\dot{V}_{Fkr}$ bleibt ε_G im wesentlichen konstant. Gleichzeitig ändert sich das Erscheinungsbild der Säule. Während für $\dot{V}_F < \dot{V}_{Fkr}$ die einzelnen Blasen recht gleichmäßig aufsteigen, entstehen bei $\dot{V}_F > \dot{V}_{Fkr}$ starke regellose Flüssigkeitsströmungen, von denen die Blasen mitgeführt werden, so daß zwar im Mittel nach wie vor ein von unten nach oben gerichteter Blasenstrom vorhanden ist, in Teilen der Säule aber auch Blasen abwärts geführt werden können. Wegen dieses Erscheinungsbildes hat man den Bereich als „Turbulentbereich" im Gegensatz zum „Laminarbereich" bei

$\dot{V}_F < \dot{V}_{Fkr}$ bezeichnet. Die Bezeichnungen sind insofern irreführend, als auch im „Laminarbereich" Turbulenz vorhanden ist, jedoch haben die größten Turbulenzballen hier nur die Abmessungen der Blase, während sie im Turbulentbereich die Größe des Säulendurchmessers haben können.

$\dot{V}_{Fkr}$ variiert ein wenig mit dem Säulendurchmesser, im Mittel liegt es für Flüssigkeitsviskositäten unter 20 cP zwischen 4 und 5 cm/s.

Das Umschlagen des Erscheinungsbildes kann man aus dem Aufstiegsmechanismus der Blasen erklären. Jede Blase zieht hinter sich wegen der Ablösung Flüssigkeit mit hoch. Diese Flüssigkeit muß wieder absinken, wodurch Gegenströmungen und Trennflächen entstehen, die Ursache der Turbulenzbildung sind. Im Laminarbereich sind diese turbulenten Schwankungen von Blasendimensionen so gering, daß sie von der inneren Reibung „aufgezehrt" werden. Bei Durchsatzsteigerung steigt auch die Flüssigkeitsbewegung, so daß schließlich die in ihr enthaltene Energie nicht mehr durch turbulente Strömungen in kleinen Bereichen aufgefangen werden kann, es kommt zum Umschlag.

Die Durchmischung der Flüssigkeit in Blasensäulen ist auch im Laminarbereich sehr kräftig, die Durchmischungskoeffizienten liegen um mehrere Zehnerpotenzen über den Diffusionskoeffizienten, wie Abb. 37 an einem Beispiel zeigt. Der Umschlag zum Turbulentbereich zeigt sich in einem starken Ansteigen der Durchmischungsintensität.

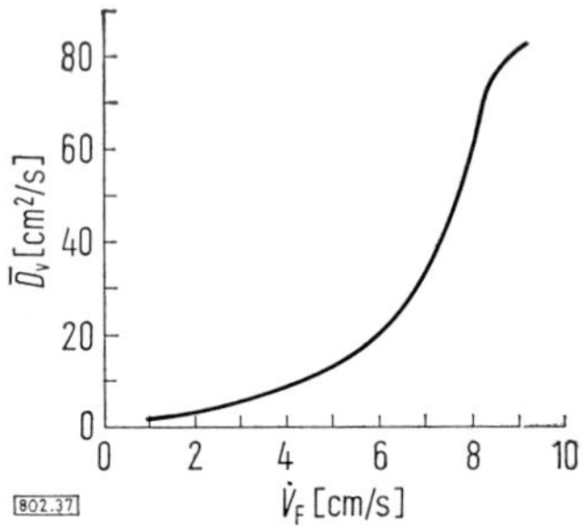

Abb. 37. Mittlerer Durchmischungskoeffizient $\bar{D}_v$ in einer Wasser-Blasensäule (Einleitung von Luft durch eine keramische Sinterplatte) in Abhängigkeit vom spezifischen Luftdurchsatz $\dot{V}_F$

Das Gas steigt im Laminarbereich praktisch unvermischt, d. h. als „Pfropfströmung" auf. Im Turbulentbereich setzt auch hier eine starke Durchmischung ein.

Inhomogenitäten in Blasensäulen. Auf die Unregelmäßigkeit der Flüssigkeitsströmung im Turbulentbereich wurde bereits hingewiesen. Sie hat auch eine starke Verbreiterung der Blasengrößenverteilung zur Folge, da Blasen zusammenlaufen, große Blasen aber auch zerschlagen werden können. Im einzelnen ist darüber wenig bekannt.

Wie eine genaue Messung bei Blasensäulen aus reinen Flüssigkeiten zeigt, steigt mit der Höhe in der Säule der mittlere Blasendurchmesser im Laminarbereich an (das Fehlen sehr großer, beim Aufstieg zerfallender Blasen vorausgesetzt), da sich die Blasen vereinigen. So wurde bei einer 1 m hohen Säule mit Luftblasen in Wasser eine Verdoppelung der Blasengröße beim Aufstieg um 50 cm festgestellt. Da die Eigenschaften der Säulen als Quasikontinua (z. B. Durchmischung, Viskosität, Dichte) durchweg vom Blasendurchmesser abhängen, besitzen sie eine Höhenabhängigkeit. Diese Abhängigkeit verschwindet, wenn durch grenzflächenstabilisierende Zusätze zur Flüssigkeit (grenzflächenaktive Substanzen, Elektrolyte) ein Verschmelzen von Blasen verhindert wird.

Neben den örtlichen zeigen sich auch zeitliche Verschiedenheiten von Säuleneigenschaften, die schon im Laminarbereich auftreten. So weist ε einen meist unregelmäßigen Gang mit der Zeit auf.

Praktisch unangenehm ist im allg. das Schäumen, das im wesentlichen bei Flüssigkeitsmischungen und bei einem Gehalt an grenzflächenstabilisierenden Substanzen auftritt. Hierbei springt ε im oberen Teil der Säule vom Wert in der eigentlichen Blasensäule auf einen sehr hohen Wert. Bei Durchsatzsteigerung verwischt sich die Grenze oft.

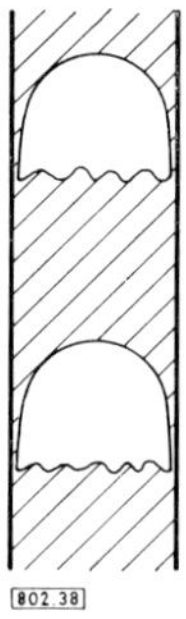

Abb. 38. Kolbenblasen

Bei nicht zu großen Säulendurchmessern, und insbesondere bei zähen Flüssigkeiten, können bei größeren Durchsätzen „Kolbenblasen" auftreten, die den ganzen Querschnitt der Säule ausfüllen, wie Abb. 38 zeigt.

7. Einige Ansätze der Rheologie

7.1. Klassifikation rheologischer Substanzen

Die rheologischen, das heißt nicht-NEWTONschen Substanzen lassen sich in drei Gruppen einordnen:

1. Stoffe, für welche die Schubspannungen τ zwar nicht dem Geschwindigkeitsgradienten $\mathrm{d}u_x/\mathrm{d}y$ proportional sind wie bei den NEWTONschen Substanzen, die die Strömungslehre behandelt, für welche aber eine eindeutige, nicht von der Zeit t abhängige Verknüpfung zwischen τ und $\mathrm{d}u_x/\mathrm{d}y$ besteht und welche kein elastisches Verhalten aufweisen.
2. Stoffe, bei welchen die beliebige Verknüpfung zwischen Schubspannung und Geschwindigkeitsgradient auch von der Zeit des Schervorgangs oder allgemeiner der Vorgeschichte des Mediums abhängt, welche jedoch kein elastisches Verhalten aufweisen.
3. Stoffe, welche außer einem beliebigen, auch zeitabhängigen Zusammenhang zwischen Schubspannung und Geschwindigkeitsgradient ein elastisches Verhalten zeigen.

Stoffe der Gruppe 1 lassen sich in ihrem mechanischen Verhalten durch Gleichungen vom Typ

$$\frac{\mathrm{d}u_x}{\mathrm{d}y} = \mathrm{f}(\tau) \tag{101}$$

beschreiben. Analytisch stellt die NEWTONsche Beziehung (1) einen Sonderfall dieser Verknüpfung dar.

Die allgemeine Kennzeichnung der Stoffgruppe 2 ist durch

$$\frac{\mathrm{d}u_x}{\mathrm{d}y} = \mathrm{f}(\tau, t) \tag{102}$$

gegeben. Elastisches Verhalten bedeutet das Auftreten von Rückstellkräften, die Scherkräfte werden dabei Funktionen der Verzerrungen. Im einfachsten Fall gilt

$$\tau = G \cdot \frac{\mathrm{d}x}{\mathrm{d}y} \quad \text{oder} \quad \dot{\tau} = G\,\frac{\mathrm{d}u_x}{\mathrm{d}y} \tag{103}$$

mit dem konstanten Schubmodul G. Mit solchen Kräften läßt sich das Verhalten eines Körpers der Gruppe 3, eines „viskoelastischen" Körpers durch

$$\frac{\mathrm{d}u_x}{\mathrm{d}y} = \mathrm{f}(\tau, \dot{\tau}, t) \tag{104}$$

kennzeichnen. (104) ist allerdings nicht der allgemeine Ansatz für solche Stoffe.

Im folgenden sollen nur einige einfache Modelle für Stoffe der Gruppe 1 gebracht werden, die auch von praktischer Bedeutung sind.

7.2. Einfache rheologische Modelle

Beispiel für einen plastischen Stoff ist der BINGHAMsche Körper. Für einen Vorgang analog Abb. 2 gilt

$$\frac{\mathrm{d}u_x}{\mathrm{d}y} = A(\tau - \tau_0) \text{ für } \tau > \tau_0$$

$$\frac{\mathrm{d}u_x}{\mathrm{d}y} = 0 \text{ für } \tau \leqslant \tau_0 \tag{105}$$

mit den Konstanten A und τ_0. Abb. 39 veranschaulicht dies Verhalten. Erst bei Überschreitung einer Scherspannung τ_0 setzt ein Fließen ein, das dann dem Überschußbetrag der Scherspannung $\tau - \tau_0$ proportional ist. Ein solches Verhalten wird durch eine feste Struktur des wenig beanspruchten Mediums erklärt, die erst durch eine bestimmte Scherspannung τ_0 zerstört wird; wird der Wert τ_0 unterschritten, bildet sich die Struktur neu aus. Praktische Beispiele für BINGHAMsche Körper sind Zahnpasta und manche Ölfarben, Schlämme, insbesondere Bohrschlämme, und stark feststoffhaltige Suspensionen.

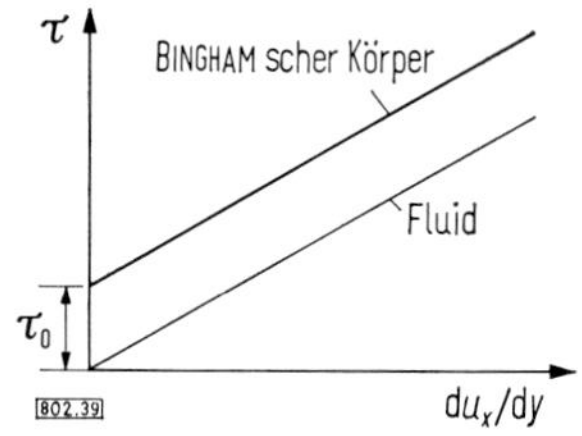

Abb. 39. Zusammenhang zwischen Scherspannung τ und Geschwindigkeitsgefälle $\frac{\mathrm{d}u_x}{\mathrm{d}y}$ für einen BINGHAMschen Körper (Anordnung analog zu Abb. 2)

OSTWALD und DE WAELE schlugen ein weiteres Modell mit einem Potenzansatz für die Verknüpfung zwischen Schubspannung und Geschwindigkeitsgradient vor. Danach ist

$$\frac{\mathrm{d}u_x}{\mathrm{d}y} = B\tau^n \tag{106}$$

wobei die Konstante n im ursprünglichen Ansatz von OSTWALD auf Werte >1 beschränkt war; B ist die zweite Konstante in diesem Ansatz. Es zeigte sich, daß

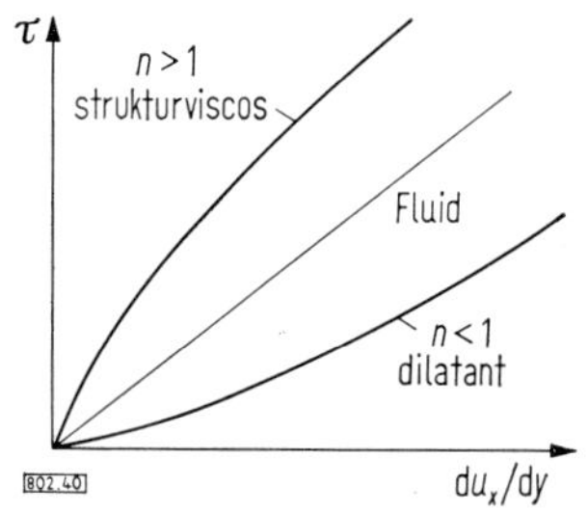

Abb. 40. Zusammenhang zwischen Scherspannung τ und Geschwindigkeitsgefälle $\frac{\mathrm{d}u_x}{\mathrm{d}y}$ nach OSTWALD-DE WAELE (Anordnung analog zu Abb. 2)

für manche Substanzen Gl. (106) mit $n < 1$ verwendet werden kann, solche Substanzen werden als dilatant im Gegensatz zu den pseudoplastischen oder strukturviskosen mit $n > 1$ bezeichnet (Abb. 40).

(106) weicht um so mehr vom NEWTONschen Verhalten ab, je stärker n von 1 verschieden ist. $1/B$ ist ein Maß für die Konsistenz der Stoffe. Bei der Anwendung von (106) auf reale Substanzen über große Bereiche von τ kann es erforderlich sein, B und n intervallweise zu ändern.

Ein Vergleich von (106) mit (1) zeigt, daß $\frac{1}{B \cdot \tau^{n-1}}$ formal als eine scheinbare Viskosität betrachtet werden kann. Für $n > 1$, d. h. pseudoplastische Stoffe, nimmt diese scheinbare Viskosität mit wachsender Scherspannung ab, für dilatante Stoffe mit $n < 1$ wächst sie mit τ.

Beispiele für pseudoplastische Stoffe sind Hochpolymere, wie Cellulosederivate, und Suspensionen mit asymmetrischen Partikeln. Dilatante Stoffe sind selten, nach REYNOLDS gehören Suspensionen mit sehr hohem Feststoffgehalt dazu.

Eine Kombination der Ansätze (105) und (106) führt zur Gleichung des plasto-unelastischen Körpers:

$$\frac{\mathrm{d}u_x}{\mathrm{d}y} = C(\tau - \tau_0)^n \quad \text{für} \quad \tau > \tau_0 \tag{107}$$

$$\frac{\mathrm{d}u_x}{\mathrm{d}y} = 0 \quad \text{für} \quad \tau \leqslant \tau_0$$

die Abb. 41 für die beiden Fälle $n > 1$ und $n < 1$ veranschaulicht.

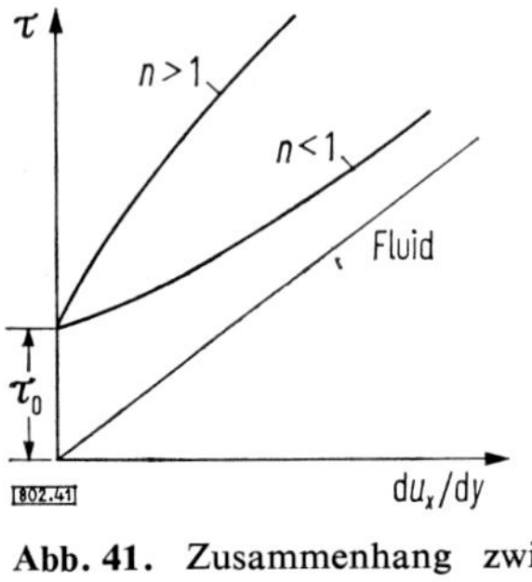

Abb. 41. Zusammenhang zwischen Scherspannung τ und Geschwindigkeitsgefälle $\frac{\mathrm{d}u_x}{\mathrm{d}y}$ für den plasto-unelastischen Körper (Anordnung analog zu Abb. 2)

7.3. Rohrströmung rheologischer Substanzen

Wie beim Fluid ist auch bei nicht-NEWTONschen Substanzen die Rohrströmung praktisch besonders wichtig. Dabei interessieren wieder der Zusammenhang zwischen Druckabfall und Durchfluß (in der NEWTONschen Strömungslehre HAGEN-POISEUILLEsches Gesetz), das Geschwindigkeitsprofil und das Widerstandsgesetz. Für die Modellsubstanzen ergeben sich diese Gesetze zumindest für den stationären Zustand im Laminargebiet durch Integration, darüber hinausgehende Ergebnisse liefern Versuche. Je nach der Art des Modells (insbesondere nach der Zahl der Konstanten in den mathematischen Ansätzen) sind dabei zur Wiedergabe der Zusammenhänge mehr dimensionsfreie Kennzahlen erforderlich als beim Fluid, worauf hier nicht eingegangen wird.

Beispiel: Stationäres Fließen eines BINGHAMschen Körpers durch ein Kreisrohr.

Der Impulsansatz (8) für die Rohrströmung enthielt keine auf das Stoffmodell bezügliche Aussagen und kann übernommen werden. Für den BINGHAMschen Körper (105) ergibt sich daraus für $\tau > \tau_0$:

$$0 = A\,\frac{p_1 - p_2}{2l}\,r + A\tau_0 + \frac{\mathrm{d}u_x}{\mathrm{d}r} \tag{108}$$

Für $\tau \leqslant \tau_0$ ist $\mathrm{d}u_x/\mathrm{d}r = 0$, d. h. u_x ist konstant, was bedeutet, daß die Substanz sich in der Mitte des Rohres pfropfartig vorwärts schiebt. Aus (108) ergibt sich für den „Pfropfradius" r_0

$$r_0 = \frac{2l\tau_0}{p_1 - p_2} \tag{109}$$

Integration von (108) zwischen den Grenzen R und $r > r_0$ führt unter Verwendung von (109) zum Geschwindigkeitsprofil

$$u_x(r) = A\,\frac{p_1 - p_2}{2l}\left[\frac{1}{2}(R^2 - r^2) - r_0(R - r)\right] \quad \text{für } r > r_0 \tag{110a}$$

$$u_x(r) = A\,\frac{p_1 - p_2}{2l}\,[(R - r_0)^2] \quad \text{für } r \leqslant r_0 \tag{110b}$$

Abb. 42 veranschaulicht dieses Verhalten.

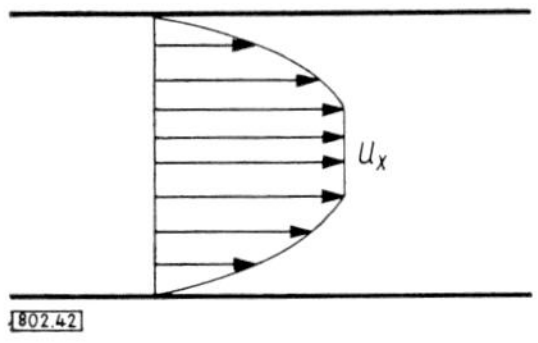

Abb. 42. Geschwindigkeitsprofil der Kreisrohrströmung eines BINGHAMschen Körpers (Laminarbereich)

Der Durchsatz wird mit

$$\dot{V} = \pi r_0^2 u_x(r_0) + \int_{r_0}^{R} 2\pi r u_x(r)\,\mathrm{d}r$$

zu

$$\dot{V} = \pi A\,\frac{p_1 - p_2}{8l}\,R^4\left[1 - \frac{4}{3}\,\frac{r_0}{R} + \frac{1}{3}\left(\frac{r_0}{R}\right)^4\right] \tag{111}$$

Wegen (109) ist auch in den Termen innerhalb der eckigen Klammer $(p_1 - p_2)$ enthalten.

Die Gleichungen (110) und (111) gelten analog zum HAGEN-POISEUILLEschen Gesetz nur für den Laminarbereich. Wie bei Fluiden gibt es einen Umschlag zum turbulenten Strömungsverhalten, der jetzt von zwei Kennzahlen abhängig ist, entsprechend den zwei Konstanten enthaltenden Fließansätzen. Die Beziehungen für den Turbulenzbereich sind Versuchen zu entnehmen.

8. Buchliteratur

Gesamtdarstellungen der allgemeinen und technischen Strömungslehre:

[1] W. Albring: Angewandte Strömungslehre, 2. Aufl., Steinkopff, Leipzig 1962.
[2] G. K. Batchelor: An Introduction to Fluid Dynamics, Univ. Press., Cambridge 1967.
[3] E. Becker: Technische Strömungslehre, Teubner, Stuttgart 1969.
[4] B. Eck: Technische Strömungslehre, 7. Aufl., Springer, Berlin 1966.
[5] L. Prandtl: Führer durch die Strömungslehre, 6. Aufl., Vieweg, Braunschweig 1965.
[6] E. Truckenbrodt: Strömungsmechanik, Springer, Berlin 1968.
[7] S. Whitaker: Introduction to Fluid Mechanics, Prentice Hall, Englewood Cliffs 1968.

Gesamtdarstellungen mit stark theoretischer Ausrichtung:

[8] N. E. Kotschin, I. A. Kibel, N. W. Rose: Theoretische Hydromechanik, 2 Bde., Akademie-Vlg., Berlin 1954/1955.
[9] L. M. Milne-Thomson: Theoretical Aerodynamics, 5. Aufl., MacMillan, London 1968.
[10] K. Wieghardt: Theoretische Strömungslehre, Teubner, Stuttgart 1969.

Teilgebiete der Strömungslehre:

[11] E. Becker: Gasdynamik, Teubner, Stuttgart 1966.
[12] J. Hengstenberg, B. Sturm, O. Winkler: Messen und Regeln in der Chemischen Technik, 2. Aufl., Springer, Berlin 1964.
[13] S. G. Popow: Strömungstechnisches Meßwesen, 2. Aufl., Vlg. Technik, Berlin 1960.
[14] H. Richter: Rohrhydraulik, 4. Aufl., Springer, Berlin 1962.
[15] H. Schlichting: Grenzschicht-Theorie, 5. Aufl., Braun, Karlsruhe 1965.
[16] A. Walz: Strömungs- und Temperaturgrenzschichten, Braun, Karlsruhe 1966.

Strömungslehre in der Verfahrenstechnik. Entsprechende Kapitel in

[17] P. Grassmann: Physikalische Grundlagen der Chemie-Ingenieur-Technik, Sauerländer, Aarau 1961.
[18] A. G. Kassatkin: Chemische Verfahrenstechnik, Bd. 1, 3. Aufl., Vlg. Technik, Berlin 1960.
[19] Autorenkollektiv: Lehrbuch der chemischen Verfahrenstechnik, Dtsch. Vlg. f. Grundstoffindustrie, Leipzig 1967.

Rheologie:

[20] M. Reiner: Rheologie in elementarer Darstellung, VEB-Fachbuchverlag, Leipzig 1967.
[21] G. W. Scott Blair: Elementary Rheology, Academic Press, London 1969.
[22] W. L. Wilkinson: Non-Newtonian Fluids, Pergamon Press, London 1960.

Wärmeleitung und Wärmeübertragung

Prof. Dr. Wolfgang Siemes, Boehringer Mannheim GmbH.

Wärmeleitung und Wärmeübertragung

Prof. Dr. Wolfgang Siemes, Boehringer Mannheim GmbH.

Praktische Anwendungen der hier behandelten Grundlagen werden speziell in den Beiträgen „Indirekter Wärmeaustausch“ und „Wärmeschutz“ in Bd. 2 behandelt.

1. Mechanismen des Wärmetransports 119

2. Wärmeleitung 120

2.1. Grundgleichungen (für stationäre und für zeitlich veränderliche Temperaturfelder) . . . 120

2.2. Anwendungen der Grundgleichungen 121

3. Wärmekonvektion 123

3.1. Erzwungene Konvektion 123

3.2. Freie Konvektion 124

4. Wärmeübergang ohne Zustandsänderung 125

4.1. Rechnerische Erfassung des Wärmeübergangs . 125

4.2. Gebrauchsformeln für homogene Fluide . . . 126

4.2.1. Erzwungene Konvektion des Fluids 126

4.2.2. Freie Konvektion des Fluids 127

4.3. Gebrauchsformeln für mehrphasige Fluide . . . 128

5. Wärmeübergang bei Zustandsänderung 128

5.1. Verdampfung 128

5.2. Kondensation 129

6. Wärmedurchgang 130

7. Literatur 131

1. Mechanism of Heat Transport 119

2. Heat Conduction 120

2.1. Basic Equations (for Steady State and for Time-Variable Temperature Gradients) 120

2.2. Applications of Fundamental Equations 121

3. Heat Convection 123

3.1. Forced Convection 123

3.2. Free Convection 124

4. Heat Transfer without Change of State 125

4.1. Mathematical Formulation of Heat Transfer . 125

4.2. Working Formulas for Homogeneous Fluids . . 126

4.2.1. Forced Convection of Fluid 126

4.2.2. Free Convection of Fluid 127

4.3. Working Formulas for Multiphase Fluids . . . 128

5. Heat Transfer with Change of State 128

5.1. Evaporation 128

5.2. Condensation 129

6. Heat Transmission 130

7. Literature 131

Symbole

Es werden die in diesem Werk üblichen Symbole verwendet (vgl. Titelei). Besonders zu erwähnen sind:

a	Temperaturleitfähigkeitskoeffizient
A_λ	Wärmeaustauschkoeffizient
Fo	Fouriersche Kennzahl
Gr	Grashof-Zahl
k	Wärmedurchgangskoeffizient
Nu	Nusselt-Zahl
Pe	Pécletsche Zahl
Pr	Prandtl-Zahl
$\dot{Q}$	Wärmestrom (Wärmemenge pro Zeiteinheit)
$\dot{q}$	Wärmestromdichte ($\dot{Q}$ pro Flächeneinheit)
r	Wärmeleitwiderstand
Re	Reynolds-Zahl
α	Wärmeübergangskoeffizient
λ	Wärmeleitfähigkeitskoeffizient (Wärmeleitzahl)
$1/\Lambda$	spezifischer Wärmeleitwiderstand (vgl. S. 122)

1. Mechanismen des Wärmetransports

Wärme ist die Form der Energie, deren Intensität durch die Temperatur gekennzeichnet wird. Sie läßt sich zurückführen auf die kinetische Energie von Molekülen, Ionen und anderen Gefügebausteinen der Materie. In der Verfahrenstechnik beschränkt man sich im allg. auf die makroskopische Betrachtungsweise, bei der die Materie als Kontinuum aufgefaßt wird. Dabei ist es dann nötig, das Verhalten der Untersuchungsobjekte teilweise durch empirische Größen (Material- oder/und Anordnungskoeffizienten) zu erfassen.

Es lassen sich drei Mechanismen des Wärmetransports unterscheiden, die bei technischen Prozessen meistens gemeinsam wirken:

Wärmeleitung

konvektiver (d. h. an Stoffbewegungen gebundener) Wärmetransport

Wärmestrahlung

Bei der Wärmeleitung beruht der Wärmetransport auf Ortsveränderung von Molekülen (bei Gasen), auf Wechselwirkung von Gefügebausteinen (bei Feststoffen) oder auf beidem (bei Flüssigkeiten), wobei makroskopische (konvektive) Bewegungen außer Betracht bleiben. Wärmeleitung setzt Temperaturdifferenzen voraus.

Der konvektive Wärmetransport (Wärmekonvektion) ist an einheitliche Bewegungen mehr oder weniger großer Kontinuumselemente gebunden, wobei technisch fast ausschließlich die von Belang sind, welche in der Strömungslehre behandelt werden. Grundsätzlich ist zwar ein solcher Transport auch ohne Temperaturdifferenzen möglich, wie das Beispiel eines Dampfstroms in einer ideal wärmeisolierten Leitung zeigt, meistens versteht man aber unter Wärmekonvektion nur den Transport, der innerhalb des sich bewegenden Mediums durch Temperaturdifferenzen induziert wird; daran hält sich auch dieser Beitrag.

Bei der Wärmestrahlung wird Wärme in elektromagnetische Schwingungen umgewandelt, die sich ohne Bindung an materielle Träger im Raum ausbreiten und beim Auftreffen auf Materie wieder ganz oder teilweise in Wärme rückgewandelt werden können. Dieser Vorgang läuft an jedem Körper ab, dessen Temperatur oberhalb des absoluten Nullpunkts liegt. Wenn jedoch die Umgebung des Körpers die gleiche Temperatur besitzt, wird die gleiche Wärmemenge, die er abstrahlt, von dieser Umgebung auf ihn zurückgestrahlt. An Materie läßt sich somit ein Transport von Wärme durch Strahlung nur nachweisen, wenn Temperaturdifferenzen vorhanden sind.

In diesem Kapitel werden nur Wärmeleitung und Wärmekonvektion sowie daraus resultierende Phänomene behandelt. Der Wärmetransport durch Strahlung überlagert sich additiv dem durch diese beiden Mechanismen verursachten.

2. Wärmeleitung

Reine Wärmeleitung tritt im Innern von Feststoffen auf, praktisch wichtig sind Apparate, Behälter und Leitungen. Bei festen Reaktanden und Katalysatoren sind durch Reaktionen bedingte räumliche Wärmequellen (oder -senken) mit in Betracht zu ziehen, die hier ausgeschlossen bleiben sollen.

Die Wärmeleitung in Fluiden ist in der Verfahrenstechnik durchweg eng gekoppelt mit der Wärmekonvektion, sie wird im Abschn. 3 behandelt.

2.1. Grundgleichungen (für stationäre und für zeitlich veränderliche Temperaturfelder)

Stationäres Temperaturfeld. Wird eine planparallele, in zwei Richtungen sehr ausgedehnte Platte aus homogenem, festem Material* an den beiden Begrenzungsebenen (die Schnittpunkte mit einer zu ihnen senkrechten x-Achse seien x_1 und x_2) auf verschiedenen Temperaturen gehalten, stellt sich im Innern ein lineares Temperaturgefälle ein (Abb. 1). Durch jede zwischen den Begrenzungsebenen liegende und zu diesen parallele Fläche F fließt ein stationärer, d. h. zeitlich konstanter Wärmestrom (Wärmemenge pro Zeiteinheit):

$$\dot{Q} = \lambda F \frac{T_1 - T_2}{x_2 - x_1} = -\lambda F \frac{T_2 - T_1}{x_2 - x_1} = -\lambda F \frac{\Delta T}{\Delta x} \quad (1)$$

wobei der Wärmeleitungskoeffizient λ ein Stoffwert ist. Tab. 1 bringt Beispiele für λ. Weitere Werte s. Kap. „Wärmeschutz“ in Bd. 2.

Führt man die Wärmestromdichte $\dot{q} = \dot{Q}/F$ ein, so geht die Gleichung über in

$$\dot{q} = -\lambda \frac{\Delta T}{\Delta x} \quad (1a)$$

Durch Grenzübergang auf verschwindende Schichtdicke erhält man aus (1) bzw. (1a)

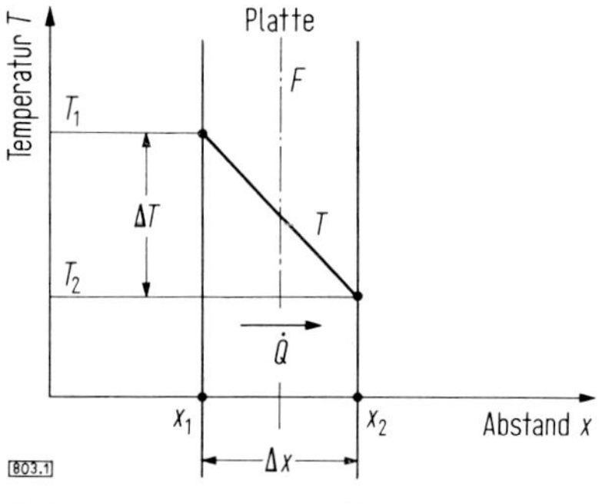

Abb. 1. Temperaturprofil für die stationäre Wärmeleitung in einer ebenen Platte

* Die Beziehungen gelten auch für ruhende fluide Substanzen, doch ist es praktisch schwer, bei Fluiden Konvektion auszuschließen.

Tab. 1. Wärmeleitfähigkeitskoeffizienten λ und Temperaturleitfähigkeitskoeffizienten a einiger Materialien

	λ in kcal/m h grd 20°C	λ in kcal/m h grd 200°C	a in m²/h 20°C
Kupfer (technisch)	320	305	0,39
Gußeisen (3% C)	50	45	0,05
Stahl (0,2% C)	39	38	0,05
Chrom-Nickel-Stahl 18/8	12	14	0,02
Glas*	0,8	1,0	0,002
Ziegel (trocken, porös)*	0,3	0,4	0,001
Holz*	0,2		0,0004
Isolierstoff (Schlackenwolle)*	0,05	0,07	0,001
Kesselstein, kalkreich*		1,0	0,003
Organische Gelablagerung* **	1,0		
Wasser	0,50	0,56	0,0005
Luft	0,022	0,032	0,077

* Richtwerte; die Beschaffenheit der Stoffe und mit ihr λ kann recht verschieden sein.

** Z. B. bei Verschmutzung von Kühlern durch unsauberes Wasser.

$$\dot{Q} = -\lambda F \frac{\mathrm{d}T}{\mathrm{d}x} \tag{2}$$

$$\dot{q} = -\lambda \frac{\mathrm{d}T}{\mathrm{d}x} \tag{2a}$$

Im allgemeinen stationären Fall ist das Temperaturfeld jedoch nicht wie in Gl. (2) eindimensional ($T = T(x)$) sondern eine Raumfunktion $T = T(x, y, z)$. Gl. (2a) ist dann durch je eine Gleichung für jede Koordinatenrichtung zu ersetzen:

$$\dot{q}_x = -\lambda \frac{\partial T}{\partial x} \tag{3a}$$

$$\dot{q}_y = -\lambda \frac{\partial T}{\partial y} \tag{3b}$$

$$\dot{q}_z = -\lambda \frac{\partial T}{\partial z} \tag{3c}$$

Hierbei ist wie im folgenden vorausgesetzt, daß die Wärmeleitfähigkeit in jeder Richtung gleich groß ist (isotropes Material). Die Gln. (3a – 3c) werden als Wärmeleitungsgleichungen erster Art bezeichnet.

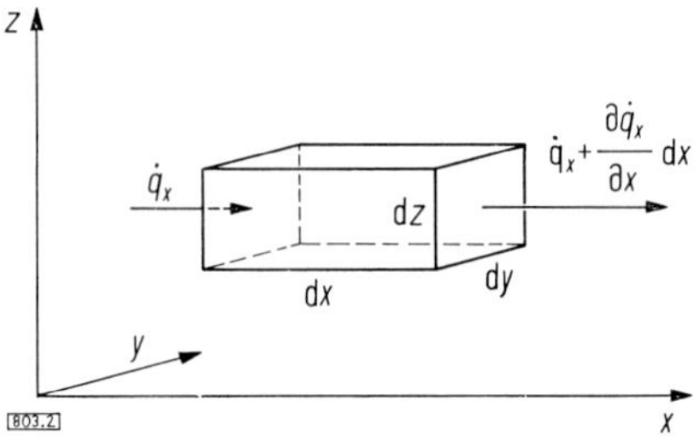

Abb. 2. Zur Wärmebilanz eines Volumenelements bei instationärer Wärmeleitung

Zeitlich veränderliche Temperaturfelder. Zur Herleitung der Beziehung für nichtstationäre Vorgänge, wobei also $T = T(x, y, z, t)$ mit der Zeit t gilt, wird ein differentielles Volumenelement $\mathrm{d}V = \mathrm{d}x\,\mathrm{d}y\,\mathrm{d}z$ eines Materials der Dichte ϱ und der spezifischen Wärme c_p betrachtet (Abb. 2). Für die x-Richtung ergibt sich als Differenz der ab- und zuströmenden Wärme

$$\left(\dot{q}_x + \frac{\partial \dot{q}}{\partial x}\,\mathrm{d}x\right)\mathrm{d}y\,\mathrm{d}z - \dot{q}_x\,\mathrm{d}y\,\mathrm{d}z = \frac{\partial \dot{q}}{\partial x}\,\mathrm{d}V$$

was mit (3a) unter der Annahme von räumlich konstantem λ zu $-\lambda \frac{\partial^2 T}{\partial x^2}\,\mathrm{d}V$ führt. Für alle drei Koordinatenrichtungen wird somit $-\lambda\left(\frac{\partial^2 T}{\partial x^2} + \frac{\partial^2 T}{\partial y^2} + \frac{\partial^2 T}{\partial z^2}\right)\mathrm{d}V$ die in der Zeiteinheit durch Leitung abgeführte Wärme, der bei Fehlen innerer Wärmequellen eine entsprechende Verringerung des Wärmeinhaltes von $\mathrm{d}V$ um $-\varrho c_p \mathrm{d}V \frac{\partial T}{\partial t}$ gegenübersteht. Gleichsetzen ergibt die zweite Wärmeleitungsgleichung:

$$\frac{\partial T}{\partial t} = \frac{\lambda}{\varrho c_p}\left(\frac{\partial^2 T}{\partial x^2} + \frac{\partial^2 T}{\partial y^2} + \frac{\partial^2 T}{\partial z^2}\right) \tag{4}$$

Der Materialwert-Term auf der rechten Seite von (4) wird als Temperaturleitfähigkeitskoeffizient a bezeichnet:

$$a = \frac{\lambda}{\varrho c_p} \tag{5}$$

In Tab. 1 sind einige a-Werte angegeben.

Natürlich gilt (4) auch für stationäre Temperaturfelder, bei denen die linke Seite verschwindet:

$$\frac{\partial^2 T}{\partial x^2} + \frac{\partial^2 T}{\partial y^2} + \frac{\partial^2 T}{\partial z^2} = 0 \tag{4a}$$

2.2. Anwendungen der Grundgleichungen

Stationäre Temperaturfelder. Für die Berechnung oder Abschätzung des Wärmestroms durch Wandungen reicht im allg. Gl. (1) bzw. (1a) aus. Sie bedarf einer Erweiterung bei mehreren aneinandergrenzenden Schichten aus verschiedenem Material (Abb. 3). Für

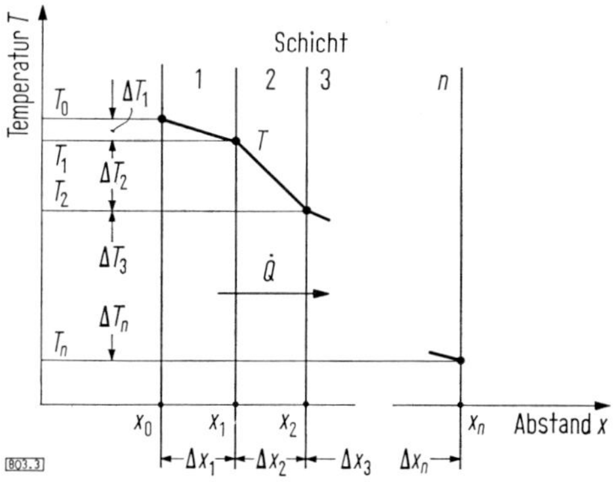

Abb. 3. Temperaturprofil für die stationäre Wärmeleitung in n ebenen Schichten

jede der n Schichten gilt (1) bzw. (1a) mit gleichen Werten für $\dot{Q}$ und F bzw. $\dot{q}$:

$$\dot{Q} = -\lambda_\nu F \frac{\Delta T_\nu}{\Delta x_\nu} \qquad \dot{q} = -\lambda_\nu \frac{\Delta T_\nu}{\Delta x_\nu} \qquad 1 \leqslant \nu \leqslant n,\ \Delta T_\nu = T_\nu - T_{\nu-1} \tag{1b}$$

Umformung von (1b) zu

$$\frac{\Delta x_\nu}{\lambda_\nu}\,\frac{\dot{Q}}{F} = -\Delta T_\nu$$

und Summation über alle ν liefert

$$\dot{Q} = -\frac{\Delta T}{\sum\limits_1^n \frac{\Delta x_\nu}{\lambda_\nu F}} \qquad \Delta T = T_n - T_0 \tag{6}$$

Führt man noch den Wärmeleitwiderstand r_v der einzelnen Schicht und den Gesamtwiderstand r ein:

$$r_v = \frac{\Delta x_v}{\lambda_v F} \qquad (7)$$

$$r = \sum_1^n r_v \qquad (8)$$

so geht Gl. (6) über in

$$\dot{Q} = -\frac{\Delta T}{r} \qquad (6a)$$

Die Analogie zum Ohmschen Gesetz und zur Addition in Reihe geschalteter elektrischer Widerstände zum Gesamtwiderstand liegt auf der Hand.

In der Technik wird $r_v F$ als spezifischer Wärmeleitwiderstand definiert und mit $1/\Lambda_v$ bezeichnet. Damit geht (8) über in

$$1/\Lambda = \sum_1^n 1/\Lambda_v$$

und (6a) in

$$\dot{q} = -\Lambda \Delta T \qquad (6b)$$

Beispiel: Die 20 mm starke Wand eines Stahlbehälters hat im Temperaturbereich von 20 bis 200°C den spezifischen Wärmeleitwiderstand 0,02/38 = 0,0005 h grd/kcal, eine 100 mm sarke Isolierschicht aus Schlackenwolle den spezifischen Wärmeleitwiderstand 0,1/0,06 = 1,67 h grd/kcal, was die enorme Wirkung von Wärmeisolationen veranschaulicht. Der Gesamtwiderstand beider Schichten ist praktisch identisch mit dem der Isolierschicht.

In vielen Fällen reichen (1) und (6) auch zur Abschätzung der Wärmeleitung durch gekrümmte Wände aus, bei denen die Voraussetzung eines konstanten F nicht mehr streng erfüllt ist, da F von innen nach außen wächst. Man rechnet dann mit einem angemessenen Mittelwert von F. Für den besonders häufigen Fall eines Hohlzylinders (Rohres) läßt sich die exakte Formel leicht aus (2) herleiten, wenn als Koordinate der Radius R statt x gesetzt wird. Mit der Zylinderlänge L wird $F = 2\pi RL$, so daß (2) in die Form

$$\dot{Q} = -\lambda \cdot 2\pi RL \frac{dT}{dR}$$

gebracht werden kann.

Mit den Begrenzungsradien R_I und R_A, für welche die Temperaturen T_I und T_A vorgeschrieben werden, ergibt sich durch Integration

$$\dot{Q} = -\frac{\lambda \cdot 2\pi L}{\ln \frac{R_A}{R_I}} (T_A - T_I) \qquad (9)$$

Das Temperaturprofil in der Zylinderwand, das sich aus (9) ergibt, wenn einer der Radien sowie die zugeordnete Temperatur als variabel angenommen werden, ist in Abb. 4 eingezeichnet; es ist ebenso wie das lineare Profil gemäß (1) eine Lösung von Gl. (4a) mit den entsprechenden Randbedingungen.

Durch Vergleich von (6a) und (9) erhält man als Wärmeleitwiderstand

$$r = \frac{\ln \frac{R_A}{R_I}}{\lambda \cdot 2\pi L} \qquad (10)$$

Analog zu (8) läßt sich der Gesamtwiderstand von aus mehreren Lagen bestehenden Hohlzylindern durch Addition von Einzelwiderständen berechnen.

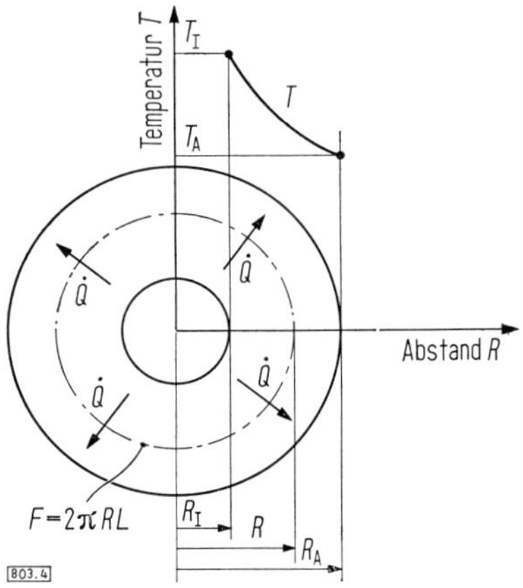

Abb. 4. Radiale Wärmeleitung in der Wand eines kreisförmigen Rohrs

Zeitlich veränderliche Temperaturfelder (vgl. [1]). Bei Aufheiz- und Abkühlvorgängen treten zeitliche Temperaturänderungen auf, deren Kenntnis etwa bei Apparaten wegen der Induzierung mechanischer Spannungen durch verschiedene thermische Ausdehnung benachbarter Elemente wichtig sein kann. Auch beim Aufheizen und Abkühlen von Reaktionsgut, bei im Kreislauf geführten Wärmeträgern und ähnlichen instationären Prozessen spielen solche Vorgänge eine Rolle.

Für einige geometrisch einfache Anordnungen läßt sich (4) bei bestimmten Anfangs- und Randbedingungen exakt lösen. In Abb. 5 sind als Beispiel dafür ohne Herleitung die eindimensionalen (nur vom Mittelpunktabstand R abhängigen) Temperaturverläufe in einer Kugel in ihrer zeitlichen Abfolge gezeigt. Anfangsbedingung ist eine homogene Kugeltemperatur T_I, Randbedingung ist eine zeitlich konstante Oberflächentemperatur T_A, die im Beispiel kleiner als T_I angenommen ist (Abkühlung); für $T_A > T_I$ (Aufheizung) sind die Kurven an der Abszisse zu spiegeln. Die Darstellung ist dimensionsfrei mit R/R_K (R_K Kugelradius) als Abszisse, $(T - T_A)/(T_I - T_A)$ (T Temperatur in der Kugel beim Mittelpunktsabstand R) als Ordinate und $a \cdot t/R_K^2$ (t Zeit, a Temperaturleitfähigkeitskoeffizient) als Parameter.

Exakte Lösungen von (4) lassen sich zu Abschätzungen für nur wenig abweichende Anordnungen und/oder Anfangs- und Randbedingungen heranziehen. Für kompliziertere Fälle sind mathematische Näherungsmethoden entwickelt worden, von denen hier die Differenzenverfahren und die Laplace-Transformation nur erwähnt seien.

Die Bedingungen für *Modellversuche* ergeben sich durch Zerlegen der Größen aus (4) in dimensionsfreie Variable (gestrichen) und einheitenbehaftete systemkonstante Bezugsgrößen (L, T_s, t_s):

$x = x'\mathrm{L}$ (11a) $T = T'\mathrm{T_s}$ (11d)

$y = y'\mathrm{L}$ (11b) $t = t'\mathrm{t_s}$ (11e)

$z = z'\mathrm{L}$ (11c)

(4) wird damit zu

$$\frac{\partial T'}{\partial t'} = \frac{a t_s}{\mathrm{L}^2}\left(\frac{\partial^2 T'}{\partial x'^2} + \frac{\partial^2 T'}{\partial y'^2} + \frac{\partial^2 T'}{\partial z'^2}\right) \qquad (4a)$$

Bei geometrisch ähnlichen Anordnungen mit ähnlichen Rand- und Anfangsbedingungen sind die Variablen und ihre Verknüpfungen somit gleich, falls der dimensionsfreie Term

$$Fo = \frac{a t_s}{\mathrm{L}^2} \qquad (12)$$

die FOURIERsche Kennzahl, gleich ist. Modellversuche sind also leicht möglich; bei gleichem Material beider Ausführungen verhalten sich korrespondierende Zeiten wie das Quadrat des (geometrischen) Maßstabverhältnisses. Die Teilintegration von (4a) führt zu

$$T' = f(Fo, x', y', z', t') \qquad (13)$$

oder mit (11) zu

$$\frac{T}{T_s} = f\left(Fo, \frac{x}{\mathrm{L}}, \frac{y}{\mathrm{L}}, \frac{z}{\mathrm{L}}, \frac{t'}{\mathrm{t_s}}\right) \qquad (13a)$$

Zusammenfassung von *Fo* mit $\frac{t'}{\mathrm{t_s}}$ (Multiplikation) ergibt schließlich

$$\frac{T}{T_s} = f\left(\frac{x}{\mathrm{L}}, \frac{y}{\mathrm{L}}, \frac{z}{\mathrm{L}}, \frac{a t}{\mathrm{L}^2}\right) \qquad (13b)$$

wobei T und T_s als auf die gleiche Bezugstemperatur bezogene Differenzen angesehen werden müssen. Von genau dieser Form ist die Darstellung in Abb. 5.

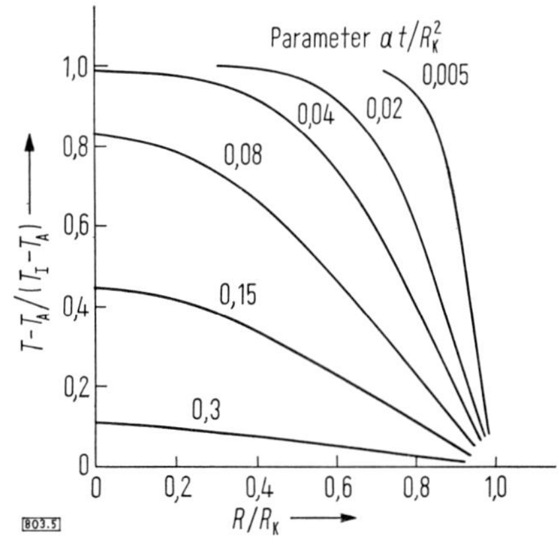

Abb. 5. Temperaturverlauf in einer Kugel vom Radius R_K mit der Temperatur $T = T_I$ zur Zeit $t = 0$, wenn für alle t die Oberflächentemperatur T_A festgehalten wird; R Mittelpunktabstand, a Temperaturleitfähigkeit

Mathematisch zu (4) analoge Beziehungen aus anderen Bereichen der Physik lassen sich ebenfalls in die Form (4a) bringen, wobei sich der dimensionsfreie Term anders zusammensetzt. Sie haben dann ebenfalls Lösungen vom Typ (13). Messungen an einem System lassen sich auf das andere übertragen. Solche Analogiemethoden sind mit elektrischen Anordnungen entwickelt und praktisch genutzt worden.

3. Wärmekonvektion

3.1. Erzwungene Konvektion

Bei inkompressiblen strömenden Fluiden ist neben der Wärmeleitung der konvektive Wärmetransport zu berücksichtigen. Auf der linken Seite von Gl. (4) ist daher statt der lokalen Temperaturänderung $\partial T/\partial t$ die totale Änderung anzusetzen, die aus der lokalen und der konvektiven besteht (wie in der „Strömungslehre“, ds. Bd., Abschn. 2.2.2, für die Geschwindigkeitskomponenten u_x, u_y und u_z ausgeführt wurde):

$$\frac{\partial T}{\partial t} + u_x \frac{\partial T}{\partial x} + u_y \frac{\partial T}{\partial y} + u_z \frac{\partial T}{\partial z} = \frac{\lambda}{\varrho c_p}\left(\frac{\partial^2 T}{\partial x^2} + \frac{\partial^2 T}{\partial y^2} + \frac{\partial^2 T}{\partial z^2}\right) \qquad (14)$$

Die Komponenten der Strömungsgeschwindigkeit sind durch die Grundgleichungen der Strömungslehre (Sätze von der Erhaltung des Impulses und der Masse) bedingt (s. „Strömungslehre“, Abschn. 2.1 und 2.2).

Gl. (14) entspricht der Erhaltung der thermischen Energie, wobei von Dissipationswärme (Reibungswärme aufgrund der Strömung) sowie Wärmequellen bzw. -senken (z. B. aufgrund chemischer Reaktionen) abgesehen ist.

Die Lösung des gesamten Gleichungssystems ist für einige einfache Fälle möglich, z. B. für die stationäre laminare Rohrströmung bei bestimmten Anfangs- und Randbedingungen, wobei konstante Stoffwerte im gesamten Strömungsfeld vorausgesetzt werden müssen. Das ist aber insbes. bei größeren Temperaturdifferenzen wegen der Temperaturabhängigkeit der Stoffwerte nur eine Annäherung an die wirklichen Verhältnisse; vor allem die in den Strömungsgleichungen enthaltene Viskosität kann sehr unterschiedliche Werte annehmen. Man muß praktisch mit mittleren Bezugstemperaturen arbeiten.

Bei allen Laminarströmungen beruht der Wärmetransport senkrecht zur Strömungsrichtung nur auf

Wärmeleitung, in Strömungsrichtung tritt daneben die Zu- bzw. Abfuhr von Wärme durch die strömenden Fluidelemente. In Turbulentströmungen sind der Grundströmung Geschwindigkeitsschwankungen in alle Richtungen überlagert, was sich als regellose Bewegung von Turbulenzballen veranschaulichen läßt („Strömungslehre", Abschn. 4.2), und es ist selbstverständlich, daß diese Durchmischung auch auf einen Ausgleich bestehender Temperaturdifferenzen hinwirkt. Als Pendant zur Austauschgröße A für den Impuls („Strömungslehre" Gl. 59) läßt sich ein Wärmeaustauschkoeffizient A_λ in formaler Analogie zum Wärmeleitungskoeffizienten λ gemäß (2) definieren (eindimensionales Temperaturfeld vorausgesetzt):

$$\dot{Q} = -A_\lambda F \frac{\mathrm{d}T}{\mathrm{d}x} \tag{15}$$

wo $\dot{Q}$ und $\frac{\mathrm{d}T}{\mathrm{d}x}$ zeitliche Mittelwerte sind. Wie A ist auch A_λ außer von Stoffwerten wesentlich von der Strömung abhängig. Es ist im Innern turbulenter Strömungen durchweg um einige Zehnerpotenzen größer als λ, so daß der Wärmetransport durch Leitung hier vernachlässigt werden kann. Bei der Annäherung an Phasengrenzen sinkt A_λ stark ab, um in ihrer unmittelbaren Nähe ganz zu verschwinden (laminare Grenzschicht). In allen Strömungen findet daher der Wärmetransport durch die Wandgrenzfläche (senkrecht zur Strömung) nur durch Wärmeleitung statt.

Der hohe Wert von A_λ im Innern turbulenter Strömungen bewirkt, daß dort im stationären Fall keine großen Temperaturgradienten bestehen können. Bei Ausschluß von Wärmequellen muß $\dot{Q}/F$ dort von gleicher Größenordnung wie an den Wandungen sein, es gilt also

$$\lambda \left(\frac{\mathrm{d}T}{\mathrm{d}x}\right)_{\text{Wand}} \approx A_\lambda \left(\frac{\mathrm{d}T}{\mathrm{d}x}\right)_{\text{Innen}} \tag{16}$$

wonach $\left(\frac{\mathrm{d}T}{\mathrm{d}x}\right)_{\text{Innen}}$ um einige Zehnerpotenzen kleiner als $\left(\frac{\mathrm{d}T}{\mathrm{d}x}\right)_{\text{Wand}}$ ist. Praktisch kann im Innern turbulenter Strömungen mit räumlich konstanter Temperatur gerechnet werden.

Die ähnlichkeitstheoretische Behandlung von (14) für den praktisch besonders wichtigen stationären Fall $\left(\frac{\partial T}{\partial t} \equiv 0\right)$ entsprechend der Betrachtung im Abschn. 2.2 ergibt als Kennzahl anstelle der Fourierschen Zahl den Term $\frac{a}{\mathrm{L}\cdot\mathrm{U}}$ (U Bezugsströmungsgeschwindigkeit), deren Kehrwert als Pécletsche Zahl bezeichnet wird:

$$Pe = \frac{\mathrm{L}\cdot\mathrm{U}}{a} \tag{17}$$

Pe läßt sich als Maß für das Verhältnis der durch Konvektion zu der durch Leitung transportierten Wärme deuten. Bei Strömungen, die allein durch die Reynolds-Zahl $Re = \frac{\mathrm{L}\cdot\mathrm{U}}{\nu}$ (ν kinematische Viskosität) gekennzeichnet werden können, ist daher der Wärmetransport eine Funktion der Kennzahlen Re und Pe. Diesem Paar gleichwertig ist das Paar Re und $Pr = Pe/Re$, wobei die Prandtlsche Zahl

$$Pr = \frac{Pe}{Re} = \frac{\nu}{a} \tag{18}$$

gegenüber Pe den Vorteil hat, nur aus Stoffwerten aufgebaut zu sein. Tab. 2 bringt die Prandtl-Zahlen für einige Stoffe.

Tab. 2. Prandtlsche Zahlen $Pr = \nu/a$ für einige Gase und Flüssigkeiten

Stoff	Temp. in °C	Pr	Stoff	Temp. in °C	Pr
Luft	0	0,71	Wasser	20	7,03
	100	0,71		40	4,35
	400	0,72		60	3,01
Wasserdampf	100	1,12		80	2,22
	400	0,88		100	1,74
Wasserstoff	0	0,67		150	1,15
	100	0,65	Benzol	20	7,33
	200	0,64	Äthanol	20	19,1
Kohlendioxid	0	1,38			
	100	1,85	Essigsäure	20	4,4
	200	2,29	Spindelöl	20	168
Ammoniak	0	0,93		60	59,4
	100	1,30		80	42,1
	200	1,66		100	31,4

3.2. Freie Konvektion

Die im Abschn. 3.1 betrachteten Strömungen haben als Ursache äußere Druckdifferenzen, die eine Konvektion erzwingen. Nun ergeben sich beim Vorhandensein von Temperaturdifferenzen immer auch Strömungen durch die Dichtedifferenzen: Im allg. sinkt die Dichte mit steigender Temperatur, erwärmte Fluidelemente steigen dann auf, kalte sinken ab. Diese freie Konvektion überlagert sich der erzwungenen, wobei sie vielfach gegenüber dieser vernachlässigbar ist, sie kann bei fehlenden äußeren Druckdifferenzen aber auch bestimmend sein.

Auch in diesem Fall gilt natürlich (14). Die Strömungsgleichungen lassen sich verwenden, wobei man die Stoffwerte weiterhin durchweg als konstant annimmt, während in den Massekräften die Abhängigkeit der Dichte von der Temperatur berücksichtigt wird, wodurch die Auftriebsdifferenzen erfaßt werden. Die Dichte ϱ ist über den thermischen Ausdehnungskoeffizienten β mit T verbunden:

$$\beta = \varrho \frac{\mathrm{d}(1/\varrho)}{\mathrm{d}T} = -\frac{1}{\varrho}\frac{\mathrm{d}\varrho}{\mathrm{d}T} \tag{19}$$

Näherungsweise gilt somit, wenn ΔT ein Maß für die auftretenden Temperaturdifferenzen ist:

$$\Delta\varrho = -\beta\varrho\Delta T \qquad (19a)$$

Beim Fehlen anderer Massekräfte tritt dann in den NAVIER-STOKESschen Gleichungen auf der rechten Seite neben dem Druck- und dem Reibungsglied der Term $\beta g T$ auf (nach Division des Systems durch ϱ, etwa wie in den Gln. (13a bis 13c) in „Strömungslehre"). Die Ähnlichkeitstheorie (s. „Strömungslehre", Abschn. 3.3) liefert dann anstelle der FROUDEschen Zahl den Term $\frac{\beta g \Delta T \cdot L}{U^2}$ (g Schwerebeschleunigung). Da die kennzeichnende Geschwindigkeit U bei freier Konvektion nicht bekannt ist, empfiehlt sich ihre Elimination durch Multiplikation des Ausdrucks mit Re^2, was zur GRASHOFschen Zahl

$$Gr = \frac{\beta g \Delta T L^3}{\nu^2} \qquad (20)$$

führt. Der Wärmetransport in einem System ist somit durch die Kennzahlen *Re*, *Gr* und *Pr* bestimmt, wenn freie und erzwungene Konvektion von Einfluß sind; falls nur freie Konvektion vorhanden ist, genügen *Gr* und *Pr*.

4. Wärmeübergang ohne Zustandsänderung

4.1. Rechnerische Erfassung des Wärmeübergangs

Unter Wärmeübergang versteht man den Wärmetransport von einer Phasengrenzfläche in ein angrenzendes Fluid bzw. aus diesem an die Grenzfläche. Falls eine der beiden angrenzenden Phasen fest ist, gilt das auch für die Grenzfläche; bei zwei fluiden Phasen (flüssig-gasförmig bzw. flüssig-flüssig) sind die Grenzflächen im allg. beweglich.

Der Wärmeübergang setzt eine Temperaturdifferenz zwischen Phasengrenze und Fluidinnerem voraus. Man kann davon ausgehen, daß beide Phasen an der Grenze gleiche Temperatur besitzen. In unmittelbarer Nähe der Grenze wird die Wärme im Fluid auf jeden Fall wegen der Laminarströmung in der Grenzschicht durch Leitung transportiert. Strömt das gesamte Fluid laminar, so ist die Wärmeleitung auch in

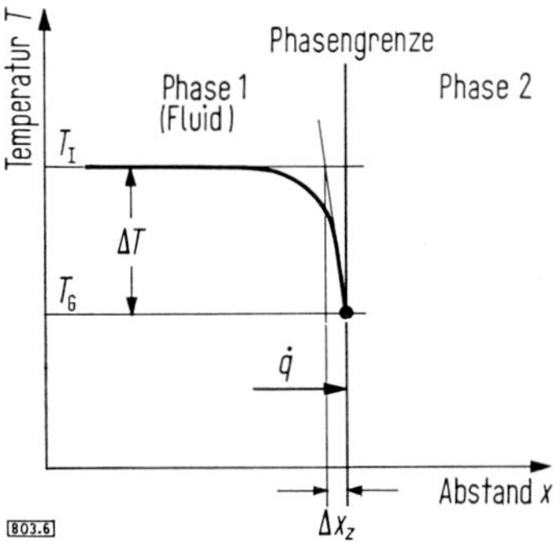

Abb. 6. Temperaturprofil für den Wärmeübergang bei turbulenter Strömung

seinem Innern wesentlich, ist die Hauptströmung aber turbulent, so kann im Fluidinneren mit praktisch konstanter Temperatur gerechnet werden. Für diesen Fall zeigt Abb. 6 schematisch das Temperaturprofil (der Verlauf folgt aus Beziehung 16).

Für $\dot{Q}$ liegt der Ansatz

$$\dot{Q} = \alpha F(T_G - T_I) = \alpha F \Delta T \qquad (21)$$

nahe, wenn die Temperatur der Grenzfläche T_G und die Fluidinnentemperatur T_I klar vorgegeben sind; (21) definiert den Wärmeübergangskoeffizienten α (falls $T_I > T_G$, wird $\Delta T = T_I - T_G$). Für die Wärmestromdichte ergibt sich

$$\dot{q} = \frac{\dot{Q}}{F} = \alpha \cdot \Delta T \qquad (21a)$$

Gl. (21) wird auch bei laminarer Kernströmung benutzt, bei der es keine einheitliche Innentemperatur gibt. Man kann dann T_I etwa als die über den ganzen Strömungsquerschnitt gemittelte Fluidtemperatur definieren, es sind aber auch andere Festsetzungen möglich. Weil dadurch der Wert von α beeinflußt wird, ist bei der Verwendung von Formeln für α in solchen Fällen die jeweilige Definition von T_I zu berücksichtigen.

Eine Abschätzung für α bei turbulenter Kernströmung, d. h. praktisch konstantem T_I läßt sich aufgrund eines einfachen Modells geben. Danach wird in einer Wandzone des Fluids reine Wärmeleitung angenommen, was bei nicht zu starker Wandkrümmung ein nahezu lineares Temperaturprofil zur Folge hat, welches bei $T = T_I$ in die Zone konstanter Temperatur übergeht (in Abb. 6 ist das angedeutet). Die fiktive Dicke Δx_z der Wandzone ergibt sich aus

$$\dot{Q} = \alpha F \Delta T = \lambda F \frac{\Delta T}{\Delta x_z} \qquad (22)$$

wonach gilt

$$\alpha = \frac{\lambda}{\Delta x_z} \qquad (22a)$$

Die Größenordnung von Δx_z läßt sich mit derjenigen der Grenzschichtdicke δ vergleichen, wie sie aus der Hydrodynamik bekannt ist („Strömungslehre", Abschn. 3.2.2). Das gilt auch für die Beeinflußbarkeit der Schichtdicke und damit von α durch strömungstechnische Maßnahmen.

Beispiel: Größenordnung von α an Flächen mit Luftströmungen ($\lambda_{Luft} = 0{,}022$ kcal/m h grd). Mit dem Ansatz $\Delta x_z \approx \delta \approx 1$ mm ergibt sich

$$\alpha = \frac{0{,}022}{0{,}001} \frac{\text{kcal}}{\text{m}^2\text{h grd}} \approx 20 \frac{\text{kcal}}{\text{m}^2\text{h grd}}$$

wobei je nach Anordnung und Strömung dieser Richtwert erheblich unter- oder überschritten werden kann.

Zur Wiedergabe der Abhängigkeit der Wärmeübergangszahl von den maßgebenden Einflußgrößen, die durch Messungen ermittelt werden muß, empfiehlt sich die Darstellung mit dimensionsfreien Kennzahlen. Der Näherungsansatz (22) gilt streng, mit dem Differenzenquotienten $(\Delta T/\Delta x)_\lambda$ auf der rechten Seite, für die schmale Wandzone Δx_λ, in der tatsächlich reine Wärmeleitung auftritt ($\Delta x_\lambda < \Delta x_z$). Für ein durch *Re*, *Pr* und *Gr* bestimmtes System steht dann $\Delta T = (T_G - T_I)$ in (22) in einem festen Verhältnis zu dem (kleineren) ΔT_λ des Differenzenquotienten, es gilt

$$\frac{\Delta T_\lambda}{\Delta T} = \frac{\alpha \Delta x_\lambda}{\lambda} = f'(Re, Gr, Pr)$$

Δx_λ ist nun, wie alle Längen des Systems, der Bezugslänge L proportional, was mit Einführung der α repräsentierenden NUSSELTschen Zahl

$$Nu = \frac{\alpha L}{\lambda} \qquad (23)$$

zu

$$Nu = f(Re, Gr, Pr) \qquad (24)$$

führt. Bei vernachlässigbarem Wärmetransport durch freie Konvektion reduziert sich (24) zu

$$Nu = f(Re, Pr) \qquad (24\text{a})$$

bei Fehlen erzwungener Konvektion zu

$$Nu = f(Gr, Pr) \qquad (24\text{b})$$

In vielen Fällen können Potenzansätze gemäß

$$Nu = l\, Re^m\, Gr^n\, Pr^p \qquad (25)$$

mit konstanten *l*, *m*, *n*, *p* verwendet werden.

Als Bezugstemperatur für die Stoffwerte wird meistens das arithmetische Mittel aus T_I und T_G angesetzt. Bei variablen T_I- und T_G-Werten (z. B. längs eines Rohres) kann wieder in Strömungsrichtung gemittelt werden; falls die Temperatur- und damit die Stoffwertänderungen aber zu groß werden (Kriterium: Einfluß auf α), wird der Gesamtbereich in Einzelbereiche mit jeweils nur kleinen Wertabweichungen von den Mittelwerten zerlegt. Gelegentlich findet sich auch direkt das Verhältnis extremer Viskositäten η_1/η_2 — die Viskosität ist besonders stark temperaturabhängig — als Argument in (24) bzw. als zusätzlicher Term $(\eta_1/\eta_2)^q$ (mit konstantem *q*) in (25).

4.2. Gebrauchsformeln für homogene Fluide

4.2.1. Erzwungene Konvektion des Fluids

Längs angeströmte Platte. Da die Grenzschicht von der Vorderkante der Platte an anwächst („Strömungslehre" Gl. 44), ist nach (22a) auch α vom Abstand *x* von der Anströmkante abhängig, es fällt mit *x* (*x* ist nicht mit der Schichtdicke zu verwechseln). Praktisch wird der Mittelwert α_m zwischen 0 und *x* in Abhängigkeit von *x* benötigt. Die mit α_m aufgebaute NUSSELT-Zahl $Nu_m = \alpha_m x/\lambda$ ist im Laminarbereich nach

$$Nu = 0{,}663\, Re^{0,5}\, Pr^{0,33} \qquad (26)$$

für

$Re < 6000 \qquad 0{,}6 < Pr < 500$

und im Turbulentbereich nach

$$Nu = 0{,}037\, Re^{0,8}\, Pr \qquad (27)$$

für

$5 \cdot 10^5 < Re < 10^7 \qquad 0{,}6 < Pr < 500$

von $Re = u_0 x/\nu$ und *Pr* abhängig, wo u_0 die Anströmgeschwindigkeit ist. Im dazwischen liegenden Übergangsbereich ist Nu_m zusätzlich eine Funktion der Gestalt der Anströmkante und des Turbulenzgrades der Anströmung.

Beispiel: Luftströmung von 20°C mit $u_0 = 10$ m/s für $x = 1$ m. Mit $Re = 10 \cdot 1/0{,}155 \cdot 10^{-4} = 6{,}45 \cdot 10^5$ liegt die Strömung im Turbulentbereich, (27) und (23) liefern dann

$$\alpha_m = \frac{\lambda}{x} \cdot 0{,}037\, Re^{0,8}\, Pr$$

$$= \frac{0{,}022}{1}\ 0{,}037\ \sqrt[5]{(6{,}45 \cdot 10^5)^4} \cdot 0{,}71 = 38\ \frac{\text{kcal}}{\text{m}^2\,\text{h grd}}$$

Das ist etwa das Doppelte des Wertes im Beispiel S. 125.

Rohrinnenströmung: Berücksichtigt man Einlaufeffekte durch das Durchmesser-Längen-Verhältnis *d*/*l* und Viskositätsunterschiede aufgrund der Temperaturdifferenz durch η_M/η_W (η_W Viskosität an der Wand, η_M Querschnittsmittelwert; Bezugstemperatur ist jeweils das Mittel von Eintritts- und Austrittstemperatur), so gilt nach SIEDER und TATE im Laminarbereich für Rohre mit Kreisquerschnitt

$$Nu = 1{,}86\, Re^{0,33}\, Pr^{0,33} \left(\frac{d}{l}\right)^{0,33} \left(\frac{\eta_M}{\eta_W}\right)^{0,14} \qquad (28)$$

für

$Re < 2300, \quad 7{,}17 \leqslant Re\,Pr \left(\frac{d}{l}\right), \quad 0{,}004 < \frac{\eta_M}{\eta_W} < 14$

Im Turbulentbereich und im Übergangsbereich ist nach HAUSEN

$$Nu = 0{,}116 \left[1 + \left(\frac{d}{l}\right)^{0,67}\right] [Re^{0,67} - 125]\, Pr^{0,33} \times \left(\frac{\eta_M}{\eta_W}\right)^{0,14} \qquad (29)$$

für

$2300 < Re < 10^6, \qquad 0{,}6 < Pr < 500$

In beiden Formeln sind die mittlere Strömungsgeschwindigkeit und der Rohrdurchmesser zum Aufbau von *Re* und *Nu* zu verwenden.

Für Rohre mit nichtkreisförmigem Querschnitt sind (28) und (29) verwendbar, wenn man den hydraulischen Durchmesser

$$d_h = \frac{4F}{U} \qquad (30)$$

(„Strömungslehre", Gl. 68) anstelle des Durchmessers d einsetzt (F Strömungsquerschnitt, U benetzter Umfang). Damit können auch Außenströmungen längs eines Rohrbündels, wie sie in Rohrbündelwärmetauschern auftreten, erfaßt werden.

Queranströmung von Rohren mit Kreisquerschnitt: α ist wie bei der Platte lokal verschieden, hier seien die Mittelwerte α_m über die gesamte Austauschfläche betrachtet. Für das Einzelrohr gilt nach HILPERT und ULSAMER

$$Nu_m = C\,Re^m\,Pr^{0,31} \qquad (31)$$

für

$1 < Re < 400000, \quad 0,5 < Pr < 1000$

wobei C und m gemäß Tab. 3 nur jeweils in Intervallen der Re-Zahl konstant sind. Re bzw. Nu_m werden mit der Anströmgeschwindigkeit (gemessen in einiger Entfernung vor dem Rohr) und dem Rohraußendurchmesser gebildet.

Tab. 3. Konstanten in Gleichung (31) für verschiedene Intervalle der REYNOLDSschen Zahl *Re*

Re von	*Re* bis	*C*	*m*
1	4	0,990	0,330
4	40	0,912	0,385
40	4000	0,688	0,466
4000	40000	0,193	0,618
40000	400000	0,0266	0,805

Für querangeströmte Rohrbündel hängt α_m von der Art der Anordnung (z. B. fluchtend oder versetzt) sowie der Zahl der Rohre ab. Für Abschätzungen ist die Formel von ULSAMER brauchbar:

$$Nu_m = 0,27\,Re^{0,61}\,Pr^{0,33} \qquad (32)$$

für

$2000 < Re < 40000, \quad 0,5 < Pr < 500$

mit der Maximalgeschwindigkeit zwischen den Rohren (mittlere Geschwindigkeit im engsten Strömungsquerschnitt) als charakteristischer Geschwindigkeit und dem Rohraußendurchmesser als kennzeichnender Länge. (32) ergibt untere Grenzwerte.

Angeströmte Kugel: In Erweiterung einer Formel von MCADAMS gilt nach GRIGULL für den über die ganze Oberfläche gemittelten Wert

$$Nu = 0,37\,Re^{0,6}\,Pr^{0,33} \qquad (33)$$

für

$20 < Re < 150000$

Durchströmte Schüttschichten: (33) gibt auch für Schüttungen aus Kugeln und RASCHIG-Ringen Richtwerte, sofern die Partikelabmessungen über 3 mm liegen. Der Partikeldurchmesser ist die kennzeichnende Länge, die Anströmgeschwindigkeit im schüttgutfreien Raum die charakteristische Geschwindigkeit.

Blasen und Tropfen: Auf den Wärmeübergang an und von Blasen und Tropfen, bei denen die Phasengrenze variabel sein kann, sei hier nicht eingegangen. Durchweg ist der Stoffübergang an solchen Gebilden von größerem Interesse; aus den entsprechenden Untersuchungsergebnissen läßt sich dann durch Analogiebeziehungen auf den Wärmeübergang schließen. Das gilt insbes. auch für das technisch wichtigste Phänomen dieser Art, die Dampfblase.

4.2.2. Freie Konvektion des Fluids

Senkrechte Fläche: Für die über die Fläche gemittelten Werte gilt

$$Nu_m = 0,55\,(Gr \cdot Pr)^{0,24} \qquad (34)$$

für

$1700 < Gr \cdot Pr < 10^8$

und

$$Nu_m = 0,13\,(Gr \cdot Pr)^{0,33} \qquad (35)$$

für

$10^8 < Gr \cdot Pr$

mit der Flächenhöhe H als charakteristischer Länge. (34) und (35) lassen sich für ebene und gekrümmte Flächen (z. B. die Außenflächen senkrechter Kreiszylinder) verwenden.

Beispiel: Wärmeübergang von der 100°C heißen Wand einer freistehenden 10 m hohen Kolonne an die 20°C warme Umgebungsluft. Bezugstemperatur für die Stoffwerte ist das Temperaturmittel 60°C. Mit $\beta = 1/273\ \text{grd}^{-1}$ und $\nu = 1,95 \cdot 10^{-5}\ \text{m}^2\text{s}^{-1}$ erhält man

$$Gr \cdot Pr = \frac{\beta g \Delta T \cdot L^3}{\nu^2}\,Pr = \frac{9,81 \cdot 80 \cdot 10^3}{273 \cdot 3,8 \cdot 10^{-10}}\,0,71 = = 5 \cdot 10^{12}$$

und unter Verwendung von (35)

$$\alpha_m = \frac{\lambda}{H}\,0,13\,\sqrt[3]{5 \cdot 10^{12}} = \frac{0,0245}{10}\,0,13 \cdot 1,7 \cdot 10^4 = = 5,5\,\frac{\text{kcal}}{\text{m}^2\text{h grd}}$$

Das ist nur etwa ein Viertel des Werts im Beispiel S. 125.

Waagerechtes Rohr von Kreisquerschnitt: Nach MC ADAMS gilt

$$Nu_m = 0,53\,(Gr \cdot Pr)^{0,25} \qquad (36)$$

für

$1000 < Gr \cdot Pr < 10^9$

mit dem Außendurchmesser als charakteristischer Länge.

4.3. Gebrauchsformeln für mehrphasige Fluide

Hier sei nur der Übergang zwischen den als Quasikontinuum betrachteten Systemen und senkrechten festen Wänden (z. B. Behälterwandungen oder Wandungen senkrecht eingehängter Kühlrohre) betrachtet. Die Systeme können zweiphasig sein, z. B. mit Gas oder Flüssigkeit angeströmte Fließbetten, Tropfenschwärme in Flüssigkeiten oder Blasensäulen, sie können aber auch zusätzliche Phasen enthalten, etwa Festpartikel in den Flüssigkeiten.

Es liegt auf der Hand, daß sich allein die Zahl der zu berücksichtigenden Stoffwerte dadurch gegenüber homogenen Fluiden erheblich vermehrt, dazu kommen zusätzliche Maßstabsfaktoren. Hier bringt auch eine ähnlichkeitstheoretische Behandlung keine wesentliche Erleichterung, sofern es nicht gelingt, durch an die Erfahrung angepaßte Modelle die Zahl der Variablen drastisch zu reduzieren. Das geht aber durchweg auf Kosten der Genauigkeit, so daß die entsprechenden Beziehungen nur als Näherungsformeln anzusprechen sind. Praktisch ist man auf Meßwerte aus vergleichbaren Betriebseinrichtungen oder Technikumsanordnungen angewiesen.

Als Beispiel für eine allgemeine Beziehung mit Richtwertcharakter sei eine Formel von Dow und Jakob für gasdurchströmte kreiszylindrische Fließbetten gegeben, in die eingehen

die Fließbettabmessungen: Durchmesser D, Höhe H,

die Festgutdaten: mittlerer Partikeldurchmesser d, Dichte ϱ_F, spezifische Wärme c_F,

die Gasdaten: Dichte ϱ_G, spezifische Wärme $c_G (c_p)$, kinematische Viskosität ν, Wärmeleitfähigkeitskoeffizient λ,

die Strömungsdaten: mittlere Strömungsgeschwindigkeit u im Leerzylinder (etwa unterhalb des Verteilerbodens), relativer Feststoffgehalt ε des Fließbetts (Partikelvolumen zu Fließbettvolumen).

Sie lautet

$$\frac{\alpha D}{\lambda} = 0{,}55 \left(\frac{D}{H}\right)^{0{,}65} \left(\frac{D}{d}\right)^{0{,}17} \times \times \left(\frac{\varepsilon}{1-\varepsilon} \cdot \frac{\varrho_F}{\varrho_G} \cdot \frac{c_F}{c_G}\right)^{0{,}35} \left(\frac{D \cdot u}{\nu}\right)^{0{,}8} \tag{37}$$

Die Anwendung dieser Formel setzt somit noch die Kenntnis der Funktion $\varepsilon = f(u)$ für das betrachtete Fließbett voraus.

5. Wärmeübergang bei Zustandsänderung

5.1. Verdampfung durch indirekte Wärmezufuhr

Die im vorangegangenen Abschnitt geschilderten Schwierigkeiten einer Erfassung des Wärmeübergangs bei Mehrphasensystemen gelten auch für die Verdampfung, sie werden sogar noch verstärkt durch den erheblichen Einfluß der Oberflächenbeschaffenheit der festen Wand, durch welche die Verdampfungswärme der Flüssigkeit zugeführt wird. Hier seien deshalb nur die wesentlichen Erscheinungen wiedergegeben, wobei angenommen werden soll, daß die Flüssigkeit bereits Siedetemperatur T_s hat.

Wird zunächst die Temperatur T_w der Fläche um wenige Grade über T_s erhöht, findet nur an der freien Oberfläche der Flüssigkeit eine Verdampfung statt, der entstandene Wärmeverlust (Verdampfungswärme) wird durch Wärmeübergang aufgrund freier Konvektion gedeckt. Von einer höheren Temperatur an, die stark von der Beschaffenheit der Heizfläche abhängt, beginnt dann eine Dampfblasenbildung an einzelnen Stellen der Fläche. Diese Blasen wachsen an der Fläche bis zu einer solchen Größe, daß der Auftrieb sowie die Konvektion der Flüssigkeit die Haftkraft überwinden, dann lösen sie sich und steigen bis zur Flüssigkeitsoberfläche auf, wo sie zerplatzen. Da die Flüssigkeit im Innern durchweg eine um einige Zehntel Grad über T_s liegende Temperatur aufweist, verdampft an der Wandung der aufsteigenden Blase weitere Flüssigkeit in diese hinein. Die Blasenfolge an den Bildungsstellen wird zunächst bei wachsender Temperatur dichter, bis eine Grenzfrequenz erreicht ist, bei der sich die Blasen unmittelbar folgen; eine weitere Erhöhung des Wärmestroms durch die Wand kann von der Flüssigkeit nur durch Wachsen der Zahl der Bildungsstellen aufgenommen werden. Die Durchmischung der Flüssigkeitswandzone, in der T_w auf T_s abfällt, und die somit für die Größe von α nach (22a) maßgebend ist, wird dabei immer stärker, was zu einem Abbau der mittleren Zonendicke und damit zu einem Anstieg von α führt. Andererseits kann die der Flüssigleit so zugeführte zusätzliche Wärme wegen der vergrößerten Phasengrenzfläche (Summe der Wandflächen aller Blasen) voll zur Verdampfung ausgenutzt werden, ohne daß die Flüssigkeitstemperatur ansteigt. Dieser Bereich von $(T_w - T_s)$ wird als Bereich der Blasenverdampfung bezeichnet.

Die Erhöhung der Zahl der Bildungsstellen mit wachsendem $(T_w - T_s)$ hat ein Ende, wenn die Blasen so dicht nebeneinander entstehen, daß sie zusammenlaufen. Es kommt zur Bildung einzelner, mit einer Dampfschicht überdeckter Flächenbereiche, deren Ort und Ausdehnung wechseln kann. Diese teilweise Trennung von Heizfläche und Flüssigkeit durch eine Dampfschicht mit gegenüber der Flüssigkeit wesentlich geringerer Wärmeleitung führt zu einem Absinken von α mit wachsendem $(T_w - T_s)$, bis schließlich praktisch die gesamte Fläche von einem Dampffilm überzogen ist. Ein weiteres Steigern von $(T_w - T_s)$ läßt dann α etwa konstant. In diesem Stadium beginnt häufig die Wärmestrahlung von der Heizfläche zur Flüssigkeit wirksam zu werden, was schließlich wieder zu einem Anstieg von α führt. Der auf das Maximum von α folgende Bereich sinkender Wärmeübergangskoeffizienten wird als Bereich der instabilen Filmverdampfung (oder auch als Übergangsbereich) bezeichnet, das sich anschließende Gebiet als das der stabilen Filmverdampfung. Es ist praktisch dadurch begrenzt, daß jedes Wandmaterial bei einer bestimmten Temperatur zerstört wird (Durchbrennen, burn out).

Die beschriebenen Verhältnisse veranschaulicht Abb. 7 an einem Beispiel. Auch die Heizflächenbelastung $\dot{q} = \dot{Q}/F$ ist dort eingezeichnet, die aufgrund der Beziehung

$$\dot{q} = \alpha(T_w - T_s) \tag{21a}$$

stärker mit $(T_w - T_s)$ wächst als α. Die Extrema ihres Verlaufs werden meistens zur Abgrenzung der geschilderten Bereiche benutzt, wie Abb. 7 zeigt.

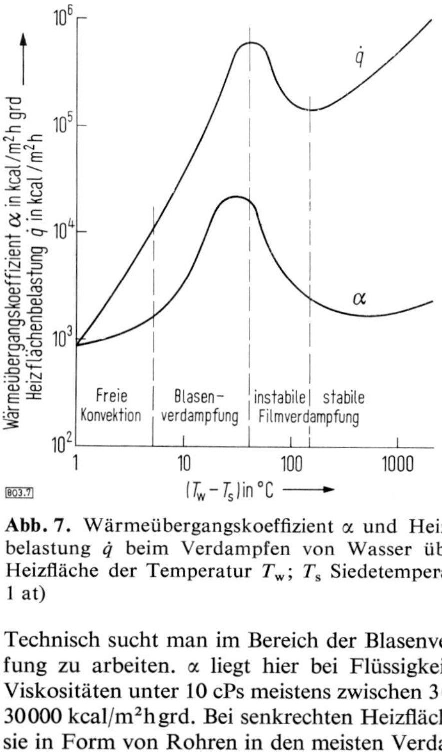

Abb. 7. Wärmeübergangskoeffizient α und Heizflächenbelastung $\dot{q}$ beim Verdampfen von Wasser über einer Heizfläche der Temperatur T_w; T_s Siedetemperatur (bei 1 at)

Technisch sucht man im Bereich der Blasenverdampfung zu arbeiten. α liegt hier bei Flüssigkeiten mit Viskositäten unter 10 cPs meistens zwischen 3000 und 30000 kcal/m²h grd. Bei senkrechten Heizflächen, wie sie in Form von Rohren in den meisten Verdampfern vorliegen, ist einmal zu beachten, daß Blasen vorwiegend an den oberen Teilen der beheizten Flächen entstehen, da nach unten wegen des hydrostatischen Drucks der Flüssigkeit T_s zunimmt und deshalb $(T_w - T_s)$ (bei konstantem T_w) abnimmt, zum andern, daß die Blasen nach dem Mammutpumpenprinzip einen Umlauf der Flüssigkeit bewirken (entsprechende Rücklaufmöglichkeit vorausgesetzt). Umpumpen der Flüssigkeit („Zwangsumlauf") läßt α über die beim freien Umlauf erreichten Werte wachsen.

5.2. Kondensation

Kommt Dampf oder ein Dampf-Gas-Gemisch mit einer Fläche in Berührung, deren Temperatur T_w unter der Temperatur T_s des Dampfes liegt, kondensiert dieser an der Fläche, wobei die Kondensationswärme durch die Fläche abgeführt werden muß. Die Geschwindigkeit dieses Vorgangs und damit der Wärmeübergangskoeffizient α wird bei reinen Dämpfen durch den Wärmetransport von der Flüssigkeitsoberfläche der kondensierten Substanz durch diese hindurch an die Grenzfläche bestimmt. Bei einer Dampf-Gas-Mischung muß der Dampf zunächst durch eine gasreiche Schicht an die Flüssigkeitsoberfläche gelangen, was als geschwindigkeitsbestimmender Schritt den Gesamtprozeß stark verlangsamt. Selbst bei geringem Inertgasgehalt (Größenordnung 1 %) geht deshalb der α-Wert stark zurück.

Nach Art der Flüssigkeitsablagerung werden „Tropfen"- und „Filmkondensation" unterschieden. Welche Erscheinungsform sich einstellt, hängt von den Grenzflächenkräften im jeweiligen Drei-Phasen-System ab. Die α-Werte liegen bei Tropfenkondensation erheblich höher als bei Filmkondensation, technisch bereitet es jedoch Schwierigkeiten, diese Art der Kondensation zu erreichen bzw. aufrechtzuerhalten. Man rechnet deshalb in der Praxis mit den Werten für die Filmkondensation. Hierfür seien einige Beziehungen für inertgasfreien Sattdampf bei Fehlen einer erzwungenen Konvektion mitgeteilt, die Richtwertcharakter besitzen:

Senkrechte Rohre oder Platten. α ist lokal verschieden, da die Dicke des ablaufenden Flüssigkeitsfilms von oben nach unten zunimmt, so daß α nach (22a) abnimmt. Für den über die ganze Fläche gemittelten Wert ergibt sich nach Nusselt

$$\alpha_m = 0{,}725 \left(\frac{\lambda^3 \varrho g r}{\nu D (T_s - T_w)} \right)^{0{,}25} \tag{38}$$

wo λ, ϱ und ν (kinematische Viskosität) Stoffwerte des Kondensats sind, g ist die Schwerebeschleunigung, r die Verdampfungsenthalpie und D der äußere Rohrdurchmesser. Diese Beziehung darf auch auf Rohrbündel mit übereinander angeordneten Rohren angewandt werden.

Auftreten eines turbulenten Flüssigkeitsfilmes. Der ablaufende, zunächst laminare Flüssigkeitsfilm wird bei einer kritischen *Re*-Zahl, falls eine bestimmte Höhe H der Taufläche und damit Dicke des Films überschritten wird, turbulent, wie es Abb. 8 veranschaulicht. Im Laminar-

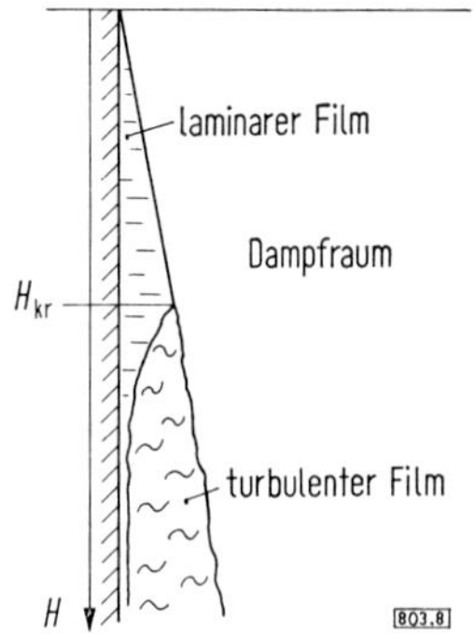

Abb. 8. Ablaufender Kondensatfilm mit Umschlag vom laminaren in den turbulenten Strömungszustand bei der Höhe $H = H_{kr}$

bereich fällt α und damit α_m mit wachsendem H wegen der zunehmenden Filmdicke. Nach NUSSELT ist

$$\alpha_m = 0{,}943 \left(\frac{\lambda^3 \varrho g r}{\nu H (T_s - T_w)} \right)^{0,25} \tag{39}$$

Der Umschlag zur Turbulenz liegt bei etwa $Re = 350$. Drückt man Re durch Größen (39) aus, so gilt für die kritische Höhe

$$H_{kr} = 2680 \frac{\varrho r}{\lambda (T_s - T_w)} \left(\frac{\nu^5}{g} \right)^{0,33} \tag{40}$$

Bei $H > H_{kr}$ kann das über die ganze Höhe, also auch den laminaren Teil gemittelte α_m durch

$$\alpha_m = 0{,}3 \cdot 10^{-2} \left(\frac{\lambda^3 g (T_s - T_w) H}{\varrho \nu^3 r} \right)^{0,5} \tag{41}$$

wiedergegeben werden. α_m wächst also mit H. Das ist auf den mit der Filmdicke stärker als linear wachsenden Koeffizienten A für turbulenten Austausch („Strömungslehre", Abschn. 4.2, Gl. 59) zurückzuführen.

Beispiel: Kondensation von Wasserdampf an einem senkrechten Rohr für $T_s = 100\,°C$ (Sättigungsdruck 1 at) und $T_s = 150\,°C$ (Sättigungsdruck 5 at), T_w jeweils 10°C unterhalb T_s, also $(T_s - T_w) = 10\,°C$. Abb. 9 zeigt das Ergebnis der Anwendung der Gln. (39), (40) und (41). Die Sprünge von α_m bei den kritischen Höhen werden durch das Umschlagen des untersten Teils des vorher laminaren Films in den turbulenten Zustand verursacht.

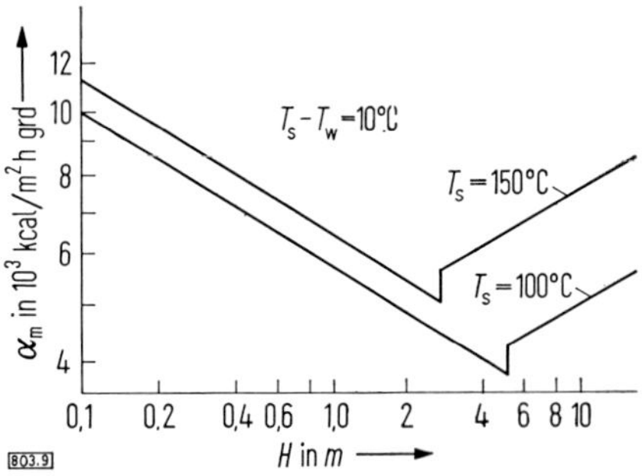

Abb. 9. Gemittelter Wärmeübergangskoeffizient α_m für die Sattdampfkondensation von Wasserdampf an senkrechten Flächen bei 100°C (1 at) und 150°C (5 at) in Abhängigkeit von der Flächenhöhe H

Wie in diesem Beispiel liegen auch bei anderen Dämpfen (mit Kondensatviskositäten unter 3 cPs) die α_m-Werte meistens zwischen 4000 und 10000 kcal/m²h grd. Einen Anhalt für den Inertgaseinfluß liefert folgende Angabe: 1% Luftgehalt im Dampf setzt die α_m-Werte auf etwa 40% der Reindampfwerte herab.

6. Wärmedurchgang

In der Verfahrenstechnik ist die Wärmeübertragung von einem Fluid durch eine Festwandung hindurch an ein anderes Fluid von besonderer Bedeutung. Man bezeichnet diesen Vorgang als Wärmedurchgang. Er setzt sich zusammen aus zwei Wärmeübergängen und der Wärmeleitung durch eine homogene oder zusammengesetzte Schicht, wobei in der Praxis vor allem stationäre Vorgänge interessieren (Abb. 10).

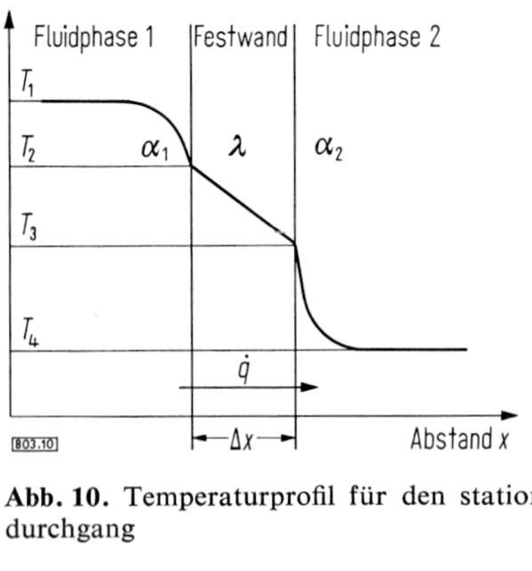

Abb. 10. Temperaturprofil für den stationären Wärmedurchgang

Für eine homogene ebene Schicht gilt mit den Bezeichnungen der Abb. 10

$$\dot q = \alpha_1 (T_1 - T_2) \quad \text{oder} \quad \frac{1}{\alpha_1} \dot q = T_1 - T_2$$

$$\dot q = \frac{\lambda}{\Delta x} (T_2 - T_3) \quad \text{oder} \quad \frac{\Delta x}{\lambda} \dot q = T_2 - T_3$$

$$\dot q = \alpha_2 (T_3 - T_4) \quad \text{oder} \quad \frac{1}{\alpha_2} \dot q = T_3 - T_4$$

Addition des rechten Gleichungssystems führt für den stationären Fall zu

$$\dot q = \frac{1}{\frac{1}{\alpha_1} + \frac{\Delta x}{\lambda} + \frac{1}{\alpha_2}} (T_1 - T_4) \tag{42a}$$

oder

$$\dot q = k (T_1 - T_4) \tag{42b}$$

mit dem Wärmedurchgangskoeffizienten k, der somit durch

$$\frac{1}{k} = \frac{1}{\alpha_1} + \frac{\Delta x}{\lambda} + \frac{1}{\alpha_2} \tag{43}$$

definiert ist (PÉCLETsche Gleichung). Die Analogie von (42a) mit (6) ist offensichtlich. Erweiterung auf den Fall der zusammengesetzten Festwand führt zu:

$$\frac{1}{k} = \frac{1}{\alpha_1} + \sum_{\nu} \frac{\Delta x_\nu}{\lambda_\nu} + \frac{1}{\alpha_2} \qquad (43\,a)$$

$\frac{1}{k}$ und $\frac{1}{\alpha}$ können als (spezifischer) Wärmedurchgangs- bzw. Wärmeübergangswiderstand bezeichnet werden.

(43) bzw. (43 a) geben darüber Aufschluß, welche Teilvorgänge den Durchgangswiderstand bestimmen und welche Maßnahmen zu seiner Herabsetzung sinnvoll sind.

Beispiel: Aufwärmung kalkhaltigen Wassers in einem Wärmetauscher aus Stahl durch Sattdampf von 1 at. Die Rohre haben 3 mm Wandstärke, es werde mit einer mittleren Kesselsteinschicht von 2 mm gerechnet. Der (spezifische) Wärmeleitwiderstand der Festschicht mit $\lambda_{\text{Kess.}} = 1$ und $\lambda_{\text{Stahl}} = 39$ beträgt $0{,}002/1 + 0{,}003/39 = 20{,}8 \cdot 10^{-4}$ h grd/kcal. Bei $\alpha_1 = 2000$ kcal/h m² grd auf der Wasserseite und $\alpha_2 = 5000$ kcal/h m² grd auf der Dampfseite beträgt die Summe der Wärmeübergangswiderstände $1/(2 \cdot 10^3) + 1/(5 \cdot 10^3) = 7 \cdot 10^{-4}$ h grd/kcal. Daraus geht hervor, daß Maßnahmen zur Erhöhung der α-Werte wesentlich weniger wirksam sind als Maßnahmen zur Herabsetzung der Ablagerungen bzw. häufiges Entfernen der Kesselsteinschicht.

Für nichtebene Anordnungen läßt sich k ähnlich berechnen wie der Wärmeleitwiderstand mehrschichtiger Gebilde (Abschn. 2.2, S. 121). Für ein Kreisrohr mit äußerem Radius R_A und innerem Radius R_I gilt z. B. bei einer äußeren Wärmeübergangszahl α_A und einer inneren α_I

$$\frac{1}{k} = \frac{R_A}{R_I}\,\frac{1}{\alpha_I} + \frac{R_A}{\lambda} \ln \frac{R_A}{R_I} + \frac{1}{\alpha_A} \qquad (44)$$

wobei die Außenfläche des Rohrs als Bezugsfläche angesetzt ist.

7. Literatur

Gründlichste deutschsprachige Lehrbuchdarstellung:

[1] GROEBER/ERK – U. GRIGULL: Die Grundgesetze der Wärmeübertragung, 3. Aufl., Springer, Berlin 1961.

Umfangreichste deutschsprachige Arbeitsunterlage für praktische Rechnungen:

[2] VDI-Wärmeatlas, VDI-Verlag, Düsseldorf 1963.

Weitere Lehrbücher mit dem Schwerpunkt Wärmeübertragung:

[3] C. O. BENNET u. I. E. MYERS: Momentum, Heat and Mass Transfer, McGraw-Hill, New York 1962.

[4] E. ECKERT: Wärme- und Stoffaustausch, 3. Aufl., Springer, Berlin 1966.

[5] R. GREGORIG: Wärmeaustauscher, Sauerländer & Co., Aarau 1959.

[6] H. HAUSEN: Wärmeübertragung im Gegenstrom, Gleichstrom und Kreuzstrom, Springer, Berlin 1950.

[7] M. A. MICHEJEW: Grundlagen der Wärmeübertragung, Verlag Technik, Berlin 1962.

[8] B. S. PETUCHOW: Experimentelle Untersuchung der Wärmeübertragung, Verlag Technik, Berlin 1958.

[9] Z. RANT: Verdampfen in Theorie und Praxis, Steinkopff, Dresden 1959.

[10] A. SCHACK: Der industrielle Wärmeübergang, 4. Aufl., Verlag Stahleisen, Düsseldorf 1953.

Darstellungen, die innerhalb eines größeren Rahmens auch die Wärmeübertragung ausführlich behandeln:

[11] W. BRÖTZ: Grundriß der chemischen Reaktionstechnik, Verlag Chemie, Weinheim 1958.

[12] G. G. BROWN u. Mitarb.: Unit Operations, Wiley-Chapman-Hall, London 1950.

[13] J. M. COULSON, J. F. RICHARDSON: Chemical Engineering, Pergamon, Oxford, Bd. 1: Neuherausgabe 1964, Bd. 2: 5. Aufl. 1962.

[14] A. G. KASSATKIN: Chemische Verfahrenstechnik, 4. Aufl., Verlag Technik, Berlin 1962.

Diffusion und Stoffübergang

Dr.-Ing. Gerhard Luft, Institut für Chemische Technologie der Technischen Hochschule Darmstadt

Diffusion und Stoffübergang

Dr.-Ing. GERHARD LUFT, Institut für Chemische Technologie der Technischen Hochschule Darmstadt

1. Grundlagen der Diffusion . . . 134
1.1. Allgemeine Gesetze . . . 135
1.1.1. Diffusionsstrom . . . 135
1.1.2. Diffusion und Konvektion . . . 138
1.1.3. Diffusion und chemische Reaktion . . . 139
1.2. Lösung der Transportgleichungen . . . 139
1.2.1. Ruhende Systeme . . . 140
1.2.2. Bewegte Systeme . . . 142
1.2.3. Reagierende Systeme . . . 143
1.3. Ermittlung von Diffusionskoeffizienten . . . 145
1.3.1. Meßverfahren . . . 145
1.3.2. Theoretische Berechnung . . . 149

2. Gesetzmäßigkeiten des Stoffübergangs . . . 150
2.1. Vorstellungen über den Mechanismus des Stoffübergangs . . . 150
2.1.1. Unbewegte oder laminar strömende Phasen . 151
2.1.2. Turbulent strömende Phasen . . . 152
2.1.3. Umfassendere Modelle . . . 154
2.2. Erfassung des Stoffübergangs durch Kenngrößengleichungen . . . 154
2.2.1. Dimensionslose Kenngrößen . . . 154
2.2.2. Kenngrößengleichungen . . . 155
2.3. Messung von Stoffübergangszahlen . . . 156

3. Zur Analogie zwischen Wärme- und Stofftransport . . . 158
3.1. Transport innerhalb einer Phase . . . 158
3.2. Transport über Grenzflächen . . . 158

4. Literatur . . . 159

1. Fundamentals of Diffusion . . . 134
1.1. General Laws . . . 135
1.1.1. Diffusional Flow . . . 135
1.1.2. Diffusion and Convection . . . 138
1.1.3. Diffusion and Chemical Reaction . . . 139
1.2. Solution of Transport Equations . . . 139
1.2.1. Stationary Systems . . . 140
1.2.2. Flow Systems . . . 142
1.2.3. Reacting Systems . . . 143
1.3. Determination of Diffusion Coefficients . . . 145
1.3.1. Methods of Measurement . . . 145
1.3.2. Theoretical Calculation . . . 149

2. Mathematical Interrelationships of Mass Transfer 150
2.1. Mechanism of Mass Transfer . . . 150
2.1.1. Stationary Phases or Phases in Laminar Flow 151
2.1.2. Phases in Turbulent Flow . . . 152
2.1.3. Comprehensive Models . . . 154
2.2. Description of Mass Transfer by Dimensionless Equations . . . 154
2.2.1. Dimensionless Quantities . . . 154
2.2.2. Characeristic Equations . . . 155
2.3. Measurement of Mass Transfer Numbers . . . 156

3. Analogy between Heat and Mass Transport . . 158
3.1. Transport within one Phase . . . 158
3.2. Interphase Transport . . . 158

4. Literature . . . 159

Symbolliste

(Einige Symbole haben daneben noch andere Bedeutungen, die an den betreffenden Textstellen erläutert werden.)

a Temperaturleitzahl [m²/h]
a spez. Austauschfläche [m²/m³]
b Beschleunigung [m/h²]
c Konzentration [kmol/m³]
  c_{1a} Konzentration an der Phasengrenzfläche beim Stoffübergang
  c_{1e} Konzentration im Phaseninnern beim Stoffübergang
  c_i chemische Gleichgewichtskonzentration
c_P spez. Wärme bei konstantem Druck [kcal/kg · grd][1]
C_s SUTHERLAND-Konstante [°K]
d Durchmesser [m]
D Diffusionskoeffizient [m²/h]
  D Selbstdiffusionskoeffizient
  D_a turbulenter Diffusionskoeffizient
  D_i Koeffizient im Mehrkomponentensystem
  D_{12} binärer Diffusionskoeffizient
  D_T Thermodiffusionskoeffizient
  D_0 Koeffizient bei der Temperatur T_0
E_D Diffusionsaktivierungsenergie [kcal/kmol][1]
f Aktivitätskoeffizient [—]
g Erdbeschleunigung [m/h²]
G Stoffmenge [kmol]
H HENRY'sche Konstante [kmol/kcal][1]
ΔH_R Reaktionsenthalpie [kcal/kg][1]
k Geschwindigkeitskonstante [h⁻¹]
k Stoffdurchgangszahl, totale Stoffübergangszahl [m/h]
k_B BOLTZMANN-Konstante [kcal/°K][1]
k_T Thermodiffusionsverhältnis [—]
L Länge [m]
M Molekulargewicht [kg/kmol]
n Anzahl der Mole je m³ [m⁻³]
$\dot{n}$ Stoffstromdichte infolge Diffusion und Konvektion [kmol/m² h]
p Druck [kp/m²][2], [atm]
  p Gesamtdruck
  p_i Partialdruck
  p_c Druck am kritischen Punkt
$\dot{q}$ Energiestromdichte infolge Leitung, Strahlung usw. [m kp/m² h][2], [kcal/m² h][1]
r Reaktionsgeschwindigkeit [kmol/m³ h]
R Gaskonstante [m kp/kmol °K][2], [kcal/kmol °K][1]
s SORET-Koeffizient [°K⁻¹]

t Zeit [h]
T Temperatur [°K]
u Strömungsgeschwindigkeit [m/h]
$\bar{u}$ mittlere Geschwindigkeit der Moleküle [m/h]
U Innere Energie [mkp/kg][2)]
v_i Atomvolumen
$\dot{v}$ Volumenstromdichte [m^3/m^2 h]
$\dot{V}$ Volumenstrom [m^3/h]
x Molenbruch
α Wärmeübergangszahl [kcal/m^2 h grd][1)]
α_T Thermodiffusionskonstante [—]
β Stoffübergangszahl, partielle [m/h]
β_1, β_2 partielle Stoffübergangszahl beim Transport an die Phasengrenze
β'_r partielle Stoffübergangszahl beim Transport über die Phasengrenzfläche
ε Parameter des LENNARD-JONES-Potentials [kcal][1)]
η dynamische Viskosität [kg h/m^2]
η_0 dynamische Viskosität beim Druck p_0
ζ Ausdehnungskoeffizient, der konzentrationsbedingte Dichteänderungen berücksichtigt [—]
Θ Reduzierte Zeit [—]
λ Wärmeleitfähigkeit [kcal/m · h · grd]*)
λ mittlere freie Weglänge [Å]
μ Chemisches Potential [kcal/kmol]*)
μ_0 chemisches Potential der reinen Komponente
ν Anzahl der Komponenten [—]
ν kinematische Viskosität [m^2/h]
ϱ Dichte [kg/m^3]
σ Oberflächenspannung [kp/m]**)
σ gaskinetisch wirksamer Moleküldurchmesser [Å]
τ Verweilzeit [h]
τ Scherspannung [kp/m^2]**)
Φ Stoffstromdichte infolge Diffusion [kmol/m^2 h]
Ψ Verweilzeitdichtefunktion [h^{-1}]

---

* $\frac{1 \text{ cal}}{4{,}1868} = 1 \text{ J}$

** $\frac{1 \text{ kp}}{9{,}807} = 1 \text{ N}$

Diffusion und Stoffübergang sind Transportvorgänge, die in fast allen Bereichen der technischen Chemie eine wichtige Rolle spielen. So wird die Geschwindigkeit einer chemischen Reaktion, insbes. einer schnell verlaufenden, oft vom Stofftransport zu und von einer Phasengrenzfläche oder in den Poren von Katalysatorkörnern kontrolliert. Stofftransport in Form von Rückvermischung bereits umgesetzter mit noch nicht umgesetzten Reaktanden beeinflußt den in einem Reaktionsapparat erzielbaren chemischen Umsatz mitunter stark. Bei elektrochemischen Prozessen ist der Stofftransport in vielen Fällen, z. B. bei der Korrosion, der begrenzende Faktor. Durch Stofftransportvorgänge weitgehend bestimmt werden vor allem auch die Stoffvereinigungs- (Vermischung, Auflösung) und die Stofftrennprozesse (Absorption, Adsorption, Verdampfung, Trocknung usw.).

Die Untersuchung der Stofftransportvorgänge ist eine wesentliche Voraussetzung für die Berechnung der genannten Prozesse und für die Übertragung von Meßdaten aus Laboratoriumsversuchen auf technische Anlagen. Insbes. müssen die am Stofftransport beteiligten Einzelschritte, zu denen neben der Diffusion auch makroskopische, durch freie und erzwungene Konvektion verursachte Vermischungsvorgänge gehören, identifiziert und formelmäßig erfaßt werden.

1. Grundlagen der Diffusion

Den Vorgang der Diffusion kann man experimentell gut veranschaulichen, wenn man z. B. eine farbige Lösung vorsichtig mit reinem Lösungsmittel überschichtet, so daß keine Vermischung durch Konvektion stattfindet. Zunächst ist die Grenze zwischen den beiden Flüssigkeitsschichten noch scharf ausgeprägt. Allmählich verwischt sie, das reine Lösungsmittel färbt sich, während die Farbintensität der Lösung nachläßt. Nach einiger Zeit erscheint dann die gesamte Flüssigkeit gleichmäßig gefärbt. Es muß also ein spontaner Transport des gelösten Stoffes von dem Bereich höherer zu niedrigerer Konzentration erfolgt sein. Man sagt, die Moleküle des gelösten Stoffes sind in das reine Lösungsmittel diffundiert. Ein ähnlicher Vorgang läßt sich in einem vertikalen, mit einer Salzlösung gefüllten Rohr beobachten, wenn zwischen beiden Rohrenden größere Temperaturunterschiede bestehen. Das gelöste Salz wandert in den Bereich tieferer Temperaturen und kristallisiert dort einige Stunden nach Versuchsbeginn aus.

Der beschriebene, offensichtlich molekulare Stofftransportvorgang kann nicht nur in flüssigen, sondern auch in gasförmigen und festen Medien sowie an deren Grenzflächen auftreten. Neben Konzentrationsbzw. Partialdruck- und Temperaturdifferenzen wirken in homogenen Mischungen auch Gravitationskräfte sowie Druckgradienten, wie sie sich mit Hilfe von Zentrifugen erzeugen lassen; in Ionensystemen können Feldstärkeunterschiede als Triebkräfte auftreten.

Ganz allgemein faßt man unter dem Begriff Diffusion alle Bewegungsvorgänge zusammen, bei denen Moleküle aufgrund von Potentialunterschieden in einem System wandern. Widerstände gegen diese Bewegung werden durch den Zusammenstoß verschiedenartiger Moleküle verursacht. Dadurch unterscheidet sich die Diffusion vom Stofftransport infolge Strömung, bei welcher das Medium als ganzes bewegt wird und Widerstände durch den Impulsaustausch zwischen verschieden schnell bewegten Schichten entstehen. Diffusion und Strömung lassen sich nicht mehr unterscheiden bei der sog. KNUDSENschen Molekularbewegung, bei welcher sich Moleküle in engen Räumen, z. B. in feinporigen Stoffen bewegen, deren Abmessungen klein gegenüber der freien Weglänge sind (freie

Weglänge/Porendurchmesser > 100), so daß der Energie- und Impulsaustausch der Moleküle untereinander nicht mehr entscheidend ist.

1.1. Allgemeine Gesetze

Bei der formelmäßigen Erfassung des Stofftransports muß man in Betracht ziehen, daß die Diffusion innerhalb einer Phase oft durch Strömungseffekte überlagert wird. Strömung kann in einem System schon dadurch entstehen, daß die verschiedenen Komponenten nicht äquimolekular gegeneinander diffundieren. Für eine umfassende Betrachtung soll deshalb von der grundlegenden Bilanzbeziehung über die Erhaltung der Masse ausgegangen werden, die beide Transportmechanismen berücksichtigt.

1.1.1. Diffusionsstrom

Ein kleines Volumenelement eines aus ν Komponenten bestehenden Systems soll der Einfachheit halber durch einen Würfel mit den Seitenlängen Δx, Δy und Δz gegeben sein (Abb. 1 – 1). Die Masse des Volumen-

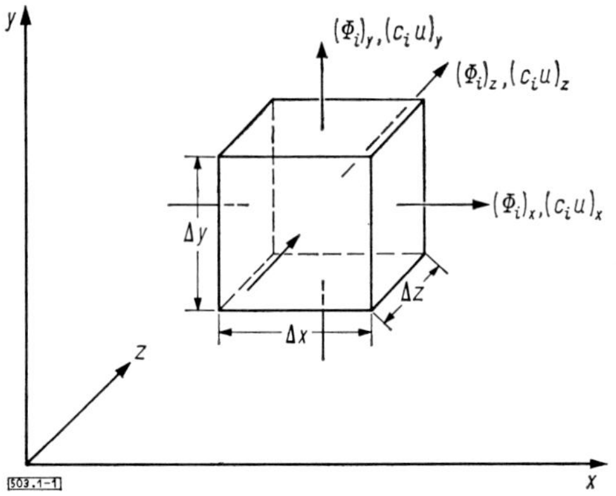

Abb. 1 – 1. Zur Ableitung der Bilanzbeziehungen. Die Strömungsgeschwindigkeit u wird erst in Gl. (1-23) berücksichtigt

elements ist $c \cdot \Delta x \cdot \Delta y \cdot \Delta z$, wenn mit c die Konzentration des Systems bezeichnet wird (die Technik bevorzugt als Konzentrationsmaß Masse/Volumen gegenüber Mole/Volumen). Sie kann sich zeitlich durch den diffusionsbedingten Massentransport in das Volumenelement und aus diesem heraus ändern. Dies wird ersichtlich, wenn man den Diffusionsstrom Φ, ausgedrückt in Molen (oder Masseneinheiten) pro Zeiteinheit und pro Flächeneinheit, in x-Richtung an der Stelle x und $x + \Delta x$, in y-Richtung an y und $y + \Delta y$ sowie in z-Richtung an z und $z + \Delta z$ für jede der ν Komponenten des Systems vergleicht. Der Diffusionsstrom der Komponente i in x-Richtung durch die Flächen $\Delta y \cdot \Delta z$ des betrachteten Volumenelements bewirkt eine Massenänderung von

$$\frac{\partial c_i}{\partial t} \Delta x \, \Delta y \, \Delta z = \Phi_{i(x)} \, \Delta y \, \Delta z - \Phi_{i(x+\Delta x)} \, \Delta y \, \Delta z \qquad i = 1 \ldots \nu \qquad (1-1)$$

Division dieser Gleichung durch das Volumen $\Delta x \cdot \Delta y \cdot \Delta z$ und der Grenzübergang $\Delta x \to 0$ liefert mit

$$\Phi_{i(x+\Delta x)} = \Phi_{i(x)} + \frac{\partial \Phi_i}{\partial x} \Delta x$$

die Konzentrationsänderung durch Diffusion in x-Richtung:

$$\frac{\partial c_i}{\partial t} = - \frac{\partial \Phi_i}{\partial x} \qquad (1-2)$$

Bei Diffusion in willkürlicher Richtung müssen zu Gl. (1 – 2) zwei entsprechende Ausdrücke für die y- und die z-Koordinate addiert werden

$$\frac{\partial c_i}{\partial t} = - \left(\frac{\partial \Phi_i}{\partial x} + \frac{\partial \Phi_i}{\partial y} + \frac{\partial \Phi_i}{\partial z} \right)$$

Die Gleichung verknüpft die zeitliche Konzentrationsänderung mit den Gradienten des Diffusionsstroms. Sie läßt sich unter Verwendung des LAPLACE Operators

$$\nabla = \frac{\partial}{\partial x} + \frac{\partial}{\partial y} + \frac{\partial}{\partial z}$$

noch etwas einfacher schreiben

$$\frac{\partial c_i}{\partial t} = - \nabla \Phi_i \qquad (1-3)$$

Der Diffusionsstrom selbst kann durch unterschiedliche Triebkräfte verursacht werden. Die Größe Φ_i setzt sich demgemäß aus verschiedenen Anteilen zusammen, die aus dem Stofftransport durch gewöhnliche Diffusion $\Phi_{i,c}$, Thermodiffusion $\Phi_{i,T}$, Druckdiffusion $\Phi_{i,p}$ oder durch äußere Kräfte (Gravitation, elektrische und magnetische Felder usw.) erzwungene Diffusion $\Phi_{i,b}$ resultieren:

$$\Phi_i = \Phi_{i,c} + \Phi_{i,T} + \Phi_{i,p} + \Phi_{i,b} \qquad (1-4)$$

Gewöhnliche Diffusion. Von gewöhnlicher Diffusion spricht man, wenn die treibenden Kräfte Konzentrations- oder Partialdruckunterschiede sind. Der durch sie hervorgerufene Stoffstrom hängt in komplexer Weise vom chemischen Potential und von den Konzentrationsgradienten sämtlicher Komponenten ab und läßt sich phänomenologisch durch den Ausdruck

$$\Phi_{i,c} = \frac{c}{RT} \sum_{j=1}^{\nu} D_{ij} \left[x_j \sum_{\substack{k=1 \\ k \neq j}}^{\nu} \left(\frac{\partial \mu_j}{\partial x_k} \right)_{T,p,x} \nabla x_k \right] \qquad (1-5)$$

erfassen. Hierin sind μ_j die chemischen Potentiale, x_j die Molenbrüche und D_{ij} die Diffusionskoeffizienten im Mehrkomponentensystem. Die Diffusionskoeffizienten sind nicht unabhängig voneinander; definitionsgemäß ist $D_{ii} = 0$ und für $\nu > 2$ ist $D_{ij} \neq D_{ji}$.

In einem Dreikomponentensystem ($\nu = 3$) z. B. wird der Diffusionsstrom $\Phi_{1,c}$ der Komponente 1 durch die Diffusionskoeffizienten D_{12} und D_{13} bestimmt, der Diffusionsstrom $\Phi_{2,c}$ analog durch D_{21} und D_{23}, der Diffusionsstrom Φ_{3c} durch D_{31} und D_{13}. Die Koeffizienten D_{12} und D_{21} sind ebenso wie D_{23} und D_{32}, D_{31} und D_{13} nicht gleich und unterscheiden sich auch von den entsprechenden Größen eines Zweikomponentensystems ($\nu = 2$). Es wurde z. B. folgende Beziehung zwischen den Diffusionskoeffizienten eines Zwei- und eines Dreikomponentensystems gefunden:

$$D_{12}\big|_{\nu=2} = D_{12}\left[1 + \frac{x_3\,[(M_3/M_2)\,D_{13} - D_{12}]}{x_1 D_{23} + x_2 D_{13} + x_3 D_{12}}\right]_{\nu=3}$$

Die Koeffizienten D_{11}, D_{22} und D_{33} sind gleich null.

Für binäre Gemische geht Gl. (1 – 5) über in

$$\Phi_{1,c} = \frac{c}{RT}\,D_{12}\left[x_2\left(\frac{\partial \mu_2}{\partial x_1}\right)_{T,p} \nabla x_1\right] \qquad (1-6)$$

Da gemäß der GIBBS-DUHEMschen Beziehung

$$x_1\left(\frac{\partial \mu_1}{\partial x_1}\right)_{p,T} + x_2\left(\frac{\partial \mu_2}{\partial x_1}\right)_{p,T} = 0$$

ist, gilt auch

$$\Phi_{1,c} = -\frac{c}{RT}\,D_{12}\left[x_1\left(\frac{\partial \mu_1}{\partial x_1}\right)_{p,T} \nabla x_1\right] \qquad (1-7)$$

In diese Gleichung kann noch der Aktivitätskoeffizient f eingeführt werden. Zwischen diesem und dem chemischen Potential einer Komponente in einer Mischung besteht die von der Thermodynamik her geläufige Beziehung

$$\mu - \mu_0 = RT\ln(xf),$$

in welcher μ_0 das chemische Potential der reinen Komponente im gleichen Aggregatzustand bei gleichem Druck und gleicher Temperatur ist. μ_0 ist also nur eine Funktion von p und T, während f außerdem noch von den Molenbrüchen sämtlicher Komponenten, also von der Zusammensetzung der Mischung abhängt. Folglich gilt (nach Erweitern mit x_1 bzw. $\partial \ln x_1$)

$$\frac{\partial \mu_1}{\partial x_1} = \frac{RT}{x_1}\,\frac{\partial \ln(x_1 f_1)}{\delta \ln x_1} \qquad (1-8)$$

und

$$\Phi_{1,c} = -c\,D_{12}\,\frac{\partial \ln(x_1 f_1)}{\partial \ln x_1}\Bigg|_{p,T} \nabla x_1$$

Im Grenzfall einer idealen Mischung ist der Aktivitätskoeffizient $f_i = 1$ und Gl. (1 – 8) vereinfacht sich zu

$$\Phi_1 = -c\,D_{12}\,\nabla x_1 \qquad (1-9)$$

Das gleiche gilt für den Diffusionsstrom des Lösungsmittels in verdünnten Lösungen, dessen Aktivitätskoeffizient sich mit zunehmender Verdünnung ebenfalls dem Wert 1 nähert.

Der Aktivitätskoeffizient des gelösten Stoffes strebt dagegen mit zunehmender Verdünnung einem endlichen Grenzwert zu, so daß für den gelösten Stoff Gl. (1 – 8) erhalten bleibt.

Eine weitere Vereinfachung ergibt sich, wenn Druck und Temperatur im System konstant sind. Die Konzentration c, die mit dem Molenbruch über die Beziehung $x_1 = c_1/c$ verknüpft ist, hängt dann nicht von den Ortskoordinaten ab und kann aus dem LAPLACE-Operator herausgezogen werden. Als Endgleichung resultiert in diesem Fall der Ausdruck (erstes FICKsches Gesetz)

$$\Phi_{1,c} = -D_{12}\,\nabla c_1 \qquad (1-10)$$

welcher die Größe des Diffusionsstroms in einem binären System infolge gewöhnlicher Diffusion in Abhängigkeit von den treibenden Konzentrationsgradienten $\partial c_1/\partial x$, $\partial c_1/\partial y$ und $\partial c_1/\partial z$ angibt.

Damit läßt sich nun die gesuchte zeitliche Konzentrationsänderung im Volumenelement $\Delta x \cdot \Delta y \cdot \Delta z$ errechnen. Durch Einsetzen von Gl. (1 – 10) in die Bilanzbeziehung (1 – 3) erhält man die Gleichung

$$\frac{\partial c_1}{\partial t} = \nabla(D_{12}\,\nabla c_1) \qquad (1-11)$$

die noch etwas näher betrachtet werden muß.

Der Diffusionskoeffizient ist im allg. sowohl von der Konzentration als auch von den Ortskoordinaten abhängig. Innerhalb genügend enger Bereiche wird jedoch die Änderung des Diffusionskoeffizienten mit der Konzentration klein im Vergleich zu dessen Absolutwert sein, so daß man mit einem konstanten mittleren D rechnen kann. Man kann daher Gl. (1 – 11) wie folgt schreiben

$$\frac{\partial c_1}{\partial t} = D_{12x}\,\frac{\partial^2 c_1}{\partial x^2} + D_{12y}\,\frac{\partial^2 c_1}{\partial y^2} + D_{12z}\,\frac{\partial^2 c_1}{\partial z^2} \qquad (1-12)$$

Der Index am Diffusionskoeffizient soll hier darauf hinweisen, daß der Diffusionsstrom in anisotropen Substanzen, z. B. in bestimmten Kristallen, richtungsabhängig ist. Der Diffusionsprozeß muß daher durch mehrere unabhängige Koeffizienten charakterisiert werden. Dabei sind drei Koeffizienten, die sog. Hauptdiffusionskoeffizienten ausreichend, wenn das Koordinatensystem so gewählt wird, daß die Richtung des jeweiligen Diffusionsstromes mit der des Konzentrationsgradienten übereinstimmt.

In einem isotropen System dagegen, z. B. in Flüssigkeiten und Gasen, ist der Diffusionsstrom richtungsunabhängig, so daß die Diffusion durch einen einzigen Koeffizienten beschrieben werden kann. Unter der Annahme eines konstanten Diffusionskoeffizienten erhält man damit das bekannte zweite FICKsche Gesetz

$$\frac{\partial c_1}{\partial t} = D_{12}\,\nabla^2 c_1 \qquad (1-13)$$

Zu der Gültigkeit des zweiten, wie auch des ersten FICKschen Gesetzes sei bemerkt, daß neben den bei der Ableitung getroffenen Vereinfachungen auch ein unbewegtes System, d. h. ein System, in dem nur äquimolare Diffusion zugelassen ist und in dem auch keine chemische Reaktion abläuft, vorausgesetzt werden muß.

Thermodiffusion. Dem Stofftransport infolge gewöhnlicher Diffusion kann ein Stoffstrom überlagert sein, der durch Temperaturgradienten in einem System verursacht wird. Man spricht dann von Thermodiffusion und beschreibt den zusätzlichen Stoffstrom durch einen Thermodiffusionskoeffizienten $D_{i,T}$ entsprechend der Beziehung

$$\Phi_{i,T} = -D_T \frac{c}{T} \nabla T \qquad (1-14)$$

Der aus gewöhnlicher Diffusion und Thermodiffusion in einer idealen binären Mischung resultierende Diffusionsstrom hat nach Gl. (1 – 9) und (1 – 14) den Betrag

$$\Phi_1 = -cD_{12} \nabla x_1 - D_T \frac{c}{T} \nabla T \qquad (1-15)$$

Hierbei ist zu beachten, daß die Konzentration nicht konstant ist, d. h. von der Ortskoordinate abhängt, wenn Temperaturgradienten auftreten. Deshalb muß zur Berücksichtigung der gewöhnlichen Diffusion Gl. (1 – 9) und nicht etwa die vereinfachte Gl. (1 – 10) herangezogen werden.

Mit dem sog. Thermodiffusionsverhältnis (Zahlenwerte in Tab. 1 – 1)

$$k_T = D_T / D_{12} \qquad (1-16)$$

kann Gl. (1 – 15) noch etwas umgeformt werden in

$$\Phi_1 = -cD_{12}\left[\nabla x_1 + \frac{k_T}{T} \nabla T\right] \qquad (1-17)$$

Die Größe k_T ist dabei mit positivem Vorzeichen zu versehen, wenn die betrachtete Komponente in den kälteren Bereich des Systems wandert, und im umgekehrten Fall mit negativem Vorzeichen. Da k_T in der Regel von den Konzentrationsverhältnissen beeinflußt wird, benutzt man zur Beschreibung der Thermodiffusion in gasförmigen Medien häufig noch das Verhältnis

$$\alpha_T = \frac{k_T}{x_1 x_2} \qquad (1-18)$$

als Thermodiffusionskonstante (Zahlenwerte in Tab. 1 – 1), die weniger konzentrationsabhängig ist.

Für kondensierte Phasen hat man entsprechend das Verhältnis

$$s = \frac{k_T}{T \cdot x_1 \cdot x_2} \qquad (1-19)$$

(SORET-Koeffizient) definiert. Es ist ein Maß für die relative Konzentrationsänderung in einem Temperaturfeld und wurde nach dem Mitentdecker der Thermodiffusion in kondensierten Phasen benannt, die man auch als SORET-Effekt bezeichnet.

Zur Charakterisierung des Zusammenspiels zwischen gewöhnlicher Diffusion und Thermodiffusion kann man noch die Differenzgeschwindigkeit $u_1 - u_2$ zwischen den Diffusionsströmen der beiden Komponenten des binären Systems berechnen. Dazu bildet man

$$u_1 - u_2 = \frac{\Phi_1}{c_1} - \frac{\Phi_2}{c_2}$$

Da $\Phi_2 = -\Phi_1$ ist, ergibt sich

$$u_1 - u_2 = \Phi_1 \frac{c_2 + c_1}{c_1 \cdot c_2} = \Phi_1 \frac{c}{c_1 \cdot c_2} \qquad (1-20)$$

so daß für die Differenzgeschwindigkeit schließlich der Ausdruck

$$u_1 - u_2 = -\frac{c^2}{c_1 c_2} D_{12}\left[\nabla x_1 + \frac{k_T}{T} \nabla T\right] \qquad (1-21)$$

$$= -\frac{D_{12}}{x_1 x_2}[\nabla x_1 + \alpha_T x_1 x_2 \nabla \ln T] \qquad (1-22)$$

resultiert. Danach nimmt die Differenzgeschwindigkeit zwischen den Diffusionsströmen Φ_1 und Φ_2 bei positiver Thermodiffusionskonstante sowohl mit dem Konzentrations- als auch mit dem Temperaturgradienten zu.

Aus den Reziprozitätsbeziehungen der Thermodynamik irreversibler Prozesse geht hervor, daß als Umkehrung der Thermodiffusion ein Diffusions-Thermoeffekt (DUFOUR-Effekt) besteht; es treten Temperaturgradienten als Folge der gegenseitigen Diffusion zweier Komponenten auf.

Die Thermodiffusion spielt neben der gewöhnlichen Diffusion nur dann eine Rolle, wenn starke Temperaturgradienten aufrecht erhalten werden.

Dies wird aus den folgenden Zahlenwerten deutlich. In einem Rohr, das mit einem Gasgemisch aus 50 mol-% Wasserstoff und 50 mol-% Methan gefüllt ist, soll bei einer mittleren Temperatur von 445 °K ein kleiner Konzentrationsgradient von $\partial x_1/\partial z = -1\ \mathrm{m}^{-1}$ und ein relativ großer Temperaturgradient von $\partial T/\partial z = -500$ grd/m bestehen. Daraus errechnet sich nach Gl. (1 – 17) mit dem Thermodiffusionsverhältnis $k_T = 0{,}073$ aus Tab. (1 – 1) für das Verhältnis der Stoffströme $\Phi_{1,T}/\Phi_{1,c} = \frac{k_T \partial T}{T \partial x_1}$ ein Wert von nur 0,08, d. h. der Thermodiffusionsstrom macht nur einen Bruchteil des gewöhnlichen Diffusionsstroms aus. Bei Flüssigkeitsgemischen ist der Einfluß der Thermodiffusion, bei niedrigerer Temperatur, stärker. So würde in einem Wasser-Methylalkohol-Gemisch, bei gleichen Konzentrations- und Temperaturgradienten, aber einer mittleren Temperatur von nur 313 °K, der Anteil des Thermodiffusionsstroms, der wegen des negativen Vorzeichens von $k_T = -0{,}137$ (Tab. 1 – 1) dem Stoffstrom infolge gewöhnlicher Diffusion entgegengerichtet ist, schon 22 % betragen.

In der Technik wird der Thermodiffusionseffekt zur Trennung von Isotopen und bei der Rektifikation komplexer Gemische ausgenutzt. Vorbild technischer Trennapparaturen ist das CLUSIUS-DICKELsche Trennrohr, bei dem ein elektrisch geheizter Draht in der Achse eines vertikalen, außen gekühlten Rohres angeordnet ist. Der Trenneffekt dieser Apparatur beruht darauf, daß sich die leichteren Moleküle infolge Thermodiffusion, die durch Konvektion verstärkt wird,

Abhängigkeit von den treibenden Kräften oder Ausdrücke, welche die zu einem bestimmten Zeitpunkt in dem System vorliegende Konzentrationsverteilung angeben, wenn man die Anfangsverteilung kennt. Die Lösungen sind im einfachsten Fall gewöhnliche Funktionen der treibenden Kräfte, im allg. jedoch Wahrscheinlichkeitsintegrale (bzw. error functions) oder Reihen trigonometrischer Funktionen. Der erforderliche mathematische Aufwand hängt entscheidend von den Rand- und Anfangsbedingungen ab, die das System bestimmen, und davon, ob der Stofftransport unter stationären oder instationären Bedingungen abläuft. Meistens wird der Fall komplizierter, wenn sich das System bewegt oder zusätzlich chemische Reaktionen ablaufen. Die Problematik wird in diesem Abschnitt an einigen charakteristischen Beispielen gezeigt. Die Auswahl ist auf relativ einfache Fälle beschränkt.

1.2.1. Ruhende Systeme

Die Berechnung des Stofftransports in einem ruhenden System, in dem keine chemische Reaktion abläuft, geht von der einfachen Massenbilanz

$$\frac{\partial c_1}{\partial t} = \nabla(D_{12}\,\nabla c_1) \qquad (1-11)$$

aus. Ihre Lösung interessiert im allg. für zwei Fälle, Diffusion unter stationären Bedingungen und unter instationären Bedingungen.

Stationäre Bedingungen. Eine Komponente 1 soll durch eine ruhende Schicht von der Dicke L diffundieren. Im stationären Zustand ändert sich die Konzentration der diffundierenden Komponente in der Schicht nicht mehr mit der Zeit, d. h.

$$\frac{\partial c_1}{\partial t} = \nabla(D_{12}\,\nabla c_1) = 0 \qquad (1-32\text{a})$$

Unter der Annahme, daß der Diffusionskoeffizient konzentrationsunabhängig ist, folgt nach Gl. (1−10)

$$\Phi_1 = -\,D_{12}\,\nabla c_1$$

bzw. nach Gl. (1−25)

$$\dot n_1 = x_1(\dot n_1 + \dot n_2) - D_{12}\,\nabla c_1$$

Da die Komponente 2 in der Schicht voraussetzungsgemäß in Ruhe sein soll, wird der Stoffstrom $\dot n_2 = 0$, und es gilt im eindimensionalen Fall

$$\dot n_1 = -\,\frac{D_{12}}{1-x_1}\cdot\frac{\mathrm{d}c_1}{\mathrm{d}z} \qquad (1-32\text{b})$$

Wenn der Molenbruch $x_1 \ll 1$ ist, z. B. in stark verdünnten Lösungen, vereinfacht sich (1−32b) zu

$$\dot n_1 = -\,D_{12}\,\frac{\mathrm{d}c_1}{\mathrm{d}z}$$

Aus Gl. (1−32a) folgt $\mathrm{d}c_1/\mathrm{d}z = \text{const}$; mit der Schichtdicke $L = z_e - z_a$ und den aus Abb. 1−2 evidenten Randbedingungen

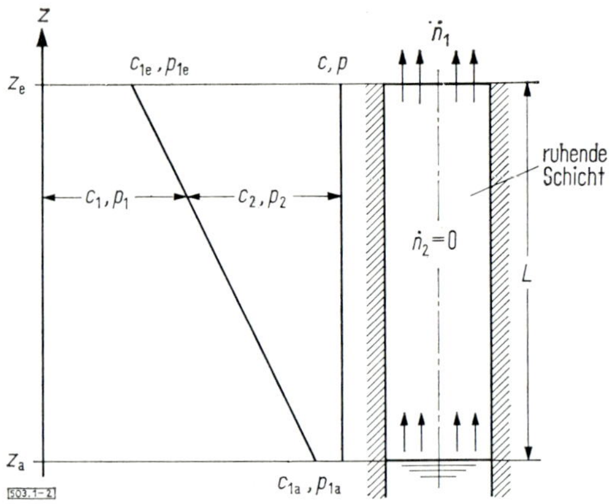

Abb. 1−2. Diffusion durch eine ruhende Schicht unter stationären Bedingungen

$$z = z_a \qquad c_1 = c_{1a}$$
$$z = z_e \qquad c_1 = c_{1e}$$

ergibt sich für den Stoffstrom der diffundierenden Komponente der Ausdruck

$$\dot n_1 = D_{12}\,\frac{c_{1a} - c_{1e}}{z_e - z_a} = D_{12}\,\frac{c_{1a} - c_{1e}}{L} \qquad (1-33)$$

Bei gasförmigen Medien ist es zweckmäßiger, statt auf Konzentrationen auf Partialdrücke zu beziehen. Mit $c_1 = p_1/RT$ und $x_1 = p_1/p$ läßt sich Gl. (1−32) wie folgt schreiben

$$\dot n_1 = -\,\frac{D_{12}}{RT}\;\frac{p}{p-p_1}\;\frac{\mathrm{d}p_1}{\mathrm{d}z}$$

und da

$$p_1 = p - p_2$$

ist, gilt auch

$$\dot n_1 = \frac{D_{12}}{RT}\,p\,\frac{\mathrm{d}\ln p_2}{\mathrm{d}z}$$

Mit L und den ebenfalls auf Partialdrücke umgeformten Randbedingungen ergibt sich analog wie vorher

$$\dot n_1 = \frac{D_{12}}{RT}\;\frac{p}{L}\,\ln\frac{p_{2e}}{p_{2a}} = \frac{D_{12}}{RT}\;\frac{p}{L}\,\ln\frac{p-p_{1e}}{p-p_{1a}}$$

Diese Gleichung kann auch als

$$\dot n_1 = \frac{D_{12}}{RT}\;\frac{1}{L}\;\frac{p}{p-\bar p_1}\,(p_{1a} - p_{1e}) \qquad (1-34)$$

geschrieben werden, wenn als mittlerer Teildruck der Komponente 1 der Ausdruck

$$\bar p_1 = p - \frac{p_{1a} - p_{1e}}{\ln\dfrac{p-p_{1e}}{p-p_{1a}}}$$

eingeführt wird.

Die Gleichung stellt das STEPHANsche Gesetz dar, das zur Berechnung des Stoffstroms angewandt werden muß, wenn die Komponenten einer binären Mischung nicht unabhängig voneinander diffundieren können. Diese einseitige Diffusion führt zu Druckunterschieden, die entsprechende Massenströmungen, den sog. STEPHAN-Strom, hervorrufen. Solche Vorgänge treten in der Praxis bei der Verdampfung bzw. Verdunstung von Stoffen durch eine Grenzschicht auf, z. B. bei der Trocknung oder bei Ad- und Absorption von Komponenten aus Gasmischungen.

Instationäre Bedingungen. Für die Messung von Diffusionskoeffizienten in Gasen benutzt man häufig die in Abb. 1 – 3 dargestellte und in Kap. 1.3 näher beschriebene Versuchsanordnung, bei welcher die Komponenten zweier binärer Mischungen mit anfänglich unterschiedlicher Zusammensetzung gegeneinander diffundieren. Dieser instationäre Vorgang wird durch

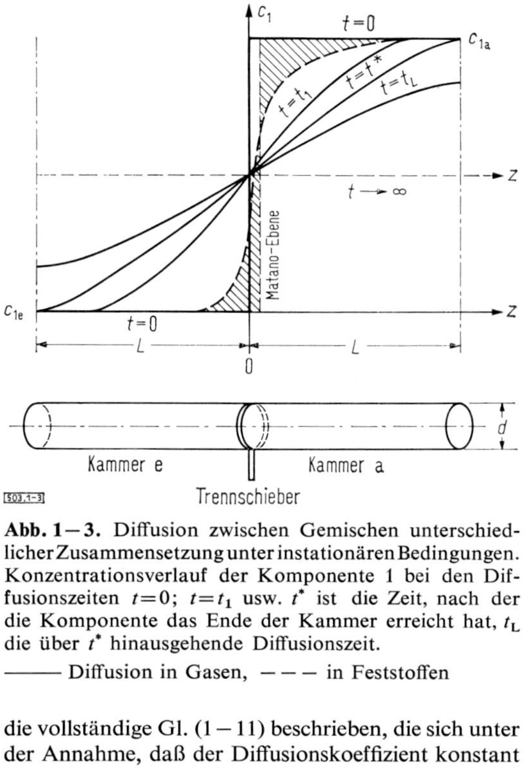

Abb. 1 – 3. Diffusion zwischen Gemischen unterschiedlicher Zusammensetzung unter instationären Bedingungen. Konzentrationsverlauf der Komponente 1 bei den Diffusionszeiten $t=0$; $t=t_1$ usw. t^* ist die Zeit, nach der die Komponente das Ende der Kammer erreicht hat, t_L die über t^* hinausgehende Diffusionszeit.
—— Diffusion in Gasen, – – – in Feststoffen

die vollständige Gl. (1 – 11) beschrieben, die sich unter der Annahme, daß der Diffusionskoeffizient konstant ist, für den eindimensionalen Fall auf die Beziehung

$$\frac{\partial c_1}{\partial t} = D_{12} \frac{\partial^2 c_1}{\partial z^2} \qquad (1-35)$$

reduziert. (Der Fall $D_{12} = f(c)$, bei dem die in Abb. 1 – 3 eingezeichnete MATANO-Ebene auftritt, wird in Abschnitt 1.3.1 behandelt.)

Die Variablen dieser partiellen Differentialgleichung können mit dem BERNOULLIschen Produktansatz separiert werden. Als allgemeine Lösung erhält man den Ausdruck

$$c_{(z,t)} = [A_m \cos(\xi_m z) + B_m \sin(\xi_m z)] \cdot \exp\{-\xi_m^2 D_{12} t\} \qquad (1-36)$$

der noch den, je nach Problem unterschiedlichen, Rand- und Anfangsbedingungen angepaßt werden muß. Für die beschriebene Versuchsanordnung können diese, auf das gestrichelt gezeichnete Koordinatensystem bezogen, wie folgt formuliert werden

a) $c_{1(o,t)} = 0$

b) $c_{1(z,o)} = \pm (c_{1a} - c_{1e})/2$

c) $\frac{\partial c_{1(L,t)}}{\partial z} = 0$

Mit der Randbedingung a findet man die Konstante $A = 0$, da das Glied $\exp\{-\xi_m^2 D_{12} t\} \neq 0$ sein kann. Damit wird

$$c_{(z,t)} = \sum_{m=0}^{\infty} B_m \sin(\xi_m z) \cdot \exp\{-\xi_m^2 D_{12} t\} \qquad (1-37)$$

Dieses Ergebnis war zu erwarten, da die Konzentrationsverteilung bezüglich der Achse $z = 0$ asymmetrisch sein muß und deshalb nur durch eine reine Sinusreihe dargestellt werden kann. (Wählt man eine Versuchsanordnung, bei der die Diffusion aus einer Kammer beidseitig erfolgt, dann würde sich eine symmetrische Konzentrationsverteilung einstellen, die durch eine Cosinusreihe approximiert werden muß.)

Aus der Randbedingung c

$$\frac{\partial c_{1(L,t)}}{\partial z} = \sum_{m=0}^{\infty} B_m \xi_m \cos(\xi_m L) \cdot \exp\{-\xi_m^2 D_{12} t\} = 0$$

lassen sich die Eigenwerte $\xi_m = \pi \frac{m + 1/2}{L}$ berechnen. Eine Gleichung für die unendlich vielen Konstanten B_m findet man aus der Anfangsbedingung b, indem man $t = 0$ in Gl. (1 – 37) einführt und die Bestimmungsgleichungen für FOURIER-Koeffizienten anwendet:

$$B_0 = \frac{4}{\pi} \left(\frac{c_{1a} - c_{1e}}{2} \right) \qquad B_m = \frac{4}{\pi} \frac{(c_{1a} - c_{1e})}{2(m + 1/2)}$$

Die endgültige Lösung der Diffusionsgleichung lautet somit auf das ausgezogene Koordinatensystem bezogen:

$$c_{1(z,t)} = c_{1e} + \frac{c_{1a} - c_{1e}}{2} \times \left[1 + \frac{2}{\pi} \sum_{m=0}^{\infty} \frac{\sin(m + 1/2) \cdot \pi z/L}{m + 1/2} \times \times \exp - [[(m + 1/2)\pi/L]^2 D_{12} t] \right] \qquad (1-38)$$

Aus ihr läßt sich die Konzentrationsverteilung berechnen, die sich infolge Diffusion zu einem bestimmten Zeitpunkt eingestellt hat. Die bei Diffusionsmessungen häufig benutzte mittlere Konzentration in einer der beiden Kammern erhält man durch Integration der obigen Beziehung von $z = 0$ bis $z = L$ und Division durch L zu

$$\bar{c}_{1(t)} = c_{1e} + \frac{c_{1a} - c_{1e}}{2}\left[1 \pm \frac{2}{\pi^2}\sum_{m=0}^{\infty}\frac{1}{(m+1/2)^2} \times \right.$$
$$\left. \times \exp - [[(m+1/2)\pi/L]^2 D_{12} t]\right] \quad (1-39)$$

Wenn die Länge L der Kammern sehr groß ist ($L \to \infty$), erreicht die Konzentrationsänderung praktisch nicht die Stelle $z = L$ und die Randbedingung c entfällt. Als Lösung der Diffusionsgleichung, auf deren Ableitung verzichtet werden soll, resultiert dann

$$c_{1(z,t)} = c_{1e} + \frac{c_{1a} - c_{1e}}{2}\left[1 + \operatorname{erf}\frac{z}{2\sqrt{D_{12}t}}\right] \quad (1-40)$$

wobei die error-function als

$$\operatorname{erf} w = 2/\sqrt{\pi}\int_0^w \exp(-w^2)\cdot dw$$

definiert ist. In beiden Fällen geht für große Zeiten ($t \to \infty$) die Konzentration in $c_{1(z,\infty)} = (c_{1e} + c_{1a})/2$ über.

1.2.2. Bewegte Systeme

Von großem praktischem Interesse ist die Berechnung des Stofftransports in bewegten Systemen, wie in Rieselfilmen oder in Rohrströmungen, um zwei typische Beispiele zu nennen. Zur Berechnung muß Gl. (1 − 24)

$$\frac{\partial c_1}{\partial t} = \nabla(D_{12}\nabla c_1) - \nabla(c_1 u) \quad (1-24)$$

herangezogen werden, die sich, je nach Problemstellung, wieder vereinfachen läßt.

Stationäre Bedingungen. Bei einem Rieselfilm (Abb. 1 − 4a) kann man in erster Näherung annehmen, daß seine Strömungsgeschwindigkeit u_x über die gesamte Filmdicke gleich ist. Wenn man außerdem nur einen kleinen Längenabschnitt betrachtet, erscheinen auch die Annahmen konstanter Geschwindigkeit in Strömungsrichtung, konstanter Filmdicke L und gleichbleibender Konzentration der diffundierenden Komponente an der Filmoberfläche gerechtfertigt. Ferner

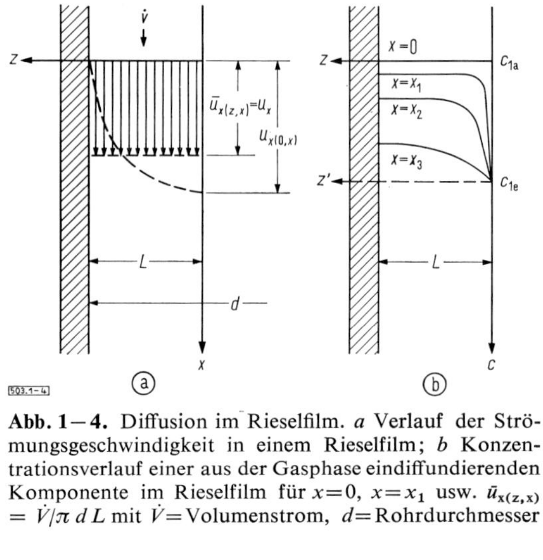

Abb. 1 − 4. Diffusion im Rieselfilm. *a* Verlauf der Strömungsgeschwindigkeit in einem Rieselfilm; *b* Konzentrationsverlauf einer aus der Gasphase eindiffundierenden Komponente im Rieselfilm für $x=0$, $x=x_1$ usw. $\bar{u}_{x(z,x)} = \dot{V}/\pi\, d\, L$ mit $\dot{V}$ = Volumenstrom, d = Rohrdurchmesser

soll der Diffusionskoeffizient konzentrationsunabhängig und $u_z = u_y = 0$ sein. Für den stationären Zustand läßt sich Gl. (1 − 25) dann wie folgt schreiben

$$u_x \frac{\partial c_1}{\partial x} = D_{12}\frac{\partial^2 c_1}{\partial z^2} + D_{12}\frac{\partial^2 c_1}{\partial x^2} \quad (1-41)$$

wobei noch das zweite Glied der rechten Seite, das den Stofftransport in Strömungsrichtung infolge Diffusion angibt, gegenüber dem konvektiven Stofftransport (linke Seite) vernachlässigt werden kann.

Durch Substitution $x = t \cdot u_x$ geht die obige Gleichung in Gl. (1 − 35) über, deren Lösung bereits bekannt ist.

Mit den Randbedingungen

$$c_{1(0,x)} = 0$$

$$c_{1(z,0)} = -(c_{1a} - c_{1e})$$

$$\frac{\partial c_{1(L,x)}}{\partial z} = 0$$

die auf das gestrichelte Koordinatensystem (Abb. 1 − 4b) bezogen sind, erhält man die auf das dick ausgezogene Koordinatensystem transformierte Lösung:

$$c_{(z,x)} = c_{1e} + (c_{1a} - c_{1e}) \times$$
$$\times\left[1 - \frac{2}{\pi}\sum_{m=0}^{\infty}\frac{\sin(m+1/2)z/L}{m+1/2} \times \right.$$
$$\left. \times \exp - \left[[(m+1/2)\pi/L]^2 \cdot D_{12}\frac{x}{u_x}\right]\right] \quad (1-42)$$

c_{1a} ist die Anfangskonzentration der diffundierenden Komponente im Rieselfilm an dessen Eintritt ($x = 0$); c_{1e} ist die über die Lauflänge x des Rieselfilms gleichbleibende Konzentration an der Filmoberfläche ($z = 0$).

Der daraus für eine bestimmte Lauflänge x zu berechnende Konzentrationsverlauf ist in Abb. (1 − 4b) qualitativ wiedergegeben. Man erkennt, daß die Konzentration der diffundierenden Komponente in dem Rieselfilm mit zunehmender Lauflänge ansteigt. Die Konzentrationszunahme muß bei höherer Strömungsgeschwindigkeit und natürlich auch bei kleinem Diffusionskoeffizienten geringer sein, wie aus dem Exponentialglied von Gl. (1 − 42) hervorgeht.

Bei genügend großer Dicke des Rieselfilms vereinfacht sich der Ausdruck für die Konzentrationsverteilung analog Gl. (1 − 40) zu

$$c_{(z,x)} = c_{1e} + (c_{1a} - c_{1e})\left(1 - \operatorname{erf}\frac{z}{2\sqrt{D_{12}x/u_x}}\right) \quad (1-43)$$

Wenn das Geschwindigkeitsprofil nicht eben ist, muß neben der Massenbilanz noch die Impulsbilanz Gl. (1 − 29)

$$\varrho\frac{Du}{Dt} = -\nabla p - \nabla\tau + \sum_{i=1}^{\nu}\varrho_i b \quad (1-29)$$

berücksichtigt werden. Fließt der Film mit zeitlich und in Strömungsrichtung konstanter Geschwindigkeit, so ist $\mathrm{D}u/\mathrm{D}t = 0$, $\nabla p = 0$; wenn außerdem für die Zähigkeitskräfte $\nabla \tau = -\eta \nabla^2 u$ (NEWTONsche Flüssigkeit) gilt und $b = g$ ist, dann vereinfacht sich die Impulsbilanz für den eindimensionalen Fall auf die Beziehung

$$0 = \eta \frac{\partial^2 u_x}{\partial z^2} + \varrho g$$

Die Integration mit den Randbedingungen

$$u_{x(L,x)} = 0$$

$$\partial u_{x(0,x)}/\partial z = 0$$

ergibt

$$u_{x(z,x)} = \frac{g L^2}{2\nu}\left[1 - \left(\frac{z}{L}\right)^2\right] = u_{x(0,x)}\left[1 - \left(\frac{z}{L}\right)^2\right]$$

wobei $\eta/\varrho = \nu$ gesetzt wurde.

Die Konzentrationsverteilung muß nun aus der Differentialgleichung

$$u_{x(0,x)}\left[1 - \left(\frac{z}{L}\right)^2\right]\frac{\partial c_1}{\partial x} = D_{12}\frac{\partial^2 c_1}{\partial z^2} \qquad (1-44)$$

berechnet werden.

Statt mit der Oberflächengeschwindigkeit kann man auch mit der mittleren Geschwindigkeit des Rieselfilms

$$\bar{u}_{x(z,x)} = \frac{1}{L}\int_0^L u_{x(0,x)}\left[1 - \left(\frac{z}{L}\right)^2\right]\cdot \mathrm{d}z = \frac{2}{3}\, u_{x(0,x)}$$

arbeiten. Sie ist andererseits durch den Volumenstrom $\dot{V}$ und die Querschnittsfläche $\pi d L$ des Films zu $\bar{u}_{x(z,x)} = \dot{V}/(\pi d L)$ bestimmt. Daraus läßt sich die Filmdicke

$$L = \sqrt[3]{\frac{3}{\pi}\,\frac{\dot{V}\cdot\nu}{d\cdot g}} \qquad (1-45)$$

angeben.

Instationärer Zustand. Diffusion unter instationären Bedingungen liegt in einem strömenden System vor, in das eine Komponente vom Zeitpunkt $t = 0$ an kontinuierlich zudosiert wird.

Der Stofftransport durch Strömung und Diffusion wird in diesem Fall durch die vollständige Massenbilanz Gl. (1–24) beschrieben, die sich auf*)

$$\frac{\partial c_1}{\partial t} = \nabla(D_{12}\nabla c_1) - \nabla(c_1 u) = D_{12\mathrm{r}}\left[\frac{\partial^2 c_1}{\partial r^2} + \frac{1}{\mathrm{r}}\frac{\partial c_1}{\partial r}\right] + D_{12z}\frac{\partial c_1}{\partial z} - u_\mathrm{r}\frac{\partial c_1}{\partial r} - u_z\frac{\partial c_1}{\partial z}$$

vereinfacht, wenn man den Diffusionskoeffizienten als konzentrationsunabhängig und die Strömungsgeschwindigkeit über Rohrquerschnitt und Länge als konstant voraussetzt. Vernachlässigt man ferner Konzentrationsänderungen in radialer Richtung, dann reduziert sich die Massenbilanz auf

$$\frac{\partial c_1}{\partial t} = -u_z\frac{\partial c_1}{\partial z} + D_{12}\frac{\partial^2 c_1}{\partial z^2} \qquad (1-46)$$

* Verwendung von Zylinderkoordinaten (r,φ,z).

Als Rand- und Anfangsbedingungen sind einzusetzen:

$$\left.\begin{aligned} c_1 &= c_{1\mathrm{a}} & z &= 0 \\ c_1 &= 0 & z &> 0 \end{aligned}\right\} \quad \text{für } t = 0$$

$$\left.\begin{aligned} c_1 &= c_{1\mathrm{a}} & z &\to -\infty \\ c_1 &= 0 & z &\to +\infty \end{aligned}\right\} \quad \text{für } t > 0,$$

wenn die Eintrittsstelle ($z = 0$) der Komponente und die Stelle, an der ihre Konzentration gemessen wird ($z = L$), genügend weit von den Begrenzungen des Systems, d. h. von den Rohrenden, entfernt liegen, so daß sich Konzentrationsänderungen dort nicht bemerkbar machen (unendlich ausgedehntes System). Zur Berechnung der Konzentration $c_{1(z,t)}$ in Abhängigkeit von Zeit und Ort transformiert man die Ausgangsgleichung (Gl. 1–46) (wie auch die Randbedingungen) zweckmäßig durch die Substitution $w = (z - u_z t)/2\sqrt{D_{12} t}$ in die einfacher zu behandelnde gewöhnliche Differentialgleichung

$$\frac{\partial^2 c}{\partial w^2} + 2\mathrm{w}\frac{\partial c}{\partial w} = 0 \qquad (1-47)$$

oder man führt das Problem auf ein ruhendes System zurück, indem man sich das Koordinatensystem mit der Geschwindigkeit u mitbewegt denkt.

Als Lösung findet man

$$c_{1(z,t)} = \frac{c_{1\mathrm{a}}}{2}\left[1 - \mathrm{erf}\left(\frac{z - u_z t}{2\sqrt{D_{12} t}}\right)\right] \qquad (1-48)$$

wobei $c_{1\mathrm{a}}$, entsprechend den angegebenen Randbedingungen, die Konzentration der Komponente 1 an der Eintrittsstelle ist. Das Ergebnis ist in Abb. (1–5) veranschaulicht; die auf $c_{1\mathrm{a}}$ bezogene Konzentration ist am Eintritt ($z = 0$) sowie an zwei stromabwärts gelegenen Stellen mit den Abständen $z = L_1$ und $z = L_2$ als Funktion der reduzierten Zeit aufgetragen.

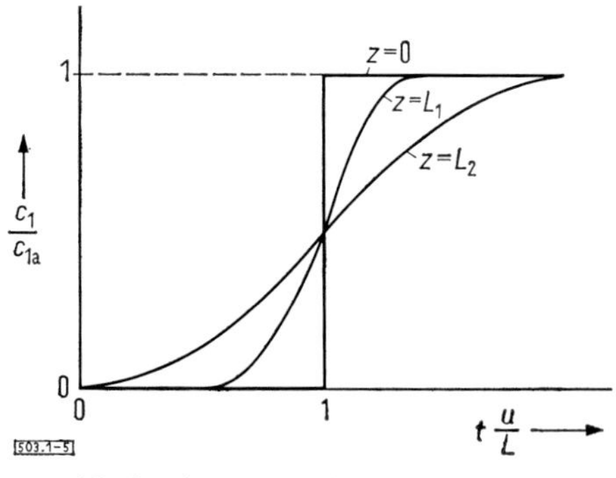

Abb. 1–5. Diffusion in strömenden Systemen unter instationären Bedingungen

1.2.3. Reagierende Systeme

Die Diffusionsgleichung soll noch für den Fall gelöst werden, daß die diffundierenden Komponenten reagieren können. Man muß dann von der in Kap. 1.1.3 angeführten Massenbilanz (Gl. 1–31)

$$\frac{Dc}{Dt} = \nabla(D_{12}\nabla c) - u\nabla c + r$$

ausgehen, die sich zu

$$\frac{\partial c}{\partial t} = \nabla(D_{12}\nabla c) + r \qquad (1-49)$$

vereinfacht, wenn sich das System in Ruhe befindet. Gl. (1−49) wird wieder auf zwei Beispiele angewendet, einmal soll die Konzentration zeitlich konstant sein und zum anderen sowohl von der Ortskoordinate als auch von der Zeit abhängen.

Stationäre Bedingungen. Wenn sich die Konzentration zeitlich nicht ändert, wird die linke Seite unserer Ausgangsgleichung Null; man erhält für den eindimensionalen Fall mit konzentrationsunabhängigen Diffusionskoeffizienten die Beziehung

$$D_{12}\frac{\partial^2 c}{\partial z^2} = -r \qquad (1-50)$$

Sie beschreibt z. B. die Konzentrationsverteilung in einer stagnierenden Schicht, in der die hindurchdiffundierende Komponente 1 mit der Komponente 2, die in großem Überschuß vorliegt, reagiert. Bei einer Reaktion erster Ordnung ist die Geschwindigkeit r proportional der Konzentration der 1. Komponente, so daß man die gewöhnliche homogene Differentialgleichung

$$\frac{\partial^2 c_1}{\partial z^2} - \frac{k}{D_{12}} c_1 = 0 \qquad (1-51)$$

zu betrachten hat, deren allgemeine Lösung auf den Ansatz

$$c_1 = C_1 e^{\lambda_1 z} + C_2 e^{\lambda_2 z} \qquad (1-52)$$

führt. Dabei ist vorausgesetzt, daß Reaktionsprodukte nur in geringer Menge gebildet werden, d. h. daß es sich in erster Näherung um ein binäres System handelt. Die Konstanten λ_1 und λ_2 ergeben sich aus der charakteristischen Gleichung $\lambda^2 - k/D_{12} = 0$ zu

$$\lambda_{1,2} = \pm\sqrt{k/D_{12}} \qquad (1-53)$$

Die Konstanten C_1 und C_2 lassen sich aus den in Abb. 1−6 ersichtlichen Randbedingungen

$$c_{1(0)} = c_{1a}$$

$$c_{1(L)} = c_{1e}$$

$$\text{zu } C_1 = \frac{c_{1a}e^{\lambda L} - c_{1e}}{e^{\lambda L} - e^{-\lambda L}}$$

$$\text{und } C_2 = \frac{c_{1e} - c_{1a}e^{-\lambda L}}{e^{\lambda L} - e^{-\lambda L}}$$

bestimmen. Damit lautet die Lösung

$$c_{1(z)} = \frac{c_{1a}\sinh[\lambda(L-z)] + c_{1e}\sinh[\lambda z]}{\sinh[\lambda L]} \qquad (1-55)$$

wenn der Ausdruck

$$\frac{e^{\lambda z} - e^{-\lambda z}}{2} = \sinh[\lambda z]$$

gesetzt wird.

Aus der Lösung erkennt man, daß für große Werte von λ, d. h. schnelle Reaktion, die Näherung

$$c_{1(z)} = c_{1a}e^{-\lambda z} + c_{1e}e^{\lambda(z-L)} \qquad (1-56)$$

gilt. Danach fällt die Konzentration c_1 offenbar rasch ab und erreicht schon in geringer Entfernung von der Schichtoberfläche ($z \rightarrow 0$) ihren Endwert c_{1e} (Kurve b). Der andere Grenzfall, $\lambda \rightarrow 0$, d. h. keine Reaktion (Kurve c), ist bereits bekannt (vgl. Abb. 1−2).

Das Beispiel läßt sich auf Absorptionsvorgänge, die mit einer chemischen Reaktion verbunden sind, anwenden. Wenn die diffundierende Komponente in der Schicht umgesetzt wird, erhöht sich der treibende Konzentrationsgradient und damit der Diffusionsstrom, die Absorption wird beschleunigt.

Wenn die stagnierende Schicht durch eine stoffundurchlässige Wand begrenzt wird, z. B. in der Pore eines Katalysatorkorns, gelten folgende Randbedingungen

$$c_{1(0)} = c_{1a}$$

$$\frac{\partial c_{1(L)}}{\partial z} = 0$$

und man erhält als Lösung der Ausgangsgleichung (Gl. 1−51) nun für den Konzentrationsverlauf den Ausdruck

$$c_{1(z)} = c_{1a}\frac{\cosh\left[(L\lambda)\left(1 - \frac{z}{L}\right)\right]}{\cosh[\lambda L]}$$

mit

$$\cosh[\lambda z] = \frac{e^{\lambda z} + e^{-\lambda z}}{2}$$

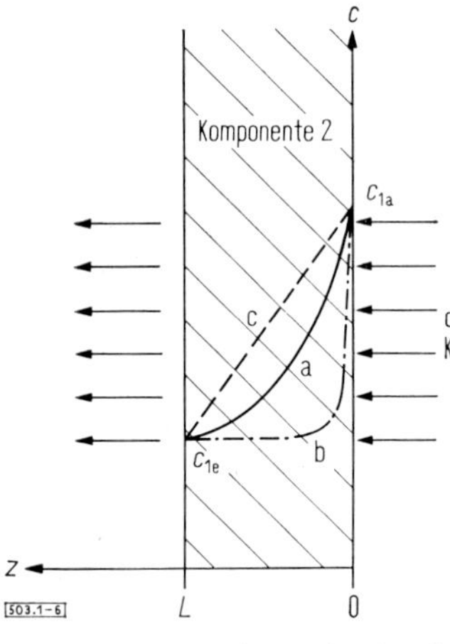

Abb. 1−6. Diffusion mit chemischer Reaktion unter stationären Bedingungen
a langsame Reaktion; *b* schnelle Reaktion; *c* keine Reaktion

Instationäre Bedingungen. Wenn sich die Konzentration zeitlich ändert, muß die vollständige Massenbilanz (Gl. 1−49) gelöst werden. Für den eindimensionalen Fall mit konstantem Diffusionskoeffizienten lautet sie

$$\frac{\partial c}{\partial t} = D_{12}\frac{\partial^2 c}{\partial z^2} - kc \qquad (1-57)$$

wenn man der Einfachheit halber wieder eine Reaktion erster Ordnung annimmt. Diese Gleichung kann wie vorher gelöst werden. Man findet für die Konzentrationsverteilung einen Ausdruck, in welchem, je nach Rand- und Anfangsbedingungen, eine Sinus- oder eine Cosinusreihe auftritt und der sich von der Lösung der Massenbilanz ohne Reaktionsterm (Gl. 1−38) um den Zeitfaktor $\exp(-kt)$ unterscheidet.

Lassen sich die Transportgleichungen nicht mehr formelmäßig lösen, was meistens der Fall ist, wenn neben der Massenbilanz noch die Energie- oder die Impulsbilanz zu berücksichtigen ist, müssen numerische oder grafische Verfahren herangezogen werden. Bei den numerischen Verfahren ersetzt man die Differentialquotienten durch Differenzenquotienten und löst die Gleichung simultan schrittweise, wobei gewisse Bedingungen hinsichtlich der Größe des Orts- und des Zeitschrittes eingehalten werden müssen. Die grafischen Verfahren, die aus der Behandlung von Wärmeleitproblemen hinreichend bekannt sind, machen das gleiche auf zeichnerischem Wege.

1.3. Ermittlung von Diffusionskoeffizienten

Für die numerische Berechnung der zahlreichen Probleme, in denen die Diffusion eine Rolle spielt, benötigt man Angaben über den Diffusionskoeffizienten. Seine experimentelle Bestimmung ist nicht ganz einfach, und das bisher erarbeitete Zahlenmaterial reicht wegen der Vielfältigkeit der Probleme bei weitem nicht aus. Daher werden in diesem Abschnitt neben den Meßverfahren auch die Möglichkeiten diskutiert, Diffusionskoeffizienten theoretisch zu berechnen oder sie an Hand von empirischen Beziehungen abzuschätzen.

1.3.1. Meßverfahren

Die experimentelle Bestimmung des Diffusionskoeffizienten besteht im wesentlichen darin, den Diffusionsstrom oder die durch die Diffusion hervorgerufene Konzentrationsänderung in Abhängigkeit von der Zeit und vom Ort zu messen. Neben der normalen chemischen Analyse werden zunehmend solche physikalische Meßverfahren angewandt, bei denen sich die Änderung einer physikalischen Größe auf die Änderung der Konzentration bzw. der Zusammensetzung einer Mischung zurückführen läßt.

Für die Messung ist wichtig, daß die Versuchsanordnung die Anfangs- oder Randbedingungen sowie die vereinfachenden Annahmen erfüllt, die bei der Lösung der Diffusionsgleichungen eingeführt werden. Ferner ist zu beachten, daß sich die Diffusionsgeschwindigkeiten bzw. die Diffusionskoeffizienten in Gasen, Flüssigkeiten und Feststoffen um Zehnerpotenzen voneinander unterscheiden.

Messung in Gasen. Der Diffusionskoeffizient wird in Gasen im allg. nach zwei Methoden bestimmt.

Bei der *statischen Methode* verwendet man ein langes, an beiden Enden geschlossenes Rohr (Abb. 1−3), das senkrecht aufgestellt wird. Um Meßfehler durch Konvektion zu vermeiden, darf sein Durchmesser nicht allzu groß sein, die Temperatur muß über die gesamte Rohrlänge sorgfältig konstant gehalten werden. Das Rohr wird durch einen Schieber in zwei Kammern geteilt, in die dann jeweils die reinen Komponenten, oder besser Gasmischungen verschiedener Konzentration, eingefüllt werden. Das letztere hat den Vorteil, daß man in engen Konzentrationsintervallen messen und dadurch auch die Konzentrationsabhängigkeit des Diffusionskoeffizienten erfassen kann.

Nach Öffnen des Schiebers beginnen die Komponenten aus beiden Kammern gegeneinander zu diffundieren und die unterschiedliche Konzentration auszugleichen. Der Versuch wird durch Schließen des Schiebers beendet. Man mißt die aus der Kammer mit anfänglich höherer Konzentration diffundierte Stoffmenge und vergleicht sie mit der berechneten. Diese erhält man aus Gl. (1−40), wenn man den Diffusionsstrom $\Phi_{(z=0)} = -D(\partial c_1/\partial z)_{z=0}$ über die Zeit integriert und mit dem Rohrquerschnitt multipliziert:

$$G = \frac{\pi d^2}{4}\int_{t=0}^{t_1} \Phi_{(z=0)}\,\mathrm{d}t = \frac{\pi d^2}{4}(c_{1a} - c_{1e})\sqrt{\frac{D t_1}{\pi}} \qquad (1-58)$$

Der Diffusionskoeffizient läßt sich daraus zu

$$D = \frac{16}{\pi}\,\frac{1}{d^4}\,\frac{G^2}{(c_{1a} - c_{1e})^2 t_1} \qquad (1-59)$$

ermitteln.

Da die Lösung (Gl. 1−40) der Diffusionsgleichung (Gl. 1−35), auf der die Auswertung der Meßergebnisse aufbaut, nur für ein unendlich langes Rohr gilt, muß die Versuchsdauer so gewählt werden, daß die Konzentrationsänderung die Rohrenden nicht erreicht, d. h. daß $\left(\frac{\partial c_1}{\partial z}\right)_{z=L}$ immer Null ist (vgl. Abb. 1−3, $t < t_L$).

Bei der *Strömungsmethode* (Abb. 1−7) wird eine Komponente durch eine Kapillare geleitet und die zweite Komponente an irgendeiner Stelle zudosiert. Gemessen wird die Konzentration der zweiten Komponente an der Markierungsstelle und an einer Stelle stromab- oder -aufwärts, sowie die Strömungsgeschwindigkeit. Der Diffusionskoeffizient des binären Systems läßt sich dann aus dem Vergleich der beiden Konzentrationsmessungen bestimmen. Der Einfluß des Strömungszustands in der Kapillare kann ausgeschaltet werden, wenn man eine Mischkammer einbaut, in welche die zweite Komponente kontinuierlich zugegeben wird und die zweite Konzentrationsmes-

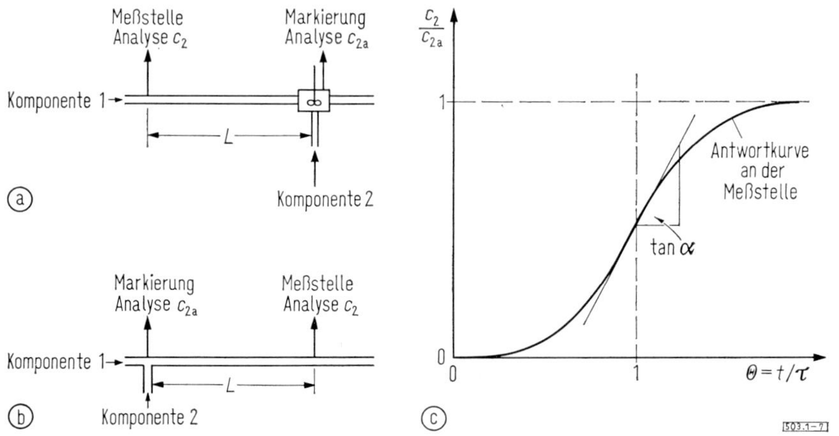

Abb. 1−7. Messung des Diffusionskoeffizienten nach der Strömungsmethode (Erläuterung im Text)

sung an einer stromaufwärts gelegenen Stelle durchführt. Die Auswertung der Meßergebnisse wird dadurch wesentlich erleichtert.

Gemessen werden die Konzentration c_{2a} der zudosierten Komponente an der Markierungsstelle, ihre Konzentration c_2 an der zweiten Meßstelle sowie die Strömungsgeschwindigkeit u. Der Diffusionskoeffizient kann bei bekanntem Abstand $L = z_0 - z$ der beiden Meßstellen aus der Lösung

$$c_2 = c_{2a} \exp\left(-\frac{u}{D_{12}}[z_0 - z]\right) \qquad (1-60)$$

der Transportgleichung (Gl. 1−27) für den eindimensionalen Fall und den gegebenen stationären Zustand des Systems bestimmt werden.

Legt man die Meßstelle stromabwärts und verfolgt die zeitliche Konzentrationsänderung vom Beginn des Zudosierens der zweiten Komponente an, dann muß die Lösung (Gl. 1−48) der Transportgleichung (Gl. 1−27) für den instationären Zustand ausgewertet werden. Man differenziert Gl. (1−48) zweckmäßig nach $\Theta = t/\tau$, wobei $\tau = u/L$ ist, an der Stelle $\Theta = 1$

$$\left.\frac{\partial c_{2(L,t)}/c_{1a}}{\partial \Theta}\right|_{\Theta=1} = \frac{1}{2}\sqrt{\frac{uL}{\pi D_{12}}} = \tan\alpha \qquad (1-61)$$

und bestimmt D aus der Steigung $\tan\alpha$ der gemessenen Konzentrations-Zeit-Kurve. Dieses Verfahren wird häufig zur Ermittlung des turbulenten Diffusionskoeffizienten D_a angewendet [1]. Die Strömungsmethode zur Bestimmung von D_a kann variiert werden, wenn die zweite Komponente nicht kontinuierlich, sondern in Form eines möglichst einfachen Markierungsstoßes zugegeben und ihre Konzentration stromabwärts verfolgt wird. Die Auswertung der Messung durch Vergleich von Signal und Antwortkurve erfolgt am besten nach statistischen Methoden, die in der Literatur [2] eingehend beschrieben sind.

Die gemessenen Diffusionskoeffizienten von Gasen unter Normalbedingungen liegen in der Größenordnung von 0,01 bis 1 m^2/h. Einige Werte sind in Tab. 1−2 aufgeführt.

Messung in Flüssigkeiten. Zur Messung des Diffusionskoeffizienten in Flüssigkeiten wendet man prinzipiell die gleichen Methoden an wie bei Gasen.

Bei der statischen Messung im senkrecht angeordneten Rohr kann man unter Umständen auf den Trennschieber verzichten, wenn man die leichtere Komponente zuerst einfüllt und sie mit der schwereren vorsichtig unterschichtet.

Neben der beschriebenen Apparatur (Abb. 1−3) verwendet man für Diffusionsmessungen in Flüssigkeiten noch eine Versuchsanordnung, bei der zwei übereinanderliegende Behälter durch ein enges Rohr oder ein Diaphragma verbunden sind (Abb. 1−8a). Die Behälter werden mit Lösungen unterschiedlicher Konzentration gefüllt und der Hahn geöffnet. Durch die Diffusion ändert sich die ursprünglich sprungförmige Konzentrationsverteilung im Rohr, wie Abb. 1−8b zeigt. Wenn man in einem engen Konzentrationsintervall mißt, ist der Diffusionskoeffizient konstant, im stationären Zustand ($t \to \infty$), der praktisch nach einigen Stunden erreicht ist, ändert sich die Konzen-

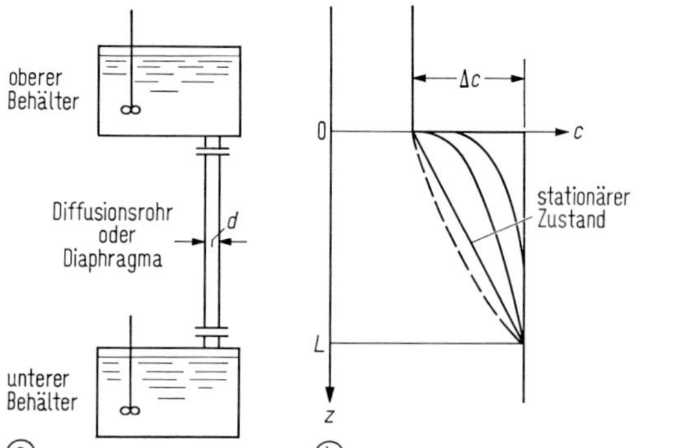

Abb. 1−8. Anordnung zur Messung von Diffusionskoeffizienten in Flüssigkeiten. *a* Anordnung; *b* Konzentrationsverlauf im Diffusionsrohr der Länge *L* mit der Zeit als Parameter. Die gestrichelte Kurve entspricht dem stationären Zustand ($t \to \infty$), wenn *D* konzentrationsabhängig ist.

Tab. 1—2. Diffusionskoeffizienten einiger Stoffgemische (nach [3])

Diffundierender Stoff	Druck [mm QS]	Temperatur [°C]	Diffusionskoeffizient [m²/h] in Luft	Wasserstoff	Kohlendioxid
Äthylalkohol	760	0	0,0366	0,1361	0,0247
	760	66,9	0,0531	0,1948	0,0369
Benzol	760	0	0,0270	0,1058	0,0189
	760	45	0,0364	0,1437	0,0257
n-Butylalkohol	760	0	0,0245	0,0978	0,0171
	760	99,05	0,0455	0,1816	0,0305
Diäthyläther	760	0	0,0279	0,1065	0,0199
	760	19,9	0,0321	0,1227	0,0229
Methylalkohol	760	0	0,0477	0,180	0,0317
	760	49,6	0,0652	0,243	0,0444
Kohlenmonoxid	760	0	—	0,2343	0,0493
Kohlendioxid	740	0./.20	0,05	0,22	—
n-Propylalkohol	760	0	0,0289	0,1135	0,0208
	760	83,5	0,0496	0,1956	0,0351
Schwefelkohlenstoff	760	0	0,0321	0,1328	0,0226
Stickstoff	760	15	—	0,2675	0,0569
Wasserdampf	735,5	0	0,083	0,278	0,051
	735,5	100	0,146	—	—
Wasserstoff	760	0	0,220	—	0,198
p-Wasserstoff	760	0	—	0,4626	—

tration linear über die Rohrlänge. Es gilt dann gemäß Gl. (1—10)

$$\Phi = \text{const.} = -D_{12}\,\triangle c/L = \frac{G\cdot 4}{t_1 \pi d^2} \qquad (1-62)$$

Nach dieser Beziehung kann der Diffusionskoeffizient aus der in der Zeit t_1 zwischen den Behältern übergehenden Stoffmenge G und der praktisch konstant bleibenden Konzentrationsdifferenz berechnet werden (bei Verwendung eines Diaphragmas muß zuerst dessen äquivalenter Durchmesser durch Eichung ermittelt werden).

Wenn der Diffusionskoeffizient stark konzentrationsabhängig ist, dann ist die Konzentrationsverteilung im stationären Zustand längs des Rohres nicht mehr linear, sondern verläuft wie die gestrichelte Kurve in Abb. 1—8b. In diesem Fall genügt es nicht, die Konzentration in den beiden Behältern zu kennen, man muß vielmehr den Konzentrationsverlauf im Rohr messen. Der örtliche Diffusionskoeffizient wird daraus durch Differentiation bestimmt und kann exakt der jeweiligen Konzentration zugeordnet werden. Für die Konzentrationsmessung eignen sich besonders physikalische Analysenmethoden, wie Messung des Brechungsindex, der elektrischen Leitfähigkeit, der Dielektrizitätskonstante usw. sowie Verfahren mit radioaktiven Tracern, weil sie noch geringe Konzentrationsunterschiede gut auflösen. Dies ist bei der Messung in flüssigen Phasen besonders wichtig, da die Diffusion wesentlich langsamer verläuft als in Gasen und sich infolgedessen der erwünschte stationäre Zustand langsamer einstellt. Um die Anlaufzeiten zu verkürzen, geht man von geringeren Konzentrationsdifferenzen aus und arbeitet mit kleineren Apparaturen.

Die in Flüssigkeiten gemessenen Diffusionskoeffizienten liegen zwischen 10^{-5} und 10^{-7} m²/h (vgl. Tab. 1—3).

Messung in festen Stoffen. Die Diffusion in festen Stoffen, als Folge von Fehlordnungen in Kristallen, unterscheidet sich von der in Gasen und Flüssigkeiten durch die geringe Beweglichkeit der Teilchen, d. h. durch einen wesentlich kleineren Diffusionskoeffizienten, der außerdem stark konzentrationsabhängig ist. Zu seiner Bestimmung müssen deshalb die Konzentrationsänderungen in dünnen Schichten gemessen werden.

Die Versuchsanordnung wird so gewählt, daß man zwei Proben unterschiedlicher Zusammensetzung miteinander in Kontakt bringt, was durch Aufeinanderpressen, Schweißen usw. geschehen kann. Die Proben werden nach Versuchsende zerschnitten und chemisch, spektroskopisch oder mit verschiedenen metallographischen Methoden analysiert. Als Ergebnis erhält man ein Konzentrations-Orts-Diagramm, wie es qualitativ bereits in Abb. 1—3 dargestellt ist. Bei konzentrationsabhängigen Diffusionskoeffizienten fällt der Wendepunkt der in Abb. 1—3 gestrichelt gezeichneten Kurve nicht mehr mit der Ebene $z=0$ zusammen. Diese ist auch nicht mehr durch $c_{1(0,t)} = (c_{1e} + c_{1a})/2$ gegeben, sondern muß nun aus der Bedingung bestimmt werden, daß die aus dem Bereich $z>0$ diffundierte Stoffmenge gleich der ist, die man nach dem Versuch im Bereich $z<0$ findet. Es muß also für eine bestimmte Versuchsdauer t

$$\int_{z=0}^{\infty} (c_{1a} - c_1)\,\mathrm{d}z = \int_{z=0}^{-\infty} (c_1 - c_{1e})\,\mathrm{d}z \qquad (1-63)$$

sein, was in Abb. 1—3 durch die schraffierte Fläche angedeutet ist.

Der Diffusionsvorgang wird bei konzentrationsabhängigem D durch

$$\frac{\partial c}{\partial t} = \frac{\partial}{\partial z}\left(D_{12}\frac{\partial c}{\partial z}\right) \qquad (1-64)$$

Tab. 1 – 3. Diffusion in Flüssigkeiten (nach versch. Autoren, vgl. [4])

Diffundierender Stoff	Lösungsmittel	Konzentration	Temperatur [°C]	$D \cdot 10^5$ [m²/h]
Allylalkohol	Wasser		25	0,43
Äthanol	Wasser		25	0,46
Benzol	Tetrachlorkohlenstoff		25	0,55
Benzol	n-Heptan	50 mol %	25	0,89
Glycerin	Wasser		25	0,34
Glycerin	Äthanol		25	0,20
Jod	Methanol	0,1 n	20	0,565
Jod	n-Heptan	0,1 n	20	0,86
Kaliumchlorid	Wasser	0,2 m	25	0,67
Kaliumchlorid	Wasser	2,0 m	25	0,68
Kohlendioxid	Wasser		25	0,525
Kohlendioxid	Äthanol		25	1,44
Methanol	Wasser	0,25 mol %	18	0,49
Schwefelkohlenstoff	n-Heptan	50 mol %	25	1,285
Tetrachlorkohlenstoff	Cyclohexan		25	0,54
Tetrachlorkohlenstoff	Benzol		25	0,73
Wasser	Glycerin		25	0,007
Wasserstoff	Wasser		18	1,29

Tab. 1 – 4. Diffusion in festen Stoffen (nach [5])

Diffusionsmedium	diff. Stoff	Anteil [%]	Temperatur [°C]	D [m²/h]
Blei	Gold	0,03...0,09	100	$0,83 \cdot 10^{-9}$
Blei	Gold	0,03...0,09	300	$0,54 \cdot 10^{-6}$
α-Eisen	Silicium	4,5...7,1	1095	$0,54 \cdot 10^{-8}$
α-Eisen	Silicium	4,5...7,1	1249	$1,80 \cdot 10^{-8}$
Kupfer	Zink	α-Messing	350	$2,09 \cdot 10^{-11}$
Kupfer	Zink	β-Messing	350	$0,45 \cdot 10^{-9}$
Silber	Zink	7,99	750	$1,65 \cdot 10^{-9}$
Silber	Zink	15,49	750	$2,52 \cdot 10^{-9}$
Germanium	Kupfer		825	$0,45 \cdot 10^{-5}$
Germanium	Zinn		837	$1,98 \cdot 10^{-11}$
Silberbromid	Natrium		300	$0,83 \cdot 10^{-9}$
Silberbromid	Silber		280	$1,65 \cdot 10^{-8}$
Silberbromid	Silber		300	$0,37 \cdot 10^{-7}$
Silberjodid	Kupfer		178	$0,48 \cdot 10^{-5}$
Silberjodid	Kupfer		428	$1,23 \cdot 10^{-5}$

(Gl. 1 – 11, eindimensionaler Fall) beschrieben, wenn man den Ursprung des Koordinatensystems in die nach Gl. (1 – 63) definierte Ebene legt. Aus der Lösung von Gl. (1 – 64) erhält man für den Diffusionskoeffizienten die Beziehung

$$D_{12}(c) = \frac{1}{2t}\,\frac{\mathrm{d}z}{\mathrm{d}c_1}\int\limits_{c_1-c_{1e}}^{c_{1a}-c_1} z\,\mathrm{d}c_1 \qquad (1-65)$$

Da die Konzentration als Funktion der Ortskoordinate aus der Messung bekannt ist, kann $D_{12}(c)$ aus Gl. (1 – 65) bestimmt werden, indem man die Konzentrations-Orts-Kurve nach c differenziert und über z integriert. Dabei dürfen wiederum nur solche Meßkurven ausgewertet werden, bei denen die Konzentrationsänderung noch nicht die Grenzen des Systems erreicht hat.

Die Verschiebung der Trennebene als Folge nicht-äquimolekularen Teilchenaustausches in metallischen Mischkristallen bezeichnet man als KIRKENDALL-Effekt und die nach Gl. (1 – 63) definierte Trennebene als MATANO-Ebene, die in Abb. 1 – 3 eingezeichnet ist. Werden z. B. eine Messing- und eine Kupferprobe in Kontakt gebracht, dann diffundiert mehr Zink in die Kupferprobe als umgekehrt Kupfer in das Messing, wodurch sich die Trennebene um einige hundertstel Millimeter verschiebt. Der Vorgang kann mit der Bildung mikroskopisch sichtbarer Löcher und äußeren Deformationen verbunden sein.

Die in Feststoffen gemessenen Diffusionskoeffizienten liegen mit 10^{-5} bis kleiner 10^{-15} m²/h bei Raumtemperatur extrem niedrig. Einige Werte für Fremddiffusion in Metallen sowie Fremd- und Selbstdiffusion in Ionenkristallen und Halbleitern bei erhöhter Temperatur sind in Tab. 1 – 4 zusammengestellt. Die starke Konzentrationsabhängigkeit von D_{12} ist an dem Beispiel Silber/Zink deutlich zu erkennen. Die Temperaturabhängigkeit (vgl. System Blei/Gold) kann durch den Ansatz

$$D_{12} = D_0 \exp - (E_D/RT) \qquad (1-66)$$

wiedergegeben werden, wobei sich die Werte der „Diffusionsaktivierungsenergie" E_D in der Größenordnung von 10 bis 100 kcal/mol*) bewegen.

1.3.2. Theoretische Berechnung

Für die theoretische Berechnung des Diffusionskoeffizienten existieren viele Ansätze, die zum Teil noch nicht ausreichend überprüft sind. In dem folgenden kurzen Überblick sind deshalb nur die wichtigsten und weitgehend gesicherten Beziehungen angegeben. Im allg. stimmen die für verdünnte Gase berechneten Werte gut mit den gemessenen überein, während die Ergebnisse für dichte Gase und Flüssigkeiten weniger befriedigen.

Gase. Die ersten Ansätze zur Berechnung des Diffusionskoeffizienten in verdünnten Gasen auf der Grundlage der kinetischen Gastheorie machen die Annahme, daß die Moleküle harte Kugeln sind, die sich alle mit der gleichen Geschwindigkeit längs der Achsen eines Koordinatensystems bewegen. D hängt dann von dieser mittleren Geschwindigkeit $\bar{u}$ der Moleküle und ihrer mittleren freien Weglänge $\bar{\lambda}$ ab:

$$D_{12} = \tfrac{1}{3} \bar{u} \bar{\lambda} \qquad (1-67)$$

Das Kugelmodell, nach dem sich die Moleküle ohne gegenseitige Beeinflussung bis auf den Abstand σ (= Durchmesser der harten Kugel, vgl. Abb. 1-9)

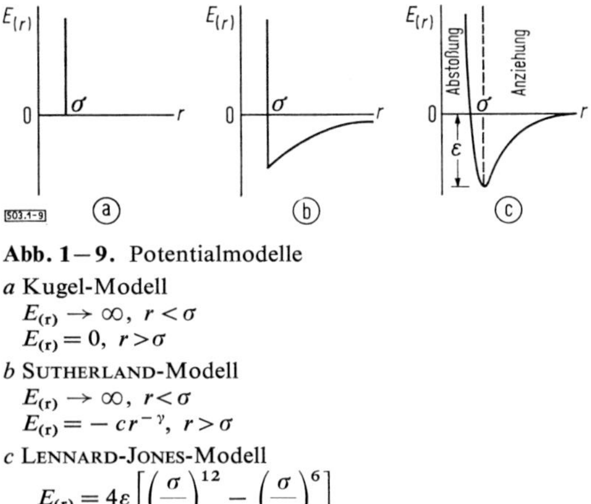

Abb. 1-9. Potentialmodelle

a Kugel-Modell

$E_{(r)} \to \infty, \; r < \sigma$

$E_{(r)} = 0, \; r > \sigma$

b SUTHERLAND-Modell

$E_{(r)} \to \infty, \; r < \sigma$

$E_{(r)} = -cr^{-\gamma}, \; r > \sigma$

c LENNARD-JONES-Modell

$$E_{(r)} = 4\varepsilon \left[\left(\frac{\sigma}{r} \right)^{12} - \left(\frac{\sigma}{r} \right)^{6} \right]$$

nähern können, liefert für tiefe Temperaturen zu große und für hohe Temperaturen zu kleine Werte des Diffusionskoeffizienten. Offenbar können die zwischenmolekularen Kräfte bei der Berechnung von D nicht vernachlässigt werden. Der Diffusionsvorgang verläuft bei tiefen Temperaturen langsamer, weil der Molekülzusammenstoß in Wirklichkeit elastisch und damit weicher ist. Bei hoher Temperatur ist die mittlere Geschwindigkeit der Moleküle größer, sie können eng aneinander vorbei fliegen, d. h. der Diffusionsvorgang wird beschleunigt.

Dieser Tatsache trägt die Theorie von CHAPMAN und ENSKOG Rechnung, die auf einer mathematisch umfassenderen Lösung der BOLTZMANN-Gleichung beruht. Sie wurde für verdünnte, einatomige Gase sowie für binäre Mischungen entwickelt und von CURTISS und HIRSCHFELDER auf Mehrkomponentensysteme ausgedehnt. Danach errechnet sich der binäre Diffusionskoeffizient aus der Beziehung

$$D_{12} = 6{,}67 \cdot 10^{-4} \frac{T^{3/2} \sqrt{(M_1 + M_2)/M_1 M_2}}{p \sigma_{12}^2 I_{LJ}} \; [\mathrm{m^2/h}] \qquad (1-68)$$

Dabei ist der Gesamtdruck $p = p_1 + p_2$ in atm einzusetzen; die Größe $\sigma_{12} = (\sigma_1 + \sigma_2)/2$ ergibt sich aus den gaskinetisch wirksamen Moleküldurchmessern σ_1 und

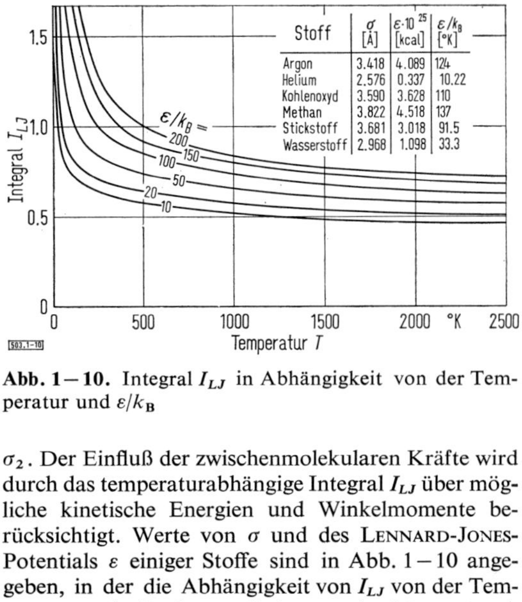

Abb. 1-10. Integral I_{LJ} in Abhängigkeit von der Temperatur und ε/k_B

σ_2. Der Einfluß der zwischenmolekularen Kräfte wird durch das temperaturabhängige Integral I_{LJ} über mögliche kinetische Energien und Winkelmomente berücksichtigt. Werte von σ und des LENNARD-JONES-Potentials ε einiger Stoffe sind in Abb. 1-10 angegeben, in der die Abhängigkeit von I_{LJ} von der Temperatur und ε/k_B dargestellt ist. σ und ε können auch aus den Daten am kritischem Punkt über die Korrelationen

$$\varepsilon = 0{,}77 k_B T_c$$

und

$$\sigma = 2{,}44 \cdot 10^{-8} \cdot \sqrt[3]{\frac{T_c}{p_c}} \; [\mathrm{m}] \qquad (1-69)$$

abgeschätzt werden, wobei der Druck in atm einzusetzen ist.

Wenn der Partialdruck einer Komponente sehr klein ist ($p_2 \gg p_1$), reduziert sich Gl. (1-68) auf den Ausdruck

$$D_{12} = 4{,}72 \cdot 10^{-4} \frac{T^{3/2} \sqrt{\frac{1}{M}}}{p \sigma^2 I_{LJ}} \; [\mathrm{m^2/h}] \qquad (1-70)$$

---

* $\frac{1\ \mathrm{cal}}{4{,}1868} = 1\ \mathrm{J}$

Häufig wurde zur Berechnung von D_{12} auch die halbempirische Beziehung (vgl. auch [4])

$$D_{12} = \frac{1{,}52 \cdot 10^{-3}\, T^{3/2} \sqrt{(M_1 + M_2)/M_1 M_2}}{p(\Sigma v_1^{1/3} + \Sigma v_2^{1/3})^2} \; [\mathrm{m^2/h}] \qquad (1-71)$$

herangezogen, in welcher σ durch die Summe der Atomvolumina v (Zahlenwerte nach Tab. 1 – 5) ersetzt ist. Die Temperaturkorrektur zur Berücksichtigung der zwischenmolekularen Kräfte kann hier über die SUTHERLAND-Konstante $C_s \approx 1{,}47 \cdot T_b\,[^\circ\mathrm{K}^{-1}]$ mit dem Faktor $1/(1 + C_s/T)$ vorgenommen werden (T_b = BOYLE-Temp.).

Tab. 1 – 5. Atomvolumina (nach [6])

Stoff	v	Stoff	v
Benzol-Ring	– 15	Sauerstoff	7,4 ... 12
Brom	27	Schwefel	25,6
Chlor	24,6	Stickstoff	10,5 ... 15,6
Kohlenstoff	14,8	Wasserstoff	3,7
Luft	29,9	Wasserstoff,	
Naphthalin-Ring	– 30	molekular	14,3

Beispiel: Berechnung von D_{12} für die Diffusion von CO in Wasserstoff bei0 °C, 1 atm. Nach Tab. (1 – 5) ist $v_{CO} = 14{,}8 + 7{,}4 = 22{,}2$, $v_{H_2} = 14{,}3$. Mit $M_{CO} = 28{,}01$ und $M_{H_2} = 2{,}016$ ergibt sich nach Gl. (1 – 71) ein Wert von $D = 0{,}1824\ \mathrm{m^2h}$. Aus Gl. (1 – 68) errechnet man mit $\varepsilon_{12} = \sqrt{\varepsilon_1 \varepsilon_2} = \sqrt{1{,}098 \cdot 3{,}628} \cdot 10^{-25}\ \mathrm{kcal} = 1{,}996 \cdot 10^{-25}\ \mathrm{kcal}$, $\sigma_{12} = (\sigma_1 + \sigma_2)/2 = 3{,}279$ Å (Gl. 1 – 69) und $I_{LJ} = 0{,}84$ (Abb. 1 – 10) den etwas genaueren Wert $D = 0{,}2438\ \mathrm{m^2/h}$ (nach Tab. 1 – 2 $D_{exp} = 0{,}2343\ \mathrm{m^2/h}$).

Aus den theoretischen Beziehungen geht hervor, daß der Diffusionskoeffizient in Gasen mit steigender Temperatur zu und mit steigendem Druck abnimmt. Es ist

$$D \sim T^{3/2} \cdot p^{-1} \qquad (1-72)$$

Flüssigkeiten. Zur überschlägigen Berechnung des Diffusionskoeffizienten in Flüssigkeiten benutzt man die empirische Beziehung

$$D_{12} = \frac{1{,}3 \cdot 10^{-10}}{C_1 C_2 \sqrt{\eta}\, (\Sigma v_1^{1/3} + \Sigma v_2^{1/3})^2} \times \sqrt{(M_1 + M_2)/M_1 M_2} \; [\mathrm{m^2/h}] \qquad (1-73)$$

v_1, v_2, M_1 und M_2 haben die gleiche Bedeutung wie in Gl. (1 – 68), η ist die dynamische Zähigkeit des Lösungsmittels, C_1 ist ein Korrekturfaktor, der die Assoziation der gelösten Moleküle berücksichtigt. Für gelöste Gase ist $C_1 = 1$, für assoziierende Stoffe ist $C_1 > 1$. Der Faktor C_2 ist für nicht-assoziierende Flüssigkeiten gleich 1, für Wasser 4,7 und für Alkohole 2.

Unter Berücksichtigung des Temperatureinflusses auf die dynamische Zähigkeit ergibt sich aus Gl. (1 – 73), daß der Diffusionskoeffizient in Flüssigkeiten bei konstantem Druck mit steigender Temperatur zunimmt:

$$D \sim e^{-b'/T} \qquad p = \mathrm{const} \qquad (1-74\,a)$$

Aus dem Druckeinfluß auf die Zähigkeit erkennt man, daß steigender Druck den Diffusionskoeffizienten verringert:

$$D \sim e^{b''-p} \qquad T = \mathrm{const} \qquad (1-74\,b)$$

2. Gesetzmäßigkeiten des Stoffübergangs

In Teil 1 wurden die Gesetzmäßigkeiten für den Stofftransport durch reine Diffusion und durch freie und erzwungene Konvektion innerhalb einer Phase behandelt. Die Transportvorgänge wurden in Differentialgleichungen erfaßt, die für gegebene Rand- und Anfangsbedingungen gelöst werden konnten.

Im Teil 2 soll der Stofftransport durch die Grenzfläche zwischen zwei Phasen, z. B. zwischen einerFlüssigkeit und einem Gas, einem Feststoff und einem Gas, einem Feststoff und einer Flüssigkeit oder zwischen zwei nicht mischbaren Flüssigkeiten betrachtet werden. Diesen Vorgang bezeichnet man in Analogie zum Wärmeübergang als Stoffübergang.

Der Stoffübergang wird durch eine Stoffübergangszahl erfaßt, die im Gegensatz zum Diffusionskoeffizienten keine reine Stoffgröße ist, sondern auch von der Hydrodynamik des Systems abhängt. Da die Zusammenhänge recht komplex sind und sich nur in wenigen Fällen mathematisch exakt beschreiben lassen, korreliert man die den Stoffübergang bestimmenden Einflußgrößen, ähnlich wie beim Wärmeübergang, in Form dimensionsloser Kennzahlen, deren Abhängigkeiten experimentell bestimmt werden müssen.

Unklarheiten bestehen immer noch über den Mechanismus des Stoffübergangs. Zu seiner quantitativen Beschreibung hat man Modellvorstellungen entwickelt.

2.1. Vorstellungen über den Mechanismus des Stoffübergangs

Der einfachste Fall ist der Stoffübergang zwischen zwei reinen Phasen. Technisch bedeutsamer ist das Problem, daß eine dritte Komponente mit unterschiedlicher Konzentration in den beiden Phasen enthalten ist und über die Grenzfläche transportiert wird.

Damit sich der Phasenwechsel vollziehen kann, muß die Übergangskomponente in einem ersten Schritt zu der Phasengrenze, in einem zweiten über die Phasengrenze und schließlich in einem dritten Schritt von dieser hinweg transportiert werden.

2.1.1. Unbewegte oder laminar strömende Phasen

In unbewegten oder laminar strömenden Phasen mit stabiler Grenzfläche erfolgt der An- und Abtransport der Übergangskomponente über einen Diffusionsmechanismus, er kann mit den in Teil 1 abgeleiteten Diffusionsgesetzen erfaßt werden.

Unbewegte Phasen. Als Beispiel für den Stoffübergang zwischen unbewegten Phasen wird die in Abschn. 1.2.1 behandelte stationäre Diffusion einer Komponente durch eine stagnierende Schicht der Dicke L betrachtet (vgl. Abb. 1−2). Die transportierte Stoffmenge ergab sich, für Flüssigkeiten auf Konzentrationseinheiten bezogen, nach Gl. (1−33) zu

$$\dot{n}_1 = D_{12}\frac{c_{1a} - c_{1e}}{L}$$

und für Gase, auf Partialdrücke bezogen, nach Gl. (1−34) zu

$$\dot{n}_1 = \frac{D_{12}}{RT}\,\frac{p}{p-\bar{p}_1}\,\frac{p_{1a} - p_{1e}}{L}$$

Hierbei ist c_{1a} bzw. p_{1a} die Konzentration bzw. der Partialdruck der diffundierenden Komponente an der Grenzfläche; die Komponente befindet sich dort im Gleichgewicht mit der abgebenden Phase; c_{1e} bzw. p_{1e} sind die Werte an der anderen Begrenzung der stagnierenden Schicht. Rein formal kann man in Gl. (1−33) den als konstant angenommenen Diffusionskoeffizienten und die Schichtdicke zu der Größe

$$\beta_1 = \frac{D_{12}}{L} \qquad (2-1)$$

zusammenfassen und schreiben

$$\dot{n}_1 = \beta_1(c_{1a} - c_{1e}) \qquad (2-2)$$

Der Proportionalitätsfaktor β_1 zwischen dem Stoffstrom und der treibenden Konzentrationsdifferenz wird partielle Stoffübergangszahl oder kurz *Stoffübergangszahl* genannt. Sie hat nach Gl. (2−1) die Dimension [m/h].

Analog läßt sich Gl. (1−34) mit

$$\beta_1 = \frac{D_{12}}{RT}\,\frac{p}{L(p-\bar{p}_1)} \qquad (2-3)$$

in die Beziehung

$$\dot{n}_1 = \beta_1(p_{1a} - p_{1e}) \qquad (2-4)$$

überführen (bei zweiseitiger Diffusion entfällt der Faktor $p/(p-\bar{p}_1)$). Die auf Partialdrücke bezogene Stoffübergangszahl hat die Dimension [mol/m² · h · at].

Die Stoffübergangszahl ist also durch das Verhältnis des Stoffstroms zu einer Konzentrations-, Partialdruck- oder Molenbruchdifferenz definiert, ihre Dimension ist von den Einheiten abhängig, die man für diese Größen wählt. Als Stoffstrom wird im allg. die durch Diffusion und Konvektion pro Einheit der Grenzfläche übergehende Stoffmenge eingesetzt. Manche Autoren beziehen die Stoffübergangszahl gemäß (vgl. Gl. 1−25)

$$\dot{n}_1 - x_1(\dot{n}_1 + \dot{n}_2) = \beta_1'\,\Delta x_1 \qquad (2-5)$$

allein auf den Diffusionsstrom, weil nur dieser von Δc, Δp oder Δx abhängt.

Die Diffusion durch eine unbewegte Phase spielt, wie schon angedeutet, in der Trocknungstechnik bei der Verdunstung von einer feuchten Oberfläche eine Rolle. Der Index 1 würde sich dann z. B. auf Wasserdampf, der Index 2 auf Luft beziehen; p_{1e} wäre der Wasserdampfpartialdruck in der an eine Pore des Trocknungsgutes angrenzenden Luft, p_{1a} der Sattdampfdruck des in der Pore befindlichen Wassers.

Laminar strömende Phasen, Penetrationsmodell. Ein Beispiel für den Stoffübergang bei laminarer Bewegung ist die bereits besprochene Diffusion im Rieselfilm (vgl. Abschn. 1.2.2, Abb. 1−4). Die dort angenommenen Randbedingungen sind erfüllt, wenn die Konzentration der übergehenden Komponente in der abgebenden Phase konstant und an der Grenzfläche genau so groß wie im Phaseninnern ist (wie bei der Gasabsoprtion ohne Trägergas oder bei geringem Stoffstrom der Übergangskomponente).

Der an der Stelle $x = u_x t$ übergehende Stoffstrom ergibt sich gemäß Gl. (1−43) aus der Konzentration zu

$$\Phi_{1(x,z=0)} = -D_{12}\left.\frac{\partial c_1}{\partial z}\right|_{z=0} = (c_{1a} - c_{1e})\sqrt{\frac{D_{12}}{\pi x/u_x}} = (c_{1a} - c_{1e})\sqrt{\frac{D_{12}}{\pi t}} \qquad (2-6)$$

Den im Mittel übergehenden Stoffstrom erhält man daraus durch Integration über die Länge des Rieselfilms bzw. über die Verweilzeit $\tau = L_1/u_{x0} = \frac{2}{3}L_1/\bar{u}_x$ ($u_{x0} = u_{x(0,x)}$; vgl. Abb. (1−4), S. 142):

$$\Phi_1 = \frac{1}{\tau}\int_0^{\tau}\Phi_{1(x,z=0)}\,dt = 2(c_{1a} - c_{1e})\sqrt{\frac{D_{12}}{\pi\tau}} = \dot{n}_1 \qquad (2-7)$$

Durch Vergleich von Gl. (2−7) mit dem Ansatz $\dot{n}_1 = \beta_1(c_{1a} - c_{1e})$ ergibt sich die Stoffübergangszahl in diesem Fall zu

$$\beta_1 = 2\sqrt{\frac{D_{12}}{\pi t}} = 2\sqrt{\frac{D_{12}}{\pi\tau}}$$

oder

$$\beta_1 = 2\sqrt{\frac{D_{12}u_{x0}}{L_1\pi}} = \sqrt{\frac{6}{\pi}\,\frac{D_{12}\bar{u}_x}{L_1}} \qquad (2-8)$$

Das besprochene Beispiel entspricht den Vorstellungen des von Higbie [7] entwickelten Penetrationsmodells, nach welchem der Stoffübergang zwischen laminar bewegten Phasen durch zeitlich begrenzte und instationäre Diffusion in eine räumlich unbegrenzte Phase erfolgt. Während der Zeit τ verweilt die abgebende Phase in der laminar strömenden, aufnehmenden Phase. Diese Verweilzeit τ wird mit der Austauschzeit t gleichgesetzt.

2.1.2. Turbulent strömende Phasen

Bei turbulent strömenden Phasen gehen die Vorstellungen über den Transportmechanismus auseinander. Zur Diskussion stehen im wesentlichen zwei theoretische Modelle gegensätzlicher Konzeption.

Zweifilmmodell. Das von WHITMAN [8] und LEWIS [9] entwickelte Zweifilmmodell geht davon aus, daß sich an der Grenzfläche zwischen zwei mit unterschiedlicher Geschwindigkeit strömenden Phasen auf jeder Seite ein dünner Film ausbildet, durch den die übergehende Komponente diffundieren muß (Abb. 2—1a). Diese beiden Grenzfilme existieren nicht wirklich, sondern sind ein Gedankenmodell, um den Stoffübergang erfassen zu können. Sie sollen, unabhängig vom Bewegungszustand der Phasen, laminar strömen; ihre Dicke kann je nach Medium verschieden sein und soll sich mit der Strömungsgeschwindigkeit ändern.

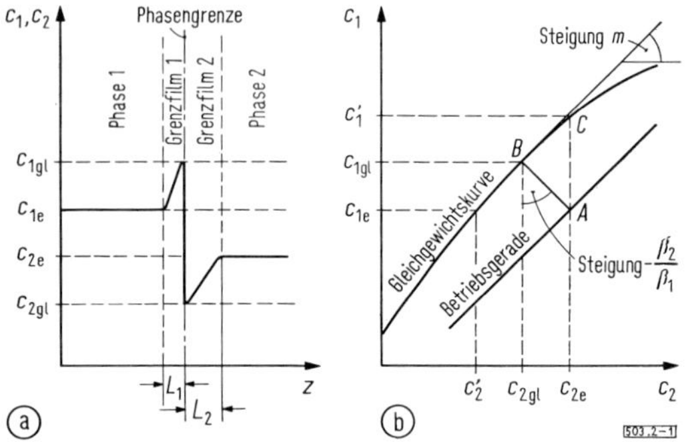

Abb. 2—1. Zweifilmmodell

Hauptgedanke des Zweifilmmodells ist, daß sich die Konzentrationen der Übergangskomponente innerhalb der Filme auf die Werte an der Phasengrenze einstellen. An der Phasengrenze soll sich die Übergangskomponente im Gleichgewicht mit der jeweiligen Phase befinden. An der Phasengrenze bleibt also die den Gleichgewichtskonzentrationen entsprechende Konzentrationsdifferenz erhalten. In den Phasenkernen sollen durch ständige Vermischung konstante Konzentrationen vorliegen, die z. B. bei einem Dreikomponentensystem infolge der unterschiedlichen Löslichkeit der Übergangskomponente in beiden Phasen verschieden sind. Der Stofftransport über die Phasengrenze selbst soll spontan erfolgen, d. h. nicht mit einem besonderen Übergangswiderstand verbunden sein.

Der sich aus diesen Vorstellungen ergebende Konzentrationsverlauf ist in Abb. 2—1a als dick ausgezogene Kurve dargestellt. Es besteht ein Konzentrationsgefälle in der Phase 2 vom Phasenkern zur Grenzfläche und in der Phase 1 von der Grenzfläche zum Phasenkern. Die Übergangskomponente wird deshalb von der Phase 2 abgegeben und von Phase 1 aufgenommen. Der Diffusionsstrom bewegt sich in dem gezeichneten Beispiel paradoxerweise in Richtung zunehmender Konzentration. Diese scheinbare Anomalität (die aus der Extraktion bekannt ist) verschwindet, wenn man anstelle der Konzentration das chemische Potential aufträgt. Die Gradienten der Konzentration und des chemischen Potentials sind nicht gleichgerichtet, wenn sich die Eigenschaften der Medien an der Phasengrenze sprunghaft ändern.

Die Konzentrationsverhältnisse sind in Abb. 2—1b veranschaulicht. Die Betriebsgerade charakterisiert das Nichtgleichgewicht zwischen den Phasen. Der Betriebspunkt A, der den in beiden Phasen tatsächlich vorliegenden Konzentrationen entspricht, ist durch c_{1e} und c_{2e} gegeben. Das Gleichgewicht zwischen der Übergangskomponente und den Phasen wird durch den Punkt B mit den Koordinaten c_{1gl} und c_{2gl} auf der Gleichgewichtskurve charakterisiert.

Nach dem skizzierten Modell berechnet sich der von Phase 2 nach Phase 1 übergehende Stoffstrom zu

$$\dot{n} = \beta_1 (c_{1gl} - c_{1e})$$

oder

$$\dot{n} = \beta_2 (c_{2e} - c_{2gl}) \qquad (2-9)$$

Die partiellen Stoffübergangskoeffizienten $\beta_1 = \dfrac{D_1}{L_1}$ und $\beta_2 = \dfrac{D_2}{L_2}$, die auch Filmkoeffizienten genannt werden, stehen danach mit den Konzentrationsdifferenzen über die Gleichung

$$\frac{\beta_2}{\beta_1} = -\frac{c_{1e} - c_{1gl}}{c_{2e} - c_{2gl}} \qquad (2-10)$$

in Beziehung. Das Verhältnis β_2/β_1 läßt sich als Steigung der Verbindungsgeraden AB aus Abb. 2—1b ablesen.

Da die Gleichgewichtskonzentrationen an der Phasengrenzfläche unter Betriebsbedingungen nicht meßbar sind, faßt man die beiden Gleichungen (2—9) mit Hilfe der *Stoffdurchgangszahl* k_1 oder k_2, auch als *totale Stoffübergangszahl* oder Gesamtfilmkoeffizient bezeichnet, zusammen und ersetzt c_{1gl} und c_{2gl} durch die fiktiven Gleichgewichtskonzentrationen c_1' bzw. c_2'. Damit wird

$$\dot{n} = k_1 (c_1' - c_{1e})$$

und

$$\dot{n} = k_2 (c_{2e} - c_2') \qquad (2-11)$$

Die Größe c_1' ist nach Abb. 2—1b die der Konzentration c_{2e} entsprechende Gleichgewichtskonzentration in der Phase 1 und c_2' ist der der Konzentration c_{1e} entsprechende Gleichgewichtswert in Phase 2. Die Konzentrationsdifferenz $c_1' - c_{1e}$ bzw. $c_{2e} - c_2'$ ist demgemäß die gesamte treibende Konzentrationsdifferenz zwischen den beiden Phasen und zwar in Konzentrationseinheiten einer Phase ausgedrückt.

Der Zusammenhang zwischen k_1, β_1 und β_2 kann folgendermaßen geschrieben werden:

$$\frac{1}{k_1} = \frac{1}{\beta_1} + \frac{1}{\beta_2}\left(\frac{c'_1 - c_{1\,gl}}{c_{2e} - c_{2\,gl}}\right) \qquad (2-12)$$

Der Kehrwert der Stoffdurchgangszahl (Stoffübergangszahl) wird als *Stoffdurchgangswiderstand* (Stoffübergangswiderstand) bezeichnet.

Gl. (2–12) zeigt die Additivität der Stoffübergangswiderstände.

Aus den Gln. (2–9) und (2–11) folgt

$$c_{1e} = \frac{\beta_1 c_{1gl} - k_1 c'_1}{\beta_1 - k_1}$$

Substitution in

$$\beta_1(c_{1gl} - c_{1e}) = \beta_2(c_{2e} - c_{2gl}) \qquad (2-9)$$

führt nach Ausrechnen auf

$$\beta_1\left[k_1 \frac{(c'_1 - c_{1gl})}{\beta_1 - k_1}\right] = \beta_2(c_{2e} - c_{2gl})$$

und ergibt schließlich Gl. (2–12).

Wenn die Gleichgewichtskurve, zumindest in engen Konzentrationsbereichen, durch eine Gerade mit der Steigung $m = (c'_1 - c_{1gl})/(c_{2e} - c_{2gl})$ dargestellt werden kann, z. B. bei Gültigkeit des NERNSTschen Verteilungssatzes $c'_1 = mc_{2e}$, $c_{1gl} = mc_{2gl}$, vereinfacht sich Gl. (2–12) zu

$$\frac{1}{k_1} = \frac{1}{\beta_1} + \frac{m}{\beta_2} \qquad (2-13a)$$

Analog gilt

$$\frac{1}{k_2} = \frac{1}{\beta_2} + \frac{1}{m\beta_1} \qquad (2-13b)$$

Bei Gültigkeit des HENRYschen Gesetzes kann die Steigung $m = HRT$ durch die HENRYsche Konstante H ausgedrückt werden.

Im allg. bezieht man die Stoffdurchgangszahl oder ihren Kehrwert, den Stoffdurchgangswiderstand, auf die Phase, die den größeren Stoffübergangswiderstand besitzt, z. B. bei der Absorption von Gasen auf die flüssige Phase. Wenn die Stoffübergangszahl einer Phase sehr klein ist, bestimmt sie die Stoffdurchgangszahl, und die Konzentration in der anderen Phase bleibt praktisch bis zur Phasengrenze gleich. Z. B. würde im Falle $\beta_1 \ll \beta_2$ die Stoffdurchgangszahl $k_1 = \beta_1$ sein und c_{2gl} nach c_{2e} rücken; der Punkt B verschiebt sich auf der Gleichgewichtslinie nach C.

Das Zweifilmmodell ist sehr anschaulich und geeignet, die Grundlagen des Stoffübergangs verständlich zu machen. Besonders hervorzuheben ist die relativ einfache mathematische Erfassung des Transportvorgangs, so daß auch komplizierte Probleme, bei welchen der Stoffübergang von einer chemischen Reaktion begleitet wird, noch geschlossen lösbar sind. Das Zweifilmmodell vermag viele Stoffübergangsprozesse, z. B. die Absorption von Gasen in turbulent strömenden Flüssigkeiten, mit hinreichender Genauigkeit zu beschreiben und wird mit Erfolg auch zur Auslegung der technischen Stoffaustauschapparaturen herangezogen.

Das Modell hat andererseits einen reichlich hypothetischen Charakter. Es ist daher nicht verwunderlich, daß bei etlichen Stoffübergangsmessungen Theorie und Experiment schlecht übereinstimmen. So versagt das Zweifilmmodell z. B. bei der Berechnung von Chemisorptionsvorgängen trotz Einführung von Hilfsvorstellungen.

Zusammenfassend ist zu sagen, daß das Zweifilmmodell eine gute Vorstellung von den Gleich- bzw. Nichtgleichgewichtsverhältnissen zwischen den stoffaustauschenden Phasen gibt, jedoch nichts über die Dynamik des Austauschvorgangs aussagt.

Diese Unzulänglichkeiten haben zu zahlreichen Versuchen geführt, bessere Modelle für die Beschreibung des Stoffübergangs zwischen zwei turbulent bewegten Phasen zu finden. Hierfür ist insbesondere die Weiterentwicklung des HIGBIEschen Penetrationsmodells zur Theorie der Oberflächenerneuerung durch DANCKWERTS [10] zu nennen.

Theorie der Oberflächenerneuerung. DANKWERTS geht, wie HIGBIE, von dem örtlichen Stoffstrom (Gl. 2–6)

$$\Phi_{(x,z=0)} = -D_{12} \left.\frac{\partial c}{\partial z}\right|_{z=0} = (c_{1a} - c_{1e})\sqrt{\frac{D_{12}}{\pi t}}$$

aus, postuliert aber zur Definition der Austauschzeit eine ständige Erneuerung der Volumenelemente an der Grenzfläche durch turbulente Durchmischung (Abb. 2–2). Es sollen Volumenelemente vom Phaseninnern an die Grenzfläche gelangen, dort nur eine gewisse Zeit mit der Gegenphase in Kontakt bleiben und

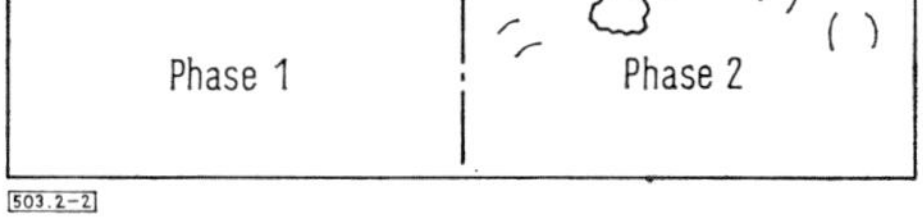

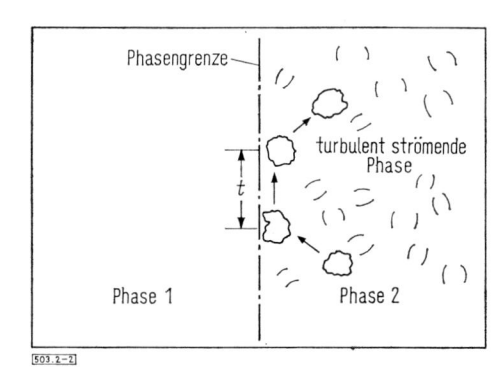

Abb. 2–2. Zur Theorie der Oberflächenerneuerung
t = Austauschzeit der Volumenelemente an der Phasengrenze

wieder ins Phaseninnere zurückkehren. Die Austauschzeit t ist demgemäß, im Gegensatz zum HIGBIEschen Penetrationsmodell, nicht gleich der Verweilzeit, sondern wird durch eine Wahrscheinlichkeitsdichtefunktion

$$\Psi(t) = \frac{1}{\tau'}\exp(-t/\tau') \qquad (2-14)$$

erfaßt. Die Größe τ' stellt dabei eine mittlere Aufenthaltsdauer an der Phasengrenze dar, ihr Kehrwert kann als Häufigkeit der Oberflächenerneuerung gedeutet werden.

Der im Mittel übergehende Stoffstrom berechnet sich unter dieser Vorstellung zu

$$\Phi = \int_0^\infty \Phi_{(x,z=0)} \Psi(t) \, \mathrm{d}t = \int_0^\infty (c_{1a} - c_{1e}) \sqrt{\frac{D_{12}}{\pi t}} \, \Psi(t) \, \mathrm{d}t$$

und schließlich

$$\Phi = (c_{1a} - c_{1e}) \sqrt{\frac{D_{12}}{\tau'}} = \dot{n}_1 \qquad (2-15)$$

Durch Vergleich von Gl. (2–15) mit der Definitionsgleichung von β, $\dot{n} = \beta(c_{1a} - c_{1e})$, Gl. (2–2), ersieht man, daß der Ausdruck $\sqrt{D/\tau'}$ formal einer Stoffübergangszahl entspricht.

Während das Filmmodell eine unmittelbare Proportionalität zwischen der Stoffübergangszahl und dem Diffusionskoeffizienten ergibt, sagen das Penetrationsmodell und die Theorie der Oberflächenerneuerung aus, daß der Stoffübergangskoeffizient der Quadratwurzel aus dem Diffusionskoeffizienten proportional ist, was mit Versuchsergebnissen besser übereinzustimmen scheint:

$$\beta \sim \sqrt{D}$$

Eine generelle Entscheidung, welches Modell zu bevorzugen ist, läßt sich jedoch nicht treffen.

2.1.3. Umfassendere Modelle

Die Kritik an den genannten Modellen geht dahin, daß sie die hydrodynamischen Gegebenheiten zu wenig berücksichtigen. Das Penetrationsmodell verlangt ein sicher nicht immer vorliegendes flaches Geschwindigkeitsprofil. Das Zweifilmmodell postuliert fiktive, laminar strömende Filme, die experimentell nicht nachzuweisen sind, die Theorie der Oberflächenerneuerung arbeitet mit der Oberflächenerneuerungshäufigkeit, für die Zahlenwerte nicht angegeben werden können. Demgegenüber berücksichtigt eine weitergehende Modellvorstellung, die sog. Grenzschichttheorie, auch die Impulsbilanz und gelangt dadurch zu einer zwar recht exakten, aber mathematisch sehr aufwendigen Beschreibung des Stofftransports. Die Ausgangsgleichungen sind gewöhnliche und partielle Differentialgleichungen meist nichtlinearen Charakters, die mit numerischen Verfahren angegangen werden müssen und nur für einfach gelagerte Fälle, wie z. B. Strömung längs einer ebenen Fläche, gelöst werden können. Die Lösungen für die Temperaturgrenzschicht können nur dann auf die Diffusionsgrenzschicht übertragen werden, wenn die Randbedingungen des Stoffübergangsproblems analog denen eines Wärmetransportvorgangs sind (vgl. Teil 3). Im einzelnen muß auf die Spezialliteratur [11] verwiesen werden.

Ferner gehen alle Modelle davon aus, daß der Stofftransport über die Grenzfläche widerstandslos erfolgen soll. Es konnte jedoch nachgewiesen werden [12], daß er mitunter durch Grenzflächenreaktionen beeinflußt wird, die einen Übergangswiderstand enthalten. Man muß bei flüssigen Phasen mit Umsolvatisierungsvorgängen, mit der Lösung und Bildung von Wasserstoffbrücken, sowie mit Assoziationen und Dissoziationen rechnen. Dadurch entsteht, entgegen den Vorstellungen der Filmtheorie vom Verteilungsgleichgewicht, an der Phasengrenze ein zusätzlicher Stofftransportwiderstand $1/\beta_r$ der wie folgt berücksichtigt werden muß:

$$\frac{1}{k_1} = \frac{1}{\beta_1} + \frac{m}{\beta_2} + \frac{1}{\beta_r}$$

Er kann bei sehr langsamer Grenzflächenreaktion und raschem z. B. durch Turbulenz verbessertem Stofftransport an die Grenzfläche geschwindigkeitsbestimmend sein, so daß die Mikrokinetik der Reaktion in den Vordergrund tritt.

2.2. Erfassung des Stoffübergangs durch Kenngrößengleichungen

Aus den Modellvorstellungen über den Stofftransport zwischen zwei Phasen geht hervor, daß die Stoffübergangszahlen sowohl von den Stoffeigenschaften der im Austausch stehenden Medien als auch von der Hydrodynamik und der Geometrie des Systems bestimmt werden. Die Abhängigkeiten sind so komplex, daß es nur für wenige einfache Fälle gelingt, die Transportgleichungen exakt zu lösen. Angeregt durch die Erfolge bei der Berechnung von Wärmeübergangsproblemen hat man sich daher bald bemüht, auch den Stoffübergang durch Kenngrößengleichungen zu erfassen.

2.2.1. Dimensionslose Kenngrößen

In die Stoffübergangskoeffizienten gehen im einzelnen die Diffusionskoeffizienten, die Dichten und die kinematischen Zähigkeiten der beiden Medien als Stoffeigenschaften ein. Die Hydrodynamik und die Geometrie des Systems werden durch Strömungsgeschwindigkeiten und charakteristische Längen repräsentiert. Weitere Einflußgrößen, wie die Erdbeschleunigung oder die Oberflächenspannung können hinzutreten.

Mit den Grundeinheiten Länge (L), Zeit (T) und Masse (M) lassen sich die (maßzahlfreien) Dimensionen der insgesamt neun Einflußgrößen bilden:

Stoffübergangszahl β	$[LT^{-1}]$
Diffusionskoeffizient D	$[L^2T^{-1}]$
Kinematische Zähigkeit ν	$[L^2T^{-1}]$
Dichte ϱ	$[ML^{-3}]$
Strömungsgeschwindigkeit u	$[LT^{-1}]$
Charakteristische Längen L_1, L	$[L]$
Erdbeschleunigung g	$[LT^{-2}]$
Oberflächenspannung σ	$[MT^{-2}]$

Nach dem BUCKINGHAMschen π-Theorem der Ähnlichkeitslehre ergeben sich hieraus $9-3=6$ unabhängige, dimensionslose Kenngrößen:

SHERWOOD-Zahl	$Sh = \beta \cdot L/D$
REYNOLDS-Zahl	$Re = u \cdot L/\nu$
SCHMIDT-Zahl	$Sc = \nu/D$
GALILEI-Zahl	$Ga = g \cdot L^3/\nu^2$
WEBER-Zahl	$We = \varrho \cdot u^2 \cdot L/\sigma$
Längenverhältnis	$\Gamma = L/L_1$

Die SHERWOOD-Zahl, die der NUSSELT-Zahl beim Wärmeübergang entspricht, charakterisiert das Verhältnis der effektiv übergehenden Stoffmenge zu der durch reine Diffusion transportierten. Die REYNOLDS-Zahl ist die gleiche wie beim Wärmeübergang. Der Mechanismus der Impulsübertragung und der Mechanismus des Stoffübergangs sind in der SCHMIDT-Zahl miteinander verknüpft, sie entspricht der PRANDTL-Zahl. Die GALILEI-Zahl berücksichtigt den Einfluß der Erdbeschleunigung auf den Stofftransport und die WEBER-Zahl den der Oberflächenspannung.

Für die Erfassung spezieller Stoffübergangsprobleme haben sich noch andere Kennzahlen wie

PÉCLET-Zahl	$Pe = u \cdot L/D = Re \cdot Sc$
STANTON-Zahl	$St = \beta/u = Sh/Re \cdot Sc$
FROUDE-Zahl	$Fr = u^2/gL = Re^2/Ga$

CHILTON-COLBURN-Faktor

$$j_D = \frac{\beta}{u}\left(\frac{\nu}{D}\right)^{2/3} = Sh\,Re^{-1}\,Sc^{-1/3}$$

als nützlich erwiesen. Sie lassen sich, wie oben angedeutet, durch Kombination der zuerst genannten Grundkennzahlen darstellen.

2.2.2. Kenngrößengleichungen

Das Ergebnis der Dimensionsanalyse läßt sich in einer Kenngrößengleichung

$$Sh = \mathrm{f}(Re, Sc, Ga, We, \Gamma) \qquad (2-16)$$

zusammenfassen. Hierbei ist die Sh-Zahl auf eine Phase zu beziehen und zwar je nach Prozeß auf die flüssige oder die gasförmige, die kontinuierliche (zusammenhängende) oder die tropfen- bzw. blasenförmige (verteilte), auf die abgebende oder die aufnehmende Phase. Häufig findet man in der allgemeinen Gleichung noch eine zweite Re-Zahl, die den Einfluß des Strömungszustands der anderen Phase berücksichtigt, der jedoch im allgemeinen vernachlässigbar klein ist. Spielt die freie Konvektion eine Rolle, dann muß auch die GRASHOF-Zahl $Gr = gL^3\zeta\,\Delta c/\nu^2$ mit $\zeta = -\frac{1}{\varrho}\left.\frac{\partial\varrho}{\partial c}\right|_T$ in Gl. (2–16) einbezogen werden.

Aufstellung der Gleichungen. Kenngrößengleichungen kann man im einfachsten Fall dadurch erhalten, daß man die Lösung der Transportgleichungen, sofern sich eine solche überhaupt ableiten läßt, in eine dimensionslose Form bringt. In dem eingangs behandelten Beispiel ergab sich für die Stoffübergangszahl am Rieselfilm die Beziehung

$$\beta = \sqrt{\frac{6}{\pi}\,\frac{D\,\bar{u}_x}{L_1}} \qquad (2-8)$$

in der L_1 die Höhe des Austauschapparates ist. Man erweitert die rechte Seite mit L/ν und führt damit als zweite charakteristische Länge die Filmdicke L ein, sowie die kinematische Zähigkeit ν:

$$\beta = \sqrt{\frac{6}{\pi}\,\frac{D}{L_1}\,\frac{\bar{u}_x L}{\nu}\,\frac{\nu}{L}} \qquad (2-17)$$

Die Dicke eines Rieselfilms ist aus Gl. (1–45) formelmäßig zu $L = (3\nu\dot{V}/\pi g d)^{1/3}$ bekannt; der Volumendurchsatz $\dot{V}$ läßt sich über die Strömungsgeschwindigkeit ausdrücken. Daraus ergibt sich die Beziehung $L = (3\nu\bar{u}_x L/g)^{1/3}$, die in Gl. (2–17) eingeführt wird:

$$\beta = \left(\frac{6}{3^{1/3}\pi}\right)^{1/2}\left(\frac{\bar{u}_x L}{\nu}\right)^{1/3}(\nu D^3 \cdot g)^{1/6}\left(\frac{1}{L_1}\right)^{1/2} \qquad (2-18)$$

Multipliziert man beide Seiten noch mit L/D, dann resultiert die dimensionslose Gleichung

$$\frac{\beta \cdot L}{D} = 1{,}15\left(\frac{\bar{u}_x L}{\nu}\right)^{1/3}\left(\frac{\nu}{D}\right)^{1/2}\left(\frac{gL^3}{\nu^2}\right)^{1/6} \times$$
$$\times\left(\frac{L}{L_1}\right)^{1/2} \qquad (2-19a)$$

oder

$$Sh = 1{,}15\,Re^{1/3}\,Sc^{1/2}\,Ga^{1/6}\,\Gamma^{1/2} \qquad (2-19b)$$

Im allg. hat man jedoch keine explizite Beziehung für die Stoffübergangszahl zur Verfügung und muß die Kenngrößengleichung aufgrund experimenteller Untersuchungen aufstellen. Das Ergebnis zahlreicher Messungen weist darauf hin, daß die meisten Stoffübergangsprobleme durch einen einfachen Potenzansatz der Form

$$Sh = \mathrm{C}\,Re^{\mathrm{m}_1}\,Sc^{\mathrm{m}_2}\,Ga^{\mathrm{m}_3}\,We^{\mathrm{m}_4}\,\Gamma^{\mathrm{m}_5} \qquad (2-20)$$

mit guter Genauigkeit beschrieben werden können. Welche Kenngrößen für ein gegebenes Stoffübergangsproblem berücksichtigt werden müssen und wie groß der entsprechende Exponent ist, ergibt sich allein aus Messungen, da die Dimensionsanalyse darüber nichts auszusagen vermag. In einfachen Fällen, wenn zwei oder drei Kenngrößen (z. B. $Sh = \mathrm{C}\,Re^{\mathrm{m}_1}\,Sc^{\mathrm{m}_2}$) zur Korrelation der Meßwerte ausreichen, kann man ihre Exponenten leicht graphisch bestimmen, indem man in einer Meßreihe eine Kenngröße z. B. die Sc-Zahl konstant hält und die andere, z. B. die Re-Zahl (über die Strömungsgeschwindigkeit), variiert. Die aus den Meßergebnissen berechnete Sh-Zahl wird über $\mathrm{C}\,Re^{\mathrm{m}_1}$ Sc^{m_2} auf doppeltlogarithmischem Papier aufgetragen und m_1 als Steigung der sich ergebenden Geraden abgelesen. In einer zweiten Meßreihe wird dann auch die

Sc-Zahl (über die Temperatur) variiert und m_2 sowie C aus der Geraden $\log(Sh/Re^{m_1}) = m_2 \log Sc + \log C$ ermittelt.

Ist aus den physikalischen Gegebenheiten zu erwarten, daß eine größere Zahl von Kenngrößen berücksichtigt werden muß, sollten die statistischen Methoden der Versuchsplanung- und Auswertung herangezogen werden, die den erforderlichen experimentellen und rechnerischen Aufwand durch abgekürzte Versuchspläne, Signifikanztests und Regressionsrechnung erheblich reduzieren. Die Versuchsplanung kann jedoch dadurch erschwert werden, daß es häufig unmöglich ist, die für ein Problem maßgebenden Kennzahlen getrennt zu variieren. Auch ist bei einer großen Anzahl von Kenngrößen zu überlegen, ob nicht die direkte Bestimmung der Abhängigkeiten zwischen den Einflußgrößen schneller zum Ziele führt.

Einige Beispiele. Bei der Aufstellung von Kenngrößengleichungen aufgrund der rein formalen Dimensionsanalyse besteht die Gefahr, daß die physikalischen Zusammenhänge nicht genügend beachtet werden und Kennzahlen benutzt werden, die physikalisch unsinnige oder nicht meßbare Einflußgrößen enthalten. Um einen Einblick zu geben, welche Kenngrößenkombination für ein bestimmtes Stoffübergangsproblem repräsentativ ist, werden im folgenden einige typische Kenngrößengleichungen genannt.

Beim Stoffübergang am Rieselfilm tritt nach Gl. (2–19), die für laminare Bewegung des Films gilt ($Re < 300$), außer der *Re*- und der *Sc*-Zahl noch die *Ga*-Zahl auf, weil die Erdbeschleunigung den Rieselvorgang beeinflußt. Als charakteristische Längen sind die Dicke L des Rieselfilms, mit der auch die *Re*- und *Sc*-Zahl gebildet wird, und die Austauschlänge L_1 einzusetzen. Bei turbulenter Strömung vergrößert sich der Einfluß der *Re*-Zahl und es gilt nach [13] für die Rieselfilmphase (Index F):

$$Sh_F = \frac{\beta_F L}{D_F} = 0{,}19\, Re_F^{2/3}\, Sc_F^{1/2}\, Ga_F^{1/6}\, \Gamma^{1/2} \qquad (2-21)$$

für

$$Re_F = \frac{\bar{u} L}{\nu} > 590$$

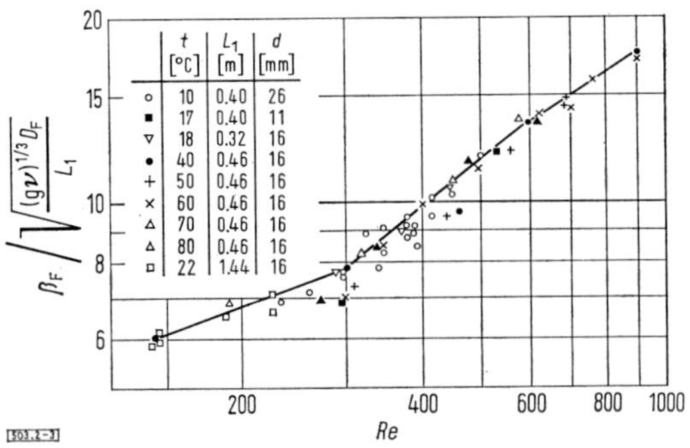

Abb. 2–3. Dimensionslose Darstellung der Stoffübergangszahl nach [13]

L_1 Höhe, d Durchmesser des Austauschapparates

Die gute Übereinstimmung der beiden theoretisch entwickelten Kenngrößengleichungen Gl. (2–19) und Gl. (2–21) mit Meßergebnissen am System Wasser (als Rieselfilm)–Kohlendioxid ist aus dem in Abb. 2–3 dargestellten Vergleich zu sehen. Die sich aus den Gleichungen für $\beta_F/\sqrt{(g\nu)^{1/3} D/L}$ errechnenden Werte sind als dick ausgezogene Linie über der *Re*-Zahl aufgetragen.

In der Kenngrößengleichung für den Stoffübergang am umströmten Tropfen ist die *Re*- und *Sh*-Zahl mit dem Tropfendurchmesser d_T als charakteristischer Länge zu berechnen. Für die kontinuierliche Phase (Index K) gilt z. B. die Beziehung [14]

$$Sh_K = \frac{\beta_K d_T}{D_K} = 2{,}0 + 0{,}60\, Re_K^{1/2}\, Sc_K^{1/3} \qquad (2-22)$$

für

$$Re = \frac{u d_T}{\nu} < 200$$

wobei u die Relativgeschwindigkeit zwischen Tropfen und der kontinuierlichen Phase ist. Einige Autoren führen zudem noch die *We*-Zahl in die Kenngrößengleichung (oder die Berechnung der Austauschfläche) ein, um den Einfluß der Oberflächenspannung zu berücksichtigen.

Bei Füllkörpersäulen lassen sich die Stoffübergangszahlen der Flüssigphase (Index F) durch Gleichungen der Form

$$Sh_F = \frac{\beta d_n}{D} = 0{,}32\, Re_F^{0{,}59}\, Sc_F^{0{,}5}\, Ga_F^{0{,}17} \qquad (2-23)$$

$$\text{für } 3 < Re_F = \frac{d_n u_L}{\nu_L} < 3000$$

und

$$10^{-2} < d_n < 5 \cdot 10^{-2}$$

[15] nur mit einer relativ großen Streuung wiedergeben. Als charakteristische Länge wird der Füllkörperdurchmesser d_n benutzt. Die *Re*-Zahl ist durch die Leerraumgeschwindigkeit u_L [m/h] der Flüssigkeit definiert. Die Zahlenwerte des Vorfaktors und der Exponenten hängen von der Art der Füllkörper ab (Gl. (2–23) gilt für Raschigringe).

2.3. Messung von Stoffübergangszahlen

Die Stoffübergangszahl kann aus der Beziehung

$$\dot{n}_1 = \beta_1 (c_{1gl} - c_{1e}) \qquad (2-9)$$

bestimmt werden, wenn man den Stoffstrom, d. h. die pro Zeit und Flächeneinheit übergehende Stoffmenge sowie die treibende Konzentrationsdifferenz kennt. Für die experimentelle Untersuchung des Stoffübergangs wählt man daher Versuchsanordnungen, in denen diese Größen möglichst genau gemessen werden können.

Beschränkt man sich darauf, eine mittlere Stoffübergangszahl zu erhalten. dann kann die im Ortsmittel übergehende Stoffmenge durch Analyse einer Phase und Mengenmessung am Ein- und Austritt (s. Abb. 2−4) relativ einfach bestimmt werden. Für die treibende Konzentrationsdifferenz ist in diesem Falle der logarithmische Mittelwert

$$(c_{1\mathrm{gl}} - c_1)_{\log} = (c_{\mathrm{ein}} - c_{\mathrm{aus}}) / \ln \frac{c_{1\mathrm{gl}} - c_{\mathrm{aus}}}{c_{1\mathrm{gl}} - c_{\mathrm{ein}}} \qquad (2-24)$$

einzusetzen. Um örtliche Stoffübergangszahlen zu ermitteln, muß man Konzentrationsmessungen längs der Austauschfläche vornehmen oder die Länge der Versuchsapparatur schrittweise ändern. Die Kenntnis der Austauschfläche selbst, die man benötigt, um den Stoffstrom aus der übergegangenen Stoffmenge zu berechnen, ist oft problematisch. Man bevorzugt deshalb Versuchsapparaturen, bei denen die Austauschfläche aus den geometrischen Abmessungen der Apparatur bestimmbar ist, z. B. die im folgenden kurz beschriebene Rieselfilmapparatur.

Kernstück der in Abb. 2−4 dargestellten Meßanordnung ist ein sorgfältig vertikal eingerichtetes Rohr, das

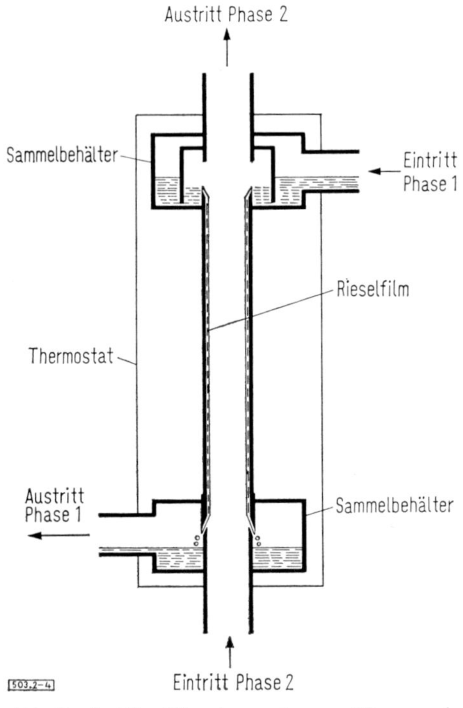

Abb. 2−4. Rieselfilm-Apparatur zur Messung der Stoffübergangszahl

am oberen Ende mit einem Überlauf versehen ist. Dort tritt die flüssige Phase ein, fließt als zusammenhängender Film an den Rohrwänden herab und wird unten abgezogen. Die Filmdicke kann über den Flüssigkeitsdurchsatz, durch Verändern der Spaltbreite am Überlauf und durch Niveauregelung im oberen Sammelbehälter, eingestellt werden. Die zweite Phase wird im Gegen- oder im Gleichstrom durchgesetzt. Die dargestellte Apparatur ist für gasförmige Medien geeignet, die durch das untere koaxiale Rohr eintreten und im Gegenstrom geführt werden. Das Rieselfilmrohr und die Sammelbehälter müssen thermostatisiert sein.

Gemessen werden die Durchsätze der beiden Phasen (mit Rotametern) und ihre Zusammensetzung am Ein- und Austritt. Für die Bestimmung örtlicher Stoffübergangszahlen muß die Konzentrationsänderung längs des Fallfilms verfolgt werden; aus dem Konzentrationsverlauf über der Filmdicke erhält man den Diffusionskoeffizienten in seiner räumlichen Verteilung. Für diese Konzentrationsmessungen sind spezielle Verfahren (pH-Farbindikatoren, Fluoreszensindikatoren) entwickelt worden [16]. Die Austauschfläche kennt man aus der Länge des Fallfilms und dem Rohrdurchmesser, unter Berücksichtigung der nach Gl. (1−45) berechenbaren Filmdicke.

Stoffübergangsmessungen können durch Verformungen und Schwingungen der Grenzfläche gestört werden. Der Rieselfilm bei der Gasabsorption z. B. ist im Bereich kleiner Re-Zahlen ziemlich glatt. Bei größeren Re-Zahlen bilden sich an seiner Oberfläche Wellen, deren Anzahl und Amplituden mit steigender Re-Zahl größer werden. Gleichzeitig formen sich die Wellen zu schwallartigen Erhebungen [17]. Dadurch entsteht ein konvektiver Stofftransport quer zur Strömungsrichtung, der sich dem Diffusionsstrom überlagert und den Stoffübergang verstärkt.

Der Stofftransport über fluide Phasengrenzen kann von Grenzflächenturbulenzen begleitet sein, die durch lokale Störungen der Grenzflächenspannung verursacht werden (Marangoni-Instabilität). Man unterscheidet dabei zwei Instabilitätsbereiche, ein Rollzellenregime und ein oszillatorisches. Für die Entstehung von Oszillationen spielt die Richtung des Stofftransportes eine Rolle [18]. Wenn die Übergangskomponente die Grenzflächenspannung erhöht, ist Oszillation beim Stoffübergang von der Phase mit der kleineren kinematischen Viskosität in die Phase mit größerer kinematischer Viskosität zu erwarten. Wird die Grenzflächenspannung dagegen verringert, ist die Oszillation durch den Stofftransport in umgekehrter Richtung begünstigt. Es wurde experimentell nachgewiesen, daß die Grenzflächenturbulenzen ebenfalls den Stoffübergang erhöhen [19].

3. Zur Analogie zwischen Wärme- und Stofftransport

Eine große Zahl von Stofftransportproblemen kann dadurch gelöst werden, daß man die Ergebnisse aus der Berechnung von Wärmetransportproblemen überträgt, was durch einfaches Vertauschen der sich entsprechenden Größen geschehen kann. Eine solche Manipulation ist jedoch nur dann zulässig, wenn sich sowohl die Transportgleichungen als auch die Rand- und Anfangsbedingungen exakt entsprechen.

3.1. Transport innerhalb einer Phase

Unter welchen Bedingungen die geforderte Analogie für den Stoff- und Wärmetransport in einer Phase erfüllt ist, läßt sich durch Gegenüberstellung der Massen- und der Energiebilanz zeigen.

Die vollständige Massenbilanz lautet nach Gl. (1–31):

$$\frac{\partial c}{\partial t} = -\nabla \Phi - \nabla (u \cdot c) + r$$

Die Energiebilanz kann in etwas vereinfachter Form (konst. Dichte, reibungsfreie Strömung) n. G. (1–30) folgendermaßen geschrieben werden

$$\frac{\partial T}{\partial t} = -\frac{1}{\varrho c_p} \nabla \dot{q} - \nabla (u \cdot T) - \frac{(-\Delta H_R)}{\varrho c_p} \cdot r$$

Die Stoffstromdichte setzt sich aus Anteilen infolge gewöhnlicher Diffusion, Thermodiffusion, Druckdiffusion und durch äußere Kräfte erzwungener Diffusion zusammen:

$$\Phi = \Phi_c + \Phi_T + \Phi_p + \Phi_b$$

Zu der Wärmestromdichte tragen die Wärmeleitung, der Diffusionsthermoeffekt, der Transport innerer Energie durch Diffusion und die Wärmestrahlung bei:

$$\dot{q} = \dot{q}_L + \dot{q}_T + \dot{q}_c + \dot{q}_{Str}$$

Nach der Gegenüberstellung entsprechen sich folgende Terme der Bilanzbeziehungen:

zeitliche Änderung	örtliche Änderung	örtliche Änderung
der Konzentration	der Stoffstromdichte d. gewöhnliche Diffusion	des konvektiven Stoffstroms
$\partial c/\partial t$	$\nabla \Phi_c = \nabla (D \nabla c)$	$\nabla (uc)$
der Temperatur	der Wärmestromdichte d. Wärmeleitung	des konvektiven Wärmestroms
$\partial T/\partial t$	$\nabla \dot{q}_L/\varrho c_p = \nabla (\lambda \nabla T)/\varrho c_p$	$\nabla (uT)$

Die strenge Analogie zwischen Wärme- und Stofftransport ist daher nur bei solchen Problemen gegeben, die durch Gleichungen mit den obigen Termen beschrieben werden. Sie ist demgemäß nicht mehr erfüllt, wenn Thermodiffusion, Wärmestrahlung usw. berücksichtigt werden müssen. Aus der Gegenüberstellung ist weiter zu erkennen, daß sich Konzentration c und Temperatur T sowie Diffusionskonstante D und Temperaturleitzahl $a = \lambda/\varrho c_p$ entsprechen. Als Beispiel für eine Analogie kann die Diffusion unter stationären Bedingungen zwischen Gemischen mit anfänglich unterschiedlicher Zusammensetzung c_{1e} und c_{1r} (vgl. Abb. 1–3) genannt werden. Dieser Vorgang wird bei konstantem Diffusionskoeffizienten durch Gl. (1–35)

$$\frac{\partial c}{\partial t} = D_{12} \frac{\partial^2 c}{\partial z^2}$$

beschrieben. Der entsprechende Wärmetransportvorgang liegt beim kurzzeitigen Kontakt zweier Körper mit verschiedenen Temperaturen vor, für den bei konstanter Wärmeleitfähigkeit die Differentialgleichung

$$\frac{\partial T}{\partial t} = a \frac{\partial^2 T}{\partial z^2} \qquad (3-1)$$

gilt. Als Lösung von Gl. (3–1) wird die Temperaturverteilung in Abhängigkeit von der Zeit zu

$$T(z,t) = T_\infty - (T_e - T_\infty) \operatorname{erf} \frac{z}{2\sqrt{a \cdot t}} \qquad (3-2)$$

angeben [20], wobei die Körper als unendlich ausgedehnt betrachtet werden. Hierbei ist T_0 die sich an der Berührungsfläche einstellende Temperatur und T_e die Temperatur eines der Körper vor dem Zusammenbringen. Aus Gl. (3–2) können wir die Konzentrationsverteilung als Lösung der Stofftransportgleichung (1–35) einfach dadurch erhalten, daß wir $T(z,t)$ durch $c(z,t)$, T_0 durch $c_0 = (c_e + c_r)/2$, T_e durch c_e und a durch D ersetzen. Es resultiert dann für $c(z,t)$ der bereits bekannte Ausdruck (Gl. 1–40). Da beide Systeme als unendlich ausgedehnt angenommen werden, ist auch die eingangs genannte Voraussetzung einer Analogie zwischen den Anfangs- und Randbedingungen erfüllt. Bei räumlich begrenzten Systemen besteht zwischen Wärme- und Stofftransport insofern ein Unterschied, als die Begrenzungen im allgemeinen zwar wärmedurchlässig, jedoch nicht stoffdurchlässig sind. Um eine Analogie auch für diese Fälle herbeizuführen, muß man Hilfsvorstellungen, wie semipermeable Wände usw., heranziehen.

3.2. Transport über Grenzflächen

Auch für den Übergang an der Phasengrenze gelten ähnliche Überlegungen. Geht man von den laminaren Grenzfilmen des Filmmodells aus, kann man analog der Stoffstromdichte

$$\dot{n} = \beta (c_{gl} - c_e) = \frac{D}{L} (c_{gl} - c_e)$$

für die Wärmestromdichte den Ausdruck

$$\dot{q} = \alpha (T_{gr} - T_e) = \frac{\lambda}{L} (T_{gr} - T_e)$$

Tab. 3–1. Verhältnis von Stoff- zu Wärmeübergangszahl und Le-Zahl einiger Stoffgemische

Diffundierender Stoff	aufnehmender Stoff	Druck [Torr]	Temperatur [°C]	β/α laminar	β/α turbulent	Le
Äthylalkohol	Luft	760	0	1,751	3,222	1,84
Äthylalkohol	Kohlendioxid	760	0	1,900	2,682	1,32
Benzol	Luft	760	0	1,292	3,222	2,49
Benzol	Kohlendioxid	760	0	1,454	2,682	1,72
Methylalkohol	Luft	760	0	2,282	3,222	1,41
Methylalkohol	Luft	760	50	2,728	3,804	1,39
Wasser	Luft	760	0	3,971	3,222	0,81

ansetzen. Man erkennt aus diesen beiden Gleichungen, daß bei Analogie zwischen Stoff- und Wärmetransport, d. h. bei gleicher Filmdicke L, die Stoffübergangszahl β mit der Wärmeübergangszahl α über den Diffusionskoeffizienten D und die Wärmeleitfähigkeit λ verknüpft ist. Es gilt

$$\beta/\alpha = D/\lambda \qquad (3-3)$$

Bei turbulentem Austausch kann man die durch die Volumenelemente (Volumenstromdichte $\dot{v}$) transportierte Stoffmenge gemäß der Beziehung

$$\dot{n} = \dot{v}(c_{gl} - c_e) = \beta(c_{gl} - c_e)$$

und die Wärmestromdichte gemäß

$$\dot{q} = \dot{v}\varrho c_p(T_{gr} - T_e) = \alpha(T_{gr} - T_e)$$

erfassen. Daraus resultiert

$$\frac{\beta}{\alpha} = \frac{1}{\varrho c_p} \quad \text{bzw.} \quad \frac{\beta}{\alpha} = \frac{a}{D}\,\frac{D}{\lambda} \qquad (3-4)$$

Diese Beziehung wurde erstmals von LEWIS abgeleitet. Der dimensionslose Ausdruck $a/D = Sc/Pr = Le$ ($Pr =$ PRANDTL-Zahl $= \nu/a$) heißt LEWISsche Kennzahl; sie muß bei laminarer Strömung den Wert 1 annehmen, wenn Gl. (3–3) gültig sein soll. Einige Werte des Verhältnisses β/α und der Le-Zahl sind in Tab. 3–1 angegeben.

Als Beispiel für die Analogie bei Transportvorgängen über Phasengrenzen seien die dimensionslosen Gleichungen (vgl. Gl. 2–22), für die SHERWOOD-Zahl Sh und die NUSSELT-Zahl Nu

$$Sh = \frac{\beta d_T}{D} = 2{,}0 + 0{,}6\sqrt{Re}\; Sc^{1/3}$$

$$Nu = \frac{\alpha d_T}{\lambda} = 2{,}0 + 0{,}6\sqrt{Re}\; Pr^{1/3}$$

genannt, die den Stoff- und den Wärmeübergang am umströmten Tropfen beschreiben. Da die Re-Zahl bei Stoff- und Wärmeübergang identisch ist und die Sc-Zahl bei laminarer Strömung gleich der Pr-Zahl wird ($Le = 1$), ergibt sich durch Division der beiden Gleichungen wiederum die theoretisch abgeleitete Beziehung $\beta/\alpha = D/\lambda$.

Auch beim Transport über Phasengrenzen ist die Analogie nicht gegeben, wenn Thermodiffusion oder Wärmestrahlung usw. auftreten oder wenn sich Wärme- und Stofftransport im gleichen Feld durch Konvektion beeinflussen. In diesen Fällen kann man nicht mehr aus der Kenntnis des Wärmeübergangs auf den Stoffübergang schließen und umgekehrt.

4. Literatur

Allgemeine Literatur

Autorenkollektiv: Lehrbuch der Verfahrestechnik, VEB Deutscher Verlag für Grundstoffindustrie, Leipzig 1967.

C. O. BENNETT, J. E. MYERS: Momentum, Heat and Mass Transfer, McGraw-Hill, New York 1962.

R. B. BIRD, W. E. STEWART, E. N. LIGHTFOOT: Transport Phenomena, Wiley & Sons, New York 1962.

K. B. BISCHOFF, D. M. HIMMELBLAU: Survey of Mass Transfer, Ind. Engng. Chem. *56* Nr. 12, S. 61/69 (1964).

W. BRÖTZ: Grundriß der Chemischen Reaktionstechnik, Verlag Chemie, Weinheim 1958.

J. CRANK: The Mathematics of Diffusion, Clarendon Press, Oxford 1956.

S. R. DE GROOT: Thermodynamics of Irreversible Processes, North Holland Publ. Comp., Amsterdam 1951.

K. E. GREW, T. L. IBBS: Thermal Diffusion in Gases, Cambridge U. P., New York 1952.

J. O. HIRSCHFELDER, C. T. CURTISS, R. B. BIRD: Molekular Theorie of Gases and Liquids, Wiley & Sons, New York 1966.

W. JOST: Diffusion, Methoden der Messung und Auswertung, Steinkopff-Verlag, Darmstadt 1957.

W. M. RAMM: Absorptionsprozesse in der chemischen Industrie, Verlag Technik, Berlin 1952.

T. K. SHERWOOD, R. L. PIGFORD: Absorption and Extraction, McGraw-Hill, New York 1952.

Im Text zitierte Literatur

[1] P. V. DANCKWERTS: Continuous Flow Systems, Distribution of Residence Times, Chem. Engng. Sci. *2*, S. 1/13 (1953).

[2] O. LEVENSPIEL: Chemical Reaction Engineering, S. 242/308. Wiley & Sons, New York 1962.

[3] J. D'ANS, E. LAX: Taschenbuch für Chemiker und Physiker, S. 1119/1120, Springer-Verlag, Heidelberg-Göttingen-Berlin 1949.

[4] E. N. FULLER, P. D. SCHETTLER, J. C. GIDDINGS: A New Method for Predicting of Binary Gas-Phase Diffusion Coefficients. Ind. Engng. Chem. *58*, Nr. 5, S. 19/28 (1966).

[5] W. JOST: Diffusion, Methoden der Messung und Auswertung, S. 119/121, Steinkopff-Verlag, Darmstadt 1957; DERSELBE: Diffusion in Solids, Liquids, Gases S. 135/284, Academic Press, New York 1960.

[6] E. R. GILLILAND: Diffusion Coefficients in Gaseous Systems, Ind. Engng. Chem. *26*, Nr. 6, S. 681/685 (1934).

[7] R. HIGBIE: The Rate of Absorption of a Pure Gas Into a Still Liquid During Short Periods of Exposure, Trans. Am. Inst. Chem. Eng. *31*, S. 365/389 (1935).

[8] W. G. WHITMANN: The Two-Film Theorie of Gas Absorption, Chem. Met. Eng. *29*, S. 146/148 (1923).

[9] W. K. LEWIS, K. C. CHANG: The Mechanism of Rectification, Trans. Am. Inst. Chem. Eng. *21*, S. 127/136 (1928).

[10] P. V. DANCKWERTS: Significance of Liquid-Film Coefficients in Gas Absorption, Ind. Engng. Chem. *43*, S. 1460/1467 (1951).

[11] L. G. LOITSIANSKI: Laminare Grenzschichten, S. 327/331, Akademie Verlag, Berlin 1967.

[12] W. NITSCH, D. SCHREIBER: Zur Kinetik der Stoffübertragung im System Aceton/Wasser/Tetrachlorkohlenstoff, Chem.-Ing.-Techn. *40*, S. 917/922 (1968).

[13] W. BRÖTZ: Über die Vorausberechnung der Absorptionsgeschwindigkeit von Gasen in strömenden Flüssigkeitsschichten, Chem.-Ing.-Techn. *26*, S. 470/478 (1954).

[14] W. E. RANZ, W. R. MARSHALL: Vortrag in Colombus, Ohio, Meeting of the American Inst. of Chemical Engineers, Dec. 5 (1950).

[15] R. SEMMELBAUER: Die Berechnung der Schütthöhe bei Absorptionsvorgängen in Füllkörperkolonnen, Chem. Engng. Sci. *22*, S. 1237/1255 (1967).

[16] J. W. HIBY, K. H. EICKEL: Eine Fluoreszensmethode zur Untersuchung des Stoffübergangs bei der Gasabsorption im Rieselfilm, Chem.-Ing.-Techn. *39*, S. 297/301 (1967).

[17] H. BRAUER: Stoffübergang am Rieselfilm, Chem.-Ing.-Techn. *30*, S. 75/84 (1958).

[18] H. LINDE, M. KUNKEL: Einige neue qualitative Beobachtungen beim oszillatorischen Regime der MARANGONI-Instabilität, Z. Wärme und Stoffübertragung *2*, S. 60/64 (1969).

[19] G. ATAGÜNDÜZ, L. J. AUSTIN, H. SAWISTOWSKI: Stoffübergang und Grenzflächenstabilität in Zweikomponentensystemen, Chem.-Ing.-Techn. *40*, S. 922/923 (1968).

[20] O. KRISCHER: Die wissenschaftlichen Grundlagen der Trocknungstechnik, Bd. 1, S. 112, Springer-Verlag, Berlin-Göttingen-Heidelberg 1963.

Chemische Kinetik (Mikrokinetik)

Prof. Dr. ROBERT KERBER, Lehrstuhl II für technische Chemie der TU Berlin,
und Dr.-Ing. HARTWIG GLAMANN, Fa. Karl Fischer, Anlagen für die chemische Industrie, Berlin

Chemische Kinetik (Mikrokinetik)

Symbole und Abkürzungen

Einige Symbole haben noch andere Bedeutungen, die an den betreffenden Textstellen erläutert werden.

A, B, D, E ...	Reaktanden bzw. Reaktionsprodukte
E_A	ARRHENIUSsche Aktivierungsenergie
G	Gitterplatz an der Oberfläche eines Adsorbens
K	Gleichgewichtskonstante
R	allgemeine Gaskonstante
T	absolute Temperatur
U	Umsatz
V	Volumen
V_R	Reaktorvolumen
$\dot{V}$	Volumendurchsatz
a, b, d, e ...	Koeffizienten der stöchiometrischen Umsatzgleichung
c	Konzentration
k	Reaktionsgeschwindigkeitskonstante
m, n, p	(partielle) Reaktionsordnungen
n	Molzahl, Molekülzahl
p	Gasdruck
r	Reaktionsgeschwindigkeit
t	Zeit
$t_{1/2}$	Halbwertszeit
x	Umsatzvariable
Θ	Bedeckungsgrad eines Adsorbens
$\varkappa$	Quotient aus Geschwindigkeitskonstanten, auch: scheinbare Geschwindigkeitskonstante
τ	Verweilzeit
$\bar{\tau}$	mittlere Verweilzeit

1. Einleitung

In Anbetracht der großen Zahl bereits vorliegender zusammenfassender Darstellungen der chemischen Kinetik stellt sich die Frage nach dem Sinn eines weiteren Beitrages zu diesem Thema. Ein Kapitel Kinetik in einem Handbuch der Technischen Chemie kann und will weder im Umfang noch in der Tiefe der Behandlung mit Lehrbüchern und Monographien konkurrieren. Ein Leser, der sich umfassend informieren will oder erschöpfende Antwort auf eine spezielle Frage sucht, wird ohnehin zu ausführlicheren Darstellungen greifen. Damit ist schon angedeutet, was dieser Aufsatz bezweckt: Er soll der Schnellorientierung über die wichtigsten Grundtatsachen dienen; weitere Unterrichtung ermöglicht die im Text und am Ende des Kapitels zitierte Literatur.

Hier soll nur die *Mikrokinetik* behandelt werden, die sich mit dem zeitlichen Ablauf chemischer Reaktionen ohne den überlagerten Einfluß von makroskopischem Stoff- und Wärmetransport befaßt. Die experimentelle Verfolgung des Reaktionsverlaufes ist, abgesehen von schnellen Reaktionen (vgl. dazu Bd. 1 von [1], [7], [27], [33]), kein spezielles Problem der Kinetik, sondern vielmehr ein Problem der Analytik (mit chemischen oder physikalischen Methoden, vgl. Bd. 1 von [1] und [3]) und damit nicht Gegenstand dieses Beitrags. Die Auswertung von Meßdaten soll im Rahmen dieser Abhandlung nur insofern erläutert werden, als dies für die Aufstellung des Zeitgesetzes sowie die Ermittlung der Geschwindigkeitskonstanten und der Aktivierungsenergie notwendig ist. Eine weitergehende Ausdeutung der Experimente, nämlich der Schluß auf den Reaktionsmechanismus (die sog. kinetische Analyse), ist für die chemische Reaktionstechnik meistens nicht von unmittelbarem Interesse, weshalb hier nicht näher darauf eingegangen wird. Ebenso wird die Theorie der Reaktionsgeschwindigkeit ([1], [10], [17]) nicht dargestellt. Informationen über weitere Teilgebiete der Kinetik, die hier nur kurz oder gar nicht behandelt werden, sind über die angegebene Literatur zugänglich.

Die Photo- und Strahlenchemie, die hier völlig unberücksichtigt bleibt, ist Thema mehrerer in neuerer Zeit erschienener Bücher ([8], [11], [14]).

2. Begriffsdefinitionen

Als *Reaktionsgeschwindigkeit* wird die differentielle zeitliche Änderung der Konzentration einer an der chemischen Umsetzung beteiligten Komponente bezeichnet. Bei Gasreaktionen kann dabei der Partialdruck der betrachteten Komponente anstelle der Konzentration verwendet werden.

Die Definition der Reaktionsgeschwindigkeit über Konzentrationen oder Partialdrücke hat nur bei Umsetzungen, die ohne Volumenänderung ablaufen, strenge Gültigkeit. Betrachtet man die Reaktion

$$\mathrm{a\,A + b\,B \rightarrow d\,D + e\,E}$$

so kann man als Reaktionsgeschwindigkeit definieren:

$$r = \frac{\mathrm{d}c_A}{\mathrm{d}t} \quad \text{oder} \quad r = \frac{\mathrm{d}c_B}{\mathrm{d}t} \quad \text{usw.}$$

c_A ist dabei die Konzentration des Stoffes A in Mol/l. Da hierbei für r, je nachdem, auf welche Komponente bezogen wird, zahlenmäßig verschiedene Werte resultieren können, ist es für viele Zwecke besser, eine Reaktionsgeschwindigkeit zu definieren, deren Größe von der betrachteten Komponente unabhängig ist: Die *Äquivalentreaktionsgeschwindigkeit*. Sie ist zu formulieren als

$$r_{\ddot{A}} = -\frac{1}{\mathrm{a}}\frac{\mathrm{d}c_A}{\mathrm{d}t} = -\frac{1}{\mathrm{b}}\frac{\mathrm{d}c_B}{\mathrm{d}t} = \frac{1}{\mathrm{d}}\frac{\mathrm{d}c_D}{\mathrm{d}t} = \frac{1}{\mathrm{e}}\frac{\mathrm{d}c_E}{\mathrm{d}t}$$

(Die Dimension von r bzw. $r_{\ddot{A}}$ ist Mol/l · s, wobei allerdings auch andere Maßeinheiten üblich sind.) Die

Vorzeichengebung (negativ für verschwindende, positiv für entstehende Komponenten) führt mit der Festsetzung, daß die Koeffizienten a bis e der oben angegebenen Umsetzung sämtlich als positiv anzusehen sind, dazu, daß die Reaktionsgeschwindigkeit immer positive Werte annimmt. Dabei ist gleichgültig, ob ein abreagierender oder ein entstehender Stoff betrachtet wird.

Empirisch wird allgemein gefunden, daß sich die Reaktionsgeschwindigkeit als Produkt aus einem Koeffizienten und irgendeiner Funktion der Konzentrationen der Reaktionspartner darstellen läßt:

$$r = k\,\mathrm{f}(c_A, c_B \ldots)$$

Der Koeffizient k, der für eine bestimmte Reaktion bei gegebener Temperatur konstant ist, wird als *Reaktionsgeschwindigkeitskonstante* bezeichnet. Die Dimension von k hängt von der Form der Funktion f ab, die unter Umständen sehr kompliziert sein kann. Häufig findet man jedoch einfache Beziehungen wie

$$r = k\,c_A^m \quad \text{oder} \quad r = k\,c_A^m c_B^n$$

bzw. andere Produkte von Potenzen der Konzentrationen. Im ersten Fall gibt m die *Ordnung* der Reaktion an, im zweiten Fall ist m die *partielle Ordnung* bezüglich der Komponente A, n die partielle Ordnung bezüglich der Komponente B. Die Summe $(m + n)$ stellt die *Gesamtordnung* dar. m und n können positiv oder negativ sein, wobei auch nicht-ganzzahlige Werte möglich sind. Die explizite Formulierung für r nennt man die *Geschwindigkeitsgleichung* bzw. das *Zeitgesetz* der Reaktion.

Die *Molekularität* einer Reaktion ist von der Ordnung streng zu unterscheiden. Während die Ordnung eine empirische Größe darstellt, ist die Molekularität durch die Zahl der Moleküle (Atome, Radikale, Ionen) gegeben, die den sog. Übergangskomplex (transition state [10]) bilden, d. h. deren „gleichzeitiges" Zusammentreffen nötig ist, um den Ablauf der Reaktion zu ermöglichen. Nur bei Reaktionen, die nicht mehr zerlegbar sind, deren Umsatzgleichungen also tatsächlich das molekulare Geschehen wiedergeben (*Elementar-* oder *Urreaktionen*), sind Ordnung und Molekularität gleich und direkt aus den Umsatzgleichungen ablesbar. Ist z. B.

$$2\,A \rightarrow B$$

eine Elementarreaktion, so ist sie bimolekular (es reagieren 2 Moleküle A miteinander) und gleichzeitig von zweiter Ordnung, d. h.

$$r = k\,c_A^2$$

Es muß betont werden, daß normalerweise aus einer Umsatzgleichung weder Ordnung noch Molekularität hervorgehen. Für eine Reaktion, deren Stöchiometrie z. B. beschrieben wird durch

$$3\,A + 2\,B \rightarrow 4\,D$$

kann a priori über die Ordnung überhaupt nichts ausgesagt werden, während bei der Molekularität immerhin Einschränkungen gemacht werden können: Es sind nur mono-, bi- und trimolekulare Reaktionen bekannt. Für das angegebene Beispiel bedeutet das, daß die Umsetzung nicht direkt nach der obigen Gleichung, sondern über Teilschritte abläuft. Die Gesamtheit der Elementarreaktionen, aus denen sich eine *Bruttoreaktion* (charakterisiert durch die stöchiometrische Umsatzgleichung) zusammensetzt, wird als *Reaktionsmechanismus* bezeichnet.

3. Zeitgesetze nichtkatalysierter Reaktionen

Die Ermittlung der Geschwindigkeitsgleichung einer Reaktion beruht im Prinzip in der Überprüfung, ob ein experimentell gefundener Konzentrationsverlauf mit einem vermuteten Zeitgesetz in Einklang steht. Dazu muß ein gewisser Vorrat an Funktionen verfügbar sein, die für den Vergleich in Frage kommen. Diese Funktionen lassen sich aus der Betrachtung verschiedener Reaktionstypen gewinnen. Hier werden, wie weitgehend üblich, die einzelnen Fälle so behandelt, als ob die Reaktionsordnung aus der Stöchiometrie ablesbar sei, oder mit anderen Worten, als ob die stöchiometrische Gleichung einer Elementarreaktion entspräche. Das heißt, eine Reaktion

$$2\,A + B \rightarrow \ldots$$

bei der 2 Mole A mit 1 Mol B zu irgendwelchen Produkten reagieren, soll bezüglich A von zweiter, bezüglich B von erster Ordnung sein. Die Reaktionsgeschwindigkeit ist demnach zu formulieren als

$$r = k\,c_A^2 c_B$$

Man muß sich dabei bewußt sein, daß man bei dieser Art des Vorgehens nur einen Spezialfall behandelt, da das angegebene Zeitgesetz grundsätzlich für jede Reaktion

$$a\,A + b\,B \rightarrow \ldots$$

zutreffen kann. Der allgemeine Fall, für den bei vorgegebenem Zeitgesetz die stöchiometrischen Koeffizienten a, b usw. frei wählbar sind, wird für einige Geschwindigkeitsgleichungen von Benson [2] behandelt.

Die allgemeinen Bedingungen, die im folgenden durchwegs vorausgesetzt werden, sind: Isotherme Reaktion ohne Volumenänderung, geschlossenes System, d. h. keine Massenzuführung oder -abführung (vgl. aber Kap. 6), homogenes Medium (nicht gültig für Kap. 4.2).

3.1. Einfache Reaktionen

Reaktion nullter Ordnung. Ist die Geschwindigkeit der Umsetzung von keiner der Konzentrationen der Reaktionspartner abhängig, so ergibt sich die einfachste mögliche Formulierung: Die Reaktionsgeschwindigkeit ist konstant. Für eine bei der Reaktion verschwindende Komponente A ist anzusetzen

$$-\frac{dc_A}{dt} = k \quad (1)$$

Integration ergibt

$$c_A = c_{A0} - kt \quad (2)$$

wobei c_{A0} die Konzentration zur Zeit Null ist. Die Geschwindigkeitskonstante k hat die Dimension [Mol · $l^{-1} \cdot s^{-1}$].

Reaktionen nullter Ordnung haben mehr formales Interesse, da sie praktisch nur bei heterogenen Reaktionen, etwa im Sättigungsbereich des Katalysators, verwirklicht sind (vgl. Kap. 4.2).

Reaktion erster Ordnung. Die Reaktion sei gegeben durch

$$A \rightarrow \ldots$$

Die Anfangskonzentration sei c_{A0} (bei $t = 0$) und das Zeitgesetz

$$-\frac{dc_A}{dt} = kc_A \quad (3)$$

Daraus folgt:

$$c_A = c_{A0} e^{-kt} \quad (4)$$

bzw.

$$\ln \frac{c_{A0}}{c_A} = kt \quad (5)$$

d. h. eine Auftragung von $\ln(c_{A0}/c_A)$ gegen t führt bei einer Reaktion erster Ordnung zu einer Geraden mit dem Anstieg k (vgl. Abb. 2, S. 166). Die Dimension von k ist hier [s^{-1}].

Die *Halbwertszeit*, d. h. die Zeit, nach der die Hälfte der Substanz A umgesetzt ist, ergibt sich mit $c_A = c_{A0}/2$ aus Gl. (4) zu

$$t_{1/2} = \frac{\ln 2}{k}$$

Sie ist bei einer Reaktion erster Ordnung somit unabhängig von der Anfangskonzentration.

Eine Reaktion, die unter allen Umständen nach erster Ordnung verläuft, ist der radioaktive Zerfall, der allerdings eine Kernreaktion darstellt. Bei chemischen Umsetzungen findet man häufig, daß die Erfüllung des Zeitgesetzes erster Ordnung vom Vorliegen gewisser Konzentrationen oder Konzentrationsverhältnisse abhängt. So ist z. B. bei der Esterverseifung in saurem Medium (wobei außer acht gelassen werden soll, daß die Reaktion umkehrbar ist) nach

$$\underset{(A)}{RCOOR} + \underset{(B)}{H_2O} \xrightarrow{(H^+)} RCOOH + ROH$$

die Konzentration des Wassers im allg. so viel größer als die des Esters, daß sie sich während der Umsetzung praktisch nicht ändert (bezüglich der Rolle der H^+-Ionen vgl. Kap. 4.1). Die Geschwindigkeitsgleichung

$$r = kc_Ac_B$$

entartet deshalb zu

$$r = k'c_A \quad (\text{mit } k' = kc_B)$$

und entspricht damit formal einem Zeitgesetz erster Ordnung. Um den an sich komplizierteren Sachverhalt anzudeuten, spricht man in derartig gelagerten Fällen von „Pseudo-Ordnungen", in oben genanntem Beispiel von einer Reaktion „pseudo-erster" Ordnung.

Auch die als *monomolekular* bezeichnete Zersetzung komplizierterer Moleküle verläuft nur in geeigneten Druck- bzw. Konzentrationsbereichen nach der ersten, sonst nach der zweiten Ordnung. Zum Mechanismus, der diesem Verhalten zugrunde liegt, vgl. Kap. 3.3.2.

Reaktion zweiter Ordnung. Den beiden Typen von bimolekularen Reaktionen

a) $2A \rightarrow \ldots$

b) $A + B \rightarrow \ldots$

entsprechen die Geschwindigkeitsgleichungen

$$\text{a)} \quad -\frac{dc_A}{dt} = kc_A^2 \quad (7)$$

und

$$\text{b)} \quad -\frac{dc_A}{dt} = -\frac{dc_B}{dt} = kc_Ac_B \quad (8)$$

Für a) kann auch $-\frac{dc_A}{dt} = 2kc_A^2$ formuliert werden, um zu berücksichtigen, daß bei einem Formelumsatz zwei Moleküle A verschwinden. Bei der Übernahme von Literaturwerten für k ist zu beachten, durch welche Form des Zeitgesetzes die Geschwindigkeitskonstante festgelegt ist.

Die Integration führt im Fall a) mit der Anfangsbedingung $c_A = c_{A0}$ bei $t = 0$ zu

$$\frac{1}{c_A} - \frac{1}{c_{A0}} = kt \quad (9)$$

Auftragung von $1/c_A$ gegen die Zeit liefert demnach eine Gerade mit dem Anstieg k [l · $Mol^{-1} \cdot s^{-1}$] (vgl. Abb. 3, S. 166).

Im Fall b) muß vor der Integration eine Variable eliminiert werden. Mit der angenommenen Stöchiometrie und unter den Anfangsbedingungen $c_A = c_{A0}$ und $c_B = c_{B0}$ bei $t = 0$ ergibt sich

$$c_{A0} - c_A = c_{B0} - c_B \quad \text{bzw.} \quad c_B = c_A - c_{A0} + c_{B0}$$

Aus Gl. (8) folgt damit

$$-\frac{dc_A}{dt} = kc_A(c_A - c_{A0} + c_{B0})$$

Integration über Partialbruchzerlegung führt zu

$$\frac{1}{c_{A0} - c_{B0}} \cdot \ln \frac{c_A c_{B0}}{c_B c_{A0}} = kt \quad (10)$$

Hier erhält man durch Auftragung von $\ln c_A/c_B$ gegen die Zeit eine Gerade (vgl. Abb. 5, S. 167).

Eine Gl. (10) entsprechende Beziehung ergibt sich, wenn man die Reduzierung der Zahl der Variablen auf andere Weise vornimmt. Definiert man nämlich eine *Umsatzvariable* x, so daß $dx = -dc_A$ und $c_{A0} - x = c_A$, dann ist, entsprechend der angenommenen Stöchiometrie,

$$c_{B0} - x = c_B$$

und Gl. (8) wird zu

$$\frac{dx}{dt} = k(c_{A0} - x)(c_{B0} - x) \quad (11)$$

Daraus ergibt sich durch Integration

$$\frac{1}{c_{A0} - c_{B0}} \cdot \ln \frac{(c_{A0} - x)c_{B0}}{(c_{B0} - x)c_{A0}} = kt \quad (12)$$

Fall b) geht in den einfacheren Fall a) über, wenn $c_{A0} = c_{B0}$; Gl. (10) und (12) sind unter dieser Bedingung nicht verwendbar. Bimolekulare Reaktionen sind sehr häufig; trotzdem ist das Zeitgesetz oft komplizierter als das einer Umsetzung zweiter Ordnung, weil der bimolekulare Schritt nur Teil eines komplizierteren Reaktionsmechanismus ist. So sind z. B. die klassischen Beispiele der bimolekularen Reaktion zweiter Ordnung

$H_2 + J_2 \rightarrow 2HJ$ (Fall b)

und

$2HJ \rightarrow H_2 + J_2$ (Fall a)

als Gleichgewichtsreaktion gemäß

$H_2 + J_2 \rightleftharpoons 2HJ$

zu formulieren. (Es sei darauf hingewiesen, daß der Reaktionsverlauf, zumindest bei höheren Temperaturen, komplizierter ist, als die Umsatzgleichung angibt, vgl. SULLIVAN [47].)

Der Verlauf nach zweiter Ordnung ergibt sich nur als Grenzgesetz, wenn man von den reinen Komponenten einer Seite der Reaktionsgleichung ausgeht. Ein Beispiel für eine Umsetzung, die über weite Bereiche dem Zeitgesetz zweiter Ordnung gehorcht, ist die alkalische Esterverseifung nach

$RCOOR + OH^- \rightarrow RCOO^- + ROH$

Reaktion dritter Ordnung. Bei den trimolekularen Reaktionen sind drei Typen zu unterscheiden, die zu verschiedenen Geschwindigkeitsgleichungen führen:

Lösungen der Differentialgleichungen:

a) $$\frac{1}{c_A^2} - \frac{1}{c_{A0}^2} = 2kt \quad (13)$$

(vgl. dazu Abb. 4, S. 166).

Mit $dx = -dc_A$ und $c_{A0} - x = c_A$ folgt die äquivalente Beziehung

$$\frac{1}{(c_{A0} - x)^2} - \frac{1}{c_{A0}^2} = 2kt \quad (14)$$

b) Mit $dx = -dc_B$, $c_{A0} - 2x = c_A$ und $c_{B0} - x = c_B$ erhält das differentielle Zeitgesetz die Form

$$\frac{dx}{dt} = k(c_{A0} - 2x)^2(c_{B0} - x)$$

Integration über Partialbruchzerlegung führt zu

$$\frac{1}{2c_{B0} - c_{A0}}\left[\frac{2x}{c_{A0}(c_{A0} - 2x)} + \frac{1}{2c_{B0} - c_{A0}} \ln \frac{c_{B0}(c_{A0} - 2x)}{c_{A0}(c_{B0} - x)}\right] = kt \quad (15)$$

Definiert man k über $\frac{dc_A}{dt} = kc_A^2 c_B$ (statt $2kc_A^2 c_B$), so lautet das differentielle Zeitgesetz

$$\frac{dx}{dt} = \frac{1}{2} k(c_{A0} - 2x)^2(c_{B0} - x)$$

Damit tritt in Gl. (15) auf der rechten Seite der Faktor 1/2 auf.

Wenn die Substanzen A und B im stöchiometrischen Verhältnis (2:1) vorliegen, versagt Gl. (15). Dann ist das Problem aber als Fall a) zu behandeln, wobei auf die Definition von k zu achten ist.

c) Mit den Ansätzen $dx = -dc_A$, $c_{A0} - x = c_A$ usw. erhält man

$$\frac{dx}{dt} = k(c_{A0} - x)(c_{B0} - x)(c_{D0} - x)$$

und nach Integration:

$$\frac{1}{(c_{D0} - c_{A0})(c_{B0} - c_{A0})} \cdot \ln \frac{c_{A0}}{c_{A0} - x} - \frac{1}{(c_{D0} - c_{B0})(c_{B0} - c_{A0})} \cdot \ln \frac{c_{B0}}{c_{B0} - x} + \frac{1}{(c_{D0} - c_{B0})(c_{D0} - c_{A0})} \cdot \ln \frac{c_{D0}}{c_{D0} - x} = kt \quad (16)$$

a) $3A \rightarrow \ldots$, Zeitgesetz: $-\frac{dc_A}{dt} = kc_A^3$, Anfangskonz.: c_{A0}

b) $2A + B \rightarrow \ldots$, Zeitgesetz: $-\frac{dc_A}{dt} = 2kc_A^2 c_B$, $-\frac{dc_B}{dt} = kc_A^2 c_B$, Anfangskonz.: c_{A0}, c_{B0}

c) $A + B + D \rightarrow \ldots$, Zeitgesetz: $-\frac{dc_A}{dt} = -\frac{dc_B}{dt} = -\frac{dc_D}{dt} = kc_A c_B c_D$, Anfangskonz.: c_{A0}, c_{B0}, c_{D0}

Diese Gleichung wird unbrauchbar, wenn zwei der Anfangskonzentrationen gleich sind. Bei gleicher Größe aller drei Anfangskonzentrationen liegt wieder Fall a) vor.

Da Dreierstöße wesentlich unwahrscheinlicher sind als Zweierstöße, sind trimolekulare Reaktionen ziemlich selten. Es gibt allerdings Umsetzungen, die zwangsläufig über Dreierstöße verlaufen müssen, wie etwa die Rekombination freier Atome in der Gasphase, bei der ein dritter Stoßpartner erforderlich ist, um die Energie abzuführen, die bei der Vereinigung der Atome frei wird. Demgegenüber gibt es jedoch auch Reaktionen, deren stöchiometrische Gleichung mit einer trimolekularen Umsetzung in Einklang wäre, deren Zeitgesetz von dritter Ordnung ist und die trotzdem nach einem ganz anderen Mechanismus ablaufen. Ein Beispiel dafür ist die Oxidation von Stickstoffmonoxid nach

$$2\,NO + O_2 \rightarrow 2\,NO_2,$$

für die

$$-\frac{\mathrm{d}c_{NO}}{\mathrm{d}t} = k\,c_{NO}^2\,c_{O_2}$$

gilt.

Reaktion *m*-ter Ordnung. Einige der bisher besprochenen Geschwindigkeitsgleichungen entsprechen dem allgemeinen Typ

$$-\frac{\mathrm{d}c}{\mathrm{d}t} = k\,c^m$$

Die Integration liefert (außer für $m = 1$) die Lösung

$$\frac{1}{c^{m-1}} - \frac{1}{c_0^{m-1}} = (m-1)\,k\,t \qquad (17)$$

Die Halbwertszeit ergibt sich daraus zu

$$t_{1/2} = \frac{2^{m-1} - 1}{k\,c_0^{m-1} \cdot (m-1)} \qquad (18)$$

Vergleich der Reaktionen *m*-ter Ordnung für $0 \leqq m \leqq 3$. Abb. 1 zeigt den Konzentrationsverlauf für die verschiedenen Reaktionen bei gleicher Anfangskonzentration (1 Mol/l) und einer Geschwindigkeitskonstanten von der Größe $10^{-3}\,[\mathrm{l}^{m-1}/\mathrm{Mol}^{m-1} \cdot \mathrm{s}]$. Der Anfangsverlauf der Kurven wird stark durch die Anfangskonzentration geprägt. Nur wenn wie hier für c_0 der Wert 1 gewählt wird (und wenn die Geschwindigkeitskonstanten k numerisch gleich sind), sind die Anfangsreaktionsgeschwindigkeiten gleich groß. Unabhängig von dieser Einschränkung werden aber durch Abb. 1 folgende allgemeingültige Aussagen verdeutlicht: Während bei einer Reaktion nullter Ordnung die Konzentration innerhalb endlicher Zeit auf Null zurückgeht, ist bei jeder Ordnung >0 die Umsetzung erst nach unendlich langer Zeit beendet. Eine Reaktion klingt um so langsamer ab, je höher ihre Ordnung ist. Das wird verständlich, wenn man z. B. eine bimolekulare Reaktion mit einer trimolekularen vergleicht: Dreierstöße sind wesentlich unwahrscheinlicher und damit seltener als Zweierstöße. Dies wirkt sich bei den nach längerer Reaktionszeit vorliegenden kleinen Konzentrationen besonders deutlich aus.

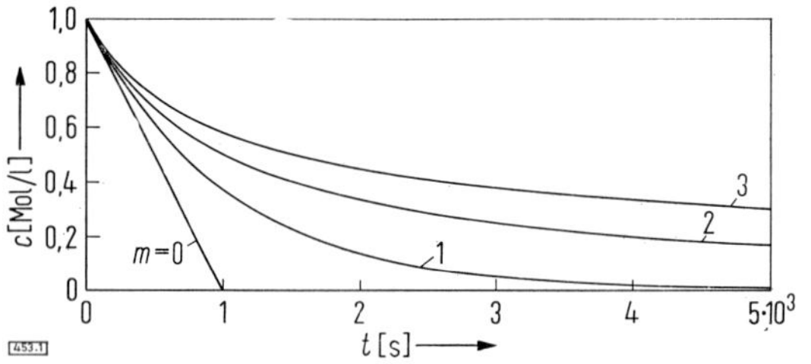

Abb. 1. Konzentrationsverlauf für Reaktionen mit dem Zeitgesetz $-\frac{\mathrm{d}c}{\mathrm{d}t} = k\,c^m$

$c_0 = 1\,\mathrm{Mol/l}$; $k = 10^{-3}\,\mathrm{l}^{m-1}\,\mathrm{Mol}^{1-m}\,\mathrm{s}^{-1}$

Abb. 2, 3 und 4 zeigen die S. 164 und 165 schon erwähnten Geraden für den Konzentrationsverlauf bei Reak-

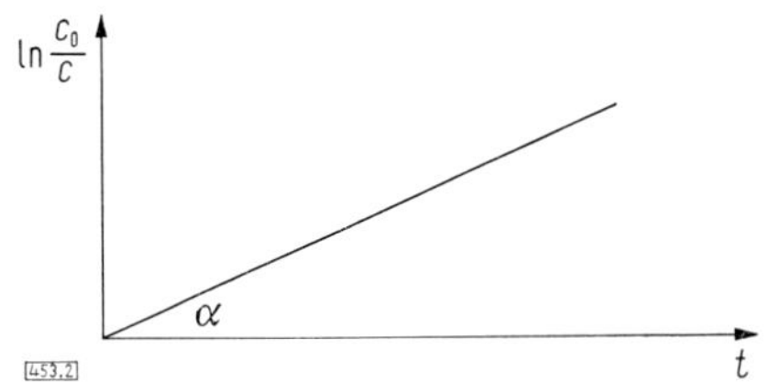

Abb. 2. Reaktion erster Ordnung. Auftragung gemäß

$$\ln\frac{c_0}{c} = k\,t \quad \text{(Gl. 5)}; \qquad \tan\alpha = \frac{\Delta \ln \frac{c_0}{c}}{\Delta t} = k$$

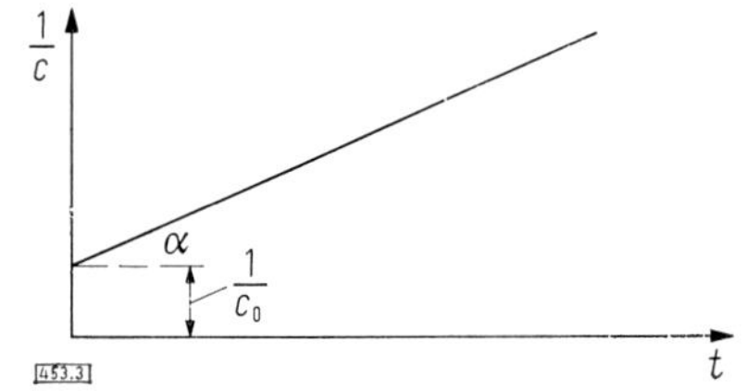

Abb. 3. Reaktion zweiter Ordnung. Auftragung entsprechend

$$\frac{1}{c} = k\,t + \frac{1}{c_0} \quad \text{(Gl. 9)}; \qquad \tan\alpha = \frac{\Delta \frac{1}{c}}{\Delta t} = k$$

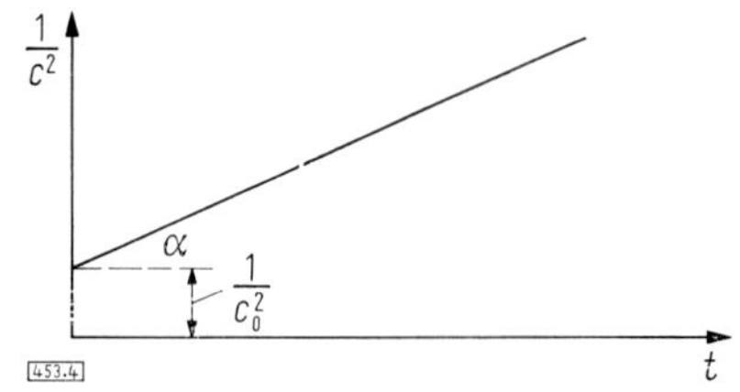

Abb. 4. Reaktion dritter Ordnung. Auftragung nach

$$\frac{1}{c^2} = 2\,k\,t + \frac{1}{c_0^2} \quad \text{(Gl. 13)}; \qquad \tan\alpha = \frac{\Delta\left(\frac{1}{c^2}\right)}{\Delta t} = 2\,k$$

tionen erster, zweiter und dritter Ordnung. In allen Fällen läßt sich die Reaktionsgeschwindigkeitskonstante aus dem Anstieg bestimmen.

Auch für die Reaktion zweiter Ordnung, die nach $-\frac{dc_A}{dt} = k c_A c_B$ abläuft, läßt sich eine lineare Darstellung des Konzentrationsverlaufs angeben. Die Auftragung (Abb. 5) benutzt eine Umformung der Gl. (10). Der Anstieg kann positiv oder negativ sein, je nachdem, ob c_{A0} oder c_{B0} größer ist.

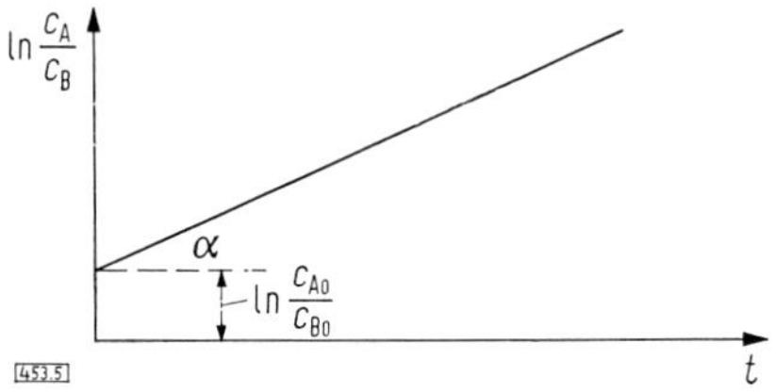

Abb. 5. Reaktion zweiter Ordnung mit $-\frac{dc_A}{dt} = k c_A c_B$

Auftragung entsprechend

$$\ln \frac{c_A}{c_B} = (c_{A0} - c_{B0}) k t + \ln \frac{c_{A0}}{c_{B0}} \quad \text{(vgl. Gl. 10)}$$

$$\tan\alpha = \frac{\Delta \ln \frac{c_A}{c_B}}{\Delta t} = (c_{A0} - c_{B0}) k$$

3.2. Zusammengesetzte Reaktionen

Als zusammengesetzte Reaktionen werden Umsetzungen bezeichnet, die durch Zeitgesetze mit mehr als einer Reaktionsgeschwindigkeitskonstanten zu beschreiben sind. Dies beruht darauf, daß mehrere Teilreaktionen nebeneinander oder nacheinander stattfinden. Verläuft eine Umsetzung nicht vollständig, sondern nur bis zu einem (temperaturabhängigen) Gleichgewicht, bedingt durch die Rückreaktion der gebildeten Produkte, so spricht man von *unvollständigen* bzw. *reversiblen* Reaktionen.

Strenggenommen verläuft jede Reaktion in homogener Phase unvollständig; oft liegt jedoch das Gleichgewicht so weit auf einer Seite, daß sich die Rückreaktion praktisch nicht bemerkbar macht.

Bei *Parallelreaktionen* geht entweder eine Ausgangssubstanz (bzw. mehrere Ausgangssubstanzen) auf verschiedenen Wegen in verschiedene Produkte über, oder es entsteht ein gemeinsames Produkt aus verschiedenen Ausgangsstoffen.

Der Fall, daß mehrere Reaktionen unabhängig voneinander gleichzeitig in einem Reaktionsgemisch ablaufen, stellt keine zusammengesetzte Reaktion dar, da sich die Einzelvorgänge getrennt behandeln lassen.

Die Reaktionen, bei denen gebildete Produkte weitere Umsetzungen eingehen, werden als *Folgereaktionen* oder *Reaktionsfolgen* bezeichnet. Durch Kombination dieser drei Grundtypen lassen sich beliebig komplizierte Reaktionen zusammensetzen. Diese schwieriger zu behandelnden Fälle sind oft von mehr formalem Interesse, da einerseits allein durch kinetische Untersuchungen niemals der exakte Nachweis für die Richtigkeit eines vorgeschlagenen Mechanismus erbracht werden kann (das gilt auch für einfachere Reaktionen) und man sich andererseits in der Reaktionstechnik sehr häufig mit mathematisch einfacheren Zeitgesetzen zufriedengeben muß, selbst wenn diese den Konzentrationsverlauf nur in bestimmten Bereichen und dort nur näherungsweise beschreiben.

3.2.1. Reversible Reaktionen

Reversible Reaktion erster Ordnung. Der einfachste Fall der umkehrbaren Reaktion ist durch die Umsatzgleichung

$$A \underset{k_2}{\overset{k_1}{\rightleftharpoons}} B$$

zu kennzeichnen. Das entsprechende Zeitgesetz ist

$$-\frac{dc_A}{dt} = k_1 c_A - k_2 c_B$$

Mit $dx = -dc_A$, $c_A = c_{A0} - x$ und $c_B = c_{B0} + x$ folgt

$$\frac{dx}{dt} = k_1 (c_{A0} - x) - k_2 (c_{B0} + x)$$

bzw.

$$\frac{dx}{dt} = k_1 c_{A0} - k_2 c_{B0} - (k_1 + k_2) x \tag{19}$$

Integration in den Grenzen $x = 0$ bei $t = 0$ und $x = x$ bei $t = t$ ergibt

$$\ln \frac{k_1 c_{A0} - k_2 c_{B0}}{k_1 c_{A0} - k_2 c_{B0} - (k_1 + k_2) x} = (k_1 + k_2) t \tag{20}$$

Ist die Reaktion bis zum Gleichgewicht abgelaufen (Index „unendlich“ für den Gleichgewichtszustand), so gilt

$$\left(\frac{dx}{dt}\right)_\infty = k_1 (c_{A0} - x_\infty) - k_2 (c_{B0} + x_\infty) = 0$$

d. h.

$$k_1 c_{A0} = k_2 (c_{B0} + x_\infty) + k_1 x_\infty \tag{21}$$

Einsetzen von Gl. (21) in (20) führt zu der einfachen Beziehung

$$\ln \frac{x_\infty}{x_\infty - x} = (k_1 + k_2) t \tag{22}$$

Wird neben einer Messung des zeitlichen Konzentrationsverlaufes auch die Lage des Gleichgewichtes bestimmt, so daß $x(t)$ und x_∞ bekannt sind, so läßt sich aus einer Auftragung von $-\ln(x_\infty - x)$ gegen t die Summe $(k_1 + k_2)$ als Anstieg einer Geraden bestimmen. Andererseits folgt aus der Gleichgewichtsbedingung

$$\left(-\frac{dc_A}{dt}\right)_\infty = k_1 c_{A\infty} - k_2 c_{B\infty} = 0$$

daß

$$\frac{k_1}{k_2} = \frac{c_{B\infty}}{c_{A\infty}} \tag{23}$$

sein muß. Damit liegen zwei Beziehungen vor, aus denen sich die beiden Geschwindigkeitskonstanten getrennt ermitteln lassen.

Beispiele für den besprochenen Reaktionstyp sind u. a. die wechselseitige Umwandlung von α- und β-D-Glucose und einige cis-trans-Isomerisierungen.

Reversible Reaktion von erster und zweiter Ordnung. Bei dem Reaktionstyp

$$A \underset{k_2}{\overset{k_1}{\rightleftharpoons}} B + D$$

mit der Geschwindigkeitsgleichung

$$-\frac{dc_A}{dt} = k_1 c_A - k_2 c_B c_D$$

sei die Hinreaktion erster, die Rückreaktion zweiter Ordnung. Ist $c_{B0} = c_{D0} = 0$, so ergibt sich mit $-dc_A = dx$ und $c_{A0} - x = c_A$ das Zeitgesetz

$$\frac{dx}{dt} = k_1(c_{A0} - x) - k_2 x^2$$

Integration und Einführung von $x_\infty = c_{A0} - c_{A\infty}$ ergibt

$$\frac{x_\infty}{2c_{A0} - x_\infty} \cdot \ln \frac{c_{A0} x_\infty + x(c_{A0} - x_\infty)}{c_{A0}(x_\infty - x)} = k_1 t \tag{24}$$

Geht man von $c_{B0} = c_{D0}$ und $c_{A0} = 0$ als Anfangsbedingungen aus und definiert $-dc_B = -dc_D = dx$ bzw. $x = c_{B0} - c_B = c_{D0} - c_D$, so ergibt sich über

$$\frac{dx}{dt} = k_2(c_{B0} - x)^2 - k_1 x$$

unter Benutzung von $x_\infty = c_{B0} - c_{B\infty}$ schließlich

$$\frac{x_\infty}{c_{B0}^2 - x_\infty^2} \cdot \ln \frac{x_\infty(c_{B0}^2 - x \cdot x_\infty)}{c_{B0}^2(x_\infty - x)} = k_2 t \tag{25}$$

Reversible Reaktion zweiter Ordnung. a) Zunächst soll der Reaktionstyp behandelt werden, bei dem Hin- und Rückreaktion zweiter Ordnung sind, wobei aber auf der einen Seite der stöchiometrischen Umsatzgleichung nur eine Substanz auftritt:

$$2A \underset{k_2}{\overset{k_1}{\rightleftharpoons}} B + D$$

Das Zeitgesetz sei

$$-\frac{dc_A}{dt} = k_1 c_A^2 - k_2 c_B c_D$$

Wenn anfangs nur die Substanz A vorliegt, so gilt mit $-dc_A = dx$:

$$c_A = c_{A0} - x, \quad c_B = \frac{x}{2}, \quad c_D = \frac{x}{2}$$

sowie

$$\frac{dx}{dt} = k_1(c_{A0} - x)^2 - k_2 \frac{x^2}{4}$$

Als Lösung ergibt sich unter Benutzung von $x_\infty = c_{A0} - c_{A\infty}$ die Gleichung

$$\frac{x_\infty}{2c_{A0}(c_{A0} - x_\infty)} \cdot \ln \frac{x(c_{A0} - 2x_\infty) + c_{A0} x_\infty}{c_{A0}(x_\infty - x)} = k_1 t \tag{26}$$

Die Behandlung des Falles, daß anfangs nur B und D vorliegen, wurde, auch für ungleiche Anfangskonzentrationen, schon von BODENSTEIN [35] vorgenommen. Für $c_{B0} = c_{D0}$ läßt sich wieder eine relativ einfache Gleichung angeben. Mit $dc_A = dx$, $c_A = x$ und $c_B = c_D = c_{B0} - \frac{x}{2}$ folgt aus

$$-\frac{dc_A}{dt} = k_1 c_A^2 - k_2 c_B c_D$$

zunächst

$$\frac{dx}{dt} = k_2\left(c_{B0} - \frac{x}{2}\right)^2 - k_1 x^2$$

und daraus nach Integration und Einführung von x_∞:

$$\frac{x_\infty}{c_{B0}(2c_{B0} - x_\infty)} \cdot \ln \frac{x(x_\infty - c_{B0}) - c_{B0} x_\infty}{c_{B0}(x - x_\infty)} = k_2 t \tag{27}$$

b) Der allgemeinere Fall der reversiblen Reaktion zweiter Ordnung ist durch die Umsatzgleichung

$$A + B \underset{k_2}{\overset{k_1}{\rightleftharpoons}} D + E$$

zu kennzeichnen. Das Zeitgesetz ist

$$-\frac{dc_A}{dt} = k_1 c_A c_B - k_2 c_D c_E$$

Setzt man $-dc_A = dx$ und nimmt $c_{A0} = c_{B0}$, $c_{D0} = c_{E0} = 0$ an, so folgt

$$\frac{dx}{dt} = k_1(c_{A0} - x)^2 - k_2 x^2$$

Die Lösung dieser Gleichung lautet

$$\frac{x_\infty}{2c_{A0}(c_{A0} - x_\infty)} \cdot \ln \frac{x(c_{A0} - 2x_\infty) + c_{A0} x_\infty}{c_{A0}(x_\infty - x)} = k_1 t \tag{28}$$

Gl. (28) ist mit (26) identisch, obwohl sich die zugehörigen Differentialgleichungen unterscheiden. Dies kommt dadurch zustande, daß in beiden Fällen k_2 durch Einführung von x_∞ eliminiert wurde und daß der Zusammenhang zwischen x_∞ und k_2 jeweils ein anderer ist (vgl. FROST, PEARSON, S. 175–176 [4]).

Läßt man die Vereinfachungen fallen und setzt beliebige Anfangskonzentrationen von A, B, D und E an, so wird die Behandlung wesentlich komplizierter. Die allgemeine Lösung wird von BENSON [2] angegeben.

Alle besprochenen reversiblen Reaktionen lassen sich als Spezialfälle der zuletzt genannten ($A + B \rightleftharpoons D + E$)

auffassen. Weitere Beispiele, die sich dem allgemeinen Typ unterordnen lassen, sind

$$2A \underset{k_2}{\overset{k_1}{\rightleftarrows}} 2B$$

mit

$$-\frac{dc_A}{dt} = k_1 c_A^2 - k_2 c_B^2$$

und

$$2A \underset{k_2}{\overset{k_1}{\rightleftarrows}} B$$

mit

$$-\frac{dc_A}{dt} = k_1 c_A^2 - k_2 c_B$$

DIALER, HORN und KÜCHLER [32] geben $x(t)$ für den allgemeinen Fall explizit an, zusammen mit einem Schema, das die Reduktion auf die Spezialfälle ermöglicht.

3.2.2. Parallelreaktionen

Parallelreaktionen erster Ordnung. Ein einfacher Fall von Parallelreaktionen liegt vor, wenn eine Ausgangssubstanz nach jeweils erster Ordnung in verschiedene Produkte übergeht, z. B. in drei Endprodukte:

$$A \begin{array}{c} \overset{k_1}{\nearrow} B \\ \overset{k_2}{\rightarrow} D \\ \overset{k_3}{\searrow} E \end{array}$$

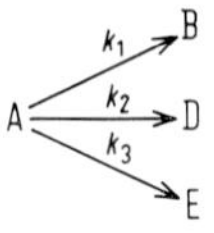

Da meist nur eine der nebeneinander ablaufenden Reaktionen zum erwünschten Endprodukt führt, wird diese als *Hauptreaktion* bezeichnet, die anderen sind *Nebenreaktionen*.

Das Verschwinden von A wird beschrieben durch

$$-\frac{dc_A}{dt} = k_1 c_A + k_2 c_A + k_3 c_A = (k_1 + k_2 + k_3) c_A$$

Setzt man $(k_1 + k_2 + k_3) = k$, so verhält sich das untersuchte System bezüglich A wie eine einfache Reaktion erster Ordnung. Dementsprechend gilt

$$c_A = c_{A0} e^{-kt} \qquad (29)$$

Die zeitliche Zunahme der Produktkonzentrationen ergibt sich folgendermaßen

$$\frac{dc_B}{dt} = k_1 c_A = k_1 c_{A0} e^{-kt}$$

$$c_B = c_{B0} + \frac{k_1 c_{A0}}{k}(1 - e^{-kt}) \qquad (30)$$

wenn $c_B = c_{B0}$ bei $t = 0$.

Analog gilt

$$c_D = c_{D0} + \frac{k_2 c_{A0}}{k}(1 - e^{-kt}) \qquad (31)$$

$$c_E = c_{E0} + \frac{k_3 c_{A0}}{k}(1 - e^{-kt}) \qquad (32)$$

Unter der Voraussetzung, daß anfangs nur die Substanz A vorliegt, folgt für jeden beliebigen Zeitpunkt

$$\frac{c_B}{c_D} = \frac{k_1}{k_2} \;;\quad \frac{c_D}{c_E} = \frac{k_2}{k_3} \qquad (33)$$

Die gebildeten Produktmengen verhalten sich also wie die jeweils maßgeblichen Geschwindigkeitskonstanten zueinander. Trägt man die Konzentrationen gegen

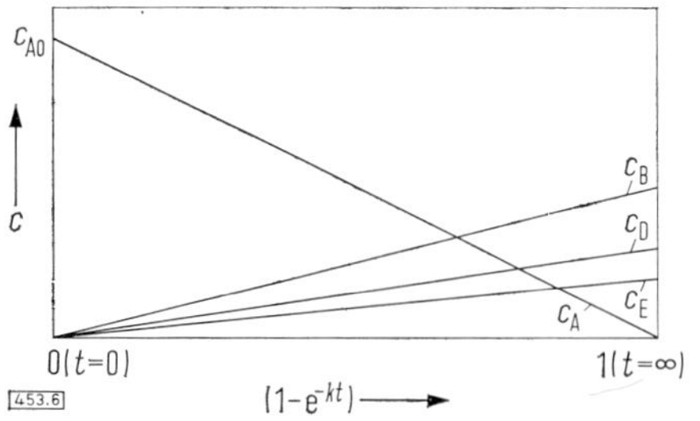

Abb. 6. Konzentrationsverlauf für Parallelreaktionen erster Ordnung $k_1 > k_2 > k_3$

$(1 - e^{-kt})$ auf (Abb. 6), so erhält man für alle Reaktionsteilnehmer Geraden, da sich Gl. (29) auch schreiben läßt als

$$c_A = c_{A0} - c_{A0}(1 - e^{-kt})$$

Zu jeder Zeit gilt dabei $c_{A0} - c_A = c_B + c_D + c_E$.

Entsprechend Gl. (29) läßt sich die Summe $(k_1 + k_2 + k_3)$ als Geschwindigkeitskonstante einer Reaktion erster Ordnung ermitteln. Die Gln. (33) liefern zwei weitere Bestimmungsgleichungen für k_1, k_2 und k_3, die somit einzeln zu erhalten sind.

Ein bekanntes Beispiel für das geschilderte System ist die Nitrierung von Benzoesäure zu den o-, m- und p-Isomeren, die bei Überschuß des Nitrierungsagens nach (pseudo-)erster Ordnung abläuft.

Die formalkinetische Behandlung von Parallelreaktionen wird erheblich komplizierter, wenn höhere Reaktionsordnungen als Eins auftreten. Sind jedoch alle Teilreaktionen von gleicher Ordnung, so gelten die Gln. (33) weiterhin, vorausgesetzt, daß die Anfangskonzentrationen der Produkte Null sind.

Liegt z. B. das System

$$A + B \xrightarrow{k_1} D; \qquad A + B \xrightarrow{k_2} E$$

vor, mit

$$\frac{dc_D}{dt} = k_1 c_A c_B$$

und

$$\frac{dc_E}{dt} = k_2 c_A c_B,$$

so ist

$$\frac{dc_D}{dc_E} = \frac{k_1}{k_2}$$

und bei $c_{D0} = c_{E0} = 0$ auch

$$\frac{c_D}{c_E} = \frac{k_1}{k_2}$$

Parallelreaktion eines Ausgangsstoffes nach erster und zweiter Ordnung. Reagiert eine Substanz A auf zwei Wegen nach folgenden Umsatzgleichungen

$$A \xrightarrow{k_1} B; \qquad 2A \xrightarrow{k_2} D$$

und gilt dafür die Geschwindigkeitsgleichung

$$-\frac{dc_A}{dt} = k_1 c_A + k_2 c_A^2$$

so folgt

$$\ln \frac{c_{A0}(k_1 + k_2 c_A)}{c_A(k_1 + k_2 c_{A0})} = k_1 t \qquad (34)$$

Diese Gleichung ist allerdings zur direkten Bestimmung der Geschwindigkeitskonstanten nicht geeignet.

Auf die Behandlung weiterer, ähnlicher Reaktionstypen soll nur noch hingewiesen werden: Das System

$$A + B \xrightarrow{k_1} C + D;$$

$$A + B \xrightarrow{k_2} C + D$$

ist bei Frost und Pearson, S. 153 [4] beschrieben. Dabei ist die Geschwindigkeit der ersten Teilreaktion proportional c_A (d. h. erster Ordnung), die der zweiten proportional dem Produkt aus c_A und c_B (zweiter Ordnung). Szabó, Bd. 2 [1] diskutiert die Fälle

$A + B \xrightarrow{k_1} D$ (zweiter Ordnung)

$A \xrightarrow{k_2} E$ (erster Ordnung)

und

$A \xrightarrow{k_1} D$ (erster Ordnung)

$A + B \xrightarrow{k_2} E$ (zweiter Ordnung)

$2A \xrightarrow{k_3} F$ (zweiter Ordnung)

und geht dabei auch auf die unkorrekte Behandlung dieser Systeme durch andere Autoren ein, die auf einer falschen Materialbilanz für B beruht. Diese Fehler finden sich auch in neueren Lehrbüchern (Benson, S. 31 [2], Laidler, S. 10 [5]).

Parallelreaktion zweier Ausgangsstoffe zum gleichen Produkt. Das einfachste Beispiel dieses anderen Grundtyps der Parallelreaktion entspricht dem Schema

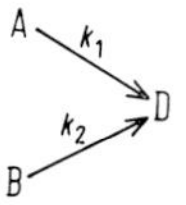

(beide Reaktionen erster Ordnung)

Bezüglich A und B liegen einfache Reaktionen vor; nur wenn der Ablauf der Umsetzung durch die Änderung von c_D gekennzeichnet wird, handelt es sich um eine zusammengesetzte Reaktion. Dann ist anzusetzen:

$$\frac{dc_D}{dt} = k_1 c_A + k_2 c_B$$

Wegen $c_A = c_{A0}\,e^{-k_1 t}$; $c_B = c_{B0}\,e^{-k_2 t}$ ist

$$\frac{dc_D}{dt} = k_1 c_{A0}\,e^{-k_1 t} + k_2 c_{B0}\,e^{-k_2 t}$$

bzw.

$$c_D = c_{A0} + c_{B0} - c_{A0}\,e^{-k_1 t} - c_{B0}\,e^{-k_2 t}$$

wenn anfangs $c_D = 0$ ist. Faßt man $c_{A0} + c_{B0}$ zusammen zu $c_{D\infty}$ (das ist der Wert, den c_D maximal erreichen kann), so gilt

$$\ln(c_{D\infty} - c_D) = \ln(c_{A0}\,e^{-k_1 t} + c_{B0}\,e^{-k_2 t}) \qquad (35)$$

Dementsprechend liefert eine Auftragung von $\ln(c_{D\infty} - c_D)$ gegen t eine Gerade, wenn $k_1 = k_2$, und eine gekrümmte Kurve, wenn $k_1 \neq k_2$. Ist nach einiger Zeit die schneller reagierende Komponente (z. B. A) praktisch verschwunden, so geht die Kurve in eine Gerade über, da dann gilt:

$$\ln(c_{D\infty} - c_D) = \ln c_B = \ln c_{B0} - k_2 t$$

Aus dem Anstieg der Geraden erhält man k_2. Damit ist $c_B(t)$ bekannt und wegen $c_A = c_{A0} + c_{B0} - c_B - c_D$ auch $c_A(t)$, womit sich schließlich auch k_1 bestimmen läßt.

Als Beispiel kann die Reaktion von Isomeren zum selben Produkt dienen. Da nur die Kenntnis von $(c_{A0} + c_{B0})$ für die Auswertung erforderlich ist, liegt hier eine Möglichkeit zur Bestimmung der Zusammensetzung von Isomerengemischen vor.

3.2.3. Folgereaktionen

Reaktionsfolge mit zwei Schritten nach erster Ordnung. Die einfachste Folgereaktion ist durch

$$A \xrightarrow{k_1} B \xrightarrow{k_2} D$$

gegeben; die Geschwindigkeitsgleichungen sind

$$-\frac{dc_A}{dt} = k_1 c_A$$

$$-\frac{dc_B}{dt} = -k_1 c_A + k_2 c_B$$

$$-\frac{dc_D}{dt} = -k_2 c_B$$

c_A ergibt sich in bekannter Weise zu

$$c_A = c_{A0}\,e^{-k_1 t}$$

Damit gilt

$$-\frac{dc_B}{dt} = -k_1 c_{A0}\,e^{-k_1 t} + k_2 c_B$$

Die Integration dieser linearen Differentialgleichung erster Ordnung ergibt, wenn $c_{B0} = 0$

$$c_B = \frac{c_{A0} k_1}{k_2 - k_1} (e^{-k_1 t} - e^{-k_2 t}) \tag{36}$$

(Für $c_{B0} \neq 0$, $c_{D0} \neq 0$, vgl. BENSON, S. 33–36 [2].) Diese Lösung könnte benutzt werden, um $c_D(t)$ durch Integration der entsprechenden Differentialgleichung zu gewinnen. Die Funktion ist jedoch aufgrund der Bilanz

$$c_D = c_{A0} - c_A - c_B$$

einfacher zu erhalten; es ergibt sich:

$$c_D = c_{A0} \left[1 - \frac{1}{k_2 - k_1} (k_2 e^{-k_1 t} - k_1 e^{-k_2 t})\right] \tag{37}$$

Während c_D stetig steigt und c_A stetig fällt, durchläuft c_B ein Maximum. Die Zeit t_{max}, zu der B seine höchste Konzentration erreicht, ergibt sich mit $dc_B/dt = 0$ aus Gl. (36) zu

$$t_{max} = \frac{1}{k_2 - k_1} \ln \frac{k_2}{k_1} \tag{38}$$

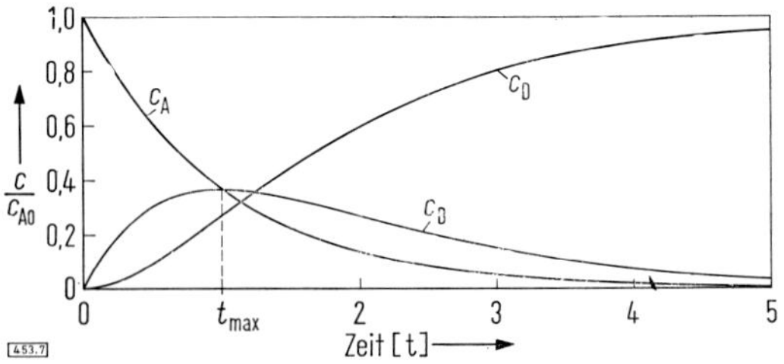

Abb. 7. Folgereaktion erster Ordnung

$$A \xrightarrow{k_1} B \xrightarrow{k_2} D$$

$k_1 = 1{,}0\,[t^{-1}]$; $k_2 = k_1$
t_{max} = Zeit, zu der B seine höchste Konzentration hat.

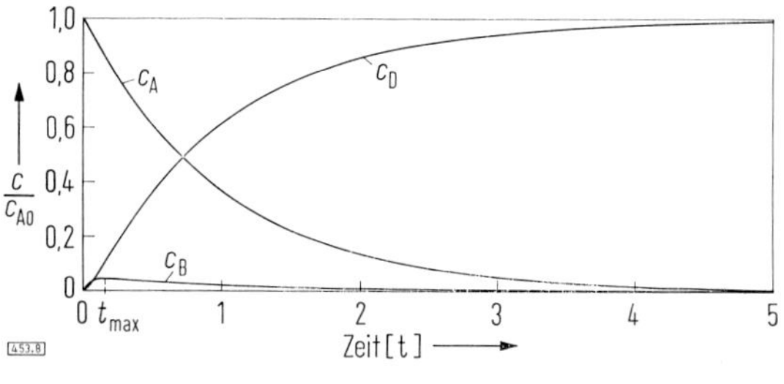

Abb. 8. Folgereaktion erster Ordnung, vgl. Abb. 7
$k_1 = 1{,}0\,[t^{-1}]$; $k_2 = 20 k_1$

Die Gln. (36), (37) und (38) versagen, wenn $k_1 = k_2 = k$. Für diesen Fall gilt

$$c_B = k c_{A0} e^{-kt} t \tag{36a}$$

$$c_D = c_{A0} [1 - e^{-kt}(1 + kt)] \tag{37a}$$

$$t_{max} = \frac{1}{k} \tag{38a}$$

Die Abhängigkeit des Konzentrationsverlaufes von k_1 und k_2 wird durch Abb. 7, 8 und 9 verdeutlicht. k_1 ist für alle drei Darstellungen gleich. k_2 ist im ersten Fall gleich k_1, im zweiten wesentlich größer und im dritten wesentlich kleiner. Je größer k_2 im Vergleich zu k_1 ist, desto geringer ist die Maximalkonzentration von B, und um so schneller wird sie erreicht. Bei extrem großem k_2 und für nicht zu kleine Zeiten geht Gl. (37) über in

$$c_D = c_{A0} [1 - e^{-k_1 t}] = c_{A0} - c_{A0} e^{-k_1 t} = c_{A0} - c_A \tag{39}$$

c_D wächst dann in dem Maße, wie c_A abnimmt, d. h. c_D nimmt im Extremfall so zu, als ob die Zwischenstufe B gar nicht existent wäre.

Ein sehr großer Wert von k_2 bedeutet, daß B sehr reaktionsfähig ist. Reaktionen mit sehr reaktiven Zwischenprodukten lassen sich nach einem Verfahren behandeln, das auf BODENSTEIN zurückgeht und auf folgender Überlegung beruht: Da die Konzentration des Zwischenstoffes immer klein bleibt, ist zwangsläufig die zeitliche Änderung der Zwischenproduktkonzentration auch stets klein. Nach einer gewissen Anlaufzeit (vgl. Abb. 8) gilt für diesen Fall in guter Näherung der BODENSTEINsche Ansatz

$$-\frac{dc_B}{dt} = -k_1 c_A + k_2 c_B = 0$$

Nach der Anlaufzeit hat sich der sog. *quasistationäre Zustand* eingestellt. Ein echter stationärer Zustand (dieser Ausdruck wird manchmal an dieser Stelle fälschlich verwendet) kann nicht auftreten, da c_A sich mit der Zeit ändert.

Es folgt

$$c_B = \frac{k_1}{k_2} c_A\,, \quad \text{und wegen} \quad c_A = c_{A0} e^{-k_1 t}$$

$$c_B = \frac{k_1}{k_2} c_{A0} e^{-k_1 t}$$

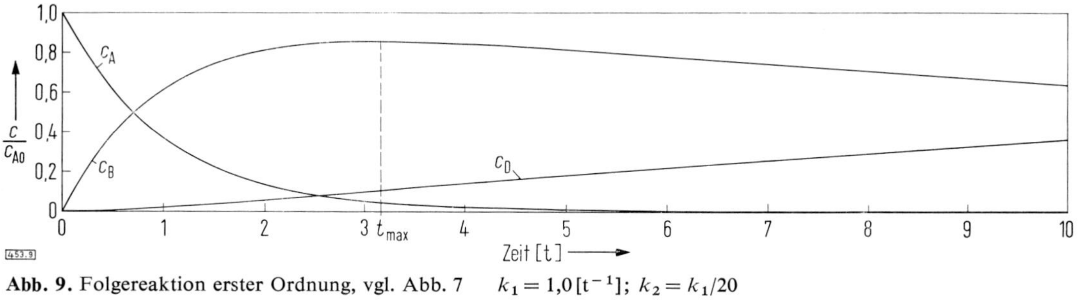

Abb. 9. Folgereaktion erster Ordnung, vgl. Abb. 7 $k_1 = 1{,}0\,[t^{-1}]$; $k_2 = k_1/20$

Mit $c_D = c_{A0} - c_A - c_B$ ergibt sich dann

$$c_D = c_{A0} - c_{A0}\,e^{-k_1 t} - \frac{k_1}{k_2}\,c_{A0}\,e^{-k_1 t}$$

bzw.

$$c_D = c_{A0}\left[1 - \left(1 + \frac{k_1}{k_2}\right) e^{-k_1 t}\right]$$

Daraus folgt aber, wenn wie vorausgesetzt $k_1 \ll k_2$:

$$c_D = c_{A0}\,[1 - e^{-k_1 t}]$$

Somit ergibt sich wieder Gl. (39), wobei außer zur Gewinnung von $c_A(t)$ keine Integration durchzuführen war. Im Falle der hier besprochenen Reaktion ist der Nutzen des BODENSTEINschen Ansatzes gering, weil die exakte Lösung ohne große Schwierigkeiten zu erhalten ist. Bei komplizierteren Reaktionsfolgen ist diese Näherungsmethode aber oft das einzige Mittel, um das Gleichungssystem in geeigneter Weise zu vereinfachen.

Treten mehrere instabile Zwischenprodukte auf, so gilt der BODENSTEINsche Ansatz für jede dieser Komponenten. Dabei wird jeweils ein Differentialquotient eliminiert und eine Differentialgleichung in eine algebraische Beziehung umgewandelt (vgl. S. 173).

Ist nicht B die wesentlich reaktivere Komponente, sondern A, so daß $k_1 \gg k_2$, so gilt statt Gl. (37) für genügend großes t näherungsweise

$$c_D = c_{A0}\,[1 - e^{-k_2 t}]$$

Nach einiger Zeit ist also, wie auch Abb. 9 zeigt, fast nur noch die zweite Reaktion für die Bildungsgeschwindigkeit von D verantwortlich; die Komponente D bildet sich in dem Maße, wie B verschwindet.

SWAIN [50] untersuchte die Möglichkeiten, die beiden Geschwindigkeitskonstanten des besprochenen Reaktionstyps zu ermitteln. Zwei Näherungsverfahren zur Bestimmung von k_1 und k_2 werden von FROST und PEARSON, S. 157 bis 158 [4] diskutiert.

Folgen aus mehreren Reaktionen erster Ordnung. Auch das erweiterte Reaktionsschema der Folgereaktion erster Ordnung gemäß

$$A \xrightarrow{k_1} B \xrightarrow{k_2} D \xrightarrow{k_3} E \xrightarrow{k_4} F \ldots$$

läßt sich noch exakt behandeln. Explizite Lösungen, auch für den Fall, daß die Anfangskonzentrationen der Folgeprodukte nicht gleich Null sind, werden von RODIGUIN und RODIGUINA [18] angegeben.

Folgereaktionen höherer Ordnung. Für Reaktionsfolgen, die Schritte von zweiter oder höherer Ordnung enthalten, lassen sich im allg. die entsprechenden Differentialgleichungen nicht mehr geschlossen lösen. Die Fälle, die sich noch exakt behandeln ließen, sind zwar in den Ansätzen einfach, in den Endgleichungen aber schon sehr kompliziert. Folgende Aufstellung gibt einen Überblick über die Systeme, die von CHIEN [39] unter der Bedingung, daß die Anfangskonzentrationen der Folgeprodukte Null sind, durchgerechnet wurden:

$A \rightarrow B$,	$2B \rightarrow D$,	Ordnung des 1. Schrittes 1,	des 2. Schrittes 2
$A \rightarrow B$,	$B + D \rightarrow E$,	Ordnung des 1. Schrittes 1,	des 2. Schrittes 2
$2A \rightarrow B$,	$B \rightarrow D$,	Ordnung des 1. Schrittes 2,	des 2. Schrittes 1
$2A \rightarrow B$,	$2B \rightarrow D$,	Ordnung des 1. Schrittes 2,	des 2. Schrittes 2
$2A \rightarrow B$,	$B + D \rightarrow E$,	Ordnung des 1. Schrittes 2,	des 2. Schrittes 2

Das dritte dieser Reaktionsschemata beschreibt auch die Folge

$$A + B \rightarrow D; \quad D \rightarrow E$$

wenn $c_{A0} = c_{B0}$. (Analoges gilt natürlich für die beiden letzten der oben genannten Reaktionstypen.) Der allgemeine Fall mit $c_{A0} \neq c_{B0}$ ist nicht exakt zu behandeln, vgl. [33].

3.2.4. Kettenreaktionen

Eine besondere Klasse der Folgereaktionen stellen die Kettenreaktionen dar, die auch als *geschlossene* Folgen bezeichnet werden, im Gegensatz zu den bisher besprochenen *offenen* Folgen.

Die Kettenreaktionen sind dadurch gekennzeichnet, daß sich nach der Bildung eines aktiven *Kettenträgers* in der *Startreaktion* ein *Reaktionszyklus (Reaktionskette)* mehrfach, unter Umständen sehr oft wiederholt. Kettenträger sind hauptsächlich Atome, Radikale oder Ionen. Die Reaktionskette läuft so lange ab, bis der Kettenträger in einer *Abbruchreaktion* verbraucht wird. Am klassischen Beispiel der Bromwasserstoffbildung soll dieses Reaktionsschema erläutert werden.

Reaktion von Brom mit Wasserstoff. Der stöchiometrischen Umsatzgleichung

$$H_2 + Br_2 \rightarrow 2HBr$$

steht keineswegs ein Zeitgesetz zweiter Ordnung gegenüber, vielmehr wurde experimentell gefunden (vgl. [36]):

$$\frac{d c_{HBr}}{d t} = \frac{k\, c_{H_2} (c_{Br_2})^{1/2}}{m + \dfrac{c_{HBr}}{c_{Br_2}}} = \frac{\dfrac{k}{m}\, c_{H_2} (c_{Br_2})^{1/2}}{1 + \dfrac{1}{m}\,\dfrac{c_{HBr}}{c_{Br_2}}} \tag{40}$$

m ist eine Konstante (vgl. S. 173). Diese Geschwindigkeitsgleichung läßt sich durch Annahme des folgenden Mechanismus deuten:

Kettenstart:

$$Br_2 \xrightarrow{k_1} 2\,Br$$

Reaktionskette:

$$Br + H_2 \xrightarrow{k_2} HBr + H$$

$$H + Br_2 \xrightarrow{k_3} HBr + Br$$

$$H + HBr \xrightarrow{k_4} H_2 + Br$$

Kettenabbruch:

$$2\,Br \xrightarrow{k_5} Br_2$$

Kettenstart und -abbruch wären genauer als Dreierstöße mit einem Partner X, der nur der Energieübertragung dient, zu formulieren. An der abzuleitenden Endgleichung ändert sich dadurch nichts.

Die Geschwindigkeit der Reaktion

$$Br + HBr \rightarrow H + Br_2$$

ist im betrachteten Temperaturbereich (200° – 300°C) vernachlässigbar klein, so daß diese Umsetzung im Reaktionsschema nicht berücksichtigt werden muß. Die zeitliche Änderung der HBr-Konzentration wird durch alle drei Schritte der Reaktionskette bewirkt; demgemäß gilt

$$\frac{d c_{HBr}}{dt} = k_2 c_{Br} c_{H_2} + k_3 c_H c_{Br_2} - k_4 c_H c_{HBr} \qquad (41)$$

In dieser Gleichung sind neben den Konzentrationen der Komponenten der Bruttoumsatzgleichung noch die der instabilen Zwischenprodukte H und Br enthalten. Zwei Beziehungen, die zur Eliminierung dieser letzteren Größen dienen können, erhält man, wenn die zeitliche Änderung der Zwischenproduktkonzentrationen jeweils gleich Null gesetzt wird (BODENSTEINscher Ansatz, vgl. Folgereaktion erster Ordnung):

$$\frac{d c_H}{dt} = k_2 c_{Br} c_{H_2} - k_3 c_H c_{Br_2} - k_4 c_H c_{HBr} = 0 \qquad (42)$$

$$\frac{d c_{Br}}{dt} = 2k_1 c_{Br_2} - k_2 c_{Br} c_{H_2} + k_3 c_H c_{Br_2} + k_4 c_H c_{HBr} - 2k_5 c_{Br}^2 = 0 \qquad (43)$$

(Der Faktor 2 tritt auf, weil 1 Mol Br_2 2 Grammatomen Br entspricht; er ist hier nicht in die Konstanten k_1 und k_5 einbezogen.)

Über diese zwei algebraischen Gleichungen kann man die an sich unbekannten und auch experimentell kaum direkt bestimmbaren Kettenträgerkonzentrationen (c_H und c_{Br}) durch experimentell erfaßbare Konzentrationen (c_{H_2}, c_{Br_2}, c_{HBr}) in Kombination mit Geschwindigkeitskonstanten ausdrücken, z. B. auf folgendem Wege: Löst man Gl. (42) nach c_H auf, so folgt

$$c_H = \frac{k_2 c_{H_2} c_{Br}}{k_3 c_{Br_2} + k_4 c_{HBr}} \qquad (44)$$

Addition von Gl. (42) und (43) ergibt

$$2k_1 c_{Br_2} - 2k_5 c_{Br}^2 = 0$$

oder

$$c_{Br} = \left(\frac{k_1}{k_5} c_{Br_2}\right)^{1/2} \qquad (45)$$

Setzt man diesen Ausdruck für c_{Br} in Gl. (44) ein, so erhält man:

$$c_H = \frac{k_2 \left(\frac{k_1}{k_5}\right)^{1/2} c_{H_2} (c_{Br_2})^{1/2}}{k_3 c_{Br_2} + k_4 c_{HBr}} \qquad (46)$$

Für die Bildungsgeschwindigkeit von HBr folgt eine einfache Beziehung, wenn man Gl. (42) von (41) subtrahiert:

$$\frac{d c_{HBr}}{dt} = 2k_3 c_H c_{Br_2}$$

Einsetzen von c_H aus Gl. (46) liefert nach Umformung

$$\frac{d c_{HBr}}{dt} = \frac{2k_2 \left(\frac{k_1}{k_5}\right)^{1/2} c_{H_2} (c_{Br})^{1/2}}{1 + \frac{k_4}{k_3} \frac{c_{HBr}}{c_{Br_2}}} \qquad (47)$$

Dieses differentielle Zeitgesetz (zur Integration dieser Gleichung s. [36]) entspricht genau der empirischen Gl. (40), wenn man

$$2k_2 \left(\frac{k_1}{k_5}\right)^{1/2} = \frac{k}{m}$$

und

$$\frac{k_4}{k_3} = \frac{1}{m}$$

setzt. Die interessante Reaktion von Brom mit Wasserstoff ist noch heute Gegenstand intensiver Bearbeitung und Diskussion [48].

Kettenreaktionen lassen sich oft trotz eines komplizierten Mechanismus durch einfache Geschwindigkeitsgleichungen beschreiben. Dies ist vor allem dann der Fall, wenn unter bestimmten Versuchsbedingungen nur einige wenige der in Betracht zu ziehenden Reaktionen merklich zum Umsatz beitragen. So kann z. B. die Zersetzung organischer Verbindungen in der Gasphase trotz Vorliegens von Kettenreaktionen nach einfachen Zeitgesetzen verlaufen. Die Reaktionsordnung ist von der Art des Kettenabbruchs abhängig und hat meistens die Werte 1/2, 1 oder 3/2 (RICE-HERZFELD-Mechanismen; vgl. z. B. die Diskussion bei LAIDLER, S. 386 – 390 [5]).

Wesentlich komplizierter werden die Reaktionsschemata, wenn neben Start, Reaktionskette und Abbruch noch Kettenverzweigungen oder Kettenübertragungen auftreten. *Kettenverzweigung* liegt vor, wenn in einer Teilreaktion mehr Kettenträger erzeugt als verbraucht werden. Ist die Häufigkeit dieses Vorganges groß genug, kommt es zu einem explosionsartigen Reaktionsverlauf. Bei einer *Kettenübertragung* wird ein Kettenträger verbraucht und dafür ein neuer erzeugt; im Gegensatz zur normalen Kettenreaktion entsteht der neue Kettenträger aber aus einer Substanz, die normalerweise nicht am Reaktionszyklus beteiligt ist (Lösungsmittel usw.), oder er entsteht zumindest auf eine Art, die nicht dem normalen Reaktionszyklus entspricht (vgl. Kettenübertragung bei der Polymerisation).

Radikalische Polymerisation. Weitere wichtige Begriffe der Kettenreaktion lassen sich am Beispiel der Polymerisation von Vinylverbindungen erläutern.

Der Kettenstart erfolgt durch Zerfall eines Initiators I in zwei Radikale R^* (vgl. Kap. 4.1, S. 179). Die Zersetzung verlaufe nach erster Ordnung. (Diese Bedingung ist recht gut bei aliphatischen Azoverbindungen, weniger gut bei Peroxiden erfüllt.) Durch die daran anschließende Anlagerung eines Monomermoleküls M entsteht das Radial P^*:

Kettenstart:

$$I \xrightarrow{k_1} 2R^*$$

$$-\frac{dc_I}{dt} = \frac{1}{2}\frac{dc_{R^*}}{dt} = k_1 c_I$$

$$R^* + M \xrightarrow{k_2} P^*$$

$$-\frac{dc_{R^*}}{dt} = -\frac{dc_M}{dt} = \frac{dc_{P^*}}{dt} = k_2 c_{R^*} c_M$$

Unter der Annahme, daß die Anlagerung weiterer Monomerer die Reaktivität des Radikals nicht ändert, ist nur eine Wachstumsreaktion zu berücksichtigen, der Reaktions-„Zyklus" besteht nur aus der Umsetzung

Wachstum (Reaktionskette):

$$P^* + M \xrightarrow{k_3} P^*$$

$$-\frac{dc_M}{dt} = k_3 c_{P^*} c_M$$

Der Kettenabbruch sei zu formulieren als:

$$P^* + P^* \xrightarrow{k_4} P(+P')$$

$$-\frac{dc_{P^*}}{dt} = k_4 c_{P^*}^2$$

(In der deutschen Literatur ist im allg. der Faktor 2 in k_4 mit enthalten.)

Entweder treten die beiden Radikale zu einem Makromolekül P zusammen, dann liegt Abbruch durch *Kombination* vor, oder die beiden Radikale liefern unter *Disproportionierung* ein gesättigtes (P) und ein ungesättigtes Molekül (P′). Der zeitliche Verlauf der Konzentration der beteiligten Stoffe ist demnach durch folgende Differentialgleichungen zu beschreiben:

$$-\frac{dc_I}{dt} = k_1 c \tag{48}$$

$$-\left(\frac{dc_M}{dt}\right)_{\text{gesamt}} = k_2 c_{R^*} c_M + k_3 c_{P^*} c_M \tag{49}$$

$$-\left(\frac{dc_{R^*}}{dt}\right)_{\text{gesamt}} = k_2 c_{R^*} c_M - 2k_1 c_I \tag{50}$$

$$-\left(\frac{dc_{P^*}}{dt}\right)_{\text{gesamt}} = k_4 c_{P^*}^2 - k_2 c_{R^*} c_M \tag{51}$$

Wenn nicht alle aus dem Initiator entstandenen Radikale eine Polymerisation auslösen (Nebenreaktionen!), so kann man dies formal dadurch berücksichtigen, daß man in Gl. (50) den zweiten Summanden mit dem sog. *Radikalausbeutefaktor f* multipliziert, wobei $f < 1$.

Gl. (48) läßt sich separat behandeln, während (49) bis (51) simultan zu lösen wären. Da aber R^* und P^* kurzlebig sind, läßt sich für diese Zwischenprodukte BODENSTEINsche Quasi-Stationarität annehmen.

Aus

$$-\frac{dc_{R^*}}{dt} = 0$$

folgt

$$c_{R^*} = \frac{2k_1 c_I}{k_2 c_M} \tag{52}$$

und aus

$$-\frac{dc_{P^*}}{dt} = 0$$

ergibt sich

$$c_{P^*} = \left(\frac{k_2}{k_4}\right)^{1/2} c_{R^*}^{1/2} c_M^{1/2}$$

bzw. unter Verwendung von Gl. (52)

$$c_{P^*} = \left(\frac{2k_1}{k_4}\right)^{1/2} c_I^{1/2} \tag{53}$$

Setzt man Gl. (52) und (53) in (49) ein, so erhält man

$$-\frac{dc_M}{dt} = 2k_1 c_I + k_3\left(\frac{2k_1}{k_4}\right)^{1/2} c_I^{1/2} c_M \tag{54}$$

Der erste Summand der rechten Seite entfällt, wenn c_M groß ist und $k_3 \gg k_4$. Unter diesen Bedingungen entstehen aber Polymere mit hohem Molekulargewicht. Der Term, der den Monomerverbrauch in der Startreaktion berücksichtigt, wird dann vernachlässigbar klein gegenüber dem Term, der den Verbrauch in der Wachstumsreaktion beschreibt.

Die Gültigkeit der vereinfachten Gleichung

$$-\frac{dc_M}{dt} = k_3\left(\frac{2k_1}{k_4}\right)^{1/2} c_I^{1/2} c_M \tag{55}$$

nach der die Reaktion in bezug auf das Monomere von erster Ordnung, bezüglich des Initiators aber von der Ordnung 1/2 ist, wurde für zahlreiche Beispiele experimentell bewiesen.

Betrachtet man eine Polymerisation, die zu hohen Molekulargewichten führt, so kann auch bei merklichen Umsätzen des Monomeren die Änderung der

Initiatorkonzentration noch sehr klein sein. Setzt man dementsprechend an:

$$c_I = c_{I0} = \text{konstant}$$

so führt die Integration von Gl. (55) zu

$$\ln \frac{c_M}{c_{M0}} = -k_3 \left(\frac{2k_1}{k_4}\right)^{1/2} (c_{I0})^{1/2} t \qquad (56)$$

Wenn man die Zerfallsgeschwindigkeit des Initiators und damit die Zerfallskonstante k_1 aus separaten Messungen kennt, kann man bei Auftragung von $\ln c_{M0}/c_M$ gegen $(2k_1)^{1/2}(c_{I0})^{1/2}\,t$ das Verhältnis $k_3/(k_4)^{1/2}$ als Anstieg einer Geraden ermitteln.

Muß man die Zeitabhängigkeit der Initiatorkonzentration berücksichtigen, so ist wegen

$$-\frac{dc_I}{dt} = k_1 c_I$$

für $c_I(t)$

$$c_I = c_{I0}\,e^{-k_1 t}$$

einzusetzen. Dann geht Gl. (55) über in

$$-\frac{dc_M}{dt} = k_3 \left(\frac{2k_1}{k_4}\right)^{1/2} (c_{I0})^{1/2} e^{-\frac{k_1 t}{2}} c_M$$

Die Integration ergibt

$$\ln \frac{c_M}{c_{M0}} = 2k_3 \left(\frac{2}{k_4 k_1}\right)^{1/2} (c_{I0})^{1/2} (e^{-\frac{k_1 t}{2}} - 1) \qquad (57)$$

Auch hieraus ist nur das Verhältnis $k_3/(k_4)^{1/2}$ zugänglich. Will man die Wachstumskonstante k_3 und die Abbruchskonstante k_4 einzeln bestimmen, so genügt die Ermittlung der Polymerisationsgeschwindigkeit (und der Zerfallsgeschwindigkeit des Initiators) nicht. Man muß mit Hilfe anderer Meßgrößen weitere Information über die Konstanten gewinnen. Aus der Messung der mittleren Lebensdauer der Radikale nach der Methode des rotierenden Sektors (vgl. MELVILLE, BURNETT [3]) erhält man z. B. eine Angabe über das Verhältnis k_3/k_4. Die Kombination mit der Größe $k_3/(k_4)^{1/2}$ ermöglicht dann die Berechnung von k_3 und k_4.

Im folgenden soll das Auftreten einer *Kettenübertragung* auf ein Molekül L (Lösungsmittel, Monomeres, Polymeres, Initiator) mit berücksichtigt werden. Hierfür sind zusätzlich folgende Teilreaktionen anzusetzen:

a) Kettenübertragung (z. B. durch Abspalten eines H-Atoms aus L und Anlagerung an P*):

$$P^* + L \xrightarrow{k_5} L^* + P$$

$$-\frac{dc_{P*}}{dt} = \frac{dc_{L*}}{dt} = k_5 c_{P*} c_L$$

b) Anschließende Weiterreaktion:

$$L^* + M \xrightarrow{k_6} P^*$$

$$-\frac{dc_{L*}}{dt} = \frac{dc_{P*}}{dt} = k_6 c_{L*} c_M$$

Demnach ist

$$\left(\frac{dc_{L*}}{dt}\right)_{\text{gesamt}} = k_5 c_{P*} c_L - k_6 c_{L*} c_M \qquad (58)$$

Kann man annehmen, daß das Radikal L* so reaktiv ist, daß die im Schritt (b) formulierte Reaktion, die zur Rückbildung des normalen Kettenträgers führt, rasch abläuft, so wird sich für c_{L*} ein quasistationärer Zustand einstellen. Damit läßt sich die rechte Seite von Gl. (58) nach BODENSTEIN gleich Null setzen, wodurch aber auch die Gesamtänderung von c_{P*} in den beiden Schritten (a) und (b) gleich Null wird. Die ohne Berücksichtigung der Übertragungsreaktion für P* geltende Bilanz wird also nicht geändert. Unter der weiteren Voraussetzung, daß die Kettenübertragung relativ selten eintritt, wird c_L kaum geändert, auch die Änderung von c_M bleibt vernachlässigbar klein gegenüber der Abnahme im Wachstumsschritt. Die Bruttopolymerisationsgeschwindigkeit $-dc_M/dt$ ändert sich also durch eine Kettenübertragung kaum, solange die Übertragungsreaktion selten ist und zu reaktiven Radikalen führt. Demgemäß hat man über die Messung der Polymerisationsgeschwindigkeit keinen experimentellen Zugang zur Konstanten k_5. Will man diese ermitteln, so ist die Bestimmung einer Meßgröße erforderlich, die vom Ausmaß der Kettenübertragung empfindlich abhängt. Das ist z. B. für den *mittleren Polymerisationsgrad* der Fall, der durch die Zahl der (im Mittel) im Makromolekül enthaltenen Monomereinheiten gegeben ist. Jede Kettenübertragung bricht das Wachstum eines Makroradikals „vorzeitig" ab und macht sich deshalb in einer Verkleinerung des Polymerisationsgrades bemerkbar. Ausgehend von der Beziehung

$$\bar{P}_n = \frac{r_w}{r_{ab} + r_ü} \qquad (59)$$

mit $\bar{P}_n$ = Zahlenmittel des Polymerisationsgrades, r_w = Wachstumgsgeschwindigkeit = $k_3 c_{P*} c_M$, r_{ab} = Abbruchsgeschwindigkeit = $k_4 c_{P*}^2$, $r_ü$ = Kettenübertragungsgeschwindigkeit = $k_5 c_{P*} c_L$, erhält man für den besprochenen Reaktionsmechanismus bei Abbruch durch Disproportionierung:

$$\frac{1}{\bar{P}_n} = \frac{(2k_1 k_4)^{1/2} c_I^{1/2}}{k_3 c_M} + \frac{k_5 c_L}{k_3 c_M} \qquad (60)$$

Findet der Kettenabbruch durch Kombination statt, so gilt

$$\frac{1}{\bar{P}_n} = \frac{1}{2} \frac{(2k_1 k_4)^{1/2} c_I^{1/2}}{k_3 c_M} + \frac{k_5 c_L}{k_3 c_M} \qquad (61)$$

da in Gl. (59) $r_{ab}/2$ statt r_{ab} einzusetzen ist, weil die Kombination bezüglich der Molekülverkürzung nur halb so wirksam ist wie die Disproportionierung. Bei der Disproportionierung bleibt nämlich der Polymerisationsgrad der zusammentreffenden Radikale erhalten, während durch Kombination ein Molekül entsteht, dessen Polymerisationsgrad doppelt so groß ist wie der mittlere der beiden Radikale.

Methoden zur Bestimmung des Verhältnisses k_5/k_3,

das auch als *Übertragungskonstante* bezeichnet wird, sind in [2], [12], [34] beschrieben worden.

Der Polymerisationsgrad ist nicht nur ein Maß für die Länge der Polymerketten, sondern steht auch in enger Beziehung zu der sog. *kinetischen Kettenlänge* ν, die allg. als die Zahl der Reaktionszyklen definiert ist, die auf einen Kettenstart folgen. Bei der Polymerisation ist ν gegeben durch die Zahl der Monomermoleküle, die als Folge eines Startschrittes verbraucht werden. Verläuft die Polymerisation ohne Kettenübertragung, so ist die mittlere kinetische Kettenlänge gleich dem mittleren Polymerisationsgrad, wenn Disproportionierungsabbruch vorliegt. Bei Kombinationsabbruch ist $\bar{P}_n$ das Doppelte der kinetischen Kettenlänge. Bei der Kettenübertragung wird zwar $\bar{P}_n$ stark geändert, nicht aber ν. Die kinetische Kettenlänge kann dann unter Umständen um ein Vielfaches größer sein als der Polymerisationsgrad.

Abschließend sei noch einmal darauf hingewiesen, daß die aufgeführten Beziehungen nur für den einen speziellen Reaktionsmechanismus gelten. Eine tabellarische Zusammenstellung der Ausdrücke für Bruttoreaktionsgeschwindigkeit, mittleren Polymerisationsgrad und andere wichtige Größen findet man für verschiedene Typen von Start- und Abbruchreaktionen bei KÜCHLER [13].

3.3. Kombinationen der verschiedenen Typen von zusammengesetzten Reaktionen

Nach den vorhergehenden Kapiteln über Parallel-, Folge- und umkehrbare Reaktionen ist verständlich, daß die Kombination dieser Reaktionstypen nur in den einfachsten Fällen zu Mechanismen führt, die einer exakten mathematischen Behandlung zugänglich sind. Allgemein gilt, daß die Differentialgleichungssysteme immer dann vollständig lösbar sind, wenn sämtliche Teilreaktionen nach erster Ordnung verlaufen. Eine Diskussion des zweckmäßigen Vorgehens geben FROST und PEARSON, S. 161 [4]; eine Sammlung von Lösungen für die verschiedensten Probleme findet sich bei RODIGUIN und RODIGUINA [18]. Die folgenden kurzgefaßten Beispiele für komplexe Reaktionen sind entweder relativ einfach oder wegen ihrer praktischen Wichtigkeit besonders eingehend untersucht worden.

3.3.1. Folgereaktion mit vorgelagertem Gleichgewicht

Die Reaktion mit der Umsatzgleichung

$$A \underset{k_2}{\overset{k_1}{\rightleftharpoons}} B \xrightarrow{k_3} D$$

soll beschrieben werden durch die Geschwindigkeitsgleichungen

$$-\frac{dc_A}{dt} = k_1 c_A - k_2 c_B$$

$$-\frac{dc_B}{dt} = -k_1 c_A + k_2 c_B + k_3 c_B$$

$$-\frac{dc_D}{dt} = -k_3 c_B$$

Sämtliche Teilreaktionen sind demnach von erster Ordnung. Verschiedene Arbeiten, die sich mit der exakten Lösung dieser Ansätze befassen, wurden von SZABÓ [1] referiert, während RODIGUIN und RODIGUINA [18] $c(t)$ für alle drei Komponenten für den Fall angeben, daß bei $t = 0$

$$c_B = c_{B0}, \quad c_{A0} = c_{D0} = 0$$

gilt.

Das System läßt sich sehr einfach behandeln, wenn c_B stets so klein ist, daß $dc_B/dt = 0$ gesetzt werden kann. Dazu muß entweder $k_3 \gg k_1$ sein, dann reagiert aus A gebildetes B sofort zu D weiter, oder es ist $k_2 \gg k_1$ zu fordern, das Gleichgewicht zwischen A und B liegt dann weitgehend auf der linken Seite. Ist in diesem Fall gleichzeitig k_3 klein, so ist nach kurzer Anlaufzeit das Gleichgewicht (nahezu) eingestellt.

Aus

$$\frac{dc_B}{dt} = 0$$

folgt

$$c_B = \frac{k_1}{k_2 + k_3} c_A$$

Daraus ergibt sich $c_B \ll c_A$, wenn $k_1 \ll (k_2 + k_3)$. Das Endprodukt bildet sich also nach

$$\frac{dc_D}{dt} = k_3 c_B = \frac{k_1 k_3}{k_2 + k_3} c_A \tag{62}$$

Für $k_3 \gg k_2$ folgt aus Gl. (62)

$$\frac{dc_D}{dt} = k_1 c_A \tag{63}$$

und für $k_2 \gg k_3$

$$\frac{dc_D}{dt} = \frac{k_1 k_3}{k_2} \cdot c_A \tag{64}$$

Gln. (63) und (64) sind ohne weiteres zu integrieren, da in guter Näherung gilt:

$$c_D = c_{D0} + c_{A0} - c_A$$

bzw.

$$-\frac{dc_A}{dt} = \frac{dc_D}{dt}$$

3.3.2. Mechanismus der monomolekularen Zerfallsreaktion

Durch einen ganz ähnlichen Mechanismus läßt sich erklären, weshalb die sog. monomolekulare Zersetzung organischer Moleküle in der Gasphase keineswegs in allen Druckbereichen nach erster Ordnung abläuft. Nach der auf LINDEMANN zurückgehenden Theorie muß dem Zerfall eines Moleküls eine Aktivierung vorausgehen, die Aktivierungsenergie kann z. B. durch einen Zweierstoß zugeführt werden. Der Zerfall eines Stoffes A in einen Stoff B (und ggf. weitere Produkte) ist demnach zu beschreiben durch

$$A + A \underset{k_2}{\overset{k_1}{\rightleftharpoons}} A^* + A \tag{65}$$

$$A^* \xrightarrow{k_3} B + \ldots \tag{66}$$

Die Hinreaktion in Gl. (65) stellt die Erzeugung des aktiven Moleküls A^* dar, die Rückreaktion die Desaktivierung, die ebenfalls durch Stoß erfolgt. Gl. (66) beschreibt den Zerfall in die Endprodukte. Wenn $k_1 \ll (k_2 + k_3)$ ist, bleibt c_{A^*} immer klein, und man kann

$$\frac{d c_{A^*}}{d t} = k_1 c_A^2 - k_2 c_A c_{A^*} - k_3 c_{A^*} = 0$$

ansetzen, woraus sich

$$c_{A^*} = \frac{k_1 c_A^2}{k_2 c_A + k_3}$$

ergibt. Damit wird

$$\frac{d c_B}{d t} = k_3 c_{A^*} = \frac{k_1 k_3 c_A^2}{k_3 + k_2 c_A} = \frac{k_1 c_A^2}{1 + \frac{k_2}{k_3} c_A} \tag{67}$$

Ist A ein großes Molekül, so kann sich die Energie auf viele Freiheitsgrade verteilen. Die Wahrscheinlichkeit, daß sie sich auf eine schwache Bindung konzentriert, ist dann klein, die Lebensdauer des aktivierten Zustandes wird relativ groß und k_3 dementsprechend klein. Ist gleichzeitig c_A groß (bei Reaktion in der Gasphase: hoher Druck), so folgt

$$1 \ll \frac{k_2}{k_3} c_A$$

und Gl. (67) geht über in

$$\frac{d c_B}{d t} = \frac{k_1 k_3}{k_2} c_A \tag{68}$$

Die Reaktion verläuft unter diesen Bedingungen nach erster Ordnung, da die aktivierte Spezies A^*, deren Konzentration die Zerfallsgeschwindigkeit bestimmt, (nahezu) im Gleichgewicht mit A steht. Verringert man den Druck genügend, so wird

$$1 \gg \frac{k_2}{k_3} c_A$$

und aus Gl. (67) folgt

$$\frac{d c_B}{d t} = k_1 c_A^2 \tag{69}$$

Die Umsetzung verläuft nunmehr nach zweiter Ordnung, da wegen der geringen Konzentration von A die Aktivierung geschwindigkeitsbestimmend wird. Der Druck, bei dem die Reaktion von der ersten zur zweiten Ordnung übergeht, hängt von der Größe der Geschwindigkeitskonstanten, speziell von k_3, ab. Bei einfachen Molekülen ist die Lebensdauer des aktivierten Zustandes nur sehr klein und k_3 entsprechend groß. Dann gilt Gl. (69) auch bei hohen Drücken. Die Brauchbarkeit des skizzierten Mechanismus wurde von HINSHELWOOD und Mitarbeitern für zahlreiche Zersetzungsreaktionen, z. B. von Äthern, nachgewiesen. Dabei ergab sich, wie zu erwarten war, daß der Stoßpartner bei der Aktivierung und Desaktivierung auch ein Fremdmolekül sein kann. Die Gleichungen lassen sich leicht entsprechend modifizieren, wenn man vereinfachend annimmt, daß die Wirksamkeit aller Arten von Stoßpartnern gleich groß ist.

Die Theorie der monomolekularen Zerfallsreaktion wurde von zahlreichen Autoren wesentlich weiterentwickelt und verfeinert. Informationen darüber gibt SLATER [20].

Ein weiterer Typ der Folgereaktion mit vorgelagertem Gleichgewicht wird bei der Besprechung der Kinetik der katalysierten Reaktionen erläutert (s. Kap. 4.1.2, S. 179).

3.3.3. Konkurrierende Folgereaktionen

Als eine Kombination von Folge- und Parallelreaktion kann man die sog. konkurrierenden Folgereaktionen ansehen, bei denen ein Produkt einer Reaktion eine weitere Umsetzung mit einem der Ausgangsstoffe eingeht, z. B.

$$A \xrightarrow{k_1} B$$

$$B + A \xrightarrow{k_2} D$$

Irreversible konkurrierende Folgereaktion zweiter Ordnung. Ein häufiger vorkommendes Reaktionsschema ist durch folgende Umsatzgleichungen zu beschreiben:

$$A + B \xrightarrow{k_1} D + \ldots$$

$$A + D \xrightarrow{k_2} E + \ldots$$

Beispiele sind die Verseifung von Diestern und die Mehrfachsubstitution von Aromaten. Die entsprechenden Zeitgesetze sind

$$-\frac{d c_A}{d t} = k_1 c_A c_B + k_2 c_A c_D \tag{70}$$

$$-\frac{d c_B}{d t} = k_1 c_A c_B \tag{71}$$

$$-\frac{d c_D}{d t} = -k_1 c_A c_B + k_2 c_A c_D \tag{72}$$

$$-\frac{d c_E}{d t} = -k_2 c_A c_D \tag{73}$$

Liegen anfangs nur A und B vor, so gelten die Bilanzen

$$c_{B0} = c_B + c_D + c_E \tag{74}$$

$$c_{A0} = c_A + c_D + 2 c_E \tag{75}$$

Wenn man über diese beiden Beziehungen zwei der Konzentrationen in den Gln. (70) bis (73) eliminiert, so erhält man vier Differentialgleichungen, die außer der Zeit nur noch zwei Variable enthalten. Es zeigt sich also, daß nur zwei der Gleichungen unabhängig sind, die anderen ergeben sich aus diesen beiden. Das Problem besteht also darin, zwei Differentialgleichungen simultan zu lösen, um $c(t)$ für zwei der Komponenten zu erhalten, der zeitliche Konzentrationsverlauf für die beiden anderen Stoffe ist dann über die Materialbilanzen zugänglich. Nun ist aber eine geschlossene Lösung nur für den Spezialfall äquivalenter Anfangskonzentrationen ($c_{A0} = 2c_{B0}$) zu erhalten, wenn gleichzeitig die Größe $\varkappa = k_2/k_1$ als Quotient ganzer Zahlen darstellbar ist. Die Form der Lösung ist von der Größe von $\varkappa$ abhängig und unter Umständen sehr kompliziert; einfache Beziehungen ergeben sich nur für $\varkappa = 0$, 1/2 oder ∞.

Wenn man die Komponente A in so großem Überschuß verwendet, daß ihre Konzentration während der Reaktion praktisch konstant bleibt, so kann man die Umsetzung näherungsweise wie eine Folgereaktion erster Ordnung behandeln gemäß

$$B \xrightarrow{k_1'} D \xrightarrow{k_2'} E$$

wobei

$$k_1' = k_1 c_{A0}$$

und

$$k_2' = k_2 c_{A0}$$

ist.

Auch unter den Bedingungen $k_1 \gg k_2$ oder $k_1 \ll k_2$ wird das System so weit vereinfacht, daß geschlossene Lösungen möglich sind.

Für gleiche Anfangskonzentrationen und unter der Voraussetzung, daß $\varkappa$ klein ist und der Umsatz nicht zu hoch wird, sind verschiedene Näherungslösungen entwickelt worden. In einer neueren Arbeit wird das System durch normierte Reaktionsvariable — Umsatz X des Reaktanden B und Endproduktausbeute Y — beschrieben. Der Zusammenhang $X(Y)$ läßt sich bis zu hohen Umsätzen gut durch Polynome zweiten Grades annähern. Die Anfangskonzentrationen von A und B sowie die Größe von $\varkappa$ können im Prinzip beliebig sein, nur bei wenigen ungünstigen Konstellationen von X, c_{A0}/c_{B0} und $\varkappa$ muß das Verfahren modifiziert werden.

Zur *Bestimmung von k_1 und k_2* existieren verschiedene Verfahren, die an keine Einschränkungen hinsichtlich der Größe der Geschwindigkeitskonstanten und der Anfangskonzentrationen von A und B gebunden sind. Die eine Gruppe dieser Methoden ersetzt die Zeit durch eine transformierte Variable. k_1 ergibt sich hierbei aus einer graphischen Integration, während k_2 über Standardkurven, iterative Rechnungen oder eine weitere graphische Integration zugänglich ist. In der anderen Gruppe wird die Zeit durch Division zweier Differentialgleichungen eliminiert. Dabei entsteht eine Gleichung, die integrierbar ist und eine Beziehung zwischen den simultan vorliegenden Konzentrationen zweier Komponenten liefert. Aus der Messung des Zeitverlaufes der Konzentrationen beider Stoffe kann man $\varkappa$ bestimmen. Die Einzelwerte für k_1 und k_2 sind auf diesem Wege nicht zu erhalten. Bei einer dritten Verfahrensweise wird auf die Herleitung integrierter Beziehungen verzichtet und die Auswertung über die Differentialgleichungen vorgenommen. Liegen genügend Meßpunkte für den Konzentrationsverlauf zweier Reaktanden vor, so sind die Differentialquotienten von X (Umsatz von B) und Y (Ausbeute an E) nach der Zeit zugänglich. Die Auftragung von $\mathrm{d}X/\mathrm{d}t$ und $\mathrm{d}Y/\mathrm{d}t$ gegen geeignete Funktionen von X, Y und c_{A0}/c_{B0} ergibt k_1 und k_2 als Anstieg von Geraden. Beide Konstanten können über die Differentialgleichungen auch rechnerisch bestimmt werden.

Literatur zu diesem Reaktionstyp: Frost, Pearson, S. 166 [4]; Kerber, Gestrich [42].

Andere konkurrierende Folgereaktionen. Ähnliche Probleme und Möglichkeiten existieren für andere Typen konkurrierender Folgereaktionen. Tobin [51] hat für die beiden folgenden Fälle vollständige Lösungen angegeben:

a) $A \xrightarrow[\text{1. Ordnung}]{k_1} B + D;\quad A + B \xrightarrow[\text{2. Ordnung}]{k_2} 2B + D$

b) $A \xrightarrow[\text{2. Ordnung}]{k_1} B + D;\quad A + B \xrightarrow[\text{2. Ordnung}]{k_2} 2B + D$

Die beiden Reaktionsfolgen unterscheiden sich nur in der Ordnung der jeweils ersten Teilreaktion. Als Lösungen ergeben sich für den Fall a)

$$\ln \frac{\left(\frac{k_1}{k_2} + x\right) c_{A0}}{\frac{k_1}{k_2}(c_{A0} - x)} = \left(c_{A0} + \frac{k_1}{k_2}\right) k_2 t \qquad (76a)$$

(für $x = c_{A0} - c_A$; $c_{B0} = 0$)

und für den Fall b)

$$\ln \frac{\frac{k_1 c_{A0}}{k_2 - k_1} + x}{c_{A0} - x} = (k_2 - k_1)\left(\frac{k_1 c_{A0}}{k_2 - k_1} + c_{A0}\right) t + \ln \frac{k_1}{k_2 - k_1}$$

bzw. umgeformt

$$\ln \frac{k_1 c_{A0} + (k_2 - k_1)\,x}{k_1 (c_{A0} - x)} = k_2 c_{A0} t \qquad (76b)$$

(In der Orginalarbeit [51] sind eine Reihe von sinnentstellenden Unklarheiten und Unkorrektheiten, insbesondere auch bezüglich der Stöchiometrie der Reaktionen, enthalten.)

Für andere Systeme haben verschiedene Autoren durch Zeiteliminierung Funktionen zwischen simultan vorliegenden Konzentrationen abgeleitet oder andere Teillösungen erarbeitet. Szabó (in [1], Vol. 2) hat über diese Arbeiten berichtet; vgl. auch [44], [49]. Neben den nachstehenden Fällen a) und b)

a) $A \xrightarrow{k_1} B;\qquad A + B \xrightarrow{k_2} D$

b) $2A \xrightarrow{k_1} B + E;\quad A + B \xrightarrow{k_2} D + E$

handelt es sich dabei in erster Linie um Erweiterungen des S. 177 etwas ausführlicher behandelten Beispiels; darüber hinaus werden aber auch konkurrierende Folgereaktionen mit reversiblem Teilschritt zitiert.

4. Zeitgesetze katalysierter Reaktionen

4.1. Homogene Katalyse

In allen vorhergehenden Kapiteln wurde angenommen, daß die Reaktionsgeschwindigkeit durch die Reaktionstemperatur und die Konzentrationen der Reaktanden eindeutig festgelegt sei. Als Reaktanden wurden dabei diejenigen Stoffe angesehen, die in der stöchiometrischen Umsatzgleichung auftreten. Nun läßt sich aber in einem gegebenen System die Reaktionsgeschwindigkeit durch Zusatz weiterer Substanzen oft stark erhöhen, ohne daß diese Zusätze die Brutto-Stöchiometrie der betrachteten Reaktion verändern. Charakteristisches Kennzeichen dieser Vorgänge ist, daß die zugesetzten Stoffe mit den Reaktanden instabile Zwischenprodukte bilden, aus denen sie nach Ablauf der Gesamtreaktion wieder freigesetzt werden; ihre Gesamtkonzentration bleibt also konstant. Substanzen, die in der beschriebenen Weise wirksam sind, bezeichnet man als *Katalysatoren*, den Vorgang der Reaktionsbeschleunigung als *Katalyse*.

Der ebenfalls mögliche Effekt der Verlangsamung einer Reaktion durch einen Zusatz sollte besser nicht als negative Katalyse, sondern als *Inhibition* bezeichnet werden, da die Inhibitoren während der Reaktion verbraucht werden. Der entscheidende Unterschied zwischen Katalyse und Inhibition beruht auf Folgendem: Bei der Katalyse wird ein zusätzlicher Reaktionsweg mit einer niedrigeren Aktivierungsenergie (vgl. Kap. 5) eröffnet. Es liegen somit Parallelreaktionen mit gleichen Ausgangs- und Endprodukten vor, wobei die Gesamtgeschwindigkeit der Umsetzung in erster Linie von der schnellsten, nämlich der katalysierten Reaktion, bestimmt wird. „Negative Katalyse" wäre demnach als Eröffnung eines zusätzlichen Reaktionsweges mit erhöhter Aktivierungsenergie zu definieren. Über einen solchen Weg liefe die Umsetzung aber nur in verschwindend kleinem Ausmaß ab, solange die ursprüngliche Reaktionsweise ebenfalls möglich wäre; eine Verringerung der Gesamtgeschwindigkeit könnte dadurch also nicht eintreten. Das Wesen der Inhibierung besteht demgegenüber darin, daß der normale Reaktionsablauf gestört wird. Eine besondere Form der Inhibition tritt bei Kettenreaktionen auf, bei denen durch Inhibitoren ein Teil der Kettenträger desaktiviert werden kann, wodurch die Bruttoreaktionsgeschwindigkeit sinkt.

Die Definition des Begriffes Katalysator hat sich im Laufe der Zeit gewandelt. Früher galt die Wirksamkeit einer Substanz in kleinen Mengen als hinreichendes Kennzeichen für einen Katalysator. Demnach müßten z. B. auch Radikalbildner, die den Start von Kettenreaktionen bewirken, zu den Katalysatoren gezählt werden. Diese werden aber während der Reaktion verbraucht, weshalb sie besser als *Initiatoren* bezeichnet werden.

4.1.1. Autokatalyse

Wird die Reaktionsgeschwindigkeit durch ein Reaktionsprodukt erhöht, so liegt der Fall der *Autokatalyse* vor. Der katalysierende Stoff tritt zwar in der Umsatzgleichung auf, da diese aber nur das Bruttogeschehen wiedergibt, kann der Mechanismus durchaus Zwischenreaktionen enthalten, in deren Verlauf der Katalysator zunächst verbraucht und später wieder freigesetzt wird. Die Autokatalyse kann demnach pauschal als konkurrierende Folgereaktionen (vgl. Abschn. 3.3.3) formuliert werden:

$$\mathrm{A} \xrightarrow{k_1} \mathrm{B} + \mathrm{D}$$

$$\mathrm{A} + \mathrm{B} \xrightarrow{k_2} 2\mathrm{B} + \mathrm{D}$$

Dieses Reaktionsschema gibt hier die Konkurrenz von unkatalysiertem (erster Teilschritt) und katalysiertem Reaktionsverlauf (zweiter Teilschritt) wieder. In der zweiten Teilreaktion lassen sich die beiden Funktionen des Stoffes B ohne weiteres erkennen: Von den beiden Molekülen B auf der rechten Seite entsteht eines als Reaktionsprodukt, während das andere wiedergewonnener Katalysator ist.

Betrachtet man nur die katalysierte Reaktion

$$\mathrm{A} + \mathrm{B} \xrightarrow{k} 2\mathrm{B} + \mathrm{D}$$

(sie wird oft nur $\mathrm{A} \xrightarrow{k} \mathrm{B} + \mathrm{D}$ geschrieben, die Geschwindigkeit der nicht-katalysierten Umsetzung wird vernachlässigt)
mit

$$-\frac{\mathrm{d}c_\mathrm{A}}{\mathrm{d}t} = k\, c_\mathrm{A} c_\mathrm{B}$$

und den Konzentrationen $c_{\mathrm{A}0}$ und $c_{\mathrm{B}0}$ zur Zeit $t = 0$, so gilt mit $c_\mathrm{A} = c_{\mathrm{A}0} - x$:

$$\frac{\mathrm{d}x}{\mathrm{d}t} = k(c_{\mathrm{A}0} - x)(c_{\mathrm{B}0} + x)$$

Die Integration liefert

$$\ln \frac{c_{\mathrm{A}0}(c_{\mathrm{B}0} + x)}{c_{\mathrm{B}0}(c_{\mathrm{A}0} - x)} = (c_{\mathrm{A}0} + c_{\mathrm{B}0})k\,t \qquad (77)$$

Eine Umsetzung mit der stöchiometrischen Gleichung

$$\mathrm{A} \xrightarrow{k} \mathrm{B} + \mathrm{D}$$

kann auch nach anderen Zeitgesetzen ablaufen, z. B. nach

$$-\frac{\mathrm{d}c_\mathrm{A}}{\mathrm{d}t} = k\, c_\mathrm{A} c_\mathrm{B}^{1/2}$$

(Zersetzung von Phosgen in Chlor und Kohlenmonoxid, wobei das Cl_2 der Komponente B entspricht [37], [40]). Für das Vorliegen von Autokatalyse ist wesentlich, daß das katalysierende Endprodukt im Geschwindigkeitsgesetz mit positivem Exponenten erscheint.

4.1.2. Homogene Katalyse der Umwandlung A → B

Die Umsetzung, bei der z. B. eine Substanz A unter der Wirkung eines Katalysators E in das Isomere B übergeht, läßt sich für einige Fälle als Folgereaktion mit vorgelagertem Gleichgewicht beschreiben:

$$A + E \underset{k_2}{\overset{k_1}{\rightleftharpoons}} X$$

$$X \xrightarrow{k_3} B + E$$

Dabei ist X ein instabiles Zwischenprodukt. Wie bei bereits früher besprochenen ähnlichen Reaktionstypen ist auch hier eine einfache Behandlung möglich, wenn c_X so klein ist, daß näherungsweise $\mathrm{d}c_X/\mathrm{d}t = 0$ gesetzt werden kann. Das ist der Fall, wenn $k_2 \gg k_1$ oder $k_3 \gg k_1$. c_X ist aber auch dann klein, wenn der Katalysator E nur in sehr kleiner Konzentration zugegen ist, da $c_X \leqslant c_{E0}$.

Aus

$$\frac{\mathrm{d}c_X}{\mathrm{d}t} = k_1 c_A c_E - k_2 c_X - k_3 c_X = 0$$

folgt

$$c_X = \frac{k_1 c_A c_E}{k_2 + k_3}$$

und wegen $c_E = c_{E0} - c_X$ gilt

$$c_X = \frac{k_1 c_A (c_{E0} - c_X)}{k_2 + k_3}$$

Auflösung nach c_X ergibt

$$c_X = \frac{k_1 c_A c_{E0}}{k_2 + k_3 + k_1 c_A} \qquad (78)$$

Damit ist

$$\frac{\mathrm{d}c_B}{\mathrm{d}t} = k_3 c_X = \frac{k_1 k_3 c_A c_{E0}}{k_2 + k_3 + k_1 c_A} \qquad (79)$$

Da in der Zwischenstufe kein Stau eintreten soll, gilt $\mathrm{d}c_B/\mathrm{d}t \approx -\mathrm{d}c_A/\mathrm{d}t$ und deshalb in guter Näherung

$$-\frac{\mathrm{d}c_A}{\mathrm{d}t} = \frac{k_1 k_3 c_A c_{E0}}{k_2 + k_3 + k_1 c_A} \qquad (80)$$

Diese Gleichung vereinfacht sich für verschiedene Grenzfälle:

a) $k_3 \ll k_2$, $k_3 \ll k_1$; unter diesen Bedingungen muß sich nach kurzer Zeit das Gleichgewicht zwischen A, E und X eingestellt haben. Gl. (80) geht über in

$$-\frac{\mathrm{d}c_A}{\mathrm{d}t} = \frac{k_1 k_3 c_A c_{E0}}{k_2 + k_1 c_A} = k_3 \cdot \frac{\frac{k_1}{k_2} c_A c_{E0}}{1 + \frac{k_1}{k_2} c_A} =$$

$$= k_3 \frac{K c_A c_{E0}}{1 + K c_A} \qquad (81)$$

K ist die Gleichgewichtskonstante der ersten Teilreaktion. In der Form

$$-\frac{\mathrm{d}c_A}{\mathrm{d}t} = k_3 \cdot \frac{c_A c_{E0}}{K_M + c_A} \qquad (82)$$

wird diese Beziehung auch als MICHAELIS-MENTEN-Gleichung bezeichnet. $K_M = 1/K$ ist die MICHAELIS-Konstante. Gl. (82) hat sich zur Beschreibung des zeitlichen Verlaufes einiger durch Enzyme katalysierter Reaktionen bewährt. Hiernach ist die Reaktionsgeschwindigkeit bei sehr kleinem c_A ($c_A \ll K_M$) der Konzentration von A proportional, während sie bei großem c_A ($c_A \gg K_M$) konstant wird. Das ist verständlich, da dann das Gleichgewicht praktisch völlig nach der rechten Seite verschoben ist und damit X ständig in der größtmöglichen Konzentration ($c_X = c_{E0}$) vorliegt. Gl. (81) und (82) lassen sich ohne weiteres integrieren, doch benutzt man in der Praxis meistens die differentielle Form, da bei höheren Umsätzen oft Abweichungen von den beschriebenen Zeitgesetzen auftreten.

b) Verhalten sich die relativen Größen der Geschwindigkeitskonstanten umgekehrt wie in a), ist also $k_3 \gg k_2$ und $k_3 \gg k_1$, so ist die Bildung von X geschwindigkeitsbestimmend, aus Gl. (80) ergibt sich

$$-\frac{\mathrm{d}c_A}{\mathrm{d}t} = k_1 c_A c_{E0} \qquad (83)$$

Das an sich zu erwartende Zeitgesetz zweiter Ordnung

$$-\frac{\mathrm{d}c_A}{\mathrm{d}t} = k_1 c_A c_E$$

ist zu einem Gesetz von pseudo-erster Ordnung degeneriert, da bei den angegebenen Verhältnissen der Geschwindigkeitskonstanten zueinander $c_X \ll c_E$ ist und damit $c_E \approx c_{E0}$ = konstant bleibt.

4.1.3. Säure- und Basekatalyse

Bei vielen Reaktionen in homogener Lösung können Säuren oder Basen katalytisch wirken. Hierfür gibt es vor allem in der organischen Chemie zahlreiche Beispiele. Allen diesen Reaktionen ist gemeinsam, daß in mindestens einem Teilschritt ein Proton übertragen wird. Sind H^+- (bzw. H_3O^+-)Ionen das wirksame Agens, so spricht man von *spezifischer* Säurekatalyse, während bei der spezifischen Basekatalyse die Reaktionsgeschwindigkeit durch OH^--Ionen erhöht wird. Bei der *allgemeinen* Säure- oder Basekatalyse fungieren dagegen solche Stoffe als Katalysatoren, die man nach der BRÖNSTEDschen Definition als Säuren bzw. Basen bezeichnet, die also Protonendonatoren bzw. -akzeptoren sind. Die Reaktionsgeschwindigkeit ist im allg. der Konzentration des Katalysators direkt proportional. Da diese sich während der Reaktion, abgesehen von speziellen Fällen, nicht ändert, kann man sie in die Geschwindigkeitskonstante mit einbeziehen, z. B. nach

$$k = k_{H^+} c_{H^+}$$

wobei k_{H^+} die wahre und k die scheinbare Geschwindigkeitskonstante einer durch Wasserstoffionen beschleunigten Umsetzung ist. Im allg. Fall ist eine gleichzeitige Katalyse einer Reaktion durch verschiedene Säuren und Basen möglich. Die gemessene Geschwindigkeitskonstante ist dann wie folgt aufzuschlüsseln:

$$k = k_0 + k_{H^+}c_{H^+} + k_{OH^-}c_{OH^-} + \Sigma k_{S_i}c_{S_i} + \Sigma k_{B_i}c_{B_i} \quad (84)$$

k_0 bedeutet die Geschwindigkeitskonstante der nichtkatalysierten Reaktion, k_S und k_B die Geschwindigkeitskonstanten für die durch Säuren S oder Basen B katalysierten Reaktionen. Der Wert der Größe k hängt für Reaktionen, die durch H^+- und OH^--Ionen beschleunigt werden, naturgemäß stark vom pH-Wert des Reaktionsmediums ab. Die verschiedenen Möglichkeiten dieser Abhängigkeit wurden von SKRABAL [46] diskutiert.

Die Dissoziationskonstanten von Säuren und Basen stehen in enger Beziehung zu ihrer Wirksamkeit bei der allg. Säure- bzw. Basekatalyse. Der funktionelle Zusammenhang wird durch die BRÖNSTEDschen Katalysegesetze [38] angegeben:

$$\frac{k_S}{p} = G_S \cdot \left(K_S \frac{q}{p}\right)^{\alpha} \quad (85)$$

$$\frac{k_B}{q} = G_B \cdot \left(K_B \frac{p}{q}\right)^{\beta} \quad (86)$$

K_S und K_B sind die Dissoziationskonstanten von Säure und Base. α und β sind für eine gegebene Reaktion in einem bestimmten Lösungsmittel bei festgehaltener Temperatur konstant, wobei gilt: $0 < \alpha, \beta < 1$. G_S und G_B sind unter den gleichen Bedingungen ebenfalls konstant, solange man nur strukturell ähnliche Säuren bzw. Basen miteinander vergleicht. p gibt die Zahl der gleichwertigen Protonen einer Säure an und q die Anzahl der gleichwertigen Stellen, an denen die korrespondierende Base Protonen anlagern kann.

Für den Mechanismus der Säure- bzw. Basekatalyse sind zahlreiche Typen formulierbar, einige davon werden von FROST und PEARSON, S. 198 [4] diskutiert. Die Geschwindigkeitsgleichungen für diese Ansätze sind recht kompliziert, da durchweg Folgereaktionen, meistens mit einem reversiblen Teilschritt, zu behandeln sind. Wie bereits die formalkinetische Behandlung des einfachsten Schemas der homogenen Katalyse im vorhergehenden Abschnitt zeigt, ist eine brauchbare Formulierung der Reaktionsgeschwindigkeit nur dann möglich, wenn für das Zwischenprodukt der BODENSTEINsche Ansatz gemacht werden kann. Unter dieser Voraussetzung gibt LAIDLER, S. 457 [5] für einige Fälle Lösungen an.

4.1.4. Katalyse und Gleichgewichtskonstante, selektive Katalyse

Über die Effekte, die ein Katalysator hervorrufen kann, bestehen zuweilen Unklarheiten, die teilweise auf irreführende Formulierungen in der älteren Literatur zurückzuführen sind. Die Behauptung, man könne mit Katalysatoren Reaktionen durchführen, die sonst gar nicht möglich seien, ist folgendermaßen zu verstehen: Eine Reaktion, die thermodynamisch unmöglich ist, kann auch durch einen Katalysator nicht in Gang gebracht werden. Wenn dagegen eine Reaktion aufgrund einer negativen freien Reaktionsenthalpie zwar prinzipiell möglich ist, aber unmeßbar langsam verläuft, so kann ein geeigneter Katalysator die Reaktionsgeschwindigkeit so stark erhöhen, daß die Reaktion in nennenswertem Ausmaß stattfindet. Die Gleichgewichtskonstante reversibler Reaktionen ändert sich dabei nicht, woraus hervorgeht, daß die Geschwindigkeitskonstanten der Hin- und Rückreaktion um den gleichen Faktor vergrößert werden.

Eine andere Unklarheit betrifft die Reaktionslenkung durch Katalysatoren, die *selektive Katalyse*, nach der sich aus einer Reaktionsmischung je nach dem verwendeten Katalysator verschiedene Produkte gewinnen lassen. Die korrekte Erklärung steht in enger Beziehung zu den vorstehenden Ausführungen: Grundsätzlich können die Ausgangsstoffe alle die Reaktionswege beschreiten, die thermodynamisch möglich sind. Man kann sogar sagen, daß alle diese Reaktionen tatsächlich parallel ablaufen. Es ist nur so, daß die meisten von ihnen – im Grenzfall alle – unmeßbar langsam vor sich gehen. Gelingt es nun, einen Katalysator zu finden, der eine gewünschte Reaktion allein oder jedenfalls stärker als alle anderen beschleunigt, so werden vorwiegend die Produkte dieser Umsetzung entstehen. Manchmal ist es möglich, das gleiche System mit einem anderen Katalysator bevorzugt in Richtung eines anderen Reaktionsweges zu dirigieren. Meistens wird man in diesen Fällen allerdings gleichzeitig die übrigen Reaktionsbedingungen, wie die Temperatur oder den Druck ändern, um auch die thermodynamischen Größen im Sinne der gewünschten Umsetzung zu verschieben.

4.2. Heterogene Katalyse

Ist der Katalysator nicht homogen im Reaktionsmedium gelöst, sondern stellt er eine eigene Phase dar, an deren Grenzfläche die Reaktion abläuft, so spricht man allgemein von heterogener Katalyse. Findet die Umsetzung an der Oberfläche eines festen Katalysators statt, so wird auch die Bezeichnung Kontaktkatalyse verwendet. Die Enzymkatalyse steht zwischen homogener und heterogener Katalyse, da die Proteinträger der Enzyme von kolloidaler Größenordnung sind und dementsprechend als gelöste Teilchen oder als eigene Phase aufgefaßt werden können. Ein großer Teil gerade der technisch wichtigen Reaktionen ist der Kontaktkatalyse zuzuordnen. Die HABER-BOSCH-Synthese des Ammoniaks, die Herstellung von Schwefelsäure nach dem Kontaktverfahren und die Fetthärtung durch katalytische Hydrierung sind einige Beispiele hierfür.

Die katalytische Wirksamkeit von Feststoffen ist im wesentlichen auf drei Ursachen zurückzuführen:

a) Die Adsorption an der festen Oberfläche führt zu einer lokal erhöhten Konzentration der Reaktanden.

b) Bei Beteiligung adsorbierter Reaktanden an der Umsetzung ist die Bruttoaktivierungsenergie (vgl. Kap. 5) verringert.

c) Reaktionen, die normalerweise nur über Dreierstöße verlaufen können, wie die Vereinigung von Atomen, sind an festen Oberflächen begünstigt, da hier die Möglichkeit zur Abführung der Reaktionswärme ohne weiteres gegeben ist.

Der Gesamtvorgang der Kontaktkatalyse setzt sich im allg. aus mindestens fünf Teilschritten zusammen:

1. Diffusion der Reaktanden zum Katalysator,
2. Adsorption,
3. chemische Reaktion,
4. Desorption der Reaktionsprodukte,
5. Wegdiffusion der Produkte vom Katalysator.

Alle Schritte dieser Folge beeinflussen grundsätzlich die Bruttogeschwindigkeit der Umsetzung; wenn allerdings eine Stufe erheblich langsamer abläuft als die übrigen, so ist die Geschwindigkeit im wesentlichen von dieser abhängig. Die Schritte 1 oder 5 sind rein physikalische Transportvorgänge, die Schritte 2 und 4 sind sowohl als physikalische wie auch als chemische Vorgänge anzusehen. Das gleichzeitige Zusammenwirken von physikalischem Transport und chemischer Reaktion ist ein spezifisches Problem der Reaktionstechnik und wird an anderer Stelle (s. Bd. 3) ausführlich behandelt. Hier soll nur der Fall betrachtet werden, bei dem Schritt 3, die chemische Reaktion, der mit Abstand langsamste und damit geschwindigkeitsbestimmende Teilschritt ist. Unter dieser Voraussetzung kann man näherungsweise annehmen, daß die vorgelagerte, reversible Adsorption der Reaktanden im Gleichgewicht ist, so daß man die Konzentration der Reaktanden auf der Katalysatoroberfläche durch die entsprechende Gleichgewichtsbeziehung angeben kann. Diese für konstante Temperatur gültige Gleichgewichtsbeziehung wird *Adsorptionsisotherme* genannt. Für sie existieren verschiedene Formulierungen, die z. T. theoretisch begründet und z. T. empirisch gefunden wurden [22].

4.2.1. LANGMUIRsche Adsorptionsisotherme

Die Adsorptionsisotherme von LANGMUIR, die primär die Adsorption von Gasen beschreibt, beruht auf folgenden Voraussetzungen:

1. Jedes Adsorbens (hier: Katalysator) hat auf seiner Oberfläche eine bestimmte Anzahl von Plätzen.
2. Jeder dieser Plätze kann nur durch *ein* Molekül des Sorbenden (Reaktanden) besetzt werden, daher ist maximal eine monomolekulare Bedeckung der Oberfläche möglich.
3. Im Gleichgewicht ist ein bestimmter Bruchteil Θ dieser Plätze besetzt, der Anteil $(1 - \Theta)$ ist unbesetzt. Θ hängt von der Temperatur sowie vom Partialdruck des Sorbenden ab.
4. Alle Plätze sind energetisch gleichwertig.
5. Die Wirksamkeit eines Platzes ist unabhängig davon, ob der Nachbarplatz besetzt oder unbesetzt ist.

Zweifellos sind diese Annahmen generell nur näherungsweise berechtigt und treffen in manchen Fällen sicher nicht zu. Bei Gültigkeit von Punkt 4 müßte z. B. die molare Adsorptionswärme entgegen aller experimenteller Erfahrung unabhängig vom Bedeckungsgrad Θ sein. Bei manchen Sorbenden behindern die bereits adsorbierten Moleküle die weitere Adsorption, so daß die Voraussetzung 5 nicht zutrifft. Weiterhin sind Fälle bekannt, in denen Adsorptionsschichten, die einer mehrfachen Bedeckung entsprechen, nachgewiesen werden konnten. Es handelt sich dabei allerdings meistens um die sog. *physikalische Adsorption*, die weitgehend einer Kondensation vergleichbar ist und eine molare Adsorptionswärme in der Größenordnung von 5 kcal/Mol hat. Hier interessiert dagegen im wesentlichen die chemische Adsorption oder *Chemisorption*, die durch molare Adsorptionswärmen zwischen etwa 10 und 100 kcal/Mol gekennzeichnet ist. Die große Adsorptionswärme deutet darauf hin, daß die Bindung des Sorbenden an einen Gitterplatz des Katalysators einer chemischen Bindung weitgehend ähnlich ist. Die Vorstellung einer maximal monomolekularen Bedeckung für diese Fälle ist also offenbar nicht abwegig.

Nach LANGMUIR stellt sich ein dynamisches Gleichgewicht zwischen Adsorption und Desorption ein, das durch Gleichsetzen der Adsorptions- und Desorptionsgeschwindigkeit zu formulieren ist. Die pro Zeiteinheit adsorbierte Menge ist dem Partial-Druck p des Sorbenden und der Zahl der freien Plätze (bzw. $(1 - \Theta)$), die pro Zeiteinheit desorbierte Menge der Zahl der besetzten Gitterplätze (bzw. Θ) proportional. Im Gleichgewicht ist also

$$k_1 p(1 - \Theta) = k_2 \Theta$$

woraus

$$\Theta = \frac{Kp}{1 + Kp} \tag{87}$$

mit

$$K = \frac{k_1}{k_2}$$

folgt.

Gl. (87), die LANGMUIRsche Adsorptionsisotherme, geht für sehr kleine Drucke über in

$$\Theta = Kp$$

und für sehr große Drucke in

$$\Theta = 1$$

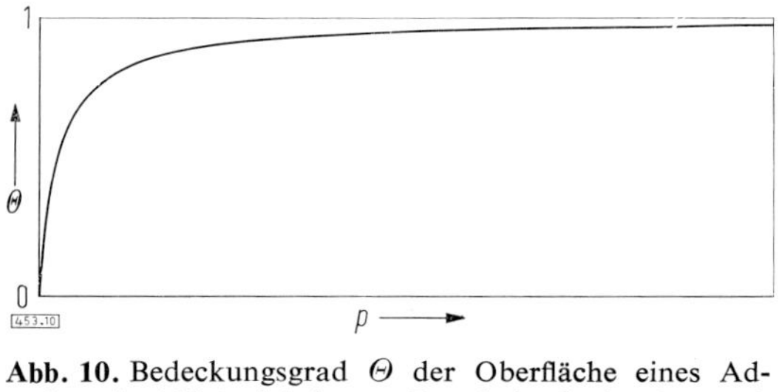

Abb. 10. Bedeckungsgrad Θ der Oberfläche eines Adsorbens in Abhängigkeit vom Druck des Sorbenden nach der LANGMUIRschen Adsorptionsisotherme

Im Bereich kleiner Drucke ist also der Bedeckungsgrad Θ dem Druck proportional, während bei hohen Drucken eine Sättigung eintritt. Eine graphische Darstellung der Gl. (87) gibt Abb. 10.

Die Adsorptionsisotherme muß modifiziert werden, wenn ein Molekül bei der Adsorption dissoziiert. Liegt z. B. ein Stoff im nicht adsorbierten Zustand (d. h. im Gasraum) als Doppelmolekül A_2 mit dem Druck p vor, so gilt für den Anteil der Plätze, der durch A besetzt ist

$$\Theta_A = \frac{K^{1/2} p^{1/2}}{1 + K^{1/2} p^{1/2}} \quad (88)$$

4.2.2. Adsorption mehrerer Komponenten

Bezeichnet man bei gleichzeitiger Anwesenheit mehrerer Gase A, B ... usw. die Anteile der Gitterplätze, die von den verschiedenen Komponenten besetzt sind, mit Θ_A, Θ_B usw., so gilt

$$\Theta_A = \frac{K_A p_A}{1 + K_A p_A + K_B p_B + \ldots} \quad (89)$$

$$\Theta_B = \frac{K_B p_B}{1 + K_A p_A + K_B p_B + \ldots}$$

bzw. allgemeiner

$$\Theta_A = \frac{K_A p_A}{1 + \Sigma K_i p_i} \quad (90)$$

Die K_i sind die Gleichgewichtskonstanten der Adsorption der Komponenten i. Aus Gl. (89) bzw. (90) geht hervor, daß die Adsorption einer Komponente durch die Anwesenheit weiterer adsorbierbarer Substanzen gehemmt wird. Es gibt jedoch auch Fälle, in denen zwei Komponenten unabhängig voneinander adsorbiert werden. Die einzelnen Substanzen besetzen dann wahrscheinlich verschiedene Arten von Gitterplätzen. Dafür gilt

$$\Theta_A = \frac{K_A p_A}{1 + K_A p_A} \quad (91)$$

und

$$\Theta_B = \frac{K_B p_B}{1 + K_B p_B} \quad (92)$$

4.2.3. Monomolekulare Reaktion am Katalysator

Reaktand als einziger Sorbend. Für die am Kontakt stattfindende Umwandlung A → B läßt sich folgendes abgekürztes Reaktionsschema formulieren:

$$A + G \underset{k_2}{\overset{k_1}{\rightleftharpoons}} (A \cdots G) \xrightarrow{k_3} B + G$$

Im vorgelagerten Gleichgewicht ist die Adsorption von A an einen Gitterplatz G als chemische Reaktion dargestellt, die zweite Reaktionsstufe beschreibt die Bildung des Produktes B und die Freisetzung des Gitterplatzes (hier ist also die Desorption von B, die als schnell nachfolgend angenommen wird, mit der Bildung von B zusammengefaßt). Die Bildungsgeschwindigkeit von B ist der Konzentration des adsorbierten A (dargestellt durch (A ··· G)) proportional. Als Konzentrationsmaß läßt sich der Bedeckungsgrad verwenden, der durch die LANGMUIRsche Isotherme gegeben ist. Für die Reaktionsgeschwindigkeit r gilt demnach

$$r = k_3 \cdot \Theta_A = \frac{k_3 K_A p_A}{1 + K_A p_A} \quad (93)$$

Im Bereich kleiner Drucke folgt

$$r = k_3 K_A p_A$$

d. h. die Reaktion läuft unter dieser Bedingung nach erster Ordnung ab. Ist dagegen p sehr groß, so gilt

$$r = k_3$$

die Reaktion ist somit von nullter Ordnung.

Die Reaktionsgeschwindigkeit r ist hier nicht wie bei homogenen Reaktionen als umgesetzte Molzahl pro Zeit- und Volumeneinheit definiert, sondern statt auf das Volumen (der Reaktionsmasse) auf die Katalysatoroberfläche bezogen. Da diese Oberfläche jedoch oft nicht bekannt ist, verwendet man die Masse des Katalysators als geeignete Bezugsgröße. Die Reaktionsgeschwindigkeitskonstante, deren Dimension sich entsprechend ändert, ist damit stark von der Beschaffenheit des Katalysators abhängig. Ein einmal ermittelter Wert für k_3 kann deshalb nicht auf einen Katalysator anderer Herstellung oder Vorbehandlung übertragen werden.

Störung durch einen weiteren Sorbenden. Wird eine weitere im System anwesende Komponente I ebenfalls adsorbiert, so verringert sich Θ für den umzusetzenden Stoff und damit auch die Reaktionsgeschwindigkeit. Mit

$$\Theta_A = \frac{K_A p_A}{1 + K_A p_A + K_I p_I}$$

folgt für den vorstehend behandelten Reaktionstyp

$$r = \frac{k_3 K_A p_A}{1 + K_A p_A + K_I p_I} \quad (94)$$

Ist die Substanz I entweder nur in sehr geringer Menge anwesend oder wird sie nur sehr schwach adsorbiert, so ist $K_I p_I$ klein und Gl. (94) geht in (93) über. Ist dagegen $K_I p_I$ groß und liegt der Reaktand A nur unter geringem Druck vor, so ergibt sich

$$r = \frac{k_3 K_A p_A}{K_I p_I}$$

Die Reaktion ist in diesem Fall von erster Ordnung in Bezug auf A und bezüglich I von der Ordnung minus Eins. Bei der Substanz I kann es sich um einen Stoff handeln, der an der Reaktion nicht direkt beteiligt ist, andererseits kann I auch mit einem Reaktionsprodukt identisch sein. In diesem Fall resultiert eine mit fortschreitender Reaktion ansteigende Hemmung.

4.2.4. Bimolekulare Reaktion am Katalysator

Für die Umsetzung nach

$$A + B \rightarrow D + \ldots$$

sind hauptsächlich zwei Möglichkeiten zu erörtern: Werden A und B adsorbiert, bevor sie zu D weiterreagieren, so liegt der sog. LANGMUIR-HINSHELWOOD-Mechanismus vor, der oft mit experimentellen Ergebnissen vereinbar ist. In einigen Fällen eignet sich aber auch der LANGMUIR-RIDEAL-Mechanismus zur Deutung der Experimente.

LANGMUIR-HINSHELWOOD-Mechanismus. Ein vereinfachtes Reaktionsschema kann folgendermaßen angesetzt werden:

$$A + B + G_2 \underset{k_2}{\overset{k_1}{\rightleftharpoons}} (A \cdots B \cdots G_2) \xrightarrow{k_3} G_2 + D + \ldots$$

Die Formulierung „G_2" soll andeuten, daß A und B an zwei benachbarten Gitterplätzen adsorbiert werden müssen. Das vorgelagerte Gleichgewicht sei eingestellt, die Desorption der Produkte erfolge unmittelbar nach ihrer Bildung.

Die Geschwindigkeit der Entstehung von D ist damit der Konzentration von $(A \cdots B \cdots G_2)$ proportional und diese ihrerseits den Bedeckungsgraden Θ_A und Θ_B. Daraus folgt

$$r = k_3 \Theta_A \Theta_B = \frac{k_3 K_A K_B p_A p_B}{(1 + K_A p_A + K_B p_B)^2} \qquad (95)$$

Auch hier gibt es wieder Grenzfälle, in denen sich die Geschwindigkeitsgleichung vereinfacht. Liegen z. B. beide Reaktanden in geringer Menge vor und werden beide nur schwach adsorbiert, so ergibt sich wegen $K_A p_A \ll 1 \gg K_B p_B$:

$$r = k_3 K_A K_B p_A p_B$$

d. h. das Zeitgesetz ist dann von zweiter Ordnung. Wird nur B schwach adsorbiert, A dagegen stark und ist p_A nicht zu klein, so gilt $1 \ll K_A p_A \gg K_B p_B$ und damit

$$r = \frac{k_3 K_B p_B}{K_A p_A}$$

Unter diesen Bedingungen sind also die Reaktionsordnungen in Bezug auf A und B minus Eins bzw. Eins.

Aus dem durch Gl. (95) beschriebenen allgemeinen Fall ergibt sich, daß bei konstantem p_B die Reaktionsgeschwindigkeit vom Druck der Komponente A derart abhängt, daß mit steigendem p_A zunächst auch r ansteigt, ein Maximum erreicht und dann wieder abfällt. Dies ist plausibel, denn bei einem bestimmten (mittleren) Druck wird die maximal mögliche Zahl von A – B-Nachbarn auf der Katalysatoroberfläche vorhanden sein. Eine weitere Steigerung von p_A begünstigt zwar die Adsorption von A, fördert gleichzeitig aber auch die Desorption von B. Der Druck $p_{A,\,max}$, bei dem r seinen höchsten Wert erreicht, ergibt sich aus der Bedingung für das Maximum

$$\left(\frac{\partial r}{\partial p_A}\right)_{p_B} = 0$$

zu

$$p_{A,\,max} = \frac{1 + K_B p_B}{K_A} \qquad (96)$$

Für den Fall, daß p_A konstant gehalten und p_B variiert wird, verhält sich das System analog.

LANGMUIR-RIDEAL-Mechanismus. Hier wird angenommen, daß nur einer der Reaktanden chemisorbiert wird und dann mit der zweiten Komponente (aus der Gasphase) reagieren kann. Man kann vom folgenden vereinfachten Reaktionsschema ausgehen:

$$A + G \underset{k_2}{\overset{k_1}{\rightleftharpoons}} (A \cdots G)$$

$$(A \cdots G) + B \xrightarrow{k_3} G + D + \ldots$$

Das Adsorptions-Desorptions-Gleichgewicht zwischen der Komponente A und den Gitterplätzen G soll eingestellt sein. Die Reaktionsgeschwindigkeit r, die der Bildungsgeschwindigkeit von D entspricht, ist dann proportional Θ_A und p_B, d. h.

$$r = \frac{k_3 K_A p_A p_B}{1 + K_A p_A + K_B p_B} \qquad (97)$$

Hierbei ist angenommen, daß die Reaktion mit B nur aus der Gasphase stattfindet, eine Adsorption von B ist aber durchaus zugelassen. Die Komponente B nimmt also auch indirekt Einfluß auf die Reaktion, indem sie Gitterplätze blockiert. Die Beziehung (97) ergibt, anders als Gl. (95), kein Maximum für $r(p_A)$ bei konstant gehaltenem p_B, sondern eine Abhängigkeit, die dem Kurvenverlauf der Abb. 10 entspricht.

Bimolekulare Reaktion zweier unabhängig adsorbierter Reaktanden. Wenn zwei Komponenten A und B bei der Adsorption nicht miteinander konkurrieren, weil sie verschiedene Arten von Gitterplätzen besetzen, so läßt sich als Reaktionsschema vereinfacht schreiben:

$$A + B + (G_A \cdots G_B) \underset{k_2}{\overset{k_1}{\rightleftharpoons}} (A \cdots G_A \cdots G_B \cdots B) \xrightarrow{k_3}$$

$$(G_A \cdots G_B) + D + \ldots$$

Die Formulierung „$(G_A \cdots G_B)$" soll darauf hinweisen, daß die für A und B spezifischen Adsorptionsstellen benachbart sein müssen. Die Reaktionsgeschwindigkeit ist der Konzentration der Anordnung $(A \cdots G_A \cdots G_B \cdots B)$ und damit Θ_A und Θ_B proportional. Mit Gl. (91) und (92) ergibt sich dann:

$$r = \frac{k_3 K_A K_B p_A p_B}{(1 + K_A p_A)(1 + K_B p_B)} \qquad (98)$$

Reaktionshemmung durch weitere Sorbenden. Liegen neben den Reaktanden weitere adsorbierbare Substanzen vor (Reaktionsprodukte oder Fremdstoffe), so wird dadurch die Zahl der verfügbaren Gitterplätze verringert. Die Auswirkung dieses Effektes auf die Reaktionsgeschwindigkeit wurde für monomolekulare Reaktionen schon in Gl. (94) formuliert. Die angegebenen Geschwindigkeitsgleichungen werden für die Reaktion zweier Reaktanden einfach dadurch modifiziert, daß die in die Zeitgesetze eingehenden Bedeckungsgrade Θ im Nenner um Glieder für die zusätzlich adsorbierten Komponenten erweitert werden (vgl. Gl. 90).

4.2.5. Hinweise auf Beispiele in der Literatur

Eine Diskussion mehrerer Beispiele für die vorstehend besprochenen Reaktionstypen und zahlreiche Literaturhinweise finden sich bei LAIDLER [5].

Schon früher wurde darauf hingewiesen, daß die Oberflächenreaktion durchaus nicht in allen Fällen der geschwindigkeitsbestimmende Schritt sein muß. Für die in Tab. 1 zusammengestellten Reaktionstypen wurden von SZABÓ [1] Zeitgesetze unter Berücksichtigung verschiedener Möglichkeiten für den geschwindigkeitsbestimmenden Schritt angegeben. Dabei wurde vereinfachend angenommen, daß für die Konzentrationen der adsorbierten Substanzen ein quasistationärer Zustand angesetzt werden kann.

Tab. 1. Von SZABÓ in [1] Bd. 2 behandelte Reaktionstypen

Reaktionstyp	Geschwindigkeitsbestimmende Schritte
$A \rightleftharpoons B$	Adsorption von A, Oberflächenreaktion, Desorption von B.
$A \rightleftharpoons B + D$	Adsorption von A, Oberflächenreaktion, Desorption von B, Desorption von D.
$A + B \rightarrow D$ (B wird nicht adsorbiert)	Adsorption von A, Oberflächenreaktion, Desorption von D.
$A + B \rightarrow D$ (Adsorption aller drei Komponenten berücksichtigt)	Adsorption von A, Adsorption von B, Oberflächenreaktion, Desorption von D.

Eine Sammlung von Geschwindigkeitsgleichungen für die Reaktionen

$A \rightleftharpoons B$ und $A + B \rightleftharpoons D$

ist im Buch von THOMAS und THOMAS, Kap. 9.2. [22], enthalten, wobei neben der Dissoziation eines Sorbenden weitere Variationen berücksichtigt sind. Die tabellarische Zusammenstellung verliert leider durch einige Fehler etwas an Wert.

5. Ermittlung von Reaktionskonstanten

5.1. Reaktionsgeschwindigkeitskonstante

Ohne Kenntnis des Zeitgesetzes, d. h. ohne Kenntnis der Gesamtordnung einer Reaktion, ist es prinzipiell unmöglich, die Reaktionsgeschwindigkeitskonstante numerisch zu bestimmen, da unter diesen Bedingungen nicht einmal die Dimension der Konstanten, die ja von der Bruttoordnung abhängt, feststeht. In den folgenden Betrachtungen soll angenommen werden, daß die Reaktionsordnungen ermittelt und das formale Geschwindigkeitsgesetz damit bekannt sei. Bei Erörterung der verschiedenen Reaktionstypen (Kap. 3) wurde schon auf die jeweiligen Möglichkeiten zur Bestimmung der Reaktionsgeschwindigkeitskonstanten hingewiesen. Hier sollen aber noch einmal die Gemeinsamkeiten hervorgehoben und ein Überblick gegeben werden.

Reaktionen, deren Zeitgesetze nur eine Geschwindigkeitskonstante enthalten. Bei allen Systemen, die durch Zeitgesetze der Art

$r = k c_A^m c_B^n c_D^p \ldots$ usw.

beschrieben werden, z. B. durch

$r = k c_A$ oder $r = k c_A^2 c_B$ usw.

erhält man integrierte Gleichungen von der Form

$$f(c_A, c_{A0}, c_B, c_{B0}, c_D, c_{D0}, \ldots) = kt \qquad (99)$$

(Eine Sammlung von integrierten Gleichungen für $r = k c_A^m c_B^n$, wobei für m und n auch einige gebrochene Werte eingesetzt wurden, findet man bei MARGERISON in [1] Vol. 1.)

Ist die Stöchiometrie der betrachteten Reaktion einmal ermittelt, so genügt im Prinzip zur Bestimmung von k die Kenntnis von c_{A0}, c_{B0}, c_{D0}, ... und die Ermittlung einer der Konzentrationen, z. B. c_A, zu einer Zeit $t > 0$. Da alle übrigen Konzentrationen $c_B(t)$, $c_D(t)$ usw. über die Stöchiometrie zugänglich sind, kann k berechnet werden. Analog ergibt sich die Geschwindigkeitskonstante auch aus der Messung der Konzentrationen c_{A1} und c_{A2} zu Zeiten t_1 und t_2. Damit hat man die Möglichkeit, aus dem gemessenen Zeitverlauf der Umsetzung mehrere Werte für k zu bestimmen und diese zu mitteln.

BENSON, S. 86 [2] gibt eine Fehlerbetrachtung für den einzelnen k-Wert, während ROSEVEARE [45] eine Kritik des Mittelungsverfahrens vornimmt. Eine ausführliche Fehlerdiskussion, auch für den Fall, daß sich die k-Bestimmung auf mehrere Meßreihen stützt, stammt von MARGERISON [1] Vol. 1.

Neben diesen rein rechnerischen Methoden folgt auch die graphische Methode zur Bestimmung von k durch Auftragung von $f(c_A, c_{A0} \ldots)$ gegen t direkt aus Gl. (99) (vgl. z. B. Abb. 2, 3, 4; S.166). Dieses allgemein übliche Verfahren hat neben seiner Anschaulichkeit u. a. den Vorteil, für k unmittelbar ein gewogenes Mittel zu liefern, da Meßwerte, die vom geradlinigen Verlauf stark abweichen, nur in geringem Maß Berücksichtigung finden.

Reversible Reaktionen. Die Methoden der numerischen k-Bestimmung bzw. der graphischen Auswertung lassen sich auch auf folgende Reaktionstypen anwenden:

$$\mathrm{A} \underset{k_2}{\overset{k_1}{\rightleftharpoons}} \mathrm{B} \qquad \text{(I)}$$

$$\mathrm{A} \underset{k_2}{\overset{k_1}{\rightleftharpoons}} \mathrm{B} + \mathrm{D} \qquad \text{(II)}$$

$$2\mathrm{A} \underset{k_2}{\overset{k_1}{\rightleftharpoons}} \mathrm{B} + \mathrm{D} \qquad \text{(III)}$$

$$\mathrm{A} + \mathrm{B} \underset{k_2}{\overset{k_1}{\rightleftharpoons}} \mathrm{D} + \mathrm{E} \qquad \text{(IV)}$$

In diesen Fällen müssen neben dem Konzentrationsverlauf jedoch noch die Gleichgewichtskonzentrationen bestimmt werden. Nach Einführung der Umsatzvariablen x und ihres Wertes x_∞ beim Gleichgewicht ergeben sich integrierte Beziehungen ähnlich Gl. (99). Im Einzelfall sind dabei Modifizierungen erforderlich; so gilt z. B. für die Reaktion (I), vgl. Gl. (22):

$$\mathrm{f}(x, x_\infty) = (k_1 + k_2)\,t \qquad (100)$$

Man erhält hier also zunächst $(k_1 + k_2)$. Mit dem Quotienten k_1/k_2 (aus Gleichgewichtsmessungen) können k_1 und k_2 dann einzeln berechnet werden. Die integrierten Gleichungen, die sich bei Wahl geeigneter Anfangsbedingungen und passender Wahl von x für Reaktion (II) ergeben, lauten:

$$\mathrm{f}(x, x_\infty, c_{\mathrm{A0}}) = k_1 t \qquad (101)$$

und

$$\mathrm{f}(x, x_\infty, c_{\mathrm{B0}}) = k_2 t \quad \text{(vgl. Gl. (24) und (25))} \qquad (102)$$

Hier ist zur Bestimmung von k_1 und k_2 neben der Gleichgewichtsermittlung eine Meßreihe mit geeigneten Anfangsbedingungen anzusetzen. Das gleiche Vorgehen ergibt auch die Geschwindigkeitskonstanten für die Reaktionen (III) und (IV), wobei die expliziten Darstellungen der Gln. (101) und (102) allerdings eine etwas andere Form (vgl. Gln. (26) bis (28)) annehmen.

Kompliziertere Reaktionen. Für Umsetzungen mit mehreren Teilreaktionen und einer entsprechenden Anzahl von Geschwindigkeitskonstanten im Zeitgesetz läßt sich kein allgemein verwendbares Lösungsschema angeben. Jeder Reaktionstyp verlangt hier seine eigene Behandlung, die unter Umständen recht kompliziert werden kann. Auf diesem Gebiet wird noch viel gearbeitet, vgl. z. B. [41], [49]. Einige Reaktionsschemata wurden in diesem Beitrag so ausführlich besprochen, daß daraus die Grundzüge der Ermittlung aller k-Werte ersichtlich sind (vgl. die Abschnitte über irreversible konkurrierende Folgereaktion zweiter Ordnung S. 177, die radikalisch initiierte Polymerisation S. 174, die Folgereaktion erster Ordnung S. 170, usw.).

5.2. Aktivierungsenergie

Die Geschwindigkeit der meisten Reaktionen nimmt mit der Temperatur stetig zu (Ausnahmen vgl. FROST und PEARSON, S. 21 [4]). Der funktionelle Zusammenhang zwischen der Reaktionsgeschwindigkeitskonstanten und der Temperatur ist durch die ARRHENIUSsche Gleichung

$$\frac{\mathrm{d}\ln k}{\mathrm{d}T} = \frac{E_{\mathrm{A}}}{RT^2} \qquad (103)$$

gegeben. Äquivalent dazu sind die durch Integration erhältlichen Beziehungen:

$$k = \mathrm{A}_0 \mathrm{e}^{-\frac{E_{\mathrm{A}}}{RT}} \qquad (104)$$

bzw.

$$\ln k = -\frac{E_{\mathrm{A}}}{RT} + \ln A_0 \qquad (105)$$

R ist die allgemeine Gaskonstante, E_{A} die ARRHENIUSsche, *experimenelle* oder *scheinbare Aktivierungsenergie*. Für den Koeffizienten A_0 sind die Bezeichnungen *Häufigkeitsfaktor*, *Frequenzfaktor*, *präexponentieller Faktor*, *Aktionskonstante*, *Stoßkonstante* in Gebrauch. Formal entspricht A_0 der Reaktionsgeschwindigkeitskonstanten bei unendlich hoher Temperatur. A_0 und E_{A} sind näherungsweise als konstant anzusehen. Die Gln. (103) bis (105) sind normalerweise zur Beschreibung experimenteller Ergebnisse gut geeignet. Nach (105) ergibt eine Auftragung von $\ln k$ gegen $1/T$ eine Gerade mit dem Anstieg $-E_{\mathrm{A}}/R$, E_{A} ist somit in einfacher Weise aus Messungen der Geschwindigkeitskonstanten bei verschiedenen Temperaturen zu erhalten. Genauere Untersuchungen ergaben in Übereinstimmung mit der Theorie, daß A_0 in geringem Maße temperaturabhängig ist, statt der erwähnten Geraden entsteht daher eine schwach gekrümmte Kurve, aus der sich je nach T verschiedene Werte für E_{A} ergeben, die durch den Anstieg der jeweiligen Tangente festgelegt sind.

Eine genauere Beschreibung des Zusammenhanges $k(T)$ ist mit folgender Gleichung möglich:

$$\ln k = -\frac{E}{RT} + a \ln T + \text{const.} \qquad (106)$$

Bei Anwendung der Stoßtheorie (vgl. die Lehrbücher der Kinetik, s. Literatur S. 195) ergibt sich $a = \frac{1}{2}$, so daß

$$\ln k = -\frac{E}{RT} + \frac{1}{2} \ln T + \text{const.} \qquad (107)$$

gilt. Differentiation nach T führt zu

$$\frac{\mathrm{d}\ln k}{\mathrm{d}T} = \frac{E + \frac{1}{2}RT}{RT^2} \qquad (108)$$

Durch Vergleich mit Gl. (103) ergibt sich für den Zusammenhang zwischen der Größe E, die auch als *wahre Aktivierungsenergie* bezeichnet wird und der ARRHENIUSschen Aktivierungsenergie E_{A}:

$$E_{\mathrm{A}} = E + \tfrac{1}{2}RT \qquad (109)$$

Da bei normalen Temperaturen der Term $\frac{1}{2}RT$ wesentlich kleiner ist als die Aktivierungsenergie für die

Reaktion stabiler Moleküle miteinander (bei 100°C entspricht $\frac{1}{2}RT$ etwa 0,4 kcal/Mol; E_A liegt für bimolekulare Reaktionen in der Größenordnung 20 bis 40 kcal/Mol), ist die Differenz zwischen E_A und E meistens geringer als die experimentelle Fehlerbreite für E_A [2], so daß für die Praxis die einfache ARRHENIUS-Gleichung hinreichend genau ist. Deshalb wird fast durchweg mit Gl. (105) gearbeitet und die Bezeichnung „Aktivierungsenergie" gewöhnlich für E_A verwendet.

In speziellen Fällen wird bei Darstellung der experimentellen Ergebnisse nach Gl. (105) ein so stark gekrümmter Kurvenverlauf gefunden, daß die Korrektur entsprechend Gl. (107) keine ausreichende Erklärung dafür geben kann. Hierfür müssen andere Ursachen maßgeblich sein: Läuft z. B. eine bestimmte Umsetzung parallel über zwei verschiedene Wege mit unterschiedlicher Aktivierungsenergie, so wird im Bereich hoher Temperaturen der Reaktionsweg mit der höheren Aktivierungsenergie dominieren, während bei niedrigen Temperaturen die Umsetzung vorwiegend über den Weg mit niedriger Aktivierungsenergie abläuft. (Bei Parallelreaktionen prägt die schnellere Teilreaktion das äußere Erscheinungsbild.) Wenn beide Reaktionswege dem gleichen Zeitgesetz gehorchen (dann ist $r = (k_1 + k_2)\mathrm{f}(c)$, und nur dann ist die Auftragung von $\ln k = \ln(k_1 + k_2)$ gegen $1/T$ sinnvoll), entspricht der Kurvenverlauf bei sehr hoher und sehr niedriger Temperatur jeweils der ARRHENIUSschen Gleichung, wie dies in Abb. 11 angedeutet ist, da in den Grenzbereichen $k \approx k_1$ bzw. $k \approx k_2$ ist. Ein praktisches Beispiel für verschiedene Wege mit unterschiedlicher Aktivierungsenergie ist der Ablauf einer Reaktion in der Gasphase in Konkurrenz mit der gleichen Umsetzung, die katalysiert mit erniedrigter Aktivierungsenergie an der Gefäßwand vor sich geht.

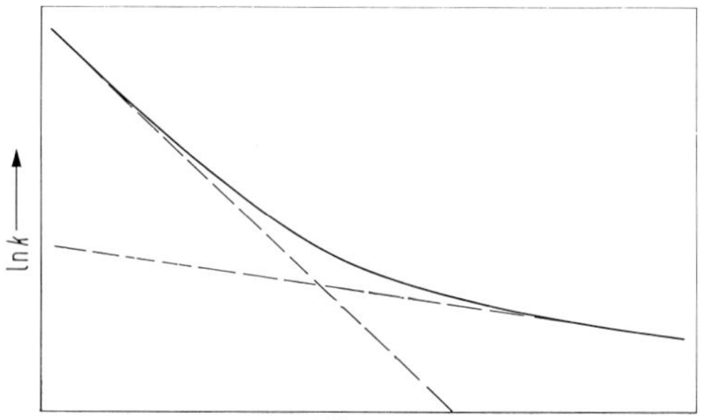

Abb. 11. ARRHENIUS-Diagramm für eine Reaktion, die parallel und nach jeweils formal gleichem Zeitgesetz über zwei Wege mit unterschiedlicher Aktivierungsenergie abläuft

Auch eine entgegengesetzte Abweichung in der Darstellung $\ln k$ gegen $1/T$ ist möglich. Entsprechen z. B. den Schritten einer Folgereaktion unterschiedliche Aktivierungsenergien oder wird bei erhöhter Temperatur ein Stofftransportvorgang geschwindigkeitsbestimmend, so machen sich diese Effekte in einer Abweichung von einer ARRHENIUS-Geraden bemerkbar. Der Kurvenverlauf, den man aus den experimentellen Ergebnissen erhält, beruht allerdings auf einer nicht ganz korrekten Auswertung der Meßergebnisse. Anstelle einer an sich komplizierteren Geschwindigkeitsgleichung wendet man ein einfaches, nur in relativ engen Temperaturbereichen gültiges Grenzgesetz auf Temperaturen an, bei denen andere kinetische Bedingungen herrschen.

Bei der Folgereaktion erster Ordnung nach $A \xrightarrow{k_1} B \xrightarrow{k_2} D$ gilt z. B. für beide extremen Möglichkeiten des Verhältnisses k_1/k_2 bei nicht zu kleinen Reaktionszeiten t das integrierte Zeitgesetz

$$c_D = c_{A0}(1 - e^{-kt})$$

Dabei ist $k = k_2$, wenn $k_1/k_2 \gg 1$, und $k = k_1$, wenn $k_1/k_2 \ll 1$. Wie eine einfache Umformung zeigt, ergibt sich aus einer Auftragung von $\ln \frac{c_{A0} - c_D}{c_{A0}}$ gegen t, je nachdem welcher Extremfall vorliegt, entweder $-k_1$ oder $-k_2$ als Anstieg.

In allen Fällen aber, in denen k_1 und k_2 von ähnlicher Größe sind, muß die vollständige Gl. (37) angesetzt werden:

$$c_D = c_{A0}\left[1 - \frac{1}{k_2 - k_1}(k_2 e^{-k_1 t} - k_1 e^{-k_2 t})\right] \qquad (37)$$

Hier ist demnach

$$\frac{c_{A0} - c_D}{c_{A0}} = \frac{1}{k_2 - k_1}(k_2 e^{-k_1 t} - k_1 e^{-k_2 t})$$

und eine Auftragung von $\ln \frac{c_{A0} - c_D}{c_{A0}}$ gegen t führt bestenfalls näherungsweise zu einer Geraden. Die korrekte Ermittlung eines Anstieges bzw. die Definition einer Konstanten k ist somit nicht möglich, da die Kurvenneigung von t abhängig ist und man deshalb bei Verwendung anderer Meßpunkte zu einem anderen Ergebnis gelangt.

Ergibt sich bei Reaktionen, für die ein komplizierterer Mechanismus bekannt ist oder vermutet wird, experimentell ein einfaches Zeitgesetz, so ist die ermittelte „Reaktionsgeschwindigkeitskonstante" im allg. aus den Konstanten mehrerer Teilreaktionen zusammengesetzt. Dann kann zwar die ARRHENIUSsche Gleichung durchaus befolgt werden, das Ergebnis der Auswertung ist aber zweckmäßig als *Bruttoaktivierungsenergie* zu bezeichnen. Bei Kettenreaktionen wird oft fälschlich vermutet, daß die Bruttoaktivierungsenergie mindestens so groß sein müßte wie die Aktivierungsenergie des Startschrittes. Am Beispiel der radikalischen Polymerisation soll gezeigt werden, daß dies nicht der Fall ist.

Mit Gl. (55) läßt sich der Polymerisationsablauf oft quantitativ beschreiben:

$$-\frac{dc_M}{dt} = k_3\left[\frac{2k_1}{k_4}\right]^{1/2} c_I^{1/2} c_M \qquad (55)$$

Bestimmt man demgemäß eine Bruttoreaktionsgeschwindigkeitskonstante k, für welche gilt

$$k = k_3 \left[\frac{2k_1}{k_4}\right]^{1/2} \tag{110}$$

in Abhängigkeit von der Temperatur, so erhält man eine Bruttoaktivierungsenergie. Diese setzt sich aus den Aktivierungsenergien der Teilreaktionen folgendermaßen zusammen

$$E_A = E_{A3} + \tfrac{1}{2}E_{A1} - \tfrac{1}{2}E_{A4} \tag{111}$$

Da E_{A3} (Wachstum) und E_{A4} (Abbruch) wesentlich kleiner sind als E_{A1}, liegt die Bruttoaktivierungsenergie für diesen Fall in der Größenordnung der halben Aktivierungsenergie des Startschrittes (E_{A1}).

Als weiterführende Literatur, in der die Arrhenius-Gleichung aus moderner Sicht diskutiert wird, vgl. Menziger, Wolfgang [43].

5.3. Bestimmung der Reaktionsordnung

Zur Ermittlung des Zeitgesetzes komplizierterer Reaktionen gibt es kein generelles Rezept, man kann aber nach einigen allgemeineren Regeln grundlegende Informationen über den Reaktionstyp erhalten, vgl. dazu Margerison in [1] Vol. 2; Frost und Pearson, S. 42 [4]. Anders liegen die Verhältnisse bei Umsetzungen, die nach Geschwindigkeitsgleichungen der Art

$$r = k c_A^m \quad \text{oder} \quad r = k c_A^m c_B^n \ldots \quad \text{usw.}$$

ablaufen. Die Aufstellung des Zeitgesetzes läuft dann praktisch auf die Bestimmung der Reaktionsordnungen (m, n usw.) hinaus.

Vermutetes Zeitgesetz: $r = k c_A^m$. Zur Bestimmung der Reaktionsordnung gibt es im wesentlichen drei Methoden:

a) Probieren,
b) Halbwertszeitmethode,
c) Anfangsgeschwindigkeitsmethode.

Bei dem hier zur Diskussion stehenden Zeitgesetz sind diese drei Verfahren unmittelbar anzuwenden.

Probieren. Man kann in einfacher Weise so vorgehen, daß man verschiedene Reaktionsordnungen vorgibt und überprüft, ob sie mit den Meßergebnissen in Einklang stehen. Praktisch verfährt man meistens so, daß man das integrierte Zeitgesetz, das mit der vermuteten Reaktionsordnung erhalten wird, zur Bestimmung der Reaktionsgeschwindigkeitskonstanten k benutzt. Ergibt sich bei der numerischen Berechnung, daß k nicht konstant ist, sondern einen systematischen Gang mit der Reaktionszeit zeigt, bzw. findet man bei graphischer Auswertung statt der erwarteten Geraden eine gekrümmte Kurve, so wird ein anderes m vorgegeben und die Überprüfung wiederholt. In der Literatur wird dieses Vorgehen teilweise als „integrale Methode“ bzw. „method of integration“ bezeichnet. Dieser Ausdruck ist insofern irreführend, als einerseits eine analoge Ermittlung von m auch mit der differentiellen Geschwindigkeitsgleichung möglich ist und andererseits die nachfolgend zu besprechende Verfahrensweise b) sich wie die Methode a) des integrierten Zeitgesetzes bedient.

Halbwertszeitmethode. Für die Halbwertszeit einer Reaktion m-ter Ordnung gilt nach Gl. (18):

$$t_{1/2} = \frac{2^{m-1} - 1}{k c_{A0}^{m-1}(m-1)}$$

Für den Sonderfall $m = 1$ erhält man

$$t_{1/2} = \frac{\ln 2}{k}$$

Der allgemeineren Beziehung entspricht wegen

$$\frac{2^{m-1} - 1}{k(m-1)} = \text{konstant}$$

auch die Formulierung

$$t_{1/2} \sim c_{A0}^{1-m} \tag{112}$$

Mißt man daher für verschiedene Anfangskonzentrationen die Halbwertszeiten und trägt $\log t_{1/2}$ gegen $\log c_{A0}$ auf, so ergibt sich eine Gerade mit dem Anstieg $(1 - m)$. Hat man nur zwei Meßwerte $t_{1/2}$ und $t'_{1/2}$ für c_{A0} und c'_{A0}, so bietet die graphische Auswertung keinerlei Vorteil gegenüber der rechnerischen. Die für den rechnerischen Weg erforderliche Beziehung („Gleichung von Noyes“) ergibt sich aus Gl. (112) zu

$$m = 1 + \frac{\log t_{1/2} - \log t'_{1/2}}{\log c'_{A0} - \log c_{A0}} \tag{113}$$

Die Auswertung nach der Methode der Halbwertszeiten kann zu Trugschlüssen führen, die direkt in der Methode begründet sind: Man muß a priori unterstellen, daß die Reaktion nach einem Zeitgesetz der Form $r = k c_A^m$ abläuft. Trifft dies auch tatsächlich zu, so ist die Methode exakt. Liegt jedoch ein komplizierterer Reaktionsablauf vor, so wird dieser häufig gar nicht offenbar, wenn nur die Halbwertszeit, d. h. praktisch nur ein Punkt der Zeit-Umsatz-Kurve für die Auswertung herangezogen wird. Handelt es sich z. B. anstelle der angenommenen irreversiblen Reaktion um eine Gleichgewichtsreaktion, so kann dafür (sofern das Gleichgewicht nicht zu sehr auf seiten der Ausgangsstoffe liegt) zwar eine „Halbwertszeit“ experimentell ermittelt werden. Die weitere Auswertung mit dieser Halbwertszeit führt dann aber zwangsläufig zu einer falschen, in diesem Fall zu hohen Ordnung m.

Die nachfolgenden Modifizierungen der Halbwertszeitmethode mildern die eben geschilderte allgemeine Unzulänglichkeit, ohne sie jedoch gänzlich zu vermeiden.

So kann man eine graphische Auswertung bei nur einer einzigen Messung des Konzentrations-Zeit-Verlaufes vornehmen. Dazu sind mehrere Wertepaare c_{A0}, $t_{1/2}$ abzulesen, indem beliebige Konzentrationen für Zeiten $t > 0$ als c_{A0} angesehen und die Zeiten festgestellt werden, die bis zum Absinken dieser c_{A0} auf die Hälfte vergehen. Diese Methode ist jedoch nur bei relativ hoher Meßgenauigkeit zu empfehlen.

Die Halbwertszeitmethode läßt sich insoweit verallgemeinern, als nicht nur die Zeit bis zum Absinken der Anfangskonzentration auf die Hälfte, sondern auf einen beliebigen anderen Bruchteil zur Bestimmung von m geeignet ist. Die Gln. (112) und (113) gelten für jeden Bruchteil y. Für eine orientierende Bestimmung von m ist der Quotient aus der Viertelwertszeit ($y = 1/4$) und der Halbwertszeit ($y = 1/2$) verwendbar, der gegeben ist durch

$$\frac{t_{1/4}}{t_{1/2}} = 1 + 2^{m-1} \tag{114}$$

Dieser Bruch nimmt für Reaktionen der nullten, ersten, zweiten und dritten Ordnung die Werte 1,5, 2, 3 und 5 an (vgl. auch Abb. 1).

Anfangsgeschwindigkeitsmethode. Die Anfangsgeschwindigkeitsmethode zur Bestimmung der Reaktionsordnung benutzt das differentielle Zeitgesetz. Da nicht die Geschwindigkeit, sondern die Konzentration in Abhängigkeit von der Zeit das primäre Meßergebnis darstellt, muß die Reaktionsgeschwindigkeit nachträglich ermittelt werden, z. B. durch graphische Differentiation der Funktion $c_A(t)$. Die Tangente an die Kurve des Konzentrations-Zeit-Verlaufes im Zeitpunkt $t = 0$ entspricht der Anfangsreaktionsgeschwindigkeit $(-\mathrm{d}c_A/\mathrm{d}t)_0 = r_0$.

Wegen

$$r_0 = k\,c_{A0}^m$$

folgt

$$\log r_0 = \log k + m \log c_{A0} \tag{115}$$

Führt man Versuchsreihen mit verschiedenen Anfangskonzentrationen durch und trägt $\log r_0$ gegen $\log c_{A0}$ auf, so ergibt sich m als Anstieg einer Geraden. (In diesem Fall kann man gleichzeitig die Reaktionsgeschwindigkeitskonstante aus dem Ordinatenabschnitt erhalten.) Rechnerisch folgt m aus zwei Meßreihen nach

$$m = \frac{\log r_0 - \log r_0'}{\log c_{A0} - \log c_{A0}'} \tag{116}$$

Die Anfangsgeschwindigkeitsmethode ist ein Spezialfall der allgemeineren Möglichkeit, die Reaktionsordnung aus Werten der Reaktionsgeschwindigkeit r bei Konzentrationen c_A zu bestimmen. Analog Gl. (115) gilt

$$\log r = \log k + m \log c_A \tag{117}$$

Wertepaare von r und c_A erhält man wieder durch Konstruktion von Tangenten in der Darstellung $c_A(t)$. Hier genügt im Prinzip eine einzige Meßreihe; man kann jedoch auch Werte aus verschiedenen Versuchen kombinieren.

Die Benutzung der Anfangsgeschwindigkeit hat den Vorteil, daß damit auch solche Reaktionen unter eindeutigen Verhältnissen studiert werden können, deren Kinetik durch die Reaktionsprodukte in irgendeiner Form beeinflußt wird. Man nennt daher die mit dieser Methode bestimmte Reaktionsordnung oft auch die wahre Ordnung. Wendet man dagegen Gl. (117) oder das integrierte Zeitgesetz auf reversible, autokatalytische oder andere komplexe Reaktionstypen an, so werden die experimentellen Ergebnisse in einem beschränkten Bereich zwar oft innerhalb der Fehlergrenze mit einer bestimmten Ordnung m in Einklang stehen; diese wird aber im allg. von der wahren Ordnung abweichen. (Hier ist noch einmal daran zu erinnern, daß kompliziertere Reaktionen nur in Grenzfällen durch eine einfache Geschwindigkeitsgleichung und damit durch eine Reaktionsordnung zu beschreiben sind.)

Sämtliche Verfahren zur Bestimmung der Reaktionsordnung, die auf differentiellen Geschwindigkeitsgleichungen basieren, haben den Nachteil, daß die Größe von r nur relativ ungenau zu bestimmen ist. Die Genauigkeit der Tangentenkonstruktion läßt sich mit optischen Hilfsmitteln begrenzt steigern (vgl. die bei Frost und Pearson, S. 42 [4] zitierte Literatur), die Annäherung von r durch den Differenzenquotienten $\frac{\Delta c_A}{\Delta t}$ ist dagegen schon vom Prinzip her fehlerhaft.

Vermutetes Zeitgesetz: $r = k\,c_A^m c_B^n c_D^p \ldots$ Besteht, wie bei der Geschwindigkeitsgleichung $r = k\,c_A^m c_B^n c_D^p \ldots$, die Gesamtordnung aus mehreren partiellen Ordnungen, so muß die Zahl der Unbekannten zunächst reduziert werden, ehe die bei dem einfacheren Zeitgesetz diskutierten Methoden angewendet werden können; das Verfahren a) ist natürlich unmittelbar durchführbar.

Halbwertszeitmethode. Bei Reaktionen, an denen mehrere Substanzen beteiligt sind, kann nicht generell eine einzige Halbwertszeit angegeben werden, da im allgemeinen Fall jeder Reaktionsteilnehmer seine eigene Halbwertszeit hat (die für Überschußkomponenten ggf. „unendlich“ sein kann).

Wenn allerdings die Reaktanden im äquivalenten Verhältnis vorliegen, d. h. wenn z. B. bei einer Umsetzung mit der stöchiometrischen Gleichung

$$\mathrm{a\,A + b\,B + d\,D} + \ldots \rightarrow \ldots$$

die Anfangskonzentrationen so gewählt werden, daß

$$c_{A0} = \frac{\mathrm{a}}{\mathrm{b}}\,c_{B0} = \frac{\mathrm{a}}{\mathrm{d}}\,c_{D0} = \ldots$$

so gilt auch zu beliebigen Zeiten:

$$c_A = \frac{\mathrm{a}}{\mathrm{b}}\,c_B = \frac{\mathrm{a}}{\mathrm{d}}\,c_D = \ldots \tag{118}$$

Damit sinken die Konzentrationen aller Reaktionspartner in der gleichen Zeit auf die Hälfte bzw. auf einen beliebigen anderen Bruchteil. Darüber hinaus ist aber wegen Gl. (118) während der gesamten Reaktionsdauer das Zeitgesetz von der Form

$$r = k\,c_A^m \left(\frac{b}{a}\,c_A\right)^n \left(\frac{d}{a}\,c_A\right)^p \ldots \qquad (119)$$

bzw. anders formuliert

$$r = \varkappa_1\,c_A^{(m+n+p+\ldots)} \qquad (120)$$

mit

$$\varkappa_1 = k\left(\frac{b}{a}\right)^n \left(\frac{d}{a}\right)^p \ldots$$

Damit ist die Möglichkeit gegeben, die Gesamtordnung $(m+n+p+\ldots)$ über die Halbwertszeit in üblicher Weise zu bestimmen. Zur Ermittlung der Einzelwerte der partiellen Ordnungen kann man so vorgehen, daß man in verschiedenen Versuchsreihen alle Reaktanden bis auf einen in großem Überschuß verwendet. Ist A die Unterschußkomponente, so resultiert die Geschwindigkeitsgleichung

$$r = \varkappa_2\,c_A^m \qquad (121)$$

wobei

$$\varkappa_2 = k\,c_{B0}^n\,c_{D0}^p \ldots$$

Nachdem entsprechend den Gln. (112) bis (114) die Ordnung der Reaktion in bezug auf A ermittelt wurde, kann für n und p, die partiellen Ordnungen in bezug auf B und D, analog verfahren werden.

Anfangsgeschwindigkeitsmethode. Bei Gültigkeit von

$$r_0 = k\,c_{A0}^m\,c_{B0}^n\,c_{D0}^p \ldots$$

läßt sich bei geeigneter Wahl der Anfangskonzentrationen die Gesamtordnung bestimmen. Setzt man bei einem Versuch z. B.

$$c_{A0} = c_{B0} = c_{D0} = \ldots$$

an und bei einem zweiten

$$c'_{A0} = c'_{B0} = c'_{D0} = \ldots$$

so folgt wegen

$$r_0 = k\,c_{A0}^{(m+n+p+\ldots)}$$

$$r'_0 = k\,c_{A0}'^{(m+n+p+\ldots)}$$

schließlich

$$m+n+p+\ldots = \frac{\log r_0 - \log r'_0}{\log c_{A0} - \log c'_{A0}} \qquad (122)$$

Eine andere Möglichkeit besteht darin, in einer Meßreihe das Verhältnis von c_{A0} zu c_{B0} und c_{D0} usw. beliebig zu wählen, in der zweiten Meßreihe aber das gleiche Verhältnis bei variierter Absolutkonzentration anzusetzen. Dann gilt:

$$\frac{c_{A0}}{c'_{A0}} = \frac{c_{B0}}{c'_{B0}} = \frac{c_{D0}}{c'_{D0}} = \ldots \qquad (123)$$

Aus

$$r_0 = k\,c_{A0}^m\,c_{B0}^n\,c_{D0}^p \ldots$$

und

$$r'_0 = k\,(c'_{A0})^m (c'_{B0})^n (c'_{D0})^p \ldots$$

folgt unter Berücksichtigung von Gl. (123)

$$\frac{r_0}{r'_0} = \left[\frac{c_{A0}}{c'_{A0}}\right]^{(m+n+p+\ldots)}$$

was wieder zu Gl. (122) führt.

Zur Bestimmung der partiellen Ordnung müssen hier nicht, wie bei der Halbwertszeitmethode, alle Reaktanden bis auf einen in großem Überschuß verwendet werden. Es genügt, die Anfangskonzentrationen von B und D konstant zu halten, wenn z. B. die Reaktionsordnung in Bezug auf A ermittelt werden soll. Aus den Beziehungen für die Anfangsreaktionsgeschwindigkeiten

$$r_0 = k\,c_{A0}^m\,c_{B0}^n\,c_{D0}^p \ldots$$

$$r'_0 = k\,(c'_{A0})^m\,c_{B0}^n\,c_{D0}^p \ldots$$

folgt

$$\frac{r_0}{r'_0} = \left[\frac{c_{A0}}{c'_{A0}}\right]^m$$

Damit ist m nach Gl. (116) zugänglich. Variation von c_{B0} bzw. c_{D0} in weiteren Meßreihen liefert in analoger Weise die Werte für n und p.

Planung der Experimente zur Bestimmung der Reaktionsordnung. Als Beispiel soll die Umsetzung eines Stoffes A mit einem Stoff B zu irgendwelchen Produkten behandelt werden. Die Stöchiometrie der Reaktion sei geklärt, d. h. die stöchiometrischen Koeffizienten a und b der Umsatzgleichung

$$a\,A + b\,B \rightarrow \ldots$$

seien bekannt. Wurde durch Vorversuche festgestellt, daß die Reaktionsprodukte ohne Einfluß auf die Umsetzungsgeschwindigkeit sind (z. B. durch Zusatz von Reaktionsprodukten zur Anfangsmischung von A und B) und sprechen nicht andere Indizien gegen ein einfaches Zeitgesetz, so wird man versuchen, eine Übereinstimmung der experimentell bestimmten Reaktionsgeschwindigkeit mit einem Ansatz der Form

$$r = k\,c_A^m\,c_B^n$$

nachzuweisen. Die Zahl und die Art der Experimente, die erforderlich sind, um m und n zu erhalten, hängen von der in Aussicht genommenen Auswertungsmethode ab. (Unter einem Experiment bei einer Versuchsreihe bzw. einer Meßreihe soll die Ermittlung der Funktion $c_A(t)$ oder $c_B(t)$ für bestimmte Anfangsbedingungen verstanden werden.)

Auswertung durch Probieren. Will man m und n in der früher beschriebenen Weise durch Probieren ermitteln, so genügt im Prinzip eine einzige Meßreihe. Die Anfangskonzentrationen c_{A0} und c_{B0} sind dabei beliebig; bei starker Abweichung vom stöchiometrischen

Verhältnis ist allerdings zu berücksichtigen, daß die Umsetzung beendet ist, wenn die Unterschußkomponente verbraucht ist. Abgesehen davon, daß es aus Gründen der Genauigkeit immer ratsam ist, mehrere Versuchsreihen durchzuführen, ist die Probiermethode immer dann wenig geeignet, wenn Ordnungen auftreten, die weder durch ganze Zahlen noch durch einfache Brüche wiederzugeben sind. Das kann besonders dann der Fall sein, wenn man versucht, eine an sich kompliziertere Umsetzung näherungsweise durch das angeführte einfache Zeitgesetz zu beschreiben.

Halbwertszeitmethode. Bei Anwendung der Halbwertszeitmethode gibt es zwei grundsätzliche Möglichkeiten: Entweder bestimmt man die Gesamtordnung $(m+n)$ und dazu eine der partiellen Ordnungen oder man ermittelt von vornherein m und n getrennt. Im ersten Fall sind zwei Meßreihen mit äquivalenten Anfangskonzentrationen zur Bestimmung der Gesamtordnung erforderlich, sowie zwei weitere mit großem Überschuß einer Komponente zur Ermittlung einer partiellen Ordnung. Bei der zweiten Möglichkeit wird m aus zwei Versuchen mit B in großem Überschuß $(c_{A0} \ll c_{B0})$ und n aus zwei Experimenten mit $c_{A0} \gg c_{B0}$ bestimmt. Man kann zwar in allen Fällen die Hälfte der Versuchsreihen sparen, wenn man, wie schon früher erläutert, die Wertepaare c_0, $t_{1/2}$ und c'_0, $t'_{1/2}$ der gleichen Messung entnimmt. Dabei können aber eventuelle Abweichungen vom angenommenen Reaktionsablauf leicht übersehen werden.

Anfangsgeschwindigkeitsmethode. Auch bei einer Auswertung über die Anfangsreaktionsgeschwindigkeit bestehen die beiden soeben genannten Möglichkeiten. Bestimmt man die Gesamtordnung aus zwei Versuchen mit $c_{A0} = c_{B0}$ bzw. $c'_{A0} = c'_{B0}$, so muß man zusätzlich m oder n ermitteln. m erhält man z. B. aus zwei Experimenten mit konstantem c_{B0} und variiertem c_{A0}. Ohne die Bestimmung der Gesamtordnung kommt man aus, wenn man zwei Meßreihen mit konstantem c_{B0} (für m) und zwei weitere mit konstantem c_{A0} (für n) durchführt. Hiernach wären in jedem Fall vier Versuche erforderlich, um m und n zu erhalten. Man kann aber auch mit drei Ansätzen auskommen, wenn man geeignete Anfangskonzentrationen wählt. Besonders günstig ist folgende Kombination

Meßreihe	Anfangskonzentrationen	Nebenbedingung
I	c_{A0}, c_{B0}	$c_{A0} = c_{B0}$
II	c'_{A0}, c'_{B0}	$c'_{A0} = c'_{B0}$
III	c'_{A0}, c_{B0}	

Über I und II ist die Gesamtordnung $(m+n)$ zugänglich, aus I und III erhält man m und aus II und III n. Diese drei Versuchsreihen enthalten also nicht nur die Möglichkeit, die Reaktionsordnung in bezug auf beide Reaktanden festzustellen, sondern sie lassen gleichzeitig noch eine Kontrolle zu. Sind die stöchiometrischen Koeffizienten beider Reaktanden gleich, so liegen bei $c_{A0} = c_{B0}$ äquivalente Konzentrationen vor. In diesem Fall bietet das tabellierte Experimentierschema noch mehr Möglichkeiten. Setzt man als zusätzliche Nebenbedingung $c_{A0} \gg c'_{A0}$ bzw. $c'_{A0} \ll c_{B0}$ an, so kann man neben der Bestimmung von m, n und $(m+n)$ über die Anfangsgeschwindigkeiten noch $(m+n)$ sowie m mit der Halbwertszeitmethode ermitteln. Die Gesamtordnung ergibt sich auch bei diesem Verfahren aus I und II, während Versuch III zur Berechnung von m dienen kann, wenn man aus dem Konzentrations-Zeit-Verlauf zwei Wertepaare für Anfangskonzentration und Halbwertszeit abliest.

Diese Überlegungen lassen sich auf Geschwindigkeitsgleichungen mit mehr als zwei Konzentrationen ausdehnen. Bei Reaktionen, deren Geschwindigkeit nur von der Konzentration einer Komponente abhängt, liegen die Verhältnisse entsprechend einfacher. Grundsätzlich wurde hier der minimale Experimentieraufwand erläutert, der die für eine numerische Auswertung gerade noch ausreichende Zahl von Daten liefert. Trotz des höheren Aufwandes sollte man jedoch im allg. mehr Versuchsreihen durchführen, um daraus auf graphischem Wege unter Berücksichtigung aller Meßergebnisse eine höhere Genauigkeit zu erzielen.

6. Einfachste offene Systeme*)

In den bisherigen Überlegungen wurde immer vorausgesetzt, daß die betrachteten Reaktionen in einem ideal temperierten, ideal durchmischten, volumenkonstanten und abgeschlossenen System ablaufen. Schon diskontinuierlich betriebene technische Reaktoren werfen Probleme des Stoff- und Wärmeaustausches auf. Noch schwieriger werden die Verhältnisse bei kontinuierlich durchflossenen Reaktionsgefäßen, d. h. nicht abgeschlossenen Systemen, die in zunehmendem Maße für technische Reaktionen verwendet werden. Ohne auf die Schwierigkeiten in der Durchmischung und in der Temperaturhaltung einzugehen, soll für die beiden Grenzfälle des Durchflußreaktors, den idealen Rührkessel und das ideale Strömungsrohr, die Beziehung zwischen dem Massendurchsatz (oder der Verweilzeit) und der chemischen Reaktionsgeschwindigkeit im stationären Zustand behandelt werden.

* Vgl. dazu z. B. [52] bis [56].

6.1. Ideales Strömungsrohr

Das ideale Strömungsrohr ist eine Anordnung, die vom Reaktionsgemisch so durchflossen wird, daß keinerlei Vermischung in Richtung der Rohrachse auftritt (Pfropfströmung). Dieser Reaktor ist eine Fiktion, da keine reibungsfreien Flüssigkeiten existieren, und deshalb das der Pfropfströmung entsprechende Strömungsprofil praktisch nicht vorkommen kann. Trotzdem hat dieses Modell mehr als nur theoretisches Interesse, wie noch erläutert wird.

In der Massenbilanz für eine reagierende Substanz im *diskontinuierlichen* Reaktor tritt als einziger Term die Massen- bzw. Konzentrationsänderung durch die chemische Reaktion auf. Bei *Fließsystemen* sind zusätzlich die Konzentrationsänderungen durch Massenzufluß und -abfluß zu berücksichtigen.

Für das ideale Strömungsrohr kann man folgende recht plausible Tatsache beweisen (vgl. dazu den Beitrag „Theorie des chemischen Reaktors" in ds. Bd.): Die chemische Reaktion in einem Volumenelement der Reaktionsmasse ist nach einer Verweilzeit τ im idealen Rohr so weit fortgeschritten wie nach der gleichen Zeit t im abgeschlossenen System. Der Unterschied besteht nur darin, daß die Konzentration im diskontinuierlich betriebenen Reaktor sich unabhängig vom Ort mit der Zeit ändert, während sie im stationär betriebenen idealen Strömungsrohr vom Ort abhängt, an einer bestimmten Stelle aber zeitlich konstant ist.

In realen Rohren findet man statt einer einheitlichen Verweilzeit τ immer ein Verweilzeitspektrum. Selbst wenn eine mittlere Verweilzeit $\bar{\tau}$ das System in guter Näherung beschreibt, ist diese im allg. nicht exakt mit der Reaktionszeit zu identifizieren, überdies kann sich in realen Systemen über die Länge des Rohres ein Temperaturprofil ausbilden. Bei Gasreaktionen tritt als mögliche zusätzliche Komplikation ein gewisser Druckabfall längs des Rohres ein. Trotz dieser Schwierigkeiten, die sich durch geschickte experimentelle Anordnungen teilweise ausschalten lassen, werden kontinuierlich durchströmte Rohre in speziellen Fällen für *kinetische Messungen* verwendet. Für Reaktionen mit Halbwertszeiten in der Größenordnung der Durchmischungs- und Probenahmezeiten sind z. B. die üblichen diskontinuierlichen Versuchsmethoden wenig geeignet. Spritzt man dagegen die Lösungen der Reaktionskomponenten durch Düsen in ein Strömungsrohr ein, so lassen sich recht kurze Mischungszeiten (bis ≈ 1 ms) erzielen; darüber hinaus hat man mit der Variierung der Strömungsgeschwindigkeit die Möglichkeit, verschiedene kurze Reaktionszeiten vorzugeben. Zur Ermittlung des Umsatzes kann man z. B. die Reaktionsmasse nach dem Durchtritt durch das Rohr abschrecken, sammeln und analysieren. Dieses Vorgehen ist dann bei einer anderen Strömungsgeschwindigkeit zu wiederholen. In den Fällen, in denen geeignete physikalische Meßmethoden zur Verfügung stehen, kann man bei konstantem Durchsatz die Meßstelle am Rohr variieren und so aus einem Ansatz mehrere Werte für die Konzentration in Abhängigkeit von der Reaktionszeit erhalten. Damit sind Reaktionen der Messung zugänglich, deren Halbwertszeiten in der Größenordnung von Sekunden und darunter liegen (vgl. [1], [3], [7], [27], [33]).

6.2. Idealer Rührkessel

Der kontinuierlich durchflossene ideale Rührkessel ist dadurch gekennzeichnet, daß sein Inhalt so gut durchmischt ist, daß sich der Zulauf momentan in der im Kessel befindlichen Reaktionsmasse homogen verteilt. Mithin existieren keine Konzentrationsunterschiede im Reaktor, auch die Auslaufkonzentration ist zu jeder Zeit mit der Konzentration im Kesselinnern identisch. Eine Massenbilanz für einen Reaktanden A kann sich daher auf das Reaktorgesamtvolumen V_R beziehen. Für eine isotherme Reaktion ohne Volumenänderung ergibt sich

$$V_R \left(\frac{\mathrm{d}c_A}{\mathrm{d}t} \right)_{\text{gesamt}} = V_R \Sigma r_{Ai} + \dot{V}(c_{A,\,Zu} - c_{A,\,Ab}) \tag{124}$$

$\dot{V}$ ist der stets positiv anzusetzende Volumenstrom $\mathrm{d}V/\mathrm{d}t$. Σr_{Ai} ist die Summe der Geschwindigkeiten aller i chemischen Reaktionen, in denen sich c_A ändert. Dabei ist für r jeweils der Ausdruck für $(\mathrm{d}c_A/\mathrm{d}t)_{\text{chem}}$ mit entsprechendem Vorzeichen einzusetzen (vgl. das unten folgende Beispiel).

Für den stationären Fall erhält man wegen

$(\mathrm{d}c_A/\mathrm{d}t)_{\text{gesamt}} = 0$

$$-\Sigma r_{Ai} = \frac{1}{\bar{\tau}} (c_{A,\,Zu} - c_{A,\,Ab}) \tag{125}$$

wobei $V_R/\dot{V} = \bar{\tau}$ = mittlere Verweilzeit gesetzt wird.

Kleine Reaktionsgefäße mit guten Mischvorrichtungen verhalten sich oft mit guter Näherung wie ideale Rührkessel. Trotzdem sind solche Anlagen für kinetische Messungen im allg. wenig geeignet, weil der Materialverbrauch, bis der stationäre Zustand erreicht wird, relativ groß ist (streng genommen ist die Zeit bis zur Erreichung des stationären Zustandes unendlich lang). Diesen Nachteil kann man aber bei speziellen Reaktionstypen, deren Zeitgesetz sich nicht integrieren läßt, unter Umständen in Kauf nehmen. Nach Gl. (125) ergeben sich nämlich aus Messungen der Konzentrationen im Zu- und Ablauf unmittelbar die Werte für die Ableitungen der betreffenden Konzentrationen nach der Zeit. (Beim diskontinuierlichen Ansatz ist das Meßergebnis $c(t)$, und $\mathrm{d}c/\mathrm{d}t$ muß durch Differentiation gewonnen werden.) Dadurch ist oft ein einfacher Weg zur Bestimmung der Reaktionsgeschwindigkeitskonstanten gegeben.

Als *Beispiel* soll die schon früher besprochene, irreversible, konkurrierende Folgereaktion zweiter Ordnung nach

$$A + B \xrightarrow{k_1} D + \ldots$$

$$A + D \xrightarrow{k_2} E + \ldots$$

betrachtet werden. Es gelten die Geschwindigkeitsgleichungen:

$$-\frac{\mathrm{d}c_A}{\mathrm{d}t} = k_1 c_A c_B + k_2 c_A c_D \tag{70}$$

$$-\frac{\mathrm{d}c_B}{\mathrm{d}t} = k_1 c_A c_B \tag{71}$$

$$-\frac{dc_D}{dt} = -k_1 c_A c_B + k_2 c_A c_D \tag{72}$$

$$-\frac{dc_E}{dt} = -k_2 c_A c_D \tag{73}$$

und, wenn $c_{D0} = c_{E0} = 0$, die Massenbilanzen:

$$c_{B0} = c_B + c_D + c_E \tag{74}$$

$$c_{A0} = c_A + c_D + 2c_E \tag{75}$$

Einsetzen der Gln. (70) bis (73) in Gl. (125) führt zu

$$k_1 c_A c_B + k_2 c_A c_D = \frac{1}{\bar{\tau}}(c_{A0} - c_A) \tag{126}$$

$$k_1 c_A c_B = \frac{1}{\bar{\tau}}(c_{B0} - c_B) \tag{127}$$

$$-k_1 c_A c_B + k_2 c_A c_D = \frac{1}{\bar{\tau}}(c_{D0} - c_D) \tag{128}$$

$$-k_2 c_A c_D = \frac{1}{\bar{\tau}}(c_{E0} - c_E) \tag{129}$$

wenn die jeweilige Zulaufkonzentration mit c_0 und die Ablaufkonzentration (= Konzentration im Kessel) mit c bezeichnet wird.

Wie schon früher erwähnt wurde, sind zwei der Differentialgleichungen in Kombination mit den Bilanzen (74) und (75) zur Beschreibung des Systems ausreichend. Aus Gl. (127) folgt

$$k_1 = \frac{1}{\bar{\tau}} \frac{c_{B0} - c_B}{c_A c_B} \tag{130}$$

bzw. unter Berücksichtigung von Gl. (74) und (75)

$$k_1 = \frac{1}{\bar{\tau}} \frac{c_{B0} - c_B}{(c_{A0} - c_{B0} + c_B - c_E) c_B} \tag{131}$$

Aus Gl. (129) ergibt sich wegen $c_{E0} = 0$:

$$k_2 = \frac{1}{\bar{\tau}} \frac{c_E}{c_A c_D} \tag{132}$$

und unter Benutzung von Gl. (74) und (75):

$$k_2 = \frac{1}{\bar{\tau}} \frac{c_E}{(c_{A0} - c_{B0} + c_B - c_E)(c_{B0} - c_B - c_E)} \tag{133}$$

Wie die Gln. (131) und (133) zeigen, ist zur Bestimmung von k_1 und k_2 neben der Vorgabe von c_{A0}, c_{B0} und $\bar{\tau} = V_R/\dot{V}$ nur die Messung der Konzentrationen von zwei der vier Komponenten im Auslauf erforderlich.

Da in Gl. (125) das differentielle Zeitgesetz in allgemeiner Form enthalten ist, kann man aus Messungen am stationär betriebenen Rührkessel auch die Reaktionsordnung(en) und die Geschwindigkeitskonstante einfacher Reaktionen ermitteln. Bei Gültigkeit der Geschwindigkeitsgleichung

$$-\frac{dc_A}{dt} = k c_A^m c_B^n$$

folgt

$$k c_A^m c_B^n = \frac{1}{\bar{\tau}}(c_{A0} - c_A) \tag{134}$$

und damit

$$\log k + m \log c_A + n \log c_B = \log\left(\frac{c_{A0} - c_A}{\bar{\tau}}\right) \tag{135}$$

Nach Ansatz mehrerer Versuche, in denen c_{B0} konstant und wegen $c_{B0} \gg c_{A0}$ auch c_B nahezu konstant ist, kann man die partielle Reaktionsordnung in bezug auf A bestimmen (dabei ist entweder c_{A0} oder $\bar{\tau}$ zu variieren). Unter diesen Bedingungen gilt nämlich

$$\log\left(\frac{c_{A0} - c_A}{\bar{\tau}}\right) = m \log c_A + \text{const} \tag{136}$$

m ergibt sich als Anstieg einer Geraden beim Auftragen von $\log\left(\frac{c_{A0} - c_A}{\bar{\tau}}\right)$ gegen $\log c_A$. n kann dann z. B. aus Experimenten mit variiertem c_{B0} und beliebigem c_{A0} ermittelt werden, wobei $\log\left(\frac{c_{A0} - c_A}{\bar{\tau} c_A^m}\right)$ gegen $\log c_B$ aufzutragen ist. Da der Ordinatenabschnitt in dieser Darstellung der Größe $\log k$ entspricht, ist damit gleichzeitig die Reaktionsgeschwindigkeitskonstante bestimmt.

7. Beziehungen zwischen Mikrokinetik und technischer Reaktionsführung

Vgl. dazu auch Kap. 6 im Beitrag „Grundlagen der chemischen Reaktionstechnik“, ds. Bd.

7.1. Kenntnis der Mikrokinetik als Planungsvoraussetzung

Für jede Reaktionsplanung, gleichgültig, ob für kontinuierlichen oder diskontinuierlichen Betrieb, ob mit völliger, teilweiser oder fehlender Rückvermischung, ob isotherm, teilweise oder völlig adiabatisch, ist in der Materialbilanz ein Term für die chemische Reaktionsgeschwindigkeit zu berücksichtigen. Die Kenntnis der expliziten Form dieses Ausdruckes ist daher eine Grundvoraussetzung für die Durchrechnung eines Systems. Wenn auch, bedingt durch mathematische Schwierigkeiten bei der Lösung des Gesamtproblems, für die chemische Reaktionsgeschwindigkeit häufig vereinfachte Ansätze gemacht werden müssen, die nicht exakt mit der ermittelten Mikrokinetik in Einklang stehen, so ist eine möglichst genaue Kenntnis der Mikrokinetik dennoch wichtig. Nur damit ist zu übersehen, inwieweit die vorgenommenen Vereinfachungen vertretbar sind, insbes. wie weit eine Extrapolation der durch Näherungen erhaltenen Ergebnisse auf andere Temperatur- und Konzentrationsbereiche möglich erscheint.

7.2. Einfluß der Mikrokinetik auf die Wahl der Reaktionsbedingungen

Die Geschwindigkeitsgleichung für die Reaktion eines Stoffes A lautet in allgemeiner Form:

$$\frac{\mathrm{d}c_A}{\mathrm{d}t} = k\,f(c_A, c_B, \ldots)$$

c_A, c_B und t sind voneinander abhängige Variable, dagegen ist k als Parameter innerhalb gewisser Grenzen frei wählbar, wenn man von der Möglichkeit, die Reaktion bei verschiedenen Temperaturen durchzuführen, ausgeht. Nachstehend soll für einige Reaktionstypen untersucht werden, wie sich Änderungen in den Konzentrationen der Reaktionspartner, der Reaktionsgeschwindigkeitskonstanten und der Reaktionsdauer auf den Umsatz auswirken. Dabei soll als Ziel eine möglichst schnelle und möglichst vollständige Umsetzung angenommen werden, wenn diese auch bei technischen und wirtschaftlichen Überlegungen in der technischen Reaktionsführung nur bedingt maßgeblich ist.

Reaktionen mit einfachem Zeitgesetz. Bei Gültigkeit einer Geschwindigkeitsgleichung des Typs:

$$-\frac{\mathrm{d}c_A}{\mathrm{d}t} = k\,c_A^m \quad \text{oder} \quad -\frac{\mathrm{d}c_A}{\mathrm{d}t} = k\,c_A^m c_B^n \ldots$$

sind unter sonst gleichen Voraussetzungen kurze Reaktionszeit und hoher Umsatz um so weniger miteinander vereinbar, je höher die Ordnung der Reaktion ist (vgl. Abb. 1, S. 166). Hängt die Reaktionsgeschwindigkeit von der Konzentration verschiedener Reaktionspartner (mit positiven Reaktionsordnungen) ab, so ist Einhaltung eines Überschusses der weniger wertvollen Ausgangsverbindung(en) eine einfache Maßnahme, um den Umsatz der wertvolleren Komponenten (bei tragbarer Reaktionsdauer) möglichst weit zu treiben. Selbstverständlich bleibt Grundvoraussetzung für eine technisch brauchbare Reaktionsgeschwindigkeit eine entsprechende Größe der Reaktionsgeschwindigkeitskonstanten. Da k im allg. mit der Temperatur exponentiell ansteigt, ist Temperaturerhöhung das einfachste Mittel, um die Reaktionsgeschwindigkeit zu vergrößern. Allerdings bleibt zu prüfen, ob bei erhöhten Reaktionstemperaturen zusätzliche Reaktionen (Folge- oder Parallelreaktionen) auftreten, die zwangsläufig die Ausbeute am gewünschten Endprodukt herabsetzen oder dessen Isolierung und Reindarstellung erschweren.

Parallelreaktionen. Setzen sich Reaktionskomponenten auf verschiedenen voneinander unabhängigen Wegen zu verschiedenen Endprodukten um, so ist dabei zu unterscheiden, ob die Teilreaktionen von gleichen oder von unterschiedlichen Ordnungen sind. Geht A in die Endprodukte B, D und E in Reaktionen von jeweils erster Ordnung über, so wird der Zeitverlauf der Konzentrationen durch die Gln. (29) bis (32) beschrieben. Entsprechend Gl. (33) verhalten sich die Konzentrationen der gebildeten Endprodukte zueinander wie die Geschwindigkeitskonstanten der maßgeblichen Reaktionen. Dies trifft für Parallelreaktionen generell zu, wenn nur die Ordnungen der Teilreaktionen untereinander gleich sind. Bei festgelegten Geschwindigkeitskonstanten (d. h. festgelegter Reaktionstemperatur) besteht somit bei diesem Reaktionstyp keine Möglichkeit der Reaktionslenkung durch Variation der Konzentrationen. Eine Temperaturänderung verschiebt die Quotienten aus den Geschwindigkeitskonstanten und damit die Endproduktkonzentrationen, sofern die Einzelreaktionen mit unterschiedlicher Aktivierungsenergie ablaufen.

Haben die Teilreaktionen verschiedene Ordnung, z. B. nach dem Schema:

$$2\,A + B \xrightarrow{k_1} D$$

$$A \xrightarrow{k_2} E$$

mit den Geschwindigkeitsgleichungen

$$r_1 = \frac{\mathrm{d}c_D}{\mathrm{d}t} = k_1 c_A^2 c_B$$

$$r_2 = \frac{\mathrm{d}c_E}{\mathrm{d}t} = k_2 c_A$$

so kann durch entsprechende Wahl der Konzentrationen von A und B die Umsetzung bevorzugt zum einen oder anderen Endprodukt gelenkt werden. In diesem speziellen Beispiel hängt das Verhältnis der beiden Bildungsgeschwindigkeiten von der Größe des Produktes ($c_A c_B$) ab:

$$\frac{r_1}{r_2} = \frac{\mathrm{d}c_D}{\mathrm{d}c_E} = \frac{k_1}{k_2}\,c_A c_B \tag{137}$$

Ist D das erwünschte Endprodukt, so kann dessen Erzeugung durch hohe Anfangskonzentrationen von A und B bevorzugt werden. Da c_A und c_B im Verlaufe der Reaktion absinken, ist es günstig, die Reaktion bei mäßigen Umsätzen abzubrechen. Neben dieser Reaktionslenkung durch Auswahl geeigneter Konzentrationsverhältnisse besteht auch hier noch die Möglichkeit, das Verhältnis der beiden Geschwindigkeitskonstanten k_1/k_2 durch Änderung der Reaktionstemperatur zu verschieben, sofern sich die Aktivierungsenergien der beiden Reaktionen unterscheiden.

Reversible Reaktionen. Für eine Umsetzung

$$A \underset{k_2}{\overset{k_1}{\rightleftharpoons}} B$$

mit Hin- und Rückreaktion nach erster Ordnung läßt sich die Geschwindigkeit der Hinreaktion, wie bei irreversiblen Reaktionen, durch Erhöhung der Anfangskonzentration steigern. Im Verlauf der Reaktion fällt die Geschwindigkeit ab und wird Null, sobald das

Gleichgewicht erreicht ist. Für den dabei zu erzielenden maximal möglichen Umsatz gilt, wenn zu Beginn nur A vorliegt:

$$U_{A,\,max} = \frac{c_{A0} - c_{A\infty}}{c_{A0}} = \frac{c_{B\infty}}{c_{A0}} \tag{138}$$

(Der Index ∞ kennzeichnet Gleichgewichtskonzentrationen.)

Auf Grund des Massenwirkungsgesetzes ist $c_{B\infty}/c_{A\infty} =$ konstant, woraus mit $c_{A\infty} = c_{A0} - c_{B\infty}$ folgt:

$$\frac{c_{A0}}{c_{B\infty}} = \text{konstant} \tag{139}$$

Der maximal erzielbare Umsatz ist demnach unabhängig von der Anfangskonzentration von A.

Für den allgemeineren Fall

$$A + B \underset{k_2}{\overset{k_1}{\rightleftharpoons}} D + E$$

gilt bei konstanter Temperatur:

$$\frac{c_{D\infty}\, c_{E\infty}}{c_{A\infty}\, c_{B\infty}} = \text{konstant} \tag{140}$$

Wenn zu Beginn der Umsetzung nur A und B vorliegen, ergibt sich der Gleichgewichtsumsatz zu

$$U_{A,\,max} = \frac{c_{A0} - c_{A\infty}}{c_{A0}} = \frac{c_{D\infty}}{c_{A0}} = \frac{c_{E\infty}}{c_{A0}} \tag{141}$$

Unter den oben erwähnten Anfangsbedingungen gilt weiterhin:

$$c_{D\infty} = c_{E\infty}; \quad c_{A\infty} = c_{A0} - c_{D\infty}; \quad c_{B\infty} = c_{B0} - c_{D\infty}$$

Setzt man diese Beziehungen in Gl. (140) ein, so erhält man einen Ausdruck, anhand dessen sich zeigen läßt, daß der maximale Umsatz von A durch Erhöhung von c_{B0} (bei konstantem c_{A0}) vergrößert wird, während er sich durch Erhöhung von c_{A0} (bei konstantem c_{B0}) verringert.

Ähnliche Überlegungen lassen sich auch in anderen Fällen von Gleichgewichtsreaktionen anstellen.

Eine andere prinzipielle Möglichkeit, den Umsatz bei Gleichgewichtsreaktionen zu erhöhen, ist die laufende Abtrennung eines gebildeten Endproduktes aus der Reaktionsmasse, z. B. durch Destillation, Fällung, Komplexbildung usw. Dadurch kommt es nie zur Einstellung des Gleichgewichtes; der Umsatz wird im Grenzfall Eins, wenn die Bezugskomponente in stöchiometrischer oder geringerer Konzentration eingesetzt wird.

Weiterhin bleibt zu untersuchen, ob sich die Verschiebung des Gleichgewichtes durch Temperaturänderung reaktionstechnisch ausnutzen läßt. Bei endothermen Reaktionen führt eine Temperatursteigerung nicht nur zu einer Erhöhung der Reaktionsgeschwindigkeit, sondern gleichzeitig auch zu einer Verschiebung des Gleichgewichts in Richtung auf die Reaktionsprodukte. Umgekehrt liegt bei exothermen Reaktionen das Gleichgewicht nur bei niedrigen Temperaturen bevorzugt auf der Seite der Endprodukte. Dies kann bedeuten, daß die Umsetzung bei thermodynamisch günstigen Bedingungen nur mit technisch untragbar kleiner Geschwindigkeit verläuft. Hier wird immer ein Kompromiß zwischen größtmöglichem Umsatz und wirtschaftlicher Reaktionsgeschwindigkeit zu schließen sein. Es kann in diesem Fall zusätzlich vorteilhaft sein, die Reaktion mit einem Temperaturprogramm ablaufen zu lassen, wobei eine relativ hohe Anfangstemperatur die Reaktion zunächst beschleunigt (solange die Rückreaktion wegen kleiner Endproduktkonzentrationen noch nicht zu sehr ins Gewicht fällt), während eine niedrige Temperatur zum Reaktionsende eine günstigere Gleichgewichtslage mit sich bringt.

Folgereaktionen. Hier ist jeweils zu unterscheiden, ob ein Zwischenprodukt oder ob ein Endprodukt das erwünschte Erzeugnis darstellt. Sollen Endprodukte gewonnen werden, so ist eine hohe Geschwindigkeit aller Teilschritte vorteilhaft. Erhöhung der Reaktionstemperatur bringt unter sonst gleichen Bedingungen höheren Umsatz, sofern nicht unerwünschte Nebenreaktionen auftreten.

Soll hingegen ein Zwischenprodukt gewonnen werden, so ist dies in um so höherer Ausbeute möglich, je größer die Geschwindigkeit für dessen Bildung und je kleiner die Geschwindigkeit für dessen Weiterreaktion ist. Hier ist eine Reaktionslenkung sowohl über die Reaktionstemperatur (wenn die Reaktionen verschiedene Aktivierungsenergien haben) als auch über die Eingangskonzentrationen möglich (wenn die Reaktionen verschiedene Konzentrationsabhängigkeiten zeigen).

8. Literatur

A) Lehrbücher und allgemeine Darstellungen

[1] C. H. Bamford, C. F. H. Tipper (Herausg.): Comprehensive Chemical Kinetics, Vol. 1: The Practice of Kinetics (1969), Vol. 2: The Theory of Kinetics (1969), (insges. 25 Bände angekündigt). Elsevier, Amsterdam.

[2] S. W. Benson: The Foundations of Chemical Kinetics. McGraw-Hill, New York 1960.

[3] S. L. Friess, A. Weissberger (Herausg.): Technique of Organic Chemistry, Vol. 8: Investigation of Rates and Mechanisms of Reactions. Interscience, New York 1953.

[4] A. A. Frost, R. G. Pearson: Kinetik und Mechanismen homogener chemischer Reaktionen. Verlag Chemie, Weinheim 1964.

[5] K. J. Laidler: Chemical Kinetics. 2. Aufl., Mc Graw-Hill, New York 1965.

B) Bücher über spezielle kinetische Themen

[6] E. S. Amis: Solvent Effects on Reaction Rates and Mechanisms. Academic Press, New York 1966.

[7] E. F. Caldin: Fast Reactions in Solution. Blackwell, Oxford 1964.

[8] J. G. Calvert, J. N. Pitts jr.: Photochemistry. Wiley, New York 1965.

[9] F. S. Dainton: Chain Reactions. Methuen, London 1956.

[10] S. GLASSTONE, K. J. LAIDLER, H. EYRING: The Theory of Rate Processes. McGraw-Hill, New York 1941.

[11] A. HENGLEIN, W. SCHNABEL, J. WENDENBURG: Einführung in die Strahlenchemie. Verlag Chemie, Weinheim 1969.

[12] G. HENRICI-OLIVÉ, S. OLIVÉ: Polymerisation. Katalyse — Kinetik — Mechanismen. Verlag Chemie, Weinheim 1969.

[13] L. KÜCHLER: Polymerisationskinetik. Springer, Berlin 1951.

[14] K. J. LAIDLER: The Chemical Kinetics of Excited States. Clarendon Press, Oxford 1955.

[15] B. LEWIS, G. v. ELBE: Combustion, Flames and Explosions of Gases. Academic Press, New York 1951 (2. Auflage 1961).

[16] E. A. MOELWYN-HUGHES: The Kinetics of Reactions in Solution. 2. Auflage, Clarendon Press, Oxford 1947.

[17] A. M. NORTH: The Collision Theory of Chemical Reactions in Liquids. Methuen, London 1964.

[18] N. M. RODIGUIN, E. N. RODIGUINA: Consecutive Chemical Reactions. Van Nostrand, Princeton 1964.

[19] G. M. SCHWAB (Herausg.): Handbuch der Katalyse (7 Bände). Springer, Wien 1940—1957.

[20] N. B. SLATER: Theory of Unimolecular Reactions. Methuen, London 1959.

[21] Z. G. SZABÓ: Fortschritte in der Kinetik der homogenen Gasreaktionen. Steinkopff, Darmstadt 1961.

[22] J. M. THOMAS, W. J. THOMAS: Introduction to the Principles of Heterogeneous Catalysis. Academic Press, London 1967.

[23] A. F. TROTMAN-DICKENSON: Gas — Kinetics. Butterworths, London 1955.

C) Fortschritts- und Tagungsberichte

[24] R. W. LENZ: Applied Reaction Kinetics. Polymerization Reaction Kinetics, Ind. Engng. Chem. *61*, 3, 67—75 (1969).

[25] K. H. LIN: Applied Reaction Kinetics. Fundamentals and Applications, Ind. Engng. Chem. *61*, 3, 42—66 (1969).

[26] G. PORTER, K. R. JENNINGS, B. STEVENS (Herausg.): Progress in Reaction Kinetics, Vol. 1 (1961), Vol. 2 (1964), Vol. 3 (1965), Vol. 4 (1967), Vol. 5 (1969). Pergamon Press, Oxford.

[27] Bericht über das Internationale Kolloquium über schnelle Reaktionen in Lösungen, Z. Elektrochem., Ber. Bunsenges. physik. Chem. *64*, 1—204 (1960).

D) Sammlungen von Daten aus der Kinetik

[28] LANDOLT-BÖRNSTEIN: Physikalisch-chemische Tabellen, 5. Aufl. 2. Ergbd., 2. Tl., S. 1373—1467. Springer, Berlin 1931.

[29] LANDOLT-BÖRNSTEIN: Zahlenwerte und Funktionen, 6. Aufl., 2. Bd., 5. Tl. S. 247—359. Springer, Berlin 1968.

[30] Nat. Bur. Stand., Circular 510: Tables of Chemical Kinetics, Homogeneous Reactions. Washington 1951 (Supplement 1: 1956).

[31] Nat. Bur. Stand., Monograph 34: Tables of Chemical Kinetics, Homogeneous Reactions, Supplementary Tables. Washington, Vol. 1 (1961), Vol. 2 (1964).

Aufgrund des Reaktionen-Registers ist auch Zitat [26] als Datensammlung verwendbar.

E) Weitere im Text zitierte Literatur

[32] K. DIALER, F. HORN, L. KÜCHLER: Chemische Reaktionskinetik, in K. WINNACKER, L. KÜCHLER (Herausg.): Chem. Technologie, Bd. 1, Hanser Verlag, München 1958.

[33] L. DE MAEYER: Chemische Kinetik, in Ullmanns Encyklopädie d. techn. Chemie, 3. Aufl., Bd. 2/1, S. 686—722, (1961), Urban & Schwarzenberg, München.

[34] B. VOLLMERT: Grundriß der makromolekularen Chemie, Springer, Berlin 1962.

[35] M. BODENSTEIN, Z. physik. Chemie *29*, 295 (1899).

[36] M. BODENSTEIN, S. C. LIND, Z. physik. Chemie *57*, 168 (1907).

[37] M. BODENSTEIN, H. PLAUT, Z. physik. Chemie *110*, 399 (1924).

[38] J. N. BRÖNSTED, K. PEDERSEN, Z. physik. Chemie *108*, 185 (1924).

[39] J. CHIEN, J. Am. Chem. Soc. *70*, 2256 (1948).

[40] J. A. CHRISTIANSEN, Z. physik. Chemie *103*, 99 (1923).

[41] D. M. HIMMELBLAU, C. R. JONES, K. B. BISCHOFF, Ind. Engng. Chem. Fund. *6*, 539 (1967).

[42] R. KERBER, W. GESTRICH, Chem.-Ing.-Techn. *38*, 536 (1966); *39*, 458 (1967); *40*, 129 (1968).

[43] M. MENZIGER, R. L. WOLFGANG, Angew. Chem. *81*, 446 (1969).

[44] H. B. PALMER, Combust. Flame *11*, 120 (1967).

[45] W. E. ROSEVEARE, J. Am. Chem. Soc. *53*, 1651 (1931).

[46] A. SKRABAL, Z. Elektrochem., Ber. Bunsenges. physik. Chem. *33*, 322 (1927).

[47] J. H. SULLIVAN, J. chem. Physics, *30*, 1292 (1959).

[48] J. H. SULLIVAN, J. chem. Physics, *49*, 1155 (1968).

[49] W. J. SVIRBELY, F. A. KUNDELL, J. Am. Chem. Soc. *89*, 5354 (1967).

[50] C. G. SWAIN, J. Am. Chem. Soc. *66*, 1696 (1944).

[51] M. C. TOBIN, J. Physic. Chem. *59*, 799 (1955).

Ausgewählte Literatur über offene Systeme:

[52] K. G. DENBIGH, Trans. Faraday Soc. *40*, 352 (1944).

[53] G. M. HARRIS, J. Physic. Chem. *51*, 505 (1947).

[54] J. D. JOHNSON, L. J. EDWARDS, Trans. Faraday Soc. *45*, 286 (1949).

[55] L. P. HAMMET u. Mitarb., J. Am. Chem. Soc. *72*, 280, 283, 287 (1950).

[56] R. P. RAGOSTI, T. P. PANDYA, J. Physic. Chem. *61*, 1256 (1957).

Dimensionslose Gruppen, Dimensionsanalyse, Ähnlichkeit und Modelle

Prof. Dr. DIETER VORTMEYER, Technische Universität München, Institut B für Thermodynamik

Dimensionslose Gruppen, Dimensionsanalyse, Ähnlichkeit und Modelle

Prof. Dr. DIETER VORTMEYER, Technische Universität München, Institut B für Thermodynamik

1. Einleitung 197

2. Größen, Einheiten, Dimensionen und Größengleichungen 198

3. Herleitung dimensionsloser Gruppen bei konstanten Stoffwerten 199

3.1. Dimensionslose Schreibweise von Größengleichungen 199

3.2. Dimensionsanalyse 203

4. Ähnlichkeit und Modelltheorie 207

4.1. Festlegung der Ähnlichkeit 207

4.2. Modelle und Kriterien für die Ähnlichkeit zweier Systeme 209

4.3. Ähnlichkeit und temperaturabhängige Stoffwerte 210

5. Literatur 212

1. Introduction 197

2. Quantities, Units, Dimensions, and Dimensional Equations 198

3. Derivation of Dimensionless Groups for Constant Properties 199

3.1. Dimensionless Notation of Dimensional Equations 199

3.2. Dimensional Analysis 203

4. Similarity and Model Theory 207

4.1. Definition of Similarity 207

4.2. Models and Criteria for the Similarity of Two Systems 209

4.3. Similarity and Temperature Dependant Properties 210

5. Literature 212

Symbole

Die hier verwendeten Symbole entsprechen den in der Liste der Titelei dieses Bandes angegebenen. Weitere Symbole:

π allgemeine Bezeichnung für dimensionslosen Ausdruck

L, M, T, Θ — von einem bestimmten Maßsystem unabhängige, für ein spezielles System konstante Grundeinheiten für die Länge, Masse, Zeit und Temperatur

1. Einleitung

Die Lektüre der bemerkenswerten Zahl von Bucherscheinungen auf dem Gebiet der Dimensionsanalyse zeigt, daß seit der hervorragenden Darstellung dieses Gebietes durch LANGHAAR [9] keine wesentlich neuen Ideen hinzugekommen sind. Eine Ausnahme macht das etwa zu gleicher Zeit von HUNTLEY publizierte Buch [5] mit der Einführung von Vektorkoordinaten als voneinander unabhängigen Grundgrößen, die im Rahmen der Dimensionsanalyse zu guten Ergebnissen führen können. Jedoch steht mit Ausnahme einer mehr qualitativen Diskussion bei GUKHMAN [4] eine rationale Behandlung darüber aus, wie sich temperaturabhängige Stoffwerte in den Rahmen der Dimensionsanalyse und Ähnlichkeit einordnen und berücksichtigen lassen. Fragen dieser Art werden in einem besonderen Kapitel der Neuerscheinung von PAWLOWSKY [12] behandelt. Auch der vorliegende Bericht enthält dazu einige Äußerungen.

Eng verknüpft mit dem Begriff der Ähnlichkeit ist die Theorie der Modelle, worunter im engeren Sinne die Nachbildung von Vorgängen in der Hauptausführung durch Vorgänge in ähnlichen Modellen zu verstehen ist, die im kleineren oder größeren Maßstab betrieben werden können. Während die isotherme Modelltechnik sehr gut funktioniert, stößt man in der Übertragbarkeit von Modellmessungen auf enge Grenzen, wenn man z. B. Vorgänge in der heißen Brennkammer durch kostensparende Versuche an kalten Systemen untersuchen will. Gerade diese Absicht führte in den fünfziger Jahren in Verbindung mit der Entwicklung von Hochleistungstriebwerken zu vielen neuen modelltechnischen Untersuchungen (vgl. dazu [14]). Sieht man von einigen wichtigen Teilergebnissen ab, so machte die sich mit der Temperatur (Flamme) stark ändernde Zähigkeit das Strömungsverhalten zu unähnlich, um wesentliche quantitative Schlüsse zuzulassen. Eine gleichartige Problematik tritt auch bei der modellmäßigen Nachbildung verschiedener verfahrenstechnischer Prozesse auf.

Eine andere Schwierigkeit bereiten neben den temperaturabhängigen Stoffwerten Effekte wie Wärmestrahlung und chemische Reaktion, deren Verhalten sich in außerordentlich starker, nichtlinearer Weise mit der (absoluten) Temperatur ändert. Die chemischen Reaktionen wurden in ähnlichkeitstheoretischer Hinsicht ausführlich von DAMKÖHLER [3] untersucht, die kennzahlmäßige Berücksichtigung der Wärmestrahlung findet sich in verschiedenen modernen Publikationen. Auf die auch heute noch bestehenden grundlegenden Schwierigkeiten der modellmäßigen Übertragung vom Kleinen ins Große oder umgekehrt bei Wahrung vollständiger Ähnlichkeit soll schon hier hingewiesen werden, um vor zu großen Erwartungen hinsichtlich der Verwendung von Modellen im hier skizzierten Sinne auf dem Gebiet der thermischen und reaktionstechnischen Verfahrenstechnik zu warnen. Meistens lassen sich nur wichtige Aspekte und Tendenzen erkennen, da eine genaue Ähnlichkeit zwischen Hauptausführung und Modell im allg. nicht einzuhalten ist.

Neben der Bedeutung für die Modelltechnik sind noch eine Reihe anderer Punkte anzuführen, die für die Nützlichkeit und Zweckmäßigkeit dimensionsloser Formulierungen gerade auf dem Gebiete des Ingenieurwesens sprechen:

a) Bei der Verwendung kohärenter Maßsysteme ergibt sich in dimensionsloser Darstellung eine Unabhängigkeit vom Maßsystem.

b) Durch Reduktion auf wenige dimensionslose Variable ist der Informationsgehalt einer Darstellung größer.

Begrenzte Anwendung findet die Dimensionsanalyse

c) als Werkzeug der Forschung sowie

d) als Hilfsmittel zum Aufsuchen von Transformationen mathematischer Größengleichungen.

Es ist nicht der Sinn dieses Artikels, eine exakte Theorie der Dimensionsanalyse in streng mathematischer Weise zu bringen. Diese Theorie ist bekannt und bei LANGHAAR [9] nachzulesen. In der Absicht des Verfassers lag es vielmehr, unter Einbeziehung des modernen Gedankenguts einen mehr an Beispielen orientierten Text zu schreiben. Deshalb werden an verschiedenen Stellen beweispflichtige Aussagen als Voraussetzungen anerkannt. Fast alle Beweise finden sich bei LANGHAAR. Auch wird eine Verstrickung in die Philosophie der Maßsysteme vermieden. Gerade in dieser Hinsicht ist die Entwicklung über viele der bis zu einem gewissen Grade unfruchtbaren früheren Streitfragen hinweggegangen.

2. Größen, Einheiten, Dimensionen und Größengleichungen

Ein wesentliches Ziel der wissenschaftlichen und technischen Forschungsarbeit besteht darin, das Naturgeschehen und die technischen Prozesse durch mathematische Beziehungen zu beschreiben. Die Struktur der Gleichungen muß so beschaffen sein, daß sie meßbare Eigenschaften oder Merkmale des Systems enthalten, die nachfolgend als ‚Größen' (physikalische, chemische, technische usw.) bezeichnet werden. Solche Größen sind Länge, Dichte, Wärmeübergangszahl, Energie, Arbeit, Kraft, Masse, Impuls usw., aber auch Konstanten wie die universelle Gaskonstante. In den mathematischen Gleichungen werden die verschiedenen Größen derart miteinander kombiniert, daß als Summanden nur gleichartige Größen auftreten. Im Unterschied zu einer reinen Zahlenwertgleichung sind diese Gleichungen zusätzlich noch Größengleichungen und in dieser Hinsicht homogen. Diese Feststellung ist eine Grundvoraussetzung für alle weiteren Betrachtungen. So evident sie erscheinen mag – z. B. ergibt die Addition von Energie und Impuls keine sinnvolle Aussage –, wurde sie von BRIDGMAN [1] doch in Frage gestellt. BRIDGMANS Einwand macht aber einen ziemlich konstruierten Eindruck und findet in neueren Darstellungen kaum Beachtung.

Die Größengleichung bringt physikalisch-technische Sachverhalte zum Ausdruck; Beispiele sind

$pV = nRT$	Gleichung des idealen Gases
$\mathrm{d}U = \delta Q + \delta A$	erster Hauptsatz
$T\,\mathrm{d}S = \mathrm{d}U + p\,\mathrm{d}V$	Hauptgleichung der Thermodynamik einfacher Systeme

Sie ist im Gegensatz zur rein mathematischen Gleichung nur dann richtig, wenn die mathematische Lösung der Größengleichung durch experimentelle Untersuchungen bestätigt wird. Aus diesem Grunde ist die Einführung bzw. Definition von Größen nur dann sinnvoll, wenn diese direkt meßbar sind oder auf Messungen zurückgeführt werden können. Wurden vorher Maßeinheiten festgelegt, die zu jedem Zeitpunkt unabhängig vom Ort reproduzierbar sind, dann wird jeder Größe durch die Messung ein Zahlenwert zugeordnet, der das Vielfache der Maßeinheit ausmacht. Die Wahl der Maßeinheiten ist willkürlich. In verschiedenen Ländern entwickelten sich daher unterschiedliche Einheitssysteme, die natürlich durch konstante Faktoren ineinander umrechenbar sind. Eine Größe ist erst vollständig charakterisiert durch die Angabe eines Zahlenwertes mit der Maßeinheit:

Größe = {Zahlenwert} · [Einheit oder Dimension]

Weiterhin ist festzustellen, daß es nicht notwendig ist, jeder neu definierten Größe eine eigene Einheit zuzuordnen. Eine bestimmte Anzahl von Grundeinheiten ist ausreichend, um daraus dann durch Potenzprodukte dieser Grundeinheiten die Einheiten der neuen Größen anzugeben. Zum Unterschied zu den mit den Grundeinheiten verbundenen Grundgrößen bezeichnet man die anderen Größen als abgeleitete Größen und ganz entsprechend deren Einheiten als abgeleitete Einheiten oder Dimensionen.

Zwischen Grundgrößen und abgeleiteten Größen besteht kein Wertunterschied. Der Begriff Grundgröße bedeutet lediglich, daß diese Größe nicht auf andere zurückführbar ist. Die Wahl der Grundgrößen hat sich nach Zweckmäßigkeitsgründen auszurichten und auch danach, daß die Grundeinheiten mit hoher Genauigkeit reproduzierbar sind.

Einheitensysteme. Je nach wissenschaftlichem Betätigungsfeld sind zur Beschreibung von Sachverhalten verschiedene Grundgrößen erforderlich. Während bei rein geometrischen Problemen die Grundgröße „Länge" als einzige ausreicht, sind für die Beschreibung thermodynamischer Probleme bis zu fünf Grundgrößen erforderlich: „Länge, Masse, Zeit, Temperatur" und, wenn auch Wechselwirkungen der Materie mit elektrischen Feldern eingeschlossen werden, das

„Ampère". Die Bezeichnung dieser fünf Größen als Grundgrößen besitzt eine gewisse Willkür. So gibt es bekanntlich Maßsysteme, die anstelle der Grundgröße „Masse" die „Kraft" als Grundgröße einführen, und in denen die Masse eine abgeleitete Größe ist. Obwohl in manchen Situationen solche speziellen Einheitensysteme günstiger sein mögen, ist es im Interesse der Kommunizierbarkeit zwischen den verschiedenen Disziplinen und den verschiedenen Ländern sinnvoll, sich auf ein Einheitensystem zu einigen. Empfohlen wurde dazu das internationale System mit den Grundeinheiten Meter, Kilogramm, Sekunde, Ampère, Grad Kelvin (M, K, S, A, K-System). Die Grundeinheit Ampère ist so definiert, daß alle anderen Einheiten der Elektrizitätslehre (z. B. Volt, Ohm) auf die mechanischen Einheiten abgestimmt sind.

Die im internationalen System bestehenden abgeleiteten Einheiten werden durch Definitionsgleichungen erhalten, die ohne Ausnahme den Zahlenfaktor 1 enthalten. Dies ist das Merkmal kohärenter Einheitensysteme. Einige der sehr häufig gebrauchten abgeleiteten Einheiten werden mit besonderen Namen belegt:

Kraft	Newton	N	$1\,\mathrm{N} = 1\,\mathrm{kg\,ms^{-2}}$
Energie	Joule	J	$1\,\mathrm{J} = 1\,\mathrm{Nm}$
Leistung	Watt	W	$1\,\mathrm{W} = 1\,\mathrm{Js^{-1}} = 1\,\mathrm{Nms^{-1}}$

3. Herleitung dimensionsloser Gruppen bei konstanten Stoffwerten

Wenn die algebraischen Gleichungen, Differentialgleichungen oder Integralgleichungen eines physikalischen, chemischen oder technischen Prozesses bekannt sind, so ergibt eine dimensionslose Umschreibung dieser Größengleichungen immer die gesuchten dimensionslosen Gruppen. Wie im späteren Zusammenhang noch klarer ersichtlich wird, erfaßt man durch den Übergang von der dimensionsbehafteten zur dimensionslosen Form eine ganze Klasse gleichartiger Prozesse. Die durch die Umschreibung entstandenen dimensionslosen Gruppen umfassen sowohl *dimensionslose Variable* als auch *dimensionslose Konstanten*, die häufig „Kennzahlen" genannt werden. Es zeigt sich, daß eine dimensionslose Gruppe immer als Potenzprodukt der in ihr zusammengefaßten Größen darstellbar ist. Deshalb werden die dimensionslosen Gruppen in der angelsächsischen Literatur häufig „dimensionless products" genannt. Als ein Beispiel dafür sei die Reynolds-Zahl $Re = uL\nu^{-1}$ vorweggenommen.

Während es für die Gewinnung der Kennzahlen immer ratsam ist, sie aus den bekannten Prozeßgleichungen herzuleiten, versagt diese Methode, wenn die maßgebenden Größengleichungen unbekannt sind. Solche Fälle treten häufig in technischen Systemen auf, wo infolge der Überlagerung verschiedener Effekte außerordentlich komplexe Situationen entstehen, die mathematisch sehr schwer faßbar sind, obwohl die den Prozeß beeinflussenden Größen (künftig Prozeßgrößen) bekannt sind. Als Beispiel dafür sei der mit der Blasenverdampfung verbundene Wärmeübergang angeführt. Erst in diesen Situationen zeigen sich die Vorzüge der eigentlichen Dimensionsanalyse, durch die es trotz fehlender mathematischer Gleichungen möglich ist, die Vielzahl der dimensionsbehafteten Einflußgrößen auf eine geringere Anzahl dimensionsloser Gruppen zu reduzieren. Ebenso wie die Prozeßgrößen sind auch die dimensionslosen Gruppen durch einen funktionalen Zusammenhang miteinander verbunden. Bei vorliegender Prozeßgleichung stellt die mathematische Lösung den funktionalen Zusammenhang her. Ist die Gleichung unbekannt, so kann der funktionale Zusammenhang zwischen den dimensionslosen Gruppen nur durch das Experiment ermittelt werden. Die Dimensionsanalyse macht keine Aussage über die Gestalt dieser Funktion.

Die zwei folgenden Unterabschnitte dienen der Erläuterung der vorangegangenen Aussagen.

3.1. Dimensionslose Schreibweise von Größengleichungen

Wie schon gesagt wurde, ist diese Methode immer nur dann anwendbar, wenn die einen Prozeß beschreibenden Gleichungen in algebraischer, differentieller oder integraler Form vorliegen. Da die Zahl der mathematisch zumindest annähernd beschreibbaren Vorgänge durch die augenblickliche starke Entwicklung der theoretischen Verfahrenstechnik rapide zunimmt, wird man auf Kosten der wesentlich allgemeineren Dimensionsanalyse immer häufiger den Weg der dimensionslosen Schreibweise von Gleichungen wählen, da man auf diese Weise alle relevanten dimensionslosen Gruppen erhält.

Beispiel 1. Eine einfache algebraische Größengleichung ist die Gleichung des idealen Gases

$$pV = nRT \qquad (1)$$

Gl. (1) gibt den funktionalen Zusammenhang zwischen den thermodynamischen Zustandsvariabeln p, V, T und n an, wobei zusätzlich noch die dimensionsbehaftete allgemeine Gaskonstante auftritt. In funktionaler Schreibweise erhält man

$$p = f(V, T, n, R) \qquad (2)$$

Die dimensionslose Form von Gl. (1) lautet

$$\pi_1 = \frac{pV}{nRT} = 1 \qquad (3)$$

Dimensionslose Ausdrücke sollen künftig mit dem Buchstaben π gekennzeichnet werden, falls sie nicht einen besonderen Namen tragen.

Funktionell wäre Gl. (3) in der Form

$$F(\pi_1) = 0 \qquad (4)$$

zu schreiben. Gl. (4) trägt der Situation Rechnung, daß nur eine dimensionslose Gruppe existiert und diese konstant ist. Vergleicht man die beiden Gleichungen (1) und (3) sowie die funktionalen Beziehungen (2) und (4) miteinander, so ist festzustellen, daß durch die dimensionslose Schreibweise der funktionale Zusammenhang zwischen mehreren physikalischen Einflußgrößen (p, V, T, n, R) reduziert wurde auf nur eine konstante dimensionslose Größe π_1, die nunmehr dieselbe Information enthält wie Gl. (1). Durch Betrachtung dieses einfachsten Beispiels wurde bereits ein sehr wichtiges Ergebnis (insbes. auch für praktische Anwendung) der gesamten Dimensionsanalyse erhalten: Durch die dimensionslose Schreibweise von Gleichungen wird ein ursprünglich zwischen mehreren dimensionsbehafteten Einflußgrößen bestehender funktionaler Zusammenhang reduziert auf eine Beziehung zwischen einer geringeren Anzahl dimensionsloser Gruppen. Bezeichnen in verallgemeinerter Schreibweise die Buchstaben y_i dimensionsbehaftete Prozeßgrößen, so besagt die obige Feststellung, deren analytischer Beweis im Buch von LANGHAAR [9] zu finden ist, daß ein funktionaler Zusammenhang von z. B.

$y_1 = f(y_2 \ldots y_n)$ übergeht in

$\pi_1 = F(\pi_2 \ldots \pi_m)$ mit $m < n$.

Die Frage, ob ein Zusammenhang zwischen der Zahl m der Prozeßgrößen und der Zahl n der dimensionslosen Gruppen besteht, braucht im Zusammenhang mit der dimensionslosen Schreibweise bekannter Gleichungen nicht zu interessieren. Ihre Beantwortung ist jedoch von grundsätzlicher Wichtigkeit für das π-Theorem. Deshalb wird sie erst im Zusammenhang mit der Darstellung der Dimensionsanalyse beantwortet.

Beispiel 2. Die barometrische Höhenformel, die die Abnahme des Luftdruckes als Funktion der Höhe x bei isothermer Gasschichtung beschreibt, läßt sich aus einer Kräftebilanz für ein kleines, im Gleichgewicht befindliches Gasvolumen herleiten. Man erhält dafür die Differentialgleichung

$$\mathrm{d}p = -p\,\frac{gM}{RT}\,\mathrm{d}x \tag{5}$$

Randbedingung: $x = 0, \quad p = p_0$

M ist das Molgewicht, g die Erdbeschleunigung. Nach Gl. (5) ist die Druckvariable p eine Funktion verschiedener physikalischer Größen

$$p = f(g, M, R, T, x) \tag{6}$$

Für die dimensionslose Umschreibung von Gl. (5) liegt es nahe, mit dem bei $x = 0$ vorgegebenen Druck p_0 die erste dimensionslose Gruppe $\pi_1 = p/p_0$ zu bilden. Die dimensionslose Schreibweise der Ortsvariablen bereitet zunächst größere Schwierigkeiten, da ja x in keiner Weise begrenzt ist ($x \to \infty$) und damit eine direkt einsetzbare Bezugslänge fehlt. In diesen Fällen kann man sich derart helfen, daß man aus den in der Gleichung vorhandenen konstanten Einflußgrößen eine Gruppe so herausgreift, daß diese gerade die Dimension einer Länge besitzen. Da nach Voraussetzung die Temperatur T für eine bestimmte Gasschichtung konstant sein soll, ist der Ausdruck RT/gM für einen bestimmten Fall konstant und besitzt dimensionsmäßig die Eigenschaft einer Länge. Als zweite und letzte dimensionslose Gruppe ergibt sich daher

$$\pi_2 = \frac{x \cdot gM}{RT}$$

Nunmehr lautet Gl. (5) in dimensionsloser Form

$$\mathrm{d}\pi_1 = -\pi_1\,\mathrm{d}\pi_2 \tag{6a}$$

mit der Randbedingung: $\pi_2 = 0, \ \pi_1 = 1$. Die Lösung von Gl. (6) läßt sich sofort angeben zu

$$\pi_1 = \mathrm{e}^{-\pi_2} \tag{7}$$

Durch die dimensionslose Umschreibung wurde der nach Beziehung (6) bestehende funktionale Zusammenhang zwischen sechs physikalischen Größen auf einen Zusammenhang zwischen nur zwei dimensionslosen Gruppen reduziert

$$\pi_1 = F(\pi_2) \tag{8}$$

Dieses Beispiel zeigt in vielleicht noch stärkerem Maße als das erste die Verallgemeinerung des Problems durch die dimensionslose Schreibweise. Während man durch Gl. (5) mit der zugehörigen Randbedingung ein ganz spezielles Beispiel vor Augen hatte, wird durch Gl. (6a) mit Randbedingung eine ganze Klasse gleichartiger Probleme gelöst.

Da sich die Gleichartigkeit immer auch auf die Randbedingungen beziehen muß, sollte man nie Differentialgleichungen ohne ihre Randbedingungen dimensionslos schreiben; denn Randbedingung und Differentialgleichung zusammen ergeben erst die gesamte Beschreibung des Problems und nicht die Differentialgleichung allein. Diese Aussage läßt sich besonders gut durch die instationäre Gleichung der Wärmeleitung (Gl. 9) bestätigen. Die Vielfalt ihrer Anwendungen und Lösungen ist erst durch die Vielfalt der möglichen Randbedingungen gegeben. Es wäre also absurd, allein die Differentialgleichung für die Beschreibung einer Klasse gleichartiger Prozesse als ausreichend anzusehen. Die Berücksichtigung der Randbedingungen ist von entscheidender Wichtigkeit, gerade im Hinblick auf die noch später zu diskutierende Ähnlichkeit.

Ein anderer interessanter Punkt ist die immer mögliche physikalische Interpretierbarkeit der dimensionslosen Gruppen, wenn man diese aus der dimensionslosen Schreibweise der maßgebenden Gleichungen gewinnt. So ist die dimensionslose Gruppe $\pi_2 = xgM/RT$ qualitativ als das Verhältnis von potentieller Energie der Gasteilchen zur kinetischen Energie der Teilchen deutbar. Würden die Teilchen in der Atmosphäre keine kinetische Energie besitzen ($RT \to 0$), so würden sie sich alle auf der Erdoberfläche befinden. Erst die

Rivalität zwischen der zur Erde ziehenden Schwerkraft und der mit der kinetischen Energie verbundenen Druckkraft ergibt die geschichtete Atmosphäre und den mit der Höhe abnehmenden Druck.

Beispiel 3. Gleichung der instationären Wärmeleitung ohne Energiequellen. Aus Gründen der Übersichtlichkeit soll nur die eindimensionale Form dieser Gleichung für einen Festkörper der Länge $x = l$ behandelt werden:

$$\frac{\partial T}{\partial t} = \frac{\lambda}{c\varrho} \frac{\partial^2 T}{\partial x^2} \tag{9}$$

Hierin bedeuten c die spez. Wärme und ϱ die Dichte. Zur Lösung (Integration) dieser Gleichung sind drei Randbedingungen erforderlich, von denen sich zwei auf örtliche Angaben und eine auf eine zeitliche Angabe beziehen. Als Spezialfall soll die durch folgende Randbedingungen festgelegte einfache Situation betrachtet werden:

Gesucht wird der zeitabhängige eindimensionale Temperaturverlauf in einem Festkörper der Länge l, wenn zur Zeit $t \leqq 0$ im ganzen Festkörper die konstante Temperatur $T = T_0$ vorliegt und dann bei $x = 0$ und bei $x = l$ die anschließend konstant gehaltenen Temperaturen T_1 und T_2 angelegt werden. Im Unterschied zur örtlichen Unbegrenztheit von Beispiel 2 ist dieser Fall zeitlich unbegrenzt, da der nach Anlegung der Temperaturen T_1 und T_2 im Körper einsetzende Ausgleichsvorgang zumindest theoretisch erst bei $t \to \infty$ beendet ist. Die gestellte Aufgabe wird mathematisch durch Gl. (9) mit folgenden Randbedingungen beschrieben:

Zur Zeit $t = 0$ betrage die Temperatur überall T_0.
Zur Zeit $t = 0$ werde bei $x = 0$ die Temperatur $T = T_1$ und bei $x = l$ die Temperatur $T = T_2$ angelegt. (10)

Gl. (9) bringt folgenden funktionellen Zusammenhang zum Ausdruck

$$T = f(t, x, \lambda, c, \varrho) \tag{11}$$

Die dimensionslose Schreibweise von Gl. (9) mit Randbedingung (10) erreicht man wie beim letzten Beispiel durch die dimensionslose Darstellung der Variablen T, t und x mit Hilfe von systemeigenen Bezugsgrößen, die auch hier den Randbedingungen zu entnehmen sind.

Bei $T_1 > T_2$ ist für die dimensionslose Schreibweise im Hinblick auf die Zahlenwerte der Temperatur T die dimensionslose Variable

$$\pi_1 = \frac{T - T_2}{T_1 - T_2}$$

geeignet.

Als Bezugsgröße der Länge möge die vorgegebene Länge l des Festkörpers dienen

$$\pi_2 = x/l$$

Da für die monoton verlaufende Zeit kein Bezugswert vorhanden ist, soll diese zunächst als dimensionsbehaftete Größe beibehalten werden.

Einsetzen von π_1 und π_2 in Gl. (9) ergibt

$$\frac{\partial \pi_1}{\partial t} = \frac{\lambda}{c\varrho l^2} \frac{\partial^2 \pi_1}{\partial \pi_2^2} \tag{12}$$

mit der Randbedingung:

$$t \leqslant 0; \; \pi_1 = \frac{T_0 - T_2}{T_1 - T_2}$$

und für

$$\left.\begin{matrix} \pi_2 = 0\colon \; \pi_1 = 1 \\ \pi_2 = 1\colon \; \pi_1 = 0 \end{matrix}\right\} \text{ für } t > 0$$

Um auch die Zeitvariable t dimensionslos zu schreiben, macht man davon Gebrauch, daß die in der Gleichung enthaltene Gruppe, die u. a. die als konstant vorausgesetzten Stoffwerte λ, c und ϱ enthält, in der Form $(c\varrho l^2)/\lambda$ dimensionsmäßig eine Zeit ist. Zusammen mit der dimensionslosen Gruppe $\pi_3 = (t\lambda)/(c\varrho l^2)$ folgt aus Gl. (12) die dimensionslose Form

$$\frac{\partial \pi_1}{\partial \pi_3} = \frac{\partial^2 \pi_1}{\partial \pi_2^2} \tag{12a}$$

mit der Randbedingung:

$$\pi_3 \leqslant 0, \; \pi_1 = \text{const}$$

und für

$$\left.\begin{matrix} \pi_2 = 0\colon \; \pi_1 = 1 \\ \pi_2 = 1\colon \; \pi_1 = 0 \end{matrix}\right\} \text{ für } \pi_3 > 0$$

Der funktionale Zusammenhang (11) reduziert sich nunmehr auf einen Zusammenhang zwischen drei dimensionslosen Variablen

$$\pi_1 = F(\pi_2, \pi_3)$$

Durch die Lösung von Gleichung (12a) wird wiederum im Gegensatz zur Größenschreibweise eine ganze Klasse gleichartiger Probleme erfaßt, die den sehr allgemein angegebenen Randbedingungen genügen.

Es sei darauf hingewiesen, daß der Umfang der Klasse gleichartiger Probleme durch die Wahl von $\pi_1 = (T - T_2)/(T_1 - T_2)$ besonders groß ist. Man hätte auch dimensionslose Temperaturen $\pi_1' = T/T_0$ oder $\pi_1'' = T/T_1$ oder $\pi_1''' = T/T_2$ einführen können. Während sich durch eine solche Wahl für die dimensionslose Schreibweise der Differentialgleichung keinerlei Änderungen ergeben hätten, so würden doch beträchtliche Einschränkungen für die Gültigkeit der Randbedingungen entstehen. Für π_1''' anstelle von π_1 würde sich z. B. ergeben

$$\frac{\partial \pi_1'''}{\partial \pi_3} = \frac{\partial^2 \pi_1'''}{\partial \pi_2^2} \tag{13}$$

mit der Randbedingung

$$\pi_3 \leqq 0, \qquad \pi_1''' = \frac{T_0}{T_1}$$

und für

$$\left.\begin{matrix} \pi_2 = 0\colon & \pi_1''' = 1 \\ \pi_2 = 1\colon & \pi_1''' = \dfrac{T_2}{T_1} \end{matrix}\right\} \quad \text{für } \pi_3 > 0$$

Im Fall konstanter Stoffwerte, eine für dieses Kapitel immer geltende Voraussetzung, hängt die Lösung von Gl. (13) noch von dem Zahlenwert T_2/T_1 ab. Die Klasse gleichartiger Probleme beschränkt sich nur auf Fälle mit gleichen Verhältnissen T_2/T_1. Daß hierdurch im Vergleich zur Gl. (12) eine unnötige Einschränkung gemacht wurde, ist unmittelbar ersichtlich. Im Hinblick auf spätere Betrachtungen über die Temperaturabhängigkeit von Stoffwerten ist zu sagen, daß dadurch unter anderen gerade solche Einschränkungen hervorgerufen werden.

Als zweite Anwendung der instationären Wärmeleitgleichung sei noch der Fall besprochen, daß bei $x = 0$ keine konstante Temperatur T_1, sondern eine um einen konstanten Mittelwert T_1 periodisch schwingende Temperatur angelegt wird. t_0 sei die Zeit für eine Periode.

Die mathematische Gleichung mit Randbedingungen lautet

$$\frac{\partial T}{\partial t} = \frac{\lambda}{c\varrho} \frac{\partial^2 T}{\mathrm{d}x^2} \tag{14}$$

Randbedingung:

$t = 0,\ T = T_0$

und für

$$\left.\begin{aligned} x = 0&: T = T_1 + \Delta T \sin\left[\left(\frac{2\pi}{t_0}\right) t\right] \\ x = l&: T = T_2 \end{aligned}\right\} \text{für } t > 0$$

Da nun für die Zeit t durch t_0 eine Bezugsgröße vorgegeben ist, ergibt die dimensionslose Schreibweise von Gl. (14)
mit

$$\pi_1 = \frac{T - T_2}{T_1 - T_2},\ \pi_2 = x/l \text{ und } \pi_3 = t/t_0$$

$$\frac{\partial \pi_1}{\partial \pi_3} = \frac{t_0 \cdot \lambda}{c\varrho l^2} \frac{\partial^2 \pi_1}{\partial \pi_2^2}$$

Wird außerdem die Abkürzung

$$\pi_4 = t_0 \lambda / c\varrho l^2$$

eingeführt, so folgt

$$\frac{\partial \pi_1}{\partial \pi_3} = \pi_4 \frac{\partial^2 \pi_1}{\partial \pi_2^2}$$

mit Randbedingung:

$$\pi_3 \leqq 0,\ \pi_1 = \frac{T_0 - T_2}{T_1 - T_2} = \text{const.}$$

und für $\pi_3 > 0$

$$\pi_2 = 0:\ \pi_1 = 1 + \frac{\Delta T}{T_1 - T_2} \sin(2\pi\pi_3)$$

$$\pi_2 = 1:\ \pi_1 = 0$$

Im Gegensatz zu dem vorangegangenen Beispiel, bei dem die dimensionslosen Gruppen den Charakter von dimensionslosen Variablen hatten, tritt hier nun zum ersten Mal in einer Differentialgleichung die dimensionslose Konstante oder Kennzahl π_4 auf. Diese Kennzahl wird als FOURIER-Zahl bezeichnet. Sie bringt die außen angelegte periodische Änderung (gekennzeichnet durch t_0) und die Ausbildung sowie Veränderung des Temperaturfeldes im Körper miteinander ins Verhältnis.

Beispiel 4. Das letzte Beispiel sei der Strömungslehre entnommen: Es soll der Druckverlust in einem senkrecht stehenden, gleichmäßig durchströmten Rohr (Radius r_0) mit den dafür maßgebenden physikalischen Einflußgrößen in Verbindung gebracht werden (vgl. dazu Abb. 1). Für ein inkompressibles Medium gilt:

$$r_0^2\pi\left(p + \frac{\mathrm{d}p}{\mathrm{d}x}\mathrm{d}x\right) + \tau 2\pi r_0 \mathrm{d}x + \varrho r_0^2 \pi g \mathrm{d}x = r_0^2 \pi p$$

oder

$$r_0 \frac{\mathrm{d}p}{\mathrm{d}x} = -\varrho g r_0 - 2\tau \tag{15}$$

Bei Annahme einer NEWTONschen Flüssigkeit gilt für die Scherspannung an der Wand:

$$\tau = -\eta\left(\frac{\mathrm{d}u}{\mathrm{d}r}\right)_{r_0}$$

Da unter den vorliegenden Bedingungen ($g = \text{const}$, $\varrho = \text{const}$) der Druckverlust $\mathrm{d}p$ bei ausgebildeter Strömung unabhängig von x ist, läßt sich $\mathrm{d}p/\mathrm{d}x$ auch ersetzen durch $\Delta p/l$, wobei Δp der Druckverlust entlang

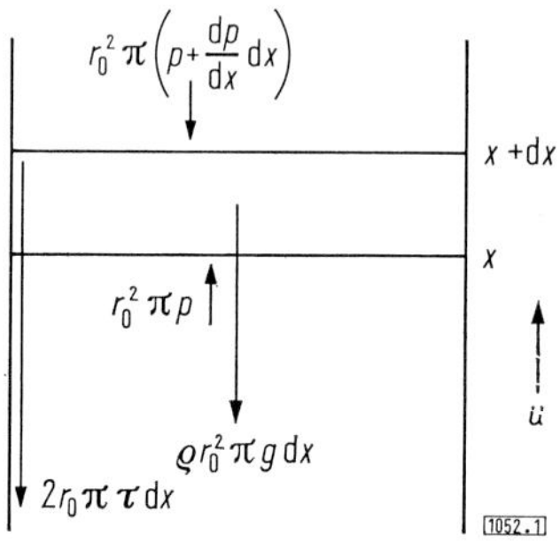

Abb. 1. Wirksame Kräfte bei Durchströmung eines senkrecht stehenden Rohres

eines Rohrstückes der Länge l bei vollausgebildeter Strömung ist. Gl. (15) geht dann über in

$$2\eta\left(\frac{\mathrm{d}u}{\mathrm{d}r}\right)_{r_0} = r_0 \frac{\Delta p}{l} + \varrho g r_0 \tag{16}$$

Nach Gl. (16) besteht zwischen den Prozeßgrößen folgender funktionaler Zusammenhang

$$\Delta p = f(\eta, u, l, r_0, \varrho, g) \tag{17}$$

Zur dimensionslosen Umschreibung von Gl. (16) werden folgende zwei dimensionslose Variable eingeführt

$$\pi_1 = \frac{u}{\bar{u}},\quad \pi_2 = \frac{r_0}{r}$$

$\bar{u}$ ist die mittlere Strömungsgeschwindigkeit im Rohr.

Eine Erweiterung der linken Seite von Gl. (16) mit $1/(\varrho \bar{u}^2)$ ergibt Gl. (18), in der noch $2r_0 = d$ (Rohrdurchmesser) gesetzt wurde:

$$\frac{1}{(\varrho \bar{u} d)/\eta} \left(\frac{d\pi_1}{d\pi_2}\right)_{\pi_2=1} = \frac{\Delta p}{\varrho \bar{u}^2/2} \frac{d}{l} \cdot \frac{1}{16} + \frac{gd}{u^2} \cdot \frac{1}{8} \quad (18)$$

Die dimensionslose Schreibweise von Gl. (16) führt also neben π_1 und π_2 zu vier weiteren dimensionslosen Gruppen

$$\pi_3 = \frac{d \varrho \bar{u}}{\eta} = \frac{d\bar{u}}{\nu} = \text{REYNOLDS-Zahl } Re$$

$$\pi_4 = \frac{\Delta p}{\varrho \bar{u}^2/2} = \text{EULER-Zahl } Eu$$

$$\pi_5 = \frac{\bar{u}}{\sqrt{gd}} = \text{FROUDE-Zahl } Fr$$

$$\pi_6 = \frac{d}{l} \text{ Verhältnis zweier Längen}$$

Unter Verwendung dieser Abkürzungen folgt

$$\frac{1}{Re} \left(\frac{d\pi_1}{d\pi_2}\right)_{\pi_2=1} = Eu \frac{d}{l} \frac{1}{16} + \frac{1}{Fr^2} \frac{1}{8} \quad (19)$$

Der in Gl. (19) enthaltene dimensionslose Geschwindigkeitsgradient an der Wand

$$(d\pi_1/d\pi_2)_{\pi_2=1}$$

ist ein vom Charakter der Strömung abhängiger Zahlenwert. Bei laminarer Rohrströmung z. B. ergibt die Lösung der Impulsgleichung die Strömungsparabel

$$u = 2\bar{u} \left[1 - \left(\frac{r}{r_0}\right)^2\right] \quad (20)$$

oder dimensionslos geschrieben

$$\pi_1 = 2(1 - \pi_2^2) \quad (20a)$$

Nach Bildung der Ableitung und Einsetzen von $\pi_2 = 1$ folgt für die laminare Strömung

$$(d\pi_1/d\pi_2)_{\pi_2=1} = -4$$

Für turbulente Strömung sowie für den Übergang laminar/turbulent ergeben sich natürlich andere Zahlenwerte.

Durch Gl. (19) wird der zwischen den Prozeßgrößen bestehende funktionale Zusammenhang nach Gl. (17) auf einen Zusammenhang zwischen einer geringeren Zahl dimensionsloser Gruppen reduziert:

$$Eu = F\left(Re, Fr, \frac{d}{l}\right) \quad (21)$$

oder

$$Eu \frac{d}{l} = F'(Re, Fr) \quad (22)$$

Bei waagrecht liegendem Rohr entfällt der Einfluß der Schwerkraft, so daß der Einfluß der FROUDE-Zahl verschwindet. Es bleibt dann übrig

$$Eu = \frac{d}{l} F'(Re) \quad (23)$$

Die Auftragung dieses funktionalen Zusammenhanges ist als Darstellung der Druckverlustziffer bzw. des Widerstandsbeiwertes für Rohre bekannt (Abb. 2).

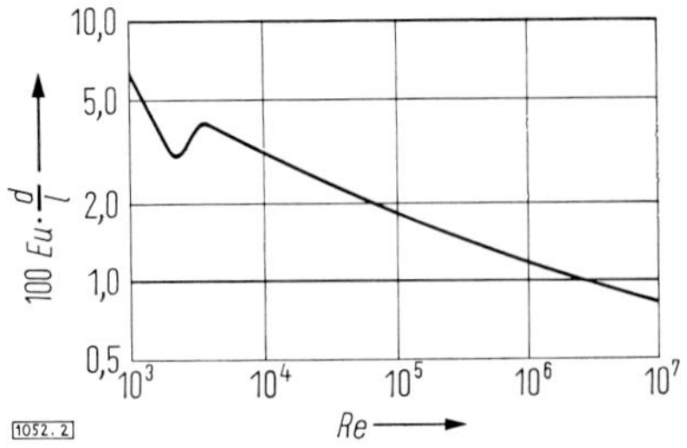

Abb. 2. $Eu \frac{d}{L} = F'(Re)$

Re, *Eu* und *Fr* können qualitativ folgendermaßen gedeutet werden

$$Re \to \frac{\text{Beschleunigungskraft}}{\text{Reibungskraft}}$$

$$Eu \to \frac{\text{Druckkraft}}{\text{Beschleunigungskraft}}$$

$$Fr \to \frac{\text{Beschleunigungskraft}}{\text{Schwerkraft}}$$

3.2. Dimensionsanalyse

Wie schon früher angedeutet wurde, bietet die dimensionslose Schreibweise der Größengleichungen die sicherste Gewähr für die Herleitung aller relevanten dimensionslosen Gruppen, die sowohl dimensionslose Variable als auch dimensionslose Konstanten oder Kennzahlen sein können. Dieses Verfahren der Prozeßanalyse ist natürlich nur auf solche Fälle beschränkt, für die die maßgebenden Gleichungen bekannt sind. Gerade bei komplexen technischen Situationen aber ist diese Voraussetzung nicht gegeben. Die den Prozeß beherrschenden physikalischen Einflußgrößen sind zwar bekannt, die diese Größen miteinander verknüpfende Größengleichung bzw. -gleichungen jedoch nicht. Da man aber weiß, daß die Prozeßgrößen, die nachstehend mit $y_1, y_2 \ldots y_n$ bezeichnet werden sollen, durch eine funktionsmäßige Abhängigkeit untereinander verknüpft sind, läßt sich dieser allgemeine funktionale Sachverhalt in mathematisch expliziter Form darstellen, z. B. durch

$$y_1 = f(y_2 \ldots y_n) \quad (24)$$

oder implizit

$$f'(y_1, y_2 \ldots y_n) = 0 \quad (25)$$

Der mathematische Ausdruck der Beziehungen (24) und (25) kann z. B. irgendeine der im vorigen Kapitel behandelten Differentialgleichungen bzw. deren Lösung sein.

Es soll vorausgesetzt werden – und darauf wurde schon mehrfach hingewiesen –, daß der durch (24) oder (25) zum Ausdruck gebrachte Zusammenhang eine Größengleichung darstellt, d. h. eine dimensionsmäßig homogene Beziehung, deren Gültigkeit durch den Übergang zu einem anderen Maßsystem nicht beeinträchtigt wird. Homogenität in bezug auf Dimension liegt dann vor, wenn alle Terme einer Gleichung dieselbe Dimension besitzen (vgl. Kap. 2). Diese Voraussetzung gilt unabhängig davon, ob es sich um Gleichungen in algebraischer, differentieller oder integraler Form handelt.

Langhaar dürfte wohl einer der ersten gewesen sein, der aufgrund des Konzeptes von der dimensionsmäßigen Homogenität eine algebraische Theorie der Dimensionsanalyse entwickelt und den allgemeinen Beweis dafür geführt hat, daß in dimensionsmäßiger Hinsicht homogene Gleichungen mit einer bestimmten Anzahl dimensionsbehafteter Einflußgrößen ($y_1 \ldots y_n$) immer auf dimensionslose Gleichungen mit einer geringeren Anzahl dimensionsloser Gruppen reduziert werden können. Eine unmittelbare Folge dieses Konzeptes ist das π-Theorem. Die in (24) und (25) angegebenen funktionalen Zusammenhänge lassen sich demnach immer in eine Form

$$\pi_1 = F(\pi_2 \ldots \pi_m) \tag{26}$$

bzw.

$$0 = F'(\pi_1 \ldots \pi_m) \tag{27}$$

bringen, wobei zusätzlich gilt

$$m < n \tag{28}$$

Im Abschnitt 3.1 wurde durch die dimensionslose Schreibweise der verschiedenen Gleichungen diese Aussage anhand von Beispielen erläutert. Dabei wurde jedoch der Zusammenhang zwischen m und n nicht beachtet, weil sich die Zahl m der dimensionslosen Gruppen in jedem Fall zwanglos ergab.

Bei der formalen Anwendung der Dimensionsanalyse ohne Kenntnis der verknüpfenden Gleichungen ist jedoch eine Feststellung über den Zusammenhang von n und m für die Herleitung eines vollständigen Satzes dimensionsloser Gruppen (keine zuviel und keine zu wenig) von entscheidender Wichtigkeit. Diese Aussage macht das π- oder Buckingham-Theorem, das im folgenden unter Voraussetzung der (dimensionsmäßigen) Homogenität der zwar unbekannten, aber grundsätzlich existierenden Verknüpfungsgleichungen hergeleitet werden soll.

Herleitung des π-Theorems. Wie schon in der Einleitung dargelegt wurde, läßt sich einer definierten physikalischen Größe immer ein Zahlenwert in Verbindung mit einer Dimension zuordnen:

Größe = {Zahlenwert} · [Dimension]

Die Dimension ist ein Potenzprodukt der verschiedenen Grundeinheiten. Die Zahl der auftretenden Grundeinheiten hängt von der Problemstellung ab. So lassen sich geometrische Aufgaben allein durch Potenzen der Grundeinheit „Länge" darstellen, während die Darstellung thermodynamisch-verfahrenstechnischer Probleme im allg. vier Grundeinheiten benötigt, die der Länge, der Masse, der Zeit und der Temperatur. Losgelöst von einem bestimmten Maßsystem, werden hier für die vier Grundgrößen folgende allgemeine Bezeichnungen gewählt:

Masse	Länge	Zeit	Temperatur	
M	L	T	Θ	(29)

Dabei ist es gleichgültig, ob die Länge L in m, cm, mm, inch usw. gemessen wird.

Losgelöst von einem bestimmten Maßsystem lassen sich dann z. B. die Größen Dichte, Kraft, Energie und Entropie folgendermaßen ausdrücken:

Dichte	$\rightarrow$	$[\mathrm{ML}^{-3}]$
Kraft	$\rightarrow$	$[\mathrm{MLT}^{-2}]$
Energie	$\rightarrow$	$[\mathrm{ML}^2\,\mathrm{T}^{-2}]$
Entropie	$\rightarrow$	$[\mathrm{ML}^2\,\mathrm{T}^{-2}\,\Theta^{-1}]$

Um die weiteren formalen Ableitungen etwas durchsichtiger zu gestalten, soll von einem konkreten *Beispiel*, dem bereits im vorigen Abschnitt behandelten Fall des Druckverlustes Δp in einem senkrecht stehenden, durchströmten Rohr, ausgegangen werden. Unbeachtet soll bleiben, daß man dafür die maßgebenden Gleichungen aufstellen kann, und angenommen werden, daß nur eine Aufzählung der Einflußgrößen y möglich sei. Die den Druckverlust beeinflussenden Größen sind die mittlere Strömungsgeschwindigkeit $\bar{u}$, die Dichte ϱ, der betrachtete Rohrabschnitt l, der Rohrdurchmesser d, die Viskosität η und die Erdbeschleunigung g. Außerdem spielt noch der Strömungscharakter – ob laminar oder turbulent – eine wichtige Rolle. Zwischen diesen Einflußgrößen soll eine verknüpfende Größengleichung existieren in der Form

$$\Delta p = f(\bar{u}, \varrho, l, d, \eta, g) \tag{30}$$

Um die Vielzahl der Variablen zu reduzieren, strebt man eine funktionale Beziehung zwischen dimensionslosen Gruppen an, für deren Ableitung allein Gl. (30) zur Verfügung steht. Da sich die dimensionslosen Gruppen aus Produkten von mit Exponenten versehenen Einflußgrößen zusammensetzen (vgl. dazu die Beispiele des vorigen Kapitels), läuft die Aufgabe auf die Beantwortung folgender Frage hinaus:

Wieviel verschiedene Möglichkeiten gibt es, um aus dem Produkt der durch Gl. (30) gegebenen Einflußgrößen

$$\Delta p^{x_1}\, \bar{u}^{x_2}\, \varrho^{x_3}\, d^{x_4}\, \eta^{x_5}\, g^{x_6}\, l^{x_7} = \pi_{\mathrm{m}} \tag{31}$$

durch richtige Wahl der Exponenten x_1 bis x_7 verschiedene dimensionslose Gruppen in der Weise zu bilden, daß sich ein vollständiger Satz, d. h. gerade die richtige Zahl dimensionsloser Gruppen, ergibt?

Für den Augenblick soll das Beispiel der Rohrströmung außer acht gelassen und die Aufgabe verallgemeinert werden:

Ein physikalischer oder technischer Prozeß werde durch einen funktionalen Zusammenhang zwischen $y_1, y_2 \ldots y_n$ Einflußgrößen bestimmt

$$y_1 = f(y_2 \ldots y_n) \tag{32}$$

Auf wieviel verschiedene Weisen läßt sich das Produkt

$$y_1^{x_1} \cdot y_2^{x_2} \ldots y_n^{x_n} \tag{33}$$

dimensionslos schreiben, um daraus einen vollständigen Satz von Kennzahlen zu erhalten?

Um diese Frage zu klären muß man – wenn es sich z. B. um Probleme der thermischen Verfahrenstechnik handelt – davon ausgehen, daß sich die Dimensionen der Einflußgrößen $y_1 \ldots y_n$ im allgemeinsten Fall aus einer Kombination von vier Grundeinheiten zusammensetzt. Im Gegensatz zu den Exponenten x_i der Prozeßgrößen y_i werden die Exponenten der Grundeinheiten mit a_{ik} bezeichnet, z. B.

$$y_1 = \{y_1\}\,[\mathrm{M}^{a_{11}}\mathrm{L}^{a_{12}}\mathrm{T}^{a_{13}}\Theta^{a_{14}}]$$
$$\vdots$$
$$y_n = \{y_n\}\,[\mathrm{M}^{a_{n1}}\mathrm{L}^{a_{n2}}\mathrm{T}^{a_{n3}}\Theta^{a_{n4}}] \tag{34}$$

Wenn z. B. y_1 eine Länge ist, dann gilt für die Exponenten

$$a_{11} = 0,\ a_{12} = 1,\ a_{13} = 0,\ a_{14} = 0$$
$$y_1 = \{y_1\}[\mathrm{L}]$$

Ist y_n eine Wärmeleitfähigkeit, so gilt

$$a_{n1} = 1,\ a_{n2} = 1,\ a_{n3} = -3,\ a_{n4} = -1$$
$$y_n = \{y_n\}[\mathrm{MLT}^{-3}\Theta^{-1}]$$

Die Forderung nach Dimensionslosigkeit des Produktes (33) läßt sich mit Hilfe der inzwischen eingeführten formalen Dimensionsschreibweise folgendermaßen ausdrücken

$$y_1^{x_1} \cdot y_2^{x_2} \cdot \ldots y_n^{x_n} =$$
$$= \{y_1\}^{x_1}[\mathrm{M}^{a_{11}}\mathrm{L}^{a_{12}}\mathrm{T}^{a_{13}}\Theta^{a_{14}}]^{x_1} \times$$
$$\times \{y_2\}^{x_2}\,[\mathrm{M}^{a_{21}}\mathrm{L}^{a_{22}}\mathrm{T}^{a_{23}}\Theta^{a_{24}}]^{x_2} \times \ldots$$
$$\times \{y_n\}^{x_n}[\mathrm{M}^{a_{n1}}\mathrm{L}^{a_{n2}}\mathrm{T}^{a_{n3}}\Theta^{a_{n4}}]^{x_n}$$

Nach einer Zusammenfassung der zu den gleichen Grundeinheiten gehörigen Exponenten folgt daraus die Forderung nach Dimensionslosigkeit des Produktes

$$y_1^{x_1} \cdot y_2^{x_2} \ldots y_n^{x_n} = \{y_1\}^{x_1} \cdot \{y_2\}^{x_2} \ldots \{y_n\}^{x_n} \times$$
$$\times [\mathrm{M}^{a_{11}x_1 + a_{21}x_2 + \ldots + a_{n1}x_n} \cdot \mathrm{L}^{a_{12}x_1 + a_{22}x_2 + \ldots + a_{n2}x_n} \times$$
$$\times \mathrm{T}^{a_{13}x_1 + a_{23}x_2 + \ldots + a_{n3}x_n} \cdot \Theta^{a_{14}x_1 + a_{24}x_2 + \ldots + a_{n4}x_n}] \tag{35}$$

Der Ausdruck (35) ist nur dann dimensionslos, wenn die einzelnen Summen der Exponenten aller Grundeinheiten null sind. Aus mathematischer Sicht reduziert sich demnach die Lösung der Aufgabe auf das Auffinden der voneinander linear unabhängigen Lösungen des folgenden linearen Gleichungssystems

$$\begin{aligned} a_{11}x_1 + a_{21}x_2 + \ldots + a_{n1}x_n &= 0 \\ a_{12}x_1 + a_{22}x_2 + \ldots + a_{n2}x_n &= 0 \\ a_{13}x_1 + a_{23}x_2 + \ldots + a_{n3}x_n &= 0 \\ a_{14}x_1 + a_{24}x_2 + \ldots + a_{n4}x_n &= 0 \end{aligned} \tag{36}$$

Wie man sieht, hängt die Anzahl der in (36) erscheinenden Gleichungen von der Zahl der das Problem bestimmenden Grundeinheiten ab.

Die mathematische Behandlung von linearen homogenen Gleichungssystemen ist bekannt. Für die Zahl der Lösungen gilt folgender Satz:

Mit der trivialen Ausnahme, daß alle $x_i = 0$ sind, besitzt das Gleichungssystem (36) $(n-r)$ voneinander linear unabhängige Lösungen, wobei r der Rang der Matrix ist.

Die Anzahl der linear unabhängigen Lösungen des Gleichungssystems (36) entspricht der vollständigen Zahl von Kennzahlen. Da im allg. der Rang des Gleichungssystems seiner Gleichungszahl entspricht und diese wiederum gleich der Anzahl der für das untersuchte Problem verwendbaren Grundeinheiten p ist, ergibt sich die bekannte Formulierung des π-Theorems:

Die Zahl der dimensionslosen Gruppen ergibt sich aus der Differenz zwischen der Zahl der Einflußgrößen und der Zahl der Grundeinheiten.

Hier: $m = n - 4$

Allgemein: $m = n - p$

Jedoch ist zu beachten, daß das π-Theorem gewissen einschränkenden Bedingungen unterliegt, wenn der Rang der Koeffizientenmatrix kleiner ist als die Zahl der Grundeinheiten, wie es in Sonderfällen vorkommen kann.

Allgemein ergeben sich also $\pi_1, \pi_2 \ldots \pi_{n-r}$ dimensionslose Gruppen, die ihrerseits, wie beweisbar ist (LANGHAAR), miteinander funktional verbunden sind

$$\pi_1 = F(\pi_2 \ldots \pi_{n-r}) \tag{37}$$

Nach Durchführung der Dimensionsanalyse, an derem Ende die Kenntnis der Kennzahlen π steht, läßt sich über die Gestalt der diese Kennzahlen verknüpfenden Funktion keinerlei Aussage machen.

Bei der dimensionslosen Darstellung von Experimenten zur Wärmeübertragung führen häufig Potenzprodukte zum Ziel, wie z. B.

$$Nu = \mathrm{const}\, Re^a\, Pr^b\, (d/l)^c \tag{38}$$

Die Gestalt von Gl. (38) ist als eine Erfahrungstatsache zu werten, die immerhin durch theoretische Untersuchungen an einfachen Systemen gestützt wird. Die Gleichung stellt jedoch keine Notwendigkeit oder Vorschrift dar, wie die durch HAUSEN verbesserten Auftragungen der NUSSELT-Zahlen zeigen.

Zum Schluß sei noch auf den Sonderfall hingewiesen, daß die Dimensionsanalyse nur eine einzige Kennzahl ergibt. Da ein funktionaler Zusammenhang mindestens zwei Kennzahlen erfordert, muß für nur eine Kennzahl π_1 gelten

$$F(\pi_1) = 0 \text{ oder } \pi_1 = \text{const} \tag{39}$$

Dimensionsanalyse des S. 204 angegebenen Beispiels. Nunmehr liegt das Handwerkszeug vor, um das Beispiel über den Druckverlust weiter zu behandeln. Nimmt man an – und diese Annahme ist später noch nachzuprüfen –, daß der Rang der Matrix des Koeffizientenschemas gleich ist der Zahl der Grundeinheiten, die zur Beschreibung des Problems ausreichen, dann sind nach dem π-Theorem $7-3=4$ dimensionslose Gruppen zu erwarten, die einen vollständigen Satz Kennzahlen darstellen. Diese Kennzahlen gilt es zu ermitteln. Das kann durch Probieren geschehen oder aber über die Lösung des zugehörigen linearen Gleichungssystems. Zu dessen Aufstellung muß zunächst das Koeffizientenschema $\{a_{ik}\}$ bekannt sein, das sich aus dem Dimensionen der Einflußgrößen Δp, $\bar{u}$, ϱ, l, d, η, g ergibt:

Einflußgröße	Dimension
Δp	$M L^{-1} T^{-2}$
$\bar{u}$	$L T^{-1}$
ϱ	$M L^{-3}$
l	L
d	L
η	$M L^{-1} T^{-1}$
g	$L T^{-2}$

Daraus ergibt sich folgendes Koeffizientenschema:

(40)

	Δp	$\bar{u}$	ϱ	d	η	g	l
M	1	0	1	0	1	0	0
L	−1	1	−3	1	−1	1	1
T	−2	−1	0	0	−1	−2	0

Eine Probe zeigt, daß in der Tat der Rang r dieser Matrix drei ist und damit der Zahl der Grundeinheiten entspricht. Mit der x_i-Bezeichnung nach Gl. (31) entspricht dem Koeffizientenschema (40) folgendes lineare Gleichungssystem (vgl. Gl. 36):

$$\begin{aligned} &x_1 + x_3 + x_5 = 0 \\ &-x_1 + x_2 - 3x_3 + x_4 - x_5 + x_6 + x_7 = 0 \\ &-2x_1 - x_2 - x_5 - 2x_6 = 0 \end{aligned} \tag{41}$$

Da sich die Bildung der dimensionslosen Gruppe $\pi_1 = l/d$ geradezu anbietet, läßt sich für die weitere Analyse die siebte Spalte des Koeffizientenschemas (40) streichen. Das Gleichungssystem (41) reduziert sich dann zu

$$\begin{aligned} &x_1 + x_3 + x_5 = 0 \\ &-x_1 + x_2 - 3x_3 + x_4 - x_5 + x_6 = 0 \\ &-2x_1 - x_2 - x_5 - 2x_6 = 0 \end{aligned} \tag{42}$$

System (42) besitzt nur noch drei voneinander unabhängige Lösungen. Um diese Lösungen zu gewinnen, müssen bei drei Gleichungen mit sechs Unbekannten jeweils drei Unbekannte vorgegeben werden. Da insgesamt drei voneinander unabhängige Lösungen existieren, ist dreimal eine verschiedene Vorgabe möglich.

Vorgabe 1 und Lösung 1:

$$x_1 = 1, \; x_3 = -1, \; x_4 = 0$$

Aus (42) folgt

$$x_2 = -2, \; x_4 = x_5 = x_6 = 0$$

Nach (31) ergibt sich als zweite Kennzahl

$$\pi_2 = \Delta p^1 \bar{u}^{-2} \varrho^{-1} d^0 \eta^0 g^0$$

$$\pi_2 = \frac{\Delta p}{\varrho \bar{u}^2}$$

Vorgabe 2 und Lösung 2:

$$x_1 = 0, \; x_4 = -1/2, \; x_6 = -1/2$$

Aus (42) folgt

$$x_2 = 1, \; x_3 = x_5 = 0$$

Nach (31) ist

$$\pi_3 = \Delta p^0 \bar{u} \varrho^0 d^{-1/2} \eta^0 g^{-1/2}$$

$$\pi_3 = \bar{u}/\sqrt{gd} = Fr$$

Vorgabe 3 und Lösung 3:

$$x_1 = 0, \; x_2 = 1, \; x_6 = 0$$

Aus (42) folgt

$$x_3 = 1, \; x_4 = 1, \; x_5 = -1$$

$$\pi_4 = \Delta p^0 \bar{u}^1 \varrho^1 d^1 \eta^{-1} g^0$$

$$\pi_4 = \frac{\bar{u} \varrho d}{\eta} = Re$$

Die Dimensionsanalyse liefert also ebenfalls die FROUDE- und REYNOLDS-Zahl, π_2 unterscheidet sich lediglich um den Faktor 2 von der EULER-Zahl. Da die Dimensionsanalyse diesen Faktor nicht liefern kann, steht es frei, ihn nachträglich noch einzuführen und

$$\pi_2' = Eu = \frac{\Delta p}{\varrho \bar{u}^2/2} \text{ zu definieren.}$$

Die Theorie der Dimensionsanalyse besagt weiterhin, daß zwischen den voneinander unabhängigen dimensionslosen Gruppen ein funktionaler Zusammenhang bestehen muß:

$$Eu = F\left(Fr, Re, \frac{l}{d}\right) \tag{43}$$

Weil der Druckabfall unter den festgelegten Voraussetzungen (g = const, ϱ = const) proportional der Länge l sein muß, kann l/d als multiplikativer Faktor angesehen werden und vor das Funktionszeichen gesetzt werden

$$Eu = \frac{l}{d} F'(Fr, Re)$$

oder

$$Eu \frac{d}{l} = F'(Fr, Re) \tag{44}$$

Dieses Ergebnis entspricht in funktionaler Schreibweise genau dem Resultat, das in Abschnitt 3.1, S. 203, durch eine dimensionslose Umschreibung von Gl. (16) gewonnen wurde.

Diskussion der Ergebnisse einer Dimensionsanalyse. Das soeben ausführlich behandelte Beispiel von dem Druckverlust in durchströmten Rohren läßt sicherlich bezüglich seiner Durchführung einige Fragen offen.

Wie kommt es, daß auch die Dimensionsanalyse gerade die schon bekannten Kennzahlen wie *Re*, *Eu* und *Fr* ergibt? Die Antwort ist einfach: Dieses Ergebnis wird erhalten, weil bei den drei Vorgaben die frei verfügbaren Werte so gewählt wurden, daß sich gerade die bekannten Kennzahlen ergaben. Von dem allgemeinen Standpunkt der Dimensionsanalyse muß dieses Ergebnis als Zufall bezeichnet werden, da sich bei einer Vorgabe von

$$x_1 = 1, \ x_2 = -1 \text{ und } x_5 = -1$$

aus dem Gleichungssystem (42) die Lösung

$$x_3 = 0, \ x_4 = 1, \ x_6 = 0$$

ergibt und damit die Kennzahl

$$\pi_2'' = \frac{\Delta p d}{\eta \bar{u}^2}$$

Hätte man als Vorgabe 2 z. B. $x_1 = 0$, $x_4 = -1$, $x_6 = -1$ angegeben, dann hätte sich aus (42) $x_2 = 2$, $x_5 = 0$, $x_3 = 0$ ergeben und

$$\pi_3'' = \frac{\bar{u}^2}{dg}$$

Diese Liste ließe sich beliebig erweitern, jedoch würde man nach sorgfältiger Analyse der dimensionslosen Gruppen finden, daß immer nur vier aus der unendlich großen Zahl aller möglichen Gruppen voneinander unabhängig sind, wie es von der Theorie vorausgesagt wird. So ist z. B.

$$\pi_2'' = \pi_2 \cdot \pi_3$$

und

$$\pi_3' = Fr^2$$

In der Tat haben sich durch π_2'' und π_3'' keine neuen Kennzahlen ergeben.

Durch beliebige produktmäßige Kombinationen von Potenzen der vier voneinander unabhängigen Kennzahlen lassen sich beliebige neue dimensionslose Kenngrößen gewinnen. Man kann also in operativ eingeschränkter Weise (Multiplikation) bekannte Kennzahlen zu neuen Kenngrößen zusammenfassen, die u. U. für die Darstellung von Meßergebnissen besser geeignet sind. Dieses Ergebnis kann natürlich auch rückwirkend auf die Kennzahlen angewendet werden, die durch eine dimensionslose Schreibweise von Gleichungen gewonnen wurden. Im Gegensatz jedoch zu jenen dimensionslosen Gruppen, die aus der dimensionslosen Schreibweise der Gleichungen folgten und als Verhältnis zweier physikalischer Effekte deutbar waren (vgl. dazu S. 203), geht diese Eigenschaft im allg. bei den dimensionslosen Gruppen verloren, die aus der Dimensionsanalyse folgen. Die Deutbarkeit durch verschiedene zueinander ins Verhältnis gesetzte physikalische oder chemische Effekte ist also nicht eine notwendige Eigenschaft einer Kennzahl.

Die erfolgreiche Anwendung der Dimensionsanalyse erfordert als Voraussetzung eine Kenntnis der Einflußgrößen. Für deren Ermittlung können keine Regeln aufgestellt werden. Es hängt von der Einsicht und Erfahrung des Einzelnen ab, diese Größen zu erkennen und insbes. wichtige und unwichtige voneinander zu scheiden. Wird eine wichtige Größe vergessen, so führt die Dimensionsanalyse zu einem unvollständigen Ergebnis, da dann eine Kennzahl fehlt. Bei Aufnahme einer unwichtigen Einflußgröße erhält man eine überflüssige Kennzahl, von der dann u. U. erst durch mühsame Experimente nachgewiesen werden muß, daß sie für die Auftragung der Meßergebnisse keine Bedeutung hat und daher überflüssig ist. Deshalb ist immer zu empfehlen, zunächst nach Gleichungen zu suchen und diese dann nach dem Vorbild des Abschnitts 3.1 dimensionslos zu schreiben.

Ein wesentlicher Grund für die Herleitung dimensionsloser Gruppen ist die Reduzierung der Vielzahl der Einflußgrößen auf eine geringere Anzahl dimensionsloser Gruppen. Nach dem π-Theorem ist jedoch die Anzahl der voneinander unabhängigen dimensionslosen Gruppen fest vorgeschrieben. Hin und wieder liegen die Verhältnisse so, daß trotz der Reduktion noch eine relativ große Zahl dimensionsloser Gruppen übrig bleibt. Da eine weitere Reduktion nur durch eine Vergrößerung der Zahl der Grundeinheiten m möglich ist, haben sich Entwicklungen angebahnt, anstelle der Länge L deren Vektorkomponenten L_x, L_y, L_z als neue Grundeinheiten einzuführen. Eine pragmatische Anwendung dieses neuen Ansatzes, der hier nicht näher diskutiert werden soll, führt in vielen Fällen zu verbesserten Ergebnissen, wie HUNTLEY in seinem Buch [5] an verschiedenen Beispielen zeigt.

4. Ähnlichkeit und Modelltheorie

4.1. Festlegung der Ähnlichkeit

Bisher wurde der Begriff der „Ähnlichkeit" vermieden, da dieser Begriff zunächst mit der Dimensionsanalyse und den Kennzahlen nichts zu tun hat. Erst durch eine bestimmte Definition dieses Begriffes wird der Zusammenhang hergestellt, wie später ausgeführt wird. Qualitativ gesehen steckt im Begriff „Ähnlichkeit" ein Vergleich von mindestens zwei Systemen, sonst wäre er leer.

Den einfachsten Zugang zu dem Begriff „Ähnlichkeit“ gewinnt man von der Geometrie her. So werden die beiden Dreiecke in Abb. 3 als einander ähnlich definiert, wenn für das Seitenverhältnis die Beziehung

$$\frac{a}{a'} = \frac{b}{b'} = \frac{c}{c'} \tag{45}$$

gilt. Die Ähnlichkeit ist demnach als eine *lineare* Ähnlichkeit definiert. Diese Definition besitzt den Vorteil, daß bei einer ähnlichen Vergrößerung oder Verkleinerung des geometrischen Gebildes die Gestalt nicht verzerrt wird, da die Winkel konstant bleiben. Würde

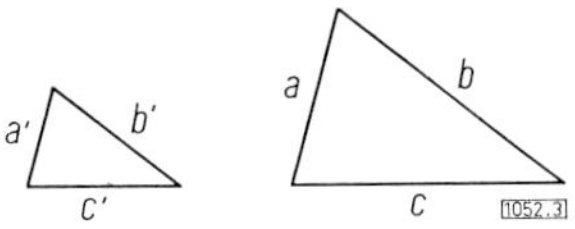

Abb. 3. Ähnliche Dreiecke

man z. B. die Ähnlichkeit als eine quadratische definieren, so daß zwei Dreiecke ähnlich sind, wenn $\frac{a'}{a'^2} = \frac{b'}{b'^2} = \frac{c'}{c'^2}$ ist, dann träte als Folge dieser Definition eine gestaltliche Verzerrung auf, da die einander in beiden Dreiecken entsprechenden Winkel verschieden groß sein würden. Um keine Verzerrung der geometrischen Formen zuzulassen, soll das geometrische Konzept der linearen Ähnlichkeit beibehalten werden, und dieser Begriff der linearen Ähnlichkeit auch auf Strömungsvorgänge, thermische und chemische Prozesse übertragen werden.

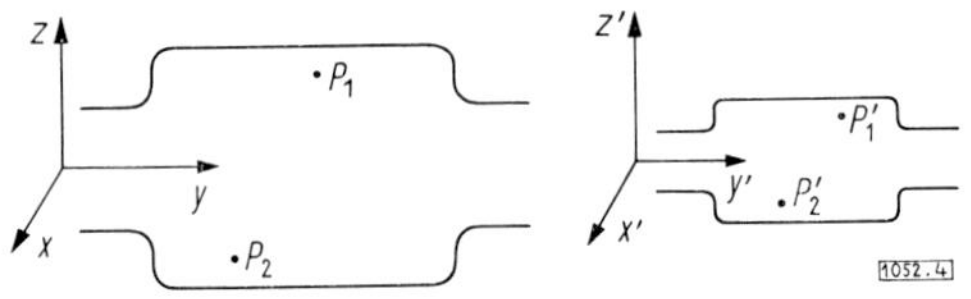

Abb. 4. Zwei einander ähnliche räumliche Gebilde

Einer etwas allgemeineren Formulierung der geometrischen Ähnlichkeit soll Abb. 4 zugrunde gelegt werden, in der zwei rotationssymmetrische Gebilde dargestellt sind. Geometrische Ähnlichkeit besteht zwischen beiden Konfigurationen, wenn jedem Punkt P des einen Systems ein Punkt P' im anderen so zugeordnet werden kann, daß im miteingezeichneten kartesischen Koordinatensystem die folgende Bedingung für alle korrespondierenden Punkte P und P' erfüllt ist

$$\frac{x_p}{x'_p} = \frac{y_p}{y'_p} = \frac{z_p}{z'_p} = \text{const} \tag{46}$$

Wird in Abb. 4 das Koordinatensystem verschoben, so daß dem Punkt am Rohranfang die Koordinaten (x_0, y_0, z_0) bzw. (x'_0, y'_0, z'_0) zuzuordnen sind, so läßt sich anstelle von (46) die Ähnlichkeitsforderung etwas allgemeiner schreiben:

$$\frac{x_p - x_0}{x'_p - x'_0} = \frac{y_p - y_0}{y'_p - y'_0} = \frac{z_p - z_0}{z'_p - z'_0} = \text{const} \tag{47}$$

Gl. (47) muß für alle korrespondierenden Punktepaare P und P' erfüllt sein, wenn beide Systeme einander geometrisch ähnlich sind. Um Mißverständnissen vorzubeugen: Der durch const in (47) ausgedrückte Zahlenwert ist im Falle der Ähnlichkeit für *alle* Punktepaare derselbe.

Verfahrenstechnische Apparate werden im allg. durchströmt, wobei dann noch im Innern chemische und thermische Prozesse ablaufen können. Dieser Sachverhalt ist in Abb. 5 angedeutet: Beide Gefäße werden

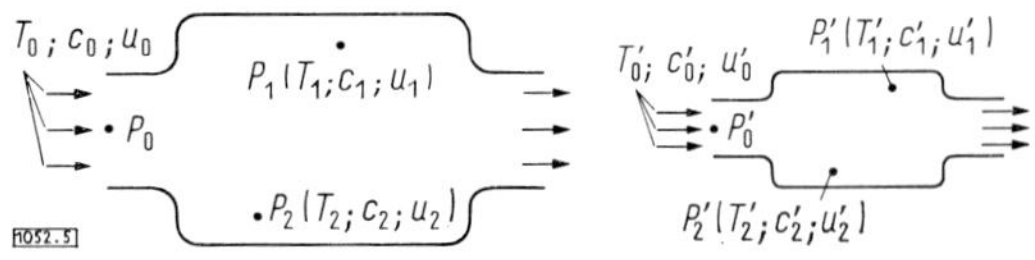

Abb. 5. Zur Ähnlichkeit von Konzentrations-, Temperatur- und Geschwindigkeitsverteilungen

von links nach rechts durchströmt, die Eingangswerte für Strömungsgeschwindigkeit, Temperatur und Konzentration seien u_0, c_0 und T_0 sowie u'_0, c'_0 und T'_0.

Thermische Ähnlichkeit, d. h. Ähnlichkeit in den Temperaturverteilungen, soll dann bestehen, wenn das Verhältnis der Temperaturen in geometrisch ähnlich gelegenen Punkten von Hauptausführung und Modell eine Konstante ergibt:

$$\frac{T_1}{T'_1} = \frac{T_2}{T'_2} = \frac{T_0}{T'_0} = \text{const} = \frac{T_n}{T'_n} \tag{48}$$

Da T_0 und T'_0 fest vorgegebene Werte sind, besteht zwischen beiden Systemen auch thermische Ähnlichkeit, wenn anstelle von (48) die Temperaturdifferenzen folgende Bedingung erfüllen

$$\frac{T_1 - T_0}{T'_1 - T'_0} = \frac{T_2 - T_0}{T'_2 - T'_0} = \ldots = \frac{T_n - T_0}{T'_n - T'_0} = \text{const} \tag{49}$$

Die *chemische Ähnlichkeit* wird ganz analog definiert: Zwei Konzentrationsfelder sind einander ähnlich, wenn das Verhältnis der Konzentrationen in geometrisch ähnlich gelegenen Punkten konstant ist:

$$\frac{c_1}{c'_1} = \frac{c_2}{c'_2} = \ldots = \frac{c_n}{c'_n} = \frac{c_0}{c'_0} = \text{const} \tag{50}$$

oder analog zu (49)

$$\frac{c_1 - c_0}{c'_1 - c'_0} = \ldots = \frac{c_n - c_0}{c'_n - c'_0} = \frac{c_0}{c'_0} = \text{const} \tag{51}$$

Die *Strömungsfelder* in beiden Systemen sollen als ähnlich bezeichnet werden, wenn das Verhältnis der Strömungsgeschwindigkeiten in geometrisch ähnlich gelegenen Punkten konstant ist

$$\frac{u_1}{u'_1} = \frac{u_2}{u'_2} = \ldots = \frac{u_n}{u'_n} = \frac{u_0}{u'_0} = \text{const} \tag{52}$$

Die Ähnlichkeit von Strömungsfeldern bezieht sich nur auf gleichartige Strömungen. So kann keine Ähnlichkeit zwischen turbulenter und laminarer Strömung bestehen. Darauf ist zu achten.

In den vorangegangenen Ausführungen wurde die geometrische, thermische, chemische und strömungsmäßige Ähnlichkeit so definiert, daß es jeweils lediglich der Umrechnung mit einer Konstanten bedarf, um von den Feldgrößen des einen Systems auf jene des anderen zu schließen.

4.2. Modelle und Kriterien für die Ähnlichkeit zweier Systeme

In der Ingenieurtechnik ergeben sich häufig Situationen, die die Errichtung größerer Anlagen erfordern, ohne daß von vornherein detaillierte Berechnungsunterlagen dafür vorliegen. Um das Risiko kostspieliger Rückschläge zu vermeiden, ist der Gedanke attraktiv, die Hauptausführung zunächst durch ein kleineres Modell nachzubilden, um dann vom Verhalten im kleinen Maßstab auf das Funktionieren der Hauptausführung zu schließen. Dazu müssen die Übertragungsgesetze bekannt sein. Diese Übertragungsgesetze sind besonders einfach, wenn Hauptausführung und Modell in allen Belangen im Sinne der Definitionen des Abschnittes 4.1 einander ähnlich sind.

Die Ähnlichkeit von Modell und Hauptausführung ließe sich natürlich in der Weise nachprüfen, daß Geometrie, Geschwindigkeitsfeld, Konzentrations- und Temperaturverlauf von beiden Systemen ausgemessen werden und anschließend geprüft wird, ob die in entsprechender Weise gebildeten Verhältnisse den Ähnlichkeitsdefinitionen genügen. Dieses Verfahren würde jedoch Modellversuche überflüssig machen, da die Hauptausführung erst nach der Errichtung auf ihre Ähnlichkeit untersucht werden kann.

Das Kriterium, welches eine Aussage über die Ähnlichkeit zwischen Hauptausführung und Modell gestattet, ohne an der Hauptausführung Untersuchungen anstellen zu müssen, stellt die Verbindung zwischen Ähnlichkeit und Kennzahlen her. Es gilt der Satz: *Modell und Hauptausführung sind in ihrem Verhalten einander ähnlich, wenn bei gleichartigen Randbedingungen die maßgebenden dimensionslosen Kennzahlen für Modell und Hauptausführung gleiche Zahlenwerte besitzen.*

Die Gültigkeit dieser Behauptung soll stellvertretend an folgendem Beispiel gezeigt werden. Abb. 6 zeigt in Hauptausführung und Modell zwei durchströmte Schüttungen. In beiden Schüttungen wird bei $x = 0$ und $x' = 0$ durch äußere Maßnahmen die Temperatur T_0 bzw. T_0' eingestellt und aufrechterhalten. Von links strömt Gas mit der Geschwindigkeit u bzw. u' und den Anfangstemperaturen T_∞ und T_∞' ($x \to -\infty$) an. Es soll nachgewiesen werden, daß beide Systeme einander ähnlich sind, wenn die maßgebenden Kennzahlen für beide Systeme gleich sind.

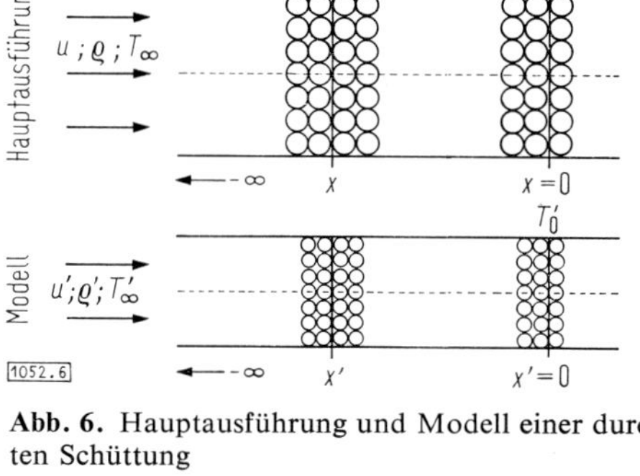

Abb. 6. Hauptausführung und Modell einer durchströmten Schüttung

Da in beiden Fällen gleichartige Energiebilanzen zu bilden sind, kann man sich zunächst auf die Hauptausführung beschränken. Die das Problem beschreibende Energiegleichung lautet in quasihomogener Schreibweise

$$\frac{\mathrm{d}\left(\lambda \dfrac{\mathrm{d}T}{\mathrm{d}x}\right)}{\mathrm{d}x} - u\varrho c_p \frac{\mathrm{d}T}{\mathrm{d}x} = 0 \tag{53}$$

mit der Randbedingung:

$x \to -\infty, \ T = T_\infty$

$x = 0, \ T = T_0$

λ ist die thermische Leitfähigkeit der Schüttung (Strahlung sei vernachlässigbar), c_p und ϱ die spez. Wärme und Dichte des Gases. Unter der bisher immer vorausgesetzten Konstanz der Stoffwerte c_p und λ (Kontinuität gilt für $u\varrho$) ergibt sich aus Gl. (53) nach Einführung der dimensionslosen Variablen $\Theta = \dfrac{T - T_\infty}{T_0 - T_\infty}$ und $\xi = \dfrac{x}{d}$ (d Teilchendurchmesser) die nunmehr dimensionslose Gleichung

$$\frac{\mathrm{d}^2\Theta}{\mathrm{d}\xi^2} - Pe\frac{\mathrm{d}\Theta}{\mathrm{d}\xi} = 0 \tag{54}$$

Randbedingung:

$\xi = 0, \ \Theta = 1$

$\xi \to \infty, \ \Theta = 0$

Die PÉCLET-Zahl Pe steht als Abkürzung für die dimensionslose Gruppe

$Pe = u\varrho c_p d/\lambda$

Eine für das Modell aufgestellte Energiebilanz führt in der gestrichenen Schreibweise zu der Gleichung

$$\frac{\mathrm{d}^2\Theta'}{\mathrm{d}\xi'^2} - Pe'\frac{\mathrm{d}\Theta'}{\mathrm{d}\xi'} = 0 \tag{55}$$

Randbedingung:

$\xi' = 0, \ \Theta' = 1$

$\xi' \to \infty, \ \Theta' = 0$

mit

$$\Theta' = \frac{T' - T_\infty'}{T_0' - T_\infty'}; \ \xi' = \frac{x'}{d'} \ \text{und} \ Pe' = \frac{u'\varrho' c_p' d'}{\lambda'}$$

Beide Gleichungen (54) und (55) lassen sich im Zusammenhang mit den Randbedingungen analytisch lösen. Als Lösung von Gl. (54) folgt

$$\Theta = e^{Pe\,\xi} \text{ für } \xi \leqslant 0 \tag{56}$$

Die Lösung von (55) lautet

$$\Theta' = e^{Pe'\xi'} \text{ für } \xi' \leqslant 0 \tag{57}$$

Für $Pe = Pe'$ sind die Lösungen beider Gleichungen identisch, da die verschiedene Bezeichnungsweise der gleichartigen Variablen nur zu Unterscheidungszwekken gewählt wurde und deshalb auf die Lösung selbst keinen Einfluß besitzt. Abb. 7 zeigt den Verlauf einer Lösung für $Pe = Pe' = 1$.

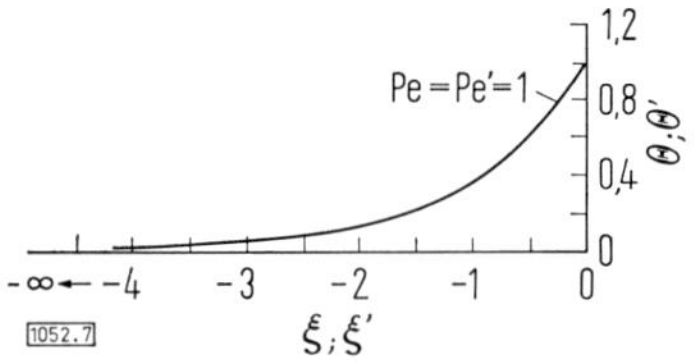

Abb. 7. Nach Gln. (56) und (57) berechnete Lösungskurve für
Pe = Pe' = 1
$\Theta = e^{Pe\xi}$; $\Theta' = e^{Pe'\xi'}$; $\xi = \xi' \leqslant 0$

Es läßt sich leicht zeigen, daß für $Pe = Pe'$ und Gleichartigkeit der Randbedingungen Hauptausführung und Modell geometrisch und thermisch ähnlich sind. Zu diesem Zweck wird aus Abb. 7 bei der willkürlich gelegten Ortskoordinate

$\xi_1 = \xi'_1$ die zugehörige Lösung $\Theta = \Theta'_1$

entnommen. Nach Definition der dimensionslosen Koordinate ist

$$\xi_1 = \frac{x_1}{d} \quad \text{und} \quad \xi'_1 = \frac{x'_1}{d'}$$

Da $\xi_1 = \xi'_1$, ergibt sich $\quad \dfrac{x_1}{x'_1} = \dfrac{d}{d'} = \text{const}$

d und d' sind fest vorgegebene Werte der Schüttung. Da die Lage von x_1 vollkommen willkürlich ist, läßt sich in geometrischer Hinsicht jedem Punkt der einen Anordnung ein Punkt der anderen zuordnen, für die die Verhältnisse

$$\frac{x_1}{x'_1} = \frac{x_2}{x'_2} = \ldots = \frac{x_n}{x'_n} = \text{const} = \frac{d}{d'}$$

sind.

Dieses aber ist gerade nach Gl. (46) die Bedingung für die geometrische Ähnlichkeit beider Systeme.

Bei den geometrisch ähnlich gelegenen Punkten x_1 bzw. x'_1 liegen die Temperaturen Θ_1 bzw. Θ'_1 vor, die wegen $Pe = Pe'$ gleich sind:

$$\Theta_1 = \Theta'_1$$

oder

$$\frac{T_1 - T_\infty}{T_0 - T_\infty} = \frac{T'_1 - T'_\infty}{T'_0 - T'_\infty}$$

Daraus folgt

$$\frac{T_1 - T_\infty}{T'_1 - T'_\infty} = \ldots = \frac{T_n - T_\infty}{T'_u - T'_\infty} = \frac{T_0 - T_\infty}{T'_0 - T'_\infty} = \text{const}$$

Am geometrisch ähnlich gelegenen Ort ist demnach eine Beziehung erfüllt, die der in (49) aufgestellten Forderung nach thermischer Ähnlichkeit entspricht.

Dieses Beispiel wurde deshalb so ausführlich dargestellt, um neben der Konstanz der Kennzahlen auch die große Bedeutung der Randbedingungen für die Ähnlichkeit zweier Systeme aufzuzeigen. Es genügt nicht zu sagen, zwei Systeme seien ähnlich, weil ihre Kennzahlen gleich sind. Auch in den Randbedingungen muß Übereinstimmung bestehen. Die gesamte Klasse der durch Gl. (54) beschriebenen Probleme ist einander ähnlich.

4.3. Ähnlichkeit und temperaturabhängige Stoffwerte

Die Berücksichtigung der Temperaturabhängigkeit von Stoffwerten hat einen tiefgreifenden Einfluß auf die Ähnlichkeit zweier Systeme. Um diese Einwirkungen zu zeigen, soll wiederum das Studium eines Beispieles irgendwelchen abstrakten Überlegungen vorgezogen werden. Für diese Untersuchungen bietet sich geradezu der in Abschnitt 4.2, S. 209, für konstante Wärmeleitfähigkeit untersuchte Sachverhalt an. Die Voraussetzung $\lambda = \text{const}$ soll aufgegeben und durch $\lambda = \lambda(T)$ ersetzt werden. Die Ausgangsgleichungen für Hauptausführung und Modell lauten dann:

Hauptausführung

$$\frac{\mathrm{d}\left[\lambda(T)\dfrac{\mathrm{d}T}{\mathrm{d}x}\right]}{\mathrm{d}x} - u\varrho c_p \frac{\mathrm{d}T}{\mathrm{d}x} = 0 \tag{58}$$

Randbedingung:

$x = 0,\ T = T_0$

$x \to \infty,\ T = T_\infty$

Modell

$$\frac{\mathrm{d}\left[\lambda'(T')\dfrac{\mathrm{d}T'}{\mathrm{d}x'}\right]}{\mathrm{d}x'} - u'\varrho' c'_p \frac{\mathrm{d}T'}{\mathrm{d}x'} = 0 \tag{59}$$

Randbedingung:

$x' = 0,\ T' = T'_0$

$x' \to -\infty,\ T' = T'_\infty$

Ohne Annahmen über die explizite Temperaturabhängigkeit von λ und λ' läßt sich die weitere Behandlung der Aufgabe nicht durchführen.

Voraussetzung:

$$\begin{aligned} \lambda(T) &= a T^{n} \\ \lambda'(T') &= a' T'^{n'} \end{aligned} \tag{60}$$

Diese Annahme wurde ohne Rücksicht darauf getroffen, ob sie für die Aufgabenstellung sinnvoll ist. Es geht hier lediglich um die grundsätzliche Darstellung eines Falles. Die Festlegung der Temperaturabhängigkeit von λ nach (60) und die Vorgabe der festen Temperaturen T_∞ und T'_∞ durch die Aufgabenstellung erlaubt eine Beziehung der λ-Werte auf diese Temperaturfixpunkte

$$\begin{aligned} \lambda(T) &= \lambda(T_\infty)\left(\frac{T}{T_\infty}\right)^{n} \\ \lambda'(T') &= \lambda'(T'_\infty)\left(\frac{T'}{T'_\infty}\right)^{n'} \end{aligned} \tag{61}$$

Das Einsetzen dieser Beziehungen in die beiden Gln. (58) und (59) ergibt

Hauptausführung:

$$\frac{\mathrm{d}\left[\left(\frac{T}{T_\infty}\right)^{n} \frac{\mathrm{d}T}{\mathrm{d}x}\right]}{\mathrm{d}x} - \frac{u \varrho c_p}{\lambda(T_\infty)} \frac{\mathrm{d}T}{\mathrm{d}x} = 0 \tag{62}$$

Modell:

$$\frac{\mathrm{d}\left[\left(\frac{T'}{T'_\infty}\right)^{n'} \frac{\mathrm{d}T'}{\mathrm{d}x'}\right]}{\mathrm{d}x} - \frac{u' \varrho' c'_p}{\lambda'(T'_\infty)} \frac{\mathrm{d}T'}{\mathrm{d}x'} = 0 \tag{63}$$

mit den obigen Randbedingungen.

Für die dimensionslose Schreibweise beider Gleichungen werden die dimensionslosen Koordinaten

$$\vartheta = \frac{T}{T_\infty} \quad \text{und} \quad \xi = \frac{x}{d}$$

bzw.

$$\vartheta' = \frac{T'}{T'_\infty} \quad \text{und} \quad \xi' = \frac{x'}{d'}$$

eingeführt. Aus (62) und (63) folgt

Hauptausführung:

$$\frac{\mathrm{d}\left(\vartheta^{n} \frac{\mathrm{d}\vartheta}{\mathrm{d}\xi}\right)}{\mathrm{d}\xi} - Pe \frac{\mathrm{d}\vartheta}{\mathrm{d}\xi} = 0 \tag{64}$$

Randbedingung:

$$\xi = 0, \qquad \vartheta = \frac{T_0}{T_\infty}$$

$$\xi \to -\infty, \ \vartheta = 1$$

Modell:

$$\frac{\mathrm{d}\left(\vartheta'^{n'} \frac{\mathrm{d}\vartheta}{\mathrm{d}\xi'}\right)}{\mathrm{d}\xi'} - Pe' \frac{\mathrm{d}\vartheta'}{\mathrm{d}\xi'} = 0 \tag{65}$$

Randbedingung:

$$\xi' = 0, \qquad \vartheta' = \frac{T'_0}{T'_\infty}$$

$$\xi' \to -\infty, \ \vartheta' = 1$$

Pe und Pe' bedeuten

$$\begin{aligned} Pe &= \frac{u \varrho c_p d}{\lambda(T_\infty)} \\ Pe' &= \frac{u' \varrho' c'_p d'}{\lambda'(T'_\infty)} \end{aligned} \tag{66}$$

Durch eine ähnliche Überlegung wie im Abschnitt 4.2 läßt sich zeigen, daß Hauptausführung und Modell unter folgenden Bedingungen einander ähnlich sind

1. $Pe = Pe'$
2. $n = n'$ (67)
3. $T_0/T_\infty = T'_0/T'_\infty$

Während für $\lambda = \text{const}$ lediglich Bedingung 1 zu erfüllen war, werden durch den relativ einfachen Ansatz (60) zwei zusätzliche Bedingungen eingeführt. Von diesen beiden Einschränkungen bedeutet Bedingung 2, daß die Struktur der Temperaturabhängigkeit von λ in Modell und Hauptausführung gleich sein muß. Dazu ist es jedoch nicht erforderlich, daß auch die Konstanten a und a' in (60) gleiche Werte besitzen. Die dritte Bedingung folgt aus den Randbedingungen des Problems. Durch die direkte Proportionalität zwischen λ und der Temperatur ist es nicht mehr möglich, die dimensionslose Temperatur wie in Abschnitt 4.2 durch den Quotienten zweier Temperaturdifferenzen zu definieren. An deren Stelle tritt das einfache Temperaturverhältnis ϑ. Dadurch werden Änderungen in den Randbedingungen bei $\xi = \xi' = 0$ hervorgerufen. Damit die Systeme im früher definierten Sinne ähnlich sind, ist aber erforderlich, daß auch die Randbedingungen gleich sind.

Im Unterschied zu Abschnitt 4.2, wo Θ allein eine Funktion von Pe und ξ war

$$\Theta = \frac{T - T_0}{T_0 - T_\infty} = f(Pe, \xi)$$

gilt bei Berücksichtigung der Temperaturabhängigkeit von λ nach (60)

$$\vartheta = \frac{T}{T_\infty} = f\left(Pe, \xi, n, \frac{T_0}{T_\infty}\right) \tag{68}$$

Die Einführung von $\lambda = \lambda(T)$ schränkt also die durch die dimensionslose Gleichung gelöste Klasse gleichartiger bzw. ähnlicher Probleme erheblich ein. Da die Art der Temperaturabhängigkeit von λ einen ganz erheblichen Einfluß ausübt, läßt sich eine allgemeine Lösung der Frage danach, wie sich die Temperaturabhängigkeit bemerkbar macht, nicht angeben.

Folgende allgemeine Aussagen sind möglich: Temperaturabhängige Stoffwerte schränken die Klasse ähnlicher Systeme erheblich ein, da sich eine Ähnlichkeit nur dann herstellen läßt, wenn die Stoffwerte beider Medien gleichartig von der Temperatur abhängen. Sind die Stoffwerte der Temperatur direkt proportional, so ergibt die Einführung einer dimensionslosen Temperatur als einfaches Temperaturverhältnis gewöhnlich noch eine weitere Einschränkung der Ähnlichkeit über die Randbedingungen.

Die hier skizzierten Schwierigkeiten vergrößern sich noch erheblich, wenn die Gleichungen Prozesse wie chemische Reaktion und Strahlung mit einschließen, die ebenfalls direkt von der absoluten Temperatur abhängen. DAMKÖHLER [3], der sich als erster mit Fragen der Ähnlichkeit in chemischen Reaktionssystemen beschäftigte, zeigte, daß sich unter diesen Bedingungen kaum noch exakte Ähnlichkeit in geometrischer, thermischer und chemischer Hinsicht herstellen läßt. Um dennoch gewisse Aspekte (auf die es besonders ankommt) zwischen Hauptausführung und Modell ähnlich zu gestalten, führt man den Begriff der *partiellen Ähnlichkeit* ein. Der Rahmen dieser Darstellung ist jedoch zu eng, um auf diese interessanten Fragen näher eingehen zu können. Eine gute Einführung in die Problematik der partiellen Ähnlichkeit gibt das „Colloquium on Modeling Principles" [14].

5. Literatur

[1] P. W. BRIDGMAN: Dimensional Analysis, Yale University Press 1931.

[2] J. P. CATCHPOLE, G. FULFORD: Dimensionsless Groups, Ind. Engng. Chem. 58 (1966), 46/60; dieser Aufsatz enthält eine systematische Aufzählung aller bisher in der Literatur verwendeten Kennzahlen.

[3] G. DAMKÖHLER: Einfluß von Diffusion, Strömung und Wärmetransport auf die Ausbeute bei chemisch-technischen Reaktionen, Nachdruck aus „Der Chemie-Ingenieur" Bd. III/1, S. 453/468. Akad. Verlagsges. Leipzig (Nachdruck erschien 1957).

[4] A. A. GUKHAM: Introduction to the Theory of Similarity. Academic Press, New York-London 1965 (Übersetzung).

[5] H. E. HUNTLEY: Dimensional Analysis. Dover Publ. Inc., New York 1967.

[6] D. C. Ipsen: Units, Dimensions and Dimensionsless Numbers. McGraw-Hill, New York 1960.

[7] JOHNSTONE & THRING: Pilot Plants, Models and Scale-Up Methods. McGraw-Hill, New York 1957.

[8] S. J. KLINE: Similitude and Approximation Theory. McGraw-Hill, New York 1965.

[9] H. L. LANGHAAR: Dimensional Analysis and Theory of Models, 8. Aufl. John Wiley & Sons, New York-London-Sidney 1967.

[10] W. MATZ: Anwendung des Ähnlichkeitsgrundsatzes in der Verfahrenstechnik. Springer, Berlin-Göttingen-Heidelberg 1954.

[11] J. PALACIOS: Dimensional Analysis. Macmillan, London 1964.

[12] G. PAWLOSKI: Grundlagen der Ähnlichkeitstheorie und ihre Anwendung in der physikalisch-technischen Forschung (erscheint demnächst bei Springer, Heidelberg).

[13] L. J. SEDOV: Similarity and Dimensional Methods in Mechanics. Academic Press, New York-London 1959.

[14] D. B. SPALDING u. a.: Colloquium on Modeling Principles, IXth Symposium on Combustion, Academic Press New York, London 1963, S. 833 u. f.

Grundlagen der chemischen Reaktionstechnik

Prof. Dr. ir. D. THOENES, Technische Hogeschool Twent, Enschede, Holland

Grundlagen der chemischen Reaktionstechnik

Prof. Dr. ir. D. THOENES, Technische Hogeschool Twent, Enschede, Holland

1. Einführung 216

1.1. Der Begriff „Chemische Reaktionstechnik“ . . . 216

1.2. Charakterisierung von Reaktoren 217

1.3. Reaktorplanung 218

1.4. Überblick über kinetische Prinzipien 219

2. Kontakt von zwei oder mehr Medien in einem Reaktor 220

2.1. Mischer als Reaktionsapparate (Einphasensystem) 220

2.1.1. Mechanismus der Homogenisierung 220
2.1.2. Mischkriterien 221
2.1.3. Mischen von Flüssigkeiten in Behältern . . 222
2.1.4. Mischen in einem Rohr 226
2.1.5. Mischen von Flüssigkeiten in Schlaufen . . 227

2.2. Reaktoren für Gas-Flüssig-Kontakt 227

2.2.1. Auswahl der Kontaktart 227
2.2.2. Blasensäule (mitBodenkolonne S. 230) . . 228
2.2.3. Sprühturm 231
2.2.4. Füllkörperkolonnen 231
2.2.5. Dünnschichtreaktor 232
2.2.6. Rührbehälter für Gas-Flüssig-(oder Flüssig-Flüssig-)Reaktionen 233
2.2.7. Weitere Gas-Flüssig-Kontaktapparate . . . 235

2.3. Reaktoren für Fest-Gas- und Fest-Flüssig-Kontakt 235

2.3.1. Allgemeines 235
2.3.2. Festbett 236
2.3.3. Fließbett (Wirbelschicht) 237
2.3.4. Suspension von Festkörpern in Rührbehältern 239
2.3.5. Reaktoren für Fest-Flüssig-Gas-Kontakt . . 240

3. Stoffübergang und Reaktion 241

3.1. Einleitung 241

3.2. Stoffübergang und Reaktion „hintereinander“ . . 241

3.2.1. Voraussetzungen und Beispiele 241
3.2.2. Gas-Flüssig- und Flüssig-Flüssig-Reaktionen 241
3.2.3. Reaktionen in Gas-Fest- oder Flüssig-Fest-Systemen 243

3.3. Stoffübergang und Reaktion gleichzeitig . . . 243

3.3.1. Grundlegende Gleichungen 243
3.3.2. Reaktion und Diffusion in porösen Katalysatoren 247
3.3.3. Filmtheorie 249
3.3.4. Penetrationstheorie 253

3.4. Mischen und Reaktion in einer Phase 254

4. Wärmeeffekte in Reaktoren 257

4.1. Makro- und Mikro-Wärmegleichgewichte . . 257

4.2. Wärmeübergang zu den Reaktorwänden . . . 257

4.2.1. Allgemeines 257
4.2.2. Rührbehälter 257
4.2.3. Festbetten 259
4.2.4. Wirbelschichten 260

1. Introduction 216

1.1. Chemical Reaction Technology 216

1.2. Characterization of Reactors 217

1.3. Reactor Design 218

1.4. Summary of Kinetic Principles 219

2. Contact of Two or More Media in a Reactor . . 220

2.1. Mixers as Reaction Apparatus (Single Phase System) 220

2.1.1. Mechanism of Homogenization 220
2.1.2. Mixing Criteria 221
2.1.3. Mixing of Liquids in Tanks. 222
2.1.4. Mixing in Tubes 226
2.1.5. Mixing of Liquids in Loops 227

2.2. Reactors for Gas-Liquid Contact 227

2.2.1. Choice Between Types of Dispersion . . . 227
2.2.2. Bubble Column 228
2.2.3. Spray Column 231
2.2.4. Packed Column 231
2.2.5. Wetted Wall Column 232
2.2.6. The Stirred Tank Contactor 233
2.2.7. Other Gas-Liquid Contact Devices 235

2.3. Reactors for Solid-Gas and Solid-Liquid Contact 235

2.3.1. General 235
2.3.2. The Fixed Bed 236
2.3.3. The Fluidized Bed 237
2.3.4. Suspension of Solids in Stirred Tanks . . . 239
2.3.5. Reactors for Solid-Liquid-Gas Contact . . 240

3. Simultaneous Mass Transfer and Reaction . . . 241

3.1. General 241

3.2. Mass Transfer and Reaction in Series 241

3.2.1. General 241
3.2.2. Gas-Liquid and Liquid-Liquid Reactions . 241
3.2.3. Reactions in Gas-Solid or Liquid-Solid Systems 243

3.3. Mass Transfer and Reaction in one Phase . . 243

3.3.1. Fundamental Equations 243
3.3.2. Reaction and Diffusion in Porous Catalysts . 247
3.3.3. Film Theory 249
3.3.4. Penetration Theory 253

3.4. Mixing and Reaction in one Phase 254

4. Heat Effects in Reactors 257

4.1. Macro- and Micro-heat Balances 257

4.2. Heat Transfer through Reactor Walls 257

4.2.1. General 257
4.2.2. Stirred Tanks 257
4.2.3. Fixed Beds 259
4.2.4. Fluidized Beds 260

4.3. Wärmeabführung durch Verdampfen (Siedekühlung) **261**

4.4. Wärmeübergang innerhalb von Reaktoren . . . **262**

4.4.1. Exotherme Fest-Gas-Reaktionen 262

4.4.2. Festbetten und Wirbelschichten 263

4.4.3. Axiales Temperaturprofil in Rohrreaktoren . 263

4.5. Thermische Stabilität von Reaktoren **264**

4.5.1. Allgemeines 264

4.5.2. Adiabatische Reaktoren 264

4.5.3. Gekühlte Reaktoren 265

5. Verweilzeitverteilung, Rückvermischen und Umsatz **266**

5.1. Allgemeines **266**

5.2. Umsatz im diskontinuierlichen Reaktor und im idealen Strömungsrohr **267**

5.2.1. Diskontinuierlicher Reaktor 267

5.2.2. Ideales Strömungsrohr 268

5.3. Umsatz in ideal gemischten kontinuierlichen Reaktoren **268**

5.3.1. Einzelner Reaktor 268

5.3.2. Kaskade gleicher Reaktoren 269

5.3.3. Kaskade ungleicher Reaktoren 269

5.4. Umsatz in vollständig segregierten Reaktoren . . **270**

5.4.1. Begriff der Segregation 270

5.4.2. Vollständig segregierte, aber gut gemischte Reaktoren 270

5.4.3. Vollkommen segregierter Reaktor mit bekannter Verweilzeitverteilungsfunktion . . 271

5.5. Umsatz in Rohrreaktoren **271**

5.5.1. Der Begriff des axialen Vermischens 271

5.5.2. Umsatz in einem Rohrreaktor mit axialer Vermischung 271

5.6. Umsatz in nicht idealen Rührkesseln **272**

6. Selektivität **273**

6.1. Allgemeines **273**

6.2. Definitionen **273**

6.3. Einfluß von Rückvermischen auf die Selektivität **274**

6.3.1. Parallelreaktionen 274

6.3.2. Folgereaktionen 275

6.4. Nicht-ideales Mischen (oder Segregation) und Selektivität **276**

6.4.1. Definition des Problems 276

6.4.2. Segregation und Selektivität bei Parallelreaktionen 276

6.4.3. Segregation und Selektivität bei Folgereaktionen 277

6.5. Stoffübergang in heterogenen Systemen und Selektivität **277**

6.5.1. Allgemeines Problem 277

6.5.2. Stoffübergang und Selektivität bei Parallelreaktionen 278

6.5.3. Stoffübergang und Selektivität bei Folgereaktionen 278

6.6. Einfluß der Reaktorbetriebsweise auf die Selektivität in einem Zweiphasensystem **280**

7. Einige Gesichtspunkte der Prozeßentwicklung . . **281**

7.1. Allgemeines **281**

4.3. Heat Removal by Evaporation (Boiling Cooling) **261**

4.4. Heat transfer within Reactors **262**

4.4.1. Exothermic Solid-Gas Reactions 262

4.4.2. Fixed Beds and Fluidized Beds 263

4.4.3. Axial Temperature Profile in Tubular Reactors 263

4.5. Thermal Stability of Reactors **264**

4.5.1. General Aspects. 264

4.5.2. Adiabatic Reactors 264

4.5.3. Cooled Reactors 265

5. Residence Time Distribution, Back Mixing and Conversion **266**

5.1. General **266**

5.2. Conversion in a Batch Reactor and in an Plug-flow Reactor **267**

5.2.1. Batch Reactor 267

5.2.2. The Plug-flow Reactor 268

5.3. Conversion in Perfectly Mixed Continuous Reactors **268**

5.3.1. Single Reactor 268

5.3.2. Cascade of Equal Reactors 269

5.3.3. Cascade of Unequal Reactors 269

5.4. Conversion in Completely Segregated Reactors **270**

5.4.1. Segregation 270

5.4.2. Completely Segregated but Well Mixed Reactors 270

5.4.3. Fully Segregated Reactor with Known Residence Time Distribution Function 271

5.5. Conversion in Tube Reactors **271**

5.5.1. Axial Mixing 271

5.5.2. Conversion in Tube Reactors with Axial Mixing. 271

5.6. Conversion in Non-Ideally Mixed Reactors . . **272**

6. Selectivity **273**

6.1. General **273**

6.2. Definitions **273**

6.3. Influence of Return Mixing on Selectivity. . . **274**

6.3.1. Parallel Reactions 274

6.3.2. Consecutive Reactions 275

6.4. Non-Ideal Mixing (or Segregation) and Selectivity **276**

6.4.1. Definition of the Problem 276

6.4.2. Segregation and Selectivity in Parallel Reactions. 276

6.4.3. Segregation and Selectivity in Consecutive Reactions 277

6.5. Mass Transfer in Heterogeneous Systems and Selectivity **277**

6.5.1. General Problem 277

6.5.2. Mass Transfer and Selectivity in Parallel Reactions 278

6.5.3. Mass Transfer and Selectivity in Consecutive Reactions 278

6.6. Influence of Reactor Operation on Selectivity in Two-Phase Systems **280**

7. Aspects of Process Development **281**

7.1. General **281**

7.2. Analyse chemischer Reaktionen **282**
7.2.1. Fest-Flüssig- und Fest-Gas-Reaktionen . . 282
7.2.2. Flüssig-Flüssig- und Gas-Flüssig-Reaktionen 283

7.3. Wahl des Reaktortyps **284**
7.3.1. Einführung 384
7.3.2. Bedeutung des Wärmeübergangs für die Reaktorwahl 284
7.3.3. Bedeutung des Stoffübergangs für die Wahl des Reaktortyps 285
7.3.4. Bedeutung des Umsatzes und der Selektivität für die Wahl des Reaktortyps 286

7.4. Entwurf größerer Reaktoren **286**

7.5. Optimierung **287**
7.5.1. Optimierung von Entwürfen 287
7.5.2. Optimierung bestehender Anlagen 289

8. Literatur **289**

7.2. Analysis of Chemical Reactions **282**
7.2.1. Solid-Liquid and Solid-Gas Reactions . . . 282
7.2.2. Liquid-Liquid and Gas-Liquid Reactions . 283

7.3. Choice of Reactor Type **284**
7.3.1. Introduction 284
7.3.2. The Role of Heat Transfer for the Choice of Reactor 284
7.3.3. The Role of Mass Transfer for the Choice of Reactor Type 285
7.3.4. The Role of Conversion and Selectivity for the Choice of Reactor Type 286

7.4. Design of Larger Reactors **286**

7.5. Optimization **287**
7.5.1. Optimization of Designs 287
7.5.2. Optimization of Exisiting Plants 289

8. Literature **289**

Symbolliste

Hier werden nur Symbole aufgeführt, die mehrfach vorkommen. Weitere Symbole werden im Text erläutert.

A	Fläche	[m²]
Bo	BODENSTEIN-Zahl	
C_p	spezifische Wärme (bei konstantem Druck)	[J/kg °C]
c	Konzentration	[mol/m³]
D	Diffusionskoeffizient	[m²/s]
D_e	effektiver Diffusionskoeffizient, vgl. Gl. (3.3.2–1)	[m²/s]
D_m	Mischungskoeffizient	[m²/s]
d	Durchmesser oder Dicke	[m]
d_p	Teilchen- oder Blasendurchmesser	[m]
d_t	Behälterdurchmesser	[m]
E	Aktivierungsenergie	[J/mol]
F	Verweilzeitverteilungsfunktion	
F	Fläche	[m²]
f	Reibungsfaktor	
f	chemischer Steigerungsfaktor, vgl. S. 254	
f_0	durch Gl. (3.3.3–7) definierter Faktor	
g	Erdbeschleunigung	[m/s²]
H	Enthalpie	[J/mol]
h	Höhe	[m]
I_s	Inhomogenitätsintensität	
J	Massenflußdichte	[mol/m² s]
K_n	durch Gl. (3.3.3–23) definierte Geschwindigkeitskonstante	[m/s]
k_1	Geschwindigkeitskonstante von Reaktionen erster Ordnung	[1/s]
k_m	Stoffübergangskoeffizient	[m/s]
k_n	Reaktionsgeschwindigkeitskonstante	$[\text{mol}^{1-n}/\text{m}^{3(1-n)}\ \text{s}]$
k_s	Geschwindigkeitskonstante von Oberflächenreaktionen erster Ordnung	[m/s]
Le	LEWIS-Zahl	
l	Länge	[m]
l_s	Inhomogenitätsabstand	[m]
m	Verteilungs(Gleichgewichts)-koeffizient	
Nu	NUSSELT-Zahl	
n	Reaktionsordnung	
n	Umdrehungszahl	[1/s]
P	Leistungsbedarf	[W]
Pr	PRANDTL-Zahl	
p	Druck	[kg/m s²]
Q	Wärmefluß	[W/m²]
R	Gaskonstante	[J/mol K]
Re	REYNOLDS-Zahl	
r	Reaktionsgeschwindigkeit	[mol/m³ s]
r	Koordinate	[m]
S	spezifische Phasengrenzfläche (vgl. S. 230)	[1/m]
S_v	spezifische innere Oberfläche von Katalysatorteilchen (pro Volumeneinheit des Reaktors)	[1/m]
Sc	SCHMIDT-Zahl	
Sh	SHERWOOD-Zahl	
s	Geschwindigkeitskonstante der Oberflächenerneuerung, vgl. S. 253	[1/s]
T	Temperatur	[K oder °C]
T_0	Temperatur an Grenzflächen	[K oder °C]
t	Zeit	[s]
V	Volumen	[m³]
v*)	Strömungsgeschwindigkeit	[m/s]
v_0*)	mittlere Strömungsgeschwindigkeit im leeren Rohr = Φ_v/A	[m/s]
x, y, z	Koordinaten	[m]
α	Wärmeübergangszahl (Wärmeübergangskoeffizient)	[W/m² °C]
γ	Konzentrationsgradient bei $x = l$	[mol/m⁴]
γ	Selektivitätsparameter, vgl. Gl. (6.3.1–10)	
δ	Filmdicke	[m]
ε	Anteil des freien Raumes oder Porosität	
ε	Volumenanteil einer Phase in einem Phasengemisch	
ε	relative Volumenzunahme, vgl. Gl. (5.2.1–10)	
η	Viskosität	[kg/m s]
η	Effektivitätsfaktor, vgl. Gl. (3.3.2–7)	
η	Selektivität, vgl. Gl. (6.2–12)	
ζ	Umsatzhöhe	
$\varkappa$	Selektivitätsparameter, vgl. Gl. (6.3.2–7)	
λ	Wärmeleitfähigkeit	[W/m °C]
ν*)	kinematische Viskosität	[m²/s]

* Das kursive v ist nicht mit dem griechischen ν zu verwechseln!

ϱ	Dichte	[kg/m³]
σ	Oberflächenspannung	[kg/s²]
τ	Zeit	[s]
τ	Verweilzeit	[s]
τ_m	Mischzeit	[s]
τ_m	mittlere Verweilzeit	[s]
Φ_m	Massenfluß	[mol/s oder kg/s]
Φ_v	Volumendurchsatz	[m³/s]
φ	HATTA-Zahl oder THIELE-Modul, vgl. Gl. (3.3.1—17) und S. 247 und 250	
φ	Selektivitätsparameter, vgl. Gl. (6.3.1—9)	
ψ	Verhältnis von Film- zu Kernvolumen, vgl. Gl. (3.3.3—2)	

Indices:

a	in axialer Richtung
g	Gasphase
l	flüssige Phase
o	an Grenzflächen; im leeren Rohr; zu Beginn
r	in radialer Richtung
s	Feststoffe oder an festen Oberflächen
1	im Kern; nach einer Reaktion, z. B. im Reaktorausgang

1. Einführung

1.1. Der Begriff „Chemische Reaktionstechnik“

Im Laboratorium und in industriellen Anlagen werden chemische Reaktionen unter sehr verschiedenen Bedingungen und in sehr verschiedenen Apparaten ausgeführt. Lange Zeit wurde daher die Reaktionsapparatur als ein spezifisches Problem für jede chemische Reaktion angesehen und für jeden speziellen Prozeß ein spezieller Anlagentyp entwickelt. Wohlbekannte Beispiele sind die Koksöfen und Hochöfen sowie das Bleikammer-Verfahren für Schwefelsäure. Ein ungeheurer experimenteller Aufwand war erforderlich, um die optimalen Bedingungen für jede einzelne Reaktion zu finden.

In den letzten drei Jahrzehnten hat die Zahl der chemischen Prozesse, die jährlich in den technischen Maßstab übertragen werden, stark zugenommen. Dementsprechend hat sich die Entwicklungszeit für ein Verfahren stark verkürzt. Während z. B. der Hochofenprozeß im Lauf von Jahrhunderten entwickelt wurde, gibt es heute große industrielle Anlagen, die auf chemischen Reaktionen beruhen, welche vor 10 Jahren praktisch unbekannt waren.

Der Übertragungsvorgang ist Inhalt eines Forschungsgebietes, das man als „Prozeßentwicklung“ bezeichnen kann. Prozeßentwicklung ist ein systematischer Weg, um aus experimentellen Untersuchungen und numerischen Berechnungen Unterlagen zu gewinnen, welche die Planung und den Bau industrieller Anlagen erlauben.

Die Prozeßentwicklung basiert vor allem auf den Fortschritten der chemischen Verfahrenstechnik. Ein erster Schritt war das Konzept der Grundoperationen (unit operations); ihre Untersuchung zwischen den beiden Weltkriegen hat wesentlich zur Verallgemeinerung physikalischer Prozesse beigetragen, welche in der Verfahrenstechnik eine Rolle spielen. Die sich daran anschließenden Untersuchungen über physikalische Transportphänomene nach dem Zweiten Weltkrieg hat zu einem besseren Verständnis der Grundoperationen geführt. In den folgenden Jahren zeigte sich dann, daß die gefundenen Gesetzmäßigkeiten auch auf die Vorgänge in chemischen Reaktoren anwendbar sind. Der wesentliche Unterschied zwischen der Verfahrenstechnik (im üblichen Sinn) und der Reaktionstechnik besteht nur darin, daß der Wärme- und Stofftransport mit chemischen Reaktionen gekoppelt ist.

Der Begriff „Chemische Reaktionstechnik“ (Chemical reaction engineering) kam Mitte der fünfziger Jahre auf. Man versteht darunter die allgemeinen verfahrenstechnischen Prinzipien, die auf eine beliebige chemische Reaktion anwendbar sind. Ziel der chemischen Reaktionstechnik ist die Entwicklung technischer Reaktoren. Hierzu ist einerseits die genaue Analyse chemischer Reaktionssysteme erforderlich und andererseits die Übertragung von Reaktionen aus einem kleineren in einen größeren Maßstab (Scaling up). Die chemische Reaktionstechnik ist daher sowohl auf Laboratoriumsuntersuchungen als auch auf betriebliche Untersuchungen angewiesen. Gegenstand der Untersuchung ist in jedem Fall eine quantitative Beschreibung der komplexen physikalischen und chemischen Prozesse, die in einem Reaktor stattfinden.

Geschichtliches; zusammenfassende Literatur. Nach 1935 wurden die ersten Arbeiten über den Einfluß der Strömung, des Mischens, der Verweilzeitverteilung und des Stoff- und Wärmeübergangs auf chemische Reaktionen veröffentlicht (s. z. B. DAMKÖHLER, [D 11]). Umfassende Darstellungen dieser „makrokinetischen“ Gesichtspunkte erschienen erst nach dem Zweiten Weltkrieg. 1957 kann man als den Beginn einer systematischen Entwicklung der chemischen Reaktionstechnik ansehen. Die wesentlichen Prinzipien dieser neuen Forschungsrichtung wurden von VAN KREVELEN, KRAMERS, WICKE, DANCKWERTS, DENBIGH und VAN HEERDEN klar formuliert [P 1].

In den folgenden Jahren erschienen mehrere zusammenfassende Bücher über die chemische Reaktionstechnik, die heute noch viel benutzt werden, z. B. BRÖTZ 1959 [B 1], LEVENSPIEL 1962 [L 1], KRAMERS, WESTERTERP 1963 [K 2], DENBIGH 1965 [D 1] und ARIS 1965 [A 1].

Die wichtigsten Fortschritte, die seither gemacht wurden, sind folgende:

a) Erweiterung der experimentellen Kenntnisse über die physikalischen Prozesse, wie Mischen, Dispergieren und Fluidisieren, die zur Erzielung eines Kontaktes zwischen zwei Phasen verwendet werden. Vgl. z. B. UHL, GRAY: Mixing [U 1], VALENTIN: Absorption in gasliquid dispersions [V 1], Internat. Symposium on Fluidization [P 4].

b) Gründliche Untersuchungen über den gleichzeitigen Ablauf von Stofftransport und chemischer Reaktion bei der Absorption, Katalyse usw., vgl. z. B. ASTARITA: Mass transfer with chemical reaction [A 2], PETERSEN: Chemical reaction analysis [P 2], DANCKWERTS: Gasliquid Reactions [D 2], SATTERFIELD: Mass Transfer in heterogeneous catalysis [S 2].
c) Mathematische Untersuchungen über die thermische Stabilität exothermer Reaktoren, vgl. z. B. ARIS: The optimal design of chemical reactors [A 3].
d) Untersuchung der Selektivität in Zusammenhang mit Transportphänomenen, vgl. z. B. RIETEMA: Segregation in liquid-liquid dispersions and its effect on chemical reactions [R 1].

1.2. Charakterisierung von Reaktoren

Um die Reaktion in Gang zu bringen, wird im allg. eine der folgenden Maßnahmen ergriffen:

a) Die Reaktionsteilnehmer A und B, die ursprünglich getrennt waren, werden im Reaktor miteinander in Kontakt gebracht.
b) Die Reaktanten werden im voraus bei einer Temperatur gemischt, die genügend niedrig ist, um eine chemische Reaktion auszuschließen. Die erforderliche Energie, um die Reaktion in Gang zu bringen, wird dem Reaktor zugeführt.
c) Die Reaktanten werden wieder im voraus bei einer Temperatur gemischt, die genügend niedrig ist, um eine chemische Reaktion auszuschließen. Sie werden im Reaktor mit einem Katalysator in Kontakt gebracht, der die erforderliche Energie, um die Reaktion zu starten, reduziert; die Reaktion findet nur in Gegenwart des Katalysators statt.

Daraus geht hervor, daß eines der wesentlichen Merkmale eines Reaktors ein Transport von Materie oder Energie ist. Um die Reaktion im Beispiel a) zu ermöglichen, müssen die Reaktanten gemischt werden oder sie müssen ineinander diffundieren. Beim Beispiel b) ist der Reaktionsmischung Energie zuzuführen. Beim Beispiel c) ist die Reaktionsmischung mit dem Katalysator in Kontakt zu bringen, was einen Transport von Materie aus der fluiden Phase zum Katalysator und umgekehrt bedeutet.

Makro- und Mikrokinetik. Die Geschwindigkeit chemischer Prozesse wird nicht nur durch die „chemische Kinetik" bestimmt, sondern auch durch die Kinetik der verschiedenen Transportphänomene. Bei den unter a – c angegebenen Bedingungen kann die Geschwindigkeit des Gesamtprozesses durch die Geschwindigkeit folgender Transportphänomene bestimmt werden:

Mischen und Diffusion,
Wärmeübergang,
Stoffübergang zwischen Prozeßstrom und Katalysator.

FRANK-KAMENETSKII war der erste, der zwischen „Makro"- und „Mikro-Kinetik" unterschieden hat. Der Ausdruck Mikrokinetik bezieht sich auf die Reaktion zwischen Molekülen, er ist also mit der Kinetik im chemischen Sinn identisch. Der Ausdruck Makrokinetik bezieht sich auf die Kinetik der physikalischen Transportphänomene, wie Diffusion, Stoffübergang, Wärmeleitung, Wärmeübergang, Mischen, Fließvorgänge usw.

Bei einer quantitativen Beschreibung der Geschwindigkeit eines chemischen Prozesses müssen die Mikro- und die Makrokinetik berücksichtigt werden. Die Mikrokinetik ist von den Größenverhältnissen unabhängig, sie hängt nur von den Eigenschaften der Reaktionsteilnehmer und von den Reaktionsbedingungen wie Temperatur und Druck ab. Die Makrokinetik wird dagegen sehr wesentlich durch die Prozeßausmaße bestimmt. Z. B. kann es ganz unmöglich sein, einen Kessel mit einem Inhalt von 20 m^3 Flüssigkeit so gut zu rühren wie einen Kolben, der nur einen halben Liter derselben Flüssigkeit enthält. Die Gesamtheit der Reaktionsbedingungen ist daher bei verschiedenen Reaktorgrößen im allg. verschieden. Um die Leistungsfähigkeit eines industriellen Reaktors vorauszusagen, muß man daher nicht nur die Reaktion in kleinem Maßstab analysieren und den Einfluß von Druck, Temperatur usw. untersuchen, sondern auch die Abhängigkeit der Transportphänomene von der Größe des Prozesses ermitteln. Häufig ist es dabei notwendig, die Transportphänomene gesondert, ohne gleichzeitigen Ablauf einer chemischen Reaktion zu untersuchen.

Reaktor als Fließsystem. Im Laboratorium wird ein Reaktor häufig als ein geschlossenes System betrieben. Man gibt alle Reaktanten zu und erhitzt die Reaktionsmischung, bis die Reaktion anläuft. Nach beendeter Reaktion werden die Reaktionsprodukte aus dem Reaktor herausgenommen. Einen nach diesem Prinzip betriebenen Reaktor bezeichnet man als diskontinuierlichen Reaktor (batch reactor). In der Praxis wird er z. B. in der Farbstoffindustrie und Kunstharzindustrie verwendet. Meistens werden dem Reaktor ein oder mehrere Reaktionsteilnehmer während des Betriebes zugeführt und gleichzeitig auch ein oder mehrere Reaktionsprodukte aus dem Reaktor entfernt. Wenn alle Fließvorgänge in Größe und Zusammensetzung konstant sind und wenn die Reaktionsbedingungen zeitlich konstant bleiben, hat man einen vollkontinuierlichen Reaktor. Schließlich können einige Reaktanten und Reaktionsprodukte auch kontinuierlich zu- und abgeführt werden, während eine andere Phase konstant im Reaktor verbleibt. Diese Verfahrensweise wird als halbkontinuierlich bezeichnet. Sie ist eine im Laboratorium durchaus übliche Methode. Auch in der Industrie wird sie gelegentlich angewandt, vor allem wenn die zurückgehaltene Phase ein Feststoff ist, der nur von Zeit zu Zeit ersetzt wird. Um die Prozeßüberwachung zu vereinfachen, ist man allgemein bestrebt, zu vollkontinuierlichen Verfahren überzugehen.

Für jeden mit einem Fließvorgang verbundenen Reaktor gibt es ein sehr wichtiges Merkmal, die *Verweilzeitverteilung*. Bei pfropfenähnlichem Fließverhalten („plug flow", „Kolbenfluß") ist die Verweilzeitverteilung sehr eng, alle Volumenelemente bleiben etwa die gleiche Zeit im Reaktor. Eine derartige Situation ist bei einem festen Katalysatorbett gegeben, das von einem Gas mit genügender Geschwindigkeit durchströmt wird, wenn die Höhe und der Durchmesser des Bettes sehr groß sind verglichen mit dem Durchmesser der Katalysatorpartikel. Wenn dagegen eine Flüssigkeit durch einen gut gerührten Reaktor fließt, so ist die Verweilzeitverteilung breit. Einige Volumenelemente verlassen den Reaktor kurz nach ihrem Eintritt, während andere lange Zeit im Reaktor zirkulieren, bevor sie ihn verlassen.

Die Verweilzeitverteilung wird im allg. als Verteilungsfunktion graphisch dargestellt, aus der man die Verteilung der aus dem Reaktor austretenden Teilchen auf die verschiedenen Verweilzeiten ablesen kann (Näheres s. Abschnitt 5.1).

Abgesehen von der Art des Reaktors hängt die Verweilzeitverteilung auch von der Mischintensität oder von Trenneffekten ab.

Verweilzeitverteilung und Mischintensität sind bis zu einem gewissen Grad unabhängige Variablen. Wenn eine Flüssigkeit gut gerührt wird, so ergibt sich eine gewisse Breite der Verweilzeit. Andererseits bedeutet eine gewisse Breite der Verweilzeitverteilung nicht immer, daß die Flüssigkeit gut gerührt ist. Vielmehr kann auch ein Trenneffekt vorliegen, der durch eine disperse Phase oder eine sehr viskose Lösung verursacht wird.

Ein weiteres Merkmal eines Fließvorganges durch einen Reaktor ist schließlich die *relative Richtung* der verschiedenen Ströme. Die hauptsächlichen Möglichkeiten sind Gleichstrom, Gegenstrom und Kreuzstrom.

Reaktoren als Kontaktapparate. Ein Reaktor hat ganz allgemein die Aufgabe, die Reaktionsteilnehmer in Kontakt zu bringen. Liegen die Reaktionsteilnehmer in mischbaren Phasen vor, so tritt der Kontakt automatisch beim Zusammengeben beider Komponenten ein. Allgemein wird in diesem Fall gefordert, daß die Komponenten gut vermischt werden, der Reaktor hat dann in erster Linie die Funktion eines Mischers.

Häufig sind die Reaktionsteilnehmer jedoch in nicht mischbaren Phasen enthalten. Der Reaktor hat dann hauptsächlich die Aufgabe, einen Phasenkontakt herzustellen. Entsprechend der Natur der Phasen kann er z. B. die Form eines Extraktionsapparates, eines Gasabsorbers oder einer Adsorptionskolonne besitzen. Diese Vorrichtungen haben das gemeinsame Merkmal, daß gewöhnlich eine Phase in der andern fein verteilt wird. Wenn die dispergierte Phase ein Gas oder eine Flüssigkeit ist, findet die Dispersion im allg. im Reaktor statt. Der Reaktor hat dann zwei Funktionen: Zerteilung und Suspension. Wenn die dispergierte Phase ein Feststoff ist, so ist die Zerteilung, also der Malprozeß, oder die Pelletisierung im allg. ein gesonderter Vorgang. Der Reaktor hat nur die Funktion, eine Suspension herzustellen oder einen Gas- oder Flüssigkeitsstrom über die stationäre feste Phase zu leiten.

Zweiphasen-Reaktoren, in denen keine der Phasen dispergiert ist, sind selten. Ein Beispiel hierfür ist der Dünnschichtabsorber, der gelegentlich für Laboratoriumsuntersuchungen und mitunter auch in der industriellen Praxis verwendet wird.

Ein neuer Aspekt ergibt sich, wenn bei der Reaktion ein Produkt entsteht, das sich als neue Phase abtrennt. Bei Reaktionen in flüssiger Phase kann sich z. B. ein Gas entwickeln oder ein Feststoff kann ausfallen. Diese Phänomene entsprechen der Verdampfung und der Kristallisation. Bei Reaktionen in Gasphase kann eine flüssige oder feste Phase entstehen, in Analogie zur Kondensation oder Desublimation.

In diesen Fällen dient der Reaktor nicht nur als Kontaktapparat, sondern auch als Trennvorrichtung, vor allem, wenn die neu gebildete Phase ein Gas ist, das aus einer Flüssigkeit entweicht. Feste Niederschläge werden gewöhnlich in Suspension gehalten und erst außerhalb des Reaktors abgetrennt, obgleich auch Beispiele dafür bekannt sind, daß der Feststoff innerhalb des Reaktors auf einem Filter zurückgehalten wird.

1.3. Reaktorplanung

Der erste Schritt beim Entwurf eines neuen Reaktors ist die Wahl des geeigneten Reaktortyps. Diese Auswahl ist eine der schwierigsten Aufgaben der chemischen Reaktionstechnik. Man muß dazu mehrere Reaktoren von verschiedenem Typ entwerfen und einen quantitativen Vergleich machen. Häufig ist es nicht angebracht, denselben Reaktortyp für viel größere Ausmaße beizubehalten, z. B. einen Rührkolben mit 1 l Inhalt in einen Rührbehälter von 50 m^3 Inhalt zu übertragen. Es ist dann durchaus möglich, daß ein völlig anderer Reaktortyp, z. B. eine Blasensäule oder eine Reihe kleiner Reaktoren, die optimale Lösung ist.

Beim Entwurf eines industriellen Reaktors gibt es eine externe Variable, die im voraus bekannt sein muß, die Produktionskapazität. Sie ist, zusammen mit den kinetischen Daten, die durch Analyse des gegebenen Reaktors erhalten wurden, die Basis für den Entwurf des neuen Reaktors. Häufig sind nur wenig Daten vorhanden, um den neuen Reaktor in allen Einzelheiten quantitativ zu planen. In diesem Fall wird man zuerst einen Versuchsreaktor bauen, der vom selben Typ wie der zukünftige industrielle Reaktor und von derselben Größenordnung wie der gegebene Laboratoriumsreaktor ist. Im allg. verläuft die Entwicklung eines Reaktors daher in zwei Phasen, in der ersten Phase wird ein kontinuierlicher kleiner Reaktor entwickelt, der unter denselben Bedingungen wie der zukünftige Reaktor betrieben wird, und in der zweiten Phase wird der kontinuierliche Versuchsreaktor in den endgültigen Reaktor übertragen.

Die experimentellen Ergebnisse, die mit einem ersten industriellen Reaktor erhalten werden, können wieder dazu verwendet werden, weitere industrielle Reaktoren zu konstruieren.

Ökonomische Gesichtspunkte bei der Reaktorentwicklung. Im allg. kann man eine Reaktion unter den verschiedensten Bedingungen ablaufen lassen. Im Laboratorium werden die Bedingungen meistens so gewählt, daß ein maximaler Umsatz und eine maximale Ausbeute erhalten werden. In der industriellen Praxis sind die Verhältnisse anders. Hoher Umsatz und hohe Ausbeute sind zwar auch erwünscht, sie müssen aber in einem vernünftigen Verhältnis zu den Kosten stehen. Allgemein gesehen reduziert ein hoher Umsatz die Kosten, die zur Isolierung der Reaktionsprodukte aus dem Reaktionsmedium erforderlich sind; andererseits erfordert er einen größeren Reaktor. Es kann daher wirtschaftlicher sein, einen kleineren Reaktor zu verwenden und mehr für die Trennung der Reaktionsprodukte aus dem Reaktionsmedium auszugeben.

Geringe Ausbeute bedeutet einen höheren Verbrauch von Rohmaterial und, was noch schwerwiegender sein kann, die Produktion von Nebenprodukten, die einen negativen Wert darstellen können. Daher werden häufig Bedingungen gewählt, die eine hohe Ausbeute liefern, auch wenn ein relativ geringer Umsatz erzielt wird und die Kosten für die Trennung daher hoch sind.

Wichtig ist, daß die ökonomische Bedeutung der Ausbeute praktisch unabhängig von der Größe des Prozesses ist, während die Kosten aller Verfahrensschritte pro Mengeneinheit des Produktes abnehmen, wenn die Prozeßausmaße zunehmen. Die optimalen ökonomischen Bedingungen sind daher bei verschiedenen Prozeßausmaßen verschieden. Im allg. strebt man bei großen Anlagen höhere Ausbeuten an.

Die wirtschaftlichen Gesichtspunkte führen dazu, daß die Untersuchungen im Laboratorium als Vorstufe für die Prozeßentwicklung unter Bedingungen ausgeführt werden müssen, die ganz verschieden von den Bedingungen für normale Laboratoriumsuntersuchungen sind.

1.4. Überblick über kinetische Prinzipien

Der quantitativen Behandlung der chemischen Reaktionstechnik liegen kinetische Prinzipien zugrunde, die an anderer Stelle näher behandelt werden. Die wichtigsten sind folgende:

a) Die chemische Kinetik homogener und heterogener Reaktionen (vgl. ds. Bd., S. 161). Sie wird durch Reaktionsgeschwindigkeitsgleichungen dargestellt.

b) Die Kinetik des Stoffübergangs (vgl. ds. Bd., S. 133). Drei Begriffe werden verwendet, um den Stoffübergang zu beschreiben:
   der molekulare Diffusionskoeffizient,
   die Stoffübergangszahl,
   der Misch-(oder Dispersions-)Koeffizient.

c) Die Kinetik des Wärmeübergangs (vgl. ds. Bd., S. 119). Zwei Begriffe genügen im allg., um den Wärmeübergang zu beschreiben:
   die Wärmeleitzahl,
   die Wärmeübergangszahl.

Hier folgen einige Grundgleichungen, auf die im späteren Text zurückgegriffen wird.

Chemische Geschwindigkeitsgleichungen. Die Geschwindigkeit einer Reaktion, an der zwei Komponenten A und B teilnehmen, kann allgemein durch folgende Gleichung ausgedrückt werden:

$$r = k_{n+m} c_A^n c_B^m \qquad (1.4-1)$$

r ist die Reaktionsgeschwindigkeit, ausgedrückt in Masseneinheiten (oder Molen) pro Volumeneinheit und Zeiteinheit, n und m sind die Reaktionsordnungen hinsichtlich A und B, und k_{n+m} ist die chemische Geschwindigkeitskonstante.

Die oft übliche Bezeichnung $\mathrm{d}c/\mathrm{d}t$ für die Reaktionsgeschwindigkeit ist nicht korrekt. $\mathrm{d}c/\mathrm{d}t$ gibt eine Konzentrationsänderung mit der Zeit an und ist mit der Reaktionsgeschwindigkeit nur unter sehr spezifischen Bedingungen identisch:

Dem Reaktor fließt kein Stoff zu und aus dem Reaktor fließt kein Stoff ab.
Das Volumen der Reaktionsmischung ändert sich nicht mit der Zeit.

In einigen Fällen wird die Reaktionsgeschwindigkeit praktisch nur durch die Konzentration einer Komponente bestimmt. Gleichung (1.4−1) geht dann über in

$$r = k_n c^n \qquad (1.4-2)$$

Die Geschwindigkeitskonstante k_n einer Reaktion n-ter Ordnung hat die Dimension: $\mathrm{mol}^{1-n}/\mathrm{m}^{3(1-n)}\,\mathrm{s}$.

Für Reaktionen erster Ordnung ist die Reaktionsgleichung einfach:

$$r = k_1 c \qquad (1.4-3)$$

Dieser Fall ist in der Praxis häufig anzutreffen, besonders im Gebiet hoher Umsetzung: Die Konzentration der im Unterschuß vorliegenden Komponente ist der begrenzende Faktor. Die Geschwindigkeitskonstante k_1 hat die Dimension 1/s.

Chemische Reaktionsgeschwindigkeiten hängen in hohem Maß von der Temperatur ab. Diese Abhängigkeit kann durch

$$k_n = k_{n_0} \cdot \mathrm{e}^{-E/RT} \qquad (1.4-4)$$

beschrieben werden, wobei T die Temperatur in °Kelvin, R die Gaskonstante und E die Aktivierungsenergie pro Mol ist; k_{n_0} ist eine Konstante.

Große praktische Bedeutung haben Reaktionen, die an festen Oberflächen stattfinden. Die Geschwindigkeit solcher Reaktionen ist ganz allgemein der Oberflächengröße proportional. Die Konzentration c'_A der adsorbierten Komponente ist eine Funktion der Konzentration c_A in der kontinuierlichen Phase, die der Oberfläche benachbart ist. Die Feststoffoberfläche pro Volumeneinheit des Reaktors sei S, die Anzahl der zur Adsorption zur Verfügung stehenden Stellen N (Mole pro Flächeneinheit), der Anteil dieser Stellen, die durch Moleküle A besetzt sind Θ_A und die Adsorptions- und Desorptionsgeschwindigkeitskonstante k_a bzw. k_d. Die Konzentration c'_A ist dann gegeben durch:

$$c'_A = \Theta_A N \cdot S \qquad (1.4-5)$$

und die Geschwindigkeit einer Reaktion erster Ordnung durch

$$r = k_1 \Theta_A N \cdot S \qquad (1.4\text{—}6)$$

Diese Geschwindigkeit ist gleich der Differenz von Adsorptions- und Desorptionsgeschwindigkeit:

$$r = k_a c_A (1 - \Theta_A) N \cdot S - k_d \Theta_A N \cdot S \qquad (1.4-7)$$

Die letzte Gleichung beschreibt die Adsorption als einen Prozeß zweiter Ordnung und die Desorption als einen Prozeß erster Ordnung. Eliminierung der unbekannten Größe Θ_A aus (1.4—6) und (1.4—7) führt zu:

$$r = \frac{k_1 k_a N S c_A}{k_1 + k_a c_A + k_d} \qquad (1.4-8)$$

Wenn der zweite Term im Nenner verhältnismäßig groß ist, vereinfacht sich die Gleichung zu:

$$r = k_1 S \cdot N \text{ oder } r = k_0 S \qquad (1.4-9)$$

In diesem Fall ist die Reaktion 0-ter Ordnung.

In vielen Fällen ist der zweite Term relativ klein, so daß Gleichung (1.4—8) übergeht in:

$$r = \frac{k_1 k_a N}{k_1 + k_d} \cdot S c_A \text{ oder } r = k_s S c_A \qquad (1.4-10)$$

Diese Gleichung zeigt, daß die Geschwindigkeit von Reaktionen erster Ordnung an festen Oberflächen der Größe der Oberfläche proportional sein kann. Die Geschwindigkeitskonstante k_s erster Ordnung hat die Dimension m/s.

Kinetik des Stoffübergangs. Der Diffusionskoeffizient D einer Mischung von Komponente A und B ist definiert durch:

$$J_A = -D \frac{\partial c_A}{\partial x} \text{ oder } J_B = -D \frac{\partial c_B}{\partial x} \qquad (1.4-11)$$

J ist die Massenflußdichte, ausgedrückt in Masseneinheiten (oder Molen) pro Oberflächen- und Zeiteinheit. Auf Grund der Massenbilanz folgt, daß der Diffusionskoeffizient von A und B gleich sein muß.

Wenn der Transportprozeß nicht nur auf Molekulardiffusion, sondern auch auf Transport durch Wirbelströme oder durch Hauptströme (s. u.) beruht, die von einer Verweilzeitverteilung begleitet sind, so kann der tatsächliche Transport durch

$$J = -D_m \frac{\partial c}{\partial x} \qquad (1.4-12)$$

beschrieben werden, wobei D_m ein Mischungs-, Dispersions- oder Wirbeldiffusionskoeffizient ist.

Sind die Konzentrationsprofile unbekannt, aber die Konzentrationen in zwei Punkten bekannt, so beschreibt man den Transportprozeß meistens durch die Stoffübergangszahl k_m

$$J = k_m |c_0 - \bar{c}| \qquad (1.4-13)$$

c_0 ist gewöhnlich die Konzentration an einer Phasengrenze und $\bar{c}$ die mittlere Konzentration im fließenden Medium, weit genug von der Grenzfläche entfernt.

Kinetik des Wärmeübergangs. Der Wärmeübergang durch ein ruhendes Medium kann durch die Wärmeleitzahl λ des Mediums beschrieben werden, die nur wenig von der Temperatur abhängt:

$$Q = -\lambda \frac{\partial T}{\partial x} \qquad (1.4-14)$$

Q ist der Wärmefluß (Energieeinheiten pro Oberflächen- und Zeiteinheit).

In fließenden Medien sind die Temperaturprofile häufig unbekannt, nur die Temperatur T_0 an einer Grenzfläche und die mittlere Temperatur $\bar{T}$ des fließenden Mediums sind bekannt. Die Wärmeübergangszahl α ist hier definiert durch

$$Q = \alpha |T_0 - \bar{T}|$$

2. Kontakt von zwei oder mehr Medien in einem Reaktor

2.1. Mischer als Reaktionsapparate (Einphasensystem)*)

2.1.1. Mechanismus der Homogenisierung

Beim Vermischen zweier ineinander löslicher Medien wird nach genügend langer Zeit eine vollkommen homogene Mischung vorliegen. Ein stationärer Mischzustand wird erhalten, wenn z. B. zwei mischbare Medien kontinuierlich in ein Rührgefäß fließen, aus dem man kontinuierlich eine bestimmte Menge abzieht, um das Oberflächenniveau konstant zu halten. Der Abfluß wird einen gewissen Homogenitätsgrad zeigen, der im allg. zunimmt, wenn das Niveau ansteigt.

* Über Mischen und Mischer s. a. ein eigenes Kap. in Bd. 2.

In Reaktoren spielt das Mischen vor allem dann eine Rolle, wenn die Reaktionsteilnehmer dem Reaktor getrennt zugeführt werden. Der Mischvorgang wird im allg. durch Zufließenlassen der Medien durch ein Leitrohr oder durch mechanische Bewegung erreicht.

Eine qualitative Analyse des Mischprozesses zeigt, daß drei Vorgänge verschiedener Größenordnungen an ihm beteiligt sind: Über die gesamte Ausdehnung des Behälters existieren Strömungen oder Zirkulationen, die man als Hauptströmung bezeichnen kann. Die Hauptströmung sorgt für die Verteilung der Materie über das ganze Gefäß. In einem kleineren Bereich wirken turbulente Ströme, die durch Rührer oder die Durchströmung des Gefäßes hervorgerufen werden; diese Bereiche sind wesentlich kleiner als die Ausdehnung des Gefäßes, aber wesentlich größer als molekulare Bereiche. In der molekularen Größenordnung sorgt die Diffusion für die endgültige Homogenisierung.

Bei laminarer Strömung beruht die Verteilung von Materie senkrecht zur Stromrichtung nur auf molekularer Diffusion. Bei Flüssigkeiten, speziell bei viskosen Flüssigkeiten, ist die molekulare Diffusion so langsam, daß sie dann der geschwindigkeitsbestimmende Schritt für die Homogenisierung ist. Aber auch bei Gasen kann die molekulare Diffusion eine beträchtliche Rolle spielen.

Bei turbulentem Fluß dominiert die Verwirbelung fast immer über die molekulare Diffusion. Der begrenzende Faktor ist im allg. die Hauptströmung, z. B. in gut gerührten, nicht viskosen Flüssigkeiten. Wenn aber die Wirbel sehr groß werden, kann die molekulare Diffusion die Geschwindigkeit des Homogenisierprozesses selbst bei turbulentem Fluß begrenzen.

Zu beachten ist, daß für die Durchmischung eines bestimmten Mediums in einem gegebenen Gefäß nur ein unabhängiger Parameter gegeben ist: Die Geschwindigkeit der Hauptströmung. Die Turbulenz ergibt sich im allg. aus der Hauptströmung, während die molekulare Diffusion nicht durch äußere Mittel beeinflußt werden kann.

Laminarer Fluß muß vermieden werden, wenn man eine gute Durchmischung erzielen will. Mit hochviskosen Materialien ist das nicht immer möglich. Eine Vergrößerung der Apparatur begünstigt die Turbulenz.

Das Mischen erfordert Energie. Für den technischen Betrieb ist es daher oft wichtig, den notwendigen Homogenitätsgrad zu kennen, um unnützen Energieverbrauch zu vermeiden. Zur Beurteilung des Mischeffektes sind Mischkriterien erforderlich (s. Abschnitt 2.1.2).

Beim Mischen viskoser Medien muß häufig ein Kompromiß zwischen dem gewünschten Homogenitätsgrad und den Mischkosten gemacht werden. Bei Übertragung in größere Maßstäbe kann sich dieses Optimum vom Zustand der perfekten Mischung noch weiter entfernen.

2.1.2. Mischkriterien

Mischkriterien leiten sich vom Homogenitätsgrad und von der Geschwindigkeit ab, mit der dieser erreicht wird. Ein Homogenitätsgrad kann nicht durch einen einzigen Parameter dargestellt werden. Zur Beschreibung des nichthomogenen Zustands sind mindestens zwei Merkmale erforderlich: Relative Unterschiede in der örtlichen Zusammensetzung und die „Wellenlänge" der Unregelmäßigkeiten.

Nach DANCKWERTS [D3] sind folgende beiden Parameter zur Beschreibung von Nichthomogenitäten geeignet:

a) Der Inhomogenitätsabstand l_s, d. h. der mittlere Abstand zwischen zwei Punkten im Medium, die eine maximale Konzentrationsdifferenz aufweisen.
b) Die Inhomogenitätsintensität I_s, d. h. der maximal vorhandene Konzentrationsunterschied, der auf einen ursprünglichen Wert bezogen wird.

Diese Definitionen erfordern die Messung lokaler Konzentrationen. In der Literatur sind zahlreiche Methoden für solche Messungen beschrieben. Sie basieren auf Leitfähigkeit, Potentiometrie oder Lichtabsorption [B2].

Bei nicht-stationärem Mischzustand ändern sich die Inhomogenitätsintensität und der Inhomogenitätsabstand mit voneinander unabhängiger Geschwindigkeit. Bei turbulenter Mischung kann der Inhomogenitätsabstand z. B. von der Größenordnung des Behälterdurchmessers bleiben, während die Inhomogenitätsintensität ungefähr exponentiell mit der Zeit abnimmt. Bei der laminaren Mischung wird zunächst der Inhomogenitätsabstand rasch reduziert, während die Inhomogenitätsintensität in einer zweiten Phase abnimmt.

Bisher gibt es keine befriedigende Theorie, um die Änderung von I_s und l_s mit der Zeit zu beschreiben. Daher wird das Modell von DANCKWERTS nur wenig verwendet.

Häufig wird es als zweckmäßiger angesehen, eine *Mischzeit* zur Charakterisierung der Mischgeschwindigkeit zu benutzen. Die Mischzeit $\tau_m(\alpha)$ wird als die Zeit definiert, die erforderlich ist, um eine bestimmte Konzentrationsdifferenz auf einen Bruchteil α des ursprünglichen Wertes zu reduzieren. Man kann erwarten, daß τ_m eine logarithmische Funktion von α ist, wenn der Inhomogenitätsabstand konstant bleibt:

$$\tau_m(\alpha) \sim \ln \frac{1}{\alpha} \qquad (2.1.2-1)$$

Die Mischzeit kann aus Konzentrationsmessungen an einem einzigen Punkt bestimmt werden. α kann natürlich einen beliebigen Wert haben; häufig wird ein Wert gewählt, der der relativen Genauigkeit der Konzentrationsmessung entspricht.

Für turbulentes Mischen ist die Mischzeit besser bestimmbar als für laminares Mischen, da bei turbulenten Mischprozessen kein großer Konzentrationsunterschied zwischen zwei dicht benachbarten Punkten besteht. Bei der laminaren Mischung kann jedoch die molekulare Diffusion bei Abständen von weniger als 1 mm für den Mischprozeß ausschlaggebend sein, die Mischzeit ist daher in hohem Maß von den Dimensionen der analytischen Probe abhängig.

Die Mischgeschwindigkeit in einem kontinuierlich betriebenen Mischbehälter kann nicht durch einen einfachen Ausdruck dargestellt werden. VONCKEN [V2] gibt ein Modell an, bei dem die Mischzeit auf α und die BODENSTEIN-Zahl (vgl. S. 226) der zirkulierenden Flüssigkeit bezogen ist. Dieses Modell kann dazu verwendet werden, die Fluktuation der Konzentration in einem kontinuierlichen Mischer zu beschreiben.

Wenn man den Mischvorgang in einem Behälter mit dem *Mischvorgang in einem Rohr* (Näheres s. S. 226) vergleicht, so besteht ein auffallender Unterschied. In einem Behälter ist die Hauptströmung ein sehr komplexer Vorgang, der mathematisch nur roh erfaßt werden kann. In einem Rohr dagegen ist die Hauptströmung recht gut bekannt. Darüber hinaus ist auch der Inhomogenitätsabstand oft genau bekannt. Man kann zwischen radialem und axialem Mischvorgang unterscheiden. Das radiale Mischen betrifft die Mischvorgänge in radialer Richtung, der Inhomogenitätsabstand ist daher gleich dem Radius des Rohres (oder kleiner).

Der Mischvorgang in einem Rohr kann analog wie ein Diffusionsprozeß beschrieben werden. Die Mischgeschwindigkeit ist gegeben durch

$$J = -D_m \frac{\partial c}{\partial x} \qquad (2.1.2-2)$$

Der Mischungskoeffizient D_m hat eine analoge Bedeutung wie der Diffusionskoeffizient D. Er beschreibt den Mischvorgang in x-Richtung. Man muß daher zwischen dem radialen und axialen Mischungskoeffizienten $D_{m,r}$ und $D_{m,a}$ unterscheiden.

Bei eindimensionalem Konzentrationsgradienten gelten für die Beziehung zwischen D_m und der Konzentrationsdifferenz die Gesetze der Diffusion im nichtstationären Zustand. Für eine genügend lange Zeit t, wenn

$$\frac{D_m t}{x^2} > 0{,}1 \text{ ist, gilt } \ln \frac{c_0 - \bar{c}}{c - \bar{c}} \approx \pi^2 \frac{D_m t}{x^2} \qquad (2.1.2-3)$$

c_0 ist die ursprüngliche maximale Konzentration, c die Konzentration zur Zeit t im Abstand x und $\bar{c}$ die mittlere Konzentration.

Offenbar nimmt die Mischzeit mit dem Quadrat des Abstandes x zu, über den die Konzentrationsdifferenz gemessen wird.

Natürlich kann der Mischungskoeffizient auch zur Beschreibung eines Mischprozesses in einem Behälter benutzt werden. Das ist aber nur sinnvoll, wenn die Richtung des Netto-Stofftransportes genau bekannt ist, z. B. bei Blasensäulen.

2.1.3. Mischen von Flüssigkeiten in Behältern

Bei Reaktionen von zwei mischbaren Flüssigkeiten in einem Behälter muß man durch ein Mischverfahren für den nötigen Kontakt sorgen. Zum Mischen nichtviskoser Flüssigkeiten in Behältern werden allgemein folgende drei Methoden verwendet:

1. Strahlmischen
2. Mischen durch mechanische Bewegung
3. Mischen mit einem Gasstrom.

Strahlmischen. Strahlmischen wird durch Injektion von Flüssigkeit in den Behälter erzielt. Der Impuls des Strahles verursacht die Vermischung. Die Flüssigkeit wird gewöhnlich mit einer Pumpe umgepumpt.

Man könnte annehmen, daß eine tangentiale Injektion des Flüssigkeitsstrahles am günstigsten ist. Jedoch werden dadurch heftige Zirkulationen und tiefe Wirbel hervorgerufen, die ungünstig sind. Die Verwendung von Strombrechern würde den Mischeffekt des tangentialen Stromes herabsetzen und trotzdem noch unerwünschte Effekte bestehen lassen. Offenbar ist es richtiger, die Flüssigkeit in einer Ebene zu injizieren, die durch die Achse des Gefäßes geht; bei normalen Reaktionsbehältern ist eine vertikale Auf- oder Abwärtsinjektion in die Achse selbst am besten (Abb. 2.1.3 – 1). Strahlmischen kann daher mit dem Mischen mit einem Propeller (s. nächsten Abschnitt) verglichen werden.

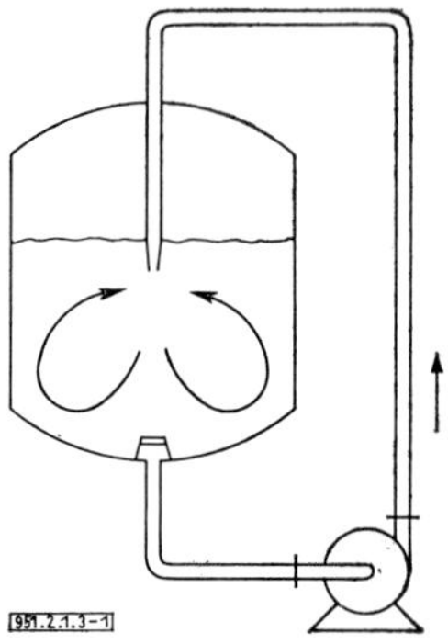

Abb. 2.1.3 – 1. Strahlmischer [951.2.1.3-1]

Charakteristisch für einen Strahlmischbehälter sind folgende Größen: Die Flüssigkeitshöhe H, der Durchmesser d_t, der Durchmesser der Düse d_n, die Höhe h der Düse über dem Gefäßboden. Der Volumendurchsatz der Flüssigkeit sei Φ_V, die Dichte und Viskosität der Flüssigkeit ϱ und η. Aufgrund der Ähnlichkeitslehre ist zu erwarten, daß die Mischzeit τ_m mit den anderen Variablen in folgender Weise verknüpft ist:

$$\left(\frac{\tau_m \Phi_V}{d_t^2 h}\right) = \text{Funktion von} \left(\frac{\varrho \Phi_V}{\eta d_n}\right), \left(\frac{h}{H}\right) \text{und} \left(\frac{d_n}{d_t}\right)$$

Für genügend turbulente Bedingungen hat die REYNOLDS-Zahl keinerlei Einfluß. Es zeigt sich, daß die Mischzeit dann umgekehrt proportional dem Durchsatz ist.

Über den Einfluß von d_n, h, d_t und H besteht noch keine vollkommene Übereinstimmung. Für turbulente Bedingungen kann man schreiben:

Für $\dfrac{\varrho \Phi_V}{\eta d_n} > 5 \cdot 10^3$

ist

$$\tau_m \Phi_V = \text{const.}\, d_n^a H^b d^c \qquad (2.1.3-1)$$

Vgl. dazu OKITA, OYAMA [O 1] und GROOT WASSINK, RÁCZ [G 1]. Die Mischzeit nimmt im allg. bei gegebenem Durchsatz Φ_V mit kleiner werdendem Düsendurchmesser ab (intensivere Mischung, s. aber unten).

Wichtig ist, daß der Leistungsbedarf P für einen Strahlmischer hauptsächlich durch den Durchsatz Φ_V und den Düsendurchmesser d_n bestimmt wird. Für turbulenten Fluß in der Düse ergibt sich folgende Beziehung:

$$P = \text{const.}\, \varrho \Phi_V^3 d_n^{-4}$$

Wenn die Wirksamkeit der Pumpe als konstant angesehen wird, folgt aus den beiden letzten Gleichungen, daß die Mischzeit für eine gegebene Anordnung, bei der nur d_n variiert wird, gegeben ist durch

$$\tau_m = \text{const.}\ P^{-1/3} d_n^{a-4/3}$$

Für $a < 4/3$ führt daher ein größerer Düsendurchmesser zu besserer Vermischung.

Vergleicht man einen Strahlmischer mit einem Propellermischer (s. u.), so zeigt sich erwartungsgemäß, daß ein Propeller weniger Energie als ein Strahlmischer erfordert, um die gleiche Mischzeit zu erhalten.

Die Vorteile des Strahlmischers sind praktischer Natur. Sie können folgendermaßen zusammengefaßt werden:

1. Pro Einheit Flüssigkeitsvolumen kann mehr Energie zugeführt werden.
2. Für große Behälter können die Installationskosten für einen Strahlmischer geringer als für einen mechanischen Rührer sein. Die Pumpen sind in Anschaffung und Montage billiger als Rührer, und die Dichtungsprobleme sind leichter zu lösen.
3. Ein Flüssigkeitsumlauf kann aus anderen Gründen notwendig sein: Zuführung einer Reaktionskomponente, Erwärmung durch äußere Wärmeaustauscher, Einhaltung eines bestimmten Flüssigkeitsstandes usw.

Mischen durch mechanische Bewegung. *Allgemeines.* Man kann zwischen vibrierenden und rotierenden Rührern unterscheiden. Die rotierenden Rührer können in drei große Gruppen eingeteilt werden: Propeller-, Turbinen- und Ankerrührer. Jeder dieser vier Haupttypen hat charakteristische Vorzüge.

Propellerrührer rufen eine vertikale Zirkulation der Flüssigkeit hervor. Gewöhnlich werden linksgängige Propeller verwendet, die die Flüssigkeit abwärts schleudern, aber auch rechtsgängige Propeller mit Aufwärtsbewegung haben ihre speziellen Anwendungen (Abb. 2.1.3 – 2a). Propeller verursachen nicht nur eine vertikale Flüssigkeitsbewegung, sondern beschleunigen die Flüssigkeit auch radial. Die radiale Bewegung kann durch ein sog. Leitrohr, auch Diffusor genannt, unterdrückt werden (Abb. 2.1.3 – 2b).

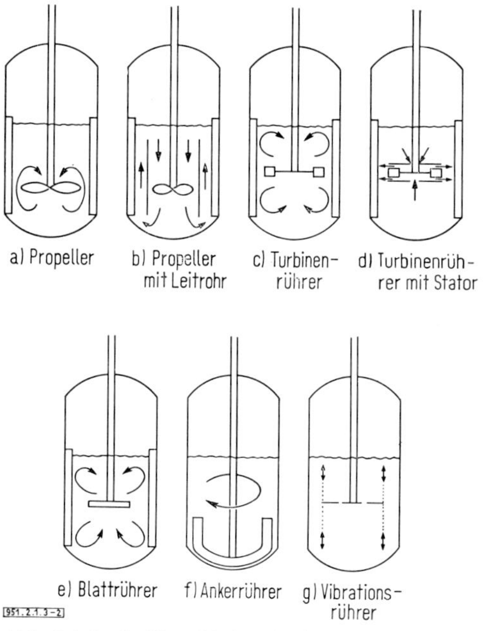

Abb. 2.1.3 – 2. Verschiedene Rührertypen

Turbinenrührer wirken wie eine Zentrifugalpumpe. Sie beschleunigen die Flüssigkeit in radialer Richtung. Infolgedessen tritt axial eine Saugbewegung auf (Abb. 2.1.3 – 2c). Der Flüssigkeitsstrom kann durch Statorringe gelenkt werden (Abb. 2.1.3 – d).

Ankerrührer (und Blattrührer) werden vor allem zum Mischen viskoser Flüssigkeiten verwendet. Sie erteilen hohe Schergeschwindigkeiten (Abb. 2.1.3 – 2e und f).

Vibrationsrührer induzieren ein turbulentes Feld, das sich hauptsächlich im zylindrischen Raum über- und unterhalb der Rührerblätter befindet (Abb. 2.1.3 – 2g).

Rotierende Rührer werden meistens in Kombination mit Strombrechern verwendet, um zu vermeiden, daß die gesamte Flüssigkeit in Rotation gerät. Beim laminaren Mischen sind Strombrecher häufig überflüssig.

Eine quantitative Beschreibung des Mischvorganges besteht aus

a) Angabe der Bauart des Rührers und des Rührgefäßes,

b) Angabe des Mischeffektes,

c) Angabe des Leistungsbedarfs.

Man findet im allg., daß der Leistungsbedarf genauer als der Mischeffekt vorausgesagt werden kann (vgl. S. 225). Häufig ist es günstig, den Mischvorgang mit der betreffenden Substanz in kleinem Maßstab zu untersuchen. Die Übertragung in den größeren Maßstab ist dann aufgrund empirischer Beziehungen möglich, während der Leistungsbedarf direkt vorausgesagt werden kann.

Einige Konstruktionsmerkmale. Alle Propellerrührer sind in der Bauart ähnlich. Die Zahl der Propeller beträgt im allg. drei, mehr oder weniger haben offenbar keine spezifischen Vorteile. Das Verhältnis zwischen der projezierten Blattfläche und der Kreisfläche mit demselben Durchmesser ist gewöhnlich etwa 0,5. Die

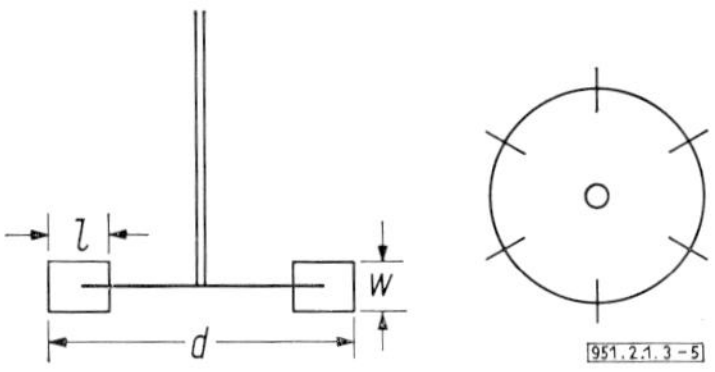

Abb. 2.1.3 – 3. Standardisierter Turbinenrührer (Scheibenrührer) (entnommen aus VONCKEN [V 2])

Anzahl der Blätter 6, Anzahl der Strombrecher 4, $d:l:w = 20:5:4$, $H = d_t$, $h = 1/2\,H$ (zu H, h und d_t vgl. Abb. 2.1.3 – 4)

„Steigung“ des Propellers* ist im allg. gleich dem Durchmesser [B 3].

Turbinenrührer gibt es in zahlreichen Ausführungen. Der in der Praxis am meisten verwendete Typ ist der *Scheibenrührer* (Abb. 2.1.3–3).

Für Ankerrührer gibt es keine allgemein anerkannte Standardisierung.

Ein wichtiger Gesichtspunkt beim Entwurf von Rührbehältern ist die Anordnung der Rührvorrichtung. Gewöhnlich werden vier Strombrecher mit einer Breite von 10% des Behälterdurchmessers verwendet. Das Verhältnis der Höhe h des freien Flüssigkeitsraumes zur gesamten Flüssigkeitshöhe H (vgl. Abb. 2.1.3–4),

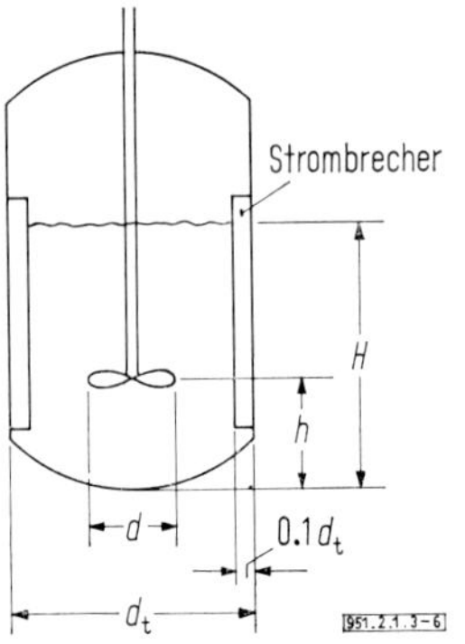

Abb. 2.1.3–4. Die wichtigsten Größen eines Rührbehälters

das Verhältnis der Flüssigkeitshöhe H zum Behälterdurchmesser d_t und das Verhältnis des Behälterdurchmessers d_t zum Rührerdurchmesser d sind wichtige Parameter. Beispiele für bevorzugte Verhältnisse sind in Tab. 2.1.3–1 angegeben. Das Verhältnis von Behälter- zu Rührerdurchmesser sollte danach für Scheibenrührer zwischen 3 und 6 sein; kleine Verhältnisse werden bevorzugt, wenn sehr gutes Mischen erwünscht ist, höhere Verhältnisse, wenn der Kraftaufwand zu hoch wird.

Tab. 2.1.3—1. Größenverhältnisse in Rührbehältern (nach VONCKEN [V 2])

Rührertyp	$\frac{h}{H}$	$\frac{H}{d_t}$	$\frac{d_t}{d}$
Propeller	0,1–0,2	1–2	2–3
Scheibenrührer	0,3–0,5	1	3–6

Mischzeiten in Rührbehältern. In Abschnitt 2.1.2 war gezeigt worden, daß die Mischzeit τ_m ein Parameter mit recht willkürlichem Charakter ist. Die meisten Autoren bevorzugen daher zur Charakterisierung der Wirksamkeit eines Rührers einen rein hydrodynamischen Parameter, die sog. Fördergeschwindigkeit (discharge rate; die Fördergeschwindigkeit ist der Volumenstrom [m³/s], der aus dem vom Rührer bestrichenen Raum austritt, vgl. Abb. 2.1.3–2a, 2b usw.). Für bestimmte Systeme kann die Mischzeit mit der Fördergeschwindigkeit in Zusammenhang gebracht werden.

Die Fördergeschwindigkeit Φ(m³/s) hängt direkt mit dem Produkt nd^2w zusammen, wobei n die Anzahl der Umdrehungen pro Sekunde, d der Durchmesser des Rührers und w die Breite des Rührerblattes ist. Sie kann durch Messung lokaler Fließgeschwindigkeiten bestimmt werden.

Ein weiterer hydrodynamischer Parameter ist die Umwälzzeit t_c (innerhalb einer Umwälzschlaufe, s. z. B. Abb. 2.1.3–2a), die direkter meßbar ist. Das Verhältnis von Flüssigkeitsvolumen zur Umwälzzeit V/t_c, das man als Umwälzgeschwindigkeit bezeichnen kann, ist nicht gleich der Fördergeschwindigkeit, sondern viel größer, da sich die Umwälzzeit auf den relativ raschen Umlauf in der Zirkulationsströmung bezieht, während sich die restliche Flüssigkeit viel langsamer bewegt.

Folgende dimensionslosen Parameter werden in der Literatur verwendet, um die Zirkulation der Flüssigkeit zu beschreiben:

$$\left(\frac{\Phi}{nd^2w}\right), \quad \left(\frac{\Phi}{nd^3}\right), \quad \left(\frac{t_c nd^2 w}{V}\right), \quad \left(\frac{t_c nd^2}{d_t^2}\right) \tag{2.1.3–2}$$

Für eine gegebene geometrische Anordnung sind alle diese Parameter nur eine Funktion der REYNOLDS-Zahl:

$$Re = \frac{\varrho nd^2}{\eta} \tag{2.1.3–3}$$

Für eine gut ausgebildete turbulente Strömung ($Re > 10^4$) werden sie Konstanten. Diese Konstanten sind in der Literatur für eine große Zahl geometrischer Anordnungen angegeben. In Tab. (2.1.3–2) sind einige Werte für Φ/nd^3 zusammengestellt.

Tab. 2.1.3—2. Werte für Φ/nd^3

Rührertyp	Φ/nd^3	
Propellerrührer	0,40–0,61	GRAY [G 2]
Turbinenrührer	0,5 –2,9	GRAY [G 2]
standardisierter Scheibenrührer	1,2	VONCKEN [V 2]

Für standardisierte Scheibenrührer gibt VONCKEN bei einem Verhältnis des Behälterdurchmessers zum Rührerdurchmesser zwischen 2 und 6 folgenden Wert für den vierten Parameter von (2.1.3–2) an:

$$\frac{t_c nd^2}{d_t^2} \approx 0{,}8 \text{ für } Re > 10^4 \tag{2.1.3–4}$$

Werte für die dimensionslosen Parameter bei REYNOLDS-Zahlen < 10^4 wurden gleichfalls veröffentlicht [N 1].

Für ein gegebenes System ist zu erwarten, daß das Verhältnis τ_m/t_c eine Konstante ist. Bisher konnte aber keine allgemein anwendbare Beziehung für die Mischzeit ermittelt werden. Von VAN DE VUSSE [V 3] wurden Beziehungen für Mischzeiten in Behältern mit Propeller-

* Die Propellerblätter sind Teile einer Spirale. Der Abstand zwischen zwei Spiralwindungen wird Steigung genannt.

rührer und von KRAMERS [K 3], NORWOOD, METZNER [N 2], ZLOKARNIK [Z 1] sowie VONCKEN [V 2] für Mischzeiten in Behältern mit Turbinenrührern veröffentlicht.

VONCKEN gibt eine sehr praktische Regel für turbulentes Mischen an. Er fand, daß die Mischzeit zur Herabsetzung der Konzentrationsdifferenz auf 0,02 des ursprünglichen Wertes ungefähr viermal so groß wie die Umwälzzeit ist:

$$\frac{\tau_{m(0,02)}}{t_c} \approx 4 \qquad (2.1.3-5)$$

Für gut gerührte Behälter mit standardisiertem Turbinenrührer ergibt sich aus Gleichung (2.1.3–4) und (2.1.3–5)

$$\frac{\tau_{m(0,02)}\, n d^2}{d_t^2} \approx 3 \qquad (2.1.3-6)$$

Diese Gleichung kann zur Abschätzung der Mischzeiten in Behältern mit verschiedenen Durchmessern benutzt werden.

Beim *Entwurf* eines Rührbehälters mit turbulenter Mischung kann man in folgender Weise vorgehen: Die Mischzeiten werden in einem kleinen Modellbehälter gemessen, der ein genaues Duplikat des großen Behälters ist. Man muß dafür Sorge tragen, daß die REYNOLDS-Zahl im kleinen Behälter mindestens 10^3, besser 10^4 beträgt. Die Mischzeit wird mit denselben Substanzen gemessen, die auch im großen Behälter verwendet werden sollen. Die Meßmethode wird dem gewünschten Mischprozeß angepaßt. Wenn z. B. beabsichtigt ist, einen Zufluß rasch mit dem Inhalt des Behälters zu vermischen, läßt man einen Tracer in gleicher Weise wie den Zufluß einfließen. Die Konzentrationen im Behälter werden an einer Stelle gemessen, die weit entfernt vom Zufluß liegt. Man kann annehmen, daß die Größe ($\tau_m n$) bei verschiedenen Betriebsgrößen konstant ist.

Für *laminares Mischen* ist die Situation weniger einfach. Die primäre Aufgabe des Rührers ist dann nicht, die Flüssigkeit in Zirkulation zu versetzen, sondern eine Scherwirkung zu erzeugen. Die Scherkräfte sollen die Flüssigkeitselemente auseinanderziehen und so die Kontaktfläche zwischen Elementen verschiedener Zusammensetzung erhöhen. Die Molekulardiffusion sorgt für innige Homogenisierung. Man muß daher den Einfluß des Diffusionskoeffizienten berücksichtigen. Für eine gegebene geometrische Anordnung kann ein Zusammenhang zwischen einer dimensionslosen Mischungszahl, der REYNOLDS-Zahl und der SCHMIDT-Zahl ($\eta/\varrho \cdot D$ mit D = Diffusionskoeffizient) erwartet werden:

$$\tau_m n = f\left(\frac{\varrho n d^2}{\eta}\right), \left(\frac{\eta}{\varrho D}\right) \qquad (2.1.3-7)$$

Derartige Beziehungen sind in der Literatur angegeben [H2]. Bei Entwürfen ist es ratsam, die Beziehung in einem Modellbehälter zu ermitteln.

Leistungsbedarf. Ganz allgemein ist es einfacher, den Leistungsbedarf als den Mischeffekt vorauszusagen. Der Leistungsbedarf steht in direkter Beziehung zur Dichte der Flüssigkeit ϱ, zur Anzahl der Umdrehungen n des Rührers pro Zeiteinheit und zum Rührerdurchmesser d. Folgender dimensionsloser Ausdruck wird der Widerstandskoeffizient (power number) genannt:

$$\left(\frac{P}{\varrho n^3 d^5}\right)$$

Dabei ist P der Leistungsbedarf (in Watt). Für eine gegebene geometrische Anordnung ist der Widerstandskoeffizient nur eine Funktion der REYNOLDS-Zahl. Für einige Anordnungen sind Werte in der Literatur angegeben [Z1]. Eine dieser Beziehungen zeigt Abb. 2.1.3–5 (nach VONCKEN [V2]).

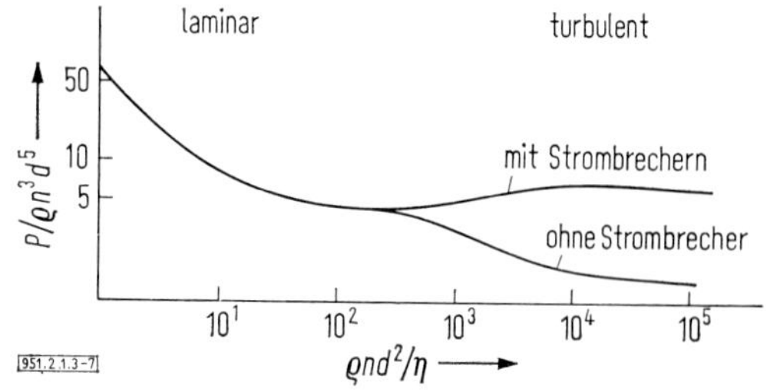

Abb. 2.1.3–5. Leistungsbedarf standardisierter Turbinenrührer (nach VONCKEN [V 2])

Für gut entwickelte Turbulenz wird der Widerstandskoeffizient eine Konstante in der Größenordnung von 1. Für standardisierte Turbinenrührer mit optimal angeordneten Strombrechern wird er etwa 6. Für weniger wirksame Turbinenrührer liegt er zwischen 1 und 5. Für Propellerrührer beträgt er im allg. 0,2–1.

Mischen mit einem Gasstrom. Gute Mischung kann auch dadurch erzielt werden, daß man einen Gasstrom durch die Flüssigkeit durchperlen läßt. Diese Arbeitsweise empfiehlt sich, wenn ohnehin ein Gas-Flüssig-Kontakt erforderlich ist, z. B. um einen Reaktionsteilnehmer zuzuführen oder um Wärme durch ein verdampfendes Lösungsmittel abzuführen. Soll auch die flüssige Phase selbst gemischt werden, so kann der Gas-Flüssigkeitskontakt so eingerichtet werden, daß er allen Zwecken genügt.

Man kann im wesentlichen zwei Methoden unterscheiden (Abb. 2.1.3–6):

a) Der Gasstrom wird an einer bestimmten Stelle des Querschnitts, z. B. im Zentrum, so eingeführt, daß die gesamte Flüssigkeit in starke Zirkulation gerät.
b) Der Gasstrom wird gleichmäßig über den ganzen Querschnitt des Gefäßes verteilt (Blasensäule); Zirkulation findet dabei in geringerem Maße statt.

Methode a) ist besonders für das Mischen viskoser Flüssigkeiten geeignet. Es gibt nur wenig quantitative Daten für den Entwurf solcher Einrichtungen [R3]. Die Methode wird selten verwendet, weil der Phasenkontakt für einen Stoffübergang nicht gut ist.

Methode b) wird im allg. für Reaktionssysteme mit Stoffübergang bevorzugt. Das Mischen in Blasensäulen ist von vielen Autoren untersucht worden, besonders von KÖLBEL und Mitarbeitern und von REITH. Diese Methode wird in Abschnitt 2.2.2 behandelt.

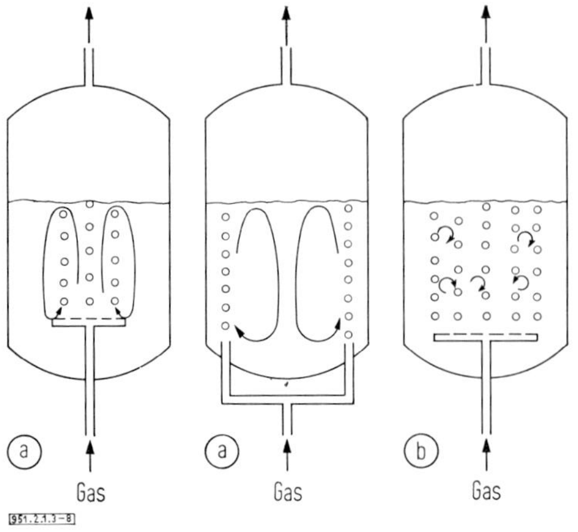

Abb. 2.1.3–6. Mischen von Flüssigkeiten mit einem Gasstrom (zu a und b vgl. Text)

2.1.4. Mischen in einem Rohr

Bei Reaktionen zwischen zwei mischbaren Komponenten in einem Rohr ist radiales Vermischen erforderlich, um den notwendigen Kontakt zu erzeugen. Daneben kann das axiale Mischen einen störenden Einfluß haben, weil es die Verweilzeitverteilung verbreitert.

Mischen im leeren Rohr. Bei *laminarem Fluß* kann der laminare und axiale Mischungskoeffizient theoretisch berechnet werden. Man findet für das axiale Mischen [D4]:

$$\frac{v\,d}{D_{m,a}} = 192\left(\frac{v\,d}{D}\right)^{-1} \qquad (2.1.4-1)$$

Dabei ist $D_{m,a}$ der axiale Mischungskoeffizient, v die mittlere Strömungsgeschwindigkeit und d der Rohrdurchmesser. Das radiale Vermischen kann durch die Theorie des Wärme- und Stoffüberganges bei laminarem Fluß beschrieben werden [J1].

In der Praxis sollte laminarer Fluß vermieden werden, wenn radiales Vermischen erwünscht ist. Ist die radiale Vermischung wegen der hohen Viskosität der Flüssigkeit erschwert, so kann der „multi-flux"-Rührer verwendet werden [S3]. Er wird im Rohr montiert und erzeugt einen Austausch zwischen Flüssigkeit an der Wand und im Rohrinnern.

Bei *turbulentem Fluß* liegt sehr wirksame radiale Vermischung vor. Es konnte gezeigt werden, daß die Größe $v\,d/D_{m,r}$ (BODENSTEIN-Zahl, *Bo* genannt) nur eine Funktion des Reibungsfaktors ist.

Folgende Beziehung wurde gefunden [T1]:

$$Bo = \frac{v\,d}{D_{m,r}} = 0{,}28 f^{-1/2} \qquad (2.1.4-2)$$

Der Reibungsfaktor f wird dabei definiert durch

$$= f \frac{\text{Scherbeanspruchung an der Rohrwand}}{\frac{1}{2}\varrho v^2}$$

Bei gut entwickelter Turbulenz ist der Reibungsfaktor nur eine Funktion der Rauhigkeit der Wand. Zahlreiche Daten sind über diesen Gegenstand veröffentlicht worden [P3]. Für eine relative Rauhigkeit von 0,001 ist der Reibungsfaktor ungefähr 0,005 (für $Re > 10^5$), woraus sich $Bo = 4$ ergibt. Bei diesen Verhältnissen liegt vollständige Vermischung nach einer Länge vor, die dem Rohrdurchmesser entspricht.

Eine Schwierigkeit beim Mischen in turbulentem Fluß kann durch zwei Erscheinungen verursacht werden, die den Mischeffekt stark herabsetzen können:

1. Der Dichteunterschied zwischen den beiden Medien, die gemischt werden sollen, kann eine Schichtung verursachen, die besonders bei Gasen eine Rolle spielt.

2. Der Strahleffekt eines Stromes, der in einen anderen mit anderer Geschwindigkeit eintritt, kann die Mischgeschwindigkeit erhöhen, aber den Mischeffekt durch Verbreiterung der Verweilzeitverteilung reduzieren. Dieser Effekt ist um so ausgeprägter, je größer die REYNOLDS-Zahl ist.

Schichtung, die auf Dichteunterschieden beruht, kann nur durch Mischen in vertikaler Richtung beseitigt werden. Wenn z. B. Gase in einzelnen Schichten durch ein horizontales Rohr fließen, so sind Mischkammern oder mit Füllkörpern gefüllte Abschnitte erforderlich, um die notwendige Homogenisierung zu erreichen.

Der Strahleffekt sollte in Rohren vermieden werden. Oder man muß für eine Verengung der Verweilzeitverteilung sorgen. Füllkörpereinbauten können dafür ausreichen.

Abschließend ist jedoch zu sagen, daß beim einfachen Zusammenkommen zweier Ströme in einem Rohr im allg. eine sehr rasche Vermischung durch Turbulenz eintritt.

Mischen im Festbett. Viele Reaktoren haben die Form von Rohren, die mit granuliertem Material, gewöhnlich einem Katalysator, gefüllt sind. Die Gase werden im allg. vor dem gefüllten Abschnitt in das Rohr eingeleitet, sie vermischen sich daher schon im leeren Teil des Rohres. Misch- und Reaktionszone sind klar voneinander getrennt. Es kann aber zweckmäßig sein, den an sich leeren Teil mit granuliertem inertem Material zu füllen, um bei übereinander geschichteten Medien radiale Vermischung zu erzeugen.

Im Katalysatorbett sorgt die radiale Vermischung für ein gleichmäßiges Konzentrationsprofil. Axiale Vermischung stört dagegen den Pfropfenfluß der Reaktanten und reduziert im allg. den Umsatz.

Für genügend hohe REYNOLDS-Zahlen sind die BODENSTEIN-Zahlen konstant. Die REYNOLDS-Zahl in einem gefüllten Bett ist eine Funktion der mittleren Strömungsgeschwindigkeit im leeren Rohr (v_0) und des Teilchendurchmessers (d_p). Die konstanten BODENSTEIN-Zahlen sind ungefähr durch folgende Ausdrücke gegeben (für Teilchen, die annähernd Kugelform haben) [K2], [A1]:

Für radiales Mischen:

$$\frac{\varrho\, v_0\, d_p}{\varepsilon\,\eta} > 10^3, \quad \frac{v_0\, d_p}{\varepsilon\, D_{m,r}} \approx 10 \qquad (2.1.4-3)$$

Für axiales Mischen:

$$\frac{\varrho v_0 d_p}{\varepsilon \eta} > 10^3, \quad \frac{v_0 d_p}{\varepsilon D_{m,a}} \approx 2 \qquad (2.1.4-4)$$

ε ist der Volumenanteil des freien Raumes.

Der Mischprozeß kann also praktisch nur durch die Teilchengröße beeinflußt werden.

2.1.5. Mischen von Flüssigkeiten in Schlaufen

Um eine rasche Vermischung in einem relativ kleinen Behälter zu erzielen, kann eine geschlossene Schlaufe verwendet werden. Eine Anordnung mit äußerer Schlaufe zeigt Abb. 2.1.5 – 1 a, eine mit innerer Schlaufe in einem schlanken Gefäß mit Propellerrührer und Leitrohr Abb. 2.1.5 – 1 b. Diese Konstruktionen können als sehr wirksame Mischeinrichtungen angesehen werden, da der geringe Betriebsinhalt (holdup) im Gefäß eine kurze Zirkulationszeit begünstigt [L 2].

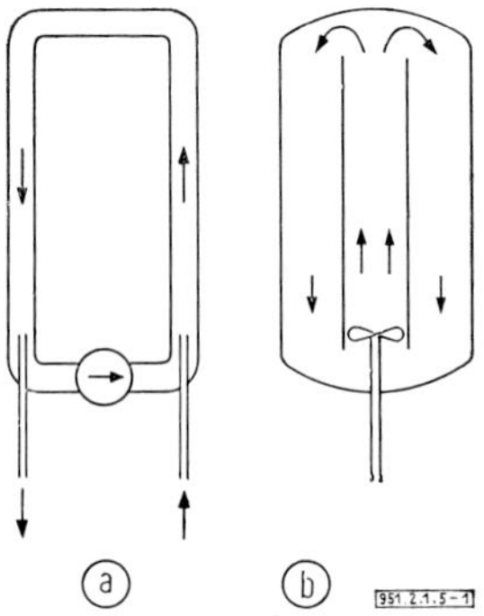

Abb. 2.1.5 – 1. Mischen von Flüssigkeiten in Schlaufen
a äußere, *b* innere Schlaufe

Die Mischertypen mit Schlaufe wurden von W. STEIN [S 4] beschrieben. Das Zirkulationsmodell von VONKKEN [V 2] ist zur Voraussage der Wirksamkeit solcher Mischer geeignet, da der zirkulierende Flüssigkeitsstrom gut verfolgt werden kann. Für genügend hohe REYNOLDS-Zahlen ist anzunehmen, daß

$$\frac{\tau_m}{t_c} = \text{konstant} \qquad (2.1.5-1)$$

ist, wobei t_c die Zirkulationszeit bedeutet. Der Wert der Konstanten hängt von einer Anzahl geometrischer Parameter ab. Der in Gleichung (2.1.3 – 5) angegebene Wert kann für praktische Zwecke verwendet werden.

2.2. Reaktoren für Gas-Flüssig-Kontakt

2.2.1. Auswahl der Kontaktart

Bei einer Reaktion zwischen einem Gas und einer Flüssigkeit sind vor allem drei Methoden üblich, um beide Phasen in Kontakt zu bringen: Das Gas kann in der Flüssigkeit dispergiert werden, die Flüssigkeit kann im Gas versprüht werden, oder Flüssigkeit und

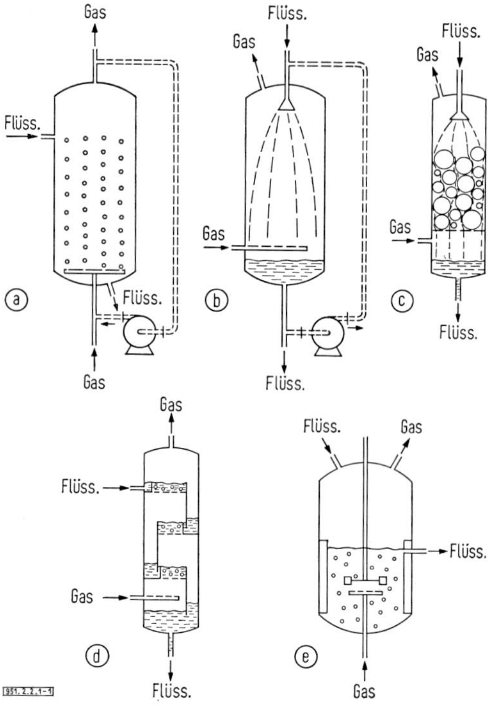

Abb. 2.2.1 – 1. Verschiedene Methoden für Gas-Flüssig-Kontakt
a Blasensäule; *b* Sprühturm; *c* Füllkörperkolonne; *d* Bodenkolonne; *e* Rührkessel

Gas werden als dünne Filme in Kontakt gebracht (Abb. 2.2.1 – 1).

Die Auswahl zwischen diesen drei Methoden ist ein sehr wichtiges Problem und sollte daher bei der Prozeßentwicklung spezielle Beachtung finden. Sie hängt von einer Fülle von Faktoren ab. Häufig wird eine Phase als zusammenhängende bevorzugt (in der die andere Phase dispergiert ist), weil sie eine lange Verweilzeit im Reaktor erfordert. Führt man jedoch die dispergierte Phase im Kreislauf, so kann man eine beliebige Verweilzeit für sie erreichen. Allerdings kann dann ein großes Reaktorvolumen erforderlich sein.

Ein weit wichtigerer Grund für die Auswahl ist die gewünschte Verweilzeitverteilung jeder Phase (vgl. Abschn. 5 und 6.3). Man kann vier Fälle unterscheiden:

a) Die flüssige Phase soll gut gemischt sein; die Gasphase soll angenähert Pfropfenfluß besitzen (enge Verweilzeitverteilung). Diese Forderung kann durch eine Blasensäule (Abb. 2.2.1 – 1 a) oder durch einen Rührkessel, in denen keine Koaleszenz der Gasblasen stattfindet, erfüllt werden. Beim Rührkessel ist die Verweilzeitverteilung der Gasphase breiter. Das Gas darf nicht im Kreislauf geführt werden.
b) Die Gasphase soll gut gemischt werden; die flüssige Phase soll angenähert Pfropfenfluß haben. Diese Forderung kann in einem Sprühturm (Abb.

2.2.1 – 1 b) erzielt werden, wenn die Flüssigkeit nicht im Kreislauf geführt wird.

c) Beide Phasen sollen angenähert Pfropfenfluß haben. Diese Forderung kann man durch Herabfließenlassen der Flüssigkeit an einer Wand oder in einer Füllkörperkolonne (Abb. 2.2.1 – 1 c), mit einer Bodenkolonne (Abb. 2.2.1 – 1 d) oder auch mit einer sonstigen Anordnung erreichen, wenn nur genügend Einheiten hintereinander geschaltet werden.

d) Beide Phasen sollen gut gemischt sein. Diese Forderung kann in einem Rührkessel (Abb. 2.2.1 – 1 e) mit rascher Koaleszenz der Gasblasen realisiert werden oder in einer sonstigen Anordnung, wenn beide Phasen rasch im Kreislauf geführt werden.

Ein weiterer Grund für die Auswahl des Kontakttyps kann der Stoffaustausch sein (vgl. Abschn. 3). So kann es erwünscht sein, den Widerstand des Stoffaustausches in einer Phase verglichen zum Widerstand in der anderen Phase zu reduzieren. Allgemein ist der Stoffaustauschwiderstand in der kontinuierlichen Phase geringer.

In vielen Fällen bestimmt vor allem der Wärmeübergang den Reaktortyp. Wenn eine nennenswerte Reaktionswärme in der flüssigen Phase freigesetzt wird und durch die Reaktorwände abgeführt werden soll (vgl. Abschn. 4.2), ist im allg. ein Rührbehälter mit Gas-in-Flüssig-Dispersion am besten geeignet. Bei den anderen Anordnungen kann die Flüssigkeit durch einen Wärmeaustauscher zirkuliert werden.

Bei vielen Prozessen ist es zweckmäßig, die Reaktionswärme durch Verdampfung des Lösungsmittels abzuführen (vgl. Abschn. 4.3). Hierfür ist im allg. eine Blasensäule üblich.

Wenn kein anderer prinzipieller Grund für die Wahl eines speziellen Dispersionstyps vorliegt, so kann der erforderliche Leistungsbedarf der bestimmende Faktor sein. Ein Blasenkontaktapparat hat einen größeren Leistungsbedarf für den Gastransport als die andern Einrichtungen. Ein Sprühturm erfordert Energie zur Dispergierung der Flüssigkeit. Im allg. haben Füllkörpertürme einen geringeren Leistungsbedarf als die anderen Anordnungen, besonders wenn spezielle Füllkörper verwendet werden.

Offensichtlich können keine allgemeinen Regeln für die Auswahl des Apparatetyps für eine Gas-Flüssig-Dispersion angegeben werden. Die Auswahl hängt zum großen Teil von Faktoren ab, die im Abschn. 2 bis 6 behandelt werden. Das Auswahlproblem wird auch in Abschn. 7.1 diskutiert. Für die Prozeßentwicklung ist wichtig, daß der optimale Typ für eine Gas-Flüssig-Dispersion bei einer gegebenen chemischen Reaktion im Laboratorium und im Betrieb verschieden sein kann. Es ist daher nicht immer zweckmäßig, die Laboratoriumsapparatur in den Betriebsmaßstab zu übertragen.

2.2.2. Blasensäule

Allgemeines. Die Blasensäule besteht aus einem Gefäß mit einem Gasverteiler dicht am Boden. Zur Erzielung einer ausreichenden Strömungsgeschwindigkeit des Gases haben die Gefäße im allg. eine schlanke Form mit einem Verhältnis von Flüssigkeitshöhe zu Durchmesser gleich 2 – 3 oder mehr, häufig mehr als 5. Von der zahlreichen Literatur über Blasensäulen sind speziell die Arbeiten von CALDERBANK und Mitarb. [C 1], KÖLBEL und Mitarb. [K 4] und BEEK und Mitarb. [R 4] zu erwähnen.

Blasensäulen werden hauptsächlich durch die Gas- und Flüssigkeitsbelastung und die geometrischen Abmessungen der Anordnung charakterisiert. Die wichtigsten abhängigen Variablen sind

die Phasengrenzfläche,
die mittlere Stoffaustauschzahl,
die Vermischung und die Verweilzeitverteilung in beiden Phasen,
der Leistungsbedarf (für die Gaskompression).

Vor Diskussion dieser Punkte müssen zunächst noch die Blasenbildung an den Öffnungen des Gasverteilers und die mechanische Stabilität der Blasensäulen behandelt werden.

Blasenbildung an den Öffnungen des Verteilers. Der Durchmesser der Öffnungen sollte genügend klein und der Gasfluß durch sie genügend groß sein, um einen regelmäßigen Strom kleiner Blasen sicherzustellen. Für Blasensäulen mit nicht-viskosen Flüssigkeiten sollte die REYNOLDS-Zahl des Gasstroms in den Öffnungen größer als $2 \cdot 10^3$ sein, um einen „turbulenten Mechanismus" sicherzustellen. Der Einfluß der Flüssigkeitseigenschaften ist ziemlich unsicher [VI] [L 3]. Für $Re > 10^4$ ist der Blasendurchmesser ungefähr eine Konstante und vom Öffnungsdurchmesser unabhängig. Dieses Gebiet wird für praktische Zwecke bevorzugt. Die Unabhängigkeit der Blasengröße vom Öffnungsdurchmesser bedeutet, daß die Anzahl der Öffnungen nicht sehr wichtig ist. Aber natürlich sollten die Öffnungen gleichmäßig über den Querschnitt des Gefäßes verteilt sein.

Unter den angegebenen Bedingungen ist das Strömungsbild und der mittlere Blasendurchmesser nur eine Funktion der Strömungsgeschwindigkeit v_0 des Gases („Leerrohrgeschwindigkeit", also Gasdurchsatz zu Säulenquerschnitt) und der Flüssigkeitseigenschaften und hängt nicht von den Dimensionen der Gasverteilungsvorrichtung ab.

Die befriedigendste Definition für den mittleren Blasendurchmesser hat SAUTER [S 8] angegeben:

$$d_p = \frac{\Sigma n_i d_i^3}{\Sigma n_i d_i^2} \qquad (2.2.2-1)$$

Eine Blasensäule ist vor allem für hohe Gasbelastungen geeignet, z. B. für Strömungsgeschwindigkeiten des Gases zwischen 0,1 und 0,4 m/s (für Luft-Wasser). Die meisten früher veröffentlichten Daten beziehen sich auf geringere Gasbelastungen.

Die jüngsten Publikationen über Blasendurchmesser in Blasensäulen, die einen großen Bereich der Strömungsgeschwindigkeit des Gases überdecken, stammen von L. VAN DIERENDONCK [D 5]. Durch Variation aller Parameter konnte er eine empirische Beziehung zwischen dimensionslosen Gruppen herstellen, die eine Berechnung des mittleren Blasendurchmessers d_p erlaubt:

$$\frac{d_p^2 \varrho g}{\sigma} = c \left(\frac{\eta v_0}{\sigma}\right)^{-1/2} \left(\frac{\varrho \sigma^3}{g \eta^4}\right)^{-1/4} \qquad (2.2.2-2)$$

ϱ, σ und η sind die Dichte, Oberflächenspannung und Viskosität der Flüssigkeit, g die Erdbeschleunigung und v_0 die Strömungsgeschwindigkeit des Gases. Als Werte für die Konstante c wurden bei reinen Flüssigkeiten $c = 6{,}3$ und bei Elektrolytlösungen $c = 2{,}1$ gefunden.

Gl. (2.2.2−2) gilt für Gasgeschwindigkeiten v_0 zwischen 0,03 und 0,3 m/s (für Gase mit einer Dichte in der Grössenordnung von 1 kg/m^3; für andere Dichten ergibt sich der Gültigkeitsbereich der Gleichung angenähert aus $10^{-3} < \varrho_g v_0^2 < 10^{-1}$).

Stabilität von Blasensäulen. Unter bestimmten Bedingungen bleibt das Gas auf seinem Weg aufwärts nicht gleichmäßig über den Querschnitt des Gefäßes verteilt. So können die aufsteigenden Blasen z. B. zur Mitte des zylindrischen Gefäßes streben und als dichter Schwarm aufwärts steigen, während die übrige Flüssigkeit nur wenige Blasen enthält (Abb. 2.2.2−1 a). Diese Erscheinung verursacht heftige Zirkulation der Flüssigkeit. Sie wird in viskosen Flüssigkeiten beobachtet [R 3], aber auch unter turbulenten Bedingungen, wenn das Verhältnis von Höhe zu Durchmesser in der Größenordnung von 1 ist. Bei geringeren Verhältnissen von Höhe zu Durchmesser können auch mehrere derartige Schwärme auftreten (Abb. 2.2.2−1 b). Beek [B 4] zeigte, daß die Anzahl der Schwärme in rechteckigen Gefäßen dem Breite-Höhe-Verhältnis entspricht.

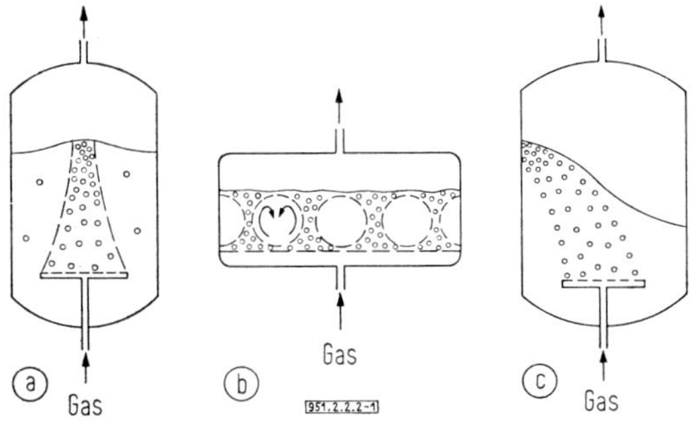

Abb. 2.2.2−1. Störungen in Blasensäulen
Zu *a*, *b* und *c* vgl. Text.

Ein weiterer Störeffekt ist das Phänomen der Wellenbildung in Blasensäulen. Unter gewissen Bedingungen kann der Gasfluß eine Resonanz hervorrufen. In einem Augenblick strömen die Blasen auf der einen Seite des Gefäßes nach oben und bewirken, daß die Flüssigkeitsoberfläche dort ansteigt (Abb. 2.2.2−1 c). Im nächsten Augenblick geht der Gasstrom auf die andere Seite des Gefäßes über, da der Druck dort abgefallen ist. Die Flüssigkeit folgt dieser Bewegung, so daß sich nun ein Wellenkamm auf der anderen Seite ausbildet.

Sowohl die Zirkulation als auch die Wellenbildung sind unerwünscht. Sie können zwar das Durchmischen der Flüssigkeit verbessern, aber der Stoffübergang wird herabgesetzt. Darüberhinaus kann die Resonanzerscheinung die Apparatur zerstören. Beide Erscheinungen werden unterdrückt, wenn das Höhe-Durchmesser-Verhältnis beträchtlich größer als 1 ist, z. B. größer als 2, oder sehr viel kleiner als 1, etwa kleiner als 0,1.

Mischen in Blasensäulen. Wenn durch den Gasverteiler eine gleichmäßige Verteilung des Gases erzielt wird (s. Abb. 2.1.3−6 b, S. 226), so tritt keine weitreichende Zirkulation der Flüssigkeit ein. Die kleinen Zirkulationen und die Turbulenz genügen aber, um einen relativ guten Mischzustand der flüssigen Phase herbeizuführen. Ein Nachteil vom Gesichtspunkt des Mischens ist die erforderliche Höhe der Blasensäule. Wegen des großen Höhe-Durchmesser-Verhältnisses, das gewöhnlich angewendet wird (2−5 oder mehr), ist die Vermischung der oberen und unteren Partien eindeutig der begrenzende Faktor für den Mischprozeß. Daraus erklärt sich, daß Autoren, die den Mischprozeß in Blasensäulen untersucht haben, ihre Ergebnisse durch den axialen Durchmischungskoeffizienten wiedergeben.

Reith [R 5] und andere Autoren [Z 2] haben gefunden, daß der axiale Durchmischungskoeffizient $D_{m,a}$ in einer Blasensäule bei genügend hoher Gasbelastung annähernd eine Konstante ist. Für Luft in Wasser ist die kritische Strömungsgeschwindigkeit des Gases ungefähr 0,1 m/s. Bei Gasgeschwindigkeiten größer als 0,5 m/s reißt das Gas in starkem Maß Flüssigkeitstropfen mit. Blasensäulen werden daher im allg. mit Gasgeschwindigkeiten zwischen 0,1 und 0,5 m/s (für Gase mit der Dichte der Luft) betrieben. Für andere Gase mit einer Dichte ϱ(kg/m^3) ergeben sich die kritischen Werte nach

$$0{,}01 < \varrho v_0^2 < 0{,}3 \qquad (2.2.2-3)$$

wobei v_0 wieder die Strömungsgeschwindigkeit des Gases in m/s bedeutet.

Reith fand ferner, daß die experimentellen Werte der Mischungskoeffizienten mit zunehmendem Gefäßdurchmesser zunehmen. Er fand außerdem, daß der Durchmischungskoeffizient besser mit der Blasenaufstiegsgeschwindigkeit (v_r) als mit der Strömungsgeschwindigkeit des Gases in Zusammenhang zu bringen ist. v_r ist natürlich eine abhängige Variable. Wenn die Flüssigkeit nicht auf- oder abwärts strömt, ist $v_r = v_0/\varepsilon$, wobei ε der Volumenanteil des Gases in der Mischung ist. Reith schlägt folgende Beziehung für den axialen Durchmischungskoeffizienten vor (für $v_0 > 10^{-1}$ m/s):

$$\frac{v_r d}{D_{m,a}} \approx 3 \qquad (2.2.2-4)$$

Die Gültigkeit dieser Beziehung wurde für Gefäßdurchmesser d zwischen 0,05 und 0,29 m nachgewiesen. Jedoch ist anzunehmen, daß die Gleichung nicht zu größeren Durchmessern extrapoliert werden kann. Wenn der Gefäßdurchmesser sehr viel größer als der Radius der Flüssigkeitszirkulation an irgendeinem Punkt ist, so kann der Gefäßdurchmesser kaum Einfluß auf den Mischprozeß haben.

Phasengrenzfläche in Blasensäulen. Die spezifische Phasengrenzfläche S, die für einen Stoffübergang zur Verfügung steht, wird durch den mittleren Blasendurchmesser d_p und den Gasvolumenanteil bestimmt. Wird S als Grenzfläche pro Volumeneinheit des Gas-Flüssigkeitsgemisches definiert und ist ε der Gasvolumenanteil im Gemisch, so kann man leicht zeigen, daß

$$S = \frac{6\,\varepsilon}{d_p} \qquad (2.2.2-5)$$

ist. d_p und ε und daher auch S hängen vom Gasdurchsatz und von den Stoffeigenschaften des Systems ab. L. VAN DIERENDONCK [D 5] fand experimentell, daß ε durch folgende empirische Beziehung wiedergegeben werden kann:

$$\varepsilon = 1{,}2\left(\frac{\eta\, v_0}{\sigma}\right)^{3/4}\left(\frac{\varrho\,\sigma^3}{g\,\eta^4}\right)^{1/8} \qquad (2.2.2-6)$$

Alle Variablen haben hier dieselbe Bedeutung wie in Gleichung (2.2.2−2). Eliminierung von ε und d_p aus Gl. (2.2.2−2) und (2.2.2−6) und Einsetzen in Gl. (2.2.2−5) führt zu folgendem Ausdruck für S:

$$\left(\frac{v_0\,\varrho}{\eta\, S}\right) = c\left(\frac{\varrho\,\sigma^3}{g\,\eta^4}\right)^{1/4} \qquad (2.2.2-7)$$

Für reine Flüssigkeiten ist $c = 0{,}5$, für Lösungen $= 0{,}2$. Die dimensionslose Gruppe $v_0\,\varrho/\eta\, S$ ist eine REYNOLDS-Zahl für einen Blasenschwarm. Sie ist nur eine Funktion physikalischer Eigenschaften. Unabhängig von einer Änderung des Blasendurchmessers ist daher die spezifische Grenzfläche S der Gasgeschwindigkeit v_0 annährend proportional.

Stoffübergangszahl in Blasensäulen. Die Stoffübergangszahl k_m (im deutschen Sprachraum sonst im allg. mit β bezeichnet) kann in Gas-Flüssig-Kontaktsystemen, in denen die Grenzfläche eine abhängige Variable ist, nicht direkt bestimmt werden. Die beste Methode ist, S und $k_m S$ unabhängig voneinander zu bestimmen und k_m durch Division zu finden. Die Werte für die Stoffübergangszahlen sind daher nicht sehr zuverlässig.

P. CALDERBANK und M. MOO-YOUNG [C 2] geben einen guten Überblick über die Messung des flüssigkeitsseitigen Stoffübergangs in Blasensäulen. Die Ergebnisse können durch zwei empirische Beziehungen wiedergegeben werden:

Für kleine „starre“ Blasen:

$$k_m\left(\frac{\eta}{\varrho\, D}\right)^{2/3} = 0{,}31\left(\frac{\eta\, g}{\varrho}\right)^{1/3} \qquad (2.2.2-8)$$

Für große Gasblasen, die sich nicht wie starre Teilchen verhalten:

$$k_m\left(\frac{\eta}{\varrho\, D}\right)^{1/2} = 0{,}42\left(\frac{\eta\, g}{\varrho}\right)^{1/3} \qquad (2.2.2-9)$$

k_m ist die flüssigkeitsseitige Stoffübergangszahl, D der Diffusionskoeffizient der übergehenden Komponente in der Flüssigkeit; die anderen Symbole haben dieselbe Bedeutung wie in Gl. (2.2.2−2).

Beziehung (2.2.2−8) und (2.2.2−9) sind auch auf den Flüssig-Flüssig-Stoffübergang anwendbar, wenn alle darin vorkommenden Eigenschaften sich auf die kontinuierliche Phase beziehen; die Gruppe $\eta\, g/\varrho$ sollte dann durch $\eta\, g \triangle \varrho/\varrho^2$ ersetzt werden, wobei $\triangle \varrho$ der Dichteunterschied zwischen den beiden Flüssigkeiten ist.

In neueren Publikationen haben REITH [R 5] und VAN DIERENDONCK [D 5] die Messung der Stoffübergangszahlen nach verschiedenen Methoden mitgeteilt. Es besteht aber noch keine Übereinstimmung über eine Beziehung, die allgemein anwendbar ist.

Leistungsbedarf in Blasensäulen. Der Leistungsbedarf in Blasensäulen kann leicht berechnet werden, wenn der Volumendurchsatz Φ_V des Gases in den Öffnungen des Verteilerbodens, die Flüssigkeitshöhe h und die Anzahl n und der Durchmesser d der Öffnungen bekannt sind.

Das Gas muß auf einen Druck komprimiert werden, der der Summe von statischer Flüssigkeitssäule ($\varrho_l g h$) und Druckverlust in den Öffnungen (const. $\frac{1}{2}\varrho_g v^2$) gleich ist. Für eine rohe Abschätzung kann die Konstante in der Klammer gleich 1 gesetzt werden, so daß der Leistungsbedarf P in der Blasensäule gegeben ist durch:

$$P \approx \Phi_V\left[\frac{8\,\varrho_g\,\Phi_V^2}{\pi^2\, n\, d^4} + \varrho_l\, g\, h\right] \qquad (2.2.2-10)$$

Die Gleichung gilt nur, wenn sich die Gasdichte, also der Gasdruck beim Passieren der Düsen nicht wesentlich ändert.

In der Praxis werden die Anzahl n der Öffnungen und der Durchmesser d so gewählt, daß der Leistungsbedarf gering und die REYNOLDS-Zahl in den Öffnungen noch genügend groß ist (s. S. 228).

Bodenkolonne. Die übliche Bodenkolonne, die bei Destillationen verwendet wird, besteht im wesentlichen aus einer Anzahl hintereinander geschalteter Blasensäulen geringer Höhe (Abb. 2.2.1−1 d).

Sie kann für Gas-Flüssig-Reaktionen benutzt werden, wenn ein guter Gegenstromeffekt erwünscht ist oder wenn ein größerer Gasraum erforderlich ist, um eine langsame Gasphasenreaktion zu begünstigen (z. B. bei der Herstellung von Salpetersäure [F 2]).

Hydrodynamische Daten über Bodenkolonnen finden sich in der Literatur über Destillation [H 3]. CALDERBANK [C 3] gibt eine Übersicht über Untersuchungen des Blasendurchmessers in Siebbodenkolonnen.

Voraussagen über den Stoffübergang sind schwierig, weil sich der Gas-Flüssig-Kontakt auf drei Zonen verteilt:

1. eine Flüssigkeitsschicht, die Gasblasen enthält,
2. eine Schaumschicht,
3. einen Gasraum mit versprühten Flüssigkeitstropfen.

Mehr als andere Gas-Flüssig-Systeme erfordert die Bodenkolonne empirische Untersuchungen mit dem tatsächlich beabsichtigten chemischen Prozeß. Hat man Versuche mit demselben Gasdruck und derselben Gasgeschwindigkeit wie in der geplanten Kolonne ausgeführt, so ist die Übertragung in einen größeren Maßstab jedoch relativ einfach, sie erfordert nur eine Vergrößerung des Kolonnendurchmessers.

2.2.3. Sprühturm

Ein Sprühturm (Abb. 2.2.1 – 1 b, S. 227) wird selten für eine Gas-Flüssig-Reaktion verwendet. Sein offensichtlicher Nachteil sind die großen Ausmaße, verglichen mit dem Flüssigkeitsvolumen.

Die Sprühkolonne hat jedoch einige spezifische Vorzüge:

1. Das große Gasvolumen ist vorteilhaft, wenn langsame Reaktionen in der Gasphase begünstigt werden sollen (eine seltene Situation).
2. Der Unterschied der Stoffübergangszahlen auf beiden Seiten der Grenzfläche kann vom Gesichtspunkt der Selektivität her ein Vorteil sein (vgl. Kapitel 6.5).
3. Der Leistungsbedarf, um eine große Kontaktfläche zu erhalten, ist kleiner als beim Rührkessel (er wird aber im allg. durch den erforderlichen Wärmetransport oder die Aufrechterhaltung einer bestimmten Gaskonzentration in der Flüssigkeit bestimmt).
4. Auf die Vorteile von Umlaufpumpen gegenüber Rührern (besonders für Druckreaktoren) wurde schon S. 223 hingewiesen.

Spezifische Nachteile (abgesehen vom Volumen):

1. In der Flüssigkeit sinkt die Konzentration der gelösten Gase während des äußeren Umlaufs und damit die Reaktionsgeschwindigkeit.
2. Die Wärmeabführung aus den fallenden Tropfen ist begrenzt.
3. In einer Sprühvorrichtung können im allg. keine festen Katalysatoren verwendet werden. (Es gibt jedoch Sprühkolonnen für die Hydrierung fetter Öle mit suspendiertem Nickel als Katalysator.)

Beim Entwurf einer Sprühkolonne sind zwei wesentliche Größen zu berücksichtigen:

a) Die Umwälzgeschwindigkeit, die erforderlich ist um einen gegebenen Wärmeübergang von oder zum Reaktor zu erzielen und um Änderungen der Gaskonzentration in der zirkulierenden Flüssigkeit zu begrenzen.

b) Die gewünschte Grenzflächengröße. Wenn die Umwälzgeschwindigkeit gegeben ist, verbleiben dafür nur zwei Parameter: Die freie Höhe und die Tropfengröße.

Die Umwälzzeit t_c sollte nicht viel größer als die Reaktionszeit t_r und die Absorptionszeit t_a sein. Die Reaktionszeit kann als diejenige Zeit definiert werden, in der die Konzentration des gelösten Gases in der Flüssigkeit auf den e-ten Teil absinkt (unter nichtstationären Bedingungen); die Absorptionszeit ist der reziproke Wert von $k_m S$ (Stoffübergangszahl x spezifische Kontaktfläche, bezogen auf die Volumeneinheit der Flüssigkeit).

Für kleine Tropfen, um die eine laminare Strömung angenommen werden kann, ist der Zusammenhang zwischen Durchmesser d, Fallhöhe h und Fallzeit t gegeben durch:

$$d^2 = \frac{18\,\eta_g}{\varrho_l g} \cdot \frac{h}{t} \qquad (2.2.3-1)$$

η_g ist die Viskosität des Gases, ϱ_l die Dichte der Flüssigkeit.

Die Diffusion in den Flüssigkeitstropfen ist ganz allgemein der geschwindigkeitsbestimmende Schritt des Stoffübergangs. Wenn der Tropfen keine wesentliche innere Zirkulation besitzt, so kann die Konzentrationsänderung der Flüssigkeit während eines Falles beschrieben werden durch:

$$\ln \frac{\Delta c_1}{\Delta c_2} \approx 4\pi^2 \frac{D_l t}{d^2} \qquad (2.2.3-2)$$

Δc ist die Differenz der Konzentrationen an der Grenzfläche und im Inneren der Tropfen, D_l der Diffusionskoeffizient in der flüssigen Phase. Eliminierung der Kontaktzeit führt zu:

$$d^4 \approx 720 \frac{\eta_g D_l}{\varrho_l g} \cdot \frac{h}{\ln \dfrac{\Delta c_1}{\Delta c_2}} \qquad (2.2.3-3)$$

Sind die physikalischen Eigenschaften des Systems gegeben, so ist das Produkt $d^4 h^{-1}$ eine Konstante. Die Gleichung zeigt, daß für eine rasche Absorption kleine Tropfen erforderlich sind, gewöhnlich in der Größenordnung von 0,1 – 0,5 mm [V4].

2.2.4. Füllkörperkolonnen

Allgemeines. Für den Kontakt von Gasen und Flüssigkeiten oder von Flüssigkeiten und Flüssigkeiten werden Füllkörper bevorzugt, die ein großes Oberflächen- zu Volumenverhältnis je Füllkörper haben. RASCHIG-Ringe sind am gebräuchlichsten.

Die Flüssigkeit wird auf die oberste Schicht der Füllkörper verteilt (z. B. durch Aufsprühen) und fließt als dünner Film über das Füllmaterial herab. Die Gasphase strömt im Gleich- oder Gegenstrom zur Flüssigkeit. Wenn Reaktionswärme abgeführt werden muß, ist es zweckmäßig, die Flüssigkeit durch einen äußeren Wärmeaustauscher umlaufen zu lassen.

Ein besonderer Vorzug einer Füllkörperkolonne besteht darin, daß sie als Gegenstromvorrichtung betrieben werden kann. Beide Ströme zeigen eine geringe Breite der Verweilzeitverteilung (annähernd Pfropfenfluß). Durch eine Zirkulation der Flüssigkeit wird das Gegenstromprinzip natürlich unterbrochen.

Ist der Gegenstromeffekt unwichtig, so sollte der Gasstrom abwärts gerichtet werden (Gleichstrom). Man kann dann eine größere spezifische Kapazität erzielen, weil nicht die Gefahr des „Flutens“ besteht (Fluten bedeutet eine Stauung der Flüssigkeit zu einer zusammenhängenden Schicht). Die Flüssigkeit kann über einen Wärmeaustauscher und ein Zulaufgefäß (um den Flüssigkeitszulauf zu überwachen) umgewälzt werden.

Füllkörperkolonnen können auch für einen Flüssig-Flüssig-Gegenstromkontakt verwendet werden. Die kontinuierliche flüssige Phase sollte die Füllkörper vollkommen benetzen, so daß die zweite flüssige Phase in Form von Tropfen durch die Kolonne hindurch wandert. Die Tropfengröße kann durch einen Pulsator [S 5] eingestellt werden. Natürlich können auch Bedingungen gewählt werden, bei denen die Flüssigkeit, welche die Füllkörper benetzt, nicht die kontinuierliche Phase ist. Diese Situation entspricht dann den Gas-Flüssig-Füllkörperkolonnen. Jedoch ist die Wirksamkeit, vom Stoffübergang her gesehen, geringer, als wenn die dispergierte Phase Tropfen bildet.

Oberflächengröße und Fluten. Da die Dicke des frei fallenden Flüssigkeitsfilmes nicht stark variiert werden kann, wird die erforderliche Oberfläche pro Längeneinheit der Kolonne (Gesamtoberfläche der Füllkörper) durch die Flüssigkeitsbelastung bestimmt. Diese Oberfläche bestimmt ihrerseits die Größe der Füllkörper. Aus diesen Daten ergibt sich der Durchmesser der Kolonne und, wenn die Gasbelastung gegeben ist, die Gasgeschwindigkeit im Zwischenraum.

Die Flüssigkeit-Gas-Grenzfläche in einer berieselten Füllkörperkolonne ist etwa um den Faktor 2 bis 4 kleiner als die Festkörper-Gas-Grenzfläche ohne Berieselung. Daten über die Oberflächengröße bei verschiedenen Füllkörpern s. LEVA [L 4]. Empirische Beziehungen, die eine Voraussage der Flüssigkeit-Gas-Grenzfläche erlauben, wurden z. B. von SHULMAN [S 6] veröffentlicht, s. auch TREYBAL [T 2] und KOLEV [K 6]. Die verminderte Oberfläche hat folgende Gründe:

Bei geringer Flüssigkeitsbelastung sind die Füllkörper nicht vollkommen benetzt,
bei hoher Flüssigkeitsbelastung ist der Zwischenraum teilweise mit Flüssigkeit angefüllt,
ganz allgemein ist die Flüssigkeit über den Querschnitt der Kolonne unregelmäßig verteilt (Kanalbildung, „channelling").

Die Oberfläche nimmt zu, wenn die Gas- und Flüssigkeitsbelastung erhöht werden. Aber auch die Natur der Flüssigkeit spielt eine Rolle (z. B. Unterschiede im Netzvermögen).

Bei Gegenstrom ist der Geschwindigkeit des Gas- und Flüssigkeitsstromes eine Grenze gesetzt. Überschreitet die Geschwindigkeit einer der beiden Ströme eine gewisse Grenze, so tritt Fluten ein, das einen stationären Gegenstrombetrieb unmöglich macht. Um einen guten Gas-Flüssig-Kontakt zu erhalten, sollte man nahe an die Flutungsbedingungen herangehen, z. B. bei gegebener Geschwindigkeit der Flüssigkeit und gegebenen Kolonnendimensionen eine Gasgeschwindigkeit einstellen, die 80% derjenigen Geschwindigkeit beträgt, die Fluten verursacht.

Empirische Beschreibungen des Gas-Flüssig-Gegenstromverfahrens in Füllkörperkolonnen finden sich in der Literatur. Einen guten Überblick geben COULSON und RICHARDSON [C4], sowie TREYBAL [T2] und LEVA [L4].

Stoffübergang. Daten über die gas- und flüssigkeitsseitigen Stoffübergangszahlen wurden durch Messung physikalischer Absorptionsvorgänge bestimmt. Es gibt aber keine zuverlässigen Beziehungen, die allgemein anwendbar sind. Die Fließbedingungen auf beiden Seiten der Grenzfläche sind oft nicht genügend bekannt.

Die gasseitige Stoffübergangszahl wird sowohl durch die Geschwindigkeit des Gas- als auch des Flüssigkeitsstromes bestimmt. Werden diese mit Φ_g und Φ_l bezeichnet, so kann man

$$k_{m,g} \sim \Phi_g^{\alpha} \Phi_l^{\beta} \qquad (2.2.4-1)$$

setzen. Für α werden Werte zwischen 0,5 und 0,8 und für β zwischen 0 und 0,5 angegeben [C 4].

Der flüssigkeitsseitige Stoffübergang kann am besten durch die Penetrationstheorie (vgl. S. 253) beschrieben werden. Die optimale Kontaktzeit hängt von der Mischintensität an demjenigen Punkt ab, an dem die Flüssigkeit von einem Füllkörper auf den nächsten überfließt. Wenn dieser Mischprozeß gut ist, entspricht die optimale Kontaktzeit der mittleren Zeit t, die ein Volumenelement der Flüssigkeit benötigt, um über einen Füllkörper hinwegzufließen. Bei schlechterer Mischung muß eine längere Kontaktzeit vorgesehen werden, die geringere mittlere Stoffübergangszahlen zur Folge hat.

Diese Überlegungen können durch folgende Formeln ausgedrückt werden:

$$k_{m,l} = 2 \sqrt{\frac{D_l}{\pi t^+}} \qquad (2.2.4-2)$$

D_l = Diffusionskoeffizient der in der Flüssigkeit gelösten Komponente; t^+ = charakteristische Kontaktzeit = $\frac{l^+}{v_f}$; v_f = durchschnittliche lineare Filmgeschwindigkeit (m/s); l^+ = Abstand zwischen zwei Mischstellen des Films (= 1 Partikeldurchmesser oder mehr, in Abhängigkeit von der Mischintensität).

Werte für l^+ (oder t^+), die den flüssigkeitsseitigen Stoffübergang befriedigend beschreiben, können am besten über eine Gasabsorption mit genau bekannter Kinetik bestimmt werden.

Für Kugeln [R 6] und Kugelketten [D 7] wurden die Beziehung zwischen t^+ und den hydrodynamischen Bedingungen theoretisch behandelt. Aber die Vollständigkeit der Vermischung des flüssigen Filmes, wenn er von einer Kugel auf die nächste übergeht, kann theoretisch nicht vorausgesagt werden. Diese Vermischung hängt nicht nur von der Viskosität der Flüssigkeit, sondern auch von der Oberflächenspannung und wahrscheinlich auch vom Widerstand gegen eine rasche Oberflächenerneuerung ab.

2.2.5. Dünnschichtreaktor

Derselbe Gas-Flüssig-Kontakt wie in einer Füllkörperkolonne kann auch in einem Dünnschichtreaktor erzielt werden. Dieser Apparatetyp wird bevorzugt, wenn ein sehr guter Wärmeübergang erforderlich ist. Der Reaktor wird gewöhnlich als ein vertikales Rohrbündel entsprechend den üblichen Rohrbündel-Wärmeaustauschern konstruiert. Abhängig vom Verhältnis des Gas- zum Flüssigkeitsvolumenstrom können sowohl die Innen- als die Außenflächen der Rohre für den Gas-Flüssig-Kontakt verwendet werden. Im allg. wird die Innenseite der Rohre bevorzugt, weil dann die Verteilung der Flüssigkeit einfacher ist (Abb. 2.2.5 – 1). Die Flüssigkeit fließt als dünner Film an der Innenfläche der Rohre herab. Das Gas kann entweder auf- oder abwärts geführt werden. Kühl- (oder Heiz-) flüssigkeit wird durch den Raum zwischen den Rohren umgewälzt.

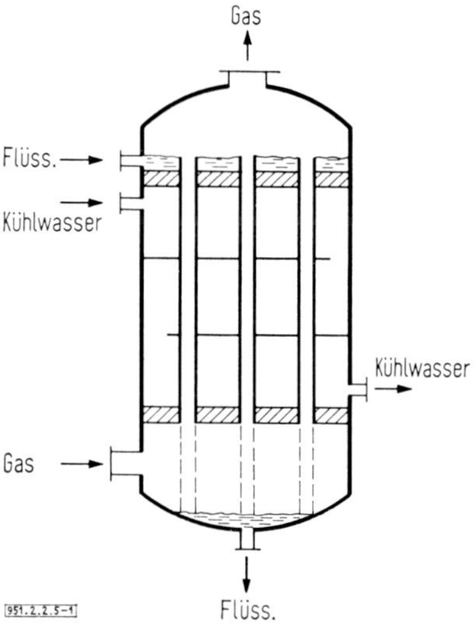

Abb. 2.2.5 – 1. Dünnschichtreaktor

Verglichen mit Füllkörperkolonnen ist diese Konstruktion sehr viel kostspieliger. Sie ist nur berechtigt, wenn eine genaue Temperaturkontrolle gefordert wird. Wenn ein Gegenstromeffekt ohne Interesse ist, so liefert ein abwärtsgerichteter Gleichstrom die höchste Kapazität.

Die Grenzfläche ist leicht zu bestimmen. Die flüssigkeits- und gasseitigen Stoffübergangszahlen können aus empirischen Daten ermittelt werden. Bemerkenswert ist, daß die flüssigkeitsseitige Stoffübergangszahl in einem fallenden Film höher sein kann als in den meisten anderen Gas-Flüssig-Kontaktsystemen. Sie kann aus der Penetrationstheorie abgeleitet werden [S 7]:

$$k_{m,l} = 2\left(\frac{3D_l}{2\pi h}\right)^{1/2}\left(\frac{\Phi_l}{\pi d}\right)^{1/3}\left(\frac{g}{3\nu_l}\right)^{1/6} \qquad (2.2.5-1)$$

Hierin ist D_l der Diffusionskoeffizient in der Flüssigkeit, h die Rohrhöhe, d der Rohrdurchmesser, Φ_l die Volumengeschwindigkeit der Flüssigkeit, ν_l die kinematische Zähigkeit der Flüssigkeit und g die Erdbeschleunigung. Die theoretische Ableitung der Gleichung basiert auf der Diffusion bei laminarem Fluß ohne Kräuselung oder Wellenbildung an der Oberfläche.

Die gasseitige Stoffübergangszahl kann aus empirischen Beziehungen gefunden werden, die denen beim Wärmeübergang in Rohren analog sind [G 4]:

$$\frac{k_{m,g}d}{D_g} = 0{,}023\left(\frac{\varrho_g v_g d}{\eta_g}\right)^{0,83}\left(\frac{\eta_g}{\varrho_g D_g}\right)^{0,44} \qquad (2.2.5-2)$$

ϱ_g, η_g und D_g sind Gaseigenschaften, v_g ist die mittlere Gasgeschwindigkeit. Im allg. ist v_g viel größer als die Filmgeschwindigkeit v_l. Ist das aber nicht der Fall, so wird vorgeschlagen, v_g in Gleichung (2.2.5 – 2) durch $(v_g + v_l)$ bei Gegenstrom und durch $(v_g - v_l)$ bei Gleichstrom zu ersetzen. Bei Werten von $(v_g - v_l)$, die viel kleiner als v_g sind, ergibt diese Substitution wahrscheinlich zu niedrige Werte für $k_{m,g}$ [B 5].

2.2.6. Rührbehälter für Gas-Flüssig- (oder Flüssig-Flüssig-)Reaktionen

Allgemeines. Ein Behälter mit einem Höhe-Durchmesser-Verhältnis von etwa 1, der mit einem Turbinenrührer ausgerüstet ist, ist eine sehr wirksame Vorrichtung für den Kontakt von Gasen und Flüssigkeiten oder von zwei nicht mischbaren Flüssigkeiten. Die zusammenhängende flüssige Phase wird gut vermischt, und die dispergierte Phase hat eine Verweilzeitverteilung wie in einem idealen Mischer. Dadurch wird jeder Gegenstromeffekt unterbunden.

Ein wichtiger Parameter des Systems ist die Teilchengröße der dispergierten Phase, die von den physikalischen Eigenschaften beider Phasen und von den hydrodynamischen Bedingungen abhängt.

Der Rührbehälter erfordert einen beträchtlichen Leistungsaufwand, verglichen mit andern Kontaktvorrichtungen. Man kann ihn auf zweierlei Weise betreiben (Abb. 2.2.6 – 1): Mit oder ohne äußere Trennvorrichtung. Bei Flüssig-Flüssig-Kontakt ist eine äußere Trennvorrichtung wegen der geringen Relativgeschwindigkeit der Tropfen fast immer notwendig. Bei Gas-Flüssig-Systemen trennen sich Gas und Flüssigkeit im allg. im oberen Teil der Flüssigkeit. Bei Übertragung in einen größeren Maßstab wird das Trennproblem schwieriger, weil der Gasstrom pro Oberflächeneinheit der Flüssigkeit zunimmt, wenn die Zugabegeschwindigkeiten pro Volumeneinheit des Reaktors konstant bleibt. Es kann dann auch hier zweckmäßig sein, eine äußere Trennvorrichtung zu verwen-

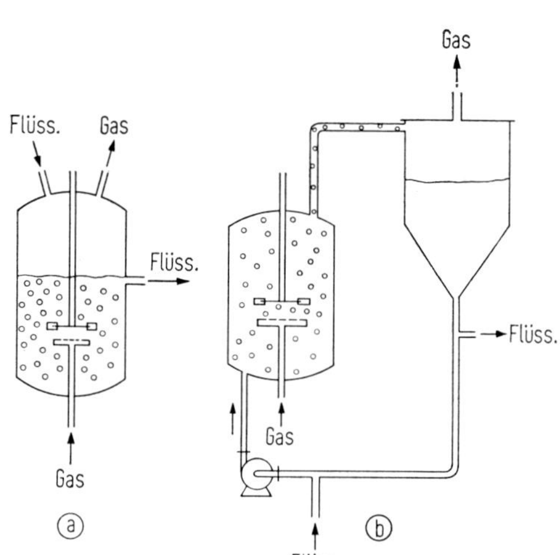

Abb. 2.2.6 – 1. Rührbehälter für Gas-Flüssig-Kontakt *a* mit innerer, *b* mit äußerer Trennung der beiden Phasen

den, die erlaubt, den Gasanteil im Reaktor hoch zu halten. Allerdings erfordert diese Arbeitsweise eine hohe Umwälzgeschwindigkeit der Flüssigkeit. Ggf. kann das Umwälzen mit einem äußeren Wärmeaustausch kombiniert werden.

Die Literatur über die Dispersion von Gasen in Flüssigkeiten in Rührbehältern ist weitgehend auf den in Abb. 2.2.6–1a gezeigten Typ beschränkt. Die physikalischen Gegebenheiten in einem derartigen Rührbehälter sind sehr komplex (Abb. 2.2.6–2). Man kann daher nicht erwarten, daß sich das System durch eine einfache mathematische Beziehung beschreiben läßt.

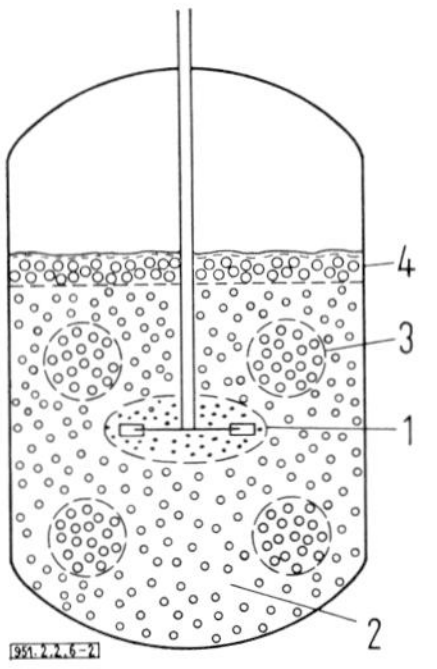

Abb. 2.2.6–2. Auftreten vier verschiedenartiger Zonen in einem Rührbehälter mit dispergierter Gasphase

In der direkten Umgebung des Rührers werden Blasen zu kleineren zerschlagen. Im starken Zentrifugalfeld werden sie auseinander gezogen, bis sie eine zigarrenähnliche Form haben. Sie brechen dann in eine Vielzahl kleinerer Blasen auseinander. Außerhalb des Rührerbereichs zirkulieren die Blasen viele Male und koaleszieren zu größeren Blasen, ehe sie die Flüssigkeit verlassen. Durch die Zentrifugalwirkung ist der Gasanteil im Innern der Zirkulationen erhöht.

Schon die Bestimmung des mittleren Blasendurchmessers ist kein einfaches Problem. T. Reith [R 7] hat gezeigt, daß die verschiedenen Methoden (von verschiedenen Autoren angewendet) keine übereinstimmenden Resultate liefern [D 5], [C 3], [R 4].

Ein wichtiges Phänomen ist in diesem Zusammenhang zu erwähnen: Vergleicht man die Blasen in reinem Wasser mit den Blasen in wäßrigen Ionenlösungen, so besteht ein auffallender Unterschied. Bei Konstanz der übrigen Bedingungen kann der mittlere Blasendurchmesser in den Lösungen drei bis fünf Mal kleiner als in reinem Wasser sein. Darüber hinaus sind Blasen gleicher Größe in den Lösungen starrer als in reinem Wasser.

Die Koaleszenzgeschwindigkeit, die den mittleren Blasendurchmesser mitbestimmt, hängt hauptsächlich von der Rührgeschwindigkeit und der Ionenkonzentration der Lösung ab. Für Luft in reinem Wasser kann sie z. B. $5\,s^{-1}$ betragen (im Durchschnitt koalesziert eine Blase 5 mal/s mit einer anderen). Bei Ionenlösungen fällt die Koaleszenzhäufigkeit rasch ab, und es besteht eine starke Tendenz zur Schaumbildung. Bisher ist nicht klar, welche physikalische Eigenschaft der Flüssigkeit für diese Phänomene verantwortlich sind.

Koetsier und Thoenes [K 8] haben gezeigt, daß der Logarithmus der Koaleszenzhäufigkeit linear mit zunehmender Ionenkonzentration abnimmt und einen Wert von ungefähr $0{,}1\,s^{-1}$ bei Ionenkonzentrationen in der Größenordnung von 0,5 g-Ionen/l erreicht. Bisher gibt es keine allgemeine Beziehung, welche Voraussagen über die Koaleszenz der Gasblasen ermöglicht.

Entwurf von Rührbehältern für Gas-Flüssig-Kontakt. Der Rührbehälter wird im allg. in gleicher Weise wie ein Mischbehälter mit einem Turbinenrührer konstruiert. Voncken [V 2] gibt Konstruktionsregeln an. Sie können wie folgt zusammengefaßt werden:

Verhältnis von Flüssigkeitshöhe zu Durchmesser = 1

Rührerebene in der Mitte zwischen Flüssigkeitsoberfläche und Gefäßboden

Turbine mit sechs Schaufeln wie in Abb. 2.1.3–3

Verhältnis von Behälterdurchmesser zu Rührerdurchmesser ungefähr 2,5–6

Vier Strombrecher, Breite 1/10 des Behälterdurchmessers

Die Form des Gasverteilers ist nicht sehr kritisch, da der Blasendurchmesser durch die Stoffwerte des Systems und die Rührbedingungen bestimmt wird.

Wenn der Rührbehälter keine äußere Trennvorrichtung besitzt (wie im allg. üblich), so wird die zulässige Gasbelastung durch den Trennprozeß in der oberen Flüssigkeitsschicht begrenzt. Für Luft/Wasser-Dispersionen beträgt die maximale Belastbarkeit, ausgedrückt als Strömungsgeschwindigkeit des Gases (Gasvolumenstrom/Querschnitt des Gefäßes) ungefähr 5 cm/s.

Phasengrenzfläche bei Rührbehältern mit Gas-Flüssig-Kontakt. Daten über die Phasengrenzfläche sind noch recht gegensätzlich. Diese Unsicherheit beruht, zumindest teilweise, darauf, daß die Größe der Grenzfläche nur indirekt nach folgenden allgemeinen Methoden bestimmt werden kann:

1. Bestimmung des mittleren Blasendurchmessers (d_p) und des Gasanteils (ε),
2. Verwendung einer chemischen Reaktion.

Schon Daten über den mittleren Blasendurchmesser sind nicht sehr zuverlässig (s. oben). Calderbank und Moo-Young [C 2] sowie in jüngerer Zeit van Dierendonck [D 5] haben experimentell Beziehungen zwischen dem mittleren Blasendurchmesser, den Rührbedingungen und physikalischen Eigenschaften des Systems gefunden. Calderbank stellt eine Beziehung zwischen dem mittleren Blasendurchmesser und der spezifischen Leistung des Rührers (pro Volumeneinheit der Flüssigkeit) her, während van Dierendonck zwei charakteristische Rührgeschwindigkeiten als Parameter verwendet.

Die Anwendbarkeit der Beziehungen von Calderbank und Mitarb. ist dadurch beschränkt, daß die spezifische Leistung eines Rührers in einer Flüssigkeit, die Blasen enthält, nicht einfach vorauszusagen ist. Besonders bei hohem Gasanteil im Zweiphasengemisch geht die spezifische Leistung rasch zurück und steht wahrscheinlich nicht mehr in direktem Zusammenhang mit dem mittleren Blasendurchmesser [K 7]. Die Theorie von Kolmogoroff, auf der die Ableitungen von Calderbank basieren, ist dann nicht mehr anwendbar. Die Beziehungen von van Dierendonck sind völlig empirisch, alle anzuwendenden Variablen sind direkt bestimmbar.

Zwischen den berechneten und den experimentell gefundenen Daten besteht keine generelle Übereinstimmung.

Das hängt, mindestens teilweise, damit zusammen, daß die exakte Phasengrenzfläche pro Volumeneinheit in verschiedenen Teilen des Behälters stark variiert und dadurch schwierig zu bestimmen ist.

Die empirischen Beziehungen von CALDERBANK [C 5] und VAN DIERENDONCK [D 5] über den Gasanteil ε scheinen dagegen zuverlässiger zu sein.

In einer kürzlichen Veröffentlichung weist REITH [R 7] auf die Differenzen hin, die zwischen den veröffentlichten Daten über die Größe der Phasengrenzfläche bestehen.

Stoffübergang in Rührbehältern. Auch hierüber liegen keine eindeutigen Ergebnisse vor. Vorläufig scheint es häufig am besten zu sein, auf die einfachen Gleichungen (2.2.2−8) und (2.2.2−9) zurückzugreifen, wenn man voraussagen kann, ob die Blasen starr sind oder nicht. Kleine, starre Blasen bilden sich bei einer Erhöhung der Rührergeschwindigkeit über eine bestimmte Grenze, sowie in Elektrolytlösungen (vgl. S. 234).

2.2.7. Weitere Gas-Flüssig-Kontaktapparate

Es gibt eine große Zahl spezieller Einrichtungen für Gas-Flüssig-Reaktionen. Einige sollen noch kurz erwähnt werden (Abb. 2.2.7−1):

a) Eine Gas-Flüssigkeit-Festkörper-Wirbelschicht, wobei die Flüssigkeit die kontinuierliche Phase bildet. Dieses System ist im wesentlichen eine Blasensäule mit Festkörperteilchen, die als Rührvorrichtung wirken. Vgl. ÖSTERGAARD [O 2].

b) Eine Gas-Flüssigkeit-Festkörper-Wirbelschicht, wobei das Gas die kontinuierliche Phase bildet. Dieses System ist im wesentlichen eine mit Flüssigkeit benetzte Füllkörperkolonne, wobei das Füllkörpermaterial sich im Fließzustand befindet. Hohle Kunststoffkugeln werden dabei als Füllkörper verwendet. Vgl. [J 2].

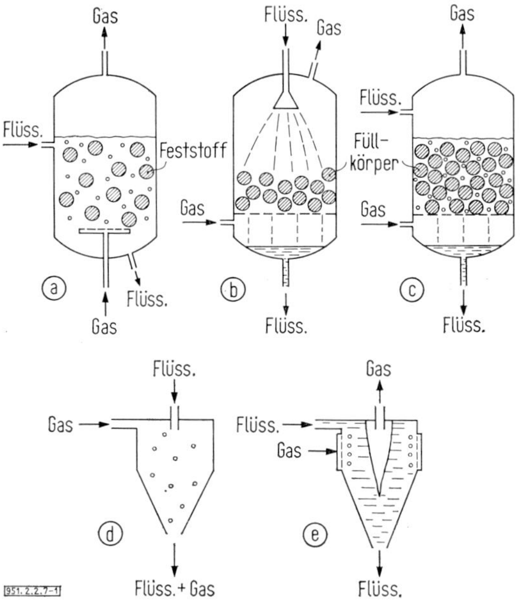

Abb. 2.2.7−1. Verschiedene Gas-Flüssig-Kontaktapparate

a bzw. *b* Gas-Flüssig-Fest-Fließbett mit Flüssigkeit bzw. Gas als kontinuierlicher Phase; *c* Füllkörperkolonne mit Flüssigkeit als kontinuierlicher Phase; *d* bzw. *e* Gas-Flüssig-Zyklon mit Gas bzw. Flüssigkeit als kontinuierlicher Phase

c) Eine Füllkörperkolonne mit Flüssigkeit als kontinuierlicher Phase. Der Gasstrom steigt blasenförmig zwischen den Füllkörpern auf. Dieses System ist im wesentlichen eine Blasensäule, die mit Füllkörper gefüllt ist. Vgl. [H 4], [C 6].

d) Ein Zyklon, bei dem Gas und Flüssigkeit tangential eingeführt werden. Die Flüssigkeitstropfen werden durch Zentrifugalkräfte durch das Gas befördert. Vgl. [H 5].

e) Ein Zyklon, in den die Flüssigkeit tangential und das Gas durch Löcher in der zylindrischen Außenwand eingeführt wird. Die Gasblasen wandern durch Zentrifugalkräfte zur Achse des Zyklons. Vgl. [B 12].

2.3. Reaktoren für Fest-Gas- und Fest-Flüssig-Kontakt

2.3.1. Allgemeines

Der Festkörper kann entweder ein Reaktionsteilnehmer sein, der verbraucht wird, oder ein Katalysator. In der folgenden allgemeinen Behandlung soll dieser Unterschied nicht gemacht werden. Physikalisch gesehen sind beides Festkörper, die an ihrer Oberfläche mit Gasen oder Flüssigkeiten reagieren.

Der Festkörper wird nie „in situ“ dispergiert, sondern schon außerhalb des Reaktors in den feinverteilten Zustand übergeführt. Ein feinverteilter Zustand ist praktisch immer erforderlich, weil die Diffusion der Reaktanten im Festkörper sehr langsam verläuft, so daß eine große äußere Oberfläche nötig ist, um eine genügende Reaktionsgeschwindigkeit sicherzustellen.

Im allg. wird der Festkörper zu kleinen Stücken gebrochen oder zu Pulver vermahlen; häufig wird das Pulver gepreßt oder manchmal auch zu porösen Partikeln gesintert. In besonderen Fällen wird das Festkörpermaterial in Form eines Netzes aus dünnen Drähten (Platinkatalysator bei der Ammoniakoxidation) oder in einer sonstigen Form verwendet. Hier soll nur der körnige Zustand behandelt werden [P 6].

Die Konstruktion des Fest-Gas- oder Fest-Flüssig-Reaktors ist bei gegebenem Festkörper in erster Linie eine Frage der Suspensionsform. Drei Prinzipien werden im allg. verwendet:

1. Ein Festbett, durch das ein Gas oder eine Flüssigkeit hindurchströmt. Diese Anordnung hat den offensichtlichen Vorteil einer einfachen Konstruktion und den offensichtlichen Nachteil, daß die Reaktion im allg. diskontinuierlich betrieben werden muß, wenn der Festkörper verbraucht wird.
2. Ein Wirbelbett; Gas oder Flüssigkeit werden aufwärts durch eine Schicht des feinverteilten Festkörpers mit einer derartigen Geschwindigkeit geführt, daß die Teilchen hochgewirbelt und durch die kontinuierliche Phase in Schwebe gehalten werden.

3. Eine Suspension in einem Rührbehälter. Dieses Prinzip kann praktisch nur für einen Fest-Flüssig-Kontakt verwendet werden. Ein mechanischer Rührer sorgt für die Suspension des Pulvers.

Bei Drei-Phasen-Prozessen (Fest-Flüssig-Gas) werden im allg. folgende drei Prinzipien verwendet:

4. Ein Festbettreaktor, in dem die Flüssigkeit oben auf das Festbett aufgesprüht wird, so daß sie als dünner Film abwärts fließt, wobei die festen Teilchen benetzt werden. Das Gas strömt entweder auf- oder abwärts in den Zwischenräumen.
5. Die Blasensäule, bei der feste Teilchen durch die Wirkung des aufsteigenden Gasstromes in der Flüssigkeit suspendiert werden.
6. Der gerührte Kontaktbehälter, bei dem das Gas und die Festkörperteilchen durch die Wirkung eines mechanischen Rührers in der Flüssigkeit suspendiert werden.

Andere Vorrichtungen für einen Drei-Phasen-Kontakt sind im Abschn. 2.2.7 erwähnt.

2.3.2. Festbett

Geometrische Parameter. Ein Festbett (fixed bed) wird gewöhnlich durch die mittlere Teilchengröße (mittlerer Teilchendurchmesser d_p) und den Anteil ε des freien Raumes definiert. Können die Teilchen nicht als kugelförmig angesehen werden, so wird ein Formfaktor γ definiert:

γ = Verhältnis von äußerer Oberfläche zu äußerer Oberfläche einer Kugel mit demselben Volumen.

Aus dieser Definition folgt, daß die äußere Oberfläche S_V pro Volumeneinheit des Reaktors gegeben ist durch:

$$S_V = \frac{6(1-\varepsilon)\gamma}{d_p} \qquad (2.3.2-1)$$

Der Volumenanteil des freien Raumes ist nicht immer eine Konstante über den Querschnitt des Bettes. SCHWARZ und SMITH [S 9] haben ihn an verschiedenen Stellen des Bettes als Funktion von d_t/d_p gemessen (d_t = Durchmesser des Bettes). Wenn dieses Verhältnis kleiner als 20 ist, kann ein beträchtlicher Kanalisierungseffekt eintreten: Die Flüssigkeit bewegt sich bevorzugt in der Region mit höherem Anteil an freiem Raum dicht an den Rohrwänden.

Bei Betten mit genügend großem Verhältnis von d_t/d_p hängt der Anteil des freien Raums nicht mehr vom Teilchendurchmesser ab (bei Ausschluß elektrostatischer Kräfte). Eine breitere Teilchengrößenverteilung führt zu einem geringeren Anteil des freien Raumes. Betten mit Teilchen, die von der Kugelform abweichen ($\gamma > 1$), zeigen im allg. einen höheren Anteil an freiem Raum als Betten, die aus kugelförmigen Teilchen bestehen.

Bei dichtester Kugelpackung beträgt der Anteil an freiem Raum 0,256, bei einer zufälligen Packung gleichartiger Kugeln jedoch zwischen 0,32 und 0,40. Um einen kleinen Wert zu erhalten, muß das Bett langsam eingefüllt und einer Vibration unterworfen werden.

Druckabfall in Festbetten. Zur Voraussage des Druckabfalls verwendet man am besten die Beziehung von ERGUN [E 1]:

$$\Delta p = 150\,\frac{(1-\varepsilon)^2}{\varepsilon^3}\cdot\frac{\eta v_0 l}{d_p^2} + 1{,}75\,\frac{1-\varepsilon}{\varepsilon^3}\,\varrho v_0^2\,\frac{l}{d_p} \qquad (2.3.2-2)$$

Δp = Druckabfall, ε = Anteil an freiem Raum, η = Viskosität der Flüssigkeit bzw. des Gases, l = Bettlänge (-höhe), ϱ = Dichte der Flüssigkeit bzw. des Gases, v_0 = Strömungsgeschwindigkeit (Volumengeschwindigkeit dividiert durch Querschnitt des Bettes). Die Gleichung ist für Gase und Flüssigkeiten über einen weiten Bereich der REYNOLDS-Zahl für jedes beliebige Einheitensystem anwendbar.

Stoffübergang in Festbetten. Eine Übersicht über den Stoffübergang in Festbetten wurde von THOENES und KRAMERS [T 3] und in neuerer Zeit von WILSON [W 1] gegeben. Die Resultate können wie folgt zusammengefaßt werden (mit denselben Symbolen wie oben):

$$\frac{\varepsilon k_m d_p}{(1-\varepsilon)D} = 1{,}0\left(\frac{\varrho v_0 d_p}{(1-\varepsilon)\eta}\right)^{0,5}\left(\frac{\eta}{\varrho D}\right)^{0,33} \qquad (2.3.2-3)$$

für $0{,}3 < \varepsilon < 0{,}5$, $20 < \dfrac{\varrho v_0 d_p}{(1-\varepsilon)\eta} < 2000$ und $1 < \dfrac{\eta}{\varrho D} < 2000$. k_m ist die Stoffübergangszahl.

Diese Gleichung kann analog für den Wärmeübergang verwendet werden:

$$\frac{\varepsilon \alpha d_p}{(1-\varepsilon)\lambda} = 1{,}0\left(\frac{\varrho v_0 d_p}{(1-\varepsilon)\eta}\right)^{0,5}\left(\frac{\eta C_p}{\lambda}\right)^{0,33} \qquad (2.3.2-4)$$

α = Wärmeübergangszahl (von den Teilchen zur Flüssigkeit), λ = thermische Leitfähigkeit der Flüssigkeit, C_p = spezifische Wärme der Flüssigkeit.

Axiales und radiales Mischen in Festbetten. Das Vermischen in Festbetten kann am besten durch einen Mischungskoeffizienten beschrieben werden, der in derselben Weise wie ein Diffusionskoeffizient definiert ist:

$$J = -D_{m,x}\,\frac{\partial c}{\partial x} \qquad (2.3.2-5)$$

Die Definition besagt, daß der Stoffübergang dem Konzentrationsgefälle des transportierten Materials proportional ist (Prozesse 1. Ordnung).

Der Mischungskoeffizient kann mit den andern Variablen in folgender Weise verknüpft werden:

$$\left(\frac{v_0 d_p}{\varepsilon D_m}\right) = \text{Funktion von}\left(\frac{v_0 d_p}{\varepsilon \nu}\right)\text{ und }\left(\frac{\nu}{D}\right)$$

BODENSTEIN-Zahl REYNOLDS-Zahl SCHMIDT-Zahl

v_0, ε, d_p und γ haben dieselbe Bedeutung wie im vorangehenden Abschn. D beschreibt die molekulare Diffusion des transportieren Materials in der flüssigen Phase.

Für genügend turbulente Strömung verschwindet der Einfluß der molekularen Diffusion. Wenn

$$\frac{v_0 d_p}{\varepsilon \nu} > 10^3 \text{ ist [K 2], [H 11],}$$

findet man für das axiale Mischen:

$$\frac{v_0 d_p}{\varepsilon D_{ma}} \approx 2$$

und für das radiale Mischen:

$$\frac{v_0 d_p}{\varepsilon D_{mr}} \approx 10$$

Im Festbett hat das radiale Mischen meistens wenig Bedeutung. Das axiale Mischen reduziert im allg. die Umwandlung, wie in Abschn. 5.5.2 gezeigt wird.

2.3.3. Fließbett (Wirbelschicht)

Allgemeines. Es gibt eine Menge Literatur über Fließbetten (fluidized bed). Als Einführung sind folgende Publikationen geeignet: M. LEVA: Fluidization [L 6]; S. ZABRODSKY: Hydrodynamices und heat transfer in fluidized beds [Z 3]; Proceedings of the International Symposium on Fluidization [P 4]. Die Reports dieses Symposiums können als sehr gute Einführung gelten. Siehe auch KUNII und LEVENSPIEL: Fluidization Engineering [K 9].

Charakteristisch für die Wirbelschicht ist die relative Bewegung der Feststoffteilchen. Daraus ergeben sich zwei Konsequenzen: Der Feststoff kann kontinuierlich zum Bett zugegeben oder von ihm abgezogen werden; der Wärmeübergang zwischen dem Prozeßstrom und der Reaktorwand ist verhältnismäßig gut.

Diese Charakteristika sind für Fest-Gas-Reaktionen wichtig. Für Fest-Flüssig-Reaktionen wird die Wirbelschicht nur begrenzt verwendet, ein Rührbehälter ist oft zweckmäßiger.

Nicht jedes granulierte Material läßt sich leicht wirbeln. Die festen Teilchen sollten möglichst kugelförmig sein und einen mittleren Durchmesser unter 100 μm haben. Die Teilchen gleiten dann leicht übereinander, was eine rasche innere Zirkulation der Teilchen im Bett erlaubt. Eine breite Streuung in der Teilchengröße scheint eine bessere Homogenität des Wirbelzustandes zu begünstigen.

Einsetzen der Verwirbelung. Fließt eine Flüssigkeit aufwärts durch eine Schicht von gekörntem Material, das sich auf einem Gitter befindet, so setzt Aufwirbeln ein, wenn die Strömungsgeschwindigkeit eine gewisse Grenze überschreitet. Bei dieser Grenze wird das Gewicht der Schicht durch die Reibungskräfte ausgeglichen. Bei einer weiteren Zunahme der Strömungsgeschwindigkeit breitet sich die Schicht so aus, daß die Gesamtheit der Reibungskräfte konstant und gleich dem Schichtgewicht bleibt.

Wenn die festen Teilchen genügend klein sind, setzt die Wirbelung im laminaren Gebiet ein. Aus dem ersten Term von Gleichung (2.3.2–2) ersieht man, daß die minimale Aufwirbelungsgeschwindigkeit (Übergangsgeschwindigkeit) $(v_0)_{mf}$ für laminaren Fluß folgendermaßen dargestellt werden kann:

$$(v_0)_{mf} = C \frac{(\varrho_s - \varrho_g) g d_p^2}{\eta} \qquad (2.3.3-1)$$

Die Konstante C ist ein Parameter, der die Struktur des Materials charakterisiert. Sie enthält ε_{mf}, den Bruchteil an freiem Raum, bei dem Aufwirbelung einsetzt, und der nur von der Teilchenform und der Korngrößenverteilung abhängt. C hat die Größenordnung $5 \cdot 10^{-4}$.

Setzt die Aufwirbelung im turbulenten Gebiet ein, ergibt sich:

$$(v_0)_{mf} = C' \sqrt{\frac{\varrho_s - \varrho_g}{\varrho_g} \cdot g d_p} \qquad (2.3.3-2)$$

Die Konstante C' hat die Größenordnung $5 \cdot 10^{-2}$.

In verhältnismäßig dicken Wirbelschichten ist der Druckabfall dem Gewicht des Festmaterials pro Oberflächeneinheit des Gitters praktisch gleich.

Zwei Typen der Aufwirbelung. Die Verteilung der festen Teilchen im Raum eines Wirbelbettes ist eine abhängige Variable. Dabei kann man nicht immer voraussagen, welche Verteilungsform die stabilere ist.

In einer flüssigen Wirbelschicht sind die Teilchen gewöhnlich zufällig, aber gleichmäßig über das Bett verteilt. Man nennt diese Art eine einheitliche Verwirbelung.

Bei gasförmigen Wirbelschichten kann die Verteilung der festen Teilchen wesentlich weniger gleichmäßig sein. „Blasen“ von Gas, die wenige feste Teilchen enthalten, steigen in der Schicht auf; die Erscheinung erinnert an das Aufsteigen von Gas durch eine konzentrierte Suspension von Pulver in einer Flüssigkeit. Aus der Wirbelschicht können auch Spritzer in die Gasphase über der Schicht abgegeben werden. Diese Art des Aufwirbelns wird „Zwei-Phasen-Aufwirbelung“ oder „aggregative“ Aufwirbelung genannt (Abb. 2.3.3–1).

Die Zweiphasen-Aufwirbelung muß bei der Reaktorplanung berücksichtigt werden, da sie eine beträchtliche Verweilzeitbreite (s. Kap. 5) der gasförmigen

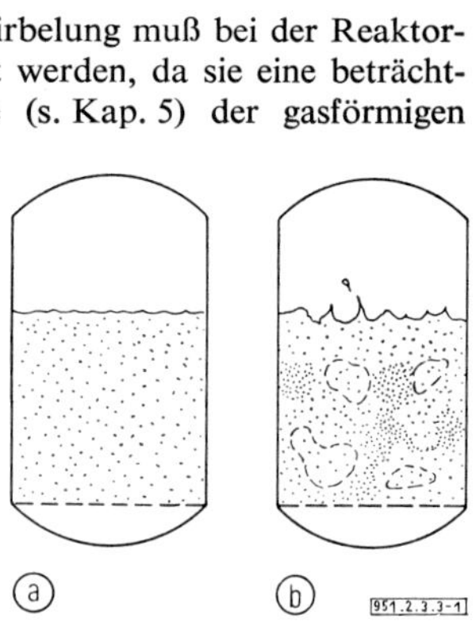

Abb. 2.3.3–1. Zwei Typen der Wirbelung
a Homogene oder gleichförmige Wirbelung; *b* aggregative oder Zwei-Phasen-Wirbelung

Elemente zur Folge hat. Die Blasen steigen mit viel größerer Geschwindigkeit als der mittleren Gasgeschwindigkeit auf.

Die Steiggeschwindigkeit v_b der Blasen ergibt sich (nach [R 8]) zu

$$v_b \approx 0{,}7 \left[\frac{d_p g \Delta \varrho}{\bar{\varrho}} \right]^{1/2} \qquad (2.3.3-3)$$

$\Delta \varrho$ ist die Differenz der Dichte von fester und flüssiger Phase und $\bar{\varrho}$ die mittlere Dichte des Bettes.

Das Gas einer blasenbildenden Schicht soll nach einer hypothetischen Annahme durch die dichte Phase mit einer Geschwindigkeit aufsteigen, die der minimalen Aufwirbelungsgeschwindigkeit gleich ist. Ist der gesamte Gasfluß größer als der Gasfluß, der dieser Geschwindigkeit entspricht, so steigt der Überschuß als Blasen auf [K 10]. Die Hypothese konnte durch Messungen der Verweilzeitverteilung nicht bestätigt werden, die Differenz wird aber durch den raschen Wechsel von Gas zwischen Blasen und dichter Phase [R 9] und durch die Koaleszenz der Blasen bei ihrem Weg aufwärts durch die Schicht erklärt. Diese Überlegungen zeigen, daß die Zweiphasen-Aufwirbelung ein sehr komplexer Vorgang ist.

Für den Entwurf eines chemischen Reaktors wird es häufig genügen, eine vereinfachte Beschreibung des Wirbelprozesses zu verwenden. Folgende Modelle kommen in Frage:

a) Das axiale Diffusionsmodell, das mit nur einem Parameter beschrieben werden kann: Dem axialen Mischungs-(„Diffusions"-)Koeffizienten. In diesem Modell wird die Anwesenheit von Blasen nicht berücksichtigt. Es ist häufig nicht genügend genau, um die Zweiphasen-Aufwirbelung befriedigend zu beschreiben.

b) Das zweiphasige, axiale Diffusionsmodell, das durch drei Parameter beschrieben werden kann [G 5]:

   Den axialen Mischungs-(„Diffusions"-)koeffizienten,

   die Standardabweichung der Verweilzeitverteilungskurve,

   den Anteil des Gases in jeder Phase.

c) Das Blasenmodell, das durch drei Parameter beschrieben werden kann [T 4]:

   Das mittlere Verhältnis der Blasengeschwindigkeit zur übrigen Gasgeschwindigkeit,

   die Austauschgeschwindigkeit zwischen den Gasblasen und dem übrigen Gas,

   den Volumenanteil der dichten Phase.

d) Das Zweiphasen-Gegenstrommodell von Van Deemter, das durch drei Parameter beschrieben werden kann [D 8]:

   Die relative Geschwindigkeit des Gases in der dichten Phase („Abwärts-Strom"),

   den Austausch zwischen dem Gas in der dichten Phase und dem Gas in der Blasenphase („Aufwärts-Strom"),

   den Volumenanteil der dichten Phase.

Probleme beim Entwurf eines Fließbettreaktors. Das hauptsächliche Problem besteht darin, daß es kein allgemein gültiges Modell für alle Fließbetten gibt, und daß das Verhalten von Fließbetten von der Betriebsgröße abhängt.

Man kann folgende allgemeine Regeln für den Entwurf eines Gasphase-Fließbettes angeben:

1. Das Festkörpermaterial sollte mit größter Sorgfalt ausgewählt werden. Ein kleiner mittlerer Teilchendurchmesser, eine runde Form der Teilchen und eine breite Größenverteilung begünstigen nicht nur eine gute Wirbelung, sondern vermindern auch die Schwierigkeiten beim Übertragen in einen größeren Maßstab.
2. Man sollte zwischen relativ langsamen und schnellen Reaktionen unterscheiden. Wenn die chemische Reaktion relativ langsam ist, hat die Blasenbildung keinen anderen Effekt, als einen Kurzschluß zwischen Reaktorein- und -ausgang herzustellen. Der Austausch zwischen der dichten Phase und der Blasenphase ist rasch, die Reaktion in den Blasen kann aber vernachlässigt werden. Eine Vereinfachung des Modells ist dann möglich.
3. Alle Parameter in allen Modellen hängen von der Größe des Prozesses ab. Es gibt keine allgemeinen Regeln, die eine Voraussage der Größe der Parameter als Funktion aller andern wesentlichen Variablen, einschließlich der linearen Dimensionen des Reaktors, erlauben. Für ein gegebenes System sind Untersuchungen in Versuchsanlagen notwendig, um die Vergrößerungsregeln für das System zu ermitteln. Zur Interpretation der Daten muß dann ein Modell (siehe oben) ausgewählt werden.
4. Der axiale Mischungskoeffizient in der Gasphase kann dem axialen Mischungskoeffizient der festen Phase gleichgesetzt werden, der viel einfacher experimentell zu bestimmen ist [G 5].
5. Das Zweiphasen-Gegenstrommodell von Van Deemter kann das brauchbarste sein, da die drei Parameter recht einfach bestimmt werden können [D 8].
6. Die Gasgeschwindigkeit wird durch das Herausblasen von Festteilchen begrenzt. Deshalb kann bei einer Vergrößerung die Höhe des Bettes nicht beliebig gesteigert werden. Nach Erreichen der maximalen Gasgeschwindigkeit ist nur Vergrößerung in die Breite möglich.

Stoffübergang in Wirbelschichten. Über den Stoffübergang zwischen den festen Teilchen und dem fluiden Medium sind zahlreiche Veröffentlichungen erschienen. Chu und Mitarbeiter [C 8] haben folgende empirische Beziehungen aufgestellt, die sie aus einer großen Zahl von Experimenten (mit Gas als fluidem Medium) abgeleitet haben:

$$\text{für } Re < 30\text{: } Sh = 5{,}7\, Re^{0{,}22}\, Sc^{1/3} \qquad (2.3.3-4)$$

$$\text{für } Re > 30\text{: } Sh = 1{,}77\, Re^{0{,}56}\, Sc^{1/3} \qquad (2.3.3-5)$$

wobei

$$Re = \frac{\varrho v_0 d_p}{(1-\varepsilon)\eta} \quad Sh = \frac{k_m d_p}{D} \quad Sc = \frac{\eta}{\varrho D} \qquad (2.3.3-6)$$

In diesen Gleichungen ist die abhängige Variable ε (Anteil des freien Raumes) enthalten. Sie muß aus der Bettausdehnung geschätzt oder durch Messung ermittelt werden.

Die Gleichungen sagen sehr hohe Stoffübergangskoeffizienten voraus; für gasförmige Systeme werden sie bei normalem Druck in der Größenordnung von 10^{-2} m/s oder höher sein. Der hohe Stoffübergang liefert, zusammen mit der großen Oberfläche in Wirbelschichten (Größenordnung 10^4 bis 10^5 m^2/m^3 für feine Teilchen), Werte für $k_m S$, die sehr hoch verglichen mit denjenigen in anderen Gas-Fest- oder Gas-Flüssig-Kontaktvorrichtungen sind. Eine Gas-Wirbelschicht (ohne Blasen) mit feinen Teilchen (kleiner 100 μm) und einer Betthöhe von z. B. 10 cm führt daher zu praktisch vollständigem physikalischen Gleichgewicht zwischen Gas und Feststoff. (Dies gilt sowohl für den Stoff- als auch für den Wärmeübergang.)

2.3.4. Suspension von Festkörpern in Rührbehältern

Allgemeines. Die mechanischen Rührervorrichtungen, die zum Vermischen von Flüssigkeiten in Rührbehältern benutzt werden, können auch für Suspensionen fester Teilchen verwendet werden. Jedoch sind die optimalen Betriebsbedingungen hierfür im allg. nicht dieselben.

Propellerrührer mit abwärts gerichteter Bewegung sind die wirkungsvollsten Rührer, um feste Teilchen zu suspendieren. Sie sollten ziemlich dicht am Boden des Behälters montiert sein, so daß die am Boden liegenden Teilchen wirkungsvoll angeblasen werden. Wenn die Teilchen vom Boden frei sind, bleiben sie in Suspension.

Weitere Einrichtungen, die verwendet werden, um feste Teilchen zu suspendieren, sind

der Turbinenrührer (der vom Boden ansaugt),
der Ankerrührer,
der Vibrationsrührer,
die Blasensäule (vgl. Abschn. 2.3.5).

Natürlich kann die Wirkung eines gegebenen Rührers nur in Zusammenhang mit dem Behälter betrachtet werden. Im allg. sollte der Behälter ein Verhältnis von Flüssigkeitshöhe zu Durchmesser von ungefähr 1 haben, er sollte einen abgerundeten Boden besitzen und mit Strombrechern (Breite etwa 10% des Behälterdurchmessers) ausgerüstet sein.

Auch das Verhältnis von Behälterdurchmesser zu Rührerdurchmesser ist eine wichtige Variable. Für die Suspension von granuliertem Material (nicht faserig) mit Propeller- oder Turbinenrührer liegt das optimale Verhältnis im allg. in der Nähe von 3 bis 4 [L7] [J2] [W2].

Suspensionskriterien. Das einfachste Kriterium für die Güte der Suspension von Feststoffen ist die Bedingung, daß keine Teilchen längere Zeit auf dem Boden liegen bleiben (selbstverständlich werden immer Teilchen auf dem Boden aufstoßen).

Dieses Kriterium sagt nichts aus über die Verteilung der Teilchen in der Suspension. Tatsächlich kann unter der angegebenen Bedingung eine obere Flüssigkeitsschicht existieren (von unterschiedlicher Dicke), die völlig frei von festen Teilchen ist. Eine Erhöhung der Rührergeschwindigkeit ist dann erforderlich, um die Konzentration der Festteilchen zu homogenisieren. Die durchschnittliche Feststoffkonzentration unter dem Rührer wird jedoch immer höher als über dem Rührer sein, weil die Schwerkraft der Aufwärtsbewegung entgegensteht.

Zur Beschreibung der Homogenität einer Suspension stehen keine brauchbaren Kriterien zur Verfügung.

Formelmäßige Beziehungen. Die kritische Rührergeschwindigkeit n_0, bei der keine festen Teilchen auf dem Behälterboden liegen bleiben, kann empirisch mit allen unabhängigen Variablen in Beziehung gebracht werden.

Zwietering [Z4] veröffentlichte Ergebnisse, die mit fünf verschiedenen Rührertypen erhalten wurden (zwei Ankerrührer, zwei Turbinenrührer und ein Propellerrührer). Die Resultate konnten durch folgende Formel wiedergegeben werden:

$$\left(\frac{\varrho n_0 d^2}{\eta}\right) = \text{const}\left(\frac{d_p}{d}\right)^{0,2}\left(\frac{\varrho g \Delta\varrho d^3}{\eta^2}\right)^{0,45}\left(\frac{\varrho_s \varepsilon}{\varrho}\right)^{0,13} \qquad (2.3.4-1)$$

Pavlushchenko und Mitarbeiter [P5] veröffentlichten Ergebnisse über die Suspension mit Propellerrührern. Auch diese Ergebnisse lassen sich durch eine Formel darstellen:

$$\left(\frac{\varrho n_0 d^2}{\eta}\right) = 0{,}105\left(\frac{d_p}{d}\right)^{0,4}\left(\frac{\varrho g \varrho_s d^3}{\eta^2}\right)^{0,6}\left(\frac{\varrho_s}{\varrho}\right)^{0,2}\left(\frac{d_t}{d}\right)^{1,9} \qquad (2.3.4-2)$$

ϱ und η sind die Dichte bzw. Viskosität der Flüssigkeit, ϱ_s die Dichte des Feststoffes, $\Delta\varrho = \varrho_s - \varrho$, d_p der Teilchendurchmesser, d der Rührerdurchmesser, d_t der Behälterdurchmesser, ε der Volumenanteil des Feststoffes.

Für die Konstante in der Zwieteringschen Gleichung kann man schreiben:

$$\text{const} = K\left(\frac{d_t}{d}\right)^a$$

K und a sind vom Typ des Rührers und den geometrischen Abmessungen abhängig.

Die beiden Beziehungen zeigen Unterschiede in der relativen Bedeutung von Variablen wie d_p und η.

Bei der Vergrößerung eines gegebenen Reaktors mit einer gegebenen Suspension bleiben alle Eigenschaften der Suspension sowie das Verhältnis d_t/d konstant. Gleichung (2.3.4–1) und (2.3.4–2) vereinfachen sich dann zu:

nach ZWIETERING: $n_0 d^{0,85}$ = konstant

nach PAVLUSHENKO: $n_0 d^{0,6}$ = konstant

Die zweite Beziehung entspricht einem geringeren Risiko. Der Unterschied ist nicht unwichtig, da der Leistungsbedarf proportional $n^3 d^5$ ist.

Stoffübergang in Suspensionen. CALDERBANK [C 5] berichtet über den Stoffübergang zwischen suspendierten Teilchen und Flüssigkeiten unter turbulenten Bedingungen. Die Wirbel sollten klein verglichen mit dem Teilchendurchmesser sein. Der Stoffübergang wird dann allein durch die Turbulenz bestimmt. Teilchendurchmesser und Erdbeschleunigung haben keinen Einfluß. Die experimentellen Daten konnten mit einer Standardabweichung von 66% durch folgende Beziehung wiedergegeben werden:

$$k_m \left(\frac{\eta}{\varrho D}\right)^{2/3} = 0{,}13 \left[\frac{(P/V)\eta}{\varrho^2}\right]^{1/4} \qquad (2.3.4-3)$$

Die Beziehung gilt für den Bereich 10^{-7} m/s $< k_m < 10^{-3}$ m/s. P/V ist der Leistungsbedarf pro Volumeneinheit, η und ϱ sind die Viskosität und Dichte der Flüssigkeit, D und k_m der Diffusions- und Stoffübergangskoeffizient der transportierten Komponente.

2.3.5. Reaktoren für Fest-Flüssig-Gas-Kontakt

Die üblichsten Reaktortypen für den Fest-Flüssig-Gas-Kontakt sind folgende (vgl. Abschn. 2.3.1):

Berieselungsvorrichtung
Blasensäule
gerührter Kontaktbehälter.

Beim Vergleich dieser Reaktortypen sollte man beachten, daß die Reaktion bei Fest-Flüssig-Gas-Systemen im allg. in der flüssigen Phase oder an der Grenzfläche Fest-Flüssig abläuft. Daher ist sowohl ein guter Fest-Flüssig- als auch ein guter Flüssig-Gas-Kontakt erforderlich. Ein Gas-Fest-Kontakt wird vermieden.

Die wichtigsten Faktoren, die die Auswahl zwischen den drei Reaktortypen bestimmen, können folgendermaßen zusammengefaßt werden:

Eine große äußere Oberfläche des Feststoffes kann am besten in einer Blasensäule oder einem Rührbehälter mit suspendierten festen Teilchen erhalten werden. Der minimale Teilchendurchmesser hängt von der Trenneinrichtung (z. B. dem Filter) ab. Ein typischer Wert liegt bei etwa 50 μm. Feststoffkonzentrationen von ungefähr 10 Vol.-% lassen sich im allg. in Rührbehältern gut handhaben. In Berieselungsreaktoren ist der minimale Teilchendurchmesser ungefähr 3 mm und die Feststoffkonzentration ungefähr 50%. Daher ist die maximale spezifische Oberfläche mindestens 10mal geringer als in den andern Reaktortypen.

Andererseits wird die einfachste Trennung von Feststoff und Flüssigkeit im Berieselungsreaktor erhalten. Bei anderen Reaktortypen muß ein Filter oder eine Zentrifuge verwendet werden. Ist der Feststoff ein kostspieliger Katalysator, der gegen mechanische Handhabung empfindlich ist, so hat der Berieselungsreaktor einen ausgesprochenen Vorteil.

Wenn eine hohe Gasbelastung erforderlich ist, ist die Blasensäule im allg. der beste Reaktor. Bei geringer Gasbelastung sollte der Rührbehälter oder Berieselungsreaktor vorgezogen werden.

Der wichtigste Faktor, der die Auswahl bestimmt, kann der Wärmeübergang vom (oder zum) Reaktor sein. Die Möglichkeiten des Wärmeübergangs bei einem Berieselungsreaktor sind sehr begrenzt. Die andern beiden Typen lassen einen guten Wärmeübergang durch die Reaktorwände oder über Kühlschlangen zu. Besonders die Blasensäule ist gut für die Verdampfung großer Mengen Lösungsmittel geeignet, was häufig der zweckmäßigste Weg für die Abführung der Reaktionswärme ist. Der Berieselungsreaktor wird nur bei Prozessen benutzt, die einen geringen Wärmeeffekt haben, z. B. wenn die Reaktionskomponenten in geringer Konzentration vorliegen (ein Beispiel ist die Hydrodesulfurierung von Ölfraktionen [D 9]). Bei hohem Druck macht das Dichtungsproblem bei Rührbehältern ernste Schwierigkeiten. Evtl. ist dann eine Blasensäule vorzuziehen, bei der man die für die Suspension oder Gasdispersion erforderliche Energie durch Einblasen des Gases mit einem Gebläse zuführen kann.

Werden für relativ langsame Reaktionen poröse Festkörper verwendet, so entfällt ein Nachteil des Berieselungsreaktors. Bei wirkungsvoller Ausnutzung der porösen Teilchen kann das Volumen eines Berieselungsreaktors sogar kleiner als das Volumen anderer Reaktortypen sein.

Für den quantitativen Entwurf eines Berieselungsreaktors, der mit einem porösen Katalysator gefüllt ist, benötigt man folgende Daten:

a) Zulässige Gas- und Flüssigkeitsbelastung für gegebene Katalysatorpartikel,
b) die Gas-Flüssig- und Flüssig-Fest-Stoffübergangsgeschwindigkeiten,
c) die Reaktions- und Diffusionsgeschwindigkeiten innerhalb des Katalysators (vgl. Abschn. 3.3.2).

Offenbar gibt es keine genügend zuverlässigen Beziehungen zur Voraussage von a) und b). Die in Gasabsorptionskolonnen (gefüllt mit RASCHIG-Ringen oder dgl.) erhaltenen Daten gelten selten bis zu Partikeln mit geringen Durchmessern, wie sie in Berieselungsreaktoren verwendet werden. Bei der Entwicklung eines spezifischen Prozesses müssen daher a) und b) experimentell in Modellreaktoren untersucht werden [S 2].

Beim Entwurf von Rührbehältern und Blasenkolonnen (für Fest-Flüssig-Gas-Systeme) kann man die Beziehungen für den Stoffübergang verwenden, die für Zweiphasen-Systeme ermittelt wurden. Bei geringen Feststoffkonzentrationen ist zu erwarten, daß die Wechselwirkung zwischen dem Flüssigkeitsstrom um die Blasen und um die festen Teilchen gering ist [S 17].

Zum Gas-Flüssig-Stoffübergang s. S. 230 und S. 235 und zum Flüssig-Fest-Stoffübergang siehe oben, vgl. auch [Z 5], [S 2] und [O 5].

3. Stoffübergang und Reaktion

3.1. Einleitung

Bei Reaktionen in Mehrphasen-Systemen muß im allg. Substanz aus einer Phase in eine andere, in der sich die Reaktion abspielt, überführt werden. Für jeden Reaktionspartner ist der Transportvorgang bis zum Ort der Reaktion gesondert zu betrachten, Entsprechendes gilt umgekehrt für die Reaktionsprodukte.

Als Stoffübergang wird der sich aus Konvektion und Diffusion zusammensetzende Vorgang bezeichnet, durch den eine gegebene Komponente aus dem Inneren einer Phase zu einer Grenzfläche transportiert wird oder umgekehrt.

Zur Theorie des Stoffüberganges und Stoffdurchganges (= Stoffübergang von einer in eine andere Phase; die engl. Bezeichnungen für Stoffübergang und -durchgang sind partial und total mass transfer) s. den Beitrag „Diffusion und Stoffübergang", dieser Bd., S. 133. Beim Stoffdurchgang wird angenommen, daß die Phasengrenzfläche selbst dem Stoffübergang keinen Widerstand entgegengesetzt, daß der Stoffdurchgang also nur von den Stoffübergängen in beiden Phasen bestimmt wird. Im folgenden Text spielt nur der Stoffübergang in einer der beiden Phasen für den Reaktionsablauf eine Rolle, Stoffübergang in dieser Phase und Stoffdurchgang werden daher gleichgesetzt, und für die Stoffübergangszahl wird das Symbol k_m benutzt, das in diesem Werk sonst für die Stoffdurchgangszahl üblich ist.

Ist der Stoffübergang (einer Komponente) mit einer Reaktion gekoppelt, sind zwei Fälle zu unterscheiden:

a) Stoffübergang und Reaktion spielen sich in verschiedenen Bereichen ab. Man kann sie als hintereinandergeschaltete Prozesse ansehen. Dieser Effekt wird in Abschn. 3.2 behandelt.

b) Stofftransport (einer Komponente) und Reaktion spielen sich im gleichen Bereich ab. Diesen Vorgang behandelt Abschn. 3.3.

Daneben gibt es Reaktionssysteme, die als Kombination von a) und b) angesehen werden können. Sie werden in Kap. 3.3.3 behandelt.

Manchmal wird übersehen, daß der Stoffübergang auch in homogenen Reaktionssystemen der geschwindigkeitsbestimmende Schritt sein kann, wenn das Vermischen der verschiedenen Reaktionspartner mit einer Geschwindigkeit abläuft, die klein im Vergleich zur Reaktionsgeschwindigkeit ist. Diese Möglichkeit besteht vor allem bei kontinuierlichen Verfahren, bei denen die Reaktionspartner dem Reaktor gesondert zufließen (vgl. dazu Abschn. 3.4).

3.2. Stoffübergang und Reaktion „hintereinander"

3.2.1. Voraussetzungen und Beispiele

In einem Zweiphasen-System, in dem eine Komponente aus der ersten Phase in die zweite überführt wird und dort mit dem bereits anwesenden Reaktionspartner reagiert, soll die Geschwindigkeit des Stoffübergangs (der ersten Komponente) vollständig vom Stoffübergang in der ersten Phase bestimmt werden. Der Widerstand gegen den Stoffübergang in der zweiten Phase ist also zu vernachlässigen. Dieser Fall liegt vor, wenn die Gleichgewichtskonzentration der ersten Komponente in der zweiten Phase viel größer als die Konzentration der Komponente in der ersten Phase ist. Die Reaktion soll außerdem relativ langsam ablaufen. Man kann dann den Stoffübergang (der ersten Komponente) und die Reaktion als „hintereinandergeschaltete" Prozesse ansehen.

Hierfür gibt es zwei besonders wichtige Beispiele:

a) Gasabsorption in Flüssigkeiten. Das Gas soll gut löslich sein und sich in der Flüssigkeit umsetzen.

   Beispiele: Absorption von CO_2 oder SO_2 aus Luft-Gas-Gemischen in Wasser; Olefin-Polymerisation in einer Lösung, die mit einer olefinhaltigen Gasmischung in Berührung steht.

b) Zweiphasen-Reaktionen in Flüssigkeiten. Eine Komponente wird von der zweiten Phase (in der die Komponente leicht löslich ist) extrahiert und reagiert dort.

   Beispiele: Esterverseifung (Ester niederer Alkohole und niederer Carbonsäuren); Suspensionspolymerisation.

Eine weitere Möglichkeit für hintereinandergeschaltete Prozesse sind Reaktionen an Phasengrenzflächen. Hierher gehören heterogene katalytische Reaktionen oder andere Gas-Feststoff- bzw. Flüssig-Feststoff-Reaktionen.

Beispiele: NH_3-Oxidation am Pt-Kontakt beim Salpetersäure-Prozeß; Verbrennung fester Brennstoffe.

3.2.2. Gas-Flüssig- und Flüssig-Flüssig-Reaktionen

Stoffübergang und nachfolgende Reaktion kann in folgender Weise beschrieben werden: Der Stoffübergang in der ersten Phase wird durch die Stoffübergangszahl k_m gekennzeichnet. Die Massenflußdichte J ist gegeben durch

$$J = k_m(c_1 - c_0) \qquad (3.2.2-1)$$

c_1 ist die Konzentration im Inneren, c_0 die Konzentration an der Grenzfläche der ersten Phase.

Die Grenzflächenkonzentration in der zweiten Phase sei c'_0. Kann der Stoffübergangswiderstand in dieser Phase vernachlässigt werden, bedeutet c'_0 die Konzentration über die gesamte Phase. Beide Grenzflächenkonzentrationen sind durch thermodynamische Gleichgewichtsbedingungen miteinander verknüpft:

$$c_0 = f(c'_0) \qquad (3.2.2-2)$$

In der zweiten Phase findet die Umsetzung statt, deren Geschwindigkeit eine Funktion von c'_0 ist (vgl. S. 219):

$$r = k_n c'^n_0 \qquad (3.2.2-3)$$

Im stationären Zustand sind die Geschwindigkeit des Stoffübergangs und die Reaktionsgeschwindigkeit über eine Massenbilanz miteinander verknüpft:

$$\Phi_m = JA = rV' \qquad (3.2.2-4)$$

Φ_m wird als Massenfluß (kg/s oder kmol/s, abhängig von der Definition für c) bezeichnet, A ist die Größe der Grenzfläche und V' das Volumen der Phase, in der die Reaktion stattfindet.

Aus den Gleichungen (3.2.2 – 1) bis (3.2.2 – 4) können die Variablen c_0, r und J leicht eliminiert werden. Der Massenfluß kann dann durch

$$\Phi_m = k_m[c_1 - f(c_0')]A = k_n c_0'^n V' \qquad (3.2.2-5)$$

ausgedrückt werden. Wenn Gl. (3.2.2 – 2) und (3.2.2 – 3) lineare Funktionen sind, ist die Elimination von c_0' einfach. Die Funktion (3.2.2 – 3) kann dann mit einem Verteilungskoeffizienten m beschrieben werden:

$$f(c_0') = m c_0' \qquad (3.2.2-6)$$

Die Geschwindigkeitsgleichung für eine Reaktion erster Ordnung ist:

$$r = k_1 c_0' \qquad (3.2.2-7)$$

Elimination von c_0' ergibt:

$$\Phi_m = \frac{c_1}{\dfrac{1}{k_m A} + \dfrac{m}{k_1 V'}} \qquad (3.2.2-8)$$

Führt man eine spez. Berührungsfläche S und einen Faktor ε ein, der das Verhältnis von Volumen der reagierenden Phase zum Gesamtvolumen V angibt, erhält man:

$$\Phi_m = \frac{c_1 V}{\dfrac{1}{k_m S} + \dfrac{m}{k_1 \varepsilon}} \qquad (3.2.2-9)$$

Diese Gleichungen zeigen, daß man den Stoffübergang und die chemische Reaktion, wenn die linearisierten Gleichungen (3.2.2 – 6) und (3.2.2 – 7) zutreffen, als zwei hintereinander ablaufende Vorgänge ansehen kann. Die „Widerstände" können ebenso addiert werden, wie bei zwei hintereinander ablaufenden Stoff- oder Wärmeübergängen.

Hieraus ergibt sich eine wichtige Konsequenz. Die Reaktionsgeschwindigkeit von heterogenen Prozessen dieser Art wird entweder von der chemischen Kinetik, vom Stoffübergang oder von beiden bestimmt. Bei einer Temperaturänderung kann der Prozeß von einem vorherrschenden Prinzip zu einem andern überwechseln. Das gleiche gilt, wenn sich $k_m S$ oder ε beträchtlich ändern. Das Produkt $k_m S$ wird von der Verteilungsintensität bestimmt. In einem Rührkessel wächst $k_m S$ mit der Rührgeschwindigkeit. Das Verhältnis ε wird in einem kontinuierlichen Reaktor von der Zulaufgeschwindigkeit und den Verweilzeiten beider Phasen bestimmt. In einem Gas-Flüssig-Kontaktapparat nimmt ε, der Volumenanteil der Flüssigkeit, mit steigender Rührgeschwindigkeit im allg. ab.

Den Einfluß von T und $k_m S$ zeigt qualitativ Abb. 3.2.2 – 1. In einem Rührkolben soll eine benzolische Lösung von Essigsäuremethylester mit Wasser in Kontakt stehen. Bei ruhendem Rührer ist die Umsetzungsgeschwindigkeit niedrig, weil die kleine Berührungsfläche nur wenig Reaktion zuläßt. Läuft der Rührer an, steigt die Umsetzungsgeschwindigkeit, da die eine Phase in der anderen fein verteilt wird. Mit wachsender Rührgeschwindigkeit nimmt die Umsetzungsgeschwindigkeit weiter zu und erreicht schließlich eine Grenze, die von der chemischen Kinetik bestimmt wird. Ein Temperaturanstieg verschiebt diese Grenze nach oben, während er die Geschwindigkeit des Stoffüberganges nur sehr wenig erhöht.

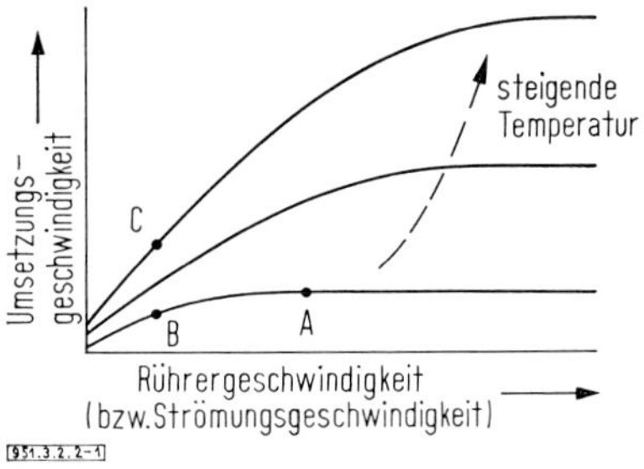

Abb. 3.2.2 – 1. Qualitativer Einfluß der Rührintensität und Temperatur auf die Umsetzungsgeschwindigkeit bei heterogenen Reaktionen

Zu A, B und C s. Text.

Im Laboratorium wählt man die Bedingungen oft so, daß die chemische Kinetik bestimmend ist. Das erfordert intensives Rühren und eine mäßige Temperatur (Punkt A in Abb. 3.2.2 – 1). Führt man die gleiche Reaktion in einer technischen Anlage durch, ist es häufig nicht möglich, dieselbe Rührintensität zu erreichen. Normalerweise nimmt der erzielbare Maximalwert von $k_m S$ mit der Anlagengröße ab, besonders bei Dispersionen von Gasen in Flüssigkeiten. Man benötigt dann ein vergleichsweise größeres Volumen, damit die gewünschte Umsetzungsgeschwindigkeit erreicht wird (Punkt B); man kann jedoch auch erwägen, die Temperatur zu erhöhen. Wenn dabei keine Nebeneffekte auftreten, kann Punkt C das Optimum für einen industriellen Reaktor repräsentieren. Offenbar ist in Punkt C der Stofftransport vorherrschend, während in A die Kinetik dominiert. Daraus ergeben sich verschiedene praktische Konsequenzen:

a) Es kann zweckmäßig sein, die Reaktion unter der Bedingung C im Laboratorium zu untersuchen.

b) Das dynamische Verhalten des industriellen Reaktors unter Bedingung C unterscheidet sich vom Verhalten in A. Die Temperaturstabilität ist größer in C.

c) Es kann vorteilhaft sein, wirksamere Verteilungseinrichtungen zu verwenden, die eine höhere spez. Fläche S ermöglichen, z. B. einen wirksameren Turbinenrührer oder eine Sprühdüse.

Gl. (3.2.2 − 9) läßt noch zwei weitere Grundsätze erkennen:

1. Nur das Volumen der Reaktionsphase ist praktisch wichtig. Bei Vorherrschen der Kinetik kann daher die Umsetzungsgeschwindigkeit mit wachsender Rührgeschwindigkeit sogar abnehmen, wenn ε dadurch genügend reduziert wird.

2. Die Reaktion bleibt immer 1. Ordnung, welcher Vorgang auch bestimmend ist. Steigender Druck hat bei Gas-Flüssig-Reaktionen 1. Ordnung daher immer einen proportionalen Einfluß auf die Umsetzungsgeschwindigkeit.

Schlußfolgerungen. Die gefundenen Gesetzmäßigkeiten gelten für Gas-Flüssig- und Flüssig-Flüssig-Reaktionen.

Zur Analyse des Prozesses muß man die Reaktion unter verschiedenen Bedingungen untersuchen und evtl. den Parameter $k_m S$, den Volumenanteil ε der reagierenden Phase sowie das Verhältnis von kinetischer Konstante k_1 zum Verteilungskoeffizienten m (oder beide einzeln) bestimmen.

Bei der Planung hat man darauf zu achten, daß eine Dispersion erzielt wird, bei der die gewünschten Werte des Parameters $k_m S$ und des Volumenanteils ε der reagierenden Phase realisiert sind. Selbstverständlich ist das Verhältnis k_1/m, das eine physikalische Eigenschaft ist, nicht vom Maßstab der Operation oder von hydrodynamischen Bedingungen abhängig.

3.2.3. Reaktionen in Gas-Fest- oder Flüssig-Fest-Systemen

Wenn eine chemische Reaktion an der Oberfläche eines Festkörpers abläuft, ist es zweckmäßig, die Reaktionsgeschwindigkeitskonstante k_s pro Oberflächeneinheit zu definieren anstatt pro Volumeneinheit, wie sonst üblich. Für eine Festkörper-Oberflächenreaktion 1. Ordnung gilt im stationären Zustand (vgl. S. 220):

$$J = k_s c_0 \qquad (3.2.3-1)$$

J ist wieder die Massenflußdichte, c_0 die Konzentration an der Oberfläche.

Den Stoffübergang vom Gas oder der Flüssigkeit zur Phasengrenzfläche beschreibt Gl. (3.2.2 − 1). Eliminiert man c_0 aus den Gleichungen (3.2.2 − 1) und (3.2.3 − 1), so folgt:

$$J = \frac{c_1}{\dfrac{1}{k_m} + \dfrac{1}{k_s}} \qquad (3.2.3-2)$$

Diese Gleichung zeigt die einfache Additivität des Stoffübergangswiderstandes und des Widerstandes der Oberflächenreaktion.

Die Analogie mit Reaktionen in Gas-Flüssig- und Flüssig-Flüssig-Systemen ist deutlich. Wird der Vorgang vom Stoffübergang beherrscht, bestimmen die hydrodynamischen Bedingungen die Umsetzungsgeschwindigkeit. Läuft die Reaktion an fixierten Oberflächen (Festbetten, Netze usw.) ab, ist die Strömungsgeschwindigkeit der Gas- (oder Flüssigkeits-)Phase ein bestimmender Faktor, wie Abb. 3.2.2 − 1 zeigt. Mit zunehmender Strömungsgeschwindigkeit wird die Stoffübergangszahl größer. Die Umsetzungsgeschwindigkeit wächst bis zum kinetischen Grenzwert.

Viele exotherme Gas-Feststoff-Reaktionen werden vom Stoffübergang bestimmt, weil die Geschwindigkeit der Wärmeabführung begrenzt ist, so daß die Temperatur steigt, bis der Stoffübergang der geschwindigkeitsbestimmende Faktor wird. Dieser Fall liegt offensichtlich bei der Verbrennung fester Brennstoffe vor. Wird ein Luftstrom in das Feuer geblasen, steigt die Verbrennungsgeschwindigkeit.

Ein charakteristisches Beispiel aus der heterogenen Katalyse ist die Ammoniak-Oxidation zur Herstellung von Salpetersäure.

3.3. Stoffübergang und Reaktion gleichzeitig

Bei vielen chemischen Prozessen ist der Stoffübergangswiderstand von mindestens einer Komponente in der Reaktionsphase nicht zu vernachlässigen. Reaktion, Diffusion und Konvektion in dieser einen Phase bestimmen den Reaktionsablauf. Die Anwesenheit der anderen Phase sichert eine gewisse Grenzflächenkonzentration an der zu überführenden Komponente. Diese Grenzflächenkonzentration ist eine physikalische Konstante, wenn der Stoffübergangswiderstand in der anderen Phase vernachlässigt werden kann (wenn die andere Phase z. B. aus einer reinen Komponente, etwa einem Feststoff besteht). Ist dies nicht der Fall, so findet man die Grenzflächenkonzentration generell, indem man die zwei Stoffübergangsvorgänge als Folgeprozesse ansieht.

Bei der nachstehenden Betrachtung wird die Grenzflächenkonzentration der überführten Komponente als gegebene Bedingung angenommen, d. h. sie sei zeitkonstant. Das Problem wird dadurch auf eine Phase, die reagierende Phase, begrenzt. Diese Phase kann ein Gas, eine Flüssigkeit oder ein (poröser) Feststoff sein.

3.3.1. Grundlegende Gleichungen

Der Stofftransport soll allein auf Molekulardiffusion beruhen. Dicht an der Phasengrenze trifft diese Bedingung im allg. annähernd zu. Die Diffusionskonstanten seien gegebene Parameter. Wie später gezeigt wird, ist die Reaktionsschicht oft dünner als die Diffusionsgrenzschicht.

Grundlegende Gleichungen. Für diese Fälle sowie für vollständig ruhende Medien gilt folgende Ableitung: Eine Komponente A soll in die Reaktionsphase eindringen und dort mit Komponente B reagieren, die in großem Überschuß vorliegt. Die Grenzflächenkonzentration c_{A_0} der Komponente A und die Konzentration c_{B_1} der Komponente B im Innern (in großer Entfernung von der Grenzfläche) seien beide gegeben. Der stationäre Zustand sei erreicht.

Gewöhnlich wird ein geometrisch einfacher Fall angenommen, d. h. man verwendet nur eine Koordinate, meistens den Abstand x von der Grenzfläche. Die Grenzfläche muß dann entweder eben sein oder einen Krümmungsradius besitzen, der groß ist im Vergleich zu allen anderen interessierenden Abständen. In vielen Fällen ist die Reaktionszone so dünn, daß diese Annahme sogar für relativ feine Dispersionen zutrifft (mit Teilchendurchmesser in der Größenordnung von wenigen mm). Berechnungen für kugelförmige Teilchen s. [S 2].

Die Reaktion zwischen A und B soll durch folgende Gleichung ausgedrückt werden können: (vgl. S. 219)

$$r = k_{n+m} c_A^n c_B^m \qquad (3.3.1-1)$$

Aus der Massenbilanz für A und B und dem zweiten FICKschen Gesetz ergibt sich:

$$D_A \frac{d^2 c_A}{d x^2} = r \qquad (3.3.1-2)$$

$$D_B \frac{d^2 c_B}{d x^2} = r \qquad (3.3.1-3)$$

Die erforderlichen Grenzbedingungen sind:

$$\text{für } x = 0\text{: } c_A = c'_{A0} \quad \text{und} \quad \frac{d c_B}{d x} = 0 \qquad (3.3.1-4)$$

$$\text{für } x \to \infty\text{: } c_B = c_{B_1}$$

Andere Grenzbedingungen hängen von der geometrischen Anordnung des Prozesses ab.

Man kann zwei grundsätzliche Fälle unterscheiden:

a) Die Komponente B liegt in einem so großen Überschuß vor, daß ihre Konzentration bei allen x-Werten praktisch so groß wie c_{B_1} ist. Diesen Fall trifft man in der Praxis oft an, er wird hier anschließend behandelt.

b) Der Überschuß der Komponente B ist so gering, oder die Geschwindigkeit der Reaktion ist so groß, daß die Konzentration von B an der Grenzfläche deutlich kleiner als c_{B_1} ist. Dieser praktisch gleichfalls interessante Fall wird auf S. 246 behandelt.

Zu beachten ist, daß die Abschnitte 3.3.2 – 3.3.4 sich auf den Fall a) beschränken.

Reaktion und Diffusion einer Komponente. Liegt die Komponente B in der gesamten Reaktionsphase in genügend großem Überschuß vor, kann man c_B als Konstante ansehen.

Transport und Reaktion der Komponente A können dann durch folgende Gleichungen beschrieben werden, wobei c_A und D_A durch c und D ersetzt sind:

$$r = k_n c^n \qquad (3.3.1-5)$$

$$D \frac{d^2 c}{d x^2} = r \qquad (3.3.1-6)$$

$$\text{für } x = 0 \text{ ist } c = c_0 \qquad (3.3.1-7)$$

Die Lösung dieser Differentialgleichung hängt von der zweiten Randbedingung ab. Folgende Möglichkeiten sind denkbar (s. Abb. 3.3.1 – 1):

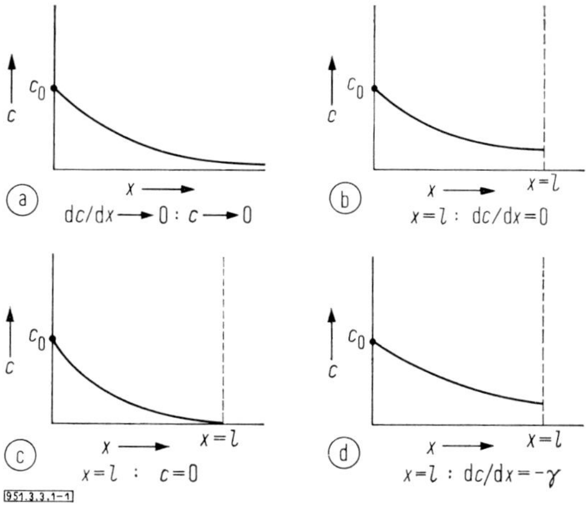

Abb. 3.3.1 – 1. Konzentrationsprofile bei vier verschiedenen Grenzbedingungen

$$\text{a) für } \frac{d c}{d x} = 0 \text{ ist } c = 0 \qquad (3.3.1-8\text{a})$$

$$\text{b) für } x = l \text{ ist } \frac{d c}{d x} = 0 \qquad (3.3.1-8\text{b})$$

$$\text{c) für } x = l \text{ ist } c = 0 \qquad (3.3.1-8\text{c})$$

$$\text{d) für } x = l \text{ ist } \frac{d c}{d x} = -\gamma \qquad (3.3.1-8\text{d})$$

(γ ist eine positive Konstante; zu l vgl. S. 245)

Alle diese Grenzbedingungen repräsentieren wirkliche Fälle, wie sie in den Abschn. 3.3.2 und 3.3.3 diskutiert werden. Hier folgt zunächst die mathematische Behandlung.

Die Lösung der Differentialgleichung liefert c und dc/dx als Funktion von x. Praktisches Interesse hat die Massenflußdichte J durch die Grenzfläche, sie beträgt:

$$J = -D \left(\frac{d c}{d x} \right)_{x=0} \qquad (3.3.1-9)$$

a) *Randbedingung* (3.3.1 – 8 a) führt zu einem sehr einfachen Ausdruck für die Massenflußdichte:

$$J = \sqrt{\frac{2}{n+1} k_n c_0^{(n+1)} D} \qquad (3.3.1-10)$$

Für das Konzentrationsprofil ergibt sich:

wenn $n \neq 1$:

$$c_0^{\frac{1-n}{2}} - c^{\frac{1-n}{2}} = \frac{(1-n)x}{2} \sqrt{\frac{2}{n+1} \cdot \frac{k_n}{D}} \qquad (3.3.1-11)$$

wenn $n = 1$:

$$\frac{c}{c_0} = \exp \left(-x \sqrt{\frac{k_1}{D}} \right)^{*)} \qquad (3.3.1-12)$$

---

* exp u ist eine andere Schreibweise für e^u.

Diese Gleichungen haben grundlegende Bedeutung für eine Anzahl heterogener chemischer Prozesse, bei denen Reaktion und Diffusion im gleichen Bereich ablaufen. Die Reaktionsphase kann dabei ein Gas, eine Flüssigkeit oder ein (poröser) Festkörper sein.

Die Randbedingung besagt, daß die Reaktion so schnell verläuft, daß die Komponente A nur eine begrenzte Strecke in die Reaktionsphase eindringt. Praktische Beispiele behandeln die Abschn. 3.3.2 und 3.3.3. Die Geschwindigkeitsgleichung (3.3.1 – 10) führt zu folgenden Schlüssen:

1. Die Geschwindigkeit des chemischen Prozesses kann auf die Flächeneinheit der Grenzfläche bezogen werden und ist daher der Größe der Fläche proportional.
2. Sie ist der Wurzel der Reaktionsgeschwindigkeitskonstanten proportional, die „scheinbare Aktivierungsenergie" ist daher nur halb so groß wie bei der entsprechenden homogenen Reaktion.
3. Die scheinbare Reaktionsordnung wird von n auf $\frac{n+1}{2}$ reduziert im Vergleich zur homogenen Reaktion.
4. Die Geschwindigkeit des Prozesses ist der Wurzel des Diffusionskoeffizienten proportional.

Bei Reaktionen erster Ordnung reduziert sich Gleichung (3.3.1 – 10) zu

$$J = c_0 \sqrt{k_1 D} \qquad (3.3.1-13)$$

Die Wurzel kann als die „scheinbare Geschwindigkeitskonstante" K_1 angesehen werden:

$$K_1 = \sqrt{k_1 D} \qquad (3.3.1-14)$$

b) *Randbedingung* (3.3.1 – 8 b) liefert eine wesentlich komplexere Lösung. Sie besagt, daß Komponente A die reagierende Phase vollständig (durch Diffusion) durchdringt. In einer Ebene im Abstand l von der Grenzfläche ist der Nettotransport Null, weil die Ebene für A undurchlässig ist oder weil die Ebene eine Symmetrieebene zwischen zwei ähnlichen Grenzflächen mit gegenseitigem Abstand $2\,l$ ist. Ein praktisches Beispiel behandelt Abschn. 3.3.2.

Die Lösung kann in einfacher Form nur für Reaktionen erster Ordnung ($n = 1$) gegeben werden. Man erhält dann für das Konzentrationsprofil (vgl. Gl. 3.3.1 – 12):

$$\frac{c}{c_0} = \cosh\left(x\sqrt{\frac{k_1}{D}}\right) - \tanh\left(l\sqrt{\frac{k_1}{D}}\right) \times \sinh\left(x\sqrt{\frac{k_1}{D}}\right) \qquad (3.3.1-15)$$

Für die Massenflußdichte ergibt sich (vgl. Gl. 3.3.1 – 13):

$$J = c_0 \sqrt{k_1 D} \cdot \tanh\left(l\sqrt{\frac{k_1}{D}}\right) \qquad (3.3.1-16)$$

Die Form dieser Funktionen wird von der Größe des Parameters φ bestimmt, der wie folgt definiert ist:

$$\varphi = l\sqrt{\frac{k_1}{D}} \qquad (3.3.1-17)$$

Einsetzen in Gleichung (3.3.1 – 16) ergibt:

$$J = c_0 \sqrt{k_1 D} \cdot \tanh\varphi = k_1 c_0 l \,\tanh\varphi = c_0 \frac{D}{l}\,\varphi \tanh\varphi \qquad (3.3.1-18)$$

Die hyperbolischen Funktionen können für vergleichsweise niedrige oder vergleichsweise hohe φ-Werte näherungsweise bestimmt werden. Mit einer Ungenauigkeit von weniger als 4% erhält man

für $\varphi < 0{,}2$: $\tanh\varphi \approx \varphi$

für $\varphi > 2$: $\tanh\varphi \approx 1$

Damit ergeben sich zwei einfache Formen der Gleichungen (3.3.1 – 15) und (3.3.1 – 16):

Für $\varphi < 0{,}2$:

$$\frac{c}{c_0} \approx 1 \text{ (für alle } x\text{-Werte)} \qquad (3.3.1-19)$$

$$J \approx k_1 c_0 l \qquad (3.3.1-20)$$

Das Ergebnis bedeutet, daß die Diffusion die Reaktion nicht begrenzt, und daß die Reaktion mit gleicher Geschwindigkeit in der gesamten Reaktionszone abläuft.

Für $\varphi > 2$ erhält man

$$\frac{c}{c_0} \approx \exp\left(-x\sqrt{\frac{k_1}{D}}\right) \qquad (3.3.1-21)$$

$$J \approx c_0 \sqrt{k_1 D} \qquad (3.3.1-22)$$

Diese Lösung ist mit derjenigen für die Randbedingungen (3.3.1 – 8 a) und $n = 1$ identisch.

c) *Randbedingung* (3.3.1 – 8 c) liefert für Reaktionen erster Ordnung ($n = 1$) eine Lösung, die der vorangegangenen Lösung sehr ähnlich ist. Sie besagt, daß Komponente A nur begrenzt in die Reaktionsphase eindringt. Praktische Beispiele werden im Abschnitt 3.3.3 gegeben. Das Konzentrationsprofil ist:

$$\frac{c}{c_0} = \cosh\left(x\sqrt{\frac{k_1}{D}}\right) - \tanh^{-1}\varphi \cdot \sinh\left(x\sqrt{\frac{k_1}{D}}\right) \qquad (3.3.1-23)$$

Die Massenflußdichte ergibt sich zu:

$$J = c_0 \sqrt{k_1 D} \cdot \tanh^{-1}\varphi \qquad (3.3.1-24)$$

Für kleine φ-Werte erhält man folgende Näherung:

für $\varphi < 0{,}2$:

$$\frac{c}{c_0} = 1 - \frac{x}{l} \qquad (3.3.1-25)$$

$$J = \frac{D c_0}{l} \qquad (3.3.1-26)$$

Dieser Fall ist unrealistisch, da das Konzentrationsprofil bei $x = l$ eine Diskontinuität besitzt. Grenzbedingung c) ist daher nur für $\varphi > 0{,}2$ von Interesse.

Für große φ-Werte sind die Näherungen mit den Gleichungen (3.3.1 – 21) und (3.3.1 – 22) identisch.

d) *Randbedingung* (3.3.1 – 8 d) liefert eine Lösung, die in einfacher Form gleichfalls nur für Reaktionen erster Ordnung ($n = 1$) angegeben werden kann.

Die Grenzbedingung besagt, daß Komponente A die Reaktionsphase durchdringt und sie durch die Ebene

$x = l$ mit einer bekannten Massenflußgeschwindigkeit $-D\gamma$ verläßt. Praktische Beispiele werden im Abschnitt 3.3.3 gegeben.

Die Lösung für das Konzentrationsprofil ist:

$$\frac{c}{c_0} = \cosh\left(x\sqrt{\frac{k_1}{D}}\right) - \left(\frac{\gamma l}{c_0\varphi\cosh\varphi} + \tanh\varphi\right) \times \sinh\left(x\sqrt{\frac{k_1}{D}}\right) \quad (3.3.1-27)$$

Die Massenflußdichte durch die Grenzfläche ist

$$J = \frac{c_0 D}{l}\varphi\tanh\varphi + \frac{D\gamma}{\cosh\varphi} \quad (3.3.1-28)$$

Für $\gamma = 0$ vereinfachen sich diese Gleichungen zu den Gleichungen (3.3.1−15) und (3.3.1−18).

Folgende Näherungen sind möglich:

für $\varphi < 0{,}2$:

$$\frac{c}{c_0} \approx 1 \text{ (für alle } x\text{-Werte)} \quad (3.3.1-29)$$

$$J \approx k_1 c_0 l + D\gamma \quad (3.3.1-30)$$

für $\varphi > 2$:

$$\frac{c}{c_0} \approx \exp\left(-x\sqrt{\frac{k_1}{D}}\right) - \frac{2\gamma l}{c_0\varphi} e^{-\varphi} \sinh\left(x\sqrt{\frac{k_1}{D}}\right) \quad (3.3.1-31)$$

$$J \approx c_0\sqrt{k_1 D} + 2D\gamma e^{-\varphi} \quad (3.3.1-32)$$

Bei relativ kleinen γ-Werten verschwinden die zweiten Terme in den beiden letzten Gleichungen.

Die Bedingung für γ ist:

$$\gamma \ll \frac{c_0}{l}\left(\frac{\varphi}{2e^{-\varphi}}\right) \quad (3.3.1-33)$$

Reaktion und Diffusion zweier Komponenten. Wenn die Reaktion im Vergleich zum Transport der Komponenten B so schnell verläuft, daß die Konzentration von B an der Grenzfläche deutlich geringer als c_{B_1} (bei $x \to \infty$) ist, muß der Prozeß durch die simultane Lösung der Gleichungen (3.3.1−1) − (3.3.1−4) beschrieben werden. Eine besondere Randbedingung ist zu formulieren.

Für Reaktionen, die sowohl hinsichtlich c_A als auch c_B von erster Ordnung sind ($n = 1$, $m = 1$), haben HOFTIJZER und VAN KREVELEN [H 7] eine Lösung für folgende Randbedingung gefunden:

$$\text{für } x = l\text{:} \quad c_A = 0, c_B = c_{B_1} \quad (3.3.1-34)$$

Diese Randbedingung bedeutet, daß Komponente A (durch Diffusion) nur bis zu einem begrenzten Abstand in die Reaktionsphase eindringt (identisch mit Bedingung 3.3.1−8c).

Komponente B diffundiert in der entgegengesetzten Richtung, d. h. für kleine x-Werte hat B einen positiven Konzentrationsgradienten (s. Abb. 3.3.1−2b und c).

Die Lösung kann nicht in einer expliziten Form angegeben werden. Die zwei folgenden Gleichungen verknüpfen die Konzentration von B an der Grenzfläche (c_{B_0}) und die Massenflußdichte von A durch die Grenzfläche miteinander:

$$\frac{c_{B_0}}{c_{B_1}} = 1 - \frac{lJ}{D_B c_{B_1}} + \frac{D_A c_{A_0}}{D_B c_{B_1}} \quad (3.3.1-35)$$

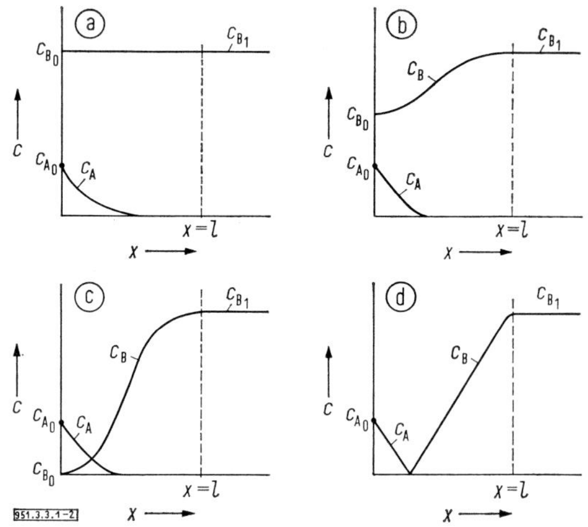

Abb. 3.3.1−2. Reaktion und Diffusion von zwei Komponenten

$$J = c_{A_0}\sqrt{k_2 c_{B_0} D_A} \cdot \tanh^{-1}\left\{l\sqrt{\frac{k_2 c_{B_0}}{D_A}}\right\} \quad (3.3.1-36)$$

Diese Funktion ist in Abb. 3.3.1−3 graphisch dargestellt. Eine Lösung für J als Funktion unabhängiger Variablen kann durch numerisches Rechnen gefunden werden.

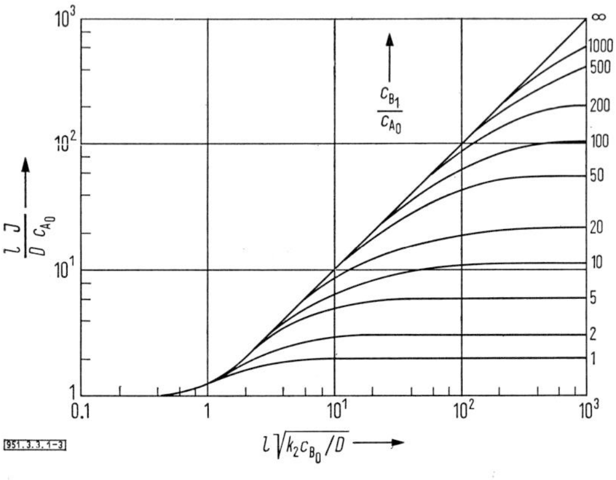

Abb. 3.3.1−3. Lösung der Gleichungen (3.3.1−35) und (3.3.1−36) für $D_A = D_B = D$ (nach VAN KREVELEN und HOFTIJZER [7])

Die Situation wird einfacher, wenn die Reaktion so schnell abläuft, daß die Konzentration von B an der Grenzfläche gegen Null geht („Vorherrschen der Momentan-Reaktion"). Gl. (3.3.1−35) kann dann vereinfacht werden zu:

$$J = \frac{1}{l}(D_A c_{A_0} + D_B c_{B_1}) \quad (3.3.1-37)$$

Die Konzentrationsprofile sind in Abb. 3.3.1−2d dargestellt. Die Reaktion findet in der Ebene statt, in der $c_A = c_B = 0$ ist. Die Reaktionsgeschwindigkeit wird vollständig durch Diffusion begrenzt.

3.3.2. Reaktion und Diffusion in porösen Katalysatoren

In vielen heterogenen Prozessen werden Katalysatoren sehr poröser Beschaffenheit verwendet. Solche Katalysatoren haben oft eine „Porosität" (Hohlraumanteil) der Größenordnung 0,5, während die Porendurchmesser gewöhnlich sehr viel kleiner als die Ausmaße der Partikel sind (oft um einen Faktor 10^3 oder mehr). Das Netzwerk der vielen miteinander verbundenen Poren in einem Katalysator kann man als quasi kontinuierliche Phase ansehen. Sie unterscheidet sich von einer ruhenden Gasphase (oder einer ruhenden Flüssigkeit) durch zwei Besonderheiten: Die feste Struktur erfüllt einen Teil des Raumes (1 − Hohlraumanteil), und der Diffusionsweg ist um einen gewissen Faktor (Zick-Zack-Faktor) länger als die geringste Entfernung zwischen zwei Punkten.

Ferner sind die Poren keine Röhrchen, sondern bestehen aus unregelmäßigen, miteinander verbundenen Hohlräumen mit unterschiedlichen Durchmessern. Trotzdem ist es möglich, für eine Gasmischung in einem porösen Festkörper einen effektiven Diffusionskoeffizienten in gleicher Weise wie den molekularen Diffusionskoeffizient zu definieren, wobei man den porösen Festkörper als kontinuierliche Gas- (oder Flüssigkeits-)Phase ansieht. Der Diffusionskoeffizient läßt sich demnach bestimmen, wenn man eine Komponente aus einem gut durchmischten Raum durch eine flache Platte des porösen Materials in einen anderen Raum diffundieren läßt. Bei einer Plattendicke d, den Konzentrationen c_1 und c_2 in den beiden gut durchmischten Räumen und der Massenflußdichte J wird der effektive Koeffizient D_e definiert durch:

$$J = D_e \frac{c_1 - c_2}{d} \qquad (3.3.2-1)$$

D_e ist um folgenden Faktor kleiner als der molekulare Diffusionskoeffizient:

$$\frac{\text{Zick-Zackfaktor} \cdot \text{Faktor für variierenden Durchm.}}{\text{Hohlraumanteil}}$$

Er hat bei gewöhnlichen Katalysatoren die Größenordnung 5 bis 50 [S 2].

Das Modell gilt nicht mehr, wenn die mittlere freie Weglänge der diffundierenden Moleküle die gleiche Größenordnung wie der mittlere Porendurchmesser hat. Unter diesen Bedingungen, die bei geringem Druck in Katalysatoren mit sehr feinen Poren vorliegen, ist der Diffusionsmechanismus nach Knudsen [A 1] zu berücksichtigen. Aber selbst bei Knudsen-Diffusion ist der effektive Diffusionskoeffizient noch zur Beschreibung des Netto-Diffusionsprozesses für einen Bereich anwendbar, der verhältnismäßig groß gegen den mittleren Porendurchmesser ist.

Die Annahme, daß der effektive Diffusionskoeffizient zur Beschreibung von gleichzeitig ablaufender Diffusion und Reaktion verwendet werden kann, gilt nur, wenn keine deutlichen Konzentrationsunterschiede im Abstand eines Porendurchmessers auftreten.

In der heterogenen Katalyse wird die Reaktionsgeschwindigkeitskonstante k_s auf die Flächeneinheit der Katalysatoroberfläche bezogen. Bei porösen Katalysatoren ist die gesamte innere Oberfläche zu berücksichtigen. Diese Fläche kann gemessen werden und wird üblicherweise als spezifische Oberfläche S_m pro Masseneinheit des Katalysators ausgedrückt [B 6]. Multipliziert man S_m mit der scheinbaren Dichte ϱ_a des Katalysators, so erhält man die spezifische Fläche S_v pro Einheit des Katalysatorvolumens:

$$S_v = S_m \varrho_a \qquad (3.3.2-2)$$

Das Produkt von k_s und S_v ist eine auf die Volumeneinheit bezogene Geschwindigkeitskonstante, in vollständiger Analogie zur Geschwindigkeitskonstanten einer homogenen Reaktion:

$$k_s S_v \equiv k_1 \qquad (3.3.2-3)$$

Bei einer heterogenen katalytischen Reaktion von quasi erster Reaktionsordnung ist die Reaktionsgeschwindigkeit eine Funktion der Konzentration von nur einer Komponente entsprechend Gleichung (3.2.3 − 1). Die Konzentration dieser Komponente wird an der äußeren Oberfläche der porösen Katalysatorpartikel konstant gehalten (c_0).

Die Komponente diffundiert in Richtung auf das Zentrum der Partikel, während sie gleichzeitig reagiert.

Aus Symmetriegründen ist der Netto-Transport im Zentrum der Partikel Null. Dieser Fall wird mathematisch (allerdings in geometrisch linearisierter Form) durch die Gleichungen (3.3.1 − 5) bis (3.3.1 − 7) und (3.3.1 − 8 b) beschrieben. Die Lösung geben die Gleichungen (3.3.1 − 15) bis (3.3.1 − 22) an, in die nun diejenigen Parameter eingesetzt werden, die für heterogene Reaktionen in porösen Festkörpern charakteristisch sind.

In geometrisch linearisierter Form hat der Katalysator die Gestalt einer flachen Platte mit der Dicke $2l$. In der Praxis ähneln die Katalysatorpartikel entweder kleinen Zylindern oder Kugeln. Es läßt sich zeigen, daß die mathematische Lösung der Differentialgleichungen für Platten, Zylinder und Kugeln nur um wenige Prozent differiert, wenn der folgende Längenparameter verwendet wird:

$$l = \frac{V}{A} \qquad (3.3.2-4)$$

wobei V das Volumen und A die äußere Oberfläche des Katalysatorpartikels ist [A1].

Setzt man die entsprechenden Parameter in die Gleichungen (3.3.1 − 16) und (3.3.1 − 17) ein, folgt für die Massenflußdichte durch die äußere Oberfläche der Katalysatorpartikel:

$$J = c_0 \sqrt{k_s S_v D_e} \cdot \tanh \varphi \qquad (3.3.2-5)$$

$$\varphi = \frac{V}{A} \sqrt{\frac{k_s S_v}{D_e}} \qquad (3.3.2-6)$$

In diesem Zusammenhang ist der Parameter φ als THIELE-Modul bekannt.

Es ist üblich, einen Effektivitätsfaktor η wie folgt zu definieren:

$$\Phi_m = JA = k_s S_v V \cdot c_0 \eta \qquad (3.3.2-7)$$

wobei

$$\eta = \frac{\tanh \varphi}{\varphi} \qquad (3.3.2-8)$$

ist. Die letzte Funktion gilt exakt für flache Platten und in sehr guter Näherung für Zylinder und Kugeln (folglich auch für beliebige Körper). Sie ist in Abb. 3.3.2–1 dargestellt.

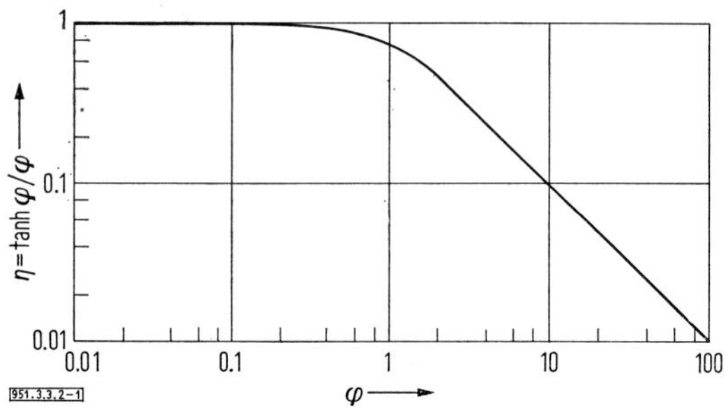

Abb. 3.3.2–1. Effektivitätsfaktor entsprechend der Gl. (3.3.2–8)

Bei vergleichsweise kleinen oder großen φ-Werten kann man folgende Näherungen machen:

Für $\varphi < 0{,}2$ ist die Reaktion so langsam, daß der Effektivitätsfaktor η praktisch 1 ist. Die Reaktion findet im gesamten Katalysatorteilchen statt, s. Gl. (3.3.2–7).

Bei $\varphi > 2$ verläuft die Reaktion so schnell, daß die überführte Komponente nicht bis zum Zentrum der Katalysatorpartikel vordringt. Die Reaktionsgeschwindigkeit wäre die gleiche, wenn nur ein Bruchteil η der gesamten Oberfläche für die Reaktion zur Verfügung stände (deshalb Effektivitätsfaktor). Gl. (3.3.2–5) vereinfacht sich zu:

$$J = c_0 \sqrt{k_s S_v D_e} \qquad (3.3.2-9)$$

Offensichtlich erhält man dasselbe Ergebnis auch mit Randbedingung (3.3.1–8a). Demnach spielt die Katalysatordicke keine Rolle.

Analog zu Gl. (3.3.2–9) ergibt sich aus Gl. (3.3.1–10) als allgemeine Lösung für Reaktionen n-ter Ordnung

$$J = \sqrt{\frac{2}{n+1} k_{sn} S_v c_0^{n+1} D_e} \qquad (3.3.2-10)$$

Die anschließend an Gl. (3.3.1–10) angegebenen Schlußfolgerungen treffen hier zu. Die meisten katalytischen Prozesse werden unter Bedingungen ausgeführt, die diesem Zustand nahekommen. Daraus folgt z. B., daß die Größe der Partikel, bei gegebener äußerer Gesamtoberfläche, keinen Einfluß auf die Geschwindigkeit des Prozesses hat. Deshalb sind kleine Partikel vorteilhaft, oder man verwendet beschichtete Katalysatoren, falls das Katalysatormaterial kostbar ist. Die nötige Dicke d der Deckschicht kann aus Gl. 3.3.2–6 berechnet werden, wenn man $\varphi = 0{,}2$ und $V/A = d$ einsetzt.

Eine interessante Situation ergibt sich, wenn sowohl der äußere Stoffübergang als auch die innere Diffusion die Reaktionsgeschwindigkeit begrenzen. Der äußere Stoffübergang wird durch Gl. (3.2.2–1) beschrieben. Die Grenzflächenkonzentration c_0 wird aus den Gl. (3.2.2–1) und (3.3.2–5) eliminiert. Man erhält dann folgende Gleichung:

$$J = \frac{c_1}{\dfrac{1}{k_m} + \dfrac{V}{D_e A} \cdot \dfrac{1}{\varphi \tanh \varphi}} \qquad (3.3.2-11)$$

Eine dimensionslose Reaktionsgeschwindigkeit Ψ wird durch

$$\Psi = \frac{\beta d_p J}{D c_1} = \frac{1}{\dfrac{1}{\beta \cdot Sh} = \dfrac{1}{\varphi \tan h \varphi}} \qquad (3.3.2-12)$$

eingeführt, wobei $Sh = k_m d_p / D$ die SHERWOOD-Zahl für den äußeren Stoffübergang (vgl. „Stoffübergang in Festbetten“, S. 236) und β ein geometrischer Parameter ist:

$$\beta = \frac{DV}{D_e d_p A} \qquad (3.3.2.-13)$$

Für übliche poröse Partikel hat β die Größenordnung 1.

In Abb. 3.3.2–2 ist die dimensionslose Reaktionsgeschwindigkeit Ψ gegen φ für verschiedene Werte des Produktes $\beta \cdot Sh$ dargestellt.

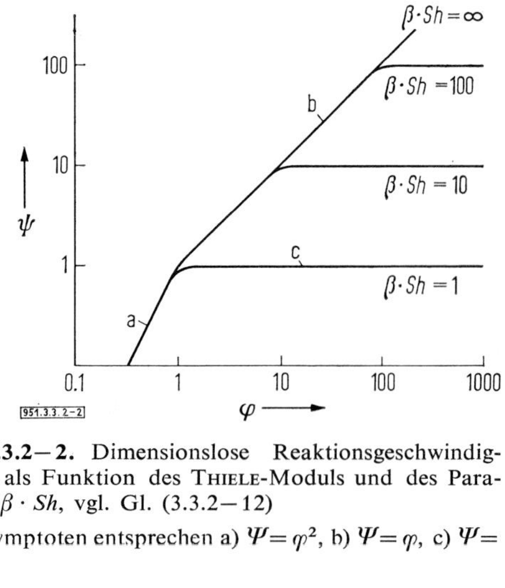

Abb. 3.3.2–2. Dimensionslose Reaktionsgeschwindigkeit Ψ als Funktion des THIELE-Moduls und des Parameters $\beta \cdot Sh$, vgl. Gl. (3.3.2–12)

Die Asymptoten entsprechen a) $\Psi = \varphi^2$, b) $\Psi = \varphi$, c) $\Psi = \beta \cdot Sh$.

Für ein beliebiges Katalysatorbett und für die praktisch auftretenden Fließgeschwindigkeiten ist der mögliche Bereich von $\beta \cdot Sh$ nach beiden Seiten begrenzt. Im allg. liegt Sh zwischen 5 und 50, während β eine Konstante ist. Wenn φ genügend groß ist, wie bei den meisten exothermen Reaktionen, so wird die Arbeitsweise des Reaktors immer einer der horizontalen Asymptoten in Abb. 3.3.2–2 entsprechen. Die Bedingung dafür ist einfach

$$\varphi > \beta \cdot Sh$$

In diesem Fall begrenzen sowohl die innere Diffusion als auch der äußere Stoffübergang die Reaktionsgeschwindigkeit sehr stark. Für z. B. $\varphi = 10^2$ und $\beta \cdot Sh = 20$ ist die Reaktionsgeschwindigkeit fünfmal kleiner als ohne Begrenzung durch äußeren Stoffübergang und hundertmal kleiner als ohne Begrenzung durch inneren und äußeren Stoffübergang.

3.3.3. Filmtheorie

Mathematische Formulierung der physikalischen Gegebenheiten. Wenn eine Flüssigkeit oder ein Gas an einer ruhender Grenzfläche entlang fließt, geht die Strömungsgeschwindigkeit nahe an der Grenzfläche gegen Null. In einem Bereich, der sich unmittelbar an die Grenzfläche anschließt, wird der Stoffübergang in der Hauptsache durch Molekulardiffusion hervorgerufen. In der turbulenten Hauptströmung beruht der Stoffübergang dagegen auf Wirbeldiffusion, die ein viel rascherer Vorgang ist. Der Stoffübergang läßt sich auf zweierlei Weise beschreiben:

1. Durch einen Stoffübergangskoeffizienten k_m, der aus folgender Definition folgt: $J = k_m \Delta c$,
2. durch die „Filmdicke" δ, die gleich der Dicke einer vollständig ruhenden Schicht ist, welche den gleichen Diffusionswiderstand wie das fließende Medium hat. δ folgt aus: $J = D \dfrac{\Delta c}{\delta}$.

Δc ist die Differenz zwischen der Konzentration im Kern der strömenden Phase und der Konzentration an der Grenzfläche. Die phenomänologischen Konstanten k_m und δ lassen sich nur indirekt messen. Offenbar hängen sie auf folgende Weise zusammen:

$$\delta = \frac{D}{k_m} \qquad (3.3.3-1)$$

Dieses Filmmodell (Abb. 3.3.3–1a) kann man benutzen, um eine Reaktion mit gleichzeitigem Stoffübergang zu beschreiben. Man unterscheidet bei ihr zwei Zonen: den Film, wo die Reaktion neben einer Molekulardiffusion stattfindet (also in Anwesenheit eines Konzentrationsgradienten), und einen völlig durchmischten Kern, wo die Reaktion bei konstanter Konzentration stattfindet (Abb. 3.3.3–1b). Eine wichtige Annahme der Filmtheorie ist, daß man dieselbe Filmdicke δ einsetzt, die aus reinen Stoffübergangsexperimenten folgt.

Das Volumen des Kernes ist gleich dem Gesamtvolumen V der Reaktionsphase minus dem Filmvolumen.

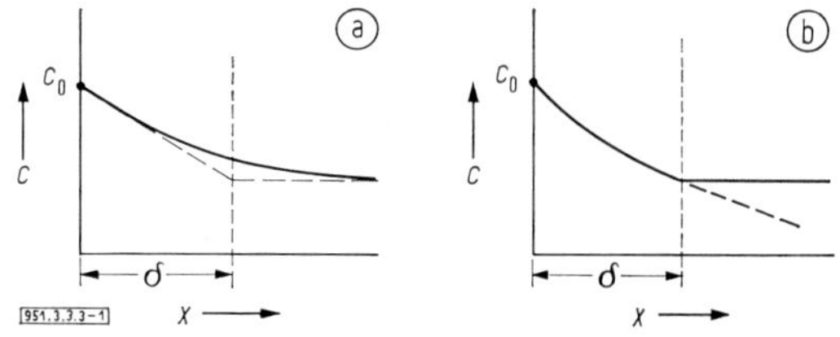

Abb. 3.3.3–1. Filmmodelle
a für physikalische, *b* für chemische Absorption

Wenn der Krümmungsradius der Grenzfläche groß im Vergleich zur Filmdicke δ ist, dann ist das Volumen des Kerns $V - A\delta$. Das Verhältnis zwischen „Filmvolumen" und „Kernvolumen" wird mit ψ bezeichnet:

$$\psi = \frac{A\delta}{V - A\delta} = \frac{SD}{k_m - SD} \qquad (3.3.3-2)$$

S ist die spezifische Berührungsfläche A/V. Die Bedingungen des Stoffübergangs werden also durch zwei Parameter gekennzeichnet: δ und ψ.

Für die Filmtheorie kann man die Berechnungen des Abschn. 3.3.1 benutzen. Als Randbedingung muß in die Gl. (3.3.1–8c) und (3.3.1–8d) die Filmdicke δ an Stelle von l eingesetzt werden. Offensichtlich trifft die Randbedingung (3.3.1–8c) nur für sehr schnelle Reaktionen zu, bei denen die überführte Komponente nicht bis zur Filmdicke δ in die Reaktionsphase eindringt. Randbedingung (3.3.1–8d) ist der allgemeinere Fall. Sie setzt eine bekannte Massenflußdichte durch die Filmgrenze voraus, die der Umsetzung im gesamten Kern entsprechen muß. Die „Kern"-Konzentration c_1 ist dann gleich der Konzentration bei $x = \delta$, und die Randbedingung (3.3.1–8d) kann in folgender Form dargestellt werden:

für $x = \delta$ ist $c = c_1$

$$\text{und} \; -\frac{\mathrm{d}c}{\mathrm{d}x} = \gamma = \frac{k_1 c_1}{k_m \psi} \qquad (3.3.3-3)$$

Gl. (3.3.3–3) gilt nur für Reaktionen erster Ordnung hinsichtlich der Konzentration der überführten Komponente und ist auf geometrisch linearisierte Systeme beschränkt (s. Abschn. „Grundlegende Gleichungen", S. 243).

Wenn man berücksichtigt, daß ein Volumenstrom Φ_V mit der Konzentration c_1 den Reaktor verläßt, dann ist ψ in Gl. (3.3.3–3) bis Gl. (3.3.3–18) durch die Größe ψ' zu ersetzen, die folgendermaßen definiert ist:

$$\psi' = \left[\frac{k_m - SD}{SD} + \frac{k_m}{k_1 \tau SD}\right]^{-1} \qquad (3.3.3-3a)$$

Hier stellt $\tau = V/\Phi_V$ die mittlere Verweilzeit der Flüssigkeit im Reaktor dar. Der zweite Term in Gl. (3.3.3–3a) kann vernachlässigt und $\psi' = \psi$ gesetzt werden, wenn folgende Bedingung erfüllt ist:

$$k_1 \tau \gg \frac{k_m}{k_m - SD} \qquad (3.3.3-3b)$$

Diese Bedingung trifft in praktischen Reaktoren im allgemeinen wohl zu. Eine mögliche Ausnahme ist der

Strahlreaktor („jet"), der in kinetischen Untersuchungen verwendet wird.

Kombination der Gleichungen (3.3.1 − 17) und (3.3.3 − 1) liefert folgende Definition für φ:

$$\varphi = \frac{\sqrt{k_1 D}}{k_m} \tag{3.3.3-4}$$

In diesem Zusammenhang ist φ als HATTA-Zahl bekannt. Sie ist das Verhältnis zwischen der scheinbaren Geschwindigkeitskonstanten K_1, durch (3.3.1 − 14) definiert, und dem Stoffübergangskoeffizienten k_m.

Einführen von ψ und φ in Gl. (3.3.1 − 27), die das Konzentrationsprofil beschreibt, liefert einen Ausdruck für c_1:

$$\frac{c_1}{c_0} = \frac{\psi \cosh\varphi - \psi \sinh\varphi \tanh\varphi}{\psi + \varphi \tanh\varphi} \tag{3.3.3-5}$$

Einsetzen in Gl. (3.3.3 − 3) führt zu γ, mit dem man durch Einsetzen in Gl. (3.3.1 − 27) das Konzentrationsprofil im Film erhält:

$$\frac{c}{c_0} = \cosh\left(x\sqrt{\frac{k_1}{D}}\right) - \frac{\varphi + \psi \tanh\varphi}{\varphi \tanh\varphi + \psi} \times \sinh\left(x\sqrt{\frac{k_1}{D}}\right) \tag{3.3.3-6}$$

Durch Einsetzen von γ in Gl. (3.3.1 − 28) erhält man die Massenflußdichte J durch die Grenzfläche:

$$J = k_m c_0 f_0 \tag{3.3.3-7}$$

mit

$$f_0 = \frac{\varphi^2 + \varphi\psi \tanh\varphi}{\psi + \varphi \tanh\varphi} \tag{3.3.3-8}$$

Diese Gleichung ist graphisch in Abb. 3.3.3 − 2 dargestellt, die f_0 als Funktion von φ für verschiedene Werte des Parameters ψ zeigt (vgl. [K 2]).

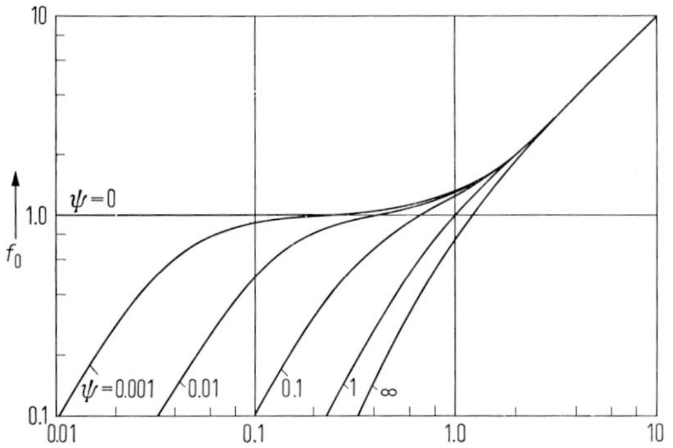

Abb. 3.3.3 − 2. Graphische Darstellung der Gl. (3.3.3 − 8)

Gl. (3.3.3 − 8) gibt in äußerst zusammengedrängter Form die Ergebnisse der Filmtheorie für einen Stoffübergang kombiniert mit chemischer Reaktion wieder. Der Faktor f_0 ist das Verhältnis der Massenflußdichten beim Stoffübergang mit und ohne Reaktion, wobei vorausgesetzt wird, daß die Konzentration im Kern beim Stoffübergang ohne Reaktion Null ist. Die Filmtheorie basiert demnach auf zwei wichtigen Voraussetzungen:

1. Der Stoffübergangskoeffizient (für den physikalischen Stoffübergang) ist eine bekannte Konstante, d. h. er muß unter Bedingungen bestimmt werden, die den Reaktionsbedingungen ähnlich sind, und es wird angenommen, daß er durch die chemische Reaktion nicht beeinflußt wird.
2. Die spezifische Grenzfläche ist eine bekannte Konstante.

Die erste Annahme ist bedenklich, weil sie nicht direkt überprüft werden kann. In der Praxis hält man sie aber im allg. solange aufrecht, bis experimentelle Daten dagegen sprechen.

Die Filmtheorie sagt die Massenflußdichte voraus, wenn folgende Variablen bekannt sind:

k_m, der Stoffübergangskoeffizient
S , die spezifische Oberfläche
D , der Diffusionskoeffizient
k_1, die Reaktionsgeschwindigkeitskonstante erster Ordnung
c_0 , die Grenzflächenkonzentration der überführten Komponente

Sie hat eine klare Trennung zwischen den Bedingungen des Stoffübergangs (k_m, S) und den molekularen Eigenschaften des Systems (D, k_1, c_0), die von hydrodynamischen Verhältnissen unabhängig sind, ermöglicht. Die Konzentration c_1 im Kern ergibt sich aus der Theorie.

Die Penetrationstheorie (s. S. 253) liefert eine etwas andere Beziehung zwischen dem Stoffübergang mit und ohne Reaktion. Hinsichtlich k_m und S sind dieselben Annahmen wie oben erforderlich.

Die in Gleichung 3.3.3 − 8 angegebene und in Abb. 3.3.3 − 2 dargestellte allgemeine Lösung kann für eine Reihe spezieller Fälle vereinfacht werden, wie die folgenden Abschnitte zeigen. Diese Fälle werden durch die Geraden in Abb. 3.3.3 − 2 repräsentiert. Die Zwischenbereiche sind wegen der Exponentialterme in Gleichung (3.3.3 − 8) relativ klein.

Als praktisches Beispiel wird in den folgenden Abschnitten die von einer chemischen Reaktion begleitete Absorption verwendet. Dabei muß als erstes festgestellt werden, ob die grundlegenden Gleichungen und Randbedingungen, die hier dargestellt wurden, für die Gasabsorption zutreffen. Das Prinzip des ruhenden Films ist anwendbar, wenn die Flüssigkeitsgeschwindigkeit von der Oberfläche aus in Richtung auf das Innere der flüssigen Phase größer wird. Dieser Zustand ist in Blasenkontaktapparaten realisiert, aber nicht in Rieselfilmkolonnen. Die Anwendung der Filmtheorie auf die Gasabsorption ist daher generell auf Blasenkontaktapparate beschränkt.

Langsame Reaktionen. Aus Gleichung (3.3.3 − 4) geht hervor, daß φ für genügend langsame Reaktionen klein ist. Wendet man die in Abschnitt 3.3.1 angegebenen Vereinfachungen auf die Gleichungen (3.3.3–5) und (3.3.3–8) an, so erhält man für $\varphi < 0{,}2$:

$$\frac{c_1}{c_0} = 1 - f_0 \qquad (3.3.3-9)$$

$$f_0 = \frac{\varphi^2(1+\psi)}{\varphi^2 + \psi} \qquad (3.3.3-10)$$

Verläuft die Reaktion so langsam, daß φ auch viel kleiner als $\sqrt{\psi}$ ist, so ist eine weitere Vereinfachung möglich:

für $\varphi < 0{,}2$ und $\varphi \ll \sqrt{\psi}$:

$$\frac{c_1}{c_0} \approx 1 \qquad (3.3.3-11)$$

$$f_0 = \varphi^2 \frac{1+\psi}{\psi} \qquad (3.3.3-12)$$

Kombiniert man die letzte Gleichung mit Gleichung (3.3.3–7), erhält man für den gesamten Massenfluß:

$$\Phi_m = JA = k_1 c_0 V \qquad (3.3.3-13)$$

Dieses Ergebnis entspricht einer chemischen Reaktion, die so langsam abläuft, daß die Konzentration der überführten Komponente in der Reaktionsphase praktisch konstant ist (Abb. 3.3.3–3a). Die Diffusion verläuft vergleichsweise schnell. Die Geschwindigkeit des Prozesses ist dieselbe wie unter homogenen Bedingungen.

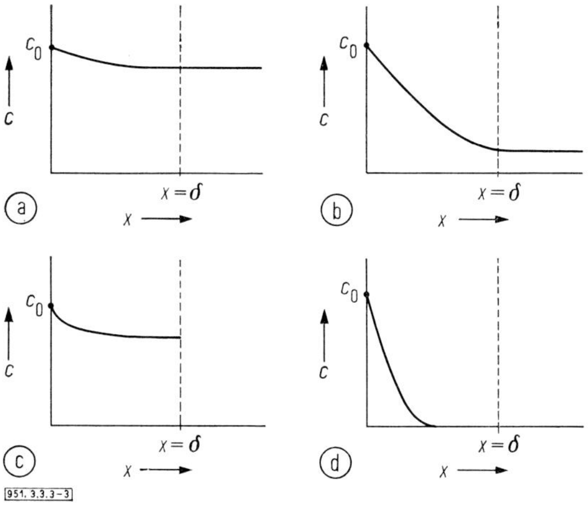

Abb. 3.3.3–3. Konzentrationsprofile für vier Fälle
Zu a–d vgl. Text.

Die Bedingungen, für die die Gleichungen zutreffen, können in explizierterer Form angegeben werden:

$$\varphi < 0{,}2 \text{ bedeutet } k_1 \ll \frac{k_m^2}{D}$$

$$\varphi \ll \sqrt{\psi} \text{ bedeutet } k_1 \ll \frac{k_m^2 S}{k_m - SD} \text{ oder } k_1 \ll k_m S$$

Die chemische Geschwindigkeitskonstante k_1 muß daher genügend klein sein, um beide Bedingungen zu erfüllen, oder sowohl k_m als auch S müssen genügend groß sein.

Auf die Gasabsorption angewandt sagen diese Bedingungen voraus, wie gut der Phasenkontakt unter gegebenen Reaktionsbedingungen sein muß, damit die Reaktion innerhalb der ganzen flüssigen Phase abläuft. Die meisten industriellen Prozesse werden dagegen unter Bedingungen ausgeführt, bei denen der Stoffübergang der begrenzende Faktor ist.

Systeme mit relativ kleinen spezifischen Kontaktflächen. Wenn die Grenzfläche genügend klein oder das Volumen des Kernes genügend groß ist, so ist der Parameter ψ klein. Im Extremfall vereinfachen sich Gl. (3.3.3–5) und (3.3.3–8) zu:

für $\psi \ll \varphi^2$:

$$\frac{c_1}{c_0} \ll 1 \qquad (3.3.3-14)$$

$$f_0 = \frac{\varphi}{\tanh\varphi} \qquad (3.3.3-15)$$

Bei langsamen Reaktionen ist eine weitere Vereinfachung möglich:

für $\psi \ll \varphi^2$ und $\varphi < 0{,}2$:

$$f_0 \approx 1$$

$$J \approx k_m c_0 \qquad (3.3.3-16)$$

Unter diesen Bedingungen ist der Stoffübergang der geschwindigkeitsbestimmende Vorgang, und Stoffübergang und Reaktion können als hintereinandergeschaltete Vorgänge angesehen werden. Im Film ist die Reaktion vergleichsweise gering. Im Kern dagegen, wo die hauptsächliche Reaktion abläuft, ist die Konzentration sehr gering (Abb. 3.3.3–3b). Dieser Zustand entspricht einem sehr großen Kernvolumen oder einer kleinen spezifischen Grenzfläche.

Die Bedingungen, für welche die Gleichungen gelten, können wieder expliziter dargestellt werden:

$$\varphi < 0{,}2 \text{ bedeutet } k_1 \ll \frac{k_m^2}{D}$$

$$\varphi \ll \sqrt{\psi} \text{ bedeutet } k_1 \ll \frac{k_m^2 S}{k_m - SD}$$

Ist der Stoffübergangskoeffizient unter den angegebenen Bedingungen so groß, daß $k_m \gg SD$ (eine realistische Verallgemeinerung), dann führen diese Voraussetzungen zu folgender Bedingung für die spezifische Oberfläche:

$$S \ll \sqrt{\frac{k_1}{D}}$$

Diesem Zustand entspricht z. B. die Gasabsorption in Blasenkontaktapparaten, falls keine speziellen Maßnahmen ergriffen werden, um einen guten Grenzflächenkontakt sicherzustellen.

Gl. (3.3.3 – 14) und (3.3.3 – 15) werden auch anwendbar sein, wenn $\psi' \ll \psi$ (zu ψ' vgl. S. 249) und $\psi' \ll \varphi^2$ ist entsprechend $\tau \ll \frac{1}{k_\mathrm{m} S}$.

Diese Voraussetzung wird nur bei Reaktoren mit einer sehr kurzen mittleren Flüssigkeitsverweilzeit oder mit einem sehr schlechten Grenzflächenkontakt zutreffen.

Reaktionen in Systemen mit großen spezifischen Berührungsflächen. Ist die Phasengrenzfläche sehr groß oder das Kernvolumen (der Reaktionsphase) sehr klein, so kann der Parameter ψ die Größenordnung 1 oder sogar größer haben. In diesem Abschnitt sollen die beiden Fälle $\psi = 1$ und $\psi = \infty$ betrachtet werden (vgl. Abb. 3.3.3 – 2):

$\psi = 1$:

$$f_0 = \frac{\varphi^2 + \varphi \operatorname{tgh} \varphi}{1 + \varphi \operatorname{tgh} \varphi} \qquad (3.3.3-17)$$

$\psi = \infty$:

$$f_0 = \varphi \tanh \varphi \qquad (3.3.3-18)$$

Die Grenzbedingung (3.3.3 – 3) verliert hier weitgehend ihre Bedeutung. Für $\psi = \infty$ existiert kein Kern, die ganze Reaktionsphase besteht aus Film. Tatsächlich ist Gl. (3.3.3 – 18) die Lösung für die einfachere Grenzbedingung (3.3.1 – 8b), nach der die Reaktionszone durch eine Ebene abgegrenzt wird, durch welche kein Transport des Reaktanten stattfindet. Diese Ebene kann z. B. eine Symmetrieebene zwischen zwei Grenzflächen sein. Die Filmdicke kann dann durch äußere geometrische Parameter ausgedrückt werden, man benötigt den Massenübergangskoeffizienten k_m nicht, um δ wie in Gl. (3.3.3 – 1) zu definieren.

In Analogie zur heterogenen Katalyse kann man δ wie folgt angeben (vgl. Gl. 3.3.2 – 4):

für $\psi = \infty$:

$$\delta = \frac{1}{S}$$

Einsetzen in Gl. (3.3.3 – 7) führt zu

$$J = c_0 \sqrt{k_1 D} \cdot \tanh \left(\frac{1}{S} \sqrt{\frac{k_1}{D}} \right) \qquad (3.3.3-19)$$

Diese Gleichung gilt exakt nur für einen Raum zwischen zwei parallenen Ebenen, wie sie z. B. in Schäumen vorkommen, aber sie ist auch eine gute Annäherung für andere geometrische Formen, sogar für Kugeln, solang man δ wie oben angegeben definiert (vgl. Abschn. 3.3.2).

Für $\varphi < 0{,}2$ führen die beiden Gl. (3.3.3 – 17) und (3.3.3 – 18) zu Gl. (3.3.3 – 13), die eine langsame Reaktion beschreibt, welche in der gesamten Reaktionsphase ohne diffusionsbedingte Begrenzung abläuft.

Der durch hohe Werte von ψ (von 1 bis ∞) charakterisierte Zustand kann bei folgenden Systemen realisiert sein:

Dispersion eines Gases in einer Flüssigkeit (die Reaktionsphase ist) mit sehr hohem Gasanteil (z. B. bei Schäumen).

Flüssig-Flüssig-Dispersionen, wobei die dispergierte Phase die Reaktionsphase ist (z. B. bei bestimmten Verseifungsvorgängen).

Dispersion einer Flüssigkeit in einem Gas, wobei die dispergierte flüssige Phase die Reaktionsphase ist (z. B. Hydrierung in Sprühtürmen).

Gas-Flüssig-Kontakt in Dünnschichtabsorbern bzw. benetzten Füllkörperkolonnen unter der Voraussetzung, daß der Flüssigkeitsstrom laminar ist.

Der zuletzt genannte Fall kann aber besser durch die Penetrationstheorie beschrieben werden, vgl. Abschn. 3.3.4.

Schnelle Reaktionen. Genügend schnelle Reaktionen führen zu einem Modell von großer praktischer Bedeutung. Ist φ genügend groß, vereinfachen sich Gl. (3.3.3 – 5) und (3.3.3 – 8) zu:

für $\varphi > 2$:

$$\frac{c_1}{c_0} \ll 1 \qquad (3.3.3-20)$$

$$f_0 = \varphi \qquad (3.3.3-21)$$

Setzt man dies in Gl. (3.3.3 – 7) ein, so ergibt sich:

$$J = c_0 \sqrt{k_1 D} \qquad (3.3.3-22)$$

Dieser Zustand tritt unabhängig vom Wert des Parameters ψ ein. Wichtig ist, daß Gl. (3.3.3 – 22) bei schnellen Reaktionen für jede der im Abschnitt 3.3.1 gegebenen vier Randbedingungen gefunden wird. Bei genügend schnellen Reaktionen dringt die überführte Komponente nur eine sehr kleine Strecke in die Reaktionsphase ein. Diese Entfernung ist so klein, daß die hydrodynamischen Gegebenheiten, die in der Reaktionsphase herrschen, keine Rolle spielen.

Für die Bedingung $c_1 = 0$ als Randbedingung konnte gezeigt werden, daß für jede beliebige Reaktionsordnung eine Gl. (3.3.3 – 22) ähnliche Form erhalten wird:

$$J = \sqrt{\frac{2}{n+1} k_n c_0^{n+1} D} \qquad (3.3.1-10)$$

Die verallgemeinerte Form für die scheinbaren Geschwindigkeitskonstanten ist:

$$K_n = \sqrt{\frac{2}{n+1} k_n c_0^{n-1} D} \qquad (3.3.3-23)$$

Die Hatta-Zahl für Gasabsorptionen n-ter Reaktionsordnung (bezogen auf die Konzentration der überführten Komponente) ist dann:

$$\varphi = \frac{K_n}{k_\mathrm{m}} \qquad (3.3.3-24)$$

Die in die Gleichung einzuführende Bedingung für schnelle Reaktionen ist einfach:

$$K_n \gg k_\mathrm{m}$$

Diesen Zustand trifft man in der Praxis häufig an,

speziell bei der Gasabsorption, die dann als „chemisch verstärkte Absorption“ bezeichnet wird. Im Vergleich zur physikalischen Absorption erhöht sich die Geschwindigkeit des Stoffübergangs durch die Reaktion um einen Faktor K_n/k_m.

Die „chemisch verstärkte Absorption“ ist durch folgende Merkmale charakterisiert:

1. Das Volumen der Reaktionsphase ist unwesentlich, nur die Kontaktfläche ist wichtig. Die geometrische Linearisierung ist eine gute Näherung, außer im Fall extrem kleiner Blasen.
2. Die Größe des Stoffübergangskoeffizienten ist unwesentlich, nur der Diffusionskoeffizient ist wichtig. Die Unsicherheit hinsichtlich der Filmdicke ist daher ohne Bedeutung.
3. Die Temperaturabhängigkeit des Prozesses ist typisch. Die scheinbare Aktivierungsenergie ist etwa halb so groß wie die Aktivierungsenergie der chemischen Reaktion.
4. Die Reaktionsordnung im Hinblick auf die Konzentration der überführten Komponente ist gleich $(n+1)/2$.

Der hier beschriebene Zustand tritt nicht nur bei der Gasabsorption auf, sondern auch bei Reaktionen in flüssiger Phase, bei denen die andere Phase eine Flüssigkeit oder ein Festkörper ist (z. B. bei Verseifungen). Er kann sogar bei Gasphase-Reaktionen vorkommen, wenn die andere Phase eine Flüssigkeit oder ein Festkörper ist (z. B. Oxidation von NO in der Gasphase beim Salpetersäureprozeß).

3.3.4. Penetrationstheorie

Die Abschnitte 3.3.1 – 3.3.3 basieren auf der Annahme, daß die Reaktion unter stetiger Diffusion der Reaktionsteilnehmer in einer praktisch ruhenden Phase oder Zone abläuft. Bei einigen Gas-Flüssig- und Flüssig-Flüssig-Kontaktarten kann die Zone nahe der Grenzfläche aber nicht als ruhend angesehen werden. Für diesen Fall hat man die Vorstellung der „Oberflächen-Neubildung“ eingeführt. Die Anwendung dieser Konzeption auf den Stoffübergang ist als Penetrationstheorie bekannt.

Bei der Penetrationstheorie (Näheres s. ds. Bd., S. 151), die für den physikalischen Stoffübergang von Danckwerts [D 10] und Higbie [H 8] entwickelt wurde, wird angenommen, daß alle Volumenelemente, die in Kontakt mit der Grenzfläche stehen, nach unregelmäßigen Zeitabschnitten „erneuert“ werden, d. h. sie wechseln ihren Platz mit Volumenelementen im Kern.

Danckwerts hat folgende Beziehung für den Zusammenhang zwischen dem experimentellen Stoffübergangskoeffizienten k_m und der „Oberflächenerneuerungs-Geschwindigkeitskonstanten“ s abgeleitet:

$$k_m = \sqrt{D s} \qquad (3.3.4-1)$$

Bei Diffusion und chemischer Reaktion gleichzeitig kann man für eine Reaktion quasi erster Ordnung folgende Differentialgleichung mit den Grenzbedingungen (3.3.4 – 3) ableiten:

$$D \frac{\partial^2 c}{\partial x^2} = \frac{\partial c}{\partial t} + k_1 c \qquad (3.3.4-2)$$

$$\left.\begin{array}{lll} t = 0 & 0 < x < \infty & c = c_1 \\ t > 0 & x = 0 & c = c_0 \\ t > 0 & x \to \infty & c = c_1 \end{array}\right\} \qquad (3.3.4-3)$$

Ihre Lösung wird in der Literatur angegeben, s. z. B. Astarita [A 2]. x ist wieder die Entfernung von der Grenzfläche und c_1 die Kernkonzentration.

Die zeitlich gemittelte Stoffübergangsgeschwindigkeit ergibt sich zu

$$J = c_0 \sqrt{D(s+k_1)} \left(1 - \frac{c_1 s}{c_0 (s+k_1)}\right) \qquad (3.3.4-4)$$

Die Größe der Volumenelemente, die in Kontakt mit der Grenzfläche sind, tritt in dieser Gleichung nicht auf. Es wird angenommen, daß die Eindringtiefe der überführten Komponente kleiner als die Dicke der Volumenelemente ist. Auch wenn diese Annahme nicht exakt ist, kann sie als Basis für praktische Berechnungen dienen, da die Hauptmenge der überführten Komponente offensichtlich nur einen Bruchteil der gesamten Penetrationstiefe eindringt (s. Abb. 3.3.4 – 1).

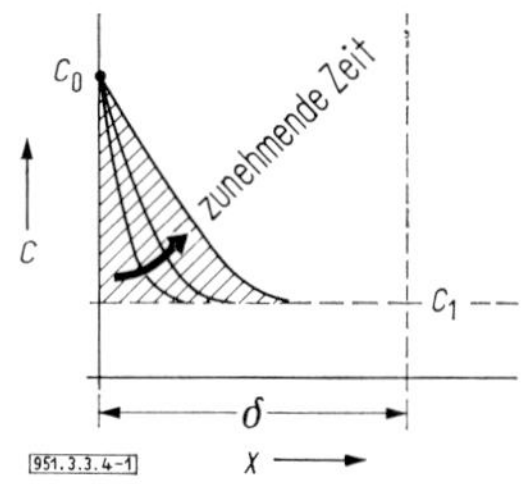

Abb. 3.3.4 – 1. Schematische Darstellung der Penetrationstheorie

Die schraffierte Fläche entspricht dem in die Reaktionsphase eingedrungenen Betrag der überführten Komponente.

Eine wesentliche Begrenzung der Penetrationstheorie ist dadurch gegeben, daß die Kernkonzentration c_1 nicht aus ihr hervorgeht, weil das Kernvolumen überhaupt nicht berücksichtigt wird. Es wird einfach angenommen, daß jedes Volumenelement, das die Grenzfläche verläßt, durch ein Volumenelement mit der Konzentration c_1 ersetzt wird. Die durchschnittliche Konzentration der Volumenelemente, die die Grenzfläche nach einer Zeit t verlassen, ist offensichtlich größer als c_1, da während der Zeit t neben der Reaktion eine physikalische Absorption der überführten Komponente stattfindet.

Die durch Gl. (3.3.4 – 4) wiedergegebene Massenflußdichte ist die Summe zweier Terme: Des Massenflusses, der chemisch in den Grenzflächenelementen absorbiert wird, und des Massenflusses, der physikalisch zum Kern der Reaktionsphase transportiert wird. Dieser zweite Term kann durch Integration des Konzentrationsprofiles (von $x = 0$ bis $x \to \infty$), Division durch die Kontaktzeit t und Mittelung berechnet werden. Er entspricht der Reaktionsgeschwindigkeit im Kern der Reaktionsphase. Wenn das Kernvolumen bekannt ist, kann die Kernkonzentration c_1 auf diese Weise berechnet werden. Offensichtlich ist keine einfache explizite Lösung möglich.

Die Penetrationstheorie erlaubt ebenso wie die Filmtheorie Voraussagen über den Stoffübergang mit gleichzeitiger Reaktion, wenn Daten über den Stoffübergang ohne Reaktion bekannt sind. Um diese Beziehung zu erläutern, muß der unbekannte Parameter s aus Gl. (3.3.4–1) und (3.3.4–4) eliminiert werden. Nach Einsetzen der HATTA-Zahl (Gl. 3.3.3.–4) erhält man

$$J = k_m c_0 \sqrt{1+\varphi^2}\left(1 - \frac{c_1}{c_0(1+\varphi^2)}\right) \qquad (3.3.4-5)$$

Der Faktor f_0, der bei der Filmtheorie eingeführt wurde, ist hier

$$f_0 = \sqrt{1+\varphi^2}\left(1 - \frac{c_1}{c_0(1+\varphi^2)}\right) \qquad (3.3.4-6)$$

Bei der Penetrationstheorie ist es üblich, einen „Chemischen Steigerungsfaktor" f zu definieren, der das Verhältnis zwischen Stoffübergang mit und ohne Reaktion bei derselben Konzentrationsdifferenz $(c_0 - c_1)$ angibt. Aus Gl. (3.3.3–7) folgt für das Verhältnis zwischen f und f_0

$$f_0 = f\left(1 - \frac{c_1}{c_0}\right) \qquad (3.3.4-7)$$

Offensichtlich ist ein direkter Vergleich der Ergebnisse beider Theorien nicht möglich, da c_1 nicht eliminiert wird. Ein einfacher Vergleich ist jedoch für diejenigen Fälle möglich, bei denen $c_1 \ll c_0$ ist. In der Filmtheorie bedeutet dies, daß der Parameter ψ sehr klein ist. Man erhält

für die Penetrationstheorie $(c_1 \ll c_0)$:

$$f = f_0 = \sqrt{1+\varphi^2} \qquad (3.3.4-8)$$

für die Filmtheorie $(\psi \ll 1)$:

$$f = f_0 = \frac{\varphi}{\operatorname{tgh}\varphi} \qquad (3.3.4-9)$$

In Abb. 3.3.4–2 sind diese beiden Funktionen graphisch dargestellt. Offensichtlich überdecken sie sich

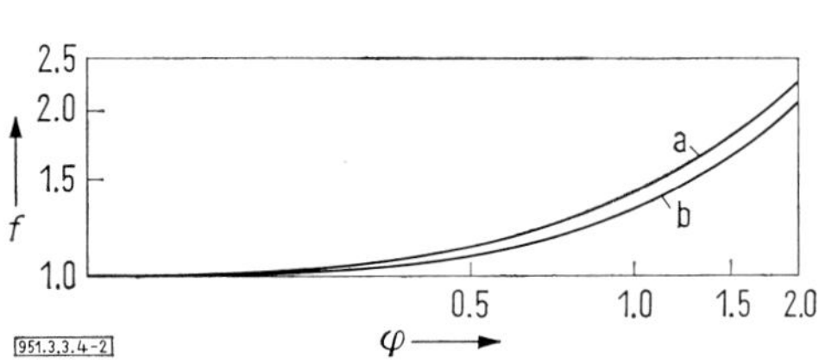

Abb. 3.3.4–2. Der chemische Steigerungsfaktor a) für die Penetrations- und b) für die Filmtheorie (bei einer Konzentration Null im Kern)

praktisch vollständig für Werte von φ, die viel kleiner oder viel größer als 1 sind. Der maximale Unterschied tritt bei $\varphi = 1$ auf, wo die Penetrationstheorie (DANCKWERTS-Modell) $f = 1{,}41$ voraussagt und die Filmtheorie $f = 1{,}31$. Für praktische Zwecke ist diese Differenz aber nicht wesentlich.

Interessant ist, daß für rasche Reaktionen $(\varphi > 2)$ beide Theorien zum gleichen Ergebnis führen (Gl. 3.3.3–22). Offensichtlich ist die Penetrationstiefe dann so gering, daß die hydrodynamischen Bedingungen in der Reaktionsphase ganz ohne Einfluß sind. Es hat sich gezeigt, daß die Penetrationstheorie auf die Gasabsorption in Blasensäulen, Sprühkolonnen, Dünnschichtabsorbern usw. anwendbar ist.

Für langsame Reaktionen $(\varphi < 0{,}2)$ führen beide Theorien zu der Gleichung für Stoffübergang und Reaktion nacheinander.

Der Zwischenbereich (φ in der Größenordnung von 1) hat beträchtliches theoretisches Interesse. Besonders in Fällen, bei denen c_1 nicht sehr klein verglichen mit c_0 ist, sind die physikalischen Gegebenheiten in z. B. Strahlapparaten und Blasensäulen sehr verschieden. Nur in solchen Fällen hat der Unterschied zwischen den beiden Theorien wesentliche physikalische Bedeutung und haben beide Theorien ihre eigenen Anwendungsgebiete. Der Bereich von k_1-Werten (chemische Reaktionsgeschwindigkeitskonstante), in dem dieser Unterschied praktisches Interesse besitzt, ist allerdings klein.

Die Penetrationstheorie wurde auch zur Behandlung von Momentanreaktionen verwendet (vgl. S. 246). Hier ist, im Gegensatz zum bisher Gesagten, kein großer Überschuß der zweiten Reaktionskomponente B in der flüssigen Phase vorhanden. Die Konstante k_1 muß daher durch $k_2 c_B$ ersetzt werden. Die im Buch von ASTARITA [A2] angegebene Lösung kann folgendermaßen geschrieben werden:

$$J = k_m\left(c_{A_0}\sqrt{\frac{D_A}{D_B}} + c_{B_1}\sqrt{\frac{D_B}{D_A}}\right) \qquad (3.3.4-10)$$

Diese Gleichung ist Gl. (3.3.1–37) ähnlich, die auf der Filmtheorie basiert, wie man bei Substitution von $l = D_A/k_m$ sieht. Offensichtlich führen die Penetrationstheorie und die Filmtheorie nur dann zum gleichen Ergebnis, wenn $D_A = D_B$ ist. In der Praxis ist dieser Unterschied im allg. nicht sehr wesentlich.

3.4. Mischen und Reaktion in einer Phase

Allgemeines. Gutes Vermischen eines Reaktioninhaltes kann zweierlei bedeuten:

1. Hohe *Mischgeschwindigkeit* der Reaktionspartner miteinander,
2. hohen *Vermischungsgrad* von Volumenelementen mit verschiedenen Verweilzeiten (Rückvermischen, backmixing).

Der erste Effekt ist wichtig, wenn zwei oder mehr Reaktionspartner gesondert in den Reaktor einlaufen.

Ist die Mischgeschwindigkeit nicht groß genug, kann sie die Umsetzungsgeschwindigkeit begrenzen.

Der zweite Effekt hat für Reaktoren Bedeutung, deren Durchfluß von der Pfropfenströmung abweicht, so daß Elemente mit verschiedener Verweilzeit und folglich mit verschiedener Konzentration vorhanden sind. Vermischen dieser verschiedenen Elemente beeinflußt die Umsetzungegeschwindigkeit in erster Linie durch Konzentrationseffekte. Beide Mischeffekte werden durch dieselben Mischmethoden erreicht. Jedoch können Mischbedingungen vorliegen, bei denen der eine oder der andere Effekt überwiegt.

Der zweite Effekt, das „Rückvermischen", wird im Abschn. 5, der erste Effekt, manchmal als Vorvermischen bezeichnet, hier behandelt.

Für die getrennte Zuführung der Reaktionskomponente zum Reaktor gibt es zwei Gründe: 1. Das vorherige Vermischen der Komponenten führt zu unerwünschten Temperatureffekten, 2. das Reaktionsprodukt entsteht in so hoher Konzentration, daß Zersetzung oder Ausfällung (Verstopfen der Leitung) zu befürchten ist.

Wie im Abschnitt 2.1 gezeigt wurde, ist das Mischen ein verwickelter Prozeß, der nicht mit einem einzigen Parameter beschrieben werden kann. Nur im „ideal gemischten" Reaktor ist die Mischgeschwindigkeit unbegrenzt und die Vermischung vollständig; es gibt keine Konzentrationsunterschiede zwischen verschiedenen Stellen im Reaktor.

In der Literatur sind nur wenige Informationen über den Einfluß der Mischgeschwindigkeit auf chemische Reaktionen zu finden. Trotzdem kann dieser Effekt recht wichtig sein, speziell in viskosen Systemen. Die Probleme, die auftreten können, werden nachstehend in allgemeiner Weise skizziert. Dabei wird zwischen laminaren und turbulenten Strömungsbedingungen unterschieden.

Der Zustand laminarer Strömung hat beachtliche praktische Bedeutung für Polymerisationen in Lösung, z. B. die Gewinnung von Polybutadien, Polyisopren und Äthylen-Propylen-Mischpolymerisat. Aus ökonomischen Gründen arbeitet man bei ihnen normalerweise in sehr viskosen Lösungen, die den noch handhabbaren maximalen Konzentrationen entsprechen, weil die Polymerenkonzentration die Kapazität der Anlage bestimmt.

Mischen und Reaktion bei turbulenter Strömung. Bei turbulenter Strömung kann die Mischgeschwindigkeit groß sein, sie bleibt jedoch stets langsam im Vergleich zur Geschwindigkeit von Ionenreaktionen. Bei den meisten praktischen Anlagen reicht die mittlere Verweilzeit im Reaktor trotz des nicht idealen Mischens für einen nahezu vollständigen Umsatz aus. Bei Herabsetzung der mittleren Verweilzeit kann der Umsatz unvollständig werden, er steigt aber bei intensiverem Mischen wieder an. Im allg. hat das Problem nur geringe praktische Bedeutung, in einigen Spezialfällen spielt es jedoch eine Rolle.

Toor [T 5] hat diesen Effekt theoretisch behandelt. Er geht von der Annahme aus, daß die Inhomogenitätsintensität I_s (s. Abschn. 2.1.2) ein bekannter oder wenigstens bestimmbarer Parameter ist, und zeigt, daß der Umsetzungsgrad ζ einer sehr schnellen Reaktion bei stöchiometrischem Zulauf zweier Komponenten mit gleichen Diffusionseigenschaften ausgedrückt werden kann durch

$$\zeta = 1 - \sqrt{I_s} \tag{3.4-1}$$

Für andere Molverhältnisse β der beiden Reaktionspartner ist ζ als Funktion von I_s in Abb. 3.4—1 dargestellt. Die Theorie ist experimentell bestätigt worden [V 5]. Ihre Anwendung ist jedoch begrenzt, weil sich die Inhomogenitätsintensität schwer bestimmen läßt.

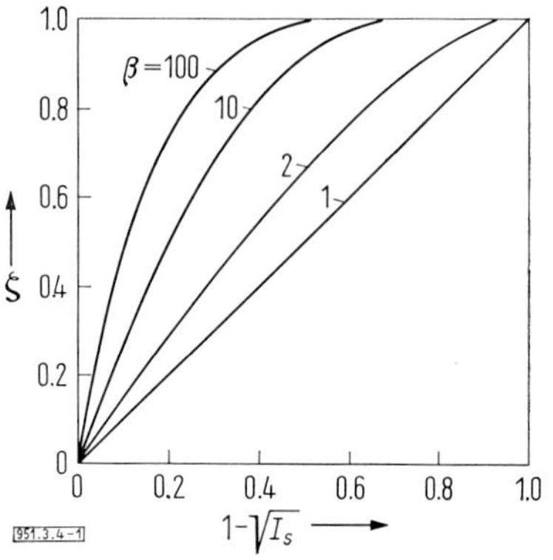

Abb. 3.4—1. ζ als Funktion von I_s und ß (nach Toor [T 5])

Mischen und Reaktion bei laminarer Strömung. Bei einer Reaktion in viskoser Lösung kann die Umsetzungsgeschwindigkeit auch dann durch Diffusion begrenzt werden, wenn die eigentliche Reaktionsgeschwindigkeit nicht hoch ist. In einen Behälter sollen zwei Reaktionspartner A und B getrennt einfließen. Der Reaktorinhalt werde gut gerührt, aber das System sei erheblich viskos. Im Reaktor treten verschiedene Zonen auf (s. Abb. 3.4—2):

I. Eine Zone, in der A vorhanden ist, aber kaum B
II. Eine Zone, in der B vorhanden ist, aber kaum A
III. Eine Zone, in der A und B in verhältnismäßig geringer Konzentration vorkommen
IV. Eine Zone, in der kaum A oder B, hauptsächlich aber Reaktionsprodukt C vorhanden sind.

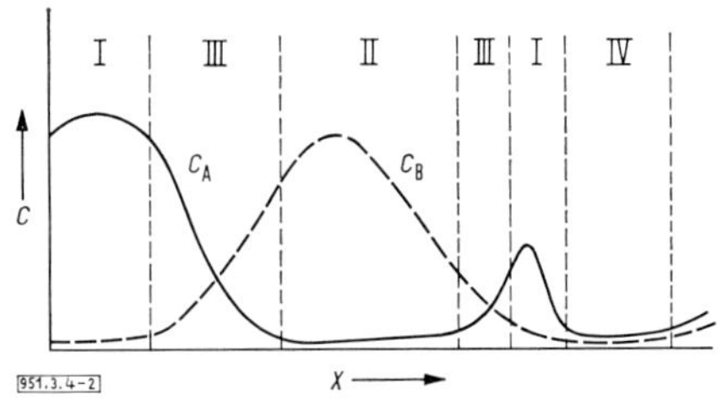

Abb. 3.4—2. Konzentrationsprofile in den vier Zonen, die bei einem Rührbehälter und viskoser Lösung bei getrenntem Zulauf von A und B auftreten

Zu I—IV vgl. Text.

Die Zonen I und II liegen in Teilströmen vor, in denen die ursprüngliche Beschaffenheit annähernd erhalten ist. Dringen diese Teilströme weiter in den Reaktor ein, so nimmt die Konzentration der Reaktionspartner ab (vgl. Abb. 3.4–2). Zone III ist die Reaktionszone, sie liegt zwischen Zone I und II. Die Reaktionspartner dringen in sie ein und reagieren dort. In Gebieten mit hohem Umsetzungsgrad findet nur noch geringe Reaktion statt (Zone IV).

Zwischen der hier geschilderten und der im Abschn. 3.3 behandelten Situation besteht insofern Analogie, als in beiden Fällen Reaktion und Diffusion im gleichen Bereich ablaufen. Zum Unterschied ist jedoch in heterogenen Systemen die Größe der Grenzfläche und die Grenzflächenkonzentration bekannt oder bestimmbar. In homogenen viskosen Systemen kann die Größe der Grenzfläche zwischen den Zonen I und II oder II und III nicht genau definiert werden, und es gibt keine konstanten Grenzflächenkonzentrationen.

Trotzdem ist es sinnvoll, ein Modell zu entwerfen, das das System in verschiedene Zonen einteilt, die durch geometrische Parameter beschrieben werden, z. B. die Dicke und Länge der Teilströme, die Zone I und II repräsentieren. Das Modell sollte so beschaffen sein, daß es erlaubt, die Parameter durch physikalische Mischexperimente zu bestimmen. Man kann es dann anschließend mit einer chemischen Reaktion bekannter Kinetik testen.

Ein solches Modell muß notwendigerweise kompliziert sein, da die Verweilzeitverteilung der Reaktantenströme recht ungleichmäßig ist. Die Ströme werden zunächst pfropfenförmig zum Rührer fließen und dort in dünnere Ströme zerschnitten, die verschiedene Verweilzeiten im Reaktor haben. Durch die Grenzen der Ströme dringen die Reaktionspartner in die umliegenden Gebiete ein. Bisher wurde offenbar kein Modell veröffentlicht, das diesen Zustand beschreibt. [G 9].

Eine allgemeine Analyse der wesentlichen Variablen kann für empirische Studien nützlich sein: Eine Reaktion zweiter Ordnung des Typs $A + B \rightarrow C$ soll in viskoser Lösung in einem Rührbehälter ablaufen. Zur Vereinfachung mögen die getrennten Zuflüsse die gleiche Raumgeschwindigkeit und die gleichen Konzentrationen an A und B haben, $c_{A_0} = c_{B_0} = c_0$. Die Konzentrationen am Ausgang sind folglich auch gleich: $c_{A_1} = c_{B_1} = c_1$. Die Geschwindigkeitskonstante für Reaktionen zweiter Ordnung ist k_2. Das Diffusionsverhalten von A und B werde als gleich angenommen, $D_A = D_B = D$. Die Beziehung zwischen der abhängigen Variablen c_1 und den unabhängigen Variablen hat die Form

$$\frac{c_1}{c_0} = f\left[(k_2 c_0 \tau), \left(\frac{\varrho n d^2}{\eta}\right), \left(\frac{\eta}{\varrho D}\right), (n\tau), \left(\frac{d_t}{d}\right)\right] \tag{3.4–2}$$

τ ist die mittlere Verweilzeit des gesamten Flüssigkeitsstromes, ϱ die Dichte und η die Viskosität der Flüssigkeit, n die Drehzahl des Rührers, d und d_t der Rührer- bzw. Behälterdurchmesser.

Die erste Gruppe zwischen den Klammern kann durch

$$\left(\frac{k_2 c_0 d^2}{D}\right)$$

ersetzt werden. Diese Gruppe kennzeichnet die relativen Geschwindigkeiten der chemischen Reaktion und Diffusion.

In Analogie zum gleichzeitigen Ablauf von Stoffübergang und Reaktion bei heterogenen Systemen können drei Bereiche erwartet werden:

a) ein kinetisch kontrollierter Bereich, mit langsamer Reaktion und schneller Diffusion,

b) ein Zwischenbereich, der sowohl durch chemische Kinetik als auch durch Diffusion bestimmt wird,

c) ein diffusionskontrollierter Bereich, bei dem die Reaktion momentan abläuft.

Im kinetischen Bereich ist der Diffusionskoeffizient uninteressant, der Effekt des Mischens kann nur ein „Rückvermischen" (s. Abschn. 5) sein. Gl. 3.4–1 vereinfacht sich zu

$$\left(\frac{c_1}{c_0}\right) = f\left[(k_2 c_0 \tau), \left(\frac{\varrho n d^2}{\eta}\right), (n\tau), \left(\frac{d_t}{d}\right)\right] \tag{3.4–3}$$

Im Zwischenbereich kann die Reaktionsgeschwindigkeit pro Einheit „Kontaktfläche" proportional zu $\sqrt{k_2 c_0 D}$ (s. Gl. 3.3.1–10) angenommen werden. Gl. 3.4–1 vereinfacht sich zu:

$$\left(\frac{c_1}{c_0}\right) = f\left[\left(\frac{\sqrt{k_2 c_0 D}}{n d}\right), \left(\frac{\varrho n d^2}{\eta}\right), (n\tau), \left(\frac{d}{d_t}\right)\right] \tag{3.4–4}$$

Man kann erwarten, daß die scheinbare Reaktionsordnung und die scheinbare Aktivierungsenergie (s. S. 252) in diesem Bereich verringert sind [G 9].

Im Bereich c) verschwindet der Einfluß von k_2. Gleichung 3.4–1 vereinfacht sich zu:

$$\left(\frac{c_1}{c_0}\right) = f\left[\left(\frac{\varrho n d^2}{\eta}\right), \frac{\eta}{\varrho D}, (n\tau), \left(\frac{d}{d_t}\right)\right] \tag{3.4–5}$$

Keiner dieser Fälle ist offenbar empirisch untersucht worden.

Bei der Prozeßentwicklung kann es notwendig sein, die Beziehung (3.4–1) empirisch zu bestimmen. Wenn bei der Prozeßvergrößerung eine oder mehrere dimensionslose Gruppen in der Gleichung konstant gehalten werden, braucht der quantitative Einfluß dieser Gruppen nicht bekannt zu sein.

Zur weiteren Diskussion s. Abschnitt 5.6.

4. Wärmeeffekte in Reaktoren

4.1. Makro- und Mikro-Wärmegleichgewichte

Chemische Reaktionen werden im allg. von einem gewissen exothermen oder endothermen Wärmeeffekt begleitet.

Im *Makrobereich*, der sich über den ganzen Reaktor erstreckt, ist die Reaktionswärme bei kontinuierlichem Betrieb im stationären Zustand mit folgenden Effekten gekoppelt:

1. Temperaturdifferenzen zwischen den zu- und abfließenden Strömen.
2. Enthalpiedifferenzen zwischen diesen Strömen, z. B. durch Verdampfung eines Lösungsmittels im Reaktor.
3. Transport von Wärme durch die Reaktorwände.

Im nicht stationären Zustand kommt noch folgender Effekt hinzu:

4. Änderung des Wärmeinhalts des Reaktors mit der Zeit.

Für eine gegebene Reaktion läßt sich bei gegebenen Bedingungen leicht abschätzen, wie groß die (über den zweiten und dritten Effekt) abzuführende Wärme ist. Wenn der Massenfluß über den ganzen Reaktor konstant ist, ergibt sich für die Wärmebilanz folgender Ausdruck:

$$\Theta = \left| \frac{(c_0 - c_1)\Delta H}{C_p \varrho (T_1 - T_0)} \right| \qquad (4.1-1)$$

c_0 und c_1 sind die Konzentrationen des Reaktionsproduktes im ein- und ausfließenden Massenstrom, ΔH ist die Reaktionswärme pro Mol des Reaktionsproduktes, C_p und ϱ sind die mittlere spezifische Wärme und Dichte des Massenflusses und T_0 und T_1 die Temperaturen der ein- und ausfließenden Ströme.

Wenn Θ viel größer als 1 ist, muß der Hauptteil der Wärme zu- oder abgeführt werden. Diese Forderung kann für den Entwurf eines Reaktors ausschlaggebend sein. Über folgende zwei Methoden der Wärmeabführung wird nachstehend ein kurzer Überblick gegeben:

a) Wärmeübergang durch die Reaktorwände (Abschn. 4.2).
b) Wärmeabführung durch Verdampfen (Abschn. 4.3).

Im *Mikrobereich* können die Wärmeeffekte lokale Temperaturänderungen hervorrufen, die lokale Reaktionsgeschwindigkeiten zur Folge haben. Zwei wichtige Effekte können unterschieden werden:

Bei heterogenen Reaktionen findet ein Stoff- und Wärmeübergang zwischen den Phasen statt. Der Wärmeübergang hat bei Gas-Fest-Reaktionen besondere Bedeutung, da er zu beträchtlichen Temperaturunterschieden führen kann (Abschn. 4.4.1 und 4.4.2).

In nicht ideal gemischten Reaktoren können Temperaturgradienten in Richtung des Prozeßstromes praktische Bedeutung haben. Sie werden durch die Reaktionswärme, die Strömungsgeschwindigkeit und die axiale Vermischungsgeschwindigkeit (oder axiale Leitfähigkeit) bestimmt (vgl. Abschn. 4.4.3).

Der stationäre Zustand, obwohl meistens erwünscht, ist nicht immer verwirklicht. Wegen der exponentiellen Temperaturabhängigkeit der meisten Reaktionen ist die *thermische Stabilität* ein wichtiges Problem, das in Abschn. 4.5 kurz behandelt wird.

4.2. Wärmeübergang zu den Reaktorwänden

4.2.1. Allgemeines

Der Wärmeübergang von fließenden Medien auf feste Wände spielt bei vielen Zweigen der Ingenieurtechnik eine wichtige Rolle. Über diesen Gegenstand liegt eine große Zahl von Handbüchern und sonstiger Literatur vor, vgl. z. B. [J3], [M1], [G6], [B7], s. a. Bd. 2.

Jedoch gibt es einige spezielle Fälle des Wärmeübergangs, die für chemische Reaktoren typisch sind, wie der Wärmeübergang zu den Wänden eines Rührbehälters, der Wärmeübergang in Festbetten und der Wärmeübergang in Wirbelschichten. Diese drei typischen Fälle werden in den nächsten Abschn. behandelt.

4.2.2. Rührbehälter

Wärmeübergang bei turbulenter Strömung. Bei nicht viskosen Systemen ist der Turbinenrührer ganz allg. die wirksamste Vorrichtung zum Vermischen (vgl. S. 222) und zur Dispergierung von Gasen oder nicht mischbarer Flüssigkeiten (s. S. 233). Für die Suspension fester Teilchen wird der Propellerrührer häufig bevorzugt (s. S. 239). Zur Erzielung eines guten Wärmeübergangs zwischen nicht viskosen Flüssigkeiten und den Reaktorwänden spielt die Wahl des Rührertyps eine geringe Rolle. Turbinenrührer, Propeller und einfache Blattrührer vergleichbarer Größe liefern vergleichbare Wärmeübergangsgeschwindigkeiten bei gleichen Umdrehungsgeschwindigkeiten. Der Einfluß von Strombrechern ist relativ unbedeutend.

Wenn die Wand des Rührbehälters genügend Oberfläche für den Wärmeübergang besitzt, wird eine Ummantelung für die Wärmezu- und abführung verwendet. Die experimentellen Ergebnisse für den Wärmeübergang auf eine ummantelte Wand unter turbulenten Bedingungen können folgendermaßen zusammengefaßt werden [P7]:

$$\frac{\alpha d_t}{\lambda} = K \left[\frac{\varrho n d^2}{\eta}\right]^{0,75} \left[\frac{\eta C_p}{\lambda}\right]^{0,44} \left[\frac{\eta}{\eta_w}\right]^{0,25} \times \left[\frac{d_t}{d}\right]^{0,40} \left[\frac{w}{d}\right]^{0,13} \qquad (4.2.2-1)$$

Darin bedeuten α die Wärmeübergangszahl im Wandbereich, λ die thermische Leitfähigkeit, ϱ die Dichte, η die Viskosität und C_p die spezifische Wärme der

Flüssigkeit bei mittlerer Temperatur, η_w die Viskosität der Flüssigkeit bei Wandtemperatur, d_t den Behälterdurchmesser, d den Rührerdurchmesser, w die Rührerbreite und n die Umdrehungsgeschwindigkeit. Die Konstante K hat etwa den Wert 0,1 für gewöhnliche Rührertypen.

In der Literatur [C9] werden auch Beziehungen angegeben mit einem Exponenten 2/3 (anstelle von 0,75) für die REYNOLDS-Zahl und einem Exponenten 1/3 (anstelle von 0,44) für die PRANDTL-Zahl. Die Konstante K hat dann einen Wert von etwa 0,4. Beide Beziehungen gelten für folgende Bereiche:

$$500 < \left[\frac{\varrho n d^2}{\eta}\right] < 10^5;\; 2 < \frac{d_t}{d} < 4;\; 2 < \frac{d}{w} < 6$$

Für verschiedene Rührertypen liegen die Werte von K im allg. im Bereich von 70–140% der Werte, die durch Gl. (4.2.2–1) vorausgesagt werden. Die höheren Werte werden für Turbinenrührer, die niedrigeren für Blattrührer gefunden.

Bieten die Wände des Behälters nicht genügend Oberfläche für den Wärmetransport, so werden Heiz- bzw. Kühlschlangen, häufig zusammen mit einer Ummantelung verwendet. Der Wärmeübergang kann dann durch eine Gl. (4.2.2–1) ähnliche Beziehung dargestellt werden; jedoch ist die Anzahl der geometrischen Parameter noch größer. Eine empirische Beziehung für einen Behälter mit einem Blattrührer und einer spiralförmigen Heizschlange hat PRATT [P8] angegeben (vgl. [C4]):

$$\left[\frac{\alpha d_t}{\lambda}\right] = 34\left[\frac{\varrho n d^2}{\eta}\right]^{0,5}\left[\frac{\eta C_p}{\lambda}\right]^{0,3}\left[\frac{d_g}{d_p}\right]^{0,8}\times$$
$$\times\left[\frac{w}{d_c}\right]^{0,25}\left[\frac{d^2 d_t}{d_0^3}\right]^{0,1} \quad (4.2.2-2)$$

Die Bedeutung der Symbole d_g, d_p, d_c, d_0 und w geht aus Abb. (4.2.2–1) hervor. Der Exponent für die REYNOLDS-Zahl ist kleiner als in Gl. (4.2.2–1). Dies stimmt mit der allg. Erfahrung überein, daß der Einfluß der REYNOLDS-Zahl auf den Wärmeübergang bei Strömen parallel zur Wand größer als bei Strömen quer zur Wand ist. Andere Autoren fanden Exponenten zwischen 0,5 und 0,67. Einen Überblick über eine

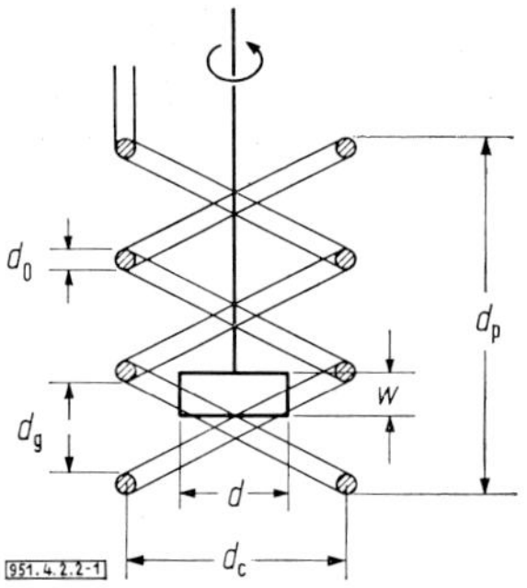

Abb. 4.2.2–1. Anordnung der Kühlschlange bei PRATT [P8] mit Erläuterung der in Gl. (4.2.2–1) verwendeten Symbole.

große Anzahl experimenteller Untersuchungen gibt UHL [U2].

Wärmeübergang bei laminarer Strömung. Kleine hochtourige Rührer sind für das Vermischen viskoser Medien ungeeignet, da man mit ihnen keine Zirkulation im ganzen Behälter erzielt. Für eine gute Zirkulation ist ein Propellerrührer in Kombination mit einem Leitrohr (Abb. 2.1.3–2b, S. 223) am besten. Der Wärmeübergang zwischen einer Wand und einer viskosen Flüssigkeit, die parallel zu der Wand fließt, ist jedoch immer schlecht. Eine weitere Komplikation entsteht, wenn die Flüssigkeit gekühlt wird, da die Viskosität dann in Richtung auf die Wand zunimmt, wodurch die Strömungsgeschwindigkeit nahe der Wand absinkt. Bei Polymerisationen kann die viskose Schicht nahe an der Wand darüber hinaus nach kurzer Zeit fest werden und so eine Isolierschicht bilden.

Brauchbare Wärmeübergangsgeschwindigkeiten in viskosen Systemen können durch Verwendung von Ankerrührern mit geringem Abstand von der Wand (Abb. 2.1.3–2f, s. S. 223) erhalten werden. Am besten sind rotierende Kratzvorrichtungen, die die Wände bei jeder Umdrehung blank reiben. Beide Rührertypen sind bei experimentellen Untersuchungen über den Wärmeübergang angewendet worden.

Die mit Ankerrührern erhaltenen Ergebnisse können durch folgende Gl. dargestellt werden [U2]:

$$\left[\frac{\alpha d}{\lambda}\right] = K\left[\frac{\varrho n d^2}{\eta}\right]^{0,5}\left[\frac{\eta C_p}{\lambda}\right]^{1/3}\left[\frac{\eta}{\eta_w}\right]^{0,18} \quad (4.2.2-3)$$

$$\text{für } 10 < \left[\frac{\varrho n d^2}{\eta}\right] < 300$$

Die Symbole haben die gleiche Bedeutung wie in Gl. (4.2.2–1). d_t ist hier gleich d; d_t tritt daher in dieser Gleichung nicht auf.

Die Konstante K sollte mit dem Abstand zwischen Ankerrührer und Wand in Beziehung stehen. Jedoch scheinen keine schlüssigen experimentellen Daten vorzuliegen. Für einen Abstand zwischen 6 und 18 mm (Behälterdurchmesser zwischen 250 und 600 mm) geben UHL und Mitarb. [U3] den ungefähren Wert $K = 1{,}0 \pm 0{,}3$ an.

VAN DIERENDONCK [D12] hat den Wärmeübergang in viskosen Medien bei Rührern mit Abkratzwirkung untersucht. Offenbar kann der Wärmeübergang in diesem Fall durch die Penetrationstheorie exakt dargestellt werden:

$$\alpha = 2\sqrt{\frac{\lambda C_p \varrho}{\pi t}} \quad (4.2.2-4)$$

t ist hierin die Zeit, die zwischen dem Durchgang zweier Kratzvorrichtungen an einem gegebenen Punkt der Wand verstreicht. Die Gleichung kann in eine Gl. (4.2.2–3) analoge Form umgeformt werden:

$$\left[\frac{\alpha d}{\lambda}\right] = 2\sqrt{\frac{m}{\pi}}\left[\frac{\varrho n d^2}{\eta}\right]^{0,5}\left[\frac{\eta C_p}{\lambda}\right]^{0,5} \quad (4.2.2-5)$$

m ist die Zahl der Kratzblätter. Der Behälterdurchmesser und die Viskosität der Flüssigkeit haben keinen Einfluß auf den Wärmeübergangskoeffizienten. Für nicht-viskose Flüssigkeiten hat die PRANDTL-Zahl $(\eta C_p/\lambda)$ die Größenordnung 7. Für $m=2$ sagt Gl. (4.2.2−5) einen Wärmeübergangskoeffizienten voraus, der ungefähr zweimal größer als nach Gl. (4.2.2−3) ist. Für echt viskose Flüssigkeiten kann die PRANDTL-Zahl Werte im Bereich von 10^2 bis 10^3 oder sogar höher annehmen. Die Gleichungen zeigen deutlich den Vorzug von Kratzvorrichtungen verglichen mit Ankerrührern; für $\eta C_p/\lambda = 10^3$ ist der Wärmeübergangskoeffizient ungefähr 5 mal größer.

Diese Berechnungen gelten nur, wenn die Abkratzvorrichtungen die Wände tatsächlich blank reiben. In der Praxis bleibt eine dünne Flüssigkeitsschicht in der Größenordnung von wenigen zehntel mm auf der Wand haften, die als Wärmeübergangswiderstand in Rechnung gesetzt werden sollte [T6].

4.2.3. Festbetten

In Rohren, die mit festem granuliertem Material gefüllt sind, spielen für den Wärmeübergang zu den Reaktorwänden vor allem folgende Transportmöglichkeiten eine Rolle:

a) Wärmeübergang zwischen den festen Teilchen und dem strömenden Medium (s. S. 236 und 262),

b) radiale Wärmeleitung, die sich aus Wirbeldiffusion im strömenden Medium, Wärmeleitung durch die festen Teilchen und Wärmeübergang zwischen dem strömenden Medium und den festen Teilchen zusammensetzt,

c) Wärmeübergang zwischen dem strömenden Medium und den Rohrwänden.

Um bei einem bestimmten Festbett entscheiden zu können, welcher Typ den Wärmeübergang in erster Linie bestimmt, ist eine annähernde Kenntnis des Temperaturprofils erforderlich. Findet eine exotherme Reaktion an der Teilchenoberfläche statt, so kann eine beträchtliche Temperaturdifferenz zwischen den Teilchen und dem strömenden Medium an jedem Punkt des Reaktors vorliegen (vgl. S. 221). Ist das Rohr relativ eng, so kann man eine erhebliche Wärmemenge über die Rohrwände durch äußere Kühlung abführen. Dadurch können große Temperaturdifferenzen zwischen den Teilchen im Zentrum des Rohres und den Teilchen an den Rohrwänden entstehen; ein weiterer Temperaturabfall ist im strömenden Medium dicht an der Rohrwand zu erwarten.

Eine umfassende Behandlung des gesamten Problems ist sehr komplex. Eine etwas vereinfachte Behandlung wird erhalten, wenn das Bett als quasi-kontinuierliche Phase angesehen wird mit einer effektiven thermischen Leitfähigkeit λ_e. Die Temperatur T des Bettes wird der Temperatur der Teilchen gleichgesetzt. Die Wärmebilanz kann dann folgendermaßen dargestellt werden [K 2]:

$$\lambda_e \left[\frac{\partial^2 T}{\partial z^2} + \frac{1}{z} \frac{\partial T}{\partial z} \right] - \varrho C_p v_0 \frac{\partial T}{\partial x} + r \Delta H = 0 \qquad (4.2.3-1)$$

Die Grenzbedingungen sind

$$\left.\begin{array}{ll} x=0,\ 0<z<\dfrac{d}{2} & :\ T=T_0 \\ x \geqslant 0,\ z=0 & :\ \dfrac{\partial T}{\partial z}=0 \\ x \geqslant 0,\ z=\dfrac{d}{2} & :\ -\lambda_e \dfrac{\partial T}{\partial z} = \alpha(T-T_W) \end{array}\right\} \qquad (4.2.3-2)$$

Hierin bedeuten z die radiale Koordinate, x die Koordinate in Stromrichtung, ϱ die Dichte, C_p die spezifische Wärme, v_0 die Strömungsgeschwindigkeit des fluiden Mediums, r die Reaktionsgeschwindigkeit pro Volumeneinheit des Reaktors, ΔH die Reaktionsenthalpie, α die Wärmeübergangszahl im Wandbereich, T_W die Wandtemperatur.

Im allg. ist r eine Funktion der Temperatur T und einer Konzentration c. Wenn c nicht konstant ist, sind zwei simultane Differentialgleichungen (vgl. Gl. 4.4.3−1) zu lösen.

In Gl. (4.2.3−1) ist die Temperaturdifferenz zwischen den Teilchen und dem strömenden Medium vernachlässigt. Zur Lösung der Gl. müssen zwei empirische Koeffizienten bekannt sein: Die effektive thermische Leitfähigkeit des Bettes λ_e und die Wärmeübergangszahl im Wandbereich. Für beide Parameter sind verallgemeinerte Beziehungen bekannt, die auf experimentellen Untersuchungen beruhen. Von den zahlreichen in der Literatur angegebenen Gleichungen soll hier die von BEEK [B 8] vorgeschlagene angegeben werden (in einer etwas abgeänderten Form):

$$\lambda_e = D_{m,r} C_p \varrho + \frac{0{,}6\lambda}{\dfrac{2}{Nu_p} + 0{,}7\dfrac{\lambda}{\lambda_s}} + 2\varepsilon_r \sigma_r d_p T^3 \qquad (4.2.3-3)$$

Hierin bedeuten λ die thermische Leitfähigkeit des Gases, λ_s die thermische Leitfähigkeit der festen Teilchen, $D_{m,r}$ den radialen Mischungskoeffizient, vgl. Gl. (2.1.4−3), $Nu_p = \dfrac{\alpha_p d_p}{\lambda}$ die NUSSELT-Zahl, wobei α_p der Wärmeübergangskoeffizient zwischen den Teilchen und dem Gas ist (vgl. Gl. 2.3.2−4), d_p den Teilchendurchmesser, ε_r den Emissions- (bzw. Absorptions-)Koeffizienten des Teilchenmaterials, σ_r die STEFAN-BOLTZMANNsche Strahlungskonstante ($5{,}78 \times 10^{-8}$ W/m^2 K^4), T die Teilchentemperatur (K).

Der letzte Term in (Gl. 4.2.3−3) gibt den Strahlungseffekt wieder.

Für den Wärmeübergangskoeffizient α im Wandbereich schlägt BEEK [B 8] folgende Beziehung vor:

$$\frac{\alpha d_p}{\lambda} = 0{,}203\, Re^{1/3} Pr^{1/3} + 0{,}220\, Re^{0,8} Pr^{0,4} \qquad (4.2.3-4)$$

Re und Pr sind hierin durch folgende Ausdrücke gegeben:

$$Re = \frac{\varrho v_0 d_p}{\eta} \qquad Pr = \frac{\eta C_P}{\lambda}$$

ϱ, η, C_p und λ sind Eigenschaften des fluiden Mediens, s. o.

Zur Bestimmung des Temperaturprofils eines Festbettes muß man zunächst λ_e und α mit Hilfe von Gleichungen wie (4.2.3−3) und (4.2.3−4) abschätzen. Zu beachten ist, daß die Fließbedingungen um die Teilchen auf λ_e und α einen entscheidenden Einfluß haben. Das Temperaturprofil sollte annähernd bekannt sein, damit man den

Strahlungsterm in Gl. (4.2.3—3) bestimmen kann. Wenn dieser Term groß ist, sollte λ_e als Funktion von T angegeben werden.

α und λ_e (T) sind in Gl. (4.2.3—1) und (4.2.3—2) einzusetzen. Auch die Reaktionsgeschwindigkeit r sollte als Funktion von T ausgedrückt werden (vgl. Gl. 1.4—4, S. 219). Die partielle Differentialgleichung (4.2.3—1) kann man nur mit Hilfe eines Computers auswerten. Daher kann hier keine allg. Lösung angegeben werden.

4.2.4. Wirbelschichten

Wirbelschichten haben gegenüber Festbetten den Vorzug, daß das feste Material rasch zirkuliert (vgl. Abschn. 2.3.3). Sie besitzen daher eine bemerkenswerte Temperaturhomogenität, und die Geschwindigkeit des Wärmeübergangs zu den Wänden des Behälters oder auf Einbauten im Wirbelbett ist relativ hoch. Die thermischen Eigenschaften des festen Materials spielen eine wichtige Rolle für den Wärmeübergang; tatsächlich wird viel mehr Wärme (in radialer Richtung) durch Zirkulation der festen Teilchen als durch Gaswirbel transportiert.

Heiz- oder Kühlrohre, die in die Wirbelschicht eintauchen, haben gute Wirkung, sie behindern die Fluidisierung nicht, wenn ihr Abstand genügend groß ist. Horizontale Rohrbündel, die regelmäßig über das Bett angeordnet sind, können dazu beitragen, die Bildung sehr großer Blasen zu unterdrücken, wodurch die Übertragungsprobleme verringert werden.

Der Einfluß des Feststoffes auf den Wärmeübergang in Wirbelschichten ist in zahlreichen Untersuchungen behandelt worden, vgl. z. B. „International Symposium on Fluidization 1967" [P4]. Jedoch scheinen keine allg. anwendbaren Beziehungen vorzuliegen. Die experimentellen Ergebnisse zeigen beträchtliche Unterschiede, die auf folgende Ursachen zurückgeführt werden können:

Schwer abschätzbare Fluidisierungseigenschaften des festen Materials, besonders hinsichtlich der Blasenbildung;

elektrostatische Kräfte, die eine Adhäsion der Teilchen an der Wand zur Folge haben können;

ungenügende Daten über den Einfluß aller wesentlichen Variablen;

Unterschiede, die zwischen den Wärmeübergangskoeffizienten beim Heizen und Kühlen bestehen.

Bisher konnte kein Modell gefunden werden, das den Wärmeübergangsmechanismus befriedigend beschreibt. Ein rohes Modell basiert auf der Annahme, daß der Wärmeübergang auf drei sich nacheinander abspielenden Vorgängen beruht:

a) Wärmeübergang von der Wand durch eine dünne Gasschicht zu den festen Teilchen, die Punktkontakt mit der Wand haben;
b) nicht stationäre Erhitzung der festen Teilchen, die eine gewisse Zeit in Kontakt mit der Wand sind;
c) Transport der Wärme durch die Teilchen von der Wand zum Kern des Bettes (im Austausch zu Teilchen, die vom Kern zur Wand wandern).

Werden die Wärmeübergangskoeffizienten, die diesen drei Prozessen entsprechen, mit α_1, α_2 und α_3 bezeichnet, so ist der gesamte Wärmeübergangskoeffizient durch folgende Beziehung gegeben:

$$\frac{1}{\alpha} = \frac{1}{\alpha_1} + \frac{1}{\alpha_2} + \frac{1}{\alpha_3} \qquad (4.2.4-1)$$

α_1 wird durch die Fließbedingungen in Nähe der Wand bestimmt. Der Gasstrom parallel zur Wand wird laufend durch die festen Teilchen gestört; der Gasfluß um jedes Teilchen wird durch die relative Geschwindigkeit bestimmt. Man kann eine Beziehung folgender Form erwarten:

$$\left[\frac{\alpha_1 d_p}{\lambda}\right] = \text{const}\left[\frac{\varrho v d_p}{\eta}\right]^{1/2}\left[\frac{\eta C_p}{\lambda}\right]^{1/3} \qquad (4.2.4-2)$$

Hierin ist v entweder eine Funktion der Strömungsgeschwindigkeit v_0 des Gases oder einfach die minimale Fluidisierungsgeschwindigkeit $(v_0)_{mf}$, die eine physikalische Konstante des Systems ist, vgl. Gl. (2.3.3—1) und (2.3.3—2).

Für α_2 kann man Beziehungen folgender Form erwarten:

Für eine kurze Kontaktzeit:

$$\alpha_2 = \text{const}\left[\frac{\lambda_s C_{ps}\varrho_s}{t_s}\right]^{1/2} \qquad (4.2.4-3)$$

Für eine lange Kontaktzeit:

$$\alpha_2 = \text{const}\,\frac{\lambda_s}{d_p} \qquad (4.2.4-4)$$

Der Index s bezieht sich auf das feste Material. Die Kontaktzeit t_s hängt wahrscheinlich mit der Blasenhäufigkeit zusammen und ist infolgedessen eine Funktion von $v_0/(v_0)_{mf}$.

Der Koeffizient α_3 kann folgendermaßen wiedergegeben werden:

$$\alpha_3 = \text{const}\;\varrho_s C_{ps} v_r \qquad (4.2.4-5)$$

v_r bedeutet darin die radiale Komponente der mittleren Teilchengeschwindigkeit, die wieder eine Funktion von v_0 und $(v_0)_{mf}$ ist.

Einige Autoren legen ihren Modellen nicht die Bewegung der einzelnen Teilchen, sondern die Bewegung von Teilchenballen zugrunde, was wahrscheinlich realistischer ist. Die Eigenschaften ϱ_s, C_{ps} und λ_s des Feststoffes müssen dann durch ϱ_e, C_{pe} und λ_e ersetzt werden, die sich auf die effektiven Werte des Bettes beziehen. Der einzige wichtige Unterschied besteht zwischen λ_s und λ_e. Die Wärmeleitfähigkeit λ_e sollte unter Festbettbedingungen bestimmt werden, vgl. Gl. (4.2.3—3). Die Größe von λ_e hat die Größenordnung von λ, nicht von λ_s.

Die Konstanten in obigen Gleichungen müssen Funktionen des freien Raums ε und daher auch Funktionen von $v_0/(v_0)_{mf}$ sein.

Diese Betrachtungen führen nur zu einer qualitativen Beschreibung des komplexen Prozesses. Man kann annehmen, daß der tatsächliche Wärmeübergangskoeffizient durch folgendes Produkt darstellbar ist

$$\alpha \sim \varrho_s^m C_{ps}^n \lambda_s^p v_0^r \lambda_s^s \qquad (4.2.4-6)$$

wobei

$0{,}5 < m < 1 \quad 0 < n < 1 \quad 0 < p < 0{,}5$

$0 < r < 0{,}5$ und $0 < s < 0{,}67$

Diese Beziehung kann mit experimentellen Ergebnissen verglichen werden. Für den Wärmeübergang von Wirbelschichten zu der Wand geben WEN und LEVA [W 3] folgende Gleichung an:

$$\left[\frac{\alpha d_p}{\lambda}\right] = K\left[\frac{\varrho v_0 d_p}{\eta}\right]^{0,36}\left[\frac{C_{ps}\varrho_s d_p^{1,5} g^{0,5}}{\lambda}\right]^{0,4} \quad (4.2.4-7)$$

wobei die Konstante K eine Funktion der Bettausdehnung ist:

$$K = 0,16\left[\frac{(v_0 - v_0')\, l_{mf}}{v_0\, l_f}\right]^{0,36} \quad (4.2.4-8)$$

Hierin bedeuten: v_0 die Strömungsgeschwindigkeit des Gases, v_0' die Strömungsgeschwindigkeit des Gases für eine gleichförmige Ausdehnung des Bettes, l_f die Betthöhe, l_{mf} die Betthöhe beim Wirbelpunkt.

Die Autoren geben graphische Beziehungen zur Bestimmung von K an, wenn $v_0/(v_0)_{mf}$ bekannt ist.

Für den Wärmeübergang auf horizontale Rohre, die in das Bett eintauchen, gibt VREEDENBURG [V 6] folgende Beziehung an:

$$\left[\frac{\alpha d}{\lambda}\right] = 0,66\left[\frac{\varrho_s v_0 d}{\eta}\right]^{0,44}\left[\frac{\eta C_p}{\lambda}\right]^{0,3}\left[\frac{1-\varepsilon}{\varepsilon}\right]^{0,44} \quad (4.2.4-9)$$

für $\dfrac{\varrho v_0 d}{\eta} < 2000$

und $$\left[\frac{\alpha d}{\lambda}\right] = 420\left[\frac{v_0 d \eta^2 C_p}{\varrho_s \lambda d_p^3 g}\right]^{0,3} \quad (4.2.4-10)$$

für $\dfrac{\varrho v_0 d_p}{\eta} > 2500$

Die NUSSELT-Zahl ist in diesen beiden Gleichungen auf den Rohrdurchmesser d bezogen und die REYNOLDS-Zahl auf die Strömungseigenschaften des Gases und den Teilchendurchmesser d_p.

Im ersten Augenblick mag es überraschen, daß ein so ausgesprochener Unterschied zwischen dem Wärmeübergang zur Wand und zu eingetauchten Rohren bestehen soll. KUNII und LEVENSPIEL [K 9] haben vermutet, daß aufsteigende Blasen eingetauchte Objekte häufig einhüllen, aber die Wände kaum berühren. Der geschwindigkeitsbestimmende Schritt beim Wärmeübergang zu eingetauchten Rohren könnte der Widerstand des Gasfilms sein, während an den Wänden der Austausch von Teilchenballen geschwindigkeitsbestimmend ist. Eine nähere Untersuchung der empirischen Gleichungen läßt jedoch viele Fragen offen.

Diese kurze Übersicht zeigt die große Unsicherheit auf diesem Gebiet. Bei der Prozeßentwicklung ist empfehlenswert, den Wärmeübergangskoeffizienten experimentell für ein bestimmtes Fluidisierungsmedium als Funktion der Gasgeschwindigkeit und der geometrischen Anordnung zu bestimmen. Der Einfluß anderer Fluidisierungsmedien kann dann an Hand der angegebenen empirischen Beziehungen vorausgesagt werden.

4.3. Wärmeabführung durch Verdampfen (Siedekühlung)

Im Laboratorium ist es üblich, die Wärme exothermer Reaktionen durch Verdampfen eines Lösungsmittels abzuführen. Um einen konstanten Flüssigkeitsgehalt im Reaktionsmedium aufrecht zu erhalten, wird das kondensierte Lösungsmittel häufig in den Reaktionsbehälter zurückgeführt (Kochen unter Rückfluß).

Diese Methode ist auch bei industriellen Reaktoren vorteilhaft, vor allem weil man durch den Druck die gewünschte Temperatur einstellen kann. Die Wärmeabführung durch Verdampfung hat verglichen mit einer Kühlung zwei wesentliche Vorteile:

1. Die Temperatur der kochenden Flüssigkeit ist praktisch gleich über die ganze Flüssigkeit (abgesehen von Unterschieden, die durch den verschiedenen statischen Druck in der Flüssigkeit hervorgerufen werden).
2. Die thermische Stabilität ist sehr gut. Große Änderungen im Wärmestrom haben nur eine geringe Temperaturänderung zur Folge.

Diese Vorzüge können von großer praktischer Bedeutung für die Qualität der Reaktionsprodukte und für die Sicherheit des Betriebes sein. Ein gutes industrielles Beispiel ist die Verwendung von flüssigem Schwefeldioxid als Lösungsmittel für die Nitrierung organischer Verbindungen (mit Salpetersäure und Schwefeltrioxid) an Stelle des üblichen Oleums.

In vielen Fällen wird noch ein Gas durch die Flüssigkeit geleitet, in erster Linie, um einen Stoff zuzuführen. Dann müssen sowohl der Gesamtdruck als auch die Strömungsgeschwindigkeit des Gases kontrolliert werden, um die Temperatur auf einem bestimmten Wert zu halten (häufig ist es zweckmäßig, das Gas über einen Kondensator und einen Kompressor im Kreislauf zu führen). Dieser Zustand kann unter der Annahme idealen Gasverhaltens folgendermaßen beschrieben werden:

$$Q = \frac{p_s}{p - p_s}\, \Phi_g\, \Delta H_e \quad (4.3-1)$$

Hierin bedeuten Q den Wärmefluß, p den Gesamtdruck, p_s den Dampfdruck des Lösungsmittels, Φ_g den Mengenfluß des Gases (Mol/s), ΔH_e die Verdampfungswärme des Lösungsmittels (pro Mol).

Da p_s eine direkte Funktion der Reaktortemperatur ist, zeigt die Gleichung eindeutig, daß die Temperatur durch Einstellen von p und Φ_g kontrolliert werden kann.

In großen Reaktoren kann die Strömungsgeschwindigkeit des Gases bald ein begrenzender Faktor werden. Daß diese Grenze von den Ausmaßen des Reaktors abhängt, kann man folgendermaßen zeigen:

Der Wärmefluß Q ist dem Reaktorvolumen proportional, wenn alle Bedingungen konstant sind. Die Aufstiegsgeschwindigkeit der Gasblasen ist durch den Wert von $\bar{\varrho} v_0^2$ begrenzt, wobei v_0 die Strömungsgeschwindigkeit des Gases (s. S. 228) und $\bar{\varrho}$ die mittlere Gasdichte (einschließlich Dampf) ist. Diese Variablen hängen mit Φ_g in folgender Weise zusammen:

$$\Phi_g \frac{p}{p - p_s}\, \overline{M} = \bar{\varrho}\, v_0\, F \quad (4.3-2)$$

Dabei bedeutet $\overline{M}$ das mittlere Molekulargewicht der Gasmischung und F den horizontalen Querschnitt des Reaktors.

Wird der Wärmefluß pro Volumeneinheit der Flüssigkeit mit q bezeichnet, so kann man Gl. (4.3 − 1) und (4.3 − 2) zu

$$qh = \frac{p_s}{p} \cdot \frac{\bar{\varrho}}{\overline{M}} \cdot v_0 \qquad (4.3-3)$$

zusammenfassen. Diese Gleichung zeigt, daß der Wärmefluß, der pro Volumeneinheit der Flüssigkeit erzielt werden kann, proportional der Strömungsgeschwindigkeit des Gases und umgekehrt proportional der Flüssigkeitshöhe h im Reaktor ist. qh ist daher unter gegebenen Bedingungen eine Konstante, wenn der maximal zulässige Wert v_0 erreicht ist. Es kann daher notwendig sein, die Flüssigkeitshöhe zu verändern, um den erforderlichen Wärmefluß zu erreichen. Für die Übertragung kann die Konstanz von qh bedeuten, daß nur die horizontalen Dimensionen vergrößert werden dürfen. Ein horizontaler zylindrischer Reaktor ist dann die richtige Wahl. Die einzige Alternative würde eine Herabsetzung von q sein, was eine Verdünnung des Reaktorinhalts und daher einen größeren Reaktor bedeutet.

4.4. Wärmeübergang innerhalb von Reaktoren

In den ersten beiden Abschnitten werden der Wärmeübergang zwischen den zwei Phasen eines Reaktionssystems und die sich daraus ergebenden Temperaturverhältnisse im Reaktor behandelt. Der Sachverhalt ist durch den gleichzeitigen Wärme- und Stoffübergang gekennzeichnet. Der anschließende Abschn. 4.4.3 erörtert den Einfluß des axialen Vermischens auf das Temperaturprofil in einem Rohrreaktor.

4.4.1. Exotherme Fest-Gas-Reaktionen,

bei denen Wärme- und Stoffübergang in gleicher Weise von den Strömungsbedingungen abhängen.

Bei der Reaktion an festen Oberflächen (z. B. einem Katalysator) führen die Reaktionswärme und der begrenzte Wärmeübergang zu einer Temperaturdifferenz zwischen der festen Oberfläche und der fluiden Phase. Bei Gasen als fluider Phase kann dieser Effekt recht beträchtlich sein, z. B. 500 bis 1000 °C betragen, wie eine einfache Wärme- und Stoffbilanz zeigt:

Angenommen die Komponente A in einer strömenden Gasphase reagiert an der äußeren Oberfläche eines festen Katalysators. Die Reaktion sei exotherm, alle Wärme werde durch Konvektion über das Gas abgeführt. Der Wärme- und Massenfluß pro Oberflächeneinheit (Q und J) sollen betrachtet werden. Ist die Reaktionswärme ΔH (pro Masseneinheit oder pro Mol), so ist der Wärmefluß

$$Q = J \Delta H \qquad (4.4.1-1)$$

Die kinetischen Gleichungen für den Wärme- und Stoffübergang (ohne Strahlungseffekte) (vgl. S. 220) sind

$$Q = \alpha(T_0 - T) \qquad (4.4.1-2)$$

$$J = k_m(c - c_0) \qquad (4.4.1-3)$$

Der Index 0 bezieht sich auf die Bedingungen an der Feststoffoberfläche. Wenn der Wärme- und Stoffübergang vollkommen durch turbulente Konvektion beherrscht werden, kann die bekannte CHILTON-COLBURN-Analogie [C10] folgendermaßen ausgedrückt werden:

$$\frac{\alpha}{k_m} = C_p \varrho Le^{2/3} \qquad (4.4.1-4)$$

Die LEWIS-Zahl Le ist folgendermaßen definiert:

$$Le = \frac{\lambda}{C_p \varrho D}$$

Hierin bedeuten λ die Wärmeleitfähigkeit, C_p die spezifische Wärme, ϱ die Dichte des Gases und D den Diffusionskoeffizienten im Gas.

Kombination von Gl. (4.4.1 − 1) bis (4.4.1 − 4) führt zu

$$\frac{c - c_0}{T_0 - T} = \frac{C_p \varrho Le^{2/3}}{\Delta H} \qquad (4.4.1-5)$$

Nimmt man eine Reaktion erster Ordnung an, so gilt

$$J = k_s c_0 \qquad (4.4.1-6)$$

Die Oberflächenkonzentration c_0 wird durch k_m und k_s bestimmt. Die Temperaturabhängigkeit von k_s (Geschwindigkeitskonstante) soll durch die ARRHENIUS-Gleichung gegeben sein:

$$k_s = k_{s_0} e^{-E/RT} \qquad (4.4.1-7)$$

Einsetzung von Gl. (4.4.1 − 6) und (4.4.1 − 7) in Gl. (4.4.1 − 5) ergibt

$$\left(1 + \frac{k_m}{k_{s_0}} e^{E/RT_0}\right)(T_0 - T) = \frac{c \Delta H}{C_p \varrho Le^{2/3}} \qquad (4.4.1-8)$$

Wird die Temperaturabhängigkeit aller Konstanten vernachlässigt, so liefert die Gleichung die Oberflächentemperatur T_0 für eine gegebene Konzentration c und gegebene Temperatur T in der Gasphase.

Bei raschen exothermen Reaktionen erhöht sich die Reaktionsgeschwindigkeit, bis sie vollkommen durch den Stoffübergang bestimmt wird. Dann ist $c_0 = 0$, und Gl. (4.4.1 − 8) reduziert sich zu

$$T_0 - T = \frac{c \Delta H}{C_p \varrho Le^{2/3}} = \frac{\Delta T_{ad}}{Le^{2/3}} \qquad (4.4.1-9)$$

Die Temperaturdifferenz zwischen Oberfläche und Gasstrom ist gleich dem adiabatischen Temperaturanstieg ΔT_{ad} dividiert durch $Le^{2/3}$. Für Gase ist dieser Faktor von der Größenordnung 1. Für nicht viskose Flüssigkeiten liegt der minimale Wert jedoch in der

Größenordnung von etwa 10 bis 10^2. „Hot spots" treten daher ganz allgemein nur bei Gas-Fest-Reaktionen auf.

Bei endothermen Reaktionen kann die merkwürdige Situation eintreten, daß man das Gas beträchtlich über die Reaktionstemperatur erhitzen muß, weil an der Katalysatoroberfläche ein Temperaturabfall bestehen bleibt. In der Praxis kann es daher zweckmäßig sein, endotherme Gas-Fest-Reaktionen in Wirbelschichten auszuführen, bei denen ein direkter Wärmeübergang zwischen den Wänden des Gefäßes (oder den Heizschlangen) und den festen Teilchen stattfindet.

4.4.2. Festbetten und Wirbelschichten

Gl. (4.4.1 – 9) gilt für Reaktionen, bei denen die Reaktionsgeschwindigkeit gleichzeitig durch den Wärme- und Stoffübergang bestimmt wird, die beide in gleicher Weise von den Strömungsbedingungen abhängen. In vielen Fällen muß man aber den Wärme- und Stoffübergangskoeffizienten getrennt bestimmen. Über den Wärmeübergang liegt für diesen Fall wenig Literatur vor.

Bei *Festbetten* hat sich die CHILTON-COLBURN-Analogie für den Wärme- und Stoffübergang als brauchbar erwiesen. Der Wärmeübergangskoeffizient kann daher angenähert durch Gl. (2.3.2 – 4) vorausgesagt werden.

Nimmt man an, daß für *Wirbelschichten* eine ähnliche Analogie gilt, so kann der Wärmeübergangskoeffizient durch Ersatz von *Sh* durch *Nu* und von *Sc* durch *Pr* in Gl. (2.3.3 – 4) und (2.3.3 – 5) vorausgesagt werden, wobei *Nu* und *Pr* folgendermaßen definiert sind:

$$Nu = \frac{\alpha d_p}{\lambda}$$

und

$$Pr = \frac{\eta C_p}{\lambda}$$

Wärmetransportkoeffizienten wurden von C. WEN und T. CHANG gemessen [W4].

Sie stellten folgende Beziehung auf:

$$\left[\frac{\alpha d_p}{\lambda}\right] = \frac{0{,}0529}{\varepsilon}\left[\frac{\varrho v_0 d_p}{\eta}\right]^{0{,}552} \times \\ \times \left[\frac{g(\varrho_s-\varrho)^2 d_p^3}{\eta^2}\right]^{0{,}038}\left[\frac{C_{ps}\varrho_s}{C_p\varrho}\right]^{0{,}236} \quad (4.4.2-1)$$

$$\text{für } 300 < \left[\frac{\varrho v_0 d_p}{\eta}\right] < 5000$$

Alle Variablen haben dieselbe Bedeutung wie in Abschn. 4.2.3. Der Einfluß der REYNOLDS-Zahl entspricht etwa dem von CHU berichteten Effekt (vgl. S. 238).

Offenbar ist der Einfluß der natürlichen Konvektion gering, während die Kollision von Teilchen den Wärmeübergang zwischen den Teilchen und dem Gas erhöht, da die spezifische Wärme des Feststoffes in diesen Gleichungen auftritt (s. a. [K 9]).

Die numerischen Werte für den Wärmeübergangskoeffizienten vom Feststoff zum Gas in Wirbelschichten sind sehr hoch. Zusammen mit der sehr großen Kontaktfläche ergibt sich ein sehr wirksamer Wärmeübergang. In Laboratoriumsuntersuchungen findet man, daß ein Gas, das ein Bett von geringer Höhe (z. B. 10 cm mit Teilchen von 100 μm) verläßt, sich praktisch in vollkommenem physikalischem Gleichgewicht mit dem Feststoff befindet (vgl. S. 239).

4.4.3. Axiales Temperaturprofil in Rohrreaktoren

In einem Rohrreaktor soll eine exotherme Reaktion adiabatisch ablaufen. Um den Umsatz nach einer gewissen Länge x berechnen zu können, müssen der Stoff- und Wärmeübergang in axialer Richtung ermittelt werden. In axialer Richtung sind zwei Transportarten zu unterscheiden: Transport durch den Stromfluß und durch axiales Vermischen. Daten für den axialen Vermischungskoeffizienten in Rohren und Festbetten wurden in Abschn. 2.1.4 angegeben. Das axiale Vermischen in Rohrreaktoren unter isothermen Bedingungen wird in Abschn. 5.5.2 behandelt.

Für adiabatische Rohrreaktoren findet man folgende beiden Differentialgleichungen:

$$v_0\,\mathrm{d}c - D_m \frac{\mathrm{d}^2 c}{\mathrm{d}x^2}\cdot \mathrm{d}x = k_n c^n \mathrm{d}x \quad (4.4.3-1)$$

$$\varrho C_p v_0\,\mathrm{d}T - D_m \varrho C_p \frac{\mathrm{d}^2 T}{\mathrm{d}x^2}\,\mathrm{d}x = k_n c^n \Delta H\,\mathrm{d}x \quad (4.4.3-2)$$

v_0 ist wieder die Strömungsgeschwindigkeit des Gases. Der axiale Vermischungskoeffizient D_m kann für den Wärme- und den Stoffübergang verwendet werden, solange keine axiale Wärmeleitung durch festes Material stattfindet und solange der Stromfluß turbulent ist.

Zu beachten ist, daß die chemische Reaktionsgeschwindigkeitskonstante k_n von der Temperatur abhängt. Die Grenzbedingungen sind folgende (vgl. Abschn. 5.5.2):

bei $x = 0$:

$$\left\{\begin{aligned} &-D_m \frac{\mathrm{d}c}{\mathrm{d}x} + v_0(c_0 - c) = 0 \\ &-\varrho C_p D_m \frac{\mathrm{d}T}{\mathrm{d}x} + \varrho C_p v_0(T_0 - T) = 0 \end{aligned}\right\} \quad (4.4.3-3)$$

bei $x = l$:

$$\frac{\mathrm{d}c}{\mathrm{d}x} = 0\ ; \qquad \frac{\mathrm{d}T}{\mathrm{d}x} = 0$$

c_0 und T_0 sind die Konzentration bzw. Temperatur bei $x < 0$; bei $x = 0$ ändern sich beide Größen sprunghaft.

Selbst wenn alle anderen Eigenschaften als von der Temperatur unabhängig angesehen werden, ist die Lösung dieser simultanen Differentialgleichungen kompliziert.

Bei Gasströmen ist v_0 häufig nicht konstant, sondern ändert sich mit dem Umsatz und der Temperatur, wodurch die Verhältnisse noch weiter kompliziert werden. Lösungen für spezifische Probleme können mit dem Computer erhalten werden.

4.5. Thermische Stabilität von Reaktoren

4.5.1. Allgemeines

Die thermische Stabilität wird hier für exotherme Reaktionen dargestellt. Analoge Überlegungen gelten für endotherme Reaktionen, bei denen aber die Stabilität von geringerer Wichtigkeit ist.

Hinsichtlich der thermischen Stabilität können exotherme Reaktionen in drei Typen unterteilt werden:

1. Einfache irreversible Reaktionen, die bis zum vollständigen Umsatz ablaufen.
2. Reversible Reaktionen, die bis zu einem Gleichgewicht ablaufen, das sich in falscher Richtung bewegt, wenn die Temperatur ansteigt.
3. Folgereaktionen, die beide exotherm sind. Das Zwischenprodukt kann isoliert werden, sogar mit einer Ausbeute bis zu 100%, wenn die zweite Reaktion bei der Reaktionstemperatur mit einer vernachlässigbaren Geschwindigkeit abläuft. Steigt aber die Temperatur über einen gewissen Wert an, so kann die zweite Reaktion „gezündet“ werden, wodurch eine vollständige Zersetzung des Zwischenproduktes hervorgerufen wird.

Auf Seiten des Reaktors haben zwei Eigenschaften primäres Interesse für die Stabilität:

a) Die Wärmeabführung durch die Reaktorwand (ohne Wärmeabführung wird der Reaktor adiabatisch genannt).
b) Der Grad des Rückvermischens. Zwei Extreme sind das ideale Strömungsrohr und der ideal gemischte Reaktor, vgl. Abschn. 5.3.2 und 5.3.3.

Ganz allgemein ist die Wärmeabführung und das Vermischen bei großen Reaktoren weniger wirksam. Das Problem der thermischen Stabilität ist daher bei großen Ausmaßen kritischer.

Die thermische Stabilität ist in erster Linie zur Vermeidung von Explosionen wichtig. Daneben spielt auch die Produktkontrolle (hinsichtlich Quantität und Qualität) eine Rolle.

4.5.2. Adiabatische Reaktoren

Es kann zweckmäßig sein, exotherme Reaktionen adiabatisch auszuführen. Selbstverständlich ist das nur möglich, wenn der adiabatische Temperaturanstieg nicht zu groß ist. Zwei typische Fälle sind folgende:

a) Ein gutgemischter Rührkessel. Der Zulauf soll eine Temperatur haben, die jede Reaktion ausschließt, oder man führt die Reaktanten getrennt zu. Rückvermischen im Reaktor führt zu einer Erwärmung der Reaktanten.
b) Ein katalytischer Festbettreaktor, bei dem der Katalysator die Reaktion bei der Zulauftemperatur startet.

Hier soll eine reversible exotherme Reaktion in einem gut gerührten Behälter betrachtet werden. Der Umsatzgrad (ζ_1) und die Reaktortemperatur (T_1) werden beide durch dieselben Variablen bestimmt und stehen daher in direkter Beziehung miteinander. Ist das Verhältnis $\Delta H/C_p$ eine Konstante, so ist die Beziehung zwischen ζ_1 und T_1 linear, vgl. Abb. 4.5.2–1. Die Gleichgewichtskurve $\zeta_e(T)$ gibt die Gleichgewichtsumsetzung zu jeder Temperatur an. Die anderen Kurven entsprechen konstanten Reaktionsgeschwindigkeiten. Aris [A 1] hat gezeigt, daß Punkt A den Zustand mit maximaler Reaktionsgeschwindigkeit repräsentiert.

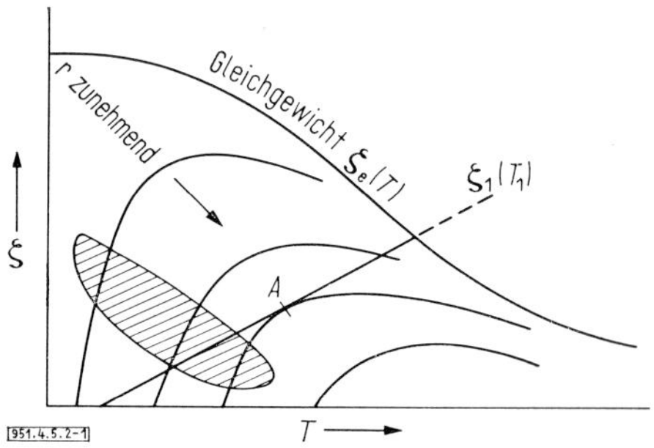

Abb. 4.5.2–1. Umsatzgrad ζ in Abhängigkeit von der Temperatur T und der Reaktionsgeschwindigkeit (als Parameter) in einem kontinuierlich durchflossenen Rührkessel. Die Gerade ζ_1 (T_1) entspricht der Änderung der Reaktionsgeschwindigkeit bei einer exothermen adiabatischen Reaktion (nach Aris [A 1]).

Die schraffierte Fläche gibt die instabile Zone an, sie entspricht der Kurve BC in Abb. 4.5.2–2. Zu A vgl. Text

In einem bestimmten Bereich der ζ- und T-Werte besteht eine instabile Zone. Die Reaktionsgeschwindigkeit entlang eines „adiabatischen Weges“ ist in Abb. 4.5.2–2 dargestellt. Temperatur und Umsetzungsgrad hängen in der oben angegebenen Weise voneinander ab. Die $r(\zeta)$ Kurve zeigt einen Wendepunkt und ein Maximum (für reversible Reaktionen). Nach Aris

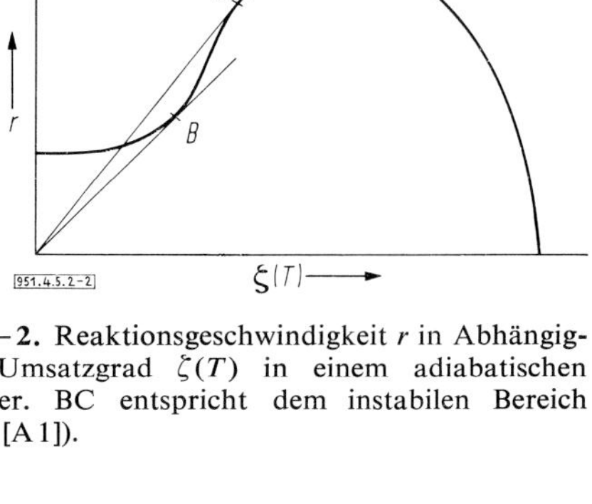

Abb. 4.5.2–2. Reaktionsgeschwindigkeit r in Abhängigkeit vom Umsatzgrad $\zeta(T)$ in einem adiabatischen Rührbehälter. BC entspricht dem instabilen Bereich (nach Aris [A 1]).

[A1] kann man das Stabilitätskriterium folgendermaßen formulieren:

$$\frac{r}{\zeta} > \left[\frac{\mathrm{d}r}{\mathrm{d}\zeta}\right]_a \qquad (4.5.2-1)$$

Der Index a bezieht sich auf die adiabatische Betriebsweise. Der Differentialkoeffizient ist folgendermaßen definiert:

$$\left[\frac{\mathrm{d}r}{\mathrm{d}\zeta}\right]_a = \frac{\partial r}{\partial \zeta} + \frac{c_0 \Delta H}{C_p \varrho} \cdot \frac{\partial r}{\partial T} \qquad (4.5.2-2)$$

Daraus geht hervor, daß das Gebiet von B bis C in Abb. 4.5.2−2 instabil ist (in Abb. 4.5.2−1 ist das instabile Gebiet durch Schraffierung angedeutet). Für irreversible Reaktionen in Rührbehältern gilt dasselbe Stabilitätskriterium.

Das instabile Gebiet liegt zwischen zwei stabilen Bereichen. Ein Reaktor, dessen stationärer Zustand im instabilen Gebiet liegt, wird sich bei einer beliebigen kleinen Änderung in Richtung auf B oder C bewegen. Dabei ist zu beachten, daß C zwar einen statisch stabilen Zustand repräsentiert, der aber dynamisch wenig stabil ist. Störungen werden nur schwach gedämpft. Wenn der bei C betriebene Reaktor Teil eines Regelkreises ist, kann dieser seinerseits instabil werden.

Liegt der instabile Bereich bei geringem Umsatz, so scheint dieser Fall auf den ersten Blick bei einer technischen Reaktion nicht einzutreten; es gibt aber durchaus Prozesse, die in diesem Gebiet betrieben werden, z. B. Lösungspolymerisationen mit großer Monomerenrückführung.

Aris [A1] hat gezeigt, daß ein adiabatischer Rohrreaktor ohne jedes Rückvermischen nicht instabil sein kann. Zu Rohrreaktoren mit Rückvermischen s. Wicke [W6].

4.5.3. Gekühlte Reaktoren

Stabilitätskriterien für gekühlte Reaktoren, in denen eine exotherme Reaktion kontinuierlich abläuft, können für den gutgemischten Rührbehälter leicht angegeben werden.

Van Heerden [H9] hat die Wärmeentwicklung und die Wärmeabführung als Funktion der Temperatur dargestellt (Abb. 4.5.3−1). Die Kurve für die Wärmeerzeugung einer (irreversiblen) Reaktion hat S-Form, während die Kurven für die Wärmeabführung annähernd Geraden sind (Produkte aus konstantem Wärmeübergangskoeffizient und Kühloberfläche). Offensichtlich können die Kurven drei Schnittpunkte haben. Der mittlere entspricht einem instabilen, die anderen beiden einem stabilen Zustand. Danach sollte der Reaktor stabil sein, wenn die Steigung der Wärmeabführungskurve größer ist als die Steigung der Wärmeerzeugungskurve.

Amundson und Aris [A4] haben gezeigt, daß dieses Kriterium notwendig, aber nicht ausreichend ist. Sie haben das Stabilitätskriterium folgendermaßen formuliert:

$$1 + \frac{1}{\Phi_m C_p}\left[\frac{\mathrm{d}Q}{\mathrm{d}T}\right]_s > \frac{\dfrac{\tau \Delta H}{\varrho C_p}\left[\dfrac{\partial r}{\partial T}\right]_s}{1 - \dfrac{\tau}{c_0}\left[\dfrac{\partial r}{\partial \zeta}\right]_s} \qquad (4.5.3-1)$$

Hierin bedeuten Φ_m die Geschwindigkeit und C_p und ϱ die spezifische Wärme und Dichte des Stoffstromes, ΔH die Reaktionswärme (pro Mol der hauptsächlichen Komponente), τ die mittlere Verweilzeit, c_0 die Konzentration der hauptsächlichen Komponente am Reaktoreingang. Der Index s bezieht sich auf den stationären Zustand.

Offensichtlich kann ein instabiler stationärer Zustand in einen stabilen durch Erhöhung von $[\mathrm{d}Q/\mathrm{d}T]_s$ umgewandelt werden, d. h. durch Erhöhung des Produktes aus dem Wärmeübergangskoeffizienten und der Kühlfläche. Das erfordert eine höhere Temperatur des Kühlmediums. Diese Forderung widerspricht der normalen Ökonomie der Wärmeabführung, aber häufig ist die Stabilität sehr viel wichtiger.

In Grenznähe des stabilen Bereiches werden Störungen nur geringfügig gedämpft. Das kann wichtig sein, wenn eine Zersetzungsfolgereaktion existiert, deren Reaktionsgeschwindigkeit bei der üblichen Temperatur wegen ihrer großen Aktivierungsenergie vernachlässigbar ist. Ein qualitatives Bild dieser Situation zeigt Abb. 4.5.3−2. Wird die Wärmeabführung durch

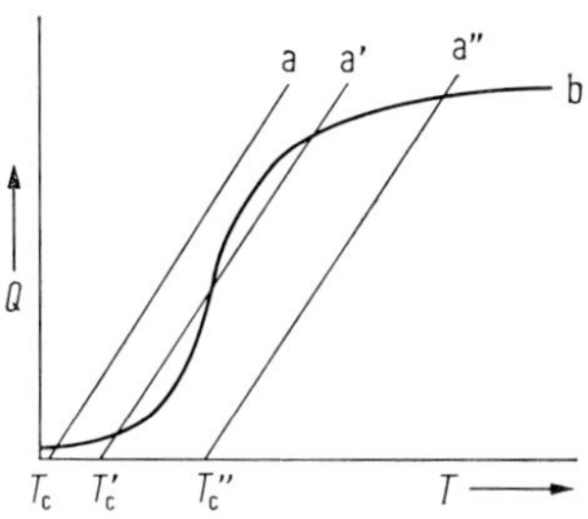

Abb. 4.5.3−1. Wärmeentwicklung und -abführung in Rührbehältern mit äußerer Kühlung

a, a′ und a″ Wärmeabführung; *b* Wärmeentwicklung; T_c, T_c' und T_c'' Temperatur des Kühlmediums

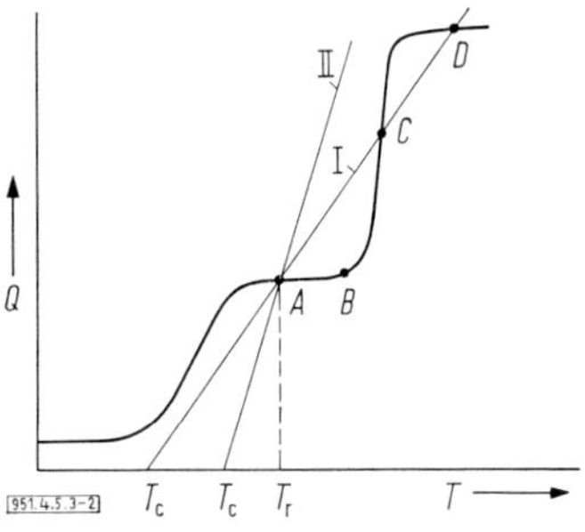

Abb. 4.5.3−2. Wärmeentwicklung und -abführung bei exothermen Folgereaktionen

I und II Wärmeabführung, T_c Temperatur des Kühlmediums, T_r Reaktionstemperatur; zu A, B, C und D vgl. Text.

I repräsentiert, sollte sorgfältig vermieden werden, daß die Störungen zu einer Temperatur C führen, da dann eventuell Bedingung D mit anschließender vollständiger Zersetzung erreicht wird. Ein viel sicherer Zustand ist durch die Kühlkurve II gegeben. Die dynamische Stabilität des Zustandes A sollte aber so sein, daß Punkt B nie erreicht wird und jegliche Zersetzung ausgeschlossen ist.
Quantitative Behandlung dieser Stabilitätsprobleme s. Literatur [A4],]R10], [A5].

5. Verweilzeitverteilung, Rückvermischen und Umsatz

5.1. Allgemeines

Das Vermischen eines Reaktorinhalts kann zwei Wirkungen haben:

1. Eine rasche Vermischung der Reaktionskomponenten miteinander (Vorvermischen, vgl. Kap. 3.4),
2. einen hohen Vermischungsgrad zwischen den Volumenelementen mit verschiedener Verweilzeit. Diese Kombination von Verweilzeitverteilung und Mischen wird „Rückvermischen" genannt.

Die Verweilzeitverteilung bestimmt den Umsatz in einem kontinuierlichen Reaktor (mit und ohne Mischen). Sie kann nicht durch einen einzelnen Parameter angegeben werden. Zu ihrer Beschreibung sind das Verweilzeitspektrum $E(t)$ oder die Übergangsfunktion $F(t)$, auch Verweilzeitverteilungsfunktion genannt, üblich, die folgendermaßen definiert sind:

a) $E(t)$ ist der Bruchteil des Reaktorstromes, der den Reaktor mit einer Verweilzeit zwischen t und $t + \mathrm{d}t$ verläßt.

b) $F(t)$ ist der Bruchteil des Reaktorstromes, der den Reaktor mit einer Verweilzeit zwischen 0 und t verläßt.

Offenbar ist

$$F(t) = \int_0^t E(t)\,\mathrm{d}t \qquad (5.1-1)$$

$E(t)$ kann direkt gemessen werden, wenn man dem Zulauf des Reaktors kurzfristig eine bestimmte Indikatormenge zufügt und die Konzentration $c(t)$ des Indikators im Ausgang mißt. Ist die Menge des zugeführten Indikators durch $c_1\,\Delta t$ gegeben, so ist:

$$E(t) = \frac{c(t)}{c_1 \Delta t} \qquad (5.1-2)$$

Zur Messung von $F(t)$ wird die Konzentration des Indikators im Zulauf ab einer Zeit $t = 0$ dauernd auf c_1 gebracht. Dann ist:

$$F(t) = \frac{c(t)}{c_1} \qquad (5.1-3)$$

Sind die Mischungscharakteristica (vgl. Kap. 2.1) und die Verweilzeitverteilungsfunktion eines Reaktors bekannt, so kann der Umsatz aus kinetischen Daten berechnet werden.

Vom Gesichtspunkt der Verweilzeitverteilung kann man folgende Reaktortypen unterscheiden:

1. Diskontinuierlicher Reaktor: Keine Verweilzeitverteilung.
2. Ideales Strömungsrohr: Keine Verweilzeitverteilung.
3. Ideal gemischte kontinuierliche Reaktoren: Gegebene Verweilzeitverteilung, ideales Rückvermischen.
4. Segregierte Reaktoren (vgl. S. 270): Gegebene Verweilzeitverteilung, kein Rückvermischen.

Typ 1 und 2 sind von der Umsetzung her gesehen gleichartig. Die $F(t)$-Kurve eines ideal gemischten kontinuierlichen Reaktors läßt sich folgendermaßen berechnen:

Die Chance, daß die Verweilzeit eines Volumenelementes größer als t ist, beträgt $(1 - F)$, daß sie größer als $\mathrm{d}t$ ist $(1 - \mathrm{d}t/\tau_m)$, wobei τ_m die mittlere Verweilzeit ist (vgl. S. 268); die Chance, daß die Verweilzeit größer ist als $t + \mathrm{d}t$, ist also das Produkt:

$$1 - (F + \mathrm{d}F) = (1 - F)\left(1 - \frac{\mathrm{d}t}{\tau_m}\right)$$

oder

$$\frac{\mathrm{d}F}{1 - F} = \frac{\mathrm{d}t}{\tau_m} \qquad (5.1-4)$$

Integration von $t = 0$ bis $t = t$ ergibt:

$$F(t) = 1 - \mathrm{e}^{-t/\tau_m} \qquad (5.1-5)$$

Drei typische Verweilzeitverteilungskurven zeigt Abb. 5.1−1. Die mittlere Verweilzeit τ_m des ideal gemischten Reaktors liegt bei $F = 0{,}63$; die Flächen unter allen Kurven sind gleich. Wahre Reaktoren liegen

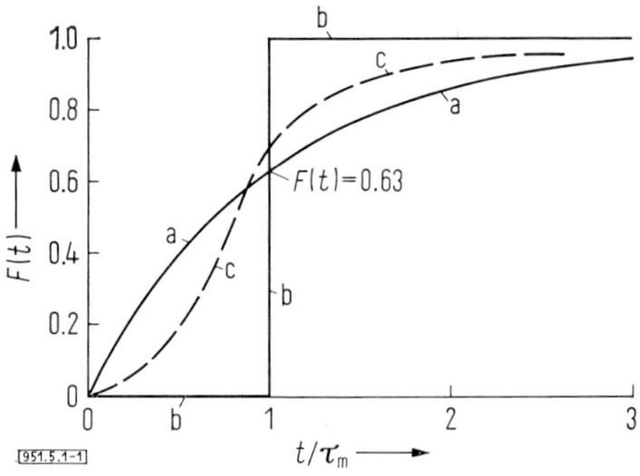

Abb. 5.1−1. Verweilzeitverteilungsfunktion
a ideal gemischter Reaktor: $F(t) = 1 - \exp(-t/\tau_m)$, *b* ideales Strömungsrohr: $t < \tau_m$: $F = 0$, $t > \tau_m$: $F = 1$, *c* realer Reaktor (Beispiel)

im allg. zwischen den unter 1 bis 4 beschriebenen Extremen.

Im gesamten Kap. 5 wird angenommen, daß die kinetischen Konstanten über den ganzen Reaktor konstant sind; diese Voraussetzung gilt streng nur in isothermen Reaktionssystemen. Sie wird angenähert in gut gerührten Behältern erfüllt, die mit Kühlvorrichtungen versehen sind, wenn die Reaktion nicht zu schnell ist und nicht zuviel Wärme entsteht.

5.2. Umsatz im diskontinuierlichen Reaktor und im idealen Strömungsrohr

5.2.1. Diskontinuierlicher Reaktor

In einem diskontinuierlichen Reaktor sollen die Reaktionsteilnehmer gut gemischt vorliegen, und die Reaktion soll zur Zeit $t = 0$ starten. Sie habe folgenden allgemeinen Typ:

$$\mathrm{nA} + \mathrm{mB} + \ldots \rightarrow \mathrm{P} \qquad (5.2.1-1)$$

Gesucht wird die Änderung der Konzentration c der Komponente A mit der Zeit. Die Reaktionsgeschwindigkeit pro Volumeneinheit sei r, definiert durch die Abnahme der Mole A pro Zeit und Volumeneinheit.

Die Dichte der Mischung ϱ ist eine Funktion der Zusammensetzung (c) und ändert sich daher mit der Zeit. Auch das Volumen V der Reaktionsmischung kann sich mit der Zeit ändern, aber die Masse ϱV des Reaktorinhalts bleibt konstant. Folglich gilt:

$$rV = -\frac{d(cV)}{dt}$$

$$\frac{r}{\varrho} = -\frac{d\left(\frac{c}{\varrho}\right)}{dt} \qquad (5.2.1-2)$$

Mit $c = c_0$ und $\varrho = \varrho_0$ zur Zeit $t = 0$ erhält man:

$$t = \int_{c_0/\varrho}^{c_0/\varrho_0} \frac{\varrho\, d\left(\frac{c}{\varrho}\right)}{r} \qquad (5.2.1-3)$$

Manchmal ist es zweckmäßig, eine bestimmte Umsatzhöhe ζ von A zu definieren:

$$\zeta = \frac{\frac{c_0}{\varrho_0} - \frac{c}{\varrho}}{\frac{c_0}{\varrho_0}} \qquad (5.2.1-4)$$

Gleichung (5.2.1 – 3) kann mit ζ folgendermaßen formuliert werden:

$$t = \int_0^{\zeta} \frac{d\zeta}{(1-\zeta)\frac{r}{c}} \qquad (5.2.1-5)$$

Offensichtlich hängt die Zeit t, um einen bestimmten Umsatz zu erhalten, von der Reaktionsgeschwindigkeit und der Dichte ab, die beide Funktionen der Konzentration sind. Wenn diese Funktionen experimentell bekannt sind (als Kurven), so kann die Zeit durch graphische Integration erhalten werden.

Hat die Reaktionsgeschwindigkeitsgleichung die einfache Form

$$r = k_n c^n \qquad (5.2.1-6)$$

und ist ϱ konstant, so kann Gleichung (5.2.1 – 5) leicht integriert werden:

$$k_n c_0^{n-1} t = \int_0^{\zeta_1} \frac{d\zeta}{(1-\zeta)^n} =$$

$$= \frac{1}{n-1}\left\{\frac{1}{(1-\zeta_1)^{n-1}} - 1\right\} \text{(für } n \neq 1) \qquad (5.2.1-7)$$

Die Integration ist für Reaktionen erster Ordnung ($n = 1$) auch einfach, wenn die Dichte nicht konstant ist:

$$k_1 t = \ln\frac{1}{1-\zeta} \qquad (5.2.1-8)$$

Für Reaktionen zweiter Ordnung ($n = 2$), die Gleichung (5.2.1 – 6) genügen, erhält man bei konstanter Dichte:

$$k_2 c_0 t = \frac{\zeta}{1-\zeta} \qquad (5.2.1-9)$$

Vergleich mit Gleichung (5.2.1 – 8) zeigt, daß Reaktionen mit höherer Reaktionsordnung bei größerem Umsatzgrad eine relativ längere Zeit benötigen.

Bei Gasreaktionen kann die Dichte der Reaktionsmischung bei konstanter Temperatur und konstantem Druck einfach aus der Höhe des Umsatzes erhalten werden (unter der Annahme idealer Gase). Der Parameter

$$\varepsilon = \frac{\varrho_0}{\varrho_e} - 1 \qquad (5.2.1-10)$$

ist die relative Zunahme der Molanzahl, wobei ϱ_e die Dichte der Reaktionsmischung bei vollkommenem Umsatz bedeutet. Die Änderung der Dichte mit dem Umsatz ist dann gegeben durch:

$$\frac{\varrho}{\varrho_0} = \frac{1}{1+\varepsilon\zeta} \qquad (5.2.1-11)$$

Einsetzen von Gleichung (5.2.1 – 4) und (5.2.1 – 11) in (5.2.1 – 5) liefert:

$$k_n c_0^{n-1} t = \int_0^{\zeta} \frac{(1+\varepsilon\zeta)^{n-1} d\zeta}{(1-\zeta)^n} \qquad (5.2.1-12)$$

Diese Integral kann für beliebige Werte von n und ε berechnet werden. Für $n = 1$ erhält man Gleichung

(5.2.1 − 8) für jeden Wert von ε. Für $n = 0$ erhält man:

$$\frac{k_0 t}{c_0} = \frac{1}{\varepsilon} \ln(1 + \varepsilon\zeta) \qquad (5.2.1-13)$$

und für $n = 2$:

$$k_2 c_0 t = \frac{(1+\varepsilon)\zeta}{1-\zeta} + \varepsilon \ln(1-\zeta) \qquad (5.2.1-14)$$

Offensichtlich führt eine Volumenvergrößerung während der Umwandlung ($\varepsilon > 0$) zu einem geringeren Umsatz nach gegebener Zeit für Reaktionen, deren Reaktionsordnung größer 1 ist, und umgekehrt.

5.2.2. Ideales Strömungsrohr (Kolbenstromreaktor)

Der Massenfluß sei Φ_m (kg/s), die ursprüngliche Konzentration der Komponente A sei c_0, die Konzentration am Reaktorausfluß c. Die Längenkoordinate in Richtung des Flusses sei x, der Querschnitt senkrecht zu x sei F. Die Pfropfenströmung erfordert eine konstante Stromdichte über jeden Querschnitt. Die Massenbilanz über ein Volumen dx liefert dann:

$$-\Phi_m \, d\left(\frac{c}{\varrho}\right) = rF\,dx \qquad (5.2.2-1)$$

Bei der Integration entsteht ein Term $\varrho F dx$, der der Masse m des Reaktorinhalts gleich ist. Die Verweilzeit τ ist gegeben durch:

$$\tau = \frac{m}{\Phi_m} \qquad (5.2.2-2)$$

Die integrierte Form von Gleichung (5.2.2 − 1) kann daher folgendermaßen geschrieben werden:

$$\tau = \int_{c/\varrho}^{c_0/\varrho_0} \frac{\varrho\, d\left(\frac{c}{\varrho}\right)}{r} \qquad (5.2.2-3)$$

oder

$$\tau = \int_0^{\zeta} \frac{d\zeta}{(1-\zeta)\frac{r}{c}} \qquad (5.2.2-4)$$

Diese Gleichungen sind mit Gleichung (5.2.1 − 3) und (5.2.1 − 5) identisch, d. h. ein diskontinuierlicher Reaktor und ein ideales Strömungsrohr sind für jeden Reaktionstyp identisch, wenn die Aufenthaltszeit t im Reaktor mit der Verweilzeit gleichgesetzt wird:

$$t \equiv \tau \qquad (5.2.2-5)$$

Alle speziellen Beispiele von Abschn. 5.2.1 können daher auf das ideale Strömungsrohr durch einfaches Einsetzen von Gleichung (5.2.2 − 5) in die Gleichungen (5.2.1 − 7) − (5.2.1 − 14) übertragen werden.

Dabei ist zu beachten, daß das ideale Strömungsrohr alle Arten von axialem Transport, die von der Hauptströmung abweichen, ausschließt. Axiales Vermischen und axiale Diffusion müssen vernachlässigbar sein. In der Praxis muß diese Voraussetzung experimentell geprüft werden (vgl. Abschn. 5.5).

5.3. Umsatz in ideal gemischten kontinuierlichen Reaktoren

5.3.1. Einzelner Reaktor

Das Modell des ideal gemischten kontinuierlichen Reaktors setzt voraus, daß verschiedene Volumenelemente im Reaktor vernachlässigbare Unterschiede in der Zusammensetzung zeigen. Die Konzentration c_1 am Reaktorausgang ist daher mit der Konzentration im Reaktor identisch. Ein Volumenelement mit der Konzentration c_0, das in den Reaktor eintritt, wird so rasch mit dem Reaktorinhalt vermischt, daß in dieser Zeit praktisch keine Umsetzung stattfindet. Die Reaktion läuft ausschließlich bei der Konzentration c_1 ab.

Eine Massenbilanz über den Reaktor (unter Verwendung der gleichen Symbole wie im Abschn. 5.2.2) führt zu

$$\Phi_m \left(\frac{c_0}{\varrho_0} - \frac{c_1}{\varrho_1}\right) = rV$$

woraus sich

$$\tau_m = \frac{\frac{c_0}{\varrho_0} - \frac{c_1}{\varrho_1}}{\frac{r}{\varrho_1}} \qquad (5.3.1-1)$$

oder

$$\tau_m = \frac{\zeta_1}{(1-\zeta_1)\frac{r}{c_1}} \qquad (5.3.1-2)$$

ergibt. τ_m ist die mittlere Verweilzeit, die folgendermaßen definiert ist:

$$\tau_m = \frac{m}{\Phi_m} \qquad (5.3.1-3)$$

m ist die Masse des Reaktorinhalts.

Folgt die Reaktion der kinetischen Gleichung (5.2.1 − 6), so kann der Zusammenhang zwischen τ_m, ζ_1 und ϱ_1 durch:

$$k_n \left(\frac{c_0 \varrho_1}{\varrho_0}\right)^{n-1} \tau_m = \frac{\zeta_1}{(1-\zeta_1)^n} \qquad (5.3.1-4)$$

angegeben werden. Bei gleicher Verweilzeit ist der Umsatz in einem Rührkessel geringer als in einem idealen Strömungsrohr (ausgenommen für Reaktionen nullter Ordnung, $n = 0$). Dementsprechend ist die mittlere Verweilzeit, die für einen bestimmten Umsatz erforderlich ist, im Rührkessel größer.

Diese Aussage kann für Reaktionsgemische mit konstanter Dichte leicht bewiesen werden. Man kann Gleichung (5.2.1—7) (für Pfropfenströmung) wie folgt schreiben:

$$k_n c_0^{n-1} \tau_p = \int_0^{\zeta_1} \frac{d\zeta}{(1-\zeta)^n} \qquad (5.3.1-5)$$

Gleichung (5.3.1—4) (für $\varrho_1 = \varrho_0$) und (5.3.1—5) sind in Abb. 5.3.1—1 dargestellt. Man sieht, daß die Verweilzeit τ_p im idealen Strömungsrohr für beliebige Werte von ζ_1, c_0, k_n und n (für $n > 0$) immer kleiner als die Verweilzeit τ_m im Rührkessel ist.

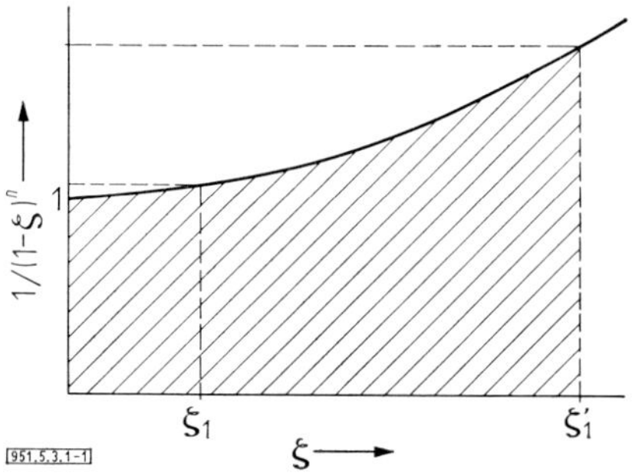

Abb. 5.3.1—1. Vergleich der Verweilzeiten im idealen Strömungsrohr und Rührbehältern

Rechteckige Flächen $= k_n c_0^{n-1} \tau_m$; schraffierte Flächen $= k_n c_0^{n-1} \tau_p$

Man kann der Abb. ferner entnehmen, daß das Verhältnis der notwendigen Reaktionszeit (oder des Reaktionsvolumens) im Rührkessel zur Reaktionszeit im idealen Strömungsrohr mit Zunahme der gewünschten Umsatzhöhe ansteigt. Oder mit anderen Worten: Die Umsatzsteigerung bei Zunahme der Verweilzeit ist beim Rührbehälter geringer.

Die allgemeine Gleichung (5.3.1—4) für Rührkessel kann für die speziellen Fälle, die in Zusammenhang mit den Gleichungen (5.2.1—8)—(5.2.1—14) diskutiert wurden, vereinfacht werden. Für Reaktionen erster Ordnung ($n = 1$) geht Gleichung (5.3.1—4), auch wenn die Dichte des Zulaufs von der Dichte im Reaktor verschieden ist, über in:

$$k_1 t = \frac{\zeta_1}{1-\zeta_1} \qquad (5.3.1-6)$$

Für Reaktionen zweiter Ordnung und konstante Dichte erhält man:

$$k_2 c_0 t = \frac{\zeta_1}{(1-\zeta_1)^2} \qquad (5.3.1-7)$$

Wenn die Dichte der Reaktionsmischung sich mit dem Umsatz entsprechend Gleichung (5.2.1—11) ändert, die für ideale Gasmischungen gilt, so ergibt sich in Analogie zu Gleichung (5.2.1—12):

$$k_n c_0^{n-1} t = \frac{(1+\varepsilon\zeta_1)^{n-1}\zeta_1}{(1-\zeta_1)^n} \qquad (5.3.1-8)$$

Für $n = 0$ geht diese Gleichung über in:

$$\frac{k_0 t}{c_0} = \frac{\zeta_1}{1+\varepsilon\zeta_1} \qquad (5.3.1-9)$$

und für $n = 2$ in:

$$k_2 c_0 t = \frac{(1+\varepsilon\zeta_1)\zeta_1}{(1-\zeta_1)^2} \qquad (5.3.1-10)$$

Offensichtlich führt eine Volumenzunahme bei der Umwandlung ($\varepsilon > 0$) zu einer geringeren Umsetzung nach gegebener Zeit für Reaktionen, die eine Reaktionsordnung größer 1 haben und umgekehrt. In dieser Beziehung haben die bisher besprochenen drei Reaktortypen analoges Verhalten.

5.3.2. Kaskade gleicher Reaktoren

Eine Reaktionsmischung fließe durch N hintereinander geschaltete, ideal gemischte Reaktoren. Eine Massenbilanz des Reaktors i ist in Analogie zu Gleichung (5.3.1—1) gegeben durch:

$$\frac{c_0}{\varrho_0}(\zeta_i - \zeta_{i-1}) = \frac{r_i \tau_i}{\varrho_i} \qquad (5.3.2-1)$$

Diese Gleichung führt nur für Reaktionen erster Ordnung zu einer einfachen Beziehung:

$$\frac{1-\zeta_{i-1}}{1-\zeta_i} = 1 + k_1 \tau_i$$

Durch Multiplikation für N Reaktoren erhält man

$$\zeta_N = 1 - \frac{1}{\left(1 + \frac{k_1 \tau_c}{N}\right)^N} \qquad (5.3.2-2)$$

τ_c bedeutet hierin die mittlere Verweilzeit der ganzen Kaskade. Die Gleichung setzt voraus, daß nicht das Volumen der Reaktoren, aber die Stoffmenge in allen Reaktoren gleich ist, so daß auch die mittlere Verweilzeit in allen Reaktoren dieselbe ist.

Für $N \to \infty$ (eine aus unendlich vielen, unendlich kleinen Reaktoren bestehende Kaskade) wird Gl. (5.3.2—2) identisch mit Gl. (5.2.1—8) für diskontinuierliche Reaktoren oder Kolbenstromreaktoren. Für Umsatzhöhen, die deutlich kleiner als 1 sind, ist die notwendige Reaktionszeit in einer Kaskade von z. B. fünf Reaktoren nicht sehr viel größer als in einen Kolbenstromreaktor (für $N = 5$ und $\zeta = 0{,}8$ ist sie z. B. nur um 18% größer). Daher werden Kaskaden oft angewandt, wenn ein Kolbenstrom-Reaktortyp erwünscht ist. Die offensichtlichen Vorteile der Kaskade sind größere Stabilität und bessere Kontrolle des Mischens und Wärmeübergangs.

5.3.3. Kaskade ungleicher Reaktoren

Gleichung (5.3.2—1), die für den i-ten Reaktor gilt, kann graphisch summiert werden wenn man die mittleren Verweilzeiten der einzelnen Reaktoren kennt. Die Gleichung wird dazu folgendermaßen umgestellt:

$$\frac{\varrho_0}{c_0}\tau_i = \frac{\zeta_i - \zeta_{i-1}}{\frac{r_i}{\varrho_i}} = \tan\omega_i \qquad (5.3.3-1)$$

Zu ω_i s. Abb. 5.3.3–1. Ist r/ϱ als Funktion von c/ϱ oder ζ und sind $\tau_1 \ldots \tau_N$ bekannt, so gibt die Konstruktion in Abb. 5.3.3–1 eine Methode an, um den Umsatz nach dem N-ten Reaktor zu bestimmen. Wird andererseits ein gewisser Umsatz gewünscht, kann das Volumen der einzelnen Reaktoren so gewählt werden, daß der Ausfluß aus dem letzten Reaktor den gewünschten Umsatzgrad aufweist.

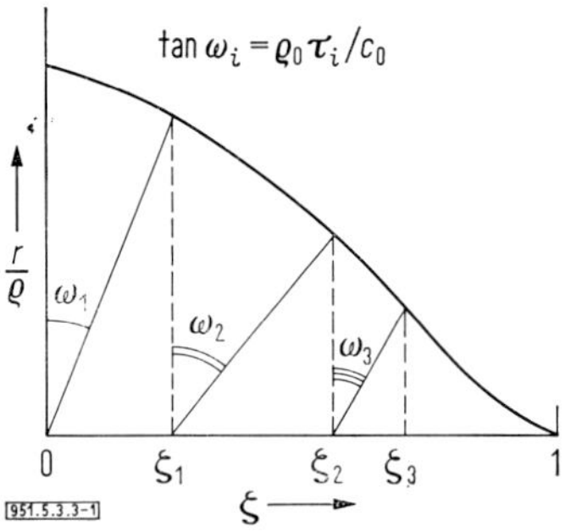

Abb. 5.3.3–1. Graphische Methode zur Bestimmung der Umsatzhöhe ζ in einer Kaskade ungleicher (und gleicher) Reaktoren

Diese allg. Methode ist für jede Reaktionsordnung brauchbar, wenn r/ϱ (Reaktionsgeschwindigkeit pro Masseneinheit) als Funktion der Umsatzhöhe bekannt ist. Diese Funktion kann experimentell in einem diskontinuierlichen Reaktor bestimmt werden.

Ausdrücklich muß wieder darauf hingewiesen werden, daß diese Methode nur für isotherme Reaktionssysteme gilt, da angenommen wird, daß die Reaktionsgeschwindigkeit nur eine Funktion der Konzentrationen ist.

5.4. Umsatz in vollständig segregierten Reaktoren

5.4.1. Begriff der Segregation

Der segregierte Reaktor ist ein weiteres Reaktormodell. Im vollständig segregierten Reaktor führen alle Volumenelemente ein individuelles Leben; sie mischen sich nicht miteinander und zeigen keinerlei Wechselwirkung. Verschiedene Volumenelemente können verschiedene Verweilzeiten im Reaktor haben. Wenn alle Elemente die gleiche Verweilzeit besitzen, kann man das Modell des idealen Strömungsrohres anwenden, d. h. im idealen Strömungsrohr spielt es keine Rolle, ob vollständige Segregation vorliegt oder nicht (solange keine axiale Vermischung stattfindet).

Im Abschnitt 5.4.2 wird das Modell des vollständig segregierten, gut gemischten Reaktors behandelt. „Gut gemischt" muß hier so verstanden werden, daß verschiedene Volumenteile des Reaktors, die groß im Verhältnis zu den Volumenelementen der Segregation sind, dieselbe Zusammensetzung über den ganzen Reaktor haben. Das Modell kann z. B. auf eine Reaktion innerhalb der Tropfen einer gut gerührten Flüssig-Flüssig-Dispersion angewendet werden, die keine Koaleszenz zeigt. Suspensions- oder Emulsionspolymerisationen können in diese Kategorie fallen.

In nicht gut gemischten segregierten Reaktoren kann der Umsatz vorausgesagt werden, wenn die Verweilzeitfunktion bekannt ist (vgl. Abschnitt 5.4.3).

Das Gesagte gilt nur für Reaktoren, denen die Ausgangsstoffe in einem gemeinsamen, gut gemischten Zulauf zufließen. Werden die Reaktionsteilnehmer dem Reaktor getrennt zugeführt, so ist die Situation völlig anders: Vollständige Segregation würde zu überhaupt keinem Umsatz führen. Reaktoren mit getrenntem Zufluß werden in Kapitel 3.4 und 5.6 behandelt. Abschnitt 5.4 betrifft nur Reaktoren mit gemischtem Zulauf.

5.4.2. Vollständig segregierte, aber gut gemischte Reaktoren

Die gute Vermischung führt zu einer Verweilzeitverteilung, die annähernd dieselbe wie in einem idealen Rührkessel ist:

$$F(t) = 1 - e^{-t/\tau_m} \qquad (5.4.2\text{–}1)$$

Der mittlere Umsatz des den Reaktor verlassenden Stromes sei ζ_s. (Um ihn zu messen, muß man verhindern, daß die Reaktion im Reaktorauslauf noch weitergeht, z. B. durch Abtrennung der dispergierten Phase.) Er ist durch folgende Gleichung darstellbar:

$$\zeta_s = \int_0^1 \zeta(t)\,\mathrm{d}F(t) \qquad (5.4.2\text{–}2)$$

Jedes Volumenelement verhält sich wie ein kleiner diskontinuierlicher Reaktor, für den Gleichung (5.2.1–5) gilt. Vereinigung mit (5.2.1–6) führt zu einer Beziehung zwischen $\zeta(t)$ und t. Eliminierung von $F(t)$ und $\zeta(t)$ aus diesen Gleichungen liefert den Umsatz ζ_s als Funktion von τ_m und anderer Parameter (für konstante Dichte):

$$\zeta_s = \int_0^\infty \{1 - (1 + A\Theta)^B\}\, e^{-\Theta}\,\mathrm{d}\Theta \qquad (5.4.2\text{–}3)$$

Darin bedeuten:

$$A = (n-1)k_n \tau_m c_0^{n-1}\,; \quad B = \frac{1}{1-n}\,; \quad \Theta = \frac{t}{\tau_m}$$

Die Lösung der Integralgleichung ist in Abb. 5.4.2–1 dargestellt. Man sieht, daß die Segregation für Reaktionen erster Ordnung keine Wirkung auf den Gesamtumsatz hat. Für $n > 1$ ist der Umsatz höher als in idealen Rührkesseln und für $n < 1$ kleiner.

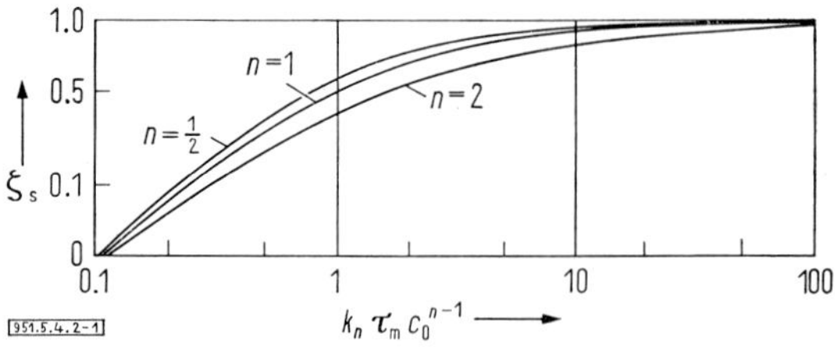

Abb. 5.4.2–1. Umsatz in vollständig segregierten, gut gemischten Reaktoren für verschiedene Reaktionsordnungen

Die Berechnung geht von der Voraussetzung aus, daß die Konstanten der kinetischen Gl. (5.2.1−6) bekannt sind, was aber häufig nicht der Fall ist. Wenn jedoch eine Umsatz-Zeit-Beziehung aus Versuchen in diskontinuierlichen Reaktoren bekannt ist, kann eine graphische Methode angewendet werden, vgl. den nächsten Abschnitt.

5.4.3. Vollkommen segregierter Reaktor mit bekannter Verweilzeitverteilungsfunktion

Gl. (5.4.2−2) gilt für alle vollkommen segregierte Reaktoren, da sie nur aussagt, daß man alle Teilumsätze in den Volumenelementen mit verschiedener Verweilzeit addieren muß. Ein Vermischen der Volumenelemente miteinander findet nicht statt.

Der Umsatz ζ_s in einem vollständig segregierten Reaktor kann daher immer bestimmt werden, wenn die Funktionen $\zeta(t)$ und $F(t)$ bekannt sind. Die Funktion $\zeta(t)$, die die Abhängigkeit des Umsatzes von der Zeit beschreibt, kann experimentell in einem diskontinuierlichen Reaktor und die Funktion $F(t)$ mit einem Indikator bestimmt werden (vgl. Abschnitt 5.1). Das Integral der Gl. (5.4.2−2) kann man graphisch ermitteln, wie in Abb. 5.4.3−1 gezeigt wird. Die schraffierte Fläche ist gleich dem Umsatz ζ_s.

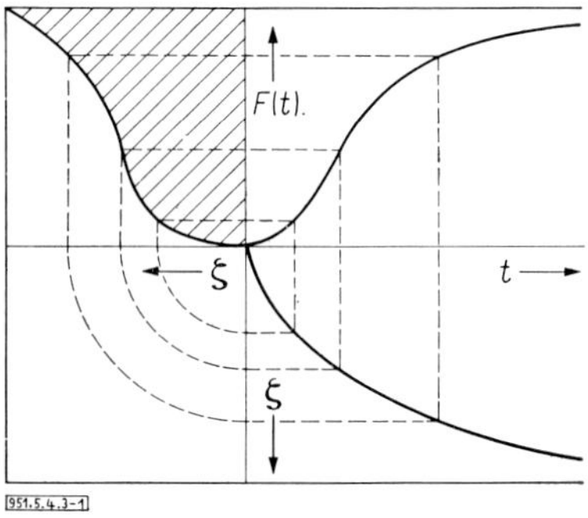

Abb. 5.4.3−1. Ermittlung der Umsatzhöhe in einem vollständig segregierten Reaktor

Schraffierte Fläche $= \int_0^1 \zeta \, dF(t) = \zeta_s$, vgl. Gl. 5.4.2−2

(nach Schoenemann [S 10] und Hofmann [H 10])

5.5. Umsatz in Rohrreaktoren mit bestimmter Verweilzeitverteilung (axialer Vermischung)

5.5.1. Der Begriff des axialen Vermischens

Meistens wird eine gewisse Breite der Verweilzeitverteilung in Rohrreaktoren durch axiales Vermischen verursacht.

Der axiale Mischungskoeffizient wird wie die Verweilzeitverteilungsfunktion $F(t)$ aus Konzentrationsmessungen berechnet. Dem Reaktor fließe ein Strom mit einer Konzentration c_0 eines Indikators (der keine chemische Veränderung erleiden darf) zu. Zur Zeit $t = 0$ wird die Konzentration plötzlich auf c_1 erhöht. Die Konzentration $c(t)$ am Reaktorausgang wird als Funktion der Zeit gemessen. Diese Funktion ist in Abb. 5.5.1−1 dargestellt. Infolge des axialen Vermischens ist die Kurve S-förmig.

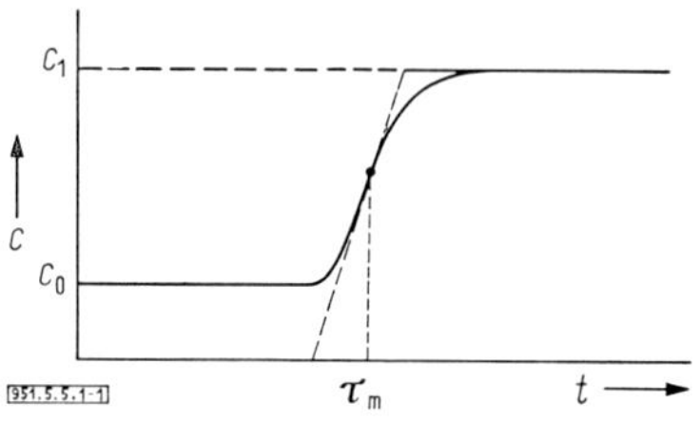

Abb. 5.5.1−1. Tracerkonzentration c im Ausgang eines Rohrreaktors mit der mittleren Verweilzeit τ_m (zu c_0 und c_1 vgl. Text)

Der axiale Mischungskoeffizient wird folgendermaßen definiert:

$$J = -D_m \frac{\partial c}{\partial x} \qquad (5.5.1-1)$$

Aus dem Gradienten $\frac{\partial c}{\partial x}$ bei $t = \tau_m$ kann er leicht berechnet werden [D 13]:

$$D_m = \frac{1}{4\pi \tau_m} \left[\frac{(c_1 - c_0) v_0}{\left(\frac{\partial c}{\partial t}\right)_{t=\tau_m}} \right]^2 \qquad (5.5.1-2)$$

τ_m ist die mittlere Verweilzeit im Rohr und v_0 die mittlere Strömungsgeschwindigkeit (s. unten).

5.5.2. Umsatz in einem Rohrreaktor mit axialer Vermischung

Das hier behandelte Modell wird häufig zur Beschreibung von Festbettreaktoren verwendet. Ein Strom soll mit einer Geschwindigkeit v_0 (Volumenfluß dividiert durch Querschnitt) durch einen Rohrreaktor fließen, wobei eine Reaktion erster Ordnung stattfindet. Der axiale Mischungskoeffizient sei D_m. Aus der Massenbilanz ergibt sich:

$$v_0 \, dc - D_m \frac{d^2 c}{dx^2} \, dx = k_1 c \, dx \qquad (5.5.2-1)$$

Grenzbedingungen sind [D 13]:

bei $x = 0$:

$$\left\{ \begin{array}{l} c = 0 \\ -D_m \dfrac{dc}{dx} + v_0(c_0 - c) = 0 \end{array} \right\} \qquad (5.5.2.-2)$$

bei $x = l$:

$$\frac{dc}{dx} = 0$$

c_0 ist die Konzentration bei $x < 0$, bei $x = 0$ ändert sie sich sprunghaft; l ist die Rohrlänge. Die zweite Grenzbedingung besagt nur, daß das axiale Vermischen an den Grenzen des Reaktors aufhört. Wehner,

WILHELM [W 5] geben folgende Lösung für Gl. (5.5.2 − 1) an:

$$\frac{c}{c_0} = \frac{4q}{(1+q)^2 e^{-p(1-q)} - (1-q)^2 e^{-p(1+q)}} \qquad (5.5.2-3)$$

mit

$$p = \frac{v_0 l}{2 D_m}, \quad q = \sqrt{1 + \frac{4 k_1 D_m}{v_0^2}} \qquad (5.5.2-4)$$

Für Reaktionen höherer Ordnung ist die exakte Lösung wesentlich komplizierter.

Die angegebene Näherung für Reaktionen erster Ordnung hat größere praktische Bedeutung. Axiale Vermischungseffekte spielen eine relativ große Rolle, wenn ein sehr vollständiger Umsatz erwünscht ist, so daß der letzte Ausdruck in Gleichung (5.5.2 − 1) klein wird. Im allg. liegen die Reaktionsteilnehmer nicht in stöchiometrischen Mengen vor. Wenn der Umsatz daher gegen 1 geht, ist die Konzentration der einen Komponente im Verhältnis zu der Konzentration der andern Komponenten sehr klein. In vielen Fällen wird die scheinbare Reaktionsordnung unter diesen Bedingungen daher 1, die Reaktionsgeschwindigkeit ist der Konzentration derjenigen Komponente proportional, deren Konzentration der begrenzende Faktor ist. Für solche Fälle ist Gleichung (5.5.2 − 3) anwendbar.

5.6 Umsatz in nicht idealen Rührkesseln

Manchmal liegen die Mischverhältnisse in der Praxis zwischen ideal gemischt und vollständig segregiert. Keines der beiden in Abschn. 5.3 und 5.4 behandelten Modelle kann die Verhältnisse dann richtig beschreiben. Der Mischvorgang ist nicht rasch genug verglichen mit der chemischen Reaktionsgeschwindigkeit, so daß Zonen mit verschiedener Konzentration vorliegen. Dieser Fall tritt allg. bei Reaktionen in viskosem Medium auf. Hohe Reaktionsgeschwindigkeiten und geringe Mischgeschwindigkeiten erhöhen die Wahrscheinlichkeit für nicht ideale Mischverhältnisse. In diesem Fall können Rückmisch- und Vormischeffekte erwartet werden (vgl. Abschn. 3.4).

Zunächst sollen Rührbehälter *mit vorgemischtem Zulauf* betrachtet werden, so daß Vormischeffekte ausgeschlossen sind. Der Mischprozeß sei nicht ideal.

Eine einfache Behandlung dieses Problems ist nicht möglich. Wenn keine Daten vorliegen, sollte man in folgender Weise vorgehen:

1. Das Strömungsbild und die Mischzonen im Behälter sollten durch Modellversuche in durchsichtigen Gefäßen mit klaren Flüssigkeiten und Farbstoffen sichtbar gemacht werden.
2. Ein Strömungsmodell des Reaktors sollte entworfen werden, das eine Anzahl von Parametern enthält, bevorzugt 2, bei einigen Modellen bis zu 6.
3. Diese Parameter müssen durch rein physikalische Mischversuche ermittelt werden.
4. Aus dem Strömungsmodell, den Parametern und den kinetischen Daten der Reaktion wird ein mathematisches Modell abgeleitet.

OLSON [O 3] behandelt z. B. ein kompliziertes Modell mit sechs Parametern. Grundlage des Modells ist eine Analyse der verschiedenen Zonen, die in einem Rührbehälter, der mit einer viskosen Flüssigkeit gefüllt ist, unterschieden werden können:

a) Wenn Zulauf und Ausgang des Behälters vom Rührer entfernt liegen, können zwei Zonen unterschieden werden, in denen man Pfropfenströmung annehmen kann.
b) In einer kleinen Zone um den Rührer herum kann das Mischen als ideal angesehen werden.
c) Im Reaktor sind zwei ungleiche Zirkulationen vorhanden, eine über und eine unter dem Rührer; diese Zonen können als segregiert angesehen werden (mit einer exponentiellen Verweilzeitverteilung).

Wenn die Parameter durch physikalische Versuche ermittelt und die kinetischen Konstanten bekannt sind, ist die Erstellung des mathematischen Modells eine rein mathematische Frage.

Einige allg. Schlüsse sind möglich:

1. Die Lage des Zulaufs ist sehr wichtig. Wenn er nicht dicht beim Rührer liegt, ist eine Zone mit Pfropfenströmung und hoher Konzentration vorhanden. Diese Zone wird Reaktionen mit einer Reaktionsordnung > 1 fördern und kann zu Überhitzung Anlaß geben.
2. Die Fördergeschwindigkeit des Rührers hat beträchtliche Bedeutung. Je höher die Fördergeschwindigkeit ist, je mehr entfernt sich der Reaktor vom segregierten Reaktortyp und nähert sich dem ideal gemischten Rührkessel.
3. Die Lage des Reaktorausgangs ist gleichfalls wichtig. Wenn er vom Rührer und vom Zulauf entfernt liegt, wird der Umsatz vollständiger als in einem idealen Rührbehälter sein.
4. Das Volumen der gut gemischten Zone um den Rührer ist von sekundärer Bedeutung. Verglichen mit dem Reaktorvolumen ist es generell sehr klein. In einigen Modellen ist es vernachlässigbar.

Die Verhältnisse in einem nicht idealen Rührkessel *mit getrenntem Zulauf* der Reaktionsteilnehmer sind noch komplexer. Die einzige praktisch brauchbare Möglichkeit zur Analyse scheint ein empirisches Modell zu sein. Hierfür können dieselben Überlegungen wie in Abschn. 3.4 (für laminare Strömungsbedingungen) verwendet werden. Die empirische Gleichung (3.4 − 1) gilt allg. zur Beschreibung des Umsatzes in einem nicht idealen Rührkessel. Dabei braucht nicht bekannt zu sein, ob Vor- oder Rückvermischen der begrenzende Faktor ist. Wenn die Gleichung korrekt ermittelt wurde, beschreibt sie den Mischvorgang in Reaktoren unterschiedlicher Größe, man kann sie daher für die Maßstabvergrößerung verwenden.

Ein merkwürdiger Effekt des nicht idealen Mischens kann vorausgesagt werden. Eine Reaktion soll in einem Rührbehälter (mit getrennten Zuläufen) in einem viskosen Reaktionsmedium ablaufen und der Einfluß einer Viskositätsänderung auf den Umsatz, bei Konstanz aller übriger Parameter, betrachtet werden. ROFFEL [R 11] hat gezeigt, daß die Auswirkung eines unvollkommenen Vorvermischens bei geringer Viskosität vernachlässigbar ist. Die beiden Zuläufe werden vom Rührer angesaugt und dort vermischt. Der Vermischungsgrad im gesamten Reaktorinhalt ist jedoch relativ unvollkommen. Der Umsatz wird daher durch Rückvermischen bestimmt. Eine Zunahme der Viskosität vermindert das Rückvermischen und erhöht daher den Umsatz. In sehr viskosen Lösungen wird jedoch der Umsatz durch die begrenzte Geschwindigkeit des Vorvermischens und der Diffusion wieder absinken. Beim Ansteigen der Viskosität über einen genügend großen Bereich wird der Umsatz daher ein Maximum durchlaufen (vgl. [G 11]).

6. Selektivität

6.1. Allgemeines

Wenn zwei oder mehr Reaktionen nebeneinander ablaufen, entsteht das Problem der Selektivität. Selektivität bedeutet, daß man die Ausbeute eines gewünschten Produktes relativ zu einem unerwünschten durch Wahl der Reaktionsbedingungen beeinflussen kann. Dieser Fall kommt häufig in der chemischen Praxis vor. Gelegentlich sind auch mehrere Produkte erwünscht (z. B. beim Cracken von Leichtbenzin zu Äthylen und Propylen), man möchte aber in der Lage sein, die relative Ausbeute dieser Produkte entsprechend der Nachfrage einzustellen. In anderen Fällen besteht das Problem einfach darin, die Bildung von Nebenprodukten zu vermeiden.

Selektivität ist nicht allein eine Frage der Reaktionskinetik (vgl. dazu Kap. 7 im Beitrag „Chemische Kinetik", ds. Bd., S. 193). Wenn die Geschwindigkeit einer Reaktion durch Transportphänomene begrenzt ist, so kann das Verhältnis der Geschwindigkeit zweier Reaktionen ausgesprochen von Strömungsbedingungen, Rückvermischen usw. abhängen. Selektivität gehört daher in das Gebiet der chemischen Reaktionstechnik. Sie ist hier sogar eines der wichtigsten Probleme, da die Wirtschaftlichkeit eines chemischen Prozesses relativ empfindlich auf die Selektivität der Reaktionen anspricht.

Da höhere Selektivität mit Kosten verbunden sein kann, muß man nicht immer höchste Selektivität, sondern ein Optimum der Kosten anstreben. Die Lage des Optimums hängt von der Anlagengröße ab. Die relative Wichtigkeit der Selektivität erhöht sich ganz allg. mit zunehmender Prozeßgröße, weil die Anlagekosten pro t Produkt mit der Größe der Anlage absinken, während die Kosten des Rohmaterials von der Größe unabhängig sind.

Die Methoden zur Erhöhung der Selektivität fallen in eine der folgenden Kategorien:

a) Verdünnung der Reaktionsmischung mit inertem Material (oder Konzentrierung),

b) Entfernung des gewünschten Produktes aus der Reaktionszone,

c) Änderung der Temperatur während der Umsetzung.

6.2. Definitionen

Bei nebeneinander ablaufenden Reaktionen kann man zwei grundsätzliche Fälle unterscheiden:

a) Ein oder mehrere Reaktionsteilnehmer reagieren zum gewünschten Produkt und bilden gleichzeitig Nebenprodukte (Parallelreaktionen),

b) Das gewünschte Reaktionsprodukt neigt dazu, sich zu zersetzen oder mit dem Lösungsmittel oder anderen Reaktionsteilnehmer zu reagieren (Folgereaktionen).

Die beiden Fälle können durch folgendes Schema dargestellt werden:

Parallelreaktionen: $$A \begin{array}{l} \nearrow P \\ \searrow X \end{array} \qquad (6.2-1)$$

Folgereaktionen: $$A \rightarrow P \rightarrow X \qquad (6.2-2)$$

A ist der Reaktionsteilnehmer, P das gewünschte und X das unerwünschte Produkt.

Weitere Beispiele für Parallelreaktionen:

$$A + B \rightarrow P, \; 2A + B \rightarrow X \qquad (6.2-3)$$

$$A + B \rightarrow P, \quad A + C \rightarrow X \qquad (6.2-4)$$

Weitere Beispiele für Folgereaktionen:

$$A \rightleftarrows P \qquad (6.2-5)$$

$$A + B \rightarrow P, \; P + A \rightarrow X \qquad (6.2-6)$$

$$A \rightarrow P \rightleftarrows X \qquad (6.2-7)$$

Der Unterschied zwischen den ähnlichen Reaktionspaaren (6.2−3) und (6.2−6) kann vom Standpunkt der Selektivität her sehr wichtig sein. Entfernung vom P aus der Reaktionszone ist nur im zweiten Fall wirkungsvoll.

Auch der kombinierte Typ kommt vor:

$$\begin{array}{ccc} A & \rightarrow & P \\ \searrow & & \searrow \\ & X & & Y \end{array} \qquad (6.2-8)$$

Zu jeder Kategorie dieser Reaktionstypen gehören zahlreiche Reaktionsbeispiele, hauptsächlich aus der organischen Chemie:

Beispiele für Parallelreaktionen des Typs (6.2−4) sind Synthesen, bei denen der eine Reaktionsteilnehmer, z. B. Phenole oder Diene, Polymerisationsneigung besitzt. Andere Beispiele sind Reaktionen organischer Verbindungen in Lösung, wobei sie Hydrolyse erleiden können, z. B. Reaktionen von Estern, Lactonen usw.

Beispiele für Folgereaktionen vom Typ (6.2−6) sind Reaktionen, bei denen mehr als ein Molekül mit einem anderen reagiert, z. B. bei der Oxidation und Chlorierung von Kohlenwasserstoffen, bei der Sulfonierung von Aromaten, Hydrierung von Diolefinen usw.

Die folgende Behandlung beschränkt sich auf die allg. Schemen (6.2−1) und (6.2−2). Es gibt verschiedene Möglichkeiten, die Selektivität darzustellen. Eine charakteristische Größe ist das Verhältnis zwischen der Geschwindigkeit r_P der gewünschten Reaktion und der Geschwindigkeit r_X der unerwünschten Reaktion:

$$\sigma_r = \frac{r_P}{r_X} \tag{6.2−9}$$

σ_r kann als „augenblicklicher" Selektivitätsparameter bezeichnet werden.

Eine andere charakteristische Größe ist das Verhältnis der molaren Konzentrationen von gewünschtem und unerwünschtem Produkt:

$$\sigma_c = \frac{c_P}{c_X} \tag{6.2−10}$$

σ_c kann als „integraler" Selektivitätsparameter bezeichnet werden. Die beiden Parameter können Werte zwischen 0 und ∞ einnehmen.

Man kann die Selektivität auch zur Menge des umgesetzten Reaktanten A in Beziehung setzen. Wenn nur zwei Produkte P und X gebildet werden, erhält man

$$\eta_r = \frac{r_P}{r_P + r_X} \tag{6.2−11}$$

$$\eta = \frac{c_P}{c_P + c_X} \tag{6.2−12}$$

Diese Größen haben Werte zwischen 0 und 1. Keiner der genannten Parameter ist allg. gebräuchlich. Der zuletzt genannte scheint am zweckmäßigsten zu sein. Er wird im folgenden einfach als Selektivität η bezeichnet:

$$\eta = \frac{\text{Konzentration des gewünschten Produktes}}{\text{Summe der Konzentrationen aller Produkte}}$$

(Alle Konzentrationen sollen in Molen pro Volumeneinheit ausgedrückt sein.) Dieser Parameter ist eindeutig eine Funktion des Umsatzes. Der Umsatz ζ wurde in Abschn. 5.2 definiert. η und ζ im Reaktorausgang sollen mit η_1 und ζ_1 bezeichnet werden.

Schließlich kann es nützlich sein, einen wirtschaftlichen Selektivitätsparameter σ_E zu definieren:

$$\sigma_E = \eta \frac{P_P M_P}{P_A M_A} + (1-\eta)\frac{P_X M_X}{P_A M_A} \tag{6.2−13}$$

M_A, M_P und M_X sind die Molekulargewichte und P_A, P_P und P_X die Preise pro Masseeinheit der Komponenten A, P und X. σ_E ist das Preisverhältnis des Produktstromes und der Reaktantenströme (pro Volumeneinheit).

6.3. Einfluß von Rückvermischen auf die Selektivität

6.3.1. Parallelreaktionen

Kinetische Gleichung. Die Kinetik der gewünschten und unerwünschten Reaktion (6.2−1) soll folgendermaßen darstellbar sein:

$$r_P = k_P c_A^p \tag{6.3.1−1}$$

$$r_X = k_X c_A^x \tag{6.3.1−2}$$

wobei

$$r_A = r_P + r_X \tag{6.3.1−3}$$

Die Reaktionsgeschwindigkeiten sollen als Mole pro Volumeneinheit und Zeiteinheit ausgedrückt sein. Sie sind alle positiv.

Parallelreaktionen im idealen Strömungsrohr. Die Massenbilanzen bei konstanter Dichte können folgendermaßen ausgedrückt werden (vgl. Abschn. 5.2.2, S. 268):

$$r_A = -\frac{\mathrm{d}c_A}{\mathrm{d}\tau}, \quad r_P = \frac{\mathrm{d}c_P}{\mathrm{d}\tau}, \quad r_X = \frac{\mathrm{d}c_X}{\mathrm{d}\tau} \tag{6.3.1−4}$$

mit

$$\mathrm{d}\tau = \frac{\varrho F \mathrm{d}z}{\Phi_m} \tag{6.3.1−5}$$

ϱ ist die Dichte der Flüssigkeit, z die Koordinate der Strömungsrichtung, F der Querschnitt und Φ_m der Massenfluß. (Bei sich ändernder Dichte ist eine analoge Behandlung möglich, die aber mathematisch komplexer ist.)

Eliminierung von τ liefert eine Beziehung zwischen c_A und c_X:

$$-\frac{\mathrm{d}c_X}{\mathrm{d}c_A} = \frac{k_X c_A^x}{k_P c_A^p + k_X c_A^x} \tag{6.3.1−6}$$

Daraus erhält man:

$$c_{X_1} = -\int_{c_{A_0}}^{c_{A_1}} \frac{\mathrm{d}c_A}{1 + \frac{k_P}{k_X} c_A^{p-x}} \tag{6.3.1−7}$$

Manchmal ist es erwünscht, den Umsatz ζ (Gleichung 5.2.1−4) einzuführen:

$$c_A = c_{A_0}(1-\zeta)$$

sowie die Selektivität η entsprechend Gl. (6.2−12). Gl. (6.3.1−7) kann dann in folgender allg. Form geschrieben werden:

$$\eta_1 = 1 - \frac{1}{\zeta_1}\int_0^{\zeta_1} \frac{\mathrm{d}\zeta}{1 + \gamma(1-\zeta)^{\varphi}} \tag{6.3.1−8}$$

ζ_1 ist der Umsatz am Reaktorausgang und

$$\varphi = p - x \tag{6.3.1−9}$$

$$\gamma = \frac{k_P}{k_X} \cdot c_{A0}^{p-x} \qquad (6.3.1-10)$$

Wenn φ und γ bekannt sind, kann die Selektivität η_1 als Funktion von ζ_1 bestimmt werden. Umgekehrt können die Werte φ und γ berechnet und zur Berechnung anderer Reaktortypen verwendet werden, wenn η_1 experimentell bestimmt wurde.

Gleichung (6.3.1−8) gilt auch für diskontinuierliche Reaktoren, bei denen ζ_1 dann der Schlußumsatz ist.

Parallelreaktionen in ideal gemischten Reaktoren. Die Massenbilanzen eines ideal gemischten Reaktors können durch

$$r_P V = \Phi_m \cdot \frac{c_{P_1}}{\varrho} = k_P c_{A_1}^p V \qquad (6.3.1-11)$$

$$r_X V = \Phi_m \cdot \frac{c_{X_1}}{\varrho} = k_X c_{A_1}^x V \qquad (6.3.1-12)$$

wiedergegeben werden, wobei V das Reaktorvolumen bedeutet (der Index 1 bezieht sich wieder auf die Verhältnisse am Reaktorausgang).

Eliminierung von Φ_m und V und Einsetzen von Gleichung (6.3.1−9) und (6.3.1−10) führt zu folgendem Ausdruck für die Selektivität:

$$\eta_1 = \frac{\gamma(1-\zeta_1)^\varphi}{\gamma(1-\zeta_1)^\varphi + 1} \qquad (6.3.1-13)$$

Wenn die Parameter φ und γ bekannt sind, kann die Selektivität η_1 als Funktion des Umsatzes ζ_1 berechnet werden.

Vergleich zwischen idealem Strömungsrohr und ideal gemischten Reaktor bei Parallelreaktionen. Beim Vergleich von Gleichung (6.3.1−8) und (6.3.1−13) sieht man, daß die Selektivität im idealen Strömungsrohr größer als im ideal gemischten Reaktor für $\varphi > 0$ und kleiner für $\varphi < 0$ ist, für beliebige Werte von γ und ζ_1, vgl. Abb. 6.3.1−1. Anders formuliert: Bei Parallelreaktionen setzt Rückvermischen bei gegebenem Umsatz die Selektivität herab, wenn die gewünschte Reaktion eine höhere Reaktionsordnung als die unerwünschte hat, und erhöht sie, wenn die gewünschte Reaktion eine niedrigere Reaktionsordnung hat. Oder einfacher: Bei Parallelreaktionen erhöht Rückvermischen die relative Ausbeute der Reaktion mit der niedrigsten Reaktionsordnung.

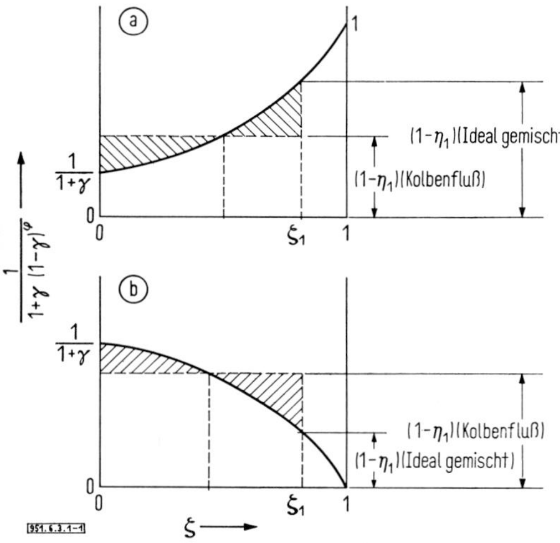

Abb. 6.3.1−1. Graphische Darstellung der Gleichungen (6.3.1−8) und (6.3.1−13) für $\varphi > 0$ und $\varphi < 0$

a) $\varphi > 0$ oder $p > x$ bedeutet, daß ein Kolbenflußreaktor die höchste Selektivität besitzt,

b) $\varphi < 0$ oder $p < x$ bedeutet, daß ein ideal gemischter Reaktor die höchste Selektivität besitzt

6.3.2. Folgereaktionen

Kinetische Gleichungen. Die kinetischen Gleichungen der gewünschten und unerwünschten Reaktion sollen wiedergegeben werden durch

$$r_A = k_P c_A^p \qquad (6.3.2-1)$$

$$r_P = k_P c_A^p - k_X c_P^x \qquad (6.3.2-2)$$

$$r_X = k_X c_P^x \qquad (6.3.2-3)$$

In Kombination mit Massenbilanzgleichungen kann die Selektivität für jeden Reaktortyp als Funktion des Umsatzes berechnet werden. Im allg. müssen Digitalrechner für die Lösung verwendet werden [C11]. Aus den Ergebnissen lassen sich keine allgemeinen Schlüsse ziehen, nur qualitativ kann man sagen, daß Rückvermischen bei Folgereaktionen die Selektivität in jedem Fall herabsetzt. Nur für Reaktionen erster Ordnung ($p = x = 1$) kann ein einfacher analytischer Ausdruck gefunden werden.

Folgereaktionen erster Ordnung im idealen Strömungsrohr. Aus den kinetischen Gleichungen und der Massenbilanz folgt, nach Eliminierung von τ, eine Beziehung zwischen c_P und c_A (für $x = p = 1$):

$$\frac{d c_P}{d c_A} = \frac{k_P c_A - k_X c_P}{-k_P c_A} \qquad (6.3.2-4)$$

Nach Einführung des Umsatzes ζ und der Selektivität η sowie von $\varkappa = k_P/k_X$ ergibt sich

für $\varkappa \neq 1$:

$$\eta_1 = \frac{(1-\zeta_1)\varkappa}{\zeta_1(\varkappa-1)} \left\{ \left(\frac{1}{1-\zeta_1} \right)^{\frac{\varkappa-1}{\varkappa}} - 1 \right\} \qquad (6.3.2-5)$$

für $\varkappa = 1$:

$$\eta_1 = \frac{1-\zeta_1}{\zeta_1} \ln \frac{1}{1-\zeta_1} \qquad (6.3.2-6)$$

$$\varkappa = k_P/k_X \qquad (6.3.2-7)$$

Die Selektivität η_1 kann wieder als Funktion von ζ_1 berechnet werden, wenn der Parameter $\varkappa$ bekannt ist. Umgekehrt kann man $\varkappa$ aus einer empirischen Beziehung $\eta(\zeta)$ berechnen.

Folgereaktionen erster Ordnung im ideal gemischten Reaktor. Aus den kinetischen Gleichungen (6.3.2−1) bis (6.3.2–3) und der Massenbilanz ergibt sich für Reaktionen erster Ordnung:

$$\frac{c_{A_1}}{c_{P_1}} = \frac{c_{A_1}}{c_{A_0} - c_{A_1}} + \frac{k_X}{k_P} \tag{6.3.2–8}$$

Einsetzen des Umsatzes ζ_1 und der Selektivität η_1 führt zu:

$$\eta_1 = \frac{\varkappa(1-\zeta_1)}{\varkappa(1-\zeta_1)+\zeta_1} \tag{6.3.2–9}$$

Für $\varkappa = 1$ vereinfacht sich die Gleichung zu:

$$\eta_1 = 1 - \zeta_1 \tag{6.3.2–10}$$

Die Selektivität η_1 kann als Funktion des Umsatzes ζ_1 für jeden Wert des Parameters $\varkappa$ berechnet werden.

Vergleich zwischen idealem Strömungsrohr und ideal gemischtem Reaktor. Beim Vergleich der Gleichungen (6.3.2–5/6) mit (6.3.2–9/10) ergeben sich für Folgereaktionen in beiden Reaktortypen, zumindest für Reaktionen erster Ordnung, folgende Schlußfolgerungen:

Für $\zeta_1 \to 0$ oder $\varkappa \to \infty$: $\eta \to 1$

Für $\zeta_1 \to 1$ oder $\varkappa \to 0$: $\eta \to 0$

Für dazwischen liegende Werte von ζ_1 und $\varkappa$ ergibt sich η_1 (ideales Strömungsrohr) > η_1 (ideal gemischter Reaktor).
In Worten: Die Selektivität bei Folgereaktionen ist für den Umsatz 0 immer 1 und für vollständigen Umsatz immer 0, wie von vornherein feststeht. Die Selektivität im idealen Strömungsrohr ist bei gleichen Werten von ζ_1 und $\varkappa$ immer größer als im idealen Rührbehälter. Rückvermischen setzt die Selektivität bei Folgereaktionen herab.

6.4. Nicht-ideales Mischen (oder Segregation) und Selektivität

6.4.1. Definition des Problems

Der Effekt des idealen Rückvermischens wurde in Abschnitt 6.3 behandelt. Die nächste Frage ist nun: Wie wirkt sich unvollkommenes Vermischen oder vollständige Segregation auf die Selektivität aus, z. B. in einem Rührbehälter.

Zur Illustration sollen zwei extreme Fälle verglichen werden:

a) Der ideal gemischte Rührbehälter,
b) der vollständig segregierte Rührbehälter mit der gleichen Verweilzeitverteilung wie a.

6.4.2. Segregation und Selektivität bei Parallelreaktionen

Kann die Kinetik der Parallelreaktionen durch Gleichung (6.3.1–1) und (6.3.1–2) sowie die Massenbilanz für jedes Volumenelement (bei konstanter Dichte) durch Gleichung (6.3.1–4) ausgedrückt werden, so gelten folgende Differentialgleichungen:

$$-\frac{dc_A}{d\tau} = k_P c_A^p + k_X c_A^x \tag{6.4.2–1}$$

$$\frac{dc_X}{d\tau} = k_X c_A^x \tag{6.4.2–2}$$

Für gegebene Werte von p und x können die Gleichungen von $\tau = 0$ bis $\tau = t$ mit den Anfangsbedingungen

$$\tau = 0,\ c_A = c_{A_0},\ c_X = 0 \tag{6.4.2–3}$$

integriert werden. Man erhält c_A und c_X als Funktion von t.

Die Konzentrationen von A und X im (gemischten) Ausgang des segregierten Reaktors erhält man entsprechend Gl. (5.4.2–2) aus

$$c_{A_1} = \int_0^1 c_A(t)\,dF(t) \tag{6.4.2–4}$$

$$c_{X_1} = \int_0^1 c_X(t)\,dF(t) \tag{6.4.2–5}$$

Kombination mit Gl. (5.4.2–1) liefert Werte für c_{A_1} und c_{X_1} als Funktion der mittleren Verweilzeit τ_m. Der Umsatz ζ und die Selektivität η folgen aus Gl. (5.2.1–4) und (6.2–12). Diese komplexen Berechnungen können nur numerisch für gegebene Werte der Exponenten p und x ausgeführt werden. Einige Beispiele zeigt Abb. 6.4.2–1. Sie können mit Werten in ideal gemischten Reaktoren (vgl. S. 275) verglichen werden.

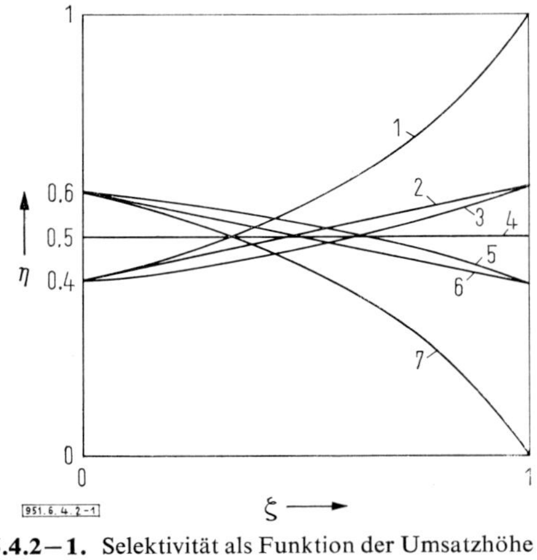

Abb. 6.4.2–1. Selektivität als Funktion der Umsatzhöhe für segregierte und andere Reaktoren und für verschiedene Werte von p und x

	Reaktionstyp	p	x	c_{A_0}	γ
1	idealer Rührbeh.	1	2	1,5	0,67
2	segregiert	1	2	1,5	0,67
3	Kolbenfluß	1	2	1,5	0,67
4	beliebig	1	1	1,5	1,00
5	Kolbenfluß	2	1	1,5	1,50
6	segregiert	2	1	1,5	1,50
7	idealer Rührbeh.	2	1	1,5	1,50

Die allgemeine Schlußfolgerung ist ganz einfach: Segregation hat einen ungünstigen Einfluß auf die Selektivität von Parallelreaktionen, wenn die Reaktionsordnung der unerwünschten Reaktion größer als die Reaktionsordnung der gewünschten Reaktion ist (und umgekehrt).

6.4.3. Segregation und Selektivität bei Folgereaktionen

Können die kinetischen Gleichungen der Folgereaktionen durch (6.3.2−1)−(6.3.2−3) und die Massenbilanz für jedes Volumenelement (bei konstanter Dichte) durch Gleichung (6.3.1−4) ausgedrückt werden, so erhält man folgende Differentialgleichungen:

$$-\frac{\mathrm{d}c_A}{\mathrm{d}\tau} = k_P c_A^p$$

$$\frac{\mathrm{d}c_P}{\mathrm{d}\tau} = k_P c_A^p - k_X c_P^x$$

$$\frac{\mathrm{d}c_X}{\mathrm{d}\tau} = k_X c_A^x$$

Diese Gleichungen für gleichzeitig ablaufende Reaktionen müssen für gegebene Werte von p und x mit den Anfangsbedingungen (6.4.2−3) gelöst werden. Die Resultate werden hier nicht mitgeteilt, da sie kein allgemeines Interesse besitzen.

Die allgemeine Schlußfolgerung ist wieder ganz einfach: Segregation hat einen günstigen Einfluß auf die Selektivität von Folgereaktionen bei beliebiger Reaktionsordnung.

6.5. Stoffübergang in heterogenen Systemen und Selektivität

6.5.1. Allgemeines Problem

Bei heterogenen Reaktionen können Begrenzungen des Stoffübergangs die Reaktionsgeschwindigkeit stark beeinflussen (vgl. Abschn. 3.1). Wenn zwei oder mehr Reaktionen gleichzeitig ablaufen, kann der Einfluß auf die verschiedenen Reaktionen verschieden sein. Die Selektivität kann daher von der Geschwindigkeit von Stoffübergängen abhängen, die ihrerseits durch den Dispersionsgrad, die Strömungsgeschwindigkeiten usw. bestimmt werden.

Zwischen den Reaktionszuständen in diesem und im vorangehenden Kapitel besteht eine allgemeine Analogie, die in den Konzentrationsgradienten zum Ausdruck kommt. In ideal gemischten Reaktoren oder in heterogenen Systemen, in denen der Stoffübergang relativ rasch ist, bestehen keine Konzentrationsgradienten. Die Reaktion läuft in der gesamten Reaktionszone bei praktisch denselben Konzentrationen ab. In segregierten Reaktoren, idealen Strömungsrohren und heterogenen Reaktoren mit begrenzten Stoffübergangsgeschwindigkeiten bestehen Konzentrationsgradienten von einer oder mehr Komponenten. Die Reaktion findet also an verschiedenen Orten des Reaktors bei verschiedenen Konzentrationen statt.

Bei Parallelreaktionen haben Konzentrationsgradienten der Reaktionskomponenten einen ungünstigen Einfluß auf die Selektivität, wenn die unerwünschte Reaktion eine höhere Reaktionsordnung hinsichtlich der variierenden Konzentrationen hat.

Bei anderen Reaktionen können sich Konzentrationsgradienten aber günstig auswirken. Kleine Stoffübergangszahlen können also sowohl eine ungünstige als auch eine günstige Wirkung auf die Selektivität in Abhängigkeit von den Bedingungen haben. (Daß ein schlechter Massenübergang eine günstige Wirkung hat, widerspricht dem intuitiven Gefühl.)

Das Problem ist in der Literatur noch wenig behandelt worden. Hauptsächlich sind die Arbeiten von Rietema [R 12] und van de Vusse [V 7] zu erwähnen. Häufig sind die kinetischen Gleichungen so komplex, daß eine exakte Berechnung der Selektivität schwierig ist. Aus diesem Grund sind wohl die meisten Probleme dieser Art empirisch gelöst worden. Jedoch gibt es eine Methode, die zwischen diesen beiden Extremen liegt. Wenn man die quantitativen Effekte für einen vereinfachten Fall kennt, so kann man diese Kenntnis zur Interpretierung empirischer Daten verwenden. Eine qualitative Analyse wird dann in die Richtung weisen, die zu einer verbesserten Selektivität führt.

Man kann das Selektivitätsproblem vom Standpunkt des Stoffübergangs auf zweierlei Art formulieren:

a) Wie ändert sich die Selektivität, wenn sich die Geschwindigkeit des Stoffübergangs erhöht (oder vermindert), was ganz allgemein eine Zunahme (Abnahme) der gesamten Umsetzungsgeschwindigkeit bedeutet?

b) Wie ändert sich die Selektivität, wenn die gesamte Umsetzungsgeschwindigkeit in zwei Fällen gleich ist, die Verhältnisse des Stoffübergangs aber verschieden sind?

Die zweite Formulierung hat größeres praktisches Interesse, weil sie die Entscheidung erleichtern kann, welche Betriebsbedingungen gewählt werden müssen, um eine bestimmte Produktion pro Zeiteinheit zu erzielen. Der nächste Abschnitt befaßt sich daher mit der zweiten Formulierung des Selektivitätsproblems.

Der Einfluß von Konzentrationsgradienten auf die Selektivität hängt vom relativen Volumen der Reaktionsphase, in der Konzentrationsgradienten existieren, ab. Wenn man einen „Film" und einen „Kern" unterscheiden kann (vgl. S. 249 u. folgende), so bestehen nur im Film Konzentrationsgradienten. Daraus folgt (unter Benutzung der Symbole aus Abschn. 3.3.3):

a) Der Einfluß des Stoffübergangs auf die Selektivität ist um so größer, je kleiner der Wert von ψ ist, wenn also die Reaktion vollständig im Kern abläuft ($\varphi < 2$).

b) Wenn beide Reaktionen nur im Film stattfinden ($\varphi > 2$), so besteht kein Einfluß von ψ oder k_m.

c) Wenn nur die gewünschte Reaktion im Film stattfindet ($\varphi > 2$), aber die unerwünschte Reaktion in der gesamten Reaktionsphase abläuft, so beeinflussen sowohl ψ als auch k_m die Selektivität. Diese Situation entsteht nur bei Folgereaktionen (Abschn. 6.5.3).

6.5.2. Stoffübergang und Selektivität bei Parallelreaktionen

Wie in Abschn. 6.5.1 gezeigt wurde, hängt das Selektivitätsproblem direkt mit Konzentrationsprofilen zusammen. In Abschnitt 3.3 wurden Konzentrationsprofile für eine Anzahl verschiedener Bedingungen berechnet. Nachstehend sollen nur Fälle behandelt werden, bei denen der Stoffübergang eines Reaktionsteilnehmers in der Reaktionsphase der begrenzende Faktor ist. Zwei extreme Typen von Konzentrationsprofilen können unterschieden werden:

a) Ein flaches Konzentrationsprofil, das durch Gleichung (3.3.1 – 19) und (3.3.1 – 29) wiedergegeben wird, und
b) ein steiles Konzentrationsprofil, das durch die Gleichungen (3.3.1 – 11), (3.3.1 – 12), (3.3.1 – 21), (3.3.1 – 25) und (3.3.1 – 31) wiedergegeben wird.

Die transportierte Komponente A soll in das gewünschte Produkt P und das unerwünschte Produkt X umgewandelt werden. Offensichtlich entspricht dem flachen Konzentrationsprofil eine höhere Selektivität, wenn die unerwünschte Reaktion eine höhere Reaktionsordnung hat. Umgekehrt entspricht dem steileren Konzentrationsprofil eine höhere Selektivität, wenn die unerwünschte Reaktion die kleinere Reaktionsordnung hat. Dabei wird vorausgesetzt, daß die Konzentrationen so gewählt werden, daß die Erzeugungsgeschwindigkeit von P in beiden Fällen dieselbe bleibt.

Wenn die Reaktionsordnungen der gewünschten und der unerwünschten Reaktion verschieden sind, vor allem wenn die Reaktionsordnung der unerwünschten Reaktion höher ist, so kann man daher die Selektivität durch einen anderen Reaktortyp beeinflussen. Sind z. B. bei Gas-Flüssig-Reaktionen kleine Konzentrationsgradienten in der flüssigen Phase erwünscht, sollte das Verhältnis k_{mg} zu k_{ml} klein sein. Dieser Zustand kann in Blasenapparaten mit großen Blasen erzielt werden.

Als Beispiel soll die Oxidation flüssiger Kohlenwasserstoffe mit Sauerstoff (oder Luft) unter Druck betrachtet werden. Das Primärprodukt ist ein Hydroperoxid, das sich zum gewünschten Oxidationsprodukt zersetzt. In einigen Fällen kann aber auch eine bimolekulare Zersetzung des Hydroperoxids zu unerwünschten Produkten führen. Obgleich das Hydroperoxid keine Phasengrenzfläche passiert, kann der Ablauf der Reaktion und Diffusion annähernd durch Gleichung (3.3.1 – 5) – (3.3.1 – 7) beschrieben werden. Offensichtlich führt eine hohe Stoffübergangszahl (des Hydroperoxids) in das Innere der Flüssigkeit zu einer höheren Selektivität, weil sie ein flacheres Konzentrationsprofil zur Folge hat. Als wichtige Schlußfolgerung ergibt sich, daß für solche Prozesse eine hohe Stoffübergangszahl (k_{ml}) in der Flüssigkeit erwünscht ist, während eine große Oberfläche (S) oder ein hoher Wert von $k_{ml} S$ uninteressant sind.

Diese Theorien wurden noch nicht quantitativ untersucht, aber sie können a priori verwendet werden, wenn der kinetische Mechanismus bekannt ist.

Die strenge theoretische Behandlung solcher Systeme ist komplex. Bei einer Parallelreaktion vom Typ (6.2 – 1) soll Komponente A über eine Grenzfläche in die Reaktionsphase übergehen. Die kinetische Gleichung kann folgendermaßen geschrieben werden (vgl. Gl. 6.3.1 – 1 und 6.3.1 – 2):

$$r = k_P c^p + k_X c^x \qquad (6.5.2-1)$$

c bedeutet die Konzentration von A. Diese Gleichung muß mit Gl. (3.3.1 – 6) und (3.3.1 – 7) sowie mit einer der Grenzbedingungen (3.3.1 – 8a) – (3.3.1 – 8d) kombiniert werden. Integration führt zu einem Konzentrationsprofil und zu einer Massenflußdichte für Komponente A. Mit Gl. (6.3.1 – 2) ergibt sich die Bildungsgeschwindigkeit der unerwünschten Komponente X als Funktion des Abstandes x. Gegebenenfalls nach einer weiteren Integration ergibt sich die Massenflußdichte von A, die zur Bildung von X führt. Aus diesen Beziehungen kann der Selektivitätsparameter berechnet werden [O 4].

Bei der Prozeßentwicklung liegen sehr oft nicht genügend Daten vor, um eine numerische Berechnung durchzuführen. Eine qualitative Analyse kann jedoch zur Verbesserung der Selektivität nützlich sein. Oder wenn ein chemischer Prozeß einige Zeit in einer industriellen Anlage läuft, kann man alle erforderlichen Parameter bestimmen und durch numerische Berechnungen quantitativ ermitteln, durch welche Maßnahmen die Selektivität verbessert werden kann.

6.5.3. Stoffübergang und Selektivität bei Folgereaktionen

Verschiedene Typen heterogener Folgereaktionen. Dieses Problem hat größere praktische Bedeutung als die in Abschn. 6.5.2 beschriebenen Parallelreaktionen. Folgende Fälle können unterschieden werden:

a) Reaktionstypen: A → P → X, wobei A von einer anderen Phase in die Reaktionsphase übergeht.
   a1) Wenn der Stoffübergang von P und X nicht begrenzt ist, so wird die Selektivität durch den Stoffübergang nicht beeinflußt.
   a2) Besteht ein Konzentrationsgradient von P, so erhöht ein gesteigerter Stoffübergang innerhalb der Reaktionsphase (von der Grenzfläche zum Kern) die Selektivität, wenn die Reaktionsordnung für P → X größer als 1 ist, obgleich dieser Effekt nicht sehr wesentlich ist.
b) Reaktionstyp: A → P → X, wobei P aus der Reaktionsphase in eine andere Phase übergeht. Erhöhter Stoffübergang erhöht die Selektivität. Dieser Effekt, der große praktische Bedeutung hat, wird im folgenden Abschnitt behandelt.
c) Reaktionstyp: A → P → X, wobei A aus einer anderen Phase in die Reaktionsphase übergeht und P in der umgekehrten Richtung wandert. In diesem Fall ist die Selektivität am größten, wenn das Verhältnis k_{m_1}/k_{m_2} gering ist; 1 bezieht sich hierbei auf die Reaktionsphase und 2 auf die andere Phase [B9].

d) Reaktionstyp: $A + B \rightarrow P$, $A + P \rightarrow X$, wobei A aus einer anderen Phase in die Reaktionsphase übergeht. Dieser Fall wird weiter unten diskutiert.

Folgereaktionen mit Übergang des gewünschten Produktes. Dieser Fall tritt bei vielen reversiblen Reaktionen auf, bei denen der Umsatz durch Verdampfung oder Extraktion eines Reaktionsproduktes vervollständigt wird. Aber auch bei „wahren" Folgereaktionen kommt dieser Fall häufig vor, z. B. wenn das Reaktionsprodukt dazu neigt, in der flüssigen Phase zu hydrolysieren oder zu polymerisieren. Auch dann ist Entfernung des gewünschten Produktes zweckmäßig. Neben Verdampfung oder Extraktion kommt z. B. auch Ausfällung in Frage.

Der folgende Text beschränkt sich auf Verdampfung. Bei kontinuierlichen Verfahren wird der Umsatz nie vollständig sein. Er ist um so höher, je besser der Stoffübergang ist. Eine große Phasengrenzfläche und eine große Stoffübergangszahl sind im allg. günstig. Für Reaktionen erster Ordnung können die Verhältnisse einfach dargestellt werden.

Ein kontinuierlicher idealer Rührkessel enthalte eine Flüssigkeit und eine dispergierte Gasphase, in welche das Reaktionsprodukt P verdampft. Der Volumenfluß der Flüssigkeit durch den Reaktor soll Φ_l und des Gases Φ_g sein. Zur Vereinfachung wird angenommen, daß beide Ströme konstant sind. Der Stoffübergang läßt sich durch folgende Gleichung wiedergeben:

$$\Phi_g y_{P_1} = k_m S V \left(c_{P_1} - \frac{y_{P_1}}{\alpha} \right) \qquad (6.5.3-1)$$

y_{P_1} und c_{P_1} sind die Konzentrationen von P in der Gasphase und in der flüssigen Phase; k_m ist die Stoffdurchgangszahl, auf Konzentrationen in der flüssigen Phase bezogen, S die spezifische Grenzfläche, V das Volumen der Flüssigkeit, α ein Flüchtigkeitskoeffizient.

Der Zusammenhang zwischen Selektivität und Umsatz kann analog wie Gl. (6.3.2–9) formuliert werden:

$$\eta_1 = \frac{\varkappa'(1-\zeta_1)}{\varkappa'(1-\zeta_1)+\zeta_1} \qquad (6.5.3-2)$$

wobei dieselben Symbole wie in Abschnitt 6.3.2.3 gelten. Der Koeffizient $\varkappa'$ verhält sich zu $\varkappa$ wie folgt

$$\frac{\varkappa'}{\varkappa} = 1 + \frac{1}{\dfrac{1}{k_m S \tau_m} + \dfrac{1}{\alpha \Phi_g}} \qquad (6.5.3-3)$$

τ_m ist die mittlere Verweilzeit der Flüssigkeit im Reaktor, $\varkappa$ das Verhältnis der Geschwindigkeitskonstanten der gewünschten und unerwünschten Reaktion, vgl. Gl. (6.3.2–7).

Vergleicht man Gl. (6.5.3–2) und (6.5.3–3) mit (6.3.2–9), so zeigt sich, daß die Selektivität durch einen größeren Gasfluß, eine höhere Flüchtigkeit von P, eine höhere Stoffübergangszahl und eine größere Phasengrenzfläche erhöht wird.

Wenn der Gasfluß zunimmt, wird auch das Produkt $k_m S$ ansteigen. Bei mechanischer Rührvorrichtung erreicht $k_m S$ bald ein Maximum. Bei Blasenkolonnen ist $k_m S$ dem Gasfluß Φ_g annähernd proportional.

Bei richtiger Wahl der Bedingungen werden die beiden Ausdrücke im Nenner von Gl. (6.5.3–3) viel kleiner als 1 sein, so daß das Verhältnis $\varkappa'/\varkappa$ viel größer als 1 wird. Typische Werte in einem gut gerührten Behälter sind z. B. $k_m S = 0{,}1\ s^{-1}$, $\tau_m = 10^3$ s, $\Phi_l/\Phi_g = 0{,}1$. Wählt man die Temperatur z. B. so, daß $\alpha = 10$, so wird $\varkappa'/\varkappa = 50$.

Dieses Beispiel zeigt eindeutig die Möglichkeit, die Selektivität durch Einführung einer zweiten Phase zu erhöhen. Bei Reaktionen, bei denen $\varkappa$ kleiner als 1 ist, wird ein heterogener Reaktor die einzige praktisch brauchbare Möglichkeit sein, das gewünschte Produkt in annehmbarer Ausbeute zu erhalten.

Folgereaktionen mit Transport einer Reaktionskomponente. Der Stoffübergang einer Reaktionskomponente A beeinflußt die Selektivität besonders dann, wenn die Komponente auch mit dem Reaktionsprodukt reagiert:

$$A + B \rightarrow P, \quad A + P \rightarrow X$$

Dieser Fall liegt bei vielen organischen Reaktionen vor, z. B. bei der Chlorierung, Oxidation oder partiellen Hydrierung flüssiger Komponenten. Die Chlorierung kann als ein typisches Beispiel angesehen werden. Gasförmiges Chlor löst sich in der Flüssigkeit, wo sich eine Monochlorverbindung bildet. In Bereichen, in denen Chlor (A) und die Monochlorverbindung (P) beide vorliegen, wird auch die Dichlorverbindung (X) entstehen. Der Vorzug einer heterogenen Betriebsweise besteht darin, daß dieses Gebiet sehr klein gehalten werden kann. Ist z. B. die Primärreaktion so rasch, daß das Chlor nicht tief in die flüssige Phase eindringt (begrenzter Stoffübergang von A), so kann die Monochlorverbindung aus der Grenzschicht (Film) in den Kern der Phase abdiffundieren und so vor weiterem Angriff des Chlors geschützt sein. Eine Komplikation entsteht, wenn auch hinsichtlich Komponente B eine Begrenzung des Stoffüberganges besteht. Fällt die Konzentration von B im Film durch ungenügenden Überschuß von B oder begrenzten Stoffübergang von B, so sinkt das Verhältnis B/P im Film und die Selektivität nimmt ab.

Im ersten Fall, wenn B in genügendem Überschuß in der gesamten Reaktionsphase vorliegt, wird die Selektivität durch den Stoffübergang nur begrenzt, wenn der Konzentrationsgradient von A relativ groß ist, vor allem wenn die HATTA-Zahl φ für A größer als 2 ist:

$$\varphi = \frac{\sqrt{k_{AB} c_B D}}{k_m} > 2 \qquad (6.5.3-4)$$

k_{AB} ist die Geschwindigkeitskonstante der ersten Reaktion. Die Selektivität wird dann durch den Stoffübergang von P aus dem Film in den Kern bestimmt.

Es wird die Annahme gemacht, daß der Stoffübergang von A und von P durch denselben Diffusionskoeffizienten D und denselben Stoffübergangskoeffizienten k_m (auf Seiten der Reaktionsphase) beschrieben werden kann.

Die Stoffübergangsgeschwindigkeit von A durch die Grenzfläche kann durch

$$J_A = c_{A_0} \sqrt{k_1 D} \qquad (6.5.3-5)$$

dargestellt werden (vgl. Abschnitt 3.3.3—5), wobei

$$k_1 = k_{AB} c_B + k_{AP} c_P \qquad (6.5.3-6)$$

ist. Nimmt man an, daß die Selektivität hoch ist, so kann der zweite Term in Gl. (6.5.3—6) vernachlässigt werden.

Die Stoffübergangsgeschwindigkeit von P vom Film in den Kern wird durch

$$J_P = k_m (c_{P_0} - c_{P_1}) \qquad (6.5.3-7)$$

wiedergegeben. Die Konzentration c_{P_0} von P an der Grenzfläche ist eine abhängige Variable. J_P ist annähernd gleich J_A.

Die Bildungsgeschwindigkeit von X kann annähernd ausgedrückt werden durch

$$J_X = k_{AP} \int_0^\infty c_A c_P \,dx \approx k_{AP} c_{P_0} \int_0^\infty c_A \,dx \qquad (6.5.3-8)$$

Die Lösung dieses Integrals ergibt sich aus dem Konzentrationsprofil, das in Gl. (3.3.1—31) angegeben ist, wenn man den zweiten Term wegläßt:

$$J_X = k_{AP} c_{P_0} c_{A_0} \sqrt{\frac{D}{k_1}} \qquad (6.5.3-9)$$

Eliminierung von c_{P_0} und J_P führt zu

$$J_X = k_{AP} (c_{A_0} \varphi + c_{P_1}) c_{A_0} \sqrt{\frac{D}{k_1}} \qquad (6.5.3-10)$$

Es ist zweckmäßig, die Selektivität folgendermaßen zu definieren

$$\eta_R = \frac{J_A - J_X}{J_A} \qquad (6.5.3-11)$$

Einsetzen von (6.5.3—5) und (6.5.3—10) führt zu

$$\eta_R = 1 - \frac{\varphi c_{A_0} + c_{P_1}}{\varkappa c_B} \qquad (6.5.3-12)$$

wobei

$$\varkappa = \frac{k_{AB}}{k_{AP}}$$

ist.

(Diese vereinfachte Berechnung gilt nur für relativ hohe Werte von η_R.)

Aus Gl. (6.5.3—12) folgt, daß die Selektivität erhöht wird durch

1. eine geringe Grenzflächenkonzentration von A (weil die unerwünschte Reaktion zweiter Ordnung ist),
2. eine hohe Konzentration von B,
3. eine geringe Konzentration von P im Kern (entsprechend einer kleinen Verweilzeit der Reaktionsphase),
4. einen hohen Stoffübergangskoeffizienten (großer Wert von φ), solange φ größer als 2 bleibt,
5. einen hohen Wert der Selektivitätskonstanten $\varkappa$.

Für den Verfahrenstechniker sind die Punkte 1, 3 und 4 am interessantesten.

Der zweite Effekt, Herabsetzung der Selektivität durch Begrenzung des Stoffübergangs von B, wurde sowohl theoretisch als auch experimentell von VAN DE VUSSE [V 7] untersucht. Er nahm an, daß der Stoffübergang allein auf Diffusion beruht und daß die Filmdicke $\delta = D/k_m$ eine bekannte Konstante ist. Seine Schlußfolgerungen können folgendermaßen zusammengefaßt werden:

a) Diffusion von B begrenzt die Selektivität nur, wenn $\varphi > 2$ und wenn

$$\frac{c_{B_1}}{c_{A_0}} \leqq \varphi \qquad (6.5.3-13)$$

ist, wobei φ durch

$$\varphi = \delta \sqrt{\frac{k_{AB} c_B}{D}} \qquad (6.5.3-14)$$

ausgedrückt wird.

b) Der quantitative Einfluß einiger Variablen auf die Selektivität wurde von VAN DE VUSSE mit Hilfe eines Analogrechners gezeigt. Qualitativ ergaben sich dieselben Schlußfolgerungen 1 bis 5. Der quantitative Einfluß von c_{B_1} und k_m ist jedoch stärker, da diese Variablen den Stoffübergang von B zum Film bestimmen.

6.6. Einfluß der Reaktorbetriebsweise auf die Selektivität in einem Zweiphasensystem

S. 278/279 wurde gezeigt, daß die Anwesenheit einer zweiten Phase nützlich sein kann, wenn dadurch das Reaktionsprodukt aus der Reaktionsphase entfernt und vor einem weiteren Angriff geschützt wird. Und in Abschn. 6.5.2 und 6.5.3 wurde gezeigt, daß die Geschwindigkeit des Stoffüberganges die Selektivität beeinflussen kann.

Bei einem Zweiphasen-System hat man noch eine weitere Variable, um die Selektivität zu beeinflussen, die Reaktorbetriebsweise. Fünf extreme Fälle können hier unterschieden werden:

a) Gegenstrom-Kolbenfluß
b) Gleichstrom-Kolbenfluß
c) Reaktionsphase mit Kolbenfluß, andere Phase gut gemischt
d) Reaktionsphase gut gemischt, andere Phase mit Kolbenfluß
e) beide Phasen gut gemischt.

Für die Auswahl der Betriebsweise können keine allg. Empfehlungen angegeben werden. Mehrere Beispiele wurden in der Literatur veröffentlicht. Drei sollen hier kurz erwähnt werden, um die Möglichkeiten zu demonstrieren:

K. SCHOENEMANN [S 11] zeigte, daß die Ausbeute von Furfurol aus Xylose durch Gegenstromextraktion mit Tetralin erhöht werden kann.

Verschiedene reversible Reaktionen können erfolgreich in einer Destillationskolonne ausgeführt werden, wobei eines der Reaktionsprodukte durch seine höhere Flüchtigkeit entfernt wird. Dieser Fall wurde von GEELEN und WIJFFELS [G 7] für folgende Reaktion behandelt:

Vinylacetat + Stearinsäure $\rightleftarrows$ Vinylstearat + Essigsäure

Eine unerwünschte Nebenreaktion dabei ist

Vinylacetat + Essigsäure ⇄ Äthylidenacetat

Die Autoren zeigten, daß einen hohe Selektivität und ein hoher Umsatz gleichzeitig erhalten werden können, wenn man die Reaktion in einer Destillationskolonne ausführt, in der Essigsäure als Kopfprodukt und Vinylstearat am Boden abgezogen werden.

Van der Sluijs [S 12] zeigte, daß die Hydrolyse von Fetten erfolgreich in einer Gegenstrom-Extraktionskolonne auszuführen ist.

Van de Vusse [V 7] untersuchte eine Zweiphasen-Chlorierung vom Typ, wie sie S. 279 diskutiert wurde. Die Primärreaktion (Bildung der Monochlorverbindung) fand nun jedoch in der Gasphase statt, während die Sekundärreaktion auf die zweite Phase begrenzt war. Die flüssige Phase nimmt die Monochlorverbindung auf und schützt sie so weitgehend vor weiterem Angriff durch Chlor. Etwas Chlor löst sich jedoch in der flüssigen Phase, so daß die beste Betriebsweise wieder Gegenstrom-Pfropfenfluß ist. Der Autor berechnete die Reaktionsausbeuten für alle fünf Arten der Betriebsweise als Funktion des Parameters $k_I \tau_I / k_{II} \tau_{II}$, wobei k_I die Reaktionsgeschwindigkeitskonstante in der gasförmigen Phase, τ_I die mittlere Verweilzeit dieser Phase und k_{II} und τ_{II} die entsprechenden Größen der flüssigen Phase sind. Um eine hohe Selektivität zu erhalten, sollte dieses Verhältnis die Größe 10 oder mehr haben. Bei Gegenstrom wurde eine Ausbeute (Umsatz · Selektivität) von 0,90 bei $k_I \tau_I / k_{II} \tau_{II} = 8$ erhalten. Bei Reaktoren, in denen beide Phasen gut vermischt sind, muß dieses Verhältnis etwa 400 sein. Die Reaktionsphase sollte in diesen Fällen die kontinuierliche Phase und die „Extraktionsphase" die dispergierte Phase sein.

7. Einige Gesichtspunkte der Prozeßentwicklung

7.1. Allgemeines

Der Ausdruck Prozeßentwicklung wird für die Übertragung einer Synthese vom Laboratoriumsmaßstab in den großtechnischen Maßstab verwendet. Der „Prozeß" ist die Synthese selbst und alle Operationen, die dazu gehören, wie Rückführung von Lösungsmittel, Reinigung, Lagerung usw. Er wird in qualitativer und quantitativer Weise entwickelt. Die qualitative Entwicklung betrifft den Entwurf eines Fließschemas für den gesamten Prozeßablauf. Die quantitative Entwicklung bedeutet die Übertragung eines Prozesses von einem kleineren in einen größeren Maßstab. Die Prozeßentwicklung besteht daher aus folgenden wesentlichen Teilen:

1. Untersuchung der Synthese unter verschiedenen Bedingungen, die für die weitere Entwicklung von Interesse sein können. Diese Untersuchungen können im Laboratorium, in halbtechnischen Anlagen oder sogar in technischen Anlagen ausgeführt werden. Sie betreffen nicht nur die Chemie des Prozesses, sondern vor allem die Beziehungen zwischen chemischen und physikalischen Phänomenen im Reaktor.
2. Entwurf des Fließschemas, das alle beteiligten Operationen umfaßt.
3. Untersuchungen aller Operationen neben der Synthese (sub-processes). Viele dieser Operationen sind Grundprozesse, wie Extraktion, Destillation usw.
4. Übertragung (scale up), wobei die Übertragung des Reaktors im allg. am wichtigsten ist. Sie betrifft vor allem die physikalischen Phänomene, die im Reaktor (und bei den Begleitprozessen) stattfinden.

Bei der chemischen Reaktionstechnik kann man sich auf Punkt 1 und 4 beschränken. Über die Grundoperationen gibt es eine ausgedehnte Literatur, vgl. z. B. [J2] [M2] [C4] sowie Band 2. Über den Entwurf von Fließdiagrammen ist wenig Literatur erschienen. Eine bedeutende Abhandlung auf diesem Gebiet ist das Buch von Rudd und Watson [R13], vgl. auch den Artikel 1 in Band 3 und Schmidt [S13].

Die chemische Prozeßentwicklung kann man in folgende zwei Stufen aufteilen: Entwicklung vom Laboratoriumsversuch bis zur ersten technischen Anlage; Optimierung des technischen Prozesses.

Die erste Stufe hat nur den Zweck, genügend Daten zu sammeln, um den Entwurf der Anlage zu ermöglichen. Die experimentellen Untersuchungen beginnen gewöhnlich in einer Laboratoriumsapparatur, häufig einem Rührbehälter oder einem mit Katalysator gefüllten Rohr. Nach der Ermittlung genügender experimenteller Daten wird im allg. eine halbtechnische Anlage gebaut, in der man weitere Daten sammelt, die für den Entwurf einer technischen Anlage benötigt werden. Daraus geht hervor, daß schon bestimmte Ideen über den Entwurf der technischen Anlage vorhanden sein müssen, bevor die halbtechnische Anlage gebaut wird. Die in einer ersten halbtechnischen Anlage gewonnenen Daten können es notwendig machen, eine zweite halbtechnische Anlage zu bauen, die einen anderen Typ oder andere Dimensionen hat. Es ist jedoch nicht sinnvoll, halbtechnische Anlagen von derselben Art zunehmend zu vergrößern, bis schließlich der erforderliche technische Maßstab erreicht ist.

Das Herz jedes chemischen Prozesses ist der Reaktor, die Auswahl des Reaktortyps ist daher sehr wichtig. Bisher war es häufig üblich, Versuche im Laboratorium oder in halbtechnischen Anlagen als Grundlage für die Wahl des Reaktortyps zu verwenden. Ein besserer Weg ist folgender:

1. Die Laboratoriumsuntersuchungen werden in einem Reaktor vom Typ A ausgeführt.
2. Die daraus erhältlichen Daten über die Chemie des Prozesses, kombiniert mit Daten über die gewünschte Größe der technischen Anlage führen zur Wahl eines Reaktors vom Typ B für die technische Anlage (Abschn. 7.3).

3. Eine halbtechnische Anlage muß gebaut werden, um Daten zu gewinnen, die für den Entwurf der technischen Anlage erforderlich sind. Ein Reaktor vom Typ C wird dafür am besten sein. (C kann derselbe Typ wie A oder B sein oder auch nicht.)

4. Wenn Typ C von B verschieden ist oder wenn die Übertragung der halbtechnischen Anlage Schwierigkeiten macht, muß ein zweiter Versuchsreaktor vom Typ B allein für physikalische Untersuchungen gebaut werden. Dieser Reaktor soll „Reaktormodell" (Abschn. 7.4) genannt werden.

Der experimentelle Teil der Prozeßentwicklung chemischer Reaktoren kann daher aus drei nebeneinander laufenden Untersuchungen bestehen:

a) Fortsetzung der chemischen Untersuchungen im Laboratorium,

b) Untersuchungen in einer halbtechnischen Anlage,

c) Untersuchungen am Reaktor-Modell.

Bevor man mit b oder c beginnen kann, muß man die Reaktion auf Grund der experimentellen Daten analysieren, die im Laboratorium gewonnen wurden (Abschn. 7.2).

Die Prozeßentwicklung ist nicht die einzige Entwicklungsarbeit zur Vorbereitung eines neuen industriellen Prozesses. Marktforschung und wirtschaftliche Untersuchungen sind ebenfalls wichtig. Die Marktforschung hängt mit den chemischen Untersuchungen insofern zusammen, als die Reinheit und andere Eigenschaften des synthetisierten Produktes den Marktwert bestimmen. Die wirtschaftlichen Untersuchungen müssen z. B. die Zugänglichkeit der Rohstoffe und anderer Hilfsstoffe klären, da diese großen Einfluß auf den Preis des neuen Produktes haben kann.

Das entscheidende Kriterium für die Entwicklung eines neuen Prozesses kann nicht nur in Geld ausgedrückt werden. Obgleich die wirtschaftliche Optimierung sehr wesentlich ist, gibt es eine Reihe anderer Faktoren, die schwer in Geld anzugeben sind, z. B.:

Brauchbarkeit der Produkte verglichen mit anderen Produkten, die sonst hergestellt werden könnten;

störende Auswirkung einer Anlage auf ihre Umgebung durch Abfallprodukte, Lärm, Wärmeentwicklung und dgl.;

Unfallgefährlichkeit des Prozesses;

Arbeitsatmosphäre für die Beschäftigten.

Denbigh [D 1] hat darauf hingewiesen, daß diese Faktoren bisher vernachlässigt und die wirtschaftlichen Gesichtspunkte überbewertet wurden. Es wäre gut, wenn die menschliche Gesellschaft ihre Interessen ebenso wirkungsvoll vertreten würde, wie das die Industriefirmen schon lange Zeit tun.

Wenn ein neuer Prozeß vom Laboratoriumsmaßstab bis zu einer befriedigend arbeitenden Anlage entwickelt wurde, ist die erste Stufe der Prozeßentwicklung abgeschlossen. Die Prozeßentwicklung tritt dann in ein neues Stadium, die Optimierung ein. Hier sind wieder zwei Ziele zu unterscheiden, die Optimierung der Betriebsweise einer vorhandenen Anlage (Abschn. 7.5.2) und die Erarbeitung von Daten für eine neue und bessere Anlage. Wenn ein neuer Prozeß wirklich erfolgreich ist, so ist die erste Anlage niemals die letzte. Nach einigen Jahren ist eine neue Anlage erforderlich, die entweder größer ist oder wirtschaftlicher arbeitet oder ein Produkt mit gleichmäßigerer Qualität liefert.

Beim Verkauf des know-how eines Prozesses muß der Prozeß den Wünschen des Käufers angepaßt werden und mit den Vorschlägen anderer Firmen konkurrieren können.

Um genügend Daten aus der ersten Anlage gewinnen zu können, sollten bei der Konstruktion der Anlage genügend Meß- und Analysengeräte vorgesehen werden. Die erhaltenen Daten sollten für die Entscheidung genügen, ob die nächste Anlage mit demselben Reaktortyp oder besser mit einem anderen ausgestattet wird. Bei einem neuen Typ sind neue Versuche in einer halbtechnischen Anlage und mit einem Reaktormodell erforderlich. Aber selbst wenn derselbe Reaktortyp verwendet wird, ist im allg. eine Änderung der Betriebsbedingungen notwendig, wenn die Anlage vergrößert wird. Schon aus diesem Grunde können neue halbtechnische Versuche erforderlich sein.

7.2. Analyse chemischer Reaktionen

7.2.1. Fest-Flüssig- und Fest-Gas-Reaktionen

a) *Unterscheidung zwischen Oberflächen- und Kernreaktion.* Als erstes muß bei einer Reaktion zwischen einem Feststoff und einer Flüssigkeit oder einem Gas entschieden werden, ob eine Oberflächenreaktion oder eine Kernreaktion stattfindet (unter Kernreaktion wird hier eine Reaktion verstanden, die entweder in der flüssigen oder in der gasförmigen Phase stattfindet; zu Oberflächenreaktionen s. Abschn. 3.2.3 und 3.3.2, zu Kernreaktionen Abschn. 3.3.3 und 3.3.4). Die Unterscheidung ist nicht immer einfach, besonders zwischen einer Oberflächenreaktion und einer raschen Kernreaktion. In beiden Fällen ist die Reaktionsgeschwindigkeit der Grenzfläche proportional. Die Geschwindigkeitskonstanten einer Oberflächenreaktion (k_s) und einer raschen Kernreaktion (k_n) sind beide molekulare Eigenschaften, die von hydrodynamischen Bedingungen unabhängig sind. k_s hängt jedoch von der Struktur der Oberfläche ab, k_n dagegen nicht. Bei porösen Feststoffen kann die Entscheidung manchmal durch Vergleich der Reaktionsgeschwindigkeiten mit Feststoffen verschiedener Durchmesser getroffen werden. Bei einer raschen Oberflächenreaktion (Thiele-Modul $\varphi > 2$, vgl. S. 247/248) werden solche Experimente jedoch nicht schlüssig sein. Nur eine Veränderung der porösen Struktur oder der Oberflächenstruktur (z. B. durch Vergiftung) läßt dann erkennen, ob tatsächlich eine Oberflächenreaktion stattfindet.

Das geschilderte Vorgehen ist rein empirisch. Wenn bekannt ist, welche Komponente transportiert wird, kann die Unterscheidung zwischen Oberflächen- und Kernreaktion auch durch eine Bestimmung lokaler Konzentrationen erzielt werden.

b) *Analyse von Oberflächenreaktionen.* Als erstes muß die Reaktionsordnung hinsichtlich der transportierten Komponente bestimmt werden. Als zweites sollte die Größe der Grenzfläche gemessen werden.

Die Massenflußgeschwindigkeit pro Einheit der Grenzfläche läßt sich für Reaktionen erster Ordnung folgendermaßen darstellen (vgl. dazu Gl. 3.2.3–2):

$$J = \frac{c_1}{\frac{1}{k_m} + \frac{1}{k_{eff}}} \qquad (7.2.1-1)$$

Hierin bedeuten c_1 die Konzentration im Kern der fluiden Phase, k_m den Stoffübergangskoeffizient, k_{eff} die effektive Geschwindigkeitskonstante $= k_s S_v V\eta/A$, vgl. Gl. (3.3.2–7). Für nichtporöse Feststoffe ist $k_{eff} = k_s$.

Zunächst muß der relative Einfluß von k_m und k_{eff} ermittelt werden. Man erreicht dies durch Veränderung der Fließgeschwindigkeit oder der Rührgeschwindigkeit, je nachdem, wodurch der größere Effekt auf den äußeren Stoffübergang zur Feststoffoberfläche erzielt wird. Diese Geschwindigkeit soll mit v bezeichnet werden. In der Literatur sind für viele Beispiele Beziehungen zwischen k_m und v angegeben. Im allg. ist der Exponent m von

$$k_m \sim v^m \qquad (7.2.1-2)$$

bekannt (im allg. $0{,}3 < m < 0{,}8$).

Auftragung von $1/J$ gegen $1/v^m$ ergibt eine Gerade. Von dieser Geraden können k_{eff} und k_m durch Extrapolation auf $v \to \infty$ und $k_m \to \infty$ erhalten werden, s. Abb. 7.2.1–1.

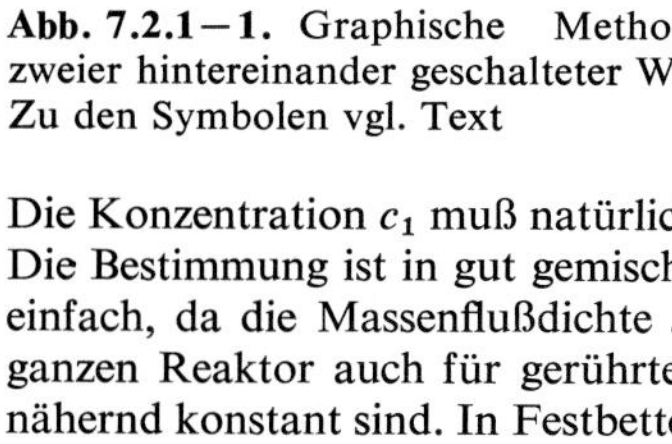

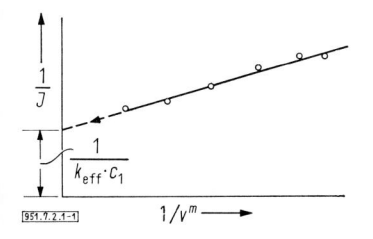

Abb. 7.2.1–1. Graphische Methode zur Trennung zweier hintereinander geschalteter Widerstände
Zu den Symbolen vgl. Text

Die Konzentration c_1 muß natürlich ermittelt werden. Die Bestimmung ist in gut gemischten Rührbehältern einfach, da die Massenflußdichte J und c_1 über den ganzen Reaktor auch für gerührte Suspensionen annähernd konstant sind. In Festbetten und vielen anderen Reaktortypen treten jedoch Konzentrationsgradienten auf. Für Rohrreaktoren mit bekannter axialer Vermischung liefern Gl. (5.5.2–3) und (5.5.2–4), auf das ganze Bett angewendet, die Raumreaktionsgeschwindigkeitskonstante k_1:

$$\frac{1}{k_1} = \frac{1}{k_m S} + \frac{1}{k_{eff} S} \qquad (7.2.1-3)$$

k_m und k_{eff} können dann für verschiedene Werte der Strömungsgeschwindigkeit v_0 aus der Konzentration c am Ausgang des Rohres ermittelt werden (wenn k_1 über das Bett konstant ist).

Eine Analyse dieser Art ermöglicht eine Unterscheidung zwischen maßstabsabhängiger und -unabhängiger Geschwindigkeitskonstanten.

c) *Analyse von Reaktionen im Kern der fluiden Phase.* Wenn sich ein Feststoff in einem Flüssigkeitsstrom löst oder wenn er in einen Gasstrom verdampft, wo er anschließend reagiert, kann die Theorie von Abschn. 3.3.1 angewendet werden.

Drei physikalische Parameter haben primäre Wichtigkeit: Die gesamte Oberfläche des Feststoffes (A), die Gleichgewichtskonzentration (c_0) des Feststoffes in der fluiden Phase und der Diffusionskoeffizient (D) des Feststoffs in dieser Phase. Diese Größen können unter Bedingungen bestimmt werden, bei denen keine Reaktion stattfindet.

Danach sollte die Kernkonzentration c_1 unter Reaktionsbedingungen ermittelt werden. (Für Reaktoren mit axialer Vermischung können die Berechnungen von Abschn. 5.5.2 verwendet werden.) Anschließend wird die Fließ- oder Rührgeschwindigkeit verändert, um den Einfluß des Stoffübergangs zu bestimmen. Auch die Oberflächengröße kann verändert werden. Aus diesen Experimenten kann man schließen, welche der in Abschn. 3.3.1 beschriebenen Situationen zutrifft. Durch Anwendung der zutreffenden Formel können die wesentlichen Geschwindigkeitskonstanten gefunden werden.

7.2.2. Flüssig-Flüssig- und Gas-Flüssig-Reaktionen

Zur Analyse einer Flüssig-Flüssig- oder Gas-Flüssig-Reaktion muß man zunächst bestimmen, in welcher Phase die Reaktion stattfindet. Ist dies bekannt, muß man ermitteln, welche Komponenten übergehen. Für diese Komponenten benötigt man Phasengleichgewichtsbeziehungen (HENRY-Koeffizienten oder Verteilungskoeffizienten).

Findet die Reaktion nur in einer Phase statt, kann der Stoffübergang in der anderen (inerten) Phase getrennt untersucht werden. Der Gesamtprozeß des Stoffüberganges und der Reaktion kann folgendermaßen dargestellt werden:

$$\Phi_m = \frac{c'_1}{\frac{1}{k'_m A} + \frac{m}{k_{eff} A}} \qquad (7.2.2-1)$$

Hierin beziehen sich k'_m und c'_1 auf die inerte Phase, m ist der Verteilungskoeffizient.

Auf diese Weise erhält man das Produkt $k_{eff} A$. Wenn es nicht möglich ist, die Grenzfläche A im Versuchsreaktor zu bestimmen, muß man dieselbe Reaktion unter Bedingungen untersuchen, bei denen die Grenzfläche genau bekannt ist. Drei Apparatetypen sind für diesen Zweck üblich:

1. Ein fallender Film auf einem zylindrischen Rohr (meistens auf der äußeren Oberfläche),

2. ein fallender Strahl, der in einem dünnen Rohr „eingefangen“ ist,
3. ein langsam gerührter Behälter, in dem die Grenzfläche eine horizontale Ebene ist.

In diesen Modellreaktoren muß man ermitteln, welcher Reaktionstyp vorherrscht (vgl. Abschn. 3.3.1). Ist das bekannt, können die Geschwindigkeitskonstante k_1 und der Diffusionskoeffizient D bestimmt werden. (Wenn die Reaktion eine chemisch beschleunigte Absorption ist, findet man $\sqrt{k_1 D}$. Durch einen Versuch mit rein physikalischer Absorption in einem Strahl kann D ermittelt werden.)

Durch Veränderung der hydrodynamischen Bedingungen im Versuchsreaktor ist es dann im allg. möglich, den dort vorherrschenden Reaktionstyp zu bestimmen. Mit den Werten k_1 und D, die im Modellreaktor ermittelt wurden, kann man sogar die Grenzfläche A im Versuchsreaktor finden. Auf diese Weise kann der im Versuchsreaktor ablaufende Prozeß vollständig analysiert werden. Diese indirekte Methode wird auch verwendet, um die Größe der Grenzfläche in gerührten Blasenapparaten unter verschiedenen hydrodynamischen Bedingungen zu bestimmen [R 7]. Sie hat einen Nachteil: Man muß sicher sein, daß die chemische Reaktion und die Dispersion und Koaleszenz völlig unabhängig voneinander sind. Vgl. auch DANCKWERTS [D 2].

7.3. Wahl des Reaktortyps

7.3.1. Einführung

Wie schon in Abschn. 7.1 gesagt wurde, muß der Reaktortyp, der später in der technischen Anlage verwendet werden soll, schon in einem frühen Stadium der Prozeßentwicklung ausgewählt werden. Für diese Auswahl benötigt man drei Arten von Daten:

a) Kinetische Daten über die chemische Reaktion,
b) Daten über die physikalischen Eigenschaften der reagierenden Komponenten, der Reaktionsprodukte, Lösungsmittel usw.,
c) Angaben über die gewünschte Produktion und die gewünschte Produktzusammensetzung (Reinheit usw.).

Bei der Reaktorauswahl kann man nicht völlig systematisch vorgehen. Jedoch sollten folgende Schritte ausgeführt werden:

Zusammenstellung der Anforderungen, welche die Reaktorwahl beeinflussen können.

Festsetzung einer Präferenz-Reihenfolge auf qualitativer Basis.

Planung möglichst mehrerer Kompromißlösungen hinsichtlich der verschiedenen Anforderungen. Die Reaktorauswahl sollte auf einem quantitativen Vergleich zwischen diesen Kompromissen beruhen.

Die Reaktorauswahl wird in erster Linie durch folgende Merkmale in der angegebenen Reihenfolge bestimmt:

1. Wärmeübergang,
2. Stoffübergang,
3. Umsatz und Selektivität.

Neben diesen Punkten, auf die sich die nächsten drei Abschnitte beziehen, können natürlich auch noch andere Gesichtspunkte für die Wahl des Reaktortyps eine Rolle spielen.

7.3.2. Bedeutung des Wärmeübergangs für die Reaktorwahl

Sind die Reaktionswärme und die Reaktionsbedingungen bekannt, so läßt eine Analyse nach Gl. (4.1 – 1) die Wärmebilanz erkennen. Für $\Theta \gg 1$ muß ein beträchtlicher Teil der Reaktionswärme abgeführt (oder zugeführt) werden. Die Möglichkeiten für die Wärmezu- oder -abführung sind für Gase und Flüssigkeiten ganz verschieden.

Für *gasförmige Reaktionsmedien* bestehen folgende Möglichkeiten:

a) Wärmeübergang zwischen dem Gasstrom und den Reaktorwänden (oder Rohren innerhalb des Reaktors),
b) Erhöhung der Wärmeabführung durch Anwendung einer Wirbelschicht,
c) direkter Wärmeaustausch mit einer zweiten Phase im Reaktor, z. B. einer flüssigen Phase, einem Strom fester Teilchen oder einem Festbett, das als Regenerator wirkt.

Die Wirksamkeit des Wärmeübergangs nimmt von a nach c zu. Bei exothermen Reaktionen in der Gasphase, die isotherm verlaufen sollen, sind eine Wirbelschicht oder die direkte Kühlung mit Flüssigkeiten die beste Kühlmethode. Bei der Kühlung mit Flüssigkeiten können große Wärmeübergangsflächen und Wärmeübergangskoeffizienten erzielt werden. Wegen der großen Wärmekapazität der Flüssigkeit kann man die Temperatur sehr gut unter Kontrolle halten. Durch eine verdampfende Flüssigkeit kann der Kühleffekt noch erhöht werden.

Endotherme Reaktionen (wie Crackreaktionen) sind viel einfacher zu beherrschen. Sie werden häufig in Rohrbündeln ausgeführt, wobei die Rohrwand insgesamt groß ist. Daneben gibt es Beispiele für endotherme Reaktionen, die in Wirbelschichten ausgeführt werden.

Für *Reaktionen in flüssiger Phase* sind folgende hauptsächlichen Möglichkeiten für den Wärmeaustausch gegeben:

a) Wärmeaustausch durch die Reaktorwände oder durch Kühlrohre,
b) Verdampfung eines Lösungsmittels (oder Kondensation),
c) Kühlung der Zuflüsse beträchtlich unter die Reaktionstemperatur,
d) Wärmeaustausch mit einer zweiten Flüssigkeit (die sich mit der anderen nicht vermischt).

Verdampfung eines Lösungsmittels ist der beste Weg, um große Wärmemengen abzuführen und gleichzeitig die Reaktionstemperatur konstant zu halten. Man kann das Lösungsmittel und den Reaktionsdruck so wählen, daß sich die gewünschte Temperatur automatisch durch Sieden des Lösungsmittels einstellt (vgl. Abschn. 4.3). Der aufsteigende Dampfstrom kann so groß werden, daß er den Querschnitt des Reaktors bestimmt und z. B. einen horizontalen Zylinder erforderlich macht.

Ist diese Methode nicht anwendbar, so kommt Wärmeabführung durch die Reaktorwände und Kühlrohre in Frage. Die erforderliche spezifische Oberfläche S ergibt sich aus folgender Beziehung:

$$S = \frac{\Theta - 1}{A \tau \Theta_c} \qquad (7.3.2-1)$$

Θ ist durch Gl. (4.1 – 1) definiert. $A = \alpha / C_p \varrho$, wobei α der Wärmeübergangskoeffizient, C_p die spezifische Wärme und ϱ die Dichte des Reaktionstromes ist. In der Praxis hat A die Größenordnung 10^{-4} m/s für nicht viskose Flüssigkeiten (mit Ausnahme flüssiger Metalle). τ ist die mittlere Verweilzeit der Flüssigkeit im Reaktor und Θ_c das Verhältnis des Logarithmus der mittleren Temperaturdifferenz (zwischen Reaktor- und Wärmetransportmedium) zum Temperaturanstieg $(T_1 - T_0)$ des Reaktionsstromes innerhalb des Reaktors. Θ_c hat häufig die Größenordnung 1.

Für eine gegebene Reaktion läßt sich der erforderliche Wert S leicht berechnen. Hat dieser Wert die Größenordnung $4/d_t$ oder kleiner (d_t = Behälterdurchmesser), so bietet die Reaktorwand genügend Fläche für den Wärmetransport. Diese Bedingung ist offensichtlich bei kleinerem Maßstab eher als bei großem Maßstab erfüllt.

Wenn S wesentlich größer als $4/d_t$ ist, so sind gesonderte Flächen für die Wärmeabführung erforderlich. Für Kühlrohre (Rohrdurchmesser d_0) gilt

$$S = \frac{4\beta}{d_0} \qquad (7.3.2-2)$$

Der Bruchteil β des Flüssigkeitsvolumens, das durch Kühlrohre ersetzt wird, beträgt selten mehr als 10%. Ein Vorteil der inneren Kühlung besteht darin, daß die spezifische Oberfläche von Kühlrohren wenig vom Maßstab der Operation abhängt, und daß $0{,}4/d_0$ im allg. viel größer als $4/d_t$ ist, zumindest für große Reaktionsbehälter.

Durch Einsetzen typischer Werte für die Variablen erhält man eine Vorstellung über den maximal zulässigen Wert von Θ in einem Rührbehälter mit Kühlrohren. Beispiel: Für $d_0 = 2{,}5 \cdot 10^{-2}$ m, $\beta = 0{,}1$, $\tau = 10^3$ s, $A = 2 \cdot 10^{-4}$ m/s, $\Theta_c = 1$ erhält man $\Theta = 4{,}2$. Ist das tatsächlich erhaltene Θ sehr viel größer, so muß man einen größeren Reaktor nehmen (Zunahme von τ) oder einen anderen Weg für die Wärmeabführung einschlagen.

Ein spezielles Kühlverfahren ist die Einspritzung von kalter Flüssigkeit.

Liegt die Temperatur des Reaktionsmediums genügend hoch über der Temperatur der Kühlflüssigkeit, so ist es am einfachsten, den Reaktorinhalt durch einen äußeren Wärmeaustauscher zu zirkulieren. Nachteilig ist dabei, daß ein Teil des Reaktors (im äußeren Kreislauf) bei niedrigerer Temperatur und Pfropfenfluß betrieben wird.

Wenn die Wärmeaustauscheinrichtungen für den Reaktor teuer sind (z. B. bei viskosen Medien), kann es zweckmäßig sein, den Zufluß mit einem Kältemittel zu kühlen. Ein Nachteil dieser Methode, abgesehen vom Kostenaufwand, ist eine herabgesetzte thermische Stabilität des Reaktors verglichen mit einem äußerlich gekühlten Reaktor (vgl. Abschn. 4.5.2 und 4.5.3).

Der Wärmeaustausch zwischen zwei sich nicht vermischenden Flüssigkeiten hat viele praktische Vorteile [S16]. Er ist jedoch nur in einzelnen Fällen anwendbar, wenn keine Gefahr für eine Beeinflussung der Reaktion besteht.

7.3.3. Bedeutung des Stoffübergangs für die Wahl des Reaktortyps

Bei heterogenen Reaktionen ergibt sich die über die Grenzfläche zu transportierende Stoffmenge aus stöchiometrischen Überlegungen. Das Phasengleichgewicht wird durch die Reaktionsbedingungen bestimmt. Diese Daten liefern das erforderliche Produkt aus Stoffübergangszahl und Oberfläche. Für jede Art Phasenkontakt kann man die Stoffübergangszahl annähernd schätzen (Abschn. 2.2 und 2.3). Aus diesen Überlegungen folgt daher die erforderliche Grenzfläche, die sowohl die Größe als auch den Typ des Reaktors bestimmen kann. Hier sollen nur Gas-Fest-, Gas-Flüssig- und Gas-Flüssig-Fest-Systeme kurz betrachtet werden.

In *Gas-Fest-Systemen* ist der Feststoff gewöhnlich die dispergierte Phase. Die wichtigsten Variablen sind dann die Dimension der festen Teilchen, das Rückvermischen und die Größe des Reaktors. Beim Vergleich einer Wirbelschicht und eines Festbettes ist der Stoffübergang in der Wirbelschicht viel größer. Dieser Effekt wird teilweise durch das Rückvermischen in der Wirbelschicht wieder aufgehoben. Für sehr hohe Umsätze kann daher der Festbettreaktor ein kleineres Volumen haben. Im allg. ist jedoch der Wirbelschichtreaktor kleiner (wobei immer vorausgesetzt ist, daß der Reaktor durch den Stoffübergang bestimmt wird) (Abschn. 2.3.2 und 2.3.3).

Bei *Gas-Flüssig-Reaktionen* kann jede der beiden Phasen als kontinuierliche Phase gewählt werden. Wenn die erforderliche Grenzfläche viel größer ist, als sie durch einfachen Gegenstrom in einer Füllkörper- oder Blasenkolonne erreicht werden kann, so ist der Rührbehälter ein geeigneter Reaktortyp. Der Gasvolumenanteil und daher auch die Grenzfläche können unabhängig von der Geschwindigkeit des Gas- oder Flüssigkeitsstromes eingestellt werden. Die einzige andere Einrichtung, mit vergleichbarem Stoffübergang, ist die Füllkörperkolonne mit Gleichstrom von Gas und Flüssigkeit, die beide im Kreislauf geführt werden (Abschn. 2.2.1).

Natürlich ist wichtig, welche der beiden Phasen den größeren Stoffübergangswiderstand hat. Im allg. ist es die Flüssigkeit. Daher wird meistens die Flüssigkeit als kontinuierliche Phase gewählt (weil die Stoffübergangszahlen außerhalb dispergierter Teilchen häufig größer als innerhalb sind).

Häufig benötigt man keine großen Volumen beider Phasen, aber eine große Grenzfläche. In diesem Fall ist der Rührbehälter im allg. die beste Einrichtung. Ist jedoch das Produkt aus Stoffübergangskoeffizient in der flüssigen Phase und Grenzfläche wesentlich, so kann die Blasen- oder Füllkörperkolonne besser sein.

Bei *Fest-Flüssig-Gas-Reaktionen* gibt es zwei Grenzflächen. Ist der Stoffübergang über die Fest-Flüssig-Grenzfläche geschwindigkeitsbestimmend, so führt eine Suspension des feinverteilten Feststoffes zu einem kleinen spezifischen Reaktorvolumen. Die Gasphase muß durch die Flüssigkeit hindurchgeleitet werden. Ist der Flüssig-Gas-Stoffübergang der geschwindigkeitsbestimmende Schritt, so gelten dieselben Überlegungen, wie oben angegeben. In beiden Fällen wird ein gerührter oder nicht gerührter Blasenkontaktapparat die optimale Lösung sein, solange der Stoffübergang geschwindigkeitsbestimmend ist (Abschn. 2.3.5).

7.3.4. Bedeutung des Umsatzes und der Selektivität für die Wahl des Reaktortyps

Wird der Reaktortyp nicht durch den Wärme- und Stoffübergang eindeutig festgelegt, so kann man andere Gesichtspunkte berücksichtigen, wie einen höheren Umsatz oder eine bessere Selektivität.

Häufig wird es nicht möglich sein, alle Anforderungen mit einem Reaktor zu erfüllen. Es kann dann zweckmäßig sein, zwei (oder mehr) Reaktoren von verschiedenem Typ hintereinander zu schalten.

Ein sehr hoher Umsatz kann die Verwendung eines Kolbenflußreaktors erfordern. Wenn während der Reaktion viel Wärme frei wird, ordnet man oft einen Rührbehälter und einen Rohrreaktor hintereinander an. Der Hauptteil der Wärme wird im Rührbehälter abgeführt, während ein hoher Umsatz im Rohrreaktor erzielt wird (Abschn. 5.3.1).

Der Gesichtspunkt der Selektivität ist für die Wahl eines Reaktortyps sehr viel komplexer, kann aber sehr wichtig sein. Dies soll an Hand einiger Beispiele illustriert werden:

Wenn das Reaktionsprodukt zu Zersetzung neigt, wird ein Kolbenflußreaktor vorgezogen. Da für einen guten Wärme- und Stoffübergang Rührbehälter vorzuziehen sind, ist der beste Kompromiß gewöhnlich Hintereinanderschaltung von drei bis fünf Rührbehältern (Abschn. 5.3.2).

Bei heterogenen Reaktionen kann die Selektivität durch Erhöhung des Verhältnisses der beiden Stoffübergangskoeffizienten k_{m_1}/k_{m_2} in beiden Phasen verbessert werden. Phase 1 soll dabei die kontinuierliche Phase sein, in der Phase 2 dispergiert ist (vgl. S. 278).

Bei heterogenen Reaktionen, bei denen das Reaktionsprodukt in eine zweite Phase überführt wird, kann eine Weiterreaktion des Produktes in beiden Phasen stattfinden. In diesem Fall ist eine Gegenstrom-Betriebsweise vorzuziehen (Abschn. 6.6). Die Gleichgewichtsverhältnisse sollten so sein, daß das Reaktionsprodukt sich bevorzugt in der zweiten Phase löst, so daß für diese Phase ein kleines Volumen ausreicht.

7.4. Entwurf größerer Reaktoren

Nachdem eine Reaktion im Laboratoriumsmaßstab untersucht (Abschn. 7.2) und der Typ des zukünftigen größeren Reaktors festgelegt wurde (Abschn. 7.3), kann man mit dem ersten Entwurf des größeren Reaktors beginnen. Diese Aufgabe ist nicht allein ein Problem des scale up, da der große Reaktor nicht immer in kleinerem Maßstab imitiert werden kann.

Der Entwurf größerer Reaktoren erfordert drei Tätigkeiten:

1. Den Entwurf von Reaktoren (auf Papier), die unter verschiedenen Bedingungen arbeiten,
2. Pilot plant-Untersuchungen der Reaktion unter verschiedenen Bedingungen,
3. experimentelle Untersuchungen von Transportphänomenen (ohne Reaktion) in Reaktormodellen.

Die Pilot plant-Untersuchungen müssen so ausgeführt werden, daß die Effekte der Reaktionskinetik und der Transportphänomene getrennt bestimmt werden können (Abschn. 7.2). Es ist nicht immer erforderlich, die Reaktion in Pilot-Anlagen verschiedener Größe zu untersuchen. Der Einfluß der Reaktorgröße auf davon abhängige Parameter kann in Reaktormodellen ermittelt werden, die sogar nur eine Betriebsgröße zu haben brauchen. Man benötigt hierfür dimensionslose Gruppen der Parameter. Der Ablauf ist kurz folgendermaßen:

Für einen größeren Reaktor soll ein Transportparameter, z. B. ein Stoffübergangskoeffizient, ein axialer Diffusionskoeffizient oder eine Vermischungszeit vorausgesagt werden. Diese abhängige Variable werde mit y bezeichnet.

Zunächst muß ermittelt werden, von welchen unabhängigen Variablen y abhängen könnte. Das sind z. B. die Fließgeschwindigkeit v, die Viskosität η und die Dichte ϱ einer Flüssigkeit, der Diffusionskoeffizient D einer Komponente in der Flüssigkeit, die Oberflächenbespannung σ der Flüssigkeit, die Erdbeschleunigung g, ein charakteristischer Durchmesser d.

Als zweites muß man die Dimensionen jeder Variablen betrachten. Können die Dimensionen dieser acht Variablen in drei Grundeinheiten ausgedrückt werden (Länge, Masse, Zeit), dann müssen $8-3=5$ dimensionslose Gruppen gebildet werden, z. B.:

$$\left(\frac{y}{v}\right), \quad \left(\frac{\varrho v d}{\eta}\right), \quad \left(\frac{\eta}{\varrho D}\right), \quad \left(\frac{v^2}{g d}\right), \quad \left(\frac{\varrho \sigma^3}{g \eta^4}\right) \tag{7.4-1}$$

Dabei wird angenommen, daß y die Dimension m/s hat.

Die unbekannte Beziehung zwischen der abhängigen Variablen y und den sieben unabhängigen Variablen kann zu einer Beziehung zwischen diesen fünf dimensionslosen Gruppen vereinfacht werden. Tatsächlich gibt es dann nur noch vier unabhängige Variable. Untersucht man y experimentell als Funktion von z. B. ϱ, v, η und σ, so kann die gewünschte Beziehung ermittelt werden. Sie gilt für jeden Größenmaßstab.

Gibt es mehr als eine charakteristische Länge, so erhöht sich die Anzahl der dimensionslosen Gruppen entsprechend. Man muß dann alle Gruppen mit Ausnahme von einer verändern. Können einige physikalische Eigenschaften, wie ϱ und σ, nicht stark variiert werden, so muß man bei der Übertragung die anderen Variablen so verändern, daß die dimensionslosen Gruppen konstant bleiben.

Die gefundene empirische Beziehung zwischen den dimensionslosen Gruppen gilt nur innerhalb des Bereiches, der experimentell untersucht wurde. Sie können ohne theoretische Überlegungen nicht extrapoliert werden! Eine Bestimmung von y als Funktion nur linearer Dimensionen ist für die Voraussage von y für einen größeren Maßstab immer unzureichend.

Ein ähnlicher Weg muß für alle anderen abhängigen Variablen eingeschlagen werden. Näheres zur Anwendung von Reaktormodellen und der Dimensionsanalyse vgl. z. B. JOHNSTON, THRING [J4], s. a. den Beitrag „Dimensionslose Gruppen usw.“, ds. Bd., S. 197.

Übersteigt die Anzahl der abhängigen Variablen die Zahl der unabhängigen, die frei gewählt werden können — solche Fälle sind keineswegs selten — so kann der Prozeß nicht übertragen werden. Ein einfaches Beispiel ist die Blasenkolonne, bei der es offensichtlich unmöglich ist, gleichzeitig dasselbe Verhältnis zwischen Gas- und Flüssigkeitsbelastung, dieselbe Verweilzeit der Flüssigkeit und denselben Gasvolumenanteil bei verschiedenen Größen der Kolonne aufrecht zu erhalten.

Aus diesem Dilemma führen zwei Wege. Der eine besteht darin, den Einfluß aller dimensionslosen unabhängigen Variablen zu untersuchen und der erforderlichen Extrapolation besondere Sorgfalt zu widmen. Kann man die Natur der Phänomene deuten, kann man das Ergebnis einer Extrapolation theoretisch abschätzen.

Der zweite Weg ist die Konstruktion einer größeren Anlage, die sich aus einer großen Zahl kleiner Einheiten zusammensetzt. Diese Lösung ist natürlich kostspielig, aber gelegentlich die einzige Möglichkeit. Gut bekannte Beispiele sind mit granuliertem Katalysator gefüllte Rohrbündel, Zyklonbatterien, Elektrolysezellen.

Bisher wurde angenommen, daß a priori bekannt ist, welche Variablen den Prozeß beeinflussen. Das ist aber keineswegs immer der Fall. Natürlich kann man nicht voraussagen, bei welchen Prozeßtyp unerwartete Phänomene auftreten. Jedoch können einige Anhaltspunkte gegeben werden:

Bei einem Prozeß mit Feststoffen gibt es eine ganze Anzahl von Variablen, die nicht immer als solche erkannt werden: Form und Größenverteilung der Teilchen, elektrostatische Kräfte zwischen den Teilchen und Metallwänden, Neigung zum Agglomerieren usw.

Spielen Oberflächenphänomene eine Rolle, die man nicht übersehen kann, so ist die Übertragung riskant. Beispiele: Abscheidung von Feststoffen auf Wänden, Verunreinigung des Reaktionsmediums durch Korrosion, Abrieb von suspendierten Katalysatoren usw.

Ein wesentlicher Faktor, der oft nicht beachtet wird, sind die mechanischen und chemischen Eigenschaften des Reaktorwerkstoffs. Beispiel: Ein großer Reaktor für eine exotherme Reaktion unter Druck benötigt Wände, die einer mechanischen Beanspruchung ausgesetzt sind, die in kleineren Anlagen nicht auftritt. Das kann zu einer erhöhten Korrosion und damit zu einer Erhöhung der erforderlichen Wanddicke führen, was eine Begrenzung der Wärmeabführung zur Folge hat.

Einige Prozesse sind so komplex, daß es unmöglich ist, alle Variablen zu trennen oder sie genügend unter Kontrolle zu halten. Biochemische Prozesse können z. B. in diese Kategorie fallen.

In solchen Fällen kann es richtig sein, eine große Pilot-Anlage zu bauen, um herauszufinden, welche Probleme bei einer großen Anlage zu erwarten sind. Derartige Prozesse werden sehr wahrscheinlich auch später bei einer noch größeren Anlage wieder zu Überraschungen führen.

7.5. Optimierung

7.5.1. Optimierung von Entwürfen

Der Ausdruck Optimierung kann auf einen Entwurf oder auf eine bestehende Anlage angewendet werden.

Bei jedem Entwurf gibt es eine Anzahl unabhängiger Variablen. Einige dieser Variablen sind durch die Natur des Prozesses gegeben (wie die physikalischen Eigenschaften der Komponenten), andere können frei gewählt werden. Die zuletzt genannten werden als Entwurfvariablen bezeichnet. Ein sehr wesentliches Problem bei der Prozeßentwicklung ist die Wahl dieser Entwurfvariablen. Im bisherigen Text wurde angenommen, daß die günstigsten Betriebsbedingungen im voraus bekannt sind, daß sie also hinsichtlich einer Zielfunktion, wie maximale Selektivität, minimale Kosten usw., optimal sind.

Bei komplizierteren Entwürfen, wie sie ein Reaktor im allg. darstellt, ist die Optimierung ein eigenes Problem. Verschiedene Methoden sind bekannt, um die optimalen Betriebsbedingungen zu finden (vgl. hierzu den Beitrag „Optimierung“, ds. Bd.). Sie sollen hier nur kurz angedeutet werden.

Der erste Schritt ist die Bestimmung der Grenzen des Systems, das optimiert werden soll. Für einen Reaktor mit einmaligem Durchgang (one pass-reactor) ist das zu optimierende System der Reaktor selbst. Werden die nicht umgesetzten Reaktionsteilnehmer oder ein Lösungsmittel, ein Katalysator usw. über eine Reinigungsstufe zurückgeführt, so ist der ganze Kreis das zu optimierende System.

Der zweite Schritt besteht in der Festlegung der Zielfunktion. Häufig, aber nicht immer, sind es Kosten, z. B. die Summe der festen und variablen Kosten (vgl. dazu auch Abschn. 7.1). Das eigentliche Optimierungsproblem besteht darin, das Maximum (oder Minimum) der Zielfunktion in Abhängigkeit von den Entwurfvariablen zu ermitteln. Die dafür erforderliche Funktion erhält man aus Versuchen oder theoretischen Überlegungen, wie sie in Kap. 2 bis 6 behandelt wurden.

Bei nur einer Entwurfvariablen ist das Optimum leicht zu finden, entweder durch Differentiation oder graphische Methoden. Ein typisches Beispiel ist folgendes:

Eine Reaktion erster Ordnung soll in einer Kaskade gut gemischter Rührbehälter ausgeführt werden. Der Endumsatz soll 96% betragen. Der Preis des Behälters soll proportional dem Volumen hoch 2/3 sein. Welche Behälteranzahl entspricht dem Minimum an Investitionskosten?

Ist die mittlere Verweilzeit in jedem Reaktor τ, so ist der Preisfaktor P gegeben durch

$$P = N \cdot \tau^{2/3} \qquad (7.5.1-1)$$

Der Zusammenhang zwischen Anzahl der Behälter N, Verweilzeit τ und Umsetzungsgrad geht aus Gl. (5.3.2–2) hervor. Eliminierung von τ und anschließende Differentiation liefert für $\mathrm{d}P/\mathrm{d}N = 0$:

$$N(x^{1/N} - 1) = 2/3\, x^{1/N} \cdot \ln x \qquad (7.5.1-2)$$

mit

$$x = \frac{1}{1-\zeta_1}$$

Für $x = 25$ erhält man abgerundet $N = 4$. (ζ_1 ist der durch Gl. 5.2.1–4 definierte Umsetzungsgrad.)

Gibt es mehrere Entwurfvariablen, so ist die Optimierung ein wesentlich komplizierteres Problem. Der einfachste Weg ist die Optimierung von einer Entwurfvariablen nach der anderen, wobei die anderen konstant gehalten werden. Jedoch kann dieser Weg zu einem falschen Optimum führen.

Besser ist die *Methode des steilsten Anstieges*. Für zwei Entwurfvariablen ist sie in Abb. 7.5.1–1 dargestellt. x und y sollen die Entwurfvariablen sein. Die geschlossenen Kurven stellen konstante Werte der Zielfunktion F dar. Der Punkt 0 ist das Optimum. Durch kleine Änderungen von x und y findet man $(\partial F/\partial x)_y$ und $(\partial F/\partial y)_x$. Man kann zeigen, daß x und y in einer Richtung geändert werden sollten, die durch

$$\frac{\Delta y}{\Delta x} = \frac{\left(\frac{\partial F}{\partial y}\right)_x}{\left(\frac{\partial F}{\partial x}\right)_y} \qquad (7.5.1-3)$$

gegeben ist. An einem neuen, in dieser Richtung liegenden Punkt wird der Schritt wiederholt. Man folgt auf diese Weise einem Weg, der immer senkrecht auf den Kurven steht, die gleiche F-Werte verbinden. Die Methode ist dem Anstieg auf einen Berg vergleichbar, bei dem man immer der Richtung des steilsten Anstiegs folgt. Auf diese Weise wird immer ein Gipfel erreicht werden. Jedoch können mehr als ein Gipfel vorhanden sein. Man erreicht daher nicht immer den höchsten Punkt.

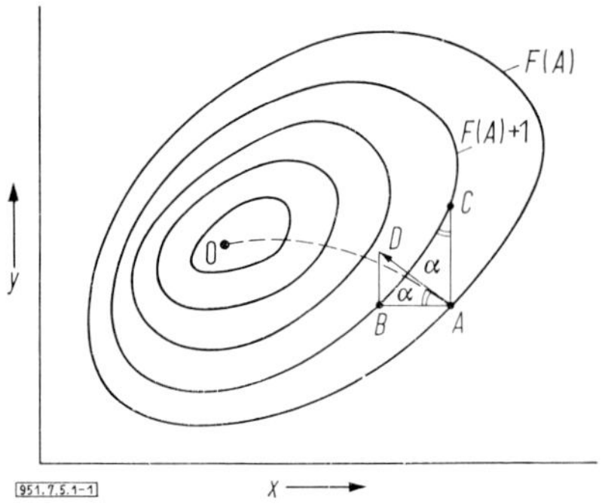

Abb. 7.5.1–1. Methode des steilsten Anstiegs für zwei Variablen x und y

Richtung des steilsten Anstiegs: AD

$$-\frac{\partial F}{\partial x} = \frac{1}{AB} \quad \text{und} \quad \frac{\partial F}{\partial y} = \frac{1}{AC}$$

$$\frac{\Delta y}{\Delta x} = \frac{DB}{BA} = \tan\alpha = \frac{BA}{AC} = -\frac{\partial F}{\partial Y} \cdot \frac{\partial F}{\partial x}$$

Weg des steilsten Anstiegs: AO

Besteht das zu optimierende System aus einem Netzwerk verschiedener Operationen, so sind für die Optimierung verschiedene Methoden bekannt. Wenn alle Prozesse linear sind, so kann die Methode des linearen Programmierens verwendet werden [R 13]. Sie ist für chemische Reaktoren selten brauchbar.

Bei hintereinandergeschalteten nichtlinearen Prozessen ist die Methode der dynamischen Programmierung anzuwenden. Sie basiert auf der These von BELLMAN [B 10]:

"An optimal policy has the property that whatever the initial state and the initial decisions are, the remaining decisions must constitute an optimal policy with the regard to the state resulting from the first decision."

Übersetzt ergibt sich etwa folgende Formulierung: „Eine optimale Politik für einen mehrstufigen Prozeß ist definiert durch eine Entscheidungsfolge, in welcher die Entscheidungen von einer beliebigen Stufe ab bis zum Ende des Prozesses wieder eine Folge von optimalen Entscheidungen bezüglich dieser restlichen Stufen bilden."

Übertragen auf die Verhältnisse bei kontinuierlichen Fließsystemen kann diese These folgendermaßen formuliert werden [R 13]:

„Ein acyclisches System ist optimiert, wenn die Komponenten stromabwärts an jeder Stelle nach den Komponenten stromaufwärts optimiert sind."

Dieses logische Prinzip kann enorm viel Arbeit bei der Optimierung von aus Folgeoperationen bestehenden Systemen einsparen. Es wurde von ARIS [A 3] auf Reaktoren angewendet.

Einführung in die verschiedenen Optimierungsmethoden s. RUDD, WATSON [R 13], vgl. auch ds. Bd., S. 361, und [B 11].

7.5.2. Optimierung bestehender Anlagen

Gegenüber der Optimierung von Entwürfen bestehen zwei Unterschiede:

1. Die Zahl der Betriebsvariablen ist kleiner als die Zahl der Entwurfvariablen,
2. die Zielfunktion kann genauer bestimmt werden, als dies im allg. während der Entwurfphase möglich ist.

Der enorme Vorteil bei Verwendung eines Anlagereaktors zur Sammlung genauer Informationen über den Prozeß wird häufig übersehen. Das Risiko der Extrapolation auf einen größeren Maßstab fehlt. Ferner ist ein Anlagereaktor häufig mit besseren Meßeinrichtungen versehen als die Versuchsanlage. Darüberhinaus läuft ein Anlagereaktor lange Zeit unter den gleichen Bedingungen; man hat mehr Zeit, um alle wesentlichen Variablen zu messen, und kann auf diese Weise eine Genauigkeit der empirischen Beziehungen erhalten, die in Pilot-Anlagen oder Laboratoriumseinrichtungen selten erreicht wird.

Andererseits können Experimente in Produktionsanlagen zu einem Produktionsverlust führen, der recht kostspielig sein kann. Diese Gefahr wird häufig übertrieben. Erstens werden neue Anlagen selten mit der Kapazität betrieben, die geplant war, da Anlagen im allg. für eine Überkapazität gebaut werden. Zweitens brauchen die Experimente nicht immer die Produktion zu gefährden. Die Methode des steilsten Anstieges ist für Produktionssysteme sehr brauchbar. Natürlich ist sie nur erfolgreich, wenn kleine Änderungen der Operationsvariablen meßbare Änderungen der Zielfunktion zur Folge haben.

Nach einem Vorschlag von VAN DER GRINTEN [G 8] werden alle zufälligen Änderungen der Betriebsvariablen für die Optimierung ausgenutzt. Eine Auswertung kontinuierlicher Messungen der abhängigen und unabhängigen Variablen durch Korrelationsmethoden liefert dF/dx, dF/dy usw. Aus Gl. (7.5.1 − 3) ergibt sich die Richtung der gewünschten Änderung. Nach einer entsprechenden kleinen Änderung wird der stationäre Zustand untersucht und die Operation wiederholt. Man kann auf diese Weise das Optimum erhalten, ohne die Produktion zu gefährden.

8. Literatur

[A 1] R. ARIS: Introduction to the analysis of chemical reactors, Prentice Hall, Hemel Hempstead 1965; DERSELBE: Elementary chemical reactor analysis, Prentice Hall, Hemel Hempstead 1969 (S. 193, 231, 250, 252, 306).

[A 2] G. ASTARITA: Mass transfer with chemical reaction, Elsevier, Amsterdam 1967.

[A 3] R. ARIS: The optimal design of chemical reactors, Academic Press, New York 1961.

[A 4] N. AMUNDSON, R. ARIS, Chem. Engng. Sci. *7*, 121 (1958) (vgl. auch [A 1]).

[A 5] O. A. ASBJØRNSEN in Proc. 4th Europ. Symp. Chem. Reaction Eng., Brüssel 1968.

[B 1] W. BRÖTZ: Chemische Reaktionstechnik, Verlag Chemie, Weinheim 1958.

[B 2] R. S. BRODKEY in: Mixing (Ed. V. W. UHL, J. B. GRAY), Bd. 1, S. 64, Academic Press, New York 1966.

[B 3] R. H. BATES, P. L. FONDY, J. G. FENIC in: Mixing (s. [B 2]), Bd. 1, S. 112.

[B 4] W. J. BEEK, De Ingenieur *1966*, O 109.

[B 5] D. BRAUN, J. W. HIBY, Chem.-Ing.-Technik *42*, 345 (1970).

[B 6] S. BRUNAUER: The adsorption of gases and vapors, Princeton Univ. Press, Princeton 1945.

[B 7] C. O. BENNET, J. E. MYERS: Momentum, heat and mass transfer, Mc Graw-Hill, New York 1962.

[B 8] J. BEEK in: Advances in Chem. Engng. Bd. *3*, S. 203, Academic Press, New York 1962.

[B 9] J. BRIDGEWATER, Chem. Engng. Sci. *22*, 185, 711 (1967).

[B 10] R. BELLMANN: Dynamic Programming, Princeton Univ. Press, Princeton 1957.

[B 11] R. A. BARNSON c. s., Chem. Engng. *77*, July, S. 132 (1970).

[B 12] A. BEENACKERS, D. THOENES, in Vorbereitung.

[C 1] P. M. CALDERBANK, Chem. Engng. *74*, Oct., S. 209 (1967).

[C 2] P. CALDERBANK, M. MOO-YOUNG, R. BIBBY, Proc. 3rd Europ. Symp. Chem. Reaction Engng., Amsterdam 1964, S. 91; Chem. Engng. Sci. *16*, 39 (1961).

[C 3] P. H. CALDERBANK, Trans. Inst. Chem. Engng. *37*, 173 (1959), *36*, 443 (1958).

[C 4] J. COULSON, J. RICHARDSON, Chem. Engng., Bd. 1 1965, Bd. 2 1968 (S. 431, 455, 461) Pergamon Press, Oxford.

[C 5] P. H. CALDERBANK in: Mixing (vgl. [B 2]), Bd. 2, S. 78, 1967.

[C 6] A. J. CARLTON, F. H. H. VALENTIN in: Proc. 4th Europ. Symp. Ch. Reaction Engng., Brüssel, 1968.

[C 7] E. J. CAIRNS, J. M. PRAUSNITZ, Chem. Engng. Sci *12*, 20 (1960).

[C 8] J. C. CHU c. s., Chem. Engng. Progr. *49*, 141 (1953).

[C 9] T. H. CHILTON c. s., Ind. Engng. Chem. *36*, 510 (1944).

[C 10] T. H. CHILTON, A. P. COLBURN, Ind. Engng. Chem. *26*, 1183 (1934).

[C 11] H. A. G. CHERMIN, D. W. v. KREVELEN in: Proc. 2nd Europ. Symp. Ch. Reaction Engng., Amsterdam 1961, S. 58.

[D 1] K. DENBIGH: Chemical Reactor Theory, Cambridge Univ. Press, London 1965.

[D 2] P. V. DANCKWERTS: Gas liquid reactions, Mc. Graw-Hill, New York 1970.

[D 3] P. V. DANCKWERTS, Appl. Sci. Res. *A3*, 279 (1953).

[D 4] J. J. VAN DEEMTER c. s., Appl. Sci. Res. *A5*, 374 (1956).

[D 5] L. L. VAN DIERENDONCK in: Proc. 4th Europ. Symp. Chem. Reaction Engng., Brüssel 1968 und Dissert. Enschede (1970).

Statistische Methoden beim Planen und Auswerten von Versuchen

Dr. Friedhelm Bandermann, Institut für Anorganische und Angewandte Chemie, Universität Hamburg

Statistische Methoden beim Planen und Auswerten von Versuchen

Dr. FRIEDHELM BANDERMANN, Institut für anorganische und angewandte Chemie, Universität Hamburg

1. Beschreibende Statistik **294**
Häufigkeiten und Häufigkeitsverteilungen . . . 294
Summenhäufigkeitsfunktion einer Stichprobe . 295
Maßzahlen einer Stichprobe 295
Mittelwert, Varianz und Standardabweichung. . 297
Mittelwert von Meßreihen unterschiedlicher Genauigkeit 298
Fehlerfortpflanzungsgesetz 298
Aussagen über die Grundgesamtheit aus Stichproben; Wahrscheinlichkeitsverteilung 300

2. Beurteilende Statistik **305**
Konfidenzintervalle 305

2.1. Testverteilungen und Bestimmung von Konfidenzgrenzen (χ^2-Verteilung, STUDENT-Verteilung) **305**

2.2. Testen von Hypothesen **309**
2.2.1. Prüfung von Mittelwerten 310
2.2.2. Ausscheidung einzelner Meßpunkte 312
2.2.3. Prüfen von Varianzen 316

2.3. Zahl der notwendigen Versuche **320**
2.3.1. Bestimmung vor Beginn der Testreihe . . . 320
2.3.2. Sequentielle Testverfahren, Folgetestpläne . 324
Prüfung von Mittelwerten von Normalverteilungen 326
Prüfung von Varianzen 329
Folgetestpläne bei diskret verteilten Variablen 329

3. Varianzanalyse **339**

3.1. Einfache Varianzanalyse **339**
Vergleich von Mittelwerten 339
Bestimmung von Streuungskomponenten . . 341

3.2. Doppelte Varianzanalyse **341**
3.2.1. Vergleich von Mittelwerten 341
3.2.2. Streuungszerlegung 345

4. Faktorielle Versuchsplanung **347**

4.1. Faktorial Design mit 3 (und mehr) Faktoren auf 2 Niveaus **348**

4.2. Faktorielle Versuchsplanung mit Vermengen . . **352**

4.3. Faktorielle Teilversuchsplanung (Fractional Factorial Design) **356**

5. Literatur **360**

1. Descriptive Statistics **294**
Frequencies and Frequency Distribution . . . 294
Cumulative Frequency Function of a Sample 295
Sample Statistics 295
Mean, Variance, and Standard Deviation . . . 297
Mean of a Series of Measurements of Differing Accuracy 298
Error Propagation Law 298
Description of the Universe from Samples; Probability Distribution 300

2. Estimative Statistics **305**
Confidence Intervals 305

2.1. Test Distributions and Determination of Confidence Limits (χ^2-Distribution, STUDENT or t-Distribution) **305**

2.2. Testing of Hypotheses **309**
2.2.1. Testing of Mean Values 310
2.2.2. Exclusion of Single Observations 312
2.2.3. Testing of Variances 316

2.3. Number of Necessary Observations **320**
2.3.1. Determination before Beginning the Series of Tests 320
2.3.2. Sequential Test Methods, Sequential Tests of Significance. 324
Testing of Mean Values of Normal Distributions. 326
Testing of Variances 329
Sequential Tests of Significance in Discretely Distributed Variables 329

3. Variance Analysis **339**

3.1. Simple Variance Analysis **339**
Comparison of Mean Values 339
Determination of Scattering Components . . 341

3.2. Double Variance Analysis **341**
3.2.1. Comparison of Mean Values 341
3.2.2. Analysis of Scattering 345

4. Factorial Design **347**

4.1. Factorial Design with 3 (and more) Factors on 2 Levels **348**

4.2. Confounding Factorial Designs **352**

4.3. Fractional Factorial Design **356**

5. Literature **360**

Mathematisch-statistische Methoden haben in der chemischen Industrie nach dem zweiten Weltkrieg große Bedeutung gewonnen. Die Anwendungsmöglichkeiten sind vielfältiger Natur. Statistische Methoden sind immer erforderlich, wenn Untersuchungsergebnisse nicht beliebig oft oder hinreichend exakt reproduzierbar sind. In ihrer einfachsten Form werden sie als sog. *Fehlerrechnung* bei Versuchsreihen verwendet, um zufällige experimentelle Fehler, die durch Ungenauigkeiten der Meßinstrumente oder Unregelmäßigkeiten in der Arbeitsweise hervorgerufen werden, objektiv festzustellen. Über die Ermittlung von Vertrauensintervallen liefern sie weitreichende Informationen über den zu erwartenden experimentellen Fehler in gleichartigen Untersuchungen.

Statistische Methoden werden auch herangezogen, um den Einfluß von Variablen bei chemischen Prozessen auf eine interessierende Größe, z. B. die Ausbeute zu ermitteln. Bei nur einer Einflußgröße ist dieser Zusammenhang auch ohne statistische Methoden leicht erkennbar, bei mehreren Einflußgrößen wird man ohne sie kaum in vertretbarer Zeit zu nützlichen Informationen gelangen. Die Bestimmung signifikanter Effekte von Einflußgrößen auf eine Zielgröße, insbesondere auch die Ermittlung des jeweiligen Anteils der Variable am Gesamteffekt, ist Aufgabe der *Varianzanalyse*, die in Verbindung mit Signifikanztesten Entscheidungen über den weiteren Ablauf von Versuchen im Laboratorium oder im Betrieb zur Ermittlung optimaler Arbeitsbedingungen gestattet.

Die Zahl solcher Versuche kann wegen des damit verbundenen Zeit- und Kostenaufwandes nicht beliebig hoch sein. Aus diesem Grunde wurden die Prinzipien der faktoriellen Versuchsplanung entwickelt, die je nach Art der Zielgröße und Zahl der Einflußgrößen die gezielte Erstellung von Versuchsplänen gestattet, die bei einem Minimum an Versuchen in Verbindung mit den Methoden der Varianzanalyse ein Maximum an Information über Größe und Richtung der Effekte von Einflußgrößen auf die Zielgrößen liefern.

1. Beschreibende Statistik

Häufigkeiten und Häufigkeitsverteilungen. Die Summe der Werte für eine Meßgröße, die bei mehrfacher Wiederholung eines Experimentes unter gleichen Versuchsbedingungen anfallen, bezeichnet man als *Stichprobe* (sample) vom Umfang n (n = Zahl der Experimente) aus der *Grundgesamtheit* (population) aller möglichen Meßwerte, die bei unendlichfacher Wiederholung des Experimentes anfallen könnten. Da eine Messung oder ein Versuch aber nicht beliebig oft wiederholt werden können, muß die erhaltene Stichprobe repräsentativ für die Grundgesamtheit sein. Sie ist es dann, wenn sich bei Erhöhung des Stichprobenumfangs keine Änderungen bei den im folgenden zu besprechenden Maßzahlen und Häufigkeitsverteilungen einer Stichprobe ergeben. Derartige Stichproben bezeichnet man als Zufallsstichproben.

Üblicherweise erscheinen die gemessenen Werte in einem Versuchsprotokoll, auch *Urliste* genannt (Tab. 1), das meist zu unübersichtlich ist, um schon irgendein Charakteristikum des untersuchten Sachverhaltes erkennen zu lassen. Ordnend wirkt die Zusammenfassung gleicher Zahlenwerte zu einer *Strichliste* oder Tabelle, aus denen schon die *absolute Häufigkeit* eines Wertes in der Stichprobe, d. h. seine Anzahl, entnommen werden kann (Tab. 2). Der Quotient aus absoluter Häufigkeit und Gesamtzahl der Stichprobenwerte ist die *relative Häufigkeit* des betreffenden Wertes in der Stichprobe (Tab. 3).

Trägt man die einzelnen relativen Häufigkeiten über den Stichprobenwerten auf, so erhält man das sog. *Häufigkeitspolygon*, das insbesondere dann, wenn sehr viele zahlenmäßig verschiedene Meßwerte vorkommen, noch recht unübersichtlich ist (Abb. 1).

In solchen Fällen ist eine *Klassenbildung* sinnvoll (Tab. 4). Man unterteilt das gesamte, alle Stichprobenwerte enthaltende Intervall in Teilintervalle gleicher Größe, deren Mitten man als *Klassenmitten* bezeichnet. Alle innerhalb eines solchen Teilintervalles liegenden Stichprobenwerte bilden eine Klasse von Werten, deren Anzahl man als *absolute Klassenhäufigkeit* bezeichnet, oder, bezogen auf den Stichprobenumfang,

Tab. 1. Urliste: Höhe von 100 Tagesproduktionen (t/Tag) einer 20000 t/Jahr-Niederdruckpolyäthylenanlage, in zufälliger Reihenfolge aus den Werten eines Jahres ausgewählt

Lfd. Nr.	t/Tag	t/Tag	t/Tag	t/Tag	t/Tag	t/Tag	t/Tag	t/Tag	t/Tag	t/Tag
1 – 10	52,25	53,50	54,75	53,75	55,75	52,75	55,00	56,25	52,00	56,25
11 – 20	53,00	53,00	50,75	53,00	51,00	51,75	56,00	55,50	55,25	56,00
21 – 30	54,00	53,25	54,25	53,50	52,75	51,75	54,25	56,50	57,00	54,00
31 – 40	52,75	54,50	54,00	55,00	55,75	51,00	53,25	55,00	54,50	53,00
41 – 50	55,00	59,50	55,50	58,75	50,25	55,25	56,75	55,50	56,25	55,50
51 – 60	53,75	53,00	52,75	54,00	58,25	52,25	58,00	53,25	53,75	54,00
61 – 70	53,00	56,50	55,25	56,25	55,25	51,75	54,75	52,25	53,00	52,50
71 – 80	54,00	51,50	53,75	59,50	55,00	54,00	57,75	51,50	52,25	56,50
81 – 90	54,25	56,50	54,75	53,25	55,25	52,50	55,75	55,00	55,50	57,25
91 – 100	56,75	54,25	54,25	55,25	55,50	54,75	57,25	56,00	55,75	57,75

Tab. 2. Strichliste zu Tabelle 1

50,00		52,50	II	55,00	IIIII I	57,50	
50,25	I	52,75	IIII	55,25	IIIII I	57,75	II
50,50		53,00	IIIII II	55,50	IIIII I	58,00	I
50,75	I	53,25	IIII	55,75	IIII	58,25	I
51,00	I	53,50	II	56,00	III	58,50	
51,25		53,75	IIII	56,25	IIII	58,75	I
51,50	II	54,00	IIIII II	56,50	IIII	59,00	
51,75	III	54,25	IIIII	56,75	II	59,25	
52,00	I	54,50	II	57,00	I	59,50	II
52,25	IIII	54,75	IIII	57,25	II	59,75	

Tab. 3. Häufigkeitsverteilung der Stichprobe in Tabelle 1

Größe x_j t/Tag	Absol. Häufig-keit	Relat. Häufig-keit	Größe x_j t/Tag	Absol. Häufig-keit	Relat. Häufig-keit
50,00	0	0	55,00	6	0,06
50,25	1	0,01	55,25	6	0,06
50,50	0	0	55,50	6	0,06
50,75	1	0,01	55,75	4	0,04
51,00	2	0,02	56,00	3	0,03
51,25	0	0	56,25	4	0,04
51,50	2	0,02	56,50	4	0,04
			usw.		

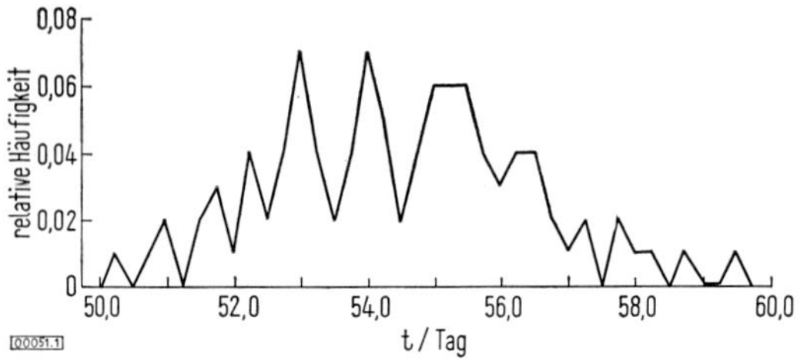

Abb. 1. Häufigkeitspolygon zur Stichprobe in Tab. 1

als *relative Klassenhäufigkeit.* Dabei ist zu beachten, daß ein Wert, der auf ein Intervallende fällt, je zur Hälfte in den angrenzenden Klassen mitgezählt wird. Die Klassenbreite sollte nicht zu groß gewählt werden, um nicht zu viele Einzelheiten der Stichprobenwerte verlorengehen zu lassen, eine zu geringe Klassenbreite auf der anderen Seite führt wieder zu größerer Unübersichtlichkeit.

Tab. 4. Stichprobe nach Tabelle 1 nach der Klassenbildung

Klassen-mitte t/Tag	Klassenintervall t/Tag	Absolute Klassenhäufigkeit Strichliste	Wert	Relat. Klassen-häufigk.
50	49,5 – 50,5	I	1	0,01
51	50,5 – 51,5	IIII	4	0,04
52	51,5 – 52,5	IIIII IIIII	10	0,10
53	52,5 – 53,5	IIIII IIIII IIIII II	17	0,17
54	53,5 – 54,5	IIIII IIIII III	18	0,18
	usw.			

Trägt man die absoluten Klassenhäufigkeiten gegen die Klassenmitten auf, erhält man ein sog. *Histogramm* (Abb. 2).

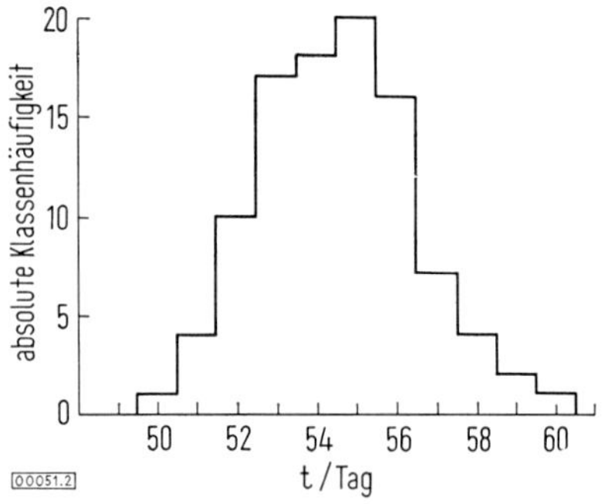

Abb. 2. Histogramm der Stichprobe nach Tab. 1

Summenhäufigkeitsfunktion einer Stichprobe. Die Zusammenfassung der relativen Häufigkeiten jeweils bis zu einem Stichprobenwert x liefert relative Summenhäufigkeiten. Trägt man diese gegen die Stichprobenwerte auf, erhält man die Summenhäufigkeitsfunktion oder Verteilungsfunktion der Stichprobe. Diese stellt eine Treppenfunktion dar, deren Sprünge bei den einzelnen Stichprobenwerten liegt und deren Sprunghöhe gleich der relativen Häufigkeit des betreffenden Stichprobenwertes ist (Abb. 3).

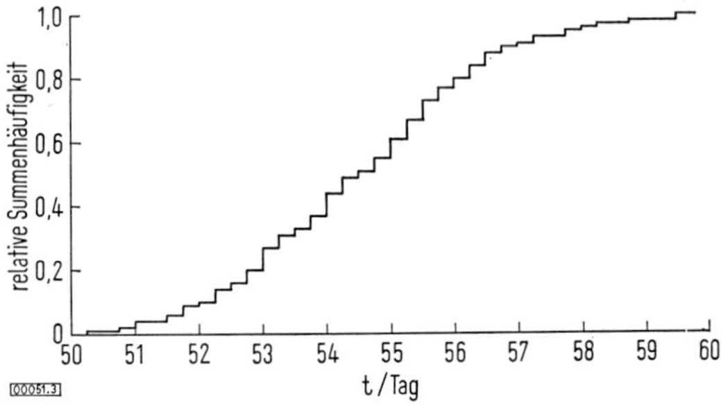

Abb. 3. Summenhäufigkeitsfunktion der Stichprobe in Tab. 1

Wurde die Stichprobe in Klassen unterteilt, so erhält man eine Verteilungsfunktion, deren Sprünge an den Stellen der Klassenmitten liegen und deren Sprunghöhen gleich den relativen Klassenhäufigkeiten ist.

Maßzahlen einer Stichprobe. Neben den Summen- und Häufigkeitsfunktionen verwendet man zur Beschreibung einer Stichprobe auch sog. Maßzahlen, die eine Stichprobe mehr summarisch kennzeichnen. Die wichtigsten Maßzahlen sind der Mittelwert (sample mean) und die Varianz (sample variance).

Der *Mittelwert* einer Stichprobe $x_1 \ldots x_n$ ist definiert als das arithmetische Mittel der Stichprobenwerte und wird mit $\bar{x}$ bezeichnet:

$$\bar{x} = \frac{x_1 + x_2 + \ldots + x_n}{n} = \frac{1}{n} \sum_{j=1}^{n} x_j \qquad (1)$$

Der Mittelwert besitzt die Eigenschaft, daß die Summe der auf ihn bezogenen Abweichungen der Stichprobenwerte Null ist. Ist v, der sog. scheinbare Fehler, die Abweichung eines Meßwertes vom Mittelwert der Stichprobe, $v_j = x_j - \bar{x}$, so gilt:

$$\sum_j v_j = \sum_j x_j - n\bar{x} = \sum_j x_j - \sum_j x_j = 0 \tag{2}$$

Der Mittelwert $\bar{x}$ einer Stichprobe ist ein Schätzwert des *wahren Mittelwertes* μ der Grundgesamtheit, zu der die Stichprobe gehört. Er nähert sich ihm um so mehr an, je größer die Zahl der Beobachtungen ist. Für $n \to \infty$ geht $\bar{x} \to \mu$.

Die *Varianz* gibt an, wie stark die Stichprobenwerte um den Mittelwert streuen. Sie wird mit s^2 bezeichnet:

$$s^2 = \frac{1}{n-1} \sum_{j=1}^{n} (x_j - \bar{x})^2 \tag{3}$$

Sie ist ein Schätzwert für die Varianz der Grundgesamtheit

$$\sigma^2 = \frac{1}{n} \sum_j (x_j - \mu)^2 \tag{4}$$

die jedoch kaum exakt berechnet werden kann, da μ praktisch immer unbekannt ist.

Im Gegensatz zur Varianz der Grundgesamtheit wird die Stichprobenvarianz nur auf $(n-1)$-Beobachtungen bezogen. Jedoch läßt sich zeigen, daß für $n \to \infty$ $s^2 \to \sigma^2$ strebt. Denn es gilt

$$(x_j - \mu) = (x_j - \bar{x}) + (\bar{x} - \mu) \tag{5}$$

und nach Quadrieren

$$(x_j - \mu)^2 = (x_j - \bar{x})^2 + 2(x_j - \bar{x})(\bar{x} - \mu) + (\bar{x} - \mu)^2 \tag{6}$$

Nach Summation über alle n Beobachtungen erhält man aus Gl. (6)

$$\sum_j (x_j - \mu)^2 = \sum_j (x_j - \bar{x})^2 + 2(\bar{x} - \mu) \sum_j (x_j - \bar{x}) + n(\bar{x} - \mu)^2 \tag{7}$$

Der Ausdruck $\sum_j (x_j - \bar{x})$ in Gl. (7) ist aber nach Gl. (2) null, und es resultiert

$$\sum_j (x_j - \mu)^2 = \sum_j (x_j - \bar{x})^2 + n(\bar{x} - \mu)^2 \tag{8}$$

Nach Gl. (5) ist nach Summation über alle n und Berücksichtigung von Gl. (2)

$$(\bar{x} - \mu) = \frac{1}{n} \sum_j (x_j - \mu) \tag{9}$$

Quadrieren von Gl. (9) liefert

$$(\bar{x} - \mu)^2 = \frac{1}{n^2} \left[\sum_j (x_j - \mu)^2 + 2 \sum_{j>k} (x_j - \mu)(x_k - \mu) \right] \tag{10}$$

Bei hinreichend großer Zahl der Meßpunkte wird sich der zweite Ausdruck in der Klammer unter der Annahme rein zufallsbedingter Abweichungen praktisch aufheben und man kann statt Gl. (10) in erster Näherung schreiben

$$(\bar{x} - \mu)^2 = \frac{1}{n^2} \sum_j (x_j - \mu)^2 \tag{11}$$

Mit Gl. (8) folgt aus Gl. (11)

$$\sum_j (x_j - \bar{x})^2 = \sum_j (x_j - \mu)^2 - \frac{1}{n} \sum_j (x_j - \mu)^2 \tag{12}$$

und damit

$$\frac{\sum_j (x_j - \bar{x})^2}{n-1} = \frac{1}{n} \sum_j (x_j - \mu)^2 \quad \text{für } n \to \infty \tag{13}$$

Den Ausdruck $(n-1)$ bezeichnet man auch als die Zahl der *Freiheitsgrade*. Dieser Begriff hat sich auf Grund folgender Überlegung eingebürgert. Die Differenzen $(x_j - \bar{x})$ sind nicht völlig unabhängig voneinander. Es besteht zwischen ihnen vielmehr die lineare Beziehung $\sum_j (x_j - \bar{x}) = 0$, d. h. wenn der Mittelwert $\bar{x}$ bekannt ist, können $(n-1)$ Differenzen frei gewählt werden, die $n$te ist durch Gl. (2) bestimmt.

Da vom Begriff des Freiheitsgrades später noch häufig Gebrauch gemacht werden wird, soll noch eine allgemeinere Definition gegeben werden: Die Zahl der Freiheitsgrade bei der Anpassung von Daten, z. B. x_j, an eine Gleichung, z. B. Gl. (3), ist gleich der Zahl der Beobachtungen (n) abzüglich der Zahl der Konstanten, die mit Hilfe dieser Daten berechnet wurden, z. B. $\bar{x}$, und bei Bestimmung des Wertes der Gleichung benutzt werden.

Die nicht negative Wurzel aus der Varianz bezeichnet man als *Standardabweichung* oder mittleren Fehler

$$s = \sqrt{\frac{\sum_j (x_j - \bar{x})^2}{n-1}} \tag{14}$$

Sie hat die gleiche Dimension wie die Meßwerte und ist als wahrscheinlichster Fehler anzusehen.

Das arithmetische Mittel $\bar{x}$ ist zwar der beste Schätzwert für den Mittelwert der Grundgesamtheit, jedoch ist es gleichermaßen wie die Einzelmessungen mit einem mittleren Fehler behaftet. Dieser ist nach Gl. (11) und (13)

$$\bar{x} - \mu = s_{\bar{x}} = \sqrt{\frac{\sum_j (x_j - \bar{x})^2}{n(n-1)}} = \frac{s}{\sqrt{n}} \tag{15}$$

Eine Genauigkeitssteigerung des Mittelwertes geht also mit $1/\sqrt{n}$. Wollte man $s_{\bar{x}}$ um eine Zehnerpotenz verringern, müßte man die 100fache Anzahl an Messungen ausführen, was in den meisten Fällen kaum lohnenswert ist.

Beispiel: Im Rahmen einer Polymerisationsreihe sollen unter gleichen Bedingungen nach einer Stunde folgende Polymerisatmengen (g/h) anfallen:

17 25 18 22 20

Der Mittelwert dieser Stichprobe ist

$$\bar{x} = \frac{17 + 25 + 18 + 22 + 20}{5} = 20{,}4 \text{ g/h}$$

die Varianz

$$s^2 = \frac{1}{5-1} (3{,}4^2 + 4{,}6^2 + 2{,}4^2 + 1{,}6^2 + 0{,}4^2) = 10{,}3$$

die Standardabweichung

$s = 3{,}2$

und der mittlere Fehler des Mittelwertes

$$s_{\bar{x}} = \frac{3{,}2}{\sqrt{5}} = 1{,}43$$

Berechnung von Mittelwert, Varianz und Standardabweichung. Zur praktischen Berechnung von Mittelwert, Varianz und Standardabweichung einer Stichprobe eignen sich häufig andere als die genannten Definitionsgleichungen.

1. Ist der Stichprobenumfang nicht sehr groß (ca. 30 Einzelbeobachtungen) wählt man zur Berechnung der Varianz die Gleichung

$$s^2 = \frac{1}{n-1}\left[\sum_j x_j^2 - \frac{1}{n}\left[\sum_j x_j\right]^2\right] \tag{16}$$

in der keine Differenzen $(x_j - \bar{x})$ auftreten, deren Berechnung häufig unangenehm ist, da $\bar{x}$ meistens mehr Dezimalstellen aufweist als die einzelnen x_j.

2a) Hat man mit großen Zahlen zu rechnen, so empfiehlt sich eine Nullpunktverschiebung, indem man

$$x_j = k + x_j^* \tag{17}$$

setzt und die Konstante k so wählt, daß für die x_j^* kleine handliche Werte resultieren. Man ermittelt zunächst den Mittelwert der „transformierten" Stichprobe $\bar{x}^*$, aus dem sich der Mittelwert der ursprünglichen Stichprobe nach

$$\bar{x} = k + \bar{x}^* \tag{18}$$

ergibt. Die Varianz wird

$$s^2 = \frac{1}{n-1}\left[\sum_j (x_j - k)^2 - n(\bar{x} - k)^2\right] \tag{19}$$

da nach Gl. (17) und (18) $x_j^* - \bar{x}^* = x_j - \bar{x}$ und daher $\Sigma(x_j^* - \bar{x}^*)^2 = \Sigma(x_j - \bar{x})^2$ ist. Varianz der transformierten und der ursprünglichen Stichprobe sind also miteinander identisch.

Wählt man z. B. k in Gl. (17) zu 20, so wird $x_j^* = -20 + x_j$. Der Mittelwert für die transformierte Stichprobe in Beispiel 1 ist dann

$$\bar{x}^* = \frac{-3 + 5 - 2 + 2 + 0}{5} = + \frac{2}{5} = +0{,}4$$

und nach Gl. (18) ist

$\bar{x} = 20 + 0{,}4 = 20{,}4$

Da die Differenzen $(x_j - k)$ bereits einmal berechnet wurden und $\bar{x}$ jetzt bekannt ist, läßt sich die Varianz schnell und einfach nach Gl. (19) berechnen.

2b) Das Auftreten großer Zahlen kann man weiterhin verhindern, wenn man neben einer Nullpunktsverschiebung durch k_1 eine Änderung der Skaleneinheit vornimmt, indem man die Meßergebnisse x_j mit Hilfe eines geeigneten Faktors k_2 in einfache Zahlen verwandelt:

$$x_j = k_1 + k_2 x_j^* \tag{20}$$

also

$$x_j^* = \frac{1}{k_2}(x_j - k_1) \tag{21}$$

was insgesamt gesehen einer linearen Transformation entspricht. Für den Mittelwert und die Varianz erhält man dann die Gleichungen

$$\bar{x} = k_1 + k_2 \bar{x}^* \tag{22}$$

$$s^2 = k_2^2 s^{*2} \tag{23}$$

auf Grund ähnlicher Überlegungen, die zu den Gleichungen (18) und (19) führten.

Beispiel: Lauten die Ergebnisse der in Beispiel 1 beschriebenen Versuchsreihe

30 40 60 70 90

so kann man $k_1 = 30$ und $k_2 = 10$ in Gl. (20) bzw. (21) wählen und erhält den Mittelwert

$$\bar{x}^* = \frac{0 + 1 + 3 + 4 + 6}{5} = \frac{14}{5} = 2{,}8$$

und nach Gl. (16) die Varianz

$$s^{*2} = \frac{1}{4}\left(62 - \frac{14^2}{5}\right) = \frac{22{,}8}{4} = 5{,}76$$

Die gegebene Stichprobe hat also gemäß Gl. (22) den Mittelwert

$\bar{x} = 30 + 10 \cdot 2{,}8 = 58$

und gemäß Gl. (23) die Varianz

$s^2 = 100 \cdot 5{,}76 = 576$

3. Bei sehr großer Zahl der Beobachtungen ist es zur Erleichterung der Rechenarbeit sinnvoll, die Meßwerte in Klassen gleicher Breite k zusammenzufassen, die Klassenhäufigkeiten f_j zu ermitteln und dann Mittelwert und Standardabweichung zu berechnen. Die ursprünglichen Stichprobenwerte treten dann nicht mehr in Erscheinung. Man tut so, als ob alle Werte, die zu einer Klasse zusammengefaßt sind, in der Klassenmitte y_j lägen. Man wählt einen vorläufigen Mittelwert D, den man mit der am häufigsten besetzten Klasse zusammenfallen läßt. Es gilt dann

$$y_j = D + k z_j \tag{24}$$

wie aus Abb. 4 zu erkennen ist.

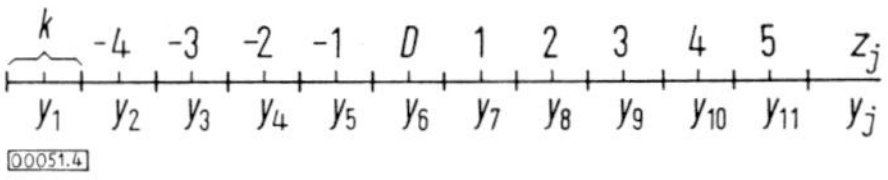

Abb. 4. Erklärung zu Gl. (24)

In Analogie zu Gl. (22) und (23) ist dann

$$\bar{x} = D + k\bar{z} \tag{25}$$

und

$$s_x^2 = k^2 s_z^2 \tag{26}$$

Den Mittelwert $\bar{z}$ berechnet man unter Verwendung der Klassenhäufigkeiten nach

$$\bar{z} = \frac{\Sigma f_j \, z_j}{n} \tag{27}$$

die Varianz s_z^2 entsprechend Gl. (16) gemäß

$$s_z^2 = \frac{1}{n-1}\left[\Sigma f_j z_j^2 - \frac{1}{n}(\Sigma f_j z_j)^2\right] \quad (28)$$

Beispiel: Tagesproduktion einer 20000 t/Jahr-Niederdruckpolyäthylenanlage. Übernimmt man aus Tab. 4, S. 295, die Häufigkeitsverteilung mit Klassen von der Breite $k = 1$ t/Tag, so erhält man Mittelwert $\bar{x}$ und Varianz s_x^2 der Stichprobe nach folgendem Rechenschema:

Tab. 5. Rechenschema zum Textbeispiel

y_j = Klassenmitte in t/Tag; f_j = Tagesproduktionen in der Klasse mit der Mitte y_j; k = Klassenbreite in t/Tag; D = vorläufiger Durchschnitt = 55; z_j = Klassennummer, ausgehend von $D = 55$

y_j	z_j	f_j	$f_j z_j$	$f_j z_j^2$
50	−5	1	−5	25
51	−4	4	−16	64
52	−3	10	−30	90
53	−2	17	−34	68
54	−1	18	−18	18
55	0	20	0	0
56	1	16	16	16
57	2	7	14	28
58	3	4	12	36
59	4	2	8	32
60	5	1	5	25
Summe		100	−48	402

Für den Mittelwert $\bar{x}$ ergibt sich nach Gl. (25)

$$\bar{x} = D + k\frac{\Sigma f_j \cdot z_j}{n} = 55 + 1\,\frac{(-48)}{100} = 55 - 0{,}48 = 54{,}52$$

sowie zunächst für die Varianz s_z^2 nach Gl. (28)

$$s_z^2 = \frac{1}{n-1}\left[\Sigma f_j z_j^2 - \frac{1}{n}(\Sigma f_j z_j)^2\right] = \frac{1}{100-1}\left[402 - \frac{1}{100}(-48)^2\right] = \frac{1}{99}(402 - 23{,}04) = \frac{378{,}96}{99} = 3{,}83$$

und damit für die Varianz der ursprünglichen Stichprobe s_x^2 nach Gl. (26)

$$s_x^2 = k^2 \cdot 3{,}83 = 3{,}83$$

Mittelwert von Meßreihen unterschiedlicher Genauigkeit. Hat man den Mittelwert $\bar{x}$ einer Meßgröße aus verschiedenen Meßreihen unterschiedlicher Genauigkeit mit $n_1, n_2 \ldots n_n$ Beobachtungen und den Mittelwerten $\bar{x}_1, \bar{x}_2 \ldots \bar{x}_n$ zu bestimmen, so wird man $\bar{x}$ nicht gleich dem arithmetischen Mittel der Mittelwerte der einzelnen Teilreihen

$$\bar{x} = \frac{n_1\bar{x}_1 + n_2\bar{x}_2 + \ldots + n_n\bar{x}_n}{n_1 + n_2 + \ldots + n_n} \quad (29)$$

setzen, sondern vielmehr ein sog. gewogenes Mittel

$$\bar{x} = \frac{p_1\bar{x}_1 + p_2\bar{x}_2 + \ldots + p_n\bar{x}_n}{p_1 + p_2 + \ldots + p_n} = \frac{\Sigma p_j \bar{x}_j}{\Sigma p_j} \quad (30)$$

errechnen, in das die einzelnen Mittelwerte $\bar{x}_j$ entsprechend ihrer Genauigkeit mit einem Gewicht p_j eingehen. Die Gewichte p_j ermittelt man aus der Standardabweichung $s_{\bar{x}_j}$ der Mittelwerte $\bar{x}_j$, indem man in Gl. (15) die Zahl der Beobachtungen n_j durch eine ihr proportionale Größe, das Gewicht p_j, ersetzt

$$s_{\bar{x}j} = \frac{s}{\sqrt{p_j}} \quad (31)$$

und nach p_j auflöst

$$p_j = \frac{s^2}{s_{\bar{x}j}^2} \quad (32)$$

Die mittleren Fehler $s_{\bar{x}_j}$ sind aus den Meßreihen bekannt.

p_j bzw. s^2 können frei gewählt werden. Man ordnet z. B. der Meßreihe mit dem größten mittleren Fehler des Mittelwertes $s_{\bar{x}_j}$ das Gewicht $p = 1$ zu, was nach Gl. (32)

$$s^2 = (s_{\bar{x}j}^2)_{\max} \quad (33)$$

zur Folge hat. Die Gewichte der übrigen Mittelwerte $\bar{x}_j$ mit den kleineren mittleren Fehlern, d. h. der größeren Genauigkeit, werden dann größer als 1 und nach Gl. (32) unter Berücksichtigung von Gl. (33) durch Einsetzen der bekannten $s_{\bar{x}_j}$ berechnet.

Die Standardabweichung der Mittelwerte $\bar{x}_j$ vom Mittel $\bar{x}$ ergibt sich auf Grund einer Überlegung ähnlich der, die zur Gl. (14) führte, zu

$$\bar{s} = \sqrt{\frac{\sum_{j=1}^{n} p_j(\bar{x}_j - \bar{x})^2}{n-1}} \quad (34)$$

und der mittlere Fehler des Mittelwertes $\bar{x}$ zu

$$s_{\bar{x}} = \frac{\bar{s}}{\sqrt{\sum_{j=1}^{n} p_j}} = \sqrt{\frac{\sum_{j=1}^{n} p_j(\bar{x}_j - \bar{x})^2}{(n-1)\sum_{j=1}^{n} p_j}} \quad (35)$$

Beispiel: Gegeben sind für eine Meßgröße x, z. B. den Stickstoffgehalt einer organischen Verbindung in %, die Mittelwerte $\bar{x}_j$ aus fünf Meßreihen sowie die mittleren Fehler $s_{\bar{x}j}$. Gesucht ist der Mittelwert $\bar{x}$ über alle Meßreihen, sowie sein mittlerer Fehler $s_{\bar{x}}$.

Man erhält für das gewogene Mittel

$$\bar{x} = \frac{\Sigma p_j \bar{x}_j}{\Sigma p_j} = 5{,}383$$

sowie für den mittleren Fehler des gewogenen Mittels

$$s_{\bar{x}} = \sqrt{\frac{\sum_{j=1}^{n} p_j(\bar{x}_j - \bar{x})^2}{(n-1)\sum_{j=1}^{n} p_j}} = \sqrt{\frac{1{,}06 \cdot 10^{-3}}{4 \cdot 8{,}064}} = 5{,}72 \cdot 10^{-3}$$

Tab. 6. Rechenschema zum Textbeispiel auf S. 298

$\bar{x}_j$	$s_{\bar{x}j}$	$p_j = \frac{s^2}{s^2_{\bar{x}j}}$	$p_j\,\bar{x}_j$	$\bar{x}_j\,\bar{x}$	$p_j\,(\bar{x}_j - \bar{x})^2$
5,374	$\pm$ 0,007	2,469	13,271	0,00884	$1{,}93 \cdot 10^{-4}$
5,400	0,009	1,494	8,067	0,01716	$4{,}40 \cdot 10^{-4}$
5,389	0,011	1,000	5,389	0,00616	$0{,}38 \cdot 10^{-4}$
5,393	0,010	1,210	6,526	0,01016	$1{,}25 \cdot 10^{-4}$
5,371	0,008	1,891	10,155	0,01184	$2{,}65 \cdot 10^{-4}$
$n = 5$	$s = 0{,}011$	$\Sigma p_j = 8{,}064$	$\Sigma p_j\,\bar{x}_j = 43{,}406$		$\Sigma p_j\,(x_j - x)^2 = 1{,}06 \cdot 10^{-3}$

Fehlerfortpflanzungsgesetz. Kann eine gesuchte Größe f nicht unmittelbar gemessen werden, sondern ist sie eine bekannte Funktion einer oder mehrerer unmittelbarer Meßgrößen a, b, c usw.

$$f = f(a, b, c) \tag{36}$$

so erhebt sich die Frage, in welcher Weise sich der Fehler der Meßgrößen auf die Genauigkeit der mit ihrer Hilfe berechneten Funktion f auswirken, d. h. wie die Meßfehler sich durch die Rechnung in das Resultat hinein „fortpflanzen“. Sind die Fehler Δa, Δb, Δc hinreichend klein, kann man die Funktion f vom wahren Wert aus in eine TAYLOR-Reihe entwickeln und diese nach den linearen Gliedern abbrechen:

$$f + \Delta f = f + \frac{\partial f}{\partial a}\,\Delta a + \frac{\partial f}{\partial b}\,\Delta b + \frac{\partial f}{\partial c}\,\Delta c \tag{37}$$

Der wahre Fehler der Funktion f in der Nähe der Meßwerte a, b, c ist dann

$$\Delta f = \frac{\partial f}{\partial a}\,\Delta a + \frac{\partial f}{\partial b}\,\Delta b + \frac{\partial f}{\partial c}\,\Delta c \tag{38}$$

Diese Gleichung kann noch nicht zur Berechnung des mittleren Fehlers von f aus den mittleren Fehlern der Meßgrößen a, b, c verwendet werden, wie unten gezeigt wird. Sie erlaubt jedoch bei systematischen und nichtsystematischen, d. h. zufälligen Fehlern bereits eine Abschätzung der Größenordnung der bei einer Messung zu erwartenden Fehler und damit die Beurteilung, ob eine gestellte Aufgabe mit den gegebenen Mitteln gelöst werden kann oder nicht.

Beispiel: Es sollen 100 g einer Lösung mit einem Gehalt von $1^0/_{00}$ des Stoffes A im Lösungsmittel B hergestellt werden. Die Konzentration c soll auf 1% genau sein. Es sind also agA und bgB so einzuwiegen, daß

$$c = \frac{a}{(a+b)} = 10^{-3} \pm 10^{-5}$$

wird. Nach Gl. (38) ist

$$\Delta c = \frac{\Delta a}{a+b} - \frac{a}{(a+b)^2}\,(\Delta a + \Delta b) =$$

$$= \frac{1}{(a+b)^2}\,(b\,\Delta a - a\,\Delta b)$$

Mit den angegebenen Zahlenwerten ergibt sich die Forderung

$$|\Delta c| \cong \left| \frac{1}{10^4}\,(100\,\Delta a - 0{,}1\,\Delta b) \right| =$$

$$= |10^{-2}\,\Delta a - 10^{-5}\,\Delta b| \leqslant 10^{-5}$$

Berücksichtigt man nur die nichtsystematischen Wägefehler, die positive wie negative Vorzeichen haben können, so wird die Aufgabe erfüllt, wenn man

$$|\Delta a| \leqslant 0{,}5 \cdot 10^{-3}\,\mathrm{g}$$

und

$$|\Delta b| \leqslant 1/2\ \mathrm{g}$$

macht. A muß also auf 1/2 mg genau eingewogen werden, während es ausreicht, das Lösungsmittel auf 1/2 g genau zu wiegen.

Berücksichtigt man den Luftauftrieb nicht, so entsteht ein systematischer Fehler. Ist m_g das mit den Gewichten bestimmte Gewicht, so beträgt das Gewicht im luftleeren Raum

$$m = m_g(1 + k)$$

also ist

$$\Delta m = m_g k$$

Der Korrekturfaktor k hängt von der Dichte des zu wiegenden Stoffes ab und ist tabelliert. Hat A die Dichte 2, B die Dichte 1, so findet man für die entsprechenden k-Werte $0{,}457 \cdot 10^{-3}$ bzw. $1{,}06 \cdot 10^{-3}$. Damit wird

$$\Delta a = 0{,}1 \cdot 0{,}457 \cdot 10^{-3}, \quad \Delta b = 100 \cdot 1{,}06 \cdot 10^{-3}$$

und der systematische Fehler

$$\Delta c = \frac{1}{10^4}\,(100 \cdot 0{,}1 \cdot 0{,}457 \cdot 10^{-3} - 0{,}1 \cdot 100 \cdot 1{,}06 \cdot 10^{-3}) = -0{,}6 \cdot 10^{-6}$$

Die Korrektur liegt also eine Zehnerpotenz unter der verlangten Genauigkeit, der systematische Fehler kann in Kauf genommen werden.

Zur Berechnung des mittleren Fehlers der Funktion f aus den mittleren Fehlern der Meßgrößen, die nur das Ergebnis zufälliger Schwankungen der Meßwerte sein sollen, geht man von den Einzelfehlern Δf_i aus, die sich aus den Einzelmeßfehlern Δa_i, Δb_i, Δc_i der Einzelmeßwerte a_i, b_i, c_i nach Gl. (38) ergeben:

$$\Delta f_i = \frac{\partial f}{\partial a}\,\Delta a_i + \frac{\partial f}{\partial b}\,\Delta b_i + \frac{\partial f}{\partial c}\,\Delta c_i \tag{39}$$

Quadrierung von Gl. (39) und Summierung über alle n Einzelmessungen führt zu

$$\Sigma(\Delta f_i)^2 = \left(\frac{\partial f}{\partial a}\right)^2 \Sigma\Delta a_i^2 + \left(\frac{\partial f}{\partial b}\right)^2 \Sigma\Delta b_i^2 + \left(\frac{\partial f}{\partial c}\right)^2 \Sigma\Delta c_i^2 + 2\frac{\partial f}{\partial a}\frac{\partial f}{\partial b}\Sigma\Delta a_i\Delta b_i + 2\frac{\partial f}{\partial a}\frac{\partial f}{\partial c}\Sigma\Delta a_i\Delta c_i + 2\frac{\partial f}{\partial b}\frac{\partial f}{\partial c}\Sigma\Delta b_i\Delta c_i \quad (40)$$

Bei völliger Regellosigkeit der Meßfehler kann man annehmen, daß die gemischten Produkte in Gl. (40) sich gegenseitig aufheben. Dividiert man die verbleibenden Quadratsummen durch die Anzahl n der Messungen, so erhält man für die Varianz der f-Werte

$$\sigma_f^2 = \left(\frac{\partial f}{\partial a}\right)^2 \sigma_a^2 + \left(\frac{\partial f}{\partial b}\right)^2 \sigma_b^2 + \left(\frac{\partial f}{\partial c}\right)^2 \sigma_c^2 \quad (41)$$

und damit für die Standardabweichung

$$\sigma = \sqrt{\left(\frac{\partial f}{\partial a}\sigma_a\right)^2 + \left(\frac{\partial f}{\partial b}\sigma_b\right)^2 + \left(\frac{\partial f}{\partial c}\sigma_c\right)^2} \quad (42)$$

bzw. wenn die Varianzen der Grundgesamtheiten von a, b und c unbekannt sind

$$s = \sqrt{\left(\frac{\partial f}{\partial a}s_a\right)^2 + \left(\frac{\partial f}{\partial b}s_b\right)^2 + \left(\frac{\partial f}{\partial c}s_c\right)^2} \quad (43)$$

Gl. (42) ist das sog. Fehlerfortpflanzungsgesetz von Gauss.

Beispiel: Die mittleren Fehler bei den Einwaagen des Beispieles S. 299 seien $\sigma_a = 1/2 \cdot 10^{-3}$ und $\sigma_b = 1/2$. Dann folgt nach Gl. (42)

$$\sigma_c = \frac{1}{(a+b)^2}\sqrt{b^2\sigma_a^2 + a^2\sigma_b^2}$$

oder mit den Zahlenwerten

$$\sigma_c = \frac{1}{10^4}\sqrt{10^4 \frac{1}{4} 10^{-6} + \frac{1}{4} 10^{-2}} \cong 0{,}7 \cdot 10^{-5}$$

Der mittlere Fehler der Konzentration beträgt also nur $0{,}7 \cdot 10^{-5}$. Der Unterschied gegenüber der vorsichtigeren Abschätzung des vorhergehenden Beispieles besteht in Folgendem: Vorher wurde der Höchstfehler abgeschätzt, jetzt wurden die Grenzen bestimmt, innerhalb welcher das Ergebnis mit 68% Wahrscheinlichkeit zu erwarten ist (vgl. dazu S. 301).

In vielen Fällen ist die gesuchte Funktion f eine Potenzfunktion der Meßgrößen a, b, c.

$$f = k\, a^\alpha\, b^\beta\, c^\gamma \quad (44)$$

Durch Logarithmieren und Differenzieren erhält man für den relativen (prozentualen) Fehler von f

$$\frac{\mathrm{d}f}{f} = \alpha\frac{\mathrm{d}a}{a} + \beta\frac{\mathrm{d}b}{b} + \gamma\frac{\mathrm{d}c}{c} \quad (45)$$

Nach dem Fehlerfortpflanzungsgesetz ergibt sich für den mittleren relativen Fehler von f

$$\frac{s}{f} = \sqrt{\left(\alpha\frac{s_a}{a}\right)^2 + \left(\beta\frac{s_b}{b}\right)^2 + \left(\gamma\frac{s_c}{c}\right)^2} \quad (46)$$

Aussagen über die Grundgesamtheit aus Stichproben; Wahrscheinlichkeitsverteilung. Nach Bestimmung der Maßzahlen einer Stichprobe, die Schätzwerte für die entsprechenden Maßzahlen der Grundgesamtheit, aus der die Stichprobe entnommen wurde, darstellen, stellt sich die Frage nach der Art und Form der Grundgesamtheit selbst, die allein in der Lage ist, den untersuchten Sachverhalt exakt zu beschreiben.

Die im Rahmen einer Untersuchung durchgeführten Experimente sind Zufallsexperimente und voneinander unabhängig. Ihre Ergebnisse streuen mehr oder weniger um einen Mittelwert. Die Wahrscheinlichkeit, die das Wiedereintreffen eines speziellen Versuchsergebnisses bei beliebiger Wiederholung der einzelnen Versuche hat, wird durch die *Wahrscheinlichkeitsverteilung* angegeben, die also die den Stichproben zugehörigen Grundgesamtheiten darstellt.

Man unterscheidet diskrete und kontinuierliche Wahrscheinlichkeitsverteilungen. Da in der Chemie meist mit stetigen Variablen gearbeitet wird, soll hier nur von stetigen Verteilungen die Rede sein.

Die wichtigste stetige Wahrscheinlichkeitsverteilung ist die Gauss*sche Verteilung* oder Normalverteilung, da

1. viele Zufallsvariable, die bei Experimenten und Beobachtungen anfallen, normalverteilt sind,
2. andere Zufallsvariable annähernd normalverteilt sind,
3. gewisse nicht normalverteilte Variable sich auf einfache Weise in normalverteilte umwandeln lassen,
4. komplizierte Verteilungen sich in Grenzfällen durch die Normalverteilung annähern lassen,
5. bei statistischen Prüfverfahren und deren Begründung oft Größen vorkommen, deren Verteilung normal sind oder bei gewissen Grenzübergängen einer Normalverteilung zustreben [5].

Wahrscheinlichkeitsverteilungen werden mathematisch durch ihre Wahrscheinlichkeitsdichte $f(x)$ und deren Integral, die Verteilungsfunktion $F(x)$, beschrieben. Die Normalverteilung hat die Dichte

$$f(x) = \frac{1}{\sigma\sqrt{2\pi}}\, e^{-\frac{1}{2}\left(\frac{x-\mu}{\sigma}\right)^2}; \quad -\infty < x < \infty,\ \sigma > 0 \quad (47)$$

Darin bedeuten μ den wahren Mittelwert der Grundgesamtheit und σ^2 die Varianz. Die graphische Darstellung der Wahrscheinlichkeitsdichte der Normalverteilung ist die bekannte Glockenkurve, die in Abb. 5 für verschiedene Varianzen dargestellt ist. Die Verteilung ist symmetrisch zum Mittelwert μ und verläuft um so flacher und breiter, je größer die Varianz σ^2 ist.

Die Wahrscheinlichkeit, daß die Zufallsvariable X einen Wert zwischen $-\infty$ und x annimmt, ist durch die Verteilungsfunktion $F(x)$ gegeben:

$$F(x) = \frac{1}{\sigma\sqrt{2\pi}} \int_{-\infty}^{x} e^{-\frac{1}{2}\left(\frac{v-\mu}{\sigma}\right)^2} dv \qquad (48)$$

Die Änderung der Bezeichnung gegenüber (47) hat formale Gründe. Das Argument von F ist die nun veränderlich gedachte obere Grenze des Integrals. Es wird mit x bezeichnet. Um aber dieses Argument von der

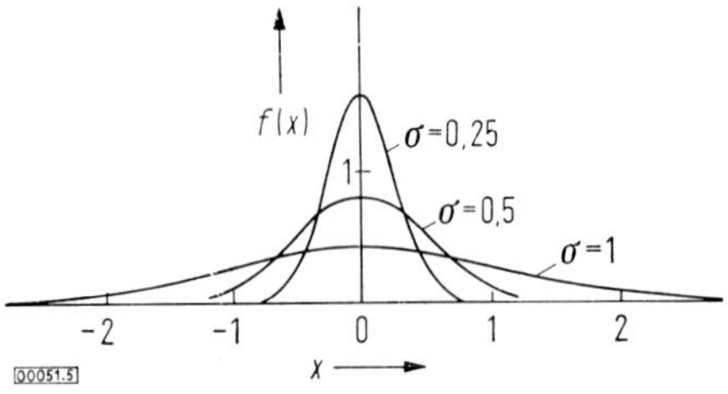

Abb. 5. Wahrscheinlichkeitsdichte $f(x)$ der Normalverteilung mit Mittelwert $\mu = 0$ für verschiedene Werte von σ^2

Integrationsvariablen, die ja bei Ausführung der Integration alle Werte von $-\infty$ bis x annimmt, zu unterscheiden, bezeichnet man die Integrationsvariable mit irgendeinem anderen Buchstaben, hier mit v. Entsprechendes gilt auch für die folgenden durch Integrale definierten Funktionen.

Da μ und σ beliebige Werte annehmen können, sind unendlich viele Normalverteilungen möglich. Man kann dies jedoch auf eine einzige Verteilung zurückführen, indem man als neue standardisierte Integrationsvariable

$$u = \frac{x - \mu}{\sigma} \qquad (49)$$

einführt. Da $dx = \sigma\, du$, ergibt sich für die Verteilungsfunktion mit

$$z = \frac{x - \mu}{\sigma} \qquad (50)$$

als der oberen veränderlichen Grenze

$$F(x) = \frac{1}{\sqrt{2\pi}} \int_{-\infty}^{z} e^{-\frac{1}{2}u^2} du \qquad (51)$$

Diese Verteilungsfunktion hat den Mittelwert $\mu = 0$ und die Varianz 1 und liegt als sog. Standardnormalverteilung in Tabellenform vor (Tab. 7 und 8).

Gl. (51) kann man auch schreiben

$$F(x) = \Phi\left(\frac{x - \mu}{\sigma}\right) = \Phi(z) \qquad (52)$$

Die Wahrscheinlichkeit w, daß der Wert einer Zufallsvariablen zwischen den Grenzen a und b liegt, wird mit Gl. (52)

$$w(a \leqslant x \leqslant b) = F(b) - F(a) = \Phi\left(\frac{b-\mu}{\sigma}\right) - \Phi\left(\frac{a-\mu}{\sigma}\right) \qquad (53)$$

Setzt man $a = \mu - \sigma$ und $b = \mu + \sigma$, so wird die rechte Seite von Gl. (53) $\Phi(1) - \Phi(-1)$; für $a = \mu - 2\sigma$ und $b = \mu + 2\sigma$, erhält man $\Phi(2) - \Phi(-2)$ usw.

Die beobachteten Werte einer normalverteilten Zufallsvariablen X verteilen sich bei einer großen Zahl von Versuchen entsprechend Tab. 7 damit folgendermaßen:

$$w(\mu - \sigma \leqslant x \leqslant \mu + \sigma) = \Phi(1) - \Phi(-1) = 0{,}6827 = 68\,\% \qquad (54)$$

d. h. 2/3 aller Werte liegen zwischen den Grenzen $\mu - \sigma$ und $\mu + \sigma$.

$$w(\mu - 2\sigma \leqslant x \leqslant \mu + 2\sigma) = \Phi(2) - \Phi(-2) = 0{,}9545 = 95{,}5\,\% \qquad (55)$$

bedeutet, daß 95 % aller Werte zwischen den Grenzen $\mu - 2\sigma$ und $\mu + 2\sigma$ liegen, und

$$w(\mu - 3\sigma \leqslant x \leqslant \mu + 3\sigma) = \Phi(3) - \Phi(-3) = 0{,}9973 = 99\,\% \qquad (56)$$

daß sich mehr als 99 % aller zu erwartenden Werte zwischen $\mu - 3\sigma$ und $\mu + 3\sigma$ befinden. Anders ausgedrückt: Eine Abweichung um mehr als σ vom Mittelwert ist etwa einmal bei je drei Versuchen zu erwarten, eine Abweichung um mehr als 2σ etwa nur einmal bei 22 Versuchen und eine Anweichung um mehr als 3σ etwa nur einmal bei etwa 370 Versuchen. Dieser Sachverhalt ist in Abb. 6 veranschaulicht.

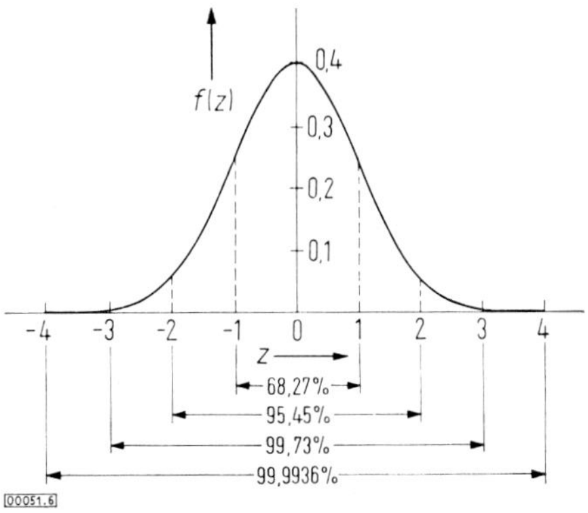

Abb. 6. σ-Grenzen der Normalverteilung

Wählt man für die Wahrscheinlichkeiten ganze Zahlen, so liegt ein Meßwert mit

95 %	Wahrscheinlichk.	innerh.	d.	Grenzen	$\mu \pm 1{,}960\sigma$
99 %	„	„	„	„	$\mu \pm 2{,}576\sigma$
99,9 %	„	„	„	„	$\mu \pm 3{,}291\sigma$

Die Frage, ob eine vorliegende Verteilung einer Normalverteilung entspricht, kann man leicht durch Auftragen der Verteilungsfunktion einer Stichprobe gegen die Stichprobenwerte in einem sog. Wahrscheinlichkeitsnetz entscheiden. Die Ordinatenskala dieses Pa-

Tab. 7. Verteilungsfunktion der Standardnormalverteilung $\Phi(0) = 0{,}5$; $\Phi(-z) = 1 - \Phi(z)$; $D(z) = \Phi(z) - \Phi(-z)$

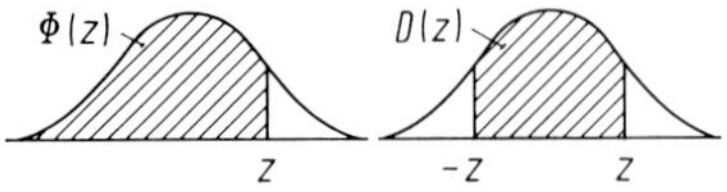

z	$\Phi(-z)$	$\Phi(z)$	$D(z)$	z	$\Phi(-z)$	$\Phi(z)$	$D(z)$	z	$\Phi(-z)$	$\Phi(z)$	$D(z)$
	0,	0,	0,		0,	0,	0,		0,	0,	0,
0,01	4960	5040	0080	0,51	3050	6950	3899	1,01	1562	8438	6875
0,02	4920	5080	0160	0,52	3015	6985	3969	1,02	1539	8461	6923
0,03	4880	5120	0239	0,53	2981	7019	4039	1,03	1515	8485	6970
0,04	4840	5160	0319	0,54	2946	7054	4108	1,04	1492	8508	7017
0,05	4801	5199	0399	0,55	2912	7088	4177	1,05	1469	8531	7063
0,06	4761	5239	0478	0,56	2877	7123	4245	1,06	1446	8554	7109
0,07	4721	5279	0558	0,57	2843	7157	4313	1,07	1423	8577	7154
0,08	4681	5319	0638	0,58	2810	7190	4381	1,08	1401	8599	7199
0,09	4641	5359	0717	0,59	2776	7224	4448	1,09	1379	8621	7243
0,10	4602	5398	0797	0,60	2743	7257	4515	1,10	1357	8643	7287
0,11	4562	5438	0876	0,61	2709	7291	4581	1,11	1335	8665	7330
0,12	4522	5478	0955	0,62	2676	7324	4647	1,12	1314	8686	7373
0,13	4483	5517	1034	0,63	2643	7357	4713	1,13	1292	8708	7415
0,14	4443	5557	1113	0,64	2611	7389	4778	1,14	1271	8729	7457
0,15	4404	5596	1192	0,65	2578	7422	4843	1,15	1251	8749	7499
0,16	4364	5636	1271	0,66	2546	7454	4907	1,16	1230	8770	7540
0,17	4325	5675	1350	0,67	2514	7486	4971	1,17	1210	8790	7580
0,18	4286	5714	1428	0,68	2483	7517	5035	1,18	1190	8810	7620
0,19	4247	5753	1507	0,69	2451	7549	5098	1,19	1170	8830	7660
0,20	4207	5793	1585	0,70	2420	7580	5161	1,20	1151	8849	7699
0,21	4168	5832	1663	0,71	2389	7611	5223	1,21	1131	8869	7737
0,22	4129	5871	1741	0,72	2358	7642	5285	1,22	1112	8888	7775
0,23	4090	5910	1819	0,73	2327	7673	5346	1,23	1093	8907	7813
0,24	4052	5948	1897	0,74	2296	7704	5407	1,24	1075	8925	7850
0,25	4013	5987	1974	0,75	2266	7734	5467	1,25	1056	8944	7887
0,26	3974	6026	2051	0,76	2236	7764	5527	1,26	1038	8962	7923
0,27	3936	6064	2128	0,77	2206	7794	5587	1,27	1020	8980	7959
0,28	3987	6103	2205	0,78	2177	7823	5646	1,28	1003	8997	7995
0,29	3859	6141	2282	0,79	2148	7852	5705	1,29	0985	9015	8029
0,30	3821	6179	2358	0,80	2119	7881	5763	1,30	0968	9032	8064
0,31	3783	6217	2434	0,81	2090	7910	5821	1,31	0951	9049	8098
0,32	3745	6255	2510	0,82	2061	7939	5878	1,32	0934	9066	8132
0,33	3707	6293	2586	0,83	2033	7967	5935	1,33	0918	9082	8165
0,34	3669	6331	2661	0,84	2005	7995	5991	1,34	0901	9099	8198
0,35	3632	6368	2737	0,85	1977	8023	6047	1,35	0885	9115	8230
0,36	3594	6406	2812	0,86	1949	8051	6102	1,36	0869	9131	8262
0,37	3557	6443	2886	0,87	1922	8078	6157	1,37	0853	9147	8293
0,38	3520	6480	2961	0,88	1894	8106	6211	1,38	0838	9162	8324
0,39	3483	6517	3035	0,89	1867	8133	6265	1,39	0823	9177	8355
0,40	3446	6554	3108	0,90	1841	8159	6319	1,40	0808	9192	8385
0,41	3409	6591	3182	0,91	1814	8186	6372	1,41	0793	9207	8415
0,42	3372	6628	3255	0,92	1788	8212	6424	1,42	0778	9222	8444
0,43	3336	6664	3328	0,93	1762	8238	6476	1,43	0764	9236	8473
0,44	3300	6700	3401	0,94	1736	8264	6528	1,44	0749	9251	8501
0,45	3264	6736	3473	0,95	1711	8289	6579	1,45	0735	9265	8529
0,46	3228	6772	3545	0,96	1685	8315	6629	1,46	0721	9279	8557
0,47	3192	6808	3616	0,97	1660	8340	6680	1,47	0708	9292	8584
0,48	3156	6844	3688	0,98	1635	8365	6729	1,48	0694	9306	8611
0,49	3121	6879	3759	0,99	1611	8389	6778	1,49	0681	9319	8638
0,50	3085	6915	3829	1,00	1587	8413	6827	1,50	0668	9332	8664

Fortsetzung Tab. 7.

z	$\Phi(-z)$	$\Phi(z)$	$D(z)$	z	$\Phi(-z)$	$\Phi(z)$	$D(z)$	z	$\Phi(-z)$	$\Phi(z)$	$D(z)$
	0,	0,	0,		0,	0,	0,		0,	0,	0,
1,51	0655	9345	8690	2,01	0222	9778	9556	2,51	0060	9940	9879
1,52	0643	9357	8715	2,02	0217	9783	9566	2,52	0059	9941	9883
1,53	0630	9370	8740	2,03	0212	9788	9576	2,53	0057	9943	9886
1,54	0618	9382	8764	2,04	0207	9793	9586	2,54	0055	9945	9889
1,55	0606	9394	8789	2,05	0202	9798	9596	2,55	0054	9946	9892
1,56	0594	9406	8812	2,06	0197	9803	9606	2,56	0052	9948	9895
1,57	0582	9418	8836	2,07	0192	9808	9615	2,57	0051	9949	9898
1,58	0571	9429	8859	2,08	0188	9812	9625	2,58	0049	9951	9901
1,59	0559	9441	8882	2,09	0183	9817	9634	2,59	0048	9952	9904
1,60	0548	9452	8904	2,10	0179	9821	9643	2,60	0047	9953	9907
1,61	0537	9463	8926	2,11	0174	9826	9651	2,61	0045	9955	9909
1,62	0526	9474	8948	2,12	0170	9830	9660	2,62	0044	9956	9912
1,63	0516	9484	8969	2,13	0166	9834	9668	2,63	0043	9957	9915
1,64	0505	9495	8990	2,14	0162	9838	9676	2,64	0041	9959	9917
1,65	0495	9505	9011	2,15	0158	9842	9684	2,65	0040	9960	9920
1,66	0485	9515	9031	2,16	0154	9846	9692	2,66	0039	9961	9922
1,67	0475	9525	9051	2,17	0150	9850	9700	2,67	0038	9962	9924
1,68	0465	9535	9070	2,18	0146	9854	9709	2,68	0037	9963	9926
1,69	0455	9545	9090	2,19	0143	9857	9715	2,69	0036	9964	9929
1,70	0446	9554	9109	2,20	0139	9861	9722	2,70	0035	9965	9931
1,71	0436	9564	9127	2,21	0136	9864	9729	2,71	0034	9966	9933
1,72	0427	9573	9146	2,22	0132	9868	9736	2,72	0033	9967	9935
1,73	0418	9582	9164	2,23	0129	9871	9743	2,73	0032	9968	9937
1,74	0409	9591	9181	2,24	0125	9875	9749	2,74	0031	9969	9939
1,75	0401	9599	9199	2,25	0122	9878	9756	2,75	0030	9970	9940
1,76	0392	9608	9216	2,26	0119	9881	9762	2,76	0029	9971	9942
1,77	0384	9616	9233	2,27	0116	9884	9768	2,77	0028	9972	9944
1,78	0375	9625	9249	2,28	0113	9887	9774	2,78	0027	9973	9946
1,79	0367	9633	9265	2,29	0110	9890	9780	2,79	0026	9974	9947
1,80	0359	9641	9281	2,30	0107	9893	9786	2,80	0026	9974	9949
1,81	0351	9649	9297	2,31	0104	9896	9791	2,81	0025	9975	9950
1,82	0344	9656	9312	2,32	0102	9898	9797	2,82	0024	9976	9952
1,83	0336	9664	9328	2,33	0099	9901	9802	2,83	0023	9977	9953
1,84	0329	9671	9342	2,34	0096	9904	9807	2,84	0023	9977	9955
1,85	0322	9678	9357	2,35	0094	9906	9812	2,85	0022	9978	9956
1,86	0314	9686	9371	2,36	0091	9909	9817	2,86	0021	9979	9958
1,87	0307	9693	9385	2,37	0089	9911	9822	2,87	0021	9979	9959
1,88	0301	9699	9399	2,38	0087	9913	9827	2,88	0020	9980	9960
1,89	0294	9706	9412	2,39	0084	9916	9832	2,89	0019	9981	9961
1,90	0287	9713	9426	2,40	0082	9918	9836	2,90	0019	9981	9963
1,91	0281	9719	9439	2,41	0080	9920	9840	2,91	0018	9982	9964
1,92	0274	9726	9451	2,42	0078	9922	9845	2,92	0018	9982	9965
1,93	0268	9732	9464	2,43	0075	9925	9849	2,93	0017	9983	9966
1,94	0262	9738	9476	2,44	0073	9927	9853	2,94	0016	9984	9967
1,95	0256	9744	9488	2,45	0071	9929	9857	2,95	0016	9984	9968
1,96	0250	9750	9500	2,46	0069	9931	9861	2,96	0015	9985	9969
1,97	0244	9756	9512	2,47	0068	9932	9865	2,97	0015	9985	9970
1,98	0239	9761	9523	2,48	0066	9934	9869	2,98	0014	9986	9971
1,99	0233	9767	9534	2,49	0064	9936	9872	2,99	0014	9986	9972
2,00	0228	9772	9545	2,50	0062	9938	9876	3,00	0013	9987	9973

piers ist so verzerrt, daß die Verteilungsfunktion einer Normalverteilung zu einer Geraden wird (Abb. 7).

Als Ordinate wird beim Wahrscheinlichkeitsnetz die zur Verteilungsfunktion $y = \Phi(z)$ inverse Funktion $z = \psi(y)$ verwendet, d. h. da für die Normalverteilung nach Gl. (52) $y = F(x) = \Phi\left(\frac{x-\mu}{\sigma}\right)$ gilt wird,

$$z = \psi(y) = \frac{x-\mu}{\sigma} \tag{57}$$

und man erhält die Gleichung einer Geraden, wie oben gesagt wurde.

Man trägt die aus der Stichprobe ermittelten relativen Summenhäufigkeiten $y = \Phi(z)$ gegen die Stichprobenwerte x auf. Kann durch die Treppenkurve der Verteilungsfunktion nach Augenmaß eine Gerade gelegt werden (Abb. 7b), so kann man mit einer Normalverteilung der Stichprobe rechnen. Dieser Auftragung können Mittelwert und Standardabweichung der Verteilung entnommen werden. Denn die Abszisse des Schnittpunktes der Geraden mit der 50%-Linie des Netzes liefert den Mittelwert μ; und die Gerade schneidet die 84%-Linie etwa im Abszissenwert $x = \mu + \sigma$, da für $z = \frac{x-\mu}{\sigma} = 1$, d. h. $x = \sigma + \mu$, $\Phi(1) = 0{,}84$ ist. Aus dem x-Wert für den Schnittpunkt der Geraden mit der 84%-Linie und μ erhält man als Differenz einen meist ausreichenden Schätzwert für die Standardabweichung σ.

Ist die Stichprobe in Klassen unterteilt, so trägt man die relativen Summenhäufigkeiten gegen die rechten Eckpunkte der Klassenintervalle auf und geht weiterhin wie oben geschildert vor.

Tab. 8. Werte von z zu gegebenen Werten der Verteilungsfunktion der Standardnormalverteilung und von $D(z)$ (vgl. Tab. 7) in %

Beispiel: $z = 0{,}842$ für $\Phi(z) = 80\%$
$z = 1{,}282$ für $D(z) = 80\%$

%	$z(\Phi)$	$z(D)$	%	$z(\Phi)$	$z(D)$	%	$z(\Phi)$	$z(D)$
1	− 2,326	0,013	41	− 0,228	0,539	81	0,878	1,311
2	− 2,054	0,025	42	− 0,202	0,553	82	0,915	1,341
3	− 1,881	0,038	43	− 0,176	0,568	83	0,954	1,372
4	− 1,751	0,050	44	− 0,151	0,583	84	0,994	1,405
5	− 1,645	0,063	45	− 0,126	0,598	85	1,036	1,440
6	− 1,555	0,075	46	− 0,100	0,613	86	1,080	1,476
7	− 1,476	0,088	47	− 0,075	0,628	87	1,126	1,514
8	− 1,405	0,100	48	− 0,050	0,643	88	1,175	1,555
9	− 1,341	0,113	49	− 0,025	0,659	89	1,227	1,598
10	− 1,282	0,126	50	0,000	0,674	90	1,282	1,645
11	− 1,227	0,138	51	0,025	0,690	91	1,341	1,695
12	− 1,175	0,151	52	0,050	0,706	92	1,405	1,751
13	− 1,126	0,164	53	0,075	0,722	93	1,476	1,812
14	− 1,080	0,176	54	0,100	0,739	94	1,555	1,881
15	− 1,036	0,189	55	0,126	0,755	95	1,645	1,960
16	− 0,994	0,202	56	0,151	0,772	96	1,751	2,054
17	− 0,954	0,215	57	0,176	0,789	97	1,881	2,170
18	− 0,915	0,228	58	0,202	0,806	98	2,054	2,326
19	− 0,878	0,240	59	0,228	0,824	99	2,326	2,576
20	− 0,842	0,253	60	0,253	0,842			
21	− 0,806	0,266	61	0,279	0,860	99,1	2,366	2,612
22	− 0,772	0,279	62	0,305	0,878	99,2	2,409	2,652
23	− 0,739	0,292	63	0,332	0,896	99,3	2,457	2,697
24	− 0,706	0,305	64	0,358	0,915	99,4	2,512	2,748
25	− 0,674	0,319	65	0,385	0,935	99,5	2,576	2,807
26	− 0,643	0,332	66	0,412	0,954	99,6	2,652	2,878
27	− 0,613	0,345	67	0,440	0,974	99,7	2,748	2,968
28	− 0,583	0,358	68	0,468	0,994	99,8	2,878	3,090
29	− 0,553	0,372	69	0,496	1,015	99,9	3,090	3,291
30	− 0,524	0,385	70	0,524	1,036			
31	− 0,496	0,399	71	0,553	1,058	99,91	3,121	3,320
32	− 0,468	0,412	72	0,583	1,080	99,92	3,156	3,353
33	− 0,440	0,426	73	0,613	1,103	99,93	3,195	3,390
34	− 0,412	0,440	74	0,643	1,126	99,94	3,239	3,432
35	− 0,358	0,454	75	0,674	1,150	99,95	3,291	3,481
36	− 0,358	0,468	76	0,706	1,175	99,96	3,353	3,540
37	− 0,332	0,482	77	0,739	1,200	99,97	3,432	3,615
38	− 0,305	0,496	78	0,772	1,227	99,98	3,540	3,719
39	− 0,279	0,510	79	0,806	1,254	99,99	3,719	3,891
40	− 0,253	0,524	80	0,842	1,282			

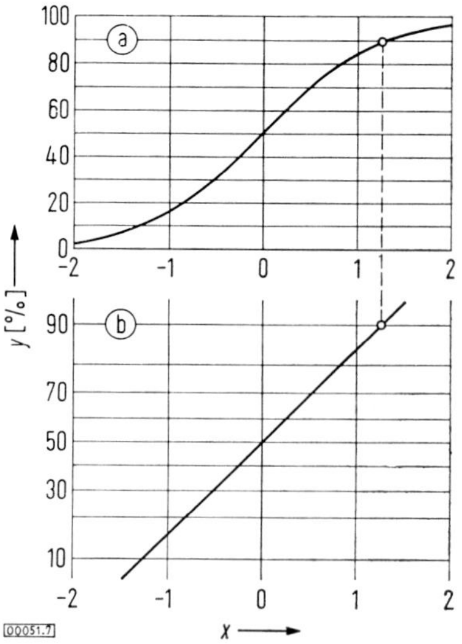

Abb. 7. Auftragung der Verteilungsfunktion $y = \Phi(z)$ der Normalverteilung auf a) gewöhnliches Koordinatenpapier und b) Wahrscheinlichkeitspapier

2. Beurteilende Statistik

Konfidenzintervalle. Im vorigen Abschnitt war gezeigt worden, in welchen Grenzen man bei einer normalverteilten Zufallsvariablen die Meßwerte erwarten kann. Will man jedoch von einer Stichprobe auf die Grundgesamtheit schließen, so wird der allgemeine Fall sein, daß weder die Art der Verteilung noch die Maßzahlen der Grundgesamtheit, Mittelwert μ und Varianz σ^2, bekannt sind. Mittelwert $\bar{x}$ und Varianz s^2 einer Stichprobe sind nur Schätzwerte der entsprechenden Maßzahlen der Grundgesamtheit, und es fragt sich, wie gut diese Näherungswerte auf Grund der Fehlerhaftigkeit der Versuchsergebnisse sind, d. h. es ist damit zu rechnen, daß auch die Maßzahlen der Stichproben bestimmten Verteilungsfunktionen gehorchen werden.

Zur Abschätzung der Abweichung des Näherungswertes vom wahren Wert definiert man den Begriff des Konfidenzintervalles, auch Vertrauensintervall oder Vertrauensbereich genannt. Man bestimmt aus den Stichprobenwerten zwei Werte M_1 und M_2 der Maßzahlen derart, daß sie den unbekannten wahren Wert mit einer bestimmten Wahrscheinlichkeit einschließen:

$$P(M_1 \leqslant \mu \leqslant M_2) = \gamma \qquad (58)$$

Die Endpunkte des Intervalles M_1 und M_2 nennt man die Konfidenzgrenzen, die Zahl γ die zugehörige *Konfidenzzahl.* Sie wird meistens zu 95 oder 99% gewählt und stellt die Wahrscheinlichkeit dar, aus einer Stichprobe ein Konfidenzintervall zu berechnen, daß den unbekannten wahren Wert der Meßzahl enthält. $\gamma = 0{,}95$ entspricht z. B. der nicht schraffierten Fläche unter der Kurve in Abb. 8; die Fläche macht 95% der Gesamtfläche aus.

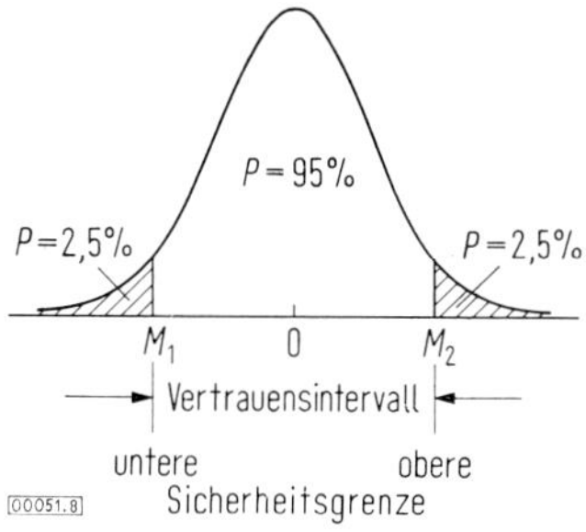

Abb. 8. Erläuterung der wichtigsten Begriffe der Statistik

Die Wahrscheinlichkeit, daß die Maßzahl außerhalb der Konfidenzgrenzen liegt, wird Überschreitungs- oder Irrtumswahrscheinlichkeit genannt. Sie ergänzt γ zu 1 bzw. 100% und entspricht der schraffierten Fläche unterhalb der Kurve in Abb. 8 außerhalb der symmetrisch zum Nullpunkt angegebenen Konfidenzgrenzen. Die Irrtumswahrscheinlichkeit für das einseitige Überschreiten der oberen oder der unteren Grenze des Konfidenzintervalles ist hier gleich der halben totalen Irrtumswahrscheinlichkeit, also 2,5%.

2.1. Testverteilungen und Bestimmung von Konfidenzgrenzen

Die aus den Stichprobenwerten ermittelten Maßzahlen (Mittelwert und Varianz) gehorchen selbst sog. Testverteilungen, die die Grundlage von statistischen Tests und Prüfverfahren bei der Bestimmung von Konfidenzintervallen und dem Testen von Hypothesen sind.

a) *Konfidenzintervall des Mittelwertes einer Normalverteilung bei bekannter Grundgesamtheitsvarianz* σ^2. Eine dieser Testverteilungen ist die Standardnormalverteilung selbst. Aus der Gaussschen Fehlertheorie folgt, daß die arithmetischen Mittel $\bar{x}$ um den wahren Wert μ mit der Streuung $\sigma/\sqrt{n}$ normal verteilt sind Gl. (15). Will man daher das Konfidenzintervall für den wahren unbekannten Mittelwert μ einer normalverteilten Zufallsvariablen X unter der Annahme ermitteln, daß Stichprobenvarianz s^2 und Grundgesamtheitsvarianz σ^2 identisch sind (z. B. sei bei einer seit vielen Jahren eingeführten Untersuchungsmethodik auf Grund des großen vorliegenden Zahlenmaterials die Bestimmung einer Varianz möglich, die praktisch mit der Grundgesamtheitsvarianz identisch ist), so kann man dazu direkt die Standardnormalverteilung verwenden, indem man in Gl. (50) die Standardabweichung σ durch $\sigma/\sqrt{n}$ ersetzt und prüft, ob die Variable

$$z = \sqrt{n}\,\frac{\bar{x}-\mu}{\sigma} \qquad (59)$$

zwischen den durch die Konfidenzzahl γ festgelegten Grenzen liegt.

$$P\left(-c \leqslant \sqrt{n}\,\frac{\bar{x}-\mu}{\sigma} \leqslant +c\right) = \gamma \qquad (60)$$

Man kann die in der Klammer stehende Ungleichung nach μ auflösen und erhält:

$$-c \leqslant \sqrt{n}\,\frac{\bar{x}-\mu}{\sigma} \leqslant +c \qquad (61)$$

$$-c\,\frac{\sigma}{\sqrt{n}} \leqslant \bar{x}-\mu \leqslant +c\,\frac{\sigma}{\sqrt{n}} \qquad (62)$$

$$\bar{x}+c\,\frac{\sigma}{\sqrt{n}} \geqslant \mu \geqslant \bar{x}-c\,\frac{\sigma}{\sqrt{n}} \qquad (63)$$

und damit

$$P\left(\bar{x}-c\,\frac{\sigma}{\sqrt{n}} \leqslant \mu \leqslant \bar{x}+c\,\frac{\sigma}{\sqrt{n}}\right) = \gamma \qquad (64)$$

Wählt man $\gamma = 0{,}95$, so erhält man aus Tab. 8 und Gl. (60) für c den Wert 1,96. Sind die Daten einer Stichprobe z. B. $\bar{x} = 20{,}4$, $\sigma^2 = 10{,}3$ und $n = 5$, so ergibt sich als Konfidenzintervall für μ

$$P\left(20{,}4 - 1{,}96\sqrt{\frac{10{,}3}{5}} \leqslant \mu \leqslant 20{,}4 + {} + 1{,}96\sqrt{\frac{10{,}3}{5}}\right) = 0{,}95 \qquad (65)$$

$$\mathrm{Konf}(20{,}4 - 3{,}21 \leqslant \mu \leqslant 20{,}4 + 3{,}21) \qquad (66)$$

was man häufig in der Form

$$\mu = 20{,}4 \pm 3{,}21 \qquad (67)$$

schreibt.

Das hier behandelte Beispiel stellt einen Sonderfall dar, da Stichproben- und Grundgesamtheitsvarianz als identisch angenommen wurden. In den meisten Fällen ist jedoch nur die Stichprobenvarianz s^2 zugänglich, für die Prüfverfahren werden dann andere Testverteilungen benötigt.

b) *Konfidenzintervall für die Varianz s^2 der Normalverteilung (χ^2-Verteilung).* Zur Berechnung des Konfidenzintervalles der Varianz einer Normalverteilung untersucht man statt der Größe s^2 den auf die Varianz der Grundgesamtheit bezogenen Ausdruck

$$\chi^2 = \frac{(n-1)\, s^2}{\sigma^2} \qquad (68)$$

der sich durch eine lineare Transformation auf eine Quadratsumme $\chi^2 = x_1^2 + x_2^2 + \ldots + x_f^2$ von $f = n - 1$ unabhängigen und standardnormalverteilten Größen x_i zurückführen läßt, wenn f die Zahl der Freiheitsgrade und n der Umfang der Stichprobe sind. Diese Quadratsumme folgt einer Chi-Quadrat-Verteilung mit $f = n - 1$ Freiheitsgraden, deren Verteilungsfunktion lautet

$$F(x) = K_f \int_0^x v^{(f-2)/2}\, \mathrm{e}^{-v/2}\, \mathrm{d}v \quad \text{für } x \geqslant 0 \qquad (69)$$

und

$$F(x) = 0 \quad \text{für } x < 0 \qquad (69\,\mathrm{a})$$

Zu v vgl. S. 301.

K_f ist eine Konstante, die so gewählt werden muß, daß $F(\infty) = 1$ wird. Aus dieser Forderung ergibt sich

$$K_f = \frac{1}{2^{f/2}\, \Gamma(f/2)} \qquad (70)$$

Darin ist $\Gamma(\alpha)$ die sog. Gammafunktion, f die Zahl der Freiheitsgrade. Die Chi-Quadrat-Verteilung hat den Mittelwert

$$\mu = \bar{\chi}^2 = f \qquad (71)$$

und die Varianz

$$\sigma^2 = 2f \qquad (72)$$

Die Kurvenform der Wahrscheinlichkeitsdichte hängt von der Zahl der Freiheitsgrade ab. Für $f = 1$ und $f = 2$ fallen die Kurven monoton, mit wachsender Zahl der Freiheitsgrade nähern sie sich dem Verlauf der Normalverteilung an (Abb. 9). Ihre Werte sind als Funktion der Zahl der Freiheitsgrade in Tab. 9 angegeben.

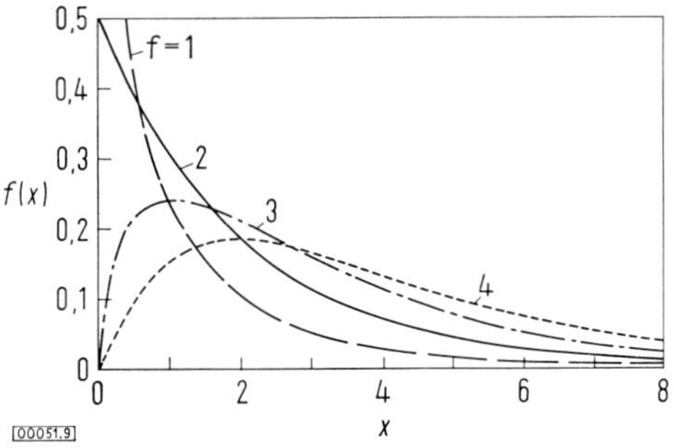

Abb. 9. Kurven der Wahrscheinlichkeitsdichte der χ^2-Verteilung für verschiedene Freiheitsgrade

Die Wahrscheinlichkeit, daß χ^2 innerhalb der durch γ bestimmten Konfidenzgrenzen K_1 und K_2 liegt, ist

$$P\left(K_2 < \frac{(n-1)s^2}{\sigma^2} < K_1\right) = \gamma \qquad (73)$$

Da es sich bei χ^2 um die Verteilung einer quadratischen Größe handelt, können die Grenzwerte K_1 und K_2 nur positive Zahlenwerte annehmen.

Nach Umformung des Klammerausdruckes erhält man das Konfidenzintervall für die Varianz

$$\mathrm{Konf}\left\{\frac{n-1}{K_1}\, s^2 < \sigma^2 < \frac{n-1}{K_2}\, s^2\right\} = \gamma \qquad (74)$$

Für eine Stichprobenvarianz $s^2 = 10{,}3$ bei $n = 5$ Versuchen und einer Konfidenzzahl $\gamma = 95\,\%$ wird

$$\mathrm{Konf}\left\{\frac{4 \cdot 10{,}3}{11{,}14} \leqslant \sigma^2 \leqslant \frac{4 \cdot 10{,}3}{0{,}48}\right\} \qquad (74\,\mathrm{a})$$

oder

$$[3{,}7 \leqslant \sigma^2 \leqslant 85{,}8] \qquad (75)$$

da man nach Tab. 9 für χ^2 bei 4 Freiheitsgraden einen Grenzwert von $K_1 = 11{,}14$ erhält, der nur mit einer Irrtumswahrscheinlichkeit von 2,5% überschritten wird, und einen Grenzwert $K_2 = 0{,}48$, der nur mit einer Irrtumswahrscheinlichkeit von 2,5% unterschritten wird.

Wie ersichtlich, ist zur Berechnung dieses Konfidenzintervalles eine Kenntnis des Mittelwertes nicht erforderlich.

c) *Konfidenzintervall für den Mittelwert der Normalverteilung bei unbekannter Grundgesamtheitsvarianz (*Student*- oder t-Verteilung).* Die unter a) besprochene Variable z (Gl. 59) nimmt jetzt die Form

$$t = \sqrt{n}\, \frac{\bar{x} - \mu}{s} \qquad (76)$$

mit

$$s^2 = \frac{1}{n-1} \sum_j (x_j - \bar{x})^2 \qquad (3)$$

an. Die Maßzahl t folgt der sog. Student- oder *t-Ver-*

Tab. 9. χ^2-Verteilung. Die Tabelle gibt die K-Werte für Gl. (74), S. 306, an, aus denen das Vertrauensintervall für σ für eine vorgegebene Irrtumswahrscheinlichkeit $\bar{P} = 100 - P$ (in %) in Abhängigkeit vom Freiheitsgrad f berechnet werden kann

f \ $\bar{P}$	99,0	97,5	95	90	70	50	30	10	5	2,5	1	0,1
1	$,0^3157$	$,0^3982$	$,0^2393$	,0158	,148	,455	1,07	2,71	3,84	5,02	6,63	10,8
2	,0201	,0506	,103	,211	,713	1,39	2,41	4,61	5,99	7,38	9,21	13,8
3	,115	,216	,352	,584	1,42	2,37	3,67	6,25	7,81	9,35	11,3	16,3
4	,297	,484	,711	1,06	2,19	3,36	4,88	7,78	9,49	11,14	13,3	18,5
5	,554	,831	1,15	1,61	3,00	4,35	6,06	9,24	11,1	12,8	15,1	20,5
6	,872	1,24	1,64	2,20	3,83	5,35	7,23	10,6	12,6	14,4	16,8	22,5
7	1,24	1,69	2,17	2,83	4,67	6,35	8,38	12,0	14,1	16,0	18,5	24,3
8	1,65	2,18	2,73	3,49	5,53	7,34	9,52	13,4	15,5	17,5	20,1	26,1
9	2,09	2,70	3,33	4,17	6,39	8,34	10,7	14,7	16,9	19,0	21,7	27,0
10	2,56	3,25	3,94	4,87	7,27	9,34	11,8	16,0	18,3	20,5	23,2	29,6
11	3,05	3,82	4,57	5,58	8,15	10,3	12,9	17,3	19,7	21,9	24,7	31,3
12	3,57	4,40	5,23	6,30	9,03	11,3	14,0	18,5	21,0	23,3	26,2	32,0
13	4,11	5,01	5,89	7,04	9,93	12,3	15,1	19,8	22,4	24,7	27,7	34,5
14	4,66	5,63	6,57	7,79	10,8	13,3	16,2	21,1	23,7	26,1	29,1	36,1
15	5,23	6,26	7,26	8,55	11,7	14,3	17,3	22,3	25,0	27,5	30,6	37,7
16	5,81	6,91	7,96	9,31	12,6	15,3	18,4	23,5	26,3	28,8	32,0	39,3
17	6,41	7,56	8,67	10,1	13,5	16,3	19,5	24,8	27,6	30,2	33,4	40,8
18	7,01	8,23	9,39	10,9	14,4	17,3	20,6	26,0	28,9	31,5	34,8	42,3
19	7,63	8,91	10,1	11,7	15,4	18,3	21,7	27,2	30,1	32,9	36,2	43,8
20	8,26	9,59	10,9	12,4	16,3	19,3	22,8	28,4	31,4	34,2	37,6	45,3
21	8,90	10,3	11,6	13,2	17,2	20,3	23,9	29,6	32,7	35,5	38,9	46,8
22	9,54	11,0	12,3	14,0	18,1	21,3	24,9	30,8	33,9	36,8	40,3	48,3
23	10,2	11,7	13,1	14,8	19,0	22,3	26,0	32,0	35,2	38,1	41,6	49,7
24	10,9	12,4	13,8	15,7	19,9	23,3	27,1	33,2	36,4	39,4	43,0	51,2
25	11,5	13,1	14,6	16,5	20,9	24,3	28,2	34,4	37,7	40,6	44,3	52,6
26	12,2	13,8	15,4	17,3	21,8	25,3	29,2	35,6	38,9	41,9	45,6	54,1
27	12,9	14,6	16,2	18,1	22,7	26,3	30,3	36,7	40,1	43,2	47,0	55,5
28	13,6	15,3	16,9	18,9	23,6	27,3	31,4	37,9	41,3	44,5	48,3	56,9
29	14,3	16,0	17,7	19,8	24,6	28,3	32,5	39,1	42,6	45,7	49,6	58,3
30	15,0	16,8	18,5	20,6	25,5	29,3	33,5	40,3	43,8	47,0	50,9	59,7
40	22,2	24,4	26,5	29,1	34,9	39,3	44,2	51,8	55,8	59,3	63,7	73,4
50	29,7	32,4	34,8	37,7	44,3	49,3	54,7	63,2	67,5	71,4	76,2	86,7
60	37,5	40,5	43,2	46,5	53,8	59,3	65,2	74,4	79,1	83,3	88,4	99,6
70	45,4	48,8	51,7	55,3	63,3	69,3	75,7	85,5	90,5	95,0	100,4	112,3
80	53,5	57,2	60,4	64,3	72,9	79,3	86,1	96,6	101,9	106,6	112,3	124,8
90	61,8	65,6	69,1	73,3	82,5	89,3	96,5	107,6	113,1	118,1	124,1	137,2
100	70,1	74,2	77,9	82,4	92,1	99,3	106,9	118,5	124,3	129,6	135,8	149,4

teilung, deren Variable allgemein geschrieben die Form

$$T = \frac{X}{\sqrt{Y/f}} \tag{77}$$

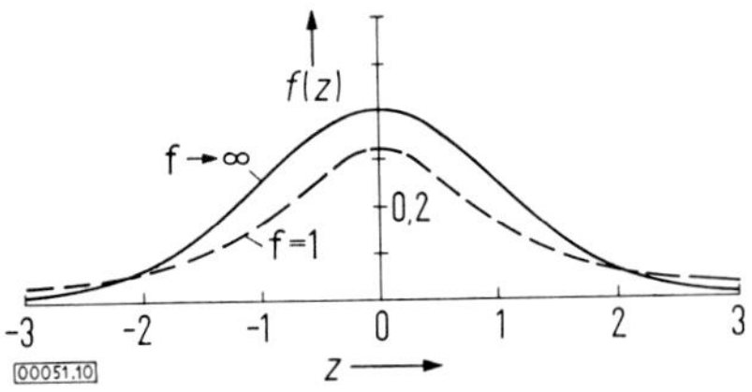

Abb. 10. Verläufe der Wahrscheinlichkeitsdichte der STUDENT-Verteilung

hat, in der X eine normalverteilte Zufallsvariable mit dem Mittelwert 0 und der Varianz 1 ist, Y eine Chi-Quadrat-verteilte Zufallsvariable mit f Freiheitsgraden, und f die Freiheitsgrade selbst sind. Die t-Verteilung ist der Normalverteilung sehr ähnlich. Sie ist wie diese stetig und glockenförmig und läuft von $-\infty$ bis $+\infty$ (Abb. 10). Ihre Verteilungsfunktion lautet

$$F(z) = \frac{\Gamma\left(\frac{f+1}{2}\right)}{\sqrt{f\pi}\;\Gamma\left(\frac{f}{2}\right)} \int_{-\infty}^{z} \frac{\mathrm{d}u}{\left(1+\frac{u^2}{f}\right)^{(f+1)/2}} \tag{78}$$

Sie ist von μ und σ unabhängig und nur eine Funktion der Zahl der Freiheitsgrade. In Tab. 10 sind Werte für

Tab. 10. t-Verteilung. $\bar{P}(\%)$ ist die Überschreitungswahrscheinlichkeit für zweiseitige Fragestellung und $\bar{P}_{1/2}(\%)$ die Überschreitungswahrscheinlichkeit für einseitige Fragestellung. Aus der Tabelle kann für eine vorgegebene Irrtumswahrscheinlichkeit der t-Wert entnommen werden, aus dem sich nach Gl. (80) die der Irrtumswahrscheinlichkeit entsprechenden Schranken für μ ergeben.

$\bar{P}$ / f	50	25	10	5	2	1	0,2	0,1
1	1,00	2,41	6,31	12,7	31,82	63,7	318,3	637,0
2	.816	1,60	2,92	4,30	6,97	9,92	22,33	31,6
3	.765	1,42	2,35	3,18	4,54	5,84	10,22	12,9
4	.741	1,34	2,13	2,78	3,75	4,60	7,17	8,61
5	.727	1,30	2,01	2,57	3,37	4,03	5,89	6,86
6	.718	1,27	1,94	2,45	3,14	3,71	5,21	5,96
7	.711	1,25	1,89	2,36	3,00	3,50	4,79	5,40
8	.706	1,24	1,86	2,31	2,90	3,36	4,50	5,04
9	.703	1,23	1,83	2,26	2,82	3,25	4,30	4,78
10	.700	1,22	1,81	2,23	2,76	3,17	4,14	4,59
11	.697	1,21	1,80	2,20	2,72	3,11	4,03	4,44
12	.695	1,21	1,78	2,18	2,68	3,05	3,93	4,32
13	.694	1,20	1,77	2,16	2,65	3,01	3,85	4,22
14	.692	1,20	1,76	2,14	2,62	2,98	3,79	4,14
15	.691	1,20	1,75	2,13	2,60	2,95	3,73	4,07
16	.690	1,19	1,75	2,12	2,58	2,92	3,69	4,01
17	.689	1,19	1,74	2,11	2,57	2,90	3,65	3,96
18	.688	1,19	1,73	2,10	2,55	2,88	3,61	3,92
19	.688	1,19	1,73	2,09	2,54	2,86	3,58	3,88
20	.687	1,18	1,73	2,09	2,53	2,85	3,55	3,85
21	.686	1,18	1,72	2,08	2,52	2,83	3,53	3,82
22	.686	1,18	1,72	2,07	2,51	2,82	3,51	3,79
23	.685	1,18	1,71	2,07	2,50	2,81	3,49	3,77
24	.685	1,18	1,71	2,06	2,49	2,80	3,47	3,74
25	.684	1,18	1,71	2,06	2,49	2,79	3,45	3,72
26	.684	1,18	1,71	2,06	2,48	2,78	3,44	3,71
27	.684	1,18	1,71	2,05	2,47	2,77	3,42	3,69
28	.683	1,17	1,70	2,05	2,47	2,76	3,41	3,67
29	.683	1,17	1,70	2,05	2,46	2,76	3,40	3,66
30	.683	1,17	1,70	2,04	2,46	2,75	3,39	3,65
40	.681	1,17	1,68	2,02	2,42	2,70	3,31	3,55
60	.679	1,16	1,67	2,00	2,39	2,66	3,23	3,46
120	.677	1,16	1,66	1,98	2,36	2,62	3,17	3,37
∞	.674	1,15	1,64	1,96	2,33	2,58	3,09	3,29
$\bar{P}_{1/2}$	25	12,5	5	2,5	1	0,5	0,1	0,05

die Variable t zu gegebenen Werten der Verteilungsfunktion als Funktion der Zahl der Freiheitsgrade vertafelt.

Das Konfidenzintervall für den Mittelwert lautet

$$P\left(-t \leqslant \sqrt{n}\,\frac{\bar{x}-\mu}{s} \leqslant +t\right) = \gamma \tag{79}$$

Die Umformung liefert

$$P\left(\bar{x} - t\,\frac{s}{\sqrt{n}} \leqslant \mu \leqslant \bar{x} + t\,\frac{s}{\sqrt{n}}\right) = \gamma \tag{80}$$

und damit für $\bar{x} = 20{,}4$, $s^2 = 10{,}3$, $n = 5$ und $\gamma = 0{,}95$ als Konfidenzintervall für den Mittelwert μ bei unbekannter Grundgesamtheitsvarianz

$$\text{Konf}\left\{20{,}4 - 2{,}78\sqrt{\frac{10{,}3}{5}} \leqslant \mu \leqslant 20{,}4 + {} + 2{,}78\sqrt{\frac{10{,}3}{5}}\right\} = 0{,}95 \tag{81}$$

$$\{20{,}4 - 3{,}96 \leqslant \mu \leqslant 20{,}4 + 3{,}96\} = 0{,}95 \tag{81 a}$$

$$\mu = 20{,}4 \pm 3{,}96 \tag{82}$$

Der Wert $t = 2{,}78$ wurde Tab. 10 für $(n-1) = 4$ Freiheitsgrade und zweiseitige Fragestellung entnommen.

2.2. Testen von Hypothesen

Die Konfidenzintervalle geben den Bereich an, in dem die Maßzahlen der zu einer Stichprobe gehörenden Grundgesamtheit mit einer durch die Konfidenzzahl γ bestimmten statistischen Sicherheit liegen.

Häufig stellt man jedoch die Frage, ob eine Stichprobe zu einer Grundgesamtheit gehört, deren Maßzahlen aus langer Erfahrung bekannt sind, oder ob die Grundgesamtheit, aus der die Stichprobe entnommen wurde, eine bestimmte gewünschte Maßzahl hat. Derartige Fragen entspringen einer Güteanforderung, die zu erfüllen ist (Sollwert), oder man will bei bekannten Maßzahlen der Grundgesamtheit eine Theorie verifizieren. Die Entscheidung fällt man durch das Testen von Hypothesen.

Unter einer statistischen Hypothese versteht man eine Annahme über die Verteilung einer Zufallsvariablen, über den Mittelwert oder über die Varianz dieser Verteilung. Im Rahmen des Prüfverfahrens stellt man zwei Hypothesen auf, die Primär- oder Nullhypothese H_0, die meistens aussagt, daß zwei Kenngrößen sich in ihrem Wert nicht signifikant unterscheiden, sowie die Alternativhypothese H_1, die besagt, daß ein signifikanter Unterschied zwischen beiden Kenngrößen besteht. Wird H_0 akzeptiert, wird H_1 automatisch verworfen.

Zu der Primärhypothese, daß die Mittelwerte zweier Verteilungen sich nicht unterscheiden, d. h.

$$\mu_1 = \mu_0 \tag{83}$$

sind die Alternativhypothesen

$$\mu_1 > \mu_0 \tag{84}$$

$$\mu_1 < \mu_0 \tag{85}$$

und

$$\mu_1 \neq \mu_0 \tag{86}$$

möglich. In den beiden ersten Tests handelt es sich um einseitige Tests, es sind nur Abweichungen vom Sollwert nach oben oder nach unten unerwünscht, im letzten Fall um einen zweiseitigen Test, es sind Abweichungen nach oben und nach unten unerwünscht (Abb. 11).

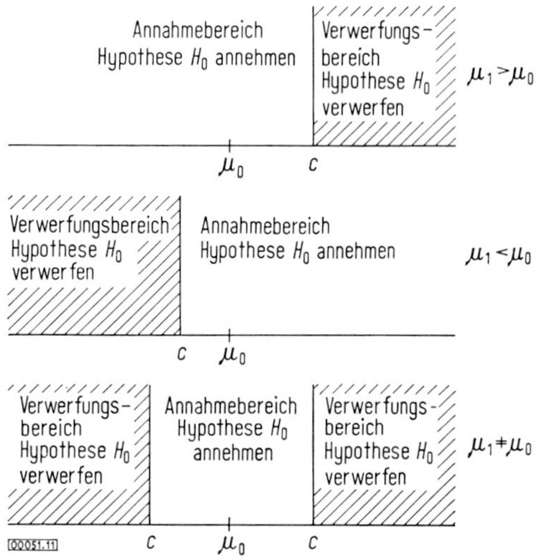

Abb. 11. Test bei Alternativhypothese (84), (85) und (86)

Die Grenzwerte c bestimmt man derart, daß die Wahrscheinlichkeit, z. B. eine Stichprobe mit einem Mittelwert größer oder kleiner als c zu erhalten, klein wird. Da sich die Maßzahlen der Stichprobe erheblich von denen der Grundgesamtheit unterscheiden können, besteht die Gefahr, daß die den Prüfverfahren entnommene Entscheidung zugunsten oder zuungunsten einer gewählten Hypothese falsch ist. Dabei können zwei Arten von Fehlern auftreten:

1. Die richtige Hypothese H_0 wird verworfen (Fehler erster Art). Die Wahrscheinlichkeit, eine richtige Hypothese zu verwerfen, bezeichnet man mit α, der sog. *Signifikanzzahl*, die mit der Irrtumswahrscheinlichkeit bei der Bestimmung des Konfidenzintervalles identisch ist und deren Größe ein Maß für die Signifikanz des Tests ist.

2. Eine falsche Hypothese H_0 wird akzeptiert (Fehler zweiter Art). Die Wahrscheinlichkeit, diesen Fehler zu begehen, bezeichnet man mit β. Die Differenz $1 - \beta$ ist die *Testschärfe* (auch Trennschärfe oder Macht, power).

Die möglichen Fehlentscheidungen lassen sich anschaulich in einem Schema darstellen (Tab. 11).

Die Wahrscheinlichkeit, die einzelnen Fehler bei der Entscheidung zu begehen, hängt von der gewählten Schranke c ab, wie aus Abb. 12 zu ersehen ist.

Tab. 11. Schema zum Fehler erster und zweiter Art beim Testen von Hypothesen, z. B. $\mu = \mu_0$ gegen $\mu = \mu_1$

Entscheidung auf Grund des Testresultates	Unbekannte Wirklichkeit H_0 ist richtig $\mu = \mu_0$	H_0 ist falsch $\mu = \mu_1$
H_0 wird akzeptiert $\mu = \mu_0$	Richtige Entscheidung mit der Wahrscheinlichkeit $P = 1 - \alpha$	Falsche Entscheidung mit der Wahrscheinlichkeit $P = \beta$ Fehler zweiter Art
H_0 wird verworfen $\mu = \mu_1$	Falsche Entscheidung mit der Wahrscheinlichkeit $P = \alpha$ Fehler erster Art	Richtige Entscheidung mit der Wahrscheinlichkeit $P = 1 - \beta$

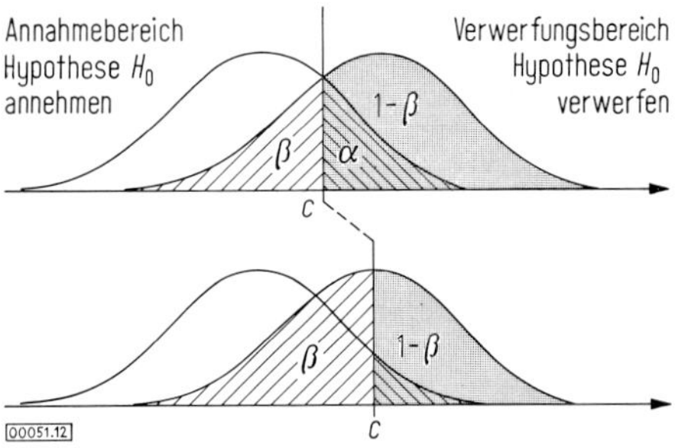

Abb. 12. Fehler 1. und 2. Art in Abhängigkeit vom Grenzwert c der Teststatistik

Gezeigt sind dort die Normalverteilungen zweier Stichproben, von denen die eine die Primärhypothese H_0, die andere die Alternativhypothese H_1 repräsentiert. Die sinnvollste Lage für c wäre dann gegeben, wenn α und β möglichst klein sind, jedoch widersprechen diese beiden Forderungen einander, denn um α zu verkleinern, muß man, wie die untere Zeichnung in Abb. 12 zeigt, die Schranke c nach rechts verschieben, wodurch β wieder größer wird, außerdem sinkt die Teststärke $1 - \beta$, d. h. die Fähigkeit eines Tests, Unterschiede zwischen den betrachteten Stichproben aufzufinden. In der Praxis wählt man zunächst α, im allg. zu 1 oder 5%, und berechnet dazu c und anschließend β.

Die Teststärke (Trennschärfe) ist bei einseitigen Tests größer als bei zweiseitigen, wie aus Abb. 13 zu entnehmen ist, da auf Grund der Halbierung von α beim zweiseitigen Test der Grenzwert c nach rechts wandert und damit zu einer Erhöhung von β und einer Erniedrigung von $1 - \beta$ führt.

Zur Entscheidung zugunsten oder zu ungunsten einer Hypothese werden zum Teil die gleichen Testverteilungen wie bei der Berechnung der Konfidenzintervalle benutzt. Die Signifikanzzahl γ bestimmt die Grenzen c, die die Variablen nicht überschreiten dürfen, soll die Primärhypothese angenommen werden. Das soll an einigen Beispielen gezeigt werden.

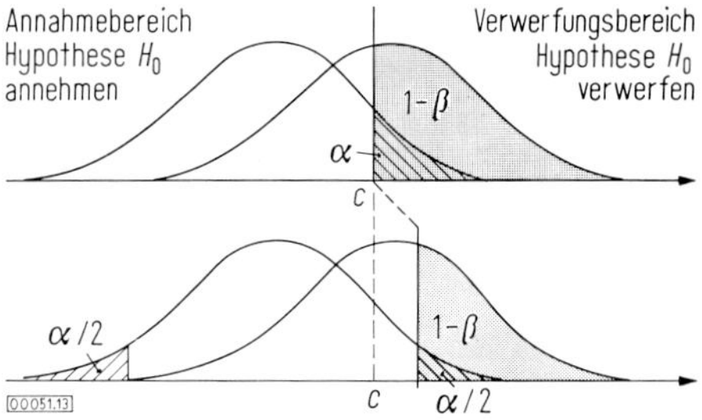

Abb. 13. Abhängigkeit der Teststärke von ein- bzw. zweiseitigen Tests

2.2.1. Prüfung von Mittelwerten

a) *Vergleich mit einem Standardwert: Test auf Zugehörigkeit eines Mittelwertes $\bar{x}$ zu einer normalverteilten Grundgesamtheit mit bekanntem Mittelwert μ_0 und bekannter Varianz, d. h. $s^2 = \sigma^2$.* Zu testen ist die Hypothese, daß die Stichprobe auf S. 296 zu der Grundgesamtheit mit dem Mittelwert $\mu_0 = 20$ gehört, gegen die Alternative, daß $\mu \neq \mu_0$ ist. Es handelt sich also um einen zweiseitigen Test. Trifft die Primärhypothese zu, so ist x normalverteilt mit dem Mittelwert $\mu_0 = 20$ und der Varianz $\sigma^2 = 10{,}3$. Weicht $\bar{x}$ zu sehr von $\mu_0 = 20$ ab, so muß man die Primärhypothese verwerfen, die Stichprobe mit dem Mittelwert $\bar{x} = 20{,}4$ und der Varianz $s^2 = 10{,}3$ entstammt dann nicht der Grundgesamtheit mit dem Mittelwert $\mu_0 = 20$ und der Varianz $\sigma^2 = 10{,}3$. In Analogie zum Beispiel a, S. 305, wird geprüft, ob die Variable z Gl. (50) zwischen den durch die Signifikanzzahl α festgelegten Grenzen liegt:

$$P\left(-c \leqslant \sqrt{n}\,\frac{\bar{x} - \mu}{\sigma} \leqslant +c\right) = \Phi(z) - \Phi(-z) = 1 - \alpha \tag{87}$$

Die in der Klammer stehende Ungleichung löst man in diesem Fall nach $\bar{x}$ auf

$$P(\mu - c\sigma/\sqrt{n} \leqslant \bar{x} \leqslant \mu + c\sigma/\sqrt{n}) = 1 - \alpha \tag{88}$$

Für $\alpha = 5\%$ erhält man wieder $c = \pm 1{,}96$. Gl. (88) wird dann

$$P(20 - 2{,}81 \leqslant \bar{x} \leqslant 20 + 2{,}81) = 0{,}95 \tag{89}$$

Da $17{,}19 < 20{,}4 < 22{,}81$, kann die Primärhypothese angenommen werden.

Dieses Beispiel soll dazu benutzt werden, die *Testgütekurve*, auch Gütefunktion genannt, einzuführen, die bei der Überlegung, wie viele Versuche in einer Untersuchung notwendig sind, um bei gegebener Signifikanzzahl α eine hinreichende Trennschärfe bei der Entscheidung zu erreichen, noch Bedeutung erlangen wird.

Der hier durchgeführte Test hat die Teststärke

$$1 - \beta(\mu) = P(\bar{x} < 17{,}19)_\mu + P(\bar{x} > 22{,}81)_\mu \tag{90}$$

Den zweiten Summanden auf der rechten Seite kann man auch schreiben

$$1 - P(\bar{x} \leqslant 22{,}81)_\mu \tag{91}$$

Damit wird die Teststärke

$$1 - \beta(\mu) = 1 + P(\bar{x} < 17{,}19)_\mu - P(\bar{x} \leqslant 22{,}81)_\mu \tag{92}$$

oder unter Verwendung von Gl. (52) der Standardnormalverteilung

$$1 - \beta(\mu) = 1 + \Phi\left(\frac{17{,}19 - \mu}{\sqrt{\frac{10{,}3}{5}}}\right) - \Phi\left(\frac{22{,}81 - \mu}{\sqrt{\frac{10{,}3}{5}}}\right) \tag{93}$$

Die Kurve, die man erhält, wenn man $1 - \beta(\mu)$ gegen μ aufträgt, heißt die Gütefunktion des betreffenden Tests (Abb. 14).

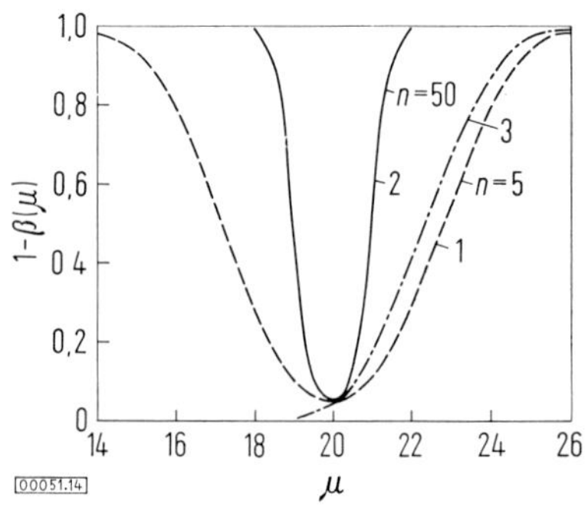

Abb. 14. Gütefunktion für zweiseitige Tests bei zwei verschiedenen Stichprobenumfängen (Kurven 1 und 2) sowie für einen einseitigen Test (Kurve 3)

Bei einem zweiseitigen Test erhält man für $1 - \beta(\mu)$ Glockenkurven, deren Flankensteilheit von der Zahl der Versuche innerhalb einer Stichprobe abhängt. Hätte man den Test statt mit 5 mit 50 Versuchen durchgeführt, würde die Gleichung für die Gütefunktion lauten

$$1 - \beta(\mu) = 1 + \Phi\left(\frac{\bar{x}_1 - \mu}{\sqrt{\frac{10{,}3}{50}}}\right) - \Phi\left(\frac{\bar{x}_2 - \mu}{\sqrt{\frac{10{,}3}{50}}}\right) =$$

$$= 1 + \Phi\left(\frac{19{,}06 - \mu}{\sqrt{\frac{10{,}3}{50}}}\right) - \Phi\left(\frac{20{,}94 - \mu}{\sqrt{\frac{10{,}3}{50}}}\right) \tag{94}$$

Diese Funktion (Kurve 2 in Abb. 14) besitzt steilere Flanken als Kurve 1, d. h. der Test hat durch Erhöhung der Versuchszahl an Trennschärfe gewonnen. Bei einseitigen Tests erhält man Kurvenverläufe für die Gütefunktion entsprechend Kurve 3, da die Trennschärfe dann z. B. für einen rechtsseitigen Test $(\mu > \mu_0)$ der Gleichung

$$1 - \beta(\mu) = P(\bar{x} > c) = 1 - P(x \leqslant c) = 1 - \Phi\left(\frac{c - \mu}{\sqrt{\frac{\sigma^2}{n}}}\right) \tag{95}$$

folgt.

Das Komplement zur Gütefunktion $1 - \beta(\mu)$ ist die Operationscharakteristik $\beta(\mu)$, die die Wahrscheinlichkeit darstellt, einen Fehler zweiter Art zu begehen, d. h. eine falsche Nullhypothese beizubehalten (Abb. 15). Operationscharakteristikkurven können den Arbeiten von Ferris [4] und dem Tabellenwerk von Owen [7] entnommen werden.

b) *Vergleich der Mittelwerte zweier Stichproben, die normalverteilten Grundgesamtheiten gleicher bekannter Varianz σ^2 entstammen.* Gegeben sind zwei Stichproben mit n_1 Probenwerte x_i und n_2 Werten y_i. Zu testen ist hier die Nullhypothese, daß die Stichproben normalverteilten Grundgesamtheiten mit gleichem Mittelwert entnommen wurden, also $\mu_1 - \mu_2 = 0$, gegen die Alternative $\mu_1 \neq \mu_2$. Den Ausdruck für die Prüfgröße z erhält man aus Gl. (50), indem man $\bar{x}$ durch die Differenz der Mittelwerte der Stichproben $\bar{x}$ und $\bar{y}$, also durch $(\bar{x} - \bar{y})$ und μ durch $\mu_1 - \mu_2 = 0$ ersetzt, denn auch die Differenz zweier Stichprobenmittelwerte ist um die Differenz zweier Mittelwerte von Grundgesamtheiten annähernd normalverteilt mit dem Mittelwert 0 und der Varianz

$$\sigma^{*2} = \frac{\sigma^2}{n_1} + \frac{\sigma^2}{n_2} = \sigma^2 \frac{n_1 + n_2}{n_1 n_2} \tag{96}$$

Gl. (50) wird damit

$$z = \sqrt{\frac{n_1 n_2}{n_1 + n_2}} \frac{\bar{x} - \bar{y}}{\sigma} \tag{97}$$

Wie unter a_1) ist zu prüfen, ob z in Gl. (50) zwischen den durch die Signifikanzzahl α gegebenen Grenzen der Standardnormalverteilung liegt.

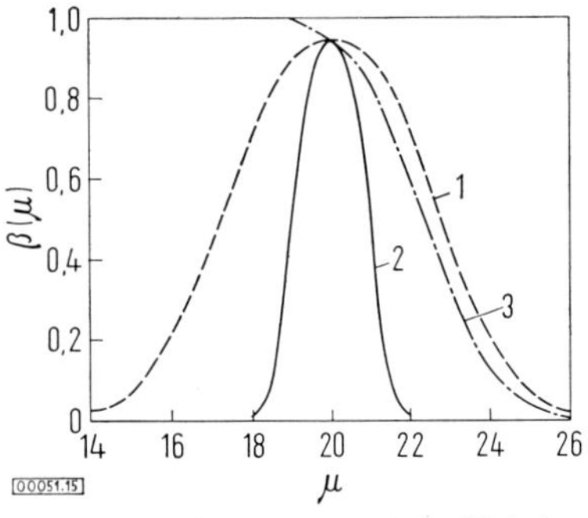

Abb. 15. Kurven der Operationscharakteristik $\beta(\mu)$ für das Beispiel in Abb. 14

c) *Test auf Zugehörigkeit eines Mittelwertes $\bar{x}$ zu einer Normalverteilung mit bekanntem Mittelwert μ_0 und unbekannter Varianz.* Bei Prüfung derselben Hypothese wie im vorstehenden Fall muß wieder die Student-Verteilung benutzt werden (s. S. 306).

Für den Wahrscheinlichkeitsausdruck erhält man in diesem Fall:

$$P\left(\mu - t\frac{s}{\sqrt{n}} \leqslant \bar{x} \leqslant \mu + t\frac{s}{\sqrt{n}}\right) = 1 - \alpha \qquad (98)$$

Für t ergibt sich bei $\alpha = 5\%$ wieder $t = \pm 2{,}78$. Gl. (98) geht dann über in

$$P\left(20 - 2{,}78\sqrt{\frac{10{,}3}{5}} \leqslant \bar{x} \leqslant 20 + 2{,}78\sqrt{\frac{10{,}3}{5}}\right) = 0{,}95 \qquad (99)$$

Da $16{,}04 < 20{,}4 < 23{,}96$ wird die Primärhypothese akzeptiert.

d) *Vergleich der Mittelwerte zweier Stichproben, die normalverteilten Grundgesamtheiten unbekannter Varianz entstammen.* Dieser Fall tritt in der Praxis häufig auf, wenn der Mittelwert $\bar{x}$ einer Meßreihe mit n_1 Werten x_i und der Mittelwert $\bar{y}$ einer zweiten Meßreihe mit n_2 Werten y_i, die am gleichen System, eventuell unter etwas anderen Bedingungen, erhalten wurde, differieren und die Frage zu beantworten ist, ob der Unterschied $(\bar{x} - \bar{y})$ rein zufällig oder signifikant ist.

Man wählt die gleichen Hypothesen wie unter b) unter der Annahme, daß die unbekannten Standardabweichungen σ_x und σ_y der Grundgesamtheit gleich sind. Aus den berechneten Stichprobenvarianzen s_x^2 und s_y^2 ermittelt man einen beiden Stichproben gemeinsamen gewogenen Mittelwert mit den Gewichten $(n_1 - 1)$ und $(n_2 - 1)$ zu

$$s^2 = \frac{(n_1 - 1)s_x^2 + (n_2 - 1)s_y^2}{(n_1 - 1) + (n_2 - 1)} = \frac{\sum_j (x_j - \bar{x})^2 + \sum_j (y_j - \bar{y})^2}{(n_1 + n_2 - 2)} \qquad (100)$$

Mit Hilfe von Gl. (15) berechnet man die Varianzen der Mittelwerte $\bar{x}$ und $\bar{y}$:

$$s_{\bar{x}}^2 = \frac{1}{n_1} s^2 \qquad (101)$$

und

$$s_{\bar{y}}^2 = \frac{1}{n_2} s^2 \qquad (102)$$

und daraus die Varianz S^2 der Differenz $\bar{x} - \bar{y}$

$$S^2 = s_{\bar{x}}^2 + s_{\bar{y}}^2 = \left(\frac{1}{n_1} + \frac{1}{n_2}\right) s^2 = \left(\frac{1}{n_1} + \frac{1}{n_2}\right) \frac{\sum_j (x_j - \bar{x})^2 + \sum_j (y_j - \bar{y})^2}{n_1 + n_2 - 2} \qquad (103)$$

Die Variable t in Gl. (76) erhält durch Ersatz von $\bar{x}$ durch $\bar{x} - \bar{y}$ und von μ durch $\mu_1 - \mu_2 = 0$ die Form:

$$t = \sqrt{\frac{n_1 n_2 (n_1 + n_2 - 2)}{n_1 + n_2}} \times \frac{\bar{x} - \bar{y}}{\sqrt{(n_1 - 1)s_x^2 + (n_2 - 1)s_y^2}} = \frac{\bar{x} - \bar{y}}{S} \qquad (104)$$

Gl. (104) geht bei gleichem Stichprobenumfang $n_1 = n_2 = n$ über in

$$t = \sqrt{n}\,\frac{\bar{x} - \bar{y}}{\sqrt{s_x^2 + s_y^2}} \qquad (105)$$

Beispiel: Die mittlere Ausbeute bei der Darstellung eines Stoffes nach einem bestimmten Verfahren betrug bei acht Ansätzen 74% mit einer Standardabweichung von $s_1 = 2\%$. Nach Abänderung des Verfahrens fand man bei sechs Ansätzen eine mittlere Ausbeute von 77% mit einer Standardabweichung von 3%. Ist das abgeänderte Verfahren ergiebiger als das ursprüngliche? Der gemeinsame Mittelwert beider Meßreihen für die Varianz ist

$$s^2 = \frac{7 \cdot 4 + 5 \cdot 9}{12} = 73/12 = 6{,}1$$

Damit wird die Varianz der Mittelwerte

$$s_{\bar{x}}^2 = 6{,}1/8 = 0{,}76$$

$$s_{\bar{y}}^2 = 6{,}1/6 = 1{,}02$$

und

$$S^2 = s_{\bar{x}}^2 + s_{\bar{y}}^2 = 0{,}76 + 1{,}02 = 1{,}78$$

Daraus folgt $S = 1{,}33$. Also ist

$$t = \frac{\bar{x} - \bar{y}}{S} = (77 - 74)/1{,}33 = 2{,}26$$

Aus Tab. 10 findet man bei 12 Freiheitsgraden für eine einseitige Irrtumswahrscheinlichkeit von 2,5% $t = 2{,}18$. Diese Schranke wird von dem gefundenen t-Wert 2,26 gerade überschritten. Die Differenz zwischen den Mittelwerten der beiden Meßreihen ist also mit einer Irrtumswahrscheinlichkeit von 2,5% gesichert. Für eine Irrtumswahrscheinlichkeit von 1% findet man in der Tabelle $t = 2{,}68$. Dieser Wert wird von dem gefundenen nicht erreicht. Für eine Irrtumswahrscheinlichkeit von 1% ist die Differenz somit nicht gesichert. Es ist also wahrscheinlich, daß das geänderte Verfahren eine bessere Ausbeute gibt, doch ist die Sicherheit dafür nur 97,5%. Hätte man unter sonst gleichen Bedingungen für das abgeänderte Verfahren eine mittlere Ausbeute von 80% gefunden, so wäre

$$t = \frac{\bar{x} - \bar{y}}{S} = 6/1{,}33 = 4{,}5$$

Dieser t-Wert würde selbst die t-Schranke für 0,05% Irrtumswahrscheinlichkeit von 4,32 überschreiten, dann wäre es vollkommen gesichert, daß das abgeänderte Verfahren bessere Ausbeuten gibt.

2.2.2. Ausscheidung einzelner Meßpunkte

Mit Hilfe des im vorigen Abschnitt entwickelten Tests von Student kann man weiterhin prüfen, ob zwischen zwei Meßreihen ein systematischer Fehler steckt, und auch, ob ein einzelner Meßwert, der vom Mittelwert der restlichen Messungen stark abweicht, Folge eines groben Meßfehlers und damit auszuscheiden ist. Man betrachtet diesen Meßwert als eine Meßreihe mit nur einem Meßpunkt, d. h. in Gl. (100) wird $n_2 = 1$. Bezeichnet man den zu untersuchenden Meßpunkt mit x_{n+1} und ermittelt man $\bar{x}$ und $s_{\bar{x}}$ aus allen übrigen n-Meßpunkten, so erhält man für die Prüfgröße t nach Gl. (104)

Tab. 12a. Schranke für $F = s_1^2/s_2^2$ bei 5% Irrtumswahrscheinlichkeit. Freiheitsgrade im Zähler f_1, im Nenner f_2 (Forts. s. S. 314)

f_2 ↓	f_1 = Freiheitsgrade im Zähler 1	2	3	4	5	6	7	8	9	10
1	161	200	216	225	230	237	239	239	241	242
2	18,5	19,0	19,2	19,2	19,3	19,4	19,4	19,4	19,4	19,4
3	10,1	9,55	9,28	9,12	9,01	8,94	8,89	8,85	8,81	8,79
4	7,71	6,94	6,59	6,39	6,26	6,16	6,09	6,04	6,00	5,96
5	6,61	5,79	5,41	5,19	5,05	4,95	4,88	4,82	4,77	4,74
6	5,99	5,14	4,76	4,53	4,39	4,28	4,21	4,15	4,10	4,06
7	5,59	4,74	4,35	4,12	3,97	3,87	3,79	3,73	3,68	3,64
8	5,32	4,46	4,07	3,84	3,69	3,58	3,50	3,44	3,39	3,35
9	5,12	4,26	3,86	3,63	3,48	3,37	3,29	3,23	3,18	3,14
10	4,90	4,10	3,71	3,48	3,33	3,22	3,14	3,07	3,02	2,98
11	4,84	3,98	3,59	3,36	3,20	3,09	3,01	2,95	2,90	2,85
12	4,75	3,89	3,49	3,26	3,11	3,00	2,91	2,85	2,80	2,75
13	4,67	3,81	3,41	3,18	3,03	2,92	2,83	2,77	2,71	2,67
14	4,60	3,74	3,34	3,11	2,96	2,85	2,76	2,70	2,65	2,60
15	4,54	3,68	3,20	3,06	2,90	2,79	2,71	2,64	2,59	2,54
16	4,49	3,63	3,24	3,01	2,85	2,74	2,66	2,59	2,54	2,49
17	4,45	3,59	3,20	2,96	2,81	2,70	2,61	2,55	2,49	2,45
18	4,41	3,55	3,16	2,93	2,77	2,66	2,58	2,51	2,46	2,41
19	4,38	3,52	3,13	2,90	2,74	2,63	2,54	2,48	2,42	2,38
20	4,35	3,49	3,10	2,87	2,71	2,60	2,51	2,45	2,39	2,35
21	4,32	3,47	3,07	2,84	2,68	2,57	2,49	2,42	2,37	2,32
22	4,30	3,44	3,05	2,82	2,66	2,55	2,46	2,40	2,34	2,30
23	4,28	3,42	3,03	2,80	2,64	2,53	2,44	2,37	2,32	2,27
24	4,26	3,40	3,01	2,78	2,62	2,51	2,42	2,36	2,30	2,25
25	4,24	3,39	2,99	2,76	2,60	2,49	2,40	2,34	2,28	2,24
26	4,23	3,37	2,98	2,74	2,59	2,47	2,39	2,32	2,27	2,22
27	4,21	3,35	2,96	2,73	2,57	2,46	2,37	2,31	2,25	2,20
28	4,20	3,34	2,95	2,71	2,56	2,45	2,36	2,29	2,24	2,19
29	4,18	3,33	2,93	2,70	2,55	2,43	2,35	2,28	2,22	2,18
30	4,17	3,32	2,92	2,69	2,53	2,42	2,33	2,27	2,21	2,16
32	4,15	3,29	2,90	2,67	2,51	2,40	2,31	2,24	2,19	2,14
34	4,13	3,28	2,88	2,65	2,49	2,38	2,29	2,23	2,17	2,12
36	4,11	3,26	2,87	2,63	2,48	2,36	2,28	2,21	2,15	2,11
38	4,10	3,24	2,85	2,62	2,46	2,35	2,26	2,19	2,14	2,09
40	4,08	3,23	2,84	2,61	2,45	2,34	2,25	2,18	2,12	2,08
42	4,07	3,22	2,83	2,59	2,44	2,32	2,24	2,17	2,11	2,06
44	4,06	3,21	2,82	2,58	2,43	2,31	2,23	2,16	2,10	2,05
46	4,05	3,20	2,81	2,57	2,42	2,30	2,22	2,15	2,09	2,04
48	4,04	3,19	2,80	2,57	2,41	2,29	2,21	2,14	2,08	2,03
50	4,03	3,18	2,79	2,56	2,40	2,29	2,20	2,13	2,07	2,03
60	4,00	3,15	2,76	2,53	2,37	2,25	2,17	2,10	2,04	1,99
70	3,98	3,13	2,74	2,50	2,35	2,23	2,14	2,07	2,02	1,97
80	3,96	3,11	2,72	2,49	2,33	2,21	2,13	2,06	2,00	1,95
90	3,95	3,10	2,71	2,47	2,32	2,20	2,11	2,04	1,99	1,94
100	3,94	3,09	2,70	2,46	2,31	2,19	2,10	2,03	1,97	1,93
125	3,92	3,07	2,68	2,44	2,29	2,17	2,08	2,01	1,96	1,91
150	3,90	3,06	2,66	2,43	2,27	2,16	2,07	2,00	1,94	1,89
200	3,89	3,04	2,65	2,42	2,26	2,14	2,06	1,98	1,93	1,88
300	3,87	3,03	2,63	2,40	2,24	2,13	2,04	1,97	1,91	1,86
500	3,86	3,01	2,62	2,39	2,23	2,12	2,03	1,96	1,90	1,85
1000	3,85	3,00	2,61	2,38	2,22	2,11	2,02	1,95	1,89	1,84
∞	3,84	2,99	2,60	2,37	2,21	2,09	2,01	1,94	1,88	1,83

Tab. 12a. (Fortsetzung). Schranke für $F = s_1^2/s_2^2$ bei 5% Irrtumswahrscheinlichkeit. Freiheitsgrade im Zähler f_1, im Nenner f_2

f_2 ↓	f_1 = Freiheitsgrade im Zähler 11	12	13	14	15	16	17	18	19	20
1	243	244	245	245	246	246	247	248	248	248
2	19,4	19,4	19,4	19,4	19,4	19,4	19,4	19,4	19,4	19,4
3	8,76	8,74	8,73	8,71	8,70	8,69	8,68	8,67	8,67	8,66
4	5,94	5,91	5,89	5,87	5,86	5,84	5,83	5,82	5,81	5,80
5	4,70	4,68	4,66	4,64	4,62	4,60	4,59	4,58	4,57	4,56
6	4,03	4,00	3,98	3,96	3,94	3,92	3,91	3,90	3,88	3,87
7	3,60	3,57	3,55	3,53	3,51	3,49	3,48	3,47	3,46	3,44
8	3,31	3,28	3,26	3,24	3,22	3,20	3,19	3,17	3,16	3,15
9	3,10	3,07	3,05	3,03	3,01	2,99	2,97	2,96	2,95	2,94
10	2,94	2,91	2,89	2,86	2,85	2,83	2,81	2,80	2,78	2,77
11	2,82	2,79	2,76	2,74	2,72	2,70	2,69	2,67	2,66	2,65
12	2,72	2,69	2,66	2,64	2,62	2,60	2,58	2,57	2,56	2,54
13	2,63	2,60	2,58	2,55	2,53	2,51	2,50	2,48	2,47	2,46
14	2,57	2,53	2,51	2,48	2,46	2,44	2,43	2,41	2,40	2,39
15	2,51	2,48	2,45	2,42	2,40	2,38	2,37	2,35	2,34	2,33
16	2,46	2,42	2,40	2,37	2,35	2,33	2,32	2,30	2,29	2,28
17	2,41	2,38	2,35	2,33	2,31	2,29	2,27	2,26	2,24	2,23
18	2,37	2,34	2,31	2,29	2,27	2,25	2,23	2,22	2,20	2,19
19	2,34	2,31	2,28	2,26	2,23	2,21	2,20	2,18	2,17	2,16
20	2,31	2,28	2,25	2,22	2,20	2,18	2,17	2,15	2,14	2,12
21	2,28	2,25	2,22	2,20	2,18	2,16	2,14	2,12	2,11	2,10
22	2,26	2,23	2,20	2,17	2,15	2,13	2,11	2,10	2,08	2,07
23	2,23	2,20	2,18	2,15	2,13	2,11	2,09	2,07	2,06	2,05
24	2,21	2,18	2,15	2,13	2,11	2,09	2,07	2,05	2,04	2,03
25	2,20	2,16	2,14	2,11	2,09	2,07	2,05	2,04	2,02	2,01
26	2,18	2,15	2,12	2,09	2,07	2,05	2,03	2,02	2,00	1,99
27	2,17	2,13	2,10	2,08	2,06	2,04	2,02	2,00	1,99	1,97
28	2,15	2,12	2,09	2,06	2,04	2,02	2,00	1,99	1,97	1,96
29	2,14	2,10	2,08	2,05	2,03	2,01	1,99	1,97	1,96	1,94
30	2,13	2,09	2,06	2,04	2,01	1,99	1,98	1,96	1,95	1,93
32	2,10	2,07	2,04	2,01	1,99	1,97	1,95	1,94	1,92	1,91
34	2,08	2,05	2,02	1,99	1,97	1,95	1,93	1,92	1,90	1,89
36	2,07	2,03	2,00	1,98	1,95	1,93	1,92	1,90	1,88	1,87
38	2,05	2,02	1,99	1,96	1,94	1,92	1,90	1,88	1,87	1,85
40	2,04	2,00	1,97	1,95	1,92	1,90	1,89	1,87	1,85	1,84
42	2,03	1,99	1,96	1,93	1,91	1,89	1,87	1,86	1,84	1,83
44	2,01	1,98	1,95	1,92	1,90	1,88	1,86	1,84	1,83	1,81
46	2,00	1,97	1,94	1,91	1,89	1,87	1,85	1,83	1,82	1,80
48	1,99	1,96	1,93	1,90	1,88	1,86	1,84	1,82	1,81	1,79
50	1,99	1,95	1,92	1,89	1,87	1,85	1,83	1,81	1,80	1,78
60	1,95	1,92	1,89	1,86	1,84	1,82	1,80	1,78	1,76	1,75
70	1,93	1,89	1,86	1,84	1,81	1,79	1,77	1,75	1,74	1,72
80	1,91	1,88	1,84	1,82	1,79	1,77	1,75	1,73	1,72	1,70
90	1,90	1,86	1,83	1,80	1,78	1,76	1,74	1,72	1,70	1,69
100	1,89	1,85	1,82	1,79	1,77	1,75	1,73	1,71	1,69	1,68
125	1,87	1,83	1,80	1,77	1,75	1,72	1,70	1,69	1,67	1,65
150	1,85	1,82	1,79	1,76	1,73	1,71	1,69	1,67	1,66	1,64
200	1,84	1,80	1,77	1,74	1,72	1,69	1,67	1,66	1,64	1,62
300	1,82	1,78	1,75	1,72	1,70	1,68	1,66	1,64	1,62	1,61
500	1,81	1,77	1,74	1,71	1,69	1,66	1,64	1,62	1,61	1,59
1000	1,80	1,76	1,73	1,70	1,68	1,65	1,63	1,61	1,60	1,58
∞	1,79	1,75	1,72	1,69	1,67	1,64	1,62	1,60	1,59	1,57

f_1 = Freiheitsgrade im Zähler										
22	24	26	28	30	40	50	60	80	100	∞
249	249	249	250	250	251	252	252	252	253	253
19,5	19,5	19,5	19,5	19,5	19,5	19,5	19,5	19,5	19,5	19,5
8,65	8,64	8,63	8,62	8,62	8,59	8,58	8,57	8,56	8,55	8,53
5,79	5,77	5,76	5,75	5,75	5,72	5,70	5,69	5,67	5,66	5,63
4,54	4,53	4,52	4,50	4,50	4,46	4,44	4,43	4,41	4,41	4,36
3,86	3,84	3,83	3,82	3,81	3,77	3,75	3,74	3,72	3,71	3,67
3,43	3,41	3,40	3,39	3,38	3,34	3,32	3,30	3,29	3,27	3,23
3,13	3,12	3,10	3,09	3,08	3,04	3,02	3,01	2,99	2,97	2,93
2,92	2,90	2,89	2,87	2,86	2,83	2,80	2,79	2,77	2,76	2,71
2,75	2,74	2,72	2,71	2,70	2,66	2,64	2,62	2,60	2,59	2,54
2,63	2,61	2,59	2,58	2,57	2,53	2,51	2,49	2,47	2,46	2,40
2,52	2,51	2,49	2,48	2,47	2,43	2,40	2,38	2,36	2,35	2,30
2,44	2,42	2,41	2,39	2,38	2,34	2,31	2,30	2,27	2,26	2,21
2,37	2,35	2,33	2,32	2,31	2,27	2,24	2,22	2,20	2,19	2,13
2,31	2,29	2,27	2,26	2,25	2,20	2,18	2,16	2,14	2,12	2,07
2,25	2,24	2,22	2,21	2,19	2,15	2,12	2,11	2,08	2,07	2,01
2,21	2,19	2,17	2,16	2,15	2,10	2,08	2,06	2,03	2,02	1,96
2,17	2,15	2,13	2,12	2,11	2,06	2,04	2,02	1,99	1,98	1,92
2,13	2,11	2,10	2,08	2,07	2,03	2,00	1,98	1,96	1,94	1,88
2,10	2,08	2,07	2,05	2,04	1,99	1,97	1,95	1,92	1,91	1,84
2,07	2,05	2,04	2,02	2,01	1,96	1,94	1,92	1,89	1,88	1,81
2,05	2,03	2,01	2,00	1,98	1,94	1,91	1,89	1,86	1,85	1,78
2,02	2,00	1,99	1,97	1,96	1,91	1,88	1,86	1,84	1,82	1,76
2,00	1,98	1,97	1,95	1,94	1,89	1,86	1,84	1,82	1,80	1,73
1,98	1,96	1,95	1,93	1,92	1,87	1,84	1,82	1,80	1,78	1,71
1,97	1,95	1,93	1,91	1,90	1,85	1,82	1,80	1,78	1,76	1,69
1,95	1,93	1,91	1,90	1,88	1,84	1,81	1,79	1,76	1,74	1,67
1,93	1,91	1,90	1,88	1,87	1,82	1,79	1,77	1,74	1,73	1,65
1,92	1,90	1,88	1,87	1,85	1,81	1,77	1,75	1,73	1,71	1,64
1,91	1,89	1,87	1,85	1,84	1,79	1,76	1,74	1,71	1,70	1,62
1,88	1,86	1,85	1,83	1,82	1,77	1,74	1,71	1,69	1,67	1,59
1,86	1,84	1,82	1,80	1,80	1,75	1,71	1,69	1,66	1,65	1,57
1,85	1,82	1,81	1,79	1,78	1,73	1,69	1,67	1,64	1,62	1,55
1,83	1,81	1,79	1,77	1,76	1,71	1,68	1,65	1,62	1,61	1,53
1,81	1,79	1,77	1,76	1,74	1,69	1,66	1,64	1,61	1,59	1,51
1,80	1,78	1,76	1,74	1,73	1,68	1,65	1,62	1,59	1,57	1,49
1,79	1,77	1,75	1,73	1,72	1,67	1,63	1,61	1,58	1,56	1,48
1,78	1,76	1,74	1,72	1,71	1,65	1,62	1,60	1,57	1,55	1,46
1,77	1,75	1,73	1,71	1,70	1,64	1,61	1,59	1,56	1,54	1,45
1,76	1,74	1,72	1,70	1,69	1,63	1,60	1,58	1,54	1,52	1,44
1,72	1,70	1,68	1,66	1,65	1,59	1,56	1,53	1,50	1,48	1,39
1,70	1,67	1,65	1,64	1,62	1,57	1,53	1,50	1,47	1,45	1,35
1,68	1,65	1,63	1,62	1,60	1,54	1,51	1,48	1,45	1,43	1,32
1,66	1,64	1,62	1,60	1,59	1,53	1,49	1,46	1,43	1,41	1,30
1,65	1,63	1,61	1,59	1,57	1,52	1,48	1,45	1,41	1,39	1,28
1,63	1,60	1,58	1,57	1,55	1,49	1,45	1,42	1,39	1,36	1,25
1,61	1,59	1,57	1,55	1,53	1,48	1,44	1,41	1,37	1,34	1,22
1,60	1,57	1,55	1,53	1,52	1,46	1,41	1,39	1,35	1,32	1,19
1,58	1,55	1,53	1,51	1,50	1,43	1,39	1,36	1,32	1,30	1,16
1,56	1,54	1,52	1,50	1,48	1,42	1,38	1,34	1,30	1,28	1,12
1,55	1,53	1,51	1,49	1,47	1,41	1,36	1,33	1,29	1,26	1,08
1,54	1,52	1,50	1,48	1,46	1,40	1,35	1,32	1,28	1,24	1,00

$$t = \left| \frac{\bar{x} - x_{n+1}}{s_{\bar{x}} \sqrt{n+1}} \right| \tag{106}$$

Wurde z. B. bei der Wägung eines Körpers bei zunächst $n = 10$ Meßwerten ein Mittelwert von $\bar{x} = 9{,}9658$ g mit einem mittleren Fehler des Mittels von $s_{\bar{x}} = 0{,}0007$ gefunden und ergab eine 11. Wägung 9,9679 g, so wird nach Gl. (106)

$$t = \left| \frac{9{,}9658 - 9{,}9679}{0{,}0007 \sqrt{11}} \right| = 0{,}904$$

Soll die Irrtumswahrscheinlichkeit, den 11. eventuell noch zulässigen Meßwert auszuscheiden, 2,5% betragen, so wird nach Tab. 10 für 9 Freiheitsgrade die t-Schranke 2,26. Der 11. Meßpunkt kann also keinesfalls als falsch verworfen werden.

2.2.3. Prüfen von Varianzen

a) *Test auf die Varianz der Normalverteilung, Vergleich mit einem Standardwert.* Zu testen ist die Primärhypothese, daß die zu der genannten Stichprobe gehörende Grundgesamtheit die Varianz $\sigma^2 = 10$ hat, gegen die Alternative, daß die Grundgesamtheitsvarianz von 10 verschieden ist.

Für diesen Test ist wie im Beispiel b, S. 306, die Chi-Quadrat-Verteilung zu verwenden. Löst man die Gleichung (73) nach s^2 auf, so erhält man für den Wahrscheinlichkeitsausdruck

$$P\left(\frac{K_2 \sigma^2}{n-1} \leqslant s^2 \leqslant \frac{K_1 \sigma^2}{n-1}\right) = 1 - \alpha \tag{107}$$

Für $\alpha = 5\%$ sind die Grenzwerte wieder $K_1 = 11{,}14$, $K_2 = 0{,}484$. Damit wird Gl. (107)

$$P(1{,}21 \leqslant s^2 \leqslant 27{,}85) = 0{,}95 \tag{108}$$

Da $1{,}21 < 10{,}3 < 27{,}85$, kann die Primärhypothese angenommen werden.

b) *Vergleich zweier Stichprobenvarianzen, F-Verteilung nach* FISCHER. Man kann auch testen, ob die

Tab. 12b. Schranke für $F = s_1^2/s_2^2$ bei 1% Irrtumswahrscheinlichkeit. Freiheitsgrade im Zähler f_1, im Nenner f_2

f_2 ↓	f_1 = Freiheitsgrade im Zähler 1	2	3	4	5	6	7	8	9	10	11	12	13	14
2	98,5	99,0	99,2	99,2	99,3	99,3	99,4	99,4	99,4	99,4	99,4	99,4	99,4	99,4
3	34,1	30,8	29,5	28,7	28,2	27,9	27,7	27,5	27,3	27,2	27,1	27,1	27,0	26,9
4	21,2	18,0	16,7	16,0	15,5	15,2	15,0	14,8	14,7	14,5	14,4	14,4	14,3	14,2
5	16,3	13,3	12,1	11,4	11,0	10,7	10,5	10,3	10,2	10,1	9,96	9,89	9,82	9,77
6	13,7	10,9	9,78	9,15	8,75	8,47	8,26	8,10	7,98	7,87	7,79	7,72	7,66	7,60
7	12,2	9,55	8,45	7,85	7,46	7,19	6,99	6,84	6,72	6,62	6,54	6,47	6,41	6,36
8	11,3	8,65	7,59	7,01	6,63	6,37	6,18	6,03	5,91	5,81	5,73	5,67	5,61	5,56
9	10,6	8,02	6,99	6,42	6,06	5,80	5,61	5,47	5,35	5,26	5,18	5,11	5,05	5,00
10	10,0	7,56	6,55	5,99	5,64	5,39	5,20	5,06	4,94	4,85	4,77	4,71	4,65	4,60
12	9,33	6,93	5,95	5,41	5,06	4,82	4,64	4,50	4,39	4,30	4,22	4,16	4,10	4,05
14	8,86	6,51	5,56	5,04	4,69	4,46	4,28	4,14	4,03	3,94	3,86	3,80	3,75	3,70
16	8,53	6,23	5,29	4,77	4,44	4,20	4,03	3,89	3,78	3,69	3,62	3,55	3,50	3,45
18	8,29	6,01	5,09	4,58	4,25	4,01	3,84	3,71	3,60	3,51	3,43	3,37	3,32	3,27
20	8,10	5,85	4,94	4,43	4,10	3,87	3,70	3,56	3,46	3,37	3,29	3,23	3,18	3,13
22	7,95	5,72	4,82	4,31	3,99	3,76	3,59	3,45	3,35	3,26	3,18	3,12	3,07	3,02
24	7,82	5,61	4,72	4,22	3,90	3,67	2,50	3,36	3,26	3,17	3,09	3,03	2,98	2,93
26	7,72	5,53	4,64	4,14	3,82	3,59	3,42	3,29	3,18	3,09	3,02	2,96	2,90	2,86
28	7,64	5,45	4,57	4,07	3,75	3,53	3,36	3,23	3,12	3,03	2,96	2,90	2,84	2,79
30	7,56	5,39	4,51	4,02	3,70	3,47	3,30	3,17	3,07	2,98	2,91	2,84	2,79	2,74
32	7,50	5,34	4,46	3,97	3,65	3,43	3,26	3,13	3,02	2,93	2,86	2,80	2,74	2,70
34	7,44	5,29	4,42	3,93	3,61	3,39	3,22	3,09	2,98	2,89	2,82	2,76	2,70	2,66
36	7,40	5,25	4,38	3,89	3,57	3,35	3,18	3,05	2,95	2,86	2,79	2,72	2,67	2,62
38	7,35	5,21	4,34	3,86	3,54	3,32	3,15	3,02	2,92	2,83	2,75	2,69	2,64	2,59
40	7,31	5,18	4,31	3,83	3,51	3,29	3,12	2,99	2,89	2,80	2,73	2,66	2,61	2,56
42	7,28	5,15	4,29	3,80	3,49	3,27	3,10	2,97	2,86	2,78	2,70	2,64	2,59	2,54
44	7,25	5,12	4,26	3,78	3,47	3,24	3,08	2,95	2,84	2,75	2,68	2,62	2,56	2,52
46	7,22	5,10	4,24	3,76	3,44	3,22	3,06	2,93	2,82	2,73	2,66	2,60	2,54	2,50
48	7,19	5,08	4,22	3,74	3,43	3,20	3,04	2,91	2,80	2,72	2,64	2,58	2,53	2,48
50	7,17	5,06	4,20	3,72	3,41	3,19	3,02	2,89	2,79	2,70	2,63	2,56	2,51	2,46
60	7,08	4,98	4,13	3,65	3,34	3,12	2,95	2,82	2,72	2,63	2,56	2,50	2,44	2,39
70	7,01	4,92	4,08	3,60	3,29	3,07	2,91	2,78	2,67	2,59	2,51	2,45	2,40	2,35
80	6,96	4,88	4,04	3,56	3,26	3,04	2,87	2,74	2,64	2,55	2,48	2,42	2,36	2,31
90	6,93	4,85	4,01	3,54	3,23	3,01	2,84	2,72	2,61	2,52	2,45	2,39	2,33	2,29
100	6,90	4,82	3,98	3,51	3,21	2,99	2,82	2,69	2,59	2,50	2,43	2,37	2,31	2,26
150	6,81	4,75	3,92	3,45	3,14	2,92	2,76	2,63	2,53	2,44	2,37	2,31	2,25	2,20
200	6,76	4,71	3,88	3,41	3,11	2,89	2,73	2,60	2,50	2,41	2,34	2,27	2,22	2,17
300	6,72	4,68	3,85	3,38	3,08	2,86	2,70	2,57	2,47	2,38	2,31	2,24	2,19	2,14
500	6,69	4,65	3,82	3,36	3,05	2,84	2,68	2,55	2,44	2,36	2,28	2,22	2,17	2,12
1 000	6,66	4,63	3,80	3,34	3,04	2,82	2,66	2,53	2,43	2,34	2,27	2,20	2,15	2,10
∞	6,64	4,60	3,78	3,32	3,02	2,80	2,64	2,51	2,41	2,32	2,24	2,18	2,12	2,07

Varianzen zweier unabhängiger normalverteilter Stichproben gleich sind oder nicht. Derartige Tests beantworten einmal die Frage nach der Gleichmäßigkeit eines Vorgangs, da kleinbleibende Varianzen auf nur geringe Schwankungen einer Meßgröße hinweisen, zum anderen werden sie später im Rahmen der Varianzanalyse und der faktoriellen Versuchsplanung immer wieder durchgeführt, um signifikante Einflüsse von Versuchsvariablen auf die Größen entdecken zu können.

Hat man für zwei unabhängige Meßreihen die Standardabweichungen s_1 und s_2 erhalten, so stellt man als Nullhypothese auf

$$\sigma_1 = \sigma_2 \tag{109}$$

d. h. es besteht kein Unterschied zwischen den Standardabweichungen der Grundgesamtheiten.

Hat man s_1 an n_1 Beobachtungen ermittelt, so folgt die Größe

$$\chi_1^2 = \frac{(n_1 - 1)\, s_1^2}{\sigma_1^2} \tag{110}$$

einer χ^2-Verteilung mit $f_1 = (n_1 - 1)$ Freiheitsgraden. Entsprechend hat

$$\chi_2^2 = \frac{(n_2 - 1)\, s_2^2}{\sigma_2^2} \tag{111}$$

eine solche Verteilung mit $f_2 = (n_2 - 1)$ Freiheitsgraden. Da auf Grund der Nullhypothese folgt

$$\frac{\chi_1^2}{\chi_2^2} = \frac{f_1\, s_1^2}{f_2\, s_2^2} \tag{112}$$

sucht man nach der Wahrscheinlichkeit, daß der Ausdruck

$$\frac{\chi_1^2 f_2}{\chi_2^2 f_1} = F \tag{113}$$

der der sog. F-Verteilung folgt, zwischen den von der vorgegebenen Irrtumswahrscheinlichkeit bestimmten Schranken $F_1 < F < F_2$ liegt.

Die Verteilungsfunktion der F-Verteilung lautet

f_1 = Freiheitsgrade im Zähler														
15	16	18	20	22	24	26	28	30	40	50	60	80	100	∞
99,4	99,4	99,4	99,4	99,5	99,5	99,5	99,5	99,5	99,5	99,5	99,5	99,5	99,5	99,5
26,9	26,8	26,8	26,7	26,6	26,6	26,6	26,5	26,5	26,4	26,4	26,3	26,3	26,2	26,1
14,2	14,2	14,1	14,0	14,0	13,9	13,9	13,9	13,8	13,7	13,7	13,7	13,6	13,6	13,5
9,72	9,68	9,61	9,55	9,51	9,47	9,43	9,40	9,38	9,29	9,24	9,20	9,16	9,13	9,02
7,56	7,52	7,45	7,40	7,35	7,31	7,28	7,25	7,23	7,14	7,09	7,06	7,01	6,99	6,88
6,31	6,27	6,21	6,16	6,11	6,07	6,04	6,02	5,99	5,91	5,86	5,82	5,78	5,75	5,65
5,52	5,48	5,41	5,36	5,32	5,28	5,25	5,22	5,20	5,12	5,07	5,03	4,99	4,96	4,86
4,96	4,92	4,86	4,81	4,77	4,73	4,70	4,67	4,65	4,57	4,52	4,48	4,44	4,42	4,31
4,56	4,52	4,46	4,41	4,36	4,33	4,30	4,27	4,25	4,17	4,12	4,08	4,04	4,01	3,91
4,01	3,97	3,91	3,86	3,82	3,78	3,75	3,72	3,70	3,62	3,57	3,54	3,49	3,47	3,36
3,66	3,62	3,56	3,51	3,46	3,43	3,40	3,37	3,35	3,27	3,22	3,18	3,14	3,11	3,00
3,41	3,37	3,31	3,26	3,22	3,18	3,15	3,12	3,10	3,02	2,97	2,93	2,89	2,86	2,75
3,23	3,19	3,13	3,08	3,03	3,00	2,97	2,94	2,92	2,84	2,78	2,75	2,70	2,68	2,57
3,09	3,05	2,99	2,94	2,90	2,86	2,83	2,80	2,78	2,69	2,64	2,61	2,56	2,54	2,42
2,98	2,94	2,88	2,83	2,78	2,75	2,72	2,69	2,67	2,58	2,53	2,50	2,45	2,42	2,31
2,89	2,85	2,79	2,74	3,70	2,66	2,63	2,60	2,58	2,49	2,44	2,40	2,36	2,33	2,21
2,82	2,78	2,72	2,66	2,62	2,58	2,55	2,53	2,50	2,42	2,36	2,33	2,28	2,25	2,13
2,75	2,72	2,65	2,60	2,56	2,52	2,49	2,46	2,44	2,35	2,30	2,26	2,22	2,18	2,06
2,70	2,66	2,60	2,55	2,51	2,47	2,44	2,41	2,39	2,30	2,25	2,21	2,16	2,13	2,01
2,66	2,62	2,55	2,50	2,46	2,42	2,39	2,36	2,34	2,25	2,20	2,16	2,11	2,08	1,96
2,62	2,58	2,51	2,46	2,42	2,38	2,35	2,32	2,30	2,21	2,16	2,12	2,07	2,04	1,91
2,58	2,54	2,48	2,43	2,38	2,35	2,32	2,29	2,26	2,17	2,12	2,08	2,03	2,00	1,87
2,55	2,51	2,45	2,40	2,35	2,32	2,28	2,26	2,23	2,14	2,09	2,05	2,00	1,97	1,84
2,52	2,48	2,42	2,37	2,33	2,29	2,26	2,23	2,20	2,11	2,06	2,02	1,97	1,94	1,81
2,50	2,46	2,40	2,34	2,30	2,26	2,23	2,20	2,18	2,09	2,03	1,99	1,94	1,91	1,78
2,47	2,44	2,37	2,32	2,28	2,24	2,21	2.18	2,15	2,06	2,01	1,97	1,92	1,89	1,75
2,45	2,42	2,35	2,30	2,26	2,22	2,19	2,16	2,13	2,04	1,99	1,95	1,90	1,86	1,72
2,44	2,40	2,33	2,28	2,24	2,20	2,17	2,14	2,12	2,02	1,97	1,93	1,88	1,84	1,70
2,42	2,38	2,32	2,27	2,22	2,18	2,15	2,12	2,10	2,01	1,95	1,91	1,86	1,82	1,68
2,35	2,31	2,25	2,20	2,15	2,12	2,08	2,05	2,03	1,94	1,88	1,84	1,78	1,75	1,60
2,31	2,27	2,20	2,15	2,11	2,07	2,03	2,01	1,98	1,89	1,83	1,78	1,73	1,70	1,53
2,27	2,23	2,17	2,12	2,07	2,03	2,00	1,97	1,94	1,85	1,79	1,75	1,69	1,66	1,49
2,24	2,21	2,14	2,09	2,04	2,00	1,97	1,94	1,92	1,82	1,76	1,72	1,66	1,62	1,45
2,22	2,19	2,12	2,07	2,02	1,98	1,94	1,92	1,89	1,80	1,73	1,69	1,63	1,60	1,43
2,16	2,12	2,06	2,00	1,96	1,92	1,88	1,85	1,83	1,73	1,66	1,62	1,56	1,52	1,33
2,13	2,09	2,02	1,97	1,93	1,89	1,85	1,82	1,79	1,69	1,63	1,58	1,52	1,48	1,28
2,10	2,06	1,99	1,94	1,89	1,85	1,82	1,79	1,76	1,66	1,59	1,55	1,48	1,44	1,23
2,07	2,04	1,97	1,92	1,87	1,83	1,79	1,76	1,74	1,63	1,56	1,52	1,45	1,41	1,20
2,06	2,02	1,95	1,90	1,85	1,81	1,77	1,74	1,72	1,61	1,54	1,50	1,43	1,38	1,11
2,04	1,99	1,92	1,87	1,83	1,79	1,75	1,72	1,69	1,59	1,52	1,47	1,40	1,36	1,00

Tab. 12c. Schranke für $F=s_1^2/s_2^2$ bei 0,1 % Irrtumswahrscheinlichkeit. Freiheitsgrade im Zähler f_1, im Nenner f_2

f_2 ↓	f_1 = Freiheitsgrade im Zähler: 1	2	3	4	5	6	7	8	9	10	15	20	30	50	100	∞
2	998	999	999	999	999	999	999	999	999	999	999	999	999	999	999	999,5
3	168	148	141	137	135	133	132	131	130	129	127	126	125	125	124	123,5
4	74,1	61,2	56,2	53,4	51,7	50,5	49,7	49,0	48,5	48,0	46,8	46,1	45,4	44,9	44,5	44,0
5	47,0	36,6	33,3	31,1	29,8	28,8	28,2	27,6	27,2	26,9	25,9	25,4	24,9	24,4	24,1	23,8
6	35,5	27,0	23,7	21,9	20,8	20,0	19,5	19,0	18,7	18,4	17,6	17,1	16,7	16,3	16,0	15,8
7	29,2	21,7	18,8	17,2	16,2	15,5	15,0	14,6	14,3	14,1	13,3	12,9	12,5	12,2	11,9	11,7
8	25,4	18,5	15,8	14,4	13,5	12,9	12,4	12,0	11,8	11,5	10,8	10,5	10,1	9,80	9,57	9,34
9	22,9	16,4	13,9	12,6	11,7	11,1	10,7	10,4	10,1	9,89	9,24	8,90	8,55	8,26	8,04	7,81
10	21,0	14,9	12,6	11,3	10,5	9,92	9,52	9,20	8,96	8,75	8,13	7,80	7,47	7,19	6,98	6,76
11	19,7	13,8	11,6	10,4	9,58	9,05	8,66	8,35	8,12	7,92	7,32	7,01	6,68	6,41	6,21	6,00
12	18,6	13,0	10,8	9,63	8,89	8,38	8,00	7,71	7,48	7,29	6,71	6,40	6,09	5,83	5,63	5,42
13	17,8	12,3	10,2	9,07	8,35	7,86	7,49	7,21	6,98	6,80	6,23	5,93	5,62	5,37	5,17	4,97
14	17,1	11,8	9,73	8,62	7,92	7,43	7,08	6,80	6,58	6,40	5,85	5,56	5,25	5,00	4,80	4,60
15	16,6	11,3	9,34	8,25	7,57	7,09	6,74	6,47	6,26	6,08	5,53	5,25	4,95	4,70	4,51	4,31
16	16,1	11,0	9,00	7,94	7,27	6,81	6,46	6,19	5,98	5,81	5,27	4,99	4,70	4,45	4,26	4,06
17	15,7	10,7	8,73	7,68	7,02	6,56	6,22	5,96	5,75	5,58	5,05	4,78	4,48	4,24	4,05	3,85
18	15,4	10,4	8,49	7,46	6,81	6,35	6,02	5,76	5,56	5,39	4,87	4,59	4,30	4,06	3,87	3,67
19	15,1	10,2	8,28	7,26	6,61	6,18	5,84	5,59	5,39	5,22	4,70	4,43	4,14	3,90	3,71	3,52
20	14,8	9,95	8,10	7,10	6,46	6,02	5,69	5,44	5,24	5,08	4,56	4,29	4,01	3,77	3,58	3,38
22	14,4	9,61	7,80	6,81	6,19	5,76	5,44	5,19	4,99	4,83	4,32	4,06	3,77	3,53	3,34	3,15
24	14,0	9,34	7,55	6,59	5,98	5,55	5,23	4,99	4,80	4,64	4,14	3,87	3,59	3,35	3,16	2,97
26	13,7	9,12	7,36	6,41	5,80	5,38	5,07	4,83	4,64	4,48	3,99	3,72	3,45	3,20	3,01	2,82
28	13,5	8,93	7,19	6,25	5,66	5,24	4,93	4,69	4,50	4,35	3,86	3,60	3,32	3,08	2,89	2,70
30	13,3	8,77	7,05	6,12	5,53	5,12	4,82	4,58	4,39	4,24	3,75	3,49	3,22	2,98	2,79	2,59
40	12,6	8,25	6,60	5,70	5,13	4,73	4,43	4,21	4,02	3,87	3,40	3,15	2,87	2,64	2,44	2,23
50	12,2	7,95	6,34	5,46	4,90	4,51	4,22	4,00	3,82	3,67	3,20	2,95	2,68	2,44	2,24	2,03
60	12,0	7,76	6,17	5,31	4,76	4,37	4,09	3,87	3,69	3,54	3,08	2,83	2,56	2,31	2,11	1,90
80	11,7	7,54	5,97	5,13	4,58	4,21	3,92	3,70	3,53	3,39	2,93	2,68	2,40	2,16	1,95	1,74
100	11,5	7,41	5,85	5,01	4,48	4,11	3,83	3,61	3,44	3,30	2,84	2,59	2,32	2,07	1,87	1,66
200	11,2	7,15	5,64	4,81	4,29	3,92	3,65	3,43	3,26	3,12	2,67	2,42	2,15	1,90	1,68	1,46
500	11,0	7,01	5,51	4,69	4,18	3,82	3,54	3,33	3,16	3,02	2,58	2,33	2,05	1,80	1,57	1,34
∞	10,8	6,91	5,42	4,62	4,10	3,74	3,47	3,27	3,10	2,96	2,51	2,27	1,99	1,73	1,49	1,00

$$F(x) = \frac{\Gamma\left(\frac{f_1+f_2}{2}\right)}{\Gamma\left(\frac{f_1}{2}\right)\Gamma\left(\frac{f_2}{2}\right)} f_1^{(f_1/2)} f_2^{(f_2/2)} \int_0^x \frac{t^{(f_1-2)/2}}{(f_1 t + f_2)^{(f_1+f_2)/2}} \, dt \qquad \text{für } x = 0 \qquad (114)$$

und

$$F(x) = 0$$

für

$$x < 0 \qquad (115)$$

Die Tabellen 12 a – c geben für bestimmte Irrtumswahrscheinlichkeiten eine obere Schranke für F in Abhängigkeit der Freiheitsgrade f_1 und f_2 an. Beim einfachen Vergleich von Varianzen sind bei Anwendung des F-Tests s_1 und s_2 so zu wählen, daß $s_1 > s_2$ ist.

Die Anwendung der F-Verteilung wird an einem ausführlicheren Beispiel, das wörtlich VAN DER WAERDEN [10] entnommen ist, erläutert. Es zeigt zugleich noch einmal die Art statistischer Schlußfolgerungen.

Beispiel: In den USA wurden in 30 Laboratorien Gasanalysen ausgeführt. In jedem Laboratorium wurden mehrere (meistens 10) Analysen gemacht.

Wenn man aus diesen Ergebnissen die mittlere Varianz berechnen will, so stößt man auf die Schwierigkeit, daß die Varianzen s^2 in den einzelnen Laboratorien sehr verschieden sind. Es gibt eben gute und weniger gute Laboratorien. Will man eine mittlere Varianz für die guten und durchschnittlichen Laboratorien berechnen, die nachher als Maßstab für alle gelten kann, so muß man die ganz schlechten von der Mittelung ausschließen. Diejenigen s^2 aber, die ganz zufällig etwas größer als die anderen ausfallen, darf man nicht ausschließen, da sonst das Mittel systematisch verfälscht würde. Als Kriterium für die Verwerfung der großen s^2 soll hier der F-Test angewandt werden. Als Beispiel für die Methode wird die Methanbestimmung nach der „Verbrennungsmethode A", die von den meisten Laboratorien angewandt wurde, gewählt.

In einigen Laboratorien wurden die Analysen von zwei verschiedenen Untersuchern durchgeführt. Dabei zeigte sich, daß die Streuung zwischen den beiden Untersuchern meistens etwas größer ist als die Streuung der Ergebnisse eines einzelnen Untersuchers. Um die Streuung der einzelnen Untersucher rein zu erhalten, muß man daher die Ergebnisse der verschiedenen Untersucher voneinander trennen und für jeden einzelnen eine Varianz s^2 berechnen nach der Formel

$$s^2 = \frac{Q}{n-1} \quad \text{mit} \quad Q = \Sigma(x - \bar{x})^2$$

(x = Methangehalt in %). Die Ergebnisse, nach aufsteigender Größe der Varianz s^2 geordnet, sind in Tab. 13 zusammengestellt.

Wie man sieht, hat Untersucher 31 eine viel größere Varianz als alle übrigen. Um zu prüfen, ob das auf Zufall beruhen kann, dividiert man die Varianz $s^2 = 7{,}60$ durch die mittlere Varianz aller übrigen, berechnet nach der Formel

$$s_2^2 = \frac{\Sigma Q}{\Sigma(n-1)}$$

Tab. 13. Ergebnisse der verschiedenen Untersucher

Nr.	Q	$n-1$	s^2	Nr.	Q	$n-1$	s^2
1	0,0	1	0,00	16	3,6	5	0,72
2	0,6	9	0,07	17	6,7	9	0,74
3	0,8	9	0,09	18	7,3	9	0,81
4	0,4	4	0,10	19	4,0	4	1,00
5	1,3	9	0,14	20	8,3	8	1,04
6	0,6	4	0,15	21	9,1	8	1,14
7	0,6	4	0,15	22	18,1	15	1,20
8	1,5	9	0,17	23	5,9	4	1,47
9	1,8	9	0,20	24	13,8	9	1,53
10	2,2	10	0,22	25	10,2	6	1,70
11	0,9	4	0,23	26	21,1	9	2,34
12	3,5	9	0,39	27	28,5	9	3,17
13	3,8	9	0,42	28	29,9	9	3,32
14			0,60	29	16,9	4	4,23
15			0,65	30	43,4	9	4,82
				31	15,2	2	7,60

Man erhält so $s_2^2 = 239{,}9/215 = 1{,}116$ und $F_{31} = s_1^2/s_2^2 = 7{,}60/1{,}116 = 6{,}81$.

In derselben Weise könnte man $F_1, F_2, \ldots, F_{30}$ berechnen. Jeder der 31 Untersucher hat, verglichen mit den anderen, sein eigenes F_j. Das größte aller dieser F_j ist F_{31}. Daß dieses F_{31} die 5%-Schranke 3,04 überschreitet (vgl. Tab. 12a für $f_1 = 2$, $f_2 \approx 200$), besagt nicht viel. Die Wahrscheinlichkeit, daß ein bestimmtes einzelnes F_j diese Schranke überschreitet, ist zwar nur 5%, aber F_{31} ist gerade das größte F, und daß unter 31 Quotienten F einer diese Schranke überschreitet, ist gar nicht unwahrscheinlich. Wenn die σ in Wahrheit alle gleich sind, so ist die Wahrscheinlichkeit, daß alle F_j unter diese Schranke fallen $0{,}95^{31} = 0{,}20$, also die Wahrscheinlichkeit, daß einer sie übersteigt, $1 - 0{,}20 = 0{,}80$. Daß F_{31} die 1%-Schranke übersteigt, besagt auch noch nicht viel, denn die Wahrscheinlichkeit, daß das durch Zufall geschieht, ist immer noch $1 - 0{,}99^{31} = 0{,}27$. Würde F_{31} die 1‰-Schranke überschreiten, so wäre dies ein Beweis, aber die Schranke 7,15 wird noch nicht überschritten. Günstiger liegt die Sache bei F_{30}, weil die Anzahl der Freiheitsgrade hier größer ist. Man findet

$$F_{30} = 4{,}82/1{,}066 = 4{,}53$$

Die 1‰-Schranke 3,26 wird weit überschritten. Die Wahrscheinlichkeit, daß dies durch Zufall geschieht, ist nur $1 - 0{,}999^{31} = 0{,}03$. Die Hypothese, daß Untersucher 30 die gleiche Varianz hat wie die übrigen, ist also zu verwerfen.

Nachdem Untersucher 30 ausgeschlossen ist, kann man nun von neuem 31 mit den übrigen (1 – 29) vergleichen. Man findet jetzt

$$F'_{31} = 7{,}60/1{,}00 = 7{,}60$$

Die 1‰-Schranke wird nunmehr überschritten, also ist 31 ebenfalls auszuschließen.

Nachdem so 30 und 31 ausgeschlossen sind, kann man nacheinander mit derselben Methode die Untersucher

28, 27, 29 und 26 ausschließen. Die Irrtumswahrscheinlichkeit ist jedesmal kleiner als 3%, also insgesamt (da sechs Schlüsse nacheinander ausgeführt wurden) kleiner als 18%. Ein Schluß mit einer Irrtumswahrscheinlichkeit von 18% könnte auf den ersten Blick gefährlich erscheinen. Jedoch zeigt sich, daß die meisten Schlüsse auch auf dem 1/2‰-Niveau noch möglich sind: dadurch wird die Irrtumswahrscheinlichkeit bereits auf die Hälfte herabgedrückt. Sodann zeigt sich, daß die Untersucher 29 und 30 als Mittel ihrer Methanbestimmung einen viel zu großen und 31 einen viel zu kleinen Wert erhalten haben. Das Ausscheiden der Nummern 29, 30 und 31 war also kein Irrtum. Bei der Ausscheidung der drei übrigen ist die Irrtumswahrscheinlichkeit jeweils kleiner als 1,4%, insgesamt also kleiner als 4,2%. Läßt man eine gesamte Irrtumswahrscheinlichkeit von 5% zu, so erscheint das Ausschließen dieser sechs Untersucher wohl als gerechtfertigt.

Für die übrigen (1—25) ergibt sich als mittlere Varianz

$$s^2 = \frac{\Sigma Q}{\Sigma(n-1)} = 110{,}1/175 = 0{,}63$$

und $s = 0{,}8$ (% Methan).

2.3. Zahl der notwendigen Versuche für eine gesicherte Entscheidung bei statistischen Tests

In den bisher besprochenen Verfahren zur Bestimmung von signifikanten Unterschieden zwischen zwei Werten einer statistischen Prüfgröße war die Zahl der durchgeführten Untersuchungen, auf die der Prüfer seine Entscheidung stützen konnte, vorgegeben, um zunächst eine Einführung in die Methodik zu geben.

Will man in der Praxis eine gesicherte Entscheidung fällen, so darf die Versuchszahl n eine untere Grenze nicht unterschreiten, da die Trennschärfe, wie aus Abb. 14 hervorgeht, stark von n abhängt. Aus zeitlichen und finanziellen Gründen wird man aber auch eine obere Grenze für n setzen. Zur Ermittlung der Zahl der notwendigen Untersuchungen bei statistischen Tests kann man in zweierlei Weise vorgehen:

1. Man legt die Zahl der Versuche vor Beginn der Testreihe nach Wahl der Signifikanzzahl α und der Trennschärfe $1-\beta$ und unter Berücksichtigung des Quotienten $D = \vartheta/\sigma$ mit Hilfe der oben besprochenen Gleichungen für die Testverteilung fest. ϑ ist der Unterschied zweier Maßzahlen, den es zu entdecken gilt und σ die Standardabweichung der Grundgesamtheit oder auch der Stichprobe.

Dieses Verfahren wird man anwenden, wenn die Vorbereitung eines Versuches nur kurze Zeit, seine eigentliche Durchführung aber eine längere Zeit in Anspruch nimmt. Nach Abschluß der Testreihe wird auf Grund der Auswertung der angefallenen Ergebnisse eine Entscheidung zugunsten oder zuungunsten der Nullhypothese gefällt.

2. Man stellt sog. Folgetestpläne auf, bei denen wieder nach Wahl von α und β nach jedem einzelnen Versuch geprüft wird, ob eine Entscheidung zugunsten der Null- bzw. der Alternativhypothese gefällt werden kann oder ob dazu noch weitere Beobachtungen zu sammeln sind.

Der Vorteil dieser Methode ist, daß die Zahl der auszuführenden Versuche oft um mehr als die Hälfte kleiner ist als bei der unter 1. besprochenen Methodik, was insbes. bei kostspieligen Versuchen interessant wird, da gerade nur so viele Untersuchungen wie für eine Entscheidung unbedingt erforderlich sind gemacht werden. Dieser Punkt könnte auch bei zeitraubenden Versuchen für die Anwendung dieses Verfahrens sprechen, jedoch ist zu überlegen, ob man bei nicht zu hohen Kosten pro Versuch und kurzer Vorbereitungszeit nach der Methodik 1 nicht schneller zum Ziel gelangt.

2.3.1. Bestimmung der erforderlichen Versuche vor Beginn der Testreihe

a) *Vergleich eines Stichprobenmittelwertes $\bar{x}$ mit einem Standardwert μ_0.* Dabei wird die Standardabweichung σ der Grundgesamtheit, z. B. auf Grund von Erfahrungswerten, als bekannt vorausgesetzt.

Zu testen ist die Hypothese, daß die Stichprobe mit dem Mittelwert $\bar{x}$ einer Grundgesamtheit mit dem Mittelwert μ_0 entnommen wurde, gegen die Alternativhypothese, daß die Stichprobe zu einer Grundgesamtheit mit dem Mittelwert $\mu = \mu_0 + \vartheta$ gehört.

Der Grenzwert $\bar{x}^*$ des Stichprobenmittelwertes, den dieser nicht überschreiten darf, wenn die Primärhypothese angenommen werden soll, errechnet sich nach Gl. (59) zu

$$\bar{x}^* = \mu_0 + c_\alpha\, \sigma/\sqrt{n}$$

Das Risiko, diesen Grenzwert fälschlicherweise zu überschreiten, wird durch die Signifikanzzahl α bestimmt. Gehört die Stichprobe zur Grundgesamtheit mit $\mu = \mu_0 + \vartheta$, so ist nach Tab. 11 das Risiko, die Primärhypothese zu akzeptieren, obwohl sie falsch ist, durch die Höhe von β bestimmt. In diesem Fall ist

$$\bar{x}^* = \mu_0 + \vartheta - c_\beta\, \sigma/\sqrt{n} \qquad (116)$$

Subtrahiert man die Gleichungen für $\bar{x}^*$ voneinander, wird

$$\vartheta = (c_\alpha + c_\beta)\, \sigma/\sqrt{n} \qquad (117)$$

Die Mindestversuchszahl zur Entscheidung der Frage, ob sich der Stichprobenmittelwert $\bar{x}$ von μ_0 signifikant unterscheidet, und ob daher die zugehörige Stichprobe der Grundgesamtheit mit $\mu = \mu_0 + \vartheta$ zuzurechnen ist oder nicht, ergibt sich damit zu

$$n = (c_\alpha + c_\beta)^2\, (\sigma/\vartheta)^2 \qquad (118)$$

oder

$$n = (c_\alpha + c_\beta)^2/D^2$$

Bei einem zweiseitigen Test ist die Nullhypothese $\mu = \mu_0$ gegen die Alternativhypothesen $\mu = \mu_0 - \vartheta$ und $\mu = \mu_0 + \vartheta$ zu testen.

Die Grenzwerte, die der Stichprobenmittelwert $\bar{x}$ nach beiden Seiten hin nicht überschreiten darf, soll die Nullhypothese angenommen werden, sind jetzt

$$\bar{x}^*_+ = \mu_0 + c_{\alpha/2}\ \sigma/\sqrt{n} \quad (119\text{a})$$

$$\bar{x}^*_- = \mu_0 - c_{\alpha/2}\ \sigma/\sqrt{n} \quad (119\text{b})$$

und die Zahl der Versuche bei vorgegebenen Werten für α und β wird

$$n = [(c_{\alpha/2} + c_\beta)\sigma/\vartheta]^2 \quad (120)$$

Diese Gleichung ist mit Gl. (118) bis auf die Größe $c_{\alpha/2}$ identisch, da die Wahrscheinlichkeit, den rechten oder den linken Grenzwert $\bar{x}^*$ zu überschreiten, gleich der halben Gesamtwahrscheinlichkeit für den Fehler 1. Art ist.

Beispiel: Angenommen, das Verfahren zur Erzeugung von Polyäthylen, das zu den Ausbeuten in der Stichprobe auf S. 296 geführt hatte, soll verbessert werden. Es stellt sich dann die Aufgabe, bei gegebener Grundgesamtheitsvarianz von $\sigma^2 = 10{,}3$ die Zahl der notwendigen Versuche zu ermitteln, die nach einer Änderung des Verfahrens gegenüber der mittleren Ausbeute von $\mu_0 = 20$ g PÄ/h eine Änderung in der Ausbeute von $\vartheta = \pm 4$ g/h mit Sicherheit erkennen lassen. Das Risiko, fälschlicherweise eine Ausbeuteänderung anzunehmen soll nicht größer als $\alpha = 0{,}05$ sein. Das Risiko, eine tatsächliche Änderung nicht zu erkennen, soll nicht größer als $\beta = 0{,}01$ sein.

Da nach Tab. 8

$$c_{\alpha/2} = c_{0,025} = 1{,}96$$

und

$$c_\beta \ = c_{0,01} \ = 2{,}33$$

ist, wird

$$n = \left[(1{,}96 + 2{,}33)\frac{\sqrt{10{,}3}}{4}\right]^2 = 10{,}85$$

entsprechend 11 Versuchen.

Die Grenzwerte werden

$$\bar{x}^*_+ = 20 + 1{,}96 \cdot 0{,}948 = 21{,}86$$

$$\bar{x}^*_- = 20 - 1{,}96 \cdot 0{,}948 = 18{,}14$$

b) *Vergleich zweier Stichprobenmittelwerte* unter derselben Voraussetzung wie bei a).

Entsprechend einer einseitigen oder zweiseitigen Testsituation sind hier z. B. bei Vergleich zweier Analysenmethoden die Fragen zu beantworten, ob das von der einen Methode gelieferte Analysenmittel größer bzw. kleiner oder aber überhaupt signifikant verschieden von dem der zweiten Analysenmethode ist.

Bei einseitiger Testsituation ermittelt man die Zahl der notwendigen Versuche n_1 und n_2 sowie den Grenzwert $\bar{x}^*$ für die Differenz der Mittelwerte $\bar{x} = \bar{x}_2 - \bar{x}_1$ nach den Gleichungen

$$\sigma_1^2/n_1 + \sigma_2^2/n_2 = \vartheta^2/(c_\alpha + c_\beta)^2 \quad (121)$$

$$\bar{x}^* = c_\alpha(\sigma_1^2/n_1 + \sigma_2^2/n_2)^{1/2} \quad (122)$$

und bei zweiseitiger Testsituation nach den Gleichungen

$$\sigma_1^2/n_1 + \sigma_2^2/n_2 = \vartheta^2/(c_{\alpha/2} + c_\beta)^2 \quad (123)$$

und

$$\bar{x}^* = \pm c_{\alpha/2}(\sigma_1^2/n_1 + \sigma_2^2/n_2)^{1/2} \quad (124)$$

Sind σ_1 und σ_2 bekannt, gibt es eine ganze Reihe von Werten n_1 und n_2, die die Gleichungen erfüllen können. Es läßt sich zeigen, daß man ein Minimum an Gesamtversuchen $n_1 + n_2$ erhält, wenn man

$$n_1/n_2 = \sigma_1/\sigma_2 \quad (125)$$

wählt. Für einen zweiseitigen Test wird dann z. B.

$$n_1 = \sigma_1(\sigma_1 + \sigma_2)/[\vartheta^2/(c_{\alpha/2} + c_\beta)^2] \quad (126)$$

$$n_2 = \sigma_2(\sigma_1 + \sigma_2)/[\vartheta^2/(c_{\alpha/2} + c_\beta)^2] \quad (127)$$

Sind außerdem σ_1 und σ_2 gleich, erhält man

$$n_1 = n_2 = 2\sigma^2/[\vartheta^2(c_{\alpha/2} + c_\beta)^2] \quad (128)$$

c) *Vergleich von Mittelwerten,* wenn die Standardabweichung der Grundgesamtheit σ unbekannt ist. Es steht nur ihr Schätzwert s zur Verfügung.

Die bisher beschriebenen Methoden zur Bestimmung der Zahl der notwendigen Versuche beim Testen von Hypothesen laufen letztlich darauf hinaus, für n einen Wert derart zu bestimmen, daß sich die Verteilungskurven für den Mittelwert $\bar{x}$ von Stichproben, für die $\mu = \mu_0$ und $\mu = \mu_0 + \vartheta$ ist, an einem Grenzwert $\bar{x}^*$ um die Wahrscheinlichkeitsbeträge α bzw. β überlappen, wie es in Abb. 12 für einen einseitigen Test dargestellt ist. Bei bekannter Standardabweichung der Grundgesamtheit ist die Berechnung von n mit Hilfe der Standardnormalverteilung möglich, da die $\bar{x}$ für $\mu = \mu_0$ und für $\mu = \mu_0 + \vartheta$ gleichfalls normalverteilt sind, wenn die Meßwerte selber einer Normalverteilung folgen und n hinreichend groß ist. Ist σ jedoch unbekannt, so führt man nach den Ausführungen auf S. 306 sog. t-Tests durch. Die Berechnung der Versuchszahl ist dann nur im Prinzip mit der obigen vergleichbar, da das Vergleichskriterium $\bar{x}$ bei Richtigkeit der Alternativhypothese nicht der ursprünglichen sondern der sog. nicht-zentralen t-Verteilung folgt und das Überlappen der normalen und der nicht-zentralen t-Verteilung für $\mu = \mu_0$ und $\mu = \mu_0 + \vartheta$ entsprechend den Werten von α und β etwas schwieriger ist.

Für diesen Fall des Vergleichs eines Mittelwertes einer Stichprobe a) mit einem Standardwert, b) mit dem einer zweiten Stichprobe sind jedoch Tabellen verfügbar, die die Ermittlung der notwendigen Versuchszahl erleichtern (für a Tab. 14, für b Tab. 15).

Es zeigt sich allgemein, daß bei unbekannter Grundgesamtheitsvarianz die Zahl der notwendigen Versuche beim Testen von Hypothesen größer ist als bei Anwendung der Standardnormalverteilung.

Will man hier die gleiche Hypothese wie unter a), S. 320 prüfen mit $\alpha = 0{,}05$, $\beta = 0{,}01$ und $\vartheta/\sigma = 4/3{,}21 \approx 1{,}25$, so erhält man jetzt durch Interpolation aus Tab. 14 ca. 15 Versuche. Nach Abwicklung dieser Testreihe ist ein t-Test mit einer Signifikanzzahl $\alpha = 0{,}05$ durchzuführen und nach den gleichen Kri-

Tab. 14. Zahl der notwendigen Beobachtungen für einen t-Test bei Vergleich eines Mittelwertes mit einem Standardwert in Abhängigkeit von den gewählten Werten für die Fehler 1. und 2. Art (entnommen aus DAVIES [3])

Signifikanz des t-Testes	0,01					0,02					0,05					0,1				
einseitiger Test	$\alpha=0{,}005$					$\alpha=0{,}01$					$\alpha=0{,}025$					$\alpha=0{,}05$				
zweiseitiger Test	$\alpha=0{,}01$					$\alpha=0{,}02$					$\alpha=0{,}05$					$\alpha=0{,}1$				
$\beta=$	0,01	0,05	0,1	0,2	0,5	0,01	0,05	0,1	0,2	0,5	0,01	0,05	0,1	0,2	0,5	0,01	0,05	0,1	0,2	0,5
$D=\frac{\vartheta}{\sigma}$																				
0,15																				122
0,20										139					99					70
0,25					110					90				128	64			139	101	45
0,30				134	78				115	63			119	90	45		122	97	71	32
0,35			125	99	58			109	85	47		109	88	67	34		90	72	52	24
0,40		115	97	77	45		101	85	66	37	117	84	68	51	26	101	70	55	40	19
0,45		92	77	62	37	110	81	68	53	30	93	67	54	41	21	80	55	44	33	15
0,50	100	75	63	51	30	90	66	55	43	25	76	54	44	34	18	65	45	36	27	13
0,55	83	63	53	42	26	75	55	46	36	21	63	45	37	28	15	54	38	30	22	11
0,60	71	53	45	36	22	63	47	39	31	18	53	38	32	24	13	46	32	26	19	9
0,65	61	46	39	31	20	55	41	34	27	16	46	33	27	21	12	39	28	22	17	8
0,70	53	40	34	28	17	47	35	30	24	14	40	29	24	19	10	34	24	19	15	8
0,75	47	36	30	25	16	42	31	27	21	13	35	26	21	16	9	30	21	17	13	7
0,80	41	32	27	22	14	37	28	24	19	12	31	22	19	15	9	27	19	15	12	6
0,85	37	29	24	20	13	33	25	21	17	11	28	21	17	13	8	24	17	14	11	6
0,90	34	26	22	18	12	29	23	19	16	10	25	19	16	12	7	21	15	13	10	5
0,95	31	24	20	17	11	27	21	18	14	9	23	17	14	11	7	19	14	11	9	5
1,00	28	22	19	16	10	25	19	16	13	9	21	16	13	10	6	18	13	11	8	5
1,1	24	19	16	14	9	21	16	14	12	8	18	13	11	9	6	15	11	9	7	
1,2	21	16	14	12	8	18	14	12	10	7	15	12	10	8	5	13	10	8	6	
1,3	18	15	13	11	8	16	13	11	9	6	14	10	9	7		11	8	7	6	
1,4	16	13	12	10	7	14	11	10	9	6	12	9	8	7		10	8	7	5	
1,5	15	12	11	9	7	13	10	9	8	6	11	8	7	6		9	7	6		
1,6	13	11	10	8	6	12	10	9	7	5	10	8	7	6		8	6	6		
1,7	12	10	9	8	6	11	9	8	7		9	7	6	5		8	6	5		
1,8	12	10	9	8	6	10	8	7	7		8	7	6			7	6			
1,9	11	9	8	7	6	10	8	7	6		8	6	6			7	5			
2,0	10	8	8	7	5	9	7	7	6		7	6	5			6				
2,1	10	8	7	7		8	7	6	6		7	6				6				
2,2	9	8	7	6		8	7	6	5		7	6				6				
2,3	9	7	7	6		8	6	6			6	5				5				
2,4	8	7	7	6		7	6	6			6									
2,5	8	7	6	6		7	6	6			6									
3,0	7	6	6	5		6	5	5			5									
3,5	6	5	5			5														
4,0	6																			

terien wie früher eine Entscheidung zugunsten oder zuungunsten der Nullhypothese zu fällen.

d) *Vergleich von Varianzen.* Hier sind wiederum zwei Fälle zu unterscheiden:

a) Vergleich der aus einer Stichprobe ermittelten Standardabweichung s mit einer gegebenen Grundgesamtheitsstandardabweichung σ_0 mit Hilfe des χ^2-Tests.

b) Vergleich zweier Stichprobenvarianzen s_1^2 und s_2^2 mit Hilfe des F-Tests.

Beim Fall a) soll festgestellt werden, ob die Stichprobe mit der Varianz s^2 der Grundgesamtheit mit der Varianz σ_0^2 entnommen wurde, oder ob sie zu einer Grundgesamtheit mit der Varianz σ_1^2 gehört. Gesucht ist die Zahl der Freiheitsgrade, auf die der Schätzwert s_1^2 zu stützen ist, um die genannte Feststellung mit der durch die Größen α und β gegebenen Sicherheit treffen zu können.

In Tab. 16 sind für verschiedene Werte von α und β sowie Freiheitsgrade f für eine einseitige Testsituation Werte von $R=\sigma_1^2/\sigma_0^2$ angegeben, wenn im Rahmen

Tab. 15. Zahl der notwendigen Beobachtungen für einen t-Test bei Vergleich zweier Mittelwerte in Abhängigkeit von den gewählten Werten für die Fehler 1. und 2. Art (entnommen aus DAVIES [3])

	Signifikanz des t-Testes																			
	0,01					0,02					0,05					0,1				
einseitiger Test	$\alpha = 0{,}005$					$\alpha = 0{,}01$					$\alpha = 0{,}025$					$\alpha = 0{,}05$				
zweiseitiger Test	$\alpha = 0{,}01$					$\alpha = 0{,}02$					$\alpha = 0{,}05$					$\alpha = 0{,}1$				
$\beta =$	0,01	0,05	0,1	0,2	0,5	0,01	0,05	0,1	0,2	0,5	0,01	0,05	0,1	0,2	0,5	0,01	0,05	0,1	0,2	0,5
$D = \frac{\vartheta}{\sigma}$																				
0,20																				137
0,25															124					88
0,30										123					87					61
0,35					110					90					64				102	45
0,40					85					70				100	50			108	78	35
0,45				118	68				101	55			105	79	39		108	86	62	28
0,50				96	55			106	82	45		106	86	64	32		88	70	51	23
0,55			101	79	46		106	88	68	38		87	71	53	27	112	73	58	42	19
0,60		101	85	67	39		90	74	58	32	104	74	60	45	23	89	61	49	36	16
0,65		87	73	57	34	104	77	64	49	27	88	63	51	39	20	76	52	42	30	14
0,70	100	75	63	50	29	90	66	55	43	24	76	55	44	34	17	66	45	36	26	12
0,75	88	66	55	44	26	79	58	48	38	21	67	48	39	29	15	57	40	32	23	11
0,80	77	58	49	39	23	70	51	43	33	19	59	42	34	26	14	50	35	28	21	10
0,85	69	51	43	35	21	62	46	38	30	17	52	37	31	23	12	45	31	25	18	9
0,90	62	46	39	31	19	55	41	34	27	15	47	34	27	21	11	40	28	22	16	8
0,95	55	42	35	28	17	50	37	31	24	14	42	30	25	19	10	36	25	20	15	7
1,00	50	38	32	26	15	45	33	28	22	13	38	27	23	17	9	33	23	18	14	7
1,1	42	32	27	22	13	38	28	23	19	11	32	23	19	14	8	27	19	15	12	6
1,2	36	27	23	18	11	32	24	20	16	9	27	20	16	12	7	23	16	13	10	5
1,3	31	23	20	16	10	28	21	17	14	8	23	17	14	11	6	20	14	11	9	5
1,4	27	20	17	14	9	24	18	15	12	8	20	15	12	10	6	17	12	10	8	4
1,5	24	18	15	13	8	21	16	14	11	7	18	13	11	9	5	15	11	9	7	4
1,6	21	16	14	11	7	19	14	12	10	6	16	12	10	8	5	14	10	8	6	4
1,7	19	15	13	10	7	17	13	11	9	6	14	11	9	7	4	12	9	7	6	3
1,8	17	13	11	10	6	15	12	10	8	5	13	10	8	6	4	11	8	7	5	
1,9	16	12	11	9	6	14	11	9	8	5	12	9	7	6	4	10	7	6	5	
2,0	14	11	10	8	6	13	10	9	7	5	11	8	7	6	4	9	7	6	4	
2,1	13	10	9	8	5	12	9	8	7	5	10	8	6	5	3	8	6	5	4	
2,2	12	10	8	7	5	11	9	7	6	4	9	7	6	5		8	6	5	4	
2,3	11	9	8	7	5	10	8	7	6	4	9	7	6	5		7	5	5	4	
2,4	11	9	8	6	5	10	8	7	6	4	8	6	5	4		7	5	4	4	
2,5	10	8	7	6	6	9	7	6	5	4	8	6	5	4		6	5	4	3	
3,0	8	6	6	5	4	7	6	5	4	3	6	5	4	4		5	4	3		
3,5	6	5	5	4	3	6	5	4	4		5	4	4	3		4	3			
4,0	6	5	4	4		5	4	4	3		4	4	3			4				

des Tests nach einem Anstieg der Varianz gefragt ist, d. h. $R > 1$ ist. Will man die gleiche Tabelle für Tests mit Fragestellungen hinsichtlich abnehmender Varianz verwenden, d. h. $R < 1$, so verwendet man statt α, β und R die Werte $\alpha' = \beta$, $\beta' = \alpha$ und $R' = 1/R$.

Beispiel: In einem Laboratorium werde eine Analysenmethode verwendet, die Analysenwerte mit einer Standardabweichung von $\sigma_0 = 0{,}1$ liefert. Zur Diskussion steht eine zweite billigere Methode, die eingeführt werden könnte, wenn die Standardabweichung der Meßergebnisse nicht wesentlich größer als σ_0 ist. Wie viele Versuche sind zur Durchführung eines χ^2-Tests erforderlich, wenn $\alpha = 0{,}05$ und $\beta = 0{,}01$ sein sollen und ein Anstieg von σ auf 0,2, d. h. $R = (0{,}2/0{,}1)^2 = 4$ noch akzeptabel ist? Nach Tab. 16 liegt $R = 4$ für $\alpha = 0{,}05$ und $\beta = 0{,}01$ zwischen $f = 15$ und $f = 20$. Eine grobe Interpolation ergibt, daß die Stichprobenvarianz für den χ^2-Test auf 19 Freiheitsgrade, d. h. 20 Versuche gestützt sein sollte.

Es kann aber auch geprüft werden, ob die neue Analysenmethode exaktere Ergebnisse liefert als die alte. Ihre Einführung soll nur lohnenswert sein, wenn die Standardabweichung von 0,1 auf 0,05 gesenkt werden kann. Damit wird $R = (0{,}05/0{,}1)^2 = 0{,}25$ und damit kleiner als 1. Ist wie oben $\alpha = 0{,}05$ und $\beta = 0{,}01$, so vertauscht man

Tab. 16. Zahl der notwendigen Beobachtungen für einen χ^2-Test bei Vergleich einer Grundgesamtheitsvarianz mit einem Standardwert (entnommen aus Davies [3])

Die Tabelle gibt den Wert des Verhältnisses R der Grundgesamtheitsvarianz σ_1^2 zu einer Standardvarianz σ_0^2 an, der mit einer Wahrscheinlichkeit β im Rahmen eines χ^2-Tests für einen Schätzwert s_1^2 von σ_1^2, der auf f Freiheitsgraden basiert, gerade noch unterhalb der Signifikanzgrenze liegen wird.

	$\alpha = 0{,}01$				$\alpha = 0{,}05$			
f	$\beta = 0{,}01$	$\beta = 0{,}05$	$\beta = 0{,}1$	$\beta = 0{,}5$	$\beta = 0{,}01$	$\beta = 0{,}05$	$\beta = 0{,}1$	$\beta = 0{,}5$
1	42,240	1,687	420,2	14,58	24,450	977,0	243,3	8,444
2	458,2	89,78	43,71	6,644	298,1	58,40	28,43	4,322
3	98,79	32,24	19,41	4,795	68,05	22,21	13,37	3,303
4	44,69	18,68	12,48	3,955	31,93	13,35	8,920	2,826
5	27,22	13,17	9,369	3,467	19,97	9,665	6,875	2,544
6	19,28	10,28	7,628	3,144	14,44	7,699	5,713	2,354
7	14,91	8,524	6,521	2,911	11,35	6,491	4,965	2,217
8	12,20	7,352	5,757	2,736	9,418	5,675	4,444	2,112
9	10,38	6,516	5,198	2,597	8,103	5,088	4,059	2,028
10	9,072	5,890	4,770	2,484	7,156	4,646	3,763	1,960
12	7,343	5,017	4,159	2,312	5,889	4,023	3,335	1,854
15	5,847	4,211	3,578	2,132	4,780	3,442	2,925	1,743
20	4,548	3,462	3,019	1,943	3,802	2,895	2,524	1,624
24	3,959	3,104	2,745	1,842	3,354	2,630	2,326	1,560
30	3,403	2,752	2,471	1,735	2,927	2,367	2,125	1,492
40	2,874	2,403	2,192	1,619	2,516	2,103	1,919	1,418
60	2,358	2,046	1,902	1,490	2,110	1,831	1,702	1,333
120	1,829	1,661	1,580	1,332	1,686	1,532	1,457	1,228
∞	1,000	1,000	1,000	1,000	1,000	1,000	1,000	1,000

bei Verwendung von Tab. 16 die Werte zu $\alpha' = 0{,}01$, $\beta' = 0{,}05$ und $R' = 1/R = 4$.

Dann ergibt sich, daß eine Stichprobenvarianz, basierend auf 17 Freiheitsgraden, im Rahmen eines χ^2-Tests in der angeschnittenen Frage zu einer gesicherten Entscheidung führen wird. Bei Durchführung des Signifikanztests nach Abschluß der Versuchsserie wird für α natürlich der Wert 0,05 verwendet.

Zur Beantwortung der Frage, wie viele Versuche im Rahmen eines F-Tests (Fall b) auszuführen sind, um den Unterschied zwischen zwei Stichprobenvarianzen noch gesichert erkennen zu können, kann Tab. 17 herangezogen werden. In ihr ist angenommen, daß beiden Schätzwerten s_1^2 und s_2^2 die gleichen Stichprobenumfänge und damit die gleiche Zahl an Freiheitsgraden zu Grunde liegen. Der Unterschied zwischen den Varianzen der Grundgesamtheit, den es zu entdecken gilt, ist wie oben durch $R = \sigma_1^2/\sigma_2^2$ definiert.

Tab. 17 zeigt für diverse Werte von α und β und Freiheitsgrade f Werte für R, wenn $R > 1$ ist. Durch entsprechende Anordnung von σ_1^2 und σ_2^2 ist dieser Zustand immer einstellbar.

Beispiel: Sind zwei neue Analysenmethoden zu vergleichen, so ist für jede die Stichprobenvarianz zu bestimmen. Die erste Methode soll der zweiten vorgezogen werden, wenn sie eine erheblich kleinere Standardabweichung liefert und umgekehrt. Wählt man $\alpha = 0{,}05$, $\beta = 0{,}01$ und $R = 4$, so sind nach Tab. 17 auf Grund von 35 Freiheitsgraden 36 Versuche nach jeder Methode auszuführen, um in einem Signifikanztest mit einer durch die mit Signifikanzzahl α und die Trennschärfe β gegebenen Sicherheit entscheiden zu können, ob sich die Standardabweichung der Analysenmethoden im Verhältnis $\sigma_1^2/\sigma_2^2 = 4$ unterscheiden oder nicht.

2.3.2. Sequentielle Testverfahren, Folgetestpläne

Sequentielle Testverfahren haben gleichfalls das Ziel, Entscheidungen zwischen zwei oder mehr Hypothesen über Parameter wie den Mittelwert einer Verteilung oder ihre Varianz zu fällen. Die Zahl der möglichen Entscheidungen ist hier jedoch um 1 größer als bei den nicht-sequentiellen Testverfahren, da neben der Entscheidung zu Gunsten oder zu Ungunsten der Nullhypothese auch die Entscheidung zur Fortsetzung des Testverfahrens gefällt werden kann, wenn keine eindeutige Entscheidung möglich ist.

Die Methodik der sequentiellen Testverfahren läßt sich am einfachsten graphisch erklären. Nach der Wahl der Risiken erster und zweiter Art (α bzw. β) und der Größe δ, des Unterschieds zwischen zwei Werten der Prüfgröße, den es zu entdecken gilt, beginnt man mit den Versuchen. Nach jeder neuen Beobachtung wird eine Funktion $f(x)$, z. B. λ oder T (s. unten und S. 326), aus allen bis zu diesem Zeitpunkt gemachten Versuchen berechnet und gegen die Zahl der Beobachtungen selbst aufgetragen (Abb. 16). Außerdem werden Grenzwerte für diese Funktion in Abhängigkeit von der Zahl der Beobachtungen berechnet (vgl. T_0 und T_1 S. 326). Diese sind in Abb. 16 als Geraden eingezeichnet. Überschreitet die Funk-

Tab. 17. Zahl der notwendigen Beobachtungen für den Vergleich zweier Grundgesamtheitsvarianzen in einem F-Test (entnommen aus DAVIES [3])

Die Tabelle gibt den Wert des Verhältnisses R zweier Grundgesamtheitsvarianzen σ_2^2/σ_1^2 an, der mit einer Wahrscheinlichkeit β in einem F-Test für Schätzwerte s_2^2/s_1^2 zweier Varianzen, die jeweils auf f Freiheitsgraden basieren, gerade unterhalb der Signifikanzgrenze liegen wird

	$\alpha = 0{,}01$				$\alpha = 0{,}05$				$\alpha = 0{,}5$			
f	$\beta = 0{,}01$	$\beta = 0{,}05$	$\beta = 0{,}1$	$\beta = 0{,}5$	$\beta = 0{,}01$	$\beta = 0{,}05$	$\beta = 0{,}1$	$\beta = 0{,}5$	$\beta = 0{,}01$	$\beta = 0{,}05$	$\beta = 0{,}1$	$\beta = 0{,}5$
1	16 420 000	654 200	161 500	4 052	654 200	26 070	6 436	161,5	4 052	161,5	39,85	1,000
2	9 801	1 881	891,0	99,00	1 881	361,0	171,0	19,00	99,00	19,00	9,000	1,000
3	867,7	273,3	158,8	29,46	273,3	86,06	50,01	9,277	29,46	9,277	5,391	1,000
4	255,3	102,1	65,62	15,98	102,1	40,81	26,24	6,388	15,98	6,388	4,108	1,000
5	120,3	55,39	37,87	10,97	55,39	25,51	17,44	5,050	10,97	5,050	3,453	1,000
6	71,67	36,27	25,86	8,466	36,27	18,35	13,09	4,284	8,466	4,284	3,056	1,000
7	48,90	26,48	19,47	6,993	26,48	14,34	10,55	3,787	6,993	3,787	2,786	1,000
8	36,35	20,73	15,61	6,029	20,73	11,82	8,902	3,438	6,029	3,438	2,589	1,000
9	28,63	17,01	13,06	5,351	17,01	10,11	7,757	3,179	5,351	3,179	2,440	1,000
10	23,51	14,44	11,26	4,849	14,44	8,870	6,917	2,978	4,849	2,978	2,323	1,000
12	17,27	11,16	8,923	4,155	11,16	7,218	5,769	2,687	4,155	2,687	2,147	1,000
15	12,41	8,466	6,946	3,522	8,466	5,777	4,740	2,404	3,522	2,404	1,972	1,000
20	8,630	6,240	5,270	2,938	6,240	4,512	3,810	2,124	2,938	2,124	1,794	1,000
24	7,071	5,275	4,526	2,659	5,275	3,935	3,376	1,984	2,659	1,984	1,702	1,000
30	5,693	4,392	3,833	2,386	4,392	3,389	2,957	1,841	2,386	1,841	1,606	1,000
40	4,470	3,579	3,183	2,114	3,579	2,866	2,549	1,693	2,114	1,693	1,506	1,000
60	3,372	2,817	2,562	1,836	2,817	2,354	2,141	1,534	1,836	1,534	1,396	1,000
120	2,350	2,072	1,939	1,533	2,072	1,828	1,710	1,352	1,533	1,352	1,265	1,000
∞	1,000	1,000	1,000	1,000	1,000	1,000	1,000	1,000	1,000	1,000	1,000	1,000

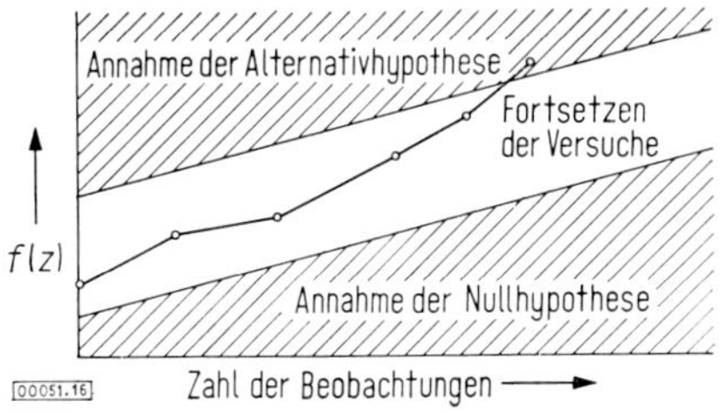

Abb. 16. Anlageschema eines sequentiellen Tests

tion $f(x)$ die obere Grenzlinie, so ist die Alternativhypothese zu akzeptieren, unterschreitet die Funktion die untere Grenzlinie, so ist die Nullhypothese zu akzeptieren. Solange die Funktion innerhalb des nicht schraffierten Raumes verläuft, kann noch keine Entscheidung gefällt werden. Die Wahrscheinlichkeit, daß es in jedem Fall zu einer Entscheidung und somit zu einer Beendigung des Testverfahrens kommt, ist nach den Untersuchungen von WALD [11] gleich eins. Das Testverfahren ist damit so lange fortzusetzen, bis eine Entscheidung für eine der Hypothesen gefällt werden kann.

Theoretische Grundlage der sequentiellen Prüfverfahren ist die Definition eines Wahrscheinlichkeitsverhältnisses λ:

$$\lambda = \frac{\text{Wahrscheinlichkeit } P_{0n} \text{ für Übereinstimmung der Stichprobe mit der Prüfgröße } \Theta = \Theta_0}{\text{Wahrscheinlichkeit } P_{1n} \text{ für Übereinstimmung der Stichprobe mit der Prüfgröße } \Theta = \Theta_1} \quad (129)$$

unter der Annahme, daß die Prüfgröße nur die Werte Θ_0 und Θ_1 annehmen kann und zwischen diesen beiden Möglichkeiten zu entscheiden ist. Weiterhin wählt man zwei positive Konstanten λ_0 und λ_1 derart, daß der Test die notwendige Schärfe besitzt (α, β). Nach irgendeinem Versuch n berechnet man die Wahrscheinlichkeiten P_{0n} und P_{1n}. Ist

$$\lambda_1 < \frac{P_{0n}}{P_{1n}} < \lambda_0 \quad (130)$$

wird die Prüfung fortgesetzt und ein weiterer Versuch ausgeführt. Ist

$$\frac{P_{0n}}{P_{1n}} \leqslant \lambda_1 \quad (131)$$

ist die Prüfung beendet mit der Ablehnung der Nullhypothese, ist

$$\frac{P_{0n}}{P_{1n}} \geqslant \lambda_0 \quad (132)$$

ist die Prüfung beendet mit der Annahme von H_0. Ist $P_{0n} = P_{1n} = 0$, so wird der Quotient der Wahrscheinlichkeiten als eins definiert. Ist $P_{0n} > 0$ und $P_{1n} = 0$, so sieht man die Ungleichung (132) als erfüllt an und akzeptiert H_0.

Die Wahrscheinlichkeit, daß H_1 abgelehnt wird, wenn H_0 zutrifft, ist nach Tab. 11 gleich $1-\alpha$. Da das Testverfahren mit der Annahme von H_0 nur bei Erfüllung von (132) beendet wird, ist für jede Stichprobe, für die H_0 angenommen wurde, $P_{0n} \geqslant \lambda_0 P_{1n}$. Daher ist die Wahrscheinlichkeit, eine Stichprobe zu erhalten, die zur Annahme von H_0 führt, mindestens $\lambda_0$mal so groß wie die Wahrscheinlichkeit, diese Stichprobe zu erhalten, wenn H_1 richtig ist. λ_0 ist daher so zu bestimmen, daß

$$1-\alpha \geqslant \lambda_0 \beta, \quad \text{d. h.} \quad \lambda_0 \leqslant \frac{1-\alpha}{\beta} \tag{133}$$

$(1-\alpha)/\beta$ ist eine obere Schranke für λ_0.

Da die Wahrscheinlichkeit, H_1 anzunehmen, wenn H_1 richtig ist, $1-\beta$ beträgt, und α, wenn H_0 richtig ist, ergibt sich die Ungleichung

$$\alpha \leqslant \lambda_1(1-\beta), \quad \text{d. h.} \quad \lambda_1 \geqslant \frac{\alpha}{1-\beta} \tag{134}$$

$\alpha/(1-\beta)$ ist eine untere Schranke für λ_1.

In der Praxis verwendet man an Stelle der Ungleichungen (133) und (134) die Gleichungen

$$\lambda_0 = \frac{1-\alpha}{\beta} \tag{135}$$

und

$$\lambda_1 = \frac{\alpha}{1-\beta} \tag{136}$$

Nach Wald bringt die Verwendung dieser Gleichungen keine bemerkenswerte Zunahme der Werte von α und β sowie der Beobachtungszahl. Daher ist ihr Gebrauch gerechtfertigt.

Prüfung von Mittelwerten von Normalverteilungen. Die Hypothese, daß eine Stichprobe von Beobachtungen einer Normalverteilung mit dem Mittelwert μ_0 entnommen wurde, soll gegen die Alternativhypothese, daß die Stichprobe zu einer Normalverteilung mit dem Mittelwert μ_1 gehört, geprüft werden. Sind die Werte von μ_0 und μ_1, die Wahrscheinlichkeiten α und β, die Standardabweichung σ sowie die Zahl der Beobachtungen bekannt, so ist die Wahrscheinlichkeit für eine Einzelbeobachtung x_i, zu einer Normalverteilung mit dem Mittelwert μ_0 und der Standardabweichung σ zu gehören, nach Gl. (47)

$$\frac{1}{\sigma\sqrt{2\pi}} \exp[-(x_i-\mu_0)^2/2\sigma^2]$$

und die Wahrscheinlichkeit für n Beobachtungen aus dieser Verteilung

$$P(H_0) = \frac{1}{\sigma^n (2\pi)^{n/2}} \exp\left[-\sum_i (x_i-\mu_0)^2/2\sigma^2\right] \tag{137}$$

In analoger Weise ist die Wahrscheinlichkeit dafür, daß die Stichprobe einer Verteilung mit $\mu = \mu_1$ entstammt

$$P(H_1) = \frac{1}{\sigma^n (2\pi)^{n/2}} \exp\left[-\sum_i (x_i-\mu_1)^2/2\sigma^2\right] \tag{138}$$

Das Verhältnis der Wahrscheinlichkeiten $P(H_0)$ und $P(H_1)$ ist dann

$$\lambda = \frac{\exp[-\sum_i (x_i-\mu_0)^2/2\sigma^2]}{\exp[-\sum_i x_i(-\mu_1)^2/2\sigma^2]} \tag{139}$$

Man kann diese Gleichung logarithmieren und erhält nach Umformung

$$\sum_i x_i = T = \frac{-\sigma^2 \ln\lambda}{\mu_1-\mu_0} + \frac{n}{2}(\mu_1+\mu_0) \tag{140}$$

Statt nach jeder Beobachtung λ unter Verwendung der Grenzen λ_0 und λ_1 zu berechnen, kann man auch $\sum_i x_i = T$ berechnen unter Ersatz von λ_0 und λ_1 durch T_0 und T_1:

$$T_0 = h_0 + ns \tag{141}$$

$$T_1 = h_1 + ns \tag{142}$$

mit

$$\begin{aligned} h_0 &= -b\sigma^2/\vartheta & \delta &= \mu_1-\mu_0 \\ h_1 &= a\sigma^2/\vartheta & a &= \ln(1-\beta)/\alpha \\ s &= (\mu_1+\mu_0)/2 & b &= \ln(1-\alpha)/\beta \end{aligned} \tag{143–148}$$

Trägt man die Summe der Beobachtungsergebnisse $\Sigma x_i = T$ gegen die Zahl der Beobachtungen n auf, erhält man einen Kurvenzug, der mit der Wahrscheinlichkeit eins die Grenzgeraden T_0 oder T_1 einmal schneiden und damit zu einer Entscheidung in der Testfrage führen wird. Die Ordinatenschnittpunkte der Grenzgeraden bei $n=0$ sind h_0 und h_1. Beide Geraden haben die Neigung s und verlaufen damit parallel zueinander. Da T eine lineare Funktion der x_i ist, kann zur Vereinfachung der Rechnung und Auftragung von jedem Beobachtungsergebnis ein konstanter Betrag abgezogen werden. Die Neigung der Geraden wird dadurch flacher. Subtrahiert man jeweils den Wert $\mu_0 + 1/2\,\vartheta$ erhält man besonders einfache Verhältnisse, da dann h_0 und h_1 unverändert bleiben, die Neigung s aber null wird. Die Geraden T_0 und T_1 verlaufen parallel zur Abszisse, und es kommt zu einer Entscheidung und der Beendigung des Tests, wenn die Summe der um $\mu_0 + 1/2\,\vartheta$ verminderten Versuchswerte die Größe h_0 bzw. h_1 unter- bzw. überschreitet.

Die Gleichungen (140)–(148) waren unter der Annahme abgeleitet worden, daß der Mittelwert nur die Werte $\Theta_0 = \mu_0$ und $\Theta_1 = \mu_1$ annehmen kann. Wie aber die Testgütefunktion für einen rechtsseitigen Test (Abb. 17) zeigt, besteht auch bei anderen Werten von

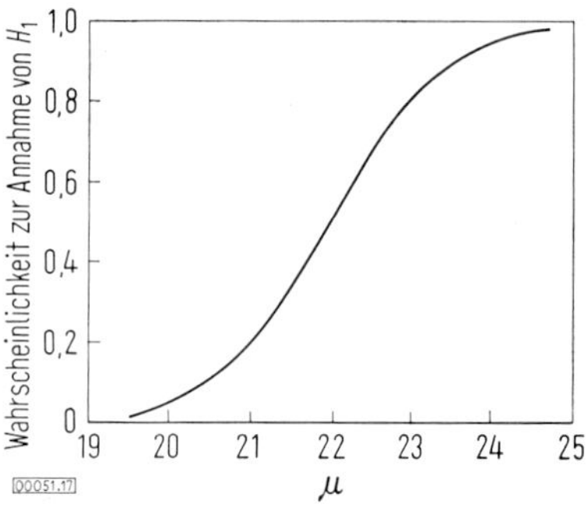

Abb. 17. Testgütefunktion zum Beispiel auf S. 327

μ als den genannten eine Wahrscheinlichkeit zur Annahme der Alternativhypothese H_1. Für Mittelwerte μ in der Nähe von μ_0 ist diese Wahrscheinlichkeit zunächst sehr klein, nimmt dann mit wachsenden Mittelwerten zu und erreicht nach *S*-förmigem Verlauf der Kurve in der Nähe von μ_1 Werte nahe bei eins. Die Hypothesen lauten daher nicht mehr streng H_0: $\mu = \mu_0$, H_1: $\mu = \mu_1$, vielmehr ist ihr Inhalt etwas weiter und allgemeiner zu fassen: Die Nullhypothese besagt, daß keine bedeutsame Steigerung der Prüfgröße über μ_0 hinaus stattgefunden hat, und die Alternativhypothese, daß eine deutliche Zunahme der Prüfgröße über μ_0 hinaus beobachtet wird.

Es ist empfehlenswert, die Testbedingungen vor Beginn der Versuchsreihe mit Hilfe der Gl. (143)–(148) zu überprüfen. Je größer die Standardabweichung σ und je kleiner der interessierende Unterschied ϑ sind, um so weiter liegen die Ordinatenabschnitte h_0 und h_1 und damit die Geraden T_0 und T_1 auseinander und mit um so größerer Versuchszahl muß gerechnet werden, bis eine der Geraden von der Kurve überschritten und eine Entscheidung erzwungen wird. Weiterhin ist die Wahl der Risiken erster und zweiter Art gut zu überlegen, da kleinere Werte für β wegen Gl. (148) zu hohen negativen Werten von h_0 führen und damit eine Verschiebung der Geraden T_0 vom Zentrum weg bewirken. Dadurch wird die Möglichkeit der Annahme der Nullhypothese stark eingeschränkt. Umgekehrt erschweren sehr kleine Werte für α eine Annahme der Alternativhypothese.

Ein weiteres Hilfsmittel zur Vermeidung unpraktischer Werte für α, β und ϑ ist die *Kurve der mittleren Versuchszahl.* Diese Kurve kann man bei linearen Tests, wie hier besprochen, leicht ableiten, wenn Werte der Prüfgröße Θ, die um den Betrag $\Theta_0 + 1/2\,\vartheta$ vermindert wurden (s. S. 326), akkumuliert werden, bis ihre Summe T die Grenzwerte h_0 oder h_1 erreicht und der Test dann abgebrochen wird.

Die Hypothese $H_0: \Theta = \Theta_0$ soll gegen die Alternativ-Hypothese $H_1: \Theta = \Theta_1$ geprüft werden. Von einer großen Zahl k sequentieller Tests, die alle nach dem gleichen Schema verlaufen sollen und bei denen der wahre Wert der Prüfgrößen $\Theta = \Theta'$ ist, enden $k(1-\alpha')$ Tests mit einer Summe $T = h_0$ und damit mit einer Annahme von H_0 und $k\alpha'$ Tests mit einer Summe $T = h_1$ und damit mit einer Annahme von H_1, wobei α' die Wahrscheinlichkeit der Annahme der Alternativ-Hypothese H_1 für den Fall angibt, daß $\Theta = \Theta'$ ist. Werden alle Beispiele mit h_0 oder h_1 beendet, so ist die Gesamtsumme der reduzierten Beobachtungsergebnisse

$$T = k(1-\alpha')h_0 + k\alpha' h_1 \tag{149}$$

ein Wert, der auch als Rechengröße verwendet werden kann, wenn einige Tests knapp unterhalb oder knapp oberhalb von h_0 oder h_1 enden. T ist identisch mit dem Produkt aus dem mittleren Zuwachs von T je Beobachtung und der Gesamtbeobachtungszahl N. Die durchschnittliche Versuchszahl je Test ist daher, wenn $\Theta = \Theta'$ ist

$$\bar{n}' = \frac{N}{k} = \frac{(1-\alpha')h_0 + \alpha' h_1}{\text{mittlerer Zuwachs von } T \text{ je Beobachtung}} = \frac{(1-\alpha')h_0 + \alpha' h_1}{\Theta' - s} \tag{150}$$

Die Wahrscheinlichkeiten α' entnimmt man für entsprechende Werte Θ' der Testgütekurve. Die Form einer solchen Kurve der durchschnittlichen Versuchszahl in Abhängigkeit von der Prüfgröße μ zeigt Abb. 18 für das praktische Beispiel unten. Die Kurve hat ihre höchsten Punkte zwischen $\mu_0 = 20$ und $\mu_1 = 24$. Die gestrichelte Gerade gibt die Zahl der notwendigen Versuche in einem nicht sequentiellen Test an. Sie ist durchweg höher als beim sequentiellen Verfahren.

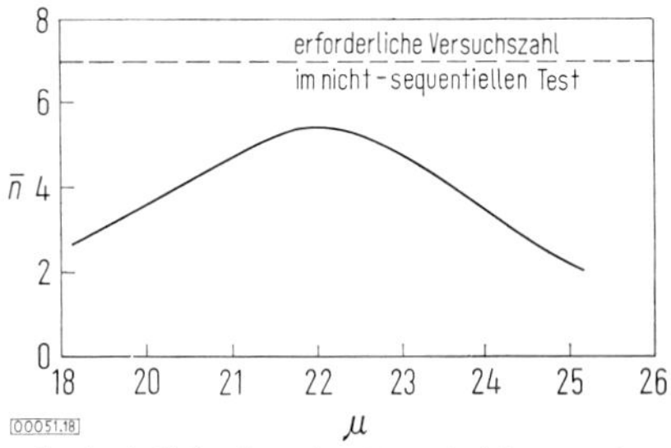

Abb. 18. Durchschnittliche für eine Entscheidung erforderliche Versuchszahl $\bar{n}$ für das Beispiel unten

Normalerweise ist es nicht erforderlich, die Kurve der mittleren Versuchszahl zu zeichnen. Es reicht meistens aus, $\bar{n}$ für einige ausgewählte Punkte, und zwar $\Theta = \Theta_0$, $\Theta = \Theta_1$ und $\Theta = s$, zu berechnen. Mit Gl. (150) wird

$$\bar{n}_0 = \frac{(1-\alpha)h_0 + \beta h_1}{\Theta_0 - s} \tag{151}$$

$$\bar{n}_1 = \frac{\beta h_0 + (1-\beta)h_1}{\Theta_1 - s} \tag{152}$$

Für $\bar{n}_s$ erhält man auf Grund anderer Überlegungen

$$\bar{n}_s = -\frac{h_0 h_1}{\sigma^2} \tag{153}$$

Wird nach diesen Berechnungen die zu erwartende mittlere Versuchszahl zu groß, so sind α, β und ϑ entsprechend zu modifizieren, bis ein praktikabler Versuchsplan erhalten wird.

Vergleich eines Mittelwertes mit einem Standardwert bei bekannter Varianz, einseitiger Test. Es soll geprüft werden, ob die mittlere Ausbeute, die ein Katalysator zur Polymerisation von Äthylen erbringt, $\mu_0 = 20$ kg/h beträgt oder ob sie eventuell höher liegt.

Das Risiko, einen Fehler erster Art zu begehen und eine signifikant höhere Ausbeute anzunehmen, wenn in Wirklichkeit keine vorliegt, soll $\alpha = 5\%$ betragen. Das Risiko, einen Fehler zweiter Art zu begehen und keinen Unterschied zu μ_0 anzunehmen, wenn die mittlere Ausbeute in Wirklichkeit $\mu_1 = \mu_0 + \vartheta = 24$ kg/h ist, soll $\beta = 5\%$ betragen.

Nach den Gl. (143)–(148) erhält man mit $\sigma^2 = 10{,}3$

$h_0 = -2{,}944 \cdot 10{,}3/4 = -7{,}58$

$h_1 = 2{,}944 \cdot 10{,}3/4 = 7{,}58$

$s \;= (20 + 24)/2 = 22$

Werte für a und b kann man für verschiedene Werte von α und β Tab. 20 (S. 338) entnehmen. Die Neigung der Geraden T_0 und T_1 wäre in diesem Fall auf Grund des hohen Wertes von s sehr steil. Da als

Testgröße T jedoch die Summe der Ergebnisse der einzelnen Versuche verwendet wird und es sich damit um einen linearen Test handelt, ist es zulässig, von den Versuchsergebnissen einen konstanten Betrag abzuziehen, hier z. B. 21. Damit wird $s = 1$ und die Geraden T_0 und T_1 nehmen den in Abb. 19 gezeigten Verlauf.

Für die im Mittel zu erwartende Zahl von Versuchen erhält man nach den Gl. (151)–(153)

$$\bar{n}_0 = [0{,}95\,(-7{,}58) + 0{,}05 \cdot 7{,}58]/(-2) = 3{,}4$$

$$\bar{n}_1 = [0{,}05\,(-7{,}58) + 0{,}95 \cdot 7{,}58]/2 = 3{,}4$$

$$\bar{n}_s = -(-7{,}58)\,7{,}58/10{,}3 = 5{,}6$$

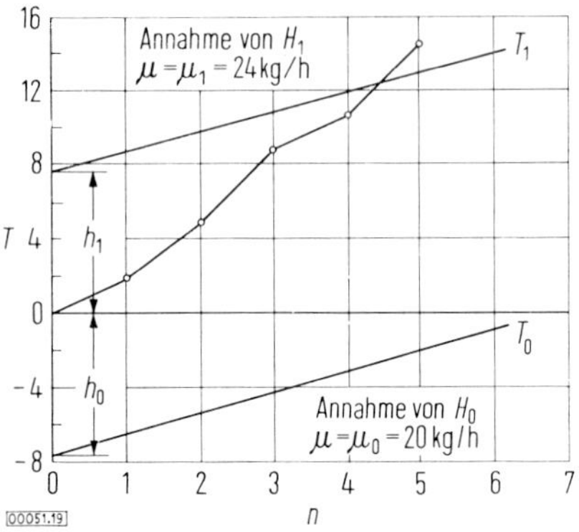

Abb. 19. Folgetestplan zum Textbeispiel

Tab. 18 zeigt die Versuchsergebnisse, die aufgetragen gegen die Versuchszahl den in Abb. 19 eingezeichneten Kurvenzug liefern. Dieser hat nach fünf Versuchen die

Tab. 18. Versuchsergebnisse zum Textbeispiel

Versuch n	Ausbeute (kg/h) x_i	$x_i - 21$	T $\Sigma(x_i - 21)$
1	23	2	2
2	24	3	5
3	25	4	9
4	23	2	11
5	25	4	15

Grenzlinie T_1 überschritten. Damit endet hier die Testreihe. Ihr Ergebnis ist, daß mit Risiken erster und zweiter Art von jeweils 5% angenommen werden muß, daß die mittlere Ausbeute an Polyäthylen, die der Katalysator liefert, 24 kg/h beträgt.

Zweiseitige Alternativhypothese. Eine zweiseitige Testsituation liegt vor, wenn positive oder negative Abweichungen eines Mittelwertes von einem Standardwert erkannt werden sollen. Eine theoretische Ableitung der dann zu verwendenden Testfunktion wurde von Wald [11] gegeben. Der Test ist bei Weber [12] ausführlich beschrieben. Er ist jedoch etwas komplizierter als eine von Barnard vorgeschlagene Methode, die einfach darin besteht, zwei einseitige Tests A und B einander zu überlagern. Das Risiko erster Art ist in beiden gleich $\alpha/2$ zu wählen und ϑ im einen Test positiv, im anderen negativ einzusetzen. Das Risiko β zweiter Art bleibt unverändert. Wenn wieder die Summe der Beobachtungsergebnisse mit μ_0 als Ursprung gegen die Zahl der Beobachtungen aufgetragen wird, resultiert das in Abb. 20 gezeigte Diagramm; zur Illustration ist auch eine Testkurve eingetragen. Die einzelnen Grenzlinien ermittelt man nach folgenden Gleichungen:

$$\left.\begin{aligned} T_0 &= h_0 + ns \\ T_1 &= h_1 + ns \end{aligned}\right\} \text{Test A} \qquad \begin{aligned} (154) \\ (155) \end{aligned}$$

$$\left.\begin{aligned} T'_0 &= h'_0 + ns' \\ T'_1 &= h'_1 + ns' \end{aligned}\right\} \text{Test B} \qquad \begin{aligned} (156) \\ (157) \end{aligned}$$

mit

$$\begin{aligned} h_0 &= -b'\sigma^2/\vartheta = -h'_0 \\ h_1 &= a'\sigma^2/\vartheta = -h'_1 \\ s &= \tfrac{1}{2}\vartheta = -s' \\ a' &= \ln(1-\beta)/\tfrac{1}{2}\alpha \\ b' &= \ln(1-\tfrac{1}{2}\alpha)/\beta \end{aligned} \qquad (158-162)$$

ϑ ist in diesen Gleichungen immer positiv zu wählen.

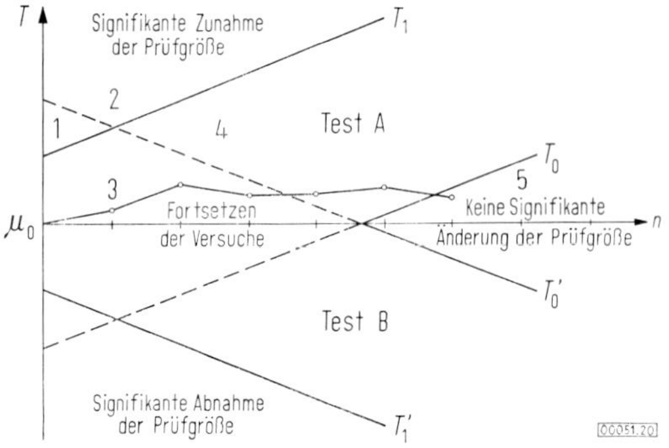

Abb. 20. Schema eines sequentiellen Tests bei doppelseitiger Alternativhypothese

Das Diagramm in Abb. 20 ist in verschiedene Bereiche aufgeteilt, in denen folgende Entscheidungssituationen vorliegen:

Bereich 1: Nach Test B ergibt sich noch kein signifikanter Abfall der Prüfgröße, der Test ist fortzusetzen. Nach Test A hat jedoch eine signifikante Zunahme stattgefunden. Daher ist die Alternativhypothese H_1, die eine solche Zunahme postuliert, zu akzeptieren.

Bereich 2: Nach Test A ergibt sich eine signifikante Zunahme der Prüfgröße, nach Test B, daß kein Abfall zu beobachten ist. Das Ergebnis von Test A ist daher ausschlaggebend.

Bereich 3: Beide Tests verlangen eine Fortsetzung des Testverfahrens.

Bereich 4: Nach Test B ist kein Abfall zu beobachten, aber der Test A ist fortzusetzen, da über einen Anstieg der Prüfgröße noch nicht entschieden ist.

Bereich 5: Beide Tests liefern das Ergebnis, daß weder ein signifikanter Anstieg noch ein Abfall zu erkennen ist. Daher ist hier der Test zu beenden und die Nullhypothese zu akzeptieren.

Ähnliche Überlegungen kann man für die unteren Bereiche im umgekehrten Sinne anstellen.

Vergleich von Mittelwerten bei unbekannter Grundgesamtheitsvarianz. Wie bei den nicht-sequentiellen Tests ist auch hier ein t-Test möglich. Die Testmethode wurde von BARNARD [1] und RUSHTON [8] entwickelt. Sie soll hier nicht im einzelnen geschildert werden, da von den Autoren erstellte Tafeln den Gebrauch dieser Testmethode auch ohne genaue Kenntnis der Theorie ermöglichen.

Will man die Abweichung eines Mittelwertes von einem Standardwert μ_0 prüfen, so wählt man wieder die Risiken erster und zweiter Art sowie einen Faktor D, der angibt, wieviel Einheiten der Standardabweichung σ der zu entdeckende Unterschied entspricht. μ_1 wird also $\mu_0 + D\sigma$. Da σ jedoch als unbekannt vorausgesetzt wird, ist die Wahl von D mit einer gewissen Unsicherheit verbunden. Es ist daher vorteilhaft und trägt zu einer größeren Signifikanz des Tests bei, wenn auf Grund früherer Untersuchungen ein Schätzwert für σ zur Verfügung steht. Unterschiede des Mittelwertes gegenüber μ_0 in der erwarteten Richtung rechnet man positiv (also auch, wenn $\mu_1 < \mu_0$ erwartet wird), in der entgegengesetzten Richtung negativ.

Nach jedem Versuch wird die Abweichung des Beobachtungswertes vom Standardwert $(x - \mu_0)$ sowie die Summe $T = \Sigma(x - \mu_0)$ und die Summe der Quadrate $S = \Sigma(x - \mu_0)^2$ dieser Abweichungen berechnet. Nach BARNARD benutzt man als Testfunktion den Quotienten

$$U = T/\sqrt{S} \tag{163}$$

Die Berechnung der Grenzen U_0 und U_1 ist schwierig. Einzelwerte entnimmt man entsprechend der Wahl von α, β und D in Abhängigkeit von der Versuchszahl der Tab. 19. Man kann sie in ein Diagramm eintragen und durch einen Kurvenzug miteinander verbinden (Abb. 21). Zur Illustration ist wieder eine Testkurve in die Abbildung eingezeichnet. Sobald die Testkurve eine der Grenzkurven U_0 und U_1 schneidet, ist der Test beendet mit der Annahme der im betreffenden Bereich gültigen Hypothese, d. h. fällt U unter U_0 ab, wird kein signifikanter Unterschied in der interessierenden

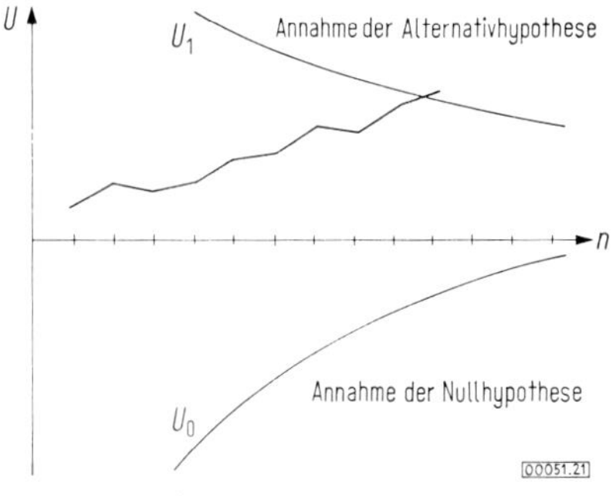

Abb. 21. Schema eines einseitigen sequentiellen t-Tests nach BARNARD

Richtung beobachtet, übersteigt U die Grenzlinie U_1, liegt ein solcher Unterschied vor. Durch Überlagerung zweier einseitiger t-Tests gelangt man zu einem zweiseitigen t-Test mit den Werten $1/2\alpha$, β, $+\vartheta$ und σ für den einen und $1/2\alpha$, β, $-\vartheta$ und σ für den anderen Test.

Prüfung von Varianzen. Will man eine Varianz σ^2 gegen einen Standardwert σ_0^2 prüfen, so benutzt man als Testfunktion die Summe der Abweichungsquadrate der Beobachtungen vom Mittelwert

$$Z = \Sigma(x - \bar{x})^2 \tag{164}$$

Da $\bar{x}$ nach jeder Beobachtung sich wieder ändern kann, berechnet man Z vorteilhafter nach der Gleichung

$$Z = \Sigma x^2 - T\bar{x} = \Sigma x^2 - T^2/n \tag{165}$$

mit $T = \Sigma x = n\,\bar{x}$.

Dieser Wert für Z wird verglichen mit den Grenzwerten

$$Z_0 = h_0 + (n-1)\,s \tag{166}$$

und

$$Z_1 = h_1 + (n-1)\,s \tag{167}$$

mit

$$h_0 = \frac{-2b}{\dfrac{1}{\sigma_0^2} - \dfrac{1}{\sigma_1^2}} \tag{168}$$

$$h_1 = \frac{2a}{\dfrac{1}{\sigma_0^2} - \dfrac{1}{\sigma_1^2}} \tag{169}$$

$$s = \frac{\ln \sigma_1^2/\sigma_0^2}{\dfrac{1}{\sigma_0^2} - \dfrac{1}{\sigma_0^2}} \tag{170}$$

$$a = \ln(1-\beta)/\alpha$$

$$b = \ln(1-\alpha)/\beta$$

Die durchschnittliche Versuchszahl einer Stichprobe ermittelt man für $\sigma^2 = \sigma_0^2$, $\sigma^2 = \sigma_1^2$ und $\sigma^2 = s$ nach den Gleichungen

$$\bar{n}_0 = 1 + \frac{(1-\alpha)h_0 + \alpha h_1}{\sigma_0^2 - s} \tag{171}$$

$$\bar{n}_1 = 1 + \frac{\beta h_0 + (1-\beta)h_1}{\sigma_1^2 - s} \tag{172}$$

$$\bar{n}_s = 1 - \frac{h_0 h_1}{2s^2} \tag{173}$$

Folgetestpläne bei diskret verteilten Variablen. Allen bisher beschriebenen Stichproben lagen definitionsgemäß Normalverteilungen zu Grunde. Selbstverständlich sind Folgetestpläne auch durchführbar, wenn die Prüfgrößen sich nicht kontinuierlich, sondern nur diskret ändern können. Ausführliche Beschreibung von Folgetestplänen bei diskret verteilten Variablen s. WEBER [12] und DAVIES [3].

Tab. 19. Sequentieller t-Test nach BARNARD (Fortsetzung s. S. 331–337). Grenzwerte U_0 und U_1 in Abhängigkeit von der Beobachtungszahl n für verschiedene Werte von α, β und D (entnommen aus DAVIES [3]).

n_0 und n_1 geben die Mindestzahl an Versuchen an, bei der eine Entscheidung möglich ist, wenn $\mu = \mu_0$ bzw. $\mu = \mu_0 + D\sigma$.

$\bar{n}_0$ und $\bar{n}_1$ geben die durchschnittliche Größe einer Stichprobe an, wenn $\mu = \mu_0$ bzw. $\mu = \mu_0 + D\sigma$.

Die Werte der U' in den eckigen Klammern entsprechen Hilfsgrößen zur Interpolation beim Zeichnen der Grenzkurven. Für einen Test können sie nicht verwendet werden.

$D = 0{,}10$

	$\alpha = 0{,}01$						$\alpha = 0{,}05$						$\alpha = 0{,}20$					
	$\beta = 0{,}01$		$\beta = 0{,}05$		$\beta = 0{,}20$		$\beta = 0{,}01$		$\beta = 0{,}05$		$\beta = 0{,}20$		$\beta = 0{,}01$		$\beta = 0{,}05$		$\beta = 0{,}20$	
n	U_0	U_1	U_0	U_1	U_0	U_1	U_0	U_1	U_0	U_1	U_0	U_1	U_0	U_1	U_0	U_1	U_0	U_1
2																		
4																		
6																		
8																	[− 5,14]	[4,97]
10					[− 5,24]						[− 5,09]			[5,13]		[5,01]	[− 4,49]	[4,49]
15					[− 4,11]						[− 4,00]			[4,27]		[4,17]	− 3,53	3,75
20			[− 6,79]		− 3,46				[− 6,68]		− 3,36	[6,28]		3,77	[− 6,27]	3,68	− 2.96	3,31
25			[− 5,96]		− 3,02			[6,07]	[− 5,87]	[6,00]	− 2,94	[5,67]		3,42	[− 5,50]	3,34	− 2,58	3,00
30			− 5,36		− 2,70			[5,62]	− 5,27	[5,55]	− 2,63	5,25		3,18	− 4,94	3,10	− 2,30	2,79
35			− 4,89		− 2,45		[− 7,70]	5,26	− 4,81	5,19	− 2,38	4,91	[− 7,39]	2,98	− 4,51	2,92	− 2,08	2,63
40	[− 7,20]	[7,41]	− 4,51	[7,35]	− 2,25	[7,09]	[− 7,13]	4,97	− 4,44	4,91	− 2,18	4,64	[− 6,84]	2,83	− 4,16	2,77	− 1,90	2,50
45	[− 6,71]	[7,04]	− 4,20	[6,98]	− 2,08	[6,73]	− 6,65	4,73	− 4,14	4,67	− 2,01	4,42	− 6,38	2,71	− 3,88	2,65	− 1,76	2,39
50	− 6,33	6,72	− 3,94	6,67	− 1,93	6,44	− 6,27	4,53	− 3,88	4,47	− 1,87	4,23	− 6,02	2,60	− 3,63	2,55	− 1,63	2,31
60	− 5,64	6,19	− 3,51	6,15	− 1,69	5,93	− 5,59	4,20	− 3,47	4,15	− 1,64	3,93	− 5,36	2,44	− 3,25	2,39	− 1,42	2,17
70	− 5,15	5,81	− 3,21	5,77	− 1,52	5,57	− 5,10	3,95	− 3,16	3,90	− 1,47	3,70	− 4,89	2,31	− 2,95	2,26	− 1,26	2,06
80	− 4,76	5,50	− 2,93	5,46	− 1,36	5,27	− 4,71	3,75	− 2,88	3,70	− 1,31	3,51	− 4,51	2,21	− 2,69	2,17	− 1,12	1,98
90	− 4,43	5,25	− 2,71	5,21	− 1,23	5,03	− 4,38	3,59	− 2,66	3,55	− 1,18	3,37	− 4,20	2,14	− 2,48	2,10	− 1,00	1,92
100	− 4,14	5,04	− 2,52	5,00	− 1,11	4,83	− 4,10	3,46	− 2,47	3,41	− 1,07	3,24	− 3,92	2,08	− 2,30	2,04	− 0,90	1,87
150	− 3,16	4,33	− 1,84	4,30	− 0,69	4,16	− 3,12	3,03	− 1,80	2,99	− 0,66	2,85	− 2,98	1,90	− 1,64	1,87	− 0,52	1,73
200	− 2,56	3,93	− 1,42	3,90	− 0,42	3,78	− 2,53	2,80	− 1,38	2,77	− 0,40	2,65	− 2,40	1,83	− 1,25	1,80	− 0,27	1,68
	n_0 46	n_1 48	n_0 30	n_1 47	n_0 16	n_1 46	n_0 45	n_1 31	n_0 29	n_1 31	n_0 16	n_1 29	n_0 44	n_1 17	n_0 28	n_1 17	n_0 14	n_1 15
	$\bar{n}_0$ 1000	$\bar{n}_1$ 1000	$\bar{n}_0$ 600	$\bar{n}_1$ 900	$\bar{n}_0$ 400	$\bar{n}_1$ 700	$\bar{n}_0$ 900	$\bar{n}_1$ 600	$\bar{n}_0$ 600	$\bar{n}_1$ 600	$\bar{n}_0$ 300	$\bar{n}_1$ 400	$\bar{n}_0$ 700	$\bar{n}_1$ 300	$\bar{n}_0$ 400	$\bar{n}_1$ 300	$\bar{n}_0$ 200	$\bar{n}_1$ 200

Tab. 19. Fortsetzung

$D = 0{,}25$

	$\alpha = 0{,}01$						$\alpha = 0{,}05$						$\alpha = 0{,}20$					
	$\beta = 0{,}01$		$\beta = 0{,}05$		$\beta = 0{,}20$		$\beta = 0{,}01$		$\beta = 0{,}05$		$\beta = 0{,}20$		$\beta = 0{,}01$		$\beta = 0{,}05$		$\beta = 0{,}20$	
n	U_0	U_1	U_0	U_1	U_0	U_1	U_0	U_1	U_0	U_1	U_0	U_1	U_0	U_1	U_0	U_1	U_0	U_1
2																	[– 5,20]	
4					[– 3,48]						[– 3,37]			[3,30]		[3,23]	[– 2,94]	[2,93]
6					[– 2,56]						[– 2,48]			[2,83]		[2,77]	– 2,16	[2,51]
8			[– 4,39]		– 2,06			[4,29]	[– 4,32]	[4,24]	– 1,99	[4,03]		2,55	[– 4,02]	2,49	– 1,76	2,27
10	[– 6,26]	[5,68]	[– 3,73]	[5,64]	– 1,73	[5,46]	[– 6,20]	[3,95]	[– 3,67]	[3,91]	– 1,67	[3,71]	[– 5,91]	2,36	[– 3,41]	2,32	– 1,43	2,11
15	[– 4,67]	[4,91]	– 2,76	[4,87]	– 1,20	[4,72]	[– 4,62]	3,43	– 2,72	3,39	– 1,16	3,23	[– 4,41]	2,10	– 2,52	2,06	– 0,98	1,89
20	– 3,79	4,44	– 2,21	4,41	– 0,89	4,29	– 3,75	3,13	– 2,17	3,10	– 0,85	2,95	– 3,58	1,96	– 2,00	1,92	– 0,70	1,78
25	– 3,21	4,12	– 1,82	4,09	– 0,67	3,97	– 3,17	2,93	– 1,77	2,90	– 0,63	2,77	– 3,02	1,88	– 1,64	1,85	– 0,49	1,71
30	– 2,78	3,90	– 1,54	3,87	– 0,49	3,75	– 2,75	2,80	– 1,50	2,77	– 0,46	2,65	– 2,61	1,83	– 1,37	1,80	– 0,33	1,68
35	– 2,45	3,72	– 1,31	3,70	– 0,35	3,59	– 2,42	2,70	– 1,28	2,67	– 0,32	2,56	– 2,30	1,80	– 1,16	1,77	– 0,20	1,66
40	– 2,18	3,59	– 1,12	3,57	– 0,22	3,46	– 2,15	2,63	– 1,09	2,60	– 0,20	2,50	– 2,03	1,78	– 0,98	1,76	– 0,09	1,65
45	– 1,95	3,48	– 0,96	3,46	– 0,12	3,36	– 1,92	2,57	– 0,93	2,55	– 0,09	2,45	– 1,81	1,77	– 0,83	1,75	0,01	1,65
50	– 1,75	3,40	– 0,81	3,37	– 0,02	3,28	– 1,73	2,53	– 0,79	2,51	0,00	2,41	– 1,63	1,77	– 0,69	1,75	0,10	1,65
60	– 1,43	3,26	– 0,58	3,24	0,14	3,15	– 1,41	2,46	– 0,56	2,44	0,16	2,36	– 1,32	1,78	– 0,47	1,75	0,25	1,67
70	– 1,17	3,17	– 0,39	3,15	0,28	3,07	– 1,15	2,43	– 0,37	2,41	0,30	2,33	– 1,07	1,79	– 0,28	1,77	0,38	1,69
80	– 0,95	3,11	– 0,22	3,09	0,40	3,01	– 0,93	2,41	– 0,20	2,39	0,42	2,32	– 0,85	1,81	– 0,12	1,80	0,49	1,72
90	– 0,76	3,06	– 0,07	3,04	0,51	2,97	– 0,74	2,41	– 0,06	2,39	0,52	2,32	– 0,67	1,84	0,02	1,83	0,60	1,76
100	– 0,59	3,03	0,05	3,01	0,60	2,95	– 0,58	2,41	0,07	2,39	0,62	2,32	– 0,51	1,87	0,14	1,86	0,69	1,79
150	0,03	2,98	0,55	2,97	1,00	2,92	0,04	2,47	0,57	2,46	1,01	2,41	0,10	2,03	0,62	2,02	1,07	1,97
200	0,46	3,03	0,92	3,01	1,31	2,97	0,48	2,58	0,93	2,57	1,32	2,52	0,52	2,20	0,98	2,19	1,37	2,14
	n_0	n_1	n_0	n_1	n_0	n_1	n_0	n_1	n_0	n_1	n_0	n_1	n_0	n_1	n_0	n_1	n_0	n_1
	18	20	12	20	7	20	18	14	12	13	7	13	17	8	11	7	6	7
	$\bar{n}_0$	$\bar{n}_1$	$\bar{n}_0$	$\bar{n}_1$	$\bar{n}_0$	$\bar{n}_1$	$\bar{n}_0$	$\bar{n}_1$	$\bar{n}_0$	$\bar{n}_1$	$\bar{n}_0$	$\bar{n}_1$	$\bar{n}_0$	$\bar{n}_1$	$\bar{n}_0$	$\bar{n}_1$	$\bar{n}_0$	$\bar{n}_1$
	150	150	100	150	50	125	150	100	100	100	50	75	125	50	75	50	50	50

Tab. 19. Fortsetzung

$D = 0,50$

	$\alpha = 0,01$						$\alpha = 0,05$						$\alpha = 0,20$					
	$\beta = 0,01$		$\beta = 0,05$		$\beta = 0,20$		$\beta = 0,01$		$\beta = 0,05$		$\beta = 0,20$		$\beta = 0,01$		$\beta = 0,05$		$\beta = 0,20$	
n	U_0	U_1	U_0	U_1	U_0	U_1	U_0	U_1	U_0	U_1	U_0	U_1	U_0	U_1	U_0	U_1	U_0	U_1
2			[− 7,14]		[− 2,66]				[− 6,96]		[− 2,56]			[2,38]	[− 6,28]	[2,34]	[− 2,16]	[2,15]
4			[− 3,19]		− 1,24			[3,03]	[− 3,13]	[3,01]	− 1,20	[2,89]	[− 5,65]	1,99	[− 2,86]	1,94	− 1,00	1,79
6	[− 3,96]		− 2,11		− 0,75		[− 3,91]	[2,75]	− 2,07	[2,73]	− 0,71	2,62	[− 3,70]	1,82	− 1,89	1,79	− 0,56	1,67
8	[− 2,98]	[3,49]	− 1,55	[3,46]	− 0,45	[3,37]	[− 2,94]	2,59	− 1,51	2,56	− 0,41	2,47	− 2,78	1,75	− 1,37	1,73	− 0,29	1,62
10	− 2,38	[3,32]	− 1,18	[3,30]	− 0,23	[3,21]	− 2,35	2,49	− 1,15	2,46	− 0,20	2,37	− 2,21	1,73	− 1,03	1,70	− 0,09	1,60
15	− 1,50	3,07	− 0,59	3,05	0,14	2,97	− 1,47	2,36	− 0,57	2,34	0,17	2,27	− 1,38	1,73	− 0,48	1,70	0,25	1,62
20	− 0,98	2,96	− 0,22	2,94	0,40	2,87	− 0,96	2,33	− 0,21	2,31	0,42	2,24	− 0,87	1,77	− 0,12	1,75	0,50	1,68
25	− 0,60	2,87	0,06	2,86	0,61	2,80	− 0,59	2,31	0,07	2,30	0,62	2,24	− 0,51	1,82	0,14	1,81	0,69	1,74
30	− 0,31	2,85	0,28	2,84	0,78	2,79	− 0,30	2,34	0,29	2,32	0,79	2,27	− 0,23	1,89	0,36	1,87	0,85	1,81
35	− 0,07	2,85	0,47	2,84	0,93	2,79	− 0,06	2,37	0,48	2,36	0,94	2,31	0,00	1,95	0,54	1,94	0,99	1,88
40	0,13	2,86	0,64	2,85	1,06	2,80	0,14	2,41	0,65	2,40	1,07	2,35	0,19	2,02	0,70	2,00	1,12	1,95
45	0,31	2,88	0,78	2,87	1,18	2,83	0,32	2,45	0,79	2,44	1,19	2,39	0,37	2,08	0,84	2,07	1,24	2,02
50	0,47	2,91	0,91	2,90	1,29	2,85	0,48	2,50	0,92	2,49	1,30	2,44	0,53	2,14	0,97	2,13	1,35	2,09
60	0,74	2,97	1,15	2,96	1,49	2,92	0,75	2,59	1,16	2,58	1,50	2,54	0,80	2,27	1,20	2,26	1,54	2,22
70	0,98	3,04	1,35	3,03	1,67	3,00	0,99	2,69	1,36	2,68	1,68	2,64	1,03	2,39	1,40	2,38	1,72	2,34
80	1,19	3,12	1,53	3,11	1,83	3,07	1,20	2,79	1,54	2,78	1,84	2,74	1,23	2,50	1,58	2,49	1,88	2,46
90	1,38	3,20	1,70	3,19	1,99	3,16	1,39	2,88	1,71	2,88	2,00	2,84	1,42	2,61	1,75	2,60	2,03	2,57
100	1,55	3,28	1,86	3,27	2,12	3,24	1,56	2,98	1,87	2,97	3,13	2,94	1,59	2,72	1,90	2,71	2,16	2,68
150	2,26	3,67	2,51	3,67	2,71	3,64	2,26	3,42	2,51	3,42	2,72	3,39	2,29	3,21	2,54	3,20	2,75	3,18
200	2,81	4,04	3,03	4,04	3,21	4,01	2,81	3,83	3,03	3,83	3,22	3,80	2,84	3,64	3,05	3,63	3,24	3,61
	n_0	n_1	n_0	n_1	n_0	n_1	n_0	n_1	n_0	n_1	n_0	n_1	n_0	n_1	n_0	n_1	n_0	n_1
	9	11	6	11	4	11	9	8	6	7	4	7	8	4	6	4	3	4
	$\bar{n}_0$	$\bar{n}_1$	$\bar{n}_0$	$\bar{n}_1$	$\bar{n}_0$	$\bar{n}_1$	$\bar{n}_0$	$\bar{n}_1$	$\bar{n}_0$	$\bar{n}_1$	$\bar{n}_0$	$\bar{n}_1$	$\bar{n}_0$	$\bar{n}_1$	$\bar{n}_0$	$\bar{n}_1$	$\bar{n}_0$	$\bar{n}_1$
	45	45	30	45	15	35	45	30	30	30	15	20	35	15	20	15	10	10

Tab. 19. Fortsetzung

$D=0{,}75$

n	$\alpha=0{,}01$						$\alpha=0{,}05$						$\alpha=0{,}20$					
	$\beta=0{,}01$		$\beta=0{,}05$		$\beta=0{,}20$		$\beta=0{,}01$		$\beta=0{,}05$		$\beta=0{,}20$		$\beta=0{,}01$		$\beta=0{,}05$		$\beta=0{,}20$	
	U_0	U_1	U_0	U_1	U_0	U_1	U_0	U_1	U_0	U_1	U_0	U_1	U_0	U_1	U_0	U_1	U_0	U_1
2			[− 3,96]		− 1,29			[2,61]	[− 3,90]	[2,60]	− 1,23	[2,50]		[1,77]	[− 3,48]	[1,73]	− 0,99	[1,62]
4	[− 3,28]	[2,99]	− 1,53	[2,97]	− 0,35	[2,91]	[− 3,21]	[2,31]	− 1,49	[2,30]	− 0,32	[2,22]	[− 3,01]	1,63	− 1,32	1,61	− 0,19	1,52
6	− 1,93	[2,83]	− 0,78	[2,82]	0,05	[2,74]	− 1,90	2,22	− 0,76	2,20	0,07	2,13	− 1,76	1,62	− 0,63	1,61	0,17	1,53
8	− 1,24	2,73	− 0,37	2,72	0,30	2,66	− 1,21	2,18	− 0,35	2,16	0,32	2,10	− 1,11	1,65	− 0,27	1,63	0,40	1,56
10	− 0,81	2,69	− 0,08	2,68	0,50	2,62	−0,79	2,18	− 0,07	2,16	0,51	2,11	− 0,71	1,70	0,02	1,69	0,58	1,63
15	− 0,14	2,68	0,42	2,68	0,87	2,63	− 0,12	2,24	0,44	2,23	0,88	2,18	− 0,05	1,84	0,48	1,83	0,93	1,78
20	0,31	2,73	0,77	2,72	1,15	2,68	0,33	2,34	0,78	2,33	1,16	2,29	0,38	1,99	0,82	1,98	1,20	1,93
25	0,64	2,81	1,04	2,80	1,38	2,76	0,65	2,45	1,05	2,44	1,39	2,40	0,69	2,13	1,09	2,12	1,43	2,08
30	0,91	2,89	1,27	2,88	1,58	2,85	0,92	2,56	1,28	2,55	1,59	2,51	0,96	2,27	1,32	2,26	1,63	2,22
35	1,14	2,97	1,48	2,97	1,76	2,93	1,15	2,66	1,49	2,66	1,77	2,63	1,19	2,39	1,52	2,39	1,80	2,35
40	1,35	3,06	1,66	3,05	1,92	3,02	1,36	2,77	1,67	2,76	1,92	2,73	1,39	2,52	1,70	2,51	1,96	2,48
45	1,54	3,15	1,83	3,14	2,08	3,12	1,54	2,88	1,84	2,87	2,09	2,84	1,58	2,64	1,87	2,63	2,12	2,60
50	1,71	3,24	1,98	3,24	2,22	3,21	1,71	2,98	1,99	2,97	2,22	2,95	1,74	2,75	2,02	2,75	2,26	2,72
60	2,02	3,41	2,27	3,41	2,48	3,38	2,02	3,17	2,27	3,17	2,48	3,14	2,05	2,97	2,30	2,97	2,51	2,93
70	2,29	3,58	2,52	3,58	2,72	3,55	2,29	3,36	2,52	3,35	2,72	3,33	23,2	3,17	2,55	3,16	2,75	3,14
80	2,53	3,75	2,75	3,74	2,94	3,72	2,54	3,54	2,76	3,53	2,94	3,51	2,57	3,36	2,78	3,35	2,97	3,33
90	2,75	3,90	2,96	3,89	3,13	3,87	2,77	3,71	2,97	3,71	3,13	3,68	2,79	3,52	2,99	3,53	3,17	3,51
100	2,97	4,05	3,15	4,05	3,33	4,03	2,98	3,87	3,17	3,87	3,33	3,84	3,00	3,71	3,20	3,70	3,36	3,68
150	3,87	4,75	4,00	4,75	4,16	4,72	3,87	4,59	4,00	4,59	4,16	4,56	3,87	4,45	4,03	4,45	4,19	4,43
200	4,61	5,33	4,75	5,33	4,85	5,33	4,61	5,23	4,75	5,23	4,85	5,20	4,61	5,12	4,78	5,12	4,88	5,10
	n_0	n_1	n_0	n_1	n_0	n_1	n_0	n_1	n_0	n_1	n_0	n_1	n_0	n_1	n_0	n_1	n_0	n_1
	6	8	4	8	2	8	6	5	4	5	2	5	6	3	4	3	2	3
	$\bar{n}_0$	$\bar{n}_1$	$\bar{n}_0$	$\bar{n}_1$	$\bar{n}_0$	$\bar{n}_1$	$\bar{n}_0$	$\bar{n}_1$	$\bar{n}_0$	$\bar{n}_1$	$\bar{n}_0$	$\bar{n}_1$	$\bar{n}_0$	$\bar{n}_1$	$\bar{n}_0$	$\bar{n}_1$	$\bar{n}_0$	$\bar{n}_1$
	25	25	20	25	15	20	25	20	20	20	10	15	20	10	15	10	10	10

Tab. 19. Fortsetzung

$D = 1{,}00$

n	$\alpha = 0{,}01$						$\alpha = 0{,}05$						$\alpha = 0{,}20$					
	$\beta = 0{,}01$		$\beta = 0{,}05$		$\beta = 0{,}20$		$\beta = 0{,}01$		$\beta = 0{,}05$		$\beta = 0{,}20$		$\beta = 0{,}01$		$\beta = 0{,}05$		$\beta = 0{,}20$	
	U_0	U_1	U_0	U_1	U_0	U_1	U_0	U_1	U_0	U_1	U_0	U_1	U_0	U_1	U_0	U_1	U_0	U_1
2	[− 5,80]		[− 2,21]		− 0,52	[2,64]	[− 5,66]	[2,15]	[− 2,14]	[2,13]	− 0,49	[2,06]	[− 5,16]	[1,56]	[− 1,89]	[1,54]	− 0,33	[1,46]
4	− 1,68	[2,53]	− 0,55	[2,52]	0,21	[2,48]	− 1,65	[2,04]	− 0,53	[2,03]	0,23	1,97	− 1,51	1,54	− 0,43	1,53	0,31	1,49
6	− 0,73	[2,49]	0,01	[2,48]	0,56	2,44	− 0,71	2,05	0,03	2,04	0,58	1,99	− 0,62	1,65	0,10	1,64	0,64	1,58
8	− 0,23	2,50	0,35	2,49	0,81	2,45	− 0,22	2,10	0,37	2,09	0,82	2,05	− 0,15	1,74	0,43	1,73	0,88	1,68
10	0,13	2,53	0,62	2,52	1,02	2,49	0,14	2,17	0,63	2,16	1,03	2,12	0,20	1,84	0,68	1,83	1,07	1,79
15	0,73	2,66	1,10	2,65	1,41	2,62	0,74	2,35	1,11	2,34	1,42	2,31	0,78	2,08	1,15	2,07	1,46	2,04
20	1,15	2,80	1,46	2,79	1,72	2,76	1,16	2,53	1,47	2,52	1,73	2,49	1,19	2,30	1,50	2,30	1,76	2,27
25	1,47	2,96	1,75	2,95	1,99	2,93	1,48	2,71	1,76	2,70	2,00	2,67	1,51	2,49	1,79	2,48	2,02	2,46
30	1,76	3,12	2,01	3,11	2,22	3,09	1,76	2,88	2,02	2,88	2,22	2,85	1,79	2,68	2,05	2,68	2,25	2,65
35	2,01	3,27	2,24	3,26	2,43	3,24	2,02	3,05	2,24	3,05	2,43	3,02	2,04	2,86	2,26	2,86	2,45	2,83
40	2,23	3,41	2,44	3,40	2,62	3,38	2,24	3,21	2,45	3,21	2,63	3,19	2,26	3,04	2,47	3,30	2,65	3,01
45	2,43	3,54	2,63	3,54	2,81	3,52	2,44	3,36	2,64	3,36	2,81	3,34	2,46	3,20	2,66	3,19	2,83	3,17
50	2,62	3,68	2,82	3,67	2,98	3,65	2,63	3,50	2,82	3,50	2,99	3,48	2,65	3,35	2,84	3,34	3,01	3,32
60	2,98	3,94	3,16	3,94	3,30	3,92	2,99	3,77	3,16	3,77	3,30	3,75	3,01	3,63	3,18	3,63	3,32	3,61
70	3,30	4,18	3,45	4,18	3,59	4,16	3,30	4,03	3,45	4,03	3,59	4,01	3,32	3,90	3,47	3,89	3,61	3,88
80	3,58	4,41	3,73	4,41	3,86	4,39	3,59	4,27	3,73	4,27	3,86	4,25	3,60	4,15	3,75	4,14	3,87	4,13
90	3,85	4,62	3,99	4,62	4,11	4,61	3,86	4,50	3,99	4,49	4,11	4,48	3,87	4,38	4,01	4,38	4,13	4,36
100	4,10	4,83	4,23	4,82	4,34	4,81	4,11	4,70	4,24	4,70	4,35	4,69	4,12	4,60	4,25	4,59	4,36	4,58
150	5,16	5,76	5,26	5,76	5,35	5,75	5,16	5,66	5,27	5,65	5,36	5,64	5,17	5,56	5,28	5,56	5,37	5,55
200	6,05	6,57	6,15	6,57	6,23	6,56	6,05	6,49	6,15	6,48	6,23	6,47	6,06	6,41	6,16	6,41	6,24	6,40
	n_0	n_1	n_0	n_1	n_0	n_1	n_0	n_1	n_0	n_1	n_0	n_1	n_0	n_1	n_0	n_1	n_0	n_1
	4	7	3	7	2	6	4	5	3	5	2	4	4	3	3	3	2	3
	$\bar{n}_0$	$\bar{n}_1$	$\bar{n}_0$	$\bar{n}_1$	$\bar{n}_0$	$\bar{n}_1$	$\bar{n}_0$	$\bar{n}_1$	$\bar{n}_0$	$\bar{n}_1$	$\bar{n}_0$	$\bar{n}_1$	$\bar{n}_0$	$\bar{n}_1$	$\bar{n}_0$	$\bar{n}_1$	$\bar{n}$	$\bar{n}_1$
	15	15	10	15	5	10	10	10	10	10	5	7	10	5	5	5	5	5

Tab. 19. Fortsetzung

$D = 1,50$

	$\alpha = 0,01$						$\alpha = 0,05$						$\alpha = 0,20$					
	$\beta = 0,01$		$\beta = 0,05$		$\beta = 0,20$		$\beta = 0,01$		$\beta = 0,05$		$\beta = 0,20$		$\beta = 0,01$		$\beta = 0,05$		$\beta = 0,20$	
n	U_0	U_1	U_0	U_1	U_0	U_1	U_0	U_1	U_0	U_1	U_0	U_1	U_0	U_1	U_0	U_1	U_0	U_1
2	[− 1,89]	[2,06]	− 0,44	[2,05]	0,32	[2,02]	[− 1,88]	[1,70]	− 0,47	[1,69]	0,33	[1,64]	[− 1,65]	1,35	− 0,39	1,33	0,40	1,28
4	− 0,03	[2,13]	0,49	[2,12]	0,85	[2,09]	− 0,02	1,85	0,51	1,84	0,86	1,81	0,04	1,56	0,55	1,56	0,90	1,53
6	0,56	2,26	0,90	2,25	1,19	2,22	0,57	2,02	0,91	2,01	1,20	1,99	0,61	1,78	0,95	1,77	1,24	1,75
8	0,93	2,39	1,22	2,38	1,46	2,36	0,94	2,19	1,23	2,18	1,47	2,16	0,98	1,97	1,26	1,97	1,50	1,95
10	1,23	2,53	1,48	2,52	1,70	2,50	1,24	2,35	1,49	2,34	1,70	2,32	1,27	2,15	1,52	2,15	1,73	2,13
15	1,80	2,87	2,00	2,86	2,17	2,84	1,81	2,71	2,01	2,70	2,18	2,68	1,84	2,55	2,03	2,55	2,20	2,53
20	2,24	3,18	2,42	3,17	2,56	3,15	2,25	3,03	2,42	3,03	2,57	3,01	2,28	2,89	2,44	2,89	2,59	2,87
25	2,62	3,46	2,78	3,46	2,91	3,44	2,63	3,32	2,78	3,32	2,91	3,30	2,66	3,19	2,80	3,19	2,92	3,18
30	2,95	3,72	3,09	3,72	3,21	3,70	2,96	3,59	3,09	3,59	3,21	3,57	2,99	3,47	3,11	3,47	3,23	3,46
35	3,25	3,96	3,38	3,96	3,49	3,94	3,26	3,84	3,38	3,84	3,49	3,82	3,29	3,73	3,40	3,73	3,50	3,72
40	3,52	4,19	3,64	4,19	3,74	4,17	3,53	4,07	3,64	4,07	3,75	4,06	3,56	3,97	3,66	3,97	3,76	3,96
45	3,78	4,40	3,89	4,40	3,99	4,38	3,78	4,30	3,89	4,29	3,99	4,28	3,81	4,20	3,90	4,20	4,00	4,19
50	4,02	4,61	4,12	4,61	4,21	4,60	4,02	4,51	4,12	4,50	4,21	4,49	4,05	4,42	4,14	4,42	4,23	4,41
	n_0	n_1	n_0	n_1	n_0	n_1	n_0	n_1	n_0	n_1	n_0	n_1	n_0	n_1	n_0	n_1	n_0	n_1
	3	5	2	5	2	5	3	4	2	4	2	4	3	2	2	2	2	2

$\bar{n}_0$ und $\bar{n}_1$ sind in allen Fällen kleiner als 10.

Tab. 19. Fortsetzung

$D = 2,00$

	$\alpha = 0,01$						$\alpha = 0,05$						$\alpha = 0,20$					
	$\beta = 0,01$		$\beta = 0,05$		$\beta = 0,20$		$\beta = 0,01$		$\beta = 0,05$		$\beta = 0,20$		$\beta = 0,01$		$\beta = 0,05$		$\beta = 0,20$	
n	U_0	U_1	U_0	U_1	U_0	U_1	U_0	U_1	U_0	U_1	U_0	U_1	U_0	U_1	U_0	U_1	U_0	U_1
2	– 0,26	[1,79]	0,36	[1,79]	0,73	[1,76]	– 0,24	[1,57]	0,37	[1,56]	0,74	[1,54]	– 0,16	1,36	0,42	1,35	0,78	1,32
4	0,75	2,00	1,02	2,00	1,23	1,98	0,74	1,83	1,03	1,82	1,23	1,80	0,77	1,66	1,06	1,66	1,27	1,64
6	1,22	2,22	1,42	2,22	1,59	2,20	1,22	2,07	1,43	2,06	1,59	2,05	1,25	1,93	1,45	1,93	1,61	1,91
8	1,56	2,42	1,73	2,42	1,73	2,41	1,56	2,29	1,74	2,29	1,87	2,27	1,59	2,17	1,75	2,16	1,89	2,15
10	1,85	2,62	2,00	2,61	2,12	2,60	1,85	2,49	2,00	2,49	2,12	2,48	1,87	2,38	2,01	2,38	2,14	2,36
15	2,42	3,03	2,54	3,03	2,64	3,02	2,42	2,94	2,54	2,94	2,64	2,93	2,44	2,85	2,55	2,84	2,65	2,83
20	2,87	3,41	2,97	3,41	3,06	3,40	2,87	3,32	2,97	3,32	3,06	3,31	2,88	3,25	2,98	3,24	3,07	3,23
25	3,28	3,76	3,36	3,75	3,34	3,74	3,28	3,67	3,36	3,67	3,43	3,66	3,29	3,60	3,37	3,60	3,44	3,59
30	3,63	4,07	3,71	4,07	3,78	4,06	3,63	3,99	3,71	3,99	3,78	3,98	3,64	3,93	3,72	3,93	3,79	3,92
35	3,96	4,36	4,03	4,36	4,09	4,35	3,96	4,29	4,03	4,29	4,09	4,28	3,97	4,23	4,04	6,23	4,10	4,22
40	4,25	4,63	4,32	4,63	4,38	4,62	4,25	4,57	4,32	4,57	4,38	4,56	4,26	4,51	4,33	4,51	4,39	4,50
45	4,54	4,89	4,60	4,89	4,65	4,88	4,54	4,83	4,60	4,83	4,65	4,82	4,54	4,78	4,61	4,77	4,66	4,77
50	4,80	5,14	4,86	5,14	4,91	5,13	4,80	5,08	4,86	5,08	4,91	5,07	4,80	5,03	4,87	5,03	4,92	5,02
	n_0	n_1	n_0	n_1	n_0	n_1	n_0	n_1	n_0	n_1	n_0	n_1	n_0	n_1	n_0	n_1	n_0	n_1
	2	4	2	4	2	4	2	3	2	3	2	3	2	2	2	2	2	2

$\bar{n}_0$ und $\bar{n}_1$ sind in allen Fällen kleiner als 10.

Tab. 19. Fortsetzung

$D = 3{,}00$

n	$\alpha = 0{,}01$						$\alpha = 0{,}05$						$\alpha = 0{,}20$					
	$\beta = 0{,}01$		$\beta = 0{,}05$		$\beta = 0{,}20$		$\beta = 0{,}01$		$\beta = 0{,}05$		$\beta = 0{,}20$		$\beta = 0{,}01$		$\beta = 0{,}05$		$\beta = 0{,}20$	
	U_0	U_1	U_0	U_1	U_0	U_1	U_0	U_1	U_0	U_1	U_0	U_1	U_0	U_1	U_0	U_1	U_0	U_1
2	0,77	[1,57]	0,95	[1,57]	1,09	[1,56]	0,77	[1,46]	0,95	[1,46]	1,09	[1,44]	0,79	1,36	0,97	1,35	1,11	1,34
4	1,39	1,94	1,50	1,94	1,59	1,93	1,40	1,86	1,50	1,85	1,59	1,85	1,41	1,78	1,51	1,78	1,60	1,77
6	1,81	2,26	1,90	2,26	1,97	2,25	1,82	2,19	1,90	2,19	1,97	2,17	1,82	2,12	1,91	2,12	1,98	2,11
8	2,15	2,54	2,22	2,53	2,28	2,53	2,16	2,47	2,22	2,47	2,28	2,46	2,16	2,41	2,23	2,41	2,29	2,40
10	2,44	2,78	2,50	2,78	2,56	2,78	2,44	2,73	2,60	2,73	2,56	2,72	2,45	2,68	2,51	2,68	2,57	2,67
15	3,05	3,34	3,10	3,34	3,15	3,33	3,06	3,29	3,10	3,29	3,15	3,28	3,06	3,25	3,11	3,25	3,15	3,24
	n_0	n_1	n_0	n_1	n_0	n_1	n_0	n_1	n_0	n_1	n_0	n_1	n_0	n_1	n_0	n_1	n_0	n_1
	2	4	2	4	2	4	2	3	2	3	2	3	2	2	2	2	2	2

$\bar{n}_0$ und $\bar{n}_1$ sind in allen Fällen kleiner als 5

Tab. 20. Werte für a und b in Abhängigkeit von den Werten für α und β (aus DAVIES [3])

$$a = \ln \frac{1-\beta}{\alpha} \quad ; \quad b = \ln \frac{1-\alpha}{\beta}$$

β \ α	0,0005	0,001	0,005	0,01	0,02	0,025	0,04	0,05	0.10	0,20	0,25	0,40	0,50
0,0005	7,600 7,600	6,907 7,600	5,298 7,596	4,605 7,591	3,911 7,581	3,688 7,576	3,218 7,560	2,995 7,550	2,302 7,496	1,609 7,378	1,386 7,313	0,916 7,090	0,693 6,908
0,001	7,600 6,907	6,907 6,907	5,297 6,903	4,604 6,898	3,911 6,888	3,688 6,882	3,218 6,867	2,995 6,856	2,302 6,802	1,608 6,685	1,385 6,620	0,915 6,397	0,692 6,215
0,005	7,596 5,298	6,903 5,297	5,293 5,293	4,600 5,288	3,907 5,278	3,684 5,273	3,214 5,257	2,991 5,247	2,298 5,193	1,604 5,075	1,381 5,011	0,911 4,787	0,688 4,605
0,01	7,591 4,605	6,898 4,604	5,288 4,600	4,595 4,595	3,902 4,585	3,679 4,580	3,209 4,564	2,986 4,554	2,293 4,500	1,599 4,382	1,376 4,317	0,906 4,094	0,683 3,912
0,02	7,581 3,911	6,888 3,911	5,278 3,907	4,585 3,902	3,892 3,892	3,669 3,887	3,199 3,871	2,976 3,861	2,282 3,807	1,589 3,689	1,366 3,624	0,896 3,401	0,673 3,219
0,025	7,576 3,688	6,882 3,688	5,273 3,684	4,580 3,679	3,887 3,669	3,664 3,664	3,194 3,648	2,970 3,638	2,277 3,583	1,584 3,466	1,361 3,401	0,891 3,178	0,668 2,996
0,04	7,560 3,218	6,867 3,218	5,257 3,214	4,564 3,209	3,871 3,199	3,648 3,194	3,178 3,178	2,955 3,168	2,262 3,114	1,569 2,996	1,345 2,931	0,875 2,708	0,652 2,526
0,05	7,550 2,995	6,856 2,995	5,247 2,991	4,554 2,986	3,861 2,976	3,638 2,970	3,168 2,955	2,944 2,944	2,251 2,890	1,558 2,773	1,335 2,708	0,865 2,485	0,642 2,303
0,10	7,496 2,302	6,802 2,302	5,193 2,298	4,500 2,293	3,807 2,282	3,583 2,277	3,114 2,262	2,890 2,251	2,197 2,197	1,504 2,079	1,281 2,015	0,811 1,792	0,588 1,609
0,20	7,378 1,609	6,685 1,608	5,075 1,604	4,382 1,599	3,689 1,589	3,466 1,584	2,996 1,769	2,773 1,558	2,079 1,504	1,386 1,386	1,163 1,322	0,693 1,099	0,470 0,916
0,25	7,313 1,386	6,620 1,385	5,011 1,381	4,317 1,376	3,624 1,366	3,401 1,361	2,931 1,345	2,708 1,335	2,015 1,281	1,322 1,163	1,099 1,099	0,629 0,875	0,405 0,693
0,40	7,090 0,916	6,397 0,915	4,787 0,911	4,094 0,906	3,401 0,896	3,178 0,891	2,708 0,875	2,485 0,865	1,792 0,811	1,099 0,693	0,875 0,629	0,405 0,405	0,182 0,223
0,50	6,908 0,693	6,215 0,692	4,605 0,688	3,912 0,683	3,219 0,673	2,996 0,668	2,526 0,652	2,303 0,642	1,609 0,588	0,916 0,470	0,693 0,405	0,223 0,182	0,000 0,000

Für $\alpha = 0{,}005$, $\beta = 0{,}10$ ist z. B. $a = 5{,}193$ und $b = 2{,}298$.

3. Varianzanalyse

Die Varianzanalyse, auch Streuungszerlegung genannt, befaßt sich mit der Untersuchung der Varianz, der ein Meßwert unterworfen ist, mit dem Ziel, die einzelnen Ursachen, die zu der beobachteten Varianz geführt haben, zu erkennen. Diese Ursachen können einmal auf Grund der Fehlerhaftigkeit aller Versuchsergebnisse rein zufälliger Natur sein, zum anderen aber dem Einfluß von Parametern wie z. B. Reaktionstemperatur, Reaktionsdruck, Reaktordimensionen usw. auf Zielgrößen wie Reaktionsgeschwindigkeit oder Ausbeute entsprechen. Die Varianzanalyse erlaubt durch Zerlegung der Gesamtvarianz in die diesen Einflüssen entsprechenden Anteile die Unterscheidung von zufälligen und signifikanten Abhängigkeiten zwischen Prüfgrößen und Faktoren.

Die Varianzanalyse wird einmal zum Vergleich von Mittelwerten normalverteilter Grundgesamtheiten angewendet, sie stellt damit eine Erweiterung der auf S. 311 beschriebenen Methode dar, zum anderen dient sie zur quantitativen Bestimmung von Streuungskomponenten einer Gesamtvarianz.

3.1. Einfache Varianzanalyse

Vergleich von Mittelwerten. Bei der Testung von drei verschiedenen Katalysatoren zur Polymerisation von Äthylen sollen unter sonst gleichen Reaktionsbedingungen nach einer Stunde folgende Polyäthylenmengen angefallen sein (kg/h):

Katalysator 1	23	21	24	22	23
Katalysator 2	16	20	17	16	18
Katalysator 3	20	21	19	20	19

Die Versuchsergebnisse werden entsprechend dieser Darstellung so aufgeschrieben, daß in der allgemeinen Form eine Matrize mit n Spalten und r Gruppen entsteht:

n-Spalten

$$\xrightarrow{\;k\;}$$

$$\begin{array}{lll} x_{11} & x_{12} \ldots & x_{1n_1} \\ x_{21} & x_{22} \ldots & x_{2n_2} \\ \cdot & \cdot & \cdot \\ \cdot & \cdot & \cdot \\ \cdot & \cdot & \cdot \\ x_{r1} & x_{r2} & x_{rn_r} \end{array} \quad \Big\downarrow i \quad r \text{ Gruppen}$$

k ist die variable Laufzahl für die n Spalten und i für die r Gruppen.

Die Zahl der Einzelwerte innerhalb jeder Gruppe muß nicht unbedingt die gleiche sein, sie soll hier aber als gleich angenommen werden ($n_1 = n_2 \ldots = n_r$).

Mit Hilfe der Varianzanalyse soll geprüft werden, ob die drei Katalysatoren sich hinsichtlich ihrer Polymerisationsaktivität signifikant oder nur zufällig unterscheiden. Dazu wird angenommen

1. daß die r Gruppen von Zahlen aus r normalverteilten Grundgesamtheiten stammen, und daß
2. alle diese Grundgesamtheiten die gleiche Varianz haben.

Sind die Mittelwerte der einzelnen Gruppen praktisch gleich, so kann man annehmen, daß die Zahlen der r Gruppen den gleichen Grundgesamtheiten angehören, was bedeutet, daß die drei Katalysatoren dieselbe Polymerisationsaktivität besitzen. Unterscheiden sich die Mittelwerte der Gruppen aber erheblich, und sind diese Unterschiede signifikant, so muß auf eine unterschiedliche Polymerisationsaktivität der drei Katalysatoren geschlossen werden. Daraus resultieren die beiden Hypothesen:

$$H_0 : \bar{x}_1 = \bar{x}_2 = \bar{x}_3$$

$$H_1 : \bar{x}_1 \neq \bar{x}_2 \neq \bar{x}_3$$

Zur Prüfung dieser Hypothesen verfährt man folgendermaßen:

1. Schritt: Berechnung der Mittelwerte $\bar{x}_1 \ldots \bar{x}_r$ der r Gruppen

$$\bar{x}_i = \frac{1}{n_i}\,(x_{i1} + x_{i2} + \ldots + x_{in_i}) \qquad (174)$$

Im genannten Beispiel ist $\bar{x}_1 = 22.6$, $\bar{x}_2 = 17.4$, $\bar{x}_3 = 19{,}8$.

Berechnung des Mittelwertes der gesamten Stichprobe (n = Anzahl der Versuche insgesamt):

$$\bar{x} = \frac{1}{n}\sum_{i=1}^{r}\sum_{k=1}^{n_i} x_{ik} = \frac{1}{n}\sum_{i=1}^{r} n_i \bar{x}_i \qquad (175)$$

Man erhält $\bar{x} = 19{,}93$.

2. Schritt: Berechnung der „Quadratsumme zwischen den Mittelwerten der Gruppen“ (q_1) sowie der „Quadratsumme innerhalb der Gruppen“ (q_2).

Diese *Quadratsummen* erhält man durch Zerlegung der Quadratsumme q der gesamten Stichprobe, die sich aus den Quadraten der Abweichungen aller Stichprobenwerte vom Mittelwert der gesamten Stichprobe zusammensetzt:

$$q = \sum_{i=1}^{r}\sum_{k=1}^{n_i}(x_{ik} - \bar{x})^2 = \sum_{i=1}^{r}\sum_{k=1}^{n_i} x_{ik}^2 - \left(\sum_{i=1}^{r}\sum_{k-1}^{n_i} x_{ik}\right)^2 \Big/ r\, n_i \qquad (176)$$

Statt $(x_{ik} - \bar{x})$ kann man auch schreiben $(x_{ik} - \bar{x}_i) + (\bar{x}_i - \bar{x})$. Quadrieren liefert

$$(x_{ik} - \bar{x})^2 = (x_{ik} - \bar{x}_i)^2 + 2(x_{ik} - \bar{x}_i)(\bar{x}_i - \bar{x}) + + (\bar{x}_i - \bar{x})^2 \qquad (177)$$

Summiert man zunächst über k von 1 bis n_i, so erhält man

$$\sum_{k=1}^{n_i}(x_{ik} - \bar{x})^2 = n_i(\bar{x}_i - \bar{x})^2 + \sum_{k=1}^{n_i}(x_{ik} - \bar{x}_t)^2 \qquad (178)$$

da $\sum_{k=1}^{ni} (x_{ik} - \bar{x}_i) = 0$ ist. Summiert man dann über i von 1 bis r so erhält man

$$q = q_1 + q_2 = \sum_{i=1}^{r} n_i(\bar{x}_i - \bar{x})^2 + \sum_{i=1}^{r} \sum_{i=1}^{ni} (x_{ik} - \bar{x}_i)^2 \qquad (179)$$

$$q_1 = \sum_{i=1}^{r} n_i(\bar{x}_i - \bar{x})^2 = \sum_{i=1}^{r} \left(\sum_{k=1}^{ni} x_{ik}\right)^2 \Big/ n_i - \left(\sum_{i=1}^{r} \sum_{k=1}^{ni} x_{ik}\right)^2 \Big/ r \cdot n_i \qquad (180)$$

rührt von der Streuung zwischen den Gruppen und

$$q_2 = \sum_{i=1}^{r} \sum_{k=1}^{ni} (x_{ik} - \bar{x}_i)^2 = \sum_{i=1}^{r} \sum_{k=1}^{ni} x_{ik}^2 - \sum_{i=1}^{r} \left(\sum_{k=1}^{ni} x_{ik}\right)^2 \Big/ n_i \qquad (181)$$

rührt von der Streuung innerhalb jeder Gruppe her.

Verwendet man im genannten Beispiel zur Berechnung von q, q_1 und q_2 die einfacheren Ausdrücke der Gl. (180) und (181) und (176), so wird

$$q = (23^2 + .. + 23^2 + 16^2 + .. + 18^2 + 20^2 + .. + 19^2 - (23 + .. + 23 + 16 + .. + 18 + 20 + .. + 19)^2/3 \cdot 5 = 6047 - 5960 = 87$$

$$q_1 = \frac{(23 + 21 + 24 + 22 + 23)^2}{5} + \frac{(16 + 20 + 17 + 16 + 18)^2}{5} + \frac{(20 + 21 + 19 + 20 + 19)^2}{5} - 5960 = 6027 - 5960 = 67$$

$$q_2 = 6047 - 6027 = 20$$

Eine Probe ergibt $q = q_1 + q_2 = 67 + 20 = 87$.

Dividiert man die Quadratsummen q_1 und q_2 durch die jeweilige Zahl der Freiheitsgrade $(r - 1)$ und $(n - r)$, so erhält man die Stichprobenvarianzen (auch Durchschnittsquadrate, mean squares genannt):

$$s_1^2 = \frac{q_1}{r - 1} \qquad (182)$$

und

$$s_2^2 = \frac{q_2}{n - r} \qquad (183)$$

s_1^2 ist ein Maß für die Streuung der Mittelwerte der Gruppen um den Mittelwert der ganzen Stichprobe und damit dem effektiven Einfluß der Variablen zuzuschreiben, s_2^2 ist ein Maß für die Streuung der Meßwerte um die Gruppenmittelwerte und stellt daher den dem reinen Zufallseinfluß entsprechenden Anteil der Streuung dar.

Zur Prüfung der Hypothese H_0 vergleicht man den auf die Variablen zurückzuführenden Anteil der Varianz mit der Zufallsvarianz und bildet den Quotienten

$$v_0 = \frac{s_1^2}{s_2^2} = \frac{\dfrac{q_1}{r-1}}{\dfrac{q_2}{n-r}} = \frac{67/2}{20/12} = \frac{33{,}5}{1{,}67} = 20{,}1 \qquad (184)$$

v_0 hat eine F-Verteilung mit $(r - 1, n - r)$ Freiheitsgraden. Ist der Grenzwert von $F > v_0$, so unterscheiden sich mindestens zwei Mittelwerte signifikant.

3. Schritt: Man wählt eine Signifikanzzahl α und entnimmt einer Tafel für die F-Verteilung den Grenzwert von F für $(r - 1, n - r)$ Freiheitsgrade, den v_0 nicht überschreiten darf, soll die Hypothese H_0 angenommen werden.

Im genannten Beispiel wird für $\alpha = 5\%$ mit (2,12) Freiheitsgraden $F_{(2,12)} = 3{,}89$. Da $v_0 > F_{(2,12)}$, kann mit 95%iger Wahrscheinlichkeit gesagt werden, daß die Streuungen zwischen den Mittelwerten signifikant sind und somit Unterschiede in der Polymerisationsaktivität der Katalysatoren bestehen.

Interessant ist jetzt noch die Frage, ob zwischen allen Katalysatoren Unterschiede bestehen und wenn nicht, welcher Katalysator sich von den anderen abhebt.

Den Unterschied zwischen jeweils zwei Gruppenmittelwerten kann man mit Hilfe folgender Gleichungen im Rahmen eines t-Tests prüfen (vgl. S. 306):

$$t = \frac{(\bar{x}_i)_1 - (\bar{x}_i)_2}{s} \sqrt{\frac{(n_i)_1 \cdot (n_i)_2}{(n_i)_1 + (n_i)_2}} \qquad (185)$$

wenn

$(n_i)_1 \neq (n_i)_2$

und

$$t = \frac{(\bar{x}_i)_1 - (\bar{x}_i)_2}{s} \sqrt{\frac{n_i}{2}} \qquad (186)$$

wenn

$(n_i)_1 = (n_i)_2$

Für s setzt man die Wurzel aus der Varianz innerhalb der Gruppen, also q_2, mit $(n - r)$-Freiheitsgraden ein.

Wendet man Gl. (186) auf das Beispiel an, so erhält man

$$t_1 = \frac{22{,}6 - 17{,}4}{1{,}292} \sqrt{5/2} = 6{,}3$$

$$t_2 = \frac{22{,}6 - 19{,}8}{1{,}292} \sqrt{5/2} = 3{,}1$$

$$t_3 = \frac{19{,}8 - 17{,}4}{1{,}292} \sqrt{5/2} = 2{,}9$$

Aus Tab. 10 entnimmt man für eine Signifikanzzahl von 5% für t den Grenzwert 2,18 bei 12 Freiheitsgraden. Demnach bestehen zwischen allen Mittelwerten und damit zwischen allen Katalysatoren signifikante Unterschiede.

Bestimmung von Streuungskomponenten. Im vorigen Abschnitt wurde der Einfluß ganz bestimmter Ursachen (verschiedene Katalysatoren, Reaktoren, Analysenmethoden usw.) durch Vergleich der Mittelwerte entsprechender Versuchsreihen untersucht. Die Varianzanalyse wird daneben auch zur Trennung der Anteile bestimmter Ursachen an der gesamten Varianz von beobachteten Werten und zur Abschätzung ihrer Größenordnung herangezogen.

Angenommen, die Versuchsdaten auf S. 339 wurden mit dem gleichen Katalysator, der jedoch aus verschiedenen Lieferungen stammte, erhalten. Es soll geprüft werden, wie stark die Schwankungen in der Katalysatoraktivität zu den Schwankungen in der Ausbeute beitragen.

Man macht wieder die Voraussetzung, daß die Einzelwerte innerhalb jeder Gruppe aus einer normalverteilten Grundgesamtheit stammen, daß aber auch die einzelnen Gruppen Werte darstellen, die einer normalverteilten Grundgesamtheit entstammen.

Die Varianz zwischen den Mittelwerten der Gruppen ist nach Gl. (3)

$$s_{\bar{x}_i}^2 = \sum_i (\bar{x}_i - \bar{x})^2/(r-1) \qquad (187)$$

Sie setzt sich auf Grund der Additivität der Varianzen zusammen aus dem Anteil σ_0^2, der eine Folge der Fehlerhaftigkeit von Versuchsdurchführung und Analyse ist und auf die Zahl der Untersuchungen einer Gruppe zu beziehen ist, sowie dem Anteil σ_1^2, der auf die Variation zwischen den Gruppen zurückzuführen ist (Unterschiede zwischen den Lieferungen). Es wird also

$$\sigma_{\bar{x}_i}^2 = \sigma_1^2 + \sigma_0^2/n_i \qquad (188)$$

Der Ausdruck (187) ist ein Schätzwert für (188). Multipliziert man beide Ausdrücke mit n_i erhält man

$$n_i \sum_i (\bar{x}_i - \bar{x})^2/(r-1) = \text{Schätzwert für } \sigma_0^2 + n_i \sigma_1^2 \qquad (188\text{a})$$

Die Varianz innerhalb der Gruppen kann als Schätzwert für σ_0^2 angesehen werden, so daß man nach Einsetzen von Gl. (183) in den Ausdruck (188a) σ_1^2 ermitteln kann. Ziel der Varianzanalyse ist in diesem Fall also die Bestimmung von σ_1^2 und σ_0^2. Sie ist in Tab. 21 für das genannte Beispiel durchgeführt. Der Schätzwert s_0^2 der Streuungskomponente σ_0^2 ist danach 1,67. Für den Schätzwert s_1^2 von σ_1^2 erhält man

$$s_0^2 + 5 s_1^2 = 33{,}5$$

und daher

$$s_1^2 = (33{,}5 - 1{,}67)/5 = 6{,}37$$

entsprechend einer Standardabweichung von 2,52 in der Ausbeute, die durch Unterschiede in der Aktivität des Katalysators in verschiedenen Lieferungen hervorgerufen wird.

3.2. Doppelte Varianzanalyse

3.2.1. Vergleich von Mittelwerten

Will man neben dem Zufallseinfluß gleichzeitig zwei Variationsursachen, z. B. den Einfluß von Katalysatorkonzentration und Reaktionstemperatur auf die Ausbeute einer Reaktion untersuchen, so wendet man die doppelte Varianzanalyse an.

Doppelte Varianzanalyse mit zwei Beobachtungen je Zelle. *Modell mit Berücksichtigung von Wechselwirkungen zwischen den Variablen und mit Wiederholungseffekt.* Die allgemeinste Form der doppelten Varianzanalyse liegt vor, wenn die Einflüsse von Wechselwirkungen zwischen den Variablen auf die Prüfgröße berücksichtigt werden müssen und wenn bei jeder Kombination der Variablen mehrere Beobachtungen gemacht werden. Tab. 22 zeigt das allgemeine Schema zur Anordnung der Versuchsergebnisse, wenn jeder Versuch einmal wiederholt wird. Die Einzelwerte werden durch die Indizes *i*, *j* und *k* gekennzeichnet, von denen *i* die Zeile, *j* die Spalte und *k* die Untergruppe bezeichnet. Die Summen am rechten und unteren Rand stellen Hilfsgrößen dar, die bei der späteren Berechnung der Quadratsummen benötigt werden. Punkte stehen hier an Stelle derjenigen Indizes, über die Summen zu bilden sind ($S_{1}..$ in Tab. 22 bedeutet z. B. die Summe über alle Spalten und beide Untergruppen der ersten Zeile).

Da die Versuchsergebnisse hier dem Einfluß von zwei Variablen sowie dem Einfluß einer Wechselwirkung zwischen den beiden Variablen unterliegen können und außerdem noch ein Wiederholungseffekt wirksam sein kann, können vier verschiedene Nullhypothesen gegen die entsprechenden Alternativhypothesen getestet werden:

Tab. 21. Bestimmung der Streuungskomponenten im Textbeispiel

Ursache der Streuung	Freiheitsgrade	Summe der Quadrate	Durchschnitts-quadrat	Berechnete Varianz
Unterschiede zwischen den Lieferungen	$r-1=2$	$\sum_{i=1}^{r} n_i(\bar{x}_i-\bar{x})^2 = q_1 = 67$	$q_1/(r-1) = 33{,}5$	$\sigma_0^2 + n_i\sigma_1^2 = \sigma_0^2 + 5\sigma_1^2$
Unterschiede in den Bestimmungen innerhalb einer Lieferung	$n-r=12$	$\sum_{i=1}^{r}\sum_{k=1}^{n_i}(x_{ik}-\bar{x}_i)^2 = q_2 = 20$	$q_2/(n-r) = 1{,}67$	σ_0^2

1. Es gibt keinen Zeileneffekt.
2. Es gibt keinen Spalteneffekt.
3. Es gibt keinen Wechselwirkungseffekt.
4. Es gibt keinen Wiederholungseffekt.

Die Methodik der Prüfung dieser Hypothesen entspricht weitgehend der bei der einfachen Varianzanalyse.

Tab. 22. Allgemeines Schema einer doppelten Varianzanalyse mit zwei Beobachtungen je Zelle
R_i und P_j stellen die verschiedenen Niveaus der Variablen R und P dar

P / R	P_1	P_2	.	P_j	.	P_p	Σ
R_1	x_{111}	x_{121}	.	x_{1j1}	.	x_{1p1}	$S_{1..}$
	x_{112}	x_{122}	.	x_{1j2}	.	x_{1p2}	
R_2	x_{211}	x_{221}	.	x_{2j1}	.	x_{2p1}	$S_{2..}$
	x_{212}	x_{222}	.	x_{2j2}	.	x_{2p2}	
.	.	.	.	.	.	.	.
R_i	x_{i11}	x_{i21}	.	x_{ij1}	.	x_{ip1}	$S_{i..}$
	x_{i12}	x_{i22}	.	x_{ij2}	.	x_{ip2}	
.	.	.	.	.	.	.	.
R_r	x_{r11}	x_{r21}	.	x_{rj1}	.	x_{rp1}	$S_{r..}$
	x_{r12}	x_{r22}	.	x_{rj2}	.	x_{rp2}	
Σ	$S_{.1.}$	$S_{.2.}$	.	$S_{.j.}$	.	$S_{.p.}$	$S_{...}$

Voraussetzung ist wieder, daß die Daten normalverteilten Grundgesamtheiten mit derselben Varianz entstammen, die nicht bekannt zu sein braucht. Die Quadratsumme der gesamten Stichprobe

$$q = \sum_{i=1}^{r} \sum_{j=1}^{p} \sum_{k=1}^{2} (x_{ijk} - \bar{x})^2 = \sum_{i=1}^{r} \sum_{j=1}^{p} \sum_{=1}^{2} x_{ijk}^2 - \frac{S^2_{...}}{2rp} \qquad (189)$$

wird zerlegt in Anteile, die auf die zwei Variablen, auf die Wechselwirkung zwischen den Variablen, auf die Wiederholung sowie auf den Versuchsfehler zurückgeführt werden können. Denn man kann schreiben

$$(x_{ijk} - \bar{x}) = (\bar{x}_{i..} - \bar{x}) + (\bar{x}_{.j.} - \bar{x}) + \qquad (190)$$
Zeileneffekt Spalteneffekt

$$(\bar{x}_{ij.} - \bar{x}_{.j.} - \bar{x}_{i..} + \bar{x}) +$$
Wechselwirkung Zeile – Spalte

$$(\bar{x}_{..k} - \bar{x}) + (\bar{x}_{i.k} - \bar{x}_{i..} - \bar{x}_{..k} + \bar{x}) +$$
Untergruppeneffekt
Wechselwirkung Zeile – Untergruppe

$$(\bar{x}_{.jk} - \bar{x}_{..k} - \bar{x}_{.j.} + \bar{x}) +$$
Wechselwirkung Spalte – Untergruppe

$$(x_{ijk} - \bar{x}_{ij.} - \bar{x}_{i.k} - \bar{x}_{.jk} + \bar{x}_{i..} + \bar{x}_{.j.} + \bar{x}_{..k} - \bar{x})$$
Versuchsfehler

Punkte stehen bei den Mittelwerten anstelle derjenigen Indices, über die Mittelwerte zu bilden sind. $\bar{x}_{i..}$ bedeutet den Mittelwert über alle Spalten und Untergruppen der $i$ten Zeile.

Faßt man den Untergruppeneffekt sowie die Wechselwirkungen Zeile – Untergruppe und Spalte – Untergruppe zu einem Wiederholungseffekt zusammen und summiert man die dann noch vorliegenden Ausdrücke über i, j und k, so erhält man nach Quadrieren schließlich folgende Quadratsummen:

1. Summe der Abweichungsquadrate zwischen den Zeilen:

$$q(r) = \sum_{i=1}^{r} \frac{S_{i..}^2}{2p} - \frac{S_{...}^2}{2rp} \qquad (191)$$

2. Summe der Abweichungsquadrate zwischen den Spalten:

$$q(p) = \sum_{j=1}^{p} \frac{S_{.j.}^2}{2r} - \frac{S_{...}^2}{2rp} \qquad (192)$$

3. Summe der Abweichungsquadrate zwischen den Paaren:

$$q(pa) = \frac{\sum_{i=1}^{r} \sum_{j=1}^{p} S_{ij.}^2}{2} - \frac{S_{...}^2}{2rp} \qquad (193)$$

4. Summe der Abweichungsquadrate für die Wechselwirkung:

$$q(w) = q(pa) - q(r) - q(p) \qquad (194)$$

5. Summe der Abweichungsquadrate für den Wiederholungseffekt (Untergruppeneffekt, Variabilität innerhalb der Paare):

$$q(u) = \frac{\sum_{k=1}^{2} S_{..k}^2}{rp} - \frac{S_{...}^2}{2rp} \qquad (195)$$

6. Summe der Abweichungsquadrate für den Versuchsfehler:

$$q(v) = q - q(pa) - q(u) \qquad (196)$$

Tab. 23 faßt alle Quadratsummen, ihre Freiheitsgrade und die daraus resultierenden Varianzen zusammen.

Beispiel: Die Versuchsdaten der Tab. 24 wurden aus den gleichen Untersuchungen wie die Daten auf S. 339 gewonnen. Neben der Katalysatorart wurden noch die Katalysatorkonzentrationen variiert.

Zu prüfen sind folgende Nullhypothesen:

1. Es gibt keinen Einfluß der Katalysatoren (keinen Zeileneffekt).
2. Es gibt keinen Einfluß der Katalysatorkonzentrationen (keinen Spalteneffekt).
3. Es gibt keine Wechselwirkung zwischen Katalysatoren und Katalysatorkonzentrationen.
4. Es gibt keinen Wiederholungseffekt.

Erleichtert wird die Rechnung durch die Anlage einer sog. Quadrattafel wie Tab. 25, die die Quadrate der Einzelwerte, der Summen der Doppelbeobachtungen, der Zeilen- und der Spaltensummen sowie der Gesamtsumme enthält.

Tab. 23. Doppelte Varianzanalyse mit Wechselwirkung und Wiederholungseffekt

Variationsursache	Freiheitsgrade	Quadrat-summen	Mittleres Quadrat
Effekt zwischen den r Zeilen	$r-1$	$q(r)$	$s_r^2 = \frac{q(r)}{r-1}$
Effekt zwischen den p Spalten	$p-1$	$q(p)$	$s_p^2 = \frac{q(p)}{p-1}$
Wechselwirkung (rp)	$(r-1)(p-1)$	$q(w)$	$s_w^2 = \frac{q(w)}{(r-1)(p-1)}$
Wiederholungseffekt (zwischen den Doppelbestimmungen)	1	$q(u)$	$s_u^2 = q(u)$
Versuchsfehler	$(rp-1)$	$q(v)$	$s_v^2 = \frac{q(v)}{rp-1}$
Insgesamt	$2rp-1$	q	

Tab. 24. Versuchsdaten einer doppelten Varianzanalyse mit Wiederholung

Katalysatoren r	Katalysatorkonzentrationen p_1	p_2	p_3	p_4	p_5	Σ
1	23	21	24	22	23	228
	24	23	24	21	23	
2	16	20	17	16	18	176
	18	19	16	17	19	
3	20	21	19	20	19	196
	19	20	21	19	18	
Σ	120	124	121	115	120	600

Tab. 25. Quadrattafel zu Tabelle 24

r \ p	1	2	3	4	5	Σ
1	529	441	576	484	529	
	576	525	576	441	529	
	2209	1936	2304	1849	2116	51984
2	256	400	289	256	324	
	324	361	256	289	361	
	1156	1521	1089	1089	1369	30976
3	400	441	361	400	361	
	361	400	441	361	324	
	1521	1681	1600	1521	1369	38416
Σ	14400	15376	14641	13225	14400	360000

Zunächst ermittelt man

$$\frac{S_{...}^2}{2rp} = \frac{600^2}{2 \cdot 3 \cdot 5} = 12000$$

Es folgt die Berechnung der einzelnen Summen der Abweichungsquadrate. Die Variation zwischen den Katalysatoren ist nach Gl. (191)

$$q(r) = \frac{228^2 + 176^2 + 196^2}{2 \cdot 5} - 12000 = 137{,}6$$

die Variation zwischen den 5 Katalysatorkonzentrationen nach Gl. (192)

$$q(p) = \frac{120^2 + 124^2 + 121^2 + 115^2 + 120^2}{2 \cdot 3} - 12000 = 7$$

die Variation zwischen den Paaren nach Gl. (193)

$$q(pa) = \frac{47^2 + 44^2 + 48^2 + \ldots + 37^2}{2} - 12000 = 165$$

die Variation auf Grund der Wechselwirkung nach Gl. (194)

$$q(w) = 165 - 137{,}6 - 7 = 20{,}4$$

die Variabilität innerhalb der Paare nach Gl. (195)

$$q(u) = \frac{299^2 + 301^2}{3 \cdot 5} - 12000 = 0{,}133$$

die Quadratsumme der gesamten Stichprobe nach Gl. (189)

$$q = 23^2 + 21^2 + \ldots + 19^2 + 18^2 - 12000 = 176$$

Damit wird die Variation, die auf den Versuchsfehler zurückzuführen ist, nach Gl. (196)

$$q(v) = 176 - 165 - 0{,}133 = 10{,}87$$

Tab. 26. Varianzanalyse der Werte von Tabelle 24 nach Tabelle 23

Variationsursache	Freiheitsgrade	Summe der Abweichungsquadrate	Mittleres Quadrat
Zwischen den r Zeilen	2	137,6	67,8
Zwischen den p Spalten	4	7	1,75
Wechselwirkung RP	8	20,4	2,55
Wiederholungseffekt	1	0,13	0,13
Versuchsfehler	14	10,87	0,77
Insgesamt	29		

In Tab. 26 sind alle Quadratsummen und die daraus berechneten Varianzen zusammengefaßt. Mit Hilfe des F-Tests werden alle Varianzen durch Vergleich mit der Versuchsfehlervarianz auf ihre Signifikanz geprüft (Tab. 27).

Tab. 27. *F*-Test zum Textbeispiel

F		$F_{0,05}$
$F(r) = 67{,}8\ /0{,}77 = 87{,}3$	$>$	3,74
$F(p) = 1{,}75/0{,}77 = 2{,}3$	$<$	3,11
$F(w) = 2{,}55/0{,}77 = 3{,}3$	$<$	2,70
$F(u) = 0{,}13/0{,}77 = 0{,}2$	$<$	4,60

Wählt man eine Signifikanzzahl von 5%, so ist nach Tab. 27, in die auch die Grenzwerte der *F*-Verteilung für die jeweiligen Varianzverhältnisse und Freiheitsgrade nach Tab. 12a eingetragen sind, lediglich ein Einfluß der Katalysatorarten auf die Ausbeute an Polyäthylen festzustellen. Alle anderen Effekte liegen unterhalb der entsprechenden Signifikanzgrenze.

Modell ohne Wiederholungseffekt. Verzichtet man auf die Bestimmung eines Wiederholungseffektes und rechnet man die Variation zwischen den beiden Untergruppen dem Versuchsfehler hinzu, so erhält man nach Gl. (196) für die Summe der Abweichungsquadrate für den Versuchsfehler

$$q(v) = q - q(pa) \tag{197}$$

Tab. 28 zeigt das neue Schema der Varianzanalyse.

Tab. 28. Schema einer doppelten Varianzanalyse mit Wechselwirkung aber ohne Wiederholungseffekt

Ursache der Variation	Freiheitsgrade	Quadratsummen	Mittleres Quadrat
Effekt zwischen den r Zeilen	$r-1$	$q(r)$	$s_r^2 = \dfrac{q(r)}{r-1}$
Effekt zwischen den p Spalten	$p-1$	$q(p)$	$s_p^2 = \dfrac{q(p)}{p-1}$
Wechselwirkung (rp)	$(r-1)\times$ $\times(p-1)$	$q(w)$	$s_w^2 = \dfrac{q(w)}{(r-1)(p-1)}$
Versuchsfehler	rp	$q(v)$	$s_v^2 = \dfrac{q(v)}{rp}$
Insgesamt	$2rp-1$	q	

Tab. 29. Schema für die n Beobachtungen

P / R	1	2	.	j	.	p	Σ
1	x_{11}	x_{12}	.	x_{1j}	.	x_{1p}	$S_{1.}$
2	x_{21}	x_{22}	.	x_{2j}	.	x_{2p}	$S_{2.}$
.	.	.	.	.	.	.	.
i	x_{i1}	x_{i2}	.	x_{ij}	.	x_{ip}	$S_{i.}$
.	.	.	.	.	.	.	.
r	x_{r1}	x_{r2}	.	x_{rj}	.	x_{rp}	$S_{r.}$
Σ	$S_{.1}$	$S_{.2}$	.	$S_{.j}$	.	$S_{.p}$	S

Doppelte Varianzanalyse mit einer Beobachtung je Zelle. *Modell ohne Berücksichtigung einer Wechselwirkung zwischen den Variablen.* In diesem Fall ist die Varianzanalyse besonders einfach. Die n Beobachtungen werden wieder in Form einer Matrize angeordnet (Tab. 29), in der die Zeilen die verschiedenen Versuchsergebnisse bezüglich der einen unabhängigen Variablen, die Spalten die Ergebnisse bezüglich der anderen Variablen angeben.

Geprüft werden die Nullhypothesen

1. es gibt keine Zeileneffekte,
2. es gibt keine Spalteneffekte.

Beide Nullhypothesen sind unabhängig voneinander. Demgemäß wird die Quadratsumme der gesamten Stichprobe

$$q = \sum_{i=1}^{r} \sum_{j=1}^{p} (x_{ij} - \bar{x})^2 = \sum_{i=1}^{r} \sum_{j=1}^{p} x_{ij}^2 - \frac{(\Sigma x_{ij})^2}{rp} \tag{198}$$

in folgende Anteile zerlegt: „Quadratsumme zwischen den Mittelwerten der Zeilen", die von der Variation zwischen den Zeilen herrührt:

$$q_1 = p \sum_{i=1}^{r} (\bar{x}_{i.} - \bar{x})^2 = \sum_{i=1}^{r} \frac{(\Sigma \bar{x}_{i.})^2}{p} - \frac{(\Sigma x_{ij})^2}{rp} \tag{199}$$

„Quadratsumme zwischen den Mittelwerten der Spalten", die von der Variation zwischen den Spalten herrührt:

$$q_2 = r \sum_{j=1}^{p} (\bar{x}_{.j} - \bar{x})^2 = \sum_{j=1}^{p} \frac{(\Sigma \bar{x}_{.j})^2}{r} - \frac{(\Sigma x_{ij})^2}{rp} \tag{200}$$

Quadratische Restsumme, die dem Zufallseinfluß entspricht:

$$q_3 = \sum_{i=1}^{r} \sum_{j=1}^{p} (x_{ij} - \bar{x}_{i.} - \bar{x}_{.j} + \bar{x})^2 \tag{201}$$

Dividiert man die Quadratsummen q_1, q_2 und q_3 durch die Zahl der jeweiligen Freiheitsgrade $r-1$, $p-1$ und $(r-1)$ $(p-1)$, so erhält man wieder Stichprobenvarianzen. Tab. 30 zeigt das allgemeine Schema dieser Varianzanalyse.

Tab. 30. Schema einer doppelten Varianzanalyse ohne Wechselwirkung

Ursache der Variation	Freiheitsgrade	Quadratsummen	Mittleres Quadrat
Effekt zwischen den r Zeilen	$r-1$	q_1	$s_1^2 = \dfrac{q_1}{r-1}$
Effekt zwischen den p Spalten	$p-1$	q_2	$s_2^2 = \dfrac{q_2}{p-1}$
Versuchsfehler	$(r-1)\times$ $\times(p-1)$	q_3	$s_3^2 = \dfrac{q_3}{(r-1)(p-1)}$
Insgesamt	$rp-1$	q	

Zur Prüfung der Nullhypothesen vergleicht man die auf die Einflußgrößen zurückgeführten Anteile der Varianz mit der Versuchsfehlervarianz und bildet die Quotienten

$$v_1 = \frac{s_1^2}{s_3^2} = \frac{\dfrac{q_1}{r-1}}{\dfrac{q_3}{(r-1)\,(p-1)}} \quad (202)$$

$$v_2 = \frac{s_2^2}{s_3^2} = \frac{\dfrac{q_2}{p-1}}{\dfrac{q_3}{(r-1)\,(p-1)}} \quad (203)$$

v_1 und v_2 sind F-verteilt mit $[(r-1), (r-1)(p-1)]$ und $[(p-1), (r-1)\ (p-1)]$ Freiheitsgraden. Die Werte für v_1 und v_2 vergleicht man nach Wahl einer Signifikanzzahl α mit den entsprechenden Grenzwerten der F-Verteilung in Tab. 12. Ist $v_1 \leqslant F_1$, besteht kein signifikanter Unterschied zwischen den Zeilen, ist $v_2 \leqslant F_2$, besteht kein signifikanter Unterschied zwischen den Spalten.

Beispiel: Als Beispiel werden die jeweils oberen Reihen der Versuchsdaten in Tab. 24 verwendet (Tab. 31).

Tab. 31. Versuchsdaten einer doppelten Varianzanalyse ohne Wiederholung und ohne Wechselwirkung

Katalysatoren r	Katalysatorkonzentrationen p_1	p_2	p_3	p_4	p_5	Σ
1	23	21	24	22	23	113
2	16	20	17	16	18	87
3	20	21	19	20	19	99
Σ	59	62	60	58	60	299

Die Summe der Abweichungsquadrate der gesamten Stichprobe ist nach Gl. (198)

$$q = 23^2 + 21^2 + \ldots + 20^2 + 19^2 - \frac{299^2}{3 \cdot 5} = 87$$

Die Quadratsumme zwischen den Mittelwerten der Zeilen ist nach Gl. (199)

$$q_1 = \frac{113^2 + 87^2 + 99^2}{5} - 5960 = 6027 - 5960 = 67$$

Die Quadratsumme zwischen den Mittelwerten der Spalten ist nach Gl. (200)

$$q_2 = \frac{59^2 + 62^2 + 60^2 + 58^2 + 60^2}{3} - 5960 = $$
$$= 5963 - 5960 = 3$$

Die quadratische Restsumme wird damit

$$q_3 = q - q_1 - q_2 = 17$$

Der F-Test ist in Tab. 32 dargestellt.

Demnach besteht nur ein Unterschied in der Polymerisationsaktivität der Katalysatoren. Die verschiedenen Katalysatorkonzentrationen haben keinen Einfluß auf die Ausbeute.

Tab. 32. F-Test zum Textbeispiel

Ursache der Variation	Quadratsummen	Freiheitsgrade	Mittlere Quadrate	v		$F_{0,05}$
Effekt zwischen den Zeilen	67	2	33,5	15,7	>	4,46
Effekt zwischen den Spalten	3	4	0,75	0,35	<	3,84
Versuchsfehler	17	8	2,13			
Insgesamt	87	14				

Ungleiche Häufigkeiten der Beobachtungen. Bei den bisher besprochenen Verfahren der Varianzanalyse war vorausgesetzt worden, daß die Zahl der Beobachtungen in allen Gruppen und Untergruppen die gleiche ist. Liegen ungleiche Häufigkeiten vor, sind die Verfahren nicht mehr anwendbar. Eine ausführliche Beschreibung des dann auszuführenden Rechenganges findet man bei LINDER [6].

3.2.2. Streuungszerlegung

Bestimmung von Streuungskomponenten. Die Bestimmung von Streuungskomponenten (vgl. S. 341) im Rahmen einer doppelten Varianzanalyse soll an den Versuchsdaten der Tab. 33 gezeigt werden. Die Daten sind die Analysenwerte für den Stickstoffgehalt von

Tab. 33. Zur Bestimmung von Streuungskomponenten mit Hilfe der doppelten Varianzanalyse. Versuchsdaten zum Textbeispiel

Geräte r	Proben p: 1	2	3	4	5	Σ
1	23	28	24	26	22	123
2	16	20	17	19	15	87
3	20	25	19	24	18	106
Σ	59	73	60	69	55	316

fünf verschiedenen Proben eines Düngers aus einer laufenden Düngemittelproduktion, der mit drei gleichartigen Analysengeräten bestimmt wurde. Man betrachtet die Proben als eine zufällige Stichprobe aus einer großen Grundgesamtheit von Proben, die man ziehen könnte, sowie die drei Analysengeräte als eine zufällige Stichprobe aus einer großen Grundgesamtheit gleichartiger Apparate, die man für den gleichen Zweck verwenden könnte. Ziel der Streuungszerlegung ist die Ermittlung der durchschnittlichen Schwankungen im Stickstoffgehalt des Düngers innerhalb der Produktion sowie der Schwankungen, die durch Unterschiede in der Leistungsfähigkeit der Analysengeräte hervorgerufen werden.

Die Zerlegung der Gesamtvarianz der Stichprobe in Tab. 33 führt wieder zu den Teilvarianzen in Tab. 30. Diese sind Schätzwerte für folgende Grundgesamtheitsvarianzen:

Varianz zwischen den Zeilen s_1^2 ist ein Schätzwert für $\sigma_0^2 + p\,\sigma_1^2$

Varianz zwischen den Spalten s_2^2 ist ein Schätzwert für $\sigma_0^2 + r\,\sigma_1^2$

Versuchsfehlervarianz s_3^2 ist ein Schätzwert für σ_0^2.

Mit den Daten der Tab. 33 erhält man folgende Schätzwerte für die Einzelvarianzen und Standardabweichungen:

$$\sigma_0^2 \approx 0{,}875 \qquad \sigma_0 \approx 0{,}94$$

$$\sigma_1^2 \approx \frac{64 - 0{,}875}{5} = 12{,}6 \qquad \sigma_1 \approx 2{,}8$$

$$\sigma_2^2 \approx \frac{18{,}5 - 0{,}875}{3} = 5{,}9 \qquad \sigma_2 \approx 2{,}4$$

Die Schwankungen in den Analysenwerten, die durch die unterschiedliche Leistungsfähigkeit der Analysengeräte hervorgerufen werden, sind also sehr hoch, sie liegen in der Größenordnung der aus der Produktion stammenden Schwankungen. Es wäre zu prüfen, nachdem in einem F-Test festgestellt worden ist, daß die Streuungen signifikant sind, ob nicht mit einem anderen Gerätetyp einheitlichere Analysendaten erhalten werden können.

Hierarchische Streuungszerlegung. Man spricht von hierarchischer Streuungszerlegung, wenn man die Faktoren einer Untersuchung in hierarchischer Form zueinander anordnen kann, wie es in Abb. 22 gezeigt ist. Diese Form hatte bereits die im Abschnitt „Einfache Varianzanalyse" besprochene Streuungszerlegung.

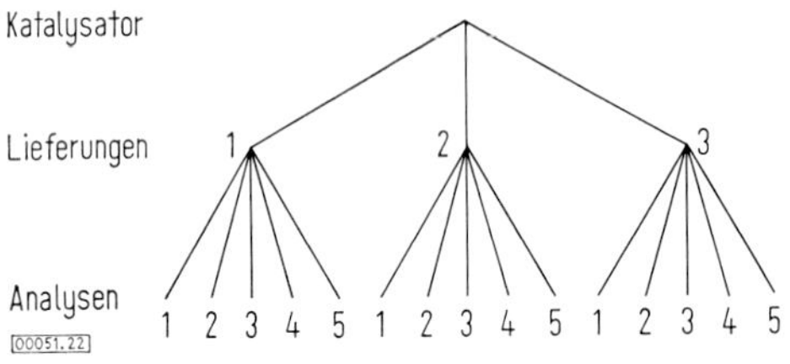

Abb. 22. Hierarchische Klassifikation von Daten

Eine doppelte Streuungszerlegung mit hierarchischer Klassifikation der Versuchsdaten liegt vor, wenn z. B. aus der Produktion von r gleichartigen Reaktionskesseln p Proben gezogen werden und diese Proben nach der gleichen Methode n-mal analysiert werden. σ_0^2 sei die Versuchsfehlervarianz, σ_1^2 die Varianz von Probe zu Probe eines Kessels und σ_2^2 die Varianz von Kessel zu Kessel.

Für jede Probe erhält man ein Analysenmittel mit einer Varianz mit $(n-1)$ Freiheitsgraden. Unter der Annahme, daß sich der analytische Fehler von Probe zu Probe nicht ändert, ist es zulässig, die Varianzen der Mittelwerte aller rq Proben zu summieren. Nach Division dieser Summe durch die Probenzahl erhält man ein für die ganze Stichprobe gültiges Maß für die Versuchsfehlervarianz σ_0^2 mit $rp(n-1)$ Freiheitsgraden. Die Probenmittelwerte kann man für jeden Kessel gesondert zu einem neuen Mittelwert zusammenfassen. Der Quotient aus der Summe der dazu gehörenden Varianzen und der Kesselzahl r ist ein Maß für die von der Versuchsfehlervarianz überlagerte mittlere Varianz zwischen den Proben $\sigma_1^2 + \sigma_0^2/n$ mit $r(p-1)$ Freiheitsgraden. Die Varianz zwischen den Reaktionskesseln schließlich ist $\sigma_2^2 + \sigma_1^2/p + \sigma_0^2/np$ mit $(r-1)$ Freiheitsgraden, da sich hier alle Variationseffekte überlagern. Ziel der Streuungszerlegung ist die Bestimmung der Einzelvarianzen, die man mit Hilfe der Gleichungen für die Quadratsummen in Tab. 34 erhält. Die erste Quadratsumme ist bereits mit np die zweite mit n multipliziert, um den Koeffizienten vor der Versuchsfehlervarianz in den obigen Ausdrücken zu eins zu machen.

Die Berechnung der Quadratsummen wird durch folgende Ausdrücke erleichtert:

$$q_1 = np \sum_{i=1}^{r} (\bar{x}_{i..} - \bar{x})^2 = \sum_{i=1}^{r} \frac{S_{i..}^2}{np} - \frac{S_{...}^2}{npr} \tag{204}$$

$$q_2 = n \sum_{i=1}^{r} \sum_{j=1}^{p} (\bar{x}_{ij.} - \bar{x}_{i..})^2 = \sum_{i=1}^{r} \sum_{j=1}^{p} \frac{S_{ij.}^2}{n} - \sum_{i=1}^{r} \frac{S_{i..}^2}{np} \tag{205}$$

$$q_3 = \sum_{i=1}^{r} \sum_{j=1}^{p} \sum_{k=1}^{n} (x_{ijk} - \bar{x}_{ij.})^2 = \sum_{i=1}^{r} \sum_{j=1}^{p} \sum_{k=1}^{n} x_{ijk}^2 - \sum_{i=1}^{r} \sum_{j=1}^{p} S_{ij.}^2/n \tag{206}$$

Tab. 34. Hierarchische Streuungszerlegung mit drei Einflußgrößen

Ursache der Variation	Quadratsummen	Freiheitsgrade	Mittleres Quadrat	Geschätzte Varianz
zwischen den Kesseln	$np \sum_{i=1}^{r} (\bar{x}_{i..} - \bar{x})^2 = q_1$	$r-1$	$q_1/r-1$	$\sigma_0^2 + n\,\sigma_1^2 + pn\,\sigma_2^2$
zwischen den Proben	$n \sum_{i=1}^{r} \sum_{j=1}^{p} (\bar{x}_{ij.} - \bar{x}_{i..})^2 = q_2$	$r(p-1)$	$q_2/r(p-1)$	$\sigma_0^2 + n\,\sigma_1^2$
Versuchsfehler	$\sum_{i=1}^{r} \sum_{j=1}^{p} \sum_{k=1}^{n} (x_{ijk} - \bar{x}_{ij.})^2 = q_3$	$rp(n-1)$	$\frac{q_3}{rp(n-1)}$	σ_0^2
Insgesamt	$\sum_{i=1}^{r} \sum_{j=1}^{p} \sum_{k=1}^{n} (x_{ijk} - \bar{x})^2 = q$	$rpn-1$		

$$q = \sum_{i=1}^{r} \sum_{j=1}^{p} \sum_{k=1}^{n} (x_{ijk} - \bar{x})^2 = \sum_{i=1}^{r} \sum_{j=1}^{p} \sum_{k=1}^{n} x_{ijk}^2 - \frac{S_{...}^2}{nrp} \quad (207)$$

Beispiel: $r = 3$ Kesseln wurden je $p = 5$ Proben entnommen, die je $n = 2$mal analysiert wurden. Es ergaben sich die Analysendaten in Tab. 35.

Tab. 35. Analysendaten zum Textbeispiel

Kessel	Proben 1	2	3	4	5	Σ
1	23	28	24	26	22	
	21	27	24	27	20	
	44	55	48	53	42	242
2	16	20	17	19	15	
	18	21	16	20	17	
	34	41	33	39	32	179
3	20	25	19	24	18	
	20	24	20	22	18	
	40	49	39	46	36	210
Insgesamt						631

Die Quadratsumme der gesamten Stichprobe ist nach Gl. (207)

$$q = 23^2 + 21^2 + \ldots + 18^2 + 18^2 - \frac{631^2}{2 \cdot 5 \cdot 3} = $$
$$= 13635 - 13272 = 363$$

Die Summe der Abweichungsquadrate zwischen den Kesseln ist nach Gl. (204)

$$q_1 = \frac{242^2 + 179^2 + 210^2}{2 \cdot 5} - 13272 =$$
$$= 13470 - 13272 = 198$$

Die Summe der Abweichungsquadrate zwischen den Proben ist nach Gl. (205)

$$q_2 = \frac{44^2 + 55^2 + \ldots + 46^2 + 36^2}{2} - 13470 =$$
$$= 13621 - 13470 = 152$$

Für die Quadratsumme des Versuchsfehlers ergibt sich schließlich nach Gl. (206)

$$q_3 = 13635 - 13621 = 14$$

Damit errechnen sich die Einzelvarianzen und Standardabweichungen wie folgt:

$$\sigma_0^2 \approx 14/3 \cdot 5 \cdot 1 = 0{,}93 \qquad \sigma_0 = 0{,}98$$

$$\sigma_0^2 + 2\sigma_1^2 \approx 152/3 \cdot 4 = 12{,}67$$

$$2\sigma_1^2 \approx 12{,}67 - 0{,}93 = 11{,}74$$

$$\sigma_1^2 \approx 5{,}9 \qquad \sigma_1 \approx 2{,}4$$

$$\sigma_0^2 + 2\sigma_1^2 + 10\sigma_2^2 \approx 198/2 = 99$$

$$\sigma_2^2 \approx 8{,}6 \qquad \sigma_2 = 2{,}9$$

Die Variation zwischen den Reaktionskesseln ist somit die größte. Von gleichen Größenordnung ist jedoch der Fehler, der durch die Art der Probennahme hervorgerufen wird. Es wäre daher zu prüfen, ob durch eine Verbesserung in der Probenahme nicht einheitlichere Analysendaten erhalten werden können.

4. Faktorielle Versuchsplanung

Bei der Untersuchung eines chemischen Prozesses wird die gewählte Zielgröße nicht von einer oder zwei, sondern von einer Vielzahl vor Variablen abhängen. Zur Untersuchung dieses funktionellen Zusammenhangs bieten sich mehrere Methoden an:

1. Ein-Faktor-Methode
2. Faktorielle Versuchsplanung
3. Faktorielle Teilversuchsplanung (s. S. 356).

Ein-Faktor-Methode (One-Factor-at-a-time-Method). Um den Einfluß einer größeren Zahl von Faktoren auf eine Zielgröße zu untersuchen, geht man nach der klassischen Form der Experimentiertechnik so vor, daß man die Größe einer Variablen variiert, während alle anderen konstant bleiben. So erfordert die Untersuchung der Abhängigkeit der Ausbeute X einer Polyreaktion von Temperatur A, Druck B und Katalysatorkonzentration C mindestens 4 Versuche oder bei Einrechnung je einer Wiederholung $2^3 = 8$ Versuche:

$$X(A) = X(A_1 - A_2) = X(A_1 B_1 C_1 - A_2 B_1 C_1)$$
$$X(B) = X(B_1 - B_2) = X(A_1 B_1 C_1 - A_1 B_2 C_1)$$
$$X(C) = X(C_1 - C_2) = X(A_1 B_1 C_1 - A_1 B_1 C_2)$$

Jeder Faktor wird gesondert zwischen zwei Niveaus variiert. Das Verfahren hat einmal den Nachteil, daß zur Bestimmung des Effekts einer Variablen nur ein Teil der Messungen verwertet wird, zum zweiten enthält es noch die Möglichkeit zweier Fehler:

Wurde z. B. gefunden, daß alle Faktoren A, B und C die Ausbeute X erhöhen, so wäre zu schließen, daß bei einer Versuchskombination $A_2 B_2 C_2$, die ja im obigen Versuchsprogramm nicht erscheint, die Ausbeute noch höher sein müßte. Dieser Schluß ist aber nur zulässig, wenn sich die einzelnen Faktoren gegenseitig nicht beeinflussen. Wird z. B. die Katalysatoraktivität bei höherer Temperatur gemindert (Zersetzung oder sonstige Einflüsse), so ist keineswegs mit einer höheren Ausbeute zu rechnen. Außerdem werden alle Ausbeuteänderungen gegen die Versuchskombination $A_1 B_1 C_1$ gemessen. Ist dieser Versuch aber mit einem großen Fehler behaftet, so sind es alle weiterführenden Berechnungen in gleicher Weise.

Faktorielle Versuchsplanung (Factorial Design). Um einen vorläufigen Überblick über die wichtigsten Systemvariablen zu erhalten, arbeitet man vorteilhafter nach der Methode der faktoriellen Versuchsplanung, bei der mehrere Faktoren gleichzeitig zwischen zwei oder drei Niveaus variiert werden. Zur Berechnung der Effekte der Variablen werden alle Versuche herangezogen, es gibt keinen einzelnen Bezugspunkt wie bei der Ein-Faktor-Methode, und außerdem besteht die Möglichkeit, die Effekte, welche Wechselwirkungen zwischen zwei oder mehr Variablen auf die Zielgröße ausüben, quantitativ zu bestimmen. Die Signifikanz der Effekte und Wechselwirkungen wird mit Hilfe der Varianzanalyse bestimmt.

4.1. Factorial Design mit 3 (und mehr) Faktoren auf 2 Niveaus

Variiert man die Variablen jeweils zwischen 2 Niveaus, so sind bei n Faktoren in einer vollständigen faktoriellen Versuchsplanung 2^n Versuche auszuführen, bei 3 Faktoren also $2^3 = 8$ Versuche, die anschaulich die Ecken eines Würfels einnehmen (Abb. 23).

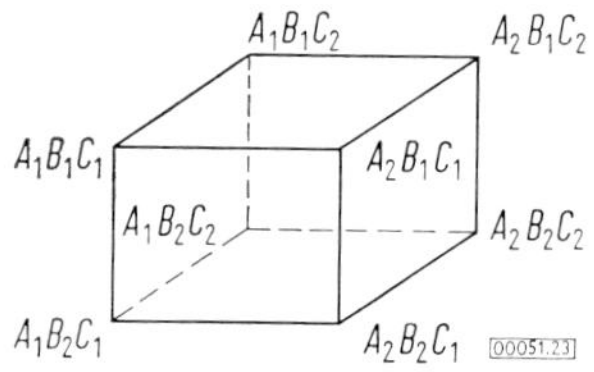

Abb. 23. Würfel, der ein Factorial Design mit 3 Faktoren auf 2 Niveaus repräsentiert

Auf der vorderen Fläche des Würfels befinden sich alle Versuche, in denen sich der Faktor C auf seinem unteren Niveau C_1 befindet, entsprechend auf der gegenüberliegenden hinteren Fläche alle Versuche mit $C = C_2$. Boden- und Deckelfläche repräsentieren Versuche mit B auf dem unteren bzw. oberen Niveau, linke und rechte Seitenfläche Versuche mit A auf dem unteren bzw. oberen Niveau.

Für die einzelnen hier mit Großbuchstaben bezeichneten Versuchskombinationen hat sich allgemein eine einfachere Schreibweise eingebürgert. Den unteren Wert eines Faktors stellt man durch eine (1) oder ein Minuszeichen, den oberen Wert durch den dem Faktor entsprechenden kleinen Buchstaben oder ein Pluszeichen dar. Z. B. erhalten die beiden Niveaus A_1 und A_2 für den Faktor A die Bezeichnungen (1) und a, die Niveaus für den Faktor B die Bezeichnungen (1) und b und die Niveaus für den Faktor C die Bezeichnungen (1) und c.

Tab. 36 faßt die für die einzelnen Versuchskombinationen gebräuchlichsten Nomenklaturen zusammen.

Um bei der hier notwendigen dreifachen Varianzanalyse eine möglichst große Signifikanz zu erhalten, müssen die acht Versuche einander in zufälliger Reihenfolge folgen; man kann auf diese Weise den Einfluß unkontrollierbarer Größen, die einen zeitlichen Trend und damit einen in Wirklichkeit nicht vorhandenen Einfluß eines Faktors vortäuschen könnten, eliminieren. Derartige Zufallsanordnungen wählt man mit

Tab. 36. Nomenklaturen für Versuchskombinationen

Versuchskombination		Niveau des Faktors A	B	C
$A_1B_1C_1$	(1)	–	–	–
$A_2B_1C_1$	a	+	–	–
$A_1B_2C_1$	b	–	+	–
$A_2B_2C_1$	ab	+	+	–
$A_1B_1C_2$	c	–	–	+
$A_2B_1C_2$	ac	+	–	+
$A_1B_2C_2$	bc	–	+	+
$A_2B_2C_2$	abc	+	+	+

(1) ist die Versuchskombination, bei der alle drei Faktoren sich auf ihrem unteren Niveau befinden. a die Kombination mit A auf dem oberen, B und C auf dem unteren Niveau usw.

Hilfe von Karten, denen man je einen Versuch zuordnet, sie gut durchmischt und die Versuche dann in der Reihenfolge ausführt, in der die entsprechenden Karten beim Abheben vom Kartenstoß erscheinen, oder aber man benutzt Tabellen mit Zufallszahlen (Tab. 37).

Man ordnet den acht Versuchen die Zahlen 1 bis 8 zu, wählt in der Tabelle einen beliebigen Anfangspunkt, z. B. die 21. Zeile, 7. Spalte und schreibt die Versuche entsprechend dem Vorkommen der Versuchszahlen beim senkrechten (oder auch waagerechten) Vorwärtsschreiten vom Ausgangspunkt in der Tabelle nieder; beim senkrechten Vorwärtsschreiten würden hier die Versuche in der Reihenfolge 2, 7, 5, 8, 4, 3, 6 und 1 auszuführen sein.

In einer Polymerisationsreihe sollen folgende Ausbeuten (g Polymerisat/h) gefunden worden sein:

$X(1) = 20 \qquad X(c) = 25$

$X(a) = 30 \qquad X(ac) = 35$

$X(b) = 22 \qquad X(bc) = 28$

$X(ab) = 33 \qquad X(abc) = 40$

Diese Zahlen sind in Abb. 24 auf den Würfelflächen eingetragen, wobei die Anordnung der Werte Abb. 23 entspricht.

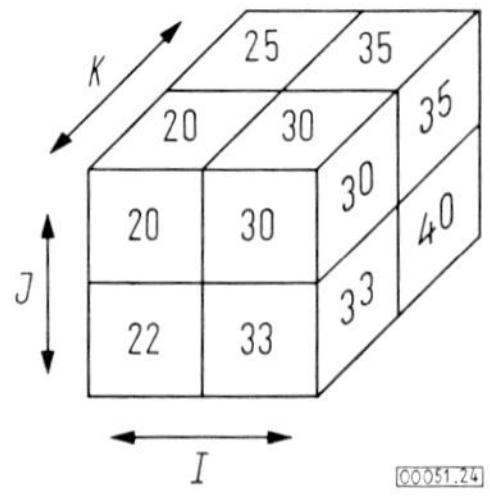

Abb. 24. Datenwürfel für eine dreifache Varianzanalyse

Bei der dreifachen Varianzanalyse zerlegt man die Quadratsumme der gesamten Stichprobe in Anteile, die auf die Effekte der einzelnen Faktoren, hier Temperatur A, Druck B und Katalysatorkonzentration C, sowie ihrer Wechselwirkungen zurückzuführen sind. Die Berechnung dieser Quadratsummen ist ein wenig

Tab. 37. Zufallszahlen (entnommen aus DAVIES [3])
Die fett gedruckten Zahlen entsprechen dem Beispiel im Text.

83	28	78	05	18	98	49	22	54	11	92	37	45	11	63	60	19	05	91	26	87	08	83	09	40	14	39	15	99	24	21	85	00	45	54	19	36	18	03	88
84	73	82	58	01	90	55	37	85	68	98	15	99	52	99	84	51	91	73	81	88	33	78	20	40	40	24	73	77	70	00	31	84	59	26	06	50	30	95	96
00	79	20	99	42	57	55	67	93	39	99	25	65	10	94	54	84	65	16	23	22	50	09	11	00	37	36	51	55	95	83	97	13	75	46	22	77	50	11	72
94	48	02	99	71	08	50	84	66	10	10	34	92	30	89	28	30	74	24	24	48	70	56	57	16	24	21	74	91	53	18	05	59	61	74	97	31	82	77	68
54	37	52	43	87	22	21	34	20	15	07	67	64	98	36	01	33	34	04	42	93	45	40	93	12	80	88	63	26	93	85	05	19	87	84	37	59	76	16	65
47	68	59	90	98	90	27	71	89	89	98	20	24	19	85	02	34	38	26	71	50	76	72	02	39	19	40	69	57	23	09	33	20	70	86	45	13	94	98	39
76	16	58	55	51	85	44	00	28	28	38	91	70	70	16	81	13	49	46	54	91	64	01	34	67	13	11	00	32	09	39	76	21	64	29	85	65	14	51	74
37	64	90	35	64	45	47	72	82	03	01	65	05	97	13	90	90	57	51	97	33	20	63	71	95	94	13	77	12	44	12	94	91	04	41	83	79	72	44	08
92	78	39	12	48	01	83	46	39	29	98	71	39	56	97	66	97	70	05	77	90	59	65	46	78	82	16	45	97	85	57	75	79	96	79	08	16	83	43	99
24	50	29	02	71	28	53	99	75	07	13	18	76	97	72	54	85	79	71	60	05	10	93	57	80	32	86	65	26	90	27	54	34	94	46	33	65	35	56	84
01	72	71	23	86	40	70	05	35	36	15	64	11	01	11	18	90	14	95	05	92	85	63	26	69	69	81	54	70	56	17	62	43	17	86	78	99	62	34	15
43	28	52	77	22	80	49	89	79	65	91	17	80	94	34	02	17	61	00	42	08	50	36	55	82	11	26	54	76	88	85	67	82	21	65	00	83	89	06	09
29	09	19	54	67	67	88	54	62	09	07	97	35	19	31	25	06	92	25	02	59	36	77	09	83	87	81	77	93	77	48	44	88	30	37	21	74	02	93	10
27	95	74	89	62	45	75	39	06	89	58	96	64	65	81	84	85	20	01	47	05	85	86	43	25	50	76	70	36	32	26	68	54	92	84	90	02	38	77	40
52	43	54	97	75	80	00	38	20	38	57	46	57	33	87	19	66	06	40	32	13	46	99	31	30	29	71	70	91	10	99	84	55	31	95	20	90	28	49	78
78	11	60	42	09	83	28	40	93	57	61	22	27	27	47	80	44	34	47	27	56	27	09	33	66	79	32	29	50	54	76	94	27	01	45	87	29	66	23	15
03	74	36	27	13	19	14	76	35	73	66	29	95	65	12	87	61	91	34	30	54	15	62	11	22	33	39	39	58	30	73	43	59	32	26	43	76	12	99	10
82	25	35	57	16	29	21	27	51	23	06	52	40	00	28	11	47	23	63	01	83	01	86	58	89	77	68	87	29	71	49	50	46	53	56	53	41	53	52	20
09	91	87	20	33	76	61	55	79	21	74	36	21	36	05	47	28	42	92	51	00	28	17	33	81	42	24	33	55	75	42	70	73	65	16	96	47	17	42	69
19	82	00	40	15	52	45	35	13	48	74	10	97	36	22	85	44	57	91	72	52	29	68	59	32	69	40	30	89	12	11	07	18	53	27	13	46	54	85	40
69	41	17	**0**7	11	54	36	81	57	38	55	39	85	74	48	05	06	43	10	63	64	43	09	80	68	29	86	65	60	27	87	70	77	45	31	69	12	31	21	79
48	80	36	**2**6	28	95	03	79	54	31	41	55	48	84	78	63	09	05	69	07	80	68	13	48	80	84	25	33	70	89	76	61	03	41	57	89	87	07	56	12
80	02	51	**7**8	94	07	88	62	85	82	80	37	56	15	59	30	46	42	84	02	28	72	57	80	54	05	80	92	82	65	25	01	74	58	89	39	25	05	57	66
19	51	95	22	72	72	95	51	57	73	04	68	00	95	04	30	66	52	60	74	23	48	49	96	00	17	88	90	63	67	02	64	71	12	21	02	29	86	88	54
50	36	31	76	75	39	04	95	69	47	95	23	01	70	95	04	04	18	68	14	04	41	27	70	10	49	13	76	99	38	64	14	90	60	69	75	10	97	16	60
60	03	34	**5**7	41	76	35	06	75	60	21	58	86	36	02	33	00	59	63	13	21	31	95	96	89	48	65	14	12	02	94	50	35	64	58	43	92	07	74	08
59	40	60	**8**3	61	73	45	18	08	23	54	86	64	57	76	70	00	89	43	24	52	08	13	32	36	45	39	54	82	26	46	60	04	19	34	61	36	12	46	15
29	51	12	**4**3	14	24	35	78	76	22	82	50	68	02	13	19	07	00	19	07	90	57	88	69	61	05	22	76	90	79	01	74	22	08	26	13	95	13	75	53
57	07	34	86	57	96	99	57	44	54	90	87	33	76	71	71	23	28	88	37	76	50	49	80	25	61	81	96	19	92	33	14	60	41	27	06	05	98	51	49
81	73	29	08	96	62	34	26	52	32	23	74	17	49	45	62	17	88	50	50	06	84	76	10	54	41	54	56	15	96	49	19	65	51	93	32	54	54	95	67
40	20	21	**5**4	17	65	99	31	09	72	67	87	16	34	00	76	26	23	42	40	47	92	60	37	45	39	67	64	70	05	06	54	84	10	88	68	33	60	77	81
81	26	86	**3**0	79	17	93	45	74	50	50	24	65	52	06	59	04	60	73	63	71	87	94	13	64	75	18	17	76	80	95	10	33	33	35	31	30	47	53	74
13	65	31	57	36	88	98	35	04	96	41	37	45	87	57	57	21	15	34	59	38	30	36	79	74	83	61	91	56	22	83	73	15	54	63	39	50	33	88	83
23	41	47	**6**6	24	73	31	96	72	07	09	43	88	63	33	80	54	79	84	18	09	80	50	48	23	26	05	85	68	97	06	78	00	17	76	05	95	31	03	37
79	62	53	27	85	43	51	69	83	81	90	85	84	72	18	48	41	20	81	59	82	52	08	00	33	76	29	14	18	59	98	12	89	34	50	70	13	07	60	38
13	40	75	73	19	92	12	01	91	95	23	99	99	30	30	58	46	22	64	41	14	18	02	28	72	80	85	72	09	59	05	26	05	26	90	65	47	12	85	65
54	87	97	55	83	91	42	61	41	02	40	18	39	20	56	19	56	35	04	32	62	60	63	74	20	31	60	66	90	87	09	41	59	73	60	00	21	96	38	40
09	29	30	63	75	86	85	29	15	34	68	92	34	06	81	60	32	16	05	37	15	02	56	81	29	34	90	99	07	57	80	24	92	41	88	41	01	88	05	62
61	99	27	99	73	18	94	29	25	74	22	20	70	46	30	38	26	91	59	16	23	32	03	76	20	25	96	68	01	99	79	82	58	06	89	54	74	06	01	39
31	84	93	27	40	23	25	86	68	30	10	11	91	59	61	07	41	97	10	39	96	66	81	45	01	09	18	35	41	97	70	37	94	95	48	64	01	75	04	39
35	86	11	25	98	38	27	14	79	68	77	60	63	34	23	80	75	43	48	79	12	41	98	35	82	38	49	91	71	57	83	06	55	84	38	04	70	18	75	19
40	42	68	85	23	40	27	56	54	56	75	65	70	49	24	08	10	44	75	59	70	78	63	95	94	82	54	88	47	69	63	32	79	75	31	56	38	92	54	43
25	14	94	00	99	80	81	44	49	08	98	93	71	74	11	14	54	69	71	69	30	43	70	43	70	32	73	47	49	64	23	54	59	17	80	48	61	66	45	66
56	18	75	63	56	68	25	36	75	98	00	18	19	15	24	28	56	80	75	97	36	58	96	32	60	46	60	87	52	75	53	13	39	19	41	52	24	14	88	93
79	61	54	67	58	38	93	69	45	95	61	19	17	35	89	90	98	70	26	20	17	35	36	91	90	59	48	78	99	31	64	40	84	05	79	00	53	03	64	02
92	91	85	49	33	32	46	67	28	20	40	99	88	73	56	33	29	13	41	89	73	30	27	77	44	50	07	79	27	66	42	39	97	64	84	36	18	13	59	61
01	79	85	45	45	36	05	67	56	17	59	77	69	34	35	01	15	21	00	35	92	15	47	21	82	54	76	05	54	10	40	93	71	96	66	52	83	98	17	85
55	84	71	36	40	39	47	25	25	73	69	14	55	73	35	86	61	17	98	69	05	02	28	36	50	64	47	21	36	25	80	01	43	41	36	58	97	15	29	95
38	36	66	66	19	40	90	83	06	31	24	67	91	74	54	14	87	24	61	80	51	22	04	71	06	37	31	45	69	62	30	84	20	28	14	41	70	05	56	88
01	69	50	70	31	02	98	86	42	01	94	98	07	85	28	38	37	30	72	76	23	28	85	05	96	40	37	56	52	60	65	75	21	47	84	15	99	92	02	41

umständlich (vgl. LINDER [6]), es gibt jedoch eine einfachere Methode: Man kann zeigen, daß die Quadratsummen gleich sind dem doppelten Quadrat der Effekte und Wechselwirkungen, wie sie im folgenden definiert sind.

Definition der Effekte und Wechselwirkungen: Der Effekt des Faktors A auf die Ausbeute, mit A bezeichnet, ist die Differenz aus den arithmetischen Mitteln der beim oberen und beim unteren Niveau von A ausgeführten Versuche (mit den Ausbeuten in a, ab usw.):

$$A = (a + ab + ac + abc)/4 - \big((1) + b + c + bc\big)/4 = (a-1)(b+1)(c+1)/4 \quad (208)$$

wenn man (1) (oder einfacher 1), a, b und c als algebraische Symbole behandelt.

Mit der gleichen Überlegung erhält man die Gleichungen der Effekte von B und C:

$$B = (a+1)(b-1)(c+1)/4 \quad (209)$$

$$C = (a+1)(b+1)(c-1)/4 \quad (210)$$

Ist der Effekt eines Faktors bei zwei Niveaus eines anderen Faktors verschieden groß, so schließt man, daß die beiden Faktoren zueinander in Wechselwirkung stehen.

Die Wechselwirkung zwischen den Faktoren A und B, mit AB bezeichnet, ist definiert als die Hälfte der Differenz zwischen dem Effekt des Faktors A beim oberen Niveau von B und dem Effekt von A beim unteren Niveau von B.

Der Effekt von A beim oberen Niveau von B ist:

$$A_2 = (abc + ab)/2 - (bc + b)/2 = b(a-1)(c+1)/2 \quad (211)$$

Der Effekt von A beim unteren Niveau von B ist:

$$A_1 = (ac + a)/2 - (c+1)/2 = (a-1)(c+1)/2 \quad (212)$$

Die Differenz ist

$$A_2 - A_1 = (a-1)(b-1)(c+1)/2 \quad (213)$$

Die Wechselwirkung AB, definiert als die Hälfte dieser Differenz ist

$$AB = (a-1)(b-1)(c+1)/4 \quad (214)$$

Für die Wechselwirkungen AC und BC erhält man in gleicher Weise:

$$AC = (a-1)(b+1)(c-1)/4 \quad (215)$$

$$BC = (a+1)(b-1)(c-1)/4 \quad (216)$$

Die Wechselwirkung zwischen den Faktoren A, B und C ist definiert als die Hälfte der Differenz zwischen der Wechselwirkung AB mit C auf dem oberen Niveau und mit C auf dem unteren Niveau:

a) C befindet sich auf dem oberen Niveau

Effekt von A, wenn B auf dem oberen Niveau

$$A_{22} = (abc - bc) \quad (217)$$

Effekt von A, wenn B auf dem unteren Niveau

$$A_{12} = (ac - c) \quad (218)$$

Für C auf dem oberen Niveau ist die Wechselwirkung AB

$$(AB)_2 = (abc - bc - ac + c)/2 = c(a-1)(b-1)/2 \quad (219)$$

b) C befindet sich auf dem unteren Niveau

$$(AB)_1 = (a-1)(b-1)/2 \quad (220)$$

Die Wechselwirkung ABC, definiert als die Hälfte der Differenz von $(AB)_2$ und $(AB)_1$ ist dann

$$ABC = (a-1)(b-1)(c-1)/4 \quad (221)$$

Berechnung der Effekte und Quadratsummen: Zur schnelleren Berechnung der Effekte benutzt man Tab. 38 oder eine von YATES entwickelte Methode, die insbesondere bei einer großen Zahl von Faktoren Vorteile zeigt.

Tab. 38. Vorzeichen der Versuchskombinationen für die Berechnung der Effekte in einem 2^3-Design

Versuchs-kombination	Effekt Total	A	B	AB	C	AC	BC	ABC
(1)	+	−	−	+	−	+	+	−
a	+	+	−	−	−	−	+	+
b	+	−	+	−	−	+	−	+
ab	+	+	+	+	−	−	−	−
c	+	−	−	+	+	−	−	+
ac	+	+	−	−	+	+	−	−
bc	+	−	+	−	+	−	+	−
abc	+	+	+	+	+	+	+	+

In Tab. 38 sind in der ersten Spalte die Versuchskombinationen (1) ... abc in der sog. Standardform aufgeschrieben. Diese Anordnung erhält man, indem man bei Einführung eines neuen Faktors die bereits niedergeschriebenen Kombinationen mit dem kleinen Buchstaben dieses Faktors multipliziert, also z. B. $c \cdot (1) = c$, $c \cdot a = ac$, $c \cdot b = bc$, $c \cdot ab = abc$ usw. Die Vorzeichen in der zweiten Spalte geben an, daß zur Berechnung des Gesamtresultats der Stichprobe die Ergebnisse aller Versuchskombinationen zu addieren sind. Diese Zahl wird bei der Methode von YATES als Kriterium bei der Überprüfung des Rechenganges verwendet. Die restlichen Spalten in Tab. 38 geben die Vorzeichen an, mit denen die einzelnen Versuchskombinationen in der jeweiligen Gleichung zur Errechnung eines Effektes erscheinen müssen, z. B. für den Effekt von A (vgl. Gl. 208)

$$A = \big(-(1) + a - b + ab - c + ac - bc + abc\big)/4$$

oder für die Wechselwirkung ABC

$$ABC = \big(-(1) + a + b - ab + c - ac - bc + abc\big)/4$$

Die Methode von YATES zur Berechnung der Quadratsummen soll am Beispiel S. 348 besprochen werden. Spalte 1 in Tab. 39 enthält wieder die Versuchskombinationen, in Standardform untereinandergeschrieben, Spalte 2 die Versuchsausbeuten, jeweils um 20 vermindert, um mit kleineren Zahlen rechnen zu können

Tab. 39. Berechnung der Effekte und der Durchschnittsquadrate nach der YATES-Methode

Versuchs-kombination	Ausbeute − 20	(1)	(2)	(3)	Quadratsumme = Durchschnittsquadrat = $(3)^2/8$
(1)	0	10	25	73 = total	
a	10	15	48	43 = 4A	231
b	2	20	21	13 = 4B	21,1
ab	13	28	22	3 = 4AB	1,1
c	5	10	5	23 = 4C	66,2
ac	15	11	8	1 = 4AC	0,125
bc	8	10	1	3 = 4BC	1,1
abc	20	12	2	1 = 4ABC	0,125
Total	73			Total	320,75

(da bei der Berechnung der Effekte die Zahl der Additionen und Subtraktionen gleich ist, ist diese Subtraktion zulässig). Die Zahlen in Kolonne (1) der Spalte 3, obere Gruppe, entstehen durch Summation von je zwei Werten der Spalte 2: $(0 + 10) = 10$, $(13 + 2) = 15$, $(15 + 5) = 20$ und $(8 + 20) = 28$. Die Zahlen der unteren Gruppe entstehen durch Differenzbildung zwischen den gleichen Zahlen, wobei jeweils die erste von der zweiten abgezogen wird, also $(10 - 0) = 10$, $(13 - 2) = 11$, $(15 - 5) = 10$, und $(20 - 8) = 12$. In gleicher Weise erhält man die Zahlen in den Kolonnen (2) und (3) aus den Zahlen in Kolonne (1) bzw. (2). Wie sich leicht nachprüfen läßt, enthält Kolonne (3) die Effekte und Wechselwirkungen der Faktoren, multipliziert mit vier. Die Gesamtsumme der Zahlen von Spalte 2 muß mit der Zahl in der ersten Zeile von Kolonne (3), Spalte 3, übereinstimmen, wenn die Rechnung richtig durchgeführt wurde. Wie schon S. 350 erwähnt wurde, entsprechen die doppelten Quadrate der Effekte den Quadratsummen $q_A \dots q_{ABC}$. Man erhält diese Quadratsummen durch Quadrieren der Zahlen in Kolonne (3), Spalte 3 und Division der

Tab. 40. Quadratsummen und Freiheitsgrade für ein 2^3-Design

Quadratsummen	Zahl der Freiheitsgrade	
q_A	$I - 1$	1
q_B	$J - 1$	1
q_C	$K - 1$	1
q_{AB}	$(I - 1)\ (J - 1)$	1
q_{AC}	$(I - 1)\ (K - 1)$	1
q_{BC}	$(J - 1)\ (K - 1)$	1
q_{ABC}	$(I - 1)\ (J - 1)\ (K - 1)$	1

Quadrate durch 8 (Spalte 4). Wie Tab. 40 zeigt, ist die Zahl der Freiheitsgrade bei einem 2^3-Design für alle Quadratsummen eins, da nach Abb. 24 die Zahl der Niveaus *I*, *J* und *K* jeweils gleich zwei ist, und sich die Zahl der Freiheitsgrade der Wechselwirkungen aus dem Produkt der Freiheitsgrade der miteinander in Wechselwirkung stehenden Faktoren errechnet.

Nach der Regeln der Varianzanalyse muß die Summe der Durchschnittsquadrate identisch sein mit der Summe der Abweichungsquadrate der gesamten Stichprobe.

$$0^2 + 10^2 + \dots + 8^2 + 20^2 - 73^2/8 =$$
$$= 987 - 666{,}125 = 320{,}875$$

Beide Zahlen stimmen also bis auf einen Unterschied, der durch Abrundungsfehler zu erklären ist, gut miteinander überein. Dieser Vergleich erlaubt eine Überprüfung des Rechengangs auf seine Richtigkeit. (Für Versuchsplanungen mit großer Faktorenzahl (> 6) ist von YATES ein detaillierter Plan ausgearbeitet worden, der schon vor der Endabrechnung die Überprüfung der berechneten Größen auf ihre Richtigkeit erlaubt, vgl. DAVIES [3].)

In der angegebenen Versuchsreihe wurde zu jeder Faktorenkombination nur ein Versuch durchgeführt, so daß über den experimentellen Fehler und damit die Versuchsfehlervarianz nichts ausgesagt werden kann. Als Maß für den Versuchsfehler wird daher die Stichprobenvarianz $q_{ABC}/(I - 1)\ (J - 1)\ (K - 1)$ verwendet, die – bei kleinem Versuchsfehler – im allg. sehr klein ist, da eine signifikante Wechselwirkung zwischen drei Einflußgrößen sehr unwahrscheinlich ist. Man könnte auch mehrere Quadratsummen höherer Wechselwirkungen, soweit sie klein sind, zusammenfassen. Die Zahl der Freiheitsgrade der dann erhaltenen Quadratsumme entspricht der Summe der Freiheitsgrade der zusammengefaßten Quadratsummen. Die Zulässigkeit, die höheren Wechselwirkungen als Maß für die Versuchsfehlervarianz zu verwenden, kann nach einem Verfahren von BARTLETT geprüft werden (vgl. DAVIES [3]).

Hier sollen die einzelnen Durchschnittsquadrate nur mit der Stichprobenvarianz s^2_{ABC} (als Ersatz für die Versuchsfehlervarianz) verglichen werden. Man erhält folgende Quotienten:

$$v_A = s^2_A/s^2_{ABC} = 231/0{,}125 = 1848; \quad v_B = 168{,}8;$$
$$v_C = 529{,}6; \quad v_{AB} = s^2_{AB}/s^2_{ABC} = 8{,}8; \quad v_{AC} = 1;$$
$$v_{BC} = 8{,}8$$

Da die Zahl der Freiheitsgrade für alle Quadratsummen gleich eins ist, sind alle Quotienten *v* *F*-verteilt mit (1,1) Freiheitsgraden. Mit einer Signifikanzzahl von 5% wird $F_{1,1} = 161$. Demnach sind nur die Effekte der Temperatur *A* und der Katalysatorkonzentration *C* von besonderer Signifikanz. Der Effekt des Druckes *B* überschreitet die Signifikanzgrenze nur wenig. Alle anderen Effekte kann man vernachlässigen.

Analyse eines 2^n-Designs. Versuchsplanungen mit größerer Faktorenzahl als drei werden in der gleichen

Weise wie beschrieben ausgewertet. Die Berechnung der Summen und Differenzen ist n-mal vorzunehmen, die n-te Spalte enthält die Effekte multipliziert mit 2^{n-1}, und zur Ermittlung der Durchschnittsquadrate quadriert man die Werte der n-ten Spalte und teilt sie durch 2^n.

2^n-Factorial Design mit Wiederholung. Die am Ende jedes Versuchsplans auszuführende Varianzanalyse macht die Kenntnis des Versuchsfehlers erforderlich. Ist dieser auf Grund langer Erfahrung nicht bekannt, so kann man, statt die Durchschnittsquadrate höherer vernachlässigbarer Wechselwirkungen als Maß für den Versuchsfehler zusammenfassen, das Design auch m-mal wiederholen. Dadurch wird der Versuchsfehler direkt zugänglich.

Die Auswertung eines solchen Designs verläuft ähnlich wie oben beschrieben. Die m Beobachtungen jeder Versuchskombination faßt man zusammen und ermittelt mit diesen Summen die Effekte, die ebenso wie die Durchschnittsquadrate gegenüber dem normalen Verfahren zusätzlich noch durch m zu dividieren sind. Das auf den Versuchsfehler zurückzuführende Durchschnittsquadrat erhält man am einfachsten als Differenz der Summe der Quadrate aller $m \cdot 2^n$ Einzelbeobachtungen und der Summe der Quadratsummen der 2^{n-1} Effekte und Wechselwirkungen. Jede Summe ist gemäß Tab. 41 auf die entsprechende Zahl von Freiheitsgraden zu beziehen.

Tab. 41. Varianzanalyse eines 2^n-Designs mit Wiederholung

Ursache der Variation	Quadrat-summen	Freiheitsgrade		Durch-schnitts-quadrat
Effekt A		1	n	
B		1		
C		1		
.				
.				
.				
Zweifaktor-Wechselwirkung				
AB		1	$\frac{1}{2}n(n-1)$	
AC		1		
BC		1		
.				
.				
.				
Dreifaktor-Wechselwirkung				
ABC		1	$\frac{1}{6}n(n-1)(n-2)$	
ACD		1		
BCD		1		
.				
.				
.				
Andere Wechselwirkungen				
Summe aller Effekte		$2^n - 1$		
Versuchsfehler		$2^n(m-1)$		
Insgesamt		$m2^n - 1$		

4.2. Faktorielle Versuchsplanung mit Vermengen

(Confounding Factorial Designs)

Die beschriebenen Methoden des Factorial Design hatten zur Voraussetzung, daß alle Versuche unter gleichen Grundbedingungen durchgeführt werden. Das ist aber nur in wenigen Fällen möglich, einmal weil z. B. für eine längere Versuchsreihe nicht hinreichend viel Ausgangsmaterial gleicher Zusammensetzung verfügbar ist, zum anderen weil zur Untersuchung mehrere Anlagen mit verschieden großer Effektivität verwendet werden müssen, oder weil mehrere Personen mit unterschiedlicher Leistungsfähigkeit an einem Problem arbeiten.

In all diesen Fällen wird der experimentelle Fehler von Schwankungen überlagert, die mit der eigentlichen Reaktion nichts zu tun haben. Um diese Einflüsse zu eliminieren, benutzt man die Methode des „Confounding", bei der alle nicht experimentell und reaktionsbedingten Schwankungen mit vernachlässigbaren Wechselwirkungen zusammengefaßt (vermengt) werden; alle anderen Effekte können dann frei von diesen Schwankungen ermittelt werden.

Ein Beispiel (entnommen aus Davies [3]) soll die Methodik illustrieren. Im Rahmen eines 2^3-Factorial Design ist der Einfluß der Temperatur A, der Reaktionszeit B sowie der Rührgeschwindigkeit C auf die Ausbeute einer Reaktion zu untersuchen. Das Ausgangsmaterial wird in zwei Ansätzen dargestellt und nach dem Vermischen in zwei zunächst gleichmäßig zusammengesetzte Proben geteilt, deren jede die Durchführung von vier Versuchen der insgesamt acht notwendigen erlaubt. Das Problem besteht nun darin, die acht Versuche auf die zwei Proben so zu verteilen, daß die erwähnten Schwankungen die zu ermittelnden Effekte nicht beeinflussen.

Setzt man die vier Versuche der einen Probe mit den Kombinationen an, in denen sich B auf seinem unteren Niveau befindet, die vier Versuche der zweiten Probe mit den Kombinationen, in denen sich B auf seinem oberen Niveau befindet (vgl. Tab. 36, S. 348), so ist der Effekt von B, den man aus der Differenz der Mittelwerte der zwei Versuchsserien erhält, überlagert von dem Beitrag X, den ein eventueller Unterschied zwischen beiden Proben, der nach dem Vermischen entstanden sein kann, liefert:

Probe 1	Probe 2
(1)	$b + X$
a	$ab + X$
c	$bc + X$
ac	$abc + X$

Der Beitrag X geht in die Effekte der restlichen Faktoren sowie in die Wechselwirkungen AB, AC, BC und ABC nicht ein, da er sich bei der Differenzbildung heraushebt. So wird z. B. der Effekt von A:

$$A = [(ab + X) + (abc + X) + a + ac]/4 - \\ - [(b + X) + (bc + X) + (1) + c]/4$$

In der Wahl des Effektes, in den man die nicht reaktions- oder experimentbedingten Schwankungen mit einbezieht, besteht weitgehend Freiheit. In der Regel wird man denjenigen wählen, den man nach der Varianzanalyse vernachlässigen kann, was in den meisten Fällen auf die höheren Wechselwirkungen zutrifft.

Für die Wechselwirkung ABC erhält man, ausgehend von der algebraischen Formel

$$ABC = (a-1)(b-1)(c-1)/4$$

$$ABC = [(a+b+c+abc) - (ab+ac+bc+(1))]/4$$

Hier wird man z. B. mit der Probe 1 die Versuche mit den Kombinationen ab, ac, bc und (1), mit der Probe 2 die Versuche a, b, c und abc machen. Addiert man den durch den Unterschied zwischen den Proben hervorgerufenen Beitrag X zu den Versuchskombinationen von Probe 2, so erhält man die überlagerte Wechselwirkung

$$ABC = [((a+X)+(b+X)+(c+X)+ \\ +(abc+X)) - (ab+ac+bc+(1))]/4$$

Wie eine Probe zeigt, z. B. für die Wechselwirkung AB, sind alle anderen Effekte und Wechselwirkungen frei von X:

$$AB = [((1)+ab+(c+X)+(abc+X)) - ((a+X)+ \\ +(b+X)+ac+bc)]/4$$

Die Varianzanalyse verläuft hier ähnlich wie im vorstehenden Abschnitt beschrieben.

Regeln zum Vermengen einer gegebenen Wechselwirkung in einem 2^n-Design zwischen zwei Blöcken. Zur Anordnung der Versuchskombinationen einer Versuchsplanung in zwei Blöcken mit der Forderung, daß zwischen ihnen eine bestimmte, ausgewählte Wechselwirkung vermengt sein soll, (mit den „Schwankungen"), gibt es zwei einfache Regeln:

1. Man schreibt für die zu vermengende Wechselwirkung nach den Regeln auf S. 350 den algebraischen Ausdruck in seiner ausmultiplizierten Form auf. Alle Versuchskombinationen, die darin mit einem positiven Vorzeichen erscheinen, faßt man zu dem einen, alle Kombinationen, die ein negatives Vorzeichen tragen, faßt man zu dem anderen Block zusammen.

Will man z. B. in einem 2^4-Design mit den Faktoren A, B, C und D die Wechselwirkung $ABCD$ zwischen zwei Blöcken vermengen, so wählt man folgende Blockanordnung:

$$ABCD \approx (a-1)(b-1)(c-1)(d-1) \approx \\ \approx ((1)+ab+ac+bc+ad+bd+cd+abcd) - \\ -(a+b+c+abc+d+abd+acd+bcd)$$

1. Block: (1), ab, ac, bc, ad, bd, cd, $abcd$

2. Block: a, b, c, abc, d, abd, acd, bcd.

2. Man faßt alle Versuchskombinationen, die eine gerade Zahl kleiner Buchstaben der zu vermengenden Wechselwirkung (einschl. null) enthalten, in dem einen, alle Versuchskombinationen, die eine ungerade Zahl der kleinen Buchstaben enthalten, in dem anderen Block zusammen.

Diese Regel ist mit der ersten gleichwertig, wie man an dem Beispiel nachprüfen kann.

Beispiel (entnommen aus Davies [3]): In einem nicht näher beschriebenen chemischen Prozeß waren der Einfluß von groben und feinem Ammoniumchlorid sowie der Einfluß einer Steigerung des NH_4Cl-Zusatzes um 10% auf die Ausbeute zu prüfen. Dazu standen zwei Anlagen zur Verfügung, deren Wirkungsgrad möglicherweise etwas unterschiedlich war. Die Variablen und Niveaus sind in Tab. 43 zusammengestellt.

Tab. 43. Variable und Niveaus für das Textbeispiel

Faktoren	Niveaus	
	–	+
A NH_4Cl	grob	fein
B NH_4Cl-Zusatz	normal	normal + 10%
C Anlage	Anlage 1	Anlage 2

Geplant war ein 2^3-Design. Da nur kleine, in finanzieller Hinsicht aber interessante Ausbeutesteigerungen zu erwarten waren, entschloß man sich, alle Versuche einmal zu wiederholen, um der Untersuchung eine größere Signifikanz zu verleihen. Da das Ausgangsprodukt absatzweise hergestellt wurde und eine Charge nicht ausreichte, alle 16 Versuche auszuführen, sollte der Unterschied in der Zusammensetzung der Chargen mit der Wechselwirkung ABC vermengt werden, die als klein angenommen wurde. Für die insgesamt 16 Versuche standen 4 Chargen zur Verfügung, für die 8 Versuche eines 2^3-Design also je 2, so daß die Versuchskombinationen in 2 Blöcke aufgeteilt werden konnten. Da die Wechselwirkung ABC zu vermengen war, ergaben sich somit die zwei Blöcke:

1. Block: (1), ab, ac, bc
2. Block: a, b, c, abc

sowohl für die Hauptuntersuchung wie für die Wiederholung. Die Versuche von Block 1 wurden mit der ersten und vierten, die von Block 2 mit der zweiten und dritten Charge gefahren. Tab. 44 zeigt den vollständigen Versuchsplan mit den Ausbeuten in den einzelnen Versuchen sowie die um 150 verminderten Ausbeuten, um in der folgenden Varianzanalyse mit kleineren Zahlen rechnen zu können.

1. Varianzanalyse ohne Berücksichtigung des Vermengens.

Die Varianzanalyse wird zunächst nach den auf S. 352 beschriebenen Regeln für die Analyse eines 2^n-Designs mit Wiederholung vorgenommen. Die Ergebnisse gleicher Versuchskombinationen, um 150 vermindert, werden zusammengefaßt und mit ihnen die Effekte und Quadratsummen berechnet, wie es in Tab. 45 gezeigt ist.

Zur Überprüfung der Rechnung ermittelt man die Quadratsumme der vereinigten Stichprobe, die auf Grund der einmaligen Wiederholung der Versuche durch 2 zu teilen ist:

Tab. 44. 2^3-Design mit Wiederholung (s. Textbeispiel)

Ammoniumchlorid		Chargen 1		2		3		4	
		Anlage		Anlage		Anlage		Anlage	
Art	Menge	1	2	1	2	1	2	1	2
grob	Normal	(1) 155 5			(*c*) 156 6		(*c*) 161 11	(1) 164 14	
	+ 10%		(*bc*) 152 2	(*b*) 168 18		(*b*) 175 25			(*bc*) 162 12
fein	normal		(*ac*) 150 0	(*a*) 162 12		(*a*) 171 21			(*ac*) 153 3
	+ 10%	(*ab*) 157 7			(*abc*) 161 11		(*abc*) 173 23	(*ab*) 171 21	
Insgesamt		614 14		647 47		680 80		650 50	

Tab. 45. Varianzanalyse der Daten von Tabelle 44

Versuchs-kombination	Ausbeute − 300	(1)	(2)	(3)	Effekt (3)/8	Mittleres Quadrat $(3)^2/16$
(1)	19	52	123	191	total	–
a	33	71	68	5	*A* = 0,63	1,56
b	43	20	−1	47	*B* = 5,88	138,06
ab	28	48	6	5	*AB* = 0,63	1,56
c	17	14	19	−55	*C* = −6,88	189,06
ac	3	−15	28	7	*AC* = 0,88	3,06
bc	14	−14	−29	9	*BC* = 1,13	5,06
abc	34	20	34	63	*ABC* = 7,88	248,06
						total 586,42

$$\frac{(19^2+33^2+\ldots+14^2+34^2)}{2}-\frac{191^2}{16}=$$
$$=5733/2-2280{,}06=586{,}44$$

Das Ergebnis stimmt gut mit der Summe der Quadratsummen in Spalte 5 von Tab. 45 überein, womit die Richtigkeit der Rechnung bewiesen ist.

2. Berechnung der Summe der Abweichungsquadrate der gesamten Stichprobe:

$$(5^2+6^2+\ldots+23^2+21^2)-191^2/16=3209-$$
$$-2280{,}06=928{,}94$$

Das Ergebnis der Varianzanalyse zeigt Tab. 46.

Die Größe der Dreifaktorenwechselwirkung ist nicht überraschend, da sie ja mit den Differenzen in der Chargenzusammensetzung vermengt ist. Besonders hoch ist aber scheinbar der Versuchsfehler. Jedoch ist zu berücksichtigen, daß zwischen den 4 Chargen drei Vergleiche möglich sind, von denen die Differenz Charge (1 + 4) − Charge (2 + 3) die Dreifaktorwechselwirkung der Summe der beiden Designs darstellt, die beiden anderen Vergleiche Charge (1 − 4) + Charge (2 − 3) und Charge (1 − 4) − Charge (2 − 3) aber im Versuchsfehler mitenthalten sind. Um daher den wahren Versuchsfehler zu ermitteln, ist die Quadratsumme zwischen den 4 Chargen zu berechnen und von der Summe der Quadrat-

Tab. 46. Ergebnis der Varianzanalyse der Daten von Tabelle 44

Ursache der Variation	Quadrat-summen	Freiheits-grade	Mittleres Quadrat
Ammoniumchlorid			
Art (*A*)	1,56	1	1,56
Menge (*B*)	138,06	1	138,06
Effekt zwischen den Anlagen (*C*)	189,06	1	189,06
Wechselwirkungen			
AB	1,56	1	1,56
AC	3,06	1	3,06
BC	5,06	1	5,06
ABC	248,06	1	248,06
Rest (= Fehler)	342,52	8	42,82
Insgesamt	928,94	15	

summen der Wechselwirkung ABC und des Restes (= Versuchsfehler) abzuziehen.

3. Varianzanalyse mit Berücksichtigung des Vermengens. Für die Quadratsumme zwischen den 4 Chargen ergibt sich

$$(14^2 + 47^2 + 80^2 + 50^2)/4 - 191^2/16 =$$
$$= 2826{,}25 - 2280{,}06 = 546{,}19$$

Damit nimmt die Varianzanalyse die in Tab. 47 gezeigte endgültige Form an.

Tab. 47. Endgültige Varianzanalyse der Daten von Tabelle 44

Ursache der Variation	Quadratsummen		Freiheitsgrade		Mittleres Quadrat	
Ammoniumchlorid						
Art (A)	1,56		1		1,56	
Menge (B)	138,06		1		138,06	
Effekt zwischen den Anlagen (C)	189,06		1		189,06	
Wechselwirkungen						
AB	1,56		1		1,56	
AC	3,06	9,68	1	3	3,06	3,23
BC	5,06		1		5,06	
Effekt zwischen den Chargen	546,19		3		182,06	
Rest (= Fehler)	44,39		6		7,04	
Insgesamt	928,94		15			

Die Variation zwischen den 4 Chargen ist also sehr groß. Durch Vermengen dieser Unterschiede mit der Wechselwirkung ABC konnten sie getrennt vom experimentellen Fehler bestimmt werden. Ein im Anschluß an die Varianzanalyse durchgeführter F-Test zeigt, daß neben der Variation zwischen den Chargen auch die Menge an Ammoniumchlorid sowie der Unterschied zwischen den Anlagen 1 und 2 von signifikantem Einfluß auf die Ausbeute sind.

Nach den Angaben von Davies zeigte eine Überprüfung der Anlagen, daß in einer ein technischer Defekt vorlag, der die Differenz im Wirkungsgrad der beiden Anlagen hervorgerufen hatte. In weiteren Versuchen wurde außerdem geprüft, ob eine Steigerung der NH_4Cl-Zugabe ein weiteres Ansteigen der Ausbeute zur Folge hatte.

Vermengen zwischen mehr als zwei Blöcken. Will man ein 2^n factorial design in mehr als zwei Blöcke aufspalten, da z. B. acht verschiedene Personen oder Anlagen an einer Untersuchung beteiligt sind und deren individueller Einfluß auf die Ergebnisse ausgeschaltet werden soll, so muß die Zahl der Blöcke immer eine Potenz von Zwei sein. Während zwischen zwei Blöcken eine Wechselwirkung vermengt sein kann, sind es dann zwischen vier Blöcken drei, zwischen acht Blöcken sieben Wechselwirkungen usw. Bei der Aufteilung eines 2^n-Designs in 2^p Blöcke können p Wechselwirkungen frei gewählt werden, $2^p - p - 1$ Wechselwirkungen sind außerdem vermengt aber nicht mehr frei wählbar.

Angenommen, ein 2^3-Design mit den Faktoren A, B und C soll in $2^2 = 4$ Blöcke aufgeteilt werden. Zwischen diesen sind dann drei Wechselwirkungen vermengt. $p = 2$ Wechselwirkungen sind frei wählbar, z. B. AB und AC.

Zum Vermengen von AB allein wählt man folgende zwei Blöcke:

Block 1: (1), abc, c, ab

Block 2: b, ac, a, bc

Die linke Vierergruppe der Versuchskombination $\begin{bmatrix}(1) & abc\\ b & ac\end{bmatrix}$ stellt aber den ersten Block, die rechte Vierergruppe $\begin{bmatrix}c & ab\\ a & bc\end{bmatrix}$ den zweiten Block dar, wenn nur AC zwischen zwei Blöcken vermengt wird. Beide Anordnungen kann man in einer Tabelle zusammenfassen (Tab. 48).

Tab. 48. 2^3-Design mit Vermengen von AB und AC

		Vermengen von AC Spalte 1		Vermengen von AC Spalte 2	
Vermengen von AB	Zeile 1	(1)	abc	c	ab
	Zeile 2	b	ac	a	bc

Die Wechselwirkung AB entspricht dem Vergleich der Elemente in den Zeilen

$$[((1) + abc) + (c + ab)] - [(b + ac) + (a + bc)],$$

die Wechselwirkung AC dem Vergleich zwischen den Spalten

$$[((1) + abc) + (b + ac)] - [(c + ab) + (a + bc)]$$

Ein weiterer Vergleich, derjenige zwischen Zeilen und Spalten, steht aber noch zur Verfügung

$$[((1) + abc) + (a + bc)] - [(c + ab) + (b + ac)]$$

Dieser entspricht der Wechselwirkung BC, d. h. wenn AB und AC vermengt sind, ist es zwangsläufig auch BC.

Zur Ermittlung der dritten, zusätzlich vermengten Wechselwirkung gibt es eine einfache Regel:

Man erhält die noch unbekannte vermengte Wechselwirkung durch Multiplikation der gewählten Wechselwirkungen miteinander unter Beachtung der Regel

$$A^2 = B^2 = C^2 = \ldots = 1 \qquad (222)$$

So lautet die Berechnung hier

$$(AB)(AC) = A^2BC = BC$$

Allgemeine Regeln zur Ermittlung der in einem 2^n-Design zwischen 2^p Blöcken vermengten Wechselwirkungen und zur Anordnung der Versuchskombination in den Blöcken. Die innerhalb eines Designs vermengten Wechselwirkungen bezeichnet man als *defining contrasts.* Die Multiplikation irgendeines defining contrasts mit einem anderen liefert unter Beachtung der oben, Gl. (222), angegebenen Multiplikationsregel einen neuen defining contrast. Fügt man den defining contrasts eines Designs noch den Term I hinzu, so erhält man die sog. „Gruppe der defining contrasts“.

In einem 2^n factorial design, das in 2^p Blöcke aufgeteilt wird, können $2^p - 1$ defining contrasts (Wechselwirkungen) vermengt werden. p sind zunächst frei zu wählen. Dabei ist darauf zu achten, daß die gewählten Wechselwirkungen voneinander unabhängig sind, d. h. keine darf aus der Multiplikation der anderen defining contrasts miteinander hervorgehen.

In einem 2^5-Design kann man z. B. $8 = 2^3$ Blöcke mit je 4 Versuchen bilden, $2^3 - 1 = 7$ Wechselwirkungen vermengen und davon drei, z. B. ADE, BCD und CDE, frei wählen. Die restlichen 4 defining contrasts erhält man durch Multiplikation der drei gewählten miteinander:

$$ADE \times BCD = ABCE$$

$$ADE \times CDE = AC$$

$$BCD \times CDE = BE$$

$$ADE \times BCD \times CDE = ABD$$

Die Gruppe der defining contrasts lautet damit:

$I, AC, BE, ABD, ADE, BCD, CDE, ABCE$

Der nächste Schritt ist die Aufteilung der Versuchskombinationen des 2^5-Designs auf die acht Blöcke.

Als den Hauptblock (principal block) bezeichnet man den Block, der die Versuchskombination (1) enthält. Sind einzelne Elemente dieses Blocks bekannt, kann man die restlichen Elemente durch Multiplikation der bekannten miteinander erhalten, ist der ganze Block bekannt, kann man alle anderen Blöcke durch Multiplikation des Hauptblocks mit nicht in ihm enthaltenen Versuchskombinationen bestimmen. Zum Hauptblock selbst gehören alle Versuchskombinationen, die eine gerade Anzahl (einschließlich null) von kleinen Buchstaben der in den vermengten Wechselwirkungen vorkommenden Großbuchstaben enthalten.

In dem obigen 2^5-Design gehören neben der Kombination (1) auch die Versuchskombinationen acd, $abce$ und bde zum Hauptblock, da diese entweder keinen, zwei oder vier Buchstaben aus jedem defining contrast enthalten. So enthält acd von AC zwei (ac), von BE keinen, von ABD zwei (ad), von ADE zwei (ad), von BCD zwei (cd), von CDE zwei (cd) und von $ABCE$ zwei (ac) Buchstaben usw.

Nachdem der Hauptblock bekannt ist, können die restlichen sieben Blöcke abgeleitet werden. Man erhält sie durch Multiplikation der Elemente des Hauptblocks mit a, b, c, d, e, ab und bc:

(1)	*a*	*b*	*c*	*d*	*e*	*ab*	*bc*
acd	*cd*	*abcd*	*ad*	*ac*	*acde*	*bcd*	*abd*
abce	*bce*	*ace*	*abe*	*abcde*	*abc*	*ce*	*ae*
bde	*abde*	*de*	*bcde*	*be*	*bd*	*ade*	*cde*

Damit steht der Versuchsplan fest. Die Varianzanalyse verläuft in der gleichen Weise wie in dem auf S. 353 beschriebenen Beispiel.

4.3. Faktorielle Teilversuchsplanung

(Fractional factorial design)

Je größer die Zahl der in einem Verfahren zu berücksichtigenden Faktoren wird, um so umfangreicher wird die zur Ermittlung der Effekte und Wechselwirkungen erforderliche Varianzanalyse. So sind bei sechs Faktoren auf zwei Niveaus $2^6 = 64$ Versuche für ein komplettes factorial design notwendig. Es wird jedoch viele Fälle geben, in denen der Einfluß einzelner Faktoren oder ihrer Wechselwirkungen bereits bekannt sind, z. B. bei einer laufenden Anlage, so daß man auf die Bestimmung dieser Effekte verzichten kann; oder aber man arbeitet an der Entwicklung eines Verfahrens und möchte in kleinen Schritten ohne eine vollständige Analyse vorwärtsgehen, um vielleicht überflüssige Faktoren sofort eliminieren und neue, bis dahin unberücksichtigte, in die Untersuchung mit aufnehmen zu können.

In solchen Fällen wendet man vorteilhaft die Methoden der faktoriellen Teilversuchsplanung an, mit deren Hilfe man aus einer kleineren Zahl von Versuchen, als sie für ein komplettes Design erforderlich wären, auf die wichtigsten Effekte und Wechselwirkungen der Faktoren schließen kann.

Für ein komplettes 2^3-Design wird man die in Tab. 38, S. 350 aufgeführten acht Versuche machen und die einzelnen Effekte und Wechselwirkungen nach den dort besprochenen Methoden berechnen. Ist aber z. B. die Wechselwirkung ABC zu vernachlässigen oder sogar gleich null, so kann man dies zur Bestimmung des Effektes eines vierten Faktors D nutzen, indem man in Tab. 38 die Wechselwirkung ABC durch den Effekt des Faktors D ersetzt (im eigentlichen Sinne addiert man zur Wechselwirkung ABC den Effekt von D hinzu). Man ist dann in der Lage, mit nur acht Versuchen die Effekte von vier Faktoren zu berechnen. Das Niveau des Faktors D in den acht Versuchen (Tab. 49) wird durch die für ABC in Tab. 38 geltenden

Tab. 49. Design für vier Faktoren in acht Versuchen

Versuch	A	B	C	D	Kombination
1	–	–	–	–	(1)
2	+	–	–	+	*ad*
3	–	+	–	+	*bd*
4	+	+	–	–	*ab*
5	–	–	+	+	*cd*
6	+	–	+	–	*ac*
7	–	+	+	–	*bc*
8	+	+	+	+	*abcd*

Vorzeichen bestimmt, d. h. (–) bedeutet, der Faktor D befindet sich in diesem Versuch auf seinem unteren Niveau, (+) bedeutet, der Faktor D befindet sich auf seinem oberen Niveau. In allen Fällen, in denen sich D auf seinem oberen Niveau befindet, d. h. in Versuch 2, 3, 5 und 8 müssen die Versuchskombinationen um d erweitert werden.

Der Effekt von D berechnet sich dann zu

$D = (-(1) + ad + bd - ab + cd - ac - bc + abcd)/4$

Man erhält den Effekt von D allein, wenn $ABC = 0$. Anderenfalls liefert die Rechnung die Summe $D + ABC$.

Tab. 49 stellt die eine Hälfte eines 2^4-Designs, ein sog. half replicate, dar. Die zweite Hälfte würde man erhalten, wenn man in Tab. 38 ABC durch $-D$ ersetzte. Für D gelten dann die entgegengesetzten Vorzeichen, und der Effekt von D errechnet sich zu

$D = (d - a - b + abd - c + acd + bcd - abc)/4$

In das 2^3-Design von Tab. 49 können weitere neue Faktoren eingeführt werden, wenn man auf die Berechnung von Zweifaktorwechselwirkungen verzichten kann. Ist z. B. AB praktisch gleich Null, so kann man dies zur Bestimmung des Effektes eines fünften Faktors E einsetzen. Man erhält dann ein quarter replicate eines vollständigen 2^5-Designs. Das Niveau von E in den Versuchskombinationen wird durch die Vorzeichen in der Spalte AB von Tab. 38 in der Art bestimmt, wie es oben für den Faktor D beschrieben wurde.

Beziehungen zwischen faktorieller Teilversuchsplanung und Versuchsplanung mit Vermengen. Die half oder quarter replicates einer faktoriellen Teilversuchsplanung entsprechen den Blöcken einer Versuchsplanung, in der Wechselwirkungen höherer Ordnung zwischen den Blöcken vermengt sind. So ist das half replicate der Tab. 49 identisch mit dem Hauptblock (vgl. S. 353) eines 2^4-Designs, das in zwei Blöcke aufgeteilt ist, zwischen denen die Wechselwirkung $ABCD$ vermengt ist (vgl. S. 353). Ein quarter replicate einer Teilversuchsplanung entspricht einem Block eines in vier Blöcke aufgeteilten kompletten Designs mit Vermengen usw.

Die Aufteilung der Versuchskombinationen auf die einzelnen Blöcke war in einem kompletten Design mit Vermengen durch die Gruppe der defining contrasts bestimmt (vgl. S. 356). Die einzelnen Elemente dieser Gruppe, ausgenommen der Term I, der dort noch keine Bedeutung hatte, entsprachen zwischen den Blöcken vermengten Wechselwirkungen, die mit Schwankungen zwischen den Blöcken überlagert werden konnten, da sie selbst als vernachlässigbar klein angesehen wurden. Da ein Replicate einer Teilversuchsplanung identisch ist mit einem Block in einem Design mit Vermengen, läßt sich die Gruppe der defining contrasts auch aus einer Teilversuchsplanung ableiten. (In dieser treten die einzelnen Elemente nicht als Wechselwirkungen auf, da sie ja zwischen den Blöcken eines kompletten Designs vermengt sind, in einer Teilversuchsplanung jedoch nur ein Block ausgeführt wird. Sie dienen hier vielmehr als Rechengrößen zur Ermittlung der miteinander vermengten Effekte und Wechselwirkungen, vgl. den folgenden Abschnitt).

Ersetzt man z. B. in einem 2^3-Design mit den Faktoren A, B und C die Wechselwirkung ABC durch den Faktor D und die Wechselwirkung BC durch den Faktor E

$D = ABC \qquad E = BC$

so gelangt man zur Gruppe der defining contrasts des zu dieser Teilversuchsplanung gehörenden 2^5-Designs mit Vermengen durch Multiplikation mit dem jeweils neu eingeführten Faktor auf beiden Seiten der obigen Gleichungen

$D^2 = ABCD$

und

$E^2 = BCE$

und weitere Multiplikation der dabei resultierenden Wechselwirkungen miteinander

$ABCD \times BCE = AB^2C^2DE = ADE$

d. h. die Gruppe der defining contrasts lautet hier I, $ABCD$, ADE, BCE.

Durch das Gleichsetzen von $D = +ABC$ und $E = +BC$ erhält man jedoch nur ein quarter replicate der Teilversuchsplanung und damit nur einen Block im vermengten Design. Setzt man $D = +ABC$ und $E = -BC$, so ergibt sich eine weitere Gruppe von defining contrasts mit negativen Elementen, da $D^2 = +ABCD$, $E^2 = -BCE$ und $ABCD \times (-BCE) = -ADE$ ist.

Da es vier verschiedene Möglichkeiten gibt, die Faktoren D und E den Wechselwirkungen ABC und BC gleichzusetzen

$D = \pm ABC \qquad E = \pm BC$

gibt es auch vier Gruppen von defining contrasts, die zu den einzelnen quarter replicates der Teilversuchsplanung gehören. Tab. 50 stellt die Beziehungen zwischen Teilversuchsplanung und Versuchsplanung mit Vermengen zusammen.

Zu den einzelnen Blöcken bzw. Replicates kommt man entweder nach den Regeln auf S. 356 oder nach dem in Tab. 49 demonstrierten Verfahren oder aber auf folgende Weise: Wie sich an Tab. 49 leicht nachprüfen läßt, erhält man als Replicate den Hauptblock, wenn man bei Gleichsetzen eines Faktors mit einer Wechselwirkung mit gerader Buchstabenzahl das Minuszeichen verwendet, also z. B. $D = -AB$, bei Gleichsetzen mit einer Wechselwirkung mit ungerader Buchstabenzahl das Pluszeichen, also $D = +ABC$. Die übrigen Blöcke oder Replicates erhält man dann vom Hauptblock ausgehend am einfachsten nach den Regeln auf S. 356. Aus dem zuletzt beschriebenen Verfahren folgt, daß diejenige Gruppe der defining contrasts der Teilversuchsplanung zum Hauptblock gehört, in der alle ungeradzahligen Wechselwirkungen negativ, alle geradzahligen positiv sind.

Bestimmung der miteinander vermengten Effekte und Wechselwirkungen in einer faktoriellen Teilversuchsplanung. Durch Einführung eines neuen Faktors in

Tab. 50. Vergleich einer faktoriellen Teilversuchplanung mit einem vollständigen Versuchsplan mit Vermengen

confounding design	fractional factorial design
2^5-Design Faktoren: *A, B, C, D, E* vier Blöcke vermengte Wechselwirkungen: *ABCD, BCE, DAE*	2^3-Design Faktoren: *A, B, C* neue Faktoren: *D, E* vier mögliche replicates: $D = \pm ABC$, $E = \pm BC$
defining contrasts	
I, ABCD, BCE, ADE	$D = +ABC$, $E = +BC$: *I, ABCD, BCE, ADE*
	$D = -ABC$, $E = +BC$: *I, − ABCD, BCE, − ADE*
	$D = +ABC$, $E = -BC$: *I, ABCD, − BCE, − ADE*
	$D = -ABC$, $E = -BC$: *I, − ABCD, − BCE, ADE*

Blöcke bzw. Replicates

1.)	1.) × *a*	1.) × *b*	1.) × *e*
(1)	*a*	*b*	*e*
bc	*abc*	*c*	*bce*
ad	*d*	*abd*	*ade*
abcd	*bcd*	*acd*	*abcde*
abe	*be*	*ae*	*ab*
ace	*ce*	*abce*	*ac*
bde	*abde*	*de*	*bd*
cde	*acde*	*bcde*	*cd*
$D = +ABC$	$D = -ABC$	$D = -ABC$	$D = +ABC$
$E = -BC$	$E = -BC$	$E = +BC$	$E = +BC$

ein 2^n-Design erhöht sich die Zahl der Effekte und Wechselwirkungen. Da die Zahl der Versuche aber gleich bleibt, können nicht alle Effekte und Wechselwirkungen getrennt voneinander berechnet werden, sie sind vielmehr miteinander vermengt, und man bestimmt innerhalb der Varianzanalyse ihre Summe oder ihre Differenz. Sind alle Wechselwirkungen reell, so erscheinen sie in einem half replicate in Paaren, in einem quarter replicate zu viert usw.

Um festzustellen, welche Effekte miteinander vermengt sind, multipliziert man die Gruppe der defining contrasts mit den Effekten und Wechselwirkungen des ursprünglichen Designs, das um die neuen Faktoren erweitert worden ist. (Die Einführung des Terms I in die Gruppe der defining contrasts auf S. 356 erfährt hier ihre nachträgliche Erklärung.)

In einem 2^3-Design z. B. bestimmt man im Rahmen der Varianzanalyse die in Tab. 51, Spalte 2 aufgeführten Effekte und Wechselwirkungen, wenn die Versuchskombinationen in Spalte 1 in der Standardform angeordnet wurden. Nach Erweiterung des Designs auf 5 Faktoren und Ersatz der Wechselwirkung *ABC*

Tab. 51. Versuchskombinationen und vermengte Wechselwirkungen in einem quarter replicate eines 2^5-Designs

Versuchs-kombination	Effekte im 2^3-Design	Versuchskombinationen nach Einführen von *D* und *E*, $D = ABC$, $E = -BC$	Vermengte Effekte im quarter replicate
(1)	–	(1)	–
a	*A*	*ad*	*A, − DE, BCD, − ABCE*
b	*B*	*bde*	*B, − CE, ACD, − ABDE*
ab	*AB*	*abe*	*AB, CD, − ACE, − BDE*
c	*C*	*cde*	*C, − BE, ABD, − ACDE*
ac	*AC*	*ace*	*AC, BD, − ABE, − CDE*
bc	*BC*	*bc*	*− E, BC, AD, − ABCDE*
abc	*ABC*	*abcd*	*D, − AE, ABC, − BCDE*

durch den Faktor $+D$ und der Wechselwirkung BC durch $-E$ befinden sich die fünf Faktoren in den acht Versuchen auf den in Spalte 3 von Tab. 51 angegebenen Niveaus. Die Gruppe der defining contrasts für dieses quarter replicate lautet nach Tab. 50

$$I, ABCD, -BCE, -ADE$$

Jedes Element dieser Gruppe ist jetzt mit den Effekten und Wechselwirkungen der Spalte 2 zu multiplizieren, also

$$(I, ABCD, -BCE, -ADE) \times A = A,$$
$$+BCD, -ABCE, -DE$$

d. h. in der zweiten Zeile des Schemas der Varianzanalyse errechnet man an Stelle des Effektes A die Summe der Effekte A, BCD, $-ABCE$ und $-DE$. Wendet man dieses Verfahren auf jede Zeile an, so erhält man schließlich in Spalte 4 die miteinander vermengten Effekte und Wechselwirkungen dieses Designs. In der Regel wird man auf die Niederschrift der Dreifach- und Vierfachwechselwirkungen verzichten können, da diese praktisch null sein werden. Der resultierende Effekt innerhalb einer Zeile ist dann auf die verbleibenden Elemente zu verteilen, wie es im folgenden Beispiel gezeigt ist.

Beispiel (entnommen aus Davies [3]). Die Ausbeute eines Medikamentes als Funktion von fünf Faktoren sollte in acht Versuchen ermittelt werden. Für die fünf Faktoren wurden folgende Niveaus gewählt:

A	Mole Reaktand	4 Mole	5 Mole
B	Säurekonzentration	konzentriert	verdünnt
C	Säuremenge	2 Mole	2,5 Mole
D	Reaktionszeit	2 h	4 h
E	Reaktionstemperatur	niedrig	hoch

Die Wechselwirkungen AC und AB wurden als vernachlässigbar angesehen und durch die Faktoren D und E ersetzt, wobei $D = -AC$ und $E = AB$ gesetzt wurde. Tab. 52 zeigt in der ersten Spalte die Kombinationen der Faktoren. Die Versuche sind in Standardform in Bezug auf die Faktoren A, B und C aufgeschrieben. Die Vorzeichen in der zweiten Spalte geben die Niveaus der Faktoren in jedem Versuch an, die dritte Spalte enthält die Ausbeuten in Prozenten.

Tab. 52. Design für 5 Faktoren in 8 Versuchen sowie Produktausbeute

Kombination der Faktoren	Niveau des Faktors *A*	*B*	*C*	*D*	*E*	Ausbeute %
e	−	−	−	−	+	59,1
ad	+	−	−	+	−	57,0
b	−	+	−	−	−	58,6
abde	+	+	−	+	+	63,9
cde	−	−	+	+	+	67,2
ac	+	−	+	−	−	71,6
bcd	−	+	+	+	−	79,2
abce	+	+	+	−	+	76,9

Die Quadratsummen wurden nach der Methode von Yates berechnet (Tab. 53). Die Gruppe der defining contrasts in diesem Design lautet, da $D^2 = -ACD$, $E^2 = ABE$ und $(-ACD) \times (ABE) = -BCDE$ ist, I, $-ACD$, ABE, $-BCDE$. Damit ergeben sich die in Spalte 6 aufgeführten vermengten Effekte und Wechselwirkungen.

Die Varianz für diese Reaktion war aus früheren Versuchen zu 1,0 bekannt. Durch Vergleich der Durchschnittsquadrate in der vorletzten Spalte, die — da für alle Quadratsummen nur mit einem Freiheitsgrad gerechnet werden muß — mit den Werten der q_i identisch sind, erkennt man, daß nur die Effekte von B und C sowie die Wechselwirkungen (BC, $-DE$) und ($-BD$, CE) signifikant sind. Dabei wurde angenommen, daß die höheren Wechselwirkungen zu vernachlässigen sind.

Zur Überprüfung der Wechselwirkungen (BC, $-DE$) dienen die Tabellen 54 und 55, in denen die Mittelwerte der Ausbeuten von jeweils zwei Versuchen mit gleichen Niveaukombinationen von B und C und von D und E zusammengestellt sind. Z. B. befinden sich B und C in Versuch 1 und 2 (Tab. 53) auf ihrem unteren Niveau, der Mittelwert beider Versuchsausbeuten ist $59{,}1 + 57{,}0 = 58{,}1$ (s. Tab. 54).

Tab. 54. Wechselwirkung BC

Faktor *C* Säuremenge	Faktor *B* konzentrierte Säure	verdünnte Säure
2 Mole	58,1	61,3
2,5 Mole	69,4	78,1

Tab. 53. Berechnung der Quadratsummen nach Yates (vgl. Tab. 39, S. 351) und Varianzanalyse zu Tabelle 52

Kombination der Faktoren	Ausbeute %	(1)	(2)	(3)	Effekt (3)/4	q_i $(3)^2/8$	Gemessene Effekte
e	59,1	116,1	238,6	533,5	—	—	—
ad	57,0	122,5	294,9	5,3	1,33	3,51	$A, -CD, BE, -ABCDE$
b	58,6	138,8	3,2	23,7	5,93	70,21	$B, AE, -ABCD, -CDE$
abde	63,9	156,1	2,1	0,7	0,18	0,06	$E, AB, -BCD, -ACDE$
cde	67,2	− 2,1	6,4	56,3	14,08	396,21	$C, -AD, ABCE, -BDE$
ac	71,6	5,3	17,3	− 1,1	− 0,28	0,15	$-D, AC, BCE, -ABDE$
bcd	79,2	4,4	7,4	10,9	2,73	14,85	$BC, -DE, -ABD, ACE$
abce	76,9	− 2,3	− 6,7	− 14,1	− 3,53	24,85	$-BD, CE, ABC, -ADE$

Tab. 55. Wechselwirkung *DE*

Faktor *E* Reaktionstemperatur	Faktor *D* Reaktionszeit 2 h	4 h
niedrig	65,1	68,1
hoch	68,0	65,6

Numerisch sind die Wechselwirkungen einander äquivalent, denn definitionsgemäß gilt für eine zweifache Wechselwirkung

$$2 \times BC = (78{,}1 - 61{,}3) - (69{,}4 - 58{,}1) = 16{,}8 - 11{,}3 = = +5{,}5$$

$$2 \times DE = (65{,}6 - 68{,}1) - (68{,}0 - 65{,}1) = -2{,}5 - 2{,}9 = = -5{,}4$$

Demnach sind die besten Kombinationen 2,5 Mole verdünnte Säure sowie lange Reaktionszeit bei niedriger Temperatur oder kurze Reaktionszeit bei höherer Temperatur.

Tab. 56. Wechselwirkung *BD*

Faktor D Reaktionszeit	Faktor *B* konzentrierte Säure	verdünnte Säure
2 Stunden	65,4	67,8
4 Stunden	62,1	71,6

Tab. 57. Wechselwirkung *CE*

Faktor *E* Reaktions-temperatur	Faktor *C* 2 Mole Säure	2,5 Mole Säure
niedrig	57,8	75,4
hoch	61,5	72,1

Tabellen 56 und 57 dienen entsprechend zur Überprüfung der Wechselwirkungen (– *BD*, *CE*). Danach sollte die Verwendung verdünnter Säure kombiniert werden mit einer Reaktionszeit von vier Stunden und eine niedrige Reaktionstemperatur mit 2,5 Molen Säure.

Aus allen vier Tabellen ergibt sich schließlich, daß die beste Kombination der Faktoren für diese Reaktion hinsichtlich einer hohen Ausbeute 2,5 Mole verdünnte Säure, niedrige Reaktionstemperatur und vier Stunden Reaktionszeit sind.

5. Literatur

[1] G. A. Barnard: Review, J. Amer. Statist. Assoc. *42*, 658 (1947).

[2] O. L. Davies: Statistical Methods in Research and Production, 3. Aufl., Oliver & Boyd, London 1967.

[3] O. L. Davies: Design and Analysis of industrial Experiments, 2. Aufl., Oliver & Boyd, London 1967.

[4] C. D. Ferris, F. E. Grubbs, C. L. Weaver: Operating Characteristics for the common statistical tests of significance, Ann. Math. Statist. *17*, 178–197 (1946).

[5] E. Kreyszig: Statistische Methoden und ihre Anwendungen, Vandenhoeck & Ruprecht, Göttingen 1965.

[6] A. Linder: Statistische Methoden, 3. Aufl., Birkhäuser, Basel-Stuttgart 1960.

[7] D. B. Owen: Handbook of statistical tables, Addison-Wesley, London 1962.

[8] S. Rushton: Sequential *t*-Test, Biometrika *37*, 326 (1950).

[9] L. Sachs: Statistische Auswertungsmethoden, Springer, Berlin-Heidelberg-New York 1968.

[10] B. L. van der Waerden: Mathematische Statistik, Springer, Berlin-Heidelberg-New York 1957.

[11] A. Wald: Sequential Analysis, J. Wiley, New York 1947.

[12] E. Weber: Grundriß der biologischen Statistik, 6. Aufl., G. Fischer, Stuttgart 1967.

Optimierung chemischer Reaktionen

Dr. FRIEDHELM BANDERMANN, Institut für Anorganische und Angewandte Chemie, Universität Hamburg

Optimierung chemischer Reaktionen

Dr. FRIEDHELM BANDERMANN, Institut für Anorganische und Angewandte Chemie, Universität Hamburg

1. Parameteroptimierung eindimensionaler Systeme . . . **362**

1.1. Suchmethoden . . . **363**
1.1.1. Simultane Suchmethoden . . . 364
1.1.2. Sequentielle Suchmethoden . . . 367
FIBONACCI-Suchmethode . . . 367

2. Parameteroptimierung multidimensionaler Systeme . . . **371**

2.1. Netzmethode der Gitterpunkte . . . **371**
2.2. Ein-Faktor-Methode . . . **372**
2.3. BOX-WILSON-Methode . . . **372**
2.3.1. Ermittlung des Polynoms ersten Grades . . . 373
2.3.2. Aufstieg zur nahezu stationären Region (Methode des steilsten Anstiegs, Gradientenmethode) . . . 375
2.3.3. Ermittlung des Polynoms zweiten Grades . . . 376
2.3.4. Varianzanalytische Tests . . . 378
2.3.5. Diskussion der Gleichungen zweiten Grades . . . 379
2.3.6. Beispiele . . . 382
2.4. Evolutionary Operation . . . **388**
2.5. Sequential Simplex Methode . . . **395**

3. Funktionenoptimierung . . . **398**

3.1. Optimierung einstufiger Prozesse . . . **399**
3.1.1. Gradientenmethode . . . 399
3.1.2. Maximumprinzip von PONTRYAGIN . . . 404
3.1.3. Dynamische Programmierung nach BELLMAN . . . 408
3.2. Optimierung mehrstufiger diskreter Prozesse . . . **410**
3.2.1. Gradientenmethode . . . 410
3.2.2. Dynamische Programmierung mehrstufiger diskreter Prozesse . . . 412
3.3. Vergleichende Betrachtung . . . **413**
3.4. Beispiele . . . **413**

4. Literatur . . . **417**

1. Parametric Optimization of Unidimensional Systems . . . **362**

1.1. Search Methods . . . **363**
1.1.1. Simultaneous Search Methods . . . 364
1.1.2. Sequential Search Methods . . . 367
FIBONACCI Search Method . . . 367

2. Parametric Optimization of Multidimensional Systems . . . **371**

2.1. Net Method of Lattice Points . . . **371**
2.2. One Factor at a Time Method . . . **372**
2.3. BOX-WILSON Method . . . **372**
2.3.1. Determination of First-order Effects . . . 373
2.3.2. Ascent to Near-stationary Region (Method of Steepest Ascent, Gradient Methode) . . . 375
2.3.3. Determination of the Second degree Equation . . . 376
2.3.4. Analytical Tests of Variance . . . 378
2.3.5. Discussion of Second-degree Equations . . . 379
2.3.6. Examples . . . 382
2.4. Evolutionary Operation . . . **388**
2.5. Sequential Simplex Method . . . **395**

3. Optimization of Functions . . . **398**

3.1. Optimization of One-step Processes . . . **399**
3.1.1. Method of Gradients . . . 399
3.1.2. PONTRYAGINS Maximum Principle . . . 404
3.1.3. Dynamic Programming . . . 408
3.2. Optimization of Multistep Discrete Processes . . . **410**
3.2.1. Method of Gradients . . . 410
3.2.2. Dynamic Programming of Multistep Discrete Processes . . . 412
3.3. Comparative Observation . . . **413**
3.4. Examples . . . **413**

4. Literature . . . **417**

Der Ablauf chemischer Reaktionen hängt in entscheidendem Maße von Prozeßvariablen qualitativer und quantitativer Natur ab. Während die Variation qualitativer Faktoren, wie der Einfluß verschiedener Reaktoren auf die Qualität eines Produktes, nur in geringem Maße möglich ist, lassen sich die Niveaus quantitativer Faktoren wie Druck oder Temperatur derart einstellen, daß die Zielgröße eines Prozesses wie die Ausbeute oder die Produktionskosten ein Maximum oder ein Minimum annimmt. Die Aufgabe eines Optimierverfahrens ist das Auffinden der günstigsten Reaktionsbedingungen für das Extremum der Zielgröße.

Die Auswahl eines zur Lösung der Optimieraufgabe geeigneten Verfahrens hängt einmal davon ab, ob der funktionelle Zusammenhang von Zielgröße und Einflußgrößen bekannt ist oder nicht, zum anderen, ob nur die optimalen Werte von unabhängigen, frei wählbaren Variablen für den stationären Zustand des Prozesses gesucht werden (Parameteroptimierung), oder ob für einen nicht stationären Prozeß optimale Funktionsverläufe von Steuervariablen zu ermitteln sind (Funktionenoptimierung).

Für die Parameteroptimierung eindimensionaler Systeme werden simultane und sequentielle Suchmethoden verwendet, für mehrdimensionale Systeme sind die Evolutionary Operation und die sequentielle Simplexmethode, die ohne ein mathematisches Prozeßmodell auskommen, sowie die Box-Wilson-Methode geeignet, in der aus statistisch angelegten Versuchen ein Regressionsmodell für den Zusammenhang von Zielgröße und Einflußgrößen erstellt wird, dessen Optimum man nach mathematischen Methoden bestimmt.

Im Rahmen der Funktionenoptimierung (S. 398) werden Methoden besprochen, die sich auf reaktionskinetische Modelle in bestimmten Reaktoren stützen. Dazu zählen die Gradientenmethode im Funktionsraum, das Maximumprinzip von Pontryagin sowie die dynamische Programmierung.

1. Parameteroptimierung eindimensionaler Systeme [1], [2]

Problemstellung. Eindimensionale Optimierungsaufgaben liegen vor, wenn eine Zielfunktion y entweder nur von einer einzigen Zustandsvariablen abhängt:

$$y = f(x) \tag{1}$$

oder aber von n Zustandsvariablen, von denen $(n-1)$ auf Grund äußerer Bedingungen oder technischer Anforderungen auf einem bestimmten Niveau fixiert sind:

$$y = f(x_1)_{x_2, x_3 \ldots x_n = \text{const.}} \tag{2}$$

so daß nur eine Variable zur Steuerung des Prozesses und Optimierung einer Zielfunktion zur Verfügung steht. Zur Behandlung dieses Problems mit den hier folgenden Methoden muß vorausgesetzt werden, daß zwischen der Steuervariablen x_1 und den restlichen fixierten Variablen $x_2 \ldots x_n$ keine Wechselwirkungen mit Rückwirkung auf die Zielfunktion möglich sind; das Problem wäre dann nach den Methoden zur Optimierung multidimensionaler Systeme zu behandeln.

Das Ziel von Optimierungsverfahren besteht darin, die Steuervariable x, z. B. die Konzentration eines Reaktanden, so einzustellen, daß eine frei gewählte Zielfunktion, z. B. die Ausbeute, ein Maximum annimmt.

Ist für den Zusammenhang zwischen Zielfunktion und Zustandsvariable ein analytischer Ausdruck gegeben, so kann das Maximum der Zielgröße nach den bekannten Methoden der Differentialrechnung ermittelt werden. Darauf wird hier nicht eingegangen, vielmehr sollen nur solche funktionellen Zusammenhänge diskutiert werden, für die kein analytischer Ausdruck von vornherein gegeben ist. Bekannt sein soll lediglich (oder auch nur vermutet werden, da eine Optimumsuche ja auch fehlschlagen kann), daß die Zielgröße innerhalb eines interessierenden Bereiches der Zustandsvariablen x ein Maximum annimmt. Die Lage des Maximums muß durch Experimente ermittelt werden.

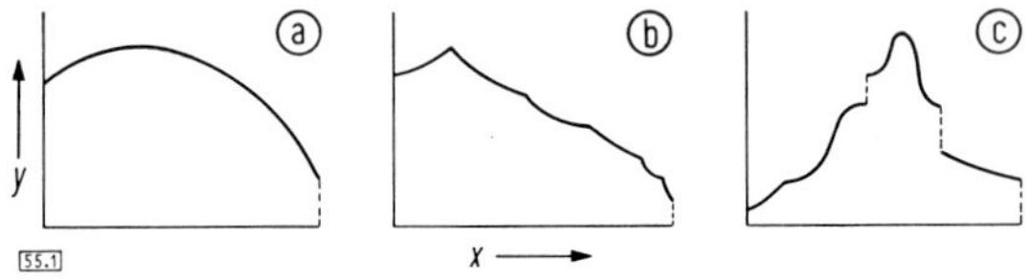

Abb. 1. Unimodale Funktionen
a konkav; b stetig; c unstetig

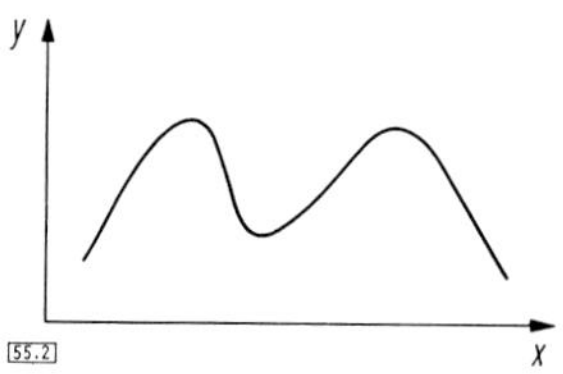

Abb. 2. Bimodale Funktion

Die folgenden Methoden setzen voraus, daß die Funktion y im Untersuchungsbereich „unimodal" ist, d. h. nur ein Maximum aufweist (Abb. 1). Sie muß nicht unbedingt konkav (a) oder stetig (b) sein, sondern kann auch Sprünge aufweisen (c). Ist die Funktion wie z. B. in Abb. 2 bimodal, so hat man den Untersuchungsbereich durch einige orientierende Versuche soweit einzuschränken, bis die Forderung nach Unimodalität wieder erfüllt ist.

Ist x^* der Wert für die unabhängige Variable x, für den die Zielgröße y ihr Maximum y^* annimmt, so ist eine Funktion dann unimodal, wenn die Ungleichungen

$$x_1 < x_2 < x^* \text{ bzw. } x^* < x_1 < x_2 \tag{3}$$

die Ungleichungen

$$y_1 < y_2 < y^* \text{ bzw. } y^* < y_1 < y_2 \tag{4}$$

implizieren, wie es in Abb. 3 anschaulich dargestellt ist.

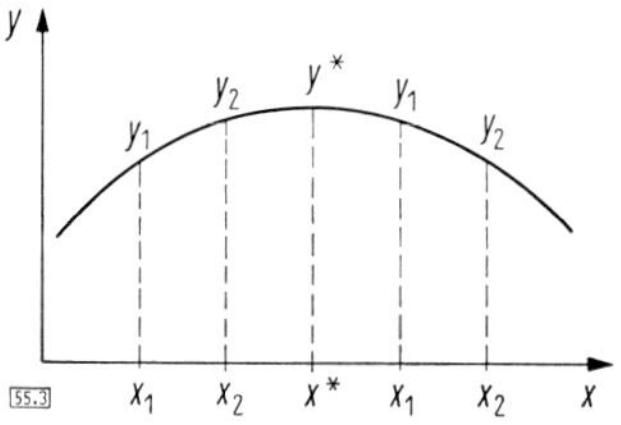

Abb. 3. Erläuterung zu den Ungleichungen (3) und (4)

Der erste Schritt eines Optimierungsverfahrens ist die Entwicklung eines optimalen *Versuchsplanes* für die Anlage der Experimente. Denn die Zahl der Versuchspläne, nach denen man das Optimum suchen kann, ist beliebig groß. Mit Hilfe des sog. *Minimaxkonzeptes* läßt sich aber aus allen möglichen Versuchsplänen der für das zu behandelnde Problem wirksamste, d. h. der optimale Versuchsplan herausfinden.

Bevor dieses Auswahlkriterium näher besprochen werden kann, muß noch der Begriff des *Unsicherheitsintervalls* eingeführt werden. Die Lage des Maximums einer Funktion kann durch Experimente nicht beliebig genau bestimmt werden, am Ende der Untersuchung bleibt ein endlicher Bereich Δx der unabhängigen Variablen, innerhalb dessen die Zielgröße y mit Sicherheit ihr Maximum annimmt, wenn sie im Untersuchungsbereich überhaupt eines besitzt.

Angenommen, innerhalb eines Versuchsplanes werden $k = 3$ Versuche mit den normierten Werten einer Konzentration $x_1 = 0{,}1$, $x_2 = 0{,}4$ und $x_3 = 0{,}8$ ausgeführt. Entsprechend dem Verlauf der Zielgröße y kann man dann einen Bereich $\Delta x = i_k$ festlegen, in dem das Optimum für y liegen wird, wenn die Funktion unimodal ist. i_k wird Unsicherheitsintervall genannt und ist durch

$$i_k = x_{j+1} - x_{j-1}, \qquad j = 1 \ldots k \tag{5}$$

definiert, wenn der höchste y-Wert bei x_j erhalten wurde ($i_k = i_3$ hat in Abb. 4 den Betrag 0,4, 0,7, bzw. 0,6).

Das Unsicherheitsintervall ist eine Funktion der Anzahl im voraus geplanter Versuche, der Lage der Werte x_k und auch der Lage des maximalen y-Wertes in den k Versuchen. Um insbes. vom zuletzt genannten Unsicherheitsfaktor frei zu sein, wählt man als Maß für die Wirksamkeit eines Versuchsplanes das größte, d. h. das schlechteste Unsicherheitsintervall I_k, das innerhalb eines gegebenen Versuchsplanes möglich ist; man hat dann die Gewißheit, daß es kein größeres geben wird:

$$I_k(x_k) = \max_{1<j<k} (x_{j+1} - x_{j-1}) \tag{6}$$

Für $x_1 = 0{,}1$, $x_2 = 0{,}4$ und $x_3 = 0{,}8$ ist die maximale Länge des Unsicherheitsintervalls gegeben durch

$$\begin{aligned} I_3(0{,}1,\ 0{,}4,\ 0{,}8) &= \max_{1<j<3} \{(x_2 - 0),\ (x_3 - x_1),\ (1 - x_2)\} \\ &= \max\{0{,}4,\ 0{,}7,\ 0{,}6\} = 0{,}7 \end{aligned} \tag{7}$$

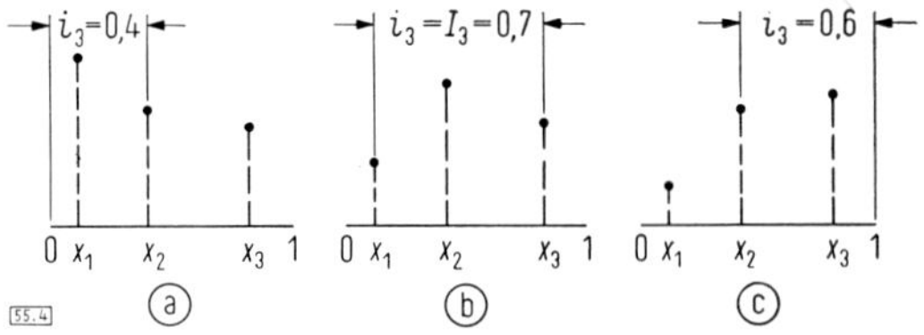

Abb. 4. Darstellung des Unsicherheitsintervalles Suchplan mit $x_1 = 0{,}1$, $x_2 = 0{,}4$, $x_3 = 0{,}8$ und maximalem Ergebnis für y im ersten (a), zweiten (b) oder dritten Versuch (c)

Von allen möglichen Versuchsplänen wird schließlich derjenige ausgeführt, dessen maximales Unsicherheitsintervall das kleinste aller möglichen ist; dieses optimale Unsicherheitsintervall I_k^* ist daher eine Konstante, obwohl I_k eine Variable ist und von der Art des Versuchsplans abhängt

$$I_k^* = \min\{I_k(x_k)\} \tag{8}$$

Bezieht man I_k^* auf die Gesamtlänge des Untersuchungsbereiches $I_0 = x_{k+1} - x_0$ und setzt man Gl. (6) in Gl. (8) ein, so erhält man als Ausdruck für das kleinste Untersuchungsintervall

$$\frac{I_k^*}{I_0} = \min_{x_k} \frac{I_k(x_k)}{I_0} = \min_{x_k} \left[\max_{1<j<k} \frac{(x_{j+1} - x_{j-1})}{(x_{k+1} - x_0)} \right] \tag{9}$$

Ein Versuchsplan, in dem die Werte x_k für die unabhängige Variable x derart angeordnet sind, daß Gl. (9) erfüllt ist, ist optimal im Sinne des Minimaxprinzips.

1.1. Suchmethoden

Zur Ermittlung des Maximums einer Funktion verwendet man Suchmethoden, die nur diese Funktion selbst, nicht auch ihre Ableitungen benötigen. Sie eignen sich daher auch für Fälle, in denen kein analytischer Ausdruck zur Beschreibung des Zusammenhangs zwischen Zielgröße und unabhängiger Variabler zur Verfügung steht, sondern Werte für die Zielgröße nur als Ergebnisse von Experimenten zugänglich sind.

Bei allen hier besprochenen Methoden muß die Zahl der auszuführenden Versuche vor Beginn der Versuchsreihe bekannt sein. Sie ist entweder durch praktische Überlegungen gegeben (Kosten pro Versuch, Menge Untersuchungsmaterial) oder sie kann aus dem geforderten Optimierungserfolg mit Hilfe der unten beschriebenen Kriterien ermittelt werden.

Auflösung und Unterscheidbarkeit. Der Versuchsplan, nach dem die Experimente ablaufen sollen, hat das Ziel, ein Anfangsintervall I_0 auf ein Schlußintervall I_k zu verkürzen, innerhalb dessen die Zielgröße y ihr Maximum annimmt. Liegt die linke Schranke von I_0 durch entsprechende Normierung der unabhängigen Variablen bei Null, d. h. $x_0 \equiv 0$, so hat I_0 die Länge x_{k+1}. Das Schlußintervall I_k kann nicht beliebig klein werden, da die Variablen, wenigstens bei den in der Chemie interessierenden Größen, wie Konzentration, Verweilzeit, Reaktionstemperatur usw., nicht beliebig genau gemessen oder eingestellt werden können (Ungenauigkeit eines Meßinstrumentes usw.) und daher ein bestimmter Mindestabstand zwischen zwei Werten von x, die Auflösung, nicht unterschritten werden kann, wenn zwei Versuche noch voneinander unterscheidbar sein sollen. Die *Auflösung*, eine sich auf die unabhängige Variable beziehende Größe, ist definiert als Bruchteil des Anfangs- oder des Endintervalls

$$x_{j+1} - x_j \geqslant \delta I_k = \varepsilon I_0, \quad j = 1, \ldots k-1 \tag{10}$$

δ kann höchstens den Wert 1/2 annehmen

$$\delta \leqslant 1/2 \tag{11}$$

da es bei gleichbleibendem I_k für $\delta > 1/2$ zwei Werte x_{j+1} und x_j geben kann, deren Abstand kleiner als die Auflösung δI_k ist, und die daher nicht voneinander unterscheidbar sind. Die Wahl der Größenordnung von δ bzw. ε hängt nicht nur vom Auflösungsvermögen in Bezug auf die unabhängige Variable ab, sondern auch davon, wie genau die Zielfunktion y, insbes. in der Nähe des Optimums, bestimmt werden kann. Die minimale noch erkennbare Differenz von y wird *Unterscheidbarkeit* genannt und mit η bezeichnet. Zwei Meßergebnisse sind noch unterscheidbar, d. h. es ist

$$y(x_1) \neq y(x_2) \tag{12}$$

nur dann, wenn

$$|y(x_1) - y(x_2)| \geqslant \eta \tag{13}$$

1.1.1. Simultane Suchmethoden

Simultane Suchmethoden sind anzuwenden, wenn alle Experimente zur gleichen Zeit durchgeführt werden müssen, z. B. aus Gründen der Zeitersparnis. Die Auflösung kann bei ihnen aus der Unterscheidbarkeit η durch Abschätzen des Verlaufs der Zielfunktion in Nähe des Optimums, z. B. aus früheren Untersuchungen, erhalten werden. Die genaue Lage des optimalen Wertes x^* der Zustandsvariablen braucht dazu nicht bekannt zu sein.

ε ist dann so zu wählen, daß die implizite Beziehung

$$\min\{|y(x^*) - y(x^* + \varepsilon I_0)|, \quad |y(x^*) - y(x^* - \varepsilon I_0)|\} = \eta \tag{14}$$

erfüllt ist. Den Zusammenhang zwischen Auflösung und Unterscheidbarkeit zeigt Abb. 5.

Diese Methode der Bestimmung von ε ist anwendbar, wenn die Zielfunktion in der Nähe des Maximums nicht zu flach verläuft. Die Verwendung simultaner Suchmethoden bei k Beobachtungen und unter Berücksichtigung einer Auflösung δI_k ist daher unter Einschränkung früher beschriebener Bedingungen für die Unimodalität einer Funktion nur dann zulässig, wenn

$$|y(x') - y(x'')| \geqslant \eta \tag{15}$$

für alle x' und x'' gilt, für die

1. entweder $x^* \leqslant x' < x''$ oder $x'' < x' \leqslant x^*$ (16)
2. $|x' - x^*| \leqslant (1-\delta) I_k$ (17)
3. $|x'' - x'| \geqslant \delta I_k$ (18)

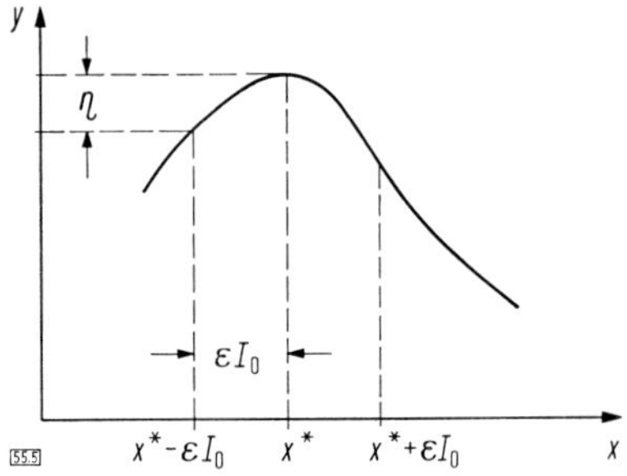

Abb. 5. Auflösung εI_0 und Unterscheidbarkeit η

Wenn das beste innerhalb einer Versuchsreihe erhaltene Resultat bei $x = m_k$ nicht vom Resultat bei $x = m_k + \delta I_k$ unterschieden werden kann, so liegt der optimale Wert für x nach den Bedingungen (15)–(18) zwischen m_k und $m_k + \delta I_k$, d. h., wenn

$$|y(m_k) - y(m_k + \delta I_k)| < \eta \tag{19}$$

dann ist

$$m_k < x^* < m_k + \delta I_k \tag{20}$$

Aufstellung des Versuchsplans. Außer von der Auflösung und der Unterscheidbarkeit, die in Form von Nebenbedingungen eingehen, hängt ein optimaler Versuchsplan zur Maximumsuche davon ab, ob eine gerade oder ungerade Gesamtzahl k von Versuchen ausgeführt wird. Faßt man jeweils zwei aufeinander folgende Versuche zu einem Paar zusammen, so gilt bei gerader bzw. ungerader Gesamtversuchszahl

$$k = 2p \quad \text{bzw.} \quad k = 2p + 1$$

wenn p die Zahl der Versuchspaare angibt.

Da je zwei Versuche nicht weiter voneinander entfernt sein können, als der Länge des Schlußintervalls I_k entspricht, kann man für die Versuche mit gerader Indexzahl, also $x_2, x_4 \ldots$, die Ungleichungen

$$\begin{aligned} &x_2 \leqslant I_k \quad (\text{mit } x_0 \equiv 0) \\ &x_4 - x_2 \leqslant I_k \\ &\vdots \\ &x_{2p} - x_{2p-2} \leqslant I_k \end{aligned} \tag{21}$$

aufstellen. Addition aller Ungleichungen liefert

$$x_{2p} \leqslant p I_k \tag{22}$$

Wahl der Werte der unabhängigen Variablen bei ungerader Versuchszahl. Ist die Gesamtversuchszahl k ungerade, so liegt rechts von x_{2p} noch der Versuch $x_{2p+1} (\equiv x_k)$, so daß gilt

$$I_0 - x_{2p} \leqslant I_k \equiv I_{2p+1} \tag{23}$$

Addition von Gl. (22) und (23) liefert

$$I_0 \leqslant (p+1) I_{2p+1} \tag{24}$$

Für ein gegebenes Anfangsintervall I_0 wird das Schlußintervall I_{2p+1} ein Minimum, wenn in Gl. (21) alle Abstände gleich sind, da dann auch in Gl. (24) das Gleichheitszeichen gilt. Das Minimaxverhältnis ist dann

$$\frac{I_0}{I^*_{2p+1}} = \frac{I^*_0}{I_{2p+1}} = p+1 \tag{25}$$

Der Versuchsplan ist daher dann optimal, wenn für die Lage der Versuche mit geradzahligem Index

$$x_{2h} = h I_{2p+1}, \qquad h = 1, 2, \ldots p \tag{26}$$

gilt, d. h. diese Versuche sind innerhalb des Untersuchungsintervalles im gleichen Abstand voneinander anzuordnen. Für die Anordnung der Versuche mit ungeradzahligem Index folgt aus Gl. (25) keine Bedingung, sie können also zwischen ihren geradzahligen Nachbarversuchen beliebig angeordnet werden, wenn nur der Abstand von einem ihrer ungeradzahligen Nachbarversuche höchstens gleich der Länge des Schlußintervalls I_{2p+1} ist:

$$(x_{2h+1} - x_{2h-1}) \leqslant I_{2p+1}, \qquad h = 1, 2, \ldots p \tag{27}$$

Bei ungeradzahliger Gesamtversuchszahl k ergibt sich somit eine unendlich große Zahl möglicher Versuchspläne, die jedoch den Nebenbedingungen (26) und (27) genügen müssen.

Der einfachste Versuchsplan liegt dann vor, wenn man alle Versuche in gleichem Abstand voneinander anordnet, entsprechend der sog. *äquidistanten Suchmethode.* Die Lage der einzelnen Versuche kann dann nach

$$x_j = \frac{j I_{2p+1}}{2} = \frac{j I_0}{2(p+1)}, \qquad j = 1 \ldots 2p+1 \tag{28}$$

berechnet werden. Abb. 6 zeigt zwei Versuchspläne mit symmetrischer bzw. asymmetrischer Anordnung der Versuche.

Wahl der Werte der unabhängigen Variablen bei geradzahliger Gesamtversuchszahl. Ist $k = 2p$ und damit geradzahlig, gibt es nur einen einzigen optimalen Versuchsplan. Gl. (23) lautet jetzt

$$I_0 - x_{2p-1} \leqslant I_k \equiv I_{2p} \tag{29}$$

Addition von Gl. (22) und (29) ergibt

$$I_0 + x_{2p} - x_{2p-1} \leqslant (p+1) I_{2p} \tag{30}$$

Um den Quotienten I_{2p}/I_0 zu minimieren, muß man nicht nur alle Differenzen in Gl. (21) gleich wählen, sondern auch den Versuch x_{2p-1} so nah wie möglich an x_{2p} heranrücken, jedoch unter Berücksichtigung der nach Gl. (10) definierten Auflösung. Für das Minimaxverhältnis erhält man

$$\frac{I_0}{I^*_{2p}} = \frac{p+1}{\varepsilon+1} \tag{31}$$

oder

$$\frac{I^*_0}{I_{2p}} = p + 1 - \delta \tag{32}$$

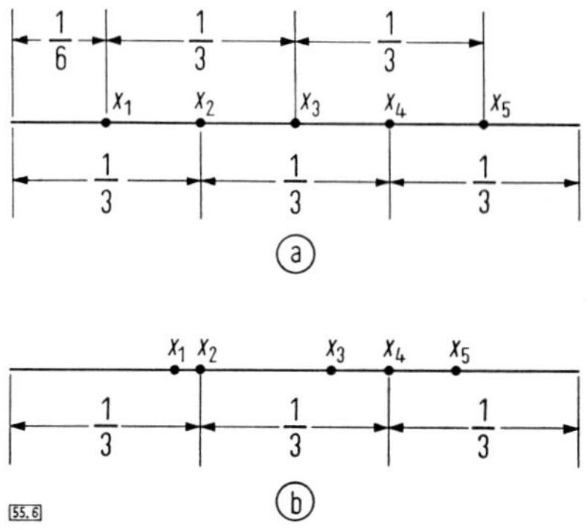

Abb. 6. Minimaxsuchplan mit fünf gleichzeitig durchgeführten Experimenten
a symmetrisch, b unsymmetrisch

Man benutzt Gl. (31), wenn das Anfangsintervall I_0 gegeben ist, Gl. (32), wenn das größte Anfangsintervall gesucht wird, das auf ein gefordertes Endintervall I_{2p} reduziert werden soll.

Bei geradzahliger Gesamtversuchszahl sind alle Versuche mit gerader Indexzahl wieder im gleichen Abstand zueinander anzuordnen, entsprechend der Gleichung

$$x_{2h} = h I_{2p} = \frac{h(\varepsilon+1) I_0}{p+1}, \qquad h = 1, 2, \ldots p \tag{33}$$

Die Versuche mit ungerader Indexzahl sind unter Berücksichtigung der zulässigen Auflösung so nahe wie möglich an ihre rechten Nachbarn mit gerader Indexzahl heranzurücken, entsprechend der Gleichung

$$\begin{aligned} x_{2h-1} &= x_{2h} - \delta I_{2p} \\ &= (h-\delta) I_{2p} \\ &= x_{2h} - \varepsilon I_0 \\ &= \frac{[h - (p+1-h)\varepsilon] I_0}{p+1}, \qquad h = 1, 2, \ldots p \end{aligned} \tag{34}$$

Diese Verhältnisse sind in Abb. 7 dargestellt *(Suchmethode der äquidistanten Paare).*

Praktische Fragestellungen. In der Praxis wird man allgemein davon ausgehen können, daß die Länge des Ausgangsintervalls I_0, d. h. der Bereich innerhalb dessen der Einfluß einer unabhängigen Variablen wie Konzentration oder Temperatur auf eine Zielgröße untersucht werden soll, bekannt und damit vorgegeben ist. Liegen keine Zielvorstellungen über die Länge des Endintervalls I_k vor und existiert kein verläßlicher Schätzwert für ε, so kann man entsprechend Gl. (28) die äquidistante Suchmethode mit ungerader Versuchszahl anwenden, da zur Bestimmung der Lage der x-Werte keine Kenntnis von ε oder auch δ erforderlich ist. In der Regel wird man jedoch Aussagen

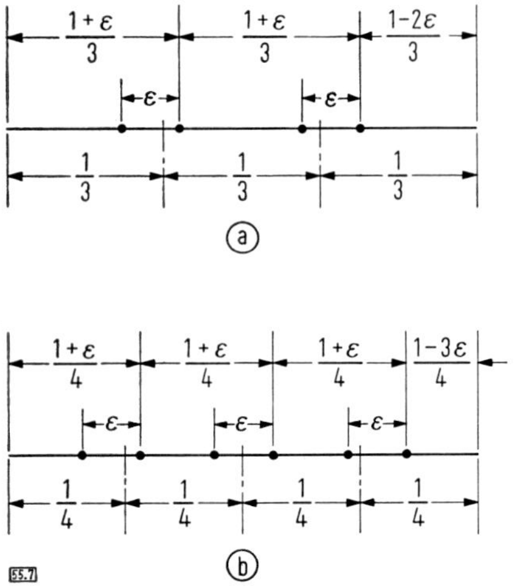

Abb. 7. Suchmethode der äquidistanten Paare
a $k = 4$ (2 Paare), b $k = 6$ (3 Paare)

über die Auflösung und damit über ε machen können. Dann empfiehlt sich die Anwendung der Methode der äquidistanten Paare nach Gl. (33) und (34), die unter Einsparung einer Messung gegenüber der äquidistanten Suchmethode nach Gl. (28) ein praktisch ebenso kurzes Endintervall I_k liefert, da sich nach den Gl. (25) und (32) die optimalen Anfangsintervalle, die sich auf die Endintervalle I_{2p+1} mit $2p+1$ bzw. I_{2p} mit $2p$ Versuchen reduzieren lassen, nur um die kleine Strecke δI_{2p}, den Minimumabstand zweier Experimente unterscheiden.

Mit bekanntem ε und $\delta = 1/2$ läßt sich eine Aussage über die maximale Zahl m von Experimenten machen, die ohne Verletzung von Gl. (10) zulässig sind. Ist $m = 2p+1$ und damit ungerade, so kann man nach Gl. (10) und (24) schreiben

$$\frac{\delta}{\varepsilon} = \frac{1}{2\varepsilon} = \frac{I_0}{I_{2p+1}} \leqslant (p+1) = \frac{m+1}{2} \tag{35}$$

d. h. man erhält für m die untere Grenze

$$m \geqslant \varepsilon^{-1} - 1 \tag{36}$$

Den gleichen Ausdruck für die untere Grenze von m erhält man für gerades $m (m = 2p)$, wie man an Hand von Gl. (10) und (32) leicht nachprüfen kann. Da es sich bei m um eine Zahl von Versuchen und zudem die maximal zulässige Versuchszahl handelt, kann m nur ganzzahlig sein und die obere Grenze von m kann die untere nur um 1 überschreiten. Die nach Gl. (10) maximal zulässige Versuchszahl ist damit das einzige m, das im Intervall

$$\varepsilon^{-1} - 1 \leqslant m < \varepsilon^{-1} \tag{37}$$

liegt.

Zur Verkürzung eines Anfangsintervalls I_0 auf ein Endintervall I_k kann man die erforderliche Zahl von Versuchen mit folgenden Ausdrücken bestimmen:

$$\frac{p+1}{\varepsilon+1} < \frac{I_0}{I_k} \leqslant p+1 \tag{38}$$

bzw.

$$p < \frac{I_0}{I_k} \leqslant \frac{p+1}{\varepsilon+1} \tag{39}$$

Ist z. B. gefordert $I_0/I_k = 5{,}1$ mit $\varepsilon = 0{,}1$, dann sind auf Grund von Gl. (39)

$$5 < 5{,}1 < \frac{6}{1{,}1}$$

10 Versuche nach der Suchmethode der äquidistanten Paare erforderlich. Ist jedoch $I_0/I_k = 4{,}9$ gefordert, so wird man auf Grund von Gl. (38)

$$\frac{5}{1{,}1} < 4{,}9 < 5$$

9 Versuche nach der äquidistanten Suchmethode ansetzen.

Man wird jedoch nicht immer daran interessiert sein, die maximal zulässige Zahl von Versuchen auszuführen. Bei einer geringeren Zahl wird das erreichbare Endintervall, in dem das Optimum der Zielfunktion liegt, länger sein, man hat also auf die Forderung nach einem bestimmten Verhältnis von I_0/I_k zu verzichten, und die mögliche Auflösung für die unabhängige Variable wird dann nicht voll ausgenutzt.

Beispiel. Der Umsatz eines Reaktanden in einem kontinuierlichen Rührkessel nimmt für eine bestimmte Verweilzeit τ ein Maximum an. Die Lage dieses Maximums, das voraussichtlich innerhalb einer Verweilzeit von 1–2 Stunden liegt, soll mit Hilfe simultaner Suchmethoden bestimmt werden. Das Ausgangsintervall I_0 ist 120 – 60 = 60 min.

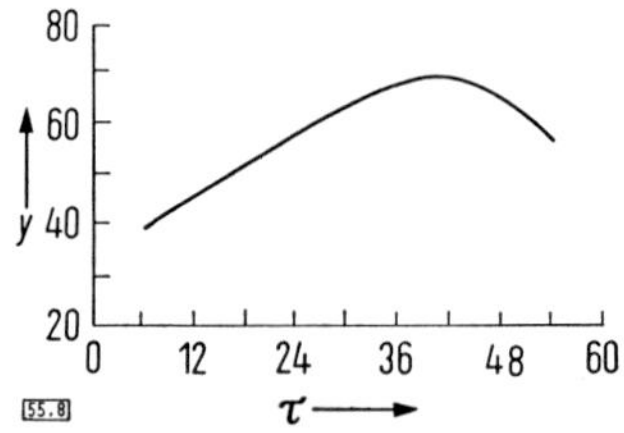

Abb. 8. Umsatz y in einem kontinuierlichen Rührkessel als Funktion der Verweilzeit τ

Fall 1. Über die Länge des Endintervalles I_k und die Auflösung εI_0 werden keine Voraussetzungen gemacht. Die Zahl der Versuche soll aber höchstens 10 betragen. Hier empfiehlt sich ein Versuchsplan nach der äquidistanten Suchmethode, d. h. mit einer ungeraden Zahl von Versuchen, für die sich die Werte der zu wählenden Verweilzeiten nach Gl. (28) berechnen:

$$\tau_j = j\,\frac{I_{2p+1}}{2} = \frac{jI_0}{2(p+1)} = \frac{j \cdot 60}{2(4+1)} = 6j \qquad (40)$$

wenn man sich für 9 Versuche entschlossen hat. Die nach Gl. (40) berechneten τ-Werte sowie die erzielten Umsätze y zeigt Tab. 1, in Abb. 8 ist y gegen τ_j aufgetragen. Der höchste Umsatz bei den Versuchen liegt bei einer Verweilzeit von 102 min.

Tab. 1. Werte zum Textbeispiel

j	τ_j min	$\tau_j + 60$ min	Umsatz y (in %)
1	6	66	38
2	12	72	45
3	18	78	52
4	24	84	57
5	30	90	63
6	36	96	67
7	42	102	69
8	48	108	63
9	54	114	57

Das Unsicherheitsintervall ist nach Gl. (25)

$$\frac{I_0}{I^*_{2p+1}} = p+1$$

$$I^*_{2p+1} = \frac{I_0}{p+1} = \frac{60}{5} = 12\,\text{min} \qquad (41)$$

Der optimale Umsatz dieser Reaktion wird daher zwischen 96 und 108 min Verweilzeit liegen.

Fall 2. ε ist bekannt mit 0,05. Damit wird nach Gl. (10) die Auflösung

$$\tau_{j+1} - \tau_j = \varepsilon I_0 = 0{,}05 \cdot 60 = 3\,\text{min} \qquad (42)$$

Nach Gl. (37) erhält man für die maximal zulässige Versuchszahl m

$$\varepsilon^{-1} - 1 \leqslant m < \varepsilon^{-1} \qquad (37)$$

$$20 - 1 \leqslant m < 20$$

d. h. m darf maximal 19 sein.

Das optimale Unsicherheitsintervall wird nach $2p+1 = 19$ Versuchen nach Gl. (25)

$$I^*_{2p+1} = \frac{I_0}{p+1} = \frac{60}{9+1} = 6\,\text{min} \qquad (43)$$

Führt man jedoch nur $2p = 18$ Versuche aus, wird es nach Gl. (31)

$$I^*_{2p} = I_0\,\frac{\varepsilon+1}{p+1} = 60\left[\frac{0{,}05+1}{9+1}\right] = 6{,}3\,\text{min} \qquad (44)$$

Wenn man die Verlängerung des Unsicherheitsintervalls nach Abschluß der Versuchsserie von 6 auf 6,3 min in Kauf nehmen kann, muß man also nur 18 Versuche ansetzen und kann damit einen Versuch einsparen. Die τ-Werte (vgl. Tab. 2) berechnet man entsprechend der Suchmethode der äquidistanten Paare nach Gl. (33) und (34):

$$\tau_{2h} = \frac{h(\varepsilon+1)I_0}{p+1} = \frac{h(0{,}05+1)60}{10} = 6{,}3h$$

$$h = 1, 2, 3, \ldots 9 \qquad (45)$$

$$\tau_{2h-1} = \tau_{2h} - \varepsilon I_0 = \tau_{2h} - 3 \qquad (46)$$

Tab. 2. Werte zum Textbeispiel

h	j	τ_j min	$\tau_j + 60$ min	Umsatz y (in %)
1	1	3,3	63,3	35
	2	6,3	66,3	38
2	3	9,6	69,6	42
	4	12,6	72,6	45
3	5	15,9	75,9	49
	6	18,9	78,9	52
4	7	22,2	82,2	55
	8	25,2	85,2	58
5	9	28,5	88,5	62
	10	31,5	91,5	65
6	11	34,8	94,8	67
	12	37,8	97,8	68
7	13	41,1	101,1	69
	14	44,1	104,1	67
8	15	47,4	107,4	66
	16	50,4	110,4	62
9	17	53,7	113,7	57
	18	56,7	116,7	55

Maximalen Umsatz erhält man nach Tab. 2 bei einer Verweilzeit von 101,1 min. Der optimale Umsatz wird demnach nach Gl. (44) zwischen 97,8 und 104,1 min Verweilzeit liegen.

1.1.2. Sequentielle Suchmethoden

Wirksamere Versuchspläne zur Maximumsuche können aufgestellt werden, wenn die Experimente nacheinander ausgeführt werden und daher Erfahrungen aus den früheren in die neuen einfließen können.

Fibonacci-Suchmethode. Eine der wirkungsvollsten sequentiellen Suchmethoden ist die Fibonacci-Suchmethode. Sie ist, wie Avriel [2] zeigen konnte, ein Spezialfall der sog. „Odd-block search method" und hat zur Voraussetzung, daß die Zahl der auszuführenden Versuche vor Versuchsbeginn bekannt ist. Diese Zahl läßt sich jedoch aus der geforderten Reduktion des Ausgangsintervalls I_0 auf ein gewünschtes Schlußintervall I_k abschätzen. Wie bei den simultanen Suchmethoden ist auch hier nur die Kenntnis der Zielfunktion selbst, die man aus Experimenten erhält, erforderlich, nicht auch ihre Ableitung.

Das Prinzip der Fibonacci-Suchmethode läßt sich am besten erklären, wenn man bei der Beschreibung mit dem letzten Entscheidungsschritt beginnt und rückwärts zum Ausgang der Untersuchung fortschreitet. Angenommen, das Anfangsintervall I_0 wurde durch n Versuche auf ein Endintervall I_n von der Einheitslänge 1 reduziert. Das Maximum der Zielfunktion soll zur Vereinfachung am linken Rand des Anfangsintervalls liegen.

Man gelangt zum Endintervall I_n der Länge 1, wenn man ausgehend vom Intervall I_{n-1} zwei Versuche ausführt. Das entspricht dem Vorgehen bei der Suchmethode der äquidistanten Paare (vgl. S. 365). Die Anordnung dieser zwei Versuche innerhalb des Intervalls I_{n-1} ist daher so zu wählen, daß sie nach Gl. (33) und (34) vom linken Rand von I_{n-1}

$$x_{2h} = x_{2 \cdot 1} = x_2 = h \cdot I_{2p} = 1 \cdot 1 = 1 \tag{47}$$

und

$$x_{2h-1} = x_1 = x_2 - \delta \cdot 1 = 1 - \delta \tag{48}$$

entfernt liegen, da das Endintervall $I_{2p} = I_n$ die Einheitslänge 1 besitzen soll. Da nach Gl. (32) das optimale Anfangsintervall I_{n-1} dieses Entscheidungsschrittes die Länge

$$I_{n-1} = (p + 1 - \delta) I_n = (1 + 1 - \delta) \cdot 1 = 2 - \delta \tag{49}$$

hat, liegen die beiden Punkte $x_1 \equiv x_n$ und $x_2 \equiv x_{n-1}$ symmetrisch im Intervall I_{n-1}, wie es in Abb. 9 gezeigt ist.

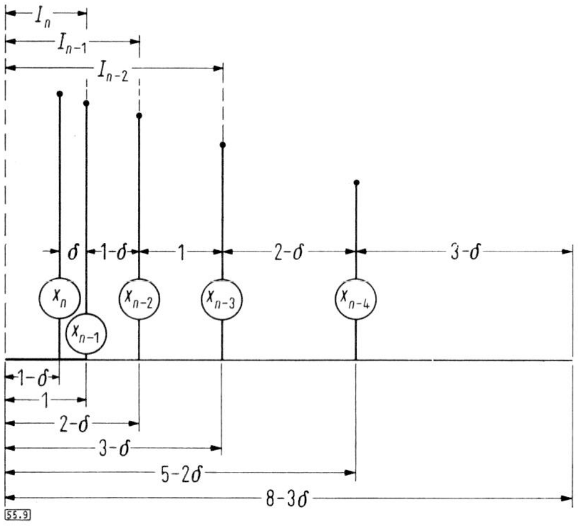

Abb. 9. Schlußphase der FIBONACCI-Suchmethode

Man kann somit ein Ausgangsintervall der Länge $I_{n-1} = 2 - \delta$ durch zwei Versuche bei $x_1 = 1 - \delta$ und $x_2 = 1$ auf ein Endintervall I_n der Länge 1 verkürzen, da allgemein

$$I_{n-1} = (2 - \delta) I_n \tag{50}$$

Das Ausgangsintervall $I_{n-1} = 2 - \delta$ ist aber selbst das Endintervall eines vorausgegangenen Suchschrittes mit dem Ausgangsintervall I_{n-2}. Dieses Intervall wurde durch zwei Versuche bei x_{n-1} und x_{n-2} verkürzt. Die Lage beider Punkte ist bekannt, denn x_{n-1} hat vom linken Rand des Gesamtintervalls den Abstand 1, x_{n-2} entspricht dem rechten Rand des Intervalls I_{n-1}, liegt also damit bei $2 - \delta$.

Im gewählten Beispiel (Abb. 9) lieferte der Versuch bei $x_{n-1} = 1$ das höhere Ergebnis für die Zielfunktion, dadurch entstand aus dem Intervall I_{n-2} das gezeigte I_{n-1}. Hätte aber der Versuch bei $x_{n-2} = 2 - \delta$ den höheren Wert geliefert, so hätte auch dann, unter der Voraussetzung, daß ein Endintervall I_n der Länge 1 entstehen soll, wieder ein Intervall $I_{n-1} = 2 - \delta$ entstehen müssen.

Der Punkt $x_{n-1} = 1$ würde dann den linken Rand des Intervalls I_{n-1} darstellen, d. h. jetzt müßte er vom rechten Rand des Intervalls I_{n-2} den Abstand $2 - \delta$ haben. Damit hat das Intervall I_{n-2} die Gesamtlänge

$$I_{n-2} = 1 + 2 - \delta = 3 - \delta \tag{51}$$

Mit insgesamt drei Versuchen kann man also ein Ausgangsintervall der Länge $3 - \delta$ auf ein Endintervall der Länge 1 reduzieren. Allgemein gilt

$$I_{n-2} = (3 - \delta) I_n \tag{52}$$

Für $n \geqslant 4$ erhält man entsprechend

$$\begin{aligned} I_{n-3} &= I_{n-2} + I_{n-1} \\ &= (3 - \delta) I_n + (2 - \delta) I_n \\ &= (5 - 2\delta) I_n \end{aligned} \tag{53}$$

für $n \geqslant 5$

$$\begin{aligned} I_{n-4} &= I_{n-3} + I_{n-2} \\ &= (8 - 3\delta) I_n \end{aligned} \tag{54}$$

d. h., ein Ausgangsintervall mit der Länge $8 - 3\delta$ kann durch fünf Versuche auf ein Endintervall der Länge 1 reduziert werden. Die einzelnen Schritte zeigt Abb. 9.

Die Schlüsselvariable dieser Überlegungen ist nicht wie bisher die Zahl der bereits ausgeführten Experimente, sondern die Zahl der noch zu machenden Versuche. Ist j diese Zahl und $n - j$ die Zahl der bereits ausgeführten Versuche, so kann man die Länge der aufeinanderfolgenden Intervalle durch

$$I_{n-j} = I_{n-(j-1)} + I_{n-(j-2)} \tag{55}$$

beschreiben, d. h. die Länge jedes Intervalls ist die Summe der Längen der beiden ihm nachfolgenden.

Die gleiche Eigenschaft haben die sog. FIBONACCI-Zahlen, die wie folgt definiert sind (s. dazu [2])

$$\begin{aligned} F_0 &\equiv 0 \\ F_1 &\equiv 1 \\ F_n &= F_{n-1} + F_{n-2} \quad \text{mit } n = 2, 3 \ldots \end{aligned} \tag{56}$$

Tab. 3 faßt einige dieser Zahlen zusammen.

Tab. 3. FIBONACCI-Zahlen

n	0	1	2	3	4	5	6	7
F_n	0	1	1	2	3	5	8	13

Für Gl. (55) kann man daher ersatzweise schreiben

$$I_{n-j} = (F_{j+2} - F_j \delta) I_n, \qquad j = 0, 1, \ldots n - 1 \tag{57}$$

Die Wirksamkeit in der Intervallverkürzung nach n Versuchen erhält man, wenn man $j = n - 1$ setzt, da dann mit Hilfe von Gl. (10)

$$\frac{I_0}{I_n} = \frac{I_1}{I_n} = F_{n+1} - F_{n-1}\delta = \frac{F_{n+1}}{F_{n-1}\varepsilon + 1} \tag{58}$$

Um diese Verkürzung bei einem Ausgangsintervall I_0 zu erreichen, setzt man das erste Experiment im Abstand

$$x_1 = I_2 = (F_n - F_{n-2}\delta) I_n \tag{59}$$

z. B. vom linken Ende von I_0 an. Das zweite ordnet man symmetrisch dazu in I_0 an. Es hat vom linken Ende von I_0 auf Grund der FIBONACCI-Zahlen den Abstand

$$x_2 = I_3 = (F_{n-1} - F_{n-3}\delta) I_n \tag{60}$$

Nach Vergleich der Ergebnisse dieser zwei Versuche betrachtet man nun das Intervall, in dem das höchste Ergebnis für die Zielgröße erhalten wurde. Dieses Intervall hat jetzt die Länge I_2 und enthält bereits eine Messung im Abstand I_3 von einem Ende (bzw. I_4 vom anderen Ende, vgl. 3. Beobachtung im Beispiel, S. 370). Eine symmetrische Anordnung des dritten Experimentes im Intervall I_2 zum darin bereits befindlichen Experiment sichert, daß das nächste verkürzte Intervall die Länge I_4 besitzt usw. Nach $(n - 1)$ Versuchen beträgt die Länge des dann noch zu betrachtenden Intervalls

$$I_{n-1} = (F_3 - F_1\delta) I_n = (2 - \delta) I_n \tag{61}$$

und das darin befindliche Experiment hat von einem Ende des Intervalls bereits den Abstand I_n. Die dazu symmetrische Anordnung des letzten, des n-ten Experimentes, garantiert schließlich ein Endintervall der Länge I_n. Der Abstand des n-ten und des $(n - 1)$-ten Versuchs entspricht genau δI_n, der möglichen Auflösung, da

$$\begin{aligned} |x_n - x_{n-1}| &= I_n - (I_{n-1} - I_n) \\ &= 2I_n - I_{n-1} \\ &= [2 - (2 - \delta)] I_n = \delta I_n \end{aligned} \tag{62}$$

Die Wirksamkeit der FIBONACCI-Methode kann man aus Abb. 10 erkennen, in der das Reduktionsverhältnis I_0/I_k gegen die Zahl der Versuche aufgetragen ist. Schon 15 Versuche genügen, um ein Anfangsintervall I_0 auf 1/1000 der Länge zu reduzieren.

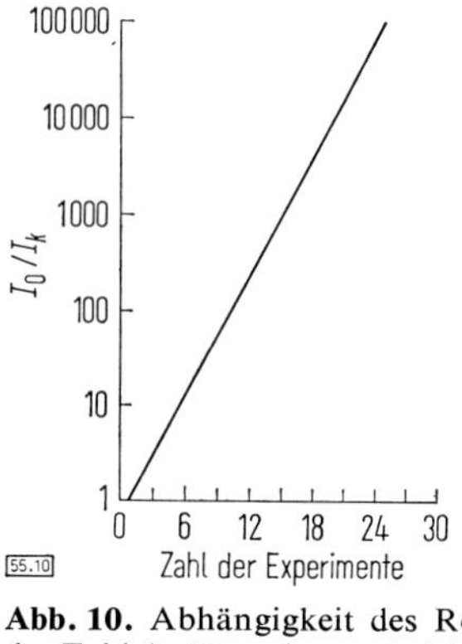

Abb. 10. Abhängigkeit des Reduktionsverhältnisses von der Zahl der Experimente bei der FIBONACCI-Suchmethode

Beispiel. Die Ausbeute an einer bestimmten Komponente E in einer Reaktion hängt von der Anfangskonzentration c einer Komponente A ab und besitzt wahrscheinlich im Bereich zwischen 5 – 25 g A/l ein Maximum, das mit der FIBONACCI-Suchmethode ermittelt werden soll. Das Anfangsintervall $I_0 = 25 - 5 = 20$ g/l soll dabei auf ein Endintervall, in dem das Ausbeutemaximum mit Sicherheit zu finden sein soll, von nur 10% der Länge von I_0, also $I_n = 2$ g A/l reduziert werden. Die Auflösung soll

$$c_{j+1} - c_j \geqslant 0{,}5 \text{ g A/l}$$

sein, woraus

$$\varepsilon = \frac{c_{j+1} - c_j}{I_0} = \frac{0{,}5}{20} = 0{,}025$$

folgt.

Die Zahl der auszuführenden Versuche, um die geforderte Reduktion zu erhalten, ist dasjenige n, das nach Gl. (58) die Ungleichung

$$\frac{F_n}{F_{n-2}\varepsilon + 1} < \frac{I_0}{I_n} \leqslant \frac{F_{n+1}}{F_{n-1}\varepsilon + 1} \tag{63}$$

befriedigt. Da $I_0/I_n = 10$ ist, wird $n = 6$, denn es ist

$$8(3 \cdot 0{,}025 + 1)^{-1} = 7{,}45 < 10 < 13\,(5 \cdot 0{,}025 + 1)^{-1} = \\ = 11.56$$

Nach diesen sechs Versuchen kann das erhaltene Endintervall kleiner sein als das geforderte. So ist hier

$$I_6 = 20/11{,}56 = 1{,}730$$

Damit wird die Auflösung

$$\delta = \frac{\varepsilon I_1}{I_6} = 0{,}025 \cdot 11{,}56 = 0{,}289$$

Da $\delta < 0{,}5$ ist, besteht keine Gefahr, daß die beiden letzten Punkte x_5 und x_6 zu nahe beieinander liegen und nicht mehr voneinander unterschieden werden könnten. Das Ausgangsintervall hat damit nach Gl. (58) die Länge $I_0 = (13 - 5\delta) I_6 = (13 - 5 \cdot 0{,}289)\,1{,}73 = 20$.

1. Beobachtung (vgl. Abb. 11): Nach Gl. (59) setzt man im ersten Experiment eine Konzentration

$$\begin{aligned} c_1 = 5{,}0 + x_1 &= 5{,}0 + (F_6 - F_{6-2}\delta) I_6 \\ &= 5{,}0 + (8 - 3 \cdot 0{,}289)\,1{,}730 \\ &= 5{,}0 + 12{,}38 = 17{,}38 \text{ g A/l an.} \end{aligned}$$

2. Beobachtung: Das zweite Experiment wird nach Gl. (60) symmetrisch zum ersten angelegt:

$$c_2 = 5{,}0 + x_2 = 5{,}0 + (F_5 - F_3\delta) I_6 = 12{,}62 \text{ g A/l}$$

Sind die Ausbeuten y_1 (17,38) = 87,3% und y_2 (12,62) = 90,7%, so erkennt man (natürlich immer unter der Voraussetzung einer unimodalen Zielfunktion), daß das Ausbeutemaximum links von $c = 17{,}38$ g A/l liegen muß. Der Konzentrationsbereich zwischen 17,38 g A/l und 25 g A/l wird damit von der weiteren Untersuchung ausgeschlossen. Es verbleibt damit das Intervall $5 \leqslant c_{opt} \leqslant 17{,}38$ mit der Gesamtlänge

$$I_2 = (8 - 3\delta) I_6 = (8 - 3 \cdot 0{,}289) \cdot 1{,}73 = 12{,}38$$

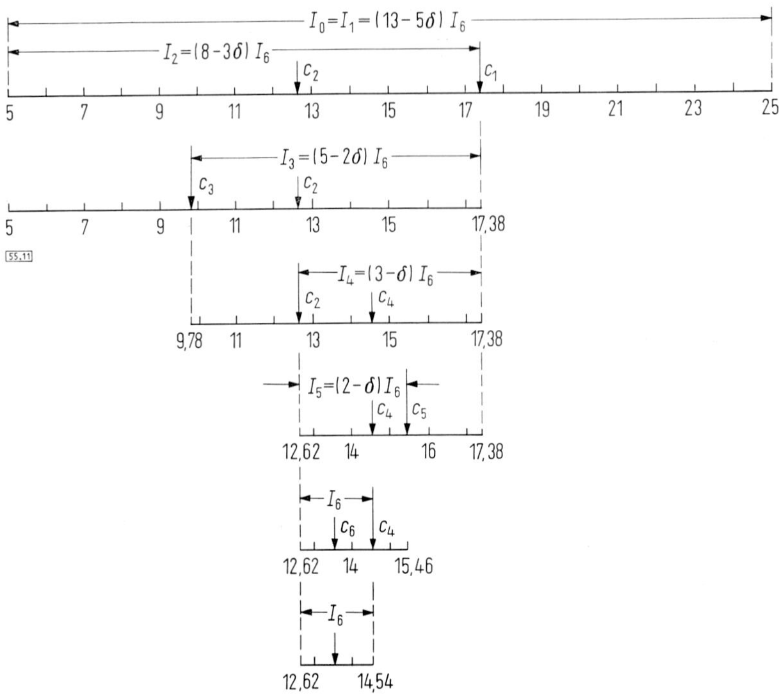

Abb. 11. Verlauf der Optimierung für das Textbeispiel nach der FIBONACCI-Suchmethode
Die senkrechten Pfeile geben die Lage der Versuche, die waagerechten Pfeile die Länge der Intervalle in den einzelnen Entscheidungsstufen an.

Innerhalb dieses Intervalls liegt bereits eine Beobachtung bei $c_2 = 12{,}62\,\text{g A/l}$, die vom linken Rand (5 g A/l)

$$I_3 = (5 - 2\delta) I_6 = (5 - 2 \cdot 0{,}289) \cdot 1{,}73 = 7{,}62\,\text{g A/l}$$

entfernt liegt.

3. Beobachtung: Das dritte Experiment legt man in das Intervall I_2 symmetrisch zur Konzentration c_2, d. h.

$$c_3 = 17{,}38 - (12{,}62 - 5) = 9{,}76\,\text{g A/l}$$

Ist die Ausbeute $y_3 = 78{,}9\,\%$, wird der linke Teil des Intervalls I_2 bis zur Konzentration $c_3 = 9{,}76\,\text{g A/l}$ weiterhin unberücksichtigt gelassen, da $y_3 < y_2$. Es verbleibt das Intervall $9{,}78 \leqslant c_{\text{opt}} \leqslant 17{,}38$ mit der Länge

$$I_3 = 7{,}62\,\text{g A/l}$$

Innerhalb dieses Intervalls liegt die Beobachtung mit der Konzentration c_2, die vom rechten Rand des Intervalls (17,38 g A/l)

$$I_4 = (3 - \delta) I_6 = 4{,}69$$

entfernt liegt.

4. Beobachtung: Das vierte Experiment legt man in das Intervall I_3 symmetrisch zu c_2, d. h.

$$c_4 = 9{,}78 + (17{,}38 - 12{,}62) = 14{,}54\,\text{g A/l}$$

Ist $y_4 = 93{,}2\,\%$, so verbleibt als neues Intervall

$$12{,}62 \leqslant c_{\text{opt}} \leqslant 17{,}38$$

mit der Gesamtlänge I_4 und dem Experiment bei $c_4 =$ 14,54 g A/l, dessen Abstand vom rechten Rand

$$I_5 = (2 - \delta) I_6 = 2{,}84$$

beträgt.

5. Beobachtung: Sie wird in I_4 symmetrisch zu c_4 angelegt

$$c_5 = 12{,}62 + (17{,}38 - 14{,}54) = 15{,}46\,\text{g A/l}$$

Ist $y_5(15{,}46) = 92{,}7\,\%$ und damit kleiner als y_4, so lautet das neue Intervall

$$12{,}62 \leqslant c_{\text{opt}} \leqslant 15{,}46$$

mit der Gesamtlänge I_5 und dem Experiment bei c_4, das vom linken Rand den Abstand $I_6 = 1{,}73$ hat.

Die sechste und damit letzte Beobachtung ist wieder symmetrisch in das Intervall I_5 einzulegen, also bei

$$c_6 = 12{,}62 + (15{,}46 - 14{,}54) = 13{,}54\,\text{g A/l}$$

Ist $y_6(13{,}54) = 93{,}6\,\%$ und damit $y_6 > y_4$ so liegt das Optimum der Ausbeute in einem Konzentrationsbereich zwischen

12,62 und 14,54 g A/l

mit einem Endintervall I_6 von 1,92. Dieses ist auf Grund der vielen Abrundungsfehler während der Rechnung größer als das vorhergesagte, jedoch kleiner als das geforderte von 2 g A/l.

2. Parameteroptimierung multidimensionaler Systeme

Problemstellung. In den für Chemiker interessanteren multidimensionalen Systemen ist eine Zielgröße η, z. B. die Ausbeute, eine Funktion mehrerer unabhängiger Variabler x_i, wie Temperatur, Druck oder Konzentration eines Reaktanden:

$$\eta = f(x_1, x_2, \ldots x_n) \tag{64}$$

Der exakte analytische Ausdruck dieser Funktion ist im allg. unbekannt. Der funktionale Zusammenhang zwischen η und den Variablen x_i läßt sich aber mit ausreichender Genauigkeit durch ein Regressionspolynom erster oder auch höherer, z. B. zweiter Ordnung beschreiben

$$\eta = \beta_0 x_0 + \beta_1 x_1 + \beta_2 x_2 + \ldots + \beta_n x_n \tag{65}$$

$$\begin{aligned}\eta = {} & \beta_0 x_0 + \beta_1 x_1 + \beta_2 x_2 + \ldots + \beta_n x_n \\ & + \beta_{12} x_1 x_2 + \beta_{13} x_1 x_3 + \ldots + \\ & + \beta_{n-1,n} x_{n-1,n} \\ & + \beta_{11} x_1^2 + \beta_{22} x_2^2 + \ldots + \beta_{nn} x_n^2\end{aligned} \tag{66}$$

x_0 ist eine an sich überflüssige Größe, die immer den Wert 1 hat. Sie ist hier aus später ersichtlichen Gründen zur Vervollständigung der Gln. (65) und (66) eingefügt.

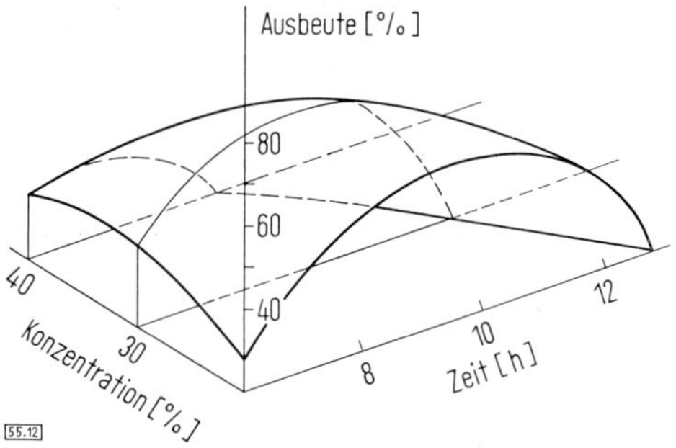

Abb. 12. Oberfläche einer Zielgröße in Abhängigkeit von zwei Variablen

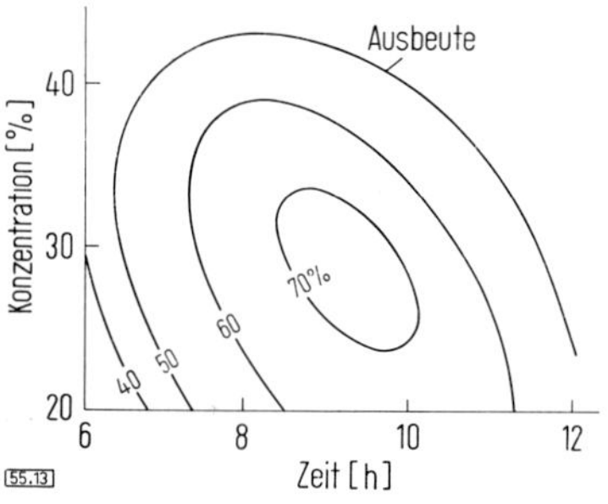

Abb. 13. Höhenliniendarstellung der Zielfunktion aus Abb. 12

Ist eine Zielgröße nur von drei Einflußgrößen abhängig, so läßt sich der Zusammenhang zwischen beiden Parametern noch graphisch darstellen. Während man bei nur einer Einflußgröße einen Kurvenzug erhält, ergibt sich bei zwei Variablen bereits eine Zielfunktionsoberfläche wie in Abb. 12, in der die Ausbeute einer Reaktion in Abhängigkeit von der Reaktionszeit und der Konzentration eines Reaktanden dargestellt ist. Legt man in Abb. 12 parallel zur Grundfläche in verschiedenen Höhen Ebenen in das Koordinatensystem, so schneiden diese die Zielfunktionsoberfläche in Niveaulinien gleicher Ausbeute und man gelangt zu einer Höhenliniendarstellung wie in Abb. 13.

Bei Berücksichtigung einer weiteren unabhängigen Variablen entarten die Niveaulinien der Abb. 13 zu Niveauflächen der in Abb. 14 gezeigten Art.

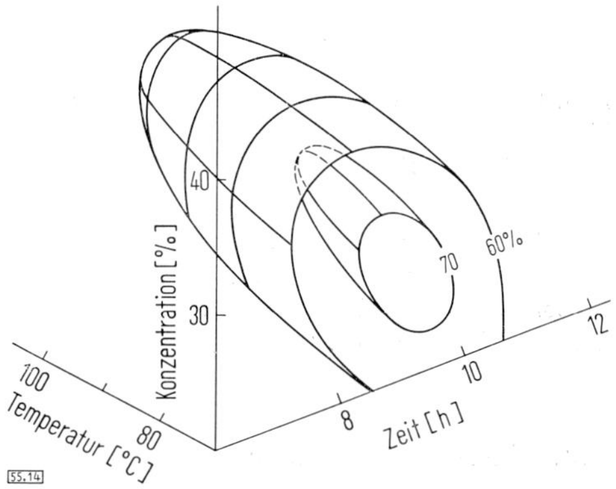

Abb. 14. Niveauflächen einer Zielfunktion in Abhängigkeit von drei Variablen

Ziel der Optimierung eines multidimensionalen Systems ist a) die Aufstellung eines Regressionspolynoms für den Bereich der Zielgröße, in dem diese ein Optimum annimmt, und b) die Berechnung solcher Niveaus für die unabhängigen Variablen (innerhalb ihres zulässigen Variationsbereiches), für die η maximal wird. Das Maximum von η sollte mit einer möglichst geringen Versuchszahl erreicht werden. Die im Hinblick auf die Zielgröße signifikanten Variablen ermittelt man am einfachsten nach den Methoden der statistischen Versuchsplanung (vgl. Beitrag „Statistische Methoden“, ds. Bd., S. 347).

2.1. Netzmethode der Gitterpunkte

Eine sichere Methode der Auffindung des Optimums einer Zielgröße stellt die Netzmethode der Gitterpunkte dar (Abb. 15). Man überzieht das gesamte Untersuchungsgebiet mit einem n-dimensionalen Gitter von Experimenten und ermittelt für die verschiedenen Niveaukombinationen der unabhängigen Variablen die Werte der Zielgröße. Für diese stellt man ein Ausgleichspolynom auf und ermittelt mit Hilfe mathematischer Methoden die optimale Einflußgrößenkombination.

Soll diese Methode jedoch zuverlässige Ergebnisse liefern, darf der Abstand der Gitterpunkte voneinander und damit die Zahl der Versuche nicht zu klein sein. Der Versuchsaufwand steigt sehr rasch mit der Zahl der Variablen. So sind z. B. bei Untersuchung von 5 Variablen auf je 4 Niveaus bereits $4^5 = 1024$

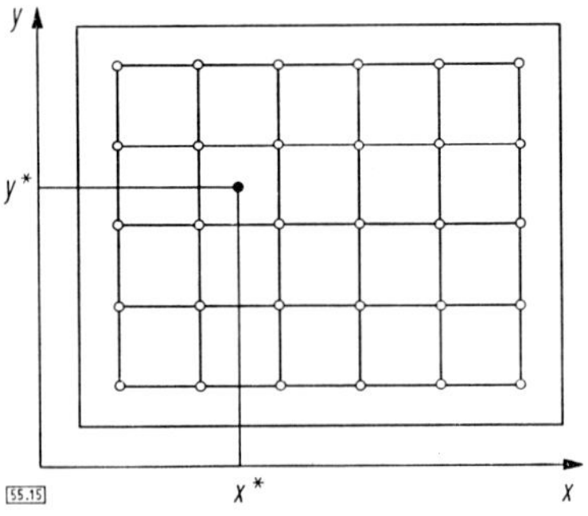

Abb. 15. Netzmethode der Gitterpunkte bei zwei Variablen
y^* und x^* geben die Koordinaten des Optimums an.

Einzelversuche erforderlich. Bei größerem experimentellen Fehler wird sich diese Zahl zur Sicherung der Ergebnisse noch weiter erhöhen, so daß die Anwendung der Netzmethode aus Zeit- und Kostengründen bereits bei drei Variablen auszuschließen ist.

2.2. Ein-Faktor-Methode

Nach dieser Methodik verändert man zunächst nur einen Faktor unter Konstanthaltung aller anderen, bis man für die Zielgröße ein bedingtes Optimum erhält. Für dieses suboptimale x_1 ermittelt man durch Variation eines Faktors x_2 ein weiteres Suboptimum für die Wertekombination $(x_1, x_2)_{opt}$. Das Verfahren wird solange wiederholt, bis das gesuchte Maximum der Zielgröße erreicht ist (Abb. 16).

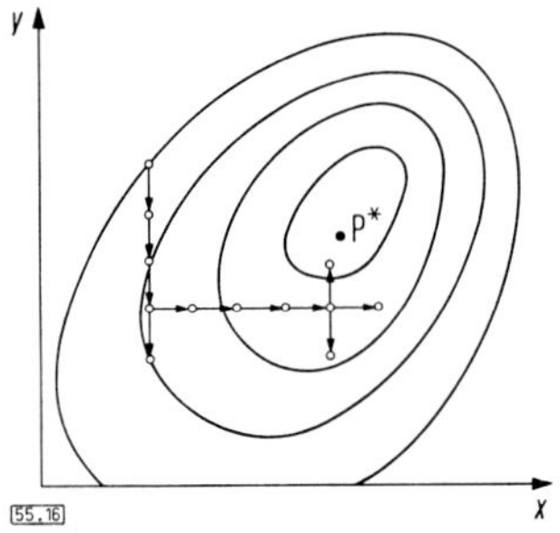

Abb. 16. Schema der Ein-Faktor-Methode
P^* gibt die Lage des Optimums an.

Zwar gelangt man nach dieser Methode schneller zum Ziel als nach der Gittermethode, da man darauf verzichtet, die Zielgröße im gesamten Versuchsbereich zu ermitteln. Jedoch wird auch hier die Zahl der Versuche durch die häufigen Wiederholungen der Optimierung sehr groß. Außerdem gibt es schon bei zwei Einflußvariablen Zielgrößen, bei denen man nach dieser Methode das Optimum nicht erreicht.

2.3. Box-Wilson-Methode

Die von Box und Wilson [3, 4] entwickelte Methode zur Auffindung der Optima von Zielgrößen mit Hilfe von Versuchsplänen ist allen bisher beschriebenen Methoden weit überlegen, da sie in jedem Fall mit einer vertretbaren Versuchszahl zum Erfolg führt. Ein Übersichtsartikel von Box und Hunter [5] faßt alle grundlegenden Arbeiten und Anwendungsbeispiele zusammen.

Box und Wilson betrachten zunächst nur einen Ausschnitt des Untersuchungsbereichs. Häufig kann man auf Grund früherer Arbeiten den Bereich, in dem voraussichtlich das Optimum liegen wird, abschätzen. Ist das nicht der Fall, muß man den Teilbereich, in dem die Optimierung gestartet werden soll, willkürlich auswählen.

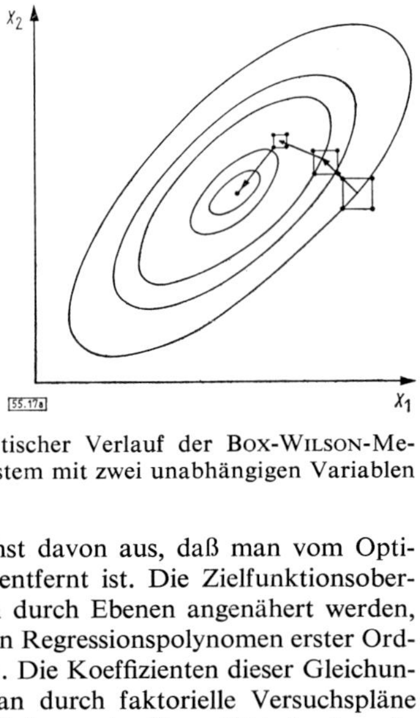

Abb. 17a. Schematischer Verlauf der Box-Wilson-Methode in einem System mit zwei unabhängigen Variablen

Man geht zunächst davon aus, daß man vom Optimum noch weit entfernt ist. Die Zielfunktionsoberfläche kann noch durch Ebenen angenähert werden, deren Gleichungen Regressionspolynomen erster Ordnung entsprechen. Die Koeffizienten dieser Gleichungen bestimmt man durch faktorielle Versuchspläne bzw. faktorielle Teilversuchspläne. Gibt das berechnete Polynom die gemessenen Werte der Zielgröße entsprechend ihrer Streuung genau genug wieder, so ist es dem Verlauf der Zielfunktion adäquat gewählt. Aus diesem Polynom ermittelt man mit den Hilfsmitteln der analytischen Geometrie die Richtung des steilsten Anstiegs zum Maximum und schreitet bis zu einem neuen Ausgangspunkt einer Untersuchung fort, der dort festgelegt wird, wo die Differenz zwischen Regressionspolynom und Meßwert der Zielgröße den Meßwertfehler gerade übersteigt. Die Umgebung dieses neuen Ausgangspunktes beschreibt man wieder mit einem Polynom ersten Grades. Dieses Verfahren wird so lange wiederholt, bis das lineare Regressionspolynom inadäquat geworden ist. Man hat sich dann dem Optimum so weit genähert, daß zur Beschreibung

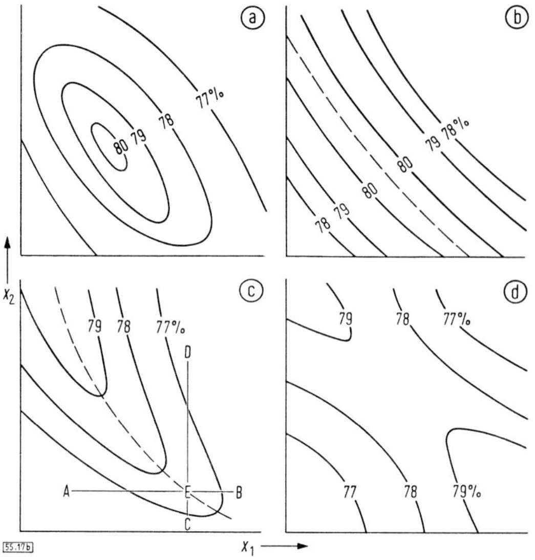

Abb. 17b. Möglichkeiten für den Höhenlinienverlauf von Zielfunktionen im nahezu stationären Gebiet

a Einschluß eines Maximums; b stationärer Grat; c ansteigender Grat; d Minimax

des gekrümmten Verlaufs der Zielfunktion in diesem Bereich ein Polynom zweiten Grades erforderlich ist. Dieses wird durch Experimente wie zuvor ermittelt und die wahre Lage des Optimums durch Diskussion der Regressionsgleichung bestimmt.

Abb. 17a zeigt den Ablauf des beschriebenen Verfahrens in anschaulicher Form, Abb. 17b Möglichkeiten für den Verlauf von Höhenlinien der Zielfunktion.

2.3.1. Ermittlung des Polynoms ersten Grades

Die geschickte *Aufstellung des Versuchsplanes* trägt zum raschen Gelingen einer Optimierung erheblich bei. Der Plan muß eine genügend exakte Ermittlung des Regressionsmodells zulassen, möglichst wenige Versuche enthalten und in Blöcke aufteilbar sein, um bei Inadäquatheit eines Polynoms ersten Grades durch Hinzufügen weniger Versuche zu einem ersten Block sofort das Polynom zweiten Grades berechnen zu können. Alle diese Voraussetzungen erfüllen die faktoriellen Versuchspläne und faktoriellen Teilversuchspläne in optimaler Weise, wie im folgenden gezeigt wird. Durch die ihnen eigene Orthogonalität gestaltet sich darüber hinaus die Berechnung der Regressionskoeffizienten besonders einfach, weshalb man nur in Ausnahmefällen nichtorthogonale Versuchspläne ausführen wird. Ein solches Beispiel wird später besprochen.

Berechnung der Regressionskoeffizienten. Die Koeffizienten in den Regressionspolynomen berechnet man aus den Experimenten nach den Prinzipien der multiplen Regressionsanalyse. Das soll an einem Polynom mit nur linearen Gliedern gezeigt werden:

$$\eta = \beta_0 x_0 + \beta_1 x_1 + \beta_2 x_2 \tag{67}$$

Zunächst wird eine Reihe von Versuchen ausgeführt, in denen die Variablen verschiedene Niveaus einnehmen, und der Wert der Zielgröße bestimmt. Da alle Experimente in der Regel fehlerbehaftet sind, wird man nicht die wahren Werte der β_i berechnen können, sondern nur Schätzwerte b_i mit einer mehr oder weniger großen Standardabweichung je nach der Fehlerhaftigkeit der Versuche. Gl. (67) geht daher über in

$$Y = b_0 x_0 + b_1 x_1 + b_2 x_2 \tag{68}$$

in der Y ein Schätzwert für η ist. Die Beobachtungswerte y_i werden um den Erwartungswert Y_i statistisch streuen. Der Unterschied zwischen beiden Werten ist

$$y_i - Y_i = y_i - b_0 x_{0i} - b_1 x_{1i} - b_2 x_{2i} \tag{69}$$

Nach der von GAUSS entwickelten Methode der kleinsten Quadrate sind die Koeffizienten b_i so zu bestimmen, daß die Summe der Quadrate der Differenzen zwischen den Beobachtungswerten y_i und den Erwartungswerten Y_i ein Minimum wird:

$$Q = \sum_{i=1}^{n} (y_i - Y_i)^2 \rightarrow \text{Minimum} \tag{70}$$

Dazu berechnet man zunächst die Ableitungen der Gl. (71) nach den Koeffizienten b_i und setzt die Ableitungen gleich Null:

$$Q = \sum_{i=1}^{n} (y_i - b_0 x_{0i} - b_1 x_{1i} - b_2 x_{2i})^2 \tag{71}$$

$$\mathrm{d}Q/\mathrm{d}b_0 = -2 \sum_i x_{0i}(y_i - b_0 x_{0i} - b_1 x_{1i} - b_2 x_{2i}) = 0 \tag{72}$$

$$\mathrm{d}Q/\mathrm{d}b_1 = -2 \sum_i x_{1i}(y_i - b_0 x_{0i} - b_1 x_{1i} - b_2 x_{2i}) = 0 \tag{73}$$

$$\mathrm{d}Q/\mathrm{d}b_2 = -2 \sum_i x_{2i}(y_i - b_0 x_{0i} - b_1 x_{1i} - b_2 x_{2i}) = 0 \tag{74}$$

Aus den Gleichungen (72), (73) und (74) folgt durch Umstellung

$$b_0 \sum_i x_{0i}^2 + b_1 \sum_i x_{0i} x_{1i} + b_2 \sum_i x_{0i} x_{2i} = \sum_i y_i x_{0i} \tag{75}$$

$$b_0 \sum_i x_{0i} x_{1i} + b_1 \sum_i x_{1i}^2 + b_2 \sum_i x_1 x_{2i} = \sum_i y_i x_{1i} \tag{76}$$

$$b_0 \sum_i x_{0i} x_{2i} + b_1 \sum_i x_{1i} x_{2i} + b_2 \sum_i x_{2i}^2 = \sum_i y_i x_{2i} \tag{77}$$

Das Gleichungssystem (75)–(77) kann man in Kurzform schreiben

$$\begin{aligned} C_{00} b_0 + C_{01} b_1 + C_{02} b_2 &= C_{y0} \\ C_{10} b_0 + C_{11} b_1 + C_{12} b_2 &= C_{y1} \\ C_{20} b_0 + C_{21} b_1 + C_{22} b_2 &= C_{y2} \end{aligned} \tag{78}$$

Die Koeffizienten C_{00}, C_{01} usw. sind die Summen der Quadrate und Produkte zwischen den Elementen der

Spalten der Matrix der unabhängigen Variablen, also $C_{00} = \sum_i x_{0i}^2$, $C_{01} = \Sigma x_{0i} x_{1i}$ usw. Die Ausdrücke C_{y0}, C_{y1} ... auf der rechten Seite des Gleichungssystems entsprechen den Summen der Produkte der Beobachtungswerte y_i und der unabhängigen Variablen, d. h. $C_{y0} = \Sigma y_i x_{0i}$, $C_{y1} = \Sigma y_i x_{2i}$, $C_{y2} = \Sigma y_i x_{2i}$ usw. Die Lösung des Gleichungssystems und damit die Bestimmung der Regressionskoeffizienten b_i ist bei wenigen Gleichungen nach der CRAMERschen Regel, andernfalls nach dem GAUSSschen Algorithmus möglich. Als Chemiker möchte man die Versuchsdaten jedoch häufig zur Ermittlung der Regressionspolynome mehrerer Zielgrößen verwenden. In diesem Fall empfiehlt sich die Inversion des Systems (78) durch Umwandlung der Koeffizientenmatric C

$$\begin{matrix} C_{00} C_{01} C_{02} \\ C_{10} C_{11} C_{12} \\ C_{20} C_{21} C_{22} \end{matrix} \tag{79}$$

in ihre Kehrmatrix C^{-1}

$$\begin{matrix} C^{00} C^{01} C^{02} \\ C^{10} C^{11} C^{12} \\ C^{20} C^{21} C^{22} \end{matrix} \tag{80}$$

System (78) geht dadurch über in das Gleichungssystem

$$\begin{aligned} b_0 &= C^{00} C_{y0} + C^{01} C_{y1} + C^{02} C_{y2} \\ b_1 &= C^{10} C_{y0} + C^{11} C_{y1} + C^{12} C_{y2} \\ b_2 &= C^{20} C_{y0} + C^{21} C_{y1} + C^{22} C_{y2} \end{aligned} \tag{81}$$

Die Kehrmatrix C^{-1} muß nur einmal für alle Zielgrößen berechnet werden, da ihre Elemente C^{ii} von den Beobachtungswerten y_i der verschiedenen Zielgrößen unabhängig sind. Durch Einsetzen der entsprechenden Ausdrücke C_{yi} lassen sich die Regressionskoeffizienten b_i für alle Zielgrößen direkt nach den Gln. (81) berechnen.

Die Ausdehnung der besprochenen Methodik auf quadratische Glieder bereitet keine Schwierigkeit, da jede quadratische Größe wie eine eigene unabhängige Variable behandelt wird und die Ableitung des Gleichungssystems (78) in gleicher Weise wie oben abläuft.

Orthogonale Versuchspläne. Die Berechnung der Regressionskoeffizienten ist bei Ausführung faktorieller Versuchspläne (vgl. Beitrag „Statistische Methoden", ds. Bd., S. 347) oder faktorieller Teilversuchspläne und ihrer später zu besprechenden Erweiterungen auf Grund ihrer Orthogonalität besonders einfach. Zwei lineare Funktionen der Variablen $x_1, x_2, \ldots x_n$

$$y_1 = a_1 x_1 + a_2 x_2 + \ldots + a_n x_n \tag{82}$$

$$y_2 = b_1 x_1 + b_2 x_2 + \ldots + b_n x_n \tag{83}$$

in denen nicht alle a_i und b_i null sind, sind orthogonal, wenn die Summe der Produkte der einander entsprechenden Koeffizienten verschwindet, d. h. wenn

$$\Sigma a_i b_i = a_1 b_1 + a_2 b_2 + \ldots + a_n b_n = 0 \tag{84}$$

Für jedes Paar von Effekten innerhalb einer faktoriellen Versuchsplanung gilt diese Beziehung.

Auch die Funktionen des Gleichungssystems (81) sind orthogonal, wenn man die Variablen x_i so normiert, daß sie innerhalb eines factorial design auf zwei Niveaus die Werte -1 für das untere und $+1$ für das obere Niveau annehmen. Sind z. B. die Koeffizienten des Polynoms

$$Y = b_0 x_0 + b_1 x_1 + b_2 x_2 \tag{85}$$

zu berechnen, so kann man, da es sich nur um drei Koeffizienten handelt, ein 2^2-Design planen, in dem die Variablen x_1 und x_2 in der oben genannten Weise normiert sind. x_0 wird definitionsgemäß in allen vier Versuchen gleich $+1$ gesetzt. Es ergibt sich damit das in Tab. 4 angegebene Versuchsschema

Tab. 4. Versuchsschema für 2^2-Design

Versuchs-kombination	Variable			Zielgröße
	x_0	x_1	x_2	y
(1)	1	−1	−1	y_1
a	1	1	−1	y_2
b	1	−1	1	y_3
ab	1	1	1	y_4

Die Regressionskoeffizienten b_0, b_1, b_2 ermittelt man mit Hilfe der Gleichungen (78) bis (81). Das beschriebene Design liefert die C- bzw. die C^{-1}-Matrix

$$C = \begin{vmatrix} 4 & 0 & 0 \\ 0 & 4 & 0 \\ 0 & 0 & 4 \end{vmatrix} \qquad C^{-1} = \begin{vmatrix} \frac{1}{4} & 0 & 0 \\ 0 & \frac{1}{4} & 0 \\ 0 & 0 & \frac{1}{4} \end{vmatrix}$$

und damit das Gleichungssystem

$$\begin{aligned} 4b_0 + 0\, b_1 + 0\, b_2 &= C_{y0} \\ 0\, b_0 + 4b_1 + 0\, b_2 &= C_{y1} \\ 0\, b_0 + 0\, b_1 + 4b_2 &= C_{y2} \end{aligned} \tag{86}$$

Die Koeffizienten berechnen sich daher einfach zu

$$b_0 = C_{y0}/C_{00} = \sum_i y_i x_{0i}/4 = (1\, y_1 + 1\, y_2 + 1\, y_3 + {} + 1\, y_4)/4 = \bar{y}$$

$$b_1 = C_{y1}/C_{11} = \sum_i y_i x_{1i}/4 = (-1\, y_1 + 1\, y_2 - {} - 1\, y_3 + 1\, y_4)/4$$

$$b_2 = C_{y2}/C_{22} = \sum_i y_i x_{2i}/4 = (-1\, y_1 - 1\, y_2 + {} + 1\, y_3 + 1\, y_4)/4$$

Allgemein berechnet man in orthogonalen Versuchsplänen die Koeffizienten der Regressionspolynome erster und zweiter Ordnung nach

$$b_i = \sum_i y_i x_i \Big/ \sum_i x_i^2 \tag{87}$$

Die Produkte der Diagonalelemente der Kehrmatrix mit der Versuchsfehlervarianz σ^2 liefern die Varianzen der Regressionskoeffizienten, d. h. es ist

$$\sigma^2(b_i) = C^{ii} \sigma^2 \tag{88}$$

entsprechend einer Standardabweichung von

$$\sigma(b_i) = \sqrt{C^{ii}}\,\sigma \qquad (89)$$

Für die Varianzen im Beispiel erhält man daher

$$\sigma^2(b_0) = \sigma^2 C^{00} = \sigma^2/C_{00} = \sigma^2/\Sigma x_{0i}^2 = \sigma^2/4$$

$$\sigma^2(b_1) = \sigma^2 C^{11} = \sigma^2/C_{11} = \sigma^2/\Sigma x_{1i}^2 = \sigma^2/4$$

$$\sigma^2(b_2) = \sigma^2 C^{22} = \sigma^2/C_{22} = \sigma^2/\Sigma x_{2i}^2 = \sigma^2/4$$

oder allgemein

$$\sigma^2(b) = \sigma^2/\Sigma x^2 \qquad (90)$$

Ein einzelner Koeffizient und seine Standardabweichung werden also völlig unabhängig von allen anderen Koeffizienten und Standardabweichungen berechnet. Ist für σ^2 nur ein Schätzwert s^2 zugänglich, so wird

$$s^2(b) = s^2/\Sigma x^2 \qquad (91)$$

2.3.2. Aufstieg zur nahezu stationären Region

(Methode des steilsten Anstiegs, Gradientenmethode)

In der Methodik von Box und Wilson folgt nach Ermittlung der Koeffizienten der Regressionsgleichung ersten Grades der Aufstieg zum nahezu stationären Gebiet, in dem die Zielfunktion nur noch wenig von den einzelnen Variablen abhängt und zur Beschreibung der Krümmung der Zielfunktionsoberfläche Glieder zweiter Ordnung im Regressionspolynom zu berücksichtigen sind. Die Gradientenmethode, auch „Methode des steilsten Anstiegs" genannt, arbeitet nach folgendem Prinzip:

Betrachtet wird eine Funktion y mehrerer Variablen x_i, die kontinuierliche Ableitungen hinsichtlich dieser Variablen besitzt. Vom Mittelpunkt 0 eines ursprünglichen Designs des n-dimensionalen Raumes soll zu einem zweiten Punkt P im Abstand r von 0 fortgeschritten werden, es ist also

$$r^2 = \sum_i x_i^2 \qquad (92)$$

Die Koordinaten von P sollen so bestimmt werden, daß die Zielgröße y beim Übergang von 0 nach P einen maximalen Zuwachs $y(\mathrm{P}) - y(0)$ erfährt unter Berücksichtigung der Nebenbedingung (92). Dazu definiert man eine neue Funktion

$$\psi = y(\mathrm{P}) - y(0) - \lambda \sum_i x_i^2 \qquad (93)$$

entsprechend der Methode der unbestimmten Multiplikatoren nach Lagrange, differenziert diese partiell nach den einzelnen Variablen x_i und setzt die Ableitungen gleich Null:

$$\frac{\partial \psi}{\partial x_i} = \left(\frac{\partial y}{\partial x_i}\right)_{\mathrm{P}} - 2\lambda x_i = 0 \qquad (94)$$

Die Koordinaten des Punktes P, für den die Differenz $y(\mathrm{P}) - y(0)$ ihr Maximum annimmt, sind dann mit Hilfe der n Gleichungen

$$x_i = \left(\frac{\partial y}{\partial x_i}\right)_{\mathrm{P}} \frac{1}{2\lambda}, \qquad i = 1, 2, \ldots n \qquad (95)$$

zu ermitteln. Da die Lage von P jedoch zunächst noch nicht bekannt ist, können die partiellen Ableitungen $(\partial y/\partial x_i)$ im Punkte P noch nicht berechnet werden. Man kann aber eine Funktion y um ihren Ursprung $y(0)$ in einer Taylor-Reihe entwickeln:

$$y = y(0) + \left(\frac{\partial y}{\partial x_1}\right)_0 \frac{x_1}{1!} + \left(\frac{\partial y}{\partial x_2}\right)_0 \frac{x_2}{1!} + \ldots + \left(\frac{\partial y}{\partial x_n}\right)_0 \frac{x_n}{1!} + \left(\frac{\partial^2 y}{\partial x_1^2}\right)_0 \frac{x_1^2}{2!} + \left(\frac{\partial^2 y}{\partial x_2^2}\right)_0 \frac{x_2^2}{2!} + \ldots + \left(\frac{\partial^2 y}{\partial x_n^2}\right)_0 \frac{x_n^2}{2!} + \ldots \qquad (96)$$

Differenziert man Gl. (96) nach x, so erkennt man, daß die Ableitungen der Funktion y in einem Punkte P aus den entsprechenden Ausdrücken, die für den Punkt 0 berechnet wurden, erhältlich sind; denn es ist

$$\frac{\mathrm{d}y}{\mathrm{d}x} = \sum_i \left(\frac{\partial y}{\partial x_i}\right)_0 + \sum_i \left(\frac{\partial^2 y}{\partial x_i^2}\right)_0 x_i + \ldots \qquad (97)$$

Betrachtet man nur die unmittelbare Umgebung des Punktes 0, so kann hier die Funktion y durch die Gleichung einer Ebene angenähert werden. In der Taylor-Reihe hat man dann nur die linearen Glieder von x zu berücksichtigen, und die Beziehung (95) geht über in

$$x_i = \left(\frac{\partial y}{\partial x_i}\right)_0 \frac{1}{2\lambda}, \qquad i = 1, 2, \ldots n \qquad (98)$$

Da $1/2\,\lambda$ eine Konstante ist, zeigt der optimale Änderungsvektor der unabhängigen Variablen in die gleiche Richtung wie der Gradient der Zielgröße y mit den Komponenten $(\partial y/\partial x_i)_i$. Der Wert von λ ergibt sich nach den Gleichungen (92) und (98) zu

$$\lambda = \pm \frac{1}{2r} \left[\sum \left(\frac{\partial y}{\partial x_i}\right)_0^2\right]^{1/2} \qquad (99)$$

Sind nicht alle Ableitungen $(\partial y/\partial x_i)_0$ gleich Null, so gibt es entsprechend dem Vorzeichen von λ in Gl. (99) zwei Richtungen, in denen die Änderung von y maximal wird, da sich aus Gl. (95) und (99)

$$x_i = \pm r \frac{\partial y}{\partial x_i} \left[\sum_i \left(\frac{\partial y}{\partial x_i}\right)_0^2\right]^{-1/2}, \qquad i = 1, 2, \ldots n \qquad (100)$$

ergibt. Gilt in Gl. (100) das positive Vorzeichen, so ist die Änderung $y(\mathrm{P}) - y(0)$ positiv, und man bewegt sich entsprechend Gl. (95) in Richtung des steilsten Anstiegs von y und umgekehrt. Der optimale Zuwachs von y ist gegeben durch

$$y(\mathrm{P}) - y(0) = r \left[\sum_i \left(\frac{\partial y}{\partial x_i}\right)_0^2\right]^{1/2} \qquad (101)$$

Um also im Rahmen der Optimierung höhere Werte der Zielgröße y anzusteuern, ist der Gradient von y in einem Startpunkt zu ermitteln. Die Schrittweite hängt von der Wahl vor r ab.

Da das in Gl. (68) dargestellte Regressionspolynom erster Ordnung die Form einer TAYLOR-Reihe hat, ergibt ein Vergleich mit Gl. (96), daß die Regressionskoeffizienten b_1, b_2 usw. den partiellen Ableitungen der Zielgröße nach den einzelnen Variablen entsprechen. Die Koordinaten des Ausgangspunktes eines neuen Designs können daher aus den Regressionskoeffizienten der linearen Glieder der Regressionsgleichung mit Hilfe von Gl. (98) berechnet werden. λ ist darin eine frei wählbare Konstante.

2.3.3. Ermittlung des Polynoms zweiten Grades

zur Beschreibung der Zielfunktionsoberfläche im nahezu stationären Gebiet bei mehreren unabhängigen Einflußgrößen.

Composite Designs. Dieser Abschnitt setzt die Kenntnis der im Beitrag „Statistische Methoden“, ds. Bd., S. 347/360 behandelten Grundlagen voraus.

Im nahezu stationären Gebiet kann die Zielfunktionsoberfläche nicht mehr durch Regressionspolynome erster Ordnung beschrieben werden, da die Krümmung der Niveaufläche die Einbeziehung von Gliedern zweiter Ordnung erforderlich macht. Für drei Variable x_1, x_2 und x_3 ist daher die Gleichung

$$Y = b_0 + b_1x_1 + b_2x_2 + b_3x_3 + b_{12}x_1x_2 + b_{13}x_1x_3 + b_{23}x_2x_3 + b_{11}x_1^2 + b_{22}x_2^2 + b_{33}x_3^2 \quad (102)$$

zu bestimmen (Glieder noch höherer Ordnung sollen unberücksichtigt bleiben).

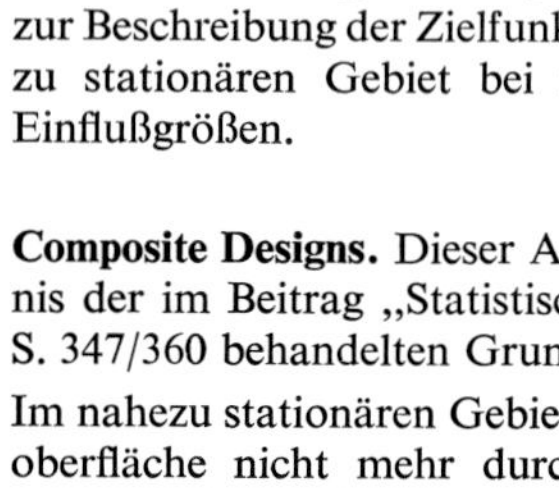

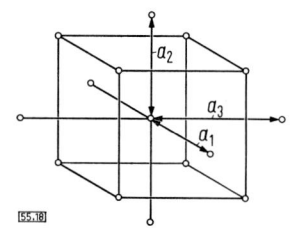

Abb. 18. Composite Design mit drei Variablen

Die zehn Regressionskoeffizienten in Gl. (102) können nicht mehr durch ein normales 2^3-Design mit nur acht Versuchen berechnet werden, da diese lediglich die Summe von b_0 und den Koeffizienten der quadratischen Effekte b_{11}, b_{22} und b_{33} sowie die Koeffizienten der linearen und der Wechselwirkungseffekte b_1, b_2, b_3, b_{12}, b_{13} und b_{23} liefern. Der Koeffizient der Dreifachwechselwirkung b_{123} kann als Maß für den experimentellen Fehler benutzt werden. Die getrennte Berechnung der Koeffizienten der quadratischen Glieder wird durch die Erweiterung des 2^3-Designs zu einem Composite Design ermöglicht.

Composite Designs werden aus vollständigen 2^n-Designs oder auch aus faktoriellen Teilversuchsplanungen durch Einfügen von $2n+1$ zusätzlichen Versuchen aufgebaut, von denen einer im Zentrum des Designs, die restlichen $2n$ Versuche in Paaren entlang den n Koordinatenachsen im Abstand $\pm a_1$, $\pm a_2$, ..., $\pm a_n$ vom Zentrum auszuführen sind, wie es z. B. für ein 2^3-Design mit sieben zusätzlichen Versuchen in Abb. 18 entsprechend den in Tab. 5 angegebenen Niveaus gezeigt ist.

Tab. 5. Niveaus eines Composite Designs mit drei Variablen

Versuch	Faktorniveau		
	x_1	x_2	x_3
1	−1	−1	−1
2	1	−1	−1
3	−1	1	−1
4	1	1	−1
5	−1	−1	1
6	1	−1	1
7	−1	1	1
8	1	1	1
9	$-a_1$	0	0
10	a_1	0	0
11	0	$-a_2$	0
12	0	a_2	0
13	0	0	$-a_3$
14	0	0	a_3
15	0	0	0

Der große Vorteil der Composite Designs besteht darin, daß sie ein schrittweises Arbeiten ermöglichen. Zunächst berechnet man in einem normalen faktoriellen Versuchsplan die Regressionskoeffizienten der linearen Glieder. Sind diese im Vergleich zu den Koeffizienten der Wechselwirkungsglieder groß, muß man in der Optimierung zunächst nach der Methode des steilsten Anstiegs fortfahren. Liegen die Koeffizienten jedoch in der gleichen Größenordnung, kann man durch Hinzufügen der notwendigen Versuche im Rahmen eines Composite Designs zur Berechnung der Koeffizienten der Glieder zweiten Grades übergehen, da man das nahezu stationäre Gebiet erreicht hat.

Die Abstände a_n vom Designzentrum können in gewissen Grenzen beliebig gewählt werden. Man erhält jedoch orthogonale Versuchspläne und kann damit zur Berechnung aller Regressionskoeffizienten und ihrer Standardabweichungen wieder die Gleichungen (87) und (90) verwenden, wenn man für die a_n die in Tab. 6 für verschiedene Designs angegebenen Werte benutzt.

Die Werte in Spalte $n = 5$ gelten für ein half replicate eines 2^5-Designs, das aus einem 2^4-Design mit Hilfe der Definitionsgleichung $x_1x_2x_3x_4 = x_5$ erhalten wird. Ergänzt wird diese faktorielle Teilversuchsplanung durch die Zahl der für das vollständige Design berechneten Versuche, also 11.

Die a_n-Werte in der Tabelle ergeben sich aus folgender Überlegung: Schreibt man für die unabhängigen Variablen in Gl. (102) die C-Matrix entsprechend Gl. (79)

Tab. 6. Orthogonale Composite Designs

Zahl der Faktoren (n)	2	3	4	5
Basisdesign	2^2	2^3	2^4	$1/2\ 2^5\ (x_1 x_2 x_3 x_4 x_5 = 1)$
Zahl der zu ergänzenden Punkte $2n+1$	5	7	9	11
Abstand der Axialpunkte vom Zentrum (a)	1,000	1,215	1,414	1,547

für ein Composite Design auf, so sind alle nichtdiagonalen Elemente von C gleich Null, ausgenommen die einer Submatrix mit nxn Elementen, die den Summen von Produkten der quadratischen Glieder entsprechen. Die diagonalen Elemente dieser Submatrix enthalten die Summe der Quadrate der quadratischen Glieder. Der Abstand a wird so gewählt, daß alle nichtdiagonalen Elemente der Submatrix verschwinden. Nach Box [3] ergibt sich a zu

$$a = [\varrho N/(4k^2)]^{1/4} \tag{103}$$

mit

$$\varrho = [(N+T)^{1/2} - N^{1/2}]^2 \tag{104}$$

wobei N die Zahl der Versuche des Ausgangsdesigns, T die Zahl der zusätzlichen Versuche ($= 2n+1$) und k die Zahl der Wiederholungen der zusätzlichen Versuche ist.

Man kann die Zahl der Koeffizienten, die aus den Versuchsdaten zu bestimmen sind, um einen senken, wenn man das Polynom zweiter Ordnung umformt in

$$Y = \bar{y}x_0 + b_1 x_1 + b_2 x_2 + b_3 x_3 + b_{11} x_{11} + b_{22} x_{22} + + b_{33} x_{33} + b_{12} x_1 x_2 + b_{13} x_1 x_3 + b_{23} x_2 x_3 \tag{105}$$

mit

$$x_{11} = x_1^2 - \Sigma x_1^2/n \text{ usw.} \tag{106}$$

und

$$b_0 = \bar{y} - b_{11}\Sigma x_1^2/n - b_{22}\Sigma x_2^2/n - b_{33}\Sigma x_3^2/n \tag{107}$$

Gl. (105) ergibt sich, indem man Gl. (102) für alle Versuche aufschreibt, summiert, den Mittelwert bildet und berücksichtigt, daß bei faktoriellen Versuchsplänen

$$\frac{\Sigma x_1}{n} = \frac{\Sigma x_2}{n} = \ldots = \frac{\Sigma x_1 x_2}{n} = \ldots = 0 \tag{108}$$

Nicht orthogonale Composite Designs. Insbes. bei wenigen Variablen ist es nicht in jedem Fall sinnvoll, orthogonale Composite Designs aufzustellen, da die Niveauunterschiede zwischen den Ergänzungsversuchen des Composite Designs und den Versuchen des Basisdesigns häufig zu gering sind und daher keine Änderung der Zielgröße gegenüber den früheren Untersuchungen hervorrufen. Vergrößert man die Abstände a, so ist einerseits mit einer Verringerung der Varianzen der quadratischen Effekte zu rechnen, andererseits aber können Effekte höherer Ordnung als 2 wieder Einfluß gewinnen, weshalb a in jedem Falle kleiner als 3 gewählt werden sollte.

Bei nicht orthogonalen Composite Designs ist die Berechnung der Regressionskoeffizienten etwas erschwert. Man geht von Gl. (102) aus. Die Koeffizienten der linearen Glieder und Wechselwirkungsglieder berechnet man wieder nach den Gl. (78) und (91), da für sie in der C-Matrix nur die Diagonalelemente von Null verschieden sind. Für b_0 und die quadratischen Glieder ist das nicht der Fall. Diese berechnet man mit Hilfe folgender Gleichungen (für n Faktoren sind es $n+1$ Gleichungen, um b_0, b_{11}, $b_{22} \ldots$ und b_{nn} bestimmen zu können):

$$\begin{aligned} C_{00}b_0 + C_{011}b_{11} + C_{022}b_{22} + C_{033}b_{33} &= C_{y0} \\ C_{011}b_0 + C_{1111}b_{11} + C_{1122}b_{22} + C_{1133}b_{33} &= C_{y11} \\ C_{022}b_0 + C_{1122}b_{11} + C_{2222}b_{22} + C_{2233}b_{33} &= C_{y22} \\ C_{033}b_0 + C_{1133}b_{11} + C_{2233}b_{22} + C_{3333}b_{33} &= C_{y33} \end{aligned} \tag{109}$$

Die C-Koeffizienten dieser Gleichungen sind die Summen von Produkten von je zwei unabhängigen Variablen x_0, $x_1^2 \ldots$ bzw. von einer der Variablen und der Zielgröße y. Z. B. ist $C_{1122} = \Sigma x_1^2 x_2^2$ und $C_{y11} = \Sigma y x_1^2$ usw. Nach Umkehrung des Gleichungssystems (109) berechnen sich die Regressionskoeffizienten zu

$$\begin{aligned} b_0 &= C^{00}C_{y0} + C^{011}C_{y11} + C^{022}C_{y22} + \ldots \\ b_{11} &= C^{011}C_{y0} + C^{1111}C_{y11} + C^{1122}C_{y22} + \ldots \\ b_{22} &= C^{022}C_{y0} + C^{1122}C_{y11} + C^{2222}C_{y22} + \ldots \end{aligned} \tag{110}$$

usw.

Die Diagonalelemente der Kehrmatrix C^{-1} in (110) werden wieder zur Berechnung der Varianzen und Standardabweichungen der Regressionskoeffizienten verwendet:

$$\begin{aligned} \sigma^2(b_0) &= C^{00}\sigma^2 \\ \sigma^2(b_{11}) &= C^{1111}\sigma^2 \text{ usw.} \end{aligned} \tag{111}$$

Drehbare Versuchspläne zweiter Ordnung. Da zu Beginn der Optimierung die äußere Form der Zielfunktionsoberfläche unbekannt ist, wird der Versuchsplan eine mehr oder weniger zufällige Lage relativ zur Oberfläche einnehmen. Damit ist keine Sicherheit dafür gegeben, daß die daraus resultierende Ausrichtung des Koordinatensystems einen möglichst einfachen und nur mit geringen Fehlern behafteten Ausdruck für die Zielfunktion liefert. Da sich die Lage des Koordinatensystems und damit auch die anteilige Varianz der Regressionskoeffizienten von Untersuchung zu Untersuchung ändern kann, sind die Ergebnisse verschiedener Versuchspläne nur mit einigem Vorbehalt direkt miteinander vergleichbar. Um diese Schwierigkeiten zu umgehen, wurden von Box und Hunter [5] drehbare Versuchspläne (s. Beispiel in Abb. 19 für zwei Variable) entwickelt, die so angelegt werden, daß die Zielgröße in allen Punkten, die gleich weit vom Designzentrum entfernt sind, mit der gleichen Varianz

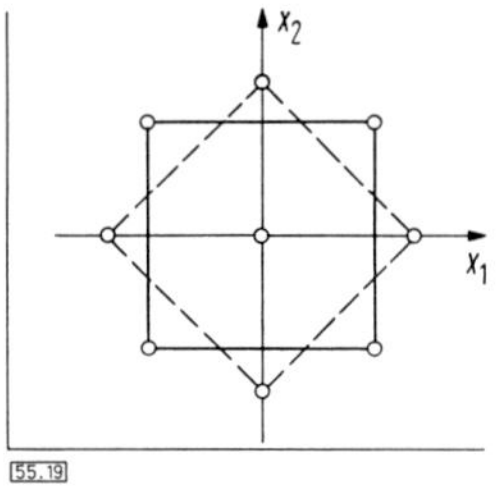

Abb. 19. Darstellung eines drehbaren Versuchsplans zweiter Ordnung für zwei Variable

Tab. 7. Zentrische, drehbare Composite Designs zweiter Ordnung

Faktoren (n)	2	3	4	5	5(1/2 repl.)
n_c	4	8	16	32	16
n_a	4	6	8	10	10
n_0	5	6	7	10	6
n_0 (orthogonal)	8	9	12	17	10
N_{total}	13 16	20 23	31 36	52 59	32 36
$a = n_c^{1/4}$	1,414	1,682	2,000	2,378	2,000

bestimmt werden kann; als Konsequenz ergibt sich, daß bei beliebiger Rotation des Versuchsplans um das Designzentrum auch alle Varianzen und Kovarianzen der Regressionskoeffizienten konstant bleiben.

Während bei faktoriellen Versuchsplänen zur Bestimmung der Koeffizienten erster Ordnung die Drehbarkeit von vornherein gegeben ist, ist das bei orthogonalen Composite Designs der beschriebenen Art nicht der Fall. Man kann jedoch auch hier die Drehbarkeit erreichen, wenn man Versuchspläne mit den in Tab. 7 angegebenen Daten ausführt.

Man geht wieder von faktoriellen Versuchsplanungen bzw. faktoriellen Teilversuchsplanungen mit n_c Versuchen mit den Koordinaten $\pm 1, \pm 1, \ldots, \pm 1$ aus. Diese Designs werden erweitert durch jeweils n_a Axialversuche mit den Koordinaten $(\pm a, 0, 0, \ldots, 0)$, $(0, \pm a, 0, \ldots, 0)$, $(0, 0, 0, \ldots, \pm a)$ und n_0 Versuche im Zentrum des Designs $(0, 0, 0, \ldots, 0)$. Wird das Design so angelegt, daß die Varianz der Zielgröße im Zentrum gleich der im Abstand 1 ist, so gelten für n_0 die Werte in Zeile 3, für orthogonale Versuchspläne die Werte in Zeile 4. Die Gesamtzahl der auszuführenden Versuche N hängt daher von der Art des Designs ab. Der Abstand a der Axialversuche vom Zentrum berechnet sich in jedem Fall nach

$$a = n_c^{1/4} \tag{112}$$

Die Regressionskoeffizienten und ihre Varianzen ergeben sich nach folgenden Gleichungen:

$$b_0 = A N^{-1}\left[2\lambda^2(n+2)\sum_{u=1}^{N} x_{0u}y_u - 2\lambda c \sum_{i=1}^{N}\sum_{u=1}^{N} x_{iu}^2 y_u\right] \tag{113}$$

$$b_i = c N^{-1}\sum_{u=1}^{N} x_{iu}y_u \tag{114}$$

$$b_{ii} = A c N^{-1}\left[c[(n+2)\lambda - n]\sum_{u=1}^{N} x_{iu}^2 y_u + c(1-\lambda)\sum_{i=1}^{N}\sum_{u=1}^{N} x_{ju}^2 y_u - 2\lambda\sum_{u=1}^{N} x_{0u}y_u\right] \tag{115}$$

$$b_{ij} = c^2 N^{-1}\lambda^{-1}\sum_{u=1}^{N} x_{iu}x_{ju}y_u \tag{116}$$

$$\sigma^2(b_0) = 2A\lambda^2(n+2)\sigma^2/N \tag{117}$$

$$\sigma^2(b_i) = c\sigma^2/N \tag{118}$$

$$\sigma^2(b_{ii}) = A[(n+1)\lambda - (n-1)]c^2\sigma^2/N \tag{119}$$

$$\sigma^2(b_{ij}) = c^2\sigma^2/N\lambda \tag{120}$$

mit

$$A = [2\lambda\{(n+2)\lambda - n\}]^{-1} \tag{121}$$

$$\lambda = N/[n_c + 4(1 + n_c^{1/2})] \tag{122}$$

und

$$c = N\Big/\sum_{u=1}^{N} x_{iu}^2 \tag{123}$$

Ein Beispiel eines drehbaren Designs zweiter Ordnung wurde u. a. von Hunter beschrieben [6].

2.3.4. Varianzanalytische Tests

Nach Aufstellung der Regressionsgleichung ersten bzw. zweiten Grades empfiehlt sich ein Signifikanztest auf das verwendete Regressionsmodell generell sowie auf die einzelnen Regressionskoeffizienten. Die dazu erforderliche Varianzanalyse stellt sich für die beiden Regressionspolynome wie folgt dar:

Werden bei einem *Regressionspolynom ersten Grades* im Rahmen eines normalen 2^m-Design p Versuche ausgeführt, die je n_j mal wiederholt werden, so ist die Gesamtversuchszahl $n = p n_j$. Die Summe der Quadrate der Beobachtungswerte (total crude of sum squares)

$$\sum_{i=1}^{n} y_i^2 = \sum_{j=1}^{p}\sum_{k=1}^{n_j} y_{jk}^2 \tag{124}$$

mit n Freiheitsgraden läßt sich zerlegen in die Summe der Quadrate der Regressionswerte (sum of squares due to regression)

$$\sum_{i=1}^{n} Y_i^2 = \sum_{j=1}^{p}\sum_{k=1}^{n_j} Y_{jk}^2 = b_0 C_{y0} + b_1 C_{y1} + \ldots + b_m C_{ym} \tag{125}$$

mit $(m+1)$ Freiheitsgraden und einer Restquadratsumme

$$\sum_{j=1}^{p}\sum_{k=1}^{n_j} (y_{jk} - Y_{jk})^2 \tag{126}$$

mit $[n - (m+1)]$ Freiheitsgraden, die sich ihrerseits wiederum aus der Quadratsumme des Anpassungsdefekts (lack of fit sum of squares)

$$n_j \sum_{j=1}^{p} (Y_j - \bar{y}_j)^2 \tag{127}$$

mit $[p - (m+1)]$ Freiheitsgraden und der Fehlerquadratsumme

$$\sum_{j=1}^{p}\sum_{k=1}^{n_j} (y_{jk} - \bar{y}_j)^2 \tag{128}$$

mit $p(n_j - 1)$ Freiheitsgraden zusammensetzt.

Bei einem *Regressionspolynom zweiten Grades* läßt sich die Gesamtquadratsumme $C_{yy} = \Sigma y^2$ mit n Freiheitsgraden aufspalten in die Summe der Quadrate der Regressionswerte

$$\sum Y^2 = b_0 C_{y0} + \sum_{i=1}^{m} b_i C_{yi} + \sum_{i=1}^{m} \sum_{j=1}^{m} b_{ij} C_{yij} \qquad (129)$$

mit $[\frac{1}{2}(m+2)(m+1)]$ Freiheitsgraden sowie eine Restquadratsumme

$$R = C_{yy} - \Sigma Y^2 \qquad (130)$$

mit $[n - \frac{1}{2}(m+2)(m+1)]$ Freiheitsgraden.

Die Summe der Quadrate der Regressionswerte setzt sich im einzelnen zusammen aus der Quadratsumme bezüglich b_0 (correction due to mean)

$$S_0 = C_{y0}^2/n \qquad (131)$$

mit einem Freiheitsgrad, der Quadratsumme bezüglich der linearen Regressionskoeffizienten

$$S_1 = \sum_{i=1}^{m} b_i C_{yi} \qquad (132)$$

mit m Freiheitsgraden sowie der Quadratsumme bezüglich der quadratischen Koeffizienten

$$S_2 = b_0 C_{y0} + \sum_{i=1}^{m} \sum_{j=1}^{m} b_{ij} C_{yij} - C_{y0}^2/n \qquad (133)$$

mit $\frac{1}{2}m(m+1)$ Freiheitsgraden.

Die Restquadratsumme kann einmal zerlegt werden in einen reinen Fehleranteil, den man z. B. auch erhält, wenn man nur einen Versuch mehrfach wiederholt. Ist das ein Versuch im Zentrum des Designs, so errechnet sich die Fehlerquadratsumme zu

$$S_F = \sum_{u=1}^{n_0} (y_{u0} - \bar{y}_0)^2 \qquad (134)$$

mit $(n_0 - 1)$ Freiheitsgraden, wenn der Versuch n_0 mal gemacht wurde. Weiterhin ist in der Restquadratsumme ein Anteil enthalten, der ein Maß für den experimentellen Fehler einschließlich des Anpassungsdefekts der Gleichung zweiten Grades an die Zielfunktion ist. Dieser Anteil errechnet sich aus der Differenz von R und S_F. Er hat $[n - \frac{1}{2}(m+2)(m+1) - n_0 + 1]$ Freiheitsgrade.

Die für die beiden Regressionspolynome berechneten Quadratsummen bzw. Varianzen gehen in den F-Test auf die Signifikanz des Regressionsmodells sowie der einzelnen Koeffizienten ein. Ist der Quotient aus Varianz des Anpassungsdefekts und der Versuchsfehlervarianz größer als der für die entsprechende Zahl Freiheitsgrade sowie eine gewählte Signifikanzzahl α tabellierte F-Wert, so ist das Regressionsmodell dem Verlauf der Zielfunktion inadäquat, d. h. bei einem Regressionspolynom ersten Grades sind mindestens quadratische Glieder, bei einem Polynom zweiten Grades mindestens Glieder dritter Ordnung zusätzlich zu berücksichtigen.

In orthogonalen Versuchsplänen werden, wie S. 374 beschrieben, die einzelnen Regressionskoeffizienten unabhängig von allen anderen Koeffizienten berechnet. Das gleiche gilt für die Quadratsummen und Varianzen $b_i C_{yi}$ bzw. $b_1 C_{yi}/1$, die damit direkt in einem F-Test auf die Signifikanz der Regressionskoeffizienten verwendet werden können. Vergleichsgröße ist wieder die Versuchsfehlervarianz.

In nicht orthogonalen Versuchsplänen kann man die Adäquatheit eines Regressionspolynoms ersten Grades z. B. dadurch prüfen, daß man zunächst aus den Versuchsdaten alle Regressionskoeffizienten einschl. der Koeffizienten zweiter Ordnung sowie die zugehörige Summe der Quadrate der Regressionswerte berechnet und anschließend die gleiche Rechnung nur mit Gliedern erster Ordnung durchführt. Die Differenz der Quadratsummen der Regressionswerte ist die Quadratsumme bezüglich der q Glieder zweiten Grades im Regressionspolynom. Sie hat q Freiheitsgrade. Ist diese nach Vergleich mit der Versuchsfehlervarianz in einem F-Test nicht signifikant, so kann man schließen, daß die Einbeziehung von Gliedern zweiter Ordnung in die Regressionsgleichung keine Verbesserung der Anpassung an die Zielgröße liefert. Für den Test auf die einzelnen Regressionskoeffizienten verwendet man am einfachsten den Ausdruck

$$t_i = \frac{b_i}{s\sqrt{C^{ii}}} \qquad (135)$$

den man in einem t-Test, dessen Zahl der Freiheitsgrade derjenigen der Versuchsfehlervarianz entspricht, mit dem entsprechenden Grenzwert der t-Verteilung vergleicht. Ist

$$t_i < t$$

kann der betreffende Regressionskoeffizient vernachlässigt werden.

2.3.5. Diskussion der Gleichungen zweiten Grades

Kanonische Analyse nach Box und Wilson. Der Gleichung zweiten Grades, z. B. Gl. (102), sieht man nicht ohne weiteres an, welche Form die Zielfunktionsoberfläche hat und wo das absolute Maximum liegt. Aus diesem Grunde ist eine mathematische Diskussion der Gleichung erforderlich, die jedoch mit Vorsicht auszuführen ist, da ja die Gleichung das Ergebnis von mit mehr oder weniger großen Fehlern behafteten Versuchen ist. Eine Zusammenstellung der dazu geeigneten Methoden findet man in [7].

Die breiteste Anwendung hat die bereits von Box und Wilson vorgeschlagene Methode der kanonischen Analyse gefunden. Zunächst wird der stationäre Punkt oder das Zentrum des Systems berechnet, indem die rechte Seite der Gleichung zweiten Grades nach den einzelnen, z. B. drei unabhängigen Variablen x_1, x_2 und x_3, abgeleitet und die erhaltenen Ausdrücke Null gesetzt werden:

$$\begin{aligned} 2b_{11}x_1 + b_{12}x_2 + b_{13}x_3 &= -b_1 \\ b_{12}x_1 + 2b_{22}x_2 + b_{23}x_3 &= -b_2 \\ b_{13}x_1 + b_{23}x_2 + 2b_{33}x_3 &= -b_3 \end{aligned} \qquad (136)$$

Die Lösungen dieses Gleichungssystems liefern die Koordinaten des stationären Punktes des Systems. Der Wert der Zielgröße im Zentrum ist nach Einsetzen der Ausdrücke von Gl. (136) in Gl. (102)

$$Y_s = b_0 + \tfrac{1}{2} b_1 x_{1s} + \tfrac{1}{2} b_2 x_{2s} + \ldots + \tfrac{1}{2} b_n x_{ns} \qquad (137)$$

Es folgt die Berechnung der Koeffizienten B_{ii} der Standard- oder kanonischen Form der Gleichung zweiten Grades, die

$$Y - Y_s = B_{11} X_1^2 + B_{22} X_2^2 + B_{33} X_3^2 \qquad (138)$$

lautet. X_1, X_2 und X_3 sind die neuen Achsen nach Verschiebung des Systems vom Designzentrum in den stationären Punkt und Drehung der ursprünglichen Koordinatenachsen x_i. Die Koeffizienten B_{ii} erhält man durch Lösen der charakteristischen Gleichung

$$\begin{vmatrix} b_{11} - B & \tfrac{1}{2} b_{12} & \tfrac{1}{2} b_{13} \\ \tfrac{1}{2} b_{12} & b_{22} - B & \tfrac{1}{2} b_{23} \\ \tfrac{1}{2} b_{13} & \tfrac{1}{2} b_{23} & b_{33} - B \end{vmatrix} = 0 \qquad (139)$$

Denn eine Parallelverschiebung des Koordinatensystems in das Designzentrum liefert, wenn man für

$$x_1 - x_{1s} = z_1 \qquad (140)$$

$$x_2 - x_{2s} = z_2 \text{ usw.}$$

setzt, zunächst nach Gl. (102), (136) und (137)

$$\begin{aligned} Y - Y_s = {} & z_1 (b_{11} z_1 + \tfrac{1}{2} b_{12} z_2 + \ldots + \tfrac{1}{2} b_{1n} z_n) + \\ & z_2 (\tfrac{1}{2} b_{21} z_1 + b_{22} z_2 + \ldots + \tfrac{1}{2} b_{2n} z_n) + \\ & \vdots \\ & z_n (\tfrac{1}{2} b_{n1} z_1 + \tfrac{1}{2} b_{n2} z_2 + \ldots + b_{nn} z_n) \end{aligned} \qquad (141)$$

oder in Matrizenschreibweise

$$Y - Y_s = z^T K z \qquad (142)$$

In Gl. (142) bedeuten K die Koeffizientenmatrix

$$K = \begin{vmatrix} b_{11} \ldots \tfrac{1}{2} b_{1n} \\ \vdots \qquad \vdots \\ \tfrac{1}{2} b_{n1} \ldots \ b_{nn} \end{vmatrix} \qquad (143)$$

und z bzw. z^T die Vektoren

$$z = \begin{matrix} z_1 \\ \vdots \\ z_n \end{matrix} \qquad z^T = z_1 \ldots z_n \qquad (144), (145)$$

Bei Umwandlung der Gl. (141) in ihre kanonische Form sind in einer orthogonalen Transformation die z-Achsen in die Hauptachsen X der Gleichung zweiten Grades mit Hilfe der Transformationsgleichungen

$$\begin{aligned} X_1 &= m_{11}(x_1 - x_{1s}) + m_{12}(x_2 - x_{2s}) + \ldots + m_{1n}(x_n - x_{ns}) \\ X_2 &= m_{21}(x_1 - x_{1s}) + m_{22}(x_2 - x_{2s}) + \ldots + m_{2n}(x_n - x_{ns}) \\ &\vdots \\ X_n &= m_{n1}(x_1 - x_{1s}) + m_{n2}(x_2 - x_{2s}) + \ldots + m_{nn}(x_n - x_{ns}) \end{aligned} \qquad (146)$$

oder

$$X = M z \qquad (147)$$

zu überführen. Auf Grund der Orthogonalität der Transformation gilt neben Gl. (147) auch

$$z = M^T X \qquad (148)$$

M^T ist die Matrix der zur Matrix K gehörenden normierten Eigenvektoren. Mit Gl. (148) geht Gl. (142) über in

$$Y - Y_s = (M^T X)^T K M^T X = X^T M K M^T X \qquad (149)$$

MKM^T ist die Koeffizientenmatrix der Gleichung zweiten Grades in ihrer kanonischen Form, sie ist identisch mit der Spektralmatrix B der zur Matrix K gehörenden Eigenwerte:

$$B = MKM^T \qquad (150)$$

Damit ergibt sich aus Gl. (149) die kanonische Form der Gleichung zweiten Grades zu

$$Y - Y_s = X^T B X = B_{11} X_1^2 + B_{22} X_2^2 + \ldots + B_{nn} X_n^2 \qquad (151)$$

Die Eigenwerte B_{ii} ergeben sich als Lösungen der charakteristischen Gleichung der Matrix K (Gl. 139). Mit ihnen erhält man aus Gl. (150) die in Gl. (146) benötigten Eigenvektoren. Denn die Auflösung von Gl. (150) für einen beliebigen Eigenwert B_{ii} liefert das homogene Gleichungssystem

$$\begin{aligned} (b_{11} - B_{ii}) m_{i1} + \ldots + \tfrac{1}{2} b_{1n} m_{in} &= 0 \\ \vdots \qquad\qquad \vdots \qquad\quad & \\ \tfrac{1}{2} b_{n1} \qquad m_{i1} + \ldots + (b_{nn} - B_{ii}) m_{in} &= 0 \end{aligned} \qquad (152)$$

Dessen Lösungen erhält man, indem man für einen Koeffizienten m_{ij} einen beliebigen Wert, z. B. eins annimmt und aus $(n-1)$ Gleichungen des Systems (152) $(n-1)$ den wahren Koeffizienten m_{ij} proportionale Größen m'_{ij} ermittelt. Da die Eigenvektoren der Matrix M^T normiert sein sollen, wählt man den Proportionalitätsfaktor so, daß die Quadratsumme aller m_{ij} gleich eins wird und damit

$$m_{ij} = \frac{m'_{ij}}{(m'_{ij})^2} \qquad (153)$$

Für zwei und drei unabhängige Variable kann die kanonische Form (Gl. 138) der Gleichung zweiten Grades noch anschaulich dargestellt werden, vgl.

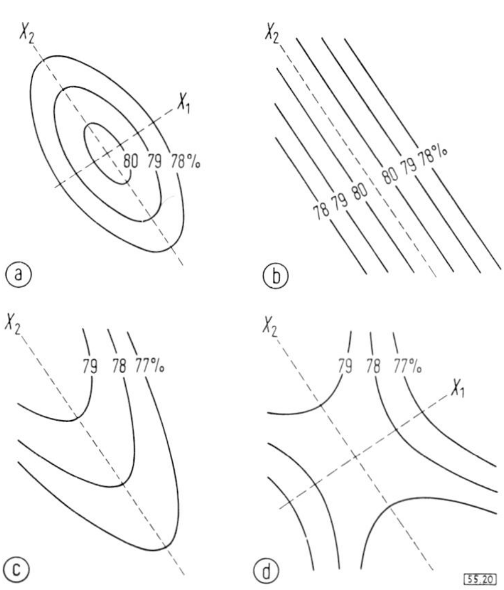

Abb. 20. Niveauliniensysteme einer Zielgröße in Abhängigkeit von zwei Variablen
Erläuterung zu a–d vgl. Text.

Abb. 20 und 21. Bei zwei Variablen kann man folgende Fälle unterscheiden:

1. B_{11} und B_{22} sind negativ. In der Höhenliniendarstellung erhält man Ellipsen wie in Abb. 20a. Ist B_{22} absolut kleiner als B_{11}, sind die Höhenlinien in Richtung der X_2-Achse gedehnt.

2. B_{11} ist negativ, B_{22} positiv. Die Höhenlinien sind Hyperbeln wie in Abb. 20d.

3. Zwischen diesen beiden Grenzfällen liegen die Typen b und c in Abb. 20. Bei Typ b ist B_{11} negativ und $B_{22} = 0$. Die kanonische Gleichung lautet dann

$$Y - Y_s = B_{11} X_1^2 \tag{154}$$

Y_s entspricht dem Wert der Zielgröße in irgendeinem Punkt auf der X_2-Achse. Es gibt somit keinen stationären Punkt, sondern eine Reihe von Zentren auf der X_2-Achse. Da man für B_{22} immer einen wenn auch kleinen Wert errechnen wird, werden die Höhenlinien nur annähernd die in b dargestellte Form haben. Typ c entspricht dem Fall, wenn das Zentrum des Systems im Unendlichen liegt und B_{11} negativ ist. Die kanonische Gleichung lautet dann

$$Y - Y_s = B_{11} X_1^2 + B_2 X_2 \tag{155}$$

B_2 gibt dann die Neigung entlang der X_2-Achse an. Allgemein findet man Zielfunktionen in Form eines Bergrückens wie in b und c, wenn einer der Koeffizienten B_{11} und B_{22} klein ist.

Bei drei unabhängigen Variablen sind folgende Fälle zu unterscheiden:

1. B_{11}, B_{22} und B_{33} sind negativ. Die Niveauflächen

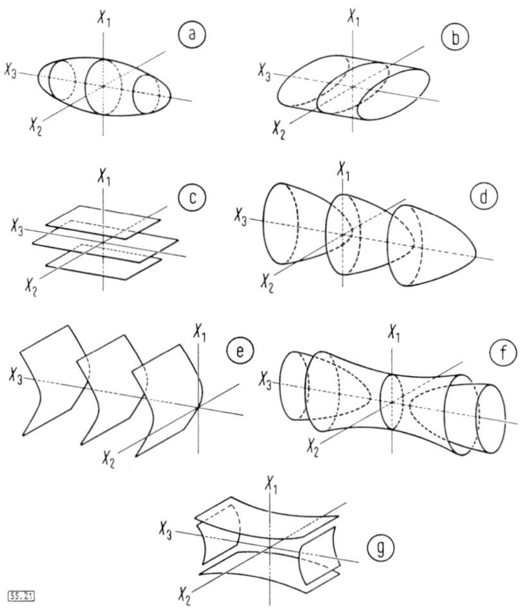

Abb. 21. Niveauflächensysteme einer Zielgröße in Abhängigkeit von drei Variablen
Zu a–g vgl. Text.

sind dann Ellipsoide wie bei Typ a in Abb. 21. Die Zielfunktion hat ein Punktmaximum.

2. B_{11} und B_{22} sind negativ, B_{33} ist Null. Die Niveauflächen sind elliptische Zylinder entsprechend Typ b in Abb. 21 mit einem Linienmaximum auf der X_3-Achse.

3. B_{22} und B_{33} sind beide Null. Die Niveauflächen sind Ebenen parallel zu einer Maximalebene, die die Achsen X_2 und X_3 enthält.

Niveauflächen in Form von Bergrücken, wie in den beiden letzten Fällen, wird man immer erhalten, wenn einer oder mehrere der Koeffizienten B_{ii} klein sind im Vergleich zu den anderen. Weitere Möglichkeiten sind in den Typen d – g in Abb. 21 gezeigt. Sie sollen hier nicht näher besprochen werden, vielmehr sei auf Lehrbücher der analytischen Geometrie verwiesen.

Ist die Zahl der Variablen größer als drei, wird man, damit die Anschaulichkeit erhalten bleibt, Niveauflächendarstellungen wie in Abb. 13, S. 371, für konstante Werte einer oder mehrerer Variablen erstellen müssen. Eine weitere Möglichkeit zur Interpretation bietet jedoch die im folgenden besprochene Methode von HOERL.

Kammlinienanalyse nach HOERL. Als Ergänzung zum BOX-WILSON-Verfahren wird die Kammlinienanalyse von HOERL [8] empfohlen, die insbes. bei mehreren Variablen zur Diskussion der Zielfunktionsoberfläche im nahezu stationären Gebiet besser geeignet ist als die kanonische Analyse. Die Methode, für die von DRAPER eine einfache Ableitung gegeben wurde [9], geht von der Gleichung zweiten Grades in der Form (102) aus. Gesucht werden die lokalen und absoluten Maxima und Minima der Zielgröße Y in Abhängigkeit vom Abstand R vom Designzentrum, d. h. unter der Nebenbedingung

$$g = \sum^{n} x \; - R^2 = 0 \tag{156}$$

Bei zwei Variablen z. B. wird also der Verlauf der Zielgröße auf einem Kreis mit dem Radius R um das Zentrum untersucht. Entsprechend der Methode der unbestimmten Multiplikatoren nach LAGRANGE faßt man Zielfunktion (102) und Nebenbedingung (156) zu einer neuen Funktion zusammen

$$F = Y - \lambda g \tag{157}$$

deren Extremwerte aufzusuchen sind. Nach partieller Differentiation von (157) nach jeder Variablen x_i und Nullsätzen der resultierenden Ausdrücke ergibt sich das Gleichungssystem

$$\begin{aligned} (b_{11} - \lambda) x_1 + \tfrac{1}{2} b_{12} x_2 + \ldots + \tfrac{1}{2} b_{1n} x_n &= -\tfrac{1}{2} b_1 \\ \tfrac{1}{2} b_{12} x_1 + (b_{22} - \lambda) x_2 + \ldots + \tfrac{1}{2} b_{2n} x_n &= -\tfrac{1}{2} b_2 \\ \cdot \quad \cdot \quad \cdot \quad \cdot \quad \cdot \quad \cdot \quad \cdot \quad \cdot \quad \cdot & \\ \tfrac{1}{2} b_{1n} x_1 + \tfrac{1}{2} b_{2n} x_2 + \ldots + (b_{nn} - \lambda) x_n &= -\tfrac{1}{2} b_n \end{aligned} \tag{158}$$

oder in Matrizenschreibweise

$$(B - \lambda I) x = -\tfrac{1}{2} b \tag{159}$$

mit

$$B = \begin{vmatrix} b_{11} & \frac{1}{2}b_{12} \dots & \frac{1}{2}b_{1n} \\ \frac{1}{2}b_{12} & b_{22} \dots & \frac{1}{2}b_{2n} \\ \cdot & \cdot \quad \cdot \quad \cdot & \cdot \\ \frac{1}{2}b_{1n} & \frac{1}{2}b_{2n} \dots & b_{nn} \end{vmatrix} \qquad b = \begin{vmatrix} b_1 \\ b_2 \\ \cdot \\ b_n \end{vmatrix} \qquad \begin{matrix} (160) \\ (161) \end{matrix}$$

und der $n \times n$ Einheitsmatrix I.

Die stationären Werte von Y erhält man am einfachsten durch Vorgeben von Werten für λ, Berechnung der Koordinaten x_i nach Gl. (158) und Einsetzen der x_i in Gl. (102). Den Abstand dieser Extremwerte vom Zentrum berechnet man nach Gl. (156). Abb. 22 zeigt

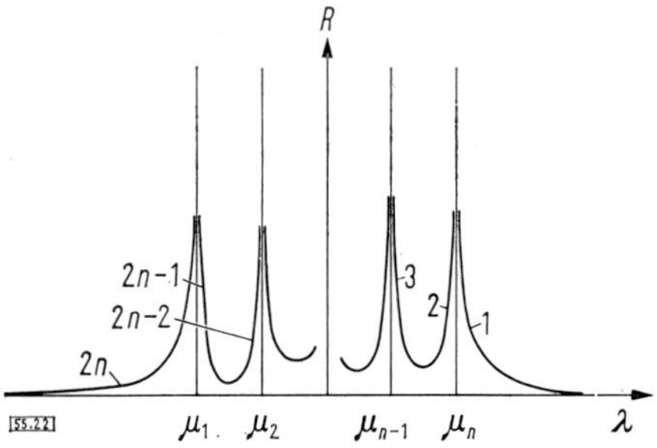

Abb. 22. Abstand R als Funktion von λ

die Abhängigkeit von R von λ, wie man sie aus Gl. (158) und (156) errechnet. Für $\lambda = -\infty$ ist $R = 0$. Mit steigendem λ nimmt R zu und wird schließlich $+\infty$, wenn λ mit dem ersten Eigenwert μ der Matrix B zusammenfällt, d. h. mit der ersten Lösung, für die

$$\det (B - \lambda I) = 0 \qquad (162)$$

Zwischen den weiteren Eigenwerten läuft R von $+\infty$ über einen stationären Wert wieder zu $+\infty$. Für $\lambda = +\infty$ ist $R = 0$. Da R nach Gl. (158) berechnet wurde, entspricht jedem Koordinatenpunkt (λ, R) ein Extremwert von Y, die Kurven in Abb. 22 stellen somit die Verbindungslinien lokaler oder auch absoluter Maximal- und Minimalwerte von Y dar, man spricht von Kammlinien oder Graten der Zielfunktionsoberfläche. Die Zahl der Einzelkurven in Abb. 22 gibt die Zahl der zu erwartenden Kämme an. Es bleibt noch die Frage, auf welchen Kamm das absolute Maximum bzw. Minimum liegt. Wie Draper zeigen konnte, liefern alle λ-Werte, die größer als der größte Eigenwert μ_i sind, den Kamm der absoluten Maximalwerte, entsprechend Kurve 1 in Abb. 22, alle λ-Werte, die kleiner als der kleinste Eigenwert μ_i sind, den Kamm der absoluten Minimalwerte von Y entsprechend Kurve $2n$ in Abb. 22. Alle anderen Kämme sind Verbindungslinien lokaler Extremwerte.

Deutlicher wird die Zuordnung von Extremwerten der Zielfunktion und Kammlinien, wenn man Y als Funktion von R nach Gl. (158) und (156) wie in Abb. 23 aufträgt. Kurve 1 verbindet alle absoluten Maximalwerte, Kurve $2n$ alle absoluten Minimalwerte von Y bei beliebigem R. Die einzelnen Schritte des Verfahrens kann man wie folgt zusammenfassen:

1. Berechnung der Eigenwerte von B nach Gl. (162).
2. Berechnung der Koordinaten x_i nach Gl. (158) für λ-Werte größer bzw. kleiner als der größte bzw. kleinste Eigenwert.
3. Berechnung von R nach Gl. (156).
4. Berechnung von Y nach Gl. (102) und Auftragen von Y gegen R.

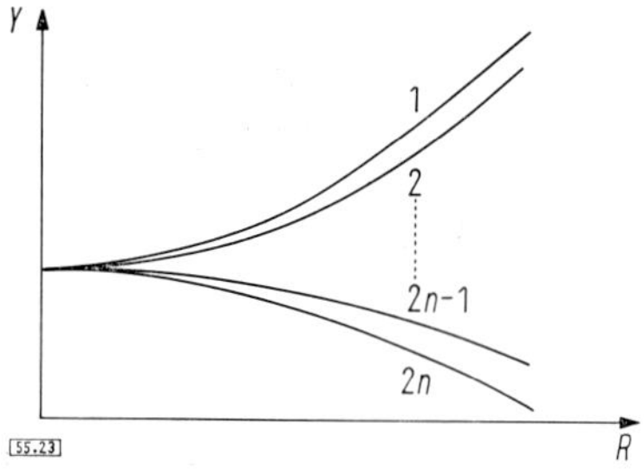

Abb. 23. Verlauf der Kammlinien der Zielfunktion als Funktion des Abstands R

2.3.6. Beispiele

Für die einzelnen Phasen der Optimierung sollen zwei Beispiele besprochen werden, die Box und Wilson bereits in ihren ersten Publikationen über diese Methode beschrieben haben.

Erstes Beispiel. *Bestimmung der Effekte erster Ordnung und Aufstieg zur nahezu stationären Region nach der Methode des steilsten Anstiegs.*

In einem Lösungsmittel E wurde eine nicht näher beschriebene Reaktion des Typs

$$A + B + C \rightarrow D + \text{andere Produkte}$$

mit dem Ziel untersucht, die Ausbeute der Komponente D für eine vorgegebene Menge an A zu maximieren. Man hoffte, die Ausbeute an D von bisher 45% auf 75% steigern zu können.

Erste Versuchsreihe. In einer ersten Versuchsreihe wurden die in Tab. 8 aufgeführten Variablen zwischen den angegebenen Niveaus variiert, die den Versuchsbedingungen entsprachen, unter denen eine Ausbeute von 45% erhalten wurde.

Tab. 8. Faktoren und Faktorenniveaus im ersten Experiment

	Faktoren		Faktorniveau −1	+1
x_1	Menge Lösungsmittel E	ml	200	250
x_2	Menge an C	Mol/Mol A	4,0	4,5
x_3	Konzentration C	%	90	93
x_4	Reaktionszeit	h	1	2
x_5	Menge an B	Mol/Mol A	3,0	3,5

In dieser ersten Untersuchung glaubte man, auf die Bestimmung von Effekten zweiter Ordnung verzichten zu können. Zur Ermittlung der verbleibenden fünf Regressionskoeffizienten der Effekte erster Ordnung genügte daher bei bekanntem Versuchsfehler von etwa 1% ein Design mit 8 Versuchen, bei fünf Variablen also ein quarter replicate eines 2^5-Designs. Dieses wurde aus einem vollständigem 2^3-Design mit Hilfe der Definitionsgleichungen

$$x_4 = x_1 x_2 x_3$$

und

$$x_5 = -x_2 x_3$$

konstruiert, vgl. Tab. 9, in deren letzten Spalte die Ausbeuten in den Einzelversuchen angegeben sind.

Tab. 9. Quarter replicate des 2^5-Designs im Testbeispiel

Versuch	Faktorniveau					Ausbeute (%)
	x_1	x_2	x_3	x_4	x_5	y
1	−1	−1	−1	−1	−1	34,4
2	−1	−1	1	1	1	51,6
3	−1	1	−1	1	1	31,2
4	−1	1	1	−1	−1	45,1
5	1	−1	−1	1	−1	54,1
6	1	−1	1	−1	1	62,4
7	1	1	−1	−1	1	50,2
8	1	1	1	1	−1	58,6

Die Regressionskoeffizienten wurden nach Gl. (87) berechnet. Entsprechend den im Kapitel über faktorielle Teilversuchsplanung angegebenen Regeln (s. „Statist. Methoden", ds. Bd., S. 357) sind sie mit den in Klammern aufgeführten Koeffizienten vermengt. Die x-Werte für die Koeffizienten höherer Ordnung, $b_{..}$, erhält man durch Multiplikation der x-Werte der entsprechenden linearen Glieder, also $(x_{12})_i = (x_1)_i (x_2)_i$.

$$b_0 \rightarrow \beta_0(+\beta_{11}+\beta_{22}+\beta_{33}+\beta_{44}+\beta_{55}) = 48{,}5$$
$$b_1 \rightarrow \beta_1(-\beta_{45}) = 7{,}9$$
$$b_2 \rightarrow \beta_2(-\beta_{35}) = -2{,}2$$
$$b_3 \rightarrow \beta_3(-\beta_{25}) = 6{,}0$$
$$b_{123} \rightarrow \beta_4(-\beta_{15}) = 0{,}4$$
$$b_{23} \rightarrow -\beta_5(\beta_{14}+\beta_{23}) = -0{,}4$$
$$b_{13} \rightarrow 0\ (\beta_{13}+\beta_{24}) = -1{,}8$$
$$b_{12} \rightarrow 0\ (\beta_{12}+\beta_{34}) = 0{,}2$$

Die Pfeile in dieser Aufstellung deuten an, daß die b Schätzwerte für die wahren Koeffizienten β sind. Die Standardabweichung der Regressionskoeffizienten b ist, da $\sigma^2 = 1$ und $\sigma^2(b) = \sigma^2/\Sigma x^2 = 1/8 = 0{,}125$

$$\sigma(b) \approx 0{,}4$$

Für das Untersuchungsgebiet ergab sich somit folgende Regressionsgleichung

$$y = 48{,}5 + 7{,}9x_1 - 2{,}2x_2 + 6{,}0x_3 + 0{,}4x_4 + 0{,}4x_5$$

Obwohl der Koeffizient b_{13} in der Größenordnung der Koeffizienten der Effekte erster Ordnung liegt, wurde er von den Autoren bei der folgenden Ermittlung der Richtung des steilsten Anstiegs nicht berücksichtigt. Diese Berechnung ist in Tab. 10 zusammengefaßt. Zeile (1) zeigt die Mittelwerte der Faktorenniveaus von Tab. 8, d. h. die Basis des Designs, Zeile (2) die Einheitsänderung im Niveau der Variablen, Zeile (3) die berechneten Neigungen der Zielfunktionsoberfläche im Zentrum des Designs, d. h. die Regressionskoeffizienten. In den folgenden Versuchen sind die Niveaus der Variablen entsprechend diesen Neigungen zu ändern. Ändert man z. B. x_1 um 7,9 Einheiten, d. h. um $7{,}9 \cdot 25 = 197{,}5$ ml, so ist x_2 um 2,2 Einheiten, d. h. um $0{,}25 \cdot (-2{,}2) = -0{,}55$ Mol zu ändern. Diese Werte stehen in Zeile (4). In Zeile (6) sind die x-Werte auf dem Weg des steilsten Anstiegs in Richtung des Maximums der Zielgröße angegeben, ausgehend von einer Änderung von x_1 um jeweils 10 ml; die entsprechenden y-Werte wurden nach der oben angegebenen Gleichung berechnet. Auf diesem Wege wurden dann noch zwei weitere Versuche, 9 und 10, ausgeführt und die Ausbeuten 80% und 79,4% erhalten. Da die Änderungen von y nur klein waren, wurde die erste Untersuchungsreihe hier abgeschlossen. Sie lieferte das Ergebnis, daß die Annahme, daß nur Effekte erster Ordnung berücksichtigt werden mußten, zulässig war.

Eine Überlagerung von Effekten erster Ordnung durch Effekte zweiter Ordnung hätte sich dadurch zu erkennen gegeben, daß ein Fortschreiten auf dem Weg des steilsten Anstiegs keine Verbesserung der Zielgröße gebracht hätte. Da ein weiteres Vorgehen in der zunächst berechneten Richtung über die Niveaus von Versuch 10 hinaus keine Ausbeuteerhöhung geliefert hatte, war eine Richtungs-

Tab. 10. Berechnung des Wegs des steilsten Anstiegs

		x_1 ml	x_2	x_3 %	x_4 h	x_5
(1)	Basisniveau	225	4,25	91,5	1,5	3,25
(2)	Einheit	25	0,25	1,5	0,5	0,25
(3)	Neigung b (Ausbeuteänderung je Einheit)	7,9	−2,2	6,0	0,4	0,4
(4)	Einheit · b	197,5	−0,55	9,0	0,2	0,1
(5)	Niveauänderung bei Änderung von x_1 um 10 ml	10	−0,028	0,456	0,010	0,005
(6)	Weg des steilsten Anstiegs mit einer Reihe möglicher Versuche	225	4,25	91,5	1,5	3,25
		235	4,22	92,0	1,5	3,25
		245	4,19	92,4	1,5	3,26
		255	4,17	92,9	1,5	3,26
		265	4,14	93,3	1,5	3,27
	Versuch 9	275	4,11	93,8	1,6	3,27
		285	4,08	94,2	1,6	3,28
	Versuch 10	295	4,06	94,7	1,6	3,28
		305	4,03	95,1	1,6	3,29

änderung erforderlich, um den Gipfel der Ausbeutefunktion zu erreichen. Die Niveaus von Versuch 10 wurden daher als Basis einer neuen Untersuchungsreihe gewählt, in der ein Regressionspolynom berechnet wurde, das die Umgebung der neuen Basis genauer beschrieb und die Richtung des steilsten Anstiegs von dieser Basis aus vermittelte.

Zweite Untersuchungsreihe. In der zweiten Untersuchungsreihe können die Einheiten der Variablen geändert werden. Das ist insbes. dann von Interesse, wenn der Effekt eines Faktors auf die Zielgröße in der ersten Untersuchung nur sehr klein war. Der Grund dafür könnte sein, daß

1. das Basisniveau dieses Faktors bereits optimal war,
2. die Einheit zu klein gewählt war oder
3. die Zielgröße von diesem Faktor unabhängig ist.

Um in dieser Hinsicht für die Variablen x_4 und x_5, deren Effekte in der ersten Untersuchung sehr klein waren, eine Entscheidung fällen zu können, wurden ihre Einheiten vergrößert. Bei der Wahl der Einheiten der Variablen x_1, x_2 und x_3 war zu berücksichtigen, daß die Effekte erster Ordnung bei Annäherung an die nahezu stationäre Region immer kleiner und damit fehlerhafter werden. Außerdem überlagern sie in immer größerem Umfang Effekte zweiter Ordnung. Würde man die Einheiten vergrößern, so würde sich zwar der erste Fehlereinfluß verringern, der zweite würde jedoch automatisch steigen. Aus diesem Grunde wurden die Einheiten der drei genannten Variablen in der zweiten Untersuchung gegenüber denen in der ersten verkleinert.

Obwohl der durch b_{13} repräsentierte Effekt zweiter Ordnung in der ersten Untersuchung recht groß gewesen war, wurde auch in der zweiten Untersuchung auf die Berücksichtigung von Effekten zweiter Ordnung verzichtet, da die Koeffizienten b_1, b_2 und b_3 viel größer als ihre Standardabweichungen waren und damit bei Fortschreiten auf dem Weg des steilsten Anstiegs mit einer weiteren Ausbeutesteigerung zu rechnen war, ohne bereits Effekte zweiter Ordnung einzubeziehen.

Tab. 11 zeigt die Faktorenniveaus, Tab. 12 das quarter replicate der zweiten Untersuchung, das aus einem 2^3-Design mit Hilfe der Definitionsgleichungen

$$x_4 = x_1 x_2 x_3$$

und

$$x_5 = x_1 x_2$$

entwickelt wurde.

Tab. 11. Faktoren und Faktorenniveaus im zweiten Design

	Faktoren		Faktorniveau −1	Faktorniveau +1
x_1	Menge Lösungsmittel E	ml	280	310
x_2	Menge an C	Mol/Mol A	3,85	4,15
x_3	Konzentration *C*	%	94	96
x_4	Reaktionszeit	h	2	4
x_5	Menge an B	Mol/Mol A	3,5	5,5

Nach Gl. (87) errechneten sich folgende Regressionskoeffizienten:

$$b_0 \rightarrow \beta_0(+\beta_{11}+\beta_{22}+\beta_{33}+\beta_{44}+\beta_{55}) = 70{,}7$$
$$b_1 \rightarrow \beta_1(+\beta_{25}) = -2{,}9$$
$$b_2 \rightarrow \beta_2(+\beta_{15}) = 0{,}1$$
$$b_3 \rightarrow \beta_3(+\beta_{45}) = -2{,}3$$
$$b_{123} \rightarrow \beta_4(+\beta_{35}) = -1{,}7$$
$$b_{12} \rightarrow \beta_5(+\beta_{12}+\beta_{34}) = -0{,}4$$
$$b_{13} \rightarrow 0\ (+\beta_{13}+\beta_{24}) = 0{,}4$$
$$b_{23} \rightarrow 0\ (+\beta_{23}+\beta_{14}) = -0{,}4$$

Tab. 12. Quarter replicate des 2^5-Designs der zweiten Untersuchung

Versuch	Faktorenniveau x_1	x_2	x_3	x_4	x_5	Ausbeute (%) y
11	−1	−1	−1	−1	1	77,1
12	−1	−1	1	1	1	69,0
13	−1	1	−1	1	−1	75,5
14	−1	1	1	−1	−1	72,6
15	1	−1	−1	1	−1	67,9
16	1	−1	1	−1	−1	68,4
17	1	1	−1	−1	1	71,5
18	1	1	1	1	1	63,4

Die Standardabweichung war für alle Koeffizienten wieder $\pm 0{,}4$.

Vergleicht man diese Koeffizienten mit denen des ersten Designs, so erkennt man, daß b_0 wesentlich größer geworden ist. Es ist zwar nicht so groß wie die Ausbeute in Versuch 10. Das ist aber auf die Krümmung der Zielfunktionsoberfläche im nahezu stationären Gebiet zurückzuführen. Die Regressionskoeffizienten β_{ii} sind in der Nähe eines Maximums alle negativ. Da sie hier b_0 als Mittelwert überlagern, wird b_0 kleiner gefunden, als der Ausbeute im Zentrum des Designs entspricht. Die Koeffizienten b_1 bis b_3 haben ihr Vorzeichen geändert, d. h. man hat sich vom Zentrum des ersten Designs zu weit entfernt und wird in den folgenden Versuchen zurückgehen müssen. b_4 ist stark negativ geworden, was darauf hin deutet, daß der kleine Wert im ersten Design aus einem bedingten Maximum der Ausbeute hinsichtlich der Reaktionszeit bei etwa 1,5 h resultiert. Das Niveau dieses Faktors ist also wieder zu senken. Da b_5 sich kaum geändert hat, kann angenommen werden, daß die Menge an *B* keinen Einfluß auf die Ausbeute hat.

Die Richtung des steilsten Anstiegs wurde entsprechend Tab. 13 ermittelt. In den Versuchen 19, 20 und 21 waren die Ausbeuten 80,8, 84,0 und 81,5%. Da Versuch (20) die höchste Ausbeute lieferte, wählte man seine Koordinaten zum Ausgangspunkt eines 2^2-Designs, in dem lediglich die Variablen x_1 und x_2 variiert wurden. Da die erhaltenen Neigungen nur wenig von Null verschieden waren, wurde geschlossen, daß nunmehr nach 25 Versuchen das nahezu stationäre Gebiet erreicht war. Weitere

Tab. 13. Weg des steilsten Anstiegs im zweiten Design

	x_1 ml	x_2 Mol	x_3 %	x_4 h	x_5 Mol
	295	4,0	95,0	3,0	4,5
Versuch (19)	285	4,0	94,5	2,6	4,4
	275	4,0	93,9	2,2	4,3
Versuch (20)	265	4,0	93,4	1,8	4,2
Versuch (21)	255	4,0	92,8	1,4	4,1

Untersuchungen forderten jetzt zwingend die Einbeziehung von Effekten zweiter Ordnung zur Beschreibung der Zielfunktionsoberfläche im stationären Gebiet. Diese Versuche wurden von den Autoren jedoch nicht mehr im Laboratorium sondern in der Versuchsanlage durchgeführt.

Zweites Beispiel. *Aufstellung der Gleichung zweiten Grades für das nahezu stationäre Gebiet und ihre Diskussion.*

Die Ausbeute eines Produktes C, das gemäß der Reaktion

$$A + B \rightarrow C$$

gebildet wurde und entsprechend der Reaktion

$$A + C \rightarrow D$$

weiterreagieren konnte, sollte unter der Nebenbedingung maximiert werden, daß der Anfall an D nicht größer als 20% ist. Variiert werden konnten die Reaktionstemperatur T, die Konzentration c des Ausgangsstoffes A sowie die Reaktionszeit t. Entsprechend den Niveaus in Tab. 14 und mit Hilfe der Definitionsgleichungen

$$x_1 = (T - 147)/5$$

$$x_2 = (c - 37{,}5)/2{,}5$$

$$x_3 = (t - 8{,}5)/1{,}5$$

wurde zunächst ein vollständiges 2^3-Design gemäß Tab. 15 durchgeführt. Die Anfangskonzentration an B wurde in allen Versuchen konstantgehalten.

Tab. 14. Faktoren und Faktorenniveaus im 2^3-Design des Textbeispiels

Faktor			Faktorniveau −1	Faktorniveau +1	Basisniveau	Einheit
T	Temperatur	°C	142	152	147	5
c	Konz. an A	%	35	40	37,5	2,5
t	Reaktionszeit	h	7	10	8,5	1,5

Tab. 15. Versuchskombinationen und Ausbeuten zum 2^3-Design des Textbeispiels

Versuch	Faktorniveau x_1	x_2	x_3	Ausbeute an C (%) y
1	−1	−1	−1	55,9
2	−1	−1	1	63,3
3	−1	1	−1	67,5
4	−1	1	1	68,8
5	1	−1	−1	70,6
6	1	−1	1	68,0
7	1	1	−1	68,6
8	1	1	1	62,4

Mit den Gln. (87) und (89) ergaben sich folgende Regressionskoeffizienten und Standardabweichungen:

$$b_0 \rightarrow \beta_0 + \beta_{11} + \beta_{22} + \beta_{33} = 65{,}64 \pm 0{,}4$$

$$b_1 \rightarrow \beta_1 = 1{,}76 \pm 0{,}4$$

$$b_2 \rightarrow \beta_2 = 1{,}19 \pm 0{,}4$$

$$b_3 \rightarrow \beta_3 = -0{,}01 \pm 0{,}4$$

$$b_{12} \rightarrow \beta_{12} = -3{,}09 \pm 0{,}4$$

$$b_{13} \rightarrow \beta_{13} = -2{,}19 \pm 0{,}4$$

$$b_{23} \rightarrow \beta_{23} = -1{,}21 \pm 0{,}4$$

$$b_{123} \rightarrow 0 = 0{,}31 \pm 0{,}4$$

Da die Wechselwirkungsglieder b_{12}, b_{13} und b_{23} in der gleichen Größenordnung lagen wie die linearen Glieder, wurde das Design zunächst durch sieben weitere Versuche zu einem Composite Design erweitert, um auch Glieder zweiter Ordnung berechnen zu können. Der Abstand der Axialversuche vom Zentrum wurde zu 2,0 gewählt, da befürchtet wurde, daß ein Abstand von 1,215, wie er bei Orthogonalität des Designs erforderlich gewesen wäre, einen zu geringen Unterschied in der Zielgröße gegenüber den Versuchen des ursprünglichen Designs liefern würde. Die Niveaus der Zusatzversuche zeigt Tab. 16, die erhaltenen Ausbeuten Tab. 17.

Tab. 16. Faktorniveaus der sieben Ergänzungsversuche

Faktor			Faktorniveau −2	0	+2
T	Temperatur	°C	137	147	157
c	Konzentration an A	%	32,5	37,5	42,5
t	Reaktionszeit	h	5,5	8,5	11,5

Tab. 17. Faktorniveaus und Ausbeuten der Ergänzungsversuche zum 2^3-Design in Tab. 15

Versuch	Faktorniveau x_1	x_2	x_3	Ausbeute an C (%) y
9	0	0	0	66,9
10	2	0	0	65,4
11	−2	0	0	56,9
12	0	2	0	67,5
13	0	−2	0	65,0
14	0	0	2	68,9
15	0	0	−2	60,3

Obwohl das Composite Design nicht mehr orthogonal war, konnten die Regressionskoeffizienten der linearen Glieder und die der Wechselwirkungsglieder wieder nach Gl. (87) berechnet werden. Da jetzt 15 Versuche zur Auswertung zu Verfügung standen, sind sie gegenüber den Koeffizienten oben etwas verändert. b_0 und die quadratischen Koeffizienten wurden nach Gl. (109) berechnet:

$$15b_0 + 16b_{11} + 16b_{22} + 16b_{33} = 976{,}0$$

$$16b_0 + 40b_{11} + 8b_{22} + 8b_{33} = 1014{,}3$$

$$16b_0 + 8b_{11} + 40b_{22} + 8b_{33} = 1055{,}1$$

$$16b_0 + 8b_{11} + 8b_{22} + 40b_{33} = 1041{,}9$$

Aus der Kehrmatrix dieses Gleichungssystems

$$\frac{1}{288}\begin{bmatrix} 224 & -64 & -64 & -64 \\ -64 & 26 & 17 & 17 \\ -64 & 17 & 26 & 17 \\ -64 & 17 & 17 & 26 \end{bmatrix}$$

ergab sich z. B.

$$b_0 = C^{00}C_{y0} + C^{011}C_{y11} + C^{022}C_{y22} + C^{033}C_{y33}$$

$$= (1/288)[(976 \cdot 224) - (64 \cdot 1014{,}3) - (64 \cdot 1055{,}1) - (64 \cdot 1041{,}9)] = 67{,}711$$

und

$\sigma^2(b_0) = C^{00}\sigma^2 = (244/288)\sigma^2$

Mit

$\sigma^2 = 1,\ \sigma(b_0) = \pm 0{,}9$

wurden insgesamt folgende Regressionskoeffizienten und Standardabweichungen erhalten:

$b_0 = 67{,}711 \pm 0{,}9 \qquad b_{11} = -1{,}539 \pm 0{,}3$

$b_1 = 1{,}944 \pm 0{,}3 \qquad b_{22} = -0{,}264 \pm 0{,}3$

$b_2 = 0{,}906 \pm 0{,}3 \qquad b_{33} = -0{,}676 \pm 0{,}3$

$b_3 = 1{,}069 \pm 0{,}3 \qquad b_{12} = -3{,}088 \pm 0{,}4$

$b_{13} = -2{,}188 \pm 0{,}4$

$b_{23} = -1{,}212 \pm 0{,}4$

Die Regressionsgleichung zweiter Ordnung lautet damit:

$$Y = 67{,}711 + 1{,}944x_1 + 0{,}906x_2 + 1{,}069x_3 - 1{,}539x_1^2 - 0{,}264x_2^2 - 0{,}676x_3^2 - 3{,}088x_1x_2 - 2{,}188x_1x_3 - 1{,}212x_2x_3$$

Kanonische Analyse der Gleichung zweiten Grades. Zunächst wurde das Zentrum des Systems der Niveauflächen bestimmt. Aus dem Gleichungssystem (136) ergibt sich:

$3{,}078x_1 + 3{,}088x_2 + 2{,}188x_3 = 1{,}944$

$3{,}088x_1 + 0{,}528x_2 + 1{,}212x_3 = 0{,}906$

$2{,}188x_1 + 1{,}212x_2 + 1{,}352x_3 = 1{,}069$

Die Koordinaten des stationären Punktes des Systems berechnen sich danach zu

$x_{1s} = 0{,}060 \quad x_{2s} = 0{,}215 \quad x_{3s} = 0{,}501$

was in den ursprünglichen Koordinaten

$T_s = 147{,}3\,°C,\ c_s = 38{,}04\,\%$ und $t_s = 9{,}25\,h$

entspricht. Der Wert der Zielgröße im Zentrum ist nach Gl. (137)

$Y_s = 68{,}14\,\%C$

Zur Berechnung der Koeffizienten der kanonischen Form der Gl. (138) zweiten Grades mußte nach Gl. (139) folgende charakteristische Gleichung gelöst werden

$$\begin{vmatrix} 1{,}539 + B & 1{,}544 & 1{,}094 \\ 1{,}544 & 0{,}264 + B & 0{,}606 \\ 1{,}094 & 0{,}606 & 0{,}676 + B \end{vmatrix} = 0$$

was hier nach der Methode der dividierten Differenzen geschah. Es ergaben sich die Wurzeln

$B_{11} = -3{,}190 \quad B_{22} = -0{,}069 \quad B_{33} = 0{,}780$

und damit die Gleichung zweiten Grades in ihrer kanonischen Form

$$Y - 68{,}14 = -3{,}190X_1^2 - 0{,}069X_2^2 + 0{,}780X_3^2$$

Die Achsenrichtung eines kanonischen Systems berechnet man nach

$$X_1 = m_{11}(x_1 - x_{1s}) + m_{12}(x_2 - x_{2s}) + m_{13}(x_3 - x_{3s})$$
$$X_2 = m_{21}(x_1 - x_{1s}) + m_{22}(x_2 - x_{2s}) + m_{23}(x_3 - x_{3s})$$
$$X_3 = m_{31}(x_1 - x_{1s}) + m_{32}(x_2 - x_{2s}) + m_{33}(x_3 - x_{3s}) \qquad (146)$$

Die Koeffizienten m_{ik} ergaben sich z. B. hier in der Gleichung für X_1 durch Lösen der homogenen Gleichungen

$-1{,}651m_{11} + 1{,}544m_{12} + 1{,}094m_{13} = 0$

$1{,}544m_{11} - 2{,}926m_{12} + 0{,}606m_{13} = 0$

$1{,}094m_{11} + 0{,}606m_{12} - 2{,}512m_{13} = 0$

entsprechend den Elementen der Determinante in Gl. (139) mit $B_{11} = -3{,}190$ für B, zu

$m_{11} = 0{,}7511, \quad m_{12} = 0{,}4884, \quad m_{13} = 0{,}4443$

Die gleiche Rechnung für die Achsen X_2 und X_3 mit B_{22} und B_{33} für B lieferte schließlich folgende Achsenrichtungen des kanonischen Systems:

$$X_1 = 0{,}7511(x_1 - x_{1s}) + 0{,}4884(x_2 - x_{2s}) + 0{,}4443(x_3 - x_{3s})$$

$$X_2 = 0{,}3066(x_1 - x_{1s}) + 0{,}3383(x_2 - x_{2s}) - 0{,}8897(x_3 - x_{3s})$$

$$X_3 = 0{,}5848(x_1 - x_{1s}) - 0{,}8044(x_2 - x_{2s}) - 0{,}1044(x_3 - x_{3s})$$

Eine Diskussion der kanonischen Gleichung zeigte, daß einmal das Glied mit B_{22} vernachlässigt werden konnte, da es im Vergleich zu denen mit B_{11} und B_{33} sehr klein ist, zum anderen, daß eine Ausbeutesteigerung in Richtung der positiven X_3-Achse zu erwarten war. Entsprechend angesetzte Versuche [10], deren Ergebnisse mit in die Koeffizienten eingerechnet wurden [3], zeigten jedoch, daß auch B_{33} vernachlässigt werden konnte. Es blieb somit die einfache Gleichung

$$Y - 68{,}14 = -3{,}190X_1^2$$

oder

$$X_1 = \pm\sqrt{\frac{Y - 68{,}14}{-3{,}190}}$$

Diese Gleichung beschreibt Ebenen mit der Ausbeute Y in der in Abb. 24 gezeigten Form. Die mittlere Ebene mit

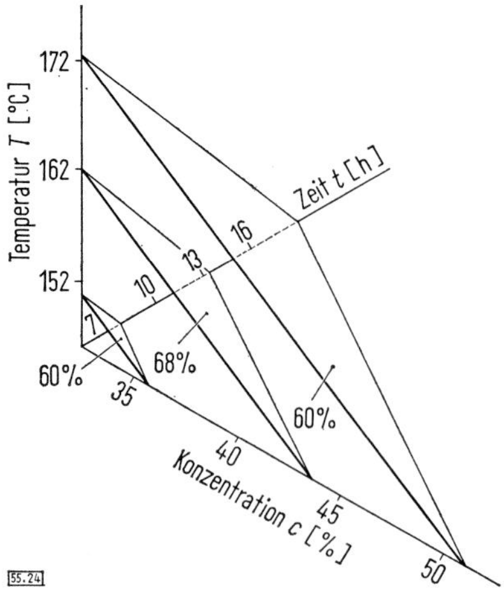

Abb. 24. Ebene der maximalen Ausbeute im nahezu stationären Gebiet ($Y = 68\,\%$) mit parallel dazu verlaufenden Ebenen niederer Ausbeute

$X_1 = 0$, d. h. $Y = 68\,\%$ ist praktisch die Maximalebene mit den Koordinaten

$$0{,}7511(x_1 - x_{1s}) + 0{,}4884(x_2 - x_{2s}) + + 0{,}4443(x_3 - x_{3s}) = 0$$

oder in den ursprünglichen Koordinaten

$$0{,}1502\,T + 0{,}1954\,c + 0{,}2962\,t = 32{,}30$$

Da ein Maximum an C unter der Bedingung erreicht werden sollte, daß D 20% nicht überstieg, wurde die gleiche Optimierung für das Produkt D ausgeführt. Es resultierte hierbei die Gleichung zweiten Grades

$$Z = 18{,}379 + 5{,}150\,x_1 + 2{,}362\,x_2 + 2{,}188\,x_3 + + 0{,}728\,x_1^2 + 0{,}103\,x_2^2 + 1{,}303\,x_3^2 + 2{,}175\,x_1 x_2 + + 2{,}075\,x_1 x_3 + 1{,}300\,x_2 x_3$$

die mit Hilfe der Transformation

$$x_1 - x_{1s} = 0{,}7511\,X_1 + 0{,}3066\,X_2 + 0{,}5848\,X_3$$

$$x_2 - x_{2s} = 0{,}4884\,X_1 + 0{,}3383\,X_2 - 0{,}8044\,X_3$$

$$x_3 - x_{3s} = 0{,}4443\,X_1 - 0{,}8897\,X_2 - 0{,}1044\,X_3$$

in X-Variablen ausgedrückt wurde. Für $X_1 = 0$ und $Z = 20$ ergab sich folgende Gleichung für die Grenzlinie auf der Maximalebene, welche Reaktionsbedingungen, die mehr oder weniger als 20% D ergeben, voneinander trennt:

$$-0{,}855 = -0{,}319\,X_2 + 0{,}972\,X_3 + 0{,}380\,X_2^2 - - 0{,}712\,X_3^2 + 0{,}079\,X_2 X_3$$

Das ist in Abb. 25 anschaulich dargestellt.

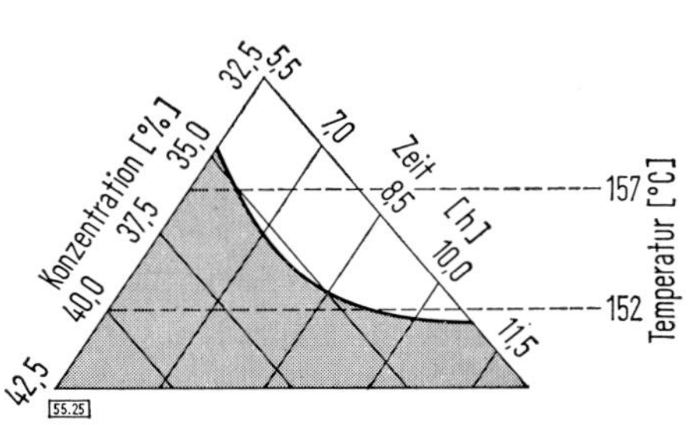

Abb. 25. Ebene der maximalen Ausbeute an C ($Y = 68\,\%$) Im schattierten Bereich ist die Ausbeute an D größer als 20%

Diskussion der Gleichung zweiten Grades nach der Kammlinienmethode von Hoerl. Entsprechend den Regeln auf S. 381 sind zunächst die Eigenwerte der Determinante B nach Gl. (148) zu berechnen, die mit Gl. (139) identisch ist. Man erhält daher für die Eigenwerte die gleichen Ergebnisse wie in der kanonischen Analyse:

$$B_{11} = -3{,}190 \quad B_{22} = -0{,}069 \quad B_{33} = 0{,}780$$

Diese werden in Gl. (158) eingesetzt und anschließend Koordinaten für x_1, x_2 und x_3 mit λ-Werten berechnet, die größer bzw. kleiner als der größte bzw. kleinste Eigenwert B_{ii} sind. Zur besseren Übersicht wurden hier alle Kämme berechnet und dazu λ zwischen -6 und $+6$ variiert, nach Gl. (156) R ermittelt und in Abb. 26 gegen λ aufgetragen. Es resultieren, da drei unabhängige Variable vorliegen, $2 \cdot 3 = 6$ Kammlinien, d. h. legt man um den Mittelpunkt des Designs Kugelschalen mit dem Radius R, so stellt sich die Zielfunktion dem Betrachter in Form von sechs Kämmen dar, deren Höhenverlauf Abb. 27 zeigt, in der die Extremwerte von Y gegen R aufgetragen sind. Die Kammlinie 1 verbindet alle absoluten Maxima von Y im Abstand R vom Zentrum. Die Kurve ist gesichert bis zur Gültigkeitsgrenze der Gleichung zweiten Grades, die sich nach $x_1^2 + x_2^2 + x_3^2 \leq R^2$ berechnet und hier bei $R = 2$ liegt, da für keinen Versuch des Composite Designs $R^2 > 4$ ist. Bei Berücksichtigung dieser Grenze sind nach Abb. 27 Optimalausbeuten Y von etwa 71% zu erwarten. Die dazu einzustellenden Niveaus der unabhängigen Variablen entnimmt man einer Auftragung der x_i-Werte für den Maximalkamm gegen R (Abb. 28). Optimale Ausbeuten erhält man danach für eine mittlere Reaktionszeit von etwa 9 h, eine Temperatur von etwa 155 °C sowie eine Konzentration an A von ca. 34%, Be-

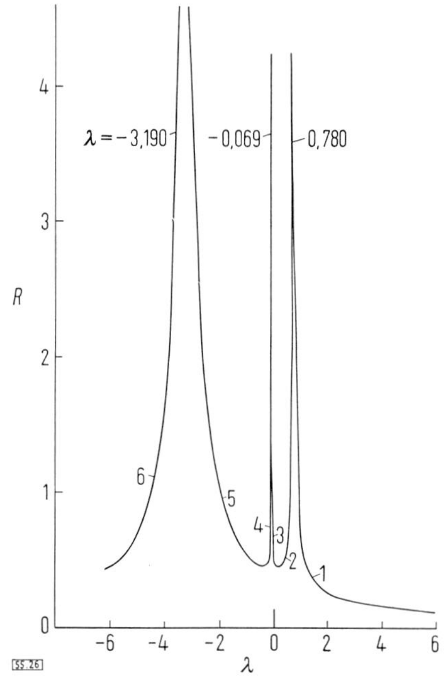

Abb. 26. R in Abhängigkeit von λ nach den Gl. (158) und (156) für das Optimierungsbeispiel nach Box auf S. 385

Die unteren Zahlen an den Kurven numerieren die Kammlinien. Die oberen Zahlen geben die Eigenwerte der Determinate (162) an.

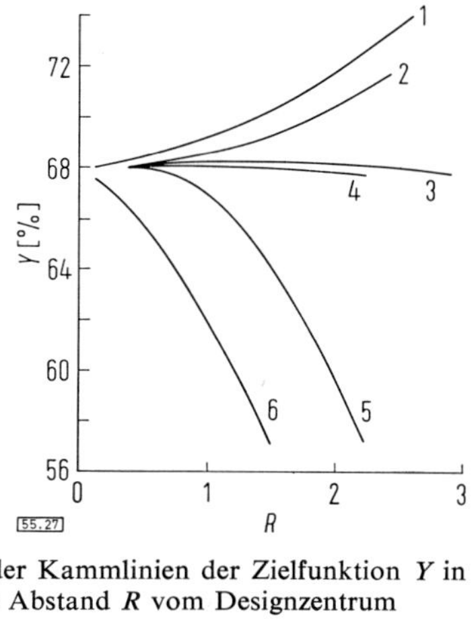

Abb. 27. Verlauf der Kammlinien der Zielfunktion Y in Abhängigkeit vom Abstand R vom Designzentrum

dingungen, die schon im Versuch (S. 385) über 70% Ausbeute an C erbrachten. (Die Abhängigkeit der Zielfunktion auf dem Maximalkamm von x_3 ist nach Abb. 28 nicht sehr groß, deshalb kann dieser Versuch trotz seines niedrigeren Niveaus in x_3 hier zum Vergleich herangezogen werden.)

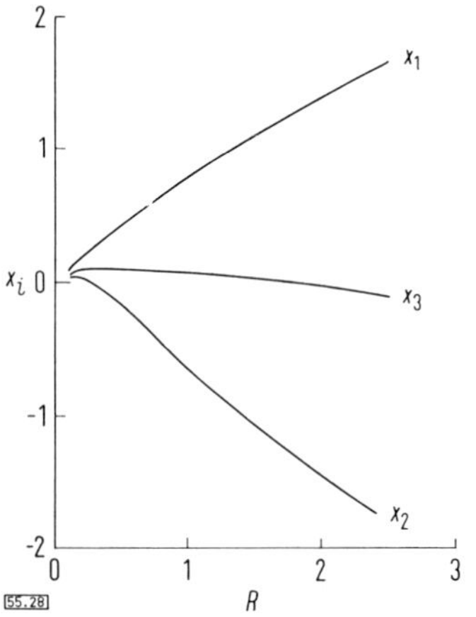

Abb. 28. Verlauf der Koordinaten x_i auf dem Maximalkamm der Zielfunktion Y in Abhängigkeit vom Abstand R vom Designzentrum

Die Ergebnisse der Kammlinienanalyse können mit denen der kanonischen Analyse zunächst nur bedingt verglichen werden, da dort die Eigenwerte B_{22} und B_{33} als vernachlässigbar klein angesehen wurden. Bei gleicher Betrachtungsweise hat man hier nur die Kämme 5 und 6 in Abb. 27 zu diskutieren, die allerdings einen stationären Verlauf mit Maximalwerten von Y in der Größenordnung von etwa 68% zeigen, wie es sich auch aus der kanonischen Analyse ergibt. Ob die Ausbeuten des Kammes 1 in Abb. 27 erreicht werden können oder ob sie nur das Ergebnis einer zu strengen Ausdeutung der Gleichung zweiten Grades sind, deren Koeffizienten fehlerbehaftet sind, kann nur durch weitere Versuche geklärt werden.

Die Einrechnung einer zweiten Zielgröße in die Optimierung erfordert nach der Kammlinienmethode einen größeren Rechenaufwand, sie ist aber grundsätzlich möglich, vgl. [8].

2.4. Evolutionary Operation

Die bisher beschriebenen Methoden befaßten sich mit der Optimierung von chemischen Reaktionen im Laboratoriumsmaßstab bzw. in Versuchsanlagen. Wie die Erfahrung zeigt, sind die dort erhaltenen Ergebnisse nicht ohne weiteres auf eine laufende Großanlage übertragbar, da dort z. B. andere Strömungs-, Wärmeübertragungs- und Vermischungsverhältnisse herrschen. Aus Versuchen in kleinem Maßstab wird man daher den Optimalzustand in der Großanlage nur angenähert einstellen können. Box entwickelte auf der Basis von faktoriellen Versuchsplänen ein Verfahren, das erlaubt, den Optimalpunkt auch bei großtechnischen Prozessen zu ermitteln [11], [12], s. a. [13]. Es ist unter dem Namen „Evolutionary Operation", kurz EVOP, bekannt geworden.

Das Prinzip dieses Verfahrens besteht darin, um einen gewählten Betriebspunkt als Zentrum ein 2^2- oder höchstens ein 2^3-Factorial Design auszuführen. Da die Variation der Einflußgrößen in der Großanlage nur klein sein kann, damit die Verluste durch ungünstige Betriebsbedingungen nicht zu groß werden, können die Effekte der Variablen auf die Zielfunktion, insbes. in Nähe des Optimums, unter die Größenordnung ihrer Standardabweichung absinken und sich nicht mehr als signifikant zu erkennen geben. Um den Einfluß einer Variablen dennoch bestimmen zu können, durchläuft man das Design zyklisch. Solange die gleichen Variablen und Niveaus eingehalten werden, befindet man sich in derselben Phase. Nach jedem Zyklus (Runde) einer Phase werden die Effekte der Variablen und ihre Standardabweichungen sowie der Versuchsfehler berechnet. Diese schrittweise Auswertung bringt den besonderen Vorteil mit sich, daß die Rechnungen in einfachster Weise ausgeführt werden können. Alle Ergebnisse werden auf einer Informationstafel in übersichtlicher Form dargestellt, wie es Tab. 18 für ein 2^2-Design zeigt. Die Phasenzahl gibt an, daß bereits zwei Phasen EVOP abgeschlossen sind, in denen entweder andere Variablen oder die gleichen Variablen auf anderen Niveaus getestet wurden. Unter der Phasenzahl ist die Nummer der Runde unter den derzeitigen Bedingungen angegeben. Es folgt der Versuchsplan mit den Angaben, wie die Variablen zu ändern sind. Die Tabelle gibt die augenblickliche Situation an:

1. Die Zielgrößen und die hinsichtlich der Zielgrößen geforderten Bedingungen,
2. die Mittelwerte der Ergebnisse in den einzelnen Versuchskombinationen bis zum Ende der vierten Runde,
3. die mittlere doppelte Standardabweichung nach vier Runden,
4. das Phasenmittel sowie die Effekte der Variablen mit ihren Standardabweichungen,
5. die Standardabweichung der Einzelbeobachtungen.

An Hand dieser Tafel hat der Betriebsleiter zu entscheiden, ob die augenblicklichen Betriebsbedingungen beizubehalten sind und das Ergebnis der nächsten Runde abzuwarten ist, oder ob man in eine neue Phase eintreten kann, in der eine der folgenden Veränderungen vorgenommen wird: a) unter Fortschreiten in der Richtung, in der auf Grund der Vorzeichen der Effekte eine Verbesserung vermutet wird, werden neue Niveaus der gleichen Variablen eingenommen; b) wenn ein Faktor keinen Effekt gezeigt hat, werden neue Niveaueinheiten, d. h. eine größere Schrittweite, gewählt; c) es werden neue Variablen eingesetzt. Normalerweise ist das zyklische Durchfahren des Designs solange fortzusetzen, bis der sich von Runde zu Runde auf Grund der steigenden Zahl der Versuchsergebnisse verringernde Versuchsfehler eine gewünschte Grenze unterschreitet. Die auf der Basis aller durchfahrenen Zyklen berechneten Effekte der Variablen werden dann mit ihrer doppelten Standardabweichung,

Tab. 18. Aufbau der Informationstafel des EVOP für ein 2^2-Design

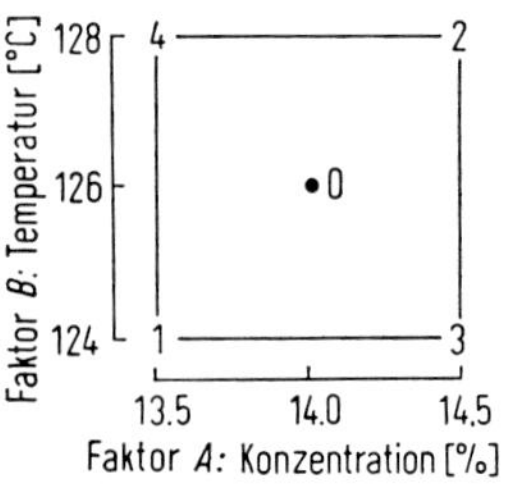

Phase: 3

Runde: 4

Zielgröße:	Verunreinigung, %
geforderte Bedingungen:	< 0,50
Mittelwerte der Versuchsergebnisse einer Runde:	0,29 0,35 0,27 0,17 0,19
doppelte Standardabweichung:	± 0,03
Phasenmittel :	0,25
Variableneffekte mit doppelter Standardabweichung:	
Konzentration *c*:	0,04 ± 0,03
Temperatur *T*:	0,14 ± 0,03
$c \times T$:	0,02 ± 0,03
E :	0,02 ± 0,03
Standardabweichung der Einzelbeobachtungen:	0,029

in die der Versuchsfehler eingeht und die etwa einem Vertrauensbereich mit einer Konfidenzzahl von 95% entspricht, verglichen. Ist der Effekt eines Faktors größer als seine doppelte Standardabweichung, d. h. schließen die Grenzen des Vertrauensintervalls nicht den Wert Null des Effekts ein, so kann der Effekt als signifikant angesehen werden. EVOP wird bei einem Prozeß insgesamt solange fortgesetzt, bis die Kosten für die Versuche den für die nächsten Jahre zu erwartenden Gewinn übersteigen.

Berechnung der Effekte der Variablen und ihrer Standardabweichungen. Basis des EVOP sind die bekannten 2^2- und 2^3-Designs, die hier in der Regel mit quantitativen Variablen* ausgeführt werden. In die Auswertung der Effekte der Variablen gehen die Mittelwerte aller Ergebnisse einer Versuchskombination nach *n* Runden ein, d. h. in einem 2^2-Design werden die Effekte der Faktoren *A* und *B* nach den Gleichungen

$$A = \tfrac{1}{2}(\bar{y}_2 + \bar{y}_3 - \bar{y}_4 - \bar{y}_1) \tag{163}$$

$$B = \tfrac{1}{2}(\bar{y}_4 + \bar{y}_2 - \bar{y}_3 - \bar{y}_1) \tag{164}$$

berechnet und die Wechselwirkung *AB* nach der Gleichung

$$AB = \tfrac{1}{2}(\bar{y}_2 + \bar{y}_1 - \bar{y}_3 - \bar{y}_4) \tag{165}$$

wenn die Versuche wie im Versuchsplan der Tab. 18 angeordnet werden. Diese Versuchsfolge wird von Box bewußt in jeder Runde gewählt, d. h. auf eine zufällige Anordnung der Versuche wird verzichtet. Diese Verfahrensweise hat den Vorzug, daß unbeabsichtigte Änderungen in den Produktionsbedingungen bei der Ausrechnung mit der Wechselwirkung *AB* vermengt werden, und daher die reinen Effekte der Variablen nicht belasten.

Bei einem 2^3-Design ermittelt man die Effekte und Wechselwirkungen am einfachsten nach der Methode von Yates (s. „Statistische Methoden", ds. Bd., S. 351).

Bei einem über einen längeren Zeitraum laufenden Optimierungsverfahren ist es häufig sinnvoll, innerhalb jeder Runde noch einen Vergleichsversuch unter den besten bis dahin bekannten Bedingungen zu fahren, um eventuelle Trends in der Zusammensetzung von Ausgangsmaterialien oder unbeabsichtigte Änderungen in den Produktionsbedingungen zu erkennen. Dieser Vergleichsversuch kann entweder in einem Punkt des Designs selbst, in dessen Zentrum oder außerhalb des Designs liegen, wie es schematisch für ein 2^2-Design in Abb. 29a–c gezeigt ist. Den Unterschied zwischen dem Phasenmittel (phase mean), also dem Mittelwert aller Versuche einer Phase, und dem

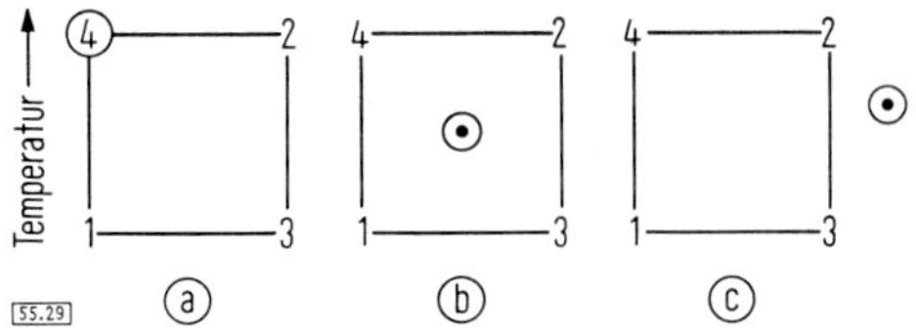

Abb. 29. Mögliche Lagen der Vergleichsversuche in einem 2^2-Design
Die Vergleichsversuche sind mit einem Kreis umrandet.

Mittelwert der Versuche bei den Vergleichsbedingungen nennt man die Änderung *E* des Mittelwertes (change in mean effect), die direkt ein Maß dafür ist, ob die Versuche der laufenden Phase im Mittel bessere oder schlechtere Ergebnisse liefern als die im bisher bekannten Optimalzustand, d. h. *E* ist ein Maß für die Kosten oder den Gewinn durch Versuche des EVOP. Für ein 2^2-Design berechnet sich *E* entsprechend der Anordnung a des Vergleichsversuchs in Abb. 29 zu

$$E = \tfrac{1}{4}(\bar{y}_1 + \bar{y}_2 + \bar{y}_3 + \bar{y}_4) - \bar{y}_4 = \tfrac{1}{4}(\bar{y}_1 + \bar{y}_2 + \bar{y}_3 - 3\bar{y}_4) \tag{166}$$

und für die Anordnungen b und c zu

$$E = \tfrac{1}{5}(\bar{y}_1 + \bar{y}_2 + \bar{y}_3 + \bar{y}_4 + \bar{y}_0) - \bar{y}_0 = \tfrac{1}{5}(\bar{y}_1 + \bar{y}_2 + \bar{y}_3 + \bar{y}_4 - 4\bar{y}_0) \tag{167}$$

* Als quantitativ werden Variable bezeichnet, denen man einen zahlenmäßigen Wert und eine Dimension zuordnen kann. Qualitative Variable sind z. B. die Art des Reaktors, verschiedene Bearbeiter des gleichen Problems usw.

Bei einem 2^3-Design kann man die Methodik der Vergleichsversuche noch kombinieren mit der Bildung von zwei Blöcken mit je vier Versuchen plus einem Vergleichsversuch. Die Versuche des Designs sind den beiden Blöcken so zuzuordnen, daß zwischen diesen die nicht quantifizierbaren Einflüsse vermengt sind (Abb. 30). Der

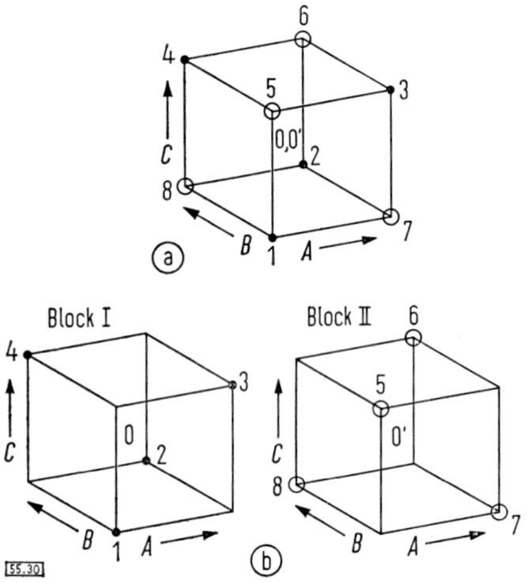

Abb. 30. Aufteilung eines 2^3-EVOP-Programms (a) in zwei Blöcke (b) mit je vier Versuchen und einem Kontrollversuch im Zentrum jedes Blockes

"Change in mean effect" berechnet sich hier für die beiden Blöcke mit den Vergleichsversuchen y_0 und $y_{0'}$ im Zentrum des Designs zu

$$E_1 = \tfrac{1}{5}(\bar{y}_1 + \bar{y}_2 + \bar{y}_3 + \bar{y}_4 - 4\,\bar{y}_0) \tag{168}$$

$$E_2 = \tfrac{1}{5}(\bar{y}_5 + \bar{y}_6 + \bar{y}_7 + \bar{y}_8 - 4\,\bar{y}_0) \tag{169}$$

Das Gesamtmittel der Versuche liefert den Gesamtänderungseffekt frei von Blockeinflüssen.

Die Varianz bzw. Standardabweichung der Effekte ermittelt man allgemein für ein 2^p-Design nach

$$\sigma^2(\text{Effekt}) = \frac{4\sigma^2}{n\,2^p} \tag{170}$$

bzw.

$$\sigma(\text{Effekt}) = \frac{2\sigma}{\sqrt{n 2^p}} \tag{171}$$

worin σ^2 die Versuchsfehlervarianz und n die Zahl der Runden des EVOP sind. Denn die Varianz einer Summe von Zufallsvariablen mit gleichen Varianzen, wie sie die Mittelwerte $\bar{y}_i$ darstellen, berechnet sich nach

$$\sigma^2(\text{Effekt}) = e_1^2\sigma^2 + e_2^2\sigma^2 + \ldots + e_n^2\sigma^2 \tag{172}$$

bzw. nach n Runden

$$\sigma^2(\text{Effekt}) = (e_1^2 + e_2^2 + \ldots + e_n^2)\sigma^2/n \tag{173}$$

wenn die e_i die Koeffizienten der $\bar{y}_i$ in den Gleichungen (163)–(169) darstellen.

Die Varianz für den change in mean effect erhält man demnach zu

$$\sigma^2(\text{change in mean effect}) = (4/5\,\sigma^2)/n \tag{174}$$

für ein normales 2^2- sowie 2^3-Design, bzw. für einen in zwei Blöcke aufgeteilten 2^3-Versuchsplan zu

$$\sigma^2(\text{change in mean effect}) = 0{,}4\,\sigma^2/n \tag{175}$$

Die Berechnung der Standardabweichungen ist für die Entscheidung, ob der Effekt eines Faktors signifikant ist oder nicht, von besonderer Bedeutung. Man benötigt für sie die Versuchsfehlervarianz nach n Runden, die man auf folgende Weise erhält: Nach jeder i-ten Runde berechnet man einen Schätzwert s_i^2 für die Versuchsfehlervarianz. Nach n Runden stehen somit $n-1$ solcher Schätzwerte s_i^2 zur Verfügung (aus der ersten Runde ist kein solcher Schätzwert erhältlich, da die Versuche ja noch nicht wiederholt wurden). Der Mittelwert

$$s^2 = (s_2^2 + s_3^2 + \ldots + s_n^2)/n - 1 \tag{176}$$

geht als Versuchsfehlervarianz in die Gleichungen (171) bzw. (174) und (175) zur Berechnung der Standardabweichungen der Effekte ein.

Die Einzelvarianzen s_i^2, die praktisch den Anteil der Versuchsfehlervarianz darstellen, der durch Einbeziehung der Ergebnisse der i-ten Runde zur Gesamtfehlervarianz hinzugekommen ist, erhält man einmal nach

$$s_i^2 = \frac{i-1}{i}\sum_{j=1}^{m}(d_{ij} - d_{i.})^2/m - 1 = \frac{i-1}{i}\,\frac{\left[m\sum_{j=1}^{m} d_{ij}^2 - (\sum_{j=1}^{m} d_{ij})^2\right]}{m(m-1)} \tag{177}$$

Darin bedeutet die Größe

$$d_{ij} = y_{ij} - (y_{1j} + y_{2j} + \ldots + y_{i-1,j})/i - 1 \tag{178}$$

die Differenz zwischen dem Ergebnis y_{ij} der j-ten Kombination (bei insgesamt m Kombinationen des Designs) in der i-ten Runde und dem Mittelwert der Ergebnisse dieser Versuchskombination in allen vorausgehenden Runden (Quotient auf der rechten Seite der Gl. (178)), die Größe

$$d_{i.} = \frac{1}{m}\sum_{j=1}^{m} d_{ij} \tag{179}$$

den Mittelwert der Versuche der i-ten Runde. Eine zweite von Box verwendete Methodik zur Berechnung der s_i^2, die Pearson [14] vorgeschlagen hat, geht von der sog. Variationsbreite (range) aus, die hier als die Differenz zwischen dem größten und dem kleinsten Wert der nach Abschluß einer Runde berechneten d_{ij}-Werte definiert ist. Man multipliziert die Variationsbreite R_i der d_{ij} nach der i-ten Runde mit einem Faktor w_m, den man Tab. 19 in Abhängigkeit von der Zahl der Kombinationen m eines Designs entnehmen kann. Dadurch erhält man einen Schätzwert s_i für die Standardabweichung $\sigma(d_{ij})$ der Differenzen d_{ij}, die allgemein durch

$$\sigma(d_{ij}) = \sqrt{\sigma^2 + \frac{\sigma^2}{i-1}} = \sqrt{\frac{i\sigma^2}{i-1}} \approx w_m R_i \tag{180}$$

Tab. 19. Werte für den Faktor w_m, der nach Gl. (180) die Variationsbreite einer normalverteilten Stichprobe der Größe m in einen Schätzwert für den Versuchsfehler überführt (nach [14], S. 177)

m	w_m	m	w_m
		11	0,3152
2	0,8862	12	0,3069
3	0,5908	13	0,2998
4	0,4857	14	0,2935
5	0,4299	15	0,2880
6	0,3946	16	0,2831
7	0,3698	17	0,2787
8	0,3512	18	0,2747
9	0,3367	19	0,2711
10	0,3249	20	0,2677

wiedergegeben wird, da jeder Wert d_{ij} die Differenz einer Einzelbeobachtung mit der Varianz σ^2 und dem Mittel von $i-1$ unabhängigen Beobachtungen ist, von denen jede auch die Varianz σ^2 hat. Daraus ergibt sich der Schätzwert s_i für σ nach der i-ten Runde:

$$s_i = \left(\frac{i-1}{i}\right)^{1/2} w_m R_i = f_{mi} R_i \tag{181}$$

wenn man das Produkt $((i-1)/i)^{1/2}\, w_m$ zum Faktor f_{mi} zusammenfaßt. f_{mi} ist in Tab. 20 in Abhängigkeit von der Zahl m der Versuchskombinationen innerhalb eines Designs sowie der Zahl i der Zyklen angegeben.

Tab. 20. Werte für $f_{m,\,i}$

Zahl der Runden i	Zahl m der Versuchskombinationen in einem Design: 2	3	4	5	6	7	8	9	10
2	0,63	0,42	0,34	0,30	0,28	0,26	0,25	0,24	0,23
3	0,72	0,48	0,40	0,35	0,32	0,30	0,29	0,27	0,26
4	0,77	0,51	0,42	0,37	0,34	0,32	0,30	0,29	0,28
5	0,79	0,53	0,43	0,38	0,35	0,33	0,31	0,30	0,29
6	0,81	0,54	0,44	0,39	0,36	0,34	0,32	0,31	0,30
7	0,82	0,55	0,45	0,40	0,37	0,34	0,33	0,31	0,30
8	0,83	0,55	0,45	0,40	0,37	0,35	0,33	0,31	0,30
9	0,84	0,56	0,46	0,40	0,37	0,35	0,33	0,32	0,31
10	0,84	0,56	0,46	0,41	0,37	0,35	0,33	0,32	0,31
15	0,86	0,57	0,47	0,42	0,38	0,36	0,34	0,33	0,31
20	0,86	0,58	0,47	0,42	0,38	0,36	0,34	0,33	0,32

Sind die Standardabweichungen bekannt, berechnet man mit ihnen und der t-Verteilung Konfidenzintervalle für die Effekte für eine Konfidenzzahl 0,95. Da die Ermittlung von Konfidenzintervallen in den ersten Runden noch nicht sinnvoll ist, weil mit einer vorgegebenen Standardabweichung gerechnet wird, und da bei einer großen Zahl von Freiheitsgraden der Wert für $t_{0,05}$ nur wenig von 2 abweicht, berechnet man die Konfidenzintervalle (in den Tabellen doppelte Standardabweichung) allgemein nach

a) für die Effekte:

Effekt $\pm 2s/\sqrt{n}$ für ein 2^2-Design

Effekt $\pm \sqrt{2}\; s/\sqrt{n}$ für ein 2^3-Design;

b) für den change in mean effect:

Effekt $\pm 2 \cdot 0{,}89 s/\sqrt{n}$

für ein normales 2^2 bzw. 2^3-Design

Effekt $\pm 2 \cdot 0{,}632 s/\sqrt{n}$

für ein in zwei Blöcke aufgeteiltes 2^3-Design

Erstes Beispiel. EVOP mit einem 2^2-Design unter Einschluß eines Vergleichsversuchs im Zentrum des Designs (nach Box [12]).

Während des Betriebes einer absatzweise arbeitenden Anlage wurden die Effekte der Reaktionszeit und der Reaktionstemperatur auf die Ausbeute einer Reaktion nach EVOP auf den in Tab. 21 angegebenen Niveaus untersucht. Der Vergleichsversuch unter den bis dahin bekannten optimalen Bedingungen lag im Zentrum des Designs. Die ersten vier Zyklen lieferten die in Tab. 22 angegebenen Ausbeuten. In den Tab. 23—26 ist die Auswertung nach jeder Runde dargestellt.

Tab. 21. Faktoren und Faktorniveaus eines 2^2-Designs mit Vergleichsversuch im Zentrum des Designs

Faktoren	Faktorniveaus −1	0	+1
Reaktionszeit	50	60	70
Reaktionstemperatur	110	120	130

Auswertung nach der ersten Runde (Tab. 23). Da in der ersten Runde auch die ersten Ergebnisse der neuen Phase anfallen, bleiben die Zeilen 1, 2 und 4 in der Spalte „Berechnung der Mittelwerte“ frei. Die neuen Ergebnisse werden in Zeile 3 eingetragen und nach der ersten Runde natürlich auch in die Zeilen 5 und 6. Die Effekte der Variablen werden nach den in der Spalte „Berechnung der Effekte“ angegebenen Gleichungen berechnet, in die nach

Tab. 22. Ausbeuten einer in einem diskontinuierlichen Reaktor ablaufenden Reaktion in vier EVOP-Runden

Versuch	0	1	2	3	4
Runde 1	63,7	62,8	63,2	67,2	60,5
Runde 2	62,1	65,8	65,5	67,6	61,3
Runde 3	59,6	62,1	62,0	65,3	64,1
Runde 4	63,5	62,8	67,9	62,6	61,7

der ersten Runde nur die Versuchsergebnisse selbst und keine Mittelwerte eingehen können. Da aus den ersten Ergebnissen kein Wert für den Versuchsfehler ermittelt werden kann, bleiben in der Spalte „Berechnung des Versuchsfehlers" die entsprechenden Zeilen frei, es wird lediglich der aus früheren Phasen bekannte Versuchsfehler von $\sigma = 1{,}8$ eingesetzt, den man zunächst bei Berechnung der Standardabweichungen der Effekte verwendet. Die hier sowie bei Berechnung des Mittels des Versuchsfehlers nach n Runden in Zeile 6 benötigten Quotienten $2/\sqrt{n}$, $1{,}79/\sqrt{n}$ und $1/n-1$ sind zusammen mit dem Faktor $f_{m,n}$ als Funktion der Zahl der durchfahrenen Zyklen am unteren Rand des Rechenblattes angegeben ($m = 5$ und $n = 1$ in diesem Fall). Die Mittelwerte der Versuchsergebnisse, die Effekte und ihre Standardabweichungen sowie der Versuchsfehler werden auf einer Informationstafel in der Art der Tab. 18 eingetragen, wodurch dem Betriebsleiter der Stand des EVOP nach dem ersten Zyklus bekanntgegeben wird. Außerdem überträgt man die Daten der Zeilen 5 und 6 in die Zeilen 1 und 2 des Rechenblattes für den zweiten Zyklus.

Auswertung nach der zweiten Runde (Tab. 24). Die Ergebnisse des zweiten Zyklus werden in die Zeile 3 des zweiten Rechenblattes eingetragen. Jedes Ergebnis in Zeile 3 wird von der Zahl in Zeile 2 subtrahiert. Die Differenz, die den Unterschied des neuen Ergebnisses von dem früheren angibt, steht in Zeile 4. Die Summe der Zeilen 1 und 3 erscheint in Zeile 5, der Mittelwert der Ergebnisse in einer Versuchskombination nach zwei Runden in Zeile 6. Zu seiner Berechnung sind die Daten in Zeile 5 einfach mit dem in der Faktorentabelle ebenfalls aufgeführten Quotienten $1/n$ (nach zwei Runden ist $1/n = 0{,}5$) zu multiplizieren. Die Berechnung der Effekte geht jetzt von den Daten in Zeile 6 aus. Zur Ermittlung des Versuchsfehlers in Zeile 4 rechts wird zunächst in Zeile 4 links durch Subtraktion der unterstrichenen Werte voneinander die Variationsbreite R bestimmt. Diese wird dann entsprechend Gl. (181) mit dem Faktor $f_{5,2}$ multipliziert. Es resultiert

Tab. 23. Rechenblatt für ein 2^2-EVOP-Programm, Berechnungen nach Runde 1

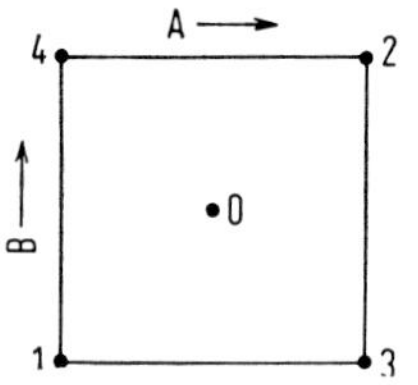

2^2-Factorial-Design mit Vergleichsversuch — Runde $n = 1$ — Zielfunktion: Ausbeute

Projekt ... Phase 6 Datum ...

Berechnung der Mittelwerte						Berechnung des Versuchsfehlers	
Prozeßbedingungen	0	1	2	3	4	Alter Schätzwert für σ	= 1,8
1. Alte Ergebnissumme						Alte Summe der s_i	=
2. Alter Mittelwert						Alter Mittelwert s	=
3. Neue Ergebnisse	63,7	62,8	63,2	67,2	60,5	s_{neu} = Zeile 4 × $f_{5,n}$	=
4. Differenz Zeile 2 — Zeile 3						Variationsbreite	=
5. Neue Ergebnissumme	63,7	62,8	63,2	67,2	60,5	Neue Summe der s_i	=
6. Neuer Mittelwert $\bar{y}_i$	63,7	62,8	63,2	67,2	60,5	Versuchsfehler = Zeile $5/n-1$	=

Berechnung der Effekte			Berechnung der doppelten Standardabweichungen		
Phasenmittel	$= 1/5(\bar{y}_0 + \bar{y}_1 + \bar{y}_2 + \bar{y}_3 + \bar{y}_4)$	= 63,5	für das neue Mittel s:	$\pm(2/\sqrt{n})\ s$	$= \pm 3{,}6$
(A) Zeit-Effekt	$= 1/2(\bar{y}_2 + \bar{y}_3 - \bar{y}_1 - \bar{y}_4)$	= 3,6	für die Effekte:	$\pm(2/\sqrt{n})\ s$	$= \pm 3{,}6$
(B) Temperatur-Effekt	$= 1/2(\bar{y}_2 + \bar{y}_4 - \bar{y}_1 - \bar{y}_3)$	= −3,2	für E:	$\pm(1{,}79/\sqrt{n})\ s$	$= \pm 3{,}2$
(AB) Zeit × Temp.-Effekt	$= 1/2(\bar{y}_1 + \bar{y}_2 - \bar{y}_3 - \bar{y}_4)$	= −0,8			
Change in mean effekt	$=$ Phasenmittel $- \bar{y}_0$	= −0,2			

Faktorentabelle

n	1	2	3	4	5	6	7	8	9	10
$f_{5,n}$		0,30	0,35	0,37	0,38	0,39	0,40	0,40	0,40	0,41
$1/n$	1,00	0,50	0,33	0,25	0,20	0,17	0,14	0,12	0,11	0,10
$1/(n-1)$		1,00	0,50	0,33	0,25	0,20	0,17	0,14	0,12	0,11
$2/\sqrt{n}$	2,00	1,41	1,15	1,00	0,89	0,82	0,76	0,71	0,67	0,63
$1{,}79/\sqrt{n}$	1,79	1,26	1,03	0,89	0,80	0,73	0,68	0,63	0,60	0,57

Tab. 24. Rechenblatt für ein 2^2-EVOP-Programm, Berechnungen nach Runde 2

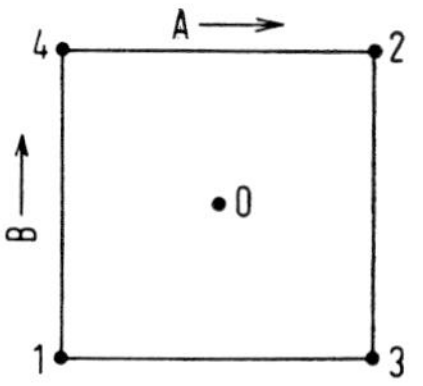

2^2-Factorial-Design mit Vergleichsversuch — Projekt ...

Runde $n = 2$ — Phase 6

Zielfunktion: Ausbeute — Datum ...

Berechnung der Mittelwerte						Berechnung des Versuchsfehlers	
Prozeßbedingungen	0	1	2	3	4	Alter Schätzwert für σ	= 1,8
1. Alte Ergebnissumme	63,7	62,8	63,2	67,2	60,5	Alte Summe der s_i	=
2. Alter Mittelwert	63,7	62,8	63,2	67,2	60,5	Alter Mittelwert s	=
3. Neue Ergebnisse	62,1	65,8	65,5	67,6	61,3	s_{neu} = Zeile 4 × $f_{5,n}$	= 1,38
4. Differenz Zeile 2 − Zeile 3	1,6	−3,0	−2,3	−0,4	−0,8	Variationsbreite	= 4,6
5. Neue Ergebnissumme	125,8	128,6	128,7	134,8	121,8	Neue Summe der s_i	= 1,38
6. Neuer Mittelwert $\bar{y}_i$	62,9	64,3	64,4	67,4	60,9	Versuchsfehler = Zeile 5/$n-1$	= 1,38

Berechnung der Effekte			Berechnung der doppelten Standardabweichungen		
Phasenmittel	$= 1/5(\bar{y}_0 + \bar{y}_1 + \bar{y}_2 + \bar{y}_3 + \bar{y}_4)$	= 64,0	für das neue Mittel s:	$\pm(2/\sqrt{n})\ s$	$= \pm 2{,}5$
(A) Zeit-Effekt	$= 1/2(\bar{y}_2 + \bar{y}_3 - \bar{y}_1 - \bar{y}_4)$	= 3,3	für die Effekte:	$\pm(2/\sqrt{n})\ s$	$= \pm 2{,}5$
(B) Temperatur-Effekt	$= 1/2(\bar{y}_2 + \bar{y}_4 - \bar{y}_1 - \bar{y}_3)$	= −3,2	für E:	$\pm(1{,}79/\sqrt{n})\ s$	$= \pm 2{,}2$
(AB) Zeit × Temp.-Effekt	$= 1/2(\bar{y}_1 + \bar{y}_2 - \bar{y}_3 - \bar{y}_4)$	= 0,2			
Change in mean effekt	= Phasenmittel $- \bar{y}_0$	= 1,1			

Faktorentabelle wie in Tab. 23

Tab. 25. Rechenblatt für ein 2^2-EVOP-Programm, Berechnungen nach Runde 3

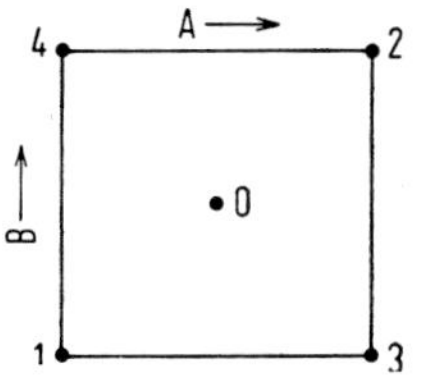

2^2-Factorial-Design mit Vergleichsversuch — Projekt ...

Runde $n = 3$ — Phase 6

Zielfunktion: Ausbeute — Datum ...

Berechnung der Mittelwerte						Berechnung des Versuchsfehlers	
Prozeßbedingungen	0	1	2	3	4	Alter Schätzwert für σ	= 1,8
1. Alte Ergebnissumme	125,8	128,6	128,7	134,8	121,8	Alte Summe der s_i	= 1,38
2. Alter Mittelwert	62,9	64,3	64,4	67,4	60,9	Alter Mittelwert s	= 1,38
3. Neue Ergebnisse	59,6	62,1	62,0	65,3	64,1	s_{neu} = Zeile 4 × $f_{5,n}$	= 2,28
4. Differenz Zeile 2 − Zeile 3	3,3	2,2	2,4	2,1	−3,2	Variationsbreite	= 6,5
5. Neue Ergebnissumme	185,4	190,7	190,7	200,1	185,9	Neue Summe der s_i	= 3,66
6. Neuer Mittelwert $\bar{y}_i$	61,8	63,6	63,6	66,7	62,0	Versuchsfehler = Zeile 5/$n-1$	= 1,83

Berechnung der Effekte			Berechnung der doppelten Standardabweichungen		
Phasenmittel	$= 1/5(\bar{y}_0 + \bar{y}_1 + \bar{y}_2 + \bar{y}_3 + \bar{y}_4)$	= 63,5	für das neue Mittel s:	$\pm(2/\sqrt{n})\ s$	$= \pm 2{,}1$
(A) Zeit-Effekt	$= 1/2(\bar{y}_2 + \bar{y}_3 - \bar{y}_1 - \bar{y}_4)$	= 2,4	für die Effekte:	$\pm(2/\sqrt{n})\ s$	$= \pm 2{,}1$
(B) Temperatur-Effekt	$= 1/2(\bar{y}_2 + \bar{y}_4 - \bar{y}_1 - \bar{y}_3)$	= −2,4	für E:	$\pm(1{,}79/\sqrt{n})\ s$	$= \pm 1{,}9$
(AB) Zeit × Temp.-Effekt	$= 1/2(\bar{y}_1 + \bar{y}_2 - \bar{y}_3 - \bar{y}_4)$	= −0,8			
Change in mean effekt	= Phasenmittel $- \bar{y}_0$	= 1,7			

Faktorentabelle wie in Tab. 23

in Zeile 3 der Beitrag von s, der durch Einbeziehung der Ergebnisse der zweiten Runde entsteht, $s_2 = 4{,}6 \cdot 0{,}30 = 1{,}38$. Entsprechend Gl. (176) ist s_2 mit dem Versuchsfehler nach der zweiten Runde identisch (Zeile 6). Da die Zuverlässigkeit dieser Größe auf Grund der wenigen bisherigen Versuche noch gering ist, wird zur Berechnung der Standardabweichungen der Effekte noch der alte Erfahrungswert $\sigma = 1{,}8$ verwendet. Die in der ersten Runde erhaltenen Werte in der Informationstafel werden nach Abschluß dieser Rechnungen durch die der zweiten Runde ersetzt.

Auswertung nach der dritten Runde (Tab. 25). Die Berechnungen verlaufen hier wie nach der zweiten Runde. In der Spalte „Berechnung des Versuchsfehlers" können die Zeilen 1 und 2 jetzt ausgefüllt werden. Man addiert den nach der dritten Runde bestimmten Beitrag zum Versuchsfehler $s_{neu} = s_3$ zur Summe der s_i in Zeile 1 und trägt das Ergebnis in Zeile 5 als „neue Summe der s_i" ein. Diese Größe wird dann mit $1/(n-1)$ multipliziert und ergibt das „neue Mittel s" in Zeile 6. Dieser Wert stützt sich nach der dritten Runde auf eine größere Versuchszahl und geht daher jetzt in die Berechnung der Standardabweichungen der Effekte ein. Das Ergebnis der dritten Runde des EVOP erscheint schließlich wieder auf der Informationstafel usw.

Tab. 26. Informationstafel nach der vierten Runde

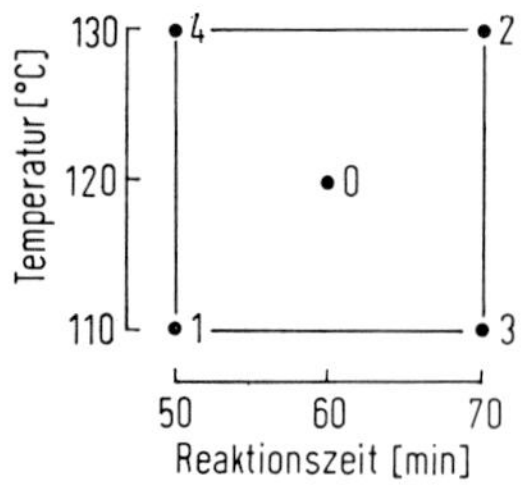

Phase: 6

Runde: 4

Zielgrößen:	Ausbeute, %
einzuhaltende Bedingungen:	Ausbeutemaximum
Mittelwerte der Versuchsergebnisse:	61,9 64,6 62,2 63,4 65,7
doppelte Standardabweichung:	$\pm 2{,}3$
Effekte und doppelte Standardabweichung:	
Phasenmittel:	63,6
Zeit:	$2{,}5 \pm 2{,}3$
Temperatur:	$-1{,}3 \pm 2{,}3$
$t \times T$:	$0{,}2 \pm 2{,}3$
Change in mean:	$1{,}4 \pm 2{,}0$
Versuchsfehler s:	2,3
Erfahrungswert des Versuchsfehlers:	1,8

Informationstafel nach der vierten Runde (Tab. 26). Nach Abschluß der vierten Runde hat die Informationstafel das in Tab. 26 gezeigte Aussehen. Man erkennt, daß lediglich der Effekt der Reaktionszeit größer als seine doppelte Standardabweichung und damit als signifikant angesehen werden kann, d. h. eine längere Reaktionszeit sollte zu einer Ausbeuteerhöhung führen. Ob auch der Effekt der Temperatur signifikant ist, kann erst nach weiteren Zyklen entschieden werden.

Zweites Beispiel. EVOP mit einem 2^3-Design in zwei Blöcken mit je einem Vergleichsversuch im Zentrum des Designs.

Die ebenfalls von Box [12] beschriebene Optimierung betrifft die kontinuierliche Darstellung eines Antibiotikums; in einem EVOP-Programm, das sich in der dritten Phase befand, wurden die Verweilzeit der Reaktionsmischung im Reaktor, die Reaktionstemperatur sowie der pH-Wert variiert. Die Versuche wurden in zwei Blöcken entsprechend der Anordnung in Abb. 30, S. 390, mit je einem Vergleichsversuch im Zentrum des Designs durchgeführt. Die Ergebnisse der ersten drei Zyklen der dritten Phase zeigt Tab. 27, die Auswertung ist der bei einem 2^2-Design sehr ähnlich, in Tab. 28 und 29 ist nur die Auswertung nach der dritten Runde dargestellt. Auf zwei Punkte ist gesondert einzugehen. Nach Abschluß der Versuche des zweiten Blocks werden die Effekte nach der Methode von Yates berechnet (s. „Statist. Methoden", d. s. Bd., S. 351). Außerdem liefert jeder Block einen Versuchsfehleranteil s_i, jede Runde somit zwei, so daß der Versuchsfehler nach der n-ten Runde gleich der Summe der s_i aller Blöcke multipliziert mit $1/2(n-1)$ ist. Nach drei Zyklen der dritten Phase hat die Informationstafel das in Tab. 30 gezeigte Aussehen. Der Temperatureffekt (negativ) sowie der Effekt des pH-Wertes liegen etwa in der Größenordnung der doppelten Standardabweichung. Der Einfluß beider Effekte kann durch weitere Zyklen gesichert werden.

Schlußbetrachtung. Die von Box vorgeschlagene Methode hat eine Reihe von Vorteilen. Sie kann an Hand der beschriebenen Rechenblätter, die eventuell auf der Rückseite genaue Anweisungen über die Reihenfolge und Art der auszuführenden Rechnungen aufgedruckt haben, was insbes. bei 2^3-Designs empfehlenswert ist, auch vom normalen Betriebspersonal überwacht werden. Sie führt zu einer Produktivitätssteigerung der Anlage an Hand der laufend im Betrieb anfallenden Daten. Ein möglicher Verlust durch Einhaltung von Betriebsbedingungen, die sich später als ungünstig erweisen, wird durch geringe Niveauände-

Tab. 27. Ausbeuten eines kontinuierlichen Prozesses in drei EVOP-Runden

	Block I					Block II				
Versuch	0	1	2	3	4	0	5	6	7	8
Runde 1	78	82	63	81	88	85	79	75	78	67
Runde 2	82	75	79	96	77	69	77	80	70	84
Runde 3	65	82	68	85	79	87	96	66	82	72

Tab. 28. Rechenblatt für ein 2^3-EVOP-Programm, Berechnungen in Block I nach Runde 3

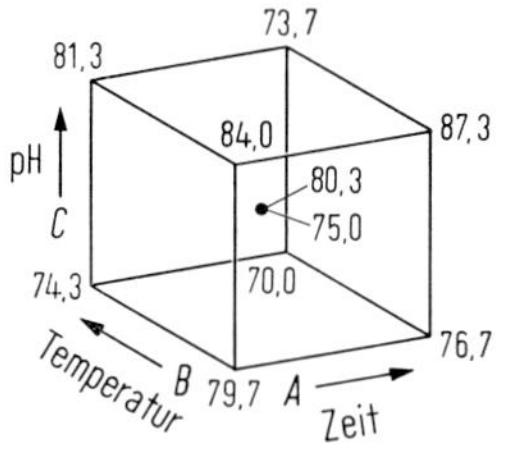

2^3-Factorial-Design in zwei Blöcken mit Vergleichsversuch in jedem Block

Block I	Projekt ...
Runde $n = 3$	Phase 3
Zielfunktion: Ausbeute	Datum ...

Berechnung der Mittelwerte						Berechnung der Standardabweichungen
Betriebsbedingungen	0	1	2	3	4	
1. Alte Ergebnissumme für Block I	160	157	142	177	165	Alte Summe der s_i (alle Blöcke) = 18,0
2. Alter Mittelwert für Block I	80,0	78,5	71,0	88,5	82,5	
3. Neue Ergebnisse für Block I	65	82	68	85	79	Neues s = Zeile $4 \times f_{5,n}$ = 6,5
4. Differenz 2.−3.	15,0	−3,5	3,0	3,5	3,5	Variationsbreite = 18,5
5. Neue Ergebnissumme für Block I	225	239	210	262	244	Neue Summe der s_i (alle Blöcke) = 24,5
6. Neuer Mittelwert für Block I	75,0	79,3	70,0	87,3	81,3	

Faktorentabelle

n	1	2	3	4	5	6
$f_{5,n}$		0,30	0,35	0,37	0,38	0,39
$1/n$	1,00	0,50	0,33	0,25	0,20	0,17
$1/2(n-1)$		0,50	0,25	0,17	0,12	0,10
$2/n$	2,00	1,41	1,15	1,00	0,89	0,82
$1{,}41/n$	1,41	1,00	0,82	0,71	0,63	0,58
$1{,}26/n$	1,26	0,89	0,73	0,63	0,57	0,52

rungen der unabhängigen Variablen innerhalb des Designs kleingehalten. Dringend empfohlen wird von Box die Bildung eines sog. EVOP-Komitees, bestehend aus einem Technischen Chemiker oder einem Chemieingenieur, einem Regelungstechniker und einem Statistiker, die dem eigentlichen Leiter der Anlage und des EVOP-Programms beratend zur Seite stehen und in Abständen von etwa einem Monat die angefallenen Ergebnisse vom wissenschaftlichen Standpunkt aus diskutieren. Diese Rückkopplung von empirisch erhaltenen Daten mit wissenschaftlichen Erkenntnissen führt ein EVOP-Programm erst zum eigentlichen Erfolg. Eine Reihe von spektakulären Erfolgen konnte mit EVOP erzielt werden [12], [15]. Box drückt die Art, in der man dem EVOP gegenüberstehen sollte, so aus: The question ist not „Are we running EVOP?“ but „what are we presently investigating with EVOP?“ ([12], S. 5).

Der wesentliche Nachteil von EVOP besteht darin, daß man sich nur langsam in Richtung des Optimums bewegen kann, da das Design mehrfach zu durchfahren ist, bis eine Entscheidung über die Signifikanz eines Faktors gefällt werden kann. Auch wenn man wie Box die Zahl der zu durchfahrenden Runden auf höchstens 10 beschränkt, ist mit der Ausführung des Programms ein erheblicher Zeitaufwand verbunden.

Hat sich während des Verfahrens auf Grund irgendwelcher Änderungen in der Anlage das Optimum zu anderen Betriebsbedingungen hin verschoben, sind darüberhinaus die früheren Ergebnisse fast wertlos.

2.5. Sequential Simplex Method

Einige der Nachteile der EVOP-Methode vermeidet die Sequential Simplex Method nach Spendley et al. [16]. Das grundlegende Design in diesem Verfahren ist das reguläre Simplex in k Dimensionen, wenn k die Zahl der zu untersuchenden Faktoren ist. Ein solches Simplex ist für zwei Variable ein gleichseitiges Dreieck, für drei Variable ein Tetraeder usw. Zu Beginn einer Optimierung kann man das Startsimplex z. B. wie in Abb. 31 anordnen. Im Fall a berechnen sich die Koordinaten der Simplexeckpunkte bei auf die Einheit normierter Kantenlänge nach der $[(k+1) \times k]$-Matrix

$$M_0 = \begin{vmatrix} 0 & 0 & 0 \dots 0 \\ p & q & q \dots q \\ q & p & q \dots q \\ \dots & \dots & \dots \\ q & q & q \dots p \end{vmatrix} \qquad (182)$$

in der

$$p = \frac{1}{k\sqrt{2}} \left[(k-1) + \sqrt{k+1}\right] \qquad (183)$$

und

$$q = \frac{1}{k\sqrt{2}} \left[\sqrt{k+1} - 1\right] \qquad (184)$$

ist.

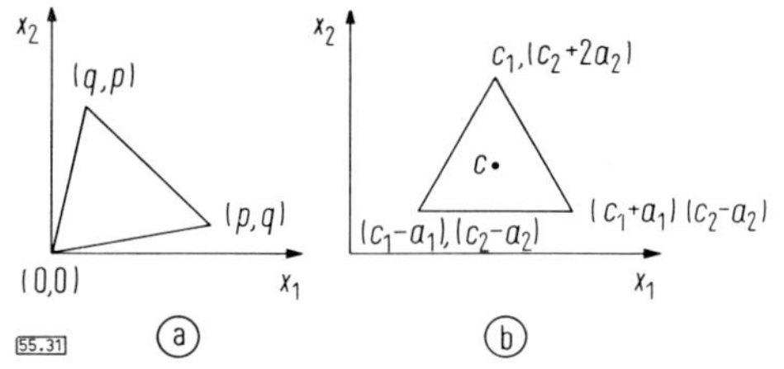

Abb. 31. Beispiele für die Lage des Startsimplex bei zwei unabhängigen Variablen

Tab. 29. Rechenblatt für ein 2^3-EVOP-Programm, Berechnungen in Block II nach Runde 3

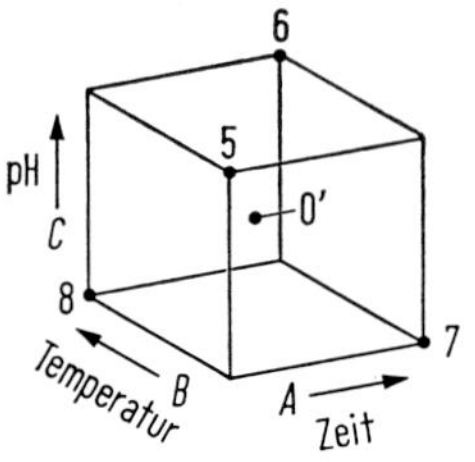

2^3-Factorial-Design in zwei Blöcken mit Vergleichsversuch in jedem Block

Block II	Projekt ...
Runde $n = 3$	Phase 3
Zielfunktion: Ausbeute	Datum ...

Berechnung der Mittelwerte						Berechnung der Standardabweichungen	
Betriebsbedingungen	0′	5	6	7	8	Alter Schätzwert für σ	= 8
1. Alte Ergebnisse für Block II	154	156	155	148	151	Alte Summe der s_i (alle Blöcke)	= 24,5
2. Alter Mittelwert für Block II	77,0	78,0	77,5	74,0	75,5		
3. Neue Ergebnisse für Block II	87	96	66	82	72	Neues s = Zeile 4 × $f_{5,n}$	= 10,3
4. Differenz 2. − 3.	−10,0	−18,0	11,5	−8,0	3,5	Variationsbreite	=
5. Neue Ergebnissumme für Block II	241	252	221	230	223	Neue Summe der s_i (alle Blöcke)	= 34,8
6. Neuer Mittelwert für Block II	80,3	84,0	73,7	76,7	74,3	Versuchsfehler s = $1/2(n-1)$ × Zeile 5	= 8,7

Berechnung der Effekte nach YATES (vgl. dazu Tab. 39, S. 351 = „Statist. Methoden") — Berechnung der doppelten Standardabweichungen

	$\bar{y}-70$	1	2	3	Faktor	Effekt			
1	9,7	16,4	20,7	67,0	0,125	8,38	Mittelwert − 70	für die neuen Mittelwerte:	$\pm(2/\sqrt{n})s = \pm 10{,}0$
7	6,7	4,3	46,3	−11,6	0,25	−2,90	A		
8	4,3	31,3	−7,3	−28,4	0,25	−7,10	B	für die Effekte:	$\pm(1{,}41/\sqrt{n})s = \pm\ 7{,}1$
2	0,0	15,0	−4,3	−12,2	0,25	−3,05	AB		
5	14,0	−3,0	−121	25,6	0,25	6,40	C	für E:	$\pm(1.26/\sqrt{n})s = \pm\ 6{,}3$
3	17,3	−4,3	−16,3	3,0	0,25	0,75	AC		
4	11,3	3,3	−1,3	−4,2	0,25	−1,05	BC		
6	3,7	−7,6	−10,9	−9,6	0,25	−2,40	ABC + Blockeffekt		

		$\bar{y}-70$	Summe	Faktor	Mittelw. − 70		
Vergleichsbedingungen	0 0′	5,0 10,3	15,3	0,5	7,65	Vergleichsmittel	77,65
Designbedingungen			67,0	0,125	8,38	Designmittel	78,38
Alle Versuche			82,3	0,1	8,23	Phasenmittel	78,23
Change in mean			78,23	−77,65	0,58		

Tab. 30. Informationstafel eines EVOP-Programms mit drei Variablen nach drei Runden

Phase: 3 Runde: 3

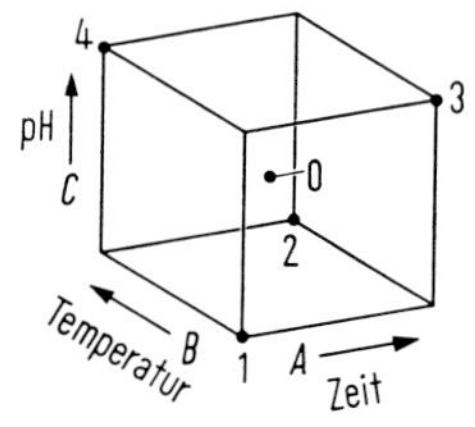

Doppelte Standardabweichung der einzelnen Mittelwerte: ± 10,0

Zielgrößen:	Ausbeute
einzuhaltende Bedingungen:	Ausbeutemaximum
Effekte und ihre doppelten Standardabweichugen:	
Phasenmittel:	78,2
Zeit:	−2,90 ± 7,1
Temperatur:	−7,10 ± 7,1
pH:	6,40 ± 7,1
Zeit × Temp.:	−3,05 ± 7,1
Zeit × *pH*:	0,75 ± 7,1
Temp. × *pH*:	−1,05 ± 7,1
Change in mean:	0,58 ± 6,3

Die Zeilen der Matrix geben die k Koordinaten jeder der $(k+1)$ Ecken des Simplex an. Im Fall b werden die Punkte um ein Zentrum mit den Koordinaten c_1, c_2, ... c_k angeordnet. Der erste Punkt liegt dann bei $(c_1 - a_1)$, $(c_2 - a_2)$, ..., $(c_k - a_k)$, der zweite bei $(c_1 + a_1)$, $(c_2 - a_2)$, ..., $(c_k - a_k)$, der dritte bei c_1, $(c_2 + 2a_2)$, $(c_3 - a_3)$, ..., $(c_k - a_k)$ usw. entsprechend dem allgemeinen Schema

Versuch	x_1	x_2	x_3		x_k
1	$c_1 - a_1$	$c_2 - a_2$	$c_3 - a_3$	...	$c_k - a_k$
2	$c_1 + a_1$	$c_2 - a_2$	$c_3 - a_3$	...	$c_k - a_k$
3	c_1	$c_2 + 2a_2$	$c_3 - a_3$	...	$c_k - a_k$
4	c_1	c_2	$c_3 + 3a_3$	...	$c_k - a_k$
...	...	...	...	...	...
$k+1$	c_1	c_2	c_3	...	$c_k + ka_k$

Betrachtet man ein reguläres Simplex S_0 mit den Ecken V_1, V_2, ..., V_{k+1}, so kann auf jeder Seite von S_0 ein neues Simplex S_j konstruiert werden, das mit S_0 die k Ecken V_1, V_2, V_{j-1}, V_{j+1}, ..., V_{k+1} gemeinsam hat und außerdem einen neuen Eckpunkt V_j' besitzt, der zum Punkt V_j spiegelbildlich ist. Die Koordinaten dieses Punktes erhält man nach der Vektorrechnung

$$V_j' = \frac{2}{k}(V_1 + V_2 + \ldots + V_{j-1} + V_{j+1} + + \ldots + V_{k+1}) - V_j \quad (185)$$

wobei die V_i die Vektoren der unabhängigen Variablen sind.

Im Rahmen der Sequential Simplex Method führt man Versuche unter Bedingungen durch, die den Koordinaten der Eckpunkte des betreffenden Simplex entsprechen. Die Versuchsergebnisse wertet man nach folgenden Regeln aus:

1. Man ersetzt den Versuch eines Simplex, der den niedrigsten Wert für die Zielgröße liefert, durch einen spiegelbildlich dazu liegenden (vgl. Abb. 32).
2. Wenn ein bestimmtes Ergebnis in $(k+1)$ aufeinanderfolgenden Simplexen nicht auf Grund von Regel 1 eliminiert wurde, geht man nicht weiter nach Regel 1 vor, sondern ersetzt den Versuch durch einen neuen am gleichen Ort. Ist dieser Punkt das Optimum, so wird auch die Wiederholung einen für die Eliminierung zu hohen Wert liefern. War das Ergebnis auf Grund eines experimentellen Fehlers zu hoch, so ist unwahrscheinlich, daß bei der Wiederholung die gleiche Abweichung beobachtet wird.
3. Wenn y_p das niedrigste Ergebnis in S_0 ist und wenn y_p' im folgenden Simplex S_p auch das niedrigste Ergebnis ist, so wende man Regel 1 nicht an, sondern begebe sich von S_p nach S_0 zurück und suche zum zweitniedrigsten Ergebnis in S_p (das ja auch in S_0 das zweitniedrigste ist) das Spiegelbild.

Nach diesem Verfahren bewegt man sich über eine Reihe von auseinander hervorgehenden Simplexen auf das Optimum zu und nähert sich ihm bis auf einen Abstand, der von der gewählten Schrittweite bestimmt ist. Im weiteren Verlauf wird man das Optimum umkreisen, was sich jedoch in den Ergebnissen zu erkennen gibt, so daß man den Prozeß abbrechen kann.

Beispiel. In einem von Carpenter [17] beschriebenen kurzen Beispiel wurde die Ausbeute eines Prozesses in Abhängigkeit von zwei Variablen untersucht (Abb. 32). Die Ergebnisse des ersten Simplex sowie die sich anschließenden Rechnungen zeigt Tab. 31.

Die ersten drei Zeilen enthalten die Niveaus in den drei Versuchen des Simplex sowie die jeweils erzielte Ausbeute, die in Versuch 1 am niedrigsten ist. Dieser Versuch ist daher nach Regel 1 zu eliminieren und durch einen spiegel-

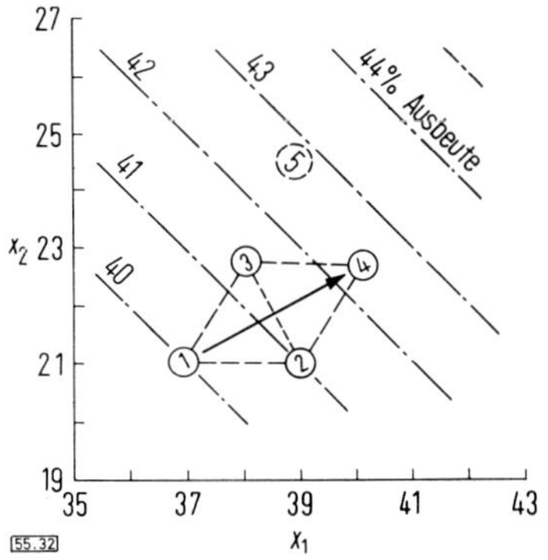

Abb. 32. Startsimplex sowie erste Folgeversuche der Optimierung im Textbeispiel

Tab. 31. Auswertung eines Simplexdesigns mit zwei Variablen

Zeile	Versuch	x_1	x_2	y	
1	1	37	21,0	40,0	niedrigstes Ergebnis
2	2	39	21,0	41,0	
3	3	38	22,8	41,4	
4		77	43,8	82,4	Summe der Koordinaten der nicht eliminierten Versuche
5		154	87,6	164,8	Zeile 4 × 2
6		77	43,8	82,4	Zeile 5/k mit $k = 2$
7		37	21,0	40,0	Koordinaten des eliminierten Versuchs
8	4	40	22,8	42,4	Koordinaten des neuen Versuchs = Zeile 6 − Zeile 7

bildlich dazu angeordneten zu ersetzen. Entsprechend Gl. (185) summiert man zur Berechnung der Koordinaten dieses neuen Punktes die Koordinaten des alten Simplex ausschließlich der Koordinaten des eliminierten Versuches (Zeile 4). Diese Ergebnisse sind mit $2/k$, hier also mit 2/2 zu multiplizieren (Zeilen 5 und 6). Im letzten Schritt sind von den Daten in Zeile 6 die Koordinaten des eliminierten Punktes abzuziehen. Zeile 8 enthält dann die Koordinaten des neu auszuführenden Versuches sowie die etwa zu erwartende Ausbeute, die nach dem gleichen Rechenverfahren ermittelt wird. Liegt das Ergebnis von Versuch 4 vor, werden die Ausbeuten von Versuch 2, 3 und 4 miteinander verglichen, der Versuch mit dem niedrigsten Ergebnis eliminiert und die Koordinaten von Versuch 5 nach dem beschriebenen Verfahren berechnet usw. Das Verfahren wird solange fortgesetzt, bis das stationäre Gebiet der Zielgröße erreicht ist.

Die Sequential Simplex Methode hat eine Reihe von Vorteilen. Die Rechenoperationen sind noch einfacher als bei EVOP. Das Verfahren ist kaum abhängig von der Planarität der Zielfunktionsoberfläche ausgenommen in der direkten Umgebung des Simplex. Schließlich kann ein Simplex in $(k+1)$ Dimensionen von einem in k Dimensionen einfach durch Hinzufügen eines einzigen Punktes abgeleitet werden, ein zu Beginn konstantgehaltener Faktor kann daher zu jedem Zeitpunkt in die Versuchsplanung miteinbezogen werden.

Das Weglassen eines Faktors während der Optimierung ist leider nicht möglich. Man ist dann gezwungen, eine neue Serie von Simplexen zu starten.

Nach der Literatur hat die Simplex-Methode in der Praxis noch nicht die breite Anwendung wie EVOP gefunden. Einige Ergebnisse werden in [18] mitgeteilt.

3. Funktionenoptimierung

Ziel der Funktionenoptimierung ist die Ermittlung des optimalen Verlaufes von Steuervariablen, durch den die Zielgröße eines chemischen Prozesses ein Optimum annimmt. Eine Funktionenoptimierung geht von einem funktionalen Zusammenhang zwischen System- und Steuervariablen in Form von Differentialgleichungen aus, der den zeitlichen Ablauf, die Raumzeitausbeute sowie die zeitliche Wärmeentwicklung einer Reaktion beschreibt. Diesen Zusammenhang erhält man, indem man aus experimentellen Unterlagen ein kinetisches und mathematisches Modell entwickelt, das in der Lage ist, die Versuchsergebnisse quantitativ zu beschreiben. Der zur Erstellung eines zuverlässigen Modells notwendige Arbeitsaufwand ist insbesondere bei komplizierten Reaktionen oft erheblich. Da aber die Wirtschaftlichkeit eines chemisch-technischen Verfahrens durch die Einstellung von Reaktionsparametern wie Temperatur, Konzentration usw. stark beeinflußt werden kann, ist die Kenntnis eines kinetischen Modells in jedem Fall von großem Vorteil, da sie die Berechnung optimaler Temperatur- und Konzentrationsverläufe für die verschiedenen Reaktortypen im Hinblick auf Zielgrößen, wie den maximalen Umsatz, die maximale Ausbeute, die maximalen Kosten, ermöglicht. Die Übertragung der im kleinen Maßstab gewonnenen Optimalwerte auf eine Großanlage ist zwar nicht ohne weiteres möglich, vielmehr sind neben den Geschwindigkeitsgleichungen der chemischen Reaktion auch die Bilanzgleichungen für den hier nicht mehr zu vernachlässigenden Stoff-, Energie- und Impulstransport zu berücksichtigen, die die wahren Vorgänge in der Großanlage nur angenähert beschreiben können. Es ist daher nicht unbedingt damit zu rechnen, daß die Ergebnisse der Optimierungsrechnung in der Großanlage exakt realisiert werden können, es ist jedoch möglich, sich ihnen weitgehend anzunähern, was um so besser gelingt, je vollständiger und genauer die Ausgangsdaten der Rechnung sind.

Zur Optimierung einzelner Reaktoren sowie ganzer chemischer Anlagen auf der Basis kinetischer Modelle bieten sich insbesondere drei Methoden an:

1. Gradientenmethoden,
2. das Maximumprinzip von Pontryagin,
3. die dynamische Programmierung nach Bellman.

In jedem Fall geht man von einem System von Differentialgleichungen erster Ordnung der allgemeinen Form

$$\frac{\mathrm{d}c_i}{\mathrm{d}t} = f_i(c_1, c_2, c_3, \ldots, T, r), \quad i = 1 \ldots n \tag{186}$$

aus. Darin bedeuten c_i die Konzentration der i-ten Komponente, T die absolute Temperatur und r eine beliebige Steuervariable, die eine der Konzentrationen, die Temperatur oder auch eine andere unabhängige Größe sein kann; f_i ist die Bildungsgeschwindigkeit der i-ten Komponente. Die Differentialgleichungen haben die Anfangsbedingung

$$c_i = c_{i0} \quad \text{für } t = 0 \tag{186a}$$

Bei bekanntem Verlauf der Steuergröße als Funktion von der Zeit sind sie integrierbar und liefern für eine vorgegebene Endzeit die Werte

$$c_i = c_{ie} \quad \text{für } t = t_e$$

Als Zielgröße wird eine Funktion dieser Endwerte der Systemvariablen betrachtet

$$P = P(c_{1e}, c_{2e}, c_{3e}, \ldots, c_{ne}) \tag{187}$$

die ein Maximum oder mit negativem Vorzeichen ein Minimum annehmen soll. Ist die Zielgröße das Integral über eine Funktion der Systemvariablen und der Steuergröße

$$P = \int_0^{t_e} \Phi(c_1, c_2, c_3, \ldots c_n, T, r) \tag{188}$$

und soll dieses Integral einen Extremwert annehmen, so führt man das Optimierproblem durch Einführung einer neuen Variablen

$$\frac{\mathrm{d}c_{n+1}}{\mathrm{d}t} = \Phi(c_1, c_2, \ldots, c_n, T, r), \quad c_{n+1}(0) = 0 \tag{189}$$

auf

$$P = \int_0^{t_e} \Phi \,\mathrm{d}t = c_{n+1,e} \tag{188a}$$

zurück. Die Aufgabe des Optimierungsverfahrens besteht darin, für die Steuervariable derartige Funktionsverläufe in Abhängigkeit von der Zeit oder bei einem Stufenprozeß in Abhängigkeit von den einzelnen Stufen zu ermitteln, daß die Zielgröße das geforderte Extremum annimmt.

Beispiele für die praktische Anwendung der Funktionenoptimierung in der technischen Chemie sind nur wenige bekannt; HOFTYZER, HOOGSHAGEN und VAN KREVELEN [18a] haben die Optimierung der Polykondensation von Caprolactam beschrieben. Der Grund dürfte darin zu suchen sein, daß die Aufstellung zuverlässiger kinetischer Modelle sehr aufwendig ist und daß die meisten großtechnischen Prozesse auf relativ einfachen Reaktionen beruhen, so daß schon mit der Parameteroptimierung ausreichende Resultate erzielt werden. Größere Bedeutung sollte die Funktionenoptimierung bei Polyreaktionen gewinnen.

3.1. Optimierung einstufiger Prozesse

3.1.1. Gradientenmethode

In die Chemie hat die Gradientenmethode insbesondere durch die Arbeiten von HORN über die Berechnung optimaler Konzentrations- und Temperaturverläufe für chemische Reaktoren Eingang gefunden. Die hier beschriebene Ableitung ist der Dissertation sowie späteren Publikationen von HORN entnommen [19]–[22].

Ermittlung des optimalen Verlaufs der Steuervariablen für einen diskontinuierlichen Reaktor oder ein Strömungsrohr. Der Reaktor werde z. Zt. $t = 0$ mit einer Reaktionslösung beschickt. In der Folgezeit laufen zwischen den Reaktanden chemische Reaktionen ab. Die Zielgröße kann gemäß Gl. (187) formuliert werden, sie soll ein Maximum annehmen.

Für einen gegebenen Verlauf der Steuervariablen, im folgenden allgemein mit r bezeichnet, sind die Endwerte c_{ie} sowie der Wert der Zielgröße $P(c_{ie})$ eindeutig bestimmt. Es soll untersucht werden, wie sich der Verlauf der $c_i(t)$ und insbesondere die Werte c_{ie} und $P(c_{ie})$ ändern, wenn man den Verlauf der Steuervariablen ändert. Zu diesem Zweck geht man von einem Verlauf $r(t)$ zu einem neuen der Art

$$r_e(t) = r(t) + \varepsilon \bar{r}(t) \tag{190}$$

über. $\bar{r}(t)$ ist folgender Grenzwert

$$\bar{r}(t) = \lim_{\varepsilon \to 0} \frac{r_e(t) - r(t)}{\varepsilon} \tag{191}$$

Gleichermaßen soll angenommen werden, daß die zu $r_e(t)$ gehörenden Verläufe c_{ie} der Systemvariablen für $\varepsilon \to 0$ gegen c_i gehen und daß gilt

$$\bar{c}_i(t) = \lim_{\varepsilon \to 0} \frac{c_{ie}(t) - c_i(t)}{\varepsilon} \tag{192}$$

Unter der Voraussetzung, daß die Zielfunktion P eine differenzierbare Funktion der c_{ie} ist, folgt dann

$$\bar{P} = \lim_{\varepsilon \to 0} \frac{P_e - P}{\varepsilon} \tag{193}$$

mit

$$\bar{P} = \sum_{k=1}^{n} \frac{\partial P}{\partial c_{ke}} \bar{c}_k(t_e) \tag{194}$$

Um die Funktionen $\bar{c}_i(t)$ zu finden, sind in dem Gleichungssystem (186) $c_i(t)$ bzw. $r(t)$ durch $c_i(t) + \varepsilon \bar{c}_i(t)$ bzw. $r(t) + \varepsilon \bar{r}(t)$ zu ersetzen, was einer Entwicklung nach TAYLOR entsprechend

$$f(x_0 + h) = f(x_0) + \frac{h}{1!} f'(x_0) + \ldots \tag{195}$$

gleichkommt, daher ist

$$\frac{\mathrm{d}(c_i + \varepsilon \bar{c}_i)}{\mathrm{d}t} = f_i(c_1, c_2, \ldots, r) + \varepsilon \sum_{j=1}^{n} \frac{\partial f_i}{\partial c_j} \bar{c}_j(t) + \varepsilon \frac{\partial f_i}{\partial r} \bar{r}(t) \tag{196}$$

$$\frac{\mathrm{d}c_i}{\mathrm{d}t} + \varepsilon \frac{\mathrm{d}\bar{c}_i}{\mathrm{d}t} = f_i + \varepsilon \sum_{j=1}^{n} \frac{\partial f_i}{\partial c_j} \bar{c}_j(t) + \varepsilon \frac{\partial f_i}{\partial r} \bar{r}(t) \tag{197}$$

Vergleicht man alle Glieder mit dem Koeffizienten ε miteinander, so kann man schreiben

$$\frac{\mathrm{d}\bar{c}_i}{\mathrm{d}t} = \sum_{j=1}^{n} \frac{\partial f_i}{\partial c_j} \bar{c}_j(t) + \frac{\partial f_i}{\partial r} \bar{r}(t) \tag{198}$$

$i = 1 \ldots n$

Da die Anfangszusammensetzung der Reaktionsmischung nicht verändert werden soll, gilt

$$c_{i0} = \bar{c}_{i0} \quad \text{für } t = 0 \tag{199}$$

Gl. (198) entspricht einem linearen, inhomogenen Gleichungssystem für die Funktionen $\bar{c}_i(t)$, das nach der Methode der Variation der Konstanten integriert werden kann.

Die Lösungen des aus Gl. (198) hervorgehenden homogenen Systems sollen mit ξ_i bezeichnet werden, d. h. es ist

$$\frac{\mathrm{d}\xi_i}{\mathrm{d}t} = \sum_{j=1}^{n} \frac{\partial f_i}{\partial c_j} \xi_j \tag{200}$$

Dieses Gleichungssystem besitzt n linear unabhängige Lösungs-n-tupel. Betrachtet wird das System von Lösungen, das der Randbedingung

$$\xi_{ik}(t_e) = \delta_{ik} \quad \text{für } t = t_e \tag{201}$$

mit

$$\delta_{ik} = 0 \text{ für } i \neq k$$
$$\delta_{ik} = 1 \text{ für } i = k \tag{202}$$

entspricht.

Die ξ_{ik} sind linear unabhängig, wenn ihre Determinante ungleich Null ist für jedes t

$$\Delta\xi = \begin{vmatrix} \xi_{11} & \dots & \xi_{1n} \\ \xi_{n1} & \dots & \xi_{nn} \end{vmatrix} \neq 0 \tag{203}$$

Denn man kann die Determinante zeilenweise differenzieren und erhält z. B. für $i, k = 1, 2$:

$$\frac{\mathrm{d}\Delta\xi}{\mathrm{d}t} = \begin{vmatrix} \frac{\mathrm{d}\xi_{11}}{\mathrm{d}t} & \frac{\mathrm{d}\xi_{12}}{\mathrm{d}t} \\ \xi_{21} & \xi_{22} \end{vmatrix} + \begin{vmatrix} \xi_{11} & \xi_{12} \\ \frac{\mathrm{d}\xi_{21}}{\mathrm{d}t} & \frac{\mathrm{d}\xi_{22}}{\mathrm{d}t} \end{vmatrix} \tag{204}$$

$$= \left(\sum_{i=1}^{n} \frac{\partial f_i}{\partial c_i} \right) \Delta\xi \tag{205}$$

Durch Integration folgt aus (205)

$$\Delta\xi = \text{const} \cdot \exp \int_{t_e}^{t} \left(\sum_{i=1}^{n} \frac{\partial f_i}{\partial c_i} \right) \mathrm{d}t \tag{206}$$

mit Umkehrung der Integrationsgrenzen, um über die Konstante etwas aussagen zu können. Denn nach Gl. (201) ist der rechte Rand der ξ_{ik} vorgegeben, und es wird

$$\Delta\xi = 1 \quad \text{für} \quad t = t_e \tag{207}$$

d. h. die Konstante in Gl. (206) hat den Wert 1, und man erhält

$$\Delta\xi = \exp \int_{t_e}^{t} \left(\sum_{i=1}^{n} \frac{\partial f_i}{\partial c_i} \right) \mathrm{d}t \tag{208}$$

Da diese Exponentialfunktion nirgends verschwindet, gilt auch Gl. (203).

Eine partikuläre Lösung der Gl. (198) findet man mit Hilfe des Ansatzes

$$\bar{c}_i(t) = \sum_{k=0}^{n} C_k(t)\,\xi_{ik}(t), \qquad i = 1 \dots n \tag{209}$$

Setzt man diesen Ausdruck in Gl. (198) ein, erhält man

$$\sum_{k=0}^{n} \xi_{ik} \frac{\mathrm{d}C_k}{\mathrm{d}t} = \frac{\partial f_i}{\partial r}\,\bar{r}, \quad i = 1 \dots n \tag{210}$$

Denn für $i = 1$ und $k = 1$ und $k = 2$ ist z. B.

$$\frac{\mathrm{d}\bar{c}_1}{\mathrm{d}t} = C_1 \frac{\mathrm{d}\xi_{11}}{\mathrm{d}t} + \xi_{11} \frac{\mathrm{d}C_1}{\mathrm{d}t} + C_2 \frac{\mathrm{d}\xi_{12}}{\mathrm{d}t} + \xi_{12} \frac{\mathrm{d}C_2}{\mathrm{d}t} \tag{211}$$

und mit Hilfe von Gl. (200)

$$\frac{\mathrm{d}\bar{c}_1}{\mathrm{d}t} = C_1 \left(\frac{\partial f_1}{\partial c_1} \xi_{11} + \frac{\partial f_1}{\partial c_2} \xi_{21} \right) + \xi_{11} \frac{\mathrm{d}C_1}{\mathrm{d}t} + C_2 \left(\frac{\partial f_1}{\partial c_1} \xi_{12} + \frac{\partial f_1}{\partial c_2} \xi_{22} \right) + \xi_{12} \frac{\mathrm{d}C_2}{\mathrm{d}t} \tag{212}$$

Die rechte Seite von Gl. (198) wird

$$\frac{\partial f_1}{\partial c_1} \bar{c}_1 + \frac{\partial f_1}{\partial c_2} \bar{c}_2 + \frac{\partial f_1}{\partial r} \bar{r} = \frac{\partial f_1}{\partial c_1} (C_1 \xi_{11} + C_2 \xi_{12}) + \frac{\partial f_1}{\partial c_2} (C_1 \xi_{21} + C_2 \xi_{22}) + \frac{\partial f_1}{\partial r} \bar{r} \tag{213}$$

Die nicht von r abhängigen Glieder im Ausdruck (213) verschwinden nach Gleichsetzen mit Gl. (212), so daß

$$\xi_{11} \frac{\mathrm{d}C_1}{\mathrm{d}t} + \xi_{12} \frac{\mathrm{d}C_2}{\mathrm{d}t} = \frac{\partial f_1}{\partial r} \bar{r} \tag{214}$$

und damit Gl. (210) resultiert.

Zur Abkürzung kann man

$$C'_k = \frac{\mathrm{d}C_k}{\mathrm{d}t} \tag{215}$$

setzen, und es wird

$$\sum_{k=0}^{n} \xi_{ik} C'_k = \frac{\partial f_i}{\partial r} \bar{r} \tag{216}$$

Wählt man als untere Integrationsgrenze $t = 0$, so ist

$$C_k(0) = 0 \tag{217}$$

Mit

$$C_k(t) = \int_0^t C'_k \mathrm{d}t \tag{217a}$$

erfüllt das partikuläre Integral (209) bereits die Randbedingung (199). Die gesuchten Funktionen $\bar{c}_i(t)$ sind dann direkt durch Gl. (209) gegeben.

Für das Reaktionsende gilt

$$\bar{c}_i(t_e) = C_i(t_e) = \int_0^{t_e} C'_i \mathrm{d}t \tag{218}$$

auf Grund der Randbedingung (201), Gl. (209) und (217a). Daraus ergibt sich mit Gl. (194)

$$\bar{P} = \int_0^{t_e} \sum_{k=1}^{n} \frac{\partial P}{\partial c_{ke}} C'_k \mathrm{d}t \tag{219}$$

$\left(\left(\frac{\partial P}{\partial c_0} \right) \text{hängt hier nicht von } t \text{ ab} \right)$ bzw.

$$\bar{P} = \int_0^{t_e} \bar{P}' \mathrm{d}t \tag{220}$$

wenn zur Vereinfachung

$$\sum_{k=1}^{n} \frac{\partial P}{\partial c_{ke}} C'_k = \bar{P}' \tag{221}$$

gesetzt wird. Die C'_k müßte man aus den Gleichungen (216) berechnen, um $\bar{P}'$ ermitteln zu können.

Man erreicht jedoch die Eliminierung der C'_k auch durch Nullsetzen der Determinante des Gleichungssystems (216) und (221), die ja z. B. für $k = 2$ lauten:

$$\frac{\partial P}{\partial c_{1e}} C'_1 + \frac{\partial P}{\partial c_{2e}} C'_2 - \bar{P}' = 0$$

$$\xi_{11} C_1' + \xi_{12} C_2' - \frac{\partial f_1}{\partial r} \bar{r} = 0 \tag{222}$$

$$\xi_{21} C_1' + \xi_{22} C_2' - \frac{\partial f_2}{\partial r} \bar{r} = 0$$

d. h. nach Multiplikation einer Spalte mit -1 wird

$$\begin{vmatrix} \frac{\partial P}{\partial c_{1e}} & \frac{\partial P}{\partial c_{2e}} & \dots & \frac{\partial P}{\partial c_{ne}} & \bar{P}' \\ \xi_{11} & \xi_{12} & \dots & \xi_{1n} & \frac{\partial f_1}{\partial r}\bar{r} \\ \xi_{21} & \xi_{22} & \dots & \xi_{2n} & \frac{\partial f_2}{\partial r}\bar{r} \\ \vdots & \vdots & & \vdots & \vdots \\ \xi_{n1} & \xi_{n2} & \dots & \xi_{nn} & \frac{\partial f_n}{\partial r}\bar{r} \end{vmatrix} = 0 \tag{223}$$

Aus Gl. (223) folgt durch Umformung

$$\bar{P}' = \frac{\begin{vmatrix} \frac{\partial P}{\partial c_{1e}} & \frac{\partial P}{\partial c_{2e}} & \dots & \frac{\partial P}{\partial c_{ne}} & 0 \\ \xi_{11} & \xi_{12} & \dots & \xi_{1n} & \frac{\partial f_1}{\partial r} \\ \xi_{21} & \xi_{22} & \dots & \xi_{2n} & \frac{\partial f_2}{\partial r} \\ \vdots & \vdots & & \vdots & \vdots \\ \xi_{n1} & \xi_{n2} & \dots & \xi_{nn} & \frac{\partial f_n}{\partial r} \end{vmatrix}}{\begin{vmatrix} \xi_{11} & \xi_{12} & \dots & \xi_{1n} \\ \xi_{21} & \xi_{22} & \dots & \xi_{2n} \\ \vdots & \vdots & & \vdots \\ \xi_{n1} & \xi_{n2} & \dots & \xi_{nn} \end{vmatrix}} \bar{r}(t) \tag{224}$$

Gl. (224) kann man auch

$$\bar{P}' = \frac{\Delta}{\Delta\xi} \bar{r}(t) \tag{225}$$

schreiben, wenn für die Zähler- und Nennerdeterminante die Symbole Δ und $\Delta\xi$ eingeführt werden. Aus Gl. (220) und (225) folgt

$$\bar{P} = \int_0^{t_e} \frac{\Delta}{\Delta\xi} \bar{r}(t)\,dt \tag{226}$$

Für eine optimale Reaktionsführung muß

$$\bar{P} = \frac{dP}{d\varepsilon} = 0 \tag{227}$$

für jedes $\bar{r}(t)$ werden, d. h. es muß

$$\frac{\Delta}{\Delta\xi} = 0 \text{ oder } \Delta = 0 \tag{228}$$

werden. Man kann die Gleichungen (226)–(228) vereinfachen, indem man in Δ die algebraischen Komplemente von $\partial f_i/\partial r$ durch $\Delta\xi$ dividiert und als neue Variable λ_i einführt. Es wird dann

$$\frac{\Delta}{\Delta\xi} = \frac{\partial f_1}{\partial r}\lambda_1 + \frac{\partial f_2}{\partial r}\lambda_2 + \dots + \frac{\partial f_n}{\partial r}\lambda_n \tag{229}$$

d. h. für $i = 1,2$ ist z. B.

$$\frac{\Delta}{\Delta\xi} = \frac{\partial f_1}{\partial r} \underbrace{\frac{\begin{vmatrix} \frac{\partial P}{\partial c_{1e}} & \frac{\partial P}{\partial c_{2e}} \\ \xi_{21} & \xi_{22} \end{vmatrix}}{\begin{vmatrix} \xi_{11} & \xi_{12} \\ \xi_{21} & \xi_{22} \end{vmatrix}}}_{\lambda_1} + \frac{\partial f_2}{\partial r} \underbrace{\frac{\begin{vmatrix} \frac{\partial P}{\partial c_{2e}} & \frac{\partial P}{\partial c_{1e}} \\ \xi_{12} & \xi_{11} \end{vmatrix}}{\begin{vmatrix} \xi_{11} & \xi_{12} \\ \xi_{21} & \xi_{22} \end{vmatrix}}}_{\lambda_2} \tag{230}$$

wenn man im zweiten Ausdruck ein positives Vorzeichen durch Umstellung der Zählerdeterminante erzwingt.

Die Optimalbedingung (228) lautet jetzt:

$$\frac{\partial f_1}{\partial r}\lambda_1 + \frac{\partial f_2}{\partial r}\lambda_2 + \dots + \frac{\partial f_n}{\partial r}\lambda_n = 0 \tag{231}$$

Die Gleichungen (200) werden in einen Ausdruck für die λ_i umgeformt. Nach Gl. (230) ist z. B.

$$\lambda_1 = \frac{\begin{vmatrix} \frac{\partial P}{\partial c_{1e}} & \frac{\partial P}{\partial c_{2e}} \\ \xi_{21} & \xi_{22} \end{vmatrix}}{\begin{vmatrix} \xi_{11} & \xi_{12} \\ \xi_{21} & \xi_{22} \end{vmatrix}} = \frac{\frac{\partial P}{\partial c_{1e}}\xi_{22} - \frac{\partial P}{\partial c_{2e}}\xi_{21}}{\xi_{11}\xi_{22} - \xi_{12}\xi_{21}} \tag{232}$$

Durch Ableitung nach der Zeit erhält man

$$\frac{d\lambda_1}{dt} = -\left(\frac{\partial f_1}{\partial c_1}\lambda_1 + \frac{\partial f_2}{\partial c_1}\lambda_2\right) \tag{233}$$

oder in allgemeiner Form

$$\frac{d\lambda_i}{dt} = -\sum_{k=1}^{n} \frac{\partial f_k}{\partial c_i}\lambda_k, \qquad i = 1, \dots n \tag{234}$$

für die wegen Gl. (201) für $t = t_e$ die Randbedingung

$$\lambda_i(t_e) = \frac{\partial P}{\partial c_{ie}}, \qquad i = 1, \dots n \tag{235}$$

gilt.

Die λ_i heißen adjungierte Variable. Allgemein sind zwei Gleichungssysteme

$$u_p' = \sum_{q=1}^{n} f_{p,q}(x)\,u_q, \qquad p = 1 \dots n \tag{236}$$
$$v_p' = -\sum_{q=1}^{n} f_{q,p}(x)\,v_q, \qquad p = 1 \dots n$$

zueinander adjungiert, wenn gilt

$$\sum_{p=1}^{n} (u_p v_p)' = 0,$$

also

$$\sum_{p=1}^{n} u_p v_p = \text{konst} \tag{237}$$

Diese Eigenschaft besitzen auch die λ_i sowie die Lösungen ξ_i der homogenen Gleichung (200), die die Variation $\delta c_i \mathrel{\hat{=}} \xi_i$ der Systemvariablen c_i auf Grund der Änderung der Randbedingungen angeben, d. h. es ist

$$\sum_{i=1}^{n} \lambda_i \delta c_i = \text{konst}$$

oder

$$\sum_{i=1}^{n} (\lambda_i \delta c_i)' = 0 \tag{238}$$

da

$$\frac{\mathrm{d}}{\mathrm{d}t} \sum_{i=1}^{n} \lambda_i \delta c_i = \sum_{i=1}^{n} \left(\delta c_i \frac{\mathrm{d}\lambda_i}{\mathrm{d}t} + \lambda_i \frac{\mathrm{d}\delta c_i}{\mathrm{d}t} \right) = $$
$$= \sum_{i=1}^{n} \left(- \sum_{j=1}^{n} \frac{\partial f_j}{\partial c_i} \lambda_j \delta c_i + \lambda_i \sum_{j=1}^{n} \frac{\partial f_i}{\partial c_j} \delta c_j \right) \tag{239}$$

Da die Doppelsummen auf der rechten Seite verschwinden, folgt Gl. (238).

Die adjungierten Variablen haben eine Reihe interessanter Eigenschaften, die bei der Lösung von Optimierungsproblemen von großer Bedeutung sind. Aus den Gleichungen (186), (231) und (234) kann man für autonome Systeme, d. h. solche, die nicht explizit von der Zeit abhängen, die Beziehung

$$\sum_{i=1}^{n} \lambda_i f_i = \text{konst} \tag{240}$$

ableiten, denn es ist

$$\frac{\mathrm{d}}{\mathrm{d}t} \sum_i \lambda_i f_i = \frac{\mathrm{d}r}{\mathrm{d}t} \sum_i \frac{\partial f_i}{\partial r} \lambda_i +$$
$$+ \sum_i \left[\sum_k \frac{\partial f_i}{\partial c_k} \frac{\mathrm{d}c_k}{\mathrm{d}t} \right] \lambda_i + \sum_i f_i \frac{\mathrm{d}\lambda_i}{\mathrm{d}t} \tag{241}$$

Die rechte Seite dieser Gleichung ist Null, denn der erste Term verschwindet wegen Gl. (231), während der zweite und der dritte Term sich aufheben, wie man erkennt, wenn man im zweiten Term die Gl. (186) und im dritten Term die Gl. (234) berücksichtigt. Diese Beziehung gilt im Optimum allgemein, d. h. für beliebige Funktionen f_i und P.

Aus den Gleichungen (186), (235) und (240) erhält man

$$\frac{\mathrm{d}P}{\mathrm{d}t_e} = \lambda(t_e) f(t_e) = \lambda(t) f(t) = \text{konst} \tag{242}$$

Schließlich besteht zwischen den Ableitungen der Zielgröße P nach den Anfangskonzentrationen und den adjungierten Variablen noch die wichtige Beziehung

$$\lambda_i(0) = \frac{\partial P}{\partial c_{i0}}, \quad i = 1, \ldots n \tag{243}$$

Sie läßt sich verallgemeinern: Man kann wenigstens in einem Gedankenexperiment zu einem Zeitpunkt t im Intervall $(0, t_e)$ die Konzentration $c_i(t)$ durch äußere Mittel verändern und im restlichen Intervall (t, t_e) die Reaktion ungestört ablaufen lassen. Die Zielgröße wird auf diese Weise eine Funktion der Konzentration zur Zeit t. Es gilt also

$$\lambda_i(t) = \frac{\partial P}{\partial c_i(t)} \tag{244}$$

Damit besteht die Möglichkeit, den Zusammenhang zwischen den adjungierten Variablen und den Systemvariablen z. B. für ein Reaktionssystem mit mehreren

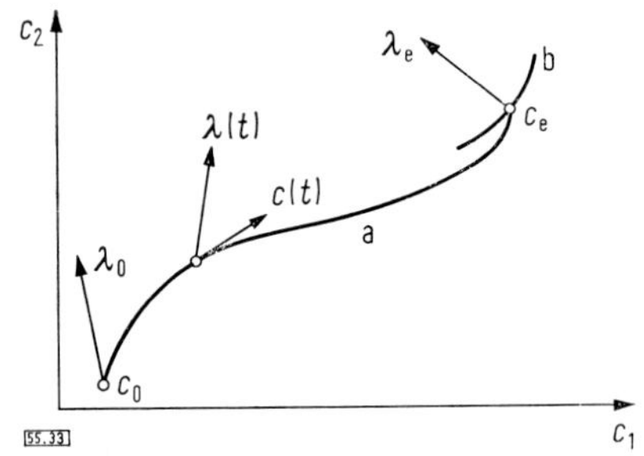

Abb. 33. Geometrische Darstellung des Reaktionsweges sowie der adjungierten Variablen für ein zweidimensionales Reaktionssystem

Variablen, das durch nur zwei Differentialgleichungen für zwei Bezugskonzentrationen c_1 und c_2 beschrieben werden kann, anschaulich wie in Abb. 33 darzustellen: Auf den Koordinatenachsen sind die Konzentrationen c_1 und c_2 gegeneinander aufgetragen. Die Lage des Punktes $c_0 = (c_1, c_2)_{t=0}$ kennzeichnet den Zustand des Systems zu Beginn der Reaktion. Während der Reaktion ändern sich c_1 und c_2 entsprechend der ausgezogenen Kurve a, deren Koordinaten man durch Integration der Differentialgleichungen für c_1 und c_2 erhält. Im Punkte $c_e = (c_1, c_2)_{t_e}$ ist die Reaktion beendet. Jedem Punkt auf der Kurve kann ein zweidimensionaler Vektor $\lambda(t) = (\lambda_1, \lambda_2)_t$ der adjungierten Variablen zugeordnet werden, die sich als Lösungen der Differentialgleichungen entsprechend Gl. (234) mit der Randbedingung Gl. (235) ergeben. λ_e steht senkrecht auf der Tangente, die im Punkte c_e an die in einem kleinen Ausschnitt b gezeichnete Kurve der Zielgröße P angelegt werden kann. Entsprechend Gl. (243) gibt λ_0 an, wie sich P bei einer Änderung der Anfangsbedingungen c_0 ändert. Wird c_0 z. B. in Richtung von λ_0 geändert, verschiebt sich die Lage von c_e so, daß der Wert für P ansteigt, wenn für P ein Maximum angestrebt wird.

Für die Optimierung benötigt man einen direkten Zusammenhang zwischen der Änderung einer beliebigen Steuervariablen r und der durch sie hervorgerufenen Änderung der Zielgröße P. Dazu geht man von der inhomogenen Gleichung (198) aus. Man kann schreiben:

$$\frac{\mathrm{d}}{\mathrm{d}t}\left(\sum_{i=1}^{n} \lambda_i \bar{c}_i\right) = \sum_{i=1}^{n}\left(\bar{c}_i \frac{\mathrm{d}\lambda_i}{\mathrm{d}t} + \lambda_i \frac{\mathrm{d}\bar{c}_i}{\mathrm{d}t}\right) = \sum_{i=1}^{n}\left[-\sum_{j=1}^{n} \frac{\partial f_j}{\partial c_i} \lambda_j \bar{c}_i + \lambda_i \sum_{j=1}^{n} \frac{\partial f_i}{\partial c_j} \bar{c}_j + \lambda_i \frac{\partial f_i}{\partial r} \bar{r}\right] \tag{245}$$

Da sich die Doppelsummen herausheben, verbleibt

$$\sum_{i=1}^{n} \lambda_i \bar{c}_i \Bigg|_0^{t_e} = \int_0^{t_e} \sum_{i=1}^{n} \lambda_i \frac{\partial f_i}{\partial r} \bar{r} \, \mathrm{d}t \tag{246}$$

Da $\bar{c}_{i0} = 0$ und $\lambda_i(t_e) = \partial P / \partial c_i(t_e)$, wird

$$\sum_{i=1}^{n} \frac{\partial P}{\partial c_i(t_e)} \bar{c}_i = \int_0^{t_e} \bar{r} \sum_{i=1}^{n} \lambda_i \frac{\partial f_i}{\partial r} \, \mathrm{d}t \tag{247}$$

Die linke Seite von Gl. (247) entspricht dem Ausdruck $\bar{P}$, und es wird

$$\bar{P} = \int_0^{t_e} \sum_{i=1}^{n} \lambda_i \frac{\partial f_i}{\partial r} \bar{r} \, \mathrm{d}t \tag{248}$$

Die Zielgröße kann also verbessert werden, wenn der Ausdruck

$$S = \sum_i \lambda_i \frac{\partial f_i}{\partial r} \tag{249}$$

nicht generell verschwindet. (Strebt man statt einem Maximum ein Minimum an, so hat man lediglich statt P dann $-P$ zu setzen.)

Die Verbesserung wird erreicht, indem man in Zeitintervallen, in denen die Größe S positiv ist, die Steuergröße erhöht, in solchen, in denen sie negativ ist, erniedrigt. Man befindet sich im Optimum, wenn $S = 0$ ist.

Damit kann das Optimierverfahren formuliert werden. Es besteht aus folgenden Schritten:

1. Man geht von einer vorgegebenen Steuerung $r(t)$ aus.
2. Das Gleichungssystem (186) wird mit den Anfangsbedingungen (186a) vorwärts integriert. P wird berechnet.
3. Die Gleichungen (234) werden mit den Randbedingungen (235) rückwärts integriert. Dabei wird gleichzeitig der Ausdruck (249) berechnet.
4. Der Verlauf der Steuergröße wird ersetzt durch

$$r_1 = r_0 + \varepsilon \sum_{i=1}^{n} \lambda_i \frac{\partial f_i}{\partial r}, \qquad \varepsilon > 0 \tag{250}$$

5. Man geht zurück zu 2. Die Rechnung wird solange fortgesetzt, bis keine wesentlichen Veränderungen mehr erzielt werden.

Variation der Reaktionszeit t_e. Die Zielgröße P kann auch von der Reaktionszeit t_e abhängen. Für den optimalen Reaktor wird gelten

$$\frac{\partial P}{\partial t_e} = 0 \tag{251}$$

Neben der expliziten Abhängigkeit von t_e ist auch die implizite Abhängigkeit zu berücksichtigen, da die Konzentrationen c_{ie} Funktionen von t_e sind. Aus Gl. (251) folgt daher

$$\frac{\partial P}{\partial t_e} + \sum_i \frac{\partial P}{\partial c_{ie}} \left(\frac{\partial c_{ie}}{\partial t_e}\right) = 0 \tag{252}$$

Der Ausdruck $(\partial c_{ie}/\partial t_e)$ ist identisch mit der rechten Seite f_{ie} in Gl. (186). Man kann daher schreiben

$$\frac{\partial P}{\partial t_e} + \sum_i \frac{\partial P}{\partial c_{ie}} f_{ie} = 0 \tag{253}$$

Diese Gleichung gibt eine Beziehung zwischen t, c_i und r am Ende der Reaktion an. r ist dort aber bereits durch die c_{ie} über Gl. (231) und (235) bestimmt. Gl. (253) gibt daher eine Beziehung zwischen t_e und c_{ie} an, die für den optimalen Reaktor erfüllt sein muß.

Im Rahmen der Optimierung nach der Gradientenmethode ist nach Punkt 4, s. o. nicht nur der Verlauf der Steuergröße zu ändern, sondern auch t_e, d. h. es gilt analog zu Gl. (250) die Beziehung

$$(t_e)_1 = (t_e)_0 + \varepsilon \left(\frac{\partial P}{\mathrm{d}t_e}\right)_0, \qquad \varepsilon > 0 \tag{254}$$

$\dfrac{\mathrm{d}P}{\mathrm{d}t_e}$ wird nach jedem Schritt mit Hilfe von Gl. (253) berechnet.

Berücksichtigung von Schranken für die Steuervariablen. Die Berücksichtigung von unteren (r_u) und oberen (r_{ob}) Schranken einer Steuervariablen

$$r_u \leqslant r \leqslant r_{ob} \tag{255}$$

bereitet bei der Gradientenmethode keine Schwierigkeiten. Ergibt sich in Gl. (250) für r ein Wert der kleiner ist als r_u, setzt man in diesem Bereich r mit r_u gleich, ist $r > r_{ob}$ wird $r = r_{ob}$. In allen anderen Fällen berechnet sich r nach Gl. (250).

Methode des konjugierten Gradienten [23]. Die bisher diskutierte Gradientenmethode hat leider die Eigenschaft, in Nähe des Optimums nur langsam zu konvergieren. Dieser Nachteil wird teilweise von der Methode des konjugierten Gradienten überwunden, die auf FLETCHER und REEVES [24] zurückgeht und die eigentlich auf quadratische Zielfunktionen abgestimmt ist, von der man aber annehmen kann, daß sie auch bei nicht quadratischen Zielgrößen zum Erfolg führt.

Wird z. B. für die Zielgröße P ein Minimum gesucht, so berechnet man zunächst in der gleichen Weise wie oben beschrieben nach Vorwärtsintegration des Gleichungssystems (186) mit einem frei gewählten Verlauf von $r(t)$ und nach Rückwärtsintegration von System (234) den Gradienten $S_0 \mathrel{\widehat{=}} s_0$. Der erste Optimierungsschritt wird in Richtung des steilsten Abstiegs gemacht. Die Schrittweite in dieser Richtung wird dadurch optimiert, daß das System (186) mit einer nach Gl. (250) berechneten Steuerung

$$r_1 = r_0 + \varepsilon s_0 \tag{256}$$

für verschiedene Werte von ε vorwärtsintegriert und mit Hilfe eines kubischen Interpolationsverfahrens [24] der Wert $\varepsilon_{\mathrm{opt}}$ für ε gesucht wird, für den die Zielgröße in der gewählten Richtung ein Minimum annimmt. Der Verlauf der Steuergröße nach dem ersten Schritt lautet damit

$$r_1 = r_0 + \varepsilon_{\mathrm{opt}} s_0 \tag{257}$$

Nach erneuter Vorwärts- bzw. Rückwärtsintegration der Gl. (186) und (234) sowie Berechnung des Gradienten S_1 liegt die neue Suchrichtung nicht in Richtung des steilsten Abstiegs sondern in einer dazu konjugierten Richtung [25], die sich hier und auch in den folgenden Optimierungsschritten auf Grund folgender Gleichungen ergibt:

$$r_{i+1} = r_i + \varepsilon_i s_i \tag{258}$$

mit

$$s_i = - S_{i+1} + \beta_i s_i \tag{259}$$

und

$$\beta_i = \int_{t_0}^{t_e} (S_{i+1})^2 \, \mathrm{d}t \Big/ \int_{t_0}^{t_e} (S_i)^2 \, \mathrm{d}t \tag{260}$$

Nach Berechnung von S_i folgt wieder die Minimierung der Zielgröße für diesen Optimierungsschritt durch entsprechende Wahl von ε_i usw. Das Verfahren wird abgebrochen, wenn keine Verbesserung der Zielgröße mehr zu erreichen ist.

3.1.2. Maximumprinzip von PONTRYAGIN

Das Maximumprinzip von PONTRYAGIN, das von russischen Mathematikern erarbeitet wurde [26], stellt eine Erweiterung der klassischen Variationsrechnung [27] dar, da es im Gegensatz zu ihr die Lösung von Optimierungsaufgaben ermöglicht, wenn die Steuervariablen nur innerhalb eines begrenzten Bereichs variierbar sind entsprechend einer Nebenbedingung

$$|r| \leqslant 1 \tag{261}$$

Die Steuervariablen der chemischen Technik, Druck, Temperatur, Konzentrationen usw., sind in der Regel Nebenbedingungen dieser Art unterworfen, weshalb die Optimierung chemischer Prozesse mit Hilfe des Maximumprinzips hier eingehender besprochen werden soll.

a) *Maximumprinzip bei vorgegebenem Zeitintervall* $(0, t_e)$ *und frei einstellbaren Endwerten der Systemvariablen* [28]. Die hier beschriebene Ableitung des Maximumprinzips geht von dem adjungierten System in Gl. (238) aus. Wie dort prüft man, welchen Einfluß eine kleine Änderung der Steuervariablen auf die Zielgröße in der Form

$$P = \sum_{i=1}^{n} z_i c_{ie}, \qquad z_i = \mathrm{konst} \tag{262}$$

ausübt und erhält für p Steuervariablen den Gl. (246) entsprechenden Ausdruck

$$\sum_{i=1}^{n} [\lambda_i(t_e)\bar{c}_i(t_e) - \lambda_i(t_0)\bar{c}_i(t_0)] = \int_{t_0}^{t_e} \sum_{i=1}^{n} \sum_{j=1}^{p} \lambda_i \frac{\partial f_i}{\partial r_j} \bar{r}_j \, \mathrm{d}t \tag{263}$$

Die Randbedingungen der adjungierten Variablen lauten jetzt gemäß Gl. (262)

$$\lambda_i(t_e) = z_i \tag{264}$$

Da $\bar{c}_{i0} = 0$, wird aus Gl. (263)

$$\delta P = \sum_{i=1}^{n} z_i \bar{c}_i(t_e) \tag{265}$$

Der Ausdruck in Gl. (265) muß bei optimalem Verlauf der Steuervariablen für ein Maximum von P innerhalb des zulässigen Bereichs der r_j Null, an seinem Rand negativ sein, d. h. es ist

$$\delta P \leqslant 0 \tag{266}$$

Für ein Minimum von P gilt entsprechend $\delta P \geqslant 0$. Eine notwendige Bedingung dafür, daß P einen Extremwert (Maximum oder Minimum) annimmt, wenn die Steuervariable $r(t)$ sich im zulässigen Bereich befindet, ist damit

$$\sum_{i=1}^{n} z_i \bar{c}_i(t_e) = \int_{t_0}^{t_e} \sum_{i=1}^{n} \sum_{j=1}^{p} \lambda_i \frac{\partial f_i}{\partial r_j} \bar{r}_j \mathrm{d}t = 0 \tag{267}$$

oder

$$\sum_{i=1}^{n} \lambda_i \frac{\partial f_i}{\partial r_j} = \frac{\partial H}{\partial r_j} = 0, \qquad j = 1 \ldots p \tag{268}$$

Darin ist H (in Anlehnung an eine Funktion aus der klassischen Physik mit ähnlichen Eigenschaften) die sog. HAMILTON-Funktion

$$H(\lambda_i(t), c_i(t), r_k(t)) = \sum_{i=1}^{n} \lambda_i f_i(c_i(t), r_k(t)) \tag{269}$$

Nach Gl. (268) muß H für einen optimalen Prozeß ein Maximum (oder ein Minimum) annehmen

$$H = H_{\max} \quad \text{oder} \quad H = H_{\min} \tag{270}$$

Liegt $r(t)$ im Innern des zulässigen Steuerbereichs müssen sowohl Gl. (268) als auch Gl. (269) gelten, liegt r auf der Grenze des Steuerbereichs, ist die Bedingung Gl. (270) ausreichend. Das ist anschaulich in Abb. 34 gezeigt.

Für einen optimalen Prozeß nimmt die HAMILTON-Funktion für das ganze Zeitintervall einen Extremwert an, denn es ist

$$\frac{\mathrm{d}H}{\mathrm{d}t} = \frac{\partial H}{\partial r}\,\frac{\partial r}{\partial t} = \sum_{i=1}^{n} \lambda_i\,\frac{\partial f_i}{\partial r}\,\frac{\mathrm{d}r}{\mathrm{d}t} \tag{271}$$

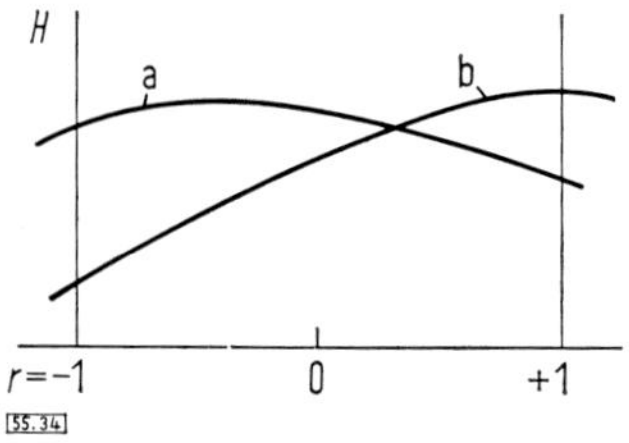

Abb. 34. HAMILTON-Funktion H als Funktion der Steuervariablen r

In Kurve a liegt das Maximum von H innerhalb des zulässigen Bereichs von r, in Kurve b auf seinem Rand.

$\mathrm{d}H/\mathrm{d}t$ ist aber gleich Null, da für einen optimalen Verlauf von $r(t)$ entweder

$$\frac{\partial H}{\partial r} = 0 \text{ für } (r_{\mathrm{u}} < r < r_{\mathrm{ob}}) \tag{272}$$

oder

$$\frac{\mathrm{d}r}{\mathrm{d}t} = 0 \text{ für } r = r_{\mathrm{u}} \text{ bzw. } r = r_{\mathrm{ob}} \tag{273}$$

Der *erste Fundamentalsatz des Maximumprinzips* lautet daher: $r(t)$, $t_0 \leqslant t \leqslant t_{\mathrm{e}}$, sei eine stückweise kontinuierliche Vektorfunktion, die die Nebenbedingung in Gl. (261) erfüllt. Damit die skalare Zielgröße in Gl. (262) für einen durch das Gleichungssystem (186) mit den Anfangsbedingungen $c_i(0) = c_{i0}$ beschriebenen Prozeß ein Maximum (oder ein Minimum) annimmt, ist einmal die Existenz einer von Null verschiedenen Vektorfunktion $\lambda(t)$, die die Gl. (234) und (264) erfüllt, notwendig. Zum anderen ist die Vektorfunktion $r(t)$ so zu wählen, daß $H(\lambda(t), c(t), r(t))$ ein Maximum (oder ein Minimum) für alle t im Bereich $t_0 \leqslant t \leqslant t_{\mathrm{e}}$ annimmt. Außerdem ist der Maximal- (oder Minimal-)wert von H konstant für alle t.

An diesem Fundamentalsatz wird der Unterschied in der Rechenmethodik der Gradientenmethode und des Maximumprinzips deutlich. Während man bei der ersten durch iterative Rechnung den Verlauf der Steuervariablen proportional dem jeweiligen Gradienten der HAMILTON-Funktion [vgl. Gl. (249) und (268)] schrittweise ändert (gleichbedeutend mit einem Fortschreiten in Richtung des steilsten Anstiegs), sich dabei dem Optimum allmählich nähert und dieses erreicht hat, wenn $\mathrm{d}H/\mathrm{d}r = 0$ ist, ermittelt man bei Anwendung des Maximumprinzips durch exakte Aussagen über Eigenschaften der HAMILTON-Funktion direkt den optimalen Verlauf der Steuervariablen. Auf Grund der dabei immer zu beachtenden Bedingung (270) erhält man auch den absoluten Extremwert der HAMILTON-Funktion und damit das absolute Optimum des Prozesses, während man nach der Gradientenmethode das (lokale) Optimum erreicht, in dessen Nähe man die Optimierungsrechnung begann.

Für eine Reihe praktisch vorkommender Fragestellungen läßt sich der bisher diskutierte Algorithmus des Maximumprinzips erweitern:

1. Prozesse mit vorgegebenen Endwerten für einzelne Systemvariable.

Sind in einem Prozeß für die Systemvariablen c_a und c_b Endwerte $c_a(t_{\mathrm{e}})$ und $c_b(t_{\mathrm{e}})$ vorgegeben und lautet die Zielgröße

$$P = \sum_{\substack{i=1\\ i\neq a\\ i\neq b}}^{n} z_i c_i(t_{\mathrm{e}}) \tag{274}$$

so sind die Gl. (261)–(273) gültig mit Ausnahme von Gl. (264), die zu ersetzen ist durch

$$\lambda_i(t_{\mathrm{e}}) = z_i, \quad i = 1 \ldots n, \quad i \neq a, b \tag{275}$$

Denn in diesem Fall ist in Gl. (263) $\bar{c}_a(t_{\mathrm{e}}) = \bar{c}_b(t_{\mathrm{e}}) = 0$, und um aus Gl. (263) die Gl. (265) zu erhalten, bedarf es nicht einer Randbedingung für $\lambda_a(t_{\mathrm{e}})$ und $\lambda_b(t_{\mathrm{e}})$.

2. Prozesse mit der Möglichkeit der freien Wahl der Anfangswerte einzelner Systemvariablen.

Sind die Anfangswerte von m Systemvariablen frei wählbar, entfällt für diese in Gl. (263) die Bedingung $\bar{c}_{i0} = 0$ für $i = 1 \ldots m$. Gl. (263) wird dann

$$\sum_{i=1}^{n} \lambda_i(t_{\mathrm{e}})\bar{c}_i(t_{\mathrm{e}}) = \sum_{i=1}^{m} \lambda_i(0)\bar{c}_i(0) + \\ + \int_{t_0}^{t_{\mathrm{e}}} \sum_{i=1}^{n} \sum_{j=1}^{p} \lambda_i \frac{\partial f_i}{\partial r_j}\,\bar{r}_j \,\mathrm{d}t \tag{276}$$

Damit die Ungleichung (266) z. B. im Fall einer Maximierung von P nicht verletzt werden kann, muß neben Gl. (268), wenn der optimale Verlauf von r innerhalb des zulässigen Bereichs von r liegt, auch gelten

$$\lambda_i(0) = 0, \quad i = 1 \ldots m \tag{277}$$

und neben Gl. (270), wenn r am Rande des zulässigen Bereichs liegt auch

$$\sum_{i=1}^{m} c_i(0)\,\lambda_i(0) = \max \tag{278}$$

3. Nicht autonome Systeme.

Hängt die rechte Seite des Differentialgleichungssystems (186) explizit von der Zeit ab

$$\frac{\mathrm{d}c_i}{\mathrm{d}t} = f_i(c_i, r, t) \tag{279}$$

so spricht man von nicht autonomen Systemen. Man kann das System (279) jedoch durch Einführung einer neuen Variablen

$$c_{n+1}(t) = t \tag{280}$$

in das System (186) überführen. Gl. (279) wird dann

$$\frac{dc'}{dt} = f(c', r) \tag{281}$$

in der c' jetzt ein $(n+1)$-dimensionaler Vektor ist. Die neue Systemvariable gehorcht der Differentialgleichung

$$\frac{dc_{n+1}}{dt} = 1 \tag{282}$$

mit der Anfangsbedingung $c_{n+1}(t_0) = t_0$.

4. Prozesse, die auch von der Änderungsgeschwindigkeit dr/dt der Steuervariablen abhängen.

Hängt das System (186) auch vom Gradienten dr/dt der Steuervariablen ab

$$\frac{dc}{dt} = f(c, r, dr/dt) \tag{283}$$

wird es durch Einführung einer neuen Variablen

$$c_{n+j}(t) = r_j(t), \qquad j = 1 \ldots r \tag{284}$$

sowie einer neuen Steuervariablen

$$w(t) = dr(t)/dt \tag{285}$$

zur Standardform reduziert

$$\frac{dc'}{dt} = f(c', w) \tag{286}$$

c' stellt dann einen $(n+r)$-dimensionalen Vektor der Systemvariablen dar und

$$\frac{dc_{n+j}}{dt} = w_j(t) \tag{287}$$

sind die Differentialgleichungen der neuen Variablen mit den Anfangsbedingungen

$$c_{n+j}(t_0) = \eta_j \tag{288}$$

wenn die Anfangsbedingung für r

$$r(t_0) = \eta \tag{289}$$

lautet. Die Steuervariable $r(t)$ in Gl. (283) darf in diesem Fall keinen Beschränkungen unterliegen.

5. Prozesse, in denen die Zielgröße nicht der Endwert einer Systemvariablen, sondern eine beliebige Funktion der Endwerte der Systemvariablen oder ein Zeitintegral ist.

Lautet die Zielgröße

$$P = P(c_e) \tag{187}$$

bildet man eine neue Systemvariable

$$c_{n+1}(t) = P(c(t)), \qquad t_0 \leqslant t \leqslant t_e \tag{290}$$

Differenziert man Gl. (290) nach der Zeit erhält man

$$\frac{dc_{n+1}}{dt} = \sum_{i=1}^{n} \frac{\partial P(c(t))}{\partial c_i} \frac{dc_i}{dt} = \sum_{i=1}^{n} \frac{\partial P(c(t))}{\partial c_i} f_i(c(t), r(t)), \qquad t_0 \leqslant t \leqslant t_e \tag{291}$$

mit der Anfangsbedingung

$$c_{n+1}(t_0) = P(c(t_0)) \tag{292}$$

Soll das Integral $\int_{t_0}^{t_e} \varphi(c(t), r(t))\,dt$ einen Extremwert annehmen, führt man es als neue Systemvariable ein

$$c_{n+1}(t) = \int_{t_0}^{t_e} \varphi(c(t), r(t))\,dt, \qquad t_0 \leqslant t \leqslant t_e \tag{293}$$

mit

$$c_{n+1}(t_0) = 0 \tag{294}$$

die der Differentialgleichung

$$\frac{dc_{n+1}}{dt} = \varphi(c(t), r(t)), \qquad t_0 \leqslant t \leqslant t_e \tag{295}$$

gehorcht.

6. Prozesse, in denen die Systemvariablen oder ihre Endwerte Beschränkungen unterliegen.

Unterliegen die Endwerte der Systemvariablen Beschränkungen der Form

$$g_\alpha(c(t_e)) = 0, \qquad \alpha = 1 \ldots m, \; m < n \tag{296}$$

bildet man eine neue Zielgröße

$$P = \sum_{i=1}^{n} z_i c_i(t_e) + \sum_{\alpha=1}^{m} \gamma_\alpha g_\alpha(c(t_e)) \tag{297}$$

in der die γ_α unbekannte Multiplikatoren sind. Die Randbedingungen für die adjungierten Variablen lauten jetzt

$$\lambda_i(t_e) = \left[z_i + \sum_{\alpha=1}^{m} \gamma_\alpha \frac{\partial g_\alpha}{\partial c_i(t_e)} \right] \qquad i = 1 \ldots n \tag{298}$$

Setzt man Gl. (298) in Gl. (263) ein, ergibt sich

$$\sum_{i=1}^{n} \bar{c}_i(t_e) \left[z_i + \sum_{\alpha=1}^{m} \gamma_\alpha \frac{\partial g_\alpha}{\partial c_i(t)} \right] = \int_{t_0}^{t_e} \sum_{j=1}^{p} \frac{\partial H}{\partial r_j} \bar{r}_j\,dt \tag{299}$$

Der Ausdruck in den eckigen Klammern ist die Variation der Zielgröße in Gl. (297). Die notwendige Bedingung dafür, daß P ein Maximum oder ein Minimum annimmt, ist

$$\frac{\partial H}{\partial r_j} = 0 \tag{300}$$

wenn r_j im Innern des zulässigen Bereichs von r liegt, und

$$H(\lambda(t), c(t), r(t)) = \text{Maximum (Minimum)} \tag{301}$$

wenn r auf seinem Rand liegt. Die unbekannten Konstanten $\gamma_\alpha = 1 \ldots m$ erhält man aus den zusätzlichen Bedingungen

$$g_\alpha(c(t_e)_{\text{opt}}) = 0 \tag{302}$$

die auch für $t = t_0$ formuliert werden können.

Sind die Systemvariablen selbst beschränkt in der Form

$$g(c(t), r(t)) \geqslant 0 \tag{303}$$

lauten die Optimalbedingungen

$$H = \sum_{i=1}^{n} \lambda_i f_i(c, r) \tag{304}$$

$$\frac{d\lambda_i}{dt} = -\left(\sum_{j=1}^{n} \lambda_j \frac{\partial f_j}{\partial c_i} + \gamma \frac{\partial g}{\partial c_i}\right) \tag{305}$$

Liegt im optimalen Zustand $c(t)$ innerhalb des erlaubten Bereiches, ist $\gamma = 0$, liegt es auf dem Rand, berechnet man γ aus der Bedingung

$$g(c(t)_{\text{opt}}, r(t)_{\text{opt}}) = 0 \tag{306}$$

b) *Anwendung des Maximumprinzips auf Kontrollprobleme. Das Ende des Zeitintervalls t_e ist unbestimmt* [28]. Bisher war die Länge des Zeitintervalls $(0, t_e)$ vorgegeben. Jetzt soll die Frage behandelt werden, wie der Verlauf einer Steuervariablen zu berechnen ist, der eine Zielfunktion der Art

$$P = \int_{t_0}^{t_e} g(c, r)\,dt \tag{307}$$

unter Berücksichtigung von Nebenbedingungen entsprechend Gl. (186) sowie

$$r \leqslant 0 \tag{308}$$

bei freier Wahl der Zeitschranke t_e minimiert. Definiert man das Integral (307) als neue Variable

$$c_{n+1} = \int_{t_0}^{t_e} g(c, r)\,dt \tag{309}$$

so lautet jetzt die HAMILTON-Funktion

$$H(\lambda_i(t), c_i(t), r(t)) = \sum_{i=1}^{n+1} \lambda_i f_i(c_i(t), r(t)) \tag{310}$$

mit

$$\frac{d\lambda_i}{dt} = -\frac{\partial H}{\partial c_i}, \qquad i = 1 \ldots n+1 \tag{311}$$

und

$$\lambda_{n+1}(t_e) = 1 \tag{312}$$

Der optimale Verlauf der Steuervariablen, der P zu einem Minimum macht, erfordert nicht nur

$$\frac{\partial H}{\partial r} = 0 \tag{313}$$

sondern auch

$$\min H = 0 \quad \text{für } t_0 \leqslant t \leqslant t_e \tag{314}$$

Denn angenommen, es sind die optimalen Verläufe für die c_i, r_i sowie der Wert für $t_{e,\text{opt}}$ bekannt. Dann kann man dieses Optimierungsproblem wieder wie in Abschnitt *a* beschrieben behandeln, d. h. mit bekanntem Zeitintervall und vorgegebenen Anfangsbedingungen für die Systemvariablen. Die adjungierten Variablen haben dann wieder die Randbedingungen

$$\lambda_i(t_{e,\text{opt}}) = z_i, \qquad i = 1 \ldots n+1 \tag{315}$$

Ändert man $t_{e,\text{opt}}$ um den kleinen Betrag $\delta t_{e,\text{opt}}$, so ändert sich dadurch die Zielfunktion um den Betrag

$$\begin{aligned} \delta P &= \sum_{i=1}^{n+1} (z_i c_{i,\text{opt}}(t_{e,\text{opt}} + \delta t_{e,\text{opt}}) - z_i c_{i,\text{opt}} t_{e,\text{opt}}) \\ &= \sum_{i=1}^{n+1} z_i \left.\frac{dc_{i,\text{opt}}}{dt}\right|_{t = t_{\text{opt}}} \delta t_{e,\text{opt}} \\ &= \sum_{i=1}^{n+1} \lambda_i(t_{e,\text{opt}}) \left.\frac{dc_{i,\text{opt}}}{dt}\right|_{t = t_{\text{opt}}} \delta t_{e,\text{opt}} \\ &= H\,|_{t = t_{e,\text{opt}}} \delta t_{e,\text{opt}} \end{aligned} \tag{316}$$

Da δP für ein Minimum von P größer oder gleich Null (für ein Maximum von P kleiner oder gleich Null) sein muß und $\delta t_{e,\text{opt}}$ positiv oder negativ sein kann, ist zu schließen, daß

$$\delta P = 0 \tag{317}$$

d. h.

$$H|_{t = t_{e,\text{opt}}} = 0 \tag{318}$$

Da das Extremum von H konstant ist für jedes t, muß auch Gl. (314) gelten. Damit läßt sich der *zweite Fundamentalsatz des Maximumprinzips* wie folgt formulieren:

$r(t)$, $t_0 \leqslant t \leqslant t_e$, sei eine stückweise kontinuierliche Vektorfunktion, die die Nebenbedingung in Gl. (308) erfüllt. Damit die skalare Funktion P in Gl. (307) für einen durch Gl. (186) mit den Anfangsbedingungen

$$c_i(t_0) = c_{i0}, \qquad i = 1 \ldots n+1$$

sowie den vorgegebenen Endwerten zu einer noch unbestimmten Zeit $t = t_e$

$$c_i(t_e) = c_{ie}, \qquad i = 1 \ldots n$$

beschriebenen Prozeß ein Minimum annimmt, ist notwendig, daß eine von Null verschiedene Vektorfunktion $\lambda(t)$ existiert, die die Gleichungen (311) und (312) erfüllt, und daß die Vektorfunktion $r(t)$ so gewählt wird, daß $H(\lambda(t), c(t), r(t))$ Null ist und für alle t, $t_0 \leqslant t \leqslant t_e$, ein Minimum annimmt.

Die Zielgröße kann hier eine Reihe interessanter Formulierungen haben.

1. Minimaler Zeitaufwand,

$$P = \int_{t_0}^{t_e} dt \tag{319}$$

2. Minimales Integral über die Abweichungen von einem vorgegebenen Funktionsverlauf

$$P = \int_{t_0}^{t_e} f(c_i)\,dt \tag{320}$$

Darin ist $f(c_i)$ von der Form $|c_i|$, $(c_i)^2, \ldots$

3. Minimales Integral über den Regelaufwand

$$P = \int_{t_0}^{t_e} f(r_i)\,\mathrm{d}t \tag{321}$$

Darin ist $f(r_i)$ von der Form $|r_i|$, $(r_i)^2, \ldots$

4. Minimale Abweichungen von vorgegebenen Endwerten

$$P = (c_1(t_e))^2 + (c_2(t_e))^2 + \ldots (c_n(t_e))^2 \tag{322}$$

Diese Zielgrößen können mit ganz oder auch nur teilweise vorgegebenen Randbedingungen c_{i0} und c_{ie} kombiniert werden. Bei der Suche nach dem Extremum der HAMILTON-Funktion können die Glieder, die die Steuervariablen nicht enthalten, unberücksichtigt bleiben. Liegt der zulässige Bereich der Steuervariablen zwischen

$$r_{\min} \leqslant r \leqslant r_{\max} \tag{323}$$

so kann man drei Arten optimaler Kontrollen unterscheiden:

1. Die Zielgröße enthält r entweder gar nicht oder nur einen Term, der r proportional ist (bang-bang control), und die HAMILTON-Funktion hat die Form

$$H^* = hr \tag{324}$$

worin h eine zu bestimmende Funktion der Zeit ist. H^* nimmt ein Minimum an für

$$r = r_{\min}, \quad \text{wenn } h > 0 \tag{325}$$
$$r = r_{\max}, \quad \text{wenn } h < 0$$

2. Die Zielgröße schließt $|r|$ ein, und H^* hat die Form

$$H^* = w|r| + hr \tag{326}$$

w ist eine positive Konstante, und in h gehen die adjungierten Variablen ein. H^* nimmt ein Minimum an für

$$r = r_{\min}, \quad \text{wenn } w < h$$
$$r = 0, \quad \text{wenn } -w < h < w \tag{327}$$
$$r = r_{\max} \quad \text{wenn } h < -w$$

(bang-bang with coasting, bang-coast-bang, bang-off-bang).

3. Die Zielgröße enthält r^2. Hat H^* die Form

$$H^* = wr^2 + hr \tag{328}$$

so nimmt es nur dann ein Minimum an, wenn

$$\frac{\partial H^*}{\partial r} = 0 \quad \text{oder wenn} \quad r = -\frac{h}{2w} \tag{329}$$

3.1.3. Dynamische Programmierung nach BELLMAN [29, 30, 31]

Bei der dynamischen Programmierung, die auf BELLMAN zurückgeht, handelt es sich um eine Rechenvorschrift, die in erster Linie zur Behandlung mehrstufiger diskreter Entscheidungs- (Optimierungs-)prozesse geeignet ist mit der Fähigkeit, sich an Entscheidungssituationen anzupassen, die sich ständig ändern. In diesem Sinne ist dynamisch zu verstehen. Sie kann jedoch auch auf einfache Optimierungsaufgaben mit kontinuierlichen Variablen angewendet werden, wozu keine detaillierte Kenntnis des ihr zugrundeliegenden Algorithmus, der erst später (S. 412) besprochen wird, erforderlich ist; die Optimierung kontinuierlicher Systeme kann daher schon hier behandelt werden.

1. *Optimierung autonomer Systeme* [32]. Zu maximieren sei die Zielgröße

$$P(r) = \int_{t_0}^{t_e} p(c, r)\,\mathrm{d}t \tag{330}$$

mit dem Differentialgleichungssystem (186) und seinen Anfangsbedingungen als Nebenbedingung. c und r sollen in Gl. (330) Vektoren der Systemvariablen und der Steuervariablen darstellen. In der Schreibweise der dynamischen Programmierung lautet das Optimierungsproblem

$$F(c(t_0), t_e) = \operatorname*{Max}_{r} P(r) = \operatorname*{Max}_{r(t_0,\, t_e)} \int_{t_0}^{t_e} p(c, r)\,\mathrm{d}t \tag{331}$$

d. h. r ist im Zeitintervall (t_0, t_e) für bekannte $c(t_0)$ so zu wählen, daß P für die Dauer t_e des Prozesses ein Maximum annimmt. Um auch hier zu einem diskreten Prozeß zu kommen, teilt man das Zeitintervall (t_0, t_e) in zwei Abschnitte (t_0, S) und (S, t_e). Damit lautet Gl. (331)

$$F(c(t_0), t_e) = \operatorname*{Max}_{r(t_0,\, S)} \operatorname*{Max}_{r(S,\, t_e)} \left[\int_{t_0}^{S} p(c, r)\,\mathrm{d}t + \int_{S}^{t_e} p(c, r)\,\mathrm{d}t \right] \tag{332}$$

$$F(c(t_0), t_e) = \operatorname*{Max}_{r(t_0,\, S)} \left[\int_{t_0}^{S} p(c, r)\,\mathrm{d}t + \operatorname*{Max}_{r(S,\, t_e)} \int_{S}^{t_e} p(c, r)\,\mathrm{d}t \right] \tag{333}$$

Die zweite Maximierungsvorschrift kann in die Klammer miteinbezogen werden, da das Integral von t_0 bis S vom Verlauf von r im Bereich (S, t_e) unabhängig ist. Entsprechend der Formulierung in Gl. (331) kann man schreiben

$$F(c(S), t_e - S) = \operatorname*{Max}_{r(S,\, t_e)} \int_{S}^{t_e} p(c, r)\,\mathrm{d}t \tag{334}$$

da die Anfangsbedingungen für diesen Prozeß $c(S)$ und seine Dauer $t_e - S$ sind. Einsetzen von Gl. (334) in Gl. (333) liefert

$$F(c(t_0), t_e) = \operatorname*{Max}_{r(t_0,\, S)} \left[\int_{t_0}^{S} p(c, r)\,\mathrm{d}t + F(c(S), t_e - S) \right] \tag{335}$$

Für kleine S kann man statt Gl. (186) den Differenzenquotienten schreiben

$$\frac{c(S) - c(t_0)}{S} = f(c(t_0), r(t_0)) \tag{336}$$

$$c(S) = c(t_0) + S f(c(t_0), r(t_0)) \tag{337}$$

Gl. (335) wird damit

$$F\left(c(t_0),\, t_e\right) = \underset{r(t_0,S)}{\mathrm{Max}} \left[\int\limits_{t_0}^{S} p(c,\, r)\,\mathrm{d}t + F\left(c(t_0) + S f\left(c(t_0),\, r(t_0)\right),\, t_e - S\right) \right] \quad (338)$$

Bekanntlich kann man eine Funktion mehrerer Variablen in eine TAYLOR-Reihe entwickeln; für zwei Variable a und b mit den Intervallen h und k gilt z. B.

$$f(a+h,\, b+k) = f(a,\, b) + h\,\frac{\partial f}{\partial a} + k\,\frac{\partial f}{\partial b} + h k\,\frac{\partial f}{\partial a}\,\frac{\partial f}{\partial b} + \ldots \quad (339)$$

Definiert man

$$\begin{aligned} c(t_0) &\sim a \\ S f(c(t_0),\, r(t_0)) &\sim h \\ t_e &\sim b \\ -S &\sim k \end{aligned} \quad (340)$$

so kann man den zweiten Ausdruck in der Klammer in Gl. (338) auch schreiben

$$F\left(c(t_0) + S f\left(c(t_0),\, r(t_0)\right),\, t_e - S\right) \sim f(a+h,\, b+k) \quad (341)$$

Eine TAYLOR-Entwicklung mit ausschließlich linearen Gliedern liefert

$$F\left(c(t_0) + S f\left(c(t_0),\, r(t_0)\right),\, t_e - S\right) = F\left(c(t_0),\, t_e\right) + \frac{\partial F\left(c(t_0),\, t_e\right)}{\partial c}\, S f\left(c(t_0),\, r(t_0)\right) - \frac{\partial F\left(c(t_0),\, t_e\right)}{\partial t_e}\, S \quad (342)$$

Damit wird Gl. (338) für kleine S

$$F\left(c(t_0),\, t_e\right) = \underset{r(t_0,\,S)}{\mathrm{Max}} \left[P\left(c(t_0),\, r(t_0)\right) S + F\left(c(t_0),\, t_e\right) + S f\left(c(t_0),\, r(t_0)\right) \frac{\partial F}{\partial c} - S\,\frac{\partial F}{\partial t_e} \right] \quad (343)$$

Da $F(c(t_0), t_e)$ unabhängig von r ist, kann man es aus der eckigen Klammer auf der rechten Seite der Gl. (343) herausziehen:

$$F\left(c(t_0),\, t_e\right) = F\left(c(t_0),\, t_e\right) + \underset{r(t_0,\,S)}{\mathrm{Max}} \left[P\left(c(t_0),\, r(t_0)\right) S + S f\left(c(t_0),\, r(t_0)\right) \frac{\partial F}{\partial c} - S\,\frac{\partial F}{\partial t_e} \right] \quad (344)$$

oder

$$0 = \underset{r(t_0,\,S)}{\mathrm{Max}} \left[P\left(c(t_0),\, r(t_0)\right) S + S f\left(c(t_0),\, r(t_0)\right) \frac{\partial F}{\partial c} - S\,\frac{\partial F}{\partial t_e} \right] \quad (345)$$

Führt man die Anfangsbedingung $r(t_0)$ als Variable v ein und läßt man S gegen Null laufen, wird Gl. (345)

$$0 = \underset{v}{\mathrm{Max}} \left[P\left(c(t_0),\, v\right) + f\left(c(t_0),\, v\right) \frac{\partial F}{\partial c} - \frac{\partial F}{\partial t_e} \right] \quad (346)$$

Gl. (346) liefert die Lösung der Optimierungsaufgabe. Beginnend bei $t=0$ ist v bei bekannten Anfangsbedingungen $c(t_0)$ so zu wählen, daß Gl. (346) erfüllt ist. Dadurch ist der Gradient $\mathrm{d}c/\mathrm{d}t$ in Gl. (186) für $t=0$ bestimmt. Nach Festlegung einer Schrittweite S ist nach Gl. (337) die Berechnung von $c(S)$, der Anfangsbedingung für den nächsten Optimierungsschritt möglich, für die wiederum $v(S)$ unter Berücksichtigung von Gl. (346) zu bestimmen ist usw. Punkt für Punkt wird somit der optimale Verlauf von r und c im Intervall (t_0, t_e) erhalten. Während die Gradientenmethoden sowie das Maximumprinzip bei der Lösung der Optimierungsaufgabe auf ein zweiseitiges Randwertproblem führen, hat man es hier mit einem einfacheren Anfangswertproblem zu tun. Gl. (346) ist nach den allgemeinen Regeln zur Lösung partieller Differentialgleichungen zu lösen. Für den optimalen Wert von v findet man die zwei einander äquivalenten Gleichungen

$$\frac{\partial F}{\partial t_e} = P\left(c(t_0),\, v\right) + f\left(c(t_0),\, v\right) \frac{\partial F}{\partial c(t_0)} \quad (347)$$

und durch Ableitung von Gl. (346) nach v

$$0 = \frac{\partial P\left(c(t_0), v\right)}{\partial v} + \frac{f\left(c(t_0), v\right)}{v}\,\frac{\partial F}{\partial c(t_0)} \quad (348)$$

oder nach Gl. (348)

$$\frac{\partial F}{\partial c(t_0)} = -\,\frac{\partial P/\partial v}{\partial f/\partial v} = M\left(c(t_0),\, v\right) \quad (349)$$

und nach Einsetzen von Gl. (349) in Gl. (347)

$$\frac{\partial F}{\partial t_e} = P\left(c(t_0),\, v\right) - f\left(c(t_0),\, v\right) \frac{\partial P/\partial v}{\partial f/\partial v} = N\left(c(t_0), v\right) \quad (350)$$

Partielle Ableitung von Gl. (349) und Gl. (350) nach t_e bzw. $c(t_0)$ unter Berücksichtigung, daß $v = v(c(t_0), t_e)$, liefert

$$\frac{\partial}{\partial t_e}\,\frac{\partial f}{\partial c(t_0)} = \frac{\partial}{\partial t_e}\,M\left(c(t_0),\, v\right) = \frac{\partial M}{\partial v}\,\frac{\partial v}{\partial t_e} \quad (351)$$

und

$$\frac{\partial}{\partial c(t_0)}\,\frac{\partial f}{\partial t_e} = \frac{\partial}{\partial c(t_0)}\,N\left(c(t_0),\, v\right) = \frac{\partial N}{\partial c(t_0)} + \frac{\partial N}{\partial v}\,\frac{\partial v}{\partial c(t_0)} \quad (352)$$

Gleichsetzen von Gl. (351) und Gl. (352) liefert schließlich die nichtlineare partielle Differentialgleichung

$$\frac{\partial M}{\partial v}\,\frac{\partial v}{\partial t_e} = \frac{\partial N}{\partial c(t_0)} + \frac{\partial N}{\partial v}\,\frac{\partial v}{\partial c(t_0)} \quad (353)$$

deren Lösung die Lösung der Gl. (346) ist.

2. *Nicht autonome Systeme.* Für Zielgrößen, die explizit von der Zeit abhängen, wie

$$P(r) = \int_{t_0}^{t_e} p(c, r, t)\,\mathrm{d}t \tag{354}$$

liefert eine ähnliche Ableitung wie die soeben beschriebene die Optimalbedingung

$$0 = \operatorname*{Max}_{v} \left[P(c(t_0), v, t_0) + f(c(t_0), v, t_0) \frac{\partial F}{\partial c(t_0)} + \right.$$
$$\left. + \frac{\partial F}{\partial t_0} \right] \tag{355}$$

sowie die beiden einander äquivalenten Gleichungen

$$0 = \frac{\partial P}{\partial v} + \frac{\partial f}{\partial v} \frac{\partial F}{\partial c(t_0)} \tag{356}$$

$$0 = P + f \frac{\partial F}{\partial c(t_0)} + \frac{\partial F}{\partial t_0} \tag{357}$$

die zu der nichtlinearen partiellen Differentialgleichung

$$\frac{\partial M}{\partial v} \frac{\partial v}{\partial t_0} + \frac{\partial M}{\partial t_0} = \frac{\partial N}{\partial v} \frac{\partial v}{\partial c(t_0)} + \frac{\partial N}{\partial c(t_0)} \tag{358}$$

mit

$$M(c(t_0), v, t_0) = \frac{\partial F}{\partial c(t_0)} = -\frac{\partial P/\partial v}{\partial f/\partial v} \tag{359}$$

und

$$-N(c(t_0), v, t_0) = -\frac{\partial F}{\partial t_0} = P - \frac{f(\partial P/\partial v)}{\partial f/\partial v} \tag{360}$$

zusammengefaßt werden können.

3.2. Optimierung mehrstufiger diskreter Prozesse

Alle bisher beschriebenen kontinuierlichen Methoden sind auch zur Optimierung komplexerer Prozesse geeignet, wie sie in Abb. 35 skizziert sind. Die Möglichkeiten zur Behandlung solcher Fragen mit Hilfe adjungierter Variablen werden von HORN [33] unter Benutzung des Maximumprinzips an Hand zahlreicher Beispiele von FAN [28] diskutiert. Läßt sich ein Prozeß in diskrete Stufen unterteilen, wie etwa eineRührkesselkaskade oder eine Extraktionsbatterie, müssen zu seiner Optimierung die „diskreten" Formen der oben beschriebenen Algorithmen eingesetzt werden.

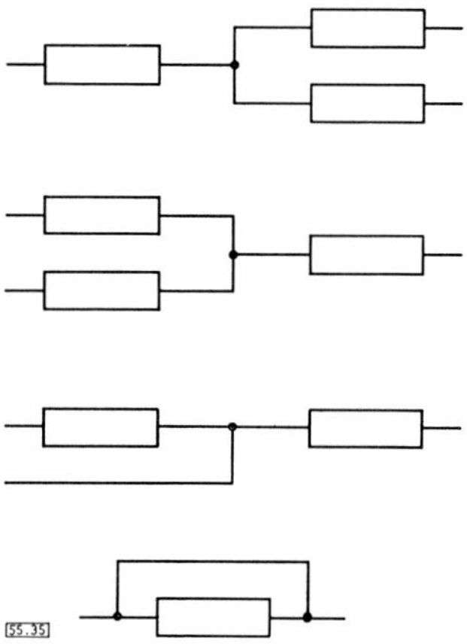

55.35

Abb. 35. Beispiele für verzweigte Prozesse

3.2.1. Gradientenmethode [34]

Die Methodik soll am Beispiel einer Rührkesselkaskade mit N gleichvolumigen Kesseln entwickelt werden. Abb. 36 gibt eine schematische Darstellung des Prozesses. Die c_i geben die Reaktionsvariablen an, deren Werte im Einlauf vor dem ersten Kessel mit

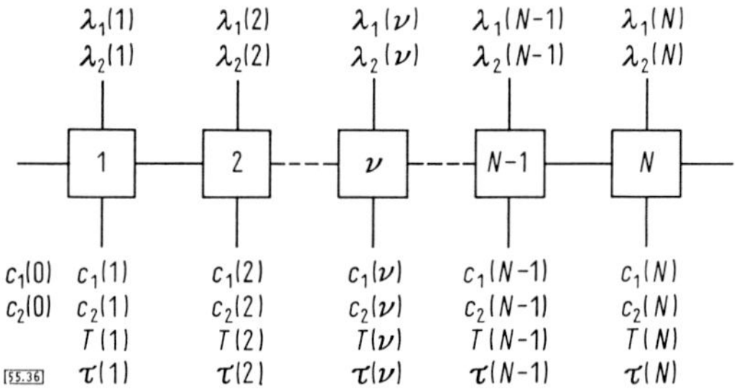

Abb. 36. Schematische Darstellung einer Rührkesselkaskade mit den sie charakterisierenden physikalischen Größen

Zahl n der Reaktionsvariablen = 2

$c_i(0)$, im ersten Kessel mit $c_i(1)$ und allgemein im ν-ten Kessel mit $c_i(\nu)$ bezeichnet werden. Im letzten Kessel sowie im Auslauf haben sie die Werte $c_i(N)$. $T(\nu)$ und $\tau(\nu)$ sollen die Temperatur und die Verweilzeit in jedem Kessel, die $\lambda(\nu)$ die für jeden Kessel charakteristischen adjungierten Variablen darstellen. Die Stoffbilanz für den ν-ten Kessel läßt sich allgemein schreiben

$$c_i(\nu) - c_i(\nu - 1) = \tau(\nu) f_i(c_1(\nu), c_2(\nu), \ldots c_N(\nu), T(\nu)) \tag{361}$$

Die f_i sind wieder die Reaktionsgeschwindigkeiten. Bei bekannten Anfangsbedingungen

$$c_i(0) = c_{i0}, \quad i = 1, 2, \ldots N \tag{362}$$

und vorgegebenen Werten für die Temperatur $T(\nu)$ und Verweilzeit $\tau(\nu)$ als Steuervariablen lassen sich die Konzentrationen $c_i(\nu)$ berechnen, indem man nacheinander für ν in Gl. (361) $1, \ldots N$ setzt.

Autonome Systeme. Die Zielgröße, die unter Berücksichtigung der Nebenbedingungen (361) zu extremieren ist, kann wieder als Funktion der Systemvariablen am Ende des Prozesses definiert werden:

$$P = P(c_1(N), c_2(N), \ldots c_N(N)) \tag{363}$$

Dazu kann man die Gleichungen (363) und (361) mit Hilfe eines sog. LAGRANGEschen Multiplikators zu einer neuen Zielgröße ohne Nebenbedingungen zusammenfassen

$$F = P(c_i(N)) - \sum_{\nu=1}^{N} \sum_{j=1}^{n} \lambda_j(\nu)[c_j(\nu) - c_j(\nu-1) - \tau(\nu) f_j(\nu)] \quad (364)$$

Zur Lösung des Optimierungsproblems differenziert man Gl. (364) nach den verschiedenen Variablen und setzt die erhaltenen Ausdrücke Null. Es resultieren folgende Beziehungen:

1. Differenzieren nach $c_i(\nu)$, $\nu = 1, 2, \ldots N-1$:

$$\lambda_i(\nu+1) - \lambda_i(\nu) = -\tau(\nu) \sum_{j=1}^{n} \lambda_j(\nu) \frac{\partial f_j(\nu)}{\partial c_i} \quad (365)$$

2. Differenzieren nach $c_i(N)$:

$$\frac{\partial P}{\partial c_i(N)} - \lambda_i(N) = -\tau(N) \sum_{j=1}^{n} \lambda_j(N) \frac{\partial f_j(N)}{\partial c_i} \quad (366)$$

3. Differenzieren nach $T(\nu)$:

$$\sum_{j=1}^{n} \lambda_j(\nu) \frac{\partial f_j(\nu)}{\partial T} = 0 \quad (367)$$

4. Differenzieren nach $\tau(\nu)$:

$$\sum_{j=1}^{n} \lambda_j(\nu) f_j(\nu) = 0 \quad (368)$$

Gl. (365) und (366) lassen sich zu einer Gleichung zusammenfassen, wenn man

$$\lambda_i(N+1) = \frac{\partial P}{\partial c_i(N)}$$

setzt, und wenn man außerdem den Gültigkeitsbereich der Gl. (365) auf

$$\nu = 1, \ldots, N-1, N$$

erweitert. Zusammenfassend sind also folgende Gleichungen zu lösen:

$$i, j = 1, 2, \ldots, n$$
$$= 1, 2, \ldots, N$$

$$c_i(0) = c_{i0} \quad (369\,\mathrm{a})$$

$$c_i(\nu-1) = c_i(\nu) - \tau(\nu) f_i(\nu) \quad (369\,\mathrm{b})$$

$$\sum_{j=1}^{n} \lambda_j(\nu) \frac{\partial f_j(\nu)}{\partial T} = 0 \quad (369\,\mathrm{c})$$

$$\sum_{j=1}^{n} \lambda_j(\nu) f_j(\nu) = 0 \quad (369\,\mathrm{d})$$

$$\lambda_i(\nu+1) = \sum_{j=1}^{n} \left[\delta_{ij} - \tau(\nu) \frac{\partial f_j(\nu)}{\partial c_i}\right] \lambda_j(\nu)$$
$$\delta_{ik} \begin{cases} = 1 & \text{für } i = k \\ = 0 & \text{für } i \neq k \end{cases} \quad (369\,\mathrm{e})$$

$$\lambda_i(N+1) = \frac{\partial P}{\partial c_i(N)} \quad (369\,\mathrm{f})$$

Nach der Methode des steilsten Anstiegs verzichtet man zunächst darauf, die Optimalbedingung (369c und d) zu erfüllen. Die Gradienten der Zielgröße P hinsichtlich der Steuervariablen $T(\nu)$ und $\tau(\nu)$ ergeben sich durch partielle Differentiation von Gl. (364) zu

$$\frac{\partial P}{\partial T(\nu)} = \tau(\nu) \sum_{j=1}^{n} \lambda_j(\nu) \frac{\partial f_j(\nu)}{\partial T} \quad (370)$$

$$\frac{\partial P}{\partial \tau(\nu)} = \sum_{j=1}^{n} \lambda_j(\nu) f_j(\nu) \quad (371)$$

Die Optimierung verläuft ähnlich wie auf S. 403 beschrieben:

1. Ausgehend von den Anfangsbedingungen c_{io} berechnet man mit Hilfe von Gl. (369b) alle $c_i(\nu)$ nach Vorgabe willkürlicher Werte für $T(\nu)$ und $\tau(\nu)$. Aus $c_i(N)$ berechnet man P und mit Gl. (369f) die $\lambda_i(N+1)$.

2. Ausgehend von $\lambda_i(N+1)$ berechnet man schrittweise nach Gl. (369e) alle $\lambda_i(\nu)$.

3. Den neuen Verlauf der Steuervariablen ermittelt man nach

$$T(\nu)_{\mathrm{neu}} = T(\nu)_{\mathrm{alt}} + \varepsilon\, \tau(\nu)_{\mathrm{alt}} \sum_{j=1}^{n} \lambda_j(\nu) \frac{\partial f_j(\nu)}{\partial T} \quad (372)$$

$$\tau(\nu)_{\mathrm{neu}} = \tau(\nu)_{\mathrm{alt}} + \varepsilon \sum_{j=1}^{n} \lambda_j(\nu) f_j(\nu) \quad (373)$$

4. Neue Durchrechnung der Kaskade nach Punkt 1. Das Verfahren wird abgebrochen, wenn für P keine signifikante Änderung mehr beobachtet wird.

Liegen für die Steuervariablen Beschränkungen vor

$$T_{\mathrm{u}} \leqslant T \leqslant T_0$$

und

$$\tau_{\mathrm{u}} \leqslant \tau \leqslant \tau_0$$

sind diese vorrangig vor den Gleichungen (369c und d). Man benutzt Gl. (372 und 373) dann nur, wenn die neuen Werte innerhalb der vorgegebenen Grenzen liegen. Gehen sie darüber hinaus, nimmt man für die neuen Werte die entsprechenden Grenzwerte.

Nicht autonome Systeme. Im nicht autonomen Fall, wenn also P von τ abhängt, ist Gl. (364) um den Ausdruck

$$-\mu(\tau(1) + \tau(2) + \ldots + \tau(N) - \tau)$$

zu erweitern. Die Gl. (369a–f) bleiben unverändert mit Ausnahme von Gl. (369d), die jetzt lautet

$$\sum_{j=1}^{n} \lambda_j(\nu) f_j(\nu) = \mu \quad (374)$$

Da die Ableitung von Gl. (364) nach τ

$$\mu = -\frac{\partial P}{\partial \tau} \quad (375)$$

liefert, wird

$$\sum_{j=1}^{n} \lambda_j(\nu) f_j(\nu) + \frac{\partial P}{\partial \tau} = 0 \tag{376}$$

Das Rechenverfahren ist ähnlich wie auf S. 403 abzuändern.

Ausführliche Durchrechnung der Optimierung einer Rührkesselkaskade s. [35].

Diskretes Maximumprinzip [36], aber besonders [37], [38]. Im Analogie zum kontinuierlichen Maximumprinzip wurde auch ein diskreter Algorithmus entwickelt. Im Gegensatz zum kontinuierlichen Maximumprinzip liefert er nur lokale Maxima. Da sich keine grundsätzlich anderen Aussagen als beim HORNschen Algorithmus ergeben, wird hier auf eine Besprechung verzichtet.

3.2.2. Dynamische Programmierung mehrstufiger diskreter Prozesse

Hier soll jetzt der Algorithmus besprochen werden, welcher der dynamischen Programmierung zugrunde liegt. Betrachtet wird ein N-stufiger Prozeß, wie er in

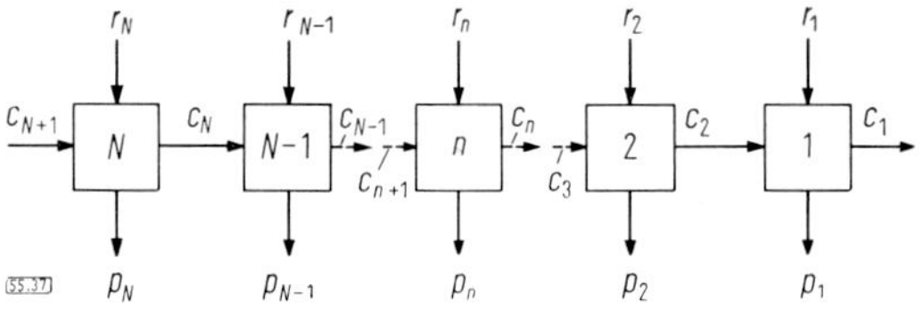

Abb. 37. N-stufiger Entscheidungsprozeß

Abb. 37 dargestellt ist. c_n ist der Vektor der Systemvariablen nach der n-ten Stufe, r_n die Einstellung der Steuervariablen in der n-ten Stufe und

$$p_n = p_n(c_{n+1}, r_n) \tag{377}$$

der Wert der Zielgröße in der n-ten Stufe. Die Stufen werden hier, wie in der dynamischen Programmierung allgemein üblich, entgegen der Prozeßrichtung gezählt, so daß die Zielgröße p_n von c_{n+1} und nicht von c_{n-1} abhängt. Die Zielgröße P für den gesamten Prozeß ist die Summe aller Einzelergebnisse in den Stufen

$$P = \sum_{n=1}^{N} p_n \tag{378}$$

Die Wahl der Werte der Steuervariablen in den einzelnen Stufen muß optimal im Hinblick auf den ganzen Prozeß sein, da nicht unbedingt die Summe aller lokalen Optima in den Einzelstufen gleich dem Optimum des Gesamtprozesses ist. Vielmehr lautet das Optimalitätsprinzip von BELLMAN:

Eine optimale Entscheidungspolitik hat die Eigenschaft, daß ungeachtet des Anfangszustandes und der ersten Entscheidung die verbleibenden Entscheidungen eine optimale Entscheidungspolitik hinsichtlich des aus der ersten Entscheidung resultierenden Zustandes darstellen.

Für einen N-stufigen Prozeß mit den Eingangsvariablen c_{N+1} lautet damit die zu optimierende Zielfunktion

$$F(c_{N+1}) = \mathrm{Max}\left(\sum_{n-1}^{N} p_n\right) \tag{379}$$

Man beginnt die Optimierung mit der optimalen Auslegung nur einer, d. h. der letzten Stufe, die durch den Eingangszustand c_2 und den Ausgangszustand c_1 charakterisiert ist. Durch geeignete Wahl der Steuer-(Entscheidungs-)variablen r_1 wird der Systemzustand c_2 in den Systemzustand c_1 überführt. Diese Transformation wird beschrieben durch

$$c_1 = T_1(c_2, r_1) \tag{380}$$

oder allgemein

$$c_n = T_n(c_{n+1}, r_n) \tag{381}$$

r_1 muß in Abhängigkeit von c_2 so gewählt werden, daß die Zielgröße ein Maximum (oder auch ein Minimum) annimmt, wobei eventuelle Beschränkungen für r zu berücksichtigen sind:

$$F_1(c_2) = \underset{r_1}{\mathrm{Max}}\,[p_1(c_2, r_1)] \tag{382}$$

Im nächsten Schritt optimiert man nicht die vorletzte Stufe allein, sondern die vorletzte einschließlich der letzten, d. h. die neue Zielgröße lautet

$$p_2 = p_2(c_3, r_2) + F_1(c_2) \tag{383}$$

Ihr Optimum ist durch entsprechende Wahl von r_2 in Abhängigkeit von c_3 zu suchen:

$$F_2(c_3) = \underset{r_2}{\mathrm{Max}}\,[p_2(c_3, r_2) + F_1(c_2)] \tag{384}$$

oder auch

$$F_2(c_3) = \underset{r_2}{\mathrm{Max}}\,[p_2(c_3, r_2) + F_1(T_2(c_3, r_2))] \tag{385}$$

da der Zustand c_2 als Transformation des Eingangszustandes c_3 durch Einstellung von r_2 erreicht wird.

Für die N-te Stufe, d. h. die erste des Gesamtprozesses lautet schließlich die Zielgröße

$$\begin{aligned} F_N(c_{N+1}) &= \underset{r_N}{\mathrm{Max}}\,[p_N(c_{N+1}, r_N) + F_{N-1}(c_N)] \\ &= \underset{r_N}{\mathrm{Max}} \dots \underset{r_1}{\mathrm{Max}}\,[p_N + \dots + p_1] \\ &= \underset{r_N}{\mathrm{Max}}\,[p_N + \underset{r_{N-1}}{\mathrm{Max}} \dots \underset{r_1}{\mathrm{Max}}\,(p_{N-1} + \dots + \\ &\qquad + p_1)] \quad \text{usw.} \end{aligned} \tag{386}$$

mit

$$c_N = T_N(c_{N+1}, r_N) \tag{387}$$

Für eine beliebige Stufe des Entscheidungsprozesses heißt somit die Optimierungsvorschrift

$$F_n(c_{n+1}) = \underset{r_n}{\mathrm{Max}}\,[p_n(c_{n+1}, r_n) + F_{n-1}(c_n)] \tag{388}$$

mit

$$c_n = T_n(c_{n+1}, r_n), \quad n = 1 \dots N \tag{389}$$

$F_0(r_1)$ wird definitionsgemäß Null gesetzt.

3.3. Vergleichende Betrachtung der Optimierungsmethoden

Die mathematische Formulierung einer Optimierungsaufgabe mit Hilfe der genannten Methoden bereitet heute kaum noch Schwierigkeiten. Dafür finden sich in der angegebenen Literatur zahlreiche Beispiele. Insbesondere beim Maximumprinzip und der dynamischen Programmierung besteht das eigentliche Problem in der Berechnung der Lösungsfunktionen für den Optimalfall. Der dazu erforderliche Rechenaufwand wird bei Systemen mit drei und mehr Systemvariablen oft so groß, daß er auch mit der heutigen Rechnergeneration nur schwer oder gar nicht zu bewältigen ist.

Bei Reaktionen mit nur zwei stöchiometrisch unabhängigen Systemvariablen und einer Steuervariablen kann das kontinuierliche Maximumprinzip bei durchaus vertretbarem Rechenaufwand mit großem Erfolg, insbesondere bei Kontrollproblemen, angewendet werden, zumal die Berücksichtigung von Beschränkungen der Steuervariablen und auch der Systemvariablen keine Schwierigkeit bereitet. Eine große Zahl durchgerechneter Beispiele mit Beschreibung der mathematischen Behandlung von Zweipunktrandwertproblemen s. [28].

Der Rechenaufwand zur Lösung von Optimalproblemen mit Hilfe der dynamischen Programmierung kann man leicht auf Grund folgender Rechnung erkennen. Angenommen es sei ein fünfstufiger Prozeß zu optimieren. Kann in jeder Stufe die Steuervariable 20 verschiedene Werte annehmen, so ist die Gesamtzahl der Kombinationsmöglichkeiten $20^5 = 3{,}2 \cdot 10^6$, aus denen die für den Gesamtprozeß optimale Lösung herauszusuchen ist. Durch die dynamische Programmierung wird die Zahl der durchzurechnenden Möglichkeiten drastisch reduziert, da zuerst alle nicht optimalen Zustände der letzten Stufe, dann alle nicht optimalen Zustände der beiden letzten Stufen unberücksichtigt bleiben usw. Es sind lediglich noch $5 \times 20 = 100$ Möglichkeiten durchzurechnen. Gute Dienste leistet die dynamische Programmierung bei der Optimierung einfacher diskreter Systeme mit nur wenigen Variablen, wie bei der Aufstellung von Netzplänen und chemischen Prozessen mit nur wenigen Stufen. Zahlreiche Beispiele s. [30], [31], [42], [43] sowie insbesondere [32], wo sehr ausführlich auf die mathematische Behandlung der Optimalprobleme eingegangen wird.

Schwieriger ist die Behandlung kontinuierlicher Prozesse, da die Integration über ein Zeitintervall (t_0, t_e) die Aufteilung dieses Zeitbereiches in eine große Zahl von kleinen Zeitabschnitten, erforderlich macht, wodurch ein vielstufiger Prozeß entsteht. Soll die Integration eine gewisse Genauigkeit haben, ist eine entsprechend feine Aufteilung der Bereiche der System- und Steuervariablen notwendig. Alle diese Punkte lassen den Rechenaufwand in die Höhe schnellen. Trotzdem wurde die dynamische Programmierung zur optimalen Auslegung kontinuierlicher Prozesse bereits mit Erfolg angewendet [32].

Gradientenmethoden führen auch bei n-dimensionalen Systemen praktisch immer zum Erfolg, der Rechenaufwand ist in erster Linie ein zeitlicher, da die Gradientenmethoden in der Nähe des Optimums nur langsame Konvergenz zeigen. Zur Beschleunigung der Konvergenz kann man nach zwei oder drei erfolgreichen Optimierungsschritten die Schrittweite in Gl. (250) versuchsweise verdoppeln [20], oder aber man bestimmt, wie bei der konjugierten Gradientenmethode beschrieben, in jedem Schritt ein optimales ε [39]. Sind in einer Optimierungsaufgabe neben z. B. der Minimierung der Zielfunktion auch noch vorgeschriebene Endwerte $c_1(t_e) \ldots c_m(t_e), m < n$ möglichst genau zu erreichen, führt man dieses Problem mit Randbedingungen auf eines ohne Randbedingungen zurück, indem man eine neue Zielgröße formuliert:

$$P = p(c_{m+1}, \ldots c_n) + \sum_i K_i \left(c_i(t_e) - c_i'(t_e)\right)^2 \qquad (390)$$

Schwierig ist hier die Wahl der Koeffizienten K_i, die ein Maß für die Gewichtung der Abweichung $(c_i(t_e) - c_i'(t_e))$ in P sind. Wählt man die K_i zu groß, verbessert das Rechenverfahren lediglich die Annäherung an die vorgegebenen Endwerte, ohne die eigentliche Zielgröße p zu berücksichtigen und umgekehrt. Trotz dieser Nachteile ist zur Optimierung komplizierter Prozesse das Gradientenverfahren besonders bei noch großer Entfernung von den Optimalbedingungen die Methode der Wahl. Über die echten Vorteile der konjugierten Gradientenmethode gegenüber der einfachen liegen bisher nur wenig publizierte praktische Erfahrungen vor.

Zu erwähnen ist eine Methode, die zur Extremierung der Zielfunktion (vgl. Gl. 248) auch Variationsterme zweiter Ordnung berücksichtigt [39], [40]. Gegenüber der Gradientenmethode hat sie den Vorteil, daß sich die Schrittweite automatisch ergibt und somit eine schnellere Konvergenz erzielt wird. Obwohl sie einen größeren Programmieraufwand erfordert, sind die Rechenzeiten kürzer. Leider ist sie bisher nur auf nicht beschränkte und kontinuierliche Steuervariable anwendbar.

In der Nähe des Optimums kann die Gradientenmethode vorteilhaft durch die verallgemeinerte Newton-Raphson-Methode ersetzt werden, die in der Endphase besonders gute Konvergenz zeigt [39], [41].

3.4. Beispiele

Beispiel zur Gradientenmethode und zum Maximumprinzip [44]. Für beide Methoden wird ein Beispiel besprochen, an dem die Gemeinsamkeiten und Unterschiede in der Rechenmethodik erläutert werden können.

Zwei Ausgangskomponenten A und B können in zweierlei Weise miteinander reagieren

$$A + B \xrightarrow{k_1} C$$

$$A + 2B \xrightarrow{k_2} D$$

Das gewünschte Produkt ist die Komponente C. Da die zweite Reaktion zweiter Ordnung in Bezug auf B ist, besteht die Möglichkeit, durch geeignete zeitliche Dosierung von B die erste Reaktion zu begünstigen. Wählt man als Steuervariable die Zulaufgeschwindigkeit r von B zu einem diskontinuierlichen Reaktor, wird das obige Reaktionssystem durch folgende Differentialgleichungen beschrieben

$$\frac{da}{dt} = -k_1 ab - k_2 ab^2 \qquad a(0) = a_0 \tag{391}$$

$$\frac{db}{dt} = -k_1 ab - 2k_2 ab^2 + r \qquad b(0) = 0$$

$$\frac{dc}{dt} = k_1 ab \qquad c(0) = 0$$

$$\frac{dd}{dt} = k_2 ab^2 \qquad d(0) = 0$$

Darin bedeuten a, b, c und d die Konzentrationen der Reaktanden A, B, C und D. Die Zugabe von B soll keinen direkten Effekt auf die übrigen Konzentrationen ausüben. Zu maximieren ist die Ausbeute an C am Ende der Reaktion bei vorgegebener Reaktionszeit, d. h.

$$P = c(t_e) \tag{392}$$

Das Differentialgleichungssystem für die adjungierten Variablen lautet auf Grund von Gl. (234)

$$\frac{d\lambda_a}{dt} = -\lambda_a(-k_1 b - k_2 b^2) - \lambda_b(-k_1 b - 2k_2 b^2) - \lambda_c(k_1 b) - \lambda_d(k_2 b^2) = k_1 b(\lambda_a + \lambda_b - \lambda_c) + k_2 b^2(\lambda_a + 2\lambda_b - \lambda_d)$$

$$\frac{d\lambda_b}{dt} = -\lambda_a(-k_1 a - 2k_2 ab) - \lambda_b(-k_1 a - 4k_2 ab) - \lambda_c(k_1 a) - \lambda_d(2k_2 ab) = k_1 a(\lambda_a + \lambda_b - \lambda_c) + 2k_2 ab(\lambda_a + 2\lambda_b - \lambda_d) \tag{393}$$

$$\frac{d\lambda_c}{dt} = 0, \quad \frac{d\lambda_d}{dt} = 0$$

mit den Randbedingungen (Gl. 235)

$$\lambda_a(t_e) = \lambda_b(t_e) = \lambda_d(t_e) = 0 \tag{394}$$

$$\lambda_c(t_e) = 1 \tag{395}$$

Aus Gl. (393) folgt sofort durch Integration

$$\lambda_c(t) = 1, \quad \lambda_d(t) = 0, \quad 0 \leqslant t \leqslant t_e \tag{396}$$

Die Zulaufgeschwindigkeit r soll der Beschränkung

$$0 \leqslant r \leqslant r_{max} \tag{397}$$

unterliegen, die absolute Zugabe an B soll ohne Einschränkungen gewählt werden können.

Bis zu diesem Punkte bestehen zwischen der Gradientenmethode und dem Maximumprinzip keine Unterschiede. Jetzt trennen sich die Behandlungsweisen.

a) *Weitere Behandlung nach der Gradientenmethode.* Entsprechend Gl. (249) ermittelt man zunächst den Ausdruck

$$S = \sum_i \lambda_i \frac{\partial f_i}{\partial r} \tag{398}$$

der hier

$$S = \lambda_b(t)$$

wird. Die Ausbeute an C kann demnach durch kleine Änderungen

$$r_i(t) = r_{i-1}(t) + \varepsilon \lambda_{bi}(t) \tag{399}$$

verbessert werden. Zur Optimierung wird das auf S. 403 beschriebene Verfahren verwendet. Abb. 38 zeigt den nach neun Iterationsschritten erhaltenen Verlauf der Zulaufgeschwindigkeit als Funktion der Zeit; dabei war in der Rechnung von einer maximalen Zulaufgeschwindigkeit während der ganzen Reaktionszeit ausgegangen worden. Mit $a_0 = 1$, $k_1 = 1$, $k_2 = 2$ und eine Reaktionszeit von 3,961 ergab sich für die Zielgröße ein Wert von 0,5678.

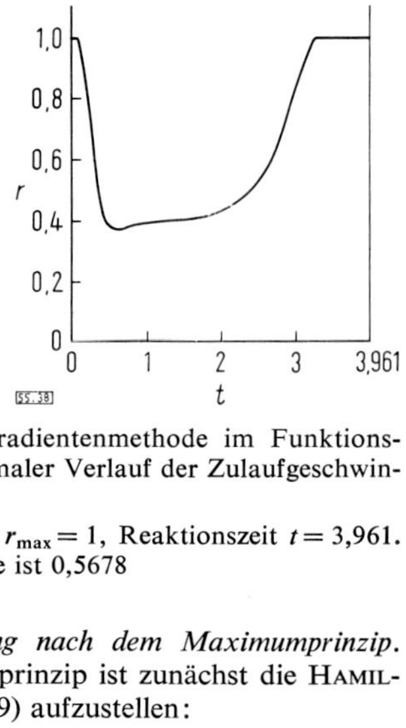

Abb. 38. Nach der Gradientenmethode im Funktionsraum berechneter optimaler Verlauf der Zulaufgeschwindigkeit r von B

$a_0 = 1$, $k_1 = 1$, $k_2 = 2$, $r_{max} = 1$, Reaktionszeit $t = 3{,}961$. Der Wert der Zielgröße ist 0,5678

b) *Weitere Behandlung nach dem Maximumprinzip.* Nach dem Maximumprinzip ist zunächst die HAMILTON-Funktion Gl. (269) aufzustellen:

$$H = \lambda_b r - k_1 ab(\lambda_a + \lambda_b - 1) - k_2 ab^2(\lambda_a + \lambda_b) \tag{400}$$

Da H linear von r abhängt, wird es maximiert durch

$$\begin{aligned} r &= r_{max}, \quad \text{wenn } \lambda_b > 0 \\ r &= 0, \quad \text{wenn } \lambda_b < 0 \end{aligned} \tag{401}$$

Wird $\lambda_b = 0$ innerhalb eines sog. singulären Segmentes im Bereich $0 \leqslant t \leqslant t_e$, kann H durch Zwischenwerte von r maximiert werden. Das Problem besteht nun darin, die einzelnen Abschnitte mit $r = r_{max}$, $r = 0$ und $0 \leqslant r \leqslant r_{max}$ so miteinander zu verbinden, daß das Maximumprinzip im gesamten Intervall $(0, t_e)$ erfüllt wird.

Für $t = t_e$ folgt aus Gl. (393a) und (393b) sowie (394)

$$\frac{d\lambda_b}{dt} = -k_1 a < 0 \tag{402}$$

und $\lambda_b(t_e) = 0$. Für t etwas kleiner als t_e muß $\lambda_b(t) > 0$ sein, da λ_b mit negativer Neigung am rechten Rand des Zeitbereiches in den Ursprung einläuft, d. h. nach Gl. (401) wird r am rechten Rand mit dem Wert r_{max} einmünden. Mit der gleichen Geschwindigkeit $r = r_{max}$ wird die Reaktion bei $t = 0$ zu starten sein, um so schnell wie möglich eine endliche Konzentration an B aufzubauen. Zwischen diesen beiden Abschnitten der Steuerfunktion könnte ein singuläres Segment liegen, in dem $\lambda_b = 0$ ist und in dem r Werte zwischen den Grenzwerten annehmen kann. Wenn $\lambda_b = 0$ ist, muß auch $d\lambda_b/dt$ verschwinden. Die Gl. (393a und b) reduzieren sich dann zu

$$\frac{d\lambda_a}{dt} = k_1 b(\lambda_a - 1) + k_2 b^2 \lambda_a \qquad (403)$$

$$0 = k_1 a(\lambda_a - 1) + 2k_2 ab\lambda_a \qquad (404)$$

Aus Gl. (404) folgt

$$\lambda_a = \frac{1}{1 + Kb} \qquad (405)$$

mit $K = 2k_2/k_1$. H muß im Optimalfall im gesamten Bereich $(0, t_e)$ konstant sein (s. S. 405):

$$H(t_e) = k_1 a(t_e) b(t_e) \qquad (406)$$

d. h. für das singuläre Segment muß nach Gl. (400)

$$k_1 a(t_e) b(t_e) = -k_1 ab\,(\lambda_a - 1) - k_2 ab^2 \lambda_a \qquad (407)$$

oder mit Gl. (405)

$$a(t_e) b(t_e) = \frac{ab}{2} \; \frac{Kb}{1 + Kb} \qquad (408)$$

gelten. Diese für das singuläre Segment gültige Gleichung verknüpft für den Optimalfall alle Konzentrationsverläufe der Komponenten A und B für alle möglichen Endwerte $a(t_e)$ und $b(t_e)$ die auf der Hyperbel

$$a(t_e) b(t_e) = N = \text{const} \qquad (409)$$

liegen. Abb. 39 zeigt in Kurve 1 eine Hyperbel nach Gl. (409) und in Kurve 2 den Konzentrationsverlauf von A und B innerhalb des singulären Segmentes in der a,b-Ebene. Da a mit dem Fortschreiten der Reaktion abnimmt, wird die Kurve in Pfeilrichtung durchlaufen. Da die Kurve 2 nicht durch den Punkt $a_0, 0$ geht und auch nicht die Hyperbel Gl. (409) schneidet, muß die optimale Steuerfunktion mit nichtsingulären Elementen beginnen und enden, so wie es oben bereits diskutiert wurde. Man erhält die Werte von r im singulären Segment, indem man Gl. (405) nach der Zeit ableitet, das Ergebnis mit Gl. (403) gleichsetzt, daraus db/dt freistellt und diesen Ausdruck in Gl. (391b) einsetzt

$$r = b(k_1 + 2k_2 b)(a + b/2) \qquad (410)$$

Der Verlauf der Konzentrationen a und b innerhalb eines Segmentes mit $r = r_{max}$ wird durch die Kurve 3 dargestellt, deren Lage von N abhängt. Für den Fall, daß sich die Kurven 2 und 3 wie hier schneiden, kann man auf eine Zusammensetzung der Steuerfunktion in der besprochenen Weise schließen:

1. Ein Abschnitt $r = r_{max}$ geht von den Anfangsbedingungen der Systemvariablen aus.
2. Im Anschluß an 1. folgt ein singuläres Segment mit $0 \leqslant r \leqslant r_{max}$.
3. Im Anschluß an 2. folgt ein zweites Segment $r = r_{max}$, das auf der Hyperbel N endet, wodurch die Endwerte von a und b festgelegt werden.

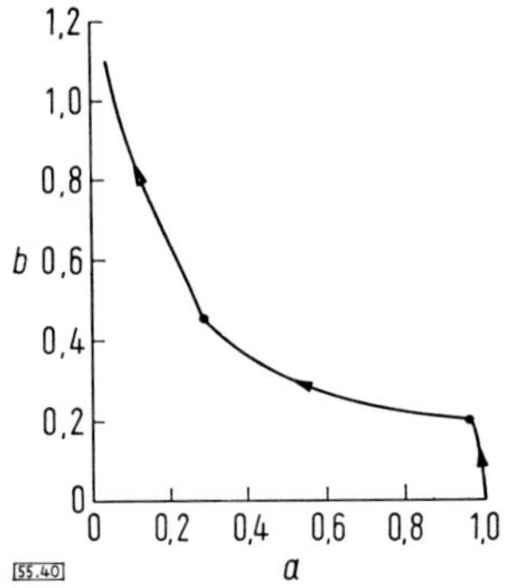

Abb. 40. Lösungskurve für die Konzentrationen von A und B bei Berücksichtigung der Existenz eines singulären Segments

$a_0 = 1$, $k_1 = 1$, $k_2 = 2$, $r_{max} = 1$, Reaktionszeit $t = 3{,}961$, Wert der Zielfunktion 0,5671

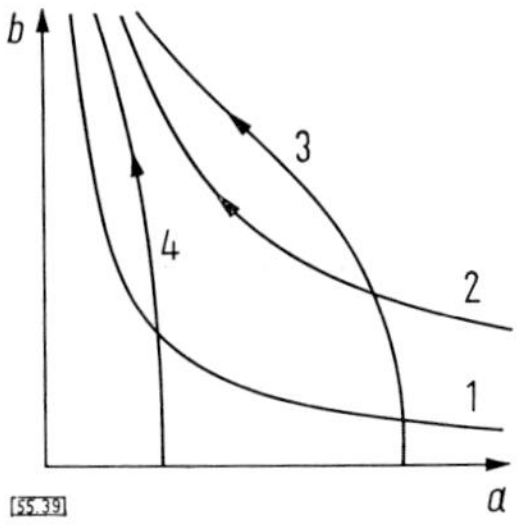

Abb. 39. Kurve 1: Eine Hyperbel nach Gl. (409), Kurve 2: singuläres Segment nach Gl. (408), Kurven 3 und 4: Konzentrationsverläufe von A und B für die beiden Reaktionen $A + B \rightarrow C$ und $A + 2B \rightarrow D$

Die Punkte, in denen Abschnitt 1 in Abschnitt 2 und Abschnitt 2 in Abschnitt 3 übergehen, müssen durch Näherungsrechnungen ermittelt werden. In diesen Punkten nehmen λ_a und λ_b, dieses jeweils von positiven Werten kommend, den Wert Null an, da hier die Randbedingungen für die adjungierten Variablen erfüllt sind. Abb. 40 zeigt den Verlauf der Konzentrationen a und b in den drei Abschnitten, Abb. 41 die nach dem Maximumprinzip errechnete Kurve für die Zulaufgeschwindigkeit r von B, die mit der in Abb. 38 identisch ist. Wollte man die Reaktion in einer kürzeren Zeit durchführen, wäre man zur Erfüllung der Optimalbedingung des Maximumprinzips gezwungen, für N solche Werte zu wählen, daß die Kurve für

$r = r_{max}$ in Abb. 39 die des singulären Segmentes nicht schneidet (Abb. 42), d. h. das Maximumprinzip ist dann nur für $r = r_{max}$ erfüllt.

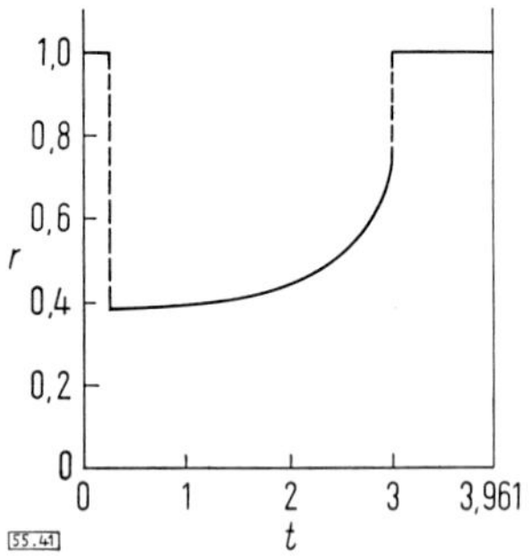

Abb. 41. Nach dem Maximumprinzip ermittelter optimaler Verlauf der Zulaufgeschwindigkeit r

$a_0 = 1$, $k_1 = 1$, $k_2 = 2$, $r_{max} = 1$, Reaktionszeit $t = 3{,}961$, Wert der Zielgröße 0,5671

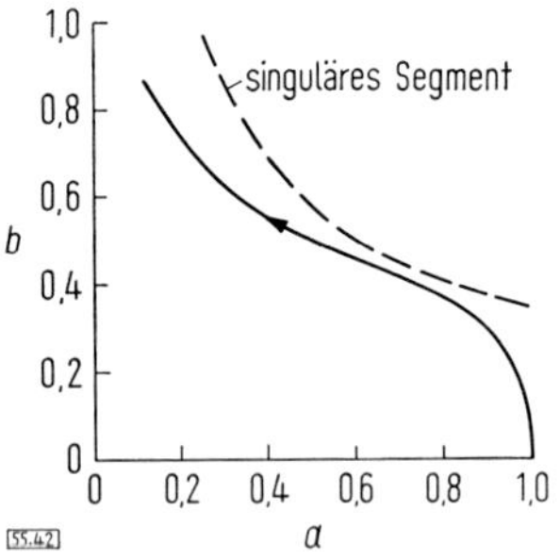

Abb. 42. Lösungskurve für die Konzentration von A und B bei Berücksichtigung der Existenz eines singulären Segmentes für eine kürzere Reaktionszeit

$a_0 = 1$, $k_1 = 1$, $k_2 = 2$, $r_{max} = 1$, Reaktionszeit $t = 2{,}16$, Wert der Zielgröße 0,4596

Beispiel zur dynamischen Programmierung. Als Beispiel soll die Optimierung eines diskreten Systems besprochen werden [32]: Es ist zu überlegen, in welchen Zeitabständen ein Teil einer Anlage, das Abnutzungserscheinungen zeigt und dessen Produktivität sich mit der Zeit verschlechtert, z. B. ein ganzer Reaktor oder auch nur die Katalysatorfüllung eines Reaktors, auszutauschen ist. Dazu definiert man zunächst folgende Funktionen:

1. $r(t)$ = Gewinn pro Jahr auf Grund der Produktivität eines t Jahre alten Reaktors
2. $u(t)$ = jährliche Unterhaltungskosten für den t Jahre alten Reaktor
3. p = Anschaffungspreis eines neuen Reaktors.

Der effektive Gewinn (in 1000 DM) als Differenz $r(t) - u(t) = n(t)$ soll für einen Zeitraum von N Jahren bekannt sein:

t	0	1	2	3	4	5	6	7	8	9	10	11	12
$n(t)$	10	9	8	7	6	5	4	3	2	1	0	0	0

Nach Ablauf eines jeden Jahres ist zu prüfen, ob der in den nächsten Jahren noch zu erwartende Gewinn aus einem t Jahre alten Reaktor größer oder kleiner ist als der mit einem neuen Reaktor unter Einrechnung der Anschaffungskosten erreichbare Gewinn. Die Zielfunktion muß daher lauten

$f_N(t)$ = maximaler Gewinn aus einem t Jahre alten Reaktor, der in den verbleibenden Jahren auf Grund einer optimalen Politik zu erwarten ist,

oder in Gleichungsform für N Jahre (Stufen) geschrieben

$$f_N(t) = \text{Max}\begin{Bmatrix} r(t) - u(t) + f_{N-1}(t+1) \\ -p + r(0) - u(0) + f_{N-1}(1) \end{Bmatrix} \tag{411}$$

bzw. für ein Jahr

$$f_1(t) = \text{Max}\begin{Bmatrix} r(t) - u(t) \\ -p + r(0) - u(0) \end{Bmatrix} \tag{412}$$

Gl. (411) beschreibt einen N-stufigen Prozeß, Gl. (412) einen einstufigen. In der oberen Zeile jeder Gleichung wird der Gewinn für den Fall ermittelt, daß mit dem bestehenden Reaktor weitergefahren wird, da $r(t) - u(t)$ der Gewinn $n(t)$ im t-ten Jahr und $f_{N-1}(t+1)$ der in den restlichen $(N-1)$ Jahren mit dem $(t+1)$ Jahre alten Reaktor zu erwartende Gewinn ist. Die untere Zeile gibt den Gewinn an, der nach Anschaffung eines neuen Reaktors in den restlichen N Jahren des Optimierungszeitraums zu erwarten ist. Der Reaktoraustausch soll ohne Zeitaufwand möglich sein.

Zur Bestimmung einer optimalen Politik sind zunächst die möglichen Gewinne in den einzelnen Jahren, ausgehend von Reaktoren verschiedenen Alters zu berechnen, beginnend mit einem einstufigen Prozeß. Ist der Reaktor 0 Jahre alt, so ist im ersten Betriebsjahr ein Gewinn von

$$f_1(0) = \text{Max}\begin{Bmatrix} n(0) \\ -p + n(0) \end{Bmatrix} =$$

$$= \text{Max}\begin{Bmatrix} 10 \\ -10 + 10 = 0 \end{Bmatrix} = 10$$

zu erwarten. Im zweiten Betriebsjahr wirft dieser ein Jahr alte Reaktor einen Gewinn von

$$f_1(1) = \text{Max}\begin{Bmatrix} n(1) \\ -p + n(0) \end{Bmatrix} =$$

$$= \text{Max}\begin{Bmatrix} 9 \\ -10 + 10 = 0 \end{Bmatrix} = 9$$

ab usw. Für einen Zeitraum von zehn Jahren ergeben sich so die in Zeile 1 der Tab. 32 errechneten Gewinne. Als nächstes wird ein Zeitraum von jeweils zwei Jahren betrachtet. Ein Null Jahre alter Reaktor erbringt in den nächsten zwei Jahren einen Gewinn von

$$f_2(0) = \text{Max}\begin{Bmatrix} n(0) + f_1(1) \\ -p + n(0) + f_1(1) \end{Bmatrix} =$$

$$= \text{Max}\begin{Bmatrix} 10 + 9 = 19 \\ -10 + 10 + 9 = 9 \end{Bmatrix} = 19$$

Tab. 32. Gewinne $f_N(t)$ für das im Text behandelte Beispiel

	t (Jahre)									
	0	1	2	3	4	5	6	7	8	9
$f_1(t)$	10	9	8	7	6	5	4	3	2	1
$f_2(t)$	19	17	15	13	11	9	9E			
$f_3(t)$	27	24	21	18	18E					
$f_4(t)$	34	30	26	24	24E					
$f_5(t)$	40	35	32	31	30	30E				
$f_6(t)$	45	41	39	37	36	35	35E			
$f_7(t)$	51	48	45	43	41	41E				
$f_8(t)$	58	54	51	48	48E					
$f_9(t)$	64	60	56	55	54	54E				
$f_{10}(t)$	70	65	63	61	60	60E				
$f_{11}(t)$	75	72	69	67	66	65	65E			
$f_{12}(t)$	82	78	75	73	72E					
$f_{13}(t)$	88	84	81	79	78	78E				
$f_{14}(t)$	94	90	87	85	84	84E				
$f_{15}(t)$	100	96	93	91	90	90E				

Ein ein Jahr alter Reaktor erbringt in den nächsten zwei Jahren

$$f_2(1) = \text{Max} \begin{Bmatrix} n(1) + f_1(2) \\ -p + n(0) + f_1(1) \end{Bmatrix}$$

$$= \text{Max} \begin{Bmatrix} 9 + 8 = 17 \\ -10 + 10 + 9 = 9 \end{Bmatrix} = 17$$

usw. Ist der Reaktor sechs Jahre betrieben worden, schlägt die Entscheidungspolitik um. Denn wie die Rechnung

$$f_2(6) = \text{Max} \begin{Bmatrix} n(6) + f_1(7) \\ -p + n(0) + f_1(1) \end{Bmatrix}$$

$$= \text{Max} \begin{Bmatrix} 4 + 3 = 7 \\ -10 + 10 + 9 = 9 \end{Bmatrix} = 9$$

zeigt, wird der Gewinn in den nächsten zwei Jahren größer, wenn der alte Reaktor gegen einen neuen ausgetauscht wird, obwohl in die Gewinnrechnung dessen Anschaffungskosten eingehen.

Nach dem beschriebenen Prinzip ist Tab. 32 für einen Zeitraum von fünfzehn Jahren aufgestellt worden. Die Zeilen brechen ab, wenn die Gewinnrechnung ergibt, daß der weitere Betrieb eines t Jahre alten Reaktors unwirtschaftlich ist und der alte durch einen neuen Reaktor zu ersetzen ist. Diese Entscheidungssituation ist in Tab. 32 jeweils durch ein E gekennzeichnet.

Tab. 32 kann über einen Zeitraum von 15 Jahren jede optimale Politik zum Betrieb eines Reaktors entnommen werden.

Angenommen es soll die optimale Fahrweise einer Anlage über einen Zeitraum von 12 Jahren ermittelt werden. Man beginnt mit der Erstellung der optimalen Politik in Zeile zwölf. Ein neuwertiger Reaktor wird in den nächsten zwölf Jahren einen Gewinn von DM 82000.– erwirtschaften. Nach einem Jahr sind es noch DM 72000.– (Zeile 11, zweiter Wert) usw. entlang dem eingezeichneten Pfeil. Ist der Reaktor vier Jahre gefahren worden, so ist der mit ihm in den nächsten acht Jahren zu erwirtschaftende Gewinn nach

$$f_8(4) = \text{Max} \begin{Bmatrix} n(4) + f_7(5) \\ -p + n(0) + f_7(1) \end{Bmatrix}$$

$$= \text{Max} \begin{Bmatrix} 6 + 41 = 47 \\ -10 + 10 + 48 = 48 \end{Bmatrix} = 48$$

DM 47000.–; er liegt dann niedriger als der, den man in diesem Zeitraum mit einem neuen Reaktor erzielen kann (DM 48000.–), d. h. der alte Reaktor ist auszutauschen. Man springt zur weiteren Bestimmung der optimalen Politik auf den Beginn der achten Zeile zurück und geht wieder in Pfeilrichtung vor. Nach weiteren vier Jahren fällt erneut die Entscheidung zum Reaktoraustausch usw. Nach Ablauf der zwölf Jahre ist ein neuer Betriebszeitraum festzulegen, für den die optimale Fahrweise einer Anlage zu bestimmen ist.

4. Literatur

[1] D. J. Wilde: Optimum Seeking Methods, Prentice-Hall, Englewood Cliffs, N. J. 1964.

[2] D. J. Wilde, C. S. Beightler: Foundation of Optimization, Prentice-Hall, Englewood Cliffs, N. J. 1967.

[2a] U. Hoffmann, H. Hofmann, Einführung in die Optimierung, Verlag Chemie, Weinheim 1971.

[3] G. E. P. Box, K. B. Wilson, J. Roy. Statist. Soc. Ser. B [London] *13*, 1 (1951).

[4] O. L. Davies: Design and Analysis of Industrial Experiments, Oliver-Boyd, London 1967.

[5] G. E. P. Box, J. S. Hunter, Ann. Math. Statist. *28*, 195 (1957).

[6] J. S. Hunter, Chem. Engng. Progr. Symposium, Series Amer. Inst. Chem. Engng. J. *56*, No. 31, 10 (1960).

[7] W. J. Hill, W. G. Hunter, Technometrics *8*, 571 (1966).

[8] A. E. Hoerl, Chem. Engng. Progr. *55*, No. 11, 69 (1959).

[9] N. R. Draper, Technometrics *5*, 469 (1963).

[10] G. E. P. Box, Biometrics *10*, 16 (1954).

[11] G. E. P. Box, Applied Statistics *6*, 81 (1957).

[12] G. E. P. Box, N. R. Draper: Evolutionary Operation, J. Wiley & Sons, New York 1969.

[13] G. E. P. Box, J. Chanmugan, Ind. Engng. Chem. Fundamentals *1*, 2 (1962).

[14] E. S. Pearson, H. O. Hartley: Biometrika Tables, Volume I, Cambridge University Press, England, 3. Aufl. 1966.

[15] W. G. Hunter, J. R. Kittrell, Technometrics *8*, 389 (1966).

[16] W. Spendley, G. R. Hext, F. R. Himsworth, Technometrics *4*, 441 (1962).

[17] B. H. Carpenter, H. C. Sweeney, Chem. Engng. *72*, July 5, 117 (1965).

[18] I. C. KENWORTHY, Applied Statistic *16*, 211 (1967).
[18a] P. J. HOFTYZER, J. HOOGSHAGEN, D. W. VAN KREVELEN, Proceedings of the Third European Symposium on Chemical Reaction Engineering, Amsterdam 1964, S. 247.
[19] F. HORN, Dissert. Techn. Hochschule Wien, 1958.
[20] F. HORN, U. TROLTENIER, Chem.-Ing.-Technik *32*, 382 (1960).
[21] F. HORN, Z. Elektrochemie *65*, 209 (1961).
[22] F. HORN, Chem. Eng. Sci. *14*, 77 (1961).
[23] L. LASDON, S. MITTER, A. WAREN, Inst. Electr. Electronics Eng. Trans. Autom. Control *AC—12*, 132 (1967).
[24] R. FLETCHER, C. REEVES, Computer J. 7, 149 (1964).
[25] M. HESTENES, E. STIEFEL, J. Res. Nat. Bur. St. *49*, 409 (1952).
[26] L. PONTRYAGIN, V. BOLTJANSKIJ, R. GAMKRELIDZE, E. MISCENKO: Mathematische Theorie optimaler Prozesse, R. Oldenbourg, München—Wien 1967.
[27] O. BOLZA: Vorlesungen über Variationsrechnung, Chelsea Publ. Comp., New York.
[28] L. FAN: The Continuous Maximumprinciple, J. Wiley, New York 1966.
[29] R. BELLMAN: Dynamic Programming, Princeton Univ. Press, Princeton, New Jersey, 1957.
[30] R. BELLMAN, S. DREYFUS: Applied Dynamic Programming, Princeton Univ. Press, Princeton, New Jersey, 1962.
[31] R. BELLMAN: Dynamische Programmierung und selbstanpassende Regelprozesse, R. Oldenbourg, München—Wien 1967.
[32] S. ROBERTS: Dynamic Programming in Chemical Engineering and Process Control, Academic Press, New York 1964.
[33] F. HORN, R. TSAI, J. Optim. Theory and Applications *1*, 131 (1967).
[34] F. HORN, Chem. Eng. Sci. *15*, 176 (1961).
[35] F. HORN, U. TROLTENIER, Chem.-Ing.-Technik *35*, 11 (1963).
[36] L. FAN, C. WANG: The Discrete Maximumprinciple, J. Wiley, New York 1964.
[37] R. JACKSON, F. HORN, Int. J. of Control *1*, 389 (1965).
[38] F. HORN, R. JACKSON, Ind. Eng. Chem. Fundamentals *4*, 110, 239, 487 (1965).
[39] R. KOPP, R. MCGILL: Several Trajectory Optimization Techniques, in A. V. BALAKRISHNAN, L. W. NEUSTADT: Computing Methods in Optimization Problems, Academic Press, New York 1964.
[40] C. W. MERRIAM III, Information and Control *8*, 215 (1965).
[41] R. KALABA, J. Math. Mech. *8*, 519 (1959).
[42] R. ARIS: The Optimal Design of Chemical Reactors, Academic Press, New York 1961.
[43] R. ARIS: Discrete Dynamic Programming, Blaisdell Publ. Comp., New York 1964.
[44] R. JACKSON, M. SENIOR, Chem. Eng. Sci. *23*, 971 (1968).

Mathematik

Dr. Hans Christoph Broecker, Institut für Anorganische und Angewandte Chemie, Universität Hamburg

Mathematik

Dr. Hans Christoph Broecker Institut für Anorganische und Angewandte Chemie, Universität Hamburg

1. Zahlen und Zahlensysteme; Vektoren; Matrizen . 422

1.1. System der reellen Zahlen 422
1.2. Ungleichungen; Mittelwerte 423
1.3. Kombinatorik 425
1.3.1. Grundaufgaben 425
1.3.2. Eigenschaften von $\binom{n}{k}$; binomischer und polynomischer Lehrsatz 427
1.4. Zahlenfolgen; Reihen 428
1.5. Komplexe Zahlen 430
1.6. Vektoren 431
1.7. Matrizen 434
1.7.1. Begriff der Matrix 434
1.7.2. Determinanten 436
1.7.3. Rang und Inversion einer Matrix 438
1.7.4. Reguläre Transformation von Matrizen; Eigenwertproblem; quadratische Formen . . 438
1.8. Zahlensysteme 440

2. Elementare Funktionen 441

2.1. Begriff der Funktion; Grenzwert; Stetigkeit . . 441
2.2. Rationale Funktionen 443
2.2.1. Begriff der rationalen Funktion 443
2.2.2. Ganze rationale Funktionen oder Polynome 443
2.2.3. Gebrochen rationale Funktionen 445
2.3. Algebraische Funktionen 448
2.4. Elementare transzendente Funktionen 448

3. Differentialrechnung 452

3.1. Begriff der Ableitung 452
3.2. Höhere Ableitungen 455
3.3. Geometrische und physikalische Bedeutung der Ableitung 455
3.4. Differentiale 456
3.5. Mittelwertsatz der Differentialrechnung . . . 457
3.6. Unbestimmte Ausdrücke; Regeln von L'Hospital 458
3.7. Extremalprobleme 459
3.8. Formel von Taylor 461
3.9. Potenzreihen 463
3.10. Funktionenreihen 465

4. Integralrechnung 466

4.1. Stammfunktion 466
4.2. Wichtigste Klassen geschlossen integrierbarer Funktionen 468
4.2.1. Ganz und gebrochen rationale Funktionen . 468
4.2.2. Integranden, die sich in eine rationale Funktion von x transformieren lassen 468
4.3. Bestimmtes Integral 470
4.4. Eigenschaften des bestimmten Integrals . . . 471
4.5. Bestimmte aus unbestimmten Integralen . . . 472
4.6. Integration unendlicher Reihen 473
4.7. Elliptische Integrale und elliptische Funktionen . 474

1. Numbers and Number Systems; Vectors; Matrices 422

1.1. System of Real Numbers 422
1.2. Inequalities; Mean Values 423
1.3. Combinatorial Analysis 425
1.3.1. Fundamental Problems 425
1.3.2. Properties of $\binom{n}{k}$; Binomial and Polynomial Theorems 427
1.4. Sequences of Numbers; Series 428
1.5. Complex Numbers 430
1.6. Vectors 431
1.7. Matrices 434
1.7.1. Concept of Matrix 434
1.7.2. Determinants 436
1.7.3. Rank and Inversion of a Matrix 438
1.7.4. Regular Transformations of Matrices; Eigenvalue Problem; Quadratic Forms . . 438
1.8. Number Systems 440

2. Elementary Functions 441

2.1. Concept of Function; Limits; Continuity . . . 441
2.2. Rational Functions 443
2.2.1. Concept of Rational Function 443
2.2.2. Integral Rational Functions or Polynomials 443
2.2.3. Fractional Rational Functions 445
2.3. Algebraic Functions 448
2.4. Elementary Transcendental Functions 448

3. Differential Calculus 452

3.1. Concept of Derivative 452
3.2. Higher Derivatives 455
3.3. Geometrical and Physical Significance of Derivative 455
3.4. Differentials 456
3.5. Mean Value Theorem of Differential Calculus . 457
3.6. Indeterminate Forms; Theorems of L'Hospital 458
3.7. Extremal Values 459
3.8. Taylors Formula 461
3.9. Power Series 463
3.10. Function Series 465

4. Integral Calculus 466

4.1. Anti-Derivative 466
4.2. Important Classes of Functions Integrable in Closed Form 468
4.2.1. Integral of Fractional Rational Functions . 468
4.2.2. Integrands which can be Transformed into a Rational Function of x 468
4.3. Definite Integral 470
4.4. Properties of the Definite Integral 471
4.5. Definite Integrals from Indefinite Integrals . . 472
4.6. Integration of Infinite Series 473
4.7. Elliptic Integrals and Elliptic Functions 474

4.8. Uneigentliche Integrale 476
4.8.1. Unbeschränktes Integrationsintervall . . . 476
4.8.2. Unbeschränkter Integrand 476
4.9. Differentiation von Integralen 477

5. Differential- und Integralrechnung bei Funktionen mehrerer Veränderlicher 478
5.1. Mehrdimensionale Räume 478
5.2. Funktionen mehrerer Variabler 479
5.3. Stetigkeit und Differenzierbarkeit 480
5.4. Differentiation von mittelbaren Funktionen . . 482
5.5. Extremwerte 483
5.6. Minima und Maxima mit Nebenbedingungen . 485
5.7. Implizite Funktionen 486
5.8. Parameterdarstellung von Flächen und Kurven . 487
5.9. Singuläre Kurvenpunkte 489
5.10. Kurvenscharen und Einhüllende einer Kurvenschar 490
5.11. Längenberechnungen und Kurvenintegrale . . 490
5.12. Integration von Funktionen mehrerer Veränderlicher 492
5.12.1. Darstellung von Funktionen durch bestimmte Integrale 492
5.12.2. Doppelintegrale 492
5.12.3. Flächenintegrale 493
5.12.4. Transformation mehrfacher Integrale . . . 495
5.12.5. Berechnung von Oberflächenintegralen . . 495
5.12.6. Unbestimmtes Integral eines vollständigen Differentials; Linienintegrale 496

6. Vektoranalysis 497
6.1. Vektorfunktionen einer skalaren Variablen . . 497
6.2. Vektor- und Skalarfelder 498
6.3. Integration von Vektorfunktionen; Integralsätze von GAUSS, GREEN und STOKES 500

7. Differentialgleichungen 502
7.1. Grundbegriffe 502
7.2. Anfangswertprobleme bei gewöhnlichen Differentialgleichungen 504
7.2.1. Existenz und Eindeutigkeit der Lösung. . . 504
7.2.2. Geometrische Bedeutung der Lösungskurvenschar bei Differentialgleichungen erster Ordnung 504
7.2.3. Differentialgleichungen erster Ordnung . . 505
7.2.4. Singuläre Punkte der Differentialgleichung $a(x,y)\,dy + b(x,y)\,dx = 0$. 507
7.2.5. Lineare Differentialgleichungen zweiter und höherer Ordnung 509
7.2.6. Lösungen von linearen Differentialgleichungen zweiter Ordnung durch Reihenentwicklung 511
7.2.7. Systeme linearer Differentialgleichungen . . 512
7.2.8. Nichtlineare Differentialgleichungen 513
7.3. Rand- und Eigenwertprobleme bei gewöhnlichen Differentialgleichungen 516

8. Partielle Differentialgleichungen zweiter Ordnung 518
8.1. Grundbegriffe 518
8.2. Potentialgleichung 520
8.2.1. Randwertprobleme der Potentialgleichung 520

4.8. Improper Integrals 476
4.8.1. Unlimited Integration Interval 476
4.8.2. Unlimited Integrand 476
4.9. Differentiation of Integrals 477

5. Differential- and Integral Calculus of Functions of Several Variables 478
5.1. Multidimensional Spaces 478
5.2. Functions of Several Variables 479
5.3. Continuity and Differentiability 480
5.4. Differentiation of Composite Functions 482
5.5. Extremal Values 483
5.6. Restricted Minima and Maxima 485
5.7. Implicit Functions 486
5.8. Parametric Representation of Surfaces and Curves 487
5.9. Singular Points of a Curve 489
5.10. Families of Curves and Envelope of a Family of Curves 490
5.11. Calculation of Arc Length and Curve Integrals 490
5.12. Integration of Functions of Several Variables 492
5.12.1. Representation of Functions by Definite Integrals 492
5.12.2. Double Integrals 492
5.12.3. Area Integrals 493
5.12.4. Transformation of Multiple Integrals . . . 495
5.12.5. Calculation of Surface Integrals 495
5.12.6. Indefinite Integral of a Complete Differential; Line Integrals 496

6. Vector Analysis 497
6.1. Vector Functions of a Scalar Variable 497
6.2. Vector and Scalar Fields 498
6.3. Integration of Vector Functions; Integral Theorems of GAUSS, GREEN and STOKES 500

7. Ordinary Differential Equations 502
7.1. Basic Concepts 502
7.2. Initial Value Problems in Ordinary Differential Equations 504
7.2.1. Existence and Unambiguity of the Solution . 504
7.2.2. Geometric Significance of the Family of Solution Curves in Differential Equations of First Order 504
7.2.3. First Order Differential Equations 505
7.2.4. Singular Points of the Differential Equation $a(x,y)\,dy + b(x,y)\,dx = 0$ 507
7.2.5. Linear Differential Equations of Second and Higher Order 509
7.2.6. Solution of Linear Second Order Differential Equations by Expansion into a Series . . . 511
7.2.7. Systems of Linear Differential Equations . . 512
7.2.8. Nonlinear Differential Equations 513
7.3. Boundary and Eigenvalue Problems in Ordinary Differential Equations 516

8. Second Order Partial Differential Equations . . 518
8.1. Basic Concepts 518
8.2. Potential Equation 520
8.2.1. Boundary Value Problems of the Potential Equation 520

Deutsch		English	
8.2.2. DIRICHLETsches Prinzip und Variationsansätze	523	8.2.2. DIRICHLETS Principle and Variational Methods	523
8.3. Wärmeleitungsgleichung	**524**	**8.3. Heat-Conductivity Equation**	**524**
9. Reihenentwicklung willkürlicher Funktionen	**526**	**9. Series Expansion of Arbitrary Functions**	**526**
9.1. Begriff des Orthogonalsystems	**526**	**9.1. Concept of the Orthogonal System**	**526**
9.2. FOURIER-Entwicklungen	**528**	**9.2. FOURIER Series**	**528**
9.3. Entwicklung nach BESSEL-Funktionen	**530**	**9.3. Expansion into BESSEL Functions**	**530**
9.4. Beispiele für andere Orthogonalsysteme	**531**	**9.4. Examples for other Orthogonal Systems**	**531**
10. Funktionaltransformationen	**533**	**10. Functional Transforms**	**533**
10.1. FOURIER-Transformation	**534**	**10.1. FOURIER Transform**	**534**
10.2. LAPLACE-Transformation	**536**	**10.2. LAPLACE Transform**	**536**
10.2.1. Originalfunktion durch Reihenentwicklung der Bildfunktion	537	10.2.1. Original Function by Series Expansion of the Image Function	537
10.2.2. LAPLACE-Transformation zur Lösung von Anfangswertproblemen	539	10.2.2. Solution of Initial Value Problems of Differential Equations by LAPLACE Transforms	539
10.3. Z-Transformation	**541**	**10.3. Z-Transform**	**541**
10.4. Andere Funktionaltransformationen	**542**	**10.4. Other Functional Transforms**	**542**
11. Variationsrechnung	**543**	**11. Calculus of Variations**	**543**
11.1. Eine unabhängige Variable ohne Nebenbedingungen	**544**	**11.1. One Independent Variable without Constraints**	**544**
11.2. Mehrere unabhängige Variable ohne Nebenbedingungen	**546**	**11.2. Several Independent Variables without Constraints**	**546**
11.3. Variationsprobleme mit Nebenbedingungen	**546**	**11.3. Variational Problems with Constraints**	**546**
11.4. Zusammenhang der Variationsrechnung mit der dynamischen Optimierung und dem Maximumprinzip von PONTRYAGIN	**547**	**11.4. Relations of the Calculus of Variations to Dynamic Programming and PONTRYAGINs Maximum Principle**	**547**
11.5. Direkte Methoden der Variationsrechnung; Verfahren von RITZ	**549**	**11.5. Direct Methods of Calculus of Variations; Method of RITZ**	**549**
12. Wahrscheinlichkeitsrechnung	**551**	**12. Calculus of Probability**	**551**
12.1. Grundlagen der Wahrscheinlichkeitsrechnung	**551**	**12.1. Fundamentals of Probability Calculus**	**551**
12.2. Folgen unabhängiger Versuche	**553**	**12.2. Sequences of Independent Trials**	**553**
12.3. Satz von POISSON	**555**	**12.3. POISSONs Theorem**	**555**
12.4. Verteilungsfunktionen	**556**	**12.4. Distribution Functions**	**556**
12.5. Mehrdimensionale Verteilungsfunktionen	**558**	**12.5. Multidimensional Distribution Functions**	**558**
12.6. Funktionen von Zufallsgrößen	**559**	**12.6. Functions of Random Variables**	**559**
12.7. Charakteristische Parameter von Verteilungsfunktionen	**561**	**12.7. Characteristic Parameters of Distribution Functions**	**561**
13. Numerische Verfahren	**563**	**13. Numerical Methods**	**563**
13.1. Fehler bei numerischen Rechnungen	**563**	**13.1. Errors in Numerical Calculations**	**563**
13.2. Lösungsmethoden für lineare Gleichungssysteme	**565**	**13.2. Methods of Solution of Systems of Linear Equations**	**565**
13.2.1. Austauschalgorithmus; GAUSSscher Algorithmus	565	13.2.1. Exchange Algorithm; GAUSS Reduction	565
13.2.2. Iterative Methoden	568	13.2.2. Iterative Methods	568
13.2.3. Gradientenmethoden	569	13.2.3. Gradient Methods	569
13.3. Inversion und Diagonalisierung von Matrizen; Bestimmung der Eigenwerte	**571**	**13.3. Inversion and Diagonalization of Matrices; Determination of Eigenvalues**	**571**
13.4. Nullstellenbestimmung von Polynomen	**572**	**13.4. Determination of Roots of Polynomials**	**572**
13.4.1. Allgemeine Probleme	572	13.4.1. General Problems	572
13.4.2. Verfahren von GRAEFFE	573	13.4.2. GRAEFFES Method	573
13.4.3. Iterative Methoden	575	13.4.3. Iterative Methods	575
13.4.4. Nullstellenbestimmung bei nichtlinearen Gleichungssystemen	578	13.4.4. Determination of Roots in Systems of Nonlinear Equations	578
13.5. Interpolation	**579**	**13.5. Interpolation**	**579**
13.5.1. Interpolation durch Polynome	579	13.5.1. Interpolation by Polynomials	579
13.5.2. Glatte Interpolation	584	13.5.2. Smooth Interpolation	584

13.5.3. Rationale Interpolation; Interpolation bei Funktionen mehrerer Veränderlicher . . . 586

13.6. Numerische Differentiation und Integration . 586

13.6.1. Numerische Differentiation 586
13.6.2. Numerische Integration (Quadratur) . . . 588

13.7. Numerische Integration gewöhnlicher Differentialgleichungen 592

13.7.1. Grundlagen der numerischen Integration von Differentialgleichungen erster Ordnung 592
13.7.2. RUNGE-KUTTA-Verfahren 594
13.7.3. Prädiktor-Korrektor-Verfahren 595
13.7.4. Numerische Lösung von Randwertproblemen 596
13.7.5. Näherungsmethoden zur Bestimmung der Eigenwerte 601

13.8. Numerische Integration partieller Differentialgleichungen 602

13.8.1. Parabolische Differentialgleichungen . . . 603
13.8.2. Elliptische Randwertprobleme 607

14. Literatur 613

13.5.3. Rational Interpolation; Interpolation of Functions of Several Variables 586

13.6. Numerical Differentiation and Integration . . 586

13.6.1. Numerical Differentiation 586
13.6.2. Numerical Integration (Quadrature) . . . 588

13.7. Numerical Solution of Ordinary Differential Equations 592

13.7.1. Basic Problems of Numerical Solution of First Order Differential Equations 592
13.7.2. RUNGE-KUTTA-Methods 594
13.7.3. Predictor-Corrector-Methods 595
13.7.4. Numerical Solution of Boundary Value Problems 596
13.7.5. Approximation Methods for the Determination of Eigenvalues 601

13.8. Numerical Solution of Partial Differential Equations 602

13.8.1. Parabolic Differential Equations 603
13.8.2. Elliptic Boundary Value Problems 607

14. Literature 613

Der Chemiker und Ingenieur, der sich mit gezielter Versuchsplanung und mit dem Entwurf, der optimalen Betriebsweise und der Regelung technischer Anlagen befaßt, benötigt heute ein beträchtliches Maß an mathematischen Kenntnissen. Häufig wird er einen Mathematiker zu Rate ziehen müssen. Aber auch dann sollte er die Möglichkeiten und Grenzen mathematischer Methoden kennen. Nur so kann eine Zusammenarbeit fruchtbar sein.

Dieser Artikel soll dem Leser das Rüstzeug für die Behandlung mathematischer Probleme auf dem Gebiet der chemischen Technik geben. Er beschränkt sich auf die Darstellung derjenigen mathematischen Probleme, welche heute in der Praxis eine besonders große Rolle spielen. Elementare Algebra wurde vorausgesetzt. Der modernen Entwicklung folgend, wurde der numerischen Mathematik, der vor allem für Näherungsberechnungen mit Rechenmaschinen Bedeutung zukommt, ein großes Kapitel gewidmet.

1. Zahlen und Zahlensysteme; Vektoren; Matrizen

Ergänzende Literatur zu Kap. 1 bis 5 siehe [8], [16], [17], [18], [19], [20].

1.1. System der reellen Zahlen

Ausgangspunkt aller Mathematik sind die natürlichen Zahlen 1, 2, 3.... Sie sollen hier als naturgegeben angesehen werden.

Addition und Multiplikation von natürlichen Zahlen sind uneingeschränkt durchführbar und führen stets wieder auf natürliche Zahlen. Dagegen ist die Subtraktion uneingeschränkt nur möglich, wenn das System der natürlichen Zahlen durch Hinzunahme der Null und der negativen ganzen Zahlen zum System der ganzen Zahlen ..., −3, −2, −1, 0, 1, 2, 3, ... erweitert wird.

Die Division ist uneingeschränkt und eindeutig erst im System der rationalen Zahlen durchführbar, das die ganzen Zahlen und die echten Brüche b/a (a, b ganzzahlig, $a \neq 0, a \neq 1$) umfaßt. Verabredungsgemäß ist dabei $x = b/a$ und $x = bk/ak (k \neq 0)$ dieselbe rationale Zahl. In Dezimalbruchdarstellung liefern die rationalen Zahlen entweder abbrechende oder unendliche periodische Dezimalbrüche.

Für die fortgesetzte Multiplikation einer rationalen Zahl a mit sich selbst,

$$\underbrace{a \cdot a \cdot a \cdot a \cdot \cdots a}_{n\text{-mal}}$$

ist die Abkürzung a^n (a hoch n) eingeführt. a heißt Basis, n Exponent und a^n die n-te Potenz von a. Aus der Definition folgt sofort, daß

$$a^n \cdot a^m = a^{n+m} \tag{1-1}$$

$$a^n \cdot b^n = (ab)^n \tag{1-2}$$

$$(a^n)^m = a^{n \cdot m} = a^{m \cdot n} = (a^m)^n \tag{1-3}$$

Außerdem folgt aus Gl. (1−1), daß es zweckmäßig ist,

$$a^0 = 0^0 = 1 \tag{1-4}$$

und

$$a^{-n} = 1/a^n \quad (a \neq 0) \tag{1-5}$$

zu setzen.

Eine Zahl x, für die $x^n = a$ ist, heißt n-te Wurzel aus a, $\sqrt[n]{a}$ (meist aber $\sqrt{a}$ statt $\sqrt[2]{a}$). Statt $\sqrt[n]{a}$ ist auch die Schreibweise

$$\sqrt[n]{a} = a^{1/n} \tag{1-6}$$

und allgemein

$$a^{p/q} = \sqrt[q]{a^p} \quad (q \neq 0) \tag{1-7}$$

möglich. Läßt man auch komplexe Werte zu, so ist die n-te Wurzel einer (reellen oder komplexen) Zahl

n-deutig; die Berechnung der einzelnen Werte erfolgt am einfachsten mit Hilfe der trigonometrischen Darstellung der komplexen Zahlen.

Eine Zahl y mit der Eigenschaft, daß $a^y = b$ ist ($a > 1$, $b > 0$), heißt Logarithmus der Zahl b zur Basis a; Schreibweise

$$y = {}_a\log b \tag{1-8}$$

Umgekehrt heißt b der Numerus zum Logarithmus y. Gebräuchlich sind außerdem die Schreibweisen

${}_{10}\log b = \log b$ (auch lg b)

${}_e\log b = \ln b$ (logarithmus naturalis)

${}_2\log b = \operatorname{ld} b$ (logarithmus dualis)

Wurzeln und Logarithmen positiver rationaler Zahlen sind normalerweise irrational, d. h. sie können nur als unendliche nichtperiodische Dezimalbrüche und daher prinzipiell nur mit beschränkter Genauigkeit dargestellt werden. Rationale und irrationale Zahlen werden zum System der reellen Zahlen zusammengefaßt. Jede reelle Zahl kann als Grenzwert einer Folge (siehe Abschn. 1.4) rationaler Zahlen aufgefaßt werden.

Insgesamt ergibt sich damit folgendes Schema:

```
┌──────────────┐  ┌──────────────┐  ┌────────┐  ┌────────────────────┐
│ Positive ganze│  │ Negative ganze│  │ Brüche │  │ Grenzwerte rationaler│
│    Zahlen    │  │    Zahlen    │  │        │  │    Zahlenfolgen    │
│  Natürliche  │  └──────────────┘  └────────┘  └────────────────────┘
│    Zahlen    │
└──────────────┘
        │                                              │
        ▼                                    ┌──────────────────┐
┌──────────────┐                              │ Irrationale Zahlen│
│ Ganze Zahlen │                              └──────────────────┘
└──────────────┘                                       │
        │                                              │
        ▼                                              ▼
┌──────────────────┐              ┌──────────────┐
│ Rationale Zahlen │─────────────▶│ Reelle Zahlen│
└──────────────────┘              └──────────────┘
```

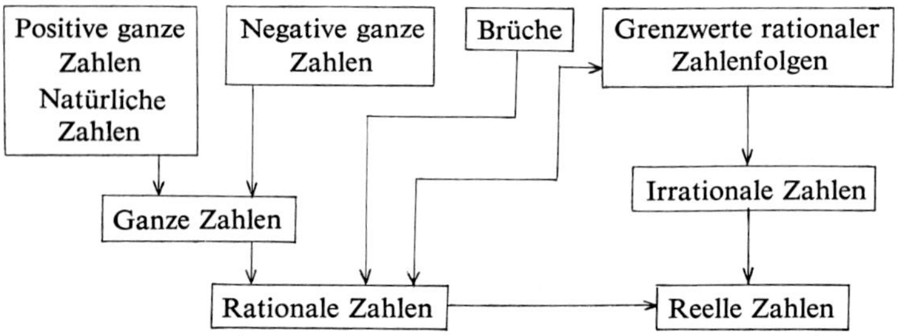

Für die vier Grundrechnungsarten gelten bei reellen Zahlen die bekannten Regeln:

$a + b = b + a$ (1-9)
(Kommutativität der Addition)

$(a + b) + c = a + (b + c)$ (1-10)
(Assoziativität der Addition)

$a + 0 = 0 + a = a$ (1-11)

Aus $a < b$ folgt $a + c < b + c$ (1-12)
(Monotonie)

$ab = ba$ (1-13)
(Kommutativität der Multiplikation)

$(ab)c = a(bc)$ (1-14)
(Assoziativität der Multiplikation)

$a \cdot 1 = 1 \cdot a = a$ (1-15)

$a \cdot 0 = 0 \cdot a = 0$ (1-16)

$(a + b)c = ac + bc$ (1-17)
(Distributivität)

Dagegen sind die Operationen $a/0$ und $0/0$ nicht erklärt, d. h. sie haben innerhalb der Mathematik keinen Sinn.

Als absoluter Betrag oder kurz Betrag $|a|$ einer reellen Zahl a wird die größere der beiden Zahlen a und $-a$ bezeichnet. Daher ist für beliebige (auch komplexe) Zahlen a, b

$$|a - b| = |b - a| \tag{1-18}$$

$$|a \cdot b| = |a| \cdot |b| \tag{1-19}$$

$$\left|\frac{a}{b}\right| = \frac{|a|}{|b|} \tag{1-20}$$

1.2. Ungleichungen; Mittelwerte

Für je zwei reelle Zahlen a, b gilt eine der drei Relationen

$a < b$ (a kleiner als b) (1-21a)

$a = b$ (a gleich b) (1-21b)

$a > b$ (a größer als b) (1-21c)

Etwas schwächer sind die Aussagen

$a \leqq b$ (a nicht größer als b) (1-22a)

$a \geqq b$ (a nicht kleiner als b) (1-22b)

Aus $a \leqq b$ und $b \leqq a$ folgt natürlich $a = b$.
Eine Ungleichung (1-21a) bzw. (1-21c) darf stets zu (1-22a) bzw. (1-22b) „verschlechtert" werden. Das Umgekehrte ist dagegen nicht zulässig.

Die folgenden Rechenregeln für Ungleichungen werden oft gebraucht:

1. Aus $a < b$ folgt $\begin{array}{l} ac < bc \text{ falls } c > 0 \\ ac > bc \text{ falls } c < 0 \end{array}$ (1-23)

2. Ist $a < b$ und $c < d$ und ist $b > 0$, $c > 0$, so ist

$$ac < bd \tag{1-24}$$

(Ungleichungen dürfen also nicht in jedem Fall miteinander multipliziert werden)

3. Ist $a < b$ und $a > 0$, $b > 0$, so ist

$$1/a > 1/b \tag{1-25}$$

4. Ist $a/b < c/d$ und $b > 0$, $d > 0$, so ist

$$\frac{a}{b} < \frac{a+c}{b+d} < \frac{c}{d} \qquad (1-26)$$

Beispiel:

$$\frac{2}{5} < \frac{3}{4}\,,\ \text{also}\ \frac{2}{5} < \frac{5}{9} < \frac{3}{4}$$

5. (Verallgemeinerung von 4.):
Sind

$$\frac{a_1}{b_1}, \frac{a_2}{b_2}, \frac{a_3}{b_3}, \ldots, \frac{a_n}{b_n}$$

beliebige Brüche mit positiven Nennern, so ist

$$\min\left(\frac{a_1}{b_1}, \ldots, \frac{a_n}{b_n}\right) \leqq \frac{a_1 + a_2 + \cdots + a_n}{b_1 + b_2 + \cdots + b_n} \leqq$$
$$\leqq \max\left(\frac{a_1}{b_1}, \ldots, \frac{a_n}{b_n}\right) \qquad (1-27)$$

Dabei bezeichnet

$$\min\left(\frac{a_1}{b_1}, \ldots, \frac{a_n}{b_n}\right)$$

die kleinste und

$$\max\left(\frac{a_1}{b_1}, \ldots, \frac{a_n}{b_n}\right)$$

die größte der Zahlen

$$\frac{a_1}{b_1}, \frac{a_2}{b_2}, \ldots, \frac{a_n}{b_n}\,.$$

6. (Folgerung aus 5.):

Ist a beliebig, $b > 0$, $c > 0$, so ist

$$\frac{a+c}{b+c} \begin{cases} > a/b & \text{falls } a/b < 1 \\ = a/b & \text{falls } a/b = 1 \\ < a/b & \text{falls } a/b > 1 \end{cases} \qquad (1-28)$$

7. Dreiecksungleichungen:
Für beliebige Zahlen a, b ist

$$|a+b| \leqq |a| + |b| \qquad (1-29)$$

$$|a+b| \geqq \big||a| - |b|\big| \qquad (1-30)$$

Das Gleichheitszeichen gilt in Gl. (1–29) genau dann, wenn sgn a = sgn b ist, und in Gl. (1–30) genau dann, wenn sgn $a \neq$ sgn b ist. Dabei ist die Signumfunktion sgn a definiert als

$$\operatorname{sgn} a = \begin{cases} +1 & \text{falls } a > 0 \\ -1 & \text{falls } a < 0 \end{cases} \qquad (1-31)$$

sgn 0 ist nicht definiert.

8. Gl. (1–29) kann auf n Summanden erweitert werden:

$$|a_1 + a_2 + \cdots + a_n| \leqq |a_1| + |a_2| + \cdots + |a_n| \quad (1-32)$$

Diese und ähnliche Beziehungen lassen sich mit Hilfe des Summensymbols Σ einfacher schreiben. Man definiert

$$a_1 + a_2 + \cdots + a_n = \sum_{i=1}^{n} a_i \qquad (1-33)$$

(bei unendlichen Summen wird gelegentlich einfach $\sum_i a_i$ geschrieben).

Da der Index i lediglich Symbol einer Laufzahl ist, gilt

$$\sum_{i=1}^{n} a_i = \sum_{j=1}^{n} a_j = a_1 + a_2 + \sum_{p=3}^{n} a_p = \sum_{r=4}^{n+3} a_{r-3}$$

usw.

Damit lautet Gl. (1–32)

$$\left|\sum_{i=1}^{n} a_i\right| \leqq \sum_{i=1}^{n} |a_i| \qquad (1-32\text{a})$$

9. Sind die Zahlen $a_1, \ldots, a_n$ alle positiv, so ist für $n \geqq 2$

$$(1+a_1)(1+a_2)\cdots(1+a_n) > 1 + a_1 + a_2 + \cdots + a_n \qquad (1-34)$$

Auch diese Beziehung läßt sich durch Einführung des Produktsymbols Π einfacher schreiben. Man definiert

$$a_1 \cdot a_2 \cdots a_n = \prod_{s=1}^{n} a_s \left(= \prod_{j=1}^{n} a_j = \right.$$
$$\left. = \prod_{v=-3}^{n-4} a_{v+4} = a_1 \cdot a_2 \cdot \prod_{l=4}^{n+1} a_{l-1} \right) \qquad (1-35)$$

Mit dieser Abkürzung lautet Gl. (1–34)

$$\prod_{k=1}^{n} (1+a_k) > 1 + \sum_{k=1}^{n} a_k, \quad \text{falls } a_k > 0,\ n \geqq 2 \qquad (1-34\text{a})$$

Ebenso ist

$$\prod_{k=1}^{n} (1-a_k) > 1 - \sum_{k=1}^{n} a_k, \quad \text{falls } 0 < a_k < 1,\ n \geqq 2 \qquad (1-36)$$

Ein Spezialfall von Gl. (1–34) bzw. Gl. (1–36) ist die BERNOULLI*sche Ungleichung*

$$(1+a)^n \geqq 1 + na \ \text{ falls } \ -1 \leqq a,\ n \geqq 0 \qquad (1-37)$$

Das Gleichheitszeichen gilt dabei, falls $a = 0$ oder falls $n = 0$ oder $n = 1$ ist.

10. Sind $a_1, a_2, \ldots, a_n$ nicht negative Zahlen, so heißt

$$a = \frac{1}{n} \sum_{i=1}^{n} a_i \quad \text{ihr } \textit{arithmetisches},$$

$$g = \sqrt[n]{\prod_{i=1}^{n} a_i} \quad \text{ihr } \textit{geometrisches} \text{ und}$$

$$h = \frac{n}{\sum_{i=1}^{n} \frac{1}{a_i}}$$ ihr *harmonisches Mittel.*

Dabei ist stets

$$h \leqq g \leqq a \qquad (1-38)$$

wobei das Gleichheitszeichen genau dann gilt, wenn $a_1 = a_2 = a_3 = \cdots = a_n = a$ ist.

11. Oft gebraucht für die Abschätzung von Summen wird die CAUCHY-SCHWARZ*sche Ungleichung:* Sind $a_1, \ldots, a_n$ und $b_1, \ldots, b_n$ je n beliebige Zahlen, so ist stets

$$|a_1 b_1 + a_2 b_2 + \cdots a_n b_n| = \left|\sum_{j=1}^{n} a_j b_j\right| \leqq$$
$$\leqq \sqrt{a_1^2 + a_2^2 + \cdots a_n^2}\ \sqrt{b_1^2 + b_2^2 + \cdots b_n^2} =$$
$$= \sqrt{\sum_{j=1}^{n} a_j^2}\ \sqrt{\sum_{j=1}^{n} b_j^2} \qquad (1-39)$$

wobei das Gleichheitszeichen dann gilt, wenn die Zahlen a_i und b_i einander proportional sind: $a_i = c b_i$.

Beispiel:

$a_1 = 2 \quad a_2 = -1 \quad a_3 = 5 \quad a_4 = 3$

$b = -1 \quad b_2 = -1 \quad b_3 = -3 \quad b_4 = 2$

$$\left|\sum_{j=1}^{4} a_j b_j\right| = |-2 + 1 - 15 + 6| =$$
$$= 10 \leqq \sqrt{4 + 1 + 25 + 9}\ \sqrt{1 + 1 + 9 + 4} =$$
$$= \sqrt{39} \cdot \sqrt{15} \approx 24{,}2$$

Setzt man in Gl. (1–39) alle $b_j = 1$, so folgt die für die Statistik wichtige Abschätzung

$$\left|\sum_{i=1}^{n} a_i\right| \leqq \sqrt{n}\ \sqrt{\sum_{i=1}^{n} a_i^2}$$

oder

$$\frac{\left|\sum_{i=1}^{n} a_i\right|}{n} = |a| \leqq \sqrt{\frac{\sum_{i=1}^{n} a_i^2}{n}} \qquad (1-40)$$

$\sqrt{\frac{\sum_{i=1}^{n} a_i^2}{n}} = q$ wird als *quadratisches Mittel* der Zahlen a_i bezeichnet, es ist stets $q \geqq a$.

1.3. Kombinatorik

1.3.1. Grundaufgaben

In der Statistik, der Varianzanalyse, der Wahrscheinlichkeitsrechnung und anderen Gebieten der Mathematik treten häufig Fragestellungen der folgenden Art auf:

1. Wie viele verschiedene Zahlen können aus den vier Ziffern 1, 2, 4, 5 gebildet werden, wenn keine von ihnen übergangen und keine mehrfach verwendet wird?
2. Wie viele Möglichkeiten gibt es, N verschiedene Atome so zwischen zwei Energieniveaus E_1 und E_2 zu verteilen, daß sich $n < N$ von ihnen im Energieniveau E_1 befinden?
3. Bei einer Regressionsanalyse wurde der Einfluß dreier Parameter A, B, C, deren jeder zwei Werte A_1, A_2; B_1, B_2; C_1, C_2 annehmen kann, auf ein Experiment untersucht. Wieviel Versuche sind für ein vollständiges Design (vollständige Versuchskombination) notwendig?
4. Wieviele fünfstellige Zahlen enthalten wenigstens zweimal die Ziffer 3?

Die Berechnung derartiger *Anzahlfunktionen*, die also für alle natürlichen Zahlen erklärt sind und nur natürliche Zahlen als Werte annehmen können, ist Aufgabe der Kombinatorik. Die verschiedenen Fragestellungen lassen sich dabei auf einige Grundaufgaben zurückführen.

1. Grundaufgabe: Gegeben seien n von einander verschiedene Elemente $a_1, a_2, \ldots, a_n$. Jede Zusammenstellung, bei der sämtliche n Elemente in einer gewissen Reihenfolge angeordnet sind, heißt *Permutation* von $a_1, a_2, \ldots, a_n$. Gesucht ist die Anzahl $f_1(n)$ der möglichen Permutationen.

Lösung:

$$f_1(n) = n! \text{ (gesprochen } n \text{ Fakultät)} \qquad (1-41)$$

wobei

$$n! = 1 \cdot 2 \cdot 3 \cdots n$$

ist

Aus der Definition folgt:

$$n! = 0 \text{ falls } n < 0 \qquad (1-42)$$

Vereinbart wird außerdem

$$0! = 1 \qquad (1-43)$$

Für das Problem 1. ergibt sich damit: aus den Ziffern 1, 2, 4, 5 können $4! = 24$ verschiedene Zahlen gebildet werden, da jede dieser Zahlen eine Permutation dieser vier Ziffern ist.

2. Grundaufgabe: Gegeben seien m Gruppen von jeweils n_j gleichen Elementen ($j = 1, 2, \ldots, m$). Die Gesamtzahl aller Elemente beträgt dann $n = \sum_{j=1}^{m} n_j$. Gesucht ist die Anzahl $f_2(n_1, n_2, \ldots, n_m)$ der möglichen Permutationen.

Diese Aufgabe ist eine Verallgemeinerung der 1. Grundaufgabe.

Lösung:

$$f_2(n_1, n_2, \cdots, n_m) = \frac{(n_1 + n_2 + \cdots + n_m)!}{n_1!\, n_2! \cdots n_m!} =$$
$$= \frac{n!}{\prod_{j=1}^{m} n_j!} \qquad (1-44)$$

Aus den fünf Ziffern 1, 2, 2, 3, 3 können also nicht, wie in der ersten Aufgabe, $5! = 120$, sondern nur

$$\frac{5!}{1!2!2!} = 30$$

verschiedene Zahlen gebildet werden, nämlich

12233	13322	22313	23231	31322	32312
12323	21233	22331	23312	32123	32321
12332	21323	23123	23321	32132	33122
13223	21332	23132	31223	32213	33212
13232	22133	23213	31232	32231	33221

3. Grundaufgabe: Gegeben seien n verschiedene Elemente. Auf wieviel verschiedene Arten kann man aus ihnen $k < n$ Stück herausgreifen, wenn es auf die Reihenfolge der herausgegriffenen Elemente nicht ankommt?

Lösung: Die Anzahl $f_3(n,k)$ der Möglichkeiten ist gegeben durch den Ausdruck

$$f_3(n,k) = \frac{n!}{k!(n-k)!} \qquad (1-45)$$

Jede solche Gruppe wird auch als *Kombination k-ter Klasse* der n Elemente bezeichnet.
Für den Ausdruck

$$f_3(n,k) = \frac{n!}{k!(n-k)!} = \frac{n(n-1)(n-2)\cdots(n-k+1)}{1\cdot 2\cdot 3\cdots k}$$

hat man die Abkürzung $\binom{n}{k}$ (gelesen: n über k) eingeführt.

Aus der Definition folgt, daß

$$\binom{n}{k} = \binom{n}{n-k} \qquad (1-46)$$

$$\binom{n}{0} = \binom{n}{n} = 1 \qquad (1-47)$$

Die Lösung der zweiten der S. 425 erwähnten Aufgaben lautet also: Es gibt $\binom{N}{n}$ verschiedene Anordnungsmöglichkeiten für die Atome. Ein weiteres Beispiel: Es gibt $\binom{49}{6} = 12818498$ verschiedene Kombinationen für die Lottozahlen.

4. Grundaufgabe: Gegeben seien n verschiedene Elemente. Wieviel verschiedene Möglichkeiten gibt es, aus ihnen $k < n$ Stück herauszugreifen, wenn zwei Kombinationen, die sich nur in der Anordnung der Elemente unterscheiden, auch als verschieden gelten sollen?

Die Lösung dieser Aufgabe läßt sich aus der vorhergehenden Grundaufgabe ableiten, indem die Elemente jeder Kombination k-ter Klasse noch untereinander permutiert werden.

Lösung:

$$f_4(n,k) = f_3(n,k)\cdot k! = \frac{n!}{(n-k)!} = n(n-1)\times$$

$$\times(n-2)\cdots(n-k+1) = \prod_{j=0}^{k-1}(n-j) \qquad (1-48)$$

Aus den acht Ziffern 1, 2, 3, 4, 5, 6, 7, 8 können also, wenn jede Ziffer in einer Zahl nur einmal auftreten darf,

$$f_4(8,4) = 8\cdot 7\cdot 6\cdot 5 = 1680$$

vierstellige Zahlen gebildet werden.

5. Grundaufgabe: Gegeben seien n Elemente, die in m Gruppen (Gattungen) von n_i Elementen zerfallen, die unter sich jeweils gleich sind. Es gilt $\sum_{i=1}^{m} n_i = n$. Auf wieviel verschiedene Arten lassen sich aus ihnen $k < n$ Elemente herausgreifen, wobei es auf die Reihenfolge der herausgegriffenen Elemente nicht ankommen soll?

Bei der Lösung dieser Aufgabe sind zwei Fälle zu unterscheiden:

a) Die Zahl k der herausgegriffenen Elemente ist größer als eine oder mehrere der Zahlen n_i. Dies wäre gegeben, wenn z. B. aus den Zahlen

   1, 2, 2, 4, 4, 4 ($m = 3$, $n_i = 1, 2, 3$)

   drei Stück herausgegriffen werden sollten. Wegen der selten gebrauchten Lösungsformel für diesen Fall wird auf die Literatur verwiesen [1d].

b) Es ist stets $k \leqq n_i$. Dann kann, wie man sich leicht klar macht, die 5. Grundaufgabe umformuliert werden:

   Gegeben seien m Gruppen von Elementen; jede Gruppe enthalte beliebig viele Elemente. Auf wieviel verschiedene Arten lassen sich ohne Berücksichtigung der Anordnung k Elemente herausgreifen?

   Lösung:

$$f_{5b}(m,k) = \binom{m+k-1}{k} \qquad (1-49)$$

   Jede dieser Anordnungen wird auch als Variation k-ter Klasse von m Gattungen von Elementen ohne Berücksichtigung der Anordnung bezeichnet.

Beispiel: Beim Wurf mit fünf Würfeln (sechs Gattungen mit je fünf Elementen) können

$$\binom{6+5-1}{5} = \binom{10}{5} = 252$$

verschiedene Kombinationen erzielt werden.

6. Grundaufgabe: Gegeben seien m Gattungen von Elementen; jede Gattung enthalte beliebig viele Elemente. Auf wieviel verschiedene Arten lassen sich k Elemente herausgreifen, wenn die Anordnung der herausgegriffenen Elemente berücksichtigt wird?

Lösung:

$$f_6(m,k) = m^k \qquad (1-50)$$

$f_6(m,k)$ wird auch kurz als Zahl der *Variationen k-ter Klasse* von m Elementen (eigentlich m Gattungen von Elementen) bezeichnet.

Bei der dritten der auf S. 425 gestellten Aufgaben kann jeweils dem unteren Niveau der Parameter A, B, C willkürlich der Wert 1, dem oberen der Wert 2 zugeordnet werden. Jeder Satz von Parametern, der einen bestimmten Versuch charakterisiert, kann dann statt durch eine Chiffre der Form $A_i B_j C_k (i,j,k = 1$ oder $2)$ auch durch eine Chiffre (i,j,k) gekennzeichnet werden, wobei die erste Ziffer (i) den Wert des Parameters A (A_1 oder A_2), die zweite und dritte den Wert der Parameter B und C angibt. Die Gesamtzahl der für ein vollständiges Design notwendigen Experimente ergibt sich danach zu $2^3 = 8$, der Zahl der Variationen 3. Klasse der beiden Elemente 1 und 2.

Die 4. Aufgabe löst man auf folgende Weise: Die Zahl $z(5,2)$ aller fünfstelligen Zahlen, welche genau zweimal die Zahl 3 enthalten, ergibt sich, indem zunächst auf alle möglichen Arten aus den fünf verfügbaren Stellen zwei herausgegriffen und mit der Ziffer 3 besetzt werden; nach Grundaufgabe 3 gibt es dafür $f_3(5,2) = 10$ Möglichkeiten. Die verbleibenden drei Stellen können in beliebiger Weise mit den Ziffern 0, 1, 2, 4, 5, 6, 7, 8, 9 besetzt werden; dafür gibt es nach Grundaufgabe 6 $f_6(9,3) = 9^3 = 729$ Möglichkeiten. Die Gesamtzahl aller fünfstelligen Zahlen mit genau zwei Dreien beträgt damit zunächst $z'(5,2) =$

$$= \binom{5}{2} \cdot 9^3 = 7290.$$

In dieser Anzahl sind aber auch alle Zahlen mitgezählt, die mit einer Null beginnen. Ihre Anzahl, die Zahl aller vierstelligen Zahlen, die genau zweimal die Ziffer 3 enthalten, ist $z'(4,2)$. Damit ist

$$z(5,2) = z'(5,2) - z'(4,2) = \binom{5}{2} \cdot 9^3 - \binom{4}{2} \cdot 9^2 = 6804$$

Analog ist

$$z(5,3) = z'(5,3) - z'(4,3) = \binom{5}{3} \cdot 9^2 - \binom{4}{3} \cdot 9 = 784$$

$$z(5,4) = z'(5,4) - z'(4,4) = \binom{5}{4} \cdot 9 - \binom{4}{4} = 44$$

$$z(5,5) = \qquad = 1$$

und damit die gesuchte Anzahl. 7633

1.3.2. Eigenschaften von $\binom{n}{k}$; binomischer und polynomischer Lehrsatz

Die Definitionsgleichung

$$\binom{n}{k} = \frac{n(n-1)(n-2)\cdots(n-k+1)}{k!}$$

bleibt auch dann noch sinnvoll, wenn n eine beliebige (also nicht notwendig ganze) Zahl ist; dagegen muß k stets eine natürliche Zahl sein.

So ist

$$\binom{4}{2} = \frac{4 \cdot 3}{1 \cdot 2} = 6 \qquad \binom{-4}{2} = \frac{(-4)\cdot(-5)}{1 \cdot 2} = 10$$

$$\binom{1/2}{2} = \frac{(1/2)\cdot(-1/2)}{2} = -1/8$$

Auch für beliebige Zahlen n setzt man

$$\binom{n}{1} = n \qquad \binom{n}{0} = 1 \qquad (1-51)$$

und

$$\binom{0}{0} = 1 \qquad (1-52)$$

Nur falls n eine natürliche Zahl ist, gilt dagegen

$$\binom{n}{m} = 0, \text{ falls } n < m \qquad (1-53)$$

und

$$\binom{n}{n-1} = \binom{n}{1} = n \qquad (1-54)$$

Außerdem gilt in jedem Fall das Additionstheorem

$$\binom{n+m}{k} = \binom{n}{0}\binom{m}{k} + \binom{n}{1}\binom{m}{k-1} + \cdots +$$

$$+ \binom{n}{k-1}\binom{m}{1} + \binom{n}{k}\binom{m}{0} = \sum_{r=0}^{k} \binom{n}{r}\binom{m}{k-r} \qquad (1-55)$$

Daraus folgt speziell, daß

$$\binom{n+1}{k+1} = \binom{n}{k} + \binom{n}{k+1} \qquad (1-56)$$

Nützlich sind noch die beiden Formeln

$$\binom{x}{0} + \binom{x+1}{1} + \binom{x+2}{2} + \cdots + \binom{x+k}{k} =$$

$$= \sum_{s=0}^{k} \binom{x+s}{s} = \binom{x+k+1}{k} \qquad (1-57)$$

$$\binom{n}{n} + \binom{n+1}{n} + \binom{n+2}{n} + \cdots + \binom{n+k}{n} =$$

$$= \sum_{p=0}^{k} \binom{n+p}{n} = \binom{n+k+1}{n+1} \qquad (1-58)$$

wobei x eine beliebige, n eine natürliche Zahl ist.

Ein mathematischer Ausdruck der Form $(a+b)$ oder $(2-x)$, der aus einer Summe (oder Differenz) von zwei Gliedern besteht, heißt Binom. Die Potenzen eines Binoms erhält man mit dem *Binomischen Lehrsatz:*

$$(a+b)^n = \sum_{j=0}^{n} \binom{n}{j} a^j b^{n-j} = \binom{n}{0} a^n + \binom{n}{1} a^{n-1} b +$$

$$+ \binom{n}{2} a^{n-2} b^2 + \cdots + \binom{n}{n-1} a b^{n-1} + \binom{n}{n} b^n \qquad (1-59)$$

(n natürliche Zahl)

Die hierin enthaltenen Binomialkoeffizienten $\binom{n}{k}$ sind für ganzzahlige n leicht mit Hilfe des PASCAL*schen Dreiecks* zu ermitteln:

									$k=0$				
$n=0$						1		1					
1					1		1		2				
2				1		2		1		3			
3			1		3		3		1		4		
4		1		4		6		4		1		5	
5	1		5		10		10		5		1		6

Für z. B. $n=3$ und $k=0, =1, =2, =3$ ist der Binomialkoeffizient $\binom{n}{k}$ 1, 3, 3, 1.

Beispiele:

$$(x-2)^6 = \binom{6}{0} x^6 - \binom{6}{1} 2x^5 + \binom{6}{2} 4x^4 - \binom{6}{3} 8x^3 + \binom{6}{4} 16x^2 - \binom{6}{5} 32x + \binom{6}{6} 64$$
$$= x^6 - 12x^5 + 60x^4 - 160x^3 + 240x^2 - 192x + 64$$

Der Koeffizient des Gliedes mit z^2 in der Entwicklung von $(1/2+z)^4$ lautet

$$\binom{4}{2}\left(\frac{1}{2}\right)^2 = \left(\frac{3}{2}\right)$$

Das Entwicklungsschema nach Potenzen der beiden Glieder des Binoms, welches die Aussage des binomischen Lehrsatzes bildet, bleibt auch dann richtig, wenn n irgendeine rationale oder reelle (also nicht notwendig natürliche) Zahl ist. Jedoch bricht die Entwicklung dann nicht mehr nach dem n-ten Glied ab, sondern geht in eine unendliche Reihe über:

$$(a+b)^p = a^p + \binom{p}{1} a^{p-1} b + \binom{p}{2} a^{p-2} b^2 + \binom{p}{3} a^{p-3} b^3 + \cdots = \sum_{k=0}^{\infty} \binom{p}{k} a^{p-k} b^k \qquad (1-60)$$

Diese Reihe konvergiert, falls $\left|\frac{b}{a}\right| < 1$ ist.

Polynom heißt jeder Ausdruck der Form $a_1 + a_2 + a_3 + \cdots + a_k$ mit $k > 2$ Summanden. Dementsprechend heißt die Verallgemeinerung des binomischen Lehrsatzes auf mehr- als zweigliedrige Summen *Polynomischer Lehrsatz:*

Ist n eine natürliche Zahl und sind $a_1, \cdots, a_k$ beliebige Zahlen, so ist

$$(a_1 + a_2 + \cdots + a_k)^n = \sum_{\substack{j_1+j_2+\cdots \\ +j_k=n}} \frac{n!}{j_1! j_2! j_3! \cdots j_k!} \times a_1^{j_1} a_2^{j_2} \cdots a_k^{j_k} \qquad (1-61)$$

Dabei ist die Summe über alle Ausdrücke

$$\prod_{i=1}^{k} \frac{a_i^{j_i}}{j_i!}$$

zu erstrecken, welche man erhält, wenn man für $j_1, j_2, \cdots, j_k$ alle möglichen ganzzahligen nichtnegativen Werte einsetzt, für die $j_1 + j_2 + \cdots + j_k = n$ ist.

Beispiel: Gesucht ist die Entwicklung von $(1+x+y)^4$. Für die Wahl der drei Zahlen j_1 (Potenz von 1), j_2 (Potenz von x) und j_3 (Potenz von y) bestehen dann folgende fünfzehn Möglichkeiten, für die stets $j_1 + j_2 + j_3 = 4$ ist:

j_1	4	3	3	2	2	2	1	1	1	1	0	0	0	0	0
j_2	0	1	0	2	0	1	3	2	1	0	4	3	2	1	0
j_3	0	0	1	0	2	1	0	1	2	3	0	1	2	3	4

Damit ist

$$(1+x+y)^4 = 24\left(\frac{1}{4!0!0!} 1^4 x^0 y^0 + \frac{1}{3!0!1!} 1^3 x^0 y^1 + \frac{1}{3!1!0!} 1^3 x^1 y^0 + \cdots + \frac{1}{0!0!4!} 1^0 x^0 y^4\right)$$
$$= x^4 + y^4 + 4x^3y + 6x^2y^2 + 4xy^3 + 4x^3 + 12x^2y + 12xy^2 + 4y^3 + 6x^2 + 12xy + 6y^2 + 4x + 4y + 1$$

1.4. Zahlenfolgen; Reihen

Zahlenfolgen. Werden N Zahlen durch eine Vorschrift in einer festen Reihenfolge angeordnet, so spricht man von einer Zahlenfolge. Sie heißt endlich oder unendlich, je nachdem ob N eine natürliche Zahl oder unendlich groß ist. Im folgenden soll unter „Folge" stets eine unendliche Folge verstanden werden.

Die einzelnen Zahlen $a_1, a_2, a_3, \cdots$, welche zu der Folge gehören, heißen Glieder der Folge; ihr Index gibt den Platz an, den sie in der Folge innehaben. Das allgemeine Glied einer Folge wird meistens mit a_n, die Folge selbst mit $\{a_n\}$ bezeichnet.

Beispiele:

a) $a_n = n$ bedeutet die Folge 1, 2, 3, 4, $\cdots$

b) $a_n = 1 - \frac{1}{n^2}$ bedeutet die Folge 0, 3/4, 8/9, 15/16, $\cdots$

c) $a_n = 1$ bedeutet die Folge 1, 1, 1, 1, 1, $\cdots$

d) $a_n = \begin{cases} 0 & \text{falls } n \text{ ungerade} \\ 1 & \text{falls } n \text{ gerade} \end{cases}$ bedeutet die Folge 0, 1, 0, 1, 0, $\cdots$

Eine Zahlenfolge heißt *konvergent*, wenn es eine und nur eine Zahl a gibt mit folgender Eigenschaft: Gibt man irgendeine (beliebig große oder kleine) positive Zahl ε vor, so gibt es dazu immer einen Index N, so daß alle Glieder a_n der Folge, deren Index $n \geqq N$ ist, sich um weniger als ε von der Zahl a unterscheiden, daß also für alle $n \geqq N$

$$|a_n - a| < \varepsilon$$

In diesem Fall wird a der Grenzwert oder Limes der Folge $\{a_n\}$ genannt, und man schreibt

$$\lim_{n\to\infty} a_n = a \quad \text{oder} \quad a_n \to a \text{ für } n \to \infty$$

Ist $a = 0$, so heißt die Folge eine *Nullfolge*. Die Folgen b) und c) sind beide konvergent mit dem Limes 1.

Wenn eine Zahlenfolge nicht konvergiert, ist sie divergent. Dabei gibt es zwei Möglichkeiten:

1. Die Glieder a_n der Folge übersteigen mit wachsendem Index n jede noch so große positive (bzw. unterschreiten jede noch so große negative) Zahl. Dann heißt $\{a_n\}$ *bestimmt divergent* mit dem uneigentlichen Grenzwert $+\infty$ (bzw. $-\infty$), und man schreibt

   $$\lim_{n\to\infty} a_n = +\infty \quad \text{bzw.} \quad \lim a_n = -\infty$$

   Beispiel: Folge a)

2. Die Folge ist weder konvergent noch bestimmt divergent. In diesem Fall heißt sie *unbestimmt divergent.*

   Beispiel: Folge d)

Konvergenz und Divergenz einer Zahlenfolge sind infinitäre Eigenschaften, d. h. sie werden von der Gesamtheit der Glieder einer Folge bestimmt. Deshalb bleibt eine konvergente Folge auch dann konvergent mit demselben Grenzwert, wenn man endlich viele ihrer Glieder abändert oder in der Reihenfolge vertauscht. Auch jede Teilfolge einer konvergenten Folge ist konvergent und hat denselben Grenzwert wie die ursprüngliche Folge.

Das Konvergenzkriterium für Folgen wird oft auch folgendermaßen formuliert: Eine Folge $\{a_n\}$ ist konvergent mit dem Grenzwert a, wenn für „fast alle" a_n gilt:

$$|a_n - a| < \varepsilon (\varepsilon > 0, \text{ beliebig})$$

Mit „fast alle" ist aber in der Mathematik immer „alle bis auf endlich viele" gemeint.

Die Untersuchung, ob eine gegebene Folge konvergent oder divergent ist, erfordert in den meisten Fällen mathematisches Geschick und Erfahrung. Oft ist es aber möglich, die Glieder einer Folge durch Addition, Subtraktion, Multiplikation usw. der entsprechenden Glieder bekannter konvergenter Folgen zu erhalten. In diesem Falle gibt die Limesrechnung Aussagen über Konvergenz und Grenzwert der gegebenen Folge.

Sind $\{a_n\}$ und $\{b_n\}$ konvergente Folgen mit den Grenzwerten a und b, so ist auch die Folge $\{ca_n\}$ (c Konstante) konvergent und hat den Grenzwert ca, also

$$\lim ca_n = c \cdot \lim a_n = ca \qquad (1-62)$$

Ebenso ist

$$\lim |a_n| = |\lim a_n| = |a| \qquad (1-63)$$

$$\lim (a_n \pm b_n) = \lim a_n \pm \lim b_n = a \pm b \qquad (1-64)$$

$$\lim (a_n \cdot b_n) = \lim a_n \cdot \lim b_n = ab \qquad (1-65)$$

$$\lim \frac{a_n}{b_n} = \frac{\lim a_n}{\lim b_n} = \frac{a}{b}, \text{ falls } b_n \neq 0,\ b \neq 0 \qquad (1-66)$$

$$\lim \sqrt[x]{a_n} = \sqrt[x]{\lim a_n} = \sqrt[x]{a}, \text{ falls } a_n \geqq 0,\ a \geqq 0 \qquad (1-67)$$

Der Limes einer Summe (Differenz, eines Produktes oder Quotienten) ist also gleich der Summe (Differenz, dem Produkt bzw. Quotienten) der Limites. Dabei ist das Verbot, durch Null zu dividieren, zu beachten.

Unendliche Reihen. Ist $\{a_n\}$ eine Zahlenfolge, so heißt die Folge $\{s_n\}$ mit

$$s_n = \sum_{i=1}^{n} a_i = a_1 + a_2 + \cdots a_n \qquad (1-68)$$

eine (unendliche) Reihe. Die a_i werden als Glieder der Reihe bezeichnet, die s_n als ihre Teilsummen. Konvergenz einer Reihe bedeutet Konvergenz ihrer Teilsummen s_n gegen einen Limes s, $s = \lim_{n\to\infty} s_n$, der etwas mißverständlich die Summe der Reihe genannt wird. Dafür schreibt man auch symbolisch

$$s = \lim_{n\to\infty} \sum_{i=1}^{n} a_i = \sum_{i=1}^{\infty} a_i \qquad (1-69)$$

Die Glieder einer konvergenten Reihe müssen eine Nullfolge bilden. Doch genügt diese Bedingung allein nicht zur Konvergenz, wie das Gegenbeispiel der harmonischen Reihe

$$s = \sum_{k=1}^{\infty} 1/k \qquad (1-70)$$

zeigt, welche trotzdem divergiert. Aus diesem Grunde wurden zahlreiche weitere Konvergenzkriterien entwickelt (Vergleichskriterien, Wurzel- und Quotientenkriterium, Kriterien von Leibniz und Raabe); eine Zusammenstellung mit zahlreichen Anwendungsbeispielen gibt [17].

Sind die Glieder c_i einer Reihe eine Linearkombination entsprechender Glieder zweier konvergenter Reihen $s = \sum_i a_i$ und $s' = \sum_i b_i$,

$$c_i = \alpha a_i + \beta b_i \qquad (1-71)$$

so konvergiert auch

$$s'' = \sum_i c_i = \alpha s + \beta s' \qquad (1-72)$$

In einer konvergenten unendlichen Reihe dürfen beliebig Klammern gesetzt werden; die entstehende neue Reihe hat dieselbe Summe wie die ursprüngliche. Mit

$$s = \sum_{n=1}^{\infty} \frac{1}{n(n+1)} = \frac{1}{1\cdot 2} + \frac{1}{2\cdot 3} + \frac{1}{3\cdot 4} + \frac{1}{4\cdot 5} + \cdots$$

ist also auch

$$s' = \left(\frac{1}{1\cdot 2} + \frac{1}{2\cdot 3}\right) + \left(\frac{1}{3\cdot 4} + \frac{1}{4\cdot 5}\right) + \cdots = 2\sum_{n=1}^{\infty} \frac{1}{4n^2 - 1}$$

konvergent mit derselben Summe.

Dagegen dürfen in einer unendlichen Reihe Klammern nicht ohne weiteres weggelassen werden. So ist

$$s = (1-1) + (1-1) + (1-1) + \cdots = 0$$

konvergent, dagegen

$$s' = 1 - 1 + 1 - 1 + 1 - 1 + \cdots$$

divergent, denn die Folge der Teilsummen pendelt zwischen +1 und 0 hin und her.
Konvergiert mit einer Reihe $\sum_n a_n$ auch die Reihe $\sum_n |a_n|$, so heißt $\sum_n a_n$ *absolut konvergent*. Umgekehrt folgt aus der Konvergenz von $\sum_n |a_n|$ immer auch diejenige von Σa_n, weil $\sum_n |a_n|$ eine sog. Majorante zu $\sum_n a_n$ ist. Das Produkt $\sum_{m,n=1}^{\infty} a_n b_m$ zweier absolut konvergenter Reihen $s = \sum_n a_n$ und $s' = \sum_m b_m$ ist selbst absolut konvergent und hat die Summe $S = s \cdot s'$. Das Produkt zweier nicht absolut konvergenter Reihen kann dagegen sowohl konvergent als auch divergent sein. Die Berechnung des Produktes zweier absolut konvergenter Reihen erfolgt am besten in Form der CAUCHYschen Multiplikation, bei der alle Teilprodukte mit gleicher Summe der Indizes zu einem Glied der Produktreihe zusammengefaßt werden:

$$\sum_{n=1}^{\infty} a_n \sum_{m=1}^{\infty} b_m = \sum_{p=1}^{\infty} (a_1 b_p + a_2 b_{p-1} + \cdots + a_p b_1) \tag{1-73}$$

Hat eine Reihe $\sum_n a'_n$ dieselben Glieder, nur in anderer Reihenfolge, wie eine konvergente Reihe $s = \sum_n a_n$, so heißt sie Umordnung von $\sum_n a_n$. Entstand die Umordnung durch endlich viele Vertauschungen von Gliedern in $\sum_n a_n$, so ist sie selbstverständlich ebenfalls konvergent mit der Summe s. Wurden aber unendlich viele Glieder vertauscht, so konvergiert $\sum_n a'_n$, falls überhaupt, im allg. nicht gegen s. Z. B. ist die Reihe

$$\sum_{n=1}^{\infty} (-1)^{n+1} \cdot \frac{1}{n} = 1 - \frac{1}{2} + \frac{1}{3} - \frac{1}{4} + \frac{1}{5} - + \cdots \tag{1-74}$$

konvergent mit der Summe $s = \ln 2$, die Umordnung

$$\sum_{n=1}^{\infty} \left(\frac{1}{4n-3} + \frac{1}{4n-1} - \frac{1}{2n} \right) = 1 + \frac{1}{3} - \frac{1}{2} + \frac{1}{5} + \frac{1}{7} - \frac{1}{4} + + - \cdots \tag{1-75}$$

ist ebenfalls konvergent, aber mit der Summe $s' = \frac{3}{2} \ln 2$. Es gilt aber: Ist $\sum_n a_n$ absolut konvergent mit der Summe s, so konvergiert auch jede ihrer Umordnungen gegen s. $\sum_n a_n$ wird dann auch *unbedingt konvergent* genannt.

1.5. Komplexe Zahlen

Die reellen Zahlen können eineindeutig als Punkte auf einer Zahlengeraden abgebildet werden. Versucht man in ähnlicher Weise eine Abbildung der Punkte einer Ebene auf ein Zahlensystem, so ist es aus geometrischen Gründen naheliegend, hierbei jeden Punkt durch ein Paar reeller Zahlen (a, b) zu charakterisieren, die etwa der x- und y-Koordinate dieses Punktes entsprechen (Abb. 1). Man schreibt dafür

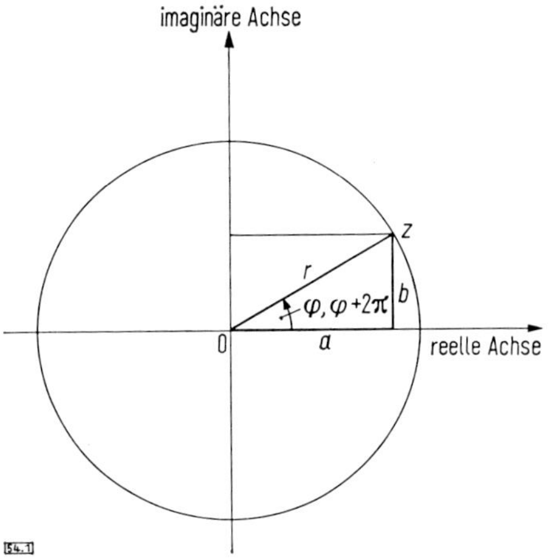

Abb. 1. Trigonometrische Darstellung der komplexen Zahlen

$$z = a + \mathrm{i}b \tag{1-76}$$

wobei i zunächst nur eine „Marke" mit der speziellen Eigenschaft

$$\mathrm{i}^2 = -1 \tag{1-77}$$

ist, mit deren Hilfe der Realteil a und der Imaginärteil b der komplexen Zahl z von einander getrennt werden können.
Für die Addition, Subtraktion, Multiplikation und Division zweier komplexer Zahlen $a + \mathrm{i}b$ und $c + \mathrm{i}d$ folgt damit

$$(a + \mathrm{i}b) \pm (c + \mathrm{i}d) = (a \pm c) + \mathrm{i}(b \pm d) \tag{1-78}$$

$$(a + \mathrm{i}b)(c + \mathrm{i}d) = (ac - bd) + \mathrm{i}(ad + bc) \tag{1-79}$$

$$\frac{a + \mathrm{i}b}{c + \mathrm{i}d} = \frac{(a + \mathrm{i}b)(c - \mathrm{i}d)}{(c + \mathrm{i}d)(c - \mathrm{i}d)} = \frac{ac + bd}{c^2 + d^2} + \mathrm{i}\,\frac{bc - ad}{c^2 + d^2} \tag{1-80}$$

In Gl. (1–80) muß $c^2 + d^2 > 0$ sein.
$z^* = a - \mathrm{i}b$ heißt die zu $z = a + \mathrm{i}b$ konjugiert komplexe Zahl; es ist

$$(z_1 \cdot z_2)^* = z_1^* \cdot z_2^* \tag{1-81}$$

$$\left(\frac{z_1}{z_2} \right)^* = \frac{z_1^*}{z_2^*} \tag{1-82}$$

Die Bildpunkte von z und z^* liegen symmetrisch zur reellen Achse. Das Produkt $z \cdot z^*$ heißt die Norm von z (oder z^*); sie ist wegen

$$(a + \mathrm{i}b)(a - \mathrm{i}b) = a^2 + b^2 \tag{1-83}$$

eine positive reelle Zahl. Die nicht negative Wurzel aus der Norm, $\overset{+}{\sqrt{z \cdot z^*}}$, wird als Betrag von z (oder z^*)

bezeichnet:

$$\sqrt[+]{z \cdot z^*} = |z| = |z^*| \tag{1-84}$$

Für zwei beliebige komplexe Zahlen z_1 und z_2 gilt

$$|z_1 \cdot z_2| = |z_1| \cdot |z_2| \tag{1-85}$$

$$\left|\frac{z_1}{z_2}\right| = \frac{|z_1|}{|z_2|} \tag{1-86}$$

Außerdem ist

$$|\mathrm{i}| = 1 \tag{1-87}$$

$$\frac{1}{z} = \frac{z^*}{z^2} = \frac{a - \mathrm{i}b}{a^2 + b^2} \tag{1-88}$$

Statt durch ihren Real- und Imaginärteil kann eine komplexe Zahl $z = a + \mathrm{i}b$ durch die Länge r des Vektors $(0, z)$ und den Winkel φ, welchen er mit der reellen Achse einschließt, charakterisiert werden. Wegen

$$a = r \cdot \cos \varphi \tag{1-89}$$

$$b = r \cdot \sin \varphi \tag{1-90}$$

ist dann

$$z = a + \mathrm{i}b = r(\cos \varphi + \mathrm{i} \cdot \sin \varphi) = r \cdot \mathrm{e}^{\mathrm{i}\varphi} \tag{1-91}$$

$$z = a - \mathrm{i}b = r(\cos \varphi - \mathrm{i} \cdot \sin \varphi) = r \cdot \mathrm{e}^{-\mathrm{i}\varphi} \tag{1-92}$$

Umgekehrt ist

$$r = \sqrt[+]{a^2 + b^2} = |z| \geqq 0 \tag{1-93}$$

$$\varphi = \arctan \frac{b}{a} \tag{1-94}$$

r heißt Modul, φ Argument der komplexen Zahl z; wie Abb. 1 zeigt, ist φ nur bis auf Vielfache von 2π bestimmt. Genauer ist daher

$$z = r(\cos(\varphi + 2k\pi) + \mathrm{i} \cdot \sin(\varphi + 2k\pi)) =$$
$$= r \cdot \mathrm{e}^{\mathrm{i}(\varphi + 2\pi)} \qquad k = 0, \pm 1, \pm 2, \cdots \tag{1-95}$$

Wählt man k so, daß für $\psi = \varphi + 2k\pi$ gilt: $-\pi \leqq \psi \leqq +\pi$, so heißt ψ der Hauptwert des Argumentes von z.

Die trigonometrische Darstellung bringt Vorteile bei der Multiplikation, Division, Potenzierung und Radizierung komplexer Zahlen. Ist

$$z_1 = r_1(\cos \varphi_1 + \mathrm{i} \cdot \sin \varphi_1)$$

$$z_2 = r_2(\cos \varphi_2 + \mathrm{i} \cdot \sin \varphi_2),$$

so ist

$$z_1 z_2 = r_1 r_2(\cos(\varphi_1 + \varphi_2) + \mathrm{i} \cdot \sin(\varphi_1 + \varphi_2)) =$$
$$= r_1 r_2 \, \mathrm{e}^{\mathrm{i}(\varphi_1 + \varphi_2)} \tag{1-96}$$

$$\frac{z_1}{z_2} = \frac{r_1}{r_2}(\cos(\varphi_1 - \varphi_2) + \mathrm{i} \cdot \sin(\varphi_1 - \varphi_2)) =$$
$$= \frac{r_1}{r_2} \cdot \mathrm{e}^{\mathrm{i}(\varphi_1 - \varphi_2)} \tag{1-97}$$

$$z_1^n = r_1^n(\cos n\varphi_1 + \mathrm{i} \cdot \sin n\varphi_1) \tag{1-98}$$

(Formel von MOIVRE)

$$\sqrt[m]{z_1} = z_1^{1/m} = \sqrt[m]{r_1}\left(\cos \frac{\varphi_1}{m} + \mathrm{i} \cdot \sin \frac{\varphi_1}{m}\right) \tag{1-99}$$

Dabei ist in Gl. (1−99) die Mehrdeutigkeit des Argumentes von z unbedingt zu beachten.

Beispiel:

$$z = 1 + \mathrm{i} = \sqrt{2}\left(\cos\left(\frac{\pi}{4} + 2k\pi\right) + \right.$$
$$\left. + \mathrm{i} \cdot \sin\left(\frac{\pi}{4} + 2k\pi\right)\right) \tag{1-100}$$

$k = 0$ liefert den Hauptwert des Argumentes von z; er lautet

$$z = \sqrt{2}\left(\frac{\sqrt{2}}{2} + \mathrm{i} \cdot \frac{\sqrt{2}}{2}\right) \tag{1-101}$$

Bei der Bildung von $\sqrt[3]{z}$ ist jedoch auf die Form Gl. (1−100) zurückzugreifen. Nach Formel (1−99) ergibt sich dann

$$\sqrt[6]{2}\left(\cos \frac{\pi}{12} + \mathrm{i} \cdot \sin \frac{\pi}{12}\right) = \sqrt[6]{2}\left(\frac{\sqrt{2}}{4}\left(\sqrt{3} + 1\right) + \right.$$
$$\left. + \mathrm{i} \cdot \frac{\sqrt{2}}{4}\left(\sqrt{3} - 1\right)\right) \text{ für } k = 0 \tag{1-102a}$$

$$\sqrt[3]{z} = \sqrt[6]{2}\left(\cos \frac{9\pi}{12} + \mathrm{i} \cdot \sin \frac{9\pi}{12}\right) =$$
$$= \sqrt[6]{2}\left(-\frac{\sqrt{2}}{2} + \mathrm{i} \cdot \frac{\sqrt{2}}{2}\right) \text{ für } k = 1 \tag{1-102b}$$

$$\sqrt[6]{2}\left(\cos \frac{17\pi}{12} + \mathrm{i} \cdot \sin \frac{17\pi}{12}\right) = -\sqrt[6]{2}\left(\frac{\sqrt{2}}{4}\left(\sqrt{3} - \right.\right.$$
$$\left.\left. - 1\right) + \mathrm{i} \cdot \frac{\sqrt{2}}{4}\left(\sqrt{3} + 1\right)\right) \text{ für } k = 2 \tag{1-102c}$$

Alle weiteren Werte, die für größere oder kleinere k-Werte erhalten werden, lassen sich auf diese drei Ausdrücke zurückführen. In der geometrischen Darstellung bilden die komplexen Zahlen $\sqrt[n]{a}$ (a reell oder komplex) die Eckpunkte eines regelmäßigen n-Ecks, das einem Kreis um den Ursprung mit dem Radius $\sqrt[n]{|a|}$ einbeschrieben ist.

1.6. Vektoren

Ein Vektor repräsentiert eine Lagebeziehung zwischen zwei Punkten der Ebene (zweidimensionaler Vektor) oder des Raumes (dreidimensionaler Vektor). Die Lage des Punktes P bezüglich des Punktes Q (Abb. 2a) kann durch eine gerichtete Strecke wiedergegeben werden, deren Länge dem Abstand der beiden Punkte gleich ist. Daher kann ein Vektor als gerichtete Strecke dargestellt werden. Punktpaare P, Q, die durch Parallelverschiebung auseinander hervorgehen, haben dieselbe Lage zueinander. Alle gleichlangen, parallelen

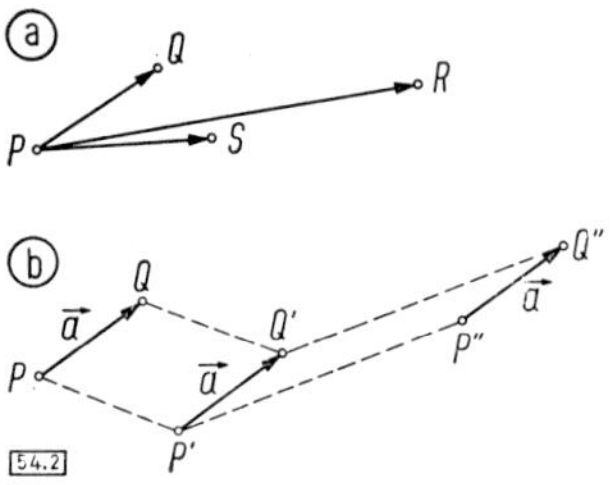

Abb. 2. a) Vektoren als Ausdruck der Lagebeziehung von Q, R, S bezüglich P
b) freie Verschiebbarkeit der Vektoren

und gleich gerichteten Strecken bedeuten deswegen denselben Vektor (Abb. 2b). Genauer werden derartige frei verschiebbare Strecken *freie Vektoren* genannt. „Abtragen des Vektors von einem Punkt P" dagegen bedeutet, speziell den Punkt P als Anfangspunkt des Vektors auszuzeichnen; man spricht dann von einem *gebundenen Vektor*. Als *Ortsvektor* des Punktes Q wird derjenige Vektor bezeichnet, der die Lage von Q bezüglich eines festen Ursprungs P wiedergibt.

Vektoren werden mit deutschen Buchstaben $\mathfrak{a}$, $\mathfrak{b}$, $\mathfrak{c}$ usw. oder durch einen aufgesetzten Pfeil ($\vec{a}$, $\vec{b}$, $\vec{c}$, $\cdots$) gekennzeichnet. Statt von der Länge wird häufig auch von dem Betrag eines Vektors gesprochen; er wird mit $|\vec{a}|$, gelegentlich auch einfach mit a bezeichnet.

Ist $\vec{a}$ ein Vektor und λ eine positive Zahl, so ist $\lambda \cdot \vec{a}$ ein Vektor, der dieselbe Richtung wie $\vec{a}$, aber λfache Länge hat. $-\vec{a}$ ist ein Vektor mit demselben Betrag, aber entgegengesetzter Richtung wie $\vec{a}$. Hat ein Vektor den Betrag 1, so wird er als Einheitsvektor bezeichnet.

Unter der *Summe* zweier Vektoren $\vec{c} = \vec{a} + \vec{b}$ versteht man denjenigen Vektor, der entsteht, wenn zunächst

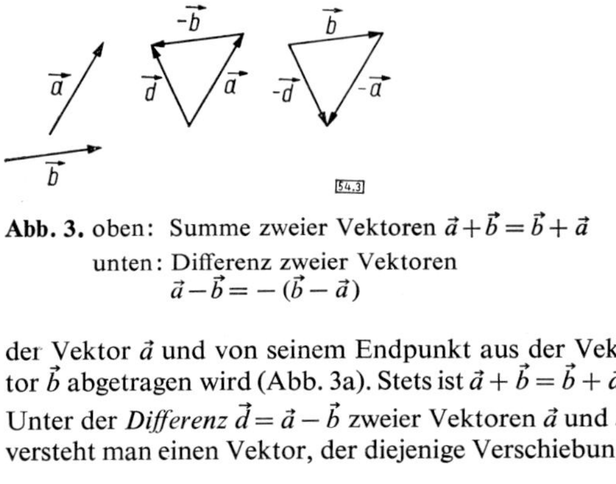

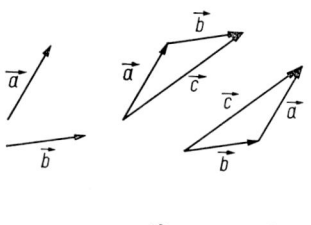

Abb. 3. oben: Summe zweier Vektoren $\vec{a} + \vec{b} = \vec{b} + \vec{a}$
unten: Differenz zweier Vektoren $\vec{a} - \vec{b} = -(\vec{b} - \vec{a})$

der Vektor $\vec{a}$ und von seinem Endpunkt aus der Vektor $\vec{b}$ abgetragen wird (Abb. 3a). Stets ist $\vec{a} + \vec{b} = \vec{b} + \vec{a}$.

Unter der *Differenz* $\vec{d} = \vec{a} - \vec{b}$ zweier Vektoren $\vec{a}$ und $\vec{b}$ versteht man einen Vektor, der diejenige Verschiebung repräsentiert, bei welcher zunächst $\vec{a}$ und von seinem Endpunkt aus $-\vec{b}$ abgetragen wird (Abb. 3b). Hier ist stets $\vec{a} - \vec{b} = -(\vec{b} - \vec{a})$. $\vec{a} - \vec{a} = \vec{0}$ ergibt den Nullvektor; er hat den Betrag Null, eine Richtung ist nicht definiert.

Viele physikalische Größen, die außer durch eine Betrags- auch noch durch eine Richtungsangabe bestimmt werden, lassen sich durch Vektoren darstellen. Beispiele: Die Kraft (außer ihrer Größe muß auch die Richtung bekannt sein, in der sie wirkt), die Geschwindigkeit, die Verschiebung, das Drehmoment, die Winkelgeschwindigkeit usw. Doch definiert eine physikalische Größe, die durch Betrag und Richtung charakterisiert ist, nur dann einen Vektor, wenn für sie auch das Gesetz der Vektoraddition erfüllt ist; bei Drehungen um einen festen Punkt ist dies zum Beispiel nicht der Fall.

Physikalische Größen wie Temperatur, Spannung, Druck, die bereits durch eine einzige Zahlenangabe vollständig bestimmt sind, werden *Skalare* genannt.

Ein Vektor $\vec{v}$ wird *Linearkombination* der Vektoren $\vec{a}, \vec{b}, \vec{c}, \cdots$ genannt, wenn es eine Gleichung

$$\vec{v} = \alpha\vec{a} + \beta\vec{b} + \gamma\vec{c} + \cdots$$

mit skalaren Koeffizienten $\alpha, \beta, \gamma, \cdots$ gibt. Dabei sind für einen gegebenen Vektor $\vec{v}$ die Koeffizienten $\alpha, \beta, \gamma, \cdots$ durch die Wahl der Vektoren $\vec{a}, \vec{b}, \vec{c}, \cdots$ eindeutig bestimmt. Insbes. heißen n Vektoren $\vec{a}_1, \vec{a}_2, \vec{a}_3, \cdots, \vec{a}_n$ *linear unabhängig*, wenn die Gleichung

$$\sum_i \alpha_i \vec{a}_i = 0 \qquad (1-103)$$

nur dann richtig ist, wenn

$\alpha_1 = \alpha_2 = \alpha_3 = \cdots = \alpha_n = 0$ ist.

Jeder Vektor im dreidimensionalen Raum läßt sich eindeutig als Linearkombination von irgend drei nicht komplanaren Vektoren $\vec{a}, \vec{b}, \vec{c}$ darstellen:

$$\vec{v} = \alpha\vec{a} + \beta\vec{b} + \gamma\vec{c} \qquad (1-104)$$

Dabei heißen die Größen $\alpha\vec{a}$, $\beta\vec{b}$, $\gamma\vec{c}$ die *Komponenten* des Vektors $\vec{v}$ bezüglich der Grundvektoren $\vec{a}, \vec{b}, \vec{c}$.

Wählt man diese drei Grundvektoren speziell so, daß sie Einheitsvektoren sind und die Richtungen der Achsen eines rechtwinkligen Koordinatensystems haben, so spricht man von einer Zerlegung des Vektors $\vec{v}$

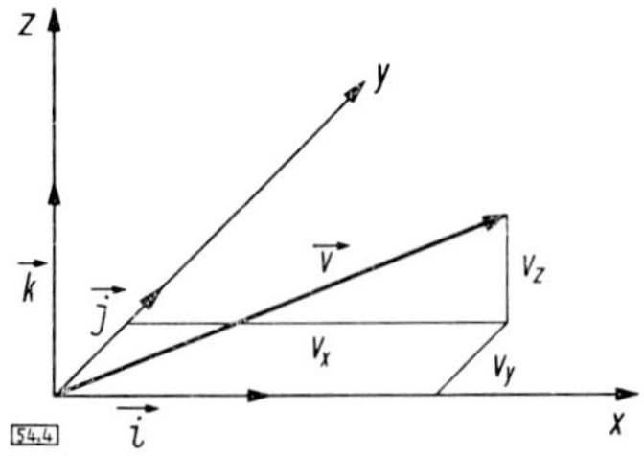

Abb. 4. Zerlegung eines Vektors $\vec{v}$ in cartesische Komponenten; i, j, k sind die Grundvektoren

in Cartesische Komponenten (Abb. 4). Die Grundvektoren werden in diesem Fall meistens mit den Buchstaben $\vec{i}, \vec{j}, \vec{k}$ oder auch $\vec{e}_1, \vec{e}_2, \vec{e}_3$ bezeichnet. Es ist dann

$$\vec{v} = v_x \cdot \vec{i} + v_y \cdot \vec{j} + v_z \cdot \vec{k} \qquad (1-105)$$

v_x, v_y, v_z heißen die rechtwinkligen oder Cartesischen Koordinaten von $\vec{v}$. Man schreibt dafür kurz:

$$\vec{v} = (v_x, v_y, v_z) \qquad (1-105\,\text{a})$$

Sind $\vec{a} = (a_x, a_y, a_z)$ und $\vec{b} = (b_x, b_y, b_z)$ zwei Vektoren, so gilt für die Koordinaten ihrer Summe und Differenz

$$\vec{a} \pm \vec{b} = (a_x \pm b_x,\ a_y \pm b_y,\ a_z \pm b_z) \qquad (1-106)$$

Die Tatsache, daß ein Vektor statt durch Betrag und Richtung auch durch Angabe seiner Komponenten bezüglich eines Koordinatensystems dargestellt werden kann, hat dazu geführt, jedes System von zusammengehörigen, in bestimmter Reihenfolge aufeinander folgenden Zahlen $(a_1, a_2, a_3, \cdots, a_n)$ als einen *Vektor im n-dimensionalen Raum* zu bezeichnen. In diesem Sinn spricht man z. B. vom Zustandsvektor eines physikalischen Systems mit den „Koordinaten" $T, p, V, c_j, \cdots$ usw. oder vom Entscheidungsvektor bei Optimierungen, dessen Koordinaten durch die verschiedenen Regelgrößen gegeben sind. Zu beachten ist, daß es sich hier bei der Bezeichnung „Vektor" zunächst nur um eine bequeme und anschauliche Abkürzung handelt, es sei denn, daß derartige „Vektoren", wie z. B. die Ortsvektoren in einem n-dimensionalen geometrischen Raum, sich kommutativ addieren lassen und daß zumindest ein skalares Produkt für sie definiert werden kann.

Für das zunächst beliebig definierbare Produkt zweier Vektoren legen die physikalischen Anwendungen zwei verschiedene Formen nahe. Wirkt etwa eine Kraft $\vec{K}$ längs eines Weges $\vec{r}$, so berechnet sich die geleistete Arbeit A, also eine skalare Größe, nach der Formel

$$A = |\vec{K}| \cdot |\vec{r}| \cdot \cos\varphi$$

wobei φ der Winkel zwischen den Richtungen von $\vec{K}$ und $\vec{r}$ ist.

Wirkt dagegen eine Kraft am Endpunkt eines Hebelarms $\vec{s}$, so gilt für den Betrag des resultierenden Drehmomentes $\vec{M}$

$$|\vec{M}| = |\vec{K}| \cdot |\vec{s}| \cdot \sin\varphi$$

$\vec{M}$ steht senkrecht auf der Ebene, die von $\vec{K}$ und $\vec{s}$ aufgespannt wird. In diesem Fall ergibt also das Produkt zweier Vektoren wieder einen Vektor.

Unter dem *Skalarprodukt* zweier Vektoren $\vec{a}$ und $\vec{b}$ versteht man die Zahl

$$S = |\vec{a}| \cdot |\vec{b}| \cdot \cos\varphi = (\vec{a}, \vec{b}) \qquad (1-107)$$

wobei φ der von den Richtungen von $\vec{a}$ und $\vec{b}$ eingeschlossene Winkel ist. Statt $(\vec{a}, \vec{b})$ wird auch $\vec{a} \cdot \vec{b}$ geschrieben.

Es ist

$$(\vec{a}, \vec{b}) = (\vec{b}, \vec{a}) \qquad (1-108)$$

$(\vec{a}, \vec{b}) = 0$, falls $\vec{a} = \vec{0}$ oder $\vec{b} = \vec{0}$ oder $\varphi = 90°$, d. h. falls $\vec{a}$ und $\vec{b}$ aufeinander senkrecht stehen.

Da $|\vec{a}| \cdot \cos\varphi$ die Projektion von $\vec{a}$ auf die Richtung von $\vec{b}$ und ebenso $|\vec{b}| \cdot \cos\varphi$ die Projektion von $\vec{b}$ auf die Richtung von $\vec{a}$ ist, kann das Skalarprodukt auch

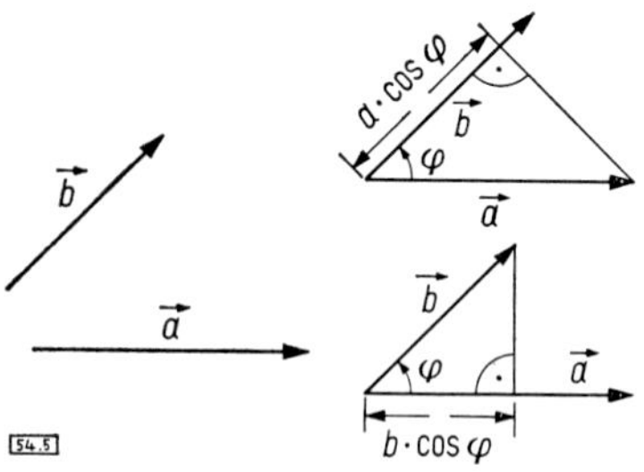

Abb. 5. Skalarprodukt zweier Vektoren
$s = |\vec{a}| \cdot |\vec{b}| \cdot \cos\varphi$

folgendermaßen definiert werden: S ist gleich dem Produkt aus dem Betrag des einen Vektors mit der Projektion des anderen Vektors auf ihn (Abb. 5).

In Koordinatenschreibweise ergibt sich für das Skalarprodukt zweier Vektoren $\vec{a} = (a_x, a_y, a_z)$ und $\vec{b} = (b_x, b_y, b_z)$ der Ausdruck

$$S = a_x b_x + a_y b_y + a_z b_z \qquad (1-109)$$

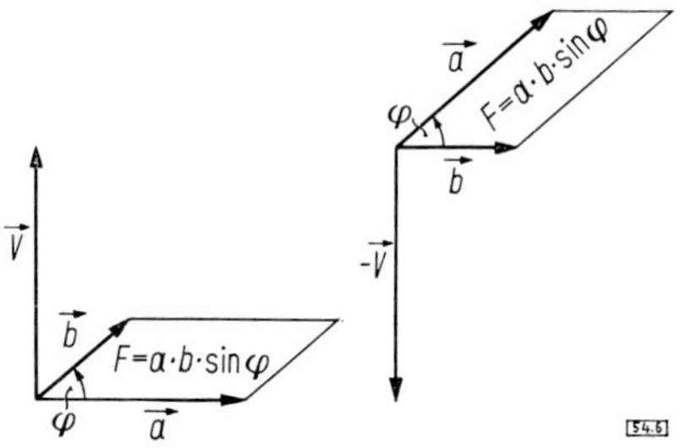

Abb. 6. Zur Definition des Vektorproduktes

Unter dem *Vektorprodukt* zweier Vektoren $\vec{a}$ und $\vec{b}$ versteht man einen Vektor $\vec{V} = \vec{a} \times \vec{b}$ mit folgenden Eigenschaften (vgl. Abb. 6):

1. $|\vec{V}| = |\vec{a}| \cdot |\vec{b}| \cdot \sin\varphi \qquad (1-110)$

   d. h. der Betrag von $\vec{V}$ ist gleich dem Flächeninhalt des von $\vec{a}$ und $\vec{b}$ aufgespannten Parallelogramms.
2. $\vec{V}$ steht senkrecht auf der Ebene durch $\vec{a}$ und $\vec{b}$. Seine Richtung ist diejenige, in der gesehen die kürzeste Drehung von $\vec{a}$ in die Richtung von $\vec{b}$ im Uhrzeigersinn erfolgt.

Statt $\vec{a} \times \vec{b}$ wird auch $[\vec{a}, \vec{b}]$ geschrieben. Es ist

$$\vec{a} \times \vec{b} = -\vec{b} \times \vec{a} \qquad (1-111)$$

d. h. das Vektorprodukt ist antikommutativ; die Reihenfolge der Faktoren ist unbedingt zu beachten (streng genommen ist $\vec{V}$ kein Vektor wie $\vec{a}$ oder $\vec{b}$, sondern ein antisymmetrischer Tensor). Ferner ist

$\vec{a} \times \vec{b} = \vec{0}$, falls $\vec{a} = \vec{0}$ oder $\vec{b} = \vec{0}$ oder $\varphi = 0$, d. h. falls $\vec{a}$ und $\vec{b}$ dieselbe Richtung haben. Deswegen ist stets $\vec{a} \times \vec{a} = \vec{0}$.

Das distributive Gesetz gilt sowohl für das Skalar- wie für das Vektorprodukt:

$$((\vec{a}+\vec{b}),\vec{c}) = (\vec{a},\vec{c}) + (\vec{b},\vec{c}) \qquad (1-112)$$

$$(\vec{a}+\vec{b}) \times \vec{c} = \vec{a} \times \vec{c} + \vec{b} \times \vec{c} \qquad (1-113)$$

$$\alpha(\vec{a},\vec{b}) = (\alpha\vec{a},\vec{b}) = (\vec{a},\alpha\vec{b}) \qquad (1-114)$$

$$\alpha(\vec{a} \times \vec{b}) = (\alpha\vec{a}) \times \vec{b} = \vec{a} \times (\alpha\vec{b}) \qquad (1-115)$$

(α eine beliebige Zahl)

In Koordinatenschreibweise lautet die Darstellung für das Vektorprodukt von $\vec{a} = (a_x, a_y, a_z)$ und $\vec{b} = (b_x, b_y, b_z)$

$$\vec{V} = \vec{a} \times \vec{b} = (a_y b_z - a_z b_y) \cdot \vec{i} + (a_z b_x - a_x b_z) \cdot \vec{j} + (a_x b_y - a_y b_x) \cdot \vec{k} \qquad (1-116)$$

Diese Formel läßt sich besonders übersichtlich als Determinante schreiben:

$$\vec{V} = \vec{a} \times \vec{b} = \begin{vmatrix} \vec{i} & \vec{j} & \vec{k} \\ a_x & a_y & a_z \\ b_x & b_y & b_z \end{vmatrix} \qquad (1-117)$$

Von den mehrfachen Vektorprodukten soll nur das *Spatprodukt*

$$P = \vec{a} \cdot (\vec{b} \times \vec{c}) = \vec{c} \cdot (\vec{a} \times \vec{b}) = \vec{b} \cdot (\vec{c} \times \vec{a}) \qquad (1-118)$$

erwähnt werden; P ist gleich dem Rauminhalt des Parallelepipeds, das von den drei Vektoren $\vec{a}$, $\vec{b}$ und $\vec{c}$

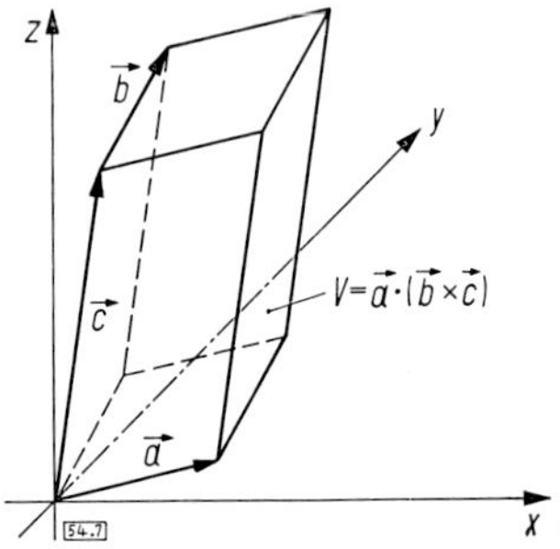

Abb. 7. Spatprodukt dreier Vektoren

gebildet wird (Abb. 7). Wegen der zyklischen Vertauschbarkeit seiner Elemente wird statt $\vec{a} \cdot (\vec{b} \times \vec{c})$ oft einfach $\vec{a}\vec{b}\vec{c}$ geschrieben. Die Berechnung von P erfolgt am einfachsten in Koordinatenschreibweise; hier ist

$$P = \vec{a}\vec{b}\vec{c} = \begin{vmatrix} a_x & a_y & a_z \\ b_x & b_y & b_z \\ c_x & c_y & c_z \end{vmatrix} \qquad (1-119)$$

1.7. Matrizen

1.7.1. Begriff der Matrix

Werden $m \cdot n$ beliebige Zahlen $a_{11} \cdots a_{mn}$ in einem Rechteckschema von m Zeilen und n Spalten angeordnet, so heißt diese Zusammenstellung eine $m \cdot n$-Matrix:

$$\begin{pmatrix} a_{11} & a_{12} & a_{13} & \ldots\ldots a_{1n} \\ a_{21} & a_{22} & \ldots\ldots\ldots\ldots & a_{2n} \\ a_{31} & a_{32} & \ldots\ldots\ldots\ldots & a_{3n} \\ \ldots & \ldots & \ldots & \ldots \\ a_{m1} & a_{m2} & \ldots\ldots\ldots\ldots & a_{mn} \end{pmatrix}$$

Die Zahl $m \cdot n$ wird Ordnung der Matrix genannt. Die Größen a_{ik} heißen Elemente der Matrix; ihr erster Index bezeichnet die Nummer der Zeile, in der sich das betreffende Element befindet, ihr zweiter die Nummer der Spalte. Das Element a_{32} steht also in der dritten Zeile und der zweiten Spalte.

Besteht eine Matrix nur aus einer Zeile oder einer Spalte, so wird sie auch als *Zeilen-* bzw. *Spaltenvektor* bezeichnet. Das Wort „Vektor" steht hier als Abkürzung für den Begriff „waagrecht (bzw. senkrecht) angeordneter Satz von n Zahlen".

Ein typisches Beispiel für eine Matrix ist das Koeffizientenschema eines linearen Gleichungssystems. Hat man etwa das folgende System von drei Gleichungen mit drei Unbekannten zu lösen

$$\begin{aligned} 3x + 2y + z &= 1 \\ 4x + 8y + 2z &= 3 \\ x + y - z &= 0 \end{aligned} \qquad (1-120)$$

so kann, weil die Lösung nur von den Koeffizienten der linken Seite und den Zahlen auf der rechten Seite der Gleichungen, dagegen nicht von der Bezeichnung der Variablen x, y, z abhängt, die linke Seite dieses Systems kurz durch

$$\begin{pmatrix} 3 & 2 & 1 \\ 4 & 8 & 2 \\ 1 & 1 & -1 \end{pmatrix} \qquad (1-121)$$

symbolisch dargestellt werden; (1 – 121) heißt Koeffizientenmatrix des Systems Gl. (1 – 120).

Allgemein heißt eine Beziehung

$$y_i = \sum_{j=1}^{n} a_{ij} x_j \qquad \begin{matrix} i = 1 \cdots m \\ j = 1 \cdots n \end{matrix} \qquad (1-122)$$

eine *lineare Transformation* der n Größen x_j in die m Größen y_i. Die Eigenschaften einer solchen Transformation können dabei allein durch die $m \cdot n$-Matrix

$$\begin{pmatrix} a_{11} & \ldots a_{1n} \\ \cdot & \\ \cdot & \\ \cdot & \\ a_{m1} & \ldots a_{mn} \end{pmatrix} \qquad (1-123)$$

der Koeffizienten a_{ij} charakterisiert werden.

Zwei Matrizen $A = (a_{ik})$ und $B = (b_{ik})$ werden addiert oder subtrahiert, indem entspechende Elemente addiert oder subtrahiert werden. Dazu müssen A und B die gleiche Zahl von Zeilen und Spalten haben. Die Matrix $C = A + B$ hat daher die Form

$$C = (a_{ik} + b_{ik}) \qquad (1-124)$$

und die Matrix $D = A - B$ hat die Form

$$D = (a_{ik} - b_{ik}) \qquad (1-125)$$

Beispiele:

$$\begin{pmatrix} 3 & -2 & 7 \\ 1 & 0 & -1 \end{pmatrix} + \begin{pmatrix} 1 & 4 & -3 \\ 2 & 2 & 5 \end{pmatrix} = \begin{pmatrix} 4 & 2 & 4 \\ 3 & 2 & 4 \end{pmatrix}$$

Dagegen kann

$$\begin{pmatrix} 3 & -2 & 7 \\ 1 & 0 & -1 \end{pmatrix} + \begin{pmatrix} 1 & 2 \\ 4 & 2 \\ -3 & 5 \end{pmatrix}$$

nicht ausgeführt werden, weil die erste Matrix die Ordnung $2 \cdot 3$, die zweite dagegen die Ordnung $3 \cdot 2$ hat. Beispiel für eine Subtraktion:

$$\begin{pmatrix} 3 & -2 & 7 \\ 1 & 0 & -1 \end{pmatrix} - \begin{pmatrix} 1 & 4 & -3 \\ 2 & 2 & 5 \end{pmatrix} = \begin{pmatrix} 2 & -6 & 10 \\ -1 & -2 & -6 \end{pmatrix}$$

Jede Matrix, bei der alle Glieder Null sind, heißt unabhängig von ihrer Ordnung *Nullmatrix*. Für jede beliebige Matrix A gilt daher

$$A + 0 = A \qquad (1-126)$$

Da man statt $A + A + A + \cdots + A$ (k-mal) auch kA schreiben kann, folgt für die Multiplikation einer Matrix mit einer Zahl, auch *Skalarmultiplikation* genannt: Eine Matrix $A = (a_{ik})$ wird mit einer Zahl k multipliziert, indem jedes Element mit k multipliziert wird (man beachte den Unterschied zu der auf S. 438 definierten Multiplikation einer Determinante mit einer Zahl):

$$kA = (k \cdot a_{ik}) \qquad (1-127)$$

Führt man zwei lineare Transformationen

$$y_i = \sum_{j=1}^{n} b_{ij} x_j \quad i = 1 \cdots m; \quad j = 1 \cdots n$$

oder formal $y = Bx$

$$z_k = \sum_{i=1}^{m} a_{ki} y_i \quad k = 1 \cdots p; \quad i = 1 \cdots m$$

oder formal $z = Ay$

nacheinander aus, so läßt sich diese Aufeinanderfolge von zwei Transformationen durch eine einzige

$$z_k = \sum_{j=1}^{n} c_{kj} x_j \quad k = 1 \cdots p; \quad j = 1 \cdots n$$

oder formal $z = ABx$

ersetzen. Man gelangt so zum Begriff der *Matrizenmultiplikation* und definiert: Unter dem Produkt AB zweier Matrizen $A = (a_{ki})$ und $B = (b_{ij})$ $(i = 1 \cdots m;$ $j = 1 \cdots n;$ $k = 1 \cdots p)$ versteht man eine Matrix $C = (c_{kj})$ mit den Elementen

$$c_{kj} = \sum_{i=1}^{m} a_{ki} b_{ij} \qquad (1-128)$$

Eine Multiplikation von Matrizen ist daher nur möglich, wenn die Anzahl der Spalten von A mit der Anzahl der Zeilen von B übereinstimmt.

Die Matrizenmultiplikation ist nicht kommutativ, d. h. es ist im allg.

$$AB \neq BA \qquad (1-129)$$

Matrizen, für die $AB = BA$ ist, heißen *vertauschbar*

Zum Beispiel ist

$$\begin{pmatrix} 1 & 2 & 3 \\ -1 & -2 & 1 \end{pmatrix} \begin{pmatrix} 2 & 1 \\ 3 & 2 \\ 1 & 0 \end{pmatrix} = \begin{pmatrix} 11 & 5 \\ -7 & -5 \end{pmatrix}$$

wobei etwa $c_{12} = 5$ entstanden ist aus

$$\sum_{i=1}^{3} a_{1i} b_{i2} = 1 \cdot 1 + 2 \cdot 2 + 3 \cdot 0 = 5$$

Dagegen ist

$$\begin{pmatrix} 2 & 1 \\ 3 & 2 \\ 1 & 0 \end{pmatrix} \begin{pmatrix} 1 & 2 & 3 \\ -1 & -2 & 1 \end{pmatrix} = \begin{pmatrix} 1 & 2 & 7 \\ 1 & 2 & 11 \\ 1 & 2 & 3 \end{pmatrix}$$

Wie man aus diesen Beispielen sieht, hat die Produktmatrix $C = AB$ so viele Zeilen wie A und so viele Spalten wie B. Um die für das Matrizenprodukt wichtige Reihenfolge der Faktoren auszudrücken, sagt man, daß im Produkt AB die Matrix B von links mit A (und umgekehrt die Matrix A von rechts mit der Matrix B) multipliziert werde.

Eine quadratische Matrix beliebiger Ordnung der Form

$$E = \begin{pmatrix} 1 & 0 & 0 & 0 \ldots\ldots 0 \\ 0 & 1 & 0 & 0 \ldots\ldots 0 \\ 0 & 0 & 1 & 0 \ldots\ldots 0 \\ \ldots & \ldots & \ldots & \ldots \\ 0 & 0 & 0 & \ldots\ldots\ldots 1 \end{pmatrix} \qquad (1-130)$$

bei der alle Glieder in der Hauptdiagonalen gleich Eins und alle übrigen Elemente gleich Null sind, heißt *Einheitsmatrix*. Sie entspricht der 1 des gewöhnlichen Zahlensystems.

Für jede Matrix A ist

$$AE = EA = A \qquad (1-131)$$

wobei E als rechter Faktor so viele Zeilen haben muß, wie A Spalten hat, und als linker Faktor so viele Zeilen (oder Spalten), wie A Zeilen hat.

Stets ist außerdem

$$EE = E^2 = E^3 = E^4 = \cdots = E \qquad (1-132)$$

Eine beliebige skalare Zahl k läßt sich damit auch stets als quadratische Matrix der Form

$$k = \begin{pmatrix} k & 0 & 0 & 0 \ldots 0 \\ 0 & k & 0 \ldots\ldots 0 \\ \ldots & \ldots & \ldots \\ 0 & 0 & 0 \ldots\ldots k \end{pmatrix} \qquad (1-133)$$

auffassen und schreiben.

Allgemein heißt eine quadratische Matrix der Form

$$D = \begin{pmatrix} d_1 & 0 & 0 & 0 \ldots\ldots 0 \\ 0 & d_2 & 0 & 0 \ldots\ldots 0 \\ 0 & 0 & d_3 & 0 \ldots\ldots 0 \\ \ldots & \ldots & \ldots & \ldots \\ 0 & 0 & 0 & 0 \ldots\ldots d_m \end{pmatrix} \qquad (1-134)$$

bei der alle Glieder außerhalb der Hauptdiagonalen verschwinden, eine *Diagonalmatrix*.

Da Vektoren als einspaltige oder einzeilige Matrizen geschrieben werden können, lassen sich auch die verschiedenen Formen der Vektormultiplikation durch Matrizen darstellen. So liefert die Multiplikation eines Zeilenvektors $\vec{x} = (x_1, x_2, x_3)$ von rechts mit einem Spaltenvektor $\hat{\vec{y}} = (y_1, y_2, y_3)$ (der Index $\wedge$ soll hier und im folgenden einen *Spalten*vektor kennzeichnen) nach Gl. (1 – 128)

$$\vec{x} \cdot \hat{\vec{y}} = (x_1 x_2 x_3) \begin{pmatrix} y_1 \\ y_2 \\ y_3 \end{pmatrix} = x_1 y_1 + x_2 y_2 + x_3 y_3 \qquad (1-135)$$

d. h. das Skalarprodukt $(\vec{x}, \vec{y})$ der beiden Vektoren.

Auch das Vektorprodukt $\vec{x} \times \vec{y}$ läßt sich, wenn auch umständlicher, als Matrixmultiplikation ausdrücken; es ist

$$\vec{x} \times \vec{y} = X \hat{\vec{y}} \qquad (1-136)$$

wobei

$$X = \begin{pmatrix} 0 & -x_3 & x_2 \\ x_3 & 0 & -x_1 \\ -x_2 & x_1 & 0 \end{pmatrix} \qquad (1-137)$$

eine aus den Komponenten von $\vec{x}$ gebildete schiefsymmetrische Matrix ist.

Die Multiplikation

$$\hat{\vec{x}} \cdot \vec{y} = \begin{pmatrix} x_1 \\ x_2 \\ x_3 \end{pmatrix} (y_1 y_2 y_3)$$

zweier Vektoren $\vec{x}$ und $\vec{y}$ liefert schließlich eine Matrix

$$d = \hat{\vec{x}} \cdot \vec{y} = \begin{pmatrix} x_1 y_1 & x_1 y_2 & x_1 y_3 \\ x_2 y_1 & x_2 y_2 & x_2 y_3 \\ x_3 y_1 & x_3 y_2 & x_3 y_3 \end{pmatrix} \qquad (1-138)$$

die als das *dyadische* Produkt dieser beiden Vektoren bezeichnet wird.

Für Produkte von drei und mehr Matrizen miteinander gilt das Gesetz der Assoziativität; es ist

$$A(B(CD)) = A(BC)D = ((AB)C)D = (AB)(CD) \qquad (1-139)$$

Doch ist beim Ausmultiplizieren von Polynomen auf die Nichtvertauschbarkeit der Faktoren zu achten; es ist z. B.

$$(A - B)^3 = A^3 - ABA - A^2B - BA^2 + + AB^2 + BAB + B^2A - B^3 \qquad (1-140)$$

und die gemischten Produkte dürfen nicht zusammengezogen werden. Ebenso ist zu beachten, daß aus $A^n = 0$ nicht folgt, daß $A = 0$, und aus $B^2 = E$ nicht folgt, daß $B = E$ ist.

Neben den bisher behandelten Rechenoperationen mit Matrizen, die sämtlich ihr Analogon im Bereich der Zahlen haben, gibt es auch Rechenoperationen, die nur mit Matrizen ausführbar sind. Zu ihnen gehört die *Transposition* einer Matrix. Darunter versteht man die Vertauschung entsprechender Zeilen und Spalten miteinander. Ist $A = \{a_{ik}\}$ gegeben, so hat die transponierte Matrix $A' = \{a'_{ik}\}$ die Elemente

$$a'_{ik} = a_{ki} \qquad (1-141)$$

Zum Beispiel lautet die zu

$$B = \begin{pmatrix} 3 & 1 \\ 4 & 0 \\ 2 & 5 \end{pmatrix}$$

transponierte Matrix

$$B' = \begin{pmatrix} 3 & 4 & 2 \\ 1 & 0 & 5 \end{pmatrix}$$

Die Transponierte eines Zeilenvektors ist ein Spaltenvektor. Ändern sich die Elemente einer Matrix bei der Transposition nicht, so heißt die Matrix *symmetrisch*:

$$A' = A \qquad a_{ik} = a_{ki} \qquad (1-142)$$

Ändern alle Glieder ihr Vorzeichen dabei, so heißt die Matrix *antisymmetrisch* oder *schiefsymmetrisch*:

$$A' = -A \qquad a_{ik} = -a_{ki} \qquad (1-143)$$

Beide Formen sind notwendig quadratische Matrizen; bei einer schiefsymmetrischen Matrix sind außerdem die Glieder in der Hauptdiagonalen sämtlich Null.

Beispiele:

$$\begin{pmatrix} -3 & 1 & -2 \\ 1 & 0 & -1 \\ -2 & -1 & 4 \end{pmatrix}$$

ist eine symmetrische,

$$\begin{pmatrix} 0 & 1 & -2 \\ -1 & 0 & -1 \\ 2 & 1 & 0 \end{pmatrix}$$

eine schiefsymmetrische Matrix.

Häufig benutzt, z. B. in der Hydrodynamik, wird der Satz, daß jede quadratische Matrix B sich als Summe einer symmetrischen und einer antisymmetrischen Matrix in der Form

$$B = \tfrac{1}{2}(B + B') + \tfrac{1}{2}(B - B') \qquad (1-144)$$

und auch als Summe einer hermiteschen und einer schiefhermiteschen Matrix in der Form

$$B = \tfrac{1}{2}(B + \bar{B}') + \tfrac{1}{2}(B - \bar{B}') \qquad (1-145)$$

schreiben läßt.

Über Matrizen mit komplexen Elementen vgl. [2].

1.7.2. Determinanten

Zu jeder quadratischen Matrix $A = (a_{ik})$ der Ordnung $n \cdot n$ kann eine Determinante n-ter Ordnung det A oder $|A|$ (diese Schreibweise bedeutet also bei Matrizen nicht „Betrag von A") berechnet werden; sie ist eine reine Zahl.

Für eine $2 \cdot 2$-Matrix

$$A = \begin{pmatrix} a_{11} & a_{12} \\ a_{21} & a_{22} \end{pmatrix} \qquad (1-146)$$

lautet die Determinante definitionsgemäß

$$\det A = \begin{vmatrix} a_{11} & a_{12} \\ a_{21} & a_{22} \end{vmatrix} = a_{11}a_{22} - a_{12}a_{21} \qquad (1-147)$$

Determinanten höherer Ordnung werden berechnet, indem man sie auf Determinanten zweiter Ordnung zurückführt. Streicht man nämlich in einer Determinante n-ter Ordnung die i-te Zeile und die k-te Spalte, so bildet der verbleibende Rest eine Determinante $(n-1)$-ter Ordnung, die als die zum Element a_{ik} gehörige Unterdeterminante $|A_{ik}|$ bezeichnet wird.

Beispiel: Aus der Determinante vierter Ordnung

$$|A| = \begin{vmatrix} 0 & 2 & 4 & 5 \\ 1 & 3 & -1 & 1 \\ 2 & -1 & 3 & 1 \\ 5 & 1 & 0 & 4 \end{vmatrix}$$

entsteht durch Streichen der dritten Zeile und der zweiten Spalte die zu dem Element $a_{32} = -1$ gehörige Unterdeterminante

$$|A_{32}| = \begin{vmatrix} 0 & 4 & 5 \\ 1 & -1 & 1 \\ 5 & 0 & 4 \end{vmatrix}$$

Für die praktische Durchführung der Berechnung einer beliebigen Determinante gilt nun die äußerst wichtige Regel, daß der Wert einer Determinante gleich der Summe der Produkte aller Glieder einer Zeile oder Spalte mit ihren zugehörigen Unterdeterminanten ist. Dabei erhalten diejenigen Terme der Summe, bei denen die Summe der Indizes $i+k$ eine ungerade Zahl ist, zusätzlich noch den Faktor (-1). Es ist also

$$|A| = \sum_{k=1}^{n} (-1)^{i+k} |A_{ik}| \, a_{ik} \qquad (1-148)$$

oder

$$|A| = \sum_{i=1}^{n} (-1)^{i+k} |A_{ik}| \, a_{ik} \qquad (1-149)$$

Die Formel Gl. (1–148) wird als Entwicklung der Determinante $|A|$ nach der i-ten Zeile, die Formel Gl. (1–149) als Entwicklung nach der k-ten Spalte bezeichnet. Das Produkt

$$(-1)^{i+k} |A_{ik}|$$

wird auch *Adjunkte* zum Glied a_{ik} genannt.

Beispiel: Gesucht ist der Wert der Determinante dritter Ordnung

$$|A| = \begin{vmatrix} 0 & 2 & 4 \\ 1 & 3 & -1 \\ 2 & -1 & 3 \end{vmatrix}$$

Entwicklung nach der dritten Zeile liefert nach Gl. (1–148):

$$|A| = 1 \cdot 2 \cdot \begin{vmatrix} 2 & 4 \\ 3 & -1 \end{vmatrix} + (-1)(-1) \cdot \begin{vmatrix} 0 & 4 \\ 1 & -1 \end{vmatrix} + 1 \cdot 3 \cdot \begin{vmatrix} 0 & 2 \\ 1 & 3 \end{vmatrix}$$
$$= 2 \cdot (-2-12) + 1 \cdot (0-4) + 3 \cdot (0-2) = -38$$

wobei zur Berechnung der drei Unterdeterminanten zweiter Ordnung die Gl. (1–147) verwendet wurde.

Hätte man nach der zweiten Spalte entwickelt, so ergäbe sich

$$|A| = (-1) \cdot 2 \cdot \begin{vmatrix} 1 & -1 \\ 2 & 3 \end{vmatrix} + 1 \cdot 3 \cdot \begin{vmatrix} 0 & 4 \\ 2 & 3 \end{vmatrix} + (-1)(-1) \times$$
$$\times \begin{vmatrix} 0 & 4 \\ 1 & -1 \end{vmatrix}$$
$$= (-2) \cdot (3+2) + 3 \cdot (0-8) + 1 \cdot (0-4) = -38,$$

also, wie zu erwarten, dasselbe Ergebnis.

Das Beispiel zeigt, daß auf diesem Wege jede Determinante n-ter Ordnung berechenbar ist, indem man sie zunächst nach Unterdeterminanten $(n-1)$-ter Ordnung entwickelt, diese wiederum nach Unterdeterminanten $(n-2)$-ter Ordnung usw., bis man beim weiteren Fortschreiten zu Unterdeterminanten zweiter Ordnung gelangt, die nach Gl. (1–147) berechenbar sind. Zugleich zeigt sich aber auch, daß der zur Berechnung notwendige Arbeitsaufwand mit der Ordnung der Determinante sehr rasch (und zwar etwa mit der dritten Potenz von n) steigt.

Da die Wahl der Zeile oder Spalte beliebig ist, nach der entwickelt wird, ist es zweckmäßig, zur Verringerung des Rechenaufwandes nach einer Zeile oder Spalte zu entwickeln, bei der möglichst viele Glieder gleich 1 oder 0 sind.

Für Determinanten gelten folgende *Rechenregeln:*

1. Vertauschung aller Zeilen mit den Spalten läßt den Wert einer Determinante ungeändert:

$$\begin{vmatrix} 0 & 2 & 4 \\ 1 & 3 & -1 \\ 2 & -1 & 3 \end{vmatrix} = \begin{vmatrix} 0 & 1 & 2 \\ 2 & 3 & -1 \\ 4 & -1 & 3 \end{vmatrix} \quad \det A = \det A' \qquad (1-150)$$

Dieser Prozeß wird auch als „Stürzen" der Determinante bezeichnet.

2. Vertauschung von je zwei Zeilen oder Spalten ändert das Vorzeichen der Determinante:

$$\begin{vmatrix} 0 & 2 & 4 \\ 1 & 3 & -1 \\ 2 & -1 & 3 \end{vmatrix} = - \begin{vmatrix} 1 & 3 & -1 \\ 0 & 2 & 4 \\ 2 & -1 & 3 \end{vmatrix} = - \begin{vmatrix} 0 & 4 & 2 \\ 1 & -1 & 3 \\ 2 & 3 & -1 \end{vmatrix} \qquad (1-151)$$

3. Eine Determinante verschwindet, wenn
   a) eine Zeile oder Spalte nur Nullen enthält,
   b) zwei Zeilen oder Spalten einander proportional sind,
   c) eine Zeile (oder Spalte) durch Linearkombination anderer Zeilen (Spalten) entstanden ist.

Daraus folgt

4. Addiert man zu einer Zeile (Spalte) oder subtrahiert von ihr eine Linearkombination anderer Zeilen (Spalten), so bleibt der Wert der Determinante ungeändert.

$$\begin{vmatrix} 0 & 2 & 4 \\ 1 & 3 & -1 \\ 2 & -1 & 3 \end{vmatrix} = \begin{vmatrix} 2 & 2 & 4 \\ 4 & 3 & -1 \\ 1 & -1 & 3 \end{vmatrix}$$

2. Spalte zu der 1. Spalte addiert

$$= \begin{vmatrix} 1 & 12 & -2 \\ 1 & 3 & -1 \\ 2 & -1 & 3 \end{vmatrix}$$

(3 · 2. Zeile − 3. Zeile) zur 1. Zeile addiert

5. Ein Faktor, der allen Gliedern einer Zeile (Spalte) gemeinsam ist, kann vor die Determinante gezogen werden. Umgekehrt wird eine Determinante mit einer Zahl k multipliziert, indem man alle Glieder einer Reihe (oder Spalte) mit k multipliziert.

Die Regeln 3. und 4. zeigen die Möglichkeit, eine gegebene Determinante so umzuformen, daß in einer Zeile oder Spalte alle Glieder bis auf eines verschwinden. Dies erleichtert die Berechnung sehr (sog. *Verdichten* von Determinanten).

Beispiel:

$$\begin{vmatrix} 0 & 2 & 4 \\ 1 & 3 & -1 \\ 2 & -1 & 3 \end{vmatrix} = \begin{vmatrix} 0 & 2 & 0 \\ 1 & 3 & -7 \\ 2 & -1 & 5 \end{vmatrix}$$

(−2) · 2. Spalte zur 3. Spalte addiert

1.7.3. Rang und Inversion einer Matrix

Ist für eine quadratische Matrix A die Determinante $\det A \neq 0$, so heißt A *regulär;* ist $\det A = 0$, heißt A *singulär.*

Hat eine (rechteckige oder quadratische) Matrix B der Ordnung $m \cdot n$ die Eigenschaft, daß alle Unterdeterminanten $(r+1)$-ter Ordnung verschwinden, dagegen wenigstens eine Unterdeterminante r-ter Ordnung nicht, so heißt r der Rang der Matrix B. r ist gleich der Zahl der linear unabhängigen Zeilen bzw. Spalten von B.

Beispiele:

$$\det A = \begin{vmatrix} 1 & -1 & 2 & 0 \\ 2 & 1 & 1 & 1 \\ 4 & -1 & 5 & 1 \\ 1 & 2 & -1 & 1 \end{vmatrix} = 0$$

A ist singulär. Auch die Unterdeterminanten dritter Ordnung verschwinden sämtlich. Von den Unterdeterminanten zweiter Ordnung dagegen ist z. B. die umrandete

$$\begin{vmatrix} 1 & -1 \\ 2 & 1 \end{vmatrix} = 3 \neq 0$$

Also hat A den Rang 2.

Die Rechteckmatrix

$$B = \begin{pmatrix} 1 & 2 & 3 & 4 \\ -2 & -1 & 0 & 1 \\ 1 & 1 & 3 & 5 \end{pmatrix}$$

hat den Rang 3, denn es ist z. B.

$$\begin{vmatrix} 1 & 2 & 4 \\ -2 & -1 & 1 \\ 1 & 1 & 5 \end{vmatrix} = 12 \neq 0$$

Ist eine Matrix A regulär, so gibt es eine zu A inverse Matrix A^{-1} mit der Eigenschaft

$$A \cdot A^{-1} = A^{-1} \cdot A = E \qquad (E = \text{Einheitsmatrix}) \qquad (1-152)$$

Man erhält ihre Elemente, indem man jedes Element a_{ik} von A durch seine durch $\det A$ dividierte Adjunkte

$$\frac{(-1)^{i+k}|A_{ik}|}{\det A}$$

ersetzt und die so erhaltene Matrix noch transponiert:

$$A^{-1} = \left(\frac{|A_{ik}| \cdot (-1)^{i+k}}{\det A}\right)' = \left(\frac{|A_{ki}| \cdot (-1)^{i+k}}{\det A}\right) \qquad (1-153)$$

Zur Berechnung von A^{-1} sind jedoch nicht diese Vorschrift, sondern besser reguläre Transformationen geeignet.

Eine Matrix B, für die

$$B^{-1} = B' \qquad (1-154)$$

oder

$$B'B = BB' = E$$

ist, heißt *orthogonal.* Ihre Zeilen- bzw. Spaltenvektoren bilden je ein System orthogonaler Einheitsvektoren.

1.7.4. Reguläre Transformationen von Matrizen; Eigenwertproblem; quadratische Formen

Die meisten Probleme der Matrizenrechnung werden gelöst, indem eine gegebene Matrix A durch reguläre Transformationen, d. h. Links- oder Rechtsmultiplikationen mit einer regulären Matrix, in einfachere Matrizen gleichen Rangs und Typs wie A überführt werden.

Die wichtigsten derartigen Transformationen sind:

1. Multiplikation von A mit einer Kombinationsmatrix $E_{pq}(x)$. $E_{pq}(x)$ wird gebildet, indem in der Einheitsmatrix $E = (e_{ik})$ das Glied $e_{pq} = 0 (p \neq q)$ durch die Zahl $x \neq 0$ ersetzt wird. Bildung von $E_{pq}(x) \cdot A$ bedeutet für die Matrix A: Addition des x-fachen der q-ten Zeile zur p-ten Zeile; Bildung von $A \cdot E_{pq}(x)$ bedeutet Addition des x-fachen der p-ten Spalte zur q-ten Spalte in A.
2. Multiplikation von A mit einer regulären Diagonalmatrix $D_p(x)$. $D_p(x)$ wird gebildet, indem in der Einheitsmatrix das Glied $e_{pp} = 1$ durch die Zahl $x \neq 0$ ersetzt wird. Bildung von $D_p(x) \cdot A$ bedeutet für die Matrix A: Multiplikation der p-ten Zeile mit x; Bildung von $A \cdot D_p(x)$ bedeutet Multiplikation der p-ten Spalte mit x.

Mit Hilfe geeigneter Kombinationen solcher Kombinations- und Diagonalmatrizen kann jede $(m \cdot n)$-Matrix A vom Rang r in eine Normalform $\underline{A} = (\underline{a}_{ik})$ überführt werden, bei der für $i,k = 1 \cdots r$ $\underline{a}_{ik} = \delta_{ik}$ ist.

Insbes. kann jede reguläre Matrix A sogar durch Zeilen- bzw. Spaltentransformation allein in die Einheitsmatrix überführt werden.

Beispiel:

$$A=\begin{pmatrix}1 & -2 & 4\\ -1 & 1 & 3\end{pmatrix} \qquad A\cdot E_{21}(1)=\begin{pmatrix}-1 & -2 & 4\\ 0 & 1 & 3\end{pmatrix}$$

$$E_{12}(2)\cdot A\cdot E_{21}(1)=\begin{pmatrix}-1 & 0 & 10\\ 0 & 1 & 3\end{pmatrix}$$

$$E_{12}(2)\cdot A\cdot E_{21}(1)\cdot E_{13}(10)=\begin{pmatrix}-1 & 0 & 0\\ 0 & 1 & 3\end{pmatrix}$$

$$E_{12}(2)\cdot A\cdot E_{21}(1)\cdot E_{13}(10)\cdot E_{23}(-1)=\begin{pmatrix}-1 & 0 & 0\\ 0 & 1 & 0\end{pmatrix}$$

$$\underline{A}=D_1(-1)\cdot E_{12}(2)\cdot A\cdot E_{21}(1)\cdot E_{13}(10)\cdot E_{23}(-1)=$$
$$=\begin{pmatrix}1 & 0 & 0\\ 0 & 1 & 0\end{pmatrix}$$

Damit ist die Normalform erreicht. Außerdem ist der Rang rg $\underline{A}=$ rg $A=2$.

Transformiert man eine reguläre Matrix B allein durch eine Kombination L von Zeilentransformationen bzw. allein durch eine Kombination R von Spaltentransformationen in die Einheitsmatrix E, so muß wegen

$$LB=BR=E \tag{1-155}$$

$L=R=B^{-1}$ sein. Dies liefert eine bequeme Methode zur Berechnung von B^{-1}. Man schreibt B und E nebeneinander und wendet auf beide eine Folge von Zeilen- bzw. Spaltentransformationen an, bis aus B die Einheitsmatrix E geworden ist. E hat sich dann in B^{-1} transformiert.

Beispiel:

$$B=\begin{pmatrix}1 & 1 & 0\\ 2 & 1 & 1\\ -1 & 2 & 2\end{pmatrix} \qquad \det B=-5 \qquad B \text{ ist regulär}$$

Rechenschema (nur Zeilentransformationen):

	B			*E*		
1	1	0	1	0	0	Zeile 1
2	1	1	0	1	0	Zeile 2
−1	2	2	0	0	1	Zeile 3
0	3	2	1	0	1	Zeile 3′ = Zeile 1 + Zeile 3
2	−1/2	0	−1/2	1	−1/2	Zeile 2′ = Zeile 2 − 1/2 · Zeile 3′
5	0	0	0	2	−1	Zeile 1′ = Zeile 1 + 2 · Zeile 2′
0	−1/2	0	−1/2	1/5	−1/10	Zeile 2″ = Zeile 2′ − 2/5 · Zeile 1′
0	0	2	−2	6/5	2/5	Zeile 3″ = Zeile 3′ + 6 · Zeile 2″
1	0	0	0	2/5	−1/5	Zeile 1‴ = 1/5 · Zeile 1′
0	1	0	1	−2/5	1/5	Zeile 2‴ = − 2 · Zeile 2″
0	0	1	−1	3/5	1/5	Zeile 3‴ = 1/2 · Zeile 3″

Die umrandete Matrix ist B^{-1}.

Unter gewissen Umständen kann die Art der bei einer regulären Transformation $\underline{A}=LAR$ (L, R regulär) verwendeten Matrizen noch genauer festgelegt werden. Ist A symmetrisch, $A=A'$, so gibt es immer eine reguläre Matrix V, welche A mittels der Kongruenztransformation

$$\underline{A}=V'AV \tag{1-156}$$

in eine Diagonalmatrix $\underline{A}$ überführt. V ist leicht zu ermitteln. Es sei A eine $n\cdot n$-Matrix und $a_{11}\neq 0$. Dann kann A zerlegt werden:

$$A=\begin{pmatrix}a_{11} & \vec{z}\\ \hat{\vec{z}} & A'\end{pmatrix} \tag{1-157}$$

wo $\vec{z}=(a_{12},a_{13},\cdots,a_{1n})$ und $\hat{\vec{z}}$ der entsprechende Spaltenvektor ist. A' ist eine $((n-1)\cdot(n-1))$-Matrix. Bildet man mit der $(n-1)$-dimensionalen Einheitsmatrix E_{n-1} die Matrix

$$Q_1=\begin{pmatrix}1 & -\vec{z}/a_{11}\\ 0 & E_{n-1}\end{pmatrix} \tag{1-158}$$

so ist

$$Q_1'AQ_1=\begin{pmatrix}a_{11} & 0\\ 0 & A''\end{pmatrix} \tag{1-159}$$

wo A'' eine $((n-1)\cdot(n-1))$-Matrix ist. Das Verfahren wird dann mit A'' fortgesetzt.

Die Transformation Gl. (1−156) spielt eine Rolle für die Herstellung der Normalform einer quadratischen Form. Darunter versteht man ein homogenes Polynom zweiten Grades in n Veränderlichen

$$F(x_1,\cdots,x_n)=\sum_{i=1}^{n}\sum_{k=1}^{n} q_{ik}x_ix_k \tag{1-160}$$

Da die Vertauschung von x_i und x_k den Wert von F nicht ändert, kann man die q_{ik} stets so wählen, daß $q_{ki}=q_{ik}$. Damit können die q_{ik} als Elemente einer symmetrischen Matrix $Q=(q_{ik})$ aufgefaßt und Gl. (1−160) in der Form

$$F=\vec{x}Q\hat{\vec{x}} \tag{1-161}$$

geschrieben werden; $\vec{x}=(x_1,\cdots,x_n)$ ist ein Zeilen- und $\hat{\vec{x}}$ der entsprechende Spaltenvektor. Ist für jeden beliebigen Vektor $\vec{x}$

$F>0$, so heißt F (und Q) positiv-definit;

$F\geqq 0$, so heißt F (und Q) positiv-semidefinit;

$F\leqq 0$, so heißt F (und Q) negativ-semidefinit;

$F<0$, so heißt F (und Q) negativ-definit.

Q ist positiv bzw. negativ definit, wenn alle ihre Eigenwerte λ_i (siehe unten) positiv bzw. negativ sind; ihr Rang rg Q muß dann gleich der Zahl n der Variablen der quadratischen Form sein. Ist $n > \operatorname{rg} Q$, so ist Q semidefinit, falls alle λ_i gleiches Vorzeichen haben. In jedem anderen Fall ist sie indefinit.

Wird in $F = \vec{x} Q \hat{\vec{x}}$ der Vektor $\vec{x}$ mittels $\hat{\vec{x}} = V \hat{\vec{y}}$ linear in einen Vektor $\vec{y}$ transformiert, so transformiert sich Gl. (1−161) gemäß

$$F' = \vec{y} V' Q V \hat{\vec{y}} = \vec{y} Q' \hat{\vec{y}} \qquad (1-162)$$

Beispiel:

$$A = \begin{pmatrix} -3 & -1 \\ 4 & 2 \end{pmatrix}$$

Gemäß Gl. (1−165) lautet die Eigenwertgleichung

$$\begin{vmatrix} -3-\lambda & -1 \\ 4 & 2-\lambda \end{vmatrix} = \lambda^2 + \lambda - 2 = 0$$

Lösungen: $\lambda_1 = 1$; $\lambda_2 = -2$. Die Eigenvektoren sind

für $\lambda_1 = 1$

$$(-3-1)x_{11} - x_{12} = 0 \qquad -4x_{11} - x_{12} = 0$$
$$4x_{11} + (2-1)x_{12} = 0 \qquad 4x_{11} + x_{12} = 0$$
$$\text{also } \vec{x}_1 = (x_{11}, x_{12}) = (a, -4a)$$

für $\lambda_2 = -2$

$$(-3+2)x_{21} - x_{22} = 0 \qquad -x_{21} - x_{22} = 0$$
$$4x_{21} + (2+2)x_{22} = 0 \qquad 4x_{21} + 4x_{22} = 0$$
$$\text{also } \vec{x}_2 = (x_{21}, x_{22}) = (a, -a)$$

Ist Q' eine Diagonalmatrix, so enthält die transformierte quadratische Form F' keine gemischten Produkte mehr.

Verlangt man von der Koordinatentransformation V zusätzlich, daß die Länge des Vektors $\vec{y}$ dadurch nicht geändert wird (eine solche Transformation kann als Drehung des Koordinatensystems aufgefaßt werden), so muß

$$\vec{x} \hat{\vec{x}} = \vec{y} V' V \hat{\vec{y}} = \vec{y} \hat{\vec{y}} \qquad (1-163)$$

oder $V' V = E$, also V orthogonal sein. Die Transformation $V^{-1} A V = A'$ einer Matrix A wird als *Ähnlichkeitstransformation* bezeichnet. A' und A haben dieselbe Determinante und dieselben Eigenwerte.

Die Frage, ob eine gegebene Matrix A diagonalähnlich (oder diagonalisierbar) ist, d. h. durch eine Ähnlichkeitstransformation in eine Diagonalmatrix überführt werden kann, hängt mit der Anzahl ihrer linear unabhängigen Eigenvektoren zusammen.

Eine Zahl λ heißt *Eigenwert* der quadratischen Matrix A, falls $A - \lambda E$ singulär ist. Da dies gleichbedeutend ist mit der Forderung, daß das lineare Gleichungssystem

$$(A - \lambda E) \hat{\vec{x}} = \hat{\vec{0}} \qquad (1-164)$$

nichttriviale Lösungen $\hat{\vec{x}} \neq \vec{0}$ hat, folgt sofort, daß notwendig

$$\det(A - \lambda E) = \begin{vmatrix} a_{11} - \lambda & a_{12} & a_{13} & \dots a_{1n} \\ a_{21} & a_{22} - \lambda & a_{23} & \dots a_{2n} \\ \dots & \dots & \dots & \dots \\ a_{n1} & a_{n2} & a_{n3} & \dots a_{nn} - \lambda \end{vmatrix} = 0 \qquad (1-165)$$

sein muß (vgl. Addition S. 434, Einheitsmatrix E S. 435, Multiplikation S. 435). Dies ist eine Gleichung n-ten Grades für λ. Eine $(n \cdot n)$-Matrix hat also n (nicht notwendig verschiedene) Eigenwerte $\lambda_1 \cdots \lambda_n$.

Zu jedem Wert λ_i gehört gemäß Gl. (1−164) ein Vektor $\hat{\vec{x}}_i$, der Lösung des Gleichungssystems

$$(A - \lambda_i E) \hat{\vec{x}}_i = 0 \qquad (1-166)$$

ist. Er wird der zum Eigenwert λ_i gehörige *Eigenvektor* der Matrix A genannt.

Die Komponenten eines Eigenvektors sind stets nur bis auf einen beliebigen Faktor (hier a) bestimmt.

Tritt ein Eigenwert λ_p mit der Vielfachheit p auf, so gehören zu ihm mindestens ein und höchstens p linear unabhängige Eigenvektoren $x_{p,i}$. Eigenvektoren, die zu verschiedenen Eigenwerten gehören, sind immer linear unabhängig.

Eine $(n \cdot n)$-Matrix A ist nun genau dann diagonalisierbar, wenn sie n linear unabhängige Eigenvektoren besitzt. Das ist der Fall, wenn A normal ist, d. h. wenn $A A' = A' A$ ist, oder wenn A symmetrisch ist. Hat A weniger als n linear unabhängige Eigenvektoren, so kann es durch eine Ähnlichkeitstransformation in eine Dreiecksmatrix überführt werden. Für Einzelheiten des Rechengangs vgl. [2]. Da die Matrix Q einer quadratischen Form stets symmetrisch ist, ist sie auch diagonalähnlich; die entsprechende Ähnlichkeitstransformation wird in diesem Fall als Hauptachsentransformation der quadratischen Form bezeichnet.

1.8. Zahlensysteme

Alle reellen positiven Zahlen z können bezüglich jeder beliebigen natürlichen Basis B eindeutig als Polynome

$$z = \sum_{j=\alpha}^{\beta} b_j B^j \quad 0 \leqslant b_j < B \qquad (1-167)$$

dargestellt werden; α, β und die b_j sind dabei ganze Zahlen. Ist z eine ganze Zahl, so ist $\alpha = 0$; für echt gebrochene Zahlen z ist $\beta = -1$, für irrationale Zahlen ist $\alpha = -\infty$.

Vereinbart man, daß die Koeffizienten b_j in der Reihenfolge der Größe der Potenzen B^j angeschrieben werden, so können ohne die Gefahr von Mißverständnissen die Potenzen B^j weggelassen werden. Im Dezimalsystem mit der Basis $B = 10$ ist daher

$$z = 291{,}625$$

eine Abkürzung für

$$z=\underline{2}\cdot 10^{2}+\underline{9}\cdot 10^{1}+\underline{1}\cdot 10^{0}+\underline{6}\cdot 10^{-1}+$$
$$+\underline{2}\cdot 10^{-2}+\underline{5}\cdot 10^{-3}(\beta=2,\alpha=-3)$$

Die Wahl der Basis $B=10$ ist nicht zwingend. Da B gleichzeitig die Zahl der notwendigen Zahlzeichen b_j angibt, sind bei Wahl einer kleineren Basis als 10 auch weniger als 10 Zahlzeichen zur Darstellung von Zahlen notwendig. Dies wird in elektronischen Rechenanlagen ausgenutzt, wo die Darstellung von Zahlen binär im Dualsystem ($B=2$), aus Gründen der praktischen Codierung jedoch auch im Oktalsystem ($B=8$) und im Hexadezimalsystem ($B=16$) stattfindet. Das Dualsystem hat nur die beiden Zahlzeichen 0 und 1 (meistens wird L statt 1 geschrieben); das Oktalsystem hat die 8 Zahlzeichen 0, 1, 2, 3, 4, 5, 6, 7, und das Hexadezimalsystem hat 16 Zahlzeichen, nämlich 0, 1, 2, 3, 4, 5, 6, 7, 8, 9 und $\mathrm{P}=10_{10}$, $\mathrm{Q}=11_{10}$, $\mathrm{R}=12_{10}$, $S=13_{10}$, $\mathrm{T}=14_{10}$ und $\mathrm{U}=15_{10}$ (der Index 10 bedeutet „Zahl im Dezimalsystem").

Beispiele:

$1=1\cdot 2^{0}=\mathrm{L}$; $2=1\cdot 2^{1}+0\cdot 2^{0}=\mathrm{L0}$;

$8=1\cdot 2^{3}+0\cdot 2^{2}+0\cdot 2^{1}+0\cdot 2^{0}=\mathrm{L000}$

$291{,}625_{10}=\mathrm{L00L000LL{,}L0L}_2=443{,}5_8=123{,}\mathrm{P}_{16}$

Je kleiner die Basis B ist, desto größer ist, wie schon die Beispiele zeigten, die Stellenzahl einer Zahl. Dualzahlen haben durchschnittlich 3,3mal so viele Stellen wie Dezimalzahlen.

In einem Zahlensystem der Basis B sind nur diejenigen Zahlen durch abbrechende, nichtperiodische B-adische Brüche darstellbar, deren Nenner sich als Produkt der Primteiler von B schreiben läßt. Im Duodezimalsystem mit der Basis $B=12$ sind daher im Gegensatz zum Dezimalsystem auch Brüche, deren Nenner aus Potenzen von 3 aufgebaut ist, nicht-periodisch:

$\frac{1}{3}=0{,}33\overline{3}\cdots_{10}=0{,}4_{12}$ $\quad$ $\frac{5}{18}=0{,}2\overline{7}\cdots_{10}=0{,}34_{12}$

Das Verfahren zur Umwandlung von Zahlendarstellungen in den verschiedenen Zahlsystemen sei an vier Beispielen erläutert:

1. 3421_{10} soll in die entsprechende Oktalzahl umgewandelt werden.

   $3421:8=427$ Rest $\underline{5}$
   $427:8=53$ Rest $\underline{3}$
   $54:8=6$ Rest $\underline{5}$
   $6:8=0$ Rest $\underline{6}$

   $3421_{10}=6535_8$ (Restzahlen von unten gelesen)

2. $0{,}1475_{10}$ soll in die entsprechende Hexadezimalzahl umgewandelt werden.

   $0{,}1475\cdot 16=2{,}36=0{,}36+\underline{2}$
   $0{,}36\cdot 16=5{,}76=0{,}76+\underline{5}$
   $0{,}76\cdot 16=12{,}16=0{,}16+\underline{\mathrm{R}}$
   $0{,}16\cdot 16=2{,}56=0{,}56+\underline{2}$
   $0{,}56\cdot 16=8{,}96=0{,}96+\underline{8}$
   $0{,}96\cdot 16=15{,}36=0{,}36+\underline{\mathrm{U}}$

   Da hier auf der rechten Seite der gleiche Dezimalbruch wie im ersten Rechenschritt auftritt, wiederholen sich von hier ab alle Rechenschritte periodisch. Es ist daher (mit $\mathrm{R}=12_{10}$ und $\mathrm{U}=15_{10}$)

   $0{,}1475_{10}=0{,}\overline{25\mathrm{R}28\mathrm{U}}\cdots_{16}$

3. Die Duodezimalzahl $42\mathrm{P}9_{12}(\mathrm{P}=10_{10})$ soll in die entsprechende Dezimalzahl konvertiert werden.

   $\underline{4}\cdot 12=48$; $\quad 48+\underline{2}=50$
   $50\cdot 12=600$; $\quad 600+\mathrm{P}=610$
   $610\cdot 12=7320$; $\quad 7320+\underline{9}=7329$

   Daher $42\mathrm{P}9_{12}=7329_{10}$

4. Die Dualzahl $0{,}\mathrm{L0LL00L}$ ist in die entsprechende Dezimalzahl zu konvertieren.

   $\underline{\mathrm{L}}:2=0{,}5$; $\quad 0{,}5+\underline{0}=0{,}5$
   $0{,}5:2=0{,}25$; $\quad 0{,}25+\underline{0}=0{,}25$
   $0{,}25:2=0{,}125$; $\quad 0{,}125+\underline{\mathrm{L}}=1{,}125$

   $1{,}125:2=0{,}5625$; $\quad 0{,}5625+\underline{\mathrm{L}}=1{,}5625$
   $1{,}5625:2=0{,}78125$; $\quad 0{,}78125+\underline{0}=0{,}78125$
   $0{,}78125:2=0{,}390625$; $\quad 0{,}390625+\underline{\mathrm{L}}=1{,}390625$
   $1{,}390625:2=0{,}6953125$

   Somit ist

   $0{,}\mathrm{L0LL00L}_2=0{,}6953125_{10}$

2. Elementare Funktionen

2.1. Begriff der Funktion; Grenzwert; Stetigkeit

Eine Größe, die verschiedene Zahlenwerte annehmen kann, heißt Veränderliche oder Variable. Die Gesamtheit ihrer möglichen Werte ist ihr Wertebereich; er kann aus diskreten Zahlen (z. B. den ganzen Zahlen) und aus einem oder mehreren Intervallen bestehen. Jeder einzelne Wert aus dem Wertebereich heißt spezieller oder zulässiger Wert der Variablen.

Sind a und $b>a$ zwei reelle Zahlen, so heißt

$a\leqq x\leqq b$ das (beiderseits) abgeschlossene Intervall $[a,b]$;

$a<x<b$ das (beiderseits) offene Intervall (a,b).

a und b sind die Randpunkte des Intervalls; die übrigen Punkte werden als innere Punkte bezeichnet. Ist das Intervall nach links oder rechts nicht begrenzt, heißt es unbeschränkt. Ein unbeschränktes Intervall ist stets offen.

Ändern sich zwei Größen x und y gleichzeitig, wie etwa Temperatur und Dampfdruck einer Flüssigkeit, so kann man sich eine Zuordnung zwischen den beiden Variablen denken, welche es erlaubt, bei Kenntnis eines speziellen Wertes der „unabhängigen" Variablen x den zugehörigen speziellen Wert der „abhängigen" Variablen y eindeutig zu ermitteln. In diesem Fall nennt man y eine Funktion von x und schreibt dafür

$$y = f(x) \qquad (2-1)$$

oder auch

$$y = y(x) \qquad (2-1\,a)$$

Der Buchstabe f sagt also nur aus, daß zwischen y und x eine Zuordnungsvorschrift besteht. Der Wertebereich von x wird als Definitionsbereich, die Gesamtheit der zugeordneten y-Werte als Wertebereich der Funktion f bezeichnet, und man sagt, $y(x)$ sei an jeder Stelle des Definitionsbereiches erklärt.

Oft ist statt der expliziten Beziehung Gl. (2−1) zunächst eine Gleichung $F(x,y) = 0$ zwischen x und y gegeben. In manchen Fällen, jedoch keineswegs immer, gibt es dann Funktionen $y = f(x)$ oder $x = g(y)$, welche, in $F(x,y) = 0$ eingesetzt, diese Gleichung identisch erfüllen: $F(x,y(x)) \equiv 0$; $F(g(y),y) \equiv 0$. In diesem Fall nennt man die Funktionen $y = f(x)$ oder $x = g(y)$ durch $F(x,y) = 0$ implizit dargestellt. Kriterien, wann dies möglich ist, werden in Kap. 5.7 gegeben.

Zur grafischen Darstellung einer Funktion wird entweder ein Koordinatensystem oder eine Funktionsleiter verwendet. Normalerweise gebräuchlich sind rechtwinklige Koordinatensysteme. Dabei ist es zweckmäßig, die Maßstäbe auf der x- und y-Achse so zu wählen, daß die Bildkurve möglichst nahe der Hauptdiagonalen verläuft. Häufig empfiehlt sich, insbes. bei der Höhenliniendarstellung von Funktionen zweier Veränderlicher, ein schiefwinkliges Koordinatensystem zur besseren Ausnutzung der Zeichenebene (z. B. im Mollier-Diagramm). Sind Funktionen in Polarkoordinaten gegeben, ist meistens eine Darstellung in einem $r-\varphi$-Koordinatensystem einfacher (allerdings auf Kosten der Anschaulichkeit).

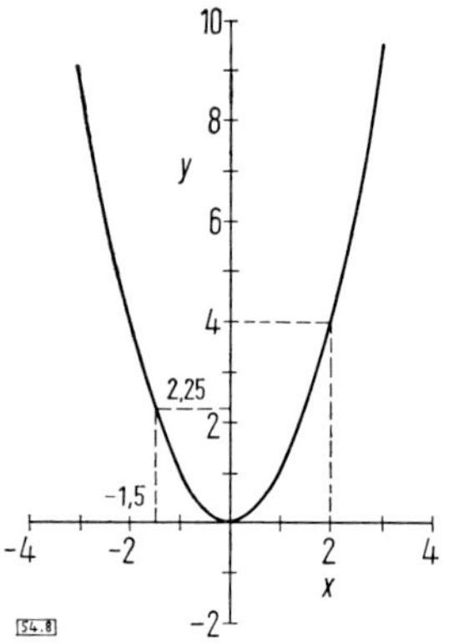

Abb. 8. Bildkurve der Parabel $y = x^2$

Statt die in Abb. 8 dargestellte Parabel als Bildkurve der Funktion $y = x^2$ anzusehen, kann man sie auch als Darstellung der Abbildung auffassen, durch die jeder Punkt der x-Achse über die Parabel $y = x^2$ auf einen Punkt der y-Achse abgebildet wird. Man erhält so die in Abb. 9 wiedergegebene Funktionsleiter.

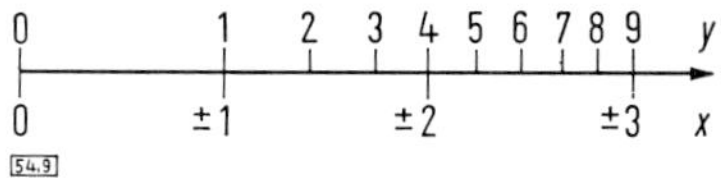

Abb. 9. Funktionsleiter zur Parabel $y = x^2$

Eine Funktion $f(x)$ heißt in einem Intervall $a \leqq x \leqq b$ *beschränkt*, wenn es eine positive Zahl K gibt, so daß $|f(x)| \leqq K$ ist. Beispielsweise ist $y = x^2$ in jedem endlichen Intervall (a,b) beschränkt, in dem unbeschränkten Intervall $(a, +\infty)$ dagegen nicht. Ist für zwei Werte x_1 und $x_2 > x_1$ aus dem Intervall (a,b) stets

$y(x_2) \geqq y(x_1)$, so heißt $y(x)$ in diesem Intervall *monoton steigend;*

$y(x_2) \leqq y(x_1)$, so heißt $y(x)$ in diesem Intervall *monoton fallend.*

Kann das Gleichheitszeichen weggelassen werden, so heißt $y(x)$ streng monoton steigend bzw. fallend. Beispiel: $y = x^2$ ist im Intervall $(-\infty, 0)$ eine streng monoton fallende, im Intervall $(0, +\infty)$ eine streng monoton steigende Funktion.

Liegt (eventuell nach einer Koordinatentransformation) das Bild von $f(x)$ symmetrisch zur y-Achse, so daß $y(x) = y(-x)$ ist, so heißt $y(x)$ eine *gerade* Funktion (Beispiel: $y = x^2$); liegt das Bild von $y(x)$ punktsymmetrisch zum Ursprung, so daß $y(x) = -y(-x)$, so heißt $y(x)$ *ungerade* (Beispiel: $y = x^3$).

Die durch die Funktion $y = f(x)$ vermittelte Abbildung der Variablen x auf die Variable y braucht wegen der für eine Funktion verlangten Eindeutigkeit nicht umkehrbar zu sein. So wird z. B. durch $y = x^2$ sowohl der Zahl x_i wie auch der Zahl $-x_i$ die Zahl $y_i = x_i^2$ zugeordnet; diese Abbildung ist daher nicht eindeutig umkehrbar. Doch kann für jede Funktion in jedem Teilintervall ihres Definitionsbereiches, in dem sie streng monoton verläuft, eine Umkehrfunktion $x = g(y)$ angegeben werden. Beispiel: Zu $y = x^2$, $0 \leqq x < \infty$, gehört die Umkehrfunktion $x = \sqrt{y}$; zu $y = x^2$, $-\infty < x \leqq 0$, gehört die Umkehrfunktion $x = -\sqrt{y}$.

Da bei einer Funktion die Zuordnung zwischen x und y eindeutig sein soll, lassen sich viele einfache Kurven, die aus mehreren Zweigen bestehen, nicht durch eine Gleichung der Form $y = f(x)$ beschreiben (der Kreis z. B. nur durch die beiden Beziehungen $y = \sqrt{r^2 - x^2}$ für den oberen und $y = -\sqrt{r^2 - x^2}$ für den unteren Halbkreis). Deshalb ist oft eine Parameterdarstellung $x = x(t)$, $y = y(t)$, bei der also x und y als Funktionen einer dritten Variablen t aufgefaßt werden, günstiger, bei der diese Schwierigkeiten nicht auftreten. So kann die gesamte Kreiskurve in Parameterdarstellung eindeutig durch $x = \cos t$, $y = \sin t$ dargestellt werden.

Die Funktion $f(x)$ sei im Intervall $a \leqq x \leqq b$ erklärt. Ferner sei x_0 ein nicht notwendig zu (a,b) gehörender Punkt. Wenn dann für jede Zahlenfolge, $x_1, x_2, x_3, \cdots$ aus dem Definitionsbereich, die gegen x_0 konvergiert, auch die Folge der zugehörigen Funktionswerte $y_1 = f(x_1)$, $y_2 = f(x_2), \cdots$ gegen ein und denselben

Grenzwert y_0 konvergiert, heißt y_0 der Grenzwert der Funktion an der Stelle x_0, und man schreibt

$$\lim_{x \to x_0} f(x) = y_0 \qquad (2-2)$$

Ist $f(x)$ an der Stelle $x = x_0$ erklärt und stimmt ihr Funktionswert $f(x_0)$ mit ihrem Grenzwert an dieser Stelle überein

$$\lim_{x \to x_0} f(x) = f(x_0) \qquad (2-3)$$

so heißt $f(x)$ *stetig* an der Stelle x_0. Unstetigkeitsstellen einer Funktion sind insbes.: Sprungstellen, Lücken, Einsiedlerpunkte, Pole.

Gl. (2−3) kann auch folgendermaßen formuliert werden: $y(x)$ ist an der Stelle $x = x_0$ stetig, falls $|y(x) - y(x_0)| < \varepsilon$ ist für jedes x, für das $|x - x_0| < \delta(\varepsilon)$ ist, d. h. falls zu Argumentwerten x, die sich von x_0 nur wenig unterscheiden, stets auch Funktionswerte $y(x)$ gehören, die nahe bei $y(x_0)$ liegen. Hält man ε fest, so ist für eine beliebige Funktion $y(x)$ δ im allg. noch eine Funktion von x_0.

Beispiel: $y = x^3$ ist im gesamten Definitionsbereich $-\infty < x < +\infty$ stetig. Setzt man $\varepsilon = 0{,}1$, so ist das dafür erforderliche δ an der Stelle

$$x_0 = 0 : \delta(0) = 0{,}464$$

$$x_0 = 1 : \delta(1) = 0{,}0323$$

$$x_0 = 10 : \delta(10) = 0{,}000\,333$$

Man nennt $f(x)$ in einem Intervall (a, b) *gleichmäßig stetig* wenn es eine feste Zahl δ gibt, so daß $|y(x + + \delta) - y(x)| < \varepsilon$ (ε fest) ist für alle Werte x aus (a, b). Jede in einem abgeschlossenen Intervall stetige Funktion ist dort auch gleichmäßig stetig. Für offene Intervalle gilt dies nicht (Gegenbeispiel: $y = \frac{1}{x}$ im Intervall $0 < x \leqq 1$).

Sind $f(x)$ und $g(x)$ zwei stetige Funktionen, so sind auch die Funktionen $f(x) + g(x)$, $f(x) \cdot g(x)$ und (falls $g(x) \neq 0$ ist) $f(x)/g(x)$ stetig. Ebenso ist die zu $f(x)$ inverse Funktion $x = h(y)$ stetig. Sind $f(z)$ und $g(x)$ stetige Funktionen von z bzw. x, so ist auch die mittelbare Funktion $f(g(x))$, die entsteht, wenn z als Funktion des Argumentes x aufgefaßt wird, stetig.

Funktionen werden nach der Art der Rechenoperationen, die zur Ermittlung der Funktionswerte notwendig sind, eingeteilt in rationale und nicht rationale bzw. in algebraische und transzendente. Über Funktionen mehrerer Veränderlicher vgl. Kap. 5.

2.2. Rationale Funktionen

2.2.1. Begriff der rationalen Funktion

Eine Funktion $f(x)$ heißt rational, wenn sie im betrachteten Intervall durch einen Ausdruck dargestellt werden kann, der nur aus einer festen endlichen Anzahl von Additionen, Subtraktionen, Multiplikationen und Divisionen der Variablen und beliebiger reeller Zahlen entsteht. Tritt keine Division auf, so spricht man von einer ganzen rationalen Funktion oder einem Polynom.

Rationale Funktionen sind also

$$y = x^2 + 1, \quad y = \frac{2x^2 + 5}{x^3 + 7x + 1}, \quad y = \sqrt{2}\, x^3 + \pi,$$

$$y = e^{\ln x^2} (= x^2), \quad y = \binom{x}{k}$$

dagegen nicht $y = e^{x^2}$, $y = 2\sqrt[3]{x}$, $y = x!$

2.2.2. Ganze rationale Funktionen oder Polynome

Ein Polynom in x kann stets eindeutig in der sog. Normalform, nach Potenzen der unabhängigen Variablen x geordnet, dargestellt werden:

$$y = a_n x^n + a_{n-1} x^{n-1} + a_{n-2} x^{n-2} + + \cdots + a_1 x + a_0 \qquad a_i \text{ reell} \quad (2-4)$$

Als *Grad* des Polynoms bezeichnet man die höchste auftretende Potenz $n > 0$ der Variablen.

$$y = 3x^2 + 5x - 9$$

ist ein Polynom zweiten Grades und

$$y = -4x^3 + 5x^2 - 7x^8 - 1$$

ein (nicht in der Normalform vorliegendes) Polynom achten Grades.

Alle Polynome sind in jedem Punkt ihres Definitionsintervalles stetig. Werte von x, für die das Polynom den Wert Null annimmt, heißen *Nullstellen* des Polynoms. Für sie gilt der *Fundamentalsatz der Algebra:*

Jedes Polynom n-ten Grades mit reellen oder komplexen Koeffizienten hat genau n reelle oder komplexe Nullstellen $x_1, x_2, \cdots, x_n$, und es gilt

$$f(x) = a_n(x - x_1)(x - x_2)(x - x_3) \cdots (x - x_n) \qquad (2-5)$$

Die Nullstellen müssen nicht alle voneinander verschieden sein.

So besitzt etwa das Polynom

$$f(x) = x^5 - 5x^4 + 14x^3 - 22x^2 + 17x - 5$$

$x_1 = 1$ als dreifache Nullstelle; denn es ist

$$\begin{aligned} f(x) &= (x-1)(x^4 - 4x^3 + 10x^2 - 12x + 5) \\ &= (x-1)(x-1)(x^3 - 3x^2 + 7x - 5) \\ &= (x-1)(x-1)(x-1)(x^2 - 2x + 5) \end{aligned}$$

Ein Polynom n-ten Grades hat $(n + 1)$ Koeffizienten und n Nullstellen. Daher lassen sich alle bis auf einen Koeffizienten als Funktionen der Nullstellen ausdrücken (*Formeln von* VIETA):

$$a_{n-1} = -a_n(x_1 + x_2 + x_3 + \cdots + x_n) \qquad (2-6a)$$

$$a_{n-2} = a_n(x_1 x_2 + x_1 x_3 + \cdots + x_{n-1} x_n) \qquad (2-6b)$$

$$a_{n-3} = -a_n(x_1 x_2 x_3 + x_1 x_2 x_4 + \cdots + x_{n-2} x_{n-1} x_n) \qquad (2-6c)$$

$$\vdots$$

$$a_0 = (-1)^n a_n x_1 x_2 x_3 \cdots x_n \qquad (2-6d)$$

Daraus folgt: Stimmen zwei Polynome $f(x)$ und $g(x)$, deren Grad höchstens n ist, in $m > n$ Punkten überein, so sind sie gleich.

Hat ein Polynom mit reellen Koeffizienten die komplexe Nullstelle $x_1 = a + \mathrm{i}b$, so hat es stets auch die Nullstelle $x_2 = a - \mathrm{i}b$.

Ein Polynom mit reellen Koeffizienten kann also nur eine gerade Anzahl von komplexen Nullstellen haben;

444 Mathematik

insbes. muß ein solches Polynom ungeraden Grades mindestens eine reelle Nullstelle besitzen.

Die Aufgabe, den Wert eines Polynoms an einer bestimmten Stelle x_0 seines Definitionsbereiches zu berechnen, wird am einfachsten mit Hilfe des HORNERschen Schemas gelöst. Es beruht auf der Zerlegung

$$f(x) = a_n x^n + a_{n-1} x^{n-1} + a_{n-2} x^{n-2} + \cdots + a_0$$
$$= \left(\left(\left((a_n x + a_{n-1}) x + a_{n-2}\right) x + a_{n-3}\right) x + \right.$$
$$\left. + \cdots\right) x + a_0 \qquad (2-7)$$

Für die Ermittlung des Wertes von $f(x)$ an der Stelle x_0 ergibt sich daraus folgendes Schema:

	a_n	a_{n-1}	a_{n-2}	a_{n-3}	$\cdots$	a_0
		$+ x_0 b_{n-1}$	$+ x_0 b_{n-2}$	$+ x_0 b_{n-3}$	$\cdots$	$+ x_0 b_0$
x_0	b_{n-1}	b_{n-2}	b_{n-3}	b_{n-4}		$f(x_0)$

Beispiel: Der Wert von $f(x) = 4x^5 + 2x^4 - 7x^2 + 5x - 2$ an der Stelle $x = -1$ ist zu berechnen (man beachte, daß der Koeffizient von x^3 Null ist!)

HORNER-Schema:

	4	2	0	-7	5	-2
		-4	2	-2	9	-14
-1	4	-2	2	-9	14	-16

Mit einem beliebigen x_0 kann ein Polynom $f(x)$ n-ten Grades jedoch stets auch folgendermaßen geschrieben werden:

$$f(x) = (x - x_0)(b_{n-1} x^{n-1} + b_{n-2} x^{n-2} + \cdots + b_0) + A$$
$$(2-8)$$

wobei $A = 0$, falls x_0 eine Nullstelle ist. Daraus folgt, daß des HORNERsche Schema zugleich die Koeffizienten $b_{n-1}, b_{n-2}, \cdots$ des Polynoms $(n-1)$-ten Grades, das bei der Division von $f(x)$ durch $(x - x_0)$ entsteht, und den dabei verbleibenden Rest A liefert. Im Beispiel ist also

$$(4x^5 + 2x^4 - 7x^2 + 5x - 2)/(x + 1) =$$
$$= 4x^4 - 2x^3 + 2x^2 - 9x + 14 - \frac{16}{x + 1}$$

Durch Fortsetzung des Verfahrens erhält man so die Entwicklung des gegebenen Polynoms $f(x)$ nach Potenzen von $(x - x_0)$; für das Beispiel ergibt sich

```
   4    2    0   - 7    5   - 2
      - 4    2   - 2    9   -14
   4  - 2    2   - 9   14   -16
      - 4    6   - 8   17
   4  - 6    8   -17   31
      - 4   10   -18
   4  -10   18   -35
      - 4   14
   4  -14   32
      - 4
   4  -18
   4
```

$f(x) = (4x^4 - 2x^3 + 2x^2 - 9x + 14)(x+1) - 16$

$f(x) = (x+1)\big((x+1)(4x^3 - 6x^2 + 8x - 17) + 31\big) - 16$

$f(x) = (x+1)\big((x+1)\big((x+1)(4x^2 - 10x + 18) - 35\big) + 31\big) - 16$

$f(x) = (x+1)\Big((x+1)\big((x+1)((x+1)(4x-14) + 32) - 35\big) + 31\Big) - 16$

$f(x) = (x+1)\Big((x+1)\big((x+1)((x+1)((x+1)4 - 18) + 32) - 35\big) + 31\Big) - 16$

Indem man die letzte Entwicklung nach Potenzen von $(x + 1)$ ausmultipliziert, erhält man schließlich

$$f(x) = 4(x+1)^5 - 18(x+1)^4 + 32(x+1)^3 -$$
$$- 35(x+1)^2 + 31(x+1) - 16$$

Schon anschaulich ist klar, daß für das Verhalten eines Polynoms bei großen Werten von $|x|$ nur das Glied $a_n x^n$ mit der höchsten Potenz von x maßgebend ist. Damit ist folgendes gemeint: Bildet man die relative Abweichung

$$\Delta = \left| \frac{y(x) - a_n x^n}{a_n x^n} \right| = \left| \sum_{j=0}^{n-1} \frac{a_j}{a_n x^{n-j}} \right| \qquad (2-9)$$

so kann Δ durch genügend große Werte von x beliebig klein gemacht werden (obgleich die absolute Differenz $|y(x) - a_n x^n|$ mit wachsendem x beliebig groß wird). Die Formulierung „$y(x)$ ist für $|x| \gg 1$ asymptotisch gleich $a_n x^n$", sollte jedoch vermieden werden, weil bei asymptotischer Annäherung die absolute Differenz zweier Größen beliebig klein wird.

Analog gilt: Für das Verhalten eines Polynoms bei sehr kleinen Werten von $|x|$ ist nur das Glied $(a_1 x + a_0)$ mit der kleinsten Potenz von x bzw. allein a_0 wesentlich, weil alle anderen Glieder von höherer Ordnung gegen Null gehen.

Zur Berechnung der Nullstellen eines Polynoms n-ter Ordnung stehen bis $n = 4$ exakte Formeln zur Verfügung (vgl. [3], [9]), die aber schon ab $n = 3$ so kompliziert sind, daß man in der Praxis immer auf eines der in Abschn. 13.5 erwähnten numerischen Verfahren zurückgreifen wird.

Oft tritt das Problem auf, n vorgegebene Punkte (x_i, y_i), $i = 1 \cdots n$, durch ein Polynom möglichst niedrigen Grades zu interpolieren. Ein nützliches Hilfsmittel dabei sind die Steigungen oder dividierten Differenzen. Man definiert als erste Steigung zweier Zahlenpaare (x_1, y_1) und (x_2, y_2) den Ausdruck

$$[x_1 x_2] = [x_2 x_1] = \frac{y_2 - y_1}{x_2 - x_1} \qquad (2-10)$$

als zweite Steigung dreier Zahlenpaare (x_1, y_1), (x_2, y_2) und (x_3, y_3) den Ausdruck

$$[x_1 x_2 x_3] = [x_1 x_3 x_2] = [x_2 x_1 x_3] = \cdots =$$
$$= \frac{\dfrac{y_2 - y_1}{x_2 - x_1} - \dfrac{y_3 - y_2}{x_3 - x_2}}{x_3 - x_1} \qquad (2-11)$$

und allgemein als $(n-1)$-te Steigung der n Argumente $(x_1, y_1), \cdots, (x_n, y_n)$ den Ausdruck

$$[x_1 x_2 \cdots x_n] = \frac{[x_1 \cdots x_{n-1}] - [x_2 \cdots x_n]}{x_n - x_1} \qquad (2-12)$$

Die Reihenfolge der Argumente ist dabei beliebig. Außerdem gilt auch

$$[x_1 \cdots x_n] = \sum_{i=1}^{n} \frac{y_i}{(x_i - x_1)(x_i - x_2) \cdots (x_i - x_{i-1})(x_i - x_{i+1}) \cdots (x_i - x_n)} \qquad (2-13)$$

Für jedes Polynom $(n-1)$-ten Grades $y = \sum_{j=1}^{n=1} a_j x^j$ sind die $(n-1)$-ten Steigungen konstant gleich a_{n-1}, und die n-ten (und alle höheren) Steigungen verschwinden. Mit Hilfe dieses Satzes kann überprüft werden, ob eine Folge von n Zahlenpaaren (x_i, y_i) eventuell bereits durch ein Polynom von niedrigerem als $(n-1)$-tem Grad interpoliert werden kann.

Für die Zahlenfolge (0,1), (1,2), (3,10), (5,26), (6,37) ergibt sich z. B. folgendes Differenzenschema:

x_i	y_i	$[x_i x_{i+1}]$	$[x_i x_{i+1} x_{i+2}]$	$[x_i x_{i+1} x_{i+2} x_{i+3}]$
0	1			
		1		
1	2		1	
		4		0
3	10		1	
		8		0
5	26		1	
		11		
6	37			

Daraus folgt, daß diese fünf Punkte bereits durch ein Polynom zweiten Grades interpoliert werden können, weil schon die zweiten Steigungen konstant sind. Die explizite Berechnung des Interpolationspolynoms erfolgt mit Hilfe einer der Interpolationsformeln von LAGRANGE, NEWTON u. a., vgl. Kap. 13.6.

2.2.3. Gebrochen rationale Funktionen

Ist eine rationale Funktion als Quotient zweier Polynome $g(x)$ und $h(x)$ darstellbar

$$(x) = f \frac{g(x)}{h(x)} \qquad (2-14)$$

so spricht man von einer gebrochen rationalen Funktion, speziell von einer *echt gebrochenen*, wenn der Grad von h größer ist als der Grad von g. g und h sollen außerdem keine gemeinsamen Nullstellen haben; unter dieser Bedingung ist die gebrochen rationale Funktion Gl. (2–14) an allen Punkten ihres Definitionsbereiches stetig mit Ausnahme der Nullstellen des Nenners, wo sie nicht erklärt ist. Beispiele:

$$y = \frac{x-1}{x^2+5x-3}$$

ist eine echt gebrochene,

$$y = \frac{x^3-2x+7}{x^2+4}$$

eine unecht gebrochene rationale Funktion.

Eine unecht gebrochene rationale Funktion kann stets in die Summe einer ganzen rationalen und einer echt gebrochen rationalen Funktion zerlegt werden, indem man das Zählerpolynom durch das Nennerpolynom dividiert:

$$y = \frac{x^3-2x+7}{x^2+4} = x - \frac{6x+7}{x^2+4}$$

Für spätere Anwendungen in der Integralrechnung besonders wichtig ist die Zerlegung einer rationalen Funktion in sog. Partialbrüche. Sind $x_1, x_2, x_3, \cdots$ die Nullstellen des Nennerpolynoms $h(x)$ mit den Vielfachheiten $\nu_1, \nu_2, \nu_3, \cdots$ (wäre z. B. x_2 eine dreifache Nullstelle, ist $\nu_2 = 3$), so gilt:

Zerlegung in Partialbrüche. Jede echt gebrochen rationale Funktion $f(x)$ mit dem Nennerpolynom $h(x)$ läßt sich eindeutig als Summe von Partialbrüchen in folgender Form schreiben:

$$\begin{aligned} f(x) = {} & \frac{A_{11}}{x-x_1} + \frac{A_{12}}{(x-x_1)^2} + \cdots + \frac{A_{1\nu_1}}{(x-x_1)^{\nu_1}} + \\ & + \frac{A_{21}}{x-x_2} + \frac{A_{22}}{(x-x_2)^2} + \cdots + \frac{A_{2\nu_2}}{(x-x_2)^{\nu_2}} + \\ & + \cdots\cdots\cdots\cdots\cdots\cdots\cdots\cdots + \\ & + \frac{A_{k1}}{x-x_k} + \frac{A_{k2}}{(x-x_k)^2} + \cdots + \frac{A_{k\nu_k}}{(x-x_k)^{\nu_k}} \end{aligned} \qquad (2-15)$$

Das folgende Beispiel soll zeigen, wie man zu dieser Partialbruchzerlegung kommt:

$$f(x) = \frac{3x-4}{x^5-3x^4-9x^3+7x^2-40x-100} \qquad (2-16)$$

Der Nenner hat die Nullstellen $-2, -2, 5, 1-2\mathrm{i}$ und $1+2\mathrm{i}$.

Also ist

$$\begin{aligned} x_1 &= -2 & \nu_1 &= 2 \\ x_2 &= 5 & \nu_2 &= 1 \\ x_3 &= 1-2\mathrm{i} & \nu_3 &= 1 \\ x_4 &= 1+2\mathrm{i} & \nu_4 &= 1 \end{aligned}$$

und nach Gl. (2–15) existiert für $f(x)$ eine Zerlegung der Form

$$\begin{aligned} f(x) &= \frac{3x-4}{x^5-3x^4-9x^3+7x^2-40x-100} = \\ &= \frac{A_{11}}{x+2} + \frac{A_{12}}{(x+2)^2} + \frac{A_{21}}{x-5} + \frac{A_{31}}{x-1+2\mathrm{i}} + \\ &+ \frac{A_{41}}{x-1-2\mathrm{i}} \end{aligned} \qquad (2-17)$$

1. Ermittlung von $A_{11}, A_{12} \cdots$ nach der *Methode des Koeffizientenvergleichs.* Multipliziert man Gl. (2–17) links und rechts mit dem Hauptnenner, so ergibt sich

$$A_{11}(x+2)(x-5)(x-1+2i)(x-1-2i)+ \\ +A_{12}(x-5)(x-1+2i)(x-1-2i)+ \\ +A_{21}(x+2)^2(x-1+2i)(x-1-2i)+ \\ +A_{31}(x+2)^2(x-5)(x-1-2i)+ \\ +A_{41}(x+2)^2(x-5)(x-1+2i)=3x-4 \qquad (2-18)$$

Schreibt man das linke Polynom in Normalform, so ergibt sich

$$x^4(A_{11}+A_{21}+A_{31}+A_{41})+ \\ +x^3(-5A_{11}+A_{12}+2A_{21}-2(1+i)A_{31}-2(1-i)A_{41})+ \\ +x^2(A_{11}-7A_{12}+A_{21}-(15-2i)A_{31}-(15+2i)A_{41})+ \\ +x(5A_{11}+15A_{12}+12A_{21}-(4-32i)A_{31}-(4+32i)A_{41})+ \\ +(-50A_{11}-25A_{12}+20A_{21}+20(1+2i)A_{31}+20(1-2i)A_{41})=3x-4 \qquad (2-19)$$

Da diese Gleichung für alle Werte von x identisch erfüllt sein soll, folgt durch Koeffizientenvergleich

$$A_{11}+A_{21}+A_{31}+A_{41}=0 \qquad (2-20a)$$

$$-5A_{11}+A_{12}+2A_{21}-2(1+i)A_{31}-2(1-i)A_{41}=0 \qquad (2-20b)$$

$$A_{11}-7A_{12}+A_{21}-(15-2i)A_{31}-(15+2i)A_{41}=0 \qquad (2-20c)$$

$$5A_{11}+15A_{12}+12A_{21}-4(1-8i)A_{31}-4(1+8i)A_{41}=3 \qquad (2-20d)$$

$$-50A_{11}-25A_{12}+20A_{21}+20(1+2i)A_{31}+20(1-2i)A_{41}=-4 \qquad (2-20e)$$

Dieses Gleichungssystem hat die Lösung

$$A_{11}=\frac{277}{8281} \quad A_{12}=\frac{10}{91} \quad A_{21}=\frac{11}{980}$$

$$A_{31}=-\frac{151+92i}{6760} \qquad A_{41}=-\frac{151-92i}{6760}$$

2. Ermittlung von A_{11}, $A_{12}\cdots$ nach der *Grenzwertmethode*. Multipliziert man Gl. (2–17) links und rechts mit $(x-5)$ durch, so entsteht

$$\frac{(3x-4)(x-5)}{(x+2)^2(x-5)(x-1+2i)(x-1-2i)}= \\ =\left(\frac{A_{11}}{x+2}+\frac{A_{21}}{(x+2)^2}+\frac{A_{31}}{x-1+2i}+\right. \\ \left.+\frac{A_{41}}{x-1-2i}\right)(x-5)+A_{21} \qquad (2-21)$$

Die linke Seite von Gl. (2–21) stimmt für alle Werte $x \neq 5$ mit der rationalen Funktion

$$f^*(x)=\frac{3x-4}{(x+2)^2(x-1+2i)(x-1-2i)} \qquad (2-22)$$

überein; außerdem ist

$$\lim_{x\to 5} f(x)\,(x-5)=f^*(x=5) \qquad (2-23)$$

Bildet man diesen Grenzwert auf beiden Seiten von Gl. (2–21), so folgt

$$\lim_{x\to 5}\frac{3x-4}{(x+2)^2(x-1+2i)(x-1-2i)}=\frac{11}{980}=A_{21} \qquad (2-24)$$

Ebenso folgt durch Multiplikation von Gl. (2–17) mit $(x-1+2i)$, daß

$$\frac{3x-4}{(x+2)^2(x-5)(x-1-2i)}=A_{31}+(x-1+2i)\times \\ \times\left(\frac{A_{11}}{x+2}+\frac{A_{12}}{(x+2)^2}+\frac{A_{21}}{x-5}+\frac{A_{41}}{x-1-2i}\right) \qquad (2-25)$$

Bildet man hier auf beiden Seiten den Grenzwert $x\to(1-2i)$, so folgt

$$\lim_{x\to 1-2i}\frac{3x-4}{(x+2)^2(x-5)(x-1-2i)}= \\ =-\frac{151+92i}{6760}=A_{31} \qquad (2-26)$$

Ist x_j keine einfache, sondern etwa eine ν_j-fache Nullstelle, so ist zunächst beiderseits mit $(x-x_j)^{\nu_j}$ durchzumultiplizieren. Im Beispiel Gl. (2–16) ist $x_1=-2$ eine zweifache Nullstelle, also bildet man

$$\frac{3x-4}{(x+2)^2(x-5)(x-1+2i)(x-1-2i)}(x+2)^2= \\ =A_{12}+(x+2)^2\left(\frac{A_{11}}{x+2}+\frac{A_{21}}{x-5}+\frac{A_{31}}{x-1+2i}+\right. \\ \left.+\frac{A_{41}}{x-1-2i}\right) \qquad (2-27)$$

Der Grenzwert $x\to-2$ liefert

$$\lim_{x\to -2}\frac{3x-4}{(x-5)(x-1+2i)(x-1-2i)}=\frac{10}{91}=A_{12} \qquad (2-28)$$

Anschließend bildet man die neue Funktion

$$\hat{f}(x)=f(x)-\frac{A_{12}}{(x+2)^2}= \\ =\frac{1}{91}\,\frac{(x+2)(-10x^2+90x-57)}{(x+2)^2(x-5)(x-1+2i)(x-1-2i)} \qquad (2-29)$$

$\hat{f}(x)$ stimmt für alle Werte $x \neq -2$ mit der rationalen Funktion

$$\hat{f}^*(x) = \frac{1}{91} \frac{-10x^2 + 90x - 57}{(x+2)(x-5)(x^2-2x+5)} \qquad (2-30)$$

überein, deren Nenner an der Stelle $x = -2$ nur noch eine einfache Nullstelle besitzt. Die Anwendung der Grenzwertmethode auf $\hat{f}^*(x)$ liefert dann nach Durchmultiplizieren mit $(x+2)$ sofort

$$\frac{1}{91} \frac{-10x^2 + 90x - 57}{(x-5)(x^2-2x+5)} = A_{11} + \\ + (x+2)\left(\frac{A_{21}}{x-5} + \frac{A_{31}}{x-1+2\mathrm{i}} + \frac{A_{41}}{x-1-2\mathrm{i}}\right)$$

also

$$\lim_{x \to -2} \frac{1}{91} \frac{-10x^2 + 90x - 57}{(x-5)(x^2-2x+5)} = \frac{277}{8281} = A_{11} \qquad (2-31)$$

Im allgemeinen Fall bildet man analog bei einer v_j-fachen Nullstelle die Funktion

$$\hat{f}(x) = f(x) - \frac{A_{jv_j}}{(x-x_j)^{v_j}}, \qquad (2-32)$$

bei welcher die Vielfachheit der Nullstelle x_j gegenüber der ursprünglichen Funktion f um 1 erniedrigt ist, und wendet auf $\hat{f}$ erneut die Grenzwertmethode an.

Funktion $f(x)$ bei Nullstellen des Nenners. Die Nullstellen einer gebrochen rationalen Funktion

$$f(x) = \frac{g(x)}{h(x)}$$

sind identisch mit den Nullstellen des Zählerpolynoms $g(x)$. Die Nullstellen des Nenners $h(x)$ werden als *Pole* von $f(x)$ bezeichnet; sie sind die einzigen Unstetigkeitsstellen von $f(x)$.

Da der Zähler an den Polen nicht verschwindet, existieren an den Nullstellen des Nenners uneigentliche Grenzwerte $+\infty$ oder $-\infty$; die Pole sind also Unendlichkeitsstellen der Funktion $f(x)$. Ist x_k eine v_k-fache Nullstelle des Nenners, so spricht man auch von einem *Pol k-ter Ordnung*. Beim Durchgang durch einen Pol ungerader Ordnung wechselt $f(x)$ das Vorzeichen, beim Durchgang durch einen Pol gerader Ordnung bleibt $f(x)$ unverändert.

$$f(x) = p(x) + \frac{g(x)}{h(x)} \qquad (2-33)$$

sei eine gebrochen rationale Funktion mit

$$g(x) = g_n x^n + g_{n-1} x^{n-1} + \cdots + g_0 \qquad (2-34)$$

$$h(x) = h_m x^m + h_{m-1} x^{m-1} + \cdots + h_0 \qquad (2-35)$$

und $g_n \neq 0$, $h_m \neq 0$, $m > n$. Für große Werte von x ist nach S. 444

$$\lim_{x \to \pm\infty} g(x) = g_n x^n \quad \lim_{x \to \pm\infty} h(x) = h_m x^m \qquad (2-36)$$

und daher

$$\lim_{x \to \pm\infty} \frac{g(x)}{h(x)} = \frac{g_n}{h_m} x^{n-m} = 0 \qquad (2-37)$$

Für $|x| \to \infty$ unterscheiden sich also die Funktionswerte von $f(x)$ und $p(x)$ beliebig wenig voneinander (obgleich $f(x)$ und $p(x)$ nicht beschränkt sind). Ebenso nähert sich die Bildkurve von $f(x)$ an einer Nullstelle $x = x_k$ des Nenners $h(x)$ asymptotisch der Parallelen zur y-Achse $x = x_k$. Als *Asymptoten* werden daher

1. die Bildkurve der ganzen rationalen Funktion $p(x)$ und
2. die Geraden $x = x_k$, wobei x_k die Nullstellen des Nennerpolynoms sind,

bezeichnet. Zu beachten ist, daß aus dieser Definition folgt, daß für echt gebrochen rationale Funktionen wegen $p(x) = 0$ die x-Achse Asymptote ist.

Beispiel:

$$y = \frac{x^5 + 2x^4 - 6x^3 - 3x^2 + 7x + 2}{x^3 - 3x + 2} \qquad (2-38)$$

Der Nenner hat die Nullstellen 1 (zweifach) und -2; der Definitionsbereich von y ist also

$-\infty < x < +\infty \qquad x \neq 1 \qquad x \neq -2$

Durch Division folgt

$$y = x^2 + 2x - 3 + \frac{(x-2)(x-4)}{(x-1)(x-1)(x+2)}$$

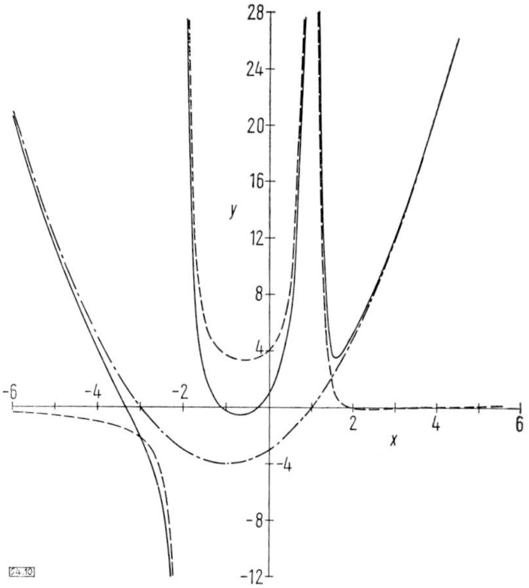

Abb. 10. Bildkurve $y = \frac{x^5 + 2x^4 - 6x^3 - 3x^2 + 7x + 2}{x^3 - 3x + 2}$ (ausgezogene Kurve ———) $-\cdot-$ $y = x^2 + 2x - 3$; $---$ $y = \frac{(x-2)\,(x-4)}{(x-1)^2(x+2)}$

Das Zählerpolynom von Gl. (2−38) hat drei reelle Nullstellen

$x_1 = -3{,}353 \quad x_2 = -1{,}103 \quad x_3 = -0{,}275$

Dies sind auch die Nullstellen von y. Ferner hat y die Pole

$x_{p1} = 1$ Pol 2. Ordnung

$x_{p2} = -2$ Pol 1. Ordnung

und die Asymptoten $x = 1$, $x = -2$, $p(x) = x^2 + 2x - 3$. Abb. 10 zeigt einen Teil der Bildkurve von $y(x)$.

2.3. Algebraische Funktionen

Wenn durch die algebraische Gleichung

$$p_n(x)y^n + p_{n-1}(x)y^{n-1} + \cdots + p_1(x)y + p_0(x) = 0 \qquad (2-39)$$

in der $p_0, p_1, \cdots, p_n$ beliebige Polynome in x sind, implizit eine differenzierbare Funktion $y = f(x)$ definiert ist, heißt $f(x)$ eine algebraische Funktion. Nach dieser Definition sind alle rationalen Funktionen algebraisch, da sie der Gleichung

$$p_1(x)y + p_0(x) = 0 \qquad (2-40)$$

gehorchen. Dagegen ist $y = |x|$ keine algebraische Funktion, obwohl y der Gleichung

$$y^2 - x^2 = 0 \qquad (2-41)$$

gehorcht, weil das Polynom $(y^2 - x^2)$ reduzibel ist und zerlegt werden kann in $(y + x)(y - x) = 0$.

Die wichtigsten algebraischen Funktionen sind

a) die rationalen Funktionen;

b) die Wurzelfunktionen

$$y = x^{m/n} = \sqrt[n]{x^m} \qquad (2-42)$$

Sie gehorchen der algebraischen Gleichung $y^n - x^m = 0$. Da es üblich ist, Wurzeln nur für nicht negative Radikanden anzuschreiben, wählt man folgende Vereinbarung:

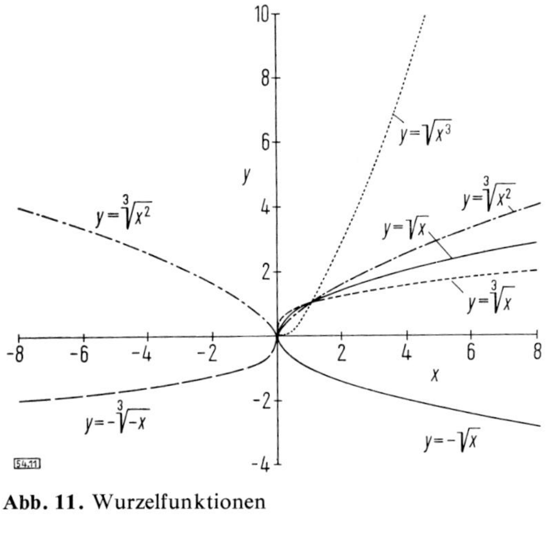

Abb. 11. Wurzelfunktionen

$$y = x^{m/n} = \begin{cases} \sqrt[n]{x^m}\,, & \text{falls } x \geqq 0 \\ -\sqrt[n]{-x^m}\,, & \text{falls } x \leqq 0 \end{cases} \left.\right\} \begin{matrix} m \text{ ungerade,} \\ n \text{ ungerade} \end{matrix}$$

$$\begin{cases} \sqrt[n]{x^m}\,, & \text{falls } x \geqq 0 \quad m \text{ ungerade, } n \text{ gerade} \\ \sqrt[n]{x^m}\,, & x \text{ beliebig} \quad m \text{ gerade} \end{cases}$$

Einen Überblick über den Verlauf verschiedener Wurzelfunktionen gibt Abb. 11.

2.4. Elementare transzendente Funktionen

Wenn eine nicht rationale Funktion nicht algebraisch ist, wird sie transzendent genannt. Die wichtigsten Vertreter der elementaren transzendenten Funktionen sind:

a) Die *Exponentialfunktion*

$$y = \mathrm{e}^x \qquad (2-43)$$

(auch $y = \exp x$ geschrieben)

wobei

$$\mathrm{e} = \lim_{n \to \infty} \left(1 + \frac{1}{n}\right)^n = 2{,}718\,281\,828\,459 \cdots$$

die sog. EULER*sche Zahl* ist.

Die Funktion Gl. (2−43) hat den Definitionsbereich $-\infty < x < +\infty$ und ist dort überall stetig.

Ferner ist

$$\lim_{x \to \infty} \mathrm{e}^x = \infty \qquad (2-44)$$

$$\lim_{x \to -\infty} \mathrm{e}^x = 0 \qquad (2-45)$$

und auch

$$\lim_{x \to \infty} \frac{\mathrm{e}^x}{x^n} = \infty \quad \text{für jedes } n \geqq 0 \qquad (2-46)$$

d. h. die Exponentialfunktion steigt stärker als jede Potenz von x.

Es ist stets $\mathrm{e}^x > 0$; die Exponentialfunktion hat keine Nullstellen und ist monoton wachsend.

b) Die *Logarithmusfunktion*

$$y = \ln x \quad x > 0 \qquad (2-47)$$

Sie ist als Umkehrfunktion zur Exponentialfunktion in dem offenen Intervall $0 < x < +\infty$ stetig und monoton wachsend. Es ist

$$\lim_{x \to \infty} \ln x = \infty \qquad (2-48)$$

$$\lim_{x \to 0} \ln x = -\infty \qquad (2-49)$$

und auch

$$\lim_{x \to \infty} \frac{\ln x}{x^n} = 0 \quad \text{für jedes } n > 0 \qquad (2-50)$$

d. h. die Logarithmusfunktion steigt schwächer als jede Potenz von x.

Aus den Rechenregeln für die Exponentialfunktion folgt, daß

$$\ln(x_1 x_2) = \ln x_1 + \ln x_2 \quad x_1,\ x_2 > 0 \qquad (2-51)$$

$$\ln(1/x_1) = -\ln x_1 \quad x_1 > 0 \qquad (2-52)$$

$$\ln(x^n) = n \cdot \ln x_1 \quad x_1 > 0 \qquad (2-53)$$

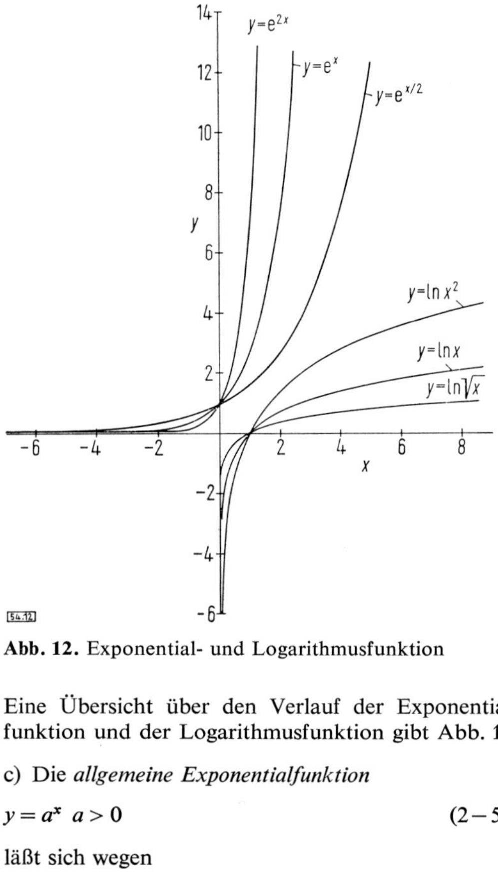

Abb. 12. Exponential- und Logarithmusfunktion

Eine Übersicht über den Verlauf der Exponentialfunktion und der Logarithmusfunktion gibt Abb. 12.

c) Die *allgemeine Exponentialfunktion*

$$y = a^x \quad a > 0 \qquad (2-54)$$

läßt sich wegen

$$a^x = e^{x \cdot \ln a} \qquad (2-55)$$

auf die Exponentialfunktion zurückführen. Es ist $a^x > 0$ für jedes reelle x; ferner ist

$$\lim_{x \to \infty} a^x = \infty \quad a > 1 \qquad (2-56)$$

$$\lim_{x \to -\infty} a^x = 0 \quad a > 1 \qquad (2-57)$$

$$\lim_{x \to \infty} \frac{a^x}{x^n} = \begin{cases} +\infty & \text{für } a > 1 \\ 0 & \text{für } 0 < a \leq 1 \end{cases} \qquad (2-58)$$

Oft benutzt wird auch der Grenzwert

$$\lim_{x \to 0} \frac{a^x - 1}{x} = \ln a \qquad (2-59)$$

d) Die *trigonometrischen Funktionen* $\sin x$, $\cos x$, $\tan x$, $\cot x$. Sie werden als Funktionen der Bogen-

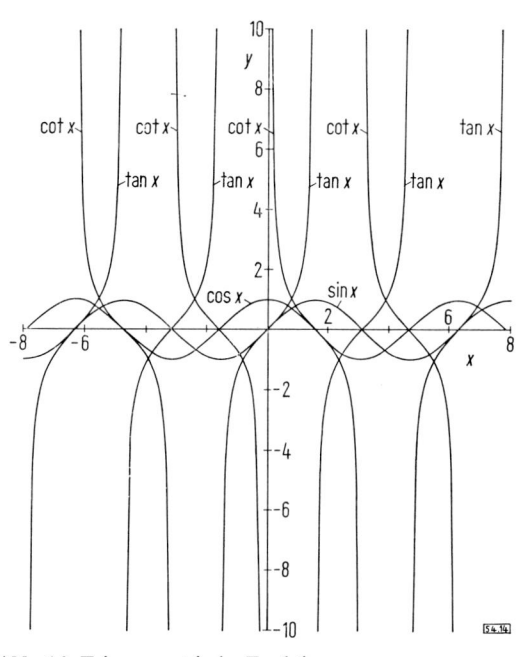

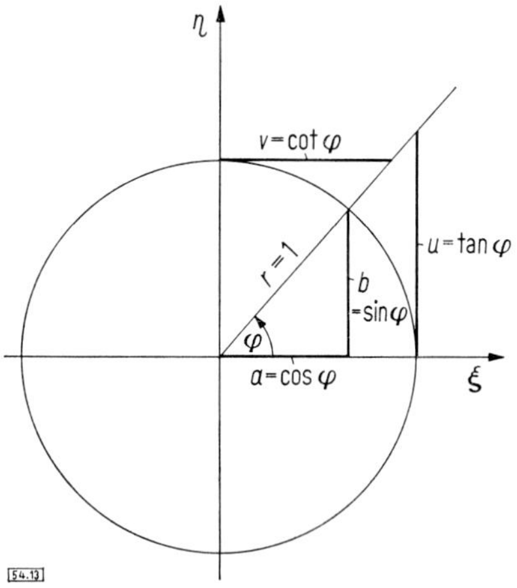

Abb. 13. Geometrische Deutung der trigonometrischen Funktionen

länge x angegeben. Rotiert ein vom Ursprung ausgehender Fahrstrahl (Abb. 13) gegen den Uhrzeigersinn um den Winkel φ (in Altgrad), so ist das *Bogenmaß* oder die Bogenlänge dieses Winkels

$$x = 2\pi \frac{\varphi}{360} \qquad (2-60)$$

Spezielle Werte von x sind:

$x(0^\circ) = 0$
$x(45^\circ) = \pi/4 = 0{,}785\,398$
$x(60^\circ) = \pi/3 = 1{,}047\,198$
$x(90^\circ) = \pi/2 = 1{,}570\,796$
$x(180^\circ) = \pi = 3{,}141\,593$

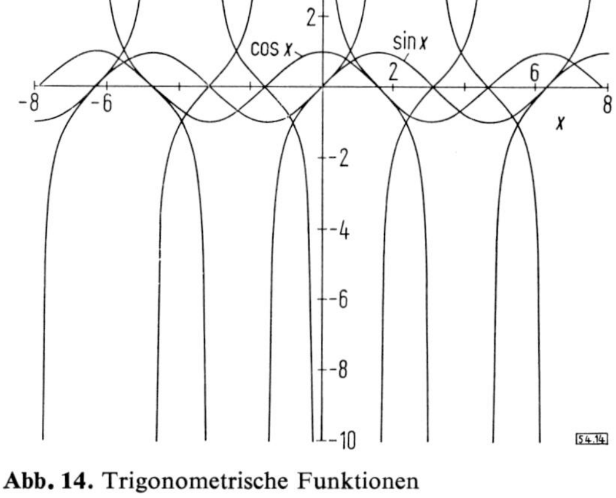

Abb. 14. Trigonometrische Funktionen

Mit den Bezeichnungen der Abb. 13 ist $\sin x = b/r$, $\cos x = a/r$, $\tan x = b/a$, $\cot x = a/b$.

Gelegentlich benutzt werden auch die Ausdrücke $\sec x = 1/\cos x$, $\operatorname{cosec} x = 1/\sin x$.

Aus Abb. 13 ergeben sich anschaulich die folgenden Wertebereiche für die trigonometrischen Funktionen:

x	$0\ldots\pi/2$	$\pi/2\ldots\pi$	$\pi\ldots3\pi/2$	$3\pi/2\ldots2\pi$
$\sin x$	$0\ldots1$	$1\ldots0$	$0\ldots-1$	$-1\ldots0$
$\cos x$	$1\ldots0$	$0\ldots-1$	$-1\ldots0$	$0\ldots1$
$\tan x$	$0\ldots\infty$	$-\infty\ldots0$	$0\ldots\infty$	$-\infty\ldots0$
$\cot x$	$\infty\ldots0$	$0\ldots-\infty$	$\infty\ldots0$	$0\ldots-\infty$

Die Funktionen $y = \sin x$ und $y = \cos x$ (Abb. 14) sind periodisch mit der primitiven Periode 2π. Es ist also

$$\sin x = \sin(x+2\pi) = \sin(x+2n\pi) \qquad (2-61)$$

$$\cos x = \cos(x+2\pi) = \cos(x+2n\pi) \qquad (2-62)$$

und außerdem

$$\sin x = \cos(\pi/2 - x) \qquad (2-63)$$

$$\cos x = \sin(\pi/2 + x) \qquad (2-64)$$

Beide Funktionen sind in $-\infty < x < +\infty$ stetig. Ferner ist $\sin x$ eine ungerade und $\cos x$ eine gerade Funktion von x, also

$$\sin x = -\sin(-x) \qquad (2-65)$$

$$\cos x = \cos(-x) \qquad (2-66)$$

Die Nullstellen von $\sin x$ liegen bei $x = k\pi$, die Nullstellen von $\cos x$ bei $x = (2k+1)\,\pi/2$.

Häufig gebraucht werden die Grenzwerte

$$\lim_{x\to0}\frac{\sin x}{x} = 1 \qquad \lim_{x\to0}\frac{1-\cos x}{x} = 0 \qquad (2-67)$$

Die Funktionen $\tan x$ und $\cot x$ (Abb. 14) sind periodisch mit der primitiven Periode π. Sie sind in jedem offenen Intervall

$m\cdot\pi/2 < x < (m+2)\cdot\pi/2$ (m ungerade) für $\tan x$

bzw.

$n\cdot\pi/2 < x < (n+2)\cdot\pi/2$ (n gerade) für $\cot x$

stetig und monoton steigend bzw. fallend. $\tan x$ hat an den Stellen $x = (2k+1)\cdot\pi/2$ und $\cot x$ an den Stellen $x = 2k\cdot\pi/2$ Pole ungerader Ordnung. Ferner hat $\tan x$ Nullstellen bei $x = k\pi$ und $\cot x$ Nullstellen bei $x = (2k+1)\cdot\pi/2$.

Es ist

$$\tan x = \frac{\sin x}{\cos x} = \tan(x+n\pi) \qquad (2-68)$$

$$\cot x = \frac{\cos x}{\sin x} = \cot(x+n\pi) \qquad (2-69)$$

$$\tan x = \frac{1}{\cot x} = \cot(\pi/2 - x) \qquad (2-70)$$

$$\cot x = \frac{1}{\tan x} = \tan(\pi/2 - x) \qquad (2-71)$$

$\tan x$ und $\cot x$ sind ungerade Funktionen.

e) Die *inversen trigonometrischen* oder *zyklometrischen Funktionen.* Da die trigonometrischen Funktionen nicht monoton sind, können Umkehrfunktionen für sie nur in monotonen Teilabschnitten definiert werden. Es ist

$y = \sin x$ im Intervall $-\pi/2 \leqslant x \leqslant +\pi/2$
monoton wachsend

$y = \cos x$ im Intervall $0 \leqslant x \leqslant \pi$
monoton fallend

$y = \tan x$ im Intervall $-\pi/2 < x < +\pi/2$
monoton steigend

$y = \cot x$ im Intervall $0 < x < \pi$
monoton fallend

Die zu diesen Monotoniebögen gehörigen Umkehrfunktionen werden mit $\arcsin x$ (d. h. der zu $\sin x$ gehörige Bogen), $\arccos x$, $\arctan x$ und $\operatorname{arccot} x$ bezeichnet (gelegentlich werden die so definierten Funktionen auch als die *Hauptwerte* von $\arcsin x$, $\arccos x$ usw. bezeichnet).

$y = \arcsin x$
hat also den Definitionsbereich $-1 \leqslant x \leqslant +1$

$y = \arccos x$
hat also den Definitionsbereich $-1 \leqslant x \leqslant +1$

$y = \arctan x$
hat also den Definitionsbereich $-\infty < x < +\infty$

$y = \operatorname{arccot} x$
hat also den Definitionsbereich $-\infty < x < +\infty$

In ihren Definitionsbereichen sind alle vier zyklometrischen Funktionen stetig. $\arcsin x$ und $\arctan x$ sind monoton steigende, $\arccos x$ und $\operatorname{arccot} x$ monoton fallende Funktionen. Für die Nullstellen gilt:

$\arcsin x = 0$ für $x = 0$

$\arccos x = 0$ für $x = 1$

$\arctan x = 0$ für $x = 0$

$\operatorname{arccot} x$ hat keine Nullstelle

Ferner ist

$$\arcsin(-x) = -\arcsin x \qquad (2-72)$$

$$\arccos(-x) = \pi - \arccos x \qquad (2-73)$$

$$\arctan(-x) = -\arctan x \quad (2-74)$$

$$\operatorname{arccot}(-x) = \pi - \operatorname{arccot} x \quad (2-75)$$

und

$$\arcsin x = -((\arccos x) - \pi/2) \quad (2-76)$$

$$\arctan x = -((\operatorname{arccot} x) - \pi/2) \quad (2-77)$$

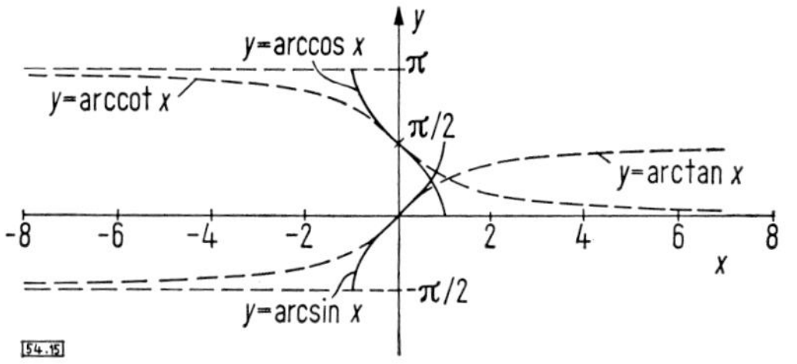

Abb. 15. Zyklometrische Funktionen

Einen Überblick über den Verlauf der zyklometrischen Funktionen gibt Abb. 15.

f) Die *Hyperbelfunktionen.* Sie sind das an der Einheitshyperbel $\xi^2 - \eta^2 = 1$ gebildete Analogon zu den am Einheitskreis $\xi^2 + \eta^2 = 1$ gebildeten trigonometrischen Funktionen (vgl. Abb. 16).

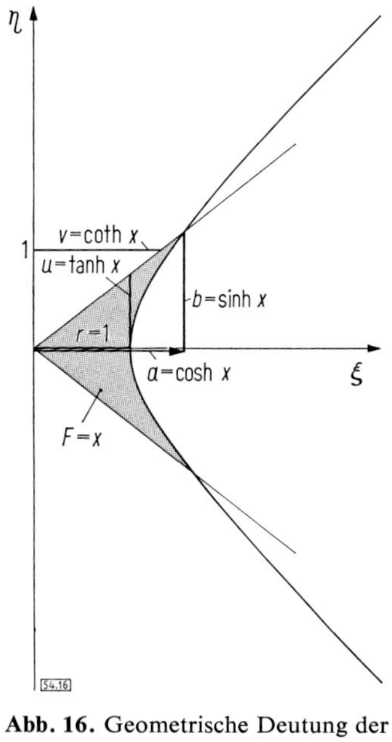

Abb. 16. Geometrische Deutung der Hyperbelfunktionen

Es ist

$$\sinh x = \frac{e^x - e^{-x}}{2} \quad (2-78)$$

(gespr. sinus hyperbolicus)

$$\cosh x = \frac{e^x + e^{-x}}{2} \quad (2-79)$$

$$\tanh x = \frac{e^x - e^{-x}}{e^x + e^{-x}} \quad (2-80)$$

$$\coth x = \frac{e^x + e^{-x}}{e^x - e^{-x}} \quad (2-81)$$

Abb. 17 zeigt den Verlauf der Hyperbelfunktionen.

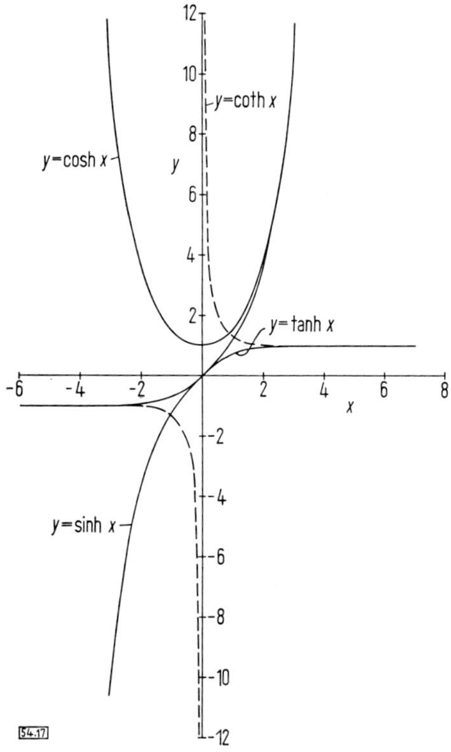

Abb. 17. Hyperbelfunktionen

Statt sinh x ist auch die Schreibweise sh x oder $\mathfrak{Sin}\, x$ gebräuchlich, ebenso wird ch x oder $\mathfrak{Cos}\, x$ statt cosh x, th x oder $\mathfrak{Tan}\, x$ statt tanh x und cth x oder $\mathfrak{Cot}\, x$ statt coth x geschrieben.

Mit Ausnahme von coth x sind alle Hyperbelfunktionen im Definitionsbereich $-\infty < x < +\infty$ erklärt und stetig; coth x hat an der Stelle $x = 0$ einen Pol ungerader Ordnung. Ferner sind cosh x eine gerade, die übrigen Hyperbelfunktionen dagegen ungerade Funktionen. sinh x und tanh x sind monoton steigend, coth x ist monoton fallend in jedem Intervall, das den Pol nicht enthält. sinh x und tanh x haben je eine Nullstelle bei $x = 0$; cosh x und coth x haben keine Nullstellen.

Zwischen den Hyperbelfunktionen und den trigonometrischen Funktionen bestehen enge Zusammenhänge; es ist

$$\sinh x = -\mathrm{i} \cdot \sin(\mathrm{i}x) \quad (2-82)$$

$$\cosh x = \cos(\mathrm{i}x) \quad (2-83)$$

Führt man mit der Relation

$$\tanh \frac{x}{2} = \tan \frac{t}{2} \qquad (2-84)$$

den GUDERMANN*schen Winkel t* ein, so gilt

$$\sin t = \tanh x \qquad (2-85)$$

$$\tan t = \sinh x \qquad (2-86)$$

Wenn die Zahlenwerte für die x, t-Beziehung bekannt sind, kann also mit Hilfe dieses Winkels eine Tafel der trigonometrischen Funktionen auch als Tafel für die Hyperbelfunktionen benutzt werden.

g) Die *inversen Hyperbelfunktionen* oder *Area-Funktionen.* sinh x, tanh x und coth x sind monotone Funktionen; daher lassen sich zu ihnen ohne Schwierigkeiten Umkehrfunktionen finden. Im Gegensatz dazu ist cosh x keine monotone Funktion; bei der Definition einer Umkehrfunktion muß man sich daher auf den Monotoniebogen im Intervall $0 \leqslant x < \infty$ beschränken.

Im einzelnen lauten die Umkehrfunktionen

$y = \operatorname{arsinh} x$ (gespr.: area sinus hyperbolicus), arcosh x, artanh x und arcoth x, und es ist

$$y = \operatorname{arsinh} x = \ln(x + \sqrt{x^2 + 1}) \qquad -\infty < x < +\infty \qquad (2-87)$$

$$y = \operatorname{arcosh} x = \ln(x + \sqrt{x^2 - 1}) \qquad 1 \leqslant x < +\infty \qquad (2-88)$$

$$y = \operatorname{artanh} x = \frac{1}{2} \ln \frac{1+x}{1-x} \qquad -1 < x < +1 \qquad (2-89)$$

$$y = \operatorname{arcoth} x = \frac{1}{2} \ln \frac{x+1}{x-1} \qquad -\infty < x < -1, \quad 1 < x < +\infty \qquad (2-90)$$

In den angegebenen Definitionsbereichen sind die Area-Funktionen stetig. arsinh x, artanh x und arcosh x sind monoton wachsende, arcoth x ist in jedem Teilintervall des Definitionsbereiches eine monoton fallende Funktion. Ferner ist

arsinh x = artanh x = 0 für $x = 0$;

arcosh x = 0 für $x = 1$

während arcoth x keine Nullstelle hat. Abb. 18 zeigt den Verlauf der vier inversen Hyperbelfunktionen.

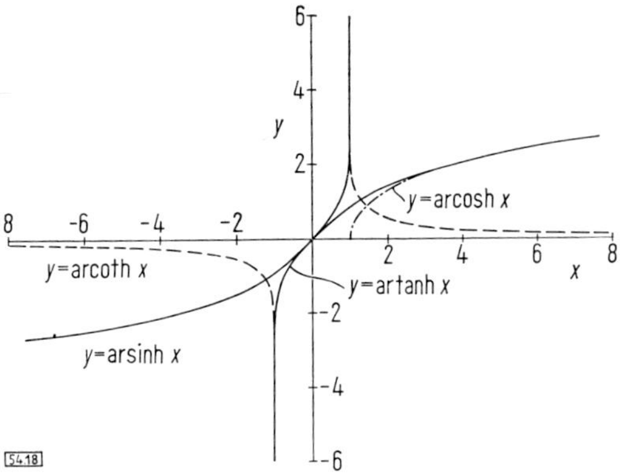

Abb. 18. Areafunktionen

3. Differentialrechnung

3.1. Begriff der Ableitung

Für viele Bereiche der Naturwissenschaften und Technik ist neben der Frage, welche Werte eine gegebene Funktion $f(x)$ annehmen kann, ob sie monoton verläuft, ob und wo sie Unstetigkeiten hat, vor allem wichtig, wie empfindlich die Funktion auf Änderungen der unabhängigen Variablen „reagiert". Ein Maß dafür ist der *Differenzenquotient*

$$\frac{\Delta f}{\Delta x} = \frac{f(x_1) - f(x_0)}{x_1 - x_0} = \frac{f(x_0 + h) - f(x_0)}{h} \qquad (3-1)$$

(Δf und Δx bedeuten dabei endliche Änderungen der Größen f und x). Er ist also ein Maß für die relative (d. h. auf das Intervall $h = x_1 - x_0$ bezogene) Änderung der Größe $y = f(x)$ im Intervall von x_0 bis x_1. Wie aus Abb. 19 ersichtlich ist, liefert $\Delta f / \Delta x$ zugleich die mittlere Steigung der Funktion $f(x)$ im Berechnungsintervall.

So wie es aber heuristisch einen Sinn hat, von der Steigung eines Berges in einem bestimmten Punkt, von der Geschwindigkeit einer Reaktion zu einem bestimmten Zeitpunkt und dgl. zu sprechen, ist auch die Frage sinnvoll, ob einer gegebenen Funktion $f(x)$ in einem bestimmten Punkt x_0 ihres Definitionsbereiches

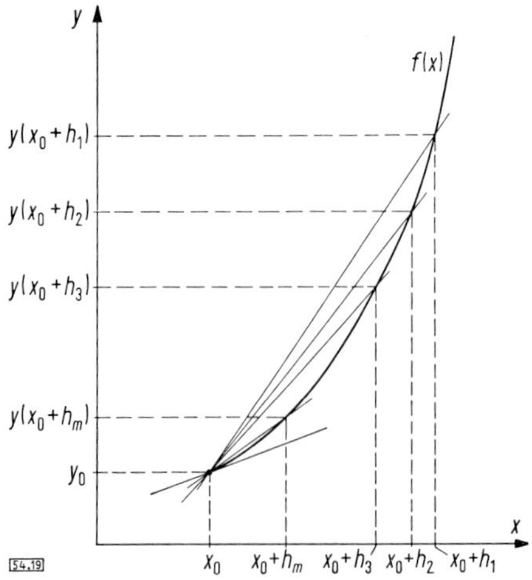

Abb. 19. Steigung als Grenzwert von Differenzenquotienten

eindeutig eine Steigung zugeordnet werden kann, die natürlich, außer bei linearen Funktionen, ebenfalls eine Funktion von x sein wird.

Mathematisch muß man folgendermaßen vorgehen (Abb. 19): Man wählt verschiedene Nullfolgen $\{h_i \neq 0\}$ und untersucht das Verhalten der Differenzenquotienten

$$\left(\frac{\Delta f}{\Delta x}\right)_i = \frac{f(x_0 + h_i) - f(x_0)}{h_i} \qquad (3-2)$$

Wenn für jede beliebige Nullfolge $\{h_i\}$

$$\lim_{i\to\infty}\left(\frac{\Delta f}{\Delta x}\right)_i = \lim_{i\to\infty}\frac{f(x_0 + h_i) - f(x_0)}{h_i} \qquad (3-3)$$

gleich derselben Zahl $f'(x_0)$ ist, so heißt $f'(x_0)$ die *Ableitung* oder (aus historischen Gründen) der *Differentialquotient* von $f(x)$ an der Stelle x_0. Man schreibt kurz

$$\lim_{h\to 0}\frac{f(x_0 + h) - f(x_0)}{h} = f'(x_0) \qquad (3-4)$$

und sagt auch, $f(x)$ sei im Punkte $x = x_0$ differenzierbar. Andere Schreibweisen für $f'(x_0)$ sind

$$\left(\frac{\mathrm{d}f(x)}{\mathrm{d}x}\right)_{x=x_0}, \quad \frac{\mathrm{d}}{\mathrm{d}x}f(x_0), \quad f'(x)_{x=x_0}, \quad \left(\frac{\mathrm{d}y}{\mathrm{d}x}\right)_{x=x_0}$$

Wegen

$$f'(x_0)\cdot\lim_{h\to 0} h = \lim_{h\to 0}\left(f(x_0 + h) - f(x_0)\right)$$

ist eine Funktion nur dann im Punkt x_0 differenzierbar, wenn sie dort auch stetig ist. Entgegen der Anschauung ist jedoch nicht jede stetige Funktion auch differenzierbar, wie die Funktion $y = |x|$ zeigt, für die an der Stelle $x_0 = 0$

$$\lim_{h\to 0}\frac{f(x_0 + h) - f(x_0)}{h} = \lim_{h\to 0}\frac{h}{h} = 1,$$

dagegen

$$\lim_{h\to 0}\frac{f(x_0 - h) - f(x_0)}{-h} = \lim_{h\to 0}\frac{h}{-h} = -1$$

ist.

Immerhin sieht man, daß $y = |x|$ an der Stelle $x = 0$ zwar nicht differenzierbar ist, daß aber der rechtsseitige Grenzwert

$$\lim_{h\to 0}\frac{f(x_0 + h) - f(x_0)}{h} \qquad h > 0 \qquad (3-5)$$

und der linksseitige Grenzwert

$$\lim_{h\to 0}\frac{f(x_0 + h) - f(x_0)}{h} \qquad h < 0 \qquad (3-6)$$

je für sich existieren; man sagt daher, daß $y = |x|$ an der Stelle $x_0 = 0$ einen links- und einen rechtsseitigen Differentialquotienten besitzt. Dieser Fall tritt bei einer Funktion immer ein, wenn ihr Bild an einer Stelle eine Ecke hat.

Es gibt jedoch auch Funktionen, die an einer oder mehreren Stellen oder sogar in allen Punkten ihres Definitionsbereiches weder eine links- noch eine rechtsseitige Ableitung besitzen (etwa die Funktion, deren Bildkurve die Brownsche Molekularbewegung ist). Für die Praxis sind sie ohne Bedeutung.

Man sagt ferner, daß eine Funktion $y = f(x)$ an der Stelle $x = x_0$ eine *uneigentliche* oder *unendliche rechts-* bzw. *linksseitige Ableitung* besitzt, wenn

$$\lim_{h\to 0}\frac{f(x_0 + h) - f(x_0)}{h} = \pm\infty \qquad h > 0 \qquad (3-7\,\mathrm{a})$$

bzw.

$$\lim_{h\to 0}\frac{f(x_0 + h) - f(x_0)}{h} = \pm\infty \qquad h < 0 \qquad (3-7\,\mathrm{b})$$

ist.

So hat z. B. $y = \sqrt{x-1}$ an der Stelle $x = 1$ eine uneigentliche rechtsseitige Ableitung (an den Enden des Definitionsbereiches kann natürlich immer nur eine einseitige Ableitung existieren), denn es ist

$$\lim_{h\to 0}\frac{\sqrt{1 + h - 1} - 0}{h} = \lim_{h\to 0}\frac{\sqrt{h}}{h} = +\infty$$

Die Funktion

$$y = \begin{cases} \sqrt{x-1} & x \geqq 1 \\ -\sqrt{1-x} & x < 1 \end{cases}$$

hat an der Stelle $x = 1$ eine positiv unendliche Ableitung.

Ausdrücklich sei betont, daß eine Funktion an Stellen, wo sie nicht definiert ist, auch nicht differenzierbar ist. So hat etwa $y = 1/(x+2)$ an der Stelle $x = -2$ keine Ableitung, weil $x = -2$ nicht zum Definitionsbereich von y gehört.

Untersucht man den Grenzwert Gl. (3–4) für alle Punkte des Definitionsbereiches der früher diskutierten rationalen, algebraischen und transzendenten Funktionen, so zeigt sich, daß in allen praktisch wichtigen Fällen einfache Rechenregeln für die Bildung des Differentialquotienten angegeben werden können. Die wichtigsten davon sind in Tab. 1 zusammengefaßt. Für die praktische Handhabung der Ableitung sind folgende Rechenregeln wichtig:

Differentiation einer Summe. Sind $f_1(x)$, $f_2(x)$, $\cdots$, $f_n(x)$ differenzierbare Funktionen und $a_1, a_2, \cdots, a_n$ beliebige Konstanten, so ist

$$[a_1 f_1(x) + a_2 f_2(x) + \cdots + a_n f_n(x)]' = \\ = a_1 f_1'(x) + a_2 f_2'(x) + \cdots + a_n f_n'(x), \qquad (3-8)$$

d. h. eine *endliche* Summe oder Differenz von Funktionen darf gliedweise differenziert werden.

Differentiation eines Produktes und eines Quotienten. Sind $u(x)$ und $v(x)$ differenzierbar, so ist

$$(u(x)\cdot v(x))' = v(x)\cdot u'(x) + u(x)\cdot v'(x) \qquad (3-9)$$

$$\left(\frac{u(x)}{v(x)}\right)' = \frac{v(x)\cdot u'(x) - u(x)\cdot v'(x)}{(v(x))^2} \qquad v(x) \neq 0 \qquad (3-10)$$

Tab. 1. Die wichtigsten Ableitungsformeln

y	y'	y	y'
a	0	$\sinh x$	$\cosh x$
x	1	$\cosh x$	$\sinh x$
x^b	bx^{b-1} (b reell)	$\tanh x$	$\frac{1}{(\cosh x)^2}$
e^x	e^x		
a^x	$a^x \cdot \ln a \, (a > 0)$	$\coth x$	$-\frac{1}{(\sinh x)^2}$
$\ln x$	$\frac{1}{x}\ (x > 0)$		
${}_a\log x$	$\frac{1}{x}\cdot {}_a\log e$	$\arcsin x$	$\frac{1}{\sqrt{1-x^2}}\quad \lvert x\rvert \leqq 1$
$\sin x$	$\cos x$	$\arccos x$	$-\frac{1}{\sqrt{1-x^2}}\quad \lvert x\rvert \leqq 1$
$\cos x$	$-\sin x$		
$\tan x$	$\frac{1}{\cos^2 x}$	$\arctan x$	$\frac{1}{1+x^2}$
$\cot x$	$-\frac{1}{\sin^2 x}$	$\operatorname{arccot} x$	$-\frac{1}{1+x^2}$
$\operatorname{arsinh} x$	$\frac{1}{\sqrt{1+x^2}}$	$\operatorname{arcosh} x$	$\frac{1}{\sqrt{x^2-1}}\quad \lvert x\rvert \geqq 1$
$\operatorname{artanh} x$	$\frac{1}{1-x^2}\quad \lvert x\rvert < 1$	$\operatorname{arcoth} x$	$-\frac{1}{x^2-1}\quad \lvert x\rvert > 1$

Mit Hilfe der Tab. 1 und der beiden Regeln können alle rationalen Funktionen differenziert werden.

Beispiele:

a) $y = x^2 \quad y' = 2\cdot x^{2-1} = 2x$

b) $y = x^{-3} = \frac{1}{x^3}$

$$y' = -3\cdot x^{-3-1} = -3\cdot x^{-4} = -\frac{3}{x^4}$$

c) $y = 5x^2 - 6x^5 \quad y' = 10x - 30x^4$

d) $y = (3x+4)\left(2 - \frac{1}{x^2}\right)$ entweder zuerst auszumultiplizieren:

$$y = 6x + 8 - \frac{3}{x} - \frac{4}{x^2} \qquad y' = 6 + \frac{3}{x^2} + \frac{8}{x^3}$$

oder Anwendung der Produktregel:

$$y' = \left(2 - \frac{1}{x^2}\right)\cdot 3 + (3x+4)\cdot\frac{2}{x^3} = 6 - \frac{3}{x^2} + \frac{6}{x^2} + \frac{8}{x^3} = 6 + \frac{3}{x^2} + \frac{8}{x^3}$$

e) $y = \frac{1-2x}{x^2+5x-6}$

$$y' = \frac{(x^2+5x-6)(-2) - [(1-2x)\cdot(2x+5)]}{(x^2+5x-6)^2} = \frac{2x^2-2x+7}{(x^2+5x-6)^2}$$

Differentiation einer mittelbaren Funktion. Ist $y = f(u)$ eine nach u ableitbare und $u = g(x)$ eine nach x ableitbare Funktion, so ist

$$\frac{d}{dx}\,y = \frac{d}{dx}(f(u)) = \frac{d}{dx}\big(f(g(x))\big) = y'(u)\cdot g'(x) \qquad (3-11)$$

In der Schreibweise mit Differentialquotienten erhält diese Regel die besonders prägnante Form

$$\frac{dy}{dx} = \frac{dy}{du}\cdot\frac{du}{dx} \qquad (3-12)$$

Sie wird auch als *Kettenregel* bezeichnet. Ihre Anwendung ermöglicht die Differentiation praktisch aller algebraischen und transzendenten Funktionen.

Beispiele:

a) $y = e^{x^2}$

Führt man die mittelbare Funktion $u = x^2$ ein, so gilt

$$y = e^u \quad \frac{dy}{dx} = \frac{dy}{du}\cdot\frac{du}{dx} = e^u\cdot 2x = e^{x^2}\cdot 2x$$

b) $y = \ln(3x-4) \quad u = 3x-4$

$$\frac{dy}{dx} = \frac{1}{u}\cdot 3 = \frac{3}{3x-4}$$

c) $y = \sqrt{\sin t} \quad u = \sin t \quad \frac{dy}{dt} = \frac{1}{2\sqrt{u}}\cdot\cos t = \frac{\cos t}{2\sqrt{\sin t}}$

d) $y = e^{-\frac{a}{RT}} \quad u = -\frac{a}{RT}$

$$\frac{dy}{dT} = e^u\cdot\frac{a}{RT^2} = e^{-\frac{a}{RT}}\cdot\frac{a}{RT^2}$$

Häufig benutzt werden folgende Spezialfälle der Kettenregel:

$$\frac{d}{dx}(y(x))^n = n(y(x))^{n-1}\cdot y' \qquad (3-13)$$

$$\frac{d}{dx}(e^{y(x)}) = e^{y(x)}\cdot y' \qquad (3-14)$$

$$\frac{d}{dx}\ln y(x) = \frac{y'}{y(x)} \qquad (3-15)$$

(sog. logarithmische Ableitung)

z. B. ist

$$\frac{d}{dx}(\arctan x)^{3/2} = \frac{3}{2}(\arctan x)^{1/2}\cdot\frac{1}{1+x^2}$$

$$\frac{d}{dx}\,e^{\cos x} = -e^{\cos x}\cdot \sin x$$

$$\frac{d}{dp}\ln\sqrt{p} = \frac{d}{dp}\left(\frac{1}{2}\ln p\right) = \frac{1}{2p}$$

Die logarithmische Ableitung wird oft mit Vorteil zur Berechnung der Ableitung von Potenzausdrücken verwendet:

$$y = x^x \quad \ln y = x \ln x \qquad \frac{d}{dx}\ln y = \frac{y'}{y} = \ln x + 1$$

also

$$y' = (1 + \ln x)y = (1 + \ln x)x^x$$

Über die Differentiation von implizit gegebenen Funktionen vgl. Kap. 5.7.

3.2. Höhere Ableitungen

Wenn $f'(x)$ differenzierbar ist, so bezeichnet man ihre Ableitung als die zweite Ableitung oder den zweiten Differentialquotienten der Ausgangsfunktion $f(x)$ und schreibt dafür

$$(y')',\ y'',\ f''(x),\ \frac{d^2 y}{dx^2},\ \frac{d^2 f(x)}{dx^2},\ \frac{d^2}{dx^2} f(x)$$

Läßt sich die zweite Ableitung wiederum differenzieren, so kommt man zur dritten Ableitung

$$(y'')' = y''' = \frac{d^3 y}{dx^3}$$

usw.

Von der vierten Ableitung ab werden meistens römische Ziffern zur Bezeichnung des Grades der Ableitung verwendet:

$y'''' = y^{(IV)}$, dann $y^{(V)}$ usw.

Beispiele:

a) $y = 3x^5 + 4x^4 - x^3 - 2x^2 + 11x - 8$

$y' = 15x^4 + 16x^3 - 3x^2 - 4x + 11$

$y'' = 60x^3 + 48x^2 - 6x - 4$

$y''' = 180x^2 + 96x - 6$

$y^{(IV)} = 360x + 96$

$y^{(V)} = 360$

$y^{(VI)} = y^{(VII)} = \cdots = y^{(n)} = 0$

b) $y = \sin x \quad y' = \cos x \quad y'' = -\sin x$

$y''' = -\cos x \quad y^{(IV)} = \sin x$ usw.

c) $y = e^{\frac{a}{x}} \quad y' = -\frac{a}{x^2}e^{\frac{a}{x}} \quad y'' = e^{\frac{a}{x}}\left(\frac{2a}{x^3} + \frac{a^2}{x^4}\right)$

$y''' = e^{\frac{a}{x}}\left(-\frac{6a}{x^4} - \frac{6a^2}{x^5} - \frac{a^3}{x^6}\right)$ usw.

Für die höheren Ableitungen eines Produktes $u(x)\cdot v(x)$ gilt symbolisch

$$(u(x)\cdot v(x))^{(n)} \mathrel{\widehat{=}} (u(x) + v(x))^n \tag{3–16}$$

Dabei ist die rechte Seite nach dem binomischen Lehrsatz zu entwickeln, und auftretende Potenzen $u(x)^n$ bzw. $v(x)^n$ sind als n-te Ableitungen von $u(x)$ bzw. $v(x)$ zu verstehen. Es ist also

$$(u(x)\cdot v(x))''' = \binom{3}{0}u'''v + \binom{3}{1}u''v' + \binom{3}{2}u'v'' + \binom{3}{3}uv''' = u'''v + 3u''v' + 3u'v'' + uv'''$$

Für die höheren Ableitungen einer mittelbaren Funktion läßt sich dagegen keine allgemeine einfache Formel angeben.

3.3. Geometrische und physikalische Bedeutung der Ableitung

In Abb. 19 war die Steigung einer Kurve $y = f(x)$ in einem Punkt als Grenzwert der Steigungen der Sekanten durch (x_0, y_0) definiert worden. Diejenige Gerade, welche mit der Kurve y den Punkt (x_0, y_0) und die Steigung in diesem Punkt gemeinsam hat, ist aber definitionsgemäß die *Tangente* an die Kurve $y = f(x)$ in diesem Punkt. Ihre Gleichung lautet daher

$$y = f'(x_0)\cdot(x - x_0) + y_0 \tag{3–17}$$

Die Richtung der Tangente ist dabei diejenige der positiven x-Achse. Dementsprechend ist eine Kurve $f(x)$ in einem Intervall $a \leqq x \leqq b$

streng monoton wachsend, wenn dort überall

$$f'(x) > 0 \tag{3–18a}$$

monoton wachsend, wenn dort überall

$$f'(x) \geqq 0 \tag{3–18b}$$

monoton fallend, wenn dort überall

$$f'(x) \leqq 0 \tag{3–18c}$$

streng monoton fallend, wenn dort überall

$$f'(x) < 0 \tag{3–18d}$$

Die zweite Ableitung liefert die Änderung der Steigung der Kurve $f(x)$ im Intervall $a \leqq x \leqq b$. Gemäß Abb. 20 und Abb. 21 heißt eine Funktion $f(x)$ in

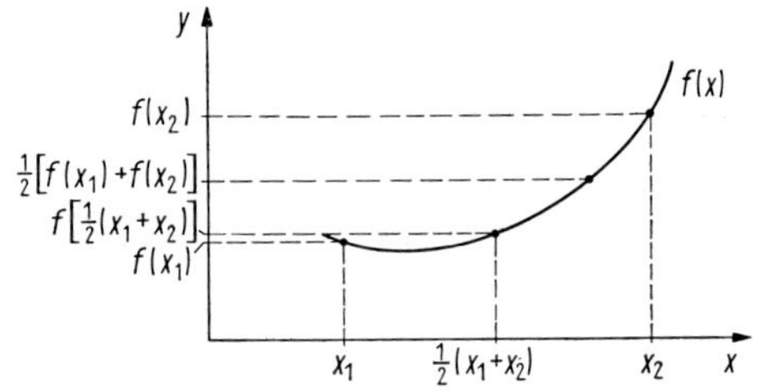

54.20

Abb. 20. Zur Definition einer von unten konvexen Funktion

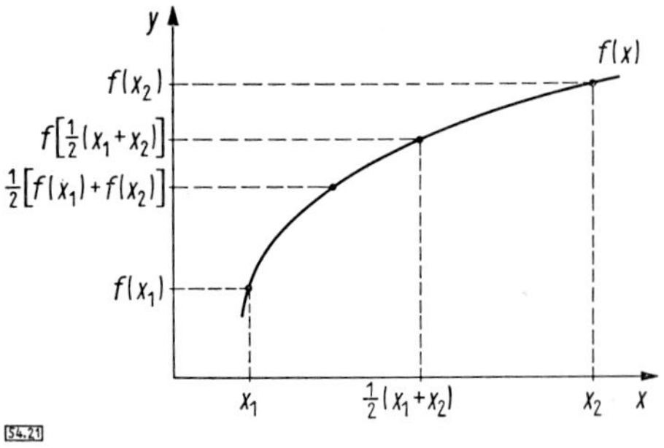

Abb. 21. Zur Definition einer von unten konkaven Funktion

einem Intervall von unten *konvex*, wenn für zwei beliebige Punkte x_1, x_2 aus dem Intervall stets

$$f\left(\frac{x_1+x_2}{2}\right) \leqq \frac{f(x_1)+f(x_2)}{2} \qquad (3-19\text{a})$$

ist, und von unten *konkav*, wenn stets

$$f\left(\frac{x_1+x_2}{2}\right) \geqq \frac{f(x_1)+f(x_2)}{2} \qquad (3-19\text{b})$$

ist.

Man kann mit Hilfe des Mittelwertsatzes der Differentialrechnung leicht zeigen, daß eine zweimal differenzierbare Funktion genau dann im Sinne obiger Definition

von unten konvex ist, wenn $f''(x) \geqq 0$

von unten konkav ist, wenn $f''(x) \leqq 0$

Ist in den beiden Ungleichungen das Gleichheitszeichen nicht zugelassen, so spricht man von Konvexität bzw. Konkavität im engeren Sinn.

Auch viele physikalische und chemische Begriffe sind streng nur über Infinitesimalprozesse als Ableitungen von Zeit- oder Ortsfunktionen zu gewinnen. So ist die Geschwindigkeit die Ableitung des Weges nach der Zeit $v = \mathrm{d}s/\mathrm{d}t$; die Beschleunigung (= zeitliche Änderung der Geschwindigkeit) $b = \mathrm{d}v/\mathrm{d}t = \mathrm{d}^2 s/\mathrm{d}t^2$; die Dichte die Ableitung der Masse nach dem Volumen $\varrho = \mathrm{d}M/\mathrm{d}V$; die spezifische Wärme die Ableitung der (bei festem Prozeßweg, Index *i*) pro Masseneinheit aufgebrachten Wärmemenge nach der Temperatur $c_i = (\mathrm{d}Q/\mathrm{d}T)_i$; die Reaktionsgeschwindigkeit die Ableitung der Konzentration nach der Zeit: $r = \mathrm{d}c/\mathrm{d}t$.

3.4. Differentiale

Leibniz, mit Newton der Begründer der Differential- und Integralrechnung, hatte die Auffassung vertreten, daß Funktionen aus unendlich kleinen Bausteinen, eben den Differentialen, in gleicher Weise aufgebaut seien wie etwa ein Haufen Sand aus einzelnen Sandkörnern. Demgemäß faßte er die Steigung einer Funktion in einem Punkt als das Verhältnis der „differentiellen" Änderung $\mathrm{d}y$ auf, welche die Funktion als Folge der Änderung der unabhängigen Variablen x um ein Differential $\mathrm{d}x$ erfährt, und schrieb

$$y' = \frac{\mathrm{d}y}{\mathrm{d}x} \qquad (3-20)$$

Die Sinnfälligkeit dieser Schreibweise in der Integralrechnung und auch bei vielen Formeln der Differentialrechnung (vgl. Differentiation einer mittelbaren Funktion) hat dazu geführt, sie beizubehalten, um so mehr, als es heute möglich ist, den Begriff des Differentials einwandfrei zu interpretieren.

In einem festen Punkt (x_0, y_0) der Kurve $y = f(x)$ lautet die Gleichung der Tangente

$$y = f'(x_0)(x - x_0) + y_0 \qquad (3-17)$$

Bei einer *endlichen* Änderung von x_0 um h (vgl. Abb. 22) ändert sich

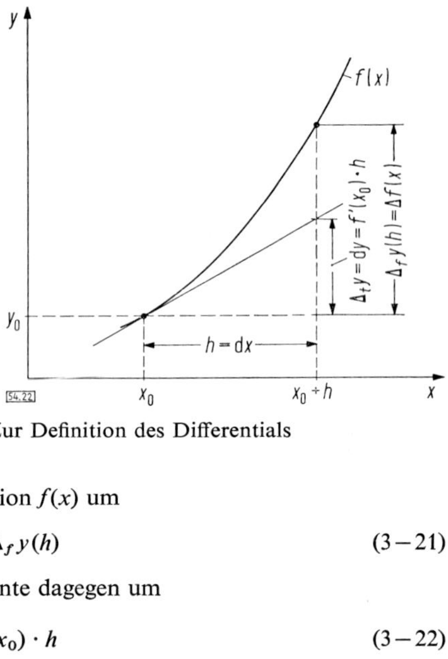

Abb. 22. Zur Definition des Differentials

die Funktion $f(x)$ um

$$\Delta f(x) = \Delta_f y(h) \qquad (3-21)$$

die Tangente dagegen um

$$\Delta_t y = f'(x_0) \cdot h \qquad (3-22)$$

Man nennt nun

$h = \mathrm{d}x$ das (beliebig große!) Differential der unabhängigen Variablen x, und

$\Delta_t y = \mathrm{d}y = f'(x_0) \cdot h = f'(x_0)\mathrm{d}x$ das zur festen Stelle x_0 und zur Änderung $\mathrm{d}x$ gehörige Differential der Funktion y.

Da $\mathrm{d}y$ und $\mathrm{d}x$ endliche Größen sind und insbes. $\mathrm{d}x \neq 0$ ist, gilt also auch

$$\left(\frac{\mathrm{d}y}{\mathrm{d}x}\right)_{x_0} = f'(x_0) \qquad (3-23)$$

und da die Zahlenfolge $\left(\frac{\mathrm{d}y}{\mathrm{d}x}\right)$ für je zwei zusammengehörige Werte von $\mathrm{d}y$ und $\mathrm{d}x$ den konstanten Wert $y'(x_0)$ hat, gilt auch

$$\lim_{dx \to 0} \left(\frac{dy}{dx}\right)_{x_0} = f'(x_0) \qquad (3-24)$$

Entscheidend ist aber, daß die Ableitung $f'(x_0)$ nicht als Grenzwert „unendlich kleiner" Größen, sondern als echter Quotient zu berechnen ist. Dies bedeutet, daß mit den Größen dy und dx beliebig durchmultipliziert und -dividiert werden darf. So ist z. B. wegen

$$\frac{d}{dv}(v^k) = k v^{k-1} \qquad (3-25)$$

auch

$$\underbrace{d(v^k)}_{dy} = \underbrace{k v^{k-1}}_{f'(v)} \cdot \underbrace{dv}_{dv}$$

wegen

$$\frac{d \ln u}{du} = \frac{1}{u} \qquad (3-26)$$

auch

$$d(\ln u) = \frac{du}{u}$$

wegen

$$\frac{d}{dt}(p(t) \cdot q(t)) = q \frac{dp}{dt} + p \frac{dq}{dt} \qquad (3-27)$$

auch

$$d(p \cdot q) = q \cdot dp + p \cdot dq$$

Vereinbart man, daß die Änderung h eine feste Zahl sein soll, so ist in

$$dy = f'(x) \cdot h \qquad (3-28)$$

dy nur noch eine Funktion von x. Es kann daher nach x differenziert werden, und genau wie vorher kann gemäß

$$\frac{d}{dx} dy = f''(x) \cdot h \qquad (3-29)$$

ein Differential

$$d(dy) = d^2y = f''(x) \cdot h \cdot dx = f''(x) dx^2 \qquad (3-30)$$

gebildet werden. So kommt man zum Begriff des *zweiten Differentials* oder auch *Differentials zweiter Ordnung*

$$d^2y = f''(x) dx^2 \qquad (3-31)$$

der Funktion $y = f(x)$; umgekehrt ist

$$f''(x) = \frac{d^2y}{dx^2} \qquad (3-32)$$

Allgemein ist das Differential k-ter Ordnung erklärt durch

$$d^k y = f^{(k)}(x) \cdot dx^k \qquad (3-33)$$

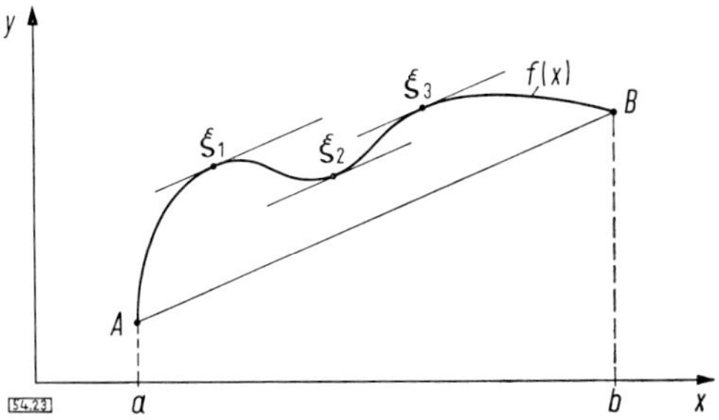

Abb. 23. Geometrische Interpretation des ersten Mittelwertsatzes der Differentialrechnung

3.5. Mittelwertsatz der Differentialrechnung

$y = f(x)$ sei eine Funktion (Abb. 23), die im Intervall $a \leqq x \leqq b$ stetig und außerdem im offenen Intervall $a < x < b$ differenzierbar ist (die in der Abb. dargestellte Funktion ist in $x = a$ nur uneigentlich differenzierbar, s. S. 453). Bereits aus der Abb. erkennt man, daß es im Innern des Intervalles $a < x < b$ wenigstens *einen* Punkt (im Beispiel sind es drei) auf dem Kurvenstück gibt, in dem die Steigung der Tangente mit der Steigung der Sekante AB übereinstimmt. Diese Aussage läßt sich mathematisch formulieren:

Erster Mittelwertsatz der Differentialrechnung. Unter den genannten Bedingungen gibt es im Innern des Intervalles $a \leqq x \leqq b$ mindestens eine Stelle ξ, für die

$$f'(\xi) = \frac{f(b) - f(a)}{b - a} \qquad (3-34)$$

ist. Nennt man die Intervallänge $b - a = h$, so ist auch

$$f(a + h) = f(a) + h \cdot f'(\xi) \qquad (3-35)$$

oder

$$f(a + h) = f(a) + h \cdot f'(a + \vartheta h) \qquad 0 < \vartheta < 1 \qquad (3-36)$$

Sind speziell A und B Nullstellen von $f(x)$, so bedeutet Gl. (3−34), daß im Innern des Intervalls $a \leqq x \leqq b$ ein Punkt mit waagrechter Tangente liegen muß (Satz von ROLLE).

Zweiter Mittelwertsatz der Differentialrechnung. Ist $g(x)$ eine zweite Funktion, die im Intervall $a \leqq x \leqq b$ stetig und im offenen Intervall $a < x < b$ differenzierbar und außerdem streng monoton ist (so daß also stets $g'(x) \neq 0$ ist), so gibt es unter den oben angegebenen Voraussetzungen eine Stelle ($a < \eta < b$), für die

$$\frac{f(b) - f(a)}{g(b) - g(a)} = \frac{f'(\eta)}{g'(\eta)} \qquad (3-37)$$

ist (Satz von CAUCHY). Man beachte, daß in beiden Sätzen über die Lage der Stelle ξ oder η bzw. über den Zahlenwert ϑ keine Aussagen gemacht werden. Trotzdem ist z. B. der erste Mittelwertsatz häufig für Abschätzungen von Funktionswerten gut zu verwenden.

Beispiel:

Gesucht ist $\sqrt{1{,}06} = \sqrt{1+0{,}06}$. Setzt man $f(x)=\sqrt{x}$ und $a=1$, so ist Gl. (3–35)

$$f(a+h)=\sqrt{1+h}=1+\frac{h}{2\sqrt{1+\vartheta h}}$$

Da $h>0$, folgt für $\vartheta=0$:

$$\sqrt{1{,}06}<1+\frac{0{,}06}{2}$$

und für $\vartheta=1$:

$$\sqrt{1{,}06}>1+\frac{0{,}06}{2\sqrt{1{,}06}}>1+\frac{0{,}06}{2+0{,}06}=1+\frac{0{,}06}{2{,}06}$$

Also ist

$$1{,}029<\sqrt{1{,}06}<1{,}030$$

oder

$$\sqrt{1{,}06}\approx 1{,}0295$$

Der (auf vier Stellen) genaue Wert ist $\sqrt{1{,}06}=1{,}0296$.

3.6. Unbestimmte Ausdrücke; Regeln von l'Hospital

Sind $f(x)$ und $g(x)$ zwei Funktionen, die an der Stelle $x=a$ den (ev. einseitigen) Grenzwert φ bzw. ψ haben, so gilt nach den früheren Regeln der Limesrechnung

$$\lim\,(f(x)\pm g(x))=\varphi\pm\psi \tag{3–38}$$

$$\lim\,(f(x)\cdot g(x))=\varphi\cdot\psi \tag{3–39}$$

$$\lim\frac{f(x)}{g(x)}=\frac{\varphi}{\psi}, \quad \text{falls } \psi\neq 0 \tag{3–40}$$

Ist dagegen einer der beiden Grenzwerte oder sind beide uneigentliche Grenzwerte $\pm\infty$, so sind nur folgende Aussagen möglich (∞ und 0 sind hier nur als Limites zu verstehen!):

1. $\pm\infty\pm\psi=\pm\varphi\pm\infty=\pm\infty\,(\varphi,\psi \text{ endlich})$ (3–41)

2. $\infty+\infty=\infty \qquad (-\infty)+(-\infty)=-\infty$ (3–42)

3. $\infty\cdot\infty=(-\infty)\cdot(-\infty)=\infty$

   $(-\infty)\cdot\infty=\infty\cdot(-\infty)=-\infty$ (3–43)

4. $\varphi\cdot\infty=\begin{Bmatrix}+\infty, \text{ falls } \varphi>0\\ -\infty, \text{ falls } \varphi<0\end{Bmatrix}$ und $\varphi\neq 0$ (3–44)

5. $\dfrac{\varphi}{\pm\infty}=0 \qquad \dfrac{+\infty}{\psi}=\begin{cases}+\infty, \text{ falls } \psi>0\\ -\infty, \text{ falls } \psi<0\end{cases}$ (3–45)

6. $\dfrac{\varphi}{0}=\pm\infty, \quad \text{falls } \varphi\neq 0$ (3–46)

Dagegen läßt sich zunächst keine Aussage machen, wenn ein Grenzwert der Form

7. $\infty-\infty$ oder $-\infty+\infty$

8. $\infty\cdot 0$ oder $0\cdot\infty$

9. $\dfrac{\infty}{\infty}$ oder $\dfrac{0}{0}$

10. ∞^0 oder 0^∞ oder 1^∞

vorliegt. Fall 10, also die Bestimmung des Grenzwertes $\lim\limits_{x\to a} f(x)^{g(x)}$, falls z. B. $\lim\limits_{x\to a} f(x)=\infty$ und $\lim\limits_{x\to a} g(x)=0$ ist, läßt sich wegen

$$f(x)^{g(x)}=e^{(\ln f(x))\cdot g(x)} \tag{3–47}$$

auf Fall 8 zurückzuführen. Wegen $\ln f(x)=0$ für $f(x)=1$ werden damit auch Limites der Form $\lim\limits_{x\to a} f(x)^{g(x)}$, falls $\lim\limits_{x\to a} f(x)=1$, $\lim\limits_{x\to a} g(x)=\infty$ ist, erfaßt.

Ausdrücke der Form 7 bis 10 heißen unbestimmte Ausdrücke, weil ihr Wert zunächst nicht festgelegt werden kann. Zu ihrer Berechnung können häufig die Regeln von DE L'HOSPITAL verwendet werden. $f(x)$ und $g(x)$ seien im Intervall (a,c) beide n-mal differenzierbar, b sei ein innerer Punkt des Intervalls (a,c), und es sei

a) $\lim\limits_{x\to b} f(x)=\lim\limits_{x\to b} g(x)=0$

b) $\lim\limits_{x\to b} f(x)=\lim\limits_{x\to b} f(x)=+\infty$

Dann ist in beiden Fällen

$$\lim_{x\to b}\frac{f(x)}{g(x)}=\lim_{x\to b}\frac{f'(x)}{g'(x)}=\lim_{x\to b}\frac{f''(x)}{g''(x)}=\cdots=\lim_{x\to b}\frac{f^{(n)}(x)}{g^{(n)}(x)} \tag{3–48}$$

falls die n-te Ableitung die erste ist, für die nicht

$$\lim_{x\to b} f^{(j)}(x)=\lim_{x\to b} g^{(j)}(x)=0 \quad (\text{bzw.} =+\infty)$$

ist, und falls

$$\lim_{x\to b}\frac{f^{(n)}(x)}{g^{(n)}(x)}$$

existiert. Außerdem muß $g^{(n)}(x)\neq 0$ sein.

Beispiele:

$$\lim_{x\to 0}\frac{\sin x}{x}=\lim_{x\to 0}\frac{\cos x}{1}=1$$

$$\lim_{x\to 3}\frac{x^p-3^p}{x^q-3^q}=\lim_{x\to 3}\frac{p\,x^{p-1}}{q\,x^{q-1}}=\frac{p}{q}\cdot 3^{p-q}$$

$$\lim_{x\to\infty}\frac{(\ln x)^m}{x^n}=\lim_{x\to\infty}\frac{m}{n}\cdot\frac{(\ln x)^{m-1}}{x^n}=\cdots=\lim_{x\to\infty}\frac{m(m-1)\cdots 2\cdot 1}{n^m x^n}=0$$

$$\lim_{x\to\infty}\frac{e^{mx}}{x^n}=\lim_{x\to\infty}\frac{m\,e^{mx}}{n\,x^{n-1}}=\cdots=\lim_{x\to\infty}\frac{m^n e^{mx}}{n(n-1)\cdots 2\cdot 1}=\infty$$

Aus den beiden letzten Beispielen geht hervor: Die Logarithmusfunktion ln x geht für $x \to \infty$ schwächer gegen Unendlich als jede noch so kleine positive Potenz x^n von x. Die Exponentialfunktion e^x geht für $x \to \infty$ stärker gegen Unendlich als jede noch so große positive Potenz x^n von x.

Obwohl Regel Gl. (3−48) nur Aussagen über das Verhalten von unbestimmten Ausdrücken der Form 9 macht, lassen sich auch die Fälle 7, 8 und 10 damit erledigen.

Liegt Fall 7 vor, so bildet man

$$\lim_{x \to a} (f(x) \pm g(x)) = \lim_{x \to a} f(x)\left(1 \pm \frac{g(x)}{f(x)}\right) \qquad (3-49)$$

Der Grenzwert Gl. (3−49) kann, da $\lim\limits_{x \to a} f(x) = \infty$ sein sollte, nur existieren, falls $\lim\limits_{x \to a} \left(1 \pm g(x)/f(x)\right) = 0$ ist. Damit ist Problem 7 auf ein Problem vom Typ 8 zurückgeführt.

Liegt Fall 8 vor, so bildet man statt $\lim\limits_{x \to a} \left(f(x) \cdot g(x)\right)$ den gleichbedeutenden Ausdruck

$$\lim_{x \to a} (f(x) \cdot g(x)) = \lim_{x \to a} \frac{f(x)}{1/g(x)} = \lim_{x \to a} \frac{g(x)}{1/f(x)} \qquad (3-50)$$

der von der Form 9 ist.

Beispiele:

$$\lim_{x \to 0} x \cdot \ln x = \lim_{x \to 0} \frac{\ln x}{1/x} = \lim_{x \to 0}\left(-\frac{x^2}{x}\right) = 0$$

$$\lim_{x \to 0} x^x = \lim_{x \to 0} e^{(\ln x) \cdot x},$$

und da

$$\lim_{x \to 0} x \cdot \ln x = 0\,, \quad \text{ist} \lim_{x \to 0} x^x = e^0 = 1$$

Die Anwendung der Regeln von DE L'HOSPITAL führt nicht immer zum Ziel. So ist $\lim\limits_{x \to \infty} (a^x/b^x)$ damit nicht zu ermitteln, während schon die Anschauung lehrt, daß für $a > 0$, $b > 0$

$$\lim_{x \to \infty} \left(\frac{a}{b}\right)^x = \begin{cases} \infty \text{ für } a > b \\ 1 \text{ für } a = b \\ 0 \text{ für } a < b \end{cases} \text{ ist.}$$

Anmerkung:

Die Tatsache, daß für zwei Funktionen $f(x)$ und $g(x)$, für die

$$\lim_{x \to a} f(x) = 0 \quad \lim_{x \to a} g(x) = 0$$

ist, auch

$$\lim_{x \to a} \frac{f(x)}{g(x)} = 0 \quad \text{ist,} \qquad (3-51)$$

drückt man auch so aus: $f(x)$ geht für $x \to a$ stärker oder von höherer Ordnung gegen Null als $g(x)$.

Ist

$$\lim_{x \to a} \frac{f(x)}{g(x)} = a \qquad (3-52)$$

so geht $f(x)$ von gleicher Ordnung gegen Null wie $g(x)$; dafür sagt man auch, $f(x)$ sei für $x \to a$ *asymptotisch proportional* zu $g(x)$ und schreibt $f(x) \sim g(x)$.

Ist endlich

$$\lim_{x \to a} \frac{f(x)}{g(x)} = \infty \qquad (3-53)$$

so geht $f(x)$ schwächer gegen Null als $g(x)$.

Um zu einer exakteren Ausdrucksweise zu kommen, untersucht man, für welchen Wert des Exponenten n bei $x \to a$

$$f(x) \sim |x - a|^n \qquad (3-54)$$

ist und sagt, $f(x)$ werde für $x \to a$ *unendlich klein von der Ordnung n.* Entsprechende Bezeichnungen gelten, wenn $f(x)$ unendlich groß wird. Es wird also

für $x \to 0$	$\sin x$	unendlich klein von der Ordnung 1, da $\sin x \sim x$
	$x - \sin x$	unendlich klein von der Ordnung 3 (vgl. Reihe für $\sin x$ S. 462)
	$\arcsin x$	unendlich klein von der Ordnung 1
	$x^6 + 4x^3 + x^2$	unendlich klein von der Ordnung 2
für $x \to \infty$	$x^6 + 4x^3 + x^2$	unendlich groß von der Ordnung 6
	e^x	unendlich groß von der Ordnung ∞.

3.7. Extremalprobleme

Jede in einem abgeschlossenen Intervall stetige Funktion hat dort ein Maximum und ein Minimum. Es gibt also in $a \leqq x \leqq b$ einen (oder mehrere) Punkte $x_{i,\max}$, für die $f(x_{i,\max}) \geqq f(x \neq x_{i,\max})$, und ebenso einen oder mehrere Punkte $x_{i,\min}$, für die $f(x_{i,\min}) \leqq f(x \neq x_{i,\min})$ ist.

Z. B. hat $y = x$ in $0 \leqq x \leqq 1$ einen Maximumpunkt $x_{max} = 1$ und einen Minimumpunkt $x_{\min} = 0$; $y = x^2$ hat in $-1 \leqq x \leqq 2$ einen Maximumpunkt $x_{\max} = 2$ und einen Minimumpunkt $x_{\min} = 0$; $y = \frac{1}{4}(x^4 - 2x^2) + 2$ hat in $-2 \leqq x \leqq 2$ zwei Maximumpunkte $x_{1,\max} = -2$, $x_{2,\max} = 2$ und zwei Minimumpunkte $x_{1,\min} = -1$, $x_{2,\min} = +1$.

Derartige Extremwerte heißen *globale Extremwerte*, weil zum Vergleich alle Punkte des Intervalles $a \leqq x \leqq b$ zugelassen sind.

Wichtiger sind jedoch häufig *lokale Extremwerte.* Sie sind dadurch ausgezeichnet, daß $f(x_i)$ größer (oder kleiner) ist als alle Funktionswerte in einer kleinen Umgebung von x_i. Für ein lokales Maximum gilt also

$$f(x_{i,\max}) - f(x_{i,\max} + h) > 0, \text{ falls } 0 < h < \epsilon$$

Ein globales Maximum ist stets auch ein lokales; doch hat z. B.

$$y = \tfrac{1}{4}(x^4 - 2x^2) + 2$$

zwei globale, aber drei lokale Maxima (−2, 0, +2).

Einfache Aussagen über *lokale* Extrema lassen sich gewinnen, wenn $f(x)$ im Intervall $a \leqq x \leqq b$ nicht nur stetig, sondern auch differenzierbar ist. Für einen Extremwert von $f(x)$ an der Stelle $x = x_0$ ist dann

$$f'(x_0) = 0 \qquad (3-55)$$

eine notwendige, aber keine hinreichende Bedingung. Gegenbeispiel: $y = x^3$ hat an der Stelle $x = 0$ keinen Extremwert, obwohl dort $y' = 0$ ist.

Soll an der Stelle $x = x_0$ ein Extremwert vorliegen, so folgt aus dem ersten Mittelwertsatz (S. 457), daß notwendig

$$f'(x_0 + h) \cdot f'(x_0 - h) < 0 \qquad (3-56)$$

sein muß. Daraus kann abgeleitet werden:

Ist $f(x)$ an der Stelle $x = x_0$ n-mal differenzierbar und ist die n-te Ableitung die erste, welche an der Stelle $x = x_0$ nicht verschwindet:

$$f'(x_0) = f''(x_0) = f'''(x_0) = \cdots = f^{(n-1)}(x_0) = 0,$$
$$f^{(n)}(x_0) \neq 0 \qquad (3-57)$$

so hat $f(x)$ an der Stelle x_0

ein lokales Maximum, falls n gerade und

$$f^{(n)}(x_0) < 0 \qquad (3-57\text{a})$$

ein lokales Minimum, falls n gerade und

$$f^{(n)}(x_0) > 0 \qquad (3-57\text{b})$$

Ist n ungerade, so liegt kein Extremum, sondern ein Wendepunkt vor.

Es muß betont werden, daß auch diese Regel nicht alle Möglichkeiten erfaßt. So hat

$$f(x) = \begin{cases} e^{-\frac{1}{x^2}} & \text{für } x \neq 0 \\ 0 & \text{für } x = 0 \end{cases}$$

an der Stelle $x = 0$ ein Minimum. Da aber für $x = 0$ alle Ableitungen von $f(x)$ verschwinden, können mit Hilfe der Regeln Gl. (3−57) darüber keine Aussagen gemacht werden. Regel Gl. (3−56) dagegen liefert wegen

$$f'(x) = \frac{2}{x^3}\, e^{-\frac{1}{x^2}}$$

daß $f'(0+h) \cdot f'(0-h) = -\dfrac{4}{h^6}\, e^{-\frac{2}{h^2}} < 0$

ist, daß also ein Extremum vorliegt (allerdings ohne Angabe darüber, ob es sich um ein Maximum oder ein Minimum handelt).

Beispiel:

$y = x^5 - x^7$

$y' = 5x^4 - 7x^6 = 0$ für $x_1 = 0$, $x_2 = \sqrt{\frac{5}{7}}$, $x_3 = -\sqrt{\frac{5}{7}}$

$y'' = 20x^3 - 42x^5$

Für $x = x_1$ ist $y'' = 0$, für $x = x_2$ ist $y'' < 0$ und für $x = x_3$ ist $y'' > 0$.

$y''' = 60x^2 - 210x^4$

$y^{(IV)} = 120x - 840x^3$

$y^{(V)} = 120 - 2520x^2 \quad y^{(V)} > 0$ für $x = x_1$

Also ist x_1 ein Wendepunkt, x_2 ein Maximum und x_3 ein Minimum.

Beispiele für die praktische Anwendung (die Aufgabenstellung, bei Beispiel b) auch die Lösung, wurden aus Batuner, Posin [16] entnommen).

a) Verdünnte Essigsäure soll mit Benzol extrahiert werden. Die Extraktion findet in drei Stufen statt. Zur Verfügung steht die Menge B an Benzol, die demgemäß in drei Teilmengen b_1, b_2 und b_3 aufgeteilt werden muß. Zu Beginn liege ein Volumen a an wäßriger Essigsäure mit der Säurekonzentration x_0 vor. Die Extraktion soll in jeder Stufe ohne Volumänderung bis zur Gleichgewichtseinstellung $y_i = kx_i$ (y_i Konzentration der Essigsäure im Benzol) verlaufen. Bei welcher Aufteilung von B erreicht die Endkonzentration x_3 im Wasser ein Minimum?

Die Massenbilanzen lauten für die

1. Extraktion: $ax_0 = b_1y_1 + ax_1 = x_1(b_1k + a)$
2. Extraktion: $ax_1 = b_2y_2 + ax_2 = x_2(b_2k + a)$
3. Extraktion: $ax_2 = b_3y_3 + ax_3 = x_3(b_3k + a)$

Aus diesen drei Gleichungen folgt

$$x_3 = \frac{a^3x_0}{(a + b_1k)(a + b_2k)(a + b_3k)}$$

Hiernach ist x_3 eine Funktion der drei Unbekannten b_1, b_2 und b_3, von denen allerdings eine über die Bilanz $b_1 + b_2 + b_3 = B$ eliminiert werden kann. Das gesuchte Minimum läßt sich dann, wie in Kap. 5.5 gezeigt wird, dadurch ermitteln, daß nach den drei Variablen b_1, b_2, b_3 partiell differenziert und die partiellen Differentialquotienten gleich Null gesetzt werden.

Aber auch ohne Kenntnis der Differentialrechnung von Funktionen mehrerer Veränderlicher läßt sich das gesuchte Minimum durch eine Überlegung gewinnen, welche methodisch völlig dem „Dynamischen Programmieren" der Optimierungstheorie entspricht: Die gesamte Extraktionsfolge kann nur dann optimal sein, wenn bei vorgegebener Menge b_1 (und damit festgelegtem Wert von x_1) das verbleibende Extraktionsmittel $(B - b_1)$ so auf die zweite und dritte Extraktionsstufe verteilt wird, daß x_3 seinen (selbstverständlich noch vom gewählten b_1 abhängigen) Minimalwert erreicht.

Hält man also b_1 und x_1 fest, so folgt aus der zweiten und dritten Massenbilanz

$$x_3 = \frac{a^2x_1}{(b_2k + a)(b_3k + a)} = \frac{a^2x_1}{(b_2k + a)((B - b_1 - b_2)k + a)}$$

Hier ist x_3 nur noch eine Funktion von b_2; die Differentiation ergibt

$$\frac{dx_3}{db_2} = \frac{-a^2x_1}{(b_2k + a)^2((B - b_1 - b_2)k + a)^2} \times [k((B - b_1 - b_2)k + a) - (b_2k + a)k]$$

und $\dfrac{dx_3}{db_2} = 0$ für $b_2 = \dfrac{B - b_1}{2}$ und folglich auch

$$b_3 = \frac{B - b_1}{2}$$

Das Ergebnis besagt, daß bei jeder beliebigen Wahl von b_1 ein optimales Extraktionsergebnis nur dann erzielt werden kann, wenn das restliche Extraktionsmittel zu gleichen Teilen auf die zweite und dritte Extraktionsstufe verteilt wird. Damit ist auch für alle drei Extraktionsstufen

$$x_{3\,(\text{subopt})} = \frac{a^3 x_0}{(a+b_1 k)(a+b_2 k)^2} = \frac{a^3 x_0}{(a+b_1 k)\left(a+\frac{(B-b_1)}{2}k\right)^2}$$

wobei der Index „subopt" darauf hindeuten soll, daß hier bereits über die zweite und dritte Stufe teiloptimiert und daher $b_2 = b_3$ gesetzt wurde. x_3 ist jetzt nur noch eine Funktion von b_1. Durch Differentiation und Nullsetzen des Differentialquotienten erhält man schließlich als optimalen Wert für b_1

$$b_{1,\,\text{opt}} = b_{2,\,\text{opt}} = b_{3,\,\text{opt}} = \frac{B}{3}$$

b) Aus einem Kreis ist ein Sektor so herauszuschneiden, daß ein kegelförmiges Filter mit maximalem Fassungsvermögen entsteht.

Hat der Kreis den Radius R, und wird aus ihm ein Sektor mit dem Sektorwinkel φ herausgeschnitten, so hat der entstehende Kegel einen Grundkreisumfang von $\varphi \cdot R$, folglich einen Grundkreisradius $r = \frac{\varphi \cdot R}{2\pi}$, eine Grundfläche

$$F = \pi \cdot r^2 = \frac{\varphi^2 R^2}{4\pi}$$

eine Höhe (nach dem Satz des PYTHAGORAS) $h = \sqrt{R^2 - r^2}$, und folglich ein Volumen

$$V = \frac{\pi r^2 h}{3} = \frac{\varphi^2 R^3}{12\pi} \cdot \sqrt{1 - \frac{\varphi^2}{4\pi^2}}$$

Differentiation nach φ ergibt für das gesuchte Maximum die Bedingung

$$\frac{dV}{d\varphi} = \sqrt{1 - \frac{\varphi^2}{4\pi^2}} \cdot \frac{R^3 \varphi}{6\pi} + \frac{\varphi^2 R^3}{12\pi} \cdot \frac{-\frac{2\varphi}{4\pi^2}}{2 \cdot \sqrt{1 - \frac{\varphi^2}{4\pi^2}}} = 0$$

oder

$$\frac{\varphi}{2\pi} = \sqrt{\frac{2}{3}} \qquad \varphi \approx 294°$$

Das maximale Volumen errechnet sich damit zu

$$V_{\max} = \frac{2\pi R^3}{9} \sqrt{\frac{1}{3}} = 0{,}403 \cdot R^3$$

3.8. Formel von TAYLOR

Häufig tritt das Problem auf, ob und mit welcher Genauigkeit es möglich ist, die Werte einer Funktion $f(x)$ an einer Stelle $x_0 + h$ zu berechnen, wenn $f(x_0)$ bekannt ist. Da für kleine h bereits die Tangente, also eine in h lineare Funktion, eine gute Annäherung für die gesuchte Größe liefert, ist es naheliegend, die Funktion $f(x)$ an der Stelle $x_0 + h$ für eine bessere Näherung durch ein Polynom n-ten Grades zu ersetzen:

$$f(x_0 + h) = f(x_0) + a_1 h + a_2 h^2 + a_3 h^3 + \cdots + a_n h^n + R_{n+1} \qquad (3-58)$$

Differentiation liefert

$$\lim_{h\to 0} \frac{f(x_0 + h) - f(x_0)}{h} = f'(x_0) = a_1 \qquad (3-59)$$

$$\lim_{h\to 0} \frac{f'(x_0 + h) - f'(x_0)}{h} = f''(x_0) = 2a_2 \qquad (3-60)$$

$$\lim_{h\to 0} \frac{f''(x_0 + h) - f''(x_0)}{h} = f'''(x_0) = 6a_3 \qquad (3-61)$$

usw.

Ist $f(x)$ in einem Intervall $a \leqq x_0 < x_0 + h \leqq b$ $(n+1)$-mal differenzierbar, so führt das skizzierte Verfahren zur TAYLORschen Formel:

$$f(x_0 + h) = f(x_0) + \frac{h}{1!} f'(x_0) + \frac{h^2}{2!} f''(x_0) + \frac{h^3}{3!} f'''(x_0) + \cdots + \frac{h^n}{n!} f^{(n)}(x_0) + R_{n+1} \qquad (3-62)$$

Diese Entwicklung, die natürlich immer möglich ist, gewinnt erst praktische Bedeutung, wenn über die Größenordnung des Restgliedes R_{n+1} Aussagen gemacht werden können. Es läßt sich zeigen, daß R_{n+1} folgendermaßen geschrieben werden kann:

$$R_{n+1}(x_0, h) = \frac{h^{n+1}}{(n+1)!} f^{(n+1)}(x_0 + \vartheta h) \qquad (3-63)$$

(Formel von LAGRANGE)

$$R_{n+1}(x_0, h) = \frac{h^{n+1}}{n!} (1 - \vartheta')^n f^{(n)}(x_0 + \vartheta' h) \qquad (3-64)$$

(Formel von CAUCHY)

wobei

$$0 \leqq \vartheta \leqq 1$$

und

$$0 \leqq \vartheta' \leqq 1$$

Diese Schreibweise hat den entscheidenden Vorteil, daß sie Abschätzungen über den Fehler erlaubt, der entsteht, wenn die Entwicklung Gl. (3–62) etwa nach dem n-ten Glied abgebrochen wird.

Ist speziell $x_0 = 0$, so geht Gl. (3–62) in die MACLAURINsche Entwicklung über:

$$f(h) = f(0) + \frac{h}{1!} f'(0) + \frac{h^2}{2!} f''(0) + \frac{h^3}{3!} f'''(0) + \cdots \qquad (3-65)$$

Beispiel:

Behauptung: $\ln(1+x) \leqq x - \frac{x^2}{2} + \frac{x^3}{3}$

Setzt man nämlich $x_0 = 1$, $h = x$, und entwickelt $\ln x$ an der Stelle x_0 bis zur dritten Potenz in eine Taylorreihe, so ist

$$\ln(1+x) = \ln(1) + \frac{x}{1} - \frac{x^2}{2} + \frac{x^3}{3} - \frac{6x^4}{(1+\vartheta x)^4 \cdot 4!}$$

(Restglied nach LAGRANGE)

$$= x - \frac{x^2}{2} + \frac{x^3}{3} - \frac{x^4}{4(1+\vartheta x)^4}$$

Da aber $x \geqq 0$ und $\vartheta \geqq 0$ ist, folgt daraus die Behauptung.

Besonders wichtig ist folgende Frage: Eine Funktion $f(x)$ sei im Intervall $a \leqq x_0 < x_0 + h \leqq b$ beliebig oft differenzierbar. Wie groß ist dann in ihrer TAYLOR-Entwicklung $\lim\limits_{n\to\infty} R_{n+1}$?

Man kann leicht Funktionen angeben, bei denen $\lim\limits_{n\to\infty} R_{n+1} = 0$ ist. Bei der MACLAURINschen Entwicklung der Exponentialfunktion, aber auch der Sinus- und Cosinusfunktion ist dies z. B. für jeden Wert von h der Fall, bei der MACLAURIN-Entwicklung von $f(x) = \dfrac{1}{1+x^2}$ für alle h mit $|h| < 1$. Wenn diese Bedingung erfüllt ist, heißt die Reihe

$$f(x_0+h) = f(x_0) + \frac{h}{1!} f'(x_0) + \frac{h^2}{2!} f''(x_0) + \frac{h^3}{3!} f'''(x_0) + \cdots \qquad (3-66)$$

die TAYLORsche Reihe der Funktion $f(x)$. Dies wird auch so ausgedrückt: $f(x)$ ist an der Stelle $x = x_0$ in eine TAYLOR-Reihe entwickelt worden. Zu beachten ist:

1. Die Eigenschaft einer Funktion, in eine TAYLOR-Reihe entwickelbar zu sein, gilt immer nur für bestimmte Punkte x_0 des Definitionsbereiches. Sie braucht nicht für den gesamten Definitionsbereich gegeben zu sein. So ist z. B. $\ln x$ an der Stelle $x = 0$ nicht in eine TAYLOR-Reihe entwickelbar, wohl aber an der Stelle $x = 1$.
2. Die Frage, für welche Werte von h die TAYLOR-Reihe konvergiert, also $\lim\limits_{n\to\infty} R_{n+1} = 0$ ist, wird in Kap. 3.9 diskutiert. Die Reihe braucht nicht für jeden Wert von h zu konvergieren; so ist die TAYLOR-Reihe für $y = 1/1 + x^2$, nämlich $f(x) = \sum\limits_{j=0}^{\infty} (-1)^j x^{2j}$, nur für $|x| < 1$ konvergent, obwohl die Funktion y für alle x beschränkt ist.

Die wichtigsten TAYLOR-Reihen sind:

$$e^{ax} = \sum_{j=0}^{\infty} \frac{(ax)^j}{j!} = 1 + ax + \frac{a^2x^2}{2} + \frac{a^3x^3}{6} + \cdots \qquad (|x| < \infty) \qquad (3-67)$$

$$\sin x = \sum_{j=0}^{\infty} (-1)^j \cdot \frac{x^{2j+1}}{(2j+1)!} = x - \frac{x^3}{6} + \frac{x^5}{120} - \frac{x^7}{5040} + - \cdots \qquad (|x| < \infty) \qquad (3-68)$$

$$\cos x = \sum_{j=0}^{\infty} (-1)^j \cdot \frac{x^{2j}}{(2j)!} = 1 - \frac{x^2}{2} + \frac{x^4}{24} - \frac{x^6}{720} + - \cdots \qquad (|x| < \infty) \qquad (3-69)$$

$$\sinh x = \sum_{j=0}^{\infty} \frac{x^{2j+1}}{(2j+1)!} = x + \frac{x^3}{6} + \frac{x^5}{120} + \frac{x^7}{5040} + \cdots \qquad (|x| < \infty) \qquad (3-70)$$

$$\cosh x = \sum_{j=0}^{\infty} \frac{x^{2j}}{(2j)!} = 1 + \frac{x^2}{2} + \frac{x^4}{24} + \frac{x^6}{720} + \cdots \qquad (|x| < \infty) \qquad (3-71)$$

$$\tan x = \sum_{j=1}^{\infty} \frac{2^{2j}(2^{2j}-1)B_{2j}(-1)^{j-1}}{(2j)!} x^{2j-1} = x + \frac{x^3}{3} + \frac{2x^5}{15} + \frac{17x^7}{315} + \cdots \qquad \left(|x| < \frac{\pi}{2}\right) \qquad (3-72)$$

$$x \cdot \cot x = \sum_{j=0}^{\infty} (-1)^j \cdot \frac{2^{2j}B_{2j}}{(2j)!} \cdot x^{2j} = 1 - \frac{x^2}{3} - \frac{x^4}{45} - \frac{2x^6}{945} - \cdots \qquad (|x| < \pi) \qquad (3-73)$$

Dabei sind die B_j die sog. BERNOULLIschen Zahlen; sie sind die Koeffizienten der TAYLOR-Entwicklung von

$$\frac{x}{e^x - 1} = \sum_{j=0}^{\infty} B_j \cdot \frac{x^j}{j!} \qquad (3-74)$$

Es ist

$B_0 = 1$, $B_1 = -\frac{1}{2}$, $B_2 = \frac{1}{6}$, $B_4 = -\frac{1}{30}$, $B_6 = \frac{1}{42}$, $B_8 = -\frac{1}{30}$, $B_{10} = \frac{5}{66}$, $B_{2j+1} = 0$ für $j > 1$

$$\arcsin x = \sum_{j=0}^{\infty} \frac{1 \cdot 3 \cdots (2j-1)}{2 \cdot 4 \cdots (2j)} \cdot \frac{x^{2j+1}}{2j+1} = x + \frac{x^3}{6} + \frac{3x^5}{40} + \frac{5x^7}{112} + \cdots \quad (|x| < 1) \qquad (3-75)$$

$$\arctan x = \sum_{j=0}^{\infty} (-1)^j \cdot \frac{x^{2j+1}}{2j+1} = x - \frac{x^3}{3} + \frac{x^5}{5} - \frac{x^7}{7} + - \cdots \quad (|x| < 1) \qquad (3-76)$$

Die entsprechenden Reihen für tanh x, $x \cdot \coth x$, arsinh x und artanh x gewinnt man aus den Reihen Gl. (3–72 bis (3–76), indem jedes Glied noch mit $(-1)^j$ bzw. (in Gl. (3–72)) mit $(-1)^{j-1}$ multipliziert wird.

$$\ln(1+x) = \sum_{j=0}^{\infty} (-1)^j \cdot \frac{x^{j+1}}{j+1} = x - \frac{x^2}{2} + \frac{x^3}{3} - \frac{x^4}{4} + - \cdots \quad -1 < x < 1 \qquad (3-77)$$

Oft gebraucht wird die binomische Reihe

$$(1+x)^p = \sum_{j=0}^{\infty} \binom{p}{j} x^j \qquad |x| < 1 \qquad (3-78)$$

Spezialfälle davon sind

$$(1 \pm x)^{1/2} = 1 \pm \frac{1}{2}x - \frac{1 \cdot 1}{2 \cdot 4}x^2 \pm \frac{1 \cdot 1 \cdot 3}{2 \cdot 4 \cdot 6}x^3 - \frac{1 \cdot 1 \cdot 3 \cdot 5}{2 \cdot 4 \cdot 6 \cdot 8}x^4 \pm \cdots \qquad |x| < 1 \qquad (3-79)$$

$$(1 \pm x)^{-1/2} = 1 \mp \frac{1}{2}x + \frac{1 \cdot 3}{2 \cdot 4}x^2 \mp \frac{1 \cdot 3 \cdot 5}{2 \cdot 4 \cdot 6}x^3 + \frac{1 \cdot 3 \cdot 5 \cdot 7}{2 \cdot 4 \cdot 6 \cdot 8}x^4 \mp \cdots \qquad |x| < 1 \qquad (3-80)$$

$$(1 \pm x)^{1/3} = 1 \pm \frac{1}{3}x - \frac{1 \cdot 2}{3 \cdot 6}x^2 \pm \frac{1 \cdot 2 \cdot 5}{3 \cdot 6 \cdot 9}x^3 - \frac{1 \cdot 2 \cdot 5 \cdot 8}{3 \cdot 6 \cdot 9 \cdot 12}x^4 \pm \cdots \qquad |x| < 1 \qquad (3-81)$$

$$(1 \pm x)^{-1/3} = 1 \mp \frac{1}{3}x + \frac{1 \cdot 4}{3 \cdot 6}x^2 \mp \frac{1 \cdot 4 \cdot 7}{3 \cdot 6 \cdot 9}x^3 + \frac{1 \cdot 4 \cdot 7 \cdot 10}{3 \cdot 6 \cdot 9 \cdot 12}x^4 \mp \cdots \qquad |x| < 1 \qquad (3-82)$$

$$(1 \pm x)^{-1} = 1 \mp x + x^2 \mp x^3 + x^4 \mp \cdots \qquad |x| < 1 \qquad (3-83)$$

$$(1 \pm x)^{-2} = 1 \mp 2x + 3x^2 \mp 4x^3 + 5x^4 \mp \cdots \qquad |x| < 1 \qquad (3-84)$$

3.9. Potenzreihen

Unter einer Potenzreihe versteht man eine Reihe der Form

$$S = \sum_{j=0}^{\infty} a_j x^j \qquad (3-85)$$

Jedes Glied der Reihe ist eine mit einem Koeffizienten multiplizierte Potenz einer Variablen x; die Glieder der Reihe sind nach steigenden Potenzen von x geordnet. Beispiele für Potenzreihen sind die TAYLORschen Reihen, aber auch die Polynome n-ter Ordnung in x (alle a_j mit $j > n$ sind hier natürlich Null).

Für jede Potenzreihe Gl. (3–85) gibt es eine Zahl $r \geqq 0$, so daß Gl. (3–85) für $|x| < r$ absolut konvergiert und für $|x| > r$ divergiert. Man nennt r den *Konvergenzradius* der Potenzreihe und das Intervall $-r < x < +r$ ihr *Konvergenzintervall*. Über das Konvergenzverhalten in den Punkten $x = -r$ und $x = +r$ kann keine allgemeine Aussage gemacht werden; die Potenzreihe kann in beiden Punkten konvergieren, sie kann nur in einem der beiden Punkte konvergieren oder in beiden Punkten divergieren.

Beispiele:

$$S = e^x = \sum_{j=0}^{\infty} \frac{x^j}{j!} \qquad r = \infty$$

$$S = \sum_{j=0}^{\infty} j^j x^j \qquad r = 0$$

$$S = \sum_{j=0}^{\infty} x^j \qquad r = 1$$

Für $x = -1$ und $x = 1$ ist S divergent.

$$S = \sum_{j=1}^{\infty} \frac{x^j}{j} \qquad r = 1$$

Für $x = 1$ ist S divergent, für $x = -1$ dagegen konvergent.

$$S = \sum_{j=1}^{\infty} \frac{x^j}{j^2} \qquad r = 1$$

Für $x = -1$ und $x = 1$ ist S konvergent.

Die Frage nach der Größe des Konvergenzradius einer vorgelegten Potenzreihe läßt sich nur teilweise beantworten. Man kann zeigen, daß

$$r = \frac{1}{\lim\limits_{j \to \infty} \sqrt[j]{|a_j|}}$$

und auch

$$r = \frac{1}{\lim\limits_{j \to \infty} \left| \dfrac{a_{j+1}}{a_j} \right|} \qquad (3-86)$$

ist, falls diese beiden Grenzwerte existieren.

Das Konvergenzintervall für Potenzreihen der Form Gl. (3–85) liegt symmetrisch zum Punkt $x = 0$. Gl. (3–85) beschreibt daher genauer die Potenzreihenentwicklung von S im Punkt $x = 0$. Stattdessen kann die Funktion S aber auch um jeden anderen Punkt x_0, der zum Konvergenzintervall von S gehört, in eine Potenzreihe der Form

$$S = \sum_{j=0}^{\infty} b_j (x - x_0)^j \qquad (3-87)$$

entwickelt werden (Transformation auf einen neuen Mittelpunkt). Die neuen Koeffizienten b_j ergeben sich aus der Formel

$$b_j = \sum_{i=0}^{\infty} \binom{i+j}{j} a_{i+j} x_0^i \tag{3-88}$$

Da Potenzreihen im Innern ihres Konvergenzintervalles absolut konvergent sind, können sie nach Kap. 1.4.2 gliedweise miteinander multipliziert werden. Ist also

$$f(x) = a_0 + a_1 x + a_2 x^2 + \cdots = \sum_{j=0}^{\infty} a_j x^j \tag{3-89}$$

$$g(x) = b_0 + b_1 x + b_2 x^2 + \cdots = \sum_{i=0}^{\infty} b_i x^i \tag{3-90}$$

so ist

$$f(x) \cdot g(x) = \sum_{i=0}^{\infty} (a_0 b_i + a_1 b_{i-1} + a_2 b_{i-2} + + \cdots + a_i b_0) x^i = \sum_{i=0}^{\infty} \sum_{j=0}^{i} a_j b_{i-j} x^i \tag{3-91}$$

Beispiel:

$$\sin x = x - \frac{x^3}{3!} + \frac{x^5}{5!} - \frac{x^7}{7!} + \frac{x^9}{9!} - + \cdots$$

$$\sinh x = x + \frac{x^3}{3!} + \frac{x^5}{5!} + \frac{x^7}{7!} + \frac{x^9}{9!} + \cdots$$

$$\sin x \cdot \sinh x = x^2 - \frac{x^6}{90} + \frac{x^{10}}{113\,400} - + \cdots$$

ist also der Beginn der Potenzreihenentwicklung für $\sin x \cdot \sinh x$.

Ist eine Funktion $f(x)$ durch eine Potenzreihe $\Sigma a_j x^j$ mit endlichem Konvergenzradius r darstellbar und ist $f(0) \neq 0$, so ist auch die Funktion $1/f(x)$ in eine Potenzreihe $\Sigma b_j x^j$ entwickelbar. Der Konvergenzradius beider Potenzreihen muß aber nicht notwendig derselbe sein. Die Koeffizienten b_j werden am besten nach der Formel

$$1 = \left(\sum_{j=0}^{\infty} b_j x^j\right) \cdot \left(\sum_{j=0}^{\infty} a_j x^j\right) = \sum_{j=0}^{\infty} c_j x^j \tag{3-92}$$

und durch schrittweisen Koeffizientenvergleich bestimmt, wobei $c_0 = 1$ und $c_j = 0 (j \neq 0)$ sein muß. Für die b_j gilt auch die Formel

$$b_j = \frac{(-1)^j}{a^{j+1}} \begin{vmatrix} a_1 & a_0 & 0 & 0 & 0 \ldots\ldots 0 \\ a_2 & a_1 & a_0 & 0 & 0 \ldots\ldots 0 \\ a_3 & a_2 & a_1 & a_0 & 0 \ldots\ldots 0 \\ \ldots & \ldots & \ldots & \ldots & \ldots \\ a_j & a_{j-1} & a_{j-2} & a_{j-3} & \ldots\ldots a_1 \end{vmatrix} \qquad j \geqq 1 \tag{3-93}$$

Beispiel:

Gesucht ist die Potenzreihenentwicklung für $1/\cos x$. Formel Gl. (3−93) liefert nach Einsetzen der Reihenentwicklung Gl. (3−69)

$$b_0 = \frac{1}{a_0} = 1 \quad b_1 = \frac{(-1)^1}{a^2} \cdot a_1 = 0$$

$$b_2 = \frac{(-1)^2}{a_0^3} \begin{vmatrix} a_1 & a_0 \\ a_2 & a_1 \end{vmatrix} = \frac{1}{2} \qquad b_3 = \frac{(-1)^3}{a_0^4} \begin{vmatrix} a_1 & a_0 & 0 \\ a_2 & a_1 & a_0 \\ a_3 & a_2 & a_1 \end{vmatrix} = 0$$

$$b_4 = \frac{(-1)^4}{a_0^5} \begin{vmatrix} a_1 & a_0 & 0 & 0 \\ a_2 & a_1 & a_0 & 0 \\ a_3 & a_2 & a_1 & a_0 \\ a_4 & a_3 & a_2 & a_1 \end{vmatrix} = \frac{5}{24} \text{ usw.}$$

Daher beginnt die Reihenentwicklung für $1/\cos x$

$$\frac{1}{\cos x} = 1 + \frac{1}{2} x^2 + \frac{5}{24} x^4 + \cdots$$

In gleicher Weise können auch Quotienten von Potenzreihen

$$\sum_{j=0}^{\infty} a_j x^j \Big/ \sum_{j=0}^{\infty} c_j x^j$$

ermittelt werden, indem man zuerst die Koeffizienten der Potenzreihe $1/\sum_{j=0}^{\infty} c_j x^j = \sum_{j=0}^{\infty} b_j x^j$ berechnet und dann das Produkt $\left(\sum_{j=0}^{\infty} a_j x^j\right) \cdot \left(\sum_{j=0}^{\infty} b_j x^j\right)$ ausführt.

Läßt sich eine Funktion $f(x)$ in einem Intervall $a \leqq x \leqq b$ als Potenzreihe $\sum_{j=0}^{\infty} a_j x^j$ darstellen, so ist $f(x)$ im Innern dieses Intervalles stetig und beliebig oft differenzierbar. Diese Behauptung ist für die TAYLORschen Reihen selbstverständlich, da hier die zu entwickelnde Funktion ja gerade als unendlich oft differenzierbar vorausgesetzt wurde. Sie gilt aber für jede Potenzreihe.

Wichtiger noch ist, daß die Ableitungen $f'(x)$, $f''(x)$ usw. durch gliedweise Differentiation der Potenzreihe $\sum_{j=0}^{\infty} a_j x^j$ erhalten werden können:

$$f'(x) = \sum_{j=0}^{\infty} j a_j x^{j-1} \tag{3-94}$$

$$f''(x) = \sum_{j=0}^{\infty} j(j-1) a_j x^{j-2} \text{ usw.} \tag{3-95}$$

Z. B. ist nach Gl. (3−82)

$$\ln(1+x) = \sum_{j=0}^{\infty} (-1)^j \frac{x^{j+1}}{j+1} = x - \frac{x^2}{2} + + \frac{x^3}{3} - \frac{x^4}{4} + - \cdots,$$

also ist

$$\frac{d}{dx} \ln(1+x) = \sum_{j=0}^{\infty} (j+1)(-1)^j \frac{x^j}{j+1} = = 1 - x + x^2 - x^3 + x^4 - + \cdots = \frac{1}{1+x}$$

Gelegentlich sind auch divergente Potenzreihen von Nutzen. Eine Funktion $f(x)$ kann zwar für alle Werte innerhalb des Konvergenzradius durch ihre TAYLORreihe prinzipiell mit beliebiger Genauigkeit dargestellt werden. Manchmal ist deren Konvergenz aber so langsam, daß sie für praktische Rechnungen unbrauchbar wird. Dann sind asymptotische Entwicklungen mit zwar beschränkter, aber rasch erreichbarer Genauigkeit vorzuziehen.

Integriert man z. B. die Funktion $f(x) = e^x \cdot E_1(x) = \int_x^\infty t^{-1} e^{x-t} \, dt$ mehrfach partiell, so findet man

$$f(x) = \frac{1}{x} - \frac{1}{x^2} + \frac{2!}{x^3} - \cdots + \frac{(-1)^{n-1}(n-1)!}{x^n} +$$

$$+ (-1)^n n! \int_x^\infty t^{-n-1} e^{x-t} \, dt \quad (3-96)$$

Die Reihe

$$S(x) = \sum_{n=1}^{\infty} \frac{(-1)^{n-1}(n-1)!}{x^n} \quad (3-97)$$

ist für alle x divergent; sie hat aber die Eigenschaft, daß es für jedes x eine Teilsumme

$$S_m(x) = \sum_{n=1}^{m} \frac{(-1)^{n-1}(n-1)!}{x^n} \quad (3-98)$$

gibt, welche dem gesuchten Funktionswert $f(x)$ um so näher kommt, je größer x ist, denn es ist

$$|f(x) - S_m(x)| = m! \int_x^\infty t^{-m-1} e^{x-t} \, dt < \frac{m!}{x^{m+1}} \quad (3-99)$$

Gl. (3−97) wird deshalb als asymptotische Entwicklung der Funktion Gl. (3−96) bezeichnet. Die erreichbare Genauigkeit ist sehr hoch:

$x = 5$: $f(x) = 0{,}17042$ $\quad |f(x) - S_8(x)| < 0{,}0076$

$x = 80$: $f(x) = 0{,}091563$ $\quad |f(x) - S_4(x)| < 0{,}000004$

3.10. Funktionenreihen

Potenzreihen sind Spezialfälle von allgemeineren Reihen, den *Funktionenreihen*. Wird durch irgendeine Vorschrift jeder ganzen Zahl n eine Funktion $f_n(x)$ zugeordnet, so heißt in Analogie zu einer Zahlenfolge die Folge

$$\{f_n(x)\} = f_0(x), f_1(x), f_2(x), \cdots$$

eine *Funktionenfolge*. Durch Addition der ersten m Glieder einer Funktionenfolge gelangt man zu der m-ten Teilsumme

$$F_m(x) = \sum_{i=0}^{m} f_i(x)$$

und damit zum Begriff der *Funktionenreihe* $F(x)$, die nichts anderes bedeuten soll als den Grenzwert der Folge der Teilsummen

$$F_0(x) = f_0(x)$$

$$F_1(x) = f_0(x) + f_1(x)$$

$$F_2(x) = f_0(x) + f_1(x) + f_2(x) \text{ usw.}$$

Beispiele für Funktionenreihen sind

a) die FOURIER-Reihen

$$F_n(x) = \sum_{j=0}^{n} a_j \sin jx \quad G_n(x) = \sum_{j=0}^{n} b_j \cos jx$$

b) die RIEMANNsche Zeta-Funktion

$$\zeta(x) = \sum_{n=0}^{\infty} \frac{1}{n^x}$$

c) die Reihen der Form $\quad F(x) = \sum_{j=0}^{\infty} a_j \exp(-jx^2)$

Im Gegensatz zu den Potenzreihen kann über das Konvergenzintervall einer Funktionenreihe im allg. nichts ausgesagt werden. Z. B. sind die Reihen a) und c) für jedes x konvergent, falls $\sum_{j=0}^{\infty} a_j$ bzw. $\sum_{j=0}^{\infty} b$ absolut konvergent sind, die Reihe b) dagegen für alle $x > 1$.

Auch braucht, wiederum im Gegensatz zu den Potenzreihen, die von einer Funktionenreihe in ihrem Konvergenzintervall dargestellte Funktion selbst dann nicht stetig (und also auch nicht differenzierbar) zu sein, wenn alle Teilsummen stetig sind.

Ein Beispiel dafür liefert die Funktionenreihe

$$F(x) = \sum_{n=0}^{\infty} f_n(x) \quad \text{mit} \quad f_n(x) = x^2(1-x^2)^n \quad (3-100)$$

Jede der Funktionen $f_n(x)$ ist im Intervall $-1 \leqq x \leqq +1$ stetig und unendlich oft differenzierbar, $F(x)$ dagegen ist in diesem Intervall noch nicht einmal stetig, denn es ist

$F(x) = 0$ für $x = 0$, $x = -1$, $x = +1$

$$F(x) = \sum_{n=0}^{\infty} x^2(1-x^2)^n = x^2 \sum_{n=0}^{\infty} (1-x^2)^n =$$

$$= x^2 \frac{1}{1-(1-x^2)} = 1 \quad (3-101)$$

für $0 < x < 1$

Dieses Verhalten hängt damit zusammen, daß die Konvergenz stark von der Stelle x im Konvergenzintervall abhängt, an der sie untersucht wird. Soll die Abweichung zwischen $F(x)$ und der j-ten Teilsumme

$$F_j(x) = \sum_{n=0}^{j} f_n(x)$$

kleiner als $\frac{1}{100}$ sein, so ist dies für $x^2 = 0{,}7$ mit der 3. Teilsumme, $x^2 = 0{,}5$ mit der 6. Teilsumme, $x^2 = 0{,}3$ mit der 12. Teilsumme, $x^2 = 0{,}1$ mit der 43. Teilsumme und für $x^2 = 0{,}01$ erst mit der 454. Teilsumme erreicht. Die Funktionenreihe Gl. (3−100) konvergiert also im Konvergenzintervall nicht gleichmäßig schnell.

Umgekehrt führt dies zu der Erklärung: Ist $F(x) = \sum_{j=0}^{\infty} f_j(x)$ eine Funktionenreihe, und läßt sich zu jeder positiven Zahl ε eine Zahl $N(\varepsilon)$ finden, so daß für alle x aus dem Konvergenzintervall von F und für alle $n \geqq N$

$$|F_n(x) - F(x)| < \varepsilon$$

ausfällt, so heißt $F(x)$ im Konvergenzintervall *gleichmäßig konvergent*.

Gleichmäßig konvergente Funktionenreihen haben eine Reihe für die Praxis wichtiger Eigenschaften:

1. Ist

$$F(x) = \sum_{j=0}^{\infty} f_j(x)$$

in einem Intervall J gleichmäßig konvergent, so ist $F(x)$ in diesem Intervall eine stetige Funktion. (Die Umkehrung dieses Satzes gilt nicht.)

2. Ist

$$F(x) = \sum_{j=0}^{\infty} f_j(x)$$

eine Funktionenreihe, und konvergiert die Reihe $\sum_{j=0}^{\infty} f_j'(x)$ in einem Intervall J gleichmäßig gegen eine Grenzfunktion G, so konvergiert $\sum_{j=0}^{\infty} f_j(x)$, wenn überhaupt, gleichmäßig gegen $F(x)$, und es ist $F'(x)=G(x)$.

Anschaulich gesprochen heißt dies, daß man eine gleichmäßig konvergente Funktionenreihe zwar stets gliedweise integrieren, aber nur dann gliedweise differenzieren darf, wenn die durch gliedweise Differentiation entstandene Reihe ebenfalls gleichmäßig konvergiert.

4. Integralrechnung

4.1. Stammfunktion

In Kapitel 3 war durch den Grenzwertprozeß des Differenzierens aus einer vorgegebenen Funktion $f(x)$ eine neue Funktion, die Ableitung $f'(x)$, erzeugt worden. Mindestvoraussetzung dafür, daß dieser Prozeß überhaupt durchführbar ist, war dabei, daß die Funktion $f(x)$ stetig ist (tatsächlich genügt diese Voraussetzung allein noch nicht). Aber auch wenn $f(x)$ stetig ist, braucht $f'(x)$ es keineswegs zu sein. Allgemeiner: wenn $f(x)$ n-mal differenzierbar ist, kann man im allg. nur erwarten, daß $f'(x)$ $(n-1)$-mal differenzierbar ist. Der Prozeß der Differentiation führt also (mit Ausnahme der analytischen Funktionen) zu einer „Verschlechterung" der Eigenschaften einer Funktion.

Umgekehrt sei in einem Intervall eine Funktion $f(x)$ gegeben. Gibt es nun eine zweite Funktion $F(x)$ mit der Eigenschaft, daß für alle x aus dem betrachteten Intervall

$$F'(x)=f(x) \qquad (4-1)$$

ist, dann heißt $F(x)$ *Stammfunktion* zu $f(x)$. Dafür wird auch geschrieben:

$$F(x)=\int f(x)\,\mathrm{d}x=\int F'(x)\,\mathrm{d}x=\int \frac{\mathrm{d}F}{\mathrm{d}x}\,\mathrm{d}x=\int \mathrm{d}F \qquad (4-2)$$

Ist $F_1(x)$ eine Stammfunktion von $f(x)$, dann ist auch

$$F_2(x)=F_1(x)+c$$

(c beliebige Konstante) eine Stammfunktion. Umgekehrt erhält man alle Stammfunktionen zu $f(x)$ in der Form $F(x)=F_1(x)+c$, wenn $F_1(x)$ eine Stammfunktion ist.

Aus Tab. 1 auf S. 454 oder durch direktes Nachrechnen ergibt sich, daß zu den Funktionen $f(x)$ in Tab. 2 die mit $F(x)$ bezeichneten Stammfunktionen gehören.

Eine große Anzahl weiterer Stammfunktionen läßt sich bestimmen, wenn man die Regeln für die Differentiation einer Summe von Funktionen, eines Produktes oder Quotienten von Funktionen und einer mittelbaren Funktion in die Integralschreibweise übersetzt.

So folgt aus

$$\frac{\mathrm{d}F}{\mathrm{d}x}=f(x) \quad \text{und} \quad c\frac{\mathrm{d}F}{\mathrm{d}x}=\frac{\mathrm{d}(cF)}{\mathrm{d}x}$$

$$\int c\cdot f(x)\,\mathrm{d}x=c\cdot\int f(x)\,\mathrm{d}x \qquad (4-3)$$

$$\int\left(c_1f_1(x)+c_2f_2(x)+\cdots+c_nf_n(x)\right)\mathrm{d}x= =\int\left(\sum_{j=1}^{n} c_jf_j(x)\right)\mathrm{d}x= =c_1\int f_1(x)\,\mathrm{d}x+c_2\int f_2(x)\,\mathrm{d}x+\cdots+ +c_n\int f_n(x)\,\mathrm{d}x=\sum_{j=1}^{n} c_j\int f_j(x)\,\mathrm{d}x \qquad (4-4)$$

Bei endlichen Summen kann also Summation und Integration vertauscht werden.

Für die Praxis sind die partielle Integration (Analogon zur Differentiation eines Produktes) und die Integration durch Substitution (Analogon zur Differentiation einer mittelbaren Funktion) bei weitem am wichtigsten.

Aus

$$\frac{\mathrm{d}}{\mathrm{d}x}\left(f(x)\cdot g(x)\right)=f(x)\cdot g'(x)+f'(x)\cdot g(x)$$

Gl. (3–9)

Tab. 2. Die wichtigsten Stammfunktionen

$f(x)$	$F(x)$
x^n (n reell, $n \neq -1$)	$\frac{1}{n+1}x^{n+1}+c$
e^x	e^x+c
a^x	$\frac{a^x}{\ln a}+c$
$\frac{1}{x}$ $(x \neq 0)$	$\ln\lvert x\rvert+c$
$\ln x$	$x\cdot\ln\lvert x\rvert-x+c$
$\sin x$	$-\cos x+c$
$\cos x$	$\sin x+c$
$\tan x$ $\left(x \neq \pm(2n+1)\frac{\pi}{2}\right)$	$-\ln\lvert\cos x\rvert+c$
$\cot x$ $(x \neq \pm n\pi)$	$\ln\lvert\sin x\rvert+c$
$\sinh x$	$\cosh x+c$
$\cosh x$	$\sinh x+c$
$\tanh x$	$\ln\lvert\cosh x\rvert+c$
$\coth x$	$\ln\lvert\sinh x\rvert+c$
$\arcsin x$	$x\cdot\arcsin x+\sqrt{1-x^2}+c$
$\arccos x$	$x\cdot\arccos x-\sqrt{1-x^2}+c$
$\arctan x$	$x\cdot\arctan x-\frac{1}{2}\ln(1+x^2)+c$
$\operatorname{arccot} x$	$x\cdot\operatorname{arccot} x+\frac{1}{2}\ln(1+x^2)+c$
$\operatorname{arsinh} x$	$x\cdot\operatorname{arsinh} x-\sqrt{x^2+1}+c$
$\operatorname{arcosh} x$	$x\cdot\operatorname{arcosh} x-\sqrt{x^2-1}+c$
$\operatorname{artanh} x$	$x\cdot\operatorname{artanh} x+\frac{1}{2}\ln\lvert 1-x^2\rvert+c$
$\operatorname{arcoth} x$	$x\cdot\operatorname{arcoth} x+\frac{1}{2}\ln\lvert x^2-1\rvert+c$

folgt, daß

$$\int \frac{\mathrm{d}}{\mathrm{d}x}\big(f(x)\cdot g(x)\big)\,\mathrm{d}x = \int \mathrm{d}\big(f(x)\cdot g(x)\big) =$$

$$= f(x)\cdot g(x) = \int f(x)\cdot g'(x)\,\mathrm{d}x + \int f'(x)\cdot g(x)\,\mathrm{d}x \qquad (4-5)$$

oder

$$\int f(x)\cdot g'(x)\,\mathrm{d}x = f(x)\cdot g(x) - \int f'(x)\cdot g(x)\,\mathrm{d}x \qquad (4-6)$$

Bei geschickter Wahl von $f(x)$ und $g'(x)$ ist das Integral

$$\int f'(x)\cdot g(x)\,\mathrm{d}x$$

unter Umständen leichter auszuwerten als das vorgelegte Integral

$$\int f(x)\cdot g'(x)\,\mathrm{d}x$$

Beispiele:

a) $\int \ln x\cdot \mathrm{d}x = ?$ Man wählt $\ln x = f(x)$, $1 = g'(x)$, und erhält

$$\int \ln x\cdot \mathrm{d}x = x\cdot \ln x - \int \frac{x}{x}\,\mathrm{d}x = x\cdot \ln x - x + c \qquad (4-7)$$

b) $\int x\cdot \cos x\,\mathrm{d}x = ?$ Man wählt $\cos x = g'(x)$, $x = f(x)$ und erhält

$$\int x\cdot\cos x\,\mathrm{d}x = x\cdot\sin x - \int \sin x\,\mathrm{d}x = x\cdot \sin x + \cos x + c \qquad (4-8)$$

Hätte man dagegen (was genau so zulässig wäre) $x = g'(x)$, $\cos x = f(x)$ gesetzt, so folgte

$$\int x\cdot\cos x\,\mathrm{d}x = \frac{x^2}{2}\cdot\cos x - \frac{1}{2}\int x^2\cdot(-\sin x)\,\mathrm{d}x$$

und statt des einfachen Integrals $\int x\cdot\cos x\,\mathrm{d}x$ wäre jetzt das komplizierte Integral $\int x^2\cdot\sin x\,\mathrm{d}x$ auszuwerten.

Integration durch Substitution. Ist $F(x)$ als mittelbare Funktion der Variablen $u(x)$ aufzufassen, also $F(x) = F\big(u(x)\big)$, dann ist wegen

$$\frac{\mathrm{d}F(x)}{\mathrm{d}x} = f(x) = \frac{\mathrm{d}F}{\mathrm{d}u}\cdot\frac{\mathrm{d}u}{\mathrm{d}x} = g(u)\cdot\frac{\mathrm{d}u}{\mathrm{d}x}$$

(wobei $\frac{\mathrm{d}F}{\mathrm{d}u} = g(u)$ gesetzt ist)

$$\int \mathrm{d}F = F = \int f(x)\,\mathrm{d}x = \int g(u)\cdot\frac{\mathrm{d}u}{\mathrm{d}x}\,\mathrm{d}x = \int g(u)\cdot\mathrm{d}u \qquad (4-9)$$

Diese Gleichung kann auf zwei Arten gedeutet werden:

1. Ein Integral

   $$\int f(x)\,\mathrm{d}x$$

   ist immer dann auswertbar, wenn der Integrand $f(x)$ derart in zwei Faktoren $g(x)\cdot h(x)$ zerlegt werden kann, daß $g(x)$ eine mittelbare Funktion $g\big(u(x)\big)$ und $h(x) = \mathrm{d}u/\mathrm{d}x$ die Ableitung der mittelbaren Funktion $u(x)$ ist. In diesem Fall genügt es, nach der mittelbaren Variablen u zu integrieren.

Beispiele:

a) $$\int \frac{x\,\mathrm{d}x}{\sqrt{1+x^2}} = ?$$

Wählt man

$$u = x^2,\; g(x) = 1/\sqrt{1+x^2} = 1/\sqrt{1+u}$$

so ist

$$h(x) = x = \frac{1\,\mathrm{d}u}{2\,\mathrm{d}x}$$

also

$$\int \frac{x\,\mathrm{d}x}{\sqrt{1+x^2}} = \frac{1}{2}\int\frac{2x\,\mathrm{d}x}{\sqrt{1+x^2}} = \frac{1}{2}\int\frac{1}{\sqrt{1+u}}\times$$

$$\times\frac{\mathrm{d}u}{\mathrm{d}x}\,\mathrm{d}x = \frac{1}{2}\int\frac{\mathrm{d}u}{\sqrt{1+u}} = \sqrt{1+u}+c =$$

$$= \sqrt{1+x^2}+c \qquad (4-10)$$

b) $\int x\cdot e^{-x^2}\,\mathrm{d}x = ?$ Man wählt $u = x^2$, $g(x) = e^{-x^2} = e^{-u}$; dann ist $h(x) = x = \frac{1\,\mathrm{d}u}{2\,\mathrm{d}x}$, daher

$$\int x\cdot e^{-x^2}\,\mathrm{d}x = \frac{1}{2}\int 2x\cdot e^{-x^2}\,\mathrm{d}x =$$

$$= \frac{1}{2}\int e^{-u}\,\frac{\mathrm{d}u}{\mathrm{d}x}\,\mathrm{d}x = \frac{1}{2}\int e^{-u}\,\mathrm{d}u = -\frac{1}{2}\,e^{-u}+c =$$

$$= -\frac{1}{2}\,e^{-x^2}+c \qquad (4-11)$$

2. Gleichung (4−9) kann jedoch auch von rechts nach links gelesen werden. Ist ein Integral

   $$\int g(u)\,\mathrm{d}u$$

   vorgelegt, so kann man es dadurch in eine andere Form bringen, daß man

   $$u = f(x)\qquad \mathrm{d}u = f'(x)\,\mathrm{d}x\qquad g(u) = g\big(f(x)\big) = h(x)$$

   einsetzt. Das neue Integral

   $$\int h(x)\cdot f'(x)\,\mathrm{d}x$$

   kann bei geeigneter Wahl der Substitutionsfunktion $u = f(x)$ leichter lösbar sein als das gegebene.

Beispiel:

$$\int z\sqrt[5]{3z-1}\,\mathrm{d}z = ?$$

Führt man als neue Variable

$$v = \sqrt[5]{3z-1}$$

ein, so ist

$$z = f(v) = \frac{v^5+1}{3}$$

$$\mathrm{d}z = \frac{5}{3}\,v^4\,\mathrm{d}v$$

damit ist

$$\int z\sqrt[5]{3z-1}\cdot \mathrm{d}z=\int \frac{v^5+1}{3}\cdot v\cdot \frac{5}{3}\,v^4\,\mathrm{d}v=$$

$$=\frac{5}{9}\int (v^{10}+v^5)\,\mathrm{d}v=\frac{5}{9}\left(\frac{1}{11}\,v^{11}+\frac{1}{6}\,v^6\right)+c=$$

$$=\frac{5}{9}\left(\frac{1}{11}\,(3z-1)^{11/5}+\frac{1}{6}\,(3z-1)^{6/5}\right)+c \qquad (4-12)$$

Natürlich ist dies nicht die einzig mögliche Substitution.

Im Gegensatz zur Differentialrechnung, wo für jede durch einen geschlossenen Ausdruck darstellbare Funktion mit den Regeln Gl. (3–9 bis 3–15), S. 454 und den Ableitungsformeln aus Tab. 1 auch die Ableitung in geschlossener Form dargestellt werden kann, ist es in der Integralrechnung prinzipiell nicht möglich, für alle geschlossen darstellbaren stetigen Funktionen eine Stammfunktion explizit anzugeben. Z. B. gibt es für die Funktionen

$$e^{-x^2},\quad \frac{e^x}{x},\quad \frac{\sin x}{x},\quad \frac{1}{\sqrt{1+x^4}}$$

keine geschlossen (d. h. durch eine endliche Anzahl von bekannten Funktionen) darstellbare Stammfunktion, obwohl eine Stammfunktion, wie in Kap. 4.5 gezeigt wird, existieren muß. Da es auch keine Regel gibt, welche zu entscheiden gestattet, ob ein vorgelegtes Integral geschlossen darstellbar ist oder nicht, muß man sich darauf beschränken, diejenigen Klassen von Funktionen anzugeben, welche mit Sicherheit geschlossen integrierbar sind.

4.2. Wichtigste Klassen geschlossen integrierbarer Funktionen

4.2.1. Ganz und gebrochen rationale Funktionen

Alle ganz oder gebrochen rationalen Funktionen lassen sich geschlossen integrieren (die zuletzt genannten allerdings nur in einem Intervall, das keinen Pol der Funktion enthält).

Ganz rationale Funktionen werden gliedweise nach Gl. (4–4) integriert.

Beispiel:

$$\int(3x^5-5x^2-1{,}63x+0{,}4)\,\mathrm{d}x=0{,}5x^6-$$
$$-1{,}667x^3-0{,}815x^2+0{,}4x+c$$

Gebrochen rationale Funktionen werden zunächst, falls notwendig, in einen ganz rationalen und einen echt gebrochen rationalen Anteil zerlegt. Für den gebrochen rationalen Anteil wird eine Partialbruchzerlegung nach der in Abschn. 2.2.3 beschriebenen Methode durchgeführt. Treten komplexe Wurzeln auf, so werden sie mit den entsprechenden konjugiert komplexen Wurzeln zu einem Ausdruck zusammengefaßt. Da eine Zerlegung dieser Art immer durchgeführt werden kann, sind alle Integrale über gebrochen rationale Funktionen als Summe von einem oder mehreren der folgenden Grundintegrale darstellbar:

$$\int \frac{\mathrm{d}x}{x\pm a}=\ln|x\pm a|+c \qquad (4-13)$$

$$\int \frac{\mathrm{d}x}{(x\pm a)^n}=-\frac{1}{(n-1)(x\pm a)^{n-1}}+c \qquad (4-14)$$

$n \neq 1$ eine natürliche Zahl

$$\int \frac{px+q}{ax^2+bx+c}\,\mathrm{d}x=\frac{p}{2a}\ln|ax^2+bx+c|+$$
$$+\left(q-\frac{pb}{2a}\right)\frac{2}{\sqrt{4ac-b^2}}\arctan\frac{2ax+b}{\sqrt{4ac-b^2}}+C \qquad (4-15)$$

(Achtung! Diese Formel ist nur richtig, wenn ax^2+bx+c nur komplexe Wurzeln hat.)

$$\int \frac{px+q}{(ax^2+bx+c)^n}\,\mathrm{d}x=$$
$$=-\frac{p}{2a(n-1)(ax^2+bx+c)^{n-1}}+$$
$$+\left(q-\frac{pb}{2a}\right)\int\frac{\mathrm{d}x}{(ax^2+bx+c)^n} \qquad (4-16)$$

$$\int \frac{\mathrm{d}x}{(ax^2+bx+c)^n}=$$
$$=\frac{1}{(n-1)(4ac-b^2)}\,\frac{2ax+b}{(ax^2+bx+c)^{n-1}}+$$
$$+\frac{2a(2n-3)}{(n-1)(4ac-b^2)}\int\frac{\mathrm{d}x}{(ax^2+bx+c)^{n-1}} \qquad (4-17)$$

Durch die letzte Formel kann das Integral Gl. (4–16) schrittweise auf das Integral Gl. (4–15) reduziert werden.

4.2.2. Integranden, die sich in eine rationale Funktion von x transformieren lassen

Im folgenden bedeutet $R(u,v,w,\cdots)$ eine rationale Funktion

$$R(u,v,w)=\frac{c_0+c_1u+c_2v+c_3w+c_{11}u^2+c_{12}uv+c_{13}uw+c_{22}v^2+c_{23}vw+c_{33}w^2+\cdots}{d_0+d_1u+d_2v+d_3w+d_{11}u^2+d_{12}uv+d_{13}uw+d_{22}v^2+d_{23}vw+d_{33}w^2+\cdots} \qquad (4-18)$$

der in Klammern stehenden Argumente. Integranden, die sich durch Transformation auf rationale Funktionen einer Variablen t allein zurückführen lassen, sind:

1. $R(x, \sqrt[k]{ax+b})$

durch die Transformation

$$\sqrt[k]{ax+b}=t$$

$$x=\frac{1}{a}(t^k-b) \qquad dx=\frac{k}{a}t^{k-1}dt \tag{4-19}$$

2. $R\left(x,\sqrt[k]{\frac{ax+b}{cx+d}}\right)$

durch die Transformation

$$\sqrt[k]{\frac{ax+b}{cx+d}}=t$$

$$x=\frac{-dt^k+b}{ct^k-a} \qquad dx=k(ad-bc)\frac{t^{k-1}}{(ct^k-a)^2}dt \tag{4-20}$$

3. $R(x,\sqrt{ax^2+bx+c})$

falls $a>0$, durch die Transformation

$$x=\frac{at^2-c}{2at+b} \qquad dx=2a\frac{at^2+bt+c}{(2at+b)^2}dt$$

$$\sqrt{ax^2+bx+c}=-\sqrt{a}\,\frac{at^2+bt+c}{2at+b} \tag{4-21}$$

falls $c \geqq 0$, durch die Transformation

$$x=\frac{-2\sqrt{c}\,t+b}{t^2-a}$$

$$dx=2\frac{t^2\cdot\sqrt{c}-bt+a\cdot\sqrt{c}}{(t^2-a)^2}dt$$

$$\sqrt{ax^2+bx+c}=\frac{-t^2\cdot\sqrt{c}+bt-a\sqrt{c}}{t^2-a} \tag{4-22}$$

falls $a<0$ und $c<0$ (ax^2+bx+c hat dann zwei voneinander verschiedene reelle Wurzeln x_1 und x_2) durch die Transformation

$$x=\frac{x_1t^2-ax_2}{t^2-a} \qquad dx=\frac{2a(x_2-x_1)t}{(t^2-a)^2}dt$$

$$\sqrt{ax^2+bx+c}=-\frac{a(x_2-x_1)t}{t^2-a} \tag{4-23}$$

4. $R(x,\sqrt{ax+b},\sqrt{cx+d})$

durch die Transformation

$$\sqrt{ax+b}=t \quad x=\frac{t^2-b}{a} \qquad dx=\frac{2}{a}t\,dt \tag{4-24}$$

Ergebnis von Gl. (4–24) ist ein Integrand der Form $R(t,\sqrt{\alpha t^2+\beta})$, der nach 3. weitertransformiert werden kann.

5. $R(e^{ax})$
durch die Transformation

$$t=e^{ax} \quad x=\frac{1}{a}\ln t \quad dx=\frac{1}{at}dt \tag{4-25}$$

6. $R(\sin x,\cos x)$
durch die Transformation

$$t=\tan\frac{x}{2} \qquad x=2\arctan t \qquad dx=\frac{2dt}{1+t^2}$$

$$\sin x=\frac{2t}{1+t^2} \qquad \cos x=\frac{1-t^2}{1+t^2} \tag{4-26}$$

7. Die sog. binomischen Integrale $\int x^\alpha(a+bx^\beta)^\gamma dx$ sind genau dann geschlossen integrierbar, wenn α, β und γ rationale Zahlen sind und wenn wenigstens eine der drei Zahlen

$$\frac{\alpha+1}{\beta},\quad \gamma,\quad \frac{\alpha+1}{\beta}+\gamma$$

eine ganze Zahl ist. Durch die Transformation

$$t=x^\beta \quad x=t^{1/\beta} \quad dx=\frac{1}{\beta}\cdot t^{(1/\beta-1)}dt \tag{4-27}$$

entsteht das neue Integral

$$\int x^\alpha(a+bx^\beta)^\gamma dx=\frac{1}{\beta}\int(a+bt)^\gamma\cdot t^{\frac{\alpha+1-\beta}{\beta}}dt \tag{4-28}$$

das von der Form 1. oder 2. ist.

Mit diesen Angaben sind bei weitem nicht alle Klassen geschlossen integrierbarer Funktionen erfaßt. Ausführliche Zusammenstellungen finden sich in fast allen Handbüchern mathematisch-physikalischer Formeln (s. z. B. [3], [9], [10], [11]).

Erstes Rechenbeispiel:

$$\int\frac{x^2+\sqrt[4]{x-2}}{x+7-10\sqrt{x-2}}dx=\,?$$

Wegen $\sqrt{x-2}=(\sqrt[4]{x-2})^2$ ist der Integrand eine rationale Funktion der beiden Variablen x und $\sqrt[4]{x-2}$. Einsetzen von

$$t=\sqrt[4]{x-2} \qquad x=t^4+2 \qquad dx=4t^3dt$$

ergibt

$$\int\frac{x^2+\sqrt[4]{x-2}}{x+7-10\sqrt{x-2}}dx=4\int\frac{t^8+4t^4+4+t}{t^4+9-10t^2}t^3dt$$

$$=4\int\Big(t^7+10t^5+95t^3+860t+1-\frac{5}{8}\cdot\frac{1}{t-1}-\frac{1}{2}\times$$

$$\times\frac{1}{t+1}+\frac{15\,507}{4}\cdot\frac{1}{t-3}+\frac{30\,987}{8}\cdot\frac{1}{t+3}\Big)dt$$

$$=\frac{t^8}{2}+\frac{20}{3}t^6+95t^4+1720t^2+4t-\frac{5}{2}\ln|t-1|-$$

$$-2\ln|t+1|+15\,507\ln|t-3|+\frac{30\,987}{2}\ln|t+3|+c$$

$$=\frac{1}{2}(x-2)^2+\frac{20}{3}\sqrt{(x-2)^3}+95(x-2)+$$

$$+1720\sqrt{x-2}+4\sqrt[4]{x-2}-\frac{5}{2}\ln|\sqrt[4]{x-2}-1|-$$

$$-2\ln|\sqrt[4]{x-2}+1|+15\,507\ln|\sqrt[4]{x-2}-3|+$$

$$+\frac{30\,987}{2}\ln|\sqrt[4]{x-2}+3|+c$$

Zweites Beispiel:

$$\int \frac{x^2+1}{\sqrt{-x^2+2x+5}}\,dx = ?$$

im Intervall $1-\sqrt{6} < x < 1+\sqrt{6}$

Hier ist $c > 0$, also setzt man

$$x = \frac{-2\sqrt{5}t+2}{t^2+1}; \quad dx = 2\,\frac{t^2\sqrt{5}-2t-\sqrt{5}}{(t^2+1)^2}\,dt;$$

$$\sqrt{-x^2+2x+5} = \frac{-\sqrt{5}t^2+2t+\sqrt{5}}{t^2+1}$$

Damit lautet das neue Integral

$$-2\int \frac{t^4+22t^2-8\sqrt{5}t+5}{(t^2+1)^3}\,dt =$$

$$= -10\arctan t - 4\,\frac{2t^3-\sqrt{5}}{(1+t^2)^2} + c =$$

$$= -10\arctan\frac{\sqrt{-x^2+2x+5}-\sqrt{5}}{x} -$$

$$-x\,\frac{2(\sqrt{-x^2+2x+5}-\sqrt{5})^3+\sqrt{5}\,x^3}{(x+5-\sqrt{5}\sqrt{-x^2+2x+5})^2} + c$$

Drittes Beispiel:

$$\int \frac{\sqrt{x+1}}{2\sqrt{(x-4)^3}}\,dx = ?$$

Durch Einsetzen von

$$\sqrt{x-4} = w \qquad x = w^2+4 \qquad dx = 2w\,dw$$

erhält man

$$\int \frac{x\sqrt{x+1}}{2\sqrt{(x-4)^3}}\,dx = \int \frac{\sqrt{w^2+5}}{w^2}\,dw$$

Das letzte Integral geht mit

$$w = \frac{t^2-5}{2t}; \quad \sqrt{w^2+5} = -\frac{t^2+5}{2t};$$

$$dw = \frac{1}{2}\cdot\frac{t^2+5}{t^2}\,dt$$

über in

$$\int \frac{\sqrt{w^2+5}}{w^2}\,dw = -\int \frac{(t^2+5)^2}{t(t^2-5)^2}\,dt$$

Die Integration durch Partialbruchzerlegung liefert endlich

$$-\int \frac{(t^2+5)^2}{t(t^2-5)^2}\,dt = -\int\left(\frac{1}{t} + \frac{\sqrt{5}}{(t-\sqrt{5})^2} -\right.$$

$$\left. - \frac{\sqrt{5}}{(t+\sqrt{5})^2}\right)dt = -\ln|t| + \frac{10}{t^2-5} + c,$$

also

$$\int \frac{\sqrt{w^2+5}}{w^2}\,dw = -\ln|w-\sqrt{w^2+5}| +$$

$$+ \frac{5}{w^2-w\sqrt{w^2+5}} + c$$

und schließlich

$$\int \frac{\sqrt{x+1}}{2\sqrt{(x-4)^3}}\,dx =$$

$$= \ln\frac{1}{\sqrt{x-4}-\sqrt{x+1}} + \frac{5}{x-4-\sqrt{x-4}\sqrt{x+1}} + c$$

4.3. Bestimmtes Integral

Die Frage nach der Gleichung der Tangente an eine gegebene Kurve in einem bestimmten Punkt hatte zur Differentialrechnung geführt. In ähnlicher Weise ist das bestimmte Integral die Verallgemeinerung eines Grenzwertprozesses, der ursprünglich zur Berechnung der Fläche unter einer gegebenen Kurve entwickelt worden war.

Der Flächeninhalt zwischen einer Treppenkurve und der x-Achse im Intervall (x_0, x_6) berechnet sich zu

$$F = y_1(x_1-x_0) + y_2(x_2-x_1) + + y_3(x_3-x_2) + \cdots + y_6(x_6-x_5) \qquad (4-29)$$

Allgemein gälte für die Fläche unter einer nicht negativen Treppenkurve im Intervall $(x_\alpha, x_\beta = x_{\alpha+k})$, wenn das Intervall in k Teile zerfällt

$$F = (x_{\alpha+1}-x_\alpha)y_{\alpha+1} + (x_{\alpha+2}-x_{\alpha+1})y_{\alpha+2} + \cdots + (x_\beta - - x_{\alpha+k-1})y_\beta = \sum_{j=1}^{k}(x_{\alpha+j}-x_{\alpha+j-1})y_{\alpha+j} \qquad (4-30)$$

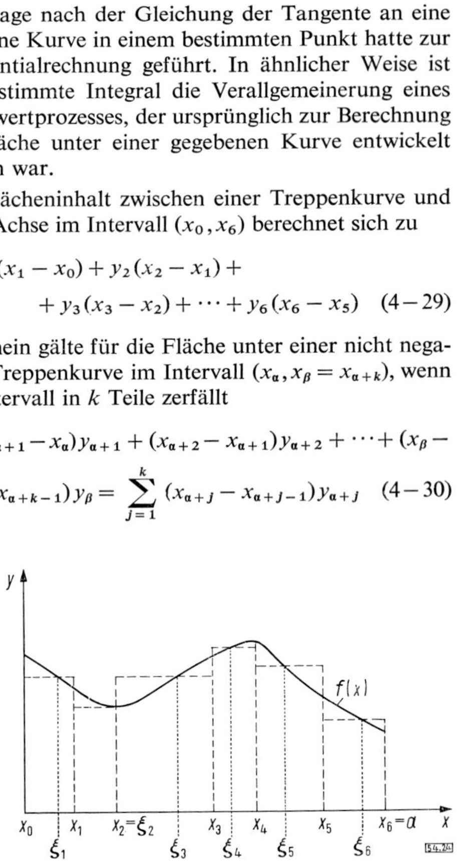

Abb. 24. Berechnung des bestimmten Integrals; Zerlegung in sechs Teilintervalle

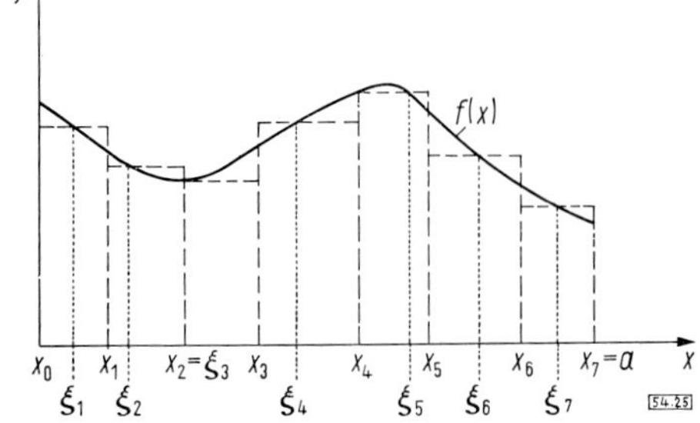

Abb. 25. Berechnung des bestimmten Integrals; Zerlegung in sieben Teilintervalle

Will man in ähnlicher Weise auch für die in Abb. 24 und 25 gezeichnete nicht negative Kurve einen Flächeninhalt ermitteln, so liegt es nahe, sie dazu durch eine Treppenkurve zu approximieren. Man zerlegt also das Intervall $(0, a)$ durch Zwischenpunkte $0 < x_1 < x_2 < x_3 < \cdots < x_n = a$ in n Teilintervalle (x_{i-1}, x_i) und wählt außerdem in jedem Teilintervall noch einen Zwischenpunkt $\xi_i (x_{i-1} \leqq \xi_i \leqq x_i)$. Abb. 24 und 25 zeigen zwei solche Zerlegungen in sechs bzw. sieben Teilintervalle.

Dann ist jede der Summen

$$\varphi_n = \sum_{j=1}^{n} (x_j - x_{j-1}) y(\xi_j) = \sum_{j=1}^{n} \Delta x_j \cdot y(\xi_j) \qquad (4-31)$$

ein Näherungswert für den gesuchten Flächeninhalt, und diese Näherung ist, unabhängig von der jeweiligen Wahl der Zwischenpunkte ξ_i, jedenfalls um so besser, je feiner die Zerlegung des Intervalles $(0, a)$ ausfällt.

Man läßt nun die Zahl n der Teilintervalle derart über alle Grenzen wachsen, daß gleichzeitig die Länge des größten Teilintervalles $\max\limits_{i=1\cdots n} (x_i - x_{i-1})$ gegen Null geht, also $\lim\limits_{n\to\infty} \max\limits_{i=1\cdots n} \Delta x_i = 0$.

Existiert dann für jede mögliche Zerlegung und jede mögliche Wahl der Zwischenpunkte ξ_i der Grenzwert

$$F = \lim_{n\to\infty} \left(\sum_{j=1}^{n} (x_j - x_{j-1}) y(\xi_j) \right) \qquad (4-32)$$

so heißt die Kurve $y = f(x)$ im Intervall $(0, a)$ *im* RIEMANN*schen Sinn integrierbar* und F ihr *bestimmtes Integral*, man schreibt

$$F = \lim_{n\to\infty} \left(\sum_{j=1}^{n} (x_j - x_{j-1}) y(\xi_j) \right) =$$

$$= \lim_{n\to\infty} \left(\sum_{j=1}^{n} \Delta x_j \cdot y(\xi_j) \right) = \int_0^a y(x)\,\mathrm{d}x \qquad (4-33)$$

Das Differential $\mathrm{d}x$ unter dem Integralzeichen erinnert dabei an die infinitesimalen Intervallstücke Δx_j, aus denen man sich das Integral aufgebaut denken kann.

Der Zusatz „im RIEMANNschen Sinn integrierbar“ soll das so definierte bestimmte Integral von anderen, insbes. dem LEBESGUEschen Integral unterscheiden.

Aus Gl. (4—32) bzw. Gl. (4—33) lassen sich Kriterien ableiten, ob eine vorgelegte Funktion integrierbar ist oder nicht. Es gilt:

1. Die Funktion $f(x)$ muß im betrachteten Intervall beschränkt sein. Die Funktion

   $$y = \frac{1}{1 - x^2}$$

   ist daher im Intervall (0,3) sicher nicht integrierbar, weil sie an der Stelle $x = 1$ nicht beschränkt ist. Doch ist nicht jede beschränkte Funktion auch integrierbar.
2. Ist $y = f(x)$ im Intervall $a \leqq x \leqq b$ stetig, so ist es dort integrierbar.
3. Ist $y = f(x)$ im Intervall $a \leqq x \leqq b$ beschränkt und bis auf endlich viele Stellen $x_1, x_2, \cdots, x_n$ stetig, so ist es dort integrierbar. Hieraus folgt die für die Praxis wichtige Feststellung:
4. Ist $f_1(x)$ über $a \leqq x \leqq b$ integrierbar, ist $f_2(x)$ beschränkt und stimmt $f_2(x)$ bis auf endlich viele Stellen mit $f_1(x)$ überein, so ist auch $f_2(x)$ über $a \leqq x \leqq b$ integrierbar, und es ist

   $$\int_a^b f_1(x)\,\mathrm{d}x = \int_a^b f_2(x)\,\mathrm{d}x$$

   Über endliche Sprünge und isolierte Punkte einer Funktion $f_2(x)$ kann also „hinwegintegriert“ werden.

4.4. Eigenschaften des bestimmten Integrals

Es ist

$$\int_b^a f(x)\,\mathrm{d}x = -\int_a^b f(x)\,\mathrm{d}x \qquad (4-34)$$

und daher ist

$$\int_a^a f(x)\,\mathrm{d}x = 0 \qquad (4-35)$$

$$\int_a^b f(x)\,\mathrm{d}x + \int_b^c f(x)\,\mathrm{d}x = \int_a^c f(x)\,\mathrm{d}x \qquad (4-36)$$

Dabei ist aber zu beachten, daß Gl. (4—36) nur richtig ist, wenn die Integrale $\int_a^b f(x)\,\mathrm{d}x$ und $\int_b^c f(x)\,\mathrm{d}x$ jedes für sich existieren.

Eine Verschiebung der Integrationsgrenzen a und b auf neu wählbare Werte c und e leistet die Formel

$$\int_a^b f(x)\,\mathrm{d}x = \frac{b-a}{e-c} \int_c^e f\left(\frac{(ae - bc) + u(b-a)}{e-c} \right) \mathrm{d}u \qquad (4-37)$$

Wenn die Funktionen $f_1(x)$ und $f_2(x)$ beide über das Intervall $a \leqq x \leqq b$ integrierbar sind, so sind auch die Funktionen

$f_1(x) \pm f_2(x)$; $\quad c f_1(x)$ (c Konstante); $\quad f_1(x) \cdot f_2(x)$

über $a \leqq x \leqq b$ integrierbar, und es ist

$$\int_a^b \big(f_1(x) \pm f_2(x)\big)\,\mathrm{d}x = \int_a^b f_1(x)\,\mathrm{d}x \pm \int_a^b f_2(x)\,\mathrm{d}x \qquad (4-38)$$

$$\int_a^b c f_1(x)\,\mathrm{d}x = c \int_a^b f_1(x)\,\mathrm{d}x \qquad (4-39)$$

Gibt es außerdem eine Zahl $c > 0$, so daß $|f_2(x)| \geqq c$ ist für $a \leqq x \leqq b$, so ist auch die Funktion $f_1(x)/f_2(x)$ in diesem Intervall integrierbar.

Sind $f_1(x)$ und $f_2(x)$ beide im Intervall $a \leqq x \leqq b$ integrierbar und ist in diesem Intervall außerdem $f_1(x) \leqq f_2(x)$, so ist auch

$$\int_a^b f_1(x)\,\mathrm{d}x \leqq \int_a^b f_2(x)\,\mathrm{d}x \qquad (4-40)$$

Speziell ist

$$\int_a^b f_1(x)\,\mathrm{d}x \geqq 0, \text{ falls } f_1(x) \geqq 0 \tag{4-41}$$

Falls $a < b$ ist, gilt immer

$$\left|\int_a^b f(x)\,\mathrm{d}x\right| \leqq \int_a^b |f(x)|\,\mathrm{d}x \tag{4-42}$$

Auch die SCHWARZsche Ungleichung läßt sich für Integrale verallgemeinern. Sind die drei Funktionen $f_1(x), f_2(x)$ und $g(x) > 0$ über $a \leqq x \leqq b$ integrierbar, so ist

$$\left|\int_a^b g(x)\cdot f_1(x)\cdot f_2(x)\,\mathrm{d}x\right|^2 \leqq$$

$$\leqq \int_a^b g(x)\cdot f_1^2(x)\,\mathrm{d}x \cdot \int_a^b g(x)\cdot f_2^2(x)\,\mathrm{d}x \tag{4-43}$$

und

$$\sqrt{\int_a^b g(x)\cdot (f_1(x)+f_2(x))^2\,\mathrm{d}x} \leqq$$

$$\leqq \sqrt{\int_a^b g(x)\cdot f_1^2(x)\,\mathrm{d}x} + \sqrt{\int_a^b g(x)\cdot f_2^2(x)\,\mathrm{d}x} \tag{4-44}$$

Ist s die untere, S die obere Schranke von $f(x)$ im Intervall $a \leqq x \leqq b$, so gibt es stets eine Zahl m, so daß

$$\int_a^b f(x)\,\mathrm{d}x = m(b-a) \qquad s \leqq m \leqq S \tag{4-45}$$

Ist $f(x)$ außerdem stetig, so gibt es mindestens einen Abszissenwert $\xi (a \leqq \xi \leqq b)$, so daß

$$m = f(\xi) \tag{4-46}$$

ist. m heißt der *Mittelwert* von $f(x)$ im Intervall $a \leqq x \leqq b$.

Beispiel:

$f(x) = x^2$

Im Intervall (1,4) ist

$$\int_1^4 y\,\mathrm{d}x = \int_1^4 x^2\,\mathrm{d}x = \tfrac{1}{3}(4^3 - 1^3) = 21$$

Da $b-a=3$, ist $m=7$ der Mittelwert von $y=x^2$ im Intervall (1,4); er wird an der Stelle $\xi = \sqrt{7}$ angenommen.

Eine wichtige Verallgemeinerung des Mittelwertsatzes lautet: Sind $f(x)$ und $g(x) > 0$ über $a \leqq x \leqq b$ integrierbar und ist $f(x)$ außerdem stetig, dann gibt es stets eine Stelle $\xi (a \leqq \xi \leqq b)$, wo

$$\int_a^b f(x)\cdot g(x)\,\mathrm{d}x = f(\xi)\cdot \int_a^b g(x)\,\mathrm{d}x \tag{4-47}$$

Besonders häufig benutzt wird der Spezialfall, daß

$$\int_a^b g(x)\,\mathrm{d}x = 1 \tag{4-48}$$

$g(x)$ ist dann eine sog. *Verteilungsfunktion.* Aus Gl. (4–47) folgt sofort, daß dann

$$\int_a^b f(x)\cdot g(x)\,\mathrm{d}x = \overline{f(x)} = f(\xi) \tag{4-49}$$

der Mittelwert von $f(x)$, aber auch

$$\int_a^b f^2(x) g(x)\,\mathrm{d}x = \overline{f^2(x)} = f^2(\eta) \tag{4-50}$$

der Mittelwert von $f^2(x)$ usw. im Intervall (a,b) ist.

4.5. Bestimmte aus unbestimmten Integralen

Wenn die Funktion $y = f(x)$ über das Intervall (a,b) integrierbar ist, dann ist sie es auch über jedes Teilintervall (a,x), wobei $a \leqq x \leqq b$ ist. Das Integral

$$\int_a^x f(z)\,\mathrm{d}z$$

ist bei festgehaltener unterer Grenze a eine Funktion der oberen Integrationsgrenze x

$$\int_a^x f(z)\,\mathrm{d}z = F(x) \tag{4-51}$$

sie wird *Integralfunktion* genannt.

Häufig wird in dieser Schreibweise die Integrationsvariable z mit demselben Buchstaben bezeichnet wie die obere Grenze x

$$\int_a^x f(x)\,\mathrm{d}x$$

Doch sollte diese Darstellung möglichst vermieden werden, weil sie zu Verwechslungen führen kann.

Weil nach S. 471 über endliche Unstetigkeiten einer Funktion hinwegintegriert werden darf, hat die Integralfunktion Gl. (4–51) eine „glättende" Wirkung auf die Funktion $f(z)$. So gilt: Falls $f(z)$ im Intervall (a,b) integrierbar (aber im übrigen beliebig unstetig) ist, ist die Integralfunktion

$$F(x) = \int_a^x f(z)\,\mathrm{d}z$$

stetig.

Ist $f(z)$ im Intervall (a,b) stetig, so ist $F(x)$ sogar differenzierbar, und es gilt für jedes x aus dem Intervall (a,b)

$$F'(x) = f(x) \tag{4-52}$$

Der Prozeß der Integration führt also im allg. zu einer „Verbesserung" der Eigenschaften einer Funktion.

Nach Gl. (4–52) ist $F(x)$ eine Stammfunktion zu $f(x)$; mit $F(x)$ ist aber auch $F(x)+c$ eine Stammfunktion. Den Ausdruck

$$F(x) + c = \int^x f(z)\,\mathrm{d}z \tag{4-53}$$

für eine beliebige Stammfunktion nennt man das *unbestimmte Integral* der Funktion $f(x)$.

Gesucht sei nun das bestimmte Integral

$$\int_{x_1}^{x_2} f(z)\,dz \quad (a \leqq x_1 < x_2 \leqq b)$$

Nach Gl. (4−36) kann man dafür schreiben

$$\int_{x_1}^{x_2} f(x)\,dx = \int_{a}^{x_2} f(x)\,dx - \int_{a}^{x_1} f(x)\,dx =$$

$$= (F(x_2)+c) - (F(x_1)+c) = F(x_2) - F(x_1) \quad (4-54)$$

Der Hauptsatz der Differential- und Integralrechnung besagt, daß ein bestimmtes Integral

$$\int_a^b f(x)\,dx$$

einer stetigen Funktion $f(x)$ immer dann berechenbar ist, wenn zu $f(x)$ eine Stammfunktion $F(x)$ bekannt ist:

$$\int_a^b f(x)\,dx = F(b) - F(a) = F(x)\Big|_a^b \quad (4-55)$$

Erst durch diesen Zusammenhang zwischen bestimmtem Integral und Stammfunktion erhält die Definition des bestimmten Integrals einen praktischen Sinn; denn bisher stand zur Berechnung von bestimmten Integralen nur die praktisch kaum auswertbare Formel Gl. (4−33) zur Verfügung.

Beispiele:

a) $\int_1^e \ln x \cdot dx = ?$

Im Intervall (1,e) hat $\ln x$ die Stammfunktion $x \cdot \ln x - x$.
Folglich ist

$$\int_1^e \ln x \cdot dx = (x \cdot \ln x - x)\Big|_1^e =$$

$$= (e \cdot \ln e - e) - (1 \cdot \ln 1 - 1) = 1$$

b) $$\int_{-\pi}^{+\pi} \cos^2 x\,dx = \frac{1}{2}\int_{-\pi}^{+\pi} (1 + \cos 2x)\,dx =$$

$$= \left(\frac{x}{2} + \frac{1}{4}\sin 2x\right)\Big|_{-\pi}^{+\pi} = \left(\frac{\pi}{2} + \frac{1}{4}\sin 2\pi\right) -$$

$$- \left(-\frac{\pi}{2} + \frac{1}{4}\sin(-2\pi)\right) = \pi$$

Auch die Formeln für die partielle Integration und die Integration durch Substitution können zur Berechnung von bestimmten Integralen genau so wie zur Berechnung von Stammfunktionen herangezogen werden. Dabei ist lediglich zu beachten: Wird für die Integrationsvariable x eine neue Variable $z = \varphi(x)$ substituiert, so müssen auch die Integrationsgrenzen a und b in neue Grenzen α und β transformiert werden, indem $\alpha = \varphi(a)$; $\beta = \varphi(b)$ gesetzt wird.

Beispiele:

a) $\int_1^4 \frac{dx}{(x+2)^3}$ geht mit der Transformation $x + 2 = z$, $dx = dz$, $\alpha = 1 + 2 = 3$, $\beta = 4 + 2 = 6$

über in

$$\int_3^6 \frac{dz}{z^3} = \left(-\frac{1}{2z^2}\right)\Big|_3^6 = \frac{1}{24}$$

b) Wird ein Gas vom Volumen V_1 auf das Volumen V_2 ausgedehnt, so leistet es dabei die Arbeit

$$A = \int_{V_1}^{V_2} p\,dV$$

Um dieses Integral auswerten zu können, muß p als Funktion von V bekannt, d. h. es muß die Art, in welcher der Ausdehnungsprozeß durchgeführt wird (ob isotherm, adiabatisch usw.), bekannt sein. Für polytrope Zustandsänderungen ist

$$p_1 V_1^n = p V^n = p_2 V_2^n = \text{const}$$

Damit ist

$$A = \int_{V_1}^{V_2} p\,dV = p_1 V_1^n \int_{V_1}^{V_2} \frac{dV}{V^n} =$$

$$= \frac{p_1 V_1}{1-n}\left(\left(\frac{V_1}{V_2}\right)^{n-1} - 1\right)$$

4.6. Integration unendlicher Reihen

Nach Kap. 3.10 kann eine Funktion $F(x)$ als Summe einer Reihe mit veränderlichen Gliedern

$$F(x) = \sum_{n=0}^{\infty} f_n(x) \quad (4-56)$$

bzw. als Grenzwert der Funktionenfolge $\{F_m(x)\}$ mit

$$F_m(x) = \sum_{n=0}^{m} f_n(x) \quad (4-57)$$

definiert sein.

Nicht jede Funktionenfolge ist gliedweise integrierbar. Ähnlich wie bei der Frage nach der gliedweisen Differentiation von Funktionenreihen gilt aber:

Ist die Funktionenreihe $\sum_{n=0}^{\infty} f_n(x)$ im Intervall (a,b) *gleichmäßig konvergent* und sind alle $f_n(x)$ stetig, dann darf sie gliedweise integriert werden, und es ist

$$\int_b^a \left(\sum_{n=0}^{\infty} f_n(x)\right) dx = \sum_{n=0}^{\infty} \int_a^b f_n(x)\,dx \quad (4-58)$$

Die Integralfunktion

$$\sum_{n=0}^{\infty}\left(\int_a^x f_n(z)\,dz\right)$$

ist dann im Intervall (a,b) ebenfalls gleichmäßig konvergent. Speziell ist also jede Potenzreihe $\sum_{n=0}^{\infty} a_n x^n$ im Innern ihres Konvergenzintervalles gleichmäßig konvergent und daher gliedweise integrierbar.

Die gliedweise Integration von Potenzreihen ist von größter praktischer Bedeutung für die Ermittlung von Stammfunktionen wie

$$\int \frac{e^x}{x}\,dx\,, \qquad \int \frac{\sin x}{x}\,dx$$

usw.

die nicht geschlossen darstellbar sind; denn es genügt jetzt, die TAYLOR-Reihe der Integranden gliedweise zu integrieren. Z. B. ist

$$\frac{e^x}{x} \tag{4-59}$$

im Intervall $x > 0$ sicher beschränkt und stetig und daher integrierbar. Also ist

$$\int_1^x \frac{e^z}{z}\,dz \tag{4-60}$$

in diesem Intervall eine Stammfunktion zu Gl. (4–59). Da

$$\frac{1}{x}\,e^x = \frac{1}{x}\left(1 + x + \frac{x^2}{2!} + \frac{x^3}{3!} + \cdots\right) = \\ = \frac{1}{x} + 1 + \frac{x}{2!} + \frac{x^2}{3!} + \cdots \tag{4-61}$$

für $x > 0$ konvergiert (und, da es sich, vom Glied $1/x$ abgesehen, um eine Potenzreihe handelt, sogar gleichmäßig konvergiert), ist

$$\int_1^x \frac{e^z}{z}\,dz = \left(\ln z + z + \frac{z^2}{2\cdot 2!} + \frac{z^3}{3\cdot 3!} + \cdots\right)\Bigg|_1^x = \\ = \ln x + \sum_{j=1}^{\infty} \frac{x^j}{j\cdot j!} - \sum_{j=1}^{\infty} \frac{1}{j\cdot j!} \tag{4-62}$$

eine Stammfunktion zu Gl. (4–59); da aber eine Stammfunktion ohnehin nur bis auf eine additive Konstante c bestimmt ist, ist auch

$$\mathrm{Ei}(x) = \ln x + \sum_{j=1}^{\infty} \frac{x^j}{j\cdot j!} + C \tag{4-62a}$$

mit $C = 0{,}577216\cdots$ (EULERsche Konstante)

eine Stammfunktion zu Gl. (4–59). Die Funktion $\mathrm{Ei}(x)$ wird als *Exponentialintegral* bezeichnet und ist tabelliert.

Analog ist die *Errorfunktion*

$$\mathrm{Erf}(x) = \int_0^x e^{-t^2}\,dt = \sum_{k=0}^{\infty} \frac{x^{2k+1}}{(2k+1)\cdot k!}\,(-1)^k \tag{4-63}$$

in jedem Intervall (a,b) Stammfunktion zu $g(x) = e^{-x^2}$

4.7. Elliptische Integrale und elliptische Funktionen

Integrale der Form

$$I = \int R(x, \sqrt{a_4 x^4 + a_3 x^3 + \cdots + a_0}\,)\,dx \tag{4-64}$$

heißen, wenn R eine rationale Funktion der beiden Variablen x und $z = \sqrt{a_4 x^4 + \cdots + a_0}$ ist und die Gleichung

$$a_4 x^4 + a_3 x^3 + \cdots + a_0 = 0 \tag{4-65}$$

keine mehrfachen Wurzeln hat, *elliptische Integrale*, weil Ausdrücke der Form Gl. (4–64) unter anderem bei der Berechnung der Bogenlänge einer Ellipse auftreten. Durch eine Reihe von Umformungen [4] lassen sie sich auf Summen aus elementaren Funktionen und den drei elliptischen Normalintegralen

$$\int^x \frac{dt}{\sqrt{(1-t^2)(1-k^2t^2)}} \tag{4-66}$$

$$\int^x \frac{(1-k^2t^2)\,dt}{\sqrt{(1-t^2)(1-k^2t^2)}} \tag{4-67}$$

$$\int^x \frac{dt}{(1+ht^2)\sqrt{(1-t^2)(1-k^2t^2)}} \tag{4-68}$$

$(0 \leqq k^2 \leqq 1)$ zurückführen:

Durch die Substitution $t = \sin\psi$ lassen sich Gl. (4–66) bis (4–68) noch auf die LEGENDREsche Form Gl. (4–69) bis (4–71) bringen. Wählt man als untere Grenze der Integrale willkürlich Null, so heißen

$$\int_0^\varphi \frac{d\psi}{\sqrt{1-k^2\sin^2\psi}} = \mathrm{F}(k,\varphi) \tag{4-69}$$

$$\int_0^\varphi \sqrt{1-k^2\sin^2\psi}\,d\psi = \mathrm{E}(k,\varphi) \tag{4-70}$$

$$\int_0^\varphi \frac{d\psi}{(1+h\sin^2\psi)\sqrt{1-k^2\sin^2\psi}} = \pi(h,k,\varphi) \tag{4-71}$$

unvollständige elliptische Integrale 1., 2. und 3. Gattung mit dem Modul k. Die Integrale

$$\int_0^{\pi/2} \frac{d\psi}{\sqrt{1-k^2\sin^2\psi}} = \mathrm{F}\left(k, \frac{\pi}{2}\right) = \mathrm{K}(k) \tag{4-72}$$

(gespr. *Kappa* von k)

$$\int_0^{\pi/2} \sqrt{1-k^2\sin^2\psi}\,d\psi = \mathrm{E}\left(k, \frac{\pi}{2}\right) = \mathrm{E}(k) \tag{4-73}$$

(gespr. *Epsilon* von k)

heißen *vollständige elliptische Integrale 1. bzw. 2. Gattung.* $\mathrm{F}(k,\psi)$, $\mathrm{E}(k,\psi)$, $\mathrm{E}(k)$ und $\mathrm{K}(k)$ sind tabelliert.

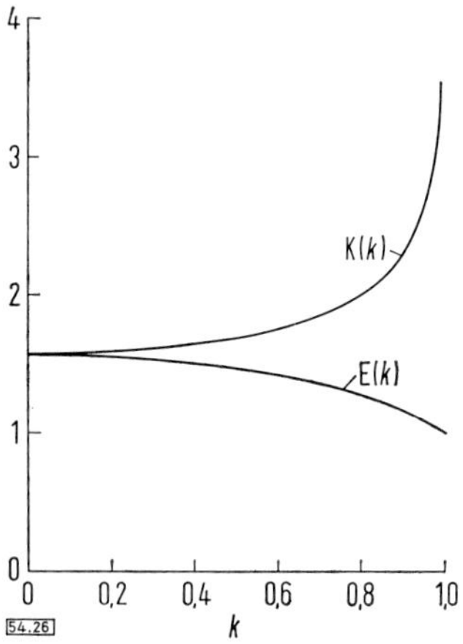

Abb. 26. Funktionen K(k) und E(k)

Bei der Benutzung der Tabellen ist zu beachten, daß bei der üblicherweise verwendeten Schrittweite von 5^0 für ψ quadratisch interpoliert werden muß. Abb. 26 zeigt K(k) und E(k) für verschiedene Werte des Parameters k.

Beispiel:

Die Differentialgleichung der Pendelbewegung

$$\ddot{\varphi}+\frac{g}{l}\cdot\sin\varphi=0 \tag{4-74}$$

wird meistens mit der Näherungsannahme $\sin\varphi\approx\varphi$, d. h. $\varphi\ll 1$, gelöst und liefert dann eine Sinus- oder Cosinusfunktion für den zeitlichen Verlauf des Winkelausschlages.

Macht man von dieser Näherung keinen Gebrauch, so erhält man als Lösung von Gl. (4–74) das Integral

$$t=\frac{1}{2}\sqrt{\frac{l}{g}}\int_0^{\varphi}\frac{\mathrm{d}\psi}{\sqrt{\sin^2\frac{\varphi_0}{2}-\sin^2\frac{\psi}{2}}} \tag{4-75}$$

(φ_0 Maximalausschlag)

Setzt man hier

$$k=\sin\frac{\varphi_0}{2}$$

so ist $|k|<1$, falls $\varphi_0<180°$, d. h. solange das Pendel nicht umläuft. Setzt man außerdem

$$\frac{\sin\frac{\psi}{2}}{\sin\frac{\varphi_0}{2}}=\sin\alpha\ (0\leqq\sin\alpha\leqq 1)\,,$$

so wird aus Gl. (4–75)

$$t=\sqrt{\frac{l}{g}}\int_0^{\gamma}\frac{\mathrm{d}\alpha}{\sqrt{1-k^2\sin^2\alpha}}=\sqrt{\frac{l}{g}}\cdot\mathrm{F}(k,\gamma) \tag{4-76}$$

Ebenso läßt sich zeigen, daß der Umfang einer Ellipse mit der großen Halbachse a und der Exzentrizität

$$k=\frac{a^2-b^2}{a^2}$$

gegeben ist durch $s=4a\cdot\mathrm{E}(k)$.

Wichtiger noch als die elliptischen Integrale Gl. (4–69) bis (4–73) sind die von Abel, Jacobi, Gauss und anderen eingeführten Umkehrfunktionen zum unvollständigen elliptischen Integral 1. Gattung

$$u=\mathrm{F}(k,\varphi) \tag{4-69}$$

nämlich

$$\varphi=\mathrm{am}(u,k) \tag{4-77}$$

(gespr. amplitudo von u)

Der Modul k wird häufig weggelassen und statt am (u,k) wird nur am(u) geschrieben.

Die Funktion am(u) ist monoton wachsend und ungerade. Es gilt

$$\mathrm{am}(u+2n\mathrm{K})=\mathrm{am}(u)+n\pi \tag{4-78}$$

und speziell

$$\mathrm{am}(n\mathrm{K})=n\cdot\frac{\pi}{2} \tag{4-79}$$

Als Jacobi*sche elliptische Funktionen* werden damit definiert

$$x=\mathrm{sn}\,u=\sin(\mathrm{am}\,u) \tag{4-80}$$

(gespr.: sinus amplitudinis)

$$\sqrt{1-x^2}=\mathrm{cn}\,u=\cos(\mathrm{am}\,u) \tag{4-81}$$

(gespr.: cosinus amplitudinis)

$$\sqrt{1-k^2x^2}=\mathrm{dn}\,u=\Delta(\mathrm{am}\,u) \tag{4-82}$$

(gespr.: delta amplitudinis)

Spezielle Werte dieser Funktionen sind

u	am u	sn u	cn u	dn u
0	0	0	1	1
K	$\pi/2$	1	0	$\sqrt{1-k^2}$
2K	π	0	-1	1
3K	$3\pi/2$	-1	0	$\sqrt{1-k^2}$
4K	2π	0	1	1

sn u und cn u haben die Periode 4K, dn u hat die Periode 2K. In Abb. 27 ist der Verlauf von am u, sn u, cn u und dn u dargestellt.

Entsprechend ihrer engen Verwandtschaft mit den trigonometrischen Funktionen lassen sich auch die Ableitungen der Jacobischen elliptischen Funktionen durch diese Funktionen selbst ausdrücken. Es ist

$$\frac{\mathrm{d\,am}\,u}{\mathrm{d}u}=\mathrm{dn}\,u \tag{4-83}$$

$$\frac{\mathrm{d\,sn}\,u}{\mathrm{d}u}=\mathrm{cn}\,u\cdot\mathrm{dn}\,u \tag{4-84}$$

$$\frac{\mathrm{d\,cn}\,u}{\mathrm{d}u}=-\,\mathrm{sn}\,u\cdot\mathrm{dn}\,u \tag{4-85}$$

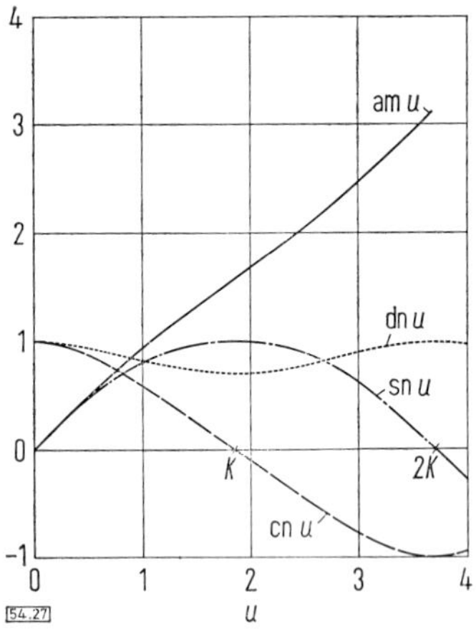

Abb. 27. Funktionen am u, sn u und dn u für $k^2 = 0{,}5$

$$\frac{\mathrm{d\,dn}\,u}{\mathrm{d}u} = -k^2 \cdot \mathrm{sn}\,u \cdot \mathrm{cn}\,u \qquad (4-86)$$

Die Funktionen haben die für $|u| < \mathrm{K}(\sqrt{1-k^2})$ konvergenten Potenzreihenentwicklungen

$$\mathrm{sn}\,u = u - \frac{1+k^2}{3!}u^3 + \frac{1+14k^2+k^4}{5!}u^5 - \frac{1+135k^2+135k^4+k^6}{7!}u^7 + - \cdots \qquad (4-87)$$

$$\mathrm{cn}\,u = 1 - \frac{u^2}{2!} + \frac{1+4k^2}{4!}u^4 - \frac{1+44k^2+16k^4}{6!}u^6 + - \cdots \qquad (4-88)$$

$$\mathrm{dn}\,u = 1 - \frac{k^2}{2!}u^2 + \frac{k^2(4+k^2)}{4!}u^4 - \frac{k^2(16+44k^2+k^4)}{6!}u^6 + - \cdots \qquad (4-89)$$

4.8. Uneigentliche Integrale

Als uneigentliche Integrale bezeichnet man solche, bei denen entweder das Integrationsintervall nicht beschränkt ist, also Integrale der Form

$$\int_a^\infty f(x)\mathrm{d}x, \quad \int_{-\infty}^b f(x)\mathrm{d}x, \quad \int_{-\infty}^{+\infty} f(x)\mathrm{d}x$$

oder der Integrand im Innern oder am Rande des Integrationsintervalles nicht beschränkt ist.

4.8.1. Unbeschränktes Integrationsintervall

Bei der Berechnung ersetzt man zunächst die Integrationsgrenze „$\pm\infty$" durch einen endlichen Wert c. Mit diesem Wert c wird das Integral ausgerechnet und anschließend der Grenzübergang $c \to \pm\infty$ durchgeführt.

Falls dieser Limes existiert, heißt das Integral konvergent, andernfalls heißt es divergent.

Beispiele:

a) $$\int_0^\infty \mathrm{e}^{-x}\mathrm{d}x = \lim_{c\to\infty}\int_0^c \mathrm{e}^{-x}\mathrm{d}x = \lim_{c\to\infty}(-\mathrm{e}^{-x})\Big|_0^c = \lim_{c\to\infty}(1-\mathrm{e}^{-c}) = 1$$

b) $$\int_1^\infty \frac{\mathrm{d}x}{x} = \lim_{c\to\infty}\int_1^c \frac{\mathrm{d}x}{x} = \lim_{c\to\infty}(\ln x)\Big|_1^c = \lim_{c\to\infty}(\ln c) = \infty$$

Dieses Integral ist divergent.

c) $$\int_{-\infty}^{+\infty} x^3\mathrm{d}x = \int_{-\infty}^0 x^3\mathrm{d}x + \int_0^\infty x^3\mathrm{d}x = \lim_{c\to-\infty}\int_c^0 x^3\mathrm{d}x + \lim_{d\to+\infty}\int_0^d x^3\mathrm{d}x = \lim_{c\to-\infty}\left(-\frac{c^4}{4}\right) + \lim_{d\to+\infty}\frac{d^4}{4} = \lim_{\substack{c\to-\infty\\ d\to+\infty}}\frac{1}{4}(d^4-c^4)$$

Dieser Limes existiert nicht; das Integral ist also divergent. Das Beispiel zeigt, daß man bei Integralen der Form

$$\int_{-\infty}^{+\infty} f(x)\mathrm{d}x$$

den Grenzübergang für die obere und die untere Grenze getrennt durchführen muß. Hätte man einfach $c = d$ gesetzt, so wäre das unrichtige Resultat

$$\int_{-\infty}^{+\infty} x^3\mathrm{d}x = 0$$

entstanden.

4.8.2. Unbeschränkter Integrand

Die Funktion $f(x)$ soll über das Intervall (a, c) integriert werden, habe aber im Innern dieses Intervalles, etwa bei b ($a \leqq b \leqq c$) eine Unendlichkeitsstelle. Zur Integration schließt man b zunächst in ein kleineres Intervall $(b-\delta, b+\epsilon)$ ein $(\delta > 0, \epsilon > 0)$.

Wenn für jedes δ das Integral

$$\int_a^{b-\delta} f(x)\mathrm{d}x$$

und für jedes ϵ das Integral

$$\int_{b+\epsilon}^c f(x)\mathrm{d}x$$

existiert, $f(x)$ also über das „Restintervall" $(a, b-\delta;\ b+\epsilon, c)$ integrierbar ist, so ist

$$\int_a^c f(x)\mathrm{d}x = \lim_{\delta\to 0}\int_a^{b-\delta} f(x)\mathrm{d}x + \lim_{\epsilon\to 0}\int_{b+\epsilon}^c f(x)\mathrm{d}x \qquad (4-90)$$

Existieren die beiden Grenzwerte rechts, heißt Gl. (4–90) konvergent, andernfalls divergent. Dabei müssen die beiden Grenzübergänge $\delta \to 0$ und $\epsilon \to 0$ unabhängig voneinander durchgeführt werden.

Beispiel: $\int_0^2 \frac{dx}{x-1} = ?$

Eine rein schematische Anwendung der Integrationsformeln würde hier zu dem Ergebnis führen, daß

$$\int_0^2 \frac{dx}{x-1} = (\ln|x-1|)\Big|_0^2 = \ln 1 - \ln 1 = 0$$

ist. Dieses Ergebnis ist jedoch falsch, weil $\frac{1}{x-1}$ an der Stelle $x=1$ einen Pol erster Ordnung hat. Deswegen ist

$$\int_0^2 \frac{dx}{x-1} = \lim_{\delta\to 0} \int_0^{1-\delta} \frac{dx}{x-1} + \lim_{\epsilon\to 0} \int_{1+\epsilon}^2 \frac{dx}{x-1} =$$

$$= \lim_{\delta\to 0} \ln|\delta| - \lim_{\epsilon\to 0} \ln|\varepsilon| = \lim_{\substack{\delta\to 0\\ \epsilon\to 0}} \ln\left|\frac{\delta}{\epsilon}\right|$$

Der rechte Grenzwert existiert aber nicht und daher ist

$\int_0^2 \frac{dx}{x-1}$ divergent.

Hätte man dagegen die beiden Grenzübergänge $\delta \to 0$, $\varepsilon \to 0$ nicht unabhängig voneinander durchgeführt, also $\delta = \varepsilon$ gewählt, so wäre das unbrauchbare Resultat

$$\int_0^2 \frac{dx}{x-1} = \lim_{\delta=\epsilon\to 0} \ln\left|\frac{\delta}{\epsilon}\right| = \lim_{\delta\to 0} \ln\left|\frac{\delta}{\delta}\right| = 0$$

entstanden.

Einen auf diese spezielle Weise, also als

$$\int_a^c f(x)\,dx = \lim_{\delta\to 0}\left(\int_a^{b-\delta} f(x)\,dx + \int_{b+\delta}^c f(x)\,dx\right) \qquad (4-91)$$

ermittelten Wert des Integrals Gl. (4–90) bezeichnet man auch als den *Hauptwert* dieses Integrales.

Ist die Stammfunktion $F(x)$ von $f(x)$ im Intervall (a, c) beschränkt, so konvergiert das uneigentliche Integral Gl. (4–90) selbstverständlich. So konvergiert

$$\int_0^1 \frac{dx}{\sqrt{1-x^2}} = \lim_{\delta\to 0} \int_0^{1-\delta} \frac{dx}{\sqrt{1-x^2}} =$$

$$= \lim_{\delta\to 0} \arcsin(1-\delta) = \frac{\pi}{2} \qquad (4-92)$$

weil zwar $\frac{1}{\sqrt{1-x^2}}$ an der Stelle $x=1$ unbeschränkt, die Stammfunktion $\arcsin x$ dagegen dort beschränkt ist.

Die Eigenschaften bestimmter eigentlicher Integrale dürfen nicht ohne weiteres auf uneigentliche Integrale übertragen werden, selbst wenn diese konvergent sind. Doch läßt sich zeigen, daß folgende, bereits S. 470–471 angeführten Beziehungen auch für uneigentliche konvergente Integrale gültig sind:

$$\int_a^c c f(x)\,dx = c\int_a^c f(x)\,dx \qquad (4-39)$$

$$\int_a^c \sum_{i=1}^n c_i f_i(x)\,dx = \sum_{i=1}^n c_i \int_a^c f_i(x)\,dx \qquad (4-38)$$

$$\int_a^c f(x)\,dx = -\int_c^a f(x)\,dx \qquad (4-34)$$

$$\int_a^b f(x)\,dx + \int_b^c f(x)\,dx = \int_a^c f(x)\,dx \qquad (4-36)$$

$$\int_a^c f_1(x)\,dx \leqq \int_a^c f_2(x)\,dx, \text{ falls } f_1(x) \leqq f_2(x) \qquad (4-40)$$

$$\left|\int_a^c f(x)\,dx\right| \leqq \int_a^c |f(x)|\,dx \qquad (4-42)$$

$$\left(\int_a^c g(x)\cdot f_1(x)\cdot f_2(x)\,dx\right)^2 \leqq$$

$$\leqq \int_a^c g(x)\cdot f_1^2(x)\,dx \cdot \int_a^c g(x)\cdot f_2^2(x)\,dx \qquad (4-43)$$

4.9. Differentiation von Integralen

Das unbestimmte Integral $\int_a^x f(t)\,dt$ ist eine Funktion der oberen Integrationsgrenze und kann daher nach x differenziert werden:

$$\frac{d}{dx}\int_a^x f(t)\,dt = -\frac{d}{dx}\int_x^a f(t)\,dt = f(x) \qquad (4-93)$$

Ist $f(x,t)$ eine nach x differenzierbare Funktion der beiden Variablen x und t, so gilt auch

$$\frac{d}{dx}\int_a^b f(x,t)\,dt = \int_a^b \frac{\partial}{\partial x} f(x,t)\,dt \qquad (4-94)$$

$$\frac{d}{dx}\int_a^x f(x,t)\,dt = f(x,x) + \int_a^x \frac{\partial}{\partial x} f(x,t)\,dt \qquad (4-95)$$

$$\frac{d}{dx}\int_{g(x)}^{h(x)} f(x,t)\,dt = \frac{dh}{dx}\cdot f(x,h(x)) -$$

$$-\frac{dg}{dx}\cdot f(x,g(x)) + \int_{g(x)}^{h(x)} \frac{\partial}{\partial x} f(x,t)\,dt \qquad (4-96)$$

Formel (4–95) und (4–96) zeigen besonders deutlich, daß es stets zu empfehlen ist, Integrationsvariable (t) und obere bzw. untere Grenze (x) eines unbestimmten Integrales mit verschiedenen Symbolen zu bezeichnen.

5. Differential- und Integralrechnung bei Funktionen mehrerer Veränderlicher

5.1. Mehrdimensionale Räume

Wie jede reelle Zahl x geometrisch als Punkt auf einer orientierten Geraden, der Zahlengeraden, dargestellt werden kann, läßt sich ein Paar reeller Zahlen (x_1, x_2) als Punkt in der Ebene deuten, der bezüglich eines cartesischen Koordinatensystems die Koordinaten x_1 und x_2 hat. Ebenso kann ein Zahlentripel (x_1, x_2, x_3) geometrisch als Punkt eines dreidimensionalen Raumes mit den Koordinaten x_1, x_2 und x_3 bezüglich eines rechtwinkligen Koordinatensystems dargestellt werden. Die Gesamtheit aller möglichen reellen Zahlentripel (x_1, x_2, x_3) bildet dann den dreidimensionalen Raum R_3.

In Analogie zu diesen anschaulichen Ergebnissen nennt man auch jeden Satz von n reellen Zahlen $(x_1, x_2, \ldots, x_n)$ einen Punkt in einem n-dimensionalen Raum R_n und die Zahlen $x_1, x_2, \ldots, x_n$ seine Koordinaten. Die Bezeichnungen von $P = (x_1, x_2, \ldots, x_n)$ als Punkt im n-dimensionalen Raum, als n-dimensionaler Vektor oder Vektor mit n Komponenten, als einspaltige oder einzeilige Matrix vom Typ $(n \cdot 1)$ oder $(1 \cdot n)$ sind also nur verschiedene, den jeweiligen Zusammenhängen angepaßte Benennungen für einen Satz von n zusammengehörigen reellen Zahlen.

Können die Koordinaten $x_1, x_2, \ldots, x_n$ eines Punktes nur ganzzahlig sein, so spricht man von einem zwei-, drei-, allgemein *n-dimensionalen Gitter* im Raum R_n und nennt die einzelnen Punkte $(x_1, x_2, \ldots, x_n)$ *Gitterpunkte*.

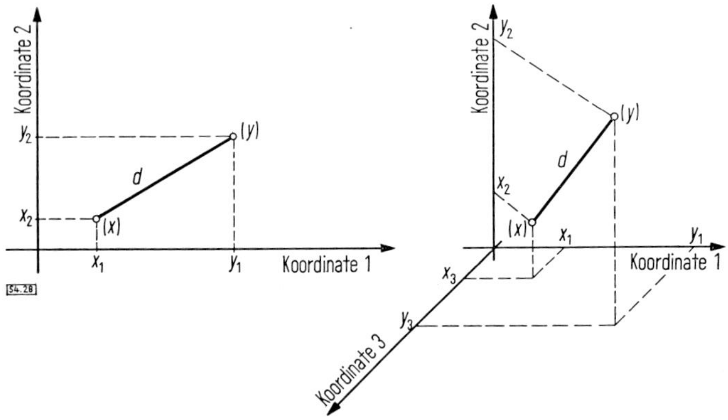

Abb. 28. Definition des Abstandes zweier Punkte (x) und (y)

$d(x,y) = \sqrt{(y_1 - x_1)^2 + (y_2 - x_2)^2}$

$d(x,y) = \sqrt{(y_1 - x_1)^2 + (y_2 - x_2)^2 + (y_3 - x_3)^2}$

In der Ebene (vgl. Abb. 28) ist der Abstand zweier Punkte $P_1(x_1, x_2)$ und $P_2(y_1, y_2)$ nach dem Satz des PYTHAGORAS gegeben durch

$$d = \sqrt{(y_1 - x_1)^2 + (y_2 - x_2)^2} \tag{5-1}$$

Analog definiert man als *Abstand* zweier Punkte $P_1(x_1, \ldots, x_n)$ und $P_2(y_1, \ldots, y_n)$ im n-dimensionalen Raum

$$d = \sqrt{(y_1 - x_1)^2 + (y_2 - x_2)^2 + \ldots + (y_n - x_n)^2}$$

$$= \sqrt{\sum_{i=1}^{n} (y_i - x_i)^2} \tag{5-2}$$

Es ist $d(P_1, P_2) \geqq 0$ für alle P_1, P_2 und $d(P_1, P_2) = 0$ genau dann, wenn $P_1 = P_2$ ist.

Eine Menge M von n-dimensionalen Punkten heißt *beschränkt*, wenn es eine solche Zahl $k > 0$ gibt, daß die Abstände $d(P, Q)$ aller Punkte P aus M von einem beliebigen festen Punkt Q sämtlich kleiner sind als k.

Ein *n-dimensionales Intervall* wird definiert als die Menge aller Punkte $P(x_1, \ldots, x_n)$, für die

$$\begin{array}{l} a_1 \leqq x_1 \leqq b_1 \\ a_2 \leqq x_2 \leqq b_2 \\ \ldots\ldots\ldots\ldots \\ a_n \leqq x_n \leqq b_n \end{array} \tag{5-3}$$

ist; gilt in allen diesen Ungleichungen das Gleichheitszeichen nicht, so spricht man von einem *offenen Intervall*. Im zweidimensionalen Fall ist ein Intervall also ein Rechteck mit den Seiten $(b_1 - a_1)$ und $(b_2 - a_2)$, im dreidimensionalen Fall ein Quader mit den Kanten $(b_1 - a_1)$, $(b_2 - a_2)$ und $(b_3 - a_3)$.

Alle Punkte $X(x_1, x_2, \ldots, x_n)$, für die

$$\sqrt{\sum_{i=1}^{n} (q_i - x_i)^2} < r \tag{5-4}$$

ist, bilden das Innere einer Hyperkugel. Im eindimensionalen Fall ist eine Hyperkugel also ein abgeschlossenes Intervall mit dem Mittelpunkt Q und der Länge $2r$, im zweidimensionalen Fall ein Kreis um Q mit Radius r, im dreidimensionalen Fall eine gewöhnliche Kugel. Eine Punktmenge mit der Eigenschaft Gl.

(5–4) wird auch als *Umgebung*, genauer als *r-Umgebung* des Punktes Q bezeichnet.

Wegen der Möglichkeit, Zahlen eindeutig auf Punkte der Zahlengeraden abzubilden, kann auch jede Zahlenfolge geometrisch als Punktfolge gedeutet werden. (Im Gegensatz zu einer Zahlenfolge wird jedoch bei einer Punktfolge gefordert, daß alle Elemente der Folge voneinander verschieden sein sollen; die Folge 1, 1, 1,... ist daher zwar eine Zahlen-, aber keine Punktfolge.) Diese Möglichkeit läßt sich auf Punktfolgen in n-dimensionalen Räumen übertragen. Insbesondere ist es naheliegend, eine Punktfolge $Q_1, Q_2, Q_3, \ldots = \{Q_i\}$ mit den Elementen $Q_i(q_{i1}, q_{i2}, q_{i3}, \ldots, q_{in})$ *konvergent gegen einen Punkt* $G(g_1, g_2, \ldots, g_n)$ zu nennen, wenn

$$\lim_{i\to\infty} d_i = \sqrt{(q_{i1}-g_1)^2+(q_{i2}-g_2)^2+\ldots+(q_{in}-g_n)^2} = 0 \qquad (5-5)$$

ist.

Unter einem *Gebiet* G im n-dimensionalen Raum versteht man eine offene Punktmenge, bei der je zwei ihrer Punkte durch einen Streckenzug verbunden werden können, dessen Punkte ebenfalls völlig zu G gehören. Jedes offene Intervall ist danach ein Gebiet.

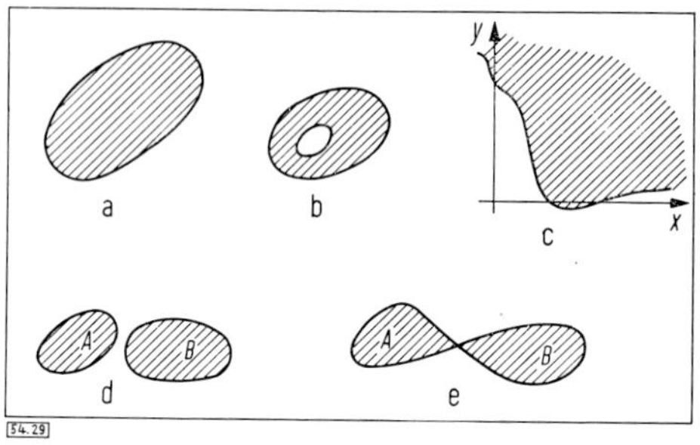

Abb. 29. Ebene Punktmengen und ebene Gebiete

In Abb. 29 sind *a*, *b* und *c* (ebene) Gebiete, *d* und *e* dagegen nicht, weil es nicht möglich ist, die Punkte A und B in ihnen durch Streckenzüge zu verbinden, die ganz in G liegen (man beachte, daß ein Gebiet eine *offene* Punktmenge ist; der Überkreuzungspunkt in Abb. 29*e* gehört daher als Randpunkt nicht zu G). Ein abgeschlossenes Gebiet wird *Bereich* genannt.

5.2. Funktionen mehrerer Variabler

Man spricht von einer reellen Funktion f von n Variablen $x_1, \ldots, x_n$, wenn jedem aus einer Menge M von Punkten $(x_1, x_2, \ldots, x_n)$ im n-dimensionalen Raum eine reelle Zahl u zugeordnet ist: $u = f(x_1, x_2, \ldots, x_n)$ oder $u = u(x_1, x_2, \ldots, x_n)$.

Bekannte Beispiele aus der Chemie für derartige Funktionen sind etwa das ideale Gasgesetz $p = RT/V$ wo der Druck p eine Funktion der beiden Variablen T und V ist: $p = f(T, V)$, oder die Reaktionsgeschwindigkeit einer Reaktion zweiter Ordnung

$$r = k_0 \cdot e^{-\frac{E}{RT}} \cdot c_1 c_2$$

wobei r eine Funktion der drei Variablen T, c_1, c_2 ist: $r = f(T, c_1, c_2)$.

Eine Funktion mehrerer Variabler kann implizit oder explizit gegeben sein. So ist in der VAN DER WAALSschen Zustandsgleichung

$$\left(p + \frac{a}{V^2}\right)(V-b) = RT \qquad (5-6)$$

V eine implizite Funktion der Variablen p und T und ebenso natürlich auch p eine implizite Funktion der Variablen V und T, die in der Form

$$p = \frac{RT}{V-b} - \frac{a}{V^2} \qquad (5-7)$$

in eine explizite aufgelöst werden kann.

Der Definitionsbereich einer Funktion von zwei oder mehr Variablen kann aus einzelnen Punkten, Punktmengen und Gebieten bestehen. Im Folgenden soll stets angenommen werden, daß die Funktion $f(x_1, x_2, \ldots, x_n)$ über einem Gebiet des n-dimensionalen Raumes definiert ist.

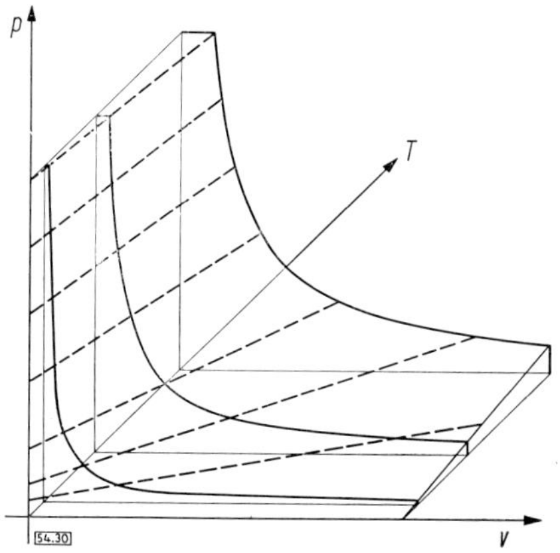

Abb. 30. Funktion $p = RT/V$
----- Isobare; —— Isotherme

Anschaulich kann nur eine Funktion von zwei Veränderlichen $z = f(x, y)$ noch dargestellt werden, indem man die Funktionswerte z als dritte Koordinate eines x, y, z-Koordinatensystems auffaßt. Für die Funktion $p = RT/V$ ist dies in Abb. 30 ausgeführt. Häufig wird aber eine einfachere Form der Darstellung mittels Parameterkurven gewählt. Dabei wird einer Variablen, z. B. T, ein fester Wert T_0 zugewiesen; in dem Ausdruck $p = RT_0/V$ ist p dann nur noch eine Funktion von V, die in bekannter Weise in einem Cartesischen Koordinatensystem dargestellt werden kann. Durch Wahl verschiedener Werte des Parameters T_0 erhält man auf diese Weise eine Schar von Kurven, die offenbar Schnitten durch die Funktionsfläche längs der Geraden $T = T_0$ entsprechen (Abb. 31). Wählt man bei dieser Methode speziell $p = p_0$ als Parameter, so erhält man eine besonders anschauliche Darstellung der Funktion $p = RT/V$ in Form von sog. *Höhen-* oder *Isoniveaulinien* (Abb. 32).

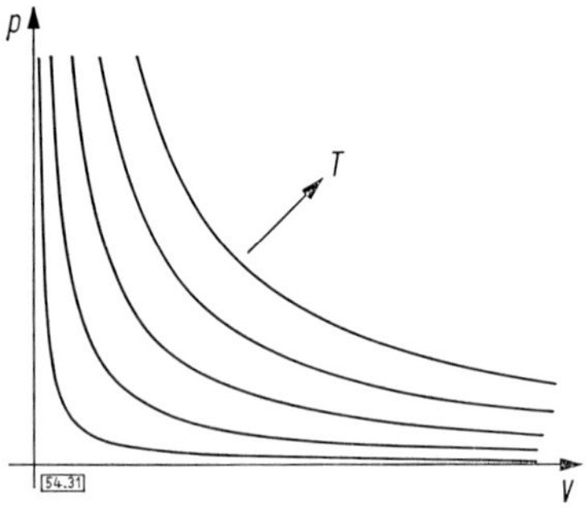

Abb. 31. Isothermen der Funktion $p = RT/V$

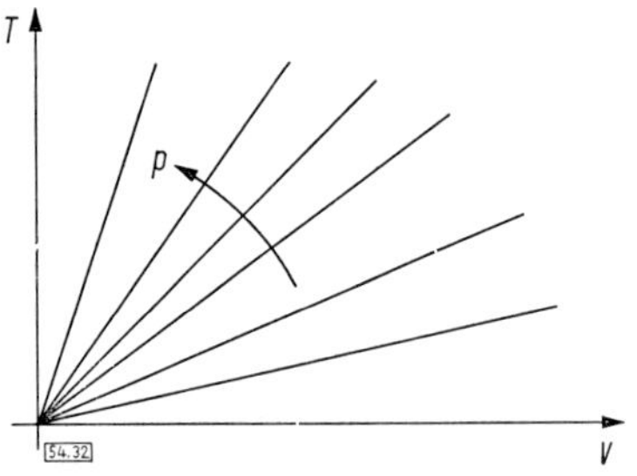

Abb. 32. Darstellung der Funktion $p = RT/V$ durch Höhenlinien

Funktionen von drei und mehr Variablen lassen sich grafisch unter Umständen in Form von Netztafeln darstellen.

Die Wiedergabe einer Funktion in Form einer Wertetabelle ist im Fall von zwei Variablen noch bequem als Tafel mit doppeltem Eingang durchführbar. Bei drei Variablen muß im allg. eine der drei Variablen als Parameter gewählt und für eine Reihe von Werten dieses Parameters jeweils eine eigene Wertetafel angelegt werden.

5.3. Stetigkeit und Differenzierbarkeit

Eine Funktion $f(x_1, \ldots, x_n)$ sei in einer Umgebung U des Punktes P des n-dimensionalen Raumes definiert (evtl. mit Ausnahme von P selbst). Man wählt eine beliebige Punktfolge $P_j = (x_{j1}, x_{j2}, \ldots, x_{jn})$, deren Elemente sämtlich zu der Umgebung U von P gehören, und die gegen P konvergiert:

$$\lim_{j\to\infty} P_j = P \qquad (5-8)$$

Wenn dann für jede derartige Punktfolge der Zahlenwert der Funktion $f(x_{j1}, x_{j2}, \ldots, x_{jn})$ stets gegen denselben Zahlenwert g strebt:

$$\lim_{j\to\infty} f(P_j) = g \qquad (5-9)$$

so heißt g der *Grenzwert* der Funktion $f(x_1, \ldots, x_n)$ im Punkt P.

Diese Definition verlangt also, daß $f(x_1, \ldots, x_n)$ immer demselben Zahlenwert g zustreben muß, wie auch die „Bahn" gewählt wird, längs deren sich der Punkt P_j

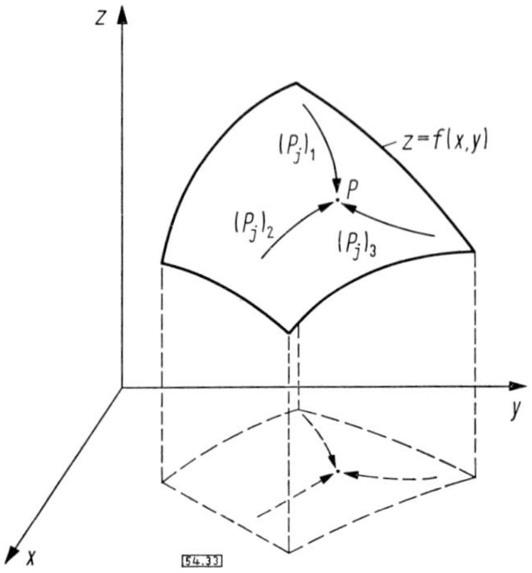

Abb. 33. Zur Definition des Grenzwertes einer Funktion mehrerer Variabler

dem Punkt P nähert. In Abb. 33 sind drei solcher möglichen Bahnen für eine Funktion $f(x, y)$ von zwei Variablen x und y eingezeichnet.

Wie im Fall von Funktionen einer Variablen sagt man, es strebe $f(x_1, \ldots, x_n) \to +\infty$, bzw. $f(x_1, \ldots, x_n) \to -\infty$, falls bei beliebiger Annäherung von P_j an P die Werte der Funktion f schließlich jede noch so große positive Zahl übersteigen bzw. jede noch so kleine negative Zahl unterbieten.

Dagegen sind Aussagen wie $\lim_{j\to\infty} f(P_j) = g$ für $P_j \to$ „∞" im allg. nur dann sinnvoll, wenn zuvor spezifiziert wird, auf welcher „Bahn" der Punkt P_j sich „ins Unendliche" bewegt.

Die in Abschn. 1.4 aufgestellten Regeln für die Limesrechnung gelten unverändert auch für Limites von Funktionen mehrerer Veränderlicher.

Wenn der Grenzwert einer Funktion $f(x_1, \ldots, x_n)$ in einem Punkt P ihres Definitionsgebietes G mit dem Funktionswert an dieser Stelle übereinstimmt, so heißt f *stetig* im Punkt P. Ausführlicher bedeutet dies: Es ist

$$|f(P_j) - f(P)| < \epsilon$$

sofern nur

$$|x_{j1} - x_1| < \delta$$
$$|x_{j2} - x_2| < \delta$$
$$|x_{j3} - x_3| < \delta$$

usw. ist, wobei δ eine Funktion von ϵ ist.

Sind die Funktionen $f_1(x_1, \ldots, x_n)$, $f_2(x_1, \ldots, x_n)$, $\ldots$, $f_j(x_1, x_2, \ldots, x_n)$ sämtlich in einem Gebiet G stetig, so sind auch alle Summen, Differenzen, Produkte und Quotienten (sofern der Nenner nicht verschwindet) dieser Funktionen stetig. Ebenso ist auch jede mittelbare Funktion $h(f_1, f_2, \ldots, f_j)$ dort stetig.

Eine Funktion $f(x,y)$ sei über einem Gebiet G erklärt und dort stetig. Gibt man der Variablen y den festen Wert y_0, so geht $f(x,y)$ in eine Funktion $f_1(x,y_0)$ der einen Variablen x über. Wenn diese Funktion nach x differenzierbar ist, nennt man

$$\frac{d}{dx} f_1(x,y_0)$$

die *partielle Ableitung von* $f(x,y)$ *nach* x und schreibt dafür

$$\frac{\partial f}{\partial x} = \frac{\partial}{\partial x} f(x,y) = f_x(x,y) \tag{5-10}$$

In gleicher Weise kann auch die Variable x festgehalten werden, etwa auf dem Wert x_0. Damit geht $f(x,y)$ in eine Funktion $f_2(x_0,y)$ der einen Variablen y über. Man nennt dann

$$\frac{d}{dy} f_2(x_0,y)$$

die *partielle Ableitung von* $f(x,y)$ *nach* y und schreibt

$$\frac{\partial f}{\partial y} = \frac{\partial}{\partial y} f(x,y) = f_y(x,y) \tag{5-11}$$

In gleicher Weise können auch partielle Ableitungen von Funktionen von drei und mehr Variablen gebildet werden, indem man alle bis auf die betrachtete Variable, etwa x_k, als Konstanten ansieht und die so entstandene Funktion der einen Variablen x_k nach x_k differenziert.

Beispiel:

$$u(x,y,z) = x(y^2 + z^3) \tag{5-12}$$

$$\frac{\partial u}{\partial x} = u_x = y^2 + z^3$$

$$\frac{\partial u}{\partial y} = u_y = 2xy \tag{5-13}$$

$$\frac{\partial u}{\partial z} = u_z = 3xz^2$$

Es ist zu empfehlen, bei partiellen Ableitungen die unabhängigen Variablen stets mitzuschreiben, also $\frac{\partial}{\partial x} f(x,y)$ statt nur $\frac{\partial f}{\partial x}$.

So allein werden Schwierigkeiten vermieden, die vor allem aus der Thermodynamik geläufig sind, wo $\frac{\partial U}{\partial p}$ verschiedene Bedeutungen hat je nachdem, ob die Innere Energie U als Funktion $U(p,T)$ oder $U(p,V)$ aufzufassen ist; denn es ist

$$\left(\frac{\partial U}{\partial p}\right)_T = \frac{\partial}{\partial p} U(p,T) = c_p \tag{5-14}$$

aber

$$\left(\frac{\partial U}{\partial p}\right)_V = \frac{\partial}{\partial p} U(p,V) = \frac{c_v}{p_0 \beta} \tag{5-15}$$

(β isochorer Spannungskoeffizient).

Die partiellen Ableitungen $\frac{\partial f}{\partial x_k}$ (Gl. 5–13) sind ihrerseits Funktionen der Variablen $(x_1, \ldots, x_n)$. Daher können auch Ableitungen dieser partiellen Ableitungen erster Ordnung gebildet werden.

$$\begin{aligned}
\frac{\partial}{\partial x} u_x &= \frac{\partial^2 u}{\partial x^2} = u_{xx} = 0\\
\frac{\partial}{\partial y} u_x &= \frac{\partial^2 u}{\partial x \partial y} = u_{xy} = 2y\\
\frac{\partial}{\partial z} u_x &= \frac{\partial^2 u}{\partial x \partial z} = u_{xz} = 3z^2\\
\frac{\partial}{\partial x} u_y &= \frac{\partial^2 u}{\partial y \partial x} = u_{yx} = 2y\\
\frac{\partial}{\partial y} u_y &= \frac{\partial^2 u}{\partial y^2} = u_{yy} = 2x\\
\frac{\partial}{\partial z} u_y &= \frac{\partial^2 u}{\partial y \partial z} = u_{yz} = 0\\
\frac{\partial}{\partial x} u_z &= \frac{\partial^2 u}{\partial z \partial x} = u_{zx} = 3z^2\\
\frac{\partial}{\partial y} u_z &= \frac{\partial^2 u}{\partial z \partial y} = u_{zy} = 0\\
\frac{\partial}{\partial z} u_z &= \frac{\partial^2 u}{\partial z^2} = u_{zz} = 6xz
\end{aligned} \tag{5-16}$$

Ebenso ist

$$u_{xyy} = \frac{\partial^3 u}{\partial x \partial y^2} = 2, \quad u_{xzz} = 6z, \quad u_{xyz} = 0 \text{ usw.} \tag{5-17}$$

Im vorliegenden Beispiel ist

$$u_{xy} = u_{yx} \quad u_{xz} = u_{zx} \quad u_{yz} = u_{zy} \tag{5-18}$$

und auch

$$u_{xyy} = u_{yxy} = u_{yyx} = 2 \tag{5-19}$$

usw.

d. h. bei den höheren gemischten partiellen Ableitungen ist das Ergebnis unabhängig von der Reihenfolge der Ableitungsschritte. Dies gilt immer dann, wenn alle partiellen Ableitungen der untersuchten Funktion bis zu einer beliebigen Ordnung existieren und stetig sind.

Wie durch den Wert der Ableitung an einer Stelle x_0 bei einer Funktion $f(x)$ einer Variablen x die Steigung und damit die Gleichung

$$y = f'(x_0)(x - x_0) + f(x_0) \tag{5-20}$$

der Tangente an die Kurve $y = f(x)$ bestimmt ist, so

bestimmen die partiellen Ableitungen $f_x(x_0, y_0)$ und $f_y(x_0, y_0)$ einer Funktion $z = f(x,y)$ an der Stelle (x_0, y_0) die Gleichung der Tangentialebene

$$z_t = f(x_0, y_0) + f_x(x_0, y_0)(x - x_0) + + f_y(x_0, y_0)(y - y_0) \quad (5-21)$$

an das Flächenstück $z = f(x,y)$ im Punkt (x_0, y_0).

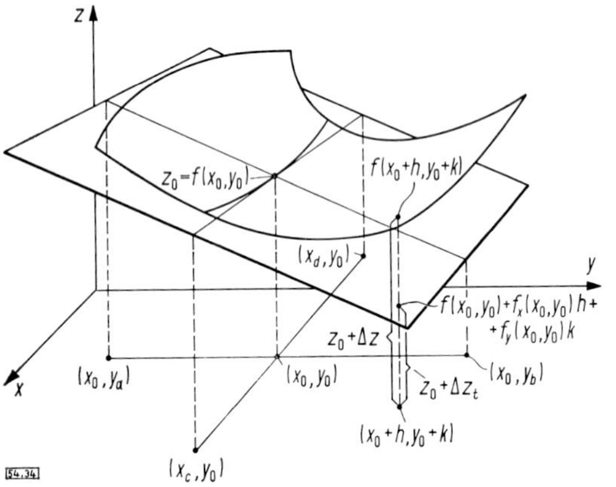

54.34

Abb. 34. Tangentialebene, partielle Ableitungen und Differential einer Funktion $f(x,y)$

Geht man bei einer Funktion $z = f(x,y)$ von einer festen Stelle $z_0 = f(x_0, y_0)$ zu einem benachbarten Punkt $(x_0 + h, y_0 + k)$ über, so ändert sich (vgl. Abb. 34) der Funktionswert z um Δz.

Gleichzeitig ändert sich der Funktionswert auf der Tangentialebene um

$$\Delta z_t = f_x(x_0, y_0)h + f_y(x_0, y_0)k \quad (5-22)$$

Wie in Abschn. 3.4 nennt man $\Delta z_t = \mathrm{d}z = \mathrm{d}f(x,y)$ das *totale Differential* der Funktion $z = f(x,y)$, das zu der Stelle (x_0, y_0) und den *Differentialen* $h = \mathrm{d}x$ und $k = \mathrm{d}y$ gehört.

Daher schreibt man auch

$$\mathrm{d}f(x,y) = \frac{\partial f}{\partial x}\,\mathrm{d}x + \frac{\partial f}{\partial y}\,\mathrm{d}y \quad (5-23)$$

Bei n Variablen $x_1, x_2, \ldots, x_n$ ist

$$\mathrm{d}f(x_1, \ldots, x_n) = \frac{\partial f}{\partial x_1}\,\mathrm{d}x_1 + \frac{\partial f}{\partial x_2}\,\mathrm{d}x_2 + \ldots + + \frac{\partial f}{\partial x_n}\,\mathrm{d}x_n \quad (5-24)$$

Die Größen

$$\frac{\partial f}{\partial x_1}\,\mathrm{d}x_1, \ \frac{\partial f}{\partial x_2}\,\mathrm{d}x_2$$

usw.

werden auch als *partielle Differentiale* der Funktion $f(x_1, \ldots, x_n)$ bezeichnet; sie geben näherungsweise den Zuwachs $\mathrm{d}f$ an, welchen die Funktion f erfährt, wenn von einem festen Punkt $(x_{10}, x_{20}, \ldots, x_{n0})$ in Richtung der x_1-, x_2-, ..., x_n-Achse zu einem Nachbarpunkt übergegangen wird. Die Schreibweise

$\partial f = f_x(x,y) \cdot \partial x$ und ähnliche

sollten dagegen vermieden werden.

5.4. Differentiation von mittelbaren Funktionen

$w = f(x_1, \ldots, x_n)$ sei eine Funktion von n Variablen. Werden statt der Veränderlichen $x_1, \ldots, x_n$ neue Veränderliche $u_1, \ldots, u_m$ eingeführt, so wird im allg. jede alte Veränderliche x_j eine Funktion sämtlicher neuer Variablen sein:

$$x_j = x_j(u_1, \ldots, u_m) \quad (5-25)$$

Werden beispielsweise bei einer Funktion $f(x,y)$ von zwei Variablen x und y statt der cartesischen Koordinaten Polarkoordinaten r, φ eingeführt, so ist

$$r^2 = x^2 + y^2 \quad (5-26)$$

$$\tan\varphi = y/x$$

und daher

$$x = r \cdot \cos\varphi = x(r, \varphi) \quad (5-27)$$

$$y = r \cdot \sin\varphi = y(r, \varphi)$$

Ist dann jede der Funktionen $x_j = x_j(u_1, \ldots, u_m)$ nach allen Variablen $u_1, \ldots, u_m$ partiell differenzierbar, so gilt

$$\frac{\partial w}{\partial u_i} = \frac{\partial w}{\partial x_1} \cdot \frac{\partial x_1}{\partial u_i} + \frac{\partial w}{\partial x_2} \cdot \frac{\partial x_2}{\partial u_i} + \frac{\partial w}{\partial x_3} \cdot \frac{\partial x_3}{\partial u_i} + + \ldots + \frac{\partial w}{\partial x_n} \cdot \frac{\partial x_n}{\partial u_i} \quad i = 1 \ldots m \quad (5-28)$$

Für das totale Differential gilt

$$\mathrm{d}w = \frac{\partial w}{\partial x_1}\mathrm{d}x_1 + \frac{\partial w}{\partial x_2}\,\mathrm{d}x_2 + \ldots + \frac{\partial w}{\partial x_n}\,\mathrm{d}x_n \quad (5-29)$$

wobei

$$\mathrm{d}x_j = \frac{\partial x_j}{\partial u_1}\,\mathrm{d}u_1 + \frac{\partial x_j}{\partial u_2}\,\mathrm{d}u_2 + \ldots + \frac{\partial x_j}{\partial u_m}\,\mathrm{d}u_m = = \sum_{i=1}^{m} \frac{\partial x_j}{\partial u_i}\,\mathrm{d}u_i \quad (5-30)$$

Für $m = 1$ erhält man daraus als wichtigen Spezialfall die Formeln für die Ableitung und das Differential einer Funktion w von n Variablen $x_1, \ldots, x_n$, die ihrerseits Funktionen eines Parameters (meist der Zeit) t sind, $x_j = x_j(t)$:

$$\frac{\mathrm{d}w}{\mathrm{d}t} = \frac{\partial w}{\partial x_1} \cdot \frac{\mathrm{d}x_1}{\mathrm{d}t} + \frac{\partial w}{\partial x_2} \cdot \frac{\mathrm{d}x_2}{\mathrm{d}t} + \ldots + \frac{\partial w}{\mathrm{d}x_n} \cdot \frac{\mathrm{d}x_n}{\mathrm{d}t} = \sum_{j=1}^{n} \frac{\partial w}{\partial x_j} \cdot \frac{\mathrm{d}x_j}{\mathrm{d}t} \quad (5-31)$$

$$\mathrm{d}w = \frac{\partial w}{\partial x_1}\,\mathrm{d}x_1 + \frac{\partial w}{\partial x_2}\,\mathrm{d}x_2 + \ldots + \frac{\partial w}{\partial x_n}\,\mathrm{d}x_n = = \sum_{j=1}^{n} \frac{\partial w}{\partial x_j} \cdot \frac{\mathrm{d}x_j}{\mathrm{d}t}\,\mathrm{d}t \quad (5-32)$$

Die Matrix

$$\begin{pmatrix} \frac{\partial x_1}{\partial u_1} & \frac{\partial x_1}{\partial u_2} & \frac{\partial x_1}{\partial u_3} & \cdots & \frac{\partial x_1}{\partial u_m} \\ \frac{\partial x_2}{\partial u_1} & \frac{\partial x_2}{\partial u_2} & \frac{\partial x_2}{\partial u_3} & \cdots & \frac{\partial x_2}{\partial u_m} \\ \cdots & \cdots & \cdots & \cdots & \cdots \\ \frac{\partial x_n}{\partial u_1} & \frac{\partial x_n}{\partial u_2} & \frac{\partial x_n}{\partial u_3} & \cdots & \frac{\partial x_n}{\partial u_m} \end{pmatrix} \quad (5-33)$$

wird als *Funktionalmatrix* der Funktionen $x_1, x_2, \ldots, x_n$ in Bezug auf die Variablen $u_1, \ldots, u_m$ bezeichnet. Ist $n = m$, so ist diese Matrix quadratisch und hat eine Determinante, die *Funktionaldeterminante* (engl.: Jacobian) der Funktionen $x_1, \ldots, x_n$ bezüglich der Variablen $u_1, \ldots, u_m$. Sie wird symbolisch mit

$$D(x_1, \ldots, x_n;\ u_1, \ldots, u_m) = \frac{\partial(x_1, x_2, \ldots, x_n)}{\partial(u_1, u_2, \ldots, u_m)} \quad (5-34)$$

bezeichnet.

n Funktionen $x_1, \ldots, x_n$ von m Variablen $u_1, \ldots, u_m$ heißen voneinander abhängig, wenn wenigstens eine von ihnen sich als Funktion der übrigen ausdrücken läßt; sie heißen voneinander unabhängig, wenn dies für keine von ihnen der Fall ist. So sind die drei Funktionen

$$\begin{aligned} x_1 &= u_1 + u_2 + u_3 + u_4 \\ x_2 &= u_1^2 + u_2^2 + u_3^2 + u_4^2 \quad (5-35) \\ x_3 &= u_1 u_2 + u_1 u_3 + u_1 u_4 + u_2 u_3 + u_2 u_4 + u_3 u_4 \end{aligned}$$

der vier Variablen $u_1 \ldots u_4$ voneinander abhängig, denn es ist

$$x_2 = x_1^2 - 2x_3 \quad (5-36)$$

Dagegen sind die beiden Funktionen

$$\begin{aligned} v_1 &= x + y + z \quad (5-37) \\ v_2 &= x^2 - z \end{aligned}$$

der drei Variablen x, y und z voneinander unabhängig.

Es gilt nun: die Anzahl der voneinander unabhängigen Funktionen in einem System von n Funktionen $x_1 \ldots x_n$ von m unabhängigen Variablen $u_1, \ldots, u_m$ ist gleich dem Rang r der Funktionalmatrix. Dabei sind genau die Funktionen voneinander unabhängig, deren Ableitungen als Elemente einer nicht verschwindenden Unterdeterminante r-ten Grades auftreten. Ist $n > m$, können also höchstens m Funktionen voneinander unabhängig sein.

5.5. Extremwerte

Eine Funktion $z = f(x_1, \ldots, x_n)$ von n Variablen sei über einem Gebiet G definiert. Gibt es dann in G einen Punkt $P(\xi_1, \ldots, \xi_n)$ mit der Eigenschaft, daß für alle Punkte $Q(x_1, \ldots, x_n) \neq P$ aus G stets

$$f(P) = f(\xi_1, \ldots, \xi_n) > f(Q) = f(x_1, \ldots, x_n) \quad (5-38)$$

ist, so hat die Funktion f dort ein globales Maximum.

Umgekehrt hat $f(x_1, \ldots, x_n)$ an der Stelle $R(\eta_1, \ldots, \eta_n)$ ein globales Minimum, wenn für alle Punkte $Q(x_1, \ldots, x_n) \neq R$ aus G gilt:

$$f(R) = f(\eta_1, \ldots, \eta_n) < f(Q) = f(x_1, \ldots, x_n) \quad (5-39)$$

So hat z. B. die Funktion

$$z = \sqrt{x_1^2 + x_2^2} \quad (5-40)$$

die im Gebiet $G(-\infty < x_1 < +\infty;\ -\infty < x_2 < +\infty)$ definiert ist, im Punkt (0,0) ein globales Minimum $z = 0$, denn dieser Funktionswert ist kleiner als jeder andere aus dem Definitionsgebiet.

Ist der Funktionswert $f(P)$ an der Stelle P nicht größer als derjenige an jeder anderen Stelle des Definitionsgebietes, sondern nur größer als alle Funktionswerte in einer gewissen Umgebung von P, so spricht man von einem lokalen Maximum (oder im umgekehrten Fall von einem lokalen Minimum). Jedes globale Maximum oder Minimum ist auch ein lokales; doch hat z. B. die Funktion

$$z = \tfrac{1}{12}\,(5x_1^4 + 5x_2^4 + 10x_1^2 x_2^2 - 17x_1^2 - 17x_2^2 + 12) \quad (5-41)$$

im Definitionsbereich $G(x_1^2 + x_2^2 \leqq 4)$ zwar ein lokales Maximum $z = 1$ im Punkt (0,0), denn für $x_1 \ll 1$, $x_2 \ll 1$ ist näherungsweise

$$z \approx -\tfrac{17}{12}\,(x_1^2 + x_2^2) + 1 < 1 \quad (5-42)$$

doch ist dieses Maximum kein globales; dieses liegt auf dem Rand des Definitionsbereiches, denn für $x_1^2 + x_2^2 = 4$ ist

$$z = \tfrac{1}{12}\left(5(x_1^2 + x_2^2)^2 - 17(x_1^2 + x_2^2) + 12\right) = 2 \quad (5-43)$$

Wenn $f(x_1, \ldots, x_n)$ im Definitionsgebiet nach allen Variablen x_i differenzierbar ist, so gilt wie im Fall einer Veränderlichen, daß f an der Stelle $P(\xi_1, \ldots, \xi_n)$ ein lokales Maximum oder Minimum hat, wenn dort alle partiellen Ableitungen erster Ordnung verschwinden:

$$\frac{\partial f(P)}{\partial x_1} = 0 \qquad \frac{\partial f(P)}{\partial x_2} = 0 \qquad \ldots \qquad \frac{\partial f(P)}{\partial x_n} = 0 \quad (5-44)$$

Diese Bedingung ist jedoch nur notwendig, nicht hinreichend. So hat

$$z = x^2 - y^2 \quad (5-45)$$

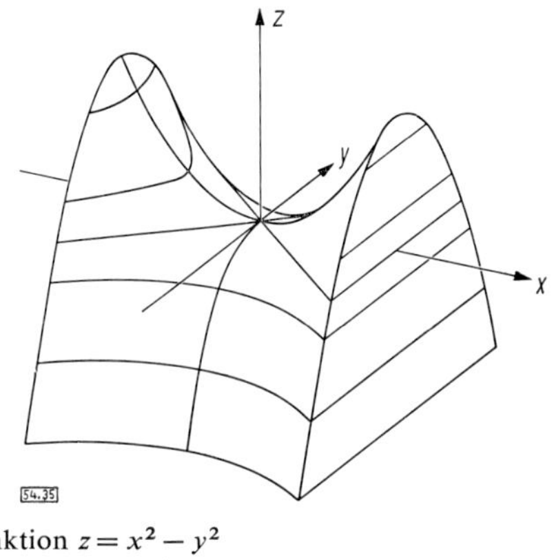

Abb. 35. Funktion $z = x^2 - y^2$

an der Stelle (0,0) kein Minimum oder Maximum, obwohl dort

$$\frac{\partial z}{\partial x} = 2x = 0 \qquad \frac{\partial z}{\partial y} = -2y = 0 \tag{5-46}$$

ist. Abb. 35 zeigt, daß dort vielmehr ein sog. Sattelpunkt vorliegt.

Hinreichende Bedingungen für das Auftreten eines Minimums oder Maximums liefert eine Untersuchung der zweiten Ableitungen:

Ist an der Stelle P

$$\frac{\partial f(P)}{\partial x_1} = 0 \qquad \frac{\partial f(P)}{\partial x_2} = 0 \qquad \dots \qquad \frac{\partial f(P)}{\partial x_n} = 0$$

so hat f dort ein Minimum, falls die Determinanten

$$\frac{\partial^2 f}{\partial x_1^2} \tag{5-47}$$

$$\begin{vmatrix} \frac{\partial^2 f}{\partial x_1^2} & \frac{\partial^2 f}{\partial x_1 \partial x_2} \\ \frac{\partial^2 f}{\partial x_2 \partial x_1} & \frac{\partial^2 f}{\partial x_2^2} \end{vmatrix} \tag{5-48}$$

$$\begin{vmatrix} \frac{\partial^2 f}{\partial x_1^2} & \frac{\partial^2 f}{\partial x_1 \partial x_2} & \frac{\partial^2 f}{\partial x_1 \partial x_3} \\ \frac{\partial^2 f}{\partial x_2 \partial x_1} & \frac{\partial^2 f}{\partial x_2^2} & \frac{\partial^2 f}{\partial x_2 \partial x_3} \\ \frac{\partial^2 f}{\partial x_3 \partial x_1} & \frac{\partial^2 f}{\partial x_3 \partial x_2} & \frac{\partial^2 f}{\partial x_3^2} \end{vmatrix} \tag{5-49}$$

....

$$\begin{vmatrix} \frac{\partial^2 f}{\partial x_1^2} & \cdots & \frac{\partial^2 f}{\partial x_1 \partial x_n} \\ \cdots & \cdots & \cdots \\ \frac{\partial^2 f}{\partial x_n \partial x_1} & \cdots & \frac{\partial^2 f}{\partial x_n^2} \end{vmatrix} \tag{5-50}$$

an der Stelle P alle positiv sind; f hat an der Stelle P ein Maximum, falls diese Determinanten dort alternierend negativ und positiv sind (beginnend mit $\frac{\partial^2 f}{\partial x_1^2} < 0$).

Falls die alternierende Reihenfolge der Vorzeichen nicht streng eingehalten ist oder einige Determinanten den Wert Null haben, kann keine Entscheidung darüber getroffen werden, ob ein Maximum, Minimum oder ein Sattelpunkt vorliegt.

Ist $f(x,y)$ eine Funktion von nur zwei Variablen, so kann das obige Kriterium noch verbessert werden. In einem Punkt (ξ,η), in welchem

$$\frac{\partial f}{\partial x} = \frac{\partial f}{\partial y} = 0$$

ist, hat f einen

Minimumpunkt, falls

$$f_{xx} > 0 \quad \text{und} \quad f_{xx} \cdot f_{yy} - f_{xy}^2 > 0 \tag{5-51}$$

Maximumpunkt, falls

$$f_{xx} < 0 \quad \text{und} \quad f_{xx} \cdot f_{yy} - f_{xy}^2 > 0 \tag{5-52}$$

Sattelpunkt, falls

$$f_{xx} \text{ beliebig} \quad \text{und} \quad f_{xx} \cdot f_{yy} - f_{xy}^2 < 0 \tag{5-53}$$

Falls $f_{xx} \cdot f_{yy} - f_{xy}^2 = 0$ ist, kann keine Entscheidung getroffen werden.

Beispiel [18]:

$z = x^4 + y^4 - 2(x-y)^2$

Die partiellen Ableitungen lauten

$z_x = 4x^3 - 4(x-y)$

$z_y = 4y^3 + 4(x-y)$

Beide Ableitungen verschwinden gleichzeitig an den Stellen

$P_1 = (\sqrt{2}, -\sqrt{2}) \qquad P_2 = (-\sqrt{2}, \sqrt{2}) \quad P_3 = (0,0)$

Die zweiten Ableitungen lauten

$z_{xx} = 12x^2 - 4$

$z_{xy} = 4$

$z_{yy} = 12y^2 - 4$

a) An der Stelle P_1 ist

$z_{xx} = z_{yy} = 20$

und

$z_{xx} \cdot z_{yy} - z_{xy}^2 = 400 - 16 = 384 > 0$

also hat $f(x,y)$ dort ein Minimum.

b) An der Stelle P_2 ist

$z_{xx} = z_{yy} = 20$

und

$z_{xx} \cdot z_{yy} - z_{xy}^2 = 384 > 0$

also hat f dort ebenfalls ein Minimum.

c) An der Stelle P_3 ist

$z_{xx} = z_{yy} = -4$

und

$z_{xx} \cdot z_{yy} - z_{xy}^2 = 0$

Aufgrund der Kriterien kann daher in diesem Fall keine Entscheidung getroffen werden. Geht man aber vom Punkt (0,0) in x-Richtung um h und in y-Richtung um k weiter, so ist

$z = h^4 + k^4 - 2(h-k)^2$

c1) Ist $h = k$, so ist $z = h^4 + k^4$, d. h., bewegt man sich vom Nullpunkt ausgehend auf der Geraden $y = x$, so wird z stets größer;

c2) Ist $h \neq k$, so ist es, weil h^4 von höherer Ordnung gegen Null geht als h^2, immer möglich, h und k so klein zu wählen, daß $h^4 + k^4 < 2(h-k)^2$ ausfällt. Bewegt man sich daher auf einer beliebigen Geraden $y = ax (a \neq 1)$ vom Nullpunkt weg, so nimmt $f(x,y)$ in einer kleinen Umgebung von (0,0) nur ab.

Daher liegt in P_3 weder ein Minimum noch ein Maximum vor.

5.6. Minima und Maxima mit Nebenbedingungen

Eine in der Praxis häufig vorkommende Fragestellung ist die folgende:

Gegeben ist eine Funktion $z = f(x_1, \ldots, x_n)$ von n Variablen. Gesucht ist ein Extremum (Maximum oder Minimum) dieser Funktion unter der Nebenbedingung, daß die Variablen $x_1, \ldots, x_n$ zugleich eine oder mehrere Gleichungen der allgemeinen Form

$$g_i(x_1, \ldots, x_n) = 0 \quad i = 1 \ldots k \tag{5-54}$$

erfüllen müssen. Natürlich muß $k < n$ sein.

Beispiel:

Untersucht werde die Funktion

$$z = x^2 + y^2 \tag{5-55}$$

Sie stellt ein Rotationsparaboloid dar und hat ein globales Minimum bei (0,0).

Erlegt man aber den Variablen x und y zusätzlich die Nebenbedingung auf, daß

$$g(x,y) = x^2 + y^2 - x - y - 3 = 0 \tag{5-56}$$

sein soll, so bedeutet dies, daß man die Untersuchung auf diejenigen Punkte des Rotationsparaboloids beschränkt, die auf der Schnittkurve von $z = x^2 + y^2$ mit der Ebene $z = x + y + 3$ liegen (vgl. Abb. 36).

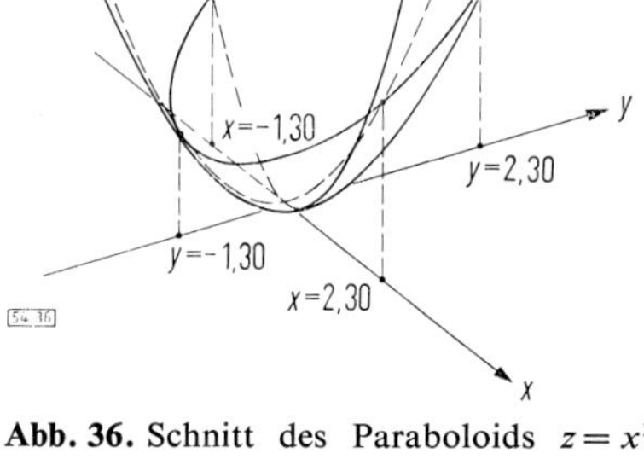

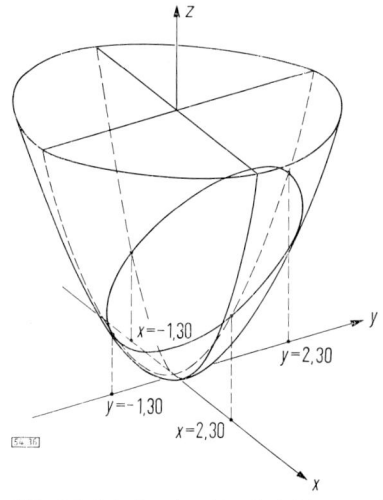

Abb. 36. Schnitt des Paraboloids $z = x^2 + y^2$ mit der Ebene $z = x + y + 3$

Längs dieser Ellipse nimmt $f(x,y)$ von Punkt zu Punkt verschiedene Werte an, und es ist daher sinnvoll, nach dem Minimum (oder Maximum) von $f(x,y)$ bezüglich dieser Punktmenge zu fragen. Es ist klar, daß ein etwaiges Minimum nicht gleich dem globalen Minimum sein kann, weil der Punkt (0,0) die Nebenbedingung nicht erfüllt.

Zur Lösung dieses Problems verwendet man das Verfahren der LAGRANGE*schen Multiplikatoren:*

Da die Funktionen $g_i(x_1, \ldots, x_n)$ für alle Werte der Variablen identisch Null sind, ist auch

$$\frac{\partial g_i}{\partial x_r} = 0 \text{ für } i = 1 \ldots k \quad r = 1 \ldots n \tag{5-57}$$

Wählt man daher irgendwelche Zahlen $\lambda_1, \lambda_2, \ldots, \lambda_k$ beliebig, so ist an einem Extrempunkt nicht nur

$$f_{x_1} = f_{x_2} = \ldots = f_{x_n} = 0$$

sondern sogar

$$\begin{aligned} &f_{x_1} + \lambda_1 g_{1x_1} + \lambda_2 g_{2x_1} + \ldots + \lambda_k g_{kx_1} = 0 \\ &f_{x_2} + \lambda_1 g_{1x_2} + \lambda_2 g_{2x_2} + \ldots + \lambda_k g_{kx_2} = 0 \\ &\ldots\ldots\ldots\ldots\ldots\ldots \\ &f_{x_n} + \lambda_1 g_{x_n} + \lambda_2 g_{2x_n} + \ldots + \lambda_k g_{kx_n} = 0 \end{aligned} \tag{5-58}$$

Gl. (5–58) ist ein System von n Gleichungen für die $(n+k)$ Unbekannten $(x_1, \ldots, x_n; \lambda_1, \ldots, \lambda_k)$. Dazu kommen noch die k Gleichungen

$$\begin{aligned} &g_1(x_1, \ldots, x_n) = 0 \\ &g_2(x_1, \ldots, x_n) = 0 \\ &\ldots\ldots\ldots \\ &g_k(x_1, \ldots, x_n) = 0 \end{aligned} \tag{5-54}$$

welche die Nebenbedingungen ausdrücken. Gl. (5–54), und Gl. (5–58) bilden zusammen ein System von $(n+k)$ Gleichungen für die gesuchten Größen. Bei ihrer Auflösung wird man im allg. versuchen, die nicht interessierenden Größen $\lambda_1, \ldots, \lambda_k$ zu eliminieren. Die Lösung des Gleichungssystems (5–54), (5–58) liefert die Koordinaten $(x_1, \ldots, x_n)$ derjenigen Punkte, an denen f unter den Nebenbedingungen $g_1 \ldots g_k$ ein Extremum haben kann. Die Frage, ob tatsächlich ein Maximum oder Minimum vorliegt, muß meistens noch getrennt untersucht werden.

Auf das Beispiel angewendet bedeutet dies:

Man bildet

$$f_x + \lambda \frac{\partial g}{\partial x} = 2x + \lambda(2x - 1) = 0$$

$$f_y + \lambda \frac{\partial g}{\partial y} = 2y + \lambda(2y - 1) = 0$$

$$g(x,y) = x^2 + y^2 - x - y = 3$$

Dies sind drei Gleichungen für die Unbekannten x, y, λ. Die Auflösung liefert

$$x = y = \tfrac{1}{2}(1 \pm \sqrt{7})$$

und damit die beiden Extremalpunkte

$P_1\left(\frac{1}{2}(1+\sqrt{7}), \frac{1}{2}(1+\sqrt{7})\right)$ mit $z_1 = 4+\sqrt{7}$ Maximum

$P_2\left(\frac{1}{2}(1-\sqrt{7}), \frac{1}{2}(1-\sqrt{7})\right)$ mit $z_2 = 4-\sqrt{7}$ Minimum

5.7. Implizite Funktionen

Ist $w = f(x_1, x_2, \ldots, x_n)$ eine Funktion von n Variablen, so ist

$$f(x_1, \ldots, x_n) = c \qquad (5-59)$$

die Gleichung für alle diejenigen Punkte P, in denen w den Wert c hat; im Fall $n = 2$ wäre dies also die Gleichung der Höhenlinie $w = c$, im Fall $n = 3$ die Gleichung einer Fläche im Raum usw.

Untersucht man z. B. die Funktion

$$w = x^2 + y^2 \qquad (5-60)$$

so ist

$$c = x^2 + y^2 \qquad (5-61)$$

die Gleichung derjenigen Höhenlinie, längs deren w den Wert c hat. Für $c = 1$ ist dies ein Kreis mit dem Radius 1, für $c = 0$ ein einzelner Punkt (0,0), für $c < 0$ existiert keine Höhenlinie.

Das bedeutet: für $c > 0$ gibt es eine Funktion $y = g(x)$, nämlich $y = \sqrt{c - x^2}$, deren Bild eine Höhenlinie von $w = x^2 + y^2$ ist; für $c = 0$ ist das Bild der zugehörigen Höhenlinie in einen Punkt entartet; für $c < 0$ endlich gibt es keine reellwertige Funktion $y = g(x)$, deren Bild eine Höhenlinie $w = c$ wäre.

Dafür sagt man kurz: Für $c > 0$ ist durch die Gleichung $x^2 + y^2 = c$ die Funktion $y = \sqrt{c - x^2}$ *implizit definiert;* für $c = 0$ ist die so implizit definierte Funktion in einen Punkt entartet, und für $c < 0$ ist durch $x^2 + y^2 = c$ keine reellwertige Funktion implizit definiert.

Allgemein lautet das Problem:

Gegeben sei eine Funktion $f(x_1, \ldots, x_n)$ von n Variablen, die in einem Gebiet G des n-dimensionalen Raumes definiert ist. An der Stelle $P(\xi_1, \xi_2, \ldots, \xi_n)$ sei $f(P) = 0$. Gibt es dann in einer Umgebung von P weitere Punkte Q, für die ebenfalls $f(Q) = 0$ ist, und bilden alle diese Punkte das Bild einer Funktion $x_n = g(x_1, x_2, \ldots, x_{n-1})$, so daß man sagen kann, durch $f(x_1, \ldots, x_n) = 0$ werde in der Umgebung von P eine Funktion $x_n = g(x_1, \ldots, x_{n-1})$ implizit definiert?

Die Antwort lautet:

Wenn $f(x_1, \ldots, x_n)$ in der Umgebung der Stelle P nach allen Variablen x_i partiell differenzierbar ist und die partiellen Ableitungen stetig sind, so wird durch $f(x_1, \ldots, x_n) = 0$ in der Umgebung der Stelle P ($f(P) = 0$) eine Funktion $x_n = g(x_1, \ldots, x_{n-1})$ dann eindeutig implizit definiert, wenn

$$\frac{\partial f(P)}{\partial x_n} \neq 0$$

ist. Die Funktion $x_n = g(x_1, \ldots, x_{n-1})$ ist stetig und nach allen Variablen differenzierbar, und es ist

$$-\frac{\partial g}{\partial x_j} = \frac{f_{x_j}(x_1, \ldots, x_n)}{f_{x_n}(x_1, \ldots, x_n)} \qquad (5-62)$$

Beispiel:

Die Funktion

$$w = x^2 e^y + y \cos x \qquad (5-63)$$

hat an der Stelle $x = y = 0$ den Wert $w = 0$.

Die partiellen Ableitungen

$$w_x = 2x e^y - y \sin x \quad w_y = x^2 e^y + \cos x \qquad (5-64)$$

sind an der Stelle (0,0) stetig, und es ist $w_y \neq 0$.

Daher gibt es in einer (nicht näher definierbaren) Umgebung des Nullpunktes eine Funktion $y = g(x)$, welche durch

$$x^2 e^y + y \cdot \cos x = 0 \qquad (5-65)$$

implizit definiert ist, und diese Funktion hat an der Stelle (0,0) die Ableitung $y' = 0$.

Wenn $f(x_1, \ldots, x_n)$ nach allen Variablen sogar beliebig oft partiell differenzierbar ist, dann ist auch $g(x_1, \ldots, x_{n-1})$ beliebig oft nach allen Variablen differenzierbar.

Die höheren Ableitungen erhält man dabei am einfachsten nach folgendem Verfahren:

An der Stelle P ist $f(P) = 0$.

Differenziert man diese Gleichung nach x_1, so folgt nach der Kettenregel, weil x_n ja ebenfalls eine (implizite) Funktion von x_1 ist:

$$\frac{\partial f}{\partial x_1} + \frac{\partial f}{\partial x_n} \cdot \frac{\partial x_n}{\partial x_1} = 0 \qquad (5-66)$$

Daraus folgt

$$\frac{\partial x_n}{\partial x_1} = -\frac{f_{x_1}}{f_{x_n}} \qquad (5-67)$$

Bildet man von Gl. (5–66) die zweite Ableitung nach x_1, so ergibt sich nach demselben Schema

$$\frac{\partial^2 f}{\partial x_1^2} + \frac{\partial^2 f}{\partial x_1 \partial x_n} \cdot \frac{\partial x_n}{\partial x_1} + \frac{\partial^2 f}{\partial x_1 \partial x_n} \cdot \frac{\partial x_n}{\partial x_1} + \frac{\partial^2 f}{\partial x_n^2}\left(\frac{\partial x_n}{\partial x_1}\right)^2 + \frac{\partial f}{\partial x_n} \cdot \frac{\partial^2 x_n}{\partial x_1^2} = 0 \qquad (5-68)$$

und damit

$$\frac{\partial^2 x_n}{\partial x_1^2} = -\frac{f_{x_1 x_1} \cdot f_{x_n}^2 - 2 f_{x_1 x_n} \cdot f_{x_1} \cdot f_{x_n} + f_{x_n x_n} \cdot f_{x_1}^2}{f_{x_n}^3} \qquad (5-69)$$

Differenziert man Gl. (5–66) nach x_2, so folgt

$$\frac{\partial^2 f}{\partial x_1 \partial x_2} + \frac{\partial^2 f}{\partial x_1 \partial x_n} \cdot \frac{\partial x_n}{\partial x_2} + \frac{\partial^2 f}{\partial x_n \partial x_2} \cdot \frac{\partial x_n}{\partial x_1} + \frac{\partial^2 f}{\partial x_n^2} \cdot \frac{\partial x_n}{\partial x_1} \cdot \frac{\partial x_n}{\partial x_2} + \frac{\partial f}{\partial x_n} \cdot \frac{\partial^2 x_n}{\partial x_1 \partial x_2} = 0 \qquad (5-70)$$

und nach Einsetzen der Werte für $\frac{\partial x_n}{\partial x_1}$ und $\frac{\partial x_n}{\partial x_2}$

$$\frac{\partial^2 x_n}{\partial x_1 \partial x_2} = -\frac{f_{x_1 x_1} \cdot f_{x_n}^2 - f_{x_n}(f_{x_1 x_n} \cdot f_{x_2} + f_{x_2 x_n} \cdot f_{x_1}) + f_{x_n x_n} \cdot f_{x_1} \cdot f_{x_2}}{f_{x_n}^3} \qquad (5-71)$$

Analog können auch alle anderen höheren Ableitungen durch systematisches Differenzieren gewonnen werden.

Speziell für den Fall nur zweier Variabler $x_1 = x$, $x_2 = y$ folgt daraus

$$\frac{\mathrm{d}y}{\mathrm{d}x} = -\frac{f_x}{f_y} \tag{5-72}$$

$$\frac{\mathrm{d}^2y}{\mathrm{d}x^2} = -\frac{f_x^2 \cdot f_{yy} - 2f_x \cdot f_y \cdot f_{xy} + f_y^2 \cdot f_{xx}}{f_y^3} \tag{5-73}$$

$$\frac{\mathrm{d}^3y}{\mathrm{d}x^3} = -\frac{f_{xxx}f_y^4 - 3f_{xxy}f_xf_y^3 + 3f_{xyy}f_x^2f_y^2 - f_{yyy}f_x^3f_y - 9f_{xy}f_{yy}f_x^2f_y + 3f_{xx}f_{yy}f_xf_y^2 - 3f_{xx}f_{xy}f_y^3 + 6f_{xy}^2f_xf_y^2 + 3f_{yy}^2f_x^3}{f_y^5} \tag{5-74}$$

Beispiel:

$$w = f(x,y) = x^2 \mathrm{e}^y + y \cos x \tag{5-75}$$

Hier ist

$$w_{xx} = 2\mathrm{e}^y - y \cos x, \quad w_{xy} = 2x\mathrm{e}^y - \sin x, \quad w_{yy} = x^2 \mathrm{e}^y \tag{5-76}$$

$$w_{xxx} = y \cdot \sin x, \quad w_{xxy} = 2\mathrm{e}^y - \cos x, \quad w_{xyy} = 2x\mathrm{e}^y, \quad w_{yyy} = x^2 \mathrm{e}^y \tag{5-77}$$

An der Stelle (0,0) ist daher

$$w_{xx} = 2, \quad w_{xy} = 0, \quad w_{yy} = 0$$

$$w_{xxx} = 0, \quad w_{xxy} = 1, \quad w_{xyy} = 0, \quad w_{yyy} = 0$$

und damit ist

$$\frac{\mathrm{d}^2y}{\mathrm{d}x^2} = -2\ ; \qquad \frac{\mathrm{d}^3y}{\mathrm{d}x^3} = 0$$

Also hat die (im übrigen in ihrem Verlauf völlig unbekannte) Funktion, die in der Umgebung des Punktes (0,0) durch die Beziehung Gl. (5–75) implizit definiert ist, an dieser Stelle ein Maximum und kann in einer kleinen Umgebung von (0,0), durch die Parabel $y = -x^2$ angenähert werden.

5.8. Parameterdarstellung von Flächen und Kurven

Eine Gleichung

$$F(x,y,z) = 0 \tag{5-78}$$

definiert in der Umgebung eines Punktes (x_0, y_0, z_0) dann ein glattes Flächenstück, wenn

1. der Punkt (x_0, y_0, z_0) die Gleichung (5–78) erfüllt,
2. F überall in einer Umgebung von (x_0, y_0, z_0) nach allen drei Variablen x, y, z stetig partiell differenzierbar ist und
3. wenigstens eine der drei partiellen Ableitungen F_x, F_y und F_z an der Stelle (x_0, y_0, z_0) von Null verschieden ist.

Kann Gl. (5–78) nach einer der drei Variablen, z. B. nach z, aufgelöst werden

$$z = f(x,y) \tag{5-79}$$

so spricht man von der expliziten Darstellung des Flächenstücks. Noch praktischer ist es oft, das Flächenstück mit zwei Parametern u und v, den GAUSS*schen Koordinaten*, durch

$$x = \varphi(u,v) \qquad y = \psi(u,v) \qquad z = \chi(u,v) \tag{5-80}$$

zu beschreiben. Notwendig dafür, daß Gl. (5–80) ein glattes Flächenstück darstellt, ist, daß φ, ψ und χ differenzierbare Funktionen von u und v sind; je zwei verschiedenen Wertepaaren (u,v) müssen auch zwei verschiedene Punkte (x,y,z) auf der Fläche entsprechen und schließlich muß

$$\mathrm{rg}\begin{pmatrix} \varphi_u & \psi_u & \chi_u \\ \varphi_v & \psi_v & \chi_v \end{pmatrix} = 2 \tag{5-81}$$

sein.

Beispiele:

a) Die Ebene

$$z = ax + by + c \tag{5-82}$$

kann in Parameterdarstellung geschrieben werden

$$x = a_1u + b_1v + c_1 \quad y = a_2u + b_2v + c_2$$
$$z = a_3u + b_3v + c_3 \tag{5-83}$$

Die Größen

$$\cos\alpha = \frac{-a}{\sqrt{1+a^2+b^2}}, \quad \cos\beta = \frac{-b}{\sqrt{1+a^2+b^2}},$$
$$\cos\gamma = \frac{1}{\sqrt{1+a^2+b^2}} \tag{5-84}$$

heißen die *Richtungscosinus* der Ebene Gl. (5–82); sie sind gleich den Komponenten des Normaleneinheitsvektors auf der Ebene z.

Schneiden sich zwei Ebenen mit den Richtungscosinus $\cos\alpha_1$, $\cos\beta_1$, $\cos\gamma_1$ und $\cos\alpha_2$, $\cos\beta_2$, $\cos\gamma_2$, so gilt für den Cosinus ihres Schnittwinkels φ

$$\cos\varphi = \cos\alpha_1 \cdot \cos\alpha_2 + \cos\beta_1 \cdot \cos\beta_2 + \cos\gamma_1 \cdot \cos\gamma_2 \tag{5-85}$$

Zwei Ebenen sind daher parallel, wenn

$$\cos\alpha_1 : \cos\beta_1 : \cos\gamma_1 = \cos\alpha_2 : \cos\beta_2 : \cos\gamma_2 \tag{5-86}$$

und sie stehen senkrecht aufeinander, wenn

$$\cos\alpha_1 \cdot \cos\alpha_2 + \cos\beta_1 \cdot \cos\beta_2 + \cos\gamma_1 \cdot \cos\gamma_2 = 0 \tag{5-87}$$

b) Die Kugeloberfläche $x^2 + y^2 + z^2 = r^2$ (5–88)

Führt man als Parameter den Azimutwinkel ϑ und den Meridianwinkel φ ein, so ist

$$x = r \cdot \sin\vartheta \cos\varphi \qquad 0 \leqq \vartheta \leqq \pi$$
$$y = r \cdot \sin\vartheta \sin\varphi \qquad 0 \leqq \varphi \leqq 2\pi \tag{5-89}$$
$$z = r \cdot \cos\vartheta$$

Ein glattes Flächenstück hat in jedem Punkt (x_0, y_0, z_0) eine Tangentialebene

$$A(x-x_0)+B(y-y_0)+C(z-z_0)=0 \qquad (5-90)$$

Ist die Fläche implizit durch Gl. (5 – 78) definiert, so ist

$$A=F_x \quad B=F_y \quad C=F_z \qquad (5-91)$$

Ist sie explizit in der Form Gl. (5 – 79) gegeben, so ist

$$A=f_x \quad B=f_y \quad C=-1 \qquad (5-92)$$

Liegt sie in Parameterdarstellung Gl. (5 – 80) vor, so ist

$$A=\begin{vmatrix}\psi_u & \chi_u\\ \psi_v & \chi_v\end{vmatrix} \quad B=\begin{vmatrix}\chi_u & \varphi_u\\ \chi_v & \varphi_v\end{vmatrix} \quad C=\begin{vmatrix}\varphi_u & \psi_u\\ \varphi_v & \psi_v\end{vmatrix} \qquad (5-93)$$

Die auf der Tangentialebene senkrecht stehende Flächennormale hat dann die Parameterdarstellung

$$x=x_0+At \quad y=y_0+Bt \quad z=z_0+Ct \qquad (5-94)$$

Ist an einer Stelle (x_0, y_0, z_0) der Fläche $F(x,y,z)=0$ gleichzeitig $F_x=F_y=F_z=0$, so liegt ein singulärer Punkt, ein sog. Kegelpunkt, vor. Die durch ihn hindurchgehenden Tangenten liegen nicht wie in den regulären Punkten in der Tangentialebene, sondern bilden den Mantel eines Kegels mit der Gleichung

$$F_{xx}(x-x_0)+F_{yy}(y-y_0)+F_{zz}(z-z_0)+$$
$$+2\big(F_{xy}(x-x_0)(y-y_0)+F_{yz}(y-y_0)(z-z_0)+$$
$$+F_{zx}(z-z_0)(x-x_0)\big)=0 \qquad (5-95)$$

Zwei Raumflächen

$$F(x,y,z)=0 \quad G(x,y,z)=0 \qquad (5-96)$$

können sich in einer Raumkurve schneiden, die durch Gl. (5 – 96) oder explizit in der Form

$$y=f(x) \quad z=g(x) \qquad (5-97)$$

dargestellt werden kann. Gl. (5 – 96) beschreibt in der Umgebung eines Punktes (x_0, y_0, z_0) dann eine glatte Schnittkurve, wenn

1. der Punkt (x_0, y_0, z_0) die Gleichungen (5 – 96) erfüllt;
2. die Funktionen F und G in einer Umgebung von (x_0, y_0, z_0) nach allen drei Variablen x, y, z stetig partiell differenzierbar sind und
3. $\operatorname{rg}\begin{pmatrix}F_x & F_y & F_z\\ G_x & G_y & G_z\end{pmatrix}=2 \qquad (5-98)$

ist. Praktischer ist es auch hier meistens, für die Kurve Gl. (5 – 96) eine Parameterdarstellung

$$x=\varphi(t) \; y=\psi(t) \; z=\chi(t) \qquad (5-99)$$

zu wählen, wobei (mit Ausnahme des Anfangs- und Endpunktes bei geschlossenen Kurven) je zwei verschiedenen Werten von t auch je zwei verschiedene Raumpunkte (x,y,z) entsprechen sollen. Für ein glattes Kurvenstück muß außerdem

$$(\varphi'(t))^2+(\psi'(t))^2+(\chi'(t))^2>0 \qquad (5-100)$$

sein.

Beispiele:

a) Die Gerade im Raum hat die Parameterdarstellung

$$x=a_1t+b_1 \quad y=a_2t+b_2 \quad z=a_3t+b_3 \qquad (5-101)$$

Durch Elimination des Parameters t kann man daraus eine Darstellung der Form Gl. (5 – 97) erhalten:

$$y=\frac{a_2}{a_1}\cdot x+\left(b_2-\frac{b_1a_2}{a_1}\right) \qquad (5-102)$$
$$z=\frac{a_3}{a_1}\cdot x+\left(b_3-\frac{b_1a_3}{a_1}\right)$$

Die Größen

$$\cos\alpha=\frac{a_1}{\sqrt{a_1^2+a_2^2+a_3^2}},$$
$$\cos\beta=\frac{a_2}{\sqrt{a_1^2+a_2^2+a_3^2}},$$
$$\cos\gamma=\frac{a_3}{\sqrt{a_1^2+a_2^2+a_3^2}}$$

heißen Richtungscosinus der Geraden Gl. (5 – 101), weil sie gleich den Cosinus derjenigen Winkel sind, welche ein mit Gl. (5 – 101) gleichgerichteter Vektor mit der positiven x-, y-, z-Achse einschließt.

b) Der Kreis in der Ebene:

Ein Kreis mit Radius r und Mittelpunkt (a,b) läßt sich durch die Gleichung

$$(x-a)^2+(y-b)^2=r^2 \qquad (5-103)$$

darstellen. Dieser Formel entspricht die Parameterdarstellung

$$x=a+r\cdot\cos t \qquad (5-104)$$
$$y=b+r\cdot\sin t$$

mit dem Definitionsintervall $-\pi \leqq t \leqq +\pi$.

Gl. (5 – 104) ist aber nicht die einzige mögliche Parameterdarstellung.

Ein glattes Kurvenstück besitzt in jedem Punkt (x_0, y_0, z_0) eine Tangente

$$x=x_0+At \quad y=y_0+Bt \quad z=z_0+Ct \qquad (5-105)$$

Ist die Kurve durch zwei Gleichungen (5 – 97) gegeben, so ist

$$A=1 \quad B=f'(x_0) \quad C=g'(x_0) \qquad (5-106)$$

Ist sie implizit durch zwei Gleichungen (5 – 96) definiert, so ist

$$A=\begin{vmatrix}F_y & F_z\\ G_y & G_z\end{vmatrix} \quad B=\begin{vmatrix}F_z & F_x\\ G_z & G_x\end{vmatrix} \quad C=\begin{vmatrix}F_x & F_y\\ G_x & G_y\end{vmatrix} \qquad (5-107)$$

(bei ebenen Kurven ist $C=G_x=G_y=0$ und $G_z=1$).

Liegt für die Kurve eine Parameterdarstellung Gl. (5–99) vor, so ist

$$A = \varphi'(t_0) \quad B = \psi'(t_0) \quad C = \chi'(t_0) \qquad (5-108)$$

Senkrecht auf der Tangente in (x_0, y_0, z_0) steht die *Normalenebene*

$$A(x - x_0) + B(y - y_0) + C(z - z_0) = 0 \qquad (5-109)$$

bzw. bei ebenen Kurven die *Normale*

$$x = x_0 - Bt \quad y = y_0 + At \qquad (5-110)$$

Wählt man auf der Kurve drei benachbarte Punkte P, Q, R, so läßt sich, falls die drei Punkte nicht auf einer Geraden liegen, durch sie stets genau ein Kreis legen.

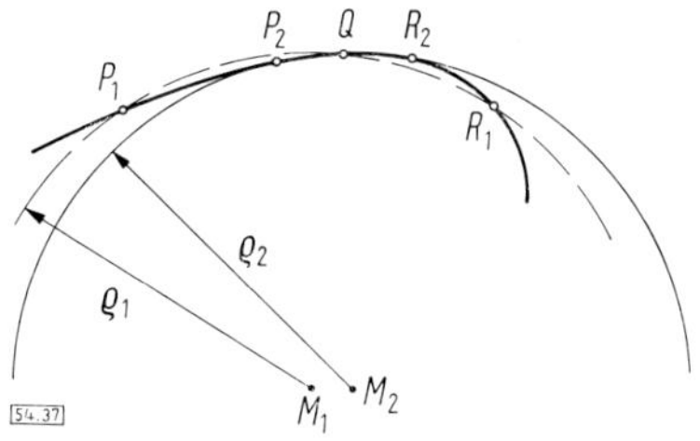

Abb. 37. Krümmungskreis als Grenzlage eines Kreises in der Schmiegungsebene durch drei Punkte der gegebenen Kurve

Die Kurve ist um so stärker gekrümmt, je kleiner der Radius dieses Kreises ist. Läßt man daher sowohl P wie R gegen Q gehen (vgl. Abb. 37) und untersucht, ob die Radien der Kreise durch P, Q, R dabei einem Grenzwert ϱ zustreben, so heißt dieser Grenzwert der *Krümmungsradius* der Kurve im Punkt Q und $1/\varrho = K$ ihre *Krümmung*.

Ist die Kurve in Parameterdarstellung Gl. (5–99) gegeben, so ist

$$K = \sqrt{\frac{(x'^2 + y'^2 + z'^2)(x''^2 + y''^2 + z''^2) - (x'x'' + y'y'' + z'z'')^2}{(x'^2 + y'^2 + z'^2)^3}} \qquad (5-111)$$

Gl. (5–111) wird besonders einfach, wenn als Parameter die Länge des Kurvenbogens s gewählt wird. Wegen

$$\mathrm{d}s = \sqrt{x'^2 + y'^2 + z'^2}\,\mathrm{d}t \qquad \left(x' = \frac{\mathrm{d}x}{\mathrm{d}t} \text{ usw.}\right) \qquad (5-112)$$

wird aus Gl. (5–111)

$$K = \sqrt{\left(\frac{\mathrm{d}^2 x}{\mathrm{d}s^2}\right)^2 + \left(\frac{\mathrm{d}^2 y}{\mathrm{d}s^2}\right)^2 + \left(\frac{\mathrm{d}^2 z}{\mathrm{d}s^2}\right)^2} \qquad (5-113)$$

In Polarkoordinaten r, φ (Gl. (5–26), Gl. (5–27)) ist die Krümmung einer ebenen Kurve

$$K = \frac{r^2 + 2r'^2 - rr''}{\sqrt{(r^2 + r'^2)^3}} \qquad r' = \frac{\mathrm{d}r}{\mathrm{d}\varphi} \qquad (5-114)$$

Stellen, an denen K ein Extremum besitzt, heißen *Scheitel* der Kurve.

Der Krümmungskreis liegt in der *Schmiegungsebene* der Kurve, in welche diese in der Umgebung des Punktes Q eingebettet ist. Diejenige Normale durch Q, welche in die Schmiegungsebene fällt, wird als Hauptnormale der Kurve, die Senkrechte auf der Schmiegungsebene durch Q als Binormale bezeichnet (vgl. Abb. 38). Formeln für diese Größen vgl. [3].

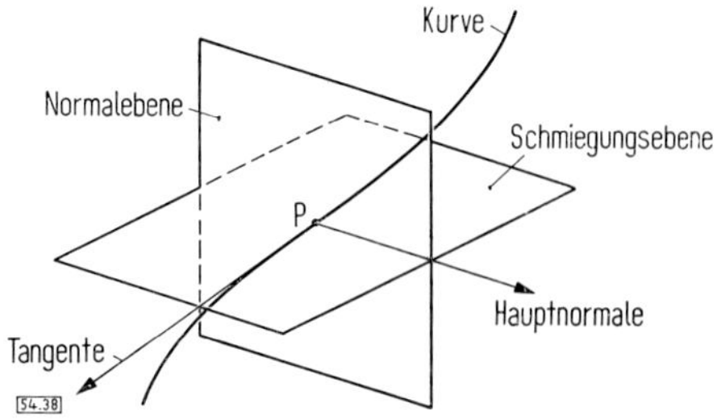

Abb. 38. Tangente, Normalebene, Schmiegungsebene und Hauptnormale einer Raumkurve

5.9. Singuläre Kurvenpunkte

Darunter versteht man Doppelpunkte, Ecken, Spitzen, isolierte Punkte oder Einsiedler, Abbruchpunkte und asymptotische Punkte. Abbruchpunkte, asymptotische Punkte und Ecken mit endlichem Winkel können nur bei transzendenten Kurven auftreten. Die Kurve sei algebraisch in impliziter Form gegeben:

$$F(x,y) = 0 \qquad \frac{\mathrm{d}y}{\mathrm{d}x} = -F_x/F_y \qquad (5-115)$$

Dann ist (x_0, y_0) ein isolierter Punkt, falls dort

$$F = 0 \quad F_x = 0 \quad F_y = 0 \qquad (5-116)$$

ist. Die zweiten Ableitungen sollen nicht sämtlich verschwinden; andernfalls ist (x_0, y_0) ein singulärer Punkt höherer Vielfachheit.

Zur genaueren Analyse untersucht man die Funktionaldeterminante

$$\Delta = \begin{vmatrix} F_{xx} & F_{xy} \\ F_{yx} & F_{yy} \end{vmatrix} \qquad (5-117)$$

Ist $\Delta < 0$, so ist (x_0, y_0) ein Doppelpunkt, in welchem die Kurve sich selbst schneidet; die Steigungen der Tangenten ergeben sich als Wurzeln der Gleichung

$$F_{yy} \cdot y'^2 + 2F_{xy} \cdot y' + F_{xx} = 0 \qquad (5-118)$$

Beispiele:

a) Der Punkt (0,0) bei der Lemniskate

$$(x^2 + y^2)^2 - 2a^2(x^2 - y^2) = 0 \qquad (5-119)$$

Ist $\Delta = 0$, so liegen zwei zusammenfallende Tangenten, also entweder eine Spitze oder ein Berührungspunkt vor. Die Tangente hat die Steigung

$$y' = -F_{xy}/F_{yy} \qquad (5-120)$$

b) Der Punkt (0,0) ist eine Spitze der Kurve

$$(y - x^2)^2 - x^5 = 0 \qquad (5-121)$$

Ist $\Delta > 0$, so gibt es keine reellen Tangenten; es handelt sich um einen isolierten Punkt.

c) Der Punkt (0,0) bei der Kurve

$$(x^2 - a^2)^2 + (y^2 - b^2)^2 = a^4 + b^4 \qquad (5-122)$$

5.10. Kurvenscharen und Einhüllende einer Kurvenschar

Enthält eine Gleichung zwischen x und y noch einen frei wählbaren Scharparameter c, so beschreibt $F(x,y,c) = 0$ implizit eine Kurvenschar. Beispielsweise ist $F(x,y,c) = x^2 + y^2 - c^2 = 0$ die Gleichung einer Schar konzentrischer Kreise um den Ursprung.

$F(x,y,c) = 0$ und $G(x,y,c') = 0$ seien zwei derartige Kurvenscharen. Falls sich zwei Kurven aus jeder der Kurvenscharen schneiden, muß im Schnittpunkt (x_s, y_s)

$$F(x_s, y_s, c) = G(x_s, y_s, c') \qquad (5-123)$$

sein. Für den Tangens des Schnittwinkels σ gilt

$$\tan\sigma = \frac{F_x G_y - F_y G_x}{F_x G_x + F_y G_y} \quad (x = x_s,\ y = y_s) \qquad (5-124)$$

Kurvenscharen, die in jedem Punkt aufeinander senkrecht stehen, werden als *Orthogonalscharen* bezeichnet. Aus Gl. (5−124) folgt als notwendige Bedingung dafür, daß $F(x,y,c) = 0$ und $G(x,y,c') = 0$ zwei Orthogonalscharen sind

$$F_x G_x + F_y G_y = 0 \qquad (5-125)$$

Als Schar $F(x,y,c) = 0$ seien etwa die konzentrischen Kreise $x^2 + y^2 - c^2 = 0$ gegeben. Die dazu orthogonale Kurvenschar gehorcht dann der Beziehung

$$2x \cdot G_x + 2y \cdot G_y = 0 \quad \text{oder} \quad \frac{y}{x} = -\frac{G_x}{G_y} = y' \qquad (5-126)$$

Als Lösung dieser Differentialgleichung erhält man

$$y - c'x = 0 \qquad (5-127)$$

d. h. eine Schar von Geraden durch den Ursprung.

Wenn es zu einer gegebenen Kurvenschar $F(x,y,c) = 0$ eine Kurve E gibt, die jede Kurve aus der Schar berührt und von der auch jeder Punkt Berührungspunkt mit einer Kurve aus der Schar F ist (die also „nur aus Berührungspunkten besteht"), so heißt E eine *Einhüllende* oder *Enveloppe* der Kurvenschar F. Eine für die meisten Fälle ausreichende Regel zur Berechnung von E ist:

$F(x,y,c) = 0$ sei die Gleichung der Kurvenschar, und an der Stelle (x_0, y_0, c_0) sei

$$\begin{vmatrix} F_x & F_y \\ F_{cx} & F_{cy} \end{vmatrix} \neq 0 \text{ und } F_{cc} \neq 0 \qquad (5-128)$$

Dann liefern die Gleichungen

$$F(x,y,c) = 0 \qquad F_c(x,y,c) = 0 \qquad (5-129)$$

zumindest in einer gewissen Umgebung von (x_0, y_0, c_0) implizit die Gleichung der Einhüllenden.

5.11. Längenberechnungen und Kurvenintegrale

Auch der Begriff der Länge eines Kurvenstücks ist nicht elementar, sondern nur durch einen Grenzprozeß zu gewinnen. Um die Länge einer im Intervall (a,b) gegebenen ebenen Kurve ermitteln zu können, wählt man beliebige Teilpunkte $t_0 = a \leqq t_1 \leqq t_2 \leqq \ldots \leqq t_{n-1} \leqq t_n = b$ und ersetzt zwischen je zwei Teilpunkten (t_{v-1}, t_v) die Kurve durch ihre Sehne (vgl. Abb. 39). Die Länge dieses Streckenzuges ist elementar berechenbar. Wenn dann für jede beliebige Folge

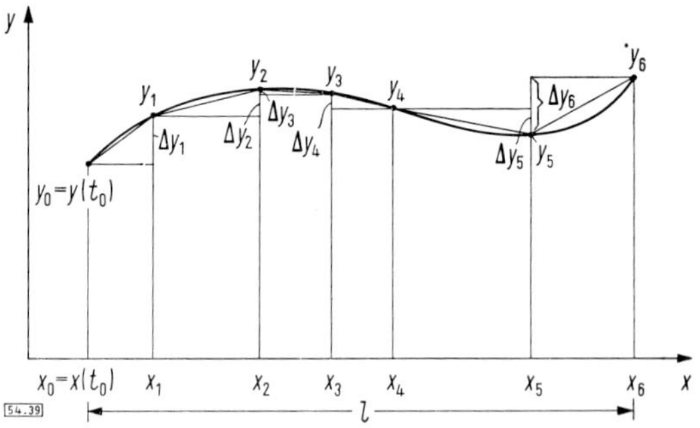

Abb. 39. Rektifikation einer Kurve von beschränkter Schwankung

$$L = \sum_{\nu=1}^{6} |x(t_\nu) - x(t_{\nu-1})| \ ; \quad \sum_{\nu=1}^{6} |\Delta y_\nu| \leqslant M$$

von Unterteilungen die Gesamtlänge aller Sehnen jedesmal mit wachsender Zahl der Teilpunkte ein- und demselben Grenzwert L zustrebt, so wird L als die Länge des Kurvenstücks und das Kurvenstück selbst als rektifizierbar oder als ein Weg bezeichnet. Analoges gilt für Raumkurven.

Praktisch gilt: ein Kurvenstück Gl. (5−99) ist rektifizierbar, wenn die Ableitungen

$$x' = \varphi'(t) \quad y' = \psi'(t) \quad z' = \chi'(t) \qquad (5-130)$$

in dem betrachteten Intervall $a \leqq t \leqq b$ stetig sind. Für die Länge L gilt dann

$$L = \int_a^b \sqrt{x'^2 + y'^2 + z'^2}\, \mathrm{d}t = \int_a^b \sqrt{\varphi'(t)^2 + \psi'(t)^2 + \chi'(t)^2}\, \mathrm{d}t \qquad (5-131)$$

Wegen $x' = \dfrac{\mathrm{d}x}{\mathrm{d}t}$ usw. wird dafür auch

$$L = \int_a^b \sqrt{\mathrm{d}x^2 + \mathrm{d}y^2 + \mathrm{d}z^2} \qquad (5-132)$$

geschrieben.

Läßt man die obere Grenze b variabel, so wird das Integral zu einer Funktion dieser oberen Grenze

$$s(t)=\int_a^t \sqrt{\varphi'(t)^2+\psi'(t)^2+\chi'(t)^2}\,\mathrm{d}t \qquad (5-133)$$

Die Funktion Gl. (5−133) kann nach t differenziert werden; man nennt

$$\frac{\mathrm{d}s}{\mathrm{d}t}=\sqrt{\varphi'(t)^2+\psi'(t)^2+\chi'(t)^2} \text{ bzw. } \mathrm{d}s = \sqrt{\mathrm{d}x^2+\mathrm{d}y^2+\mathrm{d}z^2} \qquad (5-134)$$

das *Bogenlängendifferential*; formal kann (5−134) gedeutet werden, als ob sich ein kleines Stück $\mathrm{d}s$ der Kurve als Raumdiagonale eines Quaders mit den Kanten $\mathrm{d}x$, $\mathrm{d}y$ und $\mathrm{d}z$ darstellen läßt.

Ist die gegebene Kurve explizit als

$$y=f(x) \qquad z=g(x) \qquad (5-97)$$

gegeben, so ist

$$\mathrm{d}s=\sqrt{\mathrm{d}x^2+\left(f'(x)\mathrm{d}x\right)^2+\left(g'(x)\mathrm{d}x\right)^2} = \sqrt{1+f'(x)^2+g'(x)^2}\,\mathrm{d}x \qquad (5-135)$$

Ist die Kurve implizit als Schnittkurve zweier Raumflächen

$$F(x,y,z)=0 \quad G(x,y,z)=0 \qquad (5-96)$$

gegeben, so ist

$$\mathrm{d}s=\sqrt{1+\frac{\begin{vmatrix}F_x & F_z\\ G_x & G_z\end{vmatrix}^2}{\begin{vmatrix}F_y & F_z\\ G_y & G_z\end{vmatrix}^2}+\frac{\begin{vmatrix}F_y & F_x\\ G_y & G_x\end{vmatrix}^2}{\begin{vmatrix}F_y & F_z\\ G_y & G_z\end{vmatrix}^2}}\,\mathrm{d}x \qquad (5-136)$$

Dabei muß

$\begin{vmatrix}F_y & F_z\\ G_y & G_z\end{vmatrix} \neq 0$ sein.

Für ebene Kurven ist wie früher $g(x)=F_z=G_x=G_y=0$ und $G_z=1$, also

$$\mathrm{d}s=\sqrt{1+f'(x)^2}\,\mathrm{d}x \qquad (5-137)$$

oder

$$\mathrm{d}s=\sqrt{1+\frac{F_x^2}{F_y^2}}\,\mathrm{d}x \qquad (5-138)$$

In Polarkoordinaten r, φ ist

$$\mathrm{d}x=\cos\varphi\cdot\mathrm{d}r-r\sin\varphi\cdot\mathrm{d}\varphi \qquad (5-139)$$

$$\mathrm{d}y=\sin\varphi\cdot\mathrm{d}r+r\cos\varphi\cdot\mathrm{d}\varphi$$

und für das Bogenlängendifferential folgt

$$\mathrm{d}s^2=\mathrm{d}x^2+\mathrm{d}y^2=\mathrm{d}r^2+r^2\mathrm{d}\varphi^2 \qquad (5-140)$$

Ist auf der Raumkurve $\mathfrak{K}$ eine Funktion $f(x,y,z)=f(s)$ gegeben, z. B. bei einem Draht variabler Dicke die Masse pro Längeneinheit μ als Funktion von (x,y,z) oder auch als Funktion der Bogenlänge s, so kann über f längs $\mathfrak{K}$ ein sog. Kurvenintegral

$$\int_{\mathfrak{K}} f(x,y,z)\,\mathrm{d}s=\int_{\mathfrak{K}} f(s)\,\mathrm{d}s \qquad (5-141)$$

gebildet werden; $\int_{\mathfrak{K}}\mu(s)\,\mathrm{d}s$ ist z. B. die Gesamtmasse des Drahtes $\mathfrak{K}$. Zur Berechnung von Gl. (5−141) werden x, y und z als Funktionen der Bogenlänge s oder eines anderen Parameters eingesetzt:

$$\int_{\mathfrak{K}} f(s)\,\mathrm{d}s=\int_{s_0}^{s_n} f\left(x(s),y(s),z(s)\right)\mathrm{d}s = \int_{t_0}^{t_n} f\left(x(t),y(t),z(t)\right)\times \sqrt{\left(\frac{\mathrm{d}x}{\mathrm{d}t}\right)^2+\left(\frac{\mathrm{d}y}{\mathrm{d}t}\right)^2+\left(\frac{\mathrm{d}z}{\mathrm{d}t}\right)^2}\,\mathrm{d}t \qquad (5-142)$$

Ist speziell $f\equiv 1$, so erhält man aus Gl. (5−142) wieder das Bogenlängenintegral Gl. (5−131). Für $y(t)=z(t)=0$ und $x=t$ reduziert sich Gl. (5−142) auf ein einfaches bestimmtes Integral.

Kurvenintegrale haben insbes. in der Vektoranalysis große Bedeutung, wo sie zur Berechnung von Potentialfunktionen dienen. Sie treten ferner bei der Berechnung der Gesamtmasse, des Trägheitsmomentes, der Anziehungskraft usw. beliebig geformter linearer Körper auf.

Beispiele:

1. $x=r\cdot\cos\varphi \qquad y=r\cdot\sin\varphi \qquad z=\frac{h}{2\pi}\varphi \qquad (5-143)$

   sind die Gleichungen einer Schraubenlinie. Für die Länge des zum Parameterintervall $0\leqq\varphi\leqq 2\pi$ gehörenden Stücks folgt aus Gl. (5−140)

   $$L=\int_0^{2\pi}\sqrt{(-r\cdot\sin\varphi)^2+(r\cdot\cos\varphi)^2+\left(\frac{h}{2\pi}\right)^2}\,\mathrm{d}\varphi = 2\pi\cdot\sqrt{r^2+\frac{h^2}{4\pi^2}} \qquad (5-144)$$

2. Ein Draht habe die Form einer Parabel $y=\frac{2}{3}x^{3/2}$ und eine ortsabhängige Massendichte $\mu(x)=\frac{1}{1+x}$. Seine Gesamtlänge zwischen $x=0$ und $x=4$ beträgt dann

   $$L=\int_0^4\sqrt{1+x}\,\mathrm{d}x=\tfrac{2}{3}\cdot\left(\sqrt{(1+x)}^{\,3}\right)\Big|_0^4=6{,}79$$

   seine Gesamtmasse

   $$M=\int_0^4\frac{\mathrm{d}x}{\sqrt{1+x}}=2\cdot\left(\sqrt{1+x}\right)\Big|_0^4=2{,}472$$

5.12. Integration von Funktionen mehrerer Veränderlicher

5.12.1. Darstellung von Funktionen durch bestimmte Integrale

$f(x,y)$ sei in einem Bereich $a \leqq x \leqq b$, $c \leqq y \leqq d$ stetig. Das Integral

$$F(y) = \int_a^b f(x,y)\,\mathrm{d}x \qquad (5-145)$$

ist dann, falls $f(x,y)$ nach y partiell differenziert werden kann, eine differenzierbare Funktion von y, und es ist

$$\frac{\mathrm{d}F}{\mathrm{d}y} = \int_a^b \frac{\partial f}{\partial y}\,\mathrm{d}x \qquad (5-146)$$

Z. B. ist

$$f(x,y) = \frac{y}{\sqrt{1-x^2y^2}} \qquad (5-147)$$

im Bereich $0 \leqq x \leqq 1$, $0 \leqq y < 1$ stetig, und daher ist

$$\int_0^1 \frac{y\,\mathrm{d}x}{\sqrt{1-x^2y^2}} = \int_0^y \frac{\mathrm{d}h}{\sqrt{1-h^2}} = \arcsin y \qquad (5-148)$$

ebenfalls eine in diesem Bereich stetige und nach y differenzierbare Funktion.

Integrale der Form Gl. (5−145) heißen *Parameterintegrale*. Sie spielen in der höheren Analysis eine wichtige Rolle, weil viele transzendente Funktionen sich in dieser Weise darstellen lassen. Beispiele sind die elliptischen Funktionen und vor allem die Γ-Funktion

$$\Gamma(x) = \int_0^\infty \mathrm{e}^{-t} \cdot t^{x-1}\,\mathrm{d}t \qquad (5-149)$$

mit welcher der Begriff der Fakultät auf beliebige Zahlen x erweitert werden kann, denn es ist

$$\Gamma(x+1) = x\ \Gamma(x) \qquad \Gamma(x)\ \Gamma(1-x) = \frac{\pi}{\sin \pi x} \qquad (5-150)$$

Außerdem können Parameterintegrale gelegentlich zur Berechnung bestimmter, auf anderem Wege nicht auswertbarer Integrale benutzt werden.

Auch das Integral

$$G(x) = \int_c^d f(x,y)\,\mathrm{d}y \qquad (5-151)$$

ist, falls $f(x,y)$ nach x partiell differenzierbar ist, eine differenzierbare Funktion von x.

Die Integrationsgrenzen a und b brauchen nicht fest zu sein, sondern können ihrerseits Funktionen der festgehaltenen Variable sein. Das Integral

$$F(y) = \int_{\varphi(y)}^{\psi(y)} f(x,y)\,\mathrm{d}x \qquad (5-152)$$

ist stetig, falls $f(x,y)$ für jeden Punkt aus dem Bereich $\varphi(y) \leqq x \leqq \psi(y)$ und $c < y < d$ stetig ist, und wie vorher kann Gl. (5−152) nach y differenziert werden, falls $f(x,y)$ nach y partiell differenzierbar ist. Es gilt

$$\frac{\mathrm{d}F}{\mathrm{d}y} = \int_{\varphi(y)}^{\psi(y)} \frac{\partial f}{\partial y}\,\mathrm{d}x + f(\psi(y),y) \cdot \psi'(y) - f(\varphi(y),y) \cdot \varphi'(y) \qquad (5-153)$$

5.12.2. Doppelintegrale

Da die Funktionen $F(y)$ und $G(x)$ Gl. (5−145), Gl. (5−151) stetig sind, können sie ihrerseits nach y bzw. x integriert werden. Man nennt die Zahlen

$$\int_a^b \int_c^d f(x,y)\,\mathrm{d}y\,\mathrm{d}x = \int_a^b \left(\int_c^d f(x,y)\,\mathrm{d}y \right) \mathrm{d}x \qquad (5-154)$$

und

$$\int_c^d \int_a^b f(x,y)\,\mathrm{d}x\,\mathrm{d}y = \int_c^d \left(\int_a^b f(x,y)\,\mathrm{d}x \right) \mathrm{d}y \qquad (5-155)$$

Doppelintegrale der Funktion $f(x,y)$.

Im Beispiel (5−147) ist

$$\int_0^1 \arcsin y\,\mathrm{d}y = (y \cdot \arcsin y + \sqrt{1-y^2})\Big|_0^1 = \frac{\pi}{2} - 1 \qquad (5-156)$$

$$\int_0^1 \frac{1-\sqrt{1-x^2}}{x^2}\,\mathrm{d}x = \frac{\pi}{2} - 1 \qquad (5-157)$$

Die hierbei festzustellende Übereinstimmung der beiden Resultate Gl. (5−156) und Gl. (5−157) gilt nach dem Satz von FUBINI immer, wenn die Grenzen a, b, c, d feste Zahlen sind und $f(x,y)$ eine stetige Funktion ist:

$$\int_a^b \int_c^d f(x,y)\,\mathrm{d}y\,\mathrm{d}x = \int_c^d \int_a^b f(x,y)\,\mathrm{d}x\,\mathrm{d}y \qquad (5-158)$$

Auf die gleiche Weise wie zum Doppelintegral von Funktionen zweier Veränderlicher gelangt man auch zum drei-, vierfachen, allgemein n-fachen Integral von Funktionen von drei, vier oder allgemein n Variablen:

$$\int_{a_1}^{b_1} \int_{a_2}^{b_2} \dots \int_{a_n}^{b_n} f(x_1, x_2, \dots, x_n)\,\mathrm{d}x_1\,\mathrm{d}x_2 \dots \mathrm{d}x_n \qquad (5-159)$$

Auch der Wert solcher Integrale ist von der Reihenfolge der Integrationen unabhängig, wenn $f(x_1, x_2, \dots, x_n)$ eine in allen Variablen stetige Funktion ist.

Also ist z. B.

$$\int_0^1 \left(\int_0^\pi \left(\int_{-1}^{+1} z^2\,\mathrm{d}z \right) \sin x\,\mathrm{d}x \right) \mathrm{e}^y\,\mathrm{d}y = \int_0^\pi \left(\int_{-1}^{+1} \left(\int_0^1 \mathrm{e}^y\,\mathrm{d}y \right) z^2\,\mathrm{d}z \right) \sin x\,\mathrm{d}x = \int_0^\pi \int_0^1 \int_{-1}^{+1} z^2 \sin x \cdot \mathrm{e}^y\,\mathrm{d}x\,\mathrm{d}y\,\mathrm{d}z = \tfrac{4}{3}(\mathrm{e}-1) \qquad (5-160)$$

5.12.3. Flächenintegrale

Eine stetige (oder zumindest abschnittsweise stetige) Funktion $z=f(x,y)$ zweier Variabler, die über einem Bereich $\mathfrak{B}$ der $x-y$-Ebene definiert ist, kann im allg. als Fläche über diesem Bereich dargestellt werden (Abb. 40).

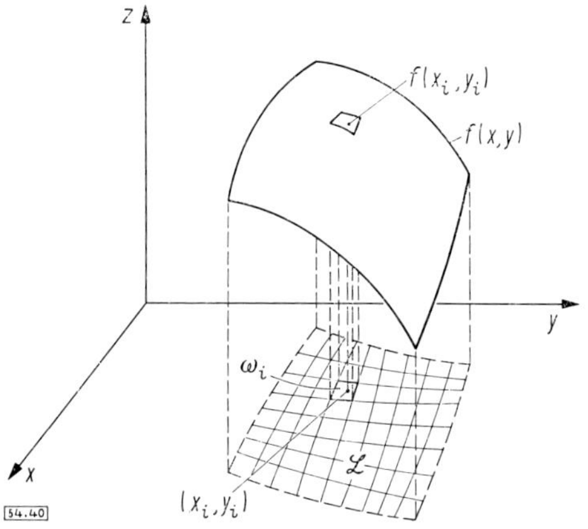

Abb. 40. Definition des Flächenintegrals

Will man das Volumen des durch $\mathfrak{B}$ und $z=f(x,y)$ begrenzten zylindrischen Körpers ermitteln, so wird man in Analogie zu dem früheren Verfahren

1. den Bereich $\mathfrak{B}$ auf irgendeine beliebige Weise in Flächenelemente ω_i unterteilen (auf die Gestalt dieser Flächenelemente, z. B. Rechtecke, Kreisscheiben, kommt es dabei nicht an), und
2. zu jedem Flächenelement ω_i einen Wert $f(x_i,y_i)$ der Funktion auswählen, wobei der Punkt (x_i,y_i) dem Flächenelement entnommen ist. Das Volumen der über ω_i errichteten Säule mit der Höhe $f(x_i,y_i)$ ist dann $V_i=\omega_i\cdot f(x_i,y_i)$.
3. Dann wird die Summe

$$\Sigma V_i = \Sigma \omega_i \cdot f(x_i,y_i) \qquad (5-161)$$

ein Näherungswert für das gesuchte Volumen V sein, und dieser Näherungswert ist um so besser, je feiner die Unterteilung des Bereiches $\mathfrak{B}$ in Flächenelemente ω_i vorgenommen wird.

Existiert nun für jede Unterteilung von $\mathfrak{B}$ in Flächenelemente ω_i, bei welcher gleichzeitig die Zahl der Flächenelemente über alle Grenzen und die Durchmesser aller Teilbereiche gegen Null gehen, der Grenzwert

$$\lim_{n\to\infty} \sum_{i=1}^{n} f(x_i,y_i)\cdot\omega_i \qquad (5-162)$$

so liefert Gl. (5 − 162) das gesuchte Volumen V. Man schreibt dafür

$$V=\int_{\mathfrak{B}} f(x,y)\,\mathrm{d}\omega=\int_{\mathfrak{B}} f(x,y)\,\mathrm{d}x\,\mathrm{d}y \qquad (5-163)$$

und nennt Gl. (5 − 163) das Flächenintegral der Funktion $f(x,y)$. Der Zusatz „Flächen-" soll also nur die Art des Bereiches kennzeichnen, über den integriert wird. $\mathrm{d}\omega=\mathrm{d}x\,\mathrm{d}y$ wird Flächendifferential genannt. Es ist zu beachten, daß die Schreibweise $\mathrm{d}x\,\mathrm{d}y$ nur symbolische Bedeutung hat und nicht als ein Produkt der beiden Differentiale $\mathrm{d}x$ und $\mathrm{d}y$ zu verstehen ist.

Für Flächenintegrale gilt:

$$\int_{\mathfrak{B}} f(x,y)\,\mathrm{d}\omega \geqq 0, \text{ falls } f(x,y)\geqq 0 \qquad (5-164)$$

$$\int_{\mathfrak{B}} C\cdot f(x,y)\,\mathrm{d}\omega = C\cdot\int_{\mathfrak{B}} f(x,y)\,\mathrm{d}\omega \qquad (5-165)$$

$$\int_{\mathfrak{B}} \big(f_1(x,y)+f_2(x,y)\big)\,\mathrm{d}\omega = \int_{\mathfrak{B}} f_1(x,y)\,\mathrm{d}\omega + \int_{\mathfrak{B}} f_2(x,y)\,\mathrm{d}\omega \qquad (5-166)$$

Falls der Flächeninhalt $F(\mathfrak{B})$ von $\mathfrak{B}$ sich als Summe der Flächeninhalte von Teilbereichen $\mathfrak{B}_1, \mathfrak{B}_2, \ldots, \mathfrak{B}_n$ darstellen läßt

$$F(\mathfrak{B})=\sum_{i=1}^{n} F(\mathfrak{B}_i) \qquad (5-167)$$

so ist auch

$$\int_{\mathfrak{B}} f(x,y)\,\mathrm{d}\omega=\sum_{i=1}^{n}\int_{\mathfrak{B}_i} f(x,y)\,\mathrm{d}\omega \qquad (5-168)$$

Auch der Mittelwertsatz der Integralrechnung kann auf Flächenintegrale und höhere Integrale übertragen werden; es gibt stets eine Stelle (ξ,η) aus $\mathfrak{B}$, für die

$$\int_{\mathfrak{B}} f(x,y)\,\mathrm{d}\omega=f(\xi,\eta)\cdot F(\mathfrak{B}) \qquad (5-169)$$

Dagegen gibt es für Flächenintegrale kein Analogon zur partiellen Integration.

Ähnlich wie Flächenintegrale können auch Volumintegrale von Funktionen $u=f(x,y,z)$ dreier Veränderlicher oder noch allgemeiner Volumintegrale im n-fachen Raum von Funktionen $w=f(x_1,\ldots,x_n)$ von n Variablen definiert werden. Sie treten z. B. bei der Berechnung von Massen oder Trägheitsmomenten beliebig geformter Körper auf.

Die Formel (5 − 162) liefert noch kein praktisches Mittel zur Berechnung eines Flächen- bzw. Volumintegrals. Dafür müssen sie in Doppel- bzw. Dreifachintegrale umgewandelt werden.

Kann bei einem Flächenintegral der Bereich $\mathfrak{B}$ durch zwei stetige Kurven $\varphi_1(x)$ und $\varphi_2(x)\geqq\varphi_1(x)$ und zwei Parallelen zur y-Achse $x=a$ und $x=b$ abgegrenzt werden (vgl. Abb. 41a), so ist

$$\int_{\mathfrak{B}} f(x,y)\,\mathrm{d}\omega=\int_a^b\left(\int_{\varphi_1(x)}^{\varphi_2(x)} f(x,y)\,\mathrm{d}y\right)\mathrm{d}x \qquad (5-170)$$

Ist $\mathfrak{B}$ so beschaffen, daß es durch zwei stetige Kurven $\psi_1(y)$ und $\psi_2(y)$ und zwei Parallelen zur x-Achse $y=c$ und $y=d$ abgegrenzt wird (vgl. Abb. 41b), so ist analog

$$\int_{\mathfrak{B}} f(x,y)\,\mathrm{d}\omega=\int_c^d\left(\int_{\psi_1(y)}^{\psi_2(y)} f(x,y)\,\mathrm{d}x\right)\mathrm{d}y \qquad (5-171)$$

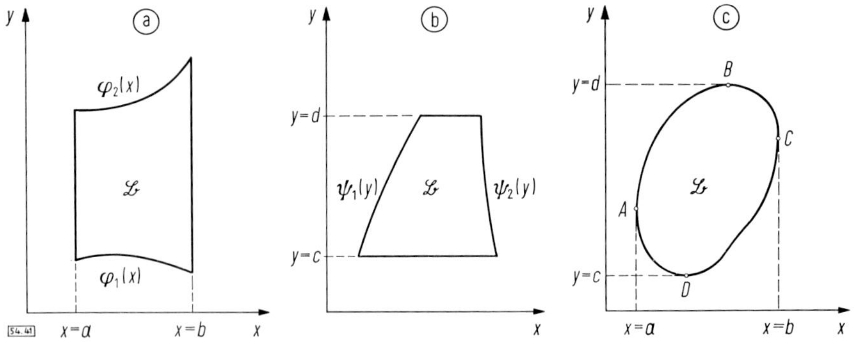

Abb. 41. Verwandlung eines Flächenintegrals in ein Doppelintegral

Läßt man in Gl. (5–170) bzw. Gl. (5–171) die Längen der beiden geraden Begrenzungen gegen Null gehen, so entsteht ein Bereich, der von einem geschlossenen Kurvenzug eingegrenzt wird; das Flächenintegral kann dann nach einer der beiden Formeln (vgl. Abb. 41c)

$$\int_{\mathfrak{B}} f(x,y)\,\mathrm{d}\omega = \int_a^b \left(\int_{\varphi_1(x)}^{\varphi_2(x)} f(x,y)\,\mathrm{d}y \right) \mathrm{d}x = \int_c^d \left(\int_{\psi_1(y)}^{\psi_2(y)} f(x,y)\,\mathrm{d}x \right) \mathrm{d}y \qquad (5-172)$$

berechnet werden.

Ist speziell $f(x,y) \equiv 1$, so ist

$$\int_{\mathfrak{B}} \mathrm{d}\omega = \int_a^b \left(\int_{\varphi_1(x)}^{\varphi_2(x)} \mathrm{d}y \right) \mathrm{d}x = \int_c^d \left(\int_{\psi_1(y)}^{\psi_2(y)} \mathrm{d}x \right) \mathrm{d}y \qquad (5-173)$$

der Flächeninhalt von $\mathfrak{B}$.

Bei der Berechnung eines Volumintegrals denke man sich (vgl. Abb. 42) das Volumen $\mathfrak{B}$, über welches integriert werden soll, in Richtung der z-Achse mit parallelem Licht beleuchtet. Die Licht-Schatten-Grenze

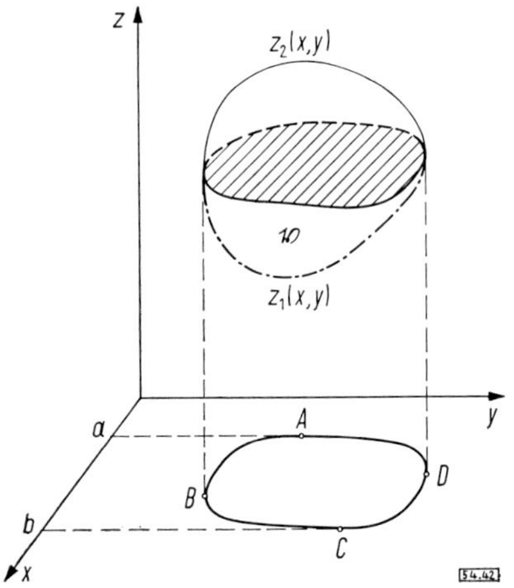

Abb. 42. Verwandlung eines Volumenintegrals in ein Dreifachintegral

liefert dann den Rand des Bereiches $\mathfrak{B}'$, welcher durch Projektion von $\mathfrak{B}$ auf die $x-y$-Ebene entsteht. Die Erzeugende dieser Licht-Schatten-Grenze teilt die Hüllfläche von $\mathfrak{B}$ in zwei Teilflächen $z_1(x,y)$ und $z_2(x,y) \geqq z_1(x,y)$.

Damit lautet dann die Rechenvorschrift

$$\int_{\mathfrak{B}} f(x,y,z)\,\mathrm{d}\tau = \int_a^b \left(\int_{y_1(x)}^{y_2(x)} \left(\int_{z_1(x,y)}^{z_2(x,y)} f(x,y,z)\,\mathrm{d}z \right) \mathrm{d}y \right) \mathrm{d}x \qquad (5-174)$$

Entsprechende Formeln gelten, falls statt der Projektion von $\mathfrak{B}$ auf die $x-y$-Ebene die Projektion auf die $x-z$-Ebene oder die $y-z$-Ebene als Integrationsbereich gewählt wird. Die Reihenfolge der Integrationen ist in Gl. (5–170), Gl. (5–171), Gl. (5–172), Gl. (5–173) und Gl. (5–174) und allen verwandten Formeln beliebig.

Beispiele:

1. Berechnung der Fläche eines Ellipsenquadranten. Hier ist

$$\varphi_1(x) = 0 \quad \varphi_2(x) = b\sqrt{1-\frac{x^2}{a^2}} \qquad (5-175)$$

$$F = \int_0^a \int_0^{b\sqrt{1-\frac{x^2}{a^2}}} \mathrm{d}x\,\mathrm{d}y = b\int_0^a \sqrt{1-\frac{x^2}{a^2}}\,\mathrm{d}x = ab\int_0^1 \sqrt{1-s^2}\,\mathrm{d}s = \frac{\pi ab}{4} \qquad (5-176)$$

2. Trägheitsmoment eines dreiachsigen Ellipsoids

$$\frac{x^2}{a^2} + \frac{y^2}{b^2} + \frac{z^2}{c^2} = 1 \qquad (5-177)$$

um die z-Achse.

Der Abstand eines beliebigen Punktes des Ellipsoids von der z-Achse ist $r = \sqrt{x^2+y^2}$, und einem an der Stelle (x,y,z) gelegenen Volumelement kommt daher ein Trägheitsmoment

$$r^2\,\mathrm{d}m = r^2\varrho\,\mathrm{d}x\,\mathrm{d}y\,\mathrm{d}z \quad (\varrho = \text{const. Dichte}) \qquad (5-178)$$

zu. Das Trägheitsmoment des Gesamtellipsoids ergibt sich damit zu

$$T = \int\limits_{-a}^{+a} \int\limits_{-b\sqrt{1-\frac{x^2}{a^2}}}^{+b\sqrt{1-\frac{x^2}{a^2}}} \int\limits_{-c\sqrt{1-\frac{x^2}{a^2}-\frac{y^2}{b^2}}}^{+c\sqrt{1-\frac{x^2}{a^2}-\frac{y^2}{b^2}}} \varrho\,(x^2+y^2)\,\mathrm{d}x\,\mathrm{d}y\,\mathrm{d}z = 2\varrho c \int\limits_{-a}^{+a} \int\limits_{-b\sqrt{1-\frac{x^2}{a^2}}}^{+b\sqrt{1-\frac{x^2}{a^2}}} \sqrt{1-\frac{x^2}{a^2}-\frac{y^2}{b^2}}\,(x^2+y^2)\,\mathrm{d}x\,\mathrm{d}y =$$

$$= \frac{4}{15}\,abc\,\pi\,(a^2+b^2)\,\varrho \qquad (5-179)$$

5.12.4. Transformation mehrfacher Integrale

In einem ebenen Bereich $\mathfrak{B}$ sei eine Funktion $f(x,y)$ der rechtwinkligen Koordinaten x und y gegeben. Ihr Flächenintegral ist dann durch Gl. (5−172) berechenbar.

Geht man von den Koordinaten x und y durch eine Koordinatentransformation zu neuen Variablen u, v über, so wird aus der Funktion $f(x,y)$ eine Funktion $g(u,v)$.

Zur Transformation des Flächenintegrals (und auch höherer Integrale) muß dann die Formel

$$\int\limits_{\mathfrak{B}} f(x,y)\,\mathrm{d}x\,\mathrm{d}y = \int\limits_{\mathfrak{B}} f\big(x(u,v),y(u,v)\big) \cdot |D(u,v)| \cdot \mathrm{d}u\,\mathrm{d}v \qquad (5-180)$$

verwendet werden. Dabei ist

$$D(u,v) = \begin{vmatrix} x_u & x_v \\ y_u & y_v \end{vmatrix} \qquad (5-181)$$

die Funktionaldeterminante der Transformation. Damit Gl. (5−180) angewendet werden kann, muß $D(u,v) \neq 0$, d. h. die Transformation eindeutig sein (vgl. auch Abschn. 5.4). Die Größe $|D(u,v)| \cdot \mathrm{d}u\,\mathrm{d}v$ wird Flächenelement in den u,v-Koordinaten genannt.

Analog gilt für die Transformation eines in cartesischen Koordinaten gegebenen Volumintegrals nach Einführung neuer Koordinaten u, v, w

$$\int\limits_{\mathfrak{B}} f(x,y,z)\,\mathrm{d}x\,\mathrm{d}y\,\mathrm{d}z = \int\limits_{\mathfrak{B}} f\big(x(u,v,w),y(u,v,w),z(u,v,w)\big) \cdot |D(u,v,w)| \cdot \mathrm{d}u\,\mathrm{d}v\,\mathrm{d}w \qquad (5-182)$$

mit der Funktionaldeterminante

$$D(u,v,w) = \begin{vmatrix} x_u & x_v & x_w \\ y_u & y_v & y_w \\ z_u & z_v & z_w \end{vmatrix} \qquad (5-183)$$

und dem Volumelement $|D(u,v,w)| \cdot \mathrm{d}u\,\mathrm{d}v\,\mathrm{d}w$ in den neuen Koordinaten. Bei der praktischen Durchführung der Integration durch Verwandlung in ein doppeltes bzw. dreifaches Integral ist zu beachten, daß die Integrationsgrenzen der Einzelintegrale entsprechend den Transformationsgleichungen mittransformiert werden müssen.

Beispiel:

Das Volumen einer Kugel mit Radius R ließe sich natürlich mit Hilfe eines Volumintegrals in cartesischen Koordinaten

$$V = \int\limits_{-R}^{+R} \int\limits_{-\sqrt{R^2-x^2}}^{+\sqrt{R^2-x^2}} \int\limits_{-\sqrt{R^2-x^2-y^2}}^{+\sqrt{R^2-x^2-y^2}} \mathrm{d}x\,\mathrm{d}y\,\mathrm{d}z \qquad (5-184)$$

bestimmen. Der Geometrie des Problems angemessener ist aber eine Transformation in räumliche Polarkoordinaten (Kugelkoordinaten) r, ϑ, φ durch

$$\begin{aligned} x &= r \cdot \sin\vartheta \cdot \cos\varphi \\ y &= r \cdot \sin\vartheta \cdot \sin\varphi \qquad (5-185) \\ z &= r \cdot \cos\vartheta \end{aligned}$$

Für das Volumelement $|D(r,\vartheta,\varphi)|\,\mathrm{d}r\,\mathrm{d}\vartheta\,\mathrm{d}\varphi$ ergibt sich

$$\begin{Vmatrix} \sin\vartheta \cdot \cos\varphi & r \cdot \cos\vartheta \cdot \cos\varphi & -r \cdot \sin\vartheta \cdot \sin\varphi \\ \sin\vartheta \cdot \sin\varphi & r \cdot \cos\vartheta \cdot \sin\varphi & r \cdot \sin\vartheta \cdot \cos\varphi \\ \cos\vartheta & -r \cdot \sin\vartheta & 0 \end{Vmatrix} \cdot \mathrm{d}r\,\mathrm{d}\vartheta\,\mathrm{d}\varphi = |r^2 \sin\vartheta|\,\mathrm{d}r\,\mathrm{d}\vartheta\,\mathrm{d}\varphi \qquad (5-186)$$

und damit

$$V = \int\limits_{r=0}^{R} \int\limits_{\vartheta=0}^{\pi} \int\limits_{\varphi=0}^{2\pi} r^2 \cdot \sin\vartheta \cdot \mathrm{d}r\,\mathrm{d}\vartheta\,\mathrm{d}\varphi = \tfrac{4}{3}\pi R^3 \qquad (5-187)$$

5.12.5. Berechnung von Oberflächenintegralen

Bildet man eine gekrümmte Raumfläche $z = f(x,y)$ durch Projektion auf die $x-y$-Ebene als ein ebenes Gebiet $\mathfrak{B}$ ab, so wird auch umgekehrt jedem Flächenelement $\mathrm{d}\omega_i$ von $\mathfrak{B}$ mit der Fläche $F(\mathrm{d}\omega_i)$ ein Flächenelement $\mathrm{d}\omega_i'$ auf der Raumfläche mit Flächeninhalt $F(\mathrm{d}\omega_i')$ zugeordnet. Das Verhältnis $F(\mathrm{d}\omega_i):F(\mathrm{d}\omega_i')$ ist eine Funktion der Richtung der Flächennormalen an der betrachteten Stelle. Läßt man die Anzahl der Flächenelemente über alle Grenzen wachsen und gleichzeitig die linearen Abmessungen (und damit auch die Flächeninhalte) aller Flächenelemente gegen Null gehen, so gilt

$$F(\mathrm{d}\omega_i') : F(\mathrm{d}\omega_i) = 1 : \cos\gamma \qquad (5-188)$$

wobei γ der Neigungswinkel der Flächennormalen an dieser Stelle gegen die z-Achse oder auch der Neigungswinkel der Tangentialebene gegen die $x-y$-Ebene ist. Nach Gl. (5−92) ist

$$\cos\gamma = \frac{1}{\sqrt{1+f_x^2+f_y^2}} \qquad (5-189)$$

und folglich

$$F = \iint\limits_{(\mathfrak{B})} \sqrt{1+f_x^2+f_y^2}\,\mathrm{d}x\,\mathrm{d}y \qquad (5-190)$$

Geht man von (x,y,z) zu anderen Koordinaten $p,q,f(p,q)$ über, so müssen in Gl. (5–190) ersetzt werden:

1. die Ableitungen f_x und f_y durch die entsprechenden Ausdrücke in p und q

$$f_x = f_p \cdot p_x + f_q \cdot q_x \tag{5–191}$$

$$f_y = f_p \cdot p_y + f_q \cdot q_y \tag{5–192}$$

2. das Flächenelement $\mathrm{d}x\,\mathrm{d}y$ durch $|D(p,q)|\,\mathrm{d}p\,\mathrm{d}q$, wobei $D(p,q)$ die Funktionaldeterminante der Koordinatentransformation ist.

So gilt z. B. in Polarkoordinaten

$$F = \iint\limits_{(\mathfrak{B})} \sqrt{r^2\left(1+\left(\frac{\partial f}{\partial r}\right)^2\right)+\left(\frac{\partial f}{\partial \varphi}\right)^2}\,\mathrm{d}r\,\mathrm{d}\varphi \tag{5–193}$$

Häufig benutzt wird die Berechnung von Oberflächenintegralen, wenn die Fläche in Parameterdarstellung Gl. (5–80) durch ihre GAUSSschen Koordinaten beschrieben ist. Als die metrischen Fundamentalgrößen der Fläche sind die Ausdrücke

$$\begin{aligned} \mathrm{E}(u,v) &= \varphi_u^2 + \psi_u^2 + \chi_u^2 \\ \mathrm{F}(u,v) &= \varphi_u\varphi_v + \psi_u\psi_v + \chi_u\chi_v \\ \mathrm{G}(u,v) &= \varphi_v^2 + \psi_v^2 + \chi_v^2 \end{aligned} \tag{5–194}$$

definiert. Damit gilt für das Oberflächenelement

$$\mathrm{d}O = \sqrt{\mathrm{EG}-\mathrm{F}^2}\,\mathrm{d}u\,\mathrm{d}v \tag{5–195}$$

und für die Gesamtoberfläche

$$O = \iint\limits_{(\mathfrak{B})} \sqrt{\mathrm{EG}-\mathrm{F}^2}\,\mathrm{d}u\,\mathrm{d}v \tag{5–196}$$

Ist auf der Oberfläche einer Raumfläche eine Funktion $g(x,y,z=f(x,y))$ gegeben, so kann in gleicher Weise wie beim Flächenintegral auch das Oberflächenintegral dieser Funktion durch

$$J = \iint\limits_{(\mathfrak{B})} g\big(x,y,z=f(x,y)\big) \cdot \sqrt{1+f_x^2+f_y^2}\,\mathrm{d}x\,\mathrm{d}y \tag{5–197}$$

berechnet werden. Zur praktischen Ausführung der Integration wird man oft mit Vorteil die Parameterdarstellung

$$J = \iint\limits_{(\mathfrak{B})} g\big(\varphi(u,v),\psi(u,v),\chi(u,v)\big) \cdot \sqrt{\mathrm{EG}-\mathrm{F}^2}\,\mathrm{d}u\,\mathrm{d}v \tag{5–198}$$

heranziehen.

Beispiel:
Berechnung der Oberfläche eines Paraboloids

$$z = x^2 + 2y^2 \tag{5–199}$$

zwischen $z=0$ und $z=4$.

Nach Gl. (5–190) ist

$$O = \int\limits_{-2}^{+2} \int\limits_{-\sqrt{2}\sqrt{1-x^2/4}}^{+\sqrt{2}\sqrt{1-x^2/4}} \sqrt{1+4x^2+16y^2}\,\mathrm{d}x\,\mathrm{d}y \tag{5–200}$$

und dieses Integral ist analytisch nicht weiter auswertbar. Numerische Verfahren liefern das Resultat $O = 31{,}55$.

Die metrischen Fundamentalgrößen E, F und G werden auch zur praktischen Berechnung der Länge von Kurven auf Raumflächen und der Krümmung von Flächen verwendet. Ist nämlich durch

$$u = u(t) \quad v = v(t) \tag{5–201}$$

auf einer Fläche Gl. (5–80) eine Kurve als Funktion des Parameters t gegeben, so gilt für ihr Bogenelement

$$\frac{\mathrm{d}s}{\mathrm{d}t} = \sqrt{\mathrm{E}\left(\frac{\mathrm{d}u}{\mathrm{d}t}\right)^2 + 2\mathrm{F}\left(\frac{\mathrm{d}u}{\mathrm{d}t}\right)\left(\frac{\mathrm{d}v}{\mathrm{d}t}\right) + \mathrm{G}\left(\frac{\mathrm{d}v}{\mathrm{d}t}\right)^2} \tag{5–202}$$

und für ihre Länge im Intervall $t_0 \leqq t \leqq t_1$ also

$$L = \int\limits_{t_0}^{t_1} \mathrm{d}s = \int\limits_{t_0}^{t_1} \sqrt{\mathrm{E}\left(\frac{\mathrm{d}u}{\mathrm{d}t}\right)^2 + 2\mathrm{F}\left(\frac{\mathrm{d}u}{\mathrm{d}t}\right)\left(\frac{\mathrm{d}v}{\mathrm{d}t}\right) + \mathrm{G}\left(\frac{\mathrm{d}v}{\mathrm{d}t}\right)^2}\,\mathrm{d}t \tag{5–203}$$

5.12.6. Unbestimmtes Integral eines vollständigen Differentials; Linienintegrale

Für eine Funktion $F(x,y)$ von zwei Variablen lautet das totale Differential nach Gl. (5–24)

$$\mathrm{d}F = \frac{\partial F}{\partial x}\,\mathrm{d}x + \frac{\partial F}{\partial y}\,\mathrm{d}y = f(x,y)\,\mathrm{d}x + g(x,y)\,\mathrm{d}y \tag{5–204}$$

Die Aufgabe, zu zwei gegebenen stetigen und differenzierbaren Funktionen $f(x,y)$ und $g(x,y)$ eine Funktion $F(x,y)$ zu finden, deren partielle Differentialquotienten

$$\frac{\partial F}{\partial x} = f(x,y) \qquad \frac{\partial F}{\partial y} = g(x,y) \tag{5–205}$$

sind, ist nur lösbar, wenn f und g der Gleichung

$$\frac{\partial f}{\partial y} = \frac{\partial g}{\partial x} \tag{5–206}$$

gehorchen. Die beiden Funktionen $f(x,y)$ und $g(x,y)$ sind daher nicht unabhängig voneinander wählbar.

Erfüllen $f(x,y)$ und $g(x,y)$ die Gl. (5–206), die sog. Integrabilitätsbedingung, so ist

$$f(x,y)\,\mathrm{d}x + g(x,y)\,\mathrm{d}y = \mathrm{d}F \tag{5–207}$$

ein totales Differential. Integriert man es längs einer beliebigen Kurve $\mathfrak{C}$ von A nach B, so ist das Linienintegral

$$(\mathfrak{C})\int_A^B \left[f\big(x(t),y(t)\big)\frac{\mathrm{d}x}{\mathrm{d}t}+g\big(x(t),y(t)\big)\frac{\mathrm{d}y}{\mathrm{d}t}\right]\mathrm{d}t=$$

$$=(\mathfrak{C})\int_A^B \frac{\mathrm{d}F}{\mathrm{d}t}\,\mathrm{d}t=F(B)-F(A) \qquad (5-208)$$

unabhängig von der Form von $\mathfrak{C}$. Ist $A=B$, d. h. handelt es sich um eine geschlossene Kurve, so ist

$$(\mathfrak{C})\oint \mathrm{d}F=0 \qquad (5-209)$$

Die beiden Gleichungen (5−208) und (5−209) sind gleichwertig. Allerdings ist zu beachten, daß sie nur dann richtig sind, wenn die verschiedenen Integrationswege alle in einem einfach zusammenhängenden Gebiet liegen. Ein Gebiet $\mathfrak{C}$ heißt einfach zusammenhängend, wenn das Innengebiet jeder in $\mathfrak{C}$ liegenden glatten Kurve ebenfalls ganz zu $\mathfrak{C}$ gehört. Ein Kreis, ein Rechteck und generell das Innengebiet jeder glatten Kurve sind einfach zusammenhängend. Ein Ringgebiet oder eine Kreisscheibe ohne ihren Mittelpunkt sind dagegen mehrfach zusammenhängend.

Noch weniger als bei zwei Funktionen von zwei Veränderlichen ist bei drei Funktionen $f(x,y,z)$, $g(x,y,z)$, $h(x,y,z)$ von drei Veränderlichen zu erwarten, daß sie sich als partielle Ableitungen einer Funktion $F(x,y,z)$ darstellen lassen:

$$\mathrm{d}F=\frac{\partial F}{\partial x}\,\mathrm{d}x+\frac{\partial F}{\partial y}\,\mathrm{d}y+\frac{\partial F}{\partial z}\,\mathrm{d}z=$$

$$=f\mathrm{d}x+g\mathrm{d}y+h\mathrm{d}z \qquad (5-210)$$

Denn damit Gl. (5−210) richtig ist, müssen die Funktionen f, g und h sämtlich partiell stetig differenzierbar sein, und es muß die Integrabilitätsbedingung

$$g_z=h_y \quad h_x=f_z \quad f_y=g_x \qquad (5-211)$$

erfüllt sein. Wenn Gl. (5−211) aber gilt, so ist genau wie vorher das Integral über eine beliebige Kurve

$$(\mathfrak{C})\int_{(x_0,y_0,z_0)}^{(x_1,y_1,z_1)}(f\mathrm{d}x+g\mathrm{d}y+h\mathrm{d}z)=$$

$$=F(x_1,y_1,z_1)-F(x_0,y_0,z_0) \qquad (5-212)$$

unabhängig von der Wahl von $\mathfrak{C}$.

6. Vektoranalysis

Ergänzende Literatur zu Kap. 6 siehe [2], [8], [21].

6.1. Vektorfunktionen einer skalaren Variablen

Ein Vektor $\vec{a}=(a_x,a_y,a_z)$ heißt Funktion der skalaren Variablen t, wenn die drei skalaren Komponenten

$$a_x=a_x(t);\quad a_y=a_y(t);\quad a_z=a_z(t) \qquad (6-1)$$

Funktionen der Variablen t sind; eine Vektorfunktion ist also die Zusammenfassung von drei Skalarfunktionen. In den Anwendungen ist t meistens die Zeit.

Eine Vektorfunktion $\vec{v}=\vec{v}(t)$ heißt stetig in einem Punkt $t=t_0$, wenn die drei skalaren Funktionen $v_x(t)$, $v_y(t)$ und $v_z(t)$ jede für sich dort stetig sind.

Die Ableitung einer Vektorfunktion wird wie bei skalaren Funktionen erklärt als

$$\frac{\mathrm{d}\vec{s}}{\mathrm{d}t}=\lim_{h\to 0}\frac{\vec{s}(t+h)-\vec{s}(t)}{h} \qquad (6-2)$$

$\mathrm{d}\vec{s}/\mathrm{d}t$ ist eine neue Vektorfunktion mit den Komponenten $\mathrm{d}s_x/\mathrm{d}t, \mathrm{d}s_y/\mathrm{d}t, \mathrm{d}s_z/\mathrm{d}t$. Ist $\vec{r}(t)$ ein Ortsvektor, so ist $\mathrm{d}\vec{r}/\mathrm{d}t$ der Vektor der Geschwindigkeit, $\mathrm{d}^2\vec{r}/\mathrm{d}t^2$ der Vektor der Beschleunigung dieses Punktes. Der Vektor $\mathrm{d}\vec{s}/\mathrm{d}t$ hat allgemein die Richtung der Tangente an den Hodografen (siehe unten) der Funktion $\vec{s}(t)$. Wählt man als Parameter t die Bogenlänge der Hodografenkurve, so ist $\mathrm{d}\vec{s}/\mathrm{d}t$ ein Einheitsvektor.

Die Regeln für die Differentiation von Summen, Produkten usw. von Funktionen gelten unverändert auch für Vektorfunktionen (die Regel für die Differentiation eines Quotienten entfällt natürlich, weil die Division durch einen Vektor nicht erklärt ist). Es ist daher

$$\frac{\mathrm{d}}{\mathrm{d}t}(\vec{a}+\vec{b}+\vec{c})=\frac{\mathrm{d}\vec{a}}{\mathrm{d}t}+\frac{\mathrm{d}\vec{b}}{\mathrm{d}t}+\frac{\mathrm{d}\vec{c}}{\mathrm{d}t} \qquad (6-3)$$

$$\frac{\mathrm{d}}{\mathrm{d}t}(k\vec{a})=k\cdot\frac{\mathrm{d}\vec{a}}{\mathrm{d}t}\quad (k \text{ skalar, konstant}) \qquad (6-4)$$

$$\frac{\mathrm{d}}{\mathrm{d}t}(\vec{a}\cdot\vec{b})=\frac{\mathrm{d}\vec{a}}{\mathrm{d}t}\cdot\vec{b}+\vec{a}\cdot\frac{\mathrm{d}\vec{b}}{\mathrm{d}t} \qquad (6-5)$$

$$\frac{\mathrm{d}}{\mathrm{d}t}(\vec{a}\times\vec{b})=\frac{\mathrm{d}\vec{a}}{\mathrm{d}t}\times\vec{b}+\vec{a}\times\frac{\mathrm{d}\vec{b}}{\mathrm{d}t} \qquad (6-6)$$

(Reihenfolge der Faktoren beachten!)

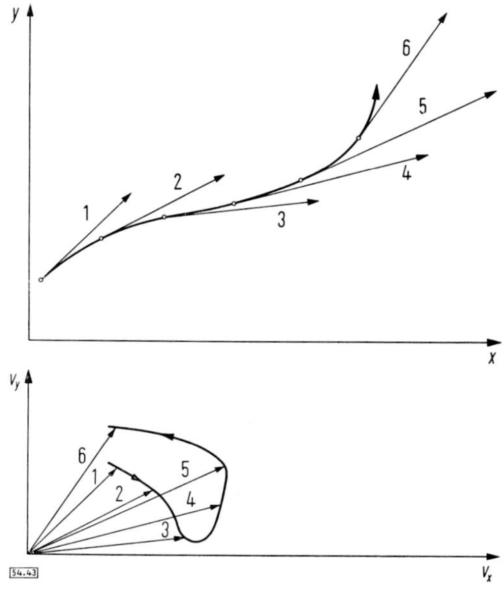

Abb. 43. Konstruktion der Hodografenkurve

$$\frac{\mathrm{d}}{\mathrm{d}t}\left(\vec{a}(f(t))\right)=\frac{\mathrm{d}\vec{a}}{\mathrm{d}f}\cdot\frac{\mathrm{d}f}{\mathrm{d}t}\quad (f\text{ skalare Funktion})\qquad (6-7)$$

Für das Differential $\mathrm{d}\vec{r}(t)$ einer Funktion $\vec{r}(t)$ gilt

$$\mathrm{d}\vec{r}=\frac{\mathrm{d}\vec{r}}{\mathrm{d}t}\,\mathrm{d}t \qquad (6-8)$$

Es ist zu beachten, daß $\mathrm{d}\vec{r}$ im allg. nicht dieselbe Richtung hat wie $\vec{r}$.

Die Darstellung einer Funktion $\vec{a}(t)$ erfolgt am einfachsten, indem man die Werte von $\vec{a}$ von einem festen Ursprung aus als Ortsvektoren aufträgt. Die zugehörige Bahnkurve von $\vec{a}(t)$ wird dann als *Hodograf* von $\vec{a}$ bezeichnet. Abb. 43 gibt ein Beispiel.

6.2. Vektor- und Skalarfelder

Eine Skalarfunktion S, die in jedem Punkt eines gewissen Bereiches des dreidimensionalen Raumes als Funktion der drei Variablen x, y und z definiert ist, heißt skalare Ortsfunktion oder skalares Feld $S=S(x,y,z)$. Da man jeden Punkt des Raumes statt durch seine Koordinaten x, y, z auch durch seinen Ortsvektor $\vec{r}$ kennzeichnen kann, wird statt $S(x,y,z)$ oft $S(\vec{r})$ geschrieben.

Ist in jedem Punkt eines Raumgebiets eine Vektorfunktion $\vec{V}(x,y,z)$ definiert, so spricht man von einer vektoriellen Feldfunktion oder einem Vektorfeld $\vec{V}(x,y,z)=\vec{V}(\vec{r})$. Gemeint ist damit die Zusammenfassung von drei skalaren Feldfunktionen $V_x(\vec{r})$, $V_y(\vec{r})$, $V_z(\vec{r})$.

Schreitet man in einem Skalarfeld $S(\vec{r})$ von einem Punkt (x_0, y_0, z_0) um eine Strecke $\Delta s=\sqrt{\Delta x^2+\Delta y^2+\Delta z^2}$ in Richtung eines Einheitsvektors $\vec{n}=(\cos\alpha, \cos\beta, \cos\gamma)$ fort, so ergibt sich für die Änderung der Feldfunktion S näherungsweise

$$\Delta S=\frac{\partial S}{\partial x}\,\Delta x+\frac{\partial S}{\partial y}\,\Delta y+\frac{\partial S}{\partial z}\,\Delta z=\frac{\partial S}{\partial x}\,\Delta s\times$$

$$\times\cos\alpha+\frac{\partial S}{\partial y}\,\Delta s\cdot\cos\beta+\frac{\partial S}{\partial z}\,\Delta s\cdot\cos\gamma \qquad (6-9)$$

Beim Fortschreiten in Richtung von $\vec{n}$ ist aber auch

$$\cos\alpha=\frac{\Delta x}{\Delta s}\qquad \cos\beta=\frac{\Delta y}{\Delta s}\qquad \cos\gamma=\frac{\Delta z}{\Delta s}\qquad (6-10)$$

Man schreibt deshalb im Grenzfall beliebig kleiner Änderungen

$$\frac{\mathrm{d}S}{\mathrm{d}s}=\frac{\partial S}{\partial x}\cdot\frac{\mathrm{d}x}{\mathrm{d}s}+\frac{\partial S}{\partial y}\cdot\frac{\mathrm{d}y}{\mathrm{d}s}+\frac{\partial S}{\partial z}\cdot\frac{\mathrm{d}z}{\mathrm{d}s}=$$

$$=\frac{\partial S}{\partial x}\cdot\cos\alpha+\frac{\partial S}{\partial y}\cdot\cos\beta+\frac{\partial S}{\partial z}\cdot\cos\gamma \qquad (6-11)$$

und nennt $\dfrac{\mathrm{d}S}{\mathrm{d}s}$ die Richtungsableitung von S in Richtung von $\vec{n}$. Doch sollte die Schreibweise $\mathrm{d}x/\mathrm{d}s$ usw. möglichst vermieden werden, weil es sich hierbei nicht um Ableitungen der Größe x nach s, sondern um Quotienten zweier Strecken handelt.

Nach Gl. (6–11) kann die Änderung von S beim Fortschreiten in Richtung $\vec{n}$ um $\mathrm{d}s$ auch als das skalare Produkt von $\vec{n}$ mit einem Vektor

$$\frac{\partial S}{\partial x}\,\vec{i}+\frac{\partial S}{\partial y}\,\vec{j}+\frac{\partial S}{\partial z}\,\vec{k} \qquad (6-12)$$

ausgedrückt werden. Diese vektorielle Feldfunktion wird *Gradient* von S genannt und mit grad S bezeichnet. Es ist daher

$$\mathrm{d}S=(\mathrm{grad}\,S\cdot\vec{n})\,\mathrm{d}s=\mathrm{grad}\,S\cdot\mathrm{d}\vec{r} \qquad (6-13)$$

und aus Gl. (6–13) leitet sich die häufig gebrauchte, aber abzulehnende Schreibweise

$$\mathrm{grad}\,S=\frac{\mathrm{d}S}{\mathrm{d}\vec{r}} \qquad (6-14)$$

her (durch einen Vektor kann nicht dividiert werden).

Flächen, auf denen sich S beim Fortschreiten nicht ändert, heißen Äquipotentialflächen der Funktion S. Ihre Gleichung lautet daher

$$S(\vec{r})=\mathrm{const} \qquad (6-15)$$

Der Vektor grad S steht senkrecht auf der Tangentialebene durch (x,y,z). Konstruiert man daher zu der vektoriellen Feldfunktion grad S Feldlinien, d. h. Kurven, deren Tangentenrichtung in jedem Punkt mit der Richtung von grad S übereinstimmt, so bilden diese ein Kurvenbüschel, das alle Äquipotentialflächen senkrecht durchsetzt (Abb. 44). Die Differentialgleichung der Feldlinien (in den am meisten interessierenden Anwendungen in der Hydrodynamik auch als Stromlinien bezeichnet) lautet daher

$$\mathrm{grad}\,S\times\mathrm{d}\vec{r}=\vec{o} \qquad (6-16)$$

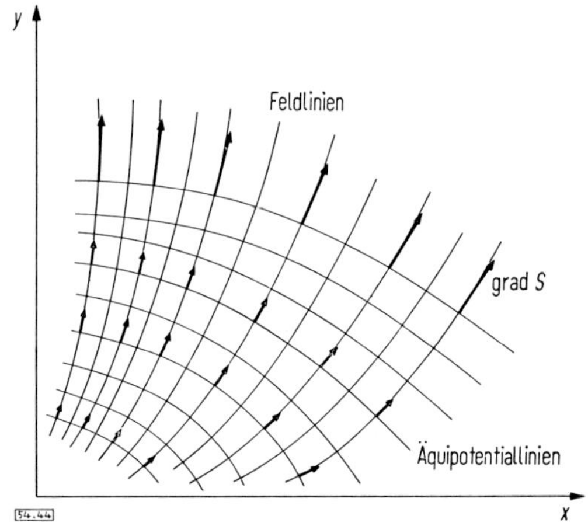

Abb. 44. Feldlinien und Äquipotentialflächen eines Vektorfeldes

Andererseits folgt aus Gl. (6–13) aber auch, daß die maximale Änderung von S beim Fortschreiten um eine Strecke $\mathrm{d}s$ dann auftritt, wenn man sich in Richtung des Gradienten von S bewegt. Der Vektor grad S gibt also die Richtung des „steilsten Anstiegs" der Ortsfunktion S.

Nicht jedes Vektorfeld $\vec{a}(\vec{r})$ läßt sich als Gradient eines Skalarfeldes auffassen. Notwendig dafür ist, daß die Integrabilitätsbedingungen

$$\frac{\partial a_y}{\partial x}=\frac{\partial a_x}{\partial y}\qquad \frac{\partial a_x}{\partial z}=\frac{\partial a_z}{\partial x}\qquad \frac{\partial a_z}{\partial y}=\frac{\partial a_y}{\partial z}\qquad (6-17)$$

erfüllt sind. Die zugehörige skalare Feldfunktion wird dann das *Potential* von $\vec{a}$ genannt. Man erhält sie, indem man $\vec{a}$ längs einer beliebigen Kurve $\vec{r}(s)=(x(s), y(s), z(s))$ integriert:

$$P=\int\limits_{s_0}^{s}\left(a_x\frac{\mathrm{d}x}{\mathrm{d}s}+a_y\frac{\mathrm{d}y}{\mathrm{d}s}+a_z\frac{\mathrm{d}z}{\mathrm{d}s}\right)\mathrm{d}s=\int\limits_{s_0}^{s}\vec{a}\cdot\mathrm{d}\vec{r} \qquad (6-18)$$

P ist nur bis auf eine additive Konstante bestimmbar.

Das Integral

$$(\mathfrak{C})\oint\vec{a}\cdot\mathrm{d}\vec{r} \qquad (6-19)$$

wird als die *Zirkulation* des Vektors $\vec{a}$ längs der geschlossenen Kurve $\mathfrak{C}$ bezeichnet. Falls $\vec{a}=\operatorname{grad}S$ ist, verschwindet die Zirkulation in jedem einfach zusammenhängenden Gebiet. Auch das Integral Gl. (6—18) läßt sich natürlich für jede beliebige Vektorfunktion $\vec{a}$ und jeden Integrationsweg auswerten; aber nur falls $\vec{a}$ Gradient einer Potentialfunktion ist, ist Gl. (6—18) von der Form des Weges $\vec{r}$ unabhängig.

Die Gradientenbildung führt von einem Skalarfeld durch Differentiation zu einem Vektorfeld. Umgekehrt läßt sich auch durch Differentiation aus einem Vektor- ein Skalarfeld erzeugen. Ist $\vec{a}=(a_x,a_y,a_z)$ ein Vektorfeld, so wird durch die Bildung der Divergenz

$$\operatorname{div}\vec{a}=\frac{\partial a_x}{\partial x}+\frac{\partial a_y}{\partial y}+\frac{\partial a_z}{\partial z} \qquad (6-20)$$

jedem Wert von $\vec{a}$ ein Skalar $\operatorname{div}\vec{a}$ zugeordnet. Wenn $\vec{v}$ der Vektor der Geschwindigkeit eines Volumelements V in einem kompressiblen Medium ist, bedeutet $\operatorname{div}\vec{v}$ die relative Volumveränderung $\mathrm{d}V/V$, welche V in der Zeit $\mathrm{d}t$ erfährt. Da gleichzeitig die Gesamtmasse dieses Volumelementes konstant bleiben muß, folgt aus

$$\mathrm{d}m/\mathrm{d}t=0=\frac{\mathrm{d}}{\mathrm{d}t}(\varrho V)=\frac{\mathrm{d}\varrho}{\mathrm{d}t}V+\varrho\frac{\mathrm{d}V}{\mathrm{d}t} \qquad (6-21)$$

daß

$$\frac{\mathrm{d}\varrho}{\mathrm{d}t}+\frac{1}{V}\cdot\frac{\mathrm{d}V}{\mathrm{d}t}\cdot\varrho=\frac{\mathrm{d}\varrho}{\mathrm{d}t}+\varrho\operatorname{div}\vec{v}=0 \qquad (6-22)$$

ist. Gl. (6—22) wird als *Kontinuitätsgleichung* bezeichnet.

Durch Differentiation kann aber auch aus einem Vektorfeld ein zweites Vektorfeld erzeugt werden. Bildet man für einen beliebigen Vektor $\vec{v}$ die Skalare

$$\frac{\partial v_y}{\partial x}-\frac{\partial v_x}{\partial y}=t \quad \frac{\partial v_x}{\partial z}-\frac{\partial v_z}{\partial x}=s \quad \frac{\partial v_z}{\partial y}-\frac{\partial v_y}{\partial z}=r \qquad (6-23)$$

so läßt sich zeigen, daß r, s und t als die Komponenten eines Vektors $\vec{z}$ aufgefaßt werden können. $\vec{z}$ ist ein Maß dafür, wie weit $\vec{v}$ von einem Gradienten abweicht, und wird als die *Rotation* von $\vec{v}$ bezeichnet:

$$\operatorname{rot}\vec{v}=r\cdot\vec{i}+s\cdot\vec{j}+t\cdot\vec{k}$$
$$=\left(\frac{\partial v_z}{\partial y}-\frac{\partial v_y}{\partial z}\right)\vec{i}+\left(\frac{\partial v_x}{\partial z}-\frac{\partial v_z}{\partial x}\right)\vec{j}+$$
$$+\left(\frac{\partial v_y}{\partial x}-\frac{\partial v_x}{\partial y}\right)\vec{k} \qquad (6-24)$$

Besonders einprägsam ist die Schreibweise

$$\operatorname{rot}\vec{v}=\begin{vmatrix}\vec{i}&\vec{j}&\vec{k}\\ \frac{\partial}{\partial x}&\frac{\partial}{\partial y}&\frac{\partial}{\partial z}\\ v_x&v_y&v_z\end{vmatrix} \qquad (6-25)$$

Formel Gl. (6—25) zeigt, daß mit dem Ausdruck $\left(\frac{\partial}{\partial x},\frac{\partial}{\partial y},\frac{\partial}{\partial z}\right)$ unter gewissen Umständen wie mit einem Vektor gerechnet werden darf. Man führt deshalb formal den Vektor *Nabla*

$$\nabla=\frac{\partial}{\partial x}\vec{i}+\frac{\partial}{\partial y}\vec{j}+\frac{\partial}{\partial z}\vec{k} \qquad (6-26)$$

ein; dann ist

$$\operatorname{rot}\vec{v}=\nabla\times\vec{v}\ \text{(gespr.: Nabla kreuz } v\text{)} \qquad (6-27)$$

$$\operatorname{div}\vec{v}=\nabla\cdot\vec{v} \qquad (6-28)$$

$$\operatorname{grad}\varphi=\nabla\varphi \qquad (6-29)$$

Die Verwendung des Nabla-Operators vereinfacht insbesondere die Schreibung mehrgliedriger Vektordifferentiationen oft erheblich.

Aus der Definition der Größen Gradient, Divergenz und Rotation folgen eine Reihe von Rechenregeln für die mehrfache Anwendung dieser Operationen: Sind f, g beliebige Skalar- und $\vec{v}, \vec{w}$ beliebige Vektorfunktionen, so ist

$$\operatorname{grad}(f+g)=\operatorname{grad}f+\operatorname{grad}g \qquad (6-30)$$

$$\operatorname{grad}(f\cdot g)=f\cdot\operatorname{grad}g+g\cdot\operatorname{grad}f \qquad (6-31)$$

$$\operatorname{div}(\vec{v}+\vec{w})=\operatorname{div}\vec{v}+\operatorname{div}\vec{w} \qquad (6-32)$$

$$\operatorname{rot}(\vec{v}+\vec{w})=\operatorname{rot}\vec{v}+\operatorname{rot}\vec{w} \qquad (6-33)$$

$$\operatorname{div}(f\cdot\vec{v})=\vec{v}\cdot\operatorname{grad}f+f\cdot\operatorname{div}\vec{v} \qquad (6-34)$$

$$\operatorname{rot}(f\cdot\vec{v})=(\operatorname{grad}f)\times\vec{v}+f\cdot\operatorname{rot}\vec{v} \qquad (6-35)$$

$$\operatorname{div}(\vec{v}\times\vec{w})=\vec{w}\cdot\operatorname{rot}\vec{v}+\vec{v}\cdot\operatorname{rot}\vec{w} \qquad (6-36)$$

Außerdem ist stets

$$\operatorname{rot}\operatorname{grad}f=0 \qquad (6-37)$$

$$\operatorname{div}\operatorname{rot}\vec{v}=0 \qquad (6-38)$$

Für

$$\operatorname{div}\operatorname{grad}f=\frac{\partial^2 f}{\partial x^2}+\frac{\partial^2 f}{\partial y^2}+\frac{\partial^2 f}{\partial z^2} \qquad (6-39)$$

ist die Abkürzung Δf üblich; Δ wird als LAPLACE-Operator bezeichnet, und formal ist auch $\Delta=\nabla^2$.

Schreitet man in einem Skalarfeld $\varphi(x,y,z)$ in Richtung eines Einheitsvektors $\vec{r}^{\,\circ}$ um eine infinitesimale Strecke $\mathrm{d}\vec{r}=(\mathrm{d}x,\mathrm{d}y,\mathrm{d}z)$ weiter, so ist nach Gl. (6—13) die Änderung von φ

$$\mathrm{d}\varphi=\frac{\partial\varphi}{\partial x}\mathrm{d}x+\frac{\partial\varphi}{\partial y}\mathrm{d}y+\frac{\partial\varphi}{\partial z}\mathrm{d}z \qquad (6-40)$$

Führt man dieselbe Überlegung für ein Vektorfeld $\vec{v}(x,y,z)$ durch, so ist

$$\mathrm{d}\vec{v}=\frac{\partial\vec{v}}{\partial x}\mathrm{d}x+\frac{\partial\vec{v}}{\partial y}\mathrm{d}y+\frac{\partial\vec{v}}{\partial z}\mathrm{d}z \qquad (6-41)$$

Im Gegensatz zu Gl. (6—40) sind aber die Ableitungen $\frac{\partial\vec{v}}{\partial x}, \frac{\partial\vec{v}}{\partial y}, \frac{\partial\vec{v}}{\partial z}$ jetzt auch Vektoren. Rechnet man Gl. (6—41) komponentenweise aus, so zeigt sich, daß folgende Schreibweise möglich ist:

$$\mathrm{d}\vec{v}=(\mathrm{d}\vec{r}\cdot\operatorname{grad})\vec{v}=(\mathrm{d}\vec{r}\cdot\nabla)\vec{v} \qquad (6-42)$$

Der Vektor

$$(\mathrm{d}\vec{r}\cdot\operatorname{grad})\vec{v}= \\ =(\operatorname{grad} v_x\cdot\mathrm{d}\vec{r},\ \operatorname{grad} v_y\cdot\mathrm{d}\vec{r},\ \operatorname{grad} v_z\cdot\mathrm{d}\vec{r}) \quad (6-43)$$

heißt Vektorgradient von $\vec{v}$ nach $\mathrm{d}\vec{r}$. Er läßt sich auf bekannte Vektorfunktionen zurückführen:

$$(\mathrm{d}\vec{r}\cdot\operatorname{grad})\vec{v}=\tfrac{1}{2}\big(\operatorname{rot}(\vec{v}\times\mathrm{d}\vec{r})+\operatorname{grad}(\vec{v}\mathrm{d}\vec{r})+ \\ +\mathrm{d}\vec{r}\cdot\operatorname{div}\vec{v}-\vec{v}\cdot\operatorname{div}(\mathrm{d}\vec{r})-\mathrm{d}\vec{r}\times\operatorname{rot}\vec{v}-\vec{v}\times\operatorname{rot}(\mathrm{d}\vec{r})\big) \quad (6-44)$$

In Koordinatenschreibweise lautet Gl. (6—41)

$$\begin{aligned} \mathrm{d}v_x &= \frac{\partial v_x}{\partial x}\mathrm{d}x+\frac{\partial v_x}{\partial y}\mathrm{d}y+\frac{\partial v_x}{\partial z}\mathrm{d}z \\ \mathrm{d}v_y &= \frac{\partial v_y}{\partial x}\mathrm{d}x+\frac{\partial v_y}{\partial y}\mathrm{d}y+\frac{\partial v_y}{\partial z}\mathrm{d}z \qquad (6-45) \\ \mathrm{d}v_z &= \frac{\partial v_z}{\partial x}\mathrm{d}x+\frac{\partial v_z}{\partial y}\mathrm{d}y+\frac{\partial v_z}{\partial z}\mathrm{d}z \end{aligned}$$

Jede Komponente des Vektors $\mathrm{d}\vec{v}$ ist eine lineare Funktion aller Komponenten des Vektors $\mathrm{d}\vec{s}$. Die neun Größen $(\partial v_x/\partial x)$, $(\partial v_x/\partial y)$ usw., welche diese lineare Abhängigkeit beschreiben, bilden die Komponenten eines Tensors. Über Tensorrechnung vgl. [22], über Tensoranalysis [2].

Auch der LAPLACE-Operator kann sinnvoll auf Vektoren angewendet werden, wenn man vereinbart:

$$\Delta\vec{v}=(\Delta v_x,\Delta v_y,\Delta v_z) \quad (6-46)$$

Es ist aber zu beachten, daß diese Festsetzung nur gültig ist, wenn v_x, v_y und v_z die Komponenten des Vektors $\vec{v}$ in Cartesischen Koordinaten sind. Gl. (6—46) wird verwendet in der für die Hydrodynamik wichtigen Formel

$$\operatorname{rot}\operatorname{rot}\vec{v}=\operatorname{grad}\operatorname{div}\vec{v}-\Delta\vec{v} \quad (6-47)$$

Gl. (6—47) kann umgekehrt dazu benutzt werden, um die Bedeutung von $\Delta\vec{v}$ in beliebigen, auch krummlinigen orthogonalen Koordinaten festzulegen, wo die Bedeutung von rot rot $\vec{v}$ und grad div $\vec{v}$ stets ermittelt werden kann. Über die Berechnung von Gradient, Divergenz usw. in anderen als Cartesischen Koordinaten vgl. [4].

6.3. Integration von Vektorfunktionen; Integralsätze von Gauß, Green und Stokes

Integrale über vektorielle Feldfunktionen können als Linienintegrale längs einer Kurve im Raum, als Flächenintegrale über eine Raumfläche und als Volumenintegrale über einen räumlichen Bereich erstreckt werden. Dabei können aber auch die Wegdifferentiale bzw. Flächendifferentiale vektoriell aufgefaßt werden.

Unter dem vektoriellen Wegdifferential $\mathrm{d}\vec{s}$ versteht man einen Vektor mit der Länge $\mathrm{d}s$, der in jedem Punkt die Richtung der Tangente an die Kurve $\vec{r}(s)$ hat. Für eine geschlossene Kurve der Länge L ist

$$\oint\mathrm{d}\vec{s}=0 \quad (6-48)$$

aber

$$\oint\mathrm{d}s=L \quad (6-49)$$

Unter dem vektoriellen Flächendifferential $\mathrm{d}\vec{f}$ versteht man einen Vektor vom Betrag $\mathrm{d}f$, welcher die Richtung der Normalen $\vec{n}$ auf dem Flächenstück $\mathrm{d}f$ hat. Diese Definition ist sinnvoll, weil nach (5.1) jedem Parallelogramm eindeutig ein Vektor als Repräsentant zugeordnet werden kann. Bei geschlossenen Flächen ist als Normalenrichtung die in den Außenraum der Fläche weisende festgelegt; damit ist dann

$$\oint\mathrm{d}\vec{f}=0 \quad (6-50)$$

aber

$$\oint\mathrm{d}f=O\ (O\text{: Oberfläche}) \quad (6-51)$$

Von praktischer Bedeutung sind dann folgende Formen von Integralen über vektoriellen Feldfunktionen:

a) Das Linienintegral

$$\int_{\mathfrak{C}}(\vec{a}\,\mathrm{d}\vec{s}) \quad (6-52)$$

längs einer Kurve $\mathfrak{C}$.

Z. B. gilt für die Arbeit A, welche eine Kraft $\vec{K}$ längs einer Kurve $\mathfrak{C}$ leistet:

$$A=\int_{\mathfrak{C}}\vec{K}\,\mathrm{d}\vec{s} \quad (6-53)$$

b) Das Flächenintegral

$$\int_{(F)}(\vec{a}\,\mathrm{d}\vec{f}) \quad (6-54)$$

über eine Fläche F.

Z. B. gilt für den Fluß $\dot{V}\left[\frac{\text{Volumen}}{\text{Zeit}}\right]$ eines strömenden Mediums mit der örtlich variablen Geschwindigkeit $\vec{v}$ durch eine Fläche F

$$\dot{V}=\int_{(F)}\vec{v}\,\mathrm{d}\vec{f}=\int_{(F)}v_n\,\mathrm{d}f \quad (6-55)$$

v_n ist dabei diejenige Komponente von $\vec{v}$, die in die Richtung von $\vec{n}$ fällt.

Integrale der Form Gl. (6—52) werden nach Formel Gl. (6—18) berechnet.

Integrale der Form Gl. (6—56) werden berechnet nach der Formel

$$\int_{(F)}\vec{a}\,\mathrm{d}\vec{f}=\int_{(F_{yz})}a_x\,\mathrm{d}y\,\mathrm{d}z+\int_{(F_{zx})}a_y\,\mathrm{d}z\,\mathrm{d}x+\int_{(F_{xy})}a_z\,\mathrm{d}x\,\mathrm{d}y \quad (6-56)$$

F_{yz}, F_{zx} und F_{xy} sind die Projektionen von F auf die $y-z$-, $z-x$- und $x-y$-Ebene. Geschlossene Flächen müssen zunächst durch einen Schnitt längs der jeweiligen Meridiankurve in zwei Einzelflächen zerlegt werden (vgl. Abb. 45). Will man z. B. für die in Abb. 45 abgebildete Fläche das Teilintegral

$$\int_{(F_{yz})}a_x\,\mathrm{d}y\,\mathrm{d}z$$

berechnen und sind F_{yz}^1 und F_{yz}^2 die Projektionen der beiden Teilflächen 1 und 2 auf die $y-z$-Ebene, so ist

$$\int_{(F_{yz})}a_x\,\mathrm{d}y\,\mathrm{d}z=\int_{(F_{yz}^1)}a_x\,\mathrm{d}y\,\mathrm{d}z-\int_{(F_{yz}^2)}a_x\,\mathrm{d}y\,\mathrm{d}z \quad (6-57)$$

denn bei der Fläche 1 bildet die Normale $\vec{n}$ mit der positiven x-Achse einen spitzen Winkel, also ist $\cos(\vec{n},\vec{i})>0$, bei der Fläche 2 dagegen einen stumpfen Winkel, so daß $\cos(\vec{n},\vec{i})<0$ ist. Entsprechendes gilt für die beiden anderen Teilintegrale von Gl. (6—56).

Für die Praxis von größter Bedeutung ist, daß die im allg. sehr mühsame Berechnung des Integrals einer Vektorfunktion $\vec{a}$ über eine geschlossene Fläche F ersetzt werden kann durch ein leichter auswertbares Volumintegral

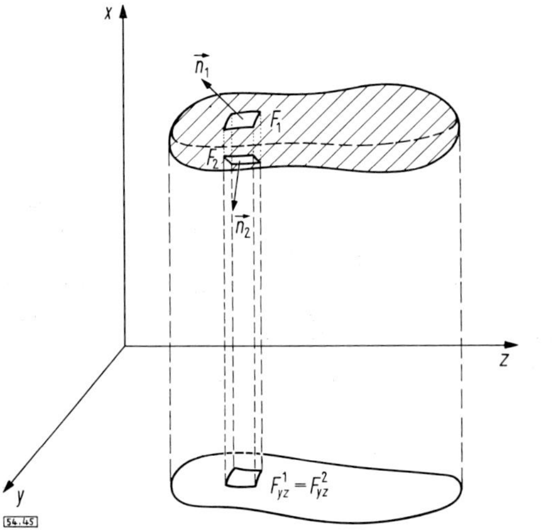

Abb. 45. Berechnung des Flächenintegrals eines Vektors

über das von F umschlossene Volumen V. Ist F eine glatte Fläche, so gilt der Satz von GAUSS:

$$\int_F \vec{a}\,\mathrm{d}\vec{f} = \int_V \operatorname{div}\vec{a}\,\mathrm{d}v \qquad (6-58)$$

oder in Koordinatenschreibweise:

$$\int_V \left(\frac{\partial a_x}{\partial x} + \frac{\partial a_y}{\partial y} + \frac{\partial a_z}{\partial z}\right)\mathrm{d}v = \int_F (a_x \cos(n,x) + a_y \cos(n,y) + a_z \cos(n,z))\,\mathrm{d}f \qquad (6-59)$$

$\cos(n,x)$ ist dabei der Cosinus des Winkels der äußeren Normalen mit der positiven x-Richtung usw.

Äquivalente Schreibweisen sind

$$\int_V \operatorname{grad}\varphi\,\mathrm{d}v = \int_F \varphi\vec{n}\,\mathrm{d}f \qquad (6-60)$$

$$\int_V \Delta\varphi\,\mathrm{d}v = \int_F (\vec{n}, \operatorname{grad}\varphi)\,\mathrm{d}f = \int_F \frac{\partial\varphi}{\partial n}\,\mathrm{d}f \qquad (6-61)$$

Beispiel: Gesucht ist das Integral des Vektors

$\vec{a} = \vec{r} = (x, y, z)$

über der Oberfläche des Würfels

$0 \leqslant x \leqslant 1$

$0 \leqslant y \leqslant 1$

$0 \leqslant z \leqslant 1$

Direkte Auswertung des Flächenintegrals ergibt

$$\int_F \vec{a}\,\mathrm{d}\vec{f} = \int_0^1\int_0^1 1\cdot\mathrm{d}y\,\mathrm{d}z - \int_0^1\int_0^1 0\cdot\mathrm{d}y\,\mathrm{d}z + \int_0^1\int_0^1 1\cdot\mathrm{d}x\,\mathrm{d}y - \int_0^1\int_0^1 0\cdot\mathrm{d}x\,\mathrm{d}z + \int_0^1\int_0^1 1\cdot\mathrm{d}x\,\mathrm{d}y - \int_0^1\int_0^1 0\cdot\mathrm{d}x\,\mathrm{d}z = 3$$

Statt dessen kann auch $\int_v \operatorname{div}\vec{a}\,\mathrm{d}v$ ausgerechnet werden und ergibt

$$\int_0^1\int_0^1\int_0^1 \operatorname{div}\vec{a}\,\mathrm{d}x\,\mathrm{d}y\,\mathrm{d}z = \int_0^1\int_0^1\int_0^1 3\,\mathrm{d}x\,\mathrm{d}y\,\mathrm{d}z = 3$$

Der GAUSSsche Satz läßt sich auch auf zweidimensionale Probleme übertragen und lautet dann

$$\int_{\mathfrak{C}} \vec{a}(\vec{n}\,\mathrm{d}s) = \int_F \operatorname{div}\vec{a}\,\mathrm{d}f \qquad (6-62)$$

oder

$$\int_F \left(\frac{\partial a_x}{\partial x} + \frac{\partial a_y}{\partial y}\right)\mathrm{d}f = \int_{\mathfrak{C}} \left(a_x\cos(n,x) + a_y\cos(n,y)\right)\mathrm{d}s \qquad (6-63)$$

wobei $\vec{a} = (a_x, a_y)$ ein zweidimensionaler Vektor, $\vec{n}$ der Normaleneinheitsvektor im betrachteten Kurvenpunkt und $\mathfrak{C}$ eine geschlossene glatte Kurve, welche F umschließt, ist.

Beispiel: $\vec{a} = (x, y)$ soll über den Kreis $x^2 + y^2 = r^2$ integriert werden.

Es ist

$$\int_{\mathfrak{C}} \vec{a}\vec{n}\cdot\mathrm{d}s = \int_0^{2\pi}\left(r\cdot\cos\varphi\,\frac{\cot\varphi}{\sqrt{1+\cot^2\varphi}} + r\cdot\sin\varphi\,\frac{1}{\sqrt{1+\cot^2\varphi}}\right) r\,\mathrm{d}\varphi$$

$$= \int_0^{2\pi}(r\cos^2\varphi + r\sin^2\varphi)r\,\mathrm{d}\varphi = 2\pi r^2$$

aber auch

$$= \int_F 2\cdot\mathrm{d}f = 2\pi r^2$$

Praktisch viel häufiger als diese Umwandlung eines Linien- in ein Flächenintegral wird eine andere benutzt, welche als Satz von STOKES bezeichnet wird. Ist $\vec{a}$ ein beliebiger Vektor, $\mathfrak{C}$ eine geschlossene Raumkurve und F eine beliebige, von $\mathfrak{C}$ begrenzte Fläche, so ist

$$\oint_{\mathfrak{C}} \vec{a}\cdot\mathrm{d}\vec{s} = \int_F \operatorname{rot}\vec{a}\cdot\mathrm{d}\vec{f} \qquad (6-64)$$

Das skalare Umlaufintegral des Vektors $\vec{a}$ ist also gleich dem Fluß seiner Rotation durch die Fläche F. Im Cartesischen Koordinaten lautet

$$\int_{\mathfrak{C}} (a_x\mathrm{d}x + a_y\mathrm{d}y + a_z\mathrm{d}z) = \int_F \left(\left(\frac{\partial a_z}{\partial y} - \frac{\partial a_y}{\partial z}\right)\mathrm{d}y\,\mathrm{d}z + \left(\frac{\partial a_x}{\partial z} - \frac{\partial a_z}{\partial x}\right)\mathrm{d}x\,\mathrm{d}z + \left(\frac{\partial a_y}{\partial x} - \frac{\partial a_x}{\partial y}\right)\mathrm{d}x\,\mathrm{d}y\right) \qquad (6-65)$$

Ist die begrenzte Fläche eben, also $\mathrm{d}z = 0$, so folgt daraus die GREENsche Formel

$$\int_{\mathfrak{C}} (a_x\mathrm{d}x + a_y\mathrm{d}y) = \int_F \left(\frac{\partial a_y}{\partial x} - \frac{\partial a_x}{\partial y}\right)\mathrm{d}x\,\mathrm{d}y \qquad (6-66)$$

Durch Spezialisierung der Vektorfunktion $\vec{a}$ gewinnt man aus dem Satz von GAUSS den ersten, zweiten und dritten Integralsatz von GREEN:

1. $$\int_F u \cdot \operatorname{grad} w \cdot d\vec{f} = \int_V \big(u \Delta w + (\operatorname{grad} u, \operatorname{grad} w)\big) d v \qquad (6-67)$$

2. $$\int_F (u \cdot \operatorname{grad} w - w \cdot \operatorname{grad} u) d\vec{f} = \int_V (u \Delta w - w \Delta u) d v \qquad (6-68)$$

3. $$\int_F \operatorname{grad} u \, d\vec{f} = \int_V \Delta u \, d v \qquad (6-69)$$

wobei u und w beliebige Skalarfunktionen sind.

7. Differentialgleichungen

Ergänzende Literatur zu Kap. 7 siehe [2], [4], [8], [12], [13], [23], [24], [25], [26], [27].

7.1. Grundbegriffe

Nur wenige Gesetzmäßigkeiten der Physik und Chemie lassen sich quantitativ von vornherein so formulieren, daß für die interessierende Größe y eine Funktion $f(x_1, \ldots, x_n)$ irgendwelcher Variablen $x_1, \ldots, x_n$ angegeben werden kann. Meistens läßt sich zunächst nur eine Gleichung aufstellen, welche die Änderung der Meßgröße y als Funktion der Zeit, des Ortes oder anderer Einflußgrößen mit der Meßgröße selbst verknüpft.

So ist bei einer Reaktion erster Ordnung die Abnahmegeschwindigkeit der Konzentration c proportional zu c selbst, also

$$-\frac{dc}{dt} = kc \qquad (7-1)$$

bei der Schwingung einer Masse m an einer Feder mit der Federkonstante k die Änderung der Geschwindigkeit von m proportional zum Ausschlag x:

$$m \frac{d^2 x}{dt^2} = -kx \qquad (7-2)$$

Gleichungen dieser Art zwischen einer gesuchten Funktion, einer endlichen Anzahl ihrer Ableitungen und gegebenenfalls der unabhängigen Variablen heißen Differentialgleichungen. Ist die gesuchte Funktion nur von einer Variablen abhängig, spricht man von einer *gewöhnlichen Differentialgleichung*; ist die gesuchte Größe eine Funktion von zwei oder mehr Variablen (so daß die in der Gleichung auftretenden Ableitungen partielle Ableitungen sind), so spricht man von einer *partiellen Differentialgleichung*.

Eine gewöhnliche Differentialgleichung hat daher allgemein die Form

$$F(z, z', z'', z''', \ldots, z^{(n)}, x) = 0 \qquad (7-3)$$

eine partielle Differentialgleichung in zwei Variablen x, y die Form

$$G\left(z, \frac{\partial z}{\partial x}, \frac{\partial z}{\partial y}, \frac{\partial^2 z}{\partial x^2}, \frac{\partial^2 z}{\partial x \partial y}, \frac{\partial^2 z}{\partial y^2}, \ldots, \frac{\partial^{(n)} z}{\partial x^n}, \frac{\partial^{(n)} z}{\partial y^n}, \ldots, x, y\right) = 0 \qquad (7-4)$$

Die höchste vorkommende Ableitung bestimmt die Ordnung n der Differentialgleichung. Treten die abhängige Variable z und ihre Ableitungen nur in der ersten Potenz und nicht miteinander multipliziert auf, so heißt die Differentialgleichung *linear*, andernfalls *nichtlinear* (bei partiellen Differentialgleichungen ist die Linearität etwas anders definiert, vgl. S. 518). Eine geschlossene Lösungstheorie gibt es nur für lineare Differentialgleichungen.

Beispiele:

	Typ	Ordnung	linear	Form der Lösung
a) $-\frac{dc}{dt} = kc$	gew. Diffgl.	1	ja	$c = c(t)$
b) $-\frac{dc}{dt} = kc^2$	gew. Diffgl.	1	nein	$c = c(t)$
c) $-\frac{dc}{dt} = kct^2$	gew. Diffgl.	1	ja	$c = c(t)$
	(denn Produkte der abhängigen und der unabhängigen Variablen schränken die Linearität nicht ein)			
d) $\frac{d^2 x}{dt^2} = \sin t$	gew. Diffgl.	2	ja	$x = x(t)$
e) $\frac{\partial^3 x}{\partial t^3} + x \frac{\partial x}{\partial y} = 0$	part. Diffgl.	3	nein	$x = x(y, t)$
f) $\frac{\partial^2 v}{\partial x^2} + \frac{\partial^2 v}{\partial y^2} = f(x, y)$	part. Diffgl.	2	ja	$v = v(x, y)$

Eine Differentialgleichung heißt *homogen*, wenn sie keinen Term enthält, der die gesuchte Funktion oder eine ihrer Ableitungen nicht enthält. a), b), c) und e) sind homogene Differentialgleichungen, d) und f) dagegen sind inhomogen. Eine homogene Differentialgleichung hat immer die „triviale" Lösung $z = 0$.

Die Bezeichnung „homogen" wird in der Theorie der Differentialgleichungen in drei verschiedenen Bedeutungen verwendet:

1. Eine Differentialgleichung $F(y, y', y'', \ldots, x) = 0$ heißt homogen, wenn sie von der Form

   $$f_n(x)y^{(n)} + f_{n-1}(x)y^{(n-1)} + \ldots + f_1(x)y' + f_0(x)y = 0$$

   ist.
2. Sie heißt gleichdimensional (oder homogen), wenn sie von der Form

   $$A_n x^n y^{(n)} + A_{n-1} x^{n-1} y^{(n-1)} + \ldots + A_1 x y' + A_0 y = f(x)$$

   ist, wobei die A_i Konstanten sind.
3. Eine Differentialgleichung erster Ordnung der Form $a(x,y)y' = b(x,y)$ heißt homogen, wenn $a(x,y)$, $b(x,y)$ homogene Funktionen gleichen Grades in x sind:

   $$a(tx, ty) = t^\alpha a(x,y); \; b(tx, ty) = t^\alpha b(x,y)$$

Statt nur einer Differentialgleichung (7−3) bzw. (7−4) für eine gesuchte Funktion z können auch m derartige Gleichungen für die j Unbekannten $z_1, z_2, \ldots, z_j$ vorliegen. In diesem Fall spricht man von einem *System* von Differentialgleichungen. Z. B. ist

$$\frac{\mathrm{d}z_1}{\mathrm{d}t} = k_1 z_1 + k_2 z_2$$

$$\frac{\mathrm{d}z_2}{\mathrm{d}t} = k_3 z_1 + k_4 z_2 \qquad (7-5)$$

ein System von zwei gewöhnlichen Differentialgleichungen für die gesuchten Funktionen z_1, z_2. Ist $m = j$, heißt das System bestimmt, ist $m < j$, unterbestimmt, ist $m > j$, überbestimmt. Im allg. hat nur ein bestimmtes System eine eindeutige Lösung.

Eine gewöhnliche Differentialgleichung n-ter Ordnung $F(z, z', z'', \ldots, z^{(n)}, x) = 0$ kann stets durch Einführung neuer Funktionen

$$u_1 = z' \;\; u_2 = z'' \ldots u_n = z^{(n)} \qquad (7-6)$$

in ein System von n Differentialgleichungen erster Ordnung umgewandelt werden. Entsprechendes gilt für eine partielle Differentialgleichung n-ter Ordnung. Umgekehrt kann dagegen im allg. nur aus einem System von m gewöhnlichen Differentialgleichungen erster Ordnung eine gewöhnliche Differentialgleichung m-ter Ordnung hergestellt werden. Die Begriffe „linear" und „homogen" sind auf Systeme von Differentialgleichungen anwendbar, falls sie für jede einzelne Differentialgleichung des Systems zutreffen.

Eine Differentialgleichung hat im allg. mehrere Lösungen. Die Gesamtheit aller Lösungen einer Differentialgleichung nennt man ihr *Integral* und jede spezielle Lösung aus dieser Gesamtheit ein *partikuläres* Integral. Bei einer linearen gewöhnlichen Differentialgleichung n-ter Ordnung bildet das Integral eine n-parametrige Kurvenschar $F(x, y, c_1, \ldots, c_n) = 0$; umgekehrt gehört zu jeder n-parametrigen Kurvenschar auch eine gewöhnliche Differentialgleichung n-ter Ordnung.

Beispiel:

$$(y - y_0)^2 + (x - x_0)^2 = r^2 \qquad (7-7)$$

ist die dreiparametrige Schargleichung aller Kreise in der $x-y$-Ebene. Dreimalige Differentiation von Gl. (7−7) liefert nacheinander

$$2(y - y_0)y' + 2(x - x_0) = 0 \qquad (7-8)$$

$$(y - y_0)y'' + (y')^2 + 1 = 0 \qquad (7-9)$$

$$(y - y_0)y''' + 3y'y'' = 0 \qquad (7-10)$$

Mit Gl. (7−7) bis (7−9) können die Parameter x_0, y_0 und r eliminiert werden; damit wird aus Gl. (7−10) die gewöhnliche nichtlineare Differentialgleichung dritter Ordnung

$$y'''(1 + (y')^2) - 3y'(y'')^2 = 0 \qquad (7-11)$$

der alle Kreise Gl. (7−7) genügen müssen.

Eine nichtlineare Differentialgleichung, z. B. Gl. (7−11), kann aber außer der ursprünglich vorgelegten Kurvenschar, hier Gl. (7−7), weitere partikuläre Integrale haben, die sich nicht durch spezielle Wahl der Parameter der Kurvenschar ergeben. Beispielsweise hat Gl. (7−11) neben der Kreisschar Gl. (7−7) als Lösung auch alle Geraden $y = a + bx$ (a, b beliebig). Derartige Integrale heißen *singulär*.

Aus der Gesamtheit der Integralkurven muß dasjenige partikuläre Integral ermittelt werden, welches Lösung des gegebenen technischen Problems ist. Je nach der Art, in der die spezielle Lösung durch zusätzliche Angaben festgelegt wird, unterscheidet man bei einer gewöhnlichen Differentialgleichung n-ter Ordnung folgende Fälle:

Anfangswertprobleme: Dabei sind in einem Punkt x_0 der Wert $z(x_0)$ und die Werte der Ableitungen $z'(x_0)$, $z''(x_0), \ldots, z^{(n-1)}(x_0)$ gegeben. Ein Anfangswertproblem ist praktisch immer lösbar.

Randwertprobleme: Hier sind in zwei Punkten x_0 und x_1 insgesamt n Angaben über die Funktion $z(x)$ und ihre Ableitungen bis zur $(n-1)$-ten Ordnung gemacht. Randwertprobleme sind häufig nur für bestimmte Werte der Koeffizienten der Differentialgleichung, die *Eigenwerte* dieser Gleichung, lösbar.

Neben diesen beiden Möglichkeiten können partikuläre Integrale auch durch andere Forderungen spezifiziert werden, etwa dadurch, daß die Lösung gewisse Periodizitätseigenschaften haben soll, daß sie in einem bestimmten Punkt endlich oder in eine Potenzreihe entwickelbar sein soll usw.

Unübersichtlicher sind die Verhältnisse bei partiellen Differentialgleichungen. Das Integral einer partiellen Differentialgleichung m-ter Ordnung in p unabhängigen Variablen $x_1, \ldots, x_p$ enthält m willkürliche Funktionen Φ_m von $p-1$ Variablen $u_1, \ldots, u_{p-1}$, die im allg. Kombinationen der unabhängigen Variablen sind:

$$z = f(x_1, \ldots, x_p) + \Phi_1(u_1, \ldots, u_{p-1}) + \\ + \ldots + \Phi_m(u_1, \ldots, u_{p-1}) \quad (7-12)$$

So hat etwa die Gleichung

$$\frac{\partial z}{\partial x} = 2x + 3y \quad (7-13)$$

die allgemeine Lösung

$$z = x^2 + 3xy + \Phi(y) \quad (7-14)$$

Bei partiellen Differentialgleichungen erster Ordnung wird außerdem der Begriff der *vollständigen Lösung* verwendet; sie enthält die unabhängigen Variablen und p willkürliche Konstanten. Bei einer partiellen Differentialgleichung erster Ordnung in zwei unabhängigen Variablen x und y stellt die vollständige Lösung $\varphi(x,y,z,a,b) = 0$ eine zweiparametrige Flächenschar dar, und umgekehrt gehört auch zu jeder zweiparametrigen Flächenschar eine partielle Differentialgleichung erster Ordnung. So kann Gl. (7 – 13) als Differentialgleichung der Flächenschar

$$z = x^2 + 3xy + ay^2 + b \quad (7-15)$$

aufgefaßt werden; Gl. (7 – 15) ist ein vollständiges Integral zu Gl. (7 – 13). Die allgemeine Lösung Gl. (7 – 14) umfaßt aber noch weitere als die in Gl. (7 – 15) enthaltenen Funktionen, z. B. $z = x^2 + 3xy + y^3$ oder $z = x^2 + 3xy - e^y + 4$.

Wie bei gewöhnlichen Differentialgleichungen lassen sich auch für partielle Differentialgleichungen Anfangs- und Randwertprobleme formulieren. Im Gegensatz zu gewöhnlichen Differentialgleichungen ist aber das Anfangswertproblem nicht generell dadurch definierbar, daß man die Werte der Funktion $z(x,y)$ auf einer Anfangskurve vorgibt. Setzt man in Gl. (7 – 13) etwa fest, daß $z = 0$ sein soll auf der Geraden $y = x$, so ergibt sich die spezielle Lösung

$$z = x^2 + 3xy - 4y^2 \quad (7-16)$$

Verlangt man dagegen, daß $z = 0$ sein solle auf der Geraden $y = c$, so läßt sich $\Phi(y)$ aus

$$0 = x^2 + 3xc + \Phi(c) \quad (7-17)$$

nicht spezifizieren. Auch Randwertprobleme lassen sich im allg. nur für bestimmte Eigenwerte der gegebenen partiellen Differentialgleichung lösen.

Streng genommen ist eine Differentialgleichung (7 – 3) und (7 – 4) erst dann gelöst, wenn es gelingt, eine Kombination bekannter Funktionen wie x^n, $\sin x$, $\ln x$ usw. anzugeben, welche, in Gl. (7 – 3) bzw. Gl. (7 – 4) eingesetzt, diese Gleichungen zu einer Identität macht. Diese Forderung ist aber zu weitgehend, weil schon die primitive Differentialgleichung

$$y' = f(x), \text{ also } y = \int f(x)\,dx \quad (7-18)$$

nicht in jedem Fall geschlossen lösbar ist (vgl. Abschn. 7.1). Deshalb nennt man eine gewöhnliche Differentialgleichung (7 – 3) gelöst, sobald ihr allgemeines Integral in der Form Gl. (7 – 18) dargestellt werden kann, und eine partielle Differentialgleichung gelöst, sobald das Problem auf die Lösung einer gewöhnlichen Differentialgleichung zurückgeführt ist.

7.2. Anfangswertprobleme bei gewöhnlichen Differentialgleichungen

7.2.1. Existenz und Eindeutigkeit der Lösung

Wegen der Äquivalenz einer Differentialgleichung beliebiger Ordnung mit einem System von Differentialgleichungen erster Ordnung kann man sich bei Existenzfragen auf Differentialgleichungen erster Ordnung $y' = f(x,y)$ beschränken. Lautet die Anfangsbedingung $y(x_0) = y_0$, so hat das so definierte Anfangsproblem bereits dann eine Lösung, wenn die Funktion $f(x,y)$ im Punkt (x_0, y_0) stetig ist.

Die Existenz einer Lösung eines gegebenen Anfangswertproblems garantiert aber nicht auch ihre Eindeutigkeit. Beispielsweise hat das Anfangswertproblem

$$y' = y^{2/3} \quad y(0) = 0 \quad (7-19)$$

als Lösung sowohl die Parabel $y = \frac{1}{27}x^3$ als auch die Gerade $y = 0$. Bei gewöhnlichen Differentialgleichungen n-ter Ordnung $y^{(n)} = f(x,y,y',\ldots,y^{(n-1)})$ ist die Eindeutigkeit der Lösung durch einen Anfangspunkt $(x_0, y_0, y'_0, \ldots, y_0^{(n-1)})$ dann gesichert, wenn die sog. LIPSCHITZ-Bedingung erfüllt ist. Etwas verschärft bedeutet dies, daß im Punkt $(x_0, y_0, y'_0, \ldots, y_0^{(n-1)})$ die partiellen Ableitungen

$$\frac{\partial f}{\partial y}, \frac{\partial f}{\partial y'}, \frac{\partial f}{\partial y''}, \ldots, \frac{\partial f}{\partial y^{(n-1)}}$$

stetig sein müssen. Für $y' = y^{2/3}$ ist beispielsweise $\frac{\partial f}{\partial y} = \frac{2}{3}y^{1/3}$, und dies ist im Punkt (0,0) nicht stetig.

Wichtiger noch ist, daß bei Erfülltsein der LIPSCHITZ-Bedingung die Lösungen von $y^{(n)} = f(x,y,y',\ldots,y^{(n-1)})$ auch stetige Funktionen der Anfangsbedingungen oder irgendwelcher in der Differentialgleichung enthaltener Koeffizienten sind; werden diese Größen geringfügig geändert, dann unterscheiden sich auch die zugehörigen Lösungskurven in ihrem Verlauf nur wenig. Da in der Praxis die Anfangsbedingungen und die Koeffizienten normalerweise aus Messungen resultieren und daher fehlerbehaftet sind, ist diese stetige Abhängigkeit der Lösungskurven entscheidend für die Signifikanz der Lösung.

7.2.2. Geometrische Bedeutung der Lösungskurvenschar bei Differentialgleichungen erster Ordnung

Durch

$$y' = f(x,y) \quad (7-20)$$

ist jedem Punkt eines Gebietes eine Steigung, eben y', zugeordnet, die man durch ein kleines, dem Trägerpunkt (x,y) aufgesetztes Linienelement mit der Steigung y' darstellen kann. Die Lösungen von Gl. (7−20) sind dann diejenigen Kurven $y = y(x)$, deren Tangentenrichtung in jedem Punkt (x,y) mit der durch Gl. (7−20) gegebenen Richtung des Linienelementes übereinstimmt.

Differentialgleichungen können auch implizit als

$$F(x,y,y') = 0 \tag{7−21}$$

gegeben sein (etwa: $\exp(xy') + yy' = 0$). Falls in dem betrachteten Trägerpunkt Gl. (7−21) eindeutig nach y' aufgelöst werden kann, ist Gl. (7−21) zumindest lokal einer expliziten Differentialgleichung (7−20) gleichwertig. Hinreichend dafür, daß diese Auflösung stattfinden kann, ist nach S. 486

$$F_{y'}(x,y,y') \neq 0 \tag{7−22}$$

Punkte, in denen Gl. (7−22) erfüllt ist, heißen regulär; Punkte, in denen die Auflösung von Gl. (7−21) nach y' nicht möglich ist, heißen singulär.

Setzt man $y' = \text{const} = c$, so folgt aus Gl. (7−20)

$$c = f(x,y) \tag{7−23}$$

Dies ist eine implizite Gleichung der Funktion, welche alle Trägerpunkte (x,y) mit gleicher Steigung c verbindet. Derartige Kurven heißen Isoklinen. Die Konstruktion der Isoklinenfelder gibt bei Differentialgleichungen erster Ordnung häufig schon einen guten Überblick über den Verlauf der Lösungskurven. Abb. 46 zeigt als Beispiel das Isoklinenfeld der Differentialgleichung $y' = 3y/x$. Alle Trägerpunkte mit Linienelementen der Steigung m liegen auf der Geraden $y = \frac{m}{3}x$. Das Integral der Gleichung lautet $y = Cx^3$.

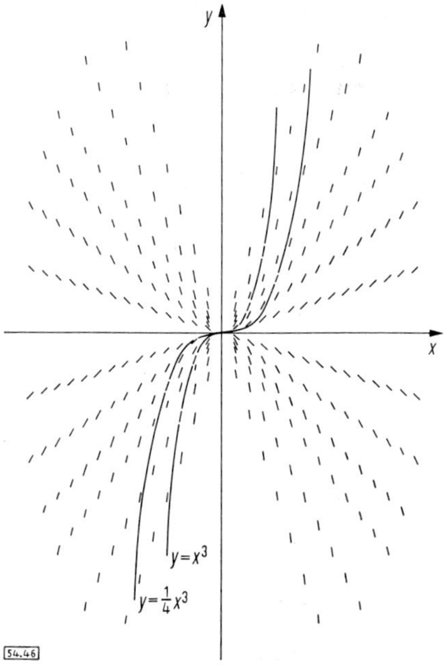

Abb. 46. Isoklinenfeld der Differentialgleichung $y' = 3y/x$

Die Lösungen eines Systems von Differentialgleichungen erster Ordnung

$$\begin{aligned} \frac{dy_1}{dx} &= f_1(y_1,y_2,\ldots,y_k,x) \\ \frac{dy_2}{dx} &= f_2(y_1,y_2,\ldots,y_k,x) \\ &\ldots\ldots\ldots\ldots \\ \frac{dy_k}{dx} &= f_k(y_1,y_2,\ldots,y_k,x) \end{aligned} \tag{7−24}$$

können als die Koordinaten $(y_1,\ldots,y_k,x)$ eines Punktes im $(k+1)$-dimensionalen Raum aufgefaßt werden. In Abhängigkeit von x beschreibt dieser Punkt eine Integralkurve durch einen gegebenen Anfangspunkt. Sie können aber auch als die Koordinaten $(y_1,\ldots,y_k)$ eines Punktes in einem k-dimensionalen Raum, dem Phasenraum, gedeutet werden. Dort beschreibt dieser Punkt in Abhängigkeit von dem Parameter x eine sog. *Trajektorie.*

Beispiel: Das System

$$\frac{dy_1}{dt} = ty_1 - y_2 \qquad \frac{dy_2}{dt} = 2y_1 \qquad y_1(0) = 0 \tag{7−25}$$

hat die allgemeine Lösung

$$y_1 = Ct \quad y_2 = C(t^2 - 1) \tag{7−26}$$

Die Integralkurven in einem dreidimensionalen Raum mit den Koordinaten (y_1,y_2,t) sind Parabeln. Durch Eliminierung von t erhält man als Gleichung der Trajektorien im zweidimensionalen Phasenraum

$$y_1^2 = C(y_2 + C) \tag{7−27}$$

also ebenfalls Parabeln. Die Beschreibung eines Systems Gl. (7−24) durch Trajektorien im Phasenraum ist insbes. für sog. autonome Systeme zu empfehlen, bei denen die Funktionen $f_1\ldots f_k$ nicht explizit von der unabhängigen Variablen x abhängen.

7.2.3. Differentialgleichungen erster Ordnung

Die Gleichungen lauten explizit

$$y' = f(x,y) \tag{7−28}$$

oder auch

$$a(x,y)\,dy + b(x,y)\,dx = 0 \quad f(x,y) = -\frac{b(x,y)}{a(x,y)} \tag{7−29}$$

und sind immer lösbar, wenn

$$\frac{\partial a(x,y)}{\partial x} = \frac{\partial b(x,y)}{\partial y} \tag{7−30}$$

Falls Gl. (7−30) gilt, ist Gl. (7−29) ein vollständiges Differential

$$a(x,y)\,\mathrm{d}y + b(x,y)\,\mathrm{d}x = \frac{\partial f(x,y)}{\partial x}\,\mathrm{d}x + \frac{\partial f(x,y)}{\partial y}\,\mathrm{d}y = \mathrm{d}f(x,y) \quad (7-31)$$

und die Lösung von Gl. (7−29) lautet

$$f(x,y) = c \quad (7-32)$$

Die Differentialgleichung (7−28) bzw. (7−29) heißt dann exakt.

Ist Gl. (7−28) bzw. Gl. (7−29) nicht exakt, so gibt es immer einen *integrierenden Faktor* $\mu(x,y)$, so daß

$$\big(\mu(x,y)\cdot a(x,y)\big)\,\mathrm{d}y + \big(\mu(x,y)\cdot b(x,y)\big)\,\mathrm{d}x = 0 \quad (7-33)$$

eine exakte Differentialgleichung ist. Praktisch nützt diese Tatsache jedoch wenig, da keine allgemein gültige Regel angegeben werden kann, wie $\mu(x,y)$ zu finden ist. Deshalb sind in Tab. 3 einige leicht integrierbare Differentialgleichungen erster Ordnung und in Tab. 4 Angaben über integrierende Faktoren zusammengestellt.

Beispiele:

$$(x^2 + y^2)\,\mathrm{d}y + 2xy\,\mathrm{d}x = 0 \quad (7-34)$$

Hier ist

$$\frac{\partial(x^2 + y^2)}{\partial x} = \frac{\partial(2xy)}{\partial y} = 2x \quad (7-35)$$

Die Differentialgleichung ist also exakt. Integration liefert

Tab. 3. Einige leicht integrierbare Typen von Differentialgleichungen erster Ordnung

Gleichung	Lösung
$f_1(x)g_2(y)\,\mathrm{d}x - f_2(x)g_1(y)\,\mathrm{d}y = 0$ (Separierbarer Typ)	$\int^{y} \frac{g_1(y)}{g_2(y)}\,\mathrm{d}y = \int^{x} \frac{f_1(x)}{f_2(x)}\,\mathrm{d}x + C$
$\mathrm{d}y + (yf_1(x) + f_2(x))\,\mathrm{d}x = 0$ (Lineare Gleichung)	$y = \mathrm{e}^{-\int f_1(x)\mathrm{d}x}(C - \int f_2(x)\mathrm{e}^{\int f_1(x)\mathrm{d}x}\,\mathrm{d}x)$
$\mathrm{d}y + (yf_1(x) + y^n f_2(x))\,\mathrm{d}x = 0$ (BERNOULLIsche Gleichung)	Die Transformation $y^{1-n} = v$ führt auf eine lineare Differentialgleichung für v.
$\mathrm{d}y + f\left(\frac{y}{x}\right)\mathrm{d}x = 0$ (Homogene Differentialgleichung)	Die Transformation $y = vx$ führt auf eine lineare Differentialgleichung für v.
$x\cdot f(x\cdot y)\,\mathrm{d}y + y\cdot g(x\cdot y)\,\mathrm{d}x = 0$	Die Transformation $xy = u$ führt auf eine separierbare Differentialgleichung für u.

Tab. 4. Integrierende Faktoren für einige Typen von Differentialgleichungen erster Ordnung [23]

Gleichung	Integrierender Faktor
$(b(x,y)\,\mathrm{d}x + a(x,y)\,\mathrm{d}y = 0)$	
$\frac{b_y - a_x}{a} = g(x)$	$\mu = \exp(\int g(x)\,\mathrm{d}x)$
$\frac{b_y - a_x}{b} = h(y)$	$\mu = \exp(-\int h(y)\,\mathrm{d}y)$
$\frac{b_y - a_x}{ay - bx} = f(x\cdot y)$	$\mu = \exp(\int f(x\cdot y)\,\mathrm{d}(x\cdot y))$
$-\frac{x^2(b_y - a_x)}{ay + bx} = g\left(\frac{y}{x}\right)$	$\mu = \exp\left(\int g\left(\frac{y}{x}\right) d\left(\frac{y}{x}\right)\right)$
$b(x,y) = f(x)(1 + ky)$ $a(x,y) = y$	$\mu = \exp(-k(y + \int g\,\mathrm{d}x))$
$b_y - a_x = bf(y) - ag(x)$	$\mu = u(x)\cdot v(y)$ mit $u' + gu = 0$ $v' + fv = 0$
$b(x,y) = (\alpha + \beta x^m y^n)y$ $a(x,y) = (\gamma + \delta x^m y^n)x$ $\beta\gamma - \alpha\delta \neq 0$	$\mu = x^\varrho y^\eta$ mit $\gamma\varrho - \alpha\eta = \alpha - \gamma$ $\delta\varrho - \beta\eta = \beta(n+1) - \delta(m+1)$

$$f(x,y) = \int 2xy\,dx + G(y) = x^2y + G(y) \qquad (7-36)$$

und

$$\frac{\partial f(x,y)}{\partial y} = x^2 + G'(y) = x^2 + y^2 \qquad (7-37)$$

also

$$G(y) = y^3/3 + K \qquad (7-38)$$

Das Integral von Gl. (7—34) lautet daher

$$x^2y + \tfrac{1}{3}y^3 = K \qquad (7-39)$$

$$(x^2 + y^2)\,dx + xy\,dy = 0 \qquad (7-40)$$

Hier ist

$$\frac{\partial a(x,y)}{\partial x} = y \qquad \frac{\partial b(x,y)}{\partial y} = 2y \qquad (7-41)$$

Die Differentialgleichung (7—40) ist also nicht exakt; es ist aber

$$\frac{\dfrac{\partial b}{\partial y} - \dfrac{\partial a}{\partial x}}{a} = \frac{y}{xy} = \frac{1}{x} = g(x) \qquad (7-42)$$

Nach Tab. 4 ist daher

$$= e^{\int \frac{dx}{x}} = e^{\ln x} = x \qquad (7-43)$$

ein integrierender Faktor für Gl. (7—40). Damit ist

$$(x^2 + y^2)x\,dx + x^2y\,dy = 0 \qquad (7-44)$$

integrierbar; das Integral lautet

$$2x^2y^2 + x^4 = K \qquad (7-45)$$

Leicht lösbar sind auch einige weitere Sonderfälle von Differentialgleichungen erster Ordnung. Dabei wird von der Tatsache Gebrauch gemacht, daß die Größen x, y, y' in $F(x,y,y') = 0$ in vieler Hinsicht beliebig als unabhängige bzw. abhängige Variable aufgefaßt werden können. Statt y' wird daher häufig, um die Unabhängigkeit dieser Größe von x und y zu betonen, p geschrieben.

a) Ist $F(x,y,p) = 0$ nach y auflösbar, $y = f(x,p)$, so liefert Differentiation nach x eine Differentialgleichung erster Ordnung für p

$$\frac{dy}{dx} = p = \frac{\partial f}{\partial x} + \frac{\partial f}{\partial p}\cdot\frac{dp}{dx} \qquad (7-46)$$

mit der Lösung $g(x,p) = 0$. Elimination von p aus $y = f(x,p)$ und $g(x,p) = 0$ liefert dann die gesuchte Lösung $h(x,y) = 0$ von F.

b) Ist $F(x,y,p) = 0$ nach x auflösbar, $x = \varphi(y,p)$, so liefert Differentiation nach y eine Differentialgleichung erster Ordnung für p

$$\frac{dx}{dy} = \frac{1}{p} = \frac{\partial\varphi}{\partial y} + \frac{\partial\varphi}{\partial p}\cdot\frac{dp}{dy} \qquad (7-47)$$

c) Man kann in $F(x,y,p) = 0$ x und y als Funktionen des Parameters p auffassen. Dies führt auf die beiden Differentialgleichungen

$$\frac{dx}{dp} = -\frac{\dfrac{\partial F}{\partial p}}{\dfrac{\partial F}{\partial x} + p\dfrac{\partial F}{\partial y}} \qquad (7-48)$$

$$\frac{dy}{dp} = -\frac{p\dfrac{\partial F}{\partial p}}{\dfrac{\partial F}{\partial x} + p\dfrac{\partial F}{\partial y}}$$

die unter Umständen leichter lösbar sind als die gegebene Gleichung.

d) Eine wichtige Transformation wurde von LEGENDRE angegeben. In der Gleichung $F(x,y,p) = 0$ werden neue Variable

$$Y = px - y \quad P = x \quad X = p \quad dY = x\,dp \qquad (7-49)$$

eingeführt, so daß eine Gleichung $F(P, PX - Y, X) = 0$ mit der eventuell leichter auffindbaren Lösung $g(X, Y) = 0$ entsteht. Zum Schluß werden X, Y wieder durch x, y, p ausgedrückt.

Beispiel:

Die nichtlineare Differentialgleichung

$$(y')^2 + 4xy' - y = 0 \qquad (y' = p) \qquad (7-50)$$

geht mit Gl. (7—49) über in die lineare Differentialgleichung

$$X^2 + 3XY' + Y = 0 \qquad (Y' = P) \qquad (7-51)$$

mit der Lösung (vgl. Tab. 3)

$$Y = CX^{-1/3} - \tfrac{1}{7}X^2 \qquad (7-52)$$

Die Rücktransformation ergibt

$$px - y = Cp^{-1/3} - \tfrac{1}{7}p^2 \qquad (7-53)$$

Gl. (7—50) und Gl. (7—53) können als Parameterdarstellung $x = x(p)$, $y = y(p)$ der Integralkurven von Gl. (7—50) aufgefaßt werden.

7.2.4. Singuläre Punkte der Differentialgleichung $a(x,y)dy + b(x,y)dx = 0$

Singulär sind hier diejenigen Punkte (x,y), für die

$$a(x,y) = b(x,y) = 0 \qquad (7-54)$$

ist, z. B. für

$$(x^2 - y^2)\,dy + (x - y^2)\,dx = 0 \qquad (7-55)$$

die Punkte (1,1) und (1,—1).

Ist (x_0, y_0) ein solcher singulärer Punkt, so kann angenommen werden, daß für $a(x,y)$ und $b(x,y)$ in der Umgebung von (x_0, y_0) Reihenentwicklungen der Form

$$a(x,y) = \alpha(x - x_0) + \beta(y - y_0) + \text{höhere Potenzen} \qquad (7-56)$$

$$b(x,y) = \gamma(x - x_0) + \delta(y - y_0) + \text{höhere Potenzen} \qquad (7-57)$$

bestehen. Die Lösungen von $a\,dy + b\,dx = 0$ werden sich daher in einer kleinen Umgebung von (x_0, y_0) ähnlich verhalten wie die Lösungen von

$$\big(\alpha(x-x_0)+\beta(y-y_0)\big)\mathrm{d}y+\big(\gamma(x-x_0)+ \\ +\delta(y-y_0)\big)\mathrm{d}x=0 \quad (7-58)$$

Falls $\alpha\delta-\beta\gamma \neq 0$ ist, kann mit der Koordinatentransformation $x-x_0=\xi$, $y-y_0=\eta$ der singuläre Punkt in den Ursprung eines ξ,η-Koordinatensystems verlegt werden; Gl. (7–58) lautet dann

$$(\alpha\xi+\beta\eta)\mathrm{d}\eta+(\gamma\xi+\delta\eta)\mathrm{d}\xi=0 \quad (7-59)$$

Das Verhalten der Integralkurven in der Nähe des Nullpunktes hängt dann von den Wurzeln der charakteristischen Gleichung

$$\lambda^2+(\delta-\alpha)\lambda-(\alpha\delta-\beta\gamma)=0 \quad (7-60)$$

ab.

1. Beide Wurzeln sind reell und haben gleiches Vorzeichen. Der singuläre Punkt ist dann ein Knotenpunkt. Sind die beiden Wurzeln verschieden, so haben alle Integralkurven bis auf eine im Knotenpunkt eine gemeinsame Tangente; liegt eine Doppelwurzel vor, so haben entweder ($\beta \neq 0$ oder $\gamma \neq 0$) alle Integralkurven eine gemeinsame Tangente, oder durch den Knotenpunkt geht in jeder Richtung eine eindeutige Integralkurve.

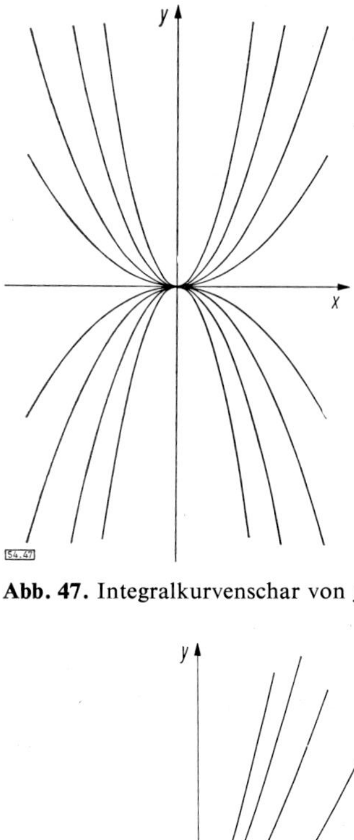

Abb. 47. Integralkurvenschar von $y'=2y/x$

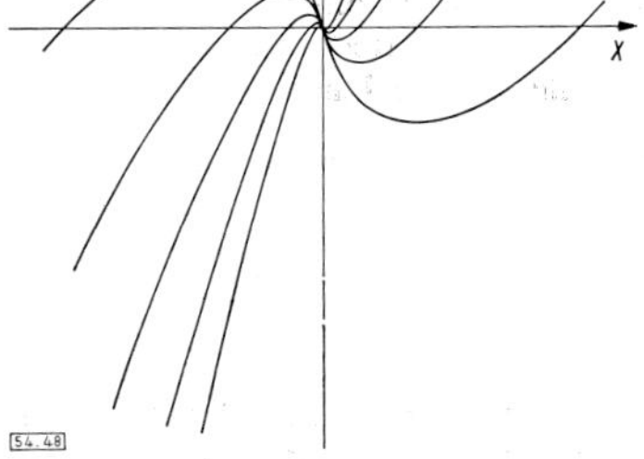

Abb. 48. Integralkurvenschar von $y'=(x+y)/x$

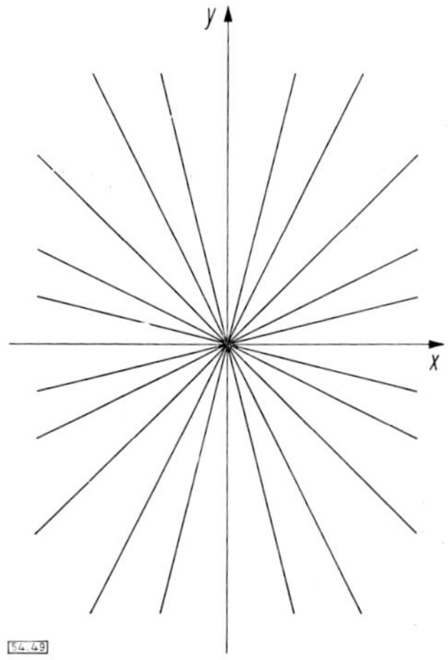

Abb. 49. Integralkurvenschar von $y'=y/x$

Beispiele:

$y'=2y/x$	$y'=(x+y)/x$	$y'=y/x$
$y=Cx^2$	$y=x\cdot\ln x+Cx$	$y=Cx$
(Abb. 47)	(Abb. 48)	(Abb. 49)

2. Beide Wurzeln sind reell und haben verschiedene Vorzeichen. Der singuläre Punkt ist ein Sattelpunkt, in welchem sich zwei Integralkurven schneiden, die gleichzeitig Asymptoten für die anderen Integralkurven sind.

Beispiel:

$y'=-y/x \quad y=C/x$ (Abb. 50)

3. Beide Wurzeln sind rein imaginär. Der singuläre Punkt ist der Mittelpunkt einer Schar geschlossener Integralkurven.

Beispiel:

$y'=(x-y)/(x-3y) \quad x^2-2xy+3y^2=K$ (Abb. 51)

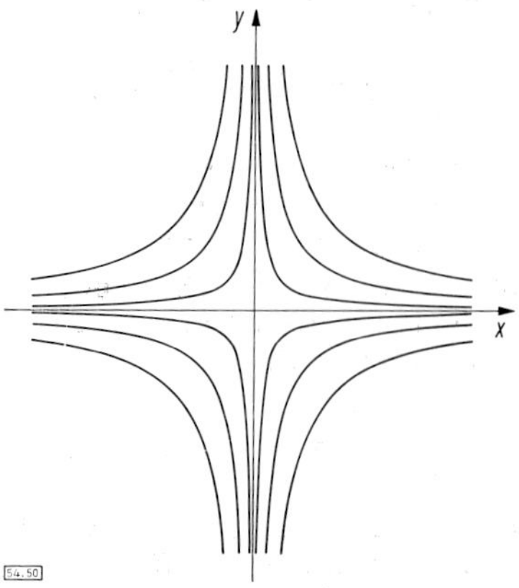

Abb. 50. Integralkurvenschar von $y'=-y/x$

4. Beide Wurzeln sind konjugiert komplex. Der singuläre Punkt ist ein Brenn- oder Spiralpunkt, der von allen Integralkurven spiralig umkreist wird.

Beispiel:

$$y' = (x+y)/(x-y) \quad \sqrt{x^2+y^2} = Ce^{\varphi} \quad \arctan\varphi = \frac{y}{x}$$

(Abb. 52)

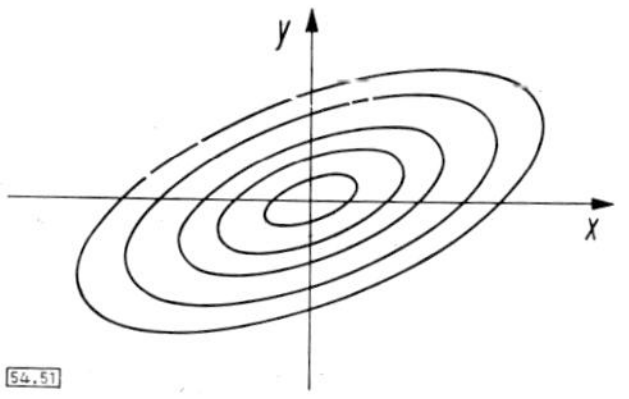

Abb. 51. Integralkurvenschar von $y' = (x-y)/(x-3y)$

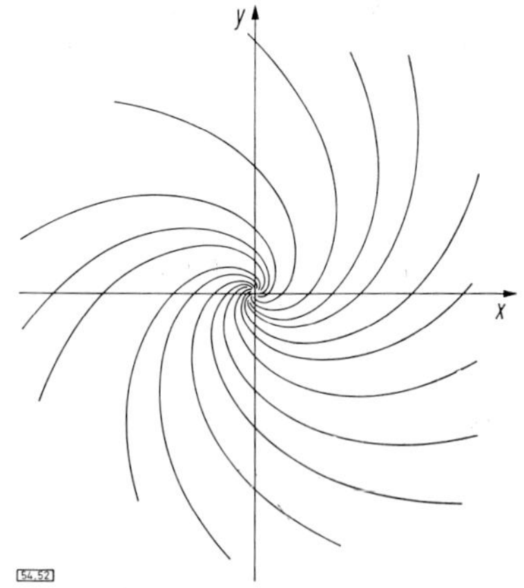

Abb. 52. Integralkurvenschar von $y' = (x+y)/(x-y)$

Es ist zu beachten, daß die Integralkurven nur in einer engen Umgebung des Ursprungs Spiralen zu sein brauchen. In größerer Entfernung von Ursprung können sie entweder ins Unendliche abwandern oder asymptotisch einer geschlossenen Kurve, einem sog. Grenzzyklus, zustreben. Das Auftreten eines Grenzzyklus (vgl. Abb. 53) bedeutet, daß die Differentialgleichung quasi-periodische

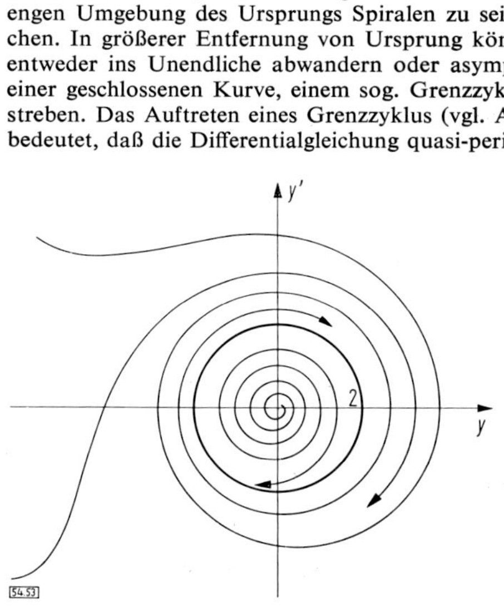

Abb. 53. Grenzzyklus bei der VAN DER POL'schen Differentialgleichung $y'' - 0{,}1(1-y^2)y' + y = 0$

Lösungen hat. Überlegungen dieser Art spielen neuerdings bei Stabilitätsbetrachtungen für Reaktoren eine große Rolle.

7.2.5. Lineare Differentialgleichungen zweiter und höherer Ordnung

Sie haben die Form

$$a_n(x)y^{(n)} + a_{n-1}(x)y^{(n-1)} + \ldots + a_1(x)y' + a_0(x)y = f(x) \quad (7-61)$$

Ist die Störfunktion $f(x) = 0$, heißt Gl. (7−61) homogen, andernfalls inhomogen. Ist y_{hom} die allgemeine Lösung der zu Gl. (7−61) gehörigen homogenen Gleichung

$$a_n(x)y^{(n)} + a_{n-1}(x)y^{(n-1)} + \ldots + a_1(x)y' + a_0(x)y = 0 \quad (7-62)$$

(die also n Integrationskonstanten enthält) und y_{part} ein beliebiges partikuläres Integral von Gl. (7−61), so lautet die allgemeine Lösung von Gl. (7−61)

$$y = y_{\text{hom}} + y_{\text{part}} \quad (7-63)$$

Das Problem, eine allgemeine Lösung von Gl. (7−61) zu finden, läßt sich also in zwei Teilprobleme aufspalten:

1. Bestimmung des Integrals von Gl. (7−62). Dieses Problem ist nur bei Differentialgleichungen mit konstanten Koeffizienten allgemein lösbar.
2. Bestimmung einer Partikularlösung von Gl. (7−61) Ist 1. gelöst, so ist dies immer mit „Variation der Konstanten" durch einfache Integration zu erledigen.

Die überragende praktische Bedeutung der linearen Differentialgleichungen beruht auf folgenden Eigenschaften:

1. Sind $y_1, y_2, \ldots, y_n$ n (nicht unbedingt voneinander verschiedene) Lösungen von Gl. (7−62), so ist auch $y = \Sigma c_i y_i$ (c_i beliebige Konstanten) eine Lösung. Die Einzellösungen dürfen einander also beliebig überlagert werden.
2. Zu jeder Gleichung (7−62) gibt es n linear unabhängige Lösungen $y_1 \ldots y_n$, für die also die Relation

   $$c_1y_1 + c_2y_2 + \ldots + c_ny_n = 0 \quad (7-64)$$

   nur richtig ist, wenn $c_1 = c_2 = \ldots = c_n = 0$ ist.

   Ein solcher Satz von n Lösungsfunktionen heißt Fundamentalsystem von Gl. (7−62). Kennzeichen eines Fundamentalsystems ist, daß die sog. WRONSKI-Determinante

$$W = \begin{vmatrix} y_1 & y_2 & y_3 & \ldots\ldots y_n \\ y_1' & y_2' & y_3' & \ldots\ldots y_n' \\ \ldots & \ldots & \ldots & \ldots \\ y_1^{(n-1)} & y_2^{(n-1)} & y_3^{(n-1)} & \ldots\ldots y_n^{(n-1)} \end{vmatrix} \neq 0 \quad (7-65)$$

für keinen Wert von x verschwindet. Ist $y_1 \ldots y_n$ ein Fundamentalsystem, so kann jede andere Lösung von Gl. (7–62) in der Form $y = c_1 y_1 + c_2 y_2 + \ldots c_n y_n$ dargestellt werden.

Beispiel:

Die Differentialgleichung

$$y'' = y \qquad (7-66)$$

hat z. B. die Lösungen $y_1 = e^x$ und $y_2 = e^{-x}$. Diese bilden auch ein Fundamentalsystem zu Gl. (7–66), denn es ist

$$W = \begin{vmatrix} e^x & e^{-x} \\ e^x & -e^{-x} \end{vmatrix} = -2 \neq 0 \qquad (7-67)$$

für alle x. Ein anderes Fundamentalsystem wäre

$$y_3 = \tfrac{1}{2}(e^x + e^{-x}) = \cosh x \quad y_4 = \tfrac{1}{2}(e^x - e^{-x}) = \sinh x \qquad (7-68)$$

Auch die Paare (y_1, y_3), (y_1, y_4), (y_2, y_3), (y_2, y_4) sind Fundamentalsysteme zu Gl. (7–66). Dagegen ist das Lösungspaar $y_1 = e^x$, $y_5 = 3e^x$ kein Fundamentalsystem, denn es ist $y_1 - \frac{1}{3} y_5 = 0$.

3. Die allgemeine Lösung von Gl. (7–61) und Gl. (7–62) ist eine lineare Funktion der Integrationskonstanten.

Lineare Differentialgleichungen zweiter Ordnung. In der Praxis treten lineare Differentialgleichungen zweiter Ordnung bei weitem am häufigsten auf. Wenn die Koeffizienten nicht konstant sind, läßt sich ein Fundamentalsystem der homogenen Gleichung

$$a_2(x) y'' + a_1(x) y' + a_0(x) y = 0 \qquad (7-69)$$

finden, wenn sich ein partikuläres Integral $u(x)$ von Gl. (7–69) erraten läßt. Die Substitution $y = u(x) \cdot v(x)$ führt dann auf eine lineare Differentialgleichung erster Ordnung für v':

$$v'' \cdot a_2(x) u(x) + v'\big(a_1(x) u(x) + 2 a_2(x) u'(x)\big) = 0 \qquad (7-70)$$

die nach 7.2.3 gelöst werden kann. Die Funktionen $u(x)$ und $u(x) v(x)$ bilden ein Fundamentalsystem zu Gl. (7–69). Für weitere reduzierbare Fälle vgl. [32].

In jeder linearen Differentialgleichung zweiter Ordnung kann außerdem durch die Transformation

$$y = z e^{-\frac{1}{2} \int \frac{a_1(x)}{a_2(x)} \mathrm{d}x} = z \cdot f(x) \qquad (7-71)$$

der Term mit y' beseitigt werden; man erhält

$$z'' + z \left(\frac{a_0}{a_2} - \frac{1}{2} \left(\frac{a_1}{a_2} \right)' - \frac{1}{4} \left(\frac{a_1}{a_2} \right)^2 \right) = 0 \qquad (7-72)$$

Durch die weitere Substitution

$$u = z'/z \qquad (7-73)$$

kann Gl. (7–72) in die RICCATIsche Differentialgleichung

$$u' + u^2 + \left(\frac{a_0}{a_2} - \frac{1}{2} \left(\frac{a_1}{a_2} \right)' - \frac{1}{4} \left(\frac{a_1}{a_2} \right)^2 \right) = 0 \qquad (7-74)$$

überführt werden, die unter Umständen leichter lösbar ist als Gl. (7–72).

Einzelheiten über diese Transformation bringt [4]. Die Lösungen zahlreicher linearer Differentialgleichungen zweiter Ordnung liegen tabelliert vor; erwähnt seien nur die LEGENDREschen Funktionen, die BESSEL-Funktionen, die hypergeometrische Funktion und die vielfältigen Systeme von Orthogonalpolynomen. Eine ausführliche Zusammenstellung ist in [9] enthalten.

Lineare Differentialgleichungen dritter und höherer Ordnung. Der praktisch wichtigste Fall ist der, daß alle Koeffizienten a_i in Gl. (7–62) Konstanten sind. Dann führt der Ansatz $y = e^{cx}$ zur Auffindung eines Fundamentalsystems. Einsetzen von e^{cx} in Gl. (7–62) ergibt die sog. charakteristische Gleichung für c:

$$a_n c^n + a_{n-1} c^{n-1} + a_{n-2} c^{n-2} + \ldots + a_1 c + a_0 = 0 \qquad (7-75)$$

Sind

1. alle Wurzeln $c_i (i = 1 \ldots n)$ von Gl. (7–75) paarweise verschieden, so bilden die Funktionen

   $$e^{c_1 x}, \; e^{c_2 x}, \ldots, \; e^{c_n x}$$

   ein Fundamentalsystem zu Gl. (7–62);
2. nicht alle Wurzeln c_i voneinander verschieden, sondern ist z. B. c_k eine m-fache Wurzel, so bilden die Funktionen

   $$e^{c_i x} (i \neq k), \; e^{c_k x}, \; x e^{c_k x}, \; x^2 e^{c_k x}, \ldots, x^{m-1} e^{c_k x}$$

   ein Fundamentalsystem.

Hat die charakteristische Gleichung (7–75) eine komplexe Wurzel, $c_1 = p_1 + \mathrm{i} q_1$, so hat sie auch die dazu konjugiert komplexe Wurzel $\bar{c}_1 = p_1 - \mathrm{i} q_1$. Die Differentialgleichung (7–62) hat dann wegen

$$e^{c_1 x} = e^{p_1 x} (\cos q_1 x + \mathrm{i} \sin q_1 x) \qquad (7-76)$$

periodische Lösungen.

Beispiele:

a) $y''' - 3y' + 2y = 0 \qquad (7-77)$

Charakteristische Gleichung:

$$c^3 - 3c + 2 = 0 \qquad (7-78)$$

mit den Wurzeln $c_1 = c_2 = 1$, $c_3 = -2$

Die Funktionen

$$y_1 = e^x, \; y_2 = x e^x, \; y_3 = e^{-2x}$$

bilden daher ein Fundamentalsystem zu Gl. (7–77).

b) $y^{(IV)} - 4y''' + 14y'' - 20y' + 25y = 0 \qquad (7-79)$

Charakteristische Gleichung:

$$c^4 - 4c^3 + 14c^2 - 20c + 25 = 0 \qquad (7-80)$$

mit den Wurzeln

$c_1 = c_2 = 1 + 2i \quad c_3 = c_4 = 1 - 2i$

Das Integral zu Gl. (7—79) lautet daher

$$y = D_1 e^x \cos 2x + D_2 e^x \sin 2x + D_3 x e^x \cos 2x + D_4 x e^x \sin 2x \quad (7-81)$$

Hat man zu einer linearen Differentialgleichung (7—62) ein Fundamentalsystem gefunden, so erhält man die Lösung des inhomogenen Problems Gl. (7—61) nach der Methode der *Variation der Konstanten* dadurch, daß man die Integrationskonstanten $C_1 \dots C_n$ als Funktionen der unabhängigen Variablen x ansetzt, also

$$y = C_1(x) y_1(x) + C_2(x) y_2(x) + \dots + C_n(x) y_n(x) \quad (7-82)$$

und folgendes Gleichungssystem nach den Variablen $C_1'(x) \dots C_n'(x)$ auflöst:

$$\begin{aligned} 0 &= C_1' y_1 + C_2' y_2 + \dots + C_n' y_n \\ 0 &= C_1' y_1' + C_2' y_2' + \dots + C_n' y_n' \\ 0 &= C_1' y_1'' + C_2' y_2'' + \dots + C_n' y_n'' \quad (7-83) \\ &\dots\dots\dots \\ 0 &= C_1' y_1^{(n-2)} + C_2' y_2^{(n-2)} + \dots + C_n' y_n^{(n-2)} \\ \frac{f(x)}{a_n(x)} &= C_1' y_1^{(n-1)} + C_2' y_2^{(n-1)} + \dots + C_n' y_n^{(n-1)} \end{aligned}$$

Die Determinante dieses linearen inhomogenen Gleichungssystems ist die WRONSKI-Determinante; sie verschwindet, da die y_i ein Fundamentalsystem sind, nicht; Gl. (7—83) ist daher stets eindeutig nach den $C_1' \dots C_n'$ auflösbar.

Beispiel:

Die Differentialgleichung

$$y'' x(2-x) - y'(2-x^2) - 2y(x-1) = 0 \quad (7-84)$$

hat das Integral

$$y = C_1 e^x + C_2 x^2 \quad (7-85)$$

Die inhomogene Gleichung

$$y'' x(2-x) - y'(2-x^2) - 2y(x-1) = x^3 \quad (7-86)$$

wird nach Gl. (7—82), (7—83) über den Ansatz

$$y = C_1(x) e^x + C_2(x) x^2 \quad (7-87)$$

und das Gleichungssystem

$$\begin{aligned} 0 &= C_1' e^x + C_2' x^2 \quad (7-88) \\ \frac{x^3}{x(2-x)} &= C_1' e^x + C_2' 2x \end{aligned}$$

gelöst. Die Lösungen von Gl. (7—88) sind

$$C_1' = -\frac{x^3}{(x-2)^2} e^{-x} \quad (7-89)$$

$$C_1 = (x+5) e^{-x} + \frac{8e^{-x}}{x-2} - 4 \int^x \frac{e^{-t}}{t-2} \, dt + A$$

$$C_2' = \frac{x}{(x-2)^2} \qquad C_2 = \ln|x-2| - \frac{2}{x-2} + B \quad (7-90)$$

Die allgemeine Lösung von Gl. (7—86) lautet daher

$$y = -x + 1 + x^2 (B + \ln|x-2|) + e^x \left(A - 4 \int^x \frac{e^{-t}}{t-2} \, dt \right) \quad (7-91)$$

Die Variation der Konstanten liefert zwar immer die Lösung von Gl. (7—61). Für die Praxis ist es jedoch unvernünftig, zunächst die im allg. nicht interessierende Lösung der homogenen Gleichung (7—62) aufzusuchen und davon ausgehend durch weitere Quadraturen die Lösung von Gl. (7—61) zu ermitteln. Den Vorzug verdienen daher Verfahren, bei denen die Störfunktion von vornherein in die Lösung einbezogen wird.

Eine Möglichkeit ist die Konstruktion einer Grundlösung $G(x, \xi)$. Darunter versteht man eine Funktion der beiden Variablen x und ξ, durch welche sich die Lösung von Gl. (7—61) in der Form

$$y = \int_{-\infty}^{+\infty} G(x, \xi) f(\xi) \, d\xi \quad (7-92)$$

darstellen läßt.

Methodisch einfach wird die Ermittlung von G nur bei linearen Differentialgleichungen mit konstanten Koeffizienten (vgl. [4]).

Für Anfangswertprobleme linearer Differentialgleichungen mit konstanten Koeffizienten ist jedoch die Methode der LAPLACE-Transformation bei weitem am besten geeignet, weil hierbei sowohl die Anfangsbedingungen wie die Störfunktion explizit in den Lösungsprozeß eingebaut sind.

7.2.6. Lösungen von linearen Differentialgleichungen zweiter Ordnung durch Reihenentwicklung

Gesucht ist meistens eine Lösung von Gl. (7—69) in der Umgebung eines Punktes $x = a$, der stets durch eine Koordinatentransformation in den Nullpunkt verschoben werden kann. Im Folgenden sollen daher nur Reihenentwicklungen um $x = 0$ herum betrachtet werden.

Annahme: Es sei $a_2(x) \neq 0$ für $x = 0$; $a_2(x)$, $a_1(x)$ und $a_0(x)$ seien in Potenzreihen entwickelbar:

$$\begin{aligned} a_2(x) &= a_{20} + a_{21} x + a_{22} x^2 + a_{23} x^3 + \dots \\ a_1(x) &= a_{10} + a_{11} x + a_{12} x^2 + a_{13} x^3 + \dots \quad (7-93) \\ a_0(x) &= a_{00} + a_{01} x + a_{02} x^2 + a_{03} x^3 + \dots \end{aligned}$$

$x = 0$ ist dann ein gewöhnlicher Punkt der Differentialgleichung (7—69). Die gesuchte Lösung ist hier ebenfalls als Potenzreihe darstellbar:

$$y = b_0 + b_1 x + b_2 x^2 + b_3 x^3 + \dots \quad (7-94)$$

Setzt man Gl. (7—94) in Gl. (7—69) ein, so folgt

$$(a_{20}+a_{21}x+a_{22}x^2+\ldots)(2b_2+6b_3x+12b_4x^2+\ldots)+(a_{10}+a_{11}x+a_{12}x^2+\ldots)(b_1+2b_2x+3b_3x^2+ +\ldots)+(a_{00}+a_{01}x+a_{02}x^2+\ldots)(b_0+b_1x+b_2x^2+\ldots)=0 \quad (7-95)$$

Da diese Gleichung für alle Werte von x identisch erfüllt sein muß, ergibt der Koeffizientenvergleich ein System von Rekursionsgleichungen für die gesuchten Koeffizienten b_i:

$$2a_{20}b_2+a_{10}b_1+a_{00}b_0=0$$

$$2a_{21}b_2+6a_{20}b_3+2a_{10}b_2+ +(a_{11}+a_{00})b_1+a_{01}b_0=0$$

$$12a_{20}b_4+(6a_{21}+3a_{10})b_3+(2a_{22}+a_{11}+ +a_{00})b_2+(a_{12}+a_{01})b_1+a_{02}b_0=0$$

usw.

b_0 und b_1 sind frei wählbar; sie sind die Integrationskonstanten der Lösung.

Beispiel:

Gesucht ist die Potenzreihenentwicklung der Lösungen von

$$x^2y''+xy'+(x^2-1)y=0 \quad (7-96)$$

an der Stelle $x=1$. Da $x^2=1$, ist dies ein gewöhnlicher Punkt von Gl. (7−96). Die Transformation $z=x-1$ ergibt

$$(z+1)^2y''+(z+1)y'+z(z+2)y=0 \quad (7-97)$$

Mit den Beziehungen von Gl. (7−94) erhält das System der Rekursionsgleichungen die Gestalt

$$2b_2+b_1=0$$

$$6b_3+6b_2+b_1+2b_0=0$$

$$12b_4+15b_3+4b_2+2b_1+b_0=0$$

$$20b_5+28b_4+9b_3+2b_2+b_1=0 \quad \text{usw.}$$

Die ersten fünf Glieder der gesuchten Reihenentwicklung lauten daher

$$y=b_0+b_1z-\frac{b_1}{2}z^2+\frac{b_1-b_0}{3}z^3+\frac{4b_0-5b_1}{12}z^4+\ldots$$

$$=b_0+b_1(x-1)-\frac{b_1}{2}(x-1)^2+\frac{b_1-b_0}{3}(x-1)^3+ +\frac{4b_0-5b_1}{12}(x-1)^4+\ldots \quad (7-98)$$

Die Lösung Gl. (7−98) ist natürlich nur innerhalb des Konvergenzradius der Potenzreihe gültig.

Ist $a_2(x)=0$ für $x=0$, so ist $x=0$ ein singulärer Punkt von Gl. (7−69). Das Entwicklungsschema versagt dann. Man kann aber noch zu einer Reihenentwicklung der Lösung gelangen, wenn $x=0$ eine *außerwesentliche Singularität* (auch „Stelle der Bestimmtheit" genannt) ist. Darunter ist folgendes zu verstehen: An der Stelle $x=0$ sollen die Funktionen

$$x\cdot\frac{a_1(x)}{a_2(x)}$$

und

$$x^2\cdot\frac{a_0(x)}{a_2(x)}$$

in eine Potenzreihe entwickelbar sein:

$$x\cdot\frac{a_1(x)}{a_2(x)}=p_0+p_1x+p_2x^2+\ldots \quad (7-99)$$

$$x^2\cdot\frac{a_0(x)}{a_2(x)}=q_0+q_1x+q_2x^2+\ldots$$

Die Lösung $y(x)$ ist dann in der Form

$$y(x)=x^r(b_0+b_1x+b_2x^2+\ldots) \quad (7-100)$$

darstellbar. Einzelheiten des Verfahrens finden sich in [4].

7.2.7. Systeme linearer Differentialgleichungen

Einfache Lösungsmethoden gibt es nur für Systeme, in denen alle Koeffizienten konstant sind. Es genügt dabei, sich auf Systeme von Differentialgleichungen erster Ordnung zu beschränken, weil alle anderen Systeme durch Einführung zusätzlicher Variabler darauf zurückgeführt werden können.

Beispiel: Das System

$$y''+z'+4y-z=e^x \quad (7-101)$$

$$z''+z+y'+y=x$$

wird durch Einführung der weiteren Variablen $y'=u$, $z'=v$ in das System

$$u'+v+4y-z=e^x \quad (7-102)$$

$$v'+z+u+y=x$$

$$u-y'=0$$

$$v-z'=0$$

überführt.

Ein System (7−101) oder (7−102) wird am einfachsten in Operatorenschreibweise oder mit Laplace-Transformation (s. 536) gelöst. Bezeichnet man den Operator $\frac{d}{dx}$ mit D, $\frac{d^2}{dx^2}$ also mit D^2 usw., so kann D bei linearen Differentialgleichungen mit konstanten Koeffizienten als eine algebraische Größe behandelt werden, mit der multipliziert und dividiert werden darf. Aus Gl. (7−101) wird damit

$$(D^2+4)y+(D-1)\,z=e^x \quad (7-103)$$

$$(D+1)y+(D^2+1)z=x$$

Gl. (7−103) ist ein lineares inhomogenes Gleichungssystem für die Unbekannten y und z. Es ist eindeutig lösbar, falls die Koeffizientendeterminante

$$\Delta=\begin{vmatrix}D^2+4 & D-1\\ D+1 & D^2+1\end{vmatrix}=D^4+4D^2+5 \quad (7-104)$$

nicht identisch verschwindet. Man erhält

$$(D-1)x-(D^2+1)e^x = -(D^4+4D^2+5)y \qquad (7-105)$$
$$(D^2+4)x-(D+1)e^x = (D^4+4D^2+5)z$$

oder

$$1-x-2e^x = -y^{IV}-4y''-5y \qquad (7-106)$$
$$4x-2e^x = z^{IV}+4z''+5z$$

Damit sind die beiden Differentialgleichungen für die Variablen y und z separiert und können je für sich gelöst werden. Zu beachten ist, daß y und z bei der Lösung von Gl. (7−106) zwar je vier Integrationskonstanten erhalten; wegen der Kopplung über das System Gl. (7−101) sind diese Konstanten jedoch nicht alle unabhängig voneinander. Die Zahl der frei wählbaren Konstanten ist in jeden Fall gleich dem Grad des Polynoms $\Delta(D)$, in diesem Beispiel also gleich vier.

Beispiel für ein autonomes System:

$$x''+16x-6y'=0 \qquad (7-107)$$
$$6x'+y''+16y=0$$

Die Schreibweise mit dem Operator D ergibt

$$(D^2+16)x-6Dy=0 \qquad (7-108)$$
$$6Dx+(D^2+16)y=0$$

Dieses homogene lineare Gleichungssystem kann nur dann eindeutig gelöst werden, wenn die Koeffizientendeterminante verschwindet:

$$\Delta = D^4+68D^2+256=0 \qquad (7-109)$$

Gl. (7−109) ist eine Bestimmungsgleichung für D mit den Lösungen

$$D_1=8\mathrm{i} \quad D_2=-8\mathrm{i} \quad D_3=2\mathrm{i} \quad D_4=-2\mathrm{i} \qquad (7-110)$$

Damit lauten die Lösungen von Gl. (7−107) zunächst

$$x=a_1e^{8it}+b_1e^{-8it}+c_1e^{2it}+d_1e^{-2it} \qquad (7-111)$$
$$y=a_2e^{8it}+b_2e^{-8it}+c_2e^{2it}+d_2e^{-2it}$$

Der Grad von $\Delta(D)$ ist vier; folglich kann die Lösung Gl. (7−111) nur vier frei wählbare Integrationskonstanten haben. Einsetzen von Gl. (7−111) in Gl. (7−107) ergibt schließlich die endgültige Lösung

$$x = m_1\cos 8t + m_2 \sin 8t + m_3\cos 2t + m_4\sin 2t \qquad (7-112)$$
$$y = m_2\cos 8t - m_1\sin 8t - m_4\cos 2t + m_3\sin 2t$$

7.2.8. Nichtlineare Differentialgleichungen

Nur wenige Naturvorgänge lassen sich durch lineare Differentialgleichungen exakt beschreiben. Meistens werden nichtlineare Terme näherungsweise durch lineare ersetzt und die so modifizierten Gleichungssysteme dann als „ideal" bezeichnet. Der Grund dafür ist, daß nichtlineare Differentialgleichungen Eigenschaften haben, die das Auffinden einer allgemeinen Lösung außerordentlich erschweren. Gegeben sei z. B. die Differentialgleichung einer anharmonischen Schwingung

$$mx''-k_1x+k_2x^3=0 \qquad (7-113)$$

1. Sind x_1 und x_2 irgend zwei Lösungen von Gl. (7−113), so ist die Summe $x=ax_1+bx_2$ $(a,b$, Konstanten) wegen

$$\mathrm{m}\frac{\mathrm{d}^2}{\mathrm{d}t^2}(ax_1+bx_2)-k_1(ax_1+bx_2)+k_2(ax_1+bx_2)^3=a(mx_1''-k_1x_1+k_2x_1^3)+b(mx_2''-k_1x_2+k_2x_2^3)+k_2(a^3x_1^3+3a^2x_1^2bx_2+3ax_1b^2x^2+b^3x_2^3-ax_1^3-bx_2^3)\neq 0 \qquad (7-114)$$

im allg. keine Lösung von Gl. (7−113). Das Überlagerungsprinzip ist also ungültig. Ebenso ist auch ax_1 oder bx_2 je für sich keine Lösung von Gl. (7−113), es sei denn, daß $a=1$ oder $a=0$ ist. Die Ungültigkeit des Superpositionsprinzips und das Fehlen eines geeigneten Ersatzes dafür sind die Hauptgründe für die großen Schwierigkeiten beim Lösen von nichtlinearen Differentialgleichungen.

2. Daher ist auch das Konzept des Fundamentalsystems bei nichtlinearen Differentialgleichungen bedeutungslos. Es gibt im allg. beliebig viele linear unabhängige Lösungen. Das Integral von Gl. (7−113) lautet beispielsweise

$$x=\sqrt{\frac{mA^2+k_1}{k_2}}\,\mathrm{cn}\left(A(x-B),\sqrt{\frac{mA^2+k_1}{2mA^2}}\right) \qquad (7-115)$$

(A, B willkürliche Konstanten). Gl. (7−115) zeigt auch, daß das Integral einer nichtlinearen Differentialgleichung im allg. keine lineare Funktion der Integrationskonstanten ist.

3. Da es kein Fundamentalsystem gibt, ist auch die Unterscheidung zwischen homogenen und inhomogenen Problemen sinnlos. Die allgemeine Lösung der inhomogenen Gleichung kann nicht durch Addition einer partikulären Lösung zum Integral der homogenen Gleichung gewonnen werden. Beispielsweise hat $y'-y^3=0$ das Integral

$$y=\frac{1}{\sqrt{2(C-x)}} \qquad (7-116)$$

$y'-y^3=1$ das Integral

$$\ln\frac{1+y}{\sqrt{y^2-y+1}}+\sqrt{3}\arctan\frac{2y-1}{\sqrt{3}}=3x+C \qquad (7-117)$$

Durch die Anwendung elektronischer Rechenanlagen hat das Interesse an der Ermittlung exakter, d. h. durch bekannte Funktionen ausdrückbarer Lösungen von nichtlinearen Differentialgleichungen in neuerer

Zeit stark nachgelassen. Trotzdem ist es keinesfalls unnütz, nach solchen Lösungen zu suchen; eine analytische Lösung gibt, selbst wenn sie nur näherungsweise richtig ist, schnell und übersichtlich Aussagen über den Einfluß, den Änderungen der Versuchsparameter auf das Ergebnis haben. Neben Sammlungen von Lösungen von Differentialgleichungen [12], [13] sind deshalb vor allem geeignete Transformationen wichtig, welche eine gegebene Differentialgleichung in eine integrable Form überführen können.

Eine willkürfreie Klassifizierung der nichtlinearen Differentialgleichungen ist wegen ihrer großen Vielfalt fast unmöglich. Versuche dazu sind vor allem bei Differentialgleichungen zweiter Ordnung gemacht worden, die in den Anwendungen überwiegend auftreten. Die meisten dieser Gleichungen sind Spezialfälle der sog. Polynomklasse

$$A(y)y'' + B(y)y' + C(y)y'^2 + D(y) = 0 \qquad (7-118)$$

wobei die Koeffizienten A, B, C, D Polynome in y sind.

Die bei weitem wichtigste Unterklasse von Gl. (7–118) sind diejenigen Differentialgleichungen, welche zum Typ

$$y'' = A + By + Cy^2 + Dy^3 \qquad A, B, C, D \text{ konstant} \qquad (7-119)$$

gehören. Ihre Lösungen sind durch elliptische Funktionen darstellbar. Dazu sind folgende Rechenschritte notwendig:

1. Multiplikation von Gl. (7–119) mit y' und Integration liefert

$$(y')^2 = a + 2Ay + By^2 + \tfrac{2}{3}Cy^3 + \tfrac{1}{2}Dy^4 = \\ = a + by + cy^2 + dy^3 + ey^4 \qquad (7-120)$$

2. Man setzt

$$(y')^2 = h^2(y-\alpha)(y-\beta)(y-\gamma)(y-\delta) \qquad (7-121)$$

Durch eine der vier Transformationen

$$z^2 = \frac{(\beta-\delta)(y-\alpha)}{(\alpha-\delta)(y-\beta)} \quad z^2 = \frac{(\alpha-\gamma)(\beta-y)}{(\beta-\gamma)(\alpha-y)}$$

$$z^2 = \frac{(\beta-\delta)(y-\gamma)}{(\beta-\gamma)(y-\delta)} \quad z^2 = \frac{(\alpha-\gamma)(\delta-y)}{(\alpha-\delta)(\gamma-y)} \qquad (7-122)$$

mit

$$k^2 = \frac{(\beta-\gamma)(\alpha-\delta)}{(\alpha-\gamma)(\beta-\delta)} \quad M^2 = \frac{(\beta-\delta)(\alpha-\gamma)}{4} \qquad (7-123)$$

wird Gl. (7–119) in die integrable Normalform

$$(z')^2 = (1-z^2)(1-k^2z^2) \qquad (7-124)$$

mit der Lösung

$$z = \operatorname{sn}(hMv, k) \quad v = x - x_0 \qquad (7-125)$$

überführt. Das Vorzeichen von h ist beliebig.

Für die meisten anderen nichtlinearen Differentialgleichungen zweiter Ordnung sind dagegen nur partikuläre Integrale bekannt.

Näherungsmethoden für nichtlineare Differentialgleichungen. Darunter sollen Methoden verstanden werden, die auf analytischem Weg Funktionen liefern, von denen aufgrund gewisser Kriterien angenommen werden kann, daß sie der gesuchten Lösung der nichtlinearen Differentialgleichung benachbart sind. Numerische Methoden werden in Kap. 13 behandelt.

Die meisten dieser Näherungsmethoden liefern für die Lösungsfunktion eine Reihenentwicklung, wobei die Frage der Konvergenz dieser Reihe, von Ausnahmen abgesehen, nur für die Störungsrechnung nach POINCARÉ und die (selten benutzte) PICARD-Iteration geklärt ist. Noch weniger ist im allg. über den Abbrechfehler bekannt. In letzter Zeit sucht man intensiver nach Funktionenscharen, bei denen jedes Element mit Sicherheit oberhalb oder unterhalb der gesuchten Lösungskurve liegt, und kann so eine Abschätzung für deren Verlauf gewinnen. Diese Methode ist unter der Bezeichnung „Quasilinearisierung" bekannt geworden.

Entwicklung in eine TAYLOR-*Reihe.* Ausgehend von der gegebenen Differentialgleichung

$$y^{(n)} = f(x, y, y', \ldots, y^{(n-1)})$$

und den Anfangsbedingungen $y^{(i)}(x_0) = y_i(x_0) (i = 1 \ldots n-1)$ können die Ableitungen von y an der Stelle x_0 bis zu einer beliebig hohen Ordnung berechnet werden. Für einen benachbarten Abszissenwert x gilt nach TAYLOR

$$y(x) = y(x_0) + \sum_{n=1}^{N} y^{(n)}(x_0)\frac{(x-x_0)^n}{n!} + \\ + y^{(N+1)}(\xi)\frac{(x-x_0)^{N+1}}{(N+1)!} \qquad (7-126)$$

Zur Berechnung des Abbrechfehlers muß $y^{(N+1)}(\xi)$ bekannt sein. Meistens ist dieser Wert jedoch nicht zu ermitteln, so daß man sich begnügt, ihn durch Wahl von x nahe an x_0 klein zu halten.

Beispiel:

$$y'' = y^2 \text{ mit } y(0) = 0 \quad y'(0) = 1 \qquad (7-127)$$

Hier ist

$y''' = 2yy' = 0;$

$y^{IV} = 2y'^2 + 2yy'' = 2;$

$y^{V} = 6y'y'' + 2yy''' = 0;$

$y^{VI} = 6(y'')^2 + 8y'y''' + 2yy^{IV} = 0;$

$y^{VII} = 20y''y''' + 10y'y^{IV} + 2yy^{V} = 20;$

$y^{VIII} = 20(y''')^2 + 30y''y^{IV} + 12y'y^{V} + 2yy^{VI} = 0;$

$y^{IX} = 70y'''y^{IV} + 42y''y^{V} + 14y'y^{VI} + 2yy^{VII} = 0;$

$y^{X} = 70(y^{IV})^2 + 112y'''y^{V} + 56y''y^{VI} + 16y'y^{VII} + \\ + 2yy^{VIII} = 600$

also

$$y(x) = 2\,\frac{x^4}{4!} + 20\,\frac{x^7}{7!} + y^{\text{VIII}}(\xi)\,\frac{x^8}{8!} \qquad (7-128)$$

Eine Abschätzung des Abbrechfehlers ist hier möglich, weil das nächste Glied der Reihe, $600 \cdot x^{10}/10!$, bekannt ist; damit ist $y^{\text{VIII}}(\xi) \leqq 600 \cdot \xi^2/2!$. Im Intervall $0 \leqq x \leqq 1$ ist folglich

$$y^{\text{VIII}}(\xi) \leqq 300$$

Um den Einfluß der weggelassenen Glieder zu berücksichtigen, vergröbert man die Abschätzung: $y^{\text{VIII}}(\xi) \leqq 1000$. Damit ist in $0 \leqq x \leqq 1$

$$y(x) = \frac{x^4}{12} + \frac{x^7}{252} \pm \frac{1000}{8!} = \frac{x^4}{12} + \frac{x^7}{252} \pm 0{,}025 \qquad (7-129)$$

Eine derart gefundene Potenzreihenentwicklung für $y(x)$ läßt sich meistens mit Hilfe von TSCHEBYSCHEW-Polynomen noch ökonomischer schreiben.

Störungsrechnung. Diese Methode, auch „Methode der kleinen Parameter" genannt, beruht auf folgendem Satz:

Gegeben sei das System von Differentialgleichungen

$$\frac{dx}{dt} = f(x, y, t; \mu) \qquad \frac{dy}{dt} = g(x, y, t; \mu)$$

wobei μ ein Parameter ist. Wenn f und g TAYLOR-Entwicklungen nach x, y und μ in einem Intervall $0 \leqq t \leqq t_1$ haben, so hat das System Lösungen, die sich in Form einer TAYLOR-Reihe nach dem Parameter μ schreiben lassen. Wenn μ genügend klein ist, konvergieren diese Reihen.

Die Anwendung der Methode sei am Beispiel der Gleichung

$$y'' + \omega^2 y = \mu(y^2 + y'^2) \qquad (7-130)$$

erläutert. Gl. (7 − 130) ist äquivalent zu dem System

$$y' = x \qquad x' = \mu(y^2 + x^2) - y\omega^2 \qquad (7-131)$$

Entscheidend ist, daß die höchste auftretende Ableitung den Parameter μ nicht enthält. Die Lösung des ungestörten Problems ($\mu = 0$) von Gl. (7 − 130) lautet

$$y_0(t) = A \cos \omega t + B \sin \omega t \qquad (7-132)$$

Man macht nun den Ansatz:

$$y(t) = y_0 + \mu y_1(t) + \mu^2 y_2(t) + \ldots \qquad (7-133)$$

Setzt man Gl. (7 − 133) in Gl. (7 − 130) ein, so folgt

$$(y_0'' + \mu y_1'' + \mu^2 y_2'' + \ldots) + \omega^2(y_0 + \mu y_1 + \mu^2 y_2 + \\ + \ldots) = \mu(y_0^2 + 2\mu y_0 y_1 + \mu^2(y_1^2 + 2y_0 y_2) + \\ + \ldots + y_0'^2 + 2\mu y_0' y_1' + \mu^2(y_1'^2 + 2y_0' y_2') + \ldots) \qquad (7-134)$$

Wenn diese Gleichung identisch in μ gelten soll, muß

$$y_0'' + \omega^2 y_0 = 0 \qquad (7-135)$$

$$y_1'' + \omega^2 y_1 = y_0^2 + y_0'^2$$

$$y_2'' + \omega^2 y_2 = 2y_0 y_1 + 2y_0' y_1'$$

$$y_3'' + \omega^2 y_3 = y_1^2 + 2y_0 y_2 + y_1'^2 + 2y_0' y_2' \quad \text{usw.}$$

sein. Gl. (7 − 130) soll mit den Anfangsbedingungen $y(0) = a$, $y'(0) = b$ gelöst werden. Das erreicht man im allg. durch

$$y_0(0) = a \qquad y_0'(0) = b \qquad y_i(0) = 0 \qquad y_i'(0) = 0 \qquad i \neq 0 \qquad (7-136)$$

Damit ist das System Gl. (7 − 135) von unendlich vielen Gleichungen sukzessiv lösbar. Schwierigkeiten treten bei dieser Methode auf, wenn eine der sukzessiven Näherungsfunktionen sog. säkulare Terme wie e^t, te^t, $t \cos t$ und ähnliche enthält, die für $t \to \infty$ nicht beschränkt bleiben. Ein Beispiel liefert die Differentialgleichung der anharmonischen Schwingung

$$y'' = -y - \mu y^3 \qquad y(0) = a \qquad y'(0) = 0 \qquad (7-137)$$

Das ungestörte Problem hat die Lösung

$$y_0 = a \cdot \cos t$$

und die Gleichung für y_1 lautet

$$y_1'' + y_1 = -\frac{a^3}{4}(\cos 3t + 3 \cos t)$$

$$y_1(0) = y_1'(0) = 0 \qquad (7-138)$$

Die Lösung von Gl. (7 − 138) lautet aber

$$y_1 = -\frac{a^3}{32}(\cos t + 12\,t \cdot \sin t) + \frac{a^3}{32} \cos 3t \qquad (7-139)$$

mit dem säkularen Term $t \cdot \sin t$.

Dies zeigt, daß der Ansatz Gl. (7 − 133) zu eng ist. Die Nichtlinearität bewirkt nicht nur das Auftreten von Oberwellen, sondern verändert auch die Frequenz der Grundschwingung. Nach POINCARÉ macht man für die neue Grundfrequenz den Ansatz

$$\omega = \omega_0 + \mu\omega_1 + \mu^2\omega_2 + \mu^3\omega_3 + \ldots \qquad (7-140)$$

wobei ω_0 die Grundfrequenz des ungestörten Problems ist (im Beispiel Gl. (7 − 137) ist $\omega_0 = 1$), und setzt

$$y(t) = u_0(\omega t) + \mu u_1(\omega t) + \mu^2 u_2(\omega t) + \ldots \qquad (7-141)$$

wobei die u_i periodische Funktionen von (ωt) sind. Setzt man Gl. (7 − 141) in Gl. (7 − 137) ein, so entsteht nach demselben Verfahren wie vorher mit $\omega_0 = 1$ und $x = \omega t$ das unendliche System von Differentialgleichungen

$$u_0'' + u_0 = 0 \qquad (7-142)$$

$$u_1'' + u_1 = -u_0^3 + 2\omega_1 u_0$$

$$u_2'' + u_2 = -3u_0^2 u_1 + (\omega_1^2 + 2\omega_2)u_0 - 2\omega_1 u_1''$$

usw.

Die Anfangsbedingungen $y(0) = a$, $y'(0) = 0$ sollen jetzt von der nullten Näherung u_0 erfüllt werden. Dies liefert $u_0 = a \cos x$ und damit

$$u_1'' + u_1 = -a^3 \cos^3 x + 2\,\omega_1\, a \cos x \qquad u_1(0) = u_1'(0) = 0 \qquad (7-143)$$

mit der Lösung

$$u_1 = -a^3 \cdot \frac{\cos 3x}{32} + \frac{1}{24}\left(2\omega_1 a - \frac{3a^3}{4}\right)(\cos x + 12\,x \sin x) \qquad (7-144)$$

Hier verschwindet der säkulare Term $x \cdot \sin x$ dann, wenn

$$2\omega_1 a - \frac{3a^3}{4} = 0 \qquad (7-145)$$

oder

$$\omega_1 = \frac{3a^2}{8}$$

ist. Der Prozeß kann dann in dieser Weise fortgesetzt werden.

Über die Anwendung von iterativen Methoden der Operatorenrechnung vgl. [24], über Quasilinearisierung vgl. [27], über die Methode von CHAPLYGIN vgl. [28], über Veränderung von Singularitäten durch Koordinatentransformationen vgl. [26].

7.3. Rand- und Eigenwertprobleme bei gewöhnlichen Differentialgleichungen

Die meisten Randwertprobleme der Physik sind Randwertprobleme für lineare Differentialgleichungen

$$\mathrm{L}y = \sum_{i=0}^{n} f_i(x) y^{(i)}(x) = r(x) \qquad (7-146)$$

Die Randbedingungen sind im allg. in zwei Punkten a und b gestellt und lauten allgemein

$$\mathrm{U}_i[y] = \sum_{j=0}^{n-1} \left(\alpha_{ij} y^{(j)}(a) + \beta_{ij} y^{(j)}(b)\right) = \gamma_i \qquad i = 1 \ldots m \leqq n \qquad (7-147)$$

für eine Differentialgleichung zweiter Ordnung also

$$\mathrm{U}_1[y] = \alpha_{10} y(a) + \beta_{10} y(b) + \alpha_{11} y'(a) + \beta_{11} y'(b) = \gamma_1 \qquad (7-148)$$

$$\mathrm{U}_2[y] = \alpha_{20} y(a) + \beta_{20} y(b) + \alpha_{21} y'(a) + \beta_{21} y'(b) = \gamma_2$$

Ein Randwertproblem Gl. (7 – 146), Gl. (7 – 147) heißt homogen, wenn

$$r(x) = \gamma_i = 0 \qquad (7-149)$$

es hat immer die triviale Lösung $y \equiv 0$.

Das homogene Problem Gl. (7 – 146), Gl. (7 – 147), Gl. (7 – 149) hat nun im allg. Lösungen nur für bestimmte Werte eines Koeffizienten oder Parameters, die Eigenwerte der Gleichung. Dies zeigt das einfache Beispiel

$$y'' + \lambda y = 0 \quad y(0) = y(1) = 0 \qquad (7-150)$$

Die allgemeine Lösung von Gl. (7 – 150) lautet

$$y = A \sin(\sqrt{\lambda}\, x) + B \cos(\sqrt{\lambda}\, x) \qquad (7-151)$$

und die Erfüllung der Randbedingungen durch eine nichttriviale Lösung verlangt

$$A \sin \sqrt{\lambda} = 0, \text{ also } \lambda = 0, \pi^2, 4\pi^2, 9\pi^2, \ldots \qquad (7-152)$$

Es ist daher zweckmäßig und oft auch schon von der Formulierung der Aufgabe her gegeben, den Operator L folgendermaßen zu schreiben:

$$\mathrm{L}y = \mathrm{M}y - \lambda \mathrm{N}y \qquad (7-153)$$

mit

$$\mathrm{M}y \equiv \sum_{i=0}^{n} a_i(x) y^{(i)} \quad \mathrm{N}y \equiv \sum_{i=0}^{n} b_i(x) y^{(i)} \qquad (7-154)$$

Für den Zusammenhang zwischen den Lösungen des homogenen Problems

$$\mathrm{M}y - \lambda \mathrm{N}y = 0 \quad \mathrm{U}_i[y] = 0 \quad i = 1 \ldots m \qquad (7-155)$$

und denen des inhomogenen Problems

$$\mathrm{M}y - \lambda \mathrm{N}y = r(x) \quad \mathrm{U}_i[y] = \gamma_i \quad i = 1 \ldots m \qquad (7-156)$$

gilt nun der wichtige Alternativsatz:

Entweder hat Gl. (7 – 155) nur die triviale Lösung (d. h. λ ist kein Eigenwert); dann ist Gl. (7 – 156) für jede Störfunktion $r(x)$ eindeutig lösbar,

oder Gl. (7 – 155) hat nichttriviale Lösungen y_j ($j = 1 \ldots k$, $1 \leqq k \leqq n$); dann ist Gl. (7 – 156) genau für diejenigen Störfunktionen $r(x)$ lösbar, die zu allen Eigenfunktionen y_j orthogonal sind

$$\int_a^b r(x) y_j(x)\,\mathrm{d}x = 0 \qquad j = 1 \ldots k \qquad (7-157)$$

Die Lösung ist dann aber nur bis auf additive Vielfache der Eigenfunktionen festgelegt.

Das zu Gl. (7 – 150) gehörige inhomogene Problem

$$y'' + \lambda y = r(x) \qquad y(0) = y(1) = 0 \qquad (7-158)$$

kann z. B. unter Benutzung des Fundamentalsystems $\cos \sqrt{\lambda}\, x$, $\sin \sqrt{\lambda}\, x$ von Gl. (7 – 150) durch Variation der Konstanten gelöst werden; es ist

$$y = -\int_0^x r(z) \frac{\sin(\sqrt{\lambda}\, z) \cdot \sin(\sqrt{\lambda}\,(1-x))}{\sqrt{\lambda} \sin \sqrt{\lambda}}\,\mathrm{d}z - \int_x^1 r(z) \frac{\sin(\sqrt{\lambda}\, x) \cdot \sin(\sqrt{\lambda}\,(1-z))}{\sqrt{\lambda} \sin \sqrt{\lambda}}\,\mathrm{d}z \qquad (7-159)$$

Diese Lösung versagt offensichtlich, wenn λ ein Eigenwert ist, weil dann $\sin \sqrt{\lambda} = 0$ ist. Die Fragestellungen des Randwert- und des Eigenwertproblems sind also eng miteinander verknüpft.

Die allgemeine Lösung der Randwertaufgabe Gl. (7 – 146), Gl. (7 – 147) ist wegen der Linearität stets darstellbar als die Summe einer speziellen Lösung y_G der inhomogenen Differentialgleichung (7 – 146) und einer geeigneten Linearkombination von Lösungen der homogenen Gleichung $Ly=0$, die so gewählt werden muß, daß die Randbedingungen Gl. (7−147) erfüllt sind.

Kennt man ein Fundamentalsystem von $Ly=0$ mit den Funktionen $y_1, y_2, \ldots, y_n$, so ist die gesuchte spezielle Lösung von Gl. (7−146) durch Quadraturen in der Form

$$y_0(x)=\int_a^b g(x,\xi)r(\xi)\,d\xi \qquad (7-160)$$

zu ermitteln. $g(x,\xi)$ ist dabei eine sog. Grundlösung von Gl. (7−146), die durch folgende Forderungen definiert ist:

1. In jedem der beiden Dreiecke D_1: $a \leqq \xi \leqq x \leqq b$ und D_2: $a \leqq x \leqq \xi \leqq b$ ist $g(x,\xi)$ als Funktion von x Lösung von $Ly=0$.
2. Im gesamten Bereich sind die Ableitungen von g nach x bis zur $(n-2)$-ten stetig; die $(n-1)$-te Ableitung macht auf der Diagonalen $x=\xi$ einen Sprung

$$\lim_{x\to\xi+0} g^{(n-1)}(x,\xi) - \lim_{x\to\xi-0} g^{(n-1)}(x,\xi) = \frac{-1}{f_n(\xi)} \qquad (7-161)$$

Diese Forderungen können erfüllt werden, wenn man ein System von Koeffizienten $b_j(\xi)$ aus dem linearen inhomogenen Gleichungssystem

$$\sum_{j=1}^{n} b_j(\xi)y_j^{(i)}(\xi) = \begin{cases} 0 & \text{für } i=0,1,2,\ldots,n-2 \\ \dfrac{-1}{f_n(\xi)} & \text{für } i=n-1 \end{cases} \qquad (7-162)$$

ermittelt und damit eine Grundlösung $g_0(x,\xi)$ gemäß

$$g_0(x,\xi)=\begin{cases} +\sum_{j=1}^{n} b_j(\xi)y_j(x) & \text{in } D_1 \\ -\sum_{j=1}^{n} b_j(\xi)y_j(x) & \text{in } D_2 \end{cases} \qquad (7-163)$$

bildet; die allgemeine Grundlösung lautet dann

$$g(x,\xi)=g_0(x,\xi)+\sum_{j=1}^{n} c_j(\xi)y_j(x) \qquad (7-164)$$

(c_j beliebig)

Ist Gl. (7−146) mit den homogenen Randbedingungen $U_i[y]=0$ zu lösen, so läßt sich das Konzept der Grundlösung noch verbessern, wenn die Matrix $U_i[y]$ nichtsingulär ist (also notwendig $m=n$). Dann lassen sich die Koeffizienten c_j in Gl. (7−164) so bestimmen, daß die Grundlösung $g(x,\xi)$ die homogenen Randbedingungen erfüllt. Die dazu erforderlichen c_j ermittelt man aus dem Gleichungssystem

$$\sum_{j=1}^{n} U_i[y_j]\cdot c_j(\xi)+U_i[g_0]=0 \qquad i=1\ldots n \qquad (7-165)$$

Die damit gebildete Grundfunktion

$$G(x,\xi)=\begin{cases} \sum_{j=1}^{n}\left(c_j(\xi)+b_j(\xi)\right)y_j(x) & \text{in } D_1 \\ \sum_{j=1}^{n}\left(c_j(\xi)-b_j(\xi)\right)y_j(x) & \text{in } D_2 \end{cases} \qquad (7-166)$$

heißt GREENsche Funktion des Problems Gl. (7−146); die Lösung von Gl. (7−146) mit den homogenen Randbedingungen $U_i[y]=0$ lautet dann einfach

$$y(x)=\int_a^b G(x,\xi)r(\xi)\,d\xi \qquad (7-167)$$

Genauere Angaben über die Eigenwerte eines Problems Gl. (7−155) lassen sich machen, wenn die Differentialoperatoren M und N selbstadjungiert sind:

$$My \equiv \sum_{i=0}^{q}(-1)^i\left(h_i(x)y^{(i)}\right)^{(i)} \qquad (7-168)$$

$$Ny = \sum_{i=0}^{q}(-1)^i\left(k_i(x)y^{(i)}\right)^{(i)}$$

Eine Funktion $v(x)$, die q-mal stetig differenzierbar ist und die vorgegebenen Randbedingungen Gl. (7−147) erfüllt, heißt Vergleichsfunktion für das vorliegende Problem. Ist für zwei beliebige Vergleichsfunktionen u und v stets

$$\int_a^b\left(u(Mv)-v(Mu)\right)dx = \int_a^b\left(u(Nv)-v(Nu)\right)dx=0 \qquad (7-169)$$

so heißt auch die Eigenwertaufgabe Gl. (7−153), Gl. (7−147) selbstadjungiert. Gilt außerdem für jede beliebige Vergleichsfunktion v, daß

$$\int_a^b (Mv)v\,dx>0 \qquad \int_a^b (Nv)v\,dx>0 \qquad (7-170)$$

ist, so wird der Operator $Ly=My-\lambda Ny$ als volldefinit bezeichnet (für $p=1, q=0$ wird ein solches Problem auch ein STURM-LIOUVILLEsches Eigenwertproblem genannt).

Eine selbstadjungierte volldefinite Eigenwertaufgabe hat immer unendlich viele positive Eigenwerte λ_i, und die zu verschiedenen Eigenwerten λ_i, λ_k gehörigen Eigenfunktionen y_i, y_k sind in dem Sinne verallgemeinert orthogonal zueinander, daß

$$\int_a^b y_i(My_k)\,dx=\int_a^b y_i(Ny_k)\,dx=0 \quad i\neq k \qquad (7-171)$$

ist. Bildet man mit einer beliebigen Vergleichsfunktion v die Koeffizienten

$$a_j=\int_a^b v(Nv)\,dx \qquad (7-172)$$

so konvergiert die damit gebildete Reihe $\sum_{j=1}^{\infty} y_j a_j$ gleichmäßig gegen eine Funktion $\psi(x)$. Unter gewissen Voraussetzungen, die in der Praxis meistens erfüllt sind, ist $\psi(x) = v(x)$, d. h. jede Vergleichsfunktion ist in eine Reihe nach den Eigenfunktionen entwickelbar. Auf dieser Tatsache beruhen einige der numerischen Methoden zur Lösung von Randwertaufgaben.

Über nichtlineare Randwertprobleme vgl. [1b]; eine Methode zur Lösung von inhomogenen Problemen mittels der GREENschen Resolvente ist in [5] beschrieben.

8. Partielle Differentialgleichungen zweiter Ordnung

Ergänzende Literatur zu Kap. 8 siehe [4], [6], [7], [8], [29], [30].

8.1. Grundbegriffe

Man kann sich zunächst auf zwei unabhängige Variable x und y beschränken. Eine partielle Differentialgleichung zweiter Ordnung hat dann allgemein die Form

$$a_{11}\frac{\partial^2 u}{\partial x^2} + 2a_{12}\frac{\partial^2 u}{\partial x \partial y} + a_{22}\frac{\partial^2 u}{\partial y^2} + a_1\frac{\partial u}{\partial x} + a_2\frac{\partial u}{\partial y} + a_0 u = f(x,y) \qquad (8-1)$$

Sind in Gl. (8 – 1)

1. die Größen a_{ik}, a_i Funktionen der fünf Variablen x, y, u, u_x, u_y, so heißt Gl. (8 – 1) quasilinear;
2. die Größen a_{ik} Funktionen von x und y, die a_i dagegen Funktionen von x, y, u, u_x, u_y, so heißt Gl. (8 – 1) fastlinear;
3. die Größen a_{ik}, a_i Funktionen von x und y, so heißt Gl. (8 – 1) linear.

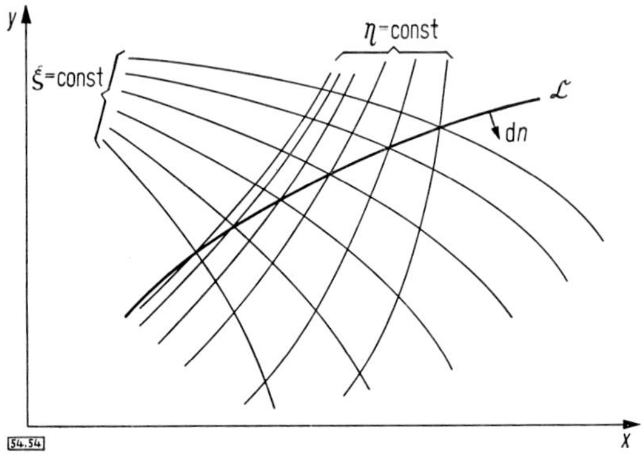

Abb. 54. CAUCHYsches Anfangswertproblem
ξ = const, η = const sind die Charakteristikenscharen der Differentialgleichung, $\mathfrak{C}$ eine nichtcharakteristische Kurve

Es sei folgendes Anfangswertproblem gestellt (Abb. 54): Längs einer Kurve $\mathfrak{C}$ in der $x - y$-Ebene seien die Werte von u und $\frac{\partial u}{\partial n}$ (und damit auch von $\frac{\partial u}{\partial x}$ und $\frac{\partial u}{\partial y}$) bekannt. Da

$$d\left(\frac{\partial u}{\partial x}\right) = \frac{\partial^2 u}{\partial x^2}dx + \frac{\partial^2 u}{\partial x \partial y}dy \qquad (8-2)$$

$$d\left(\frac{\partial u}{\partial y}\right) = \frac{\partial^2 u}{\partial x \partial y}dx + \frac{\partial^2 u}{\partial y^2}dy$$

ist, können dann und nur dann auch die zweiten Ableitungen u_{xx}, u_{xy} und u_{yy} auf der Kurve $\mathfrak{C}$ aus den gegebenen Anfangsgrößen u, u_x, u_y und der gegebenen Gleichung (8 – 1) berechnet werden, wenn die Koeffizientendeterminante

$$\Delta = \begin{vmatrix} a_{11} & 2a_{12} & a_{22} \\ dx & dy & 0 \\ 0 & dx & dy \end{vmatrix} = a_{11}dy^2 - 2a_{12}dx\,dy + a_{22}dx^2 \neq 0 \qquad (8-3)$$

ist. Es gibt aber im allg. in jedem gegebenen Punkt (x, y) zwei Richtungen dy/dx, in welchen die Determinante Gl. (8 – 3) verschwindet:

$$a_{11}\left(\frac{dy}{dx}\right)^2 - 2a_{12}\left(\frac{dy}{dx}\right) + a_{22} = 0 \qquad (8-4)$$

Diese Richtungen heißen charakteristische Richtungen der Differentialgleichung (8 – 3). Sie werden durch zwei Scharen von Kurven, die *Charakteristiken*, miteinander verbunden. Längs der Charakteristiken sind die höheren Ableitungen aufgrund der gegebenen Anfangswerte im allg. nicht berechenbar, d. h. das Anfangswertproblem hat keine Lösung.

Bedingung Gl. (8 – 4) liefert eine Typeneinteilung für partielle Differentialgleichungen (8 – 4):

1. Für $a_{11}a_{22} - a_{12}^2 > 0$ sind die Charakteristiken konjugiert komplex. Die Differentialgleichung (8 – 1) ist dann vom *elliptischen Typ*.
2. Für $a_{11}a_{22} - a_{12}^2 < 0$ bilden die Charakteristiken zwei getrennte reelle Kurvenscharen. Die Gl. (8 – 1) ist vom *hyperbolischen Typ*.
3. Für $a_{11}a_{22} - a_{12}^2 = 0$ gibt es nur eine Schar reeller Charakteristiken. Gl. (8 – 1) ist vom *parabolischen Typ*.

Typische Vertreter dieser drei Arten sind

a) für den elliptischen Typ die Potentialgleichung

$$\frac{\partial^2 u}{\partial x^2} + \frac{\partial^2 u}{\partial y^2} = 0 \qquad (8-5)$$

Gleichungen vom elliptischen Typ beschreiben im allg. Gleichgewichtszustände.

b) für den hyperbolischen Typ die Wellengleichung

$$\frac{\partial^2 u}{\partial x^2} - \frac{1}{v^2}\frac{\partial^2 u}{\partial t^2} = 0 \qquad (8-6)$$

Hyperbolische Gleichungen beschreiben meistens Ausbreitungsvorgänge.

c) für den parabolischen Typ die Diffusionsgleichung

$$D\frac{\partial^2 u}{\partial x^2}-\frac{\partial u}{\partial t}=0 \qquad (8-7)$$

Parabolische Gleichungen sind charakteristisch für Ausgleichsprozesse.

Diese Typeneinteilung ist zunächst mathematisch motiviert, indem sowohl die Art der zu lösenden Probleme wie auch die Forderungen bezüglich Stetigkeit, Differenzierbarkeit usw. an die Koeffizienten a_{ik} wesentlich vom Typ der Differentialgleichung abhängen. Dies erkennt man, wenn man die in Gl. (8–4) definierten Charakteristiken als neue Koordinaten einführt und damit Gl. (8–1) auf eine der drei Normalformen reduziert:

1. Hyperbolischer Fall:

   Die beiden Charakteristikenscharen gehorchen der Differentialgleichung

$$\frac{dy}{dx}=\frac{a_{12}\pm\sqrt{a_{12}^2-a_{11}a_{22}}}{a_{11}} \qquad (8-8)$$

Für $a_{ik}=\text{const}$ lauten die neuen Koordinaten damit

$$\xi=y-\frac{a_{12}-\sqrt{a_{12}^2-a_{11}a_{22}}}{a_{11}}x \qquad (8-9)$$

$$\eta=y-\frac{a_{12}+\sqrt{a_{12}^2-a_{11}a_{22}}}{a_{11}^2}x$$

Damit geht Gl. (8–1) über in die sog. *integrable Normalform*

$$\frac{\partial^2 u}{\partial\xi\partial\eta}=\Phi\left(u,\frac{\partial u}{\partial\xi},\frac{\partial u}{\partial\eta},\xi,\eta\right) \qquad (8-10)$$

Für eine Lösung ausreichend wäre es, die Werte von u längs zweier Charakteristiken $\xi=\text{const}$, $\eta=\text{const}$ festzulegen. In der Praxis wird für hyperbolische Gleichungen ein Anfangs-Randwert-Problem gestellt, bei dem längs einer (nichtcharakteristischen!) Kurve $\mathfrak{C}$ die Werte von u und $\partial u/\partial n$ vorgegeben werden.

2. Elliptischer Fall:

   Die Charakteristikenscharen sind hier komplex und spielen für die Formulierung des Problems keine Rolle. Anfangswertprobleme lassen sich für elliptische Differentialgleichungen im allg. nicht vernünftig formulieren, weil nicht gewährleistet ist, daß die Lösung stetig von den Anfangsbedingungen abhängt.

Beispiel: Gl. (8–5) mit der Anfangsbedingung

$u(x,0)=u_0(x)$,

$\frac{\partial u}{\partial y}(x,0)=u_1(x)$ hat, falls

$u_{0(a)}=u_{1(a)}=0$, die Lösung $u_{(a)}\equiv 0$; falls

$u_{0(b)}=0 \quad u_{1(b)}=\frac{1}{n}\sin(nx)$,

die Lösung

$u_{(b)}=\frac{1}{n^2}\sin(nx)\sinh(ny)$

Wählt man n sehr groß, so wird $|u_{1(a)}-u_{1(b)}|$ beliebig klein; die Lösungen $u_{(a)}$ und $u_{(b)}$ streben trotzdem immer weiter auseinander, da sich $\sinh(ny)$ für große y wie e^{ny} verhält.

Wählt man ($a_{ik}=\text{const}$) die neuen Koordinaten

$$\xi=\tfrac{1}{2}\big((y-D_1x)+(y-D_2x)\big) \qquad (8-11)$$

$$\eta=\frac{1}{2i}\big((y-D_1x)-(y-D_2x)\big)$$

mit

$$D_{1,2}=\frac{a_{12}\pm\sqrt{a_{12}^2-a_{11}a_{22}}}{a_{11}} \qquad (8-12)$$

so sind diese reell, und Gl. (8–1) geht über in die integrable Normalform

$$\frac{\partial^2 u}{\partial\xi^2}+\frac{\partial^2 u}{\partial\eta^2}=\psi\left(u,\frac{\partial u}{\partial\xi},\frac{\partial u}{\partial\eta},\xi,\eta\right) \qquad (8-13)$$

Ein sinnvolles Problem entsteht, wenn für diese Gleichung auf einer geschlossenen Kurve $\mathfrak{C}$ entweder die Werte von u (DIRICHLETsches Problem) oder $\partial u/\partial n$ (NEUMANNsches Problem, n Richtung der äußeren Kurvennormalen) oder eine Linearkombination beider Größen vorgegeben ist. Typisch für elliptische Gleichungen sind also Randwertprobleme.

3. Parabolischer Fall:

   Die einzige Charakteristikenschar hat die Gleichung

$$\frac{dy}{dx}=\frac{a_{12}}{a_{11}} \qquad (8-14)$$

Wählt man ($a_{ik}=\text{const}$) die neuen Koordinaten

$$\xi=y-\frac{a_{12}}{a_{11}}x \qquad \eta \text{ beliebig} \qquad (8-15)$$

so geht Gl. (8–1) im parabolischen Fall über in

$$\frac{\partial^2 u}{\partial\eta^2}+\psi\left(u,\frac{\partial u}{\partial\xi},\frac{\partial u}{\partial\eta},\xi,\eta\right)=0 \qquad (8-16)$$

Um ein vernünftiges Problem zu formulieren, genügt es zunächst, längs der Charakteristik die Werte von u oder $\partial u/\partial n$ vorzugeben. Zusätzlich müssen Randwerte längs einer Kurve $\mathfrak{C}$ gegeben sein, die jetzt aber nicht mehr geschlossen zu sein braucht.

Auch der Charakter der Lösungen selbst hängt wesentlich vom Typ der Gleichung (8–1) ab. Bei hyperbolischen Differentialgleichungen, etwa der Wellengleichung, können auf den Charakteristiken Funktionsverläufe mit beliebigen Unstetigkeiten gegeben sein (Abb. 55). Da die Lösung im Innern des durch

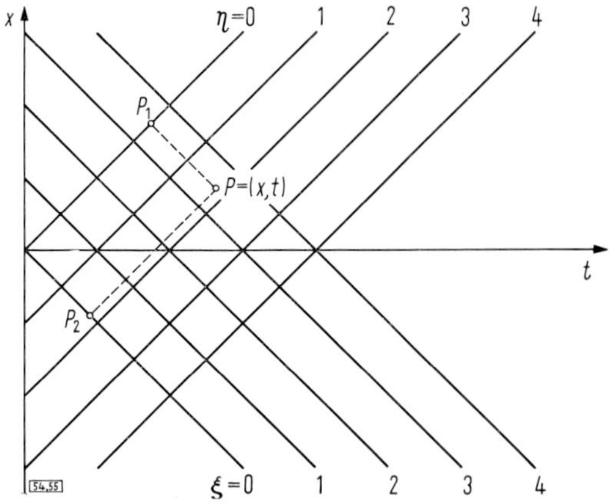

Abb. 55. Charakteristikenfeld der Wellengleichung

$$\frac{\partial^2 u}{\partial x^2} = \frac{\partial^2 u}{\partial t^2}$$

Die Charakteristiken lauten: $\xi = t + x$ und $\eta = t - x$

die Charakteristiken begrenzten Zwickels dadurch gewonnen werden kann, daß man auf den Charakteristiken nach den Punkten P_1 bzw. P_2 geht und die dort vorgefundenen Funktionswerte nach P überträgt:

$$u(P) = u(P_1) + u(P_2)$$

wird die Lösung im hyperbolischen Fall im allg. keine in eine Potenzreihe entwickelbare Funktion sein.

Im elliptischen Fall dagegen sind die Charakteristiken komplex; etwaige vorgegebene Unstetigkeiten auf der Randkurve $\mathfrak{C}$ können sich nicht in das Integrationsgebiet fortpflanzen. Die Lösung ist immer eine analytische Funktion. Der parabolische Fall verhält sich in dieser Hinsicht wie der elliptische.

Schließlich ist die Typeneinteilung auch physikalisch notwendig. Dies zeigt das Beispiel der Grundgleichung der Gasdynamik in Zylinderkoordinaten

$$(a^2 - u_x^2)u_{xx} + (a^2 - u_r^2)u_{rr} - 2u_x u_r u_{xr} + \frac{a^2}{r} u_r = 0 \qquad (8-17)$$

mit

$a = \sqrt{\frac{dp}{d\varrho}}$ Schallgeschwindigkeit und $\vec{v} = \text{grad } u$.

Experimentell ist bekannt, daß die Form der Strömung eines Gases erheblich davon abhängt, ob die lokale Strömungsgeschwindigkeit $\vec{v}$ kleiner, gleich oder größer als die Schallgeschwindigkeit a ist. Tatsächlich ist Gl. (8–17) für $|\vec{v}| > a$ hyperbolisch, für $|\vec{v}| = a$ parabolisch und für $|\vec{v}| < a$ elliptisch.

Im Gegensatz zu gewöhnlichen Differentialgleichungen ist bei partiellen Differentialgleichungen schon das Anfangswertproblem nicht immer lösbar (S. 518). Das Interesse konzentriert sich daher auf die Behandlung gewisser „korrekter" Probleme, für welche die Existenz einer Lösung nachgewiesen werden kann. Im Rahmen dieses Artikels können nur einige typische Aufgabenstellungen behandelt werden.

Hyperbolische Differentialgleichungen spielen in den Anwendungen der Technischen Chemie nur eine untergeordnete Rolle und sollen daher hier nicht diskutiert werden. Eine ausführliche Darstellung ihrer Lösungsmethoden vgl. [6].

8.2. Potentialgleichung

8.2.1. Randwertprobleme der Potentialgleichung

Homogene Gleichung mit inhomogenen Randbedingungen. Es handelt sich hier um das Problem, Lösungen von

$$\Delta u = \frac{\partial^2 u}{\partial x_1^2} + \frac{\partial^2 u}{\partial x_2^2} + \frac{\partial^2 u}{\partial x_3^2} = 0 \qquad (8-18)$$

mit einer der drei Randbedingungen

1. $u = f(\vec{x})$ (8–19a)
   auf dem Rand $\mathfrak{S}$: DIRICHLETsches Problem

2. $\frac{\partial u}{\partial n} = f(\vec{x})$ (8–19b)
   auf dem Rand $\mathfrak{S}$: NEUMANNsches Problem

3. $u + k \frac{\partial u}{\partial n} = f(\vec{x})$ (8–19c)
   auf dem Rand $\mathfrak{S}$ (k konstant)
   zu finden.

Dabei ist bei 2. und 3. zu beachten, daß für jede Potentialfunktion notwendig

$$\int_{\mathfrak{S}} \frac{\partial u}{\partial n} \, do = 0 \qquad (8-20)$$

sein muß.

In einfachen Fällen ist Gl. (8–18), Gl. (8–19a) durch Konstruktion einer GREENschen Funktion $G(\vec{x}, \vec{a})$ der beiden Variablen $\vec{x} = (x_1, x_2, x_3)$ und $\vec{a} = (a_1, a_2, a_3)$ für das Integrationsgebiet $\mathfrak{G}$ zu lösen.

$$G(\vec{x}, \vec{a}) = s(\vec{x}, \vec{a}) + w(\vec{x}, \vec{a}) \qquad (8-21)$$

hat folgende Eigenschaften:

1. Es ist (n = Dimension des Integrationsgebietes)

$$s(\vec{x}, \vec{a}) = \begin{cases} -\dfrac{1}{4\pi |\vec{x} - \vec{a}|} & \text{für } n = 3 \\ -\dfrac{1}{2\pi} \ln |\vec{x} - \vec{a}| & \text{für } n = 2 \end{cases} \qquad (8-22)$$

   s heißt Singularitätenfunktion.

2. $w(\vec{x}, \vec{a})$ ist als Funktion von $\vec{x}$ Lösung von Gl. (8–18).
3. $G(\vec{x}, \vec{a}) = 0$, wenn $\vec{x}$ auf der Berandung $\mathfrak{S}$ des Integrationsgebietes $\mathfrak{G}$ liegt.

Dann ist

$$u(\vec{a}) = -\int_{\mathfrak{G}} u(\vec{x}) \frac{\partial G}{\partial n} (\vec{x}, \vec{a}) \, do \qquad (8-23)$$

$G(\vec{x}, \vec{a})$ ist jedoch nur für wenige Gebiete $\mathfrak{G}$ effektiv bekannt. Ist $\mathfrak{G}$ ein Kreis (bzw. bei $n = 3$ eine Kugel) vom

Radius R, so ist die Lösung von Gl. (8–18), Gl. (8–19a) gegeben durch das POISSONsche Integral

$$u(\vec{x}) = \begin{cases} \dfrac{R^2 - |\vec{x}|^2}{\omega_n \cdot R} \displaystyle\int\limits_{|\vec{y}|=R} \dfrac{f(\vec{y})}{|\vec{x}-\vec{y}|^n}\, \mathrm{d}o & \text{für } |\vec{x}| < R \\ f(\vec{x}) & \text{für } |\vec{x}| = R \end{cases}$$

$$\omega_n = 4\pi \text{ für } n = 3; \quad \omega_n = 2\pi \text{ für } n = 2 \tag{8–24}$$

Das Problem Gl. (8–18), Gl. (8–19a) läßt sich aber auch durch Homogenisierung der Randbedingungen auf das Problem der Lösung der inhomogenen Potentialgleichung

$$\Delta u = f(\vec{x}) \tag{8–18a}$$

mit der Randbedingung $u = 0$ auf $\mathfrak{S}$ zurückführen. Man bildet dazu (vgl. [7]) eine Funktion $v(\vec{x})$, welche den vorgegebenen Randbedingungen genügt und zweimal stetig differenzierbar ist. Dann kann Gl. (8–18), Gl. (8–19a) ersetzt werden durch die Aufgabe

$$u - v = w$$

$$\Delta w = -\Delta v = F(x) \tag{8–25}$$

$w = 0$ auf der Berandung $\mathfrak{S}$

Beispiel für die Konstruktion von v:

In dem Rechteck

$0 < x_1 < a$

$0 < x_2 < b$

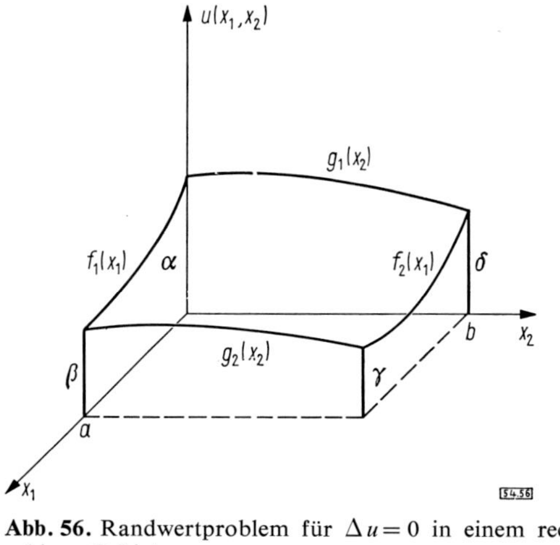

Abb. 56. Randwertproblem für $\Delta u = 0$ in einem rechteckigen Gebiet

sei $\Delta u = 0$ zu lösen mit den Randbedingungen (Abb. 56)

$$u(x_1,0) = f_1(x_1) \quad u(x_1,b) = f_2(x_1) \tag{8–26}$$

$$u(0,x_2) = g_1(x_2) \quad u(a,x_2) = g_2(x_2)$$

Die Konstruktion von v macht im allg. Schwierigkeiten, wenn die Randwerte nicht stetig aneinanderschließen. Deshalb sei

$$f_1(0) = g_1(0) = \alpha \quad f_2(a) = g_2(b) = \gamma \tag{8–27}$$

$$f_1(a) = g_2(0) = \beta \quad f_2(0) = g_1(b) = \delta$$

Wären $\alpha = \gamma = 1$, $\beta = \delta = 0$, so erfüllte die Funktion $f_1 g_1 + f_2 g_2$ bereits die gestellten Bedingungen.

Man macht nun den Ansatz

$$\bar{v}(x_1,x_2) = v(x_1,x_2) - (A + Bx_1 + Cx_2 + Dx_1x_2) \tag{8–28}$$

Aus den Bedingungsgleichungen

$$\bar{v}(0,0) = \alpha - A = 1$$

$$\bar{v}(a,0) = \beta - A - Ba = 0 \tag{8–29}$$

$$\bar{v}(a,b) = \gamma - A - Ba - Cb - Dab = 1$$

$$\bar{v}(0,b) = \delta - A - Cb = 0$$

folgt

$$A = \alpha - 1 \quad B = \frac{\beta - \alpha + 1}{a} \quad C = \frac{\delta - \alpha + 1}{b} \tag{8–30}$$

$$D = \frac{\alpha + \gamma - \beta - \delta - 1}{ab}$$

Da $v(x_1,x_2)$ die Randwerte annimmt, ergeben sich für $\bar{v}(x_1,x_2)$ folgende Randbedingungen

$$\bar{v}(x_1,0) = f_1(x_1) - A - Bx_1 = \bar{f}_1(x_1) \tag{8–31}$$

$$\bar{v}(0,x_2) = g_1(x_2) - A - Cx_2 = \bar{g}_1(x_2)$$

$$\bar{v}(x_1,b) = f_2(x_1) - A - Bx_1 - Cb - Dbx_1 = \bar{f}_2(x_1)$$

$$\bar{v}(a,x_2) = g_2(x_2) - A - Ba - Cx_2 - Dax_2 = \bar{g}_2(x_2)$$

Setzt man also $\bar{v}(x_1,x_2) = \bar{f}_1\bar{g}_1 + \bar{f}_2\bar{g}_2$, so nimmt diese Funktion auf den Rechteckseiten die vorgeschriebenen Randwerte an. Die gesuchte Hilfsfunktion ist dann

$$v = \bar{v}(x_1,x_2) + A + Bx_1 + Cx_2 + Dx_1x_2 \tag{8–32}$$

Sehr viel einfacher läßt sich das gestellte Problem jedoch durch einen Separationsansatz

$$u(x) = p(x_1) \cdot q(x_2) \tag{8–33}$$

lösen, wobei u als das Produkt einer nur von x_1 und einer nur von x_2 abhängigen Funktion dargestellt wird.

Es sei zunächst

$$g_1 = g_2 = 0 \tag{8–34}$$

Setzt man Gl. (8–33) in Gl. (8–18) ein, so folgt

$$\frac{p''}{p} = -\frac{q''}{q} \tag{8–35}$$

Da die linke Seite von Gl. (8–18) nur von x_1, die rechte nur von x_2 abhängt, müssen beide Seiten gleich einer Konstanten, dem *Separationsparameter*, sein, der hier als $-\lambda^2$ angesetzt wird.

Die aus Gl. (8–35) resultierende gewöhnliche Differentialgleichung

$$p'' + \lambda^2 p = 0 \tag{8–36}$$

hat wegen $p(0) = p(a) = 0$ die Lösung

$$p = c \sin\lambda x_1 \text{ mit } \lambda = \frac{n\pi}{a} \quad (n = 1,2,3,\ldots) \tag{8–37}$$

Die allgemeine Lösung der mit Gl. (8–37) aus Gl. (8–35) entstehenden Gleichung

$$q'' - \frac{n^2\pi^2}{a^2}\, q = 0 \tag{8–38}$$

lautet

$$q = a_n \sinh\frac{n\pi}{a}(b - x_2) + b_n \sinh\frac{n\pi}{a}\, x_2 \tag{8–39}$$

Die Funktion

$$u_n = \left(a_n \sinh \frac{n\pi}{a}(b - x_2) + b_n \sinh \frac{n\pi}{a} x_2\right) \sin \frac{n\pi}{a} x_1 \qquad (8-40)$$

ist also eine partikuläre Lösung von Gl. (8—18) mit den Randbedingungen $u(0,x_2) = u(a,x_2) = 0$.

Überlagert man alle Partikulärlösungen Gl. (8—40), so hat die Lösungsfunktion

$$u = \sum_{n=1}^{\infty} \left(a_n \sinh \frac{n\pi}{a}(b - x_2) + b_n \sinh \frac{n\pi}{a} x_2\right) \sin \frac{n\pi}{a} x_1 \qquad (8-41)$$

für $x_2 = 0$ den Wert

$$u(x_1,0) = f_1(x_1) = \sum_{n=1}^{\infty} \left(a_n \sinh \frac{n\pi b}{a}\right) \sin \frac{n\pi}{a} x_1$$

für $x_2 = b$ den Wert

$$u(x_1,b) = f_2(x_1) = \sum_{n=1}^{\infty} \left(b_n \sinh \frac{n\pi b}{a}\right) \sin \frac{n\pi}{a} x_1 \qquad (8-42)$$

Gl. (8—42) kann als die FOURIER-Entwicklung der Funktionen $f_1(x_1)$ und $f_2(x_1)$ aufgefaßt werden. Umgekehrt gilt deshalb auch

$$a_n \sinh \frac{n\pi b}{a} = \frac{2}{a} \int_0^a f_1(x_1) \sin \frac{n\pi}{a} x_1 \, dx_1 \qquad (8-43)$$

$$b_n \sinh \frac{n\pi b}{a} = \frac{2}{a} \int_0^a f_2(x_1) \sin \frac{n\pi}{a} x_1 \, dx_1$$

Damit lassen sich die noch offenen Koeffizienten von Gl. (8—41) bestimmen. Macht man nun einen zweiten Separationsansatz $u(x) = r(x_1)s(x_2)$ mit den Randbedingungen $f_1 = f_2 = 0$ und addiert dessen Lösung zu Gl. (8—41), so ist die Summe endlich die Lösung des ursprünglich gestellten Problems Gl. (8—26).

Auch das NEUMANNsche Problem Gl. (8—18), Gl. (8—19b) läßt sich auf zwei Arten lösen: durch Konstruktion einer GREENschen Funktion zweiter Art $\bar{G}(\vec{x},\vec{a})$ für den Integrationsbereich $\mathfrak{G}$, welche statt 3. (vgl. S. 520) die Eigenschaft

$$\frac{\partial \bar{G}(\vec{x},\vec{a})}{\partial n} = -\frac{1}{|\mathfrak{G}|} \qquad (8-44)$$

hat, wobei $|\mathfrak{G}|$ der Flächeninhalt von $\mathfrak{G}$ ist (einfach $\frac{\partial \bar{G}}{\partial n} = 0$ auf der Berandung zu verlangen in Analogie zu 3. (vgl. S. 520) geht nicht, weil dann Gl. (8—20), verletzt wäre. Es sind aber auch andere Formulierungen der GREENschen Funktion zweiter Art möglich), läßt sich die Lösung von Gl. (8—18), Gl. (8—19b) angeben als

$$u(\vec{a}) = \int_{\mathfrak{G}} \bar{G}(\vec{x},\vec{a}) \frac{\partial u}{\partial n}(\vec{x}) \, do + \frac{1}{|\mathfrak{G}|} \int_{\mathfrak{G}} u(\vec{x}) \, do \qquad (8-45)$$

Zu beachten ist, daß $u(\vec{a})$ hier nur bis auf eine willkürliche Konstante bestimmt ist. Da aber auch die GREENsche Funktion zweiter Art nur für wenige Bereiche $\mathfrak{G}$ explizit bekannt ist, bleibt auch hier die Aufstellung eines Separationsansatzes meistens die einfachere Lösungsmethode.

Beispiel:

Gesucht sei in $R \leqq r < \infty$, $0 \leqq \varphi \leqq 2\pi$ diejenige Funktion $u(r,\varphi)$, welche dort die Gl. (8—18) erfüllt und auf dem Kreis $r = R$ die Randwerte $\frac{\partial u}{\partial n} = \frac{\partial u}{\partial r} = f(\varphi)$ annimmt.

Schreibt man Δu in Polarkoordinaten r, φ um und macht für u einen Separationsansatz $u = g(r) \cdot h(\varphi)$, so folgt

$$\frac{\partial^2 u}{\partial r^2} + \frac{1}{r^2} \cdot \frac{\partial^2 u}{\partial \varphi^2} + \frac{1}{r} \cdot \frac{\partial u}{\partial r} = g'' h + \frac{1}{r^2} g h'' + \frac{1}{r} g' h = 0$$

oder

$$\frac{h''}{h} = -r^2 \left(\frac{g''}{g} + \frac{g'}{rg}\right) = -n^2 \qquad (8-46)$$

Die Gleichung

$$h'' + n^2 h = 0 \qquad (8-47)$$

hat die Lösungen

$$h_n = A_n \sin(n\varphi) + B_n \cos(n\varphi) \qquad (8-48)$$

Die Differentialgleichung

$$r^2 g_n'' + r g_n' = n^2 g_n \qquad (8-49)$$

hat die Lösung

$$g_n = C_n r^n + D_n r^{-n} \quad \text{falls } n = 1,2,3,.. \qquad (8-50)$$
$$= C_0 + D_0 \ln r \quad \text{falls } n = 0$$

Jede Partikularlösung Gl. (8—50) muß aber für $r \to \infty$ endlich bleiben; daher folgt

$$C_n = D_0 = 0 \qquad (8-51)$$

Damit ist

$$u_n = g_n h_n = \begin{cases} \alpha_0 = B_0 C_0 & \text{falls } n = 0 \\ r^{-n}(\beta_n \sin(n\varphi) + \alpha_n \cos(n\varphi)) & \text{falls } n \neq 0 \end{cases} \qquad (8-52)$$
$$(\beta_n = A_n D_n, \; \alpha_n = B_n D_n)$$

eine in $R \leqq r < \infty$ beschränkte Partikularlösung von Gl. (8—18). Die durch Überlagerung aller Lösungen Gl. (8—52) entstehende Funktion

$$u = \sum_{n=0}^{\infty} u_n = \alpha_0 + \sum_{n=1}^{\infty} r^{-n} (\alpha_n \cos(n\varphi) + \beta_n \sin(n\varphi)) \qquad (8-53)$$

hat an der Stelle $r = R$ die Ableitung

$$\left.\frac{\partial u}{\partial n}\right|_{r=R} = \left.\frac{\partial u}{\partial r}\right|_{r=R} = \sum_{n=1}^{\infty} \frac{-n}{R^{n+1}} (\alpha_n \cos(n\varphi) + \beta_n \sin(n\varphi)) = f(\varphi) \qquad (8-54)$$

Gl. (8—54) ist die FOURIER-Entwicklung von $f(\varphi)$; umgekehrt gilt daher auch

$$-\frac{n}{R^{n+1}} \alpha_n = \frac{1}{\pi} \int_0^{2\pi} f(\varphi) \cos(n\varphi) \, d\varphi \qquad (8-55)$$

$$-\frac{n}{R^{n+1}}\beta_n = \frac{1}{\pi}\int_0^{2\pi} f(\varphi)\sin(n\varphi)\,\mathrm{d}\varphi$$

Damit sind die noch freien Koeffizienten α_i, β_i bestimmt; der Koeffizient α_0 bleibt unbestimmt.

In gleicher Weise läßt sich auch das Randwertproblem Gl. (8—18), Gl. (8—19c) durch Überlagerung der Lösungen eines DIRICHLETschen und eines NEUMANNschen Randwertproblems erledigen. Die Lösung ist in allen Fällen eindeutig.

Inhomogene Gleichung mit homogenen Randbedingungen. Es soll jetzt das Problem Gl. (8—18a) in einem Gebiet $\mathfrak{G}$ mit der Randbedingung $u_0 = 0$ auf der Berandung $\mathfrak{S}$ von $\mathfrak{G}$ gelöst werden. Man kann sogar das allgemeinere Problem mitbehandeln, daß $u_0 \neq 0$ ist. Macht man für u einen Ansatz

$$u = v + w \qquad (8-56)$$

wo v irgendeine partikuläre Lösung von Gl. (8—18a) ist, die auf dem Rand den Wert $v = v_0$ annimmt, und verlangt, daß w die Gl. (8—18) mit der Randbedingung

$$w_0 = u_0 - v_0 \qquad (8-57)$$

erfüllt, so ist Gl. (8—56) Lösung von Gl. (8—18a). Falls f nicht zu kompliziert ist, läßt sich eine Funktion v meistens erraten.

Das Gebiet $\mathfrak{G}$ sei ein Rechteck

$$0 \leqq x_1 \leqq a \qquad 0 \leqq x_2 \leqq b$$

und es sei $u_0 = 0$ auf dem Rand.

Die gesuchte Lösung $u(x)$ von Gl. (8—18a) läßt sich dann bei festgehaltenem Wert von x_2 in eine FOURIER-Reihe nach x_1 entwickeln:

$$u(x_1, x_2) = \sum_{n=1}^{\infty} \beta_n \sin\frac{n\pi x_1}{a} \qquad (8-58)$$

wobei angenommen wird, daß $u(x_1, x_2)$ über das Intervall $0 \leqq x_1 \leqq a$ hinaus als ungerade Funktion fortgesetzt sei. Die Koeffizienten β_n sind noch von der gewählten Stelle x_2 abhängig:

$$\beta_n = \frac{2}{a}\int_0^a u(x_1, x_2)\sin\frac{n\pi x_1}{a}\,\mathrm{d}x_1 \qquad (8-59)$$

Da $u(x_1, 0) = u(x_1, b) = 0$, soll auch $\beta_n(x_2)$ in eine FOURIER-Sinusreihe nach x_2 entwickelt werden:

$$\beta_n(x_2) = \sum_{m=1}^{\infty} \gamma_{mn}\sin\frac{m\pi x_2}{b} \qquad (8-60)$$

mit

$$\gamma_{mn} = \frac{2}{b}\int_0^b \beta_n(x_2)\sin\frac{m\pi x_2}{b}\,\mathrm{d}x_2 \qquad (8-61)$$

Insgesamt ist damit

$$u(x_1, x_2) = \sum_{n=1}^{\infty}\sum_{m=1}^{\infty} \gamma_{mn}\sin\frac{n\pi x_1}{a}\sin\frac{m\pi x_2}{b} \qquad (8-62)$$

mit

$$\gamma_{mn} = \frac{4}{ab}\int_0^a\int_0^b u(x_1, x_2)\sin\frac{n\pi x_1}{a}\sin\frac{m\pi x_2}{b}\times \\ \times\,\mathrm{d}x_1\,\mathrm{d}x_2 \qquad (8-63)$$

Ebenso kann man auch $f(x)$ in eine zweidimensionale FOURIER-Reihe entwickeln:

$$f(x_1, x_2) = \sum_{n=1}^{\infty}\sum_{m=1}^{\infty} \delta_{mn}\sin\frac{n\pi x_1}{a}\sin\frac{m\pi x_2}{b} \qquad (8-64)$$

mit

$$\delta_{mn} = \frac{4}{ab}\int_0^a\int_0^b f(x_1, x_2)\sin\frac{n\pi x_1}{a}\sin\frac{m\pi x_2}{b}\times \\ \times\,\mathrm{d}x_1\,\mathrm{d}x_2 \qquad (8-65)$$

Wegen Gl. (8—18a) folgt, da Gl. (8—62) gliedweise differenziert werden darf

$$-\sum_{n=1}^{\infty}\sum_{m=1}^{\infty}\gamma_{mn}\left(\left(\frac{n\pi}{a}\right)^2 + \left(\frac{m\pi}{b}\right)^2\right)\sin\frac{n\pi x_1}{a}\times \\ \times\sin\frac{m\pi x_2}{b} = \sum_{n=1}^{\infty}\sum_{m=1}^{\infty}\delta_{mn}\sin\frac{n\pi x_1}{a}\sin\frac{m\pi x_2}{b} \qquad (8-66)$$

Da Gl. (8—66) für jeden Wert von m und n identisch erfüllt sein muß, folgt

$$-\gamma_{mn}\left(\left(\frac{n\pi}{a}\right)^2 + \left(\frac{m\pi}{b}\right)^2\right) = \delta_{mn} \qquad (8-67)$$

Es ist zu beachten, daß die mit den so berechneten γ_{mn} aufgestellte Lösung die Gleichung (8—18a) nur im Sinne einer Approximation nach kleinsten Fehlerquadraten erfüllen wird.

8.2.2. DIRICHLETsches Prinzip und Variationsansätze

Wie in Kap. 11.2 näher gezeigt wird, kann die Aufgabe, eine Lösung der elliptischen Differentialgleichung

$$\frac{\partial^2 u}{\partial x^2} + \frac{\partial^2 u}{\partial y^2} = k(x,y)u \qquad u = f \text{ auf } \mathfrak{S} \qquad (8-68)$$

(oft auch als HELMHOLTZsche Gleichung bezeichnet) zu finden, zurückgeführt werden auf die Aufgabe, ein Minimum des Funktionals

$$E(u) = \int_{\mathfrak{G}}\left(\left(\frac{\partial u}{\partial x}\right)^2 + \left(\frac{\partial u}{\partial y}\right)^2 + ku^2\right)\mathrm{d}x\,\mathrm{d}y \qquad (8-69)$$

zu bestimmen. In der Tat ist eine zweimal stetig differenzierbare Funktion $u(x,y)$, welche Gl. (8—69) erfüllt, stets auch Lösung von Gl. (8—68). Es ist aber umgekehrt keineswegs sicher, daß für eine Lösung von Gl. (8—68) ein DIRICHLETsches Integral Gl. (8—69) auch existiert. Immerhin läßt sich zeigen, daß die Äquivalenz von Gl. (8—68) und Gl. (8—69) dann hergestellt werden kann, wenn die Randwerte f eine zweimal stetig differenzierbare Funktion bilden, deren DIRICHLET-Integral

$$E(f) = \int_{\mathfrak{G}} \left(\left(\frac{\partial f}{\partial x} \right)^2 + \left(\frac{\partial f}{\partial y} \right)^2 \right) \mathrm{d}x \, \mathrm{d}y \qquad (8-70)$$

existiert. Auch muß der Rand $\mathfrak{S}$ „einigermaßen glatt" sein.

Die große Bedeutung von Gl. (8−68), Gl. (8−69) liegt darin, daß sie zeigen, daß die direkten Methoden der Variationsrechnung auf Randwertprobleme der Potentialtheorie anwendbar sind. Bei Gl. (8−68) würde man gemäß dem RITZschen Verfahren eine Anzahl von linear unabhängigen Funktionen $g_1 \ldots g_n$ auswählen, welche auf dem Rand den Wert Null annehmen, und mit ihnen eine Linearkombination

$$g = a_1 g_1 + a_2 g_2 + \ldots + a_n g_n \qquad (8-71)$$

derart bilden, daß das Funktional

$$J = \int_{\mathfrak{G}} \left((f+g)_x^2 + (f+g)_y^2 + k(f+g)^2 \right) \mathrm{d}x \, \mathrm{d}y \qquad (8-72)$$

ein Minimum erreicht. Gl. (8−72) ist eine quadratische Funktion in den frei wählbaren Koeffizienten a_i; die Bestimmung der a_i geschieht dann in der üblichen Weise über die Normalgleichungen von Gl. (8−72). Damit die so gefundene Lösung g gegen die wahre Lösung $u(x,y)$ konvergiert, müssen die g_i ein vollständiges Funktionensystem bilden.

Beispiel [31]: Gesucht ist die Lösung von $\Delta u = -2$ in dem Quadrat $-a \leqq x \leqq +a$, $-a \leqq y \leqq +a$ mit der Randbedingung $u = 0$ auf der Berandung.

Das zugehörige DIRICHLET-Integral lautet

$$J = \int_{-a}^{+a} \int_{-a}^{+a} (u_x^2 + u_y^2 - 4u) \, \mathrm{d}x \, \mathrm{d}y \qquad (8-73)$$

Als approximierende Funktionen wählt man Polynome, welche die Randbedingungen erfüllen:

$$P_n(x,y) = (a^2 - x^2)(a^2 - y^2)\big(A_1 + A_2(x^2 + y^2) + A_3 x^2 y^2 + A_4(x^4 + y^4) + \ldots\big) \qquad (8-74)$$

Im ersten Näherungsschritt ist $A_1 \neq 0, A_2 = A_3 = \cdots = 0$, also

$$J_{(1)} = \int_{-a}^{+a} \int_{-a}^{+a} \big(A_1^2 \big(4x^2(a^2 - y^2)^2 + 4y^2(a^2 - x^2)^2\big) - 4A_1(a^2 - x^2)(a^2 - y^2)\big) \mathrm{d}x \, \mathrm{d}y = A_1^2 a^8 \frac{256}{45} - \frac{64}{9} A_1 a^6 \qquad (8-75)$$

Soll $J_{(1)}$ einem Extremwert annehmen, so muß

$$\frac{\mathrm{d}J_{(1)}}{\mathrm{d}A_1} = \frac{512}{45} A_1 a^8 - \frac{64}{9} a^6 = 0 \quad \text{oder} \quad A_1 = \frac{5}{8a^2} \qquad (8-76)$$

sein; die erste Näherungsfunktion lautet daher

$$P_1(x,y) = \frac{5(a^2 - x^2)(a^2 - y^2)}{8a^2} \qquad (8-77)$$

Entsprechend kann dann die Rechnung mit der zweiten Näherungsfunktion

$$P_2(x,y) = (a^2 - x^2)(a^2 - y^2)\big(A_1 + A_2(x^2 + y^2)\big) \qquad (8-78)$$

durchgeführt werden; da die $P_i(x,y)$ nicht orthogonal zueinander sind, müssen in jedem Rechenschritt alle Koeffizienten neu berechnet werden.

Wendet man ähnliche Überlegungen auf die HELMHOLTZsche Gleichung

$$\Delta u + \lambda u = 0 \qquad u = 0 \text{ auf } \mathfrak{S} \qquad \lambda > 0 \qquad (8-79)$$

an, so ist zunächst zu beachten, daß durch Gl. (8−79) die Lösung u nur bis auf einen Faktor bestimmt ist. Man kann daher zusätzlich normieren:

$$\int_{\mathfrak{G}} u^2 \, \mathrm{d}x \, \mathrm{d}y = 1 \qquad (8-80)$$

Außerdem ist das Problem nur für bestimmte Werte des Parameters λ, die Eigenwerte von Gl. (8−79), lösbar; die zugehörigen Eigenfunktionen bilden ein vollständiges Orthogonalsystem.

Um die Lösung von Gl. (8−79) als Variationsaufgabe zu charakterisieren, verlangt man, es solle

$$J = \int_{\mathfrak{G}} (u_x^2 + u_y^2) \, \mathrm{d}x \, \mathrm{d}y = \min \qquad (8-81)$$

werden unter der Nebenbedingung Gl. (8−80). Man wählt wiederum ein System linear unabhängiger Funktionen $f_1 \ldots f_n$, für die $f_i = 0$ auf dem Rand von $\mathfrak{G}$ gilt, und sucht, um die Nebenbedingung zu berücksichtigen, gemäß Abschn. 11.5 durch geeignete Wahl der Koeffizienten a_i in

$$f = a_1 f_1 + a_2 f_2 + \ldots + a_n f_n \qquad (8-82)$$

ein Minimum des Funktionals

$$\Phi = \int_{\mathfrak{G}} (u_x^2 + u_y^2) \, \mathrm{d}x \, \mathrm{d}y - \lambda \int_{\mathfrak{G}} u^2 \, \mathrm{d}x \, \mathrm{d}y \qquad (8-83)$$

Für Details der Bestimmung der Eigenfunktionen vgl. [30]. Über weitere Variationsmethoden vgl. [32], über Transformation in Integralgleichungen und verallgemeinerte GREENsche Funktion vgl. [29].

8.3. Wärmeleitungsgleichung

Für ein eindimensionales Problem hat sie allgemein die Form

$$\frac{\partial T}{\partial t} = k \frac{\partial^2 T}{\partial x^2} + f(x,t) \qquad (8-84)$$

wobei k die Temperaturleitfähigkeit des Mediums ist und $f(x,t)$ die an der Stelle x zur Zeit t zu- oder abgeführte Wärmemenge beschreibt. Physikalisch ist klar, daß für eine korrekte Problemstellung für Gl. (8−84) die Anfangstemperaturverteilung $T_0(x,0)$ gegeben sein muß. Außerdem müssen je nach der Struktur des Problems noch Randwerte vorgeschrieben werden.

Beim beiderseits unendlich ausgedehnten Wärmeleiter $(-\infty < x < +\infty)$ ist die Temperaturverteilung für $t > 0$ durch Angabe von T_0 eindeutig bestimmt. Man erhält die Lösung von Gl. (8−84) mit $f = 0$, indem man ähnlich wie bei der Potentialgleichung eine Singularitätenfunktion

$$s(x,y,t)=\frac{1}{\sqrt{4\pi k t}}\,e^{\frac{-(x-y)^2}{4kt}} \qquad (8-85)$$

konstruiert, welche überall in $x \neq y$ die Differentialgleichung

$$\frac{\partial T}{\partial t}=k\frac{\partial^2 T}{\partial x^2} \qquad (8-86)$$

erfüllt und an der Stelle $x=y$ eine Singularität hat. Das Problem Gl. (8−86) mit der Anfangstemperaturverteilung T_0 hat dann die Lösung

$$T(x,t)=\frac{1}{\sqrt{4\pi k t}}\int_{-\infty}^{+\infty} e^{\frac{-(x-y)^2}{4kt}}\,T_0(y)\,\mathrm{d}y \qquad (8-87)$$

Bei einem halbunendlichen Intervall $0 \leqq x < \infty$ kann an der Stelle $x=0$ eine der drei Randbedingungen

1. $T=0$ (Isothermie) (8−88a)
2. $\frac{\partial T}{\partial x}=0$ (Adiabasie) (8−88b)
3. $\frac{\partial T}{\partial x}+hT=0$ (Ausstrahlung) $(h>0)$ (8−88c)

gestellt sein. Eine Lösung von Gl. (8−86) läßt sich in allen drei Fällen leicht finden, wenn man die Anfangstemperaturverteilung $T_0(x)(x>0)$ für $x<0$ so fortsetzt, daß die Randwerte automatisch angenommen werden. Dazu muß man für

Bedingung (8−88a) $T_0(-x)=-T_0(x)$ setzen. Die Lösung von Gl. (8−86), Gl. (8−88a) ergibt sich dann mit Gl. (8−85) zu

$$T(x,t)=\int_0^{\infty}\big(s(x,y,t)-s(x,-y,t)\big)\,T_0(y)\,\mathrm{d}y \qquad (8-89)$$

Bedingung (8−88b) $T_0(-x)=T_0(x)$ setzen. Damit ist dann

$$T(x,t)=\int_0^{\infty}\big(s(x,y,t)+s(x,-y,t)\big)\,T_0(y)\,\mathrm{d}y \qquad (8-90)$$

Bedingung (8−88c)

$$T_0(-x)=T_0(x)+2h e^{hx}\int_0^{x} e^{-h\xi}\,T_0(\xi)\,\mathrm{d}\xi$$

setzen. Die Lösung lautet dann

$$T(x,t)=\int_0^{\infty}\big(s(x,y,t)\,T_0(y)+s(x,-y,t)\,T_0(-y)\big)\,\mathrm{d}y \qquad (8-91)$$

Die Ergebnisse sind leicht auf zwei und drei Dimensionen zu übertragen.

Bei einem beiderseits berandeten Wärmeleiter $(0 \leqq x \leqq a)$ kann die Temperaturverteilung immer mit einer GREENschen Funktion $G(x,y,t)$ in der Form

$$T(x,t)=\int_0^{a} T_0(y)\,G(x,y,t)\,\mathrm{d}y \qquad (8-92)$$

dargestellt werden. $G(x,y,t)$ hat je nach der Art der Randbedingungen verschiedene Form (Tab. 5).

Allgemeiner anwendbar ist aber auch hier die Methode des Separationsansatzes. Um etwa Gl. (8−84) mit den Anfangsbedingungen

$$T(0,t)=g(t) \qquad T(a,t)=h(t) \qquad (8-93)$$

zu lösen, wählt man zunächst eine beliebige Funktion $\bar{T}(x,t)$, welche die Randbedingungen erfüllt, etwa

$$\bar{T}(x,t)=\frac{a-x}{a}\,g(t)+\frac{x}{a}\,h(t) \qquad (8-94)$$

Die Funktion

$$T^*(x,t)=T(x,t)-\bar{T}(x,t) \qquad (8-95)$$

muß dann der Differentialgleichung

$$\frac{\partial T^*}{\partial t}=k\frac{\partial^2 T^*}{\partial x^2}+f^*(x,t) \qquad (8-96)$$

$$f^*(x,t)=f(x,t)-\frac{\partial \bar{T}}{\partial t}$$

$$T^*(x,0)=T_0^*(x)=T_0(x)-\bar{T}(x,0) \qquad (8-97)$$

$$T^*(0,t)=T^*(a,t)=0 \qquad (8-98)$$

Tab. 5. GREENsche Funktion bei beidseitig berandetem linearem Wärmeleiter
$\tau=4\pi i k t;\ \vartheta(x|\tau)=1+2\sum_{n=1}^{\infty} e^{i\pi\tau n^2}\cos(2\pi n x)$

Randbedingungen bei $x=0$	bei $x=a$	GREENsche Funktion
$T=0$	$T=0$	$G=\vartheta\left(\frac{x-y}{2a}\middle|\tau\right)-\vartheta\left(\frac{x+y}{2a}\middle|\tau\right)$
$\frac{\partial T}{\partial x}=0$	$\frac{\partial T}{\partial x}=0$	$G=\vartheta\left(\frac{x-y}{2a}\middle|\tau\right)+\vartheta\left(\frac{x+y}{2a}\middle|\tau\right)$
$T=0$	$\frac{\partial T}{\partial x}=0$	$G=\vartheta\left(\frac{x-y}{4a}\middle|\tau\right)-\vartheta\left(\frac{x+y}{4a}\middle|\tau\right)+\vartheta\left(\frac{x+y-2a}{4a}\middle|\tau\right)-\vartheta\left(\frac{x-y-2a}{4a}\middle|\tau\right)$
$\frac{\partial T}{\partial x}=0$	$T=0$	$G=\vartheta\left(\frac{x-y}{4a}\middle|\tau\right)+\vartheta\left(\frac{x+y}{4a}\middle|\tau\right)-\vartheta\left(\frac{x+y-2a}{4a}\middle|\tau\right)-\vartheta\left(\frac{x-y-2a}{4a}\middle|\tau\right)$

genügen, also derselben Problemstellung wie Gl. (8−84), Gl. (8−93), aber mit homogenen Randbedingungen. Entwickelt man weiter $T^*(x,t), f^*(x,t)$ und $T_0^*(x)$ in FOURIER-Reihen bezüglich x

$$T^*(x,t) = \sum_{n=1}^{\infty} u_n(t) \sin \frac{n\pi x}{a} \qquad (8-99)$$

$$f^*(x,t) = \sum_{n=1}^{\infty} f_n(t) \sin \frac{n\pi x}{a} \qquad (8-100)$$

$$T_0^*(x) = \sum_{n=1}^{\infty} B_n \sin \frac{n\pi x}{a} \qquad (8-101)$$

$$B_n = \frac{1}{a} \int_{-a}^{+a} T_0(x) \sin \frac{n\pi x}{a} \, dx$$

$$T_0^*(-x) = -T_0^*(x)$$

und setzt Gl. (8−99), Gl. (8−100) und Gl. (8−101) in Gl. (8−96) ein, so ergibt der Koeffizientenvergleich für den Term $\sin \frac{n\pi x,}{a}$, daß

$$\frac{du_n}{dt} = -\left(\frac{n\pi\sqrt{k}}{a}\right)^2 u_n(t) + f_n(t) \qquad (8-102)$$

sein muß. Gl. (8−102) wird mit der Anfangsbedingung $u_n(0) = B_n$ gelöst. Die Gesamtlösung von Gl. (8−84) ergibt sich damit schließlich zu

$$T(x,t) = \sum_{n=1}^{\infty} u_n(t) \sin \frac{n\pi x}{a} + \bar{T}(x,t) \qquad (8-103)$$

9. Reihenentwicklung willkürlicher Funktionen

Ergänzende Literatur zu Kap. 9 siehe [2], [3], [4], [5].

9.1. Begriff des Orthogonalsystems

Gegeben seien von einer unbekannten Funktion $y(t)$ Meßwerte an den Stellen $t_1, t_2, \ldots, t_n$.

Gesucht ist eine Ausgleichsfunktion $f(t)$, die sich in Form einer Linearkombination gewisser zugelassener Funktionen $g_i(t)(i = 1 \ldots m)$ darstellen läßt:

$$f(t) = \sum_{i=1}^{m} c_i g_i(t) \qquad (9-1)$$

und welche die Punkte $(t_i, y(t_i))$ „möglichst gut" approximiert. Der Ausdruck „möglichst" gut kann mindestens in einem zweifachen Sinn gemeint sein:

1. Als gleichmäßige Approximation im TSCHEBYSCHEWschen Sinn. Dabei soll der größte der Beträge aller Abweichungen

$$\max_i \left| y(t_i) - \sum_{j=1}^{m} c_j g_j(t_i) \right| \quad i = 1 \ldots n \qquad (9-2)$$

möglichst klein werden. Dieses Kriterium ist dann sinnvoll, wenn die $y(t_i)$ exakte Funktionswerte einer Funktion $y(t)$ sind, die durch eine andere Funktion $f(t)$ angenähert werden soll.

2. Als mittlere Approximation im Sinne der Methode der kleinsten Quadrate von GAUSS. Dabei soll

$$D = \sum_{i=1}^{n} \left(y(t_i) - \sum_{j=1}^{m} c_j g_j(t_i) \right)^2 \qquad (9-3)$$

möglichst klein werden. Die Forderung der Ausgleichung nach kleinsten Quadraten ist angemessen, wenn die $y(t_i)$ Resultate eines Meßprozesses sind, bei dem die Meßfehler statistisch verteilt sind. Sie soll die Grundlage der weiteren Überlegungen bilden.

Die Forderung Gl. (9−3) verlangt, die noch frei wählbaren Koeffizienten c_i so zu bestimmen, daß

$$\frac{\partial D}{\partial c_j} = 0 \quad j = 1 \ldots m \qquad (9-4)$$

Dies führt auf die sogenannten Normalgleichungen. Sie bilden ein lineares Gleichungssystem. Der weitere Rechengang ist in Abschn. 13 behandelt.

Denkt man sich die Zahl der Stützstellen t_i immer weiter vermehrt, so kommt man im Grenzübergang zu folgender Aufgabenstellung: Gegeben ist im Intervall $a \leqq x \leqq b$ eine beliebige (auch unstetige) Funktion $w(x)$. Gesucht ist diejenige Approximationsfunktion Gl. (9−1) (mit x statt t), welche $w(x)$ im Intervall (a, b) in dem Sinne optimal annähert, daß

$$D = \lim_{n \to \infty} \sum_{i=1}^{n} \left(w(x_i) - f(x_i)\right)^2 = \int_a^b \left(w(x) - f(x)\right)^2 dx \qquad (9-5)$$

minimal wird.

Die Normalgleichungen dieses Problems lauten analog zu Gl. (9−4):

$$\frac{\partial D}{\partial c_j} = 2 \int_a^b \left(w(x) g_j(x) - \sum_{k=1}^{m} c_k g_k(x) g_j(x) \right) dx = 0 \qquad (9-6)$$

Beispiel:

Die Funktion $w = e^x$ soll im Intervall (0,1) durch eine Funktion

$$f(x) = c_0 + c_1 x \qquad (9-7)$$

im Sinne von Gl. (9−3) optimal approximiert werden.

Die Normalgleichungen des Problems lauten

$$\int_0^1 e^x \, dx = \int_0^1 (c_0 + c_1 x) \, dx \qquad (9-8)$$

$$\int_0^1 x e^x \, dx = \int_0^1 (c_0 x + c_1 x^2) \, dx \qquad (9-9)$$

oder

$$e - 1 = c_0 + \tfrac{1}{2} c_1 \qquad (9-8a)$$

$$1 = \tfrac{1}{2} c_0 + \tfrac{1}{3} c_1 \qquad (9-9a)$$

Daraus ergibt sich

$$c_0 = 4e - 10 = 0{,}8731 \quad c_1 = 6(3 - e) = 1{,}6903 \qquad (9-10)$$

Der mittlere Fehler der so erzielten Approximation ist

$$\int_0^1 \left(e^x - (0{,}8731 + 1{,}6903\,x)\right)^2 dx = 0{,}00395 \qquad (9-11)$$

Gl. (9 – 11) ist ein Maß für die Güte der erzielten Annäherung. Es leuchtet ohne weiteres ein, daß man durch Hinzunahme weiterer Funktionen $g_i(x)$ wie x^2, x^3 usw. in den Ausdruck für $f(x)$ die Approximation der untersuchten Funktion $w = e^x$ verbessern, d. h. Gl. (9 – 11) verkleinern kann. Daraus resultiert folgende Fragestellung: Gibt es ein System von unendlich vielen Funktionen $g_i(x)$ mit der Eigenschaft, daß jede im Intervall (a, b) erklärte stückweise stetige Funktion $w(x)$ durch eine geeignete Linearkombination Gl. (9 – 1) beliebig genau dargestellt werden kann, daß also Gl. (9 – 5) beliebig klein ausfällt, falls $m > N(\varepsilon)$ ist? ε sei dabei der zugelassene Wert von Gl. (9 – 5).

Ein Funktionensystem Gl. (9 – 1) mit dieser Eigenschaft heißt *vollständig*. Es ist zu beachten, daß sich die Eigenschaft der Vollständigkeit auf ein bestimmtes Intervall (a, b) bezieht. Man sagt außerdem, daß die Reihe Gl. (9 – 3) oder die Folge der Funktionen

$$f_n(x) = \sum_{j=1}^{n} c_j g_j(x) \qquad (9-12)$$

„im Mittel" gegen die Funktion $w(x)$ konvergiere. Das ist nicht gleichbedeutend damit, daß die Funktionenfolge $f_n(x)$ gegen $w(x)$ konvergiert

$$\lim_{n \to \infty} \left(w(x) - f_n(x)\right) = 0 \qquad (9-13)$$

Konvergenz und Konvergenz im Mittel sind nur dann äquivalent, wenn f_n gleichmäßig gegen $w(x)$ konvergiert (vgl. S. 465). Das ist aber im allg. nur durch eine Approximation nach dem Tschebyschewschen Kriterium zu erreichen.

Für die Entwicklungskoeffizienten c_j gelten wieder die Normalgleichungen (9 – 6). Diese Darstellung ist jedoch für praktische Rechnungen sehr ungünstig, denn die Entwicklungskoeffizienten c_j sind dabei nicht nur von der Funktion $w(x)$ und dem gewählten Funktionensystem $g_i(x)$, sondern auch von der Zahl der herausgegriffenen Glieder der Reihe Gl. (9 – 1) abhängig; wenn die Approximation durch Hinzunahme einer weiteren Grundfunktion $g_{m+1}(x)$ verbessert werden soll, müssen nicht nur der Entwicklungskoeffizient c_{m+1}, sondern auch alle vorhergehenden Koeffizienten c_j $(j = 1 \ldots m)$ neu berechnet werden.

Diese Schwierigkeit wird vermieden, wenn zur Entwicklung der Funktion $w(x)$ im Intervall (a, b) ein Funktionensystem $h_i(x)$ benutzt wird, das dort nicht nur vollständig, sondern auch *orthogonal* ist. Damit ist gemeint, daß

$$\int_a^b h_i(x) h_j(x) \, dx = 0, \quad \text{falls } i \neq j \qquad (9-14)$$

$$\int_a^b h_i(x) h_i(x) \, dx \neq 0 \text{ für } i = 1, 2, 3 \ldots \qquad (9-15)$$

Werden die Funktionen $h_i(x)$ zusätzlich so gewählt, daß

$$\int_a^b \left(h_i(x)\right)^2 dx = 1 \qquad i = 1, 2, 3 \ldots \qquad (9-16)$$

so bilden die h_i ein *orthonormiertes Funktionensystem*. Diese Bezeichnungen erklären sich folgendermaßen:

Das Skalarprodukt zweier Vektoren $\vec{a}$ und $\vec{b}$ im dreidimensionalen Raum mit den Grundvektoren x_1, x_2, x_3 lautet nach Gl. (4 – 8)

$$S = \sum_{i=1}^{3} a_{x_i} b_{x_i} \qquad (9-17)$$

Diese Beziehung kann auf das Produkt zweier Vektoren im n-dimensionalen Raum $(x_1 \ldots x_n)$ verallgemeinert werden, indem die Summe von $1 \ldots n$ erstreckt wird. Macht man den Grenzübergang zu einem unendlich-dimensionalen Vektorraum, so ergibt sich dort in Analogie zu Gl. (9 – 17) der Ausdruck

$$S = \lim_{n \to \infty} \sum_{i=1}^{n} a_{x_i} b_{x_i} = \int_u^v a(x) b(x) \, dx \qquad (9-18)$$

als das Skalarprodukt der beiden unendlich-dimensionalen Vektoren oder Funktionen $a(x)$ und $b(x)$ über dem Intervall (u, v). Da das Skalarprodukt Gl. (9 – 17) zweier Vektoren verschwindet, wenn sie aufeinander senkrecht stehen, nennt man umgekehrt die Funktionen $a(x)$ und $b(x)$ zueinander im Intervall (u, v) orthogonal, wenn Gl. (9 – 18) verschwindet. Schließlich gilt für das Quadrat des Betrages eines Vektors $\vec{a}$

$$|\vec{a}|^2 = \sum_{i=1}^{n} a_{x_i}^2 \qquad (9-19)$$

Analog dazu wird das Integral

$$N a(x) = \int_u^v a(x)^2 \, dx \qquad (9-20)$$

als die Norm der Funktion $a(x)$ über dem Intervall (u, v) bezeichnet.

Ersetzt man in Gl. (9 – 6) die Funktionen $g_j(x)$ durch die Funktionen $h_j(x)$ und berücksichtigt Gl. (9 – 14) und Gl. (9 – 16), so folgt

$$\int_a^b w(x) h_k(x) \, dx = c_k \int_a^b h_k(x)^2 \, dx \qquad (9-21)$$

Jeder Entwicklungskoeffizient c_k kann also getrennt von den anderen berechnet werden.

Durch das Orthogonalisierungsverfahren von Schmidt kann ein vollständiges System linear unabhängiger

Funktionen $g_i(x)$ stets in ein orthonormiertes System $h_i(x)$ verwandelt werden, vgl. [5], [8].

Aus Gl. (9−5) folgt für ein orthonormiertes (nicht unbedingt vollständiges) Funktionensystem $h_i(x)$

$$Nw \geqq \sum_{j=1}^{n} c_j^2 \qquad (9-22)$$

Diese fundamentale BESSELsche Ungleichung kann verschärft werden, wenn das Funktionensystem $h_i(x)$ vollständig ist. Weil die Funktion $w(x)$ dann im Mittel beliebig genau approximiert werden kann, gilt in diesem Fall sogar

$$Nw = \sum_{j=1}^{\infty} c_j^2 \qquad (9-23)$$

Gl. (9−23) heißt PARSEVALsche Gleichung oder Vollständigkeitsrelation.

Die darzustellende Funktion $w(x)$ war bis jetzt nur als stückweise stetig vorausgesetzt worden. Diese Bedingung genügt nicht; es muß zusätzlich verlangt werden, daß

$$\int_a^b |w(x)|\,\mathrm{d}x < \infty \qquad Nw = \int_a^b w^2(x)\,\mathrm{d}x < \infty \qquad (9-24)$$

Für endliche Intervalle (a,b) ist diese Bedingung bei allen praktisch auftretenden Funktionen erfüllt. Ungleichung (9−24) ist jedoch wichtig, so bald das Grundgebiet unendlich ausgedehnt ist. Ist Gl. (9−24) erfüllt, so stellt die Reihenentwicklung nach einem vollständigen Funktionensystem $h_i(x)$ die entwickelte Funktion $w(x)$ „im Mittel" dar, d. h. es gilt

$$\sum_{i=1}^{\infty} c_i h_i(x) = \tfrac{1}{2} \lim_{\varepsilon \to 0} \left(w(x+\varepsilon) + w(x-\varepsilon)\right) \qquad (9-25)$$

In jedem Intervall, in welchem $w(x)$ stetig ist, konvergiert die Reihenentwicklung daher sogar gleichmäßig; an den Sprungstellen der Funktion $w(x)$ konvergiert sie gegen den Mittelwert der beiden Funktionswerte.

9.2. FOURIER-Entwicklungen

Das bekannteste vollständige Funktionensystem ist das der trigonometrischen Funktionen

$$\sin\frac{2\pi n x}{l}, \quad \cos\frac{2\pi n x}{l} \qquad n = 0,1,2,\ldots \qquad (9-26)$$

in einem Intervall $a \leqq x \leqq a+l$ (a beliebig). Gl. (9−26) ist ein Orthogonalsystem:

$$\int_a^{a+l} \sin\frac{2\pi n x}{l}\sin\frac{2\pi m x}{l}\,\mathrm{d}x = \begin{cases} 0 & m \neq n \\ l/2 & m = n \end{cases} \qquad (9-27)$$

$$\int_a^{a+l} \cos\frac{2\pi n x}{l}\cos\frac{2\pi m x}{l}\,\mathrm{d}x = \begin{cases} 0 & m \neq n \\ l/2 & m = n \neq 0 \end{cases} \qquad (9-28)$$

$$\int_a^{a+l} \cos\frac{2\pi n x}{l}\sin\frac{2\pi m x}{l}\,\mathrm{d}x = 0 \qquad (9-29)$$

Gl. (9−26) wird zu einem Orthonormalsystem durch die Normierung

$$\frac{1}{\sqrt{l}}, \quad \sqrt{\frac{2}{l}}\cos\frac{2\pi n x}{l}, \quad \sqrt{\frac{2}{l}}\sin\frac{2\pi m x}{l} \qquad (9-30)$$

Jede im Intervall $a \leqq x \leqq a+l$ stückweise stetige Funktion $w(x)$ läßt sich daher durch eine Reihe der Form

$$w(x) = \frac{b_0}{2} + b_1\cos\frac{2\pi x}{l} + b_2\cos\frac{4\pi x}{l} + b_3\cos\frac{6\pi x}{l} + \ldots + c_1\sin\frac{2\pi x}{l} + c_2\sin\frac{4\pi x}{l} + c_3\sin\frac{6\pi x}{l} + \ldots \qquad (9-31)$$

im Mittel beliebig genau approximieren. Da aber die Funktionen $\cos 2\pi n x/l$, $\sin 2\pi n x/l$ periodisch mit l sind:

$$\begin{aligned} \cos 2\pi n(x+kl)/l &= \cos 2\pi n x/l \\ \sin 2\pi n(x+kl)/l &= \sin 2\pi n x/l \end{aligned} \qquad k = 0, \pm 1, \pm 2, \ldots \qquad (9-32)$$

ist die Entwicklung Gl. (9−31) für eine mit l periodische Funktion $w(x)$ im ganzen Intervall $-\infty < x < +\infty$ richtig. Man bezeichnet Gl. (9−31) als *harmonische Analyse* der Funktion $w(x)$; die Entwicklungskoeffizienten b_i, c_i sind ja ein Maß für den Anteil der n-ten Oberschwingung mit der Frequenz $2\pi n/l$ an der Funktion $w(x)$.

Für die Entwicklungskoeffizienten b_j, c_j gilt wegen Gl. (9−27), Gl. (9−28) und Gl. (9−21)

$$b_j = \frac{2}{l}\int_a^{a+l} w(x)\cos\frac{2\pi j x}{l}\,\mathrm{d}x \qquad (9-33)$$

$$c_j = \frac{2}{l}\int_a^{a+l} w(x)\sin\frac{2\pi j x}{l}\,\mathrm{d}x \qquad (9-34)$$

Diese Formeln lassen sich in komplexer Schreibweise vereinfachen; wegen

$$\cos\frac{2\pi j x}{l} = \frac{e^{\mathrm{i}\frac{2\pi j x}{l}} + e^{-\mathrm{i}\frac{2\pi j x}{l}}}{2} \qquad (9-35)$$

$$\sin\frac{2\pi j x}{l} = \frac{e^{\mathrm{i}\frac{2\pi j x}{l}} - e^{-\mathrm{i}\frac{2\pi j x}{l}}}{2\mathrm{i}} \qquad (9-36)$$

ist

$$w(x) = \sum_{j=-\infty}^{+\infty} a_j e^{\frac{2\pi \mathrm{i} j x}{l}} \qquad a_j = \frac{1}{l}\int_a^{a+l} w(x) e^{-\frac{2\pi \mathrm{i} j x}{l}} \qquad (9-37)$$

Da die Exponentialfunktion bei allen Integrationen viel bequemer zu handhaben ist als die Funktionen sin und cos, ist Gl. (9—37) für praktische Rechnungen vorzuziehen. Über das sog. Schemaverfahren zur Bestimmung der FOURIER-Koeffizienten vgl. [33].

Erstes Beispiel:

$$w(x)=\begin{cases} -u & -\pi \leqq x < 0 \\ +u & 0 < x \leqq +\pi \end{cases} \qquad w(x+2k\pi)=w(x) \tag{9—38}$$

Grundgebiet ist das Intervall $-\pi \leqq x \leqq +\pi$ $(l=2\pi)$. Die Entwicklungskoeffizienten lauten nach Gl. (9—37)

$$a_j = \frac{1}{2\pi}\left(\int_{\pi}^{0}(-u)\mathrm{e}^{-\mathrm{i}jx}\mathrm{d}x + \int_{0}^{\pi} u\mathrm{e}^{-\mathrm{i}jx}\mathrm{d}x\right) =$$

$$= \frac{u}{\pi}\int_{0}^{\pi}\mathrm{e}^{-\mathrm{i}jx}\mathrm{d}x = \frac{u\mathrm{i}}{j\pi}(\mathrm{e}^{-\mathrm{i}j\pi}-1) \tag{9—39}$$

In komplexer Schreibweise lautet die FOURIER-Reihe zu Gl. (9—38)

$$w(x)=\sum_{j=-\infty}^{+\infty}\frac{u\mathrm{i}}{j\pi}(\mathrm{e}^{\mathrm{i}j(x-\pi)}-\mathrm{e}^{\mathrm{i}jx}) \tag{9—40}$$

Der Übergang zur reellen Schreibweise geschieht mit Hilfe der Formeln

$$b_0 = 2a_0 \tag{9—41}$$

$$b_n = a_n + a_{-n}$$

$$c_n = (a_{-n} - a_n)\frac{1}{\mathrm{i}} \qquad n = 1,2,\ldots$$

Damit ist im Beispiel

$$b_j = \frac{u\mathrm{i}}{\pi}\left(\frac{\mathrm{e}^{-\mathrm{i}j\pi}}{j} - \frac{1}{j} + \frac{\mathrm{e}^{\mathrm{i}j\pi}}{-j} + \frac{1}{j}\right) = 0 \tag{9—42}$$

$$c_j = \frac{u}{\pi}\left(\frac{\mathrm{e}^{\mathrm{i}j\pi}-1}{-j} - \frac{\mathrm{e}^{-\mathrm{i}j\pi}-1}{j}\right)\begin{cases} = 0 & j=0,2,4,\ldots \\ = 4/j\pi & j=1,3,\ldots \end{cases} \tag{9—43}$$

und

$$w(x) = \frac{4u}{\pi}\sum_{k=0}^{\infty}\frac{\sin(2k+1)x}{2k+1} \tag{9—44}$$

Allgemein gilt: für eine bezüglich der Mitte des Grundintervalles $(a, a+l)$ ungerade Funktion

$$w\left(a+\frac{l}{2}+x\right) = -w\left(a+\frac{l}{2}-x\right) \tag{9—45}$$

verschwinden alle Entwicklungskoeffizienten a_j mit geradzahligem Index $(j=2k)$; die Reihenentwicklung enthält nur Sinusfunktionen.

Zweites Beispiel:

$$w(x)=\begin{cases} x & 0 \leqq x \leqq \pi \\ -x & -\pi \leqq x \leqq 0 \end{cases} \qquad w(x+2k\pi)=w(x) \tag{9—46}$$

Im Gegensatz zu Gl. (9—38) ist Gl. (9—46) eine gerade Funktion: $w(-x)=w(x)$. Die Entwicklungskoeffizienten a_j lauten

$$a_j = \frac{1}{2\pi}\left(\int_{-\pi}^{0}(-x)\mathrm{e}^{-\mathrm{i}jx}\mathrm{d}x + \int_{0}^{\pi}x\mathrm{e}^{-\mathrm{i}jx}\mathrm{d}x\right) =$$

$$= \frac{1}{2\pi}\int_{0}^{\pi}x(\mathrm{e}^{\mathrm{i}jx}+\mathrm{e}^{-\mathrm{i}jx})\mathrm{d}x = \begin{cases} 0 & j=2k \\ -\dfrac{2}{\pi j^2} & j=2k+1 \end{cases} \tag{9—47}$$

Da $a_n = a_{-n}$, fallen beim Übergang zur reellen FOURIER-reihe alle Sinusglieder weg, und es folgt mit Gl. (9—41)

$$w(x) = \frac{\pi}{2} - \frac{4}{\pi}\sum_{k=0}^{\infty}\frac{\cos(2k+1)x}{(2k+1)^2} \tag{9—48}$$

Allgemein gilt: bei einer geraden Funktion tauchen in der reellen FOURIER-Entwicklung nur Cosinus-Glieder auf.

In Gl. (9—44) nehmen die FOURIER-Koeffizienten $\frac{4u}{\pi(2k+1)}$ wie $\frac{1}{k}$, in Gl. (9—48) dagegen nehmen die FOURIER-Koeffizienten $\frac{4}{\pi(2k+1)^2}$ wie $\frac{1}{k^2}$ ab.

Der Unterschied ist durch die Art der Unstetigkeiten der zu entwickelnden Funktion $w(x)$ bestimmt; treten bei $w(x)$ Sprünge erstmals in der p-ten Ableitung auf, so verschwinden die FOURIER-Koeffizienten wie $1/n^{p+1}$.

Diese Tatsache kann zu einem eleganten Verfahren zur Berechnung der Entwicklungskoeffizienten ausgebaut werden: Die zu entwickelnde Funktion $w(x)$ sei im Grundintervall $-\pi \ldots +\pi$ erklärt und habe

Sprungstellen für $w(x)$ an den Stellen $\xi_i (i=1\ldots m)$
Sprungstellen für $w'(x)$ an den Stellen $\xi'_j (j=1\ldots s)$
Sprungstellen für $w''(x)$ an den Stellen $\xi''_k (k=1\ldots r)$
usw.

Die Sprunggrößen seien

$$s_i = w(\xi_i+0) - w(\xi_i-0)$$

$$s'_j = w'(\xi'_j+0) - w'(\xi'_j-0)$$

$$s''_k = w''(\xi''_k+0) - w''(\xi''_k-0)$$

Dann gilt

$$\pi b_n = -\frac{1}{n}\sum_i s_i \sin n\xi_i - \frac{1}{n^2}\sum_j s'_j \cos n\xi'_j +$$

$$+\frac{1}{n^3}\sum_k s''_k \sin n\xi''_k + \frac{1}{n^4}\sum_e s'''_l \cos n\xi'''_l - - + +$$

$$+ + \ldots \pm \frac{1}{n^{t+1}}\int_{-\pi}^{+\pi} w^{(t+1)}\cdot \begin{matrix}\sin\\ \cos\end{matrix}\, nx\mathrm{d}x \tag{9—49}$$

$$\pi c_n = \frac{1}{n}\sum_i s_i \cos n\xi_i - \frac{1}{n^2}\sum_j s'_j \sin n\xi'_j -$$

$$-\frac{1}{n^3}\sum_k s''_k \cos n\xi''_k + \frac{1}{n^4}\sum_l s'''_l \sin n\xi'''_l + - - + +$$

$$+ + \ldots \pm \frac{1}{n^{t+1}}\int_{-\pi}^{+\pi} w^{(t+1)}\cdot \begin{matrix}\sin\\ \cos\end{matrix}\, nx\mathrm{d}x \tag{9—50}$$

Wenn $w(x)$ stückweise stetig ist und aus ganzen rationalen Funktionen zusammengesetzt ist, fallen die Restglieder in Gl. (9–49) und Gl. (9–50) weg.

Beispiel:

$$w(x) = -\pi \quad -\pi < x < 0$$
$$= x \quad 0 < x < \pi \quad w(x + 2k\pi) = w(x) \quad (9-51)$$

Die Sprungstellen dieser Funktion im Grundintervall sind

$$\xi_1 = 0 \quad s_1 = \pi \quad \xi_1' = 0 \quad s_1' = 1$$

$$\xi_2 = \pi \quad s_2 = -2\pi \quad \xi_2' = \pi \quad s_2' = -1$$

Sprünge in höheren Ableitungen treten nicht auf, folglich ist

$$\pi b_n = -\frac{1}{n}\left(\pi \cdot \sin 0 + (-2\pi) \sin 2\pi n\right) - -\frac{1}{n^2}(1 \cdot \cos 0 - 1 \cdot \cos 2\pi n) = -\frac{1}{n^2}\left(1 - (-1)^n\right) \quad (9-52)$$

$$\pi c_n = \frac{1}{n}(\pi \cdot \cos 0 - 2\pi \cos 2\pi n) - -\frac{1}{n^2}(1 \cdot \sin 0 - 1 \cdot \sin 2\pi n) = \frac{\pi}{n}\left(1 - 2(-1)^n\right) \quad (9-53)$$

und folglich

$$w(x) = -\frac{\pi}{4} + \sum_{n=1}^{\infty}\left(-\frac{1}{n^2\pi}\left(1 - (-1)^n\right)\cos nx + + \frac{1}{n}\left(1 - 2(-1)^n\right)\sin nx\right) \quad (9-54)$$

9.3. Entwicklung nach Bessel-Funktionen

Gesucht sei die Form der Temperaturverteilung in einem unendlich langen Zylinder der Temperaturleitfähigkeit k, dessen Mantelfläche $r = R$ auf der konstanten Temperatur $T = 0$ gehalten wird und der zur Zeit $t = 0$ eine Temperaturverteilung $T_0 = T_0(r, \varphi)$ hat. In Zylinderkoordinaten r, φ, z lautet die Wärmeleitungsgleichung unter Vernachlässigung der z-Abhängigkeit

$$\frac{\partial^2 T}{\partial r^2} + \frac{1}{r}\frac{\partial T}{\partial r} + \frac{1}{r^2}\frac{\partial^2 T}{\partial \varphi^2} = \frac{1}{k}\frac{\partial T}{\partial t} \quad (9-55)$$

Macht man hier einen Separationsansatz $T = f(r, \varphi) \cdot g(t)$, so ergibt sich für $f(r, \varphi)$ die Differentialgleichung

$$\frac{\partial^2 f}{\partial r^2} + \frac{1}{r}\frac{\partial f}{\partial r} + \frac{1}{r^2}\frac{\partial^2 f}{\partial \varphi^2} = -\lambda^2 f \quad (9-56)$$

mit λ^2 als Separationsparameter. Man kann nun versuchen, $f(r, \varphi)$ bei festgehaltener Koordinate r in eine Fourier-Reihe zu entwickeln:

$$f(r, \varphi) = \sum_{n=-\infty}^{+\infty} f_n(r) e^{in\varphi} \quad (9-57)$$

Jeder einzelne Term $f_n(r)$ muß dann der Besselschen Differentialgleichung

$$\frac{d^2 f_n}{d r^2} + \frac{1}{r}\frac{d f_n}{d r} + \left(\lambda^2 - \frac{n^2}{r^2}\right) f_n = 0 \quad (9-58)$$

genügen. Ihre allgemeine Lösung lautet

$$f_n = C_1 J_n(\lambda r) + C_2 J_{-n}(\lambda r) \quad (9-59)$$

falls n nicht ganzzahlig

$$f_n = C_1 J_n(\lambda r) + C_2 N_n(\lambda r) \quad (9-59\,a)$$

falls n ganzzahlig.

Dabei ist

$$J_n(x) = \left(\frac{1}{2}x\right)^n \sum_{k=0}^{\infty} \frac{(-\frac{1}{4}x^2)^k}{k!\,\Gamma(n + k + 1)} \quad (9-60)$$

die Bessel-Funktion erster Art n-ter Ordnung und

$$N_n(x) = \frac{J_n(x)\cos n\pi - J_{-n}(x)}{\sin n\pi} \quad (9-61)$$

die Neumannsche Funktion oder Bessel-Funktion zweiter Art n-ter Ordnung. Beide zusammen werden auch als *Zylinderfunktionen* bezeichnet. Statt dessen sind auch die Hankelschen Funktionen erster und zweiter Art

$$H_n^{(1)} = J_n + i N_n \quad H_n^{(2)} = J_n - i N_n \quad (9-62)$$

gebräuchlich; $H_n^{(1)}$, $H_n^{(2)}$, J_n und N_n verhalten sich zueinander wie die Funktionen $\exp(ix)$, $\exp(-ix)$,

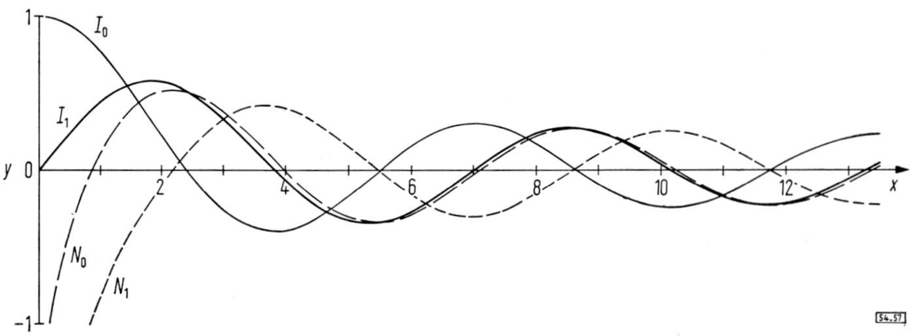

Abb. 57. Die Funktionen $J_0(x)$, $J_1(x)$, $N_0(x)$, $N_1(x)$

$\cos x$ und $\sin x$. Abb. 57 zeigt den Verlauf der BESSELschen und NEUMANNschen Fuuktionen J_0, J_1, N_0 und N_1.

Die einzelnen Partikularlösungen $f_n(r)$ von Gl. (9–58) haben folgende Randbedingungen zu erfüllen: für $r=0$ muß $f_n(r)$ endlich bleiben, für $r=R$ muß $f_n(r)=0$ sein. Da $N_n(x)\to-\infty$ für $x\to 0$, folgt in Gl. (9–59)

$$C_2=0 \qquad J_n(\lambda R)=0 \tag{9–63}$$

Jede BESSEL-Funktion J_n hat unendlich viele Nullstellen. Ist $\lambda_{n,m}$ die m-te Nullstelle von J_n, so gilt die Orthogonalitätsrelation

$$\int_0^R r J_n(\lambda_{n,m}r)\cdot J_n(\lambda_{n,p}r)\,\mathrm{d}r=\begin{cases}0 & m\neq p\\ \dfrac{R^2}{2}\left(J_n'(\lambda_{n,m}R)\right)^2 & m=p\end{cases} \tag{9–64}$$

Man kann daher im Grundgebiet $0\leqq r\leqq R$ die Funktion $f_n(r)$ nach BESSEL-Funktionen entwickeln

$$f_n(r)=\sum_{m=1}^{\infty}A_{n,m}J_n(\lambda_{n,m}r) \tag{9–65}$$

mit

$$A_{n,m}=\frac{2}{R^2\left(J_n'(\lambda_{n,m}R)\right)^2}\int_0^R r f_n(r)J_n(\lambda_{n,m}r)\,\mathrm{d}r \tag{9–66}$$

In gleicher Weise kann man auch die Anfangsbedingung zunächst in eine FOURIER-Reihe nach φ entwickeln:

$$T_0(r,\varphi)=\sum_{n=-\infty}^{+\infty}a_n(r)\,\mathrm{e}^{\mathrm{i}n\varphi} \tag{9–67}$$

$$a_n(r)=\frac{1}{2\pi}\int_{-\pi}^{+\pi}T_0(r,\varphi)\,\mathrm{e}^{-\mathrm{i}n\varphi}\,\mathrm{d}\varphi$$

Da $f_n(r)$ nicht von der Zeit abhängt, ist $f_n(r)=a_n(r)$, also

$$A_{n,m}=\frac{2}{R^2\left(J_n'(\lambda_{n,m}R)\right)^2}\int_0^R r a_n(r)J_n(\lambda_{n,m}r)\,\mathrm{d}r \tag{9–68}$$

Aus Gl. (9–68) lassen sich die Koeffizienten $A_{n,m}$ bestimmen; die Gesamtlösung zu Gl. (9–55) lautet damit

$$T(r,\varphi,t)=\sum_{n=-\infty}^{+\infty}\sum_{m=1}^{\infty}A_{n,m}J_n(\lambda_{n,m}r)\,\mathrm{e}^{\mathrm{i}n\varphi}\,\mathrm{e}^{-\lambda_{n,m}^2 t} \tag{9–69}$$

Weitere Eigenschaften der BESSEL-Funktionen:

Für die praktische Berechnung der Zylinderfunktionen ($Z_n(x)=J_n(x)$ oder $N_n(x)$) werden meistens die folgenden Rekursionsformeln benutzt

$$Z_{n+1}=\frac{2n}{x}Z_n-Z_{n-1}=-x^n\frac{\mathrm{d}}{\mathrm{d}x}(x^{-n}Z_n) \tag{9–70}$$

$$Z_{n-1}=\frac{2n}{x}Z_n-Z_{n+1}=x^{-n}\frac{\mathrm{d}}{\mathrm{d}x}(x^nZ_n) \tag{9–71}$$

Insbesondere ist

$$Z_1=-\frac{\mathrm{d}}{\mathrm{d}x}Z_0 \qquad Z_2=\frac{2}{x}Z_1-Z_0 \tag{9–72}$$

$$Z_{-1}=\frac{\mathrm{d}}{\mathrm{d}x}Z_0 \qquad Z_{-2}=Z_2 \tag{9–73}$$

Für halbzahligen Index ($n=\pm\frac{1}{2}, \pm\frac{3}{2}, \pm\frac{5}{2},\ldots$) sind alle Zylinderfunktionen durch trigonometrische Funktionen darstellbar:

$$J_{1/2}=\sqrt{\frac{2}{\pi x}}\sin x \qquad J_{-1/2}=\sqrt{\frac{2}{\pi x}}\cos x \tag{9–74}$$

$$N_{1/2}=-\sqrt{\frac{2}{\pi x}}\cos x \qquad N_{-1/2}=\sqrt{\frac{2}{\pi x}}\sin x \tag{9–75}$$

Besonders wichtig sind asymptotische Entwicklungen für kleine und große Werte des Argumentes. Ist n fest und geht $x\to 0$, so ist

$$J_n(x)\sim\left(\frac{1}{2}x\right)^n\frac{1}{\Gamma(n+1)} \qquad (n\neq-1,-2,-3,\ldots) \tag{9–76}$$

Ist n fest und ist $x\gg n$, $x\gg 1$, so ist

$$J_n(x)\sim\sqrt{\frac{2}{\pi x}}\cos\left(x-\frac{1}{2}n\pi-\frac{1}{4}\pi\right) \tag{9–77}$$

$$N_n(x)\sim\sqrt{\frac{2}{\pi x}}\sin\left(x-\frac{1}{2}n\pi-\frac{1}{4}\pi\right) \tag{9–78}$$

9.4. Beispiele für andere Orthogonalsysteme

Weitere Orthogonalsysteme können gewonnen werden, indem

1. ein anderes Grundgebiet,
2. zusätzlich eine Gewichtsfunktion $\varrho(x)$

gewählt werden, so daß die Orthogonalitätsrelation Gl. (9–14) die Gestalt

$$\int_a^b\varrho(x)g_i(x)g_j(x)\,\mathrm{d}x=0 \qquad i\neq j \tag{9–79}$$

annimmt.

Speziell erhält man mit $g_j(x)=x^j$

für $a=-1$, $b=1$, $\varrho(x)=1$ die LEGENDREschen Polynome oder Kugelfunktionen

$$P_n(x)=\frac{1}{2^n n!}\frac{\mathrm{d}^n}{\mathrm{d}x^n}(x^2-1)^n=$$

$$=\frac{1}{2^n n!}\sum_{k=0}^{n}(-1)^{n-k}\binom{n}{k}\frac{(2k)!}{(2k-n)!}x^{2k-n} \qquad n=1,2,3,\ldots \tag{9–80}$$

für $a=-1$, $b=1$, $\varrho(x)=\dfrac{1}{\sqrt{1-x^2}}$ die TSCHEBYSCHEWschen Polynome

$$T_n(x)=\cos(n\cdot\arccos x) \qquad n=1,2,3,\ldots \tag{9–81}$$

für $a = 0, b = 1, \varrho(x) = (1-x)^{p-q} x^q, q > -1, p > q-1$, die JACOBIschen Polynome

$$G_n(p,q,x) = \frac{x^{1-q}(1-x)^{q-p}}{q(q+1)\cdots(q+n-1)} \times$$
$$\times \frac{d^n}{dx^n}\left(x^{q+n-1}(1-x)^{p+n-q}\right) \quad (9-82)$$

Das Grundgebiet kann sich auch ein- oder beiderseitig ins Unendliche erstrecken. So findet man

für $a = -\infty$, $b = +\infty$, $\varrho(x) = e^{-x^2}$ die HERMITEschen Polynome

$$H_n(x) = (-1)^n e^{x^2} \frac{d^n}{dx^n}(e^{-x^2}) \quad (9-83)$$

für $a = 0$, $b = +\infty$, $\varrho(x) = e^{-x}$ die LAGUERREschen Polynome

$$L_n(x) = e^x \frac{d^n}{dx^n}(x^n e^{-x}) \quad (9-84)$$

Zur Charakterisierung aller dieser Orthogonalfunktionen gibt es zwei Möglichkeiten: sie können als Eigenfunktionen eines Eigenwertproblems über dem betreffenden Grundintervall aufgefaßt werden oder als die Koeffizienten der Potenzreihenentwicklung einer sog. erzeugenden Funktion. Angaben über Differentialgleichungen und erzeugende Funktionen für alle Orthogonalfunktionen finden sich in [9].

Für die Auswahl der für ein gegebenes Problem geeigneten Entwicklungsfunktionen sind zwei Gesichtspunkte maßgebend:

1. Bei der Lösung von Randwertaufgaben bei partiellen Differentialgleichungen durch einen Separationsansatz ist die Wahl der Entwicklungsfunktionen meistens durch das gegebene Problem bereits bestimmt. So führen Separationsansätze in Zylinderkoordinaten praktisch immer auf das Orthogonalsystem der BESSEL-Funktionen, Separationsansätze in Kugelkoordinaten auf Kugelfunktionen.
2. Für die Approximation einer Funktion $y(x)$ durch ein vollständiges Funktionensystem ist es häufig zweckmäßig, den einzelnen Funktionswerten $y(x)$ verschiedenes Gewicht zuzuteilen. So wird beispielsweise im Grundintervall $(-1, +1)$ bei der Approximation durch Kugelfunktionen allen Funktionswerten dasselbe Gewicht zugeteilt. Dies führt jedoch zu der bekannten Erscheinung, daß das so gebildete Approximationspolynom die Funktion $y(x)$ nur in der Intervallmitte gut annähert, während es an den Intervallenden zu „flattern" beginnt. Hier sind TSCHEBYSCHEW-Polynome zur Approximation besser geeignet.

Aus Gründen des praktischen Rechnens ist es oft wünschenswert, eine im Intervall $(-1, +1)$ gegebene Funktion $w(x)$ statt nach Kugelfunktionen nach trigonometrischen Funktionen zu entwickeln. Die entsprechenden FOURIER-Koeffizienten sind nach Gl. (9–49), Gl. (9–50) leicht zu berechnen. Das Verfahren hat jedoch den Nachteil, daß bei der Fortsetzung der gegebenen Funktion $w(x)$ über die Intervallenden hinaus im allg. Sprünge an den Stellen $x = -1$ und $x = +1$ auftreten (Abb. 58). Die gebildete FOURIER-Reihe konvergiert daher nur langsam und ist für numerische Rechnungen schlecht zu verwenden.

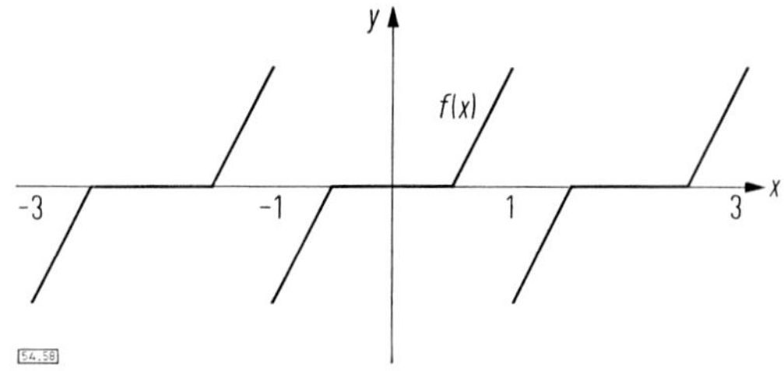

Abb. 58. Ungerade Fortsetzung einer im Intervall $(-1,1)$ gegebenen Funktion

Dieser Nachteil kann durch eine Koordinatentransformation

$$x = \cos\vartheta \quad (9-85)$$

beseitigt werden, welche das Intervall $(-1, +1)$ auf das Intervall $(-\pi, +\pi)$ abbildet. Wegen

$$\frac{dw}{d\vartheta} = \frac{dw}{dx}\frac{dx}{d\vartheta} = -\frac{dw}{dx}\sin\vartheta \quad (9-86)$$

ist $dw/d\vartheta = 0$ an den Intervallgrenzen; außerdem ist $w(-\pi) = w(+\pi)$. Eine beliebige Funktion wird also durch die Transformation Gl. (9–85) derart verzerrt, daß sie in eine gerade, symmetrische, einmal stetig differenzierbare Funktion $w(\vartheta)$ übergeht (Abb. 59). Die FOURIER-Reihe von $w(\vartheta)$ lautet daher (vgl. S. 529)

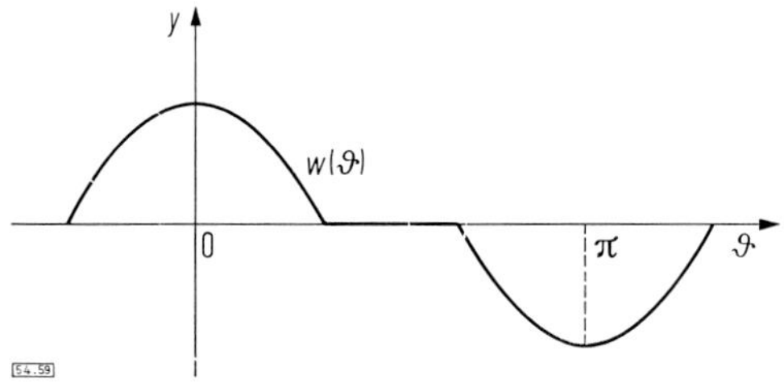

Abb. 59. Funktion von Abb. 58 nach der Transformation $x = \cos\vartheta$

$$w(\vartheta) = \tfrac{1}{2}a_0 + a_1\cos\vartheta + a_2\cos 2\vartheta + \ldots \quad (9-87)$$
$$= \tfrac{1}{2}a_0 + a_1\cos(\arccos x) +$$
$$+ a_2\cos(2\arccos x) + \ldots$$

Die Größen $\cos\vartheta$, $\cos 2\vartheta$ usw. sind also identisch mit den in Gl. (9–81) eingeführten TSCHEBYSCHEW-Polynomen T_n. Über die Rekursionsformel

$$\cos(n+1)\vartheta + \cos(n-1)\vartheta = 2\cos n\vartheta\cos\vartheta \quad (9-88)$$

d. h. $T_{n+1}(x) + T_{n-1}(x) = 2T_n(x)\,x$

Tab. 6. Die ersten acht TSCHEBYSCHEW-Polynome

$T_0 = 1$	$1 = T_0$
$T_1 = x$	$x = T_1$
$T_2 = -1 + 2x^2$	$x^2 = (T_2 + T_0)/2$
$T_3 = -3x + 4x^3$	$x^3 = (T_3 + 3T_1)/4$
$Tx = 1 - 8x^2 + 8x^4$	$x^4 = (T_4 + 4T_2 + 3T_0)/8$
$T_5 = 5x - 20x^3 + 16x^5$	$x^5 = (T_5 + 5T_3 + 10T_1)/16$
$T_6 = -1 + 18x^2 - 48x^4 + 32x^6$	$x^6 = (T_6 + 6T_4 + 15T_2 + 10T_0)/32$
$T_7 = -7x + 56x^3 - 112x^5 + 64x^7$	$x^7 = (T_7 + 7T_5 + 21T_3 + 35T_1)/64$
$T_8 = 1 - 32x^2 + 160x^4 - 256x^6 + 128x^8$	$x^8 = (T_8 + 8T_6 + 28T_4 + 56T_2 + 35T_0)/128$

sind mit $T_0 = 1$, $T_1 = x$ die weiteren TSCHEBYSCHEW-Polynome leicht zu berechnen (s. Tab. 6).

Mit Hilfe der TSCHEBYSCHEW-Polynome T_n geht die Reihenentwicklung Gl. (9−87) über in

$$w(x) = \tfrac{1}{2}a_0 + a_1T_1 + a_2T_2 + a_3T_3 + \ldots \qquad (9-89)$$

mit

$$a_n = \frac{2}{\pi}\int_{-1}^{+1} \frac{w(x)\,T_n(x)}{\sqrt{1-x^2}}\,\mathrm{d}x \qquad (9-90)$$

Da die T_i ein Orthogonalsystem bilden, sind die a_i vom Approximationsgrad unabhängig. Die große praktische Bedeutung der Entwicklung Gl. (9−89) liegt darin, daß die Koeffizienten a_i wesentlich rascher abnehmen als z. B. die Koeffizienten einer TAYLOR-Entwicklung für $w(x)$. Es gilt: ist $w(x)$ k-mal differenzierbar und ist $w^{(k+1)}$ in $-1 \leqq x \leqq +1$ noch integrierbar, so nehmen die a_j schneller als $1/j^{k+1}$ ab. Den Unterschied zeigt ein Vergleich der Reihenentwicklungen für $\sin \pi x$:

$$\sin \pi x = x(3{,}14 - 5{,}1x^2 + 2{,}5x^4 - 0{,}59x^6 + {} + 0{,}082x^8 - + \ldots)$$
$$= x(1{,}34 - 1{,}5T_2 + 0{,}22T_4 - 0{,}014T_6 + {} + 0{,}00051T_8 - + \ldots)$$

Wegen der schwierig auszuwertenden Formel Gl. (9−90) für die Entwicklungskoeffizienten liegen bis heute nur wenige Berechnungen über TSCHEBYSCHEW-Entwicklungen vor. Es ist außerdem zu beachten, daß diese Entwicklungen nur im Intervall $(-1, +1)$ Gültigkeit haben.

Ist die zu entwickelnde Funktion $w(x)$ ein Polynom n-ten Grades, so kann sie selbstverständlich durch eine Reihe in TSCHEBYSCHEW-Polynomen bis T_n exakt dargestellt werden. Läßt man in dieser Entwicklung das letzte Glied weg, so ist die verbleibende Restreihe die bestmögliche Approximation von $w(x)$ durch ein Polynom $(n-1)$-ten Grades. Diese Eigenschaft wird oft zum „Ökonomisieren" von Potenzreihen ausgenützt.

Beispiel [34]: Es soll $w(x) = e^x$ in $(-1, +1)$ durch Polynome approximiert werden. Entwicklung in eine TAYLOR-Reihe um $x = 0$ liefert

$$w(x) = 1 + x + 0{,}5x^2 + 0{,}16667x^3 + 0{,}04167x^4 + \ldots \qquad (9-91)$$

mit einem Abbrechfehler von maximal 0,008 33.

Gl. (9−91) wird in TSCHEBYSCHEW-Polynome entwickelt:

$$w(x) = 1{,}2656T_0 + 1{,}1250T_1 + 0{,}2708T_2 + {} + 0{,}0417T_3 + 0{,}0052T_4 \qquad (9-92)$$

Die beste Approximation von Gl. (9−91) durch ein Polynom dritten Grades entsteht, wenn in Gl. (9−92) das letzte Glied weggelassen wird. Da stets $|T_n(x)| \leqq 1$ ist in $(-1, +1)$, beträgt der Fehler höchstens 0,0052. Es ist aber zu beachten, daß beim Weglassen von T_3 nicht die beste Approximation von Gl. (9−91) durch ein Polynom zweiten Grades, sondern die beste Approximation von Gl. (9−93) durch ein Polynom zweiten Grades entsteht:

$$S_3 = 1{,}2656T_0 + 1{,}1250T_1 + 0{,}2708T_2 + 0{,}0417T_3 \qquad (9-93)$$

Immerhin wird das Polynom zweiten Grades, welches durch Weglassen von T_3 in Gl. (9−93) entsteht, noch eine fast optimale Approximation von Gl. (9−91) durch ein Polynom zweiten Grades liefern.

10. Funktionaltransformationen

Ergänzende Literatur zu Kap. 10 siehe [1a], [4], [8], zur FOURIER-Transformation [1a], [35], [36], zur LAPLACE-Transformation [1a], [14], [15], [37].

Wenn jeder Funktion aus einer gewissen Menge von Funktionen $f(x)$ durch eine Vorschrift eine andere Funktion $g(s)$ zugeordnet wird, spricht man von einer *Funktionaltransformation.* Man denke z. B. an den zeitlichen Verlauf der Ausgangskonzentration eines Rührkessels als Folge einer sich zeitlich ändernden Zulaufkonzentration. Jedem Zeitgesetz der Eingangskonzentration $c_1(t)$ entspricht ein gewisser Zeitverlauf der Ausgangskonzentration $c_2(t)$; $c_1(t)$ wird also in eine neue Funktion $c_2(t)$ transformiert, wobei die Art der Transformation im wesentlichen durch das Verweilzeitspektrum des Kessels bestimmt ist. Es besteht eine Relation der Art $c_1(t) \Rightarrow c_2(t)$ (wobei der Pfeil $\Rightarrow$ eine Zuordnung andeuten soll). Allgemein wird in einem solchen Fall $c_1(t)$ als die Originalfunktion und $c_2(t)$ als die Bildfunktion bezeichnet.

Ist die Einführung des Begriffs der Funktionaltransformation in diesem Fall durch das zu beschreibende System nahegelegt, so ist häufig ein zweiter Grund noch wichtiger: komplizierte Operationen mit der Originalfunktion wie Differentiation, Integration usw. bilden sich durch die Transformation in wesentlich einfachere Operationen an der Bildfunktion wie Multiplikation und Division ab.

Eine Funktionaltransformation $T(c_2 = Tc_1)$ heißt linear, wenn

$$T(\lambda_1 c_{11} + \lambda_2 c_{12}) = \lambda_1 Tc_{11} + \lambda_2 Tc_{12} \qquad (10-1)$$

Alle im folgenden eingeführten Funktionaltransformationen sind linear. Außerdem sollen nur eineindeutige Transformationen in Betracht gezogen werden, bei denen zu jeder Originalfunktion genau eine Bildfunktion und zu jeder Bildfunktion genau eine Originalfunktion gehört.

10.1. Fourier-Transformation

Eingangs- und Ausgangsgröße eines physikalischen Systems sind im allg. Funktionen der Zeit. Bezeichnet man allgemein die Eingangsgröße mit $f(t)$, die Ausgangsgröße mit $\varphi(t)$, so vermittelt der physikalische Meßapparat eine Transformation von $f(t)$ in $\varphi(t)$:

$$\varphi(t) = T(f(t)) \qquad (10-2)$$

Beispiele:

Gerät	$f(t)$	$\varphi(t)$
Spektrometer	Lichtintensität	Schreiberausschlag
Thermoelement	Temperatur	Spannung
Verstärker	Spannung	Spannung
Feder	Belastung	Dehnung

Viele derartige Transformationen sind zeitinvariant. Um eine solche Transformation T zu charakterisieren, kann das Verhalten des Systems gegen eine mit fester Frequenz periodische Eingangsgröße untersucht werden: $f(t) = a \cdot \sin \omega t$ oder $f(t) = a \cdot \cos \omega t$. Beide Fälle können zusammengefaßt werden, wenn man die komplexe Schwingung

$$f(t) = a\,e^{i\omega t} = a \cos \omega t + i a \sin \omega t \qquad (10-3)$$

einführt. Bei linearen, zeitinvarianten Systemen ist $\varphi(t)$ dann ebenfalls eine Schwingung gleicher Frequenz

$$\varphi(t) = H(\omega)\,e^{i\omega t} \qquad (10-4)$$

also

$$Tf(t) = T(a\,e^{i\omega t}) = H(\omega)\,e^{i\omega t} \qquad (10-5)$$

oder

$$T(e^{i\omega t}) = \frac{H(\omega)}{a}\,e^{i\omega t} \qquad (10-6)$$

Die komplexe, von ω abhängige Zahl $\frac{H(\omega)}{a}$ heißt *Frequenzgang* des Systems. Könnte man jedes Eingangssignal durch Überlagerung von Schwingungen nach Gl. (10–3) darstellen, so wäre bei bekanntem T das Ausgangssignal wegen Gl. (10–6) sofort berechenbar. Das ist der Grundgedanke der Fourier-Transformation.

Als Fourier-Transformation der Funktion $f(t)$ bezeichnet man

$$F(\omega) = \int_{-\infty}^{+\infty} e^{-i\omega t} f(t)\,dt \equiv \mathrm{F}(f(t)) \qquad (10-7)$$

Dieses Integral konvergiert für alle Funktionen, die dem Betrage nach integrierbar sind, für die also

$$\int_{-\infty}^{+\infty} |f(t)|\,dt < \infty \qquad (10-8)$$

Ergebnis dieser Transformation ist die im allg. komplexe Bildfunktion $F(\omega)$. Kennt man umgekehrt $F(\omega)$, so kann $f(t)$ berechnet werden als

$$\frac{1}{2\pi}\int_{-\infty}^{+\infty} e^{i\omega t} F(\omega)\,d\omega = \frac{1}{2}\big(f(t+0) + f(t-0)\big) \qquad (10-9)$$

An Stellen, wo $f(t)$ stetig ist, ist die rechte Seite von Gl. (10–9) gleich $f(t)$. Es ist zu beachten, daß die Integrale Gl. (10–7) und Gl. (10–9) als Hauptwerte zu verstehen sind.

Man kann Gl. (10–9) so auffassen, daß die Zeitfunktion $f(t)$ durch Überlagerung von unendlich vielen komplexen Schwingungen der Frequenz ω $(-\infty < \omega < +\infty)$ dargestellt wird. $F(\omega)$ heißt *Spektraldichte* von $f(t)$. Das Produkt $F(\omega)\,d\omega$ bestimmt Amplitude und Phase der Teilschwingung mit der Frequenz ω; daher wird die reelle Größe $|F(\omega)|$ als Amplitudendichte von $f(t)$ bezeichnet.

Die Zuordnung zwischen $F(\omega)$ und $f(t)$ ist in dem Sinne eindeutig, daß für zwei Funktionen $f_1(t)$ und $f_2(t)$, welche dieselbe Spektraldichte $F(\omega)$ haben, gilt

$$\int_0^t \big(f_1(x) - f_2(x)\big)\,dx = 0 \qquad t \text{ beliebig} \qquad (10-10)$$

Hat man ein lineares System mit dem Transformationsoperator T, so ist

$$\varphi(t) = Tf(t) = \frac{1}{2\pi}\int_{-\infty}^{+\infty} T(e^{i\omega t})F(\omega)\,d\omega = \frac{1}{2\pi}\int_{-\infty}^{+\infty} e^{i\omega t} H(\omega)F(\omega)\,d\omega \qquad (10-11)$$

Die Spektraldichte der Ausgangsfunktion $\varphi(t)$ ist gleich dem Produkt aus der Spektraldichte der Eingangsfunktion $f(t)$ und dem Frequenzgang.

Die Tatsache, daß für die Existenz der Spektraldichte $F(\omega)$ einer Funktion $f(t)$ deren Integrierbarkeit nach

Gl. (10−8) notwendig ist, hat zur Folge, daß für einige besonders häufig vorkommende Funktionen wie $\sin \omega_0 t$, 1, $U(t)$ eine FOURIER-Transformation nicht durchgeführt werden kann, obwohl bereits anschaulich klar ist, daß z. B. die Spektraldichte für $\sin \omega_0 t$ aus einem einzigen „scharfen Peak" bei $\omega = \omega_0$ bestehen muß, weil nur diese Frequenz zum Aufbau von $\sin \omega_0 t$ benötigt wird.

Dieses Problem kann exakt nur durch Einführung des Begriffs der verallgemeinerten Funktion oder *Distribution* gelöst werden. Im Rahmen dieses Beitrags kann nicht darauf eingegangen werden. Die bekannteste dieser Distributionen ist die sog. DIRACsche δ-Funktion, die folgendermaßen definiert ist: Für jede beliebige stetige Funktion $g(x)$ ist

$$\int_{-\infty}^{+\infty} g(x)\delta(a-x)\,\mathrm{d}x = g(a) \qquad (10-12)$$

Außerdem ist

$$\int_{-\infty}^{+\infty} \delta(x)\,\mathrm{d}x = 1 \qquad (10-13)$$

Mit Hilfe dieser Distribution können wenigstens folgende, hier nicht bewiesene Zuordnungen getroffen werden:

Für

$f(t) = e^{i\omega_0 t}$ ist $F(\omega) = 2\pi\,\delta(\omega-\omega_0)$ (10−14)

$\cos \omega_0 t$ ist $\pi\big(\delta(\omega-\omega_0)+\delta(\omega+\omega_0)\big)$ (10−15)

$\sin \omega_0 t$ ist $-i\pi\big(\delta(\omega-\omega_0)-\delta(\omega+\omega_0)\big)$ (10−16)

$\delta(t-a)$ ist $e^{-i\omega a}$ (10−17)

1 ist $2\pi\,\delta(\omega)$ (10−18)

Beispiele:

$$f(t) = \begin{cases} 0 & |t| > 1 \\ 1 & |t| < 1 \end{cases} \qquad (10-19)$$

Nach Gl. (10−7) ist

$$F(\omega) = \int_{-\infty}^{+\infty} e^{-i\omega t} f(t)\,\mathrm{d}t = \int_{-1}^{+1} e^{-i\omega t}\,\mathrm{d}t = 2\,\frac{\sin\omega}{\omega} \qquad (10-20)$$

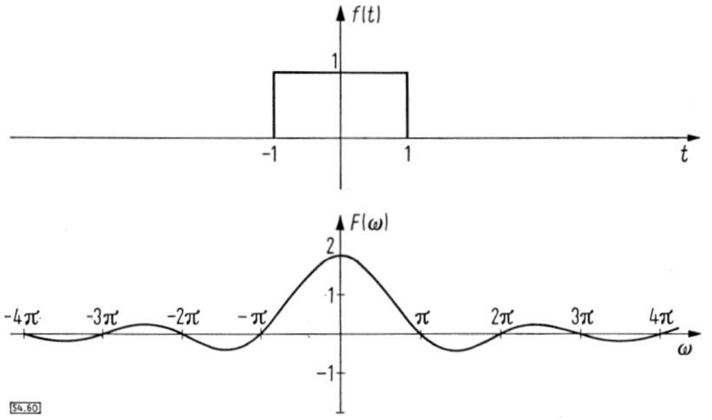

Abb. 60. Einheitsimpuls der Dauer 2 und seine Spektraldichte nach einer FOURIER-Transformation

Abb. 60 zeigt $f(t)$ und die Spektraldichte $F(\omega)$. Umgekehrt gilt mit Gl. (10−9) auch

$$f(t) = \frac{1}{2\pi}\int_{-\infty}^{+\infty} e^{i\omega t}\, 2\,\frac{\sin\omega}{\omega}\,\mathrm{d}\omega = \frac{2}{\pi}\int_{0}^{\infty} \frac{\sin\omega}{\omega}\cos\omega t\,\mathrm{d}\omega \qquad (10-21)$$

d. h. die diskontinuierliche Funktion Gl. (10−19) ist als Parameterintegral darstellbar.

$$f(t) = \begin{cases} \sin\omega_0 t & |t| < T \\ 0 & \text{sonst} \end{cases} \qquad (10-22)$$

Hier ist mit

$\sin\omega_0 t = (e^{i\omega_0 t} - e^{-i\omega_0 t})/2i$

$$F(\omega) = \int_{-\infty}^{+\infty} e^{-i\omega t}\,\frac{e^{i\omega_0 t}-e^{-i\omega_0 t}}{2i}\,\mathrm{d}t =$$

$$= \frac{1}{2i}\int_{-\infty}^{+\infty} \left(e^{-it(\omega-\omega_0)} - e^{-it(\omega+\omega_0)}\right)\mathrm{d}t =$$

$$= i\,\frac{-2\omega_0 \sin\omega T\cos\omega_0 T + 2\omega\cos\omega T\sin\omega_0 T}{\omega^2-\omega_0^2} \qquad (10-23)$$

Generell gilt: Einem Signal von kurzer Dauer (T klein) entspricht ein breites Frequenzband, einem Signal von langer Dauer entspricht ein schmales Frequenzband.

In Analogie zur FOURIER-Reihe wird auch das FOURIERsche Integral häufig in der Form

$$f(t) = \int_0^{\infty} a(\omega)\cos\omega t\cdot\mathrm{d}\omega + \int_0^{\infty} b(\omega)\sin\omega t\cdot\mathrm{d}\omega \qquad (10-24)$$

mit den Abkürzungen

$$a(\omega) = \frac{1}{\pi}\int_{-\infty}^{+\infty} f(t)\cos\omega t\cdot\mathrm{d}t \qquad (10-25)$$

$$b(\omega) = \frac{1}{\pi}\int_{-\infty}^{+\infty} f(t)\sin\omega t\cdot\mathrm{d}t$$

dargestellt. Ist $f(t)$ eine gerade Funktion, so verschwindet $b(\omega)$; ist $f(t)$ ungerade, so verschwindet $a(\omega)$. Wenn eine reelle Funktion $f(t)$ nur für $t > 0$ definiert ist, kann sie für $t < 0$ sowohl als gerade wie als ungerade Funktion fortgesetzt werden.

Für die praktische Berechnung sind die bei der FOURIER-Transformation auftretenden Integrale oft lästig. Sie lassen sich in eine leichter zu handhabende Reihe umformen, wenn $f(t)$ bzw. $F(\omega)$ sich nur über ein endliches Intervall erstrecken.

Ist $f(t) = 0$ für $|t| > T$ und Gl. (10−8) erfüllt, so ist

$$F(\omega) = \sum_{n=-\infty}^{+\infty} a_n\,\frac{\sin(T\omega - n\pi)}{T\omega - n\pi} \qquad (10-26)$$

$$a_n = \int_{-T}^{+T} e^{-in\frac{\pi}{T}t} f(t)\,\mathrm{d}t \qquad (10-27)$$

Umgekehrt gilt auch: Ist $F(\omega)=0$ für $|\omega| > \Omega$ und $\int_{-\Omega}^{+\Omega} |F(\omega)|^2 \mathrm{d}\omega < \infty$, so ist

$$f(t) = \sum_{n=-\infty}^{+\infty} b_n \frac{\sin(\Omega t - n\pi)}{\Omega t - n\pi} \qquad (10-28)$$

$$b_n = \frac{1}{2\pi} \int_{-\Omega}^{+\Omega} \mathrm{e}^{\mathrm{i} n \frac{\pi}{\Omega}\omega} F(\omega)\,\mathrm{d}\omega \qquad (10-29)$$

Formel (10–29) führt zu einer wichtigen Folgerung, dem sog. Abtasttheorem von SHANNON. Wenn $F(\omega)=0$ ist für $|\omega| > \Omega$, so kann der Verlauf der zugehörigen Zeitfunktion $f(t)$ bereits ermittelt werden, wenn von $f(t)$ nur die im Abstand $T = \frac{\pi}{\Omega}$ abgetasteten Werte $f(nT)$ $(n = 0, \pm 1, \pm 2, \ldots)$ vorliegen, und zwar ist

$$f(t) = \sum_{n=-\infty}^{+\infty} f(nT) \frac{\sin \Omega(t-nT)}{\Omega(t-nT)} \qquad (10-30)$$

10.2. LAPLACE-Transformation

Die FOURIER-Transformation hat für die praktische Anwendung zwei Nachteile:

1. Das Integrationsintervall $-\infty < t < +\infty$ setzt voraus, daß die Originalfunktion „ohne Anfang" ist. Reale Vorgänge setzen aber immer zu einer definierten Zeit $t = 0$ ein. Besser geeignet ist daher die einseitige FOURIER-Transformation

$$F(y) = \int_0^\infty \mathrm{e}^{-\mathrm{i}yt} f(t)\,\mathrm{d}t \qquad (10-31)$$

2. Gl. (10–31) hat jedoch wiederum den Fehler, für oft benutzte einfache Funktionen wie $f(t) = 1$ nicht zu konvergieren. Dieser Fehler kann dadurch beseitigt werden, daß man den Integranden mit einem Dämpfungsfaktor e^{-xt} multipliziert und darauf die einseitige FOURIER-Transformation anwendet:

$$F(x,y) = \int_0^\infty \mathrm{e}^{-\mathrm{i}yt}\mathrm{e}^{-xt} f(t)\,\mathrm{d}t = \int_0^\infty \mathrm{e}^{-(x+\mathrm{i}y)t} f(t)\,\mathrm{d}t \qquad (10-32)$$

Die komplexe Zahl $x + \mathrm{i}y$ wird im allg. mit s abgekürzt, und es ist

$$F(s) = \int_0^\infty \mathrm{e}^{-st} f(t)\,\mathrm{d}t \qquad (10-33)$$

Gl. (10–33) wird als LAPLACE-Transformation von $f(t)$ bezeichnet. Da s komplex ist, erhält man umgekehrt aus der LAPLACE-Transformierten $F(s)$ die Originalfunktion $f(t)$ durch das komplexe Integral

$$\lim_{y\to\infty} \frac{1}{2\pi\mathrm{i}} \int_{x-\mathrm{i}y}^{x+\mathrm{i}y} \mathrm{e}^{ts} F(s)\,\mathrm{d}s = \begin{cases} \dfrac{f(t+0)+f(t-0)}{2} & \text{für } t>0 \\ 0 & \text{für } t<0 \end{cases} \qquad (10-34)$$

Gl. (10–34) ist zur praktischen Durchführung der Rücktransformation kaum brauchbar. Man geht daher immer so vor, daß man versucht, mit Hilfe einer möglichst ausführlichen Tabelle einander korrespondierender Funktionen $f(t)$ und $F(s)$ die zu $F(s)$ gehörige Originalfunktion zu ermitteln. Meistens muß eine gegebene Bildfunktion zunächst durch geeignete Umformungen auf eine Kombination von tabellierten Bildfunktionen zurückgeführt werden. Diese Aufgabe kann im Einzelfall erhebliches mathematisches Geschick erfordern.

Nicht alle in $0 \leqq t < \infty$ definierten Funktionen sind LAPLACE-transformierbar. So ist unmittelbar einzusehen, daß Gl. (10–33) weder für $f(t) = \exp(t^2)$ noch für $f(t) = 1/t$ konvergiert. Ohne auf Einzelheiten einzugehen, kann aber gesagt werden, daß alle beschränkten Funktionen, welche für $t \to 0$ weniger stark als $1/t$ gegen Unendlich gehen und für $t \to \infty$ weniger stark gegen Unendlich gehen als $\exp(t^2)$, nach Gl. (10–33) transformierbar sind.

Für die effektive Handhabung der LAPLACE-Transformation sind einige einfache Rechenregeln oft von Nutzen. Es sei

$F(s) = \int_0^\infty f(t)\mathrm{e}^{-st}\,\mathrm{d}t$ geschrieben als $F(s) \Leftrightarrow f(t)$.

Dann gilt:

$$\frac{1}{a} F\left(\frac{s}{a}\right) \Leftrightarrow f(at) \qquad (10-35)$$

$a > 0$ reell

$$F(as) \Leftrightarrow \frac{1}{a} f\left(\frac{t}{a}\right) \qquad (10-36)$$

$$\mathrm{e}^{-as} F(s) \Leftrightarrow f(t-a) \text{ für } a>0 \quad \big(f(t-a) = 0 \text{ für } t<a\big) \qquad (10-37)$$

$$\mathrm{e}^{as}\left(F(s) - \int_0^a \mathrm{e}^{-st} f(t)\,\mathrm{d}t\right) \Leftrightarrow f(t+a) \qquad (10-38)$$

$$F(s+b) \Leftrightarrow \mathrm{e}^{-bt} f(t) \qquad b \text{ beliebig} \qquad (10-39)$$

$$sF(s) - f(+0) \Leftrightarrow f'(t) \qquad (10-40)$$

$$s^2 F(s) - sf(+0) - f'(+0) \Leftrightarrow f''(t) \qquad (10-41)$$

$$s^n F(s) - \sum_{\nu=0}^{n-1} s^{n-1-\nu} f^{(\nu)}(+0) \Leftrightarrow f^{(n)}(t) \qquad (10-42)$$

Die Formeln (10–40) bis (10–42) sind von größter Bedeutung für die praktische Anwendung der LAPLACE-Transformation, denn sie zeigen, daß sich der komplizierte Prozeß der Differentiation der Originalfunktion auf die Bildfunktion als Multiplikation mit dem Parameter s überträgt.

Ferner gilt:

$$F^{(n)}(s) \Leftrightarrow (-1)^n t^n f(t) \qquad (10-43)$$

$$\frac{1}{s}\,F(s) \Leftrightarrow \int_0^t f(x)\,\mathrm{d}x \tag{10-44}$$

Wegen der Linearität der LAPLACE-Transformation ist die Bildfunktion des Produktes zweier Originalfunktionen $f_1(t)$ und $f_2(t)$ nicht einfach gleich dem Produkt der zugehörigen Bildfunktionen $F_1(s)$ und $F_2(s)$.

Dagegen gilt:

$$F_1(s)\,F_2(s) \Leftrightarrow \int_0^t f_1(\tau) f_2(t-\tau)\,\mathrm{d}\tau = \int_0^t f_2(\tau) f_1(t-\tau)\,\mathrm{d}\tau \tag{10-45}$$

Das Integral

$$\int_0^t f_1(\tau) f_2(t-\tau)\,\mathrm{d}\tau = f_1(t) * f_2(t) \tag{10-46}$$

wird als die *Faltung* der beiden Funktionen $f_1(t)$ und $f_2(t)$ bezeichnet; das Produkt der Bildfunktionen korrespondiert also mit der Faltung der Originalfunktionen.

Umgekehrt gilt auch

$$\lim_{y\to\infty} \frac{1}{2\pi\mathrm{i}} \int_{x-\mathrm{i}y}^{x+\mathrm{i}y} F_1(\sigma) F_2(s-\sigma)\,\mathrm{d}\sigma \Leftrightarrow f_1(t) f_2(t) \tag{10-47}$$

Die linke Seite von Gl. (10–47) wird als die komplexe Faltung der Funktionen $F_1(s)$ und $F_2(s)$ bezeichnet. Gelegentlich benutzt wird auch die Formel

$$\frac{1}{2\pi\mathrm{i}} \int_{-\mathrm{i}\infty}^{+\mathrm{i}\infty} F(s)\,F(-s)\,\mathrm{d}s \Leftrightarrow \int_0^\infty f(t)^2\,\mathrm{d}t \tag{10-48}$$

Beispiele:

Aus

$$\frac{1}{s} \Leftrightarrow f(t) = 1 \tag{10-49}$$

folgt nach Gl. (10–39)

$$\frac{1}{s-a} \Leftrightarrow \mathrm{e}^{at}$$

nach Gl. (10–44)

$$\frac{1}{s^2} \Leftrightarrow t$$

und nach Gl. (10–45)

$$\frac{1}{(s-a)(s-b)} \Leftrightarrow \int_0^t \mathrm{e}^{a\tau}\mathrm{e}^{b(t-\tau)}\,\mathrm{d}\tau = \frac{\mathrm{e}^{at}-\mathrm{e}^{bt}}{a-b}$$

Läßt man in Gl. (10–33) $s \to \infty$ gehen, so folgt

$$F(\infty) = 0 \tag{10-50}$$

Die LAPLACE-Transformierte einer Funktion $f(t)$ muß also gegen Null gehen, wenn $s \to \infty$ geht. Dieser Satz gilt jedoch nicht, wenn $f(t)$ eine Distribution ist. So ist

$$\mathrm{e}^{-Ts} \Leftrightarrow \delta(t-T) \tag{10-51}$$

und für $T = 0$ geht $\mathrm{e}^0 = 1$ nicht gegen Null, wenn $s \to \infty$ geht.

Zwei Beispiele für das Aufsuchen von Korrespondenzen:

1. Gegeben sei

$$F(s) = \mathrm{e}^{-a\sqrt{s+b}} \cdot \frac{1 + \frac{a}{2}\sqrt{s+b}}{(s+b)^2} \Leftrightarrow f(t) \tag{10-52}$$

Wegen Gl. (10–39) ist

$$\mathrm{e}^{-a\sqrt{s}} \cdot \frac{1 + \frac{a}{2}\sqrt{s}}{s^2} \Leftrightarrow \mathrm{e}^{-bt} f(t)$$

Einer Tabelle entnimmt man die Korrespondenzen

$$\mathrm{e}^{-a\sqrt{s}} \Leftrightarrow \frac{a}{2\sqrt{\pi}\,t^{3/2}}\,\mathrm{e}^{-\frac{a^2}{4t}} \qquad \frac{1}{s^n} \Leftrightarrow \frac{t^{n-1}}{\Gamma(n)}$$

Mit Gl. (10–45) ergibt sich daher

$$f(t) = \mathrm{e}^{bt} \int_0^t \frac{a}{2\sqrt{\pi}\,\tau^{3/2}}\,\mathrm{e}^{-\frac{a^2}{4\tau}} \left((t-\tau) + \frac{a}{2}\,\frac{1}{\Gamma(\frac{3}{2})}\sqrt{t-\tau} \right) \mathrm{d}\tau \tag{10-53}$$

2. Gegeben sei

$$F(s) = \frac{-s^3 + 19s^2 - 40s - 16}{(s^2 + 2s - 15)(s^2 + 4 - 4s)} \Leftrightarrow g(x) \tag{10-54}$$

Wegen Gl. (10–50) kann eine gebrochen rationale Funktion nur dann die LAPLACE-Transformierte einer Originalfunktion sein, wenn sie echt gebrochen ist.

Partialbruchzerlegung liefert

$$F(s) = \frac{1}{s-3} + \frac{4}{(s-2)^2} - \frac{2}{s+5}$$

und mit Gl. (10–49), Gl. (10–37) und Gl. (10–44) folgt daraus

$$g(x) = \mathrm{e}^{3x} + 4x\mathrm{e}^{2x} - 2\mathrm{e}^{-5x} \tag{10-55}$$

10.2.1. Originalfunktion durch Reihenentwicklung der Bildfunktion

Nicht immer gelingt es, eine gegebene Bildfunktion $F(s)$ so umzuformen, daß die zugehörige Originalfunktion aus Tabellen ermittelt werden kann. In diesem Fall muß man versuchen, die Bildfunktion in eine Reihe zu entwickeln

$$F(s) = \sum_{n=0}^{\infty} F_n(s) \tag{10-56}$$

Gelegentlich kann man diese Reihe einfach gliedweise in eine Reihe der entsprechenden Originalfunktionen übertragen. Kann z. B. $F(s)$ in eine konvergente Reihe der Form

$$F(s) = \sum_{n=0}^{\infty} \frac{a_n}{s^{n+1}} = \frac{a_0}{s} + \frac{a_1}{s^2} + \frac{a_2}{s^3} + \ldots \quad (10-57)$$

entwickelt werden, so gilt für die zugehörige Originalfunktion die konvergente Reihenentwicklung

$$f(x) = \sum_{n=0}^{\infty} \frac{a_n}{n!} x^n = a_0 + a_1 x + \frac{a_2}{2} x^2 + \frac{a_3}{6} x^3 + \ldots \quad (10-58)$$

Konvergiert

$$F(s) = \sum_{n=0}^{\infty} \frac{a_n}{s^{m_n}} = \frac{a_0}{s^{m_0}} + \frac{a_1}{s^{m_1}} + \frac{a_2}{s^{m_2}} + \ldots \quad (10-59)$$

wobei $0 < m_1 < m_2 < m_3 \ldots$ eine streng monoton wachsende positive Zahlenfolge ist, so gilt für die Originalfunktion

$$f(x) = \sum_{n=0}^{\infty} a_n \frac{x^{m_n - 1}}{\Gamma(m_n)} = \frac{a_0}{\Gamma(m_0)} x^{m_0 - 1} + \frac{a_1}{\Gamma(m_1)} x^{m_1 - 1} + \ldots \quad (10-60)$$

Allgemein gilt: Es sei $f_1(x) \Leftrightarrow F_1(s)$, $f_2(x) \Leftrightarrow F_2(s)$. Dann kann die Originalfunktion zu der Bildfunktion

$$F(s) = \sum_{i=0}^{\infty} \sum_{j=0}^{\infty} a_{ij} (F_1(s))^i (F_2(s))^j \qquad a_{00} = 0 \quad (10-61)$$

durch gliedweise Rücktransformation der Reihe Gl. (10−61) gewonnen werden. Natürlich muß $F(s)$ konvergieren.

Besonders nützlich sind derartige Reihenentwicklungen, wenn sich für die Originalfunktion eine Reihenentwicklung nach Orthogonalfunktionen, hier speziell nach dem System der normierten LAGUERREschen Polynome L_n^* aufstellen läßt. Die LAPLACE-Transformierte der LAGUERREschen Polynome L_n^* lautet

$$\mathfrak{L}\left(e^{-t/2} L_n^*(t)\right) = \int_0^{\infty} \left(e^{-t/2} \cdot \frac{e^t}{n!} \frac{d^n}{dt^n} (e^{-t} t^n) \right) \times$$
$$\times e^{-st} dt = \frac{(s - \frac{1}{2})^n}{(s + \frac{1}{2})^{n+1}}, \; n = 0, 1, 2, \ldots \quad (10-62)$$

Kann umgekehrt eine gegebene Bildfunktion in eine Reihe der Form

$$F(s) = \sum_{n=0}^{\infty} h_n \left(\frac{s - \frac{1}{2}}{s + \frac{1}{2}} \right)^n \cdot \frac{1}{s + \frac{1}{2}} \quad (10-63)$$

mit

$$h_n = \sum_{i=0}^{n} \binom{n}{i} \frac{1}{i!} F^{(i)}\left(\frac{1}{2}\right) \quad (10-64)$$

entwickelt werden, und konvergiert die Reihe $\sum_{n=0}^{\infty} |h_n|^2$, so gilt im Sinne einer Konvergenz im Mittel

$$f(t) = e^{-t/2} \sum_{n=0}^{\infty} h_n L_n^*(t) \quad (10-65)$$

Aber selbst wenn eine derartige Reihenentwicklung nicht aufgefunden werden kann, ist es möglich, allein aus dem Verhalten der Bildfunktion auf das Verhalten der Originalfunktion an bestimmten Stellen des Definitionsintervalles zu schließen. Es gilt nämlich:

$$\lim_{t \to +0} y(t) = \lim_{s \to \infty} s F(s) \quad (10-66)$$

$$\lim_{t \to \infty} y(t) = \lim_{s \to +0} s F(s) \quad (10-67)$$

$$\lim_{t \to \infty} \int_0^t y(x) dx = \lim_{s \to +0} F(s) \quad (10-68)$$

$$\lim_{t \to \infty} \int_0^t x^n y(x) dx = \lim_{s \to +0} \frac{d^n F(s)}{ds^n} (-1)^n \quad (10-69)$$

Die Formeln Gl. (10−66) bis Gl. (10−69) sind so zu verstehen: wenn z. B. in Gl. (10−67) bekannt ist, daß $y(t)$ an der Stelle $t \to \infty$ einen Grenzwert hat, so läßt er sich nach Gl. (10−67) berechnen. Die Nichtbeachtung dieser Voraussetzung kann zu Fehlschlüssen führen; so besteht beispielsweise die Korrespondenz

$$\cos at \Leftrightarrow \frac{s}{s^2 + a^2} \quad (10-70)$$

Anwendung von Gl. (10−67) bzw. Gl. (10−68) ergäbe

$$\lim_{s \to 0} s F(s) = 0 \qquad \lim_{s \to 0} F(s) = 0 \quad (10-71)$$

während tatsächlich weder $\lim_{t \to \infty} \cos at$ noch $\lim_{t \to \infty} \int_0^t \cos ax \, dx$ existiert.

Besonders interessant ist Formel Gl. (10−69). Sie zeigt, daß für eine Zeitfunktion $y(t)$ die Momente

$$Q_n(t) = \int_0^{\infty} x^n y(x) dx \quad (10-72)$$

allein aus der Kenntnis der LAPLACE-Transformierten $F(s)$ auch dann berechnet werden können, wenn eine Rücktransformation nicht gefunden werden kann. Dieser Fall tritt sehr häufig bei der Berechnung von Molekulargewichtsverteilungen von Polymerisationsreaktionen mittels LAPLACE-Transformation ein. Sind aber die Momente Q_n aus Gl. (10−69) ermittelt, so läßt sich die gesuchte Verteilungsfunktion in Form einer Reihenentwicklung nach den LAGUERREschen Polynomen, der sog. GRAM-CHARLIERschen Reihe, darstellen:

$$y(t) = e^{-\frac{t}{Q_1} Q_0} \frac{Q_0^2}{Q_1^2} \sum_{m=0}^{\infty} c_m \frac{L_m\left(\frac{t}{Q_1} Q_0\right)}{m!} \quad (10-73)$$

$$L_m\left(\frac{t}{Q_1}Q_0\right) = m!\sum_{i=0}^{m}\binom{m}{i}\frac{\left(-\dfrac{t}{Q_1}Q_0\right)^i}{i!} \qquad (10-74)$$

$$c_m = \sum_{i=0}^{m}\binom{m}{i}(-1)^i\,\frac{Q_i}{i!\left(\dfrac{Q_1}{Q_0}\right)^{i-1}} \qquad (10-75)$$

10.2.2. LAPLACE-Transformation zur Lösung von Anfangswertproblemen

Gegeben sei das Anfangswertproblem

$$y'' + 4y = \sin 3x \qquad y(0) = 0 \qquad y'(0) = 1 \qquad (10-76)$$

Nach der klassischen Methode erfolgt die Lösung in drei Schritten:

1. Auffinden der allgemeinen Lösung der homogenen Gleichung

$$y'' + 4y = 0 \qquad (10-77)$$

hier $y = C_1 \cos 2x + C_2 \sin 2x$ (10−78)

2. Auffinden einer partikulären Lösung von Gl. (10−76), hier z. B.

$$y = -\tfrac{1}{5}\sin 3x \qquad (10-79)$$

3. Einsetzen der Anfangswerte Gl. (10−76) in die allgemeine Lösung von Gl. (10−76) und Ermittlung der Konstanten C_1 und C_2 für das spezielle vorliegende Problem, hier: $C_1 = 0 \quad C_2 = 4/5$.

Diese Methode hat den Nachteil, daß zur Berechnung der allein interessierenden Lösung von Gl. (10−76) zunächst die gar nicht gefragten Funktionen Gl. (10−78) und Gl. (10−79) ermittelt werden müssen.

Statt dessen ist folgendes Vorgehen möglich:

1. Man wendet auf beide Seiten der gegebenen Differentialgleichung, hier Gl. (10−76), die LAPLACE-Transformation unter besonderer Berücksichtigung von Gl. (10−42) an. Die LAPLACE-Transformierte der gesuchten Funktion $y(x)$ sei $F(s)$.

   Außerdem gilt:

$$\sin 3x \Leftrightarrow \frac{3}{9+s^2} \qquad (10-80)$$

   Damit wird aus Gl. (10−76)

$$s^2F(s) - sy(0) - y'(0) + 4F(s) = 3/(9+s^2) \qquad (10-81)$$

Gl. (10−81) hat gegenüber Gl. (10−76) zwei entscheidende Vorteile:

a) Aus der Differentialgleichung Gl. (10−76) für $y(x)$ ist eine algebraische Gleichung für $F(s)$ geworden.

b) Die Anfangswerte sind fester Bestandteil von Gl. (10−81).

2. Auflösung von Gl. (10−81) nach $F(s)$ ergibt

$$F(s) = \frac{1}{4+s^2}\left(\frac{3}{9+s^2} + y'(0) + sy(0)\right) =$$

$$= \frac{1}{4+s^2}\left(\frac{3}{9+s^2} + 1\right) \qquad (10-82)$$

3. Die Rücktransformation der so explizit ermittelten Funktion $F(s)$ in den Bereich der Originalfunktionen kann mit Hilfe einer Tabelle oder anderer Hilfsmittel erfolgen. Hier ist

$$\frac{1}{4+s^2}\left(\frac{3}{9+s^2} + 1\right) = \frac{1}{5}\left(\frac{8}{4+s^2} - \frac{3}{9+s^2}\right) \Leftrightarrow$$

$$\Leftrightarrow \frac{1}{5}(4\sin 2x - \sin 3x) \qquad (10-83)$$

Damit ist die Lösung zu Gl. (10−76) gefunden.

Schematisch lautet die Vorschrift zur Lösung von Anfangswertproblemen also:

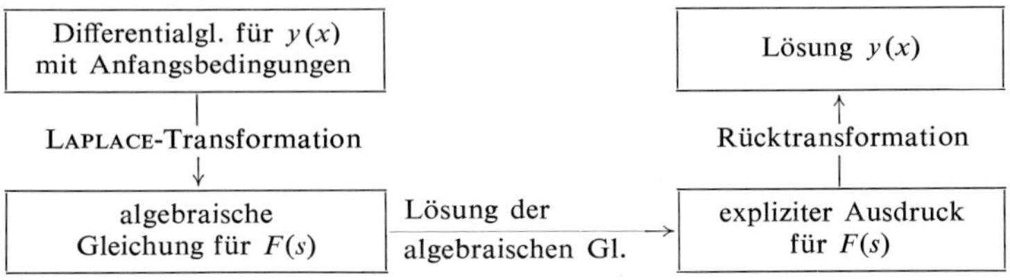

Wegen der Linearität des Operators ist die Methode auf lineare Differentialgleichungen mit konstanten Koeffizienten oder Polynomkoeffizienten beschränkt. Beim Einsetzen der Anfangswerte ist folgendes zu beachten: Von der Problemstellung her gegeben sind normalerweise immer die Anfangswerte $y(-0)$, $y'(-0)$ usw. kurz vor Beginn des durch die Differentialgleichung beschriebenen Prozesses. Bei der Umrechnung der Ableitungen nach Gl. (10−42) werden jedoch die Anfangswerte $y(+0)$, $y'(+0)$ usw. kurz nach Beginn des Prozesses benötigt. Dieser Unterschied ist für eine einzelne Differentialgleichung belanglos, weil hier die Lösungen immer stetig an die gegebenen Anfangswerte $y(-0)$ usw. anschließen. Er spielt jedoch eine Rolle bei Systemen von Differentialgleichungen, bei denen unter Umständen eine oder mehrere Lösungsfunktionen zur Zeit $t = 0$ einen Sprung im Funktionsverlauf oder in der Ableitung zeigen können. Bei der Durchführung der Rechnung müssen trotzdem, wie hier nicht begründet werden soll, in Gl. (10−42) die Anfangswerte $y(-0)$, $y'(-0)$ usw. eingesetzt werden.

Beispiel:

$$2y' + y + z = x^2 \tag{10-84}$$

$$y'' + y + 3z' = 0 \tag{10-85}$$

soll mit den Anfangsbedingungen $y(-0) = 0$, $y'(-0) = z(-0) = 1$ gelöst werden. Diese Anfangsbedingungen sind mit Gl. (10−84), Gl. (10−85) nicht kompatibel, denn aus Gl. (10−84) folgt, daß an der Stelle $x = 0$

$$2y'(+0) + y(+0) + z(+0) = 0 \tag{10-86}$$

sein muß; von den drei Funktionen y, y' und z macht also wenigstens eine an der Stelle $x = 0$ einen Sprung endlicher Größe.

Setzt man $y(x) \Leftrightarrow f(s)$, $z(x) \Leftrightarrow g(s)$, so liefert die Anwendung der LAPLACE-Transformation mit den gegebenen Anfangsbedingungen auf Gl. (10−84), Gl. (10−85)

$$2sf + f + g = 2/s^3 \tag{10-87}$$

$$-1 + s^2 f + f + 3sg = 3 \tag{10-88}$$

Daraus folgt

$$f(s) = \frac{-6 + 4s^2}{s^2(-5s^2 - 3s + 1)} = -\frac{6}{s^2} - \frac{18}{s} + \frac{16 + 18s}{(s - s_1)(s - s_2)} \tag{10-89}$$

$$g(s) = \frac{2}{s^3} - \frac{(2s+1)(4s^2 - 6)}{s^2(-5s^2 - 3s + 1)} = \frac{2}{s^3} + \frac{12}{s} - \frac{1}{5}\,\frac{116 + 142s}{(s - s_1)(s - s_2)} \tag{10-90}$$

mit

$$s_1 = \tfrac{1}{10}(-3 + \sqrt{29}) \qquad s_2 = \tfrac{1}{10}(-3 - \sqrt{29}) \tag{10-91}$$

Die Rücktransformation liefert

$$y(x) = -6x - 18 + 16\,\frac{e^{s_1 x} - e^{s_2 x}}{s_1 - s_2} + 18\,\frac{s_2 e^{s_2 x} - s_1 e^{s_1 x}}{s_2 - s_1} \tag{10-92}$$

$$z(x) = x^2 + 6x + 30 - \frac{142}{5}\,\frac{s_2 e^{s_2 x} - s_1 e^{s_1 x}}{s_2 - s_1} - \frac{116}{5}\,\frac{e^{s_1 x} - e^{s_2 x}}{s_1 - s_2} \tag{10-93}$$

Hier ist $y(+0) = 0$, $z(+0) = 8/5$, $y'(+0) = -4/5$, so daß in der Tat Gl. (10−86) erfüllt ist. Zugleich sieht man, daß die Funktionen y' und z an der Stelle $x = 0$ einen Sprung machen.

Sind alle Anfangsbedingungen $y(0) = y'(0) = \ldots = 0$, so läßt sich die Lösung einer linearen Differentialgleichung

$$y^{(n)} + a_{n-1}y^{(n-1)} + \ldots + a_1 y' + a_0 y = f(x) \tag{10-94}$$

mit $y(x) \Leftrightarrow F(s)$, $f(x) \Leftrightarrow q(s)$ darstellen als

$$F(s) = G(s)\,q(s) \tag{10-95}$$

wobei

$$G(s) = \frac{1}{s^n + a_{n-1}s^{n-1} + \ldots + a_1 s + a_0} \tag{10-96}$$

$G(s)$ heißt Übertragungsfunktion des durch Gl. (10−94) beschriebenen Systems. Wählt man als Störfunktion die DIRACsche Funktion $\delta(x)$, so ist $\delta(x) \Leftrightarrow 1$ und $F(s) = G(s)$. $G(s)$ kann daher auch aufgefaßt werden als die LAPLACE-Transformierte der „Antwort" des Systems auf einen beliebig kurzen Impuls am Eingang. Die zugehörige Funktion $y_i(x)$ wird dann als *Impulsantwort* bezeichnet.

Zur praktischen Bestimmung der Übertragungsfunktion ist es besser, dem Eingang zur Zeit $t = 0$ einen Sprung der Größe 1 aufzuzwingen. Diese Störfunktion wird meistens mit $U(t)$ bezeichnet:

$$U(t) = \begin{cases} 0 & t < 0 \\ 1 & t > 0 \end{cases} \qquad U(t) \Leftrightarrow \frac{1}{s} \tag{10-97}$$

Damit wird aus Gl. (10−95)

$$F(s) = G(s)\frac{1}{s} \Leftrightarrow w(x) = \int_0^t y_i(z)\,dz \tag{10-98}$$

$w(x)$ heißt die *Sprungantwort* des Systems. Diese Begriffe sind heute in der Verfahrenstechnik zur Kennzeichung des Durchmischungsverhaltens von Reaktoren sehr geläufig; $y_i(t)$ wird hier meistens als das Verweilzeitspektrum bezeichnet.

Die Anwendung der LAPLACE-Tranformation zur Lösung partieller Differentialgleichungen sei an einem einfachen Beispiel erläutert:

Ein Stab der Länge $L (0 \leqq x \leqq L)$ sei auf der Mantelfläche wärmeisoliert; seine beiden Stirnflächen werden von der Zeit $t = 0$ an auf den Temperaturen $T(0,t) = f(t)$ und $T(L,t) = 0$ gehalten. Ferner sei die Temperaturverteilung im Stab zur Zeit $t = 0$ bekannt: $T(x,0) = 0$. Gesucht ist die Temperaturverteilung $T(x,t)$ zu einem beliebigen Zeitpunkt $t > 0$.

Ist k die Temperaturleitfähigkeit des Stabmaterials, so gilt im Stabinnern die Wärmeleitungsgleichung

$$\frac{\partial T}{\partial t} = k\,\frac{\partial^2 T}{\partial x^2} \tag{10-99}$$

Sie ist mit den Randbedingungen $T(0,t)$ und $T(L,t)$ und der Anfangsbedingung $T(x,0)$ zu lösen. Da t in dem Intervall $0 \leqq t < \infty$ variiert, wird auf diese Veränderliche die LAPLACE-Transformation angewendet. Das Ergebnis ist eine Bildfunktion, die außer von dem Parameter s noch von x abhängt:

$$\int_0^\infty T(x,t)e^{-st}\,dt = F(x,s) = \mathfrak{L}(T) \tag{10-100}$$

Ebenso ist

$$\mathfrak{L}\left(\frac{\partial T}{\partial t}\right) = sF(x,s) - T(x,+0) \tag{10-101}$$

$$\mathfrak{L}\left(\frac{\partial^2 T}{\partial t^2}\right) = s^2 F(x,s) - sT(x,+0) - T'(x,+0) \tag{10-102}$$

usw.

Bei Ableitungen nach der nicht transformierten Variablen x dagegen ist

$$\mathfrak{L}\left(\frac{\partial T}{\partial x}\right)=\frac{\partial}{\partial x}\,\mathfrak{L}(T)=\frac{\partial F(x,s)}{\partial x} \qquad (10-103)$$

$$\mathfrak{L}\left(\frac{\partial^2 T}{\partial x^2}\right)=\frac{\partial^2}{\partial x^2}\,\mathfrak{L}(T)=\frac{\partial^2 F(x,s)}{\partial x^2} \qquad (10-104)$$

usw.

Anwendung der LAPLACE-Transformation auf Gl. (10−99) liefert daher

$$sF-T(x,+0)=sF=k\,\frac{\mathrm{d}^2 F}{\mathrm{d}x^2} \qquad (10-105)$$

Aus der partiellen Differentialgleichung Gl. (10−99) ist durch die Transformation eine gewöhnliche Differentialgleichung für $F(s)$ geworden, welche die Anfangsbedingung bereits enthält.

Die Randbedingungen sind Zeitfunktionen und müssen daher ebenfalls transformiert werden:

$$\mathfrak{L}\big(T(0,t)\big)=\mathfrak{L}f(t)=g(s) \qquad \mathfrak{L}\big(T(L,t)\big)=\mathfrak{L}(0)=0 \qquad (10-106)$$

Gl. (10−105) ist mit den transformierten Randbedingungen Gl. (10−106) zu lösen. Das Ergebnis lautet

$$F(s)=g(s)\,\frac{\sinh\,(1-x)\sqrt{s/k}\,L}{\sinh\sqrt{s/k}\,L} \qquad (10-107)$$

Einer Tabelle entnimmt man die Korrespondenz

$$\frac{\sinh\,(1-x)\sqrt{s/k}}{\sinh\sqrt{s/k}} \Leftrightarrow k\left(-\frac{\partial}{\partial x}\,\vartheta_3\left(\frac{x}{2}\,,\;k\,t\right)\right) \qquad (10-108)$$

wobei $\vartheta_3(x,y)$ eine Theta-Funktion ist, die durch

$$\vartheta_3(x,y)=1+2\sum_{n=1}^{\infty} \mathrm{e}^{-\pi^2 n^2 y}\cos 2\pi n x \qquad (10-109)$$

definiert ist. Mit Hilfe des Faltungsintegrals Gl. (10−45) ergibt die Rücktransformation von Gl. (10−107) schließlich als Lösung des gegebenen Anfangs-Randwertproblems

$$T(x,t)=-\frac{k}{L}\int_0^t f(t-z)\,\frac{\partial}{\partial x}\,\vartheta_3\left(\frac{x}{2L}\,,\;\frac{k}{L^2}\,z\right)\mathrm{d}z \qquad (10-110)$$

Das Schema des Verfahrens läßt sich also folgendermaßen skizzieren:

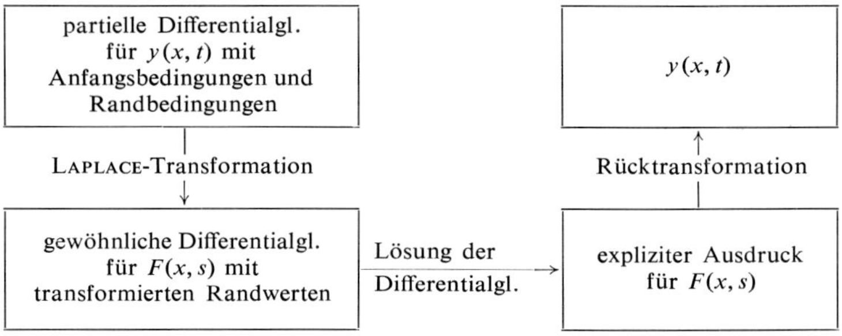

Eine Endkontrolle, ob die gefundene Originalfunktion tatsächlich eine Lösung des gegebenen Problems ist, ist aber in jedem Fall unerläßlich.

10.3. Z-Transformation

FOURIER- und LAPLACE-Transformation sind nur auf Funktionen anwendbar, die über einem zusammenhängenden Intervall der x-Achse erklärt sind. Die meisten in der Praxis auftretenden Funktionen sind von dieser Art. Daneben gibt es aber auch eine Anzahl von Größen, die nur für ganzzahlige Werte einer Variablen definiert sind. Eine derartige Funktion ist z. B. die Molekulargewichtsverteilung eines Polymeren, die nur für ganzzahlige Werte der Variablen n (n = Kettenlänge, ausgedrückt in der Zahl der Monomereinheiten) erklärt ist.

Um auf solche Funktionen

$$f(n)=f_n \qquad (10-111)$$

die LAPLACE-Transformation anwenden zu können, denkt man sich die Funktion $f(n)$ als eine Folge von DIRAC-Impulsen der Höhe f_n an den Stellen $n=0,1,2,\ldots$ Damit ist

$$f(n)=\sum_{n=0}^{\infty} f_n\,\delta(t-n) \qquad (10-112)$$

und

$$F(s)=\mathfrak{L}f(n)=\sum_{n=0}^{\infty} f_n\,\mathfrak{L}\big(\delta(t-n)\big)=\sum_{n=0}^{\infty} f_n\,\mathrm{e}^{-ns} \qquad (10-113)$$

Setzt man hier noch $\mathrm{e}^s=z$, so ist

$$F(z)=\sum_{n=0}^{\infty} f_n z^{-n}=\mathfrak{Z}(f_n) \qquad (10-114)$$

Gl. (10−114) wird als die Z-Transformation der Funktion $f(n)$ bezeichnet.

Beispiele:

$$f_n=1 \quad F(z)=\sum_{n=0}^{\infty} z^{-n}=\frac{z}{z-1} \qquad (10-115)$$

$$f_n=a^n \quad F(z)=\sum_{n=0}^{\infty} a^n z^{-n}=\frac{z}{z-a} \qquad (10-116)$$

$$f_n=n \quad F(z)=\sum_{n=0}^{\infty} n z^{-n}=\frac{z}{(z-1)^2} \qquad (10-117)$$

Die Reihe Gl. (10−114) konvergiert immer, wenn

$$|f_n|<K\,k^n \qquad (10-118)$$

ist ($K>0$, $k>0$ Konstanten).

Die Rücktransformation ist im Gegensatz zu dem entsprechenden Problem bei der LAPLACE-Transformation einfach. Es ist

$$f_n = \frac{1}{n!}\left(\frac{\mathrm{d}^n F(z^{-1})}{\mathrm{d}z^n}\right)_{z=0} \qquad n=0,1,2,\ldots \qquad (10-119)$$

Eine weitere Möglichkeit zur Rücktransformation ist folgende: man bestimmt zuerst f_0. Dann ist

$$f_1 = \lim_{z\to\infty} z\big(F(z)-f_0\big) \qquad (10-120)$$

$$f_2 = \lim_{z\to\infty} z^2\left(F(z)-f_0-\frac{f_1}{z}\right) \text{ usw.} \qquad (10-121)$$

Die Rechengesetze für die Z-Transformation sind denen der LAPLACE-Transformation analog. Setzt man fest, daß $f_n \Leftrightarrow F(z)$ und $g_n \Leftrightarrow G(z)$ und $f_n = 0$ für $n < 0$, so ist

$$f_{n-k} \Leftrightarrow z^{-k}F(z) \qquad k=0,1,2,\ldots \qquad (10-122)$$

$$f_{n+k} \Leftrightarrow z^k\left(F(z)-\sum_{i=0}^{k-1} f_i z^{-i}\right) \qquad k=1,2,\ldots \qquad (10-123)$$

$$a^{-n}f_n \Leftrightarrow F(az) \qquad (10-124)$$

Die Differentiation und die Faltung der Originalfunktion müssen jetzt natürlich durch endliche Differenzen bzw. Summen ersetzt werden. Setzt man

$$\Delta f_n = f_{n+1}-f_n \qquad (10-125)$$

$$\Delta^2 f_n = \Delta(f_{n+1}-f_n) = f_{n+2}-2f_{n+1}+f_n \qquad (10-126)$$

$$\Delta^3 f_n = \Delta(\Delta^2 f_n) \text{ usw.} \qquad (10-127)$$

so ist

$$\Delta f_n \Leftrightarrow (z-1)F(z)-f_0 z \qquad (10-128)$$

$$\Delta^2 f_n \Leftrightarrow (z-1)^2F(z)-z\big(f_0(z-1)+\Delta f_0\big) \qquad (10-129)$$

usw. und

$$\sum_{k=0}^{n} f_k g_{n-k} \Leftrightarrow F(z)\,G(z) \qquad (10-130)$$

Die Bildfunktion $F(z)$ dagegen kann differenziert werden, und es gilt

$$nf_n \Leftrightarrow -z\frac{\mathrm{d}F(z)}{\mathrm{d}z} \qquad (10-131)$$

Ähnlich wie bei der LAPLACE-Transformation gilt außerdem: es ist

$$f_0 = \lim_{z\to\infty} F(z) \qquad (10-132)$$

Falls $\lim f_n$ existiert, so existiert auch $F(z)$ für alle Werte $|z| > 1$, und es ist

$$\lim_{n\to\infty} f_n = \lim_{z\to 1+0}(z-1)F(z) \qquad (10-133)$$

Gemäß ihrer Herleitung ist die Z-Transformation insbes. zur Lösung von Differenzengleichungen geeignet. Eine solche Gleichung hat allgemein die Form

$$y_{n+k}+c_{k-1}y_{n+k-1}+c_{k-2}y_{n+k-2}+\ldots+ \\ +c_1y_{n+1}+c_0y_n = f_n \qquad (n=0,1,2,\ldots) \qquad (10-134)$$

Weitaus am häufigsten tritt der Fall auf, daß $k=2$ ist (zweigliedrige Rekursion):

$$y_{n+2}+c_1y_{n+1}+c_0y_n = f_n \qquad (10-135)$$

Ein bekanntes Beispiel ist die Rekursionsgleichung der FIBONACCI-Zahlen

$$y_{n+2}-y_{n+1}-y_n = 0 \qquad (10-136)$$

wobei also $c_1 = c_0 = -1$ und $f_n = 0$ ist.

Anwendung der Z-Transformation auf Gl. (10−135) liefert mit $y_n \Leftrightarrow F(z)$, $f_n \Leftrightarrow G(z)$ und unter Benutzung von Gl. (10−123)

$$z^2\big(F(z)-y_0-y_1z^{-1}\big)+c_1z\big(F(z)-y_0\big)+ \\ +c_0F(z) = G(z) \qquad (10-137)$$

Um $F(z)$ daraus berechnen zu können, müssen also die Anfangswerte y_0 und y_1 bekannt sein. Dann ist

$$F(z) = \frac{1}{z^2+c_1z+c_0}G(z)+y_0\times \\ \times\frac{z(z+c_1)}{z^2+c_1z+c_0}+y_1\frac{z}{z^2+c_1z+c_0} \qquad (10-138)$$

Sind z_1, z_2 die Nullstellen von $z^2+c_1z+c_0=0$, so gilt

$$\frac{z}{z^2+c_1z+c_0} = \\ = \begin{cases} \dfrac{1}{z_1-z_2}\left(\dfrac{z}{z-z_1}-\dfrac{z}{z-z_2}\right) & \text{für } z_1 \neq z_2 \\ \dfrac{z}{(z-z_1)^2} & \text{für } z_1 = z_2 \end{cases} \qquad (10-139)$$

und damit

$$\frac{z}{z^2+c_1z+c_0} \Leftrightarrow \left\{\begin{matrix} \dfrac{z_1^n-z_2^n}{z_1-z_2} & \text{für } z_1 \neq z_2 \\ nz_1^{n-1} & \text{für } z_1 = z_2 \end{matrix}\right\} = q_n \qquad (10-140)$$

Ferner ist

$$\frac{z^2}{z^2+c_1z+c_0} \Leftrightarrow q_{n+1} \qquad \frac{1}{z^2+c_1z+c_0} \Leftrightarrow q_{n-1} \qquad (10-141)$$

Nach dem Faltungssatz ergibt sich damit für die zu Gl. (10−138) gehörige Originalfunktion

$$y_n = \sum_{k=0}^{n} q_{k-1}f_{n-k}+y_0(q_{n+1}+c_1q_n)+y_1q_n \qquad (10-142)$$

10.4. Andere Funktionaltransformationen

Die MELLIN-Transformation der Funktion $f(z)$ ist gegeben durch

$$M(s) = \int_0^\infty z^{s-1}f(z)\,\mathrm{d}z = \mathfrak{M}\big(f(z)\big) \qquad (10-143)$$

Ihre Anwendbarkeit begründet sich aus der Tatsache, daß hier

$$\mathfrak{M}(zf'(z)) = -s\mathfrak{M}(f(z)-f(\infty)) \qquad (10-144)$$

$$\mathfrak{M}(z^2 f''(z)) = s(s+1)\mathfrak{M}(f(z)-f(\infty)) \qquad (10-145)$$

Sie ist daher besonders geeignet zur Transformation von Differentialgleichungen mit Potenzkoeffizienten, wie sie etwa bei der Separierung der Potentialgleichung in Kugelkoordinaten auftreten.

Die HANKEL-Transformation einer Funktion $f(r)$ hat die Form

$$H(s) = \int_0^\infty r\,\mathrm{I}_0(sr) f(r)\,\mathrm{d}r = \mathfrak{H}(f(r)) \qquad (10-146)$$

wobei I_0 die BESSEL-Funktion nullter Ordnung ist.

Falls

$$\lim_{r\to 0} r^2 f(r) = \lim_{r\to 0} r f'(r) = 0 \qquad (10-147)$$

und

$$\lim_{r\to\infty} \sqrt{r}\, f(r) = \lim_{r\to\infty} \sqrt{r}\, f'(r) = 0 \qquad (10-148)$$

sind, gilt

$$\mathfrak{H}\left(\frac{\mathrm{d}^2 f}{\mathrm{d}r^2} + \frac{1}{r}\frac{\mathrm{d}f}{\mathrm{d}r}\right) = -s^2\mathfrak{H}(f(r)) \qquad (10-149)$$

Die HANKELsche Transformation ist daher besonders geeignet zur Transformation von Differentialausdrücken in Zylinderkoordinaten. Bemerkenswerterweise hat dabei die Umkehrformel zu Gl. (10−146) dieselbe Gestalt wie Gl. (10−146) selbst:

$$f(r) = \int_0^\infty s\,\mathrm{I}_0(rs) H(s)\,\mathrm{d}s \qquad (10-150)$$

Über zweidimensionale, zweiseitige und endliche LAPLACE-Transformation s. [1a].

11. Variationsrechnung

Ergänzende Literatur zu Kap. 11 siehe [2], [5], [38], zur dynamischen Optimierung [39], [40].

Aufgabe der gewöhnlichen Extremwertrechnung ist es, Maxima oder Minima, also spezielle Funktionswerte, einer vorgegebenen Funktion zu ermitteln. Dieses Problem gehört in den Anwendungsbereich der Differentialrechnung.

Im Gegensatz dazu befaßt sich die Variationsrechnung mit der Aufgabe, eine zunächst unbekannte Funktion einer oder mehrerer Variabler so zu bestimmen, daß ein vom Gesamtverlauf dieser Funktion abhängiger Zahlenwert, ein sog. *Funktional*, einen Extremwert annimmt.

Der Unterschied soll durch folgendes Beispiel erläutert werden:

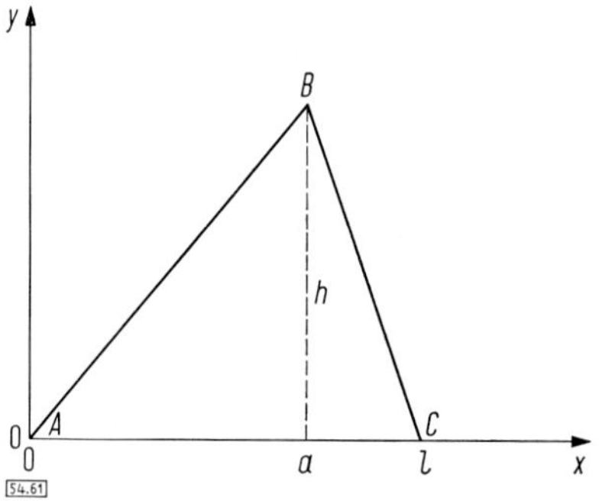

Abb. 61. Einfache Extremwertaufgabe: bei gegebener Gesamtlänge der Seiten soll der Flächeninhalt des Dreiecks ein Maximum erreichen

a) Zwischen den Punkten $A=(0,0)$ und $C=(l,0)$ werde ein Dreieck errichtet (Abb. 61). Die Gesamtlänge der Strecke ABC sei $L > l$. Wie muß B gewählt werden, damit der Flächeninhalt F des Dreiecks ein Maximum erreicht?

F ist hier lediglich eine Funktion des Abszissenwertes a, denn es ist

$$F = \tfrac{1}{2} h l \qquad (11-1)$$

und

$$L = \sqrt{a^2+h^2} + \sqrt{(l-a)^2+h^2} \qquad (11-2)$$

also $h = h(a)$.

Die Aufgabe ist daher gelöst, sobald das Maximum der Funktion Gl. (11−2) $h = h(a)$ gefunden ist; es liegt bei $a = l/2$ und hat den Wert

$$h_{\max} = \tfrac{1}{2}\sqrt{L^2 - l^2} \qquad (11-3)$$

also

$$F_{\max} = \tfrac{1}{4} l \sqrt{L^2 - l^2} \qquad (11-4)$$

b) Zwischen den Punkten A und C soll eine stetige Kurve $y = f(x)$ der Länge L gezogen werden, so

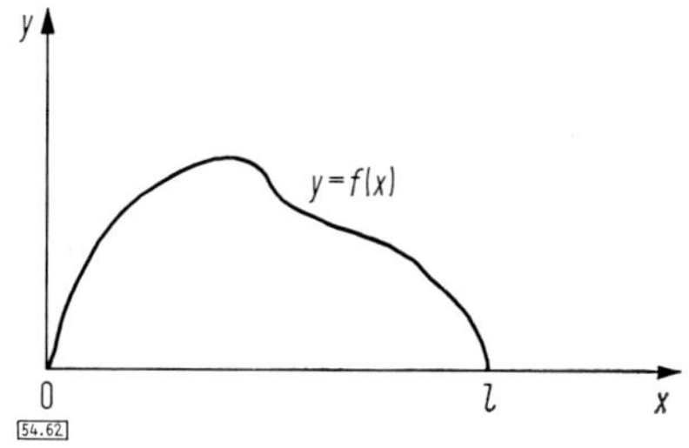

Abb. 62. Variationsproblem: bei gegebener Gesamtlänge der Berandungskurve soll die eingeschlossene Fläche möglichst groß werden

daß die Fläche F einen Maximalwert erreicht (Abb. 62):

$$F = \int_0^l y(x)\,\mathrm{d}x \overset{!}{=} \mathrm{Max} \qquad (11-5)$$

unter der Nebenbedingung

$$L = \int_0^l \sqrt{1 + y'^2}\, \mathrm{d}x \qquad (11-6)$$

Im Gegensatz zu Beispiel a) ist hier die Funktion $y(x)$ nicht bekannt. F ist ein Funktional von $y(x)$. Die Nebenbedingung kann nicht wie in a) dazu benutzt werden, F als Funktion eines einzigen Parameters (dort des Abszissenwertes a) auszudrücken.

11.1. Eine unabhängige Variable ohne Nebenbedingungen

Diese Variationsprobleme bestehen im einfachsten Fall darin, eine Funktion $y(x)$ so zu bestimmen, daß das Integral

$$I = \int_{x_1}^{x_2} F(x, y, y')\, \mathrm{d}x \qquad (11-7)$$

zwischen den festen Abszissenwerten x_1 und x_2, dessen Integrand F eine bekannte Funktion der gesuchten Funktion y, ihrer Ableitung y' und x ist, einen Extremwert erreichen soll. Diejenigen Funktionen $y(x)$, welche das Variationsproblem lösen, werden als *Extremalen* bezeichnet. Zunächst soll außerdem angenommen werden, daß jede der untersuchten Funktionen $y(x)$ die Randbedingungen

$$y(x_1) = y_1 \qquad y(x_2) = y_2 \qquad (11-8)$$

erfüllt.

Beispiele: Das Problem der *Brachystochrone*

Durch zwei in verschiedener Höhe gelegene Punkte P_1 und P_2 ist eine Verbindungskurve so zu legen (Abb. 63), daß ein Massenpunkt, auf den außer der Schwerkraft keine anderen Kräfte (also auch keine Reibung) wirken, auf ihr von P_1 nach P_2 in möglichst kurzer Zeit gelangt. Hat der Massenpunkt die Strecke y durchfallen, so ist seine Geschwindigkeit

$$v = \sqrt{2gy} = \frac{\mathrm{d}s}{\mathrm{d}t} \qquad (11-9)$$

und da

$$\mathrm{d}s = \sqrt{1 + y'^2}\, \mathrm{d}x \qquad (11-10)$$

folgt

$$t = \int_0^{x_1} \frac{\sqrt{1 + y'^2}}{\sqrt{2gy}}\, \mathrm{d}x \qquad (11-11)$$

Alle zulässigen Kurven müssen außerdem die Randbedingungen

$$y(0) = 0 \qquad y(x_1) = y_1 \qquad (11-12)$$

erfüllen. In Abb. 63 sind vier solche zugelassenen Verbindungskurven eingezeichnet.

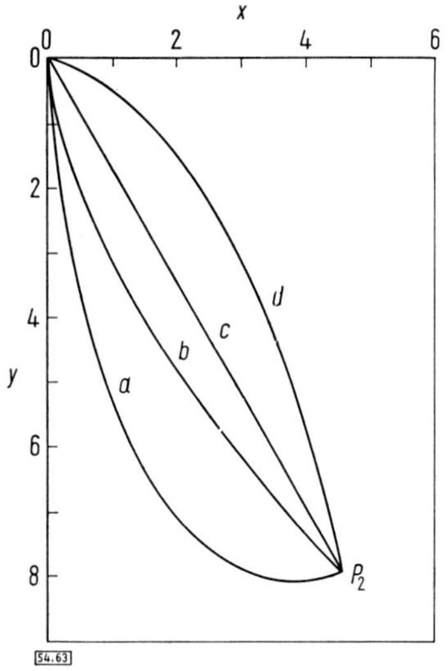

Abb. 63. Brachystochrone zwischen den Punkten (0, 0) und P_2

Die Funktion $y(x)$ sei die Extremale des Problems Gl. (11 − 7). Die Differenz zwischen ihr und einer beliebigen anderen zulässigen Funktion $\bar{y}(x)$ heißt *Variation* von $y(x)$ und wird mit $\delta y(x)$ bezeichnet:

$$\delta y(x) = y(x) - \bar{y}(x) \qquad (11-13)$$

δy ist eine Funktion von x; in den Randpunkten x_1 und x_2 ist

$$\delta y(x_1) = \delta y(x_2) = 0 \qquad (11-14)$$

weil alle zulässigen Funktionen die Randbedingungen Gl. (11 − 8) erfüllen. Außerdem gilt

$$\frac{\mathrm{d}}{\mathrm{d}x}\, \delta y = \delta(y') \qquad (11-15)$$

Im allg. werden nur relative Extrema des Integrals Gl. (11 − 7) untersucht, d. h. die Kurve $y(x)$ ist eine Extremale nur bezüglich aller „benachbarten“ Kurven, für welche die Variation

$$|\delta y| < |y| \qquad (11-16)$$

ist; damit wird also nicht ausgeschlossen, daß es außerhalb dieser Kurvenschar weitere Extremalen gibt. Ist $y(x)$ Extremale für alle Kurven $\bar{y} = y - \delta y$, wobei $|\delta y| < |y|$, so spricht man von einem starken Extremum; ist dagegen $y(x)$ Extremale lediglich in bezug auf diejenigen Kurven $\bar{y} = y - \delta y$, bei denen

$$|\delta y| < |y|$$

und

$$|\delta y'| < |\delta y|$$

die also sowohl dem Betrage wie der Richtung nach wenig von der Extremalen abweichen, so spricht man von einem schwachen Extremum.

Für die Veränderung des Integrals Gl. (11 − 7) beim Übergang von der Extremalen zu einer anderen zulässigen Funktion $\bar{y}$, die sog. erste Variation von I, erhält man

$$\delta I = \int_{x_1}^{x_2} \left(\frac{\partial F}{\partial y} \delta y + \frac{\partial F}{\partial y'} \delta y' \right) \mathrm{d}x \qquad (11-17)$$

$\delta I = 0$ ist daher die notwendige Bedingung für einen Extremwert des Integrals Gl. (11−7). Durch partielle Integration folgt daraus als notwendige Bedingung dafür, daß eine Funktion $y(x)$ Extremale ist, daß sie die EULERsche Differentialgleichung erfüllt:

$$\frac{\partial F}{\partial y} - \frac{\mathrm{d}}{\mathrm{d}x}\left(\frac{\partial F}{\partial y'}\right) = \frac{\partial F}{\partial y} - \frac{\partial^2 F}{\partial y'^2} y'' - $$
$$- \frac{\partial^2 F}{\partial y' \partial x} - \frac{\partial^2 F}{\partial y' \partial y} y' = \frac{\partial F}{\partial x} - $$
$$- \frac{\mathrm{d}}{\mathrm{d}x}\left(F - y' \frac{\partial F}{\partial y'}\right) = 0 \qquad (11-18)$$

Beispiel:

Die EULERsche Differentialgleichung zu Gl. (11−11) lautet

$$-\frac{1}{2} \frac{\sqrt{1+y'^2}}{\sqrt{2gy^3}} - \frac{y''}{\sqrt{2gy}} \cdot \frac{1}{(\sqrt{1+y'^2})^3} +$$
$$+ \frac{y'^2}{2\sqrt{2gy^3}\sqrt{1+y'^2}} = 0 \qquad (11-19)$$

oder

$$\frac{1}{\sqrt{2g}} \cdot \frac{\mathrm{d}}{\mathrm{d}x} \left(\frac{\sqrt{1+y'^2}}{\sqrt{y}} - \frac{y'^2}{\sqrt{y}\sqrt{1+y'^2}} \right) = 0 \qquad (11-20)$$

Daraus folgt

$$y' = \frac{\sqrt{1-C^2 y}}{C\sqrt{y}} \qquad (11-21)$$

und die Integration dieser Differentialgleichung ergibt als Gleichung der Extremalen diejenige einer Zykloide

$$x = K - \frac{1}{C}\sqrt{y - C^2 y^2} - \frac{1}{C^2} \arcsin \sqrt{1 - C^2 y} \qquad (11-22)$$

Durch Einsetzen der beiden Randbedingungen Gl. (11−12) können die Konstanten C und K bestimmt werden.

Bei Aufgaben der Variationsrechnung ist es gelegentlich zweckmäßig, die gesuchte Funktion in Parameterdarstellung zu gewinnen:

$$x = x(t) \quad y = y(t) \quad \dot{x} = \frac{\mathrm{d}x}{\mathrm{d}t} \quad \dot{y} = \frac{\mathrm{d}y}{\mathrm{d}t} \qquad (11-23)$$

Gesucht ist dann also der Extremwert des Integrals

$$I = \int_{t_1}^{t_2} F\left(x(t), y(t), \frac{\mathrm{d}x}{\mathrm{d}t}, \frac{\mathrm{d}y}{\mathrm{d}t}\right) \mathrm{d}t \qquad (11-24)$$

Diese Aufgabenstellung führt auf zwei EULERsche Gleichungen

$$\frac{\partial F}{\partial x} - \frac{\mathrm{d}}{\mathrm{d}t}\left(\frac{\partial F}{\partial \dot{x}}\right) = 0 \qquad \frac{\partial F}{\partial y} - \frac{\mathrm{d}}{\mathrm{d}t}\left(\frac{\partial F}{\partial \dot{y}}\right) = 0 \qquad (11-25)$$

Bei Variationsproblemen kann es vorkommen, daß die aus der EULERschen Gleichung ermittelte Funktion y die Randbedingungen nicht zu erfüllen vermag. Ein Beispiel dafür ist:

$$I = \int_0^1 (x^2 y'^2 + xy) \mathrm{d}x \overset{!}{=} \text{Extremum} \qquad (11-26)$$

mit den Randbedingungen $y(0) = y(1) = 0$. In diesem Fall ist das Variationsproblem unlösbar.

Ist die Grundfunktion F auch eine Funktion der höheren Ableitungen von y, $F = F(x, y, y', y'', \ldots, y^{(n)})$, so lautet die EULERsche Differentialgleichung des Variationsproblems

$$\frac{\partial F}{\partial y} - \frac{\mathrm{d}}{\mathrm{d}x}\left(\frac{\partial F}{\partial y'}\right) + \frac{\mathrm{d}^2}{\mathrm{d}x^2}\left(\frac{\partial F}{\partial y''}\right) -$$
$$- \frac{\mathrm{d}^3}{\mathrm{d}x^3}\left(\frac{\partial F}{\partial y'''}\right) + - \ldots + (-1)^n \frac{\mathrm{d}^n}{\mathrm{d}x^n}\left(\frac{\partial F}{\partial y^{(n)}}\right) = 0 \qquad (11-27)$$

Enthält die Grundfunktion F mehrere gesuchte Funktionen $y_1 = f_1(x)$, $y_2 = f_2(x), \ldots, y_n = f_n(x)$ und ihre Ableitungen, so ist für jede einzelne von ihnen eine EULERsche Differentialgleichung aufzustellen:

$$\frac{\partial F}{\partial y_i} - \frac{\mathrm{d}}{\mathrm{d}x}\left(\frac{\partial F}{\partial y_i'}\right) = 0 \qquad i = 1 \ldots n \qquad (11-28)$$

Dazu müssen im allg. $2n$ Randbedingungen gestellt sein.

Statt der Randbedingungen Gl. (11−8) können der gesuchten Extremalen auch andere Bedingungen auferlegt sein. Bestehen an den Stellen $x = a$ und $x = b$ überhaupt keine vorgeschriebenen Werte für die Funktion y, so spricht man von einem Problem mit freien Rändern. Die Grundfunktion F muß dann zusätzlich die Relationen

$$\frac{\partial F}{\partial y'} = 0 \qquad \text{für } x = a \text{ und } x = b \qquad (11-29)$$

erfüllen (natürliche Randbedingungen). Soll der Anfangspunkt der gesuchten Extremalen auf einer Kurve $T(x, y) = 0$ liegen, so wird die Randbedingung bei $x = a$ ersetzt durch die sog. Transversalitätsbedingung

$$\left(F - y' \frac{\partial F}{\partial y'}\right) \frac{\partial T}{\partial y} - \frac{\partial F}{\partial y'} \frac{\partial T}{\partial x} = 0 \qquad (11-30)$$

Analog verfährt man, wenn der Endpunkt der Extremalen nicht fixiert ist. Über kompliziertere Randbedingungen vgl. [5]. Die Methodik bei Extremalen, die eine oder mehrere Ecken haben (Lemma von DU BOIS-REYMOND, WEIERSTRASSsche Eckenbedingungen) wird in [38] beschrieben.

Analog zu den Verhältnissen bei der Extremwertrechnung gilt aber auch bei der Variationsrechnung: Das Funktional I erreicht auf der Extremalen $y(x)$ ein

Maximum, wenn dort überall $\frac{\partial^2 F}{(\partial y')^2} \leqq 0$ und ein

Minimum, wenn dort überall $\frac{\partial^2 F}{(\partial y')^2} \geqq 0$ ist (LE-

GENDREsche Bedingung). Die Bedingung

$$\frac{\partial^2 F}{(\partial y')^2} \neq 0 \qquad (11-31)$$

ist offenbar notwendig, weil sonst die Differentialgleichung nicht nach y'' auflösbar ist.

In der Praxis begnügt man sich normalerweise damit, die Lösung eines Variationsproblems durch Integration der EULERschen Differentialgleichungen zu gewinnen, obgleich diese nur notwendige Bedingungen für eine Extremale darstellen, weil die Existenz einer Extremalen meistens aufgrund anderer Überlegungen gesichert ist. Hinreichende Bedingungen für eine Extremale sind mathematisch sehr kompliziert und können hier nicht behandelt werden.

11.2. Mehrere unabhängige Variable ohne Nebenbedingungen

Sind $x_1, x_2, \ldots, x_n$ die unabhängigen und y die abhängige Variable, so hat die Grundfunktion F jetzt im einfachsten Fall die Gestalt

$$F = F\left(x_1, x_2, \ldots, x_n, y, \frac{\partial y}{\partial x_1}, \frac{\partial y}{\partial x_2}, \ldots, \frac{\partial y}{\partial x_n}\right) \qquad (11-32)$$

und die Variationsaufgabe besteht darin, durch geeignete Wahl von $y = y(x_1, \ldots, x_n)$ das n-fache Integral

$$I = \int_{x_{1,0}}^{x_{1,1}} \int_{x_{2,0}}^{x_{2,1}} \ldots \int_{x_{n,0}}^{x_{n,1}} F\left(x_1, \ldots, x_n, y, \frac{\partial y}{\partial x_1}, \ldots, \frac{\partial y}{\partial x_n}\right) \mathrm{d}x_1 \ldots \mathrm{d}x_n \qquad (11-33)$$

zu minimieren oder zu maximieren.

Als EULERsche Differentialgleichung des Problems erhält man hier eine partielle Differentialgleichung zweiter Ordnung

$$\frac{\partial F}{\partial y} - \frac{\partial}{\partial x_1}\left(\frac{\partial F}{\partial y_{x_1}}\right) - \frac{\partial}{\partial x_2}\left(\frac{\partial F}{\partial y_{x_2}}\right) - \ldots - \frac{\partial}{\partial x_n}\left(\frac{\partial F}{\partial y_{x_n}}\right) = 0 \qquad (11-34)$$

mit

$$y_{x_1} = \frac{\partial y}{\partial x_1} \quad y_{x_2} = \frac{\partial y}{\partial x_2}$$

usw.

Beispiel: Gesucht sind in dem Bereich

$$-x_1 \leqq x \leqq +x_1$$

$$-y_1 \leqq y \leqq +y_1$$

$$-z_1 \leqq z \leqq +z_1$$

diejenigen Funktionen $u(x,y,z)$, für die

$$\int_{-x_1}^{+x_1} \int_{-y_1}^{+y_1} \int_{-z_1}^{+z_1} (\operatorname{grad} u)^2 \,\mathrm{d}x\,\mathrm{d}y\,\mathrm{d}z = \int_{-x_1}^{+x_1} \int_{-y_1}^{+y_1} \int_{-z_1}^{+z_1} \left(\left(\frac{\partial u}{\partial x}\right)^2 + \left(\frac{\partial u}{\partial y}\right)^2 + \left(\frac{\partial u}{\partial z}\right)^2\right) \mathrm{d}x\,\mathrm{d}y\,\mathrm{d}z \qquad (11-35)$$

einen Extremwert annimmt. Die EULERsche Differentialgleichung für dieses Problem lautet

$$\frac{\partial^2 u}{\partial x^2} + \frac{\partial^2 u}{\partial y^2} + \frac{\partial^2 u}{\partial z^2} = 0 \qquad (11-36)$$

Lösungen des Problems Gl. (11 – 35) sind also alle harmonischen Funktionen; umgekehrt kann man diese Extremeigenschaft einer Theorie der harmonischen Funktionen zugrunde legen (DIRICHLETsches Prinzip).

Treten in der Grundfunktion außer den ersten auch noch die zweiten Ableitungen der gesuchten Funktion nach den Variablen $x_1, \ldots, x_n$ auf, ist also

$$F = F(x_1, \ldots, x_n, y, y_{x_1}, \ldots, y_{x_n}, y_{x_1 x_1}, \ldots, y_{x_n x_n}) \qquad (11-37)$$

so lautet die EULERsche Gleichung des Variationsproblems

$$\frac{\partial F}{\partial y} - \sum_{i=1}^{n} \frac{\partial}{\partial x_i}\left(\frac{\partial F}{\partial y_{x_i}}\right) + \sum_{i=1}^{n} \sum_{j=1}^{i} \frac{\partial^2}{\partial x_i \partial x_j} \times \left(\frac{\partial F}{\partial y_{x_i x_j}}\right) = 0 \qquad (11-38)$$

Der Fall, daß F noch höhere Ableitungen enthält, ist äußerst selten und kann außer Betracht bleiben.

11.3. Variationsprobleme mit Nebenbedingungen

In Abschn. 3.7 wurde gezeigt, daß Extremwertprobleme, bei denen die untersuchte Funktion zusätzlich einer oder mehreren Nebenbedingungen unterworfen ist, durch Einführung von LAGRANGEschen Multiplikatoren gelöst werden können. In der Variationsrechnung wird das gleiche Verfahren angewendet. Dabei sind zwei Fälle zu unterscheiden:

1. Gesucht ist eine Extremale $y_1(x)$, $y_2(x)$, $\ldots y_n(x)$ für das Funktional I der Variablen $y_1 \ldots y_n$ und x

   $$I = \int_{x_1}^{x_2} F(x, y_1, y_2, \ldots, y_n, y_1', \ldots, y_n')\,\mathrm{d}x \qquad (11-39)$$

   mit der Nebenbedingung

   $$G(y_1, \ldots, y_n, x) = 0 \qquad (11-40)$$

   Hier bildet man mit einem von x abhängigen LAGRANGEschen Multiplikator $\lambda(x)$ die neue Grundfunktion

   $$H(x, y_1, \ldots, y_n, y_1', \ldots, y_n') = F(x, y_1, \ldots, y_n, \ldots, y_n') + \lambda(x)\, G(x, y_1, \ldots, y_n) \qquad (11-41)$$

und stellt für sie die n EULERschen Gleichungen

$$\frac{\partial H}{\partial y_i} - \frac{d}{dx}\left(\frac{\partial H}{\partial y_i'}\right) = \frac{\partial F}{\partial y_i} + \lambda(x)\frac{\partial G}{\partial y_i} - $$
$$- \frac{d}{dx}\left(\frac{\partial F}{\partial y_i'}\right) = 0 \quad i = 1..n \quad (11-42)$$

auf. Aus Gl. (11 − 40) und Gl. (11 − 42) können dann die unbekannten Funktionen $y_1, \ldots, y_n$ und $\lambda(x)$ berechnet werden.

2. Gesucht ist eine Extremale $y_1, \ldots, y_n$ für das Funktional Gl. (11 − 39) mit der Nebenbedingung

$$L = \int_{x_1}^{x_2} G(x, y_1, \ldots, y_n, y_1', \ldots, y_n')\,dx = \text{const} \quad (11-43)$$

Derartige Aufgabenstellungen heißen *isoperimetrische Probleme* nach der bekanntesten dieser Aufgaben: Gesucht ist diejenige geschlossene ebene Kurve in Parameterform: $x = x(t), y = y(t)$, welche bei gegebener Länge

$$L = \int_0^{t_1} \sqrt{\dot{x}^2 + \dot{y}^2}\,dt \quad (11-44)$$

die größtmögliche Fläche umschließt

$$F = \tfrac{1}{2}\int_0^{t_1} (x\dot{y} - y\dot{x})\,dt \stackrel{!}{=} \text{Max} \quad (11-45)$$

Die Lösung des Problems ist eine Kreislinie.

Zur Lösung isoperimetrischer Probleme bildet man mit einem konstanten LAGRANGEschen Multiplikator λ die neue Grundfunktion

$$H(x, y_1, \ldots, y_n, y_1', \ldots, y_n') = F + \lambda G \quad (11-46)$$

und stellt für sie das zugehörige System von n EULERschen Differentialgleichungen auf:

$$\frac{\partial H}{\partial y_i} - \frac{d}{dx}\left(\frac{\partial H}{\partial y_i'}\right) = \frac{\partial F}{\partial y_i} - \frac{d}{dx}\left(\frac{\partial F}{\partial y_i'}\right) + $$
$$+ \lambda\frac{\partial G}{\partial y_i} - \lambda\frac{d}{dx}\left(\frac{\partial G}{\partial y_i'}\right) = 0 \quad i = 1..n \quad (11-47)$$

Beispiel: Das durch die Gleichungen (11 − 5) und (11 − 6) definierte isoperimetrische Problem hat die modifizierte Grundfunktion

$$H(x, y, y') = y + \lambda\sqrt{1 + y'^2} \quad (11-48)$$

Die EULERsche Differentialgleichung dazu lautet

$$1 - \frac{d}{dx}\lambda\frac{y'}{\sqrt{1 + y'^2}} = \frac{d}{dx}\left(x - \lambda\frac{y'}{\sqrt{1 + y'^2}}\right) = 0 \quad (11-49)$$

Sie hat die Lösung

$$y - K = -\sqrt{\lambda^2 - (x - C)^2} \quad (11-50)$$

Die Randbedingungen ergeben $C = l/2$, $K = \sqrt{\lambda^2 - l^2/4}$ und damit als Lösung des Variationsproblems einen Kreisbogen

$$(y - \sqrt{\lambda^2 - l^2/4})^2 + (x - l/2)^2 = \lambda^2 \quad (11-51)$$

Der noch unbekannte Radius dieses Kreises muß aus der Bedingung, daß

$$\int_0^l \sqrt{1 + y'^2}\,dx = \int_0^l \frac{\lambda}{\sqrt{\lambda^2 - (x - C)^2}}\,dx = L \quad (11-52)$$

ist, ermittelt werden. Man erhält aus Gl. (11 − 52) die transzendente Gleichung

$$\arcsin\frac{l}{2\lambda} = \frac{L}{2\lambda} \quad (11-53)$$

Völlig analog, ohne daß hier ausführlich darauf eingegangen werden soll, verfährt man bei Variationsaufgaben, bei denen als Nebenbedingung ein nicht integrabler Differentialausdruck durch

$$G(x, y_1, \ldots, y_n, y_1', \ldots, y_n') = 0 \quad (11-54)$$

gegeben ist. „Nicht integrabel" bedeutet, daß G nicht durch Differentiation nach x aus einer Funktion

$$H(x, y_1, \ldots, y_n) = \text{const} \quad (11-55)$$

entstanden ist; diese Forderung ist notwendig, weil sonst die Größen x, $y_1 \ldots y_n$ nicht unabhängig voneinander wählbar wären. Derartige anholonome Nebenbedingungen spielen bei vielen Problemen der Mechanik eine Rolle.

11.4. Zusammenhang der Variationsrechnung mit der dynamischen Optimierung und dem Maximumprinzip von PONTRYAGIN

In einem Rohrreaktor der Länge L, dem ein Temperaturprofil $T(x)$ aufgeprägt sei, laufe eine Anzahl chemischer Reaktionen ab. Die Änderung des Umsatzes u an der Stelle x ist dann eine Funktion

$$\frac{du}{dx} = g(x, u, T) \qquad u(x = 0) = u_0 \quad (11-56)$$

$F(x, u, T)$ sei eine Funktion, welche den an der Stelle x erzielten Nettoertrag darstellt, und der Reaktor soll optimiert werden mit dem Ziel, die Größe

$$\int_0^L F(x, u, T)\,dx \quad (11-57)$$

durch Wahl von $T(x)$ zu maximieren. Dieses Problem kann sowohl mit Hilfe der klassischen Variationsrechnung als auch mit Hilfe der Optimierungsverfahren von BELLMAN und PONTRYAGIN gelöst werden. Die Äquivalenz der drei Methoden soll kurz aufgezeigt werden.

$$f(x, u(x)) = \max_{\substack{T(z)\\(x,L)}} \int_x^L F(z, u, T)\,dz =$$
$$= \max_{\substack{T(z)\\(x,L)}} \left(\int_x^{x+\Delta x} F(z, u, T)\,dz + \int_{x+\Delta x}^L F(z, u, T)\,dz\right) \quad (11-58)$$

sei der Maximalwert von u, der durch Wahl von $T(z)$ zu erzielen ist, wenn z nur aus dem Intervall (x, L)

stammt. Nach dem BELLMANschen Optimalitätsprinzip kann dieses Maximum nur dann erreicht werden, wenn schon der Teilabschnitt $(x+\Delta x, L)$ für sich allein maximiert wurde. Demnach ist

$$f(x,u)=\max_{\substack{T(z)\\(x,x+\Delta x)}}\left(\int_x^{x+\Delta x} F(z,u,T)\,\mathrm{d}z + \right.$$
$$\left. + \max_{\substack{T(z)\\(x+\Delta x,L)}} \int_{x+\Delta x}^{L} F(z,u,T)\,\mathrm{d}z\right) \qquad (11-59)$$

Wegen

$$\max_{\substack{T(z)\\(x+\Delta x,L)}} \int_{x+\Delta x}^{I} F(z,u,T)\,\mathrm{d}z = f(x+\Delta x, u(x+\Delta x)) \qquad (11-60)$$

gilt daher auch

$$f(x,u)=\max_{\substack{T(z)\\(x,x+\Delta x)}}\left(\int_x^{x+\Delta x} F(z,u,T)\,\mathrm{d}z + f(x + \right.$$
$$\left. + \Delta x, u(x+\Delta x))\right) \qquad (11-61)$$

Macht man für die in der Klammer stehenden Ausdrücke TAYLOR-Entwicklungen, so folgt daraus

$$f(x,u)=\max_{\substack{T(z)\\(x,x+\Delta x)}}\left(F(x,u,T)\Delta x + f(x,u) + \right.$$
$$\left. + \left(\frac{\partial f}{\partial x} + \frac{\partial f}{\partial u}\cdot\frac{\mathrm{d}u}{\mathrm{d}x}\right)\Delta x\right) \qquad (11-62)$$

$f(x,u)$ ist aber keine Funktion von T und daher von dem Maximierungsprozeß nicht betroffen. Deshalb wird aus Gl. (11−62)

$$0=\max_{\substack{T(z)\\(x,x+\Delta x)}}\left(F(x,u,T) + \left(\frac{\partial f}{\partial x} + \frac{\partial f}{\partial u}g\right)\right)\Delta x \qquad (11-63)$$

und indem man $\Delta x \to 0$ gehen läßt

$$0=\max_{T(x)}\left(F(x,u,T) + \frac{\partial f}{\partial x} + \frac{\partial f}{\partial u}g\right) \qquad (11-64)$$

Da x jetzt festliegt, ist das ursprüngliche Variationsproblem auf ein einfaches Extremwertproblem reduziert worden. Notwendig für ein Maximum ist, daß

$$\frac{\partial}{\partial T}\left(F(x,u,T) + \frac{\partial f}{\partial x} + \frac{\partial f}{\partial u}g\right) = \frac{\partial F}{\partial T} +$$
$$+ \frac{\partial f}{\partial u}\frac{\partial g}{\partial T} = 0 \qquad (11-65)$$

ist; außerdem ist nach Gl. (11−64) im Maximum

$$F + \frac{\partial f}{\partial x} + \frac{\partial f}{\partial u}g = 0 \qquad (11-66)$$

Aus Gl. (11−65) und Gl. (11−66) läßt sich die unbekannte Funktion $f(x,u)$ eliminieren.

Um den Zusammenhang mit den EULERschen Gleichungen zu zeigen, muß man spezialisieren:

$$T = g = \frac{\mathrm{d}u}{\mathrm{d}x} = u' \qquad (11-67)$$

Dann wird aus Gl. (11−65)

$$\frac{\partial f}{\partial u} = -\frac{\partial F}{\partial u'} \qquad (11-68)$$

und aus Gl. (11−66)

$$\frac{\partial f}{\partial x} = -F + \frac{\partial F}{\partial u'}u' \qquad (11-69)$$

Leitet man Gl. (11−68) nach x und Gl. (11−69) nach u ab, so folgt schließlich

$$\frac{\partial^2 f}{\partial u\,\partial x} - = \frac{\partial}{\partial x}\left(\frac{\partial F}{\partial u'}\right) = -\left(\frac{\partial F}{\partial u}\right) + \left(\frac{\partial^2 F}{\partial u\,\partial u'}\right)u' =$$
$$= \frac{\partial^2 f}{\partial x\,\partial u} \qquad (11-70)$$

oder

$$\frac{\partial F}{\partial u} - \frac{\mathrm{d}}{\mathrm{d}x}\left(\frac{\partial F}{\partial u'}\right) = 0 \qquad (11-71)$$

d. h. die EULERsche Gleichung (11−18).

Der aufgezeigte Zusammenhang zwischen der Variationsrechnung und der dynamischen Optimierung ist nicht nur von theoretischem Interesse. Die meisten Variationsprobleme der Praxis führen auf EULERsche Gleichungen, die sich nicht geschlossen lösen lassen. Formel (11−61) legt es nahe, das gestellte Problem in diesem Fall durch eine n-stufige diskrete dynamische Optimierung näherungsweise zu lösen. In manchen Fällen ist das daraus resultierende System von Rekursionsgleichungen leichter zu bewältigen als ein numerisches Verfahren zur Lösung von Gl. (11−56), Gl. (11−57).

Statt des Problems Gl. (11−56), Gl. (11−57) kann aber auch ein Optimierungsproblem für den bis zum Punkt x erzielten Ertrag

$$y(x) = \int_0^x F(x,u,T)\,\mathrm{d}x \qquad y(0) = 0 \qquad (11-72)$$

formuliert werden; es lautet: gesucht ist $\max\limits_{\substack{T(x)\\(0,L)}} y(L)$

unter den Nebenbedingungen

$$\frac{\mathrm{d}u}{\mathrm{d}x} = g(x,u,T) \qquad \frac{\mathrm{d}y}{\mathrm{d}x} = F(x,u,T) \qquad (11-73)$$
$$u(0) = u_0 \quad y(0) = 0$$

Gl. (11−59) lautet dann

$$f(x,u,y) = \max_{\substack{T(x)\\(x,L)}} y(L) = \max_{\substack{T(x)\\(x,x+\Delta x)}} \max_{\substack{T(x)\\(x+\Delta x,L)}} y(L) \qquad (11-74)$$

und da

$$f(x+\Delta x, u(x+\Delta x), y(x+\Delta x)) = \max_{\substack{T(x)\\(x+\Delta x,L)}} y(L) \qquad (11-75)$$

ist, folgt aus Gl. (11−74) die Funktionalgleichung

$$f(x,u(x),y(x)) = \max_{\substack{T(x)\\(x,x+\Delta x)}} \big(f(x+\Delta x, u(x+ \Delta x), y(x+\Delta x)\big) \quad (11-76)$$

Entwickelt man die rechte Seite von Gl. (11−76) wiederum in eine TAYLOR-Reihe und beachtet, daß f keine Funktion von T ist, so folgt aus Gl. (11−76)

$$0 = \max_{\substack{T(x)\\(x,x+\Delta x)}} \left(\frac{\partial f}{\partial x} + \frac{\partial f}{\partial u} g + \frac{\partial f}{\partial y} F\right) \quad (11-77)$$

und für $\Delta x \to 0$

$$0 = \max_{T(x)} \left(\frac{\partial f}{\partial x} + \frac{\partial f}{\partial u} g + \frac{\partial f}{\partial y} F\right) \quad (11-78)$$

$\frac{\partial f}{\partial x}$ ist keine Funktion von T; das Maximum von Gl. (11−78) wird also bereits erreicht, wenn durch Wahl von $T(x)$ die Größe

$$\frac{\partial f}{\partial u} g + \frac{\partial f}{\partial y} F \quad (11-79)$$

maximiert wird.

Man definiert zwei Hilfsvariable

$$\lambda_1(x) = -\frac{\partial f}{\partial u} \qquad \lambda_2(x) = -\frac{\partial f}{\partial y} \quad (11-80)$$

und eine Zielfunktion

$$H(x,u,T) = \lambda_1 g + \lambda_2 F \quad (11-81)$$

von der das Minimum zu suchen ist. An der Stelle $x = L$ ist

$$\lambda_1(L) = 0 \qquad \lambda_2(L) = -1 \quad (11-82)$$

Wenn T optimal gewählt wurde, ist nach Gl. (11−78)

$$\frac{\partial f}{\partial x} - \lambda_1 g - \lambda_2 F = 0 \quad (11-83)$$

oder

$$-\frac{\partial^2 f}{\partial x \partial u} = \frac{d\lambda_1}{dx} = -\lambda_1 \frac{\partial g}{\partial u} - \lambda_2 \frac{\partial F}{\partial u} \quad (11-84)$$

Ebenso ist

$$-\frac{\partial^2 f}{\partial x \partial y} = \frac{d\lambda_2}{dx} = -\lambda_1 \frac{\partial g}{\partial y} - \lambda_2 \frac{\partial F}{\partial y}, \quad (11-85)$$

Da aber g und F keine Funktionen von y sind, folgt aus Gl. (11−85)

$$\frac{d\lambda_2}{dx} = 0 \qquad \lambda_2 \equiv -1 \quad (11-86)$$

Damit läßt sich schließlich folgendes zu Gl. (11−56), Gl. (11−57) äquivalente Problem formulieren:

Gesucht ist das Minimum der Funktion

$$H(x,u,T) = \lambda_1 g - F \quad (11-87)$$

unter den Nebenbedingungen

$$\frac{d\lambda_1}{dx} = -\lambda_1 \frac{\partial g}{\partial u} + \frac{\partial F}{\partial u} \qquad \lambda_1(L) = 0 \quad (11-88)$$

$$\frac{du}{dx} = g(x,u,T) \qquad u(0) = u_0$$

Gl. (11−87), Gl. (11−88) wird als Prinzip von PONTRYAGIN bezeichnet. Es kann selbstverständlich auch zur Lösung von Variationsaufgaben vom Typ Gl. (11−7) herangezogen werden. Dabei hat es den großen Vorteil, daß auch Nebenbedingungen der Form $a(x) \leqq u(x) \leqq b(x)$, die gerade bei Aufgaben aus der Praxis oft vorkommen, erfaßt werden können.

Literatur: [39], [40].

11.5. Direkte Methoden der Variationsrechnung; Verfahren von RITZ

Häufig ist die exakte Integration der EULERschen Differentialgleichungen unmöglich. Man könnte dieser Schwierigkeit begegnen, indem man auf die bekannten Verfahren zur numerischen Integration von Differentialgleichungen zurückgreift. Bei der Ableitung der EULERschen Gleichung aus dem Variationsansatz sind aber an die Funktion $y(x)$ Forderungen bezüglich Differenzierbarkeit gestellt worden, die an sich nichts mit der Struktur des vorgelegten Problems zu tun haben und den Kreis der möglichen Lösungsfunktionen unnötig einengen.

Besser ist daher, von einem im Integrationsintervall definierten vollständigen Funktionensystem $w_1(x)$, $w_2(x), \ldots$ auszugehen, mit dessen Hilfe also jede beliebige Funktion im Integrationsintervall beliebig genau approximiert werden kann, und damit zulässige Vergleichsfunktionen

$$f_n(x) = c_1 w_1(x) + c_2 w_2(x) + \ldots + c_n w_n(x) \quad (11-89)$$

zu konstruieren, welche beispielsweise an den Stellen x_0 und x_1 die vorgeschriebenen Randwerte annehmen. Das Funktional Gl. (11−7) wird für eine solche Vergleichsfunktion im allg. nicht seinen gesuchten Extremwert, etwa sein Maximum d, annehmen, sondern es wird

$$I_n = \int_{x_0}^{x_1} F(f_n(x), f_n'(x), x)\, dx = d_n < d \quad (11-90)$$

sein. Betrachtet man f_n als eine Näherung für die gesuchte Funktion $y(x)$, so läßt sich dieses f_n aber dadurch optimal wählen, daß man verlangt, es solle I_n ein Maximum annehmen. Diese Forderung führt auf ein gewöhnliches Extremwertproblem; die frei verfügbaren Koeffizienten $c_1 \ldots c_n$ in Gl. (11−89) sind so zu wählen, daß

$$\frac{\partial I_n}{\partial c_1} = 0 \qquad \frac{\partial I_n}{\partial c_2} = 0 \qquad \ldots \qquad \frac{\partial I_n}{\partial c_n} = 0 \quad (11-91)$$

ist. Durch Hinzunahme weiterer Funktionen w_i zur Konstruktion der Vergleichsfunktion läßt sich das so ermittelte Extremum für I_n beliebig verbessern. Die

Hauptschwierigkeit der Methode liegt darin, daß die so erzeugten Minimalfolgen $f_n(x)$ auch dann nicht gegen die gesuchte Lösungsfunktion $y(x)$ zu konvergieren brauchen, wenn $\lim\limits_{n\to\infty} d_n = d$ ist. Der Erfolg des Verfahrens hängt daher wesentlich von einer geschickten Wahl der Funktionen w_i ab.

Allgemein sollen die Vergleichsfunktionen der zu erwartenden Extremalen angepaßt sein; so wird man Schwingungsaufgaben dadurch zu lösen versuchen, daß man die gesuchte Funktion durch die Eigenschwingungen des Systems approximiert. Besonders geeignete Funktionensysteme sind im allg. die Polynome x^j oder die trigonometrischen Funktionen $\sin k_j x$, $\cos k_j x$.

Andererseits kann, wenn man etwa von der Vergleichsfunktion $f_n(x)$ durch Hinzunahme einer weiteren Grundfunktion $w_{n+1}(x)$ zu der Vergleichsfunktion $f_{n+1}(x)$ übergeht, die Approximation des Funktionals I nur verbessert, niemals verschlechtert werden. Diese stetige Zunahme der Genauigkeit der Abschätzung von I ist allerdings meistens mit einem erheblichen Zuwachs an Rechenaufwand verbunden.

Beispiel: Gesucht ist die Extremale zu

$$\int_0^1 (y'^2 - y^2 - 2xy)\,\mathrm{d}x \overset{!}{=} \text{Extremum} \qquad (11-92)$$

mit den Randbedingungen $y(0) = y(1) = 0$.

Man macht den Ansatz, die gesuchte Funktion $y(x)$ durch eine Summe von Polynomen 1., 2.,.. Ordnung zu approximieren. Diese Polynome sollen die Randbedingungen erfüllen. Daher setzt man

$$w_1 = 0 \qquad (11-93)$$

$$w_2 = x(1-x)$$

$$w_3 = x^2(1-x) + x(1-x^2) = x + x^2 - 2x^3$$

Für die Vergleichsfunktionen gilt dann

$$f_1 = c_1 w_1 = 0 \qquad (11-94)$$

$$f_2 = c_1 w_1 + c_2 w_2 = c_2 x(1-x)$$

$$f_3 = c_1 w_1 + c_2 w_2 + c_3 w_3 = c_2 x(1-x) + c_3(x + x^2 - 2x^3)$$

Diese Vergleichsfunktionen werden in Gl. (11−92) eingesetzt und liefern nacheinander

$$I_1 = 0 \qquad (11-95)$$

$$I_2 = \int_0^1 \left(c_2^2(1-2x)^2 - c_2^2 x^2(1-x)^2 - 2c_2 x^2(1-x)\right)\mathrm{d}x \qquad (11-96)$$

$$I_3 = \int_0^1 \big(c_2^2(1 - 4x + 3x^2 + 2x^3 - x^4) + c_3^2(1 + 4x - 9x^2 - 26x^3 + 39x^4 + 4x^5 - 4x^6) + 2c_2c_3(1 - 11x^2 + 12x^3 + 3x^4 - 2x^5) - c_2(2x^2 - 2x^3) - c_3(2x^2 + 2x^3 - 4x^4)\big)\mathrm{d}x \qquad (11-97)$$

Die Ausrechnung ergibt

$$I_1 = 0 \qquad (11-98)$$

$$I_2 = 0{,}300\,00\,c_2^2 - 0{,}166\,67\,c_2 \qquad (11-99)$$

$$I_3 = 0{,}300\,00\,c_2^2 + 1{,}395\,24\,c_3^2 + 1{,}200\,00\,c_2c_3 - 0{,}166\,67\,c_2 - 0{,}366\,67\,c_3 \qquad (11-100)$$

Als Bedingungen für das Minimum der Funktionale I_2 und I_3 folgen

$$\frac{\partial I_2}{\partial c_2} = 0 \quad 0{,}600\,00\,c_2 - 0{,}166\,67 = 0 \quad c_2 = 0{,}277\,78 \qquad (11-101)$$

$$\frac{\partial I_3}{\partial c_2} = 0 \quad 0{,}600\,00\,c_2 + 1{,}200\,00\,c_3 = 0{,}166\,67$$

$$\frac{\partial I_3}{\partial c_3} = 0 \quad 2{,}790\,48\,c_3 + 1{,}200\,00\,c_2 = 0{,}366\,67 \qquad (11-102)$$

und daraus

$$c_2 = 0{,}107\,05 \qquad c_3 = 0{,}085\,36$$

Die optimalen Vergleichsfunktionen lauten also

$$f_1 = 0 \qquad (11-103)$$

$$f_2 = 0{,}277\,8\,x(1-x) \qquad (11-104)$$

$$f_3 = 0{,}107\,0\,x(1-x) + 0{,}085\,4(x + x^2 - 2x^3) \qquad (11-105)$$

Sie liefern nach Gl. (11−98 bis Gl. (11−100) für den gesuchten Minimalwert von I die Näherungswerte

$$I_1 = 0 \qquad (11-106)$$

$$I_2 = -0{,}02315 \qquad (11-107)$$

$$I_3 = -0{,}02457 \qquad (11-108)$$

Problem Gl. (11−92) kann exakt gelöst werden [3]; die Extremale ist

$$y = \frac{\sin x}{\sin 1} - x \qquad (11-109)$$

und das Integral I nimmt damit als Minimum den Wert

$$I_{\min} = -0{,}024\,58 \qquad (11-110)$$

an. Der Fehler von I_3 ist also bereits kleiner als $2 \cdot 10^{-5}$.

Ungünstig für die Durchführung der Rechnung ist, daß die verwendeten Polynome $1, x, x^2, \ldots$ im Intervall (0,1) zwar ein vollständiges, aber kein orthogonales Funktionensystem bilden. Bei jedem Näherungsschritt müssen deswegen alle Entwicklungskoeffizienten c_i neu berechnet werden.

Zugleich läßt sich an diesem Beispiel der Einfluß demonstrieren, den eine glückliche Wahl der Grundfunktionen auf den Rechenaufwand des Ritzschen Verfahrens haben kann. Wird nämlich die Grundfunktion w_3 derart abgeändert, daß

$$\bar{w}_3 = x^2(1-x) \qquad (11-111)$$

ist, so ergibt sich bei Verwendung der derart modifizierten Vergleichsfunktion

$$\bar{f}_3 = \bar{c}_1 x(1-x) + \bar{c}_2 x^2(1-x) \qquad (11-112)$$

ein Minimalwert des Funktionals Gl. (11−92)

$$\bar{I}_3 = \int_0^1 (\bar{f}_3'^2 - \bar{f}_3^2 - 2x\bar{f}_3)\,\mathrm{d}x = -0{,}024\,57 \qquad (11-113)$$

für

$$\bar{c}_1 = 0{,}192\,4 \qquad \bar{c}_2 = 0{,}170\,7$$

also derselbe Wert wie in Gl. (11—108). Der Term $x(1-x^2)$ in Gl. (11—93) hat demnach keinen Einfluß auf die Genauigkeit des Resultats.

Die folgende Tabelle enthält einige Punkte der Kurve Gl. (11—109) und der verschiedenen Näherungslösungen. Wie man sieht, wird die Extremale durch die Näherungs-

Tab. 7. Vergleich einiger Funktionswerte der Extremalen für das Problem Gl. (11—92) und der Näherungslösungen nach dem Ritzschen Verfahren

x	f_1	f_2	f_3	$\bar{f}_3$	y
0,0	0	0	0	0	0
0,2	0	0,0444	0,0362	0,0362	0,0361
0,4	0	0,0667	0,0626	0,0626	0,0627
0,6	0	0,0667	0,0708	0,0708	0,0710
0,8	0	0,0444	0,0526	0,0526	0,0525
1,0	0	0	0	0	0

lösungen f_3 und $\bar{f}_3$ ausgezeichnet angenähert. Im allg. ist jedoch keine so gute Approximation der wahren Lösung durch die Näherungslösungen des Ritzschen Verfahrens zu erwarten.

Eine zweite Methode zur direkten Berechnung von Variationsproblemen besteht darin, das Integrationsintervall durch $n-1$ Teilpunkte in n gleichgroße Teilintervalle der Länge $\Delta x = (b-a)/n$ einzuteilen. In jedem Teilpunkt $k\Delta x (k = 1 \ldots n-1)$ wird der Funktionswert $y(k\,\Delta x)$ willkürlich gewählt. Verbindet man diese Funktionswerte nacheinander durch einen Streckenzug, so kann die Ableitung y' der gesuchten Funktion in jedem Teilintervall durch den Ausdruck

$$\left(\frac{\Delta y}{\Delta x}\right)_i = \frac{y_{i+1}-y_i}{\Delta x} \tag{11—114}$$

ersetzt werden. Das Variationsproblem Gl. (11—7) geht damit in ein gewöhnliches Minimalproblem der Form

$$\sum_{i=0}^{n-1} F\left(x_i, y_i, \frac{y_{i+1}-y_i}{\Delta x}\right) \Delta x \overset{!}{=} \text{Extremum} \tag{11—115}$$

über, für Beispiel Gl. (11—92) also in die Aufgabe

$$\sum_{i=0}^{n-1} \left((n(y_{i+1}-y_i))^2 - y_i^2 - 2\frac{i}{n}\, y_i\right) \Delta x \overset{!}{=} \text{Min} \tag{11—116}$$

Da das Ritzsche Verfahren bei geschickter Wahl der Grundfunktionen mit wenigen Funktionen wesentlich schneller zu einer brauchbaren Näherungslösung für das Funktional I führt als dieses Differenzenverfahren, ist seine Bedeutung stark zurückgegangen. Über Entwicklung der gesuchten Lösung nach einem vollständigen Funktionensystem vgl. [5].

12. Wahrscheinlichkeitsrechnung

Ergänzende Literatur zu Kap. 12 siehe [1d], [41], [42].

12.1. Grundlagen der Wahrscheinlichkeitsrechnung

Gegenstand der Wahrscheinlichkeitsrechnung sind Mengen von Elementarereignissen. Ein *Elementarereignis* ist der mögliche Ausgang eines Zufallsexperimentes.

Man betrachte etwa Abb. 64. In dem Rechteck R werde aufs Geradewohl ein Punkt P ausgewählt. Die Gesamtmenge G aller Elementarereignisse besteht dann aus allen Punkten des Rechtecks. Im allg. interessiert jedoch nicht das Ergebnis des Experimentes selbst, sondern die Frage, ob dieses Ergebnis eine bestimmte Eigenschaft hat oder nicht, ob der Punkt P z. B. im Gebiet A oder B oder in beiden liegt und ähnliches. Alle Elementarereignisse mit der Eigenschaft

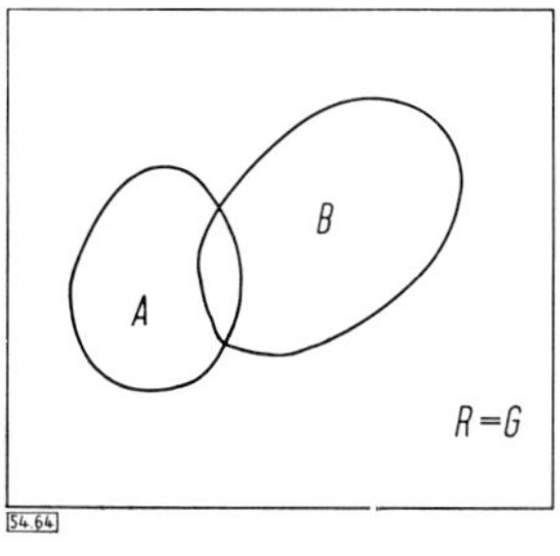

Abb. 64. Begriff der Ereignismenge

„A" bilden eine Teilmenge von G. Sie sind in Bezug auf diese Eigenschaft gleichwertig und werden deshalb kurz als „das Ereignis A" bezeichnet.

Man versteht ferner unter

$(A+B)$ die Menge aller Elementarereignisse, welche wenigstens eine der beiden Eigenschaften A oder B haben;

$A \cdot B$ die Menge aller Elementarereignisse, welche sowohl die Eigenschaft A wie die Eigenschaft B haben;

$\bar{A}$ die Menge aller Elementarereignisse, welche die Eigenschaft A nicht haben.

$A - B$ ist die Menge aller Elementarereignisse, welche zwar die Eigenschaft A, aber nicht die Eigenschaft B haben; offenbar ist

$$A - B = A \cdot \bar{B} \tag{12—1}$$

G wird auch als das sichere, $G = \emptyset$ als das unmögliche Ereignis bezeichnet. Zieht die Tatsache, daß ein Ereignis die Eigenschaft A hat, stets nach sich, daß es auch die Eigenschaft B hat, so sagt man, A ziehe B nach sich (die Menge A ist eine Teilmenge von B, Abb. 65) und schreibt dafür $A \subset B$ oder $B \supset A$. Zwei Ereignisse A und B heißen gleichwertig, $A = B$, wenn $A \subset B$ und $B \subset A$.

Die Ereignisse $A_1, A_2, A_3, \ldots$ bilden ein Borelsches *Ereignisfeld* F, wenn folgendes gilt:

1. Zu F gehören G und $\emptyset$.

2. Mit A_i gehört auch $\bar{A}_i$ zu F.
3. Mit $A_1, A_2, \ldots, A_n$ gehört auch $A_1 + A_2 + \ldots + A_n$ und $A_1 \cdot A_2 \ldots A_n$ zu F.

Ferner sind zwei zufällige Ereignisse A und B unvereinbar,

$$A \cdot B = \emptyset$$

wenn es kein Elementarereignis gibt, das die Bedingungen A und B gleichzeitig erfüllen kann. Elementarereignisse sind unvereinbar.

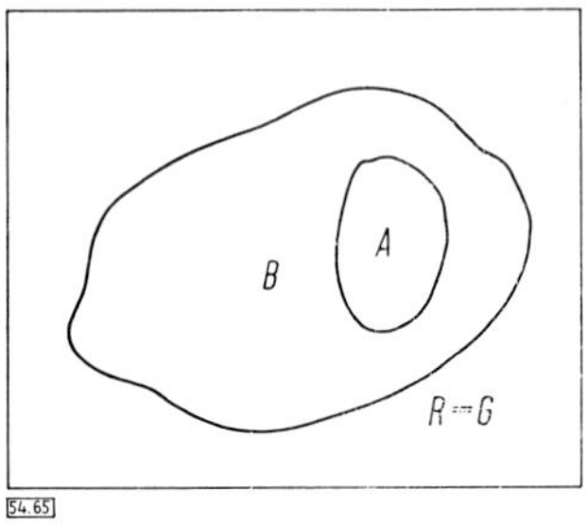

Abb. 65. Begriff der Teilmenge

Die Wahrscheinlichkeit $w(A_i)$ eines zufälligen Ereignisses A_i aus einem Ereignisfeld F soll nun folgenden Axiomen genügen:

1. $w(A_i) \geqq 0$ für jedes A_i aus F
2. $w(G) = 1$ (12−2)
3. Sind $A_1, A_2, \ldots, A_n$ paarweise unvereinbar, so ist

$$w(A_1 + A_2 + A_3 + \ldots A_n) = w(A_1) + w(A_2) + \\ + \ldots + w(A_n)$$

Aus den Axiomen Gl. (12−2) folgt

$$w(\emptyset) = 0 \qquad (12-3)$$

$$w(\bar{A}_i) = 1 - w(A_i) \qquad (12-4)$$

$$0 \leqq w(A_i) \leqq 1 \qquad (12-5)$$

Wenn $A \subset B$, ist $w(A) \leqq w(B)$ (12−6)

Für zwei beliebige (nicht notwendig unvereinbare) Ereignisse A und B ist

$$w(A + B) = w(A) + w(B) - w(A \cdot B) \leqq w(A) + w(B) \qquad (12-7)$$

Zu beachten ist, daß durch Gl. (12−2) keine Vorschrift zur Berechnung von $w(A_i)$ geliefert wird. $w(A_i)$ muß entweder aufgrund von a priori-Überlegungen (Zerlegung von A_i in paarweise unvereinbare gleichmögliche Ereignisse) oder experimentell durch Ermittlung der relativen Häufigkeit $r(A_i)$ des Auftretens von A_i in einer Serie von Versuchen und Extrapolation auf unendlich viele Versuche gemäß dem Gesetz der großen Zahlen (S. 555) bestimmt werden.

Beispiel: Wie groß ist die Wahrscheinlichkeit, aus einer Urne mit 7 schwarzen und 3 weißen gleichartigen Kugeln 2 weiße herauszugreifen?

Die Kugeln seien numeriert. Ein Elementarereignis besteht in dem Herausgreifen zweier beliebiger Kugeln. Jedes der 45 unvereinbaren Elementarereignisse ist a priori gleichwahrscheinlich (ein solches Wahrscheinlichkeitsfeld wird auch als symmetrisch bezeichnet). Das Ereignis „2 weiße Kugeln" kann durch drei dieser Elementarereignisse realisiert werden. Folglich ist die gesuchte Wahrscheinlichkeit $w_2 = 3/45 = 1/15$. Es ist aber offensichtlich, daß diese einfache Berechnungsmethode bereits dann zu Schwierigkeiten führt, wenn die Wahrscheinlichkeit, eine weiße Kugel zu ziehen, nicht gleich der für eine schwarze Kugel ist.

Häufig interessiert nicht die unbedingte Wahrscheinlichkeit $w(A)$ eines Ereignisses A, sondern die Wahrscheinlichkeit $w(A|B)$ von A unter der Bedingung, daß ein zweites Ereignis B bereits eingetreten ist. $w(A|B)$ ist dann eine *bedingte Wahrscheinlichkeit* für A. Aus geometrischen Überlegungen (Abb. 66) erhält man

$$w(A \cdot B) = w(A) \cdot w(B|A) = w(B) \cdot w(A|B) \qquad (12-8)$$

Ist A (bzw. B) das unmögliche Ereignis, so ist $w(A \cdot B) = 0$, und $w(A|B)$ bzw. $w(B|A)$ bleibt unbestimmt.

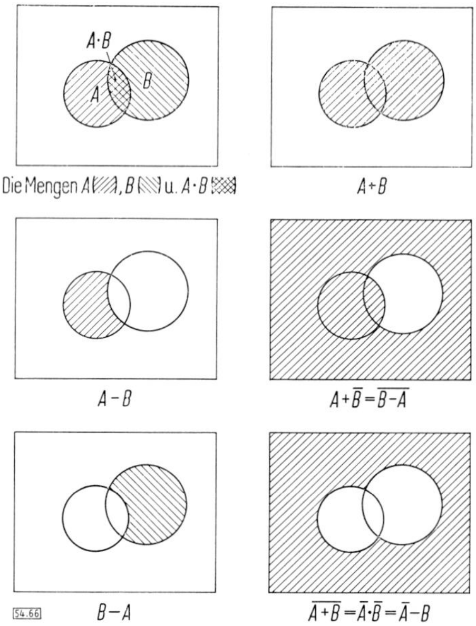

Abb. 66. Einfache Operation mit Mengen

Ändert das Eintreten des Ereignisses B die Wahrscheinlichkeit von A nicht:

$$w(A|B) = w(A) \qquad (12-9)$$

so heißen A und B voneinander (stochastisch) unabhängig; natürlich ist dann auch

$$w(B|A) = w(B|\bar{A}) = w(B) \qquad (12-10)$$

$$w(A|\bar{B}) = w(A) \qquad (12-11)$$

Sollen n Ereignisse $A_1 \ldots A_n$ insgesamt voneinander unabhängig sein, so genügt es nicht, ihre paarweise Unabhängigkeit zu verlangen. Gefordert werden muß vielmehr, daß ein beliebiges dieser Ereignisse, etwa A_p, unabhängig ist von dem Produkt $A_i A_j A_k \ldots A_r$ $(i, j, k, \ldots, r \neq p)$ einer beliebigen Anzahl anderer Ereignisse aus der gegebenen Menge.

Wegen Gl. (12–8) und Gl. (12–9) ist für zwei unabhängige Ereignisse

$$w(A \cdot B) = w(A) \cdot w(B) \qquad (12-12)$$

Notwendig für das Eintreten von B sei jetzt, daß zuvor eines der unvereinbaren Ereignisse $A_1, A_2, \ldots, A_n$ eingetreten ist, und umgekehrt ziehe A_1 das Ereignis B mit der bedingten Wahrscheinlichkeit $w(B|A_i)$ nach sich. Die totale Wahrscheinlichkeit für B ergibt sich dann zu

$$w(B) = \sum_{i=1}^{n} w(B \cdot A_i) = \sum_{i=1}^{n} w(A_i) \cdot w(B|A_i) \qquad (12-13)$$

Beispiel: Gegeben seien 5 Schachteln mit je 10 Schrauben; in einer von ihnen seien 3 fehlerhafte, in zweien 2, in einer 1 und in einer keine. Auf gut Glück werden aus einer der Schachteln 4 Schrauben herausgegriffen. Wie groß ist die Wahrscheinlichkeit, daß eine von ihnen fehlerhaft ist?

Elementarereignis ist hier das Herausgreifen aus einer der 5 Schachteln. Mit A_0 sei das Ereignis, daß aus der fehlerfreien Schachtel gegriffen wird, bezeichnet; ent-entsprechend seien A_1, A_2 und A_3 definiert. Dann ist a priori

$$w(A_0) = w(A_1) = w(A_3) = 1/5 \qquad w(A_2) = 2/5$$

B sei das Ereignis, daß unter den 4 Schrauben eine fehlerhaft ist. Es ist

$$w(B|A_0) = 0 \qquad w(B|A_1) = \frac{\binom{1}{1}\binom{9}{3}}{\binom{10}{4}} = \frac{2}{5}$$

$$w(B|A_2) = \frac{\binom{2}{1}\binom{8}{3}}{\binom{10}{4}} = \frac{8}{15} \qquad w(B|A_3) = \frac{\binom{3}{1}\binom{7}{3}}{\binom{10}{4}} = \frac{1}{2}$$

Die totale Wahrscheinlichkeit von B beträgt daher

$$w(B) = \tfrac{1}{5} \cdot 0 + \tfrac{1}{5} \cdot \tfrac{2}{5} + \tfrac{2}{5} \cdot \tfrac{8}{15} + \tfrac{1}{5} \cdot \tfrac{1}{2} = \tfrac{59}{150}$$

Noch wichtiger ist oft die umgekehrte Fragestellung. Das Ereignis B sei eingetreten. Wie groß ist die Wahrscheinlichkeit $w(A_i|B)$, daß zuvor das Ereignis A_i eingetreten war? Wegen der Unabhängigkeit von A_i und B ist

$$w(A_i|B) = \frac{w(A_i) \cdot w(B|A_i)}{w(B)} =$$

$$= \frac{w(A_i) \cdot w(B|A_i)}{\sum\limits_{j=1}^{n} w(A_j) \cdot w(B|A_j)} \qquad (12-14)$$

Diese sog. *Formel von* BAYES spielt eine große Rolle bei der Überprüfung von Hypothesen über das Zustandekommen eines Ereignisses B.

Beispiel: Eine Stichprobe von 10 aus 20 Schrauben habe 2 fehlerhafte ergeben. Wie groß ist die Wahrscheinlichkeit, daß unter den 20 Schrauben 5 fehlerhaft sind?

A_i sei das Ereignis, daß unter den 20 Schrauben i Stück $(i = 2, 3, \ldots, 12)$ fehlerhaft sind. Ferner sei a priori $w(A_i) = 1/11$. B ist das Ergebnis der Stichprobe. Dann ist

$$w(B|A_i) = \frac{\binom{i}{2}\binom{20-i}{10-2}}{\binom{20}{10}}$$

und nach der Formel von BAYES für $i = 5$

$$w(A_5|B) = \frac{\frac{1}{11} \cdot \binom{5}{2}\binom{15}{8}\Big/\binom{20}{10}}{\frac{1}{11} \cdot \binom{20}{10}\Big/ \sum\limits_{i=2}^{12} \binom{i}{2}\binom{20-i}{8}} = 0{,}182$$

Analog berechnet man

i :	2	3	4	5	6	7	8	9
$w(A_i\|B)$ %:	12,4	20,7	21,9	18,2	12,8	7,68	3,93	1,68
i :	10	11	12					
$w(A_i\|B)$ %:	0,574	0,140	0,018	$\Sigma = 100{,}022$				

12.2. Folgen unabhängiger Versuche

Die Fragestellung nach der Wahrscheinlichkeit eines Ereignisses bei einem einzelnen Experiment ist oft zu eng. Eine naheliegende Verallgemeinerung besteht darin, Folgen von Versuchen in Betracht zu ziehen.

Der Problemstellung liegt meistens folgendes Schema zugrunde: Es sei bekannt, daß bei einem einmaligen Experiment das Ergebnis A_1 mit der Wahrscheinlichkeit $w(A_1)$, das Ergebnis A_2 mit der Wahrscheinlichkeit $w(A_2)$ usw. eintritt. Wie groß ist die Wahrscheinlichkeit, daß in n Versuchen das Ergebnis A_1 m_1 - mal, das Ergebnis A_2 m_2 - mal, ..., das Ergebnis A_k m_k - mal eintritt, wobei natürlich $m_1 + m_2 + \ldots + m_k = n$.

Wesentlich ist dabei, daß die Versuche voneinander unabhängig sein sollen, d. h. daß das Ergebnis des p-ten Versuches durch die Ergebnisse der anderen Experimente nicht beeinflußt wird. Bei den sog. MARKOFFschen Ketten wird eben diese Voraussetzung fallengelassen; das Ergebnis des n-ten Versuches ist hierbei eine Funktion des Ergebnisses des $(n-1)$-ten Versuches.

In vielen praktischen Fällen genügt es, zwei Ergebnismöglichkeiten A_1 und A_2 mit den Wahrscheinlichkeiten $p = w(A_1)$ und $q = 1 - p = w(A_2)$ anzunehmen. Die Wahrscheinlichkeit, daß bei n Versuchen das Ergebnis A_1 genau m-mal erzielt wird, ist dann wegen der Unabhängigkeit der Versuche gegeben durch

$$w(n,m) = \binom{n}{m} p^m q^{n-m} \qquad (12-15)$$

Beispiel: Die Wahrscheinlichkeit, daß bei der Herstellung von Glühlampen Ausschuß produziert wird, sei 0,02. Wie groß ist die Wahrscheinlichkeit, daß sich unter 100 Glühlampen

a) genau 10 defekte,

b) höchstens 5 defekte befinden?

Jede Herstellung einer Glühlampe entspricht einem unabhängigen Versuch. Die Wahrscheinlichkeit, daß bei 100 Glühlampen das Ereignis „defekt" 10mal auftritt, ist daher nach Gl. (12–15)

$$w(100,10) = \binom{100}{10} \cdot (0{,}02)^{10}(0{,}98)^{90} = 0{,}000288$$

Die Wahrscheinlichkeit, daß dieses Ereignis nicht öfter als 5mal auftritt, ist

$$w(100, m \leqq 5) = \sum_{k=0}^{5} \binom{100}{k} (0{,}02)^k (0{,}98)^{100-k} = 0{,}9845$$

Ausdrücke dieser Art können heute mit elektronischen Rechnern mit relativ geringem Aufwand exakt berechnet werden. Die früher oft benutzten Näherungsformeln Gl. (12–18) bzw. Gl. (12–19) haben damit erheblich an Bedeutung verloren, zumal ihre Genauigkeit oft überschätzt wird und eine Fehlerabschätzung kaum möglich ist.

Für die *näherungsweise Berechnung* von Ausdrücken der Form (12–15) macht man von der STIRLINGschen Formel Gebrauch, nach der

$$\lim_{n\to\infty} (n!/\sqrt{2\pi n} \cdot n^n \mathrm{e}^{-n}) = 1 \qquad (12-16)$$

ist; oft wird dafür auch einfach geschrieben

$$n! \approx \sqrt{2\pi n} \cdot n^n \mathrm{e}^{-n} \qquad (12-16\mathrm{a})$$

Mit Gl. (12–16) leitet man aus Gl. (12–15) den lokalen Grenzwertsatz von MOIVRE-LAPLACE ab: Sind die Wahrscheinlichkeiten für das Eintreten der Ereignisse $A_1, A_2, \ldots, A_k$ in n unabhängigen Versuchen konstant gleich $w_1, w_2, \ldots, w_k$, so gilt für die Wahrscheinlichkeit $w(n, m_1, m_2, \ldots, m_k)$, daß in n Versuchen das Ereignis A_j genau m_j-mal auftritt

$$\lim_{n\to\infty} \sqrt{n^{k-1}}\, w(n, m_1, \ldots, m_k) =$$

$$= \frac{1}{(2\pi)^{\frac{k-1}{2}} \sqrt{w_1 w_2 \ldots w_k}} \mathrm{e}^{-\frac{1}{2}\sum\limits_{i=1}^{k}(1-w_i)x_i^2} \qquad (12-17)$$

Dabei ist $m_1 + m_2 + \ldots + m_k = n$ und

$$x_i = \frac{m_i - n w_i}{\sqrt{n w_i (1 - w_i)}} \qquad \sum_{i=1}^{k} x_i \sqrt{w_i(1 - w_i)} = 0$$

Die Beziehung Gl. (12–17) gilt gleichmäßig für alle m_i, für welche die x_i in einem festen endlichen Intervall enthalten sind. Kann ein Experiment nur zwei Ergebnisse mit den Wahrscheinlichkeiten p und q haben, so folgt als Spezialfall aus Gl. (12–17)

$$\lim_{n\to\infty} \sqrt{n}\, w(n,m) = \frac{1}{\sqrt{2\pi}} \mathrm{e}^{-\frac{1}{2}x^2} \cdot \frac{1}{\sqrt{pq}}$$

$$\text{mit } x = \frac{m - np}{\sqrt{npq}} \qquad (12-18)$$

Die Beschränkung der Gültigkeit der Formeln Gl. (12–17) und Gl. (12–18) auf Werte von x aus einem festen Intervall ist praktisch bedeutsam. Jede Verteilung der Form Gl. (12–15) hat ein Maximum; ist $np - q$ eine ganze Zahl, so hat Gl. (12–15) sein Maximum bei $m = np - q$, ist $np - q$ keine ganze Zahl, so hat Gl. (12–15) sein Maximum bei der kleinsten ganzen Zahl m, welche größer als $np - q$ ist. Die Abschätzung Gl. (12–18) ist nur für Werte von m, welche in der Umgebung des Maximums liegen, von vertretbarer Genauigkeit.

Meistens interessiert jedoch nicht die Wahrscheinlichkeit, daß ein Ereignis genau m-mal eintrifft, sondern die Wahrscheinlichkeit, daß ein Ereignis mindestens a-mal und höchstens b-mal eintrifft (wobei $a = 0$ und $b = n$ sein kann). Eine näherungsweise Aussage darüber macht der *Integralsatz von* MOIVRE-LAPLACE: Ist p die Wahrscheinlichkeit des Ergebnisses A, $q = 1 - p$ die Wahrscheinlichkeit des Nichteintreffens von A, und soll A in n unabhängigen Versuchen m-mal eintreffen, so gilt für die Wahrscheinlichkeit, daß m der Ungleichung

$$\alpha \leqq \frac{m - np}{\sqrt{npq}} < \beta \qquad (-\infty < \alpha < \beta < +\infty)$$

genügt, die Grenzwertbeziehung

$$\lim_{n\to\infty} w\left(\alpha \leqq \frac{m - np}{\sqrt{npq}} < \beta\right) =$$

$$= \frac{1}{\sqrt{2\pi}} \int_{\alpha}^{\beta} \exp\left(-\frac{t^2}{2}\right) \mathrm{d}t \qquad (12-19)$$

Für praktische Berechnungen benutzt man die tabellierte Funktion

$$\Phi(x) = \frac{1}{\sqrt{2\pi}} \int_{-\infty}^{x} \exp\left(-\frac{t^2}{2}\right) \mathrm{d}t \qquad (12-20)$$

$$\Phi(-x) = 1 - \Phi(x) \qquad \Phi(+\infty) = 1$$

Damit ist

$$\lim_{n\to\infty} w\left(\alpha \leqq \frac{m - np}{\sqrt{npq}} < \beta\right) = \Phi(\beta) - \Phi(\alpha) \qquad (12-21)$$

Außerdem ist für $x \geqq 3$ $\Phi(x) = 1$ mit einem Fehler von maximal 2‰.

Beispiel: In der Aufgabe a), S. 554 links oben ist

$$x = (10 - 100 \cdot 0{,}02)/\sqrt{100 \cdot 0{,}02 \cdot 0{,}98} = 5{,}7142857$$

und nach Formel Gl. (12–18) folglich

$$w(100,10) \approx \frac{1}{\sqrt{100 \cdot 0{,}02 \cdot 0{,}98 \cdot 2\pi}} \times$$

$$\times \exp\left(-\frac{1}{2}\, 5{,}7142857^2\right) = 5{,}8 \cdot 10^{-7}$$

In b) ist

$$\alpha = \frac{0 - 2}{1{,}4} = -1{,}42857 \qquad \beta = \frac{5 - 2}{1{,}4} = 2{,}14286$$

und damit nach Formel Gl. (12–19), Gl. (12–21)

$$w\left(-1{,}42857 \leqq \frac{m-2}{1{,}4} < 2{,}14286\right) =$$
$$= \Phi(2{,}14286) - \Phi(-1{,}42857) = 0{,}9074$$

Die Übereinstimmung mit den exakten Ergebnissen ist in beiden Fällen nur mäßig.

Der MOIVRE-LAPLACEsche Integralsatz führt unmittelbar auf das BERNOULLI*sche Gesetz der großen Zahlen:* Das Ereignis A trete mit der Wahrscheinlichkeit $w(A)$ ein. Dann gibt es zu jedem $\varepsilon > 0$ und zu jedem $\delta > 0$ eine nur von ε und δ abhängige Zahl $N(\varepsilon, \delta)$ mit der Eigenschaft, daß

$$w\left(\left|\frac{m}{n} - w(A)\right| < \varepsilon\right) \geqq 1 - \delta \qquad (12-22)$$

ist für alle $n > N$, d. h. es gibt eine Mindestzahl von Versuchen, von der ab die Wahrscheinlichkeit, daß die relative Häufigkeit m/n des Ereignisses A um weniger als ε von $w(A)$ abweicht, größer ist als $1 - \delta$. Auf diesem Satz beruhen alle Anwendungen der Wahrscheinlichkeitsrechnung in den Naturwissenschaften, denn er zeigt, daß es in einem gewissen Sinn berechtigt ist, von der relativen Häufigkeit eines Ereignisses bei großen Versuchszahlen auf seine Wahrscheinlichkeit zu schließen.

Weitere typische Fragestellungen, die mit Hilfe des Integralsatzes Gl. (12 – 19) erledigt werden können, sind:

1. Gesucht ist die Wahrscheinlichkeit dafür, daß die relative Häufigkeit m/n von A von der Wahrscheinlichkeit $p = w(A)$ um höchstens α abweicht:

$$w\left(\left|\frac{m}{n} - p\right| \leqq \alpha\right) = w\left(-\alpha\sqrt{\frac{n}{pq}} \leqq \right.$$
$$\left. \leqq \frac{m-np}{\sqrt{npq}} < +\alpha\sqrt{\frac{n}{pq}}\right) = 2\Phi\left(\alpha\sqrt{\frac{n}{pq}}\right) - 1 \qquad (12-23)$$

2. Wieviele Versuche müssen mindestens ausgeführt werden, damit

$$w\left(\left|\frac{m}{n} - p\right| \leqq \alpha\right) \geqq \beta \quad \text{ist} \quad (\beta > 0)?$$

Für die näherungsweise Bestimmung von n wird die Gleichung

$$2\Phi\left(\alpha\sqrt{\frac{n}{pq}}\right) - 1 = \beta \qquad (12-24)$$

verwendet.

3. Formel Gl. (12 – 24) kann auch nach α aufgelöst werden und liefert dann bei gegebener Wahrscheinlichkeit β und gegebener Versuchszahl n eine Schranke für die relative Abweichung

$$\left|\frac{m}{n} - p\right|$$

Beispiel:

Es werde 14400mal eine Münze geworfen und 7428mal Kopf erhalten. Wie groß ist die Wahrscheinlichkeit für dieses oder ein stärkeres Abweichen vom Idealwert 7200? Wie oft muß mindestens geworfen werden, damit die Wahrscheinlichkeit dafür, daß die relative Abweichung kleiner als 0,01 ist, größer als 0,99 ist? Nach Formel Gl. (12 – 23) ist

$$w\left(\left|\frac{m}{n} - \frac{1}{2}\right| \leqq \frac{228}{14400}\right) \approx$$
$$\approx 2\Phi\left(\frac{228}{14400}\sqrt{\frac{14400}{1/4}}\right) - 1 = 0{,}999855$$

Die Wahrscheinlichkeit für das gesuchte entgegengesetzte Ereignis ist folglich

$$w\left(\left|\frac{m}{n} - \frac{1}{2}\right| > \frac{228}{14400}\right) = 0{,}000145$$

Ferner muß bei der zweiten Aufgabe nach Formel Gl. (12 – 24)

$$2\Phi(0{,}01 \cdot 2\sqrt{n}) - 1 \geqq 0{,}99$$
$$n \geqq 16641 \text{ sein.}$$

12.3. Satz von POISSON

Der MOIVRE-LAPLACEsche Satz ist nur für Werte von m in der Nähe des Maximums von $w(n, m)$ brauchbar, es sei denn, n ist sehr groß. Häufig wird aber eine Näherungsformel gebraucht, die eine Abschätzung von $w(n, m)$ für sehr kleine oder sehr große Werte von m liefert. Dies leistet der Satz von POISSON.

Es soll eine Folge von Beobachtungsserien B_1, $B_2, \ldots, B_n$ mit folgenden Eigenschaften vorliegen:

1. In der Serie B_j werden j unabhängige Versuche durchgeführt, bei denen ein Ergebnis A auftritt oder nicht auftritt,
2. A tritt in B_j in jedem Experiment mit der Wahrscheinlichkeit $w_j(A)$ und mit der tatsächlichen Häufigkeit m_j auf.

Streben die Wahrscheinlichkeiten w_j für $j \to \infty$ derart gegen Null, daß

$$\lim_{j \to \infty} j\, w_j = a \qquad (12-25)$$

ist, so gilt nach POISSON

$$\lim_{n \to \infty} w(m_n = m) = \frac{a^m}{m!} \mathrm{e}^{-a} \qquad (12-26)$$

Praktisch werden natürlich nur selten Folgen von Beobachtungsserien durchgeführt. Wenn aber n sehr groß und w_n sehr klein ist, kann Gl. (12 – 26) als eine Näherungslösung für das gegebene Problem aufgefaßt werden.

Beispiel:

Der Teilchenstrom bei einem Experiment mit gekreuzten Atomstrahlen sei 10^9 Teilchen/sec. Die Trefferwahrscheinlichkeit sei 10^{-8}. Wie groß ist die Wahrscheinlichkeit, daß pro sec

a) genau 2,

b) wenigstens 3 Treffer erzielt werden?

Hier ist $a = np = 10$. Nach Gl. (12—26) ist bei

a) $w(2) = \frac{10^2 e^{-10}}{2!} = 50\,e^{-10} = 0{,}002\,27$

b) $w(m \geqq 3) = \sum_{m=3}^{\infty} \frac{10^m e^{-10}}{m!} =$

$= e^{-10}(e^{10} - 1 - 10 - 50) = 0{,}997\,23$

12.4. Verteilungsfunktionen

So geläufig der Begriff der Zufallsgröße in der Umgangssprache ist, so schwer ist er mathematisch präzise zu formulieren. Eine vorläufige Definition kann sich auf folgende Eigenschaften stützen:

1. Eine Zufallsgröße kann (endlich oder unendlich) viele verschiedene Werte annehmen, denen reelle Zahlen zugeordnet werden können. Beispielsweise kann die Zufallsgröße „Zahl der Augen beim Würfeln" 6 verschiedene Werte annehmen. Diesen Werten kann als Zahl z. B. die jeweils erzielte Augenzahl zugeordnet werden; es können ihnen aber auch die Zahlen 0, 0, 0, 1, 1, 2 zugeordnet werden, wenn etwa vereinbart wird, daß der Spieler für 1, 2 oder 3 Augen nichts, für 4 oder 5 Augen 1 DM und für 6 Augen 2 DM bekommt.

   Allgemein wird durch eine Zufallsgröße jedem Elementarereignis eine Zahl zugeordnet.

2. Durch die Angabe des Wertebereiches ist aber eine Zufallsgröße ξ noch nicht ausreichend charakterisiert, denn auch ein stark asymmetrischer Würfel kann nur die Augenzahlen 1—6 zeigen. Man benötigt noch die sog. *Verteilungsfunktion*

   $$F(x) = w(\xi < x) \qquad (12-27)$$

   die also die Wahrscheinlichkeit dafür angibt, daß der Wert von ξ kleiner ist als eine gegebene Zahl x.

Beispiel: Ergebnis A trete bei einem Experiment mit der Wahrscheinlichkeit $p = 1/2$ auf. Die Häufigkeit m, mit der es in 10 unabhängigen Versuchen auftritt, ist eine Zufallsgröße; sie kann die Werte $m = 0, 1, \ldots, 10$ annehmen. Die Verteilungsfunktion $w(m < x)$ lautet wegen Gl. (12—15)

$$w(m < x) = \sum_{k<x} \binom{10}{k} \cdot 2^{-10}$$

Sie ist in Abb. 67 dargestellt. Allgemein lautet die Verteilungsfunktion der Binomialverteilung bei n Versuchen

$$F(x) = \sum_{k<x} \binom{n}{k} p^k (1-p)^{n-k} \qquad (12-28)$$

Die in Gl. (12—18) benutzte Größe x ist ebenfalls eine Zufallsgröße. Nach Gl. (12—19) gilt für die Wahrscheinlichkeit, daß $x < b$ ist,

$$w\left(-\infty < \frac{m-np}{\sqrt{npq}} < b\right) = \frac{1}{\sqrt{2\pi}} \int_{-\infty}^{b} \exp\left(-\frac{t^2}{2}\right) \mathrm{d}t \qquad (12-29)$$

Setzt man

$$t = \frac{y-np}{\sqrt{npq}} \qquad \sigma = \sqrt{npq} \qquad z = b\sigma + np$$

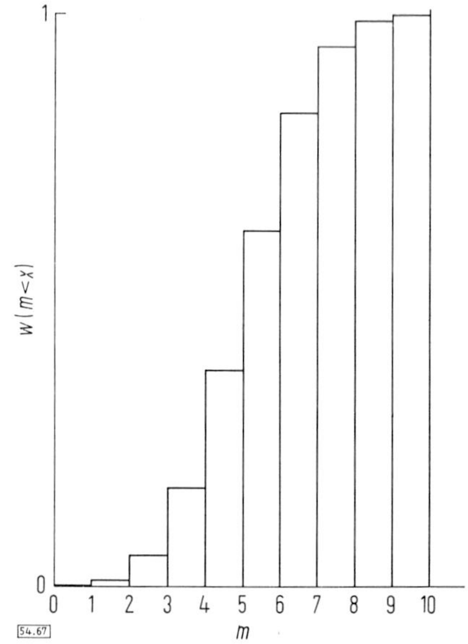

Abb. 67. Verteilungsfunktion der BERNOULLIschen Verteilung

so wird aus Gl. (12—29)

$$w(m < z) = \frac{1}{\sqrt{2\pi}\,\sigma} \int_{-\infty}^{z} \exp\left(-\frac{(y-np)^2}{2\sigma^2}\right) \mathrm{d}y \qquad (12-30)$$

Gl. (12—30) ist in Abb. 68 dargestellt. Hat eine Zufallsgröße die Verteilungsfunktion Gl. (12—30), heißt sie *normal verteilt.*

Weitere Beispiele für diskrete (d. h. nur endlich vieler Funktionswerte fähiger) Verteilungsfunktionen sind:

a) *Einwertige Verteilung:*

$$F(x) = w(m < x) = \begin{cases} 0 & x < a \\ 1 & x \geqq a \end{cases} \qquad (12-31)$$

Die Zufallsgröße m kann hier nur den Wert $m = a$ annehmen.

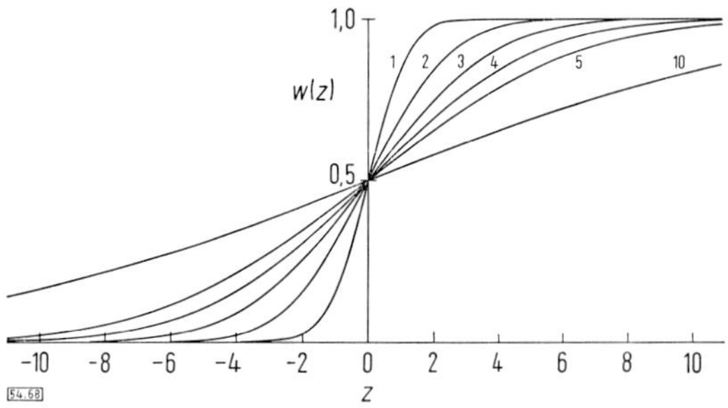

Abb. 68. Normalverteilung $w(z) = \frac{1}{\sqrt{2\pi}\,\sigma} \int_{-\infty}^{z} e^{-\frac{y^2}{2\sigma^2}} \mathrm{d}y$ mit σ als Parameter

b) *Poisson-Verteilung:*

$$w(m < x) = \sum_{k=0}^{r} \frac{\lambda^k e^{-\lambda}}{k!} \qquad (12-32)$$

wobei

$$w(x = k) = \frac{\lambda^k e^{-\lambda}}{k!}$$

$r < x \leqq r + 1$

Statt dessen kann man auch schreiben

$$w(m < x) = 1 - \frac{1}{r!} \int_0^{\lambda} t^r e^{-t} dt = 1 - \frac{\Gamma(r+1, \lambda)}{\Gamma(r+1)} \qquad (12-33)$$

c) *Hypergeometrische Verteilung.* Aus einer Urne mit N Kugeln, davon m weißen und $N - m$ roten, werden wahllos k Kugeln gezogen. Wie groß ist die Wahrscheinlichkeit, daß sich darunter u weiße befinden? Setzt man $Np = m$, $Nq = N - m = N(1 - p)$, so ist

$$w(N, m, k, u) = \frac{\binom{Np}{u}\binom{Nq}{k-u}}{\binom{N}{k}} \qquad (12-34)$$

Gl. (12−34) spielt eine ausschlaggebende Rolle bei vielen Verfahren der Qualitätskontrolle. w ist eine Zufallsgröße, die alle Werte von 0 bis k annehmen kann.

Analog gilt: Werden zwei unabhängige Reihen von jeweils m bzw. n Experimenten durchgeführt, wobei jedes Experiment mit der Wahrscheinlichkeit p das Ergebnis A liefert, so ist die Wahrscheinlichkeit dafür, daß A in den beiden Versuchsreihen a- bzw. b-mal eintritt, gegeben durch

$$w(a \mid a + b = r) = \frac{\binom{m}{a}\binom{n}{b}}{\binom{N}{r}} \qquad N = m + n \qquad r = a + b \qquad (12-35)$$

Für endliches m, $N \to \infty$ und $\frac{r}{N} \to p$ geht die hypergeometrische Verteilung in eine Binomialverteilung mit den Parametern m und p, für $m \to \infty$, $r \to \infty$ und $\frac{mr}{N} \to a$ in eine Poisson-Verteilung über.

d) *Pascalsche Verteilung.* Ein Ereignis A trete bei jedem Experiment mit der Wahrscheinlichkeit p auf. Gesucht ist die Wahrscheinlichkeit dafür, daß vor dem r-ten „Mißerfolg“ in einer Reihe von $n > r$ Experimenten k „Erfolge“ liegen. Elementarereignisse sind hier alle Folgen von Experimenten, in denen k-mal Erfolg vorkommt und deren letztes erfolgreich ist. Dann ist

$$w(\xi = k) = \binom{k + r - 1}{k} p^k q^r = (-1)^k \binom{-r}{k} p^k q^r \qquad k = 0, 1, 2, \ldots \qquad (12-36)$$

Weitere Beispiele für kontinuierliche Verteilungsfunktionen sind:

a) *Gleichverteilung zwischen a und b:*

$$F(x) = \begin{cases} 0 & x \leqq a \\ \dfrac{x-a}{b-a} & a \leqq x \leqq b \\ 1 & x \geqq b \end{cases} \qquad (12-37)$$

b) *Exponentialverteilung:*

$$F(x) = \begin{cases} 1 - e^{-\lambda x} & x \geqq 0 \\ 0 & \text{sonst} \end{cases} \qquad (12-38)$$

$F(x)$ kann als Verteilungsfunktion derjenigen Zufallsgröße aufgefaßt werden, welche die Lebensdauer eines radioaktiven Atoms angibt.

Zufallsgrößen können auch durch andere Funktionen statt durch die Verteilungsfunktion charakterisiert werden. Für diskrete Verteilungen kann dies z. B. durch die Spektralfunktion geschehen, die angibt, mit welcher Wahrscheinlichkeit die Zufallsgröße ξ die Werte x_i annimmt. Abb. 69 zeigt die Spektral- und die Verteilungsfunktion für eine hypergeometrische Verteilung.

Stetige Zufallsgrößen können durch die Dichtefunktion $f(x)$ charakterisiert werden, die durch

$$F(x) = w(\xi < x) = \int_{-\infty}^{x} f(t) dt \qquad (12-39)$$

definiert ist. So hat beispielsweise die Normalverteilung Gl. (12−30) die Dichtefunktion

$$f(x) = \frac{1}{\sqrt{2\pi}\,\sigma} \exp\left(-\frac{(x-np)^2}{2\sigma^2}\right) \qquad (12-40)$$

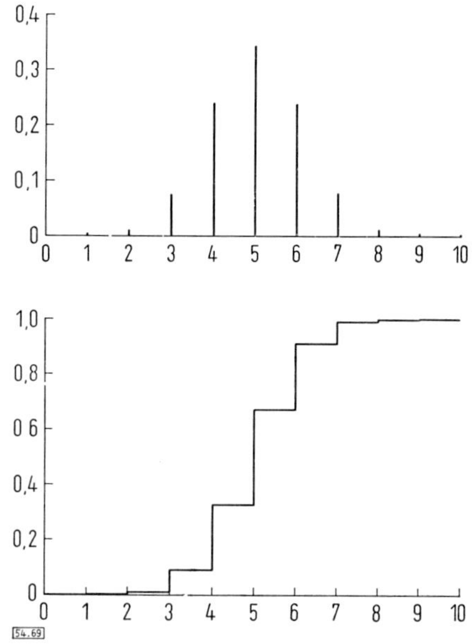

Abb. 69. Spektral- und Verteilungsfunktion der hypergeometrischen Verteilung $w(N, m, k, x) = w(20, 10, 10, x)$

Offenbar ist $f(x)\mathrm{d}x$ ein Maß dafür, mit welcher Wahrscheinlichkeit die Größe ξ Werte zwischen x und $x + \mathrm{d}x$ annimmt.

12.5. Mehrdimensionale Verteilungsfunktionen

Die Berücksichtigung einer einzigen Zufallsgröße ist für viele Anwendungen der Praxis ungenügend. Als Modell diene folgender Prozeß: In einer Urne befinden sich weiße, schwarze, rote und grüne Kugeln, die ihrem Gewicht nach in vier Klassen eingeteilt werden können: 0,8 – 0,9 g, 0,9 – 1,0 g, 1,0 – 1,1 g, 1,1 – 1,2 g. Eine Stichprobe von 86 Kugeln habe folgendes Ergebnis:

Gewichtsklasse	weiß	schwarz	rot	grün	Summe
0,8 – 0,9	5	11	1	8	25
0,9 – 1,0	6	0	7	7	20
1,0 – 1,1	2	8	9	2	21
1,1 – 1,2	1	4	12	3	20
Summe	14	23	29	20	86

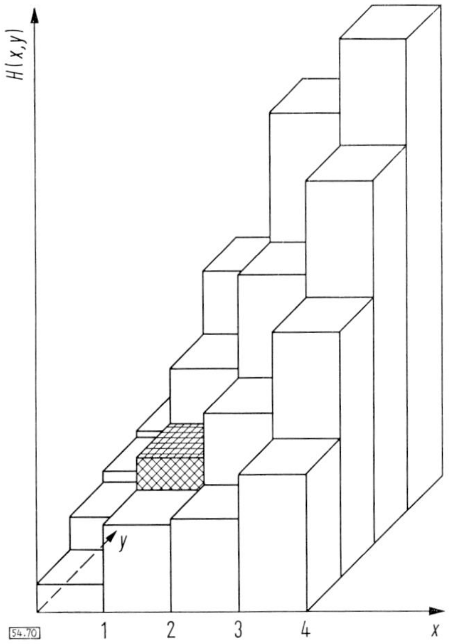

Abb. 70. Grafische Darstellung des Ergebnisses der Stichprobe.
Es bedeutet:
$x = 1$ Gezogene Kugel ist weiß
$x = 2$ Gezogene Kugel ist weiß oder schwarz
$x = 3$ Gezogene Kugel ist weiß oder schwarz oder grün
$x = 4$ Gezogene Kugel ist weiß oder schwarz oder grün oder rot
$y = 1$ Gezogene Kugel wiegt weniger als 0,9 g
$y = 2$ Gezogene Kugel wiegt weniger als 1,0 g
$y = 3$ Gezogene Kugel wiegt weniger als 1,1 g
$y = 4$ Gezogene Kugel wiegt weniger als 1,2 g
Der schraffierte Quader repräsentiert die Anzahl der gezogenen Kugeln, die weiß oder schwarz sind und weniger als 1,0 g wiegen.

Jede der Zahlen in der Tabelle ist ein möglicher Wert eines Zufallsvektors mit zwei Komponenten ξ_1 und ξ_2. Ordnet man willkürlich dem Ergebnis „weiß" die Zahl 1, dem Ergebnis „weiß oder schwarz" die Zahl 2 usw. zu, so kann man das Ergebnis der Stichprobe in Form einer Häufigkeitsverteilung angeben (Abb. 70).

Macht man viele derartige Stichproben, so lassen sich nach dem Gesetz der großen Zahlen Wahrscheinlichkeiten dafür angeben, daß z. B. eine gezogene Kugel grün ist und zwischen 1,0 – 1,1 g wiegt. Man nennt

$$F(x_1, x_2) = w(\xi_1 < x_1, \xi_2 < x_2)$$

die Verteilungsfunktion des Zufallsvektors (ξ_1, ξ_2) und allgemein

$$F(x_1, x_2, \ldots, x_k) = w(\xi_1 < x_1, \xi_2 < x_2, \ldots, \xi_k < x_k)$$

die k-dimensionale Verteilungsfunktion des Zufallsvektors $(\xi_1, \ldots, \xi_k)$.

Bei einem diskreten Vektor ist

$$F(x_1, \ldots, x_k) = \sum_{\substack{x_\mu < x_1 \\ x_\nu < x_2 \\ \vdots \\ x_\rho < x_k}} w_{\mu\nu\ldots\rho} \qquad (12-41)$$

wobei die Summe über alle k-Tupel $(x_\mu, x_\nu, \ldots, x_\rho)$ reeller Zahlen zu erstrecken ist; $w_{\mu\nu\ldots\rho}$ ist die Wahrscheinlichkeit, daß ξ dieses k-Tupel annimmt. Aus Gl. (12 – 41) folgt sofort, daß für einen zweidimensionalen diskreten stochastischen Vektor (ξ_1, ξ_2)

$$w(a_1 \leqq \xi_1 \leqq a_2, b_1 \leqq \xi_2 \leqq b_2) = F(a_2, b_2) - F(a_2, b_1) - F(a_1, b_2) + F(a_1, b_1) \qquad (12-42)$$

ist.

Setzt man in $F(x_1, \ldots, x_k)$ für x_j den Wert ∞ ein, so tritt ξ_j mit Sicherheit ein. Man kann ξ_j daher auch weglassen und erhält

$$F_{x_j}(x_1, x_2, \ldots, x_{j-1}, x_{j+1}, \ldots, x_k) = w(\xi_1 < x_1, \ldots, \xi_{j-1} < x_{j-1}, \xi_{j+1} < x_{j+1}, \ldots, \xi_k < x_k) \qquad (12-43)$$

Derartige Verteilungen heißen Randverteilungen. Über ihre Anwendung zur Berechnung bedingter Wahrscheinlichkeiten vgl. [42].

Beispiel: Beim Würfeln seien den Ereignissen $\xi =$ „Augenzahl gerade" und $\eta =$ „Augenzahl $\leqq 5$" im Fall des Eintreffens die Zahl 1, sonst die Zahl 0 zugeordnet. Damit gilt für die Matrix w der Wahrscheinlichkeiten

$$w = \begin{pmatrix} w_{11} & w_{12} \\ w_{21} & w_{22} \end{pmatrix} = \begin{pmatrix} 1/3 & 1/6 \\ 1/2 & 0 \end{pmatrix}$$

wobei etwa

$$w_{11} = w(\xi = 1, \eta = 1), \; w_{12} = w(\xi = 1, \eta = 0)$$

ist.

Die Zufallsgrößen $\xi_1, \xi_2, \ldots, \xi_k$ heißen unabhängig, wenn stets

$$w(\xi_1 < x_1, \xi_2 < x_2, \ldots \xi_j < x_j) = w(\xi_1 < x_1) \cdot w(\xi_2 < x_2) \ldots w(\xi_j < x_j) \quad (1 \leqq j \leqq k) \qquad (12-44)$$

ist, oder, in Verteilungsfunktionen geschrieben, wenn

$$F(x_1, x_2, \ldots, x_k) = F(x_1) \cdot F(x_2) \ldots F(x_k) \qquad (12-44a)$$

Neben den diskreten Zufallsvektoren gibt es stetige Zufallsvektoren $(\xi_1, \xi_2, \ldots, \xi_n)$. Speziell heißt $(\xi_1, \ldots, \xi_n)$ in dem Bereich $a_i \leqq \xi_i \leqq b_i (i = 1 \ldots n)$ gleichmäßig verteilt, wenn die Wahrscheinlichkeit dafür, daß der stochastische Punkt $(\xi_1, \ldots, \xi_n)$ in irgendein im Innern dieses Bereiches gelegenes Gebiet fällt, dem n-dimensionalen Volumen dieses Gebietes proportional ist, und $(\xi_1, \ldots, \xi_n)$ mit Sicherheit in den Bereich fällt. Dann ist

$$F(x_1, \ldots, x_n) = \begin{cases} 0 & \text{wenn } x_i \leqq a_i \text{ für irgendein } i \\ \prod_{i=1}^{n} \dfrac{c_i - a_i}{b_i - a_i} & \text{sonst, wobei } c_i = x_i, \text{ wenn } a_i \leqq x_i \leqq b_i \\ & \qquad\qquad\; c_i = b_i, \text{ wenn } x_i > b_i \end{cases} \qquad (12-45)$$

Zu jedem stetig verteilten Zufallsvektor gibt es außerdem eine nichtnegative Dichtefunktion $f(x_1, \ldots, x_n)$, so daß

$$F(x_1, \ldots, x_n) = \int_{-\infty}^{x_1} \int_{-\infty}^{x_2} \ldots \int_{-\infty}^{x_n} f(u_1, \ldots, u_n) \mathrm{d}u_1 \ldots \mathrm{d}u_n \qquad (12-46)$$

Z. B. hat Gl. (12–45) die Dichtefunktion

$$(x_1, \ldots, x_n) = \begin{cases} 0 & \text{wenn } (x_1, \ldots, x_n) \text{ nicht in den Bereich fällt} \\ 1/V & \text{wenn } (x_1, \ldots, x_n) \text{ in den Bereich fällt} \end{cases}$$

(V Volumen des Bereiches) (12–47)

Ist die Dichtefunktion an der Stelle $(x_1, \ldots, x_n)$ stetig, so gilt außerdem

$$\frac{\partial^n F(x_1, \ldots, x_n)}{\partial x_1 \partial x_2 \ldots \partial x_n} = f(x_1, \ldots, x_n) \qquad (12-48)$$

Analog zu Gl. (12–46) nennt man die Komponenten $(\xi_1, \ldots, \xi_n)$ eines stetig verteilten stochastischen Vektors unabhängig, wenn

$$\frac{\partial^n F(x_1, \ldots, x_n)}{\partial x_1 \partial x_2 \ldots \partial x_n} = f(x_1, \ldots x_n) = \frac{\partial F(x_1)}{\partial x_1} \times \frac{\partial F(x_2)}{\partial x_2} \ldots \frac{\partial F(x_n)}{\partial x_n} = f(x_1) f(x_2) \ldots f(x_n) \qquad (12-49)$$

Die wichtigste mehrdimensionale Verteilungsfunktion ist die zweidimensionale Normalverteilung

$$F(x_1, x_2) = \frac{1}{2\pi\sigma_1\sigma_2\sqrt{1 - r^2}} \int_{-\infty}^{x_1} \int_{-\infty}^{x_2} \exp\left(-\frac{1}{2(1 - r^2)} \left(\frac{(x - a)^2}{\sigma_1^2} - 2r \frac{(x - a)(y - b)}{\sigma_1 \sigma_2} + \frac{(y - b)^2}{\sigma_2^2}\right)\right) \mathrm{d}x \mathrm{d}y \qquad (12-50)$$

Für $r = 1$ verliert Gl. (12–50) ihren Sinn; die Größen ξ_1 und ξ_2 sind dann voneinander linear abhängig. Für $r = 0$ sind ξ_1 und ξ_2 voneinander unabhängig. Die Dichtefunktion zu Gl. (12–50) lautet

$$f(x_1, x_2) = \frac{1}{2\pi\sigma_1\sigma_2\sqrt{1 - r^2}} \cdot \exp\left(-\frac{1}{2(1 - r^2)} \times \left(\frac{(x_1 - a)^2}{\sigma_1^2} - 2r \frac{(x_1 - a)(x_2 - b)}{\sigma_1 \sigma_2} + \frac{(x_2 - b)^2}{\sigma_2^2}\right)\right) \qquad (12-51)$$

f ist auf jeder Ellipse

$$\frac{(x_1 - a)^2}{\sigma_1^2} - 2r \frac{(x_1 - a)(x_2 - b)}{\sigma_1 \sigma_2} + \frac{(x_2 - b)^2}{\sigma_2^2} = K \qquad (12-52)$$

konstant. Für die Wahrscheinlichkeit, daß (ξ_1, ξ_2) innerhalb der Ellipse Gl. (12–52) liegt, gilt

$$w(K) = 1 - \exp\left(-\frac{K^2}{2(1 - r^2)}\right) \qquad (12-53)$$

Die überragende Bedeutung der Normalverteilung erklärt sich dadurch, daß jede Zufallsgröße, die sich als Summe einer sehr großen Zahl unabhängiger Zufallsgrößen darstellen läßt, von denen jede nur einen geringfügigen Einfluß hat, fast exakt nach dem Normalgesetz verteilt ist. Deshalb wird auch eine Binomialverteilung Gl. (12–15) sehr gut durch eine Normalverteilung approximiert, wenn $n > 9/pq$ ist; ebenso kann die Normalverteilung zur Darstellung einer POISSON-Verteilung verwendet werden, wenn $np > 9$ ist.

12.6. Funktionen von Zufallsgrößen

Die Zufallsgrößen $\xi_1, \ldots, \xi_n$ seien voneinander unabhängig und stetig verteilt mit der Verteilungsfunktion $F(x_1, \ldots, x_n)$. Gesucht sei die Verteilungsfunktion $\Phi(y_1, \ldots, y_m)$ von Größen $\eta_1 = f_1(\xi_1, \ldots, \xi_n)$, $\eta_2 = f_2(\xi_1, \ldots, \xi_n), \ldots, \eta_m = f_m(\xi_1, \ldots, \xi_n)$. Wenn $(\xi_1, \ldots, \xi_n)$ die Wahrscheinlichkeitsdichte $w(x_1, \ldots, x_n)$ besitzt, so kann Φ offenbar allgemein durch die Gleichung

$$\Phi(y_1, \ldots, y_n) = \int\int_{\mathfrak{G}} \ldots \int w(x_1, \ldots, x_n) \mathrm{d}x_1 \mathrm{d}x_2 \ldots \mathrm{d}x_n \qquad (12-54)$$

bestimmt werden, wobei das Integrationsgebiet durch die Bedingungen $f_i(x_1, \ldots, x_n) < y_i$ festgelegt wird.

Beispiele:

a) Die Verteilungsfunktion $\Phi(y)$ der Summe

$$\eta = \xi_1 + \xi_2 + \ldots + \xi_n$$

lautet

$$\Phi(y) = \underset{\Sigma x_k < y}{\int\int\ldots\int} w(x_1,\ldots,x_n)\,\mathrm{d}x_1\ldots\mathrm{d}x_n \qquad (12-55)$$

Speziell ist bei nur zwei Summanden ξ_1, ξ_2

$$\Phi(y) = \underset{x_1+x_2<y}{\int\int} w(x_1,x_2)\,\mathrm{d}x_1\,\mathrm{d}x_2 =$$

$$= \int_{-\infty}^{y} \mathrm{d}z \left(\int_{-\infty}^{+\infty} w_1(x_1)\,w_2(z-x_1)\,\mathrm{d}x_1\right) \qquad (12-56)$$

wegen der Unabhängigkeit von ξ_1 und ξ_2. Sind ξ_1 und ξ_2 nicht unabhängig, so ist statt dessen

$$\Phi(y) = \int_{-\infty}^{y} \mathrm{d}x_1 \left(\int_{-\infty}^{+\infty} w(x_1-z,z)\right)\mathrm{d}z \qquad (12-57)$$

Gl. (12–56) wird als *Faltung* der beiden Zufallsgrößen ξ_1 und ξ_2 bezeichnet. Die Faltung hat also die Wahrscheinlichkeitsdichte

$$w(y) = \int_{-\infty}^{+\infty} w_1(z)\,w_2(y-z)\,\mathrm{d}z \qquad (12-58)$$

Anwendung: ξ_1 und ξ_2 seien unabhängig und im Intervall (a,b) gleichverteilt:

$$w_1(x) = w_2(x) = \left.\begin{matrix} 0 & \text{wenn } x \leqq a\, x > b \\ 1/(b-a) & \text{wenn } a < x \leqq b \end{matrix}\right\}$$

Die Wahrscheinlichkeitsdichte der Summe $\xi_1 + \xi_2$ ist nach Gl. (12–58)

$$w(y) = \int_a^b w_1(z)\,w_2(y-z)\,\mathrm{d}z = \frac{1}{b-a}\int_a^b w_2(y-z)\,\mathrm{d}z$$

Der Integrand ist nur für solche Werte z von Null verschieden, für die $a < y - z < b$ ist. Da z nur zwischen a und b variiert, muß außerdem $y > 2a$ und $y < 2b$ sein. Damit folgt endlich

$$w(y) = \begin{cases} 0 & \text{für } y \leqq 2a \quad y \geqq 2b \\ \dfrac{y-2a}{(b-a)^2} & \text{für } 2a < y \leqq a+b \\ \dfrac{2b-y}{(b-a)^2} & \text{für } a+b < y \leqq 2b \end{cases} \qquad (12-59)$$

Die Verteilung Gl. (12–59) wird als SIMPSON-Verteilung bezeichnet.

b) ξ habe die Verteilungsfunktion $F(x)$. Dann lautet die Verteilungsfunktion der Größe $\zeta = \xi^2$

$$\Phi(y) = \int_{x^2<y} f(x)\,\mathrm{d}x = \int_{-\sqrt{y}}^{+\sqrt{y}} f(x)\,\mathrm{d}x = F(\sqrt{y}) - F(-\sqrt{y}) \qquad (12-60)$$

ζ hat die Wahrscheinlichkeitsdichte

$$w(\xi < y) = \frac{1}{2\sqrt{y}}\left(f(\sqrt{y}) + f(-\sqrt{y})\right) \quad \text{für } y > 0 \qquad (12-61)$$

Anwendung: Der Durchmesser eines Kreises werde angenähert gemessen. Die Meßwerte seien im Intervall (a,b) gleichmäßig verteilt. Gesucht ist die Verteilungsfunktion der Werte für die Kreisfläche. Nach Gl. (12–60) ist hier mit Gl. (12–37)

$$\Phi(y') = \begin{cases} 0 & \text{für } y' < a^2 \\ \dfrac{\sqrt{y'}-a}{b-a} & \text{für } a^2 \leqq y' \leqq b^2 \qquad y' = \dfrac{4F}{\pi} \\ 1 & \text{für } y' > b^2 \end{cases}$$

c) $\xi_1, \xi_2, \ldots, \xi_n$ seien normal verteilt mit gleichen Parametern a und σ:

$$F(x_j) = \frac{1}{\sqrt{2\pi}\,\sigma}\int_{-\infty}^{x_j} \exp\left(-\frac{(z-a)^2}{2\sigma^2}\right)\mathrm{d}z \qquad (j = 1\ldots n) \quad (12-62)$$

Die Verteilungsfunktion der Summe aller Abweichungsquadrate der Größen ξ_i vom Mittelwert a

$$\chi^2 = \frac{1}{\sigma^2}\sum_{k=1}^{n}(\xi_k - a)^2 \qquad (12-63)$$

heißt χ^2-Verteilung von PEARSON. Für ihre Verteilungsdichte gilt unabhängig von a und σ

$$f(y) = \left(y^{\frac{n}{2}-1}\,\mathrm{e}^{-\frac{y}{2}}\right) \Big/ \left(2^{\frac{n}{2}}\,\Gamma\left(\frac{n}{2}\right)\right) \qquad (12-64)$$

Abb. 71 zeigt $f(y)$ für verschiedene Werte von n. Daneben wird auch die Verteilungsfunktion $g(y)$ der Größe $\chi/\sqrt{n}$ benutzt. Sie lautet

$$g(y) = \frac{\sqrt{2n}}{\Gamma\left(\frac{n}{2}\right)}\left(\frac{y\sqrt{n}}{\sqrt{2}}\right)^{n-1} \cdot \mathrm{e}^{-\frac{ny^2}{2}} \qquad (12-65)$$

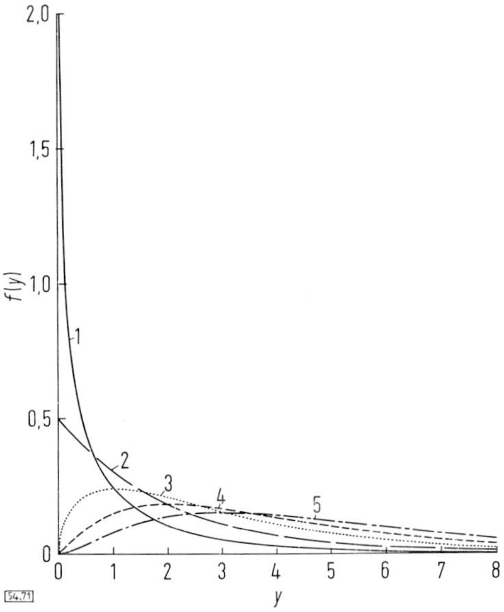

Abb. 71. Verteilungsdichte der χ^2-Verteilung
$f(y) = \dfrac{1}{\Gamma(n/2)}\, y^{n/2-1}\mathrm{e}^{-y/2}\,2^{-n/2}$ mit n als Parameter

Die wohl bekannteste χ^2-Verteilung ist die dreidimensionale MAXWELL-Verteilung; die Geschwindigkeit v eines Moleküls hängt gemäß $v^2 = v_x^2 + v_y^2 + v_z^2$ von den Geschwindigkeitskomponenten v_x, v_y und v_z ab, für die jeweils eine Normalverteilung angenommen werden kann.

d) Die Verteilungsfunktion der Größe (ξ, η) sei $F(x,y)$, ihre Verteilungsdichte $p(x,y)$. Gesucht ist die Verteilungsfunktion des Quotienten $\zeta = \xi/\eta$

$$F_\zeta(x) = w\left(\frac{\xi}{\eta} < x\right) \tag{12-66}$$

Nach der allgemeinen Formel Gl. (12−54) ist hier

$$F_\zeta(x) = \int_0^\infty \int_{-\infty}^{zx} p(y,z)\,\mathrm{d}y\,\mathrm{d}z + \int_{-\infty}^{0} \int_{zx}^{\infty} p(y,z)\,\mathrm{d}y\,\mathrm{d}z \tag{12-67}$$

Sind ξ und η unabhängig voneinander mit den Verteilungsdichten $p_1(x)$ und $p_2(x)$, so folgt daraus für die Verteilungsdichte

$$p_\zeta(x) = \int_0^\infty z p_1(zx) p_2(z)\,\mathrm{d}z - \int_{-\infty}^{0} z p_1(zx) p_2(z)\,\mathrm{d}z \tag{12-68}$$

Ist z. B. (ξ, η) nach dem zweidimensionalen Normalgesetz Gl. (12−51) mit $a = b = 0$ verteilt, so folgt aus Gl. (12−67) für die Verteilungsdichte des Quotienten $\zeta = \xi/\eta$

$$p_\zeta(x) = \frac{\sigma_1 \sigma_2 \sqrt{1 - r^2}}{\pi(\sigma_2^2 x^2 - 2r\sigma_1\sigma_2 x + \sigma_1^2)} \tag{12-69}$$

Sind ξ und η unabhängig, also $r = 0$, so geht Gl. (12−69) speziell in die CAUCHY*sche Verteilung*

$$p_\zeta(x) = \frac{\sigma_1 \sigma_2}{\pi(\sigma_1^2 + \sigma_2^2 x^2)} \tag{12-70}$$

über.

Eine weitere wichtige Anwendung von Gl. (12−65) erhält man, wenn ξ nach dem Normalgesetz gemäß

$$p_\xi(x) = \sqrt{\frac{n}{2\pi}} \exp\left(-\frac{nx^2}{2}\right) \qquad n = \frac{1}{\sigma^2} \tag{12-71}$$

und $\eta = \chi/\sqrt{n}$ nach Gl. (12−65) verteilt ist. Für die Verteilungsdichte des Quotienten ergibt Formel Gl. (12−67) dann

$$p_\zeta(x) = \int_0^\infty z \sqrt{\frac{n}{2\pi}} \left(\exp\left(\frac{nz^2x^2}{2}\right)\right) \frac{\sqrt{2n}}{\Gamma\left(\frac{n}{2}\right)} \times$$

$$\times \left(\frac{z\sqrt{n}}{\sqrt{2}}\right)^{n-1} \left(\exp\left(-\frac{nz^2}{2}\right)\right) \mathrm{d}z$$

$$= \frac{\Gamma\left(\frac{n+1}{2}\right)}{\sqrt{\pi}\,\Gamma\left(\frac{n}{2}\right)} (1 + x^2)^{-\frac{n+1}{2}} \tag{12-72}$$

Gl. (12−72) spielt als STUDENT*sches Gesetz* eine große Rolle in der Statistik.

12.7. Charakteristische Parameter von Verteilungsfunktionen

Durch die Angabe der Verteilungsfunktion oder der Verteilungsdichte bzw. der Spektralfunktion ist eine Zufallsgröße vollkommen charakterisiert. Oft genügen jedoch summarischere Informationen. Besonders geeignet dafür sind die Momente der Verteilungsfunktion.

Leicht faßbar ist der Begriff des Erwartungswertes. Für ein Polymeres sei bekannt, daß mit der Wahrscheinlichkeit w_1 Monomere, mit der Wahrscheinlichkeit w_2 Polymere der Kettenlänge 2 (in Monomereinheiten) usw. gebildet werden. Wie groß ist die mittlere Kettenlänge? Offenbar

$$\bar{n} = w_1 \cdot 1 + w_2 \cdot 2 + w_3 \cdot 3 + \ldots = \sum_{j=1}^{\infty} j \cdot w_j$$

Analog dazu kann man für eine beliebige, diskret verteilte Zufallsgröße ξ, welche die Werte $x_1, x_2, \ldots$ annehmen kann, die Reihe

$$E\xi = \sum_{i=1}^{\infty} x_i w_i \tag{12-73}$$

bilden; falls Gl. (12−73) konvergiert, wird $E\xi$ als der Erwartungswert der Größe ξ bezeichnet.

Für stetig verteilte Zufallsgrößen geht Gl. (12−73) über in

$$E\xi = \int_{-\infty}^{+\infty} x w(x)\,\mathrm{d}x = -\int_{-\infty}^{0} F(x)\,\mathrm{d}x + \int_0^\infty (1 - F(x))\,\mathrm{d}x \tag{12-74}$$

Beispiel: Für eine nach dem Normalgesetz verteilte Zufallsgröße ξ ist

$$E\xi = \int_{-\infty}^{+\infty} \frac{x}{\sigma\sqrt{2\pi}} \exp\left(-\frac{(x-a)^2}{2\sigma^2}\right) \mathrm{d}x = a \tag{12-75}$$

Der Erwartungswert der Binomialverteilung Gl. (12−15) lautet

$$E\xi = \sum_{m=0}^{n} \binom{n}{m} p^m q^{n-m} = np \tag{12-76}$$

Allgemein bezeichnet man als *Anfangsmoment* k-ter Ordnung einer Zufallsgröße ξ den Ausdruck

$$M_k\xi = \sum_{i=1}^{\infty} x_i^k w_i \quad \text{bzw.} \quad M_k\xi = \int_{-\infty}^{+\infty} x^k w(x)\,\mathrm{d}x \tag{12-77}$$

falls diese Ausdrücke existieren. Wegen Gl. (12−73) und Gl. (12−74) kann man auch sagen:

$$M_k\xi = E\xi^k \tag{12-78}$$

Oft ist es aber zweckmäßiger, statt der Momente $M_k\xi$ die Momente der Zufallsgröße $\xi - E\xi$ zu bilden:

$$\mu_k \xi = M_k(\xi - E\xi) = E(\xi - E\xi)^k$$

$$= \sum_{i=1}^{\infty} (x_i - E\xi)^k w_i(x) \text{ bzw. } = \int_{-\infty}^{+\infty} (x - E\xi)^k w(x)\,\mathrm{d}x \qquad (12-79)$$

$\mu_k \xi$ wird als *Zentralmoment* k-ter Ordnung von ξ bezeichnet. Zwischen den ersten fünf Anfangs- und den ersten fünf Zentralmomenten bestehen die Beziehungen

$$\begin{aligned}
\mu_0 &= 1 & M_0 &= 1 \\
\mu_1 &= 0 & M_1 &= E\xi \\
\mu_2 &= M_2 - M_1^2 & M_2 &= \mu_2 + (E\xi)^2 \\
\mu_3 &= M_3 - 3M_1M_2 + 2M_1^3 & M_3 &= \mu_3 + 3(E\xi)\mu_2 + (E\xi)^3 \\
\mu_4 &= M_4 - 4M_1M_3 + 6M_1^2M - 3M_1^4 & M_4 &= \mu_4 + 4(E\xi)\mu_3 + 6(E\xi)^2\mu_2 + (E\xi)^4
\end{aligned} \qquad (12-80)$$

Speziell heißt

$$D\xi = \mu_2 \xi = E(\xi - E\xi)^2 = E\xi^2 - (E\xi)^2 \qquad (12-81)$$

die *Dispersion* oder *Varianz* von ξ; sie ist ein Maß für die Streuung der Werte einer Zufallsgröße um ihren Erwartungswert.

Beispiel: Die Dispersion einer nach dem Normalgesetz verteilten Zufallsgröße ist

$$D\xi = \int_{-\infty}^{+\infty} (x-a)^2 \frac{1}{\sqrt{2\pi}\,\sigma} \left(\exp\left(-\frac{(x-a)^2}{2\sigma^2}\right)\right) \mathrm{d}x = \sigma^2 \qquad (12-82)$$

Die Dispersion der Binomialverteilung Gl. (12–15) beträgt $D\xi = npq$.

Die Deutung von $D\xi$ als Streuungsmaß kommt besonders klar zum Ausdruck in der TSCHEBYSCHEWschen Ungleichung

$$w(|\xi - E\xi| \geqq k\sqrt{D\xi}) \leqq \frac{1}{k^2} \qquad (12-83)$$

für beliebiges $k > 0$

Von den höheren Momenten sind noch gebräuchlich die *Schiefe* γ_1 von ξ, definiert als

$$\gamma_1 = \mu_3/(\mu_2)^{3/2} \qquad (12-84)$$

und der *Exzeß* γ_2 von ξ, der meistens durch

$$\gamma_2 = -3 + \mu_4/(\mu_2)^2 \qquad (12-85)$$

definiert wird.

Der Erwartungswert der Summe endlich vieler Zufallsgrößen ist gleich der Summe der einzelnen Erwartungswerte:

$$E(\xi_1 + \xi_2 + \ldots + \xi_n) = E\xi_1 + E\xi_2 + \ldots + E\xi_n \qquad (12-86)$$

Ebenso ist der Erwartungswert des Produktes zweier unabhängiger Zufallsgrößen gleich dem Produkt der Erwartungswerte

$$E(\xi_1 \cdot \xi_2) = E\xi_1 \cdot E\xi_2 \qquad (12-87)$$

Sind dagegen ξ_1 und ξ_2 nicht notwendig unabhängig voneinander, so gilt allgemein

$$E(\xi_1, \xi_2) = E\big((\xi_1 - E\xi_1)(\xi_2 - E\xi_2)\big) + E\xi_1 \cdot E\xi_2 \qquad (12-88)$$

Man nennt

$$\operatorname{cov}(\xi_1, \xi_2) = E\big((\xi_1 - E\xi_1)(\xi_2 - E\xi_2)\big) \qquad (12-89)$$

die *Kovarianz* von ξ_1 und ξ_2; wenn ξ_1 und ξ_2 unabhängig sind, ist $\operatorname{cov}(\xi_1, \xi_2) = 0$. Es ist zu beachten, daß das Umgekehrte nicht gilt: aus dem Verschwinden der Kovarianz kann nicht auf die Unabhängigkeit der Zufallsgrößen ξ_1 und ξ_2 geschlossen werden; sie werden dann als *unkorreliert* bezeichnet.

Sind $\xi_1, \ldots, \xi_n$ Zufallsvariable mit endlichen Dispersionen

$$D\xi_1, \ldots, D\xi_n,$$

so gilt

$$D(\xi_1 + \ldots + \xi_n) = \sum_{k=1}^{n} D\xi_k + 2\sum_{j=1}^{k}\sum_{k=1}^{n} \operatorname{cov}(\xi_j, \xi_k) \qquad (12-90)$$

Sind daher die ξ_i paarweise unabhängig, so ist

$$D\sum_{k=1}^{n} \xi_k = \sum_{k=1}^{n} D\xi_k \qquad (12-91)$$

Die Kovarianz ist als Maß für die Unabhängigkeit zweier Zufallsgrößen ξ_1 und ξ_2 noch nicht optimal geeignet, da sie selbst dimensionsabhängig ist. Brauchbarer ist der Korrelationskoeffizient $\varrho(\xi_1, \xi_2)$, welcher als Kovarianz des Produktes der normierten Abweichungen

$$\xi^* = \frac{\xi - E\xi}{\sqrt{D\xi}} \qquad (12-92)$$

der Größen ξ_1 und ξ_2 definiert ist:

$$\varrho(\xi_1, \xi_2) = \operatorname{cov}\left(\frac{\xi_1 - E\xi_1}{\sqrt{D\xi_1}}, \frac{\xi_2 - E\xi_2}{\sqrt{D\xi_2}}\right) \qquad (12-93)$$

Es ist $-1 \leqq \varrho \leqq +1$, wobei die Werte -1 und $+1$ dann und nur dann angenommen werden, wenn ξ_1 und ξ_2 linear abhängig sind. Dagegen kann selbstverständlich auch aus dem Verschwinden des Korrelationskoeffizienten nicht mit Sicherheit geschlossen werden, daß ξ_1 und ξ_2 voneinander unabhängig sind.

Beispiel: ξ_1 sei diskret verteilt mit den Werten $w_1(-2) = w_1(-1) = w_1(+1) = w_1(+1) = 1/4$. Es sei $\xi_2 = \xi_1^2$, also $w_2(+1) = w_2(+4) = 1/2$. Dann ist $\varrho(\xi_1, \xi_2) = 0$, obwohl zwischen ξ_1 und ξ_2 eine funktionale Abhängigkeit besteht.

13. Numerische Verfahren

Ergänzende Literatur zu Kap. 13 siehe [8], [32], [33], [34], [43], [44], [45], [46], [47].

Reine und numerische Mathematik. In den vorangehenden Kapiteln wurden eine große Zahl mathematischer Begriffe definiert und die Beziehungen dieser Begriffe untereinander dargestellt. Auch wenn eine Größe, z. B. die Funktion e^x, der Grenzwert der Folge $\{1/n^2\}$, das bestimmte Integral $\int_1^2 \frac{\sin x}{x}\,dx$, begrifflich exakt bekannt ist, folgt aus einer solchen Definition keineswegs immer eine Anweisung, nach der diese Größe tatsächlich konstruiert werden könnte. Dies hat im wesentlichen drei Gründe.

Einmal sind viele Begriffe als Grenzwerte berechenbarer Größen eingeführt: dazu gehört etwa die Summe einer unendlichen Reihe. Die Anzahl der Rechenoperationen, die zu einem Grenzwert führen, ist aber nicht endlich und daher auch in endlicher Zeit nicht zu bewältigen. Deshalb muß man sich in der Praxis oft mit einer näherungsweisen Bestimmung eines gesuchten Grenzwertes bescheiden und einen Abbrechfehler in Kauf nehmen. Dies wäre an sich nicht tragisch, wenn damit nicht die Eigenschaft der Konvergenz fragwürdig würde, weil eine endliche Reihe natürlich immer konvergiert.

Zur Berechnung von Größen wie dem bestimmten Integral einer Funktion ist ferner die Kenntnis einer unendlichen Anzahl von Funktionswerten, d. h. eines Kontinuums, erforderlich. Auch dies ist effektiv unmöglich; wenn keine analytische Formel für das Integral bekannt ist, muß man versuchen, das gestellte Problem ersatzweise dadurch zu lösen, daß man dieses Kontinuum diskretisiert, d. h. nur die Funktionswerte an endlich vielen Stützstellen verwendet. Meist läßt sich beweisen, daß diese Ersatzlösung bei zunehmender Verfeinerung der Diskretisation die gesuchte exakte Lösung — deren Existenz natürlich gesichert sein muß — mit beliebiger Genauigkeit approximiert. Wichtiger wären aber Abschätzungen über den Fehler, der bei endlicher Anzahl der Stützstellen maximal entstehen kann. Vor allem bei der numerischen Integration von partiellen Differentialgleichungen ist darüber heute noch sehr wenig bekannt.

Schließlich können wegen der endlichen Stellenzahl, mit der jede Rechnung durchgeführt werden muß, selbst Zahlen wie z. B. der Funktionswert von e^x für $x = 1$ nur genähert dargestellt werden, was meist durch Rundung dieser Zahlen erreicht wird.

Definiert man daher Numerische Mathematik als die Lehre von der effektiven Berechnung (Ermittlung des Zahlenresultates) von Problemen der Algebra und Analysis, so besteht eine ihrer Hauptaufgaben darin, die soeben angedeuteten Fehler — die letztlich der zeitlichen und räumlichen Finitheit jedes Rechenprozesses entspringen — zu studieren und ihre Auswirkungen auf das Endresultat einer Rechnung zu beschreiben. Diese Aufgabe ist außerordentlich komplex und kann im Rahmen dieses Artikels nur angedeutet werden.

Aber selbst wenn für ein mathematisches Problem ein konstruktiver finiter Lösungsweg bekannt ist, kann er unter Umständen für die Praxis unbrauchbar seinr Ein typisches Beispiel dafür ist das Verfahren zn-Lösung von linearen Gleichungssystemen mit n Unbekannten durch Berechnung gewisser Determinanten aus den Koeffizienten gemäß der CRAMERschen Regel. Da zur Berechnung jeder Determinante $n!$ Produkte zu bilden sind, steigt der Rechenaufwand für größere n rasch ins Unermeßliche. Eine zweite Aufgabe der Numerischen Mathematik besteht daher in der Formulierung praktisch brauchbarer Algorithmen gerade für solche Aufgaben. Im gegebenen Fall liegt ein solcher Algorithmus z. B. in Form des GAUSSschen Eliminationsverfahrens vor. Eine Abschätzung zeigt, daß die Auflösung eines Systems von $n = 20$ linearen Gleichungen mit Hilfe eines Digitalrechners bei Verwendung des Eliminationsverfahrens ca. 1 Minute, bei Benutzung der CRAMERschen Regel dagegen mehr als 10^{11} Jahre erfordert.

Die Arbeitsmethoden der Analysis und der Numerischen Mathematik sind daher für ein und dasselbe Problem oft außerordentlich verschieden. Vielen numerischen Verfahren liegen Vorstellungen zugrunde, die direkt aus dem zu beschreibenden realen Prozeß abgeleitet sind. Daher ist darauf hinzuweisen, daß die „experimentelle" Lösung einer mathematischen Aufgabe durch Simulation oft langwierigen numerischen Rechnungen vorzuziehen ist, deren Fehler häufig schwer abzuschätzen sind.

13.1. Fehler bei numerischen Rechnungen

Die Fehler bei numerischen Rechnungen können — abgesehen von Irrtümern — in drei Gruppen eingeteilt werden: Eingangsfehler, Verfahrensfehler (Diskretisations- und Abbrechfehler) und Rundungsfehler. Der maximale Gesamtfehler eines Rechenverfahrens ist gleich der Summe dieser drei Fehler.

Eingangsfehler: Alle empirischen Zahlenwerte sind fehlerbehaftet. Der Absolutwert der Differenz zwischen der gegebenen, ungenauen Zahl n und ihrem (meist nicht bekannten) genauen Wert N

$$|N - n| = \varepsilon \tag{13-1}$$

heißt absoluter Fehler von n; meistens sind nur Schranken für ε bekannt.

Beispiel: Wenn für die Länge einer Strecke $n = 100 \pm \pm 0{,}5$ cm gemessen wurde, liegt der wahre Wert N zwischen 99,5 cm und 100,5 cm; ε beträgt maximal 0,5 cm.

Als relativen Höchstfehler von n definiert man

$$\varrho = \frac{\varepsilon}{n} \tag{13-2}$$

Ist ein berechneter Zahlenwert g abhängig von verschiedenen Eingangsgrößen $n_1, n_2, \ldots, n_k$ mit Fehlern $\varepsilon_1, \varepsilon_2, \ldots, \varepsilon_k$, also $g = g(n_1, n_2, \ldots, n_k)$, so ist falls $\varepsilon_j \ll n_j$

$$\varepsilon(g) \approx \sum_{i=1}^{k} \left| \frac{\partial g}{\partial n_i} \right| \varepsilon_i \qquad (13-3)$$

Daraus folgt: Der maximale absolute Fehler einer Summe oder Differenz von Zahlen ist gleich der Summe der Absolutfehler der Zahlen. Daher beträgt der relative Fehler der Differenz $(29{,}81 \pm 0{,}005) - (29{,}67 \pm 0{,}005) = 0{,}14$ 1/14 (sie ist „auf 1/14 genau"), obwohl jede der beiden vorgelegten Zahlen auf 1/6000 genau ist, weil bei der Subtraktion zwei wesentliche Stellen verlorengegangen sind. Kleine Differenzen großer Zahlen sind deshalb bei numerischen Rechnungen nach Möglichkeit zu vermeiden.

Ferner folgt aus Gl. (13 – 3): Der maximale relative Fehler eines Produktes oder eines Quotienten ist gleich der Summe der relativen Fehler der einzelnen Zahlen. Daher ist das Produkt $(1{,}25 \pm 0{,}005) \cdot (1{,}225 \pm 0{,}0005) = 1{,}53125$ nur auf 1/223 genau und sollte auf 1,53 gerundet werden.

Ist $g = \ln x$, so ist nach Gl. (13 – 3)

$$\varepsilon(g) = \left| \frac{\varepsilon(x)}{x} \right| \qquad (13-4)$$

Der absolute Fehler von g ist gleich dem relativen Fehler von x. Aus einer n-stelligen Logarithmentafel kann man daher den Numerus mit einer Genauigkeit von n sicheren Ziffern ermitteln.

Der bei einer längeren Rechnung im Mittel zu erwartende Fehler wird durch die Angabe des maximalen absoluten Fehlers ε meistens erheblich überschätzt. Liegen die Fehler aller Eingangsgrößen im Intervall $\pm 0{,}5 \cdot 10^{-n}$, so ist bei Gaussscher Fehlerverteilung die mittlere quadratische Abweichung des Fehlers einer Summe von 100 Zahlen gleich $(\frac{100}{12} \cdot 10^{-3n})^{1/2}$, also etwa gleich $3 \cdot 10^{-3n/2}$, so daß ein Gesamtfehler der Summe größer als $\pm\, 6 \cdot 10^{-3n/2}$ sehr unwahrscheinlich ist, während nach Gl. (13 – 3) der maximale absolute Fehler $\pm\, 50 \cdot 10^{-n}$ beträgt.

Gelegentlich treten bei numerischen Rechnungen Algorithmen auf, bei denen schon kleine Eingangsfehler zu erheblichen Fehlern im Endresultat führen. Diese Gefahr besteht insbesondere bei Differenzengleichungen. *Beispiel:*

$$y_n + 2y_{n-1} = -3 \qquad \text{oder} \qquad y_n = (-2)^n (y_0 + 1) - 1$$

Wählt man $y_0 = -1$, so ist $y_{10} = -1$. Wählt man dagegen $y_0 = -0{,}99$, so ist $y_{10} = 9{,}24$.

Derartige Algorithmen heißen instabil. Ein allgemeines Verfahren zur Prüfung auf Stabilität gibt es nicht. Trotzdem muß man eine solche Untersuchung zumindest für öfter benutzte Algorithmen durchführen.

Rundungsfehler: Auch eine prinzipiell exakt bekannte Zahl, etwa $\sqrt{2}$, kann wegen der endlichen Stellenzahl jeder Rechenmaschine stets nur mit endlicher Genauigkeit angegeben werden. So bedeutet 0,03275, daß von dieser Zahl fünf Dezimalstellen als gültig (fehlerfrei) angesehen werden, 0,327500, daß sechs Stellen als gültig angesehen werden. Da führende Nullen nur zur Festlegung des Dezimalpunktes dienen, bezeichnet man als wesentliche Stellen oder Ziffern einer Zahl die auf die führenden Nullen folgenden Dezimalstellen; 0,03275 hat also vier, 0,327500 sechs wesentliche Stellen.

Unsichere wesentliche Stellen können durch Rundung beseitigt werden. Ist die weggelassene $(n + 1)$-te Dezimalstelle kleiner als eine halbe Einheit der n-ten Stelle, so bleibt diese unverändert (Abrunden), ist sie größer als eine halbe Einheit der n-ten Stelle, so wird die n-te Stelle um 1 erhöht (Aufrunden); ist sie genau gleich einer halben Einheit der n-ten Stelle, so wird diese auf die nächste gerade Ziffer auf- bzw. abgerundet. Aus 0,3275 wird daher durch Runden nacheinander 0,328; 0,33; 0,3. Ist eine Zahl auf n gültige Stellen angegeben, so gilt für ihren maximalen absoluten Fehler

$$\varepsilon(n) \leqq 0{,}5 \cdot 10^{-n}$$

In modernen Rechenmaschinen sind zwei verschiedene Formen der Zahlendarstellung gebräuchlich. Bei der Festkommadarstellung wird jede Zahl mit einer festen Anzahl von Dezimalstellen angegeben, also z. B. 15,0231 oder 0,0004. Die absoluten Fehler aller Zahlen sind dabei gleich groß. Bei der Gleitkommadarstellung wird jede Zahl mit der gleichen Anzahl von wesentlichen Stellen angegeben, z. B. $0{,}150231 \cdot 10^2$ oder $0{,}400000 \cdot 10^{-3}$. Das Dezimalkomma wird dabei üblicherweise vor die führende Ziffer gesetzt. Zahlen, die sich nur im Zehnerexponenten, der Charakteristik, unterscheiden, haben hier denselben relativen Fehler.

Für die Auswirkung des Rundungsfehlers einer einzelnen Zahl auf ein Rechenergebnis gilt Gl. (13 – 3) entsprechend. Da aber bei numerischen Rechnungen jede Zahl einen Rundungsfehler enthält, ist die Bestimmung des sog. akkumulierten Rundungsfehlers eines Resultates äußerst schwierig. Für eine grobe Abschätzung kann man annehmen, daß er proportional zur Zahl der ausgeführten Rechenschritte ist.

Hat bei Additionen oder Subtraktionen die am wenigsten genaue Zahl n Dezimalstellen, so sollte man vor Ausführung der Rechnung alle Zahlen auf $n + 1$ oder $n + 2$ Stellen runden. Also nicht

$$14{,}8 + 11{,}2217 - 5{,}337 = 20{,}6847 \approx 20{,}7$$

sondern

$$14{,}8 + 11{,}22 - 5{,}34 = 20{,}68 \approx 20{,}7$$

Bei der Multiplikation zweier Faktoren sollte man den genaueren Faktor so runden, daß er eine Stelle mehr besitzt als der ungenaue.

Verfahrensfehler (hier nur Abbrechfehler): Gegeben sei die Aufgabe, die Zahl $\pi/4$ aus der Reihe

$$\frac{\pi}{4} = 1 - \frac{1}{3} + \frac{1}{5} - \frac{1}{7} + - \ldots = \sum_{n=0}^{\infty} (-1)^n \frac{1}{2n+1} \qquad (13-5)$$

zu berechnen. Tatsächlich ist eine Durchführung der Summation unmöglich. Man muß sich mit einem Näherungswert für $\pi/4$ begnügen, der dadurch zustande kommt, daß der infinite Prozeß der Berechnung einer unendlichen Reihe durch den endlichen, abbrechenden Prozeß der Summation über endlich viele Glieder der Reihe ersetzt wird.

Es sei geplant, $\pi/4$ näherungsweise auf vier gültige Stellen zu ermitteln. Dann muß der absolute Fehler kleiner als $0{,}5 \cdot 10^{-4}$ sein, d. h. man muß in Gl. (13 – 5) das Glied $n = 10000$ noch berücksichtigen. Die Größe

$$A_{10000} = \sum_{n=0}^{10000} (-1)^n \frac{1}{2n+1}$$

ist eine Näherung für $\pi/4$; der Fehler $|A_{10000} - \pi/4|$ wird als Abbrechfehler des gewählten Rechenverfahrens bezeichnet.

Auch A_{10000} kann nicht exakt berechnet werden. Denn jede der Zahlen $1/(2n+1)$ kann nur mit endlicher, z. B. 10stelliger Genauigkeit, in eine Rechenmaschine eingegeben werden; der maximale absolute Fehler von A_{10000} beträgt daher $\varepsilon = 10000 \cdot 0{,}5 \cdot 10^{-10} = 0{,}5 \cdot 10^{-6}$. Bei der hier geforderten Genauigkeit von A_{10000} von vier Stellen wäre dieser Fehler vernachlässigbar.

In diesem Beispiel waren die Eingangsgrößen exakte Zahlen. Häufig werden aber auch diese Größen schon mit einem Eingangsfehler behaftet sein. Dann kommt im Endergebnis zu dem Abbrechfehler und dem akkumulierten Rundungsfehler der Eingangsfehler noch hinzu.

13.2. Lösungsmethoden für lineare Gleichungssysteme

Ergänzende Literatur zu Kap. 13.2 siehe [32], [33], [34], [48].

13.2.1. Austauschalgorithmus; GAUSSscher Algorithmus

Numerische Verfahren zur Lösung linearer Gleichungssysteme und zur Untersuchung der dabei auftretenden Matrizen (Berechnung ihrer Determinanten, Eigenwerte, Eigenvektoren) spielen in der Praxis eine überragende Rolle, weil viele mathematische Probleme approximativ auf derartige Gleichungssysteme zurückgeführt werden können.

Ein lineares Gleichungssystem

$$\sum_{k=1}^{n} a_{ik} x_k = c_i \qquad i = 1 \ldots m \qquad (13-6)$$

ist im allg. nur dann eindeutig lösbar, wenn das System bestimmt ist: $m = n$. Dies soll im Folgenden angenommen werden. Unterbestimmte Gleichungssysteme ($m < n$) haben im allg. unendlich viele Lösungen, überbestimmte Gleichungssysteme ($m > n$) haben nur in Ausnahmefällen eine Lösung.

Gl. (13 – 6) heißt *regulär*, wenn $\det(a_{ik}) \neq 0$ ist. Ist aber $c_i = 0$ ($i = 1 \ldots n$), so ist umgekehrt für die Existenz einer Lösung von Gl. (13 – 6) notwendig, daß $\det(a_{ik}) = 0$, also die Matrix (a_{ik}) singulär ist. Alle hier besprochenen Lösungsverfahren setzen voraus, daß Gl. (13 – 6) regulär ist; sie werden ungenau, wenn $\det(a_{ik}) \approx 0$ ist. Ein derartiges System wird als „schlecht konditioniert“ bezeichnet; kleine Änderungen der Koeffizienten rufen hier große Änderungen der Lösung hervor.

Beispiel:

$$2x + 3y = 5$$

$$2{,}7x + 4y = 6$$

Hier ist $\det(a_{ik}) = -0{,}1$; die Lösung lautet $x = -20$, $y = 15$. Verändert man $c_1 = 5$ um 2% auf 5,1, so wird $\bar{x} = -24$, $\bar{y} = 17{,}7$, d. h. die Lösung verändert sich um 15 – 20 %.

Das System Gl. (13 – 6) soll jetzt in der Form

x_1	x_2	x_3	...	x_n		
a_{11}	a_{12}	a_{13}	...	a_{1n}	c_1	
a_{21}	a_{22}	a_{23}	...	a_{2n}	c_2	(13 – 7)
...	...	...	...	...	..	
a_{n1}	a_{n2}	a_{n3}	...	a_{nn}	c_n	

geschrieben werden. Tauscht man in diesem Schema zwei beliebige der Größen x_i, c_j, etwa x_3 und c_2, gegeneinander aus, so entsteht ein neues Schema Gl. (13 – 8). Zwischen den alten Koeffizienten a_{ik} und den neuen Koeffizienten a_{ik} bestehen allgemein bei Vertauschung von c_p mit x_q folgende Beziehungen:

x_1	x_2	c_2	...	x_n		
a'_{11}	a'_{12}	a'_{13}	...	a'_{1n}	c_1	
a'_{21}	a'_{22}	a'_{23}	...	a'_{2n}	x_3	(13 – 8)
...	...	...	...	...	..	
a'_{n1}	a'_{n2}	a'_{n3}		a'_{nn}	c_n	

1. Das sog. *Pivotelement* a_{pq} transformiert sich in sein Reziprokes

$$a'_{pq} = 1/a_{pq} \qquad (13-9)$$

2. Die übrigen Elemente a_{pi} der Pivotzeile sind mit $-1/a_{pq}$ zu multiplizieren:

$$a'_{pi} = -a_{pi}/a_{pq} \qquad (13-10)$$

3. Die übrigen Elemente a_{iq} der Pivotspalte sind mit $1/a_{pq}$ zu multiplizieren:

$$a'_{iq} = a_{iq}/a_{pq} \qquad (13-11)$$

4. Alle übrigen Elemente a_{ik} von Gl. (13 – 7) transformieren sich nach

$$a'_{ik} = a_{ik} + a'_{pk} \cdot a_{iq} \qquad (13-12)$$

Bei einem regulären System können durch das Austauschverfahren nacheinander alle Elemente c_i mit den x_j vertauscht werden. Nach n Austauschschritten hat man ein neues System

$$\sum_{k=1}^{n} a^*_{ik} c_k = x_i \qquad (13-13)$$

Da die a^*_{ik} bekannt sind, ist damit die Lösung zu Gl. (13–6) ermittelt. Schreibt man Gl. (13–6) in Matrizenform mit

$$(a_{ik}) = A, (x_i) = \hat{\vec{x}}, (c_i) = \hat{\vec{c}},$$

$$A\hat{\vec{x}} = \hat{\vec{c}} \qquad (13-14)$$

so ist

$$\hat{\vec{x}} = A^{-1}\hat{\vec{c}} \qquad (13-15)$$

also

$$A^{-1} = (a^*_{ik}) \qquad (13-16)$$

Das Austauschverfahren löst also gleichzeitig das Problem der Inversion der gegebenen Matrix A.

Zur Durchführung des Verfahrens ist zu bemerken: Um Rundungsfehler klein zu halten, sollte als Pivotelement stets der betragsmäßig größte der noch verfügbaren Koeffizienten verwendet werden. Da das Austauschverfahren versagt, wenn das Pivotelement $a_{pq} = 0$ ist (wegen Gl. (13–9)), sollte die Verwendung von „Fast-Nullen", die häufig durch Rundungsfehler entstanden sind, als Pivotelement möglichst vermieden werden.

In dem folgenden *Rechenbeispiel* ist unter jedes Schema die nach Wahl des (umrahmten) Pivots entstehende neue Pivotzeile ohne das transformierte Pivotelement als sog. *Kellerzeile* angeschrieben worden. Die Transformationsvorschrift für diejenigen Elemente der Matrix, die außerhalb der Pivotzeile und -spalte stehen, läßt sich dann auch so formulieren: Man erhält das transformierte Element a'_{ik}, indem man zu a_{ik} das Produkt aus dem darunter stehenden Element der Kellerzeile und dem daneben stehenden Element der alten Pivotkolonne addiert.

$$\begin{array}{rrrl}
0{,}1114\,x & +\,0{,}2538\,y & -\,2{,}1471\,z & =\ \ 3{,}3139 = c_1 \\
-\,1{,}0030\,x & +\,0{,}1836\,y & -\,\boxed{5{,}2655}\,z & =\ \ 3{,}4006 = c_2 \\
0{,}0054\,x & -\,0{,}0031\,y & +\,1{,}3944\,z & = -\,1{,}3918 = c_3 \\
-\,0{,}1905 & +\,0{,}0349 & & \text{Austausch } z \to c_2
\end{array}$$

$$\begin{array}{rrrl}
\boxed{0{,}5204}\,x & +\,0{,}1789\,y & +\,0{,}4078\,c_2 = & 3{,}3139 \\
-\,0{,}1905\,x & +\,0{,}0349\,y & -\,0{,}1899\,c_2 = & z \\
-\,0{,}2602\,x & +\,0{,}0456\,y & -\,0{,}2648\,c_2 = & -\,1{,}3918 \\
 & -\,0{,}3438 & -\,0{,}7836 & \text{Austausch } x \to c_1
\end{array}$$

$$\begin{array}{rrrl}
1{,}9216\,c_1 & -\,0{,}3438\,y & -\,0{,}7836\,c_2 = & x \\
-\,0{,}3661\,c_1 & +\,0{,}1004\,y & -\,0{,}0406\,c_2 = & z \\
-\,0{,}5000\,c_1 & +\,\boxed{0{,}1351}\,y & -\,0{,}0609\,c_2 = & -\,1{,}3918 \\
3{,}7010 & & 0{,}4508 & \text{Austausch } y \to c_3
\end{array}$$

$$\begin{array}{rrrl}
0{,}6492\,c_1 & -\,2{,}5448\,c_3 & -\,0{,}9386\,c_2 = & x \\
0{,}0055\,c_1 & +\,0{,}7432\,c_3 & +\,0{,}0047\,c_2 = & z \\
3{,}7010\,c_1 & +\,7{,}4019\,c_3 & +\,0{,}4508\,c_2 = & y
\end{array}$$

Setzt man die Werte von c_1, c_2 und c_3 ein, so ergibt sich $x = 2{,}5014$, $y = 3{,}4958$, $z = -1{,}002$.

Es kann vorkommen, daß bei der Durchführung des Austauschverfahrens nach einigen Schritten alle noch als Pivotelement in Frage kommenden Koeffizienten Null oder fast Null sind.

Beispiel:

$$\begin{aligned}
3x - 7y - z - 2w &= c_1 \\
x + y - z + w &= c_2 \\
-x + 9y - z + 4w &= c_3 \\
6x - 4y - 4z + w &= c_4
\end{aligned} \qquad (13-17)$$

Um die Rechnung zu vereinfachen, wählt man als ersten Austauschschritt $x \to c_2$ (Pivot 1). Der Algorithmus liefert

$$\begin{aligned}
3c_2 - 10y + 2z - 5w &= c_1 \\
c_2 - y + z - w &= x \\
-c_2 + 10y - 2z + 5w &= c_3 \\
6c_2 - 10y + 2z - 5w &= c_4
\end{aligned}$$

Im zweiten Austauschschritt werde $z \to c_1$ ausgetauscht. Man erhält

$$\begin{aligned}
-3c_2 + 10y + c_1 + 5w &= 2z \\
-c_2 + 8y + c_1 + 3w &= 2x \\
2c_2 \qquad - c_1 \qquad &= c_3 \\
3c_2 \qquad + c_1 \qquad &= c_4
\end{aligned}$$

Eine Weiterführung des Algorithmus ist unmöglich. Dies zeigt, daß die ursprünglichen Gleichungen voneinander linear abhängig waren. Aus der dritten und vierten Zeile des letzten Schemas liest man ab, daß in dem gegebenen System Gl. (13–17)

Zeile III = 2 · Zeile II − Zeile I

Zeile IV = 3 · Zeile II + Zeile I

war. Der Austauschalgorithmus ist also eine gute Möglichkeit zur Aufdeckung derartiger linearer Abhängigkeiten. Setzt man in Gl. (13–17) alle $c_i = 0$, so folgt

$$10y + 5w = 2z \qquad 8y + 3w = 2x$$

Zwei der vier Unbekannten x, y, z, w können daher beliebig gewählt werden, die beiden anderen sind dann festgelegt. Das homogene Gleichungssystem hat also nichttriviale Lösungen, und folglich hat das inhomogene System nur in Ausnahmefällen eine Lösung.

Die vollständige Inversion der Koeffizientenmatrix nach den Austauschalgorithmus ist im allg. nur dann lohnend, wenn ein gegebenes Gleichungssystem Gl. (13–6) für eine große Zahl verschiedener rechter Seiten c_i aufgelöst werden soll. Ist n die Anzahl der Unbekannten, so kann der zur Berechnung notwendige Aufwand an Rechenschritten durch n^3 abgeschätzt werden.

Das bei weitem bequemste Verfahren zur Auflösung linearer Gleichungssysteme ist auch heute noch in den meisten Fällen das GAUSS*sche Eliminationsverfahren*, bei welchem durch Elimination von Unbekannten sukzessiv kleinere Gleichungssysteme erzeugt werden.

Schema:

$$\begin{aligned}
3x + 5y - z &= 1 \\
-x + 2y + z &= 3 \\
x + y - 2z &= 4
\end{aligned}$$

Elimination von z mit Hilfe der ersten Gleichung bringt

$$z = -(1 - 3x - 5y)$$

$$2x + 7y = 4$$

$$-5x - 9y = 2$$

Elimination von x mit Hilfe der zweiten Gleichung liefert

$$x = \tfrac{1}{2}(4 - 7y)$$

$$y = 24/17 \qquad x = -50/17 \qquad z = -47/17$$

Mit Hilfe des Austauschalgorithmus läßt sich dieser Prozeß folgendermaßen schreiben:

$$\begin{aligned} w_1 &= 3x + 5y - z - 1 \\ w_2 &= -x + 2y + z - 3 \\ w_3 &= x + y - 2z - 4 \end{aligned} \qquad (13-18)$$

x, y und z sind so zu bestimmen, daß $w_1 = w_2 = w_3 = 0$ wird. Austausch von w_1 und y liefert

$$\begin{aligned} y &= -3x/5 + w_1/5 + z/5 + 1/5 \\ w_2 &= -11x/5 + 2w_1/5 + 7z/5 - 13/5 \\ w_3 &= 2x/5 + w_1/5 - 9z/5 - 19/5 \end{aligned} \qquad (13-19)$$

Da aber $w_1 = 0$ sein soll und y auf diese Weise aus dem Prozeß eliminiert werden soll, verkürzt sich Gl. (13−19) zu

$$y = -3x/5 + z/5 + 1/5 \qquad (13-20)$$

und

$$w_2 = -11x/5 + 7z/5 - 13/5$$

$$w_3 = 2x/5 - 9z/5 - 19/5$$

Austausch von x und w_2 ergibt

$$x = -5w_2/11 + 7z/11 - 13/11 \qquad (13-21)$$

$$w_3 = -2w_2/11 - 85z/55 - 235/55$$

was sich aus denselben Gründen wie oben zu

$$x = 7z/11 - 13/11 \qquad (13-22)$$

und

$$w_3 = -85z/55 - 235/55 = 0$$

verkürzt. Aus Gl. (13−22), Gl. (13−20) und Gl. (13−19) können dann die Variablen berechnet werden.

Gegenüber dem Austauschalgorithmus hat sich die Zahl der zur Lösung erforderlichen Rechenschritte auf ca. $n^3/3$ verringert. Sowohl bei der Durchrechnung des Austauschalgorithmus als auch bei dem Gaussschen Eliminationsverfahren sind Kontrollrechnungen stets zu empfehlen. Zweckmäßig ist eine weitere Hilfsvariable $\sigma = 1$ derart mitzuführen, daß in dem gegebenen Gleichungssystem die Summe aller Koeffizienten einer Zeile gleich 1 wird. σ wird wie eine normale Variable mittransformiert; bei richtiger Rechnung muß dann auch in jedem Schema des Austauschalgorithmus die Zeilensumme gleich 1 sein.

Beispiel: Das System Gl. (13−18) soll mit Hilfe des Austauschalgorithmus gelöst werden. Schema:

	x	y	z	$\sigma = 1$	
c_1	3	5	−1	−6	(3+5−1−6=1) usw.
c_2	−1	2	1	−1	
c_3	1	1	−2	1	
	−3/5		1/5	6/5	Pivot: 5

	x	c_1	z	$\sigma = 1$	
y	−3/5	1/5	1/5	6/5	
c_2	−11/5	2/5	7/5	7/5	
c_3	2/5	1/5	−9/5	11/5	
		2/11	7/11	7/11	Pivot: −11/5

	c_2	c_1	z	$\sigma = 1$	
y	3/11	1/11	−2/11	9/11	
x	−5/11	2/11	7/11	7/11	
c_3	−2/11	3/11	−17/11	27/11	
	−2/17	3/17		27/17	Pivot: −17/11

	c_2	c_1	c_3	$\sigma = 1$	
y	5/17	1/17	2/17	9/17	
x	−9/17	5/17	−7/17	28/17	
z	−2/17	3/17	−11/17	27/17	$(-2+3-11+27)\frac{1}{17}=1$

usw.

Wegen der unvermeidlichen Rundungsfehler werden die nach dem Gaussschen Algorithmus oder anderen Verfahren gefundenen Werte der Variablen x_k^0 das gegebene Gleichungssystem Gl. (13−6) meist nicht genau erfüllen. Man nennt die Differenzen

$$\sum_{k=1}^{n} a_{ik} x_k^0 - c_i = r_i \qquad (i = 1 \ldots n) \qquad (13-23)$$

die *Residuen* der Lösung (x_k^0). Führt man, um die Lösung zu verbessern, die Korrekturen

$$\Delta x_k^0 = x_k - x_k^0 \qquad (13-24)$$

ein, so ist

$$\sum_{k=1}^{n} a_{ik} \cdot \Delta x_k^0 = \sum_{k=1}^{n} a_{ik}(x_k - x_k^0) = -r_i \qquad (13-25)$$

Dieses Gleichungssystem für die Δx_k^0 hat dieselbe Matrix wie das Ausgangssystem Gl. (13−6); der Gausssche Algorithmus braucht nur in der c_i-Kolonne wiederholt zu werden. Durch diese „Nachiteration" kann man die Residuen minimieren. Es ist aber zu beachten, daß aus der Kleinheit der r_i nicht zwangsläufig geschlossen werden kann, daß die gefundenen Lösungen richtig sind, weil sich positive und negative Fehler hierbei kompensieren können.

13.2.2. Iterative Methoden

In der Matrix (a_{ik}) von Gl. (13–6) seien die Hauptdiagonalelemente $a_{ii} \neq 0$, was man notfalls durch Umordnen des Gleichungssystems erreichen kann. Dann kann man Gl. (13–6) nach x_i auflösen:

$$x_i = \frac{1}{a_{ii}} \left(c_i - \sum_{k=1}^{i-1} a_{ik} x_k - \sum_{k=i+1}^{n} a_{ik} x_k \right) \quad i = 1 \ldots n \tag{13–26}$$

Hat man nun eine Näherungslösung $x_i^{(0)}$, so kann man versuchen, durch Einsetzen von $x_i^{(0)}$ auf der rechten Seite von Gl. (13–26) eine bessere Näherung

$$x_i^{(1)} = \frac{1}{a_{ii}} \left(c_i - \sum_{k=1}^{i-1} a_{ik} x_k^{(0)} - \sum_{k=i+1}^{n} a_{ik} x_k^{(0)} \right) \quad i = 1 \ldots n \tag{13–27}$$

zu berechnen und diesen Prozeß dann mit $x_i^{(1)}$, $x_i^{(2)} \ldots$ solange fortzusetzen, bis zwei aufeinander folgende Näherungen sich um weniger als eine vorgegebene Schranke ε voneinander unterscheiden:

$$|x_i^{(n)} - x_i^{(n-1)}| < \varepsilon \tag{13–28}$$

Besser noch als dieses „Gesamtschrittverfahren", bei dem immer erst die Gesamtheit der neuen Näherungswerte $x_i^{(n+1)}$ berechnet wird, bevor sie im nächsten Iterationsschritt verwendet werden, ist das „Einzelschrittverfahren" nach GAUSS-SEIDEL, bei dem die bereits berechneten neuen Näherungswerte einzeln sofort in den Iterationsprozeß eingeschaltet werden. Hier ist daher

$$x_i^{(n+1)} = \frac{1}{a_{ii}} \left(c_i - \sum_{k=1}^{i-1} a_{ik} x_k^{(n+1)} - \sum_{k=i+1}^{n} a_{ik} x_k^{(n)} \right) \tag{13–29}$$

Entscheidend ist natürlich die Frage der Konvergenz dieser Iterationsprozesse. Zerlegt man die Matrix $A = (a_{ik})$ folgendermaßen:

$$\begin{pmatrix} a_{11} & & \\ & a_{22} \quad D & R \\ L & & a_{nn} \end{pmatrix} \quad A = L + D + R \tag{13–30}$$

wobei also L die untere, R die obere Dreiecksmatrix und D die Matrix der Diagonalelemente sind, so konvergiert das Einzelschrittverfahren genau dann, wenn die Eigenwerte der Matrix $C = -(D+L)^{-1} R$ sämtlich dem Betrage nach kleiner als 1 sind. Praktisch brauchbarer ist folgendes Kriterium: Wenn die Matrix A symmetrisch und positiv definit ist, konvergiert das Iterationsverfahren immer; wenn A beliebig (allerdings irreduzibel) ist und in jeder Zeile das Hauptdiagonalelement dem Betrage nach größer ist als die Summe der Beträge aller anderen Elemente,

$$|a_{ii}| > \sum_{\substack{k=1 \\ k \neq i}}^{n} |a_{ik}| \qquad i = 1 \ldots n$$

so konvergiert der Iterationsprozeß ebenfalls. Die Konvergenz ist geometrisch, d. h. es ist

$$\max_i |x_i^{(n+1)} - x| \leqq q \cdot \max_i |x_i^{(n)} - x| \tag{13–31}$$

wobei

$$q = \max_i \frac{1}{|a_{ii}|} \sum_{\substack{k=1 \\ k \neq i}}^{n} |a_{ik}| < 1 \tag{13–32}$$

Dabei ist im großen und ganzen die Konvergenz des Einzelschrittverfahrens etwa doppelt so schnell wie die Konvergenz des Gesamtschrittverfahrens.

Rechenbeispiel:

$$4{,}11 x_1 + 1{,}00 x_2 + 0{,}72 x_3 = 1{,}04$$
$$0{,}33 x_1 + 5{,}28 x_2 - 1{,}67 x_3 = -0{,}92$$
$$2{,}53 x_1 - 0{,}86 x_2 - 6{,}45 x_3 = 2{,}70$$

Die Lösungen seien ebenfalls zweistellig gesucht; die Zwischenrechnungen sollen dreistellig ausgeführt werden. Startpunkt sei die Näherungslösung $x_1^0 = x_2^0 = x_3^0 = 0$.

Gesamtschrittverfahren:

	x_1	x_2	x_3
$n=0$	0	0	0
$=1$	0,253	– 0,174	– 0,418
$=2$	0,368	– 0,322	– 0,296
$=3$	0,383	– 0,291	– 0,231
$=4$	0,364	– 0,271	– 0,229
$=5$	0,359	– 0,269	– 0,239
$=6$	0,360	– 0,272	– 0,241

GAUSS-SEIDEL-Iteration:

	x_1	x_2	x_3
$n=0$	0	0	0
$=1$	0,253	–0,190	–0,294
$=2$	0,350	–0,289	–0,243
$=3$	0,366	–0,274	–0,239
$=4$	0,362	–0,272	–0,240
$=5$	0,361	–0,272	–0,240

Die Iterationsgleichungen lauteten in beiden Fällen:

$$x_1 = 0{,}253 - 0{,}243 x_2 - 0{,}175 x_3$$
$$x_2 = -0{,}174 - 0{,}062 x_1 + 0{,}316 x_3$$
$$x_3 = -0{,}418 + 0{,}392 x_1 - 0{,}133 x_2$$

Der GAUSSsche Algorithmus ergibt als exakte Lösungen des Systems:

$$x_1 = 0{,}361 \quad x_2 = -0{,}270 \quad x_3 = -0{,}241$$

Der gewöhnlich recht langsame Fortschritt dieser beiden Iterationsmethoden kann durch verschiedene Maßnahmen verbessert werden. Für symmetrisch-definite Gleichungssysteme bringt die Methode der Überrelaxation von YOUNG oft erhebliche Konvergenzbeschleunigung. Gl. (13–29) kann ja in der Form

$$x_i^{(n+1)} = x_i^{(n)} + \frac{1}{a_{ii}}\left(c_i - \sum_{k=1}^{i-1} a_{ik} x_k^{(n+1)} - \sum_{k=i}^{n} a_{ik} x_k^{(n)}\right)$$
(13-33)

geschrieben werden. Der Klammerausdruck ist näherungsweise gleich dem Residuum der n-ten Näherung. Bei der Überrelaxationsmethode wird dieser Korrekturterm mit einem Überrelaxationsfaktor ω multipliziert:

$$x_i^{(n+1)} = x_i^{(n)} + \frac{\omega}{a_{ii}}\left(c_i - \sum_{k=1}^{i-1} a_{ik} x_k^{(n+1)} - \sum_{k=i}^{n} a_{ik} x_k^{(n)}\right)$$
(13-34)

der so gewählt wird, daß maximale Konvergenzbeschleunigung eintritt. Die genaue Berechnung von ω ist schwierig, doch muß notwendig $1 < \omega < 2$ sein. Anschließend sei das obige Rechenbeispiel mit einem Überrelaxationsfaktor von $\omega = 1{,}1$ gerechnet.

Rechenbeispiel zur Überrelaxationsmethode:

	x_1	x_2	x_3
$n = 0$	0	0	0
$= 1$	0,278	$-0{,}210$	$-0{,}308$
$= 2$	0,365	$-0{,}302$	$-0{,}227$
$= 3$	0,366	$-0{,}265$	$-0{,}240$
$= 4$	0,358	$-0{,}272$	$-0{,}241$
$= 5$	0,361	$-0{,}273$	$-0{,}240$

Gleichungen:
$x_1 = 0{,}278 - 0{,}100 x_1 - 0{,}267 x_2 - 0{,}192 x_3$
$x_2 = -0{,}191 - 0{,}069 x_1 - 0{,}100 x_2 + 0{,}347 x_3$
$x_3 = -0{,}459 + 0{,}430 x_1 - 0{,}146 x_2 - 0{,}100 x_3$

Eine andere Möglichkeit besteht darin, die Methoden von AITKEN zur Konvergenzbeschleunigung zu verwenden. Dies ist dann möglich, wenn näherungsweise die Proportionalität

$$x_i^{(n+2)} - x_i^{(n+1)} = \lambda(x_i^{(n+1)} - x_i^{(n)})$$
(13-35)

erfüllt ist. Um zu einem Mittelwert für λ zu kommen, iteriert man Gl. (13-35):

$$\lambda = \frac{\sum_{i=1}^{n}(x_i^{(n+2)} - x_i^{(n+1)})\,\mathrm{sgn}\,(x_i^{(n+1)} - x_i^{(n)})}{\sum_{i=1}^{n}|x_i^{(n+1)} - x_i^{(n)}|}$$
(13-36)

und berechnet damit als besseren Näherungswert

$$x_i^* = x_i^{(n)} - \frac{1}{\lambda - 1}(x_i^{(n+1)} - x_i^{(n)})$$
(13-37)

Mit x_i^* kann dann der Iterationsprozeß weitergeführt werden, bis nach einigen Schritten erneut eine Konvergenzbeschleunigung nach AITKEN durchgeführt wird.

Trotz dieser Möglichkeiten, die unter Umständen zu erheblichen Beschleunigungen des Iterationsprozesses führen, sind die Iterationsmethoden im großen und ganzen nur dann mit dem GAUSS-Algorithmus konkurrenzfähig, wenn die vorgelegten Gleichungen ausgeprägte Bandstruktur haben, d. h. wenn ihre Matrix (a_{ik}) etwa die Form

$$\begin{pmatrix} \ldots 000000 \\ 0\ldots 00000 \\ 00\ldots 0000 \\ \\ 000000\ldots \end{pmatrix}$$

hat.

13.2.3. Gradientenmethoden

Die Matrix $A = (a_{ik})$ sei symmetrisch und definit. Dann ist das Problem, eine Lösung von Gl. (13-6) zu finden, äquivalent zu der Aufgabe, ein Minimum der quadratischen Form

$$F = \frac{1}{2}\sum_{i=1}^{n}\sum_{k=1}^{n} a_{ik} x_i x_k - \sum_{i=1}^{n} c_i x_i$$
(13-38)

zu ermitteln, wobei die im ersten Term stehende quadratische Form positiv definit ist. Für $n = 2$ bedeutet dies, daß die Höhenlinien von

$$F = \frac{1}{2}(a_{11}x_1^2 + 2a_{12}x_1 x_2 + a_{22}x_2^2) - (c_1 x_1 + c_2 x_2)$$
(13-39)

Ellipsen um das Minimum herum sind (Abb. 72). Will man also von einem beliebigen Ausgangspunkt $(x_1^{(0)}, x_2^{(0)})$ aus das Minimum möglichst rasch erreichen, so geschieht dies am besten entlang der durch $(x_1^{(0)}, x_2^{(0)})$ führenden Trajektorie, welche alle Höhenlinien senkrecht schneidet. Diese Trajektorie muß daher überall die Richtung des negativen Gradienten $-\mathrm{grad}\,F = \left(-\dfrac{\partial F}{\partial x_1}, -\dfrac{\partial F}{\partial x_2}\right)$ der Funktion F haben; mit einem

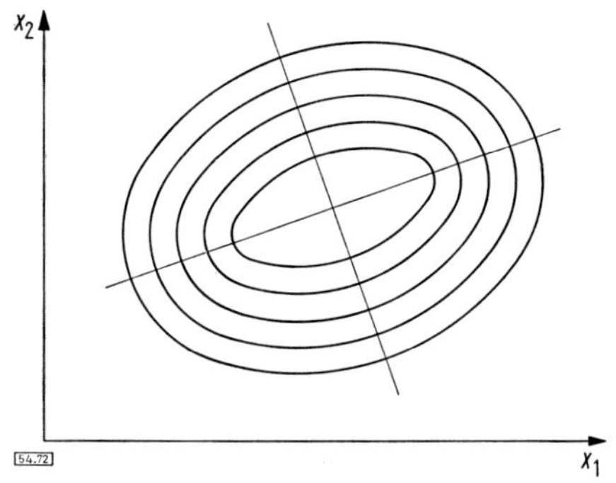

Abb. 72. Höhenlinien einer positiv definiten quadratischen Form
$F = \frac{1}{2}(a_{11}x_1^2 + 2a_{12}x_1 x_2 + a_{22}x_2^2) - (c_1 x_1 + c_2 x_2)$

(eventuell von Punkt zu Punkt verschiedenen) positiven Proportionalitätsfaktor $s(t)$ lautet daher die Gleichung der Trajektorie in Parameterdarstellung

$$\frac{dx_1}{dt} = -s(t)\frac{\partial F}{\partial x_1} \qquad \frac{dx_2}{dt} = -s(t)\frac{\partial F}{\partial x_2} \qquad (13-40)$$

Die verschiedenen Gradientenmethoden unterscheiden sich in der Wahl von $s(t)$ und in der numerischen Methode für die Integration von Gl. (13–40).

Bei dem Verfahren von RICHARDSON wird $s(t) = 1$ gesetzt und das EULERsche Integrationsverfahren verwendet. Damit wird aus Gl. (13–40)

$$x_1^{(n+1)} = x_1^{(n)} - h(a_{11}x_1^{(n)} + a_{12}x_2^{(n)} - c_1) \qquad (13-41)$$
$$x_2^{(n+1)} = x_2^{(n)} - h(a_{12}x_1^{(n)} + a_{22}x_2^{(n)} - c_2)$$

mit der Schrittweite h. Diese Überlegungen lassen sich zwanglos auf das System Gl. (13–6) von n Unbekannten übertragen; die Rekursionsgleichungen lauten dann

$$x_i^{(n+1)} = x_i^{(n)} - h\left(\sum_{k=1}^{n} a_{ik}x_k^{(n)} - c_i\right) \qquad i = 1 \ldots n \qquad (13-42)$$

Der Klammerausdruck ist das Residuum der n-ten Näherung; die $(n+1)$-te Näherung wird also aus der Kenntnis der n-ten Näherung und ihres Residuums berechnet. Alle derartigen Iterationsverfahren werden als *Relaxationsverfahren* bezeichnet.

Faßt man die Zeilen der Systemmatrix zu Vektoren $\vec{a}_i$ zusammen

$$\vec{a}_i = (a_{i1}, a_{i2}, \ldots, a_{in}) \qquad (13-43)$$

und bildet ebenso auch

$$\vec{x} = (x_1, x_2, \ldots, x_n) \qquad \vec{c} = (c_1, c_2, \ldots, c_n) \qquad (13-44)$$

so kann statt Gl. (13–6) geschrieben werden

$$(\vec{a}_i, \vec{x}) = c_i \qquad i = 1 \ldots n \qquad (13-45)$$

Dabei ist $(\vec{a}_i, \vec{x})$ das innere Produkt von $\vec{a}_i$ und $\vec{x}$. Man definiert ferner Restvektoren $\vec{r}_i$ durch

$$\vec{r}_1 = \vec{a}_1 \qquad (13-46)$$
$$\vec{r}_i = \vec{a}_i - \sum_{k=1}^{i-1} \frac{(\vec{a}_i, \vec{r}_k)}{(\vec{r}_k, \vec{r}_k)} \vec{r}_k \qquad i = 2 \ldots n$$

Diese Restvektoren sind zueinander orthogonal:

$$(\vec{r}_i, \vec{r}_j) = 0 \qquad i \neq j \qquad (13-47)$$

und da es genau n Restvektoren $\vec{r}_i$ gibt, bilden sie eine Basis des n-dimensionalen Vektorraums. Daher kann die Lösung von Gl. (13–6) nach den $\vec{r}_i$ entwickelt werden:

$$\vec{x} = \sum_{j=1}^{n} R_j \vec{r}_j \qquad (13-48)$$

Um die Entwicklungskoeffizienten R_j zu berechnen, multipliziert man Gl. (13–48) skalar mit $\vec{r}_k$:

$$(\vec{x}, \vec{r}_k) = \sum_{j=1}^{n} R_j(\vec{r}_j, \vec{r}_k) = R_k(\vec{r}_k, \vec{r}_k) \qquad (13-49)$$

Definiert man zusätzlich die Zahlen

$$d_1 = c_1 \qquad (13-50)$$
$$d_i = c_i - \sum_{k=1}^{i-1} \frac{(\vec{a}_i, \vec{r}_k)}{(\vec{r}_k, \vec{r}_k)} d_k = (\vec{r}_i, \vec{x}) \qquad i = 2 \ldots n$$

so ist

$$R_k = \frac{d_k}{(\vec{r}_k, \vec{r}_k)} \qquad (13-51)$$

Diese Art der Berechnung von $\vec{x}$ ist dann vorteilhaft, wenn große Gleichungssysteme vorliegen, bei denen die Matrix A nicht als Ganzes im Kernspeicher gespeichert werden kann. Wegen der vielen Skalarmultiplikationen ist die Methode empfindlich gegen Rundungsfehler.

Auch bei der *Methode der konjugierten Gradienten* wird zunächst davon ausgegangen, daß ein System von n linear unabhängigen Vektoren $\vec{p}_i (i = 1 \ldots n)$ zur Verfügung steht. Diese Vektoren sollen jetzt aber „A-konjugiert" sein, d. h. es soll das Skalarprodukt

$$(A\vec{p}_i, \vec{p}_j) = \sum_{q=1}^{n} \sum_{k=1}^{o} (a_{qk} \cdot p_{i,k}) \cdot p_{j,q} = 0 \qquad (13-52)$$

sein für $i \neq j$.

Die Lösung $\vec{x}$ läßt sich wiederum nach den $\vec{p}_i$ entwickeln:

$$\vec{x} = \sum_{i=1}^{n} k_i p_i \qquad k_i = \frac{(\vec{c}, \vec{p}_i)}{(A\vec{p}_i, \vec{p}_i)} \qquad (13-53)$$

Bis hierher ähnelt das Verfahren der Methode der orthogonalen Vektoren. Zur effektiven Berechnung der $\vec{p}_i$ dient jetzt aber folgendes Iterationsverfahren: $\vec{x}^{(1)} = (x_1^{(1)}, x_2^{(1)}, \ldots, x_n^{(1)})$ sei eine beliebige Anfangslösung. Dann setzt man

$$\vec{p}_1 = \vec{r}_1 = \vec{c} - A\vec{x}^{(1)} \qquad (13-54)$$

Ferner bildet man Zahlen

$$g_i = \frac{(\vec{p}_i, \vec{r}_i)}{(A\vec{p}_i, \vec{p}_i)} \qquad (13-55)$$

und damit

$$\vec{x}^{(i+1)} = \vec{x}^{(i)} + g_i \vec{p}_i \qquad (13-56)$$

$$\vec{r}_{i+1} = \vec{r}_i - g_i A\vec{p}_i = \vec{c} - A\vec{x}^{(i+1)} \qquad (13-57)$$

$$d_i = -\frac{(\vec{r}_{i+1}, A\vec{p}_i)}{(A\vec{p}_i, \vec{p}_i)} \qquad (13-58)$$

$$\vec{p}_{i+1} = \vec{r}_{i+1} + d_i \vec{p}_i \qquad (13-59)$$

Der Rechenverlauf ist also kurzgefaßt

$$\vec{x}_1 \to \vec{p}_1 \to \vec{r}_1 \to g_1 \to \vec{x}_2 \to \vec{r}_2 \to d_1 \to$$
$$\to \vec{p}_2 \to g_2 \to \vec{x}_3 \to \vec{r}_3 \to d_2 \ldots$$

usw.

Entscheidend ist nun, daß die so konstruierten Restvektoren $\vec{r}_i$ ebenfalls orthogonal sind:

$$(\vec{r}_i, \vec{r}_j) = 0 \quad i \neq j \tag{13-60}$$

Da es in einem n-dimensionalen Vektorraum aber nur n orthogonale Vektoren geben kann, muß $\vec{r}_{n+1} = 0$ und damit $A\vec{x}^{(n+1)} = \vec{c}$ sein. Das Verfahren der konjugierten Gradienten liefert also in spätestens n Schritten die gesuchte Lösung $\vec{x}$ von Gl. (13−6). Außerdem gilt, daß stets $|\vec{x} - \vec{x}_j| < |\vec{x} - \vec{x}_i|$ ist, wenn $j > i$. Die Näherungslösungen streben also monoton gegen die wahre Lösung.

13.3. Inversion und Diagonalisierung von Matrizen; Bestimmung der Eigenwerte

Ergänzende Literatur zu 13.3 siehe [31], [32], [43], [48], [49].

Die Matrix muß selbstverständlich als quadratisch und nichtsingulär vorausgesetzt werden. Einige Methoden zur Inversion wurden bereits in 13.2.1 behandelt.

Ein einfaches Beispiel für ein iteratives Vorgehen bei der Matrizeninversion ist die Methode von G. Schulz. Sie geht von einer „hinreichend guten" Näherung $X^{(0)}$ für die gesuchte inverse Matrix $X = A^{-1}$ aus. Kriterium dafür ist, daß für die Matrix

$$R^{(0)} = E - AX^{(0)} = (r_{ik}^{(0)}) \tag{13-61}$$

die Zeilensummennorm

$$\max_i \sum_{k=1}^{n} |r_{ik}^{(0)}| < 1$$

oder die Spaltensummennorm

$$\max_k \sum_{i=1}^{n} |r_{ik}^{(0)}| < 1$$

sind. Unter dieser Voraussetzung ist

$$X^{(1)} = X^{(0)} + X^{(0)} R^{(0)} \tag{13-62}$$

und allgemein

$$X^{(n+1)} = X^{(n)} + X^{(n)} R^{(n)} = X^{(n)} + X^{(n)}(E - AX^{(n)}) \tag{13-63}$$

eine bessere Näherung für X. Die Methode konvergiert quadratisch.

Von Wilf wurde die Methode der Rang-Annullierung vorgeschlagen [43]. Eine Übersicht über weitere Iterationsverfahren wird in [48] gegeben. Auf die Möglichkeit der Matrizeninversion mit Hilfe von Monte-Carlo-Methoden soll hier lediglich hingewiesen werden; für Einzelheiten vergleiche man S. 613 und [52].

Die meisten technischen Eigenwertprobleme führen auf die Frage der Bestimmung der Eigenwerte einer Matrix A, also derjenigen Zahlen λ_i, für welche die charakteristische Gleichung

$$(A - \lambda_i E)\vec{x}_i = 0 \tag{13-64}$$

von A nichttriviale Eigenvektoren $\vec{x}_i$ liefert.

Eine quadratische $(n \cdot n)$-Matrix A hat genau n Eigenwerte; wenn A symmetrisch ist, sind alle Eigenwerte reell. Da die Eigenwerte entartet sein können, braucht sie nicht unbedingt auch n linear unabhängige Eigenvektoren zu besitzen. Hat A aber genau n Eigenlösungen, so wird sie als diagonalähnlich bezeichnet; nur solche Matrizen können durch eine Ähnlichkeitstransformation $X^{-1}AX$ mit einer regulären Matrix X auf Diagonalform gebracht werden. Die Diagonalelemente von $X^{-1}AX$ sind dann gerade die Eigenwerte λ_i von A; außerdem ist $X = (\vec{x}_1, \vec{x}_2, \ldots, \vec{x}_n)$, d. h. die i-te Spalte von X ist gleich dem i-ten Eigenvektor von A.

A sei symmetrisch und diagonalähnlich. Für ihre Eigenwerte λ_i gelte

$$|\lambda_1| > |\lambda_2| \geqq |\lambda_3| \geqq \ldots \geqq |\lambda_n| \tag{13-65}$$

Da sich ein beliebiger Vektor $\vec{u}_0$ nach den Eigenvektoren entwickeln läßt:

$$\vec{u}_0 = a_1\vec{x}_1 + a_2\vec{x}_2 + \ldots + a_n\vec{x}_n \tag{13-66}$$

folgt

$$\vec{u}_1 = A\vec{u}_0 = \sum_{i=1}^{n} a_i A\vec{x}_i = \sum_{i=1}^{n} a_i \lambda_i \vec{x}_i \tag{13-67}$$

$$\vec{u}_p = A^p \vec{u}_0 = \sum_{i=1}^{n} a_i \lambda_i^p \vec{x}_i = \lambda_1^p \left(a_1\vec{x}_1 + \sum_{i=2}^{n} a_i \left(\frac{\lambda_i}{\lambda_1}\right)^p \vec{x}_i \right) \tag{13-68}$$

Sind $u_{p,j}$ und $u_{p-1,j}$ die j-ten Komponenten von $\vec{u}_p$ bzw. $\vec{u}_{p-1}$, so folgt aus Gl. (13−68)

$$\lim_{p\to\infty} (u_{p,j}/u_{p-1,j}) = \lambda_1 \tag{13-69}$$

Dieses Iterationsverfahren konvergiert im allg. sehr langsam und muß gegebenenfalls durch Aitkensche Konvergenzbeschleunigung verbessert werden (notwendig dafür ist zusätzlich, daß $\lambda_2 \neq -\lambda_3$). Gelegentlich liefert die Folge der Rayleigh-Quotienten

$$R_p = \frac{\vec{u}_p A \vec{u}_p}{\vec{u}_p \vec{u}_p} \tag{13-70}$$

eine bessere Näherung für den gesuchten Eigenwert.

Bei der praktischen Anwendung des Verfahrens bildet man zweckmäßigerweise zwei Vektorfolgen $\vec{z}_p$ und $\vec{w}_p$, ausgehend von einem beliebigen Vektor $\vec{z}_0$ und über die Definitionsgleichungen

$$\begin{aligned} \vec{z}_0 &= l_0 \vec{w}_0 \\ A\vec{w}_{p-1} &= \vec{z}_p = l_p \vec{w}_p \end{aligned} \qquad p = 1, 2, \ldots \tag{13-71}$$

l_p ist jetzt die größte Komponente von $\vec{z}_p$. Dann gilt hier

$$\lim_{p\to\infty} l_p = \lambda_1 \qquad \lim_{p\to\infty} \vec{w}_p = \vec{x}_1 \tag{13-72}$$

Will man nicht den betragsgrößten, sondern den kleinsten Eigenwert ermitteln, so kann man das Iterationsverfahren Gl. (13−71) statt mit A mit A^{-1} durchführen, weil A^{-1} die Eigenwerte $\mu_i = 1/\lambda_i$ hat (gebrochene Iteration). Ein iteratives Verfahren zur Bestimmung aller Eigenwerte einer reellen symmetrischen Matrix wurde von JAECKEL angegeben [49]. Bei einer reellen diagonalähnlichen Matrix können die Eigenwerte λ_i auch aus der Gleichung

$$\det(A - \lambda E) = a_0 + a_1\lambda + a_2\lambda^2 + \\ + \ldots + a_{n-1}\lambda^{n-1} + \lambda^n = 0 \quad (13-73)$$

berechnet werden. Für die bei größeren Matrizen sehr mühsame Ermittlung der Koeffizienten a_i hat KRYLOV [48] ein direktes Verfahren angegeben.

Bei den bisher diskutierten Methoden lag das Schwergewicht auf der Bestimmung der Eigenwerte. Die Verfahren von JACOBI und GIVENS entwickeln dagegen iterativ eine Ähnlichkeitstransformation $X^{-1}AX$, durch welche eine reelle symmetrische Matrix A auf Diagonalform gebracht wird.

Bei dem JACOBIschen Verfahren wird im ersten Schritt auf A eine Ähnlichkeitstransformation mit einer Drehmatrix T_1 ausgeübt, die folgendermaßen aufgebaut ist: T_1 ist gleich der Einheitsmatrix $E = (e_{ik} = \delta_{ik})$ mit folgenden Änderungen (m, n feste Indizes)

$$e_{mm} = \cos\Phi \qquad e_{mn} = -\sin\Phi \quad (13-74)$$

$$e_{nm} = \sin\Phi \qquad e_{nn} = \cos\Phi$$

Beispiel: $(m = 2, n = 4)$

$$\begin{pmatrix} 1 & 0 & 0 & 0 \\ 0 & \cos\Phi & 0 & -\sin\Phi \\ 0 & 0 & 1 & 0 \\ 0 & \sin\Phi & 0 & \cos\Phi \end{pmatrix}$$

Wendet man T_1 auf $A = (a_{ik})$ an und wählt Φ so, daß

$$\tan 2\Phi = 2a_{mn}/(a_{mm} - a_{nn}) \quad (13-75)$$

ist, so sind in der Matrix $T_1^{-1}AT_1 = B = (b_{ik})$ die Elemente $b_{mn} = b_{nm} = 0$. Jeder Schritt des JACOBI-Verfahrens macht also zwei Nichtdiagonalelemente von A zu Null. Die trigonometrischen Funktionen brauchen dabei nicht explizit berechnet zu werden. Setzt man nämlich

$$a_{mn} = \varkappa \qquad \tfrac{1}{2}(a_{mm} - a_{nn}) = \mu \quad (13-76)$$

und berechnet

$$\omega = \operatorname{sgn}(\mu) \cdot \frac{\varkappa}{\sqrt{\varkappa^2 + \mu^2}} \quad (13-77)$$

so ist

$$\sin\Phi = \frac{\omega}{\sqrt{2(1 + \sqrt{1-\omega^2})}} \qquad \cos\Phi = \sqrt{1 - \sin^2\Phi} \quad (13-78)$$

Die Berechnung von $\cos\Phi$ muß dabei so genau wie möglich erfolgen, weil sonst Verfälschungen der Eigenwerte eintreten können. Außerdem muß

$$b_{mm} + b_{nn} = a_{mm} + a_{nn} \quad (13-79)$$

sein; dies kann als Rechenkontrolle dienen.

Transformiert man in gleicher Weise mit einer zweiten Drehmatrix T_2 zwei weitere Nichtdiagonalelemente b_{pq} und b_{qp} von B zu Null, so werden dabei die im ersten Schritt zu Null gemachten Größen b_{mn} und b_{nm} im allg. wieder irgendwelche endlichen Werte annehmen. Das JACOBI-Verfahren muß daher iterativ so lange durchgeführt werden, bis innerhalb der geforderten Genauigkeit alle Nichtdiagonalelemente verschwunden sind. Dann ist

$$T = T_1 T_2 T_3 \ldots \quad (13-80)$$

Zweckmäßigerweise nimmt man bei jedem Schritt als zu transformierendes Element dasjenige mit dem größten Betrag und wählt T entsprechend. Dann konvergiert das Verfahren immer und ist auch völlig unempfindlich gegen Rundungsfehler.

In der Variante von GIVENS wird zunächst durch Anwendung von Drehmatrizen aus der gegebenen Matrix A eine Tridiagonalmatrix B der Form

$$B = \begin{pmatrix} b_{11} & b_{12} & 0 & 0 & 0 & 0 & 0 \\ b_{21} & b_{22} & b_{23} & 0 & 0 & 0 & 0 \\ 0 & b_{32} & b_{33} & b_{34} & 0 & 0 & 0 \\ 0 & 0 & b_{43} & b_{44} & b_{45} & 0 & 0 \\ \cdots & \cdots & \cdots & \cdots & \cdots & \cdots & \cdots \\ \cdots & \cdots & \cdots & \cdots & \cdots & \cdots & \cdots \\ 0 & 0 & 0 & 0 & 0 & b_{n-1} & b_n \end{pmatrix} \quad (13-81)$$

erzeugt. Dies erfordert nur endlich viele Rechenschritte. Ihre charakteristische Gleichung $\det(B - \lambda E) = 0$ kann leicht aufgestellt werden und liefert die gesuchten Eigenwerte von A. Wegen Einzelheiten des Verfahrens vergleiche man [32].

13.4. Nullstellenbestimmung von Polynomen

Ergänzende Literatur zu 13.4 siehe [1c], [32], [50], [51].

13.4.1. Allgemeine Probleme

Obwohl es Verfahren gibt, die bei beliebigen Polynomen mit komplexen Koeffizienten sämtliche Wurzeln liefern, ist es nicht immer zweckmäßig, derartig allgemeine Methoden zu verwenden. Wenn von vornherein bekannt ist, daß das gegebene Polynom nur reelle Nullstellen hat, oder wenn nur eine einzige reelle Nullstelle genauer bestimmt werden soll, sind einfachere Verfahren wie das NEWTONsche eher angebracht.

Wenn die Nullstellen eines Polynoms durch Abspalten bestimmt werden, sollte man stets bei der Nullstelle mit dem kleinsten Betrag beginnen. Nur so kann die Akkumulierung von Abbrechfehlern begrenzt werden. Bei Iterationsverfahren ist daher als erster Näherungswert $z_0 = 0$ anzusetzen. Durch Akkumulierung von Abbrechfehlern im Restpolynom können unter Umständen ursprünglich reelle Nullstellen komplex werden.

Schwierig zu beantworten ist, unter welchen Bedingungen bei einem Iterationsverfahren zwei sukzessive Näherungen z_n und z_{n+1} für eine Nullstelle z als identisch angesehen werden sollen. Es empfiehlt sich, zwei Schranken δ und ε festzulegen. Zunächst sollte

$|z_{n+1} - z_n| \leqq \delta$ sein; sobald dieses Kriterium erfüllt ist, sollte die Iteration noch fortgesetzt werden, bis auch $|(z_{n+1} - z_n)|/|z_{n+1}| < \varepsilon$ ausfällt.

Oft ist eine Abschätzung des Bereiches wichtig, in welchem sich alle Nullstellen eines gegebenen Polynoms $P_n(z)$ befinden. Zur Bestimmung der Anzahl und Lage reeller Nullstellen gibt es neben der Möglichkeit, Näherungslösungen grafisch zu bestimmen, mehrere sog. Zeichenregeln.

1. *Cartesische Zeichenregel:* Die Anzahl der (in ihren Vielfachheiten gezählten) positiven Nullstellen des Polynoms

   $$y = a_n x^n + a_{n-1} x^{n-1} + \ldots + a_1 x + a_0$$

   $a_n \neq 0$ a_i reell

   ist gleich der Anzahl der Vorzeichenwechsel in der Folge $a_n, a_{n-1}, a_{n-2}, \ldots$ oder um eine gerade Zahl kleiner.

   Die Anzahl der (in ihren Vielfachheiten gezählten) negativen Nullstellen ist gleich der Anzahl der Vorzeichenwechsel in der Folge $a_n, -a_{n-1}, a_{n-2}, -a_{n-3}, \ldots$ oder um eine gerade Zahl kleiner.

2. *Satz von STURM:* Man bildet aus dem gegebenen Polynom P und seiner Ableitung P' nach dem Divisionsschema

   $$\begin{aligned} P &= G_1 P' - P_2 \\ P' &= G_2 P_2 - P_3 \\ P_2 &= G_3 P_3 - P_4 \\ &\ldots\ldots\ldots\ldots \\ P_{r-2} &= G_{r-1} P_{r-1} - P_r \\ P_{r-1} &= G_r P_r \end{aligned} \qquad (13-82)$$

   eine Folge von Polynomen $P, P', P_2, P_3, \ldots, P_r$, die sog. STURMsche Kette, bei der jeweils der Grad von P_j kleiner ist als der Grad von P_{j-1}. Sind nun a und $b > a$ zwei Werte von x und ist $w(a)$ die Anzahl der Zeichenwechsel in der STURMschen Kette an der Stelle a, $w(b)$ diejenige an der Stelle b, so ist $w(a) - w(b)$ die Anzahl der voneinander verschiedenen Nullstellen im Intervall (a, b).

Beispiel:

$$P = x^3 - 8x^2 + x + 42$$

Aus der Cartesischen Zeichenregel folgt, daß P zwei oder keine positive und eine negative reelle Wurzel hat.

Der STURMsche Divisionsalgorithmus lautet

$$P' = 3x^2 - 16x + 1$$

$$(x^3 - 8x^2 + x + 42) : (3x^2 - 16x + 1) = \\ = \frac{1}{3}\left(x - \frac{8}{3}\right) + \frac{1}{9} \cdot \frac{-122x + 386}{3x^2 - 16x + 1}$$

also

$$G_1 = \tfrac{1}{3}(x - \tfrac{8}{3}) \qquad P_2 = \tfrac{1}{9}(122x - 386)$$

$$(3x^2 - 16x + 1) : \left(\frac{1}{9}(122x - 386)\right) = \frac{9}{2}\left(\frac{3}{61}x - \right. \\ \left. - \frac{397}{3721}\right) - \frac{72900/3721}{(122x - 382)/9}$$

also

$$G_3 = \frac{9}{2}\left(\frac{3}{61}x - \frac{397}{3721}\right) \qquad P_3 = \frac{72900}{3721}$$

Damit bricht der Algorithmus ab, da P_3 eine Konstante ist. Bis auf unwesentliche Faktoren lautet daher die STURMsche Kette

$$(x^3 - 8x^2 + x + 42),\ (3x^2 - 16x + 1),\ (61x - 193),\ 1$$

Wählt man für x die Werte $-10, -5, 0, 5, 10$, so ergibt sich folgendes Schema:

x	-10	-5	0	5	10
$x^3 - 8x^2 + x + 42$	$-$	$-$	$+$	$-$	$+$
$3x^2 - 16x + 1$	$+$	$+$	$+$	$-$	$+$
$61x - 193$	$-$	$-$	$-$	$+$	$+$
1	$+$	$+$	$+$	$+$	$+$
Zahl der Zeichenwechsel	3	3	2	1	0

Das Polynom P hat also drei reelle Wurzeln, von denen die negative im Intervall $(-5, 0)$, die beiden positiven in den Intervallen $(0, 5)$ und $(5, 10)$ liegen.

Ist in $P_n(z) = \sum_{i=0}^{n} a_i z^i$ (z auch komplex)

$$a = \max |a_i| \qquad i = 0, 1, \ldots, n-1$$

$$a' = \max |a_i| \qquad i = 1, 2, \ldots, n$$

so gilt: alle Wurzeln von $P_n(z)$ liegen in der komplexen Ebene in einem Kreisring mit

$$(|a_0|)/(a' + |a_0|) \leqq |z| \leqq 1 + a/|a_n| \qquad (13-83)$$

Eine andere Möglichkeit der Abschätzung ergibt sich, wenn man beachtet, daß $P_n(z)$ die charakteristische Gleichung der sog. Begleitmatrix ($a_n = 1$ vorausgesetzt)

$$A = \begin{pmatrix} -a_{n-1} & -a_{n-2} & -a_{n-3} & \ldots & -a_1 & -a_0 \\ 1 & 0 & 0 & \ldots & 0 & 0 \\ 0 & 1 & 0 & \ldots & 0 & 0 \\ 0 & 0 & 1 & \ldots & 0 & 0 \\ \ldots & \ldots & \ldots & \ldots & \ldots & \ldots \\ 0 & 0 & 0 & \ldots & 1 & 0 \end{pmatrix} \qquad (13-84)$$

ist. Es gilt dann die Abschätzung: Jeder Eigenwert von A (= jede Wurzel von P_n) liegt wenigstens in einem der beiden Kreise

$$|z| \leqq 1 \qquad |z + a_{n-1}| \leqq \sum_{j=0}^{n-2} |a_j| \qquad (13-85)$$

Ebenso liegt jeder Eigenwert von Gl. (13−84) in einem der beiden Kreise

$$|z| \leqq 1 + \max_{j \leq n-2} |a_j| \qquad |z + a_{n-1}| \leqq 1 \qquad (13-86)$$

13.4.2. Verfahren von GRAEFFE

Diese Methode beruht auf einer Anwendung der VIETAschen Wurzelsätze. Gilt für die Wurzeln z_i eines Polynoms $P_n(z)$, daß $|z_1| \gg |z_2| \gg |z_3| \gg \ldots \gg \gg |z_n|$, so ist näherungsweise

$$|z_i| \approx |a_{n-i}/a_{n-i+1}| \qquad (13-87)$$

Rechenbeispiel:
$x^3 - 6x^2 + 11x - 6 = 0$ Näherungswert: $x_0 = 5$

	HORNER-Schema			
$x_0 = 5$	1	−6	11	−6
		5	−5	30
$x_1 = 5 - 24/26 = 4{,}08$	1	−1	6	24
		5	20	
	1	4	26	
$x_1 = 4{,}08$	1	−6	11	−6
		4,08	−7,83	12,95
$x_2 = 4{,}08 - 6{,}95/11{,}97 = 3{,}50$	1	−1,92	3,17	6,95
		4,08	8,80	
	1	2,16	11,97	
$x_2 = 3{,}50$	1	−6	11	−6
		3,50	−8,75	7,90
$x_3 = 3{,}50 - 1{,}9/5{,}75 = 3{,}17$	1	−2,50	2,25	1,90
		3,50	3,50	
	1	1,00	5,75	
$x_3 = 3{,}17$	1	−6	11	−6
		3,17	−8,96	6,47
$x_4 = 3{,}17 - 0{,}47/3{,}12 = 3{,}05$	1	−2,83	2,04	0,47
		3,17	1,08	
	1	0,34	3,12	
$x_4 = 3{,}05$	1	−6	11	−6
		3,05	−9,0	6,10
$x_5 = 3{,}05 - 0{,}1/2{,}3 = 3{,}01$	1	−2,95	2,00	0,10
		3,05	0,30	
(Wahrer Wert: 3,00)	1	0,10	2,30	

$$P_{n-2}(x) = (x^2 + px + q)\, P_{n-4}(x) + c_3(x + p) + c_2$$
$$n = 4 \qquad (13-99)$$

Wäre w auch eine exakte Wurzel von P_n, so wäre $b_1 = b_0 = 0$. Man versucht nun, eine Iterationsvorschrift zu finden, welche zu den Koeffizienten p und q Verbesserungen $\mathrm{d}p$ und $\mathrm{d}q$ derart liefert, daß mit $p = p + \mathrm{d}p$ und $q = q + \mathrm{d}q$ schließlich $b_1(p,q) = b_0(p,q) = 0$ ist.

Dazu führt man zunächst die Division von P_n durch $x^2 + px + q$ in einem doppelzeiligen HORNER-Schema durch:

	a_n	a_{n-1}	a_{n-2}	a_{n-3}	...	a_3	a_2	a_1	a_0
$-q$			$-b_n \cdot q$	$-b_{n-1} \cdot q$	...	$-b_5 \cdot q$	$-b_4 \cdot q$	$-b_3 \cdot q$	$-b_2 \cdot q$
$-p$		$-b_n \cdot p$	$-b_{n-1} \cdot p$	$-b_{n-2} \cdot p$	...	$-b_4 \cdot p$	$-b_3 \cdot p$	$-b_2 \cdot p$	$-b_1 \cdot p$
	b_n	b_{n-1}	b_{n-2}	b_{n-3}	...	b_3	b_2	b_1	b_0
$-q$			$-c_n \cdot q$	$-c_{n-1} \cdot q$	...	$-c_5 \cdot q$	$-c_4 \cdot q$	$-c_3 \cdot q$	
$-p$		$-c_n \cdot p$	$-c_{n-1} \cdot p$	$-c_{n-2} \cdot p$	...	$-c_4 \cdot p$	$-c_3 \cdot p$	$-c_2 \cdot p$	
	c_n	c_{n-1}	c_{n-2}	c_{n-3}	...	c_3	c_2	c_1	

so daß

$$P_{n-2}(x) = \sum_{j=0}^{n-2} b_{j+2} x^j \qquad P_{n-4}(x) = \sum_{j=0}^{n-4} c_{j+4} x^j \qquad (13-100)$$

Als Korrekturen verwendet man dann

$$-\mathrm{d}p = \frac{-(b_1 c_2 - b_0 c_3)}{c_2^2 - c_1 c_3} \qquad -\mathrm{d}q = \frac{b_1 c_1 - b_0 c_2}{c_2^2 - c_1 c_3} \qquad (13-101)$$

und wiederholt den Prozeß iterativ. Es ist aber immer zu beachten, daß dieses Verfahren von BAIRSTOW nur angewendet werden kann, wenn zu Beginn schon näherungsweise ein quadratischer Faktor des gegebenen Polynoms bekannt ist.

Rechenbeispiel:

$x^4 - 3x^3 + 20x^2 + 44x + 54 = 0$

Ansatz für den Teiler:

$x^2 + 2x + 2$

Die erste Stufe des BAIRSTOW-Verfahrens ergibt folgendes Schema:

	1	−3	20	44	54
$-q = -2$			−2	10	−56
$-p = -2$		−2	10	−56	4
	1	−5	28	−2	2
$-q = -2$			−2	14	
$-p = -2$		−2	14	−80	
	1	−7	40	−68	

Es ist also

$b_0 = 2 \qquad b_1 = -2$

$c_1 = -68 \qquad c_2 = 40 \qquad c_3 = -7$

und damit

$$-\mathrm{d}p = \frac{33}{562} = 0{,}0587188; \quad -\mathrm{d}q = \frac{28}{562} = 0{,}0498220$$

Der nächste Iterationsschritt ergibt

$b_0 = \quad 0{,}1412074 \qquad b_1 = -\ 0{,}0249796$

$c_1 = -62{,}4157082 \qquad c_2 = \quad 39{,}0530493$

$c_3 = -\ 6{,}882624$

und

$-\mathrm{d}p = -0{,}0000033 \qquad -\mathrm{d}q = -0{,}0036104$

Im dritten Iterationsschritt ist

$b_0 = \quad 0{,}0004293 \qquad b_1 = -\ 0{,}0002597$

$c_1 = -62{,}3523508 \qquad c_2 = \quad 39{,}0458867$

$c_3 = -\ 6{,}8825690$

und

$-\mathrm{d}p = 0{,}0000065 \qquad -\mathrm{d}q = -0{,}0000005$

Mit diesen Korrekturen wird schließlich im vierten Iterationsschritt

$b_0 = +0{,}0000045 \qquad b_1 = -0{,}0000025$

so daß die damit gewonnene Näherung für den quadratischen Teiler

$x^2 + 1{,}9412780x + 1{,}9537889$

auf fünf Stellen genau ist. Setzt man dies gleich Null, so erhält man schließlich für die gesuchte komplexe Wurzel

$x_{1,2} = -0{,}97064 \pm \mathrm{i} \cdot 1{,}00581$

Allgemeines über Iterationsverfahren. Generell hat eine Iterationsformel die Gestalt

$$x_{n+1} = \varphi(x_n) \qquad (13-102)$$

(z. B. Formel (13–96)). Ein solcher Ansatz ist nur sinnvoll, wenn

1. die Iteration einen Fixpunkt x hat, für den

$$x = \varphi(x) \qquad (13-103)$$

2. das Iterationsverfahren zumindest für gewisse Ausgangsgrößen x_0 konvergiert, also mit $\delta x_i = x - x_i$

$$|\delta x_{i+1}| < |\delta x_i|$$

ist. Da

$$\delta x_{i+1} = x - \varphi(x_i) = x - \varphi(x) + (x - x_i)\varphi'(x) + \ldots \qquad (13-104)$$

ist, folgt als hinreichende Bedingung für die Konvergenz

$$|\varphi'(x)| < 1 \qquad (13-105)$$

in einem Intervall um den Fixpunkt.

Auch ein allgemeinerer Ansatz für Iterationsformel in Form von

$$g(x_{n+1}) = \varphi(x_n) \qquad (13-106)$$

ist selbstverständlich denkbar; Gl. (13–106) konvergiert, falls

$$|\varphi'(x)| < |g'(x)| \qquad (13-107)$$

ist.

Beispiel:

$x^2 - 6x + 5 = (x-1)(x-5) = 0$

Um diese Gleichung iterativ lösen zu können, muß man sie auf die Form $x = \varphi(x)$ bringen. Eine Möglichkeit dazu ist

$x = 5/6 + x^2/6$

Hier ist $|\varphi'(x)| = |x/3|$. Für die Wurzel $x = 1$ ist $\varphi' = 1/3$, für die Wurzel $x = 5$ dagegen ist $\varphi' = 5/3 > 1$. Iterativ berechenbar ist mit dieser Formel also nur die erste Wurzel. Mit $x_0 = 2$ erhält man etwa

$x_1 = \frac{1}{6}(5 + x_0^2) = 1{,}5$

$x_2 = \frac{1}{6}(5 + x_1^2) = 1{,}21 \qquad x_3 = 1{,}078 \qquad x_4 = 1{,}028$

usw.

Hinreichend für die Konvergenz des Prozesses ist wegen Gl. (13–105), daß $|x_0| < 3$ ist. Formt man dagegen die gegebene Gleichung in

$x = 6 - 5/x$

um, so ist jetzt $|\varphi'| = |5/x^2|$, also $\varphi'(1) = 5 > 1$, $\varphi'(5) = 1/5 < 1$. Mit dieser Formel ist also nur die Wurzel $x = 5$ iterativ berechenbar.

Wenn $\varphi'(x) \neq 0$ ist, nimmt der Fehler δx_i wegen Gl. (13–104) bei jedem Iterationsschritt um den festen Bruchteil $|\varphi'(x)|$ ab. Man spricht von einem Iterationsverfahren erster Ordnung oder von linearer (gelegentlich auch geometrischer) Konvergenz.

Ist dagegen $\varphi'(x) = 0$, so liefert die Weiterführung der Taylor-Entwicklung

$$|\delta x_{i+1}| = \tfrac{1}{2}|\varphi''(x)|\,|\delta x_i|^2 \qquad (13-108)$$

Der Fehler nimmt bei solchen Iterationsverfahren zweiter Ordnung proportional zum Quadrat des Fehlers des vorangehenden Iterationsschrittes ab (quadratische Konvergenz). Insbesondere gegen Schluß des Prozesses ist daher die Konvergenz extrem schnell. Quadratische Konvergenz liegt beim Newton-Verfahren vor, denn dort ist

$$\varphi(x) = x - \frac{f(x)}{f'(x)} \qquad \varphi'(x) = \frac{f(x)f''(x)}{(f'(x))^2} = 0$$

(falls die Nullstelle einfach ist). Die schnellere Konvergenz eines solchen Iterationsverfahren zweiter Ordnung kann an dem vorigen Beispiel demonstriert werden:

$x_0 = 2 \qquad x_1 = 0{,}5 \qquad x_2 = 0{,}95 \qquad x_3 = 0{,}99$ etc.

Die relativ langsame Konvergenz von Iterationsverfahren erster Ordnung kann durch das AITKENsche δ^2-Verfahren verbessert werden.

Aus

$$x - x_{i+1} = \delta x_{i+1} = \varphi'(x)\delta x_i = \varphi'(x) \cdot (x - x_i)$$

$$x - x_{i+2} = \delta x_{i+2} = \varphi'(x)\delta x_{i+1} = \varphi'(x) \cdot (x - x_{i+1})$$

kann $\varphi'(x)$ durch Division eliminiert werden; man erhält dadurch den im allg. besseren Näherungswert

$$\bar{x} = x_{i+2} - \frac{(x_{i+2} - x_{i+1})^2}{(x_{i+2} - x_{i+1}) - (x_{i+1} - x_i)} \qquad (13-109)$$

Man kann daher zunächst x_0, x_1 und x_2 ermitteln und daraus über Gl. (13–109) $\bar{x} = x_{01}$; dann berechnet man dazu x_{11} und x_{12} und daraus über Gl. (13–109) x_{02} usw. Diese regelmäßige Folge von drei Iterationsschritten und einem Beschleunigungsschritt wird als Verfahren von STEFFENSEN bezeichnet.

Beispiel: Gesucht ist $\sqrt{11}$, also die Lösung der Gleichung $x^2 = 11$. Das einfache Iterationsschema $x = 11/x$ versagt hier völlig, weil $|\varphi'(x)| = |11/x^2| = 1$ ist. Es läßt sich aber mit Hilfe des δ^2-Verfahrens in einen konvergenten Prozeß verwandeln. Schema:

	$\delta x_k = x_{k+1} - x_k$	$\delta^2 x_k = (x_{k+2} - x_{k+1}) - (x_{k+1} - x_k)$
$x_0 = 5$	$-2{,}8$	
$x_1 = 11/5 = 2{,}2$		5,6
$x_2 = 5$	2,8	
		also $x_{01} = 5 - 2{,}8^2/5{,}6 = 3{,}6$
$x_{01} = 3{,}600$	$-0{,}545$	
$x_{11} = 3{,}055$		1,090
$x_{21} = 3{,}600$	0,545	
		also $x_{02} = 3{,}600 - 0{,}545^2/1{,}090 = 3{,}3275$ usw.

Der richtige Wert ist (vierstellig genau) $\sqrt{11} = 3{,}3166$.

Das Verfahren von STEFFENSEN konvergiert quadratisch. Allerdings ist dabei einer der Hauptvorteile der Iterationsverfahren, daß nämlich Rechenfehler die Konvergenz zwar verzögern, aber nicht aufheben können, verlorengegangen. Deshalb können hier auch Rundungsfehler erheblich stören, wenn sie von derselben Größenordnung sind wie die Differenz zweier aufeinander folgender Glieder der Iterationsfolge.

Generell gilt: Ist bei $f(x) = 0$ die Funktion $f'(x)$ einfach gebaut, so ist das NEWTON-Verfahren vorzuziehen. Bei komplizierten Funktionen ist die Iteration mit Konvergenzbeschleunigung einfacher.

13.4.4. Nullstellenbestimmung bei nichtlinearen Gleichungssystemen

Gegeben seien die Gleichungen

$$f(x, y) = 0 \qquad g(x, y) = 0 \qquad (13-110)$$

Ist x_0, y_0 eine Näherung für die gesuchte Nullstelle des Systems Gl. (13–110), so liefert die TAYLOR-Entwicklung

$$0 = f(x, y) = f(x_0, y_0) + (x - x_0)\left.\frac{\partial f}{\partial x}\right|_{x_0} + (y - y_0)\left.\frac{\partial f}{\partial y}\right|_{y_0} + \ldots$$

$$0 = g(x, y) = g(x_0, y_0) + (x - x_0)\left.\frac{\partial g}{\partial x}\right|_{x_0} + (y - y_0)\left.\frac{\partial g}{\partial y}\right|_{y_0} + \ldots \qquad (13-111)$$

und damit folgendes System von Iterationsgleichungen zur Verbesserung von x_0, y_0

$$(x_{i+1} - x_i)\left.\frac{\partial f}{\partial x}\right|_{x_i} + (y_{i+1} - y_i)\left.\frac{\partial f}{\partial y}\right|_{y_i} = -f(x_i, y_i)$$

$$(x_{i+1} - x_i)\left.\frac{\partial g}{\partial x}\right|_{x_i} + (y_{i+1} - y_i)\left.\frac{\partial g}{\partial y}\right|_{y_i} = -g(x_i, y_i) \qquad (13-112)$$

Hinreichend für die Konvergenz eines solchen Iterationssystems

$$x_{i+1} = \varphi(x_i, y_i) \qquad y_{i+1} = \psi(x_i, y_i) \qquad (13-113)$$

ist, daß die Eigenwerte der Matrix $\begin{pmatrix} \dfrac{\partial \varphi}{\partial x} & \dfrac{\partial \varphi}{\partial y} \\ \dfrac{\partial \psi}{\partial x} & \dfrac{\partial \psi}{\partial y} \end{pmatrix}$ dem Betrage nach sämtlich kleiner als 1 sind.

Liegen die Gleichungen (13–110) in der Form

$$x = f(x,y) \qquad y = g(x,y) \qquad (13-114)$$

vor, so kann auch ein Iterationsansatz der Form

$$x_{i+1} = f(x_i, y_i) \qquad y_{i+1} = g(x_i, y_i) \qquad (13-115)$$

konvergieren, sofern die Ausgangsnäherungen x_0, y_0 genügend gut waren. Im allg. ist aber die Konvergenz von Gl. (13–115) wesentlich unsicherer als die von (13–112), so daß trotz des größeren Rechenaufwandes (13–112) meistens zu empfehlen ist.

Rechenbeispiel:

$$x = 0{,}7 \sin x + 0{,}2 \cos y$$

$$y = 0{,}7 \cos x - 0{,}2 \sin y \qquad x_0 = y_0 = 0{,}5$$

Das Iterationsverfahren Gl. (13–115) liefert nacheinander

$x_1 = 0{,}5111143894$ $\qquad f_1(x,y) = -0{,}0050106038$
$y_1 = 0{,}5184226856$ $\qquad g_1(x,y) = 0{,}0069848806$

$x_2 = 0{,}5161249932$	$f_2(x,y) =$	$0{,}0037428327$
$y_2 = 0{,}5114378050$	$g_2(x,y) =$	$0{,}0005074885$
$x_3 = 0{,}5198678259$	$f_3(x,y) =$	$0{,}0023259439$
$y_3 = 0{,}5109303165$	$g_3(x,y) =$	$0{,}0012087482$

Das NEWTONsche Verfahren (Gl. (13–112) liefert bereits nach einem Schritt

$x_1 = 0{,}5249228047$	$f_1(x,y) =$	$-0{,}0006391327$
$y_1 = 0{,}5085567874$	$g_1(x,y) =$	$0{,}0001863923$

Dabei ist

$$f_i(x,y) = x_i - 0{,}7 \sin x_i - 0{,}2 \cos y_i$$

$$g_i(x,y) = y_i - 0{,}7 \cos x_i + 0{,}2 \sin y_i$$

Eine andere Idee wird bei der „*Methode des steilsten Abstiegs*“ verfolgt. Man sucht eine Funktion $S(x,y)$, die ein Minimum genau dann erreicht, wenn die Gleichungen (13–110) erfüllt sind. Eine naheliegende Wahl ist

$$S(x,y) = \left(f(x,y)\right)^2 + \left(g(x,y)\right)^2 \qquad (13-116)$$

Die Aufgabe, eine Lösung von Gl. (13–110) zu finden, wird also ersetzt durch die Aufgabe, ein Minimum von $S(x,y)$ zu ermitteln. $z = S(x,y)$ ist eine Fläche im Raum. Das Minimalproblem heißt definit, wenn diese Fläche konvex ist; die Höhenlinien sind dann geschlossene Kurven um die Stelle des Minimums herum. Abb. 73 zeigt ein Beispiel.

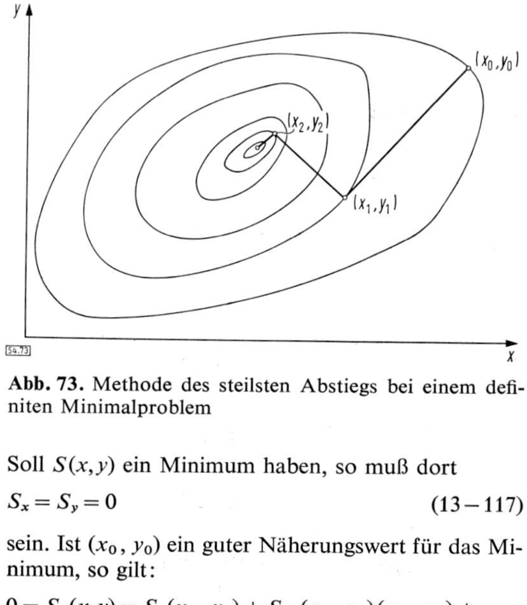

Abb. 73. Methode des steilsten Abstiegs bei einem definiten Minimalproblem

Soll $S(x,y)$ ein Minimum haben, so muß dort

$$S_x = S_y = 0 \qquad (13-117)$$

sein. Ist (x_0, y_0) ein guter Näherungswert für das Minimum, so gilt:

$$0 = S_x(x,y) = S_x(x_0, y_0) + S_{xx}(x_0, y_0)(x - x_0) + S_{xy}(x_0, y_0)(y - y_0)$$

$$0 = S_y(x,y) = S_y(x_0, y_0) + S_{yx}(x_0, y_0)(x - x_0) + S_{yy}(x_0, y_0)(y - y_0) \qquad (13-118)$$

Aus Gl. (13–118) kann ein besserer Näherungswert x_1, y_1 berechnet und das Verfahren damit fortgesetzt werden.

Normalerweise wird der Ausgangspunkt x_0, y_0 nicht in der Nähe des Minimums liegen. Dann ist die vernünftigste Strategie die, von x_0, y_0 aus in derjenigen Richtung weiterzugehen, in der $S(x,y)$ am stärksten abnimmt, also in Richtung des negativen Gradienten $-\operatorname{grad} S(x,y)_{x_0,y_0} = (-S_x, -S_y)_{x_0,y_0}$. Man setzt dann

$$x = x_0 - t S_x(x_0, y_0) \quad y = y_0 - t S_y(x_0, y_0) \qquad (13-119)$$

und wählt t so, daß $S(x,y)$ längs dieser Geraden ein Minimum annimmt. Dies sei bei x_1, y_1 der Fall. x_1, y_1 wird dann als neuer Startpunkt gewählt. Auf diese Weise erhält man (vgl. Abb. 73) einen Polygonzug, der zu dem gesuchten Minimum führt. Die Konvergenz ist meistens langsam. Außerdem kann das Verfahren zu einem nicht gewünschten Minimum führen, wenn $z = S(x,y)$ mehrere Minima hat.

Selbstverständlich können auch die in 13.2.2. und 13.2.3. angeführten Relaxations- und Überrelaxationsverfahren zur Berechnung eines verfeinerten Polygonzuges herangezogen werden, vor allem dann, wenn die Rechnung mit einem Computer durchgeführt werden kann.

13.5. Interpolation

13.5.1. Interpolation durch Polynome

Unter Interpolation versteht man die näherungsweise Ermittlung der Werte einer Funktion $f(x)$ in einem Intervall $a \leqq x \leqq b$, wenn dort an endlich vielen Stellen x_i $(i = 0 \ldots n)$ die Werte $y_i = f(x_i)$ bekannt sind. Ähnliche Probleme können auch für Funktionen $f(x, y, \ldots)$ mehrerer Variabler formuliert werden.

Sollen aufgrund der gegebenen Funktionswerte y_i Werte von $f(x)$ außerhalb des Intervalles (a,b) berechnet werden, spricht man von Extrapolation. Als inverse Interpolation bezeichnet man die näherungsweise Berechnung von x für einen gegebenen Funktionswert y.

Da durch $n+1$ Punkte $(x_0, y_0), \ldots, (x_n, y_n)$ stets eine Parabel $P_n(x)$ höchstens n-ter Ordnung gelegt werden kann, besteht eine Lösung der Interpolationsaufgabe darin, die Funktion $f(x)$ durch $P_n(x)$ zu ersetzen. $P_n(x)$ kann z. B. in Form des LAGRANGE*schen Interpolationspolynoms*

$$P_n(x) = \sum_{i=0}^{n} \frac{\lambda_i}{x - x_i} \left((x - x_0)(x - x_1) \ldots (x - x_n)\right) y_i \qquad (13-120)$$

mit

$$\lambda_i = \prod_{\substack{k=0 \\ k \neq i}}^{n} \frac{1}{x_i - x_k} \qquad (13-121)$$

berechnet werden.

Wenn die „wahre“ Funktion $f(x)$ im Intervall (a,b) $(n+1)$-mal differenzierbar ist und wenn $|f^{(n+1)}(x)| \leqq M_{n+1}$ ist, läßt sich der Abbrechfehler von Gl. (13–120) abschätzen:

$$|f(x) - P_n(x)| \leqq |x - x_0| \cdot |x - x_1| \ldots |x - x_n| \frac{M_{n+1}}{(n+1)!} \qquad (13-122)$$

Gl. (13–122) zeigt zweierlei: Die Fehler von Gl. (13–120) sind besonders groß in den Lücken zwischen weit auseinander liegenden Stützstellen x_k, x_{k+1} und steigen außerhalb des Intervalles (a,b) rasch an. Außerdem ist es, wenn auch $n+1$ Stützstellen $x_0 \ldots x_n$ vorliegen, im allgemeinen nicht zweckmäßig, ein Interpolationspolynom P_n vom Grade n zu wählen, weil die Schwankungen von P_n insbesondere an den Enden des Interpolationsintervalles sehr groß werden. Besser ist, drei bis fünf aufeinander folgende Stützpunkte durch ein Polynom von höchstens viertem Grad zu interpolieren. Auch dann wird die Interpolation im allgemeinen nur in der Mitte des Interpolationsintervalles zuverlässig sein.

Für die Anwendung wird bei Gl. (13–120) von gleichabständigen Stützstellen der Schrittweite $h = x_i - x_{i-1}$ ausgegangen und Gl. (13–120) in der Form

$$f(x_0 + ph) \approx \sum_k A_k^n(p) f(x_k) \qquad (13-123)$$

geschrieben; n ist die Zahl der gegebenen Stützstellen. Die Summe läuft für gerades n über alle ganzzahligen Werte $-\frac{1}{2}(n-2) \leqq k \leqq \frac{1}{2}n$, für ungerades n über alle ganzzahligen Werte $-\frac{1}{2}(n-1) \leqq k \leqq \frac{1}{2}(n-1)$. Die Koeffizienten A_k^n sind bis $n = 16$ tabelliert. In Tab 8 sind die Interpolationskoeffizienten für $n=7$ angegeben.

Häufig interessiert aber nicht der gesamte Verlauf des Interpolationspolynoms im Bereich $a \leqq x \leqq b$, sondern nur sein Wert an einer bestimmten Stelle $x = \xi$. In diesem Fall ist es bequemer, das Interpolationspolynom nach einem iterativen Algorithmus, der von AITKEN und NEVILLE angegeben wurde, zu berechnen. Greift man nämlich aus den $n+1$ Stützstellen $k+1$ Stück, etwa $x_{i0} \ldots x_{ik}$ heraus, und ist $P_k(x; x_{i0} \ldots x_{ik})$ das Stützpolynom durch diese Punkte, so gilt nach AITKEN die Rekursionsformel

$$P_k(x; x_{i0} \ldots x_{ik}) = \frac{(x_{i0} - x) P_{k-1}(x; x_{i1} \ldots x_{ik}) + (x - x_{ik}) P_{k-1}(x; x_{i0} \ldots x_{ik-1})}{x_{i0} - x_{ik}} \qquad (13-124)$$

Daraus resultiert der Algorithmus von NEVILLE

$$P_{ik} = P_{i,k-1} + \frac{P_{i,k-1} - P_{i-1,k-1}}{\dfrac{x - x_{i-k}}{x - x_i} - 1} \qquad \begin{matrix} i = 0 \ldots n \\ k = 1 \ldots i \end{matrix} \qquad (13-125)$$

mit der Abkürzung

$P_{ik} = P_k(x; x_i, x_{i-1}, \ldots, x_{i-k})$

$P_{i0} = f(x_i)$

$P_{nn} = P_n(x; x_0 \ldots x_n)$

Die Reihenfolge der Stützstellen ist dabei beliebig.

Beispiel: Stützstellen:

$x_0 = 0 \quad x_1 = 2 \quad x_2 = 1 \quad x_3 = -1 \quad x_4 = 3 \quad x_5 = 4$

Stützwerte:

$y_0 = 1 \quad y_1 = 1 \quad y_2 = 2 \quad y_3 = 2 \quad y_4 = 3 \quad y_5 = 3$

Gesucht:

$y(x) = y(2{,}5)$

Schema nach NEVILLE:

x_i	$P_{i0} = y_i$	P_{i1}	P_{i2}	P_{i3}	P_{i4}	P_{i5}
0	1					
2	1	1				
1	2	1/2	−1/4			
−1	2	2	1/4	−3/2		
3	3	23/8	85/32	93/64	123/128	
4	3	3	237/80	899/320	1147/640	379/256 = 1,48

Zum Vergleich: $P(2{,}5) = 1{,}4805$ nach einer 6-Punkt-LAGRANGE-Interpolation.

Die gleichabständige Anordnung der Stützstellen ist noch nicht optimal bezüglich des Fehlers Gl. (13–122). TSCHEBYSCHEW konnte zeigen, daß Gl. (13–122) dann ein Minimum annimmt, wenn als Stützstellen die Nullstellen

$$x_k = \frac{b+a}{2} + \frac{b-a}{2} \cos \frac{k\pi}{n+1} \qquad k = 0, \ldots, n+1 \qquad (13-126)$$

des $(n+1)$-ten TSCHEBYSCHEW-Polynoms $T_{n+1}(x)$

$$T_{n+1}(x) = \frac{(b-a)^{n+1}}{2^{2n+1}} \times$$

$$\times \cos\left((n+1) \arccos\left(\frac{2x}{b-a} - \frac{b+a}{b-a}\right)\right) \qquad (13-127)$$

gewählt werden. Für den dann auftretenden minimalen Interpolationsfehler gilt die Abschätzung

$$|f(x) - P(x)| \leqq \mathrm{M}_{n+1} \frac{(b-a)^{n+1}}{2^{2n+1}(n+1)!} \qquad a \leqslant x \leqslant b \qquad (13-128)$$

So wertvoll die LAGRANGEsche Interpolationsformel vor allem für theoretische Untersuchungen ist, so ist doch für praktische Rechnungen die NEWTON*sche* *Schreibweise des Interpolationspolynoms*

$$P_n(x) = y_0 + (x - x_0)[x_0 x_1] + (x - x_0)(x - x_1) \times$$
$$\times [x_0 x_1 x_2] + \ldots + (x - x_0)(x - x_1) \ldots (x - x_{n-1}) \times$$
$$\times [x_0 \ldots x_n] \qquad (13-129)$$

mit den Steigungen oder dividierten Differenzen

$$[x_i x_k] = \frac{y_k - y_i}{x_k - x_i}$$

und

$$[x_{i-1} \ldots x_{i+k}] = \frac{[x_i \ldots x_{i+k}] - [x_{i-1} \ldots x_{i+k-1}]}{x_{i+k} - x_{i-1}}$$

bei weitem bequemer.

Tab. 8. 7-Punkt-LAGRANGE-Interpolationskoeffizienten (aus [9])

p	A_{-3}	A_{-2}	A_{-1}	A_0	A_1	A_2	A_3	
0,0	0,0000000000	0,0000000000	0,0000000000	1,0000000000	0,0000000000	0,0000000000	0,0000000000	0,0
0,1	−0,0015910125	0,0140918250	−0,0672564375	0,9864277500	0,0822023125	−0,0155751750	0,0017007375	0,1
0,2	−0,0029568000	0,0258048000	−0,1182720000	0,9461760000	0,1774080000	−0,0315392000	0,0033792000	0,2
0,3	−0,0040028625	0,0344594250	−0,1524166875	0,8806297500	0,2830595625	−0,0466215750	0,0048923875	0,3
0,4	−0,0046592000	0,0396032000	−0,1697280000	0,7920640000	0,3960320000	−0,0594048000	0,0060928000	0,4
0,5	−0,0048828125	0,0410156250	−0,1708984375	0,6835937500	0,5126953125	−0,0683593750	0,0068359375	0,5
0,6	−0,0046592000	0,0387072000	−0,1572480000	0,5591040000	0,6289920000	−0,0718848000	0,0069888000	0,6
0,7	−0,0040028625	0,0329124250	−0,1306816875	0,4231597500	0,7405295625	−0,0683565750	0,0064393875	0,7
0,8	−0,0029568000	0,0240768000	−0,0936320000	0,2808960000	0,8426880000	−0,0561792000	0,0051072000	0,8
0,9	−0,0015910125	0,0128378250	−0,0489864375	0,1378877500	0,9307423125	−0,0338451750	0,0029547375	0,9
1,0	0,0000000000	0,0000000000	0,0000000000	0,0000000000	1,0000000000	0,0000000000	0,0000000000	1,1
1,1	0,0017007375	−0,0134961750	0,0498073125	−0,1267822500	1,0459535625	0,0464868250	−0,0036700125	1,2
1,2	0,0033792000	−0,0266112000	0,0967680000	−0,2365440000	1,0644480000	0,1064448000	−0,0078848000	1,3
1,3	0,0048923875	−0,0382495750	0,1371995625	−0,3236502500	1,0518633125	0,1803194250	−0,0123748625	1,4
1,4	0,0060928000	−0,0473088000	0,1675520000	−0,3829760000	1,0053120000	0,2680832000	−0,0167552000	1,0
1,5	0,0068359375	−0,0527343750	0,1845703125	−0,4101562500	0,9228515625	0,3691406250	−0,0205078125	1,5
1,6	0,0069888000	−0,0535808000	0,1854720000	−0,4018560000	0,8037120000	0,4822272000	−0,0229632000	1,6
1,7	0,0064393875	−0,0490785750	0,1681395625	−0,3560602500	0,6485383125	0,6053024250	−0,0232808625	1,7
1,8	0,0051072000	−0,0387072000	0,1313280000	−0,2723840000	0,4596480000	0,7354368000	−0,0204288000	1,8
1,9	0,0029547375	−0,0222741750	0,0748873125	−0,1524022500	0,2413035625	0,8686928250	−0,0131620125	1,9
2,0	0,0000000000	0,0000000000	0,0000000000	0,0000000000	0,0000000000	1,0000000000	0,0000000000	2,0
2,1	−0,0036700125	0,0273908250	−0,0905664375	0,1782577500	−0,2552326875	1,1230238250	0,0207967375	2,1
2,2	−0,0078848000	0,0585728000	−0,1921920000	0,3727360000	−0,5125120000	1,2300288000	0,0512512000	2,2
2,3	−0,0123748625	0,0915164250	−0,2981216875	0,5703197500	−0,7567704375	1,3117354250	0,0936953875	2,3
2,4	−0,0167552000	0,1233792000	−0,3991680000	0,7539840000	−0,9694080000	1,3571712000	0,1507968000	2,4
2,5	−0,0205078125	0,1503906250	−0,4833984375	0,9023437500	−1,1279296875	1,3535156250	0,2255859375	2,5
2,6	−0,0229632000	0,1677312000	−0,5358080000	0,9891840000	−1,2055680000	1,2859392000	0,3214848000	2,6
2,7	−0,0232808625	0,1694054250	−0,5379766875	0,9829697500	−1,1708904375	1,1374364250	0,4423363875	2,7
2,8	−0,0204288000	0,1481088000	−0,4677120000	0,8463360000	−0,9873920000	0,8886528000	0,5924352000	2,8
2,9	−0,0131620125	0,0950888250	−0,2986764375	0,5355577500	−0,6130726875	0,5177058250	0,7765587375	2,9
3,0	0,0000000000	0,0000000000	0,0000000000	0,0000000000	0,0000000000	0,0000000000	1,0000000000	3,0
	A_3	A_2	A_1	A_0	A_{-1}	A_{-2}	A_{-3}	$-p$

Im vorherigen Beispiel ergibt sich folgendes Schema:

x_i	y_i	$[x_i x_{i+1}]$	$[x_i..x_{i+2}]$	$[x_i..x_{i+3}]$	$[x_i..x_{i+4}]$	$[x_i..x_{i+5}]$
0	1					
		0				
2	1		−1			
		−1		−2/3		
1	2		−1/3		27/72	
		0		11/24		−19/120
−1	2		1/8		−62/240	
		1/4		−7/120		
3	3		−1/20			
		0				
4	3					

Das Interpolationspolynom lautet damit

$$P(x) = 1 - 1 \cdot x(x-2) - \tfrac{2}{3}\, x(x-2)(x-1) + \tfrac{3}{8}\, x(x-2)(x-1)(x+1) - \tfrac{19}{120}\, x(x-2)(x-1)(x+1)(x-3)$$

Auch die NEWTONsche Formel wird meist für äquidistante Stützstellen angewendet. Sie läßt sich dann durch Verwendung von Begriffen aus der Differenzenrechnung praktischer schreiben.

Man nennt

$$\triangle y_k = y(x_k + h) - y(x_k)$$

die vorwärts genommenen,

$$\nabla y_k = y(x_k) - y(x_k - h)$$

die rückwärts genommenen,

$$\delta y_k = y(x_k + h/2) - y(x_k - h/2)$$

die zentralen Differenzen erster Ordnung der Funktionswerte y_k. Ferner ist

$$\triangle^n y_k = \triangle(\triangle^{n-1} y_k) \qquad n \geqq 2$$

$$\triangle^n y_k = \nabla^n y_{k+n} \qquad \triangle^n y_k = \delta^n y_{k+n/2}$$

Es ist aber zu beachten, daß diese verschiedenen Differenzen nur unterschiedliche Schreibweisen für ein und dasselbe Differenzenschema sind. Hat man Stützstellen $x_0 \ldots x_4$ mit Stützwerten $y_0 \ldots y_4$, so lautet hierfür das System der vorwärts genommenen Differenzen

x_0	y_0				
		$\triangle y_0$			
x_1	y_1		$\triangle^2 y_0$		
		$\triangle y_1$		$\triangle^3 y_0$	
x_2	y_2		$\triangle^2 y_1$		$\triangle^4 y_0$
		$\triangle y_2$		$\triangle^3 y_1$	
x_3	y_3		$\triangle^2 y_2$		
		$\triangle y_3$			
x_4	y_4				

das System der rückwärts genommenen Differenzen

x_0	y_0				
		∇y_1			
x_1	y_1		$\nabla^2 y_2$		
		∇y_2		$\nabla^3 y_3$	
x_2	y_2		$\nabla^2 y_3$		$\nabla^4 y_4$
		∇y_3		$\nabla^3 y_4$	
x_3	y_3		$\nabla^2 y_4$		
		∇y_4			
x_4	y_4				

und das System der zentralen Differenzen

x_0	y_0				
		$\delta y_{1/2}$			
x_1	y_1		$\delta^2 y_1$		
		$\delta y_{3/2}$		$\delta^3 y_{3/2}$	
x_2	y_2		$\delta^2 y_2$		$\delta^4 y_2$
		$\delta y_{5/2}$		$\delta^3 y_{5/2}$	
x_3	y_3		$\delta^2 y_3$		
		$\delta y_{7/2}$			
x_4	y_4				

Mit Hilfe dieser Differenzenschemata gewinnt man aus Gl. (13−129) zunächst die NEWTONsche Interpolationsformel für vorwärts schreitende Differenzen

$$f(x_0 + ph) = y_0 + p \,\triangle y_0 + \binom{p}{2} \triangle^2 y_0 + \binom{p}{3} \triangle^3 y_0 + \ldots + \binom{p}{n} \triangle^n y_0 \qquad (13-130)$$

und die NEWTONsche Interpolationsformel für rückwärts schreitende Differenzen

$$f(x_0 + ph) = y_0 + p \,\nabla y_0 + \frac{p(p+1)}{2!} \nabla^2 y_0 + \frac{p(p+1)(p+2)}{3!} \nabla^3 y_0 + \ldots + \frac{p(p+1)\ldots(p+n-1)}{n!} \nabla^n y_0 \qquad (13-131)$$

Es muß nochmals betont werden, daß beide Formeln dasselbe Interpolationspolynom wiedergeben. Gl. (13−130) ist besonders für Interpolationen am Beginn einer Tabelle, Gl. (13−131) besonders für Interpolationen am Ende einer Tabelle geeignet.

Beispiel: Einer Tabelle für $y = \sqrt{x}$ entnimmt man

x	$y(x)$	$\Delta y \cdot 10^5$	$\Delta^2 y \cdot 10^5$	$\Delta^3 y \cdot 10^5$	$\Delta^4 y \cdot 10^5$	$\Delta^5 y \cdot 10^5$	$\Delta^6 y \cdot 10^5$
1,00	1,00000						
		2470					
1,05	1,02470		−59				
		2411		5			
1,10	1,04881		−54		−1		
		2357		4		−1	
1,15	1,07238		−50		−2		4
		2307		2		3	
1,20	1,09544		−48		1		
		2259		3			
1,25	1,11803		−45				
		2214					
1,30	1,14017						

Gesucht ist $\sqrt{1{,}01}$ und $\sqrt{1{,}28}$.

Für $\sqrt{1{,}01}$ empfiehlt sich die Anwendung von Gl. (13−130). Es ist $h = 0{,}05$, $p = 0{,}2$, folglich

$$f(1{,}01) = 1{,}00000 + 0{,}2 \cdot 2470 \cdot 10^{-5} + \frac{0{,}2 \cdot 0{,}8}{2} \times 59 \cdot 10^{-5} + \frac{0{,}2 \cdot 0{,}8 \cdot 1{,}8}{6} \cdot 5 \cdot 10^{-5} + \ldots = 1{,}00499$$

$\sqrt{1{,}28}$ ist einfacher nach Gl. (13−131) zu berechnen; hier ist $x_0 = 1{,}30$, $h = 0{,}05$ und $p = -0{,}4$, also

$$f(1{,}28) = 1{,}14017 - 0{,}4 \cdot 2214 \cdot 10^{-5} + \frac{0{,}4 \cdot 0{,}6}{2} \times 45 \cdot 10^{-5} - \frac{0{,}4 \cdot 0{,}6 \cdot 1{,}6}{6} \cdot 3 \cdot 10^{-5} + \ldots = 1{,}13137$$

Bei der Interpolation von Funktionswerten in der Mitte einer Tafel wird man die Interpolationsformel Gl. (13—129) so einzurichten versuchen, daß zur Berechnung zunächst die dem gesuchten Wert benachbarten und dann mit absteigendem Gewicht die weiter entfernten Stützwerte verwendet werden. Unter Benutzung der zentralen Differenzen erhält man zunächst die Interpolationsformel von GAUSS für vorwärts schreitende Differenzen

$$f(x_0 + ph) = y_0 + \sum_{i=1}^{n} \left(\binom{p+i-1}{2i-1} \delta^{2i-1} y_{1/2} + \binom{p+i-1}{2i} \delta^{2i} y_0 \right) \quad (13-132)$$

und die Interpolationsformel von GAUSS für rückwärts schreitende Differenzen

n	x_n	y_n
−3	1,00	0,84147
−2	1,05	0,86742
−1	1,10	0,89120
0	1,15	0,91276
+1	1,20	0,93204
+2	1,25	0,94898
+3	1,30	0,96356

$$f(x_0 + ph) = y_0 + \sum_{i=1}^{n} \left(\binom{p+i-1}{2i-1} \delta^{2i-1} y_{-1/2} + \binom{p+i}{2i} \delta^{2i} y_0 \right) \quad (13-133)$$

Bildet man das arithmetische Mittel aus Gl. (13—132) und Gl. (13—133), so erhält man die oft verwendete Formel von STIRLING

$$f(x_0 + ph) = y_0 + \binom{p}{1} \left(\mu \delta y_0 + \frac{p}{2} \delta^2 y_0 \right) + \binom{p+1}{3} \left(\mu \delta^3 y_0 + \frac{p}{4} \delta^4 y_0 \right) + \ldots + \binom{p+n-1}{2n-1} \left(\mu \delta^{2n-1} y_0 + \frac{p}{2n} \delta^{2n} y_0 \right) \quad (13-134)$$

mit

$$\mu \delta^k y_i = \tfrac{1}{2} (\delta^k y_{i-1/2} + \delta^k y_{i+1/2}) \quad (13-135)$$

Schreibt man die zweite Formel von GAUSS Gl. (13—133) für das Argument $x_0 + h$ und addiert Gl. (13—132) dazu, so entsteht die Interpolationsformel von BESSEL

$$f(x_0 + ph) = y_0 + p \delta y_{1/2} + \binom{p}{2} \left(\mu \delta^2 y_{1/2} + \frac{p-1/2}{3} \delta^3 y_{1/2} \right) + \binom{p+1}{4} \left(\mu \delta^4 y_{1/2} + \frac{p-1/2}{5} \delta^5 y_{1/2} \right) + \ldots + \binom{p+r-1}{2r} \times \left(\mu \delta^{2r} y_{1/2} + \frac{p-1/2}{2r+1} \delta^{2r+1} y_{1/2} \right) \quad (13-136)$$

Sie ist besonders geeignet für Interpolationen in der Intervallmitte, d. h. $p = 1/2$, weil dann in Gl. (13—136) alle Glieder mit Differenzen ungerader Ordnung verschwinden.

Drückt man in Gl. (13—136) die Differenzen ungerader Ordnung durch die geraden Differenzen aus, so erhält man schließlich die für Untertafelungen besonders geeignete Formel von EVERETT

$$f(x_0 + ph) = \binom{p}{1} y_1 + \binom{p+1}{3} \delta^2 y_1 + \binom{p+2}{5} \delta^4 y_1 + \ldots + \binom{p+n}{2n+1} \delta^{2n} y_1 - \binom{p-1}{1} y_0 - \binom{p}{3} \delta^2 y_0 - \binom{p+1}{5} \delta^4 y_0 - \ldots - \binom{p+n-1}{2n+1} \delta^{2n} y_0 \quad (13-137)$$

Beispiel: Interpolation von sin x

δy	$\delta^2 y$	$\delta^3 y$	$\delta^4 y$
0,02595			
	−0,00217		
0,02378		0,00005	
	−0,00222		0,00001
0,02156		0,00006	
	−0,00228		0,00000
0,01928		0,00006	
	−0,00234		−0,00004
0,01694		0,00002	
	−0,00236		
0,01458			

Gesucht sei sin 1,18. Benutzt man Gl. (13—132), so ist $h = 0{,}05$, $p = 0{,}6$, und damit

$$f(1{,}18) = 0{,}91276 + \binom{0{,}6}{1} 0{,}01928 - \binom{0{,}6}{2} 0{,}00228 + \binom{1{,}6}{3} 0{,}00006 + \ldots = 0{,}92460$$

Für Gl. (13—133) muß $p = -0{,}4$ und $y_1 = y_0$, $y_{-1/2} = y_{1/2}$ usw. gesetzt werden; dann ist

$$f(1{,}18) = 0{,}93204 + \binom{-0{,}4}{1} 0{,}01928 - \binom{0{,}6}{2} 0{,}00234 + \binom{0{,}6}{3} 0{,}00006 - \ldots = 0{,}92461$$

Bei Anwendung von Gl. (13—134) ist $p = 0{,}6$ und

$$f(1{,}18) = 0{,}91276 + 0{,}6 \left(\frac{1}{2} (0{,}02156 + 0{,}01928) - \frac{0{,}6}{2} \cdot 0{,}00228 \right) + \binom{1{,}6}{3} \left(\frac{1}{2} (0{,}00006 + 0{,}00006) + \frac{0{,}6}{4} \cdot 0{,}00000 \right) + \ldots = 0{,}92460$$

Auch bei Gl. (13—136) ist $p = 0{,}6$ und damit

$$f(1{,}18) = 0{,}91276 + 0{,}6 \cdot 0{,}01928 + \binom{0{,}6}{2} \times \left(\frac{1}{2} (-0{,}00228 - 0{,}00234) + \frac{0{,}1}{3} \cdot 0{,}00006 \right) + \binom{1{,}6}{4} \left(\frac{1}{2} (0{,}00000 - 0{,}00004) + \ldots \right) + \ldots = 0{,}92460$$

Schließlich ergibt die EVERETTsche Formel Gl. (13−137) mit $p = 0{,}6$

$$f(1{,}18) = 0{,}6 \cdot 0{,}93204 - \binom{1{,}6}{3} 0{,}00234 - \binom{2{,}6}{5} \times$$

$$\times\, 0{,}00004 - \binom{-0{,}4}{1} 0{,}91276 + \binom{0{,}6}{3} 0{,}00228 + \ldots =$$

$$= 0{,}92461$$

Verwendet man die Formel Gl. (13−137) bis zu vierten Differenzen, so läßt sie sich in der Form

$$f(x_0 + ph) = py_1 + \frac{p(p^2-1)}{6}(\delta^2 y_1 - k\,\delta^4 y_1) +$$

$$+ \frac{p(p^2-1)}{6}\left(k - \frac{4-p^2}{20}\right)\delta^4 y_1 + (1-p)y_0 +$$

$$+ \frac{(1-p)((1-p)^2-1)}{6}(\delta^2 y_0 - k\,\delta^4 y_0) +$$

$$+ \frac{(1-p)((1-p)^2-1)}{6}\left(k - \frac{4-(1-p)^2}{20}\right)\delta^4 y_0 \qquad (13-138)$$

schreiben (k beliebig). Wenn p und $1-p$, wie üblich, im Intervall 0...1 schwanken, so verändern sich $(4-p^2)/20$ und $(4-(1-p)^2)/20$ fast gar nicht. Man kann daher die Koeffizienten von $\delta^4 y_1$ und $\delta^4 y_0$ durch Wahl von k minimieren. Als optimaler Wert ergibt sich $k = 0{,}184$. Die Differenz $\delta^2 y_j - 0{,}184\ \delta^4 y_j$ wird als modifizierte zweite Differenz von y_j und die Formel

$$f(x_0 + ph) \approx py_1 + \frac{p(p^2-1)}{6}(\delta^2 y_1 - 0{,}184\,\delta^4 y_1) +$$

$$+ (1-p)y_0 + \frac{(1-p)((1-p)^2-1)}{6} \times$$

$$\times (\delta^2 y_0 - 0{,}184\,\delta^4 y_0) \qquad (13-139)$$

als EVERETT*sche Formel mit Rückwurf* bezeichnet.

Für die Anwendung der verschiedenen Interpolationsformeln kann man folgende Regeln aufstellen: Normalerweise sind die Differenzen einer Funktion umso kleiner, je höher ihre Ordnung ist, und nähern sich einem fast konstanten Wert; wegen der unvermeidlichen Ungenauigkeiten werden aber danach die Differenzen wieder unregelmäßig und wachsen erneut. Im Beispiel S. 583 sind die zweiten Differenzen dreistellig konstant; daraus kann geschlossen werden, daß in diesem Intervall die Funktion $\sin x$ durch ein quadratisches Polynom angemessen interpoliert werden kann (für ein Polynom m-ten Grades sind bekanntlich die m-ten Differenzen konstant).

Sind in den Zeilen des Differenzenschemas, welche y_i und y_{i+1} entsprechen, alle Differenzen regulär, so können die Formeln von STIRLING und BESSEL angewendet werden. Dabei ist die STIRLINGsche Formel günstig, wenn $|p| \leqq 1/4$ und die letzte reguläre Differenz von ungerader Ordnung ist, während die BESSELsche Formel mit Vorteil verwendet wird, wenn $1/4 < p < 3/4$ und die letzte reguläre Differenz von gerader Ordnung ist. In jedem Fall aber sollte man für die Interpolation nicht mehr als $8-10$ möglichst symmetrisch zur Interpolationsstelle gelegene Stützstellen verwenden, weil sonst die durch Rundungsfehler hervorgerufenen Instabilitäten zu groß werden.

Ausdrücklich ist zu bemerken, daß sowohl die LAGRANGEsche wie die NEWTONsche Interpolationsformel und alle ihre Varianten nur die Aufgabe lösen, durch n gegebene Punkte ein Interpolationspolynom möglichst niedrigen Grades zu legen. Der „wahren" Meßkurve wird sich dieses Polynom jedoch im allg. nur bei enger Schrittweite und kleinem Interpolationsintervall gut anschmiegen.

Abb. 74 zeigt ein Gegenbeispiel. Die Zahlenpaare (0,0), (4,2), (16,4), (36,6) und (0,0), (1,1), (9,3), (36,6) wurden jeweils durch ein Polynom dritten Grades interpoliert. Alle Punkte liegen auf der Kurve $y = \sqrt{x}$, die also in diesem Fall die „wahre", zu approximierende algebraische Funktion darstellt.

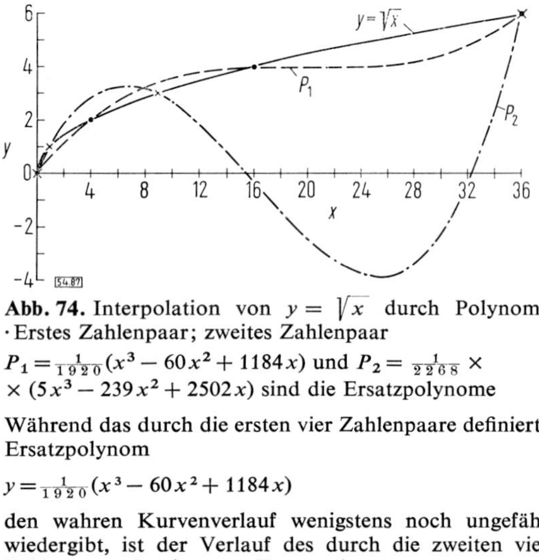

Abb. 74. Interpolation von $y = \sqrt{x}$ durch Polynome · Erstes Zahlenpaar; zweites Zahlenpaar
$P_1 = \frac{1}{1920}(x^3 - 60x^2 + 1184x)$ und $P_2 = \frac{1}{2268} \times (5x^3 - 239x^2 + 2502x)$ sind die Ersatzpolynome

Während das durch die ersten vier Zahlenpaare definierte Ersatzpolynom

$$y = \tfrac{1}{1920}(x^3 - 60x^2 + 1184x)$$

den wahren Kurvenverlauf wenigstens noch ungefähr wiedergibt, ist der Verlauf des durch die zweiten vier Zahlenpaare bestimmten Ersatzpolynoms

$$y = \tfrac{1}{2268}(5x^3 - 239x^2 + 2502x)$$

von dem zu approximierenden Kurvenzug völlig verschieden.

13.5.2. Glatte Interpolation

Wie auf S. 580 erwähnt wurde, ist es auch bei Kenntnis von N Stützstellen zweckmäßig, das interpolierende Polynom aus einzelnen Polynomen z. B. dritten Grades zusammenzusetzen, so daß

$$P(x) = \begin{cases} P_3(x; x_0, x_1, x_2, x_3) & \text{für } x_1 \leqq x \leqq x_2 \\ P_3(x; x_1, x_2, x_3, x_4) & \text{für } x_2 \leqq x \leqq x_3 \\ \vdots & \vdots \\ P_3(x; x_{N-3}, x_{N-2}, x_{N-1}, x_N) & \text{für } x_{N-2} \leqq x \leqq x_{N-1} \end{cases} \qquad (13-140)$$

ist. Die so konstruierte Funktion $P(x)$ wird aber im allg. in den Anschlußpunkten $x_2, x_3, \ldots, x_{N-2}$ Ecken haben.

Dieser Nachteil kann beseitigt werden, indem man durch $N+1$ Stützpunkte (x_i, y_i) $(i=0\ldots N)$ $(x_{i+1} > > x_i)$ eine sog. Spline-Funktion $f(x)$ legt, die durch folgende Forderungen charakterisiert ist:

1. $\tilde{f}(x)$ ist überall zweimal stetig differenzierbar.
2. $\tilde{f}(x_i) = y_i$, d. h. $\tilde{f}(x)$ geht durch die Stützpunkte.
3. Die Gesamtkrümmung von $\tilde{f}(x)$ sei minimal, d. h.

$$\int_{x_0}^{x_N} (\tilde{f}''(x))^2 \, dx = \min$$

Aus diesen Forderungen folgt: $\tilde{f}(x)$ ist in jedem Intervall $x_i \leqq x \leqq x_{i+1}$ ein Polynom dritten Grades. Die dritten Ableitungen $\tilde{f}'''(x)$ sind für $x = x_1, x = x_2, \ldots, x = x_{N-1}$ im allg. unstetig.

Zur expliziten Berechnung von $\tilde{f}(x)$ setzt man $\tilde{f}(x) = = P_j(x)$ im Intervall $x_j \leqq x \leqq x_{j+1}$ $(j = 0, \ldots, N-1)$ und fordert

$$P_j(x) = a_j + b_j(x-x_j) + c_j(x-x_j)^2 + d_j(x-x_j)^3 \qquad (13-141)$$

Die Koeffizienten a_j, b_j, c_j und d_j können dann rekursiv aus folgendem Gleichungssystem berechnet werden:

$$a_j = y_j \qquad (13-142)$$

$$b_j = \frac{y_{j+1} - y_j}{x_{j+1} - x_j} - \frac{2c_j + c_{j+1}}{3}(x_{j+1} - x_j) \qquad j = 0, \ldots, N-1 \qquad (13-143)$$

$$d_j = \frac{c_{j+1} - c_j}{3(x_{j+1} - x_j)} \qquad j = 0, \ldots, N-1 \qquad (13-144)$$

$$(x_j - x_{j-1})c_{j-1} + 2\big((x_j - x_{j-1}) + (x_{j+1} - x_j)\big)c_j + + (x_{j+1} - x_j)c_{j+1} = 3\left(\frac{y_{j+1} - y_j}{x_{j+1} - x_j} - \frac{y_j - y_{j-1}}{x_j - x_{j-1}}\right)$$

$$j = 1, \ldots, N-1 \qquad c_0 = c_N = 0 \qquad (13-145)$$

Die Forderung, daß $\tilde{f}(x)$ zweimal stetig differenzierbar sein soll, ist natürlich willkürlich. Man könnte auch verlangen, daß $\tilde{f}(x)$ überall $(2k-2)$-mal stetig differenzierbar sei, woraus folgen würde, daß $\tilde{f}(x)$ in jedem Intervall $x_i \leqq x \leqq x_{i+1}$ als Polynom $(2k-1)$-ten Grades anzusetzen sei. Derartige höhere Spline-Funktionen zeigen aber meistens größere Schwankungen (sie sind weniger „glatt") als die hier konstruierten Splines dritter Ordnung.

Beispiel: Durch die Stützpunkte $(-2{,}0)$, $(-1{,}0)$, $(0{,}1)$, $(1{,}0)$, $(2{,}0)$ soll ein Spline konstruiert werden. Die gesuchten Polynome dritten Grades ergeben sich aus der Rechnung zu

$$P_0(x) = -\tfrac{3}{7}(x+2) + \tfrac{3}{7}(x+2)^3 \qquad -2 \leqq x \leqq -1$$

$$P_1(x) = \tfrac{6}{7}(x+1) + \tfrac{9}{7}(x+1)^2 - \tfrac{8}{7}(x+1)^3 \qquad -1 \leqq x \leqq 0$$

$$P_2(x) = 1 - \tfrac{15}{7}x^2 + \tfrac{8}{7}x^3 \qquad 0 \leqq x \leqq 1$$

$$P_3(x) = -\tfrac{6}{7}(x-1) + \tfrac{9}{7}(x-1)^2 - \tfrac{3}{7}(x-1)^3 \qquad 1 \leqq x \leqq 2$$

Abb. 75 zeigt die Spline-Funktion des gegebenen Problems und zum Vergleich das Interpolationspolynom vierten Grades; man erkennt deutlich, daß sich die Spline-Funktion den gegebenen Stützpunkten besser „anpaßt".

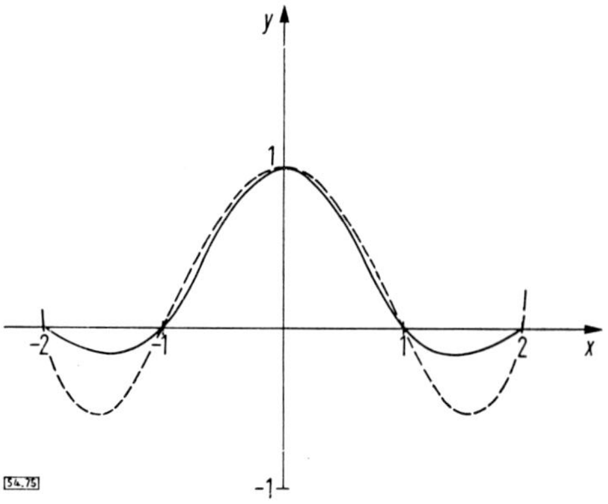

Abb. 75. Spline-Funktion und Interpolationspolynom für fünf gegebene Stützpunkte
—— Spline-Funktion;
----- Stützpolynom $y = 1 - \frac{5}{4}x^2 + \frac{1}{4}x^4$

Die Spline-Interpolation kann auch zur Konstruktion möglichst „glatter" Kurven durch eine Menge von Stützpunkten (x_i, y_i) in der Ebene benutzt werden. Dazu faßt man die x_i und y_i als Funktionen eines monoton wachsenden Parameters s auf, der etwa der irgendwie definierte Abstand zweier Stützpunkte sein kann; im einfachsten Fall ist also

$$s_{i+1} - s_i = \sqrt{(x_{i+1} - x_i)^2 + (y_{i+1} - y_i)^2} \qquad s_0 = 0$$

Konstruiert man dann durch die Punkte (s_i, x_i) und (s_i, y_i) die Splines $x(s)$ und $y(s)$, so kann man sie als Parameterdarstellung der Spline-Kurve durch die gegebenen Stützpunkte auffassen. Natürlich hängt die Form der Kurve noch von der Wahl des Parameters s ab. Soll diese Kurve außerdem geschlossen sein, so tritt an die Stelle von $c_0 = c_N = 0$ die Forderung $b_0 = b_N$, $c_0 = c_N$.

Sind die Stützpunkte y_i Resultate von Messungen, so ist es im allg. sinnlos, die Spline-Funktion so anzulegen, daß sie die Stützwerte exakt annimmt. Ist $\sigma^2(y_i)$ die Standardabweichung von y_i und $s > 0$ eine Schranke, so wird man eine „glättende Spline-Funktion" $\tilde{f}(x)$ dadurch definieren, daß die Forderungen 1. und 3. von oben beibehalten werden, 2. dagegen in

$$\sum_{i=0}^{N} \left(\frac{\tilde{f}(x_i) - y_i}{\sigma^2(y_i)}\right)^2 \leqq s$$

abgeändert wird. Auch dann ist $\tilde{f}(x)$ in jedem Intervall $x_i \leqq x \leqq x_{i+1}$ ein Polynom dritten Grades der Form Gl. (13−141); zur Berechnung der Koeffizienten dient jetzt das Gleichungssystem (13−143), (13−144), (13−145) und die Forderung, den Ausdruck

$$F(a_0,a_1,\ldots,a_N;c_1,\ldots,c_{N-1};z)=\sum_{i=0}^{N-1}\frac{2}{3}(x_{i+1}-x_i)\left(c_i^2+(c_i+c_{i+1})^2+c_{i+1}^2\right)+\lambda\Bigg(z^2+\sum_{i=0}^{N}\left(\frac{a_i-y_i}{\sigma^2(y_i)}\right)^2-s\Bigg)+\sum_{i=1}^{N-1}\mu_i\Bigg((x_i-x_{i-1})c_{i-1}+2\left((x_i-x_{i-1})+(x_{i+1}-x_i)\right)c_i+(x_{i+1}-x_i)c_{i+1}-3\left(\frac{a_{i+1}-a_i}{x_{i+1}-x_i}-\frac{a_i-a_{i-1}}{x_i-x_{i-1}}\right)\Bigg) \quad (13-146)$$

bezüglich der Variablen $a_0\ldots a_N$, $c_1\ldots c_{N-1}$, z ($c_0 = c_N = 0$) zu minimieren. Damit resultieren aus Gl. (13–146) $2N+1$ Gleichungen zur Bestimmung der Unbekannten $a_0\ldots a_N$ und der LAGRANGE-Parameter $\lambda, \mu_1\ldots\mu_{N-1}$. Vgl. [1c].

13.5.3. Rationale Interpolation; Interpolation bei Funktionen mehrerer Veränderlicher

Die Klasse der rationalen Funktionen ist viel größer als die Klasse der Polynome. Daher sollte man erwarten, daß rationale Funktionen wesentlich bessere Hilfsmittel zur Interpolation von Stützwerten darstellen. Dem stehen jedoch einige Schwierigkeiten entgegen.

Es sei

$$R(x)=\frac{P(x)}{Q(x)}=\frac{p_0+p_1x+\ldots+p_mx^m}{q_0+q_1x+\ldots+q_nx^n} \quad (13-147)$$

und

$$R(x_i)=y_i \qquad i=0\ldots N \qquad N=n+m$$

Im Gegensatz zu der Interpolation durch Polynome gibt es aber bei gegebenen $N+1$ Stützpunkten y_i nicht zu jedem Zählergrad $m=N$ eine rationale Funktion $R(x)$, welche die y_i interpoliert. Außerdem besteht immer die Gefahr, daß $R(x)$ im Interpolationsintervall Pole hat. Aus diesen Gründen soll hier auf eine Darstellung der Methoden zur rationalen Interpolation verzichtet werden; Einzelheiten über Rechenverfahren finden sich in [1c].

Auch auf die Schwierigkeiten bei der Interpolation von Funktionen $f(x,y,z,\ldots)$ mehrerer Variabler kann nur kurz eingegangen werden. Unter Beschränkung auf zwei Variable x und y: In der Ebene seien $N+1$ Stützpunkte (x_0,y_0), $(x_1,y_1),\ldots$, (x_N,y_N) gegeben. Dann gibt es im allg. kein eindeutig bestimmbares Polynom

$$P=\sum_{j=0}^{m}\sum_{k=0}^{m-j}a_{jk}x^jy^k$$

welches an diesen Stützpunkten gegebene Stützwerte z_i annimmt, denn zur Bestimmung der $\frac{1}{2}(m+1)\times(m+2)$ Koeffizienten stehen $N+1$ Gleichungen zur Verfügung, so daß

$$N+1=\tfrac{1}{2}(m+1)(m+2)$$

sein muß. Diese diophantische Gleichung hat ganzzahlige Lösungen aber nur für bestimmte Werte von N, z. B. 2, 5 oder 9.

Auch dann dürfen die Stützpunkte nicht beliebig gewählt werden; so dürfen drei Punkte nicht auf einer Geraden, fünf Punkte nicht auf einer Kurve zweiten Grades usw. liegen. Da diese Bedingungen für größere Werte von N schwer zu kontrollieren sind, bleibt meist nur die Möglichkeit, bei N Stützstellen probeweise einen Ansatz für die Interpolationsfunktion mit $N+1$ frei wählbaren Koeffizienten durchzurechnen.

Ein wichtiger Spezialfall ist der, daß die Stützpunkte ein Rechteckgitter bilden: $z=z(x_j,y_k)$ mit $j=0\ldots n$, $k=0\ldots m$.

Man berechnet dann am einfachsten zunächst die Interpolationspolynome $P(x;y_k)$ bei konstantem y_k und interpoliert anschließend in y-Richtung.

Beispiel: Interpolation der JACOBIschen Zeta-Funktion

$\alpha \backslash \varphi$	0°	5°	10°	15°	20°	
0°	0	0	0	0	0	
5°	0	519	1023	1496	1923	
10°	0	2080	4098	5992	7706	$\cdot 10^{-6}$
15°	0	4688	9238	13513	17387	

Mit der Schrittweite $h=5^0$ und $\varphi=ph$, $\alpha=qh$ lauten zunächst die Interpolationspolynome bezüglich φ zeilenweise

$$P(\varphi;\alpha=0)=0$$

$$P(\varphi;\alpha=5)=\tfrac{1}{24}(12502p+23p^2-70p^3+p^4)$$

$$P(\varphi;\alpha=10)=\tfrac{1}{24}(50132p+66p^2-284p^3+6p^4)$$

$$P(\varphi;\alpha=15)=\tfrac{1}{24}(113006p+109p^2-614p^3+11p^4)$$

Diese vier Polynome können dann bezüglich α als Elemente eines Differenzenschemas aufgefaßt und in der üblichen Weise etwa mit der NEWTONschen Formel interpoliert werden. Das Ergebnis lautet schließlich

$$P(\varphi=ph;\alpha=qh)=\frac{pq}{72}(-70+19p+34p^2-7p^3+37518q+58q^2+60pq-258p^2q-10pq^2+12p^3q+14p^2q^2-2p^3q^2)$$

13.6. Numerische Differentiation und Integration

Ergänzende Literatur zu 13.6 siehe [32], [34], [50], [52].

13.6.1. Numerische Differentiation

Sie wird bei Funktionen ausgeführt, die in Tabellenform gegeben sind oder allein in grafischer Form vorliegen. Im letzteren Fall ist die Differentiation, wenn möglich, grafisch auszuführen, weil dieses Verfahren besser ist als viele der numerischen Methoden. Das Schema des Verfahrens zeigt Abb. 76. Am genauesten ist die Anwendung eines Spiegellineals.

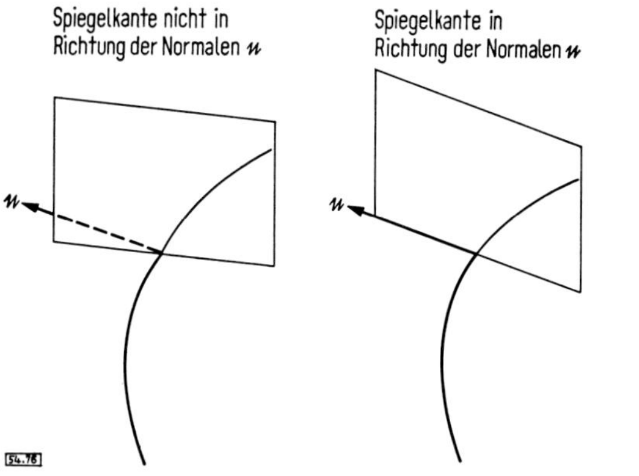

Abb. 76. Schema der grafischen Differentiation mit einem Spiegellineal

Bei rein numerischen Verfahren wird stets statt der gegebenen Funktion $f(x)$ das Interpolationspolynom durch N gegebene Stützpunkte differenziert. Sucht man etwa bei drei gegebenen äquidistanten Stützwerten y_0, y_1 und y_2 die erste Ableitung an der Stelle y_0, so ergibt die NEWTONsche Vorwärtsformel Gl. (13–130) dafür den Näherungswert

$$\frac{\mathrm{d}f(x_0+ph)}{dx}\bigg|_{p=0} = \frac{\mathrm{d}f}{\mathrm{d}p}\cdot\frac{1}{h}\bigg|_{p=0} =$$

$$= \frac{1}{h}\left(\Delta y_0 + \frac{1}{2}(2p-1)\,\Delta^2 y_0\right)\bigg|_{p=0} =$$

$$= \frac{1}{2h}(-3y_0+4y_1-y_2) \quad (13-148)$$

Selbstverständlich gilt Gl. (13–148) exakt, wenn $f(x)$ ein Polynom zweiten Grades ist. In gleicher Weise lassen sich auch aus den übrigen Interpolationsformeln Näherungsformeln für die Werte der Ableitung der gegebenen Funktion an einer bestimmten Stelle des Definitionsbereiches angeben.

Zur Differentiation am Anfang des Intervalls, wenn äquidistante Stützstellen und eine Schrittweite h gegeben sind, gilt die Näherungsformel:

$$f^{(n)}(y_0) = \frac{1}{k\,h^n}(a_0y_0 + a_1y_1 + a_2y_2 + \ldots) =$$

$$= \frac{1}{k\,h^n}\cdot\sum_{i=0}^{N} a_i y_i \quad (13-149)$$

Werte für k und die a_i liefert die Tab. 9.

Zur Differentiation in der Mitte des Intervalls, bei äquidistanten Stützstellen und Schrittweite h gilt:

Bei ungerader Zahl der Stützstellen ist

$$f^{(n)}(y_0) = \frac{1}{k\,h^n}\cdot\sum_{i=-N}^{+N} b_i y_i \quad (13-150)$$

Bei gerader Zahl der Stützstellen ist

$$f^{(n)}(y_0) = \frac{1}{k\,h^n}\cdot\sum_{i=1}^{N/2}(c_{i-1/2}\cdot y_{i-1/2} + $$

$$+ c_{-i+1/2}\cdot y_{-i+1/2}) \quad (13-151)$$

Werte hierfür liefert Tab. 10.

Die Fehler bei der numerischen Differentiation sind meist wesentlich größer als die Fehler bei der Interpolation. Das liegt daran, daß die Differenz der Ableitungen der wahren Funktion $y(x)$ und der Näherungsfunktion $\bar{y}(x)$, $|y'(x)-\bar{y}'(x)|$, auch dann sehr groß sein kann, wenn $|y(x)-\bar{y}(x)|$ selbst klein ist. Wählt man etwa

$$\bar{y}(x) = y(x) + \frac{1}{n}\sin n^2 x$$

so ist

$$|y(x)-\bar{y}(x)| = \left|\frac{1}{n}\sin n^2 x\right| \leqq \frac{1}{n}$$

dagegen

$$|y'(x)-\bar{y}'(x)| = |n\cos n^2 x| \leqq n$$

Brauchbare Näherungswerte für die Ableitungen sind deshalb nur zu erwarten, wenn die Schrittweite klein ist und die Stützwerte mit vielen geltenden Stellen gegeben sind.

Tab. 9. Koeffizienten für die näherungsweise numerische Differentiation nach Formel Gl. (13–149)

	a_0	a_1	a_2	a_3	a_4	a_5	k	N
$f'(y_0)$	−3	4	−1				2	3
$f'(y_0)$	−11	18	−9	2			6	4
$f''(y_0)$	2	−5	4	−1			1	4
$f'(y_0)$	−25	48	−36	16	−3		12	5
$f''(y_0)$	35	−104	114	−56	11		12	5
$f'''(y_0)$	−5	18	−24	14	−3		2	5
$f'(y_0)$	−137	300	−300	200	−75	12	60	6
$f''(y_0)$	45	−154	214	−156	61	−10	12	6
$f'''(y_0)$	−17	71	−118	98	−41	7	4	6
$f^{IV}(y_0)$	3	−14	26	−24	11	−2	2	6

Tab. 10. Koeffizienten für die näherungsweise numerische Differentiation nach den Formeln Gl. (13–150) und (13–151)

	b_{-2}	b_{-1}	b_0	b_1	b_2	k
$f'(y_0)$		-1	0	1		2
$f''(y_0)$		1	-2	1		1
$f'(y_0)$	1	-8	0	8	-1	12
$f''(y_0)$	-1	16	-30	16	-1	12
$f'''(y_0)$	-1	2	0	-2	1	2
$f^{IV}(y_0)$	1	-4	6	-4	1	1

	$c_{-5/2}$	$c_{-3/2}$	$c_{-1/2}$	$c_{1/2}$	$c_{3/2}$	$c_{5/2}$	k
$f'(y_0)$			-1	1			1
$f'(y_0)$		1	-27	27	1		24
$f''(y_0)$		1	-1	-1	1		2
$f'''(y_0)$		-1	3	-3	1		1
$f'(y_0)$	-9	125	-2250	2250	-125	9	1920
$f''(y_0)$	-5	39	-34	-34	39	-5	48
$f'''(y_0)$	1	-13	34	-34	13	-1	8
$f^{IV}(y_0)$	1	-3	2	2	-3	1	2
$f^{V}(y_0)$	-1	5	-10	$+10$	-5	1	1

13.6.2. Numerische Integration (Quadratur)

Darunter versteht man die Ermittlung des Wertes eines bestimmten Integrals

$$\int_a^b f(x)\,dx$$

über eine formelmäßig, grafisch oder auf andere Weise gegebene Funktion $f(x)$. Soweit diese Aufgabe exakt lösbar ist, wird sie in Abschn. 4.3 behandelt.

Bei einer numerischen Lösung wird die gegebene Funktion im Integrationsintervall durch einfachere Funktionen approximiert, deren Integrale berechenbar sind. Die einfachste Möglichkeit besteht darin, $f(x)$ zwischen a und b durch seine Sehne zu approximieren (Abb. 77). Die Fläche des durch die Sehne begrenzten Trapezes ist

$$T = \frac{b-a}{2}\bigl(y(a) + y(b)\bigr) \qquad (13-152)$$

Ist F der wahre Flächeninhalt, so gilt $F = T + R(f)$.

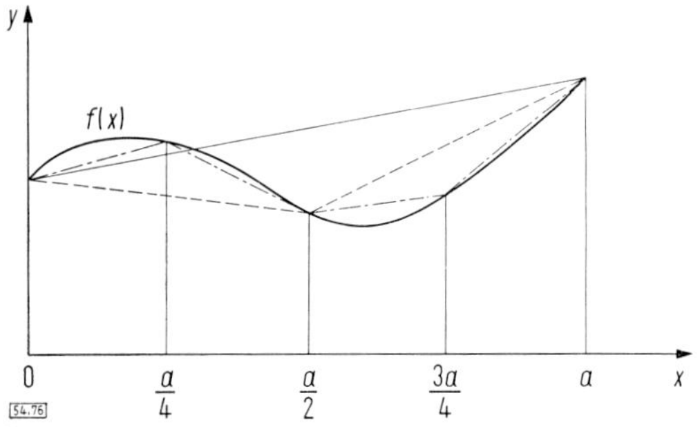

Abb. 77. Integration mit Hilfe der Trapezformel Unterteilung des Integrationsintervalls in ein (——), zwei (-----) und vier (-·-·-) Teilintervalle

$R(f)$ ist der von der untersuchten Funktion abhängige Integrationsfehler.

Das Verfahren kann verbessert werden, wenn man das Intervall (a, b) in N Teilintervalle der Länge $h = \frac{1}{N} \times (b-a)$ unterteilt (Abb. 77). Für jedes Teilintervall kann dieselbe Überlegung wie oben angestellt werden. Damit ist

$$T(h) = h\bigl(\tfrac{1}{2}y(a) + y(a+h) + y(a+2h) + \ldots + y\bigl(a+(N-1)h\bigr) + \tfrac{1}{2}y(b)\bigr) \qquad (13-153)$$

Der Integrationsfehler $R(f,h)$ von Gl. (13–153) ist angebbar, wenn f m-mal differenzierbar ist. Es gilt

$$R(f,h) = -\sum_{n=1}^{k} h^{2n}\cdot\frac{B_{2n}}{(2n)!}\bigl(f^{(2n-1)}(b) - f^{(2n-1)}(a)\bigr) - h^{2k+2}\cdot\frac{B_{2k+2}}{(2k+2)!}(b-a)f^{(2k+2)}(\xi) \qquad (13-154)$$

B_{2n}: BERNOULLIsche Zahlen

$0 \leqq k \leqq \frac{m-2}{2}$ beliebig, $a < \xi < b$

Aus Gl. (13–154) folgt, daß $R(f,h)$ umso kleiner ist, je kleiner die Werte der höheren Ableitungen von $f(x)$ im Integrationsintervall sind, weil die BERNOULLIschen Zahlen B_{2n} sehr stark mit n ansteigen. Zugleich folgt aus Gl. (13–154), daß die Trapezformel verbessert werden kann, wenn die Ableitungen $f'(x)$, $f''(x)$ usf. in den Randpunkten a und b leicht berechenbar sind. Eventuell ist numerische Differentiation angebracht. Die Genauigkeit wird im allgem. beträchtlich erhöht.

Ist $f(x)$ ein Polynom von höchstens dritten Grad, so folgt aus Gl. (13–154) wegen $f^{IV}(x) = 0$ die verbesserte Trapezregel

$$\int_a^b f(x)\,dx = \frac{b-a}{2}(y(a)+y(b)) -$$
$$- \frac{(b-a)^2}{12}(y'(b)-y'(a)) \quad (13-155)$$

Nach einem Vorschlag von ROMBERG wählt man statt nur einer Zerlegung des Integrationsintervalles in N Teilintervalle der Länge h eine ganze Folge solcher Zerlegungen. Berechnet man $T(h)$ für $k+1$ verschiedene Schrittweiten $h_j (j = i, i-1, i-2, \ldots, i-k)$, $h_i < h_{i-1} < \ldots < h_{i-k}$, und zeichnet die Kurve $T(h_j)$ als Funktion von h_j, so ergibt die Extrapolation auf $h=0$ mit großer Genauigkeit

$$T(h_j = 0) = \int_a^b f(x)\,dx$$

Besser noch ist das Verfahren, durch die Punkte $(T(h_j), h_j)$ ein interpolierendes Polynom T_{ik} vom Grad k in h^2 zu legen; dann ist ebenso

$$T_{ik}(0) \approx \int_a^b f(x)\,dx$$

Die Berechnung der $T_{ik}(h)$ erfolgt dabei rekursiv aus den Trapezsummen $T(h_j)$ nach dem Algorithmus von NEVILLE gemäß

$$T_{ik} = T_{i,k-1} + \frac{T_{i,k-1} - T_{i-1,k-1}}{(h_{i-k}/h_i)^2 - 1} \quad \begin{array}{l} T_{i0} = T(h_i) \\ i = 0,1,2,\ldots \\ k = 1,2,\ldots \end{array}$$
$$(13-156)$$

Als Schrittweitenfolge wählt man entweder

$h_i = (b-a)/2^i$ (fortgesetzte Halbierung)

oder

$$h_i = b-a, \frac{b-a}{2}, \frac{b-a}{3}, \frac{b-a}{4},$$
$$\frac{b-a}{6}, \frac{b-a}{8}, \frac{b-a}{12}, \ldots$$

Besonders übersichtlich wird das ROMBERG-Verfahren bei Anwendung der fortgesetzten Halbierung. Aus Gl. (13–156) folgt dann

$$T_{i1} = T_{i0} + \frac{T_{i0} - T_{i-1,0}}{3} \quad (13-157)$$

$$T_{i2} = T_{i1} + \frac{T_{i1} - T_{i-1,1}}{15} \quad (13-158)$$

$$T_{i3} = T_{i2} + \frac{T_{i2} - T_{i-1,2}}{63} \quad (13-159)$$

Auch die zur Berechnung benötigten Trapezsummen T_{i0} lassen sich leicht ermitteln; es ist stets

$$T_{i0} = \frac{1}{2}\left(T_{i-1,0} + \frac{b-a}{2^{i-1}} \times \right.$$
$$\left. \times \sum_{k=1}^{2^{i-1}} y\left(\frac{(2k-1)a + (2^i-2k+1)b}{2^i}\right)\right) \quad (13-160)$$

wobei T_{00} durch Formel (13–152) gegeben ist. Die Werte T_{i1} werden auch als SIMPSONsche und die Werte T_{i2} als COTESsche Näherungswerte bezeichnet. Speziell ist

$$T_{11} = \frac{1}{6}(b-a)\left(y(a) + 4y\left(\frac{a+b}{2}\right) + y(b)\right)$$
$$(13-161)$$

die SIMPSONsche Näherungsformel, die man sich auch so entstanden denken kann, daß $y(x)$ im Intervall (a,b) durch eine Parabel zweiten Grades approximiert wurde. Gl. (13–161) ist zwar weniger genau als Gl. (13–155), benötigt aber dafür zur Berechnung nicht die Kenntnis der Ableitungen von $y(x)$. Oft benutzt werden auch

$$T_{21} = \frac{b-a}{12}\left(y(a) + 4y\left(\frac{3a+b}{4}\right) + \right.$$
$$\left. + 2y\left(\frac{a+b}{2}\right) + 4y\left(\frac{a+3b}{4}\right) + y(b)\right) \quad (13-162)$$

$$T_{31} = \frac{b-a}{24}\left(y(a) + 4y\left(\frac{7a+b}{8}\right) + 2y\left(\frac{3a+b}{4}\right) + 4y\left(\frac{5a+3b}{8}\right) + \right.$$
$$\left. + 2y\left(\frac{a+b}{2}\right) + 4y\left(\frac{3a+5b}{8}\right) + 2y\left(\frac{a+3b}{4}\right) + 4y\left(\frac{a+7b}{8}\right) + y(b)\right) \quad (13-163)$$

Allgemein gilt auch, daß T_{ii} jedes Polynom von maximal $(2i+1)$-tem Grad noch exakt integriert.

In Tab. 11 auf Seite 590 sind die wichtigsten Eigenschaften der Formeln T_{ik} noch einmal zusammengestellt. Im allgemeinen ist es nicht zweckmäßig, die Berechnung über T_{i7} hinaus zu führen, weil die Zahl der zu berechnenden Stützstellen unverhältnismäßig ansteigt. Häufig kann man zur genäherten Abschätzung des Integrationsfehlers eine Methode verwenden, die auf RUNGE zurückgeht: unter der Annahme, daß sich die $(p-1)$-te Ableitung der Funktion, welche mit einer ROMBERG-Formel der Fehlerordnung p integriert wird, im Intervall wenig ändert, ist

$$R(f) \approx \frac{T_{i+1,k} - T_{i,k}}{1 - 2^{1-p}} \quad (13-164)$$

Auch sollte man Funktionen, die nicht hinreichend glatt sind, nicht mit einer Formel hoher Fehlerordnung integrieren, sondern eher das Integrationsintervall feiner unterteilen und eine einfachere Formel wählen, weil das Restglied einer Formel p-ter Fehlerordnung näherungsweise proportional zu $f^{(p-1)}$ ist.

Tab. 11. Eigenschaften der ROMBERGschen Näherungsformeln zur numerischen Integration bei fortgesetzter Halbierung der Schrittweite

Näherungsformel	Zahl der benötigten Funktionswerte	Zahl der Teilintervalle	exakt für ein Polynom n-ten Grades	Fehler proportional zu
T_{i0}	2^i+1	2^i	$n=1$	h^3
T_{i1}	$2^{i+1}+1$	2^{i+1}	$n=3$	h^5
T_{i2}	$2^{i+2}+1$	2^{i+2}	$n=5$	h^7
T_{i3}	$2^{i+3}+1$	2^{i+3}	$n=7$	h^9
T_{i5}	$2^{i+4}+1$	2^{i+4}	$n=9$	h^{11}

Numerisches Beispiel:

$$\int_0^{3,2} e^x\,dx = 23{,}532\,530\,197\,1$$

Die Anwendung der einzelnen Näherungsformeln liefert bei Verwendung von 10stellig genauen Stützwerten:

$T_{00} = 40{,}852\,048\,315\,4$
$T_{10} = 28{,}350\,876\,036\,7$
$T_{20} = 24{,}774\,411\,865\,5$

$T_{11} = 24{,}183\,818\,610\,4$
$T_{21} = 23{,}582\,257\,141\,7$
$T_{31} = 23{,}535\,814\,349\,7$
$T_{41} = 23{,}532\,738\,383\,1$
$T_{51} = 23{,}532\,543\,254\,9$

$T_{44} = 23{,}532\,530\,235\,4$
$T_{54} = 23{,}532\,530\,196\,7$

$T_{55} = 23{,}532\,530\,196\,6$

$T_{30} = 23{,}845\,463\,728\,7$
$T_{40} = 23{,}610\,919\,719\,5$
$T_{50} = 23{,}552\,137\,371\,1$

$T_{22} = 23{,}542\,153\,043\,7$
$T_{32} = 23{,}532\,718\,163\,5$
$T_{42} = 23{,}532\,533\,318\,6$
$T_{52} = 23{,}532\,530\,246\,3$

$T_{33} = 23{,}532\,568\,403\,4$
$T_{43} = 23{,}532\,530\,384\,5$
$T_{53} = 23{,}532\,530\,197\,5$

Weitere Quadraturformeln. Liegen von einer Funktion $f(x)$ an den Stützstellen $x_i = x_0 + ih$ $(i = 0,\ldots,n)$ insgesamt $n+1$ Stützwerte y_i vor, so kann die Integration von $f(x)$ über das Intervall (x_0, x_0+nh) näherungsweise auch durch die Integration des Stützpolynoms $P_n(x)$ durch diese Stützpunkte ersetzt werden. Man kommt so zu den Formeln von NEWTON-COTES

$$f(x)\,dx = \frac{nh}{B_n}\sum_{i=0}^{n} A_i y_i \qquad (13-165)$$

Die Größen A_i und B_n sind tabelliert.

n	B_n	$i=0$	1	2	3	4	5	6	7	Fehler proportional zu
1	2	1	1							h^3
2	6	1	4	1						h^5
3	8	1	3	3	1					h^5
4	90	7	32	12	32	7				h^7
5	288	19	75	50	50	75	19			h^7
6	840	41	216	27	272	27	216	41		h^9
7	17280	751	3577	1323	2989	2989	1323	3577	751	h^9

Höhere Ordnungen als $n = 7$ werden selten verwendet. $n = 1$ liefert wieder die Trapezregel und $n = 2$ die SIMPSON-Formel.
Auch die Interpolationsformeln von BESSEL und STIRLING können zur numerischen Integration verwendet werden. Wegen Einzelheiten sei auf die Literatur verwiesen [50]. Ferner kann wie im Fall der verbesserten Trapezregel (13–155) eine Genauigkeitssteigerung erreicht werden, wenn nicht nur die Funktionswerte, sondern auch die Ableitungen des Integranden an den Intervallgrenzen zur Berechnung herangezogen werden. Entsprechende Formeln werden als HERMITEsche Quadraturformeln bezeichnet [1c].

Bis jetzt wurden die Stützstellen als äquidistant und gleichverteilt im Integrationsintervall angenommen. Unter Umständen kann es jedoch günstiger sein, die Stützstellen ungleichmäßig über das Integrationsintervall zu verteilen. Bei der Quadraturformel von GAUSS werden n Stützstellen derart über das Intervall (a,b) verteilt, daß eine beliebige Funktion $f(x)$ mit ihrer Hilfe mit maximaler Genauigkeit integriert wird. Die GAUSSsche Formel lautet

$$\int_a^b f(x)\,dx = \frac{b-a}{2}\sum_{k=1}^{n} w_{kn} f(y_{kn}) + \frac{(b-a)^{2n+1}(n!)^4}{(2n+1)\big((2n)!\big)^3}\cdot f^{(2n)}(\xi) \qquad a<\xi<b \qquad (13-166)$$

Dabei ist

$$y_{kn} = \frac{b-a}{2}\,x_{kn} + \frac{b-a}{2}\,,$$

und die x_{kn} $(k = 1\ldots n)$ sind die n Nullstellen der LEGENDRE-Polynome vom Grad n. Die w_{kn} sind Gewichtsfaktoren. Beide Größen liegen bis $n = 96$ tabelliert vor. Formel (13–166) zeigt, daß die GAUSSsche Quadraturformel alle Polynome von höchstens $(2n-1)$-tem Grad mit n Stützstellen exakt integriert. Da alle Stützstellen irrationale Zahlen sind, ist sie vor allem für die Anwendung in Rechenmaschinen geeignet.

TSCHEBYSCHEW hat eine Integrationsformel entwickelt, bei der die n Stützwerte derart über das Integrationsintervall verteilt werden, daß ihnen in der Quadraturformel sämtlich das gleiche Gewicht zukommt. Sie ist daher besonders geeignet für die Integration empirisch ermittelter Funktionen. Auch die Werte der TSCHEBYSCHEW-Abszissen sind tabelliert.

Schließlich sei an die grafische Integration erinnert. Hierbei ersetzt man zunächst die Funktion $f(x)$ abschnittsweie durch eine Treppenkurve gleichen Flächeninhalts. Dann wählt man einen Pol P auf der negativen x-Achse. Sein Abstand p vom Ursprung bestimmt den Maßstabsfaktor der zu konstruierenden Integralkurve; ihre y-Skala ist um den Faktor p gegenüber der ursprünglichen verzerrt. Die eigentliche zeichnerische Konstruktion ist aus Abb. 78 ersichtlich.

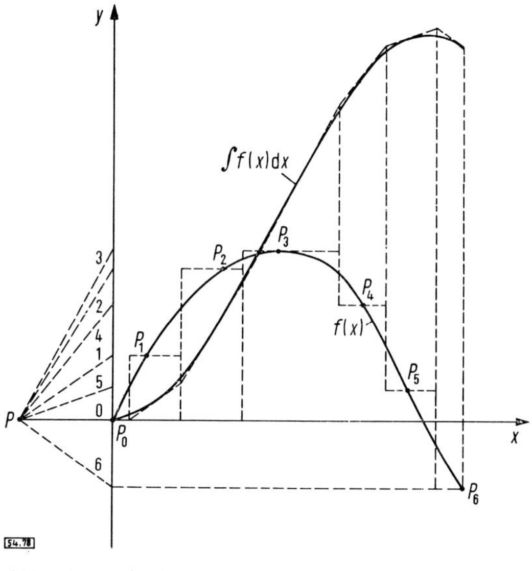

Abb. 78. Methode der grafischen Integration

Bei der numerischen Integration von uneigentlichen Integralen sind zwei Fälle zu unterscheiden. Ein Integral mit unendlichen Grenzen kann immer durch eine Koordinatentransformation in ein Integral mit endlichen Grenzen verwandelt werden. Hat dagegen der Integrand eine Singularität, so kann keine allgemein gültige Verfahrensweise angegeben werden. Häufig hilft Aufspaltung des Integranden in einen singularitätenfreien, numerisch integrierbaren, und einen singularitätsbehafteten, aber analytisch integrierbaren Anteil.

Mehrfache Integrale können durch wiederholte Anwendung der Quadraturformeln gemäß

$$I = \int_a^b \mathrm{d}x \int_c^d f(x,y)\,\mathrm{d}y$$

berechnet werden. Dies hat den Nachteil, daß die Anzahl der benötigten Stützstellen mit der Vielfachheit des Integrals schnell wächst; benutzt man bei jeder einzelnen Quadratur m Stützstellen, so treten bei einem n-fachen Integral insgesamt m^n Stützwerte auf. Natürlich besteht immer auch die Möglichkeit, $f(x,y,z,\ldots)$ durch ein Interpolationspolynom zu ersetzen. Besonders hingewiesen werden soll aber auf die Berechnung mehrfacher Integrale mittels MONTE-CARLO-Methoden. Diese Methoden sind vor allem dann brauchbar, wenn n groß ist und keine große Genauigkeit verlangt wird.

$$I = \int\int_D \ldots \int f(x_1, x_2, \ldots, x_n)\,\mathrm{d}x_1\,\mathrm{d}x_2 \ldots \mathrm{d}x_n$$

sei in dem Integrationsgebiet D zu berechnen:

$$D\colon\ 0 \leqq x_1 \leqq 1$$

$$0 \leqq g_i(x_1 \ldots x_{i-1}) \leqq x_i \leqq h_i(x_1, \ldots, x_{i-1}) \leqq 1$$

$$(i = 2, 3, \ldots, n)$$

Außerdem sei

$$0 \leqq f(x_1, \ldots, x_n) \leqq 1$$

Es werden nun N unabhängige stochastische Punkte $P_k = (p_{1k}, p_{2k}, \ldots, p_{nk}, p_k)$ $(k = 1 \ldots N)$ gewählt, deren Koordinaten p_{ik}, p_k unabhängige, auf (0,1) gleichverteilte Zufallsgrößen sind. Man bestimmt diejenige Zahl M dieser Punkte, welche folgenden Ungleichungen genügen:

$$0 \leqq p_{1k} < 1$$

$$g_i(p_{1k}, \ldots, p_{i-1,k}) \leqq p_{ik} < h_i(p_{1k}, \ldots, p_{i-1,k})$$

$$(i, 2, 3, \ldots, n)$$

$$0 \leqq p_k < f(p_{1k}, \ldots, p_{nk})$$

Dann gilt die Ungleichung

$$\left| I - \frac{M}{N} \right| < \varepsilon$$

mit der Wahrscheinlichkeit α, wenn $N \geqq \dfrac{I(1-I)}{\varepsilon^2}\, t_\alpha^2$

wobei t_α aus der Gleichung

$$\frac{1}{\sqrt{2\pi}} \int_{-\infty}^{t_\alpha} e^{-\frac{x^2}{2}}\,\mathrm{d}x = \frac{1+\alpha}{2}$$

zu bestimmen ist.

Bei einer Variante dieses Verfahrens werden zunächst wiederum N stochastische Punkte $P_k = (p_{1k}, p_{2k}, \ldots, p_{nk})$ $(k = 1, \ldots, N)$ gebildet, deren Koordinaten p_{ik} unabhängige, auf (0,1) gleichverteilte Zufallszahlen sind. Fällt P_k in das Gebiet D, so wird $f(P_k)$ berechnet; fällt P_k nicht in D, so wird $f(P_k) = 0$ gesetzt. Die Ungleichung

$$\left| I - \frac{1}{N} \sum_{k=1}^{N} f(P_k) \right| < \varepsilon$$

gilt mit der Wahrscheinlichkeit α, falls

$$N \geqq \frac{t_\alpha^2}{\varepsilon^2} \int\int_D \ldots \int (f(x_1,\ldots,x_n) - I)^2 \, dx_1 \ldots dx_n$$

ist, wo t_α wie vorher bestimmt wird.

Schwierigkeiten macht in beiden Fällen die Abschätzung der minimal erforderlichen Versuchszahl $N_{\min}$. Bei dem ersten Verfahren gibt man zweckmäßig eine Zahl N_0 vor, berechnet damit I_0 und damit

$$N_1 = \frac{I_0(1 - I_0)}{\varepsilon^2} t_\alpha^2 \qquad I_0 = \frac{M_0}{N_0}$$

Falls $N_1 > N_0$ ist, wird das Verfahren damit fortgesetzt. Bei der zweiten Variante gibt man N_0 vor, berechnet damit

$$\delta_{N_0} = \frac{1}{N_0} \sum_{i=1}^{N_0} (f(P_i))^2 - I_0^2$$

und damit

$$N_1 = \frac{(1 + 4\sqrt{2/N_0})\,\delta_{N_0}}{\varepsilon^2} t_\alpha^2$$

Falls $N_1 > N_0$ ist, wird der Prozeß damit fortgesetzt. In beiden Fällen lohnt das Verfahren im großen und ganzen nur, wenn f sehr unregelmäßig ist. Für hohe Genauigkeit ist ein sehr hoher Rechenaufwand unabhängig von der speziellen Gestalt der Funktion f notwendig.

13.7. Numerische Integration gewöhnlicher Differentialgleichungen

Ergänzende Literatur zu 13.7 siehe [22], [34], [43], [44], [53], [54], [55].

13.7.1. Grundlagen der numerischen Integration von Differentialgleichungen erster Ordnung

Das Anfangswertproblem für eine derartige Differentialgleichung hat die Gestalt

$$y' = g(x,y) \qquad y(x_0) = y_0 \qquad (13-167)$$

Erste Information über den Verlauf der Lösung erhält man oft schon aus der Konstruktion des Isoklinenfeldes. Alle numerischen Integrationsmethoden für Gl. (13–167) gehen von der Grundidee aus, Gl. (13–167) in einem (eventuell sehr kleinen) Intervall $(x_0, x_0 + \Delta x_0)$ zu integrieren:

$$\int_{x_0}^{x_0+\Delta x_0} y'(x)\,dx = y(x_0 + \Delta x_0) - y(x_0) = \int_{x_0}^{x_0+\Delta x_0} g(x,y)\,dx \qquad (13-168)$$

Die verschiedenen Integrationsverfahren unterscheiden sich im großen und ganzen darin, in welcher Weise das rechts stehende Integral – das die gesuchte Funktion y im Integranden selbst noch enthält – numerisch ausgewertet wird.

Da mit x_0 und y_0 wegen Gl. (13–167) auch $y'(x_0)$ bekannt ist, kann ein erstes Integrationsverfahren darin bestehen, die gesuchte Funktion im Integrationsintervall durch ihre Tangente zu approximieren. Es ist dann

$$\tilde{y}(x_0 + \Delta x_0) = y_0 + g(x_0, y_0) \cdot \Delta x_0 = \tilde{y}_1 \qquad (13-169)$$

Damit sind x_1 und $\tilde{y}_1$ näherungsweise bekannt, also auch $\tilde{y}_1'$. Das Verfahren kann daher mit diesen Größen fortgesetzt werden. Auf diese Weise gewinnt man als Näherung für die gesuchte Funktion $y(x)$ den sog.

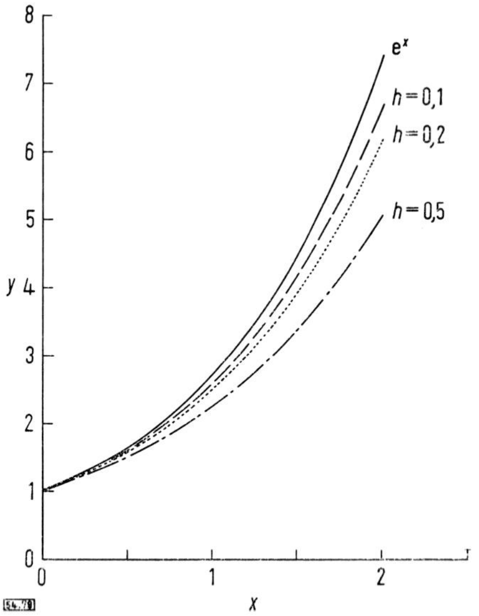

Abb. 79. EULER-CAUCHYscher Streckenzug für die Differentialgleichung $y' = y, y(0) = 1$. Parameter: Schrittweite h; zum Vergleich ist oben die exakte Lösungskurve $y = e^x$ eingetragen

EULER-CAUCHYschen Streckenzug. Die Methode ist allerdings sehr grob (Abb. 79). Ist $y(x)$ die wahre Kurve, so folgt aus der TAYLOR-Entwicklung, daß

$$\begin{aligned} y(x) &= y(x_0) + y'(x_0)(x - x_0) + \\ &\quad + \tfrac{1}{2} y''(x_0)(x - x_0)^2 + \ldots \\ &= y(x_0) + g(x_0, y_0)(x - x_0) + \\ &\quad + \tfrac{1}{2} g'(x_0, y_0)(x - x_0)^2 + \ldots \qquad (13-170) \end{aligned}$$

ist, während Gl. (13–169) davon nur die beiden ersten Glieder liefert. Nennt man $h = x - x_0$ die Schrittweite des Verfahrens, so ist demnach der Integrationsfehler

$$R_0 \approx \tfrac{1}{2} g'(x_0, y_0)\, h^2 \qquad (13-171)$$

Bei Schrittverkleinerung geht er (annähernd) wie h^2 zurück. Ein solches Verfahren heißt „von der Fehlerordnung 2“. Öfter benutzt wird der Begriff der Genauigkeitsordnung, die gleich der um 1 verminderten Fehlerordnung ist.

Neben diesem lokalen Abbrechfehler, den jedes Integrationsverfahren hat, und der letztlich eine Folge des Ersatzes der gesuchten Funktion durch eine abbrechende Potenzreihe ist, tritt bei jedem Integrationsschritt noch der bis dahin aufgelaufene Abbrechfehler der vorangehenden Schritte auf. Es ist deshalb falsch, zwei Integrationsverfahren mit gleicher Fehlerordnung als gleich gut anzusehen; der tatsächlich auftretende Fehler kann trotzdem sehr verschieden sein. Weitere Fehler bei der numerischen Integration rühren von der endlichen Stellenzahl her. Auch hier unterscheidet man den lokalen Rundungsfehler, der jeder eingegebenen Zahl anhaftet, und den akkumulierten Rundungsfehler, der aus der Verknüpfung mehrerer lokaler Rundungsfehler durch Rechenoperationen resultiert und selbst noch vom Problem, von der Schrittweite und vom Integrationsverfahren abhängig ist. Überschlägig ist er proportional zur Schrittzahl; da andererseits der Abbrechfehler proportional zu einer Potenz der Schrittweite ist, muß praktisch ein Kompromiß zwischen diesen beiden Fehlern gesucht werden.

Oft ist die Frage der Stabilität eines Integrationsverfahrens wichtiger als die Frage seiner Genauigkeit. Gemeint ist mit dem nicht ganz einheitlich definierten Begriff „Stabilität", ob die Fehlerfortpflanzungsfunktion des Verfahrens gedämpft ist. Als Testgleichung für die Prüfung auf numerische Stabilität wählt man meist $y' = -Ay$, $y(0) = 1$. Ein stabiles Integrationsverfahren muß wie die exakteLösung $y = \mathrm{e}^{-Ax}$ gegen Null abklingen. Wenn eine Integrationsmethode für eine bestimmte Wahl der Parameter instabil ist, enthält die Näherungslösung anklingende Anteile, welche das Ergebnis schließlich unbrauchbar machen können. Diese Gefahr ist besonders groß bei mehrschrittigen Integrationsformeln; eine k-schrittige Formel enthält k Lösungsanteile, von denen nur einer die genaue Lösung annähert. Die Rundungsfehler spielen für die Frage der numerischen Stabilität meist nur eine sekundäre Rolle; ein Verfahren kann unter Umständen sogar dann instabil sein, wenn rundungsfehlerfrei gerechnet wird.

Neben diesen verfahrensbedingten Instabilitäten gibt es auch systembedingte. Sie treten bei Anfangswertproblemen dann auf, wenn die abklingende Lösung einer Differentialgleichung gesucht ist, die außerdem stark anklingende Lösungen hat.

Beispiel:

$$y'' = 10y' + 11y \quad y(0) = 1 \quad y'(0) = -1$$

Die exakte Lösung lautet $y = \mathrm{e}^{-x}$. Die Differentialgleichung hat aber das allgemeine Integral

$$y = c_1 \cdot \mathrm{e}^{-x} + c_2 \cdot \mathrm{e}^{11x}$$

Auch wenn die Integration bei der exakten Anfangsbedingung begonnen wurde, ist wegen der immer eintretenden Rundungsfehler nicht zu verhindern, daß bei der numerischen Integration auf die Dauer auch der zweite Lösungsanteil mit ins Spiel kommt und das Ergebnis völlig verfälscht. Randwertprobleme sind in dieser Hinsicht weniger anfällig, weil die Lösung hier an zwei Stellen fixiert ist.

Bei der EULERschen Formel (13 — 169) spielt die Differentialgleichung lediglich die Rolle einer Berechnungsvorschrift für den neuen Funktionswert y_1. Dabei werden zur Berechnung von y_1 nur die Werte der Funktion und ihrer Ableitung an der vorangehenden Stelle x_0 verwendet. Derartige Integrationsverfahren heißen Einschrittverfahren; zu ihnen gehören die RUNGE-KUTTA-Methoden. Einschrittverfahren sind selbststartend, d. h. die Angabe der Anfangsbedingung für die gesuchte Integralkurve genügt, um den Rechenprozeß einzuleiten.

Im Gegensatz dazu werden bei Mehrschrittverfahren zur Konstruktion des Wertes y_1 auch die Funktionswerte und Ableitungen an weiter zurückliegenden Stellen $x_{-1}, x_{-2}, \ldots (x_{-1} = x_0 - h$ etc.) verwendet. Eine p-schrittige Integrationsformel hat die Gestalt

$$y_1 = a_0 y_0 + a_{-1} y_{-1} + a_{-2} y_{-2} + \ldots + a_{-p} y_{-p} +$$
$$+ h(b_1 y_1' + b_0 y_0' + b_{-1} y_{-1}' + \ldots + b_{-p} y_{-p}') \quad (13-172)$$

Ist $b_1 = 0$, heißt Gl. (13 — 172) eine offene Formel. Mehrschrittverfahren sind nicht selbststartend, sondern können erst nach Berechnung der Größen y_{-1}, y_{-2} usw. auf anderem Wege in Gang kommen. Zu ihnen gehören fast alle Prädiktor-Korrektor-Verfahren.

In Gl. (13 — 169) wurde das Integral

$$\int_{x_0}^{x_0+h} g(x,y)\,\mathrm{d}x$$

einfach durch $g(x_0, y_0)\,h$ abgeschätzt. Bessere Ergebnisse sind zu erwarten, wenn das Integral mittels der Trapezformel Gl. (13 — 173) ausgewertet wird. Damit ist

$$y_1 = y(x_1) = y_0 + \frac{h}{2}\left(g(x_0, y_0) + g(x_1, y_1)\right) \quad (13-173)$$

Dies ist eine im allg. nichtlineare Bestimmungsgleichung für y_1. Sie kann iterativ gelöst werden, wenn ein Näherungswert $\tilde{y}_1$ für y_1 bekannt ist. Einen solchen Näherungswert liefert z. B. das EULERsche Verfahren (13 — 169). Gl. (13 — 169) liefert hier also zunächst eine Voraussage über den Wert von y_1, nämlich $\tilde{y}_1$; man bezeichnet sie deshalb als den Prädiktor des Verfahrens. Einsetzen von $\tilde{y}_1$ in die rechte Seite von Gl. (13 — 173) liefert dann einen verbesserten Schätzwert für y_1; daher heißt Gl. (13 — 173) der Korrektor des Verfahrens. Die Kombination Gl. (13 — 169), Gl. (13 — 173), bekannt als das Verfahren von HEUN, kann dann mit dem neuen Anfangswert (x_1, y_1) fortgesetzt werden. Trotz seiner verbesserten Fehlerordnung von 3 wird es selten verwendet. Es ist das einfachste Beispiel für ein Prädiktor-Korrektor-Verfahren (aber einschrittig und selbststartend).

Eine Variante zu Gl. (13 — 169), Gl. (13 — 173), das modifizierte EULERsche Verfahren, erhält man durch die Formeln

$$\tilde{y}_1 = y_0 + h g(x_0, y_0) \quad (13-174)$$
$$y_1 = y_0 + h g\left(x_0 + \tfrac{1}{2}h, y_0 + \tfrac{1}{2}h g(x_0, y_0)\right)$$

Es ist nicht selbstverständlich, daß diese Iterationen, die gegebenenfalls durch weitere Schritte ergänzt werden können, zu einer Folge von Näherungswerten führen, die gegen den wahren Funktionswert an der Stelle x_1 konvergieren. Maßgebend dafür ist, ob die Funktion $g(x,y)$ im Integrationsintervall einer LIPSCHITZ-Bedingung $|g(x,y_1) - g(x,y)| \leqq K|y_1 - y|$ $(K > 0)$ genügt, und daß $K|x - x_0| < 1$ ist. Die Größe $|g(x,y_1) - g(x,y)|/|y_1 - y|$ ist anschaulich deutbar als ein Maß für die Dichte der Isoklinen in y-Richtung, und die LIPSCHITZ-Bedingung verlangt, daß diese Dichte endlich ist. Je kleiner die Isoklinendichte in y-Richtung ist, desto besser konvergiert das Iterationsverfahren. Für die praktische Durchführung des Iterationsverfahrens bedeutet dies, daß man eventuell durch Drehung des Koordinatensystems im interessierenden Bereich die Isoklinendichte verkleinern und damit die Konvergenz verbessern kann.

Die Weiterentwicklung des EULERschen Verfahrens kann nun in mehreren Richtungen erfolgen:

1. Zur Auswertung des Integrals (13–168) wird eine verbesserte Quadraturformel, etwa die SIMPSON-Formel, herangezogen. Dies führt auf die RUNGE-KUTTA-Verfahren.
2. Der Prädiktor- und der Korrektorschritt werden durch Hinzunahme weiterer Glieder der TAYLOR-entwicklung für $y(x_1)$ verbessert:

$$y_1 = y_0 + hg(x_0,y_0) + \frac{h^2}{2} g'(x_0,y_0) + \frac{h^3}{6} \times \times g''(x_0,y_0) + \dots$$

mit

$$g'(x_0,y_0) = \left(\frac{\partial g}{\partial x} + \frac{\partial g}{\partial y} y'\right)\bigg|_{x_0,y_0} = \left(\frac{\partial g}{\partial x} + \frac{\partial g}{\partial y} g\right)\bigg|_{x_0,y_0}$$

usf.

Dies führt auf die TAYLOR-Verfahren und Potenzreihenlösungen.

3. Prädiktor- und Korrektorschritt werden durch Hinzunahme weiter vorangehender Punkte verbessert. Dies führt auf die oft gebrauchten Verfahren von MILNE, ADAMS u. a.

13.7.2. RUNGE-KUTTA-Verfahren

Die klassische Methode von RUNGE und KUTTA benutzt zur Berechnung des neuen Funktionswertes y_1 vier Näherungsschritte $k_1 \dots k_4$, die sämtlich aus dem Wert y_0 und der Ableitung y_0' ermittelt werden können. Mit zunächst unbekannten Koeffizienten m, n, r, p, s, t, a, b, c, d wird angesetzt:

$$k_1 = hg(x_0,y_0) \qquad (13-175)$$

$$k_2 = hg(x_0 + mh, y_0 + mk_1)$$

$$k_3 = hg\big(x_0 + nh, y_0 + rk_2 + (n-r)k_1\big)$$

$$k_4 = hg\big(x_0 + ph, y_0 + sk_2 + tk_3 + (p-s-t)k_1\big)$$

und

$$y_1 = y_0 + ak_1 + bk_2 + ck_3 + dk_4$$

Die Parameter werden nun durch die Forderung bestimmt, daß y_1 für eine beliebige Funktion $g(x,y)$ bis zu Gliedern der Ordnung h^4 mit der TAYLOR-Entwicklung

$$y_1 = y_0 + hg(x_0,y_0) + \frac{h^2}{2} g'(x_0,y_0) + \frac{h^3}{6} \times \times g''(x_0,y_0) + \frac{h^4}{24} g'''(x_0,y_0) + \dots$$

übereinstimmen, also von der Fehlerordnung 5 sein soll. Diese Bedingung liefert acht Bestimmungsgleichungen für die gesuchten zehn Koeffizienten, so daß ein gewisser Spielraum bei der Festlegung der Variablen bleibt. Einige oft gebrauchte Formelsätze sind:

	RUNGE	KUTTA (3/8-Regel)	GILL	RALSTON
m	1/2	1/3	1/2	0,4
n	1/2	2/3	1/2	0,45573725
r	1/2	1	$1 - 1/\sqrt{2}$	0,15875964
p	1	1	1	1
s	0	-1	$-1/\sqrt{2}$	$-3,05096516$
t	1	1	$1 + 1/\sqrt{2}$	3,83286476
a	1/6	1/8	1/6	0,17476028
b	1/3	3/8	$(1 - 1/\sqrt{2})/3$	$-0,55148066$
c	1/3	3/8	$(1 + 1/\sqrt{2})/3$	1,20553560
d	1/6	1/8	1/6	0,17118478

Die klassischen Formeln von RUNGE und KUTTA haben den Vorzug, sehr übersichtlich zu sein. Der Schrittfehler lautet

$$R = \tfrac{1}{96}\left(K^3h^5g' - \tfrac{1}{3}K^2h^5g'' + \tfrac{1}{6}Kh^5g''' - \tfrac{1}{30}h^5g^{\mathrm{IV}}\right) + \dots \qquad (13-176)$$

(K LIPSCHITZ-Konstante von g)

und kann nicht leicht abgeschätzt werden, so daß eine Schrittweitensteuerung nicht möglich ist. Nach ZURMÜHL ist maßgebend für die richtige Wahl der Schrittweite h, daß die effektive Schrittweite Kh gewählt wird zu $Kh \approx 2|k_3 - k_2/k_2 - k_1|$. Formel (13–176) zeigt auch, daß aus der Fehlerordnung 5 nicht geschlossen werden darf, daß die RUNGE-KUTTA-Methode alle Differentialgleichungen für Polynome maximal vierten Grades exakt integriert, da der Faktor nicht proportional zu $y^{(\mathrm{V})}$ ist.

Der Wertesatz von GILL wurde mit dem Ziel aufgestellt, eine RUNGE-KUTTA-Formel mit möglichst geringem Speicherplatzbedarf aufzufinden. Durch Einführung zusätzlicher Hilfsgrößen q_i gemäß

$$\begin{array}{lll} k_1 = hg(x_0, y_0) & y_1 = y_0 + \frac{1}{2}(k_1 - 2q_0) & q_1 = q_0 + 3\left(\frac{1}{2}(k_1 - 2q_0)\right) - \frac{1}{2}k_1 \\ k_2 = hg(x_0 + h/2, y_1) & y_2 = y_1 + (1 - 1/\sqrt{2})(k_2 - q_1) & q_2 = q_1 + 3\left((1 - 1/\sqrt{2})(k_2 - q_1)\right) - (1 - 1/\sqrt{2})k_2 \\ k_3 = hg(x_0 + h/2, y_2) & y_3 = y_2 + (1 + 1/\sqrt{2})(k_3 - q_2) & q_3 = q_2 + 3\left((1 + 1/\sqrt{2})(k_3 - q_2)\right) - (1 + 1/\sqrt{2})k_3 \\ k_4 = hg(x_0 + h, y_3) & y_4 = y_3 + \frac{1}{6}(k_4 - 2q_3) = y(x_0 + h) & q_4 = q_3 + 3\left(\frac{1}{6}(k_4 - 2q_3)\right) - \frac{1}{2}k_4 \end{array} \quad (13-177)$$

mit $q_0 = 0$ als Anfangswert kann man auch noch die Rundungsfehler näherungsweise kompensieren: q_4 ist ungefähr gleich dem dreifachen Zuwachs des Rundungsfehlers im Integrationsschritt; zum Ausgleich wird q_4 als q_0 im nächsten Schritt verwendet. Die Überlegungen von GILL waren aber in erster Linie für Festkommamaschinen gedacht und spielen daher heute keine große Rolle mehr. Der Formelsatz von RALSTON beruht auf einer Minimierung der oberen Schranke des Abbrechfehlers.

Eine wichtige Weiterentwicklung ist das Verfahren von RUNGE-KUTTA-MERSON. Es benutzt fünf Auswertungen der Differentialgleichung gemäß folgendem Formelsatz

$$k_1 = hg(x_0, y_0) \quad (13-178)$$

$$k_2 = hg(x_0 + h/3, y_0 + k_1/3)$$

$$k_3 = hg(x_0 + h/3, y_0 + k_1/6 + k_2/6)$$

$$k_4 = hg(x_0 + h/2, y_0 + k_1/8 + 3k_3/8)$$

$$k_5 = hg(x_0 + h, y_0 + k_1/2 - 3k_3/2 + 2k_4)$$

und

$$y_1 = y_0 + \tfrac{1}{6}(k_1 + 4k_2 + k_5)$$

Auch diese Formel ist von vierter Ordnung; der Schrittfehler beträgt

$$R = \frac{h^5}{96}\left(\frac{1}{6}\,Kg''' - \frac{1}{30}\,g^{(\mathrm{IV})}\right) \quad (13-179)$$

Hier kann aber R durch

$$R_a = \tfrac{1}{30}\left(-(k_1 - k_3) - (k_1 - k_5) + 8(k_3 - k_4)\right) \quad (13-180)$$

bei stabilen linearen Differentialgleichungen vom Typ $y' = -y + f(x)$ sehr gut abgeschätzt werden. Dies erlaubt eine automatische Schrittweitensteuerung. Bei instabilen linearen Differentialgleichungen ($y' = y + f(x)$) und nichtlinearen Differentialgleichungen ist R_a allerdings meist keine brauchbare Abschätzung, so daß insgesamt die Schrittfehlerabschätzung des RUNGE-KUTTA-MERSON-Verfahrens nur mit Vorbehalt anwendbar ist.

Die richtige Wahl der Schrittweite ist insbesondere bei Systemen mit stark unterschiedlichen Eigenzeitkonstanten wichtig; hier muß sich die Schrittweite nach der kleinsten Zeitkonstanten richten, selbst wenn deren Lösungsanteil gar nicht in Erscheinung tritt.

Sowohl das einfache RUNGE-KUTTA- wie das RUNGE-KUTTA-MERSON-Verfahren sind absolut stabil, wenn

$$\left|1 + Kh + \tfrac{1}{2}(Kh)^2 + \tfrac{1}{6}(Kh)^3 + \tfrac{1}{24}(Kh)^4 + \tfrac{1}{144}(Kh)^5\right| \leqq 1 \quad (13-181)$$

ist (bei Gl. (13–175) fällt das Glied mit $(Kh)^5$ weg). Ein großer Vorteil der RUNGE-KUTTA-Verfahren ist schließlich, daß sie Sprünge in der Funktion $g(x, y)$ exakt verarbeiten, wenn sie an einer Schrittstelle auftreten; treten sie innerhalb eines Schrittes auf, so liefern sie immer noch ein Ergebnis, das von der Lage des Sprunges innerhalb des Integrationsschrittes abhängig ist. Mehrschrittverfahren erfordern in beiden Fällen einen Neustart.

RUNGE-KUTTA-Formeln von höherer als vierter Ordnung haben sich in letzter Zeit als sehr vorteilhaft herausgestellt. Erwähnt sei hier nur die RUNGE-KUTTA-Formel sechster Ordnung von BUTCHER

$$k_1 = hg(x_0, y_0)$$

$$k_2 = hg(x_0 + h/3, y_0 + k_1/3)$$

$$k_3 = hg(x_0 + 2h/3, y_0 + 2k_2/3)$$

$$k_4 = hg(x_0 + h/3, y_0 + k_1/12 + k_2/3 - k_3/12)$$

$$k_5 = hg(x_0 + h/2, y_0 - k_1/16 + 9k_2/8 - 3k_3/16 - 3k_4/8)$$

$$k_6 = hg(x_0 + h/2, y_0 + 9k_2/8 - 3k_3/8 - 3k_4/4 + k_5/2)$$

$$k_7 = hg(x_0 + h, y_0 + 9k_1/44 - 9k_2/11 + 63k_3/44 + 18k_4/11 - 16k_6/11) \quad (13-182)$$

und

$$y_1 = y_0 + h\left(\tfrac{11}{120}k_1 + \tfrac{27}{40}k_3 + \tfrac{27}{40}k_4 - \tfrac{4}{15}k_5 - \tfrac{4}{15}k_6 + \tfrac{11}{20}k_7\right)$$

Differentialgleichungen von höherer als erster Ordnung können immer auf Systeme von Differentialgleichungen erster Ordnung zurückgeführt werden, die dem RUNGE-KUTTA-Verfahren zugänglich sind [53]. Speziell fürDifferentialgleichungen zweiter Ordnung gibt es die Formeln von RUNGE-KUTTA-NYSTRÖM [53], die zusätzlich noch Werte der ersten Ableitung der gesuchten Funktion benützen.

13.7.3. Prädiktor-Korrektor-Verfahren

Die Zahl der Verfahren ist so groß, daß nur auf einige wenige Gesichtspunkte bei der Auswahl eingegangen werden kann. Die (Prädiktor- oder Korrektor)-formel sei k-schrittig

$$y_n = \sum_{i=1}^{k} a_i y_{n-i} + h \sum_{i=0}^{k} b_i g_{n-i} \quad g_n = g(x_n, y_n) \quad (13-183)$$

Meist wird für den Prädiktor die offene ($b_0 = 0$), für den Korrektor die geschlossene Form von Gl. (13–183) angesetzt. Wenn die Werte $y_{n-i}\,(i = 1 \ldots k)$ genau sind, läßt sich der Schrittfehler R_n bei der Berechnung von y_n in der Form

$$R_n = r_0 y_{n-1} + r_1 h g_{n-1} + r_2 h^2 g'_{n-1} + r_3 h^3 g''_{n-1} + \dots \qquad (13-184)$$

schreiben. Ist dabei

$$r_0 = r_1 = r_2 = \dots = r_j = 0 \qquad (13-185)$$

so ist Gl. (13−183) von der Genauigkeitsordnung j und benötigt wenigstens $j+1$ Stützstellen über eine Anlaufrechnung. Die Forderung Gl. (13−184) liefert Bedingungen für die Koeffizienten a_i und b_i [54].

Meist werden jedoch mehr Stützstellen verwendet und die überzähligen Parameter zur Optimierung der Formel benutzt. Bei den Prädiktor-Formeln vom ADAMS-BASHFORTH-Typ

$$y_{n+1} = y_n + h \sum_{i=0}^{k} b_{ik} g(x_{n-k+i}, y_{n-k+i}) \qquad (13-186)$$

und den Korrektor-Formeln vom ADAMS-MOULTON-Typ

$$y_n = y_{n-1} + h \sum_{i=0}^{k} \bar{b}_{ik} g(x_{n-k+i}, y_{n-k+i}) \qquad (13-187)$$

werden beispielsweise die Koeffizienten b_{ik} bzw. $\bar{b}_{ik}$ so gewählt, daß bei gegebener Koeffizientenanzahl die Ordnung der Formel möglichst hoch wird (Werte für b_{ik} und $\bar{b}_{ik}$ vgl. [53]).

Verlangt man, daß die Prädiktor-Formel vom MILNE-Typ

$$y_n = a_1 y_{n-1} + a_2 y_{n-2} + a_3 y_{n-3} + a_4 y_{n-4} + \\ + h(b_1 g_{n-1} + b_2 g_{n-2} + b_3 g_{n-3}) \qquad (13-188)$$

(Fehlerordnung 5) Polynome vierten Grades noch exakt integriert, so resultieren aus dieser Forderung fünf Bestimmungsgleichungen für die sieben Koeffizienten [23]. Zwei von ihnen, etwa a_3 und a_4, können daher dazu verwendet werden, den „Rauschverstärkungsfaktor“

$$N = \sqrt{a_1^2 + a_2^2 + a_3^2 + a_4^2} \qquad (13-189)$$

zu minimalisieren; dies ergibt näherungsweise die „klassische“ Prädiktorformel von MILNE

$$y_n = y_{n-4} + \frac{4h}{3}(2g_{n-1} - g_{n-2} + 2g_{n-3}) \qquad (13-190)$$

mit der Korrektorformel

$$y_n = y_{n-2} + \frac{h}{3}(g_n + 4g_{n-1} + g_{n-2}) \qquad (13-191)$$

Die Genauigkeit von Gl. (13−190), Gl. (13−191) kann durch mehrfache Anwendung des Korrektors oder Einfügung eines sog. Modifikatorschrittes erhöht werden. Alle derartigen Formeln neigen aber wegen der Form des Korrektors (13−191) zur Instabilität. Wählt man nämlich als Testgleichung die Differentialgleichung $y' = Ay, y(0) = 1$, so gilt für den Fehler der Näherungslösung

$$\delta y_{k+1} = \delta y_{k-1} + \tfrac{1}{3} h A(\delta y_{k+1} + 4\delta y_k + \delta y_{k-1}) \qquad (13-192)$$

Diese Differenzengleichung hat die Lösung

$$y_k = r_1(1 + Ah)^k + r_2(-1 + Ah/3)^k \qquad (13-193)$$

Wenn $A < 0$ ist, ist der zweite Term betragsmäßig größer als 1 und liefert einen oszillatorischen Anteil für die Lösung, der schließlich die exakte Lösung e^{Ax} völlig überdeckt. HAMMING hat einen Formelsatz angegeben, der diese Nachteile vermeidet [44].

Auch die Prädiktor-Korrektor-Methoden lassen sich auf Differentialgleichungen zweiter Ordnung erweitern, wobei zur Berechnung noch Werte der ersten Ableitung von y verwendet werden (Formeln von ADAMS und STÖRMER, vgl. [53]). Von der Fehlerordnung 5 ist die folgende Formel von MILNE für $y'' = g(x, y)$:

Prädiktor:

$$y_{n+1} = y_n + y_{n-2} - y_{n-3} + h^2 \left(\tfrac{5}{4} g_n + \tfrac{1}{2} g_{n-1} + \tfrac{5}{4} g_{n-2}\right) \qquad (13-194)$$

Korrektor:

$$y_{n+1} = 2y_n - y_{n-1} + \tfrac{1}{12} h^2 (g_{n+1} + 10 g_n + g_{n-1}) \qquad (13-195)$$

Auf eine Erscheinung, die insbes. bei Verwendung von Formeln des Typs Gl. (13−191) auftritt, soll hingewiesen werden: da y_n hier direkt nur von y_{n-2}, y_{n-4} usw. und nur auf dem Umweg über die Differentialgleichung auch von y_{n-1}, y_{n-3} usw. abhängt, können sich die Näherungswerte y_i im Fortgang der Rechnung in zwei getrennte Kurvenzüge aufspalten. Man bezeichnet dies als Aufrauhung der Integralkurve; sie kann prinzipiell bei allen Integrationsverfahren auftreten, bei denen Ableitungen durch zentrale Differenzen approximiert werden.

13.7.4. Numerische Lösung von Randwertproblemen

Bei Beschränkung auf Differentialgleichungen zweiter Ordnung schließt die Diskussion dann direkt an Abschn. 7.3. an. Lineare Randwertaufgaben der Form

$$y'' + p(x)y' + q(x)y = r(x)$$
$$c_{11} y(0) + c_{12} y(a) + c'_{11} y'(0) + c'_{12} y'(a) = l_1$$
$$c_{21} y(0) + c_{22} y(a) + c'_{21} y'(0) + c'_{22} y'(a) = l_2 \qquad (13-196)$$

können immer auf Anfangswertprobleme zurückgeführt werden. Dazu konstruiert man zunächst eine Lösung y_r des inhomogenen Anfangswertproblems

$$y''_r + p(x)y'_r + q(x)y_r = r(x) \qquad y_r(0) = 0 \qquad y'_r(0) = 1 \qquad (13-197)$$

und dann zwei linear unabhängige Lösungen y_1, y_2 der homogenen Differentialgleichung

$$y''_i + p(x)y'_i + q(x)y_i = 0 \qquad i = 1,2 \qquad (13-198)$$

mit den Anfangsbedingungen

y_1: $y_1(0) = 0$ $y'_1(0) = 1$

y_2: $y_2(0) = 1$ $y'_2(0) = 0$

Die allgemeine Lösung von Gl. (13 – 196) lautet dann

$$y = y_r + \alpha_1 y_1 + \alpha_2 y_2 \quad (13-199)$$

Setzt man Gl. (13 – 199) in die Randbedingungen ein, so ergibt sich ein lineares Gleichungssystem für die unbekannten Koeffizienten α_1 und α_2. Das Verfahren läßt sich leicht auf lineare Randwertprobleme von höherer als zweiter Ordnung übertragen.

Ist statt Gl. (13 – 196) ein nichtlineares Randwertproblem

$$y'' = g(x, y, y') \quad y(0) = y_0 \quad y(a) = y_a \quad (13-200)$$

gegeben, so kann es zunächst wieder mit der Anfangsbedingung $y(0) = y_0, y'(0) = s$ integriert werden. Die Lösung y_s dieses Anfangswertproblems hat an der Stelle $x = a$ den Wert $y_s(a)$. Man wiederholt die Berechnung mit verschiedenen Werten s_i; ist $y_{s_i}(a) < y_a < y_{s_{i+1}}(a)$, so wählt man als nächsten Wert für die Anfangssteigung $s_{i+2} = \frac{1}{2}(s_i + s_{i+1})$ usw. Statt dessen kann man auch das NEWTONsche Verfahren zur iterativen Lösung der Gleichung $y_S(a) = y_a$ heranziehen; nach Gl. (13 – 196) aus Abschn. 13.4.3 ist

$$s_{i+1} = s_i - \left.\frac{y_s(a) - y_a}{\frac{\mathrm{d}}{\mathrm{d}s} y_s(a)}\right|_{s_i} \quad (13-201)$$

zu wählen. $z = \frac{\mathrm{d}}{\mathrm{d}s} y_s(x)$ ergibt sich als Lösung des linearen Anfangswertproblems

$$z'' = \frac{\partial g}{\partial y} z + \frac{\partial g}{\partial y'} z' \quad z(0) = 0 \quad z'(0) = 1 \quad (13-202)$$

Direkte numerische Verfahren zur Lösung von Randwertproblemen erhält man durch das Differenzenverfahren. Gegeben sei $y'' = g(x,y,y')$ mit Randbedingungen an den Stellen $x = 0$ und $x = a$. Das Grundintervall $(0, a)$ wird in n gleiche Teile der Länge $h = \frac{a}{n}$ geteilt. In jedem Teilpunkt $x_j = \frac{ja}{n}$ $(j = 0 \ldots n)$ werden die Ableitungen gemäß den Formeln von Tab. 9 und 10 durch Differenzenquotienten ersetzt, also

$$y'(x_j) \approx \frac{y(x_{j+1}) - y(x_{j-1})}{2h} \approx$$

$$\approx \frac{-y(x_{j+2}) + 8y(x_{j+1}) - 8y(x_{j-1}) + y(x_{j-2})}{12h}$$

usw.

Bei Annäherung an den Rand sind statt dessen die entsprechenden unsymmetrischen Formeln zu verwenden. Tab. 12 gibt eine Zusammenstellung der Differenzenausdrücke und der gleich zu besprechenden Mehrstellenformeln für Ableitungen bis zur vierten Ordnung.

Durch diesen Prozeß erhält man ein System von $n - 1$ linearen Gleichungen für die Unbekannten $y(x_1), \ldots, y(x_{n-1})$. Die Matrix dieses Gleichungssystems hat stets ausgeprägte Bandgestalt; zur Lösung eignen sich daher neben dem GAUSSschen Algorithmus die iterativen Einzel- und Gesamtschrittverfahren aus Abschn. 13.2.

Beispiel:

$$y''x(x+3) + y'(x^2 - 2) - 3y(x+2) = 0 \quad y(0) = 1$$
$$y(1) = -1$$

Für das Differenzenverfahren wird das Intervall (0,1) in fünf Teilintervalle der Länge $h = 0{,}2$ unterteilt. In jedem inneren Teilpunkt $x_j = j \cdot h$ $(j = 1, \ldots, 4)$ ergibt die Diskretisation

$$\frac{y_{j+1} - 2y_j + y_{j-1}}{h^2} x_j(x_j + 3) +$$

$$+ \frac{y_{j+1} - y_{j-1}}{2h}(x_j^2 - 2) - 3y_j(x_j + 2) = 0$$

Explizit lautet dieses Gleichungssystem $\big(y_0 = y(0) = 1,$ $y_5 = y(1) = -1\big)$:

$$\begin{aligned}
-3{,}86y_1 + 1{,}11y_2 \qquad\qquad\qquad\qquad &= -2{,}09\\
3{,}86y_1 - 7{,}52y_2 + 2{,}94y_3 \qquad\qquad &= 0\\
5{,}81y_2 - 11{,}58y_3 + 4{,}99y_4 &= 0\\
7{,}94y_3 - 16{,}04y_4 &= 7{,}26
\end{aligned}$$

Da die Diagonalelemente überwiegen, kann zur Lösung das Verfahren von GAUSS-SEIDEL herangezogen werden:

Iterationsschritt Nr.	y_1	y_2	y_3	y_4
0	0	0	0	0
1	0,54145	0,27793	0,13945	– 0,38359
2	0,62137	0,37347	0,02208	– 0,44169
3	0,64884	0,34169	– 0,01890	– 0,46198
4	0,63970	0,32097	– 0,03803	– 0,47145
5	0,63375	0,31043	– 0,04740	– 0,47608
6	0,63072	0,30522	– 0,05202	– 0,47837
7	0,62922	0,30264	– 0,05430	– 0,47950
8	0,62848	0,30137	– 0,05542	– 0,48005
9	0,62811	0,30074	– 0,05574	– 0,48033
10	0,62793	0,30043	– 0,05625	– 0,48046
11	0,62784	0,30028	– 0,05638	– 0,48053
12	0,62780	0,30021	– 0,05645	– 0,48056
13	0,62778	0,30017	– 0,05648	– 0,48058
14	0,62777	0,30015	– 0,05650	– 0,48059

Es ist aber zu beachten, daß diese iterativ gewonnenen Funktionswerte keineswegs mit den wahren Funktionswerten an den Stellen x_i übereinstimmen, sondern zunächst nur die „allgemeine Tendenz" der Lösungsfunktion wiedergeben.

Die an sich geringe Genauigkeit des Differenzenverfahrens, die zur Wahl von kleinen Schrittweiten h und damit zu umfangreichen Rechnungen zwingt, kann in dem Mehrstellenverfahren dadurch verbessert werden, daß die Werte der zu approximierenden Ableitung an verschiedenen Teilpunkten in der Differenzenformel erscheinen. Der Gedankengang ist folgender: $y^{(n)}$ sei die untersuchte Ableitung. Man stellt eine Formel

$$\sum_{i=-k}^{+k} a_i y_i + b_i y_i^{(n)} \quad (13-203)$$

Tab. 12. Ausdrücke des Differenzenverfahrens bei gewöhnlichen Differentialgleichungen [53]

		Formel Abkürzungen: $y_j = y(jh)$, $y'_j = y'(jh)$ usw.	Das nächste nicht verschwindende Glied der TAYLOR-Entwicklung
Formeln für y'	symmetrisch	$y'_0 = \frac{1}{2h}(-y_{-1}+y_1)+$	$-\frac{1}{6}h^2 y_0''' - \dots$
		$y'_0 = \frac{1}{12h}(y_{-2}-8y_{-1}+8y_1-y_2)+$	$+\frac{1}{30}h^4 y_0^{\mathrm{V}} + \dots$
		$y'_0 = \frac{1}{60h}(-y_{-3}+9y_{-2}-45y_{-1}+45y_1-9y_2+y_3)+$	$-\frac{1}{140}h^6 y_0^{\mathrm{VII}} + \dots$
		$y'_{-1}+4y'_0+y'_1+\frac{3}{h}(y_{-1}-y_1)=0+$	$+\frac{1}{30}h^4 y_0^{\mathrm{V}} + \dots$
		$y'_{-1}+3y'_0+y'_1+\frac{1}{12h}(y_{-2}+28y_{-1}-28y_1-y_2)=0+$	$-\frac{1}{420}h^6 y_0^{\mathrm{VII}} - \dots$
		$y'_{-2}+16y'_{-1}+36y'_0+16y'_1+y'_2+$ $+\frac{5}{6h}(5y_{-2}+32y_{-1}-32y_1-5y_2)=0+$	$+\frac{1}{630}h^8 y_0^{\mathrm{IX}} + \dots$
		$7y'_{-2}+32y'_{-1}+12y'_0+32y'_1+7y'_2+\frac{45}{2h}(y_{-2}-y_2)=0+$	$+\frac{4}{21}h^6 y_0^{\mathrm{VII}} + \dots$
		$y'_{-2}+4y'_{-1}+4y'_1+y'_2+\frac{1}{6h}(19y_{-2}-8y_{-1}+8y_1-19y_2)=0+$	$+\frac{1}{35}h^6 y_0^{\mathrm{VII}} + \dots$
	unsymmetrisch	$y'_0 = \frac{1}{h}(-y_0+y_1)+$	$-\frac{1}{2}h y_0'' - \dots$
		$y'_0 = \frac{1}{2h}(-3y_0+4y_1-y_2)+$	$+\frac{1}{3}h^2 y_0''' + \dots$
		$y'_0 = \frac{1}{12h}(-3y_{-1}-10y_0+18y_1-6y_2+y_3)+$	$-\frac{1}{20}h^4 y_0^{\mathrm{V}} + \dots$
		$y'_0 = \frac{1}{60h}(2y_{-2}-24y_{-1}-35y_0+80y_1-30y_2+8y_3-y_4)+$	$+\frac{1}{105}h^6 y_0^{\mathrm{VII}} + \dots$
		$y'_0+y'_1+\frac{2}{h}(y_0-y_1)=0+$	$+\frac{1}{6}h^2 y_0''' + \dots$
		$y'_{-1}+9y'_0+9y'_1+y'_2+\frac{1}{3h}(11y_{-1}+27y_0-27y_1-11y_2)=0+$	$+\frac{1}{140}h^6 y_0^{\mathrm{VII}} + \dots$
Formeln für y''	symmetrisch	$y''_0 = \frac{1}{h^2}(y_{-1}-2y_0+y_1)+$	$-\frac{1}{12}h^2 y_0^{\mathrm{IV}} + \dots$
		$y''_0 = \frac{1}{12h^2}(-y_{-2}+16y_{-1}-30y_0+16y_1-y_2)+$	$+\frac{1}{90}h^4 y_0^{\mathrm{VI}} + \dots$
		$y''_0 = \frac{1}{180h^2}(2y_{-3}-27y_{-2}+270y_{-1}-490y_0+$ $+270y_1-27y_2+2y_3)+$	$-\frac{1}{560}h^6 y_0^{\mathrm{VIII}} + \dots$
		$y''_{-1}+10y''_0+y''_1-\frac{12}{h^2}(y_{-1}-2y_0+y_1)=0+$	$+\frac{1}{20}h^4 y_0^{\mathrm{VI}} + \dots$
		$2y''_{-1}+11y''_0+2y''_1-\frac{3}{4h^2}(y_{-2}+16y_{-1}-34y_0+$ $+16y_1+y_2)=0+$	$-\frac{23}{5040}h^6 y_0^{\mathrm{VIII}} + \dots$

Tab. 12. (Fortsetzung)

		Formel Abkürzungen: $y_j = y(jh)$, $y'_j = y'(jh)$ usw.	Das nächste nichtverschwindende Glied der TAYLOR-Entwicklung
Formeln für y''	symmetrisch	$23y''_{-2} + 688y''_{-1} + 2358y''_0 + 688y''_1 + 23y''_2 - {}$ $- \frac{15}{h^2}(31y_{-2} + 128y_{-1} - 318y_0 + 128y_1 + 31y_2) = 0 +$	$+\frac{79}{1260}h^8 y_0^{\mathrm{X}} + \ldots$
		$y''_{-1} - 8y''_0 + y''_1 + \frac{9}{h}(y'_{-1} - y'_1) + \frac{24}{h^2}(y_{-1} - 2y_0 + y_1) = 0 +$	$+\frac{1}{2520}h^6 y_0^{\mathrm{VIII}} + \ldots$
		$y''_{-1} - y''_1 + \frac{1}{h}(7y'_{-1} + 16y'_0 + 7y'_1) + \frac{15}{h^2}(y_{-1} - y_1) = 0 +$	$-\frac{1}{315}h^5 y_0^{\mathrm{VII}} + \ldots$
	unsymmetrisch	$y''_0 = \frac{1}{h^2}(2y_0 - 5y_1 + 4y_2 - y_3) +$	$+\frac{11}{12}h^2 y_0^{\mathrm{VI}} + \ldots$
		$y''_0 = \frac{1}{12h^2}(11y_{-1} - 20y_0 + 6y_1 + 4y_2 - y_3) +$	$+\frac{1}{12}h^3 y_0^{\mathrm{V}} + \ldots$
		$y''_0 = \frac{1}{180h^2}(-13y_{-2} + 228y_{-1} - 420y_0 + 200y_1 + {}$ $+ 15y_2 - 12y_3 + 2y\mathrm{x}_4) +$	$-\frac{1}{90}h^5 y_0^{\mathrm{VII}} + \ldots$
Formeln für y'''	symmetrisch	$y'''_0 = \frac{1}{2h^3}(-y_{-2} + 2y_{-1} - 2y_1 + y_2) +$	$-\frac{1}{4}h^2 y_0^{\mathrm{V}} + \ldots$
		$y'''_0 = \frac{1}{8h^3}(y_{-3} - 8y_{-2} + 13y_{-1} - 13y_1 + 8y_2 - y_3) +$	$+\frac{7}{120}h^4 y_0^{\mathrm{VII}} + \ldots$
		$y'''_{-1} + 2y'''_0 + y'''_1 + \frac{2}{h^3}(y_{-2} - 2y_{-1} + 2y_1 - y_2) = 0 +$	$-\frac{1}{60}h^4 y_0^{\mathrm{VII}} + \ldots$
		$y'''_{-2} + 56y'''_{-1} + 126y'''_0 + 56y'''_1 + y'''_2 + {}$ $+ \frac{120}{h^3}(y_{-2} - 2y_{-1} + 2y_1 - y_2) = 0 +$	$-\frac{1}{252}h^6 y_0^{\mathrm{IX}} + \ldots$
	unsym.	$y'''_0 = \frac{1}{2h^3}(-3y_{-1} + 10y_0 - 12y_1 + 6y_2 - y_3) +$	$+\frac{1}{4}h^2 y_0^{\mathrm{V}} + \ldots$
		$y'''_0 = \frac{1}{8h^3}(-y_{-2} - 8y_{-1} + 35y_0 - 48y_1 + 29y_2 - 8y_3 + y\mathrm{x}_4) +$	$-\frac{1}{15}h^4 y_0^{\mathrm{VII}} + \ldots$
Formeln für y^{IV}	symmetrisch	$y_0^{\mathrm{IV}} = \frac{1}{h^4}(y_{-2} - 4y_{-1} + 6y_0 - 4y_1 + y_2) +$	$-\frac{1}{6}h^2 y_0^{\mathrm{VI}} + \ldots$
		$y_0^{\mathrm{IV}} = \frac{1}{6h^4}(-y_{-3} + 12y_{-2} - 39y_{-1} + {}$ $+ 56y_0 - 39y_1 + 12y_2 - y_3) +$	$+\frac{7}{240}h^4 y_0^{\mathrm{VIII}} + \ldots$
		$y_{-1}^{\mathrm{IV}} + 4y_0^{\mathrm{IV}} + y_1^{\mathrm{IV}} - \frac{6}{h^4}(y_{-2} - 4y_{-1} + 6y_0 - 4y_1 + y_2) = 0 +$	$+\frac{1}{120}h^4 y_0^{\mathrm{VIII}} + \ldots$
		$y_{-2}^{\mathrm{IV}} - 124y_{-1}^{\mathrm{IV}} - 474y_0^{\mathrm{IV}} - 124y_1^{\mathrm{IV}} + y_2^{\mathrm{IV}} + {}$ $+ \frac{720}{h^4}(y_{-2} - 4y_{-1} + 6y_0 - 4y_1 + y_2) = 0 +$	$+\frac{5}{21}h^6 y_0^{\mathrm{X}} + \ldots$

auf; die a_i sind dabei die Koeffizienten des Differenzenschemas $y^{(n)}$. Die b_i werden so bestimmt, daß sich in der TAYLOR-Entwicklung der Formel (13—203) Terme bis zu einer möglichst hohen Ordnung wegheben.

Beispiel: Es sei

$k = 1,\ n = 1.$

Dann lautet Gl. (13—203):

$$a_{-1}y_{-1} + a_0 y_0 + a_1 y_1 + b_{-1}y'_{-1} + b_0 y'_0 + b_1 y'_1 = \frac{1}{2h}(-y_{-1} + y_1) + b_{-1}y'_{-1} + b_0 y'_0 + b_1 y'_1 =$$

$$= \frac{1}{2h}\left(-\left(y_0 - hy'_0 + \frac{h^2}{2}y''_0 - \frac{h^3}{6}y'''_0 + \frac{h^4}{24}y_0^{\mathrm{IV}} - \frac{h^5}{120}y_0^{\mathrm{V}} + \ldots\right) + \left(y_0 + hy'_0 + \frac{h^2}{2}y''_0 + \frac{h^3}{6}y'''_0 + \frac{h^4}{24}y_0^{\mathrm{IV}} + \right.\right.$$

$$\left.\left. + \frac{h^5}{120}y_0^{\mathrm{V}} + \ldots\right)\right) + b_{-1}\left(y'_0 - hy''_0 + \frac{h^2}{2}y'''_0 - \frac{h^3}{6}y_0^{\mathrm{IV}} + \frac{h^4}{24}y_0^{\mathrm{V}} + \ldots\right) + b_0 y'_0 + b_1\left(y'_0 + hy''_0 + \frac{h^2}{2}y'''_0 + \right.$$

$$\left. + \frac{h^3}{6}y_0^{\mathrm{IV}} + \frac{h^4}{24}y_0^{\mathrm{V}} + \ldots\right)$$

Um einen Abgleich zu erzielen, muß

$1 + b_{-1} + b_0 + b_1 = 0 \quad b_1 = b_{-1} \quad 1 + 3(b_1 + b_{-1}) = 0$

sein; daraus folgt

$b_1 = b_{-1} = -\frac{1}{6} \quad b_0 = -\frac{4}{6}$

und damit

$$\frac{1}{2h}(-y_{-1} + y_1) = \frac{1}{6}(y'_{-1} + 4y'_0 + y'_1) - \\ - \frac{1}{180}h^4 y_0^{\mathrm{V}} + \ldots \qquad (13-204)$$

In Tab. 12 sind derartige Differenzenausdrücke für das Mehrstellenverfahren enthalten. Man beachte die erhebliche Verbesserung der Fehlerordnung gegenüber den einfachen Differenzenformeln.

Lautet die gegebene Differentialgleichung $y^{(n)} = f(x,y)$, so werden beim Mehrstellenverfahren links die Differenzenausdrücke für die n-te Ableitung, rechts dagegen die entsprechenden Ableitungen eingesetzt.

Aus

$y' = f(x,y)$

wird also nach Formel (13—204) in jedem inneren Teilpunkt x_i

$$\frac{1}{2h}(-y_{i-1} + y_{i+1}) = \frac{1}{6}(y'_{i-1} + 4y'_i + y'_{i+1}) \\ = \frac{1}{6}\left(f(x_{i-1},y_{i-1}) + 4f(x_i,y_i) + f(x_{i+1},y_{i+1})\right) \qquad (13-205)$$

(13—205) ist ein Gleichungssystem für die Unbekannten y_i, dessen Matrix Bandstruktur hat. Die Auflösung erfolgt wie beim einfachen Differenzenverfahren.

Treten in der Differentialgleichung auch die niedrigeren Ableitungen $y^{(n-1)}$, $y^{(n-2)}$ usw. auf, so muß sie zunächst durch Einführung neuer Variabler

$y^{(n-1)} = p_1(x),\ y^{(n-2)} = p_2(x)$ usw.

in ein System von Differentialgleichungen umgewandelt werden. Jede einzelne der Substitutionsgleichungen wird dann nach dem Schema des Mehrstellenverfahrens behandelt.

Beispiel: Aus

$y''x(x+3) + y'(x^2-2) - 3y(x+2) = 0$

wird zunächst das System

$$y'' = \frac{3y(x+2) - p(x^2-2)}{x(x+3)}$$

$y' = p$

Nach dem Mehrstellenverfahren wird daraus in jedem inneren Teilpunkt

$$\frac{y_{j+1} - 2y_j + y_{j-1}}{h^2} = \frac{1}{12}(y''_{j-1} + 10y''_j + y''_{j+1})$$

$$= \frac{1}{12}\left(\frac{3y_{j-1}(x_{j-1}+2) - p_{j-1}(x_{j-1}^2-2)}{x_{j-1}(x_{j-1}+3)} + \right.$$

$$+ \frac{3y_j(x_j+2) - p_j(x_{j-1}^2-2)}{x_j(x_j+3)} \cdot 10 +$$

$$\left. + \frac{3y_{j+1}(x_{j+1}+2) - p_{j+1}(x_{j+1}^2-2)}{x_{j+1}(x_{j+1}+3)}\right)$$

$$\frac{1}{2h}(y_{j+1} - y_{j-1}) = \frac{1}{6}(y'_{j-1} + 4y'_j + y'_{j+1}) =$$

$$= \frac{1}{6}(p_{j-1} + 4p_j + p_{j+1})$$

Wählt man dieselbe Einteilung wie auf S. 597, so ist jetzt ein System von acht linearen Gleichungen für die Unbekannten $y_1 \ldots y_4$, $p_1 \ldots p_4$ aufzulösen.

Allgemein sind beim Mehrstellenverfahren bei k auftretenden Ableitungen und m Teilpunkten $k \cdot m$ Gleichungen aufzulösen gegenüber m beim Differenzenverfahren. Der größere Rechenaufwand lohnt daher nur, wenn k klein ist oder wenn die Ableitungen der Funktion y explizit von Interesse sind. Außerdem sind durch das Quadraturverfahren von SASSENFELD [33] noch Vereinfachungen möglich.

Auf die numerischen Probleme bei der Anwendung von Funktionenansätzen (Kollokationsmethode, Fehlerquadratmethode, RITZsches Verfahren) soll nicht gesondert eingegangen werden. In der Anwendung führen sie immer auf Systeme linearer Gleichungen, die nach den in 13.2 besprochenen Methoden gelöst werden können.

13.7.5. Näherungsmethoden zur Bestimmung der Eigenwerte

Das Eigenwertproblem

$$My - Ny = r(x) \qquad U_i[y] = \gamma_i \qquad i = 1 \dots 2q \qquad (7-168)$$

sei selbstadjungiert und volldefinit (vgl. Abschn. 7.3). Für viele Probleme der Kontinuumsmechanik und der technischen Thermodynamik ist die Größenordnung der Eigenwerte von Gl. (7−168) wichtiger als die genaue Form der Lösungsfunktionen. Deswegen sind zur Bestimmung der Eigenwerte λ_i eine große Anzahl von Näherungsmethoden entwickelt worden.

Meist wird zur näherungsweisen Berechnung der mit einer Vergleichsfunktion (vgl. Abschn. 7.3) v gebildete RAYLEIGHsche Quotient

$$R[v] = \frac{\int_a^b (Mv)v\,\mathrm{d}x}{\int_a^b (Nv)v\,\mathrm{d}x} \qquad (13-206)$$

herangezogen. Ist v eine zum Eigenwert λ gehörende Eigenfunktion, so ist natürlich $R[v] = \lambda$.

Entscheidend ist nun, daß der mit einer beliebigen Vergleichsfunktion gebildete RAYLEIGHsche Quotient stets größer ist als der kleinste Eigenwert λ_1 von Gl. (7−156): $R[v] \geqq \lambda_1$. Ist v außerdem im Sinne von Gl. (7−171) orthogonal zu der Eigenfunktion y_1, so ist auch $R[v] \geqq \lambda_2$ usw. Man kann daher das Problem der Bestimmung der Eigenwerte zurückführen auf das Variationsproblem, $R[v]$ durch geeignete Wahl von v zu minimieren.

Für die n-ten Eigenwerte λ_n^*, λ_n und $\bar{\lambda}_n$ der drei Eigenwertaufgaben

$$M^*y = \lambda^* Ny \qquad My = \lambda Ny \qquad My = \bar{\lambda}\bar{N}y$$

mit identischen Randbedingungen (Gl. 7−147) und

$$\int_a^b v(Mv)\,\mathrm{d}x \geqq \int_a^b v(M^*v)\,\mathrm{d}x > 0$$

$$\int_a^b v(Nv)\,\mathrm{d}x \geqq \int_a^b v(\bar{N}v)\,\mathrm{d}x > 0$$

für eine beliebige Vergleichsfunktion v gilt:

$$\lambda_n^* \leqq \lambda_n \leqq \bar{\lambda}_n$$

Damit kann meistens schon eine grobe Abschätzung der Größenordnung der Eigenwerte eines ungelösten Eigenwertproblems getroffen werden.

Schärfere Kriterien liefert der TEMPLEsche Einschließungssatz. Dazu wird zunächst das Eigenwertproblem Gl. (7−153), (7−147) iterativ in der Weise gelöst, daß man, ausgehend von einer Ausgangslösung $u_0(x)$, welche die Randbedingungen (7−147) erfüllen soll, die Funktion $u_{p+1}(x)$ dadurch konstruiert, daß man in Gl. (7−153), (7−147) in allen Termen, die λ als Faktor enthalten, y durch u_p, und in allen Termen, in denen dies nicht der Fall ist, y durch u_{p+1} und endlich λ durch 1 ersetzt.

Beispiel: In

$$-y'' = \lambda xy \qquad y(0) = 0 \qquad y(1) - \lambda y'(1) = 0 \qquad (13-207)$$

hieße der $(p+1)$-te Iterationsschritt

$$-(u_{p+1})'' = xu_p \qquad u_{p+1}(0) = 0 \qquad u_{p+1}(1) - u_p'(1) = 0 \qquad (13-208)$$

Das Verfahren ist immer anwendbar, wenn Gl. (7−153), (7−147) in λ linear sind.

Man bildet dann mit den so gewonnenen Näherungslösungen die SCHWARZschen Konstanten

$$a_{2k} = \int_a^b u_k(Nu_k)\,\mathrm{d}x \qquad a_{2k+1} = \int_a^b u_{k+1}(Nu_k)\,\mathrm{d}x$$

$$\mu_{k+1} = \frac{a_k}{a_{k+1}} \qquad k = 0, 1, 2, 3 \dots \qquad (13-209)$$

Ist Gl. (7−153) volldefinit, so sind alle μ_i positiv und bilden eine monotone Folge

$$\mu_1 \geqq \mu_2 \geqq \mu_3 \geqq \dots \geqq \lambda_1 \qquad (13-210)$$

Es sei nun a_0, a_1, a_2 bekannt, und es sei (c, d) ein Intervall, welches μ_2 und genau einen Eigenwert λ_s enthält. Dann gilt sogar

$$\frac{a_0 - da_1}{a_1 - da_2} \leqq \lambda_s \leqq \frac{a_0 - ca_1}{a_1 - ca_2} \qquad (13-211)$$

Will man auf diese Weise den kleinsten Eigenwert λ_1 abschätzen, so kann $c = -\infty$ gewählt werden; für d muß eine untere Schranke für den nächsten Eigenwert λ_2 eingesetzt werden (denn (c, d) soll nur einen Eigenwert enthalten).

Ist in Gl. (7−153)

$$Ny = (-1)^n \left(g_n(x)\, y^{(n)}\right)^{(n)} \qquad (13-212)$$

und sind u_p, u_{p+1} zwei aufeinander folgende Näherungsfunktionen des Iterationsverfahrens, so kann auch über den Quotienten ihrer n-ten Ableitungen

$$\Phi(x) = \frac{u_p^{(n)}}{u_{p+1}^{(n)}} \qquad (13-213)$$

eine Abschätzung für einen Eigenwert von Gl. (7−155) gefunden werden; es ist in (a, b)

$$\Phi_{\min} \leqq \lambda_s \leqq \Phi_{\max} \qquad (13-214)$$

Eine große Anzahl von weiteren Näherungsmethoden versucht, Vergleichsfunktionen $v(x)$ aufgrund gewisser Kriterien so zu bestimmen, daß sie der gesuchten Eigenfunktion möglichst benachbart sind. Bei der *Kollokationsmethode* verwendet man eine Linearkombination von Vergleichsfunktionen

$$v = a_1 v_1 + a_2 v_2 + \dots + a_n v_n \qquad (13-215)$$

und versucht, die Koeffizienten a_i so zu bestimmen, daß v die Differentialgleichung Gl. (7−155) an gewissen, fest gewählten Stellen x_j des Intervalls (a, b) exakt erfüllt. Es muß also gelten

$$Lv = a_1 Lv_1 + a_2 Lv_2 + \dots + a_n Lv_n = r(x) \qquad (13-216)$$

$$\text{für } x = x_1, x_2, \dots x_n$$

Falls $r(x) \neq 0$ ist, ist (13–216) ein lineares, inhomogenes Gleichungssystem für die gesuchten Koeffizienten a_i. Im Fall der homogenen Randwertaufgabe ist das Gleichungssystem (13–216) homogen und liefert als Lösbarkeitsbedingung n Näherungswerte λ_i für den Parameter λ. Die Methode ist sehr einfach; die Brauchbarkeit der Ergebnisse hängt allerdings wesentlich von einer geschickten Wahl der Kollokationsstellen x_j ab.

Bessere Ergebnisse sind zu erwarten, wenn man von dem Ansatz (13–215) nicht verlangt, daß er die Differentialgleichung (7–153) an endlich vielen Stellen exakt, sondern im ganzen Intervall (a,b) etwa im Sinne der Methode der kleinsten Fehlerquadrate, optimal erfüllt, daß also

$$Q = \int_a^b \left(Lv - r(x)\right)^2 \mathrm{d}x = \min \qquad (13-217)$$

ist. Die Bestimmungsgleichungen für die Koeffizienten a_i lauten dann

$$\frac{\partial Q}{\partial a_1} = 0 \quad \frac{\partial Q}{\partial a_2} = 0 \quad \ldots \quad \frac{\partial Q}{\partial a_n} = 0 \qquad (13-218)$$

Falls L ein linearer Operator ist, entsteht aus Gl. (13–218) ein lineares Gleichungssystem für die Unbekannten $a_1 \ldots a_n$. Die Ergebnisse sind häufig kaum besser als bei der Kollokationsmethode. Da außerdem der Rechenaufwand gegenüber dem verwandten RITZschen Verfahren größer ist, tritt diese sog. Fehlerquadratmethode in den Anwendungen hinter dem RITZschen Verfahren zurück.

Beim RITZschen Verfahren wird davon Gebrauch gemacht, daß die gesuchte Lösung eines Eigenwertproblems auch als Lösung einer Variationsaufgabe formuliert werden kann, bei der ein geeignetes Funktional, z. B. ein Energieintegral, minimiert wird. Ist etwa eine Lösung der Differentialgleichung

$$Lu \equiv \sum_{k=0}^{m} (-1)^k \left(p_k(x) u^{(k)}\right)^{(k)} = f(x) \qquad (13-219)$$

mit den Randbedingungen

$$u(a) = u'(a) = u''(a) = \ldots = u^{(m-1)}(a) = 0 \qquad (13-220)$$
$$u(b) = u'(b) = u''(b) = \ldots = u^{(m-1)}(b) = 0$$

gesucht und ist L positiv definit (d. h. alle $p(x) > 0$), so ist Gl. (13–219) äquivalent zu der Aufgabe, das Funktional

$$\int_a^b \left\{ \sum_{k=0}^{m} p_k(x)(u^{(k)})^2 - 2f(x)u(x) \right\} \mathrm{d}x \qquad (13-221)$$

mit den Randbedingungen (13–220) zu minimieren.

Für Eigenwertprobleme ist der RAYLEIGHsche Quotient (13–206) ein geeignetes Funktional. Setzt man Gl. (13–215) in (13–206) ein, so wird $R[v]$ der Quotient der beiden in den a_i quadratischen Formen

$$Q_1 = \int_a^b (Mv) v \,\mathrm{d}x \quad \text{und} \quad Q_2 = \int_a^b (Nv) v \,\mathrm{d}x$$

$$R[v] = \frac{Q_1}{Q_2} = \min \qquad (13-222)$$

Die Bestimmungsgleichungen für die a_i lauten wiederum

$$\frac{\partial}{\partial a_j} R[v] = \frac{\partial}{\partial a_j}\left(\frac{Q_1}{Q_2}\right) = $$
$$= \frac{1}{Q_2^2}\left(\frac{\partial Q_1}{\partial a_j} Q_2 - \frac{\partial Q_2}{\partial a_j} Q_1\right) = 0$$

oder

$$\frac{\partial Q_1}{\partial a_j} - \Lambda \frac{\partial Q_2}{\partial a_j} = 0 \qquad \Lambda = \left(\frac{Q_1}{Q_2}\right)_{\min} \qquad (13-223)$$

(13–223) ist ein lineares homogenes Gleichungssystem für die Variablen a_i, also prinzipiell von der Form

$$\sum_{k=1}^{n} (p_{jk} - \Lambda q_{jk}) a_k = 0 \qquad j = 1 \ldots n \qquad (13-224)$$

Es ist nur dann lösbar, wenn die Determinante

$$\det |p_{jk} - \Lambda q_{jk}| = 0 \qquad (13-225)$$

ist. Gl. (13–225) liefert n Eigenwerte $\Lambda_k (k = 1 \ldots n)$, und falls Gl. (7–155) selbstadjungiert und volldefinit ist, gilt

$$\Lambda_n \geqq \lambda_n \qquad (13-226)$$

Die Güte der Abschätzung der λ_n hängt natürlich von der Wahl geeigneter Näherungsfunktionen v_n ab; meistens wird der letzte Eigenwert λ_n durch Gl. (13–226) sehr schlecht abgeschätzt. Ein wesentlicher Vorteil des RITZschen Verfahrens besteht aber darin, daß die v_i im allg. von den Randbedingungen nur die sog. wesentlichen Randbedingungen, die keine höheren als die $(q-1)$-ten Ableitungen von y enthalten, erfüllen müssen. Bei Eigenwertproblemen höherer Ordnung bedeutet dies eine erhebliche Erleichterung der Rechnung.

13.8. Numerische Integration partieller Differentialgleichungen

Ergänzende Literatur zu 13.8 siehe [1b], [28], [43], [52].

Das Gebiet befindet sich zur Zeit in einer raschen Entwicklung. Im Rahmen des Beitrages können nur einige Rechenmethoden diskutiert werden. Bei Beschränkung auf parabolische und elliptische Differentialgleichungen mit zwei Variablen ist das Integrationsgebiet ein ebener Bereich in einem x-t-Koordinatensystem oder einem x-y-Koordinatensystem, auf dessen Berandung die Werte der gesuchten Funktion oder ihrer Ableitungen vorgeschrieben sein können. Bei parabolischen Differentialgleichungen sind außerdem noch Anfangsbedingungen gestellt.

13.8.1. Parabolische Differentialgleichungen

Die Differentialgleichung habe die Form

$$L[u(x,t)] = \frac{\partial u}{\partial t} - a(x,t)\frac{\partial^2 u}{\partial x^2} - b(x,t)\frac{\partial u}{\partial x} + c(x,t)u = \mathrm{d}(x,t) \qquad (13-227)$$

wobei $a(x,t) > 0$

Typische Vertreter dieses Gleichungstyps sind die eindimensionale Diffusionsgleichung mit Konvektionsterm

$$\frac{\partial c}{\partial t} - \frac{\partial}{\partial x}\left(D\frac{\partial c}{\partial x}\right) + \frac{\partial}{\partial x}(vc) = 0$$

(D, v orts- und zeitabhängig) und die eindimensionale Wärmeleitungsgleichung.

Für eine eindeutige Lösung von Gl. (13 – 227) müssen Anfangs- und Randbedingungen etwa in der Form

$$u(x,0) = f(x) \qquad 0 < x < L \qquad (13-228)$$

$$\left.\begin{aligned} u(0,t) &= g_0(t) \\ u(L,t) &= g_1(t) \end{aligned}\right\} \quad t > 0$$

gegeben sein. Das Integrationsgebiet ist dann ein halbunendlicher Streifen (Abb. 80).

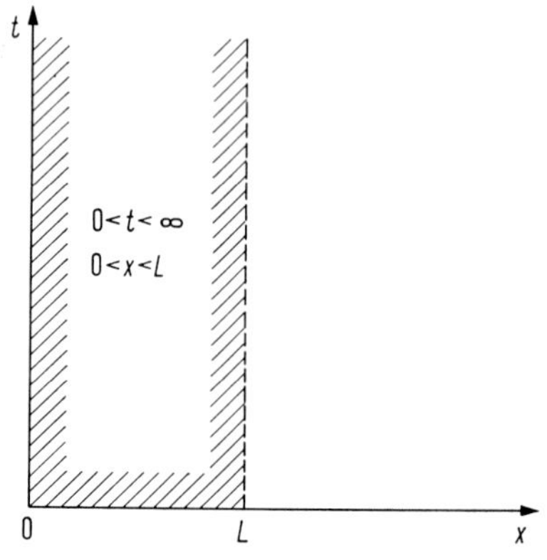

Abb. 80. Integrationsgebiet einer parabolischen Differentialgleichung

Für eine numerische Integration kann nun zunächst wie in Abschn. 13.7.4. das Randwertproblem bezüglich der Ortskoordinate durch ein System von Differenzengleichungen approximiert werden. Wählt man dementsprechend $n+1$ äquidistante Stützstellen $x_j = \frac{L}{n}\, j\ (j = 0\ldots n)$ und approximiert in den inneren Teilpunkten $x_1\ldots x_{n-1}$ die Ableitungen bezüglich x durch Differenzenquotienten:

$$\left.\frac{\partial u}{\partial x}\right|_{x=x_j} \approx \frac{u_{j+1} - u_{j-1}}{2h}$$

$$u(x_j) = u_j \qquad h = x_{j+1} - x_j$$

$$\left.\frac{\partial^2 u}{\partial x^2}\right|_{x=x_j} \approx \frac{u_{j+1} - 2u_j + u_{j-1}}{h^2}$$

so wird aus Gl. (13 – 227)

$$\frac{\mathrm{d}u_j}{\mathrm{d}t} - a_j(t)\frac{u_{j+1} - 2u_j + u_{j-1}}{h^2} - b_j(t)\frac{u_{j+1} - u_{j-1}}{2h} + c_j(t)u_j = d_j(t) \qquad (13-229)$$

also ein System von $n-1$ gekoppelten linearen Differentialgleichungen für die Größen $u_j (j = 1\ldots n-1)$ mit der Anfangsbedingung $u_j(0) = f_j$. Wenn c_j, a_j und b_j Konstanten sind, ist Gl. (13 – 229) jedenfalls exakt integrierbar. Dann ist dieses Verfahren auch sehr genau.

Meistens muß Gl. (13 – 229) aber numerisch integriert werden. Das läuft darauf hinaus, daß auch die Zeitkoordinate diskretisiert und das Integrationsgebiet mit einem Netz aus Gitterpunkten (x_j, t_l) $(t_l = l \cdot k$, k Schrittweite) überzogen wird. Für die Approximation der zeitlichen Ableitung

$$\left.\frac{\partial u}{\partial t}\right|_{(x_j,\,t_l)}$$

gibt es dabei mehrere Möglichkeiten:

1. $\left.\frac{\partial u}{\partial t}\right|_{(x_j,t_l)} \approx \frac{u_{j,l+1} - u_{j,l}}{k}$

2. $\left.\frac{\partial u}{\partial t}\right|_{(x_j,t_l)} \approx \frac{u_{j,l} - u_{j,l-1}}{k}$

3. $\left.\frac{\partial u}{\partial t}\right|_{(x_j,t_l)} \approx \frac{u_{j,l+1} - u_{j,l-1}}{2k}$

Am naheliegendsten wäre zunächst Methode 3., weil die zentralen Differenzen erfahrungsgemäß die Ableitung am besten annähern. Eine damit aufgestellte Differenzenformel ist aber numerisch instabil, d. h. kleine Eingangs- und Rundungsfehler haben die Tendenz, sich zu immer größeren Werten aufzuschaukeln und schließlich die gesuchte Lösung völlig zu überdecken.

Beispiel: Die Gleichung

$$\frac{\partial c}{\partial t} = \frac{\partial^2 c}{\partial x^2} \qquad (13-230)$$

$$c(0,t) = 1 \quad c(x,0) = 1 \qquad x \leqq 0$$
$$c(x,0) = 0 \qquad x > 0$$

beschreibt die Diffusion eines Gases der Konzentration 1 in eine fluide Phase mit dem Diffusionskoeffizienten 1. Die exakte Lösung des Problems lautet

$$c = \begin{cases} 1 & x \leqq 0 \\ \operatorname{erf} c\, \dfrac{x}{2\sqrt{t}} = \dfrac{2}{\sqrt{\pi}} \cdot \displaystyle\int_{\frac{x}{2\sqrt{t}}}^{\infty} \mathrm{e}^{-y^2}\mathrm{d}y & x > 0 \end{cases} \qquad t \geqq 0 \qquad (13-231)$$

Das Differenzenschema zu Gl. (13 – 230) lautet bei Verwendung der Approximation 3.

$$\frac{c_{j,l+1} - c_{j,l-1}}{2k} = \frac{c_{j+1,l} - 2c_{j,l} + c_{j-1,l}}{h^2} \qquad (13-232)$$

Vereinbart man $k = h^2/2$, so vereinfacht sich Gl. (13 – 232) zu

$$c_{j,l+1} - c_{j,l-1} = c_{j+1,l} - 2c_{j,l} + c_{j-1,l} \qquad (13-233)$$

Für $k = h^2/4$ wird aus Gl. (13 – 232)

$$2(c_{j,l+1} - c_{j,l-1}) = c_{j+1,l} - 2c_{j,l} + c_{j-1,l} \qquad (13-234)$$

In Tab. 13 sind für $j = 1 \ldots 10$ und $l = 1 \ldots 10$ die aus Gl. (13 – 233) bzw. Gl. (13 – 234) berechneten und die aus Gl. (13 – 231) mit $k = h^2/2$ berechneten exakten Werte zusammengestellt. Man erkennt das rasche Anwachsen oszillatorischer Instabilitäten in den Näherungslösungen bei beiden Schrittweiten. Um die Berechnung starten zu können, müssen jeweils die Werte $c_{j,1}$ bekannt sein; für sie wurden die aus Gl. (13 – 231) ermittelten Werte eingesetzt.

Bessere Ergebnisse liefert Näherung 1. Die Differenzengleichung (13 – 229) wird dadurch mittels des EULER-CAUCHYschen Verfahrens integriert. Das Differenzenschema für

$$\frac{\partial c}{\partial t} = \frac{\partial^2 c}{\partial x^2} - \frac{\partial c}{\partial x} \qquad (13-235)$$

lautet damit z. B.

$$\frac{c_{j,l+1} - c_{j,l}}{k} = \frac{c_{j+1,l} - 2c_{j,l} + c_{j-1,l}}{h^2} - \frac{c_{j+1,l} - c_{j-1,l}}{2h} \qquad (13-236)$$

Die Werte der Näherungsfunktion auf der Geraden $t = (l+1)\,k$ werden dabei in einem Schritt explizit aus den vorangehenden Werten berechnet. Daher wird diese Methode auch als explizites Einschrittverfahren bezeichnet. Es ist zu beachten, daß $\frac{\partial c}{\partial x}$ durch die zentrale Differenz $(c_{j+1,l} - c_{j-1,l})/2h$ approximiert werden kann; Instabilitäten sind an dieser Stelle nicht zu befürchten.

Auch Gl. (13 – 236) ist nicht in jedem Fall stabil. Gl. (13 – 235) sei etwa mit einer beliebigen Anfangsbedingung und den Randbedingungen $c(0,t) = 0$, $c(1,t) = 0$ zu lösen. Der Fehler $\varepsilon_{j,l}$ der Lösung von Gl. (13 – 236) kann dann bezüglich x an der festen Stelle $t = l\,k$ in eine FOURIERreihe entwickelt werden:

$$\varepsilon_{j,l} = \sum_{n=-\infty}^{+\infty} C_n e^{pn\pi jh} \qquad p = \sqrt{-1} \qquad (13-237)$$

Ebenso ist

$$\varepsilon_{j+1,l} = \sum_{n=-\infty}^{+\infty} C_n e^{pn\pi(j+1)h} \qquad (13-238)$$

$$\varepsilon_{j-1,l} = \sum_{n=-\infty}^{+\infty} C_n e^{pn\pi(j-1)h}$$

Tab. 13. Integration von Gl. (13 – 230) mit der Differenzenformel (13 – 232) und Schrittweiten von $k = h^2/2$ (oben) und $k = h^2/4$ (Mitte) und Vergleich mit der analytischen Lösung mit $k = h^2/2$ (unten)

l	j: 0	1	2	3	4	5	6	7	8	9	10
0	1	0	0	0	0	0	0	0	0	0	0
1	1	0,3173	0,0455	0,0027	0,0001	0	0	0	0	0	0
2	1	0,4109	0,2290	0,0402	0,0025	0,0001	0	0	0	0	0
3	1	0,7246	0,0385	0,1539	0,0352	0,0024	0,0001	0	0	0	0
4	1	0,0001	1,0306	– 0,1940	0,0884	0,0306	0,0023	0,0001	0	0	0
5	1	2,7550	– 2,2166	1,6608	– 0,3049	0,0319	0,0261	0,0022	0,0001	0	0
	0	1	2	3	4	5	6	7	8	9	10
0	1	0	0	0	0	0	0	0	0	0	0
1	1	0,1573	0,0047	0,0001	0	0	0	0	0	0	0
2	1	0,3451	0,0739	0,0023	0	0	0	0	0	0	0
3	1	0,3491	0,1045	0,0347	0,0012	0	0	0	0	0	0
4	1	0,5482	0,1614	0,0205	0,0162	0,0006	0	0	0	0	0
5	1	0,3816	0,2274	0,1030	– 0,0045	0,0075	0,0003	0	0	0	0
6	1	0,7803	0,1762	0,0290	0,0759	– 0,0091	0,0035	0,0001	0	0	0
7	1	0,1895	0,4558	0,2001	– 0,0705	0,0563	– 0,0077	0,0016	0,0001	0	0
8	1	1,3187	– 0,0848	0,0216	0,2746	– 0,1044	0,0401	– 0,0021	0,0007	0	0
9	1	– 0,6716	1,2107	0,2733	– 0,3864	0,3180	– 0,1010	0,0241	– 0,0017	0,0003	0
10	1	3,0956	– 1,4946	0,1604	0,9566	– 0,6661	0,3121	– 0,0774	0,0146	– 0,0011	0,0001
	0	1	2	3	4	5	6	7	8	9	10
0	1	0	0	0	0	0	0	0	0	0	0
1	1	0,3173	0,0455	0,0027	0,0001	0	0	0	0	0	0
2	1	0,4755	0,1573	0,0339	0,0047	0,0004	0	0	0	0	0
3	1	0,5637	0,2482	0,0839	0,0209	0,0039	0,0005	0,0001	0	0	0
4	1	0,6171	0,3173	0,1336	0,0455	0,0124	0,0027	0,0005	0,0001	0	0
5	1	0,6547	0,3710	0,1797	0,0737	0,0254	0,0073	0,0018	0,0004	0,0001	0

Zum Zeitpunkt $t = (l+1)\,k$ kann $\varepsilon_{j,l+1}$ ebenfalls in eine FOURIERreihe der Form

$$\varepsilon_{j,l+1} = \sum_{n=-\infty}^{+\infty} C_n e^{\varphi_n k + p n \pi j h} \qquad (13-239)$$

entwickelt werden, wobei φ_n im allg. komplex ist. Andererseits ist wegen Gl. (13–236)

$$\varepsilon_{j,l+1} = \varepsilon_{j,l} + \frac{k}{h^2}\,(\varepsilon_{j+1,l} - 2\varepsilon_{j,l} + \varepsilon_{j-1,l}) - \frac{k}{2h}\,(\varepsilon_{j+1,l} - \varepsilon_{j-1,l}) \qquad (13-240)$$

Setzt man Gl. (13–237) und Gl. (13–238) in Gl. (13–240) ein und vergleicht koeffizientenweise, so folgt

$$e^{\varphi_n k} = 1 + \frac{2k}{h^2}\,(\cos n\pi h - 1) + \frac{kp}{h}\,\sin n\pi h \qquad (13-241)$$

Wenn Gl. (13–236) stabil sein soll, muß der Fehler $\varepsilon_{j,l}$ im Laufe der Zeit abklingen, d. h. es muß $|e^{\varphi_n k}| < 1$ sein. Daraus folgt u. a. die Bedingung

$$k \leqq h^2/2 \qquad (13-242)$$

Die Diskretisation in x- und in t-Richtung darf also nicht unabhängig voneinander erfolgen. Zur Überprüfung soll das Problem Gl. (13–230) mit der Differenzenformel

$$\frac{c_{j,l+1} - c_{j,l}}{k} = \frac{c_{j+1,l} - 2c_{j,l} + c_{j-1,l}}{h^2} \qquad (13-243)$$

und Schrittweiten von $k = h^2/4$, $k = h^2/2$ und $k = 5h^2/8$ integriert werden. Die Ergebnisse zeigt Tab. 14. Bei $k = h^2/4$ ist die Konvergenz und Stabilität exzellent. Bei $k = h^2/2$ befindet man sich hart an der Stabilitätsgrenze; bei $k = 5h^2/8$ dagegen treten bereits oszillatorische Instabilitäten auf.

Im Fall von Gl. (13–230) oder Gl. (13–235) war die zulässige Schrittweite k leicht abzuschätzen. Bei komplizierteren Gleichungen kann dies jedoch Schwierigkeiten machen. Außerdem ist die Stabilitätsbedingung oft lästig, wenn aus Gründen der Genauigkeit h klein gehalten werden soll, weil der Rechenaufwand dann stark ansteigt.

Die einfachste Möglichkeit, sich von dieser Einschränkung zu befreien, besteht in der Verwendung von

Tab. 14. Integration von Gl. (13–230) mit der Differenzenformel (13–243) und Schrittweiten von $k = h^2/4$ (oben), $k = h^2/2$ (Mitte) und $k = 5h^2/8$ (unten)

		j									
	0	1	2	3	4	5	6	7	8	9	10
0	1	0	0	0	0	0	0	0	0	0	0
1	1	0,2500	0	0	0	0	0	0	0	0	0
2	1	0,3750	0,0625	0	0	0	0	0	0	0	0
3	1	0,4531	0,1250	0,0156	0	0	0	0	0	0	0
4	1	0,5078	0,1797	0,0391	0,0039	0	0	0	0	0	0
l 5	1	0,5488	0,2266	0,0654	0,0117	0,0010	0	0	0	0	0
6	1	0,5810	0,2668	0,0923	0,0224	0,0034	0,0002	0	0	0	0
7	1	0,6072	0,3017	0,1184	0,0351	0,0074	0,0010	0,0001	0	0	0
8	1	0,6290	0,3323	0,1434	0,0490	0,0127	0,0023	0,0003	0	0	0
9	1	0,6476	0,3592	0,1670	0,0635	0,0192	0,0044	0,0007	0,0001	0	0
10	1	0,6636	0,3833	0,1892	0,0783	0,0266	0,0072	0,0015	0,0002	0	0
0	1	0	0	0	0	0	0	0	0	0	0
1	1	0,5000	0	0	0	0	0	0	0	0	0
2	1	0,5000	0,2500	0	0	0	0	0	0	0	0
3	1	0,6250	0,2500	0,1250	0	0	0	0	0	0	0
4	1	0,6250	0,3750	0,1250	0,0625	0	0	0	0	0	0
l 5	1	0,6875	0,3750	0,2188	0,0625	0,0312	0	0	0	0	0
6	1	0,6875	0,4531	0,2188	0,1250	0,0312	0,0156	0	0	0	0
7	1	0,7266	0,4531	0,2891	0,1250	0,0703	0,0156	0,0078	0	0	0
8	1	0,7266	0,5078	0,2891	0,1797	0,0703	0,0391	0,0078	0,0039	0	0
9	1	0,7539	0,5078	0,3437	0,1797	0,1094	0,0391	0,0215	0,0039	0,0020	0
10	1	0,7539	0,5488	0,3437	0,2266	0,1094	0,0654	0,0215	0,0117	0,0020	0,0010
0	1	0	0	0	0	0	0	0	0	0	0
1	1	0,6250	0	0	0	0	0	0	0	0	0
2	1	0,4688	0,3906	0	0	0	0	0	0	0	0
3	1	0,7520	0,1953	0,2441	0	0	0	0	0	0	0
l 4	1	0,5591	0,5737	0,0610	0,1526	0	0	0	0	0	0
5	1	0,8438	0,2441	0,4387	0,0000	0,0954	0	0	0	0	0
6	1	0,5666	0,7405	0,0429	0,3338	–0,0238	0,0596	0	0	0	0
7	1	0,9462	0,1958	0,6607	–0,0715	0,2518	–0,0298	0,0149	0	0	0
8	1	0,5107	0,9553	–0,0875	0,5882	–0,1263	0,1742	–0,0224	0,0093	0	0
9	1	1,0944	0,0258	0,9866	–0,2807	0,5081	–0,1364	0,1203	–0,0163	0,0058	0
10	1	0,3675	1,2942	–0,4060	1,0043	–0,3877	0,4268	–0,1256	0,0829	–0,0116	0,0015

Näherung 2. von S. 603, wo $\frac{\partial c}{\partial t}$ durch den rückwärtigen statt durch den vorderen Differenzenquotienten ersetzt wird. Für Gl. (13−230) lautet das Differenzenschema dann

$$\frac{c_{j,l} - c_{j,l-1}}{k} = \frac{c_{j+1,l} - 2c_{j,l} + c_{j-1,l}}{h^2} \qquad (13-244)$$

Dies ist ein lineares Gleichungssystem für die Größen $c_{j,l}$. Die Matrix hat Bandstruktur. Dieses Verfahren ist stets stabil. Tab. 15 zeigt die Ergebnisse der Integration für das Randwertproblem

$$\frac{\partial c}{\partial t} = \frac{\partial^2 c}{\partial x^2} \quad \begin{matrix} c(0,t) = 1 \\ c(1,t) = 0 \end{matrix} \quad 0 \leqq t < \infty$$
$$c(x,0) = 0 \quad 0 < x \leqq 1 \qquad (13-245)$$

mit $h = 1/10$ und $k = h^2$. Formel (13−243) ist dann natürlich instabil, während die Anwendung von Gl. (13−244) sehr gute Ergebnisse liefert. Das exakte Integral des Problems lautet

$$c(x,t) = \sum_{n=0}^{\infty} \left(\operatorname{erf} c \frac{2n + x}{2\sqrt{t}} - \operatorname{erf} c \frac{2n + 2 - x}{2\sqrt{t}} \right) \qquad (13-246)$$

Auch Integration von Gl. (13−245) mittels der Trapezregel führt zu einer stets stabilen Differenzenformel

$$c_{l+1,j} = c_{l,j} + \frac{k}{2h^2}(c_{l+1,j+1} - 2c_{l+1,j} + c_{l+1,j-1} - c_{l,j+1} + 2c_{l,j} - c_{l,j-1}) \qquad (13-247)$$

Insgesamt lautet das *Schema der numerischen Integration bei parabolischen Differentialgleichungen* also:

1. Das Integrationsgebiet wird mit einem Rechteckgitter $(x_j, t_l) = (h\,j, k\,l)$ überzogen.
2. Die Differentialgleichung (13−227) wird in dem Rechteckgitter durch eine Differenzengleichung

$$F[v(x,t)] = \frac{1}{k}\left((v(x,t+k) - \sum_{n=-m}^{+m} p_n(x,t,h,k) \times v(x+nh,t) \right) = \mathrm{d}(x,t) \qquad (13-248)$$

approximiert.

3. Man verlangt, daß für jede genügend oft differenzierbare Funktion $w(x,t)$

$$F[w(x,t)] - L[w(x,t)] = k\,\psi(x,t,h,k) \qquad (13-249)$$

ist, daß also diese Differenz mit kleiner werdender Maschenweite k gegen Null geht. Aus dieser Bedingung folgen die vorher verwendeten Differenzenansätze für die Ableitungen. Differenzengleichungen (13−248), bei denen Gl. (13−249) erfüllt ist, heißen *konsistent*.

4. Außerdem soll das Verfahren Gl. (13−248) aber auch konvergieren, d. h. es soll

$$\lim_{\substack{\Delta t \to 0 \\ jh = x \\ lk = t}} v(jh, lk) = u(jh, lk) \qquad (13-250)$$

sein. Wie in den Beispielen gezeigt wurde, ist dies im allg. nur für bestimmte Verhältnisse der Schrittweiten h und k der Fall. Für die meisten Differen-

Tab. 15. Vergleich der Ergebnisse der Integration des Randwertproblems (13−245) mit der Differenzenformel (13−244) (Schrittweite $h = 1/10$, $k = h^2$) und der analytischen Lösung nach Formel (13−246) (unten) mit derselben Schrittweite

		j										
		0	1	2	3	4	5	6	7	8	9	10
	0	1	0	0	0	0	0	0	0	0	0	0
	1	1	0,3820	0,1459	0,0557	0,0213	0,0081	0,0031	0,0012	0,0004	0,0002	0
	2	1	0,5520	0,2761	0,1304	0,0593	0,0263	0,0114	0,0049	0,0020	0,0007	0
	3	1	0,6505	0,3769	0,2042	0,1052	0,0522	0,0251	0,0118	0,0052	0,0020	0
	4	1	0,7006	0,4486	0,2682	0,1520	0,0824	0,0431	0,0217	0,0104	0,0041	0
l	5	1	0,7348	0,5018	0,3220	0,1960	0,1141	0,0638	0,0343	0,0173	0,0071	0
	6	1	0,7596	0,5428	0,3670	0,2361	0,1454	0,0860	0,0486	0,0256	0,0109	0
	7	1	0,7758	0,5743	0,4044	0,2719	0,1752	0,1084	0,0640	0,0350	0,0153	0
	8	1	0,7912	0,6006	0,4363	0,3038	0,2032	0,1304	0,0798	0,0450	0,0201	0
	9	1	0,8107	0,6253	0,4647	0,3326	0,2292	0,1517	0,0956	0,0552	0,0251	0
	10	1	0,8196	0,6447	0,4893	0,3583	0,2531	0,1720	0,1110	0,0655	0,0302	0
	0	1	0	0	0	0	0	0	0	0	0	0
	1	1	0,4795	0,1573	0,0339	0,0047	0,0004	0	0	0	0	0
	2	1	0,6170	0,3173	0,1336	0,0455	0,0124	0,0027	0,0005	0,0001	0	0
	3	1	0,6831	0,4142	0,2207	0,1025	0,0412	0,0143	0,0043	0,0011	0,0002	0
	4	1	0,7237	0,4795	0,2888	0,1573	0,0771	0,0339	0,0133	0,0047	0,0014	0
l	5	1	0,7518	0,5271	0,3428	0,2059	0,1139	0,0578	0,0269	0,0113	0,0039	0
	6	1	0,7729	0,5637	0,3865	0,2482	0,1489	0,0833	0,0431	0,0204	0,0079	0
	7	1	0,7892	0,5930	0,4227	0,2851	0,1815	0,1086	0,0609	0,0312	0,0129	0
	8	1	0,8026	0,6170	0,4533	0,3173	0,2111	0,1331	0,0789	0,0428	0,0185	0
	9	1	0,8136	0,6374	0,4795	0,3456	0,2382	0,1563	0,0968	0,0547	0,0244	0
	10	1	0,8231	0,6548	0,5023	0,3708	0,2627	0,1779	0,1138	0,0663	0,0303	0

zengleichungen bedeutet Konvergenz zugleich Stabilität; kleine Ungenauigkeiten von $d(x,t)$ in der Anfangs- oder der Randbedingung zeigen dann keine Tendenz zum Anwachsen.

13.8.2. Elliptische Randwertprobleme

Sie treten in der chemischen Technik meist bei der Untersuchung des stationären Zustands von Ausgleichs-, speziell von Wärmeleitungsprozessen auf. Folgender Text beschränkt sich auf eine Diskussion der zweidimensionalen POISSONschen Differentialgleichung

$$\frac{\partial^2 u}{\partial x^2} + \frac{\partial^2 u}{\partial y^2} = p(x,y)$$

in einem ebenen Gebiet G; auf dem Rand von G ist eine Randbedingung der allgemeinen Form

$$a\,u + b\,\frac{\partial u}{\partial n} = f(x,y)$$

($\partial u/\partial n =$ Ableitung von u nach der Richtung der äußeren Normalen n) vorgeschrieben. Zur Illustration diene das einfache Problem

$$\frac{\partial^2 u}{\partial x^2} + \frac{\partial^2 u}{\partial y^2} = 2 \qquad G\colon 0 \leqq x \leqq 2,\quad 0 \leqq y \leqq 1$$
$$u(0,y) = u(2,y) = 0$$
$$\frac{\partial u}{\partial y}(x,0) = \frac{\partial u}{\partial y}(x,1) = 0 \tag{13-251}$$

Gl. (13–251) kann als die Differentialgleichung der Durchbiegung einer rechteckigen ebenen Platte, die an zwei Rändern fest und an zwei Kanten frei beweglich eingespannt ist und unter dem Einfluß einer Belastung der konstanten Kraftdichte 2 steht, gedeutet werden. Auch hier wird zunächst ein Gitternetz mit quadratischen Maschen der Maschenweite $h = 1/m$ über das Integrationsgebiet gelegt. In jedem inneren Gitterpunkt kann der Operator

$$\Delta u = u_{xx} + u_{yy}$$

wegen

$$\left.\frac{\partial^2 u}{\partial x^2}\right|_{i,j} \approx \frac{u_{i+1,j} - 2u_{i,j} + u_{i-1,j}}{h^2}$$
$$\left.\frac{\partial^2 u}{\partial y^2}\right|_{i,j} \approx \frac{u_{i,j+1} - 2u_{i,j} + u_{i,j-1}}{h^2} \qquad x = i\,h \quad y = j\,h \tag{13-252}$$

ersetzt werden durch

$$\Delta u_{ij} \approx (u_{i+1,j} + u_{i-1,j} + u_{i,j+1} + u_{i,j-1} - 4u_{i,j})/h^2 \tag{13-253}$$

und Gl. (13–251) reduziert sich dort auf

$$u_{i+1,j} + u_{i-1,j} + u_{i,j+1} + u_{i,j-1} - 4u_{i,j} = 2h^2 \tag{13-254}$$

In den Gitterpunkten auf dem Rand des Integrationsgebietes müssen dagegen die Randbedingungen zur Berechnung der Funktionswerte herangezogen werden. Auf $x = 0$ und $x = 2$ ist $u_{i,j} = 0$, auf $y = 0$ und $y = 1$ ist

$$0 = \left.\frac{\partial u}{\partial y}\right|_{i,0} \approx \frac{u_{i,1} - u_{i,0}}{h}$$
$$0 = \left.\frac{\partial u}{\partial y}\right|_{i,m} \approx \frac{u_{i,m} - u_{i,m-1}}{h} \tag{13-255}$$

oder besser

$$0 = \left.\frac{\partial u}{\partial y}\right|_{i,0} \approx \frac{-3u_{i,0} + 4u_{i,1} - u_{i,2}}{2h}$$
$$0 = \left.\frac{\partial u}{\partial y}\right|_{i,m} \approx \frac{u_{i,m-2} - 4u_{i,m-1} + 3u_{i,m}}{2h} \tag{13-256}$$

(die Ableitungen am Rand sollten so genau wie möglich approximiert werden). Gl. (13–254) und Gl. (13–255) bzw. Gl. (13–256) liefern insgesamt ein lineares Gleichungssystem für die Unbekannten $u_{i,j}$, das nach den üblichen Methoden gelöst werden kann. Es läßt sich zeigen, daß dieses Verfahren stets konvergent ist.

Als einfaches Rechenbeispiel sei $h = 0{,}25$. Die Lösung des Systems lautet dann

$$u_{1,j} = u_{7,j} = -0{,}4375 \qquad u_{2,j} = u_{6,j} = -0{,}7500$$
$$u_{3,j} = u_{5,j} = -0{,}9375 \qquad u_{4,j} = -1{,}0000$$
$$j = 0\ldots 4$$

Auch das etwas kompliziertere Problem, bei dem die Platte des Beispiels Gl. (13–251) auf allen vier Seiten fest eingespannt ist, läßt sich auf diese Weise leicht näherungsweise lösen; mit derselben Schrittweite von $h = 0{,}25$ ergibt sich folgendes Schema für die auftretende Durchbiegung:

	i = 0	1	2	3	4	5	6	7	8
j = 0	0	0	0	0	0	0	0	0	0
1	0	– 0,0995	– 0,1445	– 0,1639	– 0,1692	– 0,1639	– 0,1445	– 0,0995	0
2	0	– 0,1285	– 0,1898	– 0,2167	– 0,2242	– 0,2167	– 0,1898	– 0,1285	0
3	0	– 0,0995	– 0,1445	– 0,1639	– 0,1692	– 0,1639	– 0,1445	– 0,0995	0
4	0	0	0	0	0	0	0	0	0

Soll diese Einteilung verfeinert werden, so ist es zweckmäßig, h durch $h/2$ zu ersetzen. Als Näherungswerte wählt man

$$u(X) \approx \tfrac{1}{2}\big(u(P)+u(Q)\big)$$

$$u(Y) \approx \tfrac{1}{4}\big(u(P)+u(Q)+u(R)+u(S)\big)$$

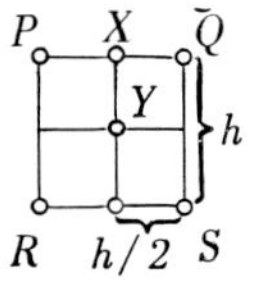

und verbessert die Näherungswerte für das Gitter mit der Maschenweite $h/2$ dann iterativ.

Die Berechnungsvorschrift (13–253) für Δu in den inneren Gitterpunkten kann symbolisch folgendermaßen dargestellt werden:

$$\begin{matrix} & 1 & \\ 1 & (-4) & 1 \\ & 1 & \end{matrix} = h^2 \cdot \Delta u + 0(h^4) \qquad (13-253\,\text{a})$$

Eine derartige Figur wird als *Stern* des Integrationsverfahrens bezeichnet. Selbstverständlich können solche Differenzenformeln verbessert werden, indem weitere Punkte aus dem Integrationsgebiet zur Berechnung herangezogen werden oder nach Art von Mehrstellenformeln der zu approximierende Differentialausdruck an mehreren Gitterpunkten verwendet wird. Schließlich kann auch die Verwendung von nichtquadratischen Gittern Vorteile bringen.

In der Tab. 16 sind zunächst einige Sterne für höhere partielle Ableitungen zusammengestellt. Die Formeln sind zu lesen als

$$4h\,\frac{\partial f_{0,0}}{\partial x} = f_{1,1} - f_{-1,1} + f_{1,-1} - f_{-1,-1} + 0(h^2) \qquad (13-257\,\text{a})$$

In Tab. 17 sind Sterne (Differenzen- und Mehrstellenformeln) für die Differentialoperatoren $\Delta u = u_{xx} + u_{yy}$ und $\Delta\Delta u = u_{xxxx} + 2u_{xxyy} + u_{yyyy}$ für quadratische Gitter (Formel 13–258a bis f), Rechteckgitter (Formel 13–258g), Sechseckgitter (Formel 13–258h bis i) und Parallelogrammgitter (Formel 13–258k) zusammengestellt. In (13–258g) ist $x = jh$, $y = lk$. Die Formel (13–258a) ist beispielsweise zu lesen als

$$u_{-1,0} + u_{0,1} + u_{0,-1} + u_{1,0} - 4u_{0,0} = = h^2 \cdot \Delta u_{0,0} + 0(h^4)$$

Außerdem sind als Formel (13–258l bis n) noch entsprechende Differenzensterne für die Operatoren

Tab. 16. Sterne für partielle Differentialoperatoren bis zur vierten Ordnung

Ableitung	Stern	Fehler proportional zu	
$4h\,\frac{\partial f}{\partial x}$	-1	1 / —○— / -1	1	h^3	(13–257a)
$h^2\,\frac{\partial^2 f}{\partial x^2}$	— 1 —(-2)— 1 —	h^4	(13–257b)
$12h^2\,\frac{\partial^2 f}{\partial x^2}$	— -1 — 16 —(-30)— 16 — -1 —	h^6	(13–257c)
$3h^2\,\frac{\partial^2 f}{\partial x^2}$	1 — -2 — 1 / 1 —(-2)— 1 / 1 — -2 — 1	h^4	(13–257d)
$4h^2\,\frac{\partial^2 f}{\partial x\partial y}$	-1	1 / —○— / 1	-1	h^4	(13–257e)
$h^4\,\frac{\partial^4 f}{\partial x^4}$	— 1 — -4 —(6)— -4 — 1 —	h^6	(13–257f)
$h^4\,\frac{\partial^4 f}{\partial x^2\partial y^2}$	1 — -2 — 1 / -2 —(4)— -2 / 1 — -2 — 1	h^6	(13–257g)

Tab. 17. Differenzen- und Mehrstellenformeln für die Operatoren Δu und $\Delta\Delta u$ nach [1c] S. 575–580

Operator	Stern	Fehler proportional zu	
Δu	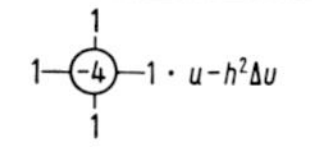	h^4	(13-258 a)
Δu	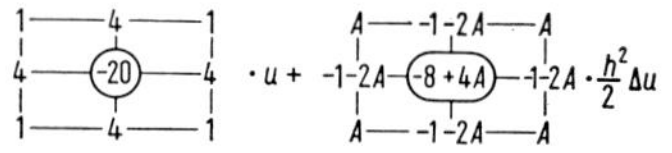	h^6 (A beliebig)	(13-258 b)
Δu	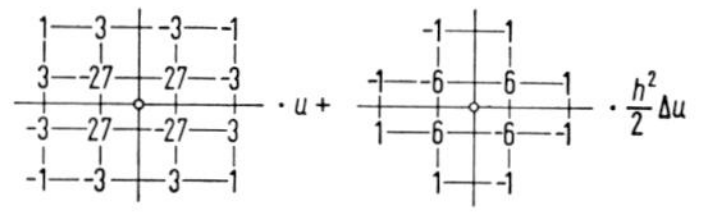	h^8	(13-258 c)
Δu	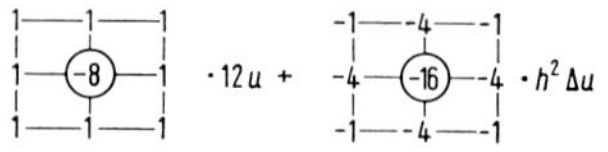	h^4	(13-258 d)
$\Delta\Delta u$	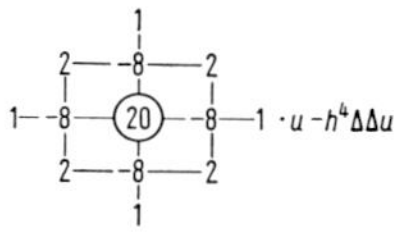	h^6	(13-258 e)
$\Delta\Delta u$	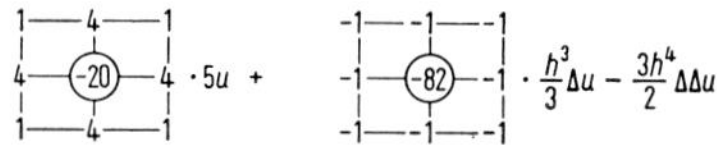	h^8	(13-258 f)
$\Delta\Delta u$	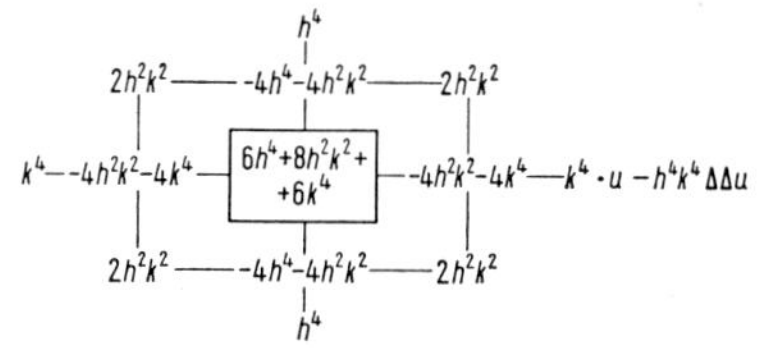	h^{10} (k^{10}) falls $h \sim k$	(13-258 g)
Δu	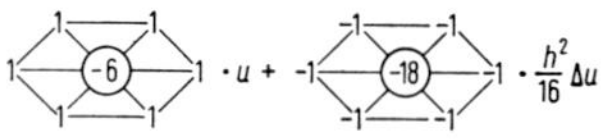	h^6	(13-258 h)
$\Delta\Delta u$	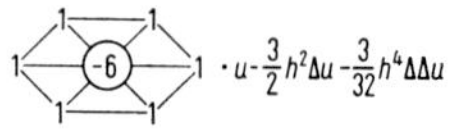	h^6	(13-258 i)
$\Delta\Delta u$	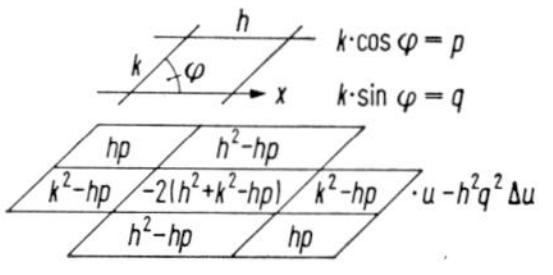	h^6 (k^6) falls $h \sim k$	(13-258 k)
Δu	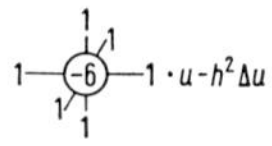	h^4	(13-258 l)
Δu	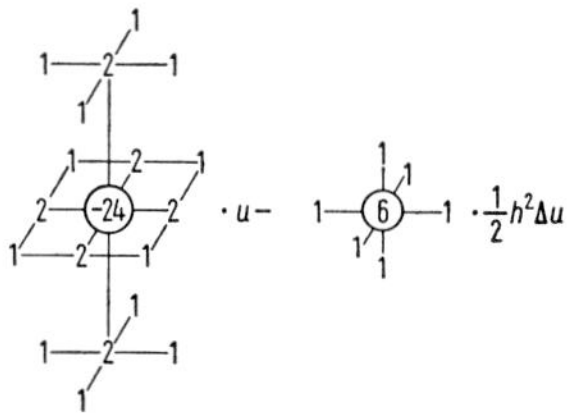	h^6	(13-258 m)
$\Delta\Delta u$	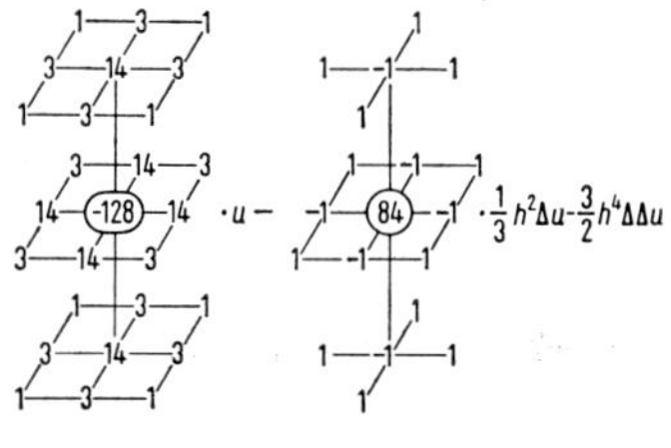	h^8	(13-258 n)

$\Delta u = u_{xx} + u_{yy} + u_{zz}$ bzw. $\Delta\Delta u = u_{xxxx} + u_{yyyy} + u_{zzzz} + 2(u_{xxyy} + u_{xxzz} + u_{yyzz})$ eingetragen.

Wenn das Integrationsgebiet eine unregelmäßige Gestalt mit krummem Rand hat (Abb. 81), erfordert die Berechnung der Differenzenoperatoren gesonderte Überlegungen. Man nennt (x_i, y_i) einen Randpunkt, wenn wenigstens ein Punkt seines Differenzensterns nicht in das Integrationsgebiet fällt. Der Polygonzug durch alle Randpunkte wird als Stufenrand des Gebietes bezeichnet.

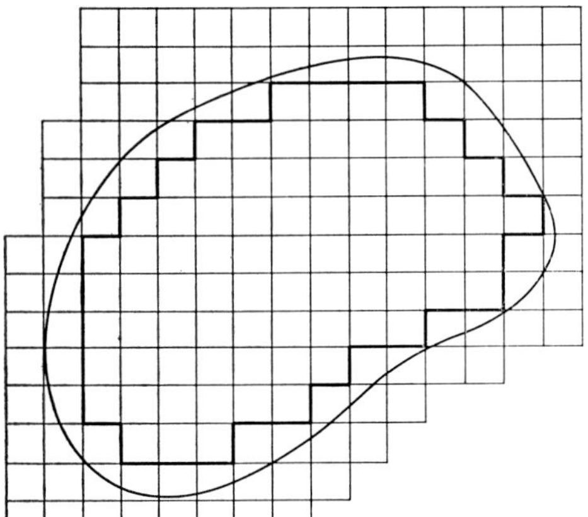

Abb. 81. Krummlinig berandetes Integrationsgebiet mit Stufenrand

Es sei etwa der Punkt 0 ein Randpunkt (Abb. 82). Wenn h klein ist, kann der unbekannte Wert u_{-1} (oder u_0, je nachdem, was näher liegt) durch den Randwert $u_{-\alpha}$ ersetzt werden. Besser ist Interpolation zwischen den Punkten 1, 0 und $-\alpha$. Man erhält so für den gesuchten Funktionswert u_{-1} die Näherungsformeln

$$u_{-1} = (1 - 1/\alpha)u_0 + \frac{1}{\alpha}u_{-\alpha} + 0(h^2) \qquad (13-259\text{a})$$

$$u_{-1} = \frac{2u_{-\alpha}}{\alpha(1+\alpha)} - \frac{2(1-\alpha)u_0}{\alpha} + \frac{(1-\alpha)u_1}{1+\alpha} + 0(h^3) \qquad (13-259\text{b})$$

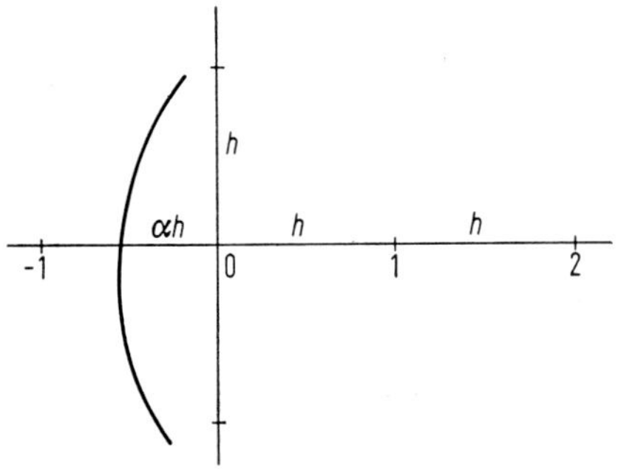

Abb. 82. Näherungsweise Berechnung von u_{-1} mit Hilfe der Randwerte [1c]

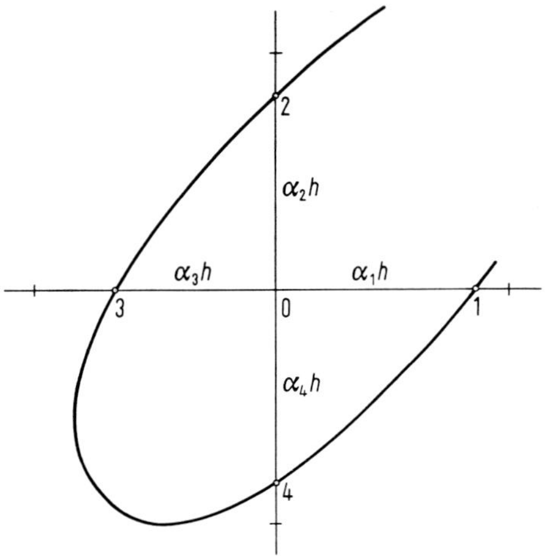

Abb. 83. Näherungsweise Berechnung des Operators Δu_0 mit Hilfe der Randwerte [1c]

$$u_{-1} = \frac{6u_{-\alpha}}{\alpha(1+\alpha)(2+\alpha)} - \frac{3(1-\alpha)u_0}{\alpha} + \frac{3(1-\alpha)u_1}{1+\alpha} - \frac{(1-\alpha)u_2}{2+\alpha} + 0(h^4) \qquad (13-259\text{c})$$

Eine dritte Möglichkeit besteht darin, zur Berechnung des Differenzenschemas für Δu statt der Gitterpunkte die Schnittpunkte der Randkurve mit den Gittergeraden zu verwenden. Mit dem Schema von Abb. 83 ist

$$\frac{h^2}{2}\Delta u_0 = \frac{u_1}{\alpha_1(\alpha_1+\alpha_3)} + \frac{u_2}{\alpha_2(\alpha_2+\alpha_4)} + \frac{u_3}{\alpha_3(\alpha_1+\alpha_3)} + \frac{u_4}{\alpha_4(\alpha_2+\alpha_4)} - u_0\left(\frac{1}{\alpha_3\alpha_1} + \frac{1}{\alpha_2\alpha_4}\right) + 0(h^3) \qquad (13-260)$$

Bei der zweiten Randwertaufgabe der Potentialtheorie ist auf der Randkurve statt des Funktionswertes u die Ableitung $\frac{\partial u}{\partial n}$ vorgegeben. Auch hier wird bei krummem Rand zweckmäßigerweise linear interpoliert (Abb. 84):

$$u_1 = (1 - \tan\varphi)u_0 + \tan\varphi \cdot u_4 + \frac{h}{\cos\varphi}\left(\frac{\partial u}{\partial n}\right)_\alpha \qquad (13-261)$$

Statt des bisher diskutierten direkten Differenzenverfahrens kann oft mit Vorteil die Energieintegralmethode verwendet werden. Auf eine Membran wirke eine äußere Kraft mit der Kraftdichte $f(x,y)$; auf ihren Rand Γ wirke ebenso eine Kraft $p(s)$, der elastische Kräfte, charakterisiert durch einen Elastizitätsmodul $\sigma(s)$ (s = Bogenlänge auf Γ), das Gleichgewicht halten. Für die Durchbiegung der Membran gilt dann die Poissonsche Gleichung $\Delta u = f(x,y)$ mit der Randbedingung $\frac{\partial u}{\partial n} + \sigma u + p(s) = 0$. Wenn die

Membran starr eingespannt ist, ist $p(s)=0$ und $\sigma \to \infty$, so daß $u=0$ und $\dfrac{\partial u}{\partial n}=0$ sein muß.

Der Gleichgewichtszustand der Membran ist aber andererseits dadurch gekennzeichnet, daß ihre potentielle Energie

$$E(u)=\iint\limits_{\mathfrak{S}}\left(\tfrac{1}{2}(u_x^2+u_y^2)+fu\right)\mathrm{d}x\,\mathrm{d}y+ \\ +\int\limits_{\Gamma}\left(p(s)u+\tfrac{1}{2}\sigma u^2\right)\mathrm{d}s \qquad (13-262)$$

ein Minimum annimmt. Man kann daher das Gleichgewichtsproblem der Membran und verwandte Probleme auch dadurch lösen, daß man entweder Gl. (13−262) mit den direkten Methoden der Variationsrechnung (Verfahren von RITZ, Verfahren von

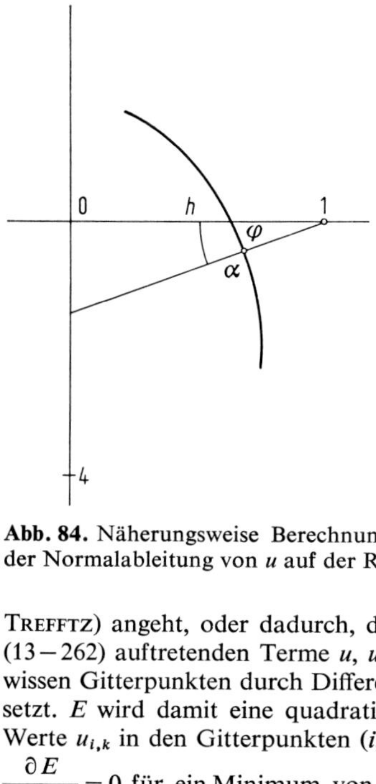

Abb. 84. Näherungsweise Berechnung von u_1 mit Hilfe der Normalableitung von u auf der Randkurve [1c]

TREFFTZ) angeht, oder dadurch, daß man die in Gl. (13−262) auftretenden Terme u, u_x, u_y, f usw. in gewissen Gitterpunkten durch Differenzenausdrücke ersetzt. E wird damit eine quadratische Funktion der Werte $u_{i,k}$ in den Gitterpunkten (i,k); die Bedingung $\dfrac{\partial E}{\partial u_{i,k}}=0$ für ein Minimum von E liefert dann ein System von linearen Gleichungen, dessen Matrix symmetrisch-definit ist, und das daher mittels Relaxationsverfahren bequem gelöst werden kann.

Die einzelnen Energieterme in Gl. (13−262) bezieht man dabei zweckmäßigerweise je auf eine Masche des Gitternetzes bzw. auf ein Bogenstück der Randkurve. Ist das Gitter quadratisch, so kann der Energieinhalt einer von den Punkten (i,j), $(i,j+1)$, $(i+1,j)$ und $(i+1,j+1)$ begrenzten Masche durch

$$E_{i,j}\approx\frac{1}{4}\left((u_{i,j}-u_{i,j+1})^2+(u_{i,j}-u_{i+1,j})^2+(u_{i+1,j}-u_{i+1,j+1})^2+(u_{i,j+1}-u_{i+1,j+1})^2\right)+ \\ +\frac{h^2}{4}\left(f_{i,j}u_{i,j}+f_{i,j+1}u_{i,j+1}+f_{i+1,j}u_{i+1,j}+f_{i+1,j+1}u_{i+1,j+1}\right) \qquad (13-263)$$

dargestellt werden.

Für jeden Gitterpunkt, der nicht Randpunkt ist, führt dies wieder auf die Differenzengleichung Gl. (13−253a), die hier

$$4u_{i,j}-u_{i,j+1}-u_{i,j-1}-u_{i+1,j}-u_{i-1,j}+h^2 f_{i,j}=0 \qquad (13-264)$$

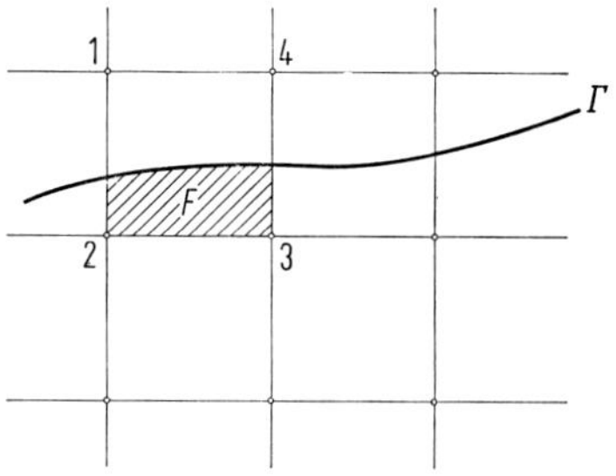

Abb. 85. Zur Berechnung des Energieintegrals für Randpunkte

lautet. Gl. (13−263) gilt auch für Randpunkte (Abb. 85). Dabei werden aber die außerhalb des Integrationsgebiets liegenden Gitterpunkte mit Hilfe einer der Formeln (13−259) eliminiert, indem man sie durch die Werte von u auf der Randkurve ersetzt. Außerdem muß, da die Energie auf die Fläche einer Masche bezogen ist und diese hier nur teilweise in das Integrationsgebiet fällt, noch mit dem Flächenverhältnis F/h^2 multipliziert werden, so daß mit den Bezeichnungen von Abb. 85

$$E_1=\frac{F}{4h^2}\left((u_1-u_2)^2+(u_2-u_3)^2+ \\ +(u_3-u_4)^2+(u_4-u_1)^2\right)$$

ist. u_1 und u_3 können mit Hilfe der Randbedingung eliminiert werden.

Auf völlig andere Weise können elliptische und parabolische Randwertprobleme mit MONTE-CARLO-Methoden gelöst werden. Die makroskopisch meßbare und durch Gl. (13−230) beschriebene Konzentrationsverteilung eines Diffusionsprozesses ist ja das Resultat der statistischen, unkorrelierten Bewegung sehr vieler einzelner Teilchen. Andererseits besteht das Wesen der MONTE-CARLO-Methoden eben darin, ein mathematisches Problem durch eine äquivalente statistische Fragestellung zu ersetzen, die „experimentell" behandelt werden kann. In derartiger Weise wurden in Abschn. 13.6.2 bereits mehrfache Integrale ausgewertet.

Zur approximativen Lösung von Randwertproblemen für die zweidimensionale POISSONsche Gleichung

$$\frac{\partial^2 u}{\partial x^2}+\frac{\partial^2 u}{\partial y^2}=f(x,y)$$

läßt man einen beweglichen Punkt P Irrfahrten in dem über das Integrationsgebiet gelegten Gitternetz der Maschenweite h ausführen, die darin bestehen, daß er, in einem beliebigen inneren Punkt $P_{ij} = (x = i \cdot h, y = j \cdot h)$ beginnend, bei jedem Schritt von seinem jeweiligen Ausgangspunkt aus in beliebiger, statistisch wechselnder Richtung um h bis zu einem Nachbarpunkt wandert (Abb. 86). Dieser Prozeß wird fortgesetzt, bis P einen Randpunkt P_{pq} erreicht. Lautet die Randbedingung an dieser Stelle $u(x = p \cdot h, y = q \cdot h) = u_{pq}$, so endet die Irrfahrt hier; lautet sie

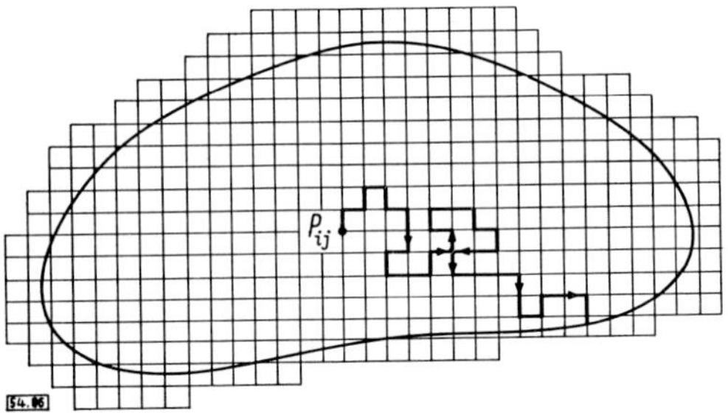

Abb. 86. Irrfahrt eines beweglichen Punktes in einem Gitternetz mit quadratischen Maschen

$$\left.\frac{\partial u}{\partial n}\right|_{p,q} = 0$$

so wird der Punkt in das Integrationsgebiet „zurückreflektiert" und setzt seine Irrfahrt fort.

Der r-ten Irrfahrt von P_{ij} aus wird ein Wert $Z_{ij,r}$ zugeordnet, der sich folgendermaßen errechnet:

$$Z_{ij,r} = -\sum_{k_r} \tfrac{1}{4} h^2 f_k + u_{pq} \qquad (13-265)$$

Dabei ist die Summe über alle bei der r-ten Irrfahrt durchlaufenen Gitterpunkte, auch den Anfangspunkt, mit Ausnahme der Randpunkte zu erstrecken. Bildet man für N solcher Irrfahrten den Mittelwert

$$Z_{ij} = \frac{1}{N} \sum_{r=1}^{N} Z_{ij,r} \qquad (13-266)$$

so ist

$$\lim_{N\to\infty} w\left\{ \left| \frac{1}{N} \sum_{r=1}^{N} Z_{ij,r} - u_{ij} \right| > \varepsilon \right\} = 0$$

$$\text{für jedes } \varepsilon > 0 \qquad (13-267)$$

d. h. u_{ij} ist der Erwartungswert von Z_{ij}.

Da alle Bewegungsrichtungen gleich wahrscheinlich sind, ist

$$Z_{ij} = -\tfrac{1}{4} h^2 \cdot f_{ij} + \tfrac{1}{4}(Z_{i+1,j} + Z_{i-1,j} + Z_{i,j+1} + Z_{i,j-1}) \qquad (13-268)$$

Diese Differenzengleichung für Z_{ij} hat aber dieselbe Struktur wie der Differenzenstern (13–254) für die POISSONsche Differentialgleichung. Daraus kann gefolgert werden, daß die Methode der Irrfahrten äquivalent ist zu der numerischen Integration mittels des Differenzenverfahrens. Es ist zu beachten, daß die MONTE-CARLO-Methode einen Näherungswert für die Lösung in einem festen Punkt liefert, ohne daß ihr Verlauf in anderen Punkten bekannt sein muß. Sie eignet sich daher besonders zur überschlägigen Berechnung der Variablen an einzelnen, kritischen Stellen.

Der Fehler von Gl. (13–266) ist durch die Varianz

$$\sigma^2(Z_{ij}) = \frac{1}{N} \sigma^2(Z_{ij,r}) = \frac{1}{N} \sum_{r=1}^{N} (Z_{ij,r}^2 - Z_{ij}^2) \qquad (13-269)$$

gegeben. Daraus folgt, daß die MONTE-CARLO-Methode vor allem zur Berechnung grober Näherungswerte der gesuchten Funktion brauchbar ist, die dann iterativ verbessert werden können. Wichtiger als Gl. (13–269) ist allerdings oft eine noch so ungefähre a-priori-Abschätzung von $\sigma^2(Z_{ij})$, um Anhaltspunkte für die Anzahl der notwendigen Irrfahrten zur Erzielung einer gewünschten Genauigkeit zu bekommen.

Verändert man die ursprünglichen Bedingungen für die Irrfahrten derart, daß die Übergangswahrscheinlichkeiten zu den Nachbarpunkten orts- und richtungsabhängig werden und auch Diagonalübergänge $(i,j) \to (i+1, j+1)$ u. ä. zugelassen sind, so kann die MONTE-CARLO-Methode auch auf allgemeine elliptische Differentialgleichungen der Form

$$a(x,y) \frac{\partial^2 u}{\partial x^2} + 2b(x,y) \frac{\partial^2 u}{\partial x \partial y} + c(x,y) \frac{\partial^2 u}{\partial y^2} + \alpha(x,y) \frac{\partial u}{\partial x} + \beta(x,y) \frac{\partial u}{\partial y} = f(x,y) \qquad (13-270)$$

angewendet werden. Dabei sind als Übergangswahrscheinlichkeiten

$$w_{ij\to i+1,j} = \frac{a_{ij} - 2b_{ij} + 2h\alpha_{ij}}{D_{ij}} \qquad (13-271\,\text{a})$$

$$w_{ij\to i,j+1} = \frac{c_{ij} - 2b_{ij} + 2h\beta_{ij}}{D_{ij}} \qquad (13-271\,\text{b})$$

$$w_{ij\to i-1,j} = \frac{a_{ij}}{D_{ij}} \qquad (13-271\,\text{c})$$

$$w_{ij\to i,j-1} = \frac{c_{ij}}{D_{ij}} \qquad (13-271\,\text{d})$$

$$w_{ij\to i+1,j+1} = \frac{2b_{ij}}{D_{ij}} \qquad (13-271\,\text{e})$$

mit

$$D_{ij} = 2a_{ij} - 2b_{ij} + 2c_{ij} + 2h(\alpha_{ij} + \beta_{ij})$$

zu wählen und

$$Z_{ij,r} = -\sum_{k_r} \frac{h^2 f_k}{D_k} + u_{pq} \qquad (13-272)$$

zu vereinbaren.

$w(m,n,i,j,s)$ sei die Wahrscheinlichkeit dafür, daß ein in P_{ij} startender Punkt auf einer Irrfahrt, bei der alle Richtungen gleich wahrscheinlich sind, nach s Schritten den Punkt P_{mn} erreicht hat. Offensichtlich ist

$$w(m,n,i,j,s) = \tfrac{1}{4}\big(w(m+1,n,i,j,s-1) + w(m-1,n,i,j,s-1) + w(m,n+1,i,j,s-1) + w(m,n-1,i,j,s-1)\big) \quad (13-273)$$

oder auch

$$w(m,n,i,j,s) - w(m,n,i,j,s-1) = \tfrac{1}{4}\Big(\big(w(m+1,n,i,j,s-1) - 2w(m,n,i,j,s-1) + \big(w(m-1,n,i,j,s-1)\big) + \big(w(m,n+1,i,j,s-1) - 2w(m,n,i,j,s-1) + w(m,n-1,i,j,s-1)\big)\Big) \quad (13-274)$$

Gl. (13−274) ist aber das zweidimensionale Analogon zu der Differenzenformel (13−243) mit $k = h^2/4$ für die Diffusionsgleichung

$$\frac{\partial w}{\partial t} = \frac{\partial^2 w}{\partial x^2} + \frac{\partial^2 w}{\partial y^2}$$

Macht man daher von P_{mn} aus Irrfahrten von s Schritten und bewertet sie wie vorher, so erhält man in Abhängigkeit von s den zeitlichen Verlauf der Lösung eines parabolischen Anfangs-Randwertproblems. Die Anfangsbedingung ist dabei durch $w(m,n,i,j,0)$ gegeben.

Zum Schluß soll darauf hingewiesen werden, daß auch Matrizeninversionen mittels MONTE-CARLO-Methoden möglich sind. Ein Teilchen könne einen von N verschiedenen Zuständen $S_1 \ldots S_N$ einnehmen. w_{ij} sei die Übergangswahrscheinlichkeit von S_i nach S_j (wobei auch Übergänge $S_i \to S_i$ zugelassen sind), w_j die Wahrscheinlichkeit, daß das Teilchen in S_j endgültig stoppt. Dann ist

$$w_j + \sum_{k=1}^{N} w_{jk} = 1 \quad (13-274)$$

Das Teilchen möge eine Irrfahrt ϱ von S_i nach S_j in k Schritten, etwa als $S_i \to S_{i,1} \to S_{i,2} \to \ldots \to S_{i,k-1} \to S_j$, ausführen; dort soll es verbleiben. Jeder Schritt $S_{i,n} \to S_{i,n+1}$ erhält eine Bewertung $v_{i,n;i,n+1}$, die auch negativ sein kann. Der gesamten Irrfahrt wird der Wert

$$G_{ij} = v_{i;i,1} \cdot v_{i,1;i,2} \ldots v_{i,k-1;j} \cdot w_j^{-1} \quad (13-275)$$

zugeordnet. Die Wahrscheinlichkeit, diesen speziellen k-schrittigen Weg ϱ von S_i nach S_j auszuführen und dort anzuhalten, ist aber

$$W_{\varrho,ij} = w_{i;i,1} \cdot w_{i,1;i,2} \ldots w_{i,k-1;j} \cdot w_j \quad (13-276)$$

und der Erwartungswert von G_{ij} ist folglich

$$E(G_{ij}) = \sum_{\varrho} (w_{i;i,1} \cdot v_{i;i,1}) \cdot (w_{i,1;i,2} \cdot v_{i,1;i,2}) \ldots \times (w_{i,k-1;j} \cdot v_{i,k-1;j}) \quad (13-277)$$

wobei über alle möglichen Wege ($k = 0 \ldots \infty$) von S_i nach S_j zu summieren ist. Setzt man zur Abkürzung

$$d_{i,n;i,n+1} = w_{i,n;i,n+1} \cdot v_{i,n;i,n+1} \quad (13-278)$$

so kann Gl. (13−277) auch geschrieben werden:

$$E(G_{ij}) = \delta_{ij} + \sum_{k=1}^{\infty} \sum_{i,1=1}^{N} \sum_{i,2=1}^{N} \ldots \sum_{i,k-1=1}^{N} d_{i;i,1} \times d_{i,1;i,2} \ldots d_{i,k-1;j} \quad (13-279)$$

(das Glied δ_{ij} rührt dabei von Wegen mit $k = 0$ her, die dadurch zustande kommen, daß das Teilchen einen Übergang $S_i \to S_i$ „umgeht", indem es in S_i stoppt). Faßt man die d_{ij} als die Elemente einer Matrix D der Ordnung $N \cdot N$ auf, so kann man Gl. (13−279) auch deuten als

$$E(G_{ij}) = I_{ij} + \sum_{k=1}^{\infty} (D^k)_{ij} \quad (13-280)$$

(I = Einheitsmatrix). Wenn für die Eigenwerte λ_i der Matrix $\hat{D} = (|d_{ij}|)$ gilt:

$$|\lambda_i(\hat{D})| < 1 \quad i = 1 \ldots N \quad (13-281)$$

so ist aber

$$I + \sum_{k=1}^{\infty} D^k = I + D + D^2 + \ldots = \frac{1}{I-D} = \frac{1}{A} = A^{-1} \quad (13-282)$$

Also gilt schließlich

$$E(G_{ij}) = (A^{-1})_{ij} \quad (13-283)$$

Da man umgekehrt jede Matrix $D = I - A = (d_{ik})$ der Ordnung N so aufspalten kann, daß

$$d_{ik} = w_{ik} \cdot v_{ik} \qquad w_{ik} \geqq 0 \qquad \sum_{k=1}^{N} w_{ik} < 1 \qquad \text{für } i = 1 \ldots N$$

ist, liefert Gl. (13−283) mit der Bedingung Gl. (13−281) ein allgemein brauchbares Verfahren zur Matrizeninversion. Auch hier wird die MONTE-CARLO-Methode meist nur zur Berechnung erster, iterativ verbesserbarer Näherungswerte benutzt.

14. Literatur

Zusammenfassende Werke, die einen größeren Teil der Themen dieses Beitrages behandeln sind [1a−d], [2], [3], [4], [5], [6], [7], [8].

Tabellenwerke sind [9], [10], [11], [12], [13], [14], [15].

[1a] R. SAUER, I. SZABÓ: Mathematische Hilfsmittel des Ingenieurs. Springer, Berlin−Göttingen−Heidelberg 1965, Bd. 1.
[1b] Dieses Werk Bd. 2.
[1c] Dieses Werk Bd. 3.
[1d] Dieses Werk Bd. 4.
[2] H. MARGENAU, G. M. MURPHY: Die Mathematik für Physik und Chemie. Bd. 1, 2. Aufl., Verlag Harri Deutsch, Frankfurt/Main und Zürich 1965.
[3] I. N. BRONSTEIN, K. A. SEMENDJAJEW: Taschenbuch der Mathematik. 4. Aufl., Verlag Harri Deutsch, Frankfurt/Main und Zürich 1964.

[4] E. MADELUNG: Die mathematischen Hilfsmittel des Physikers. 5. Aufl., Springer, Berlin—Göttingen—Heidelberg 1953.
[5] R. COURANT, D. HILBERT: Methoden der mathematischen Physik I. 3. Aufl., Springer, Berlin—Heidelberg—New York 1968.
[6] R. COURANT, D. HILBERT: Methods of Mathematical Physics II. Interscience Publ., New York—London 1962.
[7] W. GRÖBNER, P. LESKY: Mathematische Methoden der Physik. 2 Bände, Bibliographisches Institut, Mannheim 1964.
[8] L. KUIPERS, R. TIMMAN: Handbuch der Mathematik. W. de Gruyter & Co, Berlin 1968.
[9] M. ABRAMOWITZ, I. A. STEGUN: Handbook of Mathematical Functions. Dover Publ., New York 1965.
[10] I. M. RYSHIK, I. S. GRADSTEIN: Summen-, Produkt- und Integraltafeln. Deutscher Verlag der Wissenschaften, Berlin 1963.
[11] R. C. WEAST, S. M. SELBY: Handbook of Chemistry and Physics. 48. Ausgabe, The Chemical Rubber Company, Cleveland 1968.
[12] E. KAMKE: Differentialgleichungen (Lösungsmethoden und Lösungen). Bd. I, 7. Aufl., Akademische Verlagsgesellschaft, Leipzig 1961.
[13] G. M. MURPHY: Ordinary Differential Equations and their Solutions. van Nostrand, Princeton, N. J. 1960.
[14] G. DOETSCH, H. KNIESS, D. VOELKER: Tabellen zur LAPLACE-Transformation und Anleitung zum Gebrauch. Springer, Berlin—Göttingen 1947.
[15] G. ROBERTS, H. KAUFMANN: Table of LAPLACE-Transforms. W. B. Saunders, Philadelphia—London 1966.
[16] I. M. BATUNER, M. JE. POSIN: Mathematische Methoden in der chemischen Technik. 2 Bände, VEB Verlag Technik, Berlin 1958.
[17] H. DALLMANN, K. H. ELSTER: Einführung in die höhere Mathematik. Friedrich Vieweg & Sohn, Göttingen 1968.
[18] W. L. FERRAR: Advanced Mathematics for Science. Clarendon Press, Oxford 1969.
[19] H. ELTERMANN: Grundlagen der praktischen Matrizenrechnung. Bibliographisches Institut, Mannheim 1969.
[20] F. ERWE: Differential- und Integralrechnung I, II. Bibliographisches Institut, Mannheim 1962.
[21] E. KLINGBEIL: Tensorrechnung für Ingenieure. Bibliographisches Institut, Mannheim 1966.
[22] P. HENRICI: Discrete Variable Methods in Ordinary Differential Equations. 3. Aufl. John Wiley & Sons, New York 1965.
[23] W. F. AMES: Nonlinear Ordinary Differential Equations in Transport Processes. Academic Press, New York—London 1968.
[24] L. A. PIPES: Applied Mathematics for Engineers and Physicists. 2. Aufl., McGraw Hill, New York 1958.
[25] T. V. DAVIES, E. M. JAMES: Nonlinear Differential Equations. Addison-Wesley, Reading, Mass. 1966.
[26] M. VAN DYKE: Perturbation Methods in Fluid Mechanics. Academic Press, New York 1964.
[27] R. E. BELLMANN, R. E. KALABA: Quasilinearization and Nonlinear Boundary-Value Problems. American Elsevier, New York 1965.
[28] S. G. MIKHLIN, K. L. SMOLITSKIY: Approximate Methods for Solution of Differential and Integral Equations. American Elsevier, New York 1967.
[29] R. LEIS: Vorlesungen über partielle Differentialgleichungen zweiter Ordnung. Bibliographisches Institut, Mannheim 1967
[30] A. SOMMERFELD: Partielle Differentialgleichungen der Physik. 3. Aufl., Akademische Verlagsgesellschaft, Leipzig 1954.
[31] L. W. KANTOROWITSCH, W. I. KRYLOW: Näherungsmethoden der höheren Analysis. Deutscher Verlag der Wissenschaften, Berlin 1956.
[32] F. SCHEID: Theory and Problems of Numerical Analysis. McGraw Hill, New York 1968.
[33] R. ZURMÜHL: Praktische Mathematik für Ingenieure und Physiker. 5. Aufl., Springer, Berlin—Göttingen—Heidelberg 1965.
[34] E. STIEFEL: Einführung in die Numerische Mathematik. 4. Aufl., Teubner, Stuttgart 1970.
[35] J. SNEDDON: FOURIER Transforms. Their Uses in Physics and Engineering. McGraw Hill, New York 1951.
[36] A. PAPOULIS: The FOURIER Integral and its Applications. McGraw Hill, New York 1962.
[37] G. DOETSCH: Anleitung zum praktischen Gebrauch der LAPLACE-Transformation. 2. Aufl., Oldenbourg, München 1961.
[38] J. C. CLEGG: Variationsrechnung. B. G. Teubner, Stuttgart 1970.
[39] G. L. NEMHAUSER: Einführung in die Praxis der dynamischen Programmierung. Oldenbourg, München—Wien 1969.
[40] R. BELLMANN: Dynamische Programmierung und selbstanpassende Regelprozesse. Oldenbourg, München—Wien 1967.
[41] B. W. GNEDENKO: Lehrbuch der Wahrscheinlichkeitsrechnung. Akademie-Verlag, Berlin 1957.
[42] W. FELLER: An Introduction to Probability Theory and its Applications. 2 Bände, 3. Aufl., John Wiley & Sons, New York—London 1968.
[43] A. RALSTON, H. S. WILF: Mathematische Methoden für Digitalrechner. Oldenbourg, München 1967.
[44] R. W. HAMMING: Numerical Methods for Scientists and Engineers. McGraw Hill, New York 1962.
[45] P. HENRICI: Elements of Numerical Analysis. 2. Aufl., John Wiley & Sons, London 1964.
[46] A. S. HOUSEHOLDER: Principles of Numerical Analysis. McGraw Hill, New York 1953.
[47] F. A. WILLERS: Methoden der praktischen Analysis. 3. Aufl., W. de Gruyter, Berlin 1957.
[48] D. K. FADDEJEW, W. N. FADDEJEWA: Numerische Methoden der linearen Algebra. Oldenbourg, München 1964.
[49] K. JÄCKEL: Verfahren für beliebige reelle quadratische Matrizen mit reellen Eigenwerten. Bericht des Recheninstitutes der TU, Berlin 1965.
[50] I. S. BERESIN, N. P. SHIDKOW: Numerische Methoden I. VEB Deutscher Verlag der Wissenschaften, Berlin 1970.
[51] J. F. STEFFENSEN: Interpolation. The William & Wilkins Comp., Baltimore 1927.
[52] N. P. BUSLENKO, J. A. SCHREIDER: Die MONTE-CARLO-Methode und ihre Verwirklichung auf elektronischen Digitalrechnern. Teubner, Leipzig 1964.
[53] L. COLLATZ: Numerische Behandlung von Differentialgleichungen. 2. Aufl., Springer, Berlin—Göttingen—Heidelberg 1955.
[54] W. JENTSCH: Digitale Simulation kontinuierlicher Systeme. Oldenbourg, München—Wien 1969.
[55] R. V. SOUTHWELL: Relaxation Methods in Theoretical Physics. Bd. 1, University Press, Oxford 1946.

Register – Index